蓝博工业科技（广州）有限公司

GUIDED ULTRASONICS LTD.

GULSCANNING
精确定量管支撑部位腐蚀

U0873563

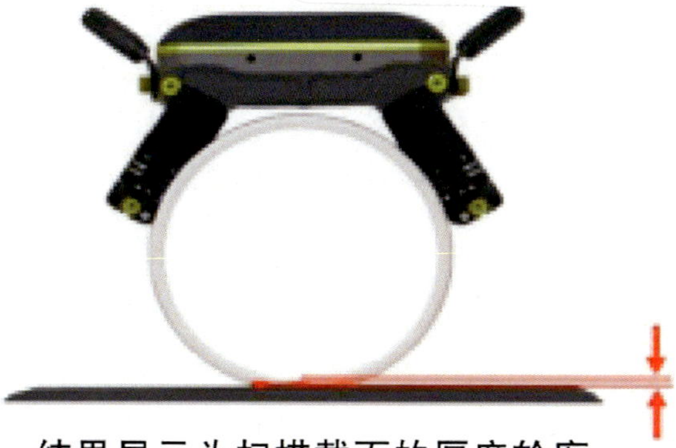

结果显示为扫描截面的厚度轮廓

GUL专有的QSR®扫描技术专门设计用于定量测量管支撑位置所存在的腐蚀区域的剩余壁厚，为此，我们提供两种不同的扫描设备：

- QSR1®使用圆周导波沿着管道轴向进行扫描
- Axial QSR®使用轴向导波沿着管圆周进行扫描

QSR® 系统自动测量
- 平均壁厚
- 最低剩余壁厚

管道穿墙部位腐蚀定量检测

Axial QSR®是QSR1®概念的延伸，Axial QSR®能够实现与QSR1®不同的方向扫描管道的情况，这种方向的选择使用QSR®系统应用更广泛，解决更多的管道检测需求。

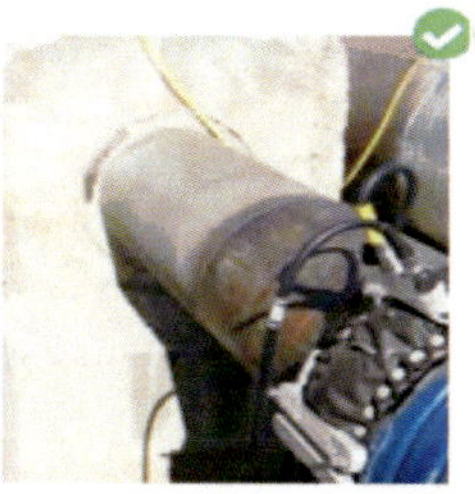

详情请联系：13802789677 (微信同号)　　邮箱: Leo.208@163.com

蓝博工业科技（广州）有限公司

GUIDED ULTRASONICS LTD.

导波快速扫查管道腐蚀情况

GULSCREENING

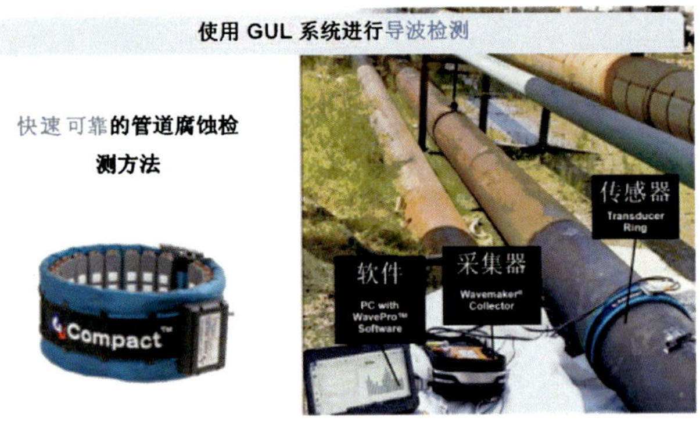

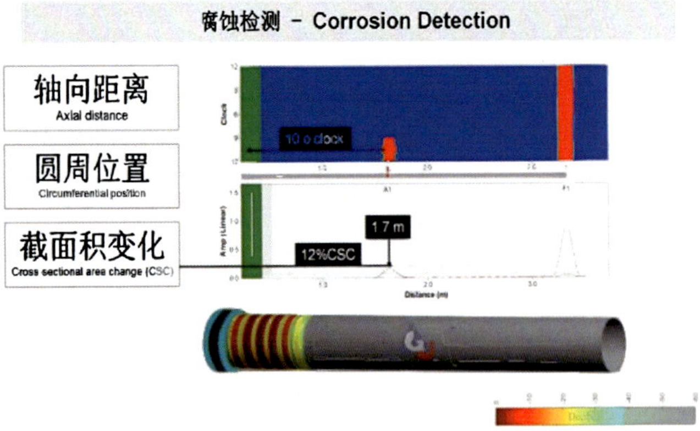

GULMONITORING

GUL监测系统的作用

运营条件改变与腐蚀率/侵蚀率变化之间的相互关联–例如精炼料成分、输送管道“段塞”、立管中的滞砂–有助于深入了解运营决策与资产完整性之间的关系。

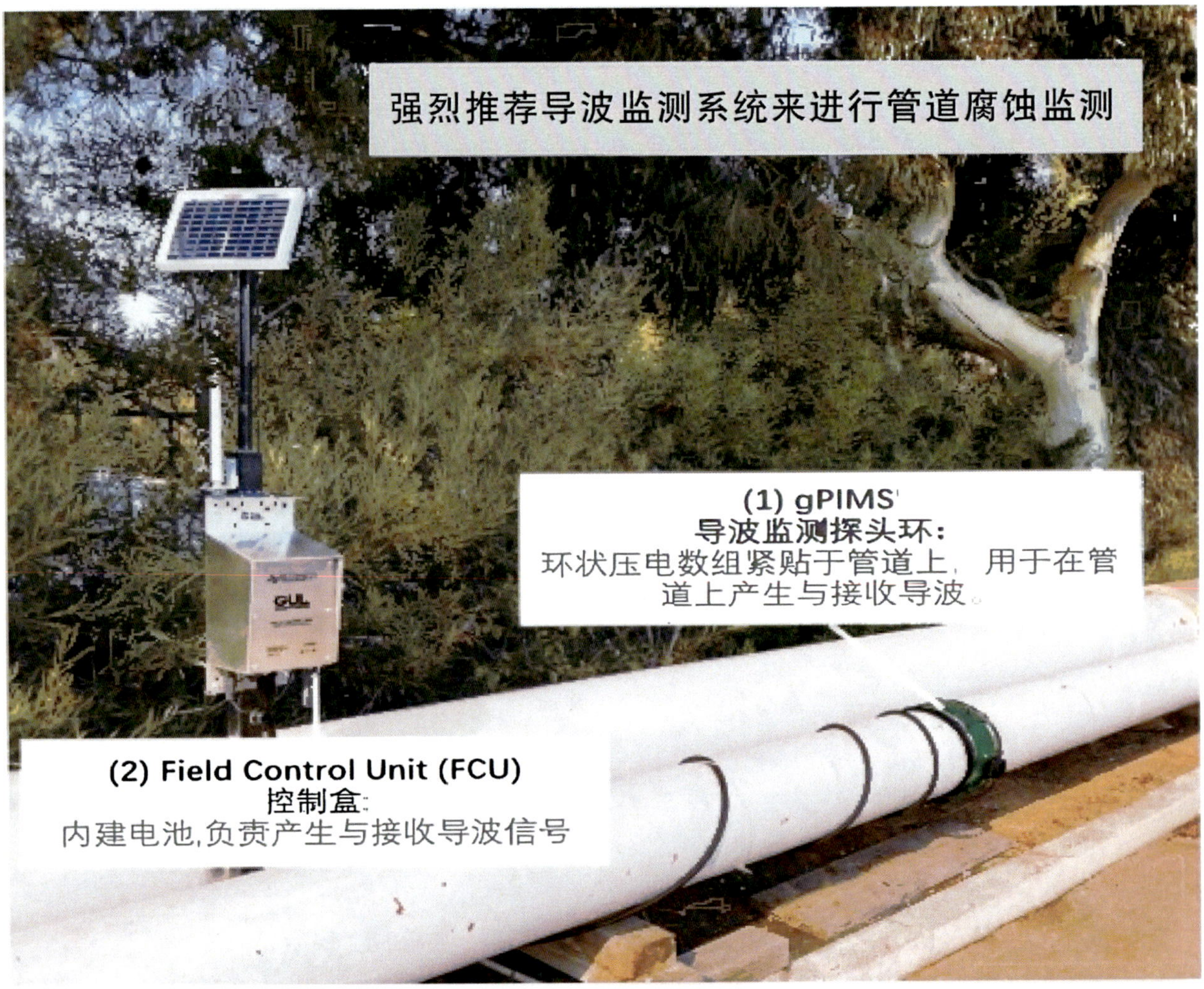

详情请联系：13802789677（微信同号）
邮箱：Leo.208@163.com

中特检管网科技（嘉兴）有限公司

公司简介

中特检管网科技（嘉兴）有限公司成立于 2021 年 12 月，位于嘉兴市南湖区。公司以中国特种设备检测研究院油气管道智能检测机器人科创团队为依托，在中特检验集团有限公司孵化下，积极实现科技成果转化。公司致力于油气管道智能检测机器人的设备研发、销售及工程技术应用。自主研发的油气管道内检测机器人入选国家文物局、中央广播电视台、中央网信办 100 件时代见证物名单。近两年公司完成内检测机器人销售 8 台套，科技成果转化超过 2000 万元。

产品介绍

DN100-DN1400油气管道智能检测机器人

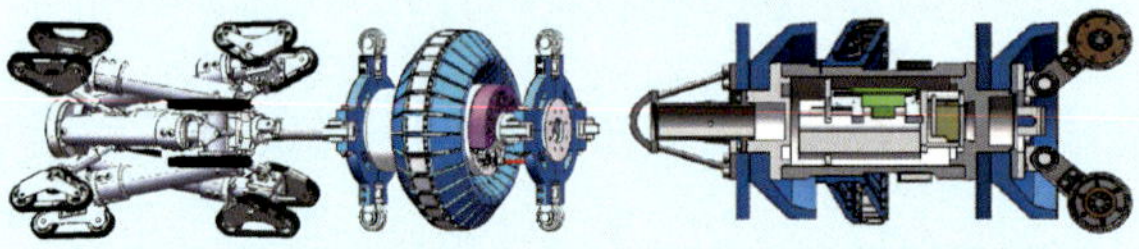

DN200-DN900 管道自爬行、中心线测绘机器人

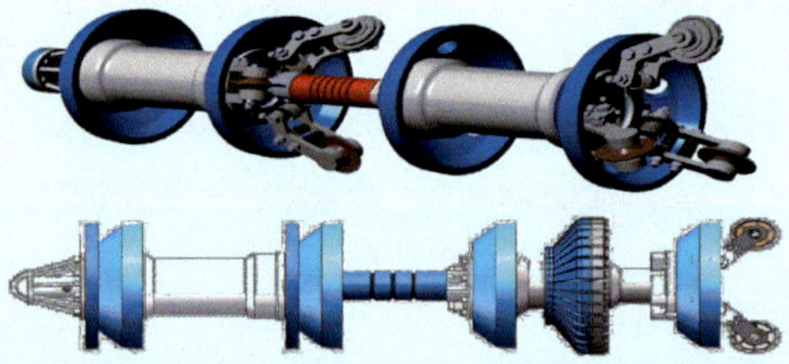

管道阴保、磁电涡流、打孔盗油内检测机器人

多物理场复合内检测机器人

国家文物局
中央广播电视台文件
中央网信办

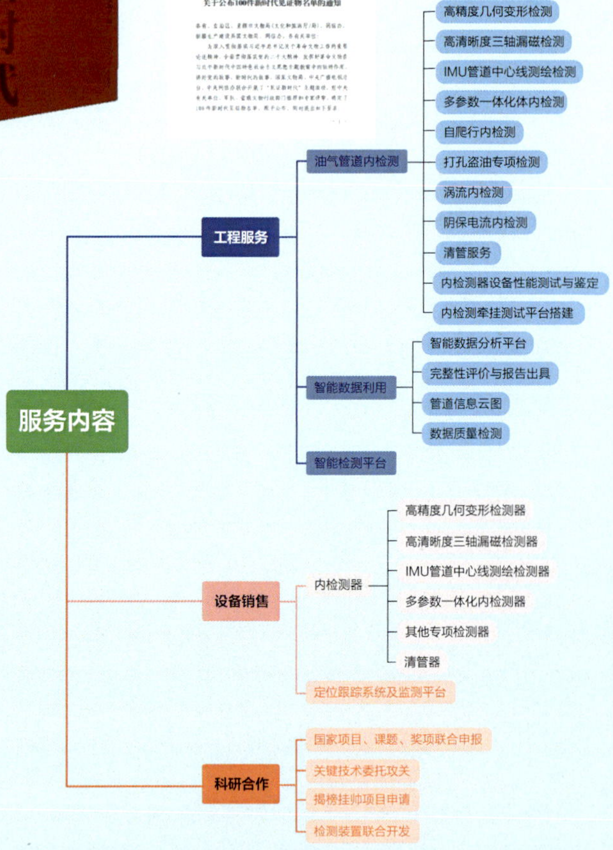

业务简介

中国特检院油气管道智能检测机器人科创团队经十余年深入研究，针对多应用场景构建了 Ø114-Ø1422 全系列油气管道内检测技术研究、装备研发、装备测试体系；研发了管道几何变形、漏磁、测绘、阴保电流、打孔盗油、涡流、管道自爬行、多物理场复合等智能检测装备；获得内检测相关省部级奖项7项，申请专利60余项，发明专利授权 14 项。经试验测试以及近 4 万公里工程实际应用验证，漏磁检测器精度均超过国家标准对高清内检测器的要求，部分精度达到超高清。经专家鉴定，相关科技成果达到国际先进水平，部分达到国际领先。

地址：嘉兴市南湖区大桥镇凌公塘路3339号　　电话：18810459855　　邮箱：82471415@qq.com

危化品储运设备设施安全技术研究进展精选集（2024）

——第六届危化品储运设备设施安全检测评价学术交流会暨第十七届压力管道安全保障关键技术交流会

中国特种设备检验协会压力管道检验工作委员会
中国特种设备检验协会危化品常压容器检验工作委员会
中国石油和石油化工设备工业协会炼油与化工设备管理专业委员会
中国腐蚀与防护学会承压设备专业委员会
编

中国石化出版社
·北京·

图书在版编目（CIP）数据

危化品储运设备设施安全技术研究进展精选集．2024：第六届危化品储运设备设施安全检测评价学术交流会暨第十七届压力管道安全保障关键技术交流会 / 中国特种设备检验协会压力管道检验工作委员会，中国特种设备检验协会危化品常压容器检验工作委员会，中国石油和石油化工设备工业协会炼油与化工设备管理专业委员会，中国腐蚀与防护学会承压设备专业委员会编．-- 北京：中国石化出版社，2024. 8 -- ISBN 978-7-5114-7638-8

Ⅰ. TH490. 8-53

中国国家版本馆 CIP 数据核字第 2024LQ5237 号

中国石化出版社出版发行

地址：北京市东城区安定门外大街 58 号
邮编：100011　电话：(010) 57512500
发行部电话：(010) 57512575
http：//www.sinopec-press.com
E-mail：press@sinopec.com
北京建宏印刷有限公司印刷
全国各地新华书店经销

*

880×1230 毫米 16 开本 62.25 印张 1664 千字
2024 年 8 月第 1 版　2024 年 8 月第 1 次印刷
定价：400.00 元

前言

随着经济社会的飞速发展，我国社会主义现代化建设进入新的百年历程。党的二十届三中全会提出“健全因地制宜发展新质生产力体制机制”，并就“完善推动新一代信息技术、人工智能、航空航天、新能源、新材料、高端装备、生物医药、量子科技等战略性产业发展政策和治理体系，引导新兴产业健康有序发展”作出明确部署。石油、石化、电力、城市燃气、氢能以及CCUS等新能源、双碳产业作为国民经济支柱，其储存、运输、生产等环节的介质多为危险化学品。目前，我国危险化学品安全生产仍处于爬坡过坎、攻坚克难的关键期，既具有安全生产形势持续稳定好转的有利条件，也面临新旧风险叠加的严峻挑战。中共中央办公厅、国务院办公厅印发《关于全面加强危险化学品安全生产工作的意见》，开展危险化学品安全专项整治三年行动，石油天然气管道、化工装置、燃气及氢气储运设备、常压储罐等危化品储运设备设施的安全保障成为防范化解重大风险的重中之重。截至2023年年底，我国拥有压力管道约120万公里、压力容器约534万台，另有各类大型常压储罐约30万台。老旧装置、管道等设备数量增多，生产、储存、运输、废弃处置等环节传统风险处于高位，新能源、海洋石油、氢能、CCUS等新兴领域风险突显，化工、燃气事故等时有发生，风险隐患叠加并进入集中暴露期，防范化解重大安全风险任务艰巨复杂。为应对行业风险，国务院安委会、应急管理部、住建部、市场监管总局等部委分别部署开展老旧设备更新改造、燃气管道隐患排查整治等行动。党的二十届三中全会指出，要实现高质量发展和高水平安全良性互动，完善重点领域安全保障体系，完善安全生产风险排查整治和责任倒查机制。根据目前面临的风险和形势，危化品储运设备设施安全保障及风险防控模式亟需向事前预防转型，智能监检测、智能运维、数字生态圈建设、预知维修等成为行业发展趋势。

为保障压力管道、压力容器、常压储罐等危化品储运设备设施的安全运行，中国特种设备检验协会、中国腐蚀与防护学会承压设备专业委员会、中石协炼油与化工设备管理专业委员会等联合，先后成功举办了五届“压力管道及储运设备设施安全运行检测评价学术交流会”，行业反响强烈。为更好地促进危化品储运设备设施的一体化安全保障能力提升，推动行业技术交流和技术进步，2024年8月，在贵阳举办“第六届危化品储运设备设施安全检测评价学术交流会暨第十七届压力管道安全保障关键技术交流会”。

本次会议是危化品储运行业承压设备及常压容器领域联合举办的行业盛会，国内外知名院士、专家、学者分享最前沿技术，针对油气管道与储存设备检测监测技术与装备、腐蚀防控策略，燃气管道“带病运行”整治，氢能管道输配技术、氢能装备，金属增材制造等行业热点开展报告交流。会议得到广大业界同仁的大力支持，共收到会议论文180篇，内容涉及压力管道、压力容器等承压设备及常压容器运行管理、风险评估、完整性管理、腐蚀与防护、检测监测及评价、失效分析等方面，编辑成论文集，由中国石化出版社正式出版。

本届学术会议的召开和论文集的顺利出版，首先要感谢市场监管总局特种设备局的指导关怀，还要感谢中国特种设备检验协会、中国石油和石油化工设备工业协会、中国腐蚀与防护学会、压力管道检验技术联盟、中国石油大学（北京）、北京工业大学、北京交通大学等高校，以及国家管网集团、中石化、中石油、港华燃气、深圳燃气等相关单位的大力支持。会议组委会和各支持单位做了大量宣传和精心组织工作，论文评审专家也付出了辛勤的工作，在此，一并表示衷心的感谢。同时感谢论文作者的大力配合，以及出版社编辑的辛劳工作！

限于篇幅与水平，难免取舍不当，敬请专家和广大读者批评指正！

编　者

2024年8月

目　　录

安全管理与完整性

检验检测

损伤失效与新材料

监检测装备与数据应用

RBI 风险评估技术在加氢站压力容器安全监察上的应用

张闻锋[1]　王志伟[1]　耿雪峰[2]　王维民[3]

（1. 中国石化销售股份有限公司上海石油分公司，上海　200433；2. 上海市特种设备监督检验技术研究院，上海　200062；3. 中国石化销售股份有限公司，北京　100124）

摘　要：随着氢能产业的迅速发展，加氢站的建设数量不断增加，其中压力容器的安全运行至关重要。本文介绍了 RBI(Risk-Based Inspection，基于风险的检验)风险评估技术，并探讨了其在加氢站压力容器安全监察中的应用。通过对加氢站压力容器的失效可能性和失效后果进行评估，确定风险等级，优化检验策略，提高安全监察的科学性和有效性，保障加氢站的安全运行。

关键词：RBI 风险评估技术；加氢站；压力容器；安全监察

Application of RBI Risk Assessment Technology to the Safety Monitoring of Pressure Vessels in Hydrogenation Station

ZHANG Wenfeng[1], *WANG Zhiwei*[1], *GENG Xuefeng*[2], *WANG Weimin*[3]

(1. Sinopec Sales Co., Ltd. Shanghai Petroleum Branch, Shanghai 200433, China;
2. Shanghai Special Equipment Supervision and Inspection Technology Research Institute, Shanghai 200062, China;
3. Sinopec Sales Co., Ltd., Beijing 100124, China)

Abstract: With the rapid development of hydrogen energy industry, the number of hydrogenation stations is increasing, among which the safe operation of pressure vessels is crucial. This paper introduces the risk assessment technology of RBI (Risk-Based Inspection, Risk-based inspection) and discusses its application in the safety monitoring of pressure vessels in hydrogenation stations. By evaluating the failure possibility and failure consequence of the pressure vessel of the hydrogenation station, the risk level is determined, the inspection strategy is optimized, the scientificity and effectiveness of safety supervision are improved, and the safe operation of the hydrogenation station is guaranteed.

Key words: RBI risk assessment technology; Hydrogenation station; Pressure vessel; Safety monitoring

1　引言

氢能作为一种来源广泛、清洁无碳、灵活高效且应用场景丰富的二次能源，是推动传统化石能源清洁高效利用和支撑可再生能源大规模发展的理想互联媒介，能够引领能源变革，有效应对气候变化，也是实现交通运输、工业和建筑等领域大规模深度脱碳的关键途径。上海作为我国重要的炼化和化工生产基地，拥有丰富的工业副产氢资源，具备制氢的先天优势。早在“十三五”期间，上海就参与了国家燃料电池汽车和关键设备的研发工作，并于 2007 年建成我国首座氢能示范固定加氢站——安亭加氢站。目前，上海已构建起 23 条氢燃料电池电堆产业链、21 条制氢产业链和 11 条氢燃料电池系统产业链，已建成 15 座加氢站，至 2025 年规划加氢站 70 余座，即除已建成的 15 座外，还将新建 55 座。

加氢站作为氢能供应的重要基础设施，其已从起步阶段逐步迈向快速发展阶段，其安全运行直接关系到氢能产业的发展和公共安全。据中国氢能联盟统计[1]，截至 2023 年底，我国已建成

作者简介：张闻锋(1971—　)，男，高级工程师，主要从事加氢站建设与运营管理的工作。E-mail：zhangwenfeng@sinopec-h2.com

加氢站474座，累计覆盖30个省(直辖市，自治区、特区)，其中在营加氢站281座，待运营152座。从站点类型看，固定站是主要发展路线，建成加氢站中，固定式加氢站约占2/3，是主流建站模式，已有固定式加氢站296座，占比63.4%。而固定加氢站中的关键设备之一高压储氢容器是压力容器，由于其工作环境复杂、压力高、介质危险等特点，容易发生泄漏、爆炸等事故。因此，加强加氢站压力容器的安全监察至关重要。

2　RBI风险评估技术概述

2.1　RBI技术的基本原理

RBI风险评估技术是一种基于风险的设备管理方法，通过对设备的失效可能性和失效后果进行评估，确定设备的风险等级，从而制定合理的检验策略和维修计划。失效可能性主要考虑设备的材料、设计、制造、运行条件、维护管理等因素；失效后果主要考虑人员伤亡、环境影响、财产损失等因素。

2.2　RBI技术的评估方法

RBI风险评估通常采用定性、定量或半定量的方法。定性方法主要基于经验和判断，对风险进行大致的分类；定量方法通过建立数学模型和计算，得出精确的风险数值；半定量方法则结合了定性和定量的特点，在一定程度上提高了评估的准确性和可操作性。

3　加氢站压力容器的特点及风险因素

3.1　加氢站压力容器的特点

加氢站中的压力容器主要包括站用储氢容器等，按照容器结构分为：钢制旋压大容积无缝容器、多层储氢容器(钢带错饶式储氢罐、层板包扎式储氢罐)、碳纤维缠绕储氢容器。目前市场应用主流是钢制旋压大容积无缝容器，其特点是生产技术成熟，成本低且交货快，应用较广泛。钢带错饶式储氢罐曾有过一定数量的市场应用，但由于压力分级与容积组合不易匹配、制造工艺复杂，交货周期长，制造成本高、场地适应能力弱、运维成本高、定期检测困难等缺点[2]，现在加氢站很少使用；这些压力容器工作压力高，介质为易燃易爆的氢气，且由于氢气分子小、易逸散的特性，运行环境温度变化大，容易受到腐蚀和疲劳等因素的影响，使得相关设备及管阀件连接处更易出现泄漏、爆炸等风险。

目前，随着氢燃料电池汽车保有量的增长使得加氢站日加注量不断提升，由于加氢站站点布局与氢车应用场景不均衡，导致少数加氢站站用高压储氢容器频繁充放，压力波动范围较大，通常为设计压力的20%～80%。储氢容器的压力波动次数取决于加氢站规模、加注工艺和设计使用年限。现阶段多层储氢容器的设计压力波动次数通常为50000～80000次，储氢气瓶寿命一般不超过15000次[3]，故加氢站的站用氢气储罐首检时的压力波动次数尚处于低周期疲劳范畴，但在循环载荷的作用下，材料、零件或构件在一处或多处可能产生局部永久性累积损伤进而形成裂纹，经过一定的循环次数后，裂纹不断扩展，可能导致突然完全断裂。因此，加氢站用高压储氢容器的疲劳失效问题将日益凸显，在设计、运行时必须将其综合考虑。鉴于上述情况，加氢站高压储氢容器的安全运行成为关键。

3.2　加氢站压力容器的风险因素

3.2.1　材料性能

若压力容器的材料选择不当或存在缺陷，可能导致材料强度不足、耐腐蚀性能差等问题。加氢站高压储氢容器常用材料为Cr－Mo钢、316L等，但存在如容器的承力部件包括大螺纹套筒、封头等结构失效风险，密封部件包括阀门、法兰、垫片密封结构失效风险。

3.2.2　设计缺陷

不合理的设计结构可能导致应力集中、局部过热等，增加失效的可能性。高压储氢容器是加氢站用作储存氢气的特殊设备，我国对高压储氢容器缺乏系统深入的研究，目前的许多标准都参照国外，因此在技术规范、设计计算等方面可能会存在一些安全隐患。

3.2.3　制造质量

制造过程中的焊接缺陷、热处理不当等可能影响压力容器的质量和安全性。如对加氢站储氢容器的定期检定中应充分考虑钢制旋压大容积无缝容器和多层储氢容器的制造差异，质量上规定了容器制造材料强度、硬度、冲击吸收能量和未爆先漏要求。

3.2.4　运行条件

包括压力、温度、介质流速等的变化，以及频繁的充放氢操作，可能引起疲劳损伤和腐蚀。早期我国加氢站以示范应用为主，日加注能力集中在500kg及以内，近年来，加氢站日加注能力随着燃料电池重卡推广数量的提升而升高，大容量加氢站占比大幅提升，截至2023年底，我国加氢站日平均加注能力达到732.9kg；其中2023

年，我国加氢站日平均加注能力达到815.3kg，同比提升13.2%，1000kg以上加氢站数量占比提升至10.7%。同时，为满足氢燃料电池汽车长距离行驶里程及缩短氢加注时间的需求，加氢站的储氢容器压力逐渐向50MPa、98MPa等更高压力趋势发展。

3.2.5 维护管理

缺乏定期的检验、维修和保养，或者操作不当，可能导致压力容器的安全隐患不能及时发现和处理。目前我国站用储氢容器材料及制造工艺已实现较大提升，但现行的技术标准、法规更新速度较慢，亟需一套成熟的站用储氢容器全生命周期检测技术来提高容器安全水平。

4 RBI技术在加氢站压力容器安全监察中的应用流程

4.1 数据收集

收集加氢站压力容器的设计、制造、运行、维护等相关数据，包括压力容器的基本信息、材料性能、制造工艺流程、容器使用操作条件、检验历史等。其中，还包括对这些基础数据的技术分析和计算，比如设计壁厚的计算、腐蚀机理的分析、检验有效性的判定等。在加氢站主要收集每台储氢容器的设备档案，压力容器的设计图纸，产品出厂监督检验资料，加氢站储氢容器日常运行设定压力参数、环境温度等具体数据，压力容器年度定期检查记录等等。

4.2 失效可能性评估

根据收集的数据，分析压力容器的失效模式和原因，采用合适的评估方法，确定失效可能性的等级。高压储氢罐的使用环境为高压高纯度氢气状态，长期处于这种环境容易引发高压氢脆现象，不仅会导致容器塑性损减，还会加快容器缺陷的扩展速度，降低其耐久性，严重影响储氢容器的使用安全。而且由于无法进入储罐内部，致使难以严格执行TSG 21《固定式压力容器安全技术监察规程》中的相关检验检测项目，如TSG 21的8.3.6(1)要求“首次定期检验的设计压力大于或者大于1.6MPa的第Ⅲ类压力容器，表面缺陷无损检测长度不少于对接焊缝长度的20%”等。为此，从失效分析评价开始，通过采用涉及失效概率评价表、分级标准、评价后果及风险矩阵等手段，以实现对站用高压储氢容器安全的风险评估。例如，本次评估采用失效概率评价表，如表1所示，实现量化评估。

表1

评价项目	评价指标	评分
高压储氢容器使用和管理情况（满分40分）	安全管理规章制度和安全操作规程(齐全完善、基本完善、不齐全完善)	5/3/0
	运行记录是否齐全、真实	5
	压力容器台账与实际是否相符	5
	设备技术档案完备性(压力容器图样、使用登记证、产品质量证明书、监督检验证书、历年检验报告、维修、改造资料)	5
	压力容器作业人员是否持证上岗	10
	上次检验报告中所提出的问题是否解决	10
储氢容器运行状况	运行期间是否超压、超温、超量等现象	5
	安全状况登记为4级的压力容器的监控措施执行情况和有无异常情况	5
容器类别	一类/二类/三类	30/15
上次安全状况等级	1级/2级/3级/4级/5级(与后面各分数项对应)	30/25/10/5/－
检验项目(满分60分)	外观、结构、几何尺寸、壁厚、表面缺陷、埋藏缺陷、材质、紧固件、安全附件、耐压试验、气密性(表面缺陷和埋藏缺陷满分各20分，其余每项满分5分)	90

4.3 失效后果评估

评估压力容器失效可能造成的人员伤亡、环境影响、财产损失等后果，确定失效后果的严重程度。与传统检验方法相比，RBI技术充分考虑了被评估对象的安全性、经济性以及潜在的失效风险，并依据不同容器的失效机理确定相应的检验策略，对容器的风险进行分类排序，识别出高风险容器，并根据风险驱动因素提出具有针对性的检验策略，旨在优化检验资源分配，在确保安全的同时提升经济效益。

4.4 风险等级确定

通过详尽的风险分析，如材料性能、设计参

数、运行条件以及损伤机理、可能出现的损伤模式等。能够明确压力容器不同部件的风险等级，从而有针对性地开展检验检测工作。综合失效可能性和失效后果的评估结果，按照一定的风险矩阵，确定压力容器的风险等级。储氢容器进行RBI风险评估是一项系统工程，在前期对加氢站压力容器数据收集的基础上，中国石化销售有限公司上海石油分公司邀请第三方机构的行业专家对压力容器安全管理进行评价。专家组从管理体系、管理水平、设备日常运行和维护、应急预案的制定和演练、工艺操作的稳定性、系统运行的数字化集散控制、是否具备可靠的安全联锁保护等多个维度进行评估，以确定是否满足进行RBI风险评估的前置应用条件，重点对加氢站承压设备系统安全管理评价，内容详见表2，对评价中发现的不符合项内容经逐项整改确认后，专家组对2座油氢合建站现场管理评价等级为Ⅰ级的评价结论，可以申请开展RBI检验工作。

表2　评价基本情况记录

序号	评价指标	评价内容	评价记录	评价等级
1	特种设备安全管理机构	A. 有专门的特种设备安全管理机构和安全管理制度，并能有效实施、履行其职责和义务。 B. 有行使特种设备安全管理职责的多职能机构，有安全管理相关文件，并基本能够实施、履行其职责和义务。 C. 未设立具有特种设备安全管理职能的机构，并基本不能够实施、履行其职责和义务	➢ 制定了中石化氢能源(上海)有限责任公司ZSHQN/JQZ－SC—2022/01《加油加氢合建站管理手册》。 ➢ 规定了公司气瓶重装管理人员8人，制定了安全质量体系控制图，董事长和总经理为管理的第一责任人，分为安全、设备、技术和质量以及加氢站站长和设备管理人员。 ➢ 制定了质量体系文件，规定了管理职责分工，加氢站站长为安全管理第一责任人，持有A证。 ➢ 2022年9月1日，站长主持学习2·24/5·12事故检维修作业风险会议，共12人	Ⅰ
2	特种设备安全管理人员	A. 根据安全技术规范的要求，设立了安全管理岗位，配备了相应数量的持证安全管理人员，定期召开安全管理会议，能提供完整的定期安全管理会议纪要。 B. 设立了安全管理岗位，配备了一定数量的持证安全管理人员，但未能提供完整的定期安全管理会议纪要。 C. 未明确安全管理人员，未定期召开安全管理会议	➢ 制定了ZSHQN/JQZ－SC—2022/01的《加油加氢合建站管理手册》，第三章，配置了主要负责人和安全管理人员和管理员岗位。 ➢ 公司配备专职安全管理人员1人，站长负责制	Ⅰ
3	特种设备及危化品作业人员	A. 每个班组均有满足要求的特种设备(压力容器、压力管道等)作业人员及危化品安全作业人员(如适用)，其均有相应的资格、明确的岗位职责。 B. 每个班组均有一定数量的特种设备(压力容器、压力管道等)作业人员及危化品安全作业人员(如适用)，其虽均有相应的资格，但其岗位职责不很明确。 C. 某些班组特种设备(压力容器、压力管道等)作业人员及危化品安全作业人员(如适用)资格不全，无岗位职责要求	➢ 制定了ZSHQN/JQZ－SC—2022/01的《加油加氢合建站管理手册》，第三章，规定了作业人员的岗位职责。 ➢ 管理岗位持证人员2人。作业人员12人持证上岗。实行3班倒	Ⅰ

续表

序号	评价指标	评价内容	评价记录	评价等级
4	人员管理和培训	A. 建立了完善的人员台账，有针对性的培训制度，制订了年度培训计划，相关培训记录完整。 B. 虽已制定有针对性的培训制度，但未制订年度培训计划，且相关培训记录不完整。 C. 未开展人员培训	➢ 2022年8月12日，站长主持加氢作业应注意的风险点会议记录，共10人。 ➢ 编号为ZSHQN/JQZ－SC—2022/01的《加油加氢合建站管理手册》中3.26条，规定了特种设备安全教育、培训制度。 ➢ 查阅了2022年加氢站年度培训计划	Ⅰ
5	特种设备管理制度	A. 根据安全技术规范的要求，制定了完善的特种设备安全与节能管理制度，包括有关使用登记、经常性维护保养、定期自行检查、定期检验、应急管理和特种设备采购、安装、改造、修理、报废等内容的制度并有效执行。 B. 虽已制定较为完整的特种设备安全与节能管理制度，但缺少某些特种设备相关内容或未按规定执行。 C. 未制定特种设备安全与节能管理制度	➢ 公司制定的《加油加氢合建站管理手册》（编号为ZSHQN/JQZ－SC—2022/01）中3.26特种设备安全教育、培训制度。包含安全管理制度、气瓶、压力容器、计量仪表、气瓶充装检查等经常性维护保养、定期自行检查、定期检验、应急管理、事故和事故处理制度	Ⅰ
6	特种设备隐患排查治理	A. 已制定完善的隐患排查治理制度，明确了责任部门、人员；已制定完善的隐患排查工作方案，按照方案开展隐患排查工作并有完整记录；对隐患进行分析，制定并有效实施了防范措施。 B. 隐患排查治理制度不完整，责任部门、人员不明确；隐患排查工作方案不完善，记录不完整；对隐患进行分析，制定并有效实施了防范措施。 C. 未制定隐患排查制度和方案，现场检查中发现严重事故隐患	➢ 公司制定的《加油加氢合建站管理手册》第五章，“安全风险分级管控和隐患排查治理双重预防机制管理规定”，内容包含：总则、管理职责、风险管理的内容和要求、隐患管理内容和要求等内容，并对生产过程、作业过程、公共安全、交通安全及环境因素风险识别与评价的内容。 ➢ 主要规定包括：隐患的分级（一般、较大、重大）、隐患排查方式（日常排查、综合性排查、专业性排查、季节性排查、重点时段及节假日前排查、事故类比排查、复产复工前排查和外聘专家诊断式排查）、隐患排查频次、隐患治理和信息管理等。 ➢ 公司《加油加氢合建站管理手册》第五章第5节规定了压力容器安全管理和定期检验制度，包括相关仪器仪表校验管理制度	Ⅰ
7	特种设备事故应急专项预案	A. 已制定完善的特种设备事故应急专项预案，已建立应急管理机构并配备应急管理人员；具有与使用单位特点相适应的应急救援队伍和应急救援人员；应急设施、装备、工具完好，并进行经常性维护保养；定期开展演练，记录完整。 B. 制定较为完整的特种设备事故应急专项预案，具有应急管理机构和应急管理人员；具有与使用单位特点相适应的应急救援队伍和应急救援人员；应急设施、装备、工具完好，基本能完成经常性维护保养；基本能够定期开展演练，记录不完善。 C. 未制定特种设备事故应急专项预案；未配备应急设施、装备、工具；未对应急设施、装备、工具进行维护保养	➢ 公司《加油加氢合建站管理手册》第七章规定了应急管理的总则、管理职责、应急预案与演练、监测与预警、应急响应、应急终止与恢复、应急资源保障、监督与考核、应急处置及处理方案等内容。 ➢ 抽查2022年8月26日安智油氢合建站《加气站氢气泄漏应急演练方案》记录，有演练方案、项目、参与人员签到、演练过程记录、预案适应性充分性评审、演练效果评审、外部支援和协作有效性评价、存在问题和改进措施有及整改情况等内容。 ➢ 现场检查了应急设施、装备和工具，基本能完成经常性维护保养	Ⅰ

续表

序号	评价指标	评价内容	评价记录	评价等级
8	经常性维护保养	A. 已制定完整的经常性维护保养制度，相关人员能够按规定进行维护保养；具有异常情况记录、交接班记录和巡检记录，记录规范完整。 B. 在经常性维护保养制度中，未明确承压设备相关内容；交接班记录、巡检记录、维护保养记录较规范、较完整。 C. 未制定经常性维护保养制度；未能提供交接班记录、巡检记录和维护保养记录	➤制定了《加油加氢合建站管理手册》(编号：ZSHQN/JQZ-SC—2022/01)，安全检查管理制度规定了日常检查、巡回检查、专项安全检查，规定了巡检间隔、巡回检查线路、巡检要求、巡回检查内容等。 ➤抽查了安智加氢站每日巡检记录表(无编号)，记录了巡检时间、巡检人员、巡检区域、巡检参数记录及现场情况。设备巡检全天候进行，操作人员每2小时巡检一次	I
9	定期自行检查	A. 有月度检查和年度检查(在线检验)计划，已按计划进行检查，检查报告符合相关技术规范的要求。 B. 无月度检查计划、年度检查(在线检验)计划，或虽有计划但未按计划进行检查，检查报告不全或检查报告不规范。 C. 无月度检查计划、年度检查(在线检验)计划，无月度检查记录或年度检查报告	➤制定了《加油加氢合建站管理手册》(编号：ZSHQN/JQZ-SC—2022/01)，第3.2.7条特种设备维护保养定期自行检查制度中规定了日检、周检、月检制度要求。第3.5条压力容器管理及定期检验制度中规定了管理职能、检验和维修，使用管理等。 ➤抽查2022年9月30日氢气储罐(V-301C)每月巡检表，检验项目包括容器本体、固定螺栓、安全附件等。 ➤抽查WK19-133-3氢气储罐(V-301C)，报告编号：2SHQNAZYLRQJC202103年度检查报告，有检查结论，检查日期为2021年8月8日，下次定期检验时间为2022年8月	I
10	压力容器档案管理	A. 压力容器技术档案完整，至少包括竣工图、质量证明书、监督检验证书、使用登记证、定期检验报告等技术资料；逐台建立压力容器技术档案。 B. 压力容器技术档案不完整，未逐台建立压力容器技术档案。 C. 无监督检验证书或特种设备使用登记证	➤公司建立了压力容器台账，抽查压力容器台账，共记录有压力容器3台，1个低压瓶组，已逐台建立压力容器技术档案。 ➤抽查了WK19-133-3氢气储罐(V-301C)压力容器技术档案，其中：有竣工图、产品质量证明书、制造许可证复印件(TS2210337—2022)、监督检验证书(编号RQJJ—2020-208F-0003)、使用登记证[容13沪N00067(20)]。 ➤抽查了WK19-133-3氢气储罐(V-301C)使用登记证，发证日期为2020年8月18日，下次检验日期2023年7月。有《上海市特种设备监督检验技术研究院压力容器定期检验申请报验确认单》(编号：6122110002)，已完成报验	I
11	压力管道使用管理	A. 压力管道技术档案完整，至少包括轴测图(单线图)、管道安装质量证明、安装质量监督检验证书、使用登记证、定期检验报告等技术资料；并对重要压力管道进行了定点测厚或在线监测。 B. 压力管道技术档案不完整，并未对重要压力管道进行定点测厚或在线监测。 C. 无监督检验证书或特种设备使用登记证	储氢装置不涉及压力管道	I

续表

序号	评价指标	评价内容	评价记录	评价等级
12	安全附件和仪表管理	A. 建立了完整的安全附件和仪表台账，制订了校验计划；有安全阀校验报告、爆破片更换记录、压力表检定/校准证书等。 B. 安全附件和仪表台账信息不能完全满足规范的要求。 C. 存在安全阀超期未校，或者爆破片超期未更换问题	➤建立了安全阀台账，共有安全阀 23 只；安全阀台账信息基本完整，内容包括整定压力、下次校验日期、安装位置等主要信息。 ➤抽查氢气储罐（V－301C）安全阀校验报告（报告编号 SW22－06－1418QT），下次校验日期为 2023 年 6 月 5 日。 ➤建立了压力表台账；抽查压力表台账，共有 30 块，压力表半年检定 1 次（强检），委托上海市质量监督检验技术研究院检定。 ➤抽查中压罐 B 压力表校准报告，报告编号：J22456S01395，校准日期：2022 年 7 月 7 日	I
13	工艺安全信息	A. 工艺信息资料完整，包括 PFD、PID 图和工艺操作规程，工艺操作规程至少包括开停车方案、紧急情况（异常现象）处理、工艺流程说明；装置进行了 HAZOP 分析，对物料中的主要腐蚀性组分含量进行了定期测定、分析；工艺操作规程放置于操作现场；重要设备操作参数有人工记录。 B. 工艺信息资料不完整，PID、PFD 图未能及时更新，工艺操作规程信息不完整；装置未进行 HAZOP 分析，对物料中的主要腐蚀性组分含量未进行定期测定、分析；工艺操作规程未放置于操作现场；重要设备操作参数无人工记录。 C. 无 PFD、PID 图或工艺操作规程等工艺信息资料	➤装置具有 PID 图，制定了《加油加氢合建站管理手册》，内容包含了气瓶充装操作规程、卸氢操作规程等。 ➤抽查了 2020 年 11 月上海度标检测技术有限公司出具的《加氢项目安全现状评价报告》[证书编号：APJ－（沪）－006]，有危险有害因素辨识与分析。 ➤现场巡查中控室，正常值班，巡查工艺控制采用站控系统全自动控制。 ➤抽查 2022 年 1 月 20 日燃料氢气检验记录，编号：ST22－00273.001，内容包括氢纯度、氧含量、一氧化碳含量、二氧化碳含量、甲烷含量、水分含量等	I
14	工艺稳定性	A. 装置原料或工艺操作关键参数始终在设计控制指标内，非计划停车不超过 1 次/年。 B. 装置原料或工艺操作关键参数偶尔超出设计控制指标，非计划停车次数为 2 次/年～3 次/年。 C. 装置原料或工艺操作关键参数长期超出设计控制指标，非计划停车超过 3 次/年	➤抽查中压罐 B（V－301B）2022 年 1 月 7 日～2022 年 3 月 7 日的运行参数记录，压力波动范围 20.9MPa～42.55MPa，正常控制压力范围为 0.5MPa～45MPa	I
15	数字集散控制系统	A. 采用 DCS 系统控制，控制回路资料齐全，制订并实施了仪表校验和维护计划，记录完整。 B. 采用 DCS 系统控制，控制回路资料不完整，制订了仪表校验和维护计划但未按计划实施，记录不完善。 C. 未采用 DCS 系统控制	➤抽查装置的 PLC 控制系统，采用施耐德 4.3 系统，系统的仪表设备台账基本完整。 ➤抽查装置的 PLC 控制系统，公司制定了《2022 年安智加氢站设备检维修计划》，有压力表检定、“流量计年度检验”等校验和维护计划。 ➤控制系统维护工作委托厚普清洁能源（集团）有限公司统一检修维护	I

续表

序号	评价指标	评价内容	评价记录	评价等级
16	安全联锁保护系统	A. 采用仪表安全联锁保护系统，安全联锁保护系统资料齐全，制订并实施了安全仪表校验和维护计划，记录完整。 B. 采用仪表安全联锁保护系统，安全联锁保护系统资料不完整，制订了安全仪表校验和维护计划，但未按计划实施，记录不完整。 C. 未按规定安装仪表安全联锁保护系统	➢公司制定了《加氢站报警/联锁管理办法(暂行)》。 ➢站控室有全站的视频监控系统、火焰报警系统、氢气泄露报警系统，安智站内充装接入了“上海市车用气瓶安全监管平台”。 ➢抽查了可燃气体探测器校定证书(证书编号：2022H15－20－4007060030)，检定日期2022年7月18日，有效期至2023年7月17日	I

在顺利通过安全管理评价后，中国石化销售有限公司上海石油分公司向检验机构提出RBI检验申请，提交通过安全管理评价的各类资料，并与检验机构共同成立RBI评估小组，由检验机构编制RBI评估方案并开展评估。

4.5　检验策略制定

根据风险等级，制定相应的检验策略，包括检验周期、检验方法、检验部位等。对于高风险的压力容器，应缩短检验周期，增加检验项目和检验频率；对于低风险的压力容器，可以适当延长检验周期，减少检验项目。如中国石化销售有限公司上海石油分公司的储氢瓶组由数个一体成型的瓶式容器组成，常规的定期检验通常需要将整个瓶组拆解，对单个瓶式容器分别进行检验，这对场地和器材均有一定要求。采取RBI评估后的检验策略，检验机构能够更具针对性，对储氢瓶组管排进行渗透检测，采用内窥镜对瓶式容器内部进行宏观检测，并专门增加声发射在线检测技术，通过调整工作压力采集缺陷声信号，实时监测容器在运行过程中的状态变化，从而实现对整个瓶组的检验，在确保风险可控的同时优化检验资源分配，为企业节省了时间和经济成本。

4.6　实施检验和监控

按照制定的检验策略对加氢站压力容器进行检验，并对检验结果进行分析和评估。同时，对压力容器的运行状况进行实时监控，及时发现和处理安全隐患。中国石化销售有限公司上海石油分公司的两座加氢站——西上海站和安智路站的储氢容器，属于八大类特种设备中的压力容器类别，必须依照国家相关法规进行管理和检定。相关储氢容器于2022年至2023年陆续进入检定周期。在此期间，中国石化销售有限公司上海石油分公司与属地监察机构、检验机构积极配合、协同合作，采用基于风险的检验(RBI)，科学有效地判定容器的风险水平，针对加氢站压力容器这一系列问题，检验机构采取超声测厚、渗透检测、内窥镜检测等手段，并制定氢气储罐泄漏试验专项方案，运用氦检漏仪，采用嗅吸探头检测法对容器泄漏信号指示孔、焊接接头、进出口连接处等潜在泄漏点进行检测。且与其他检测方法相互结合、相互验证，基于中国石化上海石油分公司两座加氢站压力容器的结构特点，检验机构综合运用多种无损检测手段：超声检测可用于检测容器壁的厚度变化和内部缺陷；射线检测能清晰呈现容器内部的结构完整性；磁粉检测和渗透检测则对表面裂纹等缺陷具有较高的敏感度。并将采集的数据利用RBI分析软件进行分析处理，并对加氢站在用高压储氢容器的使用维护过程管理结合合于使用评价、剩余寿命预测和失效分析给出科学的损伤评价，参照《压力容器定期检验规则》的规定，确定压力容器的安全状况等级和检验周期，根据其风险水平延长或者缩短检验周期为最终确定容器的风险等级和检验周期提供坚实支撑。

为了基于风险分析的RBI检验策略更具科学性。整个检验过程由设备管理人员、安全管理人员、操作人员、工艺专家、材料专家、腐蚀专家、检验人员和RBI技术人员共同组成工作小组来执行，汇集了各方意见，有效避免了因检验检测人员个人行为造成的失误；当现场数据不足时，还可参考腐蚀专家的建议或腐蚀数据库，在专家的指导下确定检验部位和方法，使检验更具针对性。最后，顺利完成相关检验工作，为加氢站的安全运行提供有力保障。

5　RBI技术应用的优势和挑战

5.1　优势

5.1.1　提高安全性和检测有效性

通过科学评估风险，有针对性地加强高风险

压力容器的监察，降低事故发生的概率。前期对加氢站高压储氢容器使用风险评估过程中充分考虑了容器损伤模式及失效后果，检验策略制定时可以更加针对性选择检测方法检出储氢容器的缺陷。

5.1.2　优化资源配置

合理确定检验周期和检验项目，避免过度检验和检验不足，提高检验效率，节约资源。首先在检验方式上，部分高风险及高中风险设备如储氢瓶组可以通过不拆装成单支储氢瓶在线检验方式降低设备风险，达到减少对加氢站停业检修时间，节约成本和提高检验效率的目的，其次在确定检验周期上具有更大的灵活性，可以根据加氢站高压储氢容器的实际情况，依据风险等级弹性设定检验周期；

5.1.3　延长设备寿命

根据风险评估结果，采取有效的预防措施，减少设备的损伤和老化，延长设备的使用寿命。如将加氢站内安全阀进行风险等级划分，实现分级管理，高风险的缩短计量检定周期，低风险的延长计量检定周期，打破了传统检验规定必须全部一年一校的模式，通过计算高压储氢容器剩余寿命的方式确定检验周期，可实现加氢站设备实施检修周期与检验周期保持同步，节约加氢站运营企业检验成本。

5.2　挑战

5.2.1　数据质量和完整性

RBI 技术需要大量准确和完整的数据支持，而加氢站作为新兴领域，部分数据可能存在缺失或不准确的情况。目前中国石化销售企业的加氢站站控系统普遍具备了对加氢软管、卸氢软管和储氢容器的使用循环次数、使用时间记录功能，达到使用寿命能预警及报警提醒，对高压储氢容器循环次数按照容器压力波动范围超过设计压力20%的工作压力循环次数自动计数，并细分容器压力浅幅波动和深幅波动统计，为后续容器失效风险评估提供科学的数据支撑。

5.2.2　技术复杂性

RBI 评估需要具备专业知识和经验的人员，对评估方法和软件的掌握要求较高。例如，须利用先进的传感器技术实时监测压力容器关键参数，结合数据分析和人工智能算法，实现更精准的风险预测和故障诊断，仍需持续更新和完善技术手段。

5.2.3　法规和标准的适应性

目前针对加氢站压力容器的 RBI 应用，相关法规和标准还不够完善，需要在实践中不断探索和完善。

6　结论

RBI 风险评估技术在加氢站压力容器安全监察中的应用，为保障加氢站的安全运行提供了一种科学、有效的方法。通过准确评估压力容器的风险等级，制定合理的检验策略，可以提高安全监察的针对性和有效性，降低事故风险，促进氢能产业的健康发展。然而，在实际应用中，还需要解决数据质量、技术复杂性和法规标准适应性等问题，需不断完善和优化 RBI 技术在加氢站压力容器安全监察中的应用，来满足不断变化的能源需求和加氢站压力容器完整性管理的技术发展。

参考文献

[1]张岩，林汉辰，赵燕菲，等．我国加氢站基础设施建设情况．氢能产业观察，2024(4)：17－19.

[2]郭淑芬，岳也，刘长林，等．国内外站用钢质无缝储氢容器标准规范研究[J]．低温与特气，2019，37(3)：1－5.

[3]郑津洋，马凯，周伟明，等．加氢站用高压储氢容器[J]．压力容器，2018，35(9)：35－42.

基于模糊数学的 LNG 接收站罐内泵风险评估

李长春　陈以龙　王福运

(中国特种设备检测研究院，北京　100029)

摘　要：LNG 接收站罐内泵为一种潜液泵，工作中全部浸没在 LNG 储罐内，由电机和泵体两部分组成，是接收站的关键设备。其运行可靠性直接影响 LNG 接收站的生产经营和经济效益。对接收站罐内泵关键组件开展模糊综合安全评价，可以及时发现设备安全隐患、安装缺陷及工艺技术隐患，能够有效避免安全事故及重大经济损失。通过量化风险因素，运用层次分析法确定各因素权重，建立单指标评价矩阵，给出综合评价结果，建立罐内泵关键组件模糊数学综合评价模型。结合现用 60723L2-R185F 型罐内泵开展风险评估，计算结果与实测一致性较好。该方法能够为同类型设备的综合评价和安全分级提供参考和借鉴。

关键词：LNG 接收站罐内泵；层次分析法；风险评估

Risk Assessment of In-tank Pumps in LNG Terminals based on Fuzzy Mathematics

LI Changchun, *CHEN Yilong*, *WANG Fuyun*

(China Special Equipment Inspection&Research Institute, Beijing 100029, China)

Abstract: The tank pump is a submersible pump, which is fully immersed in the LNG storage tank, which is composed of two parts: the motor and the pump body, and is the key equipment of the receiving station. Its operational reliability directly affects the production, operation and economic benefits of LNG terminals. The fuzzy comprehensive safety evaluation of the key components of the pump in the receiving station can timely discover potential equipment safety hazards, installation defects and process technology hazards, and effectively avoid safety accidents and major economic losses. By quantifying the risk factors, the analytic hierarchy process was used to determine the weight of each factor, a single index evaluation matrix was established, the comprehensive evaluation results were given, and the fuzzy mathematical comprehensive evaluation model of the key components of the pump in the tank was established. Combined with the current 60723L2-R185F tank pump to carry out risk assessment, the calculation results are consistent with the actual measurements. This method can provide reference for the comprehensive evaluation and safety classification of the same type of equipment.

Key words: In-tank pumps at LNG terminals; Analytic hierarchy process; Risk Assessment;

1　引言

石化行业机械设备中隐含性、突发性故障较多，投产设备一旦发生故障，将会造成机组停机乃至整条生产线停工。目前，石化机械设备主要以监测系统和定期巡检的方式保障机组的正常运行，可实时监测设备关键部件的振动、压力、温度及位移等参数的变化情况，一旦部件运行参数与正常状态产生较大偏差，就会触发报警，现场工程师可以根据实际情况适当检查维修。这种方式可以有效避免设备运行时出现严重的安全事故，但是基于上述工作模式，尚不能在机组或者关键部件出现早期故障时及时排查隐患、减少意

作者简介：李长春(1986—　)，高工，主要压力管道检验检测、杂散电流、阴极保护等方面研究。E－mail：527027691@qq.com

外停机次数。此外，复杂的石化机械设备包含着设备本体、密封系统、润滑系统、驱动机及阀门等多个组成部分，机组子系统或者关键部件一旦发生故障也会影响设备本体的正常运行[1-3]。因此，需要建立一套覆盖动设备各子系统及零部件的关键状态参数的评估指标体系，用于对石化机械设备进行全面、准确的风险评估。

不同设备模块中存在多种定性和定量因素，难以直接评估设备设施的安全性。采用模糊综合评价原理[4-5]，结合层次分析法(AHP)[6-8]，充分考虑LNG接收站各子系统及设备的整体安全性，对可能的安全因素进行分析并赋权重值，得出综合评价结果。通过实例应用，对60723L2－R185F型罐内泵进行综合评价，结果客观准确，为正确的指导决策提供了依据。

2　评价方法数学模型建立

模糊综合评价方法能够把多因素影响的复杂问题、难以量化的问题，通过系统评价给出准确的评价结果。首先根据评价对象，分析可能影响评价结果的因素，要求各个因素确实能从不同角度描述评价对象的属性，其次需要确定因素层次关系，根据隶属度理论，使定性问题转化为定量问题，最后通过模糊变换后，对其做出综合评价。

在确定了评价因素的基础上，采用线性加权法来计算动设备系统元件的重要度评价指数如公式(1)所示：

$$\begin{aligned} Index = & m_{FR}\alpha_{FR} + m_S\sigma_S + m_{SF}\sigma_{SF} + m_{DT}\sigma_{DT} \\ & + m_{MD}\sigma_{MD} + m_I\sigma_I + m_{MC}\sigma_{MC} + m_{BL}\sigma_{BL} \end{aligned} \tag{1}$$

式中　σ_i——第 i 种因素的权重；

m_{FR}——故障频率评分；

m_S——安全性评分；

m_{SF}——对系统功能影响评分；

m_{DT}——停机时间评分；

m_{MD}——维修难易程度评分；

m_I——可监测性评分；

m_{MC}——维修费用评分；

m_{BL}——停机损失评分。

由公式(1)可以看出，重要度评价指数对权重的敏感性很高，本文采用层次分析法确定各评价因素的权重。首先，构造判断矩阵 $\boldsymbol{D}$ 如公式(2)所示：

$$\boldsymbol{D} = \begin{bmatrix} u_{11} & u_{12} & \cdots & u_{1n} \\ u_{21} & u_{22} & \cdots & u_{2n} \\ \vdots & \vdots & & \vdots \\ u_{n1} & u_{n2} & \cdots & u_{nn} \end{bmatrix} \tag{2}$$

式中　u_{mn}——m 个评价因素对第 n 个评价因素的相对重要度；

u_{nm}——第 n 个评价因素对第 m 个评价因素的相对重要度。

其次，确定各评价因素的权重，计算判断矩阵 $\boldsymbol{D}$ 的最大特征值，代入齐次线性方程组，如公式(3)所示：

$$\begin{cases} (u_{11}-\lambda)w_1 + u_{12}w_2 + \cdots + u_{1n}w_n = 0 \\ u_{21}w_1 + (u_{22}-\lambda)w_2 + \cdots + u_{1n}w_n = 0 \\ \vdots \\ u_{n1}w_1 + u_{n2}w_2 + \cdots + (u_{nn}-\lambda)w_n = 0 \end{cases} \tag{3}$$

最后通过一致性比率公式来判断构造矩阵 $\boldsymbol{D}$ 的可接受度，当 $CR<0.1$ 时，即认为构造的判断矩阵 $\boldsymbol{D}$ 通过一次性检验，如公式(4)所示：

$$CR = \frac{CI}{RI} \tag{4}$$

式中　CR——判断矩阵 $\boldsymbol{D}$ 的一致性比率；

RI——判断矩阵 $\boldsymbol{D}$ 的平均随机一致性指标；

CI——判断矩阵的一致性指标，其取值计算公式如公式(5)所示：

$$CI = \frac{\lambda_{max} - n}{n-1} \tag{5}$$

其中，由专家、维修人员和操作人员对设备不同评价因素进行打分，利用层次分析法得到各评价指标对设备影响的权重评价矩阵，确定其权重的优先级顺序。依据重要性尺度表，结合专家、维修技术人员和操作人员讨论得出的判断矩阵，如式(6)矩阵中各值依次为故障频率(FR)、安全性影响(S)、对系统整体功能影响(SF)、停机时间(DT)、维修难易程度(MD)、可监测性(I)、维修费用(MC)和停机损失(BL)各因素之间的相对重要度。

计算 $CI=0.11174$，$RI=1.41$，$CR=0.0793<0.1$，即通过一致性检验。利用层次分析法解得特征向量，得到评价因素的优先级排序为：SF > MD > MC > FR > BL > I > DT > S。

$$\boldsymbol{D} = \begin{bmatrix} 1 & 1/3 & 1/2 & 1/4 & 1/2 & 1 & 1 & 1/3 \\ 3 & 1/2 & 1 & 2 & 1 & 2 & 3 & 2 \\ 2 & 1/2 & 1 & 2 & 1 & 2 & 3 & 1/3 \\ 4 & 1/2 & 2 & 1 & 2 & 3 & 2 & 1 \\ 2 & 1/4 & 1 & 1/2 & 2 & 1 & 3 & 1/4 \\ 1 & 1/3 & 1/2 & 1/3 & 2 & 1 & 2 & 1/3 \\ 1 & & 1/2 & 1/3 & 1/2 & 1/3 & 1/2 & 1 \\ 2 & 1/2 & 3 & 1 & 4 & 3 & 2 & 1 \end{bmatrix} \tag{6}$$

3 罐内泵模糊安全评价

3.1 重要度评价

进行设备重要度分析，必须建立设备重要度评估的量化模型。通过设备运营维修管理的调查分析，得出决定设备重要度的四大类八小项评价因素。在分析过程中，为保证评价结果的准确性，本文研究中将每个评价因素分成各等级并确定了不同等级相应的分数，见表1～表8，由专家、维修人员和操作人员依据各因素的相关记录对设备进行打分。

3.1.1 故障频率(FR)和安全性(S)

故障频率与设备的实际故障间隔时间有关。安全性主要考虑设备中流过介质的特性和设备一旦发生故障对周围环境和人员的危害性。具体评分标准见表1和表2。

表1 故障率评分标准

MTBF/h	分数 S_{FR}	MTBF/h	分数 S_{FR}
>3000	0～2	1000～1500	4～8
1500～3000	2～4	<1000	8～10

表2 安全性评分标准

介质特性	分数 S_S	介质特性	分数 S_S
无害	0～1	很危险	6～9
稍危害	1～6	极度危险	9～10

3.1.2 停机时间(DT)和对系统功能影响(SF)

停机时间与设备的结构和有无备用有直接关系，包括设备的停运、维修和投运需要的时间。而对系统功能的影响主要考虑设备故障而导致的系统功能丧失程度，设备有无备用对系统的影响程度不同。具体评分标准见表3和表4。

表3 停机时间评分标准

工时/h	分数 S_{Dr}	工时/h	分数 S_{Dr}
<3h	0～1	12～24h	5～8
3～12h	2～5	>24h	8～10

表4 对系统功能影响评分标准

功能	分数 S_{SF}	功能	分数 S_{SF}
基本无影响	0～2	大部分丧失	5～8
小部分丧失	2～5	完全丧失	8～10

3.1.3 维修难易程度(MD)和停机损失(BL)

从重要度评价角度来说，设备维修的难易程度也是影响评价结果的一个重要因素，它与设备的复杂程度、接近难易程度和获取备品备件难易程度有关。其评分标准见表5和表6。

表5 维修难易程度评分标准

维修难易	分数 S_{MD}	维修难易	分数 S_{MD}
容易	0～3	很难	7～9
一般	3～7	非常难	9～10

表6 停机损失评分标准

费用	分数 S_{BL}	费用	分数 S_{BL}
无影响	0～1	一般	4～7
较小	1～4	很大	7～10

3.1.4 维修费用(MC)和可监测性(I)

维修费用包括维修人员工时费、备件消耗费和后勤保障费等。可监测性主要与设备实施状态监测所需要的监测费用和监测技术有关。其评分标准见表7和表8。

表7 维修费用评分标准

费用	分数 S_{MC}	费用	分数 S_{MC}
很小	0～1	较大	4～7
一般	1～4	非常大	7～10

表8 可检测性评分标准

监测费用	分数 S_{MC}	监测费用	分数 S_{MC}
较低	0～3	较高	7～9
一般	3～7	非常高	9～10

3.2 重要度分析

对罐内泵进行重要度评估的目的在于帮助选出那些故障对动设备系统整体运行影响较小的单元，以减少分析的工作量。罐内泵元件、泵系统重要度统计见图1和图2。由表9可以看出，重要性级别为15～22的设备(重要度<0.5)为重要性较低的单元，考虑到资源的合理分配，通常对这些设备采用事后维修；重要性级别的设备1～14(重要度>0.5)为罐内泵的重要元件，是维修时考虑研究的重点，需要通过详细的分析来确定维修策略。

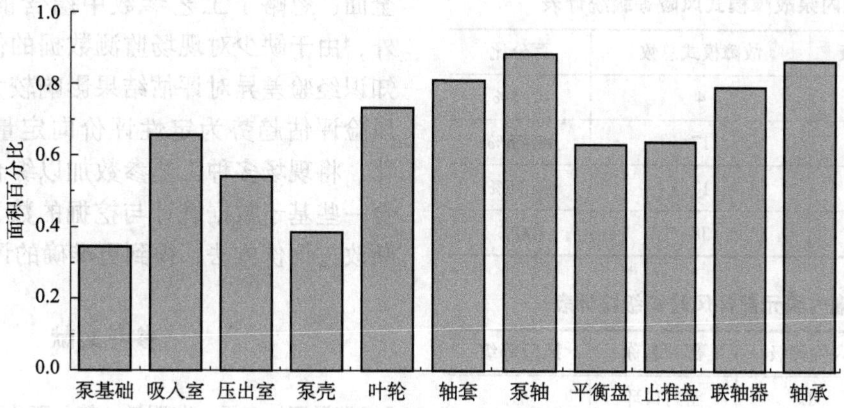

图1 罐内泵元件重要度统计图

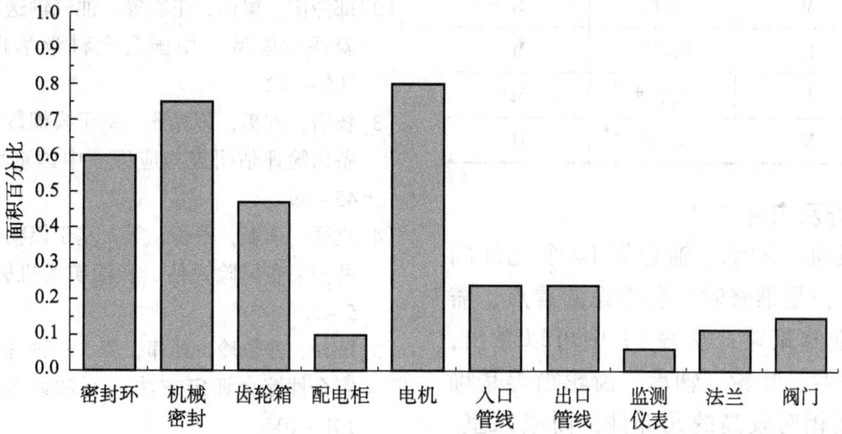

图2 罐内泵系统重要度统计图

表9 罐内泵子系统或元件重要性等级表

子系统名称	重要度	重要性等级	子系统名称	重要度	重要性等级
泵基础	0.3452	15	轴承	0.8611	2
吸入室	0.6508	8	机械密封	0.7532	6
压出室	0.4686	14	齿轮箱	0.5432	12
泵壳	0.5189	13	驱动电机	0.8012	4
密封口环	0.6036	11	配电柜	0.1005	20
叶轮	0.7319	7	入口管线	0.2443	16
泵轴	0.8823	1	出口管线	0.2343	17
轴套	0.8088	3	监测仪表	0.0532	21
平衡盘	0.6246	10	法兰	0.1124	19
止推盘	0.6332	19	阀门	0.1523	18
联轴器	0.7904	5			

3.3 风险评价

罐内泵共有12个元部件参与分析，经统计共有38个故障模式，具体结果见表10～表11。从表中可以看到，泵轴、泵壳、法兰、叶轮、轴承、齿轮箱等是罐内泵中风险等级相对较高的元部件，而吸入室、压出室、平衡盘、联轴器、工艺管线等是中风险等级元部件，其他属于低风险等级元部件，可依据风险等级的高低来确定响应的维修方式。

表 10　罐内泵故障模式风险等级统计表

故障模式风险等级	故障模式总数	百分比
高	4	10.5%
中	17	44.75%
低	17	44.75%
总计	38	100%

表 11　罐内泵元部件风险等级统计表

部件名称	风险等级	部件名称	风险等级
吸入室	L	密封口环	L
泵壳	H	机械密封	M
叶轮	M	电机	L
泵轴	H	联轴器	M
轴套	L	止推盘	M
平衡盘	M	轴承	H

4　风险控制措施及应用

罐内泵的泵轴、轴承、轴套等 14 个元件的重要度等级较高，是维修时需要考虑的重点，需要制定详细的维修策略；从表 11 中可以看出，泵轴、泵壳、法兰、叶轮、轴承、齿轮箱等是罐内泵中风险等级相对较高的元部件，而吸入室、压出室、平衡盘、联轴器、工艺管线等是中风险等级的元部件，其他属于低风险等级的元部件，可依据风险等级的高低来确定响应的维修方式。

5　结论与建议

(1)建立了基于模糊数学及层次分析法的 LNG 接收站罐内泵风险评估框架。通过对设备元件重要度分析及风险评价，能够给出评价判断标准及决策建议，可以为现场预防性维护等工作提供有益的参考。

(2)本研究中对风险评估指标的建立尚不够全面，忽略了工艺参数中蕴含的丰富信息。此外，由于缺少对现场监测数据的使用，导致人为知识经验差异对评估结果影响较大。未来动设备风险评估趋势为定性评价向定量评价的方向转化，将现场多种工艺参数加以综合考虑，同时结合一些基于数据统计与挖掘的数学方法，从而不断改进评价方法，得到更准确的评价结果。

参考文献

[1]邱泽阳，王雪，张明敏，等．石化机械设备风险评价方法研究综述．化工机械，2022，49(1)：1－3.
[2]邱泽阳，梁伟，王雪等．油气输送动设备实时定量风险评估模型．中国安全科学学报，2020，30(2)：106－112.
[3]杨浩，刘勇，陈祎歌．基于模糊数学的液压修井机设备风险评估研究与应用．中国重型装备，2023(2)：45－49.
[4]袁征，李航，罗衡，等．基于模糊数学的海上修井机井控装备风险评估．石油矿场机械，2017，46(04)：5－8.
[5]陈科，颜银玲，孙伟，等．一种基于模糊数学的钻机安全性综合评定方法．石油矿场机械，2007(05)：101－104.
[6]张辉，高德利．基于模糊数学和灰色理论的多层次综合评价方法及其应用．数学的实践与认识，2008(03)：1－6.
[7]和鹏飞，董潇琳．基于 PHA 分析法的海上 PCL 测井风险控制技术[J]．石油化工安全环保技术，2017，33(04)：25－28.
[8]蒙伟，周茂涛．基于层次分析法及多因数加权平均法的项目选址评价[J]．物流技术，2018，37(11)：75－78.

含外腐蚀缺陷小径管抗弯能力研究

王俊强[1] 王 涛[1] 季建行[2] 李 强[3] 张晓兵[1] 韩 彬[1]

[1. 中国特种设备检测研究院，北京 100029；2. 中国石油大学(北京)，北京 102249；
3. 广东大鹏液化天然气有限公司，广东 深圳 518102]

摘 要：为保障小径管的安全运行，明确外腐蚀缺陷对小径管抗弯能力产生的影响，本文采用全尺寸三点弯曲试验与数值模拟相结合的方法，研究外腐蚀缺陷尺寸对小径管抗弯能力的影响规律，拟合适用于含外腐蚀缺陷小径管的极限弯矩预测公式。研究结果显示：腐蚀深度影响最大，极限弯矩随腐蚀深度增加呈线性下降；极限弯矩随腐蚀宽度增加指数型下降，当 $0.5<\beta/2\pi<1$ 时，极限弯矩受腐蚀宽度影响不大，当 $\beta/2\pi=1$ 时，极限弯矩值有大幅度降低；腐蚀长度对小径管的抗弯能力几乎没有影响。根据研究结果并结合 GB/T 19624 标准中的弯矩计算公式，得到基于管道参数和缺陷尺寸的极限弯矩修正公式，相比于原标准中的计算公式，修正公式的计算结果更为精确。

关键词：小径管；外腐蚀缺陷；抗弯能力；极限弯矩；修正公式

Research on the Bending Resistance of Small Diameter Pipes with External Corrosion Defects

WANG Junqiang[1], *WANG Tao*[1], *JI Jianhang*[2], *LI Qiang*[3], *ZHANG Xiaobing*[1], *HAN Bin*[1]

(1. China Special Equipment Inspection & Research Institute, Beijing 100029, China;
2. China University of Petroleum, Beijing, 102249, China;
3. GDLNG Company Ltd, Shenzhen Guangdong, 518102, China)

Abstract: To ensure the safe operation of small diameter pipes and clarify the impact of external corrosion defects on their bending resistance, this paper adopts a combination of full-scale three-point bending tests and numerical simulations to study the influence of external corrosion defect size on the bending resistance of small diameter pipes, and fits a formula for predicting the ultimate bending moment of small diameter pipes containing external corrosion defects. The research results show that the corrosion depth has the greatest impact, and the ultimate bending moment decreases linearly with the increase of corrosion depth; The ultimate bending moment decreases exponentially with the increase of corrosion width. When $0.5<\beta/2\pi<1$, the ultimate bending moment is not significantly affected by the corrosion width. When $\beta/2\pi=1$, the ultimate bending moment value decreases significantly; The corrosion length has almost no effect on the bending resistance of small diameter pipes. Based on the research results and combined with the bending moment calculation formula in GB/T 19624 standard, a limit bending moment correction formula based on pipeline parameters and defect size is obtained. Compared with the calculation formula in the original standard, the calculation results of the modified formula are more accurate.

Key words: Small diameter pipe; External corrosion defects; Bending resistance; Ultimate bending moment; Correction formula

---

作者简介：王俊强(1983—)，博士，正高级工程师，长期从事压力管道完整性评价研究工作。E - mail: wjqiang418@ sina. com

1 引言

小径管作为管道系统附件[1,2]，量大面广，是石油化工装置和油气站场承压设备、管道、仪表、阀门等的关键连接件，小径管的失效可能引起连接设备的失效，甚至引发装置连锁失效，影响企业安全生产[3-6]。目前，企业对小径管重视程度不足，由于小径管细小且壁厚薄，缺陷检测困难，相关缺陷评价方法也相对欠缺。

在工程实践中，弯曲载荷是不可避免的，小径管弯矩主要来源附属件自重，例如阀门、法兰等[7]。由于小径管管径小，管壁薄，抵抗弯曲能力较弱，较小的弯矩就可能引起小径管的失效。在小径管失效案例中，外腐蚀是最常见的缺陷，外腐蚀会引起小径管的大面积减薄，降低管道的承载能力[8,9]。因此有必要对含外腐蚀缺陷的小径管进行抗弯能力研究。

目前，腐蚀管道抗弯能力研究主要集中于大口径管道，Kim[10]等提出用净截面垮塌方法来计算腐蚀缺陷管道的极限弯矩荷载，并通过非线性有限元方法进行了数值验证。Miyazaki[11]、Hasegawa[12]等人采用实验方法，得出了腐蚀管道在弯矩作用下有三种破坏形式，分别是断裂、局部屈曲和椭圆化。2021 年帅义[13]等人研究了弯矩作用下 X80 钢管在腐蚀缺陷处的抗弯曲性能，建立了非线性有限元模型来研究管道的弯曲行为并确定临界弯矩，确定了参数效应。

以上研究都主要集中在大口径管道上，仍然缺少对小径管抗弯能力的研究。本文旨在通过对外腐蚀缺陷的小径管进行全尺寸三点弯曲试验以及数值模拟，探讨腐蚀缺陷尺寸对小径管抗弯能力的影响规律。基于模拟数据对 GB/T 19624[14]中的极限弯矩计算公式进行修正，得到适用于含外腐蚀小径管失效弯矩的计算公式，为纯弯矩作用下含腐蚀缺陷小径管的合于适用评价提供依据。

2 三点弯曲试验

2.1 试验设计

外腐蚀缺陷主要包括均匀腐蚀和点蚀两种类型，其形状如图 1 所示。本次试验将以均匀腐蚀和点蚀缺陷为研究对象，采用三点弯曲的方式对管道施加弯矩。试验选用某接收站常用小径管材质 A333-6，试验管道具体参数见表 1。为了防止腐蚀缺陷处的应力集中，对腐蚀边缘部位进行圆角过渡[15]，在管道缺陷周围布置双向应变片，便于试验结束后分析管道缺陷处受弯矩时的变形情况。

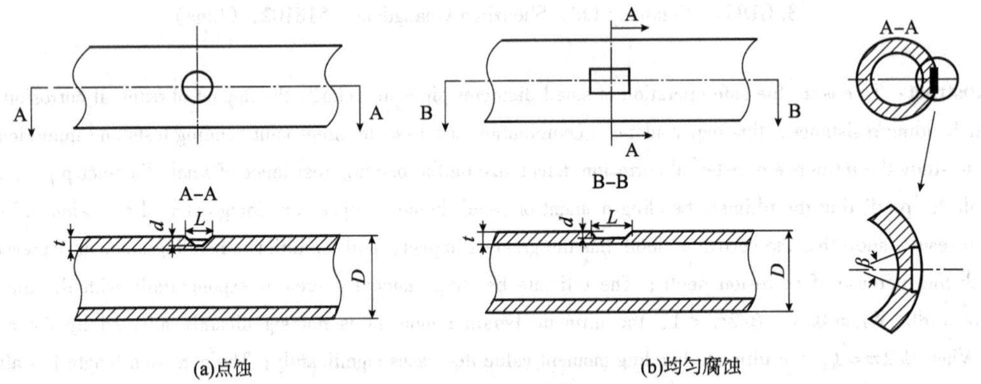

图 1 点蚀、均匀腐蚀形状示意图

表 1 弯曲试验管道具体参数

编号	外径/mm	壁厚/mm	腐蚀类型	腐蚀长度	腐蚀宽度	腐蚀深度/mm
*p*1	33.4	6.35	点蚀	12.74		3.2
*p*2	33.4	4.55	均匀腐蚀	40	180°	2.27

三点弯曲试验示意图如图 2 所示，滚轮支撑间距离为 700mm，试验管道力臂为 350mm。在缺陷背部施加作用力，通过施加作用力以及力臂计算出试验管道所承受的弯矩，弯曲试验装置见图 3。在弯曲试验过程中，控制压头向下移动，向管道施加下压力，通过力传感器显示作用反力。

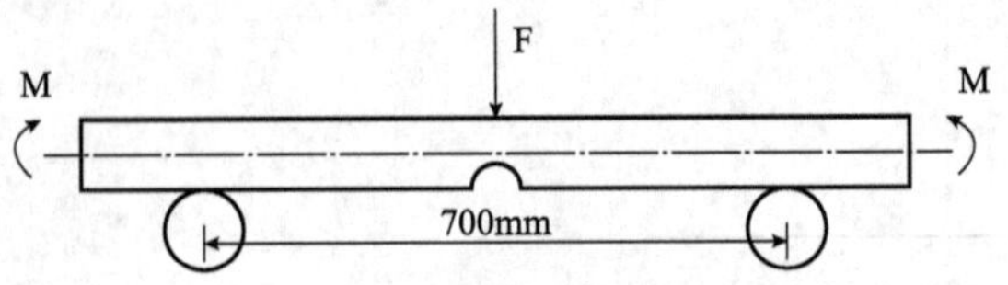

图 2 三点弯曲示意图

图3　弯曲试验装置

2.2　试验结果

试验 p1 与 p2 管道各点应变变化规律相似，本文以 p1 管道为例，分析在弯矩载荷下管道各测点应变变化规律。图 4 为各测点应变随弯矩的变化情况，由图可以看出，轴向应变随弯矩增加而增大，轴向方向受拉；环向应变随着弯矩的增加而减小，环向方向受压。缺陷中间位置(测点 3)应变变化速率最大，可以预测在弯矩的作用下，缺陷中心处率先发生失效。弯矩为 2.5kN · m 时，轴向与环向应变发生突变，此时试验管道进入塑性阶段，此时弯矩为屈服弯矩。p2 管道屈服弯矩为 1.54kN · m。

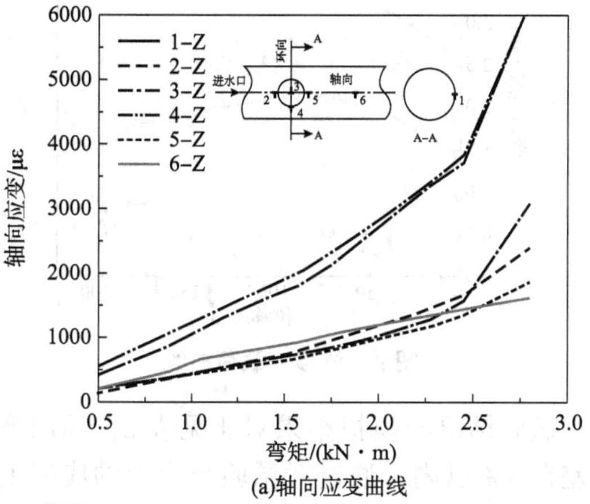

(a)轴向应变曲线

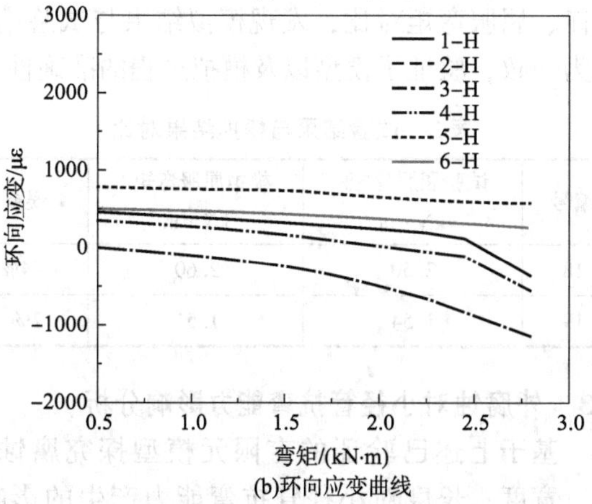

(b)环向应变曲线

图4　P1 试验管道应变曲线

3　有限元分析

3.1　有限元模型建立

3.1.1　几何模型

有限元 3D 模型由管道、两个圆柱形支座以及一个圆柱形压头四部分组成，模型跨距与试验保持一致，支座距管道中心处 350mm，压头位于管道中心位置，有限元模型如图 5 所示。由于管道及压头既轴向对称，也径向对称，因此取 1/4 模型进行分析，这样可以减小模型尺寸，便于计算。管道模型尺寸均采用试验管道的实际尺寸，压头与支座均为圆柱形，直径为 30mm，高度为 35mm。由于只对管道进行分析，在支座以及压头中心处设置参考点 RP1、RP2 并耦合为刚体。

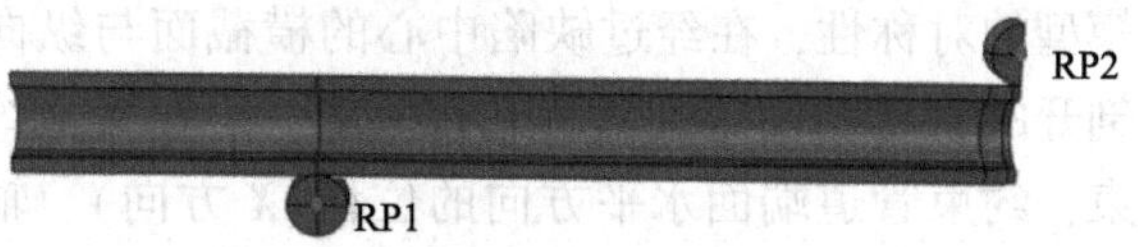

图5　纯弯曲有限元模型图

3.1.2　材料参数确定

试验材料采用 A333 - 6，弹性模量 200GPa，泊松比 0.3，对该材料进行单轴拉伸实验并换算试验结果得到真实应力 - 应变曲线，如图 6 所示，输入应力、应变数据作为管体材料弹塑性模型，由图可知其屈服强度为 302MPa，真实抗拉强度为 595MPa。

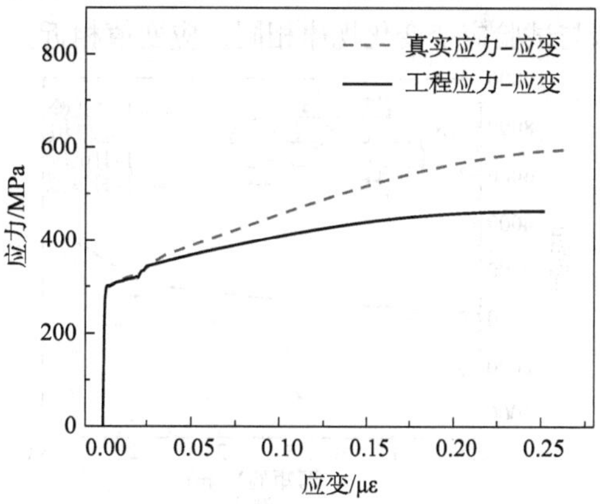

图6　A333 - 6 真实应力 - 应变曲线

3.1.3　单元、网格划分

考虑到几何非线性、计算精度和时间消耗，采用八节点六面体线性减缩积分单元(C3D8R)网格进行建模[16,17]，并利用静力学算法进行计算。为减轻缺陷端部的应力集中效应，在边界处引入了圆角边。此外，为了提高缺陷位置的网格质量，与其他区域相比，缺陷附近加大了网格密度，并采用从周边向缺陷区域逐步细化的方法[18]。缺陷管道网格划分如图 7 所示。

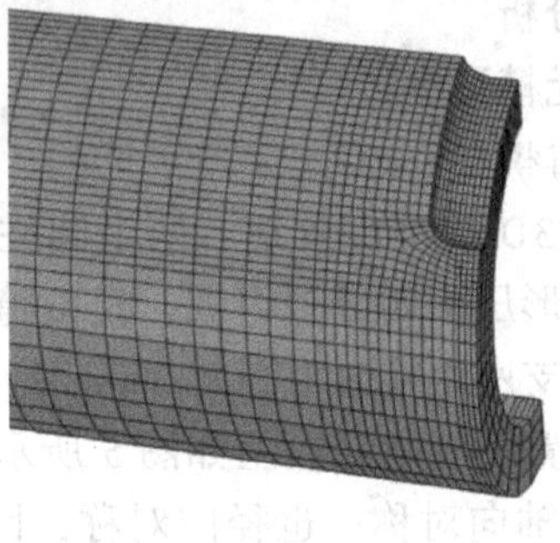

图7　缺陷管道网格划分

3.1.4　载荷与边界条件

模拟选择静力学通用分析步，对 RP2 建立集合，在历史输出中选择该集合的位移与支反力，输出力-位移曲线。对于边界条件的设置，考虑模型的对称性，在经过缺陷中心的横截面与纵向剖开的管壁截面施加对称约束。RP1 设置为全约束，约束管道端面水平方向的位移(*X* 方向)、轴向(*Z* 方向)以及竖直方向(*Y* 方向)的旋转。对 RP2 施加一定竖直方向的位移，模拟压头下压过程。

3.2　模型准确性验证

3.2.1　弯矩-应变曲线对比

通过将管道的应变变化规律以及屈服极限与模拟进行比较，从而验证有限元模型的准确性。取 p1 管道缺陷周向 90°(测点 1)、缺陷中间(测点 3)、缺陷远端(测点 6)三个位置的应变进行对比，试验、模拟应变对比结果如图 8 所示。由图可看出模拟与试验应变变化规律相同，应变值相近。

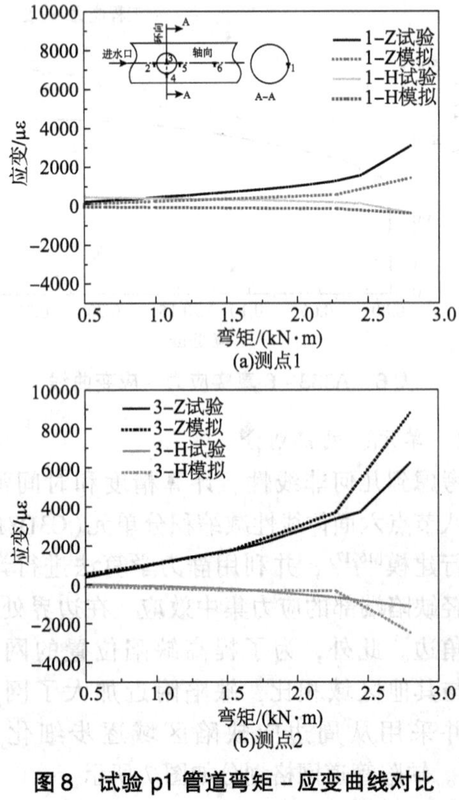

图8　试验 p1 管道弯矩-应变曲线对比

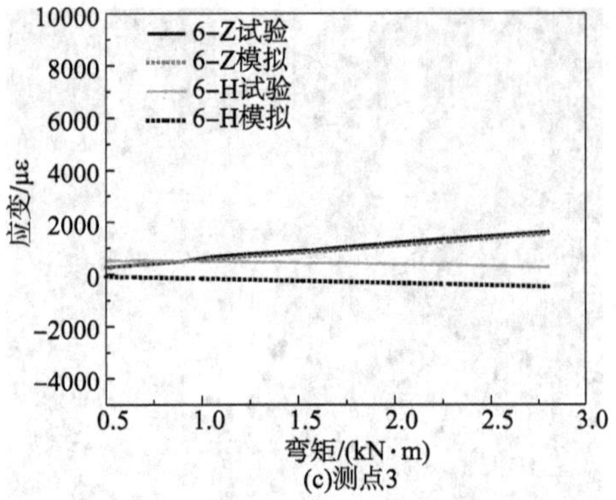

图8　试验 p1 管道弯矩-应变曲线对比(续)

3.2.2　屈服弯矩对比

位移-载荷曲线是评价结构弯曲失效的有效方法，通过位移-载荷曲线得出管道的屈服弯矩以及极限弯矩。在管道受到弯矩作用时，管道弯矩随位移变化趋势是：快速增加—缓慢增加—减小。其中，屈服弯矩是弯矩快速增加与缓慢增加的临界点，极限弯矩是弯矩缓慢增加与减小的临界点[19]。图 9 为试验 p1、p2 管道的载荷-位移曲线。由图可得，p1 屈服弯矩为 2.60kN·m，极限弯矩 3.64kN·m；p2 屈服弯矩为 1.51kN·m，极限弯矩 2.18kN·m。

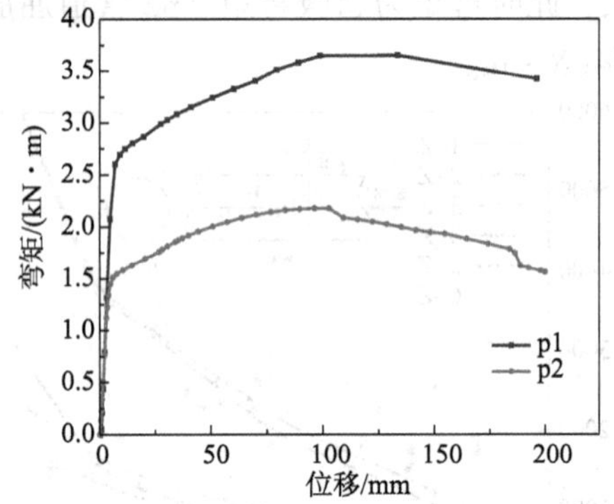

图9　位移-载荷曲线

试验结果与模拟结果对比见表 2，屈服弯矩误差在 5% 以内。通过对试验与模拟的应变变化规律、屈服弯矩对比，发现模拟结果与试验结果较为一致，验证了模型以及模拟过程的准确性。

表2　试验结果与模拟结果对比

编号	试验屈服弯矩/kN·m	模拟屈服弯矩/kN·m	误差
18	2.50	2.60	-4%
19	1.54	1.51	2%

3.3　外腐蚀对小径管抗弯能力影响分析

基于上述已验证的有限元模型探究腐蚀深度、宽度、长度对小径管抗弯能力产生的影响。

管道模型基本参数如表3所示。缺陷尺寸按照L、d/t、$\beta/2\pi$的形式进行设计，其中L设计范围10mm到100mm，d/t设计范围0.1~0.9，$\beta/2\pi$设计范围0.1~1，所对应的缺陷几何参数见表4。

表3 管道模型基本参数

参数	数值
管道外径/mm	48.3
管道内径/mm	34.02
壁厚/mm	7.14
材料	A333-6
屈服强度/MPa	302MPa
抗拉强度/MPa	595MPa
弹性模量/MPa	210000
泊松比	0.3

表4 腐蚀缺陷几何参数

研究规律	d/t	L/mm	$\beta/2\pi$
深度	0.1、0.2、0.3、0.4、0.5、0.6、0.7、0.8、0.9	10、30、50、100	0.5
长度	0.3、0.5、0.7	10、20、30、40、50、60、70、80、100	0.5
宽度	0.3、0.5、0.7	30	0.1、0.2、0.3、0.4、0.5、0.6、0.7、0.8、0.9、1

3.3.1 腐蚀深度对小径管抗弯能力影响

将腐蚀深度由0.1t至0.9t均分为9个等级，腐蚀长度分别为10mm、30mm、50mm、100mm，腐蚀宽度为180°。由此可以分析不同腐蚀长度下，小径管抗弯能力随腐蚀深度的变化趋势。极限弯矩载荷随腐蚀深度的变化趋势如图10所示，其中横坐标为腐蚀深度与壁厚之比，纵坐标为腐蚀管道极限弯矩与无缺陷管道极限弯矩之比。

由图10可知，腐蚀缺陷深度对小径管极限弯矩影响很大，极限弯矩随腐蚀深度的增加呈线性下降，d/t每增加0.1，极限弯矩平均下降7.5%。同时腐蚀深度较小时，腐蚀长度对极限弯矩产生一定影响，但随着腐蚀深度的增加，腐蚀长度对小径管抗弯能力的影响逐渐减弱。

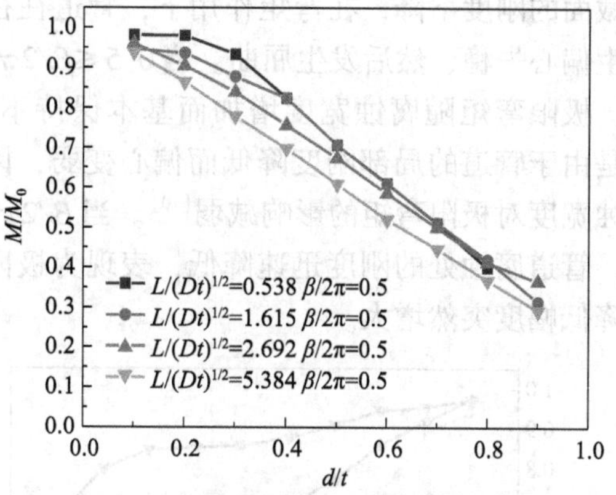

图10 极限弯矩随腐蚀深度的变化趋势

3.3.2 腐蚀长度对小径管抗弯能力影响

将腐蚀长度从10mm至100mm均分为10个等级。腐蚀深度取0.3t、0.5t、0.7t三个等级，腐蚀宽度为180°，由此可以分析不同腐蚀深度下，小径管抗弯能力随腐蚀长度的变化趋势以及腐蚀长度与腐蚀深度之间的联系。极限弯矩随腐蚀长度的变化趋势如图11所示。

由图11可知，腐蚀长度对小径管抗弯能力影响较弱，腐蚀深度较小时，极限弯矩随腐蚀长度的增加略有降低，当腐蚀深度较大时，极限弯矩不受缺陷长度的影响。

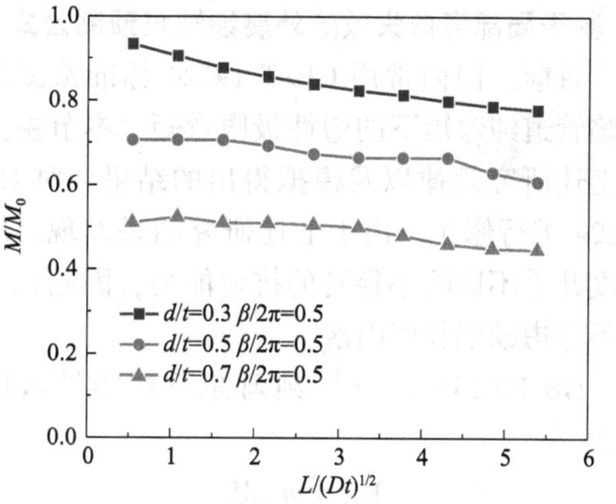

图11 极限弯矩随腐蚀长度的变化趋势

3.3.3 腐蚀宽度对小径管抗弯能力影响

腐蚀宽度由36°至360°均分为十个等级，腐蚀长度选用30mm，腐蚀深度选用0.3t、0.5t、0.7t三个等级，用于分析小径管抗弯能力随腐蚀宽度的变化趋势以及腐蚀宽度与深度之间的联系。抗弯能力随腐蚀宽度的变化趋势图12所示。

由图12可知，随着腐蚀宽度增加，小径管的极限弯矩呈指数形式降低，腐蚀深度越大，极限弯矩受腐蚀宽度影响越大。当$\beta/2\pi \leq 0.5$时，极限弯矩随腐蚀宽度的增加迅速下降，这是因为腐蚀宽度越大，腐蚀区域的管壁减薄面积越大，横截面的刚度下降，在弯矩作用下，管道往往会发生偏心失稳，然后发生屈曲。当$0.5 \leq \beta/2\pi < 1$时，极限弯矩随腐蚀宽度增加而基本保持不变，这是由于管道的局部刚度降低而偏心变弱，因此腐蚀宽度对极限弯矩的影响减弱[20]。当$\beta/2\pi = 1$时，管道腐蚀处的刚度迅速降低，表现为极限弯矩降低幅度突然增大。

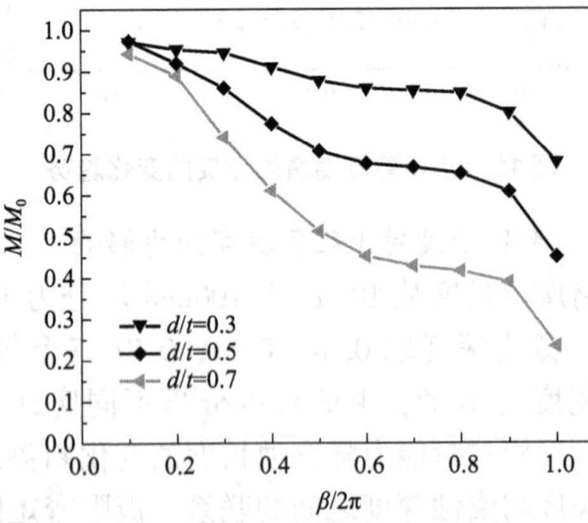

图12　极限弯矩随腐蚀宽度的变化趋势

总体来说，腐蚀缺陷尺寸影响小径管抗弯曲能力。腐蚀深度对小径管极限弯矩影响最大，腐蚀宽度次之，腐蚀长度几乎不影响小径管的抗弯能力。

4　基于局部弯曲失效的外腐蚀缺陷预测公式

目前，国内常用GB/T 19624标准预测腐蚀缺陷管道纯弯矩下的塑性极限弯矩，本节主要结合上述研究规律以及模拟得出的结果，对GB/T 19624进行修正。由于上述研究结果发现，缺陷长度几乎不影响小径管的抗弯能力，因此在公式中不考虑缺陷长度因素。

GB 19624—2019[14]纯弯矩下的塑性极限弯矩为：

$$M_{LS} = m_{LS} M_{L0} \tag{1}$$

$$M_{L0} = 4\sigma_{flow} \frac{R_0^{\,3} - R_i^{\,3}}{3} \tag{2}$$

当$c < \frac{1-b}{b}$时，

$$m_{LS} = \cos\left(\frac{c\pi b}{2}\right) - \frac{c\sin(\pi b)}{2} \tag{3}$$

当$c \geq \frac{1-b}{b}$时，

$$m_{LS} = (1-c)\sin\left[\frac{\pi(1-bc)}{2(1-c)}\right] + \frac{c\sin(\pi b)}{2} \tag{4}$$

式中　$\sigma_{flow} = (\sigma_u + \sigma_s)/2$，$b = \beta/2\pi$　$c = d/t$，

M_{LS}——含缺陷管道在纯弯矩下的塑性极限弯矩；

M_{L0}——无缺陷管道在纯弯矩下的塑性极限弯矩；

m_{LS}——无量纲的缺陷管道在纯弯矩下的塑性极限弯矩；

R_0——管道外半径；

R_i——管道内半径；

σ_u——抗拉强度；

σ——屈服强度。

公式的适用范围为：$R_0/R_f \leq 1.4$，$d/t \leq 0.7$，$t - d \geq 2$mm。

对于完好管道极限弯矩的计算公式，参照公式(2)并对其修正。不同型号完好管道的极限弯矩如表5所示，材料均为A333－6，屈服强度为303MPa，抗拉强度为595MPa。经过对其进行非线性拟合，发现当流变应力取抗拉强度时，误差减少23%，因此完好小径管道极限弯矩预测公式为：

$$M_{L0} = 4\sigma_u \frac{R_0^{\,3} - R_i^{\,3}}{3} \tag{5}$$

不同型号完好管道极限弯矩见表5。

表5　不同型号完好管道极限弯矩

管道型号	外径 D/	壁厚 t/mm	极限弯矩/kN·m
DN20	26.7	3.91	1.63
DN25	33.4	6.35	3.98
DN40	48.3	7.14	10.50
DN50	60.3	5.54	11.35

对含缺陷小径管极限弯矩共进行96组模拟，发现公式(3)与模拟数据吻合程度较为理想，只需对公式(4)进行修正。通过对模拟数据进行非线性拟合，得到外腐蚀缺陷极限弯矩预测公式如下：

当$c < \frac{1-b}{b}$时，

$$m_{LS} = \cos\left(\frac{c\pi b}{2}\right) - \frac{c\sin(\pi b)}{2} \tag{6}$$

当$c \geq \frac{1-b}{b}$时，

$$m_{LS} = 1.1(1-c)\sin\left[\frac{\pi(1-bc)}{2(1-c)}\right] + \frac{c\sin(\pi b)}{2} \tag{7}$$

$$M_L = M_{L0} \times m_{LS} \tag{8}$$

修正公式与GB/T 19624公式预测出的极限弯矩与模拟弯矩对比如图13所示。由图可见，GB/T 19624公式预测结果较为保守，修正公式预测的结果更为精确。基于管壁薄以及材料的延性损伤特性，对管壁降至0.3倍壁厚的小径管直接进行更换，公式(6)~(8)的适用范围为：$d/t \leq 0.7$，$DN \leq 50$mm。

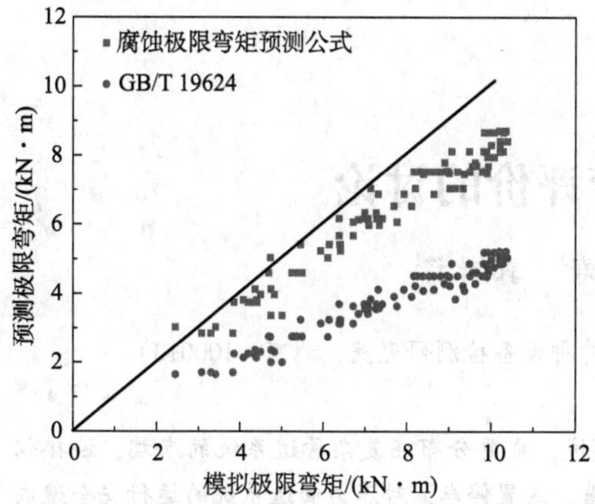

图 13　两种公式预测出的极限弯矩与模拟极限弯矩对比

5　结论

通过三点弯曲试验和有限元模拟方法，研究了含外腐蚀缺陷小径管道的抗弯能力，得到以下结论：

(1)腐蚀缺陷尺寸影响小径管抗弯能力。其中腐蚀深度影响最大，极限弯矩随腐蚀深度增加呈线性下降；腐蚀宽度次之，当 $0.5 \leqslant \beta/2\pi < 1$ 时，腐蚀宽度对极限弯矩的影响较小，但当腐蚀宽度为一整圈时，极限弯矩会突然降低；腐蚀长度几乎不影响小径管的抗弯能力。

(2)根据模拟数据对 GB/T 19624 外腐蚀缺陷极限弯矩公式进行修正，得出了适用于 *DN*50 以下小径管的外腐蚀缺陷极限弯矩预测公式。相比于 GB/T 19624 预测公式，误差减小了 23% 以上，准确度更高。

参考文献

[1]钟名丽，马斌，张晓玲．炼化小接管信息化管理解决方案探析[J]．中国设备工程，2021(24)：16－17.

[2]高飞，黄澎涛，褚凯．核电厂小径管振动测量评价实践与启示[J]．设备管理与维修，2020(19)：3.

[3]Hwang K M，Lee C K，Choi C R. A study on the cause analysis for the wall thinning and leakage in small bore piping downstream of orifice[J]. World J. Nucl. Sci. Technol，2014，4(1)：1－6.

[4]Liu Q，Yu H，Zhu G－C，et al. Investigation of weld cracking of a BOG booster pipeline in an LNG receiving station [J]. Engineering Failure Analysis，2021，122：105247.

[5]Luder D，Erenburg B，Iskevitch E，et al. Investigation of failure of steel steam generating evaporator tube involving delamination defects and corrosion[J]. Engineering Failure Analysis，2018，84：196－204.

[6]Soltanloo M，Babaee M H，Yeganeh S E H，et al. Root cause failure investigation of a boiler waterwall tube employed in a 325 MW thermal power plant：caustic corrosion phenomenon and its effects[J]. Engineering Failure Analysis，2022，133：105974.

[7]Shady O T，Renno J，Mohamed M S，et al. On the suitability of vibration acceptance criteria of process pipework [J]. Advances in Materials Science and Engineering，2022，2022：1－9.

[8]邓文．加氢装置反应系统小接管失效分析及对策[J]．设备管理与维修，2021(14)：63－64.

[9]Bagheri A，Nasrazadani S，Bostanci H. Impact of Internal Pipe Grooves on Flow－Accelerated Corrosion of Small－Bore A－106 Carbon Steel Pipes[J]. Journal of Failure Analysis and Prevention，2017，17：417－425.

[10]Kim Y J，Oh C K，Park C Y，et al. Net－section limit load approach for failure strength estimates of pipes with local wall thinning[J]. International Journal of Pressure Vessels & Piping，2006，83(7)：546－555.

[11]Miyazaki K，Kanno S，Ishiwata M，et al. Fracture and general yield for carbon steel pipes with local wall thinning[J]. Nuclear Engineering and Design，2002，211(1)：61－68.

[12]Hasegawa K，Li Y，Bezensek B，et al. Evaluation of Torsion and Bending Collapse Moments for Pipes With Local Wall Thinning[C]. ASME 2011 Pressure Vessels and Piping Conference，2011.

[13]Shuai Y，Wang X H，Cheng Y F. Buckling resistance of an X80 steel pipeline at corrosion defect under bending moment[J]. Journal of Natural Gas Science and Engineering，2021：104016.

[14]GB/T 19624—2019. 在用含缺陷压力容器安全评定[S]. 2019.

[15]马彬．高强度钢腐蚀管道极限承压能力评估方法[J]．煤气与热力，2020，40(02)：39－44.

[16]张昊宇，张引弟，贺翔，等．外载荷作用下含腐蚀缺陷高钢级管道失效研究[J]．当代化工，2023，52(10)：2511－2515＋2520.

[17]李康帅，邵永波，杨冬平．含腐蚀缺陷的管道静力性能试验测试研究[J]．应用力学学报，2020，37(02)：906－914＋951－952.

[18]谢鹏，陈昇琳，常江涛．含连续不均匀椭圆缺陷管道的屈曲失稳分析[J]．哈尔滨工程大学学报，2024，45(01)：32－43.

[19]Wang H－P，Li X，Zhou J. Ultimate bending capacities of steel pipelines under combined loadings[J]. Advances in Structural Engineering，2016，19(4)：642－659.

[20]Shuai Y，Zhang X，Feng C，et al. A novel model for prediction of burst capacity of corroded pipelines subjected to combined loads of bending moment and axial compression[J]. International Journal of Pressure Vessels and Piping，2022，196：104621.

关于小径管振动疲劳评价的讨论

赵　鑫[1]　王俊强[2]　王　涛[2]　郭岩宝[1]

(1. 中国石油大学(北京)，北京　102200；2. 中国特种设备检测研究院，北京　100013)

摘　要：小径管道广泛应用于化工厂站，航天、核电等领域，主要分布在复杂管道系统的末端，连接仪表、阀门、法兰等。小径管的疲劳失效会导致管内高危气体泄露，装置停车，对压力管道系统的运行安全造成威胁。由于小径管的悬臂结构导致其异常振动疲劳失效占比高，分析解决小径管的振动疲劳问题尤为关键。本文梳理了国内外学者针对管道振动疲劳评价的研究成果，为小径管的振动疲劳防控和管理提供理论参考。

关键词：小径管；振动；疲劳失效；安全评价

Discussion on the Evaluation of Vibration Fatigue in Small Bore Piping

ZHAO Xin[1,2], *WANG Junqiang*[2], *WANG Tao*[2], *GUO Yanbao*[1]

(1. China University of Petroleum-Beijing, Beijing 102200, China;
2. China Special Equipment Inspection & Research Institute, Beijing 100013, China)

Abstract: Small bore pipe is widely used in chemical plant stations, aerospace, nuclear power and other fields, mainly distributed in the end of complex pipeline system, connecting instrument valves flanges and so on. The fatigue failure of the small pipe will lead to the leakage of dangerous gas in the pipe, the device will stop, and the operation safety of the pressure pipeline system will be threatened. The cantilever structure of small pipe leads to the high proportion of abnormal vibration fatigue failure, so it is very important to analyze and solve the problem of vibration fatigue of small pipe. This paper synthesizes the research findings of scholars both domestic and international regarding the assessment of pipeline vibration fatigue, providing theoretical references for the prevention and management of vibration fatigue in small-bore piping.

Key words: Small bore piping; Vibration; Fatigue failure; Safety evaluation

小口径管道，以下简称小径管。为公称管或支管连接件，属于主管道的管道附件。一般定义为干线管道上 *DN*50 以下的连接以及主管道与分支管道比例小于 10% 的连接管道，小于 NPS 2 的管道。对于小径管的尺寸界定在不同文献及标准中有所不同，相关标准及定义如表 1 所示。

表 1　不同标准定义小径管尺寸

标准/文献	定义尺寸
JB/T4730—2005[1]	外径≤100mm
SY6755—2016[2]	外径≤89mm
SY/T4109—2020[3]	外径≤100mm
炼化装置管理导则[4]	外径≤50mm

小径管数量庞大，广泛应用于管道系统，接缝处易发生疲劳断裂失效问题。小径管与长输管道不同，其多安装在场站中，受到管径变化造成的内压波动和场站中设备运行产生的振动影响很大。容易发生由交变载荷引起的疲劳裂纹失效，

作者简介：赵鑫(2000—　)，硕士研究生，主要从事压力管道适用性评价研究。E－mail：644155204@qq.com

甚至疲劳断裂失效。小径管内部介质多样且存在大量有毒、有害、可燃介质，泄露后处理难度大，容易造成严重后果。

目前，国内外学者对管道系统的振动疲劳研究已经比较深入，主要从管道的振动类型、振动机理、振动疲劳标准进行分析。但是小径管尺寸与常规大尺寸主管道差异明显，现有研究及振动标准更多针对大尺寸主管道，其应用于小径管时，评价结果比较保守。所以，近年来有部分学者针对小径管根据相关评价标准提出了更加适用于小径管振动的评价方法。

1　振动疲劳损伤机理及案例分析

管道疲劳类型主要分为高周疲劳和低周疲劳，小径管常见的疲劳现象主要有：振动导致的焊接接口疲劳，塑性变形累积产生的棘轮效应导致疲劳寿命降低以及循环热载荷或外部机械载荷导致疲劳[5-7]。

管道振动由激振力引起，通常分为管道共振、受迫振动、阀门自激振动、两相介质非定常流动引起的振动、水击引起的冲击振动和随机振动等[8]。

由于小径管安装多为悬臂无支撑结构，且与主管道尺寸变化大，安装位置靠近场站内部压缩机、泵等产生脉冲振动的设备，这些因素均会加重管道的振动行为，所以在小径管的运行过程中，高振动导致的疲劳失效占比更高。

对天然气发电厂等场站内使用的小径管失效案例进行收集，对案例的失效原因进行分析汇总，如表2所示。

表2　失效原因汇总

失效原因	案例数	占比/%
振动	8	34.8
腐蚀	5	21.7
焊接缺陷	6	26.1
管材工艺缺陷	3	13.0
装配缺陷	1	4.3

从失效案例分析整理结果可得，振动导致的小径管失效案例占比达到34.8%，相较于腐蚀和焊接缺陷这两种常见的失效原因占比更高。以下是对振动所致失效部分案例的具体分析：

(1)法国电力公司在1300MWe机组安全注射系统(SIS)和安全壳喷淋(CSS)系统的细主管上连接的小径管上发现由于振动产生的疲劳裂纹故障[9]。

(2)振动也会导致广泛应用于小径管连接的承插焊焊缝处出现裂纹。中国某LNG接收站的一条BOG增压管道焊接处由于压缩机振动产生裂纹，导致整个LNG增压管道失效[10]。

(3)某乙烯装置反应器排料线小径管由于排料系统送料工作时管线振动带动小径管及高压球阀震颤，而小径管直径较小，球阀质量较大，运动产生动能较大，球阀另一端为悬空状态，因此，球阀震颤对小径管产生的交变疲劳载荷较大，经过长周期运行，小径管与主管连接的根部逐渐产生疲劳裂纹，最终发生断裂。

(4)某石化公司压缩机出口缓冲罐厚壁接管由于振动产生疲劳裂纹在工作压力无异常情况下发生泄漏，如图1所示。

图1　缓冲罐厚壁接管

(5)某PTA装置吸附水管线排凝管，在定期检验时发生泄露，该小径管所在管道本体在运行过程中存在一定程度的振动。当小径管作为接管与系统附件等相连形成悬臂结构时，振动等动态载荷及外加力矩会在根部产生较大的疲劳应力，所以在相同条件下，接管区域会优先于主管道发生开裂或泄露。

(6)某BOG高压机出口管线处，由于管架用料与设计不符，管架基础脱离地面已失效、部分管架顶部焊缝开裂、管架基础定位偏离、管架刚度不够等因素导致管道振动过大，仪表支管根部开裂，如图2所示。

图2　失效位置图

2　振动疲劳的初步筛选标准

由于受到自身尺寸和周边附件限制，检测手段不易实施，对于高精度埋藏缺陷检测手段例如相控阵、脉冲涡流技术等，需要根据管径定制专用夹具才能实施，[11]在日常检查维护中成本过高，很少使用，导致不能有效排查出小径管的疲劳失效风险。

在小径管工程应用中，对于安装在往复式压缩机、泵等周期振动设备周围的小径管及其连接管。疲劳测量的理想情况应该采用应变片测量应变，但是在工程运行装置中，应变片不一定能够正常部署，例如在某些热管道上部署应变片有难度，对安装条件要求较高。振动相对于应变更加易于测量，可以通过测量振动的速度、加速度、位移等便于测量的参量对管道风险进行快速评估。所以振动指标的评价和测量对于疲劳评价有重要指导作用，能够将风险管道的疲劳风险进行快速量化[12]。评价振动疲劳风险的相关标准如下：

(1)1.0in/s 峰值(25.4mm/s 峰值)是 SBP 振动的良好筛选指南。该指南可以与频谱(频域)进行比较，如果减去基波，则可以与时域波形进行比较。Harper 通过建立一个一维有限元模型验证了此标准的适用性较好[13]。

(2)如图3所示，由英国能源研究所(EI)提出的振动验收标准，包括三个分类，由两条曲线分割，分别为安全、重点关注、出现问题，测量管道的振动，计算振动速度的均方根(RMS)，并确定 RMS 频谱中的主要峰值频率即可对管道状态进行判断。指南考虑了 SBC 接头类型，小径管长度和厚度，但没有估计小径管的机械固有频率[15]。

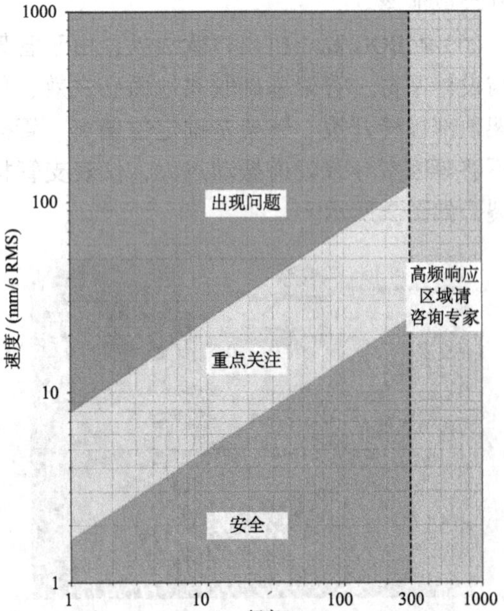

图3　EI 的振动验收标准图

(3)Woodside Energy Guideline 提出了一种通过测量加速度来推算有集中质量的悬臂小径管应力的方法，提供了鲁棒性分类，进一步提高了精确度[16]。振动筛选指南如表3所示。

表3　Woodside 振动筛查指南

安装类型	鲁棒性分类	筛分速度/(mm/s 峰值)
悬臂	弱	15
	中等	30
	强	50
连续管/带支撑	弱	40
	强	60

(4)气体机械研究委员会(GMRC)提出了小径管在设计阶段的准则。将设计阶段的小径管基于有限元模型模拟得到的机械固有频率与其提供的不同设备固有频率指南(表4)进行对比。主要通过小径管的安装配置、长度和重量进行评估[17]。

表4　机械固有频率指南

设备	近	远
往复式压缩机	>4.8×最大运行速度	>2.4×最大运行速度
离心式压缩机	建议进行详细分析	>15Hz
往复泵	>N×2.4×最大运行速度	>N×1.2×最大运行速度
离心泵	>N×2.4×最大运行速度	>15Hz

表4中，“近”表示6.1～7.6m以内范围，“N”表示设备柱塞个数。

(5)ASME OM-S/G—2003 Guideline 提出了一种与 GMRC 指南类似的基于小径管安装配置、长度和直径确定稳态振动允许位移极限的方法[18]。

(6)基于 ASME OM-S/G—1991 标准，J. C. Wachel 提出了一种更简单，更全面的方法来确定可接受的限值。通过以下公式计算允许振动幅值Y_{all}。[19]

$$Y_{all}=K_a\frac{L^2}{D} \tag{1}$$

式中　L——管道长度，mm；

D——管道实际外径，mm；

K_a——管道配置系数，mm。

以上为搜集到现有与管道振动有关的标准，判断依据主要有位移、速度、加速度、小径管本身参数(机械固有频率)几种。每种振动疲劳的评价方法都有其优点和局限性。EI标准考虑了小径管的长度、厚度和重型阀门，但没有考虑到机械固有频率的影响。GMRC提出的评价方法相较于EI更加准确，但其使用分析的一维有限元分析方法不能准确预测小径管与主管连接处的应力。Woodside能源提出的评价方法准确性更高，但只适用于悬臂式小径管的第一振动模态，加速度测量必须在第一个机械固有频率周围的频带内进行滤波，测量难度较高。

3 振动疲劳相关理论研究

上述管道振动标准均为普遍适用性标准，用于初筛管道风险，不是针对小径管提出，所以在评价小径管时会有保守性较高的情况。Chun-Lang Yeh[21]采用有限元与实验结合，利用逆推法验证了能源研究所提出的振动验收标准应用于小径管时过于严格，并得出了小径管疲劳极限应力对应的振动频率和速度。Omar Tawfik Shady[22]等人通过有限元分析来评估能源研究所采用的振动验收标准是否适用于正确关联管道小口径连接处的动态应力水平。研究发现，能源研究所采用标准更适用于长跨度管道，对于较短的主线管道，振动检验标准只能在76.5%的时间内以68.27%的置信度正确判断振动水平。Gys van Zyl[23]通过对小径管进行参数化研究，以EI标准曲线为数据基础，模拟不同配置的悬臂小径管，得到安装不同阀门、法兰情况下的振动限值，对现有的振动标准筛分线进行了细化。S. Pewkliang[24]等人通过收集来自海上平台的3391个小径管的数据，确定了支干比、小径管连接处总长度、振动频率和振动速度之间的关系，确定了高振动激励的参数范围。发现小径管主要的异常和高振动主要出现在支干比≤13%和小径管连接处≤2m的位置，在工作压力≤0.5MPa时，出现高频振动。主要原因是在低压条件下，固有频率与激振频率发生共振。

除探讨现有的振动评价标准外，也有学者对振动疲劳发生部位进行研究。Brian C. Howes[25]等人对小径管及其附件进行振动测量，提出振动易导致在焊缝处及小口径管道上产生疲劳裂纹，在设计阶段需尽量避开小径管与系统的固有频率重合。Daniel N[26]等人对美国的某核电站小径管道失效的历史数据进行分析，提出高周期、低应力振动引发的裂纹最有可能在焊缝根部或轴向焊趾处产生，而从根部产生的裂纹与接头的几何形状和焊接质量有关。Chang-Young Oh[27]等人对小径管承插焊焊接接头进行振动疲劳实验。发现不锈钢承插式焊接接头疲劳强度的降低归因于焊接过程高热输入的影响。焊接方法、滑移间隙和径向间隙条件对疲劳强度的影响不显著。

小径管在振动测量时，不同方法的适用场景和精度保守性均不同。高飞[28]等人总结了小径管振动测量的评价方法，列举了基于振动加速度、速度和位移测量的传感器优缺点。Fei Xue[29]等人基于有效速度评估方法，对某核电站926根小口径管道进行了振动测量和评估，提出有效速度法更适合于小口径管道的振动监测和评估。Akira Maekawa[30]等人设计了一种基于光学位移传感器的非接触式测量方法，使用发光二极管(LED)来测量振动应力，通过了实验验证了此方法具有充分的适用性。

4 结束语

(1)小径管的疲劳裂纹失效在失效形式中的占比高，且疲劳裂纹形成过程缓慢，不易被目视观察。

(2)由于小径管的管壁薄，且安装结构多数为无支撑悬臂结构，振动疲劳在小径管运行期间发生频率更高，但现有的管道振动标准对小径管的评价有保守性。

(3)国内外围绕小径管振动的标准、测量以及评价等相关研究可以作为小径管设计、使用阶段的评价的参考，保障管道系统安全平稳运行。

参考文献

[1]国家发展和改革委员会. JB/T 4730—2005 承压设备无损检测[S]. 2005.

[2]国家能源局. SY/T 6755—2016 在役油气管道对接接头超声相控阵及多探头检测[S]. 2016.

[3]国家能源局. SY/T 4109—2020 石油天然气钢制管道无损检测[S]. 2020.

[4]中国石油炼化企业腐蚀与防护工作中心. 炼化装置小接管道管理导则(暂行版)[S]. 2019.

[5]Kim S W, Jeon B G, Hahm D G, et al. Seismic performance limit of nuclear power plant piping system with seismic isolation system considering measurement points: Damage index[J]. Engineering Failure Analysis, 2021, 130: 105742.

[6]Han K, Chen Z F, Wang W, et al. A short review of ratcheting effect in pressurized piping[J]. International

Journal of Pressure Vessels and Piping, 2023: 105009.

[7]Wang X, Chen H, Xuan F. Physics-based neural network for probabilistic low cycle fatigue and ratcheting assessments of pressurized elbow pipe component[J]. International Journal of Fatigue, 2023, 172: 107598.

[8]Jin C, Wan Y, Yang Q, et al. Analysis of pipeline fatigue performance under random vibration load[J]. Journal of Physics Conference Series, 2020, 1633: 012074. DOI: 10.1088/1742-6596/1633/1/012074.

[9] Crow P. SMALL-BORE PIPING FAILURES ON THE RISE[J]. Compressor Tech Two: Dedicated to Gas Compression Products and Applications, 2012(2): 17.

[10] Liu Q, Yu H, Zhu G, et al. Investigation of weld cracking of a BOG booster pipeline in an LNG receiving station [J]. Engineering Failure Analysis, 2021, 122: 105247.

[11]李晓威,李淑娟,郭伟华,等. 炼化装置小径管的隐患分析与分级管理体系构想[J]. 中国特种设备安全, 2022(038-005).

[12] Shady O T, Renno J, Mohamed M S, et al. On the suitability of vibration acceptance criteria of process pipework[J]. Advances in Materials Science and Engineering, 2022, 2022: 1-9.

[13]Harper C, Eng P. Integrity evaluation of small bore connections (branch connections)[C]//Proceedings of the 9th Conference of the EFRC. 2014.

[14]GB/T 292—2011,火力发电厂汽水管道振动控制导则[S].

[15] Shady O T, Renno J, Mohamed M S, et al. On the Suitability of Vibration Acceptance Criteria of Process Pipework[J]. Advances in Materials Science and Engineering, 2022, 2022.

[16]Hamblin M. Fatigue of cantilevered pipe fittings subjected to vibration[J]. Fatigue & Fracture of Engineering Materials & Structures, 2003, 26(8): 695-707.

[17] Design Guideline for Small Diameter Branch Connections, Releases 1.0, Gas Machinery Research Council, March 2011.

[18]Standards and Guides for Operation and Maintenance of Nuclear Power Plants, ASME OM-S/G—2003, January 2004.

[19]Displacement Method for Determining Acceptable Piping Vibration Amplitudes, J. C. Wachel, Engineering Dynamics Incorporated, 1995.

[20]Standards and Guides for Operation and Maintenance of Nuclear Power Plants, ASME OM-S/G—2003, January 2004.

[21]Yeh C L, Lee W J, Yang T C. Analysis of Small Bore-Piping Vibration Phenomenon[C]//2021 IEEE 3rd Eurasia Conference on IOT, Communication and Engineering (ECICE). IEEE, 2021: 417-421.

[22] Shady O T, Renno J, Mohamed M S, et al. On the suitability of vibration acceptance criteria of process pipework[J]. Advances in Materials Science and Engineering, 2022, 2022: 1-9.

[23]van Zyl G, Brodzinsky R. Parametric Study on the Vibration of Small-Bore Piping Branch Connections[C]//Pressure Vessels and Piping Conference. American Society of Mechanical Engineers, 2022, 86151: V002T03A043.

[24] Pewkliang S, Janbanjong P, Rahong P, et al. The Study of Effects from Small Bore Connection Geometry for High Vibrational Excitation[C]//Abu Dhabi International Petroleum Exhibition and Conference. SPE, 2017: D031S073R004.

[25] Howes B C, Eng P, Harper C B. Vibration Related Failures of Small-Bore Attachments[J]. Beta Machinery Analysis Ltd., Calgary, AB, Canada, T3C 0J7.

[26] Hopkins D N, Benac D J. Investigation of fatigue-induced socket-welded joint failures for small-bore piping used in power plants[J]. Practical Failure Analysis, 2001, 1(2): 71-82.

[27]Oh C Y, Lee J H, Kim D W, et al. Experimental evaluation of fatigue strength for small diameter socket welded joints under vibration loading condition[J]. Nuclear Engineering and Technology, 2021, 53 (11): 3837-3851.

[28]高飞,黄澎涛,褚凯. 核电厂小径管振动测量评价实践与启示[J]. 设备管理与维修, 2020, No.481 (19): 111-113

[29]Xue F, Lin L, Ti W, et al. Vibration assessment method and engineering applications to small bore piping in nuclear power plant[J]. Proceedings of nuclear power plant life management, Shanghai, China, 2007, 48.

[30]Maekawa A, Takahashi T, Tsuji T, et al. Experimental validation of non-contacting measurement method using LED-optical displacement sensors for vibration stress of small-bore piping [J]. Measurement, 2015, 71: 1-10.

基于物元可拓理论-FCEM的储罐区耦合风险分析方法

潘李冬[1]　许皆乐[1]　郑建勇[1]　古玉祺[1]　周忠贺[1]　夏　立[1,2]

(1. 浙江省特种设备科学研究院，浙江 杭州　310020；
2. 浙江省特种设备安全检测技术研究重点实验室，浙江 杭州　310020)

摘　要：为更好地提高储罐区的安全水平、精准识别储罐区日常运营中的薄弱点并合理规避风险。本文基于物元可拓理论和模糊综合评价法，从储罐区固有风险和脆弱性两个角度出发，提出了物元可拓理论-FCEM的综合评价模型，应用该模型对宁波某储罐区进行分析。结果表明，该储罐区的固有风险为Ⅱ级，脆弱性等级为Ⅱ级，耦合风险为2级。分析结果和企业实际风险水平相符，能够为储罐区的安全管控提供一定的科学理论指导。

关键词：物元可拓理论；模糊综合评价法；耦合风险；常压储罐安全管控

Coupling Risk Analysis Method of Atmospheric Tank Based on Matter-element Extension Theory-FCEM

PAN Lidong[1], *XU Jiele*[1], *ZHENG Jianyong*[1], *GU Yuqi*[1], *ZHOU Zhonghe*[1], *XIA Li*[1,2]

(1. Zhejiang Academy of Special Equipment Science, Hangzhou 310000, China;
2. Key Laboratory of Special Equipment Safety Testing Technology of Zhejiang Province, Hangzhou 310000, China)

Abstract: In order to better improve the safety level of atmospheric storage tank area, accurately identify the weak points in the daily operation of storage tank area and reasonably avoid risks. Based on matter-element extension theory and fuzzy comprehensive evaluation method, this paper puts forward a comprehensive evaluation model of matter-element extension theory-FCEM from two perspectives of inherent risk and vulnerability of storage tank area, and applies this model to analyze a storage tank area in Ningbo. The results show that the inherent risk of the storage tank area is level Ⅱ, the vulnerability level is level Ⅱ and the coupling risk is level 2. The analysis results are consistent with the actual risk level of the enterprise, which can provide some scientific theoretical guidance for the safety control of the storage tank area.

Key words: Matter-element extension theory; Fuzzy comprehensive evaluation method; Coupling risk; Atmospheric tank safety control

1　引言

随着我国经济主体的规模化、集约化发展进程不断加深，对化工企业结构进行了优化调整，如“十四五”规划的引导化工项目进区入园，促进化工企业高水平集聚发展，形成了化工企业集中一体化发展模式[1]。而在一体化模式中，作为连接石油化工上下游生产、储运重要角色的储罐区，确保其安全尤为重要。储罐区存放大量的易燃易爆危险化学品，一旦发生风险事故，极易造成风险难以预测和控制的复合型灾害，使灾害范围扩大，风险上升[2]。因此，采取合适的方法对储罐区安全进行分析，识别重要风险源、提升安全薄弱点，对于储罐区的平稳运行具有重要的现实意义。

蒋代[3]等基于储罐失效模式和指标因素影响力两个角度，结合熵权物元可拓、风险矩阵、复

作者简介：潘李冬，硕士，长输管道及常压储罐检验检测及风险分析。E-mail：pld4138@163.com

杂网络模型和 TOPSIS 模型，建立多米诺效应下储罐的脆弱性评估模型，对化工园储罐区罐体脆弱性等级进行评估。

彭玉杰[4]等基于 EWM-AHP、模糊集理论以及贝叶斯网络构建了储罐区的风险分析方法，采用层次分析法和熵权法相结合的综合方法确定风险指标的权重，分析风险指标的重要性，再通过贝叶斯网络计算储罐区发生风险的概率，对储罐区的安全进行动态预测。

赵金龙[5]等考虑储罐区风险灾害动态发展的特点，将事件链模型引入储罐区定量风险评估中，对特定场景下的储罐区灾害事故进行分析，识别储罐区中存在的风险源及薄弱点，防患于未然。

Favour[6]等为减少储罐泄漏事故的发生，综合运用故障树模型和风险矩阵，对储罐风险进行定量分析，得出储罐区的实时风险等级，为储罐区的风险调整提供理论指导。

国内外学者对于储罐区安全风险方面的研究大致分为两个方面：理论和检测。理论方面，国内外学者对于储罐区安全的研究大多偏向于主观性，对于现场检验检测方面的指标考虑较少。曲建军[7]等对现常用的三种储罐检测方面：开罐检验、在线检验以及 RBI 技术进行了综述。现场检测方面，对于库区安全的检验大多局限于单一罐体风险叠加，但实际上区域风险不只是单一风险的简单叠加，各风险源之间存在着密切的耦合作用。目前，对于这一复杂问题的研究较少。

物元可拓理论，由中国著名数学家蔡文[8-9]于 1983 年提出，该方法可以有效地处理评估指标的不确定性和模糊性，将定性和定量方法相结合，以达到更好反映实际情况，为评估提供科学理论依据的目的。

模糊综合评价法(Fuzzy Comprehensive Evaluation Method，FCEM)，一种基于模糊理论的综合分析方法，由美国自动控制学者 LA[10-11]于 1965 年提出，之后便广泛地被应用到各个研究领域，该方法能够有效综合多评估指标、有效地处理评估指标的不确定性和模糊性，使综合评价结果更加稳定和可靠。

鉴于此，本文基于物元可拓理论和模糊综合评价法，从固有风险和脆弱性两个角度出发[12]，以腐蚀速率和沉降速率两个检验检测指标表示储罐区的固有风险。以抵御风险为指标导向原则，综合考虑人员素质、应急预案演练、消防站点密度、储罐密度、应急资源等 5 个方面构建储罐区脆弱性评价指标体系。对储罐区耦合风险进行分析，以期为储罐区的安全管控提供科学理论指导。

2　常压储罐耦合风险管控模型构建

物元可拓理论－模糊综合评价法(Fuzzy comprehensive evaluation method，FCEM)评价模型基于物元可拓理论和模糊综合评价法，首先，通过改进层次分析法计算储罐区固有风险以及脆弱性评估指标的权重。其次，结合物元可拓理论得出的关联度，对评估对象的风险等级进行分析。再应用模糊综合评价法得出储罐区的脆弱性等级，对其抵御风险灾害的能力进行分析。最后，结合固有风险和脆弱性两个指标综合分析储罐区的耦合风险水平。储罐区耦合风险的分析流程及评估标准见图 1。

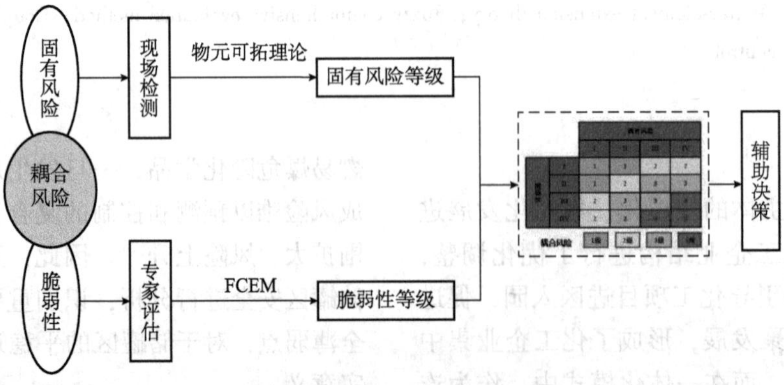

图 1　储罐区耦合风险评估

3　储罐区固有风险评估模型

通过改进层次分析法计算储罐区固有风险以及脆弱性评估指标的权重。其次，结合物元可拓理论得出的关联度，对评估对象的风险等级进行分析。储罐区固有风险分析流程见图 2。

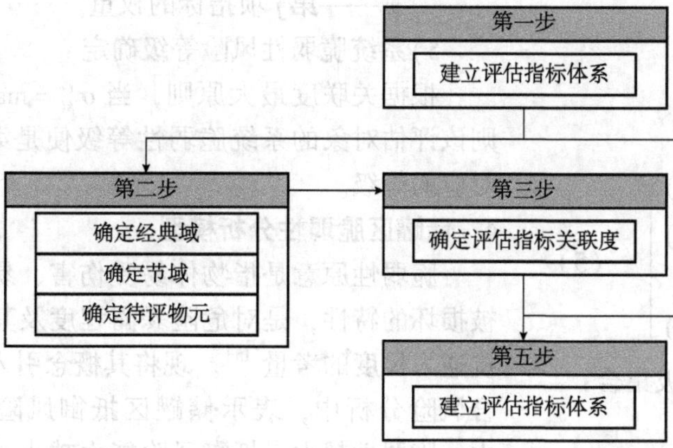

图2 储罐区固有风险分析

3.1 储罐区固有风险评价体系构建

以储罐区中单体固有风险评价指标值最高者表示储罐区固有风险值，储罐区固有风险评估指标评价标准见表1。

表1 储罐区固有风险评价指标

固有风险指标	固有风险等级			
	Ⅰ	Ⅱ	Ⅲ	Ⅳ
腐蚀速率 A_1	[0, 0.13)	[0.13, 0.20)	[0.20, 0.38)	[0.38, 2]
沉降速率 A_2	[0, 30]	[30, 50)	[50, 100)	[100, 200]

腐蚀速率以点腐蚀速率表示，腐蚀速率、沉降速率的单位为mm/a。

3.2 储罐区固有风险评估模型

3.2.1 *改进层次分析法*

目前对于多指标的综合评价，权重确定应用较为广泛的是AHP法，但其操作略微复杂，且需要进行多指标因素可能不符合的一致性检验。左军[13]提出了改进层次法较好地解决了这一问题。

采取改进层次分析法得到初始判断矩阵，计算相对重要性的方法如下所示。

$$r_{ij} = \sum_{j=1}^{n} a_{ij} \tag{1}$$

式中，i，j——自然数。

对同一级别的指标元素 b_i 和 b_j 进行重要性比较、赋值，同理，分别获得同一层元素相对于上一层元素的重要性。最终获得初始判断矩阵 $P=(p_{ij})_{n\times n}$，p_{ij}表示元素 b_i 和 b_j 相对于上一层次元素重要性的比例标度，比例标度见表2。

表2 指标重要性比例标度

比例标度	定义
1.0	b_i 和 b_j 重要程度相同
1.5	b_i 和 b_j 之比介于同等重要和稍微重要之间
2.0	b_i 比 b_j 稍微重要
2.5	b_i 和 b_j 之比介于稍微重要和明显重要之间
3.0	b_i 比 b_j 明显重要
3.5	b_i 和 b_j 之比介于明显重要和强烈重要之间
4.0	b_i 比 b_j 强烈重要
4.5	b_i 和 b_j 之比介于强烈重要和极端重要之间
5.0	b_i 比 b_j 极端重要

初始判断矩阵 $P=(p_{ij})_{n\times n}$ 的构建如公式(2)所示。

$$\begin{cases} a_{ij} = r_i - r_j + 1 & r_i \geqslant r_j \\ a_{ij} = (r_j - r_i + 1)^{-1} & r_i \leqslant r_j \end{cases} \tag{2}$$

其次计算权重

$$w_i = \frac{\overline{w_i}}{\sum_{i=1}^{n} \overline{w_i}} \tag{3}$$

用上式计算出近似权重，其中$\overline{w_i} = \sqrt[n]{\prod_{j=1}^{n} a_{ij}}$。

3.2.2 *物元可拓理论*

考虑到主观个体对指标评估的模糊性，引入物元可拓理论，建立固有危险性评估指标与系统整体危险性状况间的因果关系[14]。物元是形容事物的有序三元组。用 $R_j=(N, C, V)$ 表示即可，其中 N 为事故名称，C 对应事物特征，V 是特征的量值。

1)经典域和节域确定

$$R_j = (N_j, c_j, v_{ji}) = \begin{pmatrix} N_j & c_1 & (a_{j1}, b_{j1}) \\ & c_2 & (a_{j2}, b_{j2}) \\ & \vdots & \vdots \\ & c_n & (a_{jn}, b_{jn}) \end{pmatrix} \tag{4}$$

式中 N_j——评价对象的第 j 等级；

c_i——评价特征的相关指标；

v_{ji}——各指标的经典域；

a_{ji}——各指标变量值下限；

b_{ji}——各指标变量值上限。

$$R_p=(N_p, c_i, v_{pi})=\begin{pmatrix} N_p & c_1 & (a_{p1}, b_{p1}) \\ & c_2 & (a_{p2}, b_{p2}) \\ & \vdots & \vdots \\ & c_n & (a_{pn}, b_{pn}) \end{pmatrix} \tag{5}$$

式中　N_p——评估对象的固有危险性等级集合；

c_p——评估对象的特征指标；

v_{pi}——各评估指标节域；

a_{pi}——评估对象各固有危险性等级量值下限；

b_{ji}——评估对象各固有危险性等级量值上限。

2)待评物元确定

$$R_0=(N_0, c_i, v_i)=\begin{pmatrix} N_0 & c_1 & v_1 \\ & c_2 & v_2 \\ & \vdots & \vdots \\ & c_n & v_n \end{pmatrix} \tag{6}$$

式中　N_0——物元；

c_i——物元的相关指标；

v_i——各指标的实际量值。

3)评估指标关联度确定

对指标进行无量纲化处理后，通过公式(7)计算各指标之间的关联函数值。

$$r_{jk}^i=\begin{cases} \dfrac{-\rho(v_{jk}, V_{oji})}{|V_{oji}|} & v_{jk}\in V_{oji} \\ \dfrac{\rho(v_{jk}, V_{oji})}{\rho(v_{jk}, V_{jp})-\rho(v_{jk}, V_{oji})} & v_{jk}\notin V_{oji} \end{cases} \tag{7}$$

式中　r_{jk}^i——分析对象 k 的第 j 个脆弱性评估指标与第 i 个脆弱性等级的关联度；

$\rho(v_{jk}, V_{oji})$——物元的量值与经典域的距离；

$\rho(v_{jk}, V_{jp})$——物元量值与节域的距离。

其中：$\rho(v_{jk}, V_{0ji})=\left|v_{jk}-\frac{1}{2}(a_{ji}+b_{ji})\right|-\frac{1}{2}(b_{ji}-a_{ji})$；

$\rho(v_{jk}, V_{jp})=\left|v_{jk}-\frac{1}{2}(a_{jp}+b_{jp})\right|-\frac{1}{2}(b_{jp}-a_{jp})$；

$|V_{0ji}|=\left|\frac{b_{ji}-a_{ji}}{2}\right|$。

4)综合关联度的确定

$$\sigma_{ki}=\sum_{j=1}^{n} w_j r_{jk}^i \tag{8}$$

式中　σ_{ki}——第 k 项评估对象的第 i 个系统脆弱性等级的关联度；

w_j——第 j 项指标的权重。

5)系统脆弱性风险等级确定

根据关联度最大原则，当 $\sigma'_{ki}=\max\{\sigma_{ki}\}$时，则该评估对象的系统脆弱性等级便是第 i 项量值对应的等级。

4　储罐区脆弱性分析模型

脆弱性原意是指物体易受伤害、易受攻击和被损坏的特性，是对危险暴露程度及其易感性和抗逆力尺度的考量[15]。现将其概念引入储罐区耦合风险分析中，表示储罐区抵御风险灾害的能力，脆弱性越大，抵御风险能力越小，脆弱性越小，抵御风险能力越大。

4.1　储罐区脆弱性评价体系构建

基于储罐区抵御风险的能力，从人员素质、应急预案演练、消防站点密度、储罐密度以及应急资源等五个方面构建储罐区脆弱性评价指标体系，见表3。

表3　储罐区脆弱性指标体系

	分析指标
储罐区脆弱性 V	人员素质 B_1
	应急预案演练 B_2
	消防站点密度 B_3
	储罐密度 B_4
	应急资源 B_5

4.2　模糊综合评价法模型建立

模糊综合评价法主要分为以下几个步骤[16]。

(1)建立综合评价因素集

确定分析对象的评价指标体系，即和评价对象相关的评价指标。和评价对象相关的因素众多，在选取恰当的因素后，这些因素可以组成一个普通集合，即综合评价因素集。用 B 表示因素集。

$$B=\{B_1, B_2, \cdots B_n\} \tag{9}$$

式中　$B_n(n=1, 2, \cdots n)$表示储罐区抵御灾害的影响因素，具有一定的模糊性。

(2)综合评价集

综合考虑各项评价指标，最后给出一个综合评价结果，评价结果分为不同的等级水平，这些众多评价等级组成一个评价集合，即综合评价集。用 C 表示综合评价集。

$$C=\{c_1, c_2, \cdots c_n\} \tag{10}$$

式中　$c_n(n=1, 2, \cdots n)$表示决策者对储罐区抵御风险灾害各影响因素情况发生时做出的综合评价结果。通过模糊综合评价法，可以得出评价对象现阶段相对应的综合评价结果。

(3)确定评价矩阵

假设评价指标因素集 B 的第 n 个评价指标为 B_n，对评价集 C 的第 n 个评价指标 c_n 的隶属度为 Q_{nn}，则 B_n 的综合评价结果可以用集合 Q_n 表示。

$$Q_n = \{Q_{n1}, Q_{n2}, \cdots, Q_{nn}\}$$

结合专家经验，确定各评价指标的模糊评价矩阵，用矩阵 $\boldsymbol{D}$ 表示。

$$\boldsymbol{D} = \begin{pmatrix} D_1 \\ D_2 \\ \vdots \\ D_n \end{pmatrix} = \begin{pmatrix} d_{11} & d_{12} & \cdots & d_{1n} \\ d_{21} & d_{22} & \cdots & d_{2n} \\ \vdots & \vdots & \ddots & \vdots \\ d_{n1} & d_{n2} & \cdots & d_{nn} \end{pmatrix} \quad (11)$$

(4)确定因素权向量

权重表示各评价指标对评价对象的影响程度，用 ω_i 表示，其中 $i = 1, 2, \cdots, n$，且各权重满足归一化原则，即 $\sum \omega_i = 1$，各评价指标权重组成权向量 $\boldsymbol{W}$。

$\boldsymbol{W} = \{\omega_1, \omega_2, \cdots, \omega_n\}$。

权重值越大，表示该因素对评价对象综合评价影响越大。权重值越小，表示该因素对评价对象综合评价影响越小。

(5)建立综合评价模型

$$R_i = W_i \times D_i \quad (12)$$

式中　R_i 表示第 i 次综合评价结果。逐级进行运算后得到 $R_i = W_i \times D_i = \{r_1, r_2, \cdots, r_i\}$。

最后，基于最大隶属度原则，选取和 $\max\limits_{1 \leqslant i \leqslant n}\{r_i\}$ 相对应的评价等级作为评价对象的综合评价结果。

5　实证分析

以宁波市某危险化学品储罐区为例，该储罐区共有 8 台 9500m^3 危化品储罐。应用本文构建的基于物元可拓理论 – FCEM 的储罐区耦合风险评价模型进行分析。

5.1　储罐区固有风险计算

(1)确定经典物元

通过公式(1)计算得到经典物元，如下。

$$\boldsymbol{R}_j = \begin{bmatrix} Y_1 & C_1 & V_{j1} \\ Y_2 & C_2 & V_{j2} \end{bmatrix} = \begin{bmatrix} C_i & \text{I} & \text{II} & \text{III} & \text{IV} \\ Y_1 & (0.94, 1] & (0.9, 0.94] & (0.81, 0.9] & [0, 0.81] \\ Y_2 & (0.85, 1] & (0.75, 0.85] & (0.5, 0.75] & [0, 0.5] \end{bmatrix};$$

(2)确定节域物元

通过公式(2)得到待评对象的节域，如下。

$$\boldsymbol{R}_p = \begin{bmatrix} Y_1 & C_1 & V_{p1} \\ Y_2 & C_2 & V_{p2} \end{bmatrix} = \begin{bmatrix} Y_1 & [0, 1] \\ Y_2 & [0, 1] \end{bmatrix};$$

(3)待评物元确定

分析得出各风险指标权重及数值情况见表4。

表4　固有风险评估指标评分

评估指标	评分
A1	0.16
A2	34

得到待评物如下：

$$\boldsymbol{R}_0 = \begin{bmatrix} Y_1 & C_1 & V_{j1} \\ Y_2 & C_2 & V_{j2} \end{bmatrix} = \begin{bmatrix} Y_1 & 0.92 \\ Y_2 & 0.83 \end{bmatrix}$$

(4)权重确定

结合相关检验人员和相关专家得到固有风险评估指标初始矩阵，见表5。

表5　储罐区固有风险评估指标权重初始矩阵

	A_1	A_2	r_i
A_1	1.00	1.5	2.20
A_2	0.83	1.00	1.83

根据公式(2)和(3)计算得到固有风险评估指标权重，见表6。

表6　固有风险评估指标权重

固有风险指标	腐蚀速率 A_1	沉降速率 A_2
指标权重	0.5505	0.4495

(5)关联度计算

依据公式(7)对评估指标关联度进行分析，得到结果见表7。

表7　一级风险指标关联度

评估对象	评估指标	指标权重	关联度				风险等级
			Ⅰ	Ⅱ	Ⅲ	Ⅳ	
V	A_1	0.5505	−0.1905	0.8571	−0.1500	−0.5526	Ⅱ
	A_2	0.4495	−0.1053	0.4000	−0.4333	−0.6600	Ⅱ

(5)等级确定

按照公式(8)计算综合关联度，得到结果如表8所示。

表8　石油储罐风险等级评定

储罐风险	Ⅰ	Ⅱ	Ⅲ	Ⅳ
某储罐 A	-0.1522	0.6516	-0.2773	-0.6009

依据关联度最大原则，表明该储罐区的脆弱性等级为Ⅱ级。

5.2　储罐区脆弱性分析

(1)脆弱性评估指标权重确定

同理，得到储罐区脆弱性评估指标评价初始矩阵，见表9。

表9　储罐区脆弱性评估指标权重初始矩阵

	B_1	B_2	B_3	B_4	B_5	r_i
B_1	1.00	3.50	4.50	5.00	2.00	16.00
B_2	0.29	1.00	1.50	2.00	2.50	7.29
B_3	0.22	0.67	1.00	2.00	0.50	4.39
B_4	0.20	0.50	0.50	1.00	0.29	2.49
B_5	0.50	0.40	2.00	3.50	1.00	7.40

计算得到脆弱性评估指标权重，见表10。

表10　脆弱性评估指标权重

固有风险指标	B_1	B_2	B_3	B_4	B_5
指标权重	0.2733	0.2066	0.1706	0.1414	0.2081

(2)模糊综合评价分析

邀请储罐检验检测及应急管理方面的专家对储罐区的脆弱性评估指标进行评分，得到该储罐区脆弱性的隶属度向量如下：

$$\begin{bmatrix} 0.4 & 0.3 & 0.2 & 0.1 \\ 0.1 & 0.6 & 0.2 & 0.1 \\ 0.5 & 0.3 & 0.2 & 0 \\ 0.7 & 0.3 & 0 & 0 \\ 0.2 & 0.3 & 0.4 & 0.1 \end{bmatrix}$$

依据公式(12)对储罐区脆弱性进行模糊综合评价：$V = W \times D = [0.3559, 0.3620, 0.2133, 0.0688]$。

即该储罐区脆弱性概率最大的为0.3620，说明该储罐区脆弱性水平处于Ⅱ级的可能性最大。表明该储罐区抵御风险的能力较大。

5.3　储罐区耦合风险分析

该储罐区的固有风险为Ⅱ级，脆弱性等级为Ⅱ级。依据图1中耦合风险的判断方法可知，该储罐区的耦合风险等级为2级，耦合风险一般。随着经济的迅速发展和时代的进步，粗放式的企业生产模式已经被淘汰。国家对于安全生产的重视提升到一个新的高度，尤其对于涉及危险化学品的企业。安全需要且必须贯彻企业的生产全过程。该企业近年来，邀请相关特种设备安全应急培训机构开始加强工作人员的安全教育培训和应急救援专项培训，一定程度上提升了储罐区的整体安全性。

今后，该企业仍需加强自身工作人员的应急救援培训、自身应急物资的配备。适当开展储罐区的应急救援预案的演练，防患于未然。构建安全-应急-教育-管理一体化的新型危险化学品企业。

6　结论

(1)考虑风险因素的关联性和耦合性，基于物元可拓理论和模糊综合评价法，从储罐区固有风险和脆弱性两个角度出发建立了储罐区耦合风险综合评价模型；

(2)应用模型对某储罐区耦合风险进行分析，得到该储罐区的固有风险等级为Ⅱ级，固有风险处于中风险，储罐区存在风险薄弱点有待改进，脆弱性等级为Ⅱ级，表明该储罐区抵御风险能力较强；

(3)该企业对于储罐区的安全管理仍存在薄弱点，企业需要针对指标权重较大或者风险较高的因素及薄弱点进行分析、改进；

(4)本文评估指标的选取和数值量化标准有待进一步优化。

参考文献

[1]工信部联源．关于“十四五”推动石化化工行业高质量发展的指导意见[Z]. 2022.

[2]肖盛燮．灾变链式理论及应用(精)．北京：科学出版社，2006.

[3]蒋代，华敏，潘旭海等．化工园区储罐多米诺效应的脆弱性评估．中国安全科学学报，2019，29(04)：177-182.

[4]彭玉杰，董绍华，谢书懿等．基于EWM-AHP模糊贝叶斯网络的储罐区风险分析．消防科学与技术，2022，41(05)：634-638.

[5]赵金龙，黄弘，李聪等．基于事件链的罐区定量风险评估．化工学报，2016，67(07)：3084-3090.

[6]F I, D S, M H. Safety evaluation of leak in a storage tank using fault tree analysis and risk matrix analysis. Journal of Loss Prevention in the Process Industries, 2021,

73：104597.
[7]曲建军，纪瑞军．石油库储罐检修策略．油气储运，1－6[2023－11－16].
[8]蔡文．物元模型及其应用．北京：科学技术文献出版社，1994.
[9]王福生，高湛翔，董宪伟等．基于物元可拓理论的化工企业风险评价．安全与环境学报，2021，21(06)：2401－2406.
[10]Z L A. Fuzzy sets[J]. Information & Control，1965，8(3)：338－353.
[11]王悦，刘阳，宋文华，基于模糊综合评价法的石化企业事故应急能力评估方法研究．南开大学学报(自然科学版)，2021，54(06)：75－80.
[12]吕辰，夏新兴，王智文，等．基于信息扩散与可拓理论的城镇区域耦合风险评估方法研究．安全与环境学报，2023，23(03)：641－650.
[13]左军．层次分析法中判断矩阵的间接给出法．系统工程，1988，6(6)：56－63.
[14]S F H，LUO Y Y，SHEN J Q. Research on Drainage Rights Allocation Based on Game Combination Weight－Improved Matter－Element Extension Model. Water，2023，15(11)：2044.
[15]J. From fail－safe to safe－to－fail：Sustainability and resilience in the new urban world. Landscape and Urban Planning，2011，100(4)：341－343.
[16]卢丹丹，宋文华，张桂钏，等．基于AHP－熵权法的石化企业承灾体脆弱性评估．中国安全生产科学技术，2015，11(12)：180－185.

加氢站泄漏与扩散机理研究现状

张　耕[1,2]　郭　晋[1]　杨宁祥[1]　胡　昆[1]　陈国华[2]　杨　真[3]

(1. 广东省特种设备检测研究院，佛山　528251；
2. 华南理工大学安全科学与工程研究所，广州　510640；
3. 武汉大学工业科学研究院，武汉　430072)

摘　要：氢能作为能源结构转型升级的重要抓手，已有大量实际应用场景，加氢站作为发展氢能产业的关键基础设施，若不能形成一定规模，后续将很难支撑氢能燃料电池汽车的普及应用，因加氢站内有多种高压设备，其安全性风险严重制约了氢能产业的发展。氢气由于其极强的逸散性，其泄漏和扩散机理较为复杂，因此开展加氢站氢能装备泄漏与扩散机理的研究有十分重要的现实意义，本文对加氢站泄漏与扩散机理研究现状展开综述，对促进加氢站建设、推动氢能产业发展极具现实意义。

关键词：氢能源；加氢站；泄漏扩散

Current Status of Research on Leakage and Diffusion Mechanisms in Hydrogen Refueling Stations

ZHANG Geng[1,2], *GUO Jin*[1], *YANG Ningxiang*[1], *HU Kun*[1], *CHEN Guohua*[2], *YANG Zhen*[3]

(1. Guangdong Institute of Special Equipment Inspection and Research, Foushan, 528251, China;
2. Institute of Safety Science & Engineering, South China University of Technology, Guangzhou, 510640, China;
3. The Institute of Technological Sciences, Wuhan University, Wuhan, 430072, China)

Abstract: Hydrogen, as an important lever for energy structure transformation and upgrading, has a large number of practical application scenarios. As a key infrastructure for the development of the hydrogen energy industry, hydrogen refueling stations will be difficult to support the popularization and application of hydrogen fuel cell vehicles if they cannot form a certain scale. Due to the presence of various high-voltage equipment in hydrogen refueling stations, their safety risks seriously restrict the development of the hydrogen energy industry. Due to its strong volatility, hydrogen has a complex leakage and diffusion mechanism. Therefore, conducting research on the leakage and diffusion mechanism of hydrogen energy equipment in hydrogen refueling stations is of great practical significance. This article provides an overview of the current research status of leakage and diffusion mechanisms in hydrogen refueling stations, which is of great practical significance for promoting the construction of hydrogen refueling stations and the development of the hydrogen energy industry.

Key words: Hydrogen energy; Hydrogen refueling station; Leakage and diffusion

近两个世纪，以化石燃料为核心的工业体系导致在全球范围内，二氧化碳含量逐渐增高，极端天气频繁出现，如今化石燃料逐渐消耗殆尽，世界能源消耗预计将在 2035 年达到顶峰，2040 年后走向萧条。面对日益严峻的气候、环境和能源挑战，为调整能源结构、促进社会持续健康发展，世界上多个国家已经将视线投向洁净、经济的可再生能源。氢因其优异的特性，成为未来最具希望的可持续能源载体，是当前普遍存在的能源挑战和地球变暖的关键解决方案。氢不仅具有

作者简介：张耕(1993—　)，男，长期从事低温容器及氢能装备的检验检测和科研工作。

来源广泛、清洁无污染、热值高、可循环再生等优点，还能够与电力灵活转换，是风能、太阳能等可再生资源的最佳转换和储能方式之一，被誉为21世纪最理想的终极能源[1-3]。在全球能源结构转型升级的大背景下，为更好助力双碳目标，安全护航新能源国家战略，加氢站内氢气泄漏与扩散方面的研究越来越受到重视。

1 氢气泄漏与扩散理论研究

氢气发生泄漏扩散是氢气安全事故最初的表现形式，当高压氢气泄漏到环境空气中时，根据储氢压力与周围环境压力的比值不同，氢气射流在泄漏出口处分为三种流动状态：(1)亚声速射流，其中气流在出口处完全膨胀[4]；(2)临界状态射流，其中出口速度达到局部声速；(3)欠膨胀射流，其中气流在注入大气环境后进一步膨胀和加速[5,6]。

1.1 亚声速自由射流

出口密度弗劳德数通常用于亚声速自由射流的研究，以描述动量与浮力的比率[18]。弗劳德数 Fr 计算如下：

$$Fr = \frac{U_{\mathrm{exit}}}{\sqrt{g d_{\mathrm{noz}}(\rho_{\infty} - \rho_{\mathrm{exit}})/\rho_{\mathrm{exit}}}} \tag{1}$$

式中 U_{exit}——出口处的气体速度；

g——重力加速度；

d_{noz}——喷嘴的孔径；

ρ_{∞}——环境空气密度；

ρ_{exit}——氢气的出口密度。

如图1所示，当 $Fr<10$ 时，氢射流以浮力为主；当 $10<Fr<1000$ 时，空气浮力和初始动量都会影响氢气射流；当 $Fr>1000$ 时，射流以初始动量为主。

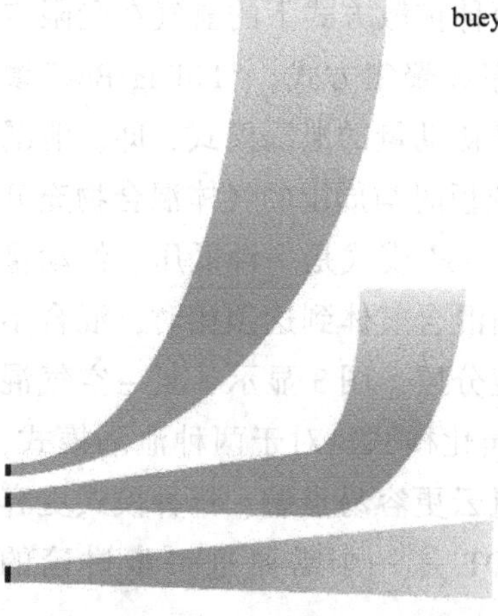

图1 由不同机制主导的氢射流示意图

1.2 高压欠膨胀射流

对于氢气，从亚声速射流到欠膨胀射流的临界压力为0.2MPa。但是，对于燃料电池汽车的氢气系统，首次减压前的管道压力往往大于0.2MPa，而对于加氢站和氢气运输车辆，管道压力往往大于20MPa，导致如果发生泄漏，会形成欠膨胀射流。欠膨胀射流在泄漏口处速度等于当地声速，出口外射流气体继续膨胀加速，形成复杂的激波结构[21]，氢浓度分布也更为复杂。SNL通过试验研究了稳态氢气欠膨胀射流出口处的激波结构，并测量了马赫盘的位置，结果表明，马赫盘的位置只与喷嘴直径和压力比有关[7]。Takeno[8]、Okabayashi[9]等通过试验测量了不同压力和泄漏孔直径下氢浓度的分布，给出了射流方向上氢平均浓度、浓度波动和可燃概率的经验计算公式。

名义泄漏口通常被用来计算欠膨胀射流复杂激波结构后的当量直径、速度和热力学状态。名义泄漏口计算均满足质量守恒，一些情况还满足动量守恒。另外，当射流压力降为环境压力时，其他属性也可用于确定激波后的参数。

Birch 等[10]提出的计算名义泄漏口参数时满足质量守恒：

$$\rho_{\mathrm{eff}} v_{\mathrm{eff}} A_{\mathrm{eff}} = \rho_{\mathrm{throat}} v_{throat} A_{\mathrm{throat}} C_D \tag{2}$$

动量守恒：

$$\rho_{\mathrm{eff}} v_{\mathrm{eff}}^2 A_{\mathrm{eff}} = \rho_{\mathrm{throat}} v_{\mathrm{throat}}^2 A_{\mathrm{throat}} C_D + A_{\mathrm{throat}}(p_{\mathrm{throat}} - p_{\mathrm{ambient}}) \tag{3}$$

则当量速度：

$$v_{\mathrm{eff}} = v_{\mathrm{throat}} C_D + \frac{\rho_{\mathrm{throat}} v_{\mathrm{throat}}^2 A_{\mathrm{throat}} C_D^2}{p_{\mathrm{throat}} v_{\mathrm{throat}} C_D} \tag{4}$$

由此可以计算出当量面积：

$$A_{\mathrm{eff}} = \frac{\rho_{\mathrm{throat}} v_{\mathrm{throat}}^2 A_{\mathrm{throat}} C_D^2}{\rho_{\mathrm{eff}}(p_{\mathrm{throat}} - p_{\mathrm{ambient}} + \rho_{\mathrm{throat}} v_{\mathrm{throat}}^2 C_D^2)} \tag{5}$$

式中 ρ——密度；

v——速度；

A——横截面面积，m^2；

CD——阻尼系数；

p——压力，Pa；

下标 throat——泄漏口；

下标 ambient——环境；

下标 eff——当量。

上述方程(2)至(4)在以下 Birch 1984 模型[11]、Ewan Moodie & Moodie 模型[12]、Birch 1987 模型[13]模型中使用。

大量的实验测量和数值计算结果表明，当气

体以湍流射流和羽流的形式泄漏时，射流主截面不同位置的速度径向分布实现自相似，即形状标准化横向轮廓的平均数量与下游距离一起保留。在这个自相似区域中，射流几乎不受其初始结构影响。

由于欠膨胀射流真实浓度场的复杂性，氢气射流数值模拟研究通常采用“虚喷管”的方法进行简化，假定存在一个气流绝热膨胀至大气压的过程，如图2所示，在自由射流模型中引入虚拟出口，它具有与实际出口相同的动量通量和速度，但在其出口处具有周围流体的压力[14]。方程式(6)、(7)、(8)概述了基于等效质量流量的虚拟出口直径的等效过程推导。如图4所示，实际出口处的质量流量表示为

$$Q_{\mathrm{realno}}=\frac{\pi}{4}C_{\mathrm{D}}d_{\mathrm{noz}}{}^{2}\rho_{\mathrm{exit}}V_{\mathrm{realno}} \quad (6)$$

其中 C_D 是 release coefficient，V_{realno} 是局部声速。

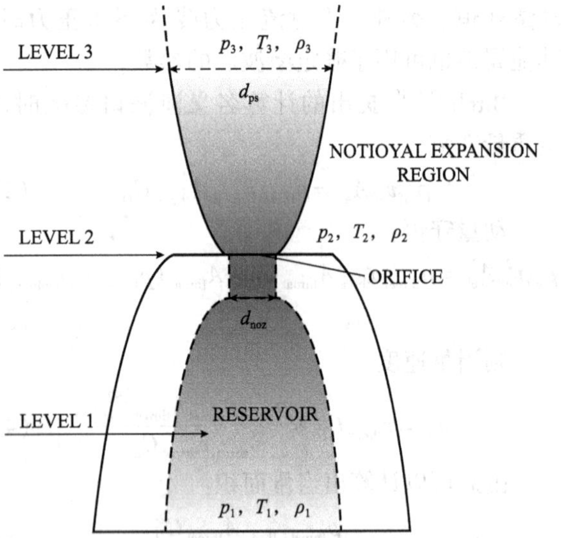

图2　欠膨胀射流示意图

此外，根据先前所述的名义出口的定义，名义出口处的质量流量为：

$$Q_{\mathrm{notno}}=\frac{\pi}{4}C_{\mathrm{D}}d_{\mathrm{ps}}{}^{2}\rho_{\mathrm{notno}}V_{\mathrm{ambient}} \quad (7)$$

其中 d_{ps}是“伪直径”，ρ_{notno}和 $V_{ambient}$ 分别是名义出口处的氢密度和周围环境中的声速，Q_{realno}和 Q_{notno}必须相等，因此“伪直径”可以表示为：

$$d_{\mathrm{ps}}=\frac{1}{d_{\mathrm{noz}}}\sqrt{\frac{V_{\mathrm{realno}}\rho_{\mathrm{realno}}}{V_{\mathrm{ambient}}\rho_{\mathrm{notno}}}} \quad (8)$$

Han 等[15]证明了虚喷管法计算得到的氢浓度分布满足双曲线衰减规律，但计算结果较真实值偏大。Andrei[16]将直接数值模拟方法(DNS)与虚喷管法的射流计算结果进行对比，同样表明虚喷管法得到的可燃区域结果较 DNS 结果大30%左右。为了提高模拟结果的准确性，Tang 等[17]采用自适应网格细化技术(AMR)，在泄漏口处采用 DNS 方法，使得计算结果与试验结果具有很好的一致性。Zhang 等人[18]基于等熵膨胀过程和真实气体状态方程计算了出口处射流的特性参数。Zou[19]考虑了高压氢气泄漏过程中的热交换现象，使用范德华方程和焓方程建立 HEC(热交换)模型，并将此模型与基于等熵过程假设的模型进行比较。但现有的理论模型都仅对开敞空间有一定的适用性，而对受限空间以及有障碍物的情况则很难给出合理的预测。

1.3　封闭空间氢气扩散

当在封闭空间发生氢泄漏时，由于浮力的影响，在顶棚附近会出现氢气和空气分层不均匀的现象。当泄漏发生在室内时，羽流会撞到墙壁。如果发生这种情况，射流/羽流的轨迹将会改变，导致氢将以相同的特征参数(例如半宽度、中心线速度)沿着壁面垂直向上而不是沿水平方向。满足 Lowesmith 等提出的模型[34]，在顶棚附近形成气体积聚层。通过封闭空间的射流/羽流模型可以得到，当风以 $Q_{\mathrm{w}}=C_{\mathrm{d}}A_{\mathrm{v}}U_{\mathrm{w}}/\sqrt{2}$的速率驱动流动时，总流量为 $Q_{\mathrm{out}}=\sqrt{(Q_{\mathrm{b}}^{2}+Q_{\mathrm{w}}^{2})}+Q_{\mathrm{leak}}$。Denisenko 等[20]对不同泄漏速度的氢气在受限空间内的扩散进行了实验模拟。根据实验结果，氢气在受限空间内的扩散方式可分为两种，分别为“fillingbox”与“fading up box”，这取决于泄漏初始速度的快慢，两种扩散方式下的氢气在受限空间内有不同的分布和聚集方式。“Filling Box”模式是一种高压、高初动量的泄漏模式，即，泄漏的气体在到达天花板时与周围的气体混合物充分混合；“Fading up box”模式是一种低压、低动量泄漏模式，即，当混合气体到达顶棚时，混合不够均匀，出现浓度分层。图3显示了氢－空气混合物形成的两种演化模式。对于两种泄漏模式，关于哪种类型的氢云更容易点燃、哪种模式更容易发生爆燃和 DDT 是一个需要进一步讨论的问题。

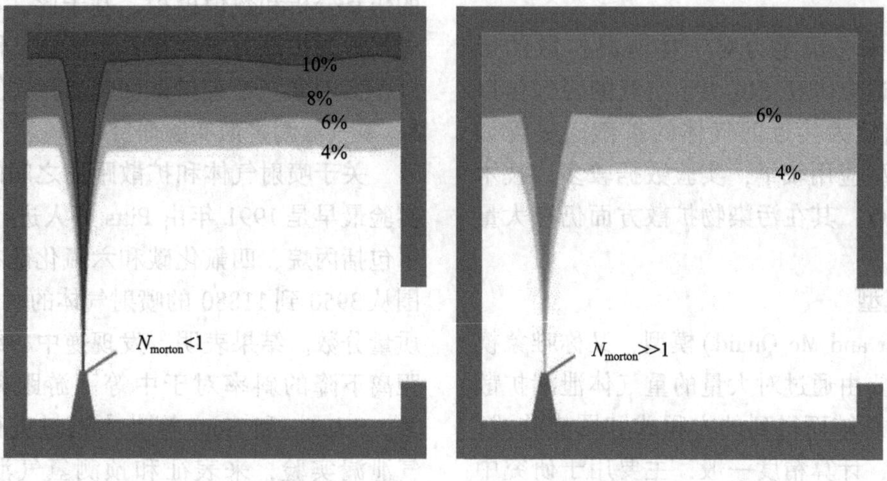

(a)"Filling box" 模型示意图　　(b)"Fading up box"模型示意图

图3　氢－空气混合物形成的两种演化模式

提出了一个无量纲比率来从定量的角度研究上述两种模式：

$$N_{\mathrm{Morton}}=\frac{L_{\mathrm{j}}}{Z_{\mathrm{r}}} \tag{9}$$

其中 N_{Morton} 是 Morton 数，这是一种气体动力模式判别标准，L_{j} 是羽流形成距离，Z_{r} 是从释放点到天花板的距离。如果 $N_{\mathrm{Morton}}<1$，气流在到达天花板之前变成羽流，"Filling Box"模型适用。如果 $N_{\mathrm{Morton}}\gg1$，则气流在到达天花板之前不会转化为羽流。垂直射流以非零动量撞击天花板，适用"Fading up box"模型。

(1)"Filling Box"模型

氢气从喷嘴泄漏后(通常泄漏口出口速度小于声速)，在到达受限空间的天花板之前转化为羽流。此时，羽流首先在天花板顶部以较高浓度聚集，然后逐渐向下扩散，在顶部和扩散表面之间形成更大的浓度梯度。图3(a)说明了一个二维"filling Box"示意图模型。"filling Box"模型中 H_2－空气混合物的最大浓度高于"fading up box"模型。因此，H_2－空气混合物比"fading up box"模型更早出现在易燃浓度区(4%～75% H_2，空气中)和爆炸性浓度区(18%～59% H_2，空气中)。此外，假设两种模式具有相同的质量流量，"Filling Box"模型中包络面的体积在体积分数固定的情况下较小。两个模型之间的另一个区别是 H_2－空气混合物易于点燃。Kumamoto 等人，推断最小点火能量(MIE)与空气中氢气浓度之间的关系[21]，具体而言，当氢气体积分数在20%到30%之间时，H_2－空气混合物的 MIE 最低。因此，由于较高的浓度，"Filling Box"场景更容易被较低的 MIE 点燃。

(2)"Fading up box"模型

在图3(b)所示的"Fading up box"模型中，从喷嘴泄漏的氢气在接触天花板时不会变成羽流。天花板下积聚的 H_2－空气混合物的浓度持续增加。虽然在顶部和底部之间出现了浓度梯度，但两者之间的差距很小。对于固定的体积分数，由于浓度的均匀性，包络面的体积大于"Filling Box"模型中的体积。因此，当发生泄漏时，在两种模型流量相等的假设下，浓度梯度的存在将导致可燃氢云首先出现在"Filling Box"模型中。另一方面，"Fading up box"模型中的浓度梯度很小，因此氢云浓度会均匀增加。当超过4%(空气中)时，不可燃气体变为可燃，可燃浓度区显著增大。与第一个模型相比，"Fading up box"模型更倾向于预混特征。对于相同的泄漏量，已确定"Fading up box"模型中的可燃体积比"Filling Box"模型中的可燃体积高约8%[22]。

2　氢气泄漏扩散数值模型

在对危险气体进行泄漏扩散的研究过程中，国内外学者已经建立了多种数值模型。目前常用的主要有高斯模型、BM 模型、Sutton 模型、箱及相似模型、FEM3 模型等[23]。

(1)高斯模型

高斯模型是最早应用于气体泄漏扩散研究的模型，其在20世纪50年代就被用于模拟点源类气体的泄漏扩散。高斯模型主要利用数学统计方法对气体泄漏扩散后的浓度分布进行研究[24]。根据应用条件的差异，又分为高斯烟羽模型以及高斯烟团模型。高斯烟羽模型主要用于研究连续泄漏的扩散。高斯烟团模型则用于研究瞬时泄漏的扩散，如容器大规模破裂等因素导致的瞬时泄漏情况。

高斯模型未考虑重力对气体泄漏扩散的影响，因此，只适合研究密度小于空气的轻气体以及密度与空气较为接近的气体的扩散。尽管如此，由于此模型应用较早，实验数据较多，技术相对成熟等优点，其在污染物扩散方面仍有大量应用。

(2)BM 模型

BM(Britter and Mc Quaid)模型，又称唯象模型。此模型主要由通过对大量的重气体泄漏扩散实验数据进行总结而得到的方程式和图表构成，属于经验模型，计算精度一般，主要用于研究中性气体或重气体的扩散[25,26]。BM 模型计算简单，结果直观，通常用于研究大规模泄漏扩散。

(3)Sutton 模型

Sutton 模型主要采用湍流扩散统计理论来研究气体的泄漏扩散过程[42]。此模型忽略了气体的速度和重力对气体泄漏扩散所造成的影响，致使其计算精度较差。此模型主要用于中性气体的扩散。

(4)箱及相似模型

箱及相似模型通过对气体的浓度场、温度场等物理场进行假设，进而预测气云的半径，高度等特征[27]。此模型假定在任意下风横截面处，气体的各物理场均呈矩形分布(某些空间范围内，场是均匀的，而在其他位置为零)或相似分布(如高斯分布)。此模型考虑了气体的重力以及扩散阻力等因素对气体扩散的影响。因此，计算精度比高斯模型要高，特别是对重气体的扩散。但此模型也有不足，即需要假定气体浓度、温度等呈相似分布，具有一定的不确定性。

(5)FEM3 模型

FEM3 模型即三维有限元计算模型。其原型于 1979 年被提出，最早主要应用于液化天然气瞬时泄漏扩散的模拟，计算精度良好。此模型主要通过求解基本的控制方程，并利用 K(梯度输运)理论对湍流进行处理，进而实现气体的泄漏扩散模拟。近些年，此模型发展迅速，逐渐被用于求解复杂环境中的气体扩散情况，如建筑物等封闭空间中的气体扩散[28]。除去上述模型外，还有浅层模型、板块模型等模型[29]，但其适用范围和计算精度都存在一定的缺陷。目前，随着计算机技术的发展，FEM3 模型的求解速度与计算精度逐步提高，同时，计算流体力学(CFD)也广泛应用于流体仿真分析领域，可以高效地实现流体的仿真分析和数值模拟。基于此，本文选择建立氢气泄漏扩散的三维有限元模型，利用 CFD 软件 FLACS 对氢气泄漏扩散问题进行数值模拟研究。

3 氢气泄漏扩散实验研究

关于喷射气体和扩散距离之间的定量测定的实验最早是 1991 年由 Pitts 等人进行的[30]，研究了包括丙烷、四氟化碳和六氟化硫在内雷诺数范围从 3950 到 11880 的喷射气体的时间平均中心线质量分数。结果表明，发现逆中心线质量分数随距离下降的斜率对于中等下游距离与雷诺数无关。Schefer 和 Houf 等[31,32]通过进行小规模的氢气泄漏实验，来表征和预测氢气泄漏扩散的行为，并将所得实验结果与 Pitts 等人进行比较，结果发现，甲烷和氢气射流在其射流中心线上的体积浓度变化规律非常接近，这表明射流气体的浓度分布不受气体种类影响。Kobayashi 等人[33]研究了低温压缩氢气的泄漏特性，发现氢气的供给温度越低，氢气泄漏的流量越大。

现阶段，对于氢气泄漏的实验研究，不再局限于单一简单的实验条件和环境，为了更为具体地研究外部环境因素对氢气泄漏扩散事故的影响，已有针对加氢站具体场景进行的加氢机等开放空间和储氢室等相对封闭的空间发生氢气泄漏事故时的研究。但由于氢气泄漏扩散实验的危险性较高，类似的研究也相对较少。

2007 年，日本 OsakaGas 公司在日本“国家氢能计划(Japanese National Projecton Hydrogen)”支持下，开展了加氢站规模的高压氢气泄漏和爆炸实验，首先在 5m × 6m × 4m 的高压氢气储藏室内，研究在 10MPa 的恒定泄漏压力，0. 8mm、1. 6mm 和 8mm 的泄漏直径以及不同泄漏位置氢气的泄漏扩散行为；接着研究了在开放空间内，40MPa 加氢机不同泄漏直径氢气水平泄漏后的浓度分布。结果表明 Cleaver R P 提出的基于理想气体行为的简单的射流瞬态扩散模型[34]足以预测 0. 8mm 和 1. 6mm 泄漏直径的泄漏实验，但会高估 8mm 的泄漏实验中的氢气浓度。

为评估加氢站 40MPa 高压氢气泄漏爆炸的风险，Takeno K[35]进行实验模拟了储罐连接的管道破裂导致短时间内发生重大泄漏的事故场景，泄漏实验结果表明，对于超过 4% 浓度的氢气，在 13. 7s 时会达到最大扩散距离，对于超过 10% 的浓度，在 5. 5s 时达到最大扩散距离。在爆炸试验中，通过改变点火延迟时间、初始氢气压力、泄漏口直径(1mm、2mm、5mm、10mm 和 25mm)，获得爆炸压力数据。结果表明，爆炸强度主要取决于点火时的湍流混合能量，而不是泄漏的总体积。

M. De Stefano[37]研究了氢气在一个 0.47m × 0.33m × 0.20m 封闭房间 1/15 的缩比模型中小规模泄漏的浓度分布，还分析了泄漏位置和障碍物对氢气泄漏的影响。研究发现，扩散过程更多地取决于泄漏速度而不是泄漏点的位置，流速越高，氢气越快均匀地分散在房间里。在高流速下，动能支配着分散现象，氢气沿着墙壁周围移动，直到氢气均匀分散在房间内。障碍物不会影响层流的扩散而会影响湍流，在湍流的情况下，障碍物的存在使泄漏的氢气偏向水平方向并导致动能损失，与空室相比，天花板会产生更高的浓度梯度，氢气均匀分散的时间也会更长。

4 氢气泄漏扩散数值模拟研究

由于氢气的易燃性，氢气泄漏实验存在比较大的危险性。虽然很多场合下可以使用氦气作为替代品进行实验，但是氦气的价格远高于氢气，尤其是进行高压泄漏实验将消耗大量的氦气，使得实验成本过高。随着当前计算机性能的不断提升，以及各种商业 CFD 软件中并行算法的优化，对氢气泄漏问题进行数值模拟研究也越来越成为一种重要的研究手段。与理论研究和实验研究相比，数值模拟研究的应用领域较广，不受外部条件制约，可以对不同场景下氢气的泄漏扩散过程进行模拟，准确性较高。

有关加氢站发生氢气泄漏事故后对氢射流扩散行为的研究，其泄漏场景大致分为加氢站充装区等开放空间泄漏和储氢室内等密闭空间泄漏。涉及氢气泄漏和扩散的风险评估和分析可分为三类：氢气泄漏条件、环境因素和加氢站具体布局，氢气泄漏条件包括泄漏孔的直径和泄漏位置、泄漏速度和泄漏时间，主要受储氢容器的影响[53]；环境因素包含风的影响、大气环境；加氢站具体布局包括：防爆墙、防火墙位置、加氢站顶棚形状与大小等。

对密闭空间中氢气泄漏的数值模拟研究，M A H Abbas[38]对体积为 20.04m^3 的封闭的气缸室中的瞬态氢气泄漏进行数值模拟。将模拟结果与实验和其他两个数值模拟结果进行比较。研究了不同泄漏孔位置和泄漏高度对氢气行为及其泄漏和扩散的风险的影响，研究发现氢气在气缸内部泄漏时，氢气会在气缸内部的上半部分停留较长时间，随着泄漏高度的增加，气缸内部上下部分的浓度差增大，分子扩散速率增大，室内的氢气会更快分布均匀。Zhang[39]开发了一个简化模型——在顶部和底部分别具有两个通风口的封闭长方体空间，使用 Fluent 模拟氢气泄漏扩散行为，分析了不同泄漏位置对氢气扩散的影响。结果表明，当氢气从空间底部垂直扩散到顶部时，泄漏位置离侧壁通风口越远，积聚的氢气越多。当氢气从地板垂直方向泄漏时，泄漏位置与底部通风口的距离对空间顶部氢气的水平扩散速度影响不大。水平方向泄漏的扩散速度快于垂直方向。当氢气从侧壁沿水平方向泄漏时，泄漏高度对空间顶部氢气的水平扩散速度影响不大。当1%摩尔分数或4%摩尔分数的氢的包络线扩展到整个上限时，模型就会出现分层，泄漏点位置越靠近天花板的工况的分层越为明显。Bauwensand C R[40]使用 OpenFoam 在超过 15000m^3 的设施内模拟了大尺寸空间内的氢气意外泄漏事故后果，探究不同的泄漏速率（0.25 ~ 4kg/min）和不同仓库形状对氢气泄漏扩散的影响，模拟结果结合小规模试验数据表明，只需考虑仓库中可燃性下限以上的氢气总质量，就可以对最大超压 P_{max} 进行简单估计。对于该仓库而言如果没有通风系统，大约 1kg/min 的释放速率会对仓库造成轻微损坏，而超过 1kg/min 会对仓库造成重大损坏；如果存在通风系统，则必须防止通风系统内的氢浓度超过 10%。

有关氢气泄漏条件对加氢站内氢气泄漏扩散行为的研究，CHEN[41]使用 PHAST 针对某加氢站 5m^3 储氢瓶，研究了不同泄漏孔径、储氢压力和不同风速对高压氢气泄漏扩散的影响。结果表明，下游危险云团和扩散影响区域的面积随着泄漏直径和气瓶压力的增加而增加。孔径对质量泄漏率和云团分布范围影响较大，而气瓶压力主要影响云团分布，储氢压力对质量泄漏率的影响不如孔径的影响那么明显，风速对质量泄漏率没有影响，对下游云团分布的影响很小。

林业恒[7]使用 CFD 软件 HyRAM 模拟了加氢站泄漏事故，探究储氢压力和泄漏直径对死亡概率的影响，结果表明泄漏直径对死亡概率的影响远大于储氢压力，张志春[42]使用 PHAST6.7 版本模拟了氢气管道的泄漏和扩散及发生的火灾事故；赵博鑫[43]对比研究了不同泄漏孔径下氢气和天然气管道泄漏扩散规律，结果表明，但对同一泄漏源来说，氢气影响范围区间更广、更易扩散，达到同样火焰热辐射水平时，氢气火焰的热辐射距离更近，能量相对较强。

有关环境因素对加氢站内氢气泄漏行为的影响方面的研究，Qian[44,45]使用CFD软件FLUENT以国内某加氢站为模型对氢气意外泄漏后氢气云的扩散过程进行了数值模拟。首先对不同泄漏位置和环境风对氢气泄漏和扩散的影响进行了数值分析，定量研究了泄漏结束时可燃气云的轮廓。结果表明，泄漏孔与障碍物之间的空间越窄，与障碍物的接触面积越小，可燃气云的轮廓就越不规则和不可预测。环境风对氢气扩散行为有很大影响，与泄漏方向相反的风向可能导致可燃气云的轮廓更大。随着风速的增加，可燃气云的轮廓被限制在更小的范围内。然而，风的存在使得障碍物附近有氢气滞留，随着风速的增加，回流区沿障碍物向下移动[46]。接着Qian还针对氢气云的动量-浮力共同主导和动量主导两种扩散状态下进行了比较分析，结果表明，在动量-浮力主导的状态下，可燃气云的轮廓在连续扩散过程中向上移动。而在动量主导的情况下，可燃气云更有可能在地面附近积聚。沿着泄漏方向，可燃气云的边缘轮廓由储氢罐中氢气的总体积决定。当初始压力从40MPa增加到80MPa时，可燃气云的边缘轮廓在释放结束时几乎相同。在自然对流方向，氢扩散由浓度梯度驱动。氢气沿泄漏孔对称扩散，可燃气云的轮廓在每种情况下都相似[47]。

Li[48]使用Fluent对恒风速和变风速下加氢站的储氢罐发生泄漏后氢气扩散行为进行了数值研究。分析了不同类型环境风影响下可燃气云和氢气质量分数的特性，并与无风条件进行了比较。结果表明，恒风速和变风速对氢扩散测定的影响完全不同，变风速可能会导致更危险的情况，因为可燃气云体积更大，随着风速的增加，当泄漏孔与观测线的距离超过临界值时，氢质量分数沿径向的分布不再呈高斯(正态)分布。

国防科技大学余照等[49]利用Fluent软件模拟了氢气瓶的泄漏过程，得出了氢气的扩散云图，以及安全区和爆炸区。杨灿剑[50]等利用MATLAB高斯扩散程序得到爆炸危险区域的浓度曲线，使用Fluent建立加氢站二维模型模拟了储氢罐泄漏场景，得出在无风和有风(10 m/s)情况下氢气的扩散特点及爆炸危险区域。但该模型仅限于二维平面内，模拟结论有一定局限性。

Shen[51]使用CFD软件FLACS模拟了氢气从停放在室外停车场的70MPa储氢瓶中意外泄漏的事故场景，考虑不同泄漏直径和不同停车方式(并列和平行停车)氢气可燃气云扩散行为的影响。结果表明，我国现行法规规定的7m停车位对于氢燃料电池汽车来说太小，与并列停放相比，平行停放燃料电池汽车更安全，可燃云的扩散过程表明车与车之间的停车位不够安全。

有关加氢站具体布局对加氢站内氢气泄漏行为的影响方面的研究，由于低浓度氢气泄漏难以使用氢传感器进行测量，日本的学者Kikukawa[52]使用CFD软件FLUENT研究了加氢站内发生轻微氢气泄漏后氢气扩散行为，研究防火墙对四分之一爆炸下限(即1%氢气)的影响，为加氢站的防火距离提供依据；同时为探究加氢站发生轻微针孔泄漏事故氢气射流对附近的加油站的影响，Kikukawa对日本大顶棚室内加油站和小顶棚露天加油站进行研究，分析表明，顶篷的大小对氢气的滞留影响很小。Han[53]使用FLUENT模拟了新型的移动加氢站的加氢平台内部和外部氢气泄漏的情况，测量氢泄漏长度和扩散距离，研究结果为防护墙的设计工作提供了参考。顾蒙[54]使用FLACS软件对某油氢合建站的高压储氢瓶及加氢机泄漏事故进行模拟，并重点关注不同罩棚形状对氢气泄漏事故的影响规律。研究表明：加氢机处发生泄漏时，现有加油站罩棚会造成氢气大量聚集，而带斜角顶棚能显著降低可燃氢气云团量。

5 结论

氢能产业发展迅猛，但氢气由于其极强的逸散性，其泄漏和扩散机理较为复杂，因此开展加氢站氢能装备泄漏与扩散机理的研究在国内外都属于热点领域。本文针对加氢站内氢气泄漏与扩散机理方面的研究现状展开综述，对于氢气泄漏与扩散的理论研究、实验研究及数值模拟研究三方面系统整理了国内外现有研究进展情况。分析了现有研究情况的优势和局限性，结合加氢站实际情况提出了研究现状的总结和展望。

参考文献

[1]赵永志，蒙波，陈霖新，王赓，郑津洋，顾超华，张鑫，张俊峰．氢能源的利用现状分析[J]．化工进展，2015，34(09)：3248-3255.

[2]ZHENG YIRAN, TAN YUE, ZHOU CHILOU, et al. A review on effect of hydrogen on rubber seals used in the high-pressure hydrogen infrastructure[J]. International Journal of Hydrogen Energy, 2020, 45(43): 23721-23738.

[3]周池楼，何默涵，肖舒，石科军，吴昊，江赛华，陈国华，吴春明．不锈钢表面阻氢涂层研究进展[J]．化工进展，2020，39(09)：3458－3468.

[4]Schefer R W，Houf W G，Williams T C. Investigation of small－scale unintended releases of hydrogen：momentum－dominated regime[J]. International Journal of Hydrogen Energy，2008，33(21)：6373－6384.

[5]Birch A D，Brown D R，Dodson M G，et al. The structure and concentration decay of high pressure jets of natural gas[J]. Combustion Science and technology，1984，36(5－6)：249－261.

[6]Ewan B C R，Moodie K. Structure and velocity measurements in underexpanded jets[J]. Combustion Science and Technology，1986，45(5－6)：275－288.

[7]李雪芳．储氢系统意外氢气泄漏和扩散研究[D]．清华大学，2015.

[8]TSURUDA T，HIRANO T. Growth of Flame Front Turbulence During Flame Propagation Across an Obstacle[J]. Combustion Science and Technology，1987，51(4－6)：323－8.

[9]TAKENO K，OKABAYASHI K，KOUCHI A，et al. Concentration fluctuation and ignition characteristics during atmospheric diffusion of hydrogen spouted from high pressure storage[J]. International Journal of Hydrogen Energy，2017，42(22)：15426－34.

[10]OKABAYASHI K，TAGASHIRA K，KAWAZOE K，et al. Non－steady characteristics of dispersion and ignitability for high－pressurized hydrogen jet discharged from a pinhole[J]. International Journal of Hydrogen Energy，2019，44(17)：9071－9.

[11]BIRCH A D，HUGHES D J，SWAFFIELD F. Velocity Decay of High Pressure Jets[J]. Combustion Science and Technology，1987，52(1－3)：161－71.

[12]BIRCH A D，BROWN D R，DODSON M G，et al. The Structure and Concentration Decay of High Pressure Jets of Natural Gas[J]. Combustion Science and Technology，1984，36(5－6)：249－61.

[13]EWAN B C R，MOODIE K. Structure and Velocity Measurements in Underexpanded Jets[J]. Combustion Science and Technology，1986，45(5－6)：275－88.

[14]Xiao J，Travis J R，Breitung W. Hydrogen release from a high pressure gaseous hydrogen reservoir in case of a small leak[J]. International journal of hydrogen energy，2011，36(3)：2545－2554.

[15]HAN S H，CHANG D，KIM J S. Release characteristics of highly pressurized hydrogen through a small hole[J]. International Journal of Hydrogen Energy，2013，38(8)：3503－12.

[16]ANDREI V T. Knowledge gaps in hydrogen safety[R]. Paris：International Energy Agency，2008.

[17]TANG X，DZIEMINSKA E，ASAHARA M，et al. Numerical investigation of a high pressure hydrogen jet of 82MPa with adaptive mesh refinement：Concentration and velocity distributions[J]. International Journal of Hydrogen Energy，2018，43(18)：9094－109.

[18]Zhang J，Zhang X，Huang W，et al. Isentropic analysis and numerical investigation on high－pressure hydrogen jets with real gas effects[J]. International Journal of Hydrogen Energy，2020，45(39)：20256—20265.

[19]Zou Q，Tian Y，Han F. Prediction of state property during hydrogen leaks from high－pressure hydrogen storage systems[J]. International Journal of Hydrogen Energy，2019，44(39)：22394－22404.[J].

[20]LOWESMITH B J，HANKINSON G，SPATARU C，et al. Gas build－up in a domestic property following releases of methane/hydrogen mixtures[J]. International Journal of Hydrogen Energy，2009，34(14)：5932－9.

[21]DENISENKO V，KIRILLOV I，KOROBTSEV S，et al. Hydrogen－air explosive envelope behavior in confined space at different leak velocities；proceedings of the Proceedings of the third international conference on hydrogen safety，Ajaccio，Corsica，France，F，2009[C].

[22]Kumamoto A，Iseki H，Ono R，et al. Measurement of minimum ignition energy in hydrogen－oxygen－nitrogen premixed gas by spark discharge[C]//Journal of Physics：Conference Series. IOP Publishing，2011，301(1)：012039.

[23]Denisenko V P，Kirillov I A，Korobtsev S，et al. Hydrogen－air explosive envelope behaviour in confined space at different leak velocities[J]. 2009.

[24]王治华．受限空间内气体扩散的数值模拟及分析[D]．大连理工大学，2009.

[25]丁信伟，王淑兰，徐国庆．可燃及毒性气体泄漏扩散研究综述[J]．化学工业与工程，1999(02)：58－62.

[26]Britter R E，McQuaid J D. Workbook on the dispersion of dense gases[M]. Health and Safety Executive，1988.

[27]Hanna S R，Strimaitis D G，Chang J C. Report prepared by sigma research corporation for AFESC[J]. Washington DC，1990，1：32.

[28]Chen C J，Rodi W. A mathematical model for stratified turbulent flows and its application to buoyant jets[C]//Proc. 16th Congress，1AHR. 1975.

[29]Van Ulden A P. On the spreading of a heavy gas released near the ground[C]//Proceedings Int. Loss Prevention Symp. 1974：221－226.

[30]Chan S T，Ermak D L，Morris L K. FEM3 model simulations of selected Thorney Island phase I trials[J]. Journal of hazardous materials，1987，16：267－292.

[31]于义成．室内燃气泄漏扩散模拟及爆炸后果分析[D]．哈尔滨工业大学，2015.

[32]Pitts W M. Reynolds number effects on the mixing behavior of axisymmetric turbulent jets[J]. Experiments in fluids, 1991, 11(2): 135 - 141.

[33]Schefer R W, Houf W G, Williams T C. Investigation of small - scale unintended releases of hydrogen: buoyancy effects[J]. International journal of hydrogen energy, 2008, 33(17): 4702 - 4712.

[34]Houf W, Schefer R. Analytical and experimental investigation of small - scale unintended releases of hydrogen[J]. International Journal of Hydrogen Energy, 2008, 33(4): 1435 - 1444.

[35]Kobayashi H, Naruo Y, Maru Y, et al. Experiment of cryo - compressed (90 - MPa) hydrogen leakage diffusion[J]. International Journal of Hydrogen Energy, 2018, 43(37): 17928 - 17937.

[36]Cleaver R P, Edwards P D. Comparison of an integral model for predicting the dispersion of a turbulent jet in a crossflow with experimental data[J]. Journal of loss prevention in the process industries, 1990, 3(1): 91 - 96.

[37]Takeno K, Okabayashi K, Kouchi A, et al. Dispersion and explosion field tests for 40MPa pressurized hydrogen[J]. International Journal of Hydrogen Energy, 2007, 32(13): 2144 - 2153.

[38]De Stefano M, Rocourt X, Sochet I, et al. Hydrogen dispersion in a closed environment[J]. International Journal of Hydrogen Energy, 2019, 44(17): 9031 - 9040.

[39]Sakamoto J, Sato R, Nakayama J, et al. Leakage - type - based analysis of accidents involving hydrogen fueling stations in Japan and USA[J]. International journal of hydrogen energy, 2016, 41(46): 21564 - 21570.

[40]Abbas M A H, Kheradmand S, Sadoughipour H. Numerical study of the effect of hydrogen leakage position and direction on hydrogen distribution in a closed enclosure[J]. International Journal of Hydrogen Energy, 2020, 45(43): 23872 - 23881.

[41]Zhang X, Wang Q, Hou X, et al. Numerical Analysis of the Hydrogen Dispersion Behavior in Different Directions in a Naturally Ventilated Space[J]. Applied Sciences, 2021, 11(2): 615.

[42]Bauwens C R, Dorofeev S B. CFD modeling and consequence analysis of an accidental hydrogen release in a large scale facility[J]. International journal of hydrogen energy, 2014, 39(35): 20447 - 20454.

[43]Qiang C, Zhan - qing L, Yan - yun L, et al. Research on Influence Factors of Leakage and Diffusion of 5 m^3 High Pressure Hydrogen Cylinder[C]//IOP Conference Series: Earth and Environmental Science. IOP Publishing, 2021, 838(1): 012014.

[44]张志春．基于Phast6.7的氢气管道泄漏模拟计算[J]．电气防爆，2015(03)：31 - 32.

[45]赵博鑫，朱明，彭莹，王明家．基于PHAST软件模拟氢气、天然气管道泄漏[J]．石化技术，2017，24(05)：48 - 50.

[46]Qian J, Li X, Gao Z, et al. A numerical study of hydrogen leakage and diffusion in a hydrogen refueling station[J]. International Journal of Hydrogen Energy, 2020, 45(28): 14428 - 14439.

[47]Qian J, Li X, Gao Z, et al. A numerical study of unintended hydrogen release in a hydrogen refueling station[J]. International Journal of Hydrogen Energy, 2020, 45(38): 20142—20152.

[48]Li X, Xu Y, Li X, et al. Effect of wind condition on unintended hydrogen release in a hydrogen refueling station[J]. International Journal of Hydrogen Energy, 2021, 46(7): 5537 - 5547.

[49]余照，袁杰红．储氢罐泄漏扩散规律的数值仿真分析[J]．化学工程与装备，2008(09)：1 - 5.

[50]杨灿剑，付晋．加氢站氢气泄漏事故模拟及后果分析[J]．消防科学与技术，2011，30(04)：358 - 362.

[51]Shen Y, Zheng T, Lv H, et al. Numerical Simulation of Hydrogen Leakage from Fuel Cell Vehicle in an Outdoor Parking Garage[J]. World Electric Vehicle Journal, 2021, 12(3): 118.

[52]Kikukawa S. Consequence analysis and safety verification of hydrogen fueling stations using CFD simulation[J]. International Journal of Hydrogen Energy, 2008, 33(4): 1425 - 1434.

[53]Han U, Oh J, Lee H. Safety investigation of hydrogen charging platform package with CFD simulation[J]. International Journal of Hydrogen Energy, 2018, 43(29): 13687 - 13699.

[54]顾蒙，王全国，王溪舸，于安峰，凌晓东．油氢合建站氢气泄漏扩散模拟及影响因素分析[J]．消防科学与技术，2020，39(01)：123 - 126.

碎片撞击储罐的流固耦合模拟研究

邓子龙　任婧杰　于　迪　罗炜晔　毕明树

（大连理工大学化工学院，辽宁 大连　116024）

摘　要：在多米诺事故风险评估中，爆炸碎片是关键的因素之一，迫切需要对撞击造成的目标设备损伤进行评价。本文基于拉格朗日－欧拉方法（Coupled-Eulerian-Lagrangian，CEL）建立卧式储罐受封头形碎片撞击的数值模型，分析了不同填充状态的储罐呈现出的不同现象，结果表明，在分析碎片对储罐的撞击作用时，内部流体作用不可忽略。

关键词：流固耦合；碎片撞击；有限元法；动态响应

Fluid-structure Interaction Simulation of Fragment Impacts on Tanks

DENG Zilong，*REN Jingjie*，*YU Di*，*LUO Weiye*，*BI Mingshu*

（School of chemical engineering，Dalian university of technology，Liaoning 116024，China）

Abstract：In the risk assessment of domino accidents，fragment is one of the key factors，and it is urgently necessary to evaluate the damage to the target equipment caused by fragment impact. This paper establishes a numerical model of a horizontal storage tank subjected to impact by a head-shaped fragment based on the Coupled Eulerian-Lagrangian（CEL）method. The different phenomena presented by the tank under different filling states are analyzed. The results show that the internal fluid effect cannot be ignored when analyzing the impact of fragment on the tank.

Key words：Fluid-structure Interaction；Fragment impact；Finite Element Method

1　引言

卧式容器作为压力储罐和设备中的一种非常重要的形式，在液态危化品的储存上起着非常重要的作用。然而，如果出现事故，将会产生各种碎片，对周围的储罐和设备将造成严重的威胁，对储罐的完整性和安全性产生不利影响，可能造成储罐凹陷、机械损坏、泄漏[1]甚至爆炸[2]。

撞击物产生的冲击速度，通常分为低速、中速和高速，高速主要涉及军事导弹打击[3]，而对于储罐受撞击的场景，中速认为碎片会达到临界穿透速度，在这个速度下，储罐可能发生破裂，将引起更加严重的泄漏、火灾等事故。

通常施加冲击载荷的方式是两种，一种是落锤实验[4-7]，一种是气枪或轻气炮[3,8-14]。落锤实验通常速度比较低，为达到冲击物的冲击能量，冲击物通常是一个比较大质量的配重块，前端有一定形状落锤冲头。子弹通常是经气枪发射，质量较小，能够达到更大的速度。

有限元的方法在研究弹丸对靶板、管道、储罐等的冲击效应时也经常使用。通过建立数值模型，研究了304不锈钢[12]的薄板和铝板[10,13,14]被不同撞击后的穿透失效过程及能量吸收，再现子弹通过中厚板时侵彻过程[3]。通过有限元方法研究典型载荷条件下凹坑对管道的承载能力的影响[15,16]。建立大型立式储罐的数值模型，研究储罐受封头碎片冲击的动态响应过程[17,18]。

作者简介：邓子龙（1996—），博士，主要研究方向为储罐储运安全评估。E－mail：dengzilong@ mail. dlut. edu. cn

通信作者：任婧杰，教授，博导，长期从事化工装备结构可靠性分析工作。E－mail：RenJJ@ dlut. edu. cn

目前来看，研究真实碎片在不同充装条件下撞击储罐的响应情况相对较少，本文开展了储罐的空罐、充液储罐、内充压力介质的储罐三种情况下数值模拟，理清三种情况下储罐发生的变化差异，基于 CEL 方法建立多相的建模，对储罐中加压气体、液体与罐壁的相互作用进行分析。

2 耦合欧拉－拉格朗日方法

拉格朗日方法和欧拉方法在有限元分析(FEA)中是两种常用的建模技术。拉格朗日方法通过将材料坐标和时间作为函数来描述连续体的运动。在材料体受到外力作用而发生变形时，网格节点会随着材料一起发生相应的变形。相对而言，欧拉方法则是根据时间和空间坐标来描述连续体的运动。

在材料体因受力而变形的情况下，欧拉方法的网格节点保持不变，允许材料在定义的空间内自由流动。拉格朗日－欧拉流固耦合(CEL)方法巧妙地融合了拉格朗日和欧拉方法的优势。该方法采用拉格朗日网格来模拟固体，同时使用欧拉网格来模拟液体，并通过耦合这两种网格来模拟流体与固体之间的相互作用。图 1 展示了拉格朗日和欧拉分析的示意图。

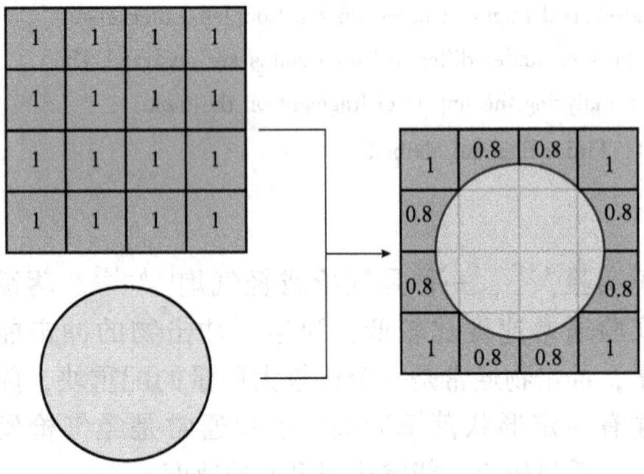

图 1　CEL 方法示意图

当碎片撞击储罐时，内部介质的振荡对结构的响应有较大的影响，假设内部介质是水，认为是欧拉体。欧拉体可以部分或者完全充满流体材料，使用欧拉体积分数(EVF)描述每个欧拉单元的填充比例，当欧拉单元完全被材料填充时，EVF 值为 1，反之，EVF 值为 0。

在 ABAQUS/Explicit 软件中，通过惩罚接触算法在拉格朗日元素与欧拉元素之间建立耦合关系，以进行流体－固体等多物理场耦合的模拟分析[19]。

在计算流固耦合(CEL)模型中，拉格朗日元素占据了欧拉网格中的空白区域。在这些空白区域内，惩罚接触算法允许欧拉材料轻微地穿透拉格朗日元素，并自动追踪拉格朗日元素与欧拉材料的交界面。当拉格朗日节点位于欧拉材料内部时，这种小的穿透量 δ_p 是正值。在模拟过程中，一旦发生穿透，就会定义一个惩罚刚度 k_p，以产生一个在欧拉元素和拉格朗日元素之间的大接触力，确保模拟的稳定性。因此，定义了欧拉元素与拉格朗日元素之间的接触力 f_p，其表达式为：

$$f_p=\begin{cases}k_p\cdot\delta_p,\ \delta_p\geqslant 0\\0,\ \delta_p<0\end{cases}$$

3 材料属性

3.1 金属材料

储罐材料为 Q345R 材料，采用 Johnson-Cook 本构模型、Borona 损伤演化模型以及 Johnson-Cook 损伤失效模型。

不考虑温度的 Johnson-Cook 本构模型表达式如下：

$$\sigma=(A+B\varepsilon_p^n)\left(1+C\ln\left(\frac{\varepsilon}{\varepsilon_0}\right)\right)$$

Borona 损伤演化模型表达式如下：

$$D_B=D_0+(D_{cr}-D_0)\left[1-\left[1-\frac{\ln(p/p_{th})}{\ln(\varepsilon_{cr}/\varepsilon_{th})}f\left(\frac{\sigma_m}{}\right)\right]^{\alpha}\right]$$

Johnson-Cook 断裂准则表达式如下：

$$\varepsilon_f=[D_1+D_2\exp(D_3\sigma^*)](1+D_4\ln\dot{\varepsilon}^*)(1+D_5T^*)$$

3.2 液体材料

液体的状态方程采用 Mei-Grüneisen 提出的状态方程，其方程假定压力是密度和单位质量内能的函数，如下式所示：

$$p=f(\rho,\ E_H)$$

Mei-gruneisen 方程形式如下：

$$p-p_H=\Gamma\rho(e-E_H)$$

3.3 气体材料

使用理想气体状态方程表示气体材料属性，假设液相和气相处于动态平衡状态，整个过程温度保持恒定。

CEL 方法在计算过程中，为了保证计算准确性，需要大量的欧拉网格，在流体和固体的界面上，即使是定义对流体和固体的在几何建模中截面的精确匹配，但是由于网格划分中，流体和固体界面还是会出现不可避免的间隙或过盈的情况。因此，尽可能将欧网格进行细化，使得流体与固体在接触上能够更加合理。流体的压力变化通过多相模拟得到，对所有气体单元的压力进行平均，得到平均气体压力。

4 有限元分析

建立小型储罐模型，如图2所示，在实验状态下，通过约束支座来约束储罐的自由度，在模拟中采用与试验相同的速度100m/s，填充率为80%。由于冲击过程非常短，本研究进行了5ms的动态分析。网格的质量是流固耦合是否能成功的关键，储罐采用C3D8R单元，并在关键接触部位进行了加密，单元总数为197120个。流体欧拉域网格采用八节点线性欧拉六面体单元，即EC3D8单元，单元总数为1634906个。

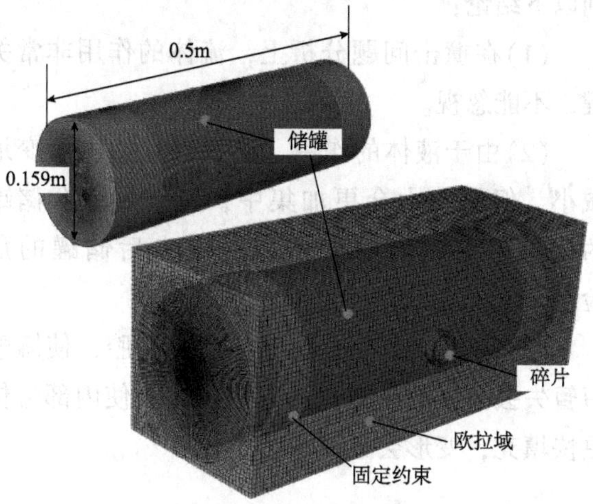

图2　有限元模型设置

4.1 储罐的变形

碎片都是从正面进行冲击，液体部分属性设置为水，压力罐内压设置为0.6MPa。通过流固耦合分析，发现应力分布以及范围存在着明显的差异。空罐分布范围更广，而压力罐应力更加集中，见图3。

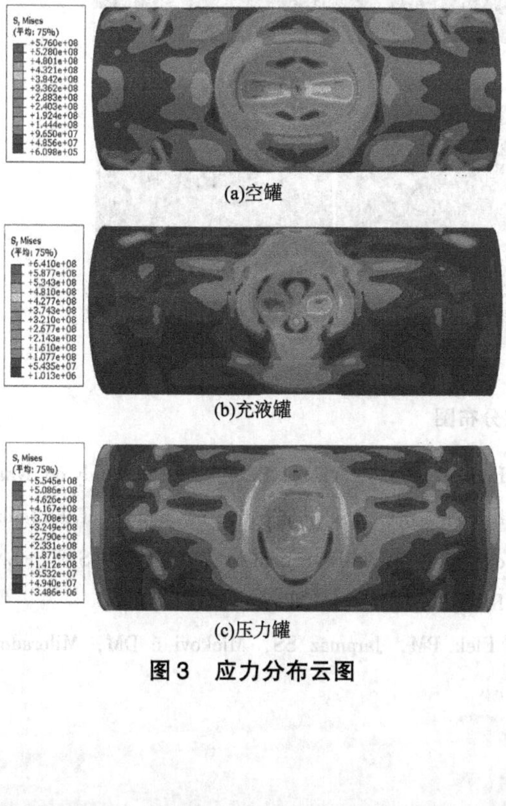

(a)空罐

(b)充液罐

(c)压力罐

图3　应力分布云图

提取变形挠度与时间的曲线关系，发现空罐变形挠度更大，由于弹性变形区更大，所以在第一次冲击变形后，会产生多次的振荡。而充液罐和压力罐中的液体则会分走一部分碎片的能量，导致变形位移明显小于空罐。

冲击变形后，空罐、充液罐、压力罐的最终挠度为33mm、23mm和19mm，变形量确有降低，说明充液和内压作用能够抵抗外部撞击变形的能力较空罐强，但是论危险程度，还需要进一步探讨。

从图4可以看出，碎片在冲击过程中，罐壁由于弹性变形，会产生振荡，产生较大的波动回弹，而冲击充液罐和压力罐时，罐壁的回弹不明显，说明碎片转化为弹性变性能较少，能量更多的转化为罐壁的塑性变形以及内部流体振荡。

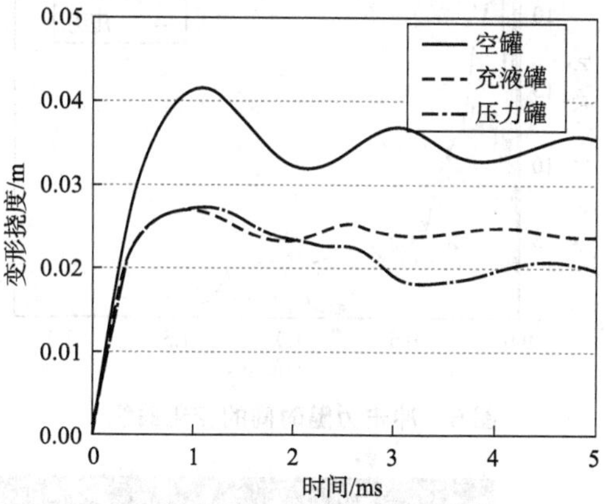

图4　变形挠度随时间的变化曲线

提取冲击后从内向外的壁面的真应变分布云图如图5所示，可以看出，空罐应变分布范围广，但是集中程度不如充液罐与压力罐，再结合图6的冲击力随时间的变化，认为充液罐与压力罐抗穿透能力不如空罐，所以充液罐与压力罐更加危险。

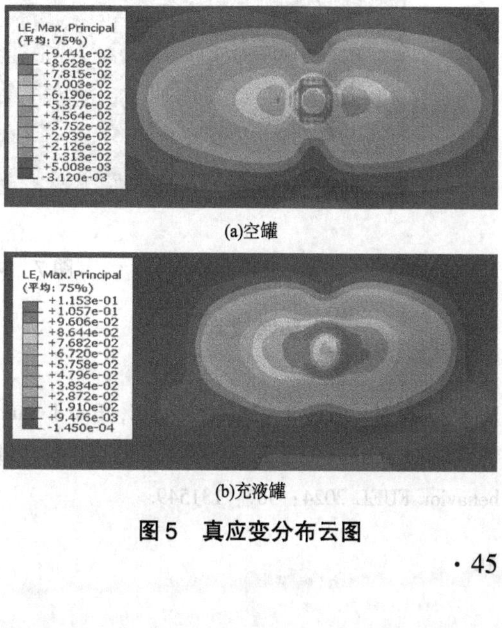

(a)空罐

(b)充液罐

图5　真应变分布云图

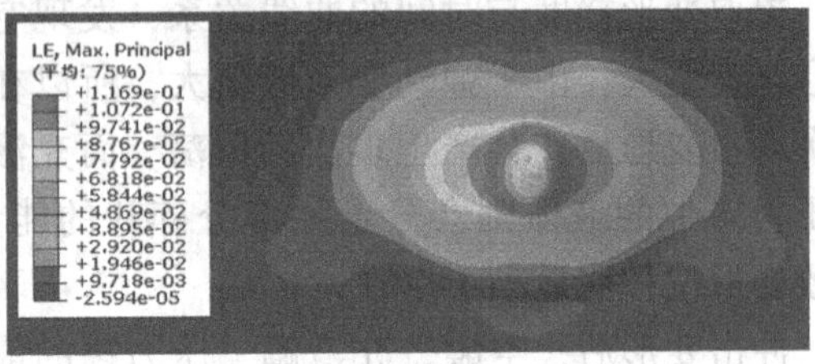

(c)压力罐

图5　真应变分布云图(续)

将冲击力随时间变化的过程进行分析，如图6所示，可以看出，冲击过程持续时间都较为接近，都为1.5ms左右，空罐最大冲击力明显小于充液罐与压力罐的，充液罐与压力罐最大冲击力较为接近。

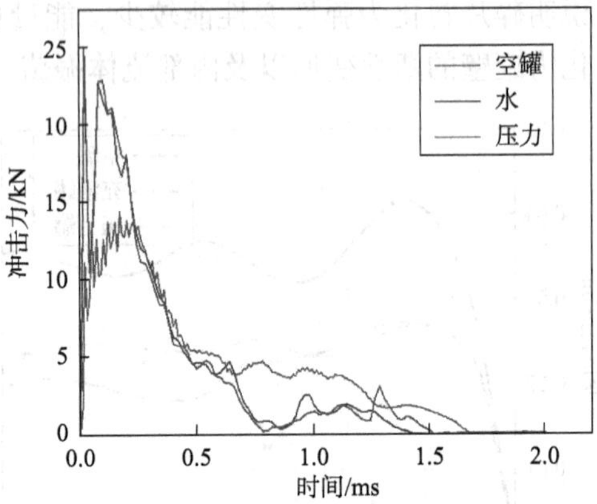

图6　冲击力随时间的变化曲线

4.2　流体的行为

为了进一步解释罐壁的现象，将内部流体进行提取，发现在碎片冲击过程中，碎片撞击位置会出现空腔，罐壁暂时会失去流体的支撑，导致罐壁的弹性区变少，罐壁的振荡也更弱，在压力罐中，空腔消失得更快，介质迅速填充，导致罐壁变形会进一步变小。

5　结论

本文基于CEL方法，分析了储罐受封头形碎片撞击的变形过程以及内部流体的演化过程，得到以下结论：

(1)在撞击问题分析上，流体的作用非常关键，不能忽视。

(2)由于液体的作用，导致碎片撞击后变形减小，但是应力会更加集中，所以要综合储罐的填充率等状态综合考虑受撞击后储罐的危险性。

(3)碎片撞击后，内部会产生空腔，使罐壁短暂失去液体的支撑，而内部压力会使内部流体更快填充，变形会进一步减小。

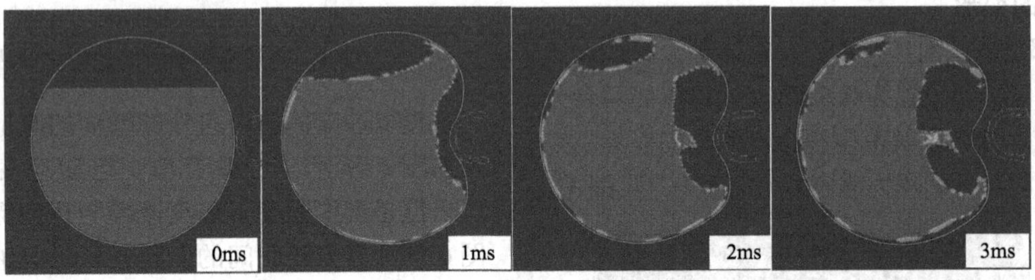

(a)充液罐

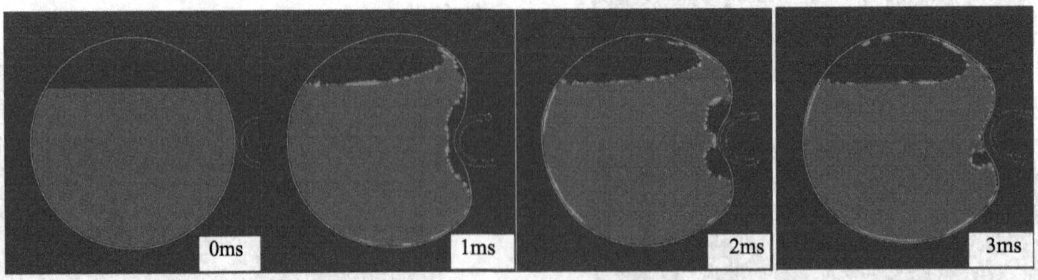

(b)压力罐

图7　内部流体变化分布图

参考文献

[1] Hao Q, Bi M, Deng Z, Liu X, Hou Z, Ren J. Study on the impact of different hole shapes on liquefied gas leakage behavior. FUEL. 2024; 367: 131549.

[2] Luo W, Ren J, Yu D, Deng Z, Bi M. Study on dynamic behavior and crack propagation mechanism of the tanks in one-step BLEVE accident. PROCESS SAF ENVIRON. 2024; 185: 1089-1102.

[3] Elek PM, Jaramaz SS, Mickovi ć DM, Miloradovi ć

NM. Experimental and numerical investigation of perforation of thin steel plates by deformable steel penetrators. THIN WALL STRUCT. 2016; 102: 58 – 67.

[4] Lu GY, Zhang SY, Lei JP, Yang JL. Dynamic responses and damages of water-filled pre-pressurized metal tube impacted by mass. INT J IMPACT ENG. 2007; 34 (10): 1594 – 1601.

[5] Zeinoddini M, Parke GAR, Harding JE. Axially pre-loaded steel tubes subjected to lateral impacts: an experimental study. INT J IMPACT ENG. 2002; 27(6): 669 – 690.

[6] Ghaednia H, Das S, Wang R, Kania R. Safe burst strength of a pipeline with dent-crack defect: Effect of crack depth and operating pressure. ENG FAIL ANAL. 2015; 55: 288 – 299.

[7] Wu Q, Chen X, Fan Z, Jiang Y, Nie D. Experimental and numerical studies of impact on filament-wound composite cylinder. ACTA MECH SOLIDA SIN. 2017; 30 (5): 540 – 549.

[8] Wierzbicki T. Petalling of plates under explosive and impact loading. INT J IMPACT ENG. 1999; 22 (9): 935 – 954.

[9] Atkins AG, Afzal Khan M, Liu JH. Necking and radial cracking around perforations in thin sheets at normal incidence. INT J IMPACT ENG. 1998; 21(7): 521 – 539.

[10] Gupta NK, Iqbal MA, Sekhon GS. Experimental and numerical studies on the behavior of thin aluminum plates subjected to impact by blunt-and hemispherical-nosed projectiles. INT J IMPACT ENG. 2006; 32(12): 1921 – 1944.

[11] Chen C, Zhu X, Hou H, Tian X, Shen X. A new analytical model for the low-velocity perforation of thin steel plates by hemispherical-nosed projectiles. Defence Technology. 2017; 13(5): 327 – 337.

[12] Dean J, Dunleavy CS, Brown PM, Clyne TW. Energy absorption during projectile perforation of thin steel plates and the kinetic energy of ejected fragments. INT J IMPACT ENG. 2009; 36(10): 1250 – 1258.

[13] Gupta NK, Iqbal MA, Sekhon GS. Effect of projectile nose shape, impact velocity and target thickness on deformation behavior of aluminum plates. INT J SOLIDS STRUCT. 2007; 44(10): 3411 – 3439.

[14] Iqbal MA, Tiwari G, Gupta PK, Bhargava P. Ballistic performance and energy absorption characteristics of thin aluminium plates. INT J IMPACT ENG. 2015; 77: 1 – 15.

[15] Tian X, Lu M, Chen Y. Numerical Simulation Method for Failure Pressure of Buried Dented Pipeline. J FAIL ANAL PREV. 2020; 20(3): 944 – 949.

[16] Wang L, Tian X, Yang H. Load-Bearing Capacity of X80 Dented Pipelines under Typical Loads. J FAIL ANAL PREV. 2024.

[17] Chen G, Zhao Y, Xue Y, Huang K, Zeng T. Numerical investigation on performance of protective layer around large-scale chemical storage tank against impact by projectile. J LOSS PREVENT PROC. 2020.

[18] Kun H, Guohua C, Chilou Z, Genserik R, Shuai Q, Zhihang Z. Dynamic response of a large vertical tank impacted by blast fragments from chemical equipment. SAFETY SCI. 2020; 130.

[19] Benson DJ, Okazawa S. Contact in a multi-material Eulerian finite element formulation. Comput. methods Appl. mech. engrg. 2004; 193(39/41): 4277 – 4298.

浅谈智慧管理平台在钢厂特种设备管理中的应用

万　欣[1]　宋益民　丁晓滢

(上海金艺检测技术有限公司，上海　201900)

摘　要：大型钢厂特种设备品种多、数量大、分布广，其能否安全稳定运行意义重大。本文结合大数据平台和在线监测等技术手段，探索智慧管理平台在钢厂特种设备管理中的应用。

关键词：钢厂；特种设备管理；智慧管理平台

Brief Discussion about the Application of Intelligent Management Platform in the Management of Special Equipments in Steel Mills

WAN Xin[1]　*SONG Yinmin*　*DING Xiaoying*

(Shanghai Jinyi Testing Technology Co. Ltd. Shanghai 201900, China)

Abstract: There are many varieties, large quantity and wide distribution of special equipments in large steel mills, and its safe and stable operation are of great significance. This paper explores the application of intelligent management platform in the management of special equipments in steel mills by combining with big data platform, online monitoring and so on.

Key words: Steel mill; Special equipment management; Intelligent management platform

1　引言

特种设备安全稳定运行关系到生产安全、环境安全和能源安全，也关系人民群众生命财产安全和经济社会稳定发展大局，责任重大。大型钢铁企业，特种设备品种多，数量大，分布广，管理难度大。如何全面提高钢厂特种设备管理水平，为安全生产保驾护航，是特种设备管理者需要探索和解决的问题。

2　现状分析

钢厂特种设备的管理一般是根据类别进行分类管理。其中检维修计划和检验计划是基于经验和运行历史，普遍采用定期检维修、年度检查、定期检验、安全评估等工作以保障特种设备处于安全服役状态。但也普遍存在以下的不足：①检维修管理工作没有综合考虑特种设备风险水平、安全性和经济性，造成检维修计划的针对性较低，且缺乏预知性。②数据孤岛带来大量重复性工作。用户、检验、运维及管理，没有建立便于统一管理的可分享数据库，针对数据反映的问题缺乏专业评价系统支持。③传统的管理方法耗时长、人力物力投入大。④针对不同类型的特种设备，对于处于不同寿命阶段，其安全状况和安全裕度差别很大，但企业通常缺乏整体把握和了解。

为此，我们探索运用智慧平台及在线监测等技术，以智能化、标准化和信息化为特征，对特种设备的基础信息、检验信息以及风险信息进行智能分析，从而弥补传统管理方式的不足，实现特种设备的全寿命周期的安全管理，提高特种设备长周期运行的可靠性。

3　智慧管理平台建设

3.1　管理模式的转变

智慧管理带来的特种设备管理模式转变，见图1。

作者简介：万欣(1978—　)，男，硕士研究生，承压检验工程师，主要从事特种设备检验检测及管理工作。E-mail:113622441@qq.com

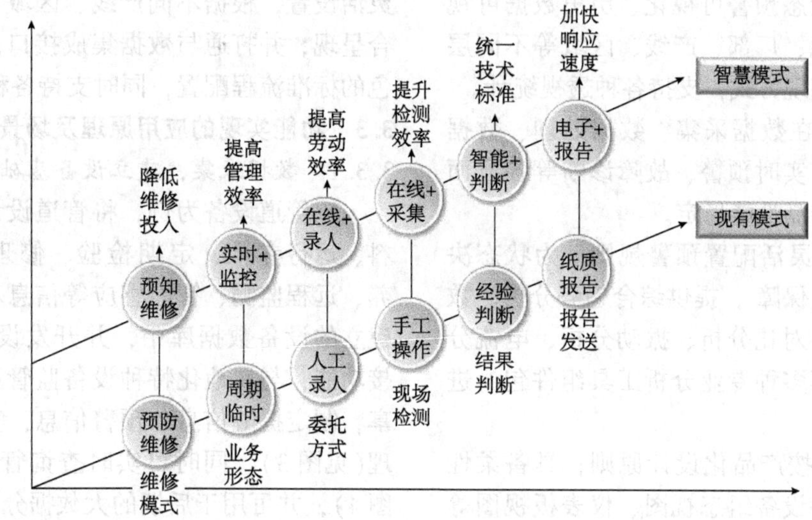

图1　特种设备管理模式转变

3.2　管理平台系统总体设计

根据公司“一总部多基地”的管理模式，建设“一总部多基地”布局，区分采集预警层、分析预测层、业务执行层，实现特种设备的精准维护和智慧管理。通过前端信息采集实现特种设备状态数据化，对设备当前状态进行大数据分析，实现故障预警、状态预知、寿命预测，进而达到基于设备状态变化趋势的智能决策，系统组织架构见图2。系统主要特点如下：

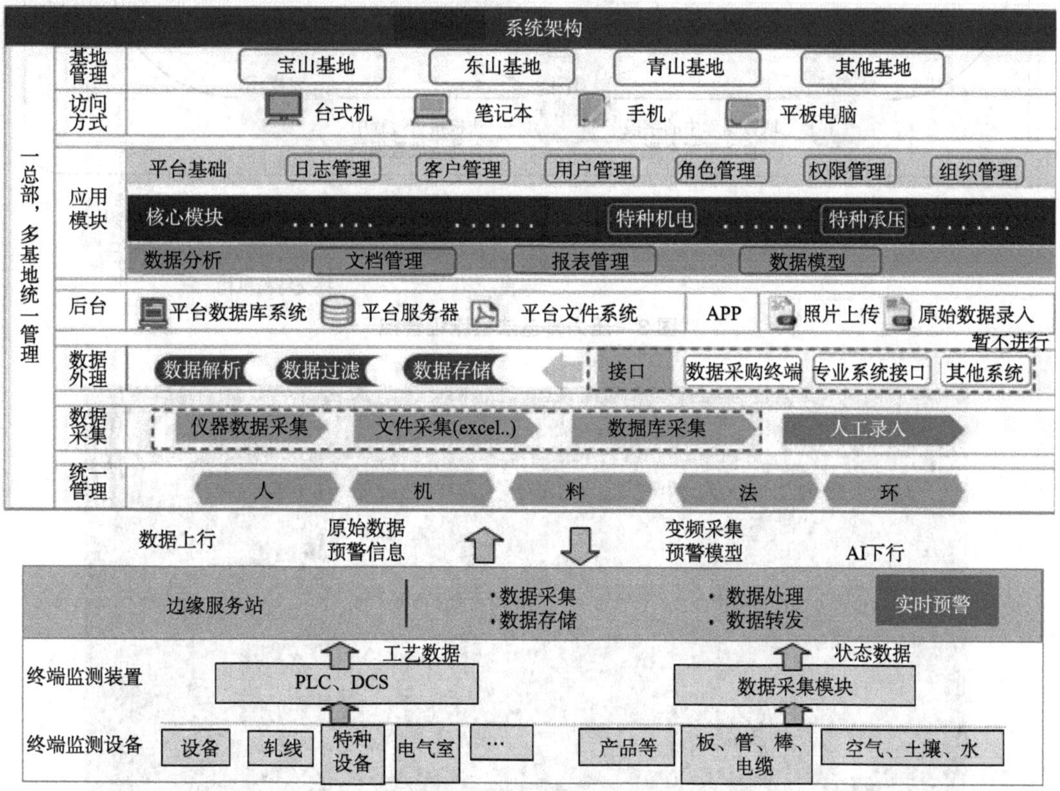

图2　系统组织架构

(1)智能感知。以传感技术或互联途径智能感知设备状态及相关数据，降低人工巡查、把握状态的工作负荷。

(2)智能决策。以判断规则、智能模型实现设备状态、故障隐患、对策措施的自动判断，逐步替代基于人的经验、技能的维检决策。

(3)智能管控。通过平台化的信息推送、过程管控、技术支持及知识应用等手段，实现设备运维决策、执行过程的精准、高效和不断优化。

(4)可视化。实现了设备树、设备的实时数据可视化、实时状态预警可视化、历史数据可视化。提供对各基地、厂部、产线、区域等不同层级的丰富可视化呈现方式，支持各种透视统计。

(5)高性能。在数据采集、数据处理、数据存储、数据转发、实时预警、故障诊断等各方面实现自动高速，产品性能稳定。

(6)专业化。灵活配置预警规则，为状态决策和准确预警提供保障，提供综合趋势分析、数据聚合模型、趋势对比分析、振动分析、电流分析、大数据分析等多种专业分析工具组件包，进行深度分析；

(7)柔性化。按产品化设计原则，具备柔性化配置能力，支持设备组态视图、仪表板视图等灵活设置，根据不同产线、区域、设备等进行组合呈现，并打通与数据集成接口，提供对多种角色的标准流程配置，同时支持各种柔性扩展。

3.3　功能实现的应用原理及场景展示

3.3.1　数据采集，建立设备基础数据库

以管道设备为例，将管道设计资料、安装资料、运行参数、定期检验、修理改造、维护保养、远程监测、智能感应等信息和数据，保存在建立的设备数据库中，并开发设备信息录入/交接功能，与属地化特种设备监管系统实现数据共享，制定提醒信息、预警信息，实现法检流程管理(见图3)，同时可实时查询管道相关信息(见图4)，并可用于后期的大数据分析决策。

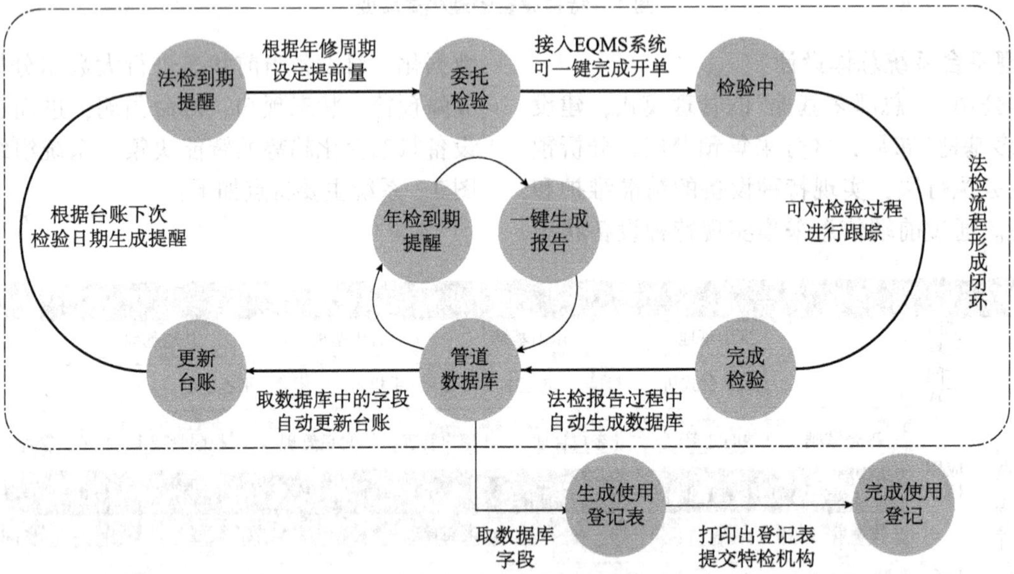

图3　压力管道法检流程管控

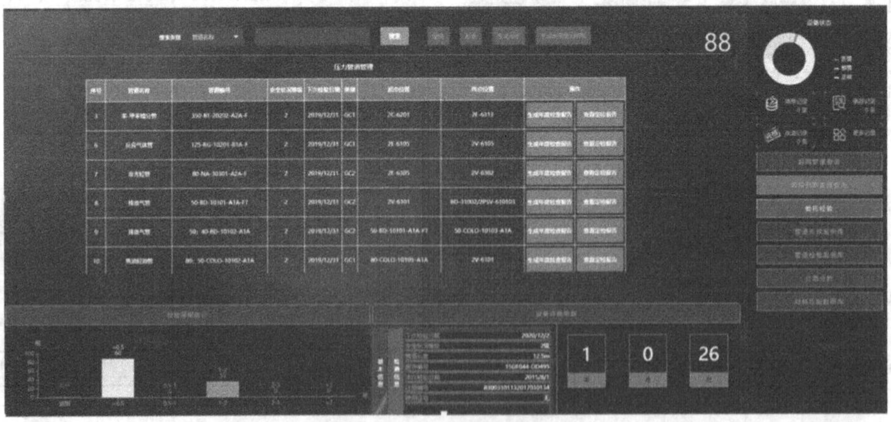

图4　压力管道管理页面

3.3.2　实景展示

以管道设备为例，共区分三层，第一层以单线示意图结合厂区实景地图，展示设备实际地理位置，见图5(a)；第二层为设备三维示意图，并同时展示设备基本信息、检验信息，三维示意图中标注在线监控点、节点，见图5(b)；第三层为设备元器件部位图，并展示该部件维修、更换、监测状态等信息。选中维修点，即可获得需要关闭哪些阀门为最优的检修方案等，见图5(c)。

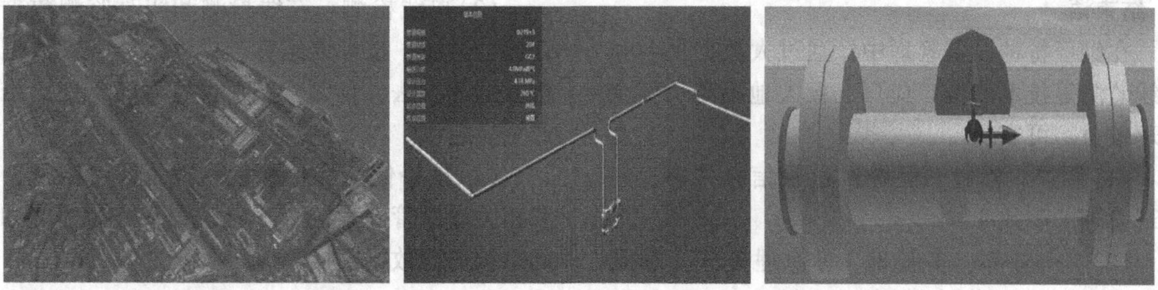
(a) (b) (c)

图5 系统实景展示

3.3.3 建立动态管理模型

传统的特种设备安全状态评价是基于设备原始数据加当前检验检测数据，综合得出的结果，这样的评价结果是“相对静态”的。我们通过一些在线监测的手段获得一些实时的监测数据，通过这些实时的动态数据作为新的评价参数，用多种可能影响到设备安全状态的数据，包括静态的设备原始数据，相对静态的检验检测数据，动态的监测数据，加上参数数值阈值等概念，以大数据分析算法作为工具来形成一个“设备动态安全评价模型”。在线监测的手段有设备腐蚀监测、起重机安全监测等。

(1)设备腐蚀监测。采用电磁传感器(见图6)，对金属腐蚀进行实时监控。可实现监测点位信息查询、历史数据比对分析、模拟腐蚀趋势、剩余壁厚超标预警、腐蚀速率超标预警等(见图7)。

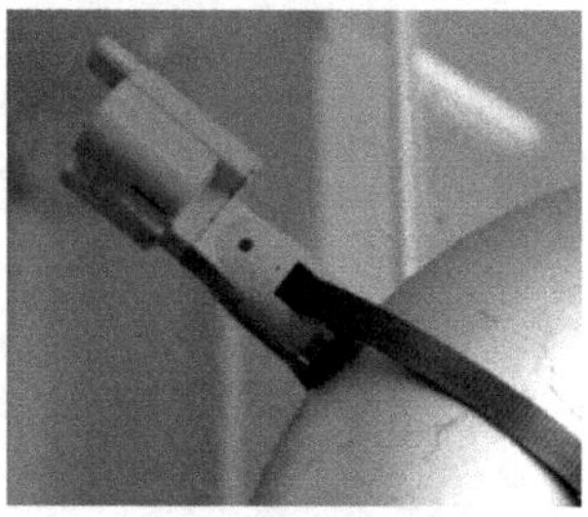

图6 电磁传感器

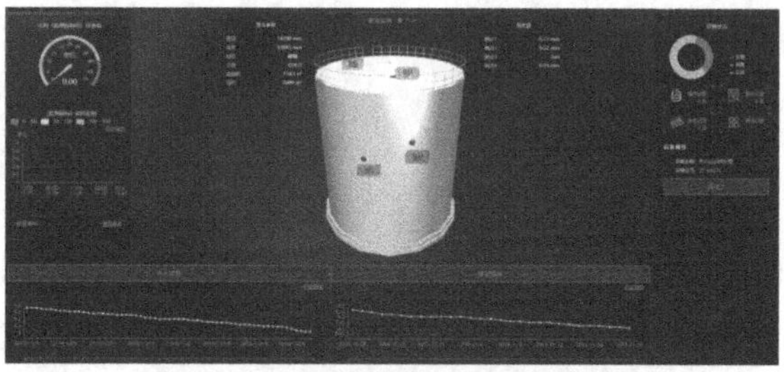

图7 储罐腐蚀监测管理页面

(2)起重机安全监测。对现场生产中各种信号及现场实际工况进行安全监控，形成电气信号、状态信号、现场视频信号相结合的实时记录，并进行保存。为起重机安全运行、设备检修、维护分析、故障诊断做信息支持，同时为操作和生产过程追溯提供分析方法(见图8)。

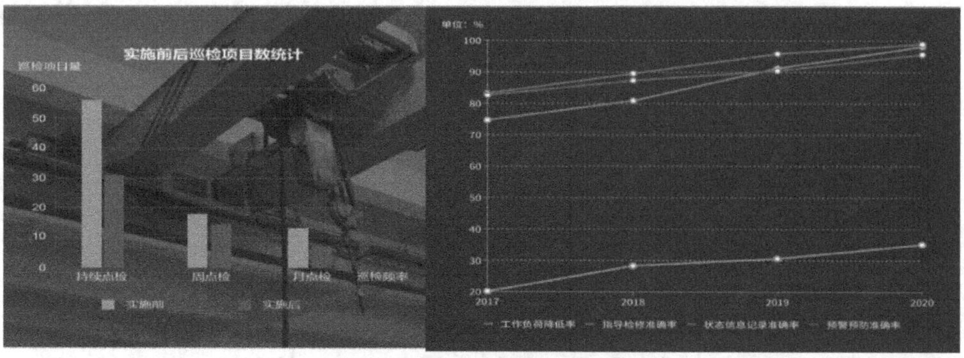

图8 起重机安全监测管理页面

3.3.4 大数据分析决策

根据设备动态安全评价模型参数阈值的设置和大数据算法的分析计算，平台能及时以短信提醒、画面展示、警示报警、分析报表等多种方式呈现分析结果。对即将到期的设备生成预警提醒，并推送至相应权限的管理人员。实现定检信息与属地监管系统适时交换更新，以便监察机构监管。对超设计使用年限的压力容器，及时生成提醒信息，督促管理人员办理使用登记变更；对监控使用的特种设备，纳入重点监管等。

4　结束语

在钢厂特种设备管理中，通过大数据平台和在线监测等技术的推广应用，极大地提高了安全管理效益。可实现：

(1)用户、检验、运维及监管信息共享，并实现管理的高效率。

(2)“一总部、多基地”的管理模式，达到“统一标准、统一要求”的管理目标。

(3)离线检测、在线检测和实时监测数据的存储、过滤、按标准运算、模型运算、大数据分析数据等方法，预测状态、设备寿命，提出维修或更换建议。

(4)预警信息和检验检测报告及时推送，并和相关设备管理系统、政府监管系统等外部和内部系统进行数据交换。

非金属压力管道应用现状及安全保障建议

孟 涛 陈 杉 冉文燊 崔 闯

（中国特种设备检测研究院，北京 100029）

摘 要：随着材料和工艺的发展，非金属及其复合材料管因其诸多优良的特性，在压力管道领域正逐步取代金属管道开始广泛应用。文章分析了非金属压力管道的主要类型及各自特点，在调研我国非金属压力管道应用现状和发展研究趋势的基础上，重点论述了非金属压力管道在城镇燃气、油气田地面设施、石油化工装置等重点领域中应用的实际情况和前景，并针对应用中所存在的问题提出了相关安全保障建议。

关键词：非金属；压力管道；城镇燃气；油气田；石油化工

Application Status and Safety Suggestions of Non – Metallic Pressure Pipelines

MENG Tao, CHEN Shan, RAN Wenshen, CUI Chuang

(China Special Equipment Inspection and Research Institute, Beijing 100029, China)

Abstract: With the development of materials and processes, non – metallic and composite materials pipes are gradually replacing metal pipes in the field of pressure pipelines and are widely used due to their many excellent characteristics. This paper analyzes the main types and characteristics of non – metallic pressure pipelines. Based on the investigation of the current application status and development research trends of non – metallic pressure pipelines in China, this paper focuses on the practical situation and prospects of non – metallic pressure pipelines in key fields such as city gas, oil and gas field surface facilities, and petrochemical equipment. Relevant safety protection suggestions are proposed for the existing problems in the application.

Key words: Non – metallic; Pressure pipeline; City gas; Oil and gas fields; Petrochemical

1 引言

与传统金属管道相比，非金属管道具有耐腐蚀、质量轻、流体摩阻小、连接方便等优点，尤其是新型非金属复合管，还具有耐高压、抗渗透、耐溶胀等优良特性，广泛应用于城镇燃气、油气田地面设施、石油化工装置等重点领域，已成为重要的现代能源及工业基础设施，与经济社会发展和人民生活息息相关[1-3]。本文概述了非金属压力管道在我国相关行业的应用现状及存在的问题，讨论了非金属压力管道最新研究进展和趋势，并对提升非金属压力管道安全可靠水平提出措施建议。

2 非金属压力管道的发展研究现状

2.1 非金属压力管道的分类

非金属压力管道种类繁多，其结构形式和性能各异。目前，常用的非金属压力管道可大致分为塑料管、热固性增强复合管和热塑性增强复合管三类（见图1）。塑料管是将合成树脂采用一定成型工艺制成的管道；增强热固性复合管是以热固性树脂为基体，以高强玻璃纤维为增强材料的复合管道；增强热塑性复合管是以热塑性树脂为基体，以钢丝、钢带或纤维丝为增强材料的复合管道。

作者简介：孟涛（1977— ），博士，主要从事压力管道检验检测及相关技术研究。E – mail：64087997@163.com

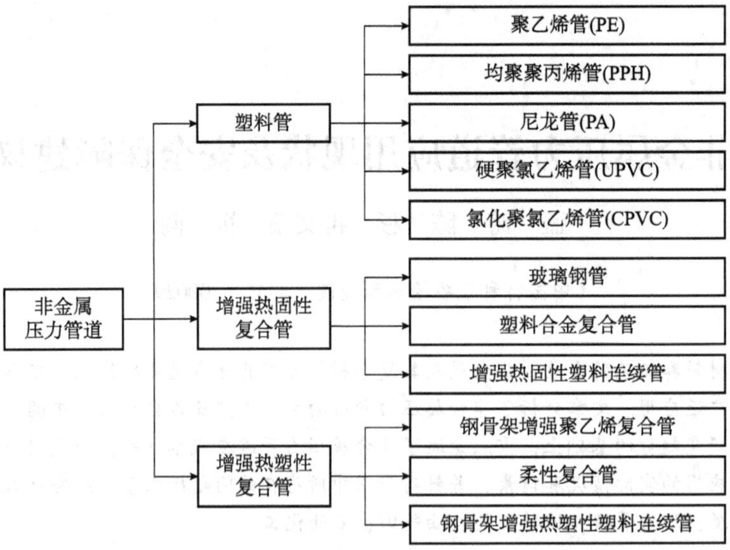

图1　非金属压力管道分类

2.2　非金属压力管道的特点

非金属压力管道具有优良的耐腐蚀性能，无需进行内外防腐，不仅节省了防腐上的投资，更延长了管道的寿命，理论上可达50年。非金属管道的另一优势在于其导热系数和流体摩阻系数低，大大降低了输送过程中的热能和压力损失，增强了管道的输送能力。此外，非金属管道重量轻、安装运输方便，尤其是以柔性复合管(见图2)为代表的增强热塑性复合管可连续成型，单根可达千米，接头少，安装快速简单[4]。非金属管道一次性投资略高于金属管材，但长期使用综合成本低，如果再考虑非金属管内壁光滑、不易结垢和结蜡等特点节省的管道清垢、清蜡费用及其降低的运行能耗，其综合使用成本更具优势。

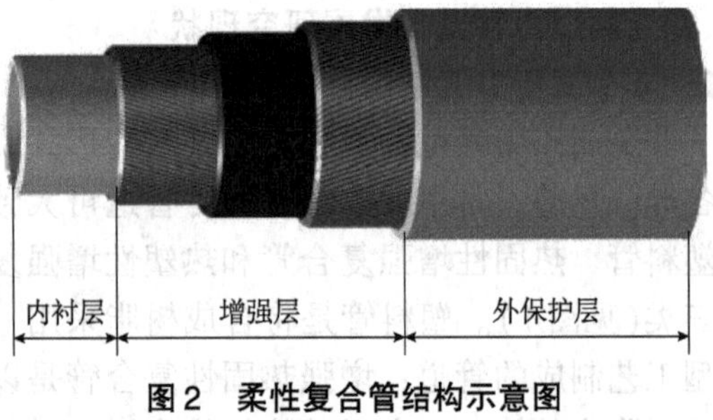

图2　柔性复合管结构示意图

2.3　非金属压力管道研究进展与发展趋势

随着非金属及复合管技术的完善，非金属管道应用已日趋成熟，并且在高温输油、高压输气和大口径复合材料管等方向已经取得实质性研究进展。目前的发展趋势是：应用系统从水系统向油气系统扩展，应用领域从地面向井下、从陆地向海洋延伸，结构形式也从定长向连续转变。目前非金属管道新产品的开发方向是管材功能的集成化和新材料的应用，如集成管材输送特性和通信、控制功能的非金属复合材料智能管，包括光纤智能油井管、钻杆等，应用高性能碳纤维材料的碳纤维海洋柔性管等。

3　非金属压力管道在城镇燃气中的应用现状

3.1　基本情况

依据我国城镇燃气相关设计、工程技术及施工等标准要求，目前我国城镇燃气用非金属管道主要是聚乙烯管和钢骨架聚乙烯复合管。其中，聚乙烯管因其优异的性能，在城镇燃气管网中被广泛使用，已在中低压燃气管网中取代了钢管、铸铁管的位置。据统计，全国范围内属于压力管道范围的城镇燃气聚乙烯管已达41.6万千米，占燃气压力管道总里程的74.7%。

我国城镇燃气已进入管网老化、隐患增多和新建规模迅速扩大的阶段，一旦管控不力极易形成系统性安全风险。目前，部分城镇燃气聚乙烯管道已使用30年，随着聚乙烯管道服役时间的增长，管道老化、施工造成的损伤，加之地基沉降、车辆碾压等第三方外力的作用，导致管道发生泄漏爆燃等事故时有发生。在南方地区还出现过白蚁啃食管道造成燃气泄漏的情况[5]。

3.2　存在的问题

城镇燃气聚乙烯管道的长期服役性能除了受材质老化的影响外，主要还与管道的制造质量、安装质量、安全管理水平，以及第三方破坏、地基沉降、白蚁啃食、公众安全意识不强等因素相关。经调研，目前存在的主要问题包括：

(1)制造质量和安装质量参差不齐，尤其是聚乙烯管道的焊接接头，缺乏有效的质量控制手段和检测手段。同时，聚乙烯管道材料服役性能尚缺乏原位测试和表征技术。

(2)受非金属材料特性及城市地形条件复杂、浅部地下介质极不均匀等因素制约，现有技术不适用于城镇燃气聚乙烯管道精准定位，缺少城市复杂地表条件下的精准定位技术与装备。

(3)城市各类气体污染物等对城镇燃气聚乙烯管道泄漏介质识别及检测精度造成干扰，现有技术不适用于城市复杂环境下燃气微泄漏精准检测及甲烷、乙烷、汽车尾气等辨识，缺少燃气泄漏 ppbv 级检测及多组分气体识别技术与装备。

(4)城镇燃气聚乙烯管道第三方破坏、地基沉降、滑坡等场景缺少高适应性的监测技术与装备；

(5)缺少复杂土壤环境及载荷作用下的城镇燃气聚乙烯管道服役质量合格评定方法与标准。

4　非金属压力管道在油气田地面设施中的应用现状

4.1　基本情况

随着我国油气田开发进程的深入，油气劣质化严重，含水率、温度逐步上升，腐蚀环境日益苛刻，传统的金属管道已经不能完全满足应用需求。为了有效解决腐蚀、结垢等问题，从 20 世纪 90 年代开始，我国油气田相继开始使用玻璃钢管、柔性复合管、塑料合金复合管等多种非金属管道。据统计，在油气田地面设施中仅中国石油已应用各类非金属管道超过 4 万千米，约占地面集输管道总量的 13%，其中部分油气田用量已超过 20%[6]。

非金属管道主要应用于油气田集输系统、采出水处理系统、采出水输送系统、注水系统、注醇系统等方面；服役工况主要为中低温(≤60℃)水、油系统，中低压(≤4MPa)气系统、高温油系统有少量应用，高压气系统尚处于探索阶段。非金属管道有效缓解了腐蚀、结垢等一系列问题，降低了现场运行维护的工作量和腐蚀失效造成的安全事故，在油气田地面系统工程中发挥了重要作用[7]。

对国内某油气田的非金属管道应用情况进行了调研，该油气田应用非金属管道共 15368.27km，占油气田管道总量的 14.8%。其中，油田应用非金属管道 7706.56km，气田应用非金属管道 7661.71km，详见表 1。

表 1　国内某油气田非金属管道使用情况

油气田	管道类型	非金属管道品种	长度/km	长度合计/km
油田	集输油管道	玻璃钢管	71.34	339.76
		柔性复合管	247.52	
		塑料合金复合管	20.9	
	供注水管道	玻璃钢管	946.1	7366.8
		柔性复合管	3957.7	
		塑料合金复合管	2463	
气田	集输气管道	柔性复合管	399.38	399.38
	注醇管道	柔性复合管	4098.65	4098.65
	采出水输送管道	玻璃钢管	29.8	3163.68
		柔性复合管	2885.11	
		塑料合金复合管	248.77	

根据失效情况统计，油田用非金属管道失效原因主要包括制造缺陷、施工缺陷、工况突变、第三方破坏等因素，其中第三方破坏、制造缺陷造成的失效次数较多，占比 60%；气田用非金属管道失效原因以第三方破坏、腐蚀为主，分别占比 56%、43%。

4.2　存在的问题

非金属管道在油气田地面设施中应用存在的问题主要集中在管理、技术两个方面[8-11]。

4.2.1　管理方面

由于非金属管道应用于油气田时间较金属管道短得多，在质量管理方面还存在诸多问题。例如：

(1)制造商产品质量参差不齐，产品质量控制不严；

(2)目前尚缺少完善的非金属管材设计和选材标准，设计部门通常根据经验进行初始设计和选材，缺乏针对性；

(3)现场验收与现场施工不规范，施工队伍对产品特点和标准不熟悉，施工队伍责任心不强；

(4)超范围应用(温度、介质等)。

4.2.2　技术方面

存在的问题具体表现在：

(1)标准体系不完善、新产品缺乏设计标准；

(2)非金属管道不适于高温环境下，很多非金属管道的使用温度要求不超过 90℃，无法达到高温输送的要求；

(3)非金属管道连接处易失效，由于连接部位结构的不连续性以及接头施工的特殊要求，非金属管之间、非金属管与金属管之间在一定的温度和压力作用下可能会发生不协调变形，从而造成连接处失效；

(4)玻璃钢管和塑料合金复合管材料很脆，在外界的冲击下很容易损坏；

(5)非金属管道的维修专业性较强，同时由于其结构的特殊性，多数非金属管道进行维修时需要停产，无法实现在线修复；

(6)非金属管道的检测评价及监测技术尚不成熟，在线检测评价工作受到制约，管线埋地后对其老化程度不能及时掌握。

5　非金属压力管道在石油化工装置中的应用现状

5.1　基本情况

在石油化工装置中，输送酸性、碱性或者其他腐蚀性介质的管道会选择采用内衬防腐管、不锈钢管、有色金属管或者非金属管道。随着材料性能的提升，非金属管道因其造价相对便宜、现场安装灵活方便、重量轻、使用寿命长等特点，在腐蚀介质的工业管道上应用越来越多。

对青海的三家化工企业进行了非金属管道应用情况调研，工厂A有18条管道(长约2.5km)采用了玻璃钢加强硬聚氯乙烯管(FRP/UPVC)，输送介质为酸性清洗液及浓盐酸，工作温度不超过45℃，工作压力0.15～0.6MPa；工厂B有46条管道(长约1.5km)分别采用了玻璃钢加强聚氯乙烯、玻璃钢加强硬聚氯乙烯、玻璃钢加强氯化聚氯乙烯管(FRP/PVC、FRP/UPVC、FRP/CPVC)，输送介质包括乙炔气、次氯酸钠溶液、碱性排放液、氯水、酸性清洗液等，工作温度不超过85℃，工作压力不超过0.8MPa；工厂C有78条管道(长2.13km)采用氯化聚氯乙烯(CPVC)管，输送介质包括盐酸、硫酸、氯水、次氯酸钠溶液等，工作温度不超过80℃，工作压力不超过0.8MPa。目前，上述非金属管道运行情况良好。

5.2　存在的问题

石油化工装置用非金属管道的安全性能与主要与管道的设计选材、制造质量、安装质量以及安全管理水平相关。目前存在的主要问题包括：

(1)制造质量和安装质量参差不齐，缺少适用的在线检测技术与方法；

(2)冬天临时停车检修时，温度迅速降低，导致非金属管道热胀冷缩产生的位移较大，发生从管托失效脱落，甚至拉断法兰的情况；

(3)非金属管道如果支撑不到位，在变径位置容易断裂，造成泄漏；

(4)对于非金属管道，目前采用的金属膨胀节起不到有效的缓冲作用，正在用球形橡胶膨胀节逐步更换。

6　非金属压力管道的安全保障建议

鉴于非金属管道在城镇燃气、油气田地面设施、石油化工装置等领域应用过程中存在的问题，建议非金属压力管道的生产、使用单位和检验检测机构从以下几个方面着手对非金属管道的应用过程进行控制。

6.1　加强非金属管道产品的质量管控

为了保证非金属管道的安全可靠运行，必须不断完善非金属管道全过程质量管理体系，具体措施有：

(1)实行市场准入制度。生产企业进入特种设备应用市场前，除应当满足法定行政许可和型式试验要求外，建议由权威的检验检测机构进行专门的产品质量认证。

(2)集中采购和年度抽检。建议使用单位对非金属管道实行集中采购和驻厂监造制度，并将其列入年度抽检计划，由权威的检验检测机构进行第三方抽检。

(3)完善标准体系。加强新型非金属产品标准、设计选材标准的编制，规范产品质量，增加环境适应性评价要求，保障非金属产品的安全可靠运行。

6.2　开展非金属管道系统监检测技术研究

(1)开展城镇燃气聚乙烯管道精准定位技术与装备的研发，实现城市复杂地表条件下聚乙烯管道的精准定位，为后续监管和检测提供条件。

(2)基于电磁、声学等理论，开展地下燃气聚乙烯管道精确位置探测、泄漏检测技术和设备研究，提升燃气聚乙烯管道的管体状态检测和隐患识别能力，同时，集成环境监测技术，实现智能终端+远程诊断的管段状态感知和预测预警，降低燃气聚乙烯管道事故率。

(3)开展非金属管道焊接接头无损检测技术、非金属管道材料服役性能原位测试和表征技术、非金属管道服役寿命预测技术研究，为非金属管道服役质量评价及寿命预测提供技术保障。

参考文献

[1]李晓平，李愚，王苇玺，等．非金属复合材料管道综述．石油工业技术监督，2017，33(10)：1 - 4.

[2]张冠军，齐国权，戚东涛．非金属及复合材料在石油管领域应用现状及前景．石油科技论坛，2017，36(2)：26 - 31 + 37.

[3]齐国权，李鹤林，李循迹，等．油田非金属管国内标准的发展与应用．油气储运，2014，33(10)：1029 - 1033.

[4]李凯，张贤波，李康锐，等．柔性复合管在油田集输管线的应用．石油工业技术监督，2013，29(04)：13 - 14 + 49.

[5]李伟联．在运行燃气 PE 管应对白蚁侵蚀的防治对策．煤气与热力，2020，40(10)：32 - 39 + 46.

[6]付安庆，袁军涛，李轩鹏，等．油气田地面管道内腐蚀现状及防腐技术研究进展．石油管材与仪器，2021，7(6)：14 - 25 + 32.

[7]何慧．油田采出水输送管道的选材分析．中国石油大学胜利学院学报，2019，33(04)：35 - 38.

[8]李厚补，李鹤林，戚东涛，等．油田集输管网用非金属管存在问题分析及建议．石油仪器，2014，28(06)：4 - 8 + 113.

[9]夏蓉．非金属管道在大庆油田应用的适应性及运维措施．油气田地面工程，2019，38(11)：12 - 14 + 32.

[10]许艳艳，葛鹏莉，肖雯雯，等．塔河油田非金属管失效分析与评价体系的建立．石油与天然气化工，2020，49(4)：78 - 82.

[11]董经天．非金属管道在大庆油田工程防腐中的应用探讨．全面腐蚀控制，2019，33(02)：41 - 43.

地下燃气聚乙烯管在占压荷载作用下的力学行为研究

张　逍[1]　安宝钰[1]　兰惠清[1]　王俊强[2]　林　楠[2]　查四喜[3]

(1. 北京交通大学机电与控制工程学院，北京　100044；2. 中国特种设备检测研究院，北京　100029；
3. 新疆大学机械工程学院，新疆 乌鲁木齐　830046)

摘　要：本文首先针对燃气聚乙烯管材进行不同应变率下的拉伸试验，获得燃气聚乙烯管材的力学特征参数，建立六阶 Sherwood – Frost 模型，然后应用六阶 Sherwood – Frost 本构模型对聚乙烯管材拉伸过程进行仿真模拟，验证所建立的聚乙烯管材本构模型的正确性。而后选取小应变率下聚乙烯管材的力学参数作为地面占压作用下管道的仿真模拟依据。建立地面占压作用下燃气聚乙烯管道的有限元模型，仿真分析不同占压载荷和占压载荷偏移量等参数对于管道力学特性的影响，并确定了燃气聚乙烯管道在不同地面占压条件作用下的极限承载能力。

关键词：聚乙烯管；本构模型；数值模拟；力学性能

Study on the mechanical behavior of underground gas polyethylene pipe under pressure load

ZHANG Xiao[1], *AN Baoyu*[1], *LAN Huiqing*[1], *WANG Junqiang*[2], *LIN Nan*[2], *ZHA Sixi*[3]

(1. School of Mechanical, Electronic and Control Engineering, Beijing Jiaotong University, Beijing 100044, China
2. China Special Equipment Inspection and Research Institute, Beijing 100029, China;
3. School of Mechanical Engineering, Xinjiang University, Urumqi, 830046, China;)

Abstract: In this paper, the tensile test of gas polyethylene pipe under different strain rates is first carried out to obtain the mechanical characteristic parameters of gas polyethylene pipe, and the sixth – order Sherwood – Frost model is established, and then the sixth – order Sherwood – Frost constitutive model is used to simulate the tensile process of polyethylene pipe to verify the correctness of the established constitutive model of polyethylene pipe. Then, the mechanical parameters of polyethylene pipes under small strain rate were selected as the basis for the simulation of pipes under ground pressure. The finite element model of the gas – fired polyethylene pipeline under ground pressure was established, and the influence of parameters such as different pressure occupation loads and pressure load offsets on the mechanical properties of the pipeline was simulated and analyzed, and the ultimate bearing capacity of the gas polyethylene pipeline under different ground pressure conditions was determined.

Key words: Polyethylene pipe; Constitutive model; Numerical simulation; Mechanical behavior

1　引言

高密度聚乙烯(HDPE)燃气管用于地下燃气管网的建设，由于其与钢管相比的特殊优势，如重量轻、完全防腐和优异的灵活性，使运输和组装更加容易。然而，随着城市化的快速发展，埋地燃气管道不可避免地会受到地面荷载的影响，如道路、建筑物、沉积物和其他地面设施。过大的表面载荷会导致管道弯曲变形甚至破裂，进而

作者简介：张逍，2023 年就读于北京交通大学机械电子与控制工程学院机械工程硕士研究生，主要研究方向为高分子材料寿命预测及失效分析。E – mail：23126167@ bjtu. edu. cn

基金项目：中国特检院青年科技英才项目，编号：KJYC – 2023 – 2。

导致气体泄漏、火灾和爆炸的可能性。因此，燃气聚乙烯管道在受压作用下的力学性能备受关注。根据荷载的位置，荷载可分为两种类型，一种是直接在管道上方的荷载，另一种荷载与管道之间具有一定的水平距离。然而，无论是哪种类型，管道与土壤的相互作用行为对于研究地表荷载作用下埋地管道的力学行为都是非常重要的。目前已有不同荷载作用下埋地管道的数值模拟研究。方等人[1]利用 ABAQUS 和 ANSYS 建立了聚乙烯燃气管道双壁波纹管的三维模型。他们发现，管道的变形取决于三个因素(回填体压实、污水量和流速)，与污水中的浑浊颗粒无关。梁等利用 ANSYS 软件构建了聚乙烯管－土耦合相互作用模型。利用新建立的模型研究了埋深、管径和回填模量对管道变形和力学性能的影响。吴等[2]研究了聚乙烯管在地面沉降作用下的力学行为分析，确定了不同参数下管道的极限承载力规律。Trafreshi 等[3-5]对地下燃气聚乙烯管进行了不同荷载作用下的试验，得到了土密度、土加固层数、管深、外加荷载四种不同参数影响下管径和土壤表面沉降相对于试验目标值的变化率变化趋势。

然而，以往的研究大多集中在 PE 管在复杂载荷和地质灾害(如地面沉降和地震)作用下的数值模拟。对 PE 管材在表面载荷作用下的力学性能研究较少。此外，目前的研究大多采用基于 Suleiman[6]的物理模型，使用其他模型分析聚乙烯管道在外载荷作用下的力学行为的文献报道并不多。最突出的是 Sherwood－Frost 模型[7]。因此，本文采用 Sherwood－Frost 本构模型，建立管油相互作用模型，分析埋地聚乙烯管材在不同参数表面载荷作用下的力学行为。

2 有限元模型的建立

2.1 材料的参数和本构模型

本文采用 Sherwood－Frost 本构模型表征 HDPE 管材的力学行为，本构模型中的参数是通过不同拉伸速率的单轴拉伸试验确定的。需要注意的是，不同厂家生产的不同批次的管材，其性能可能相差很大。为了研究方便，本文使用南硕建材塑料(深圳)有限公司生产的聚乙烯燃气管。拉伸实验遵循 ISO6259－1：1997 标准，选择了 4 种不同的应变速率(0.01、0.001、0.0001、0.00005)

从试验结果[图 1(a)]可以看出，管道试样的屈服应力随应变速率的减小而减小，这是 PE 管道受外载荷作用下典型的力学特性。Sherwood－Frost 本构模型是材料的形状函数 $f(\varepsilon)$、温度函数 $H(T)$、密度函数 $G(\rho)$ 和应变率函数 $M(\varepsilon, \dot{\varepsilon})$ 乘积的组合，如式(1)所示。本研究未考虑密度和温度对 HDPE 管道应力的影响。同时，假设占压作用对埋地 PE 管应变变化率较小。因此，在综合考虑试验条件、试验持续时间和实际情况的基础上，合理选择应变率(≤0.00005)。将式(2)与最慢应变速率下的真应力－应变曲线拟合，最后综合考虑适应度和计算率，适当选择多项式系数(n = 4)。得到本构模型参数，如表 1 所示。

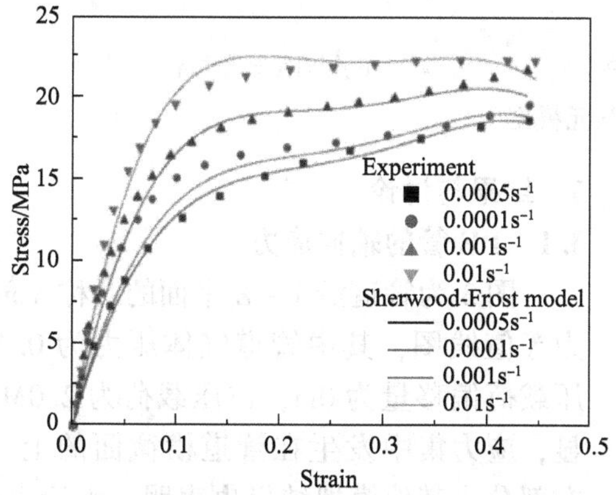

(a)单轴拉伸试验与预测的应力-应变曲线

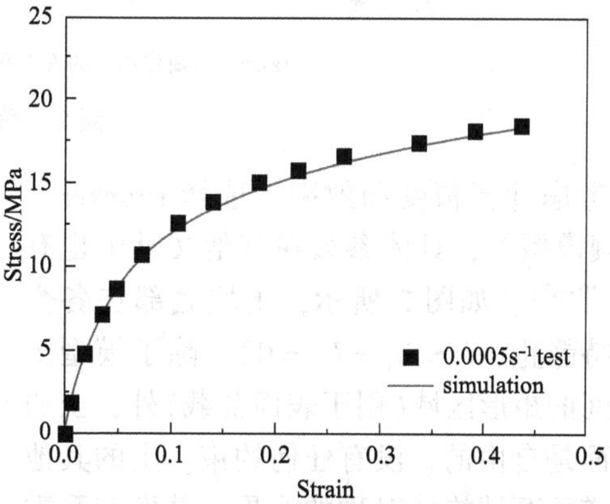

(b)试验与模拟的对比

图 1

$$\begin{cases}\sigma = H(T)G(\rho)M(\varepsilon,\dot{\varepsilon})f(\varepsilon) \\ f(\varepsilon) = \sum_{i=1}^{n} A_i\varepsilon^i \\ M(\varepsilon,\dot{\varepsilon}) = (\dot{\varepsilon}/\dot{\varepsilon}_0)^{a\varepsilon+b}\end{cases} \quad (1)$$

$$\sigma = (\dot{\varepsilon}/\dot{\varepsilon}_0)a\varepsilon + b\sum_{i=1}^{n} A_i\varepsilon^i \quad (2)$$

式中：$f(\varepsilon)$ 表示为描述应力－应变曲线形状的多项式函数，$M(\varepsilon,\dot{\varepsilon})$ 为应变率指数项。ε_0 为实验中

最慢的应变速率，n 为多项式度，A_i 为拟合参数。

表1　拟合参数

参数	值
a	-0.18
b	0.11
A_1	225
A_2	-1252
A_3	3152
A_4	-2845

为了验证 Sherwood - Frost 本构模型的有效性，利用软件 ABAQUS 对拉伸过程进行了模拟。图1(b)给出了采用本构模型进行的单轴拉伸试验的预测值($\dot{\varepsilon} \leqslant 0.00005$)。模拟曲线与试验曲线吻合较好，平均误差在3%以内。可以看出，Sherwood - Frost 本构模型可以较准确地模拟 PE 管材屈服前和屈服后的力学性能。

2.2　管土模型

在建模之前，需要做出一些假设：(a)管道始终埋在地底，并受到占压作用；(b)管道与土体始终处于接触状态，管道与土体的相互作用为有限滑动接触；(c)气体内部压强的变化可以忽略不计；(d)载荷均匀的施加于土表上方。

地表荷载作用下的管 - 土模型示意图如图2所示，整个模型的尺寸(长、宽、高)为 10m × 3.6m × 1.8m。管埋深 0.9m，管内压力 0.4MPa，管直径 *DN*110/*SDR*11。网格划分采用八节点六面体单元(C3D8R)[8]。为了获得准确的计算结果，管道与土接触部分周围网格采用局部细化方法，细化范围为压缩面加载区与自由面交界处左右两侧0.8m以内。根据工程应用的实际情况，选取偏移量(距管道轴线水平距离)(0m、0.2m、0.4m、0.6m、0.8m)和地表荷载(0MPa、0.5MPa、1.0MPa、1.5MPa、2.0MPa)作为仿真参数。

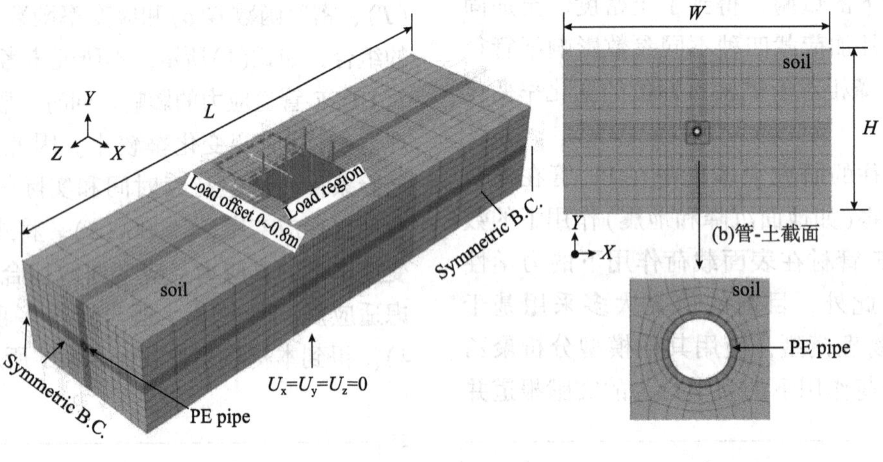

(a)地表载荷作用下的管土系统　　(c)管周精细化网络

图2　有限元模型

综合考虑计算精度和效率，选择 Drucker - Prager 土壤模型[9]，具体参数在其他文献中也有广泛报道[10-13]。如图2所示，土壤底部在各个方向上保持静止($U_x = U_y = U_z = 0$)。除了模型土上表面中间的矩形区域(用于表面荷载)外，土的其他上表面是自由的，没有任何约束。土的其他表面和管道的两端施加对称的边界，总模型受重力加速度的影响。所述管道 - 土壤接触设置为面对面接触，由于管道刚度比较大，所述管道的外表面设置为主表面，所述土壤的内表面设置为从表面。接触特性被定义为正常行为—“硬”接触和切向行为——摩擦系数为0.4[10]。

3　结果与讨论

3.1　PE 管的轴向应力

图3为管道沿 $Y-Z$ 平面的对称 Von Mises 应力等值线图，其中管道气体压力为0.4MPa，占压载荷偏移量为0m，占压载荷为2.0MPa。很明显，应力集中发生在管道横截面的上、下、左、右部分。其他模拟结果也表明，无论占压载荷的偏移量和大小如何，最大 Von Mises 应力都出现在这四个区域。因此，为了分析方便，我们定义了8个关键点来描述管道中的应力浓度，如图3所示。

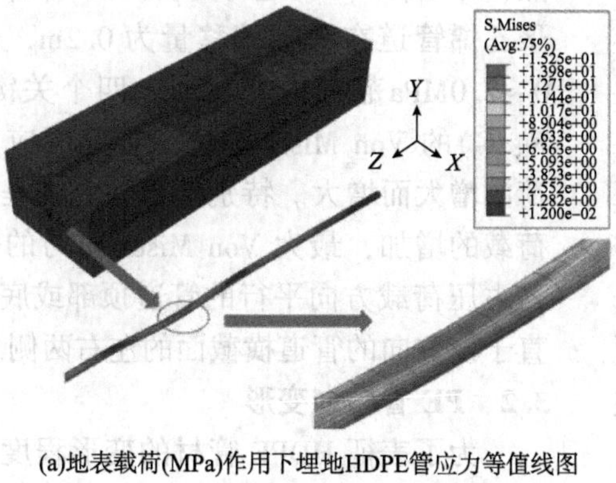

(a)地表载荷(MPa)作用下埋地HDPE管应力等值线图

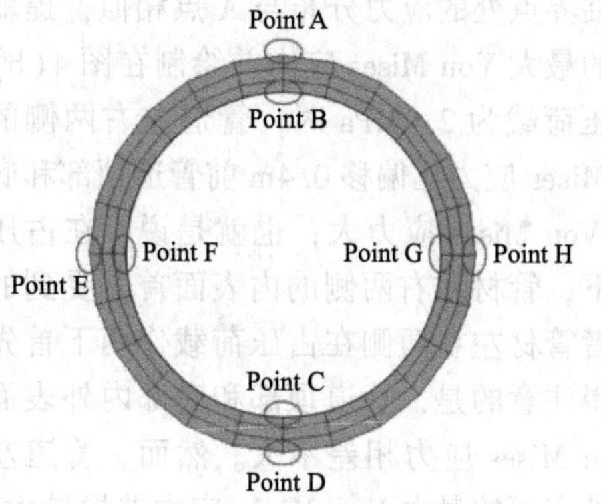

(b)8个关键点位置

图3 (a)地表载荷(MPa)作用下埋地 HDPE 管应力等值线图，(b)8 个关键点位置

图 4(a)和(c)分别显示了占压载荷(2.0MPa)和载荷偏移量(0 到 0.8m)、载荷偏移量(0m)和占压载荷为(0 到 2.0MPa)时，埋置聚乙烯管(A 点和 B 点)沿 z 轴的典型 Von Mises 应力分布。图中两条虚线之间的区域是施加占压荷载(偏移量 = 0m)的区域。可以看出，管道的应力分布呈对称分布。沿轴方向有三个应力峰，其中最大的应力峰位于管道中部，在占压载荷突变边界附近有两个对称较小的应力峰。后者是由于在两个边界处存在荷载突变(荷载从 0MPa 变为非零值)，导致应力集中在相应位置。然而，这两个位置的应力峰并不完全出现在载荷突变边界以下，而是向自由边界有一定的偏差。如图4(a)和(c)所示，该峰值位置偏移随着负载的增加而更加明显，而随着负载偏移量的增加而不那么明显。这是因为管道比土壤有更高的弹性模量和刚度。同时，土体是离散的，在占压荷载作用下，土体向管道周围下压，导致管道最大位移的位置不在边界处。土的变形要经过一些过程才能传递到管道上，管道会相对滑动，因此峰值应力的位置会偏移。增加荷载和偏移位移对管道力学行为的影响相反，前者使管道的应力和位移增大，后者使管道的应力和位移减小。

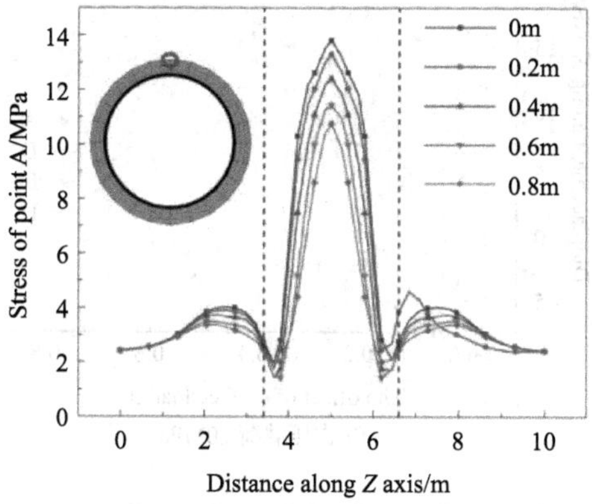

(a)表面载荷2.0MPa

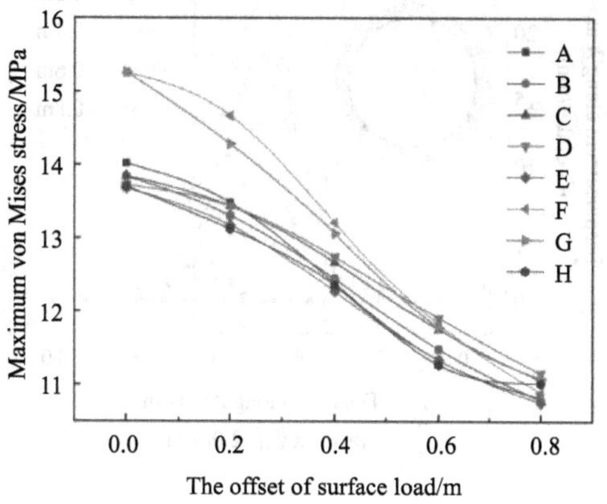

(b)表面载荷2.0MPa

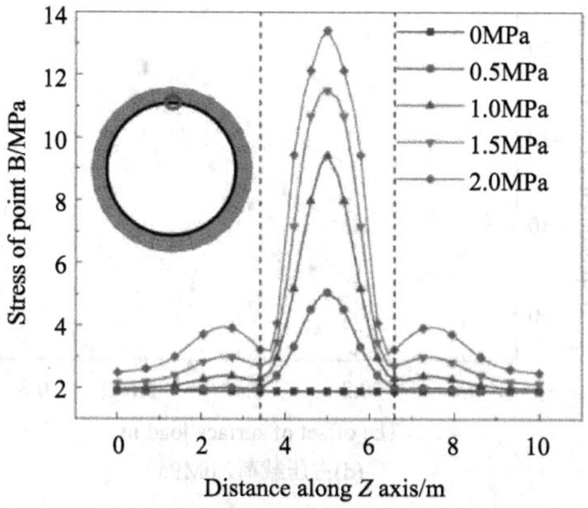

(c)偏移量0m

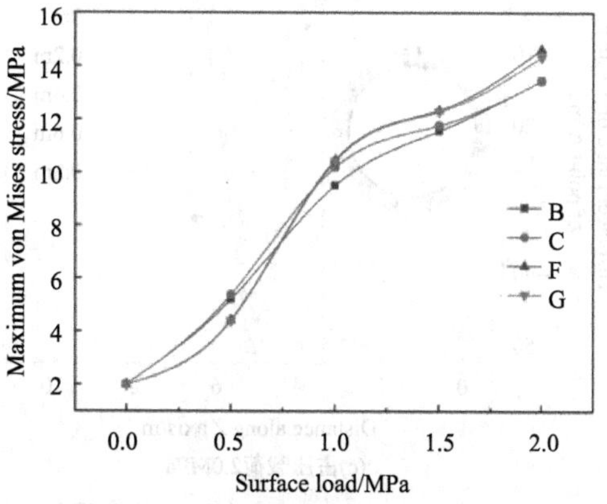

(d)偏移量0m

图4 (a)、(c)不同偏移量和表面载荷下 z 轴应力分布图以及各点最大 Von Mises 应力(b)、(d)关键点位置

其他临界点处的应力分布与A点相似，提取不同点处的最大Von Mises应力并绘制在图4(b)中。当占压荷载为2.0MPa时，管道左右两侧的最大Von Mises应力比偏移0.4m前管道顶部和底部的最大Von Mises应力大；也就是说，在占压荷载作用下，管材左右两侧的内表面首先受到的应力，或者管材左右两侧在占压荷载作用下首先屈服。值得注意的是，管道顶部和底部内外表面的最大Von Mises应力相差不大。然而，管道左右两侧内外表面的最大Von Mises应力差异较大。随着载荷偏移量的增大，管道内外表面的最大应力差越来越小。这是因为管道的外表面主要受到占压荷载作用下弯曲变形产生的拉应力，而管道的内表面主要受到压应力。当偏移量在0.4m～0.6m范围内变化时，最大Von Mises应力的位置由内表面的左右两侧向管底的内外两侧移动。同时，随着载荷偏移量的增大，管道上的载荷变小，因此内外表面的应力差减小。

上述结果表明，在占压荷载作用下，管道顶部和底部处的内外表面应力基本相等，管道左侧和右侧的内表面应力大于外表面应力。因此，在接下来的研究中，只选取管道内表面的4个关键点(B、C、F、G)进行分析。图4(d)为埋地燃气聚乙烯管道在荷载偏移量为0.2m，表面荷载在0～2.0MPa范围内变化时，四个关键点(B、C、F、G)的Von Mises应力。各处的应力随表面载荷的增大而增大。特别值得注意的是，随着占压荷载的增加，最大Von Mises应力的位置似乎从与占压荷载方向平行的管道顶部或底部移动到垂直于该方向的管道横截面的左右两侧。

3.2 PE管轴向变形

为了表征HDPE管材的变形程度，定义两个参数为沿x轴和y轴的位移。图5为埋地聚乙烯燃气管在不同载荷偏移量下沿x轴方向位移的变化情况。在占压荷载作用下，A点沿x轴方向的位移(即垂直于荷载方向的位移)逐渐增大。此外，如图5(b)所示，随着载荷偏移量的增加，管道沿x轴的位移有逐渐减小的趋势。另外，值得注意的是，在E点处沿x轴方向的变形首先为负，垂直于荷载方向的管道截面位移随着偏移位移的增加，由负转为正。当不存在载荷偏移位移时，A点和D点在管道顶部和底部的x轴上都没有变形，这是由于该点处的管变形完全对称。然而，在E点沿x轴的变形是负的。

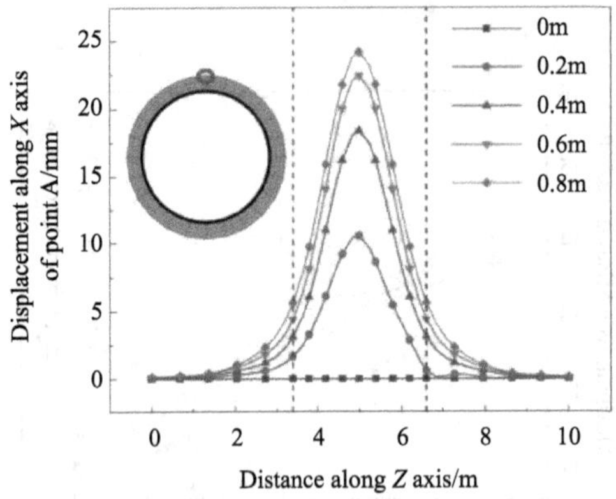

(a)占压载荷2.0MPa

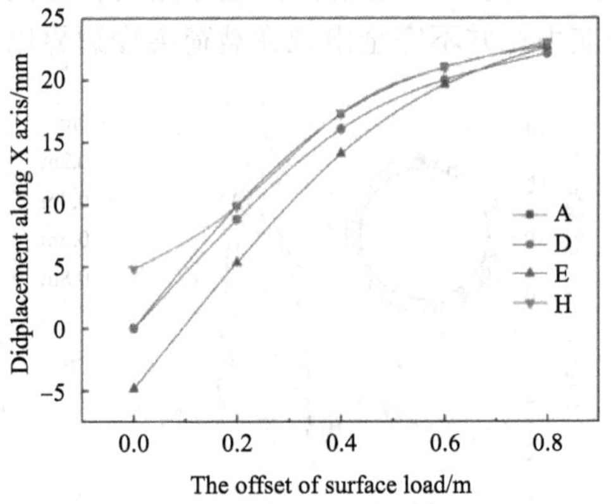

(b)占压载荷2.0MPa

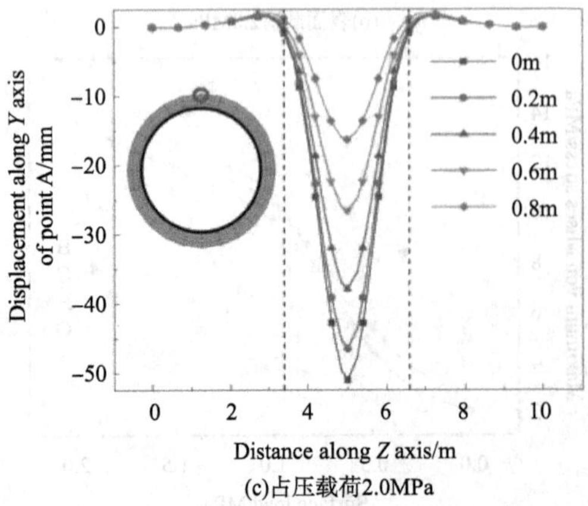

(c)占压载荷2.0MPa

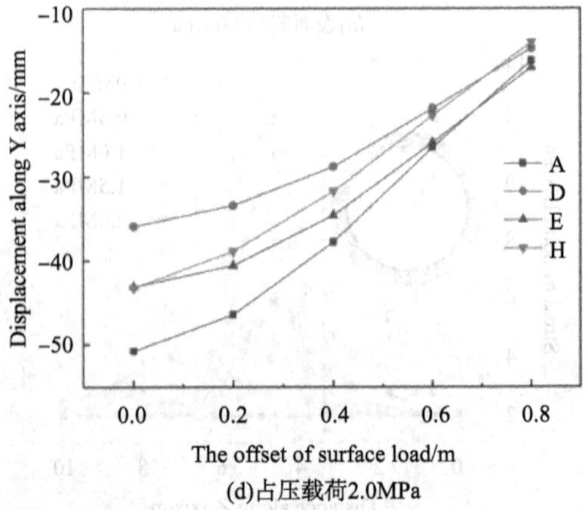

(d)占压载荷2.0MPa

图5 (a)、(c)：A点不同偏移量的X、Y轴位移分布，(b)、(d)其他点的位移

图5(c)为埋地HDPE管在不同荷载偏移量下A点沿y轴的位移变化量。可以看出，随着载荷偏移量的增加，载荷与管道之间的距离越来越大，传递给管道的载荷越来越小，因此随着载荷偏移量的增加，管道沿y轴的位移也越来越小。对比图5(a)和(c)也可以看出，管道沿x轴的位移在载荷边界处有一个平滑过渡，而管道沿y轴的位移在载荷边界处有一个波峰。由于模型中表面荷载方向为y轴方向，因此管道沿x轴方向的位移受表面荷载的直接影响较小，而沿y轴方向的位移受影响较大。

其次，分析了占压载荷对管道变形的影响。不同占压荷载作用下埋地HDPE管位移沿x轴变化如图6所示。可以看出，在没有占压的情况下，管道只承受土压力。因此管道沿x轴的位移非常小。在其他荷载作用下，当偏移位移为0.4m时，沿正x轴方向产生x轴位移，x轴位移随荷载的增大而增大。此外，从图6(b)和(d)中可以看出，随着指示荷载的增加，四个临界点(A、d、E、H)在两个方向上的位移都有迅速增加的趋势。

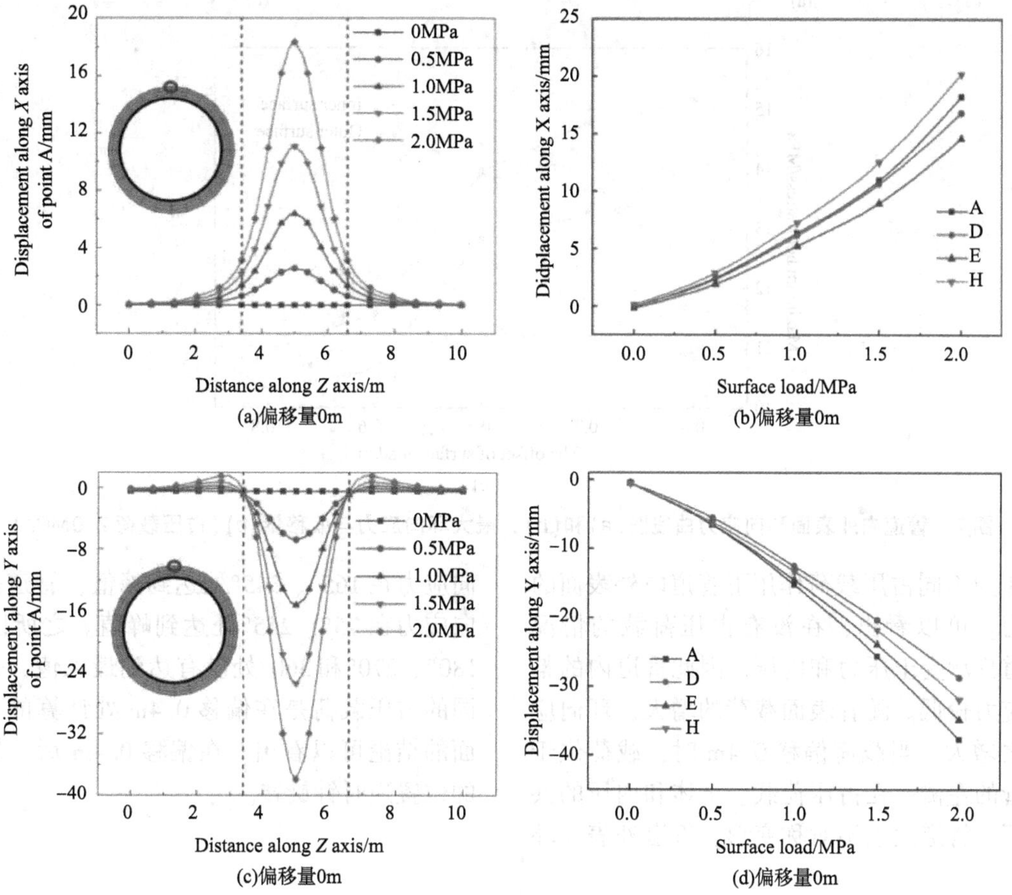

图6 不同地表载荷作用下A点沿X、Y轴位移分布(a)和(c)，其他点位移(b)、(d)

3.3 PE管的环向应力

根据上述HDPE管材轴向力学行为分析，占压荷载作用下管材的最大Von Mises应力和变形出现在荷载区中部。图7(a)和(b)显示了不同载荷偏移量下管道外表面和内表面的周向应力。图中不同颜色的曲线表示不同的偏移量位移，并使用彩色箭头表示管道相对于占压载荷的位置变化(注：图中标注的位移值不等于实际尺寸，仅为方便显示表面载荷相对于管道的位置变化)。如图所示，随着偏移位移的增大，峰值环向应力区域呈现逆时针旋转减小的趋势。这是由于偏移量的增加，管道受到沿管道径向力的占压载荷，其尺寸逐渐减小，更不用说其与水平方向的夹角逐渐减小。图7(c)为管道内外两层最大环空应力随偏移量增加的变化趋势。可以清楚地看到急剧下降。这是因为随着占压荷载区与管道的距离逐渐增大，占压荷载对土壤的压缩对管道的影响迅速减小。

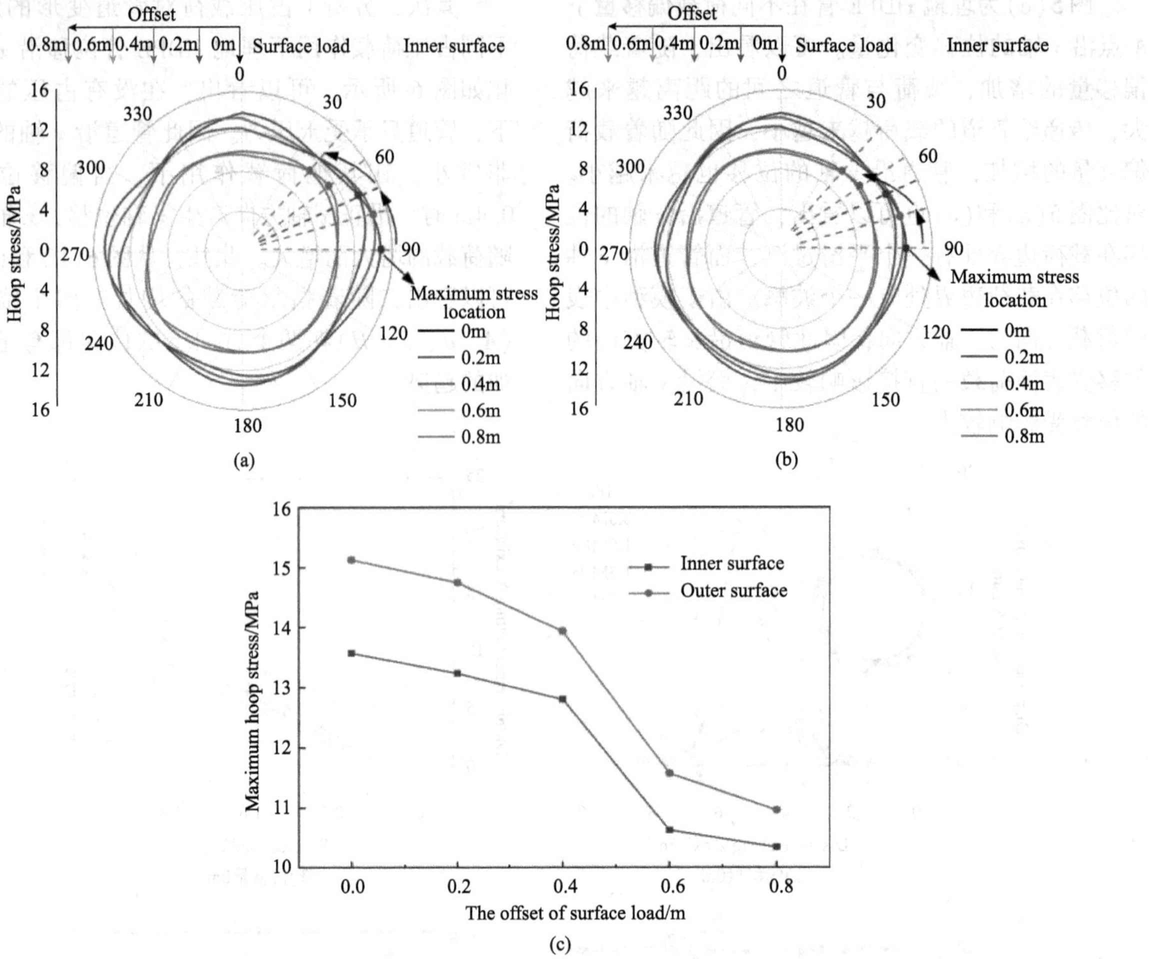

图7　管道内外表面环向应力曲线图(a)和(b)，最大环向应力与偏移量(c)(占压载荷2.0MPa)

图8为不同占压载荷作用下管道内外表面的环向应力。可以看出，在没有占压荷载的情况下，管道只承受土压力和内压，因此管道内的整体环向应力较低。随着表面载荷的增大，环向应力也随之增大。当载荷偏移0.4m时，载荷位于聚乙烯管的左侧。在占压荷载、土体和内压的共同作用下，管道发生不对称变形，管道外表面环向应力在165°、345°处达到峰值，管道内表面环向应力在75°、255°处达到峰值。之所以在90°、180°、270°和360°处没有达到最大值，是因为不同的占压载荷是在偏移0.4m处计算的。根据前面的结论可以看出，在偏移0.4m后，最大应力的位置逆时针旋转。

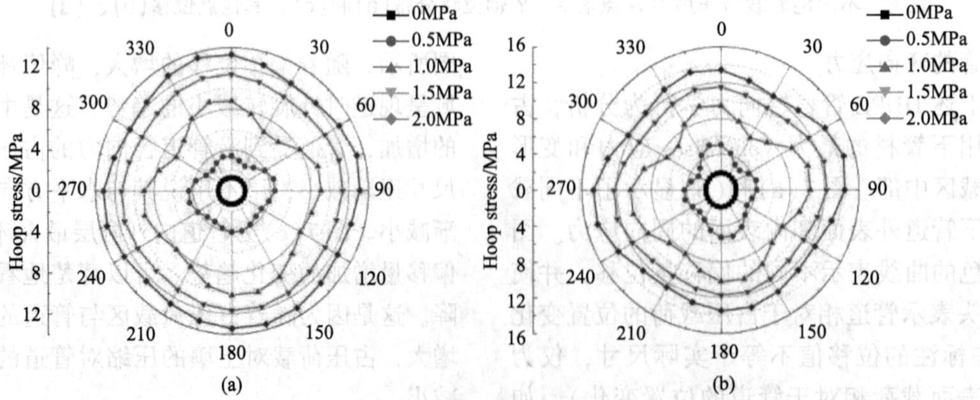

图8　管道外(a)、内(b)表面环向应力曲线图(偏移量0.4m)

3.4 极限承载力

图9(a)给出了最大 Von Mises 应力与偏置位移和占压载荷的关系。最大 Von Mises 应力随占压荷载的增大而增大，而最大 Von Mises 应力随偏移位移的增大而减小。本文采用 Von Mises 应力作为屈服准则，Mises 等效应力 V 应不大于屈服应力(当≤0.00005 时，屈服应力为 15.6MPa)。可以看出，埋地燃气聚乙烯管的 Mises 应力最大 V 值仅在偏移位移为 0m、地表荷载为 2.0MPa 时才大于屈服应力。此外，还计算了在不同偏移量下可使埋地管屈服的占压荷载，如图 9(b)所示，称为极限承载力。图中，管道承载极限载荷能力与偏移量之间存在函数关系。此外，这种关系可以用一个临界角度来表示，即地面与占压荷载中心与管道截面中心的连接线之间的角度 θ。

设 F 为表面荷载，θ 为角度，D 为偏移量，H 为管道深，σ_S 为屈服应力，则 F 与 D 之间存在如下关系：$F\sin\theta \infty \sigma_s$，$\sin\theta = D/(D^2 + H^2)$^(1/2)。当载荷位置为距离管道中心 0.6m 范围以内时，随着载荷偏移量的增加，管道的极限承载力不会显著增加。当载荷位置与管之间的偏移量超过 0.6m 时，随着偏移量的增加，管道的极限承载力将显著增加。但该准则存在以下问题：埋地管道的相对变形较小，但仍存在较大的变形冗余。因此，对于占压荷载作用下地埋管的破坏分析，应力破坏准则过于保守。

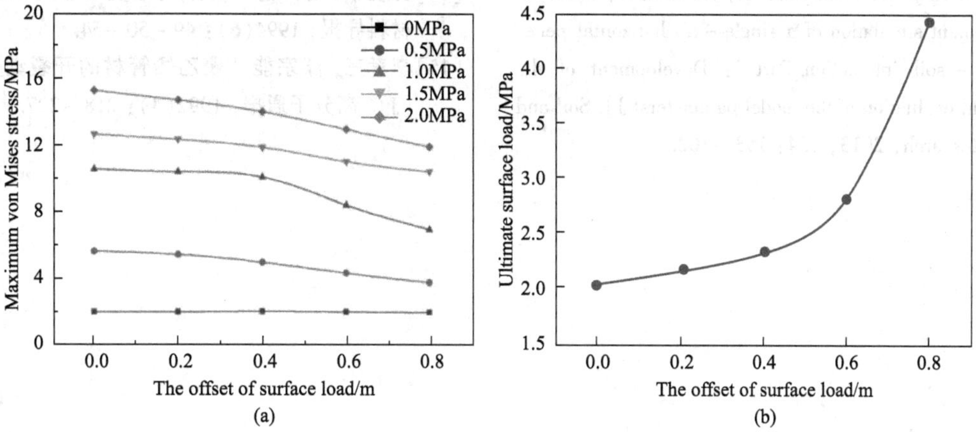

图9 Von Mises 应力与偏移量(a)及 PE 管极限承载力曲线(b)的关系

4 结论

本文采用非线性有限元法研究了埋地燃气聚乙烯管道在占压荷载作用下的力学行为。在占压荷载作用下，管道截面出现了明显的应力集中和较大的变形，这些变形与占压荷载的大小和位置密切相关。占压荷载和偏移位移这两个因素对管道力学行为的影响相反，前者使其应力和位移增大，后者使其应力和位移减小。特别值得注意的是，随着占压载荷的增加，最大 Von Mises 应力的位置似乎从与占压载荷平行的管道顶部或底部移动到管道横截面的左右两侧。另外，随着偏置位移的增大，一个明显的特征是峰值环向应力区域呈逆时针旋转减小趋势。最后，根据应力破坏准则，确定了管道的极限承载力与占压荷载偏移量的关系，该关系由连接占压荷载中心与管道横截面中心的线与地面之间的夹角决定。0.6m 的偏移值为临界值。当载荷位置与管道之间的偏移量超过 0.6m 时，管道的极限承载力随着偏移量的增加而显著增加。以上研究结果可为气聚乙烯管在地表荷载作用下的安全评价和维护策略提供参考。

参考文献

[1] Fang H, Tan P, Du X, et al. Mechanical response of buried HDPE double - wall corrugated pipe under traffic - sewage coupling load [J]. Tunnelling and Underground Space Technology, 2021, 108: 103664.

[2] Li L, Wen G, Da - Lang T, et al. Mechanical response of buried polyethylene pipeline beneath the roadway and its influential factors [J]. Transactions on Electrical and Electronic Materials, 2020, 21: 419 - 426.

[3] Wu Y, You X, Zha S. Mechanical behavior analysis of buried polyethylene pipe under land subsidence [J]. Engineering Failure Analysis, 2020, 108: 104351.

[4] Tafreshi S N M, Khalaj O. Laboratory tests of small - diameter HDPE pipes buried in reinforced sand under repeated - load [J]. Geotextiles and Geomembranes, 2008, 26(2): 145 - 163.

[5] Tafreshi S N M, Mehrjardi G T. The use of neural network to predict the behavior of small plastic pipes embedded in reinforced sand and surface settlement under repeated load

[J]. Engineering Applications of Artificial Intelligence, 2008, 21(6): 883-894.

[6]Tafreshi S N M, Khalaj O. Analysis of repeated-load laboratory tests on buried plastic pipes in sand[J]. Soil Dynamics and Earthquake Engineering, 2011, 31(1): 1-15.

[7]Suleiman M T, Coree B J. Constitutive model for high density polyethylene material: Systematic approach[J]. Journal of materials in civil engineering, 2004, 16(6): 511-515.

[8]Sherwood J A, Frost C C. Constitutive modeling and simulation of energy absorbing polyurethane foam under impact loading[J]. Polymer Engineering & Science, 1992, 32(16): 1138-1146.

[9]Naderi-Boldaji M, Alimardani R, Hemmat A, et al. 3D finite element simulation of a single-tip horizontal penetrometer-soil interaction. Part I: Development of the model and evaluation of the model parameters[J]. Soil and Tillage Research, 2013, 134: 153-162.

[10]Zha S X, Wu Y, P W. Reliability Analysis of Buried Polyethylene Pipeline Subject to Traffic Loads[J]. Adv. Mech. Eng., 2019, 11(10): 1-11.

[11]Ying W, Sixi Z, Pengwei J. Finite element method simulations to study factors affecting buried pipeline subjected to debris flow[J]. Journal of Pressure Vessel Technology, 2019, 141(2): 021701.

[12]Zha S, Lan H, Zhang H, et al. Quantitative assessment of damage in buried polyethylene pipe subjected to land subsidence[J]. Journal of Pressure Vessel Technology, 2021, 143(4): 041801.

[13]Wu Y, You X, Zha S. Mechanical behavior analysis of buried polyethylene pipe under land subsidence[J]. Engineering Failure Analysis, 2020, 108: 104351.

[14]孔晓华, 滕凤恩. 高聚物形变屈服与断裂机制[J]. 材料导报, 1994(6): 49-50+54.

[15]李孝三, 漆宗能. 聚乙烯管材的开裂动力学与机理[J]. 高分子通报, 1992(4): 218-227.

天然气输送管道高后果区管段定量风险评估

张贵元　梁　妍　王俊强　刘　哲　王福运

（中国特种设备检测研究院，北京　100029）

摘　要：天然气作为清洁能源，属于易燃易爆介质，天然气输送管道多分布在城市周边区域，但随着城市的发展，管道周围新增了大量居民区、加油站和各类工厂，形成了高后果区，一旦发生事故，会造成财产损失，更严重的情形会造成人员伤亡，所以开展风险管理工作尤为重要。定量风险评估可确定管道发生各类事故的影响范围及风险等级，为管道安全运维策略制定提供重要依据。本文通过定量风险分析工具 SAFETI 模拟天然气管道在不同风速下，发生小孔、中孔、大孔和完全破裂的工况，并结合失效频率和风险可接受准则，得出高后果区管段个人风险值和社会风险 F-N 曲线。根据模拟结果可知，当天气状况相同时，随着泄漏孔径的增大，事故后果的影响范围随之增大；该高后果区管段的个人风险是不可接受的，管段多处个人风险超过 3×10^{-6}，且在个人风险超标区域内存在特殊高密度场所；管段的社会风险均在尽可能降低(ALARP)区，在社会风险 F-N 曲线末端接近社会风险准则的上限，该高后果区管段需采取风险消减措施使风险降至可接受范围内。

关键词：天然气输送管道；失效频率；失效后果；个人风险；社会风险

Quantitative Risk Assessment of High Consequence Areas of Natural Gas Transmission Pipelines

ZHANG Guiyuan, LIANG Yan, WANG Junqiang, LIU Zhe, WANG Fuyun

(China Special Equipment Inspection and Research Institute, Beijing 100029, China)

Abstract: As a clean energy source, natural gas belongs to flammable and explosive media. Natural gas transmission pipelines are mostly distributed in the surrounding areas of cities. However, with the development of cities, a large number of residential areas, gas stations, and various factories have been added around the pipelines, forming a high consequence area. Once an accident occurs, it will cause property damage, and in more serious cases, it will cause casualties. Therefore, risk management work is particularly important. Quantitative risk assessment can determine the scope and risk level of various accidents in pipelines, providing important basis for the development of pipeline safety operation and maintenance strategies. This article uses the quantitative risk analysis tool SAFETI to simulate the conditions of small hole, medium hole, large hole, and complete rupture of natural gas pipelines under different wind speeds, and combines failure frequency and acceptable risk criteria to obtain the personal risk value and social risk F-N curve of high consequence area pipeline sections. According to the simulation results, it can be seen that when the weather conditions are the same, the impact range of the accident consequences increases with the increase of the leakage aperture; The personal risk of the high consequence area management section is unacceptable. There are multiple personal risks exceeding 3×10^{-6} in the management section, and there are special high-density places in the area where the personal risk exceeds the limit; The social risks of the pipeline section are all in the area of minimizing social risks as much as possible (ALARP). At the end of the F-N curve of social risks, it is close to the upper limit of the social risk criteria. The high-risk area management section needs to take risk mitigation measures to reduce the risk to an acceptable range.

Key words: Natural gas transmission pipelines; Failure frequency; Consequences of failure; Personal risk; Social risk

---

作者简介：张贵元，研究生学历，工程师，毕业于中国矿业大学(北京)，从事压力管道风险评估、检验检测和场站完整性管理研究工作。E－mail：zhangguiyuan94@foxmail.com

1 引言

对于天然气长输管道，火灾和爆炸是比较危险的事故，会造成严重的事故后果，对人员和财产形成巨大的威胁。开展定量风险评估能确定事故后果的影响范围及风险等级，为管道安全运维策略制定提供重要依据。而对于失效后果中的火灾和爆炸的模拟分析是个非常复杂的问题，通常借助于简化的数学模型来完成[1]。需要用到的模型包括泄漏模型、扩散模型、喷射火模型和爆炸模型等[2]。每种模型又因其状况、形态不同分为几种。国外 DNV 和 GEXCON 等公司对模型进行了计算机化，形成了专业的失效后果模拟评估软件，并做了大量的试验进行数据支撑。使用专业软件进行后果分析可减轻大量工作量，并能保证模拟数据与实际场景的相符性。本次模拟采用挪威 DNV 公司开发的 SAFETI 软件对泄漏后的失效后果、个人风险和社会风险进行分析评价。

2 计算模型介绍

2.1 泄漏模型

管道或容器破裂，气体作为可压缩气体在泄漏过程中，密度会发生明显变化，这就意味着压力、温度也会随之发生显著变化。在分析建模推算公式过程中，涉及四个方程：状态方程、连续性方程、动量方程以及能量方程。为了简化计算，通常假定气体流动是可逆、绝热的，这也意味着气体流动为等熵过程，此外，还需假设管内泄漏的气体为恒定比热的理想气体。

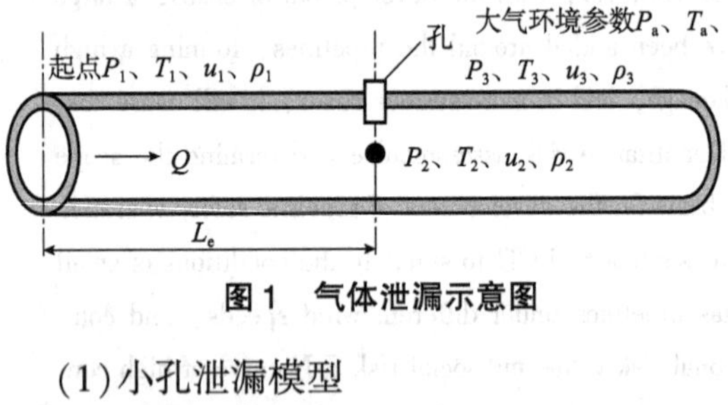

图1　气体泄漏示意图

(1)小孔泄漏模型

由于泄漏孔径较小，内部压力变化较小，忽略摩擦的影响，可认为图1中“1”处与“2”处的状态相同气体状态相同。假设气体为理想气体，在管道内绝热流动，同时在泄漏点处为等熵流动过程，且气体泄漏速率恒定，则小孔泄漏计算模型如式(2.1)所示：

$$Q = A_{OR}P_2 \cdot \sqrt{\frac{kM}{RT_2} \cdot \left(\frac{2}{k+1}\right)^{\frac{k+1}{k-1}}} \quad (2.1)$$

式中　Q——孔口处气体泄漏速率，kg/s；

A_{or}——泄漏孔面积，m^2；

P_2——泄漏孔附近某点处的压力，Pa；

k——热容比；

M——气体摩尔质量，kg/mol；

R——气体常数，J/(mol · K)；

T_2——泄漏孔附近某点处的温度，K。

(2)全管径断裂模型

当发生全管径断裂时，内部压力会突然降低，小孔泄漏模型已不再适。此时，图 2.1 中“2”处与“3”处的状态相同，两处之间不存在等熵膨胀过程，计算气体泄漏速率时采用全管径断裂模型，该模型需要引入马赫数，并且满足式(2.2)～式(2.5)：

$$\frac{T_2}{T_1} = \frac{Y_1}{Y_2}$$

$$\frac{\rho_2}{\rho_1} = \frac{Ma_1}{Ma_2} \cdot \sqrt{\frac{Y_2}{Y_1}}$$

$$Ma = \frac{u}{a} \quad (2.2)$$

$$\frac{P_2}{P_1} = \frac{Ma_1}{Ma_2} \cdot \sqrt{\frac{Y_1}{Y_2}}$$

$$Y_i = 1 + \frac{k-1}{2}Ma_i^2$$

$$a = \sqrt{\frac{kRT}{M}}$$

式中　T_1——管道起点处的温度，K；

ρ_1——管道起点处的气体密度，kg/m^3；

ρ_2——管道内泄漏孔附近某点处的气体密度，kg/m^3；

P_1——起点处的压力，Pa；

a——气体声速，m/s；

u_1——起点处气体泄漏速度，m/s；

u1——泄漏孔附近某点处的气体泄漏速度，m/s；

Ma——马赫数；

Y——中间参数变量。

$$G = \rho_1 u_1 = \rho_2 u_2$$

$$= Ma_1 P_1 \cdot \sqrt{\frac{kM}{RT_1}} = Ma_2 P_2 \cdot \sqrt{\frac{kM}{RT_2}}$$

$$= \sqrt{\frac{2M}{R} \cdot \frac{k}{k-1} \cdot \frac{T_2 - T_1}{\left(\frac{T_1}{P_1}\right)^2 - \left(\frac{T_2}{P_2}\right)^2}} \quad (2.3)$$

式中　G——气体通量，kg/(m^2 · s)。

$$\frac{K+1}{2}\ln\left(\frac{Ma_2^2 Y_1}{Ma_1^2 Y_2}\right) - \left(\frac{1}{Ma_1^2} - \frac{1}{Ma_2^2}\right) + \frac{4kfL_e}{D} = 0 \quad (2.4)$$

式中　f——摩擦系数；

L_e——设备的有效长度，m；

D——管径，m。

$$\frac{1}{\sqrt{f}}=4\log\left(3.7\frac{D}{\varepsilon}\right) \tag{2.5}$$

式中 ε——粗糙度，m。

(3)管-孔泄漏模型

泄漏孔径较小时，可采用"小孔泄漏模型"计算气体泄漏速率，发生全管径断裂时，可采用"全关管径断裂模型"计算气体泄漏速率。当泄漏孔径介于这两者之间，即大孔泄漏时，可采用"管-孔泄漏模型"进行计算，此时孔口处气体的泄漏状态取决于泄漏孔径与管径之比。假定流过管道的所有气体也同样流过泄漏孔，则根据气体流动的连续性方程可知，内部任意界面的气体通量相等，可得式(2.6)：

$$G=\rho_1u_1=\rho_2u_2$$
$$=\frac{A_{or}}{A}P_2\cdot\sqrt{\frac{kM}{RT_2}\cdot\left(\frac{2}{k+1}\right)^{\frac{k+1}{k-1}}}$$
$$=Ma_1P_1\cdot\sqrt{\frac{kM}{RT_1}}=Ma_2P_2\cdot\sqrt{\frac{kM}{RT_2}} \tag{2.6}$$

式中 A——管道截面积，m^2；根据式(2.6)可得式(2.7)：

$$Ma_2=\frac{A_{or}}{A}\sqrt{\left(\frac{2}{k+1}\right)^{\frac{k+1}{k-1}}} \tag{2.7}$$

根据式(2.7)求得泄漏孔附近某点处的压力Ma_2，带入式(2.4)，采用牛顿迭代法可求得气体泄漏速率。

2.2 喷射火模型

天然气从破裂处高速喷出，在点火源的作用下，可能形成喷射火灾。对于喷射火焰有API模型和Cone模型。[3] API喷射火焰模型是美国石油学会提出的用于模拟喷射火的半经验模型，属于固体火焰模型。该模型认为火焰由于风或重力的影响变弯，近似为香蕉型。Cone模型假设喷射火焰呈近似倒立圆台形，以圆台面半径、圆心坐标、圆台面与水平向的斜角来描述。Cone模型适用于0°~180°之间任何方向喷射，API RP521模型只适用于水平方向和垂直方向的喷射。对于形成的喷射火焰，本次采用Cone喷射火模型模拟喷射火产生的热辐射对周围人员和财产的损害。

2.3 爆炸模型

天然气具有易燃的特性，遇到火焰点火后，火焰会扩散到氧气所及的地方。游离云团中的天然气处于低速燃烧的状态，云团内形成的压力低于5kPa，一般不会造成很大的爆炸危害。但若在一个狭窄且密集地安装有很多设备的区域或建筑物内，云团内部有可能形成较高的爆炸压力波。DNV SAFETI软件包中对于气云爆炸使用三种模型：TNT当量模型、Baker-Strehlow模型和TNO multi-energy模型。由于Baker-Strehlow模型和TNO multi-energy模型比TNO当量模型复杂，需要更精确的参数，为了保持和后果计算的一致性，对于气云采用TNT当量模型进行爆炸模拟[4]。

气云中的TNT当量计算如下式：

$$m_{\text{TNT}}=\left\{\frac{H_{\text{combustion}}}{H_{\text{TNT}}}\right\}m_{\text{eff}}$$
$$m_{\text{eff}}=mX'fe \tag{2.8}$$

式中 H_{TNT}——TNT的爆热；

$H_{\text{combustion}}$——气云的燃烧值；

m——爆炸时气云中的可燃物质；

X'——爆炸效率；

fe——地面反射系数。

爆炸超压P_0计算使用了the Kingery and bulmash曲线，计算如下：

$$\log_{10}P_0=\alpha(\log_{10}z)^2+b\log_{10}z+c$$
$$Z=\frac{R'}{m_{TNT}^{1/3}} \tag{2.9}$$

式中 R'——爆炸半径，m；

P_0——超压，MPa。

2.4 伤害阈值

天然气发生火灾时，其主要伤害为热辐射引起的构建筑物坍塌和人员伤亡。表1为不同热辐射值对人体的伤害及设备的破坏的情况。表2、表3分别为爆炸超压冲击波对人体的伤害程度和对建筑物的破坏作用。

表1 火灾热辐射对人/设备的损害

入射通量/(kW/m^2)	对设备的损害	对人的危害
37.5	操作设备全部破坏	10s，1%死亡；1min，100%死亡
25	在无火焰、长时间的辐射下木材燃烧的最小能量	10s，重大损伤；1min，100%死亡
12.5	有火焰时，木材燃烧，塑料熔化的最小能量	10s，1度烧伤；1min，1%烧伤
1.6	—	长期辐射无不舒服

表2 超压对人员的危害情况

超压(P_0/MPa)	对人的危害
>0.075	当场死亡
0.045~0.075	重伤
0.025~0.045	中伤
0.01~0.025	轻伤
<0.01	安全

表 3　超压对建筑物的损坏情况

超压(P_0/MPa)	对建筑的损坏
>0.076	房屋倒塌
0.050～0.076	门窗全部破坏
0.030～0.050	门窗大部分破坏
0.002～0.030	门窗部分破坏
0.020～0.030	玻璃窗破坏
<0.02	基本无损坏

2.5　风险可接受准则

2.5.1　个人风险准则

个人风险代表一个人死于意外事故的频率，且假定该人没有采取保护措施，个人风险在地形图上以等值线的形式给出。我国不同防护目标的个人可接受风险标准是由分年龄段死亡率最低值乘以相应的风险控制系数得出的，是公众对意外风险可接受水平的直观体现。依据《危险化学品生产、储存装置个人可接受风险标准和社会可接受风险标准》[5]，本项目选用的个人可接受风险标准见表 4。

表 4　个人可接受风险标准值

防护目标	个人可接受风险标准	
	新建设备(每年)≤	在役设备(每年)≤
低密度人员场所(人数<30 人)：单个或少量暴露人员	1×10^{-5}	3×10^{-5}
居住类高密度场所(30 人≤人数<100 人)：居民区、宾馆、度假村等。公众聚集类高密度场所(30 人≤人数<100 人)：办公场所、商场、饭店、娱乐场所等	3×10^{-6}	1×10^{-5}
高敏感场所：学校、医院、幼儿园、养老院、监狱等。重要目标：军事禁区、军事管理区、文物保护单位等。特殊高密度场所：(人数≥100 人)：大型体育场、大型交通枢纽、大型露天市场、大型居住区、大型宾馆、大型度假村、大型办公场所、大型商场、大型饭店、大型娱乐场所等	3×10^{-7}	3×10^{-6}

2.5.2　社会风险准则

导致人员死亡的风险通过个人风险来衡量，但实际上，人们关心的往往是整个事故对社会造成的后果。因此，许多情况下需要求出对整个社会的风险总和，比如事故对整个社会的总影响，即为社会风险。社会风险代表有 N 个或更多人同时死亡的事故发生的频率。社会风险一般通过 F-N 曲线表示(F 为频率，N 为伤亡人员数)。F-N 曲线表示可接受的风险水平-频率与事故引起的人员伤亡数目之间的关系。F-N 曲线值的计算是累加的，比如与"N 或更多"的死亡数相应的特定频率。在进行风险分析时，依据《危险化学品生产、储存装置个人可接受风险标准和社会可接受风险标准》[5] 的要求，社会风险标准的风险下限(N，F)为(10，10^{-6})，风险上限(N，F)为(10，10^{-4})，斜率为-1。绘制在 F-N 曲线图上如下图所示。

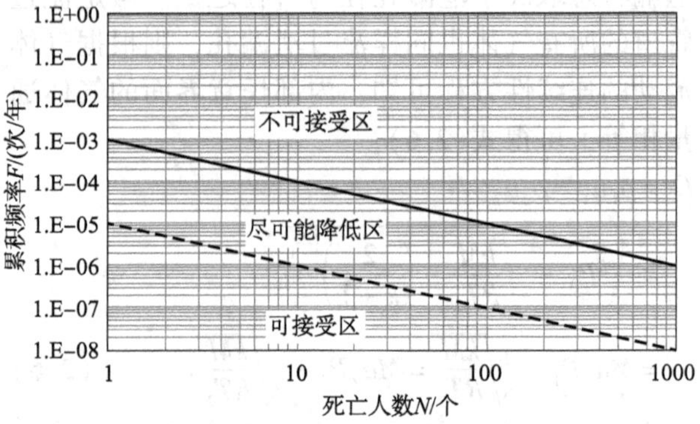

图 2　我国现行社会风险标准

2.6　风险计算

2.6.1　个人风险计算

个人风险计算程序见图 3。

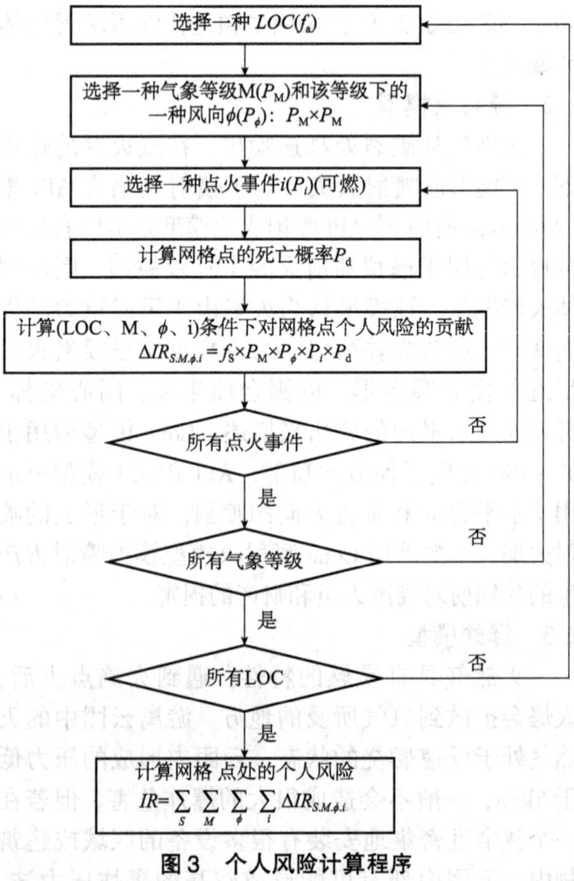

图 3　个人风险计算程序

2.6.2 社会风险计算

社会风险计算程序见图4。

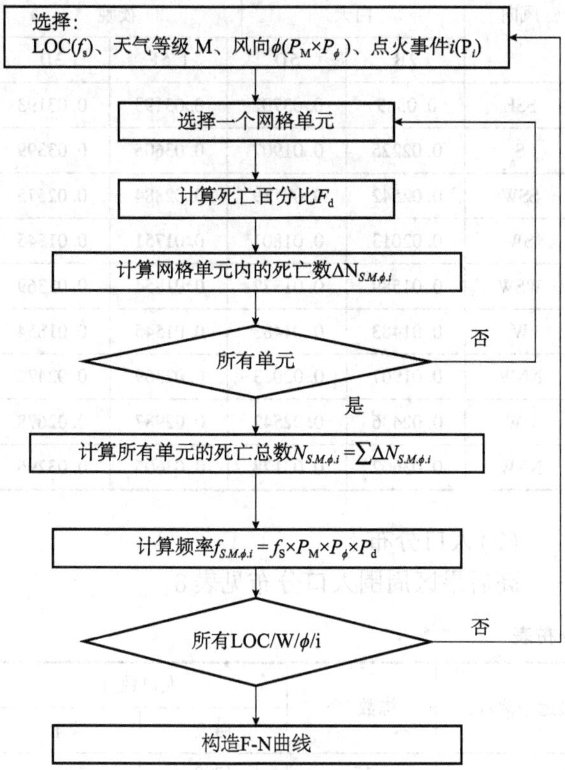

图4 社会风险计算流程

3 高后果区管段定量风险分析

3.1 高后果区基本情况

该管段自东向西沿道路敷设，全长1.9km，采用顶管、定向钻、直埋等形式敷设，其中顶管70m，埋深7m，定向钻1km埋深3~13m，直埋段埋深2.4m，地区等级四级，属于Ⅲ级人员密集型高后果区。

3.2 失效频率分析

基础失效频率取值和失效频率修正根据《基于风险的油气管道安全隐患分级导则》(GB/T 34346—2017)[6]的规定，通过管理措施修正因子(*FM*)损伤修正因子(*FD*)进行修正。

$$PoF = f \times F_M \times F_D \tag{3.1}$$

$$F_D = F_C \times V_C + F_L \times V_L + F_V \times V_V + F_P \times V_P + F_F \times V_F \tag{3.2}$$

式中 PoF——管道失效概率，次/公里·年；

f——管道的平均失效概率，次/公里·年；

F_M——管理措施修正因子，无量纲；

F_D——损伤修正因子，无量纲；

F_C——腐蚀环境修正因子，无量纲；

V_C——腐蚀环境修正因子的权重，无量纲；

F_L——本体缺陷修正因子，无量纲；

V_L——本体缺陷修正因子的权重，无量纲；

F_V——第三方破坏修正因子，无量纲；

V_V——第三方破坏修正因子的权重，无量纲；

F_P——制管与施工修正因子，无量纲；

V_P——制管与施工修正因子的权重，无量纲；

F_F——疲劳修正因子，无量纲；

V_F——疲劳修正因子的权重，无量纲。

式(4.3)中各修正因子权重值V_C、V_L、V_V、V_P、V_F宜根据管道运营企业实际情况选取，但须满足$V_C + V_L + V_V + V_P + V_F = 1$，本次模拟均取0.2。

根据现场踏勘和历史资料分析结果，修正失效频率的取值见表5。

表5 修正的失效频率取值表

孔径/mm	5mm	25mm	150mm	全孔径
失效频率/[次/a]	1.62E-05	0.58E-05	0.58E-05	0.45E-05
泄漏占比/%	50%	18%	18%	14%
总泄漏频率/(次/a)	3.23E-05			

3.3 管道失效后果计算

3.3.1 评估参数选取

结合现场踏勘和隐患排查的情况，综合分析管道的操作压力、壁厚、管径、地形地貌、高后果区位置等属性，确定可将整个高后果区管段作为一个风险单元进行风险评价。对扩散起决定作用的气象条件主要包括风速、大气稳定度、环境温度等。评估时当地的气象资料，选取平均风速、环境温度、平均湿度，管道温度取常温。评估参数选取见表6。

表6 评估参数选取表

输送温度/℃	常温
压力/MPa	6.0
泄漏孔径/mm	5(小孔)、25(中孔)、150(大孔)、全孔径破裂
泄漏时间/s	根据孔径大小不同
管材材质	L415
管道直径/mm	355.6
壁厚/mm	6.4
屈服强度/MPa	415
人口数量/人	白天和夜晚人口数不同
天气类型	白天(2B、5D) 夜晚(1.5F、3D)
埋深	根据实际埋深设置

(1)天气

依据当地风玫瑰图和各风速及大气稳定度组合的占比，得出不同风速及其大气稳定度在16个方向的分布情况，见表7。

表7　风速及大气稳定度在不同方向的分布

风向	气象条件分类			
	白天		夜晚	
	2B	5D	1.5F	3D
N	0.04449	0.04131	0.04222	0.03193
NNE	0.08686	0.08051	0.08239	0.06385
NE	0.04343	0.03708	0.04428	0.02163
ENE	0.03602	0.0286	0.03296	0.0206
E	0.02648	0.02225	0.02575	0.03502
ESE	0.03284	0.02754	0.0309	0.0309
SE	0.04767	0.03814	0.04531	0.0206
SSE	0.0339	0.03702	0.03193	0.03193
S	0.02225	0.01907	0.03605	0.03399
SSW	0.02542	0.02119	0.02884	0.02575
SW	0.02013	0.01801	0.01751	0.01545
WSW	0.01589	0.01377	0.01854	0.02369
W	0.01483	0.01483	0.01545	0.01854
NNW	0.01907	0.02013	0.02369	0.02472
NW	0.02436	0.02542	0.02987	0.02678
NNW	0.03602	0.03178	0.03605	0.03296

(2)人口分布

高后果区周围人口分布见表8。

表8　人口分布表

名称	位置	距离管道最近距离/m	距离管道最远距离/m	栋数/个	人口数量	
					白天	晚上
居民区1	南侧	15	200	17	1728	5760
居民区2	南侧	15	200	5	852	2841
居民区3	南侧	5.5	20	19	3677	12258
居民区4	南侧	20	200	1	180	600
居民区5	北侧	150	200	6	1756	5853
居民区6	北侧	130	200	9	1310	4368
居民区7	西侧	20	10	5	100	5
厂区1	南侧	52	130	12	90	360
合计					0.96万	3.204万

(3)点火源

高后果区管道周围点火源分布见表9。

表9　点火源分布表

序号	点火源名称	点火源类型	1min内点火概率
1	道路	公路	0.9
2	地铁	地下铁路	0.7
3	居民区1	居民区	0.8
4	居民区2	居民区	0.6
5	居民区3	居民区	0.85
6	居民区4	居民区	0.55
7	居民区5	居民区	0.8
8	居民区6	居民区	0.82
9	居民区7	—	0.45
10	厂区1	工厂	0.5

结合GIS图像，建立了计算模型如图5所示。

图5　定量风险评价计算模型

泄漏点设置的间距为50m，1.9km高后果区管道共设置38个泄漏点，其中天气类型、各人口区域面积及人口数量、点火源类型及点火概率、工作压力等均按照参数选取表中数据输入到模型中进行失效后果计算。

3.3.2　火灾影响分析

火灾影响分析取发生25mm(中孔)泄漏和完全破裂两种工况进行分析：

管道发生25mm(中孔)泄漏时，发生火灾的热辐射强度影响距离见表10和图6。图中热辐射影响范围等值线从外到内依次为热辐射通量为$4kW/m^2$、$12.5kW/m^2$、$37.5kW/m^2$的下的影响范围。火焰喷射角度为90度，火焰长度为35.55m。接收到的最大热辐射强度为$140kW/m^2$，不存在致死率为100%的热辐射区域，致死率为1%的热辐射区域为51.75m，热辐射强度达到$4kW/m^2$的范围是91.08m，此范围内可能会造成人员烧伤。

表10　火灾影响区域

热辐射强度/(kW/m^2)	影响距离/m	火焰长度/m
4.0	91.08	35.55
12.5	56.19	
37.5	35.86	

图6　25mm泄漏火灾辐射影响范围

管道发生完全破裂时，发生火灾的热辐射强度影响距离见表11和图7。图中热辐射影响范围等值线从外到内依次为热辐射通量为$4kW/m^2$、$12.5kW/m^2$、$37.5kW/m^2$的下的影响范围。火焰喷射角度为90°，火焰长度为108.66m。接收到的最大热辐射强度为$285.42kW/m^2$，不存在致死率为100%的热辐射区域，致死率为1%的热辐射区域为126.56m，热辐射强度达到$4kW/m^2$的范围是246.87m，此范围内可能会造成人员烧伤。

表11　喷射火灾影响区域

热辐射强度/(kW/m^2)	影响距离/m	火焰长度/m
4.0	246.87	108.66
12.5	149.74	
37.5	75.06	

图7　完全破裂喷射火辐射影响范围

3.3.3　爆炸影响分析

火灾影响分析取发生25mm(中孔)泄漏和完全破裂两种工况进行分析：

管道发生25mm(中孔)泄漏时，管道介质泄漏后形成的气云在遇到点火源的情况下，会发生气云爆炸。爆炸的气云会在周围形成超压，周围人员会因压力波的存在而受伤或致死。不同风速及大气稳定度组合工况下可造成人员轻伤的影响范围如图8所示。5D天气工况下，造成轻伤及以上的爆炸超压的影响范围为26.54m，2B天气工况下，造成轻伤及以上的爆炸超压的影响范围为44.18m。

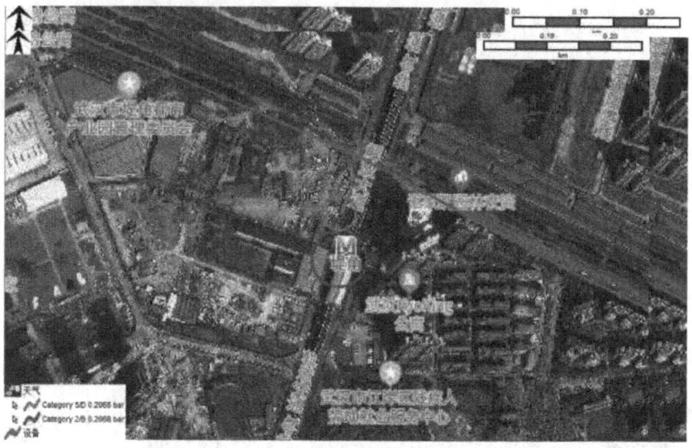

图8　25mm泄漏爆炸影响范围

管道完全破裂后形成的气云在遇到点火源的情况下，会发生气云爆炸。爆炸的气云会在周围形成超压，周围人员会因压力波的存在而受伤或致死。不同风速及大气稳定度组合工况下可造成人员轻伤的影响范围如图9所示。5D天气工况下，造成轻伤及以上的爆炸超压的影响范围为207.42m，2B天气工况下，造成轻伤及以上的爆炸超压的影响范围为246.41m。

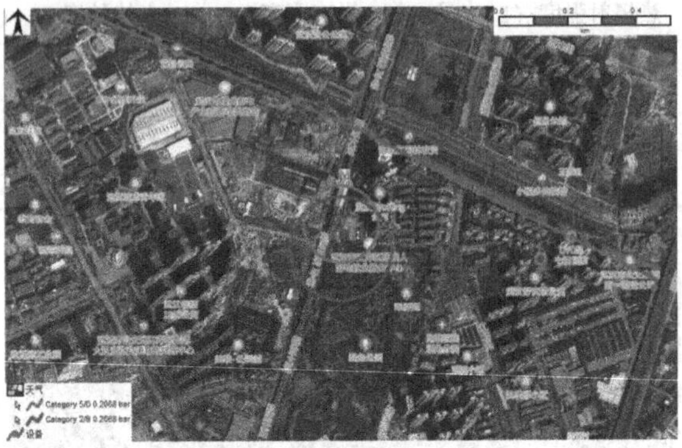

图9　完全破裂爆炸影响范围

3.4 风险计算

结合失效频率分析和失效后果计算结果，采用DNV公司开发的SAFETI软件进行定量风险计算，得出个人风险等值线和社会风险F-N曲线。

3.4.1　个人风险

该高后果区管段个人风险等值线图如图10所示。

图10　个人风险等值线图

表12　基于风险的安全距离

防护目标	在役设备(每年)≤	距离/m
低密度人员场所(人数<30人)：单个或少量暴露人员	3×10^{-5}	—
居住类高密度场所(30人≤人数<100人)：居民区、宾馆、度假村等。 公众聚集类高密度场所(30人≤人数<100人)：办公场所、商场、饭店、娱乐场所等	1×10^{-5}	—
高敏感场所：学校、医院、幼儿园、养老院、监狱等。 重要目标：军事禁区、军事管理区、文物保护单位等。 特殊高密度场所：(人数≥100人)：大型体育场、大型交通枢纽、大型露天市场、大型居住区、大型宾馆、大型度假村、大型办公场所、大型商场、大型饭店、大型娱乐场所等	3×10^{-6}	34.36

根据个人风险等值线图可得出如下结论：

(1)该高后果区管段的个人风险是不可接受的，管段多处个人风险超过3×10^{-6}，经过居民区1处的管段达到个人风险最大值，在个人风险超标区域内存在特殊高密度场所：居民区1的一栋居民楼，距管道最近距离约20m；

(2)个人风险等值线没有达到1×10^{-5}范围，对于居住类、公共聚集类高密度场所个人风险均在可接受范围内；

(3)3×10^{-6}个人风险等值线图的最大影响范围距离为34.36m。

3.4.2　社会风险

该高后果区管段个人风险等值线图如图11所示。

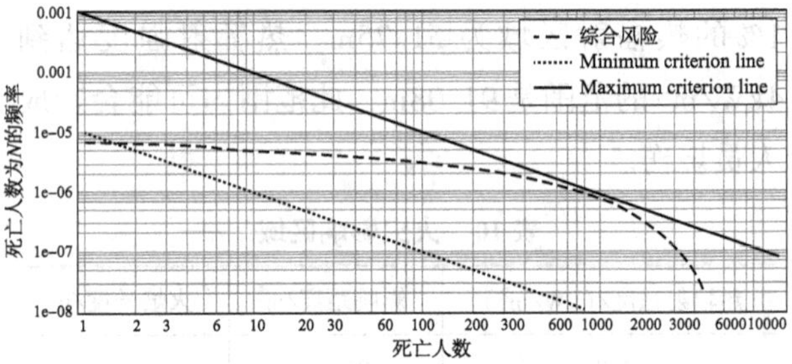

图11　社会风险F-N曲线

根据该高后果区F-N曲线可知，该管段的社会风险均在尽可能降低(ALARP)区，在社会风险F-N曲线末端接近社会风险准则的上限，但未达到风险不可接受区，还可进一步采取措施使风险降低至完全可接受区。

3.4.3　消减风险的一般措施

依据个人风险和社会风险的评价结果，造成个人风险不可接受的主要原因是周边厂区及居住区的人员聚集。针对风险形成的原因，若希望风险进一步降低，可采取以下减缓措施：

(1)控制风险区域内人员数量：社会风险F-N曲线末端较高一般是因为周围人口数量规模较大且聚集，使末端降低则需控制周围人口数量，建议限制管道周围厂区规模的进一步扩大，降低厂区人口规模数量，在经过锦湖金利花园等人口聚集区域的管段多设置危险警示牌。在管线两侧34.36m范围内，不新建或形成高敏感场所和重要目标；

(2)管道改线：对于不可接受的风险，可以通过重新优化路由设计，进行管道改线，使风险降低至完全可接受范围内；

(3)降压运行：目前运行压力为6.0MPa，若降低至1.5MPa以下，则个人风险和社会风险均为完全可接受的。降压运行后的个人风险等值线图和社会风险F-N曲线如图12、图13所示。

图12　降压运行后的个人风险等值线图

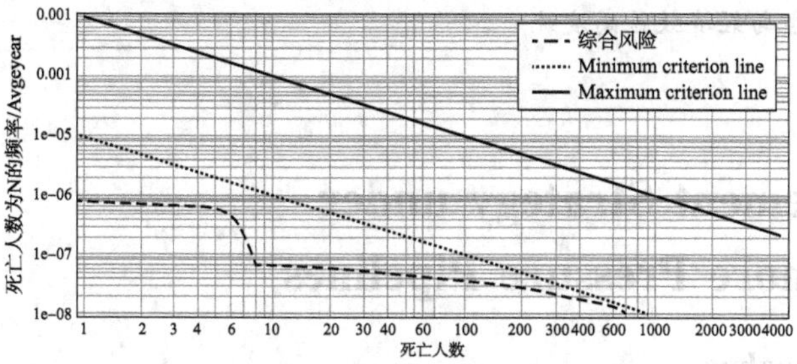

图13　降压运行后的社会风险 F-N 曲线

(4)其他措施：

(a)设置危险区域警示牌，对区域内居民定期开展管道安全知识宣传工作；

(b)日常巡查中应优先巡查个人风险超标区域，对属地巡线工优化巡线路径，并适当加密巡检频次，不得远距离查看或绕行，对于人员特别密集场所，适当考虑安装视频监控设施；

(c)加强管道腐蚀管控，定期进行内、外检测及管道阴极保护、电位测试；

(d)加强管道埋深监测，及时处理由于各种外在因素浅埋变浅管道；

(e)加强第三方施工管理，建立相应的企地联系机制，及时掌握个人风险超标区域管道安全信息，严格执行交叉施工管理工作程序，安排专人负责对第三方施工实施全过程监督管理；

(f)梳理并完善高后果区应急预案及现场处置方案，确保应急方案的可执行性，掌握落实管道周边维抢修资源的分布及进场道路情况，加强人员培训，定期组织各类典型应急演练，提高应急处置能力。

4　结论与建议

4.1　结论

(1)个人风险：该高后果区管段的个人风险是不可接受的，管段多处个人风险超过 3×10^{-6}，经过居民区1处的管段达到个人风险最大值，在个人风险超标区域内存在特殊高密度场所：居民区1的一栋居民楼，距管道最近距离约20m；个人风险等值线没有达到 1×10^{-5} 范围，对于居住类、公共聚集类高密度场所个人风险均在可接受范围内；3×10^{-6} 个人风险等值线图的最大影响范围距离为34.36m；

(2)社会风险：根据该高后果区 F-N 曲线可知，该管段的社会风险均在尽可能降低(ALARP)区，在社会风险 F-N 曲线末端接近社会风险准则的上限，但未达到风险不可接受区，还可进一步采取措施使风险降低至可接受区；

(3)依据个人风险和社会风险的评价结果，造成个人风险不可接受的主要原因是居民区1人口数量规模较大且人口聚集，且与管道的距离较近。造成社会风险 F-N 曲线末端较高的主要原因也是周围居民区人口数量规模较大且人口聚集。

4.2　建议

(1)由于该高后果区为人员密集型Ⅲ级高后果区，所处位置人口密度相对较大，结合定量风险分析的结果，一旦发生大孔径的介质泄漏，可能会导致火灾和爆炸事故，周围重点区域会受到影响。应加强管道管理工作力度，提高管道管理水平，加强巡检，定期对管线进行检测，对检测发现的缺陷及时进行修复，保证管道的本质安全，从而降低管道发生失效的可能性；

(2)建议限制管道周围厂区规模的进一步扩大，控制厂区人口规模数量，在经过居民区1处等人口聚集区域的管段多设置危险警示牌。在管线两侧34.36m范围内，不新建或形成高敏感场所和重要目标。

(3)根据后果计算的结果，建议将管道周边500m范围定为应急计划区，向高后果区管道周边的单位、居民进行应急知识的宣传，定期开展应急演练，并将他们纳入应急演练的范围。

参考文献

[1]张桂瑞，王慧等．事故后果分析软件(PHAST)在天然气管道泄漏评价中的应用．油气田环境保护[J]，2016，26(10)：51－55.

[2]国家安全生产监督总局．安全评价通则：AQ8001—2007[S]．北京：中国标准出版社，2007：2－3.

[3]韦善阳，胡庆革，孙英峰等．基于 PHAST 的池火灾安全距离与影响因素研究．消防理论研究[J]，2015，31(10)：300－306.

[4]蒋立军，刘峰等．PHAST 软件在输气站场泄漏事故后果评估中的应用[J]．当代化工，2015，44(2)：292－294.

[5]国家安全监察总局，危险化学品生产、储存装置个人可接受风险标准和社会可接受风险标准，2014年第13号公告．

[6]GB/T 34346—2017，基于风险的油气管道安全隐患分级导则[S].

海上压力管道保温层下腐蚀风险治理策略

高正华

(中海石油技术检测有限公司，天津　300452)

摘　要：为有效加强海上压力管道保温层下腐蚀风险的治理，本文以海洋石油某 FPSO 压力管道现场调研为基础，综合分析海上压力管道保温层下腐蚀情况，研究并制定出了有针对性的治理策略，在管控压力管道风险前提下，优化维护成本，以实现设备设施风险管控与经济效益高度统一。

关键词：失效机理；腐蚀风险；治理策略

Corrosion Risk Management Strategy under Insulation Layer of Offshore Pressure Pipelines

GAO Zhenghua

(CNOOC Inspection Technology Co., Ltd., Tianjin 300452, China)

Abstract: In order to effectively strengthen the management of corrosion risk under the insulation layer of offshore pressure pipelines, this paper comprehensively analyzes the corrosion under insulation of offshore pressure pipelines based on the on-site investigation of an FPSO pressure pipeline of offshore oil, and studies and formulates a targeted treatment strategy, so as to optimize the maintenance cost and achieve a high degree of unity between the risk control and economic benefits of equipment and facilities under the premise of controlling the risk of pressure pipelines.

Key words: Failure mechanism; Corrosion risk; Treatment strategy

1　引言

通过对近几年渤海海域各油田压力管道检测结果进行统计发现，渤海海域压力管道外腐蚀普遍，特别是海洋石油 FPSO 上部模块中压力管道外腐蚀尤为严重。2022 年海洋石油某 FPSO 压力管道 RBI 评估报告显示，该 FPSO 压力管道 34% 处于高风险状态，其主导损失机理为保温层下腐蚀，且腐蚀有扩大、恶化趋势，如不及时治理，将会导致压力管道腐蚀穿孔、破裂等失效模式发生。

为对海上压力管道保温层下腐蚀进行有效治理，本文以海洋石油某 FPSO 压力管道现场调研为基础，对海上压力管道保温层下腐蚀机理及原因进行了综合分析，研究并制定出了有针对性的治理策略，以有效管控压力管道风险前提下，优化减少设施管理维护成本。

2　海洋石油压力管道腐蚀严重原因分析

综合统计分析渤海油田 2022 年压力管道检验评估报告，并结合海洋石油某 FPSO 现场调研情况，海上压力管道保温层下腐蚀损伤主要为涂层失效、隔热层老化破损、有毒保温材料等因素综合作用所致。

2.1　保温层下腐蚀机理

保温层下腐蚀主要由于保温层与母材表面的蒸汽空间中的积水造成。积水可能来源于雨水、漏水、蒸汽凝结等。碳钢和低合金钢的保温层下腐蚀通常发生在 121℃ 以下，尤其是 49℃ ~ 93℃[2]。当压力管道保温层破损进水后，因涂层老化或者失效，压力管道金属表面便形成一层极

作者简介：高正华(1976—)，本科，高级工程师，主要从事海洋石油设备设施风险评估及完整性管理工作。E-mail：gaozhh2@cnooc.com.cn

薄的不易看见的湿气膜(水膜)。当这层水膜达到20~30个分子厚度时，因不同部位电极电位不同，形成阴极区和阳极区，在局部电池作用下便会发生电化学腐蚀，化学分子式如下：

阳极反应：

$$Fe \longrightarrow Fe^{2+} + 2e$$

$$Fe^{2+} \longrightarrow Fe^{3+} + e$$

阴极反应：

$$O_2 + 2H_2O + 4e \longrightarrow 4OH^-\text{(中性或碱性溶液)}$$

$$O_2 + 4H^+ + 4e \longrightarrow 2H_2O\text{(酸性溶液)}$$

特别是海洋石油FPSO上部模块所属管道，都处于露天状态，雨水容易侵蚀，且主工艺管道工作一般在50℃左右，在这种条件下极易发生保温层下腐蚀。

2.2 海洋石油某FPSO压力管道保温层下腐蚀严重原因分析

2.2.1 涂层失效

根据NORSOK及其他相关标准，一般情况下涂层完全保护时间为5年，失去保护时间为15年后[1]。海洋石油某FPSO上部模块于2011年投用，从投产至今服役已有13年，工艺涂层已老化且大部分失去防腐功能。涂层退化与时间的函数关系及2022年现场检测中部分管道拆除保温层后涂层老化情况如图1~图3所示。

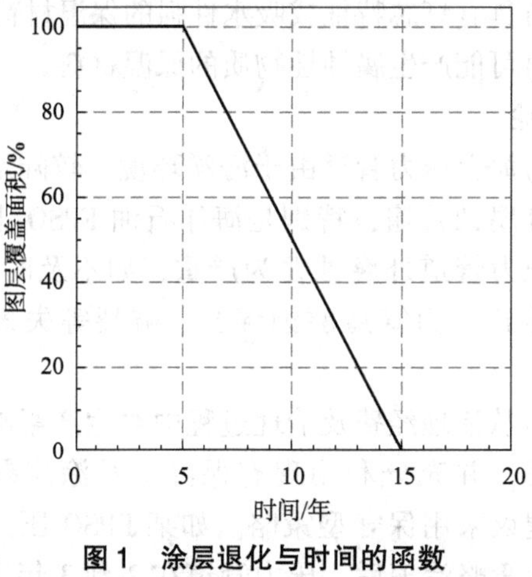

图1　涂层退化与时间的函数

图2　500-WI-1C3-4496-25W管道涂层

图3　400-PF-1C3-2100-40HCT管道涂层

2.2.2 保温层老化、破损严重

海洋石油某FPSO压力管道保温层破损较普遍，特别是上部模块中压力管道，因为保温层破损老化，保温层密封性下降，尤其是雨季保温层更容易进水积水，2022年4月压力管道现场调研部分图片如图4所示。

图4　现场调研

2.2.3 保温材料因素

由于保温层下腐蚀反应离不开水分，因而要求使用的保温材料具备含水量最少，且干燥最快的特点。但2022年在海洋石油某FPSO现场调研过程中发现，部分静设备保温层下存在积水现象，现场照片如图5所示。

图5　V-2360底部积水情况

评价保温层的主要性能之一即其吸水性(吸湿性)，保温材料吸水后其导热系数增大，吸涨水分的保温材料会浸湿设备表面，引起设备表面腐蚀，部分保温材料的性能如表1所示。

表1　部分保温材料主要性能

材料	使用温度	抗压温度/kPa	吸湿性/%	密度/(kg/m³)
硅酸钙	20/650	1035/1380	1014	208/240
玻璃纤维	-30/455	变化	2	24/96
矿渣纤维	-85/650	69	3	64/192
泡沫玻璃	-270/485	600/938	0.1~0.2	120/136
珍珠岩	20/650	414/759	4	192/224

由表可以看出：

1)泡沫玻璃的吸湿性几乎为零，其结构为密堆蜂窝状，是一种性能优良的保温材料，通常用作工艺物流为易燃品的设备保温等。

2)珍珠岩的吸湿性稍微大一些，有些时候可以替代泡沫玻璃。

3)硅酸钙的吸湿性是表中所有保温材料中吸湿性最大的。在环境温度下，浸在水中可吸收4倍于自身重量的水，是吸湿性的，在潮湿的环境中可以从含水汽的大气中吸收20%~25%的水分。

3　海洋石油FPSO压力管道保温层下腐蚀治理策略

根据上述原因分析，本文研究并制定出了有针对性的两种治理策略：

3.1　保守型策略

3.1.1　开展风险评估

系统的分析评估海上压力管道的风险大小，全面掌握压力管道风险水平。

3.1.2　全面扫查中、高风险压力管道

采用低频导波检测技术或脉冲涡流检测技术对中、高风险压力管道进行全面扫查，确定腐蚀损伤部位。

3.1.3　修复压力管道中腐蚀部位

通过脉冲涡流排查，对其中腐蚀损伤部位保温层进行拆除并除锈刷漆(对存在腐蚀损伤超标的管道需进行强度校核，如不能满足工艺需求，应更换)，恢复时对保温材料进行更换(建议采用泡沫玻璃)，采用铝皮保温型式保温，并确保保温层密封良好。

3.1.4　修复破损保温层

对中高风险压力管道保温情况进行检查，对老化破损的保温层进行修复，修复时要注意对保温材料进行更换(建议采用泡沫玻璃)，采用铝皮保温型式恢复保温，并确保保温层密封良好。

3.2　根治型策略

3.2.1　开展风险评估

系统的分析评估海上压力管道的风险大小，全面掌握压力管道风险水平。

3.2.2　压力管道保温拆除

根据风险评估结果，拆除高、中风险压力管道保温层。

3.2.3　压力管道全面除锈

拆除保温后，对部分管道办理隔离或者旁通，对压力管道表面进行彻底打磨处理，对腐蚀情况进行测量，对存在腐蚀损伤超标的管道需进行强度校核，如不能满足工艺需求，应更换。

3.2.4　采用具有良好防腐性能的涂料

良好防腐性能的涂层是避免保温层下腐蚀发生的最好保证，为此在恢复涂层时建议采用具有良好防腐性能的涂料，如Interzinc 52富锌底漆等。

3.2.5　更换保温材料

选用保温材料时不仅需要考虑保温材料的物理性能(包括导热系数、吸湿性、使用温度、抗压强度等)，还必须认真考虑其施工的难易程度。正确选择保温材料，避免选择：

1)具有水分和腐蚀性物质滞留的环状结构或有缝隙的保温材料；

2)具有灯芯特征或吸水性强的保温材料；

3)可能产生腐蚀性物质的保温材料。

4　结论

1)海上压力管道由于海洋环境，较陆地压力管道外腐蚀普遍，特别是海洋石油FPSO上部模块中压力管道外腐蚀尤为严重，如不及时治理，将会导致压力管道腐蚀穿孔、破裂等失效模式发生；

2)从治理经费及治理过程中对生产影响最小去考虑，并充分利用现有保温层及涂层剩余价值，建议采用保守型策略。如某FPSO压力管道采用此策略治理后，压力管道在2到3年内，辅助有效检测手段，可实现对保温层下腐蚀而导致的风险有效管控，避免腐蚀穿孔及破裂发生；

3)以根治保温层下腐蚀风险为目的，建议采用根治型策略。如某FPSO压力管道采用此策略治理后，压力管道在5到10年内，运行期间做好压力管道维保工作，可实现对保温层下腐蚀风险有效管控。但此方案中需要对部分管道进行隔离，要大面积除锈刷漆、更换保温，因此，对生产有影响较大；

4)开展压力管道风险评估工作，可系统地分析评估压力管道的风险大小，根据风险大小以及设备潜在的失效、损伤机理，确定出相应的检验管理措施，以控制失效、损伤的发生和防止非预期的停产事故和安全事故的发生，提高设备的安全性和可靠性，以有效管控压力管道风险前提下，优化减少设施管理维护成本，实现设备设施风险管控与经济效益高度统一。

参考文献

[1]挪威船级社 DNV－RP－G101，2010 年 10 月出版，海上平台上部模块基于风险检验推荐做法

[2]美国石油学会 API 571—2003，2003 年 12 月出版，影响炼油工业中固定设备的损伤机理

压力容器裂纹安全评定和剩余寿命计算

韦　保　董　辉

（鲁西科安特种设备检测有限公司，山东 聊城　252000）

摘　要：压力容器在使用过程中会产生裂纹，可通过有限元分析，得到裂纹计算所需要的弯曲应力和薄膜应力。先对压力容器的裂纹缺陷进行安全评定，后借助 Paris 模型进行剩余寿命计算，对裂纹的当前和未来状态均进行了安全评估。结果表明该裂纹剩余寿命远大于设备的设计使用年限，不影响设备的安全使用。这种计算方式双重保证了裂纹的安全性，减少了因设备返修或超设计使用年限而报废的情况，对特种设备行业缺陷的安全评定以及设备的剩余寿命估算方面提供了参考价值。

关键词：表面裂纹，安全评定，剩余寿命

Safety Assessment and Remaining Life Calculation for Pressure Vessel Crack

WEI Bao，*DONG Hui*

（Luxi Kean Special Equipment Inspection Co.，Ltd.，Liaocheng City，Shandong Liaocheng 252000，China）

Abstract：During the service of pressure vessels，cracks may occur. By means of finite element analysis，the bending stresses and membrane stresses necessary for the computation of cracks are acquired. Firstly，a safety assessment is conducted on the crack defects of the pressure vessels，followed the Remaining life of the vessels is calculated by the Paris model，and a comprehensive safety evaluation is performed on both the current and future states of the cracks. The results indicate that the residual life of the cracks far exceeds the design life of the equipment，posing no threat to its safe operation. This approach reduces the need for equipment repairs or scrapping due to exceeding the designed service life，providing valuable reference for the safety assessment of defects in the special equipment industry and the estimation of equipment Remaining life.

Key words：Surface crack；Safety Assessment；Remaining life

压力容器是八大类特种设备之一，广泛应用于工业领域，特别是在化工、石油等行业，并朝着高温、高压、大型化方向发展，但因其使用工况恶劣，长期服役下会产生裂纹等缺陷，然而并非所有裂纹都会导致压力容器失效，综合考虑压力容器安全和经济两方面的因素，对裂纹缺陷的安全分析就成了重要工作内容。有效的安全分析评定，不但能够保证设备安全，也能避免不必要的经济损失。

国内外上有很多裂纹缺陷评估规范和方法，本文先根据 GB/T 19624—2019《在用含缺陷压力容器安全评定》[1]，结合有限元分析，对压力容器的裂纹缺陷进行安全评定，然后采用 Paris 模型进行剩余寿命计算，对裂纹的当前和未来状态均进行了安全评估，这种计算方式双重保证了裂纹的安全性，为特种设备行业工程应用提供参考。

1　设备概况

某化工厂聚酰胺装置的一台立式单腔疏水罐，设计压力 1.4MPa，设计温度 285℃，介质为

作者简介：韦保（1982—　），特种设备高级工程师，主要从事承压类特种设备检验工作。E－mail：3532925@qq.com

蒸汽冷凝液，材质 Q345R，壁厚 10mm，容器内径 1000mm，高 3074mm，设计使用寿命 10 年，2020 年投入使用，支承式支座。

2023 年首次定期检验时发现筒体纵缝外表面一处裂纹，裂纹长 12mm，深 0.5mm，裂纹位置如图 1 所示。

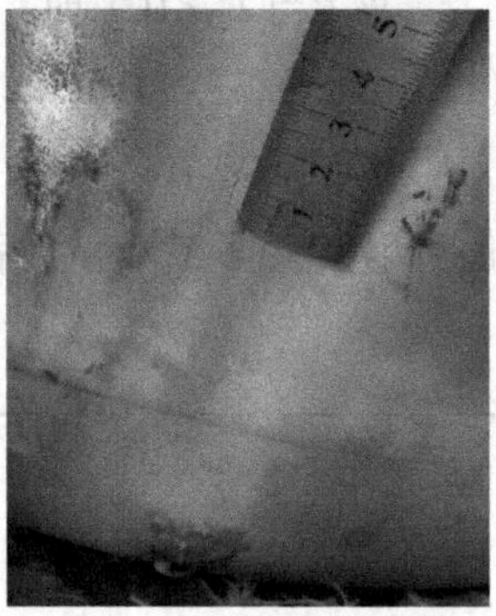

图 1　疏水罐裂纹检测位置图

2　有限元分析

通过有限元分析，得到裂纹计算所需要的弯曲应力和薄膜应力。

2.1　模型及网格划分

对疏水罐的进出口等接管忽略简化后，先按照 1 : 1 建立几何模型，选定材质为 Q345R，添加半椭圆裂纹，并进行网格划分如图 2 所示，裂纹处网格加密如图 3 所示。

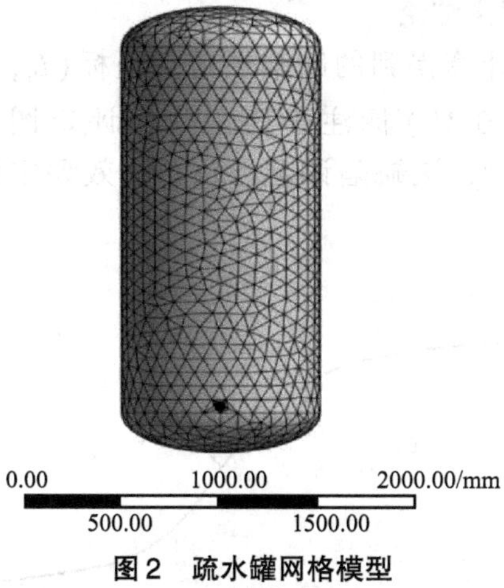

图 2　疏水罐网格模型

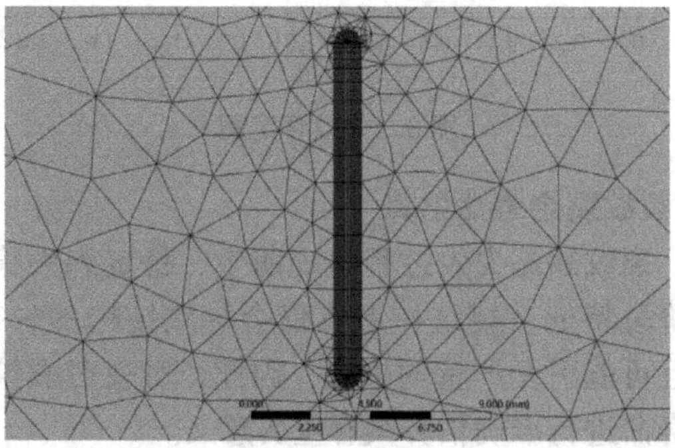

图 3　裂纹网格模型

2.2　边界条件设置

(1) 对模型整体施加标准地球重力；

(2) 对下封头外表面施加固定支撑；

(3) 筒内施加内压 1.4MPa。

2.3　求解

设备最大应力为 151.46MPa，位置在裂纹处，如图 4、图 5 所示。定义位于裂纹处的分析路径，方向为裂纹处筒壁的法线方向，求解路径上的线性化应力，得到薄膜应力 28.65MPa、弯曲应力 14.78MPa。

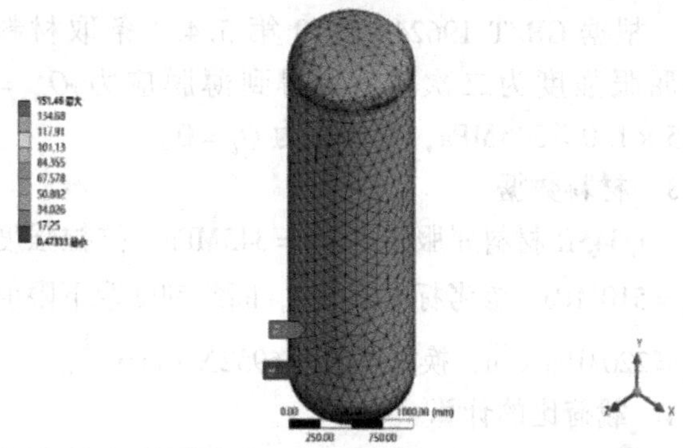

图 4　设备应力云图

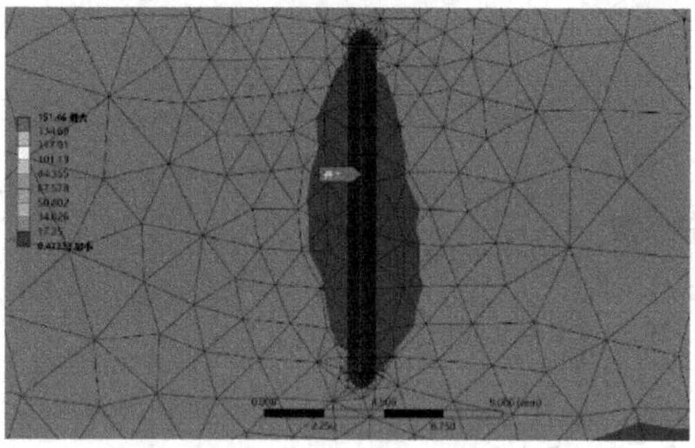

图 5　裂纹处应力云图

3　依据 GB/T 19624—2019 安全评定

根据 GB/T 19624—2019《在用含缺陷压力容器安全评定》[1]，平面缺陷的常规评定采用通用失效评定图的方法进行，如图 6 所示。

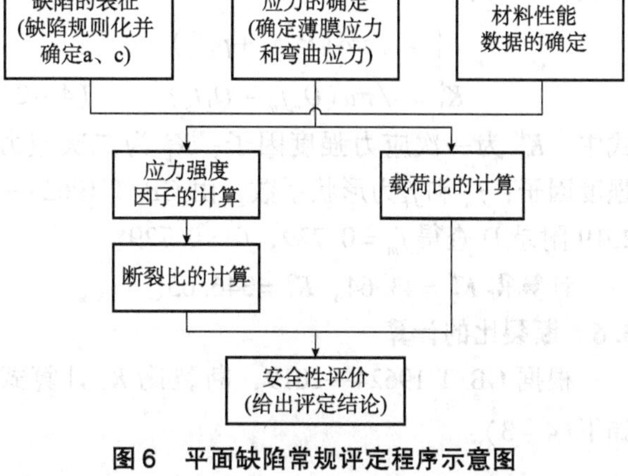

图 6　平面缺陷常规评定程序示意图

3.1 缺陷表征

根据 GB/T 19624—2019，将裂纹缺陷表征为表面平面缺陷，并将尺寸乘以缺陷表征尺寸分安全系数。查得安全系数为 1.0，得到 a = 0.5；c = 6。其中 a 为表征表面裂纹深度，c 为表征半椭圆表面裂纹在沿壳体表面方向的半长。

3.2 应力的确定

根据有限元分析结果，由缺陷处的路径应力分析得到一次应力结果，考虑应力安全系数 1.1，得薄膜应力 $P_m = 28.65 \times 1.1 = 31.52\text{MPa}$，弯曲应力 $P_b = 14.78 \times 1.1 = 16.26\text{MPa}$。

根据 GB/T 19624—2019 第 5.4.2 条取材料的屈服强度为二次应力，得到薄膜应力 $Q_m = 345 \times 1.0 = 345\text{MPa}$，弯曲应力 $Q_b = 0$。

3.3 材料数据

Q345R 材料屈服强度 $\sigma_s = 345\text{MPa}$，抗拉强度 $\sigma_b = 510\text{MPa}$。参考标准附录 J，断裂韧度取下限值 $K_c = 220\text{MPa}\sqrt{\text{m}}$，换算得 $K_c = 6952\text{N} \cdot \text{mm}^{-\frac{3}{2}}$。

3.4 载荷比的计算

根据 GB/T 19624—2019，内压圆筒上轴向外表面半椭圆裂纹载荷比 L_r 由式(4－1)确定：

$$L_r = \frac{1.2M_sP_m + \dfrac{2P_b}{3(1-\zeta)^2}}{\sigma_s} \qquad (4-1)$$

式中 $M_s = \dfrac{1-[a/(BM_T)]}{1-(a/B)}$；

$M_T = \left[1 + 1.6\left(\dfrac{c^2}{R_iB}\right)\right]^{0.5}$；

$\zeta = \dfrac{a/B}{1+B/c}$；

B——壁厚；

R_i——外半径。

计算得载荷比 $L_r = 0.13$。

3.5 应力强度因子的计算

根据 GB/T 19624—2019，应力强度因子计算见式(4－2)：

$$K_1^P = \sqrt{\pi a}(P_mf_m + p_bf_b)$$

$$K_1^S = \sqrt{\pi a}(Q_mf_m + Q_bf_b) \qquad (4-2)$$

式中 K_1^P 为一次应力强度因子；K_1^S 为二次应力强度因子；f_m 和 f_b 为形状系数，由 GB/T 19624—2019 附录 D 查得 $f_m = 0.729$，$f_b = 0.729$。

计算得 $K_1^P = 43.64$，$K_1^S = 346.65$。

3.6 断裂比的计算

根据 GB/T 19624—2019，断裂比 K_r 计算式如下(4－3)：

$$K_r = G(K_1^P + K_1^S)/K_P + \rho \qquad (4-3)$$

式中 G——相邻两裂纹间弹塑性干涉效应系数，此处取 1；

K_P——评定用材料断裂韧度，为 K_c 值除以安全系数 1.1；

ρ——塑性修正因子，按下式计算：

$$\rho = \begin{cases} \Psi_1(\text{当 } L_r < 0.8 \text{ 时}) \\ \Psi_1(11 - 10L_r)/3(\text{当 } 0.8 < L_r < 1.1) \\ 0(\text{当 } L_r > 1.1 \text{ 时}) \end{cases}$$

式中 Ψ_1 的值可以由根据 $K_1^S/(\sigma_s\sqrt{\pi a})$ 的值由图 7 查得。

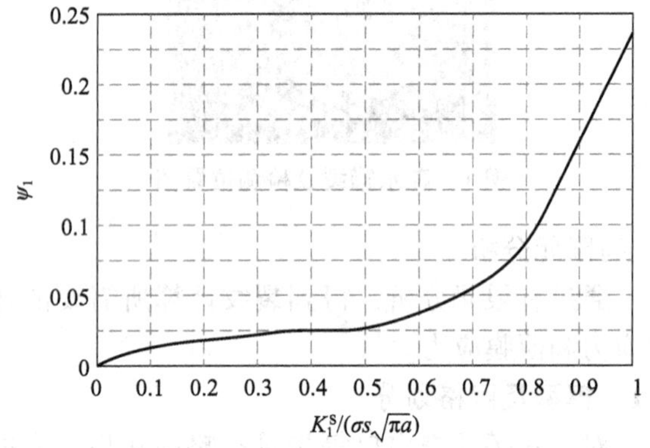

图 7　Ψ_1 取值

计算得 $\rho = \Psi_1 = 0.09$。

代入式中得断裂比 $K_r = 0.15$。

3.7 评定结论

将计算得到的缺陷评定点坐标(L_r，K_r) = (0.13，0.15)标注于通用失效评定图上，如图 8 所示，该缺陷评定点位于失效评定图的安全区。

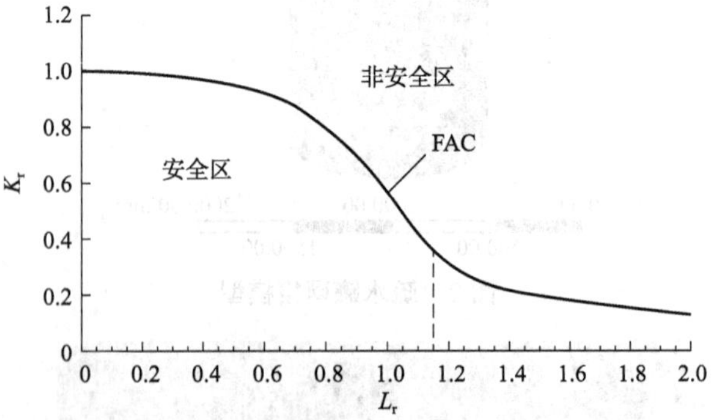

图 8　失效评定图

4 裂纹剩余寿命估算

裂纹缺陷失效过程呈现萌生、稳定和失稳三个阶段特征。裂纹扩展不仅会导致结构的失效，而且可能引发严重的事故，因此，对疲劳裂纹剩余寿命进行准确估算具有重要意义。

4.1 Paris 模型

Paris 模型[2]是一种被广泛应用于疲劳裂纹剩余寿命估算的方法，该模型基于实验数据和理论模型，已经在许多工程领域得到了成功应用和验证。

Paris 模型基本形式见(5－1)。

$$\frac{da}{dN}=C(\Delta K_1)^m \quad (5-1)$$

式中　a——裂纹深度；

N——疲劳循环次数；

$\frac{da}{dN}$——裂纹扩展速率；

K1——应力强度因子；

C、m——材料常数。

将 Paris 公式积分，得疲劳剩余寿命如下式(5－2)。

$$N=\int_{N_0}^{N_e}dN=\int_{a_0}^{a_c}\frac{da}{C(\Delta K_I)^m} \quad (5-2)$$

裂纹由初始裂纹尺寸 a_0 扩展到临界裂纹尺寸 a_c 所经过的循环次数 N_e 见式(5－3)。

$m\neq2$：

$$N_e=\frac{2}{C(\Delta\sigma)^m\pi^{m/2}(2-m)\bar{k}_I^m}(a_c^{1-\frac{m}{2}}-a_0^{1-\frac{m}{2}})$$

$m=2$：

$$N_e=\frac{1}{C(\Delta\sigma)^2\pi\bar{k}_I^2}\ln\left(\frac{a_c}{a_0}\right) \quad (5-3)$$

式中　$\bar{k}_I$——应力强度因子几何形状系数。

4.2 疏水罐裂纹剩余寿命

不考虑疲劳累积效应，根据有限元分析结果，该表面裂纹 $a=0.5$mm，c = 6mm，根据 Q345R 材料数据[3]，C = 10 ~ 12，$m=4$，断裂韧度 $K_c=220\text{MPa}\sqrt{\text{m}}$，表面半椭圆裂纹最深点的应力强度因子 K_I 为(5－4)。

$$K_I=0.729\sigma\sqrt{\pi a} \quad (5-4)$$

当裂纹增长到 ac 时，K_I 达到 K_C，如下式(5－5)，可求出 ac = 243.7mm > 壁厚 10mm。

$$K_1=K_C=0.729\sigma\sqrt{\pi a}=220\text{MPa}\sqrt{m} \quad (5-5)$$

剩余循环次数见式(5－6)。

$$\begin{aligned}N_e&=\frac{2}{C(\Delta\sigma)^m\pi^{m/2}(2-m)\bar{k}_I^m}(a_c^{1-m/2}-a_0^{1-m/2})\\&=\frac{2}{10^{-12}\times345^4\pi^2(2-4)\times0.729^4}\left(\frac{1}{10\times10^{-3}}-\frac{1}{0.5\times10^{-3}}\right)\\&=48165\text{ 次}\end{aligned} \quad (5-6)$$

由于设备运行时有开停车和水量波动，假设平均一天完成两次应力循环，则使用年限为65年。

5 结论

在有限元分析过程中，裂纹的建模的计算是关键。在计算过程中，公式中各符号的取值要格外注意，否则会出现偏差。通过对疏水罐裂纹的安全评定，结果表明该表面裂纹不影响设备的安全使用；考虑时间因素，经过疲劳寿命计算，结果表明，该裂纹剩余寿命远大于设备的设计使用年限。最终建议使用单位把表面裂纹打磨消除，根据《固定式压力容器安全技术监察规程》(TSG 21—2016)[4]第 8.5.4 规定，打磨后的凹坑在允许范围内，不影响定级。

参考文献

[1] GB/T 19624—2019，在用含缺陷压力容器安全评定[S].

[2] 孙鑫. 基于安全衰减路径压力容器表面裂纹安全评价与剩余寿命研究：[D]. 成都：四川大学，2021.

[3] 解梦莹，安宗文，秦浩星，等. Q345 钢疲劳裂纹扩展 Paris 公式中参数的统计分布[J]. 机械制造，2016，54（5）：5. DOI：10.3969/j.issn.1000 － 4998.2016.05.008.

[4] TSG 21—2016，固定式压力容器安全技术监察规程[S].

在用常压罐车罐体重大安全风险统计分析
——以浙江为例

楼红军[1]　赵彦修[2]　别　凯[3]

(1. 浙江省特种设备科学研究院，浙江 杭州　310020；2. 中国特种设备检测研究院，北京　100029；
3. 浙江石油化工有限公司，浙江 舟山　316000)

摘　要：2021 年，全国范围内开展了常压罐车安全隐患集中治理工作，浙江省特种设备科学研究院在治理期间累计承担完成 7200 余台次在用罐体检验工作，累计排除罐体各类重大安全风险 1100 余项。本文基于检验掌握情况，对在用常压罐车类别、罐体重大安全风险等指标进行了统计分析，表明大部分常压罐车普遍存在安全附件失灵失效、部分常压罐车罐内防波板开裂失效以及少量常压罐车遗留有设计制造方面的"先天性"问题，并提出相应的对策建议。

关键词：常压罐车；罐体类别；重大安全风险；建议

Statistical Analysis of Major Safety Risks of In-service Atmospheric Pressure Tanks
——Taking Zhejiang as an example

LOU Hongjun[1], *ZHAO Yanxiu*[2], *BIE Kai*[3]

(1. Zhejiang Academy of Special Equipment Science, Hangzhou 310020, China;
2. China Special Equipment Inspection and Research Institute, Beijing 100029, China;
3. Zhejiang Shiyou Chemical Industry Co. , Ltd, Zhoushan 316000, China)

Abstract: In 2021, a nationwide concentrated governance effort was carried out on the safety hazards of atmospheric pressure tanks. During the governance period, Zhejiang Academy of Special Equipment Science undertook more than 7200 tank body Periodical inspection, and eliminated more than 1100 major safety risks in tank bodies. Based on the inspection data, this article conducts a statistical analysis of the category of atmospheric pressure tanks in use and major safety risks in tank bodies, indicating that most atmospheric pressure tanks in use generally have safety accessories malfunctioning, some atmospheric pressure tanks have cracked internal wave boards, and a small number of atmospheric pressure tank cars have "congenital" problems in design and manufacturing. It also proposes corresponding countermeasures and suggestions.

Key words: Atmospheric pressure tank; Tank body category; Major safety risk; Suggestions

1　引言

目前，我国在用常压液体危险货物罐车(以下简称常压罐车)总量约 20 万台，是公路运输成品油和各类化工液体的主要力量。目前，开展常压罐车定期检验工作的主要依据为《道路运输液体危险货物罐式车辆 第 1 部分 金属常压罐体技

作者简介：楼红军(1978—　)，男，硕士，高级工程师，主要从事特种设备检验、鉴定及相关统计分析工作。E-mail：231750909@qq.com

术要求》(GB 18564.1—2019)规范性附录 D.2 定期检验，但由于未明确定期检验结论判定等关键内容，不能科学指导检验开展。常压罐车运输过程中容易发生化学品意外泄漏事故，运输的介质一旦燃烧、爆炸或毒害介质意外扩散往往导致高后果安全事故和社会公共事件，但尚未有机构对治理期间在用罐体缺陷组成开展系统的分析研究，导致各方对在用罐体主要缺陷分布及缺陷处理难度等情况不清楚，制约常压罐车治理工作持续深入推进。在 2021 年 6 月 1 日至 2022 年 11 月 31 日全国常压罐车集中治理期间，浙江省特种设备科学研究院以交运发〔2021〕35 号文规定的 16 类罐体重大安全风险为检验重点内容，在 18 个月治理期间对 7280 台次罐体开展定期检验并收集罐体各类重大安全风险 1100 项，研究了在用罐体的重大安全风险分布特征、在用罐体类别组成、单台罐体重大安全风险数量和在用罐体缺陷整改难度等情况。

2　在用罐体类别

2021 年 6 月 1 日至 2022 年 5 月 31 日期间，共对 4721 台常压罐车检验数据进行统计，按罐体产品标准、设计装运货物类别(危货、普货)、罐体设计代码对在用罐体类别分别统计如下。

2.1　按罐体产品类别分类

常压罐车罐体主要包括金属常压罐体和非金属常压罐体，其中金属常压罐体按照《道路运输液体危险货物罐式车辆 第 1 部分：金属常压罐体技术要求》(GB 18564.1—2006)、《道路运输液体危险货物罐式车辆 第 1 部分：金属常压罐体技术要求》(GB 18564.1—2019)设计制造，非金属常压罐体按照《道路运输液体危险货物罐式车辆 第 2 部分：非金属常压罐体技术要求》(GB 18564.2—2008)设计制造。

对 2021 年 6 月 1 日至 2022 年 5 月 31 日期间定期检验的 4721 台罐体生产所依据产品标准进行统计表明，其中按 GB 18564.1—2006 生产的罐体 3946 台、占 83.6%，按 GB 18564.1—2019 生产的罐体 733 台、占 15.5%，按 GB 18564.2—2008 生产的罐体 42 台、占 0.9%，各类罐体占比情况见图 1。

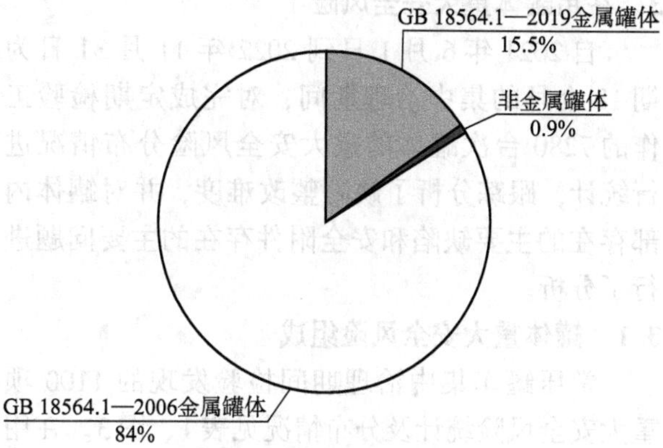

图 1　在用罐体产品类别

2.2　按是否装运危险货物分类

统计表明，按 GB 18564.1 生产且用于运输液体普通货物的金属常压罐体共 30 台，占在用罐体总量的 0.6%，其他罐体均用于运输液体危险货物。

2.3　按罐体设计代码类别分类

根据 GB 18564.1，金属常压罐体设计代码有 LGAV、LGBV、LGBF、L1.5BN、L4BN、L4BV、L4BH、L4DH、L10BH、L10CH 等 10 种类别，其中以 LGBF、L4BN 和 L4BH 三种类别罐体较为常见。LGBF 罐体主要用于装运成品油等易燃介质，该类罐体要求设置呼吸阀、紧急泄放装置和紧急切断装置；L4BN 罐体主要用于装运腐蚀类介质，按 GB 18564.1—2019 要求，该类罐体应设置安全阀和紧急切断装置；L4BH 罐体主要用于装运甲醇等化工介质，该类罐体要求紧密关闭罐设计、安装紧急切断装置，顶部安全泄放设置应符合“H”的 4 种形式之一。

对 4721 台在用罐体统计表明，其中 LGBF 罐体 2779 台、占 59%，L4BN 罐体 1045 台、占 22%，L4BH 罐体 656 台、占 14%，其它 LGAV、LGBV、L4BV、L10BH 罐体及非金属罐体合计占 5%，见图 2。

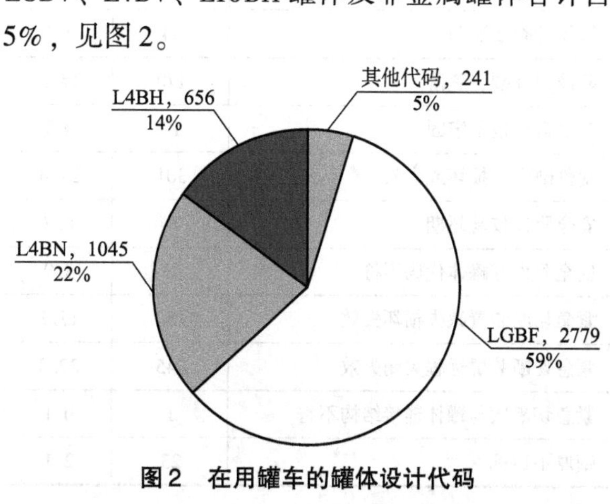

图 2　在用罐车的罐体设计代码

3　在用罐体重大安全风险

自2021年6月1日到2022年11月31日为期18个月的集中治理期间，对完成定期检验工作的7280台次罐体的重大安全风险分布情况进行统计，跟踪分析了缺陷整改难度，并对罐体内部存在的主要缺陷和安全附件存在的主要问题进行了分析。

3.1　罐体重大安全风险组成

常压罐车集中治理期间检验发现的1100项重大安全风险统计及分布情况见表1、图3。在用罐体重大安全风险有以下主要特征：一是因设计制造环节质量把关不严导致的封头或横截面型式不符、装运介质与罐体设计代码不符、安全附件配置错误、罐体设计厚度不足等问题依然存在，产品设计仍然是罐体产品质量管理的薄弱环节；二是在使用过程中发生罐体开裂、罐体与底盘连接部位腐蚀或开裂、罐体内部防波板脱落或开裂等部件失效问题突出，因使用维护不当导致的紧急切断装置及其他安全附件部件缺失、功能故障、超期使用等问题十分普遍；三是还存在擅自修理或改造罐体承压部件的现象(见图4、图5)，擅自修理或改造的质量无法保证，而且往往造成新的安全隐患。

治理期间，首次对罐体开展内部检验，发现一批以防波板脱落(170例，占15.%)为特征的内件失效。罐体防波板失效会降低罐车运行稳定性，罐车过弯侧翻、追尾他车等事故风险增加。同时，部分罐体有修理改造不当(见图4、图5)、非金属衬里鼓包或开裂(见图6、图7)等问题。

表1　罐体重大安全风险统计

罐体重大安全风险	数量/项	占比/%
罐体设计结构不符合要求	16	1.5
装运介质与罐体代码不符	5	0.5
罐体开裂或泄漏	24	2.2
防波板开裂、脱落	170	15.5
与底盘连接不牢固	10	0.9
附件缺失、损坏或失效	301	27.4
安全附件校验超期	74	6.7
安全附件与罐体代码不符	43	3.9
紧急切断装置缺失损坏失效	188	17.1
紧急切断装置远程关闭失效	245	22.3
紧急切断阀与罐体连接结构不符	1	0.1
壁厚不达标	23	2.1

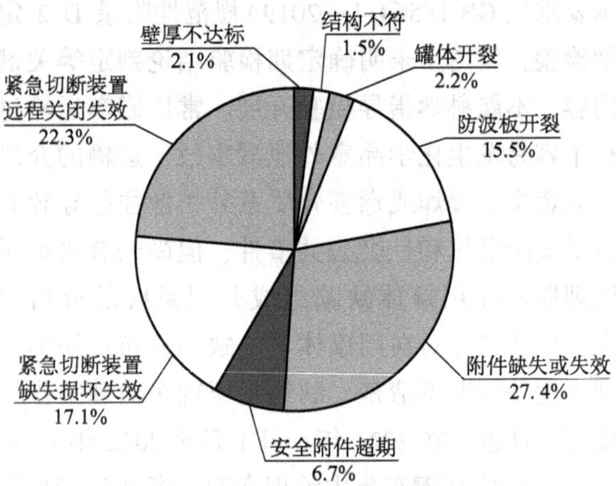

图3　罐体重大安全风险分布

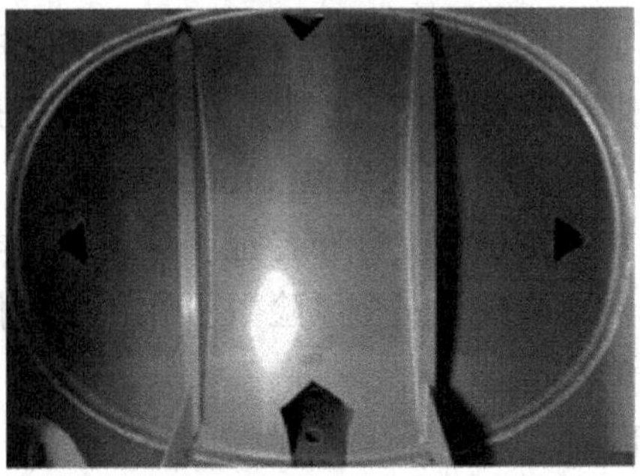

图4　使用中擅自改造隔仓板结构

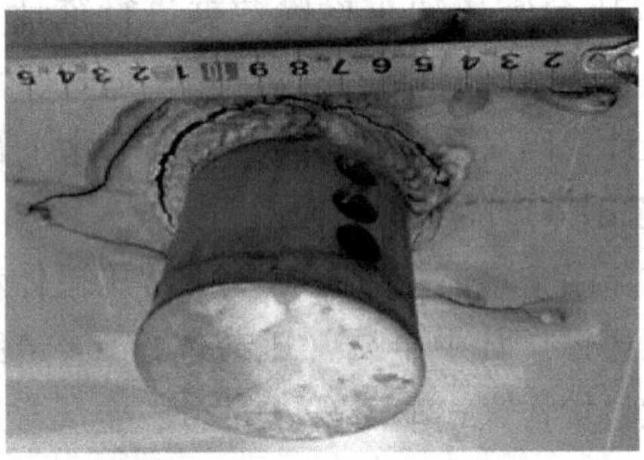

图5　使用中焊接修理不当

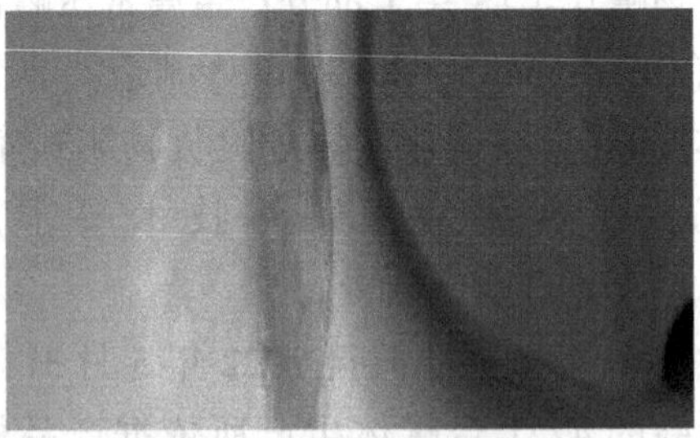

图6　非金属衬里鼓包

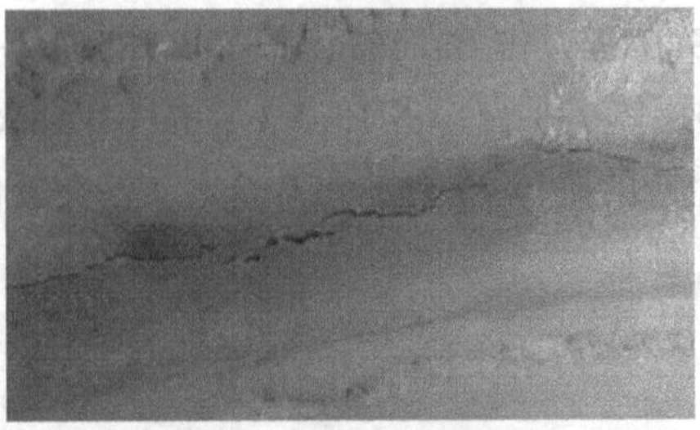

图7　非金属衬里开裂

检验发现属于安全附件方面重大安全风险851项、占77.4%，相对于本体及其他方面缺陷，安全附件不合格是在用罐车的普遍性问题，见图8。安全附件方面问题中，紧急切断阀关闭失效占28.8%、紧急切断阀其他失效占22.1%，两项合计占50.9%，安全附件缺失、损坏或失效占35.4%，安全附件配置与罐体设计代码不符占5%，安全阀校验不合格、爆破片超期未更换占8.7%，见图9。

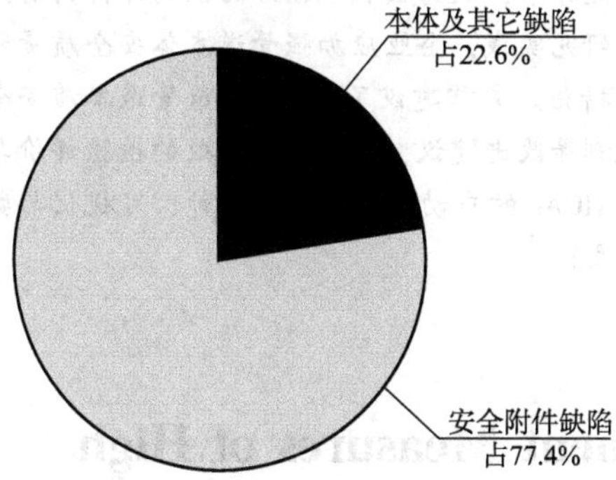

图8　安全附件缺陷占比高

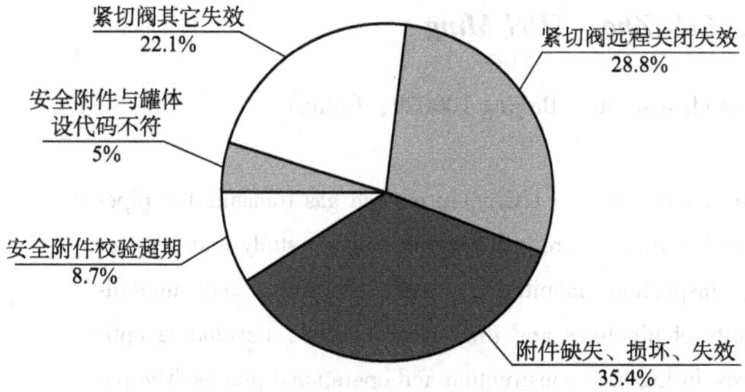

图9　安全附件缺陷类别

3.2　罐体重大安全风险的处置

罐体有1项重大安全风险的罐车808台、占85.9%，罐体有2项重大安全风险的罐车116台、占12.3%，罐体有3项及以上重大安全风险的罐车17台、占1.8%。

现场整改的罐体重大安全风险占89%，见图10。现场整改是指对于检验发现的缺陷问题，使用单位在检验现场完成整改并检验合格。该类缺陷的整改方式包括：更换安全附件、更换紧急切断阀操作开关、更换易熔合金、更换垫片等。

非现场整改（返厂整改）的罐体重大安全风险占8%。非现场整改是指对于检验发现的缺陷问题，需要返厂整改处理并再次检验合格。该类缺陷的整改方式包括：更换罐体、对承压部件缺陷进行焊接修理、加装紧急切断阀、私自改造后恢复等。

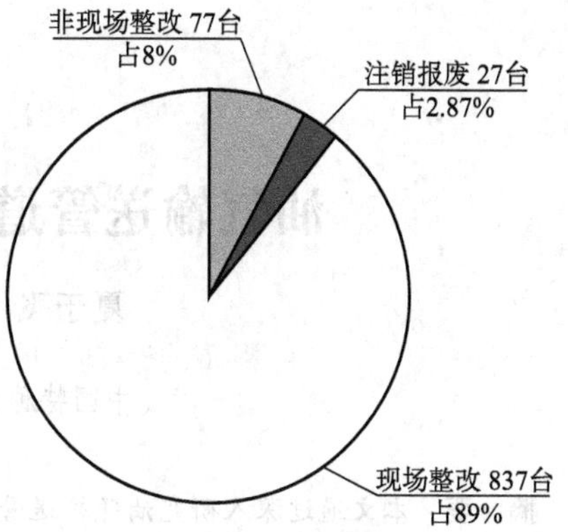

图10　缺陷整改情况

未整改的罐体重大安全风险（注销报废）占3%，使用单位综合考虑车辆剩余使用年限、罐体缺陷需返厂整改费用等因素，决定不对缺陷进行整改处理的，一般停止使用后办理注销手续。

4　结论

目前在用常压罐车罐体以按GB 18564.1生产的金属常压罐体为主。部分在用罐体内部存在防波板开裂脱落、罐体局部腐蚀开裂等罐体内部重大安全风险。大部分罐体存在安全附件缺失或失效等问题，少量在用罐体还存在结构设计、安全附件设置、适装介质等方面问题。

浙江治理实践表明，在用罐体重大安全风险大部分都能现场整改完成，只有少部分罐车需要返厂处理，个别罐体因难以修理或无修理价值选择报废处理。

5　相关建议

建议进一步落实使用单位在罐体及安全附件日常维护保养的安全主体责任，减少罐车带“病”上路情形。

建议加快完善罐体检验制度，一是固化基于固定检验场所开展定期检验的工作模式，打击虚假检验、背包检验；二是加强安全附件检验检测能力建设，开展罐车安全附件检验能力验证比对活动；三是将罐体结构检查作为出厂检验和定期检验重点内容，及时发现产品遗留缺陷和使用过程中的不当修理或改造情形，降低检验风险；四是探索建立年度外部检验和全面开罐内检交替进行、互为补充的定期检验制度，提高检验针对性，减少环境污染和企业负担。

油气输送管道高后果区管理现状与改进

夏于飞　孟　涛　刘　哲　孙　明

(中国特种设备检测研究院，北京　100029)

摘　要：本文通过深入研究油气输送管道HCAs管理这一关键环节，认为国内HCAs的识别评价仍有欠缺，需在成因分析、定量评价、检监测预警和数字化方面进一步研究实践，企业应加强管道本体安全质量和第三方管控，在建设期、运行期制定优化针对性的分类分级管理措施。文章建议了加强HCAs管道本质安全质量检测、推进风险防控信息化与智能化建设、开展沿线环境监测等改进建议，利用科学有效的检验评价与风险动态监测预警方法，结合GIS、物联网信息技术，实现管道HCAs的自动识别、分析统计、可视化与数字化，降低失效概率和后果影响，提升管道HCAs管理效率和效果。

关键词：油气管道；高后果区；管理措施

Management Status and Improvement Measures of High Consequence Area of oil & Gas Transmission Pipeline

XIA Yufei, *MENG Tao*, *LIU Zhe*, *SUN Ming*

(China Special Equipment Inspection&Research Institute, Beijing 100029, China)

Abstract: According to research on managing high consequence areas (HCAs) in oil and gas transmission pipelines, it has been found that domestic HCAs identification and evaluation are still lacking. Further study and practice are needed in causal analysis, quantitative appraisal, inspection monitoring, early warning, and digitalization. Enterprises should strengthen the intrinsic safety quality of pipelines and third-party control, developing optimized targeted classification and grading management measures during both construction and operational phases. The paper suggests enhancing HCAs pipeline intrinsic safety quality inspection, advancing risk prevention and control through information technology and intelligent systems, and conducting environmental monitoring along the pipeline. By using scientifically effective methods of inspection, evaluation, and dynamic risk monitoring with early warnings, combined with GIS and Internet of Things information technologies, the automatic identification, analytical statistics, visualization, and digitalization of pipeline HCAs can be achieved. This approach is aimed at reducing the probability of failure and its consequences, thereby improving the efficiency and effectiveness of HCAs management in pipelines.

Key words: Oil & gas pipeline; high consequence area; management measure

1　引言

根据《油气输送管道完整性管理规范》(GB 32167—2015)中的定义，油气输送管道的高后果区(High Consequence Areas，以下简称HCAs)指“管道泄漏后可能对公众和环境造成较大不良影响的区域”，即该区域内突发失效泄漏事故的后

作者简介：夏于飞，1982年参加工作，中国科学技术大学应用化学系硕士研究生毕业，教授级高级工程师，享受国务院特殊津贴专家。曾任中国石油化工集团有限公司安全总监，中国石化管道储运有限公司总经理，中国石化广东石油分公司总经理，中国石化油品销售事业部副主任兼销售华南分公司总经理，华东管道设计研究院院长等职，第十一届广东省政协常委，现任中国特种设备检测研究院首席研究员，中国特种设备检验协会危化品常压容器检验工作委员会主任委员。

果会威胁周边公众安全或造成严重环境污染。该概念首次出现于1996年美国针对得克萨斯州休斯敦市洪水导致管道泄漏失效事故的管道调查报告和应急响应措施评价中[1]。

由于输送介质具有易燃、易爆的特性，使HCAs成为管道管理和事故防范的重点区域。国内外政策法规、技术标准及管道企业管理制度均对长输管道HCAs的管理提出了要求。

2 国内外管理要求

2.1 国外管理要求

美国联邦法规将长输管道高后果区作为管理重点，分别从识别、检测、运行和应急等方面对管道企业提出要求。2015年、2016年，美国联邦法规《天然气和其他气体输送管道》(49CFR 192)和《危险液体的管道输送安全》(49CFR 195)进一步修订完善了长输管道的数据收集、高后果区识别、风险评估、完整性评价、压力试验、风险消减与维修维护等内容[2]。其中，49CFR 192明确了输气管道高后果区包括三级和四级地区，及一级和二级地区中潜在影响半径大于200m的区域，居民户数不少于20户，或潜在影响半径区域内含有特定场所；49CFR 195给出了危险液体输送管道HCAs的4条识别规则，美国石油学会《危险液体管道的管理系统完整性》(API 1160)据其认定输油管道的HCAs，并要求在HCAs实施完整性管理以提升管道运行安全水平。《管道安全改进法案》(2002年版)规定管道企业在高后果区实施完整性管理，也因此促进了长输管道完整性管理、检测评价和修复技术的发展。

2.2 国内管理要求

2006年，行业标准《危险液体管道的完整性管理》(SY/T 6648)采用并修订API 1160相关内容，指出“HCAs在我国的定义还应根据我国相关的法律、法规及实际情况确定”。2010年发布实施的《石油天然气管道保护法》是中国第一部管道安全法律，其第五十九条提出“本法施行前在管道保护距离内已建成的人口密集场所和易燃易爆物品的生产、经营、存储场所，应当由所在地人民政府根据当地的实际情况，有计划、分步骤地进行搬迁、清理或者采取必要的防护措施。需要已建成的管道改建、搬迁或者采取必要的防护措施的，应当与管道企业协商确定补偿方案”，但条文中并未明确提出高后果区的概念。保护法仅规定管道中心线两侧各5m地域范围内禁止建房及修建其他建(构)筑物，该数值考虑了方便管道建设施工以及长期运行维护，但未对管道附近土地利用规划、应急救援等提出限制要求[3]。结合国内管道事故经验教训表明，长输油气管道泄漏事故的影响范围可能远大于中心线两侧5m范围，尤其是人员密集型高后果区事故的群死群伤问题仍然存在[4]。目前，国内尚无其他关于长输管道周边土地规划利用的强制性法规要求，及长输管道安全防护距离要求。

2013年《特种设备安全法》将长输管道作为压力管道，其生产、经营、使用、检验检测等由政府部门监督管理。2014年，中国石油管道企业在企业标准《管道完整性管理规范第2部分：管道高后果区识别》(Q/SY 1180.2—2014)中提出了国内输油管道HCAs的8条识别准则和评分方法，据此开展高后果区周期性识别和风险评价；而《管道系统完整性管理实施指南》(SY/T 6975—2014)则规定了输油管道HCAs的6条识别规则，可见识别规则不尽相同，且未对管理流程和防治对策作出具体规定，给现场识别和日常管理带来较大困难。

2015年，《输气管道工程设计规范》(GB 50251—2015)将管道所经过的地区根据居住户数和建筑物结构形式数量分为4类，一类地区为户数稀少地区，四类地区为人口密度大、建筑物高度和数量达到一定规模的地区。同年，国家标准《油气输送管道完整性管理规范》(GB 32167—2015)颁布，规定数据采集与整合、高后果区识别、风险评价、完整性评价、风险消减与维修维护和效能评价等六个环节。依据所划分的地区等级，GB 32167—2015将管道所经过的4级地区定义为Ⅲ级高后果区，三级地区管段定义为Ⅱ级高后果区。除此之外，对于不同的管道属性和运行状况，根据潜在影响区域内是否存在特定场所和管道两侧200 m范围内是否存在特定场所、易燃易爆场所将高后果区划分为Ⅰ级或Ⅱ级。GB 32167对油气管道HCAs的识别分级原则见表1。

表1　输气管道高后果区管段识别分级表(GB 32167—2015)

管道类型	识别项	分级
输气管道	GB 50251《输气管道工程设计规范》中的四级地区	Ⅲ级
	GB 50251《输气管道工程设计规范》中的三级地区	Ⅱ级
	管径大于762mm，最大允许操作压力大于6.9MPa，天然气管道潜在影响区域内有特定场所的区域	Ⅱ级
	管径小于273mm，最大允许操作压力小于1.6MPa，天然气管道潜在影响区域内有特定场所的区域	Ⅰ级
	其他管道两侧各200m内有特定场所的区域	Ⅰ级
	除三、四级地区外，管道两侧各200m内有加油站、油库等易燃易爆场所	Ⅱ级
输油管道	管道中心线两侧各200m范内任划分成为2m并能括居户数的若干地段，四层及四层以上楼房(不计地下室层数)普遍集中交通频繁、地下设施多的区段	Ⅲ级
	管道中心线两侧200m范围内意划分2m度并能括最大聚居户数的干地段，户数在100户或以上的区段，包括市郊居住区商业区、工业区发展区以及不够四级地区条件的人口稠密区	Ⅱ级
	管道两侧各200m内有聚居户数在50户或以上的村庄乡镇等	Ⅱ级
	管道两侧各50m内有高速公路、国道省道铁路及易燃易爆场所等	Ⅰ级
	管道两侧各200m内有湿地、森林河口等国家自然保护地区	Ⅱ级
	管道两侧各200m内有水源河流大中型水库	Ⅲ级

注：高后果区分为3级，其中Ⅰ级表示最小的严重程度，Ⅲ级表示最大的严重程度。特定场所指医院、学校、托儿所、养老院、监狱或其他具有难以迁移或难以疏散人群的建筑设施的区域。

标准规范对高后果区的识别从程序上和分类上给予了一定的参考和定义，但是在地区等级划分时仍存在诸如“普遍集中”“人口稠密”“不经常有人活动”等含义模糊的词语，在高后果区分级时仍存在诸如“人群疏散困难”“可能造成人员伤亡”等不具有确定性的词语。对于管道两侧200m范围内存在多少4层及以上楼房为普遍集中，人口密度大多为人口稠密，管道发生泄漏爆炸事故时潜在影响区域内建筑物内的人群需要多长时间才能疏散完毕为疏散困难等问题没有明确的定义。国内管道企业基本按照GB 32167开展管道高后果区识别分级，在执行过程中不同企业和技术人员对高后果区划分存在差异和主观因素影响，对高后果区识别的准确性和管理的标准都带来了较大的影响。

2017年安监总局发布《加强油气输送管道途径人员密集场所高后果区安全管理工作的通知》，提出“各有关企业要组织所属油气输送管道企业按照《油气输送管道完整性管理规范》(GB 32167—2015)，全面开展人员密集型高后果区识别和风险评价工作”。为实现管道高后果区识别评价和管理工作的科学化、规范化，分析我国管道高后果区安全管理中存在问题，研究管道高后果区在成因分析、定量划分方法、安全管理要素以及智能监测预警、数字化管理等方面实践做法和技术进展。

3　高后果区管理措施

制定有效的管理措施，首先应明确HCAs的产生原因。根据输送介质特性和危险性的差异，输气管道主要针对人员密集风险，而输油管道则需考虑人员密集和环境风险。环境敏感的HCAs成因主要在于，管道规划设计建设时未充分考虑或不具备客观条件对特定环境敏感区域进行有效避让；而人员密集型高后果区的形成除了新建管道路由选择未充分考虑周边规划和线路优化，对特定聚居场所有效避让外，还与建成后缺乏周边土地规划管制约束有关，工程项目、聚居场所建设、人员搬迁、地区等级升级，均可能导致人员密集型高后果区的形成。

3.1　管道建设期高后果区管理措施

管道建设期开展HCAs识别，即管道线路路由设计应充分考虑地区规划，了解拟建、在建项目，尽量采取避让方式避免形成高后果区。地区发展规划足以改变该地区现有等级时，管道设计应根据地区发展规划划分地区等级。如无法避让时在设计阶段提前制定和采取有效的安全措施，如增设截断阀、增加覆土厚度、加装套管穿越、增设管道标识等。建设期识别出的HCAs应重点关注，在试压投产阶段重点检查并制定针对性预案和安全保护措施。

对处于因人口密度增加或地区发展导致地区等级变化的管段，应评价该管段并采取相应措施，满足变化后的更高等级区域管理要求。评价表明变化区域内管道不能满足地区等级的变化时，应立即换管或调整该管段最大操作压力。

3.2　管道运行期高后果区管理措施

管道投运后，应对HCAs进行分级管理。针对风险较小的高后果区Ⅰ级，通常通过增加巡线频次保证安全，而高后果区Ⅲ级则应执行最严格的管理模式，已形成重大安全隐患时必须采取改线等方式消除隐患。GB 32167提出，HCAs管道应执行周期性的风险评估以掌控风险情况，其他管段则可依据具体情况确定是否需要开展风险评估工作。

防控长输管道高后果区产生严重事故影响，应从减小管道失效可能性或降低失效后果两个方面着手。一是从保证管道本体安全质量状况和外力(人为、自然环境)破坏，减小失效事故发生概率；二是避免管道通过人员密集、建筑密集及存在特定资源和场所区域，降低失效后果影响。管道发生失效的可能性取决于，管道本体是否存在损伤缺陷及是否存在外力(第三方人为破坏、自然地质环境影响)导致失效两个方面。

(1)管道本体安全质量管控

特种设备安全技术规范《压力管道定期检验规则－长输管道》(TSG D7003)的2010版曾提出“事故后果严重区”概念，要求HCAs重点检验和缩短检验周期，2022修订版取消该定义及升级管理要求，但管道企业仍持续通过加强管道HCAs的压力试验、内外检验、完整性评价，以保证HCAs管道不存在超标缺陷或其他影响管道安全质量的本体损伤，进一步降低管道发生失效事故的可能性。

(2)外力(人为、自然环境)破坏管控

由自然环境(气象、地质)条件和地面人员活动等导致的突发破坏是区别于管道本体质量以外的不可控因素，须通过加强巡检、状况监测等技术或管理措施加以防范。区别于管道常规区域的管理方式，针对HCAs应通过升级管理防控人员伤害、经济损失、环境破坏等风险。中国石化、中国石油等管道企业分别建立了HCAs分类识别与分级管理方法，按照管道泄漏的危害形式，将HCAs分为人口密集、重要设施和环境敏感等类型，分别制定和实施分级管理措施和响应对策。

人口密集型HCAs是管道管理点区域，运行期通过加强法律法规和管道安全知识宣传，根据最严重后果区域制定应急预案，做好影响范围内人员告知和疏散。针对重要工业基础设施，企业通过联合地方部门建立信息沟通机制和事故应急预案，提高保护工作力度。针对地下管廊等隐蔽设施，企业采用泄漏检监测系统等技术设备进行实时监管，共享双方管道运行维护信息；针对机场、铁路、车站等重要交通民生设施，设置警示标识，加密管道巡线，实时穿越段管道检测以监控管道安全质量状况。针对液体管道穿越大中型水体的环境敏感区，协调水文、气象、地质部门共享信息，制定水工保护方案和穿越段管道检测计划，落实泄漏及环境监测技术手段。

此外，针对传统管道巡线方式效率低、环境影响大、主动性差、预测性不足等问题，国内企业已有整合GIS、视觉、红外、物联通信技术的管道HCAs智能预警和监测成果研发应用，结合无人机、AI等智能识别与预警、特殊地质灾害管段监测等技术手段监控管道运行状况，实时感知探测管道环境变化并及时识别第三方活动和风险，从而及时处理第三方破坏风险。

随着管道附近人口和环境条件动态变化，高后果区范围也发生变化。管道运行期按照完整性管理要求定期开展高后果区识别，间隔时间最长不超过18个月。有国内企业提出基于遥感影像数据和GIS缓冲区分析的管道高后果区智能识别方法，适用于我国多样地形地貌、管道沿线社会环境复杂的需求。

3.3　长输管道运营企业经验做法

目前，长输管道运营企业每年结合管道周边环境变化，对高后果区开展复核与识别、不断完善“一区一案”，加强人防、物防、技防、信息防、本质管控、风险评价等管控措施，并定期组织专业队伍开展高后果区的专项复核及再评价，全面提升高后果区的识别管控水平。对于地区等级升级高后果区，持续开展风险评价工作。

(1)定期实施高后果区识别与风险评价

高后果区并非一成不变，而会随时间和环境变化而改变，企业因而依照技术标准要求，定期组织实施高后果区管道的识别与风险评价工作，再识别周期不应超过18个月。大、中型管道企业致力于统一高后果区识别准则，避免人为增减高后果区数量和级别。同时严格根据风险评价结果制定针对性的风险消减措施并逐一落实，对排查出地质灾害风险点要优先进行治理，“一区一案”也应据此修订更新。

(2)加强区段管道巡检与第三方施工管理

加强巡检是高后果区管控的有效保障，在日常巡查中应优先巡查高后果区，合理优化巡线路径、适当加密巡检频次、有效管控巡检效果，对于人员特别密集场所优先配备视频监控设施。采取有效手段保证“三桩一牌”等标识清晰正确，保障线路通视。尤其将第三方施工管控作为高后果区防控重点，建立相应的企地联系机制，严格制定和执行交叉施工管理工作程序，提前识别管道周边第三方施工，普及光纤预警等技防措施。

(3)完善地企协同机制与应急处置管理

积极协调管道沿线地方政府规划、国土部门、发改委、安监关系，获取周边排水、排污管沟管涵等地下隐蔽设施信息，主动报备管道竣工资料、应急处置预案及高后果区识别评价结果，管好高后果区存量并严控增量。掌握落实管道周边维抢修资源的分布及进场道路情况，加强人员培训与演练，确保应急方案的可执行性，提高应急处置能力。

4　高后果区管理措施的改进建议

HCAs管理是管道安全核心问题，也是完整性管理的关键环节。通过有效的内外检监测、腐蚀防控与完整性评价保证管道本质安全是HCAs管理的最根本理念，在此基础上结合信息化、智能化手段及法规标准完善进一步提升管控效果。针对目前国内长输管道HCAs识别和管理技术现状和存在问题，有必要从技术方法、政策监管、信息化应用等方面，进一步改进和完善完整性管理策略，提升油气输送管道的安全管理水平，有效防范管道重大事故的发生。

4.1　完善政策、法规、标准制修订

结合HCAs潜在影响范围和合理确定，在油气管道相关法律法规中明确对管道沿线土地规划利用的方针原则、性质用途风险防控等相关限制性要求，从源头管控管道HCAs的形成。同时，进一步突出风险管控导向，合理划定识别边界范围，设置识别项指标和内容，细化HACs识别原则，制定管道安全防护距离准则，完善标准规范对HCAs风险评估、检验检测的技术要求，及沿线应急资源配置、处置相关建议。针对管道企业、地方监管部门、协同部门、技术支持单位在HCAs管理活动中的职责做进一步明晰，建立健全管道企业、地方政府与监管部门、沿线社区单位的管道保护协调机制，有效提升HCAs管道保护效果。

4.3　管道建设期高后果区管理措施改进建议

在管道建设期，除了通过路由设计合理规避HCAs以及提升安全防护措施之外，还应对HCAs内管道、焊缝以及防腐层质量开展重点检测，并作为竣工验收的依据。

(1)管道本体质量方面

应按照GB 50369—2014《油气长输管道工程施工及验收规范》的相关要求，开展第三方质量检测，重点对钢管外观、壁厚、椭圆度等开展检查，必要时进行材质复验。在管道投产以前，应开展一次基于内检测的基线检测，掌握管道本体基础状态的关键信息。

(2)焊缝质量方面

所有焊接接头应进行全周长的表面和埋藏缺陷无损检测，表面缺陷无损检测可以采用渗透或者磁粉检测，铁磁性材料一般选择磁粉检测；埋藏缺陷无损检测推荐100%超声+100%射线检测，也可以采用衍射时差法或者相控阵超声检测。

(3)防腐层质量方面

在防腐施工过程中，应重点对补口位置的防腐层厚度以及黏结力开展测试；管道下沟以后，应开展一次防腐层质量检测，对于高后果区的防腐层破损点予以修复。相关检测方法参照GB/T 19285—2014《埋地钢质管道腐蚀防护工程检验》的相关要求进行。

4.3　管道运行期高后果区管理措施改进建议

(1)加强HCAs管道本质安全质量检测

科学有效的实施管道检验与评价是保证HCAs管道本体质量安全、避免失效的最根本手段。内检测时目前对管道本质安全检测的最有效手段，首先应从设计阶段考虑检测器的可通过性和实施条件，保证HCAs管道内检测的有效实施，及时发现本体存在的超标缺陷或其他影响安全的本体损伤，结合宏观检查、防腐层检测、阴极保护检测和杂散干扰检测结果，对管道安全状况和剩余寿命开展准确评估和预测，为HCAs管道维护、维修提供技术依据。

对于不满足内检测的管道，应根据管道的损伤模式，采用基于风险的检验技术对管道开展外检测，外检测方法包括内腐蚀、外腐蚀和应力腐蚀3种。

(2)开展管道与沿线环境监测

相对于检验检测的定期获得管道信息，监测技术可以实时获取管道和沿线环境的关键信息，及时有效的判断管道的安全状况，应综合管道本体与沿线环境状态监测技术，形成“天-地-空”

一体化监测平台，综合评估管道实时安全状况。在管道状态监测技术方面，主要监测参数包括有腐蚀监测、泄漏监测、应力监测、阴极保护有效性等；在环境监测技术方面，结合管道地质灾害排查监测工程实践经验，主要监测参数包括管土相对位移、地表位移、气象水文变化、第三方侵入及视频等。实施高后果区管道综合监控，实现管道和沿线环境状况实时监测预警。

(3)加强风险防控的信息化与智能化建设

针对标准规范提出 HCAs 管道应周期性评估风险以掌控风险情况的要求，开展管道风险动态监测评价与预警。借助地理信息系统、物联网和信息技术，结合管道周边生态环境和人口密度数据采集分析，实现管道高后果区的自动识别、分析统计、可视化与数字化。利用定量风险评价技术优化高后果区风险评价方法，结合具体管控措施的实际效果量化风险，同时集成应用管道本体、自然地质环境、社会环境等监测数据的实时采集、传输、分析，实现 HCAs 管道的动态风险评估和预警，开发应急响应等可视化操作，提升管道高后果区管理效率和效果。

5 结语

目前，国内 HCAs 识别和风险管理仍存在问题，今后需在成因分析、定量划分方法、安全管理要素、智能监测预警及数字化管理等方面做进一步研究实践，进行针对性的管理措施改进优化。在管道建设期，应充分考虑地区规划，避免形成 HCAs；管道投运后，应对 HCAs 进行分级管理，根据风险级别采取不同管理措施。企业应加强管道本体安全质量和第三方破坏管控，从 HCAs 管道本质安全质量检测、实施管道风险防控的信息化与智能化建设、开展 HCAs 管道与沿线环境状态监测三个方面改进，降低失效事故发生概率和后果影响。科学有效的实施管道检验与评价、管道风险动态监测评价与预警是保证 HCAs 管道本体质量安全、避免失效的最根本手段。应结合宏观检查、防腐层检测、阴极保护检测和杂散干扰检测结果，对管道安全状况和剩余寿命开展准确评估和预测。同时，利用地理信息系统、物联网和信息技术，实现管道高后果区的自动识别、分析统计、可视化与数字化，最大化提升管道高后果区管理效率和效果。

参考文献

[1]张圣柱，冯晓东，王旭，冯庆善，韩玉鑫．中国油气管道高后果区现状与全过程管理体系．油气储运，2021(05).

[2]王晓霖，帅健，宋红波，王勇．输油管道高后果区识别与分级管理[J]．中国安全科学学报，2015(06).

[3]王俊强，何仁洋，刘哲，郭晗．中美油气管道完整性管理规范发展现状及差异．油气储运，2018(01).

[4]张圣柱，Y. FRANK CHENG，王如君，冯晓东，冯庆善，魏利军，多英全，韩玉鑫．油气管道周边区域划分与距离设定研究[J]．中国安全生产科学技术，2019(01).

[5]姚安林，周立国，汪龙，王棠昱，李又绿．天然气长输管道地区等级升级管理与风险评价．天然气工业，2017(01).

双氧水装置完整性管理的构建

韦　保　张显华

（鲁西科安特种设备检测有限公司，山东 聊城　252000）

摘　要：从管理和技术两个维度对双氧水装置设备完整性管理的构建进行了分析，既要在管理上建立装置设备完整性管理体系，又要在技术上以风险管理技术作支撑对设备进行分类分级管理。并通过分析双氧水装置的失效模式，提供了压力容器进行了 RBI 评估案例，为化工企业的双氧水装置完整性管理提供参考。

关键词：双氧水装置；完整性管理；RBI

Construction of Integrity Management for a Hydrogen Peroxide Plant

WEI Bao, *ZHANG Xianhua*

(Luxi Kean Special Equipment Inspection Co., Ltd., Liaocheng City, Shandong Liaocheng 252000, China)

Abstract: This paper analyzes the equipment integrity management of hydrogen peroxide plants from both administrative and technical perspectives. It is necessary to establish an integrity management system for equipment on the management level, and to support the classification and grading management of equipment with risk management technology on the technical level. By analyzing the failure modes of hydrogen peroxide equipment, this paper provides an RBI evaluation case for pressure vessels, serving as a reference for the integrity management of hydrogen peroxide plants in chemical enterprises.

Key words: Hydrogen peroxide plant; Integrity management; RBI

设备完整性管理的概念最早萌芽于 20 世纪 70 年代的美国空军领域，而我国在此领域的探索相对较晚。2013 年中国石化在武汉石化开展了设备完整性管理试点工作，于 2017 年试点成功，并在全国进行全面推广[1]。近些年随着国内石化装置、常压储罐、油气管道等完整性管理研究的不断深入，完整性管理在实际生产中的应用日益广泛，国家发布了 GB 32167—2015《油气输送管道完整性管理规范》、GB/T 37327—2019《常压储罐完整性管理》、GB/T 42033—2022《油气管道完整性评价技术规范》、GB/T 42783—2023《成套装置完整性管理》四项国家标准[2]。然而，值得注意的是，在化学工业的广阔范畴内，特别是针对装置设备完整性研究的文献资料仍然匮乏，尤其是关于双氧水装置完整性管理的研究近乎空白，这与近年来双氧水装置频发的安全事故形成了鲜明对比，凸显出构建双氧水装置完整性管理研究的紧迫性。

双氧水装置生产的过氧化氢在工业生产中是一种绿色产品，工业应用十分广泛。双氧水的主要制备方法有蒽醌法、电解法、氧阴极还原法等，目前我国双氧水生产装置主要为蒽醌法生产装置。根据黎明化工研究院提供的数据，全国已有 99 家企业采用此法投入生产，年总产能接近 2200 万 t，另有 27 家在建企业，预估新增年产能约 1200 万 t，标志着双氧水装置正向规模化发

作者简介：韦保(1982—　)，特种设备高级工程师，主要从事承压类特种设备检验工作。E-mail：3532925@qq.com

展[3]。鉴于蒽醌法生产过程中涉及的原料及工艺均具有较高风险性，确保双氧水装置的设备完整性管理不仅对于提升生产安全至关重要，也是推动行业可持续发展的必要条件。

1　设备完整性管理

设备的完整性管理是一个动态的管理过程，贯穿于设备的全生命周期。双氧水装置需要根据企业实际情况建立一套具有规范性、权威性和科学性的可执行、可操作和可遵循的管理技术文件，实现自我持续更新优化的 PDCA 循环设备完整性管理体系[4]。运用风险管理技术，在设备的设计、制造、安装、使用、修理、改造、检验和报废这 8 个环节上进行风险管控，使得设备的在不同阶段都能保障结构上和功能上是完整的，实现满足生产需要的安全性、可靠性和效率，力求更早更准地识别出风险点，制定更有效的降险措施，减少和避免事故的发生，最终保障双氧化装置安稳常满优的运行。

双氧水装置设备完整性管理的构建包括管理和技术两个维度，一是从管理角度建立装置设备完整性管理体系；二是从技术角度以风险管理技术作支撑对设备进行分类分级管理。

2　设备完整性管理体系的建立

(1)完整性管理体系的结构。双氧水装置的设备完整性管理体系建立的主要依据是 GB/T 42783—2023《成套装置完整性管理》，体系分为管理、信息和技术三部分共十六大要素[5]。详见图 1，体系要保证管理的完整性、技术完整性和信息完整性，其中管理部分是顶层设计，信息部分是中间载体，技术部分是执行核心，各部分相互作用建立一套具有规范性、权威性和科学性的可执行、可操作和可遵循的管理技术文件，实现 PDCA 闭环管理。

(2)建立全生命周期的完整性管理体系。双氧水装置按照 GB/T 42783—2023 对制造安装阶段和投用运行阶段的设备进行资料整合，按照完整性管理的要求实施管理。装置建立了适用于双氧水装置静设备、动设备、仪表系统和电气设备全寿命周期完整性管理体系，在管理层面健全管理职能、优化管理流程、规范管理标准、制定管理计划，对设备全生命周期内的所有内容和要求进行了统一管理。

(3)完整性管理体系要全员共建。实施装置设备完整性管理体系是领导层的重要决策，双氧水装置结合生产现状制定对应的管理流程，以便提供设备完整性管理所需的领导力和资源，最重要的是装置全员参与、共建共享，倡导共同管理的意识和态度，让员工都具有完整性管理意识。双氧水装置从完整性建设方面入手制定相应的培训管理以及对应的考核标准，培养出一支具有设备完整性理念的设备管理队伍，将设备风险识别、风险管控、可靠性分析作为这支队伍的主要工作，并且将完整性管理纳入了公司相关职能部门的业务流程，建立了多功能团队来协同完成装置设备完整性管理，实现完整性管理活动目标。

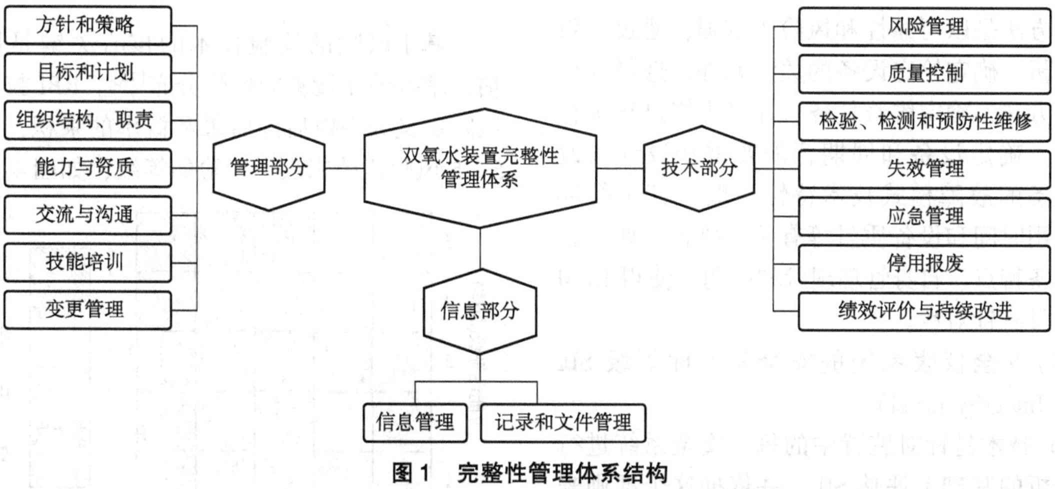

图 1　完整性管理体系结构

3　完整性管理技术

基于风险的管理是设备完整性管理的核心思想，使用技术手段，对设备设施进行风险评估，识别目标的风险和隐患，在此基础上开展有针对性措施以降低设备设施的风险，保障设备设施的可靠性[6]。双氧水装置中的设备可分为静设备、动设备、仪表系统和电气设备四个部分，针对不同设备类型采用不同的完整性技术方法，如图2所示，这些技术方法共同实现装置设备的完整性管理[7]。任何一部分设备发生异常都会导致装置故障或者失效甚至产生事故，因此使用单位加强风险管理技术的集成应用对保障设备安全和长周期运行具有重要意义。

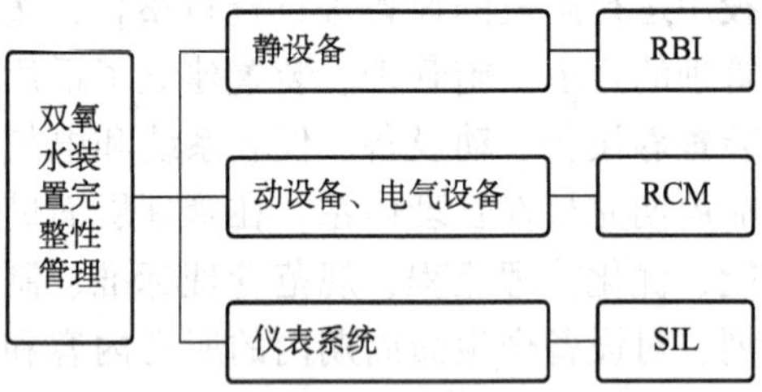

图2　设备对应的完整性技术方法

3.1　完整性管理技术功能

(1)针对静设备的基于风险的检验RBI(Risk-based Inspection)

RBI是基于风险的检验，对装置中每个设备单元固有的或潜在的失效模式而导致的危险及其后果进行定性或定量的分析、评估来量化风险的大小，明确了双氧水装置静设备设备的损伤模式、潜在损伤机理，得到了静设备的风险等级，制定有效降低风险的检验策略，确定合理的检验周期、检验检测比例、检验检测方式方法[8]。从而优化设备检查计划和备件计划，减少设备检查和维护费用。

(2)针对动设备和电气设备的以可靠性为中心的维修RCM(Reliability - centered Maintenance)

RCM一种维修的理念、策略、模式。RCM的评价方法是以可靠性和风险为依据，通过失效模式分析，确定给定设备的关键元件，选择优化的维修方法，确定维修任务、并对维修过程进行优化[9]。确定设备和周期否需要重新设计或改进；设备的故障模式技术特性一般与其运行环境、使用时间和设备质量等有关。故企业要结合装置设备特点、自身管理现状和问题，使得RCM分析更具有针对性。

(3)安全仪表系统的安全完整性等级SIL(Safety Integrity Level)

SIL技术是针对装置中的每一安全系统进行风险分析的基础上评估SIL，并依据这个准则来确定最低的设计要求和测试间隔。通过对装置仪表安全完整性等级评估包括所有的安全仪表子系统(联锁回路)的安全完整性等级评估，对联锁系统所保护的对象开展危险及可操作性分析、保护层分析和联锁系统充分必要性分析，提出了联锁系统中考虑不周或建议进行修改的联锁，指导企业对仪表保护系统进行安全设计、安全保护系统的实施和维护策略[9]。

3.2　双氧水装置中压力容器的RBI实例

中国石化联合会安全生产办公室根据双氧水装置典型事故统计分析及案例统计得出：国内双氧水装置事故发生部位整体情况如图3所示，40%是氧化过程出现问题，导致装置停车或爆炸；7%是由于氢化过程出现问题导致装置出现事故。从这些事故案例统计发现静设备是发生事故的最多的，静设备主要包含压力容器、工艺管道和常压储罐等，其中压力容器是出现事故的重灾区故压力容器是双氧水装置风险管理的重中之重。2023年某双氧水装置委托有RBI资质的检验机构对装置中压力容器进行基于风险的检验(RBI)技术分析。

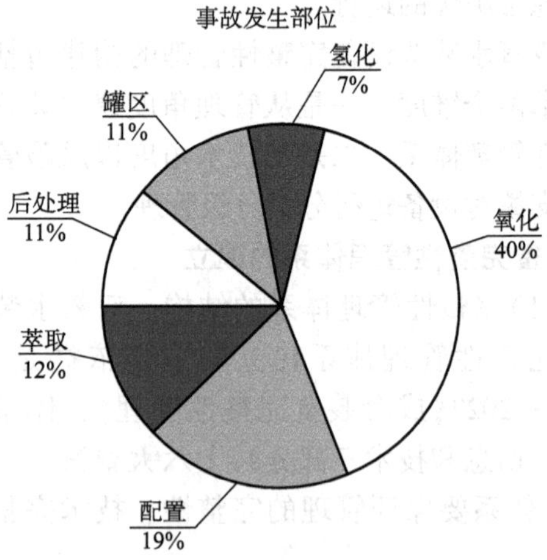

图3　国内双氧水装置事故发生的主要部位

基于风险的检验技术的核心关键是风险评估，掌握使用设备的风险分布[10]。RBI技术是将风险定义为失效后的后果和概率的乘积，通常用5×5风险矩阵来表示风险的等级，如图4所示。

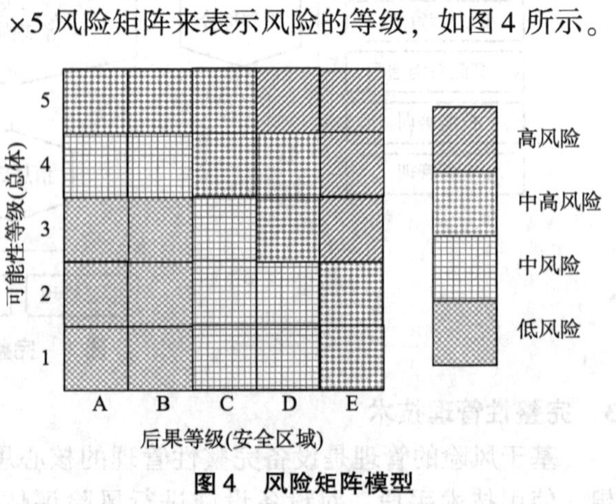

图4　风险矩阵模型

通过损伤模式识别和失效分析，双氧水装置压力容器涉及的主要失效机理有大气腐蚀、锅炉冷凝水腐蚀、冷却水腐蚀、间腐蚀、碱应力腐蚀开裂以及冲刷等；通过对委托中的45台压力容器划分为67个评价单元，后经过在线检验、软件模型的风险分析与计算，得出当前时间与半年后未来评估时间节点的安全风险评估结果，如图5所示。当前时间点中有中风险评估单元64个，占整个评估单元95.52%；低风险评估单元有3个占整个评估单元4.48%；经过分析模拟评估单元的失效可能性均为1。未来时间节点评估单元的风险水平相比风险评价结果没有发生明显变化，但是部分评估单元的失效可能性有所增加。

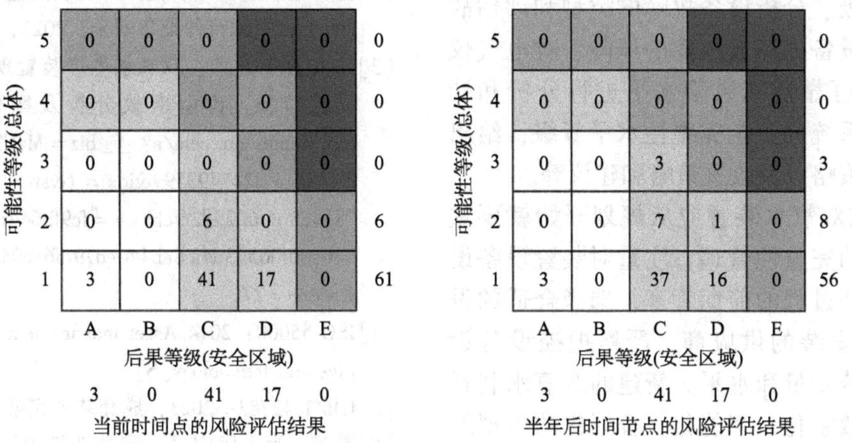

图5 风险评估结果

其中，双氧水装置的压力容器风险分析结果如表1所示，发现在2017年投产的氧化塔风险分析结果可能性变化较小，没有明显的影响；氢化塔风险分析结果中的可能性变化较大，增长了32.2%；其中碱蒸发器分析结果中可能性等级由二级变为三级，整体结果在低中风险区域，处于装置可控风险范围内。对2019年08月份投产的容器进行安全风险评估时，发现工作液预热器的风险可能性因子增加225.35%，可能性等级由二级变为三级，整体的评估风险等级处于装置的可控范围内。通过对委托设备完整性评价分析，装置整体的风险水平没有明显提升，部分评估装置的失效可能性增加，整体水平在委托单位接受范围内，满足运行的要求。

表1 压力容器风险分析结果

名称	投用日期	当前时间节点风险评估结果				未来时间节点风险评估结果			
		后果等级	可能性因子	可能性等级	风险等级	后果等级	可能性因子	可能性等级	风险等级
氧化塔	2017/08	D	0.5	1	中风险	D	0.5	1	中风险
氢化塔	2017/08	D	0.5	1	中风险	D	0.661	1	中风险
碱蒸发器	2017/08	D	3.59	1	中风险	D	11.61	1	中风险
芳烃中间受槽	2017/12	C	0.5	1	中风险	C	1.09	2	中风险
工作液预热器	2020/07	C	1.18	2	中风险	C	2.51	2	中风险
膨胀分离器	2020/07	A	0.5	1	低风险	A	0.79	1	低风险
碱蒸发器	2019/08	C	1.23	2	中风险	C	3.05	2	中风险
工作液预热器	2019/08	C	5.21	2	中风险	C	16.96	3	中风险
氢气过滤器	2019/08	C	0.5	1	中风险	C	2.11	2	中风险
……									

4 结论和展望

装置完整性管理是涉及设备全生命周期管理，是个动态的并持续改进的管理过程，也是全员参与共建的过程。

(1)已建成的双氧水装置应按静设备、动设备、电气设备和仪表系统进行分类，建立装置的静－动－电－仪完整性管理体系，运用基于风险的检验(RBI)－基于可靠性的维修(RCM)－仪表安全完整性等级(SIL)的完整性管理技术对设备进行基于风险管理。同时应建立健全装置设备管理基础数据库，开发应用相关 RBI－RCM－SIL 的完整性管理软件系统，以此分析主要风险部位及风险水平等级、分析设备故障的类型和评估故障概率、分析设备损坏或故障的风险、对电气仪表控制系统的可靠性和风险水平进行分析和计算、评估控制系统的安全完整性水平等级，给出相关的检维修策略以及改进策略和建议等。

(2)新建的双氧水装置应从规划开始就要重视全寿命周期的完整性管理，注重对装置设备设计、制造和安装过程的前期管理，选择合适的设计和制造以及安装的供应商，严格把控设备设计、制造和安装质量和水平。新建的双氧水装置应主动将实现数字化、智能化、智慧化的体现新质生产力的技术应用到设备完整性管理中，以达到降本增效提质增效的目的。

(3)氧水装置应不断完善完整性管理建设，对员工进行设备完整性培训。同时分析双氧水装置历年来典型事故，根据事故发生的原因，事故发生的部位等再结合装置实际情况制定有重点有针对性的设备完整性管理方案，对设备实行分类管理分级管控，基于风险管理的技术制定有针对性的检维修策略，有序开展预防性维修，提高设备的安全性和可靠性，减少非计划停工，避免安全事故发生，达到装置安全、稳定、长周期运行的目的。

参考文献

[1]任刚，杨锋，王建军．设备完整性管理体系在炼化企业的应用[J]．石油化工设备技术，2021，42(04)：48－55＋8.

[2]陈祖志，姜海一，范兵．设备完整性管理相关概念辨析[J]．中国特种设备安全，2023，39(04)：52－59.

[3]华安 HSE 之声：双氧水生产装置现状、技术复杂性、防控措施、典型事故分析及案例汇编．https：//mp. weixin. qq. com/s? __biz = MzU2NzQxMjk4MA = = & mid = 2247493599&idx = 1&sn = 3828107543869f14c78c9a8b6f6229d2&chksm = fc9f3644cbe8bf52d97ff48f158340e00f00593d4fc6eb440ed79df6cc045848027c10984ae9&scene = 27.

[4]ISO 55000：2014 Asset management－Overview，principles and teminology[S].

[5]GB/T 42783—2023，成套装置完整性管理[S].

[6]翟翔．海上固定平台完整性管理评价研究[D]．天津大学，2019.

[7]刘志炎．甲烷氯化物装置完整性评价研究思路[J]．化工机械，2019，46(01)：4－7＋63.

[8]刘建军，陈铭，宋耀民等．石化装置静设备完整性管理探究[J]．中国化工装备，2023，25(01)：36－38.

[9]赵雅蕾，陈炜，王哲等．成套炼化装置完整性管理技术及应用[J]．石油化工腐蚀与防护，2022，39(03)：44－48.

[10]周小煜．基于风险的安全阀完整性管理与技术研究[D]．中国石油大学(华东)，2017.

基于层次分析的模糊综合评价方法在燃气门站管道中的应用

丁战武

（沈阳特种设备检测研究院，辽宁 沈阳 110036）

摘 要：在用城市门站燃气管道在运行期间存在腐蚀和误操作等众多风险因素，威胁管道结构的完整性。本文在对城市燃气门站管道的工艺及损伤模式介绍的基础上，运用层次分析法(AHP)确定管道相关因素权重，结合模糊综合评价方法建立了管道的风险评价模型，并在此基础上基于JAVA平台发开出评价软件，对城市燃气门站管道进行定性定量风险分析，得出了评价结果，对燃气企业门站管道的风险排除及提出维修维护措施具有指导意义。

关键词：燃气门站；管道；层次分析法；模糊综合评价；风险评价；软件

Application Of Fuzzy Comprehensive Evaluation Method Based On Hierarchical Analysis In Gas Gate Station Pipeline

DING Zhanwu

(Shenyang Special Equipment Inspection and Research Institue, Shenyang 110036, China)

Abstract: There are many risk factors such as corrosion and misoperation during operation, which threaten the integrity of pipeline structure. In this paper, based on the introduction of the process and damage mode of the city gas gate station pipeline, the analytic hierarchy process (AHP) is used to determine the weight of related factors of the pipeline, combined with the fuzzy comprehensive evaluation method to establish the pipeline risk assessment model, and on this basis java platform developed evaluation software, carried out qualitative and quantitative risk analysis of the city gas gate station pipeline, and obtained the evaluation results, which has guiding significance for the risk elimination and maintenance measures of the gas enterprise gate station pipeline.

Key words: Gas gate station; Pipeline; Analytic hierarchy process; Fuzzy comprehensive evaluation; Risk assessment; software

1 引言

随着城市燃气管网的普及，燃气事故也时有发生，给国家和人民生命财产安全造成重大损失。城市燃气门站作为燃气输配系统的气源点，其输送的物质具有易爆性、易燃性、易扩散性等危险特性[1-2]。如若引发安全事故，不仅影响用户用气，还会带来经济损失以及危害人民生命健康。因此，有必要对城市燃气门站管道进行有效的风险评估。

国内学者杨振宏等[3]在城市燃气管道评判体系研究中引入了层次分析法和模糊综合评价法。崔志峰[4]根据城市埋地燃气管道的特征，利用工程模糊数学思想，结合模糊综合评价法和层次分析法，对燃气管道失效因素进行评价。国外学者 Chen 等[5]提出了一种基于层次分析法及模糊综合评判相结合的风险评估方法，对腐蚀套管进行风险评估。目前，对城市燃气门站管道研究成果较少。

本文通过运用层次分析法(AHP)，结合模糊综合评价方法建立了管道的风险评价模型[6]，并发开了评价软件，对某燃气门站管道进行风险分

作者简介：丁战武(1987—)，男，汉族，硕士研究生，高级工程师，主要从事压力管道检验检测及科研工作。E-mail:dzhanwu@126.com

析，为企业提出维修维护意见，减少经损失，提高运行效率。

2　门站管道工艺系统

门站管道系统主要包括以下几个组成部分：进气调节装置、燃气计量系统、燃气分配系统、压力调节与安全系统，工艺流程如图1所示。

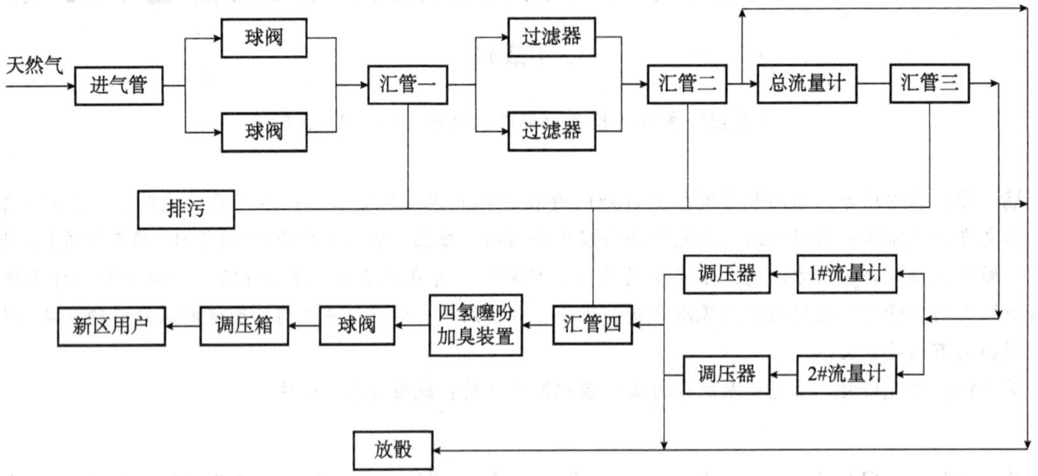

图1　城市燃气门站管道工艺流程图

3　基于AHP的模糊综合评价模型

3.1　建立层次结构模型

将城市燃气门站管道失效风险评价因素按照它们之间的相互关系分为最高层、中间层和最底层，并分别从管道的破损失效、腐蚀失效、配套设施失效和安全管理及人为因素等方面，确定燃气门站管道失效可能性风险评价体系如图2所示，燃气门站管道失效后果风险评价体系如图3所示。

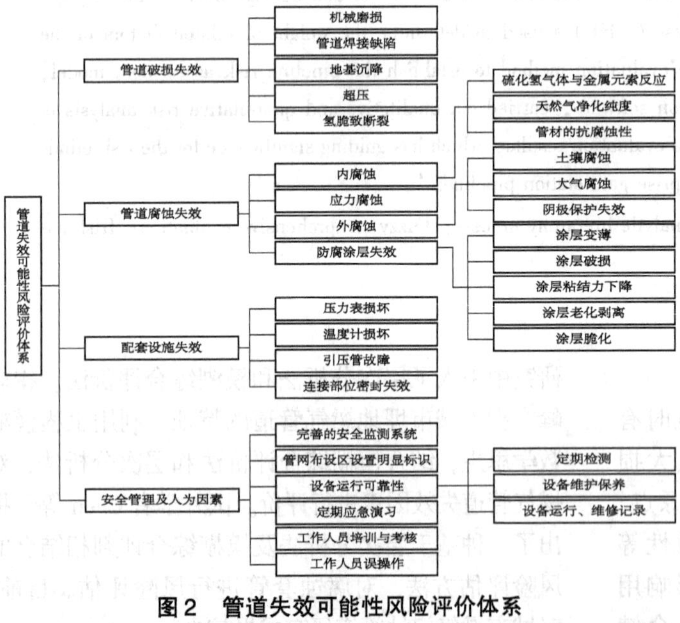

图2　管道失效可能性风险评价体系

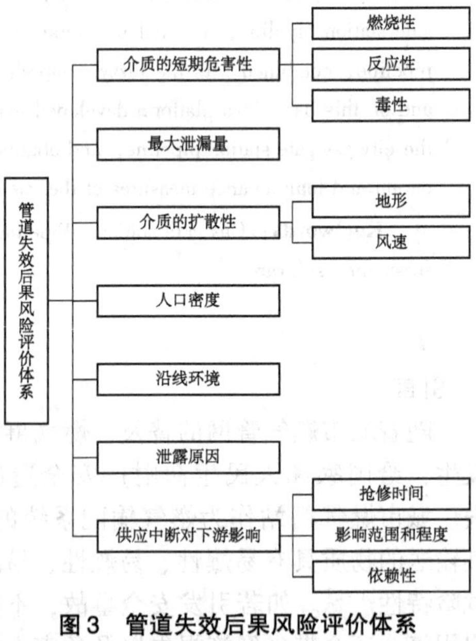

图3　管道失效后果风险评价体系

3.2　构造判断矩阵

(1)利用层次分析法计算评价体系的主观权重。邀请m位专家对风险因素进行分析，为提高评价结果的准确性，通过职称、工龄以及学历方面，对所邀请的专家进行权重分配，具体赋值情况如表1所示。每位专家的权重得分是权重属性的总和，专家权重系数计算式为

$$W_i = \frac{V_i}{\sum_{i=1}^{x} V_i} \tag{1}$$

式中　W_i——第i名专家的权重系数；

V_i——权重得分；$i=1, 2, \cdots, x$。

表1 各属性权重表

属性			
职称	工龄/年	学历	分值
正高/研究员/教授	>29	博士	5
高工/副研究员/副教授	20~29	硕士	4
工程师/助理研究员/讲师	10~19	本科	3
助理工程师/实习员/助教	5~9	大专	2
普通工作人员	<5	高中	1

(2)邀请 m 位专家，根据0~9标度法通过两两比较管道风险因素的重要程度，构造阶判断矩阵 $\boldsymbol{A}$。

3.3 一致性检验

一致性检验公式为

$$CI=\frac{\lambda_{\max}-N}{N-1} \tag{2}$$

$$CR=\frac{CI}{RI} \tag{3}$$

式中 $\lambda_{\max}$——判断矩阵的最大特征值；

N——判断矩阵的阶数；

CI——一致性指标；

CR——检验系数；RI 为随机一致性指标。

当 $CR\leqslant 0.10$ 时，则认为该判断矩阵通过一致性检验。

计算城市燃气门站管道风险因素的综合权重为：

$$(Z_1, Z_2, \cdots, Z_j) = (W_1, W_2, \cdots, W_j)\begin{pmatrix} W_{11} & \cdots & W_{1j} \\ \vdots & \ddots & \vdots \\ W_{i1} & \cdots & W_{ij} \end{pmatrix} \tag{4}$$

式中 Z_j——风险因素的权重；

W_{ij}——单个专家对因素评价的权重。

4 建立模糊综合评价模型

4.1 确定因素集

因素集 $U=(u_1, u_2, \cdots, u_n)$，二级因素集 $U_j(j=1, 2, \cdots, n)$ 记 $U_j=(U_{j1}, U_{j2}, \cdots, U_{ju_j})$，$U_j$ 中含有 n 个因素，且 $\sum_{j=1}^{n} u_j = U_j$。

4.2 确定评价集

管道失效可能性风险评价集可表示为

$$V=\{v_1, v_2, \cdots, v_k, \cdots, v_x\} \tag{5}$$

式中 v_k——评价结果，如危险、安全；

x——评价等级的个数。

4.3 确定权重集

通过因素的权重来反映城市燃气门站管道各因素的重要程度。本文根据层次分析法来确定权重 Z 为

$$Z=(Z_1, Z_2, \cdots, Z_j) \tag{6}$$

式中 Z_j——第 j 个因素的权重。

4.4 进行单因素评价

对城市燃气门站管道的单个因素进行评价，确定评价因素对评价集合的隶属度。单因素评价矩阵 $\boldsymbol{R}$ 为

$$\boldsymbol{R}=\begin{pmatrix} R_1 \\ R_2 \\ \vdots \\ R_n \end{pmatrix}=\begin{pmatrix} r_{11} & r_{12} & \cdots & r_{1x} \\ r_{21} & r_{22} & \cdots & r_{2x} \\ \vdots & \vdots & & \vdots \\ r_{n1} & r_{n2} & \cdots & r_{nx} \end{pmatrix} \tag{7}$$

式中 $\boldsymbol{R}$——单因素评价矩阵；

r_{nx}——对第 n 个失效因素进行评价时在评价集的隶属度。

4.5 模糊综合评价

本文根据因素的权重和单因素评价矩阵利用加权平均模型 M(·，+)求出失效模糊综合评价 B[7-8]。

$$B=Z\cdot R=(b_1, b_2, \cdots, b_j) \tag{8}$$

式中 B——模糊综合评价集；

b_j——评价因素对评语 j 的隶属度。

4.6 管道风险确定

(1)城市燃气门站管道风险值由管道失效可能性和管道失效后果组成。对管道风险评价给定加权集 Q[9]

$$Q=(q_1, q_2, q_3, q_4, q_5, q_6, q_7)^{\mathrm{T}} =(0.1, 0.08, 0.06, 0.05, 0.04, 0.02, 0.01)^{\mathrm{T}} \tag{9}$$

管道失效可能性 C 和管道失效后果 D 分别为

$$C=B\cdot Q \tag{10}$$

$$C=B'\cdot Q \tag{11}$$

式中 P——管道失效可能性；

C——管道失效后果。

为对城市燃气管道进行定量分析，进一步可得到管道风险值 G 为：

$$G=CD \tag{12}$$

运用美国石油协会的 API 581 标准的风险矩阵确定管道的风险评价等级。

5 软件开发及工程应用

本项目是以 Java 为平台，开发的一款城市燃气门站管道风险评价软件。该软件结合城市燃气门站管道主要失效形式的特点，从失效可能性和失效后果严重性两方面对城市燃气门站管道风险进行评估，基于风险矩阵法对城市燃气门站管道的风险等级进行评价。

城市燃气门站管道风险评价软件的主界面。

如图 4 所示。

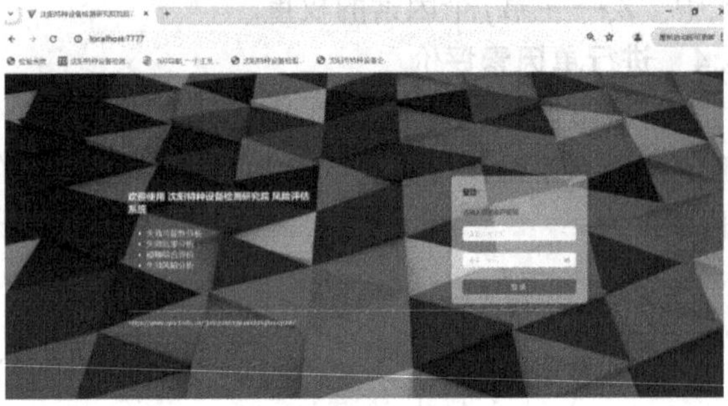

图 4　软件应用界面

在计算主界面分别输入专家指标以便计算专家权重。可能性分析计算中可以对其进行最大特征值、*CI*(一致性指标)、*CR*(一致性比率)和一致性检验计算。单击主界面中的“模糊综合评价”按钮，在完成“模糊综合评价”信息的填写后，点击“风险分析”按钮进行风险评级。

邀请 5 位专家对沈阳市某燃气门站的管道进行了风险评价，根据专家权重系数的计算软件，可以得到 5 位专家的权重系数如表 2 所示。

表 2　专家及其权重因子

序号	职称	工龄/年	学历	权重得分	权重系数 W_1-W_{10}
1	研究员	30	博士	15	0. 14
2	教授	28	博士	14	0. 13
3	副研究员	23	博士	13	0. 12
4	高级工程师	25	硕士	12	0. 11
5	高级工程师	27	硕士	12	0. 11

由专家构造判断矩阵，并通过专家打分及软件分析，分别得到失效可能性等级为 3，失效后果等级为 A，如图 5 所示。

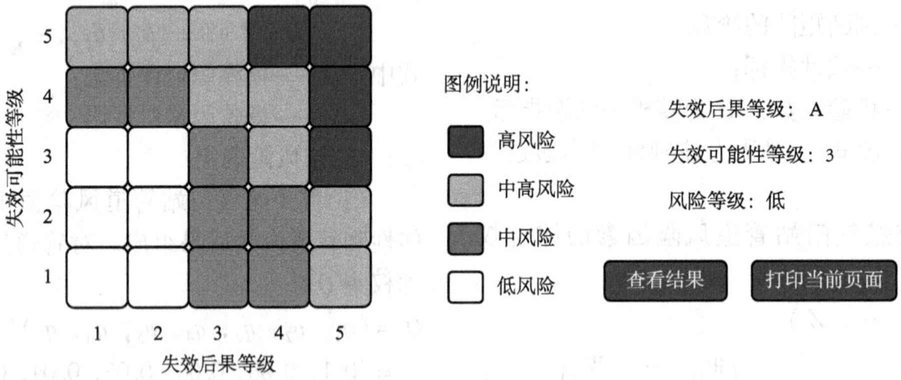

图 5　风险等级

结果表明，该城市燃气门站管道风险等级处于较低风险，与实际情况相符，验证了评价方法的可行性和有效性。并得到了企业的认可。

6　结论

通过对城市燃气门站管道进行风险评价，有助于门站工作人员准确的评估城市燃气门站管道风险因素及级别，为燃气门站管道的安全运行提供依据。

参考文献

[1]曾小康，冯阳，赖文庆，汤彬坤，吴涛，伏喜斌，黄学斌，钟舜聪，钟剑锋．基于 AHP－熵权法的城市燃气管道风险评价[J]．中国安全生产科学技术，2021，17(05)：130－135.

[2]季寿宏．城市燃气门站风险评价技术现状与建议[J]．煤气与热力，2012，32(05)：83－87.

[3]杨振宏，王璨，胡世杰．基于 AHP 的城市燃气管道安全模糊综合评判体系研究[J]．安全与环境学报，2013，13(02)：257－260.

[4]崔志峰，周斌，乔光谱等．基于多层次模糊评价法的燃气管道风险评价[J]．设备管理与维修，2023(07)：24－26.

[5] Sheng-Shan Chen，Han-Xiang Wang，Hao Jiang，Ya-Nan Liu，Yan-Xin Liu，Xiao-Xiao Lv. Risk assessment of corroded casing based on analytic hierarchy process and fuzzy comprehensive evaluation [J]. Petroleum Science, 2021，18(02)：591－602.

[6]曾小康．城市燃气管道风险评价及监控研究[D]．福州大学，2021.

[7]肖辞源．工程模糊系统[M]．北京：科学出版社，2004. 10：180－184.

[8]李士勇．工程模糊数学及应用[M]．哈尔滨：哈尔滨工业大学出版社，2004.

[9]韩利，梅强，陆玉梅等．AHP－模糊综合评价方法的分析与研究[J]．中国安全科学学报，2004(07)：89－92＋3.

接收站关键设备国产化应用评价方法

张姗姗[1] 王世超[1] 刘 哲[2] 王 涛[2] 王福运[2]

(1. 中国石化青岛液化天然气有限责任公司，青岛 266400；2. 中国特种设备检测研究院，北京 100029)

摘 要：本文基于设备国产化情况与技术方法滴哦阿焰，提出了一套LNG接收站关键设备国产化应用评价方法，通过模糊层次分析法构建评价指标体系，建立了含国产化程度、技术、经济、可靠性的多维度评价模型，对国产化设备应用情况进行有效评价。方法将技术经济性与技术成熟度纳入考量因素，综合考虑成本效益、易用性、用户反馈及行业标准，能够结合长期的设备应用数据跟踪收集，客观分析设备国产化的应用状况，全方位评价设备国产化应用的提升效果及存在的问题不足，为接收站设备国产化公关提供支持。

关键词：接收站；设备国产化；应用评价

Application Evaluation Method for Localization of Key Equipment in Receiving Stations

ZHANG Shanshan, *WANG Shichao*, *LIU Zhe*, *WANG Tao*, *WANG Fuyun*

(China Special Equipment Inspection&Research Institute, Beijing 100029, China)

Abstract: Based on the situation of equipment localization and technical methods, this paper proposes a set of evaluation methods for the key equipment of LNG receiving station domestication application. It uses fuzzy hierarchical analysis to establish a multi-dimensional model considering domestication degree, technology, economy, and reliability. The method considers economic feasibility, technical maturity, cost-effectiveness, usability, user feedback, and industry standards. It objectively analyzes the application situation by tracking long-term equipment data. This supports the publicity of domestic equipment in LNG stations by evaluating improvement effects and problems comprehensively.

Key words: Receiving station; Equipment localization; Application evaluation

1 引言

由于LNG在运输、存储及供气调峰方而表现出的优越性，使LNG产业成为目前我国国家能源战略重点发展方向，也使LNG接收站装备技术得到了稳步发展。据IGU《World LNG report 2020》统计数据显示，全球已投运的LNG接收站已逾130座，位于孟加拉国、巴西、中国、印度和牙买加等地，世界范围内的LNG接收站装备技术已相当成熟[1]。国外产业装备技术发展较早，在接收站建设、运营及装备制造方面均有较完善的体系，卸料臂、罐内泵、外输泵、BOG压缩机等核心设备上技术成熟、应用广泛。其中，低温潜液泵供应商包括日本Ebara、Nikkiso和美国JcCarter(2015年被Nikkiso并购)，IFV供货商包括日本KOBELCO Kobe Steel等，ORV供货商包括日本KOBELCO Kobe Steel公司、Sumitomo Heavy Industries，SCV供货商包括德国SELAS-JNDE、韩国WONIL T&I等，较之国内同类产品具有较大优势。

近年国内相关行业企业积极稳步开展LNG装备自主化研制，先后在气化器、海水泵、低温潜液泵、BOG压缩机重大关键装备国产化方面取得技术突破，并逐步实现市场应用推广[2]。但国内LNG行业企业建设投用相对较晚，未见长期持续

作者简介：张姗姗，中国石化青岛液化天然气有限责任公司工程物装部副经理，硕士研究生学历，高级工程师，从事液化天然气接收站装备管理及国产化技术研发应用相关工作。

性的应用评价技术方法和示范[3]。因此亟需一套科学合理、体系化的国产化装备应用效果评价方法，用于国产化应用情况的跟踪与评价，为未来LNG接收站项目大规模建设、建设管理成本控制及解决“卡脖子”技术问题提供技术支持。

2 接收站设备国产化进展

随着国内LNG产业快速发展和接收站大量建设，近年国内相关企业积极稳步开展装备自主化研制，近年来国内各LNG项目积极推进装备国产化进程，通过技术改造、产学研合作等方式持续加大国产化攻关力度，先后在ORV、IFV、SCV、海水泵、9% Ni钢、低温钢筋、保冷材料、LNG罐内泵、BOG压缩机、低温阀门等重大关键装备和材料方面取得技术突破，其中气化器、海水泵、卸料臂、装车撬等技术相对成熟，逐步实现市场的应用推广[4]。但在大口径低温阀门、罐顶起重机等领域仍与国外成熟技术产品存在一定差距，应用业绩较少，核心设备国产化仍有较大发展空间。接收站关键设备国产化应用现状见表1。

表1 LNG接收站关键设备国产化应用现状

设备类型	状态	首台套应用情况
ORV	国产化	2014年于唐山接收站
IFV	国产化	—
SCV	国产化	2016年于江苏接收站
储罐用9% Ni钢板	国产化	2008年开始攻关，已应用十余座接收站
BOG压缩机	国产化	2014年于泰安天然气液化装置
海水泵	国产化	2013年于唐山接收站
低温潜液泵	国产化，推广应用中	2016年宁波接收站备用，2021年平湖接收站应用
LNG槽车装车撬	国产化	2011年于江苏、大连接收站
低温焊接材料	国产化	2013年于泰安天然气液化装置
冷剂压缩机	国产化	2011年于安塞天然气液化装置
冷箱	国产化	—
低温阀门	小口径基本国产化	—

2011年，国家能源局成立国家能源天然气液化技术研发中心，着力构建重大技术研究、重大技术装备、重大示范工程和研发实验平台。在中海油、中石油、中石化等建设单位与国内制造企业紧密协作下，通过联合攻关、消化吸收和技术再创新，逐渐掌握LNG全产业链工艺流程，编制《液化天然气接收站工程设计规范》(GB 51156—2015)、《液化天然气接收站工程初步设计内容规范》(SY/T 6935—2019)等多项国家标准和行业标准，实现了低温材料及关键设备制造的国产化，打破了国外技术壁垒。

经接收站关键设备国内外厂商、技术、应用情况调研，梳理包括接收站在用以外可对标的其他国内外同类设备见表2。

表2 接收站在用国内外设备主要厂商

设备名称	国内生产厂商	国外生产厂商
卸料臂	—	SVT、FMC
低压潜液泵	新亚、深蓝	NIKKISO、ELLIOTT
高压潜液泵	新亚、深蓝	JC Cater、EBARA
BOG压缩机	浙江强盛	Burckhardt
海水泵	湖南耐普	意大利HANSA TMP
SCV	江苏中圣	德国林德
IFV	江苏中圣	—
蝶阀	纽威、泰和	Orton
球阀	纽威、泰和	纽威、泰和

3 评价方法调研

设备国产化的评价方法需要综合考虑技术适配性、成本效益、易用性、用户反馈以及行业标准等多个方面，以确保评价结果的客观性和准确性。同时，还需要根据具体设备的特性和市场需求，制定针对性的评价方案。适用于设备设施国产化的评价方法可主要分成以下方面：

(1)技术适配性评估：主要考察设备在经过技术改进、设计改良、生产制造等措施后，与国内需求和技术标准的适配程度。这包括设备性能、稳定性、兼容性等方面的测试与评估。

(2)成本效益分析：评价设备国产化过程中的成本投入与产出效益，确保在满足适配要求的同时，能够为企业带来实际的效益。这涉及设备制造成本、运营成本、维护成本以及预期的市场回报等因素的综合考虑。

(3)易用性评估：评估国产化后的设备是否易于使用，是否提供简单易用的接口和工具，以及用户在操作和维护设备时是否方便快捷。这有助于提高设备的使用效率，降低用户的学习成本。

(4)用户反馈收集：通过收集用户在使用国产化设备过程中的反馈意见，了解用户对设备的满意度，以及在使用过程中遇到的问题和困难。这有助于及时发现并改进设备存在的问题，提高设备的整体性能。

(5)行业标准参考：参考国内外相关行业标准和规范，以确保评价标准的合理性和科学性。这有助于确保设备国产化过程符合行业要求，提高设备的市场竞争力。

根据评价工作目的，结合设备设施完整性管

理的相关要求，基于以数理理论为基础的统计分析，可兼顾 LNG 储运设备设施的建设管理成本和风险。因此应首先选择科学合理、适用有效的评价指标和统计分析方法。

(1)技术经济性评价

技术评价主要是以设备设施必要的技术功能为依据，对其生产需求符合性、可靠性、可操作性等进行评价。经济评价则是从设备设施的全生命周期出发，考虑设备前期建设安装、运行期管理维护及后期闲置报废等阶段在人力、物力、时间、经费等各方面的投入，对其经济可行性和经济合理性进行分析论证。

对设备设施技术经济性的综合评价则应首先分别进行技术评价和经济评价，然后采用均值法或双曲线法合成准数后进行综合分析，权衡"技术－经济"最佳方案。

(2)技术成熟度

技术成熟度(Technology Readiness Level, TRL)反映了技术能够满足研制目标和要求的程度。技术成熟度评价方法根据技术研发规律，把发现技术基本原理到实现技术产业化应用的研发过程划分为9个标准化等级，每个等级制定量化的评价细则，对技术成熟程度进行定量评价见表3。在装备研发研制过程中可参考《装备技术成熟度等级划分及定义》(GJB 7688—2012)判断技术的技术成熟度。

表3　技术就绪度评价标准(一般原则)

等级	等级描述	等级评价标准	评价依据
1	发现基本原理	基本原理清晰，通过研究，证明基本理论是有效的	核心论文、专著等1～2篇(部)
2	形成技术方案	提出技术方案，明确应用领域	较完整的技术方案
3	方案通过验证	技术方案的关键技术、功能通过验证	召开的技术方案论证会及有关结论
4	形成单元并验证	形成了功能性单元并证明可行	功能性单元检测或运行测试结果或有关证明
5	形成分系统并验证	形成了功能性分系统并通过验证	功能性分系统检测或运行测试结果或有关证明
6	形成原型并验证	形成原型(样机、方法、工艺、方案等)并证明可行	研发原型检测或运行测试结果或有关证明
7	现实环境应用验证	原型在现实环境下验证、改进，形成真实成品	研发原型的应用证明
8	用户验证认可	成品经用户充分使用，证明可行	成品用户证明
9	得到推广应用	成品形成批量、广泛应用	批量服务、销售、纳税证据

根据项目对比国产化与进口设备的工作目的，考虑选用"技术对比＋技术成熟度"的评价方式确定设备设施国产化应用情况的评价指标，评价维度至少含技术与经济两方面。

4　评价指标体系建立和权重确定

通过调研认为本项目可以在层次分析、模糊综合评价、技术分析等方法中选取或综合制定适用的评价方法，分析确定指标体系各因子权重，构建评价数理模型。模糊层次分析法(Fuzzy Analytic Hierarchy Process, FAHP)是一种结合了层次分析法(AHP)和模糊综合评价的方法，用于对问题进行综合性评价。首先通过层次分析法对目标进行逐层分解，建立多层级目标树，对处于同一层次中的元素两两对比以确定两元素间的相对重要程度，建立判断矩阵计算各指标的重要程度权重。随后用模糊数学方法对各指标对应的隶属度进行判断，根据计算结果获得评价结论。在实际应用中，模糊层次分析法被广泛应用于决策支持、风险评估、项目评价等多个领域。

设备设施国产化应用情况是多层次多因素问题，综合分析各方法的特点和适用性，应基于对标与差距分析的理念确定评价指标，利用"层次分析＋模糊综合评价"方法确定权重，并对指标值进行等级划分，建立评价模型对设备设施国产化应用情况进行评定。模糊层次分析法适用于评价因素难以量化或者存在模糊性的情况，能够综合考虑多个因素，可对多因素复杂问题进行分析，给出较为全面和客观的评价结果。

4.1　应用情况评价指标的设置

国产化设备应用情况评价工作涉及设备生命周期各阶段及不同设备专业，应对评价指标作出针对性的区分，包括：

(1)区分生命阶段：前期、运行期、后期；

(2)区分评价维度：国产化情况、性能、经济性、可靠性；

(3)区分设备类型：各设备专业；

(4)区分指标的通用性：通用性、专业性。

根据评价目的，国产化设备应用情况评价主要关注技术与经济两方面，其中技术方面包括设备设施的技术性能与运行可靠性，同时还应关注相应设备国产化的程度及后续国产化可能性，所以本项目将应该情况评价指标分为技术性能、可靠性、经济性、核心部件国产化情况等方面。其中技术性能表示与工艺需求相呼应的技术参数，不同设备类型有所区别；可靠性主要指设备服役故障率、失效率、动作执行率等；经济性包括设备原值、折旧、能耗水平，及监造、安装、维护、维修施工成本等；核心部件国产化情况表示设备相关的核心部件国产化程度及后续国产化可能性。各方面指标关注对象及层面见表4。

表4　评价指标设置情况

维度	主要方面	层面	描述
技术性能	与工艺需求相呼应的技术参数	性能参数	评判设备技术性能
		技术稳定性	评判设备在特定工况条件下，完成特定功能的能力
		易用性	评判设备操作便捷性、容错率和培训难度
		适用性	评判设备对于特定工况针对性
		技术风险度	评判设备利用有限资源有效控制风险的程度
可靠性	设备完好时率、综合运转时率、故障失效率、执行率等	利用性	评判设备综合利用程度
		完整性	评判设备保持本体和功能完整运行的程度
经济性	设备原值、折旧、能耗水平，及监造、安装、维护、维修施工成本等	人力、物力资源配置	评判设备所需人力、物力投入和消耗
		经济消耗	评判设备全生命周期管理所需经济投入
		服务与技术支持	评判设备获取服务与支持资源的完善与便捷程度

设备设施在设计、采购、安装、运行、报废等生命周期各阶段关注方面有所区别，所以应针分别对各阶段确定主要指标维度。其中前期主要考虑设备国产化程度及采购、安装经济性指标；服役期主要考虑设备可靠性、经济性等指标；后期主要考虑闲置、报废处置等环节的经济性指标。梳理国产化应用情况的关键指标体系如图1所示。

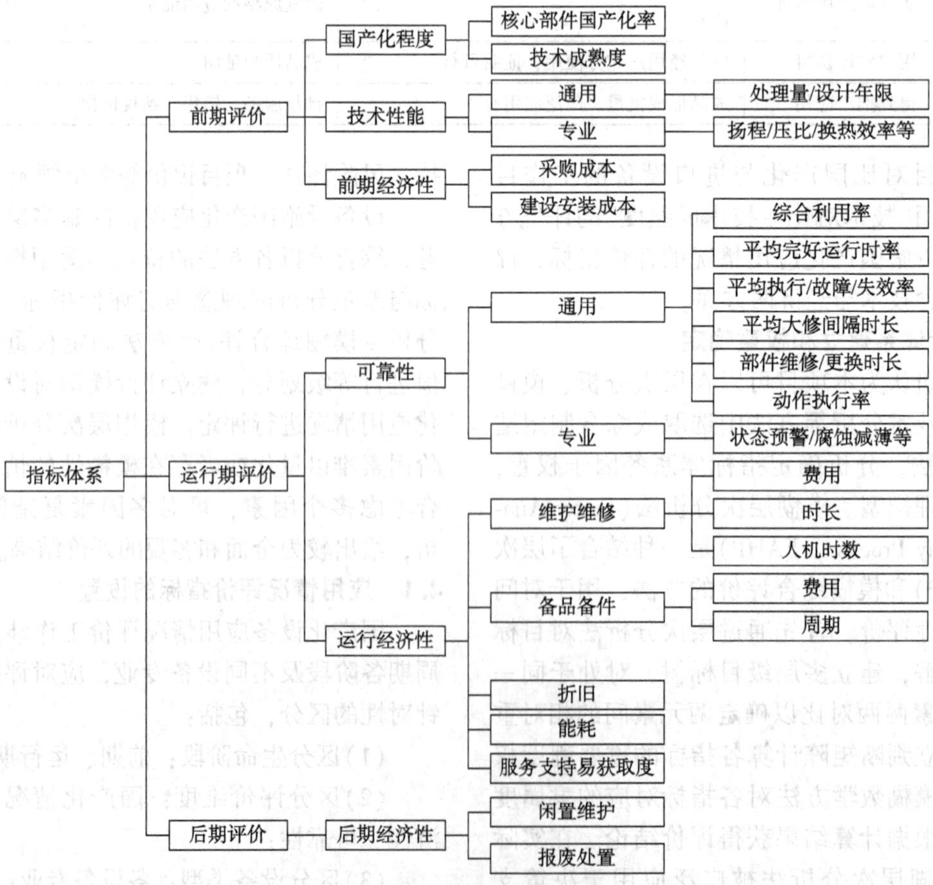

图1　关键评价指标体系示意

4.2 基于 AHP 的指标权重计算模型

首先将按照组成架构分解为若干个要素，并将这些要素按相互之间的支配关系建立递阶层次结构；其次对要素进行两两比较，确定每个要素对于上一层级要素的相对重要性。其基本步骤如下：

(1)构造评价对象的递阶层次结构。对于一个复杂决策问题，通过综合分析确定若干个与问题有关的因素。根据这些因素概念之间的隶属关系以及重要性级别，分成不同的层次进行排列，形成一个层次结构。

(2)构造两两比较判断矩阵。对位于同一层级的要素进行两两比较，衡量其对上一层级中某要素的相对重要性，公式如下：

$$\boldsymbol{A}=\begin{pmatrix} a_{11} & a_{12} & \cdots & a_{1n} \\ a_{21} & a_{22} & \cdots & a_{2n} \\ \vdots & \vdots & \ddots & \vdots \\ a_{n1} & a_{n2} & \cdots & a_{nn} \end{pmatrix} \tag{1}$$

其中 a_{ij} 表示对于上层元素 A_0，因素 A_i 与 A_j 相对重要性的数值。该数值可参照 Saaty 提出的 9 级标度法。

(3)计算判断矩阵 $\boldsymbol{A}$ 的特征向量 ω 和最大特征根 $\lambda_{\max}$。可采用根法进行近似计算。首先计算判断矩阵每行中所有元素的几何平均值，公式如下：

$$\omega_i=\sqrt[n]{\prod_{j=1}^{n}a_{ij}} \tag{2}$$

其次，将 ω_i 归一化，公式如下：

$${}_i=\frac{\omega_i}{\sum_{j=1}^{n}\omega_j} \tag{3}$$

将特征向量归一化，得到的向量 $\omega=(\varpi_1,\varpi_2,\cdots\varpi_n)T$ 可视为同一层级中各要素对于上一层次某要素的相对重要性权重排序。

最后，计算判断矩阵的最大特征值，公式如下：

$$\lambda_{\max}=\frac{1}{n}\sum_{i=1}^{n}\frac{(A\omega)_i}{\omega_i} \tag{4}$$

(4)一致性判断，分析权重选择的合理性。其计算方法是计算判断矩阵的相容性指标，再根据随机一致性指标计算判断矩阵的一致性指标。

相容性指标为 CI，可用 $\lambda_{\max}-n$ 的关系来界定偏离相容性的程度，公式如下：

$$CI=(\lambda_{\max}-n)/(n-1) \tag{5}$$

若判断矩阵 A 相容，则 $\lambda_{\max}=n$，否则 $\lambda_{\max}>n$。随机一致性指标 RI 表示一致性可接受的程度。可得一致性指标 CR，公式如下：

$$CR=CI/RI \tag{6}$$

当满足一致性时，构造的判断矩阵的 CI 值应远小于 RI，故一般可根据 $CR\leqslant 0.1$ 来判断。若满足则认为判断矩阵符合一致性要求，权重向量 ω 与实际较为符合，否则需要重新建立判断矩阵。

(5)通过专家咨询打分对各层指标的重要度进行排序，应用层次分析法求解指标之间的权重分布。以 BOG 压缩机、低温潜液泵、气化器为例，建立前期评价指标及权重见表5、表6；运行期评价指标及权重见表7、表8；后期评价指标及权重见表9。

表5　前期设备通用指标体系

一级指标		二级指标		三级指标	
国产化情况	0.317	核心部件国产化率	0.667	—	—
		技术成熟度	0.333	—	—
技术性能	0.345	通用技术性能	0.729	设计年限	0.101
				设计温度	0.112
				处理能力	0.274
				密封性能	0.282
				耐腐蚀性能	0.231
		专业技术性能	0.271	—	—
前期经济性	0.338	采购成本	0.667	采购费用	0.667
				采购时长	0.333
		安装成本	0.333	安装费用	0.800
				安装时长	0.200

表6　前期设备专业指标体系

BOG 压缩机		
序号	三级指标	权重
1	排气量	0.191
2	流量范围	0.112
3	压力范围	0.163
4	压缩比	0.191
5	效率	0.188
6	能耗	0.155

低温潜液泵		
序号	三级指标	权重
1	流量	0.172
2	扬程	0.114
3	入口压力	0.173
4	出口压力	0.180
5	转速	0.186
6	功率(能耗)	0.175

续表

气化器		
序号	三级指标	权重
1	气化能力	0.231
2	工作压力	0.132
3	热效率	0.356
4	能耗	0.281

表7　运行期设备通用指标体系

一级指标		二级指标		三级指标	
可靠性	0.500	通用可靠性	0.729	综合利用率	0.356
				平均完好运行时率	0.281
				平均故障率	0.363
		专业可靠性	0.271	—	—
运行期经济性	0.500	维护维修成本	0.101	平均维修费用	0.667
		备品备件成本	0.112	平均维修时长	0.333
		折旧	0.274	—	—
		能耗(能效)	0.282	—	—
		服务支持易获取指数	0.231	—	—
				—	—

表8　运行期设备专业指标体系

BOG压缩机		
序号	三级指标	权重
1	振动监测系统可靠性	1.0
低温潜液泵		
序号	三级指标	权重
1	振动监测系统可靠性	1.0
气化器		
序号	三级指标	权重
1	控制系统可靠性	1.0

表9　后期设备专业指标体系

一级指标		二级指标	
后期经济性	0.1	平均闲置维护费用	0.667
		报废处置费用	0.333

(6)逐级计算指标隶属度，及综合评价分数。分数权向量确定为[95，85，70，50，20]，与一级、二级指标隶属度相乘转化为分值。

为主要指标设置基准(参考)值(实施中)，评定分值分为5级建立评语集。

等级	1	2	3	4	5
分值	> =90	[80，90)	[60，80)	[40，60)	<40

5　结语

LNG装备国产化率的提高有利于LNG接收站项目的建设，对国家能源结构的安全保障及降本提质增效等都起到至关重要的作用。从对国外进口设备的依赖到拥有自主核心成套技术、从技术攻关到制造、从成果鉴定到应用，国内相关企业正在探索出适用于LNG产业关键装备国产化的攻关模式。

通过评价技术方法的调研对比，结合评价目的，基于对标与差距分析的理念确定评价指标，利用“层次分析+模糊综合评价”方法确定权重并对指标值进行等级划分，建立的评价模型适用于设备应用情况评价这类多层次多因素问题，可对设备国产化情况进行有效评价并确定现状与差距。

针对国内LNG接收站的高/低压低温潜液泵、BOG压缩机、卸料臂、SCV、IFV等关键国产化设备，选取设备的核心部件国产化程度、技术性能、服役可靠性、经济性等方面的关键技术经济指标，针对其在设备自前期、服役、闲置报废等全生命周期使用管理情况建立分析评价模型，从而形成科学的设备应用评价方法体系。结合长期的设备应用数据跟踪收集，分析国产化应用情况，全方位评价设备国产化应用的提升效果及存在的问题不足。

参考文献

[1]关键. 基于自主技术的LNG接收站主要装备质量提升探究[J]，石油化工设备技术，2023，44(3)：61-66.
[2]粟科华，李伟，刘建勋等. 国外液化天然气接收站调峰实践及对中国的启示[J]. 国际石油经济，2020，28(12)：34-44，53.
[3]李华，杨喜良，郭刚. 油气管道设备国产化应用效果综合评价方法[J]. 标准建设，2022，14：16-20.
[4]杨喜良，张栋，蔡永军. 油气管道关键设备国产化探索与实践[J]. 油气储运，2021，40(01)：7-14.

公用燃气管道风险评估体系构建与软件实现

谢丽婉

（福建省锅炉压力容器检验研究院，福建 福州 350008）

摘 要：基于模糊风险评估、层次分析法、风险矩阵、剩余强度评估等理论，构建公用燃气管道风险评估体系，并借助面向对象计算机编程技术平台开发公用燃气管道风险评估软件。软件具备开展钢质管道/PE管道模糊风险评估、老旧钢质管道老化评估等功能。运用软件对PE管道开展模糊风险评估，得到管道风险等级为中高风险。该软件的开发为公用燃气管道日常管理/整治评估、老旧钢质管道老化评估提供了一个快速计算工具。

关键词：公用燃气管道；模糊风险评估；层次分析；风险矩阵；老化评估

Construction of Risk Assessment System and Software Implementation for Public Gas Pipelines

XIE Liwan

（Fujian Boiler and Pressure Vessel Inspection Institute，350008，Fuzhou，Fujian，China）

Abstract：Based on theories such as fuzzy risk assessment，hierarchical analysis method，risk matrix and residual strength assessment，a risk assessment system for public gas pipelines was builded and a risk assessment software for public gas pipelines was developed using object－oriented computer programming technology platform. The software had functions such as conducting fuzzy risk assessment of steel pipes/PE pipes and aging assessment of old steel pipes. The pipeline risk level was determined to be medium to high risk by using software to conduct fuzzy risk assessment on PE pipes. The development of this software provides a fast calculation tool for the daily management/renovation evaluation of public gas pipelines and the aging evaluation of old steel pipes.

Key words：Public gas pipeline；Fuzzy risk evaluation；Analytic hierarchy process；Risk matrix；Aging assessment

1 引言

随着公用燃气管道使用年限的增加，管道因材质老化、腐蚀、第三方破坏、自然灾害和误操作等因素，管道爆管、腐蚀、泄漏、爆炸等事故呈不断上升趋势，且越来越多在用公用燃气管道已进入“老龄期”[1]。燃气管道的安全使用问题已经引起各监管部门的高度重视，国家在2022年相继发布了《国务院办公厅关于印发城市燃气管道等老化更新改造实施方案（2022—2025年）的通知》《关于印发城市燃气管道老化评估工作指南的通知》的文件，要求加快开展城市燃气管道老化更新改造工作，彻底消除安全隐患[2-4]。各政府部门、燃气企业开展公用燃气管道日常管理风险评估、老化评估的需求越来越迫切，研究风险评估、老化评估方法和开发相应软件具有重要意义，旨在为燃气企业提供评估结果，指导燃气企

作者简介：谢丽婉（1984— ），高级工程师，主要从事压力容器压力管道检验与评价技术研究。E－mail：340452787@qq.com

基金项目：福建省市场监督管理局科技项目—城镇燃气管道和化工企业压力管道地理信息模型系统的研发与应用（FJ MS2022019）、福建省锅炉压力容器检验研究院科研项目—城镇燃气管网安全管理与运行评价（FJGJ2024001）

业采取有针对性措施进行维修维护或改造，避免“一刀切”改造造成资源浪费。

因此，构建公用钢质燃气管道/PE 燃气管道模糊风险评估和老旧钢质管道老化评估评估体系，收集整理燃气管道基本参数、环境信息、运行信息、检验检测信息等数据，利用单机型数据库技术建立燃气管道信息数据库，应用面向对象计算机编程技术平台开发公用燃气管道风险评估软件快速开展燃气管道风险评估具有重要意义。

2　模糊风险评估模型

燃气管道模糊风险评估主要包括建立因素集、建立评判集、建立权重集与模糊综合评判四个步骤[5-6]，其流程如图 1 所示。

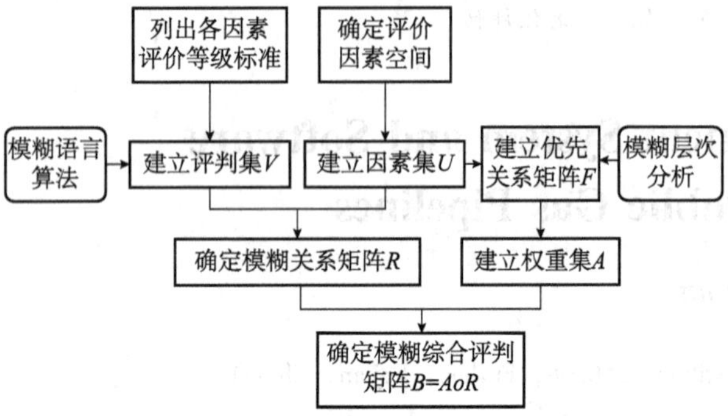

图 1　燃气管道模糊风险评估流程

2.1　模糊语言算法建立评判集

建立燃气管道模糊关系矩阵的关键是确定因素集中第 i 个因素 u_i 在备择集中第 j 个元素 v_j 上的隶属度 r_{ij}。确定隶属度的常用方法包括模糊统计算法和模糊语言算法。采用模糊语言算法确定燃气管道各因素隶属度。

燃气管道失效因素发生可能性和失效后果严重度采用模糊语言描述分别表示 V_1 = {很大，大，较大，中等，较小，小，很小} 与 V_2 = {很严重，严重，较严重，一般，较轻微，轻微，很轻微}。建立 V_1 和 V_2 每个评价语言的向量为[7]：

［很大］/［很严重］=（0.3125，0.3125，0.20，0.1125，0.05，0.0125，0）

［大］/［严重］=（0.25，0.25，0.20，0.15，0.10，0.05，0）

［较大］/［较严重］=（0.231，0.231，0.1954，0.1574，0.1162，0.0691，0）

［中等］/［一般］=（0，0.3333，0.0833，0.1667，0.0833，0.3333，0）

［较小］/［较轻微］=（0，0.0691，0.1162，0.1574，0.1954，0.231，0.231）

［小］/［轻微］=（0，0.05，0.10，0.15，0.20，0.25，0.25）

［很小］/［很轻微］=（0，0.0125，0.05，0.1125，0.20，0.3125，0.3125）

倘若某因素的评价语为“风险很大”，则可得该因素评价语言的隶属度 r =（0.3125，0.3125，0.20，0.1125，0.05，0.0125，0）。这里以 PE 燃气管道降解老化影响因素中的温度变化程度因素为例，假设聘请专家数量为 n，每位专家均对其进行风险评价，可得 n 个 7 维评价向量 r_i（$i=1, 2, \cdots, n$），将这些向量组成 $n\times 7$ 评判矩阵 $(r_1, r_2, \cdots, r_n)^T$。同时，假设每个专家都有自身的权重 αi，根据经验程度可分为一般、中等、较丰富、丰富四级，对应值分别为 0.2、0.5、0.8、1，可得 n 个专家经验程度向量（$\alpha_1, \alpha_2, \cdots, \alpha_n$）。最后，将专家经验程度向量与评价向量相乘得到温度变化程度因素的评价矩阵 $R_1\times 7=(\alpha_1, \alpha_2, \cdots, \alpha_n)(r_1, r_2, \cdots, r_n)^T$。假定与温度变化程度因素同级的因素还有 m 个，则可以得到 $R_m\times 7$ 评判矩阵。

类似地，管道失效可能性因素与失效后果因素均采用上述方法确定管道单因素的的模糊评判矩阵 R。

2.2　层次分析法确定评价指标权重

在风险评价问题中，受评价问题复杂性、模糊性及不确定性的影响，各因素权重是否准确尤为关键[8]。模糊层次分析法是将模糊综合评判法和层次分析法相结合构建因素权重集的评价方法[9-10]，具体计算步骤如下：

（1）建立优先关系矩阵 $\boldsymbol{F}=(f_{ij})m\times m$

$$f_{ij}=\begin{cases}1.0 z(i)>z(j)\\0.5 z(i)=z(j)\\0.0 z(i)<z(j)\end{cases}\tag{1}$$

式中　m——风险因素数量；

$z(i)$ 和 $z(j)$——因素 i 和 j 的相对重要性程度；

f_{ij}——$z(i)$ 与 $z(j)$ 的相对重要性程度比值。

（2）将矩阵 F 转换成模糊一致判断矩阵 $Q=(q_{ij})m\times m$

$$q_i=\sum_{k=1}^{m} f_{ik}\qquad i=1, 2, \cdots, m\tag{2}$$

$$y_i=\sum_{j=1}^{m} q_{ij}-0.5\tag{3}$$

(3)各因素权重计算

$$y_i = \sum_{j=1}^{m} q_{ij} - 0.5 \quad i = 1, 2, \cdots, m \tag{4}$$

$$w_i = y_i / \sum y_i = 2y_i / m(m-1) \tag{5}$$

式中　w_i——因素 i 的权重。

因此，权重集 $A = (w_1, w_2, \cdots, w_m)$。

2.3 管道风险值的确定

确定了综合评判矩阵 R 与因素重要程度模糊集 A 后，即可通过模糊线性变换得到评价结果 B：

$$B = A \circ R = (b_1, b_2, \cdots, b_n) \tag{6}$$

以温度变化程度因素为例，温度变化程度因素是降解老化影响因素的子因素，由温度变化程度与同级因素的综合评判矩阵 $Rm \times 7$ 与因素权重集 A 的模糊运算，可得降解老化影响因素的评判集 $B = A \circ R_{m\times 7} = (b_1, b_2, b_3, b_4, b_5, b_6, b_7)$。

同理，进行逐级运算最终得到管道失效可能性评价集 $B = (b_1, b_2, b_3, b_4, b_5, b_6, b_7)$ 以及管道失效后果的评价集 $B' = (b_1', b_2', b_3', b_4', b_5', b_6', b_7')$。

为了使评判结果更加符合实际，结合评语模糊子集 B，利用等级参数评判方法，确定管道的失效总体可能性 P 以及管道失效后果的严重程度 C。这里等级参数取值 $Q = (q_1, q_2, q_3, q_4, q_5, q_6, q_7)T = (1, 0.8, 0.6, 0.5, 0.4, 0.2, 0.1)T$，则

$$P = BQ = \sum_{i=1}^{7} b_i \cdot q_i \tag{7}$$

$$C = B'Q = \sum_{i=1}^{7} b_i' \cdot q_i \tag{8}$$

进一步计算可得管道风险值 R' 为

$$R' = PC \tag{9}$$

3 钢质管道/PE 管道模糊风险评估体系

钢质管道/PE 管道模糊风险评估体系主要分为管道失效因素体系和失效后果因素体系。

3.1 钢质管道失效因素评价指标

钢质管道失效因素评价指标如图 2 所示，主要包括腐蚀影响因素、第三方破坏因素、设计因素、误操作因素和检测因素五个因素[11]。

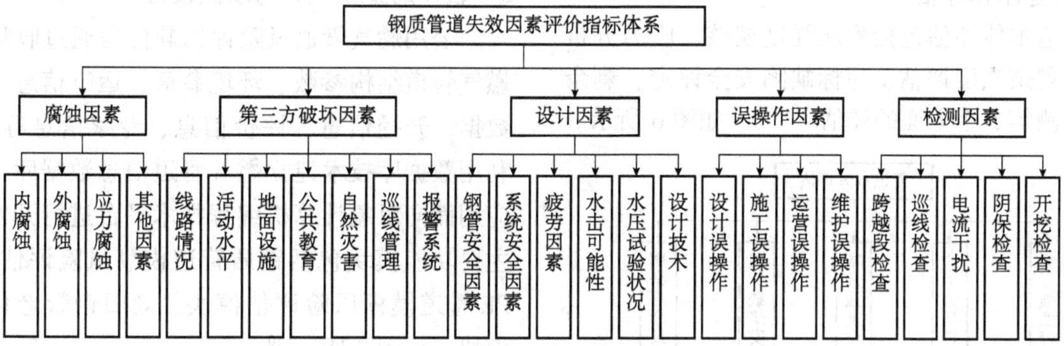

图 2　钢质管道失效因素评价指标体系

3.2 PE 管道失效因素评价指标

PE 管道失效因素评价指标如图 3 所示，包括自然环境影响因素、第三方破坏因素、设计因素、误操作因素和检测因素五大因素[12]。

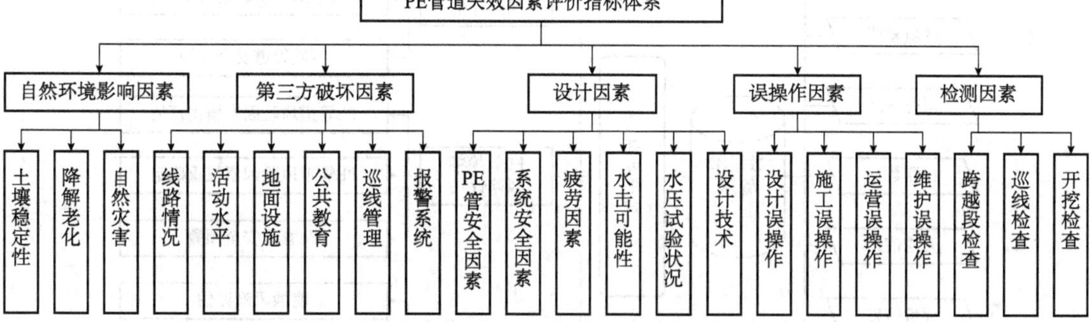

图 3　PE 管道失效因素评价指标体系

3.3 钢质/PE 管道失效后果因素评价指标

钢质/PE 管道失效后果因素主要考虑燃气和周围环境状态以及管道泄漏的危害情况，失效后果具体的评价指标如图 4 所示。

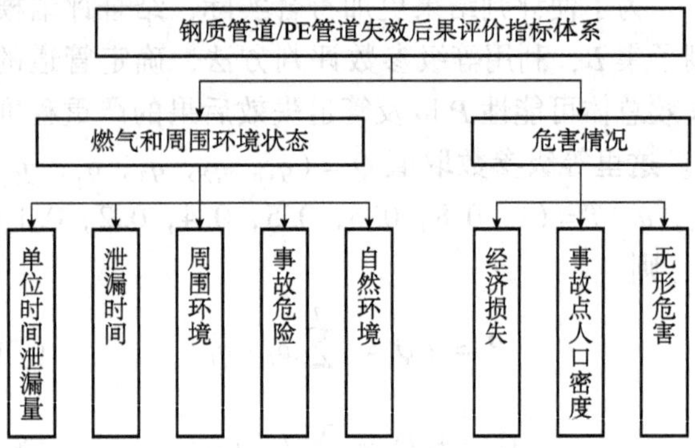

图4　钢质/PE管道失效后果评价指标体系

4　老旧钢质管道老化评估体系

老旧钢质管道老化评估是从腐蚀风险、管道本体情况进行老化综合评估得到管道的风险等级。

4.1　腐蚀风险评估指标

腐蚀风险评估失效可能性因素主要考虑管道资料、使用年限、实测壁厚、腐蚀性环境调查、管道保护电位、管道防腐层状况等13个指标，失效后果因素主要考虑管道失效周围环境、经济损失、事故点人口密度、人员伤亡等4个指标[13-14]，如图5所示。

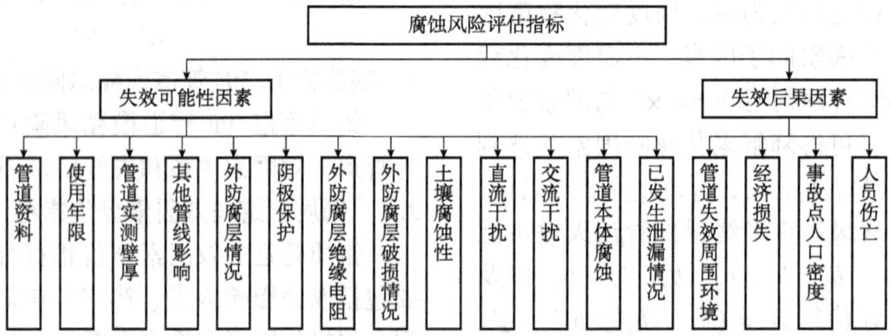

图5　老旧钢质管道腐蚀风险评估

4.2　管道本体评估

管道本体评估包括耐压强度校核、应力分析校核、剩余强度评估、超标缺陷安全评定、剩余寿命预测等5个方面的评估[15-18]，如图6所示。

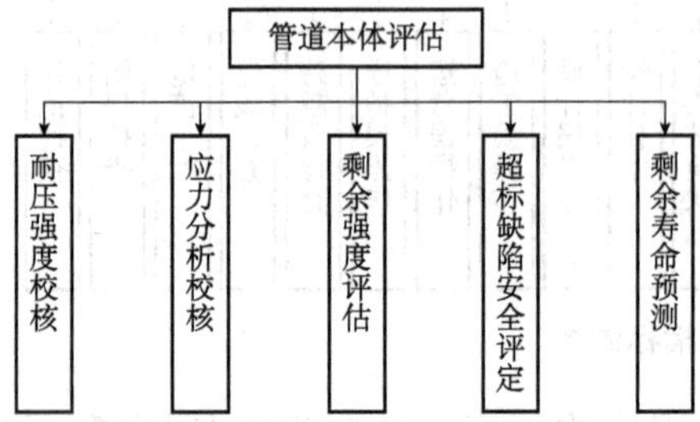

图6　老旧钢质管道本体评估

5　软件的整体框架与功能设计

公用燃气管道风险评估软件是通过收集整理燃气管道结构参数、环境载荷、运行信息、检测数据、开挖信息、评价信息、专家信息等数据，利用数据库技术建立燃气管道信息数据库，借助应用面向对象计算机编程技术平台进行开发，其主要功能模块包括钢质管道模糊风险评估模块、PE管道模糊风险评估模块、老旧钢管老化评估模块，如图7所示[10]。

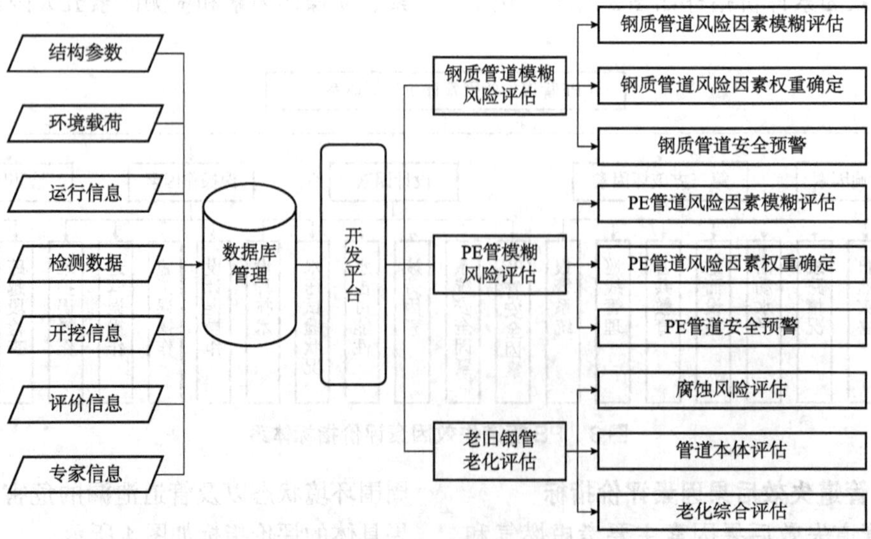

图7　软件的整体框架

5.1 钢质管道/PE 管道模糊风险评估功能

钢质管道/PE 管道模糊风险评估模块包括风险因素模糊评估、风险因素权重确定和安全预警三个子模块。风险因素模糊评估子模块和风险因素权重确定子模块都包括腐蚀因素、第三方破坏、设计因素、误操作因素、检测因素及失效后果因素 6 个输入界面。用户通过复选框选择各个因素的评估等级。在风险因素权重确定子模块，用户可以修改各个因素权重。用户通过安全预警子模块直观查看风险评估结果，同时可将结果保存到数据库中，如图 8～图 10 所示。

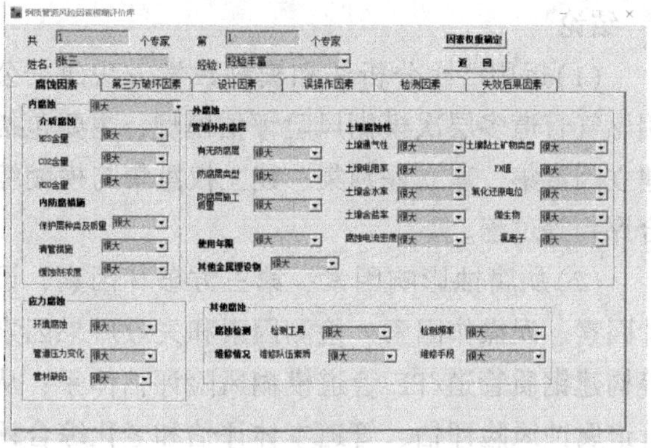

图 8　钢质管道风险因素评估界面

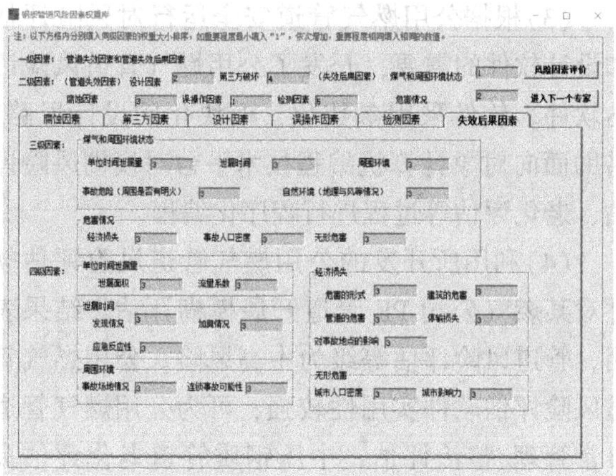

图 9　钢质管道因素权重计算界面

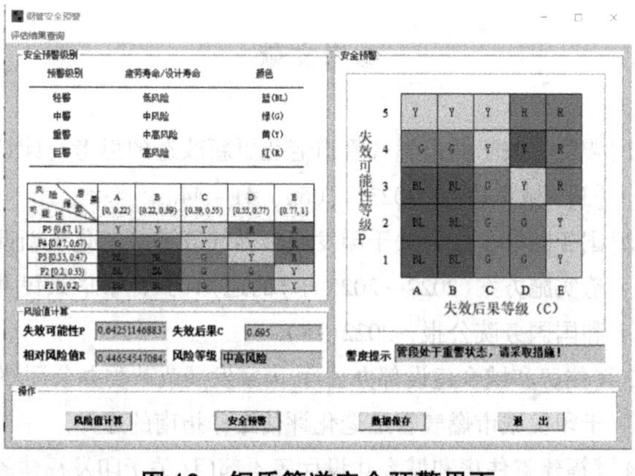

图 10　钢质管道安全预警界面

5.2 老旧钢管老化评估功能

老旧钢管老化评估包括管道本体评估、腐蚀风险评估和老化综合评估，如图 11～图 13 所示。管道本体评估包括耐压强度校核、应力分析校核、剩余强度评估、超标缺陷安全评定、剩余寿命预测等 5 个方面的评估，得到管道本体安全状况等级。腐蚀风险评估主要开展失效因素评估和失效后果因素评估，得到腐蚀风险等级。

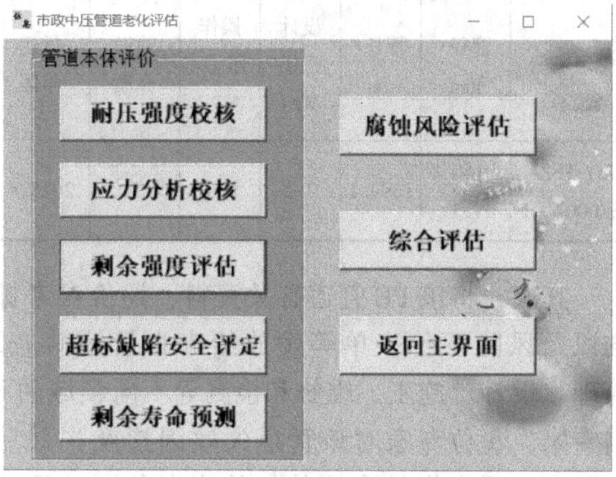

图 11　老旧钢管老化评估主界面

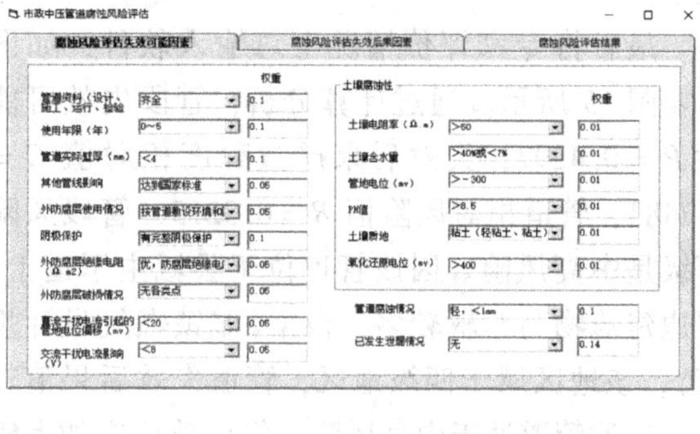

图 12　老旧钢管腐蚀风险评估界面

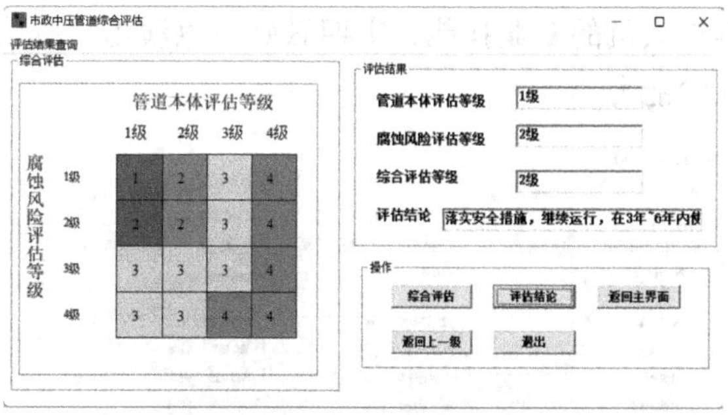

图 13　老旧钢管老化综合评估界面

6　软件应用实例

为了验证公用燃气管道风险评估软件的有效性和准确性，选取某燃气公司的市政中压 PE 管道进行模糊风险评估。

首先对 PE 管道原始资料和现场检测资料进

行整理分析，并将管道风险评价相关的自然环境影响因素、设计因素、第三方破坏因素、误操作因素、检测因素和失效后果因素进行整理：管道全长1699.1m，埋设在人行道上，敷设环境属于县城较繁华路段，附近有居民住宅区、商业店铺、公交站点及少量建筑施工，交通与人流较多，其基本参数见表1。

表1　PE管道基本参数

管段编号	管径/mm	管长/m	设计压力/MPa	操作压力/MPa	输送介质	投运年限
LY-FSZ-SZ0007－1	Φ160×9.1	1699.1	0.2	0.1	天然气	2015.4

其次，将该PE管道有关资料、评价参考标准以及风险评价表单等发放给来自管道普查、管理、设计、施工、维修和检测等不同领域的6名专家，每位专家对该管道失效因素及失效后果因素开展模糊综合评估，并确定各影响因素权重。

最后将专家评价情况汇总输入软件，如图14～图15所示。通过计算分析，管段失效可能性 $P=0.4297$，失效后果严重程度相对值 $C=0.7483$，管道相对风险值 $R=0.3215$，管段风险等级是中高风险。因该管道位于县城主干道上，周边建筑物与车辆较多，根据《城镇燃气设计规范》，该地区属于四级地区，管道失效后果值较大，导致管道处于中高风险。使用单位应加大管道安全宣传力度，加强日常检查维护，提高巡检维护人员的专业技能，定期做好应急演习，提高抢险能力。

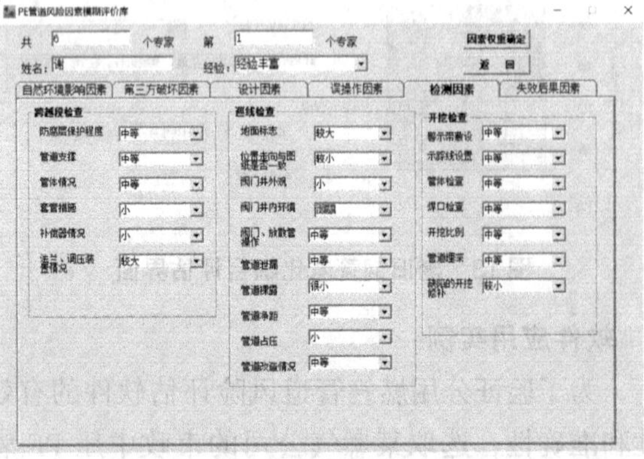

图14　PE管道风险因素评价输入界面

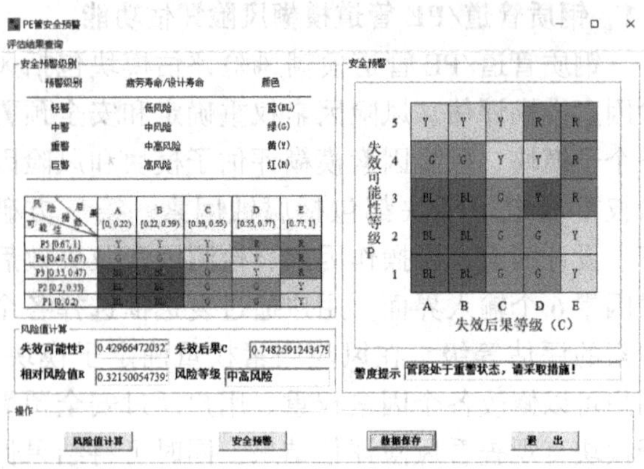

图15　PE管道安全预警界面

7　结论

(1)运用层次分析法和模糊数学方法建立公用燃气管道多层次模糊风险评估模型，主要包括建立因素集、建立评判集、建立权重集与模糊综合评判等过程。

(2)从腐蚀影响因素、第三方破坏因素、设计因素、误操作因素、检测因素和失效后果因素等构建钢质管道/PE管道模糊风险评估体系；从管道腐蚀风险评估、管道本体评估和老化综合评估等开展老旧钢质管道老化评估。

(3)根据公用燃气管道安全运行对风险评估和设计软件的需要，开发了公用燃气管道风险评估软件。软件采用参数化、模块化的设计思路，借助面向对象计算机编程技术平台对模糊风险评估、老化评估等过程进行程序化编程。

(4)利用所开发的公用燃气管道风险评估软件对某燃气公司PE管道开展模糊评估，结果表明，管道风险评估等级为中高风险。公用燃气管道风险评估软件实用性较强，可为公用燃气管道日常管理/整治评估、中压钢质管道老化评估提供快速计算工具。

参考文献

[1]谭臣．关于城市燃气管道老化更新改造的思考与建议[J]．城市燃气．2023，(06)：41－44.

[2]国务院办公厅．关于印发城市燃气管道等老化更新改造实施方案(2022—2025年)的通知[J]．中华人民共和国国务院公报，2022(18).

[3]《住房和城乡建设部办公厅 国家发展改革委办公厅 关于印发城市燃气管道老化评估工作指南的通知》

[4]《福建省住房和城乡建设厅等4部门〈关于印发福建省燃气管道等老化更新改造实施方案〉的通知》(闽建城

[2022]7号)
[5]韩利，梅强，陆玉梅．AHP－模糊综合评价方法的分析与研究[J]．中国安全科学学报，2004，14(7)：86－89.
[6]赵俊茹，戴光，刘冬妹等．基于灰色理论的管道风险评分法的研究及应用[J]．压力容器，2010，27(5)：51－53.
[7]杨纶标，高英仪．模糊数学原理及应用[M]．广州：华南理工大学出版社，2002：15－60.
[8]李东升，何仁洋．埋地钢质管道综合检测评价技术与应用[J]．压力容器，2009，26(9)：54－58.
[9]甘勤涛，阳平华，耿立杰等．模糊层次分析法在多目标运输指派问题中的应用[J]．科学技术与工程，2006，6(5)：604－606.
[10]谢丽婉，陈国明，鞠少栋．信息不完全时的海底管道安全评价方法[J]．油气储运，2011，30(7)：508－512.
[11]李东升，何仁洋．埋地钢质管道综合检测评估技术与应用[J]．压力容器，2009，26(9)：54－58.
[12]谢丽婉．基于模糊综合评价的聚乙烯(PE)管道安全预警程序[J]．压力容器，2012，29(2)：67－71.
[13]TSG D7004—2010，压力管道定期检验规则－公用管道[S].
[14]GB/T 38942—2020，压力管道规范 公用管道[S].
[15]GB 50028—2006，城镇燃气设计规范(2020版)[S].
[16]GB 50251—2015，输气管道工程设计规范[S].
[17]GBT19624—2019，在用含缺陷压力容器安全评定[S].
[18]GB/T 30582—2014，基于风险的埋地钢制管道外损伤检验与评价[S].

CFB锅炉水冷壁和过热器损坏老化的研究

刘贺君[1]　刘景新[2]　王明庭[2]　刘　颖[2]

(1. 唐山三友电子化学品有限责任公司，河北 唐山　063210；
2. 河北省特种设备监督检验研究院唐山分院，河北 唐山　063000)

摘　要：由于CFB锅炉(即循环流化床锅炉)其自身的结构特点和其特殊的燃煤方式，使其内部零件磨损比其他燃煤锅炉要严重得多。过热器和水冷壁是炉内主要部件，因其长期在高温、烟气、飞灰等十分恶劣的环境中运行，在使用过程中会发生一系列材料组织与性能的变化。本文通过对管道的有限元分析与金相学组织观测，对零件易磨损失效部位做出准确预判，并采取相应的防磨措施来提高CFB锅炉的使用寿命，提高电厂的经济效益，为CFB锅炉防磨研究的进一步发展提供理论参考和数据支撑。

关键词：循环流化床锅炉；过热器；水冷壁；有限元分析；金相学

Study on Damage and Aging of CFB Boiler Water Wall and Superheater

LIU Hejun[1], *LIU Jingxin*[2], *WANG Mingting*[2], *LIU Ying*[2]

(1. Tangshan Sanyou Electronic Chemicals Limited Liability Company, Tangshan 063210, China;
2. Tangshan Branch of Hebei Special Equipment Supervision and Inspection Institute, Tangshan 063000, China)

Abstract: Due to the structural characteristics of CFB boilers (i. e., circulating fluidized bed boilers) and their special coal-fired methods, the wear of internal parts is much more serious than that of other coal-fired boilers[1]. The superheater and water wall are the main components in the furnace, because they have been operating in very harsh environments such as high temperature, flue gas, and fly ash for a long time, and a series of changes in material structure and properties will occur during use[2]. In this paper, through the finite element analysis and metallographic organization observation of pipelines, we can accurately predict the parts that are prone to wear and failure, and take corresponding anti-wear measures to improve the service life of CFB boilers and improve the economic benefits of power plants, so as to provide theoretical reference and data support for the further development of anti-wear research of CFB boilers.

Key words: Circulating fluidized bed boiler; Superheaters; Water-cooled walls; Finite element analysis; Metallography

1　引言

唐山作为重工业城市的代表，自备电厂企业多，电厂锅炉数量大，种类多。据统计，唐山地区锅炉总计368台，其中CFB锅炉占15%[3]。虽然CFB锅炉有利于环保和增效，但由其爆管引起的非计划停机也给各企业造成了巨大影响。通过调研发现，在锅炉失效案例中，省煤器、过热器泄露的较多，蒸发器失效的较少。因此本文重点对CFB锅炉管道与受热面进行研究，对具有代表性的受热受压面进行有限元分析，并利用金相学进行验证，找出设备薄弱点，做到计划停机检修，提高机组的安全稳定性。

2　有限元强度分析

有限元法又称有限单元法，其本质是将一个大的结构划分为有限个称为单元的小区域，在每一个小区域里，假定结构的变形和应力都是简单

作者简介：刘贺君，唐山三友电子化学品有限责任公司工程师，华北理工大学在职研究生。

的，通过计算机可以容易地将小区域内的变形和应力都计算出来，进而能求解出整个结构的变形和应力[4]。本文利用有限元法对 CFB 锅炉的重要管道与受热面进行强度分析，可以得到管道的剩余强度，为下一步寿命评估做理论支撑。

2.1　水冷壁管强度分析

统计发现 CFB 锅炉水冷壁管道失效是锅炉管道失效爆管中概率最大的。水冷壁管道敷设在锅炉炉膛内壁许多并联管子组成的蒸发受热面。水冷壁的作用是吸收炉膛中高温火焰和烟气的辐射热量，将管内冷水变成热水和蒸汽，以此降低炉墙温度，保护炉墙。锅炉中有一半以上的热量由水冷壁吸收。除少数小容量锅炉外，现代的水管锅炉均以水冷壁作为锅炉中最主要的蒸发受热面[1]。

以唐山某自备电厂 1#CFB 锅炉水冷壁管道为例进行有限元分析，选取模型两端固定，轴向方向自由伸缩，管道材质为 20 G，管道尺寸为 $\Phi 42\times 5$，外部烟气温度 930℃，内部汽水混合物温度 300℃，首先对模型进行网格划分，划分结果如图 1 所示。

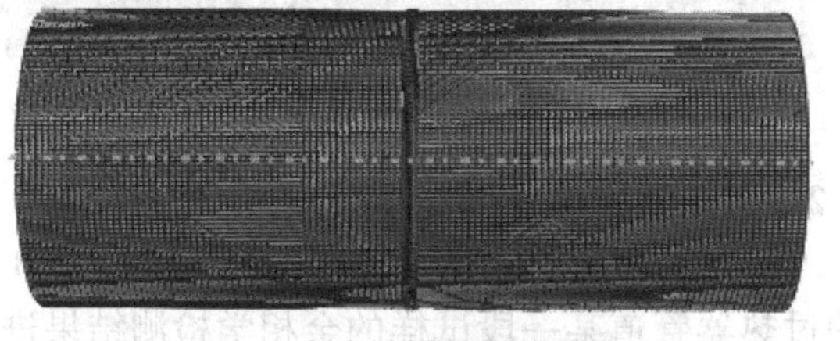

图 1　水冷壁模型网格划分

水冷壁内部压力为 10.0MPa，只考虑径向温差造成的热应力场，壁中热传导是稳定的，不随时间发生变化，温度分布是半径的函数[5]。在温度场分析的基础上，对管内壁施加压力载荷，管壁产生应力场，分析结果如图 2 所示。由图可见直管中间部位受力与温度影响较大，极易损坏。水冷壁管焊缝部位应力最大为 115.9 Mpa，其余部位应力相对较均匀，为 30MPa 左右。

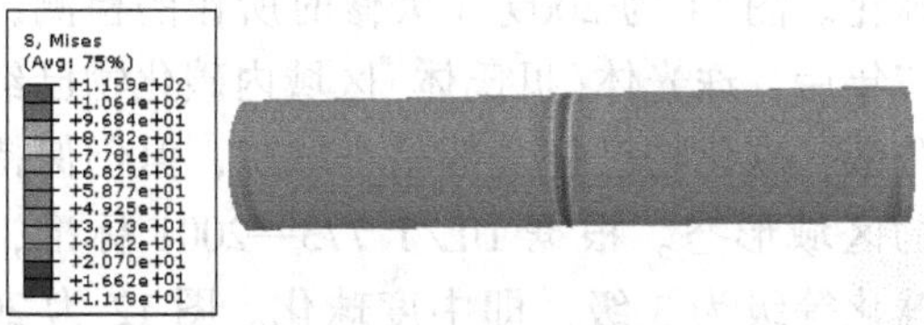

图 2　水冷壁模型分析结果

2.2　过热器强度分析

CFB 锅炉过热器管道爆管在锅炉管道失效中概率也很高。对流式过热器采用蛇形管结构，具有比较密集的管组，布置于烟道中，受烟气的横向和纵向冲刷[6]。烟气主要以对流的方式将热量传递给管子，少部分以辐射形式被吸收。以唐山某自备电厂 3#CFB 锅炉一级过热器管道为例进行有限元分析，选取模型两端固定，管道材质为 12 Cr1MoV，管道尺寸为 $\Phi 32\times 5$，外部烟气温度 750℃，内部汽水混合物温度 540℃，首先对模型进行网格划分，划分结果如图 3 所示。

图 3　过热器模型网格划分

过热器内部压力为 9.8MPa，受到横向纵向的烟气冲刷与水冷壁管道有所不同，假设条件与水冷壁相同，分析结果如图 4 所示。

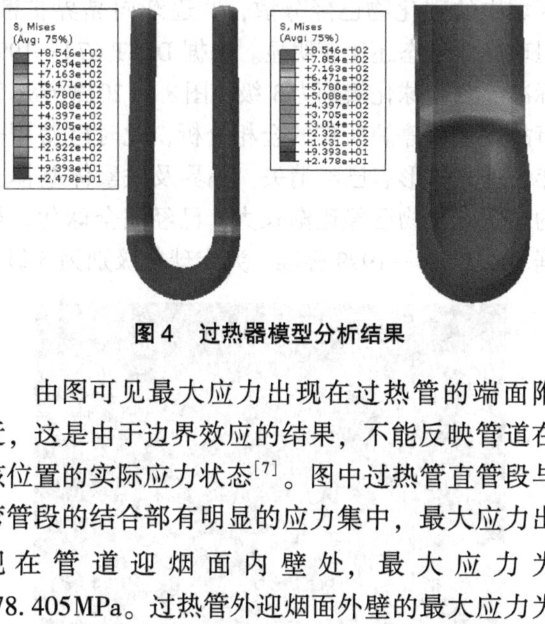

图 4　过热器模型分析结果

由图可见最大应力出现在过热管的端面附近，这是由于边界效应的结果，不能反映管道在该位置的实际应力状态[7]。图中过热管直管段与弯管段的结合部有明显的应力集中，最大应力出现在管道迎烟面内壁处，最大应力为 378.405MPa。过热管外迎烟面外壁的最大应力为 244.907MPa，而其余部分的应力值在 60MPa 到 80MPa 之间。由于过热管迎烟面在使用过程中不断减薄。随着壁厚的减薄，该处的应力集中会越来越显著，最终导致可能导致过热管在此处破裂。

2.3　强度分析小结

通过对水冷壁管道和过热器管道进行强度分析，可以直观地找到设备的应力集中点，进而推测出设备的易损部位，水冷壁管道应力集中部位为管道焊缝处，过热器管道应力集中部位为管道内壁迎烟处，因此在计划检修期间应着重检查薄弱部位，必要时采加强或更换。

3 金属金相分析

由于CFB锅炉高温管道自身的工作环境与失效条件十分复杂，在宏观上对其进行研究的准确性受到很大限制。下面从材料的微观角度出发，研究金属元素的成分变化、金相组织的变化对材料老化程度的影响。从定性到定量的分析，能更好地进行锅炉管道的寿命评估和事故预判[8]。

3.1 水冷壁金相分析

唐山某自备电厂共三台CFB锅炉，其水冷壁管道材质为20 G，对2#锅炉水冷壁管道其中一段试样进行的金相学检测结果进行分析。图5为2006年锅炉建成时做的微观检查，珠光体区域中的碳化物呈片状，未发生球化，根据DL/T 674—1999标准，判定球化级别为1级。图6为2008年大修时所作的检测，使用两年后，珠光体区域碳化物开始分散，珠光体形态明显。根据DL/T 674—1999标准，判定球化级别为2级。图7为2011年大修时所作的检测，使用五年后，珠光体区域中的碳化物已经分散，并逐渐向晶界扩散，但珠光体形态还比较明显。根据DL/T 674—1999标准，判定球化级别为3级。图8为2013年爆管事故发生后停炉所作的金相分析，此时已使用七年，珠光体形态已经消失，晶界及铁素体基体上的球状碳化物已经逐渐长大，已经完全球化。根据DL/T 674—1999标准，判定球化级别为5级。

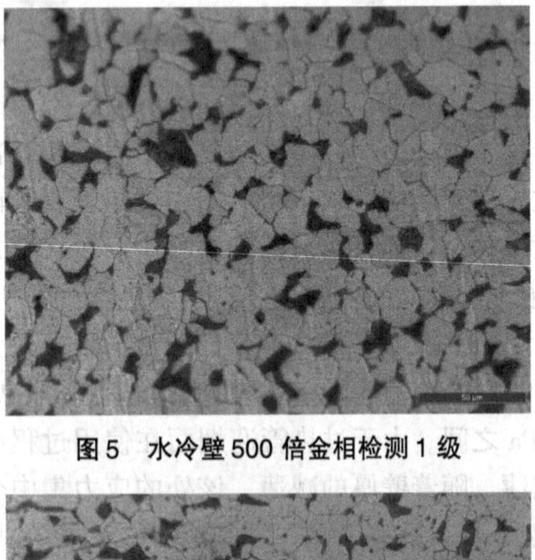

图5　水冷壁500倍金相检测1级

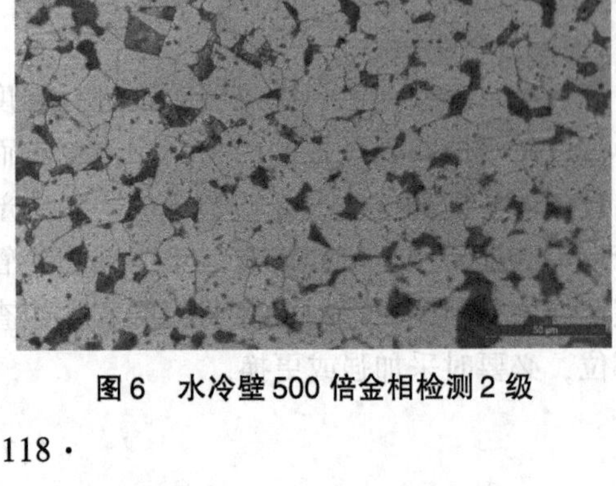

图6　水冷壁500倍金相检测2级

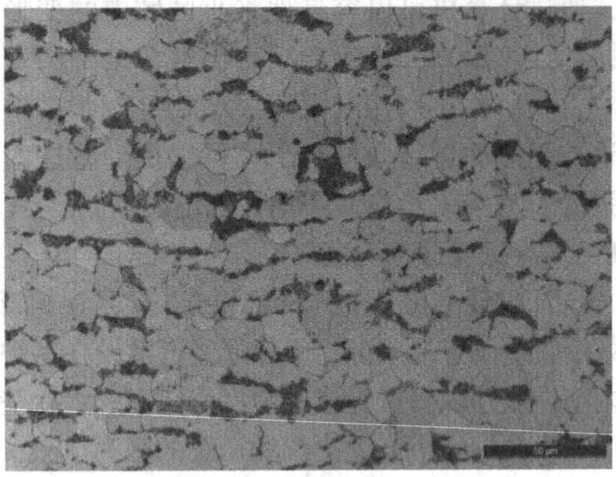

图7　水冷壁500倍金相检测3级

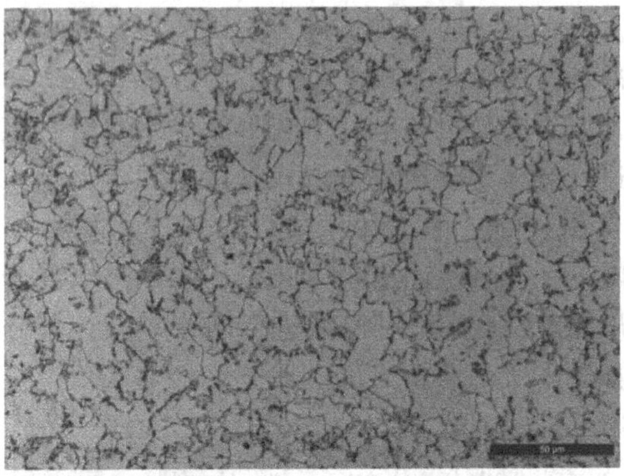

图8　水冷壁500倍金相检测5级

3.2 过热器金相分析

过热器管道材质为12Cr1MoV，对1#CFB锅炉过热器管道某一段试样的金相学检测结果进行分析。图9为2006年锅炉建成时做的微观检查，聚集形态的珠光体(贝氏体)，珠光体(贝氏体)中的碳化物并非全部为片层状，有灰色块状区域存在，根据DL/T 773—2001标准，判定球化等级为1级，即未球化。图10为2007年大修时所作的检测，使用一年后，聚集形态的珠光体(贝氏体)区域已经开始扩散，单其组成仍然较为致密，珠光体(贝氏体)保持原有的区域形态。根据DL/T 773—2001标准，判定球化等级为2级，即轻度球化。图11为2009年大修时所作的检测，使用三年后，珠光体(贝氏体)区域内碳化物已经明显分散，碳化物已经全部呈小球状，但仍保持原有的区域形态。根据DL/T 773—2001标准，判定球化等级为3级，即中度球化。图12为2012年大修时所作的金相分析，此时由图可见大部分碳化物已经分布在铁素体晶界上，仅仅有少部分珠光体(贝氏体)的痕迹。根据DL/T 773—2001标准，判定球化等级为4级，即完全球化[9]。

图 9　过热器 500 倍金相检测 1 级

图 10　过热器 500 倍金相检测 2 级

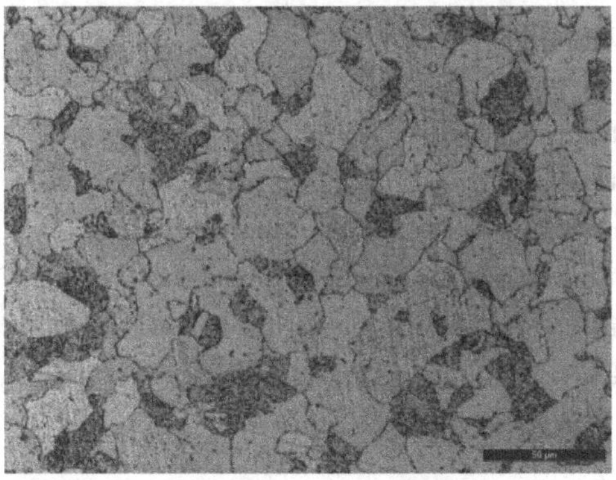

图 11　过热器 500 倍金相检测 3 级

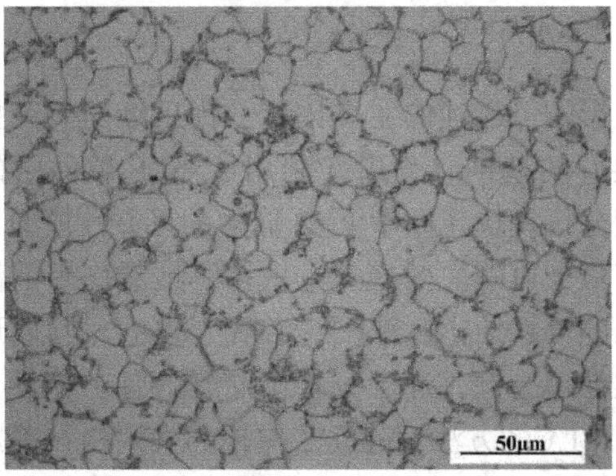

图 12　过热器 500 倍金相检测 4 级

3.3　金相分析小结

通过对水冷壁和过热器管道进行金相分析，发现了金相组织的变化规律，设备使用单位可以以此作为参考依据，结合生产实际情况制定检修周期和检修计划，做到提前预判和计划检修，减少突发事故。

4　结论

本文对 CFB 锅炉水冷壁与过热器管道利用 ABAQUS 软件进行了简单的有限元分析，找出了管道中应力集中的位置，并对 CFB 锅炉的水冷壁管道与过热器管道试样进行了金相学研究，分析了金相组织随时间的变化规律。通过分析研究，对设备寿命做出预判，做到计划检修，减少突发事故概率，提高生产的稳定性及经济效益。

参考文献

[1]刘贺君．CFB 锅炉安全高效运行与事故预判研[D]．唐山：华北理工大学，2020.

[2]郑晓红．锅炉“四管”的失效机理研究与寿命预测[D]．杭州：浙江大学，2002.

[3]王明庭．电站锅炉定期检验及安全分析[D]．唐山：华北理工大学，2017.

[4]贺晓辉．冶金设备有限元分析技术的应用[J]．矿业工程，2016，14(03)：39－41.

[5]尹洪恩，张新岗．锅炉压力容器压力管道裂纹 X 射线检测方法研究[J]．中国石油和化工标准与质量，2024，44(07)：42－44.

[6]刘毅．干熄焦余热锅炉锅筒液位自动调节系统研制[D]．杭州：浙江工业大学，2017.

[7]彭欣，席强，胡佳柄．循环流化床锅炉过热器结盐爆管原因分析及处理[J]．化学工程与装备，2022，(04)：172－173.

[8]王丽芳．淮北发电厂 300MW 锅炉高温管道剩余寿命评估[D]．合肥：合肥工业大学，2004.

[9]车永毅，厚彩琴．太阳能平板集热器关键参数对其热性能的影响[J]．建筑节能，2016，44(11)：28－33.

基于贝叶斯理论的 LNG 储罐可靠性评价

梁立斌[1]　李兆慈[2]

[1. 天津市特种设备监督检验技术研究院，天津　300192；2. 中国石油大学(北京)，北京　102249]

摘　要：提出了基于贝叶斯理论的 LNG 储罐系统进行可靠性评价方法，提高了 LNG 储罐可靠性评价的准确性。将 LNG 储罐分为混凝土外罐、Ni9%镍钢内罐以及阀门系统三个部分，在考虑共因失效的基础上构建了贝叶斯网络，建立 LNG 储罐可靠性评价模型。分别基于 DuraCrete 模型和 GB50010 模型分析混凝土外罐，基于弹性—刚性地基梁耦合法分析 Ni9%镍钢内罐，利用蒙特卡洛法模拟失效，获得父节点的先验概率，结合贝叶斯网络计算了 LNG 储罐系统的可靠度。

关键词：LNG 储罐；贝叶斯网络；共因失效；可靠性

Reliability Evaluation of LNG Storage Tank Based on Bayesian Theory

LIANG Libin[1], *LI Zhaoci*[2]

(1. Tianjin Special Equipment Inspection Institute, Tianjin 300192, China;
2. China University of Petroleum, Beijing 102249, China)

Abstract: The accuracy of LNG storage tank reliability evaluation is improved by evaluating the reliability of LNG storage tank system based on Bayesian network. The LNG storage tanks are divided into three parts: concrete outer tank, Ni9% nickel steel inner tank and valve system, a Bayesian network is constructed to establish a reliability evaluation model for LNG storage tanks based on the failure of common cause. Analyzes concrete outer tank based on DuraCrete model and GB50010 model and analyzes Ni9% nickel steel inner tank based on Elastic-Rigid Foundation Beam Coupling Method. Then by using Monte Carlo to simulate the failure conditions and obtain the prior probability of the parent node, and the reliability of the LNG storage tank system can be calculated in combination with the Bayesian network.

Key words: LNG tank; Bayesian network; Common cause failure; Reliability

1　引言

LNG 储罐作为 LNG 接收站的核心设备，其可靠性对 LNG 安全储存和接收站安全运行具有重要的影响。由于 LNG 易燃、易爆、低温以及易气化等特性，一旦储罐出现故障，不仅会影响供气，甚至会引发爆炸或者火灾等严重事故[1]。

国内外学者对储罐的可靠性也有一些研究。安浩[2]建立了 LNG 储罐可靠性模型，利用有限元法对某储罐进行了可靠性评价和敏感性分析，分析了影响可靠性的主要因素，为后续的研究提供了很好的基础。王川[3]利用 ANSYS 软件中的可靠度分析模块建立了 LNG 储罐的可靠性模型，确定了最大可能失效模式，求得了地震作用下储罐体系的可靠性指标范围。游峰[4]以立式圆筒形浮顶式储罐为例，详细分析了储罐的各个部件，运用了 FTA 的方法，建立了储罐的失效树，确定了 43 个重大危险源，并对裂纹扩展的可靠性做了探讨。于庭安等[5]以 LNG 储罐火灾和爆炸为顶上事

作者简介：梁立斌(1992—　)，工程师，硕士研究生，毕业于中国石油大学(北京)石油与天然气工程专业，现主要从事压力管道、常压储罐检验检测工作和研究。E-mail：13241228349@163.com

件，建立了事故树模型，确定了影响储罐事故的主要因素，为提高储罐的安全性和运行可靠性提出了一定的改进措施。Lee[6] 建立了 LNG 储罐事故树模型，基于 FTA 法在一定程度上对 LNG 储罐泄漏方面的可靠性做了一定的量化研究。G Wang[7] 等建立了 160000m^3 的 LNG 储罐的结构模型，通过数值模拟分析了固液耦合效应，并建立了极限方程计算储罐结构失效概率。王伟玲[8] 研究了大型的 LNG 储罐的外罐部分在预应力载荷作用下的性能，给出了一定的分析。Diego Pefia Ruiz[9] 等人对具有均匀弹性基础的 LNG 储罐受到的土体阻力进行了一定的分析和模拟，研究了土体和罐体之间的相作用。刘磊[10] 分析了地基为软土的储罐整体可靠度并研究了储罐在进行了基础沉降和变形之后可靠性的改变情况。

上述各类对 LNG 储罐的可靠性评价多基于事故树进行定性分析或者基于 ANSYS 等软件进行模拟，但在解决共因失效方面存在问题，且计算精确度方面略有不足。基于此，本文引入贝叶斯网络，考虑到共因失效，对由 4 个 LNG 储罐组成的储罐系统进行了可靠性评价。

2 计算方法

2.1 贝叶斯定理及贝叶斯网络

假设某样本空间只有两个随机事件 A 和 B，如果事件 A 已经发生并且 $P(A)\neq 0$，那么贝叶斯定理可以描述为[11]：

$$P(B \mid A) = \frac{P(A \mid B)P(B)}{P(A)} \tag{1}$$

对于贝叶斯公式(1)，$P(B)$ 是事件 B 的先验概率；$P(B \mid A)$ 是在事件 A 的基础上事件 B 的后验概率；$P(A \mid B)$ 则定义为似然函数；$P(A)$ 一般为已知或可简单求解的因子，称为证据因子。

贝叶斯网络是一种用来描述变量之间的依赖关系的图形，借助图形来分析不确定的因果关系，主要包括一个有向无环图和相对应的概率分布情况。贝叶斯网络具有有效性、功能性和开放性，尤其适用于复杂系统的可靠性评价[12]。

贝叶斯网络是定义在变量集合 $X=\{X_1, X_2, X_3, \cdots X_n\}$ 上的一个二元组合 (G, θ)。$G=(V, E)$ 代表了各个变量 Xi 之间的概率因果关系的有向无环图，其中 V 代表了各个节点，E 则代表了表示节点之前概率因果关系的有向边，而 θ 则代表了各个节点 V_i 与其父节点相关的条件概率分布，用来描述因果关系的强弱，每一个节点都对应着一个概率表，一般的如果一个节点没有父节点，则称其为根节点，用 $Pa(X_i)$ 表示 Xi 的父节点。那么，各个变量的联合概率为：

$$P = \prod_{i=1}^{n} P(X_i \mid P_a(X_i)) \tag{2}$$

2.2 共因失效

对于一个贝叶斯网络，如果要针对某些节点考虑共因失效，需要将有共因关系的两个或者多个节点单独分析[13]。以两个节点为例，需要分别将两个节点的失效概率分为他们各自的独立失效概率和他们共同的共因失效概率。在选取共因失效参数的时候，根据 Borcsok[14] 等人的研究成果，要选取相对较小的共因失效参数。

对贝叶斯网络中需要考虑共因失效的节点进行分析的时候，在原有的网络上要进入新的节点，包括一个与上述节点并列的一个共因根节点以及相关的中间节点。下面分别对传统可靠性模型中的串联系统、并联系统以及串—并联系统分别进行共因失效的分析。

2.2.1 串联系统

如果一个系统由 n 个部件串联而成，其中任何一个部件失效都会引起系统的失效，这样的系统为串联系统。假设有两个部件 X_1、X_2 是简单的串联关系，那么转化为贝叶斯网络包含 X_1、X_2 和 S 三个节点。而在考虑共因失效之后，将 X_1、X_2 两个节点分为各自的独立因子和他们的共因因子 C，同时在 X_1、X_2 和叶节点 S 之间引入中间节点 D_1 和 D_2。

根据公式(2)，此时考虑共因失效的串联系统的可靠度表达式为：

$$\begin{aligned} P(S) &= \sum_{X_1,X_2,C,D_1,D_2} p(X_1,X_2,C,D_1,D_2) \\ &= \sum_{D_1,D_2}\left\{p(S) \mid D_1,D_2\right\} \cdot \sum_{X_1,C}\left[p(D_1 \mid X_1,C)p(X_1)p(C)\right] \cdot \sum_{X_2,C}\left[p(D_2 \mid X_2,C)p(X_2)p(C)\right] \end{aligned} \tag{3}$$

2.2.2 并联系统

如果一个系统由 n 个部件并联而成，其中所有部件失效才会引起系统的失效，这样的系统为并联系统。假设有两个部件 X_1、X_2 是简单的并联关系，那么转化为贝叶斯网络以及考虑共因失效时候的网络皆与串联模型相同。

根据公式(2)，考虑共因失效的并联系统的可靠度表达式为：

$$P(S)=\sum_{X_1,X_2,C,D_1,D_2}p(X_1,X_2,C,D_1,D_2)$$
$$=\sum_{D_1,D_2}\left\{p(S\mid D_1,D_2\right\}\cdot\sum_{X_1,C}\left[p(D_1\mid X_1,C)p(X_1)p(C)\right]\cdot\sum_{X_2,C}\left[p(D_2\mid X_2,C)p(X_2)p(C)\right] \tag{4}$$

2.2.3 串—并联系统

串—并联系统即由若干个并联而成的子系统相串联而得到的系统。假设有五个部件 X_1、X_2、X_3、X_4、X_5 是简单的串－并联关系：X_1 和 X_2 是并联的关系，X_3 和 X_4 也是并联关系，前两个并联系统和 X_5 共同串联，如果上述系统中，X_1 和 X_2 存在共因失效，那么需要引入共因节点 C 以及 D_1 和 D_2，具体贝叶斯网络如图1所示。

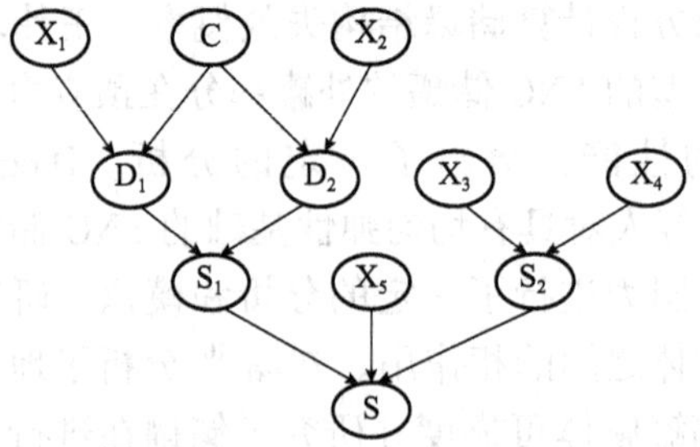

图1 考虑共因失效的串－并联系统贝斯网络示意图

此时该系统的可靠度表达式为：

$$P(S)=\sum_{X_1,X_2,C,D_1,D_2,X_3,X_4,S_1,S_2,X_5}p(X_1,X_2,C,D_1,D_2,X_3,X_4,S_1,S_2,X_5,S)$$
$$=\sum_{S_1,S_2,X_5}p(S\mid S_1,S_2,X_5)\cdot\sum_{D_1,D_2}p(S_1\mid D_1,D_2)\cdot\sum_{X_1,C}\{p(S_1\mid D_1,D_2)\cdot$$
$$\sum_{X_1,C}\left[p(D_1\mid X_1,C)p(X_1)p(C)\right]\cdot\sum_{X_2,C}\left[p(S_2\mid X_2,C)p(X_2)p(C)\right]\cdot \tag{5}$$
$$\sum_{X_3,X_4}\left[p(S_2\mid X_3,X_4)p(X_3)p(X_4)\right]\cdot p(X_5)$$

3 应用实例

3.1 先验概率的计算

LNG储罐按照其结构一般可以分为单容罐、双容罐和全容罐[15]，本文以国内某LNG接收站使用的全容罐为例进行研究，全容罐是平底带球面罐顶的圆筒形储罐。

孙鑫[16]对LNG储罐进行可靠性研究的时将其分为了混凝土外罐、Ni 9%钢内罐和阀门系统三个部分。本文将某LNG接收站的四个LNG储罐视为储罐系统，每个储罐由混凝土外罐、Ni9%钢内罐和阀门系统三个部分组成，分别基于极限方程和蒙特卡洛的方法对其进行可靠性评价，得出的可靠度作为贝叶斯网络的先验概率。

混凝土外罐的结构与核电站的安全壳相似，所以可以参考核电站的安全壳的可靠性评价方法。本文将氯离子侵蚀引起的失效和长期预应力损失引起的失效的主要因素，分析其失效模型得到极限方程如式(6)和式(7)。

$$Z=C_c-C_{sa}\cdot\left[1-erf\left(\frac{x}{2\sqrt{D_0\left(\frac{t_0}{t}\right)^n\cdot t}}\right)\right] \tag{6}$$

$$Z=\frac{\left[K_r(t)(1+E_s\beta\rho_s)-\frac{\rho_P\alpha E_cE_s}{(E_s\rho_s+E_c)}\right]\sigma_P+E_P\varepsilon_s}{1+\beta(E_s\rho_s+E_P\rho_P)}-0.8\sigma(t_0) \tag{7}$$

分别通过对LNG储罐的Ni9%钢内罐的罐壁和罐底进行挠度、转角与弯矩的关系分析，并对罐底和罐壁结合点的应力进行分析，可以得到内罐弯曲应力的计算公式，与屈服应力进行比较可得内罐的极限方程[17]。

$$Z=\sigma_s-\frac{1.5P(2A_1A_4-A_2A_3)+6(G_1C+0.5G_2C)(A_2C^2-A_1)}{(A_1-3C^2A_2)\delta_B^2} \tag{8}$$

对于阀门组，由于缺乏一定的实验条件，且 LNG 接收站运行良好，缺少失效数据，故选择参考文献[18]中的寿命截尾实验中的数据。当β已知时，可靠度 R 的置信水平为 α 的单侧置信下限为：

$$R_{\text{low}}=\exp\left\{\frac{\ln(1-\alpha)}{(n+1)}\left(\frac{t}{t_0}\right)^{\beta}\right\} \tag{9}$$

β一般都是未知的，不过对于 Weibull 分布的β可以通过已有的文献和材料进行调研。文献[19]表明钢结构的β值一般取 2.2，此处取$\beta_0=2.2$。

由于 LNG 储罐内的阀门较多，选取五个安全阀、四个真空补气阀、进口总阀、上进液阀、下进液阀以及出口总阀等主要阀门作为代表，其可靠性框图如图 2 所示。

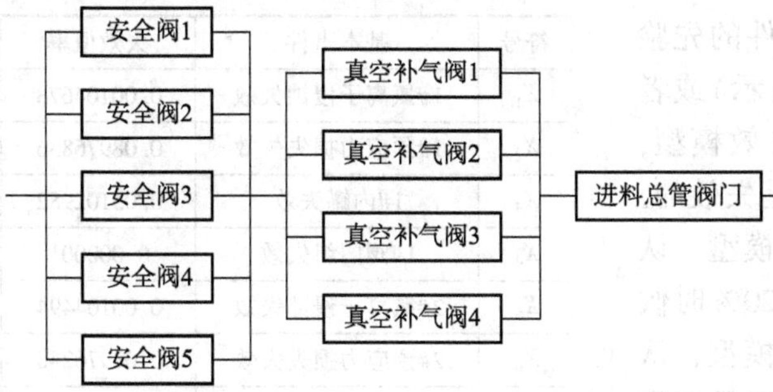

图 2　阀门组可靠性框图

假设每个阀门的置信水平 $\alpha=0.95$ 寿命试验验次数为 14000，根据公式(12)可以得到上述各个阀门的单侧置信下限，如表 1 所示。根据串并联关系计算可得阀门组的可靠度为：$R=0.999999$。

表 1　阀门可靠度 R 的单侧置信下限

阀门	启闭次数	R^*_{low}
安全阀 1	1	0.999999998
安全阀 2	1	0.999999998
安全阀 3	1	0.999999998
安全阀 4	1	0.999999998
安全阀 5	1	0.999999998
真空补气阀 1	1	0.999999998
真空补气阀 2	1	0.999999998
真空补气阀 3	1	0.999999998
真空补气阀 4	1	0.999999998
进口总管阀门	20	0.999999175
上进料管线阀门	8	0.999999890
下进料管线阀门	12	0.999999732
出口阀门	3	0.999999987

3.2　LNG 储罐系统可靠性计算

本文将某 LNG 接收站的四个 LNG 储罐视为储罐系统进行可靠性评价，根据接收站现场的实际情况，四个储罐的子系统为三用一备的关系，而每一个子系统据上述失效原因可知 LNG 外罐失效、内罐失效以及阀门失效为串联关系，外罐部分氯离子失效和预应力损失为并联关系，那么储罐的可靠性框图如图 3 所示。

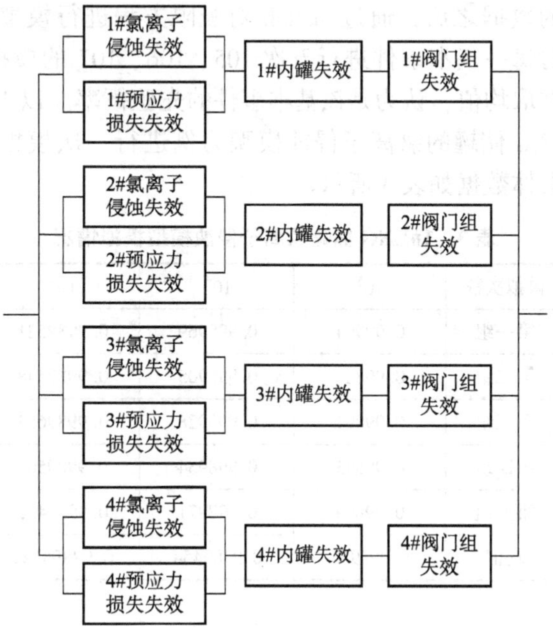

图 3　LNG 储罐系统可靠性框图

根据可靠性框图和事故树的对应关系[20-21]，以氯离子侵蚀失效、预应力损失失效、Ni9% 钢内罐以及阀门组失效等为基本事件构建故障树如图 4 所示，相关的底事件如表 2 所示。

表 2　LNG 储罐系统故障树底事件表

代码	基本事件名称	代码	基本时间名称
X_1	1#氯离子侵蚀失效	X_9	3#氯离子侵蚀失效
X_2	1#预应力损失失效	X_{10}	3#预应力损失失效
X_3	1#内罐失效	X_{11}	3#内罐失效

续表

代码	基本事件名称	代码	基本时间名称
X_4	1#阀门组失效	X_{12}	3#阀门组失效
X_5	2#氯离子侵蚀失效	X_{13}	4#氯离子侵蚀失效
X_6	2#预应力损失失效	X_{14}	4#预应力损失失效
X_7	2#内罐失效	X_{15}	4#内罐失效
X_8	2#阀门组失效	X_{16}	4#阀门组失效

通过上述极限方程等计算各基本事件的先验概率，考虑其皆为两态，即失效(用 0 表示)或者不失效(用 1 表示)。对于氯离子侵蚀失效模型，当氯离子浓度大于临界浓度的时候认为是失效的，否则是不失效的；对于预应力损失失效模型，认为外罐预应力损失值大于初始张拉力的 20% 时候是失效的，否则是不失效的；对于内罐模型，认为弯曲应力大于屈服应力是失效的，否则是不失效的；对于阀门组，认为其可靠度为 0.999999。

基于蒙特卡洛法，在带入相关某 LNG 接收站的数据之后，通过 matlab 对极限方程进行模拟，对每一基本事件进行五次 105、106、107 的模拟并取均值，认为是该基本事件的先验概率。以 1# LNG 储罐的氯离子侵蚀模型为例进行一次模拟，具体数据如表 3 所示。

表 3　1#LNG 储罐氯离子侵蚀模型模拟情况

模拟次数	10^5	10^6	10^7
第一组	0.99904	0.998969	0.9989521
第二组	0.99888	0.998905	0.9989548
第三组	0.99894	0.998928	0.9989657
第四组	0.99893	0.998954	0.9989503
第五组	0.99899	0.998971	0.9989432
均值	0.998956	0.9989454	0.99895322

为保证精度，取 107 次的模拟结果，故 1#LNG 储罐在氯离子侵蚀因素下的可靠度 $R=0.99895322$。其他 LNG 储罐一次进行模拟可最终得到储罐系统所有的氯离子侵蚀失效基本时间的可靠度。

依次对预应力损失失效模型和内罐失效模型进行模拟，此处内罐的液位选择最高液位，可以得到所有基本事件的先验概率如表 4 所示。

表 4　基本事件的先验概率

符号	基本事件	失效概率	不失效概率
X_1	1#氯离子侵蚀失效	0.00104678	0.99895322
X_2	1#预应力损失失效	0.08976836	0.91023164
X_3	1#内罐失效	0.05102982	0.94897018
X_4	1#阀门组失效	0.000001	0.999999
X_5	2#氯离子侵蚀失效	0.00104494	0.99895506
X_6	2#预应力损失失效	0.08976248	0.91023752
X_7	2#内罐失效	0.05106342	0.94893658
X_8	2#阀门组失效	0.000001	0.999999
X_9	3#氯离子侵蚀失效	0.00104752	0.99895248
X_{10}	3#预应力损失失效	0.08982176	0.91017824
X_{11}	3#内罐失效	0.05106628	0.94893372
X_{12}	3#阀门组失效	0.000001	0.999999
X_{13}	4#氯离子侵蚀失效	0.00104504	0.99895496
X_{14}	4#预应力损失失效	0.0897554	0.9102446
X_{15}	4#内罐失效	0.05108514	0.94891486
X_{16}	4#阀门组失效	0.000001	0.999999

在不考虑共因失效的情况下，通过故障树与贝叶斯网络的转化对应关系，将图 4 的 LNG 储罐的故障树进行转化，故障树中的各个基本事件对应着贝叶斯网络中的节点，故障树中的逻辑门对应贝叶斯网络中的条件概率，贝叶斯网络如图 5 所示。以储罐系统节点为例给出运算关系，如表 5 所示。

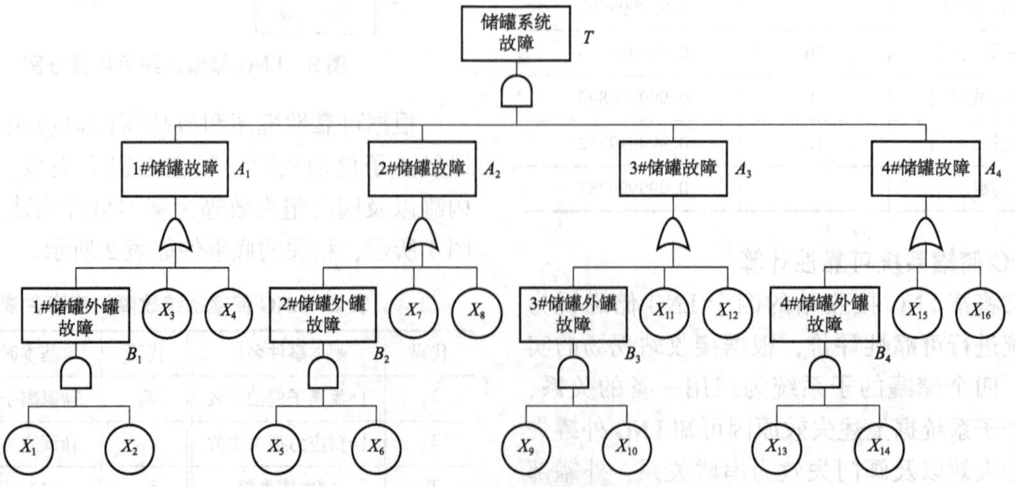

图 4　LNG 储罐系统故障树

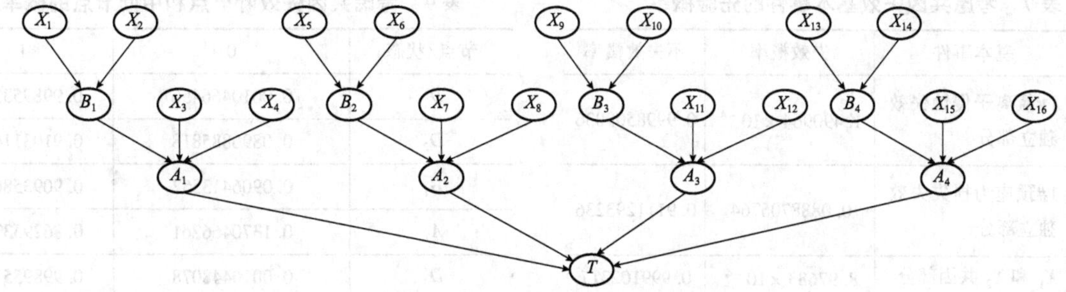

图5 LNG 储罐系统贝叶斯网络

表5 T的逻辑运算

$P(T\mid A_1, A_2, A_3, A_4)$	A_1, A_2, A_3, A_4
0	0000, 1000, 0100, 0010, 0001, 0011, 0101, 1001, 0110, 1010, 1100
1	1111, 1110, 1101, 1011, 0111

根据各根节点的先验概率以及各个节点之间的逻辑关系通过公式(8)对叶节点和中间节点的概率计算如表6。

表6 叶节点和中间节点的概率表

节点\状态	0	1
B_1	0.09072117	0.90927883
A_1	0.13712237	0.86287763
B_2	0.09071363	0.90928637
A_2	0.13714576	0.86285424
B_3	0.09077519	0.90922481
A_3	0.13720677	0.86279323
B_4	0.09070664	0.90929336
A_4	0.13715888	0.86284112
T	0.0932941	0.9067059

故此时 LNG 储罐系统的可靠度为0.9067059。

在考虑共因失效的情况下，假设 X_1 和 X_2、X_5 和 X_6、X_9 和 X_{10}、X_{13} 和 X_{14} 存在共因失效的关系，通过故障树与贝叶斯网络的转化对应关系，将图4的 LNG 储罐的故障树进行转化，故障树中的各个基本事件对应着贝叶斯网络中的节点，故障树中的逻辑门对应贝叶斯网络中的条件概率，贝叶斯网络如图6所示。

如果两个部件 A 和 B 存在共因失效，那么假设他们各自的失效概率为 $P(A=0)$ 和 $P(B=0)$，将二者分别分解为独立因子和共因因子 $P(A=0)_1$、$P(A=0)_2$ 和 $P(B=0)_1$、$P(B=0)_2$，那么引用 β 来表示共因因子的占比。

$$\beta_1 = \frac{p\ (A=0)_2}{p\ (A=0)_1 + p\ (A=0)_2} \tag{10}$$

$$\beta_2 = \frac{p\ (B=0)_2}{p\ (B=0)_1 + p\ (B=0)_2} \tag{11}$$

二者的共因因子为：

$$\beta = \min\{\beta_1, \beta_2\} \tag{12}$$

根据某 LNG 接收站所处的环境以及 LNG 储罐外罐氯离子侵蚀失效和预应力损失失效的影响程度，取 β 因子为1%。以1#为例计算共因部分的失效率：

$$P\ (C_1=0)_1 = \beta \cdot P(X_1=0) = 1.04678\mathrm{e}^{-5}$$

$$P\ (C_1=0)_1 = \beta \cdot P(X_2=0) = 8.976836\mathrm{e}^{-4}$$

所以 $P(C_1=0) = 8.97683\mathrm{e}^{-4}$

那么 $P(X_1=0) = 1.490964\mathrm{e}^{-4}$；$P(X_2=0) = 0.0888706764$。

按照上述方法继续对各个基本事件进行模拟，可以得到所有基本事件的先验概率如表7所示。

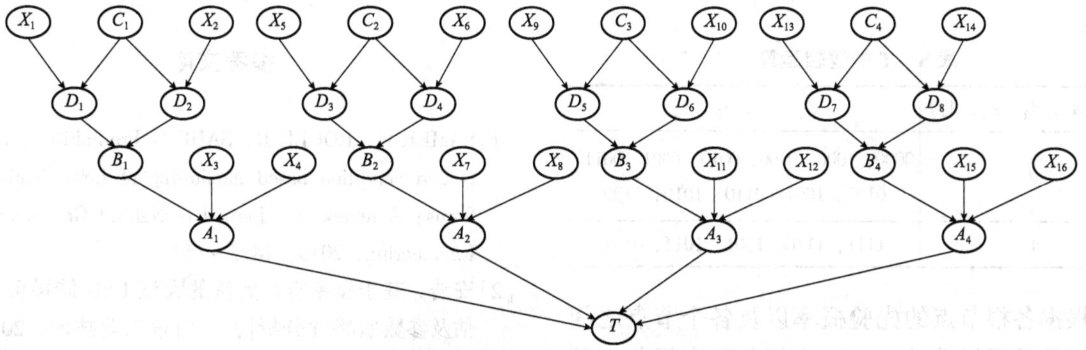

图6 考虑共因失效的 LNG 储罐系统贝叶斯网络

表7　考虑共因失效基本事件的先验概率

符号	基本事件	失效概率	不失效概率
X_1	1#氯离子侵蚀失效独立部分	1.490964×10^{-4}	0.9998509036
X_2	1#预应力损失失效独立部分	0.0888706764	0.9111293236
C_1	X_1 和 X_2 共因部分	8.97683×10^{-4}	0.999102317
X_3	1#内罐失效	0.05102982	0.94897018
X_4	1#阀门组失效	0.000001	0.999999
X_5	2#氯离子侵蚀失效独立部分	1.473152×10^{-4}	0.9998526848
X_6	2#预应力损失失效独立部分	0.0888648552	0.9111351448
C_2	X_5 和 X_6 共因部分	8.976248×10^{-4}	0.9991023752
X_7	2#内罐失效	0.05106342	0.94893658
X_8	2#阀门组失效	0.000001	0.999999
X_9	3#氯离子侵蚀失效独立部分	1.493024×10^{-4}	0.9998506976
X_{10}	3#预应力损失失效独立部分	0.0889235424	0.9110764576
C_3	X_9 和 X_{10} 共因部分	8.982176×10^{-4}	0.9991017824
X_{11}	3#内罐失效	0.05106628	0.94893372
X_{12}	3#阀门组失效	0.000001	0.999999
X_{13}	4#氯离子侵蚀失效独立部分	1.4748599×10^{-4}	0.999852514
X_{14}	4#预应力损失失效独立部分	0.088857846	0.911142154
C_4	X_{13} 和 X_{14} 共因部分	8.97554×10^{-4}	0.999102446
X_{15}	4#内罐失效	0.05108514	0.94891486
X_{16}	4#阀门组失效	0.000001	0.999999

以储罐系统节点为例给出运算关系，如表8所示。

表8　T的逻辑运算

$P(T\mid A_1, A_2, A_3, A_4)$	A_1, A_2, A_3, A_4
0	0000, 1000, 0100, 0010, 0001, 0011, 0101, 1001, 0110, 1010, 1100
1	1111, 1110, 1101, 1011, 0111

根据各根节点的先验概率以及各个节点之间的逻辑关系通过公式(8)对叶节点和中间节点的概率计算如表9。

表9　考虑共因失效叶节点和中间节点的概率表

节点/状态	0	1
D_1	0.0010466456	0.9989533544
D_2	0.0896885818	0.9103114182
B_1	0.0906413552	0.9093586448
A_1	0.1370466261	0.8629533739
D_3	0.0010448078	0.9989551922
D_4	0.0896827127	0.9103172873
B_2	0.0906338193	0.9093661807
A_2	0.1370700294	0.8629299706
D_5	0.0010473859	0.9989526141
D_6	0.0897418873	0.9102581127
B_3	0.0906952788	0.9093047212
A_3	0.1371309512	0.8628690488
D_7	0.0010449076	0.9989550924
D_8	0.0896756453	0.9103243547
B_4	0.0906268501	0.9093731499
A_4	0.1370831677	0.8629168323
T	0.0932012721	0.9067987279

考虑共因失效LNG储罐系统的可靠度为0.9067987279，通过与表6的进行对比可以发现，考虑共因失效与不考虑共因失效的系统可靠度有差别，但差别不大，说明氯离子侵蚀失效和预应力损失失效之间的共因对系统的影响不大。

4　结论

通过基本部件的极限方程，利用蒙特卡洛法方法模拟获得该部件的失效概率，解决了无失效数据或者失效数据不完全的评价。

建立贝叶斯网络，对LNG储罐系统进行可靠性分析，同时对比分析了不考虑共因失效和考虑共因失效时系统可靠度的差别，并将共因失效与贝叶斯网络进行结合，延伸了贝叶斯网络，提出了考虑共因失效时基于贝叶斯网络的评价方法。

参考文献

[1]SAMER G, ROGER D, SAUD G. Profitability, reliability and condition based monitoring of LNG floating platforms: A review[J]. Journal of Natural Gas Science and Engineering, 2015: 1495-1511.

[2]安浩．基于概率有限元法的大型LNG储罐可靠性评估及参数敏感性分析[J]．山东工业技术，2015，98(01)：98-100.

[3]王川．大型LNG储罐的可靠度分析[J]．特种结构，

2015，32(01)：97-102，84.

[4]游峰．大型储罐重大危险源评价与可靠性分析[D]．武汉：武汉工程大学，2013.

[5]于庭安，戴兴国．LNG储罐火灾和爆炸事故树分析[J]．中国安全科学学报，2007，17(08)：110-114.

[6]LEE S R. Safety comparison of LNG tank designs with fault tree analysis. [J]Proceedings of the 23rd World Gas Conference，2006：1-10.

[7]Wang Gang；Li Zhen；Song Tianshu，et al. Reliability analysis method of LNG reservoir tank under the action of the earthquake[J]. Industrial Construction，2015：45(10)：74-78.

[8]王伟玲．大型LNG预应力储罐静力荷载下受力性能研究[D]．大庆：东北石油大学，2009.

[9]Ruiz D P，Gutierrez S G. Finite Element Methodology for the Evaluation of Soil Damping in LNG Tanks Supported on Homogeneous Elastic Halfspace[J]. Bulletin of Earthquake Engineering，2015，13(3)：755-775.

[10]刘磊．软土地基上储罐的沉降分析及整体可靠度计算[D]．青岛：中国石油大学(华东)，2008.

[11]周真，秦陆，管永超，等．贝叶斯方法在安全仪表系统设备失效率确定中的应用[J]．中国安全科学学报，2015，25(7)：93-96.

[12]陈长飞，白国强．贝叶斯网络在消防系统可靠性分析中的应用[J]．中国安全科学学报，2018，2(06)：97-102.

[13]ERICSON C A. Hazard Analysis Techniques for System Safety[M]. Hoboken：John Wiley and Sons，2005.

[14]ARUN H. A pragmatic approach to estimate alpha factors for common cause failure analysis[J. Annals of Nuclear Energy，2014，63(1)：317-325.

[15]张超．ANSYS软件在LNG储罐有限元分析中的应用[M]．北京：国防工业出版社，2014：19-22.

[16]孙鑫．LNG接收站储罐和工艺管道的可靠性研究[D]．北京：中国石油大学(北京)，2017.

[17]程旭东，王子栋等．大型LNG储罐外罐长期预应力损失分析[J]．天然气工业，2018，38(11)：97-105.

[18]惠民，王凭慧．无失效数据的可靠性评估和寿命预测[J]．机械强度，2004(03)：260-264.

[19]傅惠民，张勇波．Weibull分布定时无失效数据可靠性分析方法[J]．航空动力学报，2010，25(12)：2807-2810.

[20]周忠宝，周经伦，金光，等．基于贝叶斯网络的概率安全评估方法研究[J]．系统工程学报，2006，21(6)：636-643.

[21]ALIS. On the Bayeian estimation of the weighted lindley distri-bution[J]. Journal of statistical computation and simulation，2015，85(5)：855-880.

含超标缺陷的在用压力管道安全评定

梁立斌　司永宏　郝　博　张瀚文

(天津市特种设备监督检验技术研究院，天津　300192)

摘　要：在架空管道与埋地管道的定期检验过程当中，常常会检测出超标缺陷，而使用单位往往由于客观原因难以在有限时间内完成返修工作。为确保压力管道能够安全运行，有必要针对检出的超标缺陷展开安全评定。本文依据 GB/T 19624—2019 以及 SY/T 6477—2017 的方法，并运用专业的管系应力分析软件 CAESAR Ⅱ 来进行建模分析，以某钢铁集团和某燃气公司的管道作为实例实施了评价计算。评价结果显示，其超标缺陷均能符合要求，可在下一个检验周期内予以监控运行，待到符合返修条件之时，再对其超标缺陷进行返修处理。

关键词：压力管道；超标缺陷；安全评定；适用性评价；应力分析

Safety Assessment of In-service Pressure Pipelines with Excessive Defects

LIANG Libin, *SI Yonghong*, *HAO Bo*, *ZHANG Hanwen*

(Tianjin Special Equipment Inspection Institute, Tianjin 300192, China)

Abstract: In the regular inspection process of overhead pipelines and buried pipelines, excessive defects are often detected. Due to objective reasons, the user units often cannot complete the repair work within a limited time. In order to ensure the safe operation of pressure pipelines, it is necessary to conduct safety assessment on the detected excessive defects. This article is based on the methods of GB/T 19624—2019 and SY/T 6477—2017, and uses the professional pipe system stress analysis software CAESAR Ⅱ for modeling and analysis. Taking the pipelines of a certain steel group and a certain gas company as examples, evaluation calculations have been carried out. The evaluation results show that the excessive defects all meet the requirements and can be monitored and operated in the next inspection cycle, and the excessive defects can be repaired when the repair conditions are met.

Key words: Pressure pipeline; Excessive defect; Safety assessment; Applicability evaluation; Stress analysis

1　引言

压力管道作为现代工业与生活中极为关键且不可或缺的重要构成部分，其发展进程相当引人瞩目。当下，工业管道在石油化工等众多领域中扮演着命脉般的角色，而燃气管道更是铺设到了每一个小区，它们宛如城市的“生命线”，虽并不张扬，却与我们的生活紧密相连且不可或缺。由于施工环境的繁杂、焊接工艺以及焊接水平的差异等因素限制，在管道安装过程中不可避免地会出现缺陷[1]。《压力管道定期检验规则 - 工业管道》(TSG D7005—2018)明确规定：“安全状况等级被定为4级或者定期检验发现严重缺陷可能导致停止使用的管道，应当对缺陷进行处理，而缺陷处理的方式应当包含通过修理的办法消除缺陷或者开展合于使用评价”[2]；《压力管道定期检验规则 - 公用管道》(TSG D7004—2010)也规定：“应当及时对检测中发现的危害管道结构完整性的缺陷进行剩余强度评估与超标缺陷安全评定”[3]。

作者简介：梁立斌(1992—　)，工程师，硕士研究生，毕业于中国石油大学(北京)石油与天然气工程专业，现主要从事压力管道、常压储罐检验检测工作和研究。E - mail：13241228349@163.com

合于使用评价牵涉到诸多繁杂因素，例如对各种性能参数的精确考量、对不同状况的综合分析等，而且其计算过程也颇为复杂繁琐不易进行，需要专业且深入的研究以及细致的操作。本文基于《在用含缺陷压力容器安全评定》(GB/T 19624—2019)和《含缺陷油气管道剩余强度评价方法》(SY/T 6477—2017)，选取工业架空管道(某钢铁集团中无法返修且安全状况等级为4级的氧气管道和天然气管道)以及公用埋地管道(某含有超标缺陷的燃气管道)来进行安全评定。

2　管道情况概述

某钢铁集团的氧气管道于2003年开始投入使用，其长度达827.1米，原始资料并不明确，经光谱分析得知该管道的材质为304不锈钢，规格为$\phi426\times10$mm，最高工作压力为1.3MPa，工作温度为常温状态；天然气管道是在2004年投入使用的，长度为696.3m，其原始资料也不清晰，通过光谱分析确定该管道材质为20#，规格为$\phi219\times6$mm，最高工作压力为0.2MPa，工作温度同样为常温。经过资料审查发现，上述两条管道在上次定期检验时已发现存在多处超标缺陷，并且进行了合于使用评价。此次定期检验进行了射线检测，鉴于缺陷类型属于非尖锐开口性缺陷，而且上次合于使用评价位置的焊口缺陷未见扩展，故而选取缺陷最为严重的TRQ-3-8、TRQ-3-9、YQ-1-5、YQ-1-26这几道焊缝来开展合于使用评价，超标缺陷的主要技术参数详见表1。

在某燃气集团的燃气管道开挖直接检验的过程中，发现了焊口。对该焊口进行射线检测后，发现存在Ⅳ级片。由于该管道的施工验收规范要求焊口达到Ⅱ级合格标准，所以需要对其进行合于使用评价。该管道的资料完备，于2015年投入使用，其规格为$\phi219\times6$mm，材质为Q235B，超标缺陷的焊口号为SZHY-1#，缺陷类型为未焊透，缺陷高度为0.5mm。

表1　超标缺陷主要技术参数

编号	管道名称	焊口号	规格	焊口号	缺陷记录			缺陷安全状况等级
					缺陷性质	总长度/mm	缺陷高度/mm	
1	天然气管道	TRQ-3	$\phi219\times6$mm	TRQ-3-8	未焊透	115	2.3	4
2	天然气管道	TRQ-3	$\phi219\times6$mm	TRQ-3-9	未焊透	115	2.3	4
3	氧气管道	YQ-1	$\phi426\times10$mm	YQ-1-26	圆形缺陷	圆缺$\phi6$	4	
4	氧气管道	YQ-1	$\phi426\times10$mm	YQ-1-5	未焊透及未熔合(根部、相连)	120	2.6	4

3　合于使用评价方法的选用

3.1　架空管道

依据管道的实际受力状况，展开管系应力的计算工作，管系应力的计算运用专业的应力分析软件，在经过现场勘查后，依照管线的实际情形构建起理想的计算模型，并计算得出缺陷焊口处的弯矩和拉力，针对不同类型的缺陷采用不同的方法予以判定。

对于未焊透缺陷、根部相连的未焊透以及未熔合缺陷采用因子评定法：按照GB/T 19624—2019来计算断裂韧度、薄膜应力、弯曲应力、起裂时的载荷比、U因子、安全系数以及许可流变应力比，倘若如GB/T 19624—2019附录G式(1)所表述的判据成立，那么评定结论即为安全或可接受；否则就认为无法保证安全或不可接受。

对于圆形缺陷则采用简化评定法：依据GB/T 19624—2019，根据弯矩和拉力以及管道的相关参数计算一次薄膜应力和一次弯曲应力，并采用保守原则，将超标缺陷等效成整圈超标缺陷或贯穿缺陷，同时依据实际工作情况评估计算管道的基本参数，将相关参数代入到GB/T 19624—2019中，当相关计算值小于规定值时，该超标缺陷为安全或可接受。

3.2　埋地管道

按照SY/T 6477—2017的规定，未焊透缺陷属于焊缝裂纹型缺陷，而含裂纹型缺陷管道的剩余强度评价是基于失效评估图方法来展开的，这种方法已然成为在对含裂纹缺陷构件进行评价中运用最为广泛的方法[4]。失效评估图的横坐标设定为载荷比，纵坐标设定为韧性比，对超标缺陷的相关数据进行评估之后，能够在失效评估图上确定相应点位，倘若点位处于评估曲线的截止线以内，那么该超标缺陷即为安全或可接受的。

4　合于使用评价过程

4.1　架空管道

以上述钢铁集团中含有缺陷的氧气管道和天然气管道作为实例来展开计算。缺陷位置现场实际照片图详见图 1。

图 1　超标缺陷位置现场图

针对待评价缺陷焊口周边管道的状况实施勘察与测绘工作，宏观检查并未发现明显的形变情况，绘制出单线图，该图中涵盖了各特征点之间的距离，具体详见图 2。

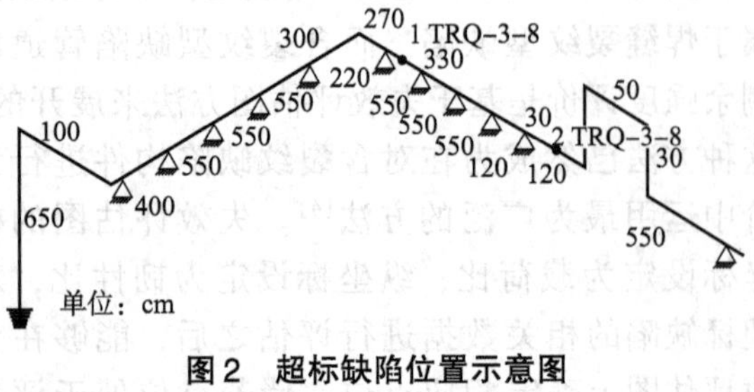

图 2　超标缺陷位置示意图

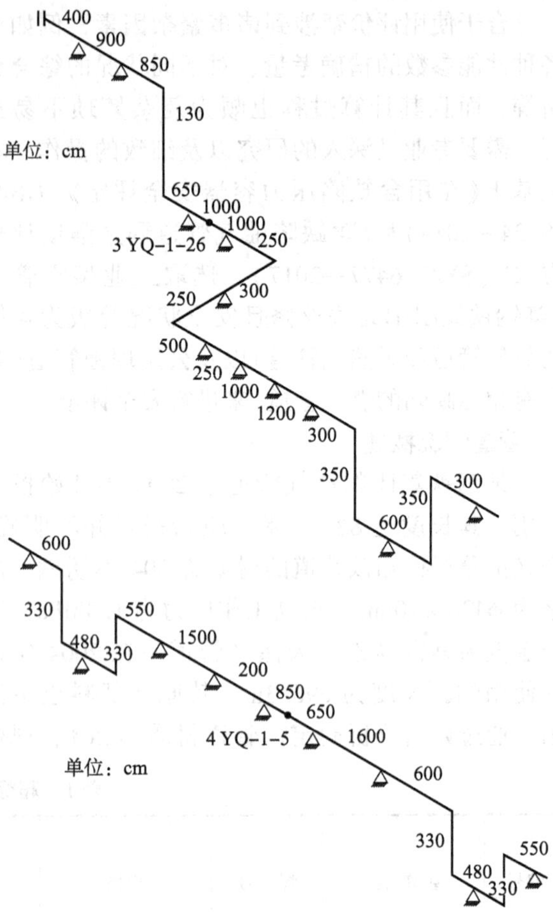

图 2　超标缺陷位置示意图(续)

合于使用评价的核心流程在于针对待分析部位展开应力分析，然而与压力容器有所不同，压力管道能够简化成梁单元，需要对其在不同载荷作用下的弯、拉、扭、压等情况进行分析，常规的有限元分析方法存在一定的局限性[5]，本文则运用专业的管系应力分析软件 CAESAR Ⅱ 来进行分析与计算。

依据管道的实际受力状况，可以认为管道主要承受内压以及管道与介质自身重力的作用，经过现场勘查后依照管线的实际情形构建起理想的计算模型。结合现场的实际情况以及图纸，与缺陷相对应的管系应力计算所构建的模型如图 3 所示，其中超标缺陷所在管道的材料属性对应选取 20#和不锈钢 304 的相关参数，使用温度为常温。图中所标注的位置便是含有超标缺陷的位置。

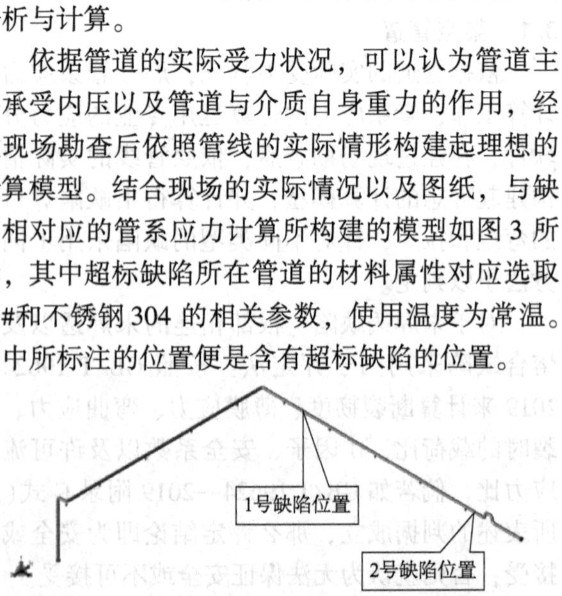

图 3　超标缺陷附近管系应力分析模型图

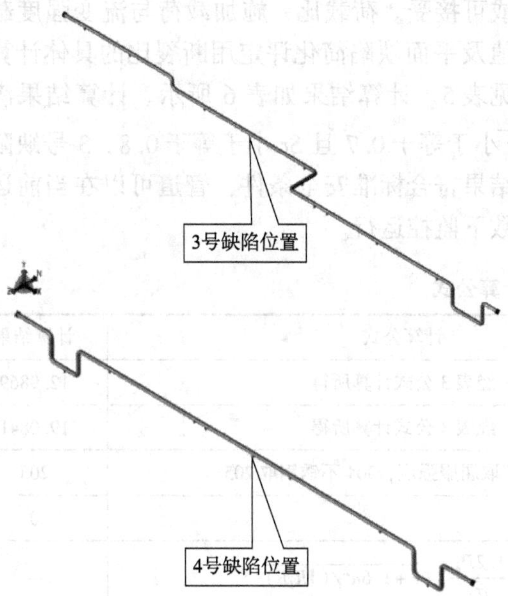

图3　超标缺陷附近管系应力分析模型图(续)

基于管道的实际运行工作状况，在本文中所计算的缺陷所在管道所允许的工作温度为常温，故而缺陷模型采用静载荷模型来进行计算，将其代入到上述模型中展开相关计算，最终计算得出缺陷焊口截面处的拉力、弯矩，具体情况如表2所示。

对于1、2、4号缺陷，采用因子评定法评价，因子评定法中断裂韧度、起裂时载荷比、U因子、安全系数、许可流变应力比的具体计算过程如表3所示[6]。计算结果如表4所示。

根据GB/T 19624—2019中附录G所述，如果式(1)所表述的判据成立，则评定结论为安全或可接受；否则认为不能保证安全或不可接受。由表4中计算结果可知，1、2、4号缺陷满足式(1)的判据，缺陷评定结果符合标准安全条件，管道可以在当前运行参数下监控运行。

表2　超标缺陷主要技术参数

序号	管道名称	焊口号	运行压力/MPa	X方向拉力/N	Y方向拉力/N	Z方向拉力/N	X方向弯矩/(N·m)	Y方向弯矩/(N·m)	Z方向弯矩/(N·m)
1	天然气管道	TRQ-3	0.2	0	266	0	-29	3	-146
2	天然气管道	TRQ-3	0.2	0	727	0	-29	-1	414
3	氧气管道	YQ-1	1.3	367	822	0	0	0	1847
4	氧气管道	YQ-1	1.3	-530	1426	-48	-1266	-817	-25895

表3　因子评定法计算公式

参量	符号及单位	计算公式	计算结果
材料J积分断裂韧度	J_{IC}(N/mm)	$1.1KV_2$	29.7
断裂韧度	$K_C(MP_a\cdot\sqrt{m})$	$K_C=\sqrt{EJ_{IC}/(1-v^2)}$	—
薄膜应力	$\sigma_m(MP_a)$	$\sigma_m=\dfrac{N+\pi R_i^2 p}{2\pi RB}$	—
弯曲应力	$\sigma_B(MP_a)$	$\sigma_B=\dfrac{M_B}{\pi R^2 B}$	—
起裂时载荷比	L_r^F	$L_r^F=k_1\exp(k_2\sigma_s\sqrt{B}/Kc)+k_3\exp(k_4\sigma_s\sqrt{B}/Kc)$	见表4
U因子	U	$U=\dfrac{\sigma_s+\sigma_b}{2L_r^F\sigma_s}$	见表4
安全系数	n_P	保守取值	1.5
许可流变应力比	$[\overline{\sigma}]$	由缺陷尺寸θ/π值及a/B值由查表得	见表4
评定方程系数	k_1，k_2，k_3，k_4	查表得	见表4

表4　因子评定法计算结果

缺陷编号	L_r^F	U	k_1	k_2	k_3	k_4	$\sigma_m+\sigma_B$/(MPa)	$\left(\dfrac{\sigma_s+\sigma_b}{2}\right)\dfrac{[\overline{\sigma}]}{Un_P}$MPa
1	1.0341	1.2925	1.5693	-27.0919	1.2612	-0.8954	2.4390	162.0309
2	1.0341	1.2925	1.5693	-27.0919	1.2612	-0.8954	3.7986	162.0309
4	1.0068	1.7562	1.5975	-27.7908	1.2182	-0.7465	14.2996	148.1019

$$(\sigma_m+\sigma_B)\leqslant\left(\frac{\sigma_s+\sigma_b}{2}\right)\frac{[\bar{\sigma}]}{Un_P} \tag{1}$$

对于3号缺陷，采用简化评定法，采用保守性原则，将该超标缺陷等效成贯穿缺陷，根据GB/T 19624—2019中5.6.1节所述，当$\sqrt{\delta_r}$小于等于0.7且Sr小于等于0.8时，此超标缺陷为安全或可接受。荷载比、施加载荷与流变强度载荷比值及平面缺陷简化评定用断裂比的具体计算过程见表5。计算结果如表6所示。计算结果满足$\sqrt{\delta_r}$小于等于0.7且Sr小于等于0.8，3号缺陷评定结果符合标准安全条件，管道可以在当前运行参数下监控运行。

表5　简化评定法计算公式

参量	符号及单位	计算公式	计算结果
一次薄膜应力	P_m/MPa	经表3公式计算所得	12.9869
一次弯曲应力	P_b/MPa	经表3公式计算所得	19.0841
二次焊接残余应力	Q_m/MPa	保守计算取屈服强度，304不锈钢取205	205
二次弯曲应力	Q_b/MPa	—	0
载荷比(贯穿缺陷)	L_r	$L_r=\frac{1.2P_m}{\sigma_s}\sqrt{1+1.6a^2/(]R_iB)}$	—
等效裂纹尺寸	$\bar{a}$	$\bar{a}=a$	—
裂纹尖端张开位移	δ	$\delta=\overline{\pi a}\sigma_s(\sigma_\Sigma/\sigma_s)^2M_g^2/E$ (当$\sigma_\Sigma<\sigma_s$时) $\delta=0.5\pi\bar{a}\sigma_s\left(\frac{\sigma_\Sigma}{\sigma_s}+1\right)M_g^2/E$ (当$\sigma_\Sigma\geqslant\sigma_s\geqslant K_tP_m+X_bP_b$时)	—
总当量应力	σ_Σ	$\sigma_\Sigma=K_tP_m+X_bP_b+X_r\sigma_s$	—
应力集中系数	K_t	保守取值	1.5
弯曲应力结合系数	X_b	表面缺陷取0.75	0.75
焊接残余应力结合系数	X_r	保守取值	0.6
膨胀效应系数	M_g	$M_g^2=1+1.61\bar{a}^2/RB$	—
平面缺陷简化评定用断裂比	$\sqrt{\delta_r}$	$\sqrt{\delta_r}=1.2\sqrt{\delta/\delta_c}$	—
施加载荷与流变强度载荷比值	S_r	$S_r=\frac{L_r}{L_r^{max}}$; $L_r^{max}=\min(1.2,\frac{\sigma_s+\sigma_b}{2\sigma_s})$	—

表6　简化评定法计算结果

缺陷编号	$\bar{a}$	F_m	L_r	M_g^2	$\sqrt{\delta_r}$	S_r
3	5	—	0.0767	1.0193	0.0152	0.0639

4.2　埋地管道

以上述燃气公司开挖的SZHY－1#为例进行计算，该管道外半径R_o为109.5mm，管道内半径R_i为103.5mm，公称壁厚t为6mm，管道设计压力P为0.4MPa，屈服强度σ_y为235MPa，断裂韧性K_{mat}为140MPa·m$^{0.5}$。

计算一次应力的参比应力：

$$\sigma_{ref}=\frac{M_r}{2}+\left(N_r^2+\frac{M_r^2}{4}\right)^{0.5} \tag{2}$$

对内表面缺陷：

$$N_r=\frac{P_m(R_o^2-R_i^2)}{R_o^2-(R_i+a)^2} \tag{3}$$

$$M_r=P_{bg}\frac{3\pi}{16}\left[\frac{R_o^4-R_i^4}{R_o^4-R_i(R_i+a)^3}\right] \tag{4}$$

其中：

$$P_m=\frac{pR_i^2}{R_o^2-R\frac{2}{i}}+\frac{F}{\pi(R_o^2-R_i^2)} \tag{5}$$

$$P_{bg}=\frac{MR_o}{0.25\pi(R_o^4-R_i^4)} \tag{6}$$

式中　F——管道所受的轴向附加载荷，单位为牛顿，N；

M——管道净截面的弯矩，单位为牛顿毫米，N·mm。

待评价管道为埋地管道，F与M取0。

计算可得一次应力的参比应力σ_{ref}为3.64905MPa。根据$L_r=\sigma_{ref}/\sigma_y$确定载荷比为0.015527。

采用一次应力和缺陷尺寸，计算一次载荷的

应力强度因子 K_I，计算过程如下：

$$K_1 = \left[G_0(\sigma_0 + p_c) + G_1\sigma_1\left(\frac{a}{t}\right)\right]\sqrt{\pi a} \quad (7)$$

对内表面裂纹有：$\sigma_0 = \sigma_m + \sigma_b$ 和 $\sigma_1 = 2\sigma_b$。其中，

$$\sigma_m = \frac{pR_1^2}{R_0^2 - R_1^2} + \frac{F}{\pi(R_0^2 - R_1^2)} + \frac{2M(R_0 + R_1)}{\pi(R_0^4 - R_1^4)} \quad (8)$$

$$\sigma_b = \frac{2M(R_O - R_i)}{\pi(R_O^4 - R_i^4)} \quad (9)$$

式中，a 表示表面缺陷深度，单位为 mm；应力强度因子表达式中的参数 G_0 取 1.12 和 G_1 取 0.682，取值见 SY/T 6477—2017 的表 B.2。

计算可得一次载荷的应力强度因子 K_I 为 5.26653MPa · $m^{0.5}$。

确定韧性比：

$$K_r = \frac{K_I^P + \varphi K_I^{SR}}{K_{mat}} \quad (10)$$

其中，对于应力保守起见统一按一次应力处理，则 $KISR$ 为 0，φ 为 1。

计算可得韧性比为 0.037618。评估点坐标为(0.015527，0.037618)，在失效评估示意图中位置如图 4 所示。由图中内容可以确定缺陷评估坐标位于失效评估示意图中评估曲线以内，故该缺陷可以接受。

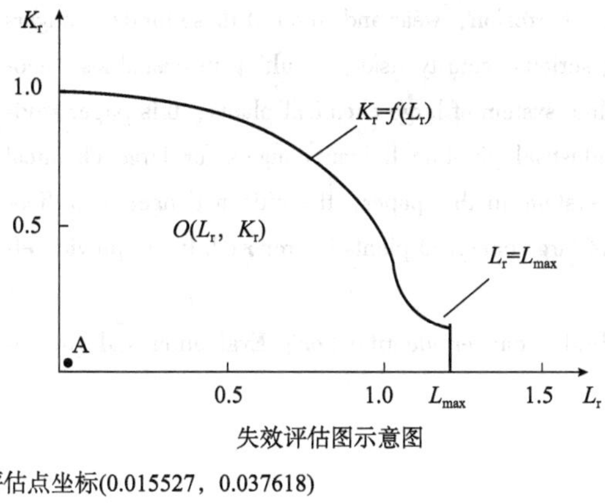

图 4 失效评估示意图

5 结束语

(1)此次展开安全评定的架空管道，总计有 2 条，涉及到 4 个超标缺陷(包括未焊透缺陷、根部相连的未焊透和未熔合缺陷、圆形缺陷)，借助 CAESAR Ⅱ 软件实施管系应力分析，并依据 GB/T 19624—2019 中相关的计算方法予以计算，其计算结果表明待评定管道的超标缺陷满足标准的安全要求，该管道能够在当前的运行参数下进行监控运行。

(2)本次所进行安全评定的埋地管道，仅有 1 条，涉及 1 个超标缺陷(未焊透缺陷)，按照 SY/T 6477—2017 中相关的计算方法展开计算，计算结果显示出待评定管道的超标缺陷符合标准的安全要求，该管道可以在当前运行参数下进行监控运行。

(3)针对超标缺陷，在架空管道无法进行返修、埋地管道无法进行返修或加焊 B 型套筒的情形下，通过安全评定的方式进行计算，倘若评定结果合格，那么该管道能够在相应的运行参数下进行监控使用，从而能够为企业解决管道必须使用与超标缺陷不允许其使用的这种两难困境。

(4)从安全层面考虑，对于安全评定合格的压力管道，当使用单位具备焊口修复的条件时，应当尽可能地对超标缺陷进行返修，在尚未修复之前，应实施监控使用，一旦发觉管道出现异常情况，应当立刻停止使用。

参考文献

[1]王珂，罗金恒，黄保盛，等．我国在役油气老管道运行现状[J]．焊管，2009，32(9)：61－65.

[2]TSG D7005—2018，压力管道定期检验规则——工业管道[S].

[3]TSG D7004—2010，压力管道定期检验规则——公用管道[S].

[4]SY/T 6477—2017，含缺陷油气管道剩余强度评价方法[S].

[5]陈勋，郑连学，周丽琴．含缺陷在用压力管道合于使用评价[J]．石油工业技术监督，2021(1)：44－47.

[6]GB/T 19624—2019，在用含缺陷压力容器安全评定[S].

大型化工厂工业管道隐患识别、评价与治理

赵鹏飞[1]　李文君[2]　花云龙[1]　孙文生[1]

(1. 中特检管道工程(北京)有限公司，北京　100013；2. 中国特种设备检测研究院，北京　100013)

摘　要：随着工业化进程的推进，大型化工厂的管道系统在生产过程中面临着各种隐患，如泄漏、腐蚀、磨损等问题。这些隐患如果得不到及时识别、评价和治理，将带来严重的安全隐患，造成人员伤亡、经济损失及环境污染。因此，本文针对大型化工厂的管道系统，研究针对大型化工厂的工业管道隐患识别、评价与治理技术，旨在提高管道系统的安全性和可靠性。本文提出的针对大型化工厂工业管道的隐患识别、评价与治理技术。可以为化工企业提供了有效的安全管理手段。

关键词：大型化工厂；工业管道；隐患识别；评价与治理；定期检验

On the Identification，Evaluation and Management of Hidden Dangers of Industrial Pipelines in Large Chemical Plants

ZHAO Pengfei[1]，*LI Wenjun*[1]，*HUA Yunlong*[1]，*SUN Wensheng*[1]

(1. China special inspection Pipeline Engineering (Beijing) Co.，Ltd，Beijing 100013，China；
2. China Special Equipment Inspection And Research Institute，Beijing 100013，China)

Abstract：With the advancement of industrialization，the pipeline system of large chemical plants is faced with various hidden dangers in the production process，such as leakage，corrosion，wear and so on. If these hidden dangers are not identified，evaluated and treated in time，they will bring serious security risks，resulting in casualties，economic losses and environmental pollution. Therefore，for the pipeline system of large chemical plants，this paper studies the identification，evaluation and treatment technology of industrial pipeline hidden dangers for large chemical plants，aiming at improving the safety and reliability of pipeline system. In this paper，the hidden danger identification，evaluation and treatment technology for industrial pipelines of large chemical plants is proposed. It can provide effective means of safety management for chemical enterprises.

Key words：Large chemical plant；Industrial pipeline；Hidden danger identification；Evaluation and governance；Periodic inspection

1　引言

随着工业化进程的不断推进，大型化工厂的建设和运营已成为现代社会发展的重要组成部分。在大型化工厂中，工业管道作为输送介质的重要通道，承担着将原材料、能源和产品等物质输送到各个生产环节的重要任务。然而，由于长期运行、环境因素、设备老化等原因，工业管道存在着各种隐患，如腐蚀、泄漏、破裂等问题，并且大型化工厂工作人员多、设备丰富、并且输送介质很多为易燃、易爆、有毒的物质，因此一旦发生事故，可能会导致严重的人员伤亡、经济损失及环境污染。因此，对于大型化工厂的工业管道，其隐患识别、评价与治理显得尤为重要。

工业管道的隐患识别、评价与治理是确保大型化工厂安全运行的重要环节。准确识别管道隐患、评估其对生产安全和环境的影响，并采取相应的治理措施，可以有效降低事故风险，保障工业生产的持续稳定[1]。

作者简介：赵鹏飞(1996—　)，本科，主要从事的工作为压力管道检验工作。E-mail：2567478287@qq.com

本论文旨在研究大型化工厂工业管道隐患识别、评价与治理。首先，通过综合分析国内外相关文献和实践经验，总结和归纳工业管道隐患的识别方法，包括监测技术、检验检测技术和评估方法。其次，探讨工业管道隐患评价的方法。最后，研究工业管道隐患的治理技术，包括管道维修和预防技术，并对其效果进行评估。

本研究的意义在于提供一种系统、科学的方法，帮助大型化工厂识别、评价和治理工业管道隐患，为生产安全和环境保护提供技术支持。通过对管道隐患的有效管理，可以减少事故发生的概率，提高生产效率，降低生产成本。同时，本研究还有助于推动工业管道隐患管理技术的发展和创新，为工业安全管理提供参考和借鉴[2]。

2 管道隐患识别技术

2.1 隐患识别的重要性

隐患识别在大型化工厂中具有重要的意义。隐患是指在工业管道系统中存在的潜在危险或缺陷，如果不及时识别和处理，可能会导致严重的事故发生，对人员安全和环境造成巨大的威胁。因此，准确地识别和评估管道系统中的隐患是保障工厂安全运行的关键环节。

隐患识别可以帮助化工厂及时发现管道系统中存在的问题。工业管道系统通常是复杂的，包括各种管道、阀门、泵等设备，其中存在着各种潜在的隐患。通过定期检验和监测，可以发现管道系统中的腐蚀、泄漏、疲劳等问题，以及设备的老化、损坏等情况。及时发现这些问题，有助于采取相应的措施进行修复和改进，避免事故的发生。

2.2 管道隐患识别方法

2.2.1 监测技术

监测技术在工业管道隐患识别中起着至关重要的作用。通过对管道运行状态的实时监测和数据采集，可以及时发现管道存在的隐患，并进行相应的处理和修复，以保证管道的安全运行。

监测技术指通过传感器技术无线通信技术等。传感器技术是监测技术中最常用的一种方法，通过安装不同类型的传感器在管道上进行数据采集，如温度传感器、压力传感器、流量传感器等。这些传感器可以实时监测管道的运行参数，如温度、压力、流量等，以及管道的振动、腐蚀、磨损等情况。通过对这些数据的分析和处理，可以判断管道是否存在隐患，并及时采取措施进行修复。

无线通信技术是监测技术中的重要组成部分，通过无线传输技术将传感器采集到的数据传输到监控中心，实现对管道运行状态的实时监测和远程控制。无线通信技术可以大大提高监测系统的灵活性和可靠性，减少了布线的复杂性和成本。

通过监测技术的应用，可以及时发现管道存在的隐患，提前采取措施进行处理和修复，保证管道的安全运行。随着监测技术的不断发展和创新，相信在未来会有更多高效、准确的监测技术被应用于工业管道隐患识别中。

2.2.2 检验检测技术

2.2.2.1 定期检验

工业管道的安全运行对于大型化工厂至关重要。为了确保管道的安全性，定期检验是必不可少的。定期检验是一种有效的手段，可以帮助识别管道中潜在的隐患，并及时采取措施进行修复或替换。

管道的定期检验，即全面检验，是指特种设备检验机构按照一定的时间周期，根据本规则以及有关安全技术规范及相应标准的规定，对管道安全状况所进行的符合性验证活动。

压力管道定期检验对于保障压力管道管道安全运行、提高设备可靠性、预防管道问题、降低维修和更换成本、保障生产安全以及促进企业可持续发展等方面都具有重要的意义。定期检验可以通过宏观检验、壁厚测定、表面缺陷检测、埋藏缺陷检测等及时发现管道的磨损、腐蚀、老化、裂纹等问题，并进行维修或更换，从而延长设备的使用寿命。通过定期检验，可以减少管道的故障率，提高设备的可靠性，降低因管道故障导致的意外停工和事故发生的可能性。

2.2.2.2 年度检查

年度检查，即定期自行检查，是指使用单位在管道运行条件下，对管道是否有影响安全运行的异常情况进行检查，每年至少进行一次。

压力管道年度检查对于保障压力管道的安全运行有着重要意义，年度检查是在管道运行条件下进行的各项检验检测，而对于大型化工厂的定期检验而言，大多数是在停工期间进行，因此年度检测与定期检验相辅相成，可以通过对管道的安全管理状况、管道运行状况等的检查以及必要时的壁厚测定和电阻值测量等，发现管道运行状况下的安全状况问题，从而对管道进行维修或者更换，以保证工作人员的生命安全和财产安全以及化工厂的安全生产经营活动。

2.2.3 评估方法

管道隐患的评估是确保工业管道安全运行的重要环节。评估方法的选择和应用对于准确识别管道隐患、评估风险水平以及制定有效的治理措施具有重要意义。

方法主要包括定量评估和定性评估两种方法。定量评估方法采用数学模型和统计分析等手段，通过对管道的结构、材料、工况等参数进行量化分析，得出隐患的严重程度、风险等级等指标。这种方法能够提供精确的数值结果，对于大型化工厂的管道管理具有较高的可行性。常用的定量评估方法包括风险评估、可靠性评估、健康评估等。

定性评估方法则是通过专家经验和判断来对隐患进行评估，主要依靠主观的观察和判断。这种方法适用于对管道隐患进行初步筛查和评估的情况。定性评估方法可以通过检查管道的外观、检测管道的渗漏情况、观察管道周围环境等方式来判断隐患的存在和严重程度。

评估方法的选择应根据具体情况进行综合考虑。对于重要的管道系统，可以采用定量评估方法，通过数学模型和统计分析等手段来评估隐患的风险等级。对于较为简单的管道系统，可以采用定性评估方法，通过观察和判断来评估隐患的存在和严重程度。

在评估过程中，还需要考虑评估的准确性和可靠性。评估结果应基于可靠的数据和信息，并经过专业人员的审查和验证。评估结果应及时反馈给相关部门和管理人员，以便制定相应的管道隐患治理措施。

2.3 管道隐患识别技术的发展趋势

管道隐患识别技术是大型化工厂安全管理中的重要环节，随着科技的不断进步，管道隐患识别技术也在不断发展。下面将从以下几个方面探讨管道隐患识别技术的发展趋势。

首先，工业管道的定期检验在国家相关部门的严格监督下。已经从最初的部分企业进行工业管道定期检验，到现在基本所有企业都可以落实。有的企业除了进行定期检验之外，还会采取其他有效检测方法，如相控阵、超声导波等检测技术来确定管道的安全状况，以此来保证管道的安全运行。

其次，人工智能技术的应用将成为发展趋势。随着大数据时代的到来，大型化工厂积累了大量的运行数据，这些数据蕴含着宝贵的信息。通过人工智能技术，可以对这些数据进行分析和挖掘，建立预测模型，实现对管道隐患的早期预警和预测。

第三，机器人技术的应用将得到进一步推广。机器人具有灵活、高效、安全等优势，可以在复杂的工业环境中对管道进行巡检和监测。通过搭载各种传感器和摄像设备，机器人可以对管道进行高清拍摄、热成像等，实现对管道隐患的实时监测和识别。[3]

综上所述，管道隐患识别技术在大型化工厂安全管理中具有重要作用，随着科技的不断进步，人工智能技术、机器人技术以及新技术的应用将成为管道隐患识别技术的发展趋势。这些新技术的应用将提高管道隐患的识别准确性和效率，为大型化工厂的安全运行提供更可靠的保障。

3 管道隐患评价

3.1 隐患评价的意义

隐患评价是指对工业管道系统中存在的潜在风险和安全隐患进行全面、系统的评估和分析。其意义在于保障大型化工厂的运行安全和生产稳定，减少事故发生的可能性，最大限度地保护人员和环境的安全[4]。

首先，隐患评价能够帮助发现和识别潜在的安全隐患。工业管道系统通常由大量的管道和设备组成，长时间运行和使用会导致管道材料老化、腐蚀、磨损等问题，可能会出现管道泄漏、断裂、爆炸等安全隐患。通过隐患评价，可以对管道系统进行全面检查和分析，发现存在的潜在问题，及时采取相应的措施进行修复和改进。

其次，隐患评价有助于提高工业管道系统的安全性能。通过对管道隐患进行评估，可以了解管道系统的抗风险能力，确定安全隐患的级别和影响程度，有针对性地采取措施进行风险控制和管理。通过完善的隐患评价体系和方法，可以提高管道系统的安全性能，减少事故发生的概率，保障生产运行的稳定性和可靠性。

此外，隐患评价对于管道系统维护和管理具有重要意义。通过定期进行隐患评价，可以及时了解管道系统的健康状况和存在的问题，为维护工作提供重要的依据。在评价的基础上，可以制定相应的维护计划和措施，及时进行管道维修、更换和改进，延长管道系统的使用寿命，提高运行效率和安全性。

3.2 管道隐患评价方法

风险分析是工业管道隐患评价中重要的一环，通过对管道系统中的潜在风险进行分析，可以确定管道隐患的严重程度和可能的影响，为隐患治理提供科学依据。本节将介绍常用的风险分析方法。

一种常用的风险分析方法是基于危险源的风险分析。该方法通过识别和评估管道系统中的危险源，分析其可能导致的事故发生概率和后果，从而评估管道系统的风险水平。在危险源识别阶段，可以采用故障树分析、事件树分析等方法，对可能导致事故的因素进行细致的分析。在风险评估阶段，可以使用风险矩阵法、风险指数法等方法，对各个危险源的风险进行定量评估。通过这些分析方法，可以确定管道系统中的高风险区域，为隐患治理提供重点和方向。

另一种常用的风险分析方法是基于层次分析法(AHP)的风险评估。AHP方法通过构建层次结构，将风险因素分解为若干个层次，然后通过专家判断和定量评估，计算各个因素的权重和综合评分，进而确定管道系统的风险等级。该方法可以综合考虑多个因素的影响，并且能够量化评估各个因素的重要性，提高风险评估的准确性和科学性。

还有一些其他的风险分析方法，如敏感性分析、蒙特卡洛模拟等。这些方法可以在风险分析过程中考虑不确定性因素，提高风险评估的可靠性和全面性。

综上所述，风险分析是工业管道隐患评价中重要的环节，通过选择合适的分析方法，可以对管道系统中的风险进行准确评估，为隐患治理提供科学依据。在实际应用中，可以根据具体情况选择适合的方法，并结合专家意见和实际数据，进行综合分析和评估。

4 管道隐患治理

4.1 隐患治理的必要性

隐患治理是大型化工厂管道安全管理的重要环节，其必要性不言而喻。在大型化工厂工业管道系统中，存在各种潜在的隐患，如管道老化、腐蚀、磨损、裂纹等，这些隐患如果不及时治理，将给工厂运营带来严重的安全风险和经济损失。

首先，隐患治理是为了防止事故发生。工业管道隐患一旦发展到一定程度，就会出现泄漏、爆炸等严重事故。这些事故不仅会造成人员伤亡和财产损失，还会对环境造成严重污染。隐患治理可以通过定期检验和评估，及时发现和排除潜在的隐患，从而降低事故发生的概率，保障工厂和周边人员的安全[5]。

其次，隐患治理是为了提高工厂的生产效率。隐患存在时，管道系统的运行效率会受到影响。例如，管道腐蚀会导致管道内壁变得粗糙，增加流体的摩擦阻力，降低输送效率。隐患治理可以通过采取修复、替代或预防措施，恢复管道系统的正常运行状态，提高生产效率，减少能源消耗和生产成本。

此外，隐患治理是为了满足法律法规和社会责任。大型化工厂在运营过程中需要遵守一系列的法律法规，如安全生产法、环境保护法以及相应的检验检测法规等。隐患治理是履行企业安全生产和环境保护责任的重要手段，也是企业社会责任的具体体现。通过有效的隐患治理，不仅能够避免法律法规的违规行为，还能提升企业形象和信誉度。

因此，隐患治理在大型化工厂管道安全管理中具有重要的必要性。它不仅可以预防事故的发生，提高生产效率，还能保证企业的合法经营和社会责任。因此，大型化工厂应该加强隐患治理工作，建立健全的隐患管理制度和技术体系，确保管道系统的安全稳定运行。

4.2 管道隐患治理方法

4.2.1 管道维修

风险分析是工业管道隐患评价中重要的一环，通过管道维修是工业管道隐患治理的一种重要手段，通过对管道隐患的修复，可以恢复管道的正常运行状态，确保工业生产的安全和持续性。管道维修包括管道泄露和损伤(以下简称漏损)的修复、管道元件的修复以及管道元件更换等。

管道漏损的修复是管道维修的一个重要方面。管道漏损是管道隐患中最常见的问题之一，如果不及时修复，会导致液体或气体的泄漏，从而引发安全事故。修复管道漏损可以采用多种方法，如焊接、密封胶修复等。其中，焊接是一种常见的修复方法，可以通过焊接来修复管道的裂缝或破损部位，确保管道的密封性和稳定性。另外，密封胶修复是一种简便、快速的修复方法，可以通过涂抹密封胶来填补管道的漏洞，达到修复的目的。

管道元件的修复也是管道维修的重要内容。管道元件的损坏(比如管道膨胀节、管道支吊架的损坏)，可能会导致管道的受力改变等，进而影响其安全运行。因此需通过维修，使保证管道的正常运行。

管道元件更换也是管道维修的重要内容之一。在工业生产中，如果管道损坏严重或者重大缺陷无法修复时，就需要进行更换，确保管道的正常运行。

总之，管道维修是工业管道隐患治理中的重要手段，通过对管道隐患的修复，可以确保管道的正常运行，保障工业生产的安全和持续性。在实际应用中，需要根据具体情况选择合适的修复方法，并进行有效的维护和管理，以提高管道的安全性和可靠性。

4.2.2　预防技术

预防技术是工业管道隐患治理的重要手段，其主要目的是通过采取一系列预防措施，防止管道隐患的产生和发展，从而确保工业管道的安全运行。预防技术主要包括以下几个方面：

(1)设计阶段的预防措施：在工业管道设计阶段，可以采取一些预防措施来减少隐患的产生。例如，合理选择管道材料和结构，确保其耐腐蚀、抗压能力等；合理设置管道支吊架，避免管道振动导致的隐患；合理设计管道布局，避免管道交叉和拥挤，方便维护和检修等。

(2)材料选择与质量控制：在工业管道建设过程中，选择高质量的管道材料是预防隐患的关键。应选择具有良好耐腐蚀性能、高强度和可靠性的管道材料，以确保管道的长期运行安全。此外，还应加强材料的质量控制，严格按照相关标准和规范进行材料的检验和验收，确保管道材料的质量符合要求。

(3)定期检验与维护：定期检验和维护是预防隐患的重要手段。通过定期对工业管道进行检验，可以及时发现和排除潜在的隐患，确保管道的安全运行。检验方法可以包括目视检查、超声波检测、磁粉检测等。同时，定期进行管道的维护和保养，及时更换老化和损坏的管道部件，延长管道的使用寿命。

(4)健全管理制度：建立健全的管道安全管理制度是预防隐患的基础。包括制定管道安全管理规定、建立安全责任制、加强安全培训和教育等。通过严格执行安全管理制度，加强对工业管道的监管和管理，可以有效预防隐患的发生。

预防技术是大型化工厂工业管道隐患治理的重要手段。通过在设计阶段采取预防措施、选择高质量材料、定期检验与维护以及建立健全管理制度，可以有效预防隐患的产生和发展，提高工业管道的安全性和可靠性。这对于保障大型化工厂的安全生产和环境保护具有重要意义[6]。

5　结论

在大型化工厂中，工业管道的安全运行至关重要。然而，由于管道的长期使用和环境的影响，管道隐患的产生是不可避免的。因此，及时发现、评价和治理管道隐患对于保障工业生产的安全稳定具有重要意义。本论文通过研究大型化工厂工业管道隐患识别、评价与治理，旨在提供一种有效的方法来识别、评价和治理工业管道隐患。

在管道隐患识别方面，本文介绍了监测技术、检验检测技术和评估方法。监测技术可以实时监测管道的运行状态，检验检测技术可以检测管道的缺陷和故障，评估方法可以对管道隐患进行评定。这些方法的应用可以帮助化工厂及时发现潜在的管道隐患，从而采取相应的措施进行处理。

在管道隐患评价方面，本文主要介绍了基于危险源的风险分析和基于层次分析法。这些方法的应用可以帮助化工厂全面了解管道隐患的危害程度，从而制定出相应的治理策略。

在管道隐患治理方面，本论管道维修和预防技术。这些技术的应用可以帮助化工厂及时治理管道隐患，从而确保管道的安全运行。

总之，本文通过研究大型化工厂工业管道隐患识别、评价与治理，提出了有效的方法来识别、评价和治理工业管道隐患。这些技术的应用可以帮助工程师及时发现、评估和治理管道隐患，从而提高工业生产的安全性和可靠性。

参考文献

[1]李明，王刚．基于无损检测的工业管道隐患识别与评价方法研究[J]．中国安全生产科学技术，2021，17(2)：28－133.

[2]吴林森．石油化工厂运行设备和管线的隐患及防护措施[J]．河南科技，2014，(22)：70－71.

[3]翟凯，张彪，刘鹏．基于无人机的工业管道隐患检测技术研究[J]．中国安全生产科学技术，2018，14(3)：123－128.

[4]李孟．浅析化工厂安全风险分级管控与隐患排查治理研究[J]．当代化工研究，2021，(20)：18－19.

[5]孙宗稳．化工工艺的风险识别与安全评价简析[J]．中国石油和化工标准与质量，2022，42(01)：7－9.

[6]张亚丽，王廷春，王秀香，等．中国石化管道及罐区隐患排查治理监管系统研究与应用[J]．中国安全生产科学技术，2016，12(04)：185－191.

含外表面腐蚀缺陷钢质小径管适用性评价技术

李 强[1,2] 张来斌[1] 王俊强[3] 梁 强[2] 魏冬宏[2] 刘新凌[2] 王 涛[3]

[1. 中国石油大学(北京)，北京 102200；2. 广东大鹏液化天然气有限公司，广东 深圳 518000；
3. 中国特种设备检测研究院，北京 100029]

摘 要：压力管道是石油化工企业输送介质的关键设备，也是企业重点关注和管理的对象，而与管道本体相连接的小口径钢质管道(简称小径管)在设计、制造、安装及运行和检验阶段往往被忽视。随着油气站场及石油化工装置的连续运行，陆续发现钢质小口径管道存在不同程度的腐蚀缺陷，先后导致了管道开裂及介质泄漏等问题，日益引起了所属油气和化工企业的高度重视。为确保含外表面腐蚀缺陷小径管的安全运行，通过有限元分析和试验模拟方法，研究腐蚀缺陷尺寸对小径管承压能力的影响规律，分析其损伤机理和失效形式，并拟合出含缺陷小径管失效压力预测公式，并通过真实爆破试验进行验证。结果表明：预测的失效压力相对于实际失效压力的最小误差为2.2%，最大误差为13.2%，平均误差为7.5%，且预测失效压力相对保守。因此小径管的失效压力预测公式准确性较高，为油气化工站场或装置的含腐蚀缺陷钢质小径管道适用性评价工作提供了技术指导。

关键词：油气站场；小径管；腐蚀；缺陷；适用性评价

Applicability evaluation technology for steel small diameter pipelines containing external surface corrosion defects

LI Qiang[1,2], *Zhang Laibin*[1], *WANG Junqiang*[3], *LIANG Qiang*[2], *WEI Donghong*[2], *LIU Xinling*[2], *WANG Tao*[3]

(1. China University of Petroleum-Beijing, Beijing 102200, China;
2. Guangdong Dapeng LNG Co., Ltd, Guangdong, Shenzhen 518000, China;
3. China Special Equipment Inspection & Research Institute, Beijing 100029, China;)

Abstract: The pressure pipeline is the key equipment for the transportation medium of petrochemical enterprises, and it is also the object of attention and management of enterprises, and the small-diameter steel pipeline (referred to as the small-diameter pipe) connected to the pipeline body is often ignored in the design, manufacturing, installation, operation and inspection stages. With the continuous operation of oil and gas stations and petrochemical plants, it has been discovered that steel small diameter pipelines have varying degrees of corrosion defects, which have led to problems such as pipeline cracking and medium leakage, and have increasingly attracted high attention from affiliated oil and gas and chemical enterprises. To ensure the safe operation of small diameter pipes with external surface corrosion defects, the influence of corrosion defect size on the pressure bearing capacity of small diameter pipes was studied through finite element analysis and experimental simulation methods. The damage mechanism and failure form were analyzed, and a failure pressure prediction formula for small diameter pipes with defects was fitted, and verified by real blast tests. The results show that the minimum error of the predicted failure pressure relative to the actual failure pressure is 2.2%, the maximum error is 13.2%, and the average error is 7.5%, and the predicted failure pressure is relatively conservative. This provides technical guidance for the applicability evaluation of small diameter pipes with corrosion defects in oil and gas chemical stations or equipment.

Key words: Oil and gas station; Small diameter pipelines; Corrosion; Defect; Fitness for service

作者简介：李强(1986—)，高级工程师，在读博士，主要从事LNG接收站及长输管道的检测评价工作。
基金项目：国家自然科学基金，信息-物理视角下油气储运系统风险形成机制与控制研究(52234007)

1　引言

压力管道是石油化工企业输送介质的关键设备，而与管道本体相连接的小口径钢质管道(简称小径管)在设计、制造、安装及运行和检验阶段往往被忽视。小径管道是压力管道与仪表和阀门等附件连接的重要装置，一旦发生泄露，抢修难度大，安全风险高，容易引发重大安全事故。随着油气站场及石油化工装置的连续运行，陆续发现小径管道存在不同程度腐蚀等缺陷，先后导致了管道开裂及介质泄漏等问题，日益引起了所属油气和化工企业的高度重视[1]~[5]。如图1所示，通过对国内外场站和炼化等领域对小径管失效案例分析的100多份文章和报告进行整理，发现外表面腐蚀缺陷是导致小径管失效的主要原因。

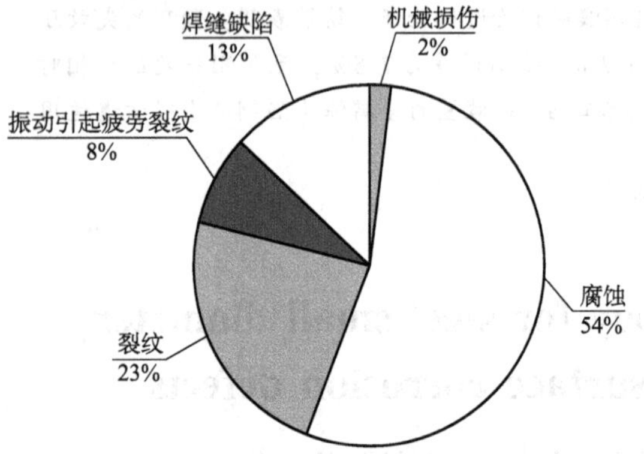

图1　小径管失效案例统计

目前，针对小径管的研究主要集中在检测和事故分析方面，国内外相关的安全评价标准，如GB/T 30513[6]和API 579[7]等也都是针对长输油气管道或大口径管道的爆破试验数据建立起来，没有明确的适用于含缺陷钢质小径管的安全评价方法。以某接收站投用的小径管为研究对象，通过有限元分析和模拟试验的方法，研究含外表面腐蚀缺陷小径管失效机理，形成含腐蚀缺陷小径管的适用性评价方法。

2　小径管承压能力有限元分析

2.1　有限元模型

选用ABAQUS软件的静力学模块进行数值计算，外表面腐蚀缺陷设置在模型中部，并在缺陷边界处设置圆角，模型末端设置球形封堵头，如图2(a)所示。由于含腐蚀缺陷的小径管关于轴向和径向对称，因此建立1/4模型。模型参数则是和某接收站投用的小径管参数一致，如表1所示。

表1　模型参数

外径/mm	壁厚/mm	长度/mm	材质	弹性模量/GPa	泊松比	屈服强度/MPa	抗拉强度/MPa
48.3	7.14	500	A333－6	200	0.3	302	595

模型采用八节点六面体线性减缩积分单元(C3D8R)网格，并从周边向缺陷区域逐步细化，如图2(b)所示。在模型内表面施加均匀内压载荷，由于重力等其他载荷影响很小，模型中不予考虑。考虑模型的对称性，在经过缺陷中心的横截面与纵向剖开的管壁截面施加对称约束。在模型无缺陷一端外弧线在X和Y方向的位移为0，纵向剖开面的内弧线在Z方向的位移为0。将模型不收敛，即最大Mises应力达到抗拉强度时所对应的内压作为失效内压[8]。

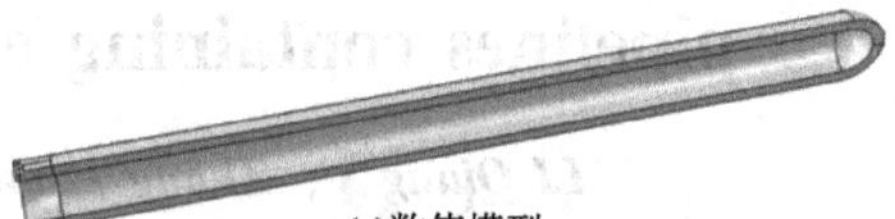

(a)数值模型

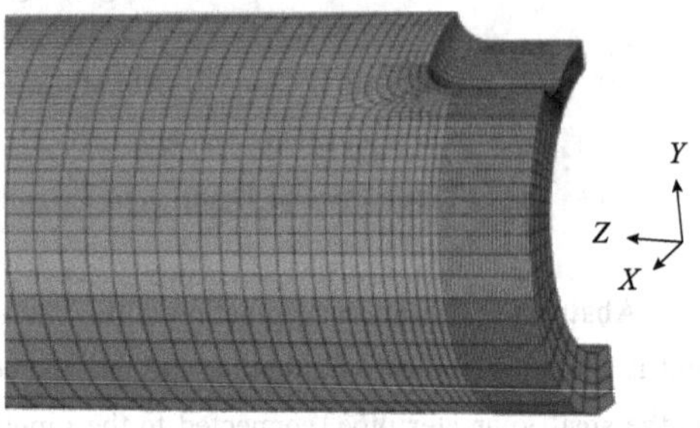

(b)网格

图2　数值模型

将腐蚀的长度L(单位mm)、深度d(单位mm)和宽度β(弧度)作为变量，研究腐蚀缺陷尺寸对小径管承压能力的影响，缺陷的几何参数如表2所示。

表2　缺陷参数表

序号	研究规律	d/t	L/mm	$\beta/2\pi$
1	深度	0.1、0.2、0.3、0.4、0.5、0.6、0.7、0.8、0.9	10、30、50、100	0.5
2	长度	0.3、0.5、0.7	10、20、30、40、50、60、70、80、100、130	0.5
3	宽度	0.3、0.5、0.7	10、30、100	0.1、0.2、0.3、0.4、0.5、0.6、0.7、0.8、0.9、1

注：t为小径管壁厚，mm。

2.2　应力分析

选用缺陷尺寸为 $d/t=0.3$、$\beta/2\pi=0.5$、$L=30$mm 的小径管模型进行应力分析，如图 3 所示。由图 3 可知，当内压达到 50MPa 时，由于应力集中的影响，缺陷环向两侧壁厚急剧变化处的应力最大，此时小径管即将达到屈服。随着内压的增大，小径管开始发生塑性变形，当内压达到 100MPa 时，最大应力位于缺陷中心处且应力从缺陷中心处向四周逐渐减小。当内压达到 118.9MPa 时，缺陷处的最大应力达到材料的抗拉强度，小径管在壁厚最薄的缺陷处发生强度失效。

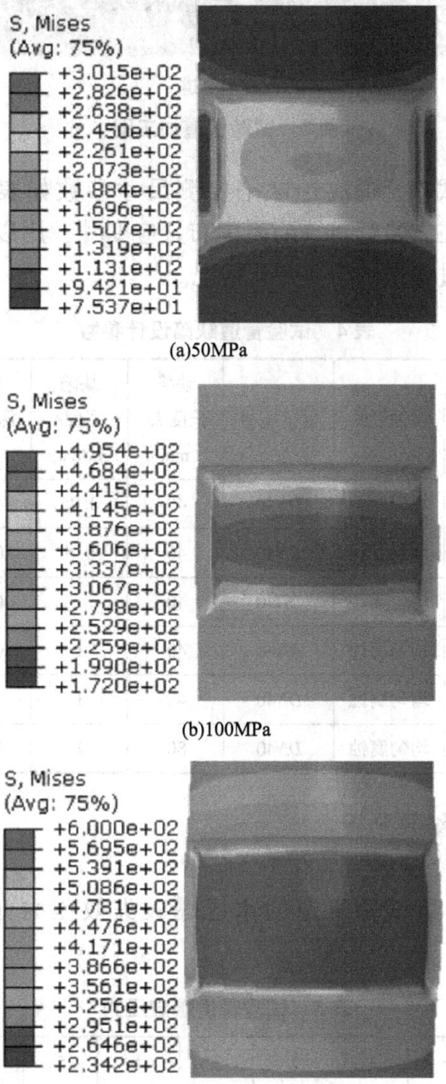

(a)50MPa

(b)100MPa

(c)118.9MPa(失效)

图 3　不同内压下模型应力云图

2.3　结果分析

2.3.1　腐蚀深度对小径管承压能力的影响

选取如表 2 第 1 行所示的缺陷参数进行数值模拟，分析不同腐蚀长度下，小径管承压能力随腐蚀深度的变化趋势。模拟结果如图 4 所示，其中横坐标为腐蚀深度与壁厚之比，纵坐标为含腐蚀缺陷小径管失效内压(P，单位 MPa)与无缺陷管道失效内压(P_0，单位 MPa)的比值。

由图 4 可以看出，随着腐蚀缺陷深度的增加，小径管承压能力呈线性下降。腐蚀长度越长，下降速度越快。当 L 分别为 10mm、30mm、50mm、100mm 时，d/t 每增加 0.1，承压能力平均降低幅度依次是 5.4%、9.1%、10%、10.1%。

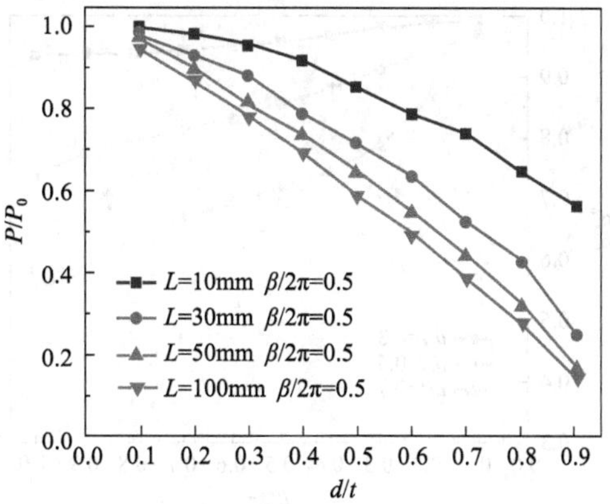

图 4　失效压力随腐蚀深度的变化趋势

2.3.2　腐蚀长度对小径管承压能力的影响

ASME B31G[9] 规定 $L\geqslant\sqrt{20Dt}$ 为长腐蚀缺陷，$L<\sqrt{20Dt}$ 为短腐蚀缺陷，为便于对长短腐蚀缺陷的划分，将腐蚀长度进行无量纲化处理，无量纲参数为 $L/\sqrt{Dt}$。选取如表 2 第 2 行所示的缺陷参数进行数值模拟，分析不同腐蚀深度下，小径管承压能力随腐蚀长度的变化趋势。失效压力随腐蚀长度的变化趋势如图 5 所示。对于短腐蚀缺陷，失效压力随腐蚀长度的增加而下降，腐蚀深度越深，下降速度越快；对于长腐蚀缺陷，小径管承压能力基本不受腐蚀长度的影响。腐蚀长度与承压能力之间的变化规律呈指数函数关系。

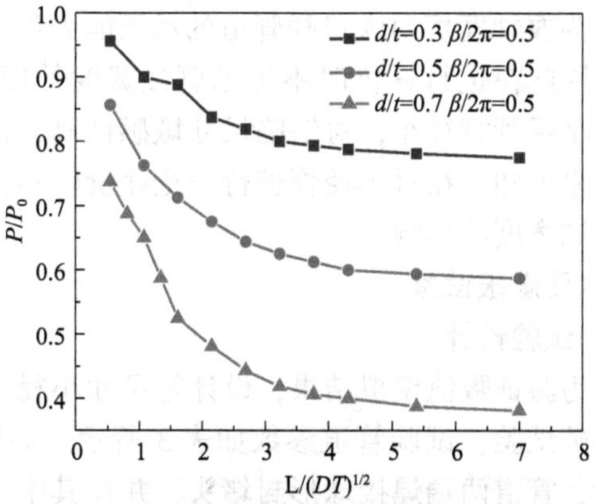

图 5　失效压力随腐蚀长度的变化趋势

2.3.3　腐蚀宽度对小径管承压能力的影响

选取如表 2 第 3 行所示的缺陷参数进行数值

模拟，分析小径管承压能力随腐蚀宽度的变化趋势以及腐蚀宽度与腐蚀长度、深度之间的联系。失效压力随腐蚀宽度的变化趋势如图6所示。由图6可知，随着腐蚀宽度增加，小径管承压能力呈线性降低，但腐蚀宽度对承压能力的影响与腐蚀长度、深度有关。对于腐蚀长度短、深度大的缺陷来说，小径管的失效压力随腐蚀宽度增加而减小的速率快。

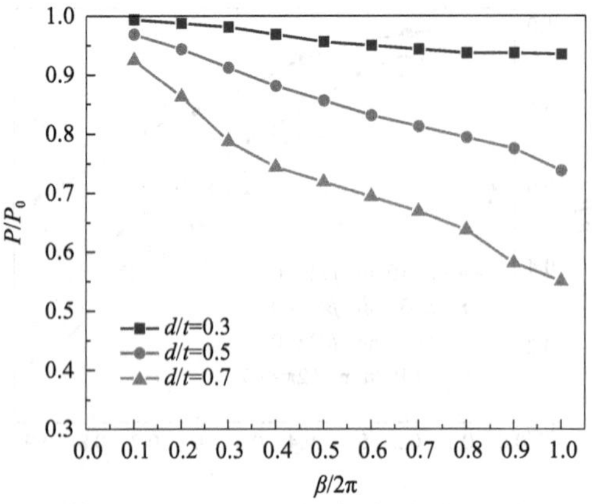

(a)L=10mm

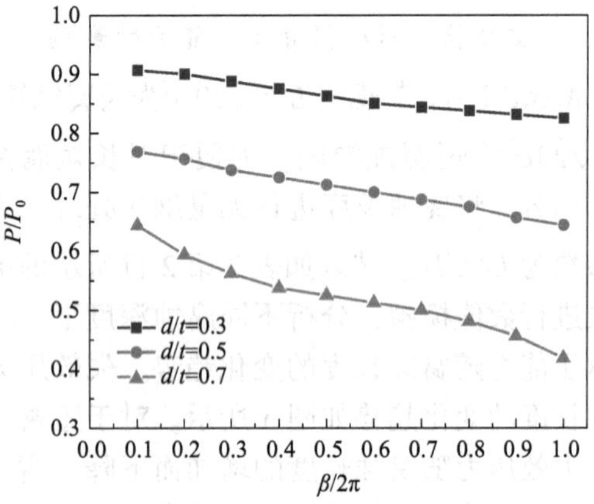

(b)L=30mm

图6　失效压力随腐蚀宽度的变化趋势

现有标准如DNV－RP－F101[10]、API－579等认为腐蚀宽度对大口径管道的承压能力影响较小，因此在进行评价时不考虑腐蚀宽度的影响。由于小径管管径小，对缺陷尺寸敏感性高，由模拟结果可知，在对小径管进行安全评价时不能忽略腐蚀宽度的影响。

3　水压爆破试验

3.1　试验设计

为验证数值模拟结果，设计等尺寸小径管水压爆破试验，试验管道参数如表3所示。如图7所示，管道两端焊接球形封堵头，并在其中一端设置加压口，在管道中部加工腐蚀缺陷，并在缺陷边缘倒圆角。

表3　试验管道材料参数

管道型号	管道材料	外径 D/mm	壁厚 t/mm	管道长度/m
DN40	A333－6	48.3	7.14	1

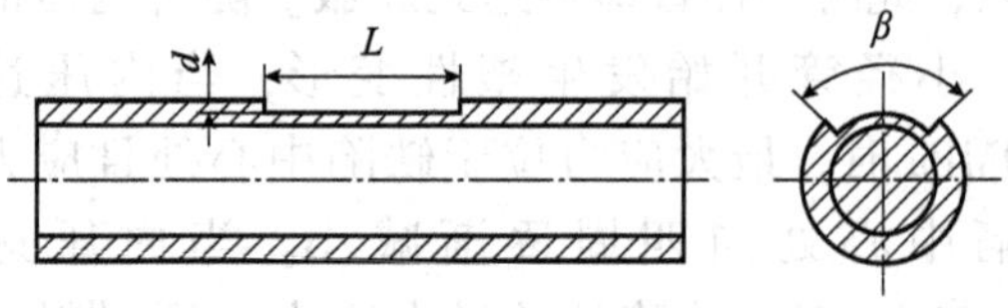

(a)缺陷加工示意图

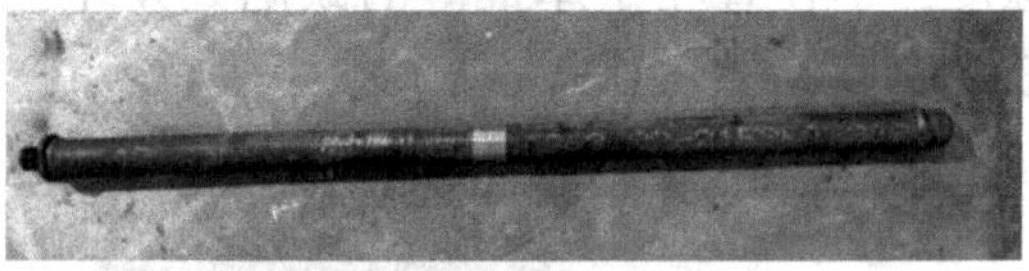

(b)试验管道

图7　试验管道加工图

试验管道腐蚀缺陷实测尺寸参数如表4所示，在试验管道缺陷周围布置应变片，用以监控试验过程中的应变变化情况。

表4　试验管道缺陷设计参数

编号	腐蚀形式	管道型号	缺陷长度 L/mm	缺陷宽度/$\beta/2\pi$	缺陷深度 d/t
1	均匀腐蚀	DN40	40	0.25	0.3
2	均匀腐蚀	DN40	40	0.5	0.34
3	均匀腐蚀	DN40	40	1	0.24
4	均匀腐蚀	DN40	40	1	0.47
5	均匀腐蚀	DN40	40	1	0.65
6	均匀腐蚀	DN40	80	1	0.33

3.2　结果分析

3.2.1　试验结果分析

6组试验管道的水压爆破失效压力如表5所示。

表5　试验管道爆破压力

编号	1	2	3	4	5	6
失效压力/MPa	143	139.5	137	102.1	83.5	131.4

选取编号2试验管道进行分析，如图8(a)所示，腐蚀缺陷处明显鼓胀，发生塑性变形，当应力超过材料抗拉强度时，在壁厚薄弱的缺陷位置发生强度失效，爆破后缺陷处的壁厚为3.9mm，

壁厚减薄 17%，失效断口轴向长度为 40mm，环向最大开口 21.92mm。由图 8(b) 失效断口端面电镜图可知，爆破失效形式为韧性断裂。

(a)失效断口

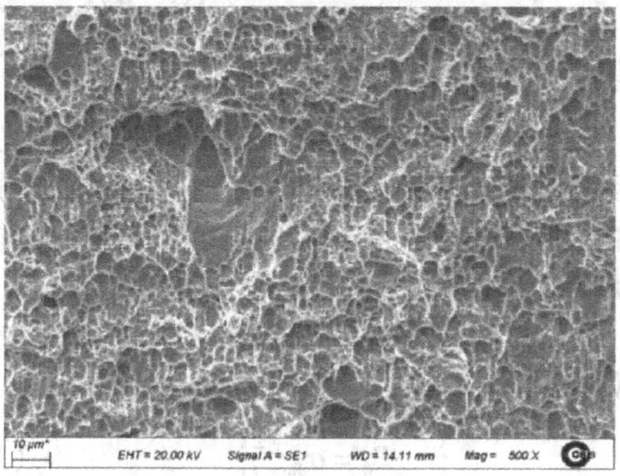

(b)失效断口电镜图

图 8　编号 2 试验管道失效断口

编号 2 试验管道的升压曲线如图 9 所示，横坐标为试验时间，纵坐标为内压载荷。由图 9 可知，在试验前期内压线性增大，当内压上升到 120MPa 时，管道发生屈服，随着内压升高，管道开始发生塑性变形，当内压达到 139.5MPa 时，管道发生爆破失效。

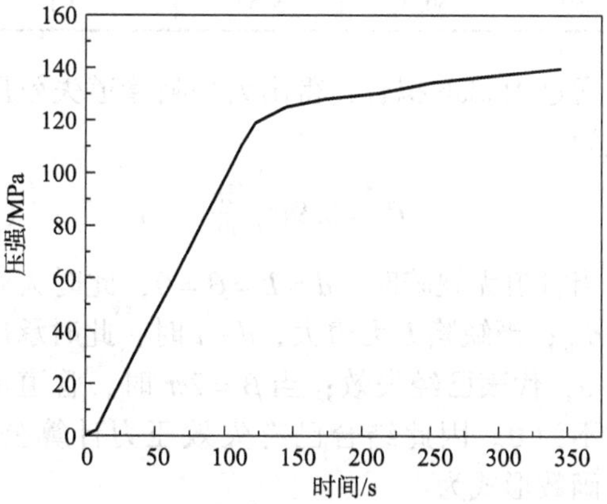

图 9　编号 2 试验管道升压曲线

在编号 2 试验管道缺陷周围的 6 个位置分别布置量程为 50000με 的环向和轴向应变片，各位置处的应变曲线如图 10 所示，图中横虚线分别为水压爆破结束时刻和应变片应变上限值。由图 10(a) 可知，随着内压升高，位置 1/2/4/5/6 处环向应变值变大，呈拉伸状态，且距缺陷中心越近，应变值越大，响应时间越短，缺陷中心处(位置 2)环向应变值最大，与失效起裂位置吻合；由于缺陷处壁厚薄，环向应变幅度要大于正常壁厚处，受缺陷处环向变形挤压，缺陷外环向上方(位置 3)处环向呈压缩状态。由图 10(b) 可知，对于轴向应变，同样也是因为缺陷处壁厚薄，轴向变形幅度大，缺陷外右侧(位置 5)处轴向受压，其余位置处呈拉伸状态。

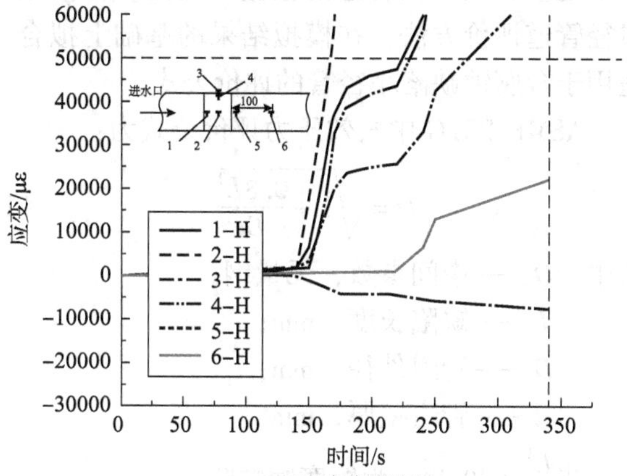

(a)环向应变曲线

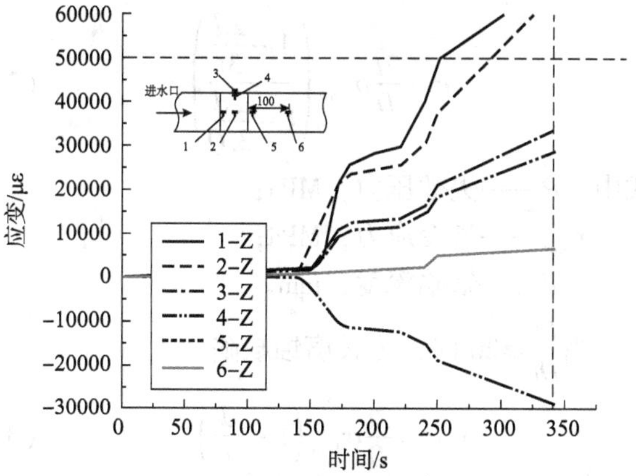

(b)轴向应变曲线

图 10　编号 2 试验管道应变曲线

3.2.2　模型验证

根据编号 1～6 试验管道参数建立等尺寸数值模型，绘制模拟和试验管道失效压力对比图，如图 11 所示。由图 11 可知，最小误差为 0.6%，最大误差为 13.8%，平均误差为 5.1%。由对比结果可知，模拟失效压力和试验失效压力相近，数值模型的准确性较高。

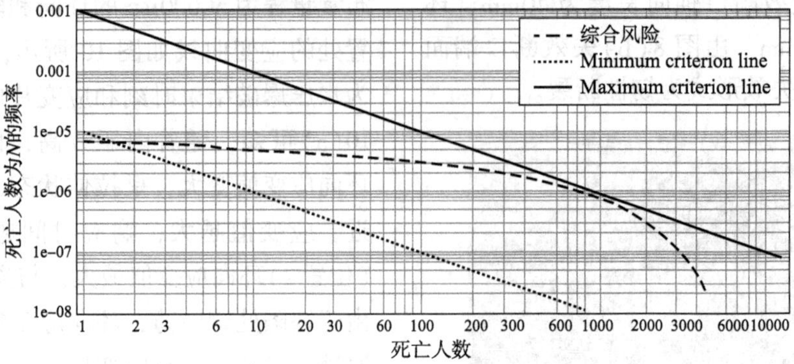

图 11 模拟与试验结果对比

4 安全评价方法

目前，广泛使用的腐蚀管道评价方法有 AMSE B31G、DNV－RP－F101、PCORRC[11] 等，但都是基于大口径管道的数据开发的。将借鉴大口径管道评价方法，在模拟结果的基础上拟合出适用于含腐蚀缺陷小径管的评价公式。

ASME B31G 中失效压力评价公式为：

$$Q=\sqrt{1+\frac{0.8L^2}{Dt}} \tag{1}$$

式中 Q——中间参数，无量纲；

L——缺陷长度，mm；

D——管道外径，mm；

t——管道壁厚，mm。

当$\frac{L^2}{Dt}\leqslant 20$时，为短腐蚀缺陷：

$$P=\frac{2t}{D}\sigma_{\text{flow}}\left(\frac{1-\frac{2d}{3t}}{1-\frac{2d}{3tQ}}\right) \tag{2}$$

式中 P——失效压力，MPa；

σ_{flow}——流变应力，MPa；

d——缺陷深度，mm。

当$\frac{L^2}{Dt}\geqslant 20$时，为长腐蚀缺陷：

$$P=\frac{2t}{D}\sigma_{\text{flow}}\left(1-\frac{d}{t}\right) \tag{3}$$

其中，$\sigma_{\text{flow}}=1.1\sigma_y$。

DNV－RP－F101 中失效压力评价公式为：

$$P=\frac{2t}{D-t}\sigma_{\text{flow}}\left(\frac{1-\frac{d}{t}}{1-\frac{d}{tQ}}\right) \tag{4}$$

$$Q=\sqrt{1+0.31\left(\frac{L}{\sqrt{Dt}}\right)^2} \tag{5}$$

$$\sigma_{\text{flow}}=\sigma_u \tag{6}$$

式中 σ_u——抗拉强度，mm。

PCORRC 中失效压力评价公式为：

$$P=\sigma_{\text{flow}}\frac{2t}{D}\left(1-\frac{d}{t}Q\right) \tag{7}$$

$$Q=1-\exp\left(-0.157\frac{L}{\sqrt{R(t-d)}}\right) \tag{8}$$

$$\sigma_{\text{flow}}=\sigma_u \tag{9}$$

式中 R——管道半径，mm。

由上述评价公式可知，腐蚀管道承压能力失效因素受缺陷深度和长度影响，但通过前文分析可知，在对小径管进行承压能力评价时，不能忽略缺陷宽度的影响。

借鉴前述失效压力评价公式，无缺陷管道的失效压力为：

$$P_0=\sigma_{\text{flow}}\frac{2t}{D} \tag{10}$$

式中 P_0——无缺陷管道失效压力，MPa。

建立同材料不同规格的数值模型，计算无缺陷管道的失效压力，如表 6 所示。

表 6 无缺陷管道失效压力

管道型号	外径 D/mm	壁厚 t/mm	失效压力 P_0/MPa
DN20	26.7	3.91	161
DN25	33.4	6.35	220
DN40	48.3	7.14	160
DN50	60.3	5.54	93

通过 Matlab 拟合，得出无缺陷管道失效压力公式为

$$P_0=0.9\sigma_u\frac{2t}{D} \tag{11}$$

当管道无缺陷时，$d=L=\beta=0$，此时失效压力为 P_0；当缺陷 L 无穷大，$d\approx t$ 时，此时承压压力为 0，代表已经失效；当 $\beta=2\pi$ 时，管道承压能力不为 0。因此结合已有失效压力计算公式，提出函数形式为：

$$P_L=\sigma_{\text{flow}}\frac{2t}{D}\left(\frac{1-\frac{d}{t}}{1-\frac{d}{tQ}}\right)\left(1+\frac{\beta}{2\pi}\right)^a \tag{12}$$

$$Q=\sqrt{1+b\left(\frac{L}{\sqrt{Dt}}\right)^{2}} \quad (13)$$

$$\sigma_{flow}=0.9\sigma_{u} \quad (14)$$

式中 a，b 为参数，根据第 2 章的 156 组模拟结果对公式(12)和(13)进行拟合，得出系数 $a=-0.02$，$b=0.75$。因此最终确定小径管失效压力预测公式为：

$$P=0.9\sigma_{u}\frac{2t}{D}\left(\frac{1-\frac{d}{t}}{1-\frac{d}{tQ}}\right)\left(1+\frac{\beta}{2\pi}\right)^{-0.02} \quad (15)$$

$$Q=\sqrt{1+0.75\left(\frac{L}{\sqrt{Dt}}\right)^{2}} \quad (16)$$

将第 3 章中的 6 组试验管道代入公式(15)、(16)中计算小径管失效压力预测值，如表 7 所示。由表 7 可知，预测失效压力相对于实际失效压力的最小误差为 2.2%，最大误差为 13.2%，平均误差为 7.5%，且预测失效压力相对保守。由此可以说明，小径管径管失效压力预测公式准确性较高，对生产过程中含外表面腐蚀缺陷小径管道的安全评价工作具有理论指导意义。虽然小径管的承压能力较强，但现场的腐蚀状况复杂多样。根据第 2 章的分析结果可知，腐蚀深度对小径管的承压能力影响最大，参考现有标准如 SY/T 6477[12]、TSG D7005[13] 等对含腐蚀缺陷管道剩余强度的适用范围，将小径管失效压力预测公式的边界条件限定为：$d/t \leqslant 0.8$ 且 $t>2$mm。

表 7　试验管道失效压力预测值

编号	预测失效压力/MPa	实际失效压力/MPa	误差绝对值/%
1	129	143	9.8
2	123	139.5	11.8
3	134	137	2.2
4	106	102.1	2.8
5	79	83.5	5.4
6	114	131.4	13.2

5　结论

外表面腐蚀缺陷是导致小径管失效的主要原因，通过有限元分析和试验模拟研究腐蚀缺陷对小径管承压能力的影响，分析其失效规律和损伤机理，通过数值模拟和试验数据，形成了小径管失效压力预测公式。结论如下：

(1)腐蚀深度对小径管承压能力影响最大，随着腐蚀深度增加，小径管的承压能力线性下降；小径管的承压能力随腐蚀宽度的增加呈指数下降，当腐蚀长度 $L \geqslant \sqrt{20Dt}$ 时，基本不受腐蚀长度的影响；对于短而深的腐蚀缺陷来说，腐蚀宽度对小径管的承压能力影响显著。

(2)通过试验结果可知，随着内压的增大，缺陷处发生塑性变形，并在壁厚薄弱处发生强度失效，失效形式为韧性断裂。通过试验和数值模拟结果对比，平均误差为 5.1%，证明数值模型的准确性较高。

(3)在对小径管失效压力预测公式进行修正时，增加腐蚀宽度变量。将试验数据代入计算，平均误差为 7.5%，由此证明修正公式准确性较高。考虑到小径管对腐蚀缺陷尺寸较为敏感，将预测公式的边界条件限定为：$d/t \leqslant 0.8$ 且 $t>2$mm。

参考文献

[1] 陈启华．循环氢脱硫塔入口分液罐压力表小接管失效分析．石油和化工设备．24. 12(2021)：122－126.

[2] 邓文．加氢装置反应系统小接管失效分析及对策．设备管理与维修．14(2021)：63－64.

[3] 景鹏飞，武渊博，董鑫．储运系统长输管道接管腐蚀案例分析及应对策略．当代化工 50. 08 (2021)：1995—1998.

[4] Luder D, Erenburg B, Iskevitch E, et al. Investigation of failure of steel steam generating evaporator tube involving delamination defects and corrosion. Engineering Failure Analysis, 2018, 84: 196－204.

[5] Soltanloo M, Babaee M H, Yeganeh S E H, et al. Root cause failure investigation of a boiler waterwall tube employed in a 325 MW thermal power plant: caustic corrosion phenomenon and its effects. Engineering Failure Analysis, 2022, 133: 105－114.

[6] GB/T 35013—2018 承压设备合于使用评价.

[7] API 579—2021 Fitness-For-Service.

[8] 马彬．高强度管道极限载荷评价方法研究：[D]．北京：中国石油大学(北京)，2014.

[9] ASME B31G—2023 Manual for Determining the Remaining Strength of Corroded Pipelines.

[10] DNV-RP-F101—2019 Corroded Pipelines.

[11] Stephens D R, Leis B N. Development of an Alternative Criterion for Residual Strength of Corrosion Defects in Moderate-to High-Toughness Pipe. International Pipeline Conference, 1999.

[12] SY/T 6477—2017 含缺陷油气管道剩余强度评价方法.

[13] TSG D7005—2018 压力管道定期检验规则—工业管道.

大型常压储罐常见缺陷及原因分析

黄祥凯　尤　俊　何锦坤

(福建省特种设备检验研究院，福建 福州　350008)

摘　要：大型常压储罐是石油化工领域内重要且常用的大型储存设备，介绍了几起储罐使用过程中产生的缺陷，对缺陷产生的原因进行初步分析，为其他大型储罐检测提供参考。

关键词：大型；常压储罐；腐蚀；脆性断裂

Common Defects and Cause Analysis of Large Atmospheric Storage Tank

HUANG Xiangkai，*YOU Jun*，*HE Jinkun*

(Fujian Special Equipment Inspection and Research Institute，Fujian Fuzhou 350008，China)

Abstract：large atmospheric pressure storage tank is an important and commonly used large storage equipment in the field of petrochemical industry，several cases of defects in the use of storage tank are introduced，and the causes of defects are preliminarily analyzed to provide reference for other large storage tank testing.

Key words：Large-scale；Atmospheric storage tank；Corrosion；Brittle fracture

1　引言

常压储罐是一种非常重要的化工设备，常用来存储石油、成品油、化工中间产品等，根据实际需求，一般大型储罐公称直径大于或等于30m或公称容积大于等于10000m^3。因存储介质大都具有易燃易爆的特性，储罐的安全运行受到各方重视，交通运输部办公厅2017年发布关于加强港口危险货物储罐安全管理的意见，意见提到港口危险货物经营人要按照规定认真开展安全评价，并对其经营管理的储罐集中开展一次定期检测，并给出了港口危险货物常压储罐检测工作指南。而检验检测是保障储罐安全运行的有效手段，特别是大型储罐，一般在检修期间都会对罐底板进行漏磁检测以详细了解其底板腐蚀状况[1]。

漏磁检测是一种电磁检测技术，对在用储罐而言，主要是开罐时用来检测底板腐蚀、机械损伤等体积型缺陷，同时对于裂纹、穿孔等缺陷亦有较高的灵敏度，能够对这类缺陷有效检出[2]。当前漏磁检测主要采用西红柿科技(武汉)有限公司TMT-CGⅣ型漏磁检测仪，检测设备的主要参数为：底板检测范围为：4～23mm；一次检测范围的有效宽度为300mm，检测速度不低于0.5m/s；准确度为4～8mm：10%壁厚减薄，8～16mm：20%壁厚减薄，17～23mm：40%壁厚减薄；可穿透6mm非铁磁性材料，最大提离高度为5mm。

2　大型常压储罐缺陷分析

本文通过实际项目经验介绍储罐使用过程中产生的缺陷，对缺陷形成原因进行分析并提出了建议，期望能引起检验人员的重视从而避免忽略这类缺陷。

2.1　储罐底板下表面腐蚀案例

案例一为某油库自支撑式拱顶罐开罐检验，详细信息见表1。

作者简介：黄祥凯(1988—　)，男，硕士研究生，工程师，检验师，从事承压类特种设备及常压储罐检验工作。E－mail：597587636@qq.com

表 1 储罐基本参数

设备名称	立式储油罐
公称容积/m^3	20000
罐壁高度/m	19.83
设计压力/kPa	-0.49/1.96
储存介质	柴油
罐底材料	Q235B
罐底厚度/mm	8.0/12.0

对该立式储油罐进行漏磁检测，对信号大于预先设定槛值的位置进行复核，发现中幅板 2 - 1 存在最大腐蚀为 45% 的下表面缺陷信号，45MG 测厚仪实测最小厚度 4.60mm(公称厚度 8.0mm)，不符合《立式圆筒形钢制焊接油罐操作维护修理规范》(SY/T 5921—2017)第 5.4.4 条规定。

案例二为某机场油库立式常压储罐开罐检验，详细信息见表 2。对底板进行 100% 漏磁检测，发现边缘板 R12 存在多处大于预先设定槛值的下表面缺陷信号，漏磁信号异常位置见图 1。

表 2　储罐基本参数

设备名称	立式拱顶锥底油罐
公称容积/m^3	10000
罐壁高度/m	14.11
设计压力/kPa	1.96/-0.49
储存介质	航空煤油(3 号喷气燃料)
罐底材料	A3/A3F
罐底厚度/mm	12/10

图 1　边缘板 R12 漏磁信号异常位置

采用奥林巴斯 45MG 手持式数显式测厚仪对边缘板信号异常位置进行确认，发现边缘板 R12 存在多处下表面腐蚀减薄(见图 2)，实测最小厚度 3.70mm。45MG 超声波测厚仪显示厚度读数，并提供可选 A 扫描视图，以便用户核查波形。使用双晶探头进行操作是 45MG 的标准性能，45MG 可以测量厚度在 0.08mm 到 635.0mm 范围内的材料厚度，被测材料的温度范围为 -20℃到 500℃。

为对测厚检测结果进行复核，采用相控阵检测技术对缺陷位置进行再次检测，检测相关参数见表 3，边缘板 R12 腐蚀最严重处 PA 位置见图 3，部分 PA 显示图见图 4，实测最小值 4.0mm，不符合《立式圆筒形钢制焊接油罐操作维护修理规范》(SY/T 5921—2017)第 5.4.4 条规定。

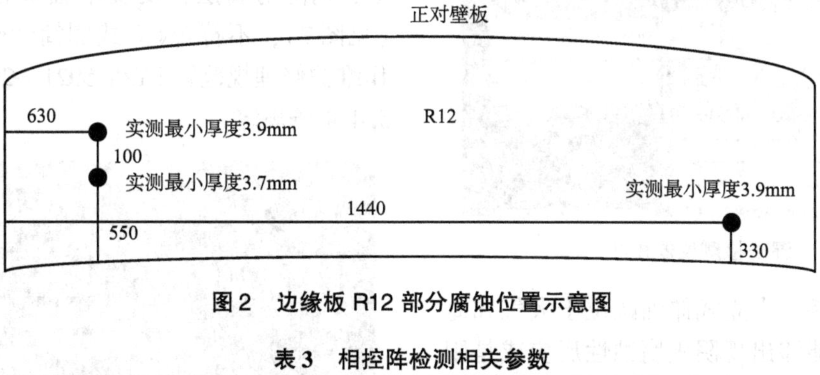

图 2　边缘板 R12 部分腐蚀位置示意图

表 3　相控阵检测相关参数

名称	边缘板	检测时机	清罐	检测面(侧)	底板内表
厚度/mm	12.0	材质	Q235B	表面状态	打磨
仪器型号	OMNISCANMX2，X3	仪器编号	JSA01115	探头型号	5L64 - A2
晶片间距/mm	0.6	楔块角度	0°	耦合剂	水
试块	φ5 平底孔	扫查装置	手动	扫查和角度步进/mm	1
扫查方式	纵波线扫	检测灵敏度	3、5、10 深 φ5 孔	耦合补偿/dB	3
扫描类型	线扫	扫描设置	显示多次底波	激活晶片数	8
起始晶片数	0	角度范围/(°)	0	聚焦深度/mm	10

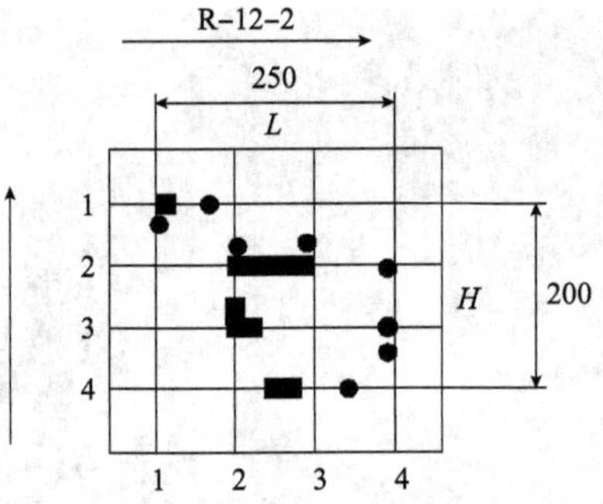

图3　PA 检测位置图

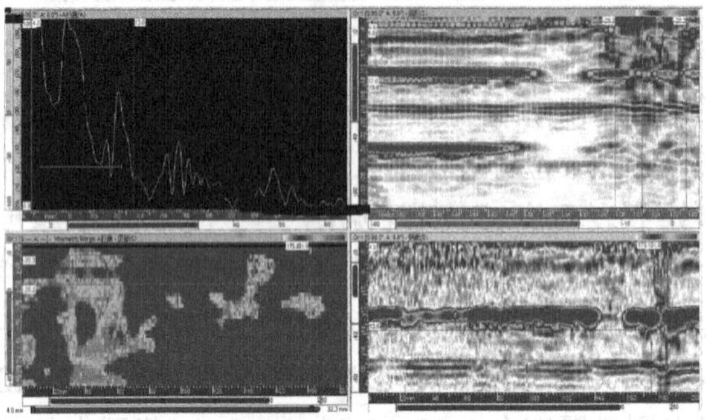

图4　PA 显示图

为验证结果准确性，在厚度为 12.0mm 的对比试板上进行球形孔缺陷检测，检测结果见图5。所用对比试板为加工出含有深度为 20%、40%、60% 和 80% 的球形孔缺陷的板，经深度检测图谱分析，能够对相应缺陷进行显示，相控阵检测仪器符合要求。

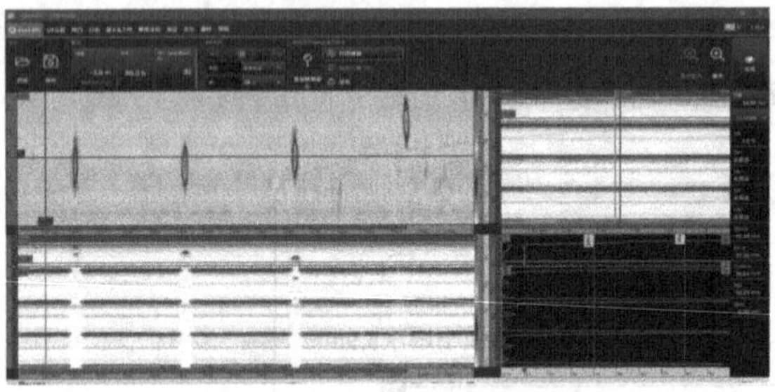

图5　漏磁检测仪器校准

案例一和案例二中立式储油罐位于大气和海洋环境之中，其能够出现阴极腐蚀性反应或是阳极腐蚀性反应，同时罐底边缘板存在水膜层，也就导致其发生腐蚀[3]。另外，在对储油罐进行使用的过程中，酸性雨水能够导致罐底边缘板混凝土基层面发生腐蚀，逐渐与主体分离，且缝隙不断扩大。与此同时，储油罐运行时可能产生高温，同时受室外温度变化的影响，储油罐的罐底边缘板与混凝土之间存在的缝隙进一步增加，且若边缘板及混凝土的土基层之间存在较大的误差，即会出现较大的膨胀率，从而再一次加剧了罐底边缘板的位移，并导致腐蚀情况出现[4]。

2.2　储罐底板脆性断裂案例

案例为某油库立式常压储罐开罐检验，储罐基本参数见表4。2023 年 2 月对该储油罐底板进行 100% 漏磁检测，发现中幅板 1－7、1－8、2－3 存在信号为 98% 的漏磁检测信号，漏磁检测信号部分显示见图6。

表4　储罐基本参数

设备名称	立式储油罐
公称容积/m^3	20000
罐壁高度/m	19.83
设计压力/kPa	1.96/－0.49
储存介质	汽油
罐底材料	Q235B/16MnR
罐底厚度/mm	8/12

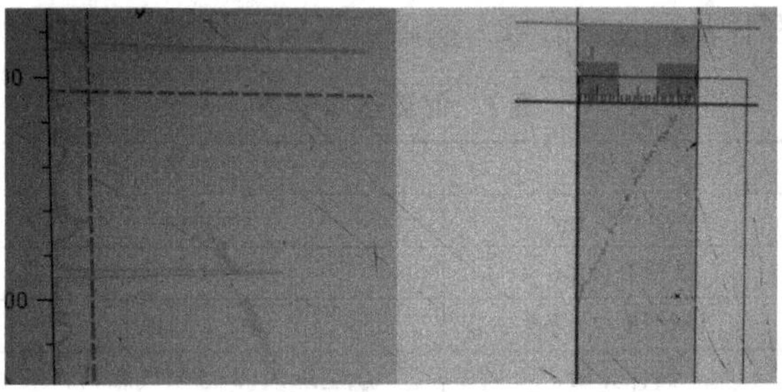

图6　漏磁检测部分显示图

对信号大于预先设定槛值的位置进行表面打磨，清除防腐层，发现中幅板存在穿透性开裂(见图7)，不符合《立式圆筒形钢制焊接油罐操作维护修理规范》(SY/T 5921—2017)第 5.4.3 及 5.4.4 条规定。

图7　现场开裂图

经咨询现场管理人员，确定该常压储油罐曾经短暂使用低温液氮作为气体置换介质，操作时液氮管与钢板直接接触，再结合现场断裂的形式，可以判断该中幅板为经历了低温冷脆导致断裂。

低温冷脆指随着温度的降低，金属材料强度

有所增加，而韧性下降这一种现象。材料的冲击吸收功随温度降低而降低，当钢材表面温度低于韧脆临界转变温度时，冲击吸收功明显下降，材料由韧性状态变为脆性状态，这种现象称为低温脆性。材料由延性破坏转变到脆性破坏的上限温度称为韧脆转变温度。为防止发生低温脆性破坏，钢材的最低允许工作温度应高于韧脆转变温度的上限。

许多断裂事故发生在低温，这是由于温度对广泛使用的低中强度结构钢和铸铁的性能影响很大，随着温度的降低，钢的屈服强度增加韧度降低。而本次使用零下 196 摄氏度的液氮直接接触钢板，导致钢材的表面温度低于韧脆转变温度的上限，导致了钢板发生脆性断裂。

2.3　储罐壁板内表面腐蚀案例

案例为某供应链管理有限公司立式常压储油罐开罐检验，储罐基本参数见表 5。

表 5　储罐基本参数

设备名称	立式常压储油罐
公称容积/m^3	10000
罐壁高度/m	14.12
设计压力/kPa	常压
储存介质	柴油
罐底材料	$OCY18N_i9$
罐底厚度/mm	10/12

2023 年 9 月 20 日开罐检验时，发现下数第一圈壁板存在数个点状腐蚀坑，现场缺陷见图 8。

图 8　壁板点状腐蚀坑

该常压储罐靠近海边，根据工艺分析，该类立式常压储油罐一般都有水垫层，结合现场缺陷形态，可以判断氯离子是导致这次缺陷产生的主要原因。在常压储油罐运行中，暴露在水垫层中的壁板直接接触氯离子，使金属的氧化膜遭到破坏，产生小孔腐蚀，主要发生了以下几种反应：

氯化物水解：

$MgCl_2 + 2H_2O \longrightarrow Mg(OH)_2 + 2HCl$,

$CaCl_2 + 2H_2O \longrightarrow Ca(OH)_2 + 2HCl$,

酸对金属的腐蚀：

$Fe + 2HCl \longrightarrow FeCl_2 + H_2$,

$Fe_3C + 2H_2 \longrightarrow 3Fe + CH_4$,

小孔的微电池腐蚀：

$FeCl_2 + Ca(OH)_2 \longrightarrow Fe(OH)_2 + CaCl_2$,

$FeCl_2 + Mg(OH)_2 \longrightarrow Fe(OH)_2 + MgCl_2$。

氯离子是具有强腐蚀活性的离子，能够使不锈钢等材料的表面钝化层失去作用，产生腐蚀破坏。通过同类型罐体水样分析，常压储油罐水垫层中的氯离子含量偏高，在长期的运行中，在相关因素的共同作用下，导致了第一圈壁板腐蚀破坏[5]。

3　结束语

针对储罐底板下表面腐蚀案例，对使用单位提出了如下几点建议：

(1) 建议请原设计单位进行相应设计，根据设计文件对腐蚀底板进行处理，并存档相关修理资料；

(2) 对防腐材料进行科学选择，并使用最为合适的防腐工艺；

(3) 以阳极金属发生腐蚀为基础，开展保护，避免阴极被腐蚀。在施工过程中通常使用金属或是焊合金，对罐底板低电位进行焊接，以起到保护低电位和强化阳极金属腐蚀的作用。

针对储罐底板脆性断裂案例，对使用单位提出如下几点建议：

(1) 建议请原设计单位进行相应设计，根据设计文件对断裂中幅板进行换板处理，并存档相关修理资料；

(2) 中幅板更换完毕，建议对该常压储油罐进行充水试验，试验完毕后对底板进行无损检测，确保储罐底板其余部分未受低温冷脆的影响；

(3) 加强库区管理人员对低温冷脆相关知识的学习，了解低温冷脆的危害性，以便能够更好地指导后续储罐置换相关操作。

针对储罐壁板内表面腐蚀案例，对使用单位提出如下几点建议：

(1) 根据《立式圆筒形钢制焊接油罐操作维护修理规范》(SY/T 5921—2017) 第 5.4.4 条规定，点蚀的最大深度不大于原设计厚度的 40%，当腐蚀深度超过以上规定时，腐蚀面积大于一块被检测板的50%，且在整块板上呈现分散分布时，宜更换整块钢板。面积小于50%时，应考虑补板或局部更换新板。本次点蚀的深度不大于原设计厚度的40%，未超过相应标准规定，建议做好壁板防腐工作并采取相应监控措施；

(2)对现场操作人员定期举行氯离子腐蚀相关培训，提高操作人员氯离子腐蚀的意识。

参考文献

[1]刘彪，杜家超，王健，等．一台15000m³立式常压储罐开罐检验研究．中国特种设备安全，38(11)：66－69.

[2]刘万超，覃磊，路通．常压储罐底板漏磁检测技术应用与探讨．检验与技术，2024(01)：45－48.

[3]孙杰，陈俊仰，李绪丰，等．原油储罐开罐检验典型腐蚀问题与防范分析．山东化工，53(4)：193－196.

[4]胡华胜，孙杰，季鹏，罗伟坚．沿海环境大型原油储罐典型腐蚀问题分析与防护建议．中国特种设备安全，40(01)：89－93.

[5]孙杰，李绪丰，陈俊仰，郑俊辉，季鹏．大型常压储罐底板腐蚀缺陷检验与处理．化工机械，51(21)：104－106.

基于模糊层次分析法的城镇燃气 PE 管道风险评估

梁 妍 张贵元 张晓兵 刘 哲 王俊强

（中国特种设备检测研究院，北京 100029）

摘 要：针对城镇 PE 燃气管道的敷设及运行情况，分析了埋地 PE 燃气管道失效可能性及失效后果影响因素，构建了包括管道本体及附属设施、第三方破坏、管道运维情况和管道外部环境的 4 个一级指标及 18 个二级指标的失效可能性评价指标体系以及包括管道最大工作压力、周边环境、人口密度、泄漏原因、抢修时间和供应中断的影响范围和程度的 6 个一级指标的失效后果评价指标体系；基于模糊层次分析法(FAHP)，量化了一级指标、二级指标权重，结果表明第三方破坏因素指标占 39.1%，是 PE 燃气管道的主要失效原因；并通过对某城镇 PE 燃气管段的风险评估方法的示范应用，验证了该风险评估方法的可行性，以期为同行业进行城镇 PE 燃气管道风险评估提供一定的参考。

关键词：城镇 PE 燃气管道；风险评估；模糊层次分析法，失效可能性；失效后果

Risk assessment method of urban gas PE pipeline based on fuzzy hierarchy analysis method

LIANG Yan, ZHANG Guiyuan, ZHANG Xiaobing, LIU Zhe, WANG Junqiang

(China Special Equipment Inspection &Research Institute, Beijing 100029, China)

Abstract: For the laying and operation of the urban PE gas pipeline, The failure possibility and the influence factors of the buried PE gas pipeline are analyzed, Built including the pipeline ontology and ancillary facilities, the third party damage, pipeline operations and pipeline external environment of four level indicators and 18 secondary index failure possibility evaluation index system and including pipeline maximum working pressure, surrounding environment, population density, leakage cause, repair time and supply interruption extent of the extent of six level index failure consequence evaluation index system; Based on the fuzzy hierarchy analysis method (FAHP), Quantified the weight of first-level indicators and second-level indicators, The results showed that the third-party damage factor index accounted for 39.1%, Is the main cause of failure of PE gas pipeline; Through the demonstration and application of the risk assessment method of the PE gas pipe section in a certain town, Verified the feasibility of this risk-assessment method, In order to provide some reference for the buried PE gas pipeline risk assessment in the same industry.

Key words: Urban PE gas pipeline; Risk assessment; Fuzzy level analysis method; Failure possibility; Consequences of failure

城镇燃气管道是重要民生基础设施，当前城镇燃气管道受第三方破坏、腐蚀等因素的影响，泄漏事故频发，严重影响人民群众生产与生活安全[1]。根据燃气协会安全管理委员会《全国燃气事故分析报告》[2]，近五年全国燃气事故超过 3600 起，其中管道事故约占 30%。典型较大伤亡的事故增多[3]。随着我国环境质量整治、优化能源结构工程的不断加快，城镇燃气管网的建设程度增长迅速，聚乙烯(PE)管道以其良好的耐蚀性、高韧性、轻便性等优点，广泛应用于城镇中压燃气管网[4]。城镇中压燃气管道大多敷设于人口众多的城市居民区，输送介质危险、风险高，

作者简介：梁妍，(1996—)，硕士，主要从事压力管道风险评估方面工作。E - mail：1562878595@ qq. com

影响因素较多且复杂，管线一旦发生事故，可能会引发火灾、爆炸以及其他次生灾害，将对社会经济和居民人身安全造成严重的损失和伤害。因此，需要根据城镇燃气管道自身特点，结合已有技术和管理现状制定专门的评估技术方法和标准。通过制定科学有效的隐患排查、风险评估方法，有效识别和评估管道发生失效事故的可能性及后果严重性，评估管道本体及运行风险，根据不同风险等级确定风向防控措施，对提升企业管道安全管理水平具有重要支撑作用。

本文基于模糊层次法(FAHP)，构建系统化、层次化的失效可能性和失效后果指标体系，确定了在用城镇 PE 燃气管道的风险评估方法，并通过对某城镇 PE 燃气管段的风险评估方法的示范应用，验证该风险评估方法的可行性，以期为城镇 PE 燃气管道安全运行及管理提供依据。

1　城镇燃气 PE 管道风险评估体系

1.1　划分城镇 PE 燃气管道风险评估单元

燃气管道单元划分遵循“相同属性、类似特征”的原则，将具有相同材质、同一建设时期、同一管理区域、相似周边环境等的主管线与附属设施组成的输配管道划分为同一单元，具体划分见表 1，并结合各地区的实际情况合理确定。

表 1　单元划分

管道类型	划分方式	划分原则
次高压及以下燃气管道 (≤1.6MPa)	区域划分	具有相同的材质、建设和投用时间、行政区块、管理单位等； 具有相似的区域环境，如住宅区、商业区等； 依据 GB 55009、GB50028 规定，具有相同的最高工作压力(表压)等级； 单独供应的商业用户个体可划分为一个单元； 进入小区的庭院低压管道，可根据小区和住宅建设年限进行划分； 同一降风险措施可能会有效降低风险的区域

1.2　建立城镇 PE 管道失效可能性和失效后果指标体系

聚乙烯管使用寿命长，重量轻，易搬运，易弯曲，焊接工艺简便迅速，工程综合造价低，具有显著的经济效益，但是强度低，不能裸露于空气中阳光下，并且对化学物品敏感，管道的敷设质量不高，同时由于 PE 管材不具备导电性能，缺乏有效探测定位手段，所以存在管道位置不明确的情况，因此 PE 管道比较容易受第三方破坏和外部环境的影响，比如外来施工、临时占压、车辆碾压和人为活动等，在某些地区甚至发现了老鼠、蚂蚁啃食的现象。除管道外部影响外，目前 PE 管道的失效主要集中在接头和管道本体，包括施工过程质量控制不到位和管道运行期间管理维护不到位。综上，本文将 PE 燃气管道失效因素分为管道本体及附属设施、第三方破坏、管道运维情况和管道外部环境 4 个一级指标，每一个指标受不同二级指标的影响，详细见图 1。

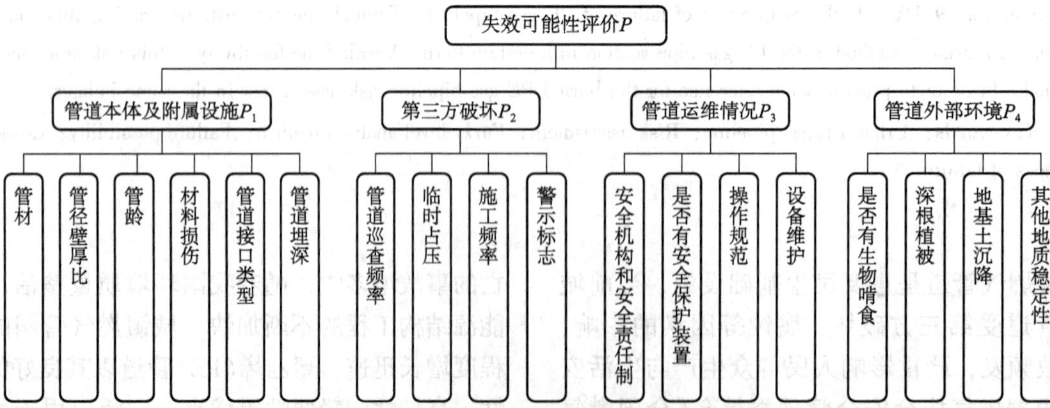

图 1　失效可能性指标体系

影响管线失效后果严重程度大小一般与管道的运行压力、管道周围环境和管道失效后的影响范围及应急有关，所以影响城镇 PE 燃气管道失效后果评价指标分为管道运行的最大工作压力、周边环境、人口密度、泄漏原因、抢修时间和供应中断的影响范围和程度 6 个方面，详细见图 2。

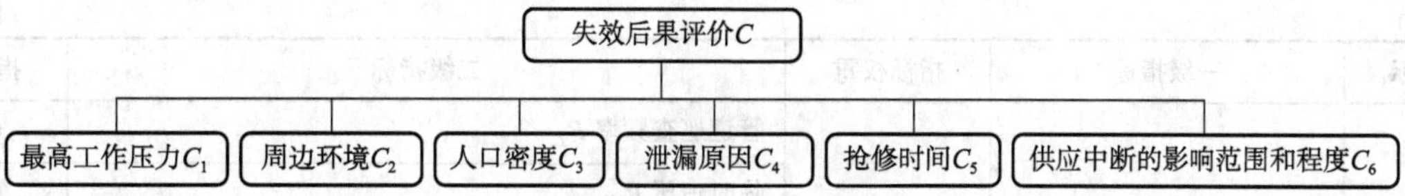

图2　失效后果指标体系

1.3　基于 FAHP 的指标权重计算步骤

模糊层次分析法(FAHP)是 20 世纪 70 年代美国运筹学 Saaty T L 教授提出的一种定性与定量相结合的系统分析方法。该方法是将人的主观判断过程数学化、思维化，通过对两两因素进行重要性判断对比，计算分析得到的结果更加合理准确。采用模糊层次分析法(FAHP)，对构建的城镇 PE 燃气管道风险评估指标进行计算，具体步骤如下：

1.3.1　构造判断矩阵

模糊比较判断矩阵所给出的判断值为区间值或者模糊数，可构建多种不确定性矩阵。设判断矩阵 $A=(a_{ij})_{n\times n}$，$i, j=1, 2, \cdots, n$，对于任意 i, j，均有 $a_{ii}=0.5$，$i, j=1, 2, \cdots, n$，$0<a_{ij}<1$，$a_{ij}+a_{ji}=1$，则认为 A 是模糊互补判断矩阵[5]。

构建模糊互补判断矩阵的具体思路如下所示：采用比较标度 a_{ij} 来表示，同属于同一层次元素 a_i 和元素 a_j 相对于上一层次中的某个元素比较时，元素 a_i 比元素 a_j 的重要程度。a_{ij} 的取值参考表2。

表2　0.1～0.9 数量标度及其说明

标度	定义	说明
0.5	同等重要	元素一和元素二同等重要
0.6	稍微重要	元素一比元素二稍微重要
0.7	明显重要	元素一比元素二明显重要
0.8	重要很多	元素一比元素二重要很多
0.9	极端重要	元素一比元素二极端重要
0.1～0.4	反比较	若元素 a_i 与元素 a_j 相比较得到判断 r_{ij}，则元素 a_j 与元素 a_i 相比较得到判断 $r_{ji}=1-r_{ij}$

1.3.2　将模糊互补矩阵转化为模糊一致矩阵

$$P_i=\sum_{Z=1}^{M} a_{iz}(i=1,2,...,n) \tag{1}$$

变换得到式

$$P_{ij}=(P_i-P_j)/2n+0.5 \tag{2}$$

1.3.3　确定指标权重

$$l_i=\sum_{j=1}^{m} q_{ij}-0.5 \tag{3}$$

$$v_i=2l_i/[m(m-1)] \tag{4}$$

1.4　确定城镇 PE 管道风险评估体系权重

采用专家调查打分法，对每个指标权重进行打分，打分依据表2，结合 1.3 章节中的模糊层次分析法计算步骤，计算确定的城镇 PE 燃气管道失效可能性 4 个一级指标及 18 个二级指标和失效后果的 6 个一级指标权重，失效可能性权重值见表3，失效后果指标权重见表4。

表3　失效可能性评价指标权重

评价目标	一级指标	指标权重	二级指标	指标权重
失效可能性评价 P	管道本体及附属设施 P_1	0.302	管材 P_{11}	0.136
			管径壁厚比 P_{12}	0.150
			管龄 P_{13}	0.213
			材料损伤 P_{14}	0.091
			管道接口类型 P_{15}	0.148
			管道埋深 P_{16}	0.262

续表

评价目标	一级指标	指标权重	二级指标	指标权重
失效可能性评价 P	第三方损坏 P_2	0.391	管道巡查频率 P_{21}	0.192
			临时占压 P_{22}	0.231
			施工频率(在管道及附属设施外缘周边 0.5m 范围内，近 3 年已开展完成的第三方施工活动次数) P_{23}	0.345
			警示标志 P_{24}	0.232
	管道运维情况 P_3	0.131	安全机构和安全责任制 P_{31}	0.196
			是否有安全保护装置 P_{32}	0.137
			操作规程 P_{33}	0.301
			设备维护 P_{34}	0.384
	管道外部环境 P_4	0.176	是否有生物啃食 P_{41}	0.293
			深根植被 P_{42}	0.364
			地基土沉降 P_{43}	0.230
			其他地质稳定性 P_{44}	0.113

表 4　失效后果评价指标权重

评价目标	风险因素	指标权重
失效后果评价 C	最高工作压力 C_1	0.161
	周边环境 C_2	0.223
	人口密度 C_3	0.274
	泄漏原因 C_4	0.080
	抢修时间 C_5	0.069
	供应中断的影响范围和程度 C_6	0.193

1.5　确定评估体系分值

采用专家调查打分法分别给 P 和 C 赋值，请专家根据重要程度对表 3 和表 4 中评价内容进行打分，分值为 0～100(包含 0 和 100)，分值越高表示指标安全等级越高，具体分值见表 5 和表 6。

表 5　失效可能性评价指标分值

评价目标	一级指标	二级指标	评价内容	分值
失效可能性评价 P	管道本体及附属设施 P_1	管材 P_{11}	燃气用聚乙烯管材(PE100)	100
			燃气用聚乙烯管材(PE80)	80
		管径壁厚比 P_{12}	SDR 11	100
			SDR 17.6	50
		管龄 P_{13}	>30 年	10
			20～30 年	40
			<20 年	70
		材料损伤 P_{14}	管道表面无划伤、槽痕或凹陷等缺陷	100
			管道表面存在不超过壁厚 10% 的划伤、槽痕或凹陷等缺陷	50
		管道接口类型 P_{15}	电熔连接、热熔连接	90
			一体式钢塑转换连接	50
			法兰式钢塑转换连接	20
		管道埋深 P_{16}	城市燃气地下管道敷设在车行道下的最小直埋深度不应小于 0.9m，人行道及田地下的最小直埋深度不应小于 0.6m，若不符合上述规范要求，则应采取有效防护措施	100
			不符合上述标准	0

续表

评价目标	一级指标	二级指标	评价内容	分值
失效可能性评价 P	第三方损坏 P_2	管道巡查频率 P_{21}	频繁	70
			有时	30
			偶尔	10
		临时占压 P_{22}	临时占压现象严重	0
			存在临时占压现象	30
			无占压	85
		施工频率（在管道及附属设施外缘周边 0.5m 范围内，近 3 年已开展完成的第三方施工活动次数）P_{23}	0	100
			1~2	50
			≥3	10
		警示标志 P_{24}	优秀：清晰的标明管道	100
			良好：比较清楚地管道标志	60
			一般：标志数量不够	30
			差：没有任何标志	5
	管道运维情况 P_3	安全机构和安全责任制 P_{31}	无安全机构和安全责任制	5
			有安全机构和安全责任制，但未严格执行	60
			安全机构和安全责任制健全，并严格执行	100
		是否有安全保护装置 P_{32}	有安全保护装置	100
			无安全保护装置	5
		操作规程 P_{33}	无设备（装置）操作规程	0
			有设备（装置）操作，但未按操作规程执行	50
			设备（装置）操作规程完整、正确，严格按操作规程执行	100
		设备维护 P_{34}	不维护保养	10
			仅进行保养，不修理或更换	50
			进行保养，并且必要时修理或更换	90
	管道外部环境 P_4	是否有生物啃食 P_{41}	有生物啃食	10
			无生物啃食	100
		深根植被 P_{42}	管道区段两侧各 5m 范围内存在大量深根植物	0
			管道区段两侧各 5m 范围内存在少量深根植物	60
			管道区段两侧各 5m 范围内不存在深根植物	100
		地基土沉降 P_{43}	地基土沉降或隆起明显	30
			有轻微的地基土沉降或隆起	60
			无地基土沉降隆起现象	100
		其他地质稳定性 P_{44}	如果管道区段处容易发生崩塌	10
			如果管道区段处曾经发生沉降或者位于采矿区	50
			如果管道区段位于斜坡段、活断层、液化区等，地质不稳定	80
			如果管道区段处地质稳定	100

表6　失效后果评价指标分值

评价目标	风险因素	评价内容	分值
失效后果评价 C	最高工作压力 C_1	最高工作压力<0.1MPa	100
		0.1MPa≤最高工作压力≤0.4MPa	90
		0.4MPa≤最高工作压力≤0.8MPa	75
		0.8MPa≤最高工作压力≤1.6MPa	60
		1.6MPa≤最高工作压力≤2.5MPa	45
		2.5MPa≤最高工作压力≤4.0MPa	30
		4.0MPa<最高工作压力	15
	周边环境 C_2	泄漏后无燃烧、燃爆风险的	100
		管线安全控制范围内存在火源、易燃易爆物(加油站，加气站，化工厂，烟花销售，化肥销售，建材厂等)	50
		管线安全控制范围内存在密闭空间，燃气泄漏后容易积聚的(厂房，房屋，地下室等)	0
	人口密度 C_3	管道位于荒无人烟地区	100
		管道1.6km长度范围内，管道区段两侧各200m的范围内，人口数量在[1，100)之间	75
		管道1.6km长度范围内，管道区段两侧各200m的范围内，人口数量在[100，300)之间	50
		管道1.6km长度范围内，管道区段两侧各200m的范围内，人口数量在[300，500)之间	25
		管道1.6km长度范围内，管道区段两侧各200m的范围内，人口数量≥500	0
	泄漏原因 C_4	最可能的泄漏原因是自然灾害	50
		最可能的泄漏原因是焊接质量、腐蚀穿孔	80
		最可能的泄漏原因是附属设施、阀门等	90
	抢修时间 C_5	抢修时间<2小时	100
		抢修时间在[2，6)小时	80
		抢修时间在[6，12)小时	60
		抢修时间在[12，24)小时	40
		抢修时间≥24小时	20
	供应中断的影响范围和程度 C_6	不影响或者基本不影响终端用户的	100
		供应中断影响终端用户500户以下的	75
		供应中断影响终端用户500户以上2000户以下的	50
		供应中断影响终端用户2000户以上5000户以下的	25
		供应中断影响终端用户5000户以上的	0

1.6 风险等级评估方法的确定

按收集资料数据，对照城镇燃气管道及附属设施的失效可能性指标评分项，确定城镇燃气管道及附属设施的失效可能性和失效后果严重性指标评分项各个项目分值，计算方法见式5和6计。

失效可能性分值计算：

$$P = \sum_{i=1}^{m} \alpha^{p_i} \left[\sum_{j=1}^{n} \beta^{p_j} p_k \right] \tag{5}$$

式中　P——失效可能性分值；

α^{p_i}——一级指标 i 的失效可能性权重；

m——一级指标的数量；

β^{p_j}二级指标 j 的失效可能性权重；

n——二级指标的数量，随 m 变化；

γ^{p_k}——三级指标 k 的失效可能性权重，若无三级指标，则取 1；

P_k——失效可能性指标评分项分值。

失效后果分值计算：

$$C = \sum_{i=1}^{m} \alpha_i^c C_k \tag{6}$$

式中　C——失效后果严重性分值

α_i^c——一级指标 i 的失效后果严重性权重

m——一级指标的数量

C_k——失效后果严重性指标评分项分值

根据失效可能性与失效后果的计算结果，在风险矩阵中标示城镇燃气管道及设施各单元的风险等级和排序，风险矩阵如图 3 所示，失效可能性和失效后果等级划分见表 7 和表 8。

失效可能性等级					
5	中高	中高	中高	高	高
4	中	中	中高	中高	高
3	低	低	中	中高	高
2	低	低	中	中	高
1	低	低	中	中	中高
失效后果等级	A	B	C	D	E

图 3　风险矩阵图

表 7　失效可能性等级划分

失效可能性等级	失效可能性分值 P
1	$80 < P \leqslant 100$
2	$60 < P \leqslant 80$
3	$40 < P \leqslant 60$
4	$20 < P \leqslant 40$
5	$0 < P \leqslant 20$

表 8　失效后果等级划分

失效后果等级	失效后果严重性分值 C
A	$80 < P \leqslant 100$
B	$60 < P \leqslant 80$
C	$40 < P \leqslant 60$
D	$20 < P \leqslant 40$
E	$0 < P \leqslant 20$

2　示范应用

为验证风险评估方法的可行性，取某城镇 PE 燃气管道进行了风险评估示范应用，该管道为 DN200 的 PE100 管道，实际使用年限 19 年，操作压力 0.35MPa，管道长度 3002m，管道周围为商业大型商场，车流量大，人流量大，详细评估参数见表 9。

表 9　某城镇 PE 燃气管道风险评估参数

失效可能性指标	数值	得分	失效后果指标	数值	得分
管材	燃气用聚乙烯管材(PE100)	100	最高工作压力	0.35MPa	90
管径壁厚比	SDR 11	100	周边环境	管线安全控制范围内存在商业大型商场	50
管龄	<20 年	70	人口密度	人口数量≥500	0
材料损伤	管道表面无划伤、槽痕或凹陷等缺陷	100	泄漏原因	最可能的泄漏原因是附属设施、阀门等	90
管道接口类型	电熔连接、热熔连接	90	抢修时间	抢修时间在[2, 6)小时	80
管道埋深	符合标准	100	供应中断的影响范围和程度	供应中断影响终端用户 5000 户以上的	0

续表

失效可能性指标	数值	得分	失效后果指标	数值	得分
管道巡查频率	频繁	70			
临时占压	无占压	85			
施工频率	0	100			
警示标志	一般：标志数量不够	30			
安全机构和安全责任制	安全机构和安全责任制健全，并严格执行	100			
是否有安全保护装置	有安全保护装置	100			
操作规程	设备(装置)操作规程完整、正确，严格按操作规程执行	100			
设备维护	进行保养，并且必要时修理或更换	90			
是否有生物啃食	无生物啃食	100			
深根植被	管道区段两侧各 5m 范围内存在少量深根植物	60			
地基土沉降	无地基土沉降隆起现象	100			
其他地质稳定性	如果管道区段处地质稳定	100			

按照公式 5，结合表中失效可能性各层级指标及权重，计算结果如下：

管道本体及附属设施：

$P_1 = 0.136 \times 100 + 0.150 \times 100 + 0.213 \times 70 + 0.091 \times 100 + 0.148 \times 90 + 0.262 \times 100 = 92.130$

第三方损坏：

$P_2 = 0.192 \times 70 + 0.231 \times 85 + 0.345 \times 100 + 0.232 \times 30 = 74.535$

管道运维情况：

$P_3 = 0.196 \times 100 + 0.137 \times 100 + 0.301 \times 100 + 0.384 \times 90 = 97.960$

管道外部环境：

$P_4 = 0.293 \times 100 + 0.364 \times 60 + 0.230 \times 100 + 0.113 \times 100 = 85.440$

该管段失效可能性得分：

$P = 0.302 * 92.130 + 0.391 * 74.535 + 0.131 * 97.960 + 0.176 * 85.440 = 84.836$

按照公式 6，结合表中失效后果各层级指标及权重，计算结果如下：

该管段失效后果得分：

$C = 0.161 \times 90 + 0.223 \times 50 + 0.274 \times 0 + 0.080 \times 90 + 0.069 \times 80 + 0.193 \times 0 = 38.360$

经评定：该管道经风险评估综合评定为 1D，即中风险等级，与实际风险状况一致，应用良好。该管段与主要风险点为受检管道技术档案资料不全、管道周围人口密集、车辆较多、警示标志数量较少等。

该管段与主要风险点为受检管道技术档案资料不全、管道周围人口密集、车辆较多、警示标志数量较少等。由于管道内介质为天然气，介质性质属于易燃易爆的，一旦失效后的后果比较严重，因此在日常设备管理中，应加强巡护和对管道沿线居民的宣传教育，及时做好管道定期检验工作，及时补充缺失，确保施工后管线标志桩(贴)、阀井等附属设施完整。保证管线标志桩(贴)的覆盖率达到 100%，尤其是在重点场所，可更密集地进行标志桩(贴)覆盖。

3 结论与建议

(1)对影响城镇 PE 燃气管道的失效可能性进行分析，建立了包括管道本体及附属设施、第三方破坏、管道运维情况和管道外部环境 4 个一级指标及 18 个二级指标的失效可能性评价指标体系。

(2)对影响城镇 PE 燃气管道的失效后果进行分析，建立了包括最大工作压力、周边环境、人口密度、泄漏原因、抢修时间和供应中断的影响范围和程度 6 个一级指标的失效后果评价指标体系。

(3)针对建立的埋地 PE 燃气管道失效可能性评价指标体系，采用模糊层次分析法确定了各指标权重，由权重分布可知，第三方破坏因素指标占0.391，是主要失效原因。

(4)通过对某城镇 PE 燃气管段的风险评估方法的示范应用，验证了该风险评估方法的可行性。

参考文献

[1]燃气行业相关在编国家标准动态[J]. 城市燃气，2022，(03)：51－52.

[2]陈潇，曾杰．无示踪线的聚乙烯埋地燃气管道的探测技术研究[J]．石油和化工设备，2022，25(08)：39－44.

[3]杜妮妮，牛亚平，赖圣．宁波市管输燃气安全风险分析及对策研究[J]. 工业安全与环保，2023，49(06)：61－64.

[4]赵向南，张海营，陈帅甫．基于模糊层次分析法的埋地 PE 燃气管道风险评估[J]．设备监理，2022，(03)：53－55＋60.

[5]丁瑞，洪琼，庄思思．基于 FAHP 的物流企业绿色创新行为影响因素研究[J]. 物流科技，2020，43(03)：21－24.

含缺陷小径管剩余疲劳寿命影响因素分析

尹新毅[1] 王 涛[2] 王俊强[2] 张 政[1] 郭岩宝[1]

[1. 中国石油大学(北京),北京 102249;2. 中国特种设备检测研究院,北京 100029]

摘 要:随着油气站场的持续工作以及多种因素的影响,小径管容易出现不同程度的腐蚀问题。评估小径管腐蚀疲劳寿命对于确保小径管的安全运行至关重要。对小径管进行受力分析,并通过利用有限元软件模拟含缺陷的小径管在运行过程中的状态。扩展小径管的模拟数量,计算缺陷处的最大应力以及小径管的疲劳寿命,并评估小径管的安全状况。通过分析有限元软件模拟的结果,得到缺陷因素与疲劳寿命之间的关系曲线。本研究对于保障小径管的正常运行,强化小径管的安全运营监管,以及夯实安全运输事业具有重要意义。

关键词:小径管;腐蚀;管道疲劳;疲劳寿命;

Analysis of Factors Affecting the Remaining Fatigue Life of Defective Small – Diameter Pipes

YIN Xinyi[1], *WANG Tao*[2], *WANG Junqiang*[2], *ZHANG Zheng*[1], *GUO Yanbao*[1]

[1. China University of Petroleum(Beijing), Beijing 100013;
2. China Special Equipment Inspection & Research Institute, Beijing 100013, China]

Abstract: As oil and gas stations continue to operate and various factors come into play, small – diameter pipes are prone to varying degrees of corrosion issues. To evaluate the corrosion fatigue life of these pipes is crucial for ensuring their safe operation. This involves conducting stress analysis on the pipes and using finite element software to simulate the condition of defect – containing pipes during operation. By extending the number of pipe simulations, calculating the maximum stress at defect locations, and assessing the fatigue life of the pipes, their safety status can be evaluated. Analyzing the results from the finite element software simulations figures the relationship curve between defect factors and fatigue life. This study is of significant importance for ensuring the normal operation of small – diameter pipes, strengthening the safety operation supervision of these pipes, and reinforcing the safety of transportation undertakings.

Key words: Small diameter pipelines; Corrosion; Pipeline fatigue; Life evaluation

小径管在石油化工等领域应用广泛,由于小径管工作环境复杂,容易产生外表面腐蚀缺陷,在疲劳载荷作用下产生安全事故。国内方面徐媛媛等基于 Paris 公式的 da 法对海底管道进行疲劳扩展寿命预报,最后对数值预报结果的影响因素进行探讨所得结论为服役管道的安全性评估提供参考。李爽等利用 ANSYS 进行有限元模拟,对油气管道凹陷的表面应变、回弹过程及疲劳寿命进行了研究,完成了疲劳寿命值的计算,对油气管道的安全运行有非常大的意义。严进等对埋地管道进行研究,分析了疲劳寿命预测的三种方法并对埋地管道进行了疲劳寿命预测。美国 Hoeppner 教授主要关注环境对飞机管道的作用,提出腐蚀疲劳寿命包括点蚀形核、小裂纹增长、应力主导下的裂纹扩展及失效四个阶段,并且提出了临界蚀坑的估算模型。美国 Chawla 教授将同步辐

作者简介:尹新毅(1997—),硕士研究生,主要从事压力管道疲劳寿命预测及评价研究。E – mail:1969846863@qq.com

射光源用于腐蚀疲劳失效机理研究，为机理探索及寿命预测模型的改进提供了新的机遇。国际上也有许多关于管道腐蚀的标准和规范，例如 API（美国石油学会）和 ISO（国际标准化组织）标准，对小径管的设计、制造和检测提供了指导。总体而言，无论在国内还是国外，对小径管的疲劳寿命研究都较为稀缺。因此，本研究具有重要意义。通过深入探讨小径管在不同载荷条件下的疲劳寿命，本研究填补了这一领域的研究空白，为相关工程应用提供了理论依据和实践指导。这种研究对于提高小径管在实际应用中的安全性和可靠性，具有重要的参考价值。

1 疲劳试验 - 均匀腐蚀

通过对现有接收站进行调研，实验中采用的小径管均采用与接收站同步的 A333 - 6 材料。其材料性能如表 1 所示。

表 1 A333 - 6 材料性能

材料	屈服强度/MPa	抗拉强度/MPa	冲击吸收能量/J	硬度/HV	金相组织
A333 - 6	307	514	74.3（5mm × 10mm × 55mm）	143	铁素体 + 珠光体

对含外表面腐蚀缺陷小径管进行疲劳实验时，首先选择了长度为 1000mm 的小径管，并在其外表面加工腐蚀缺陷，如图 2 所示。随后，在小径管的两端安装封堵头，确保内部密封，并开始将内部压力从零开始以每秒 2MPa 的速度升压。升压过程中，压力逐渐增加，直至达到 71MPa 或者 112MPa 并且在达到目标压力后维持 8 秒的保压时间。接着，快速将内部压力降至零，并再次保持 8 秒，完成一个循环。图 1 为实验流程图。

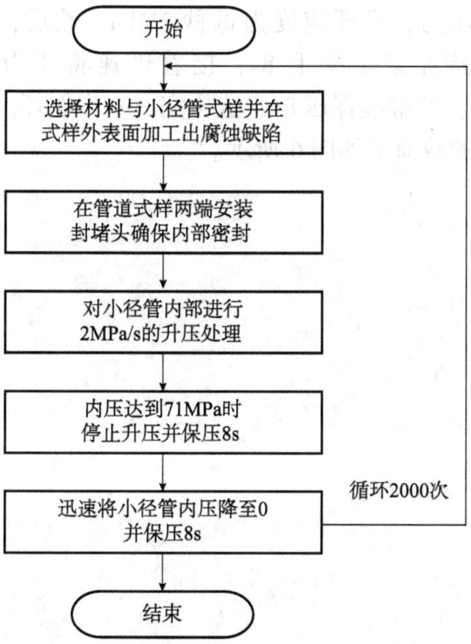

图 1 实验流程图

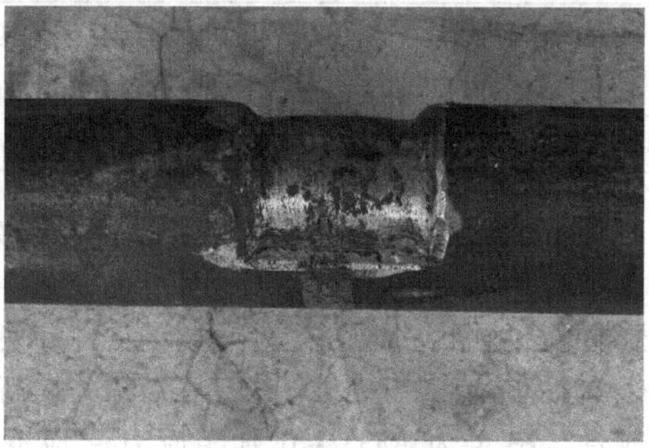

图 2 均匀腐蚀疲劳寿命试验后的小径管

整个实验过程重复进行 2000 次，以模拟长期使用中的压力变化情况，并在管道内部的四个不同位置贴上应变片来记录实验过程中管道不同部位的应变的变化，应变片位置如图 3 所示。在实验中，针对 *DN*40 管道共进行了 3 组疲劳，试验数据如表 2 所示。在所有试验结束后，经过 2000 次 0 ~ 71MPa 或者 0 ~ 112MPa 的循环疲劳载荷作用后，管道未出现失效现象，缺陷处也未发生明显变形，整体状态正常，没有出现异常情况。

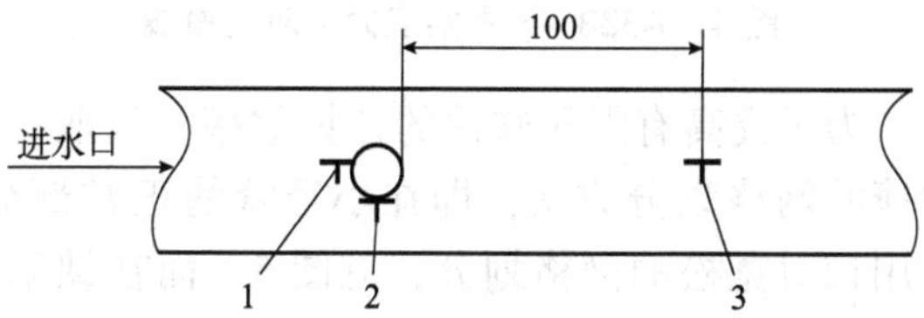

图 3 应变片粘贴

表 2 三组疲劳寿命试验数据

序号	管道型号	外径/mm	壁厚/mm	缺陷长度/mm	缺陷宽度/mm	缺陷深度	疲劳上下限/MPa	疲劳次数	备注
1	*DN*40	48.3	7.14	2.15	0.5	0.52	0 ~ 71	2000	未变形
2	*DN*40	48.3	7.14	2.15	1	0.5	0 ~ 71	2000	未变形
3	*DN*40	48.3	7.14	2.15	0.5	0.2	0 ~ 112	2000	未变形

2　有限元分析

2.1　有限元模型建立

含腐蚀缺陷的小径管在轴向和径向上都呈现对称性，因此在建立有限元模型时，通常采用四分之一模型。这样做有助于添加约束条件，并且可以加速有限元软件的计算速度，提高模拟效率。

在这项研究中，为了与实验的条件保持一致，在有限元模拟的过程中赋予管道 A333－6 材料作为小径管的材料。经过一系列的实验得出了一些 A333－6 钢材的材料属性，材料参数如表 3 所示。

表 3　材料参数

材质	弹性模量/GPa	泊松比	屈服强度/MPa	抗拉强度/MPa
A333－6	200	0.3	302	595

通过对含缺陷小径管的疲劳性能进行研究，可以深入了解不同缺陷尺寸对小径管的疲劳寿命的影响。这些研究成果将为小径管的设计和使用提供重要的参考，有助于优化工程结构并提高其可靠性。图 4 为 A333－6 真实应力－应变曲线图。

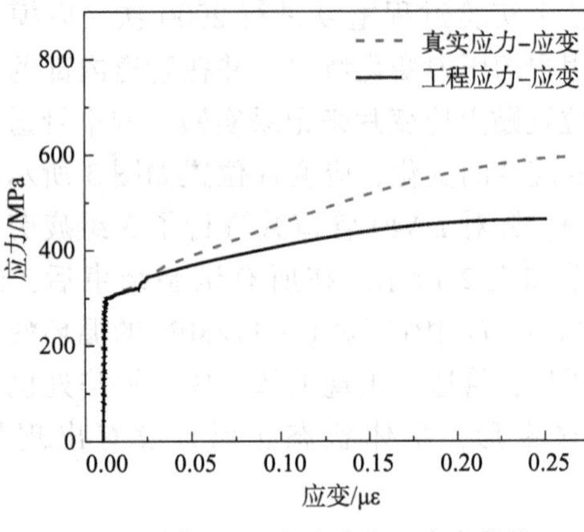

图 4　A333－6 真实应力－应变曲线

为了提高有限元软件的计算效率，采取一种便捷的网格划分方式，即在小径管的正常部分，采用相对宽松的网格划分，见图 5。而在缺陷区域，选择更加密集的网格划分，这种网格划分方法不仅有助于加速计算过程，还能够提高计算结果的准确性。考虑到缺陷边界处的应力集中问题，在缺陷的边界处添加了圆角。添加圆角有助于分散应力，减少局部应力集中。通过合理的网格划分和添加圆角等措施，能够减少有限元软件的计算时间，提高计算结果的准确性。

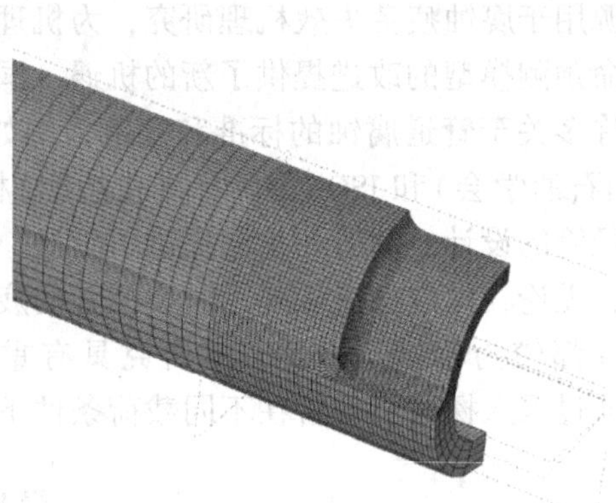

图 5　缺陷管道网格划分

在实验进行时，小径管的两端被封堵头所封闭。为了模拟封堵头的效果，我们在小径管的两端引入了沿着其轴向向外作用的轴向力。这个轴向力的大小为 $PD/4t$，其中 P 代表压力，单位为 MPa，D 代表管径，单位为 mm，t 代表管壁厚度，单位为 mm。这样的设计是为了模拟在实验过程中存在的封堵头对于小径管的影响，确保有限元分析的准确性。

为了模拟实验中的真实情况，同样的在小径管的内壁施加一个循环应力。与实验同步，在管道内壁施加了一个 0～71MPa 或者 0～112MPa 的循环压力，升压速度为每秒 2MPa。然后，将压力保持在该水平上 8s，接着迅速将压力降至 0MPa，并继续保压 8s，这样完成一次循环。管道内部的载荷谱如图 6 所示。

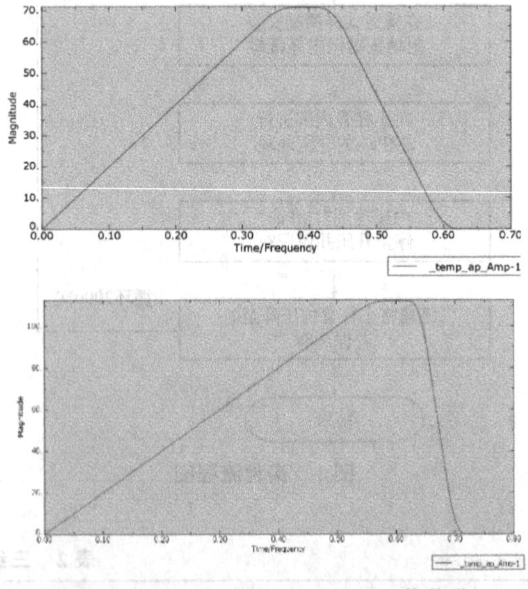

图 6　0～71MPa 与 0～112MPa 载荷谱

2.2　应力分析

添加好约束以后，即可进行有限元的运算。计算结束后可得出小径管的应力分布情况。选用

*DN*50 壁厚 7.15mm 缺陷尺寸为缺陷顶部轴向长度 44.38mm、缺陷深度为 3.72mm 其限元结果如图 7 所示，由图可看出，在内压开始上升的时候，由于应力集中的影响，环向两侧壁厚急剧变化处的应力最大，随着应力的继续增大，最大应力位于缺陷中心，并在四周逐渐减小，当内压达到顶点 71MPa 保压时，缺陷处的应力达到最大，当开始迅速开始泄压的时候，管道应力开始迅速减少。

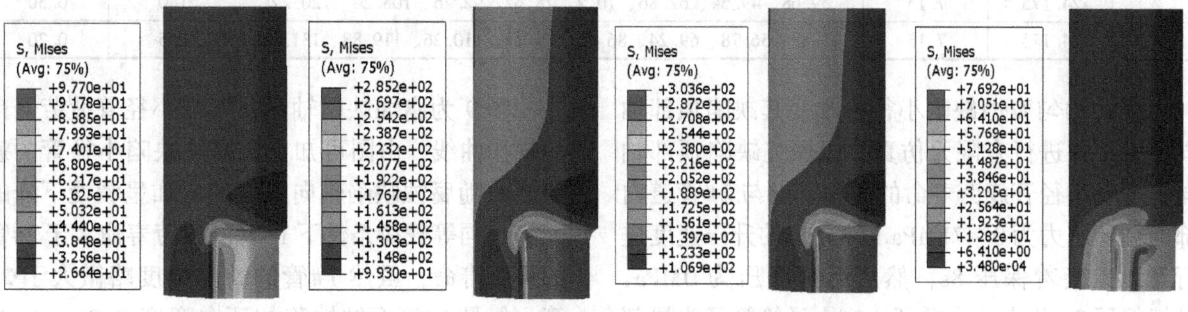

图7　有限元应力云图

完成有限元分析后，对于经过最大应力计算的小径管，我们将其计算结果转移到 FESAFE 软件中。在 FESAFE 软件中，我们设定了均匀腐蚀小径管的材料属性和各项参数，然后启动程序进行仿真。FESAFE 软件会生成关于在均匀腐蚀缺陷下小径管在失效前经历的循环次数的输出。

3　仿真结果分析

3.1　小径管缺陷深度对疲劳寿命的影响

分别对三组相同缺陷的小径管进行缺陷深度的扩展并对其进行有限元分析管径用 D(mm)来表示，壁厚用 t(mm)来表示，将腐蚀轴向长度 L(mm)、腐蚀深度 d(mm)和腐蚀宽度 β(弧度)作为变量，研究腐蚀缺陷尺寸对小径管疲劳寿命的影响，缺陷的几何参数如表 4 所示。

表4　缺陷参数表

管道	D/mm	t/mm	L/mm	$\beta/2\pi$	d/t
1	24.175	7.15	44.38	0.5	0.17、0.28、0.42、0.52、0.56、0.61、0.66、0.7
2	24.175	7.15	44.38	1.0	0.15、0.28、0.35、0.50、0.56、0.6、0.69、0.75
3	24.175	7.15	44.38	0.5	0.14、0.2、0.24、0.27、0.34、0.37、0.39、0.43

仿真过程与实验流程保持一致，1#与 2#管道内部的循环压力为 0～71MPa 以 2MPa 的升压速度进行升压，接着保压 8s，然后迅速降压为 0MPa 继续保压 8s 此为一个循环。3#小径管管径为局部腐蚀的小径管管道内部的循环压力从 0MPa 以 2MPa 的升压速度进行升压，升压至 112MPa 后保压 8s，然后迅速降压为 0MPa，继续保压 8s 此为一个循环。仿真结果折线图如图 8 所示。

图 8 为腐蚀深度与小径管疲劳寿命的规律曲线，由图可知，含腐蚀缺陷小径管的疲劳寿命随缺陷深度的增加呈指数降低；同等腐蚀深度下 1#管的疲劳寿命要低于 2#管原因是 1#管腐蚀缺陷的环向宽度 $\beta/2\pi=0.5$，相对于环向宽度 $\beta/2\pi=1$ 的 2#管来说，在疲劳循环载荷中更容易受到应力集中的影响，降低疲劳寿命，而随着腐蚀深度的增加，腐蚀深度成为影响管道疲劳寿命的关键因素，1#和 2#管的疲劳寿命差距变小；由 1#管和 3#管疲劳曲线对比可知，疲劳循环载荷越大，疲劳寿命越短。

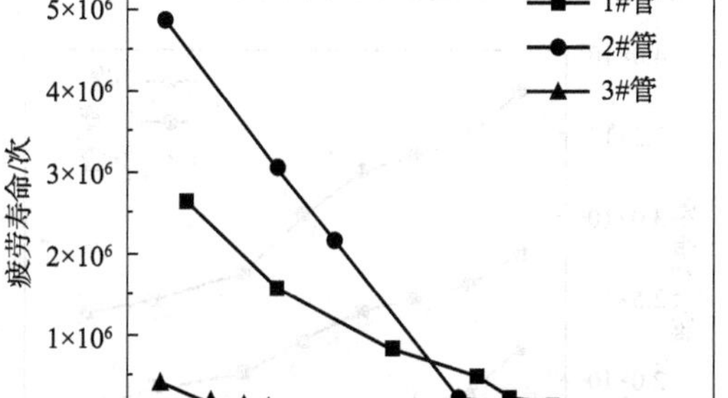

图8　缺陷深度与剩余疲劳寿命关系曲线

3.2　小径管缺陷深长度对疲劳寿命的影响

分别对表5的三组小径管进行仿真计算：

表5　缺陷参数表

管道	D/mm	t/mm	L/mm	β/2π	d/t
1	24.175	7.15	44.38、68.32、72.62、88.36、97.66、110.2、123.76、141.82	0.5	0.52
2	24.175	7.15	39.68、49.64、62.86、70.2、78.62、92.26、108.24、120.22	1.0	0.50
3	24.175	7.15	41.85、56.78、69.24、86.76、99.24、110.26、119.88、131.86	0.5	0.20

对含均匀腐蚀缺陷小径管改变其缺陷顶部轴向长度，并进行有限元仿真，以探究缺陷顶部轴向长度对小径管疲劳寿命的影响。1#与2#管道内部的循环压力为0～71MPa以2MPa的升压速度进行升压，接着保压8s，然后迅速降压为0MPa，继续保压8s此为一个循环。3#小径管管径为局部腐蚀的小径管管道内部的循环压力从0MPa以2MPa的升压速度进行升压，升压至112MPa后保压8s，然后迅速降压为0MPa，继续保压8s此为一个循环。仿真结果折线图如图9所示。

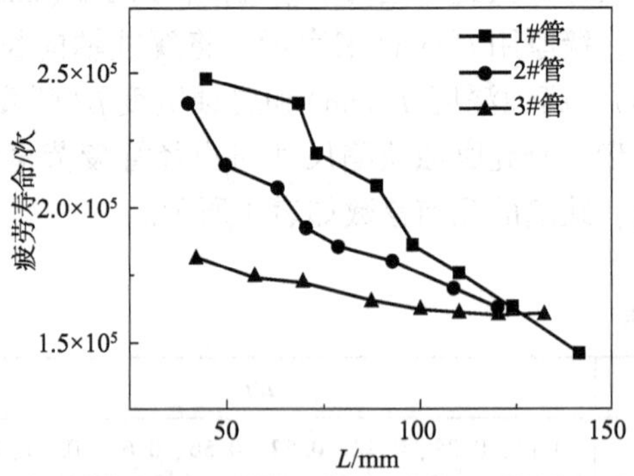

图9　缺陷轴向长度与剩余疲劳寿命关系曲线

图9为腐蚀缺陷轴向长度与小径管疲劳寿命的规律曲线，由图可知，含腐蚀缺陷小径管的疲劳寿命随腐蚀缺陷轴向长度的增加呈缓慢下降的趋势；同等载荷条件下1#管的疲劳寿命大于2#的疲劳寿命，虽然1#管的缺陷深度略微大于2#管，但是1#管腐蚀缺陷的环向宽度 $\beta/2\pi=0.5$，相对于环向宽度 $\beta/2\pi=1$ 的2#管来说，1#管的缺陷面积大于2#管，故降低疲劳寿命。由于3#管的循环应力比1#管与2#管大，故3#管的疲劳寿命对于其他两个管道疲劳，即循环载荷越大，疲劳寿命越短。

3.3　小径管缺陷对应角度对疲劳寿命的影响

1#与2#小径管均为均匀腐蚀的小径管，管道内部的循环压力为0～71MPa，以2MPa的升压速度进行升压，接着保压8s，然后迅速降压为0MPa，3#小径管管径为局部腐蚀的小径管，继续保压8s此为一个循环。管道内部的循环压力为0～112MPa以2MPa的升压速度进行升压，接着保压8s，然后迅速降压为0MPa，继续保压8s此为一个循环。缺陷参数见表6。

表6　缺陷参数表

管道	D/mm	t/mm	L/mm	β/2π	d/t
1	24.175	7.15	44.38	0.28、0.36、0.45、0.54、0.64、0.74、0.89、1.0	0.52
2	24.175	7.15	44.38	0.28、0.36、0.45、0.54、0.64、0.74、0.89、1.0	0.50
3	24.175	7.15	44.38	0.28、0.36、0.45、0.54、0.64、0.74、0.89、1.0	0.20

仿真结果折线图如图10所示。

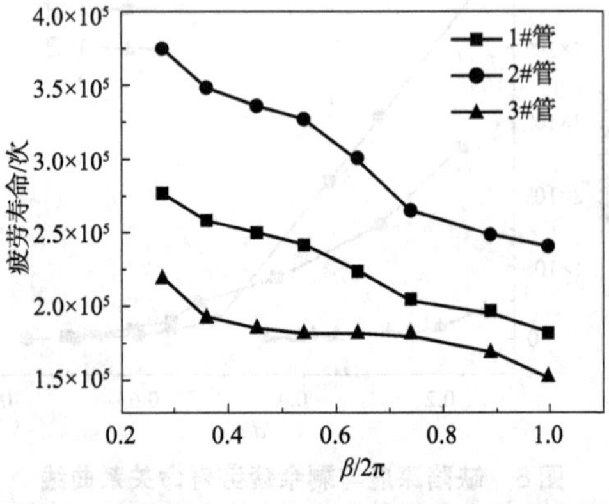

图10　缺陷对应角度与剩余疲劳寿命关系曲线

图10为腐蚀陷对应角度与小径管疲劳寿命的规律曲线，由图可知，含腐蚀缺陷小径管的疲劳寿命随腐蚀缺陷轴向长度的增加呈线性下降的趋势；同等载荷下的1#管的疲劳寿命略低于2#管，原因在于1#管的腐蚀深度大于2#管道。由于3号管的载荷大于1#、2#管道，故其疲劳寿命会小于1#、2#管道。

4　结论

(1)小径管的疲劳寿命主要与小径管的缺陷深度、缺陷对应轴向长度、缺陷对应角度息息相关，是影响小径管疲劳的主要原因。缺陷深度越大，缺陷对材料整体强度的削弱效果越明显，从而更容易引发疲劳失效。其次，缺陷的轴向长度即缺陷沿着管道轴线方向的延伸长度。较长的轴向缺陷会导致应力集中区域扩大。最后，不同的缺陷角度会影响应力分布，特定角度下可能形成更为集中的应力区域，加剧疲劳过程。

(2)在腐蚀环境中，小径管疲劳寿命相对较短。腐蚀会减弱小径管的材料强度，使其更容易受到疲劳裂纹的影响。腐蚀引起的表面不平整也会加剧应力集中，从而提高了疲劳失效的风险。因此，在腐蚀环境下，对小径管的监测和维护显得尤为重要。

(3)在小径管存在腐蚀情况下，应及时更换管道，以便提高小径管使用寿命。及时更换受腐蚀影响较大的小径管可以防止进一步的损坏和疲劳裂纹的扩展，有效延长整个管道系统的使用寿命。此外，定期检查和维护也是预防腐蚀引起的疲劳失效的有效手段。

(4)可以利用有限元分析模拟来预测小径管的疲劳寿命。通过这一技术，能够精确地评估小径管在长期使用中的应力分布和疲劳损伤积累情况，从而预见可能的失效时间点。这不仅使得对小径管的维护更加科学和合理，也能及时安排更换和维修工作，避免因突发故障导致的生产停滞或安全隐患。结合实际使用环境和工作负载的数据，有限元分析为优化小径管的设计和使用策略提供了强有力的技术支持。

参考文献

[1]陈严飞，刘宇，胡东，等. 含腐蚀缺陷输气管道高频声致振动响应规律数值模拟[J]. 油气储运，2024，43(04)：404－411.

[2]徐媛媛，孙健华，张捷，等. 海底管道疲劳裂纹扩展寿命预报的影响因素分析[J]. 舰船科学技术，2024，46(01)：121－125.

[3]吕彦伟，刘钦节，付强，等. 基于紧凑拉伸试验的含缺陷燃气管疲劳寿命预测分析[J]. 中国安全生产科学技术，2019，15(11)：96－101.

[4]王战辉，马向荣，范晓勇，等. 含局部减薄缺陷管道剩余强度和剩余寿命的分析预测[J]. 化工机械，2019，46(01)：89－93.

[5]贾心怡，马廷霞，刘维洋. 波动载荷下X80管道轴向表面裂纹疲劳扩展研究[J]. 塑性工程学报，2018，25(04)：262－268.

[6]赵高乐，齐红宇，李少林，等. 热端部件低温热腐蚀疲劳损伤机理、寿命模型和抗腐蚀设计方法[J]. 力学进展，2022，52(4)：809－851.

[7]Arafin M. A., Szpunar J. A. Effect of bainitic microstructure on the susceptibility of pipeline steels to hydrogen induced cracking[J]. Materials Science and Engineering: A, 2011, 528(15): 4927－4940.

[8]谭娜，孙世磊，华磊. 腐蚀疲劳交替下2A12－T4航空铝合金的寿命分析研究[J]. 机械设计与制造，2024，395(1)：107－112.

[9]毕文军，王黎. 油气管道的低周腐蚀疲劳研究及剩余寿命预测[J]. 腐蚀与防护，2007，28(5)：235－237.

[10]高旭东，邵永波，谢丽媛，等. X56海底管道在腐蚀环境下疲劳裂纹扩展过程预测[J]. 材料导报，2020，34(2)：123－130.

[11]Manson S. S., Halford G. R. Practical implementation of the double linear damage rule and damage curve approach for treating cumulative fatigue damage[J]. International Journal of Fracture, 1981, 17(2): 169－192.

[12]严进. 长输天然气埋地管道缺陷与安全性分析[D]. 西安石油大学，2016.

[13]Chaboche J. L. Continuous damage mechanics－A tool to describe phenomena before crack initiation[J]. Nuclear Engineering and Design, 1981, 64(2): 233－247.

[14]李爽. 管道凹陷的应变计算及疲劳寿命研究[D]. 中国石油大学(北京)，2019.

[15]Huang X. G., Xu J. Q., Feng M. L. Energy Principle of corrosion environment accelerating crack growth of anodic dissolution corrosion fatigue[J]. Journal of Shanghai Jiaotong University (Science), 2013, 18(2): 190－196.

[16]冯耀荣，陈浩，张劲军，等. 中国石油油气管道技术发展展望[J]. 油气储运，2008，27(3)：1－8.

[17]刘显德. 油气管道失效模式智能诊断技术研究[D]. 大庆：东北石油大学，2010.

[18]He H. F., Liu H. J., Zhu C. C., et al. Study on the gear fatigue behavior considering the effect of residual stress based on the continuum damage approach[J]. Engineering Failure Analysis, 2019, 104: 531－544.

[19]Cui C. J., Chen A. R., Ma R. J. An improved continuum damage mechanics model for evaluating corrosion－fatigue life of high strength steel wires in the real service environment[J]. International Journal of Fatigue, 2020, 135: 1－9.

[20]冯耀荣，霍春勇，吉玲康，等. 我国高钢级管线钢和钢管应用基础研究进展及展望[J]. 石油科学报，2016，1(1)：143－153.

基于风险的检验在5000m^3 液硫储罐的研究及应用

张 杰[1] 谢华昆[2] 李茜璐[1,3] 谢晓东[4] 李 理[1,3] 赵世佳[4]

(1. 中国石油西南油气田分公司集输工程技术研究所，四川 成都 610000；
2. 中国石化达州天然气净化有限公司，四川 达州 635000；
3. 四川利能燃气工程设计有限公司，四川 成都 610000；
4. 中国特种设备检测研究院，北京 100029)

摘 要：大型液硫储罐因国内缺乏适用的检验、检测标准，且开罐检验周期长、费用高、受限空间作业风险大，一直是高含硫气田设备运行管理的难点。本文以某装置数台5000m^3 液硫储罐为研究对象，采用风险评估和在线检验检测相结合的方法，探索液硫储罐群RBI评定方法，分析储罐的损伤模式和失效机理，结合在线检验结果，计算储罐失效风险等级，有针对性地提出检验策略，形成一套液硫储罐RBI作业指导规则，对国内液硫储罐检验和评估具有借鉴意义。

关键词：基于风险的检验；液硫储罐；风险评估；失效后果；检验策略

Research and Application of Risk - based Inspection Technology on 5000m^3 Liquid Sulfur Tank

ZHANG Jie[1], *XIE Huakun*[2], *LI Qianlu*[1,3], *XIE Xiaodong*[4], *LI Li*[1,3], *ZHAO Shijia*[3]

(1. Gathering and Transportation Engineering Technology Research Institute,
Southwest Oil and Gas Field Company, petrochina, Chengdu 610000, China;
2. Sinopec Dazhou Natural Gas Purification Co., Ltd, Dazhou 635000, China;
3. Sichuan Lineng Gas Engineering Design Co., Ltd, Chengdu 610000, China;
4. China Special Equipment Inspection&Research Institute, Beijing 100029, China)

Abstract: Due to the lack of applicable inspection and testing standards for large liquid sulfur storage tanks in China, and the long inspection period, high cost, and high risk of operation in confined space, it has been a difficulty in the operation and management of equipment in high sulfur gas fields. This paper takes several 5000m^3 liquid sulfur storage tanks of a certain device as the research object, adopts the method of combining risk assessment and online inspection and detection, explores the RBI assessment method of liquid sulfur storage tank group, analyzes the damage mode and failure mechanism of the storage tank, calculates the failure risk level of the storage tank combined with the online inspection results, and puts forward the inspection strategy accordingly. A set of RBI operation guidelines for liquid sulfur storage tanks has been formed, which is of reference significance to the inspection and evaluation of liquid sulfur storage tanks in China.

Key words: Risk - based inspection; Liquid sulfur tank; Risk assessment; Consequences of failure; Inspection strategy

作者简介：张杰(1982—)，男，正高级工程师，闵恩泽青年科技人才，中国石油和石油化工设备工业协会检验检测与认证认可专业委员会副秘书长，中国特种设备检验协会危化品常压容器检验工委会委员，中国腐蚀防护学会石油化工腐蚀与安全专委会委员，现就职于中国石油西南油气田集输工程技术研究所，从事石油天然气化工装置的技术研究工作。E - mail：cczj62002@163.com

1 前言

某液硫储罐群单台常压液硫储罐的单罐储存能力为5000m³，属特大型液硫储罐。液硫储罐在生产运行中易受到H_2S、硫蒸气、雨水等腐蚀减薄，易发生硫化亚铁自燃，失效后果严重[1-3]。开罐检验周期长、费用高、受限空间作业风险大，国内缺乏适用的检验、检测标准。采用常规的无损检测技术，需要经过开罐、清空物料、内部清洗、喷砂去除防腐层、表面处理、检验和恢复等一系列过程，检测工作量大、经济成本高且效果并不理想，甚至会因为开罐检修造成防腐层和储罐材质的破坏，加速设备腐蚀，造成意外损失。

2 研究背景

参照SHS 01012—2019《常压立式圆筒形钢制焊接储罐维护检修规程》和SY/T 5921—2017《立式圆筒形钢制焊接油罐操作维护修理规范》要求，常压储罐检测周期一般在6~9年，首检不超过10年。目前，部分液硫储罐的使用年限已达到首检期限要求，储罐整体安全状况未知。大型储罐常规检测主要包括表面检测、超声波检测、底板漏磁检测等方法，对设备表面清洁度有较高的要求。由于液硫储罐容积大，停工后底部沉积硫磺较多(约300t)，造成清罐成本高。开罐检测前需人工清理硫磺，工作量大、周期长、密闭空间施工风险大，传统的检验方法不再适用。因此，亟需开展大型液硫储罐检验技术研究，采用可靠的技术手段评估储罐安全状况，解决储罐到期需要开罐检验与连续生产运行之间的矛盾。而基于风险的检验技术(RBI)，不仅能够从失效可能性和失效后果两方面对储罐风险进行评价，分析储罐风险分布情况，还能根据设备的风险等级制定相应的检验策略和计划。

3 RBI评估技术简介及可行性分析

基于风险的检验技术(Risk - based inspection，简称RBI)将定性分析和定量计算相结合，识别设备的损伤机理和失效模式，制定科学的检验时间和优化的检验策略，保障设备安全，提高经济效益，广泛应用于石油化工、电力、海洋平台、船舶等领域[4]。

国家安监局颁布AQ 3053—2015《立式圆筒形钢制焊接储罐安全技术规程》，指出“对于储罐或储罐群还可以采用RBI方式，根据储罐面临的风险的大小，决定检验策略、检验方法、检验重点和检验周期”，明确了RBI评估技术应用于液硫储罐的合规性。

国家质检总局标准GB/T 30578—2014《常压储罐基于风险的检验及评价》规定了立式钢制圆筒形常压储罐基于风险的检验和评价要求，给出了常压储罐失效可能性和失效后果的计算方法，让RBI评估技术应用于液硫储罐具备了技术上的可行性。

4 液硫储罐RBI评估技术研究

4.1 技术路线

(1)通过国外标准API 581—2000《基于风险的检验》和国内标准GB/T 30578—2014《常压储罐基于风险的检验及评价》，筛选、寻找适用于液硫储罐本体及其附属设施的损伤模式和失效机理，初步归纳出液硫储罐本体和附属设施的损伤、失效的形态、影响因素、预防措施和检测方法。

(2)根据损伤模式和失效机理的研究结果，结合国内外标准中涉及关于常压储罐及其附属管线等附属设施的风险评估，确认液硫储罐本体各设备项在计算过程中损伤因子的取值和失效可能性的计算方法。

(3)收集历年关于液硫储罐检修、腐蚀、泄漏等相关案例及其产生的经济、环境和行政管理上的损失，并结合企业和属地单位相关管理规定，提出较为符合实际情况的经济指标或环保指标作为后果计算的前提条件，再结合API 581—2000和GB/T 30578—2014关于常压储罐失效后果计算的相关内容，确认液硫储罐风险评估中后果计算的方法。

(4)通过历年关于液硫储罐检修、腐蚀、泄漏等相关案例，以及检修后重新投用的运行情况，研究针对不同部位(罐本体如罐顶、罐壁、罐底，附属设施如进出料管、加热盘管、罐顶通气孔、保温等)的检验、检测方法及其有效性。

(5)按照风险评估理论：风险=失效可能性×失效后果，计算液流储罐的风险，根据各设备项风险的高低，选择相应程度的检验有效性，再通过不同部位及其所对应的有效的检验方法，进行合适的选择和匹配，最终获得对液硫储罐有针对性的检验策略制定方法。按以上思路，最终形成液硫储罐的RBI评估技术方法的研究。

具体技术路线见图1。

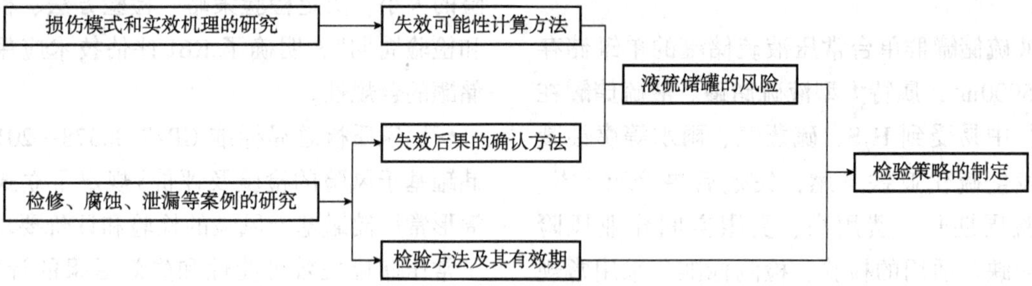

图1　技术路线图

4.2　液硫储罐的损伤模式和失效机理研究

元素硫、硫化氢和低分子硫醇等统称为活性硫，活性硫对金属具有较高的腐蚀性。液硫储罐内壁发生的腐蚀形式主要有高温硫腐蚀、大气腐蚀和低温湿硫化氢腐蚀。

4.2.1　高温硫腐蚀

液硫储罐工作温度为135～145℃，气相空间在有水蒸气存在的情况下，硫蒸气迅速与铁反应生成硫铁化合物，温度越高，硫化现象越严重。当温度稳定在100～150℃范围内，生成的是保护性能较好的$Fe(1-x)S$(磁黄铁)和FeS_2(黄铁)。当罐壁保温不好，罐壁温度下降到100℃左右并且含水蒸气时，生成的是无保护性的$Fe(1+x)S$和一些FeS膜。

4.2.2　大气腐蚀

液硫储罐的通气孔直通大气，在储罐物料外送过程中，大量的空气会进入到储罐中，因空气造成大气腐蚀，而生成铁锈。然后与硫化氢作用生成硫化亚铁。反应式如下：

$$Fe + O_2 + H_2O \longrightarrow Fe_2O_3 \cdot H_2O$$

$$Fe_2O_3 \cdot H_2O + H_2S \longrightarrow FeS + H_2O$$

在罐顶通风口附近，FeS与空气接触，迅速氧化，热量不易积聚，在储罐的通风口处由于温度较低，挥发处的硫蒸气在储罐顶部结晶，生成单晶硫。该单晶硫呈黄色颗粒状，燃点较低，掺杂在块状、松散结构的焦硫化铁中，为焦硫化铁中的FeS的自燃提供了充足的燃烧条件。当储罐处于付油状态时，大量的空气充满储罐的气相空间，原先隐藏于防腐膜内的FeS渐被暴露出来，并在胶质膜薄弱部位首先发生氧化，迅速发热自燃，甚至导致火灾爆炸发生。

4.2.3　低温湿硫化氢腐蚀

由于液硫的储存温度与联合装置液硫池内温度不同，经过长距离密闭输送后，液硫在敞开容器中储存，会向外界挥发一定的硫化氢。当罐顶、罐壁的伴热和保温层存在缺陷时，水蒸气在这些部位冷凝，这时硫化氢对这些部位的铁质设备具有明显的腐蚀作用，反应过程为：

$$H_2S \longrightarrow H^+ + HS^-$$

$$HS \longrightarrow H^+ + S^-$$

这是一种电化学腐蚀过程：

阳极反应：$Fe \longrightarrow Fe^{2+} + 2e$

阴极反应：$2H^+ + 2e \longrightarrow H_2$

渗透钢中：

Fe^{2+}与S^{2-}及HS－反应：

$$Fe^{2+} + S^{2-} \longrightarrow FeS$$

$$Fe^{2+} + HS^- \longrightarrow FeS + H^+$$

4.3　风险计算及其影响因素分析

4.3.1　风险计算过程

利用DNV GL RBI软件对储罐进行风险计算，需要分别确定储罐底板和壁板的失效可能性与失效后果。失效可能性根据API 581和GB/T 30578的有关规定确定，选取DNV GL RBI软件中相适应的潜在失效模式，确定损伤因子和一般失效频率，进而确定每台储罐的失效可能性；而失效后果的确定则主要考虑介质特性及其泄放速率等参数，根据储罐损伤程度、介质泄漏对周围环境破坏、地下水污染、营业中断损失、人员伤害等因素对风险结果进行评估，确定风险等级。计算过程如图2所示。

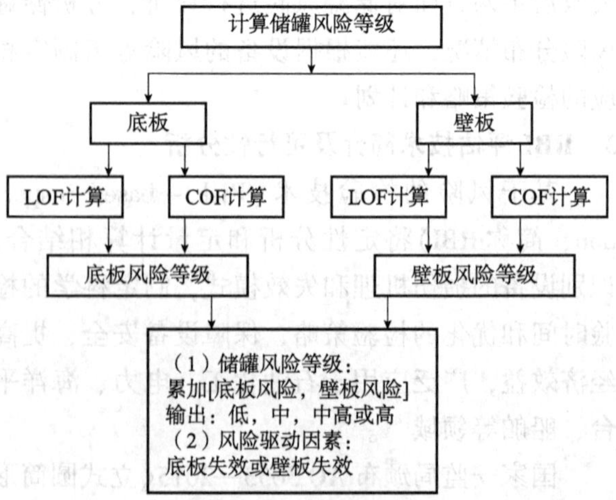

图2　风险计算过程

4.3.2 影响因素分析

(1)底板腐蚀速率影响因素

内部(产品侧)：介质特性、材料涂层相关数据(如：涂层使用年限、涂层质量、是否使用涂层)、操作温度、蒸汽盘管、排水设施和检验数据。

外部(土壤侧)：土壤电阻率、储罐基础、储罐基础的排水状况、阴极防护、储罐底板类型、操作温度。

(2)壁板腐蚀速率影响因素

内部(产品侧)：介质特性、材料、涂层相关数据(如：涂层使用年限、涂层质量、是否使用涂层)、操作温度、蒸汽盘管、检验数据。

外部：当地气候、操作温度、保温材料相关数据(如：质量、使用年限、是否使用保温层)、外部涂层相关数据(如：涂层使用年限、涂层质量)。

5 RBI 在液硫储罐群的运用

5.1 液硫储罐 RBI 全流程指导规则

对液硫储罐群开展风险初评估，然后针对中高风险以上储罐进行在线检测，结合检测数据对储罐的风险再次评估，最后得出储罐基于风险的检验结果，给出每台罐当前的风险水平及检验策略。工作流程如图3所示。

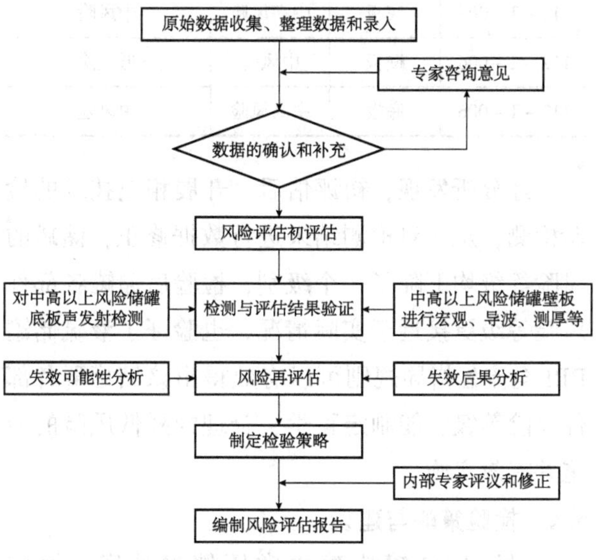

图3 项目实施流程图

5.2 风险分析与计算

液硫储罐的风险设备项主要为底板和壁板，其中底板失效所导致的后果更严重。同时储罐顶板、附件(呼吸阀、密封和防雷防静电装置等)、附属管道、储罐基础以及围堰等也都有失效可能并危及储罐。

根据 GB/T 30578《常压储罐基于风险的检验及评价》和 GB/T 26610《承压设备系统基于风险的检验实施导则》的相关要求和腐蚀速率专家数据库，分析得出储罐壁板和底板的损伤因子、失效可能性等级、失效后果等级、风险等级等结果。储罐的风险计算见式(1)。

$$R(t) = F(t) \cdot C(t) \tag{1}$$

式中 $R(t)$——储罐的风险；

$F(t)$——失效可能性；

$C(t)$——失效后果。

5.3 风险分析和检验检测结果

通过对数台液硫储罐资料审查完毕后进行初评估：10台储罐壁板的风险等级均为中风险；8台储罐底板的风险等级为中高风险，其中2台为高风险。壁板、底板初评估结果见图4。

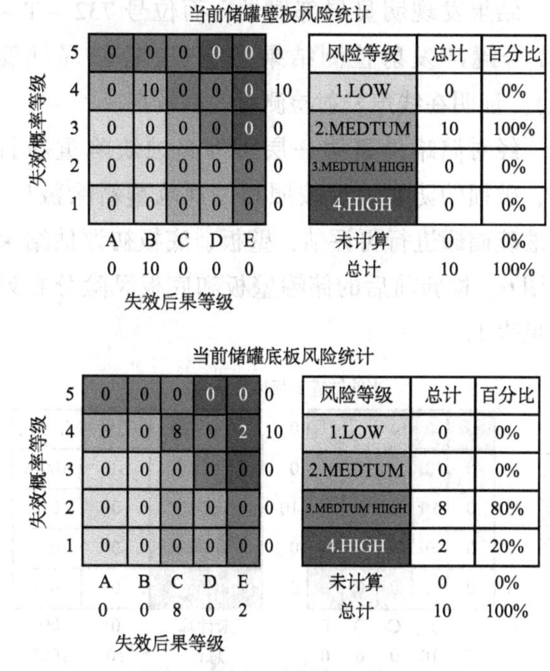

图4 壁板、底板初评估结果

根据初评估结果，对2台底板为高风险储罐进行底板声发射检测，通过对液硫储罐进行腐蚀调查，发现部分储罐罐体与基础间密封开裂，一层壁板保温拆除后发现腐蚀严重，壁板保温大面积变色，同时存在罐顶保温层和作业平台局部积水等问题。具体情况见图5。

图5 储罐外部一层壁板保温层下腐蚀

一层壁板腐蚀原因分析为：当地环境空气相对湿度较高，而且雨水较多，金属表面水膜越厚，空气中的氧透过水膜到金属表面作用。相对湿度达到一定高度时，腐蚀速度大幅上升，因此，液硫储罐外壁所处环境气温越高，锈蚀越严重，当空气中含有硫粉、二氧化硫、硫化氢和灰尘时，会加速腐蚀。对壁板风险评估计算时应考虑加上实际腐蚀速率。

位号 111－T－002、112－T－002 和 1 台 2019 年完成全面检验后的储罐(位号 112－T－001)进行声发射检测对比。前两台液硫储罐投用至今未进行开罐检验，声发射检测结果均为Ⅲ级，结果发现明显局部腐蚀，而位号 732－T－001 号罐声发射检测结果为Ⅰ级(轻微局部腐蚀)。证明在线声发射检测有效性较高。

经对储罐外壁第一层下部腐蚀缺陷重新打磨，破损的防腐涂层按照相关规范重新涂敷后。对液硫储罐进行再评估，壁板、底板初评估结果见图 6。检验前后的储罐壁板和底板风险分布列表见表 1。

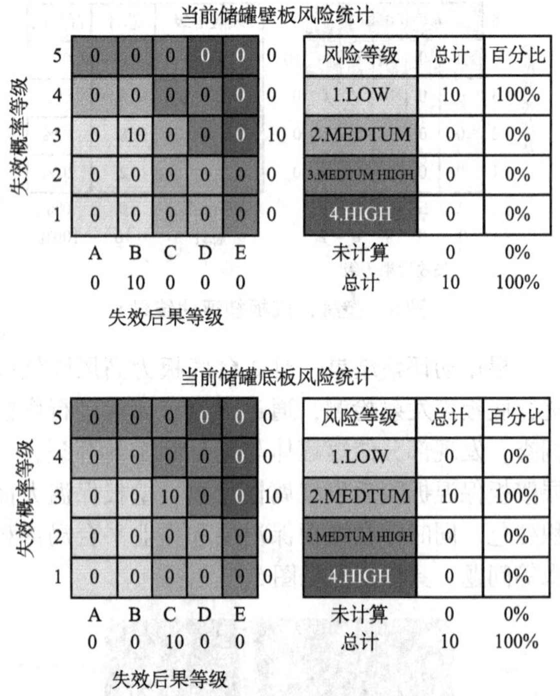

图 6　2021 年壁板、底板再评估结果

表 1　储罐壁板和底板风险分布列表

储罐位号	部件名称	初评估 风险等级	检验实施后 再评估后风险等级
111－T－002	壁板	中风险	低风险
111－T－002	底板	高风险	中高风险
111－T－003	壁板	中风险	低风险
111－T－003	底板	中高风险	中风险
111－T－004	壁板	中风险	低风险
111－T－004	底板	中高风险	中风险
111－T－005	壁板	中风险	低风险
111－T－005	底板	中高风险	中风险
112－T－001	壁板	中风险	低风险
112－T－001	底板	中风险	中风险
112－T－002	壁板	中风险	低风险
112－T－002	底板	高风险	中高风险
112－T－003	壁板	中风险	低风险
112－T－003	底板	中高风险	中风险
112－T－004	壁板	中风险	低风险
112－T－004	底板	中高风险	中风险
112－T－005	壁板	中风险	低风险
112－T－005	底板	中高风险	中风险
112－T－006	壁板	中风险	低风险
112－T－006	底板	中高风险	中风险

经分析发现，初评估后，开展相应技术的检验检测，从而对检测结果进行数据修正，储罐的风险等级均下降了一个级别，检验后储罐各部件风险等级更接近于实际情况，也验证了液硫储罐 RBI 全流程指导规则可以有效得出该储罐群各部件风险等级，能制定科学、合理的降低风险的措施并有效实施。

5.4　检验策略与建议

对液硫储罐应建立常压储罐档案，做到“一台一档”，主要内容包括：安装竣工资料；年度检查和定期检验记录；安全附件校验记录，防雷、防静电设施检查、检验记录；修理、改造方案和修理、改造资料；常压储罐事故记录等。

要加强常压储罐的操作、日常巡检和维护保养工作，定时按巡回检查路线和标准对储罐进行检查。检验策略及重点部位见表 2。

表2 检验策略及重点部位

部位	定期检验计划		年度检验（重点部位）
	开罐检验	在线检验	
壁板	a)不少于20%宏观检验，重点在于1层壁版； b)定点测厚部位以及腐蚀明显部位超声波测厚； c)渗漏及开裂部位表面检测	a)不少于20%宏观检验，重点在于1层壁版； b)定点测厚部位以及腐蚀明显部位超声波测厚； c)渗漏及开裂部位表面检测	a)重点检测储罐基础与罐壁保温密封破裂处，抽查壁板与边缘板之间角焊缝上部300mm腐蚀情况； b)罐壁最下部圈板按不同方向分布至少测8点壁板；其余各层壁板沿盘梯每层壁板至少选择一个测点。 顶板： a)有无保温破损情况。 b)顶板不少于8点的测厚抽查
底板	a)50%宏观检验及腐蚀坑测量； b)≥40%底板漏磁或高频导波（重点区域为人孔附近及进出料管附近区域）； c)漏磁信号异常部位的超声波复验； d)渗漏及开裂部位表面检测	a)边缘板外部宏观检验； b)声发射检测； c)声发射信号异常时，边缘板高频导波检测（在边缘板外沿实施）； d)渗漏及开裂部位表面检测	

6 结语

本次对某液硫储罐群进行RBI研究，形成的液硫储罐RBI作业指导规则方案，对今后国内液硫储罐群检验和评估进行风险评估有参考意义。但是对于RBI风险评价过程中数据的采集、数据的处理方法显得比较被动。例如设备外部损伤、应力腐蚀开裂等失效模式的数据采集由于缺乏相应的技术手段，更多地依赖于设备大修期间和检测时获得的有限数据资料。现今有关液硫储罐检验数据库较小，而建立或完善风险计算的RBI数据库，是RBI评价过程的关键工作。数据越充足越可靠，风险计算结果可信度才越高。今后，有必要进一步开展这一领域的研究工作，通过引入先进技术，完善数据库，从而提升RBI的可靠性，为液硫储罐群的长周期稳定运行提供技术支撑。

参考文献

[1]黄刚华，雷宇，彭银华．天然气净化厂液硫储罐腐蚀原因分 析与防护措施[J]．石油与天然气化工，2019，48(2)：1－6.

[2]周斯雅，刘艳，余宗财等．液硫储罐腐蚀原因分析及防护建议[J]．天然气与石油，2017，35(5)：82－87.

[3]程伟，周杨，陈炜，等．基于风险的检验(RBI)技术应用和研究进展[J]．石油化工腐蚀与防护，2018，35(5)：1－4，13.

[4]陈维，李宗伟，刘洋，等．大型原油储罐的风险评估与开罐验证[J]．设备管理与维修，2020，23(1)，28－30.

[5]张杰．硫磺回收装置液硫储罐的腐蚀检测与评估[J]。石油化工腐蚀与防护，2020，37(4)：38－41.

不同标准关于常压储罐的定义

王　十　赵彦修

(中国特种设备检测研究院，北京　100029)

摘　要：常压储罐中的“常压”是一个很笼统的概念，不同标准、不同行业、不同部门对“常压”概念的定义和理解不同，强求对常压储罐给出定义并无实际意义，但是了解各标准的规定会有助于对标准的把握。

关键词：标准；常压；储罐；术语；设计压力

Definitions of Atmospheric Storage Tanks in Different Standards

WANG Shi, *ZHAO Yanxiu*

(China Special Equipment Inspection and Research Institute, Beijing 100029, China)

Abstract: "Normal pressure" in atmospheric storage tanks is a very general concept. Different standards, industries, and departments have different definitions and understandings of the concept of "normal pressure". Compulsory definition of atmospheric storage tanks is not practical, but mastering the provisions of various standards will have a positive impact on grasping the standards.

Key words: Standards; Normal pressure; Tank; Terms; Design Pressure

1　引言

常压储罐一般是指立式圆筒形钢制焊接储罐。它是危化品仓储、石油石化行业生产不可或缺的设备，大型常压储罐是国家能源保障、战略储备的重要设施。但是，“常压”是一个很笼统的说法，不同标准、不同行业、不同部门对“常压”有不同的定义和理解，至今没有一个得到公认的定义。本文仅就词典和国内外相关标准对于“常压”的表述做统一梳理，供大家参考。

2　汉语辞典关于常压储罐的表述

在现行汉语词典中，对常压储罐没有解释，但安全工程大辞典对常压容器的定义和解释为：在常压下操作的容器。为了设计和安全管理的方便，在相应的规范中则泛指设计压力(表压)小于0.1MPa且大于0的容器[1]。

3　设计施工类国家或行业标准关于常压储罐的表述

设计施工标准是数量最多的常压储罐行业相关标准，现行关于储罐设计、施工的国家标准或行业标准，SH3046—1992《石油化工立式圆筒形钢制焊接储罐设计规范》等标准文本中明确了设计压力[2]，GB 50341《立式圆筒形钢制焊接油罐设计规范》、GB 50128《立式圆筒形钢制焊接储罐施工及验收规范》标准在条文说明提到了常压、微内压等概念[3-4]，但均未以术语或定义的形式明确过“常压储罐”的概念。几个常用标准关于常压储罐的概念或说明如表1所示。

作者简介：王十(1989—　)，高级工程师，主要从事特种设备及危化品储运设施的检验及其技术研究工作。E-mail：102426700@qq.com

表 1　设计/施工类国家或行业标准关于常压储罐的表述

标准编号、名称	术语或定义	设计压力(P_d)要求	标准状态	备注
SH3046—1992 石油化工立式圆筒形钢制焊接储罐设计规范	—	固定顶罐：$-490\text{Pa} \leqslant P_d \leqslant 6000\text{Pa}$	现行有效	—
GB 50341—2003 立式圆筒形钢制焊接油罐设计规范	—	固定顶油罐，设计压力取常压或接近常压(负压不小于0.49kPa，正压产生的举升力不应超过罐顶板及其所支撑附件的自重)，微内压罐最大设计压力为6kPa	被 GB 50341—2014 替代	—
GB 50341—2014 立式圆筒形钢制焊接油罐设计规范	—	对于固定顶油罐，常压是指设计正压产生的举升力不应超过罐顶板及其所支撑附件的总重，负压不应大于0.25kPa；对于微内压油罐，最大设计正压为18kPa，最大设计负压为6.9kPa	现行有效	条文说明给定的范围
GB 50128—2005 立式圆筒形钢制焊接储罐施工及验收规范	对于固定顶储罐，常压一般指内压不大于罐顶单位面积的自重。微内压，指稍大于罐顶单位面积的自重，但不大于6kPa		被 GB 50128—2014 替代	条文说明给出的定义
GB 50128—2014 立式圆筒形钢制焊接储罐施工规范	对于固定顶储罐，常压一般指负压不大于0.25kPa，正压不大于罐顶单位面积的自重。接近常压包括微内压(稍大于罐顶单位面积的自重，但不大于18kPa)和外压罐(指设计真空外压不小于0.25kPa，不大于6.9kPa 的固定顶储罐)		现行有效	条文说明给出的定义
JB/T 4735—1997 钢制焊接常压容器	—	适用范围：$-500\text{Pa} \leqslant P_d \leqslant 2000\text{Pa}$ & $20\text{m}^3 \leqslant V \leqslant 1000\text{m}^3$	被 NB/T 47003.1 替代	—
NB/T 47003.1—2009 钢制焊接常压容器	—	适用范围：$-0.02\text{MPa} < P_d < 0.1\text{MPa}$ & $V \leqslant 1000\text{m}^3$	现行有效	—

4　综合/管理类国家或行业标准关于常压储罐的表述

现行综合/管理类国家或行业标准中，只有AQ3053—2015《立式圆筒形钢制焊接储罐安全技术规范》[5]以规范性附录的形式规定了设计正压的分级要求，其他标准均未涉及“常压”的术语、定义或设计压力要求。常用的综合/管理标准如表2所示。

表 2　常用的综合/管理类国家或行业标准列表

标准编号	标准名称	设计压力(P_d)要求
AQ3053—2015	立式圆筒形钢制焊接储罐安全技术规范	设计正压分为两个等级：常压：$0 \leqslant P_d \leqslant 18\text{kPa(G)}$ 低压：$18 < P_d < 100\text{kPa(G)}$
GB/T 30578—2014	常压储罐基于风险的检验及评价	—
GB/T 37327—2019	常压储罐完整性管理	—
GB/T 42097—2022	地上石油储(备)库完整性管理规范	—
SY 6306—2020	钢质原油储罐运行安全规范	—

5　检修/维护和检测方法类行业标准关于常压储罐的表述

现行有效的检修/维护类和检测方法类主要是行业标准，亦未涉及“常压储罐”的术语、定义或设计压力，只有SY/T 6620—2014《油罐的检验、修理、改建及翻建》[6]在适用范围中有“内压接近大气压，即不超过储罐顶板的重量”的表述。常用的检修/维护类和检测方法标准如表3所示。

表 3　常用的检修/维护类和检测方法标准列表

标准编号	标准名称	备注
SY/T 5921—2017	立式圆筒形钢制焊接油罐操作维护修理规范	—
SY/T 6620—2014	油罐的检验、修理、改建及翻建	适用于按 API 650 建造的储罐(内压接近大气压，即不超过储罐顶板的重量
JB/T 10764—2007	无损检测 常压金属储罐声发射检测及评价方法	—
JB/T 10765—2007	无损检测 常压金属储罐漏磁检测方法	—

6　相关标准关于常压储罐的表述

相关标准主要包括消防、抗震等标准，其中GB 50160、SY/T 6926、SY/T 6344 以术语的形式对常压储罐给出了定义[7-9]，其他标准虽然名称中多冠以“常压”字样，却既无定义也没有设计压力等方面的说明。常用标准列表如表4所示。

表4　常用的常压储罐相关标准列表

标准编号	标准名称	常压储罐的术语或定义	备注
GB 50160—2008	石油化工企业设计防火规范	设计压力小于或等于6.9kPa(罐顶表压)的储罐	现行有效
SY/T 6926—2012	常压和低压储罐检验的推荐作法	罐内气体或蒸气压力大于-0.02MPa，但不超过0.018MPa的储罐为常压储罐	被SY 6306—2014替代
SY/T 6344—2017	易燃和可燃液体防火规范	常压罐：设计操作压力为大气压至6.9kPa（表压)的储罐； 低压罐：设计内部承受压力6.9～103.4 kPa（表压)的储罐	修改采用NFPA30：2012
SYT 6306—2008	常压储罐的灭火处理	—	被SY 6306—2014替代
SY/T 6673—2006	常压与低压储罐通风的推荐作法	—	—
SHJ 26－90	常压立式储罐抗震鉴定标准	—	被SH/T 3026—2005替代
SH/T 3026—2005	钢制常压立式圆筒形储罐抗震鉴定标准	—	替代SHJ 26－90
SY 4064—1990	常压立式储罐抗震鉴定技术标准	—	废止

6　国外相关标准关于“常压”的定义

国外有关常压储罐的先进标准，主要包括美国石油学会标准(API)、日本工业标准(JIS)、英国国家标准(BS)以及欧盟标准(EN)，这些标准中，只有API 575和NFPA 30以术语的形式明确了常压储罐的概念[10-11]，其他标准则对设计压力有不同要求。常用的国外标准关于“常压”的概念或说明如表5所示。

表5　常用的国外标准关于“常压”的说明

标准编号/名称	术语或定义	设计压力(P_d)要求	标准状态
API 575第4版(2020年7月版)常压和低压储罐的检验作法	关于立式储罐，“常压”通常是指按照API 650设计的储罐，尽管API 620用“常压”一词来描述设计压力不超过顶板重量的储罐。API 650还规定了“更高压力”达18kPa的储罐设计规则。API 653中“常压储罐”的含义一般指设计压力不超过18kPa的储罐	同SY/T 6926—2012	现行有效
NFPA 30—2018 可燃和易燃液体规范	常压储罐：设计操作压力0～6.9kPa（表压)的储罐； 低压储罐：设计内部承压6.9－103kPa（表压)的储罐	常压罐设计制造符合API 650附录F的，允许操作压力0～6.9kPa；其他罐压力限制在0～3.5kPa；设计和制造不符合API 650附录F的，通过工程分析，确定能够承受超高压力时，允许操作压力0～6.9kPa； 低压罐设计应符合API 620和ASME第Ⅷ卷第一章	现行有效
JIS B 8501：2018 钢制焊接石油储罐的构造	无	P_d≤353Pa	现行有效
BS 2654：1989 石油工业用钢制立式对焊非冷藏储罐	无	非压力罐：负压－250Pa，正压750Pa，(柱支撑顶罐：正压400Pa)； 低压罐：负压－600Pa，正压2000Pa	已被BS EN 14015：2004替代

续表

标准编号/名称	术语或定义	设计压力(P_d)要求	标准状态
BS EN 14015：2004 在室温和高于室温下液体储存用现场建造的立式、圆柱形、平底、地上用焊接钢罐设计和制造规范	无	浮顶罐：负压 -500Pa，正压 0Pa； 非压力罐：$-500Pa \leqslant P_d \leqslant 1000Pa$； 低压罐：$-850Pa \leqslant P_d \leqslant 2500Pa$	—
Pr EN 14015：2017 在室温和高于室温下液体储存用现场建造的立式、圆柱形、平底、地上用焊接钢罐设计和制造规范	无	浮顶罐：负压 -500Pa；正压 0Pa； 非压力罐：$-250Pa \leqslant P_d \leqslant 1000Pa$； 低压罐：$-600Pa \leqslant P_d \leqslant 2500Pa$	草案， 有效期至 2018. 2. 8

8 结语

强求对常压储罐给出定义并无实际意义，但是了解各标准的规定会有助于对标准的把握。

参考文献

[1]崔克清．安全工程大辞典[M]．北京：化学工业出版社，1995.

[2]SH3046—1992，石油化工立式圆筒形钢制焊接储罐设计规范[S].

[3]GB 50341—2014，立式圆筒形钢制焊接油罐设计规范[S].

[4]GB 50128—2014，立式圆筒形钢制焊接储罐施工及验收规范[S].

[5]AQ3053—2015，立式圆筒形钢制焊接储罐安全技术规范[S].

[6]SY/T 6620—2014，油罐的检验、修理、改建及翻建[S].

[7]GB 50160—2008，石油化工企业设计防火规范[S].

[8]SY/T 6926—2012，常压和低压储罐检验的推荐作法[S].

[9]SY/T6344—2017，易燃和可燃液体防火规范[S].

[10]Inspection Practices for Atmospheric and Low - pressure Storage Tanks，API RP575—2020[S].

[11]NFPA 30—2018，《可燃和易燃液体规范》[S].

储存高度毒性介质大型储罐结构优化设计

魏冬雪　李晓波　王为亮

(中国寰球工程有限公司北京分公司，北京　100012)

摘　要：本文研究和阐述了国内外大型项目中，储存高度毒性介质的大型储罐的结构优化设计。研究发现罐底侧面排净口结构，既能满足工艺排净的需求，又便于施工和操作维修；罐顶“弱焊缝”结构对于储存高度毒性介质的储罐是非常必要的；罐顶对接焊缝能够有效保证涂漆质量，满足防腐要求，但是工程代价大，投资成本高；罐底倾斜结构设计结合合理的排净口形式，能有效保证介质排净。从设计、施工和现场操作维护角度出发，给出了结构优缺点和注意事项，为今后该类储罐的设计、施工和维护提供了参考依据。

关键词：高度毒性；大型储罐；优化设计

Structural Optimization Design of Large Storage Tank Storing Highly Toxic Mediums

WEI Dongxue, *LI Xiaobo*, *WANG Weiliang*

(China HuanQiu Contracting and Engineering Corporation, Beijing 100012, China)

Abstract: Structural optimization design of large storage tank storing highly toxic media was studied. Results show that side outlet structure can not only meet the needs of process drainage, but also facilitate the construction and operation maintenance. “Weak seam” on the top is very necessary for tanks storing highly toxic media. The butt weld of tank top can effectively guarantee the paint quality and meet the anti-corrosion requirements, but it will lead to increased costs. Inclined bottom structure combined with suitable outlet form can effectively ensure the media discharge. From the view of design, construction, site operation and maintenance, the advantages and disadvantages of the structure and points for attention were given, which provided a reference for the future design, construction, site operation and maintenance of this kind of storage tank.

Key words: Highly toxic mediums; Large storage tank; Optimization design

1　引言

大型储罐是工业中广泛使用的存储设备。其中用于储存石油、石化产品及其他类似液体介质的立式圆筒形钢制焊接油罐的设计按照 GB 50341—2014《立式圆筒形钢制焊接油罐设计规范》[1]，施工按照 GB 50128—2014《立式圆筒形钢制焊接储罐施工规范》[2]。用于储存消防水、工业废水、除盐水、生活用水、精致凝液、再利用水等各种水罐的设计也参考 GB 50341—2014《立式圆筒形钢制焊接油罐设计规范》。但是工业废水中往往含有毒有害物质，甚至介质毒性程度为极度或高度危害。然而 GB 50341—2014《立式圆筒形钢制焊接油罐设计规范》是明确说明不适用于为极度和高度危害介质的，这就使得这类储罐没有明确的设计规范，需要设计人员充分考虑介质的毒性可能产生的影响，来保证储罐的安全，设计合理的结构，同时也要考虑现场施工、操作和维护的要求，做到从根本上阻止储罐失效

作者简介：魏冬雪(1984—　)，高级工程师，硕士研究生，主要从事压力容器设计和安全可靠性研究工作。E-mail：weidongxue-hqc@cnpc.com.cn

的发生，保障人员和设备的安全。

国内的一些专家和学者关于储存极度和高度危害介质的储罐做了一些研究，主要从顶板、壁板和底板的设计、接管补强结构、充水试验、检验要求等角度研究了储存极度、高度危害介质的储罐设计[3-5]。但是对于现场施工和操作的便利性和可操作性考虑的并不周全。作者充分考虑了设计、施工和操作三方面的问题，对盛装毒性程度为高度毒性废水储罐的结构进行了优化设计，为后续此类储罐的设计提供了有效的参考依据。

2 排净口结构

目前大型储罐排净口的结构主要按照 GB 50341—2014《立式圆筒形钢制焊接油罐设计规范》中的结构。分为深型排水槽结构和浅型排水槽结构，设计中最常用的是浅型排水槽结构，如图 1 所示。

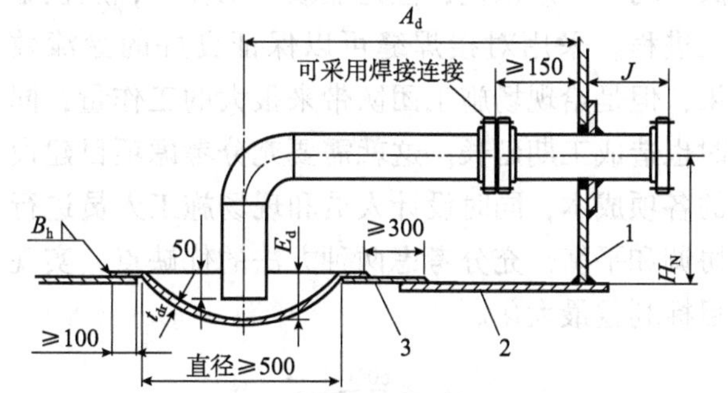

图 1 GB 50341 中的浅型排水槽结构

这种排净口结构便于维护，施工相对简单。但根据现场操作团队反馈，这种排净口结构不能完全将罐内介质排净，尤其是针对需要充分排净的极度毒性和高度毒性的介质。而且还增加了操作的工作量，而且可能需要额外的泵。

目前国外的一些储罐为了能够更有效地排净罐内介质采用了“底部排净结构”如图 2 所示。采用这样的结构，对于工艺设计而言是优先选用的结构，但是现场施工时，需要在基础上挖槽，留出排净口通道，该方法对储罐基础有很大的削弱，给结构专业带来很大挑战。通常情况下，尤其是大型储罐，为了保证储罐基础的强度，不允许在基础上开槽。那么就要采用预埋套筒的方法，在基础中预先埋设一个套筒，排净管通过套筒进行组装焊接，这种方法焊接难度大，焊接质量较难保证。一旦发生泄漏，也很难及时发现。操作过程中如需维修，需要将整个管道从罐内底部拆下。基础和罐底可能被损坏。工程量巨大，给用户带来诸多不便。

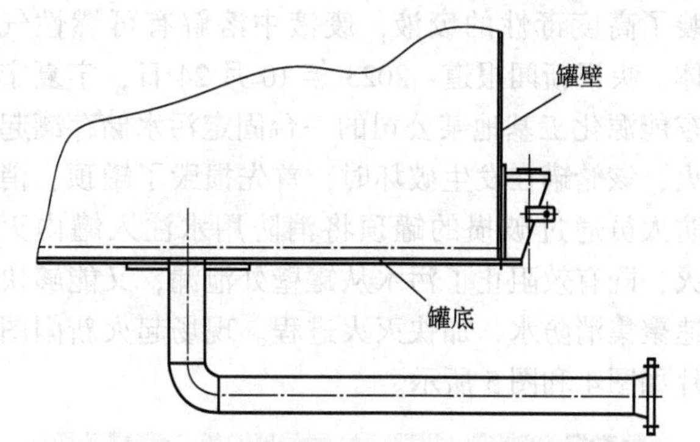

图 2 储罐底部排净结构

综合考虑设计、制造和现场操作的要求，采用在清扫孔上开排净口的结构，如图 3 所示。该结构的排净口下端的内表面几乎与罐底板齐平，能够有效地排净罐内残留液体，并且排净口位于储罐基础上部，无需“破坏”储罐基础，便于现场维护和维修，如遇发生泄漏的情况，也能及时发现，并快速处理。

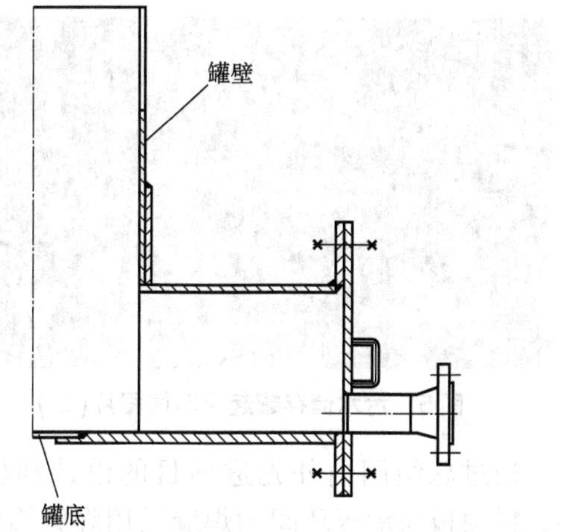

图 3 储罐侧面排净结构

3 罐顶“弱焊缝”结构

GB 50341—2014《立式圆筒形钢制焊接油罐设计规范》7.1.6 节规定：罐顶与罐壁采用弱连接结构时，顶板与包边角钢仅在外侧连续角焊，且焊脚尺寸不应大于 5mm，内侧不得焊接。该规定的目的在于保证罐体的薄弱部位出现在罐顶，当储罐失效时，罐顶首先破坏，从而保证罐壁不会发生破坏和泄漏，造成对周围人员和环境的污染和伤害。很多设计人员和施工人员，认为上述要求仅仅针对油罐，水罐并不需要遵守，因为大尺寸的焊缝在现场更容易焊接施工，不需要精准控制，能有效减少焊工的工作量，加快施工进度。但是事实证明，这种观点是错误的。水罐同样需要弱焊缝结构，尤其是水的成分比较复杂，可能溶解有可燃气体的情况，例如某些废液储罐，盛装了高度毒性的废液，废液中溶解有可燃性气体。央视新闻报道：2023 年 10 月 24 日，宁夏宁东能源化工基地某公司的一台固定污水储存罐起火，该储罐在发生破坏时，首先损毁了罐顶，消防人员通过破损的罐顶将消防用水注入罐内灭火，既有效阻止了污水从罐壁处泄漏，又能够快速聚集消防水，加快灭火进程。现场起火新闻图片如图 4 和图 5 所示。

图 4　污水储存罐起火新闻图片(一)

图 5　污水储存罐起火新闻图片(二)

通过总结国内外先进项目的设计和施工经验，罐顶板与承压环间的焊缝采用焊脚圆弧 $R=3$mm，焊脚长 $z=4.3$mm 的单面角焊，如图 6 所示，来保证“弱焊缝”结构，从而确保储罐本体的安全。当然，需要现场焊接团队对焊脚尺寸进行严格把控，保证施工质量。

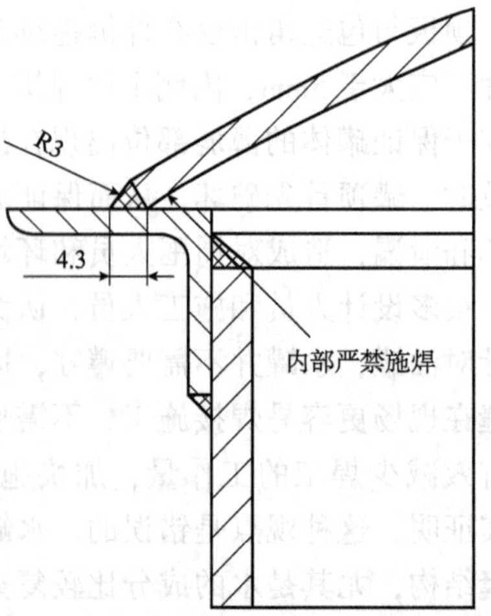

图 6　罐顶板与承压环间的焊缝示意图

4　罐顶对接焊缝

目前国内项目的大型储罐罐顶基本上都采用搭接结构，与盛装介质的毒性程度关联性不大。搭接焊缝施工简单，便于操作，考虑到即使有内防腐需求，一般罐顶也不会接触到介质，所以搭接结构能满足防腐需求。但是国外大型项目中，对于盛装高度毒性介质的储罐，防腐蚀的要求都非常高，即使是各类水罐，也要求进行内表面涂漆。为了保证良好的涂漆效果，储罐罐顶都采用对接焊缝，如图 7 所示。但是对于体量较大的储罐来说，这无疑是相当大的工作量。例如一台 20000m^3 的储罐来说，施工周期可能会延长 3 个月或者更长。同时施工难度明显增加，现场人工时消耗增加，投资费用增加。

所以要根据不同的项目“因时制宜”和“因地制宜”。采用搭接焊缝在涂漆时，可能会造成涂漆不均匀，效果差，但是能减少工作量，加快施工进程。采用对接焊缝可以保证良好的涂漆效果，但是给现场施工团队带来很大的工作量，同时也造成工期延长。这就需要充分考虑项目建设的各项成本，同时设计人员和现场施工人员进行协调和平衡，充分考虑两种方法的优缺点，实现目标利益最大化。

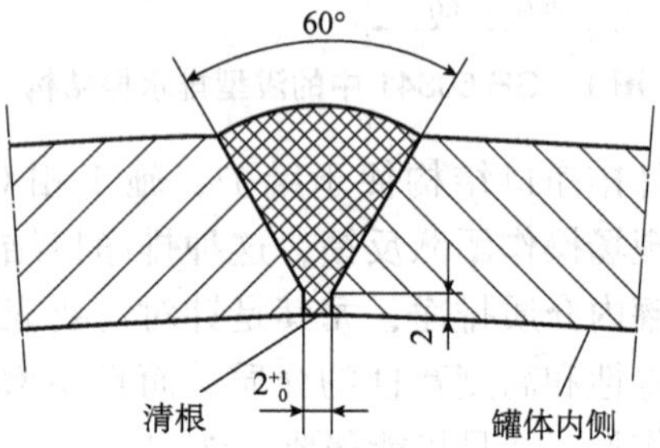

图 7　罐顶板对接焊缝

5　罐顶对接焊缝

目前国内的大型储罐基本采用“平底”结构。国外大型项目的大型储罐，尤其是盛装极度或高度毒性介质的储罐，需要能够彻底地排净罐内介质。通常情况下，当公称容积小于 10000m^3 时，采用单坡底，罐底从一侧向另外一侧倾斜，坡度大于等于 1.5%，单坡底结构示意图如图 8 所示。当公称容积大于等于 10000m^3 时，采用锥顶底，罐底从外侧向中心倾斜，中心高，外缘低，坡度等于 1%。锥顶底结构示意图如图 9 所示。

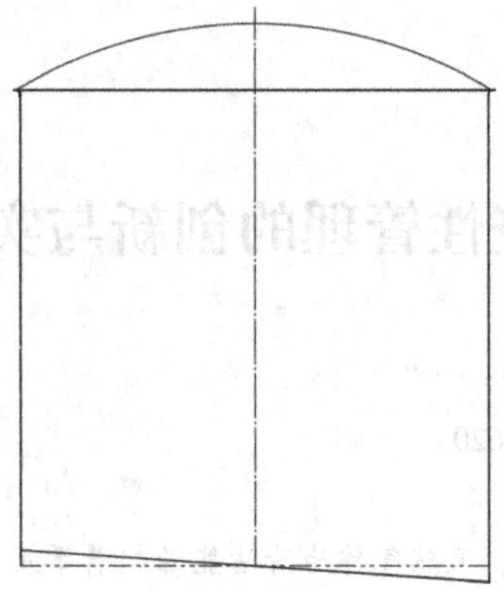

图8　单坡底示意图

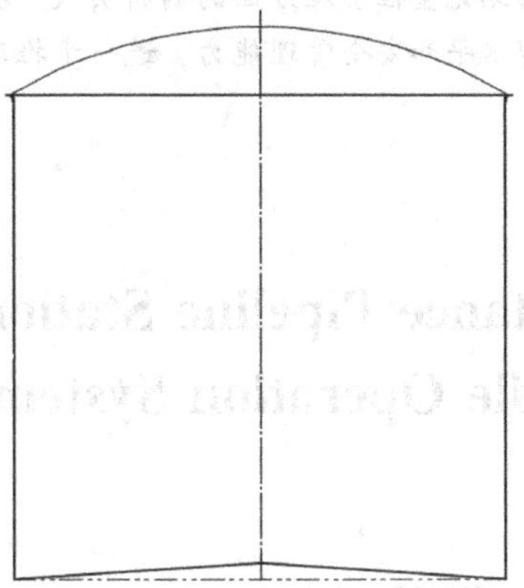

图9　锥顶底示意图

6　结论

本文研究并阐述了目前国内外先进项目中，储存高度毒性介质的大型储罐采用的结构，在设计、制造和现场维护角度分析了优缺点和注意事项，为今后该类储罐的设计、制造和现场维护提供了可靠依据和参考。

(1)采用罐底侧面排净口形式，既能满足工艺排净的需求，又便于施工或操作维修；

(2)罐顶“弱焊缝”结构对于水罐，尤其是储存高度毒性介质和溶解有毒可燃性气体的废水罐而言，是非常必要的；

(3)罐顶对接焊缝能够有效保证涂漆质量，满足防腐要求，但是工程代价大，投资成本高，需要设计人员充分论证其必要性；

(4)罐底倾斜结构设计结合合理的排净口形式，能有效保证介质排净，设计人员设计时，需要注意由于罐底倾斜造成的储罐周向不对称导致的接管方位问题和接管标高标注基准问题。

参考文献

[1]GB 50341—2014，立式圆筒形钢制焊接油罐设计规范[S].

[2]GB 50128—2014，立式圆筒形钢制焊接储罐施工规范[S].

[3]何凤英，郭明河．储存极度、高度危害介质大型储罐的设计[J]．化工设备与管道，2018，55(6)：1－4.

[4]赵鹏．大型高度危害介质储罐设计应注意的问题[J]．化工设备与管道，2016，53(1)：20－23.

[5]周涛．浅谈盛装高度危害介质储罐的设计[J]．山东化工，2021，50(3)：161－162.

基于移动运维体系的长输管道站场完整性管理的创新与实践

余　文

(广东省能源集团, 广东 广州　510620)

摘　要: 在国家供给侧结构性改革及能源结构调整的政策环境下, 天然气作为清洁能源起着举足轻重的作用, 本文介绍了广东省天然气管网有限公司面对管道里程的不断增加、队伍年轻化、设备国产化的新形势和新挑战, 结针对长输管道的特点, 自主开发手机移动运维系统在场站完整性管理方面的创新实践, 有效解决了现场工作监管难和任务形式化的问题。提升了公司的完整性管理水平和安全管理能力, 进一步推动了生产力的提升, 助力企业高质量发展。

关键词: 长输管道; 完整性管理; 移动运维; 创新实践

Innovation and Practice of Long – distance Pipeline Station Integrity Management Based on Mobile Operation System

YU Wen

(Guangdong Energy Group, Guangdong Guangzhou 510620, China)

Abstract: (Under the policy environment of national supply – side structural reform and energy structure adjustment, natural gas plays a vital role as a clean energy. This article introduces the new situation and new challenges faced by Guangdong Natural Gas Pipeline Network Co. , Ltd. in the face of increasing pipeline mileage, younger teams, and localized equipment. Based on the characteristics of long – distance pipelines, the company independently developed a mobile operation and maintenance system for innovative practices in station integrity management, which effectively solved the problems of difficult on – site work supervision and formalization of tasks. It has improved the company's integrity management level and safety management capabilities, further promoted the improvement of productivity, and helped the company's high – quality development.)

Key words: Long-distance Pipeline; Integrity management; Mobile operation and maintenance; Innovative practice

1　引言

广东省天然气管网有限公司是国家管网集团和广东省能源集团共同参股的省级天然气主干管网公司, 负责广东省省级天然气主干管网建设、运营和管理, 公司目前已建成通达全省 21 个地级以上市的省天然气主干管网, 根据“十四五”规划, 公司管道规模达 2000km 以上, 为国内“代输”模式的大型省级天然气管网公司。随着公司管道里程的逐年增加, 员工队伍的年轻化, 站场完整性管理的难度越来越大, 随着管线投产和各类设备不断投用, 急需一套完整性管理系统对现场管理和设备管理进行统筹管理, 实现资源合理使用, 保障现场设备设施的安全可控, 实现资源利用的最大化。

2　输气场站管理特点及痛难点分析

通过对日常工作的统计分析, 现场人员有 70% ~80% 的精力和时间用于场站巡检、维保、维修、专项检查等工作, 这几项工作的质量直接

作者简介: 余文(1983—　), 石油化工高级工程师, 主要从事天然气长输管道完整性管理的工作。E – mail: yuwenmail@ 163. com

关系到场站的安全生产，随着线路里程和场站数量的不断增加，管理难度也与日俱增。以设备巡检为例，设备巡检是遵循五定原则(定时间、定地点、定方法、定要求、定人员)，按照事先预定的时间、线路以及特定的要求对设备设施进行日常的巡视和检查，进而确认设备设施运行状况的一种设备基础管理方法。其目的主要是为确保设备正常、安全运行，尽早发现设备异常和隐患，进而提高设备运行的可靠性。

目前大多数的巡检工作通常依靠人工定期或不定期巡回检查，多采用手工记录和现场拍照存档的方式，其过程的规范性、准确性主要依赖现场员工的责任心，传统巡检方式的不足主要表现在以下几个方面：

1. 工作虽然流程化，但是执行容易打折扣，巡检记录繁杂耗时，受人员主观因素影响较大，数据后期分析应用困难。

2. 巡检人员凭借经验检查，规范标准无法完全统一，当重复性内容过多容易产生经验性错误。

3. 现场工作监管难，容易走形式。巡检效率较低，现场数据无法及时共享，相关管理人员获取信息不及时。

3 移动运维体系构建与实践

随着物联网、互联网+、大数据分析等技术的日趋成熟，充分利用信息化的优势，实现信息技术与设备管理的融合，将好的技术手段合理应用到设备管理中，提升企业自身技术水平和管理能力，2018年起，广东管网公司结合物联网技术、二维码、RFID、NFC等技术开展调研，结合现场的实际需求和未来工作可能遇到的难点，提出了使用移动终端实现对场站巡检、设备管理方面的尝试，经过多年的现场实践，取得了一定的成效。

3.1 移动运维系统主要由以下三个模块构成：

(1)数据采集：主要由现场人员根据配置的移动终端按照标准作业规程，完成现场的设备数据定时采集，后台软件自动上传到TIMSS服务器。

(2)数据传输：由于巡检、维保、维修工作的流动性，数据需要及时准确的传输，而大部分场站都地处偏远山区，运营商信号覆盖较差，故在系统方面设置本机存档、断点续传，实现网络恢复自动上传等功能。

(3)数据应用：通过搭建运维管理软件平台，实现巡检计划、维保指令、日常管理，专业管理、数据分析、故障报修等功能，同时数据可与上层信息系统(如ERP)相互关联，为全生命周期的资产信息管理提供依据。

3.2 移动运维系统的主要内容

平台基于PDCA理念，本着现场好用、安全可信、数据易用的原则建立闭环管理工作流程。

(1)Plan(规范标准明确简洁)：制定标准作业计划和执行检查标准，对于巡检和维保作业，组织各专业主管根据重点设备和重要观察点，将现场经验变成一个个检查点，将检查点变成一条条标准，经过梳理，建立96项巡检标准，35类设备640余项维保标准。通过编制现场设备的标准维保表格和巡检路线，将工作内容细化为检查点，每个检查点明确内容，分为指标项和观察项，其中指标项给定上下限范围。软件预设巡检、维保计划(包括巡检时间、巡检线路、人员安排、指标要求等)，提前下发给现场人员的手持终端。

(2)Do(作业行为规范有序)：人员在现场区域触发任务，利用防爆手持终端，通过对照标准作业计划中检查点观察输入的方式进行数据获取和填报，根据系统提示操作，当现场人员填入超限数值，将自动报警提示，并在结果显示异常，后续的检查结果会以邮件形式发给对应的管理人员。

(3)Check(实时数据检查分析)：现场人员可在巡检(维保)过程中查看此前10次的对应设备运行参数，同时重要设备的温度、压力等运行参数可在后台进行直观展示和汇总，既可对该设备的单一数据进行趋势分析，也可将所有数据统一分析对比，数据异常清晰可见，提前发现设备隐患趋势，从而提高设备可靠性。

(4)Action(闭环管理持续改进)：一方面现场的数据累计变成公司大数据的一部分，为生产运行提供原始数据基础。另一方面各专业管理人员可以根据设备运行状态参数对设备运行状况有清晰的判断，为下一步预防性维护和预测性检修提供依据。

3.3 关键技术

(1)安全可信的身份标识。为适应现场的实际使用情况，设计人员充分利用了二维码的存储特性采用了BaSe64的加密算法，采取56位数量为3的密钥对设备的二维码数据进行了三重加密，最终生成了具有安全防护特性的二维码标签，从根本上提高设备信息应用安全性与私密性，也降低信息泄露的风险。同时二维码作为设备唯一身份标识，通过编号即可识别所辖站场和所在撬块区域，扫码查看设备详细参数和设备资料、设备维保、维修记录等信息，具备直接进行故障报修的功能。

(2)稳定可靠的工作流程。防爆智能手机终端需安装专属开发的 APP，利用软件中的解密算法读取扫描二维码后显示设备的各类信息，每一台手机都有对应的使用者，手机内都储存有对应的账户与密码信息，只有通过验证方式才能进入到系统中，当进行数据同步或更新时，服务器端口将会采取主动检测的方式判断系统账号，同时检测该手机是否拥有相关权限，保障了整个工作流程的安全可靠。

4　移动运维管理系统的主要成效作用

移动运维系统将物联网技术和移动应用等信息技术与现代设备管理理念相互融合，更新了传统设备管理业务体系，从而提升了企业的设备管理水平。广东管网通过在已投运的 16 座站场、27 座阀室全面推广使用移动运维管理平台，截至 2024 年 3 月，累计完成巡检 41420 次、维保 28650 项、维修 8876 项。主要实现了以下成效：

现场工作标准化，流程化，用一部手机即可完成大部分现场工作，工作任务标准统一，现场可执行性好。将巡检、维保、维修业务通过数字化流程落实到具体业务流程上，强化设备管理的及时性，按照预定的标准作业计划和作业规范进行作业，记录实现标准化，降低了人为因素对作业质量的影响。

破解现场工作监管难、任务走形式的难题。系统准确记录巡检路线、巡检时长等信息，数据具有追溯性，任务完成后数据实时上传至后台，对于异常情况系统能提前预警，对现场工作的规范化、标准化起到了积极的推动作用。

提高工作效率和提升培训效果，节约人力物力。经现场测试，使用移动运维终端执行巡检、维保任务时，平均每次巡检节约人工时 15min，平均每次故障报修在 1min 内完成，同时可减少各类办公耗材使用，工作进入流程自动启动计时器，各级人员均会高效处理流程。长此以往，可为企业降本增效提供长效的动力支持。同时使用手机扫描二维码即可查看相关设备资料，系统中配备齐全的设备树和设备资料，手机作为设备的工具百科书，随用随查，对与新员工的培训和学习都有积极的意义。

工作成果数字化，考核标准统一，提高完整性管理水平。在现场管理方面，通过对工作成果、绩效进行数字化，统一了各现场的考核标准，打造了比学赶帮超的良性竞争氛围；同时在设备管理方面，通过对设备运行数据的共享和分析，可以及时发现设备状态参数变化趋势，为消除隐患提供参考，从而制定最佳的保养和维护方案，将预防性维修转变为预测性维修，实现发现、处理、跟踪、改进的闭环全过程数字化信息流程，提升设备运行的经济性和可靠性。

广州作业区××站移动运维系统使用评价统计表

评价维度	评价指标	使用前	使用后	变化幅度
设备管理	设备故障率/%	10	3	70%
	平均故障修复时间/h	96	24	75%
巡检合规	巡检合规率/%	85	98	15%
	未及时巡检次数/(次/月)	8	2	-75%
成本控制	单站维护成本/(万元/月)	14	7.6	-45.7%
	备件库存成本/万元	24	9	-62.5%
员工满意度	满意度评分	3.4/5	4.4/5	20%
	培训参与度	60%	85%	25%
安全管理	安全事故发生率/(次/年)	2	0.5	-75%
	安全巡检完整率/%	73	98	25%

公司近年来坚持移动运维系统的持续改进工作，除了每年常规性的开展体系评价改进工作外，公司每年还针对系统中的重点数据如同类型设备故障、短时重复故障等开展专项分析工作，

组织系统性的专项研究，使得运维体系的指导性和实用性得到了更为积极的应用。公司完整性管理人员每年都会出具系统运行报告，全面系统总结当前体系建设及运行的成效及不足。针对管理体系评价中发现的问题，及时落实部门责任和整改要求。通过系统的持续改进优化，使各项管理体系逐步嵌入业务活动，管理水平不断提升。

5 结论

移动运维系统通过整合物联网及其他先进信息技术，将现代设备管理理念融入天然气输气场站的运营与管理，重建了新的管理模式，实现了全生命周期设备完整性管理的标准化和数字化，已经不仅仅是简单的技术升级，而是对企业管理模式和效率的深刻革新。这一转变不仅推动设备管理实现了全生命周期的数字化和标准化，在提升设备可靠性方面，通过实时数据分析和预测性维护策略，设备的运行稳定性和安全性得到了显著提升，大大降低了突发故障的风险，从而保障了输气系统的连续运行和服务可靠性。

同时，这一管理理念的推广也为企业带来了显著的经济效益。标准化的管理流程和数字化的运营模式有效优化了资源配置，降低了维护成本，提高了整体管理效率。通过移动运维系统的灵活性和可扩展性，同类型企业不仅能够快速复制成功经验，还能根据实际需求定制开发新的功能和模块，进一步提升管理水平和适应性。

这种管理模式的创新不仅仅是技术的革新，更是企业战略转型的重要一步。在国家大力加快发展新质生产力的机遇下，企业可以通过引入预测性维护(Predictive Maintenance)技术，利用数据分析和机器学习算法提前预判设备故障，发展预测性维护技术，减少意外停机和维修。通过先进的数据分析工具和技术，如大数据分析、机器学习和人工智能，挖掘设备运行数据中的深层次信息，提高运维决策的科学性。逐步引入自动化运维工具和机器人技术，实现部分运维工作的自动化，提高效率和准确性，推动企业高质量发展。未来，随着相关技术的进一步演进和行业标准的提升，完整性管理理念将继续为企业创造价值，推动其在能源行业的可持续发展和创新进程中发挥重要作用。

参考文献

[1]刘春雨，董 帅．智慧化管理在巡点检模式中的应用与探索[J]．发电运维．2020(05)：75－77.

[2]麻军亮．基于物联网技术的电力设备智能化巡检系统设计[J]．信息系统工程，2018，(11)：56.

[3]谢小军，潘子春，张一楠．智能巡检终端的设计与应用[J]．中国新通信，2020，(09)：24－25.

[4]王新哲，孙星，罗民．工业文化[M]．中国电子工业出版社，2018，(10)：292.

聚乙烯燃气管道老化评价方法研究进展分析

刘长平[1]　王　宏[2]　冯佳俊[2]　吴琳琳[1]　王　强[1]

(1. 中国计量大学，浙江 杭州　310018；
2. 湖州市特种设备检测研究院，浙江 湖州　313099)

摘　要：聚乙烯(PE)燃气管道随着铺设时间增长会逐步发生老化，因此应关注老化后管道的性能变化和安全评价。基于国内外研究文献和标准的调研，在介绍老化管道理化和力学性能测试及非线性超声无损检测方法的基础上，对4种PE管道寿命预测方法的优缺点进行了对比分析，简述了PE管道老化程度评价方法。结果表明目前国内外的研究以人工加速老化试验和老化性能的测试及寿命预测为主，在对老化程度的无损检测方法和综合性评价方法方面的研究相对比较欠缺。探索综合利用非线性超声和微损型性能测试对PE管道老化程度进行评价，在燃气埋地管道老化的检测与评估方面具有广阔的应用前景。

关键词：聚乙烯；管道老化；寿命预测；风险评估

Research Progress Analysis of Aging Evaluation Methods For Polyethylene Gas Pipelines

LIU Changping[1]，*WANG Hong*[2]，*FENG Jiajun*[2]，*WU Linlin*[1]，*WANG Qiang*[1]

(1. China Jiliang University，Hangzhou 310018，China；
2. Huzhou Special Equipment Testing and Research Institute，Huzhou 313099，China)

Abstract：Polyethylene (PE) gas pipelines will gradually age with the increase of laying time，so attention should be paid to the performance changes and safety evaluation of the pipelines after aging. Based on research literature and standards both domestically and internationally，this paper introduces the physical，chemical，and mechanical performance testing of aged pipelines，as well as nonlinear ultrasonic non – destructive testing methods. Based on this，a comparative analysis of the advantages and disadvantages of four methods for predicting the lifespan of PE pipelines is conducted，and a brief description of the evaluation method for the degree of PE pipeline aging is provided. The results indicate that current research at home and abroad mainly focuses on artificial accelerated aging tests，aging performance testing，and life prediction. However，there is relatively little research on non – destructive testing methods and comprehensive evaluation methods for aging degree. Exploring the comprehensive use of nonlinear ultrasound and micro damage performance testing to evaluate the degree of aging of PE pipelines has broad application prospects in the detection and evaluation of aging in buried gas pipelines.

Key words：Polyethylene；Pipeline aging；Life prediction；Risk assessment

1　引言

我国第一条城镇燃气管道于1982年在上海铺设完成，相比于发达国家起步较晚，但是发展十分迅速，截至2023年城镇燃气的普及率达到95%。国务院办公厅等印发的《城市燃气管道等老化更新改造实施方案(2022—2025年)》等政策

基金项目：国家重点研发计划项目(2023YFF0611600)，中国计量大学第二十七届学生科研计划项目(2024X27056)
作者简介：刘长平(2000—　)，男，研究生在读。主要研究方向为特种设备安全。E – mail：17852979012@163.com
通信作者：吴琳琳(1984—　)，女，博士，讲师。主要研究方向为特种设备安全。E – mail：wulinlin@cjlu.edu.cn

要求在2025年底前，基本完成城市燃气老化管道的更新改造。

PE燃气管道老化是不可避免的，对PE管老化后的安全性能及使用寿命进行正确评价是目前的首要问题。因此科学的老化评价方法非常重要，本文通过对国内外标准和研究论文的调研，对比综述了老化性能指标评价、寿命预测方法、模糊综合评价法等方法，为后续PE燃气管道老化程度的评价方法优化提供参考。

2 PE管老化程度表征方法

大量的研究表明光照、温度等都会引起PE材料的自氧化支化链反应，形成PE材料的氧化和降解，引起管道老化。因此对老化后引起性能的变化进行检测分析，是评价老化程度的基础。

2.1 理化和力学性能检测

PE管道传统的测试方法为密度、厚度、外观与色度、力学性能、热性能、热力学性能等检测。目前新型的PE燃气管道老化检测方法包括对PE管道的热分析技术、分子与分子量等性能的检测。

通过对燃气用PE管道老化样品的各项性能检测，得到多种评价指标，包括：抗拉强度、冲击强度、氧化诱导时间、结晶度等，老化后理化和力学性能检测评价方法如表1所示。

铁文安等[1]对PE管进行了自然老化试验，测试了PE试样的重要性能指标的变化。结果表明，随着接受能量的增加，氧化诱导时间降低幅度较大，拉伸强度的变化幅度较小，断裂伸长率发生锐减。所有试样的MFR随着接受能量的变化基本保持不变。李茂东等[2]通过力学性能测试、DSC测试、热重试验以及红外光谱试验，分析了老化过程中管材的结构和性能变化。结果表明，在老化2200h后，老化管材的氧化诱导期降低至原始管材的73.1%；随着老化时间的延长，产生了羰基与羟基等含氧基团，结晶度增加、分子链交联以及管材表层氧化等，拉伸强度有所提升，而PE管的冲击强度和断裂伸长率分别下降了28.9%、27.5%。

表1 PE老化后理化和力学性能检测评价方法

检测方法	测试内容	检测依据	评价指标
拉伸性能测试	拉伸强度	GB/T 8804.3—2003	拉伸强度、断裂伸长率/%
冲击强度测试	冲击强度	GB/T 1843—2008	冲击强度/(J/m^2)
差示扫描量热法	氧化诱导时间测定	GB/T 19466.6—2009	氧化诱导时间/min
熔融指数测定	熔体质量流动速率	GB/T 3682.1—2018	熔体质量流动速率/(g/10min)
热失重分析	热失重曲线	GB/T 27761—2011	质量随温度变化
扫描电子显微镜	微观结构形貌	ASTM E 2015—1999	—
红外光谱分析	化学结构变化	ISO 10640—2004	分子量、分子结构

2.2 基于非线性超声的老化无损检测

非线性超声检测可以利用PE管的非线性声学响应对PE管的老化性能进行表征，因此通过非线性超声检测来进行PE管道的评价是目前较新颖的PE老化评价方法之一。

张琦等[3]通过提取不同老化程度的PE管材非线性特征参数，建立PE管老化程度的非线性特征模型。结果表明：非线性超声系数随老化程度的加深显著增大。汤新文等[4]分析比较老化前后各特征参数对于PE管及焊缝的表征能力。结果表明：老化后焊接接头和管材的非线性系数分别比老化前增大156.5%、132.1%。张世玮等[5]对老化的PE管进行非线性超声检测及冲击强度测试，建立非线性系数与冲击强度间的关系。结果表明：冲击强度与超声系数满足一定的二次函数关系；可以利用非线性超声参量对PE的热老化程度进行无损评价。

非线性超声检测技术相比于传统的线性超声检测技术具有以下优点：(1)非线性超声无损检测灵敏度高于传统的线性检测技术；(2)相比于传统的超声技术，其对被检测工件内部的微观结构更为敏感，检测更加准确。因此，非线性超声无损检测评价技术在管道老化检测及评估方面具有广阔的前景。

3 PE管寿命预测方法

此前研究基于不同的检测原理建立了多种寿命预测方法，包括基于长期静液压试验法、基于PE管热氧老化的拉伸实验寿命预测方法、基于PE管热氧老化的DSC实验寿命预测方法、基于蠕变试验的PE管材寿命预测方法等。

3.1 基于长期静液压试验法

长期静液压试验法是通过对 PE 管道施加恒定的温度及内压，得到不同应力及温度下的静液压强度，通过拟合得到环向应力与寿命关系预测曲线，静液压强度试验失效时间的计算方法如式(1)所示：

$$\log_{10}t = c_1 + c_2\frac{1}{T} + c_3\log_{10}\sigma + c_4\frac{\log_{10}\sigma}{T} + e \quad (1)$$

式中 t——破坏时间，h；

T——温度，K；

σ——环向应力，MPa；

$c_1 - c_4$——拟合参数；

e——误差变量，服从正态分布。

该方法是目前 PE 管道老化寿命预测的标准方法，其应用广泛且认可度较高，但是其试验周期较长，无法快速对 PE 管寿命进行快速的预测。

孙祥瑞等[6]总结了 PE 管件静液压试验失效形式与分析失效原因和对策，改善提高 PE 管件制品的应用性能效果良好。Farshad[7]通过应力外推法、应变外推法对 PE 管道寿命进行了预测。对 PE 管道的力学性能进行短期拉伸试验并进行周期为一年的长期静水压试验，得到了管材的环向应力、环向应变与管道失效时间之间的关系模型。

3.2 基于 PE 管热氧老化的拉伸实验寿命预测方法

该方法对 PE 管进行人工加速老化实验，对 PE 管进行加速老化试验并对其老化前后抗拉强度进行测试。使用动力学曲线直线化法，来描述管道性能指标随时间的变化，根据所测数值首先对不同温度下反应速率常数 K 求解，如式(2)所示：

$$P = f(P) = A_{\exp}(-Kt^{\alpha}) \quad (2)$$

式中 $f(P)$——老化前后 PE 管的抗拉强度比值；

A——材料常数；

α——修正因子；

t——老化时间，d；

K——反应速率常数，d^{-1}。

反应速率常数 K 与温度 T 之间服从 Arrhenius 公式，如式(3)所示：

$$K = Ze^{-E/RT} \quad (3)$$

式中 Z——频率因子，d－1；

E——活化能，J/mol；

R——摩尔气体常数，常取 8.314J(mol·K)；

T——绝对温度，K。

通过(3)式得到不同温度对应的速率数值，最终对管道的实际寿命进行预测如式(4)所示：

$$t_{\mathrm{T}} = \exp\left\{\frac{1}{\alpha}\left[\ln\left(\ln\frac{A}{f(P)}\right) - \ln K\right]\right\} \quad (4)$$

该方法制得的试验样品接近实际工况，实验周期相对较短，操作简便，寿命预测结果较准确，但试验再现性较差。需要制取哑铃型试样，因此此方法具有一定的破坏性。

兰惠清等[8]进行热氧老化试验制取老化样品，对样品进行拉伸测试，采用动力学曲线直线化法，建立 PE 管的热氧老化寿命预测模型，结果显示，当试验压力为 0.1MPa 时，承压燃气 PE 管道比无压燃气 PE 管道寿命减少 9.6%。Chen 等[9]对制取的老化样品进行拉伸测试，提出了 PE100 管道在恒压和循环压力下的寿命预测模型，结果显示，在循环压力下，管材的使用寿命明显下降，比恒压下缩短 27.96%。

3.3 基于 PE 管热氧老化的 DSC 实验寿命预测方法

基于 PE 管热氧老化的 DSC 实验寿命预测方法与拉伸试验寿命预测法相似，通过人工加速老化实验，制取老化样品，对样品的氧化诱导时间进行测试。测定其不同热氧老化条件下试样的氧化诱导时间。根据所测数值对不同温度下反应速率常数 K 求解，如式(5)所示：

$$P = f(P) = A_{exp}(-Kt^{\alpha}) \quad (5)$$

式中 $f(P)$——老化前后 PE 管的 OIT 比值；

A——材料常数；

α——修正因子；

t——老化时间，d；

K——反应速率常数，d－1。

反应速率常数 K 与温度 T 之间服从 Arrhenius 公式，如式(6)所示：

$$K = Z\,e^{-E/RT} \quad (6)$$

式中 Z——频率因子，d－1；

E——活化能，J/mol；

R——摩尔气体常数，常取 8.314J(mol·K)；

T——绝对温度，K。

通过(6)式得到不同温度对应的速率数值，最终对管道的实际寿命进行预测，如式(7)所示：

$$t_{\mathrm{T}} = \exp\left\{\frac{1}{\alpha}\left[\ln\left(\ln\frac{A}{f(P)}\right) - \ln K\right]\right\} \quad (7)$$

该方法实验周期相对较短，操作简便，寿命预测结果较准确，但试验再现性较差。相比于基于拉伸试验的寿命预测 DSC 试验寿命预测法需要的试验样品量少，且对 PE 燃气管道样品的形状没有要求，基于 DSC 测试的寿命预测方法更适用于压力载荷下的城市燃气 PE 管道的寿命预测，但是其预测的寿命较短，预测结果存在一定的误差。

王洋[10]采用人工加速老化实验制取老化 PE 管并测定样品的氧化诱导时间，得到了基于氧化诱导时间(OIT)的承压燃气 PE 管材的寿命预测模型，证明了在 0~0.4MPa 的承压范围内，PE 管道寿命均超过 50 年的使用寿命要求。Sanders 等[11]通过分析氧化诱导时间与管材的力学性能关系，得到管材失效点所对应的氧化诱导时间数据，从而根据 DSC 对 PE 管寿命进行预测。

3.4 基于蠕变试验的 PE 管材寿命预测方法

PE 管材的直径和壁厚会随着蠕变而发生变化，从而导致环向应力发生相应的变化。基于蠕变试验的 PE 管寿命预测方法通过对 PE 管材的蠕变试验，以实际应变大于屈服强度为破坏准则，建立屈服破坏准则，测出不同压力条件下 PE 管蠕变应变。采用标准外推法计算 PE 管的实际寿命。

SCG 是指管材在长时间、低荷载作用下的破坏机制与断裂模式，工程上常常将管道的慢速裂纹扩展时间 Ts 作为管道的实际使用寿命如式(8)所示。

$$T_s = \int_{\alpha_{ini}}^{\alpha_f} \frac{1}{A \cdot K_{pipe}^m} d\alpha \tag{8}$$

式中 α_{ini}——初始裂纹深度；

α_f——最终裂纹深度；

K_{pipe}——裂纹尖端的应力强度；

A、m——管道固有参数，由材料特性及温度决定。

将预制裂纹试样(图 1)放置于恒温水槽中进行蠕变拉伸试验，得到破坏时间与裂纹张口位移(Xcod)的对应关系，结合 Paris 幂律模型即可得到参数 A 和 m。由于在较高温度下进行试验，因此对参数 A 和 m 有一定的影响，因此需要进行不同温度下的蠕变实验。

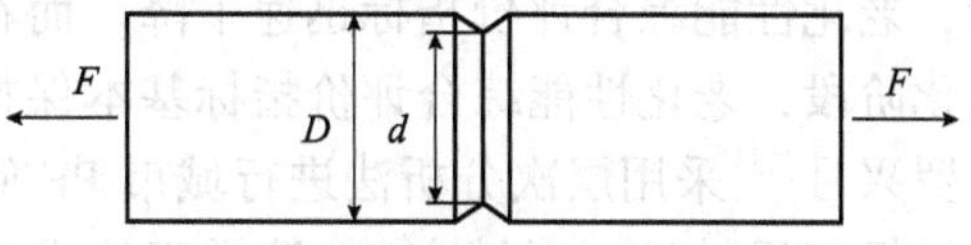

图 1　蠕变拉伸试验试样示意图

以屈服应变作为失效准则，所得到的结果偏于保守，结果具有一定的误差。

宾夕法尼亚大学的 NormanBrown 等人开发并制定了试验的国际标准，Brown[12]建立了计算任何 PE 结构中慢裂纹扩展失效时间的公式，该方程被应用于所有管道壁上的随机缺陷相关的 SCG 失效。Nezbedova 等[13]应用该方法进行寿命预测，对单峰材料和双峰材料影响寿命的相关结构参数进行了评估和讨论。结果表明，单峰材料的分子参数与 PENT 相关，但在双峰的情况下，这种直接的关联性并不存在。目前，随着 PE 材料研发的不断深入，新型 PE 管材耐 SCG 性能增强，导致使用该方法进行预测的周期加长。

3.5 综合对比

对几种检测方法的检测内容、现行标准、优缺点内容进行分析，如表 2 所示。

表 2　PE 管道寿命预测方法

方法	测试内容	现行标准	优缺点
基于长期静液压试验法	不同温度和应力下的静液压强度	GB/T 5563—2013 GB/T 18252—2020	目前 PE 管道寿命预测标准方法，但试验周期较长
基于热氧老化的拉伸实验寿命预测法	不同热氧老化条件下试样的抗拉强度	GB/T 20028—2005 ISO 19983—2022	实验周期相对较短，操作简便，寿命预测结果较准确，但再现性较差
基于热氧老化的 DSC 实验寿命预测方法	不同热氧老化条件下的氧化诱导时间(OIT)	GB/T 19466.6—2009 ISO 11357-6—2018	实验周期相对较短，操作简便，需要样品较少，对管道损伤较小
基于蠕变试验的 PE 管寿命预测法	PE 管的蠕变应变、环向应力、屈服应力	GB/T 32682—2016 GB/T 11546.1—2008	高温对参数具有影响，试验周期短，存在一定的误差

4 管道老化风险评估

寿命预测是老化程度评价的方式之一，在工程应用中，对于埋地管道开展大量的损伤性的性能测试的可能性受到较大限制，因此迫切地需要一种更加简化的综合性的评定老化等级的方法，目前国内外管道老化风险综合性评判的研究较少。

WangY[14]对 PE80 燃气管道样品进行了一系

列光氧化加速老化试验，对老化样品进行力学性能、氧化诱导时间、结晶度和熔融指数进行测定，建立了几种关键性能参数的衰减规律，根据不同指标对 PE 管材整体性能的影响程度，采用层次分析法确定各老化性能指标的权重，提出了一种新的管道完整性综合性能评价方法，确定了管道完整性的合理检测周期。结果表明：试样经历了快速老化阶段和平稳老化阶段。在快速老化阶段，老化性能综合评价指标迅速下降。而在平稳老化阶段，老化性能综合评价指标基本保持不变。罗兴月[15]采用层次分析法进行城市 PE 管道风险指标权重计算，对城市 PE 管道事故发生的后果进行分析评价，确定影响事故后果严重程度的指标，建立基于层次分析法的 PE 燃气管道的半定量风险评价体系。王博等[16]针对 PE 管定期检验过程中存在的检验周期不确定问题，采用基于层次分析法的模糊综合评价来确定检验周期，可操作性强、检验结论更具说服力。

5 总结

随着 PE 管使用时间的增加，其本身会不断受到环境、自身制造缺陷等因素的影响，老化会不断加重，导致力学等性能的整体下降，从而直接影响管道的剩余使用寿命乃至造成安全事故。当前对 PE 管道老化的研究主要集中于人工的加速老化试验和老化性能的测试及寿命预测，对真实老化管道的数据积累较少，在对老化程度的无损检测方法和综合性评价方法及在役管道的微损检测方面的研究比较欠缺。未来可以加强对真实老化管材的搜集及研究，进一步探究真实条件下 PE 管材的老化机理及其性能演变规律并加强对完整性综合评价方法的研究。非线性超声无损检测技术是目前较为新颖的无损检测技术，相比于传统的超声检测技术，其具有灵敏度高，对微观结构的检测更为敏感等优点。非线性超声及在役管道的微损检测在 PE 老化的检测与评估方面具有广阔的应用前景。

参考文献

[1]铁文安，篮斌翔，祁蓉，等．燃气用聚乙烯管材自然老化研究[J]．合成材料老化与应用，2020，49(04)：20－22＋56.

[2]李茂东，陈国华，杨波，等．热老化对恒定内压下 PE 管材性能的影响[J]．塑料，2019，48(02)：127－131.

[3]张琦，涂东坤，汪树民，等．燃气 PE 管热氧老化的非线性超声评价方法[J]．无损检测，2024，46(05)：39－44.

[4]汤新文，涂东坤，张琦，等．PE 管热氧老化的非线性超声评价方法[J]．失效分析与预防，2023，18(04)：233－239.

[5]张世玮．基于超声的聚乙烯燃气管道老化检测及实验研究[D]．上海应用技术大学，2020.

[6]孙祥瑞，杨丽慧．静液压试验在聚乙烯(PE)燃气管件中应用探讨[J]．中国石油和化工标准与质量，2012，33(10)：24－25.

[7]Farshad M. Two new criteria for the service life prediction of plastics pipes[J]. Polymer Testing，2004，23(8)：967－972.

[8]兰惠清，沙迪，孟涛，等．承压燃气聚乙烯管道热氧老化规律研究[J]．天然气工业，2016，36(04)：78－83.

[9]Chen G，Yang Y，Zhou C，et al. Thermal－oxidative aging performance and life prediction of polyethylene pipe under cyclic and constant internal pressure[J]. Journal of Applied Polymer Science，2019，136(28)：47766.

[10]王洋．城镇燃气聚乙烯管道热氧老化寿命预测方法研究[D]．北京交通大学，2019.

[11]J M B Sanders，M A Shepherd，H M S Belmonte，et al. Methods for determining the in－service life of polymer water pipes[J]. Journal of Materials Science，2009，44(17)：4683－4691.

[12]BROWN N. Intrinsic lifetime of polyethylene pipelines[J]. Polymer Engineering & Science，2007，47(4)：477－480.

[13]NEZBEDOVA E，HODAN J，KOTEK J，et al. Lifetime of polyethylene(PE) pipe material－prediction using strain hardening test[J]. Deformation and Fracture Behavior of Polymer Materials，2017：203－210.

[14]Wang Y，Lin D，Xiang M，et al. Experimental Study on Aging Performance of Polyethylene Gas Pipelines[J]. IOP Conference Series Earth and Environmental Science，2021，631：012066.

[15]罗兴月．城市 PE 燃气管道风险评估技术研究与应用[D]．沈阳建筑大学，2019.

[16]王博，边缘．基于层次分析法评定聚乙烯燃气管道检验周期[J]．设备管理与维修，2023，(04)：110－112.

基于风险的LNG自动装车撬系统安全评估

王 峰 刘 哲 李长春

(中国特种设备检测研究院，北京 100013)

摘 要：LNG装车撬是运转链中的一个重要设备，自动装车撬系统解决了传统装车撬人员参与度高、作业劳动强度大、安全风险高等问题。建设LNG自动装车撬系统的风险分析和对策研究对于精确的风险管理具有积极意义。介绍LNG自动装车撬系统工艺流程和关键设备，将LNG自动装车撬存在的风险从失效可能性、失效后果两方面进行分析，综合评估风险程度及可接受性。结合装车撬风险识别分析、工艺危险与可操作性分析、系统部件可靠性评价，对LNG自动装车撬系统进行了基于风险的安全评估。

关键词：LNG自动装车撬系统；失效可能性；失效后果；安全评估

Risk-based Safety Assessment for LNG Automatic Loading Skid System

WANG Feng, LIU Zhe, LI Chang Chun

(China Special Equipment Testing and Research Institute, Beijing 100013, China)

Abstract: LNG loading skid is an important equipment in the operation chain, and the automatic loading skid system solves the problems of high participation of traditional loading skid personnel, high labor intensity and high safety risk. The risk analysis and countermeasures of the construction of LNG automatic loading skid system are of positive significance for accurate risk management. This paper introduces the process flow and key equipment of LNG automatic loading skid system, analyzes the risks of LNG automatic loading skid from two aspects: failure possibility and failure consequences, and comprehensively evaluates the risk degree and acceptability. Based on risk identification analysis, process hazard and operability analysis, and system component reliability evaluation, a risk based safety assessment was conducted on the LNG automatic loading pry system.

Key words: LNG automatic loading skid system; Likelihood of failure; Consequences of invalidation; Security assessments

1 引言

LNG接收站作为LNG储存和转运的装置，是LNG产业链中的重要一环[1]。为加快智慧场站建设，以高水平科技自立自强推动中国石化天然气业务高质量发展，实现槽车法兰位姿精准识别、装车臂全流程自动对接、高精度主动验漏等关键功能，解决传统装车撬自动化程度低、安全风险高等生产实际问题，LNG自动装车撬应运而生。但自动化系统故障具有随机性，因此针对LNG自动装车撬系统提出一种基于风险的分析和对策研究对于生产过程中的风险管理具有重要意义[2]。

2 设备与工艺概况

LNG自动装车撬是接收站槽车充装系统中的关键组成部分，槽车装车系统中与装车撬相关联的主要设备有LNG装车总管、BOG返回管线、LNG保冷循环管线、撬内排凝管线、撬内放空管线等。此外，槽车充装区域内还设有C2装车总管、C2泄压管线、LPG装车总管、LPG气相返回管线、C2/LPG装车撬及凝液收集罐等设备设施。

作者简介：王峰(1988—)，工程师，压力管道检验检测。E-mail：15545959665/ht4s@163.com

接收站 LNG 装车的工艺流程为，将 LNG 储罐内的 LNG 经低压泵升压，经 LNG 装车总管输送至 LNG 装车撬，再充装至 LNG 槽车内，当槽车内压力高于 0.4MPa 时，BOG 通过气相返回管线返至接收站 BOG 系统。非装车期间，LNG 装车总管内的 LNG 通过 LNG 保冷循环管线返回储罐，维持装车总管处于冷态。

3 自动装车撬风险分析

3.1 失效可能性

设备失效的可能性方面主要存在与管道与容器设备本体完整性、转动与连接部位等动部件可靠性、仪表(含安全仪表)与电气设备的可靠性等影响因素。可分为以下方面：

(1)静设备(阀门)风险；

(2)动设备风险；

(3)仪表工控系统风险；

(4)电气设备风险。

3.2 失效后果

因装车撬主要运输、充装工艺介质 LNG 具有可燃性，同时周边存在 C2、LPG 等其他易燃介质生产设施，所以失效后果主要考虑因设备失效引起的输送介质泄漏扩散及次生燃烧、爆炸情景。可能导致的后果主要分为以下方面：

(1)人员伤害；

(2)经济损失；

(3)产品交付中断的影响。

导致相关后果的直接原因包括以下方面：

(1)燃烧/爆炸

自动化装车撬的装车介质为液态天然气，危险特性主要是易燃、易爆。液态天然气储罐区是重点防火部位，如果装车撬未按规定进行防雷、防静电设置，将会由于泄漏、超温、超压、雷电、静电火花，导致火灾、爆炸事故发生。在液态天然气储存及装车过程中，由于违反操作规程，误开阀门或没有及时关闭阀门等操作失误，会导致物料冒罐泄露，遇明火或其他火种很容易发生火灾甚至爆炸事故。装车区布置了大量天然气输料管道，如果管道布局或设置不合理、管道缺乏防护装置、槽车不注意按规定行使，容易撞坏管线，导致火灾、爆炸事故。进入厂区的 LNG 槽车如果未按规定装设阻火器、无消除静电措施，容易由车辆排气管排出的火花或静电火花，引发火灾、爆炸事故。

(2)冻伤

装车介质为 LNG 液化天然气，温度为 -148℃，如果装车工艺装置维护保养不及时，很容易导致物料泄漏，此时，作业人员如果不注意安全操作，如果不注意穿戴好个人防护用品，接触物料很容易造成低温冻伤。

(3)中毒和窒息

操作人员如果未进行吹扫、置换空气或吹扫不彻底、防护措施不利或不注意配戴合适的防护用品，可能造成人员中毒和窒息。

(4)触电

自动化装车撬系统使用了大量的电气设备和电线电缆。如果电气设备或线路绝缘因击穿、老化、腐蚀、机械损坏等失效；电气设备未装设屏护装置将带电体与外界相隔离；带电体与地面、其他带电体和人体范围之间的安全距离不符合要求；低压电气设备未装设漏电保护装置或漏电保护装置失效；用电设备金属外壳保护接地不良及人员操作、监护、防护缺陷等等，均可能导致触电。

3.3 风险等级划分标准

风险为可能性和后果的乘积，二者构成风险矩阵。可能性即失效概率 P，后果即严酷度等级 S。设备设施风险等级采用安全风险矩阵划分，分为重大、较大、一般、低共 4 个等级。

3.4 风险可接受性

风险矩阵体现了接收站可接受风险准则，统一采用集团公司安全风险矩阵评估风险等级，决定风险管控措施。风险标准参照《中国石化安全风险评估指导意见》(集团工单安风[2018]38号)[3]，具体见表 1 至表 5。风险等级评为重大、较大的风险项目为不可接受风险；风险等级评为一般、低的风险项目为可接受风险。

表 1 风险矩阵

风险矩阵		可能性(次/年)							
		1	2	3	4	5	6	7	8
		$\leq 10^{-6}$	10^{-6} ~ 10^{-5}	10^{-5} ~ 10^{-4}	10^{-4} ~ 10^{-3}	10^{-3} ~ 10^{-2}	10^{-2} ~ 10^{-1}	10^{-1} ~ 1	>1
后果	A	1	2	3	3	5	7	10	15
	B	2	2	3	5	7	10	15	23
	C	2	3	5	7	11	16	23	35
	D	5	8	12	17	25	37	55	81
	E	7	10	15	22	32	46	68	100
	F	10	15	20	30	43	64	94	138
	G	15	20	29	43	63	93	136	200

表2　后果严重性等级划分

后果等级	健康和安全影响	财产损失影响	非财务性影响与社会影响
A	轻微影响的健康安全事故： (1)急救处理或医疗处理，不需住院，不会因事故伤害损失工作日； (2)短时间暴露超标，引起身体不适，但不会造成长期健康影响	直接经济损失在10万元以下	引起周边社会群众不满、投诉
B	中等影响的健康安全事故： (1)因事故伤害损失工作日； (2)1～2人轻伤	直接经济损失在10万元以上、50万元以下；局部停车	(1)本地媒体短期报道； (2)影响本地公共设施日常运行
C	较大影响的健康安全事故： (1)3人以上轻伤或1～2人重伤(包括急性工业中毒，下同)； (2)暴露超标，带来长期健康影响或造成执业相关的严重疾病	直接经济损失在50万元以上、200万元以下；1～2套装置停车	(1)存在合规性问题，但不会造成严重后果且不会使地方政府监管部门采取强制性措施； (2)本地媒体长期报道； (3)造成不利的本地社会影响，影响本地公共设施日常运行
D	较大的安全事故，导致人员死亡或重伤： (1)界区内1～2人死亡或3～9人重伤； (2)界区外1～2人重伤	直接经济损失在200万元以上、1000万元以下；3套装置停车；局部区域的火灾爆炸	(1)导致地方政府相关监管部门采取强制性措施； (2)国内或国际媒体短期负面报道
E	严重的安全事故： (1)界区内3～9人死亡或10人及以上、50人以下重伤； (2)界区外1～2人死亡或3～9人重伤	直接经济损失在1000万元以上、5000万元以下；失控火灾爆炸	(1)国内或国际媒体长期负面关注； (2)省内不利社会影响，影响省级公共设施日常运行； (3)导致省级政府相关部门采取强制性措施； (4)导致失去本地市场的生产、经营和销售许可证
F	非常重大的安全事故： (1)界区内10人及以上、30人以下死亡或50人及以上、100人以下重伤； (2)界区外3～9人死亡或10人及以上、50人以下重伤	直接经济损失在5000万元以上、1亿元以下	(1)导致国家相关部门采取强制措施； (2)在全国范围内造成严重的社会影响； (3)导致国际国内媒体重点跟踪报道或系列报道
G	特别重大的灾难性安全事故： (1)界区内30人及以上死亡或100人及以上重伤； (2)界区外10人及以上死亡或50人及以上重伤	直接经济损失在1亿元以上	(1)导致国家领导人关注，或国务院、相关部门领导作出批示； (2)导致吊销国际国内主要市场的生产、销售或经营许可证； (3)导致国际国内主要市场上公众或投资人的强烈愤慨或谴责

表3　失效可能性等级划分

可能性分级	定性描述	定量描述：发生概率 F/(次/年)
1	类似的事件没有在石油石化行业发生过，且发生的可能性极低	$F \leqslant 10^{-6}$
2	类似的事件没有在石油石化行业发生过	$10^{-6} \leqslant F \leqslant 10^{-5}$
3	类似的事件在石油石化行业发生过	$10^{-5} \leqslant F \leqslant 10^{-4}$
4	类似的事件在中国石化曾经发生过	$10^{-4} \leqslant F \leqslant 10^{-3}$
5	类似的事件在本企业相似设备设施(使用寿命内)或相似作业活动中发生过	$10^{-3} \leqslant F \leqslant 10^{-2}$
6	在设备设施(使用寿命内)或相似作业活动中发生过1或2次	$10^{-2} \leqslant F \leqslant 10^{-1}$
7	在设备设施(使用寿命内)或相似作业活动中发生过多次	$1 \leqslant F \leqslant 10^{-1}$
8	在设备设施或相似作业活动中经常发生(至少每年发生)	$F > 1$

在生产经营活动中，初始风险(Raw Risk)决定了需要采取的风险控制措施及其可靠性等级；而剩余风险表征在现有安全措施(安全保护层)下实际存在的风险，判断风险是否可以接受。根据ALARP原则，中国石化风险矩阵中各级风险的最低安全要求见表4。

表 4　各等级风险的最低安全要求

风险级别	剩余风险值 Risk Index(RI)	风险水平	建议的风险控制部门
低风险	$RI<10$	广泛可接受的风险	基层单位
一般风险	$10\leq RI<15$	容忍的风险(ALARP 区域)	二级单位
	$15\leq RI<20$	容忍的风险(ALARP 区域)	二级单位
较大风险	$20\leq RI<40$	高风险，不可容忍的风险	企业主管部门
重大风险	$40\leq RI<60$	非常高的风险，不可容忍风险	企业领导层
	$RI\geq 60$	极其严重的风险，不可容忍的风险	企业领导层

最低安全要求是保证将剩余风险降低到容忍风险的要求，为强制要求。风险控制的负责部门是非强制要求。这个分级管理要求是风险控制措施和行动的负责要求，这与各层级的风险清单要求不同。例如企业层级的风险清单中也可以有后果等级为 F、G 的一般风险(黄色)，此时该风险虽然纳入了企业风险清单，但风险控制计划和行动的负责人主要还是由二级单位负责。对于一般风险、较大风险和重大风险，执行最低安全要求使最终风险处于容忍风险(ALARP 区)时，应采用 ALARP 原则决定是否还需要采用额外的保护层进一步降低风险。

4　工艺及设备可靠性分析

LNG 自动装车撬作为易燃易爆介质的储存运输设备，具有相对较高的安全与可靠性设计要求，因此应保证装车撬系统部件可靠性是针对装车撬设备的要求。

生产装置或工艺过程发生事故是由其若干组成元件相互作用的结果，总失效概率取决于这些元件的失效概率及其相互作用的性质，故计算装置或工艺过程事故概率时应首先了解各元件失效概率。构成设备或装置的元件工作一定时间后可能发生故障或失效。元件在两次相邻失效间隔期内正常工作的平均时间，叫平均失效间隔期，用 τ 表示。如果元件在第一次工作 t_1 时间后失效，第二次工作 t_2 时间后失效，依此类推，第 n 次工作 t_n 时间后失效，则平均失效间隔期为：

$$\tau = \frac{\sum_{i=1}^{n} t_i}{n} \tag{1}$$

τ 一般是通过实验测定几个元件的平均失效间隔时间的平均值得到。

元件在单位时间(或周期)内发生失效的平均值称为平均失效率，用 λ 表示，单位为失效次数/时间。平均失效率是平均失效间隔期的倒数，即：

$$\lambda = 1/\tau \tag{2}$$

元件在规定时间内和规定条件下完成规定功能的概率称为可靠度，用 $R(t)$ 表示。元件在时间间隔(0，t)内的可靠度符合下列关系：

$$R(t) = e^{-\lambda t} \tag{3}$$

元件在规定时间内和规定条件下没有完成规定功能(失效)的概率就是失效概率(或不可靠度)，用 $P(t)$ 表示。用下式得到：

$$P(t) = 1 - R(t) = 1 - e^{-\lambda t} \tag{4}$$

4.1　典型故障模式

根据自动装车撬的构成分析其可能存在的故障模式，作为可靠性评价及运行维护策略制定的依据，其故障发生的可能性与设备采用的部件规格、特性、质量状况及外部影响因素有关。

4.1.1　电气仪表类故障

(1)液压油泵启动故障

液压油泵为装车臂移动及球阀、快速接头开关提供动力。液压油泵正常使用时处于自动模式，轮流启动以提供装车臂所需要的动力。液压油泵由电机带动工作，启动故障可能有两种原因：电源不同，三相电动机只要有两根线不通就会造成此故障；电机本身绕组故障无法启动，电机绕组故障又分为绕组接地、绕组短路、绕组断路。液压油泵供电抽屉开关接触不良时可能导致液压油泵出现间歇性的启动故障，需经维修消除。装车臂拆除大约需要 20～30min，不属于长时间运行状态，影响不大。

(2)一级顶角接近开关故障

接近开关用于检测内侧臂和外侧臂的夹角，保证其最大夹角不超过临界值，包括一级报警接近开关 1 个，及二级报警接近开关 2 个。接近开关故障原因有 3 种可能：接近开关本身损坏；供电问题，包括断电、低电压；通讯问题，包括线路虚接、电缆干扰等。

检查过程首先根据接近开关上指示灯确认其状态正常(接近开关自身在无物体遮挡时指示灯常亮)并且供电无问题。如果指示灯不亮则首先要判断接近开关本身是否故障，接近开关本身有两条电源线、一条信号输出线，供电线路短接或反接均会导致接近开关不能正常工作。如果确认供电正常则可以判断为接近开关本身故障，此时需要更换新的接近开关。接近开关无问题且报警间歇出现，如多数可以进行复位则说明故障信号是间歇性的，可能为线路虚接或者线路传输过程中出现错误。接近开关线路首先进入本安型接线箱，经接线箱后直接硬线连接送给PLC，如果出现此问题需对接头处进行紧固，检查回路以及PLC卡件是否正常。

任何一个接近开关出现一级报警即可触发装车撬的一级报警即ESD1，装车过程中触发ESD1应立即停止装车。如果一级顶角接近开关故障，即处于非正常状态，导致接近开关达到报警位置时不引发装车臂报警，此时的不安全状态可能触发ESD2造成车臂分离。一级开关故障时存在较大风险，如装车过程中有此报警出现，应立即停止装车，待维修完毕后方可恢复装车。

(3)PMS故障

PMS称为位置检测系统，主要由位于装车臂不同位置的3个电位计组成。PMS故障可能在装车臂连接后出现，数据显示不变，重启后短时间内恢复正常。用获得位于PLC中的PMS模块接收PMS电位器的数据进行运算，再将数据传输至显示终端及PMS就地显示盘。在非装车状态下PMS显示数据支撑可判断电位计本身有无故障，如PLC中PMS模块处于故障状态则可能是因装车过程中外部干扰因素所致。

PLC控制系统的干扰大致可分为5类。电磁干扰：辐射电磁场主要是由电力网络、电气设备的暂态过程、雷电、无线电广播、电视、雷达、高频感应加热设备等产生。若PLC系统置于射频场内，则会受到辐射干扰，其影响主要通过两条路径，一是直接对PLC内部辐射，由电路感应产生；二是对PLC通信内网的辐射，由通信线路的感应引入干扰。来自系统外引线的干扰：主要通过电源和信号线引入，通常称为传导干扰。来自信号线引入的干扰：与PLC控制系统连接的各类信号传输线，除了传输有效的各类信号外，常见于外部干扰源。来自错误接地的干扰：接地是提高电子设备电磁兼容性的有效手段之一，正确接地既能抑制电磁干扰的影响，也能抑制设备向外发出干扰；而错误接地可能引入干扰信号使PLC系统无法正常工作。来自PLC系统内部干扰：主要由系统内部元器件及电路间的相互电磁辐射产生。

PMS故障一般出现在预冷结束启动装车时，故障可能来自泵启动时的干扰，一般通过设置屏蔽电缆和PLC局部屏蔽及高压泄放元件可进行保护，做好接地、避免屏蔽层、接地线和大地有可能构成闭合环路。PMS系统作为接近开关的备用冗余系统故障状态对于正常装车基本没有影响。

4.1.2　机械类故障

(1)回转接头氮气无流量

氮气吹扫回转接头是为了防止装车过程中回转接头处结冰从而降低润滑作用。

1)氮气系统末端无流量

氮气经过控制盘减压后流经回转接头最终在末端接头处排入大气，如果氮气控制盘压力流量参数正常，极有可能是中间氮气软管脱落，导致氮气在末端接头上游即排入大气中。出现此种情况应当检查氮气吹扫回转接头管路，发现接头松脱应及时加固，确保氮气供应管路无泄漏。

2)氮气控制盘无压力或流量显示

无流量或压力显示说明是上游供气出现问题，主要原因是上游供气管路出现阻塞导致无氮气供应。首先检查上游氮气供应阀门，确保其处于开启状态，然后按照流程检查氮气控制系统中各个管路的情况即可解决问题。回转接头氮气吹扫中断虽不会对装车过程造成很大影响，但势必会影响回转接头的使用寿命，因此装车前需做好检查工作。

(2)球阀DBV无法打开

1)逻辑原因

如果双球阀夹具PERC的接近开关故障无法探测到夹具PERC时，一级紧急状态ESD1触发后，逻辑上禁止对关闭的球阀DBV进行打开操作，目的是防止无夹具PERC打开双球阀DBV可能造成介质泄漏。

2)机械原因

球阀开关动作是由串列气缸通过连杆带动完成的。首先检查在执行打开球阀动作时是否将控制液压油电磁阀导通使气缸充油；其次应确保串列气缸导轨润滑良好无卡涩。应确认阀门使用条件是否符合设计要求，发生故障时可拆除夹具检查上下球阀与密封之间是否有杂质颗粒。清理时注意防止密封损坏失效。同时，球阀之间存在少量水滴遇到低温LNG后结冰存在导致双球阀卡死无法打开的可能性，应检查确保电磁阀可以正常动作，液压油路导通。

4.2　系统部件可靠性评估

本小节依次对转动部件、液驱系统、电控系统、测漏装置、ESD系统进行系统部件可靠性评估。

4.2.1 液驱部件可靠性分析

在第一、三、四个旋转接头处安装液压油缸，在第二旋转接头处安装液压马达，用于推动装车臂的内、外臂绕各旋转接头转动，实现带动装车臂运至所需位置。液压油缸和液压马达分别采用防爆位移传感器传递和防爆编码器传递位移信号，实时向控制系统传递装车臂所处的位置，可单独动作，也可同时动作，为实现自动控制创造条件。同时，在垂管与第五旋转接头之间增加一个弹簧平衡装置，用于平衡快捷装置的重力矩，使垂管基本处于水平状态，降低装车系统与槽车连接难度。装卸臂轴一～四结构见图1～图3。

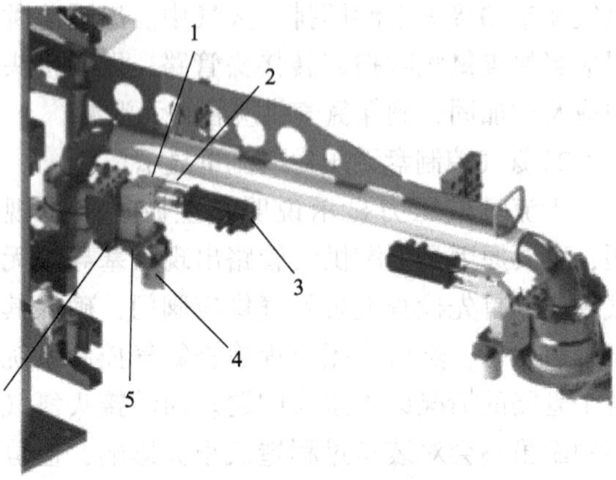

图1 装卸臂轴一/二结构示意图

1—减速机；2—气动结合机构；3—液压马达；4—编码器；5—驱动齿轮；6—从动齿轮

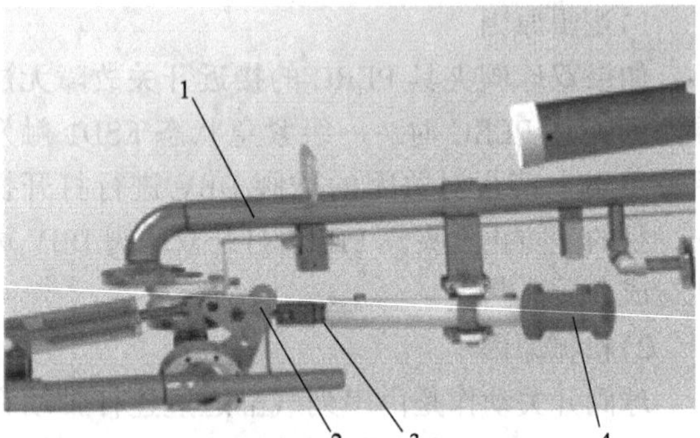

图2 装卸臂轴三结构示意图

1—轴三；2—油缸安装板；3—油缸连接轴；4—油缸

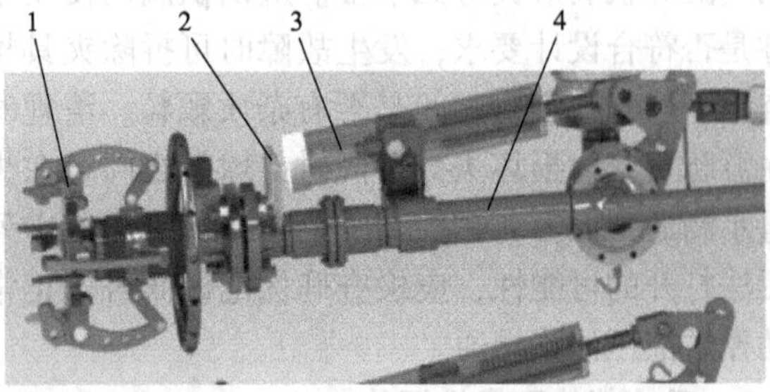

图3 装卸臂轴四结构示意图

1—快速对接接头；2—辅助把手；3—平衡缸；4—轴四

4.2.2 电控系统可靠性分析

LNG自动装车撬功能相对复杂，控制点数较多，因此在电控系统中同时采用了装车臂控制与装车撬控制 LNG自动装车撬电控系统如图4所示。其中，装车臂控制基于西门子 S7－1200 控制器，主要负责测漏装置、臂上注氮/放空/隔断阀、无线遥控器、液压驱动等设备的控制；装车撬控制则基于西门子 S7－200smart 控制器开发，主要负责撬内液相/气相/排凝阀门、流量计、变送器、报警、语音、人机交互等功能。二者通过西门子 s7 协议进行数据交互和互相控制。电控系统内部关系结构如图5所示。

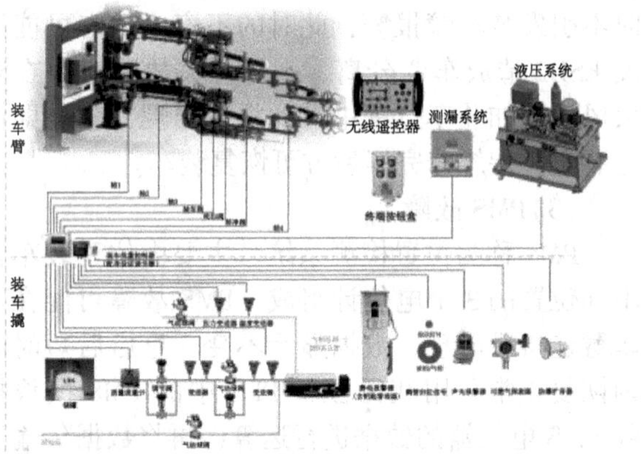

图4 LNG自动装车撬电控系统示意图

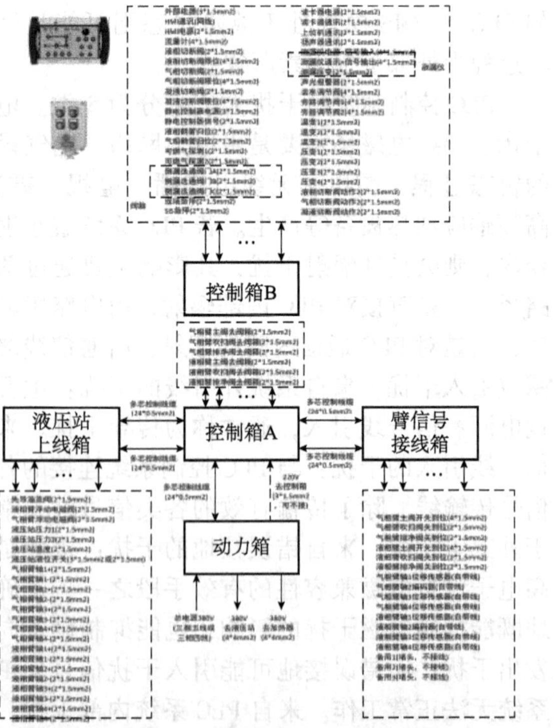

图5 LNG自动装车撬电控系统示意图

综上，电控系统采用橇臂分离控制，可以将复杂功能进行分解，分别控制装车臂和装车撬，实现系统安全稳定运行。

4.2.3 测漏装置可靠性分析

流体装车臂作为连接现场储罐与LNG槽车的关键设备，通常采用松套法兰与槽车接口法兰相连。为保证LNG充装过程安全，常规装车臂在每次连接完成后均需要采用肥皂水检测连接处是否泄漏，不便于操作和接口部位观察。尤其夜间操作时难以发现微小泄漏，且冬季低温环境下，易因肥皂水结冰不能达到有效测漏的目的。

针对常规装车臂存在的上述问题，自动装车撬增加了具有自动测漏功能的快速连接装置，可相对方便迅速地实现装车臂与LNG槽车接口法兰的连接，且连接完成后可实现法兰连接处泄漏的自动检测，不受光线、温度等环境因素影响。

测漏装置可有效判断装置密封面处是否泄漏，并做出预警，从而避免LNG槽车充装过程中可能存在的介质泄漏及次生危害。

LNG自动装车撬电控系统见图6。

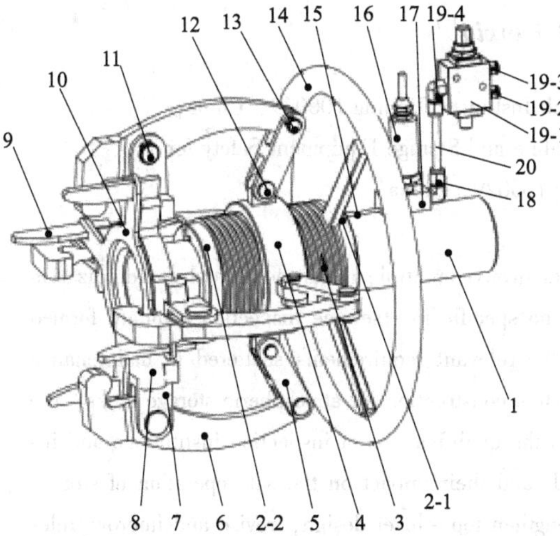

图6 LNG自动装车撬电控系统示意图

4.2.4 ESD系统可靠性分析

LNG自动装车撬采用双向ESD急停信号，即现场安装的急停按钮，可将急停信号传送至ESD系统，交由上游系统进行逻辑研判；同时，装车撬可接收来自ESD系统的急停信号，从而执行批控器中紧急处理段的程序。

另外，为保证在极端情况下(如批控器失效时)仍能够快速隔断装车线并打开排凝线，本设备的气相切断阀、液相切断阀、排凝切断阀均采用双电磁阀设计。其中气相和液相切断阀中的双电磁阀内部为串联结构，同时得电才可开阀，任一失电即执行关阀动作。排凝阀中的双电磁阀内部为并联结构，即任一得电即执行开阀动作，同时失电才可关阀。正常工况下，液相和气相ESD电磁阀保持常闭，排凝ESD电磁阀常开，此时由批控器端控制各阀门。突发状况下，液相和气相ESD电磁阀变为常开，可由ESD系统完成气液相阀门的快速切断，而排凝ESD电磁阀常闭，由ESD系统完成排凝阀门的快速打开。紧急切断阀的控制方式见图7。

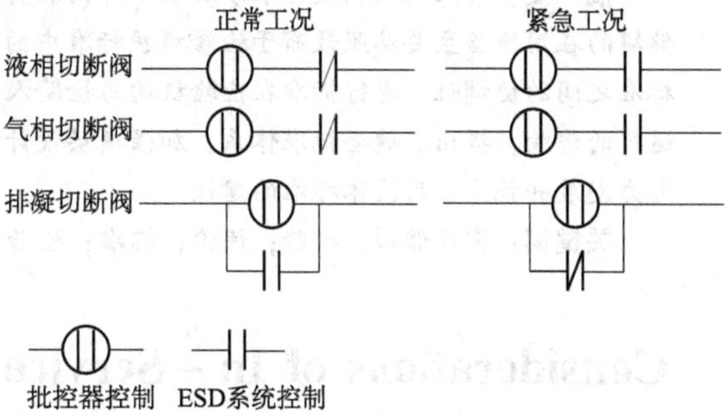

图7 自动装车撬紧急切断阀的控制方式示意图

综上，LNG自动装车撬的ESD系统是独立于装车撬批控器以外的组成部件，通过ESD急停信号与ESD阀门双重安全措施可有效实现LNG槽车充装全过程中的安全保障。

5 结论

接收站LNG自动装车撬(编号QDYYB－00)可用于LNG槽车充装、气相返回、排凝、放空，满足接收站LNG槽车充装工艺设计需求。设备采用装配部件均经防爆认证，符合防爆环境安全要求。电控系统采用橇臂分离控制，测漏装置可有效判断装置密封面处是否泄漏并做出预警，结合独立于装车撬批控器以外的ESD急停信号与ESD阀门双重措施，可在满足安全要求的前提下，实现安全稳定运行，有效管控LNG槽车充装过程中存在的介质泄漏及次生危害风险。

参考文献

期刊

[1]周运妮．LNG接收站项目建设中风险管理的运用策略．化工管理，2023(32)：10－12.
[2]韩雨润．风险管理在LNG接收站项目建设中的应用分析[J]．价值工程，2021，40(14)：241－242.
[3]GB/T 26610—2022 承压设备系统基于风险的检验实施导则．

常压储罐在用检验相关标准及其应用思考

王　十[1,2]　赵彦修[1,2]

[1. 中国特种设备检测研究院，北京　100029；2. 国家市场监管技术创新中心(油气管道与储存设备安全)，北京　100029]

摘　要：常压储罐相关标准涉及多个部门和标委会，在国标行标层面上，尚未形成专项在用检验标准，储罐的在用检验主要参照散布于检修维护标准中的相关要求。本文分析了常压储罐标准体系建设现状、不同标准之间的协调性、现行标准在检验机构与检验人员资质、检验技术要求等方面存在的问题及其对储罐安全运行的影响，提出了健全标准体系、加强顶层设计、修订和完善相关标准、出台专项检验与评价标准，同时大力发展并推广应用团体标准的建议。

关键词：常压储罐；检验；评价；标准；检验机构；检验人员

Considerations of In – Service Inspection Related Standards and Application for Atmospheric Storage Tanks

WANG Shi[1,2], *ZHAO Yanxiu*[1,2]

(1. China Special Equipment Inspection and Research Institute, Beijing 100029, China;
(2. Technology Innovation Center of Oil and Gas Pipeline and Storage Equipment Safety for State Market Regulation, Beijing 100029, China)

Abstract: The standards related to atmospheric storage tanks involve multiple departments and standardization committees. At the national and industry standard levels, there is no specific in – service inspection standard formed yet. The in – service inspection of storage tanks mainly refers to the relevant requirements scattered in maintenance standards. This paper analyzes the current status of the standard system construction for atmospheric storage tanks, the coordination between different standards, and the issues existing in the qualifications of inspection institutions and inspectors, as well as the technical requirements of current standards and their impact on the safe operation of storage tanks. It proposes suggestions to improve the standard system, strengthen top – level design, revise and improve relevant standards, introduce special inspection and evaluation standards, and vigorously develop and promote the application of group standards to ensure the safe operation of atmospheric storage tanks.

Key words: Atmospheric storage tanks; Inspection; Evaluation; Standards; Inspection agency; Inspector

1　引言

常压储罐一般指立式圆筒形钢罐焊接储罐。随着国民经济的发展，常压储罐已经成为石油石化生产以及国家战略储备的重要设施。在用检验是保证储罐安全运行的重要环节和关键所在，由于没有专项的在用检验标准，而检修维护标准的关注点并非“检验”，地方标准局限于某一省市，团体标准又在发展初期，因而分析标准现状及其在应用方面存在的问题，对于健全标准体系、完善标准技术要求，形成在用检验专项技术标准具有非常重要的意义。

2　标准现状及应用问题

2.1　标准体系亟待健全

我国常压储罐的安全监管工作由多个部门负责，设计、施工属于工程建设的范畴，由住建部门负责监管，按照《建设工程质量管理条例》、

作者简介：王十(1989—　)，高级工程师，主要从事特种设备、常压储罐及相关产品的检验及其技术研究。

《建筑业企业资质管理规定》等规章颁发相应资质[1,2]；投用后的监管工作则主要由应急管理部门和交通运输部部门负责，2012 年，交通运输部办公厅和国家安监总局办公厅联合发文，就储罐的安全监管范围进行了界定：在港区内危险化学品生产和使用危险化学品的生产装置及相连储罐部分，由安全生产监督管理部门负责，与危险化学品码头相连的储罐部分，由港口行政管理部门负责[3]。

在现行法规中，没有查询到有关常压储罐监管的专项法律法规，安全管理要求呈碎片化存在，散布于相关的法规之中；在行政规章和地方规章层面上，也仅有交通运输部发布的《港口危险货物安全管理规定》和天津市人民政府颁布的《天津市危险化学品安全管理办法》。这两项规章分别规定了危险货物储罐和危险化学品常压容器定期检验的原则性要求[4,5]。但是，由于没有实施细则或配套文件，这些要求并未得以很好地落实。

我国的标准由不同政府部门管理，由不同标委会归口，常压储罐相关标准涉及应急部、住建部、工信部、国家能源局等多个部门以及安全生产、石油工程建设、锅炉压力容器等多个标委会，不同部门各自为政，相互之间协调不足，至今未能形成完整的常压储罐标准体系。

在国标/行标层面上，目前，可查询到与常压储罐直接相关的标准共计 67 项(材料等基础标准除外)，可分为综合管理、设计施工、检修维护等 7 大类，而在用检验专项标准数量为 0，常压储罐的在用检验与评价要求散布于若干综合管理和检修维护标准中。相关国标/行标分类与数量见表 1。

表 1　国标/行标分类与数量

标准类别	项数	占比	代表性标准
综合管理	9 项	13.4%	AQ 3053《立式圆筒形钢制焊接储罐安全技术规程》
设计施工	26 项	38.8%	GB 50341《立式圆筒形钢制焊接油罐设计规范》
检修维护	3 项	4.5 %	SY/T 5921《立式圆筒形钢制焊接油罐操作维护修理规范》
检测方法	7 项	10.5%	JB/T 10765《无损检测 常压金属储罐漏磁检测方法》
储罐附件	7 项	10.5%	SY/T 0511《石油储罐附件》
防火	4 项	5.9%	GB 50351《储罐区防火堤设计规范》
防腐	7 项	10.5 %	GB/T 50393《钢质石油储罐防腐蚀工程技术标准》
其他	4 项	5.9 %	AQ/T 3042《外浮顶原油储罐机械清洗安全作业要求》

在地方标准层面上，共有 14 个省市设立有 22 项有效标准，可分为综合管理、在用检验等 8 大类，其中，在用检验标准数量占比 31.8%。但是，地方标准的适用范围仅限于颁布标准的省市，并不可避免地带有地域色彩。根据《市场监管总局办公厅关于做好地方标准备案工作的通知》和《地方标准管理办法》[6,7]，为了避免妨碍服务自由流通等限制市场竞争的行为，自 2020 年开始，各地已逐步开始加快清理和废止检验方法类标准并停止新标准立项。例如，河南省地方标准《金属常压储罐检验规范》(DB41/T 1460—2017)于 2020 年 3 月 13 日废止[8]，山东省地方标准《大型浮顶储罐安全技术规程》(DB37/T 3964—2020)于 2024 年 5 月 18 日废止[9]。随着相关工作的开展，关于常压储罐检验类地方标准数量会越来越少。相关地方标准分类与数量见表 2。

表 2　地方标准分类与数量

标准类别	项数	占比	所属省市
安全管理	4 项	18.2%	北京、江苏各 2 项
设计施工	1 项	4.5%	吉林
防腐	1 项	4.5%	河北
防雷/防爆	2 项	9.1%	安徽、江苏各 1 项
在用检验	8 项	36.5%	天津、吉林、湖北、湖南、陕西、甘肃、江苏、山东各 1 项
检测方法	1 项	4.5%	广西
监控	2 项	9.1 %	河北
清洗	3 项	13.6%	北京、山西、湖北各 1 项

在团体标准层面上，共计 13 个团体设立了 18 项有效标准，可分为综合管理、在用检验、检测方法等 10 类，在用检验标准占比 50%，但总量仅有 9 项，其中 3 项为呼吸阀等安全附件的在用检验标准，1 项为施工质量监督检验标准。相关标准的分类与数量如表 3 所示。

表3 1团体标准分类与数量

标准类别	项数	占比	所属团体
综合管理	1项	5.6%	宁夏质量检验认证协会
设计施工	1项	5.6%	浙江省职业经理人协会
焊接方法	1项	5.6%	中国焊接协会
运行	2项	11%	珠海市港口协会、中国航空运输协会各1项
在用检验	5项	27.7%	中国特检协会、中国化学品安全协会、广东省测量控制技术与装备应用促进会各1项、惠州市标准化协会2项
附件检验	3项	16.7%	中国特检协会、山东装备制造业协会、浙江特种设备安全与节能促进会各1项
监督检验	1项	5.6%	惠州市标准化协会
检测方法	2项	11%	中国化学品安全协会、浙江省产品与工程标准化协会各1项
腐蚀监测	1项	5.6%	中国化学品安全协会
清洗	1项	5.6%	中国清洗协会

由以上分析可知，目前常压储罐的标准体系尚未形成，起主导作用的国标、行标层面上，在用检验与评价标准缺失；地方标准的层面上虽有一定数量的检验标准，但是，按照相关法规规定，该类标准处于萎缩状态，数量会越来越少；而团体标准尚处于发展初期，标准来源多样，质量参差不齐，保证和提高标准质量是当务之急。

2.2 检验机构与检验人员的资质要求需要明确

现行标准对于检验机构和检验人员都提出了资质要求[10-14]，详细内容如表4所示。

表4 部分标准对检验机构、检验人员的资质要求

标准名称	条款号	机构资质要求	人员资格要求
立式圆筒形钢制焊接储罐安全技术规程（AQ 3053—2015）	11.5	根据储罐定期检验内容的不同，定期检验工作应委托有资质的设备检验机构进行	必要时检验人员应取得相应检验检测项目的资格证书
立式圆筒形钢制焊接油罐操作维护修理规范（SY/T 5921—2017）	5.4.3	油罐检测应由具备相应资质和一定检测经验的部门及技术人员负责实施	
油罐的检验、修理、改建及翻建（SY/T 6620—2014　）	3.3 6.1 3.4	雇佣有获得API认可的地面油罐检验员。	授权检验员应参照附录D进行认证
常压储罐定期检验规则（DB32/T 4484—2023）	4.2 4.5	由获得国家相关资质授权、经过能力评定的检验机构实施	由常压储罐授权检验员实施
在役常压储罐检验与适用性评价技术规范（T/CCSAS 042—2023）	3.13 3.14	经过相关机构进行能力评定，确认具备常压储罐检验能力	经过专业培训、考核，具备常压储罐检验员能力

2015年之前，安全生产监督管理部门依据《安全生产检测检验机构管理规定》颁发常压储罐检验机构资质证书，随着政府机构的改革，2019年应急管理部发布了新的《安全评价检测检验机构管理办法》，将安全生产检验机构资质认可的范围局限于矿山和井下特种设备的检测检验[15]。虽然现行标准要求检验机构和检验人员持证，但是由于没有法规支持，政府部门并未设立评价发证机构，2019年之后，常压储罐检验机构和人员的资质要求从法规和部门规章的层面上消失了。表4中，规定最为明确的是《油罐的检验、修理、改建及翻建》(SY/T 6620—2014)，该标准等同采用API 653第三版，其授权检验员证书的考核和发证机构为美国石油学会，这未免让人感到尴尬和无奈。

2.3 不同标准之间的协调性不足

在国标/行标层面上，现行标准关于储罐在用检验与评价的要求各不相同[10-12]、[16]，表5是几个标准对于部分项目合格准则以及检验周期的规定。

表5　不同标准关于合格准则与检验周期的规定

标准编号	AQ 3053—2015	SY/T 5921—2017	SY/T 6620—2014	GB/T 30578—2014
顶板最小允许厚度	无	满足强度和稳定性要求	2. 3mm/645mm^2	剩余平均厚度应满足罐顶承载要求
顶板允许坑蚀深度	无	无	下次检验前不穿孔	不得穿孔
壁板最小允许厚度	无	计算厚度+腐蚀容量	计算厚度(到下次检验时) 适用时厚度计算应考虑风载、地震载荷等必要载荷	
壁板允许坑蚀深度	无	$0.2t_d$ & ≤3mm	密集坑蚀部位剩余壁厚 $t_3 \geq 0.5t_d$	根据公称厚度不同，最大坑蚀深度分别为1.8～3.5mm(编者注：约为原始厚度的35%)
中幅底板最小允许厚度	无	0.8t	2.54/1.27mm	2.5/1.25mm
边缘底板最小允许厚度	无	0.85t	根据介质比重计算，关键区域另有规定	4.5mm
检验周期	根据腐蚀速率计算，当腐蚀速率未知时，4年或6年；实施RBI的可根据风险评估结果确定	首次检验9年，其后6～9年	首次检验10年，其后根据腐蚀速率计算；实施RBI的可根据风险评估结果确定	根据风险评估结果、检验方法的有效性等因素确定
备注	—	—	所有厚度值均为到下次检验前应满足的要求	—

注：t_d——罐壁设计厚度；t_3——密集坑蚀部位剩余壁厚；t——罐底板原始厚度。

由表5可知，按照不同标准实施检验，有可能得出差距巨大的检验结论。

2.4　部分标准技术条款值得商榷

现行标准对于检验的技术要求各不相同[9-12]、[17]。检验实践表明，部分标准的技术要求值得商榷，有的不具备可操作性，有的检验方法有误，有的合格判定准则不合常理，修正这些不适宜的技术要求，对于保证储罐安全运行具有重大意义。表6是部分值得商榷的技术要求列表。

表6　现行国标、行标值得商榷的部分技术要求

No	标准编号	条款号	技术要求	商榷理由
1	AQ 3053—2015	11.2 11.3	规定有检验内容、检验方法、检验周期	没有明确合格判定准则
2	SY/T 5921—2017	5.4.3.2.5	允许对罐底中幅板少量开孔进行腐蚀状态检查	①底板腐蚀为非均匀腐蚀，开孔部位的腐蚀状态不能代表整个底板； ②在不开孔条件下，现有技术完全可以探明底板背面腐蚀状况
3	SY/T 5921—2017	5.4.3.5	浮舱应逐舱通入785Pa的空气进行气密性检测	根据设计、施工标准要求，一般浮顶外圈隔舱为密封舱，其他隔舱不要求密封，逐舱进行气密试验不具备可操作性
4	SY/T 5921—2017	5.4.4.1	中幅底板的平均减薄量不大于原设计厚度的20%	①底板没有“设计百度”的概念。 ②中幅底板主要承受介质的静压力，应力很小，20%的底板减薄量并不会影响储罐的安全运行。如此要求会导致大批储罐提前报废，造成不必要的损失

续表

No	标准编号	条款号	技术要求	商榷理由
5	SY/T 5921—2017	5.4.4.2	各圈壁板的最小平均厚度不应小于该圈壁板的计算厚度加腐蚀裕量	计算厚度只考虑了强度要求，未考虑风力、地震等其他必要载荷，满足强度要求时，不一定满足抗风力稳定性等要求，从而导致失稳或其他破坏
6	SY/T 5921—2017	5.4.4.6	超声检测按 NB/T 47013 进行评定，Ⅱ级合格，对于超标缺陷属于表面或内部活动缺陷的应立即返修	超声检测只能判定焊缝内部是否存在缺陷，无法判定缺陷是否活动，同时超声检测也不能发现表面缺陷。该要求违背超声检测的基本原理
7	SY/T 6620—2014	1	适用于按照 API Std 650 及其前身 API Std 12C 建造的钢制储罐	该标准对于国内绝大多数储罐都不适用，编制该标准的意义没有体现出来
8	SHS 01012—2019 注	4.2.3	罐壁剩余厚度不能满足 GB/T 50341 名义厚度要求的，应进行更换或加固	最小名义厚度是标准对所有储罐的最低要求。该要求并非最小允许厚度，对于尺寸较大的储罐而言，计算厚度有可能远大于“最小名义厚度”
9	SHS 01012—2019	4.2.5	罐体腐蚀较重储罐，应对罐体下部第一、第二圈板的焊缝进行无损检测	焊缝无损检测与罐体腐蚀检测没有必然联系
10	SHS 01012—2019	4.2.14	可采用涡流或漏磁等方法对罐底板和浮顶底板等方法进行检漏	涡流和漏磁检测主要用于金属腐蚀检测，也可以发现大的穿孔，但对于小的漏点则难以发现

注：SHS 01012 并非标准，而是中国石化公司的一个内部检修维护规程，其最新版本为 2019 版。该规程在中石油、中海油、中国中化等大型储罐用户中也得到了广泛的认可和应用。

3　结论与建议

常压储罐的安全运行离不开有效的在用检验，而在用检验标准的水平高低与储罐能否安全运行息息相关。由于各标准存在上述的问题，致使标准的应用受到了很大限制，比如，SY/T 6620 是各检修维护标准中最为严谨、科学程度最高的标准，但是该标准对于国内绝大多数的储罐均不适用，SY/T 5921 是应用最为广泛的检修维护标准，但某些技术要求的可操作性使标准的应用受到了影响。为了保证在役常压储罐运行安全，建议尽快完善相关法规标准：

①做好顶层设计，建立健全相关的法规体系，完善相关法律法规及其实施细则或配套文件，明确检验机构和人员的评价与发证要求，保证相关工作有法可依。

②完善相关的标准体系，修订现行标准，补充建立定期检验与评价、健康监测等相关的国家标准或行业标准，设立适宜的检验项目和评价准则，保证标准的合理性与先进性，以求得最优的社会效益。

③大力发展并积极推广应用团体标准，不断拓宽标准的供给渠道，提高标准水平，推动团体标准在招投标、合同履约等市场活动中实施应用，并按照《国家标准管理办法》的规定，及时将具有先进性、引领性，实施效果良好的团体标准，推荐采信为国家标准，促进团标创新成果广泛应用[18-20]。

参考文献

[1]住房和城乡建设部．建筑业企业资质管理规定[EB/OL]．[2015-04-20]．https://www.gov.cn/gongbao/content/2015/content_2847783.htm．[2023-06-12]．

[2]住房和城乡建设部．建筑业企业资质标准[EB/OL]．[2014-11-06]．https://www.mohurd.gov.cn/gongkai/zhengce/zhengcefilelib/201411/20141106_219511.html．[2023-06-12]．

[3]交通运输部办公厅、国家安全生产监督管理总局办公厅．关于明确港口危险化学品安全监督管理若干问题的通知[EB/OL]．[2012-04-11]．http://jt.hainan.gov.cn/hnsghglj/ghgl/zcfg_55828/201204/t20120411_685278.html．[2023-06-12]．

[4]交通运输部．港口危险货物安全管理规定[EB/OL].[2020-06-23].https://xxgk.mot.gov.cn/2020/jigou/fgs/202006/t20200623_3308249.html.[2023-06-12].
[5]天津市人民政府．天津市危险化学品安全管理办法[EB/OL].[2020-05-19].https://www.tj.gov.cn/zwgk/szfwj/tjsrmzf/202005/t20200519_2365219.html.[2023-06-12].
[6]国家市场监管总局办公厅．关于做好地方标准备案工作的通知．[2019-08-28].(市监标创[2019]48号).
[7]国家市场监督管理总局．地方标准管理办法[EB/OL].[2020-01-16].https://www.gov.cn/gongbao/content/2020/content_5512562.htm.[2023-06-12].
[8]河南省市场监督管理局．关于废止385项河南省地方标准的通告[EB/OL].[2020-04-13].https://scjg.henan.gov.cn/2020/04-13/1316718.html.[2023-06-12].
[9]山东省市场监督管理局．关于废止《苹果产地类型和区划》等285项山东省地方标准的公告[EB/OL].[2024-05-20].http://amr.shandong.gov.cn/art/2024/5/20/art_76510_10310228.html.[2024-06-27].
[10]AQ 3053—2015，立式圆筒形钢制焊接储罐安全技术规程[S].
[11]SY/T 5921—2017，立式圆筒形钢制焊接油罐操作维护修理规范[S].
[12]SY/T 6620—2014，油罐的检验、修理、改建及翻建[S].
[13]SY/T 6306—2014，钢质原油储罐运行安全规范[S].
[14]SY/T 0607—2006，转运油库和储罐设施的设计、施工、操作、维护与检验[S].
[15]应急管理部．安全评价检测检验机构管理办法[EB/OL].[2019-07-20].https://www.gov.cn/gongbao/content/2019/content_5411611.htm.[2023-06-12].
[16]GB 30578—2014，常压储罐基于风险的检验及评价[S].
[17]SHS 01012—2019，常压立式圆筒形钢制焊接储罐维护检修规程[S].
[18]国家标准化管理委员会等．关于促进团体标准规范优质发展的意见[EB/OL].[2022-02-18].http://nmt.nmg.gov.cn/yw/nybz/202203/t20220303_2012280.html.[2022-03-03].
[19]国家标准化管理委员会．推荐性国家标准采信团体标准暂行规定[EB/OL].[2023-08-06].https://www.samr.gov.cn/bzjss/zcfg/art/2023/art_2e69a695fc574a5dbe8904761549ad8d.html.[2023-08-18].
[20]国家市场监督管理总局．国家标准管理办法[EB/OL].[2022-09-09].https://www.gov.cn/gongbao/content/2022/content_5722385.htm.[2022-10-30].

某老旧输油管道螺旋焊缝应力检测与安全评估

吴　价[1,2]　唐夏焘[1,2]　陈　康[1,2]　孙　磊[1,2]　夏　立[1,2]　陈　长[1,2]　汪江伟[1,2]　王友义[1,2]

(1. 浙江省特种设备科学研究院，浙江 杭州　310020；
2. 浙江省特种设备安全检测技术研究重点实验室，浙江 杭州　310020)

摘　要：螺旋焊缝是输油管道的薄弱部位，其同时承受输送介质所产生的运行应力以及制造过程中所产生的残余应力，当焊缝存在缺陷时，容易降低管道的承载能力，严重威胁着管道的服役安全，因此有必要进行在役管道螺旋焊缝的应力检测与评估。针对服役多年的某老旧输油管道，采用超声波应力测量方法进行螺旋焊缝的应力检测，评估管道的应力状态和水平，研究管道应力集中的原因，并提出整改措施。结果表明：输油管螺旋焊缝的三个方向应力中，平行于螺旋焊缝方向的应力较大，并且大部分测点的应力值都超过了材料的许用应力。而应力超标的原因是存在裂纹，建议对该输油管道采取改线或换管方式进行整治。

关键词：输油管；螺旋焊缝；应力检测；安全评估

Stress Detection and Safety Assessment of Spiral Welds in an Old Oil Pipeline

WU Jia[1,2], *XIA Li*[1,2], *CHEN Zhang*[1,2], *CHEN Kang*[1,2], *SUN Lei*[1,2], *WANG Jiangwei*[1,2], *CHEN Siqiang*[1,2]

(1. Zhejiang Academy of Special Equipment Science, Hangzhou 310020, China;
2. Key Laboratory of Special Equipment Safety Testing Technology of Zhejiang Province, Hangzhou 310020, China)

Abstract: Spiral welds are the weak parts of oil pipelines, which simultaneously bear the operating stress generated by the conveying medium and the residual stress generated during the manufacturing process. When there are defects in the welds, it is easy to reduce the bearing capacity of the pipelines, seriously threatening the service safety of the pipelines. Therefore, it is necessary to conduct stress detection and evaluation of spiral welds in in - service pipelines. For an old oil pipeline that has been in service for many years, ultrasonic stress measurement method is used to detect the stress of spiral welds, evaluate the stress state and level of the pipeline, study the reason for stress concentration in the pipeline, and propose rectification measures. The results show that among the three directions of stress in the spiral weld of the oil pipeline, the stress parallel to the spiral weld direction is larger, and the stress values of most measuring points exceed the allowable stress of the material. The reason for the excessive stress is the presence of cracks. It is recommended to rectify the oil pipeline by changing its route or replacing it.

Key words: Oil pipeline; Spiral weld; Stress detection; Safety assessment

1　引言

螺旋焊接作为一种效率高、设备简单和制造成本低的连接方式，广泛应用于石油和天然气的管路系统。但是在焊接过程中由于局部不均匀受热及材料非线性特征会导致残余应力的产生，影响焊接结构的完整性。一旦管道投入使用后就要承受其输送介质所产生的运行应力和残余应力的同时作用，如果两种应力叠加使焊管工作应力增大，造成应力集中现象，运行过程中容易出现断裂，降低管道使用寿命，造成严重的经济损失，

作者简介：吴价(1991—　)，博士，高级工程师，研究方向：压力管道的健康监测、风险评估与故障诊断。E - mail：wujiachn@126. com

甚至还会对周边环境安全造成威胁。

国内外学者对螺旋焊管残余应力的研究主要分为两个方面。一是试验测试研究。Forouzan[1]等人使用盲孔法测量螺旋焊管的埋弧焊接残余应力与水压试验后的残余应力。Nasim[2]等人采用切环法和盲孔法来分析螺旋焊管中的残余应力，发现第一主应力在焊缝和附近为拉伸应力，而在远离焊缝中心线的地方则减小；第三主应力在焊缝中心和距离焊缝中心 2.5cm 以外为压缩应力。Rajabi 和 Hashemi[3]使用盲孔法研究了 API - X65 级螺旋钢管埋弧焊样品中的残余应力，证明了残余应力的最大值发生在样品表面，而最小值发生在厚度的中间。张建勋[4]采用盲孔法测试了螺旋焊管和直缝焊管的残余应力，归纳了焊管制造过程中残余应力的演变规律，探讨了钢管制造过程中不同工序下残余应力的分布及其影响因素和控制方法。熊庆人[5]等人采用切环法和盲孔法对不同厂家所试制的 X80 ϕ1219mm × 22mm 螺旋焊管的残余应力进行了测试，了解了其残余应力分布的特点及所处水平，并提出了残余应力的调控建议。二是有限元模拟研究。Arif[6-8]等人通过三维有限元模拟来预测螺旋焊管中的残余应力，发现焊接区存在较大的残余应力，并且管径、壁厚、管道等级、成型角度和焊接速度对残余应力有显著的影响。Nezamdost[9]等人应用 Goldak 热源分布模型来分析 API X65 管线钢埋弧焊的热分布及焊接残余应力，所得结果证明，二维轴对称模型可以有效地获得热循环和焊接残余应力，并且显著减少了有限元计算的时间和成本；此外还发现纵向应力大于其他方向的应力。余磊和轩福贞[10]基于 ABAQUS 有限元软件建立了 X80 管线钢⅛螺距螺旋管三维有限元模型，得到了螺旋管焊接残余应力分布特征，结果发现最大拉伸残余应力出现在熔合区附近，随着离焊缝距离的增加，逐渐变为压应力，离焊缝更远的地方，压应力逐渐变小。温庆伦[11]利用 ABAQUS 软件建立了 X80 螺旋焊管三丝埋弧焊焊接残余应力模型，得到了螺旋焊管三丝埋弧焊焊接应力场，模拟结果表明焊接残余应力主要分布在焊缝及焊接热影响区位置，随着远离焊接热影响区残余应力越小。董志强[12]等人采用 ABAQUS 软件对高钢级螺旋焊管成型过程的应力分布进行了计算，其模拟计算结果表明螺旋焊管成型后应力在管体分布不均匀。除了自由边及附近环向应力，成型后内表面的轴向应力和环向应力呈压应力分布，外表面的轴向应力和环向应力呈拉应力分布。张鸿博[13]等人采用 ABAQUS 软件对 X80 螺旋焊管的焊接过程进行了模拟，并计算其残余应力及形变情况。其研究结果表明，管道内侧的应力峰值约为 620MPa。管道内侧焊接完成后，在对管道外侧焊接过程中，外侧焊缝处产生的应力场不仅使峰值应力降低，还使应力分布变得更加均匀。

综上，目前发展相对较成熟的应力检测方法主要有盲孔法、切环法、X 射线衍射法和超声波法。盲孔法的操作较为简单，测试精度较高、重现性较好，其缺点是需要在被测构件表面钻孔，而且所能测得的应变的深度受到钻孔深度的限制。切环法的现场可操作性强、测试结果直观，可迅速进行反馈，但其破坏性较大。X 射线衍射法是一种无损检测方法，但是对人体有辐射，而且检测深度较浅，一般为几微米到几十微米，无法反映材料的真实应力状态，并且受设备尺寸、现场环境以及被测工件表面状态的限制，无法满足现场检测的需求。超声波法具有无损、测量速度快、设备便携、对人体无伤害等优点，适用于在役管道本体应力的检测。

本文针对服役多年的某老旧输油管道，采用超声波应力测量方法进行螺旋焊缝的应力检测，评估管道的应力状态和水平，研究管道应力集中的原因，并提出改进措施。

2　管道基本概况及测点布置

2.1　管道基本情况

某老旧管道设计压力 6.4MPa，运行压力 3.5MPa，设计温度 60℃，输送介质为原油，管道材质采用 16Mn 螺旋焊缝钢管，管道规格为 ϕ720 × 8mm。考虑到高后果区、高风险的因素，优先开挖图 1 所示的 3 处管段，分别命名为 KW1、KW2、KW3，总长度为 18m。

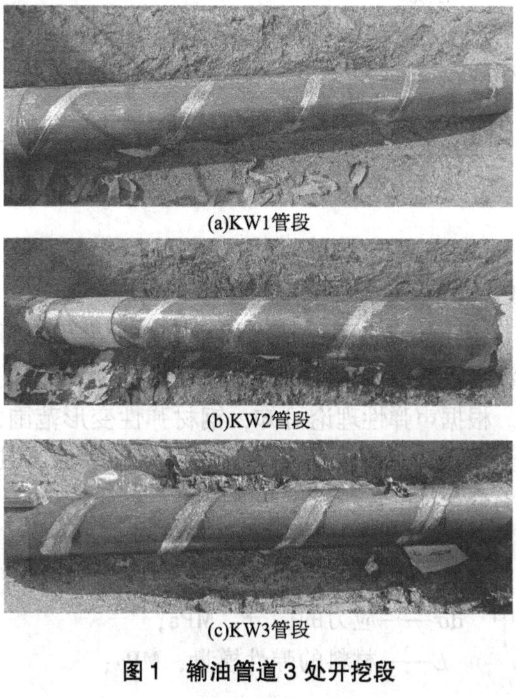

(a)KW1管段

(b)KW2管段

(c)KW3管段

图 1　输油管道 3 处开挖段

2.2　测点布置

测点分布如图2所示，共布置52个应力测点，其中KW1管段有18个测点，KW2管段有16个测点，KW3管段有18个测点。在每个测点处进行三个方向的应力检测，分别为：平行于螺旋焊缝方向的应力 σ_p，垂直于螺旋焊缝方向的应力 σ_v，以及管道轴向应力 σ_a，如图3所示。

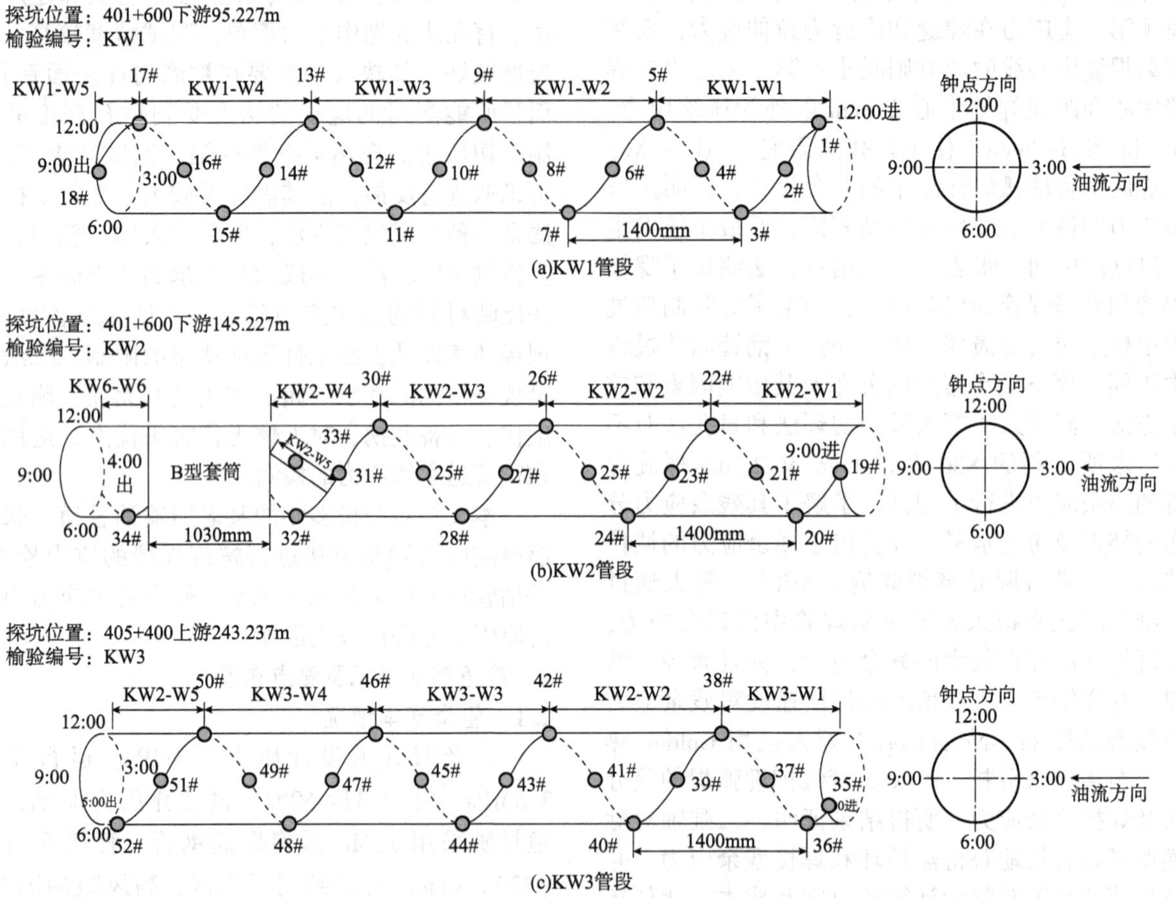

图2　输油管道的应力测点分布

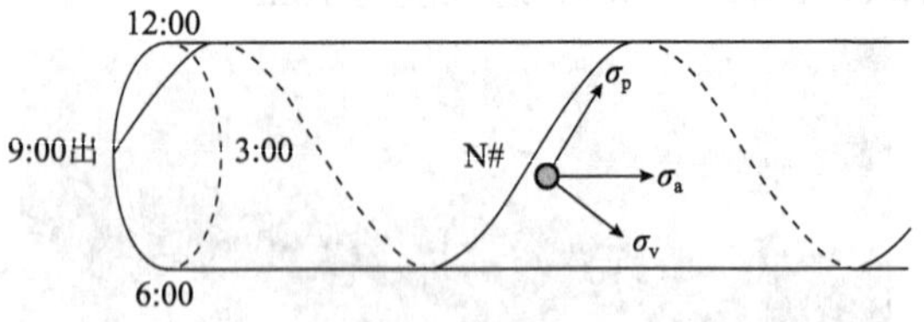

图3　应力测点方向

3　检测方法与仪器

3.1　超声LCR波测应力基本理论

超声波应力测量技术的重点在于准确测量超声波传播时间(声时)以及超声波与应力之间的关系。根据声弹性理论可知，钢材弹性变形范围内，应力大小与超声波的传播速度呈线性关系，其中应力变化和临界折射纵波波速的关系通常为：

$$d\sigma = \frac{E}{L_{11}t_0}dt \tag{1}$$

式中　$d\sigma$——应力的微分，MPa；

E——材料的弹性模量，MPa；

dt——超声波传播时间的微分，ns；

L_{11}——声弹性系数，无量纲；

t_0——无外加应力时的声时，ns。

由公式(1)可知，对于均匀的、连续的、各向同性的材料，弹性模量 E、声弹性系数 $L11$ 和声时 t_0 均为常数，故可用应力系数 K 代替，即：

$$\Delta\sigma = K\Delta t = K(t - t_0) \tag{2}$$

式中　$\Delta\sigma$——材料中应力的变化量，MPa；

Δt——材料表面声时的变化量，ns；

K——材料的应力系数，MPa/ns。

由公式(2)可知，若要测量管道应力，可通过测量当前声时与零应力状态下声时的差值，结合材料的应力系数来计算应力。实际测量过程中，首先需开展试验标定应力系数 K 以及零应力时的声时 t_0，再通过超声测量设备测量当前声时，就可以计算得到对应的应力值。在实际应用中，超声波传播速度受温度影响，故应尽量使零应力试块温度与被测材料一致。

3.2 基于应力的失效判据

管道失效指管道受外界载荷作用而产生的应力或应变超过自身许用极限。通过对管道承受载荷和力学特性进行分析，可以确定管道发生失效时的临界应力和应变。目前，通常使用基于应力的失效判据作为管道失效判断准则，即在正常操作条件下，管道产生的最大应力不超过屈服应力。

通过超声在线应力检测设备对管道进行应力检测，判断管道的应力状态。按照下面的公式计算当前运行状态下的管道强度系数f。

$$f=\frac{\sigma_{\max}}{\sigma_s} \tag{3}$$

不同等级地区允许的强度设计系数，将该测点的强度系数与该地区对应的安全等级下允许的强度设计系数进行对比，若小于该地区的强度设计系数，则该管段处于安全状态；反之该管段处于危险状态。强度系数越小，管段的安全裕度越大。

3.3 测量装置

采用 x_ P1.2 型便携式超声应力测试仪，如图4 所示。整个仪器主要由：超声脉冲信号源、数据采集模块、数据分析预处理模块、应力分析软件系统、超声波探头及人机交互终端组成。在被测对象上安放两个超声波探头，分别是发射和接收探头，探头的另外一端分别连接到仪器的信号端口。仪器向发射探头发出激励信号后，发射探头激发出超声波并沿被测对象传播，当超声波遇到有应力集中的区域，超声波传播的速度发生变化(更准确地说是相位)，如图5 所示，接收探头采集到信号回传至测量仪器，由仪器分析捕捉到这个速度变化量，结合事先标定的材料特征参数，可计算出目标区域应力的大小。

图4　便携式超声应力测试仪

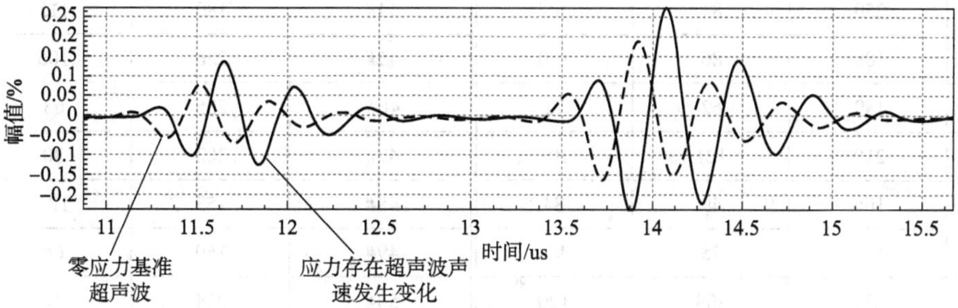

图5　应力对传播中的超声波声速的影响

4　应力检测结果分析

表1 为 KW1 管段各测点的应力检测结果。从表中可以看出，18 个测点的检测应力值均小于材料的屈服强度，并且对比三个方向，平行于螺旋焊缝方向的应力 σ_p 较大。另外，6#、9#、13#、17#这四个测点的 σ_p 应力值超过了材料的许用应力。

表1　KW1 管段各测点的应力值　MPa

应力测点序号	σ_p	σ_v	σ_a	应力测点序号	σ_p	σ_v	σ_a
1#	180	77	83	10#	209	46	67
2#	170	55	78	11#	218	60	145
3#	196	74	119	12#	201	87	158
4#	191	119	117	13#	241	121	37
5#	222	38	67	14#	171	60	67
6#	247	94	54	15#	197	78	89
7#	178	99	146	16#	191	69	74
8#	221	132	196	17#	237	86	110
9#	232	89	91	18#	187	48	95

表 2 为 KW2 管段各测点的应力检测结果。从表中可以看出，在这 16 个测点中，除了测点 20#、24#、28#、32#、33#、34#以外，其余测点的 σ_p 应力值均超过了材料的屈服强度。同样地，对比三个方向，平行于螺旋焊缝方向的应力 σ_p 较大。

表 2　KW2 管段各测点的应力值　　MPa

应力测点序号	σ_p	σ_v	σ_a	应力测点序号	σ_p	σ_v	σ_a
19#	477	58	57	27#	473	66	104
20#	254	41	113	28#	246	114	200
21#	520	143	132	29#	496	57	65
22#	513	57	78	30#	499	99	81
23#	508	83	90	31#	511	104	92
24#	186	47	54	32#	211	212	242
25#	482	123	99	33#	61	126	103
26#	486	64	94	34#	224	53	169

表 3 为 KW3 管段各测点的应力检测结果。从表中可以看出，18 个测点的检测应力值均小于材料的屈服强度，但 35#、42#、46#、50#这四个测点的 σ_p 应力值超过了材料的许用应力。并且对比三个方向，平行于螺旋焊缝方向的应力 σ_p 较大。

表 3　KW3 管段各测点的应力值　　MPa

应力测点序号	σ_p	σ_v	σ_a	应力测点序号	σ_p	σ_v	σ_a
35#	250	84	105	44#	180	115	71
36#	188	86	130	45#	226	106	132
37#	189	62	72	46#	235	63	79
38#	210	121	101	47#	202	30	62
39#	166	49	84	48#	153	124	105
40#	196	75	92	49#	169	68	88
41#	227	108	120	50#	254	44	83
42#	264	72	90	51#	184	73	81
43#	193	82	84	52#	213	53	45

综上，输油管的螺旋焊缝，纵向应力(平行于螺旋焊缝方向的应力)较大，这与文献[9]的结论一致。同时，大部分测点的应力超标，原因可能是存在裂纹，因为裂纹的产生和扩展会造成管道局部应力集中。

5　应力超标原因分析

为了验证应力超标的原因，对开挖管段应力较大处的焊缝位置进行磁粉检测和相控阵超声检测。

图 6 是磁粉检测现场照片，检测结果见表 4 所示。从图表可以看出，所有螺旋焊缝表面和近表面均存在断续裂纹，绝大部分为与焊缝平行的纵向裂纹，集中出现在焊缝中心线及中心线附近，沿焊缝方向延伸；小部分纵向和横向裂纹分布在焊缝边缘及母材区域。所有焊缝磁粉检测的质量分级均为Ⅱ级。

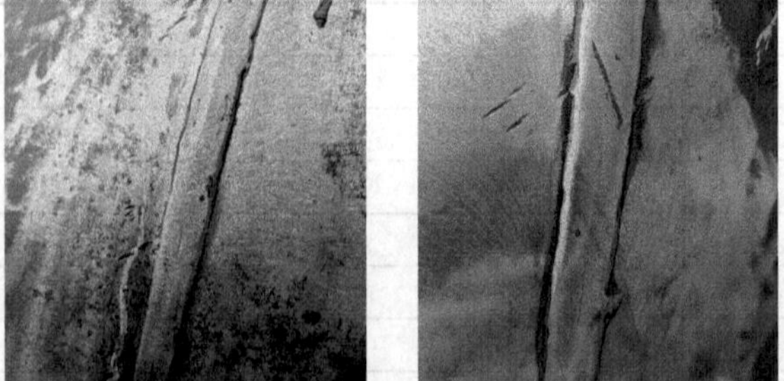

图 6　焊缝磁粉检测部分现场照片

表4 磁粉检测结果 mm

区段编号	缺陷位置	缺陷性质	缺陷长度	评定等级	备注
KW1 - W2	整条	裂纹	773	Ⅱ级	裂纹数量共18条，总长773mm
KW1 - W3	整条	裂纹	1201	Ⅱ级	裂纹数量共31条，总长1201mm
KW1 - W4	整条	裂纹	967	Ⅱ级	裂纹数量共25条，总长967mm
KW2 - W1	整条	裂纹	741	Ⅱ级	裂纹数量共15条，总长741mm
KW2 - W2	整条	裂纹	1567	Ⅱ级	裂纹数量共29条，总长1567mm
KW2 - W3	整条	裂纹	1029	Ⅱ级	裂纹数量共28条，总长1029mm
KW3 - W1	整条	裂纹	572	Ⅱ级	裂纹数量共13条，总长572mm
KW3 - W2	整条	裂纹	928	Ⅱ级	裂纹数量共22条，总长928mm
KW3 - W3	整条	裂纹	1123	Ⅱ级	裂纹数量共27条，总长1123mm
KW3 - W4	整条	裂纹	1223	Ⅱ级	裂纹数量共30条，总长1223mm
KW3 - W5	整条	裂纹	643	Ⅱ级	裂纹数量共19条，总长643mm

图7为相控阵超声检测现场照片和裂纹图片，检测结果见表5所示。从图表可以看出，所检测的螺旋焊缝均存在断续裂纹，主要分布在焊缝中心线及中心线附近；每个焊缝裂纹的最大深度、最高波高区域、最高高度详见表5，焊缝质量分级均为Ⅲ级。同时在每个螺旋焊缝内表面及所检测的母材区域内发现多处腐蚀坑，腐蚀坑深度在0-2mm。

(a)相控阵超声检测现场照片

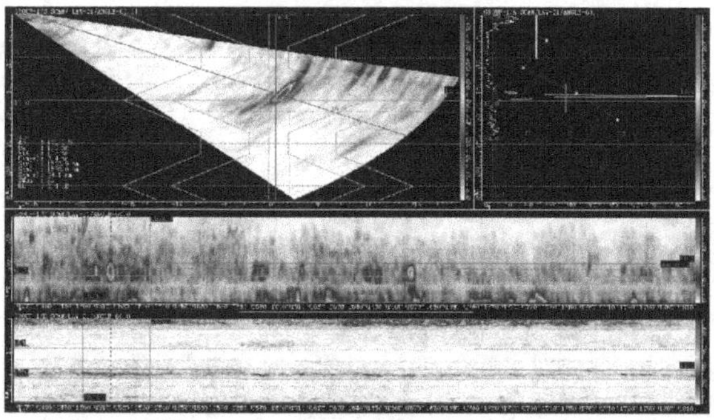

(b)焊缝裂纹图片

图7 相控阵超声检测现场照片和裂纹图片

表5 相控阵超声检测结果 mm

焊缝编号	裂纹总长度	裂纹波幅最大深度	裂纹最高波高区域	裂纹最高高度
KW1 - W2	773	2.3	Ⅲ区	3.9
KW1 - W3	1201	1.7	Ⅱ区	2.0
KW1 - W4	967	1.2	Ⅲ区	4.8
KW2 - W1	741	2.6	Ⅱ区	5.0
KW2 - W2	1567	1.0	Ⅲ区	2.7
KW2 - W3	1029	1.0	Ⅱ区	2.5
KW3 - W1	97	1.6	Ⅱ区	2.4
KW3 - W2	572	1.4	Ⅱ区	3.3
KW3 - W3	928	0.8	Ⅱ区	2.7
KW3 - W4	1123	2.3	Ⅱ区	2.3
KW3 - W5	1223	1.9	Ⅲ区	2.8

根据结果分析，焊缝缺陷是当前输油管道主要的失效形式。在焊缝缺陷的尖端伴有后期发展的裂纹，这种裂纹后期可能贯穿整个焊缝，导致缺陷处承载能力远低于实际运行压力，风险很大，运行中的每一次压力波动和温度应力、地质变化等引起的外部扰动，都有可能造成管道失效。

6 结论

(1)输油管螺旋焊缝的三个方向应力中，平行于螺旋焊缝方向的应力较大，并且大部分测点的应力都超过了材料的许用应力。

(2)输油管螺旋焊缝应力超标的原因是存在裂纹。老旧管道焊接技术条件有限、无损检测完成率极低，导致螺旋焊缝存在严重的质量问题。当管道表面及近表面存在焊接缺陷时，在环境和应力作用下开裂形成裂纹尖端，进而开始应力集中在尖端，尖端可能是几倍于周侧，超标进而扩展。

(3)建议对该输油管道采取改线或换管方式进行整治，而不是对管体进行大面积开挖修复。针对本次开挖段的检测结果，又开挖了3个管段进行检测，扩检比例100%，发现结果相同，焊缝缺陷分布密集，且整条管线普遍存在，如进行大面积连续开挖修复，即使引起管体的轻微摆动，也极易造成螺旋焊缝缺陷在应力集中处开裂，因此不建议对管体进行大面积开挖修复，而应该尽量采取改线或换管方式进行整治。

致谢：

本研究获国家市场监督管理总局科技计划项目(编号：2023MK054)和浙江省市场监督管理局科研计划项目(编号：QN2023431)的支持。

参考文献

[1] Forouzan M R, Nasiri S M M, Mokhtari A, et al. Residual stress prediction in submerged arc welded spiral pipes[J]. Materials & Design, 2012, 33: 384 – 394.

[2] Nasim K, Arif A F M, Al – Nassar Y N, et al. Investigation of residual stress development in spiral welded pipe[J]. Journal of Materials Processing Technology, 2015, 215: 225 – 238.

[3] Rajabi M, Hashemi S H. Residual Stress Assessment in Spiral Steel Pipe with the Grade of API – X65 after Submerged Arc – welding[J]. Iranian Journal of Mechanical Engineering Transactions of the ISME, 2022, 23(1): 5 – 29.

[4]张建勋．油气输送用大直径厚壁埋弧焊管残余应力及控制研究[J]．焊管，2019，42(7)：55 – 63.

[5]熊庆人，陈宏达，卫遵义，等．不同厂家X80大口径厚壁SAWH焊管的残余应力试验分析[J]．石油管材与仪器，2021，7(1)：44 – 47.

[6] Arif A F M, Al – Omari A S, Yilbas B S, et al. Thermal stress analysis of spiral laser – welded tube[J]. Journal of Materials Processing Technology, 2011, 211(4): 675 – 687.

[7] Arif A F M, Al – Omari A S, Sheikh A K, et al. Estimation of residual stress in spiral welded pipe: regression and numerical model[C]//ASME International Mechanical Engineering Congress and Exposition. American Society of Mechanical Engineers, 2012, 45196: 159 – 168.

[8] Arif A F M, Al – Omari A S, Al – Nassar Y. Development of residual stress during manufacturing of spiral welded pipes[J]. Materials and Manufacturing Processes, 2012, 27(7): 738 – 745.

[9] Nezamdost M R, Esfahani M R N, Hashemi S H, et al. Investigation of temperature and residual stresses field of submerged arc welding by finite element method and experiments[J]. The International Journal of Advanced Manufacturing Technology, 2016, 87: 615 – 624.

[10]余磊，轩福贞．X80钢双丝螺旋焊焊接残余应力的有限元分析[J]．压力容器，2015，32(8)：9.

[11]温庆伦．螺旋焊管三丝埋弧焊焊接残余应力研究[D]．西安石油大学，2016.

[12]董志强，毕宗岳，李超，等．高钢级螺旋焊管成型应力有限元数值研究[J]．天然气与石油，2020，38(2)：16 – 21.

[13]张鸿博，王高峰，任国琪，等．DN1 200mm钢管螺旋焊缝焊接温度场及应力场有限元分析[J]．焊管，2022，45(1)：5 – 9.

石化装置在役高龄压力容器老化、检验和管理

薛小龙　司　俊

（上海市特种设备监督检验技术研究院，上海　200062）

摘　要：我国许多石化装置已运行二、三十年，有的甚至已运行更长时间，装置中许多压力容器都处于高龄服役阶段，通过对高龄在役压力容器的老化辨识、损伤机理分析，提出针对此类压力容器的检验方法以及分类分级管理方法，对于指导石化装置高龄压力容器的检验和管理具有重要意义。

关键词：高龄压力容器；在役；检验；管理；石化装置

Ageing, Inspection and Management of Elderly In – service Pressure Vessels for Petrochemical Plants

XUE Xiaolong, *SI Jun*

(Shanghai Institute of Special Equipment Inspection and Technical Research, Shanghai 200062, China)

Abstract: Many petrochemical plants in China have been running for 20 or 30 years, some even longer, and many of the pressure vessels in the plants are in the stage of elderly service. Through aging identification and damage mechanism analysis of the elderly in – service pressure vessels, the inspection methods and classification management methods for such pressure vessels are proposed, so as to better guide the inspection and management of elderly pressure vessels in petrochemical plants.

Key words: Elderly pressure vessel; In – service; Inspection; Management; Petrochemical plant

1　引言

特种设备是国民经济的重要基础设施，与社会、经济活动密切相关。特种设备安全工作作为安全生产工作的重要组成部分，直接关系到广大人民群众的生命、财产安全，关系到经济发展和社会稳定的大局。石油和化学工业是国民经济的重要基础和支撑性产业，石化装置是石油和化学工业产业的重要表现形式，也是整个经济系统的重要组成部分。石化生产装置主要以承压特种设备为主，且具有密集化、大型化、高参数化、长周期运行的特点和发展趋势。这些石化装置的承压特种设备作为潜在的危险源，一旦发生事故，将对企业财产造成重大损失并威胁到人民群众的生命财产安全。

作为八大类特种设备之一的压力容器，在石油化工领域被广泛使用。随着现代石油工业的发展，在能源转型和“双碳”大背景下，压力容器操作工艺条件向更加苛刻(高压、高温、深冷、强腐蚀等)的方向发展，危险性更为显著。

根据国家市场监管总局对历年来全国特种设备事故发生环节的统计数据，80%左右的事故都发生在使用环节，如图1所示。因此，加强使用环节的监管和检验检测是提高我国特种设备安全保障水平降低事故发生率的重要对策之一。

本文所称的在役高龄压力容器达到设计使用年限的压力容器 TSG 21—2016《固定式压力容器安全技术监察规程》使用超过20年或达到设计使用年限的压力容器。目前，我国许多石化装置已

作者简介：薛小龙(1980—　)，博士，主要从事特种设备检验、结构完整性分析等工作。E – mail：xuexl@ ssei. cn

基金项目：中国特种设备检验协会软科学课题(CASEI – RKT2024 – 13)

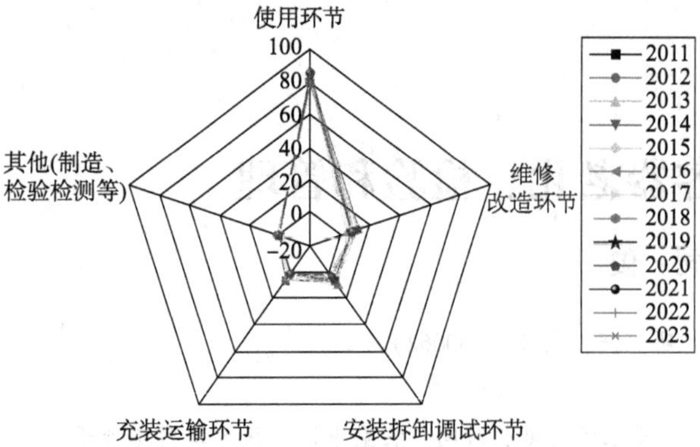

图1　2011—2023年全国特种设备事故发生环节统计/%

运行二、三十年，有的甚至已运行更长时间，许多装置内的压力容器处于高龄服役阶段。以上海市为例，据不完全统计，截至2018年底，上海市高龄服役压力容器有20000余台，约占当年上海市压力容器总数量的20%。由于最近几年新建石化装置渐少，高龄服役压力容器所占比例还将会继续增加。

因此，如何对石化装置高龄服役压力容器进行科学的检验、管理成亟待解决的问题。如果仍然按照常规服役的压力容器进行检验、管理，可能无法有效地查出其中的安全隐患，一旦失效破坏，极易造成压力容器事故，从而带来严重后果。

2　高龄压力容器损伤老化辨识

根据可靠性理论，设备的失效都遵循浴盆曲线规律，由于形状呈两头高中间低，具有明显的阶段性，因此可将压力容器的整个寿命周期划分为四个阶段：初始阶段、稳定阶段、老化阶段和最终阶段，如图2所示。

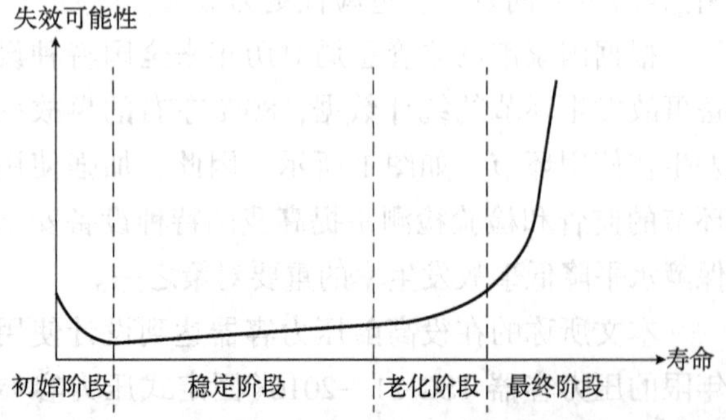

图2　设备失效可能性与寿命关系示意图

通常，人们总是将高龄压力容器与压力容器老化等同起来，其实，这是两个不同的概念。高龄压力容器是指服役时间超过20年或达到其设计使用年限，这只是一个时间的概念，并没有涉及其他方面的内容。而压力容器老化并不仅仅参照其服役时间，它还是一种服役的状态或状况，是随着时间的推移而变化的。换而言之，压力容器老化是指压力容器在整个服役寿命中遭受某种形式的材料退化和损坏(通常但不一定与服役时间有关)，并且失效的可能性越来越大。总的来说，老化的压力容器是指由于其完整性或功能性的老化而不再或可能不再被认为完全适合服役的压力容器。

压力容器的设计寿命不一定等于其实际使用寿命，它仅仅是设计者根据容器预期的使用条件而给出的预计时间，一般情况下取的数值比较保守，因此许多压力容器达到设计寿命后仍有富足的剩余寿命，如实际的腐蚀速率小于设计时的腐蚀速率，设计时采用的疲劳、高温蠕变的试验数据过于保守等。因此，高龄压力容器不一定发生老化，可能还可以继续服役很长一段时间，应当依据该容器实际使用状态、损伤机理及失效模式、检验检测结果等各方面因素综合考虑后确定。

英国的HSE组织对过程工业装置的事故进行调查，研究表明，大约60%的失控事故与技术完整性问题有关，其中50%的事故是与老化相关联的[1]。因此，需要建立一种高龄压力容器老化的辨识方法，以发现其是否发生老化。

高龄压力容器是否继续服役需要考虑各种因素，最重要的是在确保安全和成本驱动的运行之间实现合理的平衡。这就不但涉及高龄压力容器老化的风险和影响、装置资产管理的最新趋势以及运维、检验、评估和修理等技术问题，还需考虑企业针对高龄压力容器所面临的管理、人员以及能力方面的问题。针对高龄压力容器，老化需要考虑的一些主要因素如图3所示，老化的特征或迹象如表1所示。

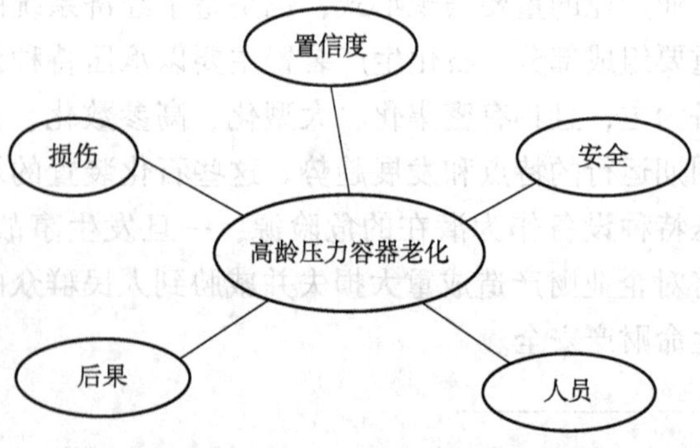

图3　高龄压力容器老化考虑的主要因素

表 1　高龄压力容老化的特征或迹象

序号	特征或迹象	说明
1	表面起泡或损坏	油漆起泡或其他表面损坏表明可能发生了一些退化
2	泄漏	泄漏可能是由于缺乏维护保养(如更换密封件或垫圈)，也可能表明存在更严重的损坏，如贯穿壁厚裂纹
3	故障和维修需求	重复故障和需要维修表明设备已达到使用寿命的第三阶段(即老化阶段)，确定故障和维修的根本原因是一种良好的做法
4	检验结果	检验结果可显示设备的实际状况和任何损坏，可从以往的检验数据中来确定发展趋势
5	生产效率下降	效率、泵输送能力或换热速率的降低可能是由于产品污染或结垢等因素所导致
6	工艺不稳定	偏离正常工艺操作范围可能意味着设备已经老化
7	产品质量	来自装置生产产品中的杂质可表明设备受到腐蚀或侵蚀，持续进行的产品质量评审可发现产品质量的变化情况
8	仪表	指示的工艺仪表缺乏一致性可能表明工艺不稳定，并可能表明设备已发生老化。它也可能说明指示仪器出现故障
9	类似设备老化的经验	除非采取积极措施防止类似设备老化，否则同样的问题很可能再次发生
10	油漆和表面涂层状况不佳	外部腐蚀也是一个危险因素，可以证明缺乏适当的维护，并增加腐蚀的风险
11	修理	可能表明老化问题已经出现，因为如果在设备的使用寿命期间需要修理，修理的完整性和必要性将表明潜在的进一步问题

对于石化装置，应尽早确定这些特征或迹象，以便在危险情况发展之前对高龄压力容器老化和剩余寿命进行更加详细的调查研究。几种特征或迹象的组合出现可能表明高龄压力容器老化的风险高于单独存在的特征或迹象。通过这些不同的特征或迹象，可以帮助我们确定高龄压力容器正在或即将遭受老化损坏的可能性和/或检测其发生的可能性。

3　高龄压力容器损伤机理及检验

压力容器由于受到环境、时间、工况等因素的影响，可能会产生一定的损伤，这些损伤对其继续安全服役会产生一定的隐患，因此，高龄压力容器的检验及安全评价应针对这些损伤来进行。

对于高龄服役压力容器的检验检测，国内外规范标准了规定，如欧盟标准 EN 13445 - 3—2021[2]中，对超过设计期限的疲劳和蠕变条件下的压力容器有一个推荐性规定：即重点在容器高应力区域进行无损检测。国内相关机构颁布了两个团体标准，T/CMES 16005—2022《超设计使用年限压力容器评估与检验导则》[3]和 T/CASEI 013—2022《超设计使用年限压力容器检验规范》[4]。T/CMES 16005 侧重于对超设计年限压力容器的评估方面，着重分析存在的损伤与时间的相关性。T/CASEI 013 则侧重于对超设计年限压力容器的现场检验。还有一些学者了有益的探讨，利用多种无损检测方法，如声发射检测、应力测定和超声波探伤相结合对超期压力容器进行检测[5]，运用损伤模式识别、风险分析与合于使用评价等方法进行超设计年限设备评估[6]。将失效分析与失效机理相结合进行超期设备评价[7]等。

高龄服役压力容器存在的主要损伤机理以及相对应的检验检测方法见表 2。

表 2　损伤机理与检测手段对照表

序号	损伤机理	检验检测方法
1	腐蚀减薄	内部宏观检查和腐蚀部位定点测厚；外部超声波、导波、射线检测
2	球化	金相检测、硬度测量
3	石墨化	金相检测
4	σ 相脆化	金相检测、微损或破坏性取样进行冲击试验、渗透检测

续表

序号	损伤机理	检验检测方法
5	475℃脆化	微损或破坏性取样冲击或弯曲测试、目视检测、表面无损检测、声发射方法检测、硬度测量
6	回火脆化	放置挂片，冲击试验
7	低温脆断	重点部位表面无损检测，超声检测(优选 TOFD)
8	蠕变	重点部位宏观检查、厚度测定、表面无损检测、金相检测、微损或破坏性取样进行高温力学性能测试、测量直径等
9	机械疲劳和腐蚀疲劳	宏观检查、表面无损检测、涡流检测、超声检测、电磁超声检测等
10	热疲劳(含热棘轮)	目视检测、变形量检测、尺寸测量、表面无损检测、外部超声检测(优选超声横波检测)

4 高龄服役压力容器管理方法

虽然我国在承压类特种设备分类上已经取得了较大的进步，但是仍存在定量性差、较少考虑现实风险因素、较少涉及人员管理环境因素等缺点，不能把系统中多维度的风险影响因素纳入其中，系统地进行分析评判[8,9]。因此，针对石化装置高龄服役压力容器将利用老化辨识方法，结合风险分级，对高龄压力容器进行风险排序，并采用 ABC 管理方法，对不同的风险采用不同的管理策略(A、B、C 类)，以降低事故发生率，保障设备的安全运行。

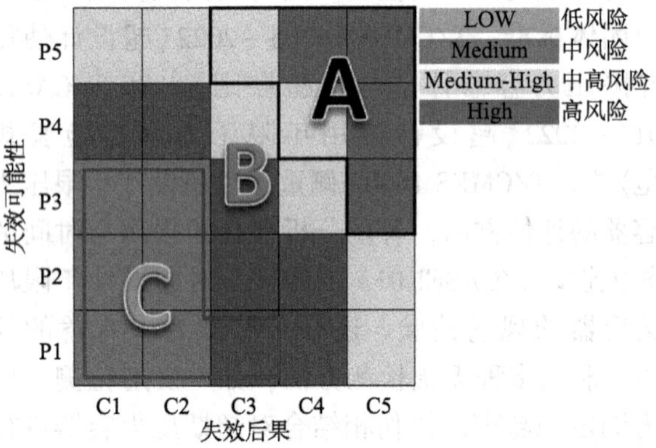

图 4 风险管理分级示意图

采用风险矩阵来量化装置内高龄压力容器的风险等级。风险矩阵的横轴表示后果等级，纵轴表示可能性等级。后果分为 5 个等级：C1、C2、C3、C4、C5，分别表示很小、较小、一般、比较严重和非常严重。可能性分为 5 个等级：P1、P2、P3、P4、P5，可能性依次增大。在风险矩阵中，风险水平沿左下方到右上方对角线逐渐升高，分为 4 个风险等级：低风险、中风险、中高风险和高风险。

三类管理方法对应的风险矩阵图如图 4 所示。A 类管理对应的为高风险、可能性 P5 后果 C3 以及可能性 P4 后果 C4 的中高风险的高龄压力容器；C 类管理对应的为低风险、可能性 P1 后果 C3 的中风险的高龄压力容器；B 类管理对应的是除 A、C 类管理之外的高龄压力容器。

A、B、C 三类所对应的管理策略描述如表 3 所示：

当石化装置出现以下情况时，将对风险等级进行调整。

(1)装置内存在危险化学品重大危险源的，将分类级别提级管理，向上调整为 B 或 A 级管理；

(2)三年内发生过特种设备事故的，将分类级别调整为 A 级；

(3)因违法违规行为被采取行政处罚措施、监管措施的，将分类级别调整为 A 级。

表 3 A、B、C 三类管理策略

类别	管理策略
A 类	包括设备存在重大安全隐患、不符合法律法规要求等。实行全面重点管理，要投入大量的资源有效监控，加强管理的动态性、时效性，防止事故发生
B 类	重点监控设备，实施常规管理和安全监控并重的管理方式，在常规管理的基础上，适当投入一定资源加强对其进行安全管理
C 类	实行常规管理为主，安全监控为辅的模式

5 结论

高龄服役压力容器给出了辨识高龄压力容器老化的方法，分析了其潜在的损伤机理及对应的检验检测手段，提出了一种基于风险并结合老化辨识的高龄服役压力容器分类分级监管方法，并在一些石化装置进行了应用，对于保障石化装置高龄压力容器安全可靠运行具有重要意义。

参考文献

[1] CANDREVA. F, and HOUARI. M. "Plant Screening for Ageing Impact in the Process Industry." Chemical Engineering Transactions. 2013, 31: 253 - 258.

[2] EN 13445—2021, Unfired pressure vessels - Part3: Design.

[3] T/CMES 16005—2022，超设计使用年限压力容器评估与检验导则．

[4] T/CASEI 013—2022，超设计使用年限压力容器检验规范．

[5] 方永奎，方硕，邱安娥．超期服役化工容器的安全评定技术研究．重庆科技学院学报：自然科学版，2011，13(1)：113 - 116.

[6] 姜海一，蓝麒，钱正武，等．炼化装置超设计使用年限设备安全评估关键技术研究．中国特种设备安全，2022，38(9)：49 - 53.

[7] 胡正飞，杨振国，何国求，等．超期服役马氏体耐热钢主蒸汽管的损伤和评价．金属热处理，2007，(z1)：270 - 274.

[8] 王新杰，罗云，何毅，等．承压类特种设备使用过程风险分级方法研究．工业安全与环保，2014，(4)：52 - 55.

[9] 罗云，崔钢，何义，等．基于"战略 - 系统"思维的特种设备监管模式及体系研究．宏观质量研究，2014，2(2)：71 - 82.

埋地长输管道第三方破坏活动有限元仿真分析

秦博文[1] 杨绪运[2] 孙 涛[1] 徐祥捷[1] 姚登樽[2] 郑洁含[1] 王新华[1]

(1. 北京工业大学，机械与能源工程学院，北京 100124；
2. 中国特种设备检测研究院，北京 100029)

摘 要：随着全国油气管道网络的逐步完善和埋地长输管道外部环境的不断变化，埋地长输管道受第三方破坏的问题日益显著。为深入探究不同第三方破坏活动对管道的影响及其潜在危害，本文采用 COMSOL 有限元仿真软件，分析了人工挖掘、机械挖掘、地表占压和打桩强夯等四种不同破坏活动对埋地管道位移和应力的影响。研究结果显示，这些破坏活动会导致埋地长输管道产生振动，进而引发管道产生不同程度的位移以及管体表面的应力集中现象；随着破坏活动载荷的增加，管道的应力和位移变化显著增大；而随着破坏活动偏移作用距离的增加，管道的应力和位移数值则呈现逐渐减小的趋势。

关键词：埋地长输管道；有限元分析；第三方破坏

Finite Element Simulation Analysis of Third – party Damage Activities on Buried Long – distance Pipelines

QIN Bowen[1], *YANG Xuyun*[2], *SUN Tao*[1], *XU Xiangjie*[1],
YAO Dengzun[2], *ZHENG Jiehan*[1], *WANG Xinhua*[1]

(1. Faculty of Mechanical and Energy Engineering, Beijing University of Technology, Beijing 100124, China;
2. China Special Equipment Inspection & Research Institute, Beijing 100029, China)

Abstract: With the gradual improvement of the national oil and gas pipeline network and the continuous changes in the external environment of buried long – distance pipelines, the issue of third – party damage to buried pipelines has become increasingly significant. To investigate the effects and potential hazards of different third – party damage activities on pipelines, this study utilizes COMSOL finite element simulation software to analyze the impact of four types of damage activities: manual excavation, mechanical excavation, surface loading, and pile driving compaction, on the displacement and stress of buried pipelines. The results indicate that these damage activities cause vibrations in buried long – distance pipelines, resulting in varying degrees of displacement and stress concentration on the pipe surface. As the load from damage activities increases, both stress and displacement of the pipeline significantly increase. Conversely, increasing the distance from the offset of damage activities tends to reduce both stress and displacement of the pipeline.

Key words: buried long – distance pipelines; finite element analysis; third party destruction

1 引言

管道运输对全球能源分布起到了不可或缺的调配作用，促进了全球经济的快速发展，同时，我国新兴经济体能源需求的飞速增长，对油气管道建设发展也起到了推动作用[1]。作为能源运输的重要方式之一，管道的安全运行一直受到业界的高度重视。近年来，随着技术的发展和管理水平的提高，管道事故发生概率有所下降，但仍存在不少安全隐患。其中，除了管道工程原有的设计缺陷、运行期间的维护不当与操作调度失误

作者简介：秦博文(2000—)，硕士研究生，主要研究方向为管道无损检测。E – mail：qinbw0831@163. com

外，管线周围的第三方破坏活动也为埋地管道安全运行带来极大威胁，人工挖掘、地表占压以及大型机械施工活动等诸多因素造成的管道安全隐患十分突出[2]。

埋地管道的控制与运行形势日益复杂，加强管道运输安全保障迫在眉睫[3]。鉴于此，本文针对在第三方破坏活动作用下的管道受力特点，利用COMSOL有限元软件对人工挖掘、机械挖掘、地表占压和打桩强夯活动损伤管道的过程进行仿真模拟，分析埋地管道产生的应力和位移变化情况，并根据仿真结果绘制相应变化曲线得到不同第三方破坏活动的振动特征，为埋地长输管道风险评价与第三方破坏活动监测识别提供有力参考与支持[4]。

2 埋地长输管道模型设置

为模拟不同第三方破坏活动对埋地管道的影响过程，首先需要设置合适的作用信号来模拟这些活动对地面的载荷作用。根据各破坏活动的振动特性，分别对人工挖掘、机械挖掘、地表占压和打桩强夯四种第三方破坏活动进行信号模拟，并在施加载荷的阶段输入其相应的信号，以实现对土壤表面不同破坏活动的仿真计算。图1展示了这四种破坏活动对应的模拟信号。

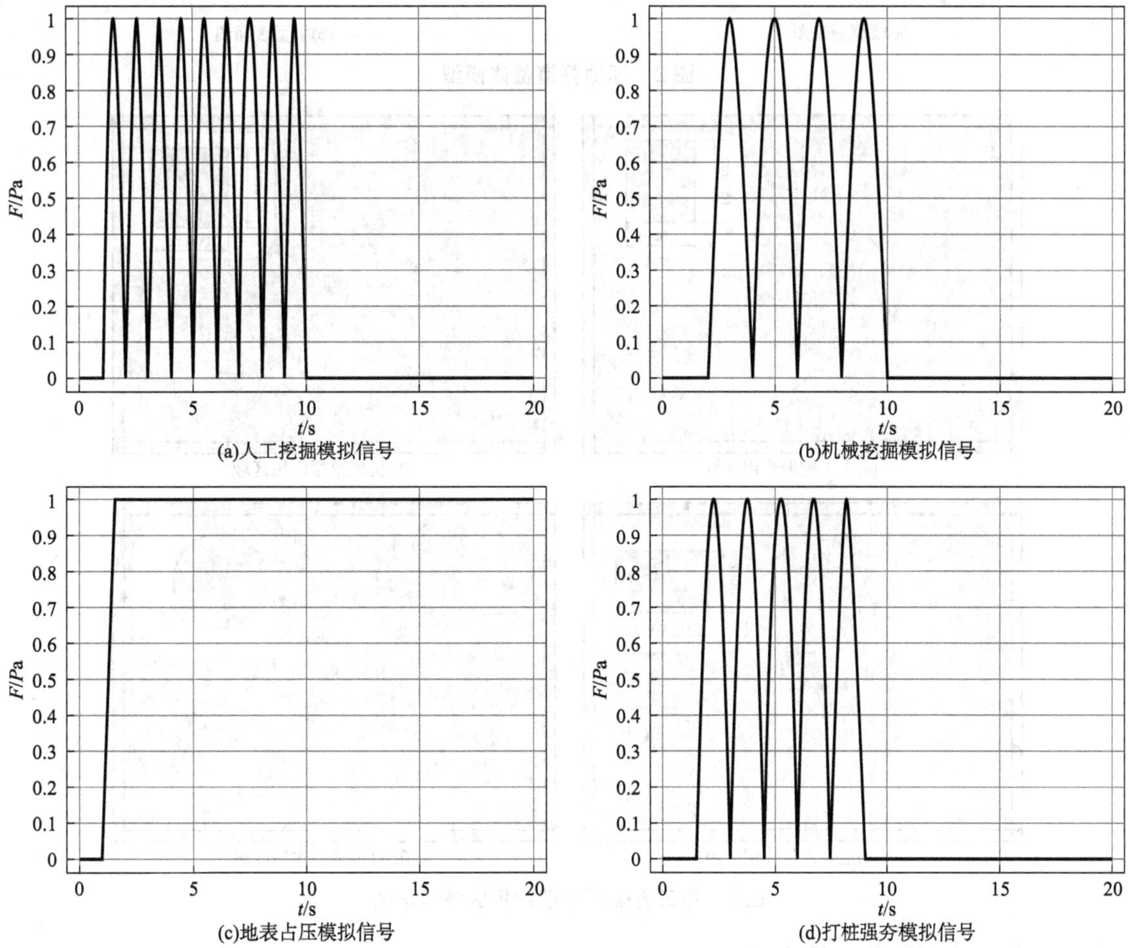

图1 第三方破坏活动模拟信号

其中，人工挖掘信号周期为1s，作用时长为1~10s；机械挖掘活动间隔较长，信号周期为2s，作用持续时间为1~10s；地表占压活动在1s时开始作用，持续到20s结束；打桩强夯信号周期1.5s，作用时长1~10s。不同破坏活动所施加的压力大小可在添加载荷环节进行设置。

在建立模型时，为反映不同第三方破坏活动在较大范围内对埋地管道的振动影响，设置大小为20m×15m×5m的土壤区域，在土壤区域中建立一段埋地管道模型，管道长15m，管径大小820mm，管壁厚度16mm，管道覆土厚度2.09m。考虑到第三方破坏活动产生的振动声波在靠近土壤壁时会发生反射，为模拟在无限远区域发生第三方破坏活动的场景，在土壤区域外侧设置厚度为0.5m的完美匹配层(PMLs)以吸收破坏活动传导到边界的声波。将模型各区域填充相应材料，埋地管道材料选用 API X80 钢材，土壤区域填充密度 1600kg/m^3，杨氏模量 45MPa，泊松比 0.35 的土壤材料。埋地管道整体模型如图 2 所示。

此外，在土壤地表设置工作平面，平面上划定不同第三方破坏活动的作用区域。不同第三方破坏活动的作用区域设置如图 3 所示。

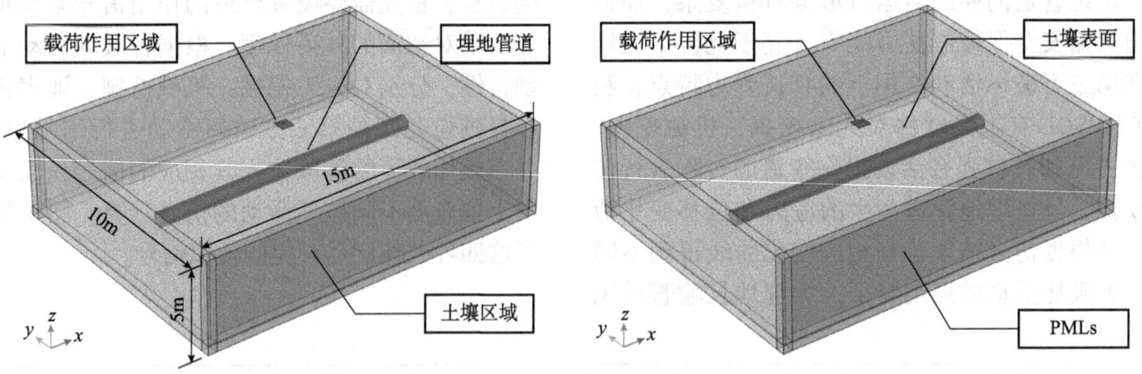

(a)模型透视图　　(b)模型表面图

图 2　埋地管道整体模型

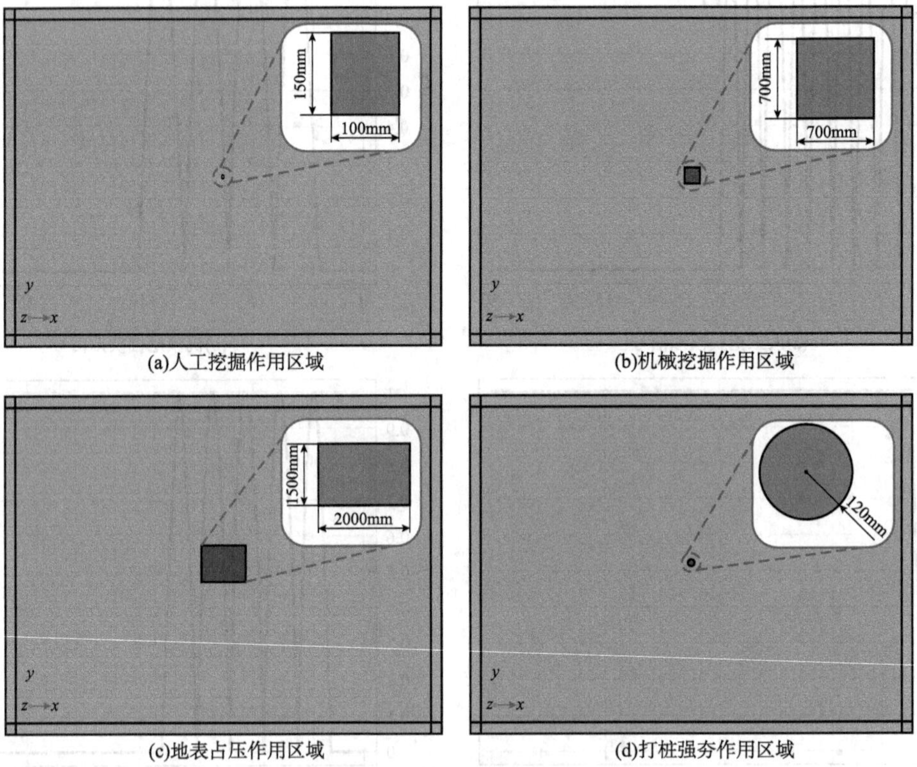

(a)人工挖掘作用区域　　(b)机械挖掘作用区域

(c)地表占压作用区域　　(d)打桩强夯作用区域

图 3　第三方破坏活动作用区域示意图

其中，人工挖掘载荷作用区域为 100mm × 150mm 矩形区域；机械挖掘作用区域为 700mm × 700mm 的正方形区域；地表占压范围较大，为 2000mm × 1500mm 的矩形区域；打桩强夯作用区域为半径 120mm 的圆形，以模拟打桩机的桩锤作用截面。

在为模型划分网格时，完美匹配层区域采用映射和扫掠方法进行网格划分，其余区域采用自由四面体网格按照较细大小进行划分，网格划分效果如图 4 所示。

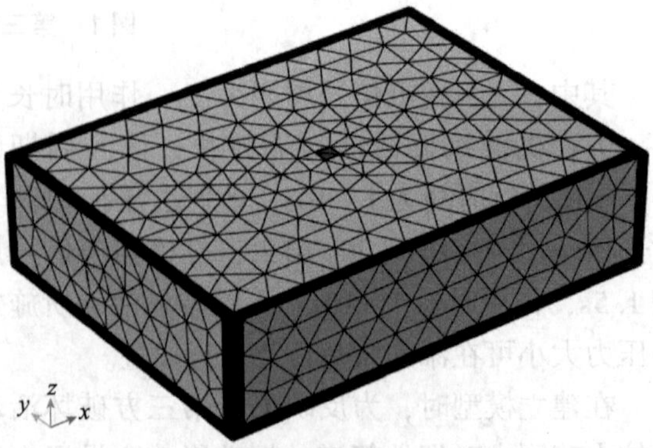

图 4　埋地管道网格划分效果图

为获取埋地管道在受到第三方破坏活动作用时产生的位移和应力变化情况，在管道上表面一处设置点探针，点探针上方对应载荷作用区域中心，点探针收集埋地管道在受到破坏活动作用过程中的位移变化。同时，选择管道顶端轴线作为数据集，将每次仿真结束后此区域的应力变化导出并绘制成应力变化曲线，观察不同第三方破坏活动对埋地管道应力变化产生的影响。点探针位置以及数据集所处位置如图5所示。

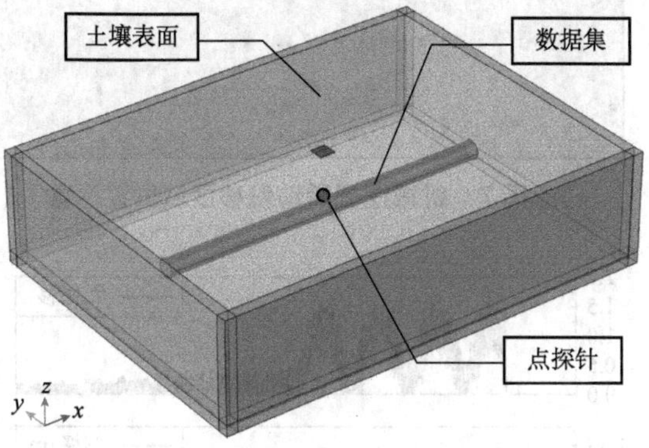

(a)整体视图

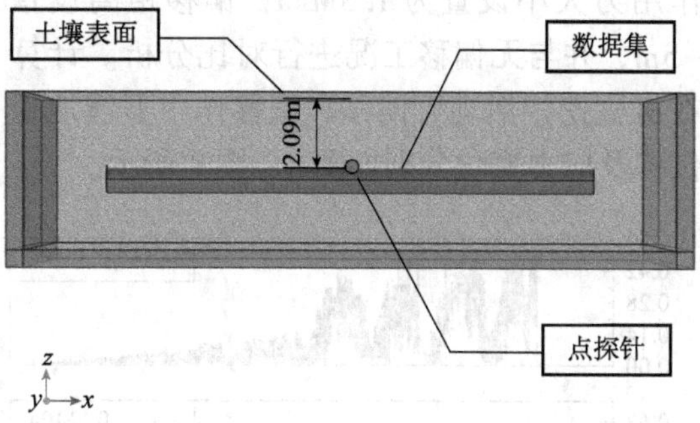

(b)侧面图

图5 点探针和数据集位置示意图

3 埋地长输管道第三方破坏活动有限元仿真

3.1 人工挖掘

随着人类活动范围的扩展，建筑工程逐渐从城市向周边土地拓展，从而工程用地经过埋地长输管道的埋设路径。在这些区域内，人工挖掘活动是最常见的工程活动之一。本研究基于埋地长输管道模型对人工挖掘活动进行了仿真计算。在模型中，人工挖掘的模拟信号采用图1(a)所示形式，土壤表面的作用区域如图3(a)所示。分别计算作用力大小为50N、75N、100N、125N、150N和200N时的人工挖掘活动对位移和应力的影响，并绘制出埋地管道的位移 S 和应力 σ 分别关于作用时间 t 和管道长度 L 的变化曲线如图6所示。

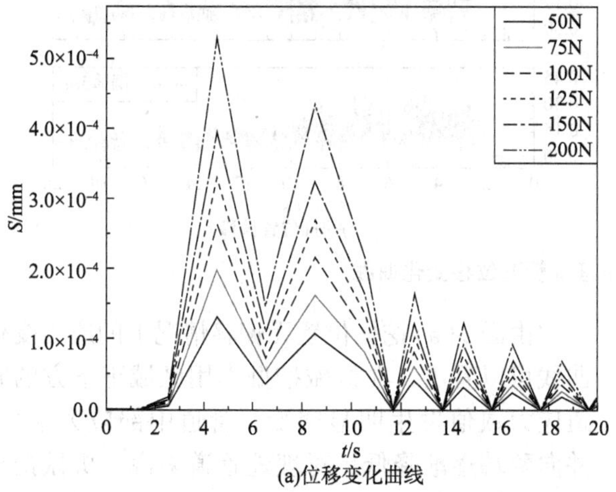

(a)位移变化曲线

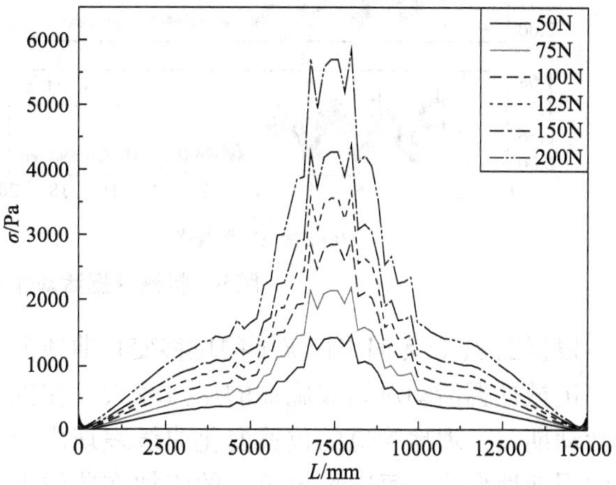

(b)应力变化曲线

图6 人工挖掘活动作用下的管道位移和应力变化

根据图6(a)中的位移变化曲线显示，随着人工挖掘活动的压力增加，埋地管道的位移变化逐渐增大，表明挖掘活动对管道的影响也随之增加。而根据图6(b)中应力变化曲线可以观察到，由于人工挖掘活动作用于管道中部正上方的地表区域，其施加的压力通过土壤传导并作用于管道表面，导致管体的应力增加。若管体存在破损，这种增加的应力可能导致埋地管道的断裂和泄漏。

3.2 机械挖掘

机械挖掘是指在施工过程中通过使用挖掘机、铲车等挖掘大型挖掘工具对土壤地表进行挖掘开采活动，此类活动施加压力一般较大，影响范围较广，是第三方破坏活动造成埋地管道损伤的主要原因[5]。因此，分别探究机械挖掘活动作用于埋地管道正上方地表和挖掘位置发生偏移两种情况。

无偏移的挖掘区域如图3(b)所示，位于埋地管道中部正上方地表，压力大小分别设置为0.3MPa、0.5MPa、0.7MPa、0.9MPa、1.1MPa和1.3Pa；偏移作用区域位置如图7所示，挖掘活动作用力大小设置为1.3MPa，偏移距离设置为1~5m，并与无偏移工况进行对比分析。计算得到在机械挖掘活动无偏移和偏移作用下埋地管道的位移及应力变化分别如图8、图9所示。

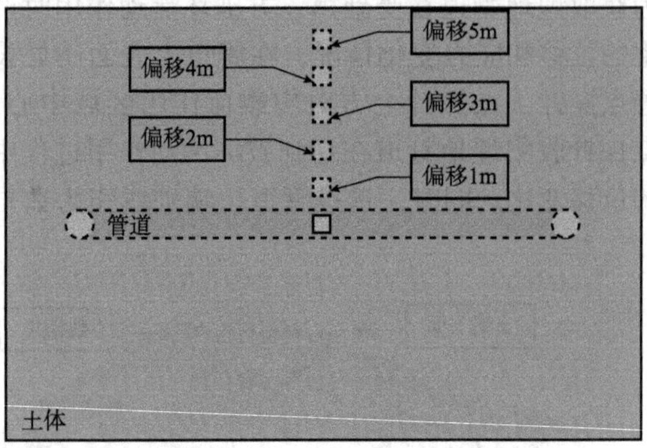

图7 机械挖掘活动偏移区域位置示意

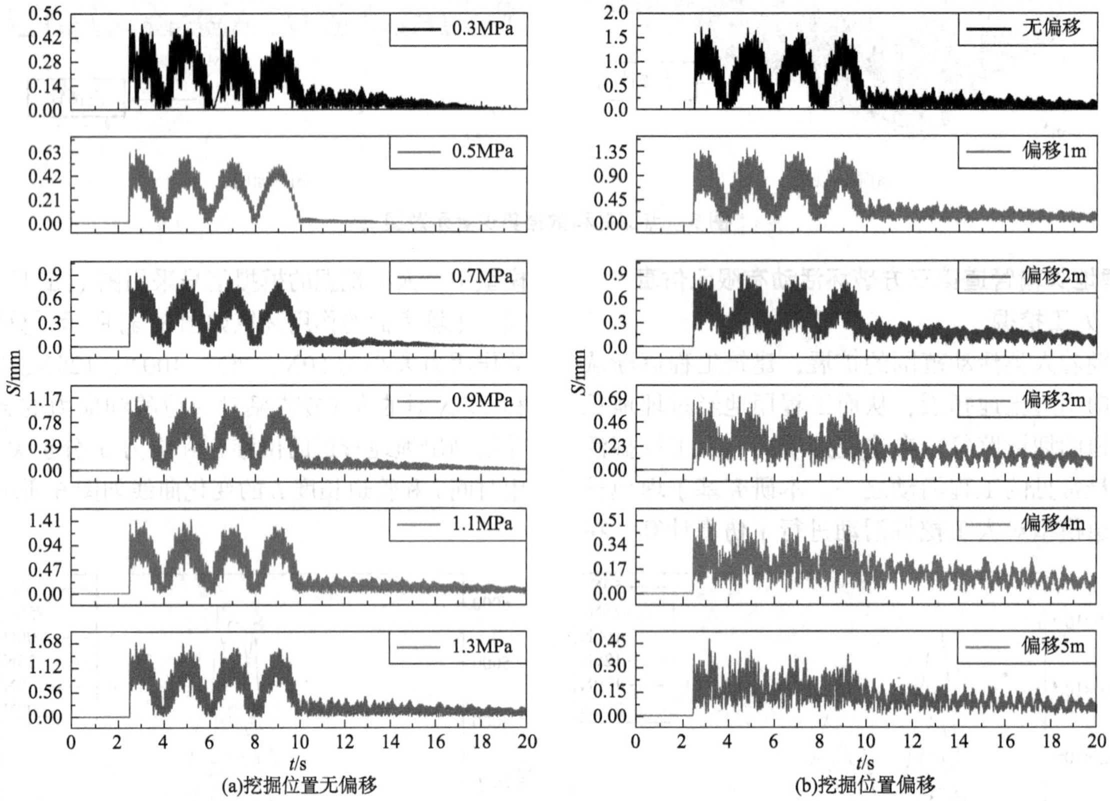

图8 机械挖掘活动作用下埋地管道位移变化曲线

根据图8(a)无偏移情况下的位移变化曲线显示，机械挖掘活动对地表施加的压力较大。在挖掘活动期间，埋地管道的位移变化曲线表现出明显的周期性变化，每次挖掘压力的施加在曲线上表现为一处凸起的位移峰值。从图8(b)挖掘位置偏移情况下的位移变化曲线可以看出，随着偏移距离的增加，每次挖掘活动的位移峰值逐渐模糊。这表明机械挖掘信号的特征识别度下降，距离管道越远，挖掘活动产生的振动信号越难以识别。

由图9(a)挖掘位置无偏移情况下的应力变化曲线可以看出，在机械挖掘作用区域正下方的管道应力数值发生明显突变，管道中部应力增大，并向两端逐渐降低。对埋地管道来说，机械挖掘活动极易破坏作用区域内的管段。根据图9(b)关于偏移机械挖掘作用的应力变化曲线可知，随着偏移距离的增加，管道中部增加的应力数值逐渐减小。当偏移距离达到3m之后，管道中部的应力突变现象几近消失，这表明此时挖掘活动对整条管道的应力影响较小。

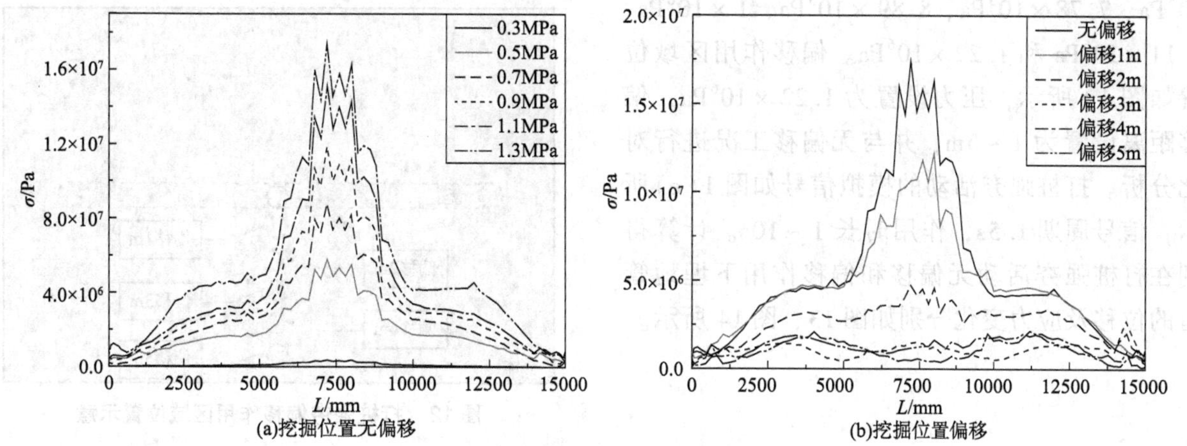

图 9　机械挖掘活动应力变化曲线

3.3　地表占压

当一定范围内的土壤表面受到巨大压力时，地表的压力通过土壤传导作用到埋地管道表面，造成管体受到较大的挤压作用，管道持续承受这种压力作用会导致较大的形变，极易发生断裂事故。图 3(c)展示了地表占压活动的作用区域，其作用面积为 3m^2。地表占压活动的模拟信号如图 1(c)所示，压力从第 1 秒开始施加，并持续至活动结束。本次研究分别选取压力大小为 120kPa、160kPa、200kPa、240kPa、280kPa 和 320kPa 的占压活动进行仿真计算，得到埋地管道的位移和应力变化曲线分别如图 10 和图 11 所示。

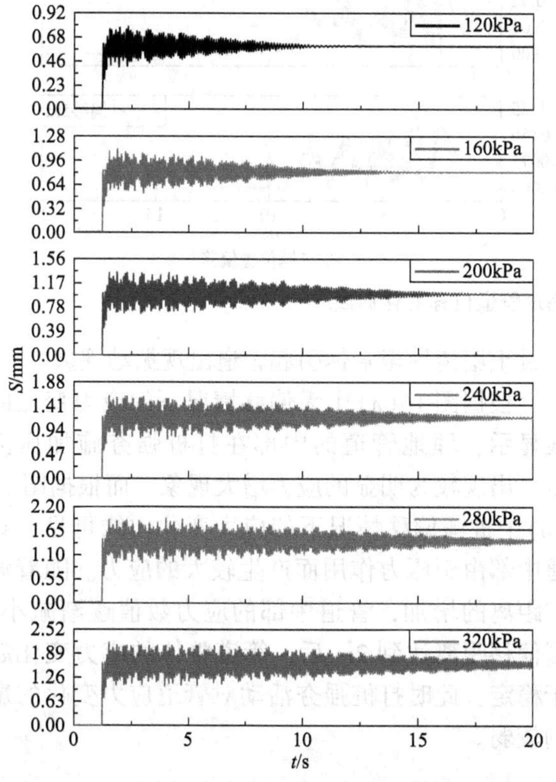

图 10　地表占压活动埋地管道位移变化曲线

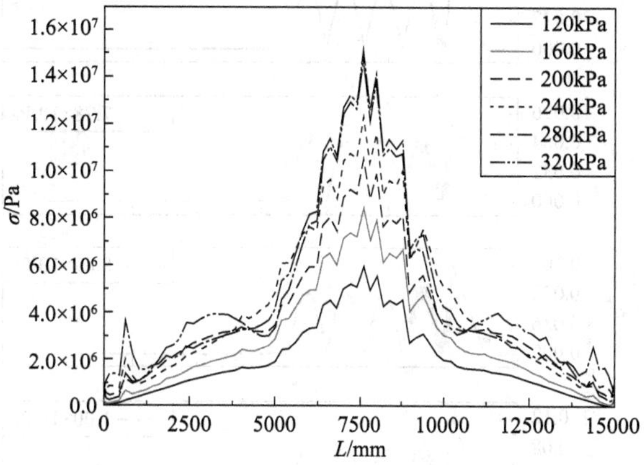

图 11　地表占压埋地管道应力变化曲线

根据图 10 中的地表占压位移变化曲线可知，当土壤表面受到大面积占压作用时，压力通过土壤传导至埋地管道，导致管体出现较大程度振动。随着占压压力的增大，管道振动幅度和持续时间增加，管体发生疲劳断裂的风险随之增大。从图 11 的应力变化曲线可以观察到，地表占压活动会使管道表面产生显著升高的应力变化，且在活动作用范围内，管道中部表现出明显的应力集中现象。

3.4　打桩强夯

打桩强夯是一种地基处理技术，通常用于增加土壤的承载能力或改善地基条件。在建筑工地或道路建设过程中，打桩强夯可以用于增加土壤的承载能力，确保建筑物的稳定性和安全性。打桩强夯活动往往伴随着巨大的冲击力，且持续时间较长，影响范围较广。基于此，分别探究桩锤位置无偏移和发生偏移两种情况。

桩锤无偏移作用区域如图 3(e)所示，位于埋地管道中段正上方的地表区域，面积大小 0.045m^2，对地表所施加压力分别设置为6.67 ×

10^5Pa、7.78×10^5Pa、8.89×10^5Pa、1×10^6Pa、1.11×10^6Pa和1.22×10^6Pa。偏移作用区域位置如图12所示，压力设置为1.22×10^6Pa，偏移距离设置为1～5m，并与无偏移工况进行对比分析。打桩强夯活动的模拟信号如图1(e)所示，信号周期1.5s，作用时长1～10s。计算得到在打桩强夯活动无偏移和偏移作用下埋地管道的位移及应力变化分别如图13、图14所示。

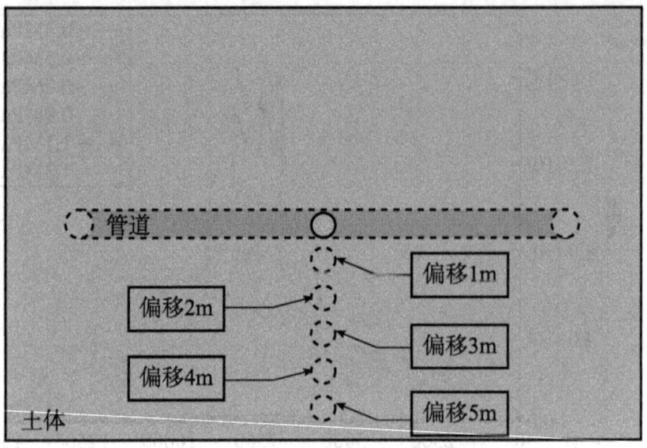

图12　打桩强夯偏移作用区域位置示意

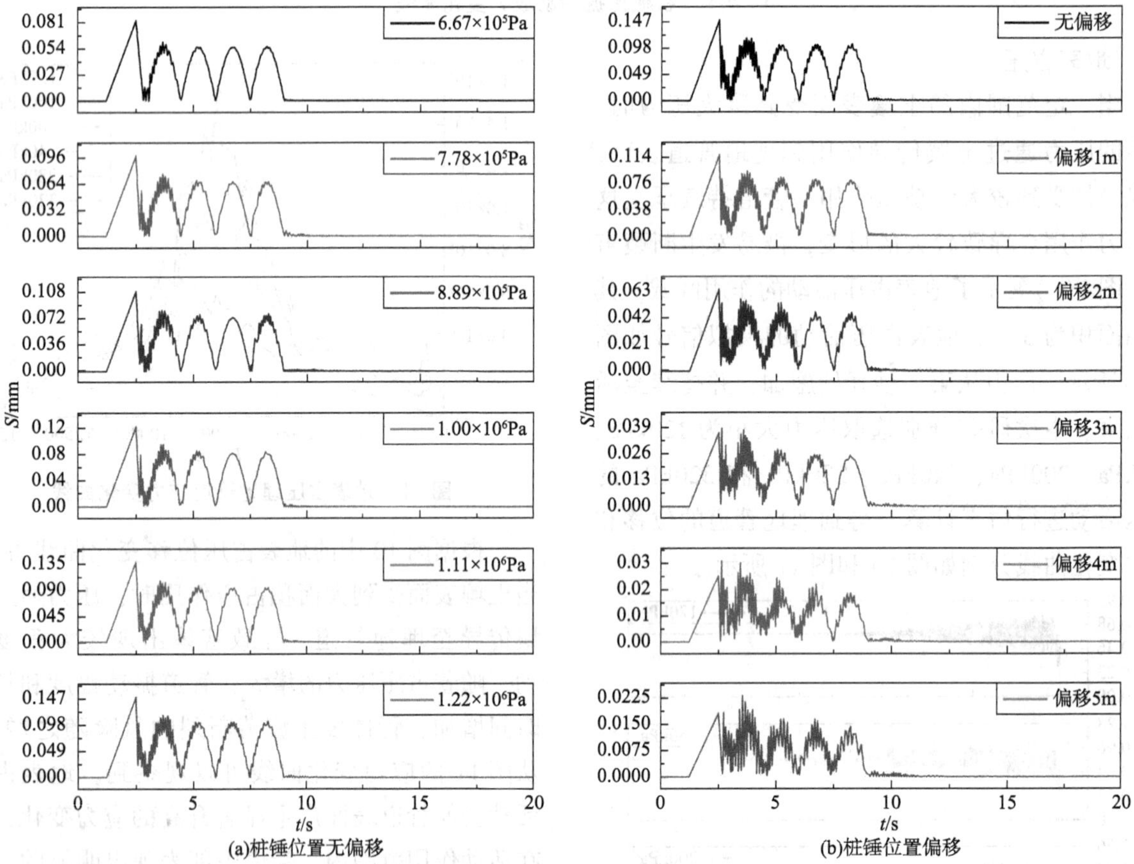

图13　打桩强夯活动作用下埋地管道位移变化曲线

根据图13(a)中桩锤无偏移情况下的位移变化曲线观察到，在打桩强夯活动刚开始作用时，埋地管道因地表传导的压力而出现明显的位移变化。随着打桩强夯活动的持续进行，管道管体的位移变化呈现一定的周期性特征。此时，管体持续受到外加压力影响，容易出现管道疲劳断裂现象。根据图13(b)中桩锤发生偏移情况下的位移变化曲线观察到，打桩强夯活动作用区域的偏移距离越大，埋地管道的位移变化曲线越不明显。在埋地管道较远距离进行打桩强夯活动时，压力通过土壤传导至管体引起管道出现振动现象。

根据图14(a)中无偏移情况下的应力变化曲线显示，埋地管道的中部在打桩强夯施加压力后，出现较为明显的应力增大现象。而根据图14(b)中桩锤偏移情况下的应力变化曲线可见，管道中部由于压力作用而产生较大的应力。随着偏移距离的增加，管道中部的应力数值逐渐减小。当偏移距离达到2m后，管道整体的应力变化趋于稳定，此时打桩强夯活动对管道应力变化的影响较弱。

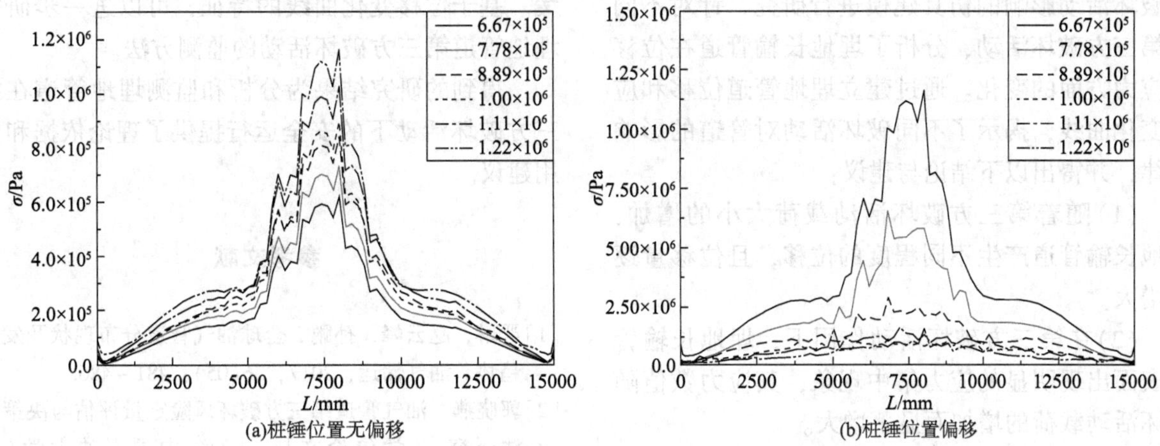

图 14　打桩强夯活动作用下埋地管道应力变化曲线

4　结果与讨论

为了更准确地探究第三方破坏活动对埋地长输管道应力和位移的影响，深入分析破坏活动对管道结构的影响程度及其相关关系，将第 3 小节中各工况下的管道位移和应力极值进行统计分析。根据破坏活动的载荷大小或偏移距离，依次将各计算结果编号为 1 ~ 6 号，得到在各工况下的埋地长输管道位移极值变化情况和应力极值变化情况分别如表 1 和表 2 所示。

表 1　埋地长输管道位移极值变化汇总表

实验编号	人工挖掘	机械挖掘	地表占压	打桩强夯	机械挖掘(偏移)	打桩强夯(偏移)
1	1.32×10^{-4}	0.48	0.60	0.032	1.72	0.058
2	1.98×10^{-4}	0.65	0.79	0.037	1.39	0.045
3	2.64×10^{-4}	0.92	1.00	0.042	0.92	0.026
4	3.31×10^{-4}	1.19	1.20	0.047	0.67	0.015
5	3.97×10^{-4}	1.44	1.40	0.052	0.52	0.010
6	5.29×10^{-4}	1.72	1.60	0.058	0.46	0.008

表 2　埋地长输管道应力极值变化汇总表

实验编号	人工挖掘	机械挖掘	地表占压	打桩强夯	机械挖掘(偏移)	打桩强夯(偏移)
1	1463	3.79×10^{5}	5.93×10^{6}	6.18×10^{5}	1.74×10^{7}	1.16×10^{6}
2	2196	5.80×10^{6}	8.44×10^{6}	7.31×10^{5}	1.22×10^{7}	6.52×10^{5}
3	2928	8.80×10^{6}	1.05×10^{7}	8.44×10^{5}	4.73×10^{6}	2.86×10^{5}
4	3660	1.19×10^{7}	1.23×10^{7}	8.96×10^{5}	2.75×10^{6}	1.08×10^{5}
5	4392	1.51×10^{7}	1.51×10^{7}	1.03×10^{6}	2.18×10^{6}	1.58×10^{5}
6	5856	1.74×10^{7}	1.47×10^{7}	1.16×10^{6}	2.04×10^{6}	1.54×10^{5}

观察表 1 和表 2 显示，埋地管道在各第三方破坏活动作用下的位移和应力极值变化表现出明显规律。随着破坏活动载荷的增加，管道位移和应力变化数值显著增加，而随着偏移距离的增加，变化数值则趋于减小。其中，人工挖掘活动对埋地管道的位移和应力变化影响最小，对管道的安全运行影响较弱。在打桩强夯活动作用下，虽然管道位移变化较小，但管体表面出现明显的应力集中现象，且当桩锤位置发生偏移时，打桩强夯活动仍会对管道产生显著的应力影响。相比之下，机械挖掘和地表占压活动对埋地管道的位移变化影响程度相近，且都会在管道表面产生较大的应力，从而对管道的安全运行构成较大威胁。

5　总结

基于 COMSOL 有限元软件对埋地管道受第三

方破坏活动影响的仿真建模进行研究，针对不同的第三方破坏活动，分析了埋地长输管道在位移和应力方面的变化。通过建立埋地管道位移和应力变化曲线，揭示了不同破坏活动对管道的影响规律，并得出以下结论与建议：

(1)随着第三方破坏活动载荷大小的增加，埋地长输管道产生不同程度的位移，且位移量逐渐增大。

(2)在第三方破坏活动作用下，埋地长输管道表面出现明显的应力集中现象，其应力数值随破坏活动载荷的增加而显著增大。

(3)当破坏活动作用区域偏离埋地管道正上方时，管道的位移和应力变化程度随偏移距离的增加而减小，这表明第三方破坏活动对管道的影响随偏移距离增加而减弱。

(4)不同类型的第三方破坏活动产生的位移变化曲线特征各异，具有明显的区别性。机械挖掘和打桩强夯活动表现出较强的周期性，其中，机械挖掘引起的位移变化显著高于打桩强夯活动；地表占压活动则会导致出现持续时间较长的管道振动现象；人工挖掘活动的位移峰值较为平缓。基于位移变化曲线的特征，可以进一步研究埋地管道第三方破坏活动的监测方法。

得到的研究结果为分析和监测埋地管道在第三方破坏活动下的安全运行提供了理论依据和实用建议。

参考文献

[1]严琳，赵云峰，孙鹏．全球油气管道分布现状及发展趋势．油气储运，2017，36(05)：481－486.

[2]郭晓燕．油气管道第三方破坏风险定量评估与决策方法研究：[学位论文]．北京：中国石油大学(北京)，2018.

[3]戚爱华．我国油气管道运输发展现状及问题分析．国际石油经济，2009，17(12)：57－59.

[4] Zeyang Qiu，Liang Wei，Wang Xue，et al. Study on quantitative risk assessment model of the third party damage for natural gas pipelines based on fuzzy comprehensive assessment. 12th International Conference on Damage Assessment of Structures，Kitakyushu，Japan，2017.

[5] W－Kent Muhlbauer. Pipeline risk management manual. Houston：Gulf Publishing Company，2004：43－60.

油气管道桁架跨越结构力学特性分析

李林涛[1]　赵宏涛[2]　霍思彤[2]　巨　萌[2]　杨　文[3]

（1. 中国特种设备检测研究院，北京　100029；2. 长庆油田分公司第一输油处，陕西 西安　710021；
3. 长庆油田分公司第一采气厂，陕西 西安　710021）

摘　要：为了研究桁架式管道跨越结构的力学特性，建立了杨坪跨越的有限元仿真模型，采用X射线应力测试和仿真对比验证的方法，在正常运行的状态下对桁架式跨越结构不同位置的等效应力进行了现场实测和模拟计算，分析了桁架跨越结构的静力学特性，结果表明：桁架跨越主梁上部的应力呈“倒V”状分布；管道直管段上部的应力曲线近似呈“W”状，中心位置处应力最大；侧梁下部和管道直管段下部的应力虽然也呈“W”状分布呈，但两端应力最大；管道弯管段中间部位应力较小，两端应力较大，其中弯管段下部的上端是整个桁架跨越结构应力最大的位置。同时，利用有限元模型对桁架跨越的动力学特性进行了分析，得出以下结论：桁架式管道跨越是一种低频振动结构，主要表现为管道的横向和纵向振动，且横向振动多于纵向振动，杨坪跨越结构的振幅基本上为0.03m左右。

关键词：桁架式管道跨越；X射线应力测试；有限元仿真；等效应力；模态振动

Mechanical Characteristics Analysis on Truss Overhead Crossing Structure of Oil and Gas Pipeline

LI Lintao[1], *ZHAO Hongtao*[2], *HUO Sitong*[2], *JU Meng*[2], *YANG Weng*[3]

(1. China Special Equipment Inspection and Research Institute, Beijing 100029, China;
2. No. 1 Oil Transportation Department of Changqing Oilfield Company, Shaanxi Xi'an 710021, China;
3. NO. 1 Gas Production Plant of Changqing Oilfield Company, Shaanxi Xi'an 710021, China)

Abstract: In order to study the mechanical characteristics of truss overhead crossing pipeline, the finite element simulation model of Yangping crossing structure is established. The method of comparison and verification of X－ray stress test and simulation is adopted, the equivalent stresses at different positions of the truss crossing structure are measured and simulated under normal operating condition, and the static characteristics of the truss crossing structure are analyzed. The results show that: The stresses for the upper part of the main girder present an inverted “V” shape distribution. The stress curve for the upper part of the straight pipeline section approximately presents a “W” shape, and the maximum value is at the center. The stresses in the underpart of the curb girder and the underpart of the straight pipeline section also present a “W” shape distribution, but the maximum values are at both ends of the structure. The stresses in the middle part of the bend pipeline section are small, and the stresses at both ends are large. The upper end of the underpart of the bend pipeline section is the place where the stress of the whole truss crossing structure is maximum. At the same time, the finite element model is used to analyze the dynamic characteristics of the truss crossing structure, and the following conclusions are drawn: Truss overhead crossing pipeline is a low－frequency vibration structure, which is mainly manifested in the lateral and longitudinal vibration of the pipeline, and the numbers of lateral vibration are more than that of longitudinal vibration. The amplitudes of Yangping crossing structure are basically about 0.03m.

Key words: Truss pipeline aerial crossing; X－ray stress test; Finite element simulation; Equivalent stress; Modal vibration

作者介绍：李林涛（1989—　），硕士，工程师，压力管道完整性评价。E－mail：lintao068@163.com
通信作者：杨文（1990—　），男，汉，陕西西安，本科，中级工程师。研究方向：天然气开采、气田产能建设、完整性管理。E－mail：yangw2_cq@petrochina.com.cn

1　引言

桁架式管道跨越是桁架作为管道承重结构的跨越结构形式，属于油气管道的一种小型跨越工程，在沟壑、河流和山谷之间较为常见[1]。由于跨越结构所处的特殊环境和地形，日常巡检极为不方便，使其成为油气管道完整性管理的难点[2,3]。一旦出现失效事故，发生泄漏引起爆炸，不但影响油气能源的正常输送，而且将对周围生态造成严重破坏，后果不堪设想[4]。此外，桁架式管道跨越结构由油气管道和桁架桥面两部分组成，两者之间因为阻尼、柔性存在差异，又相互约束，受载后各自的应力响应情况有别于单独结构的响应情况。因此研究桁架式管道跨越各部分结构的静、动态力学特性具有重要的实际意义。

目前，针对桁架管道跨越结构设计施工的研究较为成熟。黄寒和李婷婷[5]根据桁架式跨越的特点，分析了桁架设计中杆件、截面形式和高跨比的初选方法和经验数据；邓汉忠等[6]系统的介绍了长输管道工程钢管桁架跨越施工的技术方法；史睿和刘延强[7]以巴东支井河桁架跨越为基础，以该地区地震、温差、风力、自重及试压等各种可能载荷的为指标，提出了一种桁架跨越的优化设计方法；詹胜文和刘晓峰[8]对忠武输气管道大溪沟跨越桁架梁结构的承重弦面、断面形式、截面高度以及钢管壁厚等进行了改进设计；俞然刚等[9]分别对矩形桁架结构和倒三角形桁架结构进行了优化，并分析了地震作用下结构的抗震性能和可靠性。针对桁架管道跨越结构力学性能的分析研究不多，王召民和陈誉[10]对管道桁架跨越结构节点进行了力学性能试验与有限元分析，研究了桁架节点的破坏模式和极限承载力；叶栋等[11]通过对构件选型、截面选型、节点相贯线、结构内力、变形、刚度等方面的对比分析，研究了跨越桁架结构的受力状态；王晓阳和刘杏培[12]采用有限元软件模拟了桁架结构在自重、地震、洪水载荷作用下强度响应情况。但是以上研究仅仅分析了桁架的力学状况，并没有分析最重要的部分，即管道的受力特点；此外仿真模拟结果没有和实际工程数据进行对比，结果的可靠性有待验证；本文将通过X射线应力测试和有限元仿真对比验证的方法，研究桁架和管道在正常工作状态下不同位置应力分布规律和模态振动情况，为其安全运行和完整性管理提供理论参考。

2　X射线应力测试

X射线应力测试的原理为：一定的金属材料，其晶面间距d是一定的。当X射线射入金属点阵后，会发生衍射现象，其衍射角2θ同晶面间距d有一定关系。当应力引起晶格间距d发生变化时，衍射角2θ随之发生变化。在无应力状态下，衍射角2θ不随晶面方位角ψ变化而变化；在拉应力状态下，晶面方位角ψ越大，晶面间距d也越大，相应地衍射角2θ就越小；相反的在压应力状态下，晶面方位角ψ越大，晶面间距d也越小，相应地衍射角2θ就越大。因此衍射角2θ随晶面方位角ψ变化的快慢程度，直接反映应力值的大小。同时金属材料相邻两原子面X射线的光程差为波长λ的整数倍，满足布拉格方程：

$$2d\sin\theta = n\lambda \qquad (1)$$

式中　n——衍射阶数；

λ——X射线波长。

X射线仪就是通过测量衍射半角θ的变化进而求出其应力的大小。由布拉格方程和广义胡克定律，可以推导出应力计算公式：

$$\sigma = K\frac{\partial\ (2\theta)}{\partial\ \sin^2\psi} \qquad (2)$$

式中　K——应力常数。

为更好地反应某一点整体应力状态，引入Mises等效应力作为评价依据。测得的两个正交应力分别作为第一和第二主应力σ_1和σ_2，使第三主应力$\sigma_3=0$，得到Mises等效应力σ_{Mises}计算公式：

$$\sigma_{Mises} = \sqrt{\frac{(\sigma_1-\sigma_2)+(\sigma_2-\sigma_3)+(\sigma_3-\sigma_1)}{2}} \qquad (3)$$

以杨坪输油管道跨越为研究对象，其结构为下承式桁架跨越，全长31m，主梁与两根侧梁通过杆件依次斜交组成断面为三角形空腹梁空间体系，如图1所示。整个桁架所用材料为20#无缝钢管，上部主梁规格为120mm×8mm，下部两根侧梁规格为80mm×6mm，中间连接杆件规格为50mm×5mm，横竖连杆与主梁和侧梁钢管连接均采用满焊焊接，主梁和侧梁保持连续完整，桁架整体结构呈拱形，中部拱起150mm。跨越基础采用C15混凝土浇注，硬杂木预埋。输油管道材质为X42，设计压力6.4MPa，运行压力3.3MPa，运行温度40℃，介质为净化原油。

由于桁架跨越管道具有对称性，取管道中心为轴向原点，沿介质流向为正，逆介质流向为负，每隔1m在桁架主梁上部和管道上部取点，测试桁架跨越结构正常工作状态各点应力，并计算等效应力，结合有限元模拟研究跨越结构的应力分布响应情况。

图1　桁架管道跨越结构

3　有限元仿真模型

杨坪桁架管道跨越主要由输油管道和桁架两部分组成，忽略其他影响较小的附属结构，分别根据实际跨越结构的承载特点和有限元软件中单元的特性选择合适的单元类型。输油管道直管段部分采用 PIPE16 单元，弯管段部分使用 PIPE18 单元，忽略焊缝接头的模拟，假设整个管道为力学性能相同单一体；桁架按其组成钢管的实际截面属性选择梁单元。表为 1 有限元仿真模型采用单元类型及特点。

表1　单元类型及特点

构件名称		单元类型	主要特点
输送管道	直管段	PIPE16	具有轴向拉压、扭转和弯曲性能的管单元
	弯管段	PIPE18	具有拉压、扭转和弯曲性能的环形单轴管单元
桁架		BEAM188	能承受拉压、弯曲、扭转的三维梁单元

依据表1采用单元类型，建立杨坪桁架跨越管道的三维有限元仿真模型，如图2所示。依据桁架跨越结构的实际情况对模型进行约束和边界条件设施，其中管道两端、桁架两端与水泥基础之间均为固定端约束，管道与桁架的连接部位约束除长度方向以外的所有自由度。

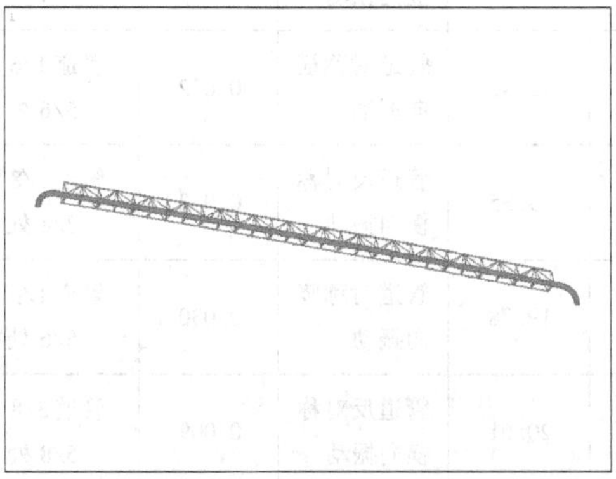

图2　桁架跨越管道有限元模型

4　静力学特性分析

在有限元模型中对跨越结构正常工作的工况进行加载分析，将X射线实测结果与仿真模拟结果进行对比验证。图3为桁架跨越主梁上部等效应力的X射线实测数据与仿真模拟数据对比曲线。从图3中可以看出，在正常工作的状态下，桁架跨越主梁上部的实测应力和仿真应力分布变化趋势一致。最大等效应力出现跨越中心，远离中心的位置应力逐渐减小，整个曲线呈“倒V”状。

图4为输油管道直管段上部等效应力的X射线实测数据与仿真模拟数据对比曲线。从图5可以看出，在正常工作的状态下，输油管道直管段上部各点的实测应力值和仿真应力值基本吻合。最大等效应力出现管道中心，然后随着距中心距离的增大应力值随之减小，最小等效应力出现在距离管道中心 ±11m 的位置处，接着又开始随着距离的变大而增大，整个曲线近似呈“W”状。

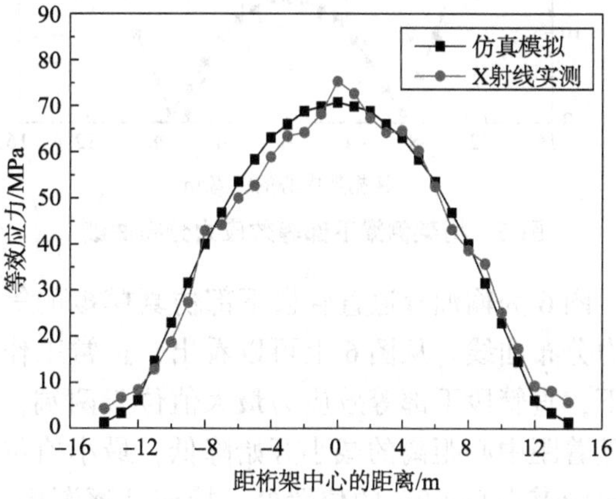

图3　桁架主梁上部等效应力分布曲线

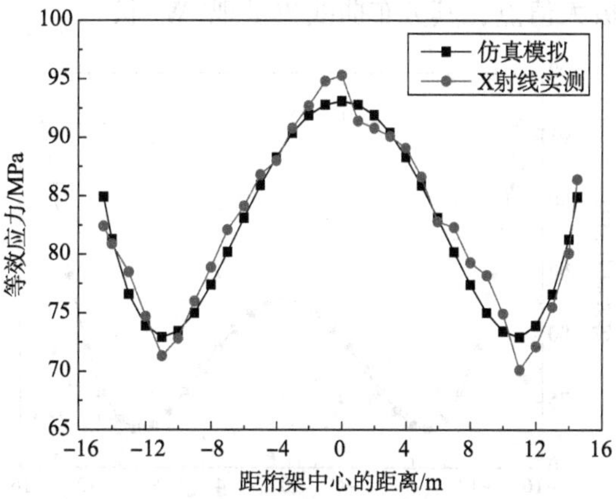

图4　管道直管段上部等效应力分布曲线

另外通过图3和图4对比分析，桁架主梁上部和管道直管段上部各点的仿真模拟结果和X射线实测结果都吻合良好，分布规律基本一致，说明所建立的杨坪桁架管道跨越有限元模型是合理的，所采用的模拟方法是正确的，可以采用仿真模拟的方法继续对跨越结构无法进行 X 射线应力测试的部位分析。

图 5 为桁架侧梁下部仿真模拟的等效应力分布曲线。从图 5 上可以看出，在正常工作的状态下，桁架侧梁下部等效应力的最大值出现在桁架两端与基础固定的部位，然后随着距中心距离的减小，几乎呈线性下降，最小值出现在侧梁的 1/4 位置处和 3/4 位置处，接着逐渐增大，侧梁中心位置是等效应力的一个极大值点，应力分布曲线也近似“W”状。

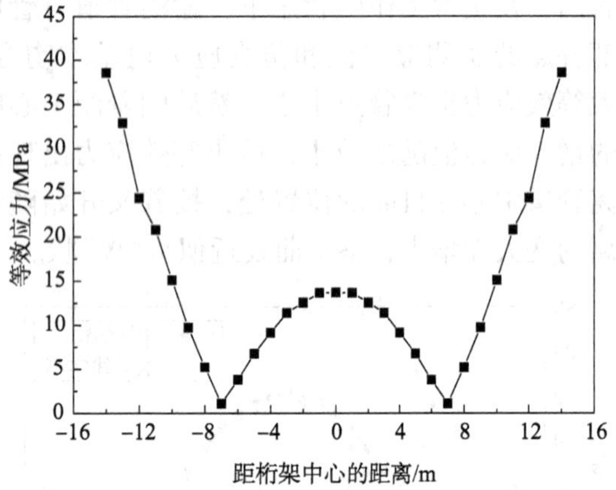

图 5　桁架侧梁下部等效应力分布曲线

图 6 为输油管道直管段下部仿真模拟的等效应力分布曲线。从图 6 上可以看出，正常工作状态下，直管段下部等效应力最大值位于两端，同样随着距中心距离的减小开始降低，最小值位于距离管道中心 ±9m 的位置处，接着又逐渐增大，同桁架侧梁下部类似，中心位置是等效应力的一个极大值点，其分布曲线也呈现“W”状。

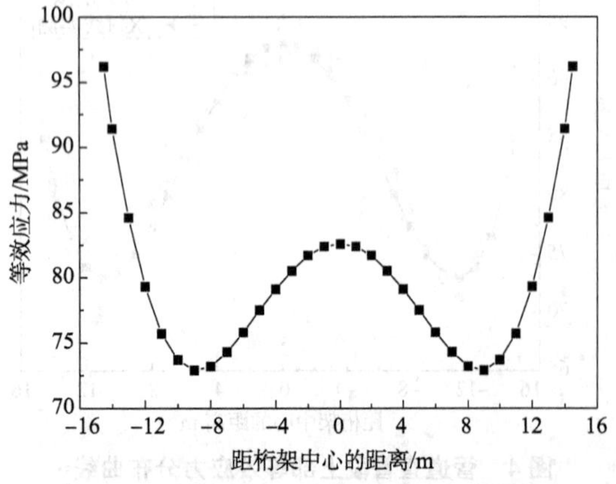

图 6　管道直管段下部等效应力分布曲线

图 7 为输油管道弯管段的等效应力分布情况，在弯管段的上部和下部都是两端的应力值较大，中间部位较小，其中最大应力为 153MPa，位于弯管段下部的上端位置，也是整个桁架跨越结构应力最大的位置。

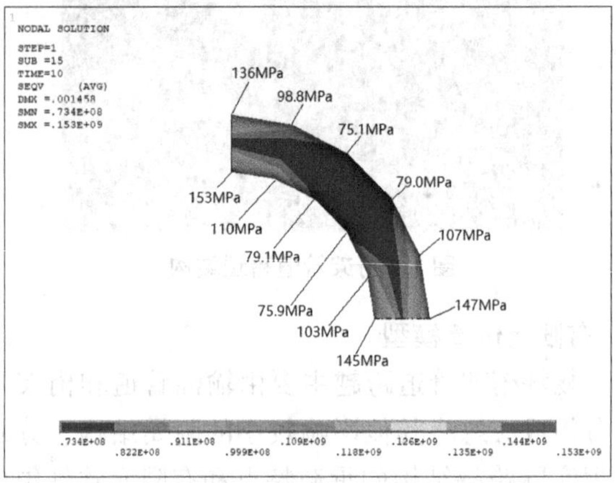

图 7　管道弯管段等效应力分布曲线

5　动力学特性分析

根据已经建立的杨坪桁架管道跨越有限元模型，进行结构的模态分析，可以得到其动力特性。表 2 和图 8 给出了杨坪桁架跨越结构的前 12 阶模态固有频率、振动形式、振幅以及振幅出现位置。

表 2　桁架跨越管道的动力特性

模态阶数	频率/Hz	振动	振幅/m	振幅位置
1	2.88	管道对称横向振动	0.033	管道 1/2 处
2	3.38	管道对称竖向振动	0.030	管道 1/2 处
3	6.92	管道反对称横向振动	0.032	管道 1/4 和 3/4 处
4	9.17	管道对称横向振动	0.007	管道 1/4 和 3/4 处
5	9.52	管道反对称竖向振动	0.029	管道 1/4 和 3/4 处
6	12.46	管道对称横向振动	0.032	管道 1/6 和 5/6 处
7	19.35	管道反对称横向振动	0.032	管道 1/8 和 7/8 处
8	19.78	管道对称竖向振动	0.030	管道 1/6 和 5/6 处
9	20.01	管道反对称横向振动	0.009	管道 3/8 和 5/8 处

续表

模态阶数	频率/Hz	振动	振幅/m	振幅位置
10	28.10	管道对称横向振动	0.032	管道1/10和9/10处
11	28.78	管道非对称竖向振动	0.027	管道1/2处
12	31.37	管道反对称竖向振动	0.029	管道3/8和5/8处

从表2和图8可以看出，桁架式管道跨越是一种低频振动结构，原因为其跨度和柔性较大，而阻尼较低。桁架式管道跨越的振动形式主要表现为管道的横向和纵向振动，且横向振动多于纵向振动，桁架自身的振动不明显。在低频振动时，振幅出现的位置多为结构的1/4、1/2和3/4处，随着频率的提高，振动形式趋于复杂化，振幅出现的位置也在不断变化。无论是横向振动，还是纵向振动，杨坪桁架跨越结构的振幅基本上为0.03m左右，这是由桁架跨越的自身结构特点和约束方式决定的。

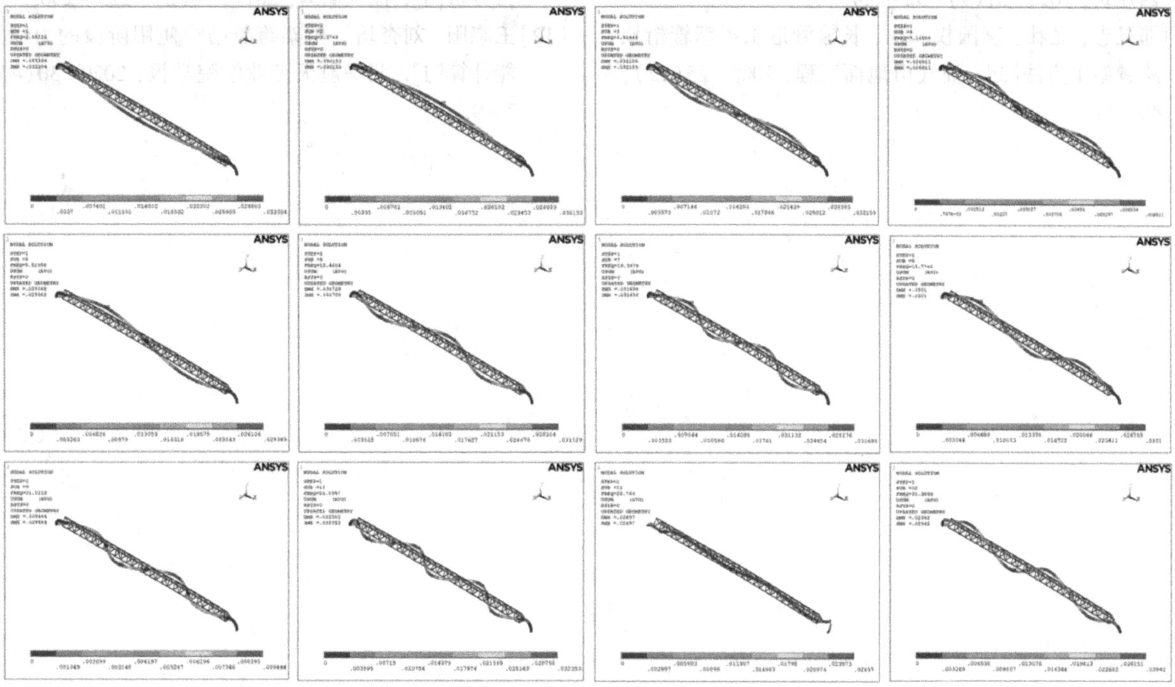

图8　桁架结构前12阶振型图

6　结论

通过对杨坪桁架管道跨越结构在正常工作的工况下进行静力学和动力学分析，对比X射线实测应力数据和有限元仿真模拟数据，发现仿真结果和实测结果吻合性良好，证明所建模型和所采用模拟方法是可行的，同时对跨越结构进行了前12阶模态分析，具体结论如下：

(1)桁架主梁上部最大等效应力出现跨越中心，整体曲线呈“倒V”状；侧梁下部最大等效应力出现在桁架两端与基础固定的部位，最小等效应力出现在侧梁的1/4位置处和3/4位置处，中心位置是等效应力的一个极大值点，整体应力曲线呈“W”状。

(2)管道直管段上部和下部的应力分布均呈“W”状，但上部的最大等效应力出现管道中心，最小等效应力出现在距离管道中心±11m的位置处，下部等的最大效应力位于两端，最小等效应力位于距离管道中心±9m的位置处。

(3)管道弯管段上部和下部的等效应力都是两端较大中间部较小，其中最大应力值位于下部的上端位置，该位置也是整个桁架跨越结构应力最大的位置。

(4)桁架管道跨越是一种低频振动结构，主要表现为管道的横向和纵向振动，且横向多于纵向；在低频时，振幅多为结构的1/4、1/2和3/4处，随着频率的提高，振动形式和振幅的位置不断变化；杨坪桁架跨越结构的振幅基本上保持在0.03m左右。

参考文献

[1]戴家齐．管道跨越结构的分类及选型[J]．油气储运，1999，18(5)：12－14.

[2]Cavdar O，Bayraktar A，Adanur S. Stochastic finite ele-

ment analysis of a cable - stayed bridge system with varying material properties[J]. Probabilistic Engineering Mechanics, 2010, 25(2): 279 - 289

[3]汝继星，何仁洋，兰惠清，等．斜拉索管桥应变影响因素的试验分析[J]．科学技术与工程，2011，11(24)：5777 - 5781.

[4]Hong A L, Ubertini F, Betti R. Wind analysis of a suspension bridge: identification and finite - element model simulation[J]. Journal of Structural Engineering - ASCE, 2011, 137(1): 133 - 142

[5]黄寒，李婷婷．油气管道桁架式跨越设计探讨[J]．山西建筑，2011，37(9)：52 - 53.

[6]邓汉忠，尤壮，李国权，等．长输管道工程钢管桁架跨越施工方法[J]．油气田地面工程，2006，25(12)：40 - 41.

[7]史睿，刘延强．巴东支井河输气管道桁架跨越结构的优化设计分析[J]．石油工程建设，2009，35(4)：24 - 27.

[8]詹胜文，刘晓峰，程梦鹏．忠武输气管道桁架梁式跨越设计的改进[J]．油气储运，2005，24(4)：32 - 34.

[9]俞然刚，庄向仕，周金顺，等．桁架式跨河管架的优化设计及地震可靠性评价[J]．地震工程学报，2013，35(2)：213 - 219.

[10]王召民，陈誉．油气管道桁架跨越结构节点力学性能研究[J]．石油机械，2010，38(4)：23 - 26.

[11]叶栋，魏涛，李海春，等．油气管道跨越桁架结构应力分析[J]．油气储运，2017，36(2)：225 - 230.

[12]王晓阳，刘杏培．桁架跨越结构使用阶段的力学性能计算[J]．北华航天工业学院学报，2020，30(4)：7 - 9.

基于 RBI 的储罐完整性评价技术应用研究

赵佳丽　王旭东

（管网集团徐州管道检验检测公司，徐州　221000）

摘　要：为保障储罐的安全平稳运行，本文基于风险评价的理念，通过储罐建设、运行及检维修信息，识别储罐的损伤机理，并考虑影响常压储罐安全平稳运行的各方因素，进行储罐风险分析计算，根据评价结果制定检验策略，对受损储罐进行在线检验，以声发射在线检测等结果为依据对风险评价结果进行再修正，最终确定储罐风险等级。为验证了 RBI 风险评价方法的准确性，将风险评价结果与开罐检测结果进行对比，开罐检测发现储罐底板腐蚀部位基本能够同声发射在线检测的结果相对应，与风险评价结果相吻合，说明 RBI 风险评价方法能够较为准确的反应储罐风险状况，从而帮助站库合理进行储罐维护管理，进一步实现储罐长周期安全平稳运行。

关键词：大型常压储罐；基于风险的检验(RBI)；完整性评价；声发射检测；开罐检测

Reasearch on the Application of Storage Tank Integrity Evaluation Technology Based on RBI

ZHAO Jiali, *WANG Xudong*

[PipeChina(Xuzhou) Pipeline Inspection Company, Xuzhou 221000, China]

Abstract: In order to ensure the safe and stable operation of storage tanks, based on the concept of risk assessment, this paper identifies the damage mechanism of storage tanks through the information of storage tank construction, operation, inspection and maintenance, considers all factors affecting the safe and stable operation of atmospheric storage tanks, analyzes and calculates the risk of storage tanks, develops inspection strategies according to the evaluation results, and conducts online inspection of damaged storage tanks. Based on the results of online detection of acoustic emission, the risk evaluation results are revised and the risk level of storage tank is finally determined. In order to verify the accuracy of the RBI risk assessment method, the results of the risk assessment were compared with the results of the open tank test. The open tank test found that the corroded parts of the tank floor could basically correspond to the results of the simultaneous emission online detection, which was consistent with the results of the risk assessment, indicating that the RBI risk assessment method could accurately reflect the risk status of the tank. It can help the station to maintain and manage the storage tank reasonably, and further realize the safe and stable operation of the storage tank for a long period.

Key words: large atmospheric storage tank; Risk - Based Inspection(RBI); Integrity evaluation; Acoustic emission detection; Open can inspection

储罐完整性评价是根据储罐系统的状态，进行风险评估和危险源辨识，制定相应的控制对策，将储罐系统的风险控制在合理、可接受的范围内；同时对可能使系统失效的主要模式进行检测检验，据此对储罐的运行适宜性进行评估，最终达到减少和预防事故、保证储罐系统安全、经济运行的目的[1,2]。其实现的手段是各种检测评价技术(如声发射技术、漏磁技术等)，其核心内容是储罐风险评价和剩余寿命评价[3]。

基于风险的检验(RBI)完整性评价技术是一

作者简介：赵佳丽(1994—　)，工程师，硕士研究生，检验检测。E - mail：18552922752@163.com

种追求系统安全性与经济性统一的方法，能克服传统检验方法检验不足与检验过度问题，优化检测资源[4]。RBI 定性分析方法简单、易操作，定量分析方法精确度较高但工作量大，定性与定量方法相结合，能快速筛选出较高风险储罐，减少工作量，量化风险[5]。将 RBI 与声发射检验方法相结合对储罐完整性进行评价，根据评估结果进行决策响应同时采取相应的风险减缓措施，通过效能评价对基于 RBI 的储罐完整性评价技术的可行性进行评价。

1　评估软件及数据采集

1.1　评估软件

储罐风险评价采用自主研发的完整性评价软件“常压储罐完整性评价系统”，如图 1 所示。该软件是一个基于 API 581、GB/T 26610、GB/T 30578 等风险评价方法和数据库的软件，其基本功能是对储罐基础数据的收集保存以及对损伤机理的分析和部件风险进行计算。

软件能将所获得的数据随时储存及修改和调用，使对风险的评价和检验计划的制定更精确，并能根据用户的具体需要分类输出或打印各种数据报告和表格，为用户掌握、管理装置及设备情况提供了各种信息，有利于储罐完整性评价结论的有效性和准确性。

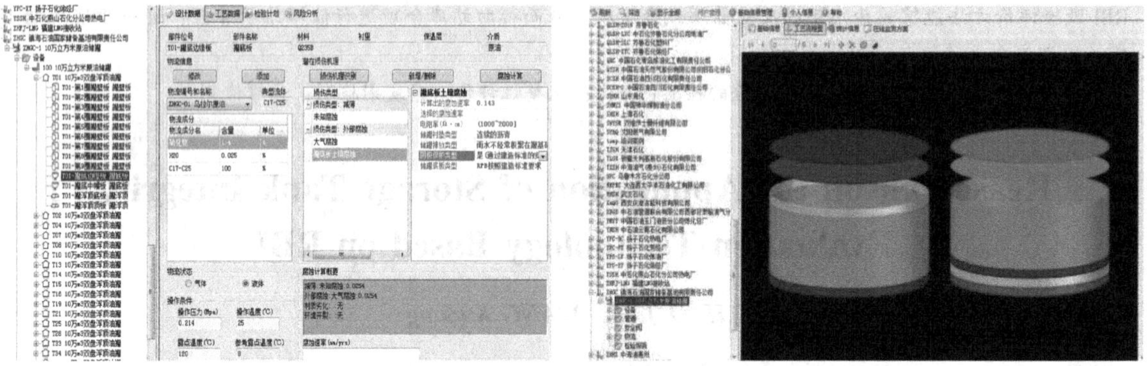

图 1　常压储罐完整性评价系统

1.2　储罐数据采集

数据采集、整理及分析相关资料是进行储罐完整性评价的前提和保障，数据资料的准确性、即时性及完整性直接影响评价的准确性、有效性和科学性，需要按照一定的原则，不断更新、维护数据库以此确保数据的质量[6]，数据采集范围如表 1 所示。

表 1　储罐风险分析数据采集

序号	储罐数据采集	具体内容
1	通用数据	气候条件、地震系数、工艺稳定性及设备投用年份等
2	工艺数据	储罐操作温度、物料组分、介质取样化学分析报告等
3	设计、竣工数据	储罐清单、总图、底板和壁板图、竣工验收资料等
4	检维修数据	储罐检验年份相关报告、历次检验项目及有效性等
5	安全信息	安全保护装置设置及维护等

对某公司 1 台 100000m³原油储罐进行完整性评价，储罐基本信息如表 2 所示，储罐材质信息如表 3 所示。

表 2　储罐基本情况统计表

评价储罐	G001
容积	100000m³
直径	80m
高度	21.8m
储罐类型	双盘式浮顶
设计温度	60℃
设计压力	常压
腐蚀裕度	1/1/2mm(顶/壁/底)
设计单位	天津辰鑫石化设计有限公司
建造单位	四化建

表 3　储罐材质统计表

部件	材质	壁厚/mm
罐底边缘板	12MnNiVR	20
罐底中幅板	Q235B	11
罐壁板	1～6 层 12MnNiVR、7 层 16MnR、8～9 层 Q235B	32/27/21.5/18.5/15/12/12/12/12
浮舱顶板	Q235B	5
浮舱底板	Q235B	5
储罐阴极保护	铝合金	

2 基于 RBI 的储罐完整性风险评价

2.1 失效概率计算及等级划分

失效概率(失效可能性)按下式计算:

$$F(t) = F_G \times D_{f-totle} \times F_M \quad (1)$$

式中 F_G——平均失效概率;

$D_{f-totle}$——总损伤系数;

F_M——管理系统评价系数。

根据常压储罐失效概率计算结果,按表 4 确定失效可能性等级。

表 4 失效可能性等级确定表

失效可能性等级	失效概率 $F(t)$
1	$0.00000 < F(t) \leqslant 0.00001$
2	$0.00001 < F(t) \leqslant 0.00010$
3	$0.00010 < F(t) \leqslant 0.00100$
4	$0.00100 < F(t) \leqslant 0.01000$
5	$0.01000 < F(t) \leqslant 1.00000$

2.2 储罐损伤机理

原油中含有水、硫化物、无机盐、二氧化碳、氯化物、氨、微生物等,会对碳钢产生沉积水腐蚀、湿硫化氢破坏、硫化物腐蚀、垢下腐蚀、微生物腐蚀等。原油中的固体颗粒会对储罐造成冲刷,油气中的 H_2S 遇水还会对储罐造成酸性水腐蚀[7-9]。常压储罐的损伤以腐蚀减薄,尤其是局部减薄为主,环境开裂、机械损伤、其他损伤也时有发生[10]。本文以 G001 储罐的损伤分析为例,具体如表 5 所示。

表 5 储罐损伤机理

储罐部件	材料	损伤模式	主导损伤机理	损伤因子	速率/敏感性
G001－浮舱底板	Q235B	环境开裂	氢致开裂/应力导向氢致开裂(硫化氢环境)	76.52	中
		减薄	酸性水腐蚀	1147.80	0.127
		外部腐蚀	大气腐蚀	1	0.0254
G001－罐底边缘板	12MnNiVR	环境开裂	氢致开裂/应力导向氢致开裂(硫化氢环境)	54.68	中
		减薄	酸性水腐蚀	1	0.127
		外部腐蚀	罐底板土壤腐蚀	1.01	0.143
G001－罐底中幅板	Q235B	环境开裂	氢致开裂/应力导向氢致开裂(硫化氢环境)	54.68	中
		减薄	酸性水腐蚀	56.55	0.127
		外部腐蚀	罐底板土壤腐蚀	138	0.143

2.3 失效后果等级划分

常压储罐失效后果的计算,按照下式进行:

$$C(t) = C_{environ} + C_{cmd} + C_{prod} \quad (2)$$

式中 $C_{environ}$——总体环境经济后果;

C_{cmd}——设备损坏经济后果;

C_{prod}——停产经济后果。

根据失效后果计算结果,按照表 6 确定失效后果等级。

表 6 失效后果等级确定表

失效后果等级	失效后果 $C(t)$ 范围
A	$C(t) \leqslant Q$
B	$Q < C(t) \leqslant 10Q$
C	$10Q < C(t) \leqslant 100Q$
D	$100Q < C(t) \leqslant 1000Q$
E	$C(t) > 1000Q$

注:Q(单位:万元)为失效后果可接受水平的基准值,由使用单位根据其失效后果的承受能力确定。

2.4 储罐风险等级

此次完整性评价得出原油储罐的风险等级见表 7。

表7　储罐风险统计表

储罐位号	投用时间	上次开罐时间	距上次开罐/投用时间	2022年风险	2022年风险等级
G001	2007年9月	—	15年	4D	中高风险

2.5　检验策略

储罐的内外部检测方式主要有：宏观检查、底板漏磁检测、壁厚测定、在线声发射监测等。根据风险评估等级和腐蚀情况，参考API 581和API 653等要求，结合储罐的实际运行情况，制定该储罐的检验策略：对储罐进行外部检验，包括100%宏观检查、大于30%的储罐壁板超声波测厚及罐底板声发射检测。

3　储罐在线检查及风险结果修正

3.1　宏观检查

为对风险评估结果进行修正，对储罐基础及附件进行现场目视宏观检查，发现储罐基础密封开裂锈蚀，抗风圈油漆破损锈蚀，储罐外壁壁板、浮顶顶板、及泡沫挡板均有不同程度的油漆破损锈蚀情况，如图2～图7所示。

图2　罐基础密封开裂

图3　罐壁外壁油漆破损锈蚀

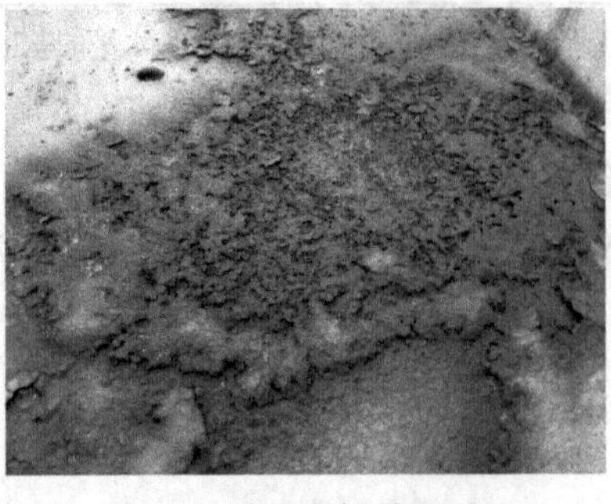

图4　抗风圈锈蚀严重

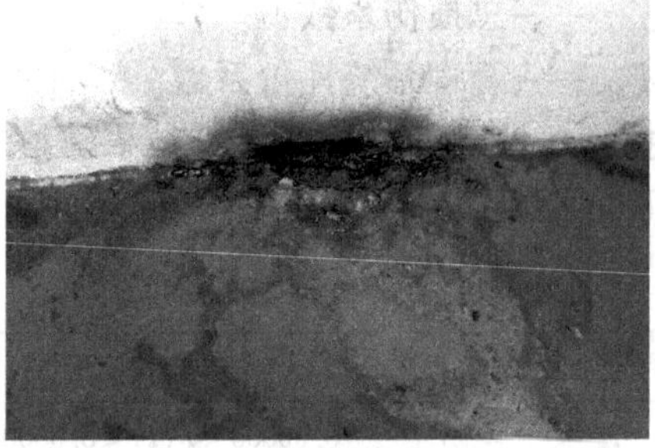

图5　泡沫挡板锈烂

图6　浮顶边缘板锈蚀

图7　浮顶油漆脱落锈蚀

3.2　腐蚀分析

经过软件计算分析，储罐主要腐蚀风险包括罐底中幅板与罐底边缘板土壤侧的土壤腐蚀、电化学腐蚀，腐蚀速率可达0.25mm/a(局部腐蚀)；罐底中幅板与罐底边缘板介质侧的酸性水腐蚀、硫化物腐蚀、微生物腐蚀，腐蚀速率较低；壁板与底板角焊缝存在湿H_2S环境下的氢致开裂、应力导向氢致开裂；罐壁板存在硫化物腐蚀、大气腐蚀；罐顶板及其他储罐附件，如泡沫挡板、泡沫挡板跨梯扶手、人孔、呼吸阀、浮舱盖等存在大气腐蚀。

3.3　声发射在线检测

本次检测以100000m^{3}储罐(G001)为例介绍

声发射在线条件下储罐底板腐蚀状态监测过程，布置 30 个传感器，采用 1－30 传感器监测储罐底板状况，检测门槛值为 35dB，各通道灵敏度与平均灵敏度之差不大于 4dB[11]。

由罐底声发射源平面定位图和三维定位图可知 G001 储罐底板定位点存在区域集中。由通道－撞击计数分布图可知 1－8#、14－22#部分通道撞击数较多，撞击数 1－30 通道分别为 185、180、247、215、222、134、305、359、199、234、194、58、374、290、563、847、575、906、621、684、453、468、277、169、208、89、33、126、487、135，总撞击数 9837。由通道－幅值分布图可知各通道幅值分布在 35～73 之间。由撞击计数－幅值关系图可知，幅值在 37dB 左右撞击计数最多，由事件－幅度计数分布图可知，幅值在 46dB 左右事件数最多。

对 16m 液位下声发射在线监测数据进行分析，罐底声发射信号时差定位及各参量关系见声发射检测定位图及相关图，如图 8～图 13 所示。G001 储罐在单位时间内撞击数 9837，罐底存在明显局部腐蚀，声发射检测评价结果为Ⅲ级。

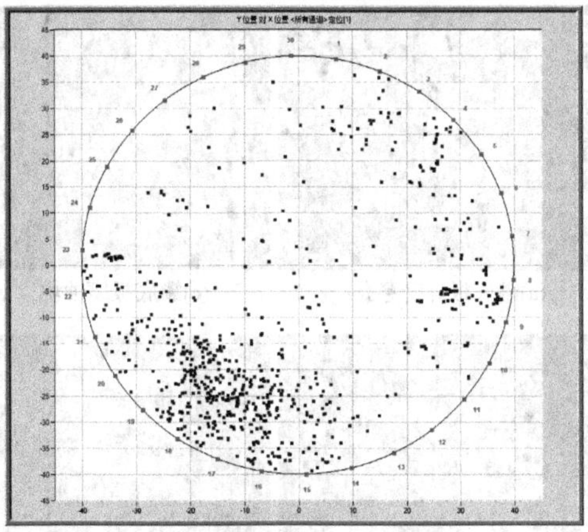

图 8　罐底声发射源平面定位图

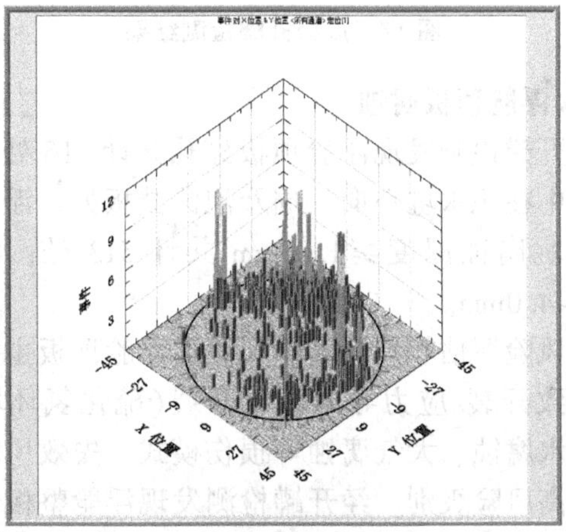

图 9　罐底声发射源三维定位图

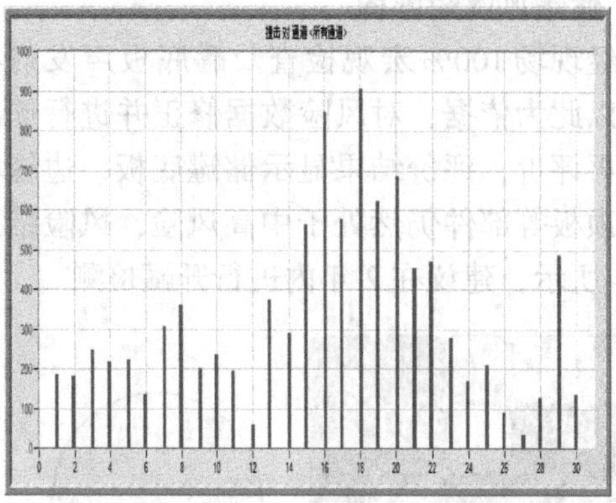

图 10　通道－撞击计数分布图

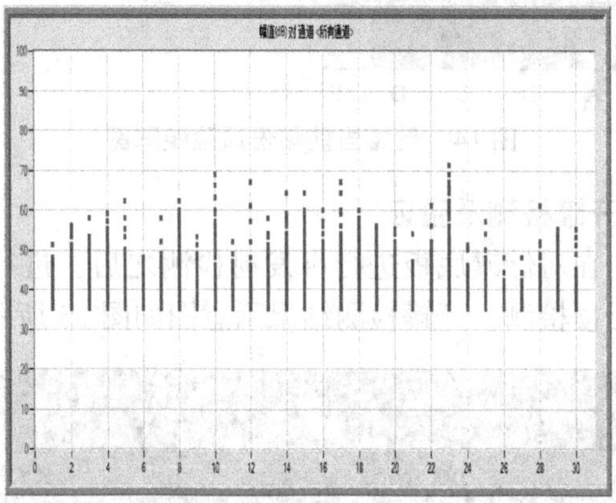

图 11　通道－幅值分布图

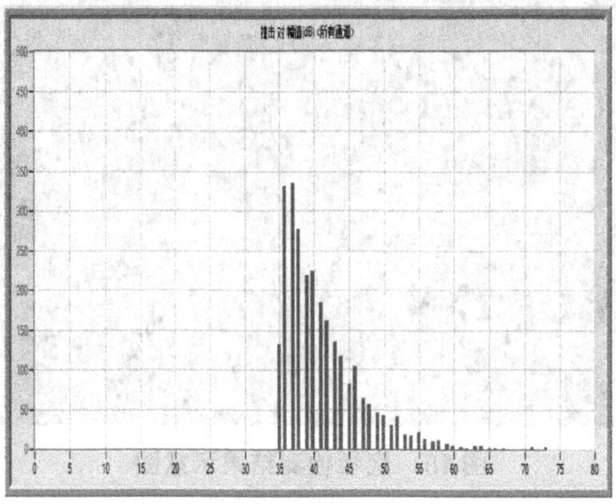

图 12　撞击计数－幅值关系图

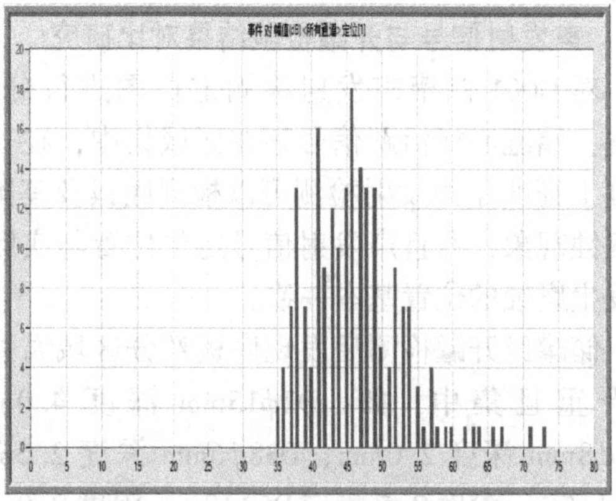

图 13　事件－幅度计数分布图

3.4　储罐风险矩阵图

经现场 100% 宏观检查及罐底板声发射检测后，以此为依据，对风险数据修正并进行储罐风险的再评价，评价结果显示储罐底板、边缘板及浮舱顶板等部件仍然处于中高风险，风险结果如图 14 所示，建议在 2 年内进行开罐检测。

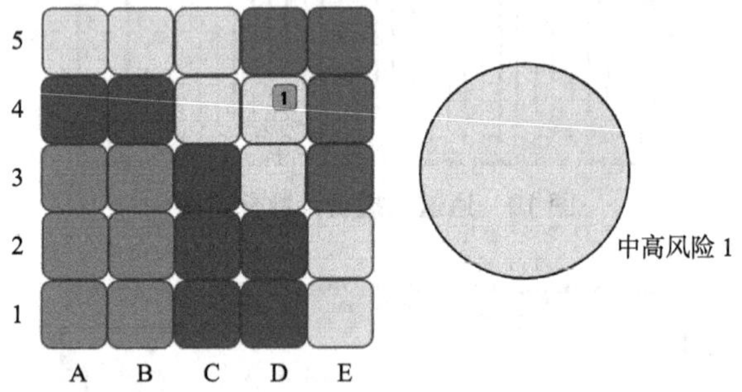

图 14　储罐当前年份风险矩阵图

4　开罐检测及验证

在对储罐底板进行声发射检测之后，进行开罐无损检测，开罐检测结果示意图如图 15 所示。

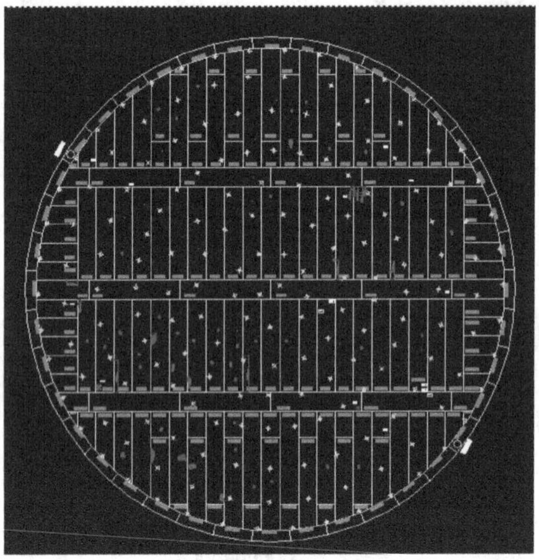

图 15　底板检测结果示意图

由开罐后的检测结果可以看出整个储罐底板上有多处腐蚀严重程度比较集中的部位。

4.1　声发射信号与开罐检验结果对比研究

对 G001 储罐声发射检测定位图进行分析，发现：储罐底板活跃信号存在区域集中，在一定程度上证明了声发射检测可以检测底板及其附近的腐蚀现象，并且声发射信号定位位置与实际开罐发生腐蚀的位置基本一致。

储罐经开罐检测后发现底板部分区域腐蚀较为严重且集中，如：D2ϕ15mm 深度 4.0mm、D31ϕ8mm 深度 2.0mm、D38ϕ6mm 深度 2.0mm、D50ϕ15mm 深度 2.5mm、D62ϕ8mm 深度 2.0mm、D75ϕ8mm 深度 2.0mm。将开罐结果与声发射检测数据进行对比，如图 16、图 17 所示，底板腐蚀部位基本都能够同声发射在线检测的撞击数、事件数、能量结果对应，这些可能是由于罐底板上表面防腐层破损和罐底板下表面腐蚀所致，以上数据证明了此次储罐底板声发射在线检测与开罐检测结果在整体上有较高的一致性。

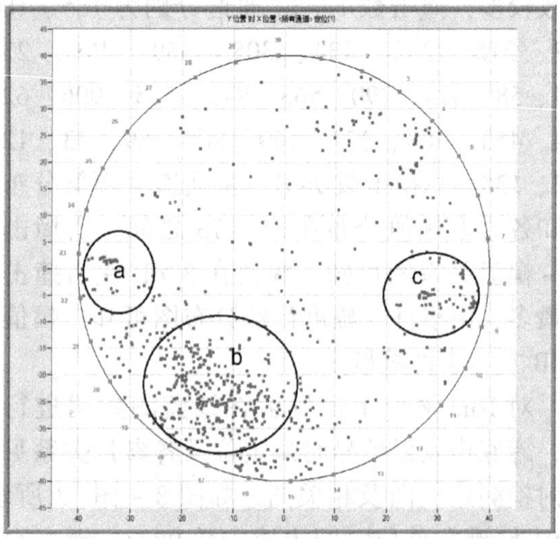

图 16　声发射定位图

(a)罐底板焊缝穿孔　　(c)罐底板腐蚀坑

(b)罐底板腐蚀坑　　(4)罐底板焊缝条形缺陷

图 17　底板开罐检测结果

4.2　浮舱顶板腐蚀

开罐检测发现浮舱顶板穿孔共计 316 处，穿孔集中在积水坑环向一周及泡沫挡板处，浮舱顶板麻坑腐蚀深度 ≥ 1.00mm 共计 513 处，深度 1.2 ~ 4.0mm。

风险评估软件计算得到储罐浮舱顶板主要存在氢致开裂/应力导向氢致开裂(硫化氢环境)、酸性水腐蚀、大气腐蚀等损伤模式，失效风险处于中高风险级别。经开罐检测发现浮舱整板面积 20% < 腐蚀面积 < 整板面积 50%，共计 133 块，

其中位于泡沫挡板外腐蚀严重且穿孔的浮舱顶板共计107块，腐蚀面积 > 整板面积50%共计36块，其中位于积水坑环向一周腐蚀严重29块，如图18、图19所示。风险评估结果与开罐检测结果相适应。

图18　浮舱顶板腐蚀穿孔

图19　浮舱内渗油

5　结论

(1)对储罐进行开罐大修检测，检测发现储罐底板腐蚀部位基本能够同声发射在线检测的结果相对应，风险评价结果与开罐检测结果基本吻合，以上数据说明RBI风险评价方法能够较为准确的反应储罐风险状况，因此可以将基于RBI的储罐完整性评价技术应用于大型原油储罐的完整性评价。

(2)基于RBI的储罐完整性评价技术需要海量数据支撑，因此数据的积累与整合是评价的关键，与此同时，将风险评估技术与检测技术相结合，更加能够提高风险的可预测性，以便企业能更好的对储罐进行风险管理，进而实现储罐长周期安全平稳运行。

参考文献

[1]石煊，胡军．基于RBI的海上储罐检维修优化[J].化工机械，2011，38(3)：264-266.

[2]董绍华．中国油气管道完整性管理20年回顾与发展建议[J]．油气储运，2020，39(03)：241-261.

[3]程伟，周杨，陈炜，等．基于风险的检验(RBI)技术应用和研究进展[J]．石油化工腐蚀与防护，2018，35(01)：8-12.

[4]郭凌，于雪梅，路思，等．基于风险的检验RBI技术探讨[J]．商情(财经研究)，2008，(5)：145.

[5]张静，帅健．储罐的完整性管理[J]．油气储运，2010，29(1)：9-11.

[6]林海萍，杨磊杰，黄超鹏，等．基于风险的检验(RBI)技术在某天然气液化装置中的应用[J]．天然气化工(C1化学与化工)，2019，44(01)：77-80.

[7]陈俊仰，李绪丰，季鹏，等．RBI技术在输油站储罐风险评估中的应用[J]．广东化工，2023，50(14)：107-110.

[8]孟凡想．基于RBI的储罐风险评估及失效模拟研究[D]．东北石油大学，2023.

[9]张欣，余建星，梁静，等．基于风险的检测(RBI)在海底管道定量风险评估中的应用[J]．石油矿场机械，2015. 44(1)：9-12.

[10]AP581，Risk-based Inspection Base Resource Document[S]. 2008.

[11]罗重春，蔡培源，成雷．基于风险的检验(RBI)技术在常减压装置隐患排查中的应用[J]．石化技术，2021，28(01)：88-90.

我国压力管道元件制造行业发展及安全监管现状

陈 杉 周少坤 张新军 刘长征

(中国特种设备检测研究院，北京 100029)

摘 要：随着社会整体对公共安全需求的不断提升，压力管道元件制造行业面临新的发展要求和机遇，其安全监管方式和监管效能仍存在进一步改善的空间。本文对我国压力管道元件制造产业规模、市场环境和发展趋势进行了统计分析，对压力管道元件制造监管方式、能力及现状进行了调研，旨在为压力管道元件制造相关的政府决策、行业发展、企业运营提供参考，促进我国压力管道元件制造行业实现更高质量的融合发展。

关键词：压力管道元件；制造；行业发展；安全监管

The Industry Development and Safety Supervision of China's Pressure Pipeline Components Manufacturing

CHEN Shan*, *ZHOU Shaokun*, *ZHANG Xinjun*, *LIU Changzheng

(China Special Equipment Inspection and Research Institute, Beijing 100029, China)

Abstract: With the increasing demand for public safety in society, the industry of manufacturing pressure pipeline components is facing new development requirements and opportunities, and there is still room for further improvement in its safety supervision methods and regulatory efficiency. This article provides a statistical analysis of the scale, market environment, and development trends of China's pressure pipeline component manufacturing industry, also conducts research on the supervision methods, capabilities, and current situation of pressure pipeline component manufacturing, aiming to provide reference for government decision - making, industry development, and enterprise operation related to the manufacturing of pressure pipeline components, and promote the high - quality integrated development of China's pressure pipeline component manufacturing industry.

Key words: Pressure piping components; Manufacture; Industry development; Safety supervision

1 引言

压力管道元件广泛应用于国民经济的各个方面，是组成压力管道系统的基础部件，由于其直接使用在承压、传输易燃易爆或腐蚀介质等复杂环境，压力管道元件的质量安全直接关系到设备或系统的安全运行和人民生命财产安全。因此，我国将压力管道元件纳入特种设备实施严格的安全监管。

2006 年，原国家质检总局开始对压力管道元件实行特种设备制造许可证管理，经过十几年的发展和改革优化，按照分类监管的原则，逐步形成了以行政许可、型式试验和监督检验相结合的市场准入方式[1]。我国压力管道元件制造质量得到显著提升，但与工业发达国家相比，在技术创新能力、产品质量等方面仍存在差距。在经济发展新常态下，压力管道元件向大型化、智能化、高参数、绿色化方向发展，压力管道元件制造行业也正面临着全新的挑战和机遇。

2 压力管道元件制造监管要求

本文所指压力管道元件是指在《特种设备目

作者简介：陈杉(1988—)，硕士，主要从事压力管道元件型式试验、失效分析。

基金项目：中国特种设备检测研究院事业发展研究课题(2022 - 发展研究课题 - 09)。

录》范围内符合压力管道定义的压力管道元件，包括管子、管件、阀门、法兰、补偿器、密封元件、防腐管道元件、元件组合装置等。

目前，我国对压力管道元件制造的监管方式主要有：行政许可、型式试验、制造监督检验以及安全监督检查等。随着我国“放管服”改革的持续深化，压力管道元件制造的监管要求也在不断地调整完善。按照目前我国所执行的法律法规、规范性文件和特种设备安全技术规范等规定，不同压力管道元件品种制造监管要求见表1。

表1　不同压力管道元件品种制造监管要求

类别	品种		行政许可[2]		制造监督检验[3]	型式试验[4]
			境内制造	境外制造		
压力管道管子	无缝钢管		√[a]	√[a]		√
	焊接钢管		√	√	√[b]	√
	有色金属管					√
	球墨铸铁管					√
	复合管					√
	非金属材料管		√	√	√[c]	√
压力管道管件	非焊接管件(无缝管件)		√			√
	焊接管件(有缝管件)		√			√
	锻制管件		√			√
	复合管件					√
	非金属管件		√[d]			√
压力管道阀门	金属阀门		√[e]	√[e]		√
	非金属阀门					√
	特种阀门					
压力管道法兰	钢制锻造法兰		√			
	非金属法兰					
补偿器	金属波纹膨胀节		√			√
	旋转补偿器					√
	非金属膨胀节					√
压力管道密封元件	金属密封元件					√
	非金属密封元件					√
压力管道特种元件	防腐管道元件					√
	元件组合装置	井口装置和采油树				√
		节流压井管汇				√
		燃气调压装置	√		√	
		减温减压装置	√		√	
		阻火器				√
		流量计(壳体)	√		√	
		工厂化预制管段	√[f]		√	

注：a. 热扩无缝钢管除外；b. 仅埋弧焊钢管；c. 仅聚乙烯管；d. 仅聚乙烯管件；e. 仅公称压力大于4.0MPa的金属阀门；f. 仅锅炉范围内管道和长输油气管道使用的工厂化预制管段。

3　压力管道元件制造行业发展现状

我国是压力管道元件制造大国，阀门和钢管的制造企业数量均居世界第一[5-6]。随着下游能源、石化等行业的快速发展和城镇化的持续推进，压力管道元件制造行业还在不断的发展壮大。“十四五”时期，我国压力管道元件制造行业深入推进供给侧结构性改革，产品品种不断丰富，产品质量得到提升，技术装备迈入世界先进水平，绿色发展、智能制造、标准建设、国际合作取得积极进展，有效地保障了经济社会健康发展。

3.1 压力管道元件制造企业数量与分布

截至2022年底，我国境内具有特种设备市场准入资格(取得制造许可或/和型式试验证书且在有效期内，准入要求参见表1)的压力管道元件制造企业共5403家，压力管道元件类别7018项、品种8105项(见图1)。

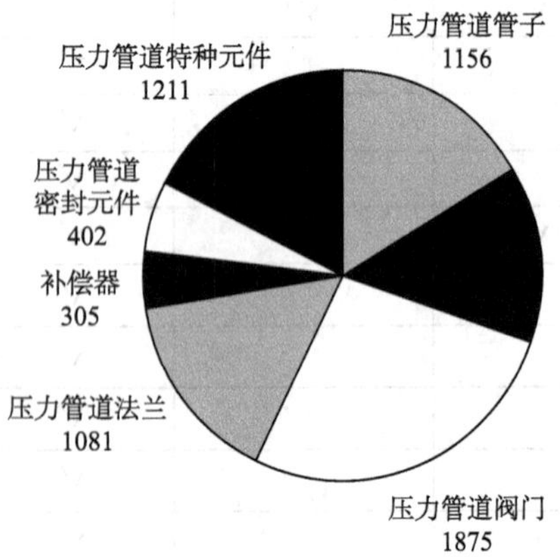

图1 不同压力管道元件类别制造企业数量(截至2022年底)

在所有压力管道元件制造企业中，保有数量较多为金属阀门、锻制法兰、锻制管件、防腐管道元件、焊接钢管等制造企业。同时，由制造企业数量和获准入的类别数量差别不大可以看出，我国压力管道元件制造企业的产品专一性较强，一般管子、管件、阀门等大都是在不同企业进行制造。

按制造地省份进行统计，我国压力管道元件制造企业数量分布最多的依次为江苏、浙江、河北、山东、上海等省市(见图2)。

可以看出，我国压力管道元件制造企业分布具有以下特征：

(1)集群发展特征显著。由于压力管道元件存在多品种、多规格、多材质等特点，需要的技术装备、工装模具以及原材料的种类和数量较多，为实现资源集约利用，在压力管道元件制造业发达的地区，一般都有较大规模的集群效应，或制造企业规模较大，或制造企业数量较多，规模较大的有河北孟村、河北盐山、浙江永嘉、江苏姜堰等。

(2)区域集中特点明显。沿海的江苏、浙江、河北、上海、天津、辽宁，以及内地的四川、河南等地都是压力管道元件制造较集中的地区，在企业数量、产品产量等方面都占据了行业极高的比重。

(3)区域特色明显。如山西锻制法兰制造企业占比较大，浙江、上海等地区阀门制造企业占比较大，河北、山东、天津、辽宁等地区管件制造企业占比较大，江苏地区钢管制造企业占比较大等。

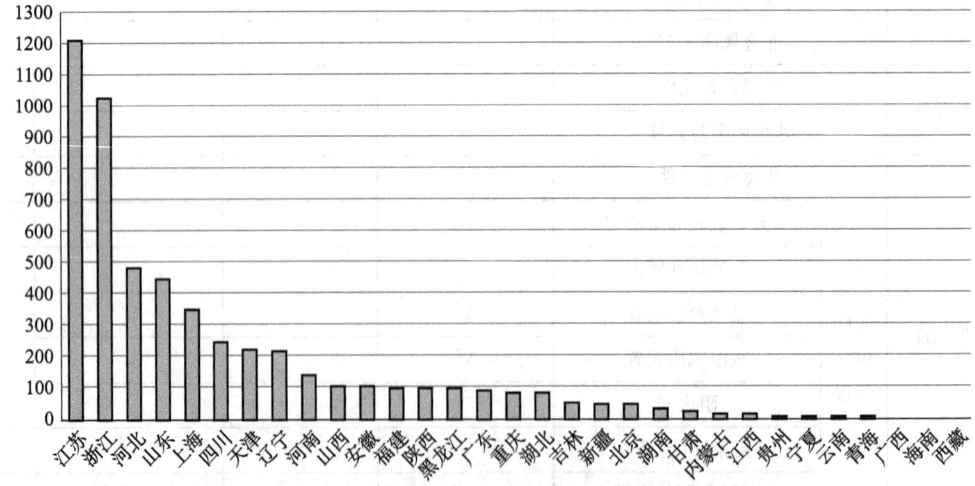

图2 各省压力管道元件制造企业数量(截至2022年底)

3.2 典型产品的产业规模与结构

我国的压力管道元件制造产业规模庞大且市场需求还在持续增加。进入新时期，我国压力管道元件制造行业迈入了实现高质量发展阶段，但总体上仍存在着技术含量不高(利润水平低)、行业门槛偏低(存在无序竞争情况)、质量安全意识不强、企业规模较小(抗风险能力和持续发展能力不强)、生态环境制约等问题。本文重点就钢管、阀门等典型产品的产业规模与结构进行分析。

3.2.1 钢管

我国是世界上钢管产量最多的国家，2012 年以来，我国钢管产量占世界钢管产量的一半以上。2022 年我国钢管总产量为 9116 万吨，同比上升 8.1%（见图 3）。受 2021 年 5 月国际铁矿石价格大幅上涨的影响，管坯、板带价格大幅上涨，从而也推动了钢管价格的大幅上涨。我国钢管制造产业已进入相对平稳的发展阶段，产需回归平衡，企业经济效益有所回升（见图 4）。同时，我国钢管的技术装备水平和钢管的品种规格类型、技术含量、产品质量都在接近世界先进水平[7]。

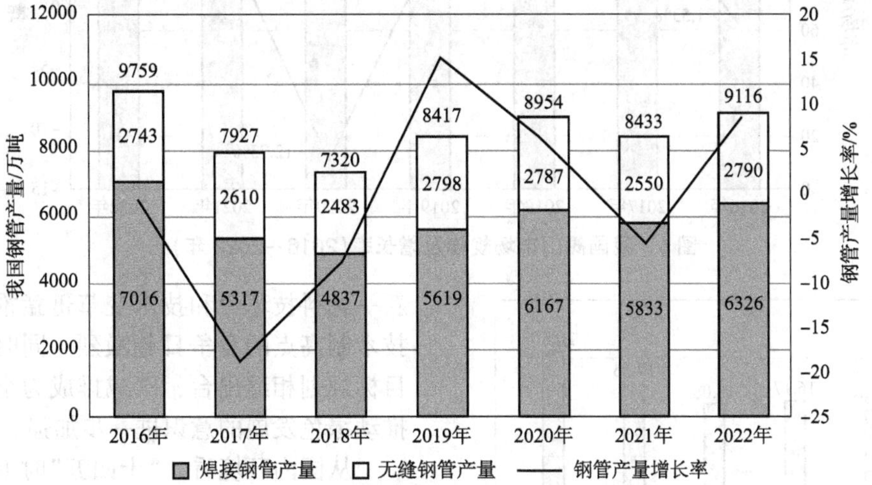

图 3　我国钢管产量及增长率（2016 年 –2022 年）

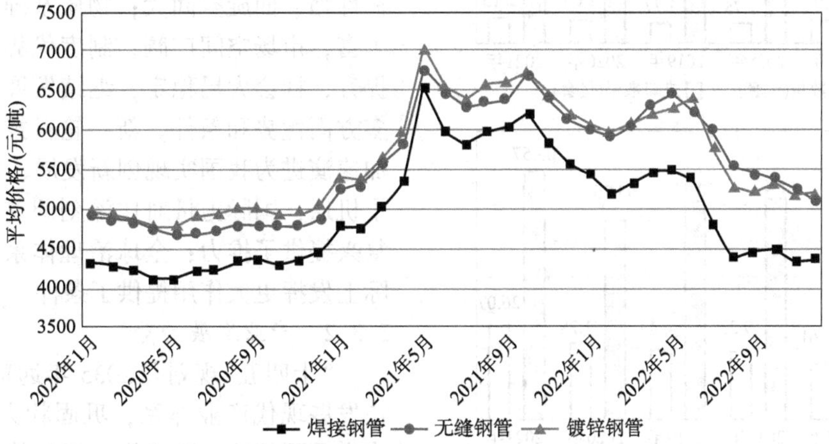

图 4　我国钢管价格走势（2020 年 –2022 年）

但我国钢管产能结构性过剩、同质化竞争加剧的情况仍比较严重。目前，我国钢管的产能利用率约为 76%，其中无缝钢管的产能利用率仅为 66%，有近千万吨无缝钢管产能处于关停状态。而近三年已投产、在建和规划建设的无缝钢管产能约 870 万吨，占现有产能约 21%，新增产能的快速增加给刚刚好转的供需市场环境带来了较大的冲击，大量先进机组的建设不仅造成了巨大的资源浪费，同时也使产品的同质化竞争从低中端向着中高端扩展[8]。

3.2.2 阀门

2022 年，全球阀门行业的市场规模超过 790 亿美元，我国占比超过 18%，仅次于美国。我国的阀门制造企业数量居世界第一，各种大小阀门制造企业约 6000 余家，其中年产值超过 500 万元的有 900 家。我国已有的阀门制造行业产业园区共计 23 个，其中分布在浙江省内的共有 9 个产业园区，数量最多；其次为江苏省和上海省，分别有 3 家阀门制造行业的产业园区。

从市场层次上看，我国生产了全球 50% 以上的阀门，但在价格上，国外产品往往是国内同类产品的 5 到 10 倍，在中高端市场上竞争力薄弱（图 6）。而低端市场的阀门产品通用性强，技术含量不高，进入门槛较低，行业企业众多，行业整体呈现高度竞争态势，市场集中度很低。随着行业新进入者的不断增加，竞争将更为激烈，低端阀门市场的利润水平也将有所下降。

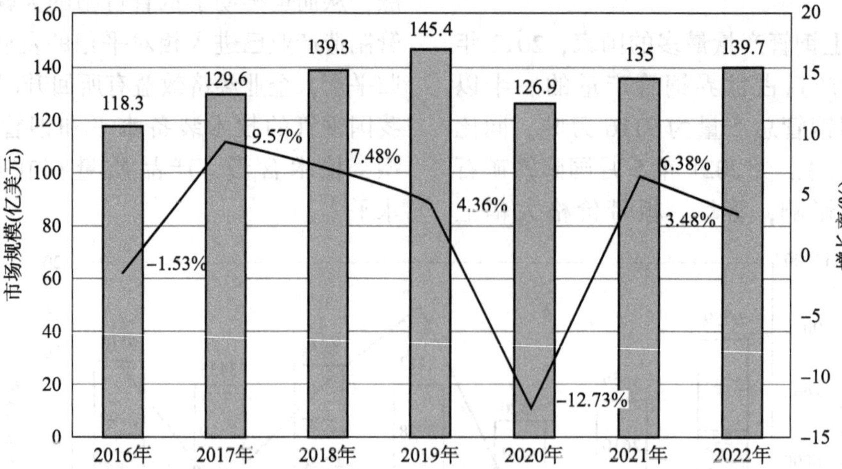

图5　我国阀门市场规模及增长率(2016—2022年)

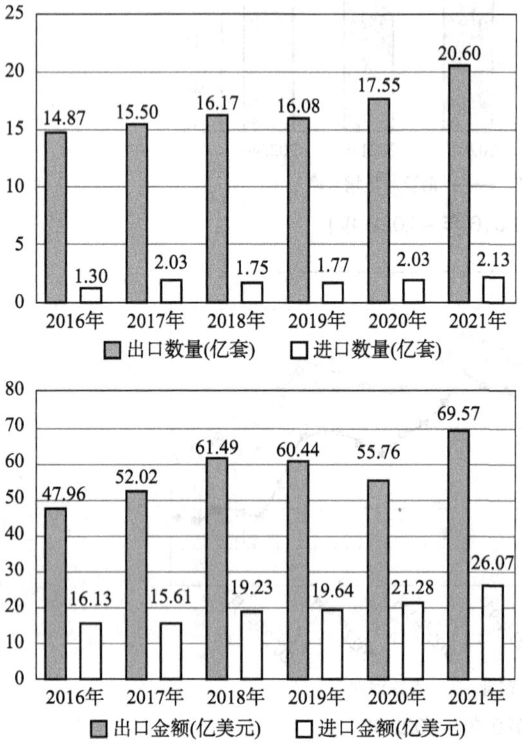

图6　我国阀门进出口数量及金额(2016～2021年)

总的来说，我国阀门企业较国外巨头体量仍然很小，市场格局较为分散。我国阀门行业呈现低端阀门产能过剩、中端阀门市场竞争充分、高端及特殊阀门市场被国外企业垄断的格局。与发达国家相比，我国阀门制造业在技术创新能力、加工工艺、质量管理及设备、流程管理等方面仍存在差距[9]。

3.3　当前市场环境和产业发展趋势

3.3.1　当前市场环境

从国际环境看，全球经济格局深度调整，大国博弈日趋激烈，单边主义、保护主义、民粹主义明显抬头，经济全球化遭遇逆流，国际经贸规则面临重构，国际产业分工格局面临深刻变化。新一轮科技革命和技术变革迅猛推进，各国争夺技术制高点的竞争日趋激烈。同时，各国碳减排目标规划相继出台，碳减排成为全球共识，各国推动绿色发展的意识进一步加强。

从国内环境看，“十四五”时期我国发展仍然处于重要战略机遇期。经济长期向好，潜力足、韧性强、回旋空间大；物质基础雄厚，人力资源丰富，市场空间广阔；制度优势显著，治理效能提升，社会大局稳定，继续发展韧性强劲，具有多方面优势和条件。新一轮科技革命和产业变革加速演进为我国实现创新发展、“弯道超车”提供了机遇；国际力量对比深刻调整为我国实现民族复兴提供了推力；全球治理体系调整为我国在国际上发挥更大作用提供了条件。

3.3.2　产业发展趋势

“十四五”规划和2035年远景目标纲要对“加快发展现代产业体系，巩固壮大实体经济根基”作出重要部署，明确提出要加快发展推动制造业优化升级，保持制造业比重基本稳定，增强制造业竞争优势，推动制造业高质量发展。

由此可以看出，“十四五”期间，压力管道元件制造行业在政策的驱动下将逐步由重“量”向重“质”转变，逐步向高端制造迈进，更加注重技术改造和自主创新，更加注重培育发展战略性新兴产业，更加注重淘汰落后、兼并重组和节能减排，推进信息化与工业化融合，保持工业平稳较快发展。提高全行业经济质量和效益，努力使我国从压力管道元件制造大国迈向制造强国。尤其是在当前去全球化的国际局势下，加快推进行业整体的转型与变革，强化自主知识产权更是迫在眉睫。

4　压力管道元件制造监管能力及现状

特种设备安全监督管理部门的职能由安全监

察、技术检查与行政执法组成。截至 2022 年底，各级市场监管部门共设立特种设备安全监察机构 3201 个，共有特种设备检验检测机构 4845 个，持证 5021 张(图 7)。

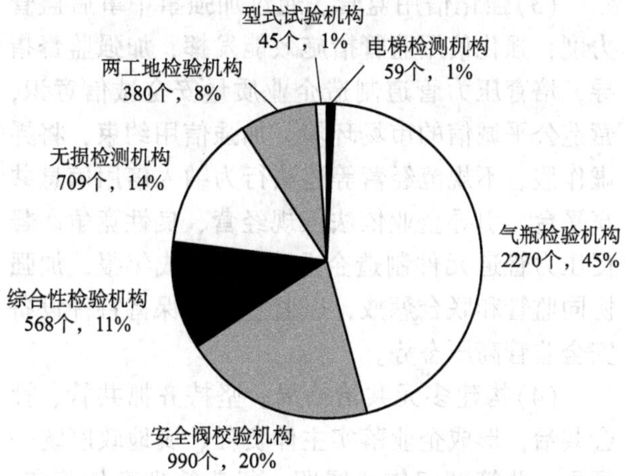

图 7　2022 年全国特种设备检验检测机构数量及组成

本文重点对压力管道元件型式试验机构的现状进行了分析。目前，我国有各类特种设备产品的型式试验机构 44 家，其中压力管道元件型式试验机构 23 家，各核准项目的型式试验机构数量及所在省份分布情况如图 8 所示。型式试验机构的存在，对我国压力管道元件的市场准入、产品质量提升、产品出口认证方面等起到了很大的促进作用[10]。

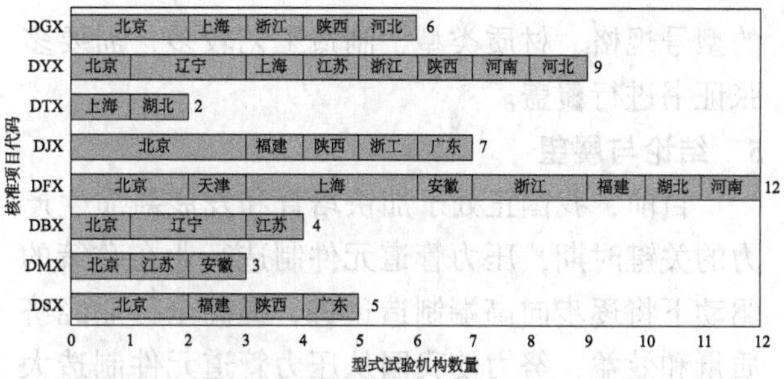

图 8　各核准项目的型式试验机构数量及所在省份分布情况

注：DGX—钢管；DYX—管件及其他元件；
DTX—井口装置和采油树，油管、套管；
DJX—非金属管与管件；DFX—阀门；DBX—膨胀节；
DMX—密封元件；DSX—防腐元件

TSG Z7004—2011《特种设备型式试验机构核准规则》要求型式试验机构的设置，应当以充分发挥区域资源或者行业优势、合理布局、规模化为原则[11]。目前，我国压力管道元件型式试验机构的设置基本符合该原则，例如：在制造企业集中的江浙沪地区型式试验机构较多；金属阀门作为制造企业保有量最多的产品类型，其型式试验机构也最多(12 家)。机构数量和布局基本能满足制造企业获取相关技术服务的需求。

本文统计了各型式试验机构发出的不同压力管道元件品种型式试验证书数量，统计数据按型式试验证书有效期 4 年计算。截至 2022 年底，在有效期内的型式试验证书数量和持有型式试验证书的制造企业数量如图 9 所示。

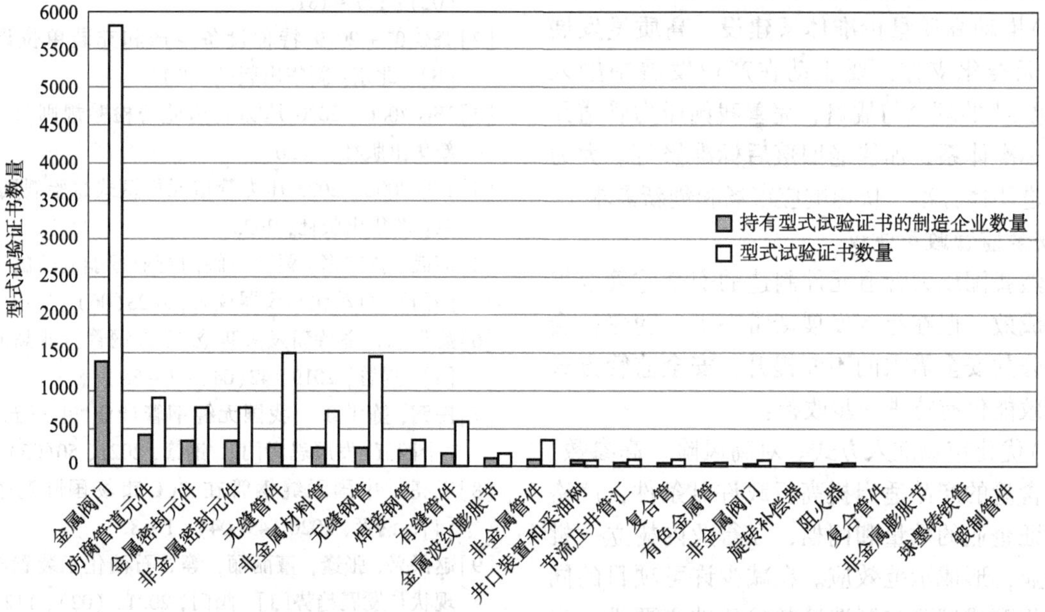

图 9　不同压力管道元件品种型式试验情况(截至 2022 年底)

可以看出，由于 2023 年 10 月 1 日前锻制管件和锻制法兰不需要进行型式试验，所以即使这两种产品的制造企业数量众多，但也几乎没有发放型式试验证书。证书数量与持证制造企业数量之比较大的元件品种主要有金属阀门、无缝管件、无缝钢管、非金属材料管等，说明这些产品的型号规格、材质类型、制造工艺较多，需要多张证书进行覆盖。

5　结论与展望

目前，我国正处于加快培育和发展新质生产力的关键时期，压力管道元件制造行业在政策的驱动下将逐步向高端制造迈进，提高全行业经济质量和效益，努力使我国从压力管道元件制造大国迈向制造强国。

5.1　行业展望与建议

压力管道作为现代工业的“血管”，在国民经济发展和产业升级中具有不可替代的作用，使得压力管道元件制造行业的前景依然向好。

(1)夯实产业基础，进一步提升装备水平。加快工业化和信息化深度融合，抢抓新一轮科技革命和产业变革的重大机遇，使压力管道元件智能制造显著增强，产业基础高级化、产业链现代化水平明显提高。

(2)加大推动技术创新，促进产品结构调整。制造企业要积极与高校、科研院所、设备制造厂商合作，深入开展基础理论及工艺研究，开发相关智能控制技术和应用；抓住下游行业所需压力管道元件产品的发展方向，合理调整产品结构。

(3)大幅提升质量，加快推动产品提质升级。鼓励企业通过技术创新和管理创新，牢固树立质量为先、品牌引领意识。严格落实国家相关安全监管政策和企业主体责任，切实提升产品质量。

(4)推动高质量标准体系建设。高质量发展离不开标准化支撑，要主动在产业发展中融入“标准化+”的理念与战略，完善我国压力管道元件制造标准体系，加快老旧落后标准修订。大力发展先进团体标准，快速响应市场和创新需求。

5.2　安全监管政策建议

虽然我国压力管道元件制造的安全监管取得了显著成效，但在经济发展新常态下，随着社会整体对公共安全需求的不断提升，安全监管方式和监管效能仍有待进一步改善：

(1)优化市场准入方式。对高风险、高参数、高技术含量的产品适当提高行政许可条件，严格控制获证企业的数量和门槛，在行业内树立一批标杆企业，形成示范效应。在减少许可项目的同时，强化型式试验和制造监督检验的必要性，充分发挥技术检查的作用，在条件成熟的情况下，适时增加制造监督检验的项目，从根本上杜绝制造企业偷工减料、以次充好的违法行为。

(2)加强事中事后监管。在严格落实市场准入的前提下，进一步加强事中事后监管，通过开展多种形式的监督抽查，督促制造企业保持生产条件和质量控制水平，严格落实许可退出机制，实现“有进有出”动态调整，督促企业规范发展。

(3)强化信用监管。通过加强事中事后监管力度，强化信用监管措施效能发挥，加强监督指导，培育压力管道制造企业质量安全诚信意识，营造公平诚信的市场环境。加强信用约束，将弄虚作假、不规范经营等违法行为纳入信用信息共享平台，引导企业依法依规经营、良性竞争。督促压力管道元件制造企业100%完成年报，加强协同监管和联合惩戒，以监管合力保持特种设备安全监管高压态势。

(4)构建多元共治格局。坚持齐抓共管、社会共治，形成企业落实主体责任、属地政府统一领导、监管部门依法履职、行业管理责任落实、检验机构技术支撑、行业协会自律服务、社会公众参与监督的多元共治工作格局。重点引导和规范行业协会、培训教育机构和技术咨询服务机构等社会组织发展，提升行业安全文化和从业人员技术能力，促进行业自律和高质量发展。

参考文献

[1]于磊，江峰，刘亮，等．关于压力管道及压力管道元件监管方式的总结与思考[J]．化工机械，2024，51(02)：177－181.
[2]TSG 07—2019 特种设备生产和充装单位许可规则[S]．北京：新华出版社，2019.
[3]TSG 7006—2020 压力管道监督检验规则[S]．北京：新华出版社，2020.
[4]TSG 7002—2023 压力管道元件型式试验规则[S]．北京：新华出版社，2023.
[5]何武，曹宜军，粟鹏．阀门行业智能制造的现状及趋势[J]．自动化与仪器仪表，2023(06)：1－3＋9.
[6]魏学志．坚持新发展理念 推进钢管行业高质量发展[J]．焊管，2019，42(04)：1－5.
[7]庄钢，陈洪琪．我国无缝钢管产业“十三五”回顾与“十四五”发展思考[J]．钢管，2021，50(05)：1－8.
[8]王亮．中国无缝钢管在GCC市场国际竞争力研究[J]．钢管，2020，49(04)：1－8.
[9]赵保兴，张逢，董丽丽，等．石油化工装置阀门应用现状与发展趋势[J]．阀门，2021，(02)：112－114.
[10]赵兵，徐维普，李前，等．特种设备型式试验机构生存现状与对策研究[J]．化工设备与管道，2018，55(03)：13－18.
[11]TSG Z7004—2011 特种设备型式试验机构核准规则[S]．北京：新华出版社，2011.

埋地钢质管道本体缺陷不开挖检测技术探讨

祁永刚　王倩玮　王　果　胡　朋

（中国特种设备检测研究院，北京　100029）

摘　要：对于长期服役而又无法进行内检测的管道，急需一些埋地钢质管道本体缺陷不开挖检测技术弥补常规检测技术的诸多不足。本文对现有的三种非开挖外检测技术：磁场断层扫描、瞬变电磁、多频电磁进行了介绍，分析了其检测管道腐蚀的基本原理，说明了检测装置的组成和工作过程，介绍了工程应用的情况，并对其适用性和局限性进行了系统性分析。三种方法均可在不开挖情况下对埋地钢质管道本体缺陷进行检测，但是在抗现场复杂环境干扰、数据结果的可靠性等方面，需要大量实践经验积累才能实现较好检测效果。

关键词：压力管道；腐蚀检测；非开挖检测

Exploration of Non-excavation Detection Technology for Defects in Buried Steel Pipeline Body

QI Yonggang, *WANG Guo*, *RAN Wensheng*, *HU Peng*

（China Special Equipment Inspection And Research Institute, beijing 100029, China）

Abstract: For pipelines that have been in service for a long time but cannot undergo internal testing, there is an urgent need for some buried steel pipeline body defect non excavation detection technology to compensate for many shortcomings of existing conventional detection technologies. This article introduces three existing non excavation external detection technologies: magnetic field tomography, transient electromagnetic, and multi frequency electromagnetic. It analyzes the basic principles of detecting pipeline corrosion, explains the composition and working process of various intelligent devices, introduces the engineering application, and systematically analyzes their applicability and limitations. Three methods can be used to detect defects in buried steel pipelines without excavation. However, in terms of resistance to complex on-site environmental interference and reliability of data results, a large amount of practical experience accumulation is needed to achieve better detection results.

Key words: Pressure piping; Corrosion detection; Non-excavation inspection

1　引言

油气输送管道是国家能源输送的大动脉，其平稳高效运行关系到国家能源安全和公共安全[1]。压力管道随着服役时间的增加，因管道腐蚀造、机械损伤、应力集中等因素造成的事故比较多，突破检测关键技术和瓶颈问题是实现安全运行的重要基础。

常规检验中使用的外腐蚀外检测方法，可以有效地对腐蚀防护系统进行检验与评价，但是对于管道本体缺陷需要配合开挖直接检验进行，工作量较大，效率较低；内检测方法可以有效地检测管道本体缺陷，但是受待检工况、管道几何尺寸等因素，一些在役的管道并不具备内检测条件。因此对于服役时间较长而又无法进行内检测的埋地管道，开展管道本体缺陷不开挖检测技术的调查研究具有重要意义。本文对目前已经在用

作者简介：祁永刚(1983—　)，高级工程师，现从事压力管道检测技术研究和应用工作。E-mail: qyg_2007@163.com

的磁场断层扫描方法、瞬变电磁、多频电磁等检测方法进行探讨研究，期望为老旧管道的检测提供新思路。

2　磁场断层扫描

2.1　基本原理与理论研究进展

磁场断层扫描又称为非接触式磁记忆、磁应力检测、弱磁检测等。管体磁场断层扫描成像是基于铁磁性材料的力磁效应和维拉利效应。在天然地磁场的激励作用下，当铁磁材料承受工况荷载和地磁场的共同作用时，通过测量铁磁材料表面的弱磁信号，能够实现对铁磁材料或构件进行应力集中位置、早期损伤判别以及损伤程度评估，防止构件发生突发性的脆性破坏。力磁耦合原理见图1。

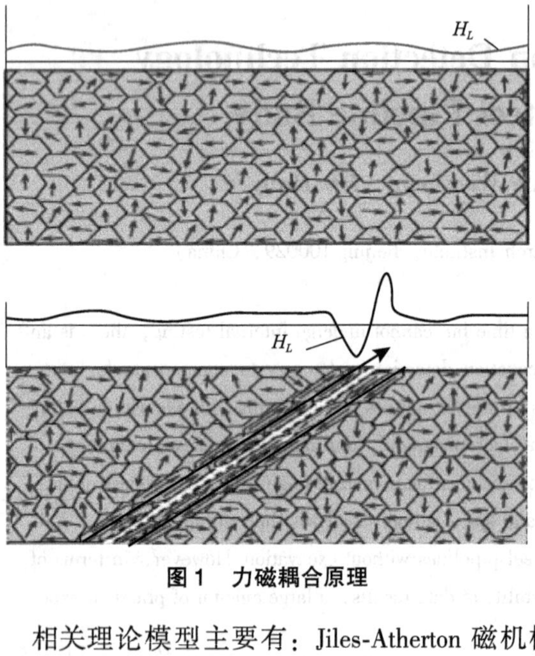

图1　力磁耦合原理

相关理论模型主要有：Jiles-Atherton 磁机械效应模型、力－磁耦合能量守恒定律、带缺陷或应力集中处的磁偶极子模型。

Jiles-Atherton[2] 力磁模型因其具有一阶微分方程、物理意义明确和稳定方便等特点被誉为经典的理论模型。该模型存在一些局限和不足，只能用于单轴应力状态下材料处于弹性变形阶段，不适用于多种复杂应力状态下弹塑性或塑性阶段的检测；从名义上无法定量解释拉压应力下的非对称磁行为。

磁偶极子模型理论认为，在漏磁场处法向信号过零点，切向信号具有极值现象，可以准确定位缺陷或应力集中位置。

黄海龙等[3] 提出法向磁信号梯度最大值与平均磁信号梯度值的比值可用来定量描述应力集中程度，包胜等[4] 提出地磁环境中新的损伤评判参数—磁集中因子，所谓磁集中因子指的是缺陷附近的磁异常梯度值与远离缺陷的磁场梯度值的比值，磁集中因子有着很好的数值稳定性并且与应力集中因子数学关系密切。董丽虹等[5] 研究发现磁场梯度随着应力集中因子的增大而增大，磁场强度能够用来表征铁磁材料表面的应力集中程度。

南昌航空大学于润桥教授团队[6-7] 通过对地磁场检测原理分析和磁梯度张量检测原理分析，利用统计学数理知识，得出了缺陷判断的依据，结合后期的仪器改进，将磁梯度超过阈值线的值判断为缺陷，并对腐蚀类缺陷进行二维成像处理，可更加直观地显示检测结果。

2.2　磁场断层扫描检测技术存在问题

(1) 理论有待进一步研究。目前，力磁耦合模型基本上仅适用于单轴拉伸应力状态下弹性变形阶段，很难解释复杂应力状态下弹塑性或塑性变形对材料磁特性的影响。需要研究基于磁畴偏转效应的应力损伤与磁场之间的力磁耦合模型，研究弹塑性和塑性变形阶段不同应力方式及应力方向等对缺陷的磁致伸缩影响。

(2) 明确应力、缺陷和磁记忆信号的定量关系，是磁场断层扫描工程应用的基础问题。目前磁场断层扫描损伤评判参数只是提取了缺陷处磁信号的某些特征或使用磁异常指数，用来评判材料损伤程度方面仍旧具有局限性，损伤评判定量化参数仍需进一步更为深入的研究。磁记忆检测原理见图2。

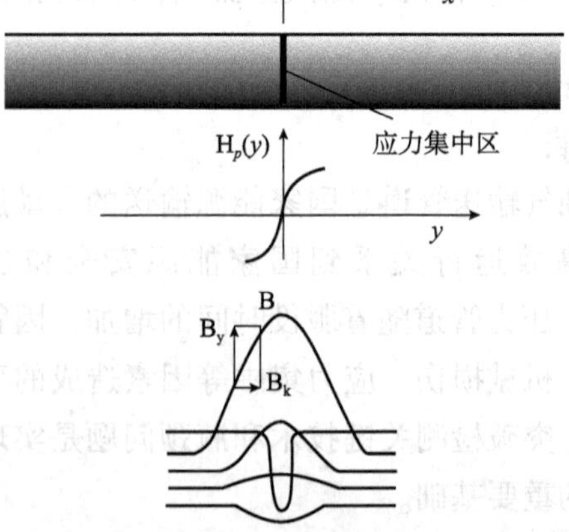

图2　磁记忆检测原理

(3) 磁场断层扫描的噪声分析与信噪比有待提高。损伤评判是以磁信号以及特征值的变化规律，而现场检测磁场信号是非常微弱，受外界环境因素和人为因素干预影响较大，因此需要明确非待检管道的干扰因素及其影响程度，以确保提取的检测信号的有效性、准确性。

3　瞬变电磁

3.1　检测原理

瞬变电磁检测（TEM）是一种金属管道腐蚀的无损检测新方法，该方法基于瞬变电磁原理，根据不同规格、材质的管道瞬变衰减特征的差别来检测管体金属损失[8]。行业标准 SY/T 0087.2《钢质管道及储罐腐蚀评价标准埋地钢质管道内腐蚀直接评价》将该方法作为间接检测环节判断管体腐蚀的首选方法。

管道瞬变电磁检测原理：在传感器发射回线中加载稳定激励电流，建立起一次磁场，瞬间断开激励电流便形成了一次磁场“关断”脉冲。此一随时间陡变的磁场在管体中激励起随时间变化的“衰变涡流”，从而在周围空间产生与一次磁场方向相同的二次“衰变磁场”，二次磁场穿过传感器接收回线中的磁通量随时间变化，在接收回线中激励起感生电动势，利用数据采集器观测到用激励电流归一化的二次磁场衰变曲线——瞬变响应（图3）。

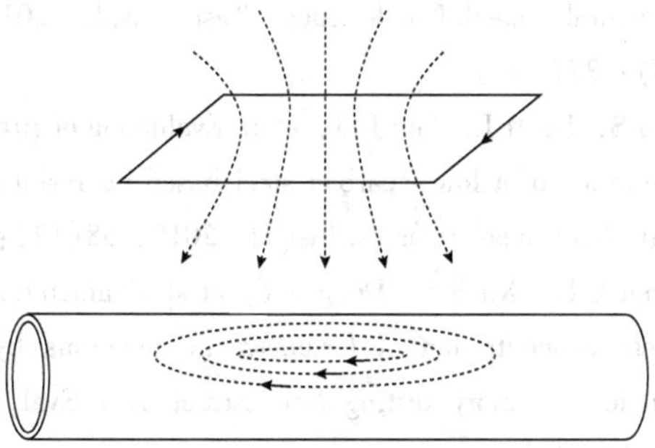

图3　瞬变电磁检测原理

只要有参考点已知壁厚为基准，可以很容易地通过瞬变响应的变化得知检测点的管道平均壁厚。

应用该检测技术可得到如下检测结果：1）可以较准确地确定管道局部腐蚀和缺陷的位置及程度；2）对整条管道的腐蚀状况进行整体评估，给出整条管道或局部管段维修或更换的结论；3）建立被检管道管体状况分布档案，以便对比监测。

3.2　密间距测量注意事项

如果检测点距足够密（≤1m），信号覆盖整个被检管段，采用连续式瞬变电磁响应信号的分析技术方法，可检测管体局部缺陷以及制管、机械、焊接、应力变形等全方位管体隐患，大大降低了漏检率，检测效果更为突出。

3.3　影响瞬变电磁的因素

（1）几何因素，包括被测管道的埋深、直径、壁厚；激励回线与接受回线的形状、尺寸、匝数以及它们相对管道的空间位置和收发距；地表地形以及管沟回填土的横截面形状等；

（2）介质因素，包括被测管道、管道内输送介质、围土（未扰动土）、回填土的电导率、磁导率和介电常数；

（3）干扰因素，主要来自“天电”、雷电以及其他“非主动”瞬变电磁干扰，包括人文干扰。

金属管体与防腐层以及围土介质的电磁特性差异显著，在归一化的脉冲瞬变响应曲线上具有明显的时间可分性。在信噪比足够高的情况下，可以划分出被测管段所对应的响应时窗。在所划分出的瞬变响应时窗范围内，通过反演模拟的手段，确定瞬变时间常数，继而得出被测管段的管壁厚度。

该技术由于检测效率较低应用较少，从检测实践看，面积大、壁厚减薄率超过10%的局部腐蚀容易被发现。对于均匀腐蚀的在役管道检测只有腐蚀达到一定程度，才有可能检出，但仍然无法检测出小面积腐蚀和孔（点）蚀。

4　多频电磁

4.1　检测原理

多频电磁又称为 NoPig，该技术是由德国研发的，用于检测管道的金属损失、周向焊缝位置，检查管道的覆盖深度和涂层缺陷。多频电磁技术的工作原理是在待测管段两端通以多成分谐波电流，测量和分析由此激发的围绕检测管道周围的交流磁场，测量获得该电流的频谱和磁场的频谱，对比分析该电流和磁场的各同谱分量的比值，进而确定管道壁厚的异常变化率。

在不同频率下，进行管道外磁场的测量和比较，可以准确地得到“有金属损失”和“无金属损失”之间的差别情况。利用传感器矩阵测量管道周围磁场的水平分量。传感器的输出信号遵循数字化的数据收集模式（DCM），用于存储和管道位置的测量，这个位置与传感器矩阵和管道中实际电流有关。DCM 的显示器可以真实地显示实际的管道位置（覆盖和位移的深度）和通过管道的检测电流。最后通过评价分析，将会给出关于金属损失、环焊缝位置、覆盖深度和通过涂层的电流泄漏的分析数据。

4.2　检测注意事项

实施 NoPig 检测时，首先安装连接 NoPig 电源和管道连接点的电缆，阴保桩、地上管道或阀门、管道井均可视为连接点。两个连接点之间可以作为一个测试范围(图4)。

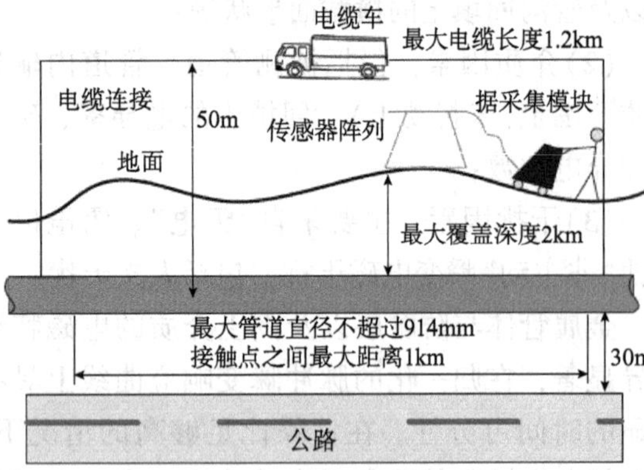

图4　多频电磁检测示意图

两个连接点之间的最长距离为 1km，电缆与管道的距离至少 50m，选择的地形必须适合缆线安装，而铁路、高速公路、超过 5m 宽的河流或小溪则无法为电缆提供安装路径。电缆安装完成后，调试电源的电流，开始从一个连接点向另外一个连接点检测，步进距离为 1m。管道上方 3m 范围内应无障碍(大片密集的植被或垃圾)，若有金属结构，则会干扰磁场，降低检测系统的灵敏度。

多频电磁检测准备工作简单，不需要昂贵的发射装置，也无需清管；每千米的检测费用与内检测费用相当；在检测精度、准确度、适用性、经济效益等方面，多频电磁检测技术具有很大的发展空间和应用前景。

4.3　国内外研究现状

德国 Eon/Ruhrgas 和 VNG 管道运营公司、澳大利亚 RAG 公司均使用该技术对管道实施检测，北美 Applus RTD 公司提供此项技术服务。

国内有关多频电磁检测技术的应用研究尚处于起步阶段，中国特检院何仁碧博士已经开展了大量研究[9]：采用理论分析与有限元仿真分析相结合的方法，研究了不同频率交变电流流经管道内、外壁缺陷时电流的分布特征，分析了由内、外壁缺陷导致的管道周围磁场变化，并通过实验对该检测技术的可行性进行了验证。

5　总结与展望

随着国内油气管网规模不断扩大，很多早期建设的管道已达到服役年限的中后期，对管道进行定期缺陷检测评价的重要性日益凸显。作为完整性管理体系中的新兴领域，非开挖在役管道缺陷外检测技术能够弥补现有检测技术的诸多不足。

三种技术都利用了电磁原理针对金属管体的地面检测技术，均具有不开挖管沟、不破坏管道外防腐层、不影响管道运行、操作简单等显著优点，代表了检测技术的新方向，具有良好的推广前景。但是，从目前的应用现状看，均具有局限性，在抗现场复杂环境干扰、数据结果的可靠性等方面还需要大量实践经验积累。

参考文献

[1]宋明，王汉奎，刘昕宇，李翼，徐彤，王海涛，吉建立，何仁洋，李仕力. 高钢级油气管道环焊缝断裂问题研究[J]. 化工机械，2022，v.49；No.290(02)：350－355.

[2]Jiles D C. Theory of the magnetomechanical effect. J Phys D Appl Phys，1995，28(8)：1537.

[3]Huang H H，Jiang S L，Yang C，et al. Stress concentration impaction the magnetic memory signal of ferromagnetic structural steel. Nondestruct Test Eval，2014，29(4)：377

[4]Bao S，Fu M L，Lou H J，et al. Evaluation of stress concentration of a low－carbon steel based on residual magnetic field measurements. Insight，2016，58(12)：678

[5]Dong L H，Xu B S，Dong S Y，et al. Characterization of stress concentration of ferromagnetic materials by metal magnetic memory testing. Nondestruct Test Eval，2010，25(2)：145.

[6]余方林，于润桥，廖连文等. 埋地管道非开挖弱磁腐蚀检测. 无损检测，2019，41(7)：39.

[7]赵卫星，夏桂锁，于润桥等. 弱磁热力管道安全评价技术研究. 南昌航空大学学报：自然科学版，2018，32(4)：93.

[8]浦哲；石生芳；任彬；赵番；王洁璐. 瞬变电磁法在门站管道检测中的应用[J]. 特种设备安全技术，2019，(06)：22－24.

[9]何仁碧；陈金忠；周汉权；马义来；何骏. 埋地钢质管道多频电磁非开挖检测技术研究[J]. 天然气与石油，2021，(02)：82－88.

长输管道安装监检的无损检测要求

陈玉宝

（广东省特种设备检测研究院，广东 广州 510060）

摘 要：天然气作为清洁能源，在城市能源消费中占据重要地位。随着环保意识的提高和能源结构的调整，城市管道天然气需求持续增加。因此作为上游输送天然气的长输管道建设进入了快车道。近年来，在广东省内正在实施天然气管道县县通工程，需要建设大量的长输管道。对于新建的长输管道，焊接接头的无损检测大多采用数字射线、相控阵超声检测技术（PAUT）和全自动超声检测（AUT）等技术。这样既能可靠快速地发现焊接缺陷，提高工作效率，也适应管道数字化智慧化要求。但是由于这些检测方法技术含量高，复杂程度大，许多从事监检工作的管道检验师缺少相应专业知识，造成了实际监检工作中的断层和盲区。笔者结合近些年安装监检经历，大致介绍了这些新型无损检测技术安装监检的注意事项，供监检人员参考。

关键词：长输管道；监督检验；无损检测

Nondestructive testing requirements on supervision inspection for Long Distance Pipelineinstallation

CHEN Yu-bao

（Guangdong Institute of Special Equipment Inspection and Research，Guangzhou，510600）

Abstract：As a clean energy，natural gas plays an important role in urban energy consumption. With the improvement of environmental awareness and the adjustment of energy structure，the demand for urban pipeline natural gas continues to increase. Therefore，as the upstream transmission of natural gas，the demand for longdistance pipeline construction has entered the fast lane. In recent years，the natural gas pipeline project through every county is being implemented in Guangdong province，and a large number of long distance pipelines need to be built. Digital ray testing，phased array ultrasonic testing（PAUT）and automatic ultrasonic testing（AUT）are used in the nondestructive testing of new long distance pipelines welded joints. This can not only find welding defects reliably and quickly，improve work efficiency，but also adapt to the requirements of digital intelligence of pipelines. However，due to the high technical content and complexity of these testing methods，many pipeline inspectors engaged in supervision inspection work lack the corresponding professional knowledge，resulting in faults and blind areas in actual supervision inspection work. Based on the experience of installation supervision inspection in recent years，the author introduces the precautions of installation supervision and inspection of these new non-destructive testing technologies for reference.

Key words：Long distance pipeline；Supervision inspection；Nondestructive testing（NDT）

1 引言

天然气作为清洁能源，在城市能源消费中占据重要地位。随着环保意识的提高和能源结构的调整，城市管道天然气需求持续增加。因此作为上游输送天然气的长输管道建设需求进入了快车道。广东省内，天然气已经逐步成为城市生活和生产的主导能源之一。为率先建立清洁低碳、安全高效的现代能源体系，广东继续加大天然气运输通道的建设力度。在 2020 年主干天然气管道通达 21 个地市后，于 2021 年，开启了天然气管

作者简介：陈玉宝（1967— ），教授级高工，主要研究方向为承压设备无损检测技术。E－mail：gdchyb@ qq. com

道县县通建设工程。目前广东省内建成天然气长输管道约3500km。

对于新安装的管道，焊接和无损检测是其中的关键环节，检测与焊接互相依存，互相促进。先进的焊缝方法，需要合适的无损检测技术来检测，而先进的无损检测技术又为焊接工艺的改进和焊接技术保障提供了技术支持。特别是长输管道全部埋地敷设，安装完成投用后，几乎不会再对焊缝进行无损检测，因此更需要安装时检测的高可靠性。因而，目前长输管道建设单位和设计单位中，对采用先进无损检测方法非常积极和热情。

2 无损检测技术选择

广东省内大口径长输管道常用的焊接方法有自动焊、半自动焊以及手工电弧焊三种。其中主线路焊接方式主要为自动焊和半自动焊，手工焊则主要用于连头和返修工序中。而主线路焊接方式的选择除了考虑管道管径、壁厚等因素外，还应充分考虑工程沿线地形、地貌、地表植被分布、沿途气候、人文环境等外界环境因素。

在无损检测方法的选择上，由于传统X射线胶片照相检测以及手工超声波检验方法，与当前数字化管道建设的要求不符，绝大多数工程采用数字无损检测技术，主要包括数字射线成像技术(DR)，相控阵超声检测技术(PAUT)和全自动超声检测技术(AUT)等。随着设备器材技术的进步和标准的发展，这些先进的无损检测技术在长输管道上的应用越来越普及。

3 目前安装监检存在的问题

广东省内的新建长输管道，自2016起陆续采用DR和PAUT对焊接接头进行无损检测，近几年来，采用相控阵超声技术的AUT方法应用愈加广泛。对于这些新无损检测技术的应用，许多监检人员技术水平跟不上，在监检过程中出现了许多问题。诸如，不清楚检测原理和检测过程；不明白检测仪器性能要求；不了解PAUT和AUT的试块要求；看不懂检测工艺文件和检测结果图谱等。由于上述问题的存在，监检人员对无损检测的监检流于形式，达不到要求。

4 无损检测的监检要求

目前长输管道设计文件要求，DR和PAUT主要执行SY/T 4109—2020《石油天然气钢质管道无损检测》和NB/T 47013《承压设备无损检测》。AUT执行GB/T 50818—2013《石油天然气管道工程全自动超声波检测技术规范》。

下面结合广泛使用的SY/T 4109—2020《石油天然气钢质管道无损检测》标准，介绍监检过程中的一些具体要求。

4.1 无损检测工艺文件

SY/T 4109—2020标准[1]规定，无损检测单位实施检测前应编制无损检测工艺文件，包括工艺规程和操作指导书。工艺规程应按相关技术文件和该标准编制，符合石油天然气有关安全、环保、防护等相关法规、标准的规定。工艺规程应明确具体检测方法相关因素的具体范围或规定，如相关因素的变化超出规定时，应修订或重新编制工艺规程。操作指导书应根据工艺规程结合具体检测对象编制。可以采用表卡的形式，应完整、明确和具体。工艺规程和操作指导书都应有相关人员签署。通常地，工艺规程应有Ⅲ级人员编制，Ⅲ级人员审核(AUT要求由检测责任工程师审核[2])，技术负责人批准(AUT要求由单位总工程师批准)；操作指导书由Ⅱ级人员编制，检测责任师审批。

因此监检人员在进行监检时，首先应审查检测单位的工艺规程内容是否满足规范标准要求，特别应审查是否覆盖了现场检测对象的要求。审查操作指导书时，要结合具体的管道焊缝，审查检测设备和器材的性能指标，具体的检测工艺参数，工艺验证和灵敏度复核的规定等内容。在操作指导书中要给出具体的检测要求和工艺参数，检测人员能够根据操作指导书的规定进行现场的检测工作。如果工艺文件错误，将导致现场检测产生错误，造成缺陷的漏检，带来较大的安全隐患。比如工艺文件中，通常会规定仪器性能要求，DR现场检测仪器的摆放要求，PAUT和AUT检测时，现场轨道和探头位置的安装等，选用的对比试块型号规格，检测灵敏度调试和复验要求，这些参数对缺陷检测非常重要，一定要在文件中规定正确。

4.2 无损检测人员管理

监检人员通常应抽查无损检测现场，检查操作人员是否按照工艺文件的规定，安装和调试了仪器，是否按照工艺文件要求，对数据进行采集和记录，是否及时填写检测原始记录等。无损检测人员除了资格证书要求外，人员应注册在检测单位，不能一个人在两个或多个单位执业。从事DR检测的人员，还应取得相应的辐射安全培训证书，视力应满足标准要求。从事PAUT和AUT的检测人员不应有色盲。现场监检时，检验人员应当仔细审查检测原始记录和检测报告上的签名，确认签名的真实性，必要时，要检测单位出具签名人员在现场的证明材料，比如住宿发票或者交通票据等，以防代签名等。

4.3 主要无损检测技术应用

对于不同的检测技术，审查的侧重点不尽相同。下面针对 DR、PAUT 和 AUT 技术分别阐述。

4.3.1 数字射线检测技术

对于要求进行数字射线检测的管道焊缝，监检时关注的重点为：

(1)检测设备

探测器系统供应商应提供出厂坏像素表和坏像素矫正方法，探测器使用前应按照具体的图像校正方法对探测器进行校正。探测器系统质量合格证中应给出探测器类型、像素尺寸、成像面积、射线能量适用范围、填充因子、采集帧频等技术参数。每年应对探测器系统性能中的线性范围、信噪比、厚度宽容度、对比灵敏度、系统分辨率等进行一次校准并记录；每 3 个月应对探测器坏像素进行一次核查并记录。应采用双线型像质计测定系统分辨率，其指标应大于或等于 2.5lp/mm。系统确定或改变后应测定系统分辨率。正常使用条件下，应至少每 3 个月进行一次系统分辨率测定。系统停止使用超过 30d 而重新启用时，应进行系统分辨率测定。实际检测时，对每道焊接接头应采用双线型像质计至少测量一次图像分辨率，测量时双线型像质计应置于探测器侧被检焊接接头有效透照区域$^1/_4$或中心位置附近，应靠近焊缝并与探测器的行或列成2°~5°摆放。

(2)图像检查

图像像质计灵敏度、图像分辨率和不清晰度应满足标准要求，图像有效评定区域内的灰度值应控制在整个灰度范围的 20%~80%，图像定位标记和识别标记完整，位置正确。图像归一化信噪比大于等于 140。除了检查图像质量本身，还要核查缺陷评定情况，重点是超标缺陷及其返修后的图像审查。

4.3.2 超声相控阵检测技术

PAUT 应重点审查以下内容。

(1)检测仪器

仪器应满足焊缝双侧同时扫查要求，检测壁厚大于等于 8mm 的焊接接头时设备应具备 TOFD 检测功能；仪器 -3dB 带宽下限不高于 1MHz，上限不低于 15MHz；所有激励通道的发射脉冲电压应具有一致性，最大偏移量不应大于设置值的 5%；各通道的发射脉冲延迟精度不应大于 5ns。

(2)探头

相控阵探头实测中心频率与标称频率的误差不应大于 10%；-6dB 频带宽度不小于 60%；晶片间灵敏度最大差值不应大于 4ddB，其均匀性应符合均方差不大于 1dB。TOFD 探头应符合其相应的产品标准规定，具有产品质量合格证明文件，其合格证中应至少给出中心频率、电阻抗或静电容、相对脉冲回波灵敏度和频带相对宽度等主要性能指标。

(3)试块

重点审查模拟试块的设计和使用。工艺验证应采用模拟试块进行。模拟试块材料的声学性能应同被检管道相同或相近，最好采用被检管道的一段，其焊接坡口型式与实际被检焊缝坡口相同或接近，坡口角度相差不应大于 5°。模拟试块的厚度应为被检管道厚度的 0.9~1.3 倍且两者间最大差值不应大于 5mm。模拟试块中的反射体应包括机械加工的人工反射体和焊接缺欠，反射体和人工缺欠的布局应覆盖工件厚度。焊接缺欠和人工反射体的设置应满足标准规定。

(4)聚焦方式设置

相控阵仪器提供的聚焦方式通常包括深度聚焦、声程聚焦、投影面聚焦及任意面聚焦。对于长输管道焊接接头，可以选择投影面聚焦，把聚焦面设置在坡口位置附近，用于检测坡口未熔合，聚焦深度在声程最大处。

(5)扇扫角度范围的确定

焊缝检测时，合理的扇扫角度范围与探头、楔块角度、楔块声速、工件声速等有关。所有的设置都应建立在能够进行 TCG/ACG 校准的基础上，否则应重新设置扇扫角度范围[3]。根据 NB/T 47013.15，对于厚度 22mm 的焊缝，B 级检测时扇扫角度范围≤35°，当楔块在工件中的折射角为 55°时，则扇扫起始角度为 35°，终止角度为 70°。

为了对全部被检区域进行扫查，需要结合扇扫角度确定探头位置[3]，即探头声束出射点到焊缝中心或某参考线的距离。

对于厚度为 20mm 左右的钢管焊缝，应使用一次波和二次波检测。探头位置的设置应考虑一次波扇扫角度范围能够覆盖整个底部焊缝(包括热影响区)，二次波能够覆盖整个检测面焊缝(包括热影响区)。另外，二次波还应能覆盖一次波未能覆盖的检测区域。探头的偏移量应通过计算给出，现场检测时要准确设置。

(6)灵敏度设定和扫查设置

NB/T 47013.15 要求，采用 TCG + ACG 方式，在 PCB－I 型对比试块设置灵敏度，采用深度为 15、25、35 的三个孔校准，校准过程中，应保证信噪比大于等于 12dB。定量线灵敏度和判废线灵敏度分别为 $\phi2\times40-12$dB、$\phi2\times40-4$dB。检测横向缺陷时，应将各线灵敏度均提高 6dB。

检测面应平整，便于探头的移动。检测前应在管子扫查面上予以标记，主要内容包括扫查起始点和扫查方向。检测前，应在扫查面上设定参考线以便进行纵向垂直扫查，参考线在检测区一侧距焊缝中心线一定距离(应严格计算)；把探头安装在带有编码器的机械扫查专用装置上，纵向垂直扫查时，应保持探头位置与设定参考线的位置不大于 5%。显示方式为 S 显示。

(7)扫查次数

根据标准要求，为保证缺陷的检出，B 级检测时应保证相控阵声束对检测区域实现至少二次全覆盖[4]。因此，焊缝两侧各进行一次垂直纵向扫查，每次探头距离焊缝中心位置不变。然后在焊缝左侧，利用纵向倾斜扫查检测横向缺陷，声束与焊缝的夹角分别为 15°。对于焊缝右侧，采用同样的布置，进行横向缺陷检测。

(8)检测数据审查

审查数据的完整性，重点审查超标缺陷及其返修的检测数据。

相控阵检测对执行工艺纪律的要求较高。如对焊接接头检测时，入射点的位置控制精度就显得尤其重要，假设当按预定位置扫查时所发现的缺陷位于坡口处(坡口未熔合)，在入射点有一定偏差情况下，则可能会成像于焊缝中间，此时极易将该危害性缺陷误判为其他类型缺陷。

4.3.3　全自动超声检测

管道环焊缝全自动超声检测就是将焊缝沿厚度方向分成若干区，每个区用一对或两对聚焦探头检测，同时还采用非聚焦探头检测，因此要求检测系统是多通道；检测结果以图像形式显示，分为 A 扫描、B 扫描及 TOFD 三种显示方式；扫查器在管道环向采用自动扫查和自动声耦合，对整个焊缝厚度方向的分区进行全面检测，并自动将检测结果和声耦合显示在图像上。全自动超声检测系统分为全自动多探头超声检测系统和全自动相控阵超声检测系统[3]。

全自动相控阵超声检测系统采用相控阵技术，使用一对探头即可对整个焊缝分区进行全面检测，简化了设置流程，同时辅助 TOFD 技术，进一步提供对缺陷的定量和定性判定，使用愈加广泛。

审查要点：

(1)人员要求

目前 AUT 检测还没有进入《特种设备无损检测人员考核规则》中，人员取证还没有法定要求，仅由中国特种设备检验协会、国家管网集团(徐州)管道检验检测有限公司、中国石油天然气管道科学研究院有限公司联合颁发的 AUT 检测人员能力评价等级证书。检测执行标准 GB/T 50818—2013《石油天然气管道工程全自动超声波检测技术规范》。

(2)对比试块与设备调试

AUT 的对比试块主要用于系统基准灵敏度设定和覆盖范围调试，验证检测系统的性能。对比试块的设计和制作应符合 SY/T 4112—2017《石油天然气钢质管道对接环焊缝全自动超声检测试块》的规定，要按照管道焊接依据的焊接工艺规程确定的坡口型式和尺寸，按照 AUT 分区扫查的要求进行设计和制造，试块中的人工反射体应覆盖整个壁厚范围，反射体的形状包括矩形槽、夹角槽、平底孔。试块加工完成后应经有计量资质的单位检验合格并出具检验报告[5]。

检测仪器设置前，应对焊接接头沿厚度方向进行分区，并应按 GB/T 50818 附录 A 的规定进行声速测量。系统参数选定后，应在对比试块上进行总体调试，每个反射体的峰值信号应达到满屏高的 80%，TOFD 的直通波幅度应为满屏高的 40% ~90%。调试过程中对比试块上主反射体波幅达到满屏高度的 80% 时，其两侧临近反射体的显示波幅应比主反射体显示波幅低 6 ~24dB。同时要进行耦合监视的调试，记录反射体间的编码位置相对于实际圆周位置的允许误差应为 ±2mm。

(3)扫查设置

轨道安装是 AUT 对焊缝进行有效检测的关键因素，管体椭圆度、焊缝存在和防腐层均会对轨道安装带来影响，要采取相应措施使管道稳定。

(4)灵敏度校验

在每班检测前、检测工作结束后和检测过程中每隔 2h 或扫查完 10 道焊缝后(以时间短者为准)，应采用对比试块进行灵敏度校验。若主反射体的信号低于满屏高度的70%，应对检测过的焊缝重新检测。

(5)耦合情况检查

扫查过程中，系统记录的耦合监视通道显示的耦合不良区域超过缺欠的最小运行长度时，应对耦合不良区域进行处理后重新检测。

(6)检测数据审查

同PAUT一样，要审查数据的完整性，重点审查超标缺陷及其返修的检测数据。

5 总结

随着新建管道数字化要求，无损检测技术更多地采用数字技术，特别是超声相控阵和AUT检测技术，这是对监检人员的极大挑战。要求监检人员要不断进步，持续学习新知识以适用新需求，必要时寻求无损检测专家给予支持。

参考文献

[1]曹健，陶学刚等．石油天然气钢质管道无损检测．2020，3：11－12.

[2]徐进，曹健等．石油天然气管道工程全自动超声波检测技术规范．2020，3：3.

[3]相控阵超声检测培训讲义(第4版)．中国特种设备检验协会相控阵超声教材编写组，2021，5：53－55，6：227.

[4]郑晖，阎长周等，承压设备无损检测 第15部分：相控阵超声检测．2021，6：30.

[5]曹健，李真等，石油天然气钢质管道对接环焊缝全自动超声检测试块．2017，7：19.

聚乙烯燃气管道热熔焊接接头无损检测综述

高振宇[1] 方 毅[2] 余道丞[2] 牟 婕[2] 秦传程[1] 张 毅[1] 唐建峰[1]

[1. 中国石油大学(华东)储运与建筑工程学院, 山东 青岛 266580;
2. 中国石油大学(华东)山东省油气储运安全省级重点实验室, 山东 青岛 266580]

摘 要: 聚乙烯燃气管道由于具有耐腐蚀性、施工便利性、维护成本低等优点, 逐渐代替金属管道应用于燃气输送领域。但由于环境、人为等因素, 其在使用的过程当中不可避免地会受到破坏, 尤其在焊接接头处, 所以对其进行及时且有效的无损检测显得尤为重要。其中超声相控阵技术和微波技术受到了研究者们的重点关注。主要综述了两种无损检测技术的原理、优缺点及前沿进展, 其中前沿进展包括检测缺陷的能力及提高检测性能研究两部分。最后, 提出两种无损检测技术目前研究存在的不足及未来发展方向。

关键词: 聚乙烯; 热熔焊接; 无损检测; 超声相控阵; 微波

A Review of Nondestructive Testing of Heat Fusion Welded Joints in Polyethylene Gas Pipelines

GAO Zhenyu[1], *FANG Yi*[2], *YU Daocheng*[2], *QIN Chuancheng*[1], *ZHANG Yi*[1], *TANG Jianfeng*[1]

[1. College of Pipeline and Civil Engineering in China University of Petroleum (East China), Qingdao 266580, Shandong, China;
2. Shandong Provincial Key Laboratory of Oil and Gas Storage and Transportation Safety,
China University of Petroleum (East China), Qingdao 266580, Shandong, China]

Abstract: Due to the advantages of corrosion resistance, construction convenience and low maintenance cost, polyethylene gas pipeline is gradually used in the field of gas transportation instead of metal pipeline. However, due to environmental and man – made factors, it will inevitably be damaged in the process of use, especially at the welded joints, so it is particularly important to carry out timely and effective nondestructive testing. Among them, ultrasonic phased array technology and microwave technology have been the focus of researchers. The principles, advantages and disadvantages of the two non – destructive testing techniques and the frontier progress were summarized, in which the frontier progress included the ability of the two techniques to detect defects and improve the detection performance of the two parts of the research. Finally, the shortcomings and future development directions of the two NDT technologies were proposed.

Key words: polyethylene; heat fusion welding; NDT; ultrasonic phased array; microwave

1 引言

金属管道在输送燃气时由于具有耐腐蚀性差、成本高、运输安装不便、刚性较高的缺点, 人们逐渐将目光关注于非金属管道。相比较传统的金属管道, 聚乙烯燃气输送管道具有更好的性能, 如耐腐蚀性、施工便利性、抗疲劳性、维护成本低等。从 2000 年以后, 我国的燃气管道开始大规模使用聚乙烯管, 目前超过 90% 以上的新建中低压城镇燃气管道使用聚乙烯管[1]。由于燃气管道往往处于高压、高温或者低温环境中, 再

作者简介: 高振宇(2000—), 男, 硕士研究生, 研究方向为无损检测。

通信作者: 唐建峰, 山东省青岛市经济技术开发区长江西路 66 号储建学院燃气工程系。E – mail: tangpaper@126. com

加上地质运动及化学物质侵蚀等影响，会降低其性能和可靠性。而焊接接头相对于管材来说是更为薄弱的环节，也是最容易发生泄漏的环节[2]。

按照焊接方式分类，可将焊接接头分为热熔焊接和电熔焊接。GB/T 51455—2023《城镇燃气输配工程施工及验收标准》规定，热熔对接焊接时，两管对准偏差不能超过管径的 10%，而小口径（$DN\leqslant90$）热熔焊接难以掌握，大口径的电熔管件造价较高，所以目前市场上小口径（$DN\leqslant90$）多用电熔连接，大口径（$DN>90$）多用热熔连接。相对于电熔焊接无损检测而言，热熔焊接的无损检测技术发展研究得相对较晚，不成熟，还需进一步通过技术研究、标准化、人员培训和智能化等方面的努力，不断完善聚乙烯管道无损检测技术，提高管道的安全性和可靠性。文章主要介绍了超声相控阵与微波两种无损检测技术的研究现状及未来发展趋势。

2　聚乙烯燃气管道热熔焊接原理

聚乙烯是一种高分子的聚合物，在固体状态下有两种状态：玻璃态和高弹态，而聚乙烯的液体状态被称为黏流态。在温度较低的时候聚乙烯为玻璃态，外力只会使其发生很小的变形，当温度升高，材料形变明显增加，随后温度升高到一定范围，形变相对稳定，此状态为高弹态，当温度继续增大，材料逐渐变为黏性的流体，此时形变不能恢复，此状态即为黏流态。而聚乙烯管热熔焊接的原理就是对聚乙烯管件端面一定区域进行加热，使玻璃态的聚乙烯变为黏流态，再通过施加压力方式使其紧密相连，内部聚乙烯高分子纠缠在一起，随着温度降低，黏流态的聚乙烯又变回玻璃体，形成强而有力的连接[3]。但是在焊接过程当中，环境因素及人为因素都会导致焊接接头处形成缺陷。热熔焊接原理见图 1。

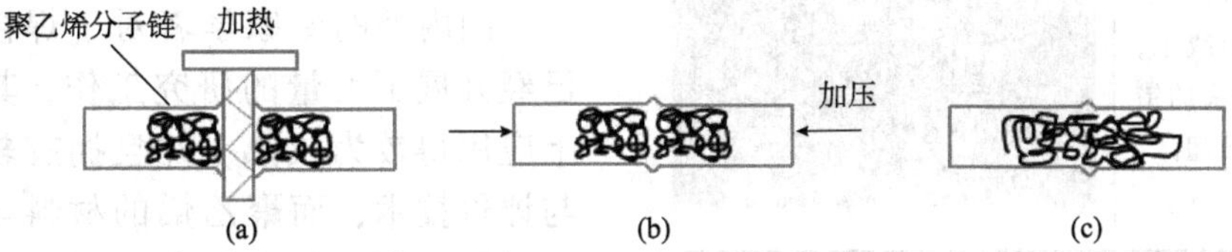

图 1　热熔焊接原理示意图

3　热熔接头缺陷形式

目前关于热熔焊接接头内的缺陷形式，行业内并没有一个统一的标准，通过查阅资料，根据缺陷的形成原因，可将热熔焊接缺陷类型分为工艺缺陷和结构缺陷两类。工艺缺陷是由于焊接过程中工艺参数选取不当而引起焊接接头材料性能本质上的一种削弱，主要缺陷类型为冷焊、过焊、焊缝过短、未熔合等；结构缺陷主要是由于操作者操作不当、焊接设备的质量和工况、管材质量与环境等因素引起的，主要缺陷类型为孔洞、夹杂、不对中等[4]。缺陷形成原因及示意图见表 1 和表 2。

表 1　工艺缺陷的形成原因及其示意图[4-5]

缺陷	形成原因	缺陷示意图
冷焊	由于焊接时加热板温度低于标准规定或者加热时间太短导致焊接接头吸收太少的热量。宏观特征是卷边较小	

续表

缺陷	形成原因	缺陷示意图
过焊	由于焊接时加热板温度超过标准规定或加热时间太久导致焊接接头吸收太多的热量。宏观变现问焊接卷边过大	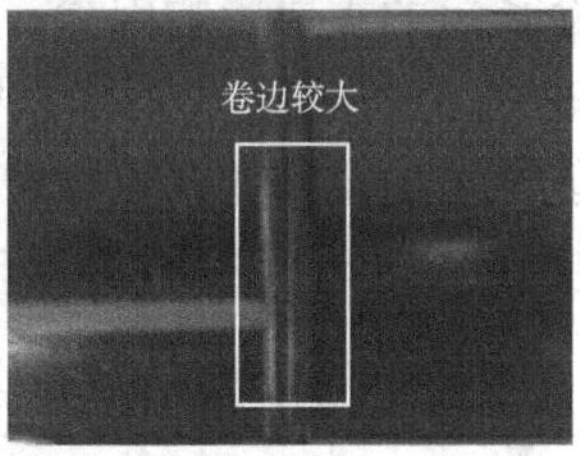
焊缝过短	由于焊接时施加的压力过大，导致熔融区的许多材料被压出，熔融层厚度减薄。宏观特征为焊接卷边较大，但焊缝较短	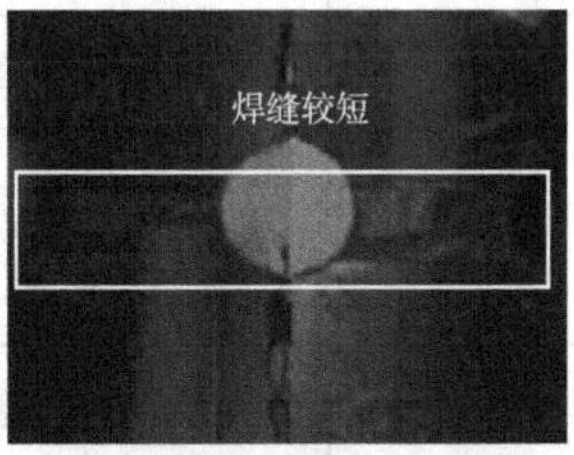
未熔合	主要由于初始卷边加压阶段和保压冷却阶段所施加的压力不足，造成局部聚乙烯分子的缠结不牢，不能形成有效的焊接接头	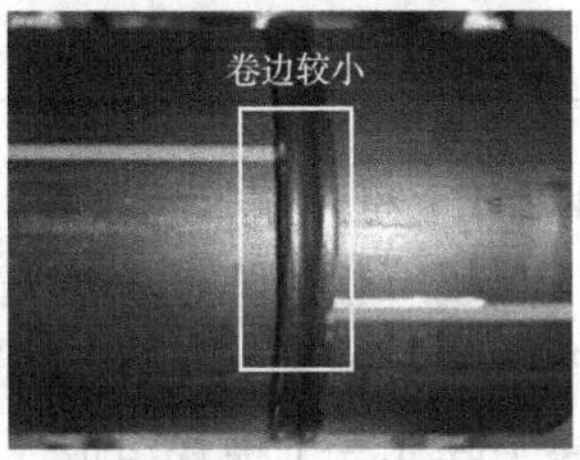

表 2　结构缺陷的形成原因及其示意图[4,6]

缺陷	形成原因	缺陷示意图
孔洞	焊接时由于母材颗粒杂质、水分或焊接时缩孔等原因形成接头内部的孔穴。造成焊缝结构不连续和不致密，导致接头性能降低	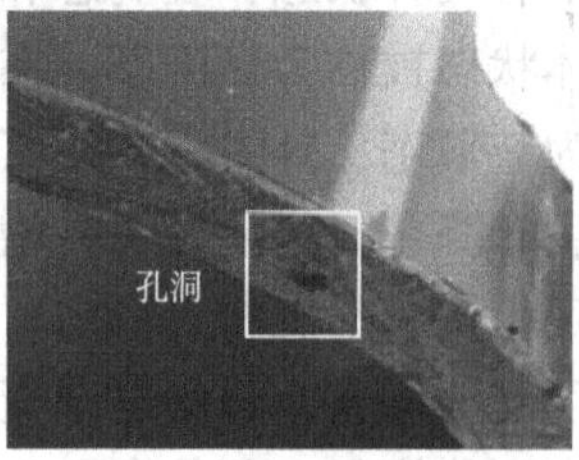
夹杂	由于外来夹杂物出现在聚乙烯管道热熔对接熔合面上，造成整个熔合面黏结不牢而形成的缺陷，会导致接头性能严重下降	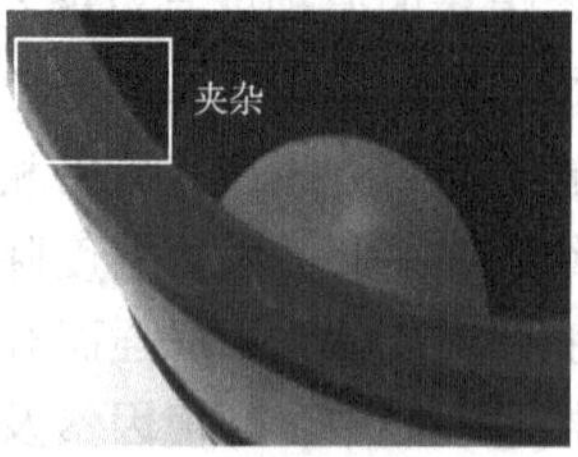
不对中	由于热熔对接焊接过程中管材的固定不在同一轴线上，最终导致接头的错位或棱角角度超标	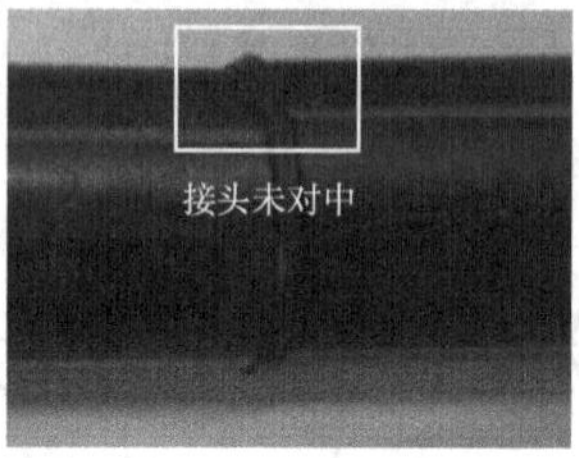

4　热熔接头无损检测方法

4.1　热熔连接的外观检测

热熔焊接缺陷是 PE 管道性能好坏和使用寿命长短的重要影响因素，在焊接部位存在缺陷时 PE 管道机械性能下降、密封性降低、受腐蚀可能性增加及管道系统可靠性下降。所以对热熔焊接接头进行无损检测及时发现缺陷是非常重要的，以确保聚乙烯管道系统的安全、可靠运行。最简单的无损检测方式是对管道进行外观检查：TSG D2002—2006《燃气用聚乙烯管道焊接技术规则》、CJJ 63—2018《聚乙烯燃气管道工程技术标准》中对于外观的检查都是围绕焊接区域卷边展开的，包括卷边外观检测：几何形状、中心高度；卷边切除检查：外观检查、背弯试验。JBT 12530. 2—2015《塑料焊缝无损检测方法 第 2 部分：目视检测》对目视缺陷进行分级：Ⅰ—最高要求、Ⅱ—较高要求、Ⅲ—般要求。

4.2　热熔连接的其他无损检测技术

对于燃气聚乙烯管道焊接接头，仅进行外观检查是不够的，其无法实现对接头内部缺陷进行定性和定量分析，而内部缺陷往往会有较大的危害[7]。外观检查仅起到了初步筛查的作用，虽然是必要的，但是不能作为唯一手段，所以为了确保管道的安全运行，应该结合外观检查和内部检测方法。

国内外的专家学者对于焊接接头内部检测已经开展了大量的研究工作，其中在金属管道上应用得较为成熟，并且拥有较为完善的检测与评价技术，而聚乙烯的材料与金属材料特性与结构不同，很多技术及研究成果并不能直接用在聚乙烯材料中，例如：聚乙烯材料具有明显高分子特征，声阻抗，声波衰减系数和声波散射等比金属材料严重[8]。目前在燃气聚乙烯焊接接头中使用较多的检测手段有超声相控阵技术、微波技术、射线技术、太赫兹检测技术等。下面主要介绍超声相控阵及微波无损检测技术的介绍见表 3。

表 3　无损检测技术及其优缺点

检测技术	优点	缺点	相关工作	参考文献
超声相控阵技术	·高分辨率的图像， ·延迟聚焦法则可检测不同方向上的缺陷， ·实时获得图像，提高检测效率	·声衰减、声频散， ·信噪比低时，易受到电信号干扰， ·检测温度对超声信号传播速度和衰减有影响	检测结构性缺陷，检测工艺性缺陷，提升检测性能	[8]、[15 – 16]、[19]、[17 – 21]、[22 – 30]
微波技术	·贯穿介电材料能力强，能深入介质区域， ·不需要耦合剂，操作简便	·检测时需要考虑不同材料的变化， ·外部电场和磁场会显著影响结果的准确性	检测结构性缺陷，检测工艺性缺陷，提升检测性能	[7]、[33]、[35 – 43]、[40 – 42]、[44 – 45]、[46 – 50]

4.2.1　超声相控阵技术

超声相控阵是一种先进的超声成像技术，其声束的激发和接收由激发和接收模块、延时器、探头阵元三个模块组成。其中探头阵元由多个超声传感器单元组成，这些单元排列成一个阵列。每个传感器单元可以独立控制发射和接收超声波信号。通过延时器控制各个通道的发送和接收延迟时间来实现声束的控制，实现声束的偏转和聚焦，从而扫查管道热熔接头，并接收结构内部回波信号进行成像，使缺陷可视化[9]。超声脉冲发射和缺陷回波接收示意见图2。

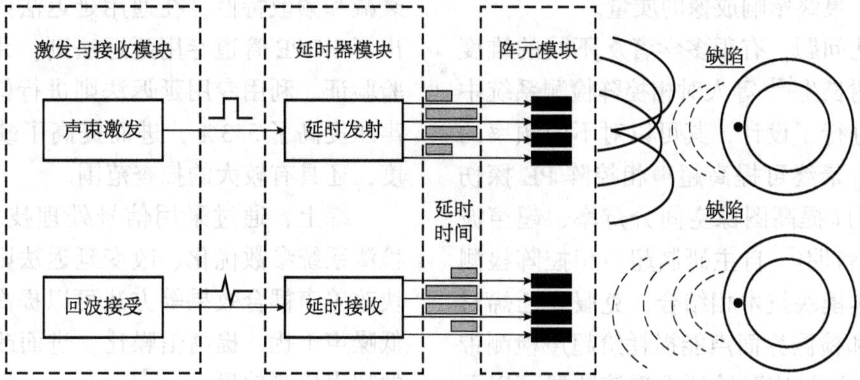

图2 超声脉冲发射和缺陷回波接收示意图

国外从20世纪70年代开始就应用传统超声检测聚乙烯焊接接头[10]。20世纪80年代初，美国燃气研究学会(GRI)是第一家将超声相控阵技术检测技术应用于聚乙烯管道热熔接头的公司，通过实验验证发现相控阵技术对壁厚不超过12mm，管径小于100mm的热熔接头有较好的检测效果[11]。英国焊接研究所(TWI)通过研究表明，该方法对25mm壁厚的聚乙烯热熔接头检测效果不好[12]。从20世纪80年代末开始，超声相控阵推出商业化产品。1989年，加拿大研发技术公司R/D Tech参考模拟电路研发出超声相控阵检测装置[13]；1998年法国原子能机构(CEA)研发出可自动改变聚焦参数的超声波检测系统[14]。此后，为了适应不同场合的要求，外国公司致力于研发便携式超声相控阵检测仪器。

国内对聚乙烯管道接头无损检测技术的研究于21世纪初刚起步[6]，而热熔焊接的研究相对于电熔起步晚一些。下面从三个角度对研究现状进行总结归纳。

(1)识别缺陷的能力

超声相控阵技术应用于热熔焊接接头的主要目的就是发现其中的缺陷，并对缺陷进行定性和定量分析，最终达到确保焊接质量，提高管道的安全性和可靠性，降低管道运行中损失风险的目的。通过整理发现相控阵技术对孔洞、夹杂等结构性缺陷检测效果较好：王少军[8]等人采用超声相控阵动态聚焦和S扫成像技术，得到热熔接头典型缺陷扫查图：孔洞、夹杂。通过工程验证，证明该方法在埋地聚乙烯管道工程检测中是可行的。刘向薇[15]等人发现超声相控阵可实现对热熔夹杂、孔洞缺陷的识别。施建峰[16]等人对深圳市10个聚乙烯燃气管道工程的54个热熔接头进行不停气检测，结果显示热熔接头缺陷概率为18.5%，其中最为常见的缺陷为孔洞和夹杂；公称直径越大，接头出现缺陷概率越高；孔洞与熔合面夹杂缺陷为常见缺陷。陈宝龙[19]等人自制试块缺陷进行超声相控阵检测，实验发现相控阵技术对于孔洞、夹杂缺陷可以实现定量及定性。

目前学者们对于相控阵能否检测冷焊、未熔合等工艺性缺陷存在争议，王胜辉[17]等人使用超声相控阵技术检测热熔冷焊缺陷，使用直探头检测时发现冷焊缺陷的熔接面线信号相对正常焊接较强，区别明显。通过对含冷焊缺陷的焊接接头进行力学性能测试，发现冷焊显著降低管焊接接头处的力学性能。而缪玮[18]等人通过软件仿真和对比实验对超声相控阵仪器性能进行优化，经验证该工艺可发现过焊、夹杂、气孔等缺陷，而对冷焊缺陷则无法准确判断。赵兴波[19]等人将热熔焊接缺陷分为夹杂和未熔合，并指出现有规范中标准试块的制作(不具备透声性能)与实际检测不符，通过自制PE试块(具备透声性能)并改进楔块，成功检测出夹杂和未熔合缺陷，与射线检测结果相吻合。Wei[20]等人利用超声相控阵技术成功识别出热熔接头中的孔洞与未熔合缺陷，并且利用射线技术加以验证。而韩光明[21]指出聚乙烯管道热熔接头中不存在所谓的气孔、夹杂等缺陷，严重的危害性缺陷是“未充分熔合”，而其由于存在严重的透声现象无法获得最原始A扫描波形，所以超声想相控阵无法检测这种缺陷。

(2)提高检测性能研究

由于聚乙烯材料表面的不规则性、孔洞和颗粒等不均匀性会导致超声波的散射和多次反射，增加了信号的衰减和噪声的干扰，降低了信噪比。此外，聚乙烯材料对超声波的吸收特性较强，尤其是在高频范围内，使得超声波的能量被吸收，进一步削弱了信号强度，从而影响了信号的接收和质量，最终影响成像的质量。

为了解决此问题，有很多学者从不同的维度展开了研究。谢长生[22]等人对相控阵检测系统中的动态滤波器进行了设计，其可以对不同频率的衰减进行补偿。最终可提高超声相控阵 PE 探伤的缺陷检出能力(提高图像空间分辨率、超声波探测深度)。竺哲明[23]自主研制超声相控阵检测装置，并与液体楔块技术相结合，克服聚乙烯材料声衰减严重和检测界面声能损耗给超声检测带来的困难。最后通过实验验证发现该装置可以可靠地发现气孔、融合面夹杂缺陷。吴军[24]等人基于 CIVA 仿真软件对聚乙烯材料声衰减特性进行研究。研究发现衰减是随着检测距离的增加而不断增加的，当试件深度一定时，随着检测频率的增大，声波衰减也随之增大。经过分析，当管壁厚度小于 20mm 时可以选择中频探头。当管壁厚度大于 20mm 时可以选择低频探头。谢世杰[25]、肖权旌[26]等人利用全聚焦超声成像算法(TFM)对含缺陷的试块进行检测，此方法可提高成像的信噪比。结果表明：TFM 可对缺陷实现定位，检测深度达到 50mm，并且在检测精度上有了很大的提高，这在缺陷的定量描述上更有优势。此外 TFM 还可降低缺陷的最大幅值标准差，这表明 TFM 在缺陷的相控阵超声检测上有较好的应用前景。由于聚乙烯具有声衰减和声频散特性，方海清[27]等人在理想波动声学方程基础上，建立复合频率超声信号传播模型，使得模拟结果与检测结果更接近；并改进延时聚焦法则且应用于大壁厚 PE 管超声相控阵检测，结果表明聚焦区域的内壁面回波信号增强了 5.1%，非聚焦区域的缺陷信号增强 6.1%。甘文军[28]针对 HDPE 管道热熔接头超声检测声衰大，检测信噪比低等问题，通过软件仿真优化了探头参数(频率、晶片尺寸、阵元排列)及检测工艺，结果表明对各缺陷检测效果均较好。郑凯[29]等人针对聚乙烯管道热熔接头超声检测声衰减大，检测信噪比低等问题，提出了缺陷信号处理的办法。首先通过仿真软件的方法利用 K-SVD 算法完成对某一单条缺陷信号的压缩重构，接着利用合成方法得到缺陷扇扫的完整成像。最后通过调节字典元素个数和迭代次数，实现重构信号获得较高的信噪比和较低的重构误差，并依据峰值信噪比等评价标准对其图像处理的质量作出较为准确的评价。最终改善了信号质量与成像结果，提高了缺陷检出率，降低漏检率。秦胤康[30]考虑到高密度聚乙烯中超声波的衰减和频散特性，在通用延迟法则的基础上，提出了 HDPE 管道专用延迟法则，并进行仿真和实验验证。利用专用延迟法则进行检测，聚焦声场声压提高了 5.3%，进而提高了缺陷反射脉冲强度，还具有较大的扫查范围。

综上，通过采用信号处理技术、仪器设计、检测系统参数优化、改变延迟法则、选用不同楔块改善声耦合效果等方法可以提高信号强度，降低噪声干扰，提高信噪比，进而改善聚乙烯材料的超声检测效果。

(3)超声相控阵无损检测规范标准

21 世纪开始，国内专家学者就开始了针对聚乙烯电熔焊接相控阵无损检测的研究，并在 2012 年形成了国家标准，以后陆续形成行业、地方标准，评价体系逐步完善。但是热熔标准形成时间较晚，且国内目前仅有团体和地方标准。相关标准见表 4。

表 4　聚乙烯管道热熔接头超声相控阵检测相关标准

标准号	名称
DB31/T 1058—2017	《燃气用聚乙烯(PE)管道焊接接头相控阵超声检测》
DB15/T 1819.3—2020	《燃气用埋地聚乙烯管道焊接接头超声相控阵检测技术规范 第 3 部分 热熔接头检测》
T/ZJASE 008—2021	《聚乙烯管道热熔对接接头相控阵超声检测》
ISO/TS 22499：2024	《用于输送流体的热塑性塑料管道使用相控阵超声检测检测聚乙烯对接熔接接头》
ASTM E3044/E3044M – 22	《聚乙烯对接融合接头超声检测的标准实施规程》

4.2.2　微波技术

微波是一种电磁波，其具有穿透非金属材料的特性，检测原理基于微波与介电材料之间的相互作用。在微波频率作用下，介电材料本体和缺陷处介电特性不同，以微波为载体，借助分析软件将这种差异转化为可读取的电量值，再经过算法可还原材料内部缺陷及结构图像[31]。微波技术应用于非金属管道无损检测时，按照检测方法分为开口法、谐振法和聚焦法[32]。开口法使用圆波导、矩形波导、同轴线等微波器对试块进行检测；谐振法主要使用平面谐振器对试件进行检测；聚焦法主要使用合成聚焦技术，如合成孔径雷达技术、微波全息技术等。其检测原理为：微波探头中的信号发射器向焊接接头发送信号，当遇到缺陷时(介电常数变化)，反射的信号幅度和相位相对于发射信号会发生变化。当遇到不同的缺陷时，反射波的幅度和相位也会不同，这样就可区分不同的缺陷。当反射波被接受传感器接受，分别与发射波发生干涉形成干涉波，转化为电信号输入到计算机，经处理后形成微波图像[33]。微波检测原理示意见图3。

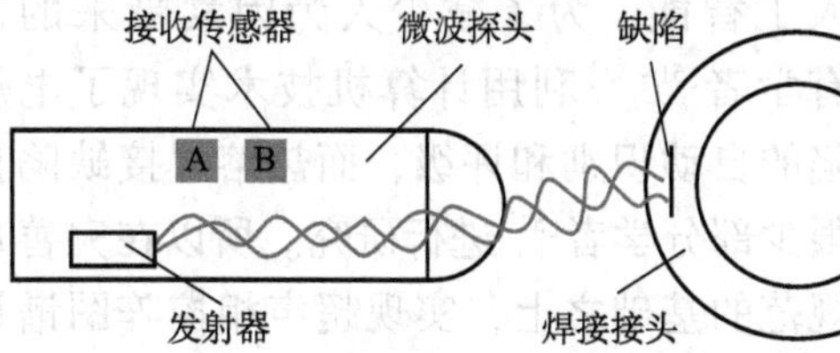

图3 微波检测原理示意图[33]

微波无损检测技术始于20世纪50年代初[34]。随着电介质材料需求的增加，微波无损检测技术的需求也在增加。2011年德国无损检测协会成立了微波和太赫兹工艺技术委员会。2014年，美国无损检测协会(ASNT)成立了微波测试委员会，微波测试标准化工作已经开始。2016年成为ASNT手册中认可的标准检测方法，2018年被美国材料与试验协会(ASTM)标准采纳[35]。从2010年以后国内陆续开展微波无损检测技术的研究，2020年之后开始进行系统研究。

(1)识别缺陷能力

为了验证微波技术对燃气聚乙烯管道热熔焊接接头无损检测的适用性，众多学者对热熔接头的缺陷进行了检测，并通过破坏性实验及其他无损检测方法进行验证。发现微波技术对于结构性缺陷及工艺性缺陷均匀较好的检测效果。

祝新伟等人[33,36]利用微波技术对含有不同缺陷(减少焊接温度、减少焊接压力、增大切换时间、裂纹、过压)的聚乙烯管道接头进行检测，与正常焊接接头相比，含缺陷接头的微波检测图像具有明显的不同特征。并且利用真密度测试含不同缺陷的接头，验证了微波检测方法的可靠性。梁雪莲等人[7]指出微波技术可以检测出热熔接头的冷焊、未熔合等缺陷，因为焊缝区域的材料经过加热冷却过程，导致其介电性能与母材有差异，从颜色上可体现出来。经破坏性实验验证，与检测结果吻合。车飞等人[31]解释了微波无损检测技术的原理，并对某城市安装现场PE管热熔接头进行微波检测，受检管线中发现3处异常，最后对受检管线进行破坏性实验，检测结果发现与破坏性实验结果吻合度较高。李曼曼等人[35]通过模拟施工现场可能导致缺陷产生的情况，制作了含有缺陷(冷焊、未熔合、夹杂)的热熔接头试件，通过比较微波检测结果和拉伸实验结果，验证了微波技术对热熔接头内部缺陷检测的准确性。郭涛等人[37]通过微波技术对冷焊缺陷进行表征和分析，并利用射线技术进行验证了两种检测技术的有效性。牛小驰等人[38-39]认为冷焊产生的机理为分子链结构的缺失，微波检测结果显示冷焊区域焊缝宽度发生变化，拉伸结果显示合格焊口韧性断裂，冷焊缺口为脆性断裂，韧性断口电镜扫描呈现大量细长的分子链结构，而脆性断口电镜扫描呈现出分子链的圆形断面，既切割后的分子链断面。Stakenborgh等人[40-42]使用微波技术中的开口法检测热熔焊接存在的冷融合(焊接压力过大、延长加热结束至融合的时间)，融合面夹杂(超细粉末)、未熔合等缺陷，并且通过破坏性实验进行验证。PAN等人[43]利用矢量网络分析仪和自行设计的微波测量系统对不同程度的冷焊缺陷进行检测，并通过密度实验和扫描电镜观察验证了微波测试方法可靠性。Murphy等人[44]使用微波检测中的开口法检测PE100，直径250mm，SDR11的聚乙烯管道。通过检测与破坏性实验发现，微波技术能够准确发现夹杂缺陷(油脂、细颗粒污染)。Ghasr等人[45]使用便携式、相对成本低的宽带Ka波段波导及合成孔径雷达算法(SAR)对HDPE管道上的裂纹缺陷进行检测，结果表明，该技术在横向上达到1.6mm分辨率，深度方向达到7mm分辨率。

通过总结整理发现：①热熔焊缝区域经过加热与冷却过程，分子结构发生变化，而其对传统超声方法的信号源不产生反馈，但是分子结构变化会导致聚乙烯材料介电性能的变化，进而被微波探测到，所以微波技术对工艺性缺陷(冷焊、过焊、过压、欠压)检测效果较好。②除了工艺性缺陷之外，微波技术对于结构性缺陷(裂纹、夹杂、孔洞)也是可以做到准确识别。

(2)提高检测性能研究

为了提升微波技术缺陷检出能力、成像质量，降低检测成本等，许多专家学者从不同维度进行了研究。本节除了讨论聚乙烯管道之外，还探讨了其他非金属管道的相关研究。

Carrigan等人[46]利用管内爬行机器人，并采用微波技术开口法中的 K 波段检测 9.8mm 壁厚管道外表面的孔洞、裂纹缺陷(孔洞最小直径 2.8mm，裂纹最小宽度 1mm)。同时，为了提高缺陷的检出能力，研究了频率与间隔范围的最佳组合，但是每种组合都特定于某个管壁厚度，外部环境。为了证明微波成像系统的有效性，Rahman 等人[47]使用工作在 K 和 Ka 波段的矩形波导探头和一个在 K 波段的圆形波导探头来检测直径 160mm，厚度 16mm 的 HDPE 管道。通过用 SNR(信噪比)值作为评价标准，结果发现矩形波导的检测效果比圆形波导要好，检测能力更强。Wu 等人[48]利用全息微波成像方法检测 PVC 同心管道的孔洞缺陷，采用标准化的最小范数对传统的最小范数求解过程进行扩充，提高了微波技术对非金属(pvc)同心管道的缺陷成像质量(提高成像分辨率)，尤其是远离测量装置的管道。雒明世等人[49]为了有效对聚乙烯管道内部缺陷进行检测，提出了一种基于主成分分析(PCA)杂波抑制成像增强方法，并对已增强图像，使用阈值分割技术提取缺陷特征，结果表明所提方法其成像质量优于未进行杂波抑制的图像，缺陷定位及缺陷面积相对误差均较小。Amineh 等人[50]利用全息微波成像检测 PVC 同心管道，采用波束空间变换的方法，提高了微波技术对非金属(pvc)同心管道的缺陷成像质量(提高成像分辨率)，尤其是远离测量装置的管道。但是此方法要求管道之间和外部的介质是均匀的，否则全息图像会出现伪影。

通过总结整理发现：①在提升缺陷的检测能力方面，学者们研究了微波频率与间隔(探头与管壁)的组合、不同探头之间的性能对比。②在提升成像质量方面，研究了标准化最小范数、波束空间变换及主成分分析(PCA)杂波抑制方法。

(3)微波无损检测规范标准

在 2018 年，美国材料与试验协会发布了关于微波检测的相关标准，国内发布的相对较晚，2023 年北京市市场监督管理局首次提出了针对聚乙烯管道热熔接头的微波无损检测质量控制规范。相关标准见表 5。

表 5　聚乙烯管道热熔接头微波检测相关标准

标准号	名称
DB11/T 2140—2023	《聚乙烯管道热熔对接接头微波检测质量控制要求》
ASTM E3101－18	《聚乙烯热熔对接接头的微波检验的标准实施规程》

5　总结与展望

文章主要介绍了两种无损检测的原理、优缺点及研究现状。目前的研究还存在以下的不足：

(1)超声相控阵技术

①完善热熔焊接规范：超声相控阵技术对于结构性缺陷识别效果较好，而对于工艺性缺陷，如冷焊、过焊、未熔合识别效果相对较差，未来可加强在信号处理方面的研究，区分工艺性缺陷与正常焊接信号的不同，形成特征图谱与质量分级，完善相关检测、评价标准体系，形成行业、国家层面的检测标准。

②人工智能：为了减少人为因素带来的误差，已有学者[51-52]利用计算机技术实现了电熔焊接缺陷的自动识别和评级，而热熔焊接缺陷目前仅有很少部分学者[53]进行研究。所以在完善现有热熔规范的基础之上，实现超声相控阵图谱计算机自动识别能够提高识别的效率、准确性和一致性，具有较强的实用价值和广泛的应用前景。

(2)微波技术

①微波检测技术中的开口法使用的频率范围较宽，微波器件种类也较多，需要对各频率范围，微波器件进行实验研究，评价其性能，对此已有部分学者进行了比较研究，但是目前研究还不足，未来可结合仿真模拟的手段，进行系统研究。

②标准规范：目前国内仅有北京市地方标准，未来应继续出台行业、国家层面的检测标准。

③人工智能：为了提高检测效率、准确性，减少人为因素带来的误差，在继续完善规范的基础上，利用机器学习实现微波检测图谱的计算机自动识别。但目前并没有此方面的研究。

参考文献

[1]李陈，曹彬彬，王维．燃气聚乙烯管道热熔接头无损检测技术综述[J]．上海化工，2022，47(4)：76－78.

[2]方学锋，周楠，张伯君，等．聚乙烯管道热熔接头无损检测技术研究进展[J]．炼油与化工，2023，34(3)：11－14.

[3]董守江，邱建新，温友林，等．PE 管热熔(焊接)粘接缺陷的研究[J]．中国特种设备安全，2015，31(7)：65－69.

[4]闵文．含工艺缺陷 PE 管道热熔焊接接头失效机理分析[D]．哈尔滨理工大学，2015.

[5]崔海涛. PE 管焊接质量检测技术的应用研究[D]. 北京建筑大学，2019.
[6]郭伟灿. 聚乙烯管道热熔接头超声检测技术研究及设备研制[D]. 浙江大学，2014.
[7]梁雪莲，李曼曼，陈庆玺，等. 聚乙烯燃气管道焊接接头无损检测及质量评价[J]. 劳动保护，2021，(8)：107－110.
[8]王少军，裘爱东，宋盼，等. 埋地聚乙烯管道热熔接头的超声相控阵检测[J]. 无损检测，2017，39(5)：21－23，69.
[9]史振. 超声相控阵成像检测技术的研究[D]. 南京航空航天大学，2012.
[10]Lynn G. Ultrasonic inspection helps utility ensure quality of joints[J]. Pipeline & gas journal，1997，224(4)：88－90.
[11]彭伊娟. HDPE 管道接头熔接质量检测与评定技术研究[D]. 江南大学，2023.
[12]Munns I J，Georgiou G A. Ultrasonic and Radiographic NDT of Butt Fusion Welded Polythylene Pipes[J]. Insight-Non-Destructive Testing and Condition Monitoring，1999，41(5)：291－303.
[13]Group M W. R/D Tech acquires Panametrics NDT[J]. Materials World，2004(2)：12.
[14]Chen H，Fan D，Huang J，et al. Finite Element Analysis Model on Ultrasonic PhasedArray Technique for Material DefectTime of Flight Diffraction Detection[J]. Science of Advanced Materials，2020，12(5)：665－675.
[15]刘向薇，卜明哲，付现桥，等. 超声相控阵技术对聚乙烯管道焊接接头的检测研究[J]. 焊接技术，2019，48(11)：24－27.
[16]施建峰，陶杨吉，安成名，等. 聚乙烯燃气管道超声相控阵检测工程应用案例分析[J]. 压力容器，2020，37(12)：54－62.
[17]王胜辉，汤陈怀，杨振国. HDPE 管热熔接头冷焊缺陷的检测与评估[C]//2015 年全国失效分析学术会议论文集：《金属热处理》编辑部，2015：352－355.
[18]缪玮，李陈，曹彬彬. 燃气聚乙烯管道热熔接头相控阵工艺研究[J]. 化工装备技术，2023，44(1)：29－32.
[19]赵星波，郭涛，黄炯，等. 考虑声衰减聚乙烯热熔接头典型缺陷相控阵检测[J]. 全面腐蚀控制，2023，37(8)：14－20.
[20]Wei D. Study on Ultrasonic Phased Array Detection of Hot Meltbutt Joint of Polyethylene Pipe[C]//2022 International Conference on Image Processing，Computer Vision and Machine Learning (ICICML). IEEE，2022：65－68.
[21]韩光明，蔡勤. 聚乙烯管(PE)热熔接头超声波检测问题分析[J]. 全面腐蚀控制，2021，35(5)：103－108.
[22]谢长生，罗晓明，印军华，等. 聚乙烯管道焊接接头超声波检测中的动态滤波器设计[J]. 无损检测，2014，36(10)：32－35.
[23]竺哲明，黄伟勇，郭伟灿. 聚乙烯管道热熔对接接头的超声相控阵检测[J]. 无损检测，2017，39(1)：38－41，65.
[24]吴军，吴胜平，郑凯，等. 聚乙烯管焊接接头相控阵超声检测的优化设计[J]. 计算机测量与控制，2024，32(3)：50－56.
[25]谢世杰，许卫荣，王强，等. 高密度聚乙烯管热熔接头的全聚焦成像实验分析[J]. 河南科技大学学报(自然科学版)，2022，43(1)：46－51，7.
[26]肖权旌，王强，许卫荣，等. 高密度聚乙烯管道热熔接头 3D 全聚焦成像试验分析[J]. 压力容器，2022，39(12)：62－70.
[27]方海清，施建峰，郑津洋. 考虑声衰减和声频散的聚乙烯超声相控阵缺陷检测仿真模型[J]. 压力容器，2022，39(2)：67－74，82.
[28]甘文军，蔡家藩，姚晓园. 核级高密度聚乙烯管道热熔接头的相控阵超声检测[J]. 无损检测，2023，45(6)：43－48.
[29]郑凯，吴军，吴胜平，等. 基于超声相控阵的聚乙烯管道缺陷信号重构方法研究[J]. 计算机测量与控制，2023，31(9)：247－252.
[30]秦胤康. 核电站高密度聚乙烯管道热熔接头的超声相控阵检测研究[D]. 浙江大学，2019.
[31]车飞，朱丽丽，王一帆，等. 燃气 PE 管道热熔接头的微波无损检测应用[J]. 管道技术与设备，2022，(3)：41－44.
[32]于昊言，李勤勤，金淇，等. 非金属管道的微波无损检测技术综述[J]. 测控技术，2023，42(5)：12－27.
[33]祝新伟，潘金平，谭连江. 聚乙烯管道热熔接头冷焊缺陷的微波检测和真密度测试研究[J]. 压力容器，2013，30(9)：54－59.
[34]Zoughi R. Microwave non-destructive testing and evaluation principles[M]. Springer Science & Business Media，2000.
[35]李曼曼，梁雪莲，马旭卿，等. 聚乙烯燃气管道热熔接头微波检测[J]. 煤气与热力，2023，43(5)：18－23.
[36]祝新伟，潘金平，谭连江，等. 微波扫描法检测聚乙烯管道热熔接头缺陷初探[J]. 压力容器，2013，30(2)：73－76，21.
[37]郭涛，石洁，蔡勤，等. 燃气用聚乙烯管道热熔接头冷焊缺陷检测[J]. 全面腐蚀控制，2023，37(4)：19－24.
[38]牛小驰，车飞，陈斯. 聚乙烯燃气管道热熔接头冷焊缺陷的微波检测技术研究[J]. 中国特种设备安全，2023，39(8)：58－62.

[39]牛小驰，车飞．聚乙烯管道热熔焊缝分子链结构的微波检测[J]．石油化工设计，2024，41(1)：30－31，36，74.

[40] Stakenborghs R J. Innovative techniquefor inspection of polyethylene piping base material and welds and non-metallic pipe repair[C]//ASME Pressure Vessels and Piping Conference. 2006，4756：245－255.

[41] Stakenborghs R，Little J. Mechanical test correlation for microwave based NDE inspection of HDPE thermal and electro-fusion pipe joints[C]//International Conference on Nuclear Engineering. 2010，49347：469－477.

[42] Stakenborghs R，Little J. Microwave based NDE inspection of HDPE pipe welds[C]//International Conference on Nuclear Engineering. 2009，43543：185－193.

[43] Pan J，Hu J，Zhu X，et al. Identifying lack of fusion defects in high-density polyethylene piping welds[C]//2016 IEEE Far East NDT New Technology & Application Forum (FENDT). IEEE，2016：58－61.

[44] Murphy K，Lowe D. Evaluation of a novel microwave based NDT inspection method for polyethylene joints[C]//Pressure Vessels and Piping Conference. 2011，44557：321－327.

[45] Ghasr M T，Ying K，Zoughi R. 3D millimeter wave imaging of vertical cracks and its application for the inspection of HDPE pipes[C]//AIP Conference Proceedings. American Institute of Physics，2014，1581(1)：1531－1536.

[46] Carrigan T D，Forrest B E，Andem H N，et al. Nondestructive testing of nonmetallic pipelines using microwave reflectometry on an in-line inspection robot[J]. IEEE Transactions on Instrumentation and Measurement，2018，68(2)：586－594.

[47] Ur Rahman M S，Haryono A，Abou-Khousa M A. Microwave non-destructive evaluation of glass reinforced epoxy and high density polyethylene pipes[J]. Journal of Nondestructive Evaluation，2020，39(1)：26.

[48] Wu H，Ravan M，Sharma R，et al. Non-Destructive Testing of Non-Metallic Concentric Pipes Using Microwave Measurements[C]//2020 IEEE/MTT-S International Microwave Symposium (IMS). IEEE，2020：369－372.

[49]雒明世，张蒙蒙，方阳．PE管道的近场微波成像及缺陷定量表征[J]．通信学报，2023，44(9)：139－148.

[50] Amineh R K，Ravan M，Sharma R. Nondestructive testing of nonmetallic pipes using wideband microwave measurements[J]. IEEE Transactions on Microwave Theory and Techniques，2020，68(5)：1763－1772.

[51]盛雄．聚乙烯管道电熔接头超声检测缺陷自动识别系统研发[D]．浙江大学，2018.

[52]黄跃鑫．基于超声相控阵的聚乙烯管道接头无损检测与缺陷智能识别[D]．福州大学，2016.

[53]彭伊娟，王振超，张秋菊．改进的Faster-RCNN算法在聚乙烯管接头内部缺陷检测中的应用[J]．应用声学，2023，42(5)：984－992.

CIVA 仿真在不锈钢小径管 PAUT 检测中的应用

胡 健 张子健 郑 磊 柴军辉 董晓冬 陆娇娜

（宁波市劳动安全技术服务有限公司，浙江 宁波 315048）

摘 要：针对承压类特种设备中奥氏体不锈钢小径厚壁管焊缝的检测技术难题，基于 NB/T 47013.5—2021《承压设备无损检测 第 15 部分：相控阵超声检测》标准要求，采用超声仿真专业软件 CIVA 模拟计算了相控阵声场和缺陷响应情况，制定了针对 ϕ114 × 9mm 规格不锈钢小径管的检测工艺，加工并检测了相同规格的专用对比试块，最后对相同规格的模拟试管进行了实际检测。结果表明：CIVA 仿真技术可以代替专用对比试块或模拟试块进行工艺验证，节省人力物力资源；采用所制定的检测工艺可以有效检测不锈钢小径管焊缝常见缺陷，信噪比高，缺陷定量定性准确性高，研究成果可为奥氏体不锈钢小径管焊缝的相控阵检测提供技术参考。

关键词：奥氏体不锈钢；小径管；相控阵超声；CIVA 仿真

Application of CIVA Simulation in PAUT Detection of Stainless Steel Small Diameter Pipes

HU Jian, *ZHANG Zijian*, *ZHENG Lei*, *CHAI Junhui*, *DONG Xiaodong*, *LU Jiaona*

(Ningbo Labor Safety and Technology Services Co., Ltd., Ningbo 315048, China)

Abstract: Aiming at the technical difficulties in the detection of welds in austenitic stainless steel small diameter thick wall pipes in special pressure equipment, based on the standard requirements of NB/T 47013.5—2021 "Non destructive testing of pressure equipment-Part 15: Phased array ultrasonic testing", the phased array sound field and defect response were simulated and calculated using the professional ultrasound simulation software CIVA ϕ114 × 9mm stainless steel small diameter tubes was carried out. Special reference blocks of the same specification were processed and tested. Finally, the actual testing was carried out on the simulated test tubes of the same specification. The results show that CIVA simulation technology can replace dedicated reference blocks or simulation blocks for process validation, saving manpower and material resources; The established inspection process can effectively detect common defects in stainless steel small diameter pipe welds with high signal to noise ratio and high accuracy in defect quantification and qualitative analysis. The research results can provide a technical reference for phased array inspection of austenitic stainless steel small diameter pipe welds.

Key words: Austenitic stainless steel; Small diameter pipe; Phased array ultrasound; CIVA simulation

1 引言

焊接接头部位是承压设备类特种设备定期检验过程应重点关注的部位，其中小径管焊接接头在电站锅炉和石化企业中占有较大比例，其相控阵超声检测在 NB/T47013.5—2021《承压设备无损检测 第 15 部分：相控阵超声检测》标准中被定义为全熔化焊Ⅱ型焊接接头，在制定相控阵检测工艺时，扫描方式、扫查方式、探头、楔块、试块、检测方法和声场覆盖都与传统平板全熔化焊Ⅰ型焊接接头存在一定的差异性。针对奥氏体不

作者简介：胡健（1978— ），工程师，大学本科，部门经理，公司技术负责人，主要从事无损检测新技术研究与技术管理工作。联系方式：E-mail：122702909@qq.com

锈钢小径管，NB/T 47013.15—2021 中还特别指出了：厚度在 4～10mm(不含)范围内的奥氏体不锈钢对接接头可参照铁素体钢制对接接头的检测要求，但需要考虑声学特性的变化，提出这一点要求主要是考虑到奥氏体不锈钢焊缝晶粒粗大、组织不均匀、并且存在各向异性[1-2]。国内杨建龙[3]等人通过对径管焊缝进行金相检验，同时测定声速、衰减、噪声水平等声学参数，为 CIVA 仿真奠定了基础；齐高君等人[4]针对外径为 32～100mm，壁厚为 4～20mm 的奥氏体不锈钢小径管焊接接头，制定了相应的相控阵检测工艺，并通过射线检测进行了比对，验证了相控阵检测的灵敏度。综上，奥氏体不小锈钢小径管焊接接头的检测是特种设备无损检测行业内的技术难题，具有深入研究的价值。笔者采用超声仿真专业软件 CIVA 进行了相控阵检测工艺模拟，随后在专用对比试管上进行了检测验证，证明了所采用 CIVA 仿真技术符合实际检测要求，最后对相同规格的不锈钢小径厚壁管模拟试管进行了检测应用，检出了所有预埋缺陷，验证了基于 CIVA 仿真和模拟试管检测所制定工艺的可靠性，具有一定的工程应用推广价值。

2 CIVA 模拟计算

2.1 不锈钢小径管模型

管道规格为 $\phi114\times9$mm，材质为 304 不锈钢，检测对象为小径管环焊缝，焊缝为 V 型坡口，角度为 76°，热影响区两侧各取 5mm，钝边 1mm，间隙 1mm，余高 1mm，壁厚为 9mm。针对 304 不锈钢需要考虑声学特性的变化，主要是各向异性、声速、衰减等参数，这些参数在建模时需要考虑，根据文献[5]，将材料的劲度系数矩阵设置如下：C_{11} = 263GPa，C_{12} = 98GPa，C_{13} = 145GPa，C_{33} = 216GPa，C_{44} = 129GPa，C_{66} = 83GPa，经过相关测试试验，测得焊缝中纵波与横波平均声速分别为 5864m/s，3123m/s，焊缝平均衰减率为 0.28dB/mm，CIVA 模型见图 1。自聚焦相控阵探头和楔块见图 2。

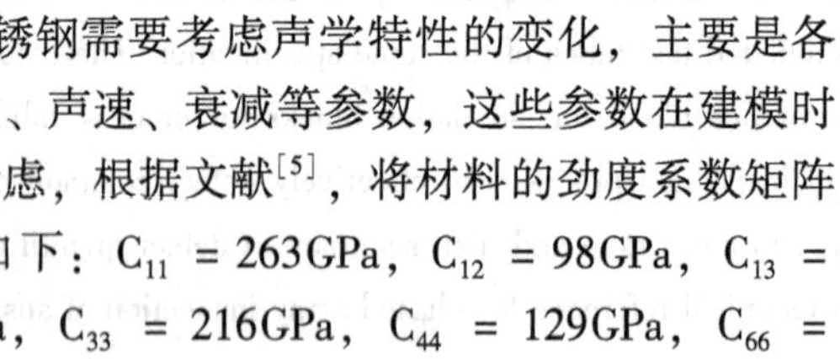

图 1 ϕ114 ×9mm 不锈钢小径管 CIVA 模型

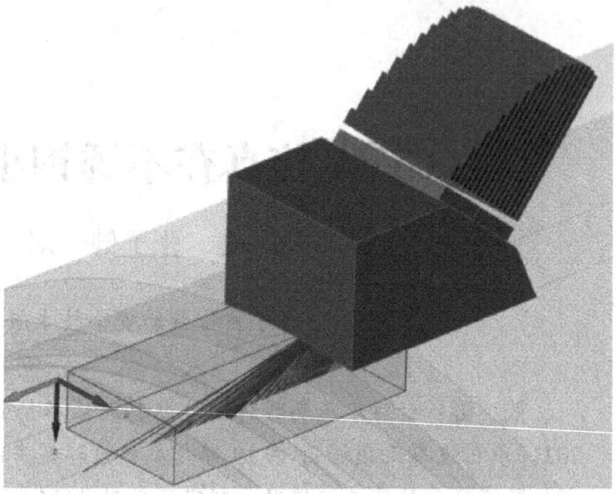

图 2 自聚焦相控阵探头和楔块

2.2 声场计算

小径管相控阵超声检测时需要选用专用的自聚焦探头[6]，该探头能力高度聚集，分辨率高，缺陷定量准确性高[7]，CIVA 仿真过程选取一维线阵自聚焦相控阵探头，晶片数量为 16，激发孔径为 7.9mm，晶片长度为 10mm，晶片间距为 0.5mm，晶片间隙为 0.1mm，自聚焦晶片曲率半径为 35mm，楔块曲率与工件表面曲率相同，设为 114mm，楔块物理角度为 39°，探头频率为 7.5MHz，为了提高缺陷的检出率，对被检区域的全覆盖是最基本的要求。在计算覆盖的过程中，需要参考不同入射角情况下声压往复透射率的问题，因为声压往复透射率对检测灵敏度有较大影响，以有机玻璃/钢模型为分析对象，当纵波入射角在 27.6°～57.7°范围内时，钢中只有折射横波，其声压往复透射率最大不超过 30%，对应的纵波入射角约为 30°，横波折射角约为 37°，同时应注意到相控阵偏转角度过大时，声束变形大，检测灵敏度下降，因此在实际检测时，在有效检测范围内始终存在一个扇扫描的最大偏转角度，此角度一般不大于 75°。有效孔径的概念也能解释相控阵偏转角度不能过大的问题，有效孔径等于激发孔径乘以折射角度的余弦值再除以入射角度的余弦值，偏转角度越大，有效孔径尺寸越小，声场变形和能量减小也越发严重。综合以上理论分析，本次相控阵扇扫的角度设定为 35°～73°，本次仿真的聚集法则设置见表 1，分别采用一次波和二次波进行全覆盖，一次波聚集深度为 9mm，二次波聚集深度为 18mm，聚集法则设置见图 3。

表 1 聚集法则设置

检测方法	激发方式	聚集类型	超声波类型	角度范围	角度步进	探头位置(焊缝中心)
一次波	全激发	扇扫 + 深度聚集	横波	35°~73°	1°	15mm
二次波	全激发	扇扫 + 深度聚集	横波	35°~73°	1°	15mm

(a)一次波覆盖

(b)二次波覆盖

图 3 聚集法则设置

通过图 3 可以看出，采用一次波和二次波的扇形扫查，并采用单面双侧扫查，可以对小径厚壁管的焊缝进行全覆盖，包括 5mm 宽度的热影响区。基于所设置的聚集法则，在扫查过程中，可同时进行一次波和二次波扫查，大幅提高检测效率，避免进行多次的探头前端距设置、扫查器安装与聚集法则设置。针对同一条管道，AB 侧各扫查一圈即可完成全覆盖扫查任务，声场计算结果如下：

根据图 4 的声场计算结果可以看出，不锈钢小径厚壁管的一次波和二次波声场都存在一定程度的衰减，高能量声场覆盖范围明显小于碳钢材质，其中二次波能量明显小于一次波。基于声场计算结果，可以看出，一次波和二次波在整个焊缝覆盖范围内存在较多低能量区域，因此要保障不锈钢小径厚壁管的检测效果，至少要进行单面双侧的扫查才能确保不出现缺陷漏检。如果由于结构原因，例如弯头部位的对接焊缝，无法进行单面双侧的扫查，可以在单侧采用手动锯齿形初扫，然后采用扇扫 + 纵向垂直扫查的精扫。

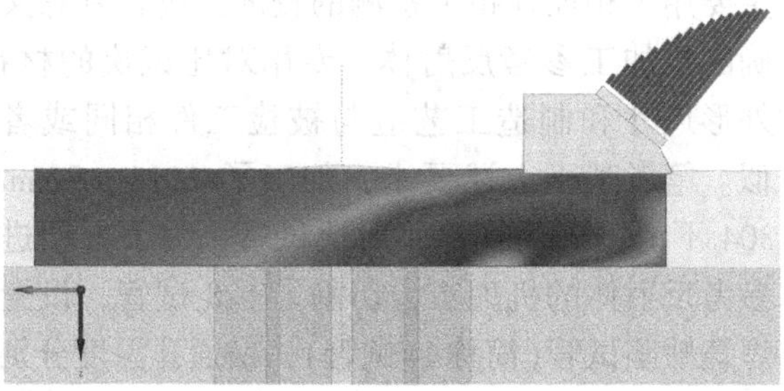

(a)一次波声场

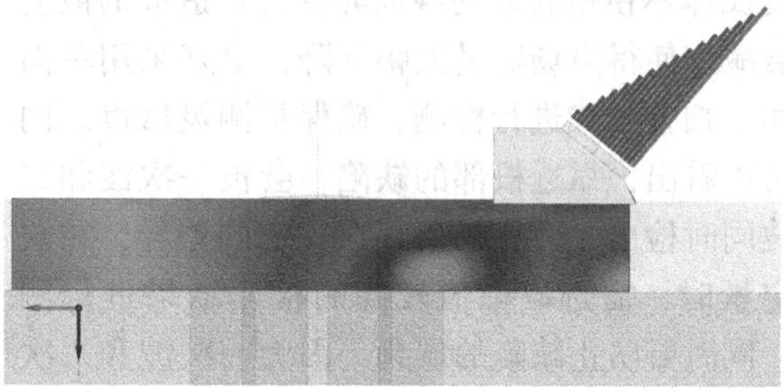

(b)二次波声场

图 4 声场计算结果

2.3 缺陷响应计算

由于一次波和二次波声场存在一定的衰减，为了验证检测灵敏度，在上述模型中添加 2 个 $\phi 2$ 长横孔缺陷进行缺陷响应计算，分别设置在焊缝中部和熔合线上，焊缝中部缺陷深度分别为 4mm 和 8mm，熔合线上缺陷深度分别为 1mm 和 8mm，缺陷响应计算结果见图 5。

从缺陷响应计算结果可以看出，所采用的检测工艺可以检出焊缝中部和熔合线上的缺陷，反射回波清晰，信噪比高，缺陷的成像位置与实际位置一致，对缺陷回波大小和深度测量数据进行统计结果如下：

图 5(a)中，深度 8mm 横孔被一次波检测，最高波的显示深度为 8.09mm，最大幅值为 6.64×10^{-3}pts(其中 pts 为 CIVA 软件中幅值大小的绝对单位)；图 5(b)中，二次波检出了深度 4mm 和 8mm 的横孔，4mm 的孔显示深度为 15.89mm(二次波)，最大幅值为 6.59×10^{-3}pts，8mm 的孔显示深度为 11.79mm(二次波)，最大幅值为 7.63×10^{-3}pts；图 5(c)中，深度 8mm 横孔被一次波检测，最高波的显示深度为 7.54mm，最大幅值为 4.77×10^{-3}pts；图 5(d)中，二次波

检出了深度1mm和8mm的横孔，1mm的孔显示深度为18.68mm(二次波)，最大幅值为2.52×10^{-3}pts，8mm的孔显示深度为11.39mm(二次波)，最大幅值为5.79×10^{-3}pts。

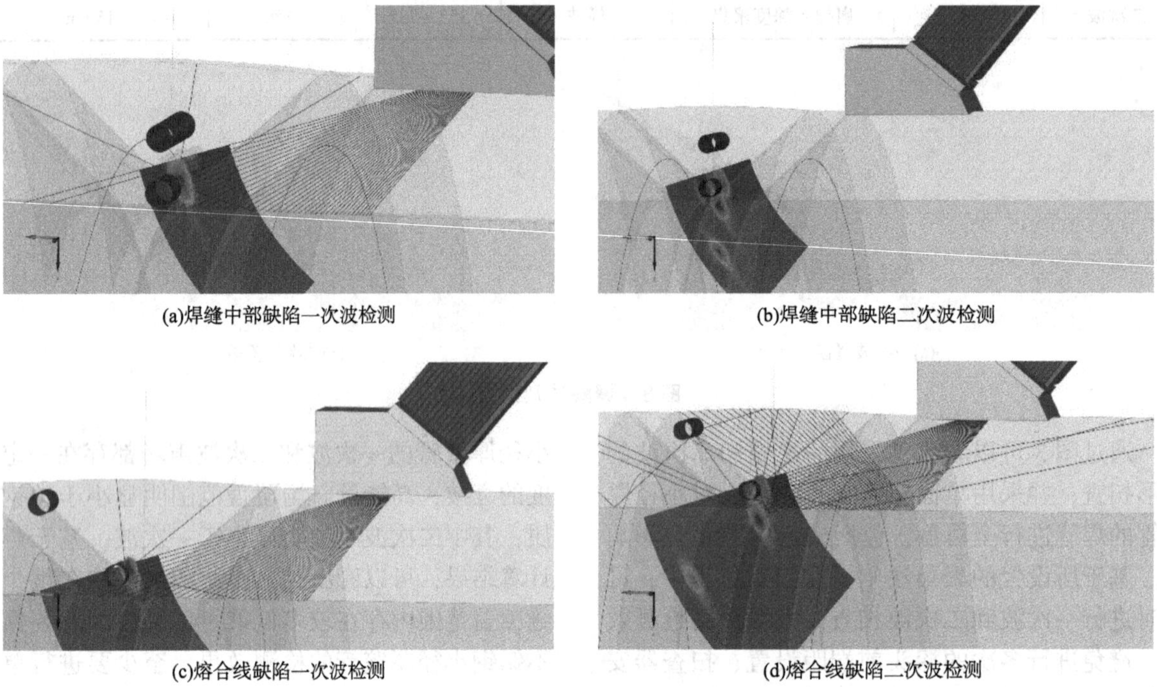

(a)焊缝中部缺陷一次波检测 (b)焊缝中部缺陷二次波检测

(c)熔合线缺陷一次波检测 (d)熔合线缺陷二次波检测

图5 缺陷响应计算3D结果

通过比较缺陷回波的幅值可以得出，声波经过焊缝区域后检测熔合线缺陷，回波幅值均明显低于声波检测焊缝中部缺陷的回波幅值，这是由于奥氏体不锈钢材质的各向异性特点造成的散射和衰减，使得声场能量大幅下降，最好采用单面双侧的扫查方式进行检测，确保检测灵敏度。同时可以看出，靠近根部的缺陷，会被一次波和二次波同时检出，两者幅值存在一定的差异，在缺陷定量时，需选取幅值较高的检测结果进行测量，同时要防止缺陷的误判，因为一次波和二次波信号的重叠在一定程度上会影响检测人员对缺陷的识别。

3 专用对比试管检测

3.1 专用对比试管

NB/T 47013.15—2021规定：专用对比试块主要用于相控阵超声检测的校准，应含有意义明确的机加工参考反射体。专用对比试块的材料、外形尺寸和制造工艺应与被检工件相同或者相似。笔者基于上述要求，加工了$\phi114\times9$mm的304不锈钢小径管专用对比试管，为了方便进行参考反射体的机加工，切割了1/8试管，设置了焊缝缺陷试管(简称1#试管)，横通孔深度分别为4mm和8mm；熔合线缺陷试管(简称2#试管)，横通孔深度为2mm和8mm。对比实物见图6。

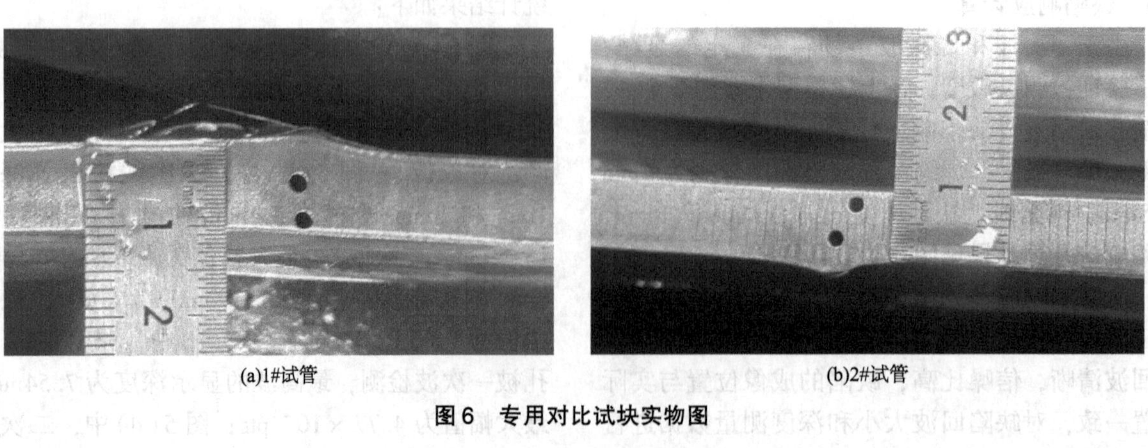

(a)1#试管 (b)2#试管

图6 专用对比试块实物图

3.2　检测工艺

检测设备为多浦乐 PhascanⅡ－32/64 型便携式多功能相控阵超声波检测仪，探头为 16 晶片线阵列探头，频率为 7.5MHz，晶片尺寸为 0.6×10mm，楔块型号为 SD2－N60S－IH－AOD114.3。扫查工艺为：采用 16 阵元线阵横波探头，全激发，起始阵元为 1，终止阵元为 1，阵元步进为 1，接收法则＝激发法则，声速设为 3123mm/s，，探头距离焊缝中心为 15mm，采用一次波和二次波同时设置的扇形扫描进行扫查，扇扫角度为 35°～73°，角度步进为 1°，聚集深度分别为 9mm 和 18mm。见图 7 和图 8。

图 7　7.5S16－0.5×10 探头

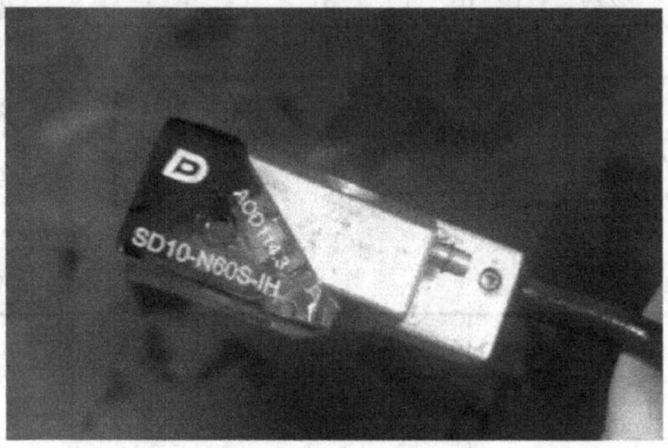

图 8　AOD 楔块

3.3　结果分析

按照设定的检测工艺对⅛试管进行纵向垂直扫查，结果见图 9。

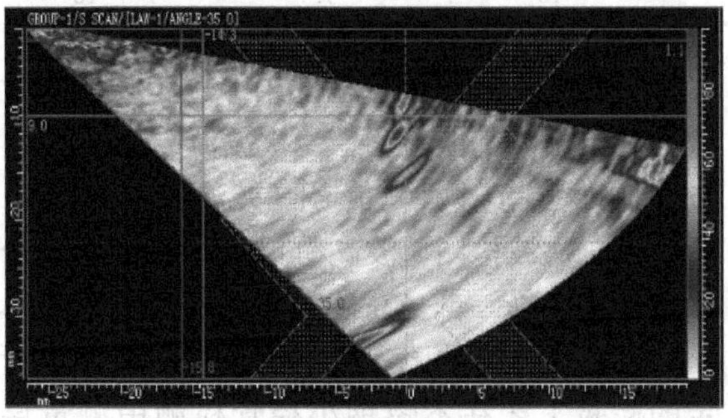

(a)1#试管扫查结果

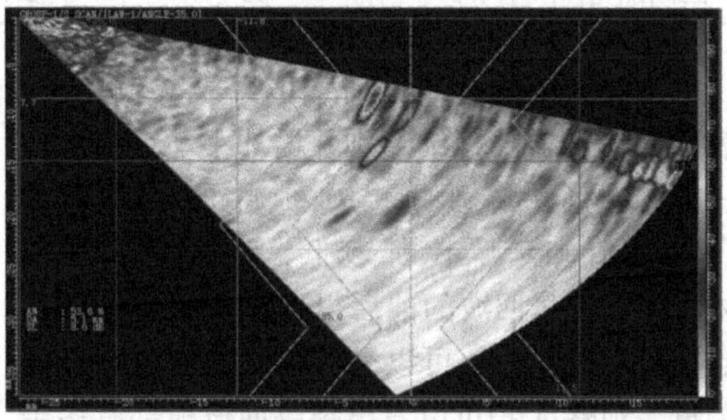

(b)2#试管扫查结果

图 9　专用对比试块扫查结果

从检测结果可以看出，在相控阵偏转角度较大时，出现了较多杂波信号，信噪比低于小角度处，但缺陷未出现漏检情况，这一点和前面章节的理论分析结果相吻合，通过图 9(a)可以看出，8mm 深横孔同时被一次波和二次波检出，二次波幅值高于一次波，4mm 深横孔只被二次波检出，幅值较低，这是由于不锈钢材质存在各向异性和声速衰减，但缺陷信号明显，整体信噪比较高。通过图 9(b)可以看出，8mm 深横孔同时被一次波和二次波检出，但一次波幅值高于二次波，这一点有别于 1#试管检测结果，2mm 深横孔信号幅值较低，存在漏检的可能性，因为经过反射后，声波传播声程较大，衰减大，造成了回波能量小，与 CIVA 仿真结果相吻合。因此在不锈钢小径管检测过程中，应慎用多次反射波，必要时需要进行声场仿真或者工艺验证，确保多次反射波的检测灵敏度。图 9(b)中，8mm 深横孔扇扫图中，存在明显的尾波现象：在横波检测时，长横孔反射波后面的尾波，是由于横波声束与横孔相切时，发生沿孔绕行的现象，绕过圆孔后，从圆孔的另一侧切向发射，被探头接收，而绕行过程中的衰减严重，尾波比反射横波波幅低 12～25dB，识别长横孔的尾波信号，对减少缺陷误判有一定帮助。

4　模拟试管检测

4.1　模拟试管

NB/T 47013.15—2021 规定：模拟试管是含有模拟缺陷的试管，主要用于检测工艺验证。材料和声学特性应与被检工件相同或相近，一般应包含纵向和横向缺陷、体积型和面积型缺陷、表面和埋藏缺陷。基于以上要求，笔者加工了 ϕ114×9mm的 304 不锈钢小径管模拟试管。试管详细信息见表 2。

表2　模拟试管参数表

缺陷名称	缺陷位置/mm	长度/mm	自身高度/mm	埋藏深度/mm
1#表面裂纹	25	10	3	0
2#上部夹渣	85	10	2	3
3#横向夹渣	162	10	2	3
4#中部未熔合	229	10	3	4.5
5#根部未焊透	330	8	3	7

所加工的不锈钢小径管模拟试管的缺陷设置满足 NB/T 47013.15—2021 的要求。

4.2　检测工艺

检测工艺与专用对比试块的设置相同，探头型号为 7.5S16 - 0.5 × 10，楔块型号为 SD10 - N60S - IH，聚焦法则为：全激发，扇形扫查，角度范围为 35°~73°，角度步进为 1°，聚集深度分别为 9mm 和 18mm。

4.3　结果分析

采用所设定的检测工艺，通过对模拟试块进行工艺验证，所设置的缺陷均可有效检出。扫查结果见表3。

表3　模拟试管检测结果

缺陷名称	长度/mm	长度测量误差/%	自身高度/mm	高度测量误差/%	埋藏深度/mm	深度测量误差/%
1#表面裂纹	8.5	15	2.6	13	0	0
2#上部夹渣	9.2	5	1.7	15	3	0
3#横向夹渣	—	—	1.9	5	3	0
4#中部未熔合	8.2	18	2.5	16	3.9	13
5#根部未焊透	7.2	10	2.7	10	7.7	10

在二次波检测近表面时，声束衰减较严重，近表面的信号需要仔细判别并增加手动锯齿形扫查进行再次确认，例如图 10(a)中的 1#表面裂纹，其幅值和信噪比都较低，波高为满屏的 43%，在该信号回波的前后出现了连续且较弱的端点衍射回波信号，可以采用端点衍射波进行高度测量，观察 A 扫可以看出裂纹回波根部有多余的小峰，这是因为裂纹表面较为粗糙。未熔合反射回波最高，由二次波检出，波高为 100%，A 扫图中根部无多余的小峰，且静态波形的主峰很尖锐，当量一般很大；根部未焊透稍低，通常一次波和二次波都能检测，一次波波高为 70%，上下存在端点衍射回波信号；夹渣回波低于未焊透，由二次波检测，波高为 60%，一般为单个波峰且伴有小峰，自身高度较小，一般不超过单焊道高度。通过对缺陷参数的测量可以看出，所制定的检验工艺在不锈钢小径管检测中测量误差小，均低于 20%，其中深度定位精度最高，整体检测信噪比高，缺陷易识别，可用于现场实际检测中。

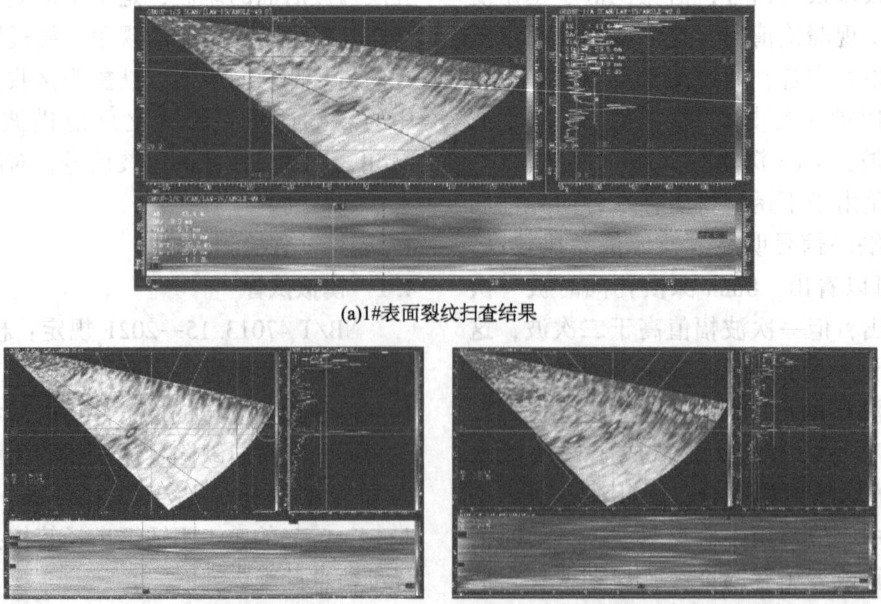

(a)1#表面裂纹扫查结果

(b)2#上部夹渣扫查结果　(c)3#横向夹渣扫查结果

图10　模拟试管检测结果

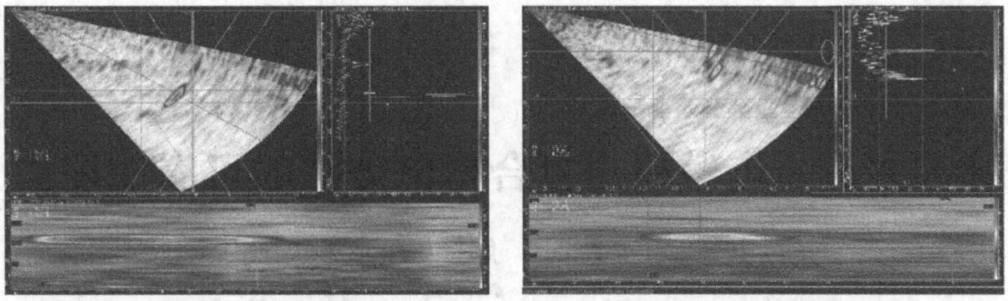

(d)4#中部未熔合扫查结果　(e)5#根部未焊透扫查结果

图 10　模拟试管检测结果(续)

5　结语

通过相控阵检测声场仿真和缺陷响应计算，研究了奥氏体不锈钢材料的各向异性和高衰减率对相控阵检测的影响，对小径厚壁管专用对比试管和模拟试管进行了检测验证。结果表明：相控阵 CIVA 仿真技术可以代替专用对比试管和模拟试管进行工艺验证，所制定的检测工艺检测效果好，信噪比高，对奥氏体不锈钢小径厚壁管的相控阵超声检测具有一定的技术指导作用。

参考文献

[1]王锐，刘志宏，吴杰峰，等.316L 对接焊缝相控阵超声检测工艺模拟与试验验证[J]. 焊接学报，2019，40(11)：33－38＋162.

[2]Liming X，Tongle W，Yanfei Z. Comparative experimental study on phased array and X-ray detection of small diameter pipe weld[J]. Journal of Physics：Conference Series，2021，1885(3).

[3]杨建龙，杨会敏，严宇，等.304L 不锈钢薄壁小径管焊缝的相控阵超声检测工艺[J]. 无损检测，2022，44(06)：76－81.

[4]齐高君，岳大庆，张勇，等. 奥氏体不锈钢小径管焊接接头的相控阵超声检测[J]. 无损检测，2021，43(02)：26－32.

[5]杨敬，吴斌，焦敬品，等. 各向异性焊缝缺陷超声阵列全聚焦成像方法[J]. 声学学报，2019，44(01)：125－135.

[6]江野，王东，秦小阳，等. 奥氏体异种钢薄壁小径管焊缝裂纹超声相控阵检测[J]. 焊接学报，2018，39(08)：119－122＋134.

[7]李冬如. 基于相控阵检测技术的承压小径管焊缝缺陷信号图像重构方法研究[D]. 广州：华南理工大学，2018.

脉冲涡流 - 电磁超声复合检测方法的可靠性评估

段志荣[1,2]　张晓明[1]　解社娟[2,*]　陈振茂[2]

(1. 陕西省特种设备检验检测研究院，陕西 西安　710048；
2. 机械结构强度与振动国家重点实验室，陕西省无损检测与结构完整性评价工程技术中心，
航天航空学院，西安交通大学，陕西 西安　710049)

摘　要：金属结构广泛应用于现代工业的各种领域，在其从生产、制造到服役各个阶段都有可能产生各类复杂缺陷。例如金属结构的表面和底部都出现缺陷的复合缺陷情况，单一的电磁无损检测方法难以满足所有需求。而使用两种或多种具有针对性的电磁检无损测方法来实施检测工作，又存在检测效率低、成本高等问题。为解决这一难题，本文开发了一种新型的脉冲涡流 - 电磁超声一体化复合检测方法。通过数值模拟和实验两方面验证该方法对复合缺陷检测的可行性。该复合检测方法仅需使用一套检测系统和检测探头，基于同时解调出的电磁成分和超声成分，即可同步检测出金属结构的表面缺陷和底部缺陷，大大简化了实验系统，提高了复合缺陷的检测效率。此外，作为一种新型电磁无损检测方法，有必要对脉冲涡流 - 电磁超声复合检测方法的检测能力进行评估。本文基于检出概率开发了一种可靠性评估方法，通过数值模拟结果和实验结果对脉冲涡流 - 电磁超声复合检测方法进行检出概率分析，以确定复合缺陷检测的最小可检尺寸。

关键词：脉冲涡流 - 电磁超声复合检测方法；复合缺陷；检出概率

Reliability evaluation of PECT-EMAT hybrid testing method

DUAN Zhirong[1,2], *ZHANG Xiaoming*[1], *XIE Shejuan*[2,*], *CHEN Zhenmao*[2]

(1. Shaanxi Special Equipment Inspection and Testing Institute, Xi'an 710048, China;
2. State Key Laboratory for Strength and Vibration of Mechanical Structures,
Shaanxi Engineering Research Center of Nondestructive Testing and Structural Integrity Evaluation,
School of Aerospace Engineering, Xi'an Jiaotong University, Xi'an 710049, China)

Abstract: Metal structures are widely used in modern industrial fields, in which various composite defects are probably produced from manufacture to service. For example, both the surface and bottom of structures emerge defects. Facing such complex conditions, a single electromagnetic nondestructive testing (ENDT) method usually cannot meet all needs. However, two or more targeted ENDT methods have the problems of low efficiency and high cost. To solve this problem, a novel pulsed eddy current and electromagnetic ultrasonic (PECT-EMAT) hybrid testing method is developed in this study. The feasibility of the hybrid testing method for composite defects detection is verified by simulations and experiments. The surface defects and bottom defects of metal structures can been detected synchronously only by one set of testing system and probe for the developed method based on the demodulated electromagnetic components and ultrasonic components. Which greatly simplifies the testing systems and improves the testing efficiency. In addition,

作者简介：段志荣(1990—　)，男，博士，主要研究方向为无损检测理论及方法。E - mail：duanzhirong@stu. xjtu. edu. cn

张晓明(1972—　)，男，硕士，高级工程师，主要研究方向为特种设备检验检测。

通信作者：解社娟(1983 年—　)，女，博士，教授，博士生导师，主要研究方向为无损检测与力学。E - mail：xiesj2014@ mail. xjtu. edu. cn

陈振茂，1964 年，男，博士，教授，博士生导师，主要研究方向为无损检测与力学。

as a novel ENDT method, it is necessary to evaluate the detection capability of the PECT-EMAT hybrid testing method. Therefore, a reliability evaluation method based on probability of detection (POD) is developed in this study. The POD of the PECT-EMAT hybrid testing method is analyzed by simulations and experiments and the minimum detectable size of the composite defects detection is determined.

Key words: PECT-EMAT hybrid testing method; Composite defects; Probability of detection

1 引言

金属结构广泛应用于航空航天、能源化工、交通运输等重工业领域，但在其中间结构件的制作、结构的最终成型和使用服役等各个阶段，材料内部都可能产生各种各样的缺陷。这些缺陷通常会随时间历程而扩展，势必会影响金属结构的力学性能和整体完整性[1]。如图1和图2所示的油气管道和压力容器，在服役过程中管道焊缝和容器壁在高温高压气体压力作用下容易产生裂纹，从而影响结构的安全使用。因此，对金属结构进行无损检测和评价具有重要意义。由于电磁无损检测方法具有非接触、检测效率高、信号处理方便等优点，在预防金属结构失效和失效发生后协助判别方面具有显著的效果，是一种极其重要的缺陷无损检测方法[2,3]。常规的电磁无损检测方法包括涡流检测、远场涡流检测、脉冲涡流检测、漏磁检测、金属磁记忆检测和电磁超声检测等，各有优缺点[4-10]。

随着现代工业的发展，各种复杂的检测环境或检测对象层出不穷，这对金属结构的质量检验提出了更高的要求。例如核电管道结构的弯管处由于生产或使用时产生的拉应力状态等，容易在结构表面萌生应力腐蚀裂纹。同时在弯管处由于长期液滴冲蚀或介质腐蚀等，容易在结构底部造成局部减薄缺陷。这些缺陷都会影响金属结构的力学性能与使用性能。面对这种金属结构同时存在表面缺陷和底部缺陷的复合缺陷情况，单一的电磁无损检测方法难以满足所有要求，需要开发多种电磁无损检测方法组合的复合电磁无损检测方法。由于复合电磁无损检测方法是多种常规电磁无损检测方法的有机融合，可以实现各种电磁无损检测方法的优势互补，从而实现对复合缺陷的全面检测与综合评估。因此，开发新型复合电磁无损检测方法是现代电磁无损检测技术的重要发展趋势和现代工业质量控制复杂需求的重要保障。

目前，对于复合电磁无损检测方法，国外学者进行了大量研究。例如，德国 Rainer Pohl 等学者同时使用超声检测方法和涡流检测方法于火车检测系统中，用超声检测火车的车轮，用涡流检测导轨，以达到对火车系统的全面质量控制[11]。美国 Missouri-Rolla 大学、波音公司和空军研究所的研究人员应用微波和涡流两种检测方法，对飞机铆接多层结构中的腐蚀缺陷进行检测[12]。日本 Ryoichi Urayama 等学者提出了一种新型的结合电磁超声探头和涡流探头的双传感器结构，在高温环境下监测管道壁厚的减薄情况[13]。近年，复合电磁无损检测方法受到国内学者的高度重视，获得蓬勃发展。例如，陈积懋研究员等将几种电磁无损检测法结合起来并研制成便携式仪器设备，可以使用同一台仪器的不同检测方法对不同类型的缺陷进行无损检测[14]。孙峥等应用电磁超声与脉冲涡流两种方法对管道内壁缺陷进行检测，同样采用两套系统，但是共用一套激励装置[15]。赵普等基于漏磁检测、电磁超声检测和脉冲涡流检测三种方法设计了一种磁声复合检测传感器，并研究了该复合传感器对锅炉水冷壁管的表面缺陷及管道壁厚的实际检测能力[16]。此外，周正干、高斌、刘增华等学者也在这方面做出了突出贡献[17-19]。

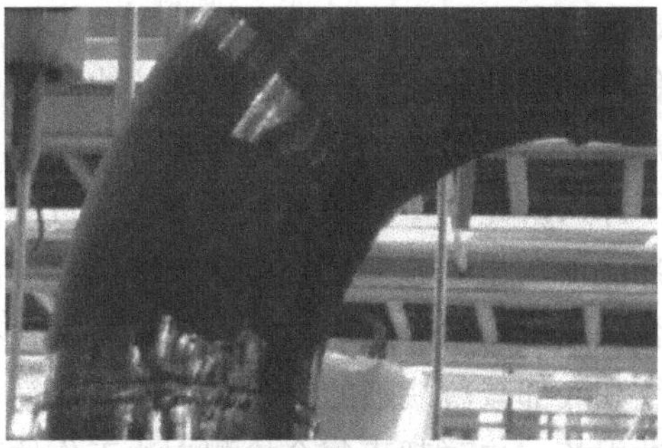
图1 管道焊缝

图2 压力容器

由此可见，目前已有的复合电磁无损检测方法都是基于多种电磁无损检测方法的系统融合而开发出来的。这种复合检测方法通过多种电磁检测系统进行独立检测，得到多组独立的检测信号，然后应用数据融合技术进行信号处理，以达到复合检测的目的。由于这种复合检测方法多系统集成的特点，需要多套检测仪器实施复合检测，存在系统复杂，操作繁琐，且检测效率低等缺点。

基于上述研究背景与现状，本课题组提出了一种新型的脉冲涡流－电磁超声一体化复合检测方法，并在这方面做了大量研究工作[20,21]。研究表明，脉冲涡流检测和电磁超声检测都是通过脉冲激励来实现信号激发，这是实现复合检测的前提条件。且电磁超声检测的原始检出信号中同时包含脉冲涡流成分和电磁超声成分，这是实现复合检测的理论基础。此外，根据频谱分析理论，脉冲涡流信号和电磁超声信号具有不同的频谱特性，可利用频谱滤波方法对原始检测信号进行信号处理，分离出脉冲涡流信号和电磁超声信号，这是实现复合检测的有效手段。因此，脉冲涡流和电磁超声的复合检测理论上是可行的。相较于系统融合的复合检测方法，所提脉冲涡流－电磁超声复合检测方法显然是一种基于机理融合的复合检测方法。该复合检测方法仅需使用一套检测仪器即可获得脉冲涡流和电磁超声两种不同类型的检测信号，这大大简化了实验系统和操作流程，提高了复合缺陷的检测效率。

作者在前期研究工作中已经对脉冲涡流－电磁超声复合检测方法的可行性与复合缺陷定量重构做了深入研究[21]。本文在此基础上，进一步研究脉冲涡流－电磁超声复合检测方法的检测能力与复合缺陷检测结果的可靠性。针对同时含有表面裂纹和底部减薄缺陷的铝合金试件，在简单回顾脉冲涡流－电磁超声复合检测方法工作原理的基础上，基于检出概率开发了脉冲涡流－电磁超声复合检测的可靠性评估方法。首先根据概率与统计学原理建立检出概率的理论模型。其次，根据所提复合检测方法建立复合缺陷的信号特征量数据库，并进行信号统计分析。最后，根据建立的检出概率模型对复合缺陷检测的数值模拟结果和实验结果进行检出概率分析，深入研究该新型复合检测方法的检测能力以及复合缺陷检测结果的可靠性。

2 基本原理

2.1 脉冲涡流－电磁超声复合检测

深入分析脉冲涡流检测和电磁超声检测的工作原理，可以总结出以下信息：

(1)脉冲涡流检测的激励线圈和检出线圈可以采用自激自检模式，并且激励信号可以采用正弦脉冲电流。电磁超声检测的线圈为自激自检线圈，其激励信号是正弦脉冲电流。因此，可以对脉冲涡流检测和电磁超声检测的检测探头和激励信号加以统一。

(2)电磁超声检测过程包括激励电流在试件中感应脉冲涡流、脉冲涡流在恒定磁场作用下产生洛伦兹力、洛伦兹力引发质点振动并形成超声波三个阶段。其中第一阶段激励电流感应出脉冲涡流与脉冲涡流检测的工作原理一致。

由此可见，电磁超声检测的原始检测信号中存在两种信号成分，一种是激励电流在试件中感应的电磁成分(脉冲涡流信号)，一种是质点振动在试件中引起的超声成分(电磁超声信号)。如果能将这两种信号分离出来，就可以实现脉冲涡流和电磁超声的复合检测。其中脉冲涡流信号可以用来检测试件的表面缺陷，电磁超声信号可以用来检测试件的底部缺陷。根据频谱分析原理，脉冲涡流信号和电磁超声信号具有不同的频谱特性[20]。因此，可以应用频谱滤波的信号分离方法来分离原始检测信号中的脉冲涡流信号和电磁超声信号。如图3所示，为脉冲涡流－电磁超声复合检测的原理图。

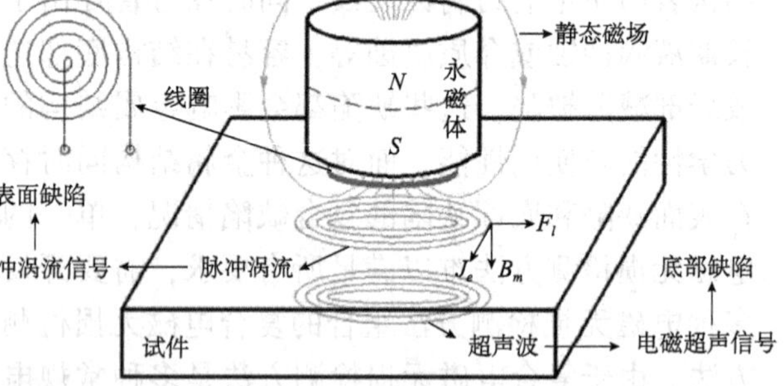

图3 脉冲涡流－电磁超声复合检测原理

根据麦克斯韦方程组、法拉第电磁感应定律等电磁学原理以及固体波动理论，脉冲涡流信号和电磁超声信号的计算公式分别为：

$$U_{\mathrm{eddy}} = -\frac{\int B(t+\Delta t)\cdot \mathrm{d}s - \int B(t)\cdot \mathrm{d}s}{\Delta t} \tag{1}$$

$$U_{\mathrm{ultrasonic}} = -\frac{\mathrm{d}\varphi}{\mathrm{d}t} \approx -\frac{\varphi(t-\Delta t)-\varphi(t)}{\Delta t} \tag{2}$$

式中 $B(t)$——脉冲涡流产生的磁感应强度；

ϕ——检测线圈中的感应磁通量。

2.2 检出概率

无损检测的可靠性是指无损检测方法对缺陷的检出能力，即在一定检测条件和工艺下能够检测出某一尺寸范围缺陷的可能性，是无损检测方法检出特定缺陷有效性的一种度量[22]。一般引入检出概率来定量地表征无损检测方法对缺陷的检出能力，这也是无损检测可靠性研究的基础。检出概率定义为：经过培训的无损检测人员应用给定的检测方法检测某一特定类型、特定尺寸的缺陷，缺陷可以被可靠检测出来的概率[23]。对于给定的无损检测方法，检出概率分析通过建立检出概率函数来表示检测信号与缺陷尺寸之间的关系，并根据信号的概率分布计算每一缺陷尺寸对应的检出概率进而绘制检出概率曲线[24]。通过检出概率曲线，可以了解无损检测方法对某一特定尺寸缺陷的检出能力及其可信度。通常无损检测的检出结果有两种数据形式，一种是目标缺陷尺寸 a 的检出/漏检数据（hit/miss），另一种是目标缺陷尺寸 a 的信号响应数据（a vs $\hat{a}$）。每种数据类型可以使用不同的概率模型进行检出概率分析，美国空军《MIL-HDBK-1823A》手册中提供了四种广义线性函数作为备选的检出概率 POD(a) 函数[25]，表达式如下（依次为 Logit 函数、Probit 函数、Cloglog 函数和 Loglog 函数）：

$$POD(a)=\frac{\exp\left(\frac{\ln(a)-\mu}{\sigma}\right)}{1+\exp\left(\frac{\ln(a)-\mu}{\sigma}\right)} \quad (3)$$

$$POD(a)=1-\varphi\left(\frac{\ln(a)-\mu}{\sigma}\right) \quad (4)$$

$$POD(a)=1-\exp\left[-\exp\left(\frac{\ln(a)-\mu}{\sigma}\right)\right] \quad (5)$$

$$POD(a)=-\exp\left[-\exp\left(-\frac{\ln(a)-\mu}{\sigma}\right)\right] \quad (6)$$

式中 a——目标缺陷尺寸；

μ，σ——$\ln(a)$ 的均值和标准差；

$\phi()$——标准正态分布函数。

其中检出/漏检数据适合使用 Logit 函数模型，信号响应数据适合使用对数正态分布模型，即 Probit 函数模型。

相较于检出/漏检数据，信号响应数据能够提供更丰富的缺陷信息。因此本文应用基于信号响应数据模型的检出概率分析方法对脉冲涡流－电磁超声复合检测方法进行可靠性评估。对于缺陷的信号响应 $\hat{a}$，可设置一个检出阈值 $\hat{a}th$，当信号响应 $\hat{a}$ 大于检出阈值 $\hat{a}th$ 时，表示缺陷能够被检测出来。一般取检测信号的幅值作为信号响应，取 0.8～1.2 倍的噪声信号作为判定阈值[26,27]。对于给定的缺陷尺寸 a，由于受到各种影响因素的影响，n 次独立重复检测试验获得的信号是离散的，但信号响应 $\hat{a}$ 大致服从正态分布[28]。如图 4 所示，特定缺陷尺寸的检出概率定义为信号响应 $\hat{a}$ 大于检出阈值 $\hat{a}th$ 的概率，如图中阈值线与概率密度函数曲线所围阴影区域的面积。假设长度为 a 的裂纹，信号响应 $\hat{a}$ 的概率密度函数为 $ga(\hat{a})$，则：

$$POD(a)=\int_{\hat{a}_{th}}^{\infty} g(a\hat{a})\,da\hat{a} \quad (7)$$

通常 $\hat{a}$ 与 a 之间的相关函数表示为：

$$\hat{a}a=\mu(a)+\delta \quad (8)$$

式中 $\mu(a)$——$ga(\hat{a})$ 的均值；

δ——$\hat{a}$ 与 $\mu(a)$ 之间的随机误差。

假设信号响应的对数与缺陷尺寸的对数成线性关系，则：

$$\ln(\hat{a}a)=\beta_0+\beta_1\ln(a)+\varepsilon \quad (9)$$

式中 β_0，β_1 为缺陷信号响应线性回归参数；ε 为随机噪声项，服从均值为 0 方差为 τ 的正态分布，即 $\varepsilon\sim N(0,\tau)$。

如上文所述，当缺陷信号响应 $\hat{a}$ 大于检出阈值 $\hat{a}th$ 时，说明缺陷能够被检出，检出概率 POD(a) 函数可表示为：

$$POD(a)=Probability(\hat{a}a>\hat{a}a_{th})$$
$$or\ POD(a)=Probability(\ln(\hat{a}a)>\ln(\hat{a}a_{th})) \quad (10)$$

根据概率论与统计学原理，式（10）可变换为：

$$POD(a)=1-\phi\left(\frac{\ln(\hat{a}a_{th})-(\beta_0+\beta_1\ln(a))}{\tau}\right) \quad (11)$$

式中：$\phi()$ 为标准正态分布函数。根据正态分布的对称性，式（11）可简化为：

$$POD(a)=\phi\left(\frac{\ln(a)-\frac{\ln(\hat{a}a_{th})-\beta_0}{\beta_1}}{\frac{\tau}{\beta_1}}\right) \quad (12)$$

令：

$$\begin{cases}\mu=\frac{\ln(\hat{a}a_{th})-\beta_0}{\beta_1}\\ \sigma=\frac{\tau}{\beta_1}\end{cases} \quad (13)$$

可得：

$$POD(a)=\phi\left(\frac{\ln(a)-\mu}{\sigma}\right) \tag{14}$$

式中　μ，σ——$\ln(a)$的均值和标准差；

参数β_0，β_1和τ可通过极大似然估计法来求得估计值。

如图5所示，为无损检测POD曲线的示意图，图中红色实线为无损检测的POD曲线，蓝色虚线为POD曲线的以95%为置信度的置信下限。图中a50表示检出概率为50%对应的缺陷尺寸，a90表示检出概率为90%对应的缺陷尺寸，a90/95表示在95%的置信度下检出概率为90%对应的缺陷尺寸[29]，分别为反映无损检测可靠性的三个重要指标。

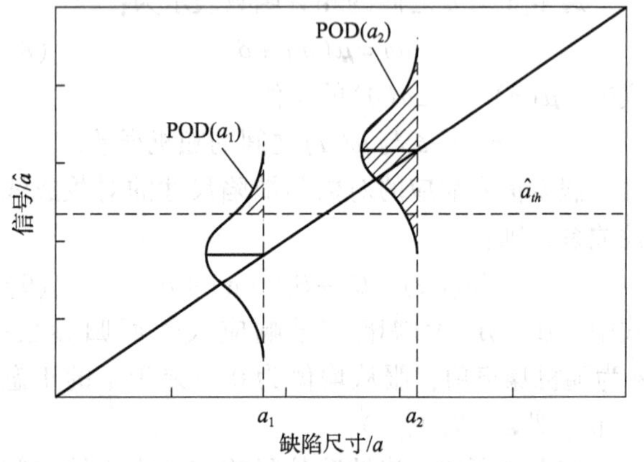

图4　信号响应数据统计模型

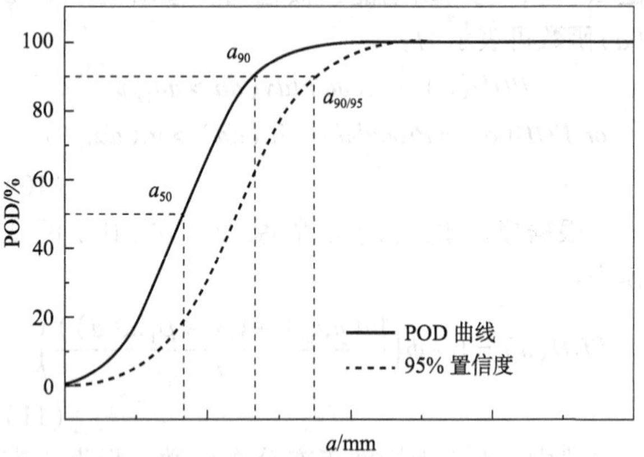

图5　信号响应模型的POD曲线

3　脉冲涡流-电磁超声复合检测方法的检出概率分析

脉冲涡流-电磁超声复合检测方法作为一种新方法，有必要对其可靠性进行评估。本文应用基于检出概率分析的可靠性评估方法对脉冲涡流-电磁超声复合检测方法的检测能力进行深入评估。

3.1　参数设置

根据脉冲涡流-电磁超声复合检测的基本原理开发相应的复合检测有限元程序与实验系统。如图6和图7所示，分别为复合检测模型和复合检测实验系统。信号发生器激发脉冲激励信号并加载到检测探头的线圈中，在线圈附近的试件中会感应出脉冲涡流，而脉冲涡流在永磁体的静态磁场作用下产生超声波。由脉冲涡流和超声波产生的原始检测信号被探头接收，将原始检测信号通过滤波器进行不同带宽的频谱滤波即可分离提取出脉冲涡流信号和电磁超声信号，并通过示波器显示结果与采集数据。

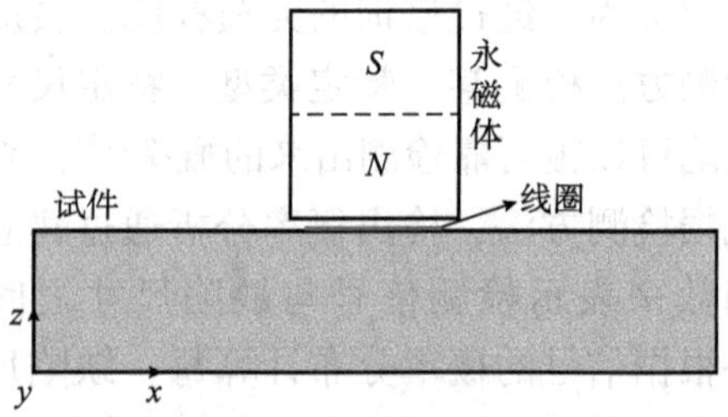

图6　复合检测模型

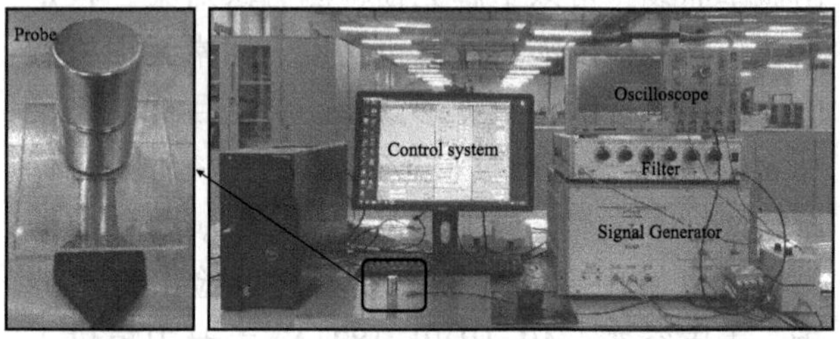

图7　实验系统

检测探头由一个螺旋形的自激自检线圈和放置在线圈正上方的永磁体构成。其中螺旋形线圈直径为20mm，线径为0.2mm，匝数为47；永磁体的直径为25mm，高度为40mm；检测探头的提离为0.5mm。激励信号的表达式为：

$$I(t)=\begin{cases}\sin(2\pi ft) & 0\leqslant t\leqslant 1\mu s\\ 0 & 1\mu s\leqslant t\leqslant 2\mu s\end{cases} \tag{15}$$

式中　t——时间；

$f=1MHz$——激励中心频率。

被测板材试件采用铝合金材料，尺寸为80mm×80mm×20mm，材料参数如表1所示。数值模拟与实验的检测探头、激励设置、材料属性和试件尺寸等各类参数一致。

表1　铝合金试件的材料属性

材料属性	数值
密度	$2.7\times10^3kg/m^3$
杨氏模量	71.7GPa
泊松比	0.35
磁导率	$4\pi\times10^{-7}H/m$
电导率	$3.767\times10^7S/m$

为了实现脉冲涡流-电磁超声复合检测方法的

检出概率分析，通过电火花技术在铝合金试件的上下表面加工制作了一系列表面裂纹和底部减薄缺陷，如图8所示。其中试件1制作有表面裂纹，由于实际自然裂纹的宽度很小，对检测信号的影响有限，故表面裂纹设置为固定宽度的槽型裂纹。试件2制作有底部减薄缺陷，由于底部减薄缺陷的长度和宽度具有相同的考察意义，故不研究底部减薄缺陷宽度的影响。因此，本文主要讨论表面裂纹长度和深度以及底部减薄缺陷长度和深度的检出概率问题，两种缺陷的具体尺寸如表2所示。

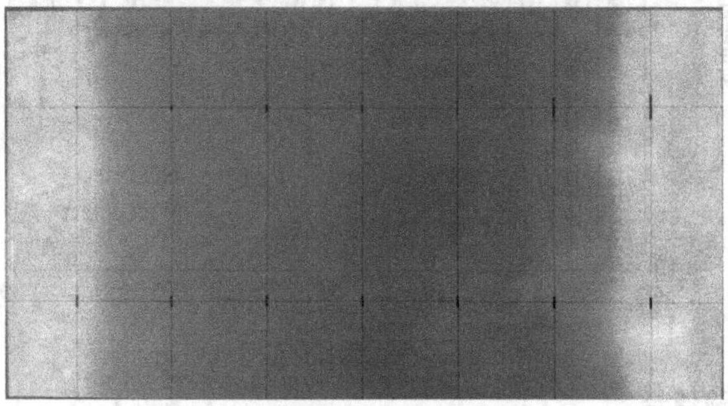
(a)试件1：表面裂纹

(b)试件2：底部减薄缺陷

图8 试件及缺陷

表2 缺陷尺寸

缺陷类型	表面裂纹尺寸 l/mm × w/mm × d/mm	底部减薄缺陷尺寸 l/mm × w/mm × d/mm
表面裂纹	2×2×1.0，4×2×1.0，6×2×1.0，8×2×1.0，12×2×1.0，16×2×1.0，20×2×1.0	—
底部缺陷	—	2×10×6，4×10×6，6×10×6，8×10×6，12×10×6，16×10×6，20×10×6

3.2 噪声分析

根据开发的脉冲涡流-电磁超声复合检测有限元程序，可计算出复合检测的脉冲涡流信号和电磁超声信号，如图9所示。根据上述实验条件进行复合检测实验，并对原始检出信号进行0～0.1MHz的低通滤波和0.5～1.5MHz的带通滤波，可分别分离出脉冲涡流信号和电磁超声信号，如图10所示。

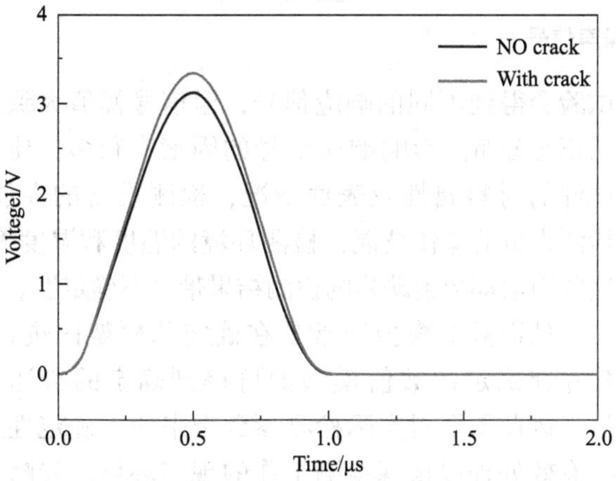

(a)脉冲涡流信号

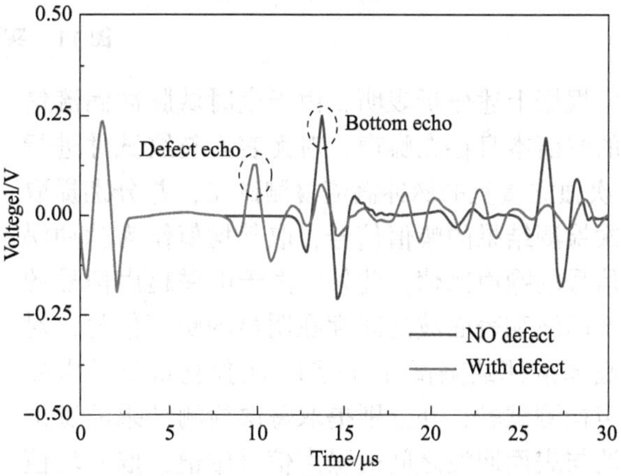

(b)电磁超声信号

图9 数值模拟信号

相较于数值模拟信号，实验信号由于受到系统、环境以及人为等因素影响，检测结果往往会带有噪声信号，这会影响脉冲涡流-电磁超声复合检测方法的检测能力和可靠性。如图9(a)和图10(a)所示，对于表面裂纹的脉冲涡流信号，需要提取全时域信号的幅值作为特征值来表征表面裂纹的尺寸参数。由于幅值信号的数量级比较大，根据时域信号分析噪声信号比较困难，取无表面裂纹试件的两次脉冲涡流实验信号进行差分，如图11(a)所示。结果表明脉冲涡流实验信号中存在明显的噪声。如图9(b)和图10(b)所示，对于底部减薄缺陷的电磁超声信号，需要提取缺陷回波的幅值作为特征量来表征底部减薄缺陷的尺寸参数，而缺陷回波处于底部回波和表面波之间。如图11(b)所示为无底部减薄缺陷的电磁超声信号，在底部回波和表面波之间存在明显的噪声，这严重干扰了缺陷回波特征值的提取。

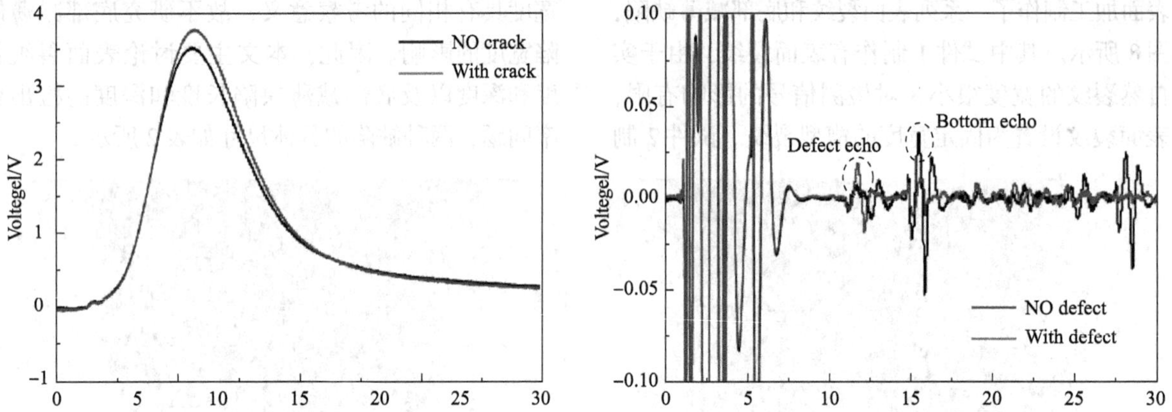

(a)脉冲涡流信号　(b)电磁超声信号

图 10　实验信号

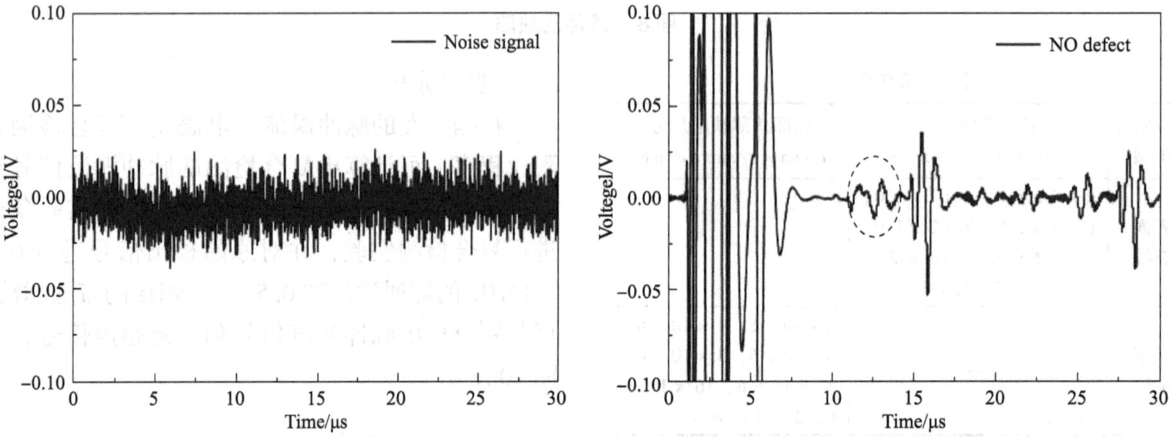

(a)脉冲涡流噪声信号　(b)电磁超声噪声信号

图 11　实验噪声信号

根据上述分析表明，由于全时域脉冲涡流信号的幅值本身存在噪声，对无表面裂纹试件进行10次独立重复的脉冲涡流检测试验，并分别提取每次检测结果的幅值信号，取其均值作为脉冲涡流信号的噪声阈值。此外，由于电磁超声信号的底部回波和表面波之间存在明显的噪声信号，对无底部减薄缺陷试件进行10次独立重复的电磁超声检测试验，并分别提取每次检测结果的底部回波与表面回波之间的噪声信号幅值，取其均值作为电磁超声信号的噪声阈值。脉冲涡流信号和电磁超声信号的噪声如表3所示。

表 3　噪声信号分析结果

	噪声阈值/V
脉冲涡流检测信号	3.526
电磁超声检测信号	8.151×10^{-3}

3.3　信号统计分析

由于在实际检测工作中，无损检测结果具有统计特性，对某一特定缺陷进行独立的重复检测试验会得到不同的响应信号，但信号幅值大致服从正态分布。影响响应信号的因素有很多，比如试件的材料属性及表面情况，检测设备的性能，检测人员的操作技能，检测环境的温度和湿度等。这些因素都会给缺陷的检测结果带来不确定性。

然而数值模拟通常是在确定的框架内进行，建立起确定的数值模型即可得到确定的检测信号。因此需要对实际检测参数带来的不确定性进行有效处理以重现检测工作的现实环境。忽略材料属性及检测环境这些因素的影响，其他检测参数的影响主要体现在探头的位移和激励信号的中心频率这两方面。其中探头的位移涵盖了检测人员的操作技能，激励中心频率则涵盖了检测设备的性能，其他检测参数也基本可以用这两个因素来表示。因此，复合检测数值模拟的信号数据可以通过改变探头位移和激励中心频率来建立，记为($f0$, x, z)，其中$f0$为中心频率，x为探头中心在试件表面上相对于缺陷中心的水平偏移，z为探头提离。本文以检测参数(1.0, 0, 0.5)为标准参照组，分别设置了(1.0，0，0.5)、(0.8，0，0.5)、(1.2，0，0.5)、(1.0，-1，0.5)、(1.0，-2，0.5)、(1.0，0，0.6)和(1.0，0，0.7)共7组检测参数。故此对表2中每个缺陷的数值模拟都可以得到7组检测结果，共有7×14=98组数值模拟结果。

此外，对于复合检测实验，由于其本身受到各种检测因素的影响，故此可以对表2中每个缺陷进行10次独立重复的检测试验，即可得到10×14=140组实验结果。

(1)响应信号的统计分析

对于表面裂纹，提取脉冲涡流信号的幅值作为表面裂纹尺寸 a 的响应信号 $\hat{a}$，并分别绘制 a *vs* $\hat{a}$、a *vs* $\ln(\hat{a})$、$\ln(a)$ *vs* $\hat{a}$、$\ln(a)$ *vs* $\ln(\hat{a})$ 四组响应信号关系图。如图12所示，为不同长度表面裂纹的脉冲涡流响应信号。由图可知，其中 $\ln(a)$ *vs* $\ln(\hat{a})$ 表示的信号响应关系具有最好的线性相关性。

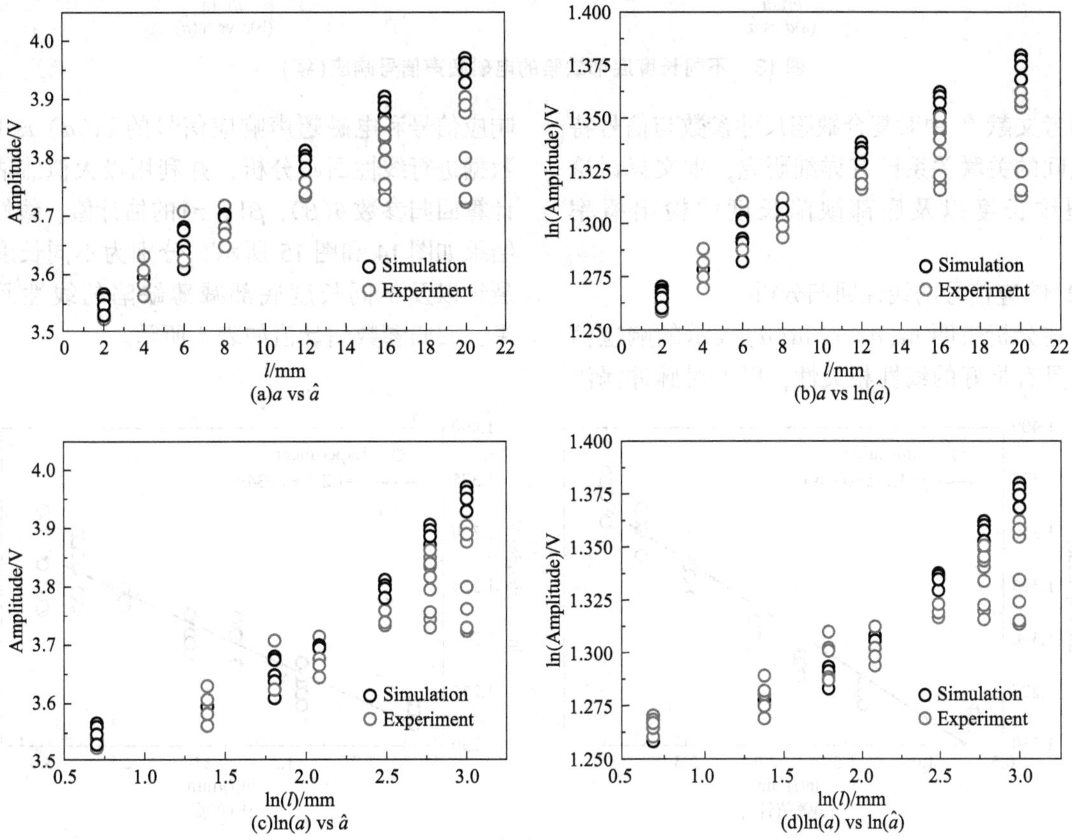

图12 不同长度表面裂纹的脉冲涡流信号响应

对于底部减薄缺陷，提取电磁超声信号的缺陷回波峰值作为底部减薄缺陷尺寸 a 的响应信号 $\hat{a}$，并分别绘制 a *vs* $\hat{a}$、a *vs* $\ln(\hat{a})$、$\ln(a)$ *vs* $\hat{a}$、$\ln(a)$ *vs* $\ln(\hat{a})$ 四组响应信号关系图。如图13，为不同长度底部减薄缺陷的电磁超声响应信号。结果表明，$\ln(a)$ *vs* $\ln(\hat{a})$ 表示的信号响应关系具有最好的线性相关性。

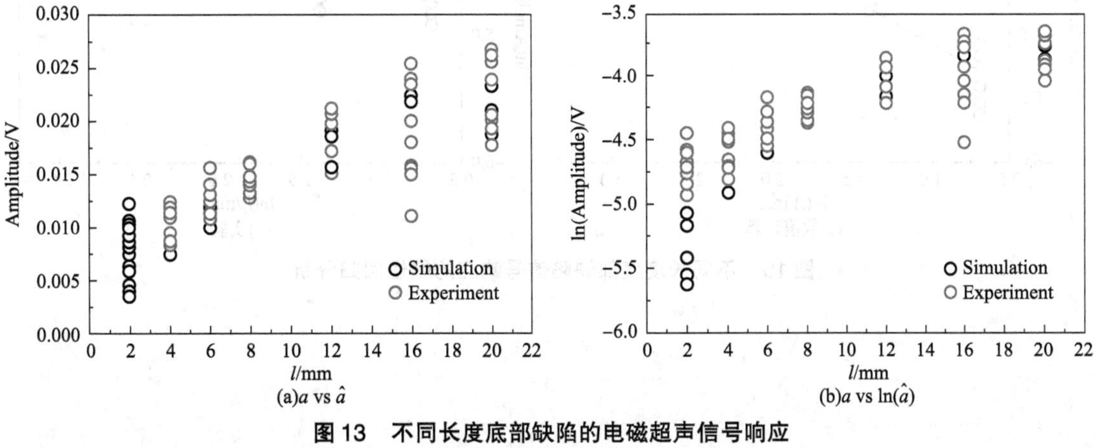

图13 不同长度底部缺陷的电磁超声信号响应

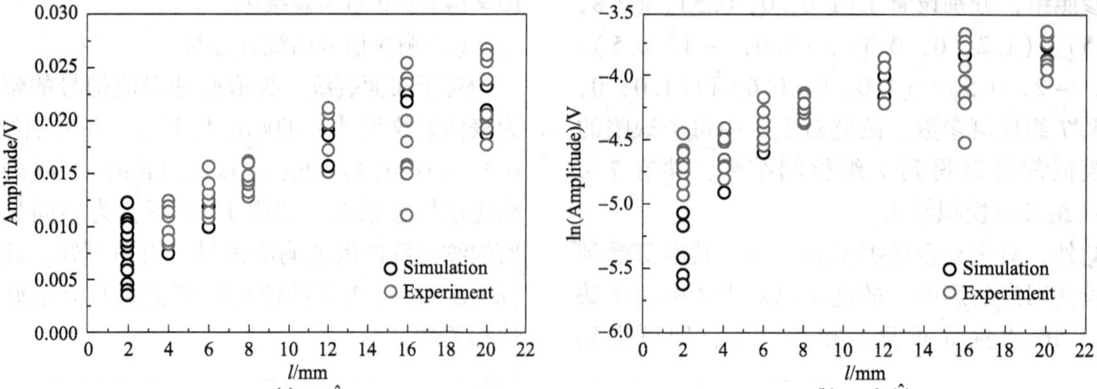

(a)a vs $\hat{a}$　　(b)a vs $\ln(\hat{a})$

图 13　不同长度底部缺陷的电磁超声信号响应(续)

参考文献[21]中对复合缺陷尺寸参数与信号特征量之间的关联关系已有详细研究，本文只讨论表面裂纹长度以及底部缺陷长度的检出概率问题。

(2)响应信号的线性回归分析

上述分析表明 $\ln(a)$ *vs* $\ln(\hat{a})$ 表示的响应信号关系具有最好的线性相关性，以下对脉冲涡流响应信号和电磁超声响应信号的 $\ln(a)$ *vs* $\ln(\hat{a})$ 数据进行线性回归分析，并利用极大似然估计法计算回归参数 $\theta(\beta0, \beta1, \tau)$ 的估计值。线性回归结果如图 14 和图 15 所示，分别为不同长度表面裂纹以及不同长度底部减薄缺陷的线性回归结果，回归参数估计值如表 4 所示。

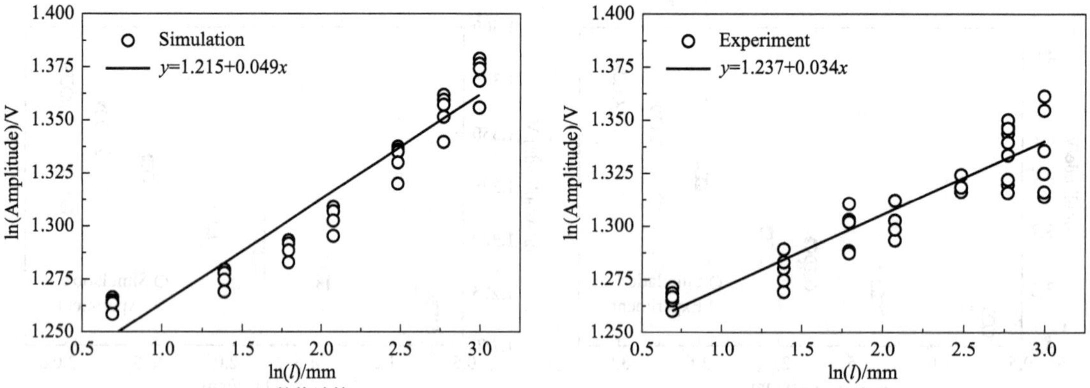

(a)数值计算　　(b)实验

图 14　不同长度表面裂纹信号响应的线性回归分析

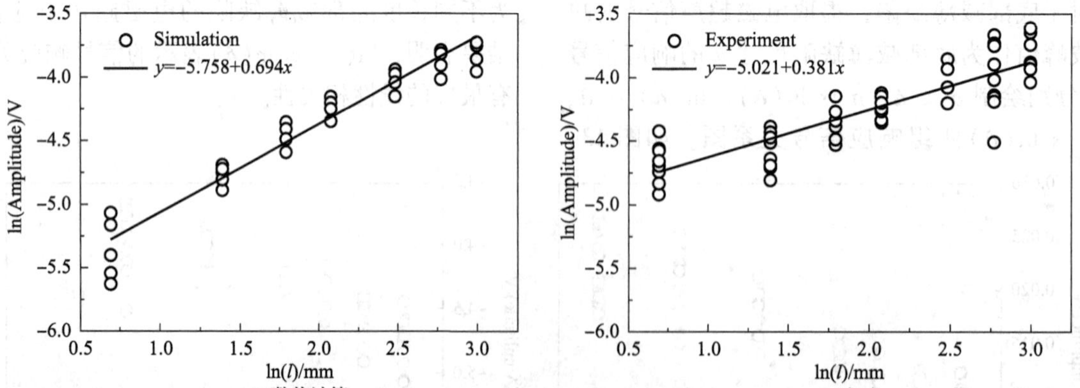

(a)数值计算　　(b)实验

图 15　不同长度底部缺陷信号响应的线性回归分析

表4　线性回归分析的参数估计值

		$\hat{\beta}_0$	$\hat{\beta}_1$	$\hat{\tau}$
不同长度表面裂纹	数值模拟	1.215	0.049	0.001
	实验	1.237	0.034	0.001
不同长度底部减薄缺陷	数值模拟	－5.758	0.694	0.016
	实验	－5.012	0.381	0.026

3.4　检出概率分析

根据检出概率的基本原理，检出概率函数的决策阈值的确定至关重要，通常取0.8～1.2倍的噪声阈值作为决策阈值。在第2.2节中已对脉冲涡流－电磁超声复合检测的实验信号进行了噪声分析，并分别获得了脉冲涡流信号和电磁超声信号的噪声阈值。本文取1.0倍的噪声阈值作为检出概率函数的决策阈值，结果如表5所示。

表5　决策阈值

	$\hat{a}_{noise}$/V	$\hat{a}_{th}$/V	$\ln(\hat{a}_{th})$/V
脉冲涡流信号	3.526	3.526	1.260
电磁超声信号	8.151E－3	8.151E－3	－4.810

在求得复合检测响应信号的线性回归参数估计值$\theta(\hat{\beta}_0, \hat{\beta}_1, \hat{\tau})$和判断阈值$\hat{a}th$的前提下，根据公式(13)可以求解检出概率函数的均值估计值$\hat{\mu}$和方差估计值$\hat{\sigma}$，如表6所示。根据公式(14)可以求解不同缺陷尺寸参数的检出概率曲线，如图16和图17所示。其中图16为不同长度表面裂纹脉冲涡流信号的检出概率曲线，图17为不同长度底部减薄缺陷电磁超声信号的检出概率曲线。此外，可分别求得$a50$、$a90$和$a90/95$，如表7所示，通常认为当缺陷尺寸大于$a90/95$时，该缺陷可以被脉冲涡流－电磁超声复合检测方法可靠地检测出来。

表6　POD曲线的参数估计值

		$\hat{\mu}$	$\hat{\sigma}$
不同长度表面裂纹	数值模拟	0.919	0.028
	实验	0.667	0.036
不同长度底部减薄缺陷	数值模拟	1.366	0.023
	实验	0.530	0.067

对于不同长度的表面裂纹，数值模拟结果表明，当表面裂纹的长度大于2.720mm时，可以被脉冲涡流－电磁超声复合检测方法分离出来的脉冲涡流信号可靠地检测出来，如图16(a)所示。实验结果表明，当表面裂纹的长度大于2.123mm时，可以被脉冲涡流－电磁超声复合检测方法分离出来的脉冲涡流信号可靠地检测出来，如图16(b)所示。

对于不同长度的底部减薄缺陷，数值模拟结果表明，当底部减薄缺陷的长度大于4.127mm时，可以被脉冲涡流－电磁超声复合检测方法分离出来的电磁超声信号可靠地检测出来，如图17(a)所示。实验结果表明，当底部减薄缺陷的长度大于1.919mm时，可以被脉冲涡流－电磁超声复合检测方法分离出来的电磁超声信号可靠地检测出来，如图17(b)所示。

以上分析表明，数值模拟结果和实验结果存在一定的偏差，其主要原因是实验面临着各种各样的试验条件、现实环境和人为操作上的影响。而数值模拟虽然通过激励信号的中心频率和探头的位移来模拟各种检测因素的影响，但为了提高计算效率对数值模型做了适当的简化，且算力有限。要想减小数值模拟结果和实验结果的偏差，只有通过大量的计算来模拟各种检测因素的影响以逼近实验结果，这也为评估无损检测方法的可靠性提供了一种有效的研究手段。

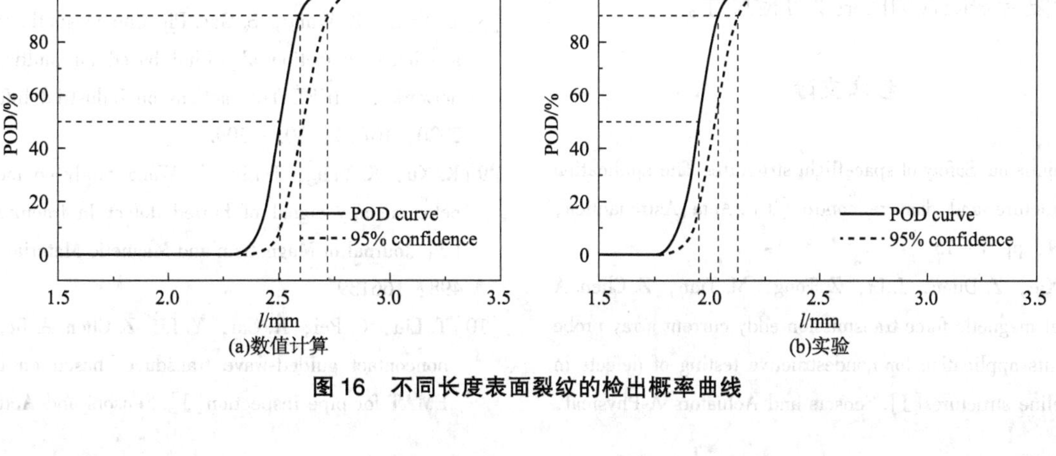

图16　不同长度表面裂纹的检出概率曲线

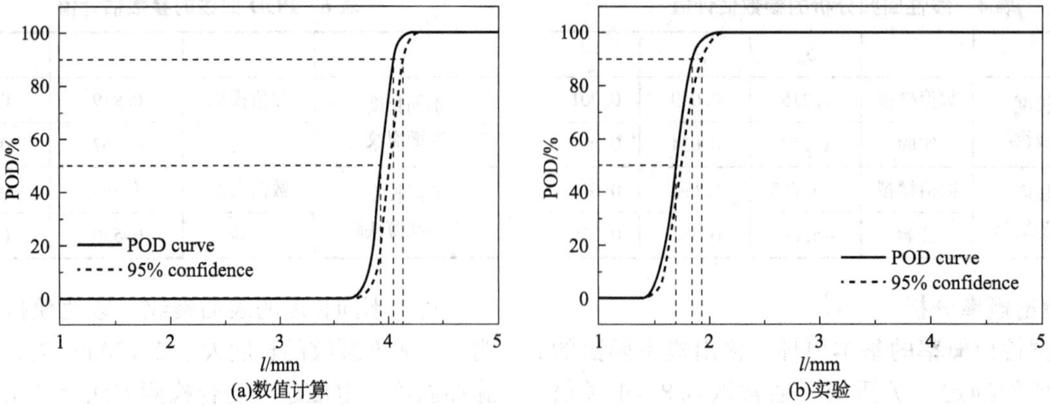

图 17　不同长度底部缺陷的检出概率曲线

表 7　POD 曲线的指标

		a_{50}/mm	a_{90}/mm	$a_{90/95}$/mm
不同长度表面裂纹	数值模拟	2.506	2.599	2.720
	实验	1.946	2.039	2.123
不同长度底部减薄缺陷	数值模拟	3.920	4.038	4.127
	实验	1.699	1.849	1.919

4　结论

本文为了研究脉冲涡流－电磁超声复合检测方法的检测能力，开发了基于检出概率分析的可靠性评估方法。根据概率和统计学原理，建立了检出概率的数学模型，并根据检出概率对复合缺陷的检测能力进行评估。(1)针对铝合金试件同时含有表面裂纹和底部减薄的复合缺陷情况，首先通过数值模拟方法与实验方法验证了脉冲涡流－电磁超声复合检测方法的工作原理以及复合缺陷检测的可行性，并建立了检测信号特征量与缺陷尺寸参数之间的关联关系。(2)其次根据脉冲涡流－电磁超声复合检测方法建立缺陷尺寸参数与检测信号特征量的数据库，并对响应信号进行统计分析，以估计检出概率函数中的统计参数。(3)通过数值模拟结果、实验结果对脉冲涡流－电磁超声复合检测方法进行检出概率分析，并确定复合缺陷检测的最小可检尺寸。

参考文献

[1] G. Sinnema. Safety of spaceflight structures-The application of fracture and damage control[J]. Acta Astronautica, 2019, pp. 1－15.

[2] S. Xie, Z. Duan, J. Li, Z. Tong, M. Tian, Z. Chen. A novel magnetic force transmission eddy current array probe and its application for nondestructive testing of defects in pipeline structures[J]. Sensors and Actuators A-Physical, 2020, 309: 112030.

[3] M. He, P. Shi, S. Xie, Z. Chen, T. Uchimoto, T. Takagi. A numerical simulation method of nonlinear magnetic flux leakage testing signals for nondestructive evaluation of plastic deformation in a ferromagnetic material[J]. Mechanical Systems and Signal Processing, 2021, 155: 107670.

[4] Y. Zhao, P. Qi, Z. Xie, P. Bai, H. Chen, S. Xie, S. Liao, Z. Chen. A new array eddy current testing probe for inspection of small-diameter tubes in Tokamak fusion devices[J]. Fusion Engineering and Design, 2020, 157: 111627.

[5] N. Kobayashi, S. Ueno, S. Nagai, M. Ochiai, N. Jimbo. Remote field eddy current testing for steam generator inspection of fast reactor[J]. Nuclear Engineering and Design, 2011, 241: 4643－4648.

[6] F. Yuan, Y. Yu, B. Liu, G. Tian. Investigation on velocity effect in pulsed eddy current technique for detection cracks in ferromagnetic material[J]. IEEE Transactions on Magnetics, 2020, 56(9): 6201008.

[7] Z. Tong, S. Xie, H. Liu, W. Zhang, C. Pei, Y. Li, Z. Chen, T. Uchimoto, T. Takagi. An efficient electromagnetic and thermal modelling of eddy current pulsed thermography for quantitative evaluation of blade fatigue cracks in heavy-duty gas turbines[J]. Mechanical Systems and Signal Processing, 2020, 142: 106781.

[8] L. Yang, Z. Wang, S. Gao. Pipeline magnetic flux leakage image detection algorithm based on multiscale SSD network[J]. IEEE Transactions on Industrial Informatics, 2020, 16(1): 501－509.

[9] K. Xu, K. Yang, J. Liu, Y. Wang. Study on metal magnetic memory signal of buried defect in fracture process[J]. Journal of Magnetism and Magnetic Materials, 2020, 498: 166139.

[10] T. Liu, C. Pei, R. Cai, Y. Li, Z. Chen. A flexible and noncontact guided-wave transducer based on coils-only EMAT for pipe inspection[J]. Sensors and Actuators A-

Physical, 2020, 314: 112213.

[11]苏剑彬．内窥涡流集成化无损检测系统研究与实现[D]．长沙：国防科技大学，2008.

[12]邓勇．不确定性信息的融合及其应用研究[D]．上海：上海交通大学，2003.

[13] R. Urayama, T. Uchimoto, T. Takagi. Application of EMAT/EC dual probe to monitoring of wall thinning in high temperature environment[J]. International Journal of Applied Electromagnetics and Mechanics, 2010, 33 (3, 4): 1317－1327.

[14]陈积懋，张颖．复合材料及其构件的新型综合无损检测技术[J]．无损检测，2002，24(6)：253－271.

[15]孙峥．基于电磁超声与脉冲涡流的管道内检测技术研究[D]．哈尔滨：哈尔滨工业大学，2017.

[16]赵普．锅炉水冷壁管磁声复合检测技术研究[D]．哈尔滨：哈尔滨工业大学，2019.

[17]周正干，黄凤英，于芳芳．电磁超声和涡流组合检测方法[J]．无损检测，2009，31(09)：706－710＋714.

[18]W. Guo, B. Gao, G. Tian, et al. Physic perspective fusion of EMAT and PECT in non-destructive testing system[J]. Philosophical Transactions A, 2020, 378 (2182): 1－17.

[19]X. Zhao, Z. Liu, Y. Gong, et al. Performance degradation detection of 12CrMoV steel by magneto-acoustic compound inspection method[J]. NDT&E International, 2021, 124: 102525.

[20]S. Xie, M. Tian, P. Xiao, et al. A hybrid nondestructive testing method of pulsed eddy current testing and electromagnetic acoustic transducer techniques for simultaneous surface and volumetric defects inspection[J]. NDT&E International, 2017, 86: 153－163.

[21]Z. Duan, S. Xie, L. Huang, et al. Quantitative sizing of compound location defects based on PECT-EMAT hybrid testing methods[J]. Mechanical Systems and Signal Processing, 2022, 178: 109267.

[22]郑世才．无损检测技术的可靠性[J]．无损检测，1995，08：214－218＋230.

[23]吴瑞明．数字化超声检测系统及关键技术研究[D]．杭州：浙江大学，2004.

[24] R. Jarvis, P. Cawley, P. Nagy. Performance evaluation of a magnetic field measurement NDE technique using a model assisted Probability of Detection framework[J]. NDT and E International, 2017, 91: 61－70.

[25]Department of Defense Handbook. Nondestructive evaluation system reliability assessment, MIL-HDBK-1823A [M]. Air Force, USA, 2004.

[26] V. Rentala, D. Kanzler, P. Fuchs. POD Evaluation: The Key Performance Indicator for NDE 4.0[J]. Journal of Nondestructive Evaluation, 2022, 41: 1－20.

[27]J. Liu, Y. Liu, F. Wang, et al. Study on probability of detection (POD) determination using lock-in thermography for nondestructive inspection (NDI) of CFRP composite materials[J]. Infrared Physics & Technology, 2015, 71: 448－456.

[28]冯辅周，张超省，宋爱斌等．超声红外热像检测中疲劳裂纹的检出概率模型研究[J]．红外与激光工程，2016，45(03)：60－65.

[29] N. Yusa, W. Chen, H. Hashizume. Demonstration of probability of detection taking consideration of both the length and the depth of a flaw explicitly[J]. NDT&E International, 2016, 81: 1－8.

基于改进 YOLOv5 的油气管道泄漏检测方法研究

康笃刚[1,2]　范诗怡[3]　李哲兴[3]　吕　潇[2]　梅　琳[2]　唐晓铭[3]

(1. 重庆市特种设备检测研究院，重庆　401121；
2. 国家市场监管重点实验室(西部复杂环境机电设备安全)，重庆　401121；
3. 重庆邮电大学自动化学院，重庆　400065)

摘　要：针对外露油气管道的泄漏检测问题，提出了一种基于改进 YOLOv5 的油气管道泄漏检测的算法，通过融入 CA 注意力机制模块捕获油气管道泄漏图像的空间位置信息，增强模型的特征提取能力，同时采用 EIoU 作为模型的损失函数解决纵横比的模糊定义，提高边界框回归的准确性和效率。实验结果表明，改进算法的检测效果相较于原 YOLOv5 算法提高了 4.8%，平均准确率达 51.2%，减少了在复杂环境下管道泄漏的漏检和误检情况。

关键词：管道泄漏检测；CA 注意力机制；EIOU 损失函数；YOLOv5 算法

Oil And Gas Pipeline Leak Detection Based on Improved YOLOv5

KANG Dugang[1,2], *FAN Shiyi*[3], *LI Zhexing*[3], *LV Xiao*[2], *MEI Lin*[2], *TANG Xiaoming*[3]

(1. Chongqing Special Equipment Inspection and Research Institute, Chongqing 401121, China;
2. Key Laboratory of Electromechanical Equipment Security in Western Complex Environment for State Market Regulation, Chongqing, 401121, China;
3. Chongqing University of Posts and Telecommunications, Chongqing 400065, China)

Abstract: Aiming at the leak detection problem of exposed oil and gas pipelines, an oil and gas pipeline leak detection algorithm based on improved YOLOv5 is proposed. The CA attention mechanism module is integrated to capture the spatial location information of oil and gas pipeline leak images to enhance the feature extraction capability of the model. Meanwhile, EIoU is adopted as the loss function of the model to solve the fuzzy definition of aspect ratio. The accuracy and efficiency of bounding box regression are improved. Experimental results show that compared with the original YOLOv5 algorithm, the detection effect of the improved algorithm is increased by 4.8%, and the average accuracy rate is 51.2%, which reduces the leakage detection and false detection of pipeline leakage in complex environment.

Key words: Pipeline leak detection; CA attention mechanism; EIOU loss function; YOLOv5 algorithm

1　引言

管道运输因其运输量大、连续、经济、可靠等优点成为运输石油、天然气的主要方式。另外，石油、天然气作为我国的第二、第三大能源品种，是全球能源供应的重要组成部分，也是促进我国社会经济增长的重要动力[1]。随着石油天然气工业的发展，因管道自然老化、施工缺陷、环境变化、腐蚀以及打孔盗油等原因[2]，油气输送管道的泄漏事故时有发生，造成了难以估计的后果。因此，为防止泄漏事故发生，造成更多的人员伤亡、环境影响以及财产损失，及时检测油气管道泄漏非常必要。

韩玲娟等[3]提出了一种基于混合干涉仪原理的分布式光纤传感水下输气管道泄漏检测及定位

作者简介：康笃刚(1973—　)，高级工程师，主要研究方向为特种设备安全技术。E-mail：zlydyxf02@163.com
基金项目：重庆市技术创新与应用发展专项面上项目(编号：CSTB2022TIAD-GPX0028)资助

系统来识别管道泄漏[4]。谢含宇等[5]针对天然气管道次声波法泄漏检测噪声干扰大、定位误差大的问题，提出一种泄漏检测定位方法。李凤等[6]通过流场的瞬态变化阐述负压波和声波产生机制，另外利用非定常 CFD 方法模拟泄漏发生的实时过程，提出了一种基于压力波与声波耦合的泄漏识别和定位方法。

当前，随着人工智能的发展，我国的管道企业面临着由数字化向智能化升级的新形势，基于物联网、大数据及人工智能等新技术的智能化建设能有效推进管道智能化，有助于提升管道安全治理水平。神经网络深度学习区别于传统的浅层学习，在相关领域都取得了很多成果，使得人工智能的相关技术取得很大进步。YOLO 作为一种图像识别算法也在不断地随之发展进步。YOLOv5 算法与 YOLOv4 算法相比，简化了模型的复杂度，提高了模型的实时性。针对外露油气管道的泄漏问题，本文提出了一种基于改进 YOLOv5 的油气管道泄漏检测算法，主要改进如下：

1)针对油气管道复杂环境情况，本文将用于移动端的高效注意力机制 CA 融入算法中，增强了模型的特征提取能力，使检测效果提高。

2)针对原始算法收敛速度慢，回归结果不准确问题，本文采用 EIoU 作为损失函数，明确度量了边界框回归(BBR)中重叠面积、中心点和边长三个几何因子的差异[8]，使得该算法收敛速度更快，定位效果更好。

2 算法基本框架

2.1 YOLOv5 网络结构

YOLOv5[9]是在 YOLOv3 和 YOLOv4 的基础上改进而来的。它分为输入端(Input)、骨干网络(Backone)、特征融合模块(Neck)和输出端(Prediction)四个部分，网络结构图如图 1 所示。与之前 YOLO 版本相比，YOLO v5 算法通过调节深度倍数和宽度倍数两个参数使得目标检测网络中共有 4 种预设的模型大小，分别是 Yolov5s、Yolov5m、Yolov5l、Yolov5x[10]。为了满足检测的要求，本文选取了运行速度最快的 YOLOv5s 版本对已有的图像进行检测。

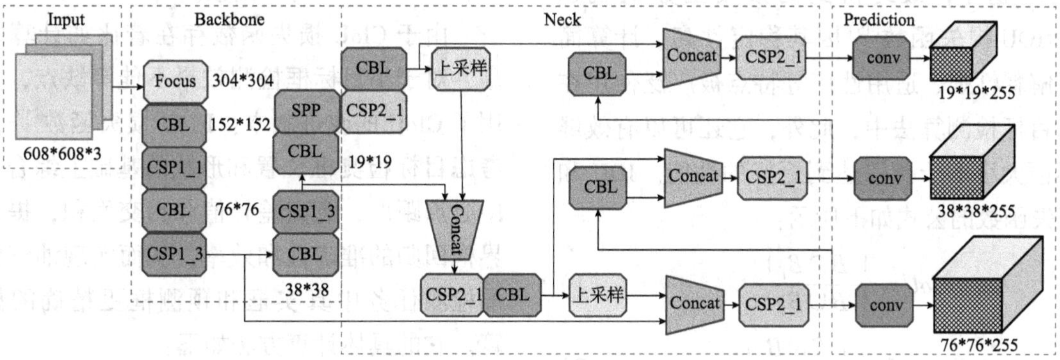

图 1 YOLOv5 网络结构

2.2 识别过程

首先在训练阶段，读取油气管道数据集，将图像进行输入尺度和锚框大小的自适应调整后输入到前向网络，通过主干网络提取模型中图片的特征信息，再经过特征融合将提取到的特征信息进行融合，之后在输出端获取网络输出，计算得到预测框的区域和类别信息，经过非极大值抑制 NMS 进行目标框的筛选，通过损失函数计算预测值与真实值之间的损失，最终在测试阶段预测图片中油气管道是否泄漏。识别过程如图 2 所示。

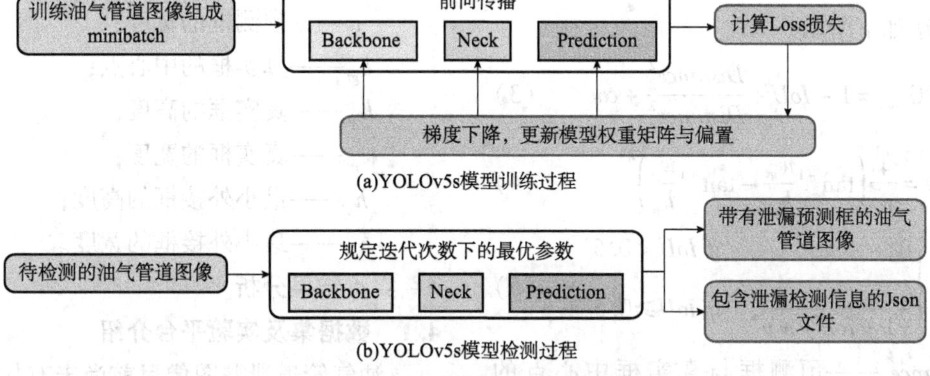

图 2 YOLOv5s 模型训练与检测流程

3 改进方法

3.1 CA 注意力机制

当前，引入注意力机制已经成为神经网络中进行优化改进的重要方法，并在图像识别、机器翻译及语音识别等领域得到广泛应用[11]。CA(Coordinate Attention)是 Hou 等[12]提出的一种新的轻量级网络设计的注意力机制，它将位置信息嵌入到通道注意力中，使移动网络能够参与大区域，同时避免产生大量计算开销。它捕获的跨通道信息、方向感知和位置敏感信息有助于模型更准确地定位和识别感兴趣的目标以及提高图像特征的区分度和抗干扰能力[13]，从而达到模型性能提升的效果。模型引入 Coordinate Attention 具体包括 Coordinate 信息嵌入和 Coordinate Attention 生成两个步骤，其结构如图 3 所示。

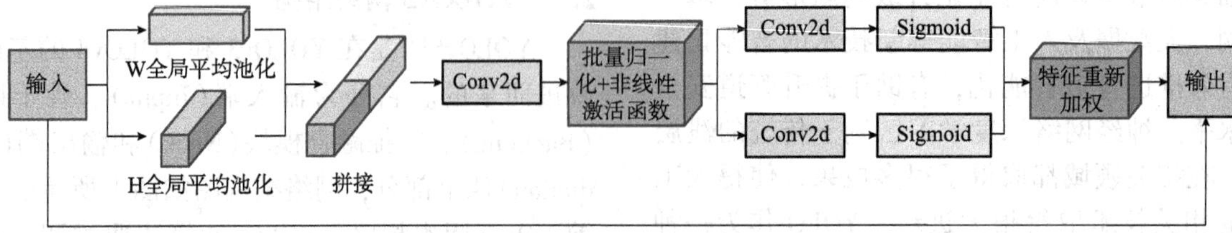

图 3　CA 注意力机制结构

3.2 EIOU 损失函数

YOLOv5 中包含了分类损失、定位损失和置信度损失三种损失函数。利用损失函数，可以度量预测信息和期望信息的距离，预测信息和期望信息差距越小，最终得到的损失函数值就越小[14]。IOU 损失函数[15]因其稳定性高、计算简单、可解释性强、适用性广等特点被广泛使用在常见的目标检测算法中，此外，它还可以有效屏蔽边界框大小的干扰以达到更好的性能。IOU 和 IOU 损失函数的公式如下所示：

$$IoU=\frac{|B\cap B_i|}{|B\cup B_i|} \tag{1}$$

$$L_{IoU}=1-\frac{|B\cap B_i|}{|B\cup B_i|} \tag{2}$$

式中　B——预测框的面积；

B_i——真实框的面积。

YOLOv5 使用完全交并比损失函数(CIoU Loss)作为损失函数[16]，它在传统 IoU 损失函数的基础上进行了改进，通过引入中心点距离和高宽比使得 CIoU 损失函数训练时的稳定性更高。具体计算方法如下所示。

$$\mathrm{CIOU_{Loss}}=1-IoU+\frac{Distance_2^2}{Distance_c^2}+\alpha v \tag{3}$$

$$v=\frac{4}{\pi^2}\left(\tan^{-1}\frac{w_{gt}}{h_{gt}}-\tan^{-1}\frac{w_p}{h_p}\right)^2 \tag{4}$$

$$\alpha=\begin{cases}0, & if\ IoU<0.5\\ \dfrac{v}{(1+IoU)+v}, & if\ IoU\geqslant 0.5\end{cases} \tag{5}$$

式中　$Distance_2$——预测框与真实框中心点的距离；

$Distance_c$——最小外接矩形的对角线距离；

α——权衡参数；

v——修正因子，用于调整损失函数。

由于 CIoU 损失函数存在着比如计算复杂度高、对于小目标框检测效果不佳等缺点，本文采用了 CIoU 的改进版本：EIoU 损失函数[17]。它在考虑目标检测框位置和形状的基础上综合考虑了中心点距离、宽高差异值和相交面积，提高了边界框回归的准确性和效率，从而实现油气管道泄漏检测任务中真实框和预测框更精确的损失计算。它的具体计算方法如下：

$$L_{EIoU}=1-IoU+\frac{\rho^2(b,\ b_{gt})}{(w_c)^2+(h_c)^2}+\frac{\rho^2(w,\ w_{gt})}{(w_c)^2}+\frac{\rho^2(h,\ h_{gt})}{(h_c)^2} \tag{6}$$

式中　ρ——两个中心点的欧氏距离；

b——预测框的中心点；

h——预测框的高度；

w——预测框的宽度；

b_{gt}——真实框的中心点；

h_{gt}——真实框的高度；

w_{gt}——真实框的宽度；

h_c——最小外接框的高度；

h_w——最小外接框的宽度。

4 实验结果分析

4.1 数据集及实验平台介绍

油气管道泄漏图像目前尚未有权威公开的数

据集，此外，由于实际油气管道发生泄露的影像数据难以收集，因而并没有直接可以利用的油气管道泄漏图像数据集。本文采用的数据集包含密西西比州立大学关键基础设施保护中心天然气管道数据集以及通过综合石油管道已有的泄漏图像和视频数据构建了最终的包含 3000 张油气管道泄漏图像数据集，训练集、测试集、验证集按 8：1：1的比例随机划分，数据集部分样本如图 4 所示。

图 4 数据集部分样本

本次实验平台为 Windows 10 系统，CPU 为 Intel(R) Core(TM) i7 - 10700 CPU，开发框架为 Pytorch，编程语言为 Python，CUDA 版本为 11.4。

4.2 评价指标

针对基于改进 YOLOv5s 的油气管道泄漏检测模型，采用平均精确度(mAP)、精确率(Precision)、召回率(Recall)作为实验的评价指标[18]。涉及指标公式如表 1 所示。

表 1 评价指标

指标	含义	计算方法
Precision	正样本中有多少是真的正确的概率	$Precision = \frac{TP}{TP + FP}$
Recall	正样本中有多少被找了出来	$Recall = \frac{TP}{TP + FN}$
AP	平均精度	Precision-recall 曲线下面的面积
mAP	平均 AP	$mAP = \frac{\sum_{i=1}^{N} AP_i}{N} AP$

4.3 消融实验及结果分析

本文针对 YOLOv5s 模型的注意力机制和损失函数等进行了改进，为了进一步验证本文提出的改进方法对算法性能的优化效果和检测油气管道泄漏的有效性，本文设计了 4 组消融实验，其实验结果如表 2 所示。

表 2 消融实验结果

算法	mAP/%	Recall	Precision
YOLOv5	46.4	0.422	0.491
YOLOv5 + CA	48.1	0.455	0.512
YOLOv5 + EIoU	49.1	0.466	0.510
本文算法	51.2	0.482	0.523

通过对比可以发现，改进后的 YOLOv5 算法相较于原来的 YOLOv5 算法的性能有所提升[19]。在原有的 YOLOv5 算法基础上分别添加 CA 注意力机制、改进 EIOU 损失函数[20]，模型的各项性能指标均有不同程度的上升。最终在 YOLOv5 模型的基础上添加 CA 注意力机制后和改进 EIOU 损失函数后实验模型对油气管道泄漏检测的 mAP 值提升了 4.8%。

5 结论

本文提出了一种基于改进 YOLOv5 算法的油气管道泄漏检测算法，通过添加 CA 注意力机制模块，使空间位置信息与通道信息融合进而缓解噪声干扰，提高了检测效果，另外引入 EIOU 作为损失函数，综合考虑重叠面积、中心点距离和宽高差值三种因素从而提高模型的回归精度。实验结果表明，改进后的 YOLOv5 算法对油气管道泄漏的平均检测精度达到 51.2%，相比 YOLOv5 基准算法提高了 4.8%，减少了在复杂环境下管道泄漏的漏检和误检情况。未来可考虑在更丰富的数据集下采用数据增强技术进行检测，从而提高模型的检测精度。

参考文献

[1]金雅宁，倪正，田喆．碳中和愿景目标对油气行业的挑战与机遇．石油化工技术与经济，2021，37(01)：1 - 6.

[2]赵全．非介入式危化品输送管道泄漏检测方法研究：[学位论文]．北京：北京化工大学，2017.

[3]韩玲娟，王强，杨其华，等．基于分布式光纤传感的水下输气管道泄漏检测与定位分析．传感技术学报，2015，28(07)：1097 - 1102.

[4]牛泽宇．基于光纤传感的海洋管道应变监测：[学位论文]北京：中国石油大学(北京)，2021.

[5]谢含宇，王寿喜，郭乔，等．基于 EEMD 滤波和时延估计的次声波法管道泄漏定位．油气储运，2020，39(10)：1148 - 1154.

[6]李凤，王文和，易俊，等．负压波 - 声波耦合天然气

管道泄漏检测与定位．工业安全与环保，2019，45(02)：32－35.
[7]李柏松，王学力，徐波，等．国内外油气管道运行管理现状与智能化趋势．油气储运，2019，38(03)：241－250.
[8]彭道刚，潘俊臻，王丹豪，等．基于改进 YOLO v5 的电厂管道油液泄漏检测．电子测量与仪器学报，2022，36(12)：200－209.
[9] Zhu X，Lyu S，Wang X，et al. TPH-YOLOv5：Improved YOLOv5 based on transformer prediction head for object detection on drone-captured scenarios. Proceedings of the IEEE/CVF international conference on computer vision. 2021：2778－2788.
[10]熊玉华．基于改进 YOLO v5 的排水管网缺陷智能识别技术：[学位论文]．北京：北京建筑大学，2023.
[11]褚飞飞．基于注意力机制和长短期记忆神经网络的水质预测方法研究：[学位论文]．南京：南京邮电大学，2022.
[12]Hou Q，Zhou D，Feng J. Coordinate attention for efficient mobile network design. In：Proceedings of the IEEE/CVF conference on computer vision and pattern recognition (CVPR). Piscataway，NJ：IEEE，2021：13713－13722.
[13]吴珊，周凤．基于改进 SSD 算法的小目标检测．计算机工程，2023，49(7)：179－188.
[14]阜远远，王建平，张太盛，等．基于 YOLOv5s 的车辆实时检测与跟踪研究．安徽工程大学学报，2023，38(01)：26－32.
[15]Yu J，Jiang Y，Wang Z，et al. Unitbox：An advanced object detection network. Proceedings of the 24th ACM international conference on Multimedia. 2016：516－520.
[16]陈玺．基于深度学习的火灾检测方法[学位论文]．杭州：杭州电子科技大学，2023.
[17]Zhang Y F，Ren W，Zhang Z，et al. Focal and efficient IOU loss for accurate bounding box regression[. Neurocomputing，2022，506：146－157.
[18]王云航．基于深度学习的交通标志检测与识别方法研究．汽车文摘：1－9[2024－05－24].
[19]吕禾丰，陆华才．基于 YOLOv5 算法的交通标志识别技术研究．电子测量与仪器学报，2021，35(10)：137－144.
[20]任维民，钟国韵，朱伟东，等．基于改进 YOLOv5 的行人检测算法．计算机与数字工程，2022，50(11)：2404－2410.

常压储罐声发射检测泄漏信号的特征参数分析方法

丁志千[1] 施向荣[2] 翁凯迪[1] 杨 福[1] 袁时杰[1] 李武俊[1] 林 霄[3] 张子健[1]

(1. 宁波市劳动安全技术服务有限公司，浙江 宁波 315000；
2. 宁波市港航管理中心，浙江 宁波 315000；
3. 中国石油东北销售分公司，浙江 宁波 315000)

摘 要：目前越来越多的常压储罐因实际使用需求，无法按计划进行全面开罐检验，通常采用在线方式进行检验。首先通过RBI风险评估计算其风险等级，随后采用声发射检测等方式提高检验的有效性，适当延长其全面开罐检验的周期，但通过此方式仍无法对判断底板是否出现严重点蚀，导致某些储罐未到下次检验周期就出现泄漏，其次在开罐检验中还存在某些不合规的改造、返修，导致储罐底板出现机械损伤，在封罐投用时就立刻发现泄漏。本文结合两个储罐底板泄漏的声发射定位检测案例，对采集到的声发射信号参数进行统计，分析此类泄漏信号的特征，并进行了开罐检测验证，最后提出了储罐底板声发射泄漏信号的特征参数分析方法，提高了声发射检测技术在储罐底板泄漏点探测中的可靠性。

关键词：常压储罐；声发射检测；储罐底板泄漏；声发射信号特征；数据分析

Characteristic Parameter Analysis Method for Acoustic Emission Detection of Leakage Signals in Atmospheric Storage Tanks

DING Zhiqian, SHI Xiangrong, WENG Kaidi, YANG Fu, YUAN Shijie, LI Wujun, LIN Xiao, ZHANG Zijian

(1. Ningbo Labor Safety and Technology Service Co., Ltd, Zhejiang Ningbo 315000, China;
2. Ningbo Port and Navigation Management Center, Zhejiang Ningbo 315000, China;
3. China Petroleum Northeast Sales Branch, Zhejiang Ningbo 315000, China)

Abstract: Currently, an increasing number of atmospheric storage tanks are unable to undergo comprehensive tank opening inspections as planned due to practical usage needs, and are usually inspected online. Firstly, the risk level is calculated through RBI risk assessment. Then, methods such as acoustic emission testing are used to improve the effectiveness of the inspection, and the comprehensive tank opening inspection cycle is appropriately extended. However, this method still cannot determine whether the bottom plate has serious pitting corrosion, resulting in some tanks leaking before the next inspection cycle. Secondly, there are also some non compliant modifications and repairs during the tank opening inspection, resulting in mechanical damage to the tank bottom plate. Leakage is immediately detected when the tank is sealed and put into use. This article combines two cases of acoustic emission localization detection for tank bottom plate leakage, statistically analyzes the parameters of the collected acoustic emission signals, analyzes the characteristics of such leakage signals, and conducts tank opening detection verification. Finally, a method for analyzing the characteristic parameters of tank bottom plate acoustic emission leakage signals is proposed, which improves the reliability of acoustic emission detection technology in detecting tank bottom plate leakage points.

Key words: Atmospheric storage tank; Acoustic emission detection; Tank bottom plate leakage; Acoustic emission signal characteristics; Data analysis

作者简介：丁志千(1991—)，工程师，本科。主要从事常压储罐检验检测、风险评估以及无损检测新技术等方面的研究。目前持有 API 653、UT-3、PA-2、TOFD-2、RT-2、AE-2、MT-2、PT-2、管道检验员证书。E-mail:dzq@nbanji.com

1　引言

常压储罐在石油、化工等行业中扮演着至关重要的角色，广泛用于存储各种液态化学品和石油产品。随着行业需求的不断增加，储罐的数量和使用频率也在不断提升。然而，储罐在实际使用过程中面临着诸多挑战，包括腐蚀、机械损伤和泄漏等问题。尤其是储罐底板，长期暴露在存储介质和环境因素的作用下，极易发生腐蚀和损坏。如果不能及时发现和处理这些问题，可能会导致严重的泄漏事故，造成环境污染和经济损失。因此，如何有效地对储罐进行检测和维护，确保其安全可靠运行，成为行业关注的重点。常压储罐的检测手段主要包括传统的开罐检测和先进的在线检测技术。开罐检测是指将储罐内的介质排空后，进行全面的物理检查。这种方法虽然可以直观地发现储罐内部的问题，但操作复杂，耗时费力，且需要停工，对生产造成影响。在开罐检测中还存在某些暴力返修，导致储罐底板出现机械损伤，在封罐投用时就立刻发现泄漏。此种泄漏存在位置随机、泄漏大的特点。而在线检测技术可以在不排空储罐的情况下，实时监测储罐的状态，通过采集和分析储罐在使用过程中产生的声发射信号，能够评价储罐底板腐蚀状况，但是通过此方式，仍无法对底板是否出现严重点蚀进行判断，导致部分储罐在下次检验周期之前出现了泄漏。此种泄漏可能为较小的滴漏，也可能是较大的渗漏。

针对以上问题，当储罐地基渗漏孔出现泄漏现象时，传统的处理方法是立即开罐，并对罐底进行全面检测。一般程序是先粗略地将储罐底板进行宏观检查，目视及锤击各块底板，然后对底板母材进行100%漏磁检测，底板搭接焊缝进行100%抽真空及磁粉检测，查找泄漏点。这种方法虽然全面，但耗时巨大，费时费力。而采用声发射检测技术，可以在储罐运行的情况下，通过采集一段时间的声发射信号，分析腐蚀或泄漏产生的信号，排除其他干扰造成的信号，寻找泄漏的特征信号，对泄漏位置进行初步定位。开罐后再对该区域进行重点检查和检测，大幅提高了检测的效率和准确性，大大减少人员工作强度，减少设备、耗材投入，避免造成资源浪费。并能使企业更快地将储罐进行返修，以便尽快投入使用，为企业减少停产带来的损失。

声发射检测技术作为一种先进的在线检测手段，具有实时监测、高效便捷、覆盖全面、成本低廉和适用广泛等优势。通过结合实际案例分析声发射检测在储罐底板泄漏检测中的应用，可以进一步验证和提升该技术在泄漏点探测中的可靠性，为储罐的安全管理提供有力保障。

2　储罐基本情况

采用了2台常压储罐进行比对验证。第一台罐为A企业某油罐罐区5#油罐，于2019年6月实施常规开罐全面检验，内部宏观检查良好，防腐涂层局部破损脱落，经局部40%底板漏磁扫查，未发现超过腐蚀当量减薄超过40%的区域，遂安装新的内浮顶及防腐涂层后封罐投用，投用后在液位充装至60%时业主发现渗漏孔有物料流出；第二台罐为B企业某危化品罐罐区TK104罐，于2020年底新制造的储罐，于2021年3月投用，在投用一个月后，发现渗漏孔有物料渗出。

2台常压储罐具体参数如下：

某油库5#罐：内浮顶，公称容积15000m^3，直径34000mm，高度18500mm，材质为碳钢，投用日期2008年8月，检测日期2019年6月，操作温度常温，实际存储介质汽油，无保温，无加热盘管。

某罐区油罐TK104：内浮顶，公称容积13000m^3，直径29000mm，高度25000mm，材质为碳钢，投用日期2021年3月，检测日期2021年4月，操作温度常温，实际存储介质对二甲苯，有保温，有加热盘管。

3　检测方案制定及实施

3.1　方案制定及原理

企业发现储罐地基渗漏孔出现物料渗出，怀疑储罐罐底板局部失效，但无法确定失效程度及失效位置，由于罐体容积较大，直径均在30m左右，盲目开罐并通过宏观、漏磁或真空箱等检测方法寻找泄漏点工作量大，极其耗费人力、物力及时间，同时难度很大，无法确定何时能找到漏点。故采用声发射检测，通过一定的数据分析，初步确定泄漏大致区域，然后进行开罐，对发现大量声发射定位源的位置进行检查及检测，降低查漏难度，减少工作量及工作时间。

密闭设备中存储的流体由于压力差通过泄漏孔向外泄漏。能检测到泄漏的基本条件可能为湍流、摩擦或固体颗粒如泥沙冲击碰撞泄漏孔引起的机械波向外传播，造成声发射源[1]。

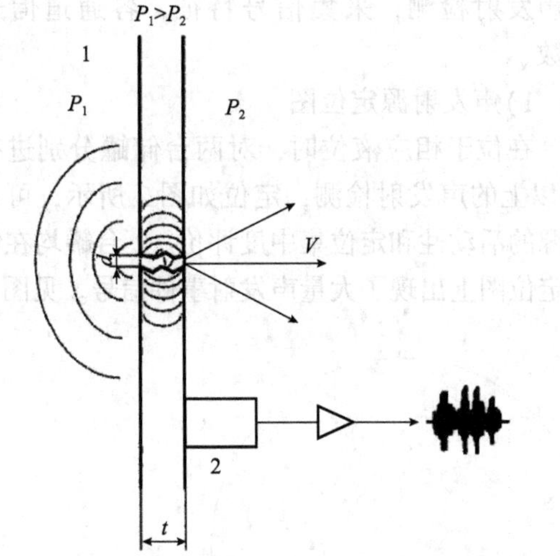

图 1　泄漏产生声发射信号及声发射泄漏检测原理

3.2　实施检测

3.2.1　探头安装

检测采用 16 通道声发射仪器，探头响应频率范围为 20～80kHz。若干探头均匀布置，在罐壁上距离罐底板上方 400mm 处进行打磨，将探头安装在打磨光洁处，进行灵敏度测试，确保探头灵敏的一致性。测试结果见表 1。

3.2.2　背景噪声分析处理

在声发射采集之前，应尽可能降低储罐附件等原因造成的干扰信号，如关闭雷达液位计、关闭加热盘管、尽可能关闭进出料管线阀门，以免内漏造成信号，尽可能在罐区现场相对安静的情况下进行检测。对外部由于风或其他事物对储罐罐壁造成的机械噪声排除。

表 1　探头灵敏度测试结果

	探头 1	探头 2	探头 3	探头 4	探头 5	探头 6	探头 7	探头 8	探头 9	探头 10	探头 11	探头 12
5#罐探头灵敏度测量结果/dB												
实测值 1	84	83	84	83	83	83	83	85	83	84	—	—
实测值 2	84	83	85	83	84	84	83	85	84	84	—	—
实测值 3	84	82	84	86	83	85	83	84	83	85	—	—
平均值	84	83	84	84	83	84	83	85	83	84	—	—
TK104 罐探头灵敏度测量结果/dB												
实测值 1	84	83	84	83	83	83	83	85	83	84	84	84
实测值 2	84	83	85	83	84	84	83	85	84	84	84	84
实测值 3	84	82	84	86	83	85	83	84	83	85	85	85
平均值	84	83	84	84	83	84	83	85	83	84	84	84

该两台储罐声发射检测时，气候条件基本良好、微风，检测过程中全程记录储罐外部发生的状况，未存在阵风吹过、飞鸟停留、人员走动等可能对储罐造成噪声信号的活动，基本不考虑过滤机械噪声。

经测试，5＃罐背景噪声均为 30dB 左右，TK104 罐背景噪声均为 24dB 左右。

随后采用声发射采集一段时间的信号。该信号包括储罐底板腐蚀信号、储罐底板泄漏信号以及外部由于风或其他事物对储罐罐壁造成的机械噪声。低碳钢腐蚀产生的声发射信号具有以下特征：幅值 35～70db，上升时间 20～1000us，持续时间 200～10000us，振铃计数 50～400[2]，但是由于腐蚀介质不同；仪器采集之前 PDT（峰值定义时间）、HDT（峰值定义时间）、HLT（闭锁时间）设置的不同；腐蚀信号产生的位置与探头的距离不同，均会导致腐蚀信号特征值的略微变化。

3.2.3　检测液位的确定

液体的湍流是由多个参数控制，如几何形状、压差、黏度等。储罐底板泄漏检测中可以改变的参数只有储罐的液体静压，也就是介质填充高度[1]。依据储罐声发射检测标准要求提前静止 2h，罐内介质应处于相对静止状态，可以有效避免液位波动造成的声发射噪声信号[3]。储罐底板泄漏声发射事件数量和有限源区会随液位高度改变发生变化，中低液位时，随液位升高，声发射事件数量增加且形成有限定位源区；中高液位时，随液位升高声发射事件数量减少，且有限定位源区消失。通过分析不同液位时储罐底板泄漏声发射信号特征，在选择合适的液位进行信号采集可以提高声发射信号源的活性[4]。

经与业主沟通得知，企业在进料时，低液位时储罐泄漏不明显，升至某处液位时发现泄漏，继续升高液位时泄漏情况减少，遂降低液位至某液位高度，泄漏情况重新出现。具体情况如下：

A 企业 5#罐在液位处于 40% ~50% 时，发现泄漏情况较为严重，以此液位进行声发射检测；B 企业 TK104 罐液位处于 50% ~60% 时，发现泄漏情况较为严重，以此液位进行声发射检测。

3.2.4　采集结果

按照方案，以泄漏最明显的液位高度对罐进行声发射检测，采集信号特征，各通道信号撞击数、

1) 声发射源定位图

在位于相应液位时，对两台储罐分别进行了 2h 以上的声发射检测，定位如图 2 所示，可以反映源的活动性和定位集中度评价。2 台储罐均在罐底板定位图上出现了大量声发射事件信号。见图 2。

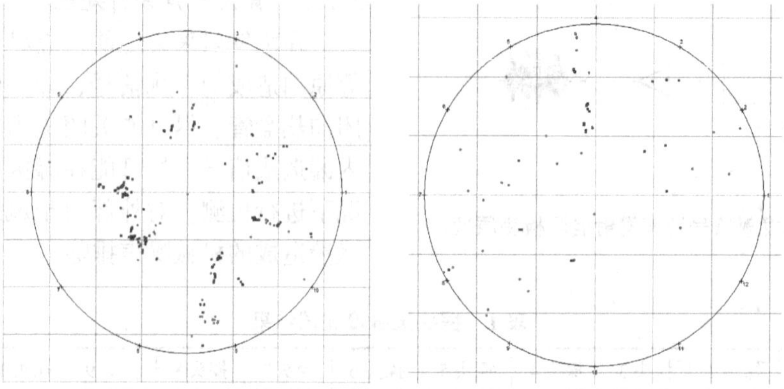

(a)5#罐　(b)TK104罐

图 2　2 台储罐声发射源定位图

2) 撞击数与通道的关联性

通过撞击数可以反映声发射活动的总量和频度[5]。5#罐各个通道的撞击数无较大差别，没有明显特征分布；TK104 罐发现通道 2、3、4、5、8 撞击数明显高于其他通道，这些通道的活动性更频繁。见图 3。

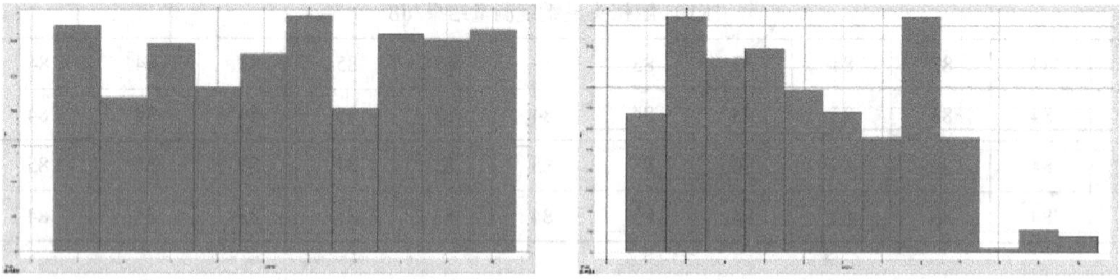

(a)5#罐　(b)TK104罐

图 3　2 台储罐撞击数 – 通道图

3) 振铃计数与通道的关联性

振铃计数适于两类信号，又能粗略反映信号强度和频度。5#罐通道 6、7 振铃计数明显高于其他通道；TK104 罐通道 2、3、4、8 振铃计数明显高于其他通道。见图 4。

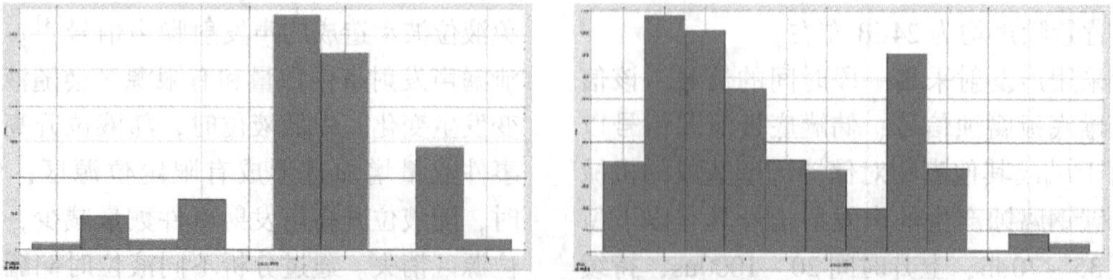

(a)5#罐　(b)TK104罐

图 4　2 台储罐振铃计数 – 通道图

4) 能量与通道的关联性

能量可以反映事件的强度，对工作频率和传播特性不是很敏感，与振铃计数有一定类似，也可以用于波源类型的判别，对于泄漏这类连续型声发射信号更为明显。5#罐通道 6、7 能量明显高于其他通道；TK104 罐通道 4 能量明显高于其

他通道。反映出靠近这些探头位置的区域更可能是储罐底板泄漏存在的区域。见图5。

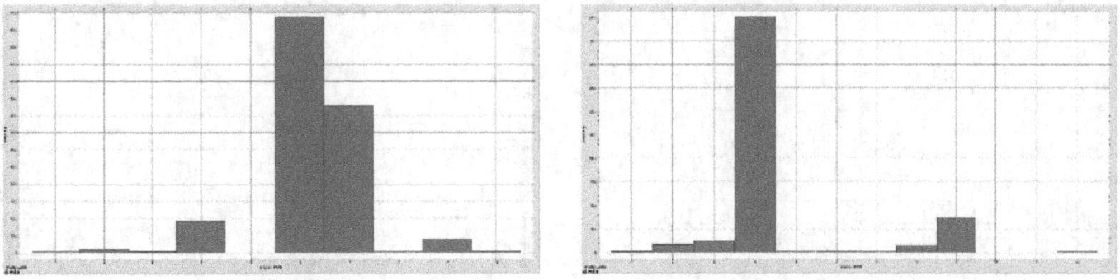

(a)5#罐 (b)TK104罐

图5 2台储罐能量-通道图

5)RMS与通道的关联性

RMS与声发射大小相关，适用于泄漏这类连续型声发射信号，可主要用于活动性评价。5#罐通道6、7、9、10的RMS明显高于其他通道；TK104罐通道4的RMS高于其他通道。见图6。

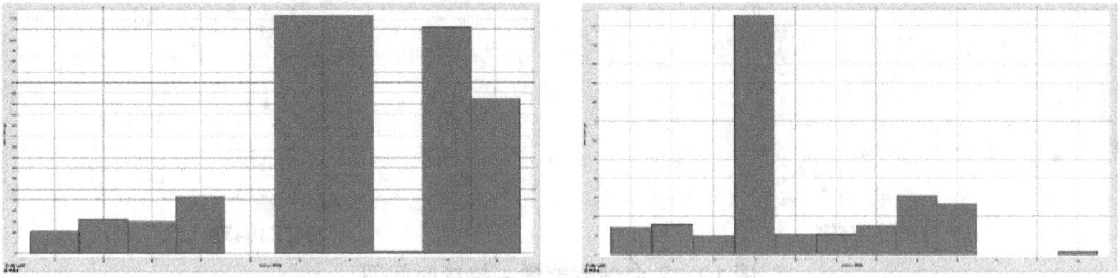

(a)5#罐 (b)TK104罐

图6 2台储罐RMS-通道图

6)幅度值分布

5#罐声发射信号幅值多数处于42~58dB区间；TK104罐声发射信号幅值多数处于41~62dB区间。见图7。

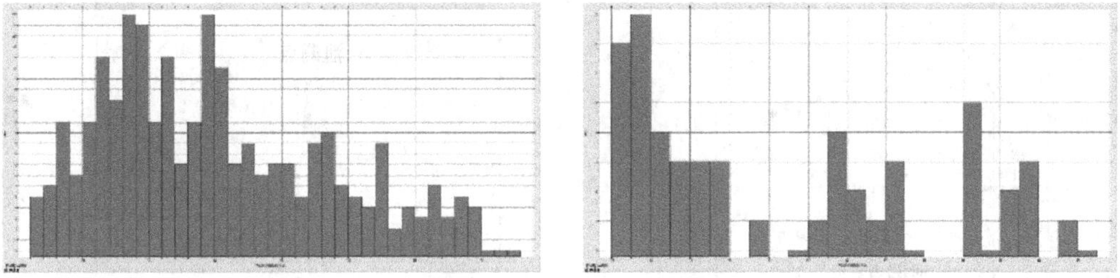

(a)5#罐 (b)TK104罐

图7 2台储罐撞击数-幅值图

7)振铃计数与幅值关联图

泄漏产生的声发射信号随幅值的变化，振铃计数的变化较为缓慢。见图8。

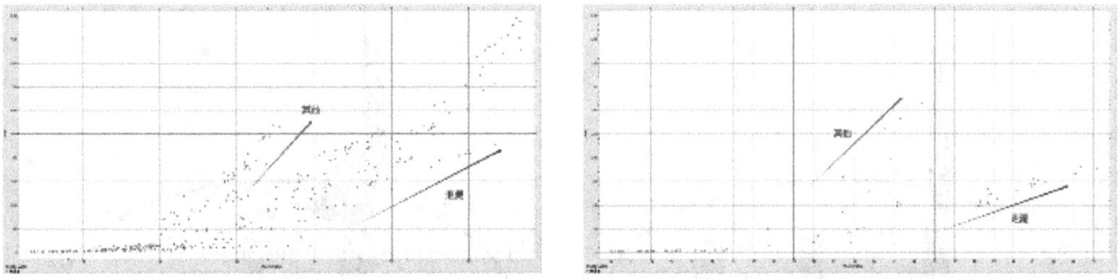

(a)5#罐 (b)TK104罐

图8 2台储罐振铃计数-幅值图

8)持续时间与振铃计数关联图

持续时间随振铃计数呈线性增长。见图9。

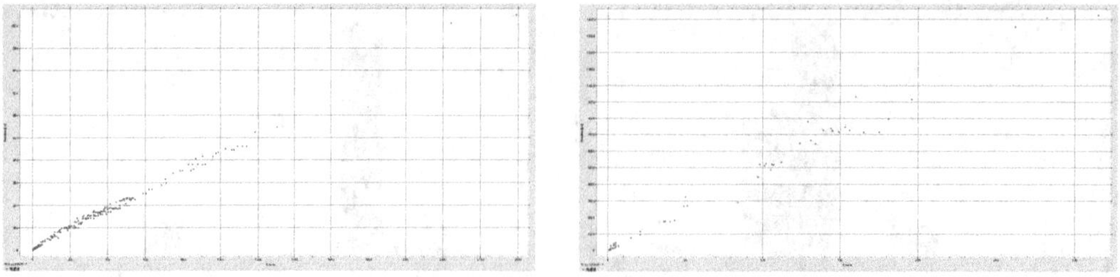

(a)5#罐　　(b)TK104罐

图9　2台储罐持续时间－振铃计数图

9)能量与持续时间关联图

泄漏产生的声发射信号随持续时间的增加，能量计数增长会更大。见图10。

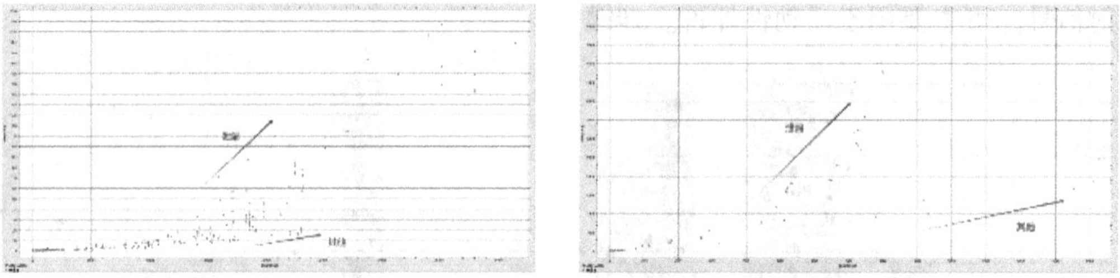

(a)5#罐　　(b)TK104罐

图10　2台储罐能量－持续时间图

10)综合分析结果

对上述特征参数进行综合分析，定位图中存在大量声发射定位源处疑似为泄漏点。5#储罐疑似泄漏点怀疑在靠近7号探头附近，距离储罐中心约5.6m处的位置；TK104罐疑似泄漏点怀疑在靠近4号探头，距离储罐中心约7.5m处的位置。见图11。

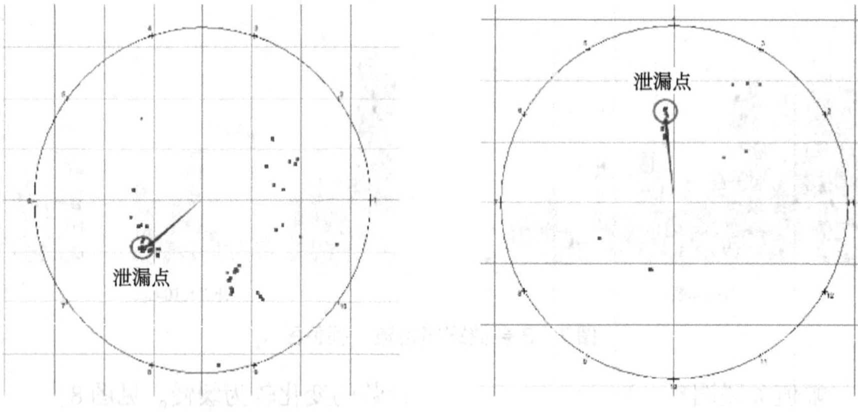

(a)5#罐定位图　　(b)TK104罐定位图

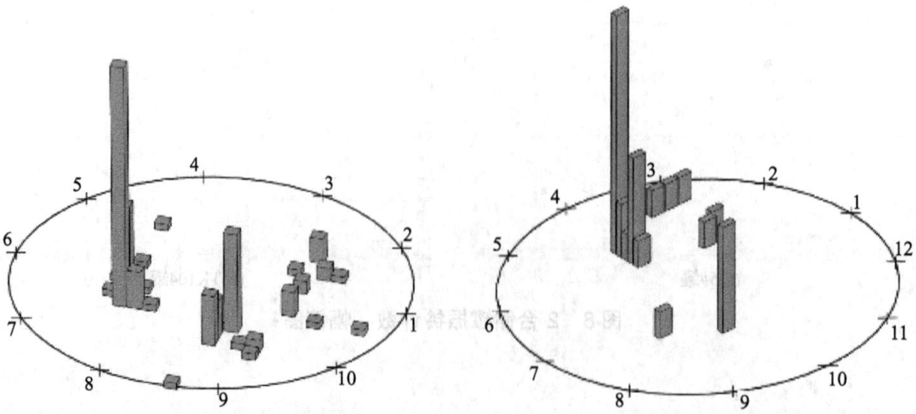

(c)5#罐柱状图　　(d)TK104罐柱状图

图11　2台储罐声发射源定位图及柱状图

4 开罐检测及验证

对 A 企业 5#罐进行开罐检测验证。首先对靠近 7 号探头处的区域进行全面勘察，在编号为 1－12中幅板至北往南 4m 左右位置发现一处穿孔，距离储罐中心约 7.5m 左右，对剩余储罐底板进行了宏观检查，未发现涂层破损等情况。由于上次开罐检验只进行了 40%左右面积的漏磁抽查，检测位置集中于储罐北侧，本次查漏时又对上次未检的底板进行了 100%漏磁检测，在储罐南侧发现了 40%局部减薄当量的腐蚀。与声发射检测结果进行比对，泄漏点位置与声发射定位源位置相差 2m 左右，储罐南侧也存在局部腐蚀情况，结果基本符合。

分析泄漏原因是因储罐检验完成后，在安装内浮顶时存在野蛮施工，切割浮顶支腿垫板时暴力操作，导致割伤底板，又未及时修补，重新喷涂防腐涂层后直接投用，在储存物料液位达到 50%以上时，底板变形较大，导致防腐涂层破损，造成泄漏。继续增加液位时，底板与地基压实，泄漏量减少。见图 12、图 13。

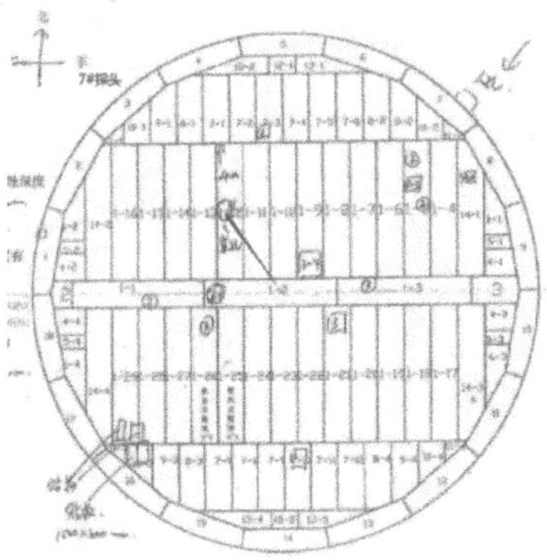

图 12 5#储罐底板排版图

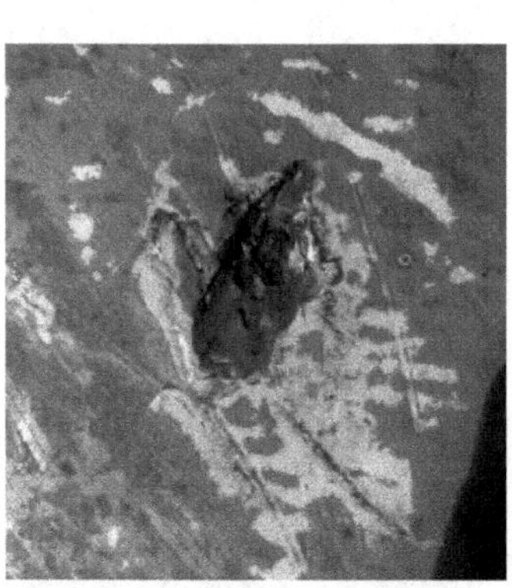

图 13 5#储罐底板泄漏点

对 B 企业 TK104 罐进行开罐验证。首先对靠近 4 号探头处的区域进行全面勘察，在编号为 4－2的中幅板至北往南 3m 左右位置发现一处穿孔，距离储罐中心约 8.3m 左右。随后对储罐底板整体进行宏观检查，防腐层基本完好，未发泄漏情况。与声发射检测结果进行比对，泄漏点位置与声发射定位源位置相差 1m 左右，结果基本符合。

分析原因为：该储罐为新制造储罐，在刚投用时未发现渗漏，在投用一个月后发现有物料渗出，开罐后发现渗漏处浮顶存在大量焊瘤，怀疑是安装浮顶时焊接电流过大，工人对仪器设备操作不规范，将母材烧穿，导致渗漏。见图 14、图 15。

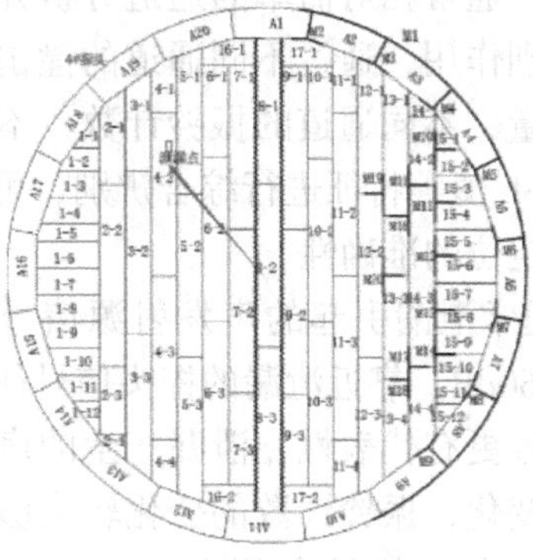

图 14 TK104 储罐底板排版图

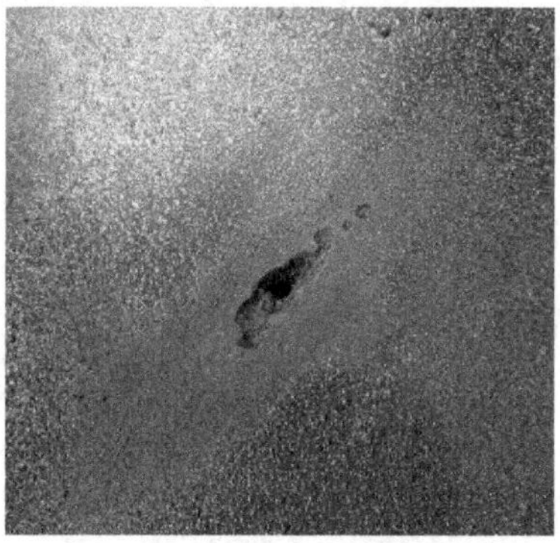

图 15 TK104 储罐泄漏点

综上，声发射检测储罐底板泄漏情况，发现检测数据与实际泄漏情况较为符合，泄漏点位置能大致对应，因为储罐底板无法进行声发射衰减和定位校准测试，所以定位精度会存在偏差。对声发射检测数据信号进行分析，泄漏点产生的泄漏信号原因较为复杂，可能由于湍流或固体颗粒碰撞产生的信号，但泄漏信号特征较为相似。信号特征和分析方法如下：1）泄漏信号的撞击数与探头布置的位置有一定关联，靠近泄漏处的探头撞击数一般会更多，但也可能出现没有明显增加的情况。2）与连续型信号更为密切的振铃计数、能量以及连续型信号的 RMS 值等特征参数，泄漏点在更靠近探头时处往往变得更多，远高于其他远离泄漏处的探头信号；3）泄漏产生的信号变化相比于其他原因产生的声发射信号，随幅值的增加，振铃计数变化较小；随持续时间的增加，能量计数增加得越快。通过对储罐底板泄漏特征信号出现的情况以及参数关联分析等方法，可以对储罐底板泄漏点的大致区域范围进行定位，对同类型泄漏储罐查漏提供一定的数据支撑。

5 结论

(1)常压储罐存在泄漏时，可以采用声发射检测，通过综合分析探头接收到的撞击、能量、计数、事件等特征信号，对储罐底板泄漏点进行精确定位。通常相对简单的通道分析并不能起到很好的鉴别作用，通过不同通道的撞击数，不同通道的能量，不同通道的振铃计数，不同通道的RMS或ASL值等特征进行综合辨别，可以有效提高泄漏点定位的准确性。

(2)通常泄漏引起的声发射源信号的强度大致在40～60dB，靠近泄漏的探头信号往往会比其他探头信号更有代表性，泄漏产生的声发射信号随幅值的变化，振铃计数的变化较为缓慢；随持续时间的增加，能量会更大。通过分析特征参数，得到的定位源结果与实际泄漏孔所处的位置最大误差为2～3m左右，对于整个储罐直径来说，误差不超过10%，因此，通过声发射检测泄漏储罐进行找漏，可以大大降低人工投入，缩短工期，提升效率，减少企业因停工而带来的损失。

参考文献

[1]GB/T 33643—2017，无损检测 声发射泄漏检测方法[S].

[2]李伟．低碳钢点蚀声学检测与信号处理技术研究[D]．大庆：大庆石油大学，2006.

[3]JB/T 10764—2023，无损检测 常压金属储罐声发射检测及评价方法[S].

[4]王十，邓进，邢述，等．在线声发射技术在储罐底板泄漏检测中的应用[J]．石油化工设备技术，2022，43(06)：32-35+40+5-6.

[5]沈功田．声发射检测技术及应用．北京：科学出版社，2015.

管道直流漏磁内检测缺陷及典型部件仿真研究

孟祥吉[1] 吕 坦[1] 祝兴辉[1] 盛 峰[2] 巨 萌[2] 赵宏涛[2] 王永振[2] 郭岩宝[3]

［1. 国家市场监管技术创新中心(油气管道与储存设备安全)中国特种设备检测研究院，北京 100029；
2. 中国石油长庆油田公司第一输油处，陕西 西安 710018；
3. 中国石油大学(北京)机械与储运工程学院 102249］

摘 要：针对管道直流漏磁内检测最优励磁参数的研究，建立直流漏磁内检测三维仿真模型。通过改变直流电流的大小对管道励磁效果进行参数选择，得出管道磁化饱和电流以及合适线圈尺寸、匝数，使之达到最佳的磁化水平。并以此模型为标准，进一步分析了在直流励磁的磁路中影响缺陷漏磁场信号的因素，包括缺陷的深度、缺陷的长度、检测的提离值、环焊缝、螺旋焊缝、外接金属管、法兰。通过提取管道内壁360°的径向磁感应密度图，可以很好表征典型管件的特征。

关键词：直流漏磁；最优励磁；仿真；管件特征

Research on Defects and Typical Component Simulation in Direct Current Magnetic Leakage Internal Detection of Pipelines

MENG Xiangji[1], *ZHU Xinghui*[1], *LV Tan*[1], *SHENG Feng*[2], *JU Meng*[2], *ZHAO Hongtao*[2], *WANG Yongzhen*[2], *GUO Yanbao*[3]

［1. Technology Innovation Center of oil and gas pipeline and storage equipment safety for State Market Regulation, China Special Equipment Inspection & Research Institute, Beijing, China, 10002, China9;
(2. First Oil Transportation Office of PetroChina Changqing Oilfield Company Xi'an, Shaanxi 710018, China;
(3. College of Mechanical and Transportation Engineering, China University of Petroleum (Beijing), 102249, China］

Abstract: Based on the study of optimal excitation parameters for DC magnetic flux leakage internal testing of pipelines, a three-dimensional simulation model for DC magnetic flux leakage internal testing was established. By changing the magnitude of the DC current to select parameters for the excitation effect of the pipeline, the saturation current of the pipeline magnetization, as well as the appropriate coil size and number of turns, are obtained to achieve the optimal magnetization level. Using this model as a standard, the factors that affect the magnetic field leakage signal of defects in the DC excitation magnetic circuit are further analyzed, including the depth of defects, the length of defects, the detection lift off value, circumferential welds, spiral welds, external metal pipes, and flanges. By extracting the radial magnetic induction density of the inner wall of the pipe at 360 °, the characteristics of typical pipe fittings can be well characterized.

Key words: DC magnetic leakage; Optimal excitation; Simulation; Pipe fitting features

1 引言

随着我国石油天然气事业的发展，油气管道的建设和使用也随之繁荣[1]。油气管道的安全生产对国家具有重要意义，管道一般敷设地下或海底，在长期的服役中，管道会因为腐蚀、磨损、意外损伤等因素，使发生管道泄漏，对国家的经

作者简介：孟祥吉(1990—)，男，工程师，2017年硕士毕业于北京工业大学机械工程专业，现从事压力管道内检测及监测工作。E-mail：mengxiangjisum@163. com

支持项目：国家市场监管技术创新中心(油气管道与储存设备安全)开放基金资助(项目编号：CXZX-YQGDYCCSBAQ-2024-002)"This work was supported by the Open Research Fund of Technology Innovation Center of oil and gas pipeline and storage equipment safety for State Market Regulation (No. CXZX-YQGDYCCSBAQ-2024-002)

济造成了巨大的损失[2]。因此，对在役油气管道进行无损检测，十分必要。

漏磁内检测是管道内检测应用中最广泛的一种无损检测技术[3-6]。对于漏磁内检测的理论研究，SHI Y 等[7]利用数值计算研究缺陷形状对漏磁信号的影响，得出漏磁信号的幅值随缺陷宽度和深度的增加呈递增的关系；JIANG F 等[8]采用二维矩形长直导线表面磁场的解析模型，最终导出了矩形裂纹表面磁场的解析解，研究了裂纹深度和宽度对水平和垂直磁感应强度和相位的影响。对于管道漏磁识别的研究，黄松岭等[9]介绍了缺陷的漏磁数据可视化、缺陷轮廓的二维成像和缺陷的三维漏磁成像。并在此基础上，讨论了缺陷漏磁成像技术的研究方向和发展趋势。王竹筠等[10]人研究了 Laplacian 与多尺度数学形态学的焊缝漏磁图像边缘增强方法，提取漏磁信号图像的焊缝和缺陷边界。曹丽娜等[11]研究了管道漏磁图形化显示，结果表明曲线图形较好地表现了数据变化的真实性，灰度图的效果也较为理想，管道的特征信息显示更为形象、直观，提高了数据分析的质量。

基于以上研究现状，本文通过磁偶极子模型和有限元仿真两种方法建立漏磁场分布与缺陷特征之间的对应关系。利用有限元仿真，研究影响永磁励磁漏磁场信号的各种因素，以达到最佳励磁状态，并且对不同缺陷及管道部件的漏磁特性进行分析；提取管道周向 360°上径向漏磁信号，并将漏磁内检测信号转化成漏磁内检测图像。

2　直流漏磁内检测原理

直流漏磁检测是利用励磁线圈，在激发最优直流电，在铁芯、轭铁、钢刷和管道中形成闭合直流电磁场。管道管壁为铁磁性材料，使用饱和电磁场对管道壁进行磁化，磁场的磁力线被束缚在管道壁的内部沿着管道的方向传播，当管道上某处存在缺陷时，原先均匀分布的磁场会在缺陷处产生畸变，使得部分磁场溢出形成缺陷漏磁场。图 1 为管道在缺陷处溢出磁场。

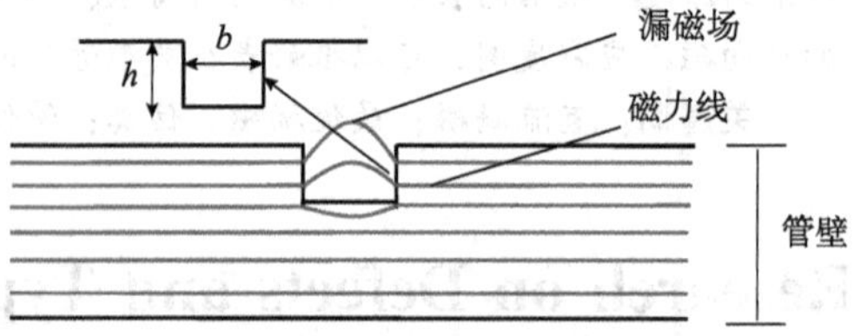

图 1　缺陷漏磁场分布示意图

根据磁偶极子理论模型[12]，管道缺陷起漏磁场的近似表达式，建立的三维空间坐标系，空间中的任意一个点 P 处磁场强度的水平分量 H_x 和法向分量 H_y 为：

$$H_x = \frac{\rho_s}{2\pi\mu_0}\left[\arctan\frac{h(x+b)}{[(x+b)^2+y(y+h)]} - \arctan\frac{h(x-b)}{[(x-b)^2+y(y+h)]}\right] \tag{1}$$

$$H_y = \frac{\rho_s}{4\pi\mu_0}\left[\ln\frac{(x+b)^2+(y+h)^2}{(x+b)^2+y^2} - \ln\frac{(x-b)^2+y^2}{(x-b)^2+y^2)}\right] \tag{2}$$

式中　$2b$——面偶极子长度；

h——深度；

ρ_s——两边的磁荷面密度。

根据式(1)和式(2)为基础，建立不同缺陷长度、不同缺陷深度模型，其理论结果的轴向和径向磁感应强度分别如图 2 和图 3 所示。

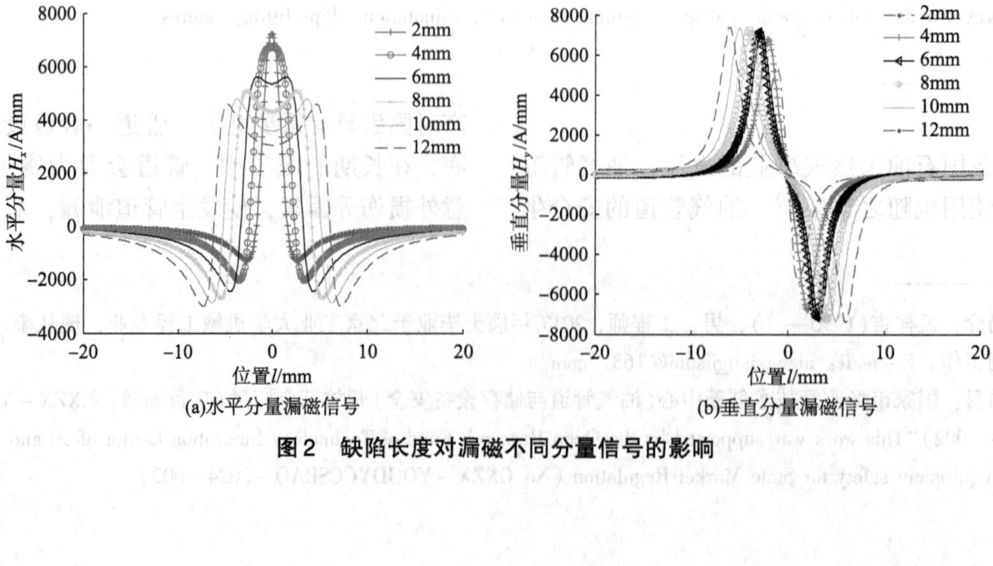

图 2　缺陷长度对漏磁不同分量信号的影响

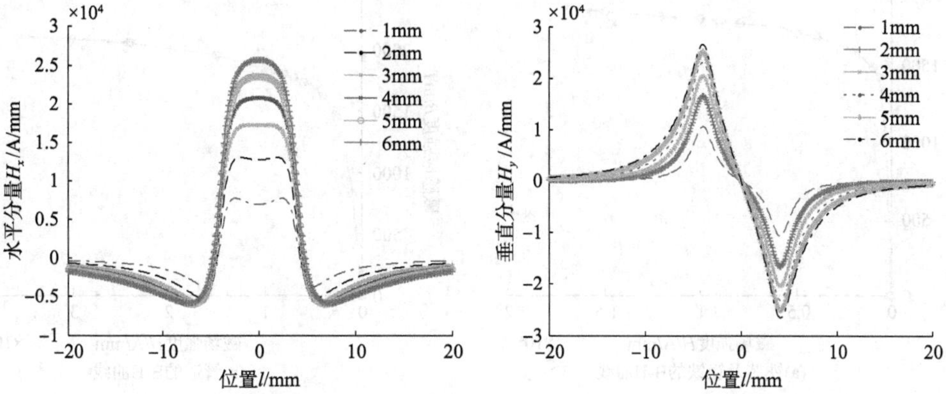

(a)水平分量漏磁信号　　(b)垂直分量漏磁信号

图3　缺陷深度对漏磁不同分量信号的影响

从图2和图3可以得到，相对水平分量漏磁信号，垂直分量的变化趋势明显，为更好地定量表征缺陷大小，以垂直分量进行分析。不同方向的磁场强度对裂纹几何尺寸变化的敏感程度不同。对比图2(a)和图2(b)可知，在壁厚和缺陷深度不变的情况下，随缺陷长度的增加，径向磁场强度的峰值增加更显著，因此，径向磁场强度对缺陷长度的变化具有更高的敏感性；对比图3(a)和图3(b)可知，在壁厚和缺陷长度不变的情况下，随着缺陷深度的增加，径向磁场强度的峰值增加更为显著，因此，径向磁场强度对缺陷深度的变化具有更高的敏感性。

3　直流漏磁仿真模型

基于COMSOL仿真软件，选用AC/DC模块中的电磁场，建立ϕ273(壁厚为7mm)管道直流漏磁三维仿真模型。表1为模型几何尺寸。根据表1提供的各部件几何尺寸绘制三维模型，将管道和空气模型为隐藏，如图4所示。直流励磁部分由缠绕在铁芯的激励线圈组成。信号采集单元在管道壁中可简化为一维轴向截线。整个三维模型位于空气域中。在网格划分时，为得到清晰的仿真云图，管道和部件的网格尺寸均小于周围空气域。此外，为使得检测信号平滑，对空气域中漏磁信号拾取处附近区域内的网格进行局部细化，其尺寸一般设为模型中的最小网格尺寸。

表1　管道直流漏磁三维仿真几何尺寸

部件名称	模型内/外径/mm	模型长度/mm
管道	259/273	500
钢刷	160/259	80
轭铁	100/160	80
铁芯	100	300
线圈	104/108	100
空气层	700	900

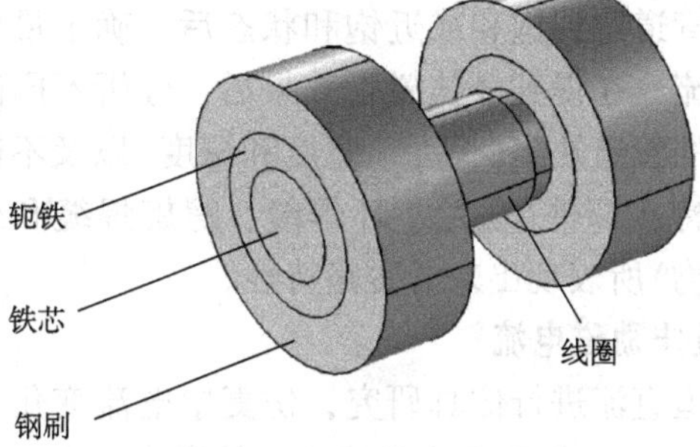

图4　直流漏磁三维仿真模型

直流漏磁三维仿真模型由铁芯、轭铁、钢刷、管道、激励线圈组成，管道缺陷模型以及不同的管道部件包括法兰、环焊缝、螺旋焊缝、外接金属物，仿真模型如图5所示。

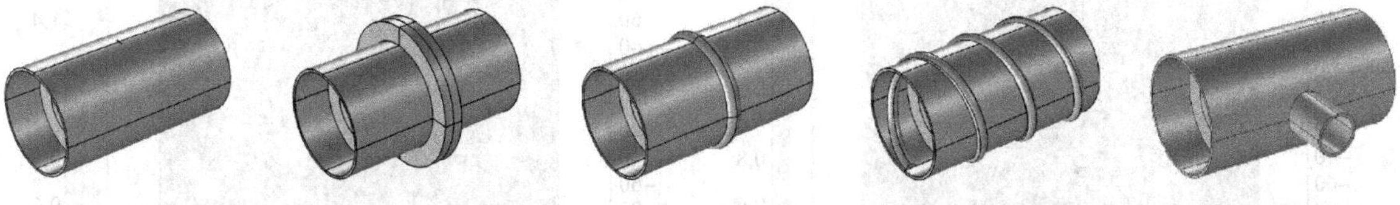

(a)缺陷模型　(b)法兰模型　(c)环焊缝模型　(d)螺旋焊缝模型　(e)外接金属物模型

图5　管道缺陷模型及不同管道特征模型

模型的磁化方式采用B-H磁化模型，其中管道材料的B-H曲线如图6所示，仿真参数表如表2所示。

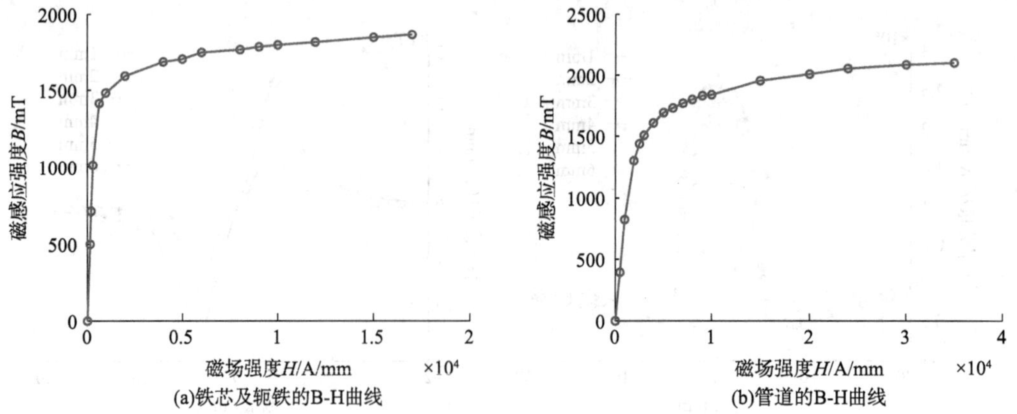

图6　B-H 曲线

表2　仿真模型参数表

参数名称	参数设置
仿真模块	AC/DC 模块
物理场	磁场(mf)
激励线圈匝数	800
励磁线圈直径	φ1.2mm
求解方式	稳态求解
求解时间	1.5min
信号拾取方式	二维截线
观测信号	磁通量密度

4　直流漏磁仿真结果

当固定线圈匝数，通过不断地调整直流的大小，使管道达到饱和或近饱和状态后，确定最佳励磁电流，在得到最佳磁化效果后，分析不同磁路特征的管道缺陷(长度、宽度和深度)以及不同的管道特殊部件(法兰、环焊缝、螺旋焊缝和外接金属物)所表现出来的磁路特性。

4.1　最佳励磁电流

管道直流进行仿真研究，仿真中电流变化范围为1~30A，提取两个钢刷中心管道内壁中心点的磁通量密度，结果如图7所示。从图中可以看出当激励电流增加到14A时，内壁的中心点处于磁饱和状态，与管道的 *B-H* 曲线磁饱和点值吻合。

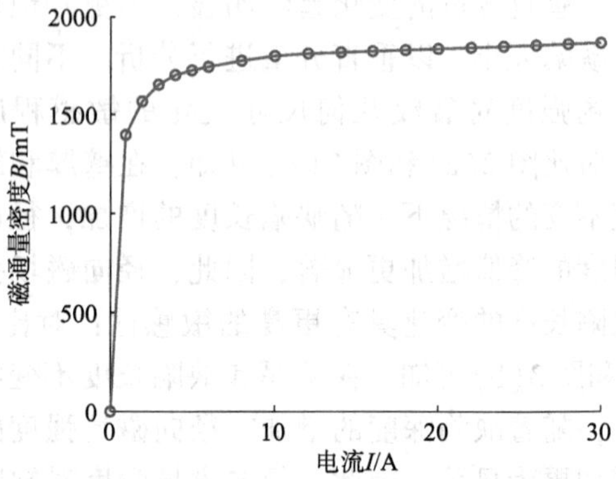

图7　管道磁通量密度随着激励电流变化关系曲线

当激励电流为14A时，提取模型中的管道二维磁感应强度及磁化方向云图，如图8所示。从图8(a)可以看出当管道不存在体积型缺陷时，在近试件表面的空气区域中背景磁场均匀分布，无明显的漏磁场；图8(b)中当管道上存在体积型缺陷时，由于缺陷处的磁导率发生变化，磁场在此处形成漏磁场，漏磁场方向与原磁场方向相同。从图8(c)和8(d)可以看出，缺陷处的磁力线发生变化，与图8(a)和图8(b)一致。

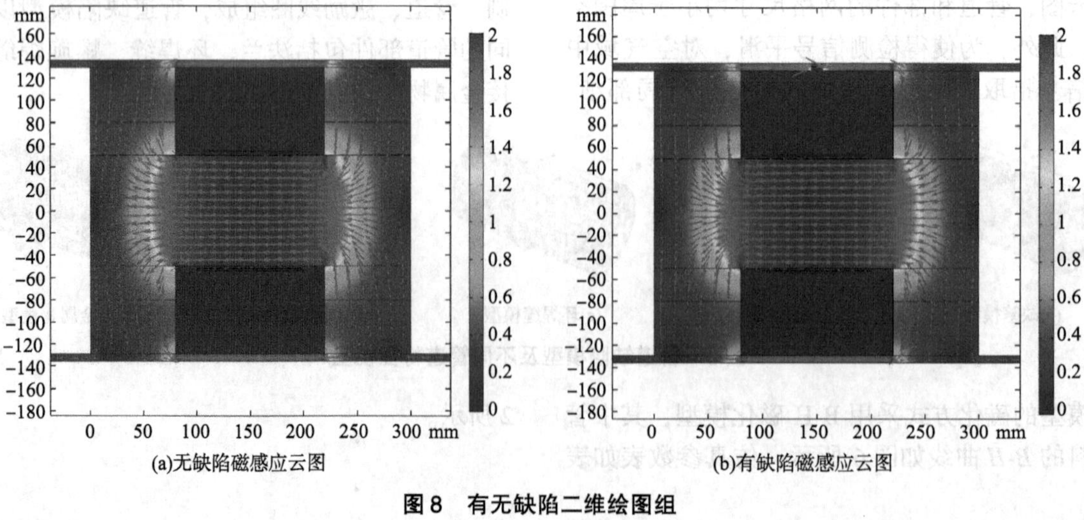

图8　有无缺陷二维绘图组

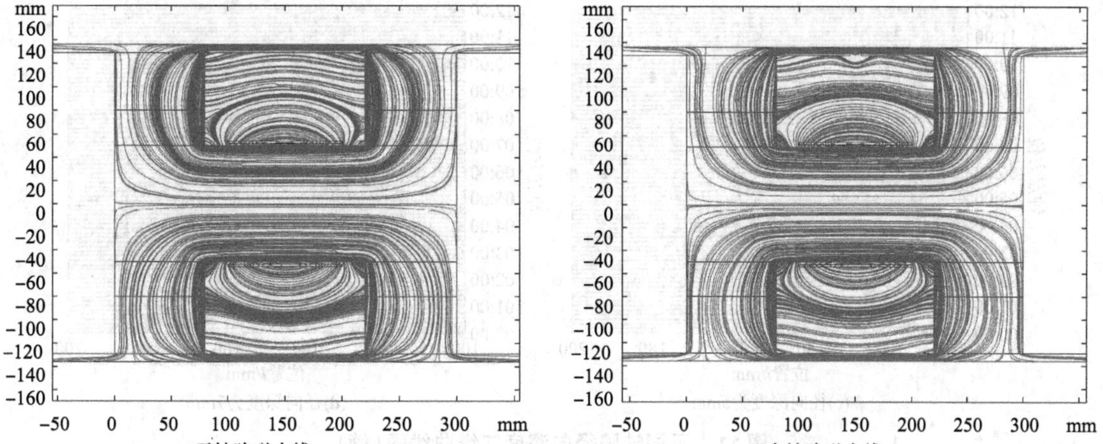

(c)无缺陷磁力线　　(d)有缺陷磁力线

图8　有无缺陷二维绘图组(续)

4.2　管道缺陷仿真结果

图9为管道在直流饱和磁化方式下，结果显示管道缺陷处磁通量密度较大。分析缺陷长度对于直流漏磁信号的影响，当轴向长度固定为3mm，周向宽度固定为20mm，径向深度分别为1mm、2mm、3mm、4mm、5mm、6mm、7mm的缺陷进行结果分析。从图10可以看出随着缺陷径向深度的增加，径向磁通量密度逐渐增大。提取管道内壁360°径向方向不同深度的磁通量密度二维磁力曲线图，如图11所示。结果表明缺陷位置为3点钟方向，与仿真中模型的缺陷位置吻合，图11(a)到图11(d)显示二维曲线图可以准确表征不同缺陷深度。通过计算二维磁力曲线图计算得到缺陷轴向长度为4mm，宽度为22mm，与模型尺寸相近。

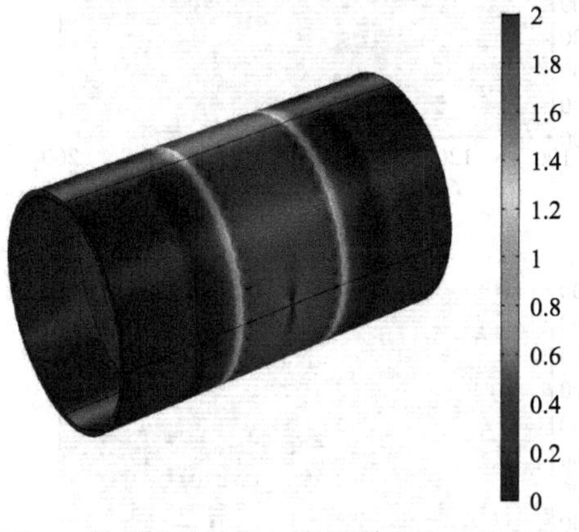

图9　管道缺陷的径向磁通量密度三维云图

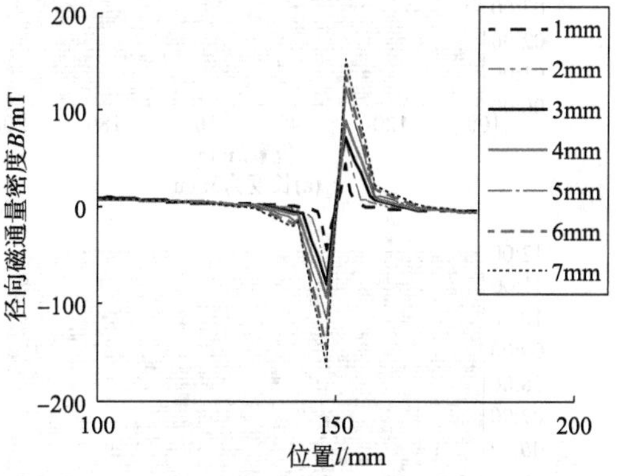

图10　不同径向深度缺陷的径向磁通量密度

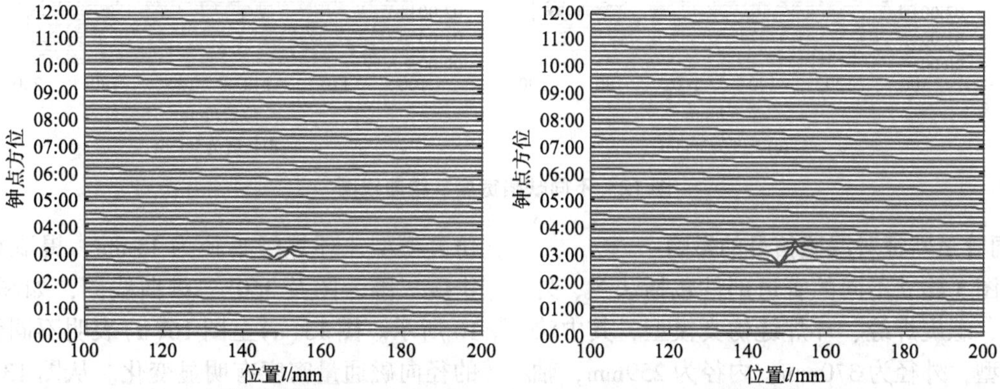

(a)径向深度为1mm　　(b)径向深度为3mm

图11　不同缺陷径向深度二维曲线图

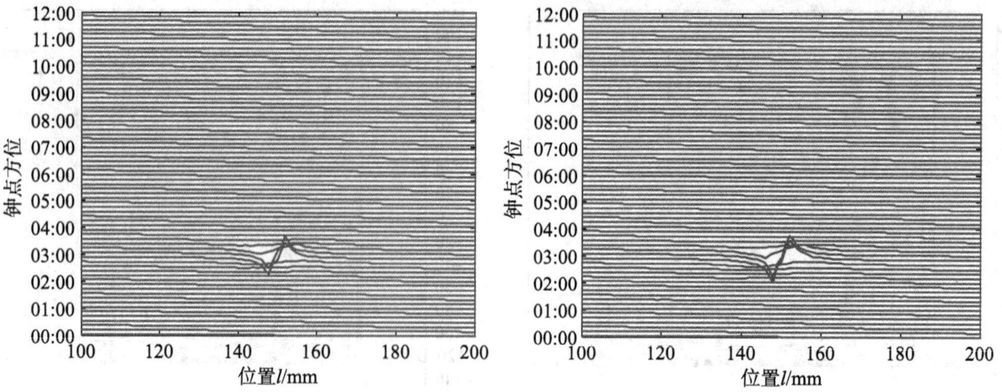

(c)径向深度为5mm　　(d)径向深度为7mm

图 11　不同缺陷径向深度二维曲线图(续)

同理，当缺陷周向宽度固定为 20mm，径向深度固定为 4mm，缺陷轴向长度分别为 3mm、5mm、10mm、20mm、30mm、40mm 及 50mm 进行仿真分析，结果如图 12 所示。随着缺陷轴向长度的增加径向磁通量密度也逐渐变宽，且清晰表征缺陷位置为 3 点钟方向，与仿真中模型的缺陷位置吻合。

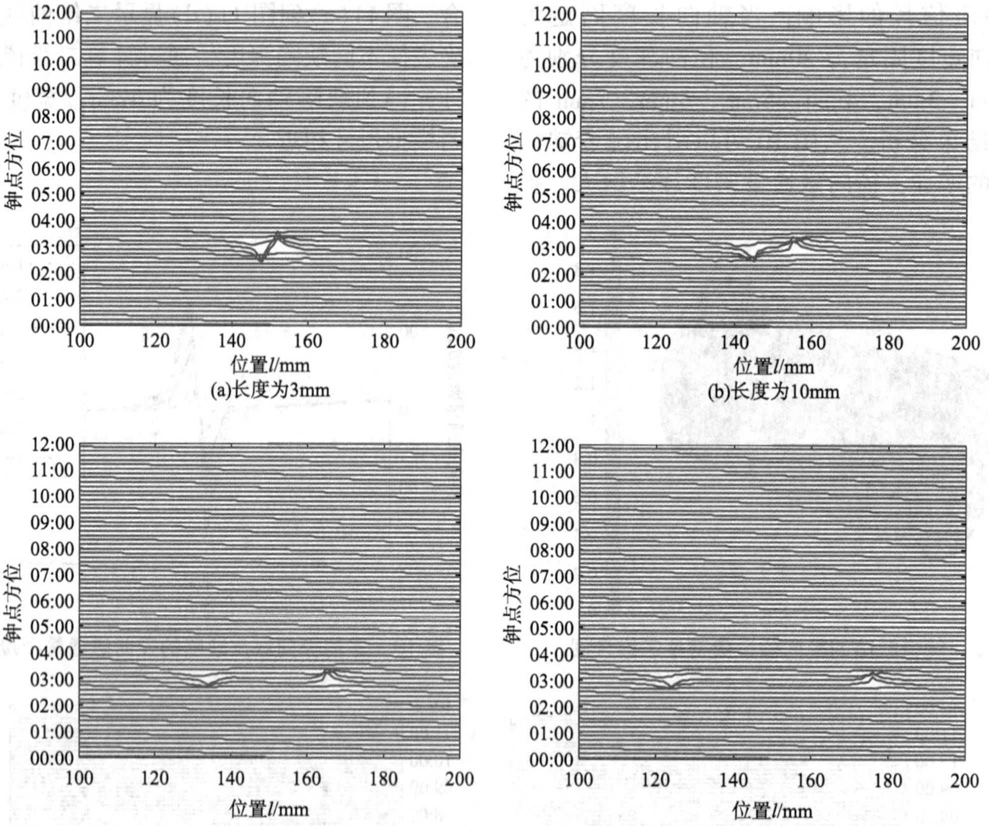

(a)长度为3mm　　(b)长度为10mm

(c)长度为30mm　　(d)长度为50mm

图 12　不同缺陷宽度二维曲线图

4.3　不同管道特征对漏磁信号的影响

根据图 5 建立不同的管道部件包括法兰、外接金属物、螺旋焊缝、环焊缝仿真模型，其中法兰仿真模型，外径为370mm，内径为259mm，轴向长度为 20mm。外接金属管模型，内径为 43.2mm、外径为50mm、高度为250mm，紧贴管道内壁。螺旋焊缝的螺旋半径为 15mm，环焊缝仿真模型，环焊缝半径为 15mm，提取径向磁通密度三维云图及 360°二维曲线图，如图 13 至图 16 所示。图 13(a)至图 16(a)表明不同管道部件的径向磁通量密度有明显变化。从图 13(b)至图 16(b)径向磁感应强度可以有效表征不同管道部件的特征。

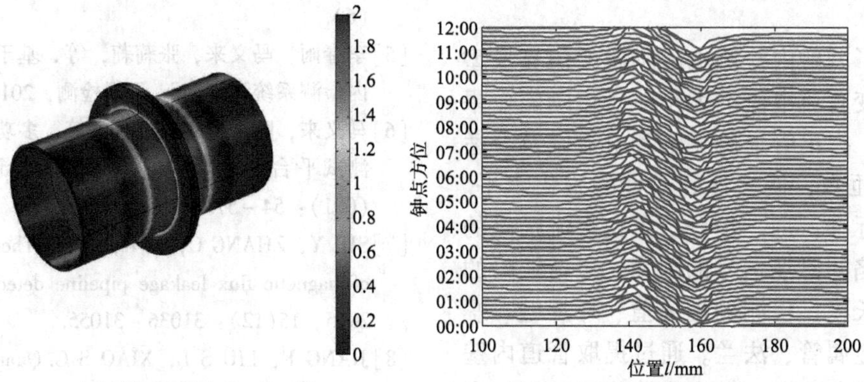

(a)法兰径向磁通量密度三维云图 (b)法兰二维曲线图

图 13 法兰仿真结果图

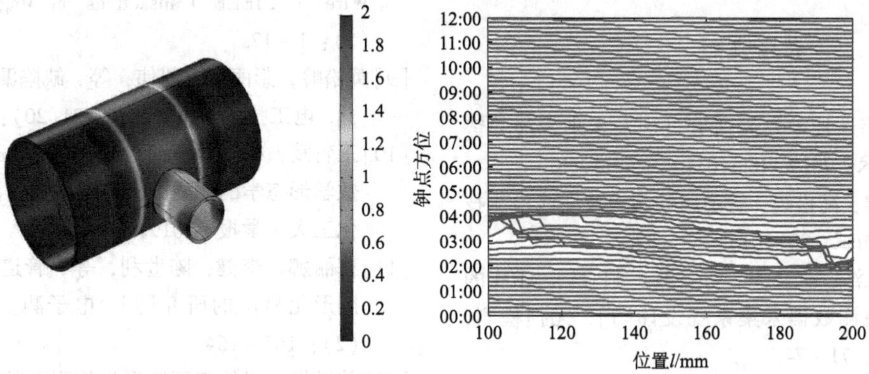

(a)外接金属物径向磁通量密度三维云图 (b)外接金属物二维曲线图

图 14 外接金属仿真结果图

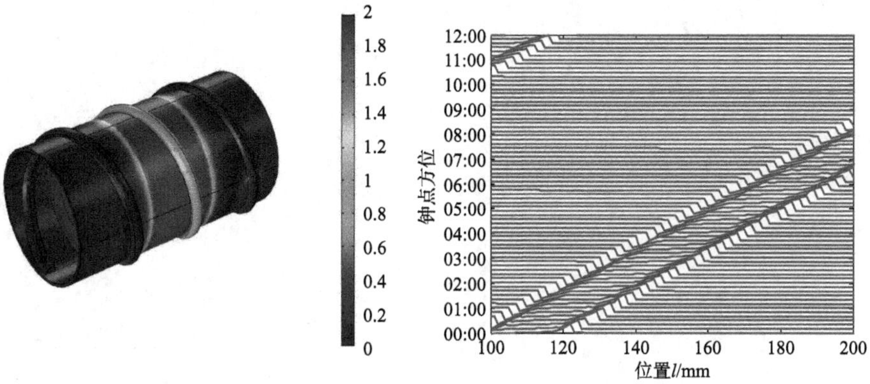

(a)螺旋焊缝径向磁通量密度三维云图 (b)螺旋焊缝二维曲线图

图 15 螺旋焊缝仿真结果图

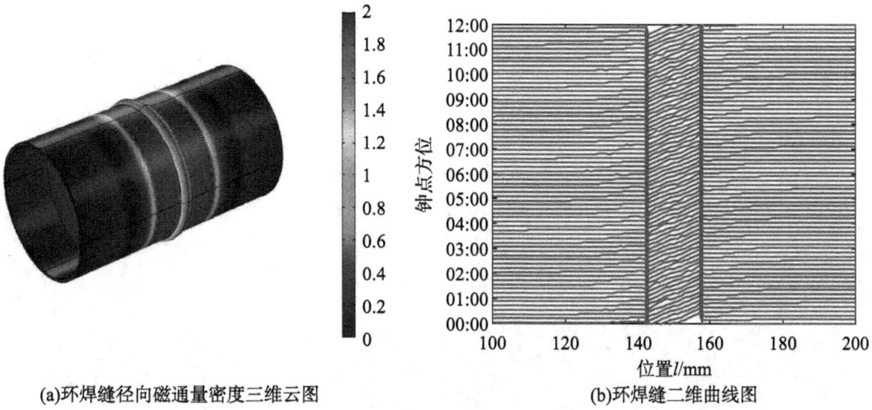

(a)环焊缝径向磁通量密度三维云图 (b)环焊缝二维曲线图

图 16 环焊缝仿真结果图

5 结论

主要研究了漏磁内检测电磁励磁的仿真模型建立。通过改变直流电流的大小对管道励磁效果进行参数选择，得出管道磁化饱和电流以及合适线圈尺寸以及匝数，使之达到最佳的磁化水平。并以此模型为标准，进一步分析了在直流励磁的磁路中影响缺陷漏磁场信号的因素，包括缺陷的深度、缺陷的长度、检测的提离值、环焊缝、螺旋焊缝、外接金属管、法兰。通过提取管道内壁360°的径向磁感应密度，二维曲线图可以很好表征典型管件的特征。

参考文献

[1]贾涛．油气储运技术发展研究进展及未来发展趋势[J]．石化技术，2019，026(011)：267－268.

[2]杨理践，王健，高松巍．管道腐蚀超声波在线检测技术[J]．中国测试，2014(1)：88－92.

[3]马义来，何仁洋，陈金忠，等．基于FPGA＋ARM的管道漏磁内检测数据采集系统设计[J]．无损检测，2017，39(8)：71－74.

[4]陈金忠，王俊杰，马义来，等．基于电流测量的管道阴极保护状态内检测技术[J]．无损检测，2018，40(6).

[5]李春雨，马义来，张莉莉，等．基于脉冲涡流的管道内检测系统设计[J]．无损检测，2018.

[6]马义来，陈金忠，邵卫林，等．多功能管道内检测器测试平台研制[J]．管道技术与设备，2020，000(001)：54－57.

[7]SHI Y，ZHANG C，LI R，et al，Theory and application of magnetic flux leakage pipeline detection[J]. Sensors，2015，15(12)：31036－31055.

[8]JIANG F，LIU S L，XIAO S G. Quantitative Estimation of Rectangular Surface Crack Based on the 2-D Modeling of Surface Magnetic Field With Long Straight Rectangular Wire[J]. IEEE Transactions on Magnetics，2018，54(5)：1－12.

[9]黄松岭，彭丽莎，赵伟，等．缺陷漏磁成像技术综述[J]．电工技术学报，2016，31(20)：55－63.

[10]王竹筠，杨理践，高松巍．基于Laplacian与多尺度数学形态学的漏磁图像边缘增强方法[J]．辽宁石油化工大学学报，2019，39(5).

[11]曹丽娜，李健，陈世利，等．管道漏磁内检测数据图形化显示的研究[J]．电子测量技术，2007，30(2)：162－164.

[12]仲维畅．工件表面矩形沟槽引起的漏磁场分析[J]．无损检测，2004，26(007)：339－341，382.

基于U形脉冲涡流探头的管道保温层下腐蚀缺陷定量研究

曹爱松

（上海市特种设备监督检验技术研究院，上海 200062）

摘 要：针对管道保温层下腐蚀缺陷检测能力不足的问题，基于U形传感器，结合脉冲涡流检测技术的宽频谱、非接触特性，在不去除保温层的情况下，可以有效检测管道外壁腐蚀缺陷的面积和深度。对带保温层的碳钢试管外壁缺陷进行了模拟和实验研究。仿真结果表明，U形传感器产生的激励磁场可以有效地穿透管道内壁，U形传感器的两个信号接收线圈在穿过缺陷时会产生显著的特征信号。应用电压分布分析方法得到的检测电压位置曲线，特征信号长度为缺陷长度。实验结果表明，当检测传感器穿过并离开缺陷时，检测电压分布曲线会产生显著的压降特征信号，测量点之间的距离与缺陷的长度一致。实验结果与仿真结果高度一致。

关键词：脉冲涡流检测；CUI；U形传感器

Quantitative Study of Corrosion Defects under Pipeline Insulation Layer Based on U-shaped Pulse Eddy Current Probe

CAO Aisong

（Shanghai Special Equipment Supervision and Inspection Technology Research Institute，Shanghai 200062，China）

Abstract：In response to the insufficient detection ability of corrosion defects under the insulation layer of pipelines，based on U-shaped sensors，combined with the wide spectrum and non-contact characteristics of pulse eddy current detection technology，the area and depth of corrosion defects on the outer wall of pipelines can be effectively detected without removing the insulation layer. Simulation and experimental research were conducted on the outer wall defects of carbon steel test tubes with insulation layers. The simulation results show that the excitation magnetic field generated by the U-shaped sensor can effectively penetrate the inner wall of the pipeline，and the two signal receiving coils of the U-shaped sensor will generate significant characteristic signals when passing through defects. The detection voltage position curve obtained by applying voltage distribution analysis method，and the characteristic signal length is the defect length. The experimental results show that when the detection sensor passes through and leaves the defect，the detection voltage distribution curve will generate a significant voltage drop characteristic signal，and the distance between the measurement points is consistent with the length of the defect. The experimental results are highly consistent with the simulation results.

Key words：Pulsed Eddy Current Testing；CUI；U-shaped sensors

1 简介

保温层下的腐蚀缺陷是工业压力管道的重要安全隐患之一。随着化工技术水平的不断提高和管理制度的不断完善，由介质、冲洗、微生物等因素引起的压力管道内壁腐蚀缺陷的控制相对容易[1]。然而，保温层下的腐蚀由于其普遍性和隐蔽性，更容易对保温层下管道造成危害，对装置运行造成严重的安全隐患，并可能造成经济损失，它的发生更不可控。目前，有一些无损检测方法可用于保温层下腐蚀，但都有一定的局限

作者简介：曹爱松，男，硕士研究生，主要从事特种设备检验检测工作。E－mail：caoaisong@163.com

性[2]。例如，超声波导波受管道焊缝和支撑部件的影响很大，红外热成像受管道本身温度的影响很大。近年来，脉冲涡流检测技术越来越多地应用于带包覆层压力管道的在线检测。该检测技术可以透过金属保护层和非金属包覆层，不间断地直接检测压力管道内外壁的腐蚀缺陷[3]。

在保温层下腐蚀脉冲涡流检测的研究中，RTD公司和壳牌公司率先在仪器研究和应用方面取得成功，并推出了相应的商用设备。加拿大Eddify公司开发的Lyft脉冲涡流检测系统近年来得到了广泛应用。该系统可以动态扫描管道最大厚度为63mm、包覆层最大厚度为203mm的铁磁管道的表面腐蚀。检测灵敏度可达到被检工件壁厚损失的15%[3]。在中国，中国特种设备测试研究院与华中科技大学合作开发了相应的测试仪器，并在实际测试中取得了良好的效果。近年来，南昌航空大学无损检测实验室一直致力于绝缘层下腐蚀的脉冲涡流检测研究，在理论研究和实际应用中都取得了良好的效果[4]。

根据激发方法，探头可分为聚焦形和非聚焦形。在检测小面积腐蚀缺陷时，聚焦探头的检测灵敏度高于非聚焦探头。因此，本文的目的是应用有限元模拟方法对管道保温层下的腐蚀聚焦探头检测进行研究。通过分析不同聚焦角度、探头参数和缺陷尺寸下被测管道的磁场分布、涡电流分布和检测线圈感应电压，确定了聚焦探头性能评价标准，为未来聚焦探头的生产提供了理论支持[5,6]。

2 脉冲涡流检测原理

脉冲涡流检测(PECT)是涡流检测技术的一个分支，它使用具有一定占空比的脉冲矩形方波作为激励信号。因此，激励信号包含丰富的频谱信息。脉冲涡流激励信号丰富的频谱信息可以使激励磁场穿透一定厚度的金属保护层和非金属保温层，进而检测管道保温层下的腐蚀情况。激励磁场(一次磁场)通过电磁感应效应在管道上感应出涡流场。当管道中存在腐蚀缺陷时，这些缺陷会干扰涡流场的方向和强度。因此，涡流场引起的二次磁场包含管道的完整性信息。通过获得探头接收线圈中的二次磁场感应的压降信息，可以检测被检查管道的结构完整性。脉冲涡流检测的原理如图1所示。

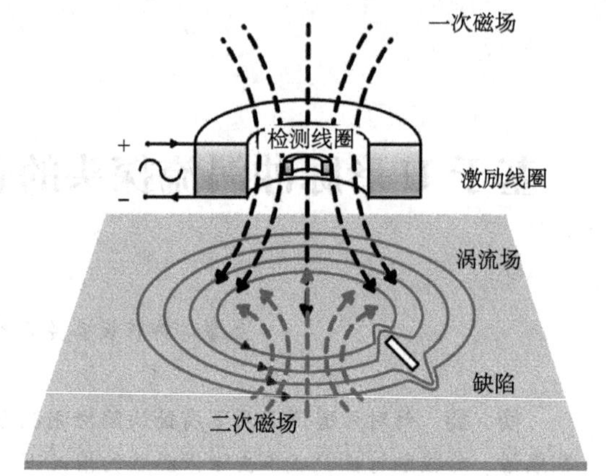

图1 脉冲涡流检测方法原理

检测系统的脉冲涡电流方波信号可分为两部分：一部分是“激励时间”部分，另一部分为“断开时间”部分。如图2(a)所示。在导通时间段，向激励线圈施加直流电将在周围空间产生主磁场。然后，传输线圈中的电流突然变为零。此时，信号采集时间部分立即开始。在关断部分，磁场的相应变化将在管道中产生涡流。通过由金属中的涡电流引起的磁场变化来测量由接收线圈接收的电压，以测量接收线圈内部的电压。如果管道中发生金属损耗，电压衰减率将增加。因此，可以通过比较不同位置的探头接收线圈的电压衰减率来识别缺陷[7]。根据不同位置的衰减曲线，可以绘制时间片曲线来表示某个位置的缺陷发生情况，如图2(b)所示。

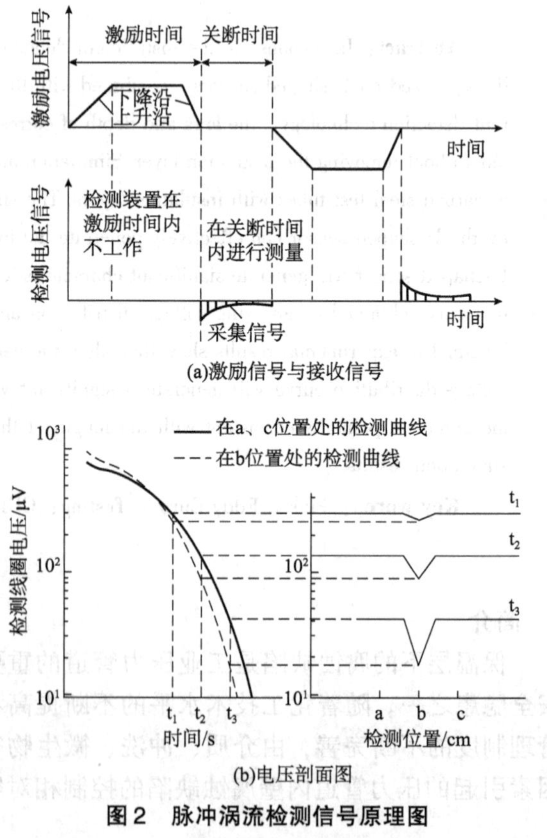

图2 脉冲涡流检测信号原理图

在本文中，用于缺陷检测的主要特征量是检

测线圈后期电压信号的时间片，即电压分布图。基本处理方法如下所述。如果整个管道在 M 个测量点进行测试，并且 N 是每个测量点处接收线圈的电压降曲线的采样时间窗的数量，则第 i 个测量点的检测数据可以表示为矢量：

$$V_i = [v_{i1}, v_{i2}, \cdots, v_{iN}]$$

本文根据检测系统的灵敏度要求，将检测信号划分为28个时间窗口（$N(=28)$）。考虑到接收线圈产生的电压信号近似以对数律衰减，并且时间窗口长度对数增加，这可以有效地保留检测信号的信息。检测信号时间窗口和采样时间之间的对应关系如表1所示。

表1　采样时间窗口的对应时间

时窗号	中心时间/μs	时窗号	中心时间/μs	时窗号	中心时间/μs	时窗号	中心时间/μs
1	0	8	263	15	1265	22	6311
2	32	9	327	16	1589	23	7948
3	64	10	406	17	2004	24	10007
4	96	11	510	18	2520	25	12590
5	120	12	637	19	3164	26	15847
6	168	13	796	20	3982	27	19956
7	207	14	1002	21	5016	28	25123

将所有 M 个检测点的数据以矩阵形式写入，如下所示：

$$W = \begin{bmatrix} V_1 \\ V_2 \\ \vdots \\ V_M \end{bmatrix} = \begin{bmatrix} v_{11} & v_{12} & \cdots & v_{1N} \\ v_{21} & v_{22} & \cdots & v_{2N} \\ \vdots & \vdots & \vdots & \vdots \\ v_{M1} & v_{M2} & \cdots & v_{MN} \end{bmatrix}$$

矩阵 W 的行矢量表示某个测量点的电压下降曲线，列矢量表示下降曲线上第一个到第 M 个检测点同时对应的感应电压值。以检测点的坐标为x轴、以列矢量为y轴绘制的曲线被称为在列矢量的相应时间的工件的检测电压轮廓。如果在某个测量点存在缺陷，则列矢量的电压分布上该测量点的感应电压值将显著低于其他测量点的电压值。根据电压异常发生时测量点数的范围和电压值降低的程度，可以大致确定管道上缺陷的位置和深度。

截面矢量为：

$$S_j = [v_{1j} \quad v_{2j} \quad \cdots \quad v_{(M-1)} \quad v_{Mj}]$$

其中，矩阵表示电压衰减曲线中某一时刻不同测点对应的电压矢量，通过观察同一时间窗口内不同测点的电压信息来判断缺陷的存在。如果存在缺陷，在同一时间窗口下，缺陷测量点的电压将低于无缺陷测量点[7,8]。

3　试验设计

实验系统由信号激励装置、信号控制端、碳钢管道和U形磁导体聚焦探头组成。信号激励装置可产生频率为$^1/_{16}$~32Hz的等宽双极脉冲方波，最大输出电流为10A。在实验中，应用于激励探头的信号参数为4Hz、1A。

U形探头由一个U形励磁线圈和两个圆形接收线圈组成，如图3所示。U形励磁绕组均匀缠绕在半圆形磁芯骨架上，相对磁导率为500。两个圆形接收线圈骨架由塑料材料制成，相对磁导率约为1，并放置在U形励磁线圈的两端。根据磁场的方向，两个圆形励磁线圈反向串联，可以有效提高检测灵敏度。U形探头的相关参数如图3和表2所示。

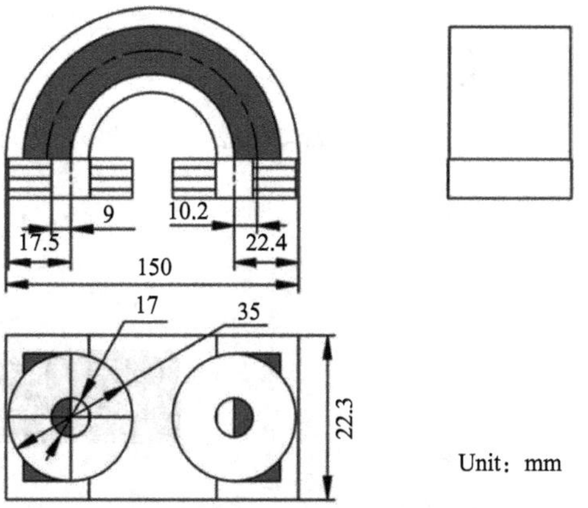

图3　U形探头设计图

表 2 探头电磁特性参数及激励参数

		线圈匝数	线径/mm	电阻值/Ω	电感值/mH	激励电压/V	激励电流/A
U 形探头	激励线圈	500	0.57	0.65	1.4	4.83	1
	检测线圈	1231	0.12	64.27	11.81	…	…

管道试件由铁磁性材料 A106 - B 制成，外径 114mm，壁厚 9mm，长度 1200mm。在管道外壁上设置了两个方形沟槽，一个尺寸为(50 × 50 × 1.8)mm(长 × 宽 × 深)，另一个尺寸(50 × 50 × 7.2)mm。这两个方形凹槽代表绝缘层下壁厚减少 20% 和 80% 的腐蚀缺陷，分别称为缺陷 1 和缺陷 2，如图 4 所示。

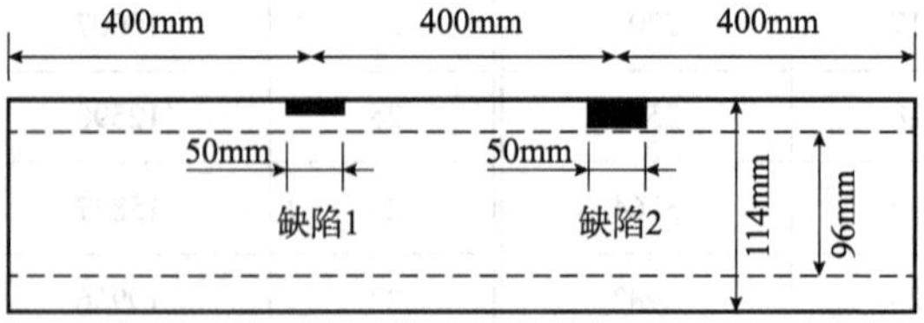

图 4 试验管道示意图

4 数值模拟

4.1 建立仿真模型

根据实际探头和管道尺寸，利用有限元仿真软件建立了 U 探头的检测模。通过分析探头激发的电磁场在管道表面感应的涡电流分布，得到了不同深度缺陷对涡电流场的扰动特性。所建立的模使用四面体和自由六面体单元来划分网格。激励信号参数与实验参数相同，在 4Hz、1A。信号的下降时间为 0.095ms，等于实验装置的下降时间。计算时，使用指数增长时间步长，初始时间步长为 1E - 6s，指数增长直到总时间为 0.25s。

4.2 仿真结果

根据前述分析可以看出，包含管道缺陷信息的感应磁场位于信号采集时间的中后期。因此，分析管道模拟结果的时间取关断时间开始后 25ms，即 $t = 0.15s$。图 5 显示了缺陷 1 在时间 t 相对于中心 50mm、0mm 和 50mm 位置的磁通量分布。图 6 显示了缺陷 2 在时间 t 相对于中心 50mm、0mm 和 50mm 位置的磁通量分布。

比较图 5 和图 6 可以看出，对于深度较浅的缺陷 1，二次感应磁场的磁通量沿管道圆周均匀分布，当量值较小。对于深度为管壁厚度 80% 的缺陷 2，二次感应磁场集中在探头侧管壁分布上，磁通量值相对较高。在 50mm 和 50mm 位置，磁场仅将扰动集中在缺陷的一端；在 0mm 位置，磁场同时扰动缺陷的两端，导致接收线圈在该位置的感应电压变化最大。

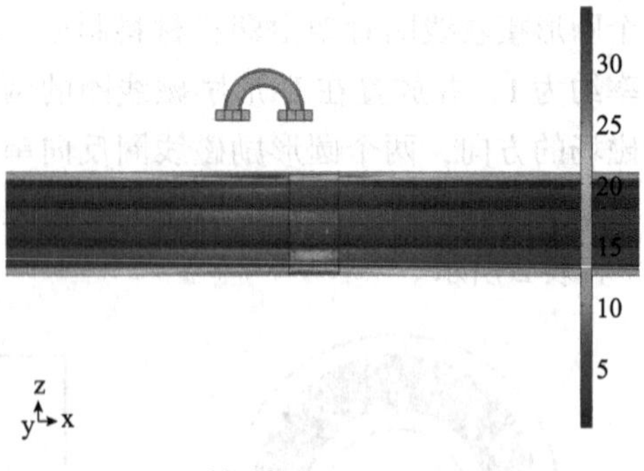

(a)-50mm

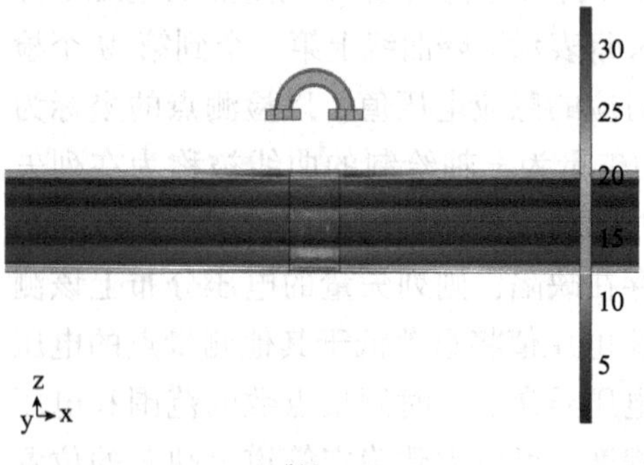

(b)0mm

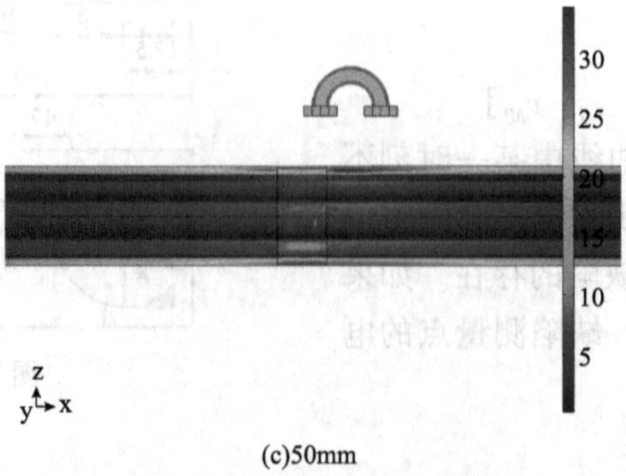

(c)50mm

图 5 检测缺陷 1 时涡流场分布

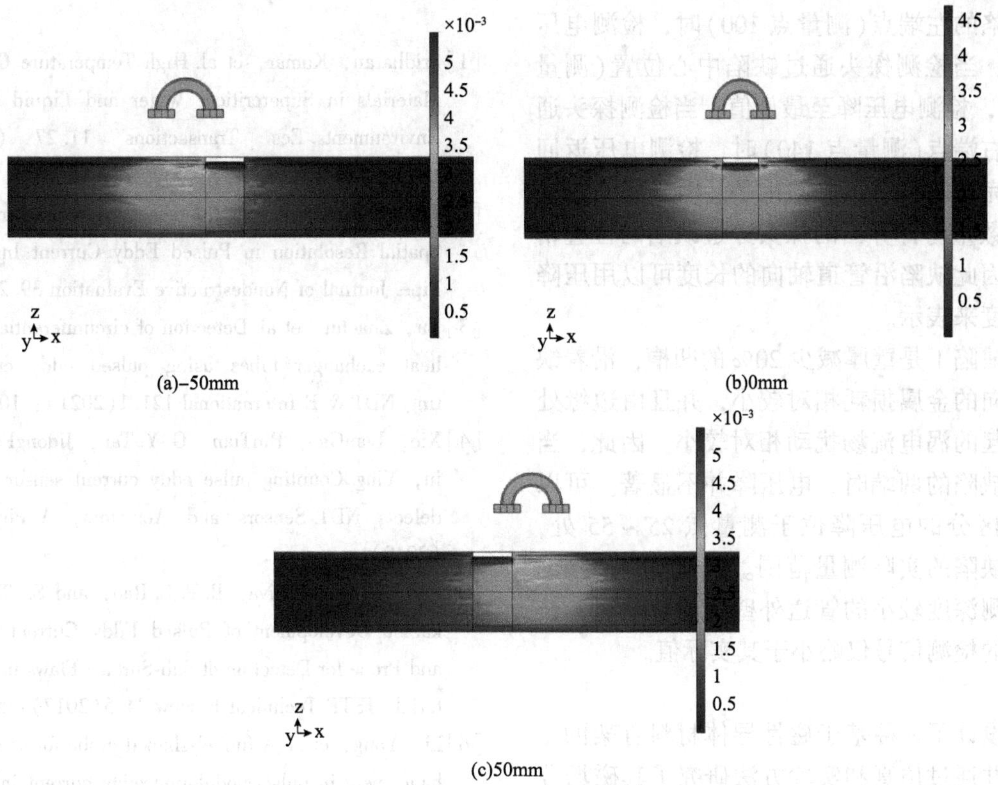

图6　检测缺陷2时涡流场分布

5　试验结果

使用U形探头对管道试件进行实验测试。为避免管道边缘效应的影响，在距离管道左端150mm处进行检测。此时，探头距离缺陷1为100mm，直到检测在距离管道右端150mm处停止。探头的步长为10mm。为了提高检测灵敏度，探头在每个检测位置采集两次数据，从而在管道上采集176个数据点。每个数据点位置被命名为一个测量点，总共有0～176个测量点。根据上述方法，探头穿过两个缺陷时的位置与测量点数的比较如图7所示。

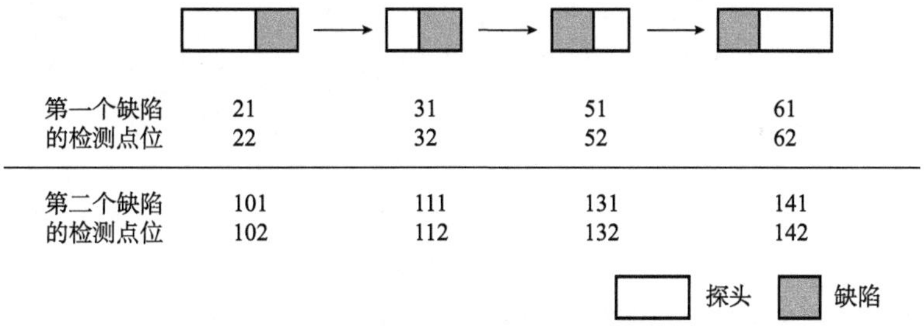

图7　测试位置和测量点之间的对应关系

逐点扫描管道后，得到各检测点位置的电压衰减曲线。由于电压衰减曲线后部的管道壁厚信息的特征，选择后部时间窗口(时间窗口25～29)进行分析，如图8所示。通过检测电压分布可以看出，当探头穿过缺陷时，检测电压不同程度地降低，分布曲线在两侧呈现对称的凹形。缺陷2的信号表示比缺陷1的信号表示更明显，这是由于缺陷2处管壁上的金属损失更大。

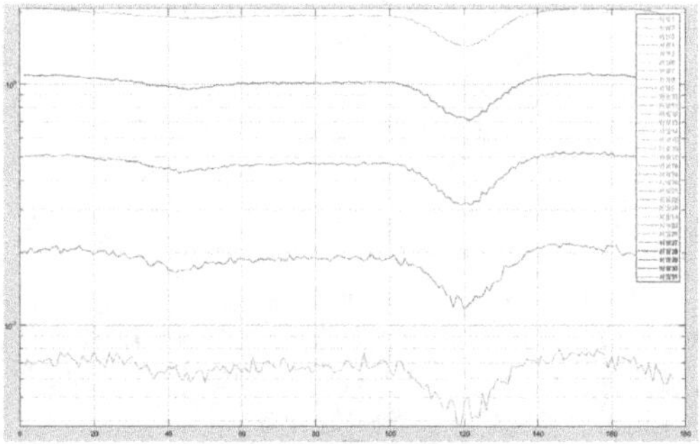

图8　检测电压剖面图

分析缺陷 2 位置的电压剖面曲线。当检测探头穿过缺陷的左端点(测量点 100)时，检测电压开始降低；当检测探头通过缺陷中心位置(测量点 120)时，检测电压降至最低值；当检测探头通过缺陷的右端点(测量点 140)时，检测电压返回到与先前完整的管道相等的水平。电压降间隔中的测量点数量与计算出的探头穿过缺陷的位置精确匹配，因此缺陷沿管道轴向的长度可以用压降间隔的长度来表示。

由于缺陷 1 是壁厚减少 20% 的凹槽，沿着缺陷直径方向的金属损耗相对较小，并且由边缘处的缺陷引起的涡电流场扰动相对较小。因此，当探头穿过缺陷的两端时，电压降并不显著。可以通过曲线区分的电压降位于测量点 25 ~ 55 处，其略小于缺陷的实际测量范围。因此，当使用 U 形探头检测深度较小的管道外壁上的缺陷时，长度方向上的检测信号仅略小于其实际值。

6 结论

本文设计了一种基于磁性导体材料骨架的 U 形探头，并通过仿真和实验方法研究了其磁场分布特性和在铁磁管道绝缘层下腐蚀缺陷脉冲涡流检测中的检测效果。结果表明，U 形探头可以有效地检测绝缘层下的腐蚀缺陷。当探头位于缺陷正上方时，缺陷对感应磁场的干扰最大，此时检测电压信号的衰减最为明显。由电压剖面曲线表征的检测结果可以准确地表示缺陷长度方向的信息。本文的研究结果为设计和优化脉冲涡流检测探头，以及准确量化保温层下腐蚀缺陷的大小提供了参考。

参考文献

[1] Sridharan, Kumar, et al. High Temperature Corrosion of Materials in Supercritical Water and Liquid Lead-Alloy Environments. Ecs Transactions 11.27 (2008): 1193—200.

[2] Fu, Y. Underhill, P. R. Krause, T. W. Factors Affecting Spatial Resolution in Pulsed Eddy Current Inspection of Pipe. Journal of Nondestructive Evaluation 39.2(2020).

[3] Yu, Zhaohu, et al. Detection of circumferential cracks in heat exchanger tubes using pulsed eddy current testing. NDT & E International 121.1(2021): 102444.

[4] Xie, LianGao, BinTian, G. Y. Tan, JidongFeng, BoYin, Ying. Coupling pulse eddy current sensor for deeper defects NDT. Sensors and Actuators, A. Physical 293 (2019).

[5] Rao, K. Samba Siva, B. P. C. Rao, and S. Thirunavukkarasu. Development of Pulsed Eddy Current Instrument and Probe for Detection of Sub-Surface Flaws in Thick Materials. IETE Technical Review 34.5(2017): 572 – 578.

[6] Li, Yong, et al. A funnel-shaped probe for sensitivity enhancement in pulse-modulation eddy current inspection of subsurface flaws in conductors. Sensors and Actuators A Physical 307(2020): 111991.

[7] Yu, Zhaohu, et al. Investigation of Focusing Properties of Probes for Pulsed Eddy Current Testing. IEEE sensors journal 21 – 23(2021).

[8] Fu, Yuewen, et al. Lift-off effect reduction based on the dynamic trajectories of the received-signal fast Fourier transform in pulsed eddy current testing. NDT & E International (2017).

压力管道次声波泄漏检测的双加权互相关信号分析技术

姚登樽[1]　陈梓源[2]　杨绪运[1]　郭芝琦[2]

（1. 中国特种设备检测研究院，北京　100029；2. 中国石油大学 北京　102249）

摘　要：本文针对次声波检测去噪和定位问题，本文采用小波包分解方法对泄漏信号进行提取和重构，并研究双加权函数互相关算法对定位精度的影响。结果表明，利用小波包分解重构后信号进行泄漏源的定位，定位相对误差从6.356%降低到了2.79%。并通过互相关算法的层面进行算力的增加来提高互相关时延结果的精度，二次互相关将定位精度提高了0.15%；采用ROTH函数和SCOT函数的双加权互相关将定位误差从7.287%降低到了3.571%，精度得到了明显提高。将两种优化算法结合使用，相比原始信号定位，定位距离直接增加了50%。

关键词：泄漏检测；次声波；小波包；双加权互相算法

Wavelet Packet and Double Weighted Cross-correlation Signal Analysis Technology for Infrasonic Leak Detection of Pressure Pipelines

YAO Dengzun[1], *CHEN Ziyuan*[2], *YANG Xuyun*[1], *GUO Zhiqi*[2]

(1. China Special Equipment Inspection & Research Institute, Beijing 100029, China;
2. China university of petroleum, Beijing 102249, China)

Abstract: This article focuses on the problem of noise reduction and localization in infrasound detection. The wavelet packet decomposition method is used to extract and reconstruct the leakage signal, and the influence of the double weighted function cross-correlation algorithm on localization accuracy is studied. The results showed that using the reconstructed signal from wavelet packet decomposition for leak source localization reduced the relative positioning error from 6.356% to 2.79%. And by increasing computing power at the level of cross-correlation algorithms, the accuracy of cross-correlation delay results is improved. The secondary cross-correlation improves positioning accuracy by 0.15%; The double weighted cross-correlation using ROTH and SCOT functions reduced the positioning error from 7.287% to 3.571%, resulting in a significant improvement in accuracy. By combining two optimization algorithms, the positioning distance is directly increased by 50% compared to the original signal positioning.

Key words: Leakage detection; Infrasound waves; Wavelet packet; Double weighted mutual algorithm

近年来城镇燃气使用规模增长迅猛，截至2022年我国燃气管道总里程达115.2万公里，管材以钢质和聚乙烯（PE）为主。随着燃气管道使用量的增加，燃气管道安全成为社会关注的重点。根据据燃气协会安全管理委员会《全国燃气事故分析报告》，近五年全国燃气事故超过3600起，其中管道事故约占30%[1]。2023年全年燃气事故612起，死亡77人，受伤434人，其中管网事故211起，死亡4人[2]。2021年湖北十堰"6·13"重大燃气管道泄漏爆炸事故，造成26人死亡，138人受伤，其中重伤37人，直接经济损失5395.41万元[3]。2024年3月13，河北燕郊燃气

作者简介：姚登樽（1982—　），男，山东滨州人，博士，主要研究方向：压力管道、检验检测、焊接、完整性。
E-mail：yaodengzun@csei.org.cn

管道爆燃事故，事故造成7人死亡、27人受伤。

及时、有效地发现早期泄漏，提高城市燃气泄漏诊断水平对于确保城市燃气管道安全至关重要。全国重点城市正在加快城市安全风险综合监测平台的建设，努力做到对燃气管道等“生命线”的风险的“能监测、会预警、快处置”。目前，我国绝大多数城市区域埋地管网的泄漏检测还停留在人工地面巡检的水平。近些年，基于次声波的泄漏检测技术受到国内外研究的普遍关注。次声波泄漏检测技术是在管道上安装嵌入式次声波传感器，采集管内介质泄漏过程中产生的次声波信号，并经处理和分析对泄漏点位置进行定位的技术[4]。

1985年Watanabe，Kajiro提出了一种使用在检测管道泄漏时产生的声波信号尖端脉冲进行确定泄漏位置的声波法来用于管道泄漏检测与定位[5]。1989年，Rocha利用压力传感器来采集由管道泄漏引起的声学信号。使用压力传感器检测到的管道泄漏引起的声波信号检测频率范围为0.05～10000Hz[6]。2000年，Min-Rae Lee在对管道泄漏检测定位的研究中，介绍了声发射技术，并通过实验对漏点进行了定位[7]。2018年，Nicola Marcel等在传统声发射泄漏检测技术的基础上开发了一款LabVIEW泄漏检测系统[8]。次声波检测技术的适用性虽好，但定位精度是一直困扰该技术进步的关键问题。

针对以上问题，黎晨设计了一种去噪效果较好的改进小波阈值函数和变分模态分解VMD结合的算法，最终在定位部分选用SCOT函数对互相关算法进行一次加权，提升了定位精度[9]。Shengshan Pan等针对埋地管道中利用声学传感器检测的不便之处，提出并设计了一款用于采集和分析管道内泄漏信号的声学传感器，利用支持向量机(SVM)、小波分解和经验模态分解(EMD)等方法进行去噪[10]。王建国等针对声发射泄漏检测的定位算法方面，对信号的噪声去除进行了优化[11]。季军等将声发射检测技术与城市燃气管道运行特点相结合，提出了基于谐波小波分析的泄漏检测方法，此算法可筛选最合适的Db小波来抵抗噪声对泄漏检测精度的干扰[12]。

针对次声波检测去噪和定位问题，本文采用小波包分解方法对泄漏信号进行提取和重构，并研究双加权函数互相关算法对定位精度的影响，提升次声波检测的定位精度。

1 次声波泄漏检测原理

次声波泄漏检测定位技术示意图如图1所示，定位至少需要两个及以上数量的传感器，传感器在采集到相应的信号以后，利用互相关的计算方法来得到两传感器接受到的时间差(即时延)，通过时间差确定泄漏点位置，见式(1)。

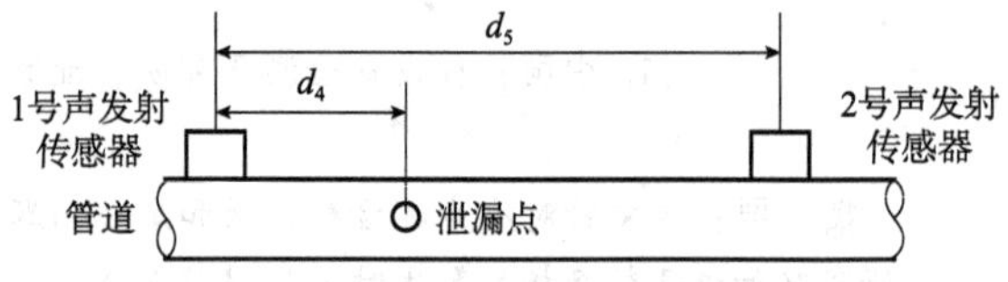

图1 声发射定位技术示意图

$$d_4 = \frac{d_5 - v\Delta t}{2} \tag{1}$$

其中：d_4是1号声发射传感器到泄漏孔的距离，m，即我们要求解的定位距离，m；d_5是两传感器间检测时的间距，m；v是声波在不同介质中传播的速度，m/s；Δt为两传感器接收到信号的时差，s。

2 试验设备及管道

本文所用次声波泄漏检测系统由三部分组成，分别是输入模块、数据采集模块和数据储存分析模块。输入模块由传感器和前置放大器构成，数据采集模块由采集卡构成，数据储存分析模块由工控机构成。其中，传感器采用的是广州清诚声发射公司的G10传感器，放大器选用的是清诚声发射公司的SAEPA2，采集卡采用的是NI公司的USB-4431。

试验管道(如图2)外径108mm，壁厚4.5mm，管道水平放置，管道全长84m，在60m的位置处设置了90°的弯头，在管道不同位置定制加工不同直径的丝堵，代表泄漏孔。管道一端利用空压机进行打压，压力范围可调，在0.1MPa至0.4MPa之间。

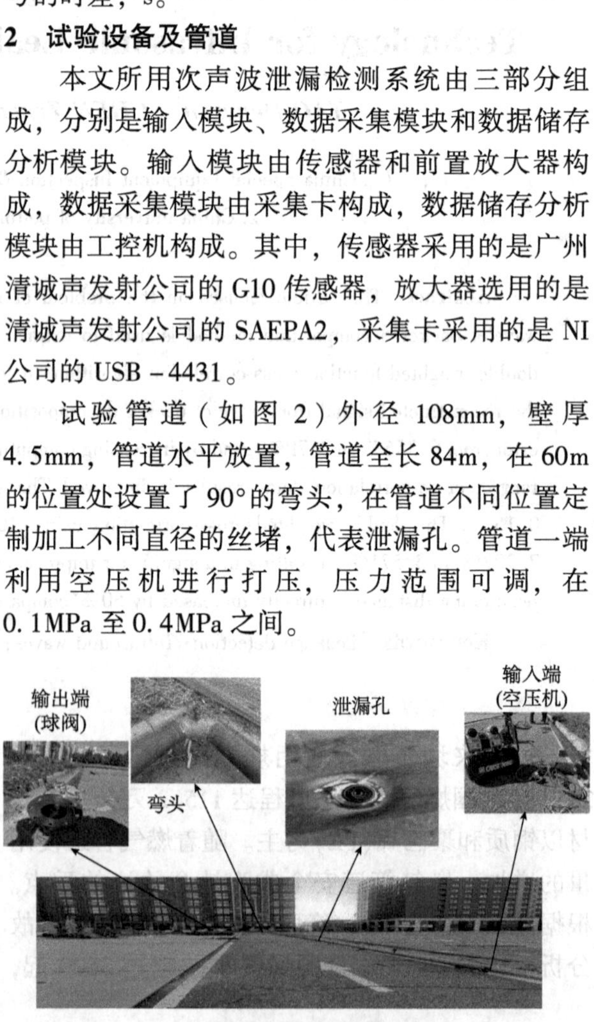

图2 钢质实验管道平台

3 试验结果

3.1 断铅实验

首先，采用断铅实验测量声速。典型断铅实验的测试结果如图3所示，本文采用互相关算法求解两个传感器之间的时延。

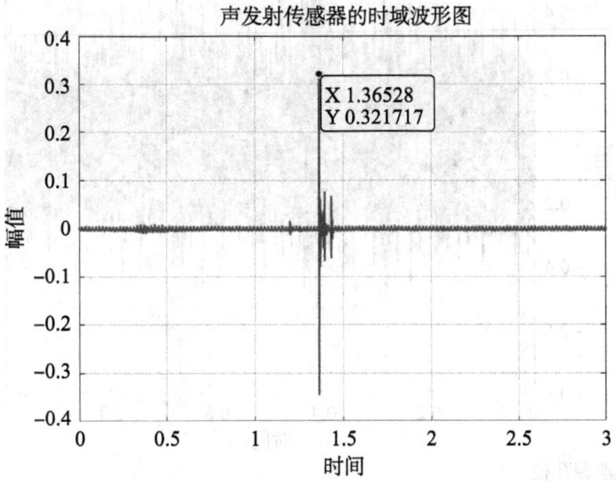

(a)1#传感器断铅信号

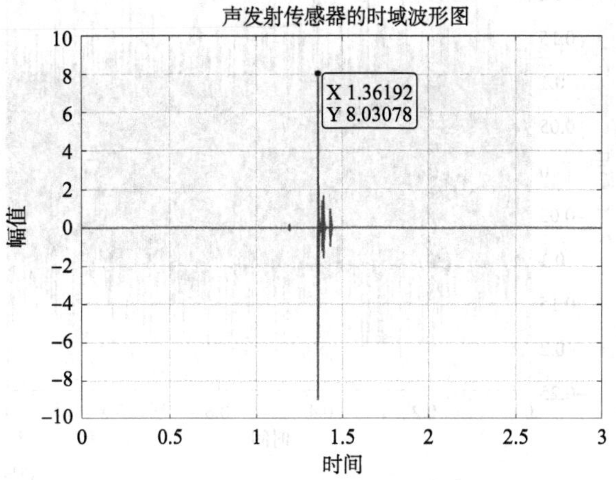

(b)2#传感器断铅信号

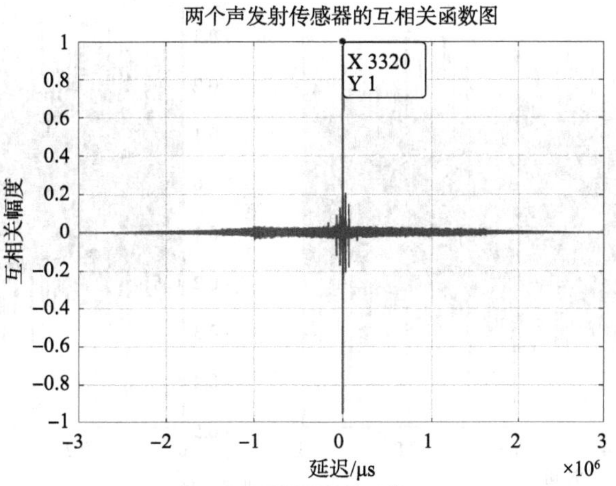

(c)互相关函数

图3 时延结果

表1是多次断铅实验的测试数据。通过表1可以确定钢管中的次声波传播速度均值为5981.75m/s。

表1 断铅实验测量声速

实验	互相关结果/μs	断铅距离/m	声速/(m/s)
1	1330	8	6015.04
2	2860	17	5944.06
3	2860	17	5944.06
4	3320	20	6024.1

3.2 泄漏信号采集

实验管道采集的不同泄漏距离和同不同泄漏孔径的次声波信号，典型时域波形图如图4所示，频域信号如图5所示。

3.3 泄漏定位

对不同的检测长度进行多组实验，采用互相关算法计算定位相对误差，典型的互相关延时算法计算结果如图6所示。

不同检测长度的实验结果如表2所示。表2中可以看出，采用互相关算法计算的定位误差随着总检测距离的增大而增大，总检测距离为25m时，相对误差仅有0.303%，但当总检测距离增大到 52m 时，相对误差增大到了 22.969%。

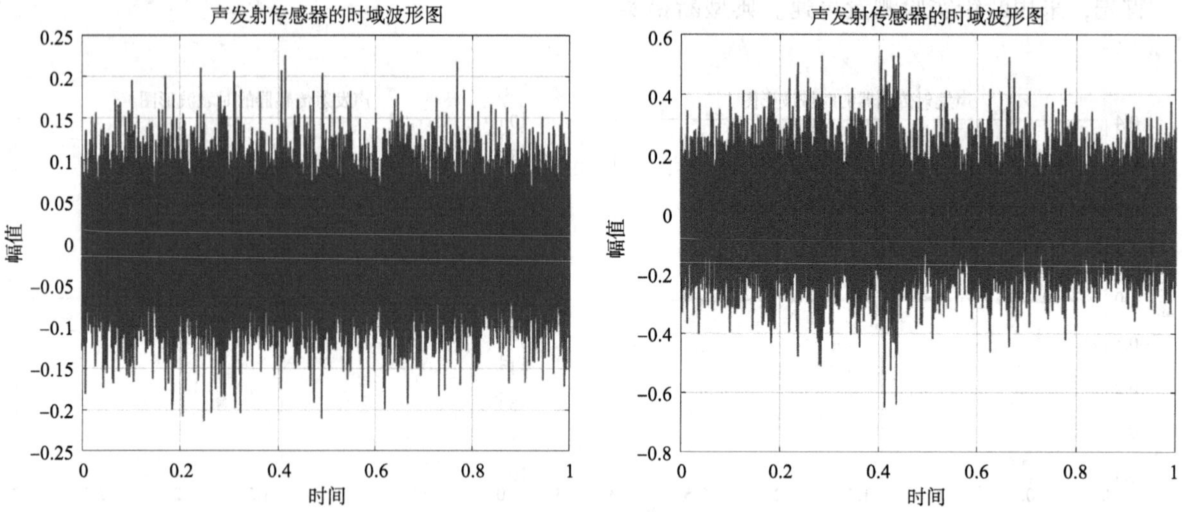

(a)4mm泄漏孔径

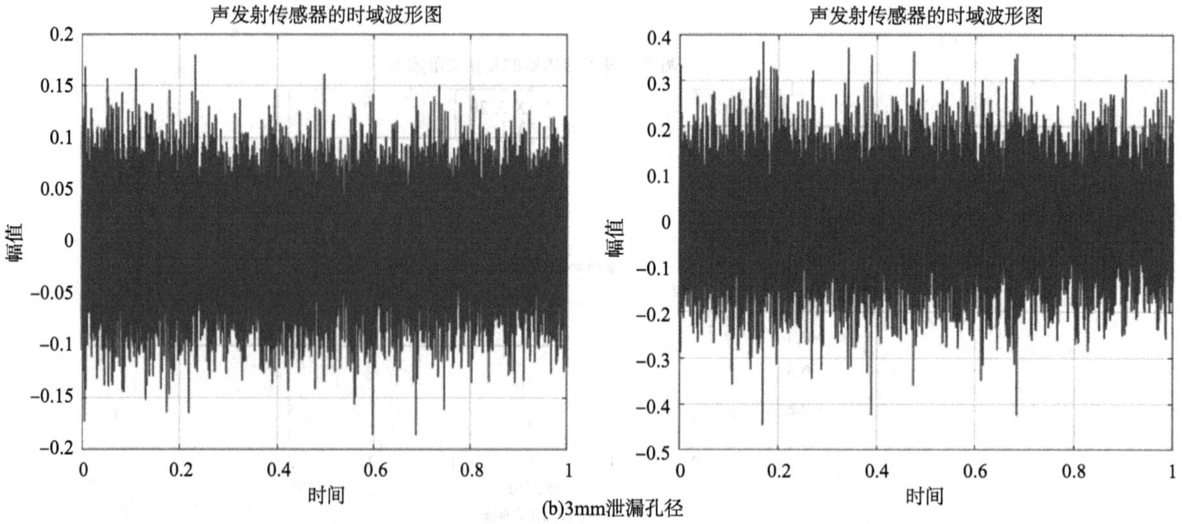

(b)3mm泄漏孔径

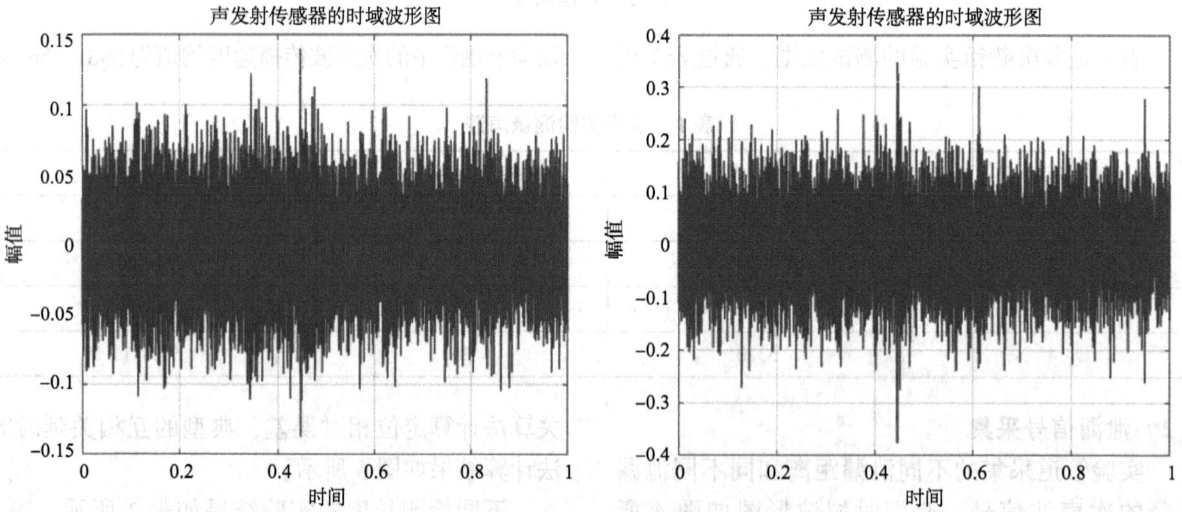

(c)1mm泄漏孔径

图 4　不同泄漏孔径的次声波信号时域波形

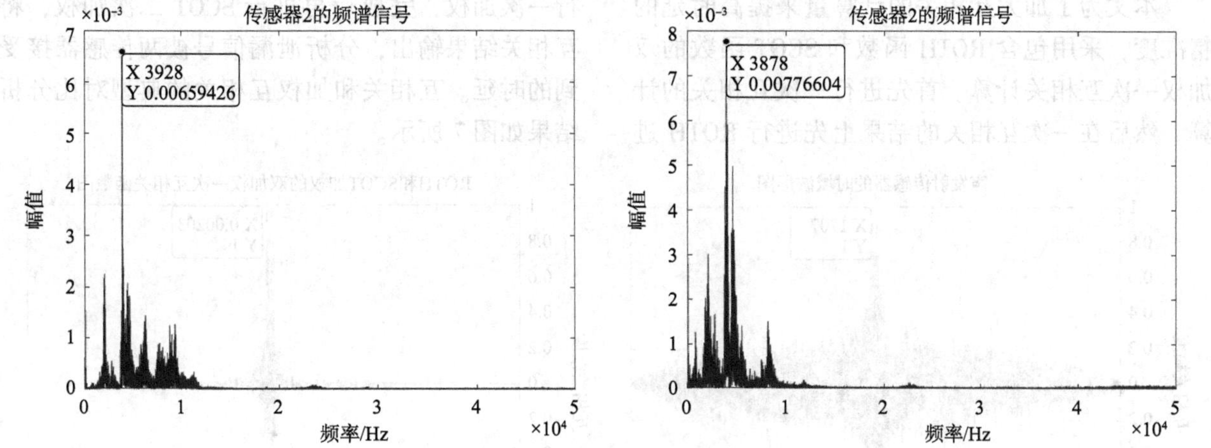

图 5　两传感器频域信号

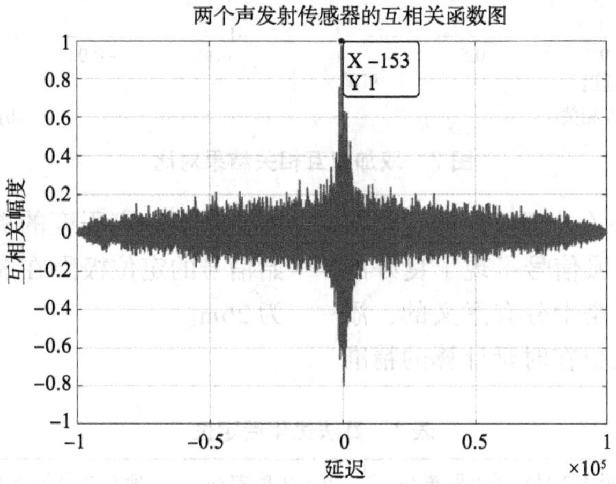

图 6　检测距离 25m 时互相关结果

表 2　泄漏定位实验结果

实验序号	总检测距离/m	距离 2 号传感器距离/m	互相关时差/μs	距离 2 号传感器计算结果/m	相对误差/%
1	25	13	153	12.9606	0.303
2	26	14	293	13.8763	0.883
3	28	16	822	16.4585	2.866
4	34	22	1334	20.9898	4.592
5	37	25	1642	23.411	6.356
6	38	26	1707	24.1054	7.287
7	42	30	1738	26.1981	12.673
8	48	36	2030	30.0715	16.458
9	52	40	1609	30.8123	22.969

加权函数可以加大某些特定特征在信号中的权重，也可以减弱噪声等不相关成分对互相关结果的影响。因此，为了提高定位精度，本文在互相关函数中加入加权函数，对信号进行进一步处理和分析。本次选择的两种加权函数为比较常用的 ROTH 函数和 SCOT（平滑相干变换）函数。

ROTH 函数表达式如下：

$$\varphi_{x1x2}(\omega) = \frac{1}{G_{x1x2}(f)} \tag{2}$$

SCOT 函数如下：

$$\varphi_{x1x2} = \frac{1}{\sqrt{G_{X1X1}(f)G_{x2x2}(f)}} \tag{3}$$

上述公式的 $G_{x1x}2(f)$ 表示两原始信号的互功率谱。

本文为了加大互相关的计算量来提高时延的精准度，采用包含 ROTH 函数和 SCOT 函数的双加权一次互相关计算。首先进行一次互相关的计算，然后在一次互相关的结果上先进行 ROTH 进行一次加权，完成后再进行 SCOT 二次加权，将互相关结果输出，分析泄漏信号被两传感器接受到的时延。互相关和加权互相关的典型对比分析结果如图 7 所示。

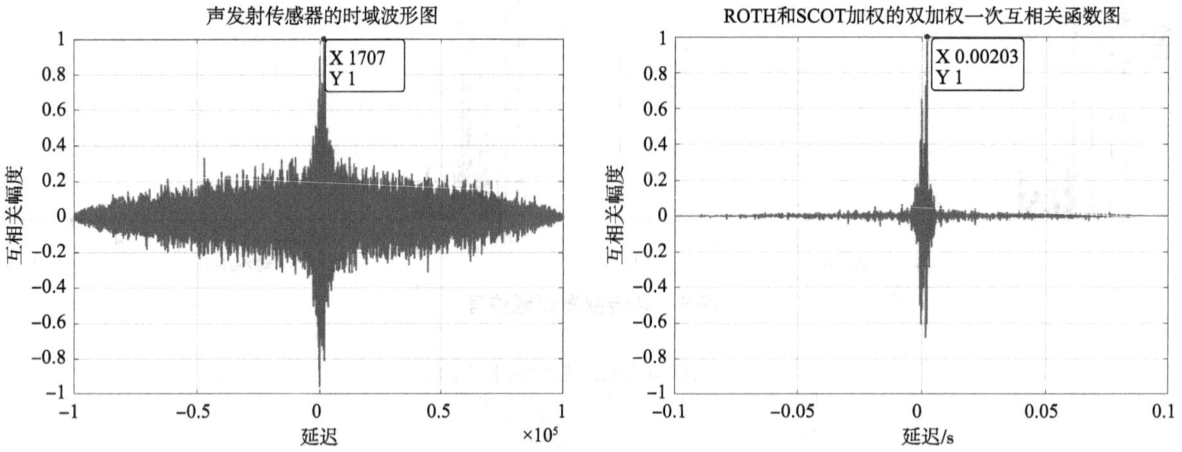

(a)互相关　　(b) 双加权互相关

图 7　双加权互相关结果对比

表 3 为经过双加权互相关处理以后的定位结果。小波包分解后重构的降噪信号呈现了良好的信噪比，这对定位计算来说是十分有意义的，添加了加权函数的互相关算法也在时延计算的精准度上有了一定程度的提升。由表 3 可以看出，原始信号的定位极限在 38m，单一传感器检测距离为 26m。

表 3　算法优化后定位

实验序号	总检测距离/m	距离 2 号传感器距离/m	互相关时差/m	距离 2 号传感器计算结果/m	相对误差/%
1	17	5	1179	12.026	0.219
2	27	15	545	15.13	0.867
3	32	20	640	17.91	10.429
4	37	25	1711	23.617	5.53
5	42	30	1290	24.858	17.139
6	48	36	3520	34.528	4.089
7	52	40	4160	38.442	3.894
8	57	45	4615	42.303	5.994
9	60	48	3680	41.006	14.57
10	67	55	17030	82.935	59.156

与原始信号的定位结果相比，经过了小波包降噪和互相关算法提升的定位结果定位距离出现了明显的增加，总检测距离直接增加到了 57m，相比原始定位增长了 50%，这对于应用到长距离泄漏点定位检测是十分有效的。

3　结论与建议

本文搭建了钢质实验管道，在管道上进行了断铅实验和实验信号的采集。断铅实验测试的钢质管道的声速为 5981.75m/s。对采集到的声发射信号进行分析并进行定位计算。利用小波包分解重构后信号进行泄漏源的定位，定位相对误差从 6.356% 降低到了 2.79%。并通过互相关算法的层面进行算力的增加来提高互相关时延结果的精度，二次互相关将定位精度提高了 0.15%；采用 ROTH 函数和 SCOT 函数的双加权互相关将定位误差从 7.287% 降低到了 3.571%，精度得到了明显提高。将两种优化算法结合使用，相比原始信号定位，定位距离直接增加了 50%。

参考文献

[1]全国燃气事故分析报告(2021 年·第一季度)前言[C]. 中国城市燃气协会安全管理工作委员会, 2021: 1.

[2]全国燃气事故分析报告(2023 年·第四季度报告暨全年综述)[C], 中国城市燃气协会安全管理工作委员会, 2024: 2.

[3]李楠楠, 习近平对湖北十堰市张湾区艳湖社区集贸市场燃气爆炸事故作出重要指示李克强就救援工作作出批示[J]. 劳动保护, 2021(07): 6.

[4]郝永梅, 吴雨佳, 邢志祥, 等. 城市非金属管道泄漏次声波信号传播特性[J]. 常州大学学报: 自然科学版, 2022, 34(1): 78-85.

[5]Watanabe kajiro, Matsukawa Shun, Yukawa Hitoshi, et al. Detection and Location of a Leak in a Gas transport Pipeline by a New Acoustic Method [J]. Bulletin of The College of Engineering, 1985, (21): 129-157. [14] Rocha. M. S. Acoustic Monitoringof Pipeline Leaks [J]. Pipesand Pipelines International, 1989(5): 115-118.

[6] Brodetsky I, Savic M. Leak monitoring system for gas pipelines[C]// IEEE International Conference on Acoustics, Speech, and Signal Processing. IEEE, 1993: 17~20 vol. 3.

[7]Lee Min-Rae, Lee Joon-Hyun. Acoustic emission technique for pipeline leak detection[J]. Kee Engineering Materials, 2000, 186(4): 17-21.

[8]Putra A I, Prasetiyo I, Sari P D. The Use of Acoustic Emission for Leak Detection in Steel Pipe[J]. Applied Mechanics and Materials, 2015, 4045 (771 - 771): 88-91.

[9]张曦, 章兰珠. 声发射衰减特性管道泄漏定位方法[J]. 应用声学, 2022, 41(01): 158-167.

[10]Pan S, Xu Z, Li D, et al. Research on Detection and Location of Fluid-Filled Pipeline Leakage Based on Acoustic Emission Technology [J]. Sensors, 2018, 18 (11): 3628-3628.

[11]王建国, 刘朋真, 王少锋等. 基于最优基小波分解的压力管道泄漏声发射信号处理与定位研究[C]// 中国科学技术协会, 陕西省人民政府. 第十八届中国科协年会——分9能源环境监测与管理国际会议(国际)论文集. 内蒙古科技大学机械工程学院, 2016: 6.

[12]季军, 钟成, 郝永梅等. 基于谐波小波分析的城市燃气管道泄漏检测[J]. 中国科技信息, 2019: 105-107.

城市燃气埋地管道隐患排查技术研究

任　峰　胡　朋　杨绪运

(中国特种设备检测研究院，北京　100029)

摘　要：城市燃气埋地管道的材质主要为钢质和聚乙烯，在埋地管道运行过程中，由于施工管理不到位、管道外部腐蚀、外力机械损坏等原因，很容易造成埋地管道本体失效，引发燃气泄漏、起火爆炸等严重事故。为了消除埋地管道安全隐患，在城市燃气埋地管道定期检验过程中需要从管道定位及管道泄漏检测两方面着手，针对钢质管道和聚乙烯管道的不同特点，利用各种埋地管道检测技术排除管道安全隐患。钢质管道的定位排查一般采用埋地管道防腐层状况检测仪，钢质管道泄漏排查采用埋地管道防腐层状况检测仪和燃气泄漏检测仪相结合的方法能更加准确地查找泄漏点；聚乙烯材质管道定位可以采用电磁法、探地雷达法、示踪线法和声波法等，聚乙烯材质管道泄漏排查主要采用燃气泄漏检测仪。

关键词：城市燃气；埋地管道；隐患排查

Research on Hidden Danger Investigation Technology for Urban Gas Buried Pipelines

REN Feng*, *HU Peng*, *YANG Xuyun

(China Special Equipment Inspection and Research institute, Beijing 100029, China)

Abstract: The materials of urban gas buried pipelines are mainly steel and polyethylene. During the operation of buried pipelines, due to inadequate construction management, external corrosion of pipelines, external mechanical damage and other factors, it is easy to cause the failure of the buried pipeline body, leading to serious accidents such as gas leakage, fire and explosion. In order to eliminate safety hazards of buried pipelines, it is necessary to start from two aspects: pipeline positioning and pipeline leakage detection during the regular inspection process of urban gas buried pipelines. Based on the different characteristics of steel pipelines and polyethylene pipelines, various buried pipeline detection technologies should be used to eliminate pipeline safety hazards. The positioning and inspection of steel pipelines generally use buried pipeline anti-corrosion layer condition detectors. Steel pipeline leakage inspection uses a combination of buried pipeline anti-corrosion layer condition detectors and gas leakage detectors to more accurately locate the leakage point; The positioning of polyethylene material pipelines can be carried out using the electromagnetic method, ground penetrating radar method, tracer line method and the acoustic wave method. The leakage investigation of polyethylene material pipelines mainly uses gas leakage detectors.

Key words: Urban gas; Buried pipelines; Hazard investigation

1　引言

城市燃气埋地管道在城市燃气输配中发挥重要作用，而燃气管道的安全隐患给人民的生命财产安全带来严重威胁，各种安全事故造成恶劣的社会影响。

为了保障城市燃气管道的安全运行，需要对可能造成管道安全隐患的因素进行识别，并针对管道缺陷进行专项检测，提前将管道隐患消除以

作者简介：任峰(1979—　)，研究生，高工，主要从事压力管道检测与研究工作，中国特种设备检测研究院。E-mail:105931527@qq.com

达到管道安全运行的目的。造成管道安全隐患的因素主要包括施工管理不到位、管道腐蚀(钢质管道)、外力机械损坏等。

城市燃气管道材质主要是钢质和聚乙烯材质(PE),其安全隐患主要有以下两方面:

(1)管道本体第三方破坏。

管道本体第三方破坏主要是埋地管道定位不准确的原因造成的。聚乙烯管道主要是由于燃气企业未做好管道前期施工管理,管道未安装示踪线造成管道定位困难引起的;钢质管道是由于城市燃气管道的敷设环境较复杂,管道周围的其他管道、电缆对管道的检测信号干扰造成管道识别困难。

(2)管道本体腐蚀、泄漏。

钢质管道本体腐蚀、泄漏主要是由于管道防腐层破损、失效,钢质管道在阴极保护不到位的情况下管道表面发生化学腐蚀或者电化学腐蚀,直至管道腐蚀穿孔泄漏;聚乙烯管道泄漏主要是由于管件质量不合格、管道本体或者焊缝受到外力作用损坏造成的。

针对管道安全隐患需要进行专项检测以保障管道安全运行。

2 城市燃气管道定位技术

2.1 城市燃气聚乙烯管道定位技术

聚乙烯管道由于材质的特殊性,很容易受到外力机械损伤造成管体破坏,例如西宁某燃气企业聚乙烯埋地管道被施工单位挖掘机挖伤管道,造成燃气泄漏,如图1、图2所示。

图1 管体损坏

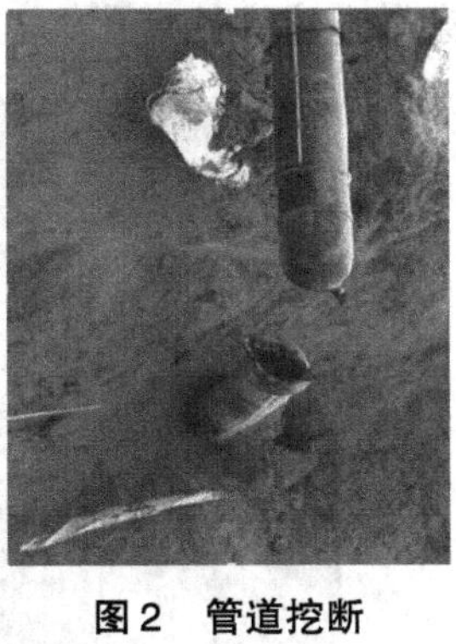

图2 管道挖断

目前埋地聚乙烯管道探测定位可采用的设备主要包括:通过探测沿管道内部传播的声波振动信号进行管道定位的燃气PE管线探测仪GPPL,探测短声波脉冲反射信号的APL地下(PE)管线探测仪,探测高频电磁波反射信号的探地雷达,探测示踪线电磁信号的埋地管线探测仪。[1]

燃气PE管线探测仪GPPL是在管道阀门连接声波振动装置,利用振动声波在管道内部通过压缩燃气介质进行声波传输,在管道沿线地表通过接收装置探测振动声波来确定管道位置。燃气PE管线探测仪GPPL受环境干扰较小,但是由于管道埋深,声波传输距离等因素的影响,目前推广应用受到限制。

APL地下(PE)管线探测仪利用声波发射器向地面发射短波脉冲,遇到不连接界面时声波反射,管道外表面与土壤接触反射系数低,管道内表面与气体接触界面反射系数100%,接收器接收地表反射波和管道反射波,通过分析确定管道位置与埋深。该技术受土壤类型及密实程度影响;需要专业人员进行设备操作及信号识别。

探地雷达通过在地面上移动的发射天线向地下发射高频电磁波,电磁波遇到不同的电性界面时,就会发生反射、透射和折射。反射到地面的电磁波被与发射天线同步移动的接收天线接收后,通过雷达主机精确地记录下反射回波到达的时间、相位、振幅、波长等特征,再通过信号叠加放大、滤波降噪、图像合成等数据加工处理手段,形成地下剖面的扫描图像。探地雷达探测是勘察埋地PE管道的一种有效手段,但是受地质条件、其他管道、物体干扰大,需要检测人员具有专业基础知识和丰富现场经验。

示踪线探测技术是将电磁信号发射机与聚乙烯管道示踪线直接相连,在示踪线上产生一个电磁场信号,通过探测电磁场信号来确定示踪线的位置和埋深(如图3所示),这种方式也可以用来判断示踪线是否完好。聚乙烯管道建设时需要随管敷设示踪线,且示踪线中间不能断开。

将燃气PE管线探测仪GPPL与探地雷达结合,利用两种技术的优点可以比较准确地确定埋地管道的位置及埋深。

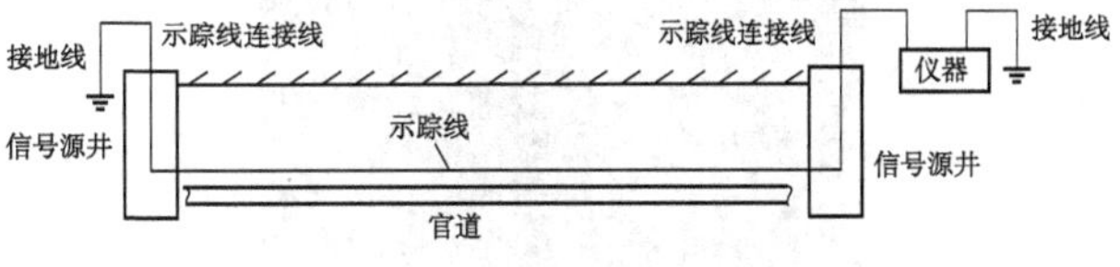

图3 示踪线探测技术示意图

2.2 城市燃气钢质管道定位技术

城市燃气钢质管道定位是利用埋地管道防腐层状况检测仪在管道施加电磁信号,通过接收机接收到电磁信号计算出管道埋深,由于燃气管道敷设环境复杂,周围有水管道、电信光缆、路灯电缆等干扰电磁信号的接收,在查找管道时经常会对管道位置错误判断,这就需要操作者有丰富的检测经验，能够根据管道埋深、信号大小及方向等信号对电磁信号进行正确分析和判断。[2]

3　城市燃气管道泄漏检测技术

3.1　城市燃气聚乙烯管道泄漏检测技术

城市燃气聚乙烯管道的泄漏检测是利用燃气泄漏检测仪对管道沿线进行泄漏检测，并对疑似泄露点进行开挖验证。

对新疆某企业利用燃气泄漏仪在调压柜下方发现的聚乙烯管道钢塑转换接头处焊缝漏气，泄漏原因是施工质量差，焊缝存在针孔漏气点，如图4所示。

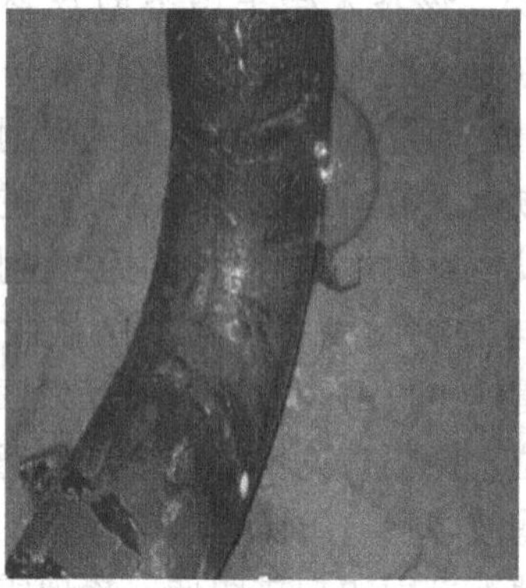

图4　钢塑转换焊缝漏气

对河北某燃气企业的聚乙烯燃气管道检测时发现阀井有疑似燃气泄漏现象，在距阀门1米左右的地方发现鞍型三通，打开鞍型三通顶盖，涂抹肥皂水发现大量气泡涌出，确认鞍型三通泄漏，泄漏原因是施工质量差，鞍型三通质量不合格，如图5所示[3]。

图5　鞍型三通漏气

3.2　城市燃气钢质管道泄漏检测技术

由于埋地管道泄漏后燃气会在几米的范围内扩散，在泄漏点周围形成浓度场，利用泄漏检测仪只能确定管道泄漏点的大体位置，这对于管道泄漏点的查找定位带来一定困难，对埋地燃气管道防腐层破损点定位可以很好地弥补这一缺陷，经过现场实践验证，泄漏检测仪查漏与埋地管道防腐层破损点定位相结合的方法，对燃气泄漏检测定位具有很好的效果，能极大提高检测效率。

采用埋地钢质管道不开挖检测技术对管道进行定位，同时利用交流地电位差测量仪查找防腐层破损点[4]，如图6所示。

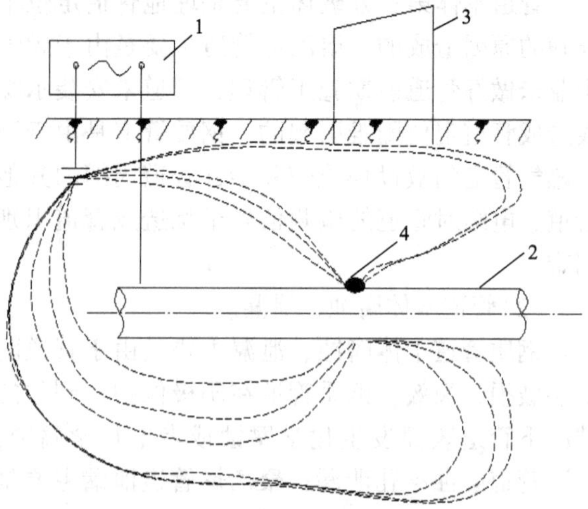

图6　检测原理示意图

1—发射主机；2—埋地管道；

3—交流地电位差测量仪；4—防腐层破损点

宁夏某燃气公司负责供气的一居民小区某单元楼无法正常供气，利用城市燃气泄漏检测定位技术在疑似泄漏管段15m的范围内共找到3处疑似泄漏点，开挖之后发现燃气泄漏点，是因为管道受到外腐蚀导致管体穿孔所致，如图7所示，管道腐蚀穿孔处手感光滑，边缘较清晰，判断为杂散电流干扰，此处管段未进行阴极保护，造成杂散电流腐蚀穿孔。

图7　钢质管道腐蚀穿孔泄漏

对青海某企业所属燃气管道进行检测，采用城市燃气泄漏检测定位技术在小区道路边发现燃气泄漏点，位于中压燃气管道预留头末端(如图8所示)，在管道安装过程中施工质量差造成的预留头漏气，由于长期漏气造成预留头周边土壤与管道周围土壤颜色不同。

图 8　管道预留头漏气

应用燃气泄漏检测设备对青海省某燃气公司埋地钢质燃气管道进行检测时发现疑似燃气泄漏点(如图 9 燃气泄漏检测设备所示)，确定管道位置如图 9 中红漆“P”点所示，燃气泄露最大值点与管道之间约有 1m 的间距。

图 9　燃气疑似泄漏点

对疑似燃气泄漏点进行开挖验证，发现在燃气管道上方有水泥自来水管道(如图 10 所示，圈中位置为泄漏点)，燃气管道有明显的机械凹坑(如图 11 所示)，同时在管体机械凹坑最深处发现燃气泄漏点(如图 12 所示)，原因是在进行水泥管施工时对燃气管道造成了机械破坏。[5]

图 10 泄漏点开挖

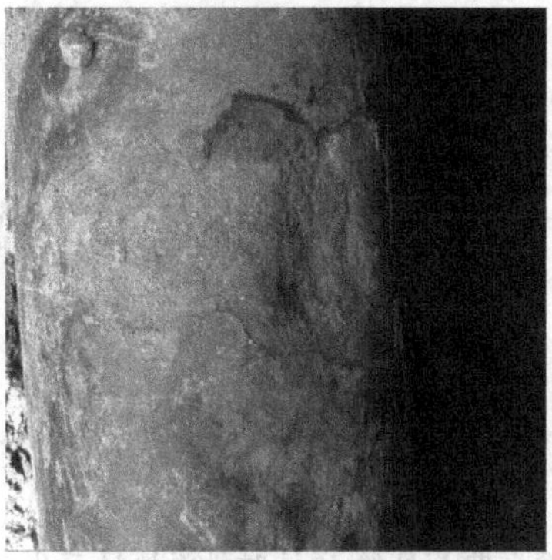
图 11 管道机械损伤凹坑

图 12　燃气泄漏点

4　结论

(1)城市燃气埋地管道的安全隐患包括管道定位困难、管道泄漏检测，造成管道安全隐患的因素主要包括施工管理不到位、管道腐蚀(钢质管道)、外力机械损坏等。

(2)城市燃气聚乙烯管道定位示踪线法和声波法。城市燃气聚乙烯管道的泄漏检测常用技术是利用燃气泄漏检测仪对管道沿线进行泄漏检测。

(3)城市燃气钢质管道定位是利用埋地管道防腐层状况检测仪对电磁信号进行分析判断来进行管道定位。城市燃气钢质管道泄漏检测是利用燃气泄漏检测仪和防腐层破损点查找相结合的方法进行精确定位。

参考文献

[1]沈功田，刘时风，王玮. 基于声波的管道泄漏点定位检测仪的开发[J]. 无损检测，2010，32(1)：53 - 56.

[2]GB/T 30582—2014 基于风险的埋地管道外损伤检验与评价.

[3]任峰，续宏毅，刘健. 聚乙烯燃气埋地管道检测技术，中国特种设备安全，2023. 39(9)：42 - 46.

[4]GB/T 19285—2014 埋地钢质管道腐蚀防护工程检验.

[5]任峰，何仁洋，石秀山. 城市燃气埋地管道泄漏现场精确定位技术，中国特种设备安全，2017. 12(33)：36 - 39.

石化企业特种罐式储运设备腐蚀检验和评估

李长寿　张素君

(山东欣鹏安全技术咨询有限公司，山东 济南　250100)

摘　要：目的 通过对沿海地区石化企业的4台丙烯球罐腐蚀现状进行检验和评估，为石化企业落实承压类特种设备管理提供示范模式。方法 通过对4台丙烯球罐及其管道的RBI评估和全面检验并对其腐蚀变化情况进行分析总结。结果 丙烯球罐的重点腐蚀减薄部位是球罐南极板和下温带板区域，主要包含酸性水腐蚀、湿硫化氢应力腐蚀开裂以及沿海大气腐蚀等原因。结论 明确了丙烯球罐腐蚀的失效机理，为此类球罐防腐探索了科学施检的新思路。

关键词：石化企业；应力腐蚀；水氧腐蚀；腐蚀减薄；球形压力容器

Corrosion Inspection and Evaluation of Special Tank Storage and Transportation Equipment in Petrochemical Enterprises

LI Changshou, *ZHANG Sujun*

(Shandong Xinpeng Safety Technology Consulting Co., Ltd., Jinan, Shandong, 250100)

Abstract: The purpose is to provide a demonstration model for petrochemical enterprises to implement the management of special pressure equipment by inspecting and evaluating the corrosion status of four propylene spherical tanks in coastal areas. The method evaluates and comprehensively inspects the RBI of four propylene spherical tanks and their pipelines, and analyzes and summarizes their corrosion changes. Results The main corrosion thinning parts of propylene spherical tank were the South Pole plate and the lower temperate zone plate, which mainly included acid water corrosion, wet hydrogen sulfide stress corrosion cracking and coastal atmospheric corrosion. The conclusion clarifies the failure mechanism of propylene spherical tank corrosion, and explores new scientific inspection ideas for the anti-corrosion of such spherical tanks.

Key words: Petrochemical enterprises; Stress corrosion; Water oxygen corrosion; Corrosion thinning; Spherical pressure vessel

1　引言

石化企业的特种储运设备存在着高风险物料储量大和使用频繁的现状，存在着显著的易漏易燃易爆的特点，一旦防护失效，危害十分严重。特种储运设备的安全管理工作是石化企业实现安全生产的不可或缺的重要组成部分，其在安全生产工作中具有至关重要的地位和作用。截至2023年底，全国特种设备总量达2128.91万台，其中压力容器类数量占比高达25.08%，仅次于电梯类特种设备[1]。相较于工业发达国家，我国因特种设备使用和维护不当引发的生产安全事故率仍然偏高，死亡事故屡禁不止，安全生产形势仍然复杂严峻。在众多特种设备中，具有潜在爆炸风险的承压类特种设备的危险性和事故率一直居高不下，在众多承压特种设备中用于储存类的球形压力容器主要被用作储存易燃易爆的液化气，经常会因主体腐蚀问题引发泄漏事故，腐蚀问题不仅影响着设备的使用寿命，还可能引发一系列的生产安全和环保问题[2]。在连续使用的情况下，腐蚀问题一直是影响正常使用年限的关键因素，

作者简介：李长寿(1990—　)，男，防腐工程师；研究方向：主要从事特种设备防腐蚀检测和评估工作。E-mail: lichangshou111@163.com

液化烃球罐的内表面腐蚀减薄现象十分突出，特别是出现频率较高的焊缝应力腐蚀裂纹，给球罐的安全运行造成了不确定的因素，究其原因主要是由于潮湿环境中硫化物的附着，导致球罐内表面拉伸应力增加，因此产生严重的腐蚀裂缝[3]。液化烃球罐因腐蚀泄漏问题产生的火灾爆炸事故和环境污染事件的困境十分严峻。因此选择某石化公司储存丙烯的球罐为分析对象，通过使用“石化装置工程风险分析系统”和磁粉、环焊缝进行衍射时差法、漏磁等多种检测手段对其进行腐蚀方面的分析和评估，革新了早期对丙烯球罐盲目的传统检验方式，实现了根据丙烯球罐潜在失效模式和全面风险管控的现代化检验方式的转变，最终通过对丙烯球罐腐蚀失效机理的分析，明确了现阶段新的防腐措施。

2　丙烯球罐基本情况

某沿海石化公司成立于2012年，距离渤海沿岸约30Km，建设有4座1000m^{3}全压力式丙烯球罐（编号分别为：QG00－1～QG00－4），于2014年02月正式投入使用，球罐公称直径：12300mm；设计压力2.2MPa；设计温度：50℃；操作压力不大于1.94MPa；腐蚀裕量：2mm。丙烯来源于当地的炼厂石油裂解，其中含有一氧化碳、二氧化碳、氧气、乙烷、乙炔、水、硫等多种微量杂质。丙烯球罐的防腐措施主要依赖于球罐内外的防腐涂层，球罐外表面通过底漆、中间漆、遮热面漆等涂层工序，保持漆层的总厚度不小于0.335mm。球罐内表面通过底漆、面漆等涂层工序，保持漆层的总厚度不小于0.380mm。丙烯球罐使用材质及壁厚情况见表1。

表1　丙烯球罐材质及壁厚

序号	部件	材质	壁厚/mm
1	南极板	Q345R（正火）	48
2	下温带板	Q345R（正火）	48
3	赤道带板	Q345R（正火）	48
4	上温带板	Q345R（正火）	48
5	北极板	Q345R（正火）	48
6	下部进料管道	316L	8
7	上部出料管道	316L	8
8	下部排污管道	316L	8

3　风险评估和全面检验

3.1　RBI评估

按照最新的《承压设备系统基于风险的检验实施导则》的要求，对丙烯球罐及其附属管道进行基于风险的检验（Risk－based inspection，简称RBI），通过委托某研究机构，采用RBI评估软件，按照《承压设备损伤模式识别》的要求，对丙烯球罐及附属管道进行RBI评估，丙烯球罐失效模式和损伤机理检测情况见表2。

表2　丙烯球罐的失效模式和损伤机理

部件	位置	主要失效模式	主导损伤机理	腐蚀速率/（mm/a）	敏感性
南极板	内壁	腐蚀减薄	酸性水腐蚀	0.138	低
		环境开裂	湿硫化氢应力腐蚀开裂		
	外壁	腐蚀减薄	大气腐蚀	0.0245	
赤道带板	内壁	腐蚀减薄	硫化物腐蚀	0.0245	低
		环境开裂	湿硫化氢应力腐蚀开裂		
	外壁	腐蚀减薄	大气腐蚀	0.0245	
北极板	内壁	腐蚀减薄	硫化物腐蚀	0.0245	低
		环境开裂	湿硫化氢应力腐蚀开裂		
	外壁	腐蚀减薄	大气腐蚀	0.0245	
下部进料管道	内壁	腐蚀减薄	硫化物腐蚀	0.0416	低
		环境开裂	湿硫化氢应力腐蚀开裂		
	外壁	腐蚀减薄	大气腐蚀	0.0245	
上部出料管道	内壁	腐蚀减薄	硫化物腐蚀	0.0416	低
		环境开裂	湿硫化氢应力腐蚀开裂		
	外壁	腐蚀减薄	大气腐蚀	0.0245	
下部排污管道	内壁	腐蚀减薄	酸性水腐蚀	0.0326	低
		环境开裂	湿硫化氢应力腐蚀开裂		
	外壁	腐蚀减薄	大气腐蚀	0.0245	

3.2 全面检验

于2022年02月，组织对QG00-1~QG00-4丙烯球罐的本体及临近管道进行全面的检验，以确保球罐的安全运营。具体的检验内容及方式方法如下：首先，对罐体和管道进行宏观检查，以掌握球罐的整体运行状况；其次，运用超声波测厚技术，对球罐的不同方位的6类板材和3类管道进行测量，以确认其厚度是否达到要求；再次，抽查球罐不同地方的焊缝进行磁粉和衍射时差法(TOFD)超声检测技术进行检测，以检测其是否存在缺陷，以确保焊缝的质量符合标准；最后，将对球罐和管道连接部位进行漏磁检测，以确认是否存在泄漏的问题。这些检查措施将全面确保球罐的安全性和稳定性。

3.2.1 宏观检查

对4台丙烯球罐的宏观检查范围包括每台球罐内外表面所有对接焊缝，球罐外壳与球罐支柱、接管、人孔等部件的所有连接部位，球罐附属设施如压力表、温度计、呼吸阀、法兰、主螺栓等，检查其是否存在损伤和裂纹。检查结果如表3所示。

表3　丙烯球罐宏观检查结果

罐号	宏观检测结果
QG00-1	球罐具有较好的几何形状，未发现泄漏、鼓包、变形、机械接触损伤情况。罐外表面防腐涂层存在3处脱落，罐内壁约2处防腐涂层脱落
QG00-2	球罐具有较好的几何形状，未发现泄漏、鼓包、变形、机械接触损伤情况。罐内壁约5处防腐涂层脱落，其中包含2处对接焊缝处涂层脱落，人孔处局部防腐涂层脱落
QG00-3	球罐具有较好的几何形状，未发现泄漏、鼓包、变形、机械接触损伤情况。罐外表面防腐涂层存在2处脱落，罐内壁防腐涂层状况良好，人孔处局部防腐涂层脱落
QG00-4	球罐具有较好的几何形状，未发现泄漏、鼓包、变形、机械接触损伤情况。罐外表面防腐涂层无明显脱落现象，罐内壁约3处防腐涂层脱落，其中包含1处对接焊缝处涂层脱落
下部进料管道	管道表面状况无明显破裂迹象，表面防腐涂层状况良好
上部出料管道	管道表面状况无明显破裂迹象，表面防腐涂层存在2处脱落
下部排污管道	管道表面状况无明显破裂迹象，表面防腐涂层存在3处脱落；外部排液阀连接螺栓存在少量锈蚀

3.2.2 超声测厚

为了保证球罐的安全使用，需要对其关键部位开展壁厚测量，因此需要选择具有代表性的测量部位，通常会选择液态丙烯液位容易反复起伏的部位和腐蚀现象频发的地点进行测量[4]。同时，在每块球壳板的四周边缘以及中心位置，选取12个点进行测厚，以确保测点数量足够。对于以上重点部位进行壁厚测量时，还需要增加20%的测点数量，以进一步提高测量的准确性和可靠性。4台丙烯球罐及临近端的3处管道的超声测厚结果如表4所示。

表4　丙烯球罐及管道测厚数据

部件	原始壁厚/mm	实测最小壁厚/mm			
		QG00-1	QG00-2	QG00-3	QG00-4
南极板	48	46.2	47.4	48.1	48.3
下温带板	48	47.6	47.6	46.3	47.7
赤道带板	48	47.7	47.7	48.4	46.9
上温带板	48	46.9	48.2	47.3	48.5
北极板	48	47.9	48.1	48.5	48.3
下部进料管道	8	8.0	8.1	8.0	7.9
上部出料管道	8	8.0	8.2	7.9	8.1
下部排污管道	8	7.9	8.0	8.0	8.1

3.2.3　磁粉、TOFD 和漏磁检测

对 4 台丙烯球罐进行磁粉、TOFD 和漏磁检测，其中，对支柱角焊缝、罐体内外表面全部对接焊缝及接管角焊缝、内外表面定位块、接管座对接焊缝进行磁粉检测。检测结果如表 5 所示。

表 5　丙烯球罐无损检测结果

方式	QG00－1	QG00－2	QG00－3	QG00－4
磁粉检测	无可记录缺陷，为Ⅰ级	无可记录缺陷，为Ⅰ级	无可记录缺陷，为Ⅰ级	无可记录缺陷，为Ⅰ级
TOFD 检测	无可记录缺陷，为Ⅰ级	无可记录缺陷，为Ⅰ级	无可记录缺陷，为Ⅰ级	无可记录缺陷，为Ⅰ级
漏磁检测	无当量腐蚀深度大于40%的缺陷	无当量腐蚀深度大于40%的缺陷	无当量腐蚀深度大于40%的缺陷	无当量腐蚀深度大于40%的缺陷

4　腐蚀危害分析与防护

4.1　应力腐蚀开裂情况

RBI 评估主要针对球罐本体，包括南极板、下温带板、赤道带板、上温带板、北极板等。根据 RBI 评估，丙烯球罐的各类焊缝在湿硫化氢作用下存在应力腐蚀开裂的可能性，经过分析，存在敏感性较低的现象，通常来看各类焊缝在湿硫化氢作用下发生明显开裂情况的可能性相对较低。同样，经过对所有焊缝进行磁粉和 TOFD 检测，这些焊缝位置依然未发现明显的裂纹痕迹，这与 RBI 评估反映出的情况是一致的，越发说明这些部位出现应力腐蚀开裂的敏感性不高。

4.2　腐蚀减薄情况

对超声测厚数据进行整理分析，丙烯球罐测厚分析如图1，丙烯球罐配套管道测厚分析如图2 所示。

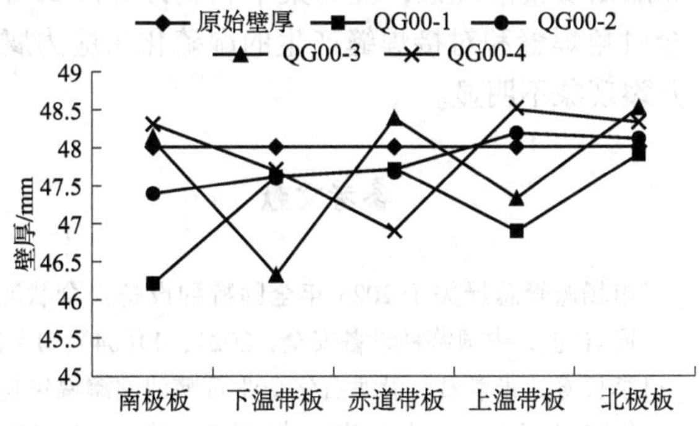

图 1　丙烯球罐测厚分析

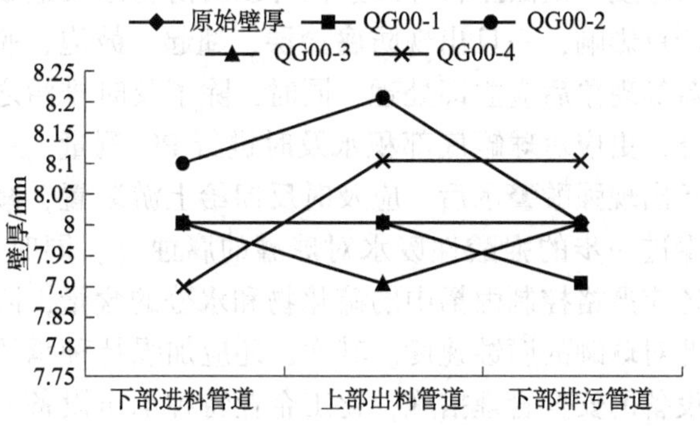

图 2　丙烯球罐配套管道测厚分析

腐蚀减薄可分为两种类型，均匀减薄和局部减薄。由图 1 可以看出，北极板、上温带板和赤道带板实测壁厚与原始壁厚相差不超过 1mm，并未发现明显的均匀减薄。南极板和下温带板的实测壁厚与原始壁厚相比，整体趋于微弱的减薄趋势，但是没有呈现出规则的均匀减薄现象。另一方面，通过图 1 可以形象地看到，QG00－1 南极板和 QG00－3 下温带板的实测最小壁厚位于原始壁厚之下，且存在较大的“距离”。通过计算可知，QG00－1 南极板的减薄范围最大，表明南极板存在腐蚀坑，且坑深最大为 1.8mm，虽然不超过球罐壳体的腐蚀裕量，但是随着时间的推移坑深会越来越大，考虑丙烯球罐的正式使用时间不足 8a，球罐内表面的局部腐蚀减薄速率最快可以实现 0.225mm/a，应该引起重点关注。由图 2 可以看出，对丙烯球罐连接的下部进料管道、上部出料管道和下部排污管道进行了壁厚实测，发现实测壁厚与原始壁厚的厚度大体相同，腐蚀减薄效应不明显，并未发现具有均匀减薄和局部减薄的现象，管道的腐蚀情况远不如丙烯球罐主体面临的情况严重。

4.3　其他腐蚀危害情况

从全面检验结果可以看出，下部排污管道易于接触到含硫的酸性污水，对法兰螺栓造成一定的化学腐蚀。沿海大气环境空气中携带了较高的不同成分的盐分，常常在洁净的生产设备表面附着和沉淀，对油漆涂层产生不断的蚕食，很容易就会出现全面彻底破坏防护涂层的现象。沿海陆地相对潮湿量变化显著，在干湿交替的重复作用下，现有的锈层可以促使腐蚀的提速[5]。虽然丙烯气体中含有极少量的水分，但是在液化状态下，长时间地慢慢凝结产生的水会贴着内壁缓慢向底部流动，如果水中氧的浓度较大时就会产生吸氧腐蚀，在特定的环境下，吸氧腐蚀造成的点蚀速率可达到每年数毫米，结合全面检验结果来看，球罐内表面底部的腐蚀减薄现象要比上部的严重，这种下部重，上部轻的腐蚀形貌与丙烯球罐测厚的结果相吻合。另外，球罐在常温储存作业环境下对主体设备材质的负面影响较小，但是也不排除存在球罐主体材质结构损伤和材质缺陷的可能性。

4.4 防腐蚀措施

面对湿硫化氢应力腐蚀开裂现象，可以及时在球罐内表面重新刷涂基体涂料，出现应力开裂现象后，采用复合金属涂料填坑后，并刷涂聚氨酯基体涂料，可在4－6年内避免此类腐蚀现象的发生[6]，但这种方式对腐蚀或磨损面积较大时不宜使用。在建造过程中，施工质量、罐体表面洁净度、油漆涂料等因素都可以对防腐涂层造成严重影响，一旦出现防腐涂层、翘起、鼓泡、脱落等现象后应立即处理。同时，除了及时排污之外，更应对球罐底部积水及时进行PH测量，一旦出现强酸警示后，应及时反馈给上游装置，减少进一步的强酸性废水对球罐的腐蚀[7]。同时，还应严格控制丙烯中的硫化物和水分的含量，降低对球罐的腐蚀速度。其次，还应加强特种承压设备的安全管理措施，化工企业特种承压设备的特殊性和复杂性要求其管理理念和方式要区别于普通化工设备管理。然而，很多化工企业对于特种承压设备管理的理念存在偏差，设备管理意识不到位、安全管理落实不到位、安全管理缺少监督、特种承压设备使用和维护脱节、操作不规范现象严重等问题，将特种承压设备管理与普通设备管理混为一谈，相应的人力资源配置、制度建设、财力物力投入等各个方面并未体现出特种承压设备的特殊性。面对这种情况，企业应该按照现行的特种承压设备的标准规范，提高此类设备的管理意识，建立特种承压设备主体责任清单，制定相关部门和人员的管理任务清单，加强对清单落实的监督考核机制，从“人机物环管”等方面提高特种承压设备运行的安全性。同时，企业可以结合与RBI检验有关的安全管理评价体系，为特种承压设备使用单位提高安全管理水平提供指导。

5 结论

(1)通过4台丙烯球罐的RBI评估和全面检验结果显示丙烯球罐的主要腐蚀破坏形式为酸性水腐蚀、硫化物腐蚀和沿海大气腐蚀导致的球罐板材局部减薄，球罐的各类焊缝在湿硫化氢作用下存在应力腐蚀开裂的可能性，但是存在的敏感性较低。

(2)4台丙烯球罐主体的实测壁厚与原始壁厚相比，整体趋于微弱的减薄趋势，没有呈现出规则的均匀减薄现象，但是部分球罐的南极板和下温带板存在较为严重的局部腐蚀减薄现象。配套的管道并未发现具有均匀减薄和局部减薄的现象，管道的腐蚀情况远不如球罐主体面临的情况严重。

(3)硫化物腐蚀介质导致球罐下温带板、赤道带板、上温带板等罐体中部区域内表面的油漆涂层出现脱落现象，应力集中和腐蚀介质二者结合对角焊缝和对接焊缝产生的湿硫化氢应力腐蚀开裂现象不明显。

参考文献

[1]市场监管总局关于2023年全国特种设备安全状况的通告[J]. 中国特种设备安全，2024，40(04)：1－3.
[2]李长寿，张素君. 沿海石化企业石脑油储罐腐蚀检验策略探析[J]. 化工安全与环境，2024，37(03)：34－38.
[3]穆林森. 液化石油气球罐腐蚀问题管理研究[J]. 石油石化物资采购，2021(3)：40－41.
[4]杨海堂，郭方文，朱政果. 液化石油气球罐的安全评定[J]. 中国特种设备安全，2014，30(09)：44－47.
[5]李长寿，张素君. 沿海化工机械设备腐蚀缺陷管理探究[J]. 化工管理，2023，No.664(13)：115－118.
[6]李华. 表面涂层技术在压力容器腐蚀防护上的应用策略[J]. 全面腐蚀控制，2021，35(05)：111－112.
[7]廖尚君，邓波，李宗伟，赵雅蕾，王云峰. 石脑油储罐的腐蚀风险评估和检验[J]. 石油化工腐蚀与防护，2021，38(04)：53－56.

基于脉冲电磁法的检测应用及案例分析

陈　潇　吴胜平　周云杰　曹伟烨

（1. 江苏省特种设备安全监督检验研究院，江苏 南京　210036；
2. 国家压力管道元件质量检验检测中心，江苏 南京　211100）

摘　要：探究脉冲电磁法作为一种非破坏性检测技术，在管道检测中的作用与效果愈发受到重视。本研究详细介绍该技术的理论基础，梳理其检测原理与操作流程，并通过多个实际案例，分析该方法在不同场景下的应用效果。案例分析充分展示了脉冲电磁法在定位、识别和评估工程问题方面的实用性和准确性。最终，通过比较分析，本文总结了脉冲电磁法在应用中的优势，揭示了其在管道检测领域的价值与发展潜力。

关键词：脉冲电磁法；非破坏性检测；案例分析；检测应用；理论基础；技术效果

Application and Case Analysis of Pulse Electromagnetic Method

CHEN Xiao, *WU Shengping*, *ZHOU Yunjie*, *CAO Weiye*

(1. Special Equipment Safety Supervision Inspection Institute of Jiangsu Province, Nanjing 210036, China;
2. National Pressure Pipeline Component Quality Inspection and Testing Center, Nanjing 211100, China)

Abstract: Exploring the pulse electromagnetic method as a non – destructive testing technique has increasingly gained attention and recognition in engineering practice. This study provides a detailed introduction to the theoretical foundation of this technology, delineates its detection principles and operational procedures, and analyzes its application effectiveness in various scenarios through multiple practical case studies. The case analyses fully demonstrate the practicality and accuracy of the pulse electromagnetic method in locating, identifying, and evaluating engineering issues. Finally, through comparative analysis, this paper summarizes the advantages of the pulse electromagnetic method in application and reveals its value and potential for development in the field of engineering inspection.

Key words: Pulse electromagnetic method; Non – destructive testing; Case analysis; Detection applications; Theoretical basis; Technical effectiveness

1　引言

脉冲电磁法是一种重要的非破坏性检测技术，广泛应用于地质勘探、矿产资源探测、环境地质调查、城市地下管线检测等领域。该方法利用地面发射线圈激发脉冲电磁场，通过接收线圈接收地下介质的响应信号，从而实现对地下介质电磁特性的分析与成像，具有较高的探测深度和精度。近年来，随着脉冲电磁技术的不断发展和完善，其在地质勘探、矿产资源勘探、环境调查、灾害预警等领域的应用越来越广泛[1]。

脉冲电磁法作为一种非侵入性的地下检测技术，具有不破坏地下结构、无需开挖、快速高效等优点，因此受到了各行各业的重视。本文旨在系统总结脉冲电磁法在管道检测领域的应用案例，分析其检测原理和技术特点，揭示其在地下介质探测中的优势和局限性，为相关领域的工作者提供参考和借鉴[2]。同时，本文还将结合实际案例，对脉冲电磁法的应用效果进行定量分析和评价，以期为该技术的推广和应用提供科学依据和支持。

2　脉冲电磁法检测技术与方法

脉冲电磁法是一种地球物理探测方法，通过

作者简介：陈潇，高级工程师，主要压力管道的全面检验及合于使用评价工作。E – mail：15951678339@ 163. com

在地面上放置电磁发射源，产生瞬时的强电磁场，并利用接收器记录地下介质对电磁波的响应，从而达到探测地下结构和岩矿成分的目的。其基本原理是利用电磁感应现象，当脉冲电流通过线圈产生瞬时的变化磁场时，会在地下产生感应电流，感应电流又会产生二次磁场，接收器探测地下介质的时变磁场信号，通过对信号的处理和解释，可以得到地下介质的电磁参数和物理性质[3]。脉冲电磁法的应用范围广泛，可用于地质勘探、矿产资源调查、水文地质、环境地质等领域，尤其在地下水、地下油气、矿产资源等方面具有独特优势。

大功率多功能脉冲电磁检测系统是一款压力容器检测专用仪器，基于脉冲电磁(PEM)检测技术开发研制，包括数据采集主机、检测专用探头、数据采集分析软件三个主要部分，利用脉冲电磁(PEM)手段检测金属本体的剩余厚度，具有不破坏防腐保温层、不与金属本体表面直接接触、不影响设备正常运行的特点[4]。

检测对象：压力容器、储罐、锅炉、夹套设备、埋地管道等特种设备。检测对象为带保温或保冷层的特种设备时，直径≥50mm，其保温层厚度最大可达300mm；检测对象为埋地管道时，其最大埋深为3m，且无需开挖地面；温度范围-200～850℃，金属壁厚范围3～70mm。金属材料包括碳钢和不锈钢，保温或保冷层的外保护层包括铝皮、不锈钢皮和铁皮[5]。

3　检测原理

在传感器发射线圈中加载稳定激励电流，建立起一次磁场，瞬间断开激励电流便形成了一次磁场“关断”脉冲[6]。此一随时间陡变的磁场在金属体中激励起随时间变化的“衰变涡流”，从而在周围空间产生与一次磁场方向相同的二次“衰变磁场”，二次磁场穿过传感器接收线圈中的磁通量随时间变化，在接收线圈中激励起感生电动势，利用数据采集主机观测到用二次磁场衰变曲线——脉冲电磁响应[7]。

归一化的脉冲电磁响应特征主要取决于被测区域金属体的壁厚、电导率、磁导率以及输送物质的电导率、磁导率、介电常数。无论是电化学腐蚀、杂散电流腐蚀还是厌氧菌腐蚀，其结果都是金属蚀失、腐蚀产物堆积，造成金属本体的电导率和磁导率变异。显然，只要检测出因腐蚀所致的此种物理性质的变异部位和变异程度，经过与已知情况对比，就可以指出腐蚀地段并对腐蚀导致的壁厚减薄程度做出评价[8-10]。金属本体与防腐层以及保温层的电磁特性差异显著，在归一化的脉冲电磁响应曲线上具有明显的时间可分性。划分出被测金属体所对应的响应时窗，尤其是夹套设备的响应时窗。在所划分出的响应时窗范围内，通过反演模拟的手段，确定时间常数，继而得出被测区域的壁厚[11-12]。

4　案例分析研究

基于脉冲电磁法的检测应用案例分析研究表明，该技术在地下管道检测方面具有广泛应用。在运用基于脉冲电磁法的检测方法进行检测过程中首先确定检测范围内无其他金属设施，将传感器探头放置在测点上，中心与测点对正。然后使用电缆将传感器与主机连接，打开主机的电源开关。接着开启数据采集平板电脑，运行采集程序，与主机建立蓝牙连接，设置发射频率、工作参数，调整发射电流。最后使用平板电脑采集数据，测量完成后输入当前点号保存。为保证数据的可靠性，对于受干扰的检测点(受周围电磁、金属体干扰)及时做出记录[8]。

下面将通过实验来测试脉冲电磁法在检测管道的剩余厚度方面的效果。实验准备了一根长4m，规格为ϕ159格为厚度的管道。在管道左侧1.5m处设置5%损失缺陷(以1m长管段为基准计算)，缺陷轴向长度25cm，打磨深度为1.2mm，并将管道埋于地下1.5m深，如图1、图2和图3所示。

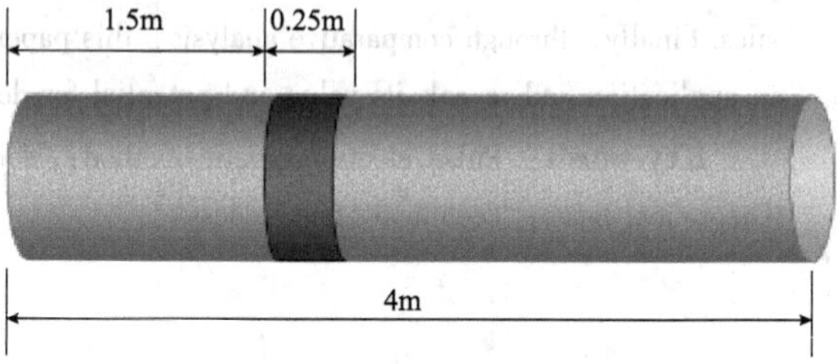

图1　实验所用管道示例

图2　实验所用管道

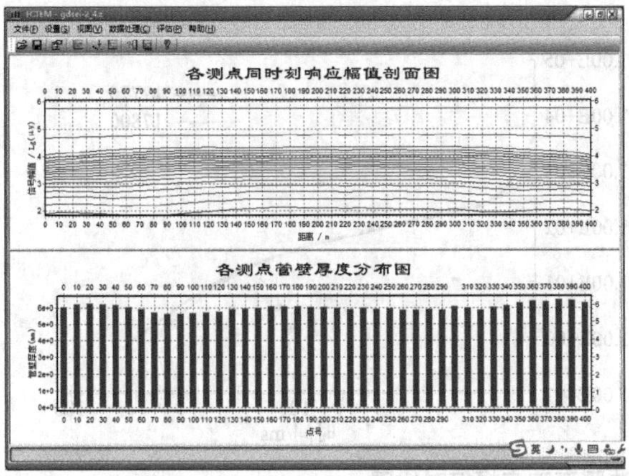

图3 各测点同时刻响应幅值剖面图和各测点壁厚分布图

在实验过程中，基于脉冲电磁法的检测方法测出人工缺陷处的壁厚为5.69mm，局部减薄5.16%，与实验设计的5%缺陷损失相近，误差率3.2%。因此，该实验表明基于脉冲电磁法的检测方法在埋地管道剩余厚度检测方面有明显的效果。

为了能够验证基于脉冲电磁法的检测方法在实际埋地管道检测中的效果，在受到江苏省特种设备安全监督检验研究院委托后，上海蕴礴检测科技有限公司采用脉冲电磁方法在广发新能源LNG接收站对埋地管道进行脉冲电磁检测工作。该段管道埋于地下1.5m到2m之间，管道规格为$\phi 219 \times 8$mm，管道长度为385m。测试过程中我们在管道上方选取了5处位置运用脉冲电磁法检测管道的剩余厚度及管道的局部减薄率。同时为了验证检测结果，将这5处的管道挖出，并用超声波测厚仪检测每处管道的实际壁厚，算出局部减薄率与脉冲电磁法检测的结果进行对比，实验结果见表1。

表1 不同方法测出管道的剩余厚度和局部减薄率

序号	基于脉冲电磁法的检测结果		超声波测厚仪的检测结果		误差率
	管道剩余厚度	局部减薄率	管道剩余厚度	局部减薄率	
1	7.95	0.625%	7.97	0.375%	0.25%
2	7.98	0.25%	7.99	0.125%	0.125%
3	8.00	0	7.97	0.375%	0.375%
4	7.99	0.125%	7.97	0.375%	0.25%
5	7.98	0.25%	7.99	0.125%	0.125%

从对比数据可以看出基于脉冲电磁法的检测结果与直接开挖运用超声波检测仪检测的结果误差在0.125%～0.375%之间，此误差在检测过程中属于可接受范围内。因此，基于脉冲电磁法的检测方法完全适用于埋地管道的剩余厚度检测。

同时，我们还将脉冲电磁检测方法应用于胜利油田的两条管道上，图4和图5为胜利油田两条不同管道利用脉冲电磁法的检测结果。图4中管道规格219×6mm；管道平均壁厚检测值5.3mm，壁厚减薄率11.7%，现场运用超声实测值为5.26mm，误差0.76%。图5中管道规格219×6mm；管道平均壁厚检测值5.4mm，壁厚减薄率10%，现场运用超声实测值为5.43mm，误差0.55%。误差均小于1%。

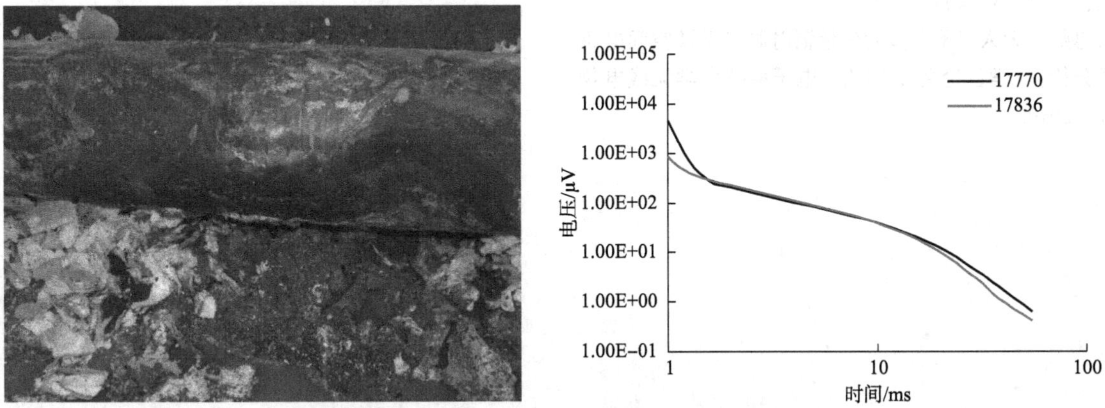

图4 胜利油田第一条管道脉冲瞬变响应幅值对比图

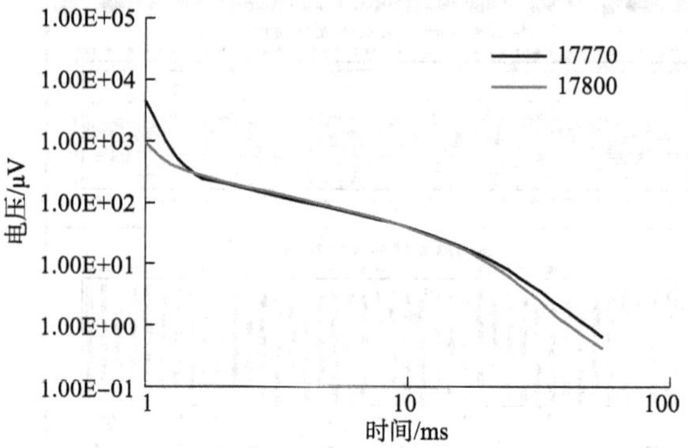

图5　胜利油田第二条管道脉冲瞬变响应幅值对比图

5　结论

通过本文对基于脉冲电磁法的检测应用及案例分析的研究，可以得出以下结论：首先，脉冲电磁法在埋地管道检测领域具有广泛的应用前景，具有较高的检测分辨率和探测深度，能够有效地解决传统方法难以克服的问题。其次，脉冲电磁法在实际应用中需要综合考虑地质信息、仪器参数和数据处理方法等因素，以充分发挥其优势。此外，结合具体案例分析可以发现，脉冲电磁法在埋地管道检测领域具有独特的应用优势，为埋地管道检测的研究和实践提供了有力支持。综上所述，基于脉冲电磁法的检测应用在埋地管道检测领域具有广泛的应用前景，但在实际应用中仍需要进一步探讨和完善。

参考文献

[1]吴志威．基于 TDSBR 算法的卫星舱电磁脉冲耦合分析：[学位论文]．湖北：长江大学地球探测与信息技术，2009.

[2]阳长琼，逯迈，周文颖，张启．电力机车受电弓升降弓过程电磁脉冲测试与分析．辐射研究与辐射工艺学报，2019，37(4)：1－7.

[3]余忠卿．无人机平台多元矢量辐射源建模及空间电磁场分析：[学位论文]．四川：电子科技大学无线电物理，2019.

[4]TIE Weihao，Meng Cui，Zhao Cengguang，et al. Optimized analysis of sharpening characteristics of a compact RF pulse source based on a gyro－magnetic nonlinear transmission line for ultrawideband electromagnetic pulse application. Plasma Science & Technology，2019，(9)：21.

[5]邵辉，梁芳芳．高密度电阻率法和瞬变电磁法在采空区检测中的应用．西部探矿工程，2019(8)：123－126.

[6]周言．铜－铝板电磁脉冲焊接瞬态过程及接合机理研究：[学位论文]．重庆：重庆大学电气工程，2021.

[7]赵军伟，侯彬，李亚琼．电磁超声波检测法及其应用分析．石化技术，2019(12)：60－61.

[8]钟骏，王天蔚．重复脉冲法和电磁瞬态响应法在重水堆核电站备用柴油发电机的应用．仪器仪表用户，2019，26(5)：63－68.

[9]王勇．应用于地质灾害勘查的无人机载瞬变电磁处理技术研究：[学位论文]．吉林：吉林大学地质工程，2020.

[10]陈楠．外施激励下多导体传输线 EMI 机理研究与应用：[学位论文]．南京：南京师范大学电气工程，2020.

[11]殷建强．水利工程质量检测信息化平台的构成及应用分析．学术，2023.

[12]姚飞．低频脉冲电磁场在体外通过上调 miR－219－5p 促进少突胶质前体细胞分化：[学位论文]．安徽：安徽医科大学外科学(骨外)，2019.

化肥厂地下水管网相关检漏技术的研究与应用

邹哲雨 李福元 辛俊杰 杨开峰 刘发文

[中特检管道工程(北京)有限公司，北京 100013]

摘 要：某化肥厂地下水管网经过多年运行后，由于腐蚀等原因会造成管体的穿孔、破损、泄露，导致水资源的浪费，若长时间不能发现漏点，还可能会导致漏点面积增大，严重时会使生产装置的地基失稳。利用相关检漏法可快速对漏点进行精确定位，使用户可以及时准确的开展维修工作。本文介绍了相关检漏法的原理，检测仪器，通过现场的检测案例的分析，说明相关检漏法在地下水管网查找漏点的实用性和可靠性。

关键词：地下水管网；漏点；相关检漏法；定位

Research and Application of Underground Pipe Network Related to Fertilizer Factory Leak Detection

ZOU Zheyu, LI Fuyuan, XIN Junjie, YANG Kaifeng, LIU Fawen

[Special Inspection Pipeline Engineering (Beijing) Co. Ltd, Beijing 100013, China]

Abstract: After years of operation, the groundwater pipeline network of a certain fertilizer plant may suffer from perforation, damage, and leakage of the pipe body due to corrosion and other reasons, resulting in the waste of water resources. If the leakage point cannot be detected for a long time, it may also lead to an increase in the area of the leakage point, and in severe cases, it may cause the foundation of the production equipment to become unstable. The use of relevant leak detection methods can quickly and accurately locate the leak point, allowing users to carry out maintenance work in a timely and accurate manner. This article introduces the principles and detection instruments of relevant leak detection methods. Through the analysis of on – site detection cases, it explains the practicality and reliability of relevant leak detection methods in finding leakage points in groundwater pipelines.

Key words: Groundwater pipe network; Leak point; Correlation leak detection method; Orientation

1 引言

化肥厂地下水管网的构成主要包括：消防水管线、循环水管线、生产水管线、伴热水管线等。由于大部分地下输水管道已运行10～20年之久，经受长期的土壤腐蚀、介质造成的内腐蚀加上管道防腐层老化等原因导致管体穿孔、泄露。当地下水管线发生泄漏时[1]，就会直接影响到企业的经济效益。当消防水线泄漏时，遭遇突发状况，水压不足，就会失去安全保障的作用。当循环水线泄漏时，不仅导致水中添加的防腐药剂白白流失，而且还会给生产设备带来严重的损害。另外管线周围环境特点为装置内动设备的运行、管线周围噪音大、地面震动强烈。一些对生产装置影响较大的输水管道突发泄漏时，车间只能采取被动检漏法，进行盲目开挖，准确率低，浪费了人力、财力和抢修时间。相关检漏技术[2]在国内的漏水检测中突显出了其优势，可快速对漏点进行精确定位，其检漏准确率可达80%，漏点定位误差小于正负1.0m，为查找漏点提供了可靠的支持。

2 相关检漏技术原理

管道发生泄漏时，漏水与管道发生摩擦产生漏水声音，漏声沿管道从漏点向两端传播，把两个传感器放在漏点两边的管道暴露部位上，漏声

作者简介：邹哲雨(1996－)，本科，主要从事压力管道检验检测工作。E－mail：1779705413@qq.com

信号传到两个传感器的时间有一个差值 Td(也叫作延迟时间)。这样利用延迟时间 Td 就可以推算出漏点到较近传感器的距离 L，这个距离并不是简单的直线距离，而是沿管线的具体长度。相关检漏技术原理见图 1。

设两传感器之间距离为 D，则有：

$$D = 2L + V \times Td$$

$$L = 1/2 \times (D - V \times Td)$$

其中：D 代表管道总长；V 代表漏声沿管道传播速度；Td 代表时间差；特殊情况：当 Td 为零时，漏点在中间或中心相关；当 Td 为负值时，漏点在管道两端的外侧。

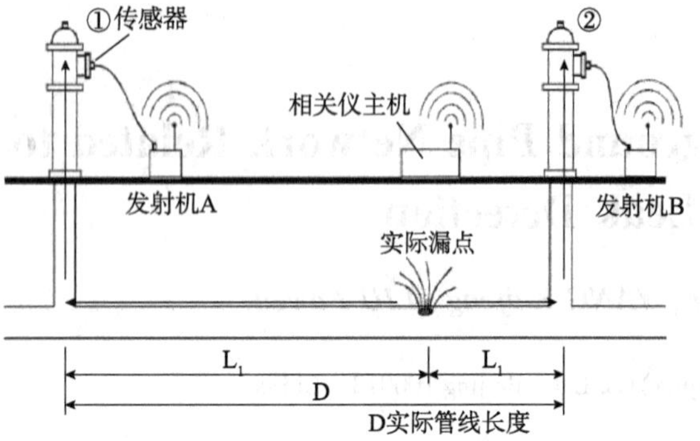

图 1　相关检漏技术原理图

3　使用仪器

此次检测使用的仪器是万能管线相关仪 Leakfinder 一锐奇(见图 2)，它由发射机 - 采集漏水信号；接收机—接收发射机发射回来的信号，并通过数据线传送给笔记本电脑；听音杆[3] - 可直接对阀门或者管线暴露处等位置检测因管线漏损产生的漏水声，辅助相关仪定位。笔记本电脑通过软件分析计算出漏水点位置；

万能管线相关仪是世界上唯一能对非金属、大口径(6000mm 以上)管线精确定位的仪器设备，对非金属管线低噪音的泄漏，传播距离近的特点，研制出新型的低频传感器，对非金属、大口径管线上的泄漏所产生的低频噪音信号非常灵敏设有频率倍增功能，泄漏信号为低频信号时，可通过频率倍增功能使听不见的次声波转化到听觉范围内的声波，对低频的泄漏噪音放大、处理有着特殊的功效。采用了针对交流输电 50/60Hz(或多次谐波)干扰而设计的陷波器，有效的排除了测试现场电力电缆的干扰。时间信号、频率信号的分析轻松的分辨漏水噪音信号的强度，对保存的声音文件通过软件可脱离测试现场进行参数修改，重新相关定位。

图 2　万能管线相关仪 Leakfinder

4　相关检漏技术的实际应

4.1　检测流程

检测流程包括：检测前的准备工作、现场勘察分析、听音杆预定位、检漏、数据分析、现场定距

(1)在漏水检测之前，要确定仪器设备是否完好，配备相应的检测人员；应积极与甲方对接，查阅管道布置图，了解所检管段在地下管网的位置及走向；查阅管道资料，了解管道长度、材质以及防腐层状况，此外还应通过流量计所得的丢水量来初步估计漏点的数量与漏点大小，对管道的情况有基本的了解。

(2)到了现场后，应该先作初步的现场勘查，看是否有与水有关的潮湿区、地面凹陷、草木异常茂盛、降雪先融、管道或阀井渗水、周围水压过低等现象。

(3)勘察阀井时，应用听音杆对阀拴听音初步判断管道是否存漏水声，听音杆是通过接触管道的外露部分，利用传导原理和谐振腔体的放大作用，使操作人员能够检测到微小的漏水声，从而判断地下管道是否存在漏点。听音杆听漏原理见图 3。

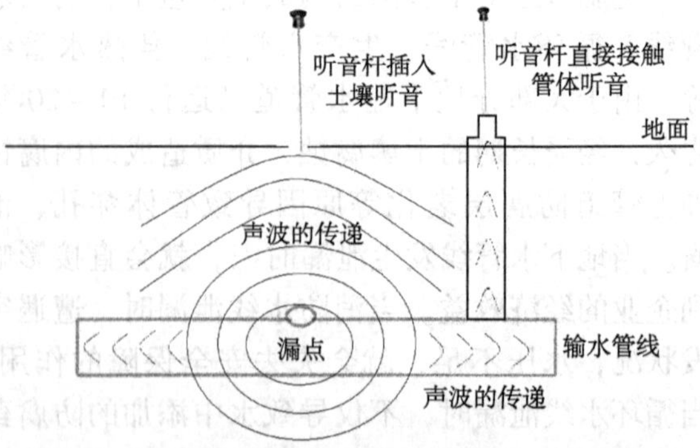

图 3　听音杆听漏原理图

(4)现场勘察完成利用万能管线相关仪对被检管段进行检漏，首先将两个发射机分别放在被

检管段的两侧，确保传感器与管体本身接触良好，放置处不要有太多的污垢或锈迹，传感器应尽量垂直放置在管件上；然后将接收机与笔记本电脑相连，查号加密锁，插入耳机，打开接收机，分别确定两台发射机的信号灯是否处于亮的状态，以此确定发射机与接收机的信号强度；尽量选择用水低峰和环境干扰小的时段测试。最后运行 Leakfinder 软件（软件操作流程见图 4）进行检测。

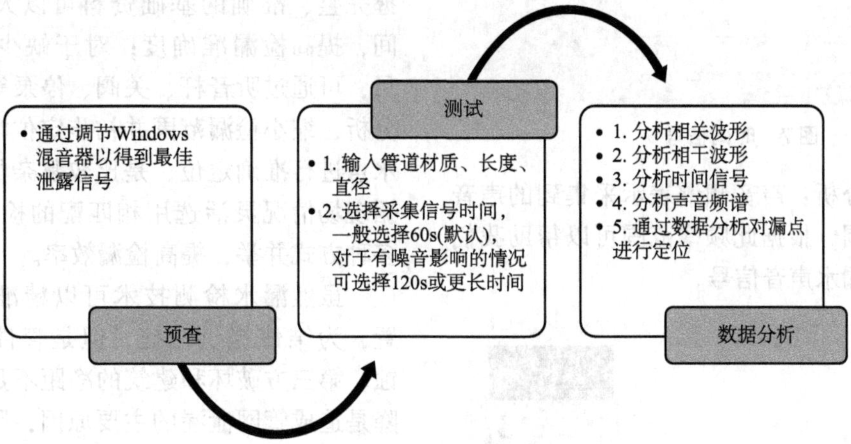

图 4　软件操作流程图

（5）软件会通过所测的数据分析出漏点的位置，而且会主动对虚假信号进行自主判断并给出提示，使用者通过监测结果进行现场定位，通过测距将漏点位置告知甲方进行修补。

4.2　检测成果与案例分析

本次使用万能管线相关仪对某化肥厂新水线进行检测，检测长度 60m，发现漏水信号 1 处，将漏点位置告知甲方，甲方开挖后，准确的发现了漏点，验证了万能管线相关仪的实用性与可靠性。

案例：某化肥厂新水线，始建于 1996 年，管道材质 20 钢，介质为水，操作温度为常温，操作压力 0.6MPa，管径为 *DN*200，防腐层材料为防锈漆，由于管线每天需要注入大量的水才能维持运行压力，所以甲方怀疑有管线存在漏点，需要进行定位修复，受委托于 2023 年 7 月，在装置停车检修期间使用万能管线相关仪进行检测。

（1）通过听音杆对管线两端的阀井分别听音检测，经声音分析得出管线有漏水声音。

（2）使用万能管线相关仪进行精确定位，应分别对检测数据的相关波形（图 5）、相干波形（图 6）、时间信号（图 7）、声音频谱（图 8）进行综合分，判断漏点信号的质量以及存在的位置：

相关波形分析：保存后自动弹出相关函数图形，首先根据其判断有无峰值，此波形可以看出明显峰值，基本可以判断其有漏点，波形图下方有文字叙述漏点位置，但在正式确定位置前还应分析其他数据。

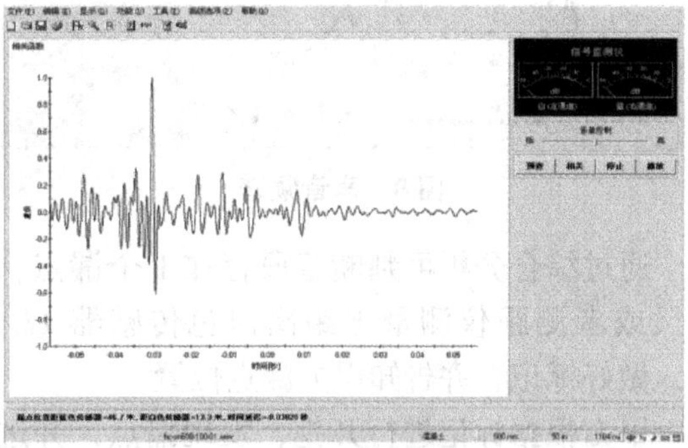

图 5　相关波形

相干波形分析：通过分析相干波形表示来判断两个传感器采集的信号是否来自同一个声源，通过判断发现本次检测管段只有一个漏点。

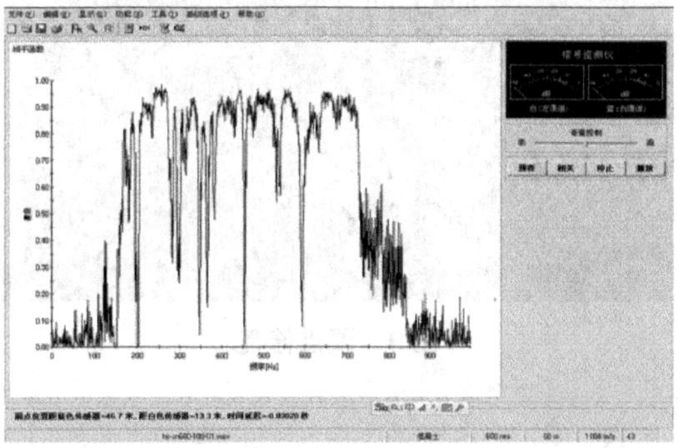

图 6　相干波形

时间信号分析：时间信号表示传感器采集到的信号强弱，此波形越密集（越黑）并且均匀，则表示采集到的信号很好。

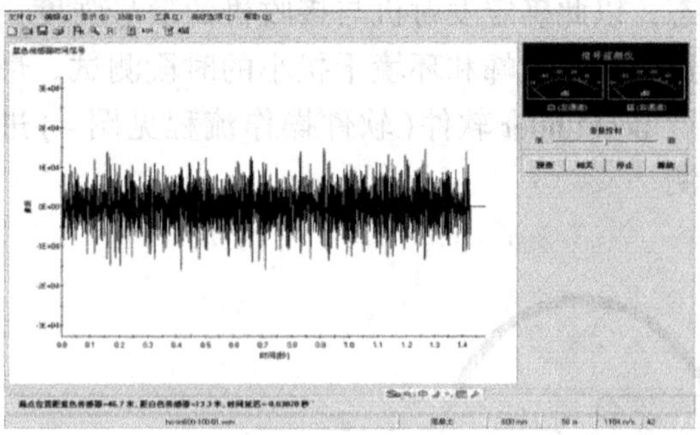

图7　时间信号

声音频谱分析：声音频谱表示采集到的声音信号的频率范围，根据此频率范围可以帮助我们判断该信号为漏水声音信号。

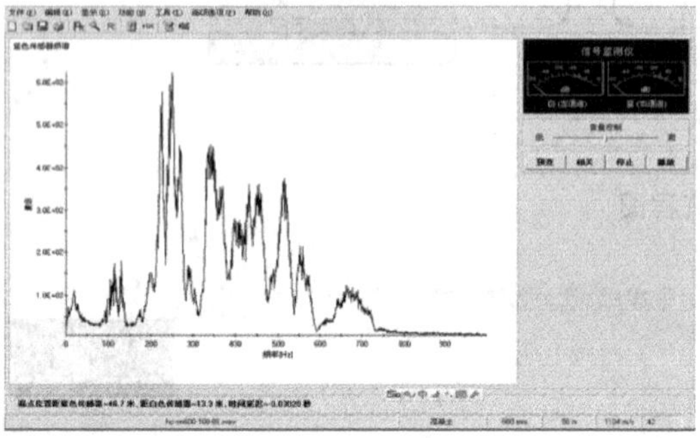

图8　声音频谱

通过综合分析可判断管段存在1个漏点，用卷尺或者测距仪测量出距离白色传感器13.3m处，做好标记，并告知甲方漏点位置。

甲方根据标记进行开挖，发现漏点，并进行修复，修复如图9所示。

图9　漏点修复

5　结束语

实际应用证明，相关检漏技术探测准确率高、定位偏差小，可以有效地减少水资源浪费和降低堵漏开挖施工费用，具有广泛的推广应用前景。但管网基础资料是检漏的重要信息支持。掌握完整、准确的基础资料可以大大节约检漏时间，提高检漏准确度；对于缺少图纸资料的项目，可通过听音杆、关阀、停泵等多种方式综合分析，缩小检漏范围并初步定位泄漏管段。对漏水点进行准确定位，是比较复杂的工作，需要根据现场情况灵活选用相匹配的检测仪器及方法，多种方式并举，提高检漏效率。

虽然漏水检测技术可以精准的判断漏点位置，为维修提供便捷，但是管件老化、管网腐蚀、第三方破坏和建筑的净距不足导致的地面沉降是造成管网泄漏的主要原因，因此只有通过建立全面、系统、详细的地下管网地理信息系统，对管网进行定期系统检测、清洗、更新，对腐蚀有效监测和评估，才能从根本上解决地下管网系统的泄漏。

参考文献

[1]南海，杨晓雨，陈星，宁克冰．浅谈石化装置区地下水管线漏水检测方法[J]．全面腐蚀控制，2021，35(02)：63-64.

[2]刘勇，徐金锋．地下供热管道漏点检测方法[J]．区域供热，2019(02)：6-7.

[3]马红杰，曾昌军，李广占．石油化工腐蚀与防护[J]．区域供热，2019，26(02)：46-47.

长输油气管道内检测清管技术

吕　坦　闻亚星　胡　朋　张庆保　王　锋　陈金忠

（中国特种设备检测研究院，北京　100013）

摘　要：对油气管道进行清管可以减缓管道内壁腐蚀，延长管道使用寿命，减少管道沿程摩阻损失，提高管道输送效率。本文系统介绍了清管器的工作原理及不同类型清管器的特点，结合不同管道对清管器的要求，制定合理的清管方案；分析了管道清管常见的问题，并提出了解决措施，为长输油气管道内检测实施清管作业提供技术指导。

关键词：管道；内检测；清管作业；清管器

A pigging technology for in – line inspection of long – distance Oil and Gas pipelines

LV Tan, WEN Yaxing, HU Peng, ZHANG Qingbao, WANG Feng, CHEN Jinzhong

（China Special Equipment Inspection and Research Institute, Beijing 100013, China）

Abstract: Pigging the oil and gas pipelines can inhibit the corrosion of the inner wall of the pipeline, extend the service life of the pipeline, reduce the losses of the pipeline along the process of motorcycles, and improve the efficiency of pipeline transportation. This article introduces the working principles of pig and the characteristics of different piggs. Combined with the requirements of different pipelines on the pig, formulate a reasonable plan of pigging. Analyze the common problems of pipeline pigging and propose solutions. Provide technical guidance for the implementation of the pigging operation in long – distance oil and gas pipeline inspection.

Key words: Pipeline; In – line inspection; Pigging operation; Pig

油气管道经过常年运行，在管道地势较低的地方会存留积液，管道内壁会沉积大量杂质，清管可以清除管道内的杂质及积液，减缓管道内壁腐蚀，延长管道使用寿命[1]；减少管道沿程摩阻损失，提高管道输送效率[2]。在管道内检测作业前进行清管作业，可以清出管道在建设及投产后产生的石块、钢管、钢条、棍棒、焊渣、焊条、腐蚀产物等杂质[3]，降低杂质对检测数据的影响；测径清管可以初步探查管道的变形量，评估管道卡堵风险[4]。

1　清管作业原理及清管器类型

1.1　清管作业原理

清管器自身具有一定的过盈量，可以使清管器本体与管道内壁紧密贴合，会在清管器前后形成压差，清管器前后的压差是清管器的驱动力[5]。清管器头部的压力 p_1 小于清管器尾部的压力 p_2，清管器的驱动力 $\Delta p = p_2 - p_1$，Δp 使清管器克服自身和管道内壁产生的静摩擦力[6]及重力形成清管器前进的动力（图 1）。

作者简介：吕坦，男，工程师，1988 年生，2014 年硕士毕业于西安石油大学石油与天然气工程专业，主要从事长输油气管道无损检测技术的研究及应用工作。E – mail：lvshaotan@ 126. com

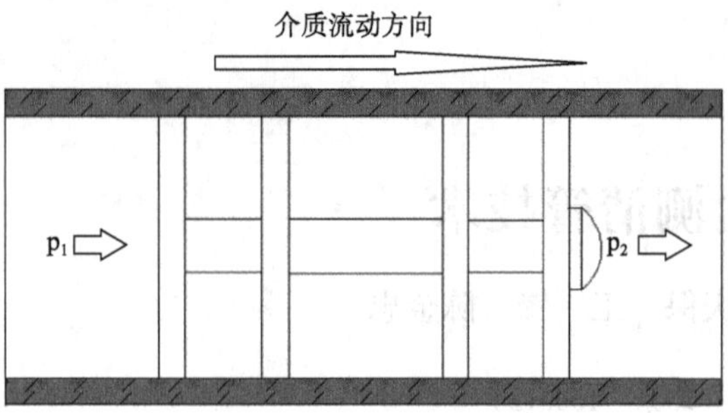

图1 清管器工作原理示意图

清管器主要依靠自身的过盈量对管道内壁进行刮削，使杂质与管道内壁剥离[7]；随着清管器的运行，清管器的过盈量将逐渐减小，刮削能力减弱，密封性降低，清管器周围泄流的介质会冲刷附着在管道内壁的杂质及剥离的污垢，将杂质悬浮分散清出管道[8-9]。

1.2 清管器类型

依据安全稳健的原则，清管应循序渐进。清管器的选择宜优先考虑通过性能，在大致摸清管道变形的情况下再加大清管能力。在清管作业阶段采用不同类型清管器，按照清管器通过性由强到弱、清管能力由弱到强，逐步清除管道内的杂质，达到内检测器运行环境的要求。使用的常规清管器分别是：泡沫清管器、机械测径清管器、磁力钢刷清管器、直碟皮碗清管器；必要时使用强力清管器进行强力清管或者泡沫涡流清管器探测大变形。

(1)泡沫清管器

泡沫清管器(图2)以聚氨酯为材料由模具加工制成，当泡沫清管器遇卡堵时，可以依靠自身较好的柔韧性，自行解除卡堵；同时可携带测径板大致测量管线的最大几何变形量。泡沫清管器通过几何变形可达40% OD(OD为管道外径)，能通过最小曲率半径 $R \geqslant 1.5OD*90°$ 的弯头。

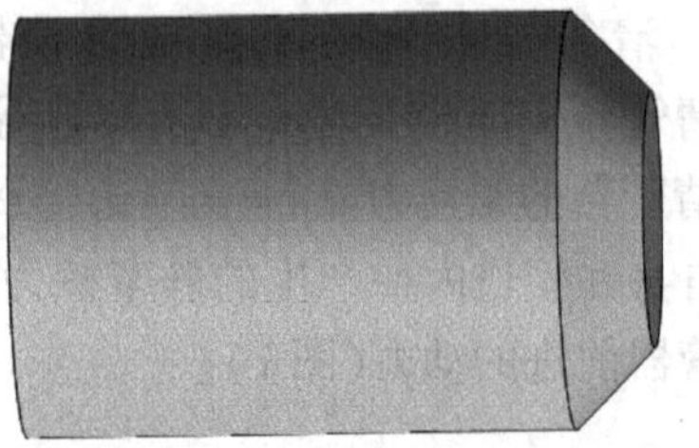

图2 泡沫清管器

由于泡沫清管器具有较好的柔韧性及通过性，卡堵可能性低，一般在新建管道首次清管作业或者对管线运行状况不明了的情况下，使用泡沫清管器携带测径板，既可以初步清除管道内的部分杂质，又可以掌握管道内是否存在超限变形等特殊情况，降低机械清管的卡堵风险[10]。

(2)机械测径清管器

机械测径清管器(图3)由碟皮碗、隔垫、测径板及骨架组成，具有较高的通过性。具有初步判断管道内的杂质情况及是否存在影响检测器通过的超限变形。机械测径清管器通过直管段25% OD(OD为管道外径)以内的变形及1.5OD以上曲率半径的弯头。

图3 机械测径清管器

(3)磁力钢刷清管器

磁力钢刷清管器(图4)由磁铁、钢刷、碟形皮碗、隔垫及骨架组成。由于该清管器携带磁铁，可以吸附管道内的铁磁性杂质，减少铁磁性杂质对漏磁检测器信号的干扰，提高检测数据质量。磁力钢刷清管器通过直管段20% OD(OD为管道外径)以内的变形及1.5OD以上曲率半径的弯头。

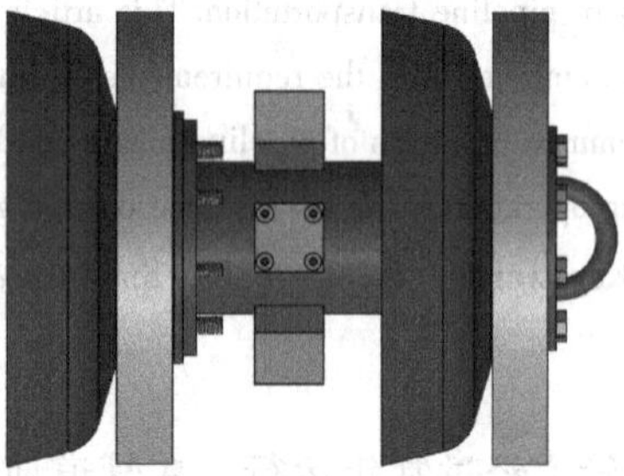

图4 磁力钢刷清管器

(4)直碟皮碗清管器

直碟皮碗清管器(图5)由直皮碗、碟形皮碗、隔垫及骨架组成。通过直碟皮碗组合增加直刮板，能尽最大可能地清除管线内杂质，降低内检测器卡堵风险，提高检测精度。直碟皮碗清管器通过直管段变形的能力为20% OD(OD为管道外径)及1.5OD以上曲率半径的弯头。

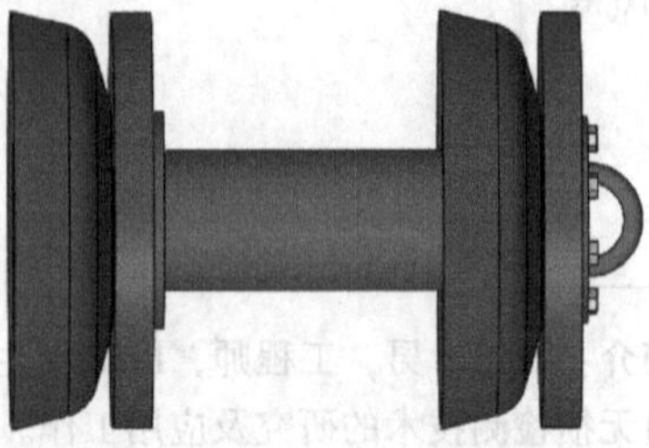

图5 直碟皮碗清管器

(5)特殊清管器

(a)对于杂质比较多的管道可以使用直皮碗、碟皮碗、钢刷、磁铁进行组合成强力清管器(图6)。该清管器可以通过直管段20% OD(OD为管道外径)以内的变形及1.5OD以上曲率半径的弯头。

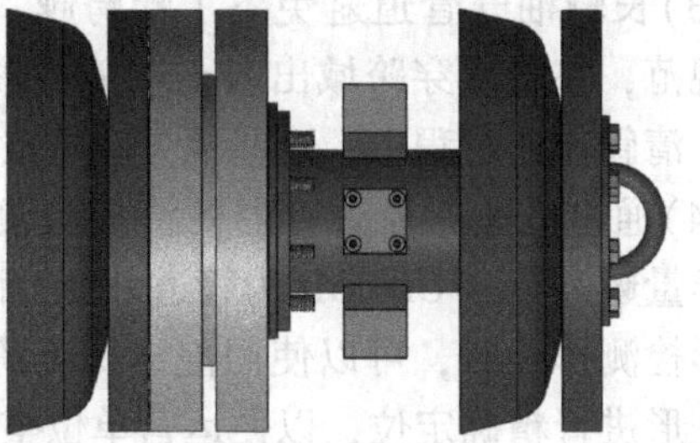

图6 强力清管器

(b)泡沫涡流清管器(图7)是由泡沫球携带里程轮及涡流传感器组成。泡沫涡流清管器具有泡沫球的通过性，又可以对缺陷进行精确定位。对于存在40% OD(OD为管道外径)以内变形的管道，无法进行变形检测可以使用泡沫涡流清管器对缺陷进行定位。

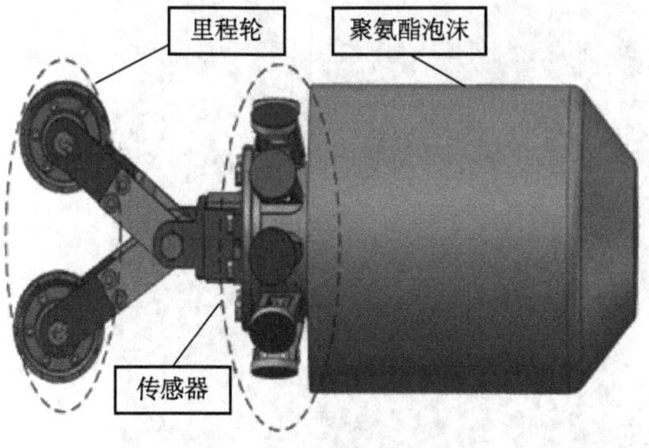

图7 泡沫涡流清管器

2 输气管道清管

天然气管道在运行期间往往会沉积炭黑或者积液。为了最大限度清除这些杂质，清管器的速度在1－5m/s为宜。管器运行速度计算公式[11]如下：

$$v = \frac{Q}{240000FP} \tag{1}$$

式中 v——清管器运行速度，km/h；

Q——输气流量，Nm^3/d；

F——管道内横截面积，m^2；

P——清管器后平均压力，MPa。

根据输气计划，由式(1)可计算出清管器速度，预估清管器运行时间，控制清管速度，保证清管质量。每次清管都需要浪费一定量的天然气，这会增加运营单位的运营成本，为了提高清管效率，且不降低清管质量，应根据现场清出杂质，灵活进行清管，以达到最佳清管效果且安全可靠。清管方法如下：

(1)若天然气管道是首次清管或者上次内检测清管中杂质较多，应根据循序渐进的原则进行清管，泡沫球携带测径板，初步判断管道变形量及管道杂质量。

(2)若天然气管道做过内检测，在上次内检测清管中杂质以固体杂质为主，可以直接进行机械测径清管；若机械测径清管杂质少于5kg则可以使用直皮碗、碟皮碗、钢刷、磁铁组合成强力清管器，清出杂质少于5kg则可以直接进行内检测[12]，多于5kg可以增加直皮碗数量直至清管满足检测要求。

(3)若天然气管道中积液比较多，需要进行多次泡沫清管排出积液，当清出积液重量小于5kg或连续两次泡沫清管清出积液重量相当，则可认为清管合格[13]，方可进行机械清管。

3 输油管道清管

输油管道根据油品及温度不同可分为成品油管道、航空煤油管道、轻质原油管道、高温原油管道、常温含蜡原油管道。输油管道中的杂质主要是铁磁性油泥或者石蜡。清管器最佳速度是1－5m/s。过快的清管速度会引起皮碗磨损严重，甚至会使清管器皮碗破裂而失去动力，造成清管器停球；太慢的清管速度往往会造成清管效果变差。清管器运行速度由如下公式计算[14]：

$$v = \frac{4Q}{3.14D^2} \tag{2}$$

式中 v——清管器运行速度，m/h；

D——管道的内径，m；

Q——清管时的管道排量，m^3/h。

对于不同的原油管道需要制定科学合理的清管策略，能够安全可靠、效率高且效果佳。原油清管方法如下：

(1)对于成品油管道、航空煤油管道及轻质原油管道，杂质主要为是铁磁性油泥为主。首次清管，泡沫球需携带测径板，初步判断管道变形量及管道杂质量。若管道进行过机械清管或者做过内检测，只需进行机械测径清管判断管道变形量，无超标变形，则可以进行磁力钢刷清管，清出油泥满足检测要求即可。

(2)对于高温原油管道，油品含蜡量高，但是输送温度比较高，杂质主要是铁磁性油泥为主，可参照轻质原油的方法清管。

(3)对于常温含蜡原油管道，含蜡量高，管道一般会有年度清管计划。在做内检测之前，需要清出大量石蜡，防止检测器里程轮打滑。这样的管道需要机械测径清管器判断管道变形量，无超限变形，使用直碟皮碗清管器进行石蜡清理，清出石蜡量降低或者连续两次杂质重量相当，则需要把直碟皮碗清管器前部换装钢刷强力清管(必要时使用直皮碗、碟皮碗、钢刷、磁铁组合成强力清管器)。若强力清管连续两次杂质量相当且超过 20kg，则需要在检测前 2h 发送一个强力清管器，再发送检测器。

4 清管常见问题及处理措施

清管作业是在油气长输管道运行中的常规作业[15]，但也属于高风险作业，在清管作业过程中由于输送介质、工艺、管道运行环境或者第三方破坏产生不可预料的事故。

(1)输气管道介质中含有 FeS，在收球时应向收球筒内注水防止 FeS 自燃[16]。清出杂质以及收到的清管器应进行喷淋，再处理之前进行密封保存，尤其是使用过的泡沫球处理不当会引起火灾事故。

(2)收球筒的输气三通距离盲板比较近时，会出现清管作业时清管器冲击盲板的情况。若收球筒有平衡管时，在清管过程中，打开平衡管的平衡阀；若没有平衡管时，应在盲板处提前放置缓冲物。

(3)长输油气管道避免不了穿跨越，由于施工不规范，在管道穿跨域出入土端极易形成褶皱变形。清管作业过程中，这些地方应重点跟踪。

(4)通过机械测径清管器的测径板测得管道的变形量超过 20% OD(OD 为管道外径)而无法进行变形检测作业时，可以使用泡沫涡流清管器对超限变形进行精确定位，以便运营单位整改。

(5)若管道自从建成及投产后未进行过清管或内检测，第一次泡沫清管清出钢筋、钢管、石块等异物，应继续发送泡沫球直至没有异物出现方可进行下一步机械清管。例如某成品油管道第一次泡沫清管清出一小段钢管如图 8(a)；第二次泡沫清管清出一大段钢管如图 8(b)；第三次泡沫清管清出一段短钢筋如图 8(c)。

(a)第一次泡沫清管　(b)第二次泡沫清管　(c)第三次泡沫清管

图 8　泡沫清管清出异物

5 总结

(1)通过分析清管器工作的原理，详细介绍了泡沫清管器、机械测径清管器、磁力钢刷清管器、直碟皮碗清管器、强力清管器进、泡沫涡流清管器的参数及应用范围。

(2)分析了输气管道未进行过清管或者做过

内检测管道的杂质特点，选择合适的清管器进行最优组合清管，判断管道变形量，提高清管效率，满足内检测要求。

(3)分析了输油管道不同介质的杂质的特点，选择合适的清管器制定最优清管计划，判断管道变形量及管道杂质量，以最佳清管效果满足内检测要求。

(4)对油气长输管道清管过程中的风险进行分析，并提出解决措施，为油气长输管道清管作业提供科学指导。

参考文献

[1]赵飞，郭大成，王毛毛，等．国内外油气田集输管道清管技术及规范发展现状[J]．腐蚀与防护，2023，44(12)：1－7.

[2]赵宁，马爽．油气管道清管技术探析[J]．渤海大学学报(自然科学版)，2020，41(1)：86－89.

[3]王剑波，方明静．青济邯成品油管道杂质的运行危害及对策[J]．管道技术与设备，2012(6)：51－53

[4]陈传胜．天然气长输管道在线内检测前的清管技术[J]．天然气与石油，2013，31(05)：1－4＋109.

[5]吕朝旭．清管器研究及应用现状[J]．管道技术与设备，2018(03)：48－51.

[6]邵卫林，何漳，杨白冰，等．成品油管道内检测清管技术[J]．油气储运，2019，38(11)：1232－1239.

[7]刘承昱．清管与检测技术综述[J]．清洗世界，2015. 31(2)：10－14.

[8]孙旭，陈欣，刘爱侠．清管器类型与应用[J]．清洗世界，2010，26(6)：36－41.

[9]刘刚，陈雷，张国忠等．管道清管器技术发展现状[J]．油气储运，2011，30(09)：646－653＋633.

[10]张志远，王浩然．天然气管道在线清管作业的风险识别及控制措施研究[J]．化工管理，2015(24)：59.

[11]SYT 5922—2012 天然气管道运行规范[S].

[12]马志宇，蔡亮，段秋生，等．国内外油气管道清管技术的现状和发展趋势[J]．石油库与加油站，2016，25(06)：14－19＋5.

[13]SYT 6597—2018 油气管道内检测技术规范[S].

[14]董列武，谢东生．湖南成品油管道的清管作业及经验[J]．石油库与加油站，2010，19(02)：30－31＋49.

[15]徐小波，马国光，刘昕，等．气管线清管过程中的问题及解决方法[J]．油气田地面工程，2011，30(01)：57－58.

[16]WANG L H, SUN P P. Long－distance Pipeline Piggine Technolongy[J]. International Journal of Science, 2015, 2(11): 120－123.

声发射技术在油气储罐检测中的应用

吴　军　蔡　正　郇　冬　王　通

（江苏省特种设备安全监督检验研究院，江苏 南京　210036）

摘　要：裂纹腐蚀导致压力容器泄漏是导致压力容器事故的重要原因之一，为解决这一问题，本文介绍了一种声发射技术，具有操作方便、检测成本低等优点，用于对油气储罐进行裂纹腐蚀无损检测。同时介绍了声发射技术与油气储罐裂纹腐蚀的内在联系，并进行了声发射技术在储罐检验中的实际检测过程及数据分析，为后续相关研究提供了参考。

关键词：声发射；油气储罐；裂纹

Application of Acoustic Emission Technology in Oil and Gas Tank Inspection

WU Jun，*CAI Zheng*，*HUAN Dong*，*WANG Tong*

（Jiangsu Special equipment Safety supervision and inspection Institute，Nanjing 210036，China）

Abstract：（Pressure vessel leakage caused by crack corrosion is one of the important causes of pressure vessel accidents. In order to solve this problem，this paper introduces an acoustic emission technology，which has the advantages of easy operation and low detection cost，and is used for non－destructive detection of crack corrosion in oil and gas storage tanks. At the same time，the internal relationship between acoustic emission technology and crack corrosion of oil and gas storage tank is introduced，and the actual detection process and data analysis of acoustic emission technology in storage tank inspection are carried out，which provides a reference for subsequent related research.）

Key words：Acoustic emission；Oil and gas storage tanks；Crack

1　引言

随着我国改革开放的不断深入，我国的石油化工企业投资不断扩大，据不完全统计，我国现阶段已建成4万多家具有一定规模的化工企业。在石化行业快速发展的同时，因其所涉及的物料多为易燃、易爆、强腐蚀、有毒等特性，其生产过程和场所多为重点监管化工工艺和重大危险源场所，一旦发生生产安全事故，极易造成人员的群死群伤和财产的巨大损失[1]。其中腐蚀对汽油储罐的破坏极大。储罐的腐蚀由外部环境与罐内介质共同作用导致，其中以罐底板的腐蚀最为严重。据统计，80%以上的原油储罐泄漏事故是由于底板腐蚀造成的。为减少此类事故的发生，需要对储罐进行检测。而常规的漏磁、涡流、超声等无损检测方法往往需要停罐、倒罐、开罐等前期作业，完成清罐、除垢、除锈后才能开展检测作业。一次大型原油储罐的检测费用高达几十万到数百万元，检测周期长达数月[2]，同时劳动强度也很大。据统计，采用传统检测方法开罐普检时，一般仅有9%的储罐发生了确需修复的严重腐蚀或泄漏[3]。由此可以看出，传统的无损检测技术无法科学判断哪些储罐是腐蚀严重而急需抽检的储罐，可能造成人力物力财力的巨大浪费。声发射是一种经济高效的储罐在线监测方法，克服了传统无损监测技术需停工置换、罐底清淤、费时费力、成本高昂的缺点，具有广阔的应用前景。

作者简介：吴军(1985—　)，高级工程师，主要研究特种设备及常压储罐失效分析及检验检测。

2　声发射检测的重要性和必要性

在石油化工行业，汽油储罐运行时间较长，并且大多存储易燃、易爆、腐蚀等危险介质，如果泄露会构成火灾隐患引发安全事故造成重大的生命财产损失，严重影响企业生产、造成环境污染。储罐的底板腐蚀问题往往导致储罐的损坏，它是一种常见的失效模式。在对储罐进行常规检查时，有几种检测手段被广泛采用，以确保其结构的完整性和安全性。这些检测方法包括：

(1)漏磁检测(Magnetic Flux Leakage Testing)：这是一种利用磁场原理来检测金属表面或近表面的缺陷的技术。通过测量磁场的变化，可以识别出储罐底板的腐蚀区域。

(2)超声波检测(Ultrasonic Testing)：该方法通过发射和接收超声波波束来探测材料内部的缺陷。超声波在遇到不同介质界面时会产生反射，从而帮助检测人员发现底板的腐蚀情况。

(3)液体渗透检测(Liquid Penetrant Testing)：这是一种表面检测技术，通过使用特殊的液体渗透剂来检测储罐底板的微小裂纹或孔洞。渗透剂能够渗透到缺陷中，随后使用显影剂来突出显示这些缺陷，使其易于观察。

这些检测手段的运用，不仅能够及时发现储罐底板的腐蚀问题，还能够采取相应的维护措施，从而延长储罐的使用寿命，并确保其在各种工作条件下的可靠性。常规的汽油储罐检测方法通常是需要将储罐清理干净后进罐检验检测，达到检测检验要求，然而对于大型化工企业，储罐数量不仅多而且规格大，常规的汽油储罐检测方式需要投入大量的时间精力和费用进行清罐检测，可能罐体完好，没有任何缺陷，对企业造成很大的生产经济损失。近年来，随着我国在材料和设备制造的进步，罐体使用寿命大大延长，常规的定期检测虽保障了设备的安全运行，但从经济角度考虑已经严重影响了企业的生产经济。声发射检测技术以其高效性和实用性，在储罐底板腐蚀检测中占据了重要地位。它允许在不倒空和清洗储罐的情况下进行检测，大大简化了检测流程并降低了相关成本。这种技术能够对储罐底板进行全面的检测，确保没有遗漏任何潜在的腐蚀问题，实现全面的检测覆盖。检测过程不仅快速，而且成本效益高，同时，由于其出色的灵敏度，能够迅速识别出微小的异常，为早期发现和处理腐蚀问题提供了可能。更重要的是，声发射检测的高可靠性确保了检测结果的准确性，为储罐的安全运行和维护提供了坚实的数据支持。综合这些优点，声发射检测无疑是一种理想的储罐底板腐蚀检测手段，能够有效地预防和减少储罐失效的风险[4,5]。此外声发射检测技术利用先进的声波传感技术，判断罐底是否存在活性声源且确定其位置，声源表明罐底存在腐蚀、变形、泄露或有潜在的泄露，可以逐步建立储罐的腐蚀状况的数据，可以实现设备不开罐的情况下进行在线罐体腐蚀情况检测，为企业优先选择出需要开罐检验的储罐，对于无腐蚀和轻微腐蚀的不影响使用的储罐可以延迟开罐检验，为企业提高了储罐使用效益和经济效益。

图1为储罐底板声发射检测原理图。声发射传感器等距离耦合在储罐罐壁周围，被动接收储罐底板腐蚀声发射信号[10]。通过传感器接收到腐蚀声发射信号的时间间隔定位声源，将接收到的声发射信号分析处理确定腐蚀状况，从而对罐底的整体完整性及安全性做出评估[8]。

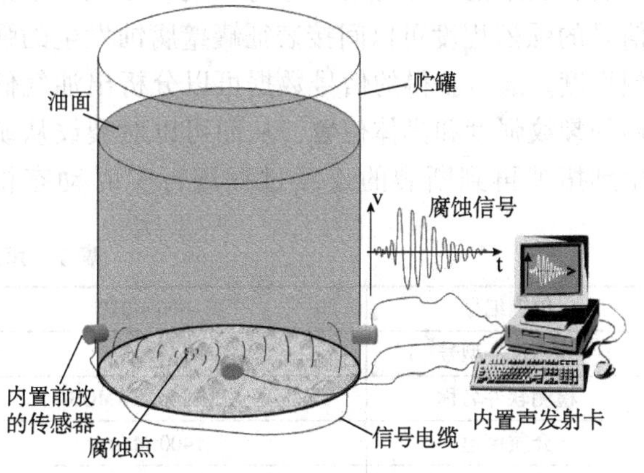

图1　声发射检测示意图

3　油气储罐裂纹的声发射检测

3.1　油气储罐裂纹的发展过程

油气储罐裂纹的发展过程分为裂纹萌生、裂纹扩展和最终失效三个阶段。首先，裂纹在腐蚀性环境和应力的共同作用下开始形成，通常出现在焊缝、底部和应力集中区域。主要裂纹类型包括应力腐蚀裂纹、点蚀和疲劳裂纹。随后，裂纹在反复应力和腐蚀介质的作用下逐渐扩展，其扩展速度受应力水平和环境条件的影响。低周疲劳裂纹扩展较快，而高周疲劳裂纹扩展较慢。最终，当裂纹扩展到临界长度时，储罐材料的承载能力会显著下降，可能导致断裂或泄漏失效。

3.2　声发射检测裂纹的优势

声发射技术相比其他常规无损检测方法可以对裂纹从萌生到拓展再到断裂的连续过程进行实

时动态检测，并且适用范围广、环境广，可用于大型构件的整体检测，对材料、几何形状的敏感性较高，例如，声发射法能在工作条件下检测出零点几毫米数量级的裂纹增量。此外，不仅可以对金属材料进行裂纹检测还能实现裂纹尖端定位。相较于开罐检测油气储罐的裂纹情况，利用声发射技术检测有效地提高了企业的使用效益和经济效益。

3.3 裂纹的声发射检测原理

使用耦合剂将声发射传感器固定在油气储罐罐壁处，当油气储罐出现裂纹时，由于局部的应力集中会释放应变能及应力波，应力波在材料表面引起的位移会激发出机械振动，这些振动随即被声发射传感器捕捉。传感器将这些机械振动转换成电信号，监测和分析材料内部发生的动态过程。通过这种方式，声发射技术能够为我们提供关于材料状态变化的重要信息，尤其是在检测材料内部缺陷或损伤时，这种技术显示出极高的灵敏度和实用性。并对信号进行采集、处理。采集信号的强烈程度可以间接表征罐壁腐蚀发生的强烈程度。通过获得的信号数据可以分析出油气储罐的裂纹强度和具体位置，从而可以对裂纹从萌生到拓展再到断裂的连续过程进行实时动态检测，能够及时帮助企业排除可能存在的储罐裂纹安全隐患。

4 案例分析

4.1 检测设备

本次检测使用美国物理声学公司生产的，搭配 R31 声发射一体化探头(响应带宽为 20 ~ 100kHz)的 SAMOS 声发射系统，传感器与罐壁采用真空硅脂方式耦合，磁力吸座方式及固定。

4.2 数据采集与分析

在采集数据过程中，传感器收集的是腐蚀信号和其他干扰信号混杂的信号。为了尽可能避免液体低落、罐体连接的机械噪音和周围环境的电磁干扰信号，采用双层传感器布置，滤除罐顶液体低落等噪音信号；由于储罐处于在线检测，连接部位会产生震动等机械噪音，通过将耳朵贴近储罐壁，可以倾听是否有异常声音，这有助于判断储罐是否存在泄漏或介质流动的异常情况。为了避免电子设备产生的电磁干扰对声音判断的影响，需要采取一些措施来减少这种干扰，并确保储罐及储罐周围电子设备电源接地状况良好，同时传感器布置应避开电磁液位计及其他电子附件。

4.3 检测记录

表 1　声发射检测记录表

<table>
<tr><td>储罐编号</td><td colspan="5">G-06-010</td><td colspan="3">检测工艺卡编号</td><td colspan="6">—</td></tr>
<tr><td>检测仪器型号</td><td colspan="5">SAMOS</td><td colspan="3">结构形式</td><td colspan="6">内浮顶</td></tr>
<tr><td>检测软件名称</td><td colspan="5">AEwin for SAMOS</td><td colspan="3">数据文件名</td><td colspan="6">ZSH/YZ/TDQ. lay/采集. DTA</td></tr>
<tr><td>介质声速</td><td colspan="5">1400 M/s</td><td colspan="3">检测时液位</td><td colspan="6">7.812M</td></tr>
<tr><td>检测标准</td><td colspan="14">JB/T 10764—2023《常压金属储罐声发射检测及评价方法》</td></tr>
<tr><td>检测现场情况记录</td><td colspan="14">正常</td></tr>
<tr><td>检测方式</td><td colspan="2">在线声发射</td><td colspan="3">检测频率</td><td colspan="3">20 ~ 100KHz</td><td colspan="4">传感器型号</td><td colspan="2">R3I-AST</td></tr>
<tr><td>传感器数量</td><td colspan="2">6 个</td><td colspan="3">固定方式</td><td colspan="3">磁力座</td><td colspan="4">耦合剂</td><td colspan="2">高真空硅脂</td></tr>
<tr><td>初始传感器编号</td><td colspan="2">1#</td><td colspan="3">背景噪声</td><td colspan="3">28dB</td><td colspan="4">门槛电平</td><td colspan="2">30dB</td></tr>
<tr><td>增　益</td><td colspan="2">40dB</td><td colspan="3">护卫传感器数量</td><td colspan="3">—</td><td colspan="4">护卫传感器起始编号</td><td colspan="2">—</td></tr>
<tr><td colspan="15">传感器灵敏度标定</td></tr>
<tr><td>模拟源</td><td colspan="2">HBΦ0.5mm
铅芯折断</td><td colspan="3">传感器平均
灵敏度</td><td colspan="3">97.5dB</td><td colspan="4">最大：99dB</td><td colspan="2">最小：96dB</td></tr>
<tr><td>传感器编号</td><td>1</td><td>2</td><td>3</td><td>4</td><td>5</td><td>6</td><td>7</td><td>8</td><td>9</td><td>10</td><td>11</td><td>12</td><td>13</td><td>14</td></tr>
<tr><td>灵敏度/dB</td><td>96</td><td>98</td><td>96</td><td>98</td><td>98</td><td>99</td><td></td><td></td><td></td><td></td><td></td><td></td><td></td><td></td></tr>
<tr><td>传感器编号</td><td></td><td></td><td></td><td></td><td></td><td></td><td></td><td></td><td></td><td></td><td></td><td></td><td></td><td></td></tr>
<tr><td>灵敏度/dB</td><td></td><td></td><td></td><td></td><td></td><td></td><td></td><td></td><td></td><td></td><td></td><td></td><td></td><td></td></tr>
</table>

4.4 检测分析

4.4.1 数据采集处理

采集过程环境温度为常温，持续采集 2h。采用 6 个探头用于此次监测，罐壁温度 25℃，监测过程中无风。采用 3 通道进行罐底定位检测，采用 3 通道作为护卫传感器，传感器布置方位如图

2 所示。

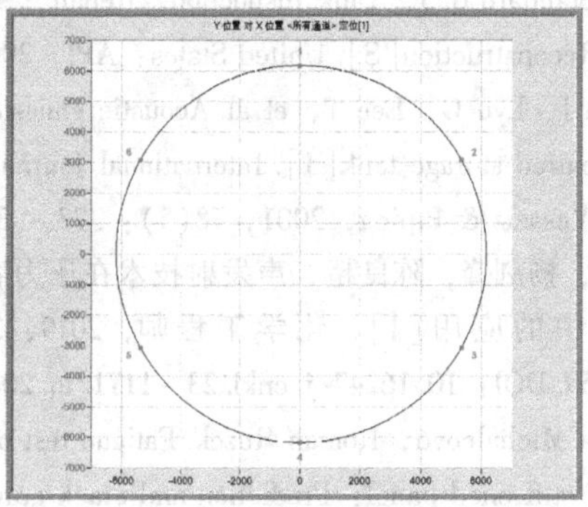

图 2　传感器布置方位图

(1)传感器灵敏度校准测试，在校准过程中，应去除传感器表面附着物，使用油脂类耦合剂进行耦合，并对传感器施加足够的紧压力。保证每个传感器能有效接收到信号，并判断各通道的顺序是否准确。

(2)在本次检测的信号中，获得的数据包含了周围环境噪音、冷凝滴液和人为因素等干扰信息，根据相应信号特征对采集的无效数据进行滤除，以获得有效信号。

(3)声发射检测的结果与检测时储罐底板的腐蚀速率相关。

4.4.2　检测结果

声发射事件定位图(聚类分析)如图 3 所示。

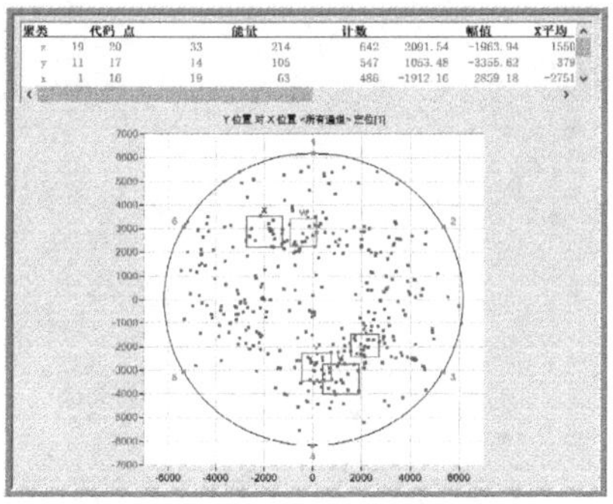

图 3　声发射事件定位图(聚类分析)

声发射事件定位图(三维)如图 4 所示。

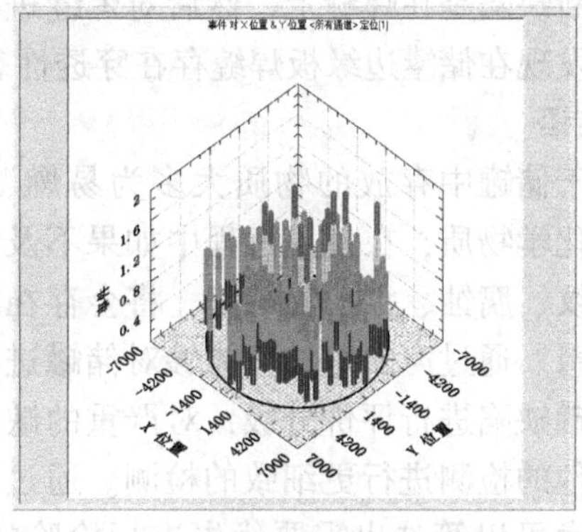

图 4　声发射事件定位图(三维)

对储罐底板的声发射检测数据进行诸如噪声信号滤波处理、相关分析、聚类、活性计算等综合处理分析后，从罐底板的定位事件图及相关图上可以看出，在 1h22min 的检测过程中，储罐底板声发射信号总体事件数、撞击数、能量等处于较少水平。结合储罐底板的原始设计厚度和使用单位年度检查数据及后期维护管理措施，综合分析，依据 JB/T 10764—2007 评定该储罐底板使用状况等级为Ⅱ级（C 值取 3），评定区域存在轻微局部腐蚀迹象。

根据罐底板的时差定位情况，对每个评定区域的有效声发射源级别按表 2 进行分级。

表 2　罐底板基于时差定位分析的声发射源的分级

源级别	评定区域内每小时出现的定位事件数 E	评定区域的腐蚀状态评价
Ⅰ	$E \leqslant C$	无局部腐蚀迹象
Ⅱ	$C < E \leqslant 10C$	存在轻微局部腐蚀迹象
Ⅲ	$10C < E \leqslant 100C$	存在明显局部腐蚀迹象
Ⅳ	$100C < E \leqslant 1000C$	存在较严重局部腐蚀迹象
Ⅴ	$E > 1000C$	存在严重局部腐蚀迹象

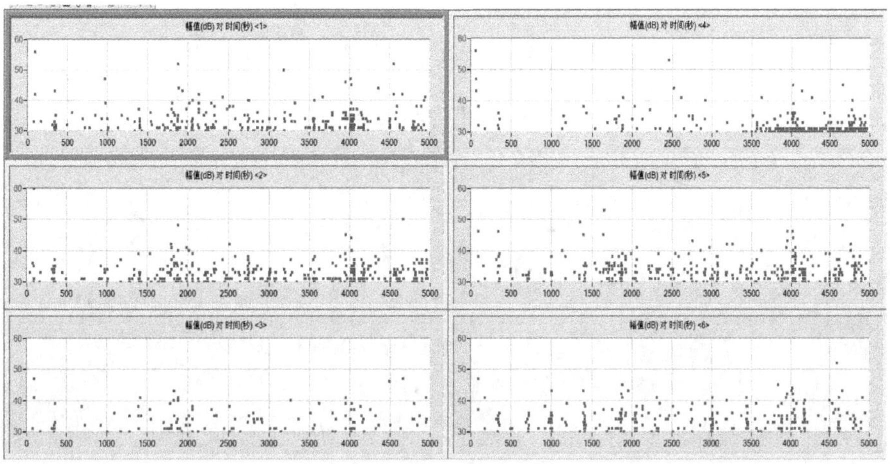

最后，在相关区域进行漏磁检测，未发现异常，判断缺陷是在焊缝上，然后对焊缝进行磁粉检测，发现在储罐边缘板焊缝存在穿透性裂纹。

5 结束语

由于储罐中存放的物质大多为易燃、腐蚀、有毒的化学物质，在使用过程中如果不及时发现出现裂纹、腐蚀、穿孔等缺陷，将会存在很大的安全隐患。通过声发射技术能够对储罐进行定位并对储罐缺陷进行评价分级，对严重的缺陷可以采用其他的检测进行更细致的检测。通过声发射检测技术可以筛选出需要优先进行检验的储罐，而不需要对每个储罐逐一开罐检验，能大大地提升企业的储罐使用效率，同时也提高企业的经济效益。

参考文献

[1]焦广永，付金楼，郝冉冉等. 石化企业储罐区安全管理能力模糊层次评估分析[J]. 化工安全与环境，2023，36(11)：30－33＋44.

[2]李一博，孙立瑛，靳世久，等. 大型常压储罐底板的声发射在线检测[J]. 天津大学学报，2008，41(1)：11－16.

[3]Martin G，Dimopoulos J. Acoustic Emission Monitoring as a Tool in Risk Based Assessments[C]. Asia Pacific Conference on NDT，Auckland：12th－A－PC NDT，2006.

[4]API Standard 653，Tank Inspection，Repair，Altera tion and Reconstruction[S]. United States：API，2009.

[5]Kwon J，Lyu G，Lee T，et al. Acoustic emission testing of repaired storage tank[J]. International Journal of Pressure Vessels & Piping，2001，78(5)：373－378.

[6]王枭，杨剑锋，陈良超. 声发射技术在压力容器裂纹检测中的应用[J]. 化学工程师，2019，33(12)：57－59. DOI：10.16247/j.cnki.23－1171/tq.20191257.

[7]Lenka Michalcová，Roman Ruzek. Fatigue test of an integrally stiff ened panel：Prediction and crack growth monitoring using acoustic emission[J]. Procedia Structural Integrity，2016，2：3049－3056.

[8]LIU J P，WANG L，JIA L，et al. The influence of the area ratio on ejector efficiencies in the MED－TVC desalination system[J]. Desalination，2017，413：168175.

[9]TAMBURINI A，CIPOLLINA A，MICALE G，et al. CHP(combined heat and power) retrofit for a large MED－TVC(multiple effect distillation along with thermal vapour compression) desalination plant：high efficiency assessment for different design options under the current legislative EU framework[J]. Energy，2016，115：1548－1559

[10]蒋林林，李玲杰，苏碧煌等. 声发射技术在储罐底板腐蚀检测中的应用[J]. 腐蚀与防护，2021，42(02)：56－59＋77.

袁黄高压管线内外检测数据对比分析

李智航[1] 肖红涛[2] 周德敏[1] 陈金荣[3] 梁 军[3] 王 烨[3]

[1. 中国特种设备检测研究院，北京 100029；
2. 中国石油天然气股份有限公司西南油气田分公司川中北部采气管理处，四川 遂宁 629000；
3. 中特检管道工程(北京)有限公司，北京 100029]

摘 要：长输管道外检测即外腐蚀直接检测，主要内容包括环境腐蚀性调查、防腐(保温)层状况不开挖检测、阴极保护有效性检测和开挖检测等内容，是目前长输管道检测应用最为普遍的检测方法，所谓内检测即在管道内放入内检测器随管道介质运动实现对钢管本体材料损失情况检测，如今应用也越加广泛，且相较外检测其检测效果更为直接有效。本文通过对袁黄高压线内外检测数据对比分析，以及对发现缺陷原因分析为今后的检测工作提供一定的参考意义。

关键词：内检测；外检测；对比分析

Comparison and Analysis of Internal and External Testing Data of Yuanhuang High Pressure Pipeline

LI Zhihang[1], *XIAO Hongtao*[2], *ZHOU Demin*[1], *CHEN Jinrong*[3], *LIANG Jun*[3], *WANG Ye*[3]

[1. China Special Equipment Inspection And Research Institute, Beijing 100029, China;
2. Petro China Southwest Oil & Gasfield Company North – central Sichuan Gas District, Suining 629000, China;
3. China Special Inspection Pipeline Engineering(Beijing) Co., Ltd, Beijing 100029, China]

Abstract: External detection of long – distance pipelines, also known as direct detection of external corrosion, mainly includes investigation of environmental corrosiveness, non excavation detection of anti – corrosion(insulation) layer conditions, cathodic protection effectiveness detection, and excavation detection. It is currently the most commonly used detection method for long – distance pipeline detection. The so – called internal detection is the detection of material loss of steel pipes by placing an internal detector inside the pipeline and following the movement of the pipeline medium. Nowadays, its application is becoming increasingly widespread, and its detection effect is more direct and effective than external detection. This article provides certain reference significance for future inspection work by comparing and analyzing the internal and external inspection data of Yuanhuang high pressure line, as well as analyzing the causes of defects discovered.

Key words: Internal testing; External testing; Comparative analysis

1 概述

袁黄高压线投产于1999年，起于四川省德阳市黄许镇宏山村附近，终于黄许镇东泰村附近，管道材质20钢，管道全长11.46km，管道规

作者简介：李智航(1993—)，硕士研究生学历，主要从事压力管道检验检测及科研相关工作。E – mail: 472799116@qq.com

通信作者简介：周德敏(1977—)，博士研究生学历，主要从事压力管道检验检测及科研相关工作。E – mail: zhou_demin@aliyun.com

格 $\phi273\times7$mm，日常运行压力 1.6MPa，设计压力4MPa，管道流量56 万方/天。上次检验日期为2021 年1 月，为外检测方法检验，本次进行基于内检测方法的定期检验，仍然进行外防腐(保温)层、阴极保护系统状况和杂散电流状况检测等[1-3]，通过对内外检测数据以及上次定期检验数据进行分析对比，为后续检验检测提供一定的参考意义。

2 内外检测方法介绍

2.1 内检测

2.1.1 检测器

本次管道内检测主要包括管道清管、几何变形检测、漏磁检测，其中清管 4 次，几何变形和漏磁各 1 次，使用的各型号检测器示意图见表 1。

表1 检测器类型

清管器	泡沫清管器	
	机械测径清管器	
	磁力钢刷清管器	
几何变形检测器		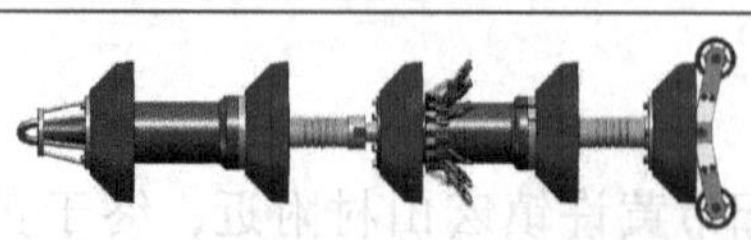
漏磁检测器		

2.1.2 检测过程

流程见图 1。

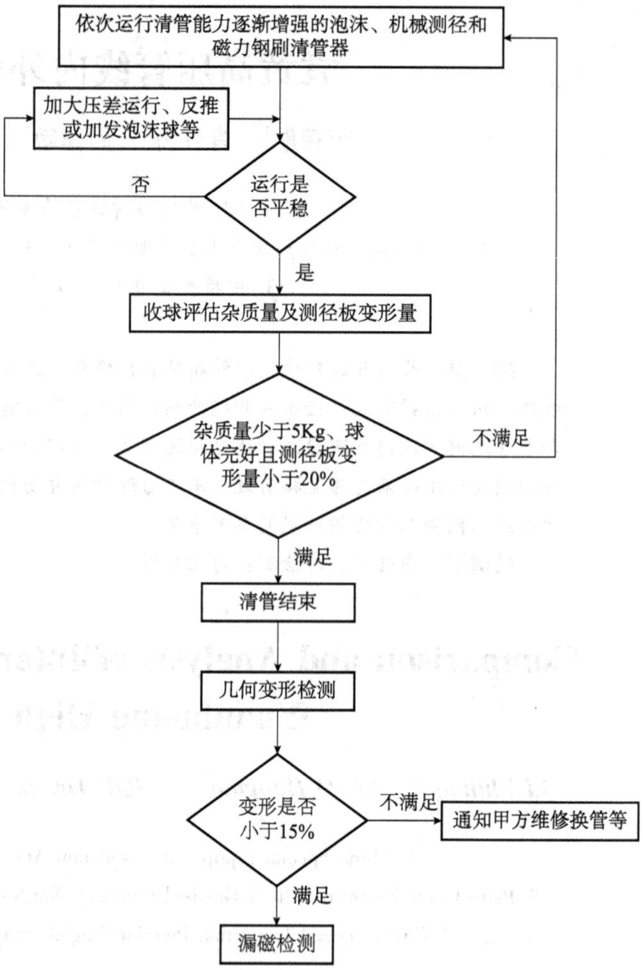

图1 检测过程流程图

由检测过程流程图可知管道清管过程十分重要，最后一次投运磁力钢刷清管器清出杂质量低于5kg 或连续两次清管清出杂质重量相当且满足检测要求，即视为达到满足检测器运行的清管效果，如清出杂质量高于5kg 或连续两次清管清出杂质重量不相当且不满足检测要求时，视情况增加发送磁力钢刷清管器或者直板清管器，直至达到满足检测器运行的清管效果[4-7]。

清管结束后进行几何变形检测，检测过程中运行平稳且发现没有超过 15% 的变形时方可进行漏检检测，在检测期间管道运营方应配备专门人员严密监测并记录管道的压力和排量变化情况。完成《漏磁检测数据初始报告》后，根据《漏磁检测数据初始报告》中的开挖点信息选择验证点，对其进行地面定位进行开挖验证，主要缺陷类型见表 2。

表2 内检测缺陷类型

缺陷类型	检测方法
外缺陷	超声波测厚仪测量、测深尺测量
变形点	使用游标卡尺或外卡钳测量外径减少量
内缺陷	超声波测厚仪测量，必要时采用B扫或C扫的超声波探伤仪
焊缝异常	超声波成像检测仪，必要时采用射线检测

2.2 外检测

2.2.1 环境腐蚀性调查

管道的腐蚀主要是电化学腐蚀，腐蚀环境调查主要包括土壤腐蚀性调查、杂散电流检测。

(1)土壤腐蚀性调查

根据管道沿线的环境情况，结合开挖探坑位置，有针对性地测试管道经过典型地区进行腐蚀性调查。常见土壤腐蚀性调查为土壤电阻率的测试。

(2)杂散电流测试

管线杂散电流调查主要是分析管道本身是否存在明显的杂散电流干扰和被干扰的强度。常见的杂散电流干扰测试方法有土壤表面电位梯度测试、管地电位波动测试法、交流干扰测试等方法，本次检测选用管地电位波动法进行杂散电流检测。

2.2.2 防腐(保温)层状况不开挖检测

管道外防腐层质量状况检测评价即基于《埋地钢质管道腐蚀防护工程检验》(GB/T 19285—2014)，对管道外防腐层的整体质量状况、破损位置进行检测与评价，常见的检测方法有PCM+ACVG法、DCVG法等，本次检测选用PCM+ACVG法进行防腐(保温)层状况不开挖检测，在进行防腐层电流衰减与防腐层破损点定位测试时，还应做好测试点与破损点的地面标识工作，以利于查找。

2.2.3 阴极保护有效性检测

阴极保护是以消耗外加能量(电能或化学能)来换取对金属材料的保护，确保阴保有效是管道腐蚀防护检测的重要内容。阴极保护系统检测评价内容主要包括阴极保护系统有效性检测评价、电绝缘性检测评价、电连续性能检测评价、接地电阻检测评价、管地电位检测评价、排流保护效果检测评价以及腐蚀防护系统综合评价等内容，检测评价方法见《埋地钢质管道腐蚀防护工程检验》(GB/T 19285—2014)。

在一般情况下，阴极保护效果应满足：在阴极保护状态下，测得的管地电位至少达到 -0.85V(vs. CSE)，但不能负于 -1.2V(vs. CSE)，此测量值不包括IR降。

本次检测拟采用常规地表参比法进行阴极保护有效性检测，同时，对恒电位仪等阴保设施进行调查与分析。

常规参比电极测试即通过测试桩、管道露管点、开挖点、阀井、加信号点等处测量管道沿线管地电位，应当采用GPS同步中断或极化探头(极化试片)等检测技术测试管道的真实阴极保护极化电位，判断管道保护电位是否达到有效保护[8][9]。

3 内外检测数据分析对比

3.1 内检测

通过漏磁检出2620个管体金属损失，均为外壁金属损失，最大金属损失程度达到了管道公称壁厚的92.5%(质量分数)(外壁金属损失缺陷)。

本管道缺陷均分布在管道外壁，为了更深入了解管道的结构完整性状态，我们从管道外壁缺陷的金属损失程度(表3)、里程分布及钟点方位分布进行统计分析，便于掌握危害管道安全运行的潜在因素。

表3 金属损伤程度

金属损失程度	数量
金属损失深度<10%t	1010
10%t≤金属损失深度<20%t	982
20%t≤金属损失深度<30%t	495
30%t≤金属损失深度<40%t	43
40%t≤金属损失深度<50%t	30
50%t≤金属损失深度<60%t	35
金属损失深度≥60%t	25
总数	2620

管道外壁金属损失分布平面图如图2所示，统计图展示了不同金属损失程度的金属损失点在管道轴向及周向的分布情况，横轴表示检测里程，纵轴表示金属损失周向钟点方位，不同颜色的点分别代表不同金属损失程度的金属损失点。将管道外壁金属损失缺陷按照2 km一个里程区间进行分段统计，掌握管道在不同里程区间的缺陷分布数量(见图3)。

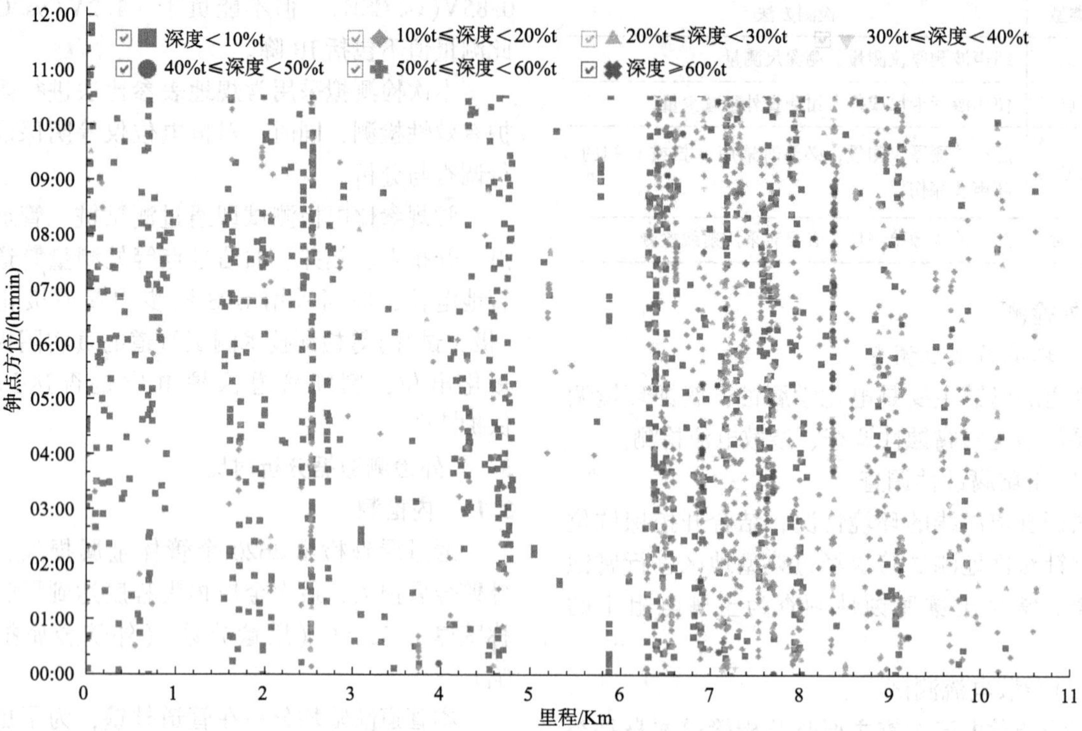

图2　金属损失分布平面图

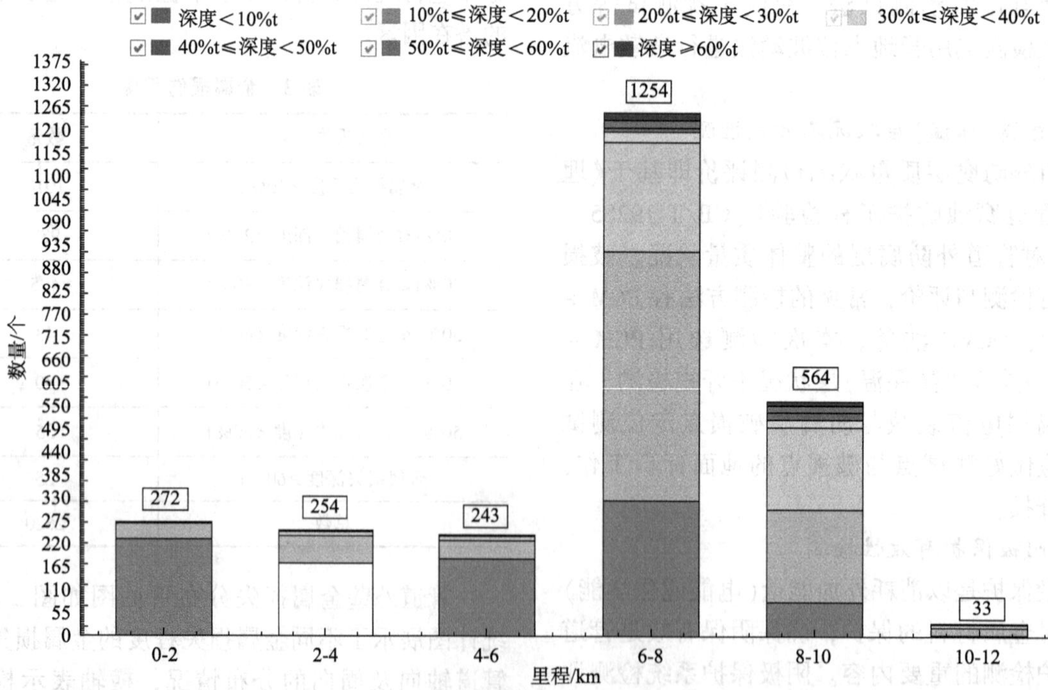

图3　金属损伤分布统计结果

由管道金属损失分布统计结果可知，管道外壁金属损失缺陷在6.0～10.0km区间分布较为集中，通过对内检测结果数据的分析，初步判断管道存在防腐层失效及第三方机械损伤的管道本体的可能性。

3.2　外检测

本次管道外检测结果同上次定期检验结果对比如表4所示。

表4　外检测数据对比

检测内容	2021年1月	2023年9月
宏观检查	1. 全线共有4处直接占压，21处间接占压(间距不足5m)； 2. 全线共有28处埋深不足，合计670m； 3. 地面标识偏移8处，倒塌6处；	1. 全线共有5处间接占压(间距不足5m)； 2. 全线共有13处埋深不足，合计1240m； 3. 地面标识偏移10处，倒塌2处，损坏1处；
土壤腐蚀性	土壤电阻率14处，弱12处，中2处；	土壤电阻率11处，弱6处，中3处，强2处；
杂散电流	检测14处，均为“弱”	检测6处，5处为“弱”，1处为“中”
防腐层破损检测	共发现破损点369处，平均破损率3.84个/100m；	共发现破损98处，平均破损率0.855个/100m；
阴极保护检测	管线保护率达到40%	全线均不达标

通过对比两次外检测数据可以发现，管道沿线周边直接占压情况有改善，土壤腐蚀性和杂散电流检测情况区别不大，防腐层破损点检测数据差异较大，阴极保护有效性恶化，其中防腐层破损点检测数据差异较大同检测的时间环境有较大关系，9月左右正是德阳地区水稻茂盛的季节，管道沿线成片水稻相连，给外检测作业带来较大的影响，12月到2月左右为土地休耕期，3月开始又是油菜花生长茂盛的季节，所以检测时间的选择对于外检测是一个重要的影响因素，同时也不排除人员责任心、人员素质状况等的影响[10-12]。

3.3　内外检测数据对齐

对内检测数据中金属损失程度较大的8处进行定位开挖，其周围环境状况、腐蚀状况及同外检测数据吻合性见表5。

表5　内外检测数据对齐

序号	金属损失程度/%	环境描述	是否外检破损点	腐蚀状况
1	92.5	农田田埂水渠旁，开挖后有地下水，外防腐层为3PE	是	缺陷处正常壁厚6.81mm，缺陷处最大深度6.07mm，腐蚀程度89.1%
2	62.5	农田田埂旁，外防腐层为3PE	是	缺陷处正常壁厚6.82mm，缺陷处最大深度4.64mm，腐蚀程度68%
3	62.9	农田田埂水渠旁，开挖后有地下水，外防腐层为环氧煤沥青	外检破损点上游1.5m	已泄漏
4	89.7	树林中，外防腐层为环氧煤沥青	否	缺陷处正常壁厚6.21mm，缺陷处最大深度5.36mm，腐蚀程度86.3%
5	65.0	农田中，外防腐层为环氧煤沥青	外检破损点下游3m	缺陷处正常壁厚5.82mm，缺陷处最大深度3.32mm，腐蚀程度57%
6	62.7	农田中，外防腐层为环氧煤沥青	是	缺陷处正常壁厚6.92mm，缺陷处最大深度4.21mm，腐蚀程度60.8%
7	89.9	农田田埂水渠旁，开挖后有地下水，外防腐层为环氧煤沥青	外检破损点下游3m	已泄漏
8	84.4	农田田埂水渠旁，开挖后有地下水，外防腐层为环氧煤沥青	外检破损点下游3m	缺陷处正常壁厚6.74mm，缺陷处最大深度5.22mm，腐蚀程度81.8%

通过内外检测数据对比分析，外检测容易受现场环境因素、手持GPS设备精度、检验人员能力、责任心等影响，往往不能准确地定位到管道腐蚀较严重的位置，相较而言内检测数据更为直接高效，通过数据筛选出管道金属损失严重的点位，定位开挖验证即可，准确性、效率等都更为

高效。

4　缺陷原因分析

分析袁黄高压内检测数据可知，25 处 60% 以上外腐蚀均集中在管道的 6～10km 处，从阴保状况、土壤电阻率、杂散电流以及开挖状态进行分析，首先管道全线阴保均不达标，使用多功能数据记录仪选取管道 7 处测试桩连续测试 24 小时，记录 Off 电位以及电位波动值见表6，由表中数据可知 Off 电位值均正于－850mv，且电位波动值几乎均为 50mv 以下，则排除杂散电流干扰，选取管道全线 11 处位置测量土壤电阻率见表 7，由表中数据可知，管线 6km 之后的土壤腐蚀性较 6km 之前相对较高，同时结合开挖状况，选取的 8 处开挖坑均位于管线 6～10km 之间，8 处开挖坑中 4 处开挖后有明显的地下水。综合以上数据分析推断，管道全线阴极保护不达标，且管道 6～10km 处土壤腐蚀性较高(地下水丰富)是造成金属损伤集中在 6～10km 处的主要原因。

表6　管地电位

位置	OFF 电位/mV			
	最大值	最小值	平均值	波动值
2 号测试桩	－514	－638	－622.34	31.32
3 号测试桩	－654	－790	－762.89	54.22
4 号测试桩	－2	－518	－462.53	—
5 号测试桩	－656	－754	－743.57	20.86
6 号测试桩	－671	－742	－730.74	22.52
7 号测试桩	－648	－706	－698.52	14.96
9 号测试桩	－742	－787	－784.17	5.66

表7　土壤电阻率

检测位置	土壤电阻率/Ω·m
1#测试桩	253.7
2#测试桩	710.2
3#测试桩	59.3
4#测试桩	154.4
5#测试桩	137.5
6#测试桩	17.2
6 号测试桩下游约 200m	14.8
6 号测试桩下游约 970m	23.9
7#测试桩	124.9
8#测试桩	44.1
9#测试桩	28.6

5　结论

(1)相较于外检测，内检测数据更加直接有效；

(2)外检测结果受到外界影响因素较多，如季节环境因素、设备精确度、检验人员能力、责任心等，不同季节，不同检验人员检测结果可能会有差异；

(3)内外检测方法均有各自的优缺点、局限性，两者相结合的检测方法会使检测效果更加准确高效。

参考文献

[1]陈敬和．管道外腐蚀直接评价技术．油气储运，2011，30(07)：5.

[2]周德敏，何仁洋，杨永，等．埋地压力管道检测方法选择的探讨．合肥通用机械研究院，中国机械工程学会压力容器分会管道委员会，国家压力容器与管道安全工程技术研究中心．中国特种设备检测研究院，2010：299－303.

[3]杨永，贺小刚．外腐蚀直接评价方法的相关探讨．管道技术与设备，2006，(02)：33－35.

[4]姜锦涛．低压输气管道内检测技术研究与应用．管道技术与设备，2020(01)：25－28.

[5]武要峰，国滨，胡朋，等．低压天然气管道内检测工艺技术．中国特种设备安全，2023，39(4)：17－22.

[6]李育忠，郑宏丽，贾世民，等．国内外油气管道检测监测技术发展现状．石油科技论坛，2012，31(2)：6.

[7]马志宇，蔡亮，段秋生，等．国内外油气管道清管技术的现状和发展趋势．石油库与加油站，2016，25(6)：6.

[8]车飞，高海霞，刘新鄂，等．ACVG、DCVG 技术在输气管道外检测中的应用．管道技术与设备，2011，(03)：3.

[9]张燃，罗文华，王毅辉，等．DCVG＋CIPS 外检测技术在两佛线的应用．天然气工业，2008，(09)：3.

[10]和宏伟．PCM 与 ACVG 防腐层检测技术的影响因素分析．煤气与热力，2016，36(08)：5.

[11]和宏伟，白冬军，冯文亮．环境因素对 ACVG 法防腐层检测的影响．煤气与热力，2015，35(12)：5.

[12]刘保余，袁龙春，尚博．长输油气埋地管道外腐蚀直接评价方法技术研究．管道技术与设备，2021(03)：31－34.

氨制冷系统压力管道定检检验关注重点

刘红星　刘景新　黄义雄

（河北省特种设备监督检验研究院，河北 唐山　063000）

摘　要：氨制冷系统因其在运行时的能耗比低等诸多优点，在现在的冷库建设中被较多地采用，而氨制冷系统中的压力管道的安全性对于冷库运行有着重要的意义。本文结合工艺条件，分析了特种设备检验重点，以找到设备缺陷及存在的问题。主要从宏观检查、壁厚测定、无损检测、泄漏性试验等方面，在不完全停车条件下，进行涉氨压力管道定期检验工作。避免安全事故的发生，确保小型氨制冷设备的安全运行。

关键词：氨制冷系统；工艺流程；压力管道；定期检验

Key Points for Regular Inspection and Inspection of Pressure Pipelines in Ammonia Refrigeration Systems

LIU Hongxing, LIU Jing xin, HUANG Yixiong

（Hebei Special Equipment Supervision and Inspection Research Institute, Tangshan 063000, China）

Abstract: The ammonia refrigeration system is widely used in current cold storage construction due to its advantages such as low energy consumption during operation, and the safety of the pressure pipeline in the ammonia refrigeration system is of great significance for the operation of cold storage. This article analyzes the key points of special equipment inspection based on process conditions, in order to identify equipment defects and existing problems. Mainly from the aspects of macroscopic inspection, wall thickness measurement, non - destructive testing, leakage testing, etc., regular inspections of ammonia related pressure pipelines are carried out under incomplete parking conditions. To avoid safety accidents and ensure the safe operation of small ammonia refrigeration equipment.

Key words: Ammonia refrigeration system; Process flow; Pressure pipeline; Regular inspection

1　引言

在我国的沿海城市，水产冷冻行业较为发达，80%以上的冷库制冷系统采用氨作为制冷剂[1]，由于早期的压力管道法律规范、施工验收标准的不完善，造成很多冷库管道工程是在无设计图纸、安装单位无证施工，存在严重的安全隐患，给近年来制冷压力管道整治工作带来一定困难[2]。目前在役氨制冷压力管道的检验根据国家质检总局所发的文件：质检特函〔2013〕61号《质检总局特种设备局关于氨制冷装置特种设备专项治理工作的指导意见》文执行（以下简称61号文），对高压侧压力管道以宏观、测厚、表面探伤、安全附件检查为主，必要时进行埋藏缺陷检测；低压侧压力管道以宏观、安全附件检查为主，必要时进行表面、埋藏缺陷的检测。如何正确、有效地运用埋藏缺陷检测手段是检验人员比较敏感的问题，本文从氨制冷系统工艺入手，指出氨制冷装置压力管道定期检验中应关注的要点。

2　氨制冷工艺简介

氨制冷工艺是氨气经压缩后，变成压力为1.3MPa左右的高温气体，再经中间冷却器冷却后，变为中压常温气体供制冷系统使用。制冷过程中，氨气经节流阀减压后变成-45℃左右的液氨，供给制冷间的蒸发器使用。液氨在蒸发器内吸收热量后又变为气态，通过相变达到了制冷目

作者简介：刘红星（1968—　），正高级工程师，主要从事承压类特种设备检验工作。

的[3]。按照 GB 50072—2021《冷库设计标准》中的定义，氨制冷的高压侧管道是指自制冷压缩机排气口→氨油分离器→中间冷却器→储氨器→节流装置(膨胀阀)的入口段制冷管道；低压侧管道是指自系统节流装置(膨胀阀)出口，经蒸发器到压缩机入口段管道。图 1 为氨制冷工艺流程[4]。

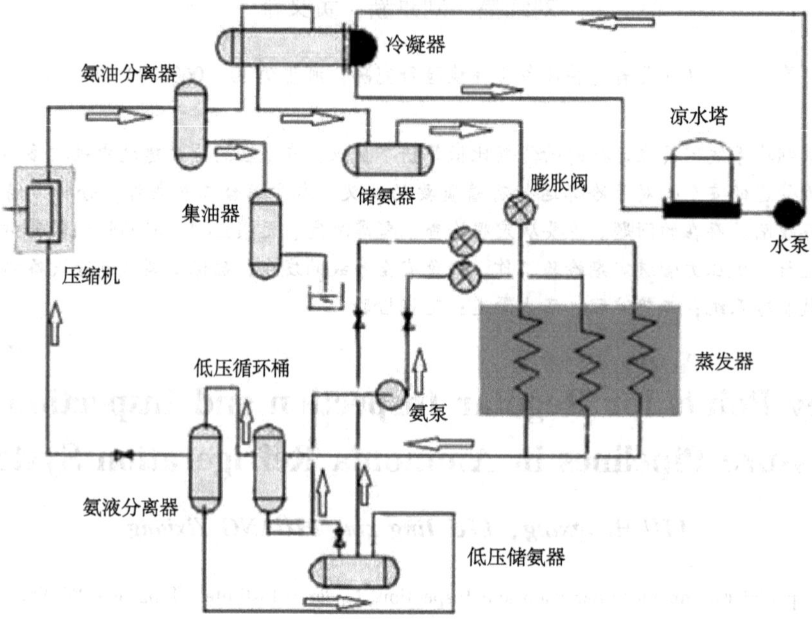

图 1　氨制冷工艺流程

从制冷工艺方面来讲，氨制冷压力管道在热氨融霜操作时，易产生液击现象导致事故发生。因此按相关技术规程规定，施工所用焊接工艺必须保证连接焊口全焊透；热熔霜的管道 100% 射线探伤；氨制冷系统中采用热氨融霜操作时，应增加配套的安全防护装置，防止超压、液击现象的出现。对在役管道定期检验时，重点检查热氨熔霜装置是否符合设计要求，操作间是否有融霜操作工艺，相关管道上有无泄压装置。

3　定期检验关注重点

氨制冷装置压力管道定期检验时，需依据 TSG D0001—2009《压力管道安全技术监察规程—工业管道》、TSG D7005—2018《压力管道定期检验规则—工业管道》有关规定，并结合《质检总局特种设备局关于氨制冷装置特种设备专项治理工作的指导意见》以及氨冷库安全规范等相应的法规、标准制定专项检验方案。

3.1　按图索骥

在压力管道定期检验尤其是首次定期检验工作开展时，一定要明确检验范围。由于氨制冷行业普遍存在根据冷冻市场的变化进行冷藏工艺调整、库房设置变动等情况，对于建设好的管道往往也会进行施工改造，这些改造有些是符合手续的，有些则是私自进行的。而位于设备夹层、冷库顶部的管道的改动往往不易被发现。所以，在定期检验时必须按图索骥，严格审查竣工图纸，杜绝私自改造管道混入检验范围而被忽略。对于库房吊顶和管道井的设置，要提出不得遮蔽管道的要求，必须做到从头到尾所有管线处于目视可见范围内，不留死角。尽量减少数根管道集中制作保温的情况，如确有需要，也应对集中保温内部的管道构成作出详细的绘图说明。

3.2　宏观检查的主要项目要点

(1)对管道表面情况进行目视检查，同时检查焊接接头质量及防腐层、隔热层情况。对于管道绝热层，可采用红外热成像仪对破损、脱落、跑冷等情况进行检查。

(2)检查管子及其组件的泄漏情况。检验阀门密封填料部位、法兰的结合部是否有氨泄漏，疑似泄漏的地方可选择酚酞试纸进行检查。

(3)检查管道是否存在异常振动情况。管道位置是否有移动或变形、挠曲、下沉等现象，管道与管道、管道与相邻设备之间有无相互碰撞及摩擦情况。

(4)对支吊架进行着重检查。检查支吊架是否脱落、变形、腐蚀及焊接部位是否开裂，刚性支吊架连接配件是否松动或损坏。承载结构与支撑辅助钢结构是否明显变形，受力焊接接头是否有宏观裂纹。

(5)做好阀门、法兰的检查。审查阀门及法兰的选型是否正确，阀门表面是否存在腐蚀现象，阀体表面有无裂纹，阀门及法兰连接螺栓是否缺失、有无松动和腐蚀现象，法兰面是否发生异常翘曲、变形。

3.3 明确管道的重点检验部位

管道重点检验部位主要包括：

(1)氨压缩机排气管道。

(2)低温侧压力相对较高的管段：如氨泵的出口管道，排液桶的进、出口管道。

(3)处于生产流程中，冷热交换频繁的管段或与重要装置相连接的管段，如热氨冲霜的热氨气体管道，热氨调节站(包括集管、各支分管)，速冻机的集气管道。

(4)绝热层损坏的管道。

3.4 审慎选择无损检测手段

对确有必要的管道，根据宏观检验的结果，结合管道的失效模式分析，选择合适的无损检测方法配合检验。对于宏观检查中发现裂纹或可疑情况的部位，绝热层破损导致外表面腐蚀的部位，压缩机进出口管道、蒸发式冷凝器出口管道、连接各设备的进出口管道等与动设备相连并可能产生疲劳的部位，可选取磁粉或者渗透进行表面缺陷检测。按照TSG D7005—2018《压力管道定期检验规则—工业管道》规定，GC2级管道的焊接接头须进行不少于10%的埋藏缺陷检测抽查。由于氨制冷装置(冷库)的压力管道检测往往是在系统不停机的状态下进行的，低温情况下，对带有保温层的低压侧管道拆除保温后再次恢复保温会大大影响保温效率，还可能发生保温层渗水、破损等情况。如果在管道安装时，严格执行了《质检总局特种设备局关于氨制冷装置特种设备专项治理工作的指导意见》，新安装管道热氨融霜管道和低压侧压力管道的对接焊接接头都进行100%射线检测且合格，那么也可以不对低压侧管道进行埋藏缺陷检测抽查，将抽查部位选择在高压侧有代表性的位置。低压侧管道如确有需要，也可以选择射线数字成像检测(DR)技术进行不拆保温层的检测。对管道易产生疲劳失效或低应力脆断的部位，如压缩机进出口管道、蒸发式冷凝器出口管道、低温使用下的管道，可进行硬度抽查。

3.5 特殊情况的检验

对于无安装技术资料及安装监检报告的冷库，应当补齐管道的设计图纸，当各类管件的材质不明时，从技术上较难对其材质进行准确认定。如果用户不能提供有效的材质证明材料，应更换管道部件。当管道图纸为后补时，应重点检查管道的结构及管线布局与实际现场是否相符。针对资料不齐全或相关原始资料缺失的、达不到安装监管要求的压力管道要列入安全隐患整治范围内，相关单位应责令使用单位整改[5-9]。检验机构需依据TSG D7005—2018《压力管道定期检验规则—工业管道》规则实行安全评议与定期检测。对于未办理使用登记证书的特种设备、超期未检的特种设备，发放《特种设备检验检测机构发现重大问题告知书》给当地特种设备安全监察机构，得到认可后方可进行定期检验。

4 结束语

涉氨管道是压力管道系列中的监控重点。涉氨冷库往往规模较小，多分布于沿海的村庄，管理和技术人员素质普遍偏低，企业的管理能力不强。鉴于有毒、易燃介质的特殊性和企业管理能力水平薄弱的实际情况，因此，涉氨冷库应是压力管道持续监管的关注重点，不能忽视，只能加强。

参考文献

[1]蒋红辉，贾强．氨制冷压力管道研究现状[J]．制冷，2012，32(3)：69－75.

[2]周波，许林涛，朱保赤．在用氨制冷压力管道定期检验风险评估研究[J]．工业安全与环保，2013，39(4)：81－82.

[3]辛军．氨制冷系统压力管道定期检验的几点看法[J]．化学工程与装备，2016(12)：186－187.

[4]王肖逸，湛立宁，卢俊文．涉氨压力管道常见问题及不停机检测技术[J]．山东工业技术，2021(1)：59－62.

[5]齐雪京，刘景新，张玉军，等．涉氨压力管道在线全面检验新方法的实例应用[J]．化学工程与装备，2019(6)：280－281.

[6]GB/T 20801—2020 压力管道规范 工业管道[S].

[7]GB 50316—2000 工业金属管道设计规范[S].

[8]GB 50235—2010 工业金属管道工程施工规范[S].

[9]GB 50072—2010 冷库设计规范[S].

聚乙烯管道热熔焊缝分子链结构的微波检测

牛小驰[1]　车　飞[2]

(1. 北京市特种设备检验检测研究院，北京　100029；
2. 北京西管安通检测技术有限责任公司，北京　100107)

摘　要：聚乙烯材料的高分子结构及热熔焊缝的焊接工艺决定了焊接缺陷的产生原因是分子结构的异常。本文对热熔焊缝进行了微波无损检测与结果分析，获取了热熔焊缝缺陷位置的介电特征值，并对缺陷进行了破坏性试验和断口扫描电镜分析。通过微波无损检测、断口宏观及微观结构分析，确定热熔焊缝的冷焊缺陷产生机理为分子长链结构的缺失。明确热熔焊缝缺陷类型及产生机理能够对其进行有效的无损检测，确保热熔焊缝的焊接质量，为聚乙烯管道的安全使用提供科学依据。

关键词：聚乙烯；热熔焊缝；微波无损检测；分子长链结构

Microwave detection of molecular chain structure in Butt Fusion Joints of Polyethylene Pipelines

NIU Xiaochi[1], *Che Fei*[2]

(1. Beijing special equipment inspection&testing research institute, Beijing 100029;
2. Beijing West Tube Inspection Technology CO., Ltd, Beijing 100107)

Abstract: The polymer structure of polyethylene materials and the welding process of butt fusion joints determine that the cause of welding defects is the abnormality of molecular structure. This article conducted microwave non – destructive testing and result analysis on butt fusion joints, obtained the dielectric characteristic values of defect locations in butt fusion joints, and conducted destructive tests and fracture scanning electron microscopy analysis on defects. Through microwave non – destructive testing, macroscopic and microscopic analysis of the fracture surface, it is determined that the mechanism of cold welding defects in butt fusion joints is the absence of molecular long chain structures. Clarifying the types and mechanisms of defects in butt fusion joints can effectively conduct non – destructive testing, ensuring the welding quality of butt fusion joints and providing scientific basis for the safe use of polyethylene pipelines.

Key words: Polyethylene; Butt Fusion Joints; Microwave Testing; Molecular long – chain structure

1　引言

聚乙烯管道最近十年被广泛应用于城市燃气中低压管网中，热熔焊缝是聚乙烯管道的薄弱环节，需要进行无损检测以保证焊接质量。虽然聚乙烯材料为非金属材料，但是大多数聚乙烯管道制作、安装及使用人员认为热熔焊缝的缺陷与金属焊缝相同，习惯性地选择金属焊缝常用的超声检测方法去检测“气孔”“裂纹”“未熔合”“未焊透”这些热熔焊缝不存在的缺陷，而忽略了热熔焊缝高分子材料特有的分子结构类缺陷。对热熔焊缝的缺陷产生机理进行了研究，采用微波无损检测对热熔焊缝的冷焊缺陷进行表征，结合破坏性试验及扫描电镜，从微观和宏观对热熔焊缝的缺陷进行研究与验证。

2　热熔焊缝焊接工艺分析

聚乙烯是高分子聚合物，热熔焊接的“熔接”

作者简介：牛小驰(1982—　)，高级工程师，主要从事承压类特种设备检验检测工作。

是利用热塑性塑料随温度变化而呈现不同的物态变化，在适当温度范围内将聚乙烯管两端面加热到粘流态（熔融温度）后停止加热并移去加热装置，在一定压力作用下两侧管端粘流态断面充分接触，聚合物分子之间发生迁移、扩散、扭结或缠绕后形成熔接接头。

聚合物的形态随着温度与时间的变化，由固态→粘流态→固态，其物理变化是在分子之间进行的，很显然其工艺过程与金属焊接工艺有显著的不同。

3　热熔焊缝微波检测结果

焊缝区域的聚乙烯材料经过加热和冷却再结晶的过程后，热熔焊缝与母材相比，分子结构发生了变化，合格的焊接接头在微观层面表现为分子结构经过再结晶后形成了足够数量的长链结构[1]。分子结构对传统的超声和 X 射线等方法中的信号源不产生信号反馈，故传统的超声和 X 射线无法实现热熔接头分子结构的检测，也因此无法对焊接质量进行检测与评价。分子结构的变化却会引起聚乙烯材料介电性能的变化，这种变化能够被微波探测到，因此微波检测结果可通过表征焊缝与其周围母材的介电差异，来表征焊缝中的分子结构异常。

图 1 为一条热熔焊缝的微波检测结果图，该焊缝为管径 110mm 的高密度聚乙烯管，按照正常工艺进行热熔焊接后，进行微波检测发现了焊缝局部存在冷焊缺陷，图像中央的色带即为热熔焊缝，图 1 中 X 轴代表焊缝的周向检测长度 360mm，图 1 中 Y 轴代表焊缝的轴向检测长度 150mm，从图 1 中可见，合格的焊缝在微波图像上会显示出一条宽度及色彩均匀的条带，如图中区域 1 所示，热熔焊缝与周围母材会呈现完全不同的介电差异[2]；图 1 中区域 2 显示 X 轴位于 140～200mm 位置焊缝宽度发生变化，此处为微波表征的分子链异常位置，通常将这类分子链异常常称为“冷焊”缺陷。

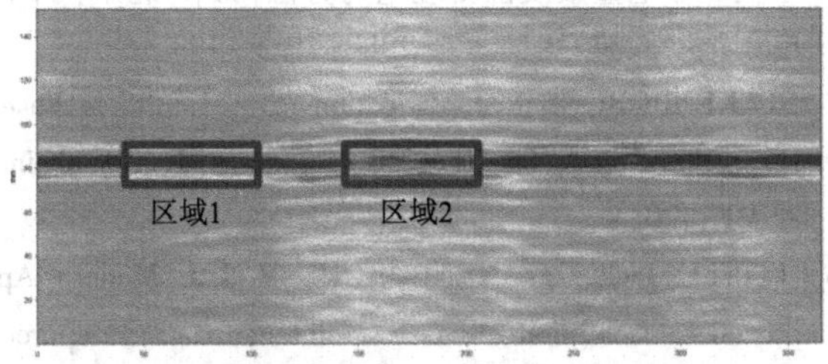

X—周向检测长度　　Y—轴向检测长度

图 1　热熔接头焊缝微波检测结果图

4　热熔焊缝性能验证分析

为了进一步分析微波表征的热熔焊缝合格与异常处的实际焊接质量及强度[3]，验证微波检测及宏观拉伸结果显示的焊缝内部分子链结构，对微波表征的合格焊缝区域 1 和冷焊区域 2 进行截取，依据标准 GB/T 19810—2005《聚乙烯（PE）管材和管件热熔对接接头拉伸强度和破坏形式的测定》对截取后的环焊缝取样，进行破坏性拉伸测试，对脆性断口和韧性断口分别进行扫描电镜分析。

拉伸试样断口形貌见图 2。

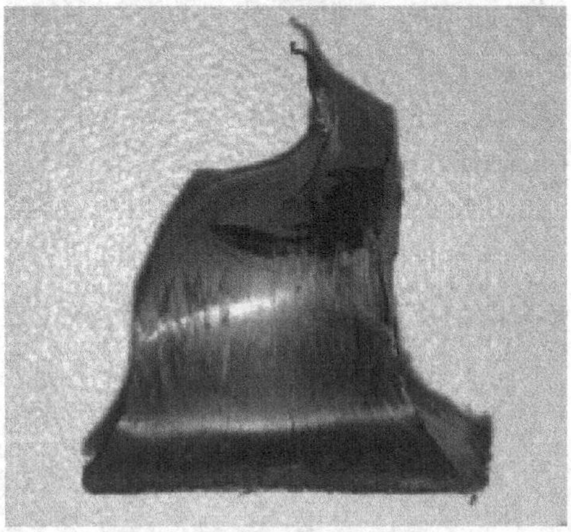

(a)区域1拉伸断口侧面照片

(b)区域2拉伸试样断口面照片

图 2　热熔焊缝拉伸断口

从图 2 可以看出，微波检测结果表征合格焊缝的区域 1 对应拉伸断口为韧性断口，断口侧面呈现山峰形貌，见图 2（a）；微波结果表征冷焊缺陷的区域 2 对应的试样断口为脆性断裂，与合格位置的断口形貌相比，断口面呈现平面，面积较大且平整无任何山峰形貌，见图 2（b）。

韧性断口宏观呈现的山峰形貌，说明拉伸试样内部的分子长链结构在经历拉伸的过程中，不断地变细变长，释放能量；同时分子长链逐渐地断裂，最终长链全部断裂时，试样断裂。

脆性断口宏观呈现的平面形貌，说明拉伸试

样内部的分子长链数量非常少，拉伸过程一开始，没有分子长链结构释放能量，断口迅速分离断裂，呈现平面形貌。

对图2(a)所示的韧性断口进行扫描电镜分析，断口电镜如图3所示。

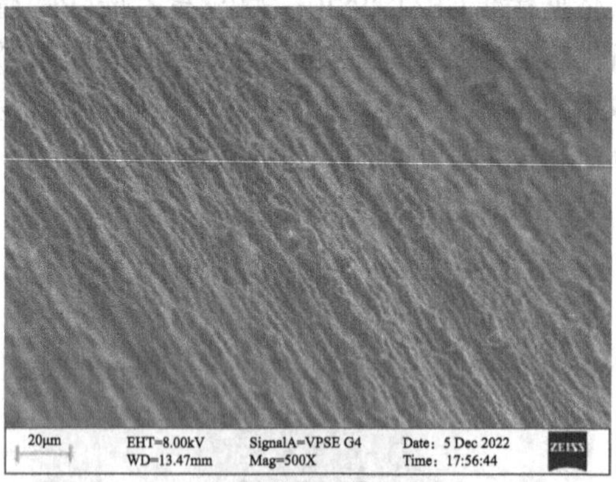

(a)放大500倍

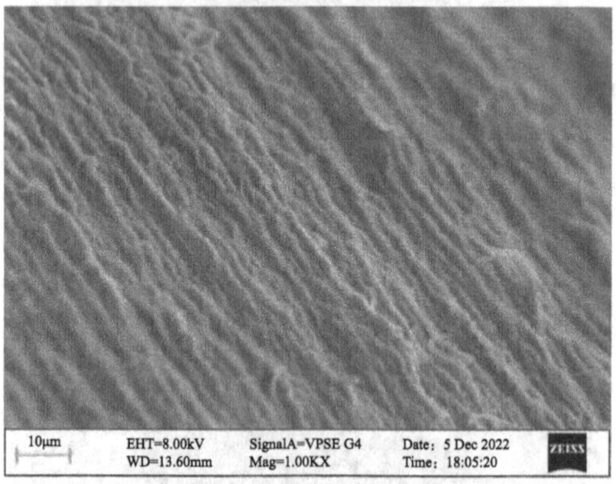

(b)放大1000倍

图3　韧性断口扫描电镜

图3(a)为放大500倍的韧性断口表面，可以清晰地看到大量细长的分子链结构；图3 (b)为放大1000倍的脆性断口表面，可以看到并测量部分分子链直径约为1μm，图3(b)为韧性断口的拉伸面，可以从图中观察到表面有少量分子链发生断裂，但是大部分分子链呈现细长结构。

对图2(b)所示的脆性断口进行扫描电镜分析，断口电镜如图4所示。

图4(a)为放大500倍的脆性断口表面，可以清晰地看到大量分子的圆形横断面，热熔过程中两个界面的分子链结构未能充分融合形成新的分子链，因此拉伸断口宏观表现为脆性断口，微观表现则能看到分子链的圆形断面，既切割后的分子链断面。图4(b)为放大1000倍的脆性断口表面，可以测量出部分分子链直径达到10μm。

与脆性断口相比，韧性断口的分子直径变成了1μm，说明该接头结构在拉伸过程中，大量的分子长链结构不断地释放能量，分子链直径从10μm开始，经历拉伸，不断地变长变细，达到1μm时，逐渐地断裂，最终所有的分子长链都断裂，断口宏观呈现出山峰状结构。

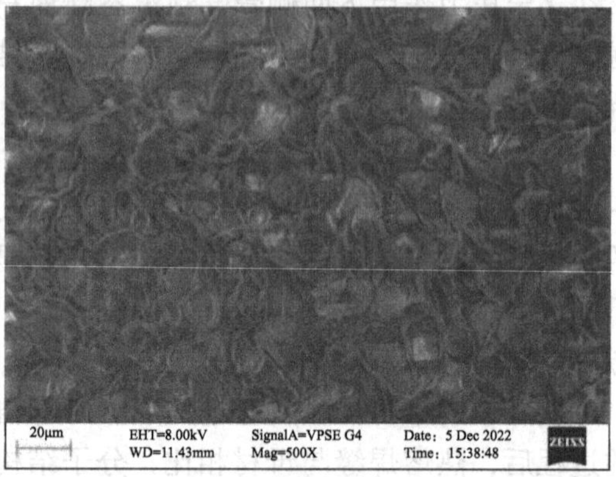

(a)放大500倍

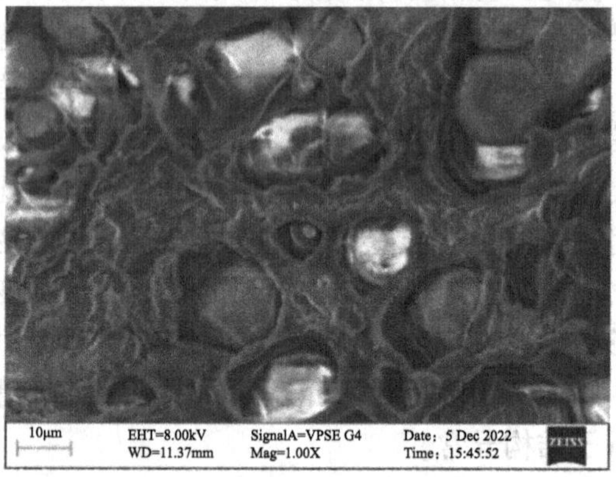

(b)放大1000倍

图4　脆性断口扫描电镜

5　结论

对热熔接头进行了微波检测，对微波检测结果表征的合格焊缝和冷焊缺陷焊缝进行了拉伸试验，通过扫描电镜对断口进行观察，其表现为，合格的热熔焊缝拉伸断口为韧性失效；冷焊缺陷焊缝拉伸断口为脆性失效。

对新建和在役的聚乙烯管道焊接质量进行无损检测，有助于发现焊接缺陷，保证管道的安全。

参考文献

[1]李英．非电量微波检测理论与方法[M]．北京：中国电子学会微波专业学会，1988：192－193.

[2]STAKENBORGHS R J. Validation of a Microwave Based Inspection System for HDPE Butt Fusions[R]. Anaheim: ASME, 2014.

[3]LITTLE Jack, STAKENBORGHS R J. A Modern Approach to Condition－based Maintenance of Reinforced Rubber Cooling System Expansion Joints Utilizing a Microwave Nondestructive Inspection Method[R]. Brussels: ASME, 2009.

LNG 接收站低温管道检测方法分析

李 童[1,2] 潘权文[1,2] 左冠星[1,2]

[1. 国家市场监管重点实验室(西部复杂环境机电设备安全)，重庆 401121；
2. 重庆市特种设备检测研究院，重庆 401121]

摘 要：为满足重庆地区 LNG 接收站低温管道不停车检验要求，本文从 DR 检测、脉冲涡流检测、电磁超声检测、导波检测、红外检测技术的原理及应用效果，分析了 5 种检测技术的检测方法。现场检验应根据实际工作要求和管道工况，选择最佳的检测技术方法，提高管道检测效率低检验成本，及时发现管道缺陷，为低温管道安全运行提供技术保障。

关键词：LNG 管道、无损检测、不停车检验

Analysis on detection method of low temperature pipeline in LNG receiving station

LI Tong, *PAN Quanwen*, *ZUO Guanxing*

(1. Key Laboratory of Electromechanical Equipment Security in Western Complex, Chongqing 401121, China;
2. Environment for State Market Regulation, Chongqing 401121, China;

Abstract: In order to meet the requirements of non - stop inspection of cryogenic pipelines in Chongqing LNG receiving station, the principles and application effects of DR, pulsed eddy current, electromagnetic ultrasonic, guided wave and infrared detection techniques are introduced in this paper, the detection methods of 5 detection techniques are analyzed. On - site inspection should be based on the actual work requirements and pipeline working conditions, to select the best inspection technology, improve the efficiency of pipeline inspection, reduce inspection costs, and timely detection of pipeline defects, provide technical guarantee for safe operation of cryogenic pipeline.

Key words: LNG pipeline; Nondestructive testing; No stop inspection

1 引言

液化天然气(Liquefied Natural Gas, LNG)接收站的构成包括卸料系统、储存系统、BOG 蒸发气处理系统和输送系统与企划系统等，通常运行在 -160℃的介质温度环境下，其工艺设备大多覆盖有绝热层的奥氏体不锈钢[1]。LNG 系统具有长周期连续运行的工艺特点，大多数压力管道因自身保冷层的存在及区域能源供应不能停产，且传统定期检验必须排除介质、拆除保冷层且需隔离置换后才能满足检验要求，因此，LNG 接收站低温管道检验不适宜采用传统停产检验的方式。

依据《在用工业管道定期检验规程》对 LNG 接收站低温管道开展不停机检测，可在不影响生产的情况下有效发现隐患、控制风险。常规检测存在成本高、周期长、无针对性等问题。随着运行时间的延长，低温管道在恶劣的运行环境下难免存在安全隐患，若不采用适宜的检修方式，必然影响 LNG 接收站的整体运行安全，而且直接关系区域能源供应及区域经济发展问题[2]。

DR 检测、涡流检测与电磁超声检测、导波检测、红外检测等是现阶段 LNG 接收站低温管道的检测手段，文章分析了上述方法的检测原理及

作者简介：李童(1986—)，高级工程师，硕士研究生，主要研究方向为压力管道基于风险的检验、埋地管道非开挖检测技术。E - mail：516801935@ qq. com

应用，为LNG接收站低温管道安全检验工作的开展提供指导。

2 LNG接收站检测技术的应用

2.1 DR检测

数字成像检测(DR)作为一种新兴检测技术，已被广泛应用于受压元件焊接接头缺陷检测上，研究表明[3]，对带有保冷层及管内有液体的管道，DR检测结果并不受介质影响，采用DR对LNG接收站低温管道实施不停机检验，可以隔着绝热层很好的反应管道内外部腐蚀信息。

研究表明对站内气态管道，DR可以有效地检测出圆形、条形、未熔合、未焊透缺陷，较为有效地检测出咬边缺陷，但对裂纹类缺陷不敏感。对站内低温液态管道，DR可以有效地检测出未焊透缺陷，DN200以下规格中的圆形缺陷、条形缺陷均和未熔合缺陷；对裂纹、错边及咬边类缺陷有效性差，检测时需辅助以其他技术手段。管道若存在覆盖绝热层，DR检测的成像质量会降低[4]。

2.2 电磁超声检测

电磁超声检测是一种新型非接触式测量，电磁超声技术的核心设备为电磁超声超能器，该设备由永磁体、线圈和被测试件构成，主要用于铁磁性材料的检测。电磁超声技术的应用不需要采用耦合剂，探头无须与目标管道直接接触，可保持数毫米的检测距离振动[5]，进而形成超声波。该项技术目前多应用于高温与超高温压力管道检测中，在超低温压力管道检测中的应用较少。

吴磊等人[6]在LNG接收站低温管道检验中引入相应的补偿曲线数据后，可基本确定测试结果能满足应用要求，且在低温环境下获得相应的真实数据，整体稳定性较高。但在管道的接缝和弯头等位置的信号变化较明显，且随着电磁信号在管道内的传输，能量值会逐渐减弱，对测试管道的工况形态具有严格的要求，具有一定的局限性。

2.3 脉冲涡流检测

脉冲涡流检测是一种非接触式的检测方式，其原理是通过对目标元件内感生涡流的变化进行分析实现对其性能的无损检测，是目前应用较广的无损检测技术之一，目前已应用在LNG低温管道检测中，可以有效检测管道壁厚和缺陷评估[4]。脉冲涡流检测适用于检测外保温层为非铁磁性材料的管道，LNG接收站低温管道多采用非铁磁性材料，可以满足该技术要求。脉冲涡流检测作为一种无损检测技术，无须拆除低温管道的保温层，可实现在线检测，有效保障低温管道的运行安全。

研究发现，脉冲涡流检测技术具有较好的稳定性，可以对低温管保温层厚度小于100mm的管道壁厚和缺陷进行检测，当保温层厚度大于100mm以上时，可以发现脉冲涡流技术的检测结果有明显的浮动，随着厚度的增加，无法继续完成检测工作。在实际应用中脉冲涡流检测可以根据不同缺陷数据进行曲线绘制，测得缺陷最大值后确定对应缺陷深度，因此对于检验条件较苛刻的特种设备，脉冲涡流检测具有较强的适应性。但无法通过该检测结果判断获取局部细节信息[7]。

2.4 导波检测

导波检测技术是超声波检测技术的一种方法，导波检测技术是运用了兰姆波的振动传播特点进行检测，从而发现板上下表面的腐蚀。超声导波检测可以最大限度地避免保温层的拆除，同时能检测到难以攀爬的部位，检测效率高。但超声导波检测技术存在局限性，在弯头、法兰和支架处其信号会发生叠加而影响检测结果的准确性，研究表明在低温管道检测时仅存在管道焊缝、弯头及法兰等相对较明显的信号特征，而其他信号特征在波形图中并无清楚表达，且信号能量值偏小，导致无法准确判断所测管件的相对完整性。这主要是由于接收站内LNG管道表面温度过低而导致传感器性能无法正常发挥或传感器与管道表面无法良好耦合，因此基于现有的技术条件，LNG站场内低温管道的超声导波检测并不具备良好的可行性[8]。

2.5 红外热成像检测

红外热成像检测是从物体表面接收红外线获得其表面温度的变化和分布，并获得温差和温差位置的梯度变化。通过红外热成像分析仪对现场异常位置如阀门、法兰、焊缝和喷嘴等进行检测，发现跑冷位置。管道跑冷与管道腐蚀存在一定的联系，是保温管道腐蚀检查的最佳方案[9]。可以应用红外热成像技术检测管道跑冷位置，初步判断管道腐蚀检测的重点部位。

3 LNG接收站检测技术的发展

上述检测技术可以满足LNG管道在线检测的需要，实现在管道运行状态下完成损伤的检测以及运行寿命的评估。可以有效提升压力管道的检测精度，提高在线检测的效率。随着新型无损检测技术的应用和发展，对目前现有检测人员的技术水平与专业能力也提出了较高要求。检测单位不仅需要提高无损检测人员与操作者的专业水平，还需要提升操作技能和测试水平。目前，对于新型无损检测技术的开发仍处于初步阶段，并且市场发展空间较大，急需通过研究不断完善无损检测技术水平，为压力管道在线检测提供可靠的技术支撑。

4 结语

在 LNG 接收站实际检测中，每种无损检测技术都有各自的优势和局限性，DR 检测、脉冲涡流检测、红外检测均具有良好的检测效果。DR 检测可精准标定缺陷位置且管道内部成像质量较高可以有效地检测出圆形、条形、未熔合、未焊透缺陷；脉冲涡流检测对于保温层厚度小于 100mm 检测效率高有较好的稳定性；红外热成像技术检测可初步判断管道腐蚀检测的重点部位；超声导波对于 LNG 管道检测效果不佳，且弯头、法兰和支架处检验受限，无法满足管道表面缺陷评价的要求；电磁超声在管道的接缝和弯头等位置的信号变化较明显，且随着电磁信号在管道内的传输，能量值会逐渐减弱。

若采用单一技术手段可能存在一定的检测缺陷及局限性，所以现场检验应根据实际工作要求和工况，综合选择不同的检测技术方法，以提高 LNG 接收站低温管道的检测准确性更好地为压力管道的安全稳定运行提供保障。

参考文献

[1]魏红梅．LNG 加气站 BOG 的产生及处理工艺研究［D］．哈尔滨：哈尔滨工业大学，2018.

[2]王晓博，高振，侯建国，等．LNG 接收站低温管道 DR 在线检测技术探讨［J］．低温工程，2020（4）：52－58，67.

[3]在役高温管道的数字射线检测［J］．顾军．石油化工技术与经济，2017(01)

[4]吴斌，张皓，张大伟，等．LNG 接收站低温管道无损检测方法适应性分析［J］．化工机械，2023，50（01）：26－31.

[5]卢弘扬．红外热像检测低温液氨压力管道微泄漏的研究［D］．北京：中国地质大学，2017.

[6]吴磊．多种检测方式在 LNG 接收站低温管道中的应用性能研究［J］．工程技术研究，2023，8（17）：102－104.

[7]An analytical solution for vertical coils near a multi－layered metallic pipe in Pulsed Eddy Current Testing［J］. Song Yun；Wu Xinjun. NDT and E International，2022

[8]在役油气管道超声导波腐蚀检测技术应用［J］．薛建虹，黎宇，孙杰，邱浩楠．石油化工腐蚀与防护，2021(01)

[9]卢弘扬．红外热像检测低温液氨压力管道微泄漏的研究［D］．北京：中国地质大学，2017.

工业管道检验过程隐患识别、评价与控制措施

李文君[1]　赵鹏飞[2]　花云龙[2]

[1. 中国特种设备检测研究院，北京　100013；
2. 中特检管道工程(北京)有限公司，北京　100013]

摘　要：工业管道是现代工业生产中不可或缺的设备，其安全运行对于保障生产和人员安全至关重要。然而，工业管道在使用过程中存在着各种潜在的隐患，可能导致安全事故的发生。因此，对工业管道检验过程进行程隐患识别、评价与控制至关重要。文章针对隐患识别与评价，探讨了不同的隐患识别方法、隐患评价的标准和流程，为后续的隐患控制提供依据。对于隐患控制，分析了不同的技术手段和管理措施，并介绍了隐患控制的法律法规要求。通过采取适当的技术手段和管理措施，并结合法律法规可以有效地控制工业管道检验过程中的隐患，提升管道的安全性和可靠性。

关键词：工业管道；隐患识别；隐患评价；隐患控制；安全性

Hidden Danger Identification, Evaluation and Control Measures in Industrial Pipeline Inspection Process

LI Wenjun[1], *ZHAO Pengfei*[2], *HUA Yunlong*[2]

[1. China Special Equipment Inspection And Research Institute, Beijing 100013, China;
2. China Special Inspection Pipeline Engineering (Beijing) Co., Ltd, Beijing 100013, China]

Abstract: Industrial pipeline is an indispensable equipment in modern industrial production, its safe operation is very important to ensure the safety of production and personnel. However, there are various potential hidden dangers in the use of industrial pipelines, which may lead to safety accidents. Therefore, it is very important to identify, evaluate and control hidden dangers in the process of industrial pipeline inspection. According to the identification and evaluation of hidden dangers, this paper discusses different methods of identification, evaluation standards and processes of hidden dangers, and provides basis for the subsequent control of hidden dangers. For hidden danger control, different technical means and management measures are analyzed, and the laws and regulations requirements of hidden danger control are introduced. By adopting appropriate technical means and management measures, combined with laws and regulations, the hidden dangers in the inspection process of industrial pipelines can be effectively controlled, and the safety and reliability of pipelines can be improved.

Key words: Industrial pipeline; Hidden danger identification; Hidden danger evaluation; Hidden danger control; security

1　引言

工业管道属于压力管道的一种，泛指工艺装置、辅助装置以及界区内公用工程所属的压力管道[1]，工业管道是现代工业生产中不可或缺的基础设施，广泛应用于石油、化工、电力等领域。然而，由于工业管道的复杂性和特殊性，其安装使用过程中存在着一系列的安全隐患，如管道材质劣化、腐蚀减薄、环境开裂、第三方破坏等导致的泄漏等问题，这些隐患可能会导致严重的事故和经济损失。工业管道检验作为一项重要的安

作者简介：李文君(1994年—　)，硕士研究生，主要从事压力管道检测工作。E-mail：245548048@qq.com

全控制措施，旨在及时发现和评估管道系统中的隐患，以采取相应的控制措施，确保管道的安全运行。由于管道系统的复杂性和检验过程的多样性，隐患的识别、评价和控制成了一个具有挑战性的问题。通过系统地分析工业管道检验的背景和意义，以及存在的隐患问题，可以更好地认识到工业管道检验的重要性。在隐患识别方面，研究不同的方法，以提高隐患的发现率和准确性。在隐患评价方面，研究不同的评价标准和流程，以确定隐患的严重程度和紧急程度。在隐患控制方面，研究不同的技术手段、管理措施和法律法规要求，以采取有效的控制措施，保障管道的安全运行。

2 工业管道检验的重要性

2.1 工业管道检验的背景和意义

工业管道系统通常承载着重要的液体、气体和化学物质，一旦发生泄漏或爆炸等事故，将对工厂设备、人员和环境造成巨大损失。工业管道检验是保障工业生产安全的重要手段。工业管道的全面检验，是指对工业生产中使用的各类管道进行定期检查和评估，以确保其安全运行和可靠性，是对管道安全状况所进行的符合性验证活动[2]。随着工业化的进程和管道系统的广泛应用，工业管道的安全问题日益凸显。工业管道在运行中可能遭受腐蚀、磨损、材料老化、温度变化等多种因素的影响，这些因素可能导致管道的破裂、泄漏、爆炸等严重事故，对人员生命财产造成巨大威胁。工业管道检验的背景和意义在于保障工业生产安全、延长管道使用寿命、提高生产效率和降低能源消耗。通过对工业管道的检验，可以及时发现和解决管道中的隐患，确保工业生产的安全稳定进行。

2.2 工业管道全面检验中存在的隐患

工业管道检验是确保管道系统运行安全和正常运行的重要环节。然而，在工业管道检验过程中存在着一些潜在的隐患，可能会对管道系统的安全性和可靠性产生负面影响。管道检验中存在的隐患涉及多个方面，主要包括管道制造和安装、管道材料、腐蚀、压力和温度、监测和维护等。通过有效的隐患识别、评价和控制措施，可以减少事故的发生，保障管道系统的安全和可靠运行。

管道制造与安装是一个重要的隐患。不合格的管件与不合格的安装可能导致管道系统存在渗漏等问题，增加了管道故障和事故的风险。管道材料的质量不合格或使用寿命过长可能会引发管道泄漏、断裂等问题，从而造成事故风险。此外，管道腐蚀问题也是常见的隐患。管道的腐蚀可能导致管道壁薄化，降低了管道的强度和耐用性；管道系统的压力和温度问题也会引发隐患。过高的压力和温度可能导致管道系统的安全性降低，增加了管道爆炸、泄漏等事故的风险。管道系统的监测和维护不到位也是一个潜在的隐患。缺乏有效的监测和维护措施可能导致对管道系统的问题不能及时发现和处理，进一步增加了事故的发生概率。

为了识别和评价这些隐患，需要综合运用可视检查、无损检测、压力测试等手段，并参考相关的标准和规范进行评价。同时，采取合适的控制措施，如定期维护、定期检验、及时修复管道问题等，以降低隐患的风险。

3 工业管道检验过程中的隐患识别与评价

3.1 检验过程中隐患识别的方法

隐患识别是工业管道检验过程中非常重要的一步，它能够帮助检验人员及时发现潜在的隐患，避免事故的发生。在工业管道检验过程中，常用的隐患识别方法主要有以下几种[1]。

(1)资料审查：通过对待检管道设计资料、安装资料、改造或者重大修理资料、使用管理资料、检验检查资料的审核，提前预知管道可能存在的风险点，从而优化检验方案，提高缺陷检出率。

(2)宏观检查：主要采用目视方法对管道结构、几何尺寸、管道外观进行检查。目视检查可以快速发现明显的隐患，但对于一些表面不易观察到的隐患可能存在一定的局限性。

(3)表面缺陷检测：针对管道表面裂纹的磁粉检测、渗透检测，判断管道是否存在表面裂纹。

(4)埋藏缺陷检测：针对管道埋藏缺陷的超声检测、射线检测，判断管道焊接接头是否存在未熔合、未焊透等内部缺陷。

(5)管道壁厚测定：主要包含利用超声波测厚仪对管道壁厚进行测量，判断是否存在腐蚀、磨损等问题。

(6)材质分析：采用化学分析或者光谱分析、硬度检测、金相分析等对管道材料成分、硬度、微观组织等进行检测，判断管道是否存在材质不符合要求、材质了劣化等问题。

(7)红外探伤检测：主要是利用红外线温度

敏感效应来检测压力管道的质量缺陷，但是红外伤技术受外界温度影响较大，因此不适用于内外温差大的检测环境。

(8)X射线数字成像检测(DR)：利用射线源发出的射线透照物体，透过管道衰减后的射线光子由平板探测器接收并转变为电信号，经计算机处理后以数字图像的形式显示，它与普通射线检测区别在于无需胶片，成像迅速，拍完马上就可在计算机屏幕上见到影像，便于及时发现管道存在的问题。

(9)超声导波检测：超声导波在压力管道的检测中，可沿管壁传播数十甚至数百米，当它在传播过程中碰到缺陷、异质体或者结构形状变化时，脉冲波发生反射并沿管壁返回传感器而被接收，经计算机处理软件对返回的信号进行处理后，检测到压力管道中存在的缺陷。

总而言之，隐患识别的方法和工具多种多样，可以根据具体的情况选择合适的方法进行检测。在实际应用中，通常会结合多种方法，以提高隐患识别的准确性和全面性。

3.2 隐患评价的标准和流程

隐患评价是工业管道检验过程中的关键环节，它能够帮助识别和评估潜在的隐患，为制定有效的控制措施提供依据。在工业管道检验中，隐患评价的标准是根据相关的法律法规、标准规范以及行业经验制定的。这些标准通常包括管道材质、设计和施工要求、操作规程、检验规程等方面的要求。例如，对于管道材质的评价，可以根据材料的强度、耐腐蚀性、耐磨性等性能指标进行评估。对于管道设计和施工的评价，则可以根据设计图纸、施工记录等进行检查和验证。对检验检测的结果可以参照检验规程进行评价。隐患评价的流程通常包括以下几个步骤。首先，收集和整理与管道相关的资料，包括设计文件、施工记录、操作规程、检验检测结果等，然后根据隐患评价的标准，对管道的各个方面进行检查和评估，包括管道的结构完整性、材料性能、检测结果安全性等方面的评估。根据评价结果，对隐患进行分类和分级，确定其严重程度和紧急程度，制定相应的控制措施如修复、更换、加固等，以降低隐患的风险。隐患评价是工业管道检验过程中的重要环节。通过制定明确的评价标准和流程，能够准确识别和评估管道中的隐患，并采取相应的控制措施，以确保管道的安全运行。这对于保障生产安全、减少事故风险具有重要意义。

4 工业管道检验过程中的隐患控制措施

4.1 隐患控制的技术手段

隐患控制的技术手段是工业管道检验过程中重要的一环。通过采用适当的技术手段，可以有效降低管道的安全风险。以下是几种常用的隐患控制技术手段[3]。

(1)检测技术：利用各种现代化的检测设备和技术，如超声波、X射线、磁粉探伤、渗透探伤、红外探伤等，对管道进行全面、准确的检测，以发现管道内部存在的缺陷、腐蚀、裂纹等隐患。

(2)监测技术：常规监测手段包含运行参数监测，例如通过安装传感器、仪表等设备，实时监测管道的温度、压力、流量等参数，以及管道的振动、变形等情况。其他监测手段主要的分为腐蚀监测、泄漏监测、缺陷活动监测等，例如基于FSM的管道腐蚀监测、基于光纤传感的压力管道泄漏监测、基于声发射的压力管道破裂监测等。

(3)数据分析技术：利用大数据分析、人工智能等技术，对管道检验过程中产生的数据进行深入分析，以识别隐患并预测潜在风险，从而制定相应的控制措施。

(4)预防性维护技术：通过定期维护、涂层保护、防腐处理等手段，延长管道的使用寿命，减少隐患的发生。

(5)管理系统技术：建立完善的管道管理系统，包括管道信息管理、隐患记录管理、隐患整改管理等，以确保管道检验过程中的隐患得到及时处理和跟踪。

隐患控制的技术手段是工业管道检验过程中不可或缺的一部分。通过合理应用这些技术手段，可以提高管道检验的准确性和可靠性，减少事故的发生，保障工业管道的安全运行。

4.2 隐患控制的管理措施

隐患控制的管理措施是工业管道检验过程中保证安全的重要手段。管理措施包括组织管理、人员管理和制度管理等方面[4]。组织管理是隐患控制的基础。工业管道检验需要建立专门的检验组织机构，并明确各个岗位的职责和权限。组织机构应具备专业的技术人员和经验丰富的管理人员，能够对检验过程进行全面的监督和指导。此外，还应建立健全的工作流程和管理制度，确保每个环节都能得到有效的控制和监管。人员管理是隐患控制的关键。工业管道检验过程中的人员应具备相关的专业知识和技能，并接受过相关的培训和考核。对于关键岗位的人员，还可以进行资格认证和持续教育，提高其专业水平和工作能力。此外，还应加强人员的安全意识和责任意识，通过宣传教育和奖惩制度等手段，促使人员自觉遵守规章制度和操作规程，减少隐患的发生。制度管理是隐患控制的保障。工业管道检验应建立健全的制度体系，包括检验规定、操作规程、安全管理制度等[5]。这些制度应具备可操作性和可执行性，明确各个环节的要求和控制措施。同时，还需要建立健全的隐患报告和处理机制，对于发现的隐患及时上报，并采取相应的措施进行处理。此外，还应建立隐患追责制度，对于发生的事故和隐患，追究相关人员的责任，形成有效的震慑机制，提高隐患控制的效果。

综上所述，隐患控制的管理措施是确保工业管道检验过程安全的重要手段。通过组织管理、人员管理和制度管理等方面的措施，可以有效地识别、评价和控制隐患，保障工业管道检验的安全进行。

4.3 隐患控制的法律法规要求

工业管道检验过程中的隐患控制不仅需要依靠技术手段和管理措施，还必须符合相关的法律法规要求。工业管道的设计、建设和运行必须符合国家相关法律法规的规定。例如，工业管道的设计和施工需要遵循《工业管道工程设计规范》《工业管道工程施工及验收规范》等标准，以确保管道的结构安全和材料质量。其次，工业管道的检验也必须符合《压力管道定期检验规则 - 工业管道》等相关法律法规的要求。总之，工业管道检验过程中的隐患控制必须符合各国相关的法律法规要求。只有依法操作，才能有效地识别、评价和控制隐患，确保工业管道的安全运行。因此，工业管道管理者和从业人员应当熟悉并遵守相关法律法规，加强对隐患控制的法律意识和法律素养，提高工业管道安全管理水平，保障工业管道的安全稳定运行。

5 结论

通过对工业管道检验过程中的隐患进行识别和评价，可以及早发现问题，避免事故的发生。针对工业管道检验过程中的隐患，我们应该重视隐患的识别、评价和控制，采取相应的措施来确保工业管道的安全运行。只有通过科学的方法和有效的措施，才能预防事故的发生，保障人员和环境的安全[6]。

参考文献

[1]TSG D7005—2018 压力管道定期检验规则 - 工业管道

[2]TSG D0001—2009 压力管道安全技术监察规程 - 工业管道.

[3]黄旭东. 城市燃气管道隐患安全管理现状与措施[J]. 石化技术, 2023, 30(11): 221 - 223.

[4]彭健锋. 天然气管道安全管理存在问题及对策[J]. 化工管理, 2020, (29): 108 - 109.

[5]曾敏超. 压力管道检验中存在的问题及改善措施探究[J]. 化工管理, 2020, (02): 117 - 119.

[6]支景波, 李世民. 油田基层队实施 HSE 管理体系的主要环节[J]. 安全、健康和环境, 2008, (03): 14 - 15.

压力管道金属损失缺陷检测技术

花云龙[1] 李文君[2] 赵鹏飞[1]

[1. 中特检管道工程(北京)有限公司，北京 100013
2. 中国特种设备检测研究院，北京 100013]

摘 要：压力管道是现代工业生产中的重要设备，其安全运行对于保障生产和环境安全至关重要。金属损失是压力管道主要损伤形式之一，有效地检测出金属损失缺陷并及时处理是减少事故发生的重要手段。本文总结了机械损伤和腐蚀减薄两种金属损失产生的原因及环境。系统介绍了几种目前常用的无损检测方法及应用场景，并分析了各项检测技术的优缺点。主要目的是探究在不同环境及条件下检测技术的适用性，根据实际情况选择合适的检测技术。最后对压力管道金属损失检测技术应用作出总结。

关键词：压力管道检测；金属损失；无损检测方法；适用性

Metal loss defect detection technology for pressure pipeline

HUA Yunlong[1]; *LI Wenjun*[2]; *ZHAO Pengfei*[1]

[1. CSIG pipeline engineering (Beijing) Co., Ltd., Beijing 100013;
2. China Institute of Special Equipment Testing, Beijing 100013, China]

Abstract: Pressure pipeline is an important equipment in modern industrial production, and its safe operation is very important to ensure production and environmental safety. Metal loss is one of the main damage forms of pressure pipeline. Effective detection of metal loss defects and timely treatment are important means to reduce accidents. This paper summarizes the causes and environment of mechanical damage and corrosion thinning of two kinds of metal losses. Several methods and application scenarios of nondestructive testing are introduced systematically, and the advantages and disadvantages of each testing technique are analyzed. The main purpose is to explore the applicability of detection technology in different environments and conditions, and choose the appropriate detection method according to the actual situation. Finally, the application of pressure pipeline metal loss detection technology is summarized.

Key words: Pressure pipeline detection; Metal loss; Non-destructive testing methods; Applicability

1 引言

压力管道作为最广泛应用的承压类特种设备，目前在我国总里程已超过百万公里，应用于生产、生活的方方面面。压力管道现场安装施工条件恶劣，在役运行可能面临高温、高压、循环应力工况以及严重腐蚀性环境，因此不可避免的产生各种损伤。压力管道输送介质一般具有高温、高压、有毒或易燃易爆等特性，一旦发生事故，往往造成严重的人员伤亡和财产损失[1,2]。

本体金属损伤是压力管道事故发生的主要诱因。GB/T 30579—2022《承压设备损伤模式识别》将承压设备损伤定义为设备在外部机械载荷、介质环境、热载荷等单独或共同作用下，造成的材料性能下降、结构不连续或承载能力下降，并将承压设备损伤模式分为腐蚀减薄、环境开裂、材质劣化、机械损伤及其他损伤。本文的金属损失包括腐蚀减薄和机械损伤，是压力管道最主要的损伤形式。精准识别待检压力管道的损伤形式及选用有效的检测技术是避免事故的先决条件。本文总结了机械损伤和腐蚀减薄两种压力管道金属

作者简介：花云龙(1991—)，本科，主要从事压力管道检测工作。E-mail：919210592@qq.com

损失的发生原因及存在典型情境，提出适用的检测技术，并对比分析了各种检测技术优缺点。

2 压力管道金属损失

机械损伤造成的金属损失可能发生在压力管道生产制造过程也可能发生在运行过程中，由于压力管道安装竣工前开展压力试验，生产制造过程产生的机械损伤危害一般要小于运行中产生的。长输管道和公用管道主要通过公共区域及埋地敷设，其机械损伤发生可能性大于生产区的工业管道。机械损伤主要由第三方造成，据统计第三方破坏造成的长输管道和城市地下燃气管道事故中占比最高的[3,4]。第三方破坏主要来自管道附近的施工，如管道附近修路及修建其他管道及其附属设施，敷设于农田中的管道埋深不足时也可能被耕种机械损伤。机械损伤既可直接造成承载能力下降发生事故，也是后期腐蚀损伤造成事故的诱因。

压力管道腐蚀减薄是普遍存在且难以避免的。工业管道结构形式相对复杂、工艺参数覆盖范围大且材质多样，内腐蚀机理多种多样，腐蚀形式和部位也各不相同。长输管道和公用管道介质和材质都相对简单，内腐蚀以电解液聚集处的局部电化学腐蚀为主。特定情况下存在非单纯电化学腐蚀的情况，如高流速介质管道变向处还可能存在冲刷腐蚀[5]以及集输管道存在的细菌腐蚀[6]。外腐蚀损伤主要取决了外部环境及防护措施的有效性。目视可见的架空管道外腐蚀一般危害性不大，但架空管道下部支撑处防腐效果差及长期附着悬液，可能产生较严重局部腐蚀；保温层破损处浸入雨水可能造成长期持续的腐蚀。埋地管道的外部腐蚀发生在防腐层及阴极保护同时失效处，杂散电流可大幅增大外腐蚀速率[7]，城镇燃气埋地钢质管道由于环境复杂及施工质量差，腐蚀损伤更严重[8]。

3 压力管道金属损失检测技术

3.1 机械损伤检测

机械损伤缺陷一般存在管道外部，分为凹坑、划痕及凹坑+划痕。架空管道及开挖出的埋地管道，可直接目视及借助深度尺、游标卡等对缺陷进行测量。可用手持式三维激光测绘仪对机械损伤缺陷进行精确测绘，并借用仪器自带的辅助软件实时三维建模[9]。图1为某手持式三维激光扫描仪测量生成的三维模型，该仪器可生成高精度的缺陷三维模型，检测分辨率为0.05mm，精度为0.03mm。

图1 三维激光扫描仪测绘的管道缺陷模型

目前检测埋地管道机械损伤，漏磁内检测是一种高效、可靠的识别机械损伤的方法，对漏磁数据的有效分析，能准确识别机械损伤信号，可以实现整条管道的金属损失检测[10]。漏磁内检测技术原理是通过测量被磁化后的金属管道在缺陷处泄漏出磁场强度来定位金属损失缺陷及判断缺陷大小。漏磁内检测是当前长输管道定期检验要求优先选用的现场检验方法，广泛应用于长输管道本体缺陷检测。外检测技术检测埋地管道的外损伤还有一定的局限性，利用交直流电位梯度法可以检测出防腐层破损，再结合管道埋深、附近施工和机械耕种等情况，可以推断可能存在外部机械损伤，但是概率上存在较大不确定性。在确认存在防腐层破损的情况下，可以在地面进行金属磁记忆(Metal Magnetic Memory，MMM)检测或瞬变电磁法(Transient Electromagnetic Methods，TEM)检测以确认在是否存在金属损伤缺陷。磁记忆检测技术是通过在地磁环境下，铁磁材料应力集中区域表面自有磁场信息的变化来实现检测。金属管道在承载状态下，缺陷处产生应力集中区域，应力集中区域的晶体内部会有一个不可逆的磁畴组织定向移动，相当于产生了一个磁极且在金属表面形成漏磁场；外界载荷消失后，应力集中区域的磁场状态会被保留，可认为是漏磁场“记忆”了金属构件的应力集中区[11]。瞬变电磁法是一种基于电磁理论的时间域人工源电磁探测方法，它利用不接地回线(磁源)或接地线源(电偶源)向地面以下发送一次脉冲磁场(通常称为一次场)，在其激发下，埋地管道激励起的感应涡流将产生随时间变化的感应电磁场(通常称为二次场)；由于二次场包含有检测对象的电磁信息，在一次脉冲磁场的间歇期间，利用线圈测量二次场，利用计算机对采集的数据进行分析计算，达到探测地下埋地管道金属损失的目的[12]。

3.2　腐蚀减薄检测

(1)外腐蚀检测。去除防腐保温层架空管道及开挖处理后的埋地管道外腐蚀缺陷检测方法与机械损伤缺陷检测相同。针对架空管道保温层下外腐蚀，受限于管道运行工况要求和经济成本，无法进行大面积外保温层拆除的，可利用红外热成像检测技术定位保温层损坏的部位以初步定位可能存在的保温层下腐蚀缺陷。凡是温度在绝对零度以上的物体，都会产生热辐射发出红外线(辐射能)，红外热成像检测技术是通过测量被测对象发出辐射能的不同，将其转换成可以根据热像图颜色的暖冷判断其温度高低的热像图，进而定位保温层损坏处[13]。不可拆除保温层的或无法接触检测的高温管道，可使用脉冲涡流检测技术进行管体腐蚀程度检测。脉冲涡流检测技术是通过对被测管道施加一个脉冲方波信号激励，探头接收管道中涡流变化产生的二次磁场信号，通过对信号解析评估管道壁厚变化[14]。受支架本身或水泥支墩阻碍，难以直接目视及测量支撑处管道底部腐蚀情况的，可用低频导波和高频导波技术对支撑处管道可能存在的局部腐蚀情况进行定性检测[15]。超声导波原理是利用探头发射沿管壁传播的一定频率超声导波(包括纵波、横波、扭转波等)，当波遇到管道缺陷或结构产生的截面变化，会产生一部分能量反射，探头接收到反射信号，主机经过相关计算判断可能存在的缺陷位置及严重程度。低频导波发射声波频率更低，传播距离更远、精度相对低，高频导波检测用频率更高，传播距离一般限于2m之内，精度相对更高。针对埋地管道的外腐蚀，具备条件的管道优先选用漏磁内检测，否则可综合环境腐蚀性、防腐层局部破损、阴极保护效果以及杂散电流存在等情况，在开挖直接检测的基础上，对外腐蚀损伤进行外检测，可参照的国标有GB/T 30582—2014《基于风险的埋地管道外损伤检验与评价》、GB/T 37368—2019《埋地钢质管道检验导则》等。

(2)内腐蚀检测。工业管道一般内腐蚀的腐蚀机理、易发生部位及常规检测方法可参考GB/T 30579—2022。对于重要管道，可组合多种检测技术实现管道100%的内腐蚀检测。先用低频导波对整条管道进行大范围的粗扫，发现信号异常的部位采用超声波测厚仪精确测厚，也可对信号异常区域进行超声声定位C扫检测，形成检测区域的管道壁厚彩色分布图，直观的显示管道内腐蚀情况[16]。超声声定位C扫检测是将检测区域划分好测点网格，利用声定位传感器和超声波测厚仪的结合检测管道壁厚并利用数据处理软件生成直观的壁厚分布图。同样可使用脉冲涡流技术检测不可拆除保温层或无法接触检测的高温管道的内腐蚀情况。外表面比较光滑的管道，可用外壁漏磁检测技术对小尺寸内腐蚀定性检测。外壁漏磁检测原理和漏磁内检测相同，通过检测管道表面泄漏的磁场强度判断缺陷位置及大小[17]。一般埋地敷设的钢质长输管道和公用管道内部腐蚀的位置预测可参照GB/T 34349—2017《输气管道内腐蚀外检测方法》和GB/T 34350—2017《输油管道内腐蚀外检测方法》。埋地钢质管道内腐蚀缺陷检测优先选择内检测技术。对于开挖出的管段，进行缺陷精度检测时，可以先使用外壁漏磁进行精确定位后使用超声波测厚，或是直接使用超声声定位C扫检测。

3.3　金属损失检测技术特点

上述各种管道金属损失检测技术都具有其适用的条件，可实现管道某些特定缺陷的检测，但是也存在其局限性，其技术特点总结见表1。

表1　管道金属损失检测技术特点

序号	检测技术	检测内容	优点	局限性
1	超声波测厚	壁厚精确检测	快速便捷、精度高	需接触检测部位并耦合，测点表面平滑性有要求
2	手持三维激光扫描仪	缺陷尺寸精确检测及绘制三维图	缺陷信息全面、结果直观	需要操作空间、操作复杂
3	漏磁内检测	整条管道内外部的金属损失检测	全面、高效	管道需具备内检测条件、检测精度相对低
4	金属磁记忆检测	定性检测金属损伤	埋地管道不需要开挖	金属损失处需发生过应力集中，受环境影响大，准确性差
5	瞬变电磁法检测	定性检测金属损失	埋地管道不需要开挖	受环境干扰影响大，准确性差，检测效率低

续表

序号	检测技术	检测内容	优点	局限性
6	红外热成像检测技术	高低温管道保温层损坏	不拆外硬质覆盖物条件下快速定位保温层损坏	无法直接检测金属管体损伤
7	脉冲涡流检测技术	检测管道壁厚	不用拆除保温层，不用直接接触管道，可测高温管道	测得壁厚为均值，小尺寸缺陷无法准确检测
8	低频导波检测	检测管道金属损失	局部接触，检测范围大、速度快	无法定量，管道结构件对检测信号影响大，有检测盲区
9	高频导波检测	检测管道金属损失	检测速度快，灵敏度相对低频导波高	无法定量检测，管道结构件对检测信号影响大
10	超声声定位C扫检测	检测管道壁厚	检测结果形象直观	需接触检测部位并耦合，测点表面要平滑，安装复杂
11	外壁漏磁检测技术	定性检测金属损失	检测效率和灵敏度高	无法定量，检测面需平整

4 结束语

本文系统梳理了压力管道金属损失缺陷的各种无损检测技术方法。简单介绍了机械损伤和腐蚀减薄两种金属损失缺陷的检测技术原理及应用场景，同时也对各种检测技术的优缺点进行了总结。每种技术都有其特定的检测条件和范围，存在一定的局限性。所以，在压力管道检测实施前，应充分分析管道的金属损伤形式、管道特征、具备的检测条件，可以选择一种或者几种有效组合功能互补的检测技术，基本上可实现各种情境下金属损失缺陷的检测。当下无损检测技术在特定条件下检测性能还有待提高，如埋地管道金属损失的地面检测技术和不拆保温管道的管体状况检测等。

参考文献

[1]应未，常通，李贵荣，等．国外长输管道安全管理技术现状综述[J]．石油工业技术监督，2022，38(06)：44－48.

[2]吴得江．浅谈管道天然气事故原因及对策分析[J]．中国石油和化工标准与质量，2023，43(24)：65－67.

[3]李玉星，董邵灿，胡其会，等．油气管道第三方破坏预警技术现状[J]．中国安全生产科学技术，2023，19(S2)：115－121.

[4]李凤．中国城市地下燃气管道事故规律统计分析[J]．天然气与石油，2023，41(04)：125－130.

[5]林俊，吴桐．高含硫天然气埋地管道冲刷腐蚀特性研究[J]．当代化工，2024，53(04)：826－830.

[6]王月，袁曦，王彦然，等．页岩气田细菌腐蚀与控制技术研究及应用[J]．石油与天然气化工，2021，50(05)：75－78.

[7]杨永，罗艳龙，孙明，等．油气管道交流杂散电流腐蚀研究进展[J]．石油学报，2021，42(09)：1247－1254.

[8]曾维国，王国飞，李林涛，等．城市燃气庭院钢制管道检测评价[J]．中国特种设备安全，2020，36(10)：31－34＋58.

[9]李毅，徐超，廖开星，等．手持式三维激光扫描仪在工业构件质量检测中的应用[J]．测绘通报，2019(08)：102－105.

[10]王锋，齐嵩岭，闻亚星，等．油气管道机械损伤缺陷及其腐蚀原因分析[J]．石油化工腐蚀与防护，2021，38(05)：33－37＋64.

[11]石明江，陈瑞，冯林．基于磁记忆的金属管道缺陷检测方法[J]．电子测量与仪器学报，2022，36(01)：44－53.

[12]浦哲，石生芳，任彬，等．瞬变电磁法在门站管道检测中的应用[J]．特种设备安全技术，2019(06)：22－24.

[13]张艳博，任瑞峰，梁鹏，等．基于热成像的埋地热力管道缺陷检测试验研究[J]．仪器仪表学报 2020，41(06)：161－170. DOI：10.19650/j.cnki.cjsi.J2006239.

[14]徐俊桥，孙杰，李绪丰，等．基于脉冲涡流技术的工业管道腐蚀检测[J]．无损探伤，2023，47(02)：45－48.

[15]丁敏，陈立志，李兵．化工管道支吊架部位腐蚀检测技术[J]．中国特种设备安全，2021，37(10)：67－70.

[16]王新光，汪志斌，姚子龙，等．超声声定位C扫检测工艺管道腐蚀[J]．无损探伤，2018，42(01)：47－48.

[17]卢判，王佳峰，张强，等．Pipescan 外漏磁检测系统应用研究[J]．化工管理，2021(27)：194－196.

油气站场站内埋地管道防腐层 PCM 检测

李 蒙[1] 王 果[2] 方 伟[1] 李福元[3] 龚道永[1]

［1. 中国石油塔里木油田分公司，新疆 库尔勒 841000；
2. 中国特种设备检测研究院，北京 100013；
3. 中特检管道工程(北京)有限公司，北京 100013］

摘 要：PCM 检测在长输埋地输气管道外防腐层缺陷检测中已较成熟，但因油气站场站内检测现场操作难度较大，检测准确性低而较少应用。检测准确性直接影响站内管道的运行安全及后续开挖修复的工程量，为提高站内检测准确性，有必要分析现场检测的特点，找出解决办法，继而提出相应的现场操作要点和改进意见。

关键词：油气站场；埋地管道；PCM；防腐检测

PCM Detection of Anti – corrosion Coating on Buried Pipehines in Oil and Gas Stations

LI Meng[1], *WANG Guo*[2], *FANG Wei*[1], *LI Fuyuan*[3], *GONG Daoyong*[1]

［1. Petro China Tarim Oilfield Company, Korla 841000, china;
2. China Special Equipment Inspection&Research Institute, Beiing 100029, China;
3. China Special Inspection Pipeline Engineering (Beiing) Co., Ltd, Beiing 100013. China］

Abstract: PCM detection has been relatively mature in the detection of defects of the outer anticorrosive layer of long-distance buried gas pipelines, but it is rarely applied because of the difficulty and low accuracy of on-site detection in oil and gas stations. The detection accuracy directly affects the operation safety of the pipeline in the station and the amount of subsequent excavation and restoration works. In order to improve the accuracy of the detection in the station, it is necessary to analyze the characteristics of the on-site detection, find out the solutions, and then put forward the corresponding on-site operation points and improvement suggestions.

Key words: Oil and gas station; Buried pipeline; PCM inspection; Corrosion control inspection

1 引言

油气田内的油气站场是连接油气开采生产与远距离输送的重要桥梁，因此，维护油气站场的安全运行十分重要。油气站场埋地管道往往会受到多种因素的影响，从而导致其出现被腐蚀的情况。主要的因素可以概括为外力的破坏、施工质量以及地下环境等[1]。这些因素会造成埋地管道出现穿孔以及裂缝，给油气的正常生产及处理带来了十分严峻的挑战和困难[2]。基于上述的原因，对埋地管道防腐层的破损点进行全方位的系统检测，能够给油气的运输，带来十分深远的积极意义。PCM 检测在国内外长输埋地输气管道外防腐层缺陷检测中已较成熟，但站内管道的外防腐层检测却因现场操作难度大而较少应用。本次研究主要是对油气田油气站场站内埋地管道防腐层 PCM 检测。

2 站内 PCM 检测的特点

油气站场站内 PCM 检测与站外 PCM 检测有诸多不同。若操作方法不当，检测结果准确度很低。通过现场检测发现以下几个主要问题。

作者简介：王果(1993—)，研究生，从事压力管道检验检测工作。E – mail：1228828958@ qq. com

2.1 站内管道密集

油气站场内有集输进站管道、油气处理管道、计量管道、排污管道、放空管道等。同时部分站场，经过数次工艺改造，站内埋地管道布局错综复杂。管道过密造成发射机的检测信号相互干扰，衰减过快[3]。

2.2 线缆、接地线众多

站内工艺区内分布了不少用于站控室远程控制的信号线缆及探照灯、报警器等站内用电设备的电源线。线缆虽然使用绝缘套包裹，但其中通过的电流信号，也会干扰接收机对磁场信号的检测。

站内避雷针和大型设备的接地线埋地部分是在地下串接的铁片，与设备相连，而设备与发射机信号接入点相连，也会干扰检测。

2.3 绝缘接头影响进站管道检测

部分集输进站管道前设置有绝缘接头。检测进站管道时，如果将信号接入点置于进站截断阀前，根据进站截断阀后设备的接地电阻影响，信号可能无法向站外传播，无法检测进站管道。

2.4 硬化路面导电性较差

站外的管道环境多为土地，而站内几乎没有直接裸露的土地。碎石铺设的工艺区，可直接用A字架接收机插入地表检测。站内部分管道位于水泥硬化的路面下，水泥的导电性较差，A字架的检测受到影响。

2.5 排污放空管道相互连接

站内排污放空管道相互连通后接入主排污放空管道。检测时，如果将信号点置于支线上，信号很可能衰减过快，无法达到检测所需最小电流。

2.6 管道连接点影响

在发射机的阳极点(管道连接点)或地极附近测量会产生误差。这是因为信号电流实际上以阳极点或地极作为回流路径，发射机附近的土壤电流比较大且与管道电流方向相反，两者互相抵消。结果是在20~50m左右(取决于接地条件)距离范围内，管道电流变大，测得的数据不准确。

2.7 大破损信号干扰

由大的防腐层破损点产生的电位梯度可能会妨碍它附近小破损点的检测，这是因为一方面大的防腐层破损点在地面上产生的地面电位梯度较为明显，会掩盖小的破损点产生的地面上的变化；另一方面在现场检测进行过程中，检测人员的检测间距并非足够小，以区分出小破损点产生的电位梯度变化[4]。

2.8 并行及均压线影响

并行及均压线对检测结果的影响主要体现在管道埋深和位置检测不准、无法确定单根防腐层整体状况及局部破损点确认难度加大。管道定位及防腐层检测误差产生的原因是并行管道的检测电磁信号耦合后，已经完全扭曲(如图1所示)，完全不满足线传输理论要求，而检测仪原理为通过计算接收线圈接收的磁场强度值获得检测结果[5]。图1中为三根并行管道，在存在均压线的情况下，任意管道上加检测信号，三根管上都会有电流并产生磁场，且磁场相互耦合。图1中虚线为单根管道产生的电磁场，实线为耦合后的磁场，依据各管道分流及防腐层情况的不同，耦合磁场的强度及形状会千差万别。

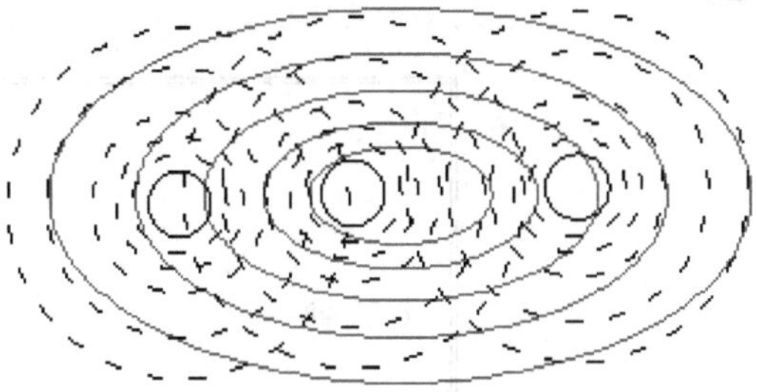

图1 检测信号耦合示意图

3 检验实施要点

(1)检测过程中，电流信号通过与管道相连的设备、容器、仪表等接地线流失。为尽量减少站内接地网产生的信号流失，应在确保生产和安全的前提下，尽量关闭使用现场埋地电源线的设备，检测时避开埋地电源线上方。若有无法避开的管段，则需在与电源线交叉的位置注意分辨真假信号。如果信号波动较大，可多次检测，若信号仍然大幅波动，应怀疑有电源线干扰。

(2)检测有绝缘接头的站场集气管段时，信号接入点不能置于绝缘接头外侧。如果管道没有露出地表，需要在绝缘接头站内一侧开挖，破开管道防腐层接入有效信号。

(3)硬化地面上方的PCM检测A字架无法插入地表，可用水将A字架的尖端和地面接触部分浸湿，连通与地面的回路，接收机即可接收到地面的散发性电场，实现检测。

(4)在测量站内的管道时，应将信号接入点加载在管段两端各测量1遍，通过交叉测量的方式规避发射机20~50m盲区。

(5)若防腐层有重大漏损，出现大面积脱落，则电信号极易散失。可先确定重大漏损位置，定点开挖后，再次检测；同时现场检测的过程中检测人员应在保证检测效率的前提下，尽可能缩小检测间距来更多检测出防腐层破损点。

(6)对于并行管道，为了减小误差，条件允许时可断开均压线后进行检测，无法断开时则需要恰当的选择加电点位置。拆除均压线情况下，由于并行管线的检测磁场是由两个互为增减的磁场耦合而成，所以无法作为评价防腐层整体质量好坏的依据；但是耦合磁场的强弱也可以反映出管道检测电流流失的程度，如果发生大的电流衰减到说明至少有一根管道防腐层质量较差，所以可以将并行的多根管道当成一条来检测以对管道防腐质量作定性评价，参照耦合信号与管道实际位置的相对关系来判断破损点属于哪根管道。

4　现场管道检测

4.1　检测实施

塔里木油田某油气处理站建于 2000 年，至今已进行多次改造和扩建，地下管线复杂(见图 2)。今年来多次发生站内埋地管道因外腐蚀发生失效泄漏情况，影响了正常生产运行，本次对站内注气埋地管道(编号：G1 ~ G7)开展埋地管道外防腐 PCM 检测，并对检验发现的破损点进行开挖，开挖后再次进行 PCM 检测，对比两次检测结果。

4.2　检验结果

如图所示 K1、K2、K4、K5 为 PCM 首次检测出来的防腐层破损点位置，开挖后防腐层均有破损，K3 为再次检测时发现的防腐层破损，开挖出来为防腐层破损管体腐蚀。K6 为 PCM 检测时未发现的破损点，开挖时防腐层有破损。验证信息见表 1。

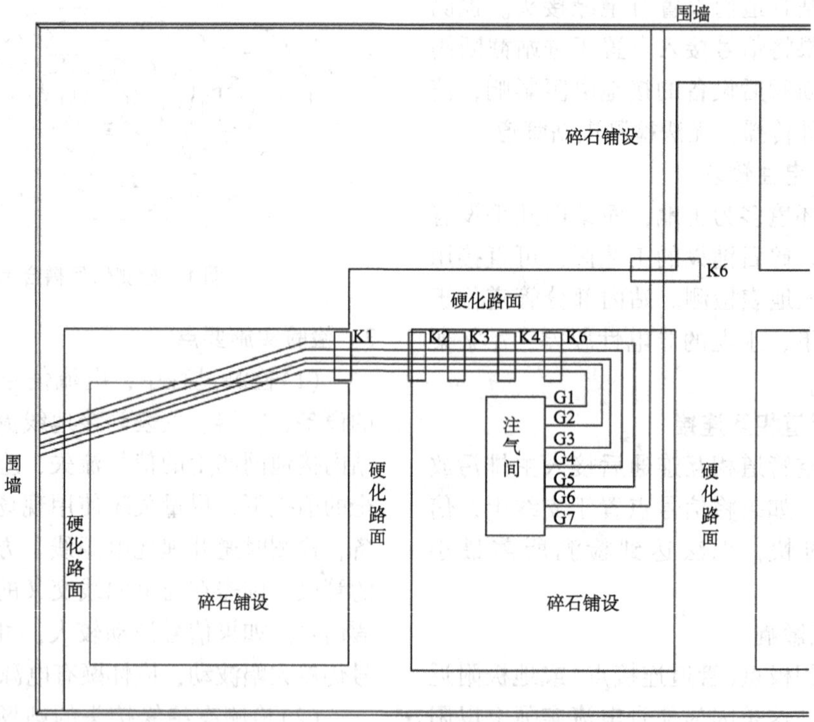

图 2　管线走向

表 1　部分开挖验证信息

破损位置	首检结果	再检结果	防腐层状况	管体状况	备注
K1	检出	—	破损	腐蚀	套管端、硬化路面
K2	检出	—	破损	完好	套管端
K3	未检出	检出	破损	严重腐蚀	碎石面垫层
K4	检出	—	破损	严重腐蚀	碎石面垫层
K5	检出	—	破损	严重腐蚀	碎石面垫层
K6	未检出	未检出	破损	严重腐蚀	套管端、硬化路面

由于该站建站时间较早，管道防腐层漏损现象较严重，2 次检测共发现防腐层破损点 30 个。检验完成后对所检管线站内部分进行全部开挖，对 PCM 检测结果准确性进行验证，除 K6 管道套

管处 2 次检测均未检出外，其余破损点均被证实存在。检测照片见图 3、图 4。

图 3　开挖部位照片

图 4　管体腐蚀照片

4　结论

(1)由于 PCM 非开挖检测设备的易操作性以及检测结果的准确性，PCM 检测仍是站内埋地管道防腐层缺陷检测的理想方法。

(2)PCM 检测仪电流衰减与防腐层破损的判断由多种因素引起，但由于检测准确性直接影响后续开挖修复的工程量，对技术人员的熟练程度和操作经验要求较高，要准确排除干扰，判断设备反馈数据的可靠性主要依托技术人员经验的积累。

参考文献

[1]巴爱叶．油田埋地管道防腐层破损点检测及影响因素分析[J]．全面腐蚀控制，2020，(05)：57－59.

[2]李永年．国内外埋地管道腐蚀状况物理检测技术现状．岩土工程界，2017(9)：33－34.

[3]任虹宇；杨洋；张旭．输气站站内埋地管道防腐层 PCM 检测[J]．天然气与石油，2012，(06)：58－59；

[4]周富建．埋地钢制管道防腐层检测方法对比研究[J]．全面腐蚀控制，2016，(10)：75－78.

[5]周德敏；何仁洋；杨永；韩月红．埋地压力管道检测方法及要点解析[J]．腐蚀科学与防护技术，2012，(24)：349－351.

超大城市燃气管道定期检验建议

刘相庭　张博亚　赵　翔　李旭宇

(北京市特种设备检验检测研究院，北京　100029)

摘　要：对北京市20条约424km输送天然气介质压力管道定期检验所遇问题进行汇总，总结出16个问题类别，梳理并浅析了这些问题的原因，提出超大城市燃气管道定期检验过程中应加强天然气介质成分分析报告审查、督促使用单位补齐原始资料、规范巡线记录审查和推广压力管道完整性管理的建议，助力首都燃气管网的安全运行。

关键词：超大城市；燃气管道；定期检验；案例分析；检验建议

Recommendations for Regular Inspection of Gas Pipelines in Megacities

LIU Xiangting, *ZHANG Boya*, *ZHAO Xiang*, *LI Xuyu*

(Beijing Special Equipment Inspection&Testing Reseach Institute, Beijing 100029, China)

Abstract: This paper summarizes the problems encountered in the periodic inspection of 20 about 424km pressure pipelines in Beijing, summarizes 16 problem categories, sorts out and analyzes the causes of these problems, and puts forward suggestions that should strengthen the review of natural gas medium composition analysis reports, urge users to complete the original data, standardize the review of inspection records and promote the integrity management of pressure pipelines in the process of regular inspection of gas pipelines, so as to help the safe operation of the gas pipeline network in the capital.

Key words: Megacity; Gas pipeline; Inspection; Case Study; Recommendation

1　引言

随着经济社会的飞速发展，我国城镇管网日益完善，燃气成为人们日常生活中必不可少的资源，给人们的生产生活带来了便利，但因管道服役年限过长、老化腐蚀严重、安装质量不佳或不可追溯、使用管理不规范导致的安全问题不容忽视[1]。截至2023年底，作为国家经济和民生的“命脉”、城市的“生命线”的压力管道在册长度99.13万km。全国约有集输管道40万km、长输管道17万km、城市燃气管道55万km(总122万km)，预计2025年压力管道总长度将达到120万km，将为我国成为能源强国提供强大助力[2]。然而燃气管道因泄漏或者操作不当导致的火灾或者爆炸，严重威胁人民生命和财产安全，例如2021年6月13日湖北省十堰市张湾区艳湖小区事故、2023年6月21日宁夏银川富洋烧烤店事故和2023年10月9日北京市通州区梨园镇九棵树中路998号事故等。

为消除燃气管道安全隐患，国务院安全生产委员会印发《全国城镇燃气安全专项整治工作方案》的通知[安委(2023)3号]，市场监管总局办公厅发布关于加快推进燃气压力管道安全排查整治的通知。两份文件均要求提升燃气压力管道法定检验覆盖率，以此作为重要抓手，有效防范化解重大安全风险，提升压力管道本体安全质量水平[3-4]。本文总结近三年北京市部分燃气管道定

作者简介：刘相庭(1987—　)，男，高级工程师，主要从事压力容器和压力管道的定期检验工作。E-mail：freecloudxx@163.com

期检验中发现的问题，为北京市燃气管道定期检验重点提出建议，助力首都燃气管网的安全运行。

2　燃气管道定期检验

北京市输送天然气介质的管道类别包含长输管道、公用管道和工业管道，大部分以埋地为主，特别是六环以内以燃气管道为主，其定期检验主要依据《压力管道定期检验规则 – 公用管道》(TSG D7004—2010)，工业管道埋地部分定期检验需参考《压力管道定期检验规则 – 长输管道》(TSG D7003)[5]。依据规范埋地燃气管道定期检验推荐进行宏观检查和内检测，配合外防腐(保温)层、阴极保护系统状况和杂散电流干扰进行检测评价，但受限于燃气管道的结构和早期安装水平，内检测往往难以开展。因此北京燃气管道的定期检验根据主要损伤模式多以外腐蚀外检测开展检验，包含资料审查、宏观检验、管道敷设环境调查、阴极保护有效性检测、外防腐层不开挖检测、开挖直接检测等检验项目[6]。

3　检验案例

本文汇总了北京市20条输送天然气介质管道近3年的定期检验问题，总长约424km。发现问题包含：①未见管道运行记录，②未见年度检查报告，③三桩一牌不完善，④防腐层破损，⑤管道间距不足，⑥阀井积水，⑦阀井杂物、异物填埋，⑧示踪系统不完善，⑨管道占压，⑩无阴极保护，⑪交流干扰，⑫直流干扰，⑬阴极保护系统过负，⑭异常信号为暗埋阳极，⑮阳极桩损坏，⑯管道局部腐蚀。各管道检验问题汇总详见表1。

表1　20条管道检验问题汇总

序号	管道名称	投用日期	管道长度/m	管道级别	压力/MPa	温度/℃	材质	监检	原始资料	存在问题	开挖腐蚀情况描述
1	机场某管道1	2019	5924	GB1	1	-19/50	L245/20#	有	齐全	①②③④⑤	20处开挖点均为防腐层缺陷，管道本体未见腐蚀
2	某企业管道1	2000	67276	GB1	0.4	-19/50	PE100	无	部分	①②	2处开挖点均为防腐层缺陷，管道本体未见腐蚀。
3	某企业管道2	2017	121	GC2	0.4	-19/50	Q235B	有	齐全	无	2处开挖点均为防腐层缺陷，管道本体未见腐蚀
4	某企业管道3	2008	140341	GB1	0.4	-19/50	PE100	无	丢失	②③⑥⑦⑧⑨	17处开挖点均正常
5	机场某管道2	2019	77.53	GB1	1	-19/50	20#	有	齐全	⑨	1处开挖点，未见防腐层破损和管道腐蚀
6	机场某管道3	2019	31.02	GB1	0.4	-19/50	20#	有	齐全	无	1处开挖点，未见防腐层破损和管道腐蚀
7	机场某管道4	2019	40.61	GB1	1	-19/50	20#	有	齐全	无	1处开挖点，未见防腐层破损和管道腐蚀
8	机场某管道5	2019	208.78	GB1	0.4	-19/50	PE100/20#	有	齐全	⑧	1处开挖点，未见异常
9	机场某管道6	2019	26.34	GB1	0.2	-19/50	PE100/20#	有	齐全	⑧	1处开挖点，未见异常
10	机场某管道7	2019	32.88	GB1	0.4	-19/50	PE100/20#	有	齐全	⑧	1处开挖点，未见异常
11	机场某管道8	2019	128.21	GB1	0.2	-19/50	PE100/20#	有	齐全	⑧	1处开挖点，未见异常
12	某企业管道4	2019	442.55	GB1	0.2	-19/50	PE100/20#	有	齐全	⑧	1处开挖点，未见异常
13	某企业管道5	2013	3807	GC2	0.4	常温	L245/20	无	无	⑤	无腐蚀

续表

序号	管道名称	投用日期	管道长度/m	管道级别	压力/MPa	温度/℃	材质	监检	原始资料	存在问题	开挖腐蚀情况描述
14	某企业管道6	2015	30	GC2	0.4	50	Q235B	无	无	无	无腐蚀
15	某企业管道7	2014	138	GC2	0.6	50	304	无	部分	③⑩	无腐蚀
16	某企业管道8	2013	633.32	GB1	0.4	20	20#/L245	有	无	无	无腐蚀
17	某企业管道9	2013	50.86	GB1	1.0	20	20#/L245	有	无,	无	无腐蚀
18	某企业管道10	2015	21	GC2	0.4	常温	20#	无	部分	⑩	无腐蚀
19	某企业管道11	2000	119106	GB1	0.4/1.0/1.6	常温	Q235B/L245	无	部分	②④⑨⑪⑬⑭⑯	4处管道防腐层机械损伤，严重的导致管道本体裸露、擦伤和锈蚀；冷缠带防腐层，存在黏结力下降、防腐层内潮湿积水、起鼓、剥离，以及植物根系侵入防腐层的现象，降低了防腐层的防护性能；发现有局部管道存在表面有不明产物凝结的现象
20	某企业管道12	2004	85590	GB1	0.4/1.0/1.6	常温	Q235B/L245	无	部分	②③④⑥⑪⑫⑬⑭⑮	2处防腐层破损

4　问题分析

从问题汇总中可以看出北京市输送天然气管道服役情况复杂，在管理和技术两个方面都存在完善空间。例如在管理上应提升使用单位年度检查覆盖率，借鉴完整性管理方法，将长距离管道随“超大城市”发展合理分区分段管理；在技术上部分管道服役年限较长，安装质量参差不齐，由于原始资料的缺失和防腐技术的进步，现有的阴极保护系统难以满足使用或标准要求。因此对燃气管道的定期检验应在法规标准的要求下，加强注意下述项目。

4.1　检验方法选择的正确性

北京市燃气管道定期检验的方法主选外腐蚀外检测，该方法的选择建立在天然气成分不引起内腐蚀的基础上。TSG D7004—2010 第十九条(五)和A3都要求对介质成分分析，开展腐蚀性调查，特别是分析天然气中含硫化氢、二氧化碳和游离水情况[6]。但在实际检验过程中，20条管道仅1条管道能提供介质分析报告，因此应在燃气管道定期检验前，应首先关注管道输送介质是否满足《天然气》(GB 17820—2018)，从而明确外腐蚀外检测的检验方法准确性。

4.2　完整性管理的推荐应用

压力管道完整性管理依据《油气输送管道完整性管理规范》(GB 32167—2015)已经在长输管道上成功应用，其数据采集与整合、高后果区识别、风险评价、完整性评价、风险消减与维护维修、效能评价六环节循环管理对长输管道的危险性和复杂性具有较强的针对性。但城市燃气管道应用该理念较少，特别是“超大城市”的燃气管道，由于城市的快速发展，若无对埋地管道高频循环管理，占压(⑨)，交、直流电流干扰(⑪、⑫)，和其他埋地管道间距问题(⑤)难以得到及时解决(图1)，有时甚至会引起纠纷和激化矛盾。与此同时，随着城市的飞速发展，燃气管道的后果区是动态变化的，长距离燃气管道往往在安装施工时地广人稀，而在两三个定期检验时高楼林立。新的城建也给检验带来复杂性和困难性，甚至检验的重点和方法也需要调整，此时应对燃气管道依据后果区重新分块分段，区分管理和检验，进而保证运行安全。

图1　新建信号塔占压管道和管道间距不足

4.3　资料审查的问题和解决建议

从表1中可以看出，较早敷设的燃气管道设计、竣工资料遗失情况较为普遍，会导致维护保养过程中阴极保护系统的超标，引起诸如损坏的阳极桩未能有效地辨识，导致阴极保护率的降低(⑩)；未经设计校核的增加暗埋阳极导致阴极电位过负(⑬)；缺失暗埋阳极位置信息，PCM扫查异常信号增多，增加开挖点提高检验成本降低检验效率(⑭)等问题，如图2所示。因此使用单位应参考《关于特种设备使用登记有关问题的复函》〔2016〕1号，对设计和安装竣工资料进行补齐，对阴极保护系统的保护率和运行率准确计算。

图2　阳极桩破损和暗埋阳极

4.4　运行记录审查的问题和解决建议

燃气管道定期检验中关于运行记录的审查以检查巡线记录为主。使用单位如何进行巡线，目前尚无标准规范指导。北京市燃气管道巡线可以参考《公用压力管道日常维护与定期检查规范》(DB11/T 796—2011)，但该地标未能随发展修订，导致燃气管道巡线往往重点不突出、意义不明确，很难匹配现阶段社会对燃气管道安全需求。例如北京市汛期集中在7、8月，对汛期的燃气管道巡线应在雨后重点排查阀井积水和异物情况(⑥、⑦)；在巡线过程中应将三桩一牌设置成“打卡点”(③)，这样能高效及时地维护燃气管道，保障管道安全运行，如图3所示。

图3　标志桩破损和阀门内积水

5　总结

燃气管道作为城市的“生命线”，给人们带来生活便利的同时，安全问题也不容忽视。提升燃气压力管道法定检验覆盖率，提高定期检验正确性和有效性是保障燃气管道安全运行的有力措施。作为“超大城市”的燃气管道定期检验，应结合城市的发展，加强天然气介质成分分析报告审查、督促使用单位补齐早期敷设管道缺失的原始资料、规范巡线记录突出巡视重点和推广压力管道完整性管理制度，保障好首都燃气管网的安全运行。

参考文献

[1]卢玉秀，焦红军，孙志鹏，刘见向．浅谈城镇燃气管道的定期检验．特种设备安全技术．2023(2)：20－22.

[2]市场监管总局关于2023年全国特种设备安全状况的通告．特种设备安全监察局．2024年第9号．20240401.

[3]《全国城镇燃气安全专项整治工作方案》. 国务院安全生产委员会．2023

[4]关于加快推进燃气压力管道安全排查整治的通知．北京市场监管总局办公厅．2022

[5]TSG D7003—2022.《压力管道定期检验规则－长输管道》中华人民共和国国家市场监督管理总局 2022[S].

[6]TSG D7004—2010.《压力管道定期检验规则－公用管道》中华人民共和国国家质量监督检验检疫总局 2010[S].

真空绝热罐体汽车罐车检验要点及案例分析

徐 松[1] 何锦坤[1] 尤 俊[1]

（福建省特种设备检验研究院，福建 福州 350008）

摘 要：本文介绍了低真空绝热罐体汽车罐车的基本结构和特点，阐述了低温罐车定期检验重要内容、方法，以及检验案例，通过大量的现场检验案例图片，分析了检验中发现的问题。最后，本文探讨了真空绝热罐体的检验技术和发展趋势，为真空绝热罐体汽车罐车的安全运输管理和检验提供了有用的参考。

关键词：真空绝热；汽车罐车，定期检验，案例

Test Points and Case Analysis of Vacuum Insulated Tank Car

XU Song[1]，*HE Jinkun*[1]，*YOU Jun*[1]

（1. Fujian Special Equipment Inspection and Research Institute，Fuzhou 350008，China）

Abstract：This paper introduces the basic structure and characteristics of low vacuum insulated tank car tank car, describes the important contents，methods and test cases of low temperature tank car regular test，and analyzes the problems found in the test process through a large number of on – site test case pictures. Finally，this paper discusses the inspection technology and development trend of vacuum insulated tank，which provides a useful reference for the safe transportation management and inspection of vacuum insulated tank cars.

Key words：Acuum insulation；Ar tanker；Eriodic inspection；Ase

1 引言

汽车罐车是移动式压力容器的一个品种[1]，常见的汽车罐车有液化石油气汽车罐车、无水氨汽车罐车、真空绝热罐体汽车罐车等，也称为低温液体汽车罐车，或者称之为冷冻液化气体汽车罐车。其中汽车罐车按充装介质可以分为液氧、液氮、液氩、LNG 等汽车罐车，其主要作用是运输需要保持在低温状态的液体介质。这些介质在常温下会发生相变、蒸发或与周围物质发生反应，因此需要在低温条件下进行储存和运输。在运输过程中由于温度低而部分呈液态的气体，临界温度一般不高于 - 50℃[2]。石油化工、生物医药、航天、低温超导、高端制造等领域有着广泛的应用，真空绝热罐体汽车罐车作为重要的运输工具，其数量也越来越多，其安全性和可靠性显得尤为重要。因此，真空绝热罐体汽车罐车，应按国家相关定期进行检验[3-4]。然而，真空绝热罐体与普通的压力容器或罐体存在较大差异，对该类压力容器的检验还存在诸多问题且无法很好地解决，如无法检验内胆和内胆支撑连接件等问题，而且检验手段比较单一，如检验时仅仅局限在测真空度和安全附件检验以及各种管路检验等检验项目。真空绝热罐体汽车罐车无论在制造过程存在的缺陷，还是在使用过程中产生的缺陷，如果不能及早地发现并消除，对罐车都会带来重大的安全隐患，为了确保真空绝热罐体汽车罐车安全运行，就应对该类罐车实施定期检验，及时发现缺陷并消除隐患。

作者简介：徐松（1979— ），高级工程师，硕士研究生，承压类特种设备检验师，主要从事移动式压力容器和气瓶等设备的检验和研究工作。E - mail：41700347@ qq. com

2　真空绝热罐体汽车罐车的结构特点

真空绝热罐体，一般采用真空粉末和真空多层的绝缘方式，以达到对容器内胆的保温效果，由于真空多层的技术已经很成熟，且绝热效果较好，目前，在用移动式压力容器真空绝热汽车罐车，使用真空多层绝热方式较多。根据相关规定[3]，真空绝热罐体可以不设置人孔，日常检验时，也几乎没有发现设计人孔的低温绝人罐体汽车罐车，没有人孔，就意味着此类汽车罐车的检验和常规液化气汽车罐车检验存在很大的区别，最大的不同点是不能进入罐体内部进行检验，这个也是真空绝热罐车检验一大特色，图 1 为氧氮氩真空绝热罐体及管路系统流程图，图 2 为真空绝热罐体汽车罐车外观图，图 3 为氧氮氩真空绝热罐体汽车罐车操作箱管路布置图，图 4 为液化天然气真空绝热罐体汽车罐车操作箱管路布置图。

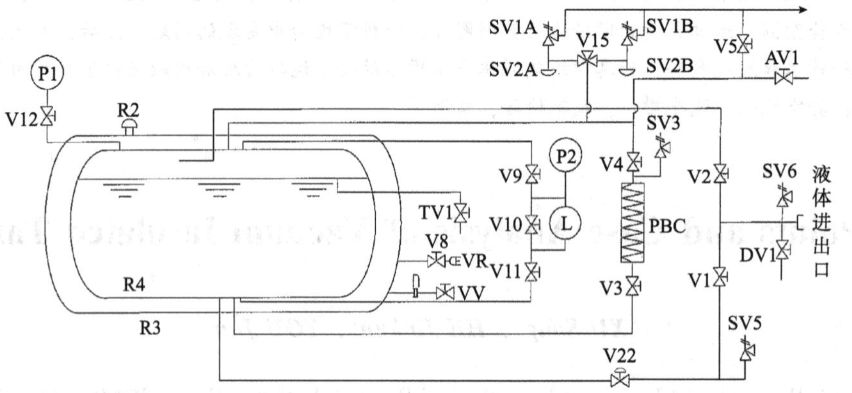

图 1　氧氮氩真空绝热罐体及管路系统流程图

n—抽真空装置；PBC—增压器；SV2A/2B—爆破装置；SV3—增压器安全阀；V11—液位计液相；V12—内容器压力表阀；V1—底部进出液阀；V2—顶部进液阀；L—液位计；VV—高真空阀；AV—气相分析阀；SV1A/1B—全启式安全阀；V9—液位计气相阀；V10—液位计平衡阀；P 1/P2 —内筒压力表；VR—测真空装置；TV1—测满阀；DV1—残液排放阀；V5—放空阀；V8—真空隔离阀；SV5/6—管路安全阀；V15—三通切换阀；V22—紧急切断阀；V3—增压器入口阀；V4—增压器出口阀；R2—外筒防爆装置；R3—外筒；R4—内筒

图 2　真空绝热罐体汽车罐车外观图

1—增压器；2—罐车外筒；3—操作箱；4—半挂车头

图 3　氧氮氩真空绝热罐体汽车罐车操作箱管路布置图

1—紧急切断阀；2—液位计；3—压力表；4—安全阀；5—爆破片装置；6 进出液快装接头；7—管路安全阀；8—底部进液阀

图 4　液化天然气真空绝热罐体汽车罐车操作箱管路布置图

1—紧急切断阀；2—安全阀；3—液位计；4—压力表；5—真空规管；6 排放管；7—气相接头；8—液相接头；9—紧急切断阀近端远程控制开关；10—紧急切断阀远端远程控制开关

2　真空绝热罐体汽车罐车的检验要求

2.1　真空绝热罐体汽车罐车常规检验项目要求

在用汽车罐车的定期检验，包括年度检验和全面检验，罐车的年度检验项目，包括罐车资料审查、罐体外观检验、罐体与底盘连接检验、附属设施连接检验、隔热层检验、附件检验、安全附件检验、组装检验、耐压试验(必要时)和气密性试验、真空度检测(适用于真空绝热罐体)等。全面检验项目，包括罐车罐体年度检验的全部内容、结构检验和几何尺寸检验、紧急切断阀耐压试验、壁厚测定、表面缺陷和埋藏缺陷检测、罐体外表面油漆检验和强度校核等。真空绝热罐体罐车可以不进行结构检验和几何尺寸检验、壁厚测定、表面缺陷和埋藏缺陷检测。

2.2 真空绝热罐体汽车罐车检验重点及检验案例

2.2.1 罐车资料审查

罐车检验资料审查时，除了技术资料的审查外，应加强对管理资料的审查，如特种设备使用登记证的审查，应注意使用单位使用假登记证和检验报告，多次发现使用单位为了混装介质，将使用登记证和检验报告上的充装介质等信息进行私自修改，套用市场监督管理局核发的使用登记证，已达到顺利充装的目的。此外，还应查看罐车实际使用单位是否与罐车使用登记证的信息一致，在检验中也多次发现此类问题。

2.2.2 罐体外观检验

罐体外观检验是比较重要的一个检验项目，是其他检验的基础，包括罐体外层腐蚀、变形、机械损伤、结霜结露、油漆脱落，法兰密封面是否完好、紧固螺栓是否完好等。通过对外观的检查，能快速地发现罐体存在的缺陷，图5为外观检查时，真空绝热罐体汽车罐车被撞击后出现的外观特征，(a)图为罐车操作箱被撞击图，(b)图为后保险杠被撞击后明显变形，(c)图为罐车前支腿被撞后与地面明显不垂直，(d)图为支座与罐体垫板焊缝开裂。在进行外观检查中也发现罐体与罐车底盘连接紧固件脱落，增压器紧固件损坏、垫片脱落、接管泄漏等情况。图6为罐体连接缺陷，其中(a)图为罐体与罐车底盘连接紧固件螺栓断裂脱落，(b)图为增压器紧固缓冲垫片脱落。

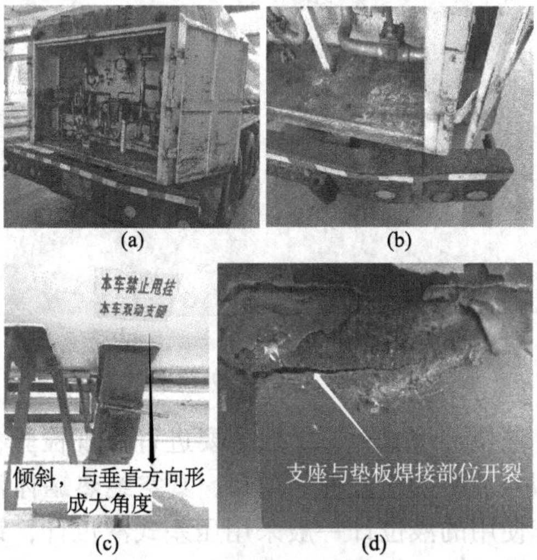

(a) (b) (c) (d)

图5 真空绝热罐体汽车罐车被撞击后出现的外观特征

(a) (b)

图6 罐体连接缺陷

近几年在进行罐车外观检验时，发现在罐体前段底部私自加装圆形水箱，体积大约 $1m^3$ 不等，经了解，使用单位以便改善刹车系统而私自加装的，相应规范也未加说明。加装水箱又分两种情况，一种是将水箱的连接支架直接焊接在罐体的支架上，一种情况是将水箱的连接支架焊接在罐体与底盘连接的支座上，前者明显对罐体支架的受力产生影响，应要求使用单位进行整改，而后者，水箱和水的作用力仅作用在底盘支座上，对罐体没有直接的影响，如经检验未发现因水箱对罐体造成影响的，无需进行整改。图7为私自在罐体底部加装水箱图，其中(a)、(b)、(c)、(d)四张图为不同加装水箱的方式。

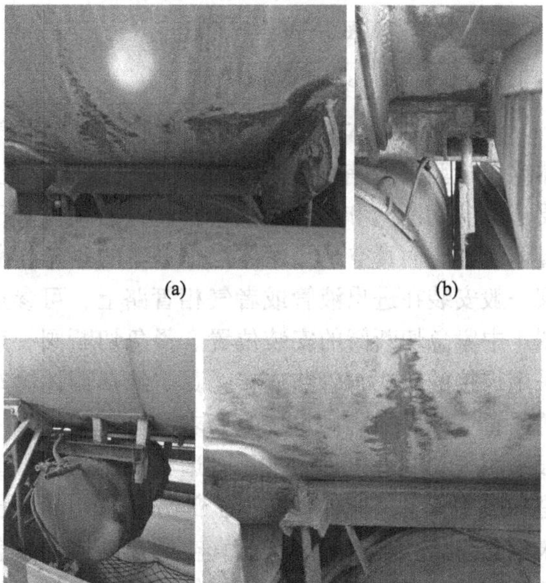

(a) (b) (c) (d)

图7 私自加装水箱图

2.2.3 安全附件检验

移动式压力容器的安全附件，包括安全泄放装置、紧急切断装置、压力测量装置、液位测量装置、温度测量装置、阻火器、导静电装置等。对于真空绝热罐体汽车罐车有其特殊性，其部分安全附件的检验，不能照搬技术规范逐条检验，否则，部分检验项目无法顺利开展。

(1)安全阀

检验规则要求安全阀检验，包括外观检验，解体检验和性能校验。对于真空绝热罐体而言，安全阀安装在管路上，安全阀出口连接排气管排往大气。此类安全阀严格按照检验要求进行解体清洗实属没必要，也很难做到，有些安全阀无法解体，强行解体后很难复原。一般的做法是对安全阀进行外观检验，合格后对安全阀按要求进行不少于3次的校验，并出具校验报告。图8是罐在进行气密性试验时，发现罐体安全阀泄漏的案例。

图8　安全阀泄漏

(2)紧急切断装置检验

真空绝热罐体的紧急切断装置检验与液化气体罐车检验要求有所不同，在液化气体罐车上，要求紧急切断阀和罐体之间的密封件必须内置于罐体内部。而真空绝热罐体汽车罐车的紧急切断阀一般安装在进出液管或者气相管路上，可参见图4中紧急切断阀的安装位置。紧急切断阀一般采用焊接的方式与管路连接，真空绝热罐体罐车的紧急切断阀很难满足规范要求的全部要求，一般采用气动或者电动阀，具有远程控制功能，但是一般不具备过流保护功能，部分紧急切断阀也未设置易熔合金塞等装置。真空绝热罐体的紧急切断装置的检验，很难进行解体检验，亦做不到过流保护功能试验，仅能做到远程控制试验，检查远程控制系统是否有效和灵敏可靠。在检验中发现私自将原本安装的紧急切断更换为普通阀门，紧急切断阀远程控制开关失效等问题。图9为罐车紧急切断阀的缺陷图，(a)图为紧急切断阀更换为普通阀门，(b)图为重新按出厂资料的要求安装紧急切断阀。

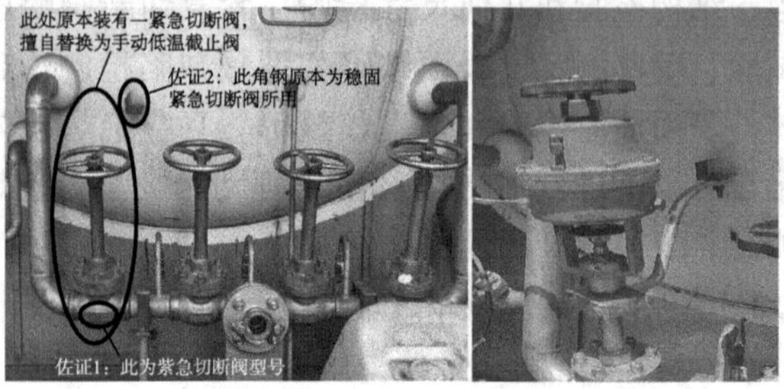

(a)　　(b)

图9　私自将紧急切断阀更换为普通阀门

(3)压力表和液位计

压力表和液位计是容易出现问题的附件，除了常规检验外，在核对检定证书时，应核对证书上仪器编号是否与压力表内的编号一致，通过观察压力表检定证书发现是否存在伪造检定证书，在外观检验时，还应注意，移动式压力容器要求所使用的压力表应为抗震压力表，普通压力表不能在罐车上使用，图10为检验中发现的压力表外观图，(a)图为合格的抗震压力表，(b)图为普通压力表，(c)图为普通压力表在低温罐车上使用，不符合要求，(d)图为压力表接管接头腐蚀泄漏缺陷图。

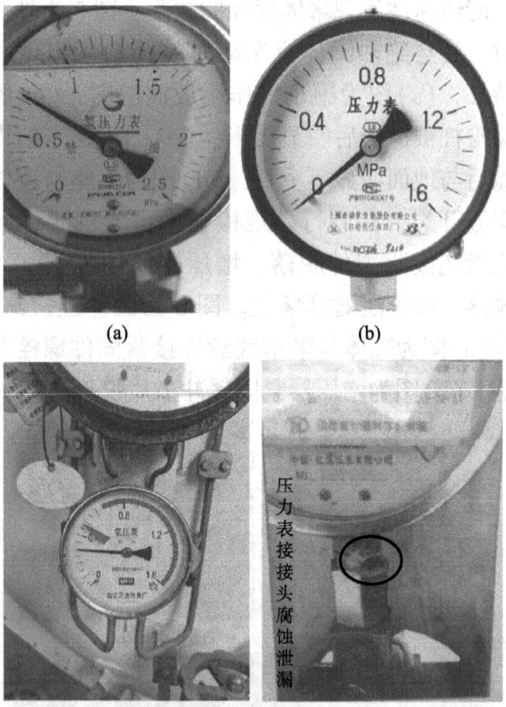

(a)　　(b)

(c)　　(d)

图10　压力表外观图

液位计检验时，一般主要进行外观检验，检查型号、精度、量程等项目，真空绝热罐体汽车罐车使用的液位计一般采用压差式液位计，该液位计和浮球或者旋转管式液位计不同，该液位计不能进行清洗解体检验，但是发现部分罐车在使用时，其液位计会出现指针脱落等损坏现象。

(4)爆破片装置

爆破片装置检验，主要检查内容包括外观检查，检查爆破片装置是否符合相关规定的要求，是否在规定的时间内进行定期更换。在移动式压力容器相关规范里没有明确爆破片更换的具体时间，但《爆破片装置安全监察规程》具有相应的规定条款[5]，一般情况下爆破片装置更换周期为2~3年，对于腐蚀性、毒性介质以及苛刻条件下使用的爆破片装置应当缩短更换周期，该条款可以作为检验爆破片装置时，要求使用单位定期更换的依据，一般在执行时，爆破片装置更换最长时间不得超过3年。

2.2.4　管路检验

罐体管路也是容易出现问题的地方，管路出现缺陷造成管路泄漏，存在很大的安全隐患，很容易造成二次事故。管路系统中各种阀门、安全阀、爆破片装置以及紧急切断阀等均按照设计图纸安装在管路中，从罐体接出位置、阀门位置，以及管路安全阀位置等采用角接接头，其余位置一般采用对接焊接接头的连接形式，对管路的焊接接头按要求进行无损检测。在定期检验时，容易发现如下缺陷，管路系统容易发生泄漏、私自更换阀门、私自更换管路系统的附件、私自对管路进行焊接、安全阀连接处泄漏、增压器连接软管泄漏等缺陷。图11为管路与增压器连接的软管发生泄漏，其中(a)图为罐车气密试验时，肥皂水检查软管，发现软管产生连续气泡，(b)图为超声波检漏仪在软管上发现泄漏信号，显示为点状泄漏点信号。图12为检验中，发现使用单位私自对罐体管路进行焊接，也未能提供任何施工记录和相应的修理资料，其中(a)图为排气管私自焊接，(b)图为接管与罐体角焊缝进行私自焊接，(c)图为安全阀前端的管路私自焊接，(d)图为阀门和管路安全阀角焊缝私自焊接。在日常检验中，发现管路有异常时，应再次核对管路图和罐车竣工图，防止用户私自对管路进行改造或修理。图13为快装接头与接管法兰不匹配，强力组对进行充装，会产生很大的安全隐患。

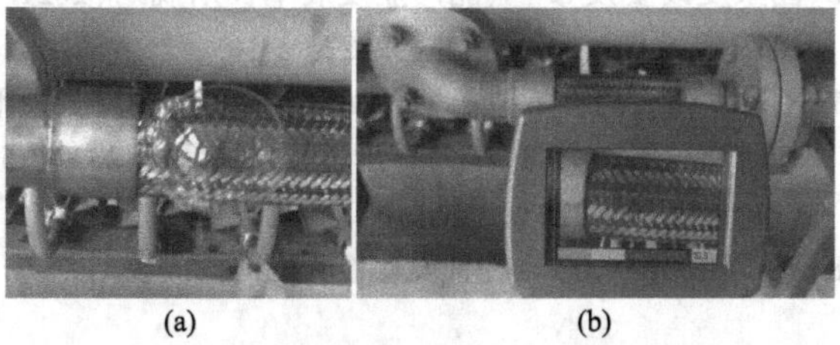

(a)　(b)

图11　管路与增压器连接软管处泄漏

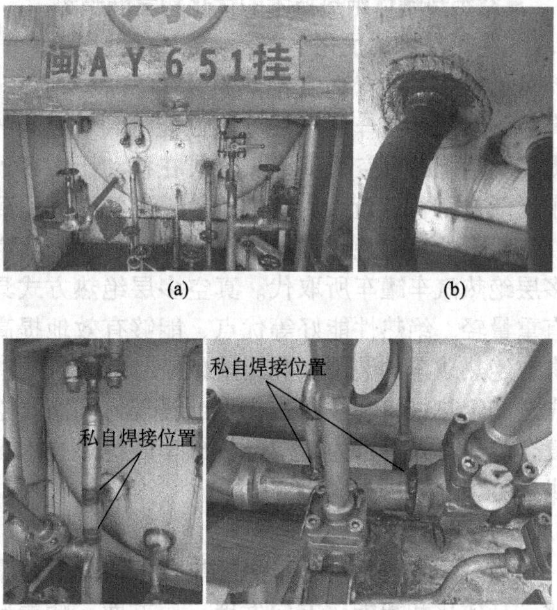

(a)　(b)　(c)　(d)

图12　私自对管路进行焊接

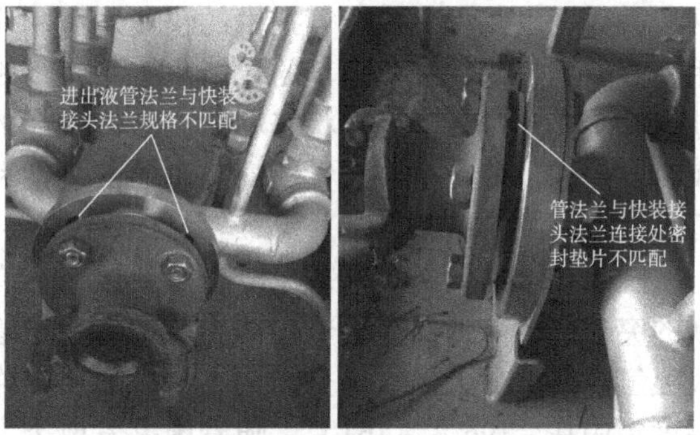

图13　快开门接头与法兰不匹配

2.2.5　真空度检测

真空度检验是真空绝热罐体汽车罐车非常关键的一个检验项目，真空度不合格，必须要进行抽真空处理，相关技术规范也对真空度合格标准进行了规定[4]，图14为检测真空度超标数据，所检测为真空多层真空绝热罐体，真空仪显示为148.8Pa，远远超过规定值1.33Pa。

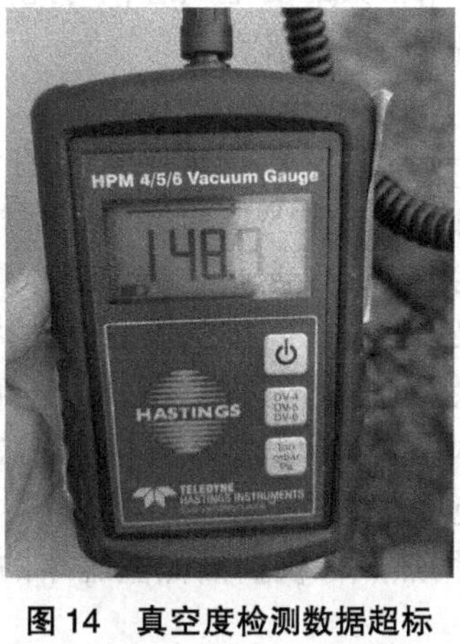

图14　真空度检测数据超标

3　真空绝热罐体绝热技术的优化和发展趋势

3.1　绝热技术的优化

近年来，随着真空绝热技术的发展和应用，真空绝热罐体汽车罐车的绝热性能得到了显著的提高。传统的真空粉末绝热方式在移动压力容器中逐渐被淘汰，近10年市面上已经很少检验到真空粉末的真空绝热罐体骑车罐车，逐渐以真空多层绝热汽车罐车所取代。真空多层绝热方式具有重量轻、绝热性能好等优点，能够有效地提高真空绝热罐车的装载量和运输效率。此外，一些先进的绝热材料和技术也在不断涌现，如高真空复合绝热方式等，为真空绝热罐车的绝热技术提供了更多的解决方案。

3.2　发展趋势

未来的真空绝热罐车的绝热技术将朝着轻量化、高效化和智能化方向发展。一方面，随着新型材料和技术的不断涌现，真空绝热罐车的绝热性能将得到进一步提升；另一方面，随着物联网、大数据以及人工智能等技术的快速发展和应用，真空绝热罐体汽车罐车的智能化水平将不断地提高，实现对罐车运行状态和低温绝热性能的实时监控和预警，将会大大提高罐车的安全性和可靠性。

随着技术的发展，未来深冷罐车新技术会有新的突破。目前，真空绝热罐体主要集中在运输氧氮氩以及液化天然气等介质为主，该介质工作温度集中在－196～－161℃。随着国家发改委发布了《氢能产业发展中长期规划(2021—2035年)》[6]，国家会大力发展氢能产业，为了提高储存效率，未来液氢可能也会使用液氢运输汽车罐车，据相关研究[7]，采用低温液体储氢是目前实现氢能长期高效储运的最具竞争力方式之一，对于液氢压力容器，由于低温液体(20K)与环境(300K)之间的巨大温差以及氢本身潜热小和易燃易爆的特性，微小的漏热会引起大量液体的蒸发，将会带来很大的安全风险，对此类罐体的检验也会提出更高的要求。

4　结束语

(1)由于真空绝热罐体一般没有设置人孔，对罐体的内筒无直观的检验方法，常规的无损检测方法无能为力，仅能通过检测罐体真空度来判断罐体的保温情况，间接的推测罐体内筒是否出现缺陷。除了检测容器真空度外，还可以检测容器外部整体热成像和低温液体蒸发率等，综合评估罐体的绝热性能。

(2)采用热成像仪扫描低温罐车的管路系统，可以快速地发现管路系统是否存在漏点，包括阀门、焊缝、以及管路软管等位置，对于可疑部位，再使用传统的喷涂肥皂水的方法进行检查确认。目前，红外成像仪并非罐车的主要检验设备，但可以作为辅助设备，方便快速的进行检验。

(3)加强底盘与罐体的连接，以及支撑与罐体连接部位等不容易检查位置的检验，在安全阀和紧急切断阀等安全附件的检验方面，应遵循其低温罐车的特殊性，在不违反检规原则的前提下应结合实际进行合理的调整。

(4)加强使用单位的管理，为了降低罐车的使用风险，应加强对罐车使用单位的管理，包括罐车的工艺操作规程管理、作业人员的培训和管理、日常对罐车的维护保养及定期自行检查、临时进口低温罐车的安全管理，以及应急救援的专项演练和管理等。使用单位要逐项落实汽车罐车管理的各项职责，而不是仅仅停留在制度上墙和嘴上应答环节而流于形式。

(5)加强罐车检验单位的技术力量，对于真空绝热罐体汽车罐车的检验工作，由取得RD5资质的检验单位[8]，在核准的检验场所完成，汽车罐车检验单位应具备一定的检验师和检测人员，从而满足汽车罐车的检验。在罐车检验人员方面，应保持检验人员队伍相对稳定，长期从事该项检验工作就会更加熟悉各种真空绝热罐体的结构特点、检验要点、产生缺陷的部位等。另外，应加强检验人员的工作责任心，加强人员的内部培训，积极参加国内外组织的移动式压力容器的交流学习，提高检验人员的整体检验水平。

参考文献

[1]质检总局关于修订《特种设备目录》的公告.2014年第114号.中华人民共和国国家质量监督检验检疫总局公告.

[2]NB/T 47058—2017.冷冻液化气体汽车罐车.

[3]TSG R0005—2011.移动式压力容器安全技术监察规程.

[4]TSG R7001—2013.压力容器定期检验规则.

[5]TSG ZF003—201.爆破片装置安全监察规程(含第1号修改单).

[6]国家发改委发布《氢能产业发展中长期规划(2021—2035年)》[J].稀土信息，2022，(04)：26－32.

[7]刘磊，潘权稳，王博，等.液氢容器真空夹层氢吸附剂研究进展[J].浙江大学学报(工学版)，2022，56(11)：2194－2203.

[8]TSG Z7001—2021.特种设备检验机构核准规则.

燃气调压装置制造监督检验要点分析

姜　璐　李志宏

（安徽省特种设备检测院，安徽 合肥　230051）

摘　要：燃气调压装置是城镇燃气管道系统的重要装置，为保证其本质安全水平，国家市场监督管理局要求对其进行制造监督检验。本文从制造监督检验的角度，根据相关法规标准，厘清生产流程与监检流程的对应关系，将制造监督检验过程分为资质及技术文件审查、原材料审查、焊接过程控制、耐压及泄漏试验控制、出厂文件检查五大部分，结合生产及监检实际情况，分析每一部分的监检重点及难点，同时给出监检建议。本文可为检验机构、监察机构及制造企业的工作开展提供参考。

关键词：燃气调压装置；压力管道；元件组合装置；制造监督检验

Key Points of Manufacturing Supervision and Inspection of Gas Pressure Regulating Device

JIANG Lu，*LI Zhihong*，

（Anhui Special Equipment Inspection Institute，Hefei 230051，China）

Abstract：Gas pressure regulating device is a kind of important device in urban gas pipeline system，and the manufacturing process of it should be supervised by government. The relationship between production process and supervision and inspection process are clarifies according to relevant rules and standards. The process of supervision and inspection is divided into five parts：qualification and technical document review，raw material review，welding process control，pressure and leakage test control，factory document inspection. The key points and difficulties of each part of the process are analyzed，and suggestions of manufacturing supervision and inspection are proposed considering the actual situation. This paper provide reference for inspection institutions，supervisory institutions and manufacturing enterprises.

Key words：Gas pressure regulating device；Pressure pipeline；Component assembly device；Manufacturing supervision and inspection

1　引言

近年来，城镇燃气事故频发，对人民的生命和财产安全造成了极大伤害。2023 年 8 月，国务院安全生产委员会印发《全国城镇燃气安全专项整治工作方案》，要求综合施策提升城镇燃气管道系统本质安全水平[1]。

燃气调压装置是城镇燃气管道系统的重要装置，广泛用于区域调压，居民小区、公共建筑、公共企业等用气的调压及计量[2]。燃气调压装置承受一定的压力，且介质易燃易爆，往往布置在用气点周围，如厂区、商业用户、居民区、学校等地，人员较密集，一旦出现泄漏，一方面影响供气、损坏下游用气设备；另一方面若发生火灾爆炸事故，严重威胁人民的生命和财产安全。因此，保证燃气调压装置处于安全状态十分重要。为保证燃气调压装置的本质安全，国家将其纳入特种设备监管，对其采取制造许可制度，并要求进行制造监督检验(以下简称制造监检)。本文以检验机构的角度，围绕燃气调整装置制造的全过程，对制造监检的要点及常见问题进行分析，可

作者简介：姜璐(1991—　)，高级工程师，主要从事压力管道检验工作。E－mail：jianglu511@126. com

为检验机构、制造企业及监察机构提供参考。

2　燃气调压装置简介及制造流程

燃气调压装置是元件组合装置的一种，由调压器、过滤器、防止出口压力过高的安全装置、调压支路进出口的截断阀门及各类连接用管件、法兰组成，是经焊接、法兰连接或螺纹连接形成的整套装置，有些燃气调压装置还配有流量计、电磁控制阀等，以实现更多功能。2019 年，《市场监管总局关于特种设备行政许可有关事项的公告》(2019 年第 3 号)将元件组合装置纳入生产许可的要求[3]。2020 年 9 月 1 日实施的《压力管道监督检验规则》(TSG D7006—2020)(以下简称监检规则)明确将燃气调压装置纳入制造监督检验的范围内[4]。2021 年发布的《市场监管总局关于特种设备行政许可有关事项的公告》(2021 年第 41 号)对 2019 年第 3 号公告进行了修订和调整，进一步明确了燃气调压装置需要取得制造许可[5]。

目前，燃气调压装置的制造主要依照国家标准《城镇燃气调压箱》(GB 27791—2020)，适用于进口工作压力不大于 10.0MPa，且工作温度范围大于 -20℃、小于或等于 60℃的调压器，标准中包括了产品型号、结构和材料、无损检测、强度试验、检验规则、性能参数、质量证明文件等的规定[6]。目前用于燃气管道系统的燃气调压装置基本在 GB 27791 的范围内，故此标准为制造厂的最主要依据。

对于过滤器，《市场监管总局关于特种设备行政许可有关事项的公告》(2021 年第 41 号)将其归为工厂化预制管段的一种。因此，燃气调压装置中的过滤器可作为工厂化预制管段，容积为 30L 以上的也可作为压力容器，制造单位须取得制造许可证，并接受制造监督检验。若燃气调压装置制造企业自行制造过滤器，监检人员可一同进行制造监检。

燃气调压装置的制造流程及各环节对应的监检过程见图 1。

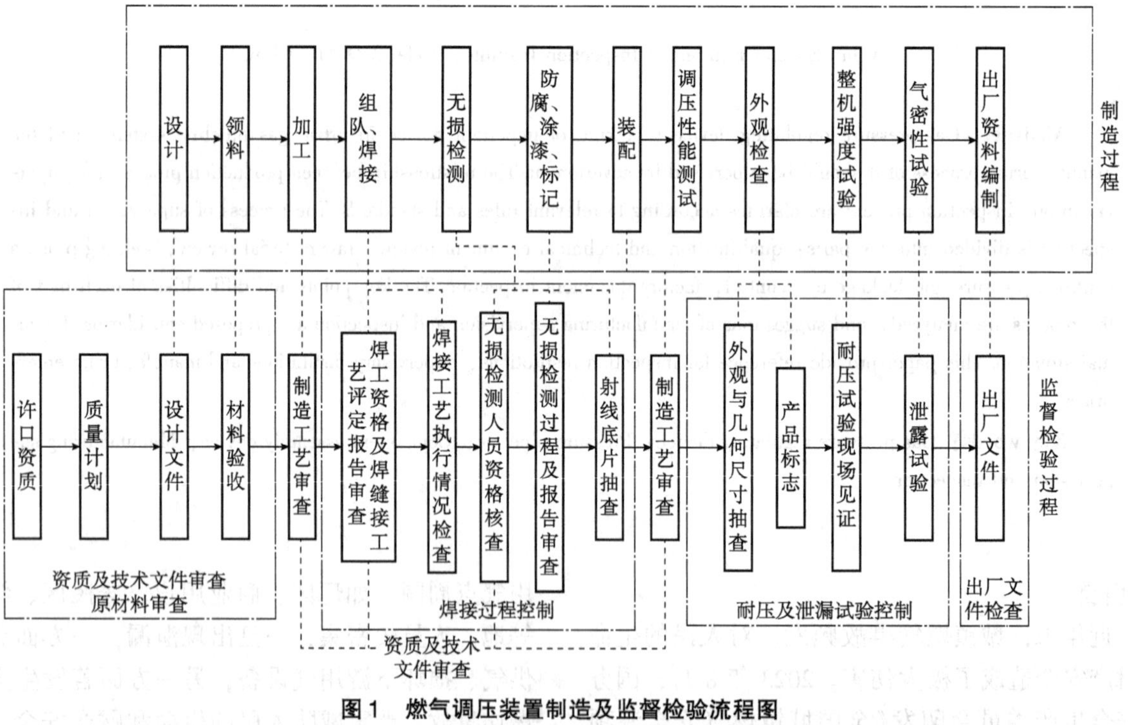

图 1　燃气调压装置制造及监督检验流程图

3　制造监督检验要点分析

根据监检规则，监检项目分为 A 类、B 类和 C 类，分别要求监检人员现场见证、事中或事后现场检查、资料确认。在实际进行监督检验时，在依照监检规则规定的项目类型基础上，监检人员还需根据产品结构、制造企业技术及管理水平、现场条件等因素灵活把握监检项目分类。

燃气调压装置的制造监检根据制造环节，主要分为五大部分：资质及技术文件审查、原材料审查、焊接过程控制、耐压及泄漏试验控制、出厂文件检查。

3.1　资质及技术文件审查

此部分包括制造资质、设计文件、质量计划及工艺文件的审查，监检重点为设计文件及质量计划的审查。

制造资质即制造许可。燃气调压装置制造企

业仅需取得制造许可证，无需进行型式试验，监检人员审查制造许可证有效期及许可范围即可。

质量计划是制造单位把控质量的关键及核心文件，是全过程质量控制的总指导。监检过程中应注意审查质量计划的控制点、要求及责任人员是否满足设计文件及质量保证体系的规定。对于结构、制造流程一致的产品可使用同一份质量计划，但对于结构特殊或设计压力较大的产品，宜单独编制。很多制造企业的质量计划重形式、轻内容，看似对控制点的设置非常全面，甚至包括制造产品不需要的工序，且验收标准严格，验收环节繁琐，但实际生产过程中却难以实施，最终流于形式。因此，在对质量计划的执行情况的检查应贯穿制造监检的全过程。

设计文件的审查需重点看设计采用的技术标准是否现行有效，选用的压力管道元件、无损检测要求及试验要求是否明确，且符合技术标准要求。另外，还需查看强度计算书是否齐全、有效。产品标准 GB 27791 对产品结构、管道元件的选用、无损检测要求及试验要求做出了规定，可作为设计依据。但其并未涉及管道布置及焊缝布置，设计时建议参照工业管道标准，如《压力管道规范 工业管道》(GB/T 20801)、《工业金属管道工程施工规范》(GB 50235)等。

设计文件主要存在以下问题，监检人员应重点检查：

(1)大多数制造企业设计人员的专业性不足，设计往往依照经验，对环焊缝之间的距离、开孔与焊缝间的距离、过滤器开孔间的距离设计较随意。

(2)为节省成本，往往以各标准规范的最低要求进行设计。设计过程应以在保证产品本质安全的前提下进行，关键部位应结合多个标准及强度计算情况设计。比如，一些制造企业为减少成本，选用板式平焊法兰。虽然 GB 27791 中对法兰的形式选用并未做出规定，但 GB/T 20801.3 中明确规定"有毒、可燃介质管道不得采用板式平焊法兰"[7]。板式平焊法兰刚度不强，且连接形式为角焊缝，应力集中较严重，故不适用于燃气管道。

(3)燃气调压装置制造企业自行设计制造过滤器时，为图方便，往往将过滤器当作调压装置主体的一部分，不做区分，一同设计。但由于过滤器的产品标准不同，其结构形式、无损检测要求等与调压装置不同，应依照《燃气过滤器》(GB/T 36051—2018)或《压力容器》(GB 150)单独进行设计。

制造工艺文件的审查主要查看工艺文件能否包括制造过程中所有工序，并且符合制造条件、有可行性。

3.2 原材料审查

此部分包括对原材料厂家资质、质量证明书及验收过程的审查。

监检人员应在企业下料前对外购的压力管道元件、焊材、安全附件等的产品质量证明书，过滤器或流量计的制造监督检验证书，所有原材料的验收记录、材料标志及复验情况进行检查。合格的原材料是保证产品质量的根本，是质量控制最关键的环节。然而，制造企业往往偏重制造过程中的流程控制，忽视了对原材料质量的把控，验收环节也只是对规格、数量进行盘点，故监检人员需重点把控此过程。

监检人员应注意以下方面：

(1)对于经销商供货的外购件，有时存在质量证明书进行造假的情况。监检过程中若发现有明显打印错误或逻辑错误的质量证明书，应及时向生产厂家核实是否为真实质保书。若质量证明书不真实，且外购件来历不明，应要求制造厂一律按退货处理。

(2)对于较为关键的管道元件，必要时需核查管道元件厂家的制造许可情况及型式试验证书，确认其型式试验证书在有效期内，且覆盖此批产品。

(3)一些燃气调压装置制造企业经常外购进口流量计或阀门，但往往只能提供进口产品的外文质量证明书。根据市场监管总局的要求，进口的压力管道元件范围内的流量计(壳体)应按《质检总局关于承压特种设备制造许可有关事项的公告》(2012 年第 151 号)要求进行安全性能检验(到岸监检)[8]；根据《市场监管总局办公厅关于特种设备行政许可有关事项的通知》(市监特设发〔2022〕17 号)的规定，进口压力管道管子、阀门的制造单位于2024 年6 月1 日起需取得国内制造许可证，并按相关要求进行型式试验及制造监督检验(或进口安全性能监督检验)[9]。因此，制造监检过程中应注意核对进口产品的制造许可证、型式试验证书及监检报告。

(4)燃气调压装置原材料较多，一台产品使用的管道元件及附件可能多达几十种。监检过程中需查看验收记录是否完整，并现场抽查原材料标志的批号、规格与质量证明书是否对应，保证其可追溯性。对于非标定制件应重点查看销售合同及技术条款是否满足设计要求，有些非标件缺少标志及质量证明书，应要求制造单位补充完整。

3.3 焊接过程控制

此部分包括焊接技术文件及焊工资质审查、原材料切割、加工、焊材管理、焊接、无损检测的监督检验。

(1)焊接技术文件及焊工资质审查

规范有效的焊接技术文件及焊工资质是进行焊接作业的基础和前提，包括焊接工艺评定报告、焊接工艺规程及焊工资格证的审查。

审查焊接工艺评定报告时，首先要注意供评定的焊接试件是否为本单位持证且在岗焊工所焊，一些制造单位人员流动大，提供的焊接工艺评定报告为多年前所做，焊工早已离职，此种情况应要求重新进行焊接工艺评定。其次需查看执行标准是否现行有效，目前大多数燃气调整装置制造的焊接工艺评定执行《承压设备焊接工艺评定》(NB/T 47014)。确定以上两项符合要求后，重点查看报告中的焊接方法、焊缝形式、母材及填充金属的种类及试件规格、焊接因素等能否覆盖本单位产品制造的需要，查看焊接工艺评定试件的检验及结果是否合格。焊接工艺规程需根据合格的焊接工艺评定报告编制，需注意审查焊接工艺规程内容是否经评定合格，其编制、审批、审核人员的签字是否符合制造单位质保体系文件的规定。

对于焊工资质，首先要审查焊工证的考试合格项目能否覆盖产品制造的需求，是否在有效期内。其次要审查焊工实际从事的焊接作业是否与焊工证考试合格项目相符。

(2)原材料切割、加工

制造单位往往生产多台产品时集中领料，若现场管理不规范会导致各类管道元件堆放杂乱，可能出现生产时用错原料的情况。因此，监检人员需重点检查管子切割后的标志移植情况，并根据需要对各元件进行标记。

原材料的加工主要包括坡口加工及开孔。过滤器的制造过程需要在钢管上开孔，有些制造企业开孔不规范，导致开孔边缘有缺口，甚至破坏了母材，监检过程中特别注意。

(3)焊材管理

焊接用的焊材需要有专门的仓库存放，且建立焊材保管、烘干、发放、使用及回收制度。焊材库需控制其温度和湿度，且不同种类、批次焊材应分开存放，并建立档案。严格执行焊材的发放、使用、回收制度一方面可保证焊材的合格状态，从而保证焊接质量；另一方面可从源头避免焊材用错的问题。监检人员应定期检查焊材库情况及焊材的领用回收制度是否有效执行。

(4)焊接

焊接过程由于在制造厂内进行，焊接条件较好，且多数采用机动焊与手工焊相结合，焊缝结构单一，故焊接难度不大，但需严格控制焊接质量。监检人员在此环节需检查焊接记录，抽查焊接工艺、焊缝标识及焊接工艺纪律的执行情况，更重要的是进行焊缝的外观检查。若焊缝外观不合格，焊接工艺很有可能出现了问题。外观检查是对焊缝质量检查的第一关，目视检查方便且快捷，若出现不合格现象，及时返修，一方面从源头保证焊接质量，另一方面避免流转到下一工序造成资源浪费。常出现的焊缝外观缺陷有明显的凹陷、咬边、余高过高、焊瘤、焊脚尺寸过大、表面气孔、盖面未焊满等。

(5)无损检测

无损检测是焊缝质量检查的金标准，监督检验的重点为无损检查人员资质审查、无损检测实施过程、无损检测的形式及比例、射线底片质量及评片结果。

在进行无损检测监检之前，首先应查看检测人员是否持相应无损检测人员资格证，审查其项目、有效期及执业注册情况。

无损检测实施过程需查看无损检测工艺文件编制是否能满足焊缝检测的需求，对于射线检测，需查看射线检测设备的管理情况。曝光曲线的准确程度直接影响底片质量，由于每台射线机的曝光曲线各不相同，且同一台射线机随着使用时间的增加，其射线管及靶可能老化，引起射线照射率变化，因而曝光曲线的定期核查必不可少。根据 NB/T 47013.2 的规定，射线机需自行校准、核查，曝光曲线每年至少应核查一次，当射线设备有重大变化时，还需重新核查或制作曝光曲线。监检过程中应注意无损检测人员是否对射线机及曝光曲线进行维护，若发现底片质量严重下滑，需考虑对射线机及曝光曲线进行检测。

对于无损检测比例，应注意若为射线抽样检测，需重点抽取固定焊口及外观欠佳的焊口，并覆盖到每一焊工。监检人员需对射线底片进行数量不少于10%(包含返修片)的复评。

射线底片质量是保证射线检测准确性的基础，若质量不佳会影响缺陷的识别及评定。进行复评时应重点查看底片黑度、像质计显示丝数是否合格，底片能否清晰显示焊缝影像。若透照方式为双壁双影，需查看开口角度是否足够。射线评片结果决定了射线检测的有效性，依赖于评片人员的水平及责任心。由于评片有一定的主观性，故监检人员进行底片复评时，需结合缺陷影响及实际焊接情况综合判断，必要时可以对焊缝进行适当打磨或增拍不同角度底片。

3.4 耐压及泄漏试验控制

此部分包括外观及几何尺寸抽查、对耐压试验的现场见证、泄漏试验的检查。

在进行耐压试验前，需对产品进行外观和几何尺寸进行检查，确定产品结构、元件类型是否与设计文件一致，查看涂敷质量是否合格，铭牌信息是否正确。

耐压试验是控制燃气调压装置产品质量的最后一关，也是最重要的一项试验，在监检规则中为制造监检过程中唯一的A类项目，监检人员需现场见证耐压试验过程，并确认试验结果。GB 27791规定，应对所有压力组件进行强度试验。耐压试验介质可为水或空气，用水做试验介质时，要注意使用无腐蚀性的洁净水，且试验完成后要用压缩空气将内部吹干；用压缩空气或惰性气体做试验介质时，试验压力不可大于0.6MPa，且需要采取一定的安全措施。

由于燃气调压装置中的调压器、流量计等存在精密部件，用水进行试验可能会影响其精确度，故大多数情况下使用压缩空气作为试验介质。由于调压器内的平衡皮膜无法承受过大压力，试压时可将调压器调整为关闭状态，避免试压介质直接冲向皮膜，调压器前后装置分开试压。为保证耐压试验质量，宜使用两块压力表作为参照。监检人员在耐压试验开始前应检查试验环境及温度、压力表状况能否满足试验要求；试验中进行检查升压步骤、压力、保压时间是否符合设计文件要求，注意是否有异常声响；保压后注意检查是否有渗漏及变形。

耐压试验合格后，需进行泄漏试验(即气密性试验)。泄漏试验为气压试验，也应在调压器关闭状态下，对调压器前后管路分别进行。

根据GB 27791及实际制造情况，建议的耐压试验及泄漏试验方式见表1。

表1 耐压试验及泄漏试验方式

试压项目	试验介质	试验压力	加压方式
耐压试验	洁净水	1.5倍设计压力且不低于0.6MPa	(1)将调压器处于关闭状态，分别按调压器前后的管道的试验压力进行加压。 (2)若调压器关闭时相应腔室采取保护措施后不能承受试验压力，可将调压器与其他管路隔离后试压
	压缩空气或惰性气体	1.15倍设计压力且不大于0.6MPa	
泄漏试验	压缩空气或惰性气体	设计压力	(1)将调压器处于关闭状态，分别按调压器前后的管道设计压力进行加压。 (2)若调压器关闭时相应腔室采取保护措施后不能承受设计压力，应先将调压器与其他管路隔离，分别按调压器前后的管道设计压力进行加压。然后将调压器与前后管路连接，以安全装置动作压力(切断压力)的1.1倍且不低于20kPa对连接部位进行泄漏检查

监检人员在对此部分监检时应注意，在耐压试验之前应完成2.1～2.3节所述的全部内容及外观尺寸的监督检验。尤其存在焊接返修情况的，要在耐压试验之前对焊接返修的无损检测结果进行确认。一些制造厂在进行耐压试验后，临时更改设计，增加或更换膨胀节等配件，这些改动往往不需重新焊接，仅通过拆装法兰进行，因此企业不够重视，监检人员也不易发现。针对此问题，监检人员应在产品出厂前与设计文件进行核对，若发现耐压试验后更换配件，需要求制造企业重新进行耐压试验及气密性试验。

3.5 出厂文件检查

燃气调压装置的出厂文件包括产品合格证、产品使用说明书、产品质量证明书及制造过程中的各类生产记录、检查记录。在进行出厂文件检查时，要围绕制造企业质量保证体系进行，各出厂文件的编制、审批需符合质量保证体系的相关规定。GB 27791对质量证明书应的内容有明确要求，监检人员应注意查看。

4 结论

本文对燃气调压装置制造监督检验全过程的要点及难点进行了分析讨论。

(1)燃气调压装置结构灵活多变，使用的压力管道元件种类多样，且流量计、阀门等功能配件多使用进口产品，这对制造监督检验提出了更高的要求。监督检验人员应抓住关键环节，如原材料、焊接质量及耐压试验，围绕制造企业质量计划及质量保证体系，根据制造流程合理安排监检流程，将制造监检贯穿于生产的全过程。

(2)燃气调压装置介质均为燃气，运行工况为常温，主体材质基本为 20 钢或 Q345 等碳钢，主要用于次高压及中压管网，管道元件的厚度很少能达到需要焊后热处理的标准，故本文未考虑焊后热处理过程。

参考文献

[1]国务院安全生产委员会．全国城镇燃气安全专项整治工作方案[EB/OL]．(2023－08－11)[2024－5－14]．https：//www. mem. gov. cn/gk/zfxxgkpt/fdzdgknr/202308/t20230811_ 459110. shtml.

[2]黄达，周路云，沈杰．燃气调压装置监督检验流程探讨[J]．上海化工，2021，46(05)：31－34. DOI：10. 16759/j. cnki. issn. 1004－017x. 2021. 05. 014.

[3]国家市场监督管理总局．市场监管总局关于特种设备行政许可有关事项的公告(2019 年 第 3 号)[EB/OL]．(2019－01－16)[2024－05－14]．http：//www. samr. gov. cn/samrgkml/nsjg/bgt/201902/t20190216_ 288677. html.

[4]TSG D7006—2020 压力管道监督检验规则[S].

[5]国家市场监督管理总局．市场监管总局关于特种设备行政许可有关事项的公告(2021 年 第 41 号)[EB/OL]．(2021－12－02)[2024－05－14]．https：//www. samr. gov. cn/zw/zfxxgk/fdzdgknr/tzsbs/art/2023/art_ 6608605c3b334954ac72e19851c38a35. html.

[6]中华人民共和国住房和城乡建设部．城镇燃气调压箱：GB 27791—2020[S].

[7]GB/T 20801—2020 压力管道规范 工业管道[S].

[8]原国家质量监督检验检疫总局．质检总局关于承压特种设备制造许可有关事项的公告(2012 年第 151 号[EB/OL]．(2012－10－11)[2024－05－14]. https：//www. samr. gov. cn/tzsbj/zcfg/gfxwj/art/2012/art _ 487cf3fc83f14b16ba79726f725a8b8a. html.

[9]国家市场监督管理总局．市场监管总局办公厅关于特种设备行政许可有关事项的通知(市监特设发〔2022〕17 号)[EB/OL]．(2022－03－21)[2024－05－14]．https：//www. samr. gov. cn/zw/zfxxgk/fdzdgknr/tzsbs/art/2023/art_ b82b3fb5b4254b9b8cfdf6c117bd783d. html.

燃气管道泄漏内检测技术与应用

黄开端[1] 白云翔[1] 何仁碧[1,2] 张 政[1] 郭岩宝[1]

[1. 中国石油大学(北京)，北京 102249；
2. 中国特种设备检测研究院，北京 100013]

摘 要：随着城市化进程的加速，地下管道建设持续增加。管道泄漏对经济和资源造成严重损失，因此，定期检查管道安全至关重要。外部检测和内部检测是两种主要方法，其中内部检测适合城市燃气管道，因此采用球形内检测器作为工具。通过模拟和结构设计确保其通过性和稳定性。对于泄漏信号的识别和处理，采用声音处理方法进行分析。实验验证显示，泄漏噪声频谱图中的峰值可以清晰地表明泄漏情况，泄漏量增加时峰值也相应增加。引入神经网络算法有望提高泄漏检测的准确性和自动化程度。

关键词：燃气管道；内检测器；频谱分析；缺陷检测

Gas Pipeline Leakage Internal Inspection Research

HUANG Kaiduan[1], *BAI Yunxiang*[1], *HE Renbi*[1,2], *ZHANG Zheng*[1], *GUO Yanbao*[1]

[1. China University of Petroleum (Beijing), Beijing 102249, China;
2. China Special Equipment Inspection & Research Institute, Beijing 100029, China]

Abstract: With the acceleration of urbanization, the construction of underground pipelines continues to increase. Pipeline leaks cause serious economic and resource losses, making regular inspection of pipeline safety crucial. External and internal inspections are the two main methods, with internal inspection being suitable for urban gas pipelines. Therefore, a spherical internal detector is used as a tool. Its passability and stability are ensured through simulation and structural design. Sound processing methods are used for the identification and processing of leak signals. Experimental validation shows that the peaks in the spectrum of leak noise clearly indicate the occurrence of leaks, with peaks increasing with the amount of leakage. The introduction of neural network algorithms is expected to improve the accuracy and automation of leak detection.

Key words: Gas pipeline; Internal detector; Spectrum analysis; Defect detection

1 引言

随着城市化进程加速，地下管道建设不断增加。天然气作为主要能源之一，管道泄漏可能导致严重经济损失和能源浪费。因此，定期检查和评估管道安全至关重要，以及时发现缺陷。管道检测分为外检测和内检测。相比之下，内检测更适合城市燃气管道，能有效发现管道内部问题。为此，选择球形管道内检测器作为工具，以确保检测的准确性和高效性。

2 球形内检测器结构设计

2.1 机械结构设计

为保证管道泄漏检测效果，采用未来 7100 尼龙材料[1]作为上半球壳和下半球壳的承压材料。该材料耐高温、韧性好、硬度高，制作的机械零件性能优良。球壳外部使用 50 度橡胶高弹 EVA 材料作为减震层，以减少噪声。内部结构则选用亚克力材料作为支撑板，固定元器件。传感器置于管道介质中，通过气密法兰和导线将信号传输到密封球体内，使传感器直接与介质接触，

作者简介：黄开端(2000—)，研究生在读，主要研究方向声学管道泄漏检测。E－mail：gyb@ cup. edu. cn

有利于信号采集。设计后的球形检测器机械结构如图1所示。球壳外径为144mm，EVA减震层厚度为4mm，总直径为152mm。

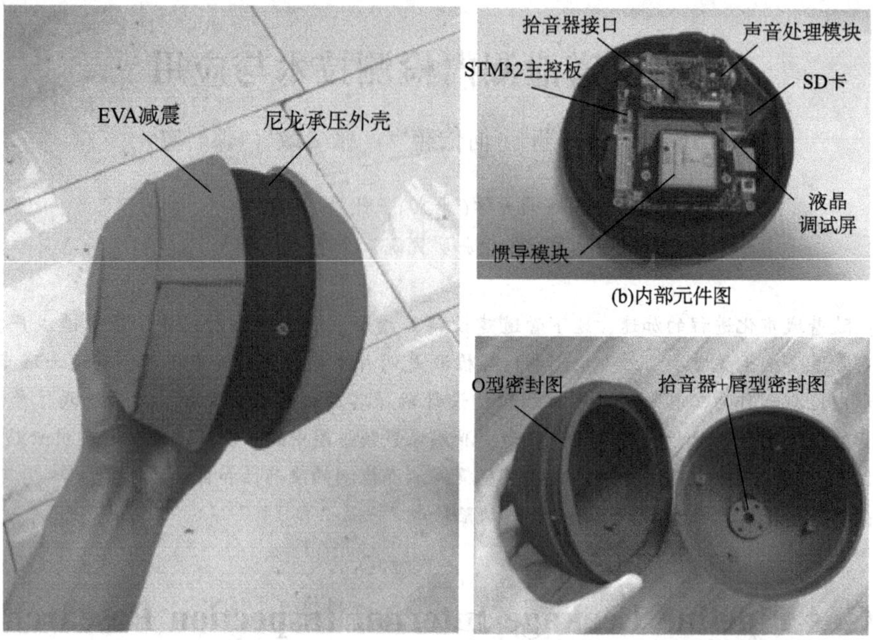

(a)外部结构图　(b)内部元件图　(c)核心球壳结构

图1　球形内检测器结构

为了满足球形检测器在管道中平稳运行，必须使球的重心与球的中心重合[2]。对于一个物体，已知其各部分质量 m_i 和位置 r_i，则重心 G 的坐标可以通过以下公式计算。

$$G_x = \frac{\sum_{i=1}^{n} m_i \cdot x_i}{\sum_{i=1}^{n} m_i}, G_y = \frac{\sum_{i=1}^{n} m_i \cdot y_i}{\sum_{i=1}^{n} m_i}, G_z = \frac{\sum_{i=1}^{n} m_i \cdot z_i}{\sum_{i=1}^{n} m_i}$$

2.2　通过性分析

球形内检测器的安全通过性是其结构设计中的关键问题。为确保其在管道内的正常运行并避免卡堵现象，采用 Fluent[3,4] 软件对管道进行仿真，分析不同流速下管道内介质对球体通过性的关键影响因素。仿真参数如表1所示。

表1　Fluent 仿真参数

管道内压	管道内径	介质	流速	管道材料	粗糙系数
0.8MPa	200mm	天然气	15m/s	钢	0.049

为模拟其在极限状态下的通过性，分别采用直径为40mm、80mm、120mm、160mm 的内检测器（管径比 $\lambda=0.2$、0.4、0.6、0.8）。通过 Fluent 仿真分析内检测器在直管和弯管中的通过性，重点研究不同管球径比 λ 下，球形内检测器在直管和弯管附近的流场流速图和压力云图，结果如图2和图3所示。

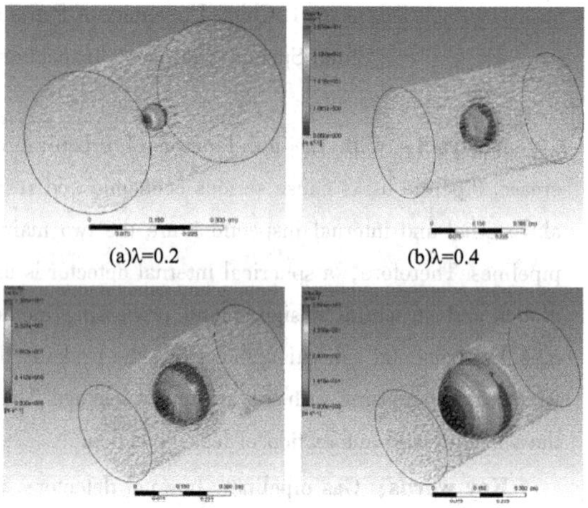

(a)λ=0.2　(b)λ=0.4　(c)λ=0.6　(d)λ=0.8

图2　不同管径比下直管流速图与内检测器压力云图

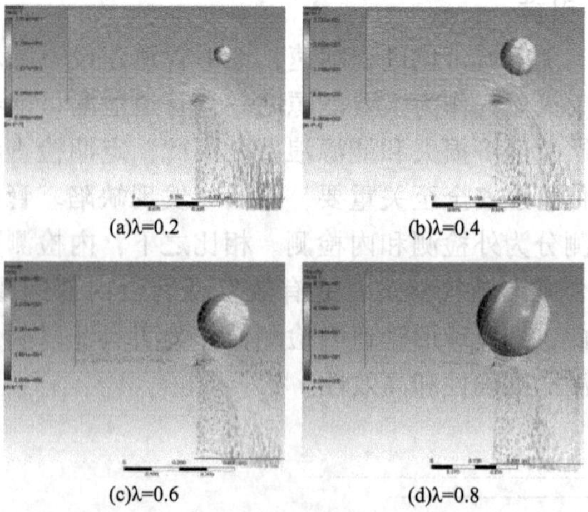

(a)λ=0.2　(b)λ=0.4　(c)λ=0.6　(d)λ=0.8

图3　不同管径比下弯管流速图与内检测器压力云图

对比不同管径比下的流场模拟结果，得出以下结论：当 $\lambda<0.6$ 时，内检测器直径较小，受力面积减小，导致运动速度较慢，可能发生翻滚等不稳定现象；当 $\lambda>0.6$ 时，随着流速增加，尾流区域扩大，运动速度显著提高，可能导致无法通过弯管。因此，确定管径比在 $0.7<\lambda<0.85$ 之间较为合适。当管径为200mm时，最佳球径范围为140～170mm。最终设计的内检测器球径为152mm，以确保通过性和稳定性。

3 内检测器的检测方法

3.1 检测方法选择

管道检测的方法可分为外部检测法和内部检测法。外部检测法通过监测流量、压力、声音等物理参数变化来检测泄漏，常用的方法是负压波捡漏法[5]。然而，负压波在管道中传播会有衰减，对微小泄漏的检测较困难。另一种方法是内部检测法，利用磁场、涡流、超声等技术。常见的内检测技术包括超声波、声波、磁通漏失和清管器涡流检测等。

针对天然气管道泄漏产生的噪声信号，最终决定采用一个工业环境监测常用的噪声传感器进行检测。当检测器经过泄漏点时，噪声传感器能够捕捉到噪声信号的峰值。随后，可以使用FFT变换、RMS均方值等声音处理方法对泄漏信号的频率和强度进行进一步的分析。

3.2 泄漏信号识别及处理方法

通过噪声传感器获取.wav格式文件，符合RIFF规范，适用于Windows平台。格式的文件采样频率为44.1KHz，16位量化数字，支持后续降噪、FFT变换、RMS均方根值的分析。考虑到采样频率限制和环境噪声干扰，需经过后处理与分析。使用Audacity软件剪切、提取并降噪泄漏噪声信号。图4为原始信号的波形图，在30s处的噪声较大，采用放大和降噪处理后，可获取隐藏的声音特征。

图4 原始声音信号

图5为这段声音的频谱分析结果。可以看出本段音频中124Hz和270Hz附近出现了峰值，说明这段声信号中的频率大多集中于这两个频率范围内，由此可以分析出声音的频率特征。

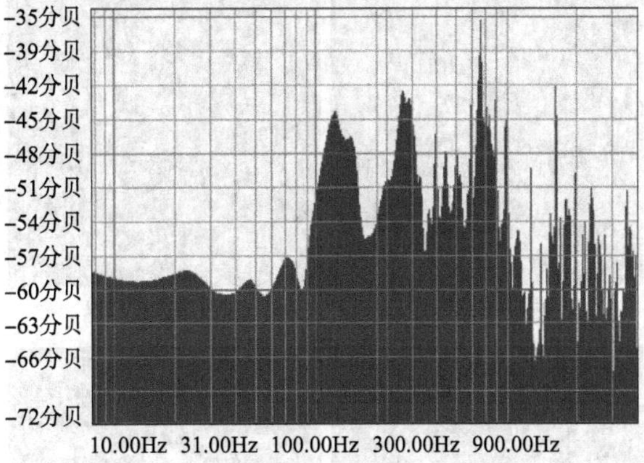

图5 频谱图

3.3 信号数据采集与分析

相较于Audacity软件，Audition软件在技术层面更为成熟，功能接口也更为丰富。因此，在后续的数据处理中，将使用Audition软件对信号数据进行处理。在实验中，只有较大的泄漏可以直接通过对波形图的放大，或进一步的频谱与RMS分析才能区别出来。对于较小的泄漏，需要进行适当的样本降噪处理，然后通过RMS和频率分析才能识别。

图6显示了Audition软件中某段泄漏信号的原始波形与频谱图。通过调整纵坐标表示范围，并减少频谱频率图的分辨率，能够清晰地观察到波形图上振幅较大的区域在频谱图上的颜色变化，通过调整纵坐标的表示范围，也可以分析不同频段的声音特征[6]。

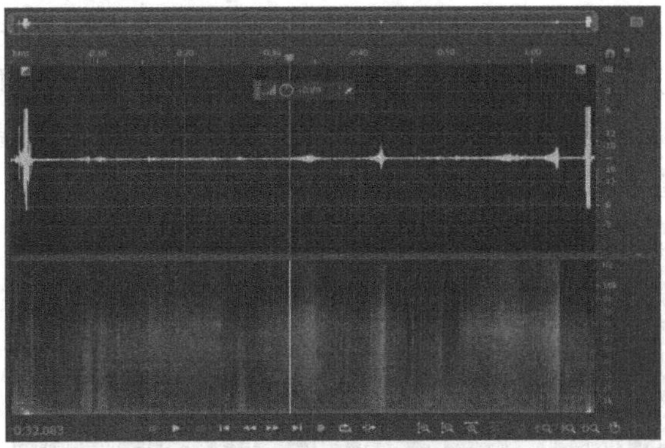

图6 原始波形与频谱图

图7为截取3～6s和33～35s泄漏时的音频文件绘制的频谱图，并采用了线性和对数绘图以更清晰地展示不同频段声音大小的变化。可以看出，环境噪声主要集中在低频段，在100～6000Hz范围内逐渐从－50dB衰减到－85dB，而

高于6000Hz的环境噪声急速下降至－100dB，声音强度较小。

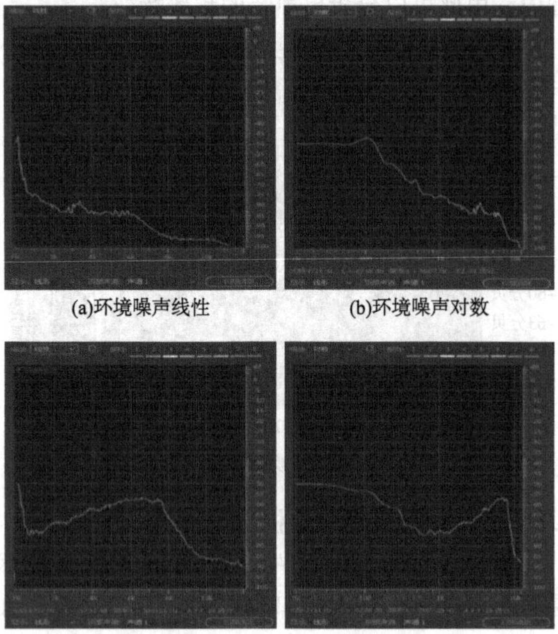

(a)环境噪声线性 (b)环境噪声对数

(c)泄漏噪声线性 (d)泄漏噪声对数

图7 3～6s时间范围内的环境噪声与33～35s的泄漏噪声

经过多次试验对比，环境噪声与泄漏噪声具有较大的差异。泄漏噪声整体的声强大于环境噪声，且具有一定的规律性。在1000～7000Hz逐渐增强，在7000Hz处到达峰值然后迅速减弱，相比于环境噪声，泄漏噪声均能在7000Hz处找到峰值。

取不同时段的噪声数据进行RMS均方值分析，分析结果如图8所示。(a)、(b)、(c)分别为泄漏噪声由小变大时某时段内的RMS分析图，(d)、(e)、(f)则是随机抽取的环境噪声的RMS分析图。可以观察到随着泄漏噪声的增大，其RMS图呈现出越来越明显的广域声强特征，且幅值不断增大，动态范围也不断增大。

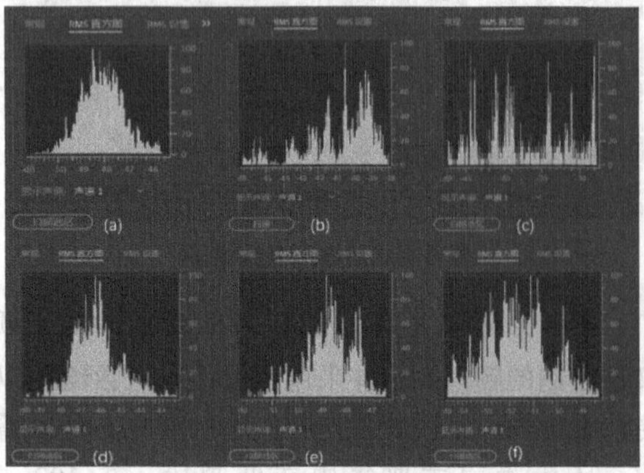

图8 不同时段RMS直方图

4 实验验证

4.1 实验设计

如图9所示，在泄漏管段加工螺纹孔，微调针状阀模拟泄漏，外接流量计检测泄漏量。附近加装压力变送器测量泄漏孔处压力。针状阀采用不锈钢内丝和精密阀针，保证调节精度和管道密封性。

图9 针状阀模拟泄漏

调整内检测器参数后，将其放入管道并密封，启动空压机增压，达到设定压力后停止。开启阀门向管道输送气体，当压力到达设定值时关闭阀门停止加压。手动调节阀门控制泄漏流量，采集泄漏噪声。使用Audition软件分析声音。

在实验中，将内检测器置于管内，测量不同压力下泄漏流量的噪声，以研究泄漏噪声的频率特征。将管道压力调至0.2MPa后，通过泄气阀迅速调整压力，每次调节后保持一段时间，确保内检测器充分采集数据。图10为本次实验的原始波形图(a)及各个时刻的频谱图(b)，2min、4min和6min等时刻的大波动是因为调整了泄气阀导致的。可以以此为分界线，对采集过程进行划分[6]。表2是每个阶段的泄漏流量与管内压力记录。

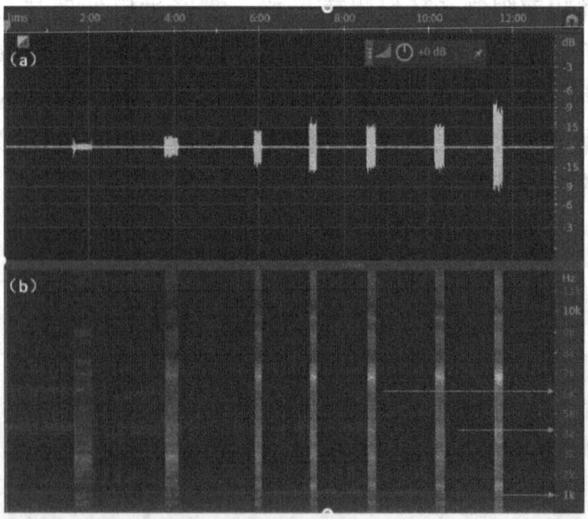

图10 管道泄漏噪声波形图及频谱图(阀开度0.1mm)

表 2　管内压力及泄漏流量记录

管内压力/MPa	0.200	0.175	0.155	0.130	0.115	0.110	0.085	0.045
泄漏流量/(L/min)	0.45	0.40	0.35	0.30	0.26	0.25	0.20	0.10

4.2　实验数据分析

随着泄漏量的减小，泄漏噪声的低频特征逐渐显现，高频部分逐渐减弱。为了方便判断泄漏情况，对原始波形进行 FFT 变换得到频谱图，可以清晰地分辨泄漏时刻。进一步分析发现，在管道压力为 0.155MPa、泄漏流量为 0.35L/min 时，泄漏噪声在 1050Hz、4300Hz 和 6100Hz 附近出现峰值，而环境噪声中没有这些特征，可作为判断泄漏的依据。

图 11 使用 0.45L/min、0.35L/min 和 0.20L/min 泄漏流量下的波形进行频谱分析，与环境噪声比对，可明显分辨出是否发生泄漏。在 1050Hz、4300Hz 和 6100Hz 附近都出现了峰值，0.45L/min 时还有一个 7800Hz 的峰值。随着泄漏量增加，峰值也随之增加。

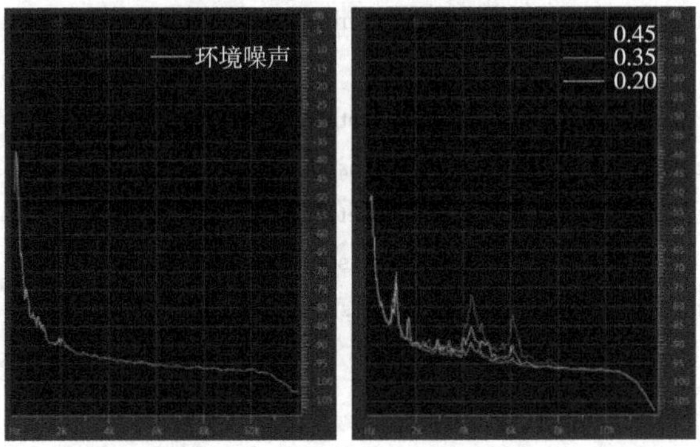

图 11　环境噪声与不同泄漏量的泄漏噪声频谱图

将环境噪声与泄漏噪声分别进行降噪，重复上述操作，得到图 12 中的频谱图，可以看出泄漏噪声的特征峰值表现更加明显，可以更好地分辨管道是否泄漏。

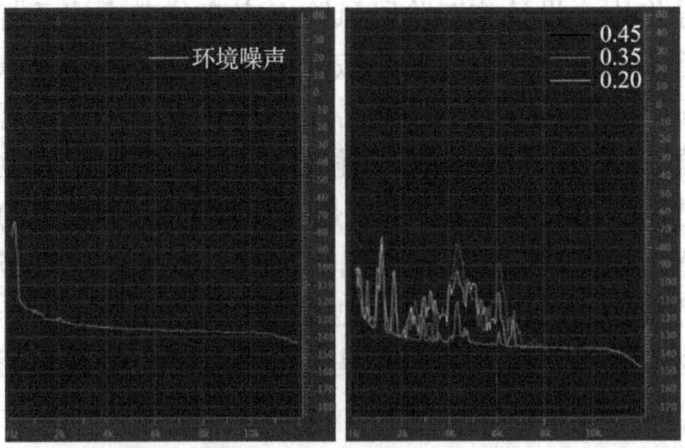

图 12　降噪后的频谱图

5　结论

我国主要采用漏磁原理制造大型内检测器，但存在体积大、易卡堵等问题。本研究设计小型内检测器，经验证通过性，并采用 MEMS 系统控制信号采集存储。验证了声学麦克风采集泄漏信号的可行性，但目前内检测器仅能判断泄漏发生与否，无法评估泄漏程度。为此，计划引入神经网络算法，训练模型以判断泄漏情况和泄漏量。这一改进将提高泄漏检测的准确性和自动化程度。

参考文献

[1] PAPADAKIS G A. Assessment of requirements on safety management systems in EU regulations for the control of major hazard pipelines. J. Hazard, 2000, 78: 63－89.

[2] 李伯华．球形管道内检测器结构设计．天津大学，2012.

[3] 陈艳霞．ANSYS Workbench 工程应用案例精通．北京：电子工业出版社，2012

[4] 吴光中，宋婷婷，张毅．FLUENT 基础入门与案例精通．北京：电子工业出版社，2012

[5] 王雪亮，苏欣，杨伟．油气管道泄漏检测技术综述，天然气与石油，2007(03)：19－23.

[6] 孙凡．小管径燃气管道泄漏内检测器的研究．中国石油大学(北京)，2021.

埋地聚乙烯燃气管道检验风险控制

姚立东　程　浩

(安徽省特种设备检测院，安徽 合肥　230051)

摘　要：本文浅谈埋地聚乙烯燃气管道检验中的风险点，通过分析风险点及聚乙烯燃气管道的失效模式，制定相应检验项目，检验项目可分为资料审查、管道位置走向埋深检测、宏观检查、开挖直接检验、焊接接头检测、材料性能检验，并提出聚乙烯管道半定量风险评估方法，综合评定聚乙烯燃气管道的安全状况。

关键词：管道；燃气；聚乙烯；风险评估

Risk Control in Inspection of Buried Polyethylene Gas Pipelines

YAO Lidong，*CHENG hao*

(Anhui Special Equipment Inspection Institute，Hefei Anhui 230051，China)

Abstract：This article briefly discusses the risk points in the inspection of buried polyethylene gas pipelines. By analyzing the risk points and the failure modes of polyethylene gas pipelines，corresponding inspection items are formulated. The inspection items can be divided into document review，pipeline location，depth detection，macroscopic inspection，excavation direct inspection，welded joint detection，and material performance inspection. Additionally，a semi-quantitative risk assessment method for polyethylene pipelines is proposed to comprehensively evaluate the safety condition of the polyethylene gas pipelines.

Key words：Pipeline；Gas；Polyethylene；Risk assessment

1　引言

近年来，聚乙烯管道因其无腐蚀、韧性高、价格低而被广泛应用于城镇燃气的运输，然而聚乙烯燃气管道有其自身的特殊性，因聚乙烯管道应用较晚，相关检验技术尚不完善，不利于开展和完善埋地聚乙烯燃气管道检验工作，本文通过分析风险点及聚乙烯燃气管道的失效模式，结合管道运行工况，精确的查找埋地聚乙烯燃气管道的安全隐患部位，通过对资料审查、管道位置走向埋深检测、宏观检查、开挖直接检测、焊接接头检测、材料性能检验等项目实施检验，并提出聚乙烯管道半定量风险评估方法，综合评定聚乙烯燃气管道的安全状况。

2　聚乙烯管道失效模式分析

聚乙烯管道安全运行的影响因素很多，涉及设计、制造、安装、运行等各环节，设计环节决定着聚乙烯燃气管道的使用条件，良好的设计对后期聚乙烯管道的施工和运行起着不可代替的指导作用，设计施工阶段风险点应充分考虑聚乙烯管道的设计和施工是否按照 GB 50028《城镇燃气设计规范》、CJJ 63《聚乙烯燃气管道工程技术标准》、CJJ33《城镇燃气输配工程施工及验收规范》、GB/T 15558. 1 - 3《燃气用埋地聚乙烯(PE)管道系统》等相关标准规范执行，有无考虑现场环境因素，根据压力 - 温度选用合适材料，对于材料等级、壁厚的选择是否合乎规定，制造过程

作者简介：姚立东(1988—　)，硕士研究生，高级工程师，主要从事压力管道安全技术研究。E - mail：yaolidong888@ 126. com

工艺控制非常重要，施工单位对工艺参数、物料熔体温度、熔体压力控制是否满足要求、对于现场的监控和安装安全质量检验，以及主要危险源指标如：施工资质、聚乙烯管道原材料验收、安装质量控制、表面处理。

聚乙烯管道失效主要集中在运行阶段，燃气聚乙烯管道与钢质管道最大区别是不会发生电化学腐蚀，而燃气聚乙烯管道敷设过程中根据相邻建(构)筑物情况、道路情况和周围环境情况等变化而变化，聚乙烯燃气管道主要失效模式包括：生物活动、道路施工、植物根系作用、老化开裂、占压、自然灾害，地质沉降、第三方破坏等失效模式都可能导致管道失效，主要风险点指标有：第三方破坏、自然灾害、地质沉降、白蚁啃食、植物根系破坏、自然老化、占压、管道裸露造成的脆化。

3 检验项目

3.1 资料审查

依据设计和安装过程中存在的风险点，检验聚乙烯燃气管道时应当对提交和收集的以下资料进行审查、分析：

(1)设计图纸、文件与有关强度计算书；

(2)聚乙烯管道元件产品质量证明资料；

(3)安装监督检验证明文件、安装及其竣工验收资料；

(4)管道使用登记证(需要进行使用登记的)；

(5)管道运行记录，包括输送介质压力、管道修理或者改造的资料、管道事故或者失效资料、管道的各类保护措施的使用记录、管道周围的其他施工活动等；

(6)是否依据相关标准、规范进行施工；

(7)上一次全面检验报告；

3.2 管道走向埋深检测

结合管道设计图、竣工图、管道地理信息系统(GIS)等，选择示踪线(带)电磁波探测法、地质雷达探测法、管道声学定位探测法、静电力探测法、电子标识器定位法等方法检查管道位置、埋深及走向，对于示踪线(带)电连续性能完好的，利用信号源井、阀门井或测试桩，可采用金属管线探测仪主动信号源法中的通电直连法进行检测；对于金属示踪线(带)已损坏或未敷设、金属示踪线(带)完好但没有预留出露点的管道可采用地质雷达探测法、管道声学定位探测法、静电力探测法进行检测。对于随管敷设电子标识器的管道，可采用电子标识器定位法进行管道定位和埋深检测。

3.3 宏观检查

聚乙烯燃气管道运行环境对其安全运行至关重要，运行过程中应进行泄漏检查，对管道采用相应的泄漏检测设备进行泄漏点检测，重点检查管道穿越段、阀门、阀井、聚乙烯管道熔接接口(钢塑转换接口)等位置的泄漏情况，对燃气可能泄漏扩散到的地沟、窨井、地下建(构)筑物内进行检查，必要时采用地面钻孔检测或开挖验证，泄漏检查结束应检查管道位置、埋深与走向检查(如果管道周围地表环境无较大变动、管道无沉降等情况，可以不要求)，地面标志检查，检查地面标识位置是否准确，标志桩、测试桩、里程桩和警示牌等外观完好情况、是否缺失，管道沿线地表环境调查主要检查管道与其他建(构)筑物净距、占压状况、管道裸露、土壤扰动等情况，检查阀门、法兰、钢塑转换接头等管道元件的完好情况，穿越管段检查，主要检查管道穿越处保护工程的稳固性、河道变迁、水工保护等情况，阀门井检查，主要检查定期排放积水情况，护盖、排水装置的完好情况，对于管道周围地表环境发生较大变动、沉降等情况时，应检查沿管道敷设的示踪线、可探测示踪带或电子标识器等示踪和定位系统的完整性和有效性。

3.4 开挖直接检验

聚乙烯管道检测过程中对于管道敷设环境温度超过30℃的、管道运行时间达30年以上的、发生过泄漏、第三方破坏等风险较大的位置、沿线地面存在沉降、滑坡等不良地质条件的、穿越位置、钢塑转换接头位置、存在深根植物破坏的位置，必须进行开挖检测，开挖检测的抽查检测比例不应低于0.3处/km，并且根据实际检测情况确定是否需进一步增加抽查数量，开挖后应对管道表面检查，检查有无划伤、槽痕、凿痕或者凹痕等缺陷，管道有无老化降解(如表面粉化)等迹象，并对聚乙烯管道进行壁厚测定，采用超声波测厚方法等对管体进行壁厚抽样测定，同一截面上的侧厚位置不得少于4处，测量值应参考GB/T 15558.1－3对壁厚的要求。测厚时，应注意声速的校准。当测量壁厚结果有异常时，须扩大检测范围。

3.5 焊接接头检测

聚乙烯燃气管道焊接可分为热熔焊接和电熔焊接，电熔焊接主要应用于各个规格的管件与管材、注塑管件、管件之间的焊接，热熔焊接主要应用于管材之间的对接焊，两种焊接模式的焊接缺陷主要是由灰尘、碎屑等颗粒物进入焊缝产生，可对焊接接头进行射线检测或超声检测。射线检测可参照 JB/T 12530 执行，超声检测可参照 GB/T 29461、JB/T 10662 执行，还可以采用相控阵等方法进行补充检测。

3.6　材料性能检验

对可能发生聚乙烯老化、材料状况不明或使用年限已经超过 40 年的管道，一般应进行材料性能检验，材料性能检验项目包括氧化诱导时间、断裂伸长率、静液压强度、耐慢速裂纹增长等。

(1)氧化诱导试验按照 GB/T 19466.6 的要求进行，试验温度取 200℃，氧化诱导时间≥20min；

(2)断裂伸长率按照 GB/T 8804.3 的要求进行，断裂伸长率≥350%；

(3)静液压强度试验按照 GB/T 6111 的要求进行，试验温度取 80℃，环应力 4.5MPa(PE80)、5.4MPa(PE100)，试验破坏≥165h；

(4)当管材公称壁厚大于 5mm 时，应进行管道耐慢速裂纹增长试验，试验按照 GB/T 18476 的要求进行，试验温度取 80℃，环应力 4.5MPa(PE80)、5.4MPa(PE100)。

仅做氧化诱导试验时，可从管道外表面取样，取样厚度不应超过管材壁厚的 10%，以免影响管体强度。

4　风险评估

根据埋地聚乙烯检验结果并结合检验过程中发现问题，并综合考虑管道周边的人文、社会和自然环境，对管道运行安全进行风险评估，风险评估应以区段为单位。埋地聚乙烯管道风险评估分为失效可能性和失效后果，埋地聚乙烯燃气埋地管道失效可能性和失效后果的半定量风险评估方法。半定量风险评估是以诱发管道事故的各种因素为依据，以影响因素发展成危险事故的可能性为条件，以事故后果造成的综合损失为评估指标，对管道的各区段进行评价，以风险值的大小来对管道各区段的安全程度作出综合评价的技术。

失效可能性评分按照表 1 埋地聚乙烯燃气管道失效可能性评分项分别确定第三方破坏得分 S_1、设备(装置)及人员操作得分 S_2、管道本质安全质量得分 S_3。埋地聚乙烯燃气管道失效可能性评分 S 按照式(1)进行计算：

$$S = 100 - \frac{1}{3}\sum_{i=1}^{3} S_i \qquad (1)$$

失效后果评分按照表 2 埋地聚乙烯燃气管道失效后果评分项分别确定介质的短期危害性得分 C_1、介质最大泄漏量得分 C_2、介质扩散性得分 C_3、人口密度得分 C_4、沿线环境得分 C_5、泄漏原因得分 C_6、供应中断对下游用户影响得分 C_7。埋地聚乙烯燃气管道失效后果得分 C 按照式(2)进行计算：

$$C = \sum_{i=1}^{7} C_i \qquad (2)$$

按照式(3)计算风险值 R

$$R = S \times C (3)$$

表 1　失效可能性评分

项目	S1	S2	S3
分值	50	25	25

表 2　失效后果评分

项目	C_1	C_2	C_3	C_4	C_5	C_6	C_7
分值	20	12	8	10	25	10	15

其风险值越大代表管道风险等级越高，对于风险等级过高的管段应采取相应的安全措施。

4　结论

本文根据埋地聚乙烯管道常见的失效模式，针对埋地聚乙烯燃气管道风险点，结合管道运行工况，精确地查找埋地聚乙烯燃气管道的安全隐患部位，通过对资料审查、管道位置走向埋深检测、宏观检查、开挖直接检测、焊接接头检测、材料性能检验等项目实施检验，根据检验结果，结合检验过程中发现的安全隐患点，并综合考虑管道周边的人文、社会和自然环境，对管道运行安全进行风险评估，风险评估结果风险值越高代表其风险等级越高，风险值越低代表风险等级越低，对于高风险点应采取相应的安全措施，或降压运行来降低管道风险。

参考文献

[1]辛明亮，李茂东，张术宽，等．聚乙烯燃气管道失效模式研究进展[J]．中国塑料，2015，29(3)：16－20.

[2]李明阳．埋地 PE 燃气管道失效机理的力学研究[D]．广州：华南理工大学，2010.

[3]陈旭，焦荣，田涛．棘轮效应及其循环本构模型研究进展[J]．力学进展，2003，33(4)：461－470.

[4]冯汝坤，结构塑性安定性理论的若干进展及应用[J]．河北工业科技，2005，22(6)：365－369.

[5]高炳军，陈旭．内压弯管受对称面外弯曲时的棘轮应变有限元分析[J]．机械强度，2004，26(3)：287－290.

压力管道施工监检常见问题分析与控制措施

蔡广明[1] 邓丽媛[2]

（1. 中国特种设备检测研究院，北京 100013；
2. 新疆油田公司油气储运公司分公司，新缰 克拉玛依 834099）

摘 要：本文根据压力管道安装过程中的设计文件审查、材料验收、施工过程、无损检测、压力试验等监督检验工作，对压力管道施工监督检验过程中常见问题进行梳理，分析问题产生原因，给出相应的改进措施，从而减少管道安装质量问题，降低安全隐患，为建设单位、安装单位、无损检测单位以及监检人员工作时提供借鉴。

关键词：压力管道；监督检验；管道元件；压力试验

Analysis and Control Measures of Common Problems in Pressure Pipeline Construction Supervision and Inspection

CAI Guangming[1], *DENG Liyuan*[2]

(1. China Special Equipment Inspection & Research Institute, Beijing 100029, China;
2. Xinjiang oilfield company oil and gas storage and transportation company branch, Karamay 834099, China)

Abstract: According to the supervision and inspection work of design document review, material acceptance, construction process, non-destructive testing and pressure test in the process of pressure pipeline installation, this paper sorted out the common problems in the process of pressure pipeline construction supervision and inspection, analyzed the causes of problems, and proposed corresponding improvement measures, so as to reduce the quality problems of pipeline installation and reduce safety risks. It provides reference for construction units, installation units, nondestructive testing units and supervision and inspection personnel.

Key words: Pressure pipeline; Supervision inspection; Piping Components; Pressure test

1 引言

压力管道是指生产、生活中广泛使用的可能引起燃爆或中毒等危险性较大的特种设备，在设计、制造、安装和运行中存在各种问题会导致异常失效，造成突发性破坏事故。其中压力管道的安装质量关乎国家的财产和人民的生命安全，国家对压力管道的安装质量制定了严格的监督检验[1]制度。本文根据压力管道安装施工过程中的监督检验工作，结合 TSG D7006—2020《压力管道监督检验规则》要求，梳理并分析监检工作中的典型问题，找出典型问题应对措施，有效地减少安全事故隐患的发生。

2 常见问题分析

2.1 设计文件审查发现的常见问题

监督检验所进行的设计文件审查不同于设计单位的审核，两者关注点不同，设计单位的审核关注点在设计过程的正确性，如审核设计参数与设计文件的一致性、设计计算的正确性，而监检所进行的设计文件审核关注点在与设计文件的有效性和齐全性。设计文件审查过程中常见的问题有：

（1）设计依据未执行最新强制标准

以公用管道为例，2023 年 9 月 1 日起实施的 GB/T 51455—2023《城镇燃气输配工程施工及验

作者简介：蔡广明（1984— ），高工，压力管道检验检测。E-mail：caiguangming1984@126.com

收标准》明确规定原行业标准 CJJ 33—2005《城镇燃气输配工程施工及验收规范》同时废止，而该时间点以后出具的设计图纸仍采用原标准。

(2)管道成套设计图纸内容不全

设计文件至少包括施工图纸、强度计算书、应力计算书、设计变更等资料，但很多设计文件中只有施工图及设计说明，缺少必要的强度、应力计算书。同时常常出现施工过程中发生变更却无相应的设计变更，或变更文件不规范等问题。

(3)检测方法错误

无损检测、防腐、耐压试验、泄漏试验是压力管道施工安全质量的主要控制手段，设计文件上应注明相应的方法及规定，但很多设计文件中常出现无损检测方法选用错误、压力试验不符合或不满足标准要求。例如现行的国家标准在长输管道工程施工及验收规范中明确规定：输气管道位于三、四级地区的管段应采用水作试压介质，而设计文件中存在三、四级地区，设计说明中压力试验却以空气作试压介质。

2.2　材料验收的常见问题

管道施工材料主要包括压力管道元件、安全附件和焊材，材料验收存在的问题是施工过程中的主要问题。

2.2.1　管道元件制造单位资质不符

安装在压力管道上的管道元件须由取得经国家市场监督管理总局授予"管道元件制造许可资质"证书的单位进行制造，而在监检中经常发现管道元件(弯头、三通、阀门、法兰等)质量证明书未提供或无管件制造单位的"管道元件制造许可资质"证书。若在安装工程中大量采购和使用无特种设备制造资质单位生产的管道元件，虽然这些管道元件价格低廉，降低了工程成本，但其产品质量往往不能达到国家标准规范的要求，给管道运行埋下了安全隐患。

2.2.2　材料质量证明书不符合要求

在材料的验收监检工作中，经常遇到管道元件采购错误的情况，采购时只关注元件的规格、材质，忽略了管道元件的产品标准。同时质量证明文件与管道元件不对应、质量证明文件本身存在错误、质量证明文件复印件加盖经营单位公章但无经办负责人章、管道元件标志不符合标准要求、有型式试验要求的管道元件无法提供型式试验报告或证书等都是监检过程中遇到的常见问题。

2.2.3　管材的质量证明书与现场实物不对应

质量证明书内容必须按设计及相关标准填写齐全，管材的质量证明书、设计图纸中的"材料表"应与现场实物一一对应。然而在监检中常发现现场抽查的实物标记，与质量证明书上的牌号、炉号、批次号、具体规格不一致；要求制造监检的管道元件，其制造监检证书的炉批次与质量文件不一致。由于防腐施工的需要，管材的原始出厂标识在验收前已被油漆遮盖，无法核对实物与质量证明资料的相符性，监检员现场无法满足专业施工验收规范对材料验收的要求。部分管材厂家在管材出厂时未做标志，这些厂家一般都是规模较小的制造厂家。材质单与现场管子标志内容不一致是也是现场监检常见问题，特别是从经销商采购的管子，经销商提供材质质量证明书时未经核对，提供了不同批次的材质单，造成材质单与实物不对应。

2.2.4　材料验收不规范

在材料验收时，验收人员经常忽略对需要进行复验、无损检测的材料进行复验，或未按一定抽查比例对无缝钢管和管件进行壁厚确认，从而易产生管道元件壁厚负偏差超标问题。在管道安装投用后的首次定期检验时，如果存在壁厚负偏差超标的管件，即使没有明显腐蚀减薄环境，但根据定期检验规则，按照管件减薄速率快判定，这些管件已经不满足使用要求，事实上这些管件在安装时壁厚已经严重低于公称壁厚，或者说定期检验中发现的壁厚减薄问题，有相当数量的管件壁厚减薄问题不是在运行中出现的，而是在采购时的制造问题，这批管件出厂时壁厚已经不满足使用要求。另外在阀门验收时，未按一定抽查比例对阀门进行试压复验，或试压记录不符合要求，保压时间不满足相关标准要求就是常见问题。

2.3　施工过程中的常见问题

焊接是管道施工过程的重要内容，监督检验主要内容有：审查现场焊工资格，审查焊接工艺文件，抽查焊接材料质量证明文件及其验收、保管、发放、使用、回收的管理[2]，审查施焊记录和焊缝外观检查等工作。在监检过程也中常存在一些问题。

2.3.1　焊工资格不齐全

焊工焊接质量直接关系到管道的本质安全，但现场经常出现焊工考试合格项目不齐全情况，缺项上岗现象时有发生，主要问题如下；

(1)既有碳钢又有奥氏体不锈钢的管道焊接工程，缺少奥氏体不锈钢合格项目的焊工；

(2)压力管道安装，往往只重视管材对接合格项目，而忽视了管板角接头项目，造成焊工缺项上岗；

(3)当采用氩弧焊打底，焊条电弧焊盖面的焊接方法时，缺少氩弧焊合格项目的焊工；

(4)大口径管道施工中，只有大口径对接合格项目的焊工，缺少小口径对接合格项目的焊工。

2.3.2 焊接工艺文件不符合要求

在施工监检环节，焊接工艺文件的监检类别为资料确认，但在焊接工艺文件审查过程也存在诸多问题，常见问题有：

(1)焊接工艺不能覆盖施工项目；

(2)性能试验报告无相关试验单位人员签字盖章；

(3)焊接工艺评定执行标准过期，未重新进行评定；

(4)异种钢焊接材料选用不当，以及焊条选用非承压用焊条等；

(5)个别安装单位在施工现场无焊接作业指导书和焊接工艺卡。

2.3.3 焊接材料管理不规范

焊接材料(包括焊条、焊丝、焊剂以及焊接用气体等)在管道安装过程中扮演着至关重要的角色，直接影响到焊接接头的质量和性能，因此施工现场对焊材的规范管理十分必要。焊材管理不规范状况如下：

(1)现场焊接材料储存条件较差，不能达到焊材保管的要求；

(2)焊材的发放和回收较混乱，领用发放手续不全，记录不严格；

(3)有些安装单位使用的烘干设备老化，温度、时间等计量仪器失控，且无人看管；

(4)施工现场没有焊条烘干记录，甚至使用前焊条根本不进行烘干处理；

(5)焊材管理人员未经培训，对焊材的保管、烘干、发放、回收等要求还不十分明了。

2.3.4 施焊过程质量体系失控

焊接工艺执行情况是通过抽查施焊记录来检查其是否符合焊接工艺文件要求，但是很多现场不填写过程记录，施工过程质量失控。常见问题如下：

(1)施工资料缺少焊缝布置图、施焊记录、管口坡口记录等资料，后期填补记录易发生错误，文件和记录控制不执行或根本不记录。

(2)在对管材标志进行确认时，面对最多的就是施工时材料标志未移植，造成材料混乱、错用现象。

(3)管道焊接完成后，未对焊缝进行外观检查，施工资料缺少焊口组对及焊缝检查等必要的记录。

2.4 无损检测的常见问题

对于无损检测方面的监检，主要检查无损检测机构的资质和人员资质，审查无损检测方案、无损检测工艺文件以及无损检测报告与记录的符合性。无监检中发现的常见问题有：

(1)无损检测报告的单线图的焊口编号与施工焊缝布置图难以对应；

(2)检测结果的评定等级与焊缝质量等级混淆，错选了焊缝质量等级作为评定等级的依据；

(3)未经设计变更，人为地把超声波检测代替了射线检测等。

2.5 压力试验的常见问题

压力试验包括耐压试验和泄漏试验，其中耐压试验是保证管道整体安全质量的重要手段。耐压试验为过载超压试验，能够检验管道的整体强度和连接接头的致密性，是对前面所有工序的综合检验，关系到管道将来是否能够顺利运行。但在监检中发现有的施工单位未注意到压力试验的重要性，存在以下问题：

(1)未编制耐压试验专项方案；

(2)选用压力表精度、量程不满足相应标准要求；

(3)未经设计变更随意把水压试验调整为气压试验；

(4)工业管道分装置区打压时，制定的打压包范围不合理，导致低参数管道耐压试验压力大大高于本身试验压力；

(5)错误地认为100%无损检测后可以直接代替耐压试验；

(6)工业管道耐压试验准备工作不认真，膨胀节、支吊架限位螺栓未松动，造成部件损坏。

3 监督检验过程中常见问题的控制措施

3.1 设计文件审查常见问题的控制措施

监督检验机构在接到报检资料后，对提交的报检资料中的设计资料进行审查，确保资料齐全完整，设计所依据的标准应合理有效，设计说明应符合相应的标准要求，检测方法应满足标准要求。

3.2 材料验收常见问题的控制措施

对于压力管道的安装，原材料的质量把控十

分重要，尤其是承压的压力管道元件及焊接时使用的焊接材料，因此，在材料进场时，及时抽查管件制造单位的许可资质应符合安全技术规范要求，抽查管件的质量证明书是否齐全，缺少相应证明的，要求尽快提供，否则不准使用。抽查管件是否有型式试验证书和报告，缺少相应的型式试验证书、报告的管材、管件、阀门、法兰等管道元件，不得使用。抽查有制造监检要求的管件是否有制造监检证明书和报告，凡未经监督检验合格的埋弧焊钢管和燃气用埋地聚乙烯管产品，不得使用。

监检时抽查验收记录，尤其对需要进行复验、无损检测的材料，应抽查复验、无损检测报告的批准手续，应符合质量保证体系文件的规定，其试验项目、验收要求和结果应满足相关安全技术规范要求。

3.3 焊接过程常见问题的控制措施

对于压力管道的安装工程，现场的焊接质量是管道质量的关键因素之一，因此对于施工现场的焊接质量控制应投注以最大的关注度。焊接质量的控制应分为焊接人员的控制、焊接工艺的控制、焊接材料的控制和焊接接头质量的控制四部分[3]。

抽查现场施焊的焊工资格证确保在有效期内，其所持资格证允许项目的项目和范围是否符合安全技术规范以及焊接工艺文件的规定，不得超范围施工，并严格按照焊接作业指导书进行施焊，最好随身佩戴焊接工艺卡。长输管道安装的焊工，应与施工单位建立劳动关系。

焊接是压力管道施工的重要环节，其质量直接决定管道的安全质量，焊接工艺的质量又直接决定焊接质量，因此，焊接工艺评定报告、焊接工艺规程和焊接作业指导书等焊接工艺文件必须符合安全技术规程以及相应标准的要求。采用原有焊接工艺评定报告的需随着参照标准的更新进行转化或重新进行评定，焊接工艺评定报告须覆盖并满足现场施工需求，并依据其制定焊接作业指导书和焊接工艺卡。审查焊接工艺文件，主要审查其项目、内容是否满足依据的标准、设计文件的要求，相互之间的关联性是否合理，并确保其批准程序满足施工单位质量保障体系文件的要求[4]。

焊接材料应当有质量证明文件和相应标志，使用前应当进行检查和验收，不合格者不得使用，承压设备使用的焊条、焊丝等除应符合相应的焊材制造标准外，还应满足 NB/T 47018《承压设备用焊接材料订货技术条件》的相关要求。施焊单位应当建立焊接材料的验收、保管、烘干、发放、使用和回收管理制度，焊材在使用前应按要求进行烘干等措施以保证其性能不受影响，回收的焊材应单独存放且不得再次使用。焊接材料的管理制度应符合施焊单位质量保证体系文件的要求。

焊接前检查焊缝布置，管口坡口加工、现场管道弯制、管道组对检查记录应符合相关标准和设计文件的要求。施焊时检查实际施焊参数、施焊记录、焊缝标志等内容，主要检查施焊的焊接电流、电压、速度以及层间温度等工艺参数，从而判定施焊工艺是否满足焊接工艺文件的要求。监检人员应在施工单位焊接接头外观质量自检合格的基础上，现场抽检焊接接头的外观质量，长输与公用管道抽检数量不小于每个施工机组焊接接头总数的1%；而工业管道 GC1 级抽检数量不小于每个施工机组焊接接头总数的 5%，其他抽检数量不小于每个施工机组焊接接头总数的 2%。发现不合格焊接接头时应及时按要求进行返修和复测。

3.4 无损检测常见问题控制措施

核查现场无损检测人员资格证、执业注册及其持证合格项目是否有效并满足现场检测工作要求；审查无损单位检测工艺文件是否安全技术规范以及相关标准的要求，其中工艺规程应根据相关法规、有关技术文件和标准的要求，结合实际情况进行编制，应明确相关因素的具体范围或要求，如有相关因素的变化超出规定，应重新编制或修订。而操作指导书应根据工艺规程和现场检测对象的具体检测要求进行编制，操作指导书的内容应完整、明确和具体，如果操作指导书是首次应用，应进行工艺验证。同时审查无损检测工艺文件的批准程序是否符合质量保证体系文件的要求。

另外，监检人员在审查焊接接头无损检测报告时，应当关注实施的时机、比例、部位、执行的标准和合格级别。监检的关注点在于无损检测报告的符合性和有效性，无损检测单位责任人员的关注的在于无损检测报告的正确性。

3.5 压力试验常见问题控制措施

耐压试验的试验压力高，具有一定的危险性。因此，应对管道耐压试验编制相应的专项方案，方案中应体现耐压试验的时机、试验介质、试验压力、升压速度的控制、实验用的压力表和温度计的要求、试验时采取的安全措施、合格标准等。

检查试压选用的压力表需在检定有效期内，其直径、量程和精度，应符合安全技术规范以及相关标准要求，试验压力、试验介质和保压时间需要严格按照设计文件和相关标准执行，且监督检验人员必须到场进行监督。若由于现场环境条件限制无法进行耐压试验或需要更改试验介质时，应经过设计单位、建设单位、施工单位、监理单位和监督检验单位同意并按相应标准出具设计变更。

监检人员必须在试压前到达现场审查试验方案，确认试验条件，并现场确认耐压试验、保压时间以及耐压试验结果，确保符合安全技术规范、所依标准以及设计文件的要求，且现场全程监督试验过程。

4 结束语

压力管道的安全性受施工过程中众多因素的影响，压力管道施工监督检验是对施工过程中的影响因素进行质量控制，对施工结果进行符合性验证。通过对施工监检工作中遇到的常见缺陷进行梳理和分析，总结出应对问题的改进措施，实践证明是行之有效的，监检人员与受检单位可在工作中以此优化工作程序，控制施工质量，定会大有成效。

参考文献

[1]TSG D7006—2020，压力管道监督检验规则[S].

[2]NB/T 47018.1～47018.5—2017 承压设备用焊接材料订货技术条件[S].

[3]白学科．锅炉压力容器压力管道安装监督检验方式的若干研究[J1. 中国标准化，2017(06).

[4]徐文胜．压力管道安装监督检验方式及检验重点把握[J]. 化工管理，2018(35).

活塞式蓄能器特性、失效及检验

司　俊　薛小龙

(上海市特种设备监督检验技术研究院，上海　200062)

摘　要：活塞式蓄能器依靠其高压力、有效容积大、结构简单、使用寿命长等优点已在许多工程领域得到广泛应用。部分高参数活塞式蓄能器已属于第Ⅲ类压力容器，安全风险升高。本文对活塞式蓄能器的损伤机理和失效模式进行梳理和分析，并提出有关的检验建议。

关键词：蓄能器；损伤；检验；活塞式

Characteristics, Failure and Inspection of Piston-Type Accumulators

SI Jun, XUE Xiaolong

(Shanghai Institute of Special Equipment Inspection and Technical Research, Shanghai 200062, China)

Abstract: Piston type accumulators have been widely used in multiple engineering fields due to their advantages such as high pressure, large effective volume, simple structure, and long service life. Some high parameter piston type accumulators are already classified as Class Ⅲ pressure vessels, which would result in increased safety risks. The damage mechanism and failure mode of piston type accumulators were sorted out and analyzed in this paper, and the relevant inspection suggestions were put forward.

Key words: Accumulator; Damage; Inspection; Piston type

1　引言

蓄能器作为一种储能设备，是液压系统必不可缺少的重要部件，广泛应用于石化、机械电子、能源、核工业、航空航天等行业。作为一种能量储存装置，蓄能器利用流体可以压缩的特点来储存能量，对于间歇工作或工作压力变化较大的液压系统，可以减少系统冲击和压力脉动，对保证液压系统的正常运行、改善其动态品质、保持工作稳定、延长工作寿命和降低噪声等起着重要的作用，是现代液压技术不可或缺的节能元件，其工作性能直接决定了液压系统性能的优劣。

蓄能器属于特种设备的范畴，是一种固定式压力容器，从材料、设计、制造及检验等环节必须符合和满足我国特种设备相关法律、法规和安全技术规范的相关要求。根据TSG 21—2016《固定式压力容器安全技术监察规程》[1]的规定，蓄能器承压壳体只需遵守规程中总则、设计、制造的要求即可，不需要办理使用登记，且在设计年限内不需要进行定期检验。

蓄能器的类型主要包括囊式、活塞式、隔膜式等，其中活塞式蓄能器具有重量轻、有效容积大、结构简单、性能可靠、使用寿命长、油液不易氧化等优点，应用领域不断扩大，并向着高压力、大容积方向发展。尤其是近十年，这类具有高参数、大容积的活塞式蓄能器得到了大规模的发展，越来越多高压力、大容积的活塞式蓄能器逐渐得到应用[2,3]。

作者简介：司俊(1974—　)，博士，高工，主要从事特种设备检验、结构完整性分析等工作。E－mail：sijun@ssei.cn 或 sj08@163.com

随着高压力、大容积等高参数活塞式蓄能器的出现，部分蓄能器已属于第Ⅲ类压力容器，安全风险升高。同时，《固容规》并未将蓄能器纳入定期检验，只是规定由使用单位负责其使用安全，而在实际操作中，相当多的使用单位并未进行规范的使用管理，这些高参数活塞式蓄能器经过长时间的不规范使用后，设备运行存在巨大的安全隐患，可能会导致安全事故，造成财产损失和人员伤亡。针对上述问题，本文辨识高参数活塞式蓄能器潜在的损伤和失效模式，提出对其进行分类分级管理，并给出相应的检验策略，以降低高参数活塞式蓄能器的使用风险，确保液压系统的安全运行。

2　活塞式蓄能器原理及分类

活塞式蓄能器以波义耳定律为基础[4]，利用气体的可压缩性，来实现能量之间的转换。在需要时能快速释放，向液压系统释放能量。它属于储能元件，产品结构简单，工作寿命长，但由于活塞惯性大，有密封摩擦阻力等原因，因此，主要应用在大型锻造机、冶金、大型工程机械等行业的液压系统中作为辅助动力源，以减少能量消耗，达到节能的目的。

活塞式蓄能器主要部件包括筒体、活塞、端盖、密封件等，活塞将筒体分隔成气腔和液腔。活塞式蓄能器通常为立式安装，气腔端在上，并注意远离热源，液腔端在下，必须牢固固定，不允许在本体上进行焊接固定，一定要注意保持油液清洁，过脏的油液会损坏活塞密封。活塞式蓄能器在结构上类似于不带活塞杆的液压缸，考虑到没有活塞杆的导向作用，活塞通常采用空心结构。其工作原理为：工作前预先向气腔充入一定压力的氮气，液压泵向液腔内注入高压油，活塞运动并压缩气腔内的氮气，当达到设定压力时，液压泵停止，液压阀关闭保压；工作时，液压阀打开，气腔内氮气或其他惰性气体膨胀做功，推动液腔内的高压油快速排出，向液压系统释放能量。

根据活塞的结构形式，活塞式蓄能器一般分为浮动活塞式蓄能器、阶梯活塞式蓄能器、双活塞式蓄能器等。浮动活塞式蓄能器具有活塞运动灵活、及时吸收液压冲击、消除高频脉动的特点，但对密封性能要求高；阶梯活塞式蓄能器具有密封性能好、液腔输出压力稳定的特点；双活塞式蓄能器具有结构紧凑、能量密度高的特点[5]。

3　活塞式蓄能器的研究现状

蓄能器储能技术源于17世纪液压理论发展的鼎盛时期，因实际应用的要求，出现了一些简单的蓄能器。20世纪70、80年代，蓄能器的结构、种类、形式及功用开始多样化，研制了各种类型的蓄能器[6,7]。

Pourmovahed A[8]以活塞式蓄能器为例，在蓄能器气体侧无泡沫、半充满泡沫、完全充满泡沫的情况下进行测试，发现通过加入泡沫橡胶，可使气体温度基本保持恒定，将热损失降到最小，提高蓄能器效率。Ven J[9]针对活塞式蓄能器，提出一种新型液压蓄能器，蓄能器的活塞和缸体之间采用滚动隔膜密封，活塞的面积随活塞行程变化，研究表明此种恒压蓄能器的能量密度比常规蓄能器提高了16%。Tucker[10]等人对应变能式蓄能器进行研究，提出一种分布式活塞应变能蓄能器(DPEA)，并对此种蓄能器进行详细分析，构建了DPEA蓄能器原型，并用两种不同的聚氨酯材料对其进行了实验评估。肖恩[11]等人发明一种双活塞式蓄能器，确保液压高压腔与液压低压腔的压力差不会迅速下降，提高蓄能器能力，无需设置昂贵的泄漏弥补装置，显著降低产品成本。龙芋宏[12]等人发明了一种压力自适应气体活塞式蓄能器系统及方法，该蓄能器通过活塞两侧面积实现对气体压力的放大作用可实现较低的工作气压对高压流体的脉动控制。Liu Yanxiong等人[13]提出一种新型可控式液压蓄能器，该蓄能器包括活塞蓄能器、气体调节器和多个控制阀，可实时调节气体调节器的活塞位移，控制预充压力、输出流量和输出压力。

随着科学技术的发展，工程实践对液压系统性能有了更高的要求，如何降低活塞式蓄能器吸收液压冲击、消除高频脉动、提供回收能量、经济节能以及尺寸小型化成了重要的研究方向。

4　高参数活塞式蓄能器特性

由于活塞式蓄能器具有大容积、承受压力高的特点，因此，相比其他类型的蓄能器，活塞式蓄能器所能承受的工作参数更高一些。目前，国内关于活塞式蓄能器的标准较少，大家公认的国标为GB/T 20663—2017《蓄能压力容器》[14]。标准中对多种气体加载式蓄能器的材料、设计、制造等方面进行了规定。其中，活塞式蓄能器的最大设计压力为80MPa，设计温度为－40～120℃，最大容积为350L。

参照国标GB/T 20663—2017，并根据TSG－

21 中压力容器的分类，部分活塞式蓄能器已经属于第Ⅲ类压力容器的范畴，因此，我们定义为属于第Ⅲ类压力容器范围内的活塞式蓄能器为高参数活塞式蓄能器，如图 1 所示。虽然高参数活塞式蓄能器占比较少，但已属于第Ⅲ类压力容器，一旦发生事故，必将带来比较严重的后果。

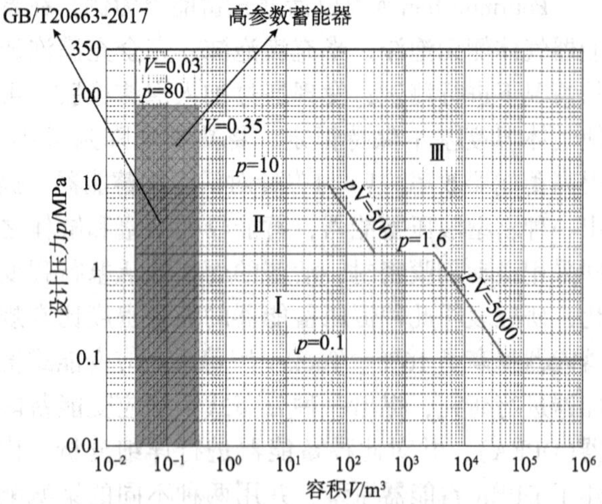

图 1　高参数活塞式蓄能器释义图

5　活塞式蓄能器的损伤、失效及检验

由于活塞式蓄能器活塞的往复运动以及承受载荷的反复变化，因此疲劳损伤和磨损是在役活塞式蓄能器的主要损伤模式。

在长期服役过程中，活塞式蓄能器可能存在的失效模式主要包括：疲劳破坏、泄漏、功能失效等。疲劳破坏是由于在长期的交变载荷下，筒体很容易产生疲劳损伤，进而产生裂纹，导致筒体断裂。活塞上的密封圈在长期往复运行下，会出现严重磨损，导致内漏，主要包含两种情况：一是液压油漏入气体侧，这种失效通常是蓄能器在长时间使用后，快速充放油所导致的，磨损的活塞密封每一行程都将少量油液漏入气体端，随着油液的增加，气体压力就上升；另一种为气体泄漏入液压油侧，当活塞密封损坏以后，气体就会漏入液压油中，气体从端盖密封处漏出，会造成气压的下降。这种内漏虽然过程比较缓慢，但如果气体不纯，很有可能会导致缸体爆炸，造成人员伤亡和财产损失[15]。

活塞式蓄能器的液压油腔因为某种异常情况，出现充油压力高，活塞不能开启，导致蓄能器功能失效。其主要原因包括：活塞受的启动压力不够、活塞的密封件卡滞引起摩擦力增大、活塞受力面积不够、活塞与端盖之间出现异常干涉等[16]。

我国多年来压力容器安全使用管理和定期检验的经验表明，加强在役检验和使用管理是综合考虑其安全与经济性的一项有效措施。对于在役活塞式蓄能器，可先对其进行分类分级，对高参数活塞式蓄能器增加定期检验，并加强对所有蓄能器的安全使用管理。由于仅对少量的高参数活塞式蓄能器实施在役检验，因此，既保障了设备的安全，又不会增加过多的管理成本，同时在蓄能器分级管理过程中还能唤起各方对其安全管理使用的重视。

根据活塞式蓄能器本身的特点，对高参数活塞式蓄能器检验应侧重于以下几点：

(1)检验前，应将缸筒和端盖(对于分体式端盖，包含端盖和螺纹环)卸下，并将各零部件的表面清理干净，露出金属本体。

(2)检查缸筒内壁是否有摩擦痕迹，以确认在服役过程中活塞与缸筒之间是否存在摩擦，以及密封和导向带是否应更换。

(3)检查端盖和活塞上是否有相互撞击(触底)的痕迹，以确定在服役过程中是否存在触底现象。

(4)检查缸筒内螺纹和端盖外螺纹上有无肉眼可见的麻点、凹坑或其他损伤，以初步确定螺纹在服役过程中是否存在接触疲劳的累积。

(5)检测壳体内径，在检测变形的同时以精确测量和判断缸筒内部的磨损情况。

(6)对筒体的外表面、端盖的全部表面应进行 100% 表面缺陷检测，以确定在服役后是否产生疲劳裂纹。

(7)对筒体内螺纹和端盖外螺纹，进行 100% 渗透检测，以确定在服役一定时间后在螺纹的啮合面上是否产生了接触疲劳裂纹。

6　结束语

随着国内经济和社会的发展，高压力、大容积的活塞式蓄能器在我国已广泛应用于各个领域，通过分析活塞式蓄能器损伤和失效模式，建议对活塞式蓄能器进行分级分类管理，应重点关注高参数活塞式蓄能器；同时，对高参数活塞式蓄能器提出了相关的检验建议，对于增强设备服役安全性具有重要的实践意义。

参考文献

[1]TSG 21—2016，固定式压力容器安全技术监察规程．北京：新华出版社，2017.
[2]张迎春，宁艳平，陆元三．大容量活塞式蓄能器的使用．液压与气动，2011(1)：86－88.

[3]何燕．高压活塞式蓄能器结构设计．机床与液压，2012，40(22)：92－94，148.

[4]马雅丽，黄志坚．蓄能器实用技术．北京：化学工业出版社，2007.

[5]陈从连．现代化活塞式蓄能器专利技术综述．科学与信息化，2017(10)：118－119.

[6]孔祥东，权凌霄．蓄能器的研究历史、现状和展望．机床与液压，2004(10)：4－6，19.

[7]王鹤生．蓄能器壳体有限元分析与结构优化研究．广东：广东工业大学，2009.

[8]Pourmovahed A，Baum S，Fronczak F，et al. Experimental evaluation of hydraulic accumulator efficiency with and without elastomeric foam. J. Propul. Pow.；(United States)，1988，4(2)：185－192.

[9]Ven J. Constant pressure hydraulic energy storage through a variable area piston hydraulic accumulator. Applied Energy，2013，105(may)：262－270.

[10]Tucker J M，Barth E J. Design，Fabrication，and Evaluation of a Distributed Piston Strain-Energy Accumulator. International Journal of Fluid Power，2013，14(1)：47－56.

[11]海卓泰克液压技术(苏州)有限公司．双活塞式蓄能器：中国专利，CN201310757036. X. 2014－06－11.

[12]桂林电子科技大学．一种压力自适应气体活塞式蓄能器系统及方法：中国专利，CN202210267336. 9. 2022－07－29.

[13]Liu Y，Xu Z，Hua L，et al. Analysis of energy characteristic and working performance of novel controllable hydraulic accumulator with simulation and experimental methods. Energy Conversion and Management，2020，221：113196.

[14]GB/T 20663—2017. 蓄能压力容器．北京：中国标准出版社出版发行，2017.

[15]王小华，牛亚平，毛国均，等．活塞式蓄能器爆炸原因分析．理化检验(物理分册)，2010，46(6)：388－391，395.

[16]王淮雨．活塞式蓄能器不能开启的问题分析．液压气动与密封，2021，41(7)：32－34.

定期检验对压力容器安全运行的重要性探讨

陈德元 杨慎通

(烟台市特种设备检验研究院，山东 烟台 265500)

摘 要：作为承压设备之一的压力容器，广泛应用于工业、医疗、电子、建筑、食品等领域，因其在运行过程中，承受压力、温度的变化和盛装有腐蚀性介质，一旦发生泄漏等事故，会带来生命和财产的损失，因此国家相关法律、法规、规范都对压力容器的生产和使用阶段给出了明确的规定。

在压力容器定期检验中，应针对具体的检验对象制定相应的检验方案，以检验有效性、科学性。通过检验，一方面确保压力容器在下一个检验周期内安全运行，另一方面也可以同时使检验队伍的业务能力得到锻炼和提高。本文通过定期检验中的实例，强调压力容器定期检验的必要性和重要性，也为规范检验检测、把好质量关提供必要的事实依据。

关键词：定期检验；压力容器

The Importance of Regular Inspection for Safe Operation of Pressure Vessels

CHEN Deyuan, *YANG Shentong*

(Yantai Special Equipment Inspection and Research Institute, Shandong Yantai, 265500, China)

Abstract: As one of the pressure equipment, pressure vessels are widely used in industries, healthcare, electronics, construction, food and other fields. Due to their ability to withstand changes in pressure and temperature during operation, as well as containing corrosive media, accidents such as leaks can result in loss of life and property. Therefore, relevant national laws, regulations, and norms have provided clear regulations for the production and use stages of pressure vessels.

In the regular inspection of pressure vessels, corresponding inspection plans should be developed for specific inspection objects to verify their effectiveness and scientificity. Through inspection, on the one hand, it ensures the safe operation of pressure vessels in the next inspection cycle, and on the other hand, it can also exercise and improve the professional ability of the inspection team. This article emphasizes the necessity and importance of regular inspection of pressure vessels through examples from regular inspections, and provides necessary factual basis for standardized inspection and quality control.

Key words: Regular inspection; Pressure vessels

烟台市的固定式压力容器数量大、种类多，如在制冷厂或大型商超中“服役”的冷凝器、蒸发器、油气分离器等，砖厂橡胶厂内中的蒸压釜、硫化罐等，化工厂中的各种合成塔、反应釜、球罐等，还有医疗机构的灭菌器，电子厂中的除泡机，渔业用到的低温夹套设备，以及民生领域的液化气储罐。诸如以上承压设备，都需要按法规每隔几年进行一次全面检验，以确定这些设备始终处于安全状态，确保使其在下一个检验周期内安全运行。

压力容器的定期检验，就是指特种设备检验机构按照一定的时间周期，根据规程规定，对在

作者简介：陈德元(1976—)，男(汉族)，副高级工程师，烟台市特种设备检验研究院主任，大学本科，主要从事特种设备的管理、检验工作。

用压力容器的安全状况所进行的符合性验证活动。其现实意义有以下几个方面：

1　通过定期检验，给监督检验"查漏"，弥补"疏忽"造成的不足

制造监检是压力容器制造、安装阶段的一项法定工作，监检员的水平和经验在一定程度上能够左右压力容器制造、安装质量。实际生产过程中，每名监检员可能负责成百上千台设备监检任务，其虽兢兢业业也难免忙中出错。图1为一台一体化染色机，在定期检验中发现，该设备的"附属件"提布轮室与刮毛器(见图2)同样达到压力容器标准，但制造资料中并未提及每个小容器的材质、壁厚等参数。考虑整体设计，在强度计算书中也未见提布轮室与刮毛器内容。"附属件"的设计、制造、检验、注册似乎处于"脱管"状态，如未及时发现，这些"附属件"在使用过程中，因环境腐蚀，可能会导致应力腐蚀开裂、壁厚减薄等多种形式的失效，危及企业员工生命财产安全。后经检验人员与市场监管、监督检验机构、制造厂、使用单位的多方努力下，隐患得以消除，问题得到解决。

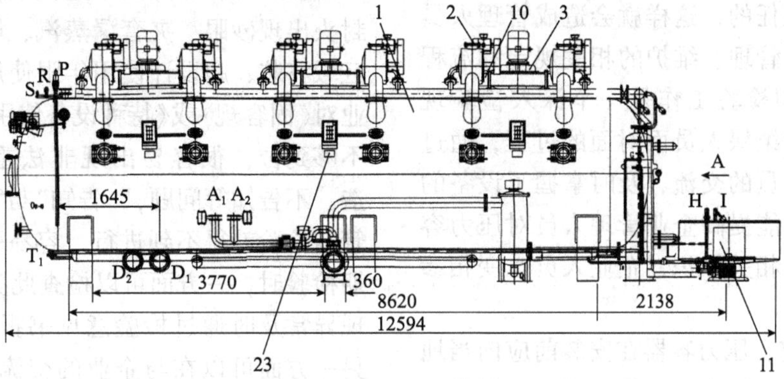

图1　一体化染色机主视图

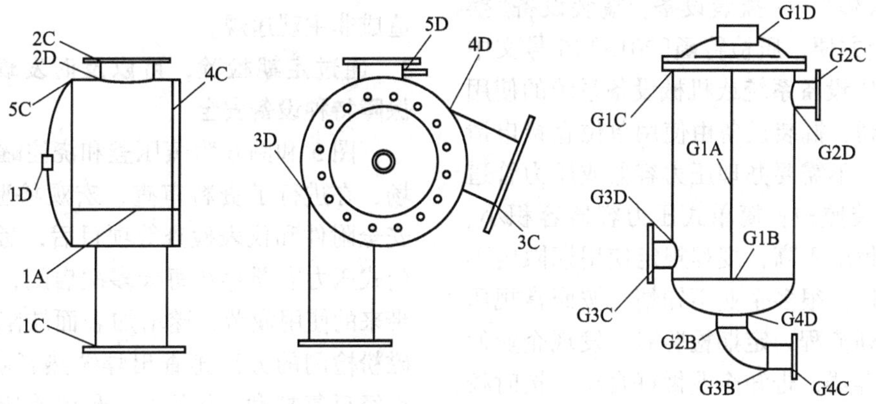

图2　提布轮室(左)与刮毛器(右)

在对一台用企业标准制造的铸铁压力容器的定期检验中发现，其制造标准虽在企业标准信息公共服务平台公示，但制造资料中未见符合《固定式压力容器安全技术监察规程》(以下简称《固容规》)基本安全要求的符合性申明和比照表，经过与当地检验机构和制造厂相关人员的沟通发现，该制造厂对于质检总局办公厅关于承压特种设备安全监察工作有关问题意见的通知(质检办特函〔2017〕1336号)相关事项并不知情，监督检验机构也未予以特别要求。企业标准虽把《固容规》列为协调标准，但缺少对比性数据，给压力容器的使用造成了安全隐患。后在检验人员、制造监检机构、制造厂、设计方的多方努力下，短板予以补齐，风险降到了最低。

2023年某化工有限公司发生"1·15"重大爆炸着火事故，事故分析表明，其中有一条事故压力管道在安装时，建设单位未经设计变更擅自管道材质由不锈钢改为碳钢，这样就降低了承压件的耐腐蚀性能。可惜的是监督检验机构并未发现事故管道材质与设计不符，未将事故隐患排查出来，间接导致了事故的发生。

在定期检验中，诸如制造资料壁厚与实际不符、制造资料中介质与实际不符等情况也时有发生，如某厂储气罐制造时名义厚度为8mm，实测为5mm；某酒厂气液分离器设计工作介质为R717，实际工作为R22。以上情况，多数是制造单位人员工作大意，设计出的壁厚余量较大，错用介质危险性相对不高，追溯后很快得到解决。但如果单位存在间歇性超压使用，环境腐蚀介质较多，或是使用方基于设计的要求，错误的使用腐蚀性更高的介质，其设备本身的损伤模式就会发生很大程度的改变，加之没有针对性的预防，很可能导致过早的失效，甚至发生特种设备事故。

2　通过定期检验，促使企业进一步做好特种设备管理

特种设备管理应有专业技术人员来承担，但在实际工作中，很多使用单位是由企业负责人或由一般管理人员兼任的，这样就会造成管理人员对压力容器使用、管理、维护的相关规定和流程并不了解。而定期检验工作是一个深入检验现场，与相关设备和维保人员面对面的过程，通过与企业专业管理人员的交流，及时掌握了设备的使用情况，而且还能提高企业管理人员对压力容器使用管理方面的相关知识，企业人员也变相参与了定期检验。

《固容规》规定，压力容器在安装前应向当地市场监督管理部门进行告知，但规程中未提及一种特殊的“集合体”——撬装设备，撬装设备“摆放”简单，外接方便，质检特函〔2016〕46 号文中关于撬装式承压设备系统或机械设备系统的使用登记第 4 条提到，撬装设备由使用单位直接申请办理使用登记，不需要办理压力容器或压力管道安装告知和安装监检；简单式压力容器容积小、压力低、危险程度不高，规程规定使用期限内不用注册、不定检，很多企业不知情，按照常规压力容器走一些列流程。定期检验时，发现企业使用简单式压力容器，告知企业做好自检，按时校验安全附件及仪表，超过使用年限如想继续使用可以委托检验机构进行检验或安全评估，及时为企业的“不懂”止损，释放有限的检验资源；对于简单常见的容器，如在对一制冷设备(见图 3)的定期检验中，让企业选取有针对性的部位挖洞，通过孔洞观察设备腐蚀情况，有条件的情况下定期监测壁厚变化，避免全部拆除隔热层造成的制冷效率浪费。监控制冷剂成分，严格控制介质水分；在对一蒸汽灭菌器(见图 4)设备定期检验中，针对性的提醒用户封头盖密封圈及时更换、监测使用水中氯离子含量不应大于 25ppm、快开门式压力容器操作人员 R1 证应按要求取证换证、按期提请厂家复核快开门式压力容器安全连锁的可靠性等。

图 3　制冷设备

图 4　灭菌设备

在压力容器的使用过程中，难免会遇到诸如封头出现砂眼、夹套漏蒸汽、增加工艺参数、跨区域移装、超设计使用年限使用等问题。如果企业对《固容规》或《特种设备使用管理规则》了解的不够到位，很容易出现非法重大维修、非法改造、不告知等问题，“告知”与“监检”未进行，监管与检验就得不到进行，容易引发事故隐患。定期检验时，一方面可以检查此类“非法”情况，发现异常及时通过检验意见书报送市场监管部门，另一方面可以在与企业的交流中传达相关法规、标准，避免企业人员因对规范或规定熟悉不够，造成非主观违规。

3　通过定期检验，可以及时发现和排除隐患，保障特种设备安全

图 5 和图 6 为蒸压釜和浇注罐的定期检验现场，在进行了资料审查、宏观检验、壁厚测定、安全附件和仪表检查等项目后，考虑到这种快开门式压力容器存在每天多次启闭，重复升压降压带来的使用疲劳，遂增加表面缺陷检测比例，用磁粉检测的方法排查出焊缝热影响区纵向裂纹，后经反复打磨、再检测，最终确定裂纹消除，并根据裂纹产生的原因，适当缩短了下个检验周期。

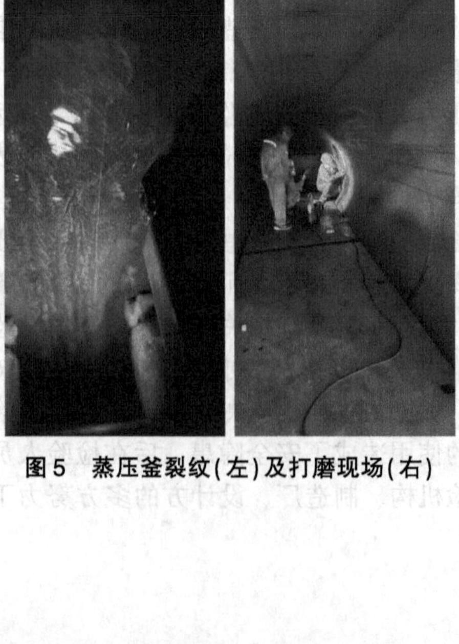

图 5　蒸压釜裂纹(左)及打磨现场(右)

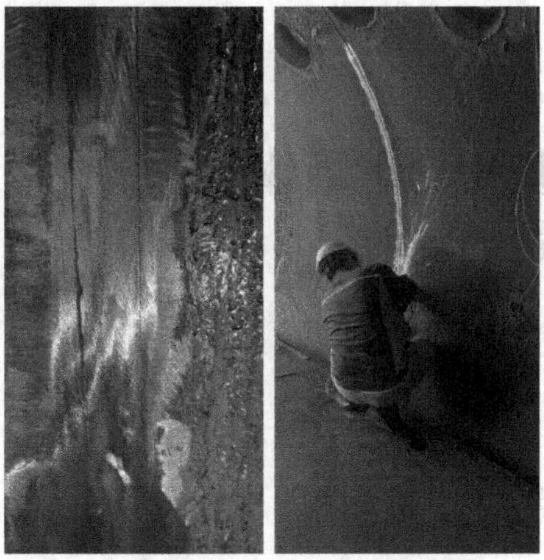

图6 浇注罐裂纹(左)及打磨现场(右)

图7为某小规模化工厂不锈钢反应釜，其内部介质为酸性，容器外表面并无异常，设备使用单位工作人员认为不锈钢耐腐蚀能力强，釜内物料不宜排净，未定期进行开罐检查。通过定期检验发现，内部焊缝热影响区的晶间腐蚀已十分严重，不锈钢材质特有的“刃状腐蚀”十分明显，原制造12mm厚的钢板最薄处只有10.54mm，如未及时发现，失效造成的可能不仅是生产停工、工艺中断等经济损失，甚至产生爆炸，发生特种设备事故，后果不堪设想。

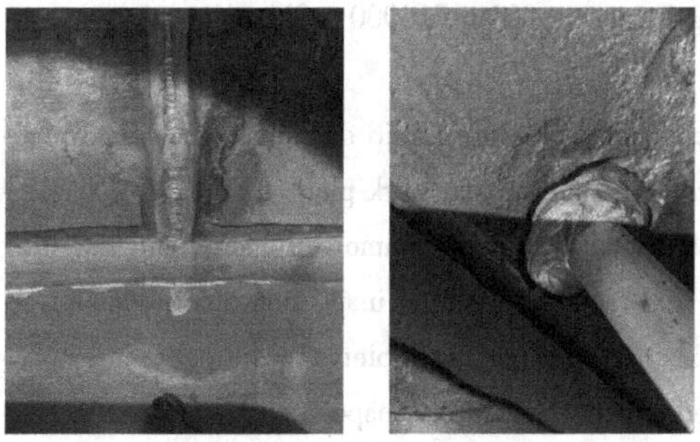

图7 不锈钢反应釜内局部晶间腐蚀图

图8为某水产公司液氧储罐底部情况，定期检验时发现，左图安全阀角阀在设备运行过程中由于泄漏没有给予更换，而是用机械方法以外力阻止阀门继续泄漏，“夹子”本身置于活动的砖块上，以不稳定的基础支撑不规范的止漏。右图中，使用单位以黑色胶管连接液氧口，液氧不经汽化器，以非标管道为通道一边汽化一边进入用氧工况，完全忽视氧气的助燃性，企业相关人员无起码的化学知识储备，如未在定期检验中及时发现，将产生严重的事故风险。

某液化气体公司申请对超设计使用年限的液化石油气储罐定期检验，在资料审查时发现该设备制造于1988年，图纸设计标准却为GB150－98，与企业设备管理人员核实后发现，该设备在

图8 液氧储罐底部图

企业扩张期随原厂一并转入现公司，设备多，资料杂，早期资料可能早已遗失，企业设备管理人员在比对现场设备与图纸后，用“差不多一样”的方式确定了该设备资料，并不清楚《固容规》中关于液化石油气储罐中有关材质不明的规定，更不了解湿硫化氢腐蚀开裂的严重后果，给事故隐患埋下了“无知”的种子。

给压力容器做定期检验，就像是人的身体检查，一个疾病可能是多种因素造成的，在“发病”前，将早已表现出来的“病症”都治好，疾病也就不会发作。现阶段压力容器的制造余量都相对较大，有缺陷的设备不会立即发生事故。定期检验就是要在检验过程中发现缺陷，最大程度的减少缺陷存在的时间，让隐患消灭在萌芽中，让压力容器使用企业处在“专业带来的安全”环境中。

4 结语

工作中，定期检验人员常常扮演着多重角色。注册登记时，他们是市场监管与使用单位的桥梁，负责解释规程，“疏通”流程；检验时，他们是设计方、制造方、监检方、使用方的桥梁，担负着领悟设计意图，查找制造过程中的缺项的任务，同时在与多家企业的沟通中，把接触到的压力容器使用单位一些好的做法予以传播，帮助特种设备管理提质增效；设备重大维修或改造时，他们又是施工方、使用方、监管方的桥梁，起着提醒施工告知，规划施工流程，确认设备状态的作用。

压力容器的定期检验，目的是排查隐患、发现隐患，进而消除隐患。每个定期检验机构，每个定期检验人员都应以法律为准绳，以规程为标准，在虽显乏味、重复的定期检验中尽全力做好，不忘初心。为检验对象负责，为检验质量负责，为自己负责，为特种设备安全负责。

参考文献

[1]TSG 21—2016《固定式压力容器安全技术监察规程》
[2]TSG 08—2017《特种设备使用管理规则》

道路运输常压液体危险货物罐车罐体定期检验中常见问题的探讨

强　晔[1]　刘峰育[1]　王泉生[2]　郭依帛[1]

(1. 陕西省石化压力容器检验站，陕西 西安　710000；
2. 陕西省特种设备检验检测研究院，陕西 西安　710000)

摘　要：为保证常压液体危险货物罐式车辆的运行安全，规范罐车检验市场秩序，根据交通部等四部委出具的罐车治理工作方案(交运发[2021]35号)，结合常压罐车罐体检验机构管理技术水平，对实际定期检验中的常见问题及处理方式进行探讨，通过对常压液体危险货物罐车罐体定期检验中常见问题的分析和探讨，提出相应的处理措施和建议，为今后的罐车检验提供现实参考。

关键词：常压液体危险货物罐车罐体；定期检验；容积测定；结构及几何尺寸；外观检验；附件检验

Discussion on Common Issues in Periodic Inspection of Tank Body for Road Transportation of Normal Pressure Liquid Dangerous goods Tanker

QIANG Ye[1], *LIU Fengyu*[1], *WANG Quansheng*[2], *GUO Yibo*[1]

(1. Shaanxi Petrochemical Pressure Vessel Inspection Station, Xi'an 710000, China;
2. Shaanxi Special Equipment Inspection and Testing Institute, Xi'an 710000, China)

Abstract: To ensure the safe operation of tank vehicles for atmospheric pressure liquid dangerous goods and regulate the market order of tank vehicle inspection, based on the tank vehicle management work plan (JYF[2021]No. 35) issued by the Ministry of Transport and other three ministries, this paper discusses common problems and handling methods in actual periodic inspection by combining the management and technical level of inspection institutions for atmospheric pressure tank vehicle bodies. Through analyzing and discussing the common problems in the periodic inspection of atmospheric pressure liquid dangerous goods tank vehicle bodies, corresponding inspection measures and suggestions are proposed to provide practical references for future tank vehicle inspections.

Key words: The tank body of an atmospheric pressure liquid dangerous goods tanker; Periodic inspection; Volume measurement; Structure and geometric dimensions; External inspection; Accessory inspection

1　引言

常压液体危险货物罐式车辆(以下简称“罐车”)保有量逐年递增，目前我国道路运输市场现有罐车约57.6万辆(含挂车)，分布于全国的1.3万余家危化品物流企业[1]，户均拥有罐车数量约44.31辆。常压液体危险货物罐车因其移动运输的特点，事故发生率远高于固定式储存容器，又因其运输介质多为易燃易爆、有毒、强腐蚀性液体危险货物[2]，事故后果驱动风险高，社会面影响较大。通过近些年的检验及调研，目前市场上仍存在大体量“带病运行”的罐车，一方面是出厂存在的结构不合理、焊缝不达标、厚度不满足强度和稳定性要求等固有问题，另一方面是运输使用过程中造成的罐体凹陷变形、安全附件失效、

作者简介：强晔(1994—　)，本科，工程师，从事特种设备及危化品储运设备的检验工作。E－mail：810709484@qq.com

超核定载重量运输、非法改装加装罐体、安全泄放装置受损等问题。定期检验则能有效的识别排查常压液体危险货物罐车本体风险点，从而减少道路交通安全事故，降低事故后果的不可控性。

2 定期检验

2021 年以前，全国均存在检验不规范的情况，定期检验工作基本流于形式。检验机构取得 CMA 资质能力认证即可，检验标准为《道路运输液体危险货物罐式车辆第一部分：金属常压罐体技术要求》(GB 18564.1)[3-4]。但是，GB 18564.1 标准只是原则性规定了定期检验的内容，且主要针对外部检查，对检验周期、内部检查、检验要求、缺陷处理与结果评定等均未作出具体规定。检验单位在实施检验时，在检验项目、内容及结果判定上存在着较大的主观性，这在很大程度上影响了检验质量和结果判定，难免漏检误判，影响车辆的安全运行。另外，部分社会检验机构不具备基本的检验条件和人员能力，而热衷于价格竞争，运输企业也不重视定期检验环节，用钱买报告的形式严重凸显，只收费不检验的现象愈发严重，定期检验环节形同虚设。导致虚假检验、拎包检验、不规范检验、低质量检验、虚假报告横飞。

2019 年 6 月 1 日后，交通运输部牵头下发了《交通运输部 工业和信息化部 公安部 市场监管总局关于印发常压液体危险货物罐车治理工作方案的通知》(交运发[2021]35 号)[5]，对“常压罐车”进行专项治理。文件中均明确规定了治理期间，相关企业可委托具有可移动罐柜、集装箱检验资质的机构，经核准的特种设备(RD7)检验机构，依法依规开展常压罐车罐体定期检验工作。四部委文件给出了 16 条重大风险清单、定期检验周期的建议、检验机构资质要求，很大程度上能够规范市场，保证检验质量。以下就治理期间以来，罐车定期检验中发现的常见问题加以探讨

3 定期检验中常见问题的探讨

3.1 资料审查

资料审查包括出厂文件(罐体合格证、质量证明书、产品竣工图、出厂检验证书、罐体安全附件质量证明文件等)和使用资料(车辆注册登记证、车辆事故及罐体使用异常情况、罐体使用前检查记录、罐体改造或重大维修资料、安全附件校验报告、历次检验报告等)。但在实际检验过程中，使用单位提供的资料质量和完整度却参差不齐，存在无资料或缺失严重、资料矛盾(如允许充装介质与罐体设计代码不符、出厂检验证书参数与实际罐体不符、腐蚀裕量不满足标准规定等)、资料不完善(如多种介质未分别标明最大允许充装量)等问题，给定期检验工作带来了很大的困难。资料审查作为定期检验的前置环节，意义重大，能够为下一步检验提供数据支撑。所以针对以上问题，应要求使用单位找罐体原制造厂家补齐相关资料并提供资料真实性的情况说明。如无法补齐，至少提供基本参数数据表及竣工图，作为罐车合格的证明依据。特别是介质审查，如需变更充装介质的，制造单位还应出具明确的罐体适装介质列表，至少注明包含 UN 号、中文名称、介质与罐体材料相容性、密封材料、设计使用温度下的密度、最大允许充装量、罐体容积、罐车额定载质量、相容性依据的腐蚀数据等参数。

3.2 容积测定

按照交运发[2021]35 号文件，对罐体提出了容积测定的检验要求，容积以出厂文件标注容积为准，公差应小于等于 3%。这个项目在 GB 18564.1—2019 标准中未作规定，但容积测定确是罐车罐体能否够安全运行的重要保障。实际检验中罐体由于设计制造环节的不规范，实测容积公差大于 3% 的不在少数。针对超标问题，笔者认为罐车历史原因复杂，挂靠车辆占比巨大，应该按照制造年限的不同区别对待。例如按照 GB 18564.1—2019 标准制造的罐体，其容积公差应严格控制在 3% 以内，超过应返原制造厂进行内部改造，或重新核定充装介质。按照 GB 18564.1—2006 标准制造的罐体，其容积公差可是当放宽至 15%，当公差在 3% ~15% 的范围内时，可以让罐体原制造厂家出具限制充装容积或充装质量的证明文件，保障罐车运行的合规性。

3.3 结构及几何尺寸

3.3.1 罐体的焊接接头设计及焊缝布置是否合理

实际检验中发现存在：由于制造质量导致筒体焊缝间距不足或十字焊缝、拼接封头焊缝距封头中心距离过大、用户私自改造后封头、开孔加装卸料口等问题。针对以上问题应要求返原制造厂家进行整改，提供整改方案、合格证明和无损检测、耐压或气密试验报告等相关资料。同时使用单位应提供关于资料真实性的说明。针对特殊介质如沥青等，工艺要求如果只能从后封头卸料的罐车，原制造厂家还应根据实际情况进行整改或进行设计表更，出具设计、竣工图、合格证、强度计算书等相关资料。

3.3.2　封头、隔仓板、防波板、人孔及管路的设计是否合理

实际检验中发现封头存在型式不符合设计代码要求、深度不够、拼接焊接距离不够等问题；隔仓板私自改造，双仓变单仓、单仓改双仓；防波板开孔位置不对或面积不够；人孔改动位置与设计图纸不符；管路为方便卸料私自改动等。针对以上问题应要求返原制造厂家进行整改，提供整改方案、合格证明和无损检测、耐压或气密试验报告等相关资料。同时使用单位应提供关于资料真实性的说明。

3.3.3　罐体允许最大充装质量是否不大于罐体的核定载质量

实际检验中发现有不符合标准规定的或多种介质未注明各自最大充装质量的，应要求使用单位联系罐车原制造厂家进行核查，并出具相关情况说明。

3.3.4　其他

实际检验中除发现以上问题外，还存在其他的结构问题不符合标准规定，如：非圆形截面的曲率半径不符合标准要求、设计代码为 L4 开头系列的封头横截面未采用圆形截面、需要增加内衬的未加装内衬等。这类问题应要求返原制造厂家进行整改，提供整改方案、合格证明和无损检测、耐压或气密试验报告等相关资料。同时使用单位应提供关于资料真实性的说明。

3.4　罐体外观检验

对罐体外观，着重检验以下方面：

1)罐体表面漆色、标志、标识、铭牌应清晰、完整、齐全，铭牌的内容应与罐体的出厂文件相符。实际检验中发现存在标识标注错误的问题，如易燃易爆介质喷涂为腐蚀性，毒性介质喷涂为易燃易爆等，要求使用单位按照标准重新标注；对铭牌缺失的应联系原制造厂家核查补办。对存在内表面锈蚀的不锈钢及铝合金罐体，应分析腐蚀产生的原因，必要时联系罐体原制造厂家进行维修。

2)罐体外表面应无裂纹、局部变形、机械损伤、油漆脱落等情况。实际检验过程中主要发现由于碰撞导致的罐体局部变形和机械损伤较多，要求使用单位联系原制造厂家对损伤或凹坑部位进行处理，并出具相关资料。油漆脱落、表面轻微锈蚀的，要求使用单位按照标准重新进行防腐。

3)法兰密封结构是否完好，应无泄漏痕迹。实际检验中发现有泄漏痕迹的对密封垫圈等及时进行更换，并做气密性试验。

4)罐内防波板与罐体连接焊缝有无裂纹，紧固螺栓有无松脱、防波板有无脱落等。实际检验过程中，发现防波板与筒体连接处开裂、或未焊接牢固、防波板开口处开裂、防波板与罐体的连接棱角半径不满足标准要求等，应要求返原制造厂家进行整改，提供整改方案、合格证明和无损检测、耐压或气密试验报告等相关资料。

5)安全附件和其他附件与罐体的接口有无泄漏，连接是否牢固可靠；各管路是否存在机械接触损伤、堵塞等情况。实际检验中发现，管路由于路况原因造成机械损伤，应要求使用单位联系有资质的单位进行维修处理。

6)扶梯、操作平台、护栏有无掉焊、破损等情况。实际检验中发现主要为缺少护栏或者无安全带的滑轨装置等，应要求使用单位对罐体顶部进行加装。

7)检查隔热层是否有破损、脱落。对于隔热层下罐体有腐蚀倾向、有产生裂纹可能性或检验人员认为有必要的，应当拆除部分或全部隔热层进一步检查。

3.5　附件检验

常压液体危险货物罐车罐体在定期检验中，附件检验是非常重要的环节，也是发现问题最多的环节。附件的完整可靠是减少罐车事故发生和事故后果的重要保障。具体附件类型及常见检验问题如下：

3.5.1　安全泄放装置检验

安全泄放装置包括安全阀、呼吸阀、紧急切断装置、真空减压阀等[6]。定期检验中发现安全泄放装置普遍存在以下问题：

1)安全泄放装置较多没有铭牌(特别是老旧车辆)，无法核实型号、制造单位、公称压力等参数，只能通过现场校验以保证其基本运行参数满足标准要求。对校验不合格或者无法拆卸的，应要求使用单位对安全泄放装置进行更换，并提供产品合格证、校验报告等资料。

2)安全泄放装置的配置与设计代码不相符。有从设计制造就是错误的，也有因为运输实际情况司机拆卸未安装的。应要求使用单位按照罐车罐体出厂资料的设计代码，对应 GB 18564.1—2019 标准的要求联系罐车罐体原制造厂家进行整改，并提供整改方案、合格证明和无损检测、耐压或气密试验报告等相关资料。

3)安全泄放装置数量不够。针对罐体设计制造顶部有预留口的，应购买合格的安全泄放装置进行安装，并提供购买的合格证、校验报告等资料。如果罐体原设计顶部没有预留口的，则应要求使用单位联系罐车罐体原制造厂家进行加装，并提供加装附件的合格证，同时供整改方案、合格证明和无损检测、耐压或气密试验报告等相关资料。

4)安全泄放装置安装错误的，如下方加装球阀、与倾覆保护装置距离不足20mm、易燃介质的外置式呼吸阀不具备阻火功能等，应要求使用单位联系罐车罐体原制造厂家重新安装，并按需提供附件的合格证，同时提供整改方案、合格证明和无损检测、耐压或气密试验报告等相关资料。

3.5.2 紧急切断装置检验

紧急切断装置定期检验中主要问题如下：

1)紧急切断装置较多没有铭牌(特别是老旧车辆)，无法核实型号、制造单位、公称压力等参数，只能通过现场性能试验(结合容积测定环节进行)，保证紧急切断装置在工作压力下全开，并在持续放置情况下不致引起自燃闭合，动作灵敏可靠，5s内闭合。

2)紧急切断装置安装错误，法兰没有直接焊接在筒体或封头上，作用失效。按GB 18564.1—2006设计的罐体，紧急切断阀法兰未直接焊接在筒体上，使用单位应联系原设计、制造单位出具应力分析报告或者设计计算说明，证明此处强度满足要求。按GB 18564.1—2019设计的罐体，应要求使用单位联系罐车罐体原制造厂家进行整改，并提供整改方案、合格证明和无损检测、耐压或气密试验报告等相关资料。

3)紧急切断装置远程控制失效。使用单位应联系有资质的单位进行供气管路等的检查，及时维修，保证急泄放装置的正常使用。

3.5.3 导静电装置检验

定期检验中，导静电装置的接地线与车架之间的电阻值大于5Ω时，应对接地线进行更换。

3.5.4 装卸阀门检验

装卸阀门较多没有铭牌，使用中更换频次高，无法保证资料的真实性，无法核实型号，公称压力及制造单位等信息。只能外观检查是否良好，密封面是否锈蚀夹渣等，通过试验确保装卸阀门操作自如，无渗漏情况。

3.5.5 装卸附件检验

定期检验中，大部分车辆均未配置装卸用管及快装接头，使用的是油品销售企业配置的装卸用管及快装接头。对于这种情况，应在检验记录及报告中予以说明。如果随车配置了装卸用管及快装接头，对装卸用管压力试验不合格的应予以更换。快装接头变形、密封和裂纹等引起失效的应予以更换。

3.6 罐体壁厚测定

壁厚测定是验证罐壁腐蚀状态的重要检测手段，定期检验中发现的壁厚问题主要为以下两个方面：

1)因为充装介质的复杂性(如气田产出水)、介质与材料的相容性不符等导致罐体腐蚀严重，不满足GB 18564.1—2019标准中第5.2.13条最小厚度的要求。针对这种情况，应予以报废。使用单位应联系罐车罐体制造厂家进行罐体更换。

2)壁厚只满足GB 18564.1—2019标准中第5.2.13条最小厚度的要求，不满足计算厚度的要求，主要集中于设计代码为L4BH、L4BN的罐体。针对这种情况，建议使用单位联系罐体原设计单位，采取降低设计代码的处理，重新核算罐体计算厚度和设计厚度，测量实际壁厚是否不小于罐体设计厚度与腐蚀裕量的差。同时罐体的附件配置应符合降级后设计代码的要求，并出具新的产品质量证明文件。

需要特别注意的是：对结构不合理、设计厚度不明、封头型式不符合标准规定、检验人员对壁厚有怀疑的罐体，检验人员应按罐体制造时选用的标准确定罐体的最小厚度和罐体的计算厚度，取两者的较大值作为判定壁厚是否合格的依据，并要求使用单位提供经设计单位确认有效的设计文件(或设计计算书)。

3.7 罐体与底盘(或者行走机构)连接

定期检验中发现发现的主要问题如下：

1)罐体与底盘连接紧固连接螺栓有腐蚀、松动、弯曲变形；

2)罐体支座与底盘之间连接缓冲胶垫错位、变形、老化；

3)车架的连接焊缝有裂纹；

4)支座与固定卡或者卡带连接不牢固。

针对以上问题，均要求使用单位联系有资质的维修单位进行维修处理。特别要注意的是有运输企业换罐送检，因此建议检验机构检验完成后对罐体做特殊标记或对罐体与底盘连接部位铅封，杜绝使用单位换罐送检情况的发生。

4 结束语

常压罐车定期检验责任重大，规范检验是保

证检验质量安全的前提，笔者认为目前还存在以下问题需要解决：

1)《交通运输部 工业和信息化部 公安部 市场监管总局关于印发常压液体危险货物罐车治理工作方案的通知》(交运发〔2021〕35 号)文件规定治理时间截止为 2022 年 11 月 30 日，规定时间过后是否还沿用此文件作为检验依据，涉及罐体的容积测定等项目在 GB 18654. 1—2019 标准定期检验中未做规定。另外全国各省份均存在部分车辆未在治理期间按照文件要求进行定期检验的情况。对于专项治理期结束后，如何进行定期检验，对检验机构资质要求，检验标准执行、检验工艺流程方面，需要监管部门出具明确的政策引导，保证罐车罐体定期检验的正规化、常态化。

2)在检验中发现的需要修理和整改的问题，相关标准并未对维修单位的资质作以规范要求，对设计、制造环节产生的问题在定期检验中发现后如何处理也未做规定。《危险货物道路运输安全管理办法》第四十一条："装载危险货物的常压罐式车辆罐体的重大维修、改造，应当委托具备罐体生产资质的企业实施，并通过具有专业资质的检验机构维修、改造检验，取得检验合格证书，方可重新投入使用"。罐体重大维修、改造如何定义，没有具体说明。

3)《常压液体危险货物罐车治理罐体定期检验工作指南》中对整改维修提出了合理的处理途径，但一直未正式发布，合法性不足，还需监管部门对此进行研究，尽快正式发布，让检验机构在实际检验中有据可依。

4)各省主管部门应建立大数据库，实现大数据监管，完善部门协调机制[7]。区域内的常压罐车相关数据及时更新，数据覆盖设计，制造、检验、使用等环节。定期对区域内的制造企业、检验机构、运输企业进行监督检查，以期促进行业高质量发展。

参考文献

[1]张衡，陈浩，曾艳红．危化品物流行业现状及安全管理对策．学者论坛，2023：(019)：135－136.

[2]苏立杰，岳建新，董本万，刘富杰．金属常压罐车罐体检验检测现状及问题分析．中国金属通报，2017：(07)：80－81.

[3]GB 18564. 1—2006 道路运输液体危险货物罐式车辆第 1 部分：金属常压罐体技术要求．

[4]GB 18564. 1—2019 道路运输液体危险货物罐式车辆第 1 部分：金属常压罐体技术要求．

[5]交通运输部 工业和信息化部 公安部 市场监管总局．关于印发常压液体危险货物罐车治理工作方案的通知(交运发〔2021〕35 号)[EB/OL]．[2024－06－03]．https：//xxgk. mot. gov. cn/2020/jigou/ysfws/202105/t20210506_ 3586499. html.

[6]赵彦修，王十．道路运输常压金属罐体检验标准及其应用思考．中国特种设备安全，2023，39(8)：8－12.

[7]韩世勋，元姝人，孟建旭，李万林．浅析常压罐车金属常压罐体定期检验中发现的问题及处理办法．西部特种设备，2023，6(5)：28－32.

氮封阀在线检测装置的实施方式与必要性

滕　达[1,2]　李昀达[2]

（1. 滕 达 辽宁天之都精密检测技术有限公司，辽宁 盘锦 124000）
（2. 李昀达 辽宁天之都精密检测技术有限公司，辽宁 盘锦 124000）

摘　要：本文提出一种氮封阀在线检测测装置；氮封阀在线检测装置是一种用于检测氮封阀本体的设备，通过探讨氮封阀的工作原理以及分析氮封阀现实工作中存在的问题，总结氮封阀在线检测装置的应用价值；最后从设计实施的角度，详细介绍了氮封阀在线检测装置的运行模式、使用方法，并探讨了未来的改良研究方向，以期为氮封阀检测的相关研究提供参考价值。

关键词：氮封阀；在线检测装置；实施价值与方式

Implementation and necessity of on-line testing device for nitrogen sealing valve

***TENG da*[1,2]，*LI Yunda*[2]**

（1. Tenda　Liaoning Tianzhidu precision testing Technology Co.，LTD　Liaoning province，Panjin 124000，China；
2. Li Yunda Liaoning Tianzhidu precision testing Technology Co.，LTD Liaoning province，Panjin 124000，China）

Abstract：this paper presents an on-line detection device for nitrogen sealing valve，which is used to detect the nitrogen sealing valve，by discussing the working principle of nitrogen sealing valve and analyzing the problems existing in the practical work of nitrogen sealing valve，the application value of the on-line detection device of nitrogen sealing valve is summarized，the operation mode and application method of the on-line testing device for nitrogen sealing valve are introduced in detail，and the future improving research direction is discussed.

Key words：Nitrogen sealing valve；On-line detection device；Implementation value and method

1　引言

氮封在工业上的应用非常广泛，在石油、化工以及制药领域广泛应用，储罐氮封是一种向储存容器与反应器的顶部空间填充惰性化气体的工艺，能够改变气相空间的气体组分；一般可以用于保护储罐内的成分因为氧气的存在发生的氧化、腐蚀等化学反应[1]。氮封阀位于储罐的顶部，用于维持储罐的微正压、隔离物料与外界的接触、减少物料的挥发和浪费并保护储罐的安全。氮封阀不需要外加能源，可以利用被调介质自身能量为动力源。氮封阀是危险储罐上的必备装置，承担着向储罐内定压、定量补充氮气的工作；因此，氮封阀的各项参数都需要精准无误；这就需要对氮封阀进行定期的检测。但是检测过程非常繁琐，周期较长。基于此，我们要改变传统的检测模式，实施在线检测，通过设置在线检测装置，优化氮封阀的检测过程，有效的提高氮封阀工作的安全性。

2　氮封阀的工作原理与工作问题

2.1　工作原理

氮封阀由阀体、阀盖、阀芯、弹簧等部件组成。阀体内部有一个氮气进口和一个氮气出口，阀芯位于阀体内部，通过阀芯的移动来控制氮气的流量。当氮气进入阀体时，阀芯处于关闭状态，氮气无法通过阀体流出。当需要控制氮气流量时，通过调节阀芯的位置来改变阀体内的通道

作者简介：滕达(1992—　)，学历：本科，从事的工作：检验检测工作。E－mail：1114352425@qq.com

大小，从而控制氮气的流量。当阀芯打开时，氮气可以顺畅地从进口流出，并通过出口排出[2]。

氮封阀可以通过手动控制或自动控制来实现。手动控制时，操作人员通过旋转阀芯或拧动手柄来调节阀芯的位置，从而控制氮气的流量。自动控制时，阀芯的位置由电动机、气动装置或液压装置等控制元件控制，根据预设的参数来自动调节阀芯的位置，实现对氮气流量的精确控制。氮封阀具有结构简单、操作方便、流量调节范围广、密封性好等特点。它可以根据实际需要调节氮气的流量和压力，适用于各种工业领域，如化工、石油、电力等。

2.2 工作问题

氮封阀承担着非常重要的工作，因此维护和检查是保证工作顺利开展的关键。但是，由于氮封阀的结构复杂，维护起来比较困难。一旦出现故障，需要拆卸阀体进行维修，这不仅耗时耗力，还可能导致工作停工。目前常用的氮封阀检测手段主要包括压力测试和泄漏检测。然而，这些方法只能检测氮封阀的整体性能，无法对其内部结构进行详细的检测和分析[3]。另外，由于氮封阀的结构复杂，传统的检测方法往往无法准确判断其密封性能和工作状态。这可能导致误判和漏检的情况发生。氮封阀检测方法通常需要人工操作，耗时耗力。而且，由于氮封阀检测需要拆卸检测，因此检测效率较低，无法满足工作需求。

3 氮封阀在线检测装置的应用价值

上文我们对氮封阀的工作原理进行了分析，并探讨了氮封阀工作中存在的问题，要解决这些问题，我们可以通过设计在线检测装置来实现。

氮封阀在线检测装置是一种用于检测氮封阀本体的设备。传统的检测方法通常需要拆卸氮封阀本体，然后进行压力和泄漏量的检测。然而，这种方法繁琐且耗时，而且可能会导致阀门损坏或泄漏。氮封阀在线检测装置的出现解决了这个问题。它能够在不拆卸氮封阀本体的情况下，通过阀门对通入氮气的流量进行控制，同时通过压力表进行实时监测氮封阀的开启压力、关闭压力；这样工作人员可以直接通过组合装置获取阀门的状态信息，不需要进行繁琐的拆卸和安装。

使用氮封阀的优点很多，主要从以下几点分析。第一，降低检测成本。传统的检测需要拆卸氮封阀，拆卸完成后需要送检，送检后还需要安装，这个过程需要耗费大量的检测成本，比如检测机构的成本、拆卸的人力成本和时间成本等。但是应用氮封阀在线检测装置以后，就能够直接通过测试水槽对氮封阀进行检测，避免了拆卸，这样拆卸成本、运检成本就可以节省下来[4]。第二，省时省力。传统的检测中，需要拆卸氮封阀，拆卸氮封阀以后还需要送检，送检的过程来回需要很长的时间，时间就是资源，时间一长就会造成时间资源的浪费，需要停机维护；使用在线检测装置装置就可以避免这个问题。在线检测装置中，可以直接通过压力表、阀门等控制流量，监测氮封阀的使用，避免拆卸，就能够更好的节约成本。第三，检测过程更加安全。在传统的检测中，通常需要使用高压氮气进行测试，如果操作不当或设备损坏，可能导致氮气泄漏，造成爆炸或火灾的危险，但应用了在线检测装置，就不再需要拆卸氮封阀，同时可以直接使用阀门对气源进行控制，提高了安全性。所以说，氮封阀在线检测装置的出现极大地简化了氮封阀本体的检测过程，提高了检测的效率和准确性。它是一种先进的技术工具，可以广泛应用于各种工业领域，帮助企业提高生产效率和产品质量。

4 氮封阀在线检测装置的设计实施

氮封阀在线检测装置的设计思路图如图 1 所示：

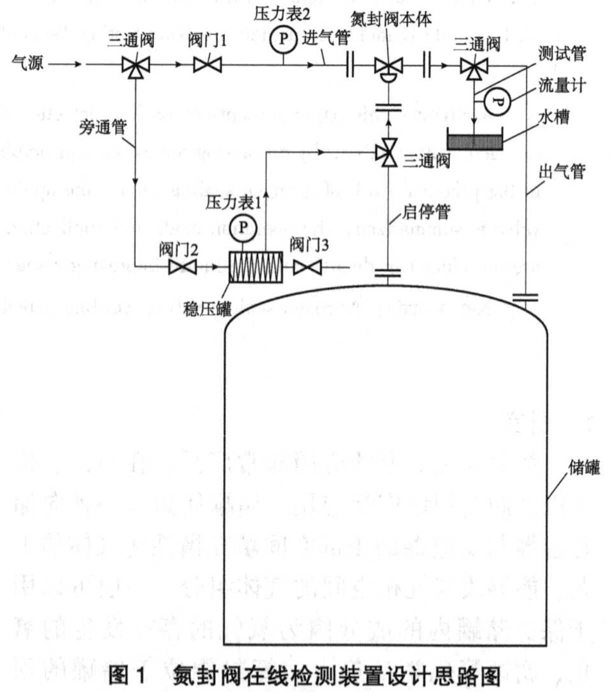

图 1 氮封阀在线检测装置设计思路图

从图 1 中，我们可以看到，氮气气源会通过三通阀将气源分为两路，一路进入到阀门，然后在压力表 2 上通过压力数值显示出氮气数值，然后通过进气管，进入到氮封阀的本体；二路经过旁通管进入到阀门 2，然后进入稳压罐，稳压罐设置有压力表 1，可以在压力表 1 中通过压力数值显示出氮气数值，经过压力表 1 以后进入到三通阀。到这里这第二路的氮气就可以与第一路的氮气汇合在氮封阀本体中，氮封阀本体再连接一个三通阀，三通阀连接一个流量计和水槽，水槽可以模拟出储罐的工作，并通过流量计进行监测；然后氮气通过出气管，进入储罐中。

该设计的优点就在于设置了稳压罐，稳压罐的设置能够实现将氮封阀快速的开启或者关闭停止，模拟储罐的工作情况；再搭配上测试用的试管和水槽，就能够对氮封阀本体的开启以及关闭的程度进行检测；这样就可以实现在氮封阀本体不同的状态下，通过观察压力表1 的数值，就可以计算出氮封阀本体的开启压力以及关闭压力，如果出现泄露，也可以计算出泄漏量；从而更准确的对氮封阀本体进行检测，检测的周期也会更短。

同时，该设计还具有如下优点：首先，稳压罐的设置可以确保氮封阀在不同工作状态下的稳定性，从而提高了系统的可靠性和稳定性。其次，测试用的试管和水槽可以模拟实际工作环境，确保检测结果的准确性和可靠性。此外，通过观察压力表1 的数值，可以实时监测氮封阀的工作状态，及时发现问题并采取相应的措施。该设计还可以计算氮封阀的开启压力和关闭压力，从而更好地了解氮封阀的工作特性。最重要的是，通过计算泄漏量，可以及时发现和修复氮封阀的泄漏问题，提高系统的安全性和可靠性。

5 氮封阀在线检测装置的未来改良思考

上文我们提出了氮封阀的在线检测装置，并分析了在线检测装置的应用价值和具体实施对策。这让我们有了一定的改良方向，但是随着信息技术的发展，要想实现真正的在线检测，其实还可以考虑加强智能化管理，智能化的管理有更明显的优势，能够更好的实施检测和管理，提高管理的有效性，具体来说，我们可以从以下几点入手：

①提高检测精度。目前的氮封阀在线检测装置已经可以实现实时监测，但是在检测精度上还有一定的提升空间。可以通过引入更先进的传感器技术，提高数据采集的精度，从而提高检测结果的准确性。②增加故障诊断。除了实时监测氮封阀的工作状态，未来的改良可以进一步增加故障诊断功能。通过对氮封阀的工作参数进行分析，可以判断出可能存在的故障原因，并提供相应的解决方案，帮助用户快速排除故障[5]。③引入人工智能。随着人工智能技术的不断发展，可以考虑将其应用于氮封阀在线检测装置中。通过机器学习算法，可以对大量的氮封阀工作数据进行分析和建模，从而实现对氮封阀工作状态的预测和优化。④实现远程控制。未来的改良可以将氮封阀在线检测装置与互联网相连接，实现远程监控和控制。用户可以通过手机或电脑等终端设备，随时随地查看氮封阀的工作状态，并进行相应的操作和调整，提高了操作的便利性和灵活性[6]。⑤结合大数据。通过将氮封阀在线检测装置的数据与其他相关设备的数据进行结合，可以进行更全面的分析和判断。例如，将氮封阀的工作数据与管道流量、压力等数据进行关联分析，可以更准确地评估氮封阀的工作状态，并提供更精确的优化建议[7]。

总之，未来改良氮封阀在线检测装置可以从提高检测精度、增加故障诊断功能、引入人工智能技术、实现远程监控和控制以及结合大数据分析等方面展开，以进一步提升装置的性能和功能，满足用户对氮封阀工作状态监测的需求。

6 总结

综上所述，储罐氮封是一种向储存容器与反应器顶部空间填充惰性气体的工艺，可以改变气象空间的气体组分，而氮封阀是非常重要的维持储罐内微正压的装置；氮封阀在工业中的应用非常广泛。氮封阀主要用于储罐氮封顶部氮气压力的恒定控制，对于储罐氮封的安全至关重要。在工业生产中，要确保储罐的安全运行，就要严格的要求氮封阀，设计氮封阀，让氮封阀的各项参数都准确无误。本研究提出通过设置一种在线检测装置优化氮封阀的设计，借助在线检测装置，可以对氮封阀进行检测，缩短检测的周期，更好地提高效益。

参考文献

[1]杨成鑫，李荣明．一种具有除水功能的氮封阀：CN202123180172.6[P].CN216343933U[2023-09-15].

[2]丁旭华．一种带有高效指挥器的氮封阀：CN202021748969.4[P].CN213017776U[2023-09-15].

[3]张洪滨．氮封阀的故障分析及处理方法[J]．化工自动化及仪表，2003，30(6)：71-72. DOI：10.3969/j.issn.1000-3932.2003.06.023.

[4]王佰亮．石油化工常压及低压储罐的氮封系统设计[J]．化工设计，2016，26(5)：3. DOI：10.3969/j.issn.1007-6247.2016.05.006.

[5]张建新，柴明坤，马树玉．一种应用于储罐的自力式氮封阀：CN202121782596.7[P].CN215371144U[2023-09-15].

[6]龙海涛，姚东升，李绍利，等．一种氮封阀设定压力，流量测试装置：CN202320022966.X[P].CN218956037U[2024-07-03].

[7]刘龙伟，龙海涛，方士豪，等．一种低压控制的高精度氮封阀：CN202320094756.1[P].CN219317721U[2024-07-03].

PE管道电熔接头冷焊缺陷的微波实验研究

邵泽龙[1,2]　李　玮[1,2]

(1. 上海市特种设备监督检验技术研究院，上海　200062；
2. 上海压力管道智能检测工程技术研究中心，上海　200062)

摘　要：聚乙烯管道本体强度高、耐腐蚀，不易产生缺陷。但是，受材料性能、焊接工艺等因素的影响，聚乙烯管道焊接接头区域易产生冷焊缺陷。针对射线检测、超声检测等常规无损检测方法不能获得聚乙烯冷焊缺陷的问题，文中对微波无损检测这一新方式进行了介绍，详细阐述了其检测原理。以矢量网络分析仪为微波信号的收发装置，设置了聚乙烯管道冷焊缺陷的检测试验。实验结果证明了微波无损检测方法在聚乙烯管道冷焊缺陷检测中的有效性。

关键词：聚乙烯；电熔焊接；微波；冷焊缺陷

Microwave Experimental Research on Cold Welding Defects of PE Pipe Electric Welding Joint

SHAO Zelong[1,2], *LI Wei*[1,2]

(1. Shanghai Institute of Special Equipment Inspection and Technical Research, Shanghai, 200062, China;
2. Shanghai Engineering Research Center of Pressure Pipeline Intelligent Inspection, Shanghai, 200062, China)

Abstract: Polyethylene pipe body has high strength, corrosion resistance and is not easy to produce defects. However, due to the influence of material properties, welding technology and other factors, the welded joint area of polyethylene pipeline is prone to cold welding defects. In view of the problem that conventional nondestructive testing methods such as X-ray testing and ultrasonic testing can't obtain the defects of polyethylene cold welding, this paper introduces a new method of microwave nondestructive testing and expounds its testing principle in detail. The vector network analyzer is used as the transceiver of microwave signals, and the detection test of cold welding defects of polyethylene pipes is set up. The experimental results prove the effectiveness of microwave nondestructive testing method in cold welding defect detection of polyethylene pipeline.

Key words: Polyethylene; Electric welding joint; Microwave; Cold weld defects

1　引言

目前，新建城镇中低压燃气管道中，聚乙烯(Polyethylene，PE)材料的占比在某些区域已经达到90%。其凭借成本低、耐腐蚀等优点，已经逐渐代替钢制管道。针对聚乙烯管道焊接接头区域易产生工艺性缺陷的问题，无损检测人员提出了数字射线、超声相控阵、微波检测等多种新方法。

以微波无损检测技术为例，近年来，国内外诸多研究团队均对非金属材料的微波无损检测方法均进行了相关研究。以北京市特种设备检验检测研究院牛小驰和西管安通检测技术有限公司车飞为代表的研究人员利用国外引进的微波检测设备对非金属聚乙烯管道的检测原理进行了分析，

作者简介：邵泽龙(1989—　)，博士，工程师，主要研究方向：微波成像及数据处理。E-mail：984177520@qq.com

并对管道补口结构等典型管道结构进行了检测应用[1-5]。以西安交通大学李勇教授和西安石油大学雒明世副教授为代表的研究人员则针对非金属材料的无损检测方法，实验室中对微波检测方式的原理进行了深入探讨。同时，通过搭建的实验室微波检测实验系统，对涡轮叶片、玻璃钢容器、GFPR 管道、PE 管道等多种非金属材料进行了实验分析和总结[6-13]。以南京航空航天大学李真为代表的研究人员则在硬件实现，微波谐振器电路设计、非金属涂层厚度测量等方向上进行了实验研究[14-17]。这些研究多以热熔焊接接头为研究对象，但是并未对电熔焊接的冷焊缺陷进行研究。

文中以聚乙烯管道电熔焊接接头为研究对象，深入分析了聚乙烯接头冷焊形成的机理和微波检测的原理。同时，加工了若干聚乙烯电熔焊接冷焊试件和标准焊接试件。搭建了微波检测实验装置，获得了标准试件和冷焊缺陷试件的反射回波。通过对比，证明了微波方法在聚乙烯电熔焊接接头冷焊缺陷检测中的有效性。

2 微波检测原理

PE 管道微波检测技术的原理如图 1 所示，微波信号发射器在某特定频率范围内发射微波信号，使微波在被检试件（PE 材料）中传播。通过测量回波的能量大小，求得 S11 参数，从而分析微波的回波能量变化，实现被检试样内部结构和缺陷的微波成像。

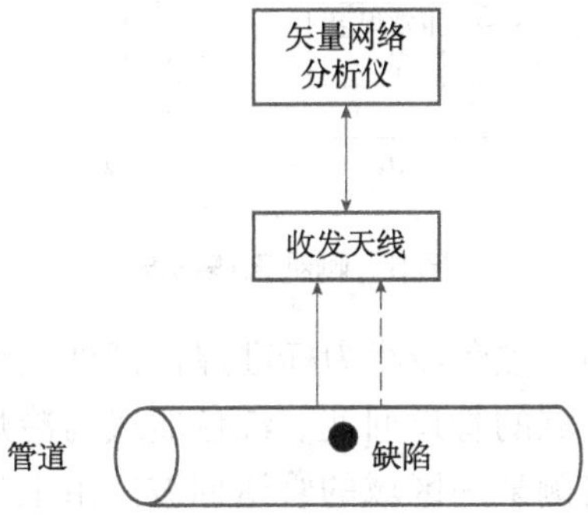

图 1 检测原理

聚乙烯是一种半结晶高分子材料，其性能与结晶度、晶区和非晶区的性质及分布有很大关系。当存在冷焊缺陷时，聚乙烯材料的结晶度变差，会影响聚乙烯管道的性能。因此，需要对 PE 冷焊缺陷进行检测。作为一种非极性材料，聚乙烯材料的电导率通常很低。因此，微波信号在 PE 材料中的穿透深度高，不仅可以获得管道的表面缺陷，也可以获得管道的内部缺陷及冷焊或过焊等工艺缺陷。

当被检聚乙烯试件存在焊接缺陷时，PE 材料缺陷区域的介电常数等物理参数变化。从而，引起电磁回波的变化，即 S11 参数的变化。

冷焊是指在焊接过程中加热温度过低或加热时间过短引起热熔焊接接头的吸热量不足所造成的缺陷。当焊接加热温度过低或者焊接后冷却时间过少时，聚乙烯焊接熔合区域吸热量不足，分子运动程度不够，抑制了分子链局部链段的调整运动进入晶格，从而影响了结晶的进行。最终造成材料中分子链的渗透缠结不够充分，强度降低。从而，形成冷焊缺陷。

当 PE 焊接接头区域存在冷焊缺陷时，微观上看，焊缝区域银纹纤维尺寸较小，且分布稀疏。同时，该区域的结晶度和拉伸屈服强度较小。此时，焊接接头虽然外观上连接完好，但是拉伸性能远未达到管道母材的强度，这也是冷焊接头的失效原因。

当存在冷焊缺陷时，缺陷处电磁波散射能量变大，反射能量变小。因此，微波信号接收器获得的材料反射波的能量大，相应的 S11 参数较小。

3 实验设置

3.1 聚乙烯电熔焊接试件

利用上海亚大塑料制品有限公司生产的聚乙烯套筒、河南联塑实业有限公司生产的聚乙烯管材，在全自动化焊机的加工下，加工若干标准焊接的聚乙烯电熔焊接试件和冷焊焊接的聚乙烯电熔焊接试件。

此时，聚乙烯试件的直径为 160mm，所用材质为 PE100 的聚乙烯材料。

如图 2 所示，上侧为标准焊接试件，下侧为焊接过程未进行保温的冷焊试件。

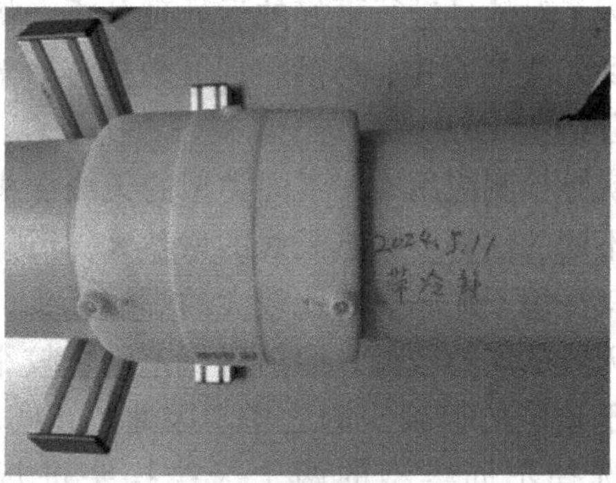

(a)正常焊接接头

图 2 聚乙烯试件

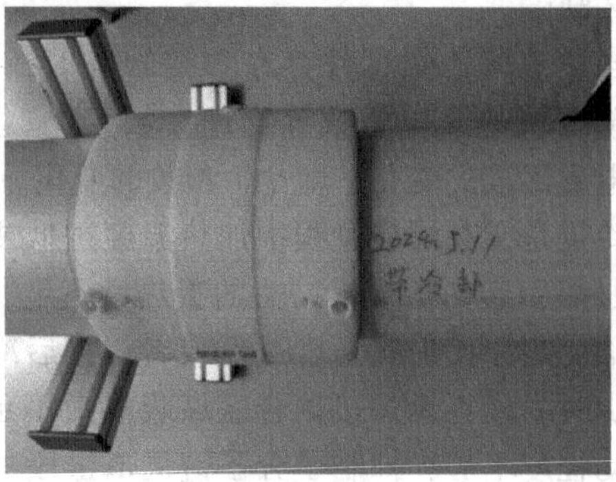

(a)正常焊接接头

图2　聚乙烯试件(续)

3.2　实验场景

利用是德科技有限公司生产的 Filed FOX 射频分析仪为微波信号的收发机，以西安恒达微波技术开发有限公司生产的喇叭天线探头或矩形波导天线探头为微波信号接收和发射探头。

当以喇叭天线为信号收发探头时，实验场景如图3所示。

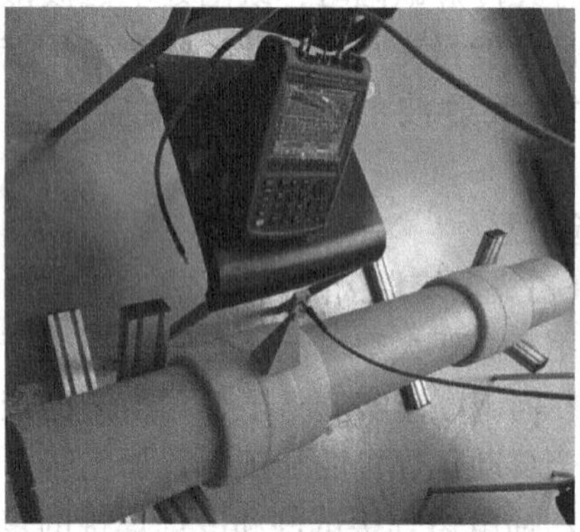

图3　实验设置

为了获取射频分析仪的 S11 参数，将仪器设置为矢量网络分析仪工作模式，端口1的输出功率设置为 -15dBm，扫频范围为 12 ~ 26.5GHz。采用电子校准件去除仪器内部和线缆的电磁损耗。为了对信号进行更好的后处理分析，将信号保存到外置U盘中，然后将回波数据传输至电脑进行分析。

实际检测应用中，不同类型的天线探头分别具有不同的优势。喇叭天线的增益大，照射范围大，其适用于缺陷区域比较大的焊接接头。矩形波导天线的增益较低，照射区域范围也较小，其使用于缺陷的精确探测之中。因此，在实验中，分别选择不同类型的两个天线探头进行试验分析。

实验中选择的天线探头如图4所示。

(a)喇叭天线

(b)矩形波导天线探头

图4　天线探头

4　实验结果

4.1　喇叭天线探测结果

将系统采集获得的信号回波通过 Matlab 处理后可以获得标准焊接试件、冷焊试件回波的 S 参数幅度信息分别如图5所示。

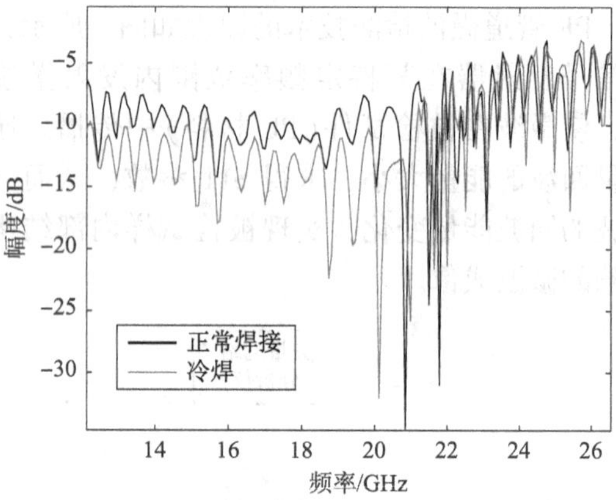

图5　喇叭天线回波

其中，黑色曲线为标准焊接试件电熔套筒右侧某一区域的管道回波。红色曲线为冷焊试件电熔套筒右侧某一区域的管道回波。由上述实验结果可得，当聚乙烯管道焊接接头冷焊时，微波信号的回波幅度会相应降低。

4.2　矩形波导天线探测结果

同理，利用矩形喇叭天线分别采集标准焊接试件、冷焊试件的回波，S11 参数的幅度信息分别如图6所示。

其中，实线为标准焊接试件电熔套筒右侧某一区域的管道回波。虚线为冷焊试件电熔套筒右侧某一区域的管道回波。

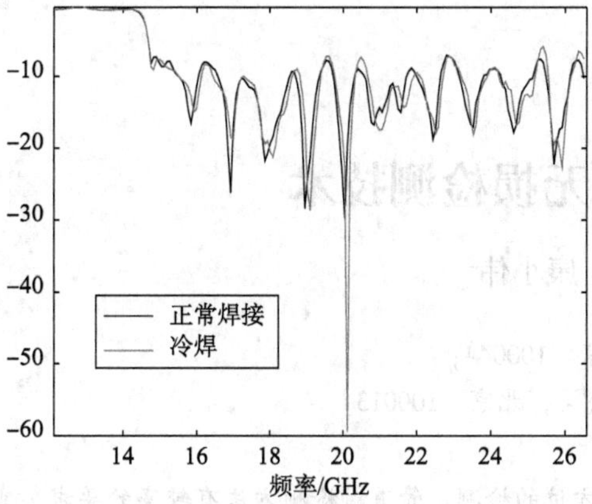

图6 矩形波导天线回波

由图示可得，当聚乙烯管道冷焊时，在敏感频点20GHz处，试件的回波幅度相比标准焊接试件的回波幅度明显降低。由于矩形波导天线照射区域较小，回波更集中。因此，相较于喇叭天线，仅在频率敏感区域，回波的S参数产生明显的变化。

5 结论

文中详细阐述了聚乙烯管道冷焊缺陷的产生原因和外在表现形式。通过理论分析，证明了微波检测方法在PE管道冷焊缺陷检测中的可行性。最后，搭建了聚乙烯管道冷焊缺陷试件的检测实验装置。实验结果证明微波检测方法可以应用于PE管道冷焊缺陷检测之中。

参考文献

[1]牛小驰，车飞．聚乙烯管道热熔焊缝分子链结构的微波检测．石油化工设计，2024，41(1)：30－31.

[2]牛小驰，车飞，陈斯．聚乙烯燃气管道热熔接头冷焊缺陷的微波检测技术研究．中国特种设备安全，2023，39(8)：58－62.

[3]车飞，牛小驰，藏国军等．在役柔性复合管缺陷的微波无损检测与分析．管道技术与设备，2023，(6)：32－35，40.

[4]车飞，沈珂，朱丽丽，等．长输管道补口结构的微波无损检测应用．管道技术与设备，2022，(5)：38－41.

[5]车飞，朱丽丽，王一帆，等．燃气PE管道热熔接头的微波无损检测应用．管道技术与设备，2022，(3)：41－44.

[6]王若男，李勇，回沛林等．涡轮叶片热障涂层减薄缺陷的微波扫频定量检测．传感器与微系统，2022，41(8)：104－107.

[7]胡金花，李勇，谭建国等．玻璃纤维增强复合材料局部减薄损伤的微波无损定量检测．传感器与微系统，2020，39(3)：113－116.

[8]回沛林，李勇，王若男等．GFRP材料损失缺陷的微波反射定量检测．传感器与微系统，2021，40(7)：110－113.

[9]回沛林，李勇，王若男等．埋地PE管线外部土壤空穴的微波无损定量检测．无损检测，2022，44(5)：43－46.

[10]王若男，李勇，回沛林等．PE结构埋深缺陷的微波无损可视化检测．无损检测，2023，45(9)：22－27.

[11]Fang Y，Hui P，Chen Z，et al. A miniaturized spot-focusing microwave sensor for broad-band reflectivity measurements. Sensors，2024，(35)：035602.

[12]Wang R，Fang Y，Gao Q，et al. Quantitative visualization of buried defects in GFRP via microwave reflectometry. Sensors，2023，(23)：6629.

[13]Yang X，Fang Y，Wang R，et al. Visual quantitative detection of delamination defects in GFRP via microwave. Sensors，2023，(23)：6386.

[14]H. Yu，Q. Jin，Z. Meng，and Z. Li，Detection of defects in polyethylene pipes using open microwave coaxial line resonator sensor Sensors Actuators A Phys.，2023(358)：114427.

[15]Z. Li et al.，Accurate Thickness Measurement of Multiple Coating Layers on Carbon Fiber Composites Using Microwave Cavity Perturbation，IEEE Trans. Instrum. Meas.，2022(71)：1－10.

[16]Z. Li，Z. Meng，F. Fei，and Z. Chen，Microwave cavity resonator sensor with an octagonal cross section for thickness measurement of coatings on carbon fibre composites，NDT E Int.，2022(130)：102680.

[17]李勤勤，王天琦，于昊言等．基于微波谐振腔的管内流体温度测量方法研究．计量学报，2023，44(5)：714－721.

基于声纹识别的管道无损检测技术

田琦文[1]　兰惠清[1]　康小伟[2]

[1. 北京交通大学，北京　100044；
2. 中特检管道工程(北京)有限公司，北京　100013]

摘　要：无损检测方法可以不破坏被检测对象并进行全方位的检测。管道对检测方法有较高的要求，需要在不破坏管道的前提下对管道进行全方位的检测，并且要求尽量不干扰管道的工作。声纹识别技术近年来越来越多的用在工业检测当中，该技术可以很好的匹配管道对无损检测技术的要求。本文介绍了声纹识别技术的原理和应用于管道检测的实现方法，同时结合实际案例针对其在管道检测上的不同应用方法做了详细的介绍。

关键词：无损检测；管道；声纹识别

Pipeline Non-Destructive Testing Technology Based on Voiceprint Recognition

TIAN Qiwen[1], *LAN Huiqing*[1], *KANG Xiaowei*[2]

[1. Beijing Jiaotong University, Beijing 100044, China;
2. China Special Inspection Pipeline Engineering (Beijing) Co. Ltd, Beijing 100029, China]

Abstract: Non-destructive testing methods can detect objects without causing damage and provide comprehensive testing. Pipelines have high requirements for testing methods, it is necessary to conduct comprehensive testing of pipelines without damaging them and minimizing interference with their operation. In recent years, voiceprint recognition technology has been increasingly used in industrial testing, and this technology can well meet the requirements of non-destructive testing for pipelines. This article introduces the principle of voiceprint recognition technology and its implementation in pipeline testing, combined with practical cases, and provides a detailed explanation of its different application methods in pipeline testing.

Key words: Non-destructive testing; Pipelines; Voiceprint Recognition

1　引言

无损检测作为一种非常有效的检测方法具有很多的优点，主要包括：首先无损检测不会破坏被检测对象，检测完成后被检测对象可以继续工作；其次检测较为全面，因为无损检测不会破坏被检测对象，因此可以对被检测对象进行全方位的检测，这是其他方法很难做到的；除此之外还可以实现实时检测，无损检测方法在不影响被检测对象工作的情况下，可以实时的对被检测对象进行监测，并第一时间发现问题进行预警和处理。

管道对检测方法有着较高的要求，需要检测方法可以全方位的对管道的问题(比如泄漏，堵塞，裂纹等)进行检测。同时检测还不能破坏管道，保证检测结束后管道可以直接使用。因此无损检测方法非常适用于管道。现有的管道检测方法主要包括内检测方法和外检测方法。

管道内检测方法主要是通过开发出的管道检测设备比如管道机器人，通过在管道内部机动进

作者简介：田琦文，博士研究生，主要从事管道故障检测，声纹识别等方面的研究。E-mail：23111415@bjtu.edu.cn

行检测[1]管道内检测设备一般都是单独进行设计的，通过预留的特定检测人口进入管道，在管道中移动进行检测。根据想要检测的管道内容的不同，管道内检测设备往往会被设计成不同的样子，他们常常根据运动机制、传感能力、通信模式、能量管理等进行划分[2]。Mergelas[3]等通过3D打印技术设计并制造了一种管道内检测机器人，利用GMR传感器阵列和漏磁技术对管道的各种内部缺陷进行检测。Mazraeh[4]等为了解决管网中多管径的问题，对管道检测机器人进行了改进，在机器人周围设计了可调节的手臂，使其具有高范围的检测能力，并且检测机器人结合使用了超声波和涡流传感器，为裂纹和腐蚀检测提供了很高的分辨率和精度。Piao[5]等提出了一种新的称为Fast-Decision-Tree(FDT)的方法，该方法可以保证管道检测机器人(pig)具有良好的实时检测性能。Fletcher[6]等设计了一种叫SmartBall的管道内检测装置，是一个球形的管道检测机器人，因为比管道内径小，它的尺寸和形状使其可以更方便的通过管道。该装置通过声学对管道泄漏进行检测，可以实现100%的检测覆盖。通过举例分析可以看出，管道内检测方法可以很精确的检测出管道中的缺陷，并且可以精确地进行定位，但是管道内检测方法会影响管道的正常运行，通常进行检测时要停止管道的工作，并且进行一次检测所需的时间较长。但是管道的停运会影响城市居民的正常生活，同时内检测方法无法实现管道的实时的监测。

管道外检测方法主要是基于硬件进行的检测方法[7]这类检测方法通常需要在管道外壁或者管道附近布置传感器来收集管道的运行信息和数据，可以使用震动信号、光谱信号、红外信号等。然后通过使用设定好的算法和模型来分析采集到的数据，最终判断管道是否发生泄漏。程凯[8]总结了现有的一些管道的无损检测方法，其中包括射线检测技术：让射线通过被测对象，通过检测射线的衰减程度来判断管道的内部缺陷；磁粉检测技术：运用磁场与磁性粉末间的作用原理，能够检测出管道中存在的缺陷。周杰[9]提出了一种基于CUSUM算法的负压波检测方法，对原始的数据进行处理然后运用到检测中，和传统的负压波检测方法相比，能够更精确地检测细小的泄漏问题，同时可以进行问题位置的定位。石美真[10]等总结了一些石油化工用压力管道常见的无损检测技术，其中包括渗透检测技术，此方法首先使用液态的渗透剂去填充管道表面，然后使用显色的方法进行检测，可以发现管道表面的缺陷。孟令民[11]等提出了红外热像无损检测技术，对蒸汽管道保温层破损与脱落缺陷进行检测，该方法可以在不拆除保温层的前提下对问题进行精准的识别。孙保海[12]使用压电传感器对管道的泄漏问题进行了研究，对采集到的信号进行分析处理并实现对泄漏问题的识别。Sadeghioon[13]等提出了适合用于埋地加压流体流动管道的检测方法，该方法采用附着在管道外部的相对压力传感器测量管道泄漏时的震动信号，并使用温度传感器测量管壁与土壤之间的温度差，通过自己设计的算法进行管道泄漏的判断，算法通过相对压力传感器和温度传感器采集到的低精度但是高分辨率的测量数据来进行分析，该方法在测试中表现出了很高的准确率和灵敏度。李海涛[14]设计了能够实时采集输油管道震动信号的监测节点，并对震动信号进行处理，同时采用支持向量机的方法对信号的震动类型进行了分类。实现了对输油管道问题的实时监测。通过研究发现，管道的外检测技术大多使用传感器对管道进行信号的采集，然后对采集到的信号进行处理，提取出可用的信息，然后使用数据处理方法和目前较为流行的深度学习方法，对信号进行特征提取和训练，最终实现对管道检测。但是此类方法，特别是基于震动传信号检测的方法，在检测的过程中传感器需要接触到被检测的管道，同时往往一种检测方法只能识别特定的一些问题，无法对多种问题进行检测和分类判断。因此找到一种新的无损检测方法解决上述问题非常的重要。

2 声纹识别技术

声纹识别是生物识别技术的一种，也称为说话人识别，包括说话人辨认和说话人确认[15-17]。声纹识别就是把声信号转换成电信号，再用计算机进行识别。不同的任务和应用会使用不同的声纹识别技术。除了说话人的判断以外，目前声纹识别技术越来越广泛的应用在工程问题的识别当中。Shan[18]等使用声纹识别技术用于机械故障的诊断，对采集到的声音信号进行预处理分析和傅里叶变换，并通过深度学习的方法对问题进行分类识别，识别率在95%以上。Bondo[19]提出了一种将声纹检测与MATLAB分析相结合的OLTC故障在线监测方法。该方法利用MATLAB中的先进信号处理技术和机器学习算法，准确检测OLTC故障，提供实时监控和主动维护策略。Yu[20]等提出了利用声波短时能量和过零率对电力变压器运行状态进行实时评估的分类模块，基于声信号的时频特性，构建了有限信号样本的多故障识别模块和电力变压器故障自动诊断系统，同时为了提高在动态噪声环境和复杂运行条件下的精度和鲁棒性，提出了一种多维性能优化方法来处理环境噪声、混合故障和未知故障引起的问题。

管道的故障(比如输水管道泄漏，输气管道泄漏等)都会产生具有各自特征的声纹。基于声纹识别的无损检测技术可以实现对管道问题的全方位检测和分类，并且不会接触和破坏管道，在管道运行时可以做到实时监测。目前，建立城市地下管廊是一个比较热门的方向，可以节约宝贵的城市用地，同时可以集中对城市管线进行布置和管理[21-22]。管廊提供了一个良好的安静密闭环境，很适合使用声纹对管廊管道进行监测。

声纹识别技术应用于检测中，主要需要实现声纹的辨认工作，指给定一段采集到的问题音频，可以判断出其是属于哪一类失效形式。图1给出了基于声纹识别的故障检测技术的一个基本框架。主要包括训练过程和识别过程。训练过程，首先需要建立问题声纹库。

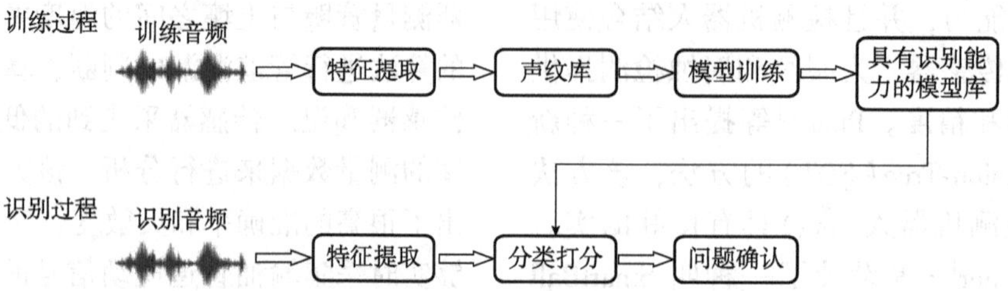

图1　基于声纹识别的故障检测流程图

对于管道检测，如表1所示管道运行时产生的声纹，主要包括管道正常运行的特征声纹，不同管道泄漏的噪声，管道减薄的共振噪声，输电管线漏电或放电的噪声等。对采集到的数据还需要对数据进行预处理，筛选有问题的数据，并对数据进行切分，变换和分类，完成对数据的准备和扩充。然后对音频数据进行特征提取。特征提取主要包括，分帧、加窗和帧组合等。对完成特征提取的数据进行傅里叶变换和梅尔倒谱分析，最终得到包含时间、频率和幅值信息的时频谱图，如图2所示。

表1　声纹库类型及特征

序号	声音表现	故障码	故障描述	故障部位
1	正常运行	T1	规律声纹	无
2	呲呲声	T2	管道泄漏	输气管道
3	水流声	T3	管道泄漏	输液管道
4	共振声	T4	管道减薄	输气、输液
5	嘶嘶声	T5	局部漏电	高压电缆
6	嗡嗡声	T6	局部放电	高压电缆
7	混合噪声	T7	多种故障	多部位

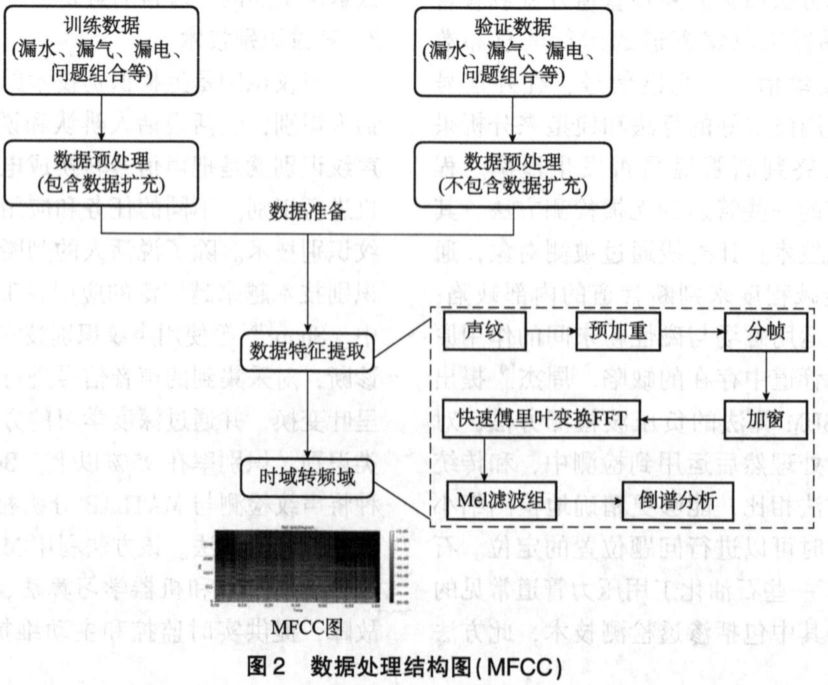

图2　数据处理结构图(MFCC)

数据完成特征提取后，送入深度学习的模型中进行训练，模型可以选用机器学习的分类模型，比如支持向量机，决策树分析等，如图3所示，也可以选用深度学习模型，比如卷积神经网络，如图4，图5所示，循环神经网络等，如图6所示。最终得到训练好的识别模型。

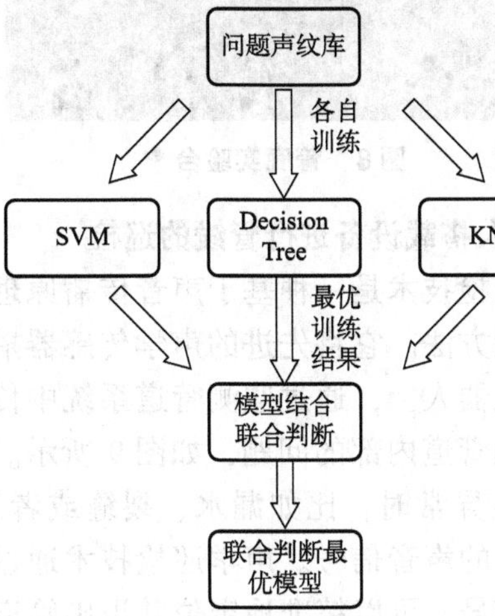

图3 机器学习分类方法

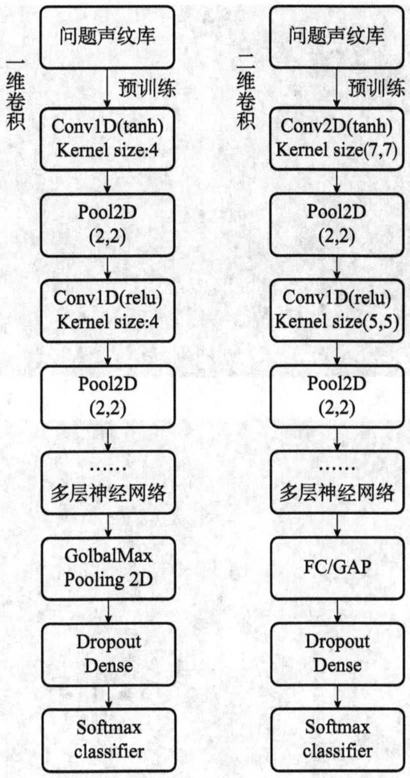

图4 用于声纹识别的卷积神经网络

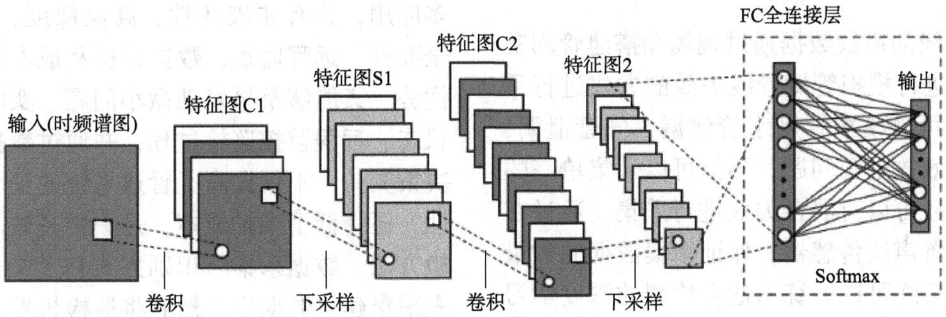

图5 卷积神经网络基本结构

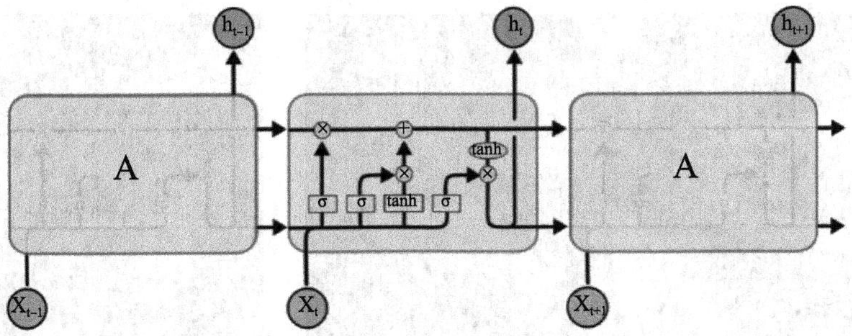

图6 LSTM网络结构

识别过程和训练过程类似，首先将需要进行识别的声纹数据进行特征提取，然后送入已经训练好的模型中进行比对，得到对应声纹模型的相似性打分，找到最符合声纹数据特征的类别。

3 声纹识别在管道检测中的应用

3.1 管廊管线中的声纹检测

管廊中存在多种不同的管道，因此失效问题较多且比较复杂，同时管廊提供了一个密闭的安静的空间环境，因此很适合使用声纹识别技术进行检测。如图7所示，在某管廊中沿管线布置声纹传感器进行现场声纹采集。将采集到的信息送入识别主机中，通过已训好的模型进行判断，可以实现管廊管线的实时检测。

图7　某管廊中的声纹检测方法

管廊管线的声纹数据通过现场和搭建管廊实验台(图8)进行模拟管廊管线失效的方式进行采集。实验台可以模拟管廊水管泄漏，气管泄漏，输电线路失效放电等问题，不但可以采集单一的失效形式，还可以对混合失效进行采集。通过在不同位置布置声纹传感器，保证采集数据的数量和多样性，最终可以训练出适合检测的深度学习模型。

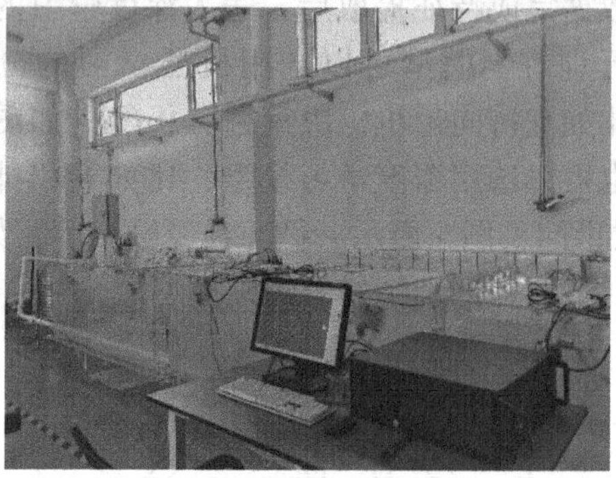

图8　管廊实验台

3.2　机器人搭载设备进行管线的巡检

声学巡检技术是一种基于声音传播原理的非破坏性检测方法。它将先进的声学传感器搭载到巡检车或机器人上，通过监测管道系统中传播的声波来识别管道内部的问题，如图9所示。当管道系统发生异常时，比如漏水、裂缝或者腐蚀，会产生特定的声音信号。声学巡检技术通过分析这些声音信号，可以精准地定位并识别管道系统中存在的问题，从而实现对管道系统的全面监测和管理[23]。声纹巡检技术目前在石油管廊中有很多应用，具有非破坏性、高灵敏度、实时监测、全面性、远程监控、数据分析和成本效益等多重优势。其能够及早发现微小问题、实时监测管道状态、远程监控巡检过程，并通过数据分析提供决策支持，不仅提高了管道系统的安全性和可靠性，还降低了维护成本，是一种高效、先进的巡检方法。数据采集与识别方式和上文类似，需要先采集建立数据库，然后将巡检机器人采集到的数据和数据库进行比对识别。

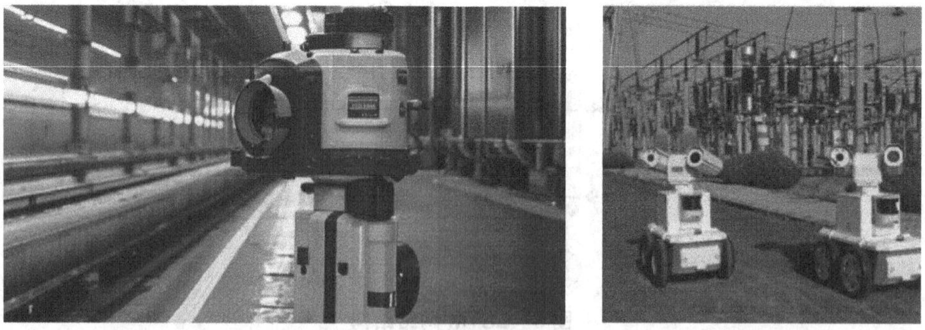

图9　声纹巡检机器人

3.3　基于次声波的声纹识别检测

次声波声纹管道检测技术是基于声纹识别的原理，通过在管道上布置次声波发射器和接收器，对管道内部的声波进行采集和分析，以此来判断管道是否存在泄漏。当管道出现泄漏时，次声波会受到影响，产生特定的声纹特征。通过对这些声纹特征的分析，可以准确地定位泄漏点，甚至可以判断泄漏的程度[24]。

次声波声纹管道检测是一种利用次声波传播特性进行管道泄漏检测的技术。其原理基于次声波的传播距离远且穿透力强，可以有效地应用于埋地长输管道的泄漏检测。

次声波泄漏检测系统主要由次声波传感器、信号传输仪器、监控主机(图 10)和 GPS 接收器组成。次声波传感器负责采集管道泄漏产生的次声波信号，信号传输仪器将采集到的信号进行处理和传输，监控主机分析处理接收到的信号，并根据分析结果判断是否存在泄漏以及泄漏的位置，GPS 接收器则用于定位泄漏点的具体位置，具体识别过程如图 10 所示。

图 10　次声波监控主机

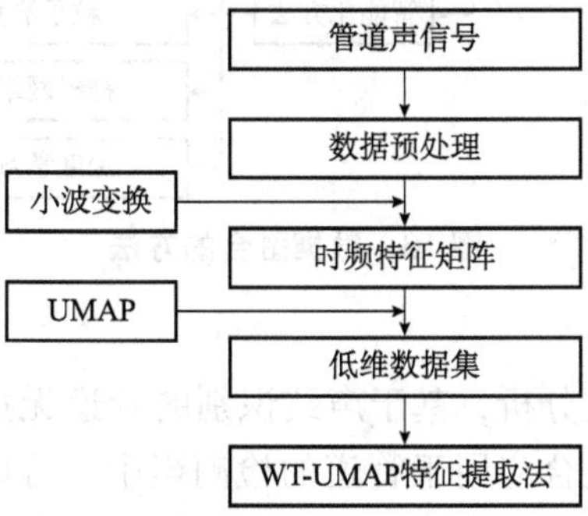

图 11　基于次声波检测方法的数据处理方案

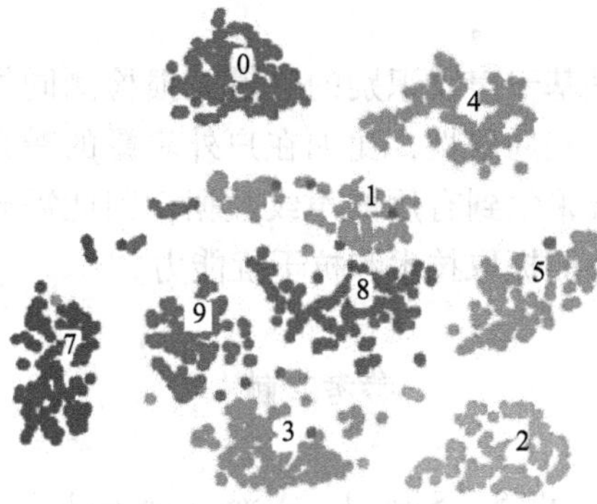

图 12　UMAP 分类

使用次声波进行检测，声纹信号的处理方法有所不同，首先要对数据进行预处理，然后使用小波变换得到时频特征矩阵，最后使用 UMAP 方法[25]提取低维数据集进行模型训练，如图 12 所示。

3.4　基于声音传感器的定位技术

使用声纹识别检测不单单能够检测出问题类型，同时还可以对问题位置进行精准定位[26-27]。管道中失效的定位通常使用延时法，如图 13 所示，由于声源到不同麦克风的距离不同，声音传播时间也不同，这在不同麦克风接收的声音信号上体现为一定的相位差。通过这个方法对声源位置进行定位。

近年来随着深度学习技术的发展，基于深度学习信号分析的声源定位法也越来越多，同时能取得较好的结果，比如空间线索增强对数谱图法(SALSA)[28]，SALSA 的特征由多通道对数线性频谱图和每个相应时频仓的空间协方差矩阵的归一化主特征向量组成，如图 14 所示。根据麦克风阵列的类型，可以对主特征向量进行不同的归一化，以提取麦克风之间的振幅和/或相位差，该方法定位准确，可以使用不同的麦克风阵列进行定位，同时可以抗噪声定向干扰。

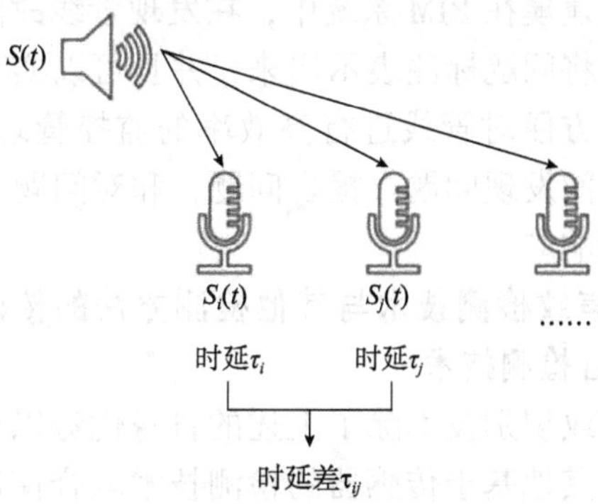

图 13　延时法原理示意图

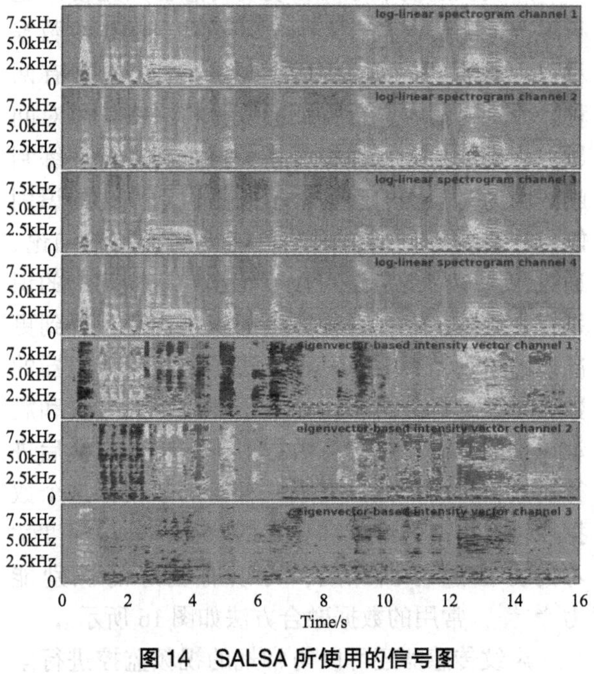

图 14　SALSA 所使用的信号图

4　声纹识别技术的其他优势

4.1　声纹检测的集成系统搭载

声纹检测技术可以很方便地集成到复杂的检

测平台当中，不管是沿着管线布置的声纹传感器或者声纹巡检机器人，都可以使用数据线或者远程无线传输的方法将采集到的信号进行上传，可以实现远程监控，搭载检测过程如图 15 所示。

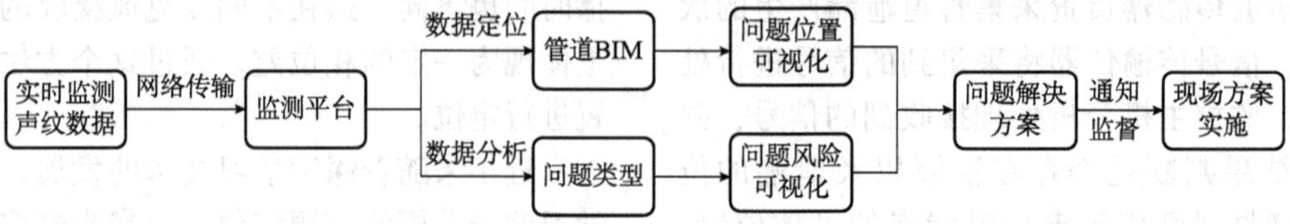

图 15　声纹识别技术应用于监测平台

通过 BIM[29-30] 技术建立管线的 3D 几何信息图和拓扑关系，可以实现对管道检测的平台化管理，此项技术在管廊中的应用尤其重要，可以实现管线模型信息的完备性、关联性、一致性，方便用于管理。使用声纹识别技术对管线进行检测，可以将识别后的问题信息直接上传的 BIM 系统，同时可以很方便的将传感器位置或巡检机器人位置建模在 BIM 系统中，在发现管线故障问题后直接将问题标注表示出来，并且可以实现精确定位，方便对管线进行高效率的监控管理工作，第一时间发现问题、报告问题，和对问题进行应急处理响应。

4.2　声纹检测技术与其他检测方法的传感器融合检测技术

声纹识别技术除了上述的自身优势以外，还可以和其他基于传感器的检测技术融合使用，实现对更复杂问题的检测和识别功能。

声纹识别技术可以和震动传感器共用使用进行融合检测黄书童[31] 等通过将采集到的声纹数据和震动数据进行融合分析，融合方法通常有两种，分别对信号进行特征提取分析，将信号对问题的识别结果进行加权分析，再重新进行训练判断。因为对不同的问题，不同的识别方法的识别能力往往是不同的，因此可能得到不同的结论，通过深度学习的方法可以训练出对不同问题的识别权重矩阵，发挥每种方法的识别优势，得到更准确的识别结果。另一种方法是将不同传感器的数据一起进行分析，比如对于声纹识别方法和震动识别的方法，可以将数据对齐和特征变换后进行拼接，将两种数据变成一种新的数据，这个数据往往有更高的维度和更多的特征，通过深度学习的方法进行训练后，可以有更好的识别能力[32-33]，常用的数据融合方法如图 16 所示。

声纹传感器还可以与常规的视频监控进行融合，将检测并且定位的数据，直接以色彩谱图的方式表示在视频监控当中，可以进一步提升检测的可视化能力。

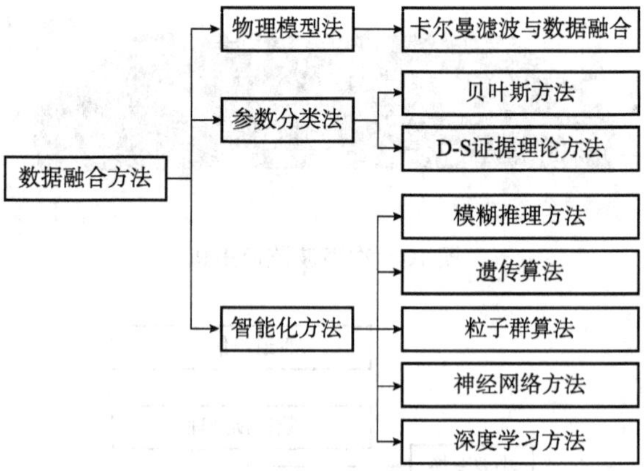

图 16　数据融合的方法

5　总结

通过分析，基于声纹识别的管道无损检测技术非常适合应用于管道的检测当中。可以对多种问题进行识别检测，在检测的过程中不会破坏管线不会影响管线工作，同时可以实现实时的全覆盖检测。

但是基于声纹识别的管道无损检测同样也有自身的一些局限性，比如在户外暴露的嘈杂环境下，很难采集到有用的声纹数据，因此需要更高的数据特征提取技术和抗干扰能力。

参考文献

[1] Murvay, P, S., Silea, I., A survey on gas leak detection and localization techniques[J]. Journal of Loss Prevention in the Process Industries. 2012, 25(6): 966-973.

[2] Mirats, Tur. J. M., Garthwaite, W., Robotic devices for water main in-pipe inspection: A survey[J]. Journal of Field Robotics. 2010, 27(4): 491-508.

[3] Mergelas, B., Henrich, G., Leak locating method for precommissioned transmission pipelines: North American case studies[J]. Leakage. 2005: 12-14

[4] Mazraeh, A. A., Ismail, F. B., Khaksar W, et al. Development of ultrasonic crack detection system on multi-diameter PIG robots [J]. Procedia Computer Science. 2017, 105: 282-288.

[5]Piao, G., Guo, J., Hu, T., et al, High-sensitivity real-time tracking system for high-speed pipeline inspection gauge[J]. Sensors. 2019, 19(3): 731

[6] Fletcher, R., Chandrasekaran, M., SmartBall™: a new approach in pipeline leak detection[C]. International Pipeline Conference. 2008, 48586: 117 - 133.

[7]Silva, D. D., Mashford, J., Burn, S., Computer aided leak location and sizing in pipe network[J]. Urban Water Security Research Alliance Technical Report. 2011: 17.

[8]程凯. 无损检测技术在压力管道检验中的运用研究[J]. 中国设备工程. 2024(08): 185 - 187.

[9]周杰. 基于 CUSUM 算法的负压波管道无损检测方法[J]. 科技创新与生产力. 2024, 45(03): 105 - 107.

[10]石美真, 许子豪, 赵建如. 石油化工用压力管道的无损检测技术应用研究[J]. 锅炉制造. 2024(03): 53 - 54 + 57.

[11]孟令民, 牛帅, 赵书毅, 等. 红外热像检测技术在承压类特种设备中的典型应用[J]. 无损探伤. 2024, 48(03): 44 - 46.

[12]孙保海. 供水管道泄漏声信号检测系统的研究与设计[D]. 西安电子科技大学, 2020.

[13] Sadeghioon, A. M., Metje, N., Chapman, D., et al, Water pipeline failure detection using distributed relative pressure and temperature measurements and anomaly detection algorithms[J]. Urban Water Journal. 2018, 15(4): 287 - 295.

[14]李海涛. 基于震动分析的输油管道监测技术研究[D]. 哈尔滨工业大学, 2020.

[15] Doddington, G. R., Speaker recognition—Identifying people by their voices[J]. Proceedings of the IEEE. 73 (11): 1651 - 1664.

[16]Boles, A., Rad, P., Voice biometrics: Deep learning-based voiceprint authentication system[C]2017 12th system of systems engineering conference (SoSE). IEEE. 2017: 1 - 6.

[17] Tandel, N. H., Prajapati, H. B., Dabhi, V. K., Voice recognition and voice comparison using machine learning techniques: A survey[C]2020 6th International Conference on Advanced Computing and Communication Systems (ICACCS). IEEE. 2020: 459 - 465.

[18]Shan, S., Liu, J., Wu, S., et al, A motor bearing fault voiceprint recognition method based on Mel-CNN model[J]. Measurement. 2023, 207: 112408.

[19] Bondo, K. H., Online Fault Monitoring of On-Load Tap-Changer Based on Voiceprint Detection[J]. Journal of Power and Energy Engineering. 2024, 12 (03): 48 - 59.

[20]Yu, Z., Wei, Y., Niu, B., et al, Automatic Condition Monitoring and Fault Diagnosis System for Power Transformers Based on Voiceprint Recognition[J]. IEEE Transactions on Instrumentation and Measurement. 2024.

[21]Zhang, P., Lan, H. Q., Yu, M., Reliability evaluation for ventilation system of gas tunnel based on Bayesian network. Tunne. Under. Space Tech. 2021, 112, 103882.

[22] Wang, T., Tan, L., Xie, S., et al, Development and applications of common utility tunnels in China[J]. Tunnelling and Underground Space Technology. 2018, 76: 92 - 106.

[23]任林鹏, 郄海波, 孟才植. 海上油田智能巡检机器人的研发与应用[J]. 天津科技, 2023, 50(04): 67 - 70.

[24]舒莉莉, 基于次声波特征的管道泄漏实时检测系统. 湖南省, 长沙图灵科技发展有限公司, 2011.

[25]易灿灿, 庹帅, 涂闪, 等. 基于 UMAP 辅助的模糊 C 聚类方法进行太赫兹光谱识别[J]. 光谱学与光谱分析, 2022, 42(09): 2694 - 2701.

[26]李博涵, 邵燕宁, 曹子君, 等. 空间自适应的被动声源定位系统的设计[J]. 物理与工程, 2024, 34 (01): 106 - 113 + 136.

[27]吴晓, 靳世久, 李一博, 等. 基于麦克风阵列声音信号定位方法的研究[J]. 传感技术学报, 2010, 23 (05): 682 - 686.

[28]Lempel, R., Moran, S., SALSA: the stochastic approach for link-structure analysis[J]. ACM Transactions on Information Systems (TOIS). 2001, 19 (2): 131 - 160.

[29]何清华, 钱丽丽, 段运峰, 等. BIM 在国内外应用的现状及障碍研究[J]. 工程管理学报, 2012, 26 (01): 12 - 16.

[30]郑华海, 刘匀, 李元齐. BIM 技术研究与应用现状[J]. 结构工程师, 2015, 31(04): 233 - 241.

[31]黄书童, 贾晓丽. 多传感器数据融合技术在管道无损检测中的应用[J]. 无损检测, 2024, 46(04): 69 - 73 + 86.

[32]王耀南, 李树涛. 多传感器信息融合及其应用综述[J]. 控制与决策, 2001(05): 518 - 522.

[33]黄漫国, 樊尚春, 郑德智, 等. 多传感器数据融合技术研究进展[J]. 传感器与微系统, 2010, 29 (03): 5 - 8 + 12.

撬装式加氢站的检验及法规解读

丁　菊[1]　袁奕雯[1]　韩守鹏[2]

(上海市特种设备检测研究院，上海　200062)

摘　要：撬装式加氢站是依据加氢站工艺流程及控制要求，将一些设备控制元件集成安装在集装箱底座上，组成可移动的特定功能的加氢站。其优点是结构紧凑，工厂制造安装，质量容易得到保证，节约大量土地，减少投资成本，且安全可靠，利于操作和维护。为保障加氢站的安全。本文介绍了撬装式加氢站的检验内容和检验环节、检验方法、抽检比例和相关法规政策的解读，对加氢站内的特种设备，如压力容器、压力管道、安全阀、压力表等进行检测检验，确保其技术指标达到国内法规标准，旨在确保加氢站的安全、可靠和高效运营。

关键词：加氢站；撬装；检验

Inspection And Regulatory Interpretation Of Pry Mounted Hydrogen Refueling Stations

DING Ju[1], *YUAN Yiwen*[1], *HAN Shoupeng*[1]

(SSEI, Shanghai 200062, China)

Abstract: Skid mounted hydrogen refueling station is a movable hydrogen refueling station with specific functions, which integrates some equipment control components and installs them on the container base according to the process flow and control requirements of the hydrogen refueling station. Its advantages are compact structure, factory manufacturing and installation, easy quality assurance, saving a lot of land, reducing investment costs, and being safe and reliable, which is conducive to operation and maintenance. To ensure the safety of hydrogen refueling stations. This article introduces the inspection content, inspection process, inspection method, sampling ratio, and interpretation of relevant regulations and policies of the pry mounted hydrogen refueling station. Special equipment inside the hydrogen refueling station, such as pressure vessels, pressure pipelines, safety valves, pressure gauges, etc., are inspected to ensure that their technical indicators meet domestic regulatory standards, aiming to ensure the safe, reliable, and efficient operation of the hydrogen refueling station.

Key words: Hydrogen refueling station; Pry installation; Test

1　引言

依照我国《节能与新能源汽车技术路线图2.0》规划，2030～2035年将实现氢能及燃料电池汽车的大规模推广应用，燃料电池汽车保有量预计达到100万辆左右。氢能源车保有量将大幅提高的同时，氢能源车不断增长的续航能力也对我国加氢站的加注能力提出了更高的要求。目前国内大多数加氢站属于35MPa撬装式或固定式加氢站，主要适用于35MPa的车载加氢系统。后续随着氢燃料电池乘用车市场的发展，以及氢燃料公交客车、氢燃料重卡等车型长续航发展需求，将需要更高储氢量的70MPa车载加氢系统。2022年底，70MPa一体式移动加氢站在其河北万全油氢电综合能源站正式交付，为冬奥氢燃料电池车提供绿色动能。因此，随着撬装加氢站压力显著提升，撬装形式的普及，对成撬加氢装置的检验

作者简介：丁菊(1987—　)，高级工程师，主要研究方向特种设备检验检测，E-mail：dingju1023@sina.com

提出了更高的要求。

2 撬装设备和撬装加氢站

撬装式承压设备系统是指由压力管道元件、压力容器与可移动撬体进行安装连接，形成具有某种功能的系统。这种系统属于撬装装置，其特点是将功能组件集成于一个整体底座上，可以整体安装、移动。随着运输业的不断发展，之前需要进行现场组焊的设备都能够通过撬装装置实现功能，并且由于在制造厂完成，具有较好的综合性能。

撬装式加氢站则是将储氢系统、压缩机、冷却机组、卸气柱、加氢机、站控系统等集成在同一个批装底盘上。具有结构紧凑、占地面积小、投资成本低、施工工期短、设备安装扩容方便等特点，能在较短时间内满足客户的加氢需求，可以满足不同企业的多元化需求。另外批装式加氢站可实现工厂制造安装，质量容易得到保证，安全可靠，利于操作和维护。

撬装式加氢站的设备特点有高度集成、一体化设计，占地面积小、现场安装量小等特点，能够在工厂中实现大部分的安装施工，投入使用快装设计，能够便于运输和撬块的转移，具有便捷性、良好的机动性。

目前撬装式加氢站的关键部位采用进口原装件，其内部的电气仪表系统按照防爆设计，能够实现火灾或爆炸情况下安全可靠运行。其工艺路线短，加氢预热遇冷时间短，加注速度快，在一些先进的撬装式加氢站中能够实现 PLC 全自动控制，具有良好的人机界面。

3 撬装加氢站的设备及监督检验

按照加氢站加注压力可分为 35MPa 和 70MPa 工作压力加氢站。当充氢压力为 35 ~ 70MPa 时，加氢站氢气储存系统的工作压力宜为 35 ~ 100MPa。按照加氢站的建站类别可分为加氢单站(即纯氢站，仅提供加氢设施)、合建站(包括加氢加气合建站、油氢合建站等)。

3.1 氢气压缩机

作为加氢站核心设备，其性能与加注氢气品质、加注速率及车辆充装压力息息相关。目前氢气压缩机主要有金属隔膜、液驱活塞、机械活塞和离子液压缩机四种。氢气压缩机特点见表 1。

表 1 氢气压缩机特点

序号	类型	优势	劣势	应用情况
1	金属隔膜	单机排量大、充装效率高、气质无杂质	不宜频繁启动，零部件多，运营成本高	国内外大规模使用、已用少量国内产品
2	液驱活塞	造价低、运营成本低、保养方便	单机排量较低、气质轻微污染	日本有使用、其他行业应用成熟、未国产化
3	机械活塞	传统压缩机结构较为成熟	维修不便，结构笨重	厂站式、固定式使用较多
4	离子液压	润滑效率高、运动部件少	配套设备较多，运营成本高	较少量使用、仅德国 Linde 制造

3.2 储氢容器

中国加氢站用储氢容器主要分为瓶组和储氢罐两大类。其中瓶组分为按容器设计的站用瓶组和按气瓶设计的站用瓶组；固定式储氢罐分为钢带错绕式储氢罐和多层包扎式储氢罐，容器的寿命较长、容积较大，一般水容积在 1 ~ 20m^3，工作压力为 47MPa 和 98MPa。该容器参考国家标准 GB/T 26466—2011《固定式高压储氢用钢带错绕式容器》。无缝管式储氢瓶主要用于充装高压氢气，无缝管式储氢瓶用于充装高压氢气，由单个或者多个钢质无缝管式储气瓶、管道、阀门与管件等组成，主要用于将氢气由产地运往加氢站或直接放置在加氢站作为站内储氢容器使用。目前长管气瓶水容积一般在 500 ~ 2000L 之间，主要有 20MPa 和 45MPa 两种压力等级，45MPa 长管气瓶只能用于加氢站储氢，不能用于运输，该容器设计标准为 JB/T 4732《钢制压力容器 - 分析设计标准》、T/CATSI 05003—2020《加氢站储氢压力容器专项技术要求》，该种形式是目前国内加氢站使用最多的储氢形式。

3.3 加氢机

加氢机为燃料电池汽车提供氢气加注服务，带有计量和计价等功能，具有随机加注、频繁操作等特点。工作流程方面，氢气从气源接口进入加氢机进气管路，依次经过气体过滤器、压力变送器、气动阀、质量流量计、快速切断阀、加氢软管、拉断阀、加氢枪后通过汽车加氢口充入汽车储氢瓶。

制加一体化加氢站可按制氢技术的不同分为天然气重整制氢、电解水制氢、甲醇重整制氢。以上资料可以看出：氢能源产业中的特种设备有氢气储气压力容器、长管拖车、液氢槽车、加氢机、储氢罐等，制造厂家应办理特种设备生产制造许可证资质证书。

4　撬装设备的监督检验法规解读

4.1　目前我国对撬装加氢站的法规概述

我国目前采用的有些撬装加氢站没有高压储氢瓶组，加氢机不单独设置，该种加氢站并不涉及到特种设备压力容器的使用登记，然而从技术的角度来讲，不设置高压储氢罐(瓶组)的加氢站很难达到500kg/d的加氢能力。设备撬装化的初衷，是使得设备模块化，把工程项目工厂化，设备的集成和调试能够在工厂内部完成，从而减少现场施工的工作量，提高系统的可靠性，该种先进技术的应用，已经在国外加氢站的建设中广泛应用并证明。实际上，撬装设备能够存在高压储氢罐(瓶组)蓄能器，加氢机与压缩机的间距能够成为一体式撬装结构。

目前我国特种设备法规要求撬装式承压设备系统的制造监检是在受检单位自检合格的基础上，由承担监检工作的检验机构依据相关文件对制造过程实施的监督和满足基本安全要求的符合性验证。未经监检或监检不合格的撬装式承压设备系统不得投入使用。这种系统不包含压力容器的撬装式承压设备系统或机械设备系统属于压力管道元件组合装置，安装在设备系统上的压力容器和压力管道元件应当由具有相应资质的单位设计、制造，并依据相应安全技术规范要求经过制造监检。

安装在设备系统上的压力容器和压力管道元件，应当由具有相应资质的单位设计、制造，并依据相应安全技术规范要求经过制造监检。包含压力容器和压力管道元件的设备系统，可以由持有系统设备中相应级别压力容器制造许可证的制造单位进行组装，系统按照《压力管道监督检验规则》(TSG D7006—2020)中关于元件组合装置的要求进行制造监检，或者由持有元件组合装置制造许可证的制造单位进行组装，系统按照《压力管道监督检验规则》(TSG D7006—2020)中关于元件组合装置的要求进行制造监检；或者由持有系统设备中相应级别压力管道安装许可证的安装单位在该设备系统的安装施工现场组装，系统按《压力管道监督检验规则》(TSG D7006—2020)相应要求进行安装监检。

4.2　撬装加氢站监督检验的实施

4.2.1　设计单位资质的有效性审查

撬装加氢站中，设计单位需要持有相应级别压力容器设计许可证，对于只具有单独的压力容器设计能力的设计单位或者是未单独取证的制造厂，应按照设计规定，甄别是否能够进行管道的相应设计。

4.2.2　设计文件与焊接工艺文件审查

设计文件是否采用设计、制造、检验及其验收的TSG、GB、DB为有效版本，管道的图纸目录、管道平面图是否加盖设计单位的公章并进行签字，GC1级别管道是否进行4级签字，对于管道级别的划分、管道组成、管道支撑件的材质的选用是否符合相应规定。

4.2.3　WPS和PQR的文件审查

对于WPS、PQR的文件，是否采用合格的焊接工艺评定，PQR中的热处理是否满足实际的热处理时间、温度等需要。

4.2.4　材质审查

压力管道的元件制造单位是否取得TS证书，型式试验是否能够完全覆盖，对于特殊材质的管道元件的复验报告、阀门的壳体压力试验和密封试验报告，紧固件材料的无损检测和硬度报告，材料代用是否经过设计单位的书面同意并在竣工图上做出相应记录，材料的质保书是否要素完备。

4.2.5　无损检测报告检查

审查无损检测报告的标准、无损检测时机、比例、部位、合格级别的符合性，管道抽样检测的固定焊口不得少于40%，抽查射线检测的底片不得少于10%的焊口，抽查部位应包括返修部位及其扩探部位。

4.2.6　热处理和硬度检查

审查热处理报告，热处理曲线与热处理工艺的一致性，热处理记录曲线设备是否通过计量检定，对于进行热处理后的管道应进行硬度检测，检测数值是否符合要求。

4.2.7　外观几何尺寸

审查焊缝布置是否符合标准要求，材料的标记移植；外观结构尺寸，焊缝咬边、错边、外观、焊接工艺执行情况是否符合相关规定。

4.2.8　耐压试验和泄漏试验

除经业主或设计同意的压力试验替代情况外，每个管道系统应进行压力试验以保证其承压强度和密封性。检查确认耐压试验温度、试验压力、保压时间、试验介质、压力表量程等是否符合安全技术规范的规定；检查所有接头和连接处，确认是否有渗漏、可见的变形，试验过程中有无异常的响声等。泄漏试验应重点检查法兰或螺纹连接处、放空阀、排气阀等，以发泡剂检查不泄漏为合格。

5 撬装设备的定期检验和使用登记

设备系统中的压力管道可以作为压力容器附属装置一并按照压力容器办理使用登记，只有压力管道的，按照压力管道办理使用登记。设备系统由使用单位直接申请办理使用登记，不需要办理压力容器或压力管道安装告知和安装监检。

设备系统中的压力容器和压力管道，应当分别由具有相应级别压力容器或压力管道定期检验资质的机构进行定期检验。

6 结束语

氢能源在燃烧使用过程中无温室气体排放，被誉为“21 世纪终极能源”，是国家在推进碳达峰、碳中和的大背景下，加速开发利用的一种清洁能源。加氢站的检验关乎安全使用和加氢站的运行，通过依照特种设备进行管理能够有效降低事故影响范围和程度，为加氢站的安全运行奠定坚实基础。

参考文献

[1] NB/T 11497—2024 加氢站承压设备风险评价与检验.
[2] GB/T 43674—2024 加氢站通用要求.
[3] GB/T 11498—2024 加氢站承压设备监测技术要求.
[4] GB/T 50156—2021 汽车加油加气加氢站技术标准.

弱磁检测技术对埋地管道应力集中的应用

于明涛　赵向南　孙玉领

(河南省锅炉压力容器检验技术科学研究院，河南 郑州　450016)

摘　要：针对埋地管道的应力集中等影响管道安全的问题，提出一种应用于实际工程的检测方法，即埋地管道弱磁检测技术，通过对弱磁检测原理和检测仪器的介绍，说明弱磁检测评判应力集中方法的可行。通过对现场检测数据分析，经开挖验证，结果表明，弱磁检测对埋地管道应力集中的识别具有良好的检测效果，能够预判管道应力集中危害的发生。

关键词：应力集中；埋地管道；弱磁检测

Application of Weak Magnetic Detection Technology to Stress Concentration of Buried Pipelines

YU Mingtao, *ZHAO Xiangnan*, *SUN Yuling*

(Henan Boiler And Pressure Vessel Inspection Technology Research Institute, Zhengzhou 450016, China)

Abstract: In view of the problems affecting the safety of pipelines such as stress concentration of buried pipelines, this paper presents a detection method for practical engineering applications, namely, the weak magnetic field detection technology of buried pipelines, and the feasibility of the method of evaluating stress concentration for weak field detection was illustrated through the introduction of the principle of weak field detection and the detection instrument. Through the analysis of on-site detection data and the verification of excavation, the results show that the weak magnetic detection has a good detection effect on the identification of buried pipeline stress concentration, and can predict the occurrence of pipeline stress concentration hazards.

Key words: Stress concentration; Buried pipeline; Weak magnetic detection

1　引言

管道作为一种主要的承压设备，已成传统运输方式之外的重要运输手段，成为国民经济和社会生活中不可或缺的生命线。由于受到地形地貌土壤变化、敷设时间的影响，以及管道自身存在的质量问题，会产生不同类型的管体缺陷，这些缺陷大多由微观应力集中演变而来，从而对管道的安全运行有较大影响[1]。为降低事故风险，需要对管道定期进行应力检测，传统的无损检测只能检测到管道本体的宏观体积缺陷，无法预测危害的发生。陈元等[2]采用弱磁检测技术，建立管道应力集中区的磁场分量分布特征，有效检测管道管道应力损伤。由于埋地输油气管道几乎是铁磁性金属材料，具有良好的刚度和韧性，管道发生破坏需要经由应力集中到屈服变形的过程，因而对材料应力应变情况进行微观检测，可以预测管道应力危害的发生，并作为评价管道应力集中程度的依据[3]。

2　弱磁检测原理

铁磁材料具有强的铁磁性，在地磁环境下，即使无外界强磁场作用，其自身也会形成一定的弱磁场。当应力作用于铁磁体时，将产生逆磁导致伸缩效应和磁滞效应，引起铁磁体弱磁场强度及分布特征的改变，从而产生应力弱磁信号。

当铁磁体在应力作用下发生形变时，内部磁畴结构发生变化，产生具有磁致伸缩性质的磁化

作者简介：于明涛(1989—　)，硕士研究生，主要从事压力管道检验工作。E－mail：zkyumt@126. com

状态，即应力的作用与外部磁场对铁磁体的磁化作用类似。通过 Langevin 方程得到应力与弱磁信号间的定量关系。

应力引起铁磁性磁化状态的改变，可以认为是一个对材料充磁的过程，当外力撤去，同样存在磁滞效应，即铁磁体磁化强度下降但不完全，仍存在一定的残余磁场，形成弱磁信号，该弱磁信号反应了材料的受力状态。

弱磁检测技术基本原理是以天然磁场为背景磁场，通过弱磁检测仪采集埋地管道上方磁感应强度判断管道是否在存在应力集中。

假设被检管道本身的磁导率为 μ，异常处的磁导率为 μ'（如图 1），当异常处的磁导率比管道本身小时，即 $\mu'<\mu$，当磁传感器通过该区域时，磁感应曲线将显出凸形。当异常处的磁导率比管道本身大时，即 $\mu'>\mu$，当磁传感器通过该区域时，磁感应曲线将显出凹形。

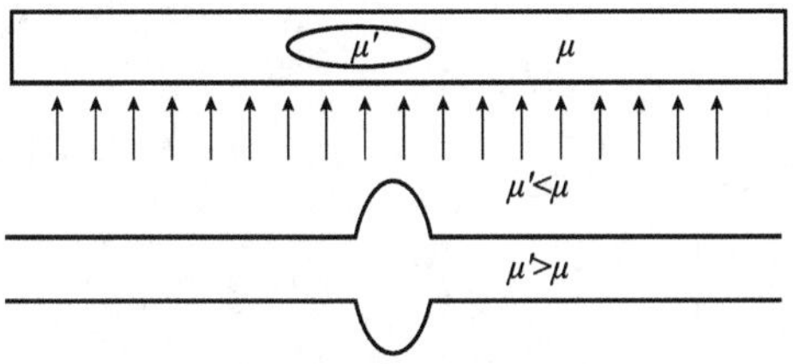

图 1　弱磁检测原理示意

3　检测仪器

检测仪器为某单位自主研发的弱磁检测仪，主要针对埋地金属管道，采用高灵敏度三维 12 通道磁探测器，可连续记录并实时显示被测管线磁场强度变化，软件计算成结果云图，数据分析软件能提取异常信号并评估。在检测过程中，磁测量传感器组以一定速度匀速沿管道上方移动，同时对现场检测状况进行详细记录，例如检测过程中经过的桩、电线杆、井盖等。弱磁检测系统 MTM－Ⅱ主机和探头见图 12。

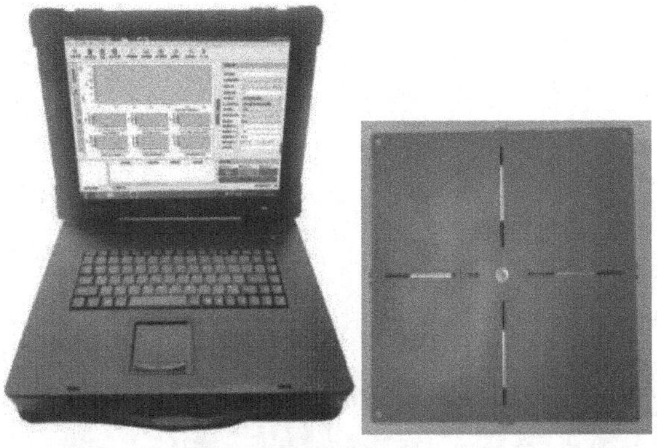

图 2　弱磁检测系统 MTM－Ⅱ主机和探头

4　工程应用

4.1　管线基本信息

检测管线为河南某公司所属氢气输送管道，管道长度 9.20km，管道规格 ϕ219×7mm，管道材质为 20#，防腐层为 3PE，管道类别为 GC2 级。

结合现场管道的实际情况，管道弱磁检测流程依次为管道资料的收集与分析、管线勘察分析、管道路由及埋深测绘、管道上方弱磁信号采集、分析数据、异常区域开挖验证。

4.2　检测数据分析

管道弱磁检测工作内容为资料审查与潜在危险分析、管道敷设环境调查（位置及走向检查、地面标志检查）、缺陷不开挖弱磁检测与评价、开挖直接检验等。

该管道划分为 7 个区段。其中有 5 个区段，敷设环境存在绿化树、近距离金属物、地下敷设有其他管线交叉等情况，波形有干扰，未见无异常缺陷信号。另 2 个区段存在明显波形异常点，见图 3、图 4 中黑框内。

图 3 黑框位置磁信号异常，此处是由低到高转向处，根据波特图，埋深、位置走向及周边敷设环境，判定此处为疑似应力集中点。

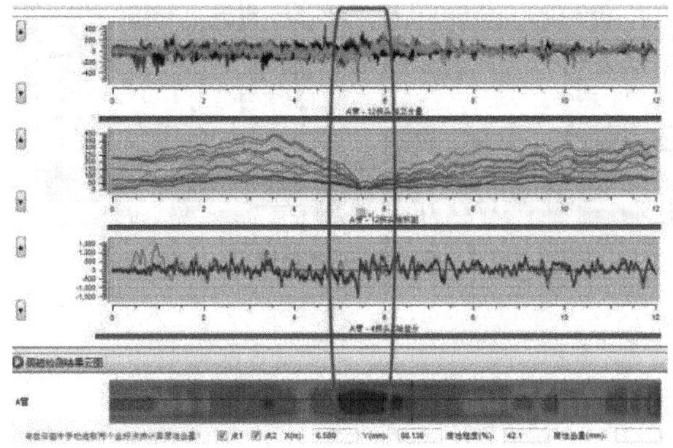

图 3　田地－马路斜坡段磁信号异常处

图 4 黑框所指位置磁信号异常，经过几次复测该位置均异常，当即定位。再经 PCM 定位和测深，该定点位置最浅为 0.29m，附近 0.5m 不等，再远恢复正常深度 1.4m 左右。

根据弱磁波形特征、PCM 探测埋深，分析管道走向是先高处下来—平洼—斜上坡，管道上方敷设土壤有车辆经过痕迹。综合分析，该位置应该是由低处向上转向的弯头，以前埋深足够深，经过土的滑坡和车辆碾压，使得现在埋深仅 0.29m，由此产生应力集中。

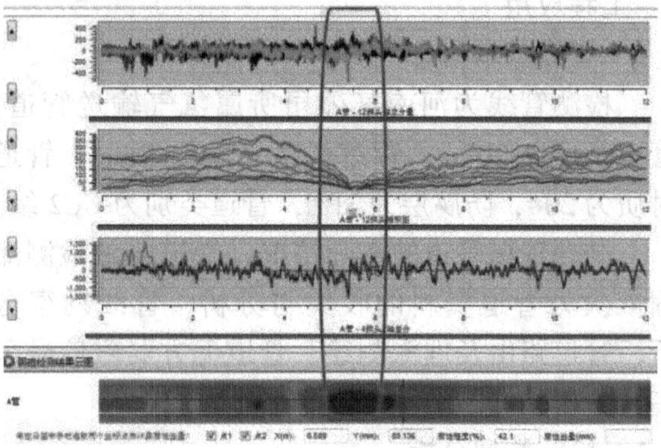

图4　农田中磁信号异常点

4.3　开挖验证

对图4显示磁信号异常处进行开挖，如图5所示。开挖后利用超声测厚测量该处管道壁厚最小值为6.81mm，正常管道壁厚为7mm，未发现明显腐蚀减薄，由此判断为应力过大。对焊缝进行射线检测、超声检测复核，焊缝处未发现超标缺陷。

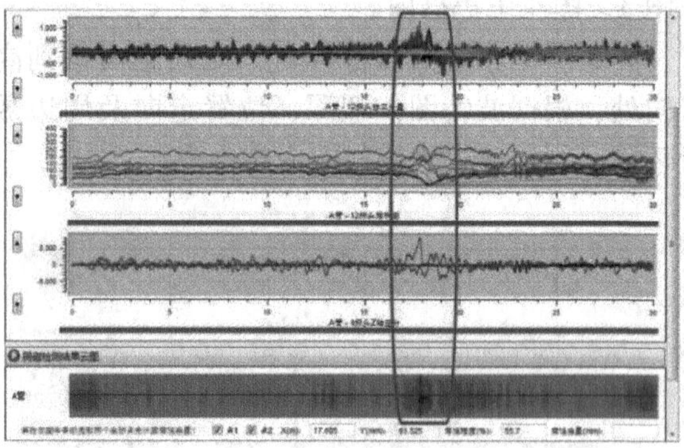

图5　开挖验证

5　结论

通过弱磁检测对埋地管道进行现场检测和开挖验证，将检测数据分析与现场开挖结果进行对比，结果表明该技术对埋地管道应力集中隐患有较高检出率，为埋地管道有计划的检测维护提供可靠的科学支撑。

参考文献

[1]余方林，于润桥，廖连文，等．埋地管道非开挖弱磁腐蚀检测[J]．无损检测，2019，41(9)：39－44.

[2]陈元，刘艳军，吴翔．埋地输气管道弱磁应力外检测技术研究[J]．材料保护，2022，55(5)：194－199.

[3]闵希华，杨理践，王国庆，等．长输油气管道弱磁应力内检测技术[J]．机械工程学报，2017，53(12)：19－27.

MGO 储罐检验发现重大泄漏隐患的案例分析

汪小成　田　利

（机械工业上海蓝亚石化设备检测所有限公司，上海　201620）

摘　要：某石化油库的一座 5000m³ 成品油 MGO 常压储罐于 1995 年 3 月建成投用，2018 年 8 月进行首次开罐检验。该储罐建在山腹之中，周围环境阴暗潮湿，坑洞壁及储罐壁上常年覆盖水汽，底板外伸部位存在腐蚀分层。对储罐 77 块底板进行全面漏磁检测，发现每块罐底板均存在大面积下表面腐蚀，并对漏磁检测缺陷严重位置用锤子轻轻敲击就会出现腐蚀穿孔现象，共发现 20 处穿孔。根据评估分析，整个罐底板已不具有局部维修价值，建议使用单位整体更换。通过这次检验，及时发现了该储罐存在的重大安全隐患，避免储罐泄漏事件发生，为同环境同批的其他储罐存在的潜在风险、检验、监测等提供事实参考依据。

关键词：常压储罐；漏磁检测；腐蚀穿孔；泄漏

Case Study of MGO Tank Inspection and Discovery of Major Potential Leakage

WANG Xiaocheng, *TIAN Li*

（Machinery Industry Shanghai Lanya Petrochemical Equipment Inspection Co. Ltd, Shanghai 201620, China）

Abstract: A 5000m³ MGO atmospheric pressure storage tank for refined oil products in a petrochemical oil depot was completed and put into use in March 1995, The first can opening test was conducted in August 2018. The storage tank is built in the mountain belly, the surrounding environment is dark and humid, the pit wall and the storage tank wall are covered with water vapor all the year round, and there is corrosion stratification in the overhanging part of the bottom plate. A comprehensive magnetic flux leakage test was carried out on 77 bottom plates of the storage tank, and it was found that there was a large area of lower surface corrosion in each tank bottom plate, and the corrosion perforation phenomenon would occur when the magnetic flux leakage detection defects were seriously hit with a hammer, and a total of 20 perforations were found. According to the evaluation and analysis, the whole tank bottom plate has no local maintenance value, and it is recommended to replace the whole unit. Through this inspection, the major safety hazards existing in the storage tank were found in time, the occurrence of storage tank leakage was avoided, and the potential risks, inspection and monitoring of other storage tanks in the same batch of environment were provided with a factual reference basis.

Key words: Atmospheric storage tank; Magnetic flux leakage testing; Corrosion perforation; Leak

1　引言

常压储罐是石油石化行业中的重要设备，其容积一般大于 200m³，我国目前自主设计、建设的世界单体容积最大的储罐为 270000m³（LNG 储罐）。大型储罐通常用于储存石油产品或危险化学品，由于制造、使用和管理等多方面的原因，很多在用储罐都曾发生过物料泄漏问题，造成事故。据 API 的一项统计，在所有事故中，大约有 6% 是由于储罐的破坏而引起的，其中很多是由于底板腐蚀或失效造成的，底板腐蚀穿孔是对储

作者简介：汪小成（1985—　），男，本科，工程师，从事压力容器、压力管道定期检验及常压储罐开罐检验等工作。E－mail：569971329@qq.com

罐安全运行威胁最大的隐患。本文将介绍针对性检验中发现储罐底板存在重大泄漏隐患的情况及原因分析与意义。

2　背景

2.1　设备基本概况(见表1)

表1　某石化油库一座5000m³储罐基本信息

名称	规格/mm	容积/m³	设计压力/MPa	设计温度/℃
成品油MGO储罐	ϕ21000 * 16600	5000	常压	-5～37
介质	底板厚度/mm	主体材质	投用日期	
MGO	10/8	A3	1995年03月	

2.2　存在隐患

该储罐1995年3月建成投用，长周期服役23年，为确定是否存在重大安全隐患，于2018年8月进行开罐检验。

3　检验检测方案

3.1　主要检验检测依据

(1)SY/T 5921—2017《立式圆筒形钢制焊接油罐操作维护修理规范》；

(2) NB/T 47013—2015《承压设备无损检测》；

(3)JB/T 10765—2007《无损检测 常压金属储罐漏磁检测及评价方法》。

3.2　失效形式

常压立式储罐的主要失效形式有：失稳、破裂、腐蚀，其中最常见也是危害程度最大的是罐体腐蚀，以局部腐蚀为主。局部腐蚀很容易造成穿孔泄漏，进而引起失火、爆炸等更严重的事故。出现腐蚀最多的是储罐底板，几乎所有的在用储罐的罐底板都存在腐蚀，大多为溃疡状的腐蚀坑，主要集中在焊接热影响区、凹陷及变形处；罐顶板腐蚀次之，多为伴有穿孔的不均匀全面腐蚀。罐壁腐蚀一般较轻，多为均匀点蚀，主要发生在油水界面、油气界面处，有时外壁也会有局部的坑腐蚀。

相对而言，储罐底板下表面环境更为复杂，腐蚀情况隐蔽、随机，危害性更大，对罐底板的腐蚀检测显得尤为重要。

3.3　检验方法

通过前期调研，发现该储罐建在山体之内，坐落在水泥坑洞之中，见图1，周围环境阴暗潮湿，坑洞壁及储罐壁上附着一层水珠(汽)，基础周围排水槽内积水，罐体外部防腐层基本完好。

图1　山腹中通往储罐的通道走廊

检验主要以宏观检查、壁厚测定、底板腐蚀状况漏磁检测和焊缝无损检测为主。

(1)宏观检查：由于光线昏暗，采用防爆头灯照亮，仔细检查整个储罐罐顶、罐壁、罐底及附件，存在腐蚀、破损、损坏等情况，尤其注意死角、支架等有阻碍的地方，并做好记录。

(2)壁厚测定：用超声波测厚仪对储罐底板、壁板及罐顶进行壁厚测定，每块板测5个点，重点测定存在腐蚀情况部位的厚度。

(3)漏磁检测：对整个罐底板用Floormap3D仪器进行漏磁100%扫查，发现下表面腐蚀缺陷时用超声波测厚仪进行复验，并做好现场标记。

(4)无损检测：对罐壁板第一层纵焊缝超声检测；底板与壁板内大角焊缝整圈、底板三层搭接焊缝按10%比例磁粉检测，每个方向检测长度500mm；罐壁接管内角焊缝渗透检测。

4　发现问题及处置措施

4.1　发现问题

(1)宏观检查：该储罐建在山体之内，坐落在水泥坑洞之中，周围环境阴暗潮湿，坑洞壁及储罐壁上覆盖水汽，储罐基础散水坡高度100mm，排水槽内积水，见图2；储罐整体防腐层基本完好，底板外伸部位保护层局部破损，存在轻微腐蚀分层，见图3。

图2　基础四周排污槽内积水

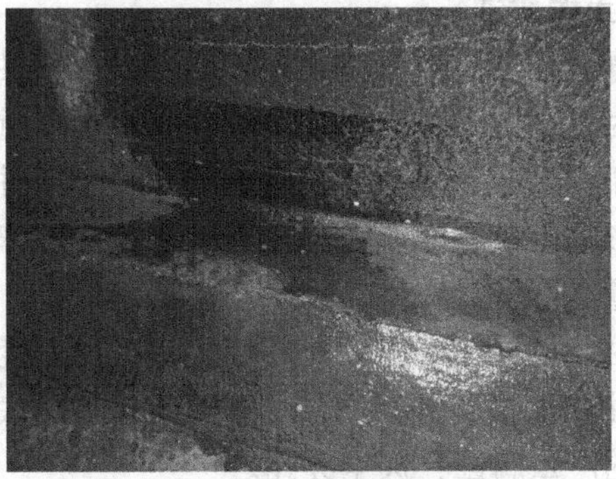

图 3　罐底板外伸部位保护层破损

(2)漏磁检测：对储罐 77 块底板进行全面漏磁扫查，发现每块底板腐蚀当量超过原始板厚 20% 以上的下表面腐蚀缺陷大面积存在，并对腐蚀显示为红色信号(腐蚀率达 100%)的位置用锤子轻轻敲击就会出现腐蚀穿孔现象，共发现 20 处穿孔，见图 4～图 8。

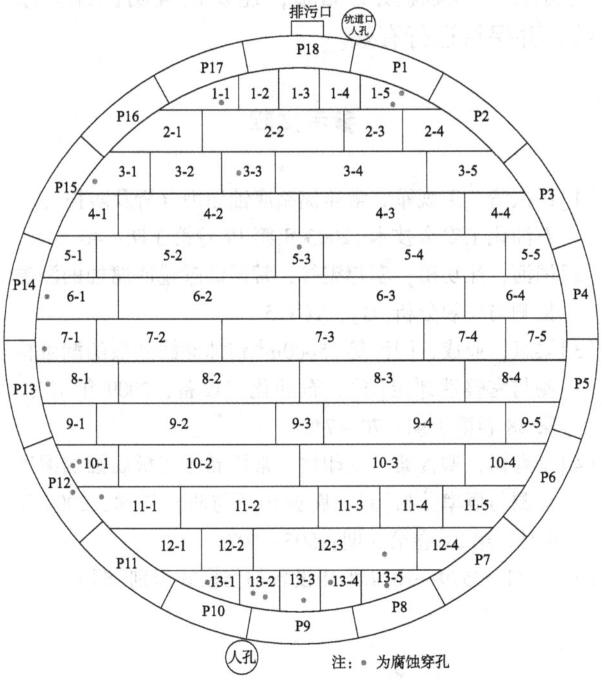

图 4　罐底板腐蚀穿孔位置示意图

图 5　现场漏磁检测、缺陷标记

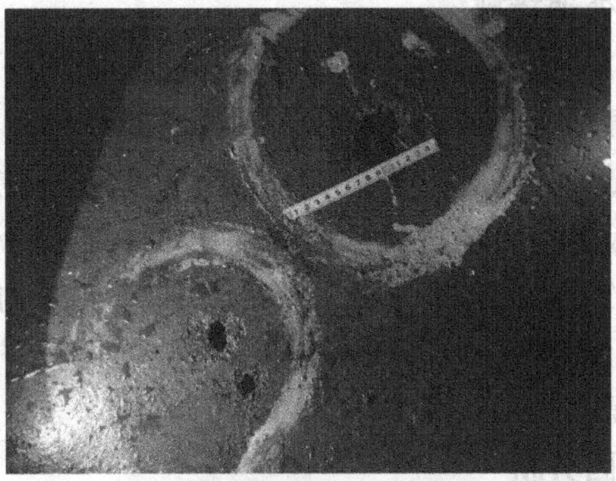

图 6　锤子轻敲出现的穿孔

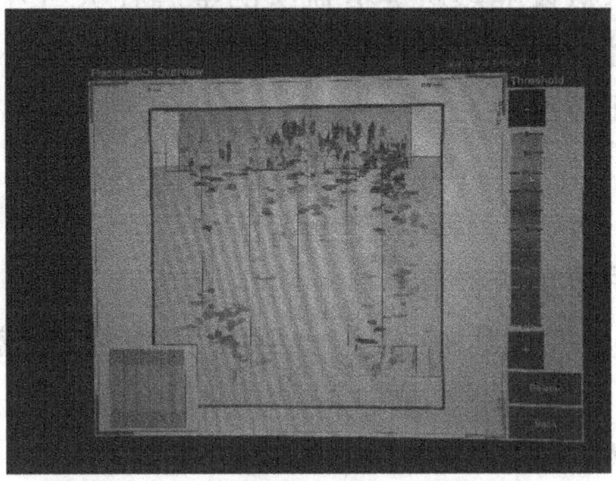

图 7　腐蚀程度颜色分级显示

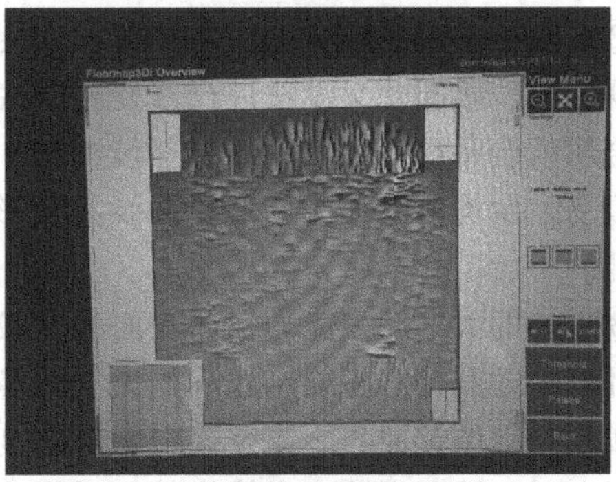

图 8　下表面大面积腐蚀显示

(3)壁厚测定：罐顶板与罐壁板壁厚未见异常；罐底板存在壁厚减薄，尤其中幅板实测最小壁厚 2.1mm，减薄量 73.7%，减薄严重，见图 9。

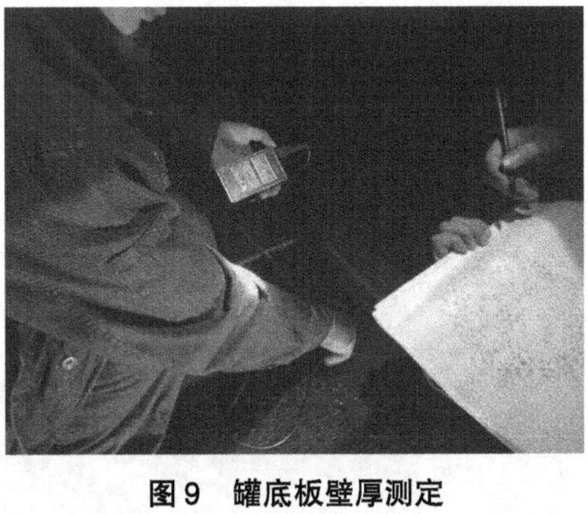

图 9　罐底板壁厚测定

4.2　处理措施

(1)由于整个罐底每块板存在大面积下表面严重腐蚀且有穿孔，壁厚局部减薄严重，依据SY/T 5921—2017 第5.4.4.1条，使用单位宜对罐底板进行整体更换，已不具有局部维修价值。

(2)建议定期对储罐基础四周排水槽内的积水进行清理；对罐底板外伸部位破损的保护层进行修复。

5　原因分析

5.1　大气腐蚀

未敷设隔热层等覆盖层的金属在大气中会发生腐蚀，机理如下：

阳极反应：

$$Fe \longrightarrow Fe^{2+} + 2e^{-}$$

$$Fe^{2+} \longrightarrow Fe_{3+} + e^{-}$$

阴极反应：

$O_2 + 2H_2O + 4e^{-} \longrightarrow 4OH^{-}$（中性或碱性溶液）

$O_2 + 4H^{+} + 4e^{-} \longrightarrow 2H_2O$(酸性溶液)

①罐壁板、罐顶板防腐涂层基本完好，未见明显腐蚀。

②罐底板下表面防腐涂层在储罐长期使用中会出现脱落、破损，又没法进行修复，罐底板下表面金属就会暴露在大气中，又环境潮湿，湿度大，极易发生均匀腐蚀或局部腐蚀，甚至形成腐蚀穿孔。

③干燥的大气腐蚀能力很弱，而湿度较大的大气环境，尤其是容易凝结水滴的大气环境腐蚀能力较强。就碳钢而言，当空气中相对湿度超过60%以上时，碳钢腐蚀速率按指数关系增大，而空气相对湿度低于50%，腐蚀速率则较低。

5.2　土壤腐蚀

罐底板下表面与基础相接触会发生腐蚀，多表现为以点蚀为主的局部腐蚀，腐蚀的严重程度取决于局部的土壤条件和金属表面环境条件的变化。影响土壤腐蚀能力的因素有土壤电阻率、水分含量、溶解盐浓度、酸度、温度等。

由此可见，常温潮湿环境下，主要发生的大气腐蚀和土壤腐蚀共同作用下造成该油罐底板下表面的严重腐蚀，甚至穿孔。

6　现实意义

(1)通过检验，及时发现了该储罐存在的重大安全隐患，避免储罐泄漏事件的发生。

(2)为石化油库同环境同批的其他储罐存在的潜在风险隐患排查，监测、检维修计划等提供事实参考依据，应当加强定期检验。

(3)沿海地区、环境苛刻复杂，容易发生大气腐蚀、土壤腐蚀的储罐，建议设置阴极保护系统，并保持运行有效。

参考文献

[1]许振清，王观军．常压储罐腐蚀原因分析及防护[J]．石油化工安全技术．2003年第19卷第3期：40－42.

[2]闫河，沈功田，李邦宪等，常压储罐罐底腐蚀的漏磁检测与失效分析[C]，TG115.

[3]梁斌，业成，闫河等．5000m³ 蜡油储罐底板的漏磁检测与完整性评定[J]，石油化工设备，2009年1月，第38卷第1期：70－74.

[4]李春树，柳曾典，王印培．常压储罐底板腐蚀的漏磁检测与概率分析[J]，腐蚀科学与防护技术，2009年9月，第21卷第5期：505－507.

[5]GB/T 30579—2014 承压设备损伤模式识别[S].

在线脉冲涡流在承压设备缺陷检测中的应用

田志勇　许泽阳　吴远建

（中国特种设备检测研究院，北京　100029）

摘　要：某化工装置环氧乙烷转换器壁板在用过程中因二氧化碳腐蚀出现多次泄漏和带压密封，急需在线对转换器壁板的减薄位置进行定位，并制定相应防护措施。根据二氧化碳局部腐蚀的特点，在检测中，首先采用脉冲涡流（PEC）检测技术对缺陷的方位及分布进行快速扫查，再采用高温测厚对缺陷所在位置进行标定，并精确定位减薄缺陷。在检测完成后，使用单位根据腐蚀减薄情况采取了相应措施，消除了隐患，提高了设备运行安全。

关键词：在线检测；脉冲涡流检测（PEC）；局部腐蚀；二氧化碳腐蚀

Application of On-line Pulsed Eddy Current in the Defect Detection of Pressure Equipment

TIAN Zhiyong*, *XU Zeyang*, *WU Yuanjian

（China Special Equipment Inspection & Research Institute，Beijing 100029，China）

Abstract：Due to carbon dioxide corrosion，the wall plate of an ethylene oxide converter in a chemical plant has repeatedly leaked and sealed with pressure，so it is urgent to locate the thinning position of the wall plate online and formulate corresponding protective measures. According to the characteristics of carbon dioxide local corrosion，in the detection，pulsed eddy current（PEC）detection technology is first used to quickly scan the orientation and distribution of defects，and then high temperature thickness measurement is used to calibrate the location of defects，and precisely locate and reduce the defects. After the completion of the test，the user took corresponding measures according to the corrosion thinning situation，eliminating hidden dangers and improving the operation safety of the equipment.

Key words：On-line measurement；Pulsed eddy current（PEC）；Localized corrosion；Carbon dioxide corrosion

1　引言

在装置运行中，由于选材、工艺或操作不当等因素，会导致压力容器减薄甚至泄漏，对生产安全和长周期运行造成隐患。目前，对局部减薄的检测，可采用自动超声波扫查、导波检测或断面射线扫描法等方法。但对于运行中的承压设备，因高温、介质等影响，不适用于自动超声波扫查和断面射线扫描，本文通过对脉冲涡流检测技术的在线应用，结合高温超声波测厚方法，探索了一种承压设备局部减薄缺陷的在线检测方法，为在线解决此类问题提供了参考。

2　概述

脉冲涡流检测技术（PEC）是利用导电材料中涡流的电磁效应评价被检件的无损检测方法[1]，脉冲涡流检测技术的主要优点是：可直接接触表面，无需表面准备与处理即可检测[2]。经验证，该方法具有一定的准确性，在保温层厚度不大于100mm的情况下，其相对误差基本未超过5%[3]，因此，该技术可以不拆除保温层，直接对工艺管道进行快速检测[4]。在检测过程中，脉冲涡流控制可以对测量数据进行处理和补偿，这也是脉冲涡流控制的主要优点之一[5]。从实际检

作者简介：田志勇（1988—　），高级工程师，现主要从事压力容器、压力管道、常压储罐检验检测、RBI风险评估、完整性管理等方面的工作。E－mail：18810351373@163.com

测经验可知，脉冲涡流扫查对均匀腐蚀缺陷的感知度较高，对点状腐蚀的检测灵敏度较低[6]。因此，在本次缺陷检测过程中，为提高检测精度和缺陷检出率，通过自制衬垫的方法缩短了提离高度，并选用小足迹探头，缩小一次检测面积，从而有效提高了局部腐蚀缺陷的检出率。

3　项目概况

某化工装置环氧乙烷转换器(规格：ϕ711 × 12 × 17200mm)在使用过程中发生腐蚀泄漏，该转换器为特殊的U型焊接管式转换器，水平敷设在主框架上。转换器的主要参数如表1所示。

表1　转换器主要参数

主体材质	工作温度	工作压力	工作介质
16MnR	99℃	1.67MPa	$K2CO_3/KHCO_3$/EO 等

根据转换器上次定期检验结果可知，该转换器腐蚀减薄类型为局部二氧化碳腐蚀，腐蚀区域局部减薄，形成腐蚀坑。减薄部位发生在容器顶部的气相及气液界面上，对于这种特点，常规无损检测有效率低，而超声波测厚的方法，很难发现全部局部减薄部位，容易造成漏检。

应用在线脉冲涡流检测技术的阵列扫查功能，可以大面积的对被检测区域进行扫查，从而快速确定缺陷分布的位置和分布规律，为进一步的定位缺陷提供参考依据。如图1所示，转换器发生泄漏，并采取了带压密封措施。

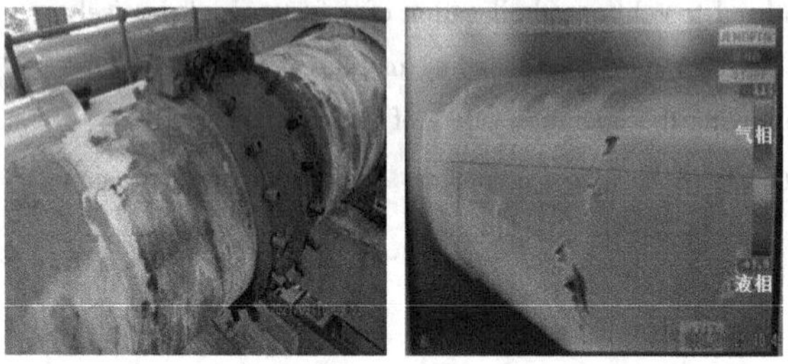

图1　转化器顶部气相部位发生泄漏

环氧乙烷转换器的减薄部位主要集中在转换器的上部10～14点方向的气相部位，红外检测结果如图1所示，可以发现，气液两相分界明显，气液界面及气相部位也是本次检验的重点部位。

4　现场检测及结果分析

检测采用的是Eddyfi涡流检测系统，系统主要由主机、快插式编码器、数据采集和分析软件和探头等组成，检测范围：壁厚3～102mm，可穿透保温层厚度为305mm，本次检测选用的是PEC－025型号探头，检测最大壁厚19mm，最大提离高度76mm，最小检测面积直径35mm。

经分析，环氧乙烷转换器的损伤模式为二氧化碳腐蚀，腐蚀形态表现为局部腐蚀，符合现场泄漏情况。转换器工作温度为99℃，保温层厚度为80mm，根据仪器探头参数分析，带保温层检测，最小检测面积直径为87mm，并且会有镀锌铁皮的影响，经现场试验，检测精度较低，检测背景噪声大，缺陷检出率低，因此，采用拆除现场保温，并订制20mm厚度的衬垫。该衬垫起到了隔绝温度、防烫和划分检测区域的作用，能够显著提高检测精度，如图2所示。

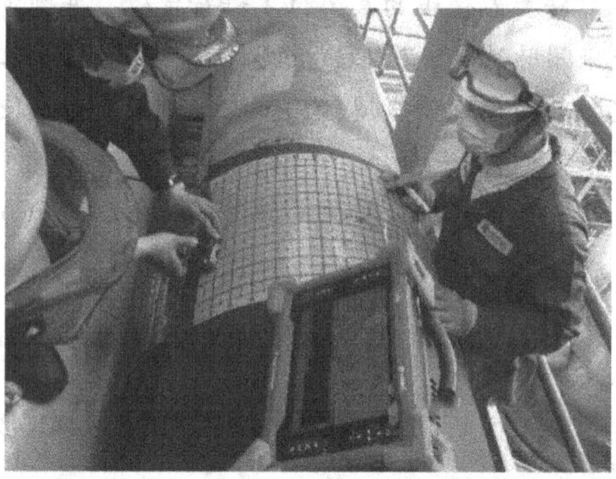

图2　脉冲涡流采用衬垫现场检测

根据转换器的焊缝分布，脉冲涡流检测部位为焊缝BE5～焊缝BE33，焊缝BW5～焊缝BW32之间共计55个管段，每个管段检测区为顶部中心线向两侧各延伸400mm的区域。检测时，检测区域从南到北按照400×400mm分块进行检测如图3所示。检测部位是根据上次定期检验结果、泄漏位置分布和二氧化碳腐蚀集中在气相及气液界面的特点来综合确定的。

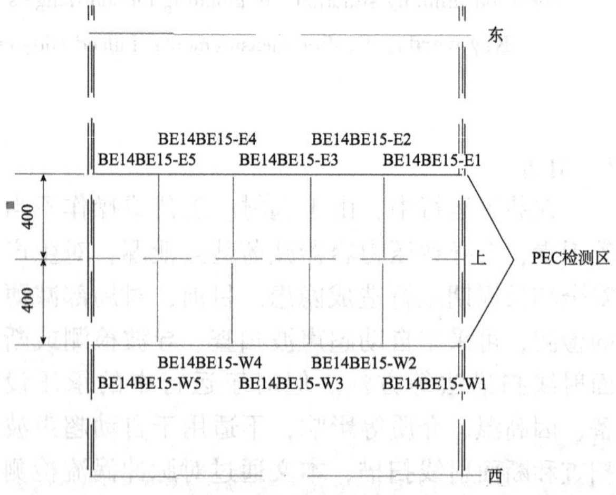

图3　转化器顶部检测区域示意图

通过脉冲涡流(PEC)检测结果发现，反应器R3201母材中腐蚀减薄超过腐蚀裕量(腐蚀裕量：3mm)的管段为5个。脉冲涡流检测结果如图4所示，不同区域脉冲涡流扫查及超声波对照示例如表2所示。脉冲涡流对均匀减薄的检出率较高，通过上次定期检验结果可知，R3201 转换器的减薄为局部减薄。脉冲涡流检测为足迹区域内的平均厚度，因此经现场验证，需对 PEC 检测厚度小于 11mm 的区域进行高温超声壁厚扫查。经检验统计，共发现壁厚小于 11mm 的检测区域共 55 处，现场标定后，对脉冲涡流（PEC）检测结果小于 11mm 的区域进行了壁厚测定复验。

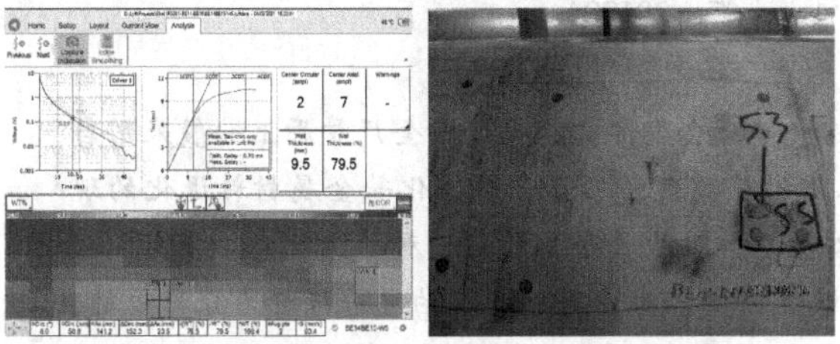

图 4　脉冲涡流检测结果及位置标定

表 2　脉冲涡流与超声波测厚结果对比示例

测量方法/测量区域	BE5－BE6	BE7－BE8	BE12－BE13	BE18－BE19	BE22－BE23
脉冲涡流（最小值/mm）	10.0	9.0	10.4	8.7	9.0
超声波测厚（最小值/mm）	6.9	5.3	6.7	5.3	3.3

采用这种方法，累计发现减薄点 384 处，其中壁厚≤5mm 的减薄部位数量为 16 处，5mm＜壁厚≤6mm 的减薄部位数量为 34 处。

5　处置措施及原因分析

5.1　处置措施

根据减薄情况，为防范安全风险，防止泄漏再次发生，使用单位拟采取以下处置措施：

（1）为防止泄露发生危险，对转换器加强巡查和监测，发现泄漏按规定采取紧急带压密封防护措施；

（2）对壁厚小于 5mm 的减薄部位，在条件允许的情况下，采取适当方法进行修复；

（3）在工艺条件允许的情况下，提高转换器液位高度，避免二氧化碳腐蚀发生；

（4）在下次大修期间，对该转换器进行更换处理。

5.2　原因分析

从工艺流程分析中可以看出，转换器介质包含 K_2CO_3，$KHCO_3$ 溶液与 EO/EG，PH 约为 9.5，在介质中加入钒酸盐用作催化剂和缓蚀剂。在前段工序换热器中加热到 101℃后，$KHCO_3$ 受热分解，温度达到了 CO_2 的溢出温度，发生如下反应，见反应(1)。CO_2 不断从介质中溢出，并在气相凝结，由于气相中不含缓蚀剂，最终发生反应(2)，从而导致壁板的局部腐蚀穿孔。图 5 为转换器 CO_2 腐蚀形成过程的示意图，其中左图为液相介质中 CO_2 溢出模拟图，右图为转换器侧视图。

$$2KHCO_3 \longrightarrow K_2CO_3 + H_2O + 2CO_2 \quad (1)$$

$$H_2O + CO_2 + Fe \longrightarrow FeCO_3 + H_2 \quad (2)$$

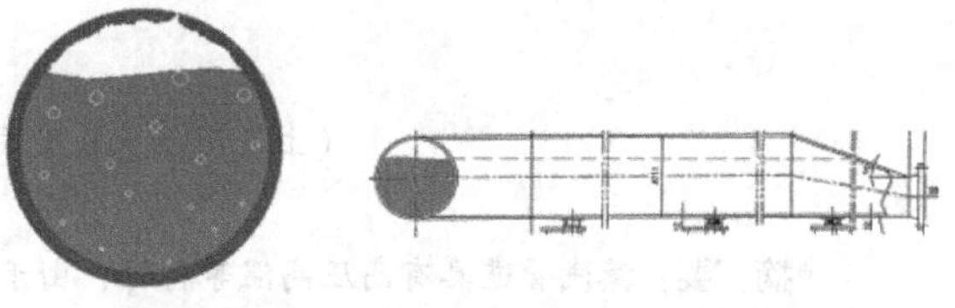

图 5　转化器二氧化碳腐蚀形成示意图

碳钢及低合金钢的二氧化碳腐蚀随着 CO_2 浓度增高，pH 值降低，腐蚀性不断增强，该转换器主体材质为 16MnR，在没有缓蚀剂的保护下，极易形成二氧化碳腐蚀环境而导致局部腐蚀，最终导致壁板泄漏。

6　结论

（1）对承压设备局部减薄缺陷，脉冲涡流检测技术（PEC）可在线对壁板缺陷进行扫查，结合超声波测厚等方法可对减薄部位进行精确定位。

（2）脉冲涡流检测技术（PEC）可用于在线检测，本次检测温度为 101℃，实验证明其最高检测温度可达 500℃，可为压力容器安全运行及在线检测提供一定的技术支撑。

（3）脉冲涡流检测技术（PEC）存在一定的局限性，必须通过其他检测方法对缺陷部位进行复核。

（4）二氧化碳腐蚀多发生在气相及气液界面，缺陷多为蚀坑或蚀孔，可通过加入缓蚀剂、优化选材和改善工艺等方法进行预防。

参考文献

[1]沈功田，李建，武新军．承压设备脉冲涡流检测技术研究及应用[J]．机械工程学报，2017.2，53(4)：50－58.

[2]蔡刚毅，陈浩禹等．基于 Lyft 脉冲涡流检测系统的带隔热层在用球罐金属损失检测技术[J]．化工机械，2022，49(5)：831－836.

[3]殷雪峰，程千里等．基于脉冲涡流的提离高度检测方法[J]．压力容器，2021，38(9)：81－85.

[4]童远涛．基于脉冲涡流检测技术的保温层下工艺管道腐蚀缺陷检出率研究[J]．化工装备技术，2023，44(4)：12－16.

[5]李周文．炼油装置腐蚀检测脉冲涡流扫查技术应用分析[J]．中国设备工程，2023，1671－0711：169－171.

[6]郭宏亮，卢俊文等．脉冲涡流检测技术在氨制冷承压设备检验中的应用[J]．检验检测与监测技术，2023，39(5)：57－61.

在用高温蒸汽管道应力分析检验探讨

黄龙星

(上海花隆设备安装有限公司，上海 201204)

摘　要：蒸汽管道具有高压高温等特性，由于蒸汽管道受热后会发生膨胀，故在全厂管廊上一般采用自然补偿结构，由于蒸汽管道长期在高温下服役，故管道容易出现蠕变、石墨化、球化等金属材料退化的现象。蒸汽管道的运行安全必须引起我们大家的重视。在传统检验方法中，采用的是一种随机抽查的模式，存在漏检的风险。在《压力管道定期检验规则—工业管道》中就提出要求对于哪些情况的应进行应力分析校核，以判断在用蒸汽管道的运行安全状况。本文以某蒸汽管道为例，介绍了 ASME B31.3 标准对管道应力的校核的要求，阐述了如何通过软件对蒸汽管道进行建模处理，并且通过软件计算出蒸汽管道各节点的受力情况以及其位移量。最后依据计算结果制定具有针对性的检验方案，以此来提高检验的水平和质量。

关键词：蒸汽管道；检验方案；针对性；应力分析

Discussion on Stress Analysis of High Temperature Steam Pipeline

Huang Longxing

(Shanghai Hualong Equipment Installation Co., Ltd, Shanghai 201204, China)

Abstract: Steam pipelines have characteristics such as high pressure and high temperature. Due to the expansion of steam pipelines when heated, natural compensation structures are generally used on the entire plant pipeline gallery. Due to the long-term service of steam pipelines at high temperatures, they are prone to phenomena such as creep, graphitization, and spheroidization of metal materials. The safe operation of steam pipelines must be taken seriously by all of us. In traditional testing methods, a random sampling mode is used, which poses a risk of missed detections. In the "Rules for Regular Inspection of Pressure Pipelines-Industrial Pipelines", it is required to conduct stress analysis and verification for certain situations to determine the safe operation status of steam pipelines in use. This article takes a steam pipeline as an example to introduce the requirements of ASME B31.3 standard for stress verification of pipelines. It explains how to model and process steam pipelines through software, and calculates the stress situation and displacement of each node of the steam pipeline through software. Finally, based on the calculation results, a targeted inspection plan is formulated to improve the level and quality of inspection.

Key words: Steam pipeline; Inspection plan; Targeted; Stress analysis

1 引言

蒸汽是工业生产中的一种非常常用的载热介质，它可以通过蒸汽发生器获得也可以对锅炉加热获得。蒸汽管道一般都受压力和温度的影响。由于管道受热膨胀，它会产生热位移，当位移量超过极限值时，可能造成支架失效。高温蒸汽管道的材料通常使用合金钢，高温容易造成合金材料发生石墨化、内部球化、蠕变、等材料劣化现象。

近年来，蒸汽管道安全事故发生频繁，给广大人民群众的生命和财产安全带来巨大威胁。2017 年 9 月 22 日，淄博市临淄热电厂有限公司中温中压蒸汽管道 G26 至 G27 段发生爆裂，造成

作者简介：黄龙星(1988—)，男，本科，主要从事压力管道的检验检测工作。E－mail：547439097@qq.com

胶济铁路一段贯通电源线受损断电，中断胶济客运专线行车约 2h 20min，未造成人员伤亡。直接经济损失约 57 万元。2022 年 12 月 26 日，中国能源建设集团山西电建有限公司在柳林华光电厂至吕梁市长输供热市政工程供热管道调试过程中发生供热蒸汽管道爆裂，导致保温作业人员受伤。此事故造成 1 人死亡，4 人受伤[1]。蒸汽管道爆炸的后果主要是巨大的物理冲击以及高温烫伤。因此对蒸汽管道应力分析具有极其重要的现实意义。通过对蒸汽管道系统的应力状况进行分析，找出应力载荷较大的危险点，帮助相关检验人员制定具有针对性的检验方案，使该检验方案更具准确性和可靠性。

2 应力分析校核准则

2.1 一次应力的校核

管道应力分析可以分为动力分析和静力分析两大部分。动力分析是指地震分析、往复机械管道的振动分析、水击冲击、水锤等作用下的应力分析。静力分析是指在热膨胀、重力、压力等作用下对管道进行力学分析。本文介绍的是一种静力分析方法，包括一次应力计算、二次应力计算和管道热位移计算。

ASME B31 系列标准是目前压力管道应力分析依据的主要标准。ASME B31.3—2016 标准适用于工厂中的架空蒸汽管道的应力分析。

一次应力与外荷载相互平衡，如外荷载增加，一次应力继而增加，且无自限性，但当超过材料的屈服极限时，管道就会产生塑性变形直至破坏。当架空管道的支撑间距大于管道的允许跨距时，管道就会发生破坏。根据 ASME B31.3—2016，一次应力的校核通过，需要同时满足 3 个条件[2]：

(1)当管道构件的壁厚及补强符合计算要求时，内部压力引起的应力是安全的；

(2)当管道构件的壁厚及其刚度符合要求时，外部载荷引起的应力是安全的；

(3)管系中任意位置由持续荷载引起的纵向应力之和 S_L[公式(1)计算]不应超过材料在最高温度下的许用应力 S_h；

$$S_L=\left\{\left[\left|\frac{I_aF_a}{A_p}\right|+\frac{\sqrt{(I_iM_i)^2+(I_oM_o)^2}}{Z}\right]^2+4S_t^{\ 2}\right\}^{0.5} \tag{1}$$

式中 S_L——纵向应力，MPa；

F_a——持续荷载产生的轴向力，N；

A_p——管道截面积，mm^2；

P——管道设计压力，MPa；

Ia——纵向应力系数；

I_i、I_o——纵向应力平面内、平面外应力系数；

M_i、M_o——平面内、平面外弯矩，N·mm；

Z——抗弯截面模量，mm^3；

S_t——扭转应力，MPa；

S_h——管道材料在最高温度下的许用应力，MPa。

2.2 二次应力的校核

二次应力是由于管道由热胀冷缩等情况而受到约束产生的应力，故外力与二次应力相互不平衡，二次应力的特点是具有自限性，当管道局部屈服而产生微量管道变形时，二次应力下降。当管道承受的周期性的二次应力时，管道容易产生疲劳破坏。根据 ASME B31.3 规定管道位移应不大于许用应力应力范围 S_A。根据二次应力的校核条件，其公式如下：

$$S_E=\left\{\left[\left|\frac{I_aF_a}{A_p}\right|+\frac{\sqrt{(I_iM_i)^2+(I_oM_o)^2}}{Z}\right]^2+4S_t^{\ 2}\right\}^{0.5}\leqslant S_A \tag{2}$$

$$S_A=f(1.25S_c+0.25S_h)\quad \text{if}\quad Sh\leqslant SL \tag{3}$$

$$S_A=f[1.25(S_c+S_h)-S_L]\quad \text{if}\quad Sh>SL \tag{4}$$

式中 S_c、S_h——管道材料在最低温度、最高温度下的许用应力，MPa；

i_i、i_o——平面内、平面外应力增强系数；

ia——轴向应力系数；

f——管道位移应力范围减小系数。

3 工程实践应用

某工厂蒸汽管道从装置 A 送出后到装置 B 和装置 C 等。总管廊为 5.5m、7.5m、10.0m 三层，蒸汽管道布置在管廊最上层，蒸汽管道采用“π”形自然补偿结构。蒸汽管道的设计压力为 1.2MPa，操作压力为 0.8MPa，设计温度为 290℃，操作温度为 260℃，主管道规格为 ϕ325×7.5mm，送往 B 装置的支管道规格为 ϕ108×4.0mm，材料均为 20#钢，保温厚度为 100mm。管道参数如表 1 所示，现场管道如图 1 所示。

表 1 蒸汽管道参数

参数	单位	值
操作压力(P2)	MPa	0.8
设计压力(P1)	MPa	1.2
工作温度(T1)	℃	260
设计温度(T2)	℃	290
规格(主管)	mm	ϕ325×7.5
规格(支管)	mm	ϕ108×4.0
保温厚度	mm	100

3.1　测试范围

CAESAR Ⅱ软件是一款专业管道应力分析软件，该软件被广泛应用于化工、石油、电力等领域[3-4]，CAESAR Ⅱ是有限元分析软件以梁单元模型为基础把管道模拟为刚性杆。CAESAR Ⅱ软件进行分析的内容包括：数据输入、设定工况、设定边界条件、分析计算、模型检查、问题处理等环节、CAESAR Ⅱ软件可以按照 ASME B31 系列进行应力校核[5]。

根据图 1 输入完数据后，我们需要设置三种约束。(1)固定支架，即限制了 X、Y、Z 三个方向的线位移和三个方向的角位移，按照表 1 将在节点 10、95、190、270、1000 处进行全固定；(2)滑动支架，支架仅承受管道载荷包含介质的重量，它们限制了 $-Y$ 方向(与坐标系方向相反)，滑动支架的约束类型为 $+Y$；(3)导向支架，为了防止管道改变方向及膨胀产生的横向位移对周围管道产生摩擦挤压等影响，即仅允许管道轴向位移，和很小的横向位移(3～5mm)，导向支架可以在滑动支架两侧增设挡块来制作。

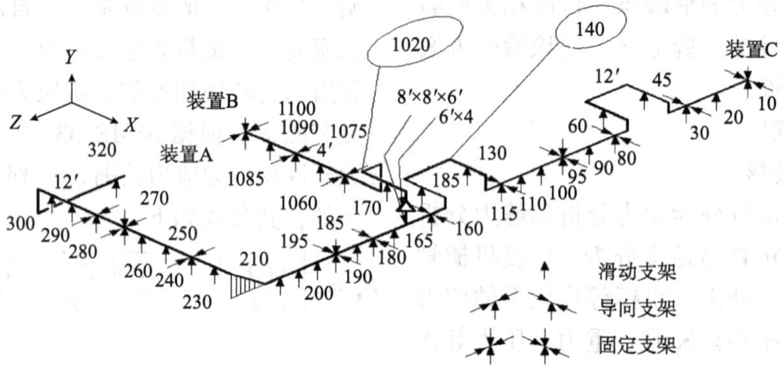

图 1　蒸汽管道现场布置图

把蒸汽管道以固定点进行分割，将两个固定支架之间的管道视作一个单独的管系进行计算，每段管系通过计算合格后，再将整个管系合成。根据图 1 可以将管系分成 4 段，每段两端均为固定支架。通过模拟不同工况，可以计算管系的应力状态，划分的工况显示在表 2 中。

表 2　工况选取一栏表

工况代号	工况组合	状态	备注
L3	W + T2 + P1	(OPE)操作工况	热位移计算
L4	W + P1	(SUS)冷态持续工况	一次应力计算
L6	L6 = L3 - L4	(EXP)纯热态膨胀工况	二次应力计算

模型检查无误后，软件计算标明无论主管还是支管，一次应力最大的位置位于支架的位置而二次应力最大的位置均位于管件的位置。因此支架和管件是需要重点关注的部位。计算结果同样发现位移量最大的位置均位于管道弯头附近，这是因为在自然补偿结构中，两固定点之间的管道仅可以向中间膨胀，并依靠中间弯头的变形来吸收热位移。因此我们要对弯头和支架保持足够的重视。

各工况最大应力见表3，最大位移见表4，三维模型图见图 2。

表 3　各工况最大应力一栏表

工况代号	管道	节点位置	综合应力/MPa	允许应力/MPa	比例/%
L4	主管	170	41.5	126.9	32.7
L4	主管	1060	45.1	135.4	33.4
L6	支管	140	213.6	313.3	68.5
L6	支管	1020	138.6	321.3	43.1

表 4　最大位移

序号	管道	节点	DX/mm	DY/mm	DZ/mm
L2	主管	210	+123	0	+86
L2	主管	150	-34	+12	-143
L2	支管	1010	-38	-4	-116
L2	支管	1040	+61	+2	-6

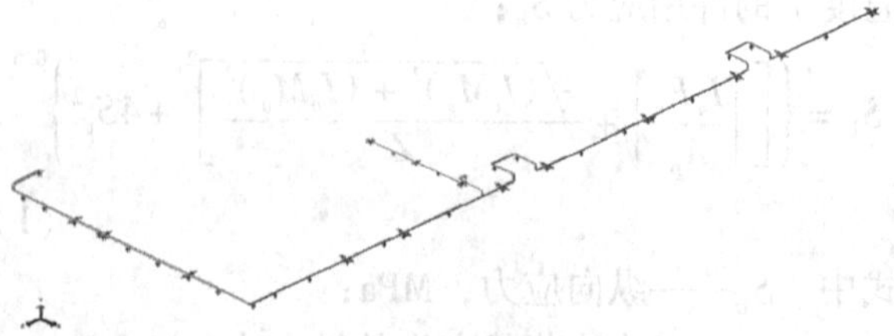

图 2　三维模型图

4 检验方案

传统检验方法中，采用的是一种随机抽查的模式，因此不具备针对性，存在漏检的风险，与传统方式相比，将管道系统应力分析的数据作为编制检验方案具有重要的意义[6]。检验方案针对性选择了应力较大的弯头以及位移量较大的支架进行了检验，大应力的弯头采用测厚，采用射线和磁粉方法进行弯头焊缝检测。弯管检查数量不少于30%，根据计算结果，对位移较大的节点进行宏观检查，特别是相邻管道之间的距离和管道支架的腐蚀情况。

如果保温层破坏，在基体金属间和保温材料局部区域形成腐蚀环境，引起保温层下腐蚀(CUI)的发生。必须重视保温层，当CUI发生时，可采用检测管道厚度来检查腐蚀的情况，对于管道剩余强度进行合理评价，并且对该管道的剩余寿命预断。

管道长期在高温下运行，容易出现石墨化、球化等金属材料退化现象，在《压力管道定期检验规则——工业管道》中提出对于工作温度大于370℃的碳素钢和铁素体不锈钢管道，或者工作温度大于450℃的钼钢和铬钼钢管道需要对金相和硬度检验抽查[7]。

5 结论

利用CAESARⅡ软件来建立模型，通过计算一次应力和二次应力、管道位移情况，该蒸汽管道的计算结果符合ASME B31.3的要求。二次应力高的部位位于弯头处。影响一次应力的主要因素是管道支架之间的距离。一次应力随距离增大而增大。较长的位移位置位于锚杆中间的弯头附近。现场位移与软件计算结果一致。

根据计算结果，风险提前发现，有针对性地检验方案可以将风险等级将至最小程度。通过提前对管道建模分析，得到可靠的理论计算数据，建议将应力分析作为某些特殊管道定期检验方案编制前的一项检验技术。逐步将计算数据纳入数据库管理系统，可以加强对管道各检验周期的数据对比分析，实现管道完整性管理。

参考文献

[1]事故调查组．淄博市临淄热电厂蒸汽管道“9·22”一般爆裂事故调查报告[R]. 2018.

[2]ASME code for pressure pipe，B31.3—2014 process piping[S]. American：The American Society of Mechanical Engineers.

[3]于国鹏．超高压蒸汽管道应力分析[J]. 石油化工设计，2022，39(2)：46－48，53.

[4]张淼．CAESAR Ⅱ在复杂管系应力分析中的应用[J]. 中国石油和化工标准与质量，2020，40(18)：176－177.

[5]王茂辉．管廊中压蒸汽管道应力分析[J]. 中国石油和化工标准与质量，2022，42(7)：114－117，122.

[6]肖伟俊．基于CAESAR Ⅱ在压力管道整治检验中的运用[J]. 山东化工，2023，52(14)：182－184.

[7]国家质量监督检验检疫总局，压力管道定期检验规则—工业管道：TSG D7005—2018[S]. 北京：新华出版社：8－9.

LDAR 技术实施过程中常见问题及建议

依明古丽逊·艾力

(中国石油乌鲁木齐石化公司设备检验检测中心，新疆 乌鲁木齐 830019)

摘　要：近年来，随着环保问题越来越突出，挥发性有机物(VOCs)的泄漏检测与修复(LDAR)工作在石油企业中的地位也越来越重要。指出了泄漏检测与修复(LDAR)技术是控制工艺设备与管线挥发性有机物无组织泄漏的最佳可行技术。本文针对乌石化公司 LDAR 技术应用情况，依据 LDAR 工作实施流程，探讨了在 LDAR 技术实施过程中常见的问题。并提出了规范开展 LDAR 技术应用的建议。

关键词：挥发性有机物；工作流程；泄漏检测与修复；常见问题

Common problems and suggestions during the implementation of LDAR technology

Yiminggulison · Aili

(Equipment Inspection and Testing Center of Sinopec Urumqi Petrochemical Company, Xinjiang 830019, China)

Abstract: In recent years, with the increasingly prominent environmental protection problems, the leakage detection and repair (LDAR) of volatile organic compounds (VOCs) has become more and more important in petroleum enterprises. It is pointed out that leakage detection and repair (LDAR) technology is the best feasible technology to control the unorganized leakage of volatile organic compounds in process equipment and pipelines. According to the application of LDAR technology in Urumqi Petrochemical Company and the implementation process of LDAR, this paper discusses the common problems in the implementation of LDAR technology. Suggestions on standardizing the application of LDAR technology are put forward.

Key words: Volatile Organic Compounds; Workflow; Leak detection and repair; Common problem

1 引言

VOCs 是挥发性有机化合物(Volatile Organic Compounds)的英文缩写，是具有物质挥发性、化学反应性的一类有机化合物。不同国家地区或组织对挥发性有机物的定义不同，如美国空气质量管理：除 CO、CO_2、H_2CO_3、金属碳化物或碳酸盐、碳酸铵外，任何参与大气光化学反应的碳化合物。我国定义：参与大气光化学反应的有机化合物。随着新修订《环保法》的实施和人们环保意识的提高，特别近几年来，雾霾天气频发，PM2.5 粉尘对健康的影响，与之相关的 VOCs 等污染物的管控已成为当前安全、环保工作的重点内容。实施动态管理、合规性评估和开展有针对性的隐患治理，避免了装置密封组件泄漏的可能性和因此造成的次生灾害，有利于员工和本企业周围居民的健康，降低了安全生产风险，有利于环境的改善，确保了生产装置减排目标的实现。

炼化企业是主要的 VOCs 的排放源之一，其中生产工艺过程的无组织排放约占企业总排放量的三分之一甚至比例更高。不仅造成环境污染，而且引起了原材料的加工损失，并且可能引起安全环保事故的发生。据国际石油工业环境保护协会估算，石化企业生产过程中工艺设备管线物料泄漏导致的 VOCs 排放量占全厂 VOCs 无组织排

作者简介：依明古丽逊.艾力(1975—　)，女，工程师，目前在中国石油乌鲁木齐石化公司设备检验检测中心从事设备检测及 LDAR 检测过程管控协助工作。E-mail：748710335@qq.com

放总量的40% ~50%。“泄漏检测与修复”(Leak Detection and repair, LDAR)是一种从源头上控制工艺设备与管线无组织泄漏的最佳可行技术，规范实施 LDAR 工作可显著削减工艺设备管线泄漏环节的 VOCs 无组织排放。乌石化公司已经应用 LDAR 技术 7 年多，形成了较为完善的 LDAR 技术应用体系和管理模式，通过实施 LDAR 技术带来的 VOCs 减排效益显著。

2 LDAR 技术简介

LDAR 技术是利用固定或便携式检测设备，定量检测生产装置中阀门等易产生 VOCs 泄漏的密封点，并在一定期限内采取有效措施修复泄漏点，从而对全过程物料泄漏进行控制的工作实践方法。典型的密封点类型包括泵、压缩机、搅拌器、阀门、泄压装置、开口阀或开口管线、取样连接系统、法兰、连接件等。根据现场泄漏检测工作的需要，使用的泄漏检测设备主要有红外热像气体泄漏检测仪和火焰离子化可燃性气体泄漏检测仪。前者能够在安全距离外完成气体泄漏检测工作，一方面保证了操作人员的健康和人身安全，还可以弥补常规点触检测模式对高空管廊等部位的不可达密封点检测不便的缺陷。火焰离子化可燃性气体泄漏检测仪一方面能够完成点测式气体泄漏检测，对红外热像气体泄漏检测仪扫描发现的每一个泄漏点进行简单定量分析。此外，其还能监测检测人员的周围环境可燃气体浓度分布情况，对存在异常情况能够及时预警，确保现场检测人员的人身安全。

目前，乌石化公司根据环保部 2012 年发布的《挥发性有机物(VOCs)污染防治技术政策》和《石化企业泄漏检测与修复工作指南》于 2017 年 7 月 1 日前，实施了生产装置挥发性有机物(VOCs)综合整治工作，其中，重要的一项源项为密封点的泄漏检测与修复(LDAR)。泄漏检测与修复(LDAR)已经纳入常态化检测和管理工作。

3 LDAR 技术实施流程

LDAR 技术实施是一项系统工程，涉及项目建立、常规检测、泄漏维修与复测、质量控制与保证、VOCs 排放量核算等环节，专业知识涉及工艺、设备、检测仪表、维修技术、质量管理、环境管理、软件信息技术等。LDAR 技术实施流程可分为五步：项目建立、检测、泄漏维修与复测、质量保证与控制过程、LDAR 运行管理等。分析装置涉及的原料、中间产品、最终产品和各类助剂的组分和含量，确定需要实施泄漏检测与修复装置。泄漏检测对象应包括作业流体为 VOCs 含量占比不低于 10%(重量百分比)的设备，或 OHAPs 含量占比不低于 5%(重量百分比)的设备。流体作业负压(指绝对压力低于 96.3kPa)运行或年作业时间不大于 15d 的设备、屏蔽泵、磁力泵、泄放口接入装置管网的泄压设备(安全阀)，可免于检测，但应记录并申报。

4 LDAR 工作实施过程中主要存在的问题：

4.1 项目建立过程中主要存在以下问题

4.1.1 LDAR 项目建立所需资料收集不全，尤共是老装置或工艺变更的装置较为突出。例如工艺流程图(PFD)、管道仪表图(P&ID)、物料平衡表、操作规程、装置平面布置图、设备台账等。

4.1.2 LDAR 项目受控范围筛选不当，对涉 VOCs 物料的密封点或遗漏或增多，一些反应塔及储罐顶部、悬空管线以及部分结构复杂的仪表或设备存在密封点遗漏，或者一些不是 VOCs 类的物料也纳入了受控范围。

4.1.3 不可达点密封点辨识不正确，不可达密封点过多，超过新建装置不可达密封点小于 3% 的要求。

4.1.4 密封点分类和计数方法不当，导致后期数据统计不统一，检测周期和排放量核算错误等问题。密封点扩展不规范主要表现为阀门、带夹套的温度计、膜压力表、开口管线连接阀门等组件密封点多扩展，液位计、变送器、采样箱等组件密封点少扩展。

4.1.5 装置编码、群组编码和密封点编码比较随意，无规律可循，并且编码位数不统一。

4.1.6 采用挂牌模式建档的企业存在 Tag 牌丢失或保管不善的问题。Tag 牌对密封点定位具有重要作用，Tag 牌丢失导致检测过程中寻找密封点困难，相似组件无法进行区分，增加检测难度和时间。

4.1.7 P&ID 图筛选不当或未进行现场符合性核对，密封点台账必填信息未填写或信息有错误，尤其是密封点位置信息描述缺失、不准确的问题较突出，同时相关审核与复核工作不到位。

4.2 检测过程中主要存在以下问题

4.2.1 检测前仪器准备工作存在不足，如预热时间不足 30min，未进行流量检查、过滤膜片检查与更换等。

4.2.2 做不到每天检测前进行零点和示值检查或校准，每天检测后进行漂移测试。

4.2.3 现场检测未正确获取背景值；不良天气下开展检测，未考虑检测环境条件，如风速过大，雨雪天气；仪器探头在检测界面移动过快，未达到响应时间。

4.2.4　密封点检测方法和检测位置不正确，如法兰不是沿边缘环绕检测，而是点测，或离检测位置太远，检测阀门只检测盘根位置，不检测阀盖等。

4.2.5　检测停留时间过短，检测到泄漏值后，未等待仪器归零立即检测下一个点或者没有检测到最大值就读数。

4.2.6　检测速度不符合要求、保温层检测方法不当。

4.2.7　未对化工装置响应因子做分析并应用响应因子修正检测值。

4.2.8　检测过程中，存在一些只关注检测的泄漏点数量是多少，只要一个检测报告，对检测过程的质量控制情况关注度不够。

4.3　泄漏维修与复测过程存在的问题主要包括

4.3.1　由于首次维修带压操作，只能密封面紧固处理。如需实际性修复，维修流程和时间比较长，多数维修时间不能满足有关标准要求，维修不及时。

4.3.2　不能维修的泄漏点列入延迟修复清单比较随意，有些不符合延迟修复的条件。延迟修复清单未经审核审批。

4.3.3　存在实际性修复密封点的闭环工序不明确。并属地单位不重视泄漏点维修彻底或维修方法，存在多次维修多次复测情况。

4.4　质量保证与控制过程中主要存在以下问题

4.4.1　未建立质量控制程序文件，未制定质控环节和指标、量值溯源要求等。

4.4.2　项目建立过程质量控制把关不严，如资料审核、LDAR受控范围筛选、密封点台账审核等。

4.4.3　检测过程质量控制措施不到位，如检测前准备、仪器校准、漂移测试、环境本底值检测、气象环境条件、检测方法和检测时间间隔等。

4.5　LDAR运行管理过程中主要存在以下问题

4.5.1　变更管理不到位，导致由于工艺改动及检维修等原因，密封点位置及数量发生了变化，但密封点台账未及时更新，造成常规检测时检测任务单与现场实际情况不符，或减少或增多。

4.5.2　LDAR实施人员培训深度和广度不够，培训效果不到位。

4.5.3　检测用耗材配备数量过多或不足，甚至配备不当。如滤膜或过滤器过少，高纯氢气、标准气体配备数量过多或过少，或有效期过期。

4.5.4　对实施LDAR相关记录、报告的保存与管理不到位，部分记录内容不完整，甚至缺失。

4.5.5　部分企业经常更换为检测人员，对实施LDAR的能力(包括人员、设备、技术水平)考察不足，对其实施LDAR过程的质量把关不严，密封点检测位置与密封面检测描述不符、导致现场检测人员找不到点位，无法快速准确地完成检测任务。

4.5.6　质量保证与控制过程中未建立质量控制程序文件、相关审核复核工作把关不严、检测过程质量控制措施不到位、量值溯源工作欠缺等。

5　LDAR技术实施建议如下：

(1)加强培训，检测人员持证上岗。

(2)根据装置设备进行现场核对，建议按照受控装置、受控设备及管线受控介质及状态三方面开展受控范围筛选，并注意边界条件、豁免条件，对于缺失的进行补录。

(3)应尽量多地配备滤膜或过滤器，注意标准气体的有效期，平衡气应为空气。

(4)严格按照分类方法和密封点计数方法建立台账，注意阀门、空冷丝堵、开口阀或开口管线、螺纹弯头、三通等计数方法。

(5)记录在专用记录表或记录文件中，并扣除环境本底值。有手操器自动记录检测数据功能的，要按要求导入导出数据。

6　结语

规范实施LDAR工作是实现工艺设备与管线泄漏环节VOCs减排的关键，也是避免LDAR项目流于形式的重要途径，虽然国家和各省市先后出台了关于LDAR项目的相关技术指南及制度规定，但是由于实施LDAR工作有诸多的不规范不合规的问题存在。因此，有必要通过建立完善的法律法规及操作规程和长效运行管理机制等手段，将LDAR工作流程和方法，实施过程质量控制，实施效果评估等全都融入到体系当中，使企业、检测机构，政府环保部门等利益相关方形成一个闭环，实现应用技术水平不断积累提高，充分发挥其在VOCs污染减排，资源节约，安全风险防范等方面的效益。乌石化公司在总结四年来泄漏检测与修复(LDAR)工作经验的基础上，不断优化工作流程，实行动态管理。接受集团公司和自治区监管部门的业务指导，强化责任意识，进一步做好VOC管控工作，为企业和谐、绿色、健康发展做出贡献。

参考文献

[1]《石化企业泄漏检测与修复工作指南》.

[2]苏佳琦、郝鹏飞《探讨LDAR技术在石油化工企业中的应用及常见问题分析》.

地铁车辆段优化后的杂散电流检测评价

左延田

（1. 上海市特种设备监督检验技术研究院，上海 200062
2. 上海压力管道智能检测工程技术研究中心，上海 200062）

摘 要：地铁车辆段的绝缘等级均相对较低，是地铁系统杂散电流防控的薄弱点，出入段单向导通装置是影响地铁车辆段内杂散电流分布的重要设备，某单向导通装置通过内部电气结构改造后，对车辆段附近埋地天然气管道的杂散电流进行检测，评估干扰消减效果。

关键词：地铁车辆段；杂散电流；单向导通装置；干扰消减

Evaluation of Stray Current Detection in Subway Depot after Optimization

ZUO Yantian

（Shanghai Institute of Special Equipment Inspection and Technology Research，Shanghai 200062，China；
Shanghai Engineering Research Center of Pressure Pipeline Intelligent Inspection，Shanghai 200062，China）

Abstract：The insulation level of subway vehicle depots is relatively low，which is a weak point in the prevention and control of stray currents in the subway system. The one-way conduction device in the entrance and exit sections is an important equipment that affects the distribution of stray currents in the subway yard. After the modification of the internal electrical structure，a one-way conductive device was used to detect stray currents in buried natural gas pipelines near the vehicle depot and evaluate the effectiveness of interference reduction.

Key words：Subway vehicle depot；Stray current；Unidirectional conduction device；Interference reduction

1 引言

地铁检修基地由检修区/停车区、咽喉区、正线区三个部分构成（咽喉区、检修区/停车区统称为车辆段），地铁车辆段是地铁车辆停放、检查、整备，运用和修理的管理中心所在地。其中咽喉区轨道与大地是碎石接触，绝缘性能较差，检修区内轨道与大地通过接地极直接连接，因此咽喉区和检修区可能为杂散电流泄露的严重区域。单向导通装置一般采用大功率二极管实现出入段线钢轨回流正向导通反向截止；同时为限制出入段线钢轨绝缘节两端产生过电压，设置消弧装置或是反向晶闸管，防止列车经过钢轨绝缘节时产生车轮与钢轨打火花[1-2]。

2 优化措施

根据图1，在出入场线处设置的单向导通装置，反而为杂散电流提供了顺畅的通路：正线杂散电流可以通过“停车场大地（接地极）→停车场走行轨（A）→单向导通装置（B、G）→咽喉区（C、G）→单向导通装置（D、E）→正线走行轨”的通路，因检修基地停车库区接地极接地及咽喉区铁轨对地绝缘性能差[3]，两者成为地铁杂散电流回流至正线轨道的良好路径，使得埋地管道中地铁杂散电流在检修基地附近集中流出管道，造成管道电位正向偏移，存在欠保护及腐蚀穿孔风险。

作者简介：左延田（1980— ），高级工程师，主要从事特种设备的检验检测与研究工作。E-mail：zuoyt@ ssei. cn

项目资助：国家市场监管总局科研项目：管道弱磁应力内检测信号特征及风险评价研究，项目编号：2023MK032。上海市市场监督管理局科研项目：管道弱磁应力内检测信号特征及风险评价研究，项目编号：2024-39。

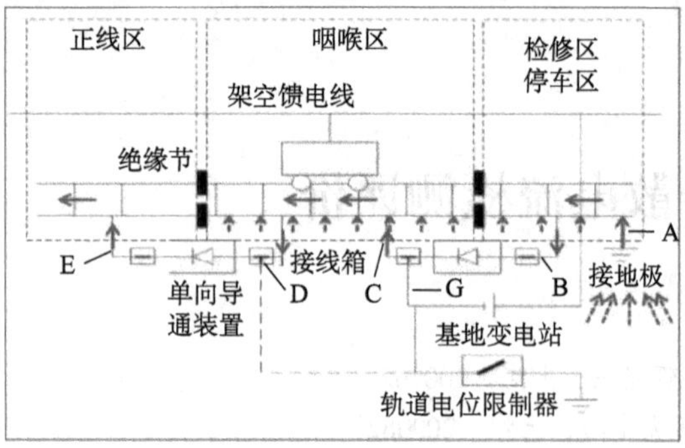

图 1　地铁检修基地示意图

将车辆段与正线在电气回路上做了明显的物理隔断，采用接触器来代替二极管[4]。接接触器支路平时处于断开状态，光电位置传感器负责检测列车位置，如图 2 所示。当检测到列车第进入时，绝缘节两侧接触器进行完全导通，以防止列车经过出入段线钢轨绝缘节时产生拉弧火花，当检测到列车最后离开时，接触器断开，绝缘节两侧恢复完全断开状态，这样可以有效减少正线杂散电流通过进入车辆段[5]。

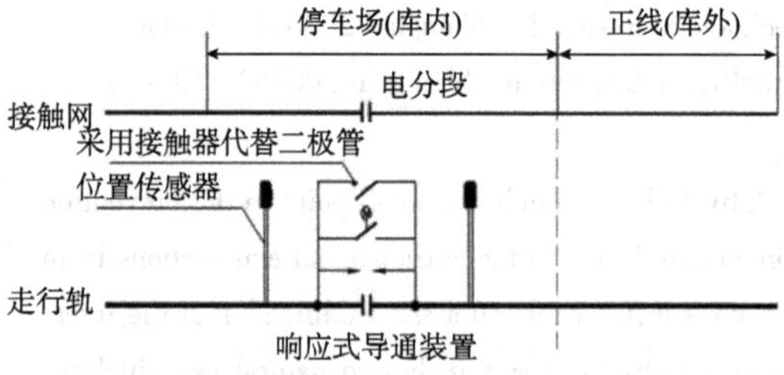

图 2　用接触器来代替二极管支路示意图

3　工程实践应用

3.1　工程概况

本次地铁试验点为某地铁车辆段，该车辆段附近现有高压天然气管道，设计压力 6.0MPa，材质 X60/L415，管径 *DN*800，壁厚 15.9mm，3PE 防腐层，管道采用外加电流阴极保护，由 A 阴极保护站和 B 阴极保护站共同保护，两座阴极保护站距离该车辆段均约 8km，高压管道和车辆段的位置关系如图 3 所示。该地铁车辆段与正线之间绝缘节两侧单向导通二极管设计已经改造为智能红外线导通二极管后，本工程旨在验证车辆段附近埋地金属管道的杂散电流干扰消减效果。

图 3　高压管道与车辆段的位置关系

3.2　测试时间

地铁检测时间：5 月 11 日 12:00～15:00、5 月 13 日 12:30～15:30。

管道监测时间：5 月 10 日 12:00～5 月 11 日 15:00、5 月 12 日 12:00～5 月 13 日 15:30。

5 月 11 日，富锦路车辆段内部为供电模式，5 月 13 日车辆段内部为断电模式。

3.3　测试范围

由于本次管道电参数监测工作分两次进行，分别监测地铁车辆段停电和不停电两种运行状态下管道杂散电流干扰情况，根据现场 5 月 11 日测试数据适当调整 5 月 13 日测试范围。5 月 11 日测试管道约 8km，5 月 13 日测试管道约 4km，具体测试桩编号、管道里程及与车辆段的位置关系见表 1。

表 1　管道电位测试桩明细表

5 月 11 日管道电位监测测试桩

桩号	CSZ15	CSZ16	CSZ17	CSZ22	CSZ24	CSZ27	CSZ29	CSZ30	CSZ33	CSZ35
里程/km	5.19	5.66	6.73	8.64	9.07	9.83	10.36	10.72	11.91	13.43

5 月 13 日管道电位监测测试桩

桩号	CSZ18	CSZ19	CSZ20	CSZ21	阀室	CSZ22	CSZ23	CSZ24	CSZ27	CSZ29	CSZ30
里程/km	6.77	6.99	7.55	7.77	7.9	8.64	8.69	9.07	9.83	10.36	10.72

3.4　管道电参数测试方法

由于 uDL2 设备数量限制，对于部分测试桩采取未安装极化试片的管道通电电位测试，采用数据记录仪 uDL1 + 参比电极进行测试，将数据记录仪与管道及硫酸铜参比电极相连接，调整到合适的量程，设置频率为 1s 一组数据，监测时间不小于 24h，记录完成之后，通过专用软件，导出通电电位、监测时间数据，可绘制 24h 通电电位 - 时间曲线。

对于埋设极化试片的测试桩可同步测试管道通电电位和试片极化电位，试片面积为 6.5cm^2，采用数据记录仪 uDL2 + 极化试片 + 参比电极进行测试，将数据记录仪与管道、极化试片及硫酸铜参比电极相连接，调整到合适的量程，设置频率为9s通、1s断的周期模式采集数据，监测时间不小于24h，记录完成之后，通过专用软件，导出通电电位、极化电位和监测时间数据，可绘制24h通电电位－时间、极化电位－时间曲线。

3.5 电参数监测结果

3.5.1 正常工况和试验工况管道杂散电流干扰变化分析

从图4和图5管道通电电位波动图所示，11日，地铁车辆段和正线完全绝缘，即单向导通二极管断开工况下(以下简称“试验工况”)的时间段约为13:14～13:51；13日，试验工况的时间段约为13:09～13:40，从图4和图5能得到几个结论：第一，地铁车辆段是否停电，管道受杂散电流干扰程度无明显变化，说明地铁车辆段内部供电对附近管道杂散电流干扰无明显相关性；第二，当富锦路车辆段与正线完全绝缘时，附近管道通电电位正向波动明显减少，同时，离车辆段停车库越近的管道，干扰消减越明显，且从图6和图7可知，试验工况和正常工况对比，管道正向电位最大值从5V降低至不到1V，从图8和图9可知，试验工况和正常工况对比，管道通电电位正于0V的比例从10%左右明显降低至2%，两者分析都说明试验工况下，管道受地铁杂散电流干扰明显降低；第三，尽管试验工况下，地铁车辆段附近管道干扰明显降低，但正常工况下，管道仍然受到一定程度的地铁杂散电流干扰，该部分杂散电流仍然可能是地铁运行电流通过铁轨泄漏至大地所致，对附近管道造成的电干扰，本次测试地铁运行正常正向干扰电位在0V左右。

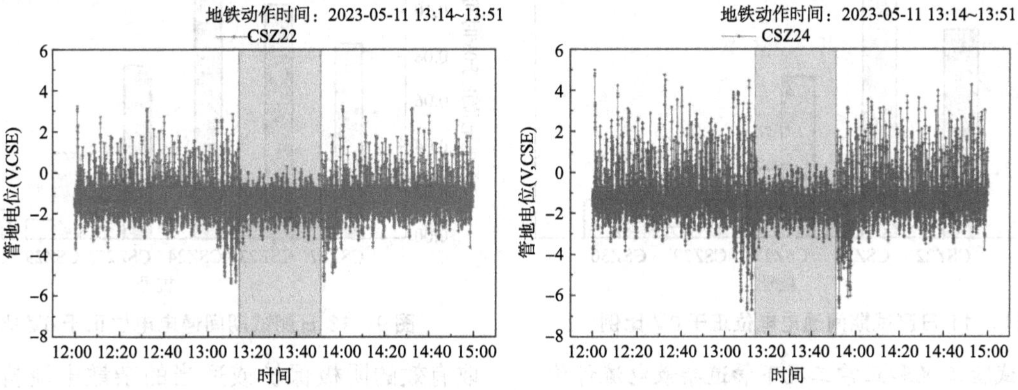

图4 11日12:00～15:00管道通电电位波动图

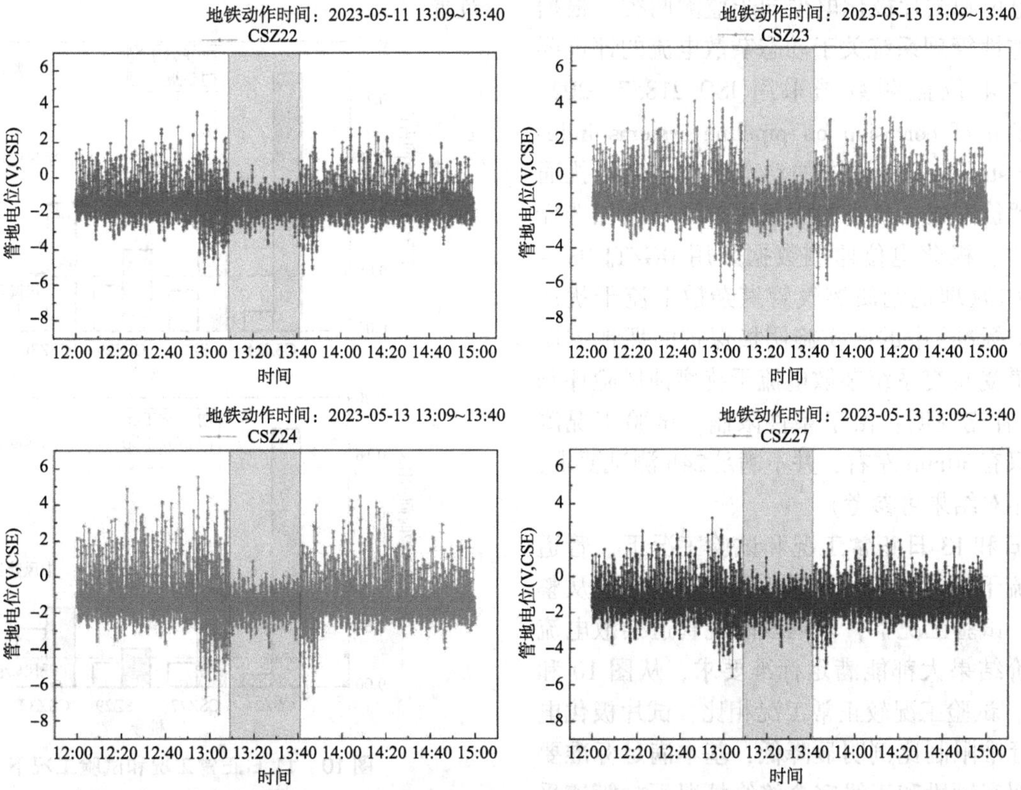

图5 13日12:00～15:30管道通电电位波动图

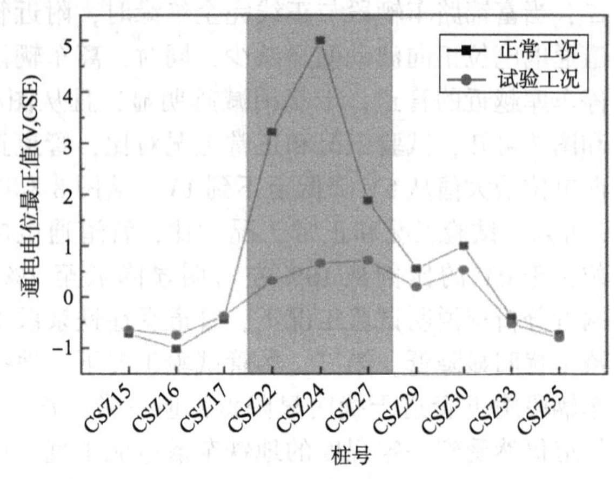

图6　11日测试期间通电电位最大值

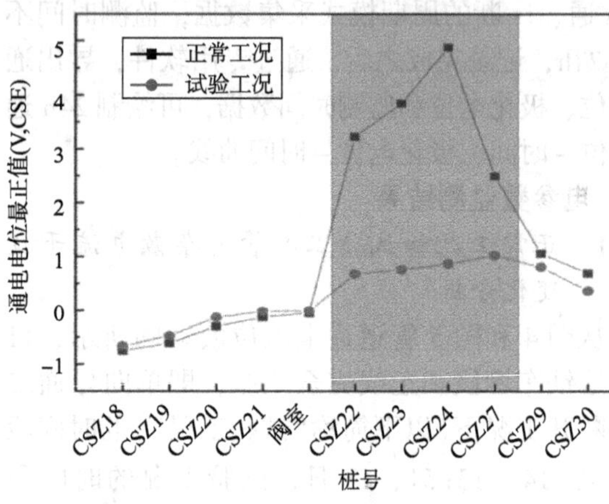

图7　13日测试期间通电电位最大值

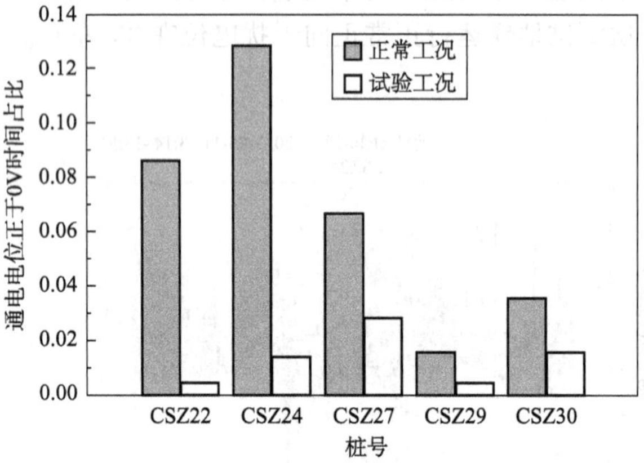

图8　11日测试期间通电电位正于0V比例

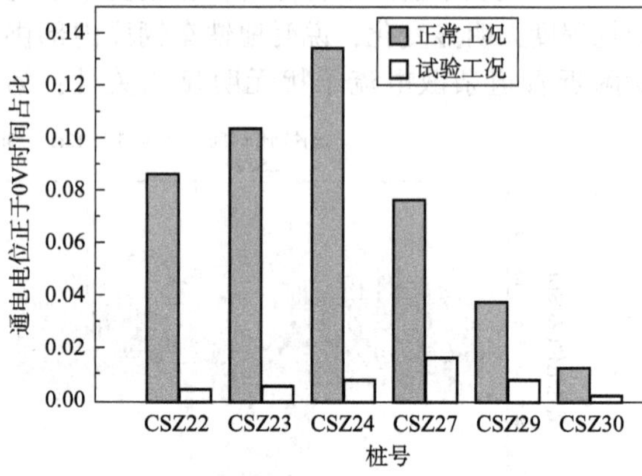

图9　13日测试期间通电电位正于0V比例

3.5.2　试验工况和正常工况下管道杂散电流评价

管道电参数测量分为管道通电电位监测、管道通电电位和试片极化电位同步监测两类，根据管道完整性管理系统关于动态杂散电流的评价要求，通电电位监测数据采用ISO 21857—2021《Prevention of corrosion on pipeline systems influenced by stray currents》中的动态杂散电流干扰通电电位评价方法，合格的阴极保护通电电位选择为−1.1V，极化电位监测数据采用DG/TJ 08－2302—2019《埋地钢质燃气管道杂散电流干扰评定与防护标准》中的已实施阴极保护的埋地钢质燃气管道受轨交系统杂散电流干扰腐蚀风险评判指标。(补充说明：由于条件限制，试验工况测试数据只有30min左右，并不满足24h测试要求，但数据相对结果可参考)

11日和13日正常工况和试验工况下，管道杂散电流干扰通电电位和试片极化电位评价从整体上看，试验工况下，车辆段附近管道杂散电流干扰评价结果大都能满足标准要求，从图10和11分析，试验工况较正常工况相比，试片极化电位超过标准限制比例明显降低，基本满足标准要求。说明车辆段和正线完全绝缘情况下，管道采取有效的阴极保护或适当的杂散电流排流手段，能将管道地铁杂散电流干扰水平控制在允许范围。

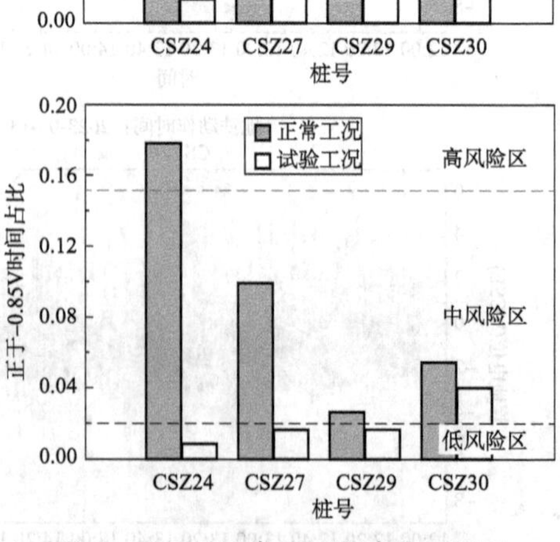

图10　11日正常工况和试验工况下试片极化电位评价结果图

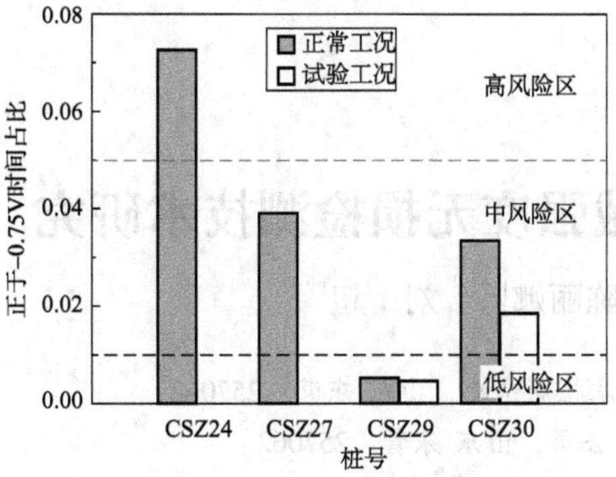

图 10　11 日正常工况和试验工况下试片极化电位评价结果图(续)

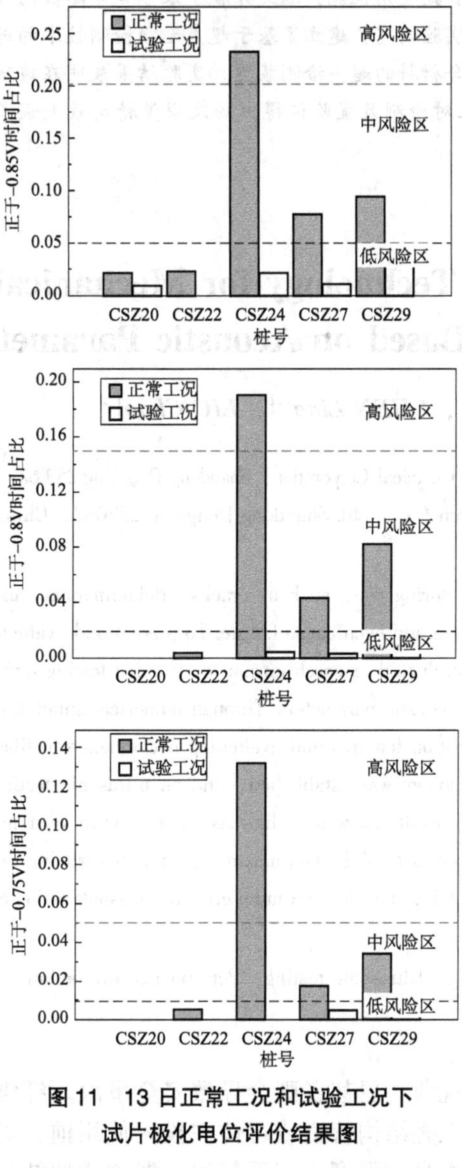

图 11　13 日正常工况和试验工况下试片极化电位评价结果图

4　结束语

主要介绍了单向导通装置影响地铁车辆段内杂散电流的原理，并且验证地铁车辆段与正线之间绝缘节两侧单向导通二极管设计改造为智能红外线导通二极管后，车辆段附近埋地金属管道的杂散电流干扰消减效果。

相关实验数据表明：

(1)地铁车辆段内部供电对附近管道杂散电流干扰无明显相关性。

(2)富锦路车辆段与正线完全绝缘时，附近管道通电电位正向波动明显减少，同时，离车辆段停车库越近的管道，干扰消减越明显.

(3)尽管试验工况下，地铁车辆段附近管道干扰明显降低，但正常工况下，管道仍然受到一定程度的地铁杂散电流干扰。

参考文献

[1]宋大治．地铁场段基地杂散电流泄漏监测与治理[J]. 城市轨道交通研究，2020，23(7)：74－78.

[2]靳凯．地铁停车场杂散电流防护设计的几个关键问题[J]．城市轨道交通研究，2021，24(6)：180－182，187.

[3]吴广春，李德明，张梦梦．埋地管道地铁杂散电流干扰源头控制法[J]．腐蚀与防护，2022，43(6)：13－19.

[4]颜达峰．地铁杂散电流对燃气埋地钢质管道的干扰及防护措施[J]. 上海煤气，2023(3)：4－7.

[5]胡勇，杨龙，张丽，等．地铁单向导通装置运行实测与分析[J]. 电气化铁道，2021，32(1)：55－58.

基于声学参数的纤维复合材料机械强度无损检测技术研究

韩 庆[1,2] 杨 勇[1,2] 李长治[1,2] 陈丽娜[1,2] 刘 超[1,2]

[1. 中国石油化工股份有限公司胜利油田分公司技术检测中心，山东 东营 257062；
2. 中石化(山东)胜利油田检测评价研究有限公司，山东 东营 257062]

摘 要：纤维复合材料在使用过程中可能会出现各种缺陷，如裂纹、分层、脱粘等。这些缺陷会导致材料的性能下降，甚至引发失效。为预测和评估纤维复合材料的长期使用性能，本文开展了基于声学参数的纤维复合材料机械强度无损检测技术研究，通过数值模拟和超声实验研究，建立了基于超声无损检测技术的纤维复合材料检测信息特征提取和性能评价方法，开发了纤维复合材料的超声检测装置。实验结果表明在玻璃纤维复合管刚度矩阵测量精度验证最大误差 1.15%，在钢管上对检测装置验证得出杨氏模量精度最大误差 9.3%，泊松比精度最大误差 -8.27%。

关键词：纤维复合材料；无损检测；超声检测；性能评价

Research on Non destructive Testing Technology for Mechanical Strength of Fiber Composite Materials Based on Acoustic Parameters

HAN Qing[1,2], *YANG Yong*[1,2], *LI Changzhi*[1,2], *CHEN Lina*[1,2], *LIU Chao*[1,2]

[1. Technical Testing Center of Shengli Oilfield Branch of China Petroleum and Chemical Corporation, Shandong Dongying 257062, China;
2. Sinopec (Shandong) Shengli Oilfield Testing and Evaluation Research Co., Ltd. Shandong Dongying 257062, China]

Abstract: Fiber composite materials may have various defects during use, such as cracks, delamination, and debonding. These defects can lead to a decrease in material performance and even cause failure. To predict and evaluate the long-term performance of fiber composite materials, this paper conducted research on non-destructive testing technology for mechanical strength of fiber composite materials based on acoustic parameters. Through numerical simulation and ultrasonic experimental research, a method for extracting information features and evaluating performance of fiber composite materials based on ultrasonic non-destructive testing technology was established, and an ultrasonic testing device for fiber composite materials was developed. The experimental results show that the maximum error in verifying the stiffness matrix measurement accuracy of fiberglass composite pipes is 1.14%. The maximum error in verifying the Young's modulus accuracy of the detection device on steel pipes is 9.3%, and the maximum error in Poisson's ratio accuracy is -8.27%.

Key words: Fiber composite materials; Non destructive testing; Ultrasonic testing; Performance evaluation

1 引言

纤维复合多层堆叠结构材料具有重量轻、强度高和耐腐蚀等特性，在石油石化行业领域中得到广泛应用。然而，由薄层堆叠粘接加工而成的多层纤维复合材料在使用过程中往往出现脱粘、分层现象，更甚者则会导致安全事故。纤维复合多层堆叠结构管道或罐体在投入使用前，需要对结构本身的强度、有无气泡、裂纹或粘结是否合格等项目进行评价。此外，随着时间推移还需要对服役期多层复合纤维材料的老化情况以及安全

作者简介：韩庆，男，(1972—)，2000 年 7 月毕业于中国石油大学(华东)，学士学位，中国石化胜利油田分公司技术检测中心安全检验检测首席专家，高级工程师，主要从事油气储运设备设施风险诊断与评价方面技术研究。E-mail:slyttjs@126.com

使用的寿命进行评价。目前针对板状碳纤维复合材料的无损检测研究较多，但对碳纤维复合材质管道或罐体寿命评价方法的研究和有效的工程检测设备研制相对较少。

工业中常用到的无损检测方法主要基于声学、电磁等物理手段，如超声、涡流[1-2]、漏磁检测法[3]等。基于声学的超声导波检测方法由于其卓越的性能在管状复合材料无损检测中展现出巨大的应用潜力，已有研究证实了周向导波应用在圆柱管道结构健康监测中的可靠性。20 世纪末，Gauthier[4] 用 EMAT 在管道中激励了多种模式的 CSH 波，利用脉冲回波法对管道表面的微裂纹进行了缺陷定位检测。Valle[5] 等研究了周向导波在含有裂纹的中空各向同性圆柱管中的传播问题，并基于改进的 Auld 公式计算缺陷长度，对散射信号做 DSP 处理来定位缺陷。Clough[6] 等则利用 EMAT 激励 CSH 导波，利用导波对整个管道扫查，对缺陷实现了定量检测和周向、轴向定位。贾九红[7] 等则研究了 CSH0 模式导波的反射与透射系数和轴向缺陷长度与深度之间的定量关系。

由于管状复合材料中的导波传播特性较为复杂，所以相应的数值建模和理论分析近年持续受到关注。其中，Gazis[8] 首次建立了无限长空心圆管中周向导波的特征方程并利用贝塞尔函数求解。Viktorov[9] 建立了各向同性曲面中导波问题的基本数学模型，引入了角波数概念，同时得到了凸面和凹面中的控制方程的解。VanVelsor[10] 使用半解析有限元方法(Semi-analytical Finite Element，SAFE)获得了各向同性弹性和黏弹介质管道中周向导波的频散特性，并将 SAFE 得到的结果与解析法得到的结果进行了比较，结果显示两者具有较好的一致性。Matuszyk[11] 将 SAFE 方法与完美匹配层(PML)技术组合，解决了多层各向管道嵌入无限大介质时周向导波的传播问题。Hakoda[12] 使用 COMSOL 有限元软件中的偏微分方程(PDE)弱形式模块，实现了 SAFE 快速求解。

综上所述，国内外检测技术领域对管状纤维复合材料特性与安全使用寿命对应规律研究较少，相应的测试检测设备仍处于实验室研究阶段，且国内没有相关检测装置应用于现场的报道。为此，本文以典型管道和储罐的碳纤维复合多层堆叠结构材料为对象开展超声无损检测技术研究，并研制出了超声检测装置，形成了管状纤维复合材料物理声学关键参数获取方法及纤维复合材料机械性能退化性能评价方法。

2 纤维复合材料物理关键特性提取和性能评价

2.1 提取复合材料声速

时间慢度相干法(STC，Slowness Time Coherence)对于阵列信号的处理，利用阵列波形相似特性计算模式波慢度。具体实现步骤如下：

对阵列波形 $x_n(t)$，$n=1, 2, 3, \cdots N$(N 为接收器的道数)给定一个具有斜率 S 和起始时间 T 两个参数的时间窗函数 T_W，将窗内的阵列波形曲线进行相干叠加计算，获取对应相关系数 $\rho(S, T)$，并重复的更改起始时间位置 T 和斜率 S，从而构建相关系数的二维函数：

$$\rho(S,T) = \frac{\int_{T}^{T+T_W} \left| \sum_{m=1}^{N} x_m(t + S(m-1)d) \right|^2 dt}{N \int_{T}^{T+T_W} \left| \sum_{m=1}^{N} x_m(t + S(m-1)d) \right|^2 dt} \tag{1}$$

式中 $x_m(t)$——第 m 个接收器接受到的波形曲线值；

d——相邻接收器之间的间距；

T_W——处理时间窗的宽度。

为了获取不同模式波的慢度和到时信息，需要在二维相关函数 $\rho(S, T)$ 中搜索使相关函数取值最大的 S 和 T 值。但是在二维平面上搜索相关系数的最大值耗时费力，导致算法计算时间太长。故在实际计算过程中，将二维相关函数投影到慢度轴上，在一维慢度轴上搜索最大慢度，然后再回到二维平面获取对应的到时信息，以提高计算处理的效率。图 1 为该阵列波形的 STC 慢度分布结果。

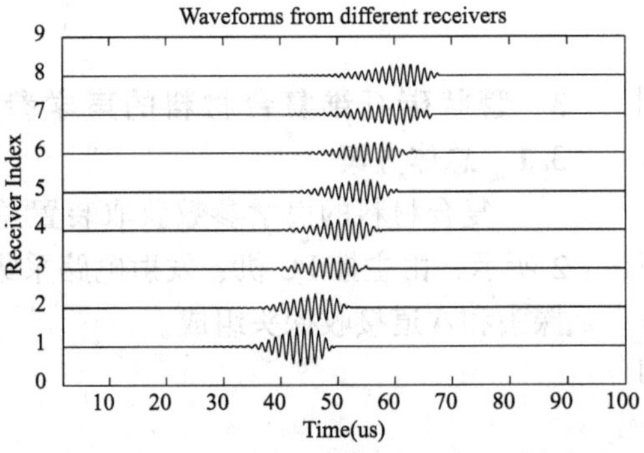

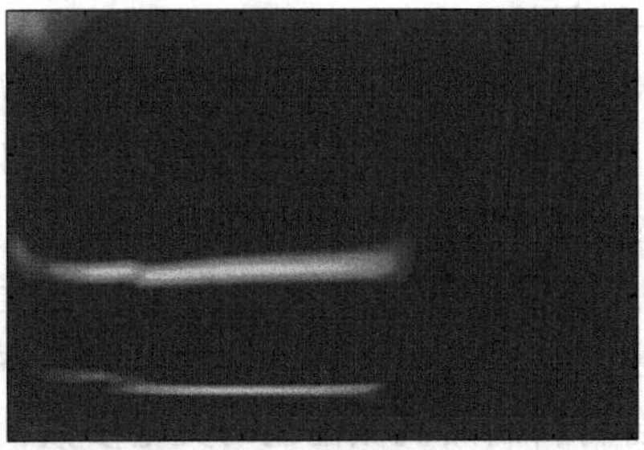

图 1 STC 算法叠加计算提取声速图

2.2 提取刚度矩阵

幅度和相位估计(APES，Amplitude Phase Estimation)是谱估计理论中的一种非参数谱估计方法，信号拆分的原理与矩阵束(FBMP)一样，可以将时间序列分为复系数指数信号的叠加，然后通过自适应估计信号中噪声的协方差矩阵，以此来构建最合适的滤波器。保证特定成分的正弦信号无损通过滤波器，同时压制噪声和其他正弦分量，对最终输出的信号幅度谱进行估计，实现过程如下：

将信号序列 $x(n)$ 分解为 p 个不衰减的复正弦信号，同时引入加性噪声如公式所示：

$$x(n) = \sum_{k}^{p} a_k e^{-iws_k d(n-1)} + v(n), n = 1,2,\cdots m \tag{2}$$

其中 d 为接收器间距，a_k 是信号的复振幅，包含了正弦信号的振幅和初始相位，s_k 为传播慢度，$v(n)$ 为加性噪声，m 为接收器的道数为固定值。在分解信号的基础上设计了一个长度为 L(默认为 m/2)的有限脉冲响应的 FIR 滤波器，依次抑制除目标分量 s_k，$k=1$，2，$\cdots p$ 以外的其他分量和噪声，则信号向量 $x(n)$ 通过滤波器向量 WH 之后的输出 $y(n)$ 为公式(3)所示：

$$\begin{cases} y(n) = W^H x(n) \\ W^H = [W_0 W_1 W_{L-1}]^T \\ x(n) = [x(n)x(n+1)x(n+L-1)]^T \end{cases} \tag{3}$$

滤波器的目标是尽量使得传播速度为 s_k 的信号无失真地通过，尽可能地抑制其它慢度分量和噪声 $v(n)$，因此利用拉格朗日乘子法得到振幅估计：

$$\hat{a}(S) = \frac{a^H(s)\hat{Q}^{-1}g(s)}{a^H(s)\hat{Q}^{-1}a(s)} \tag{4}$$

最后重复在不同频率下的慢度扫描过程，根据 s_k，$k=1$，2，$\cdots p$ 的不同，估计慢度 $\widehat{\alpha}(s)$ 在其他慢度处的值接近为 0，从而得到频率和传播慢度的二维幅度变化剖面结果，最后根据幅值变化曲线。寻找峰值处的慢度就为该频率下对应的频散极点的倒数，从而获取完整的阵列波形模式波速度成像。

2.3 求解纤维复合材料性能参数

假设波在传播方向上以简谐波的形式运动，通常，由简谐应力波所引起的波导结构中各质点三个方向的位移、应力和应变场分量可采用表达：

$$\mu = [\mu_x \mu_y \mu_z]^T \tag{5}$$

$$\sigma = [\sigma_x \sigma_y \sigma_z \sigma_{yz} \sigma_{xz} \sigma_{xy}]^T \tag{6}$$

$$\varepsilon = [\varepsilon_x \ \varepsilon_y \varepsilon_z \varepsilon_{yz} \varepsilon_{xz} \varepsilon_{xy}]^T \tag{7}$$

已知材料的应力应变本构关系为 $\sigma = D\varepsilon$。对于含阻尼的波导材料，矩阵 D 为复数矩阵，以描述材料的阻尼特征。当不讨论阻尼时，材料刚度矩阵 D 为：

$$D = \frac{E}{(1+v)(1-2v)} \begin{bmatrix} 1-v & v & v & 0 & 0 & 0 \\ v & 1-v & v & 0 & 0 & 0 \\ v & v & 1-v & 0 & 0 & 0 \\ 0 & 0 & 0 & \frac{1-2v}{2} & 0 & 0 \\ 0 & 0 & 0 & 0 & \frac{1-2v}{2} & 0 \\ 0 & 0 & 0 & 0 & 0 & \frac{1-2v}{2} \end{bmatrix} \tag{8}$$

式中　E——弹性模量；

v——泊松比。

已知材料的应力应变 σ-ε 关系是通过材料刚度矩阵 D 来定义的。而对于不含阻尼的材料来说，其材料刚度矩阵 D 中的元素都为实数。

由计算所得层状复合材料中声速、刚度矩阵，利用最小二乘法迭代计算，可求得用于评价纤维增强复合材料制品机械性能的关键参数，即弹性模量和泊松比。

3 管状碳纤维复合材料的声学参数获取装置

3.1 总体方案

复合材料的声学参数获取装置总体方案如图 2 所示，由主控 PC 机、发射电路采集电路、发射探头和八道接收探头组成。

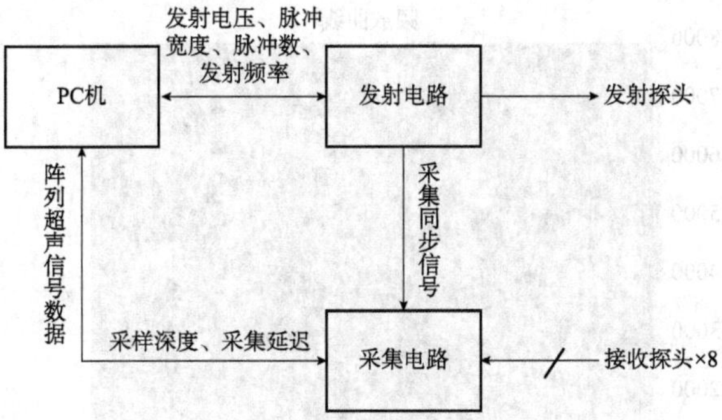

图2 系统总体框图

3.2 探头选型和声系设计

在数值模拟和实验室内玻璃纤维复合管超声实验的基础上，确定了100～300kHz超声测试频率范围，设计了9种规格的压电陶瓷片，然后对压电换能器进行导纳曲线测量，优选出频带特性满足需求的发射接收换能器。

优选出频带特性满足需求的发射接收换能器后，本文设计了适合贴合不同管径测量的铰链声系结构，由一个发射探头和八个接收探头组成，两端设计有锁紧结构可方便将声系周向抱锁到被测管道上，结构设计和实物照片如图3所示。

图3 铰链声系结构

3.3 发射和接收电路

本文设计了微型升压电源模块，它内部包含了Boost结构的升压电路及与之匹配的元器件，并且增加了额外的短路保护电路、防反接电路等，基本指标如表1所示。

表1 微型集成电源模块参数表

参数	指标
体积	25.4mm×25.4mm×10.0mm
封装形式	DIP封装
转换效率	78%
额定功率	4W
隔离电压	15200VDC
工作温度	-40～+85℃

电源模块输入电压标称值为DC12V，可扩展范围为10～18V，稳定输出为：±50VDC。通过该模块，可以将一路12V电压转为两路高压电源输出，这为系统电路设计提供了便利，也比独立设计的升压电路更节约空间，电路如图4所示。发射脉冲幅度峰值Vpp在0～200V可调，发射脉冲周期在10～500kHz可调，接收参数采用6通道、14bits和10MSPS。

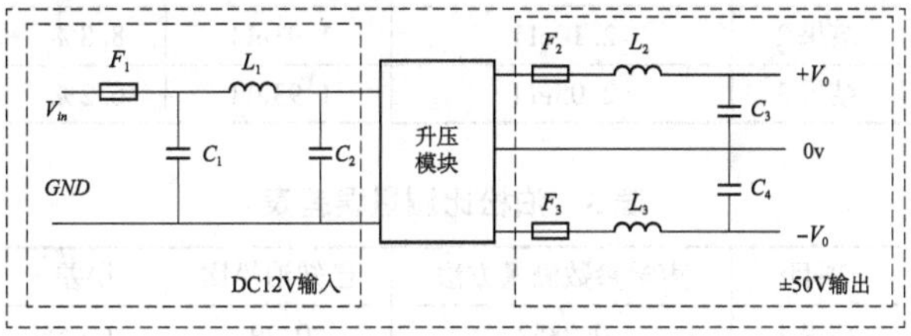

图4 集成电源模块应用电路图

4 实验和数据分析

4.1 316不锈钢管实验和数据分析

为验证测试精度指标是否满足要求，本文在外径240mm、内径200mm三分之一开口的316钢管上进行了三个不同位置的测试。图5、图6分别为波形图和STC/频散曲线图。表2和表3分别为杨氏模量测量误差表和泊松比测量误差表，计算结果杨氏模量分别为2.11e11、2.10e11和2.05e11，与参考杨氏模量1.93e11值相比，误差分别为9.3%、8.8%和6.2%；计算结果泊松比分别为0.2852、0.2871和0.2660，与参考泊松比0.29值相比，误差分别为-1.65%、-0.99%和-8.27%，测试精度指标满足弹性模量和泊松比实验室误差。

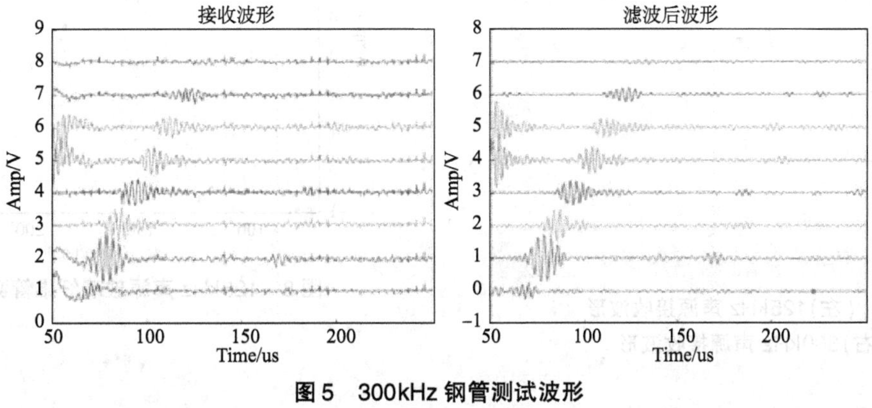

图5 300kHz钢管测试波形

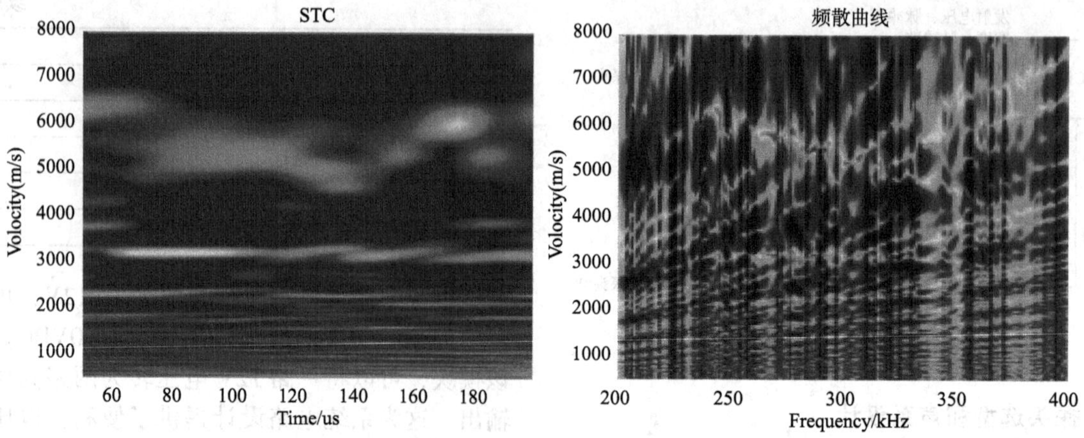

图6　300kHz 声源钢管 STC 和频散曲线

表2　杨氏模量测量误差表

项目	声学参数测量方法	已知杨氏模量	误差
结果1	2.11e11	1.93e11	9.3%
结果2	2.10e11	1.93e11	8.8%
结果3	2.05e11	1.93e11	6.2%

表3　泊松比测量误差表

项目	声学参数测量方法	已知泊松比	误差
结果1	0.2852	0.29	-1.65%
结果2	0.2871	0.29	-0.99%
结果3	0.2660	0.29	-8.27%

4.2　玻璃纤维管特性测试－单发单收

本文通过单发单收，手动控制源距和间距的方式，对玻璃纤维复合管声波特性先进行初步实验，确定合适的测试频率。实验记录了源距4cm、间距1cm，声源频率125kHz和300kHz的测试波形，如图7所示，可以看出300kHz波形幅度衰减系数相对125kHz大。

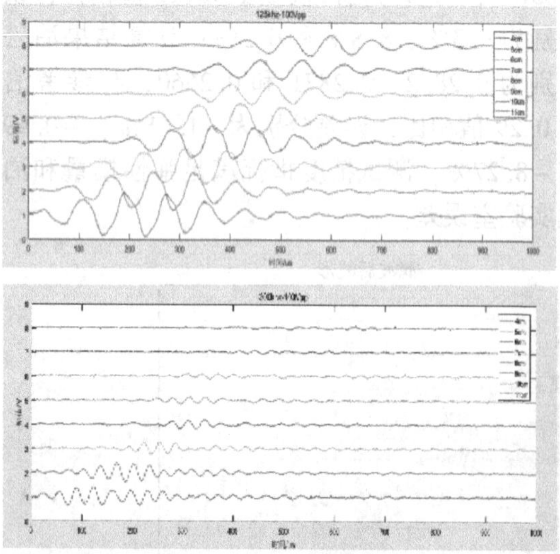

图7　(左)125kHz 声源接收波形
(右)300kHz 声源接收波形

4.3　玻璃钢管实验和数据分析

本文对高度30cm，外径200mm玻璃钢复合材料管开展性能参数测试。图8、图9分别为波形图和STC/频散曲线图，计算结果表明玻璃纤维管的各向异性特征明显。实验经过玻璃纤维管刚度矩阵重复测量精度对比，如图10所示，三次刚度矩阵结构的最大相对误差为1.15%，满足系统指标要求。

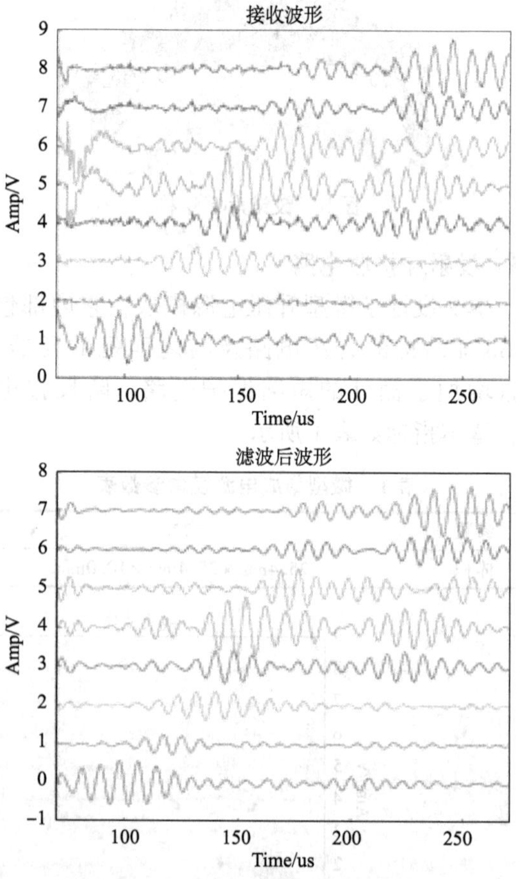

图8　125kHz 声源玻璃纤维管测试波形

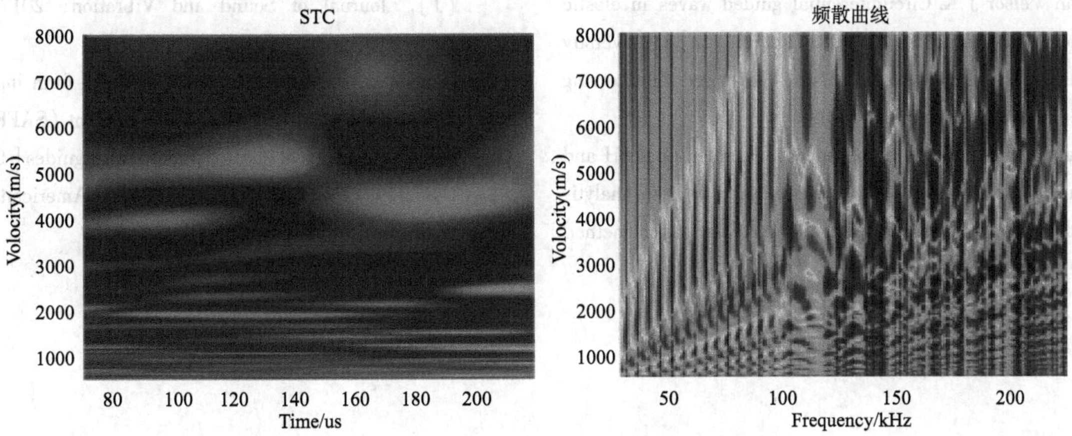

图 9　125kHz 声源玻璃纤维管 STC 和频散曲线

100*(Stf1 -Stf3)/Stf3 =

0.5735	-0.5629	-0.5629	0	0	0
-0.5629	0.5735	-0.5629	0	0	0
-0.5629	-0.5629	0.5735	0	0	0
0	0	0	1.1402	0	0
0	0	0	0	1.1402	0
0	0	0	0	0	1.1402

100*(Stf2 -Stf3)/Stf3 =

0.9417	-0.2011	-0.2011	0	0	0
-0.2011	0.9417	-0.2011	0	0	0
-0.2011	-0.2011	0.9417	0	0	0
0	0	0	1.1402	0	0
0	0	0	0	1.1402	0
0	0	0	0	0	1.1402

图 10　125kHz 刚度矩阵测量重复精度对比相对误差

5　结论

本文开展了基于声学参数的纤维复合材料机械强度无损检测技术研究，根据时间慢度相干法提取得到复合材料声波速度，利用非参数谱估计方法得到刚度矩阵，在利用最小二乘法迭代计算求得用于评价纤维复合材料制品机械性能关键参数；设计了管状纤维复合材料的声学参数获取装置；为验证方法可行性，在 316 钢管开展实验测试，实验数据结果显示与参考杨氏模量误差分别为 9.3%、8.8% 和 6.2%，与参考泊松比误差分别为 -1.65%、-0.99% 和 -8.27%，测试精度指标满足实验室误差；通过单发单收方式对玻璃纤维复合管声波特性开展实验，确定了 125kH 测试声源频率；最后对玻璃钢复合材料管开展实验测试，实验结果显示三次刚度矩阵结构的重复性误差最大为 1.15%。本文通过对纤维复合材料无损检测技术研究，实现在役设备的损伤检测、状态评价及剩余寿命预测，提升纤维复合材料使用的可靠性，有助于推动纤维复合材料在石油行业的推广应用。

参考文献

[1] 刘博文. 金属构件自然缺陷涡流无损检测特征信号计算方法研究[D]. 成都：电子科技大学机械与电气工程学院，2020.

[2] 单勇革，李永春. 空速管的 X 射线检测法[J]. 无损检测，2015，37(08)：61－63.

[3] 张振龙. 储气井漏磁检测技术研究[D]. 大庆：东北石油大学土木建筑工程学院，2019.

[4] Gauthier J，Mustafa V，Chabbaz A，et al. EMAT generation of horizontally polarized guided shear waves for ultrasonic pipe inspection[C]. Proceedings of the International Pipeline Conference. Alberta：The American Society of Mechanical Engineers，1998：327－334.

[5] Valle C，Niethammer M，Qu J，et al. Crack characterization using guided circumferential waves[J]. The Journal of the Acoustical Society of America，2001，110(3)：1282－1290.

[6] Clough M，Fleming M，Dixon S. Circumferential guided wave EMAT system for pipeline screening using shear horizontal ultrasound[J]. NDT & E International，2017(86)：20－27.

[7] 贾九红，刘天阳，刘学成，等. 基于周向 SH0 导波的管道轴向缺陷定量表征[J]. 应用声学，2020，39(04)：581－588.

[8] Gazis D C. Three-dimensional investigation of the propagation of waves in hollow circular cylinders. I. Analytical foundation[J]. The Journal of the Acoustical Society of America，1959，31(5)：568－573.

[9] Viktorov I A. Rayleigh type waves on a cylindrical surface[J]. Acoustics，1958，4(2)：131－136.

[10] Van Velsor J K. Circumferential guided waves in elastic and viscoelastic multilayered annuli [D]. University Park: The Pennsylvania State University Engineering Science and Mechanics, 2009.

[11] Matuszyk P J. Modeling of guided circumferential SH and Lamb-type waves in open waveguides with semi-analytical finite element and perfectly matched layer method [J]. Journal of Sound and Vibration, 2017, 386: 295 - 310.

[12] Hakoda C, Lissenden C, Rose J. Weak form implementation of the semi-analytical finite element (SAFE) method for a variety of elastodynamic waveguides [C]. AIP Conference Proceedings. College Park: American Institute of Physics, 2018: 230001.

基于光纤光栅方向特性的声发射信号时间反转定位方法

焦敬品[1] 于 楠[1] 金奕光[2] 吴 斌 何存富

（1. 北京工业大学，北京 100124；2. 北京航天测控技术有限公司，北京 100041）

摘 要：针对金属板结构安全运行需要，开展基于光纤光栅传感器的板结构声发射信号检测方法研究。该方法利用了时间反转原理和光纤光栅的方向特性，仅使用两个传感器进行板结构中声发射源定位。采用时间反转方法代替常用的时延估计方法计算得到时间反转波场，将聚拢时刻的幅值空间分布和利用光纤光栅方向特性得到的声源空间分布加权处理，进行平面内声发射源定位实验。实验结果表明，定位点的误差均在30mm以内，所提出的定位方法可以实现良好可靠的定位。

关键词：金属板；光纤光栅；方向特性；声发射定位

Acoustic emission source localization in plates using FBGs sensors

JIAO Jingpin[1], *YU Nan*[1], *JIN Yiguang*[2], *WU Bin*, *He Cunfu*

(1. Beijing University of Technology, Beijing 100124, China;
2. Beijing Aerospace Measurement and Control Technology Co., LTD, Beijing 100041, China)

Abstract: A study on the method of detecting acoustic emission signals from plate structures using FBG sensors was conducted with the goal of meeting the requirements for the safe operation of metal plate structures. Using only two sensors, the method located the source of the acoustic emission in the plate by taking advantage of the directional characteristics of FBG and the time reversal principle. The experiments of locating the acoustic emission source in the plane were carried out by weighting the spatial distribution of amplitude at the time of clustering and the spatial distribution of the acoustic source based on the directional characteristics obtained by using the directional characteristics of FBG. The time-reversal method was used instead of the commonly used time-delay estimation method to calculate the time-reversed wavefield. The experimental findings demonstrate that the suggested localization method may produce accurate and dependable localization, with the localization point errors falling within a 30mm range.

Key words: Metal plate; Fiber grating; Sensing characteristics; Sound source localization

1 引言

随着经济社会的飞速发展，危险化学品运输的数量和频率都在显著增长[1-3]，危险化学品的生产、储存、运输、废弃处置等环节传统风险处于高位。金属板作为一种常见的金属结构，被广泛应用于压力管道、压力容器、常压储罐等危化品储运设备设施中。

金属板在外力作用下会产生变形或断裂等损伤，在这些过程中往往会伴随声发射信号的产生，因此声发射检测技术常用于板结构的健康诊断[4-6]。传统声发射检测采用压电式传感器拾取信号[7]，压电传感器具有检测声发射信号所需的频率响应和灵敏度，但是在复杂的检测环境下，压电传感器存在着易腐蚀、易受电磁干扰和传输

作者简介：焦敬品(1973—)，博士，教授，博士研究生导师。主要研究方向为现代测控技术与方法、无损检测新技术、现代信号分析与处理技术、新型传感器技术。E-mail：jiaojp@bjut.edu.cn

项目资助：国家重点研发计划资助(项目/课题编号：2023YFF0614902-2)

损耗大等缺点[8]。随着光纤传感技术在超声波检测领域的应用，光纤光栅被证实能够对声发射信号产生响应[9-11]。由于体积小、环境适应能力强等优点，光纤光栅传感器是一种适合于复杂结构声发射监测的传感形式。

能实现损伤源定位是声发射技术的独特优势。声发射定位技术一直是声发射检测技术的重要研究方向，国内外学者对此展开了大量研究。定位声发射源大多是通过三边测量来完成的[12-14]，这需要在不同传感器处识别波的到达时间，其定位精度受限于时间估计的准确性。受声波传播过程中的频散及模式转换的影响，极大增加了准确估计声波达到时间的难度[15]。时间反转法是一种将接收信号在时域反转后在传感器上重新加载的过程，它可以使能量在空间和时间上聚焦，并实现在声源位置上信号的重构。时间反转方法在声发射源定位领域被广泛应用。Yaozhang Sai 等[16]对四个光纤光栅传感器采集到的声发射信号进行香农小波变换和时间反转处理，根据时间反转过程中出现幅值最大位置，实现了板上多个声发射源的准确定位。此外，国内外学者在提高声发射源定位效率方面也开展了研究。例如 Ernst[17]等利用时间反转方法并考虑了信号的板边反射，通过对直达波和反射波进行分离实现了单传感器声发射信号定位。但时间反转方法仅适用于较为简单的结构，复杂结构会导致大量反射波以不同角度入射到光纤光栅传感器，较低幅值的反射波将很难识别。为减少定位过程中所需传感器数量，基于板状结构中声发射信号的多模特性，模态声发射在声发射定位中应用广泛[18-21]。但在声发射源平面定位中，所需传感器数量仍不能低于三个。

若想在平面定位中应用更少的传感器，仅应用信号的时间信息是不够的。研究发现，光纤光栅声发射检测系统在空间上具有明显的方向性[22-25]，即在相同的传播距离下接收信号的归一化幅值与入射角之间存在余弦平方的关系。针对板结构声发射源定位问题，开展基于光纤光栅方向特性的声发射信号时间反转定位方法研究。

2　声发射信号时间反转定位方法

将时间反转方法与光纤光栅的方向特性结合，提出一种基于两传感器的平面内声发射定位方法，该方法流程如图 1 所示。该定位方法主要分为时间反转聚拢声发射定位和方向特性声发射定位两部分，并最终通过两定位结果加权得到声发射定位结果。时间反转聚拢声发射定位方法首先将声发射信号进行时间反转得到声发射信号时间反转波场，在波场中根据波形聚拢现象确定聚拢距离和聚拢时刻，将聚拢时刻幅值空间分布进行叠加得到幅值叠加定位结果。方向特性声发射定位方法首先根据光纤光栅方向特性和时间反转波场计算时间反转幅值比和方向特性幅值比，两幅值比做差并二值化得到方向特性定位结果，最终将幅值叠加和方向特性定位结果相乘得到声发射定位结果。

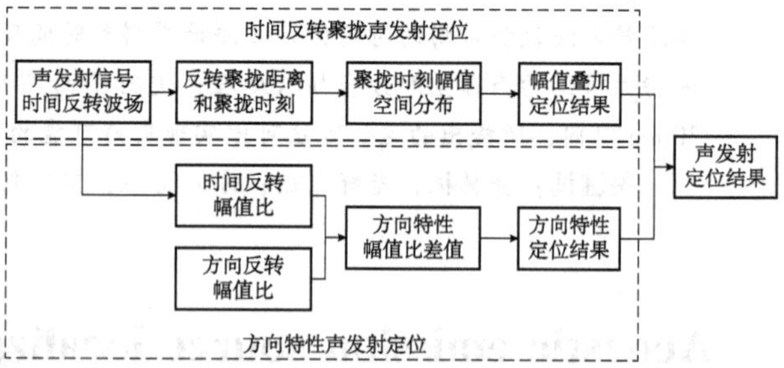

图 1　基于方向特性的声发射信号时间反转定位方法

首先，对声发射信号进行时间反转，得到声发射信号时间反转波场。假设有一声发射源 $x_0(t)$ 作用在 O 点处，声发射信号从 O 点传播至光纤光栅传感器位置 M 点后的信号 x_M 为：

$$x_M(r_{OM},\ w) = e^{-r_{OM}}\sum_{n=0}^{\infty} x_0(\omega_n)\left(H_0^2(k_{1n}r_{OM}) + H_0^1(-k_{2n}r_{OM})\right)e^{i\omega_n t}$$

式中　r_{OM}——M 点与 O 点之间的距离，mm；

ω——声发射信号的角频率，rad；

k_1 和 k_2——弯曲波和拉伸波的波数，$\sqrt{\mathrm{ms/mm^3}}$；

H_0^1 和 H_0^2——第一类和第二类零阶汉克尔函数。

光纤光栅对于声发射信号的灵敏度与入射角有关，即为光纤光栅方向特性，则 M 点栅区上的信号 x 为：

$$x = x_M \beta \cos^2\theta$$

式中　β——光纤光栅与板之间的耦合系数；

θ——声波入射方向与光纤轴向的夹角，(°)。

根据耦合理论，光纤光栅的反射光波长 $\lambda_{B0.}$ 可由下式表示：

$$\lambda_{B0.} = 2n_{eff0}\Lambda_0 \tag{3}$$

式中　n_{eff0}——纤芯有效折射率；

Λ_0——光纤光栅周期，nm。

综合考虑几何效应和弹光效应对光栅的影响，受声波调制后的光栅周期 Λ_0' 和有效折射率 n_{eff}' 为：

$$n'_{eff}(x,\ t)=n_{eff0}-\left(\frac{n_{eff0}^{3}}{2}\right)\cdot[P_{12}-\sigma(P_{11}+P_{12})]\cdot\varepsilon_{m}\cos\left(\frac{2\pi}{\lambda_{s}}x-wt\right)-\Delta n\sin^{2}\left(\frac{\pi}{\Lambda'_{0}(t)}x\right) \quad (4)$$

$$\Lambda'_{0}(t)=\Lambda_{0}\cdot[1+\varepsilon_{m}\cos(w_{s}t)] \quad (5)$$

式中 t——时间，ms；

ε_m——应变场最大振幅，mm；

P_{ij}——弹光系数(i，j 取 1 或 2)；

σ——纤芯材料泊松比；

λ_s——声波波长，nm；

Δn——光纤光栅原始折射率的最大改变量。

传感系统的输出电压 U 与中心波长偏移量 $\Delta\lambda$ 的大小成正比：

$$U=k\Delta\lambda=2n'_{eff0}\Lambda'_{0}-2n_{eff0}\Lambda_{0} \quad (6)$$

式中 k——系统放大倍数。

将 M 点采集到信号在频域取共轭并反向发射至板上任意一点 P(x_p，y_p)后的频谱 $\hat{U}_{TRP}$ 为：

$$\hat{U}_{TRP}=\hat{U}*(H_{0}^{2}(k_{1n}r_{MP})+H_{0}^{1}(-k_{2n}r_{MP})) \quad (7)$$

式中 r_{MP}——M 点与 P 点之间的距离，mm。

对反向发射的信号进行频域补偿，将信号变换回时域后得到点 P(x_p，y_p)的时间反转结果 U_{TRP}：

$$U_{TRP}(t) = e^{r_{MP}}\sum_{n=0}^{n=\infty}\hat{U}_{TRP}(r,\omega)\left(\frac{\pi k_{1}r_{MP}}{2}\right) \quad (8)$$

根据式(8)计算板上时间反转波场 U_{TR}，波场中声源位置处会出现全局最大幅值，全局最大幅值对应的时刻称为时间反转聚拢时刻。

设 a_i 为第 i 个信号的聚拢时刻幅值空间分布的行矩阵，将两个声发射信号的时间反转聚拢时刻幅值空间分布在 P 点进行幅值叠加，聚拢时刻幅值空间分布叠加结果 $I(x_p,\ y_p)$ 为：

$$I(x_{p},y_{p}) = \sum_{i=1}^{i=2}a_{i}(d_{i}(x_{p},y_{p})) \quad (9)$$

式中 $d_i(x_p,\ y_p)$——P 点到第 i 个传感器的距离(i 取 1 或 2)，mm。

其次，根据光纤光栅方向特性计算 P 点方向特性幅值比 $A_1(x_p,\ y_p)$：

$$A_{1}(x_{p},\ y_{p})=\cos^{2}(\theta_{i}(x_{p},\ y_{p}))/\cos^{2}(\theta_{i+1}(x_{p},\ y_{p})) \quad (10)$$

式中 $\theta_i(x_p,\ y_p)$为 P 与第 i 个传感器轴向的夹角，(°)。

根据接收信号时间反转波场计算 P 点时间反转幅值比 $A_2(x_p,\ y_p)$：

$$A_{2}(x_{p},\ y_{p})=U_{i}(x_{p},\ y_{p})/U_{i+1}(x_{p},\ y_{p}) \quad (11)$$

式中 $U_i(x_p,\ y_p)$为第 i 个传感器接收信号反转至 P 点后反转结果的峰值，V。

计算 P 点的方向特性幅值比的差值 $A_D(x_p,\ y_p)$：

$$A_{D}(x_{p},\ y_{p})=A_{1}(x_{p},\ y_{p})-A_{2}(x_{p},y_{p}) \quad (12)$$

对 P 点的方向特性幅值比的差值进行二值化处理，得到基于方向特性的声源定位结果 $A_B(x_p,\ y_p)$：

$$A_{B}(x_{p},\ y_{p})=\begin{cases}1,\ A_{D}(x_{p},\ y_{p})\leqslant 0.1*(U_{i_{\max}}/U_{i+1_{\max}})\\0,\ A_{D}(x_{p},\ y_{p})>0.1*(U_{i_{\max}}/U_{i+1_{\max}})\end{cases} \quad (13)$$

式中 $U_{i_{\max}}$为 U_i 的最大值，V；A_B 中值为 1 的区域为声源位置。

最后，将基于方向特性的声源定位结果与时间反转声源定位结果进行加权处理，得到加权后的平面内幅值分布 I_w：

$$I_{w}=IA_{B} \quad (14)$$

提取加权后幅值 I_w 的最大值所在位置即为声源的位置。

$$(x,\ y)=loc(I_{w})_{\max} \quad (15)$$

式中 $loc(\cdot)_{\max}$——矩阵中最大值的位置；

$(x,\ y)$——声源位置坐标，mm。

3 光纤光栅声发射定位实验

建立光纤光栅声发射传感系统，利用基于方向特性的声发射信号时间反转定位方法对断铅声发射源进行定位实验，验证该方法的有效性。

在金属板上进行断铅实验模拟声发射源，利用光纤光栅传感系统采集信号，将采集到的断铅信号应用于声发射定位。

检测系统中所使用仪器及器件见表 1，实验中声源及传感器位置信息见表 2。实验所用的两个光纤光栅传感器中心波长分别为 1539.36nm 和 1539.67nm，-3dB 带宽均为 0.7nm。光纤光栅采用远程键和的方式粘贴在 1mm 厚的铝板(1000mm×1000mm)上，远程键和方法是将栅区附近的光纤粘贴在铝板上，这样既能采集到声发射信号也能隔离板上静态应变引起的中心波长偏移。

表 1 检测系统所使用仪器及器件

名称	型号	详细设置
可调谐窄带激光器	IOM-101	输出波长 1540.15nm，输出功率 7dBm
平衡探测器	MBD-100M-A	反射光谱接入正端口，透射光谱接入负端口
环形器	CIR1550	输入光波长范围：1500~1600nm

表 2 声发射定位实验位置信息

名称	声源 A1	声源 A2	声源 A3	传感器 S1	传感器 S2
坐标	(386, 550)	(473, 600)	(559, 650)	(300, 500)	(600, 500)
水平夹角	—	—	—	30°	45°

在板上进行 3 次断铅实验，S1 和 S2 与水平夹角分别为 30°和 45°。A1 处断铅实验 S1 传感器采集信号如图 2 所示。

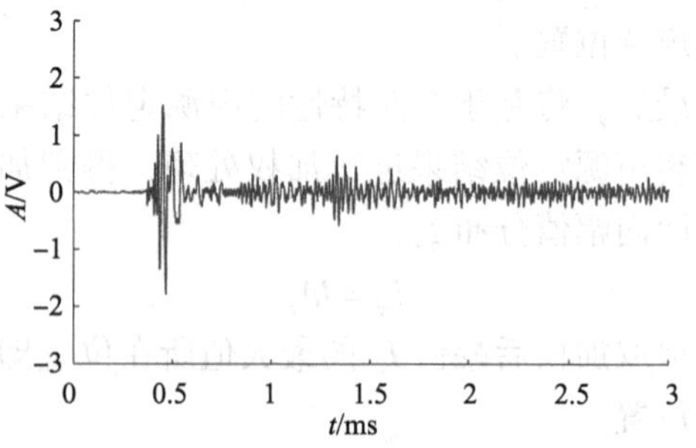

图 2 A1 处断铅 S1 接收信号

根据所提出的声发射定位方法，对接收到信号时间反转聚拢时刻幅值空间分布在板上进行幅值叠加。由于 A1 声源对于 S1 传感器的入射角远小于对于 S2 传感器的入射角，因此叠加前需将聚拢时刻空间域波形缩放到同一水平，缩放后叠加结果如图 3 所示。声源位置就在以两个传感器为中心的环形高亮区域的交点上。

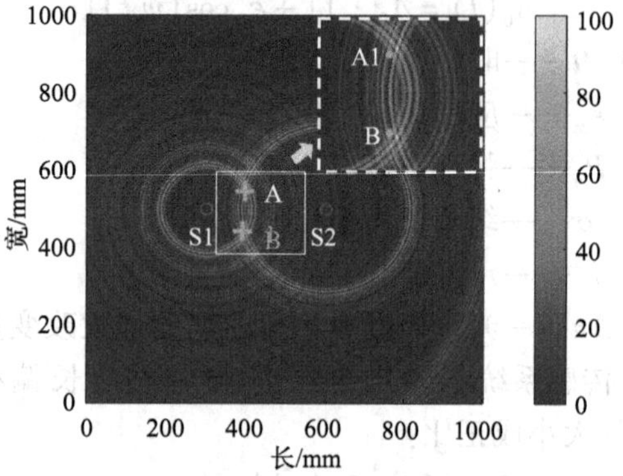

图 3 聚拢时刻幅值叠加结果

从局部放大图可以看出，S1 与 S2 的环形高亮区域存在多个交点，如图 3 中 B 点所示，因此单靠两个传感器进行幅值叠加无法准确判断声发射源位置，需引入方向特性。板上各点方向特性幅值比和聚拢时刻幅值比如图 4 所示。

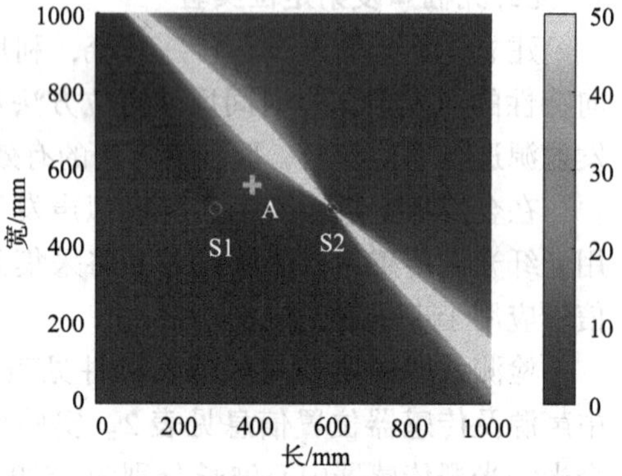

(a)方向特性幅值比

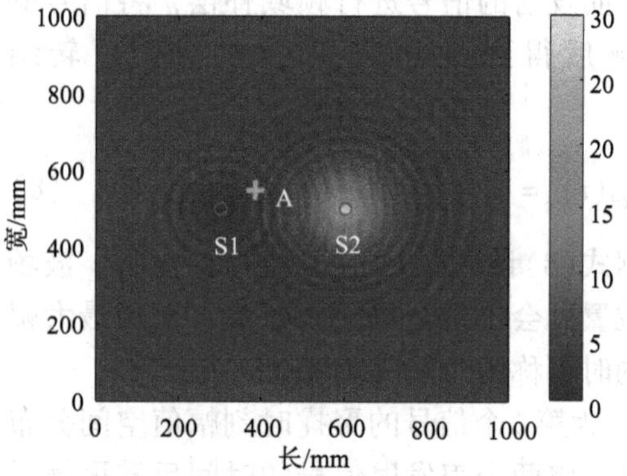

(b)时间反转幅值比

图 4 方向特性幅值比与时间反转幅值比

在图 4 中，A1 处的方向特性幅值比和聚拢时刻幅值比分别为 3.59 和 3.43，比值接近，将方向特性幅值比与聚拢时刻幅值比做差并二值化，二值化的阈值为两传感器聚拢时刻空间域波形峰值之比的 10%。

根据提出的声发射定位方法，将二值化结果与幅值叠加结果相乘，得到 A1 定位图像结果如图 5 所示。

从图 5 的图像结果可以看出，光纤光栅方向特性定位结果与幅值叠加结果加权后红色高亮部分集中在一片区域，如图中虚线框内所示。通过引入方向特性，去除了与声源位置距离较远的高亮区域。取图像结果中幅值最高点的位置坐标作为声发射源的位置，定位坐标与实际位置之间的距离 ΔL 作为定位误差，各声源点定位结果如表 3

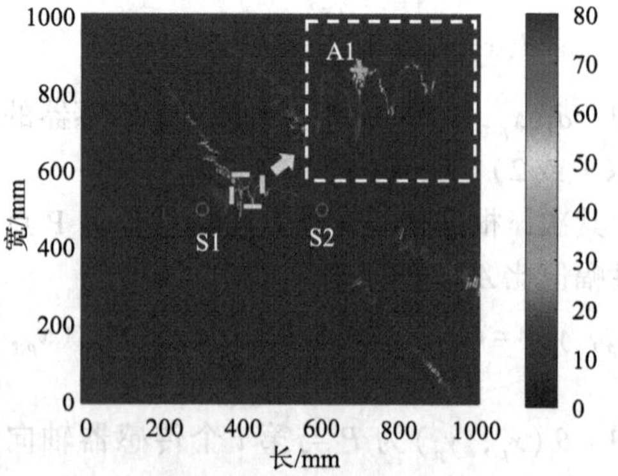

图 5 A1 定位图像结果

所示。

表 3　定位结果统计表

名称	A1	A2	A3
坐标/mm	(386, 550)	(473, 600)	(559, 650)
定位坐标/mm	(382, 575)	(496, 605)	(573, 654)
距离误差 ΔL/mm	25.31	23.53	14.56

从表 3 可知，基于方向特性的声发射信号时间反转定位方法的定位结果与实际位置距离误差均在 30mm 以内。

综上所述，基于光纤光栅方向特性的声发射信号时间反转定位方法可以实现良好可靠的定位，为金属板中声发射源定位工作提供可行方案。

4　结论

针对金属板结构声发射检测问题，进行了基于光纤光栅方向特性的板结构声发射信号检测方法研究。建立了光纤光栅声发射检测系统，提出了一种基于方向特性的声发射信号时间反转定位方法。在上述研究过程中，得到以下主要结论：

(1)提出了一种基于方向特性的声发射信号时间反转定位方法，与常规的声发射定位方法相比，该方法仅用两个光纤光栅传感器就能实现声发射平面定位，降低了系统的复杂程度，提高了声发射定位检测系统的稳定性。

(2)提出的基于方向特性的声发射信号时间反转定位方法能够实现两传感器声发射定位。实验结果表明，只使用两传感器信号进行定位会使幅值叠加结果中存在多个高幅值区域，无法准确判断声源位置，但引入光纤光栅的方向特性能够对远离声源位置的高幅值区域进行去除，仅保留单个高幅值区域，实现两传感器声发射定位，定位误差均在 30mm 以内。

参考文献

[1]柏景林，苗蕴慧．全面质量管理理论下危险化学品的安全运输研究[J]．中国储运，2024，(05)：140－141.

[2]胡敬坤，张成栋，翟玉豪．危险化学品储存过程的安全管理及风险把控[J]．中国石油和化工标准与质量，2024，44(04)：63－65.

[3]王利军．成品油库安全风险评估及安全管理策略[J]．化学工程与装备，2023，(12)：206－208.

[4]Emmanuel M，Christopher B，Gregory N. Feasibility and Limitations of Damage Identification in Composite Materials Using Acoustic Emission[J]. Compos Part A Appl Sci Manuf，2015，75：77－83.

[5]张颖，吴昊，高晗等．20#钢不同晶粒度试件拉伸损伤试验的声发射特性研究[J]．应用声学，2017，36(03)：228－233.

[6]Shanbhag V V，Rolfe B F，Arunachalam N. Investigating galling wear behaviour in sheet metal stamping using acoustic emissions[J]. Wear，2018，414(11)：31－42.

[7]Panda P K，Sahoo B，Thejas T S. High strain lead-free piezo ceramics for sensor and actuator applications：A review[J]. Sensors International，2022，39(11)：79－86.

[8]M. J Hoffmann. Correlation between microstructure，strain behavior，and acoustic emission of soft PZT ceramics[J]. Acta Materialia，2001，49(7)：1301－1310.

[9]Manterola J，Aguirre M，Zurbitu J，et al. Using acoustic emissions (AE) to monitor mode I crack growth in bonded joints [J]. Engineering Fracture Mechanics，2020，224106778－106778.

[10]Fiborek P，Soman R，Kudela P，et al. Spectral element modeling of ultrasonic guided wave propagation in optical fibers[J]. Ultrasonics，2022，64(6)：157－160.

[11]Lan W，Wu Q，Zhang H，et al. Acoustic Emission Testing at Cryogenic Temperatures Using Cantilevered Phase-shifted Fiber Bragg Grating [J]. IEEE Sensors Journal，2023.

[12]Tang E L，Liang Z Q，Wang L，et al. Experimental investigation on location of debris impact source based on acoustic emission [J]. Advances in Space Research，2019，64(11)：2390－2404.

[13]Holford K M，Eaton M J，Hensman J，et al. A new methodology for automating acoustic emission detection of metallic fatigue fractures in highly demanding aerospace environments：An overview[J]. Progress in Aerospace Sciences，2017，90(2)：1－11.

[14]Yang K，Li D，He Z，et al. Study on acoustic emission characteristics of low-temperature asphalt concrete cracking damage[J]. Materials，2021，14(4)：881.

[15]Kundu T. Acoustic source localization. Ultrasonics[J]. Ultrasonics，2013，54(1)：25－38.

[16]Sai Y，Jiang M，Sui Q，et al. Multi-source acoustic emission localization technology research based on FBG sensing network and time reversal focusing imaging[J]. Optik，2016，127(1)：493－498.

[17]Ernst R，Zwimpfer F，Dual J. One sensor acoustic emission localization in plates[J]. Ultrasonics，2016，64(2)：139－150.

[18] Dahmene F, Yaacoubi S, El Mountassir M, et al. On the modal acoustic emission testing of composite structure [J]. Composite Structures, 2016, 140: 446-452.
[19] Baker C, Morscher G N, Pujar V V, et al. Transverse cracking in carbon fiber reinforced polymer composites: Modal acoustic emission and peak frequency analysis [J]. Composites Science and Technology, 2015, 116: 26-32.
[20] Yaacoubi S, Dahmene F, Bouzenad A, et al. Modal acoustic emission for composite structures health monitoring: Issues to save computing time and algorithmic implementation [J]. Composite Structures, 2018, 183: 338-346.
[21] Xu C, Du S, Gong P, et al. An improved method for pipeline leakage localization with a single sensor based on modal acoustic emission and empirical mode decomposition with Hilbert transform [J]. IEEE Sensors Journal, 2020, 20(10): 5480-5491.
[22] Betz D C, Thursby G, Culshaw B, et al. Structural Damage Location with Fiber Bragg Grating Rosettes and Lamb Waves [J]. Structural Health Monitoring, 2007, 6(4): 299-308.
[23] Sagar J, Abheek B, Huijun L, et al. The Study of the Directional Sensitivity of Fiber Bragg Gratings for Acoustic Emission Measurements [J]. IEEE Sensors Journal, 2019, 19(16): 6771-6777.
[24] Chen B L, Shin C S. An improved impact source locating system using FBG rosette array [J]. Sensors, 2019, 19(16): 3453.
[25] Yu F, Okabe Y. Linear damage localization in CFRP laminates using one single fiber-optic Bragg grating acoustic emission sensor [J]. Composite Structures, 2020, 238: 111992.

天然气场站空冷器管束本体腐蚀检测策略

张　静[1]　韩　彬[2]　刘　维[3]　陈国旋[2]　孟　涛[2]

[1. 国家管网集团广东省管网有限公司，广东 广州　510700；2. 中国特种设备检测研究院，北京　100013；
3. 中特检管道工程(北京)有限公司，北京　100013]

摘　要：空冷器是长输天然气管道场站中常用的一种设备，其管束本体腐蚀状况是影响正常运转的关键因素。本文主要分析长输管道天然气场站中空冷器管束的损伤模式，采取超声波测厚、远场涡流检测、内窥镜检查的现场检测方式，并对检测结果进行评估，形成一套完整的空冷器管束本体腐蚀状况研究方法。

关键词：空冷器；损伤模式；远场涡流检测；评价

Corrosion Detection Strategy of Air Cooler Tube Bundle in Natural Gas Station

ZHANG Jing[1], *HAN Bin*[2], *LIU Wei*[3], *CHEN Guoxuan*[2], *MENG Tao*[2]

[1. Pipe China Guangdong Pipe Network Co. Ltd, Guangzhou Guangdong 510700, China;
2. China Special Equipment Inspection&Reserach Institute, Beijing 100013, China;
3. China Special Inspection Pipeline Engineering (Beijing) Co., Ltd, Beijing 100013, China]

Abstract: Air cooler is a kind of equipment commonly used in long-distance natural gas pipeline stations. The corrosion condition of its tube bundle is the key factor affecting normal operation. This paper mainly analyzes the damage mode of the air cooler tube bundle in long-distance natural gas pipeline stations, adopts the on-site detection methods of ultrasonic thickness measurement, remote field eddy current testing and endoscope inspection, and evaluates the detection results to form a complete research method on the corrosion status of the air cooler tube bundle.

Key words: Air coolers; Damage mode; Remote field eddy current testing; Assessment

1　引言

空冷器是利用空气作为冷却介质将工艺介质(热流体)冷却到所需温度的设备，是冷换设备中的关键设备之一，如图1所示，其检测手段和失效分析受到行业的重视。

图1　天然气场站空冷器

偶国富等[1]讨论了远场涡流技术在带翅片和不带翅片碳钢管束上的应用。种玉宝等[2]利用远场涡流检测技术可发现空冷器管束中翅片管基管上的缺陷。张玉福等[3]通过化学成分分析、金相检验、断口分析以及X射线衍射分析等手段，对翅片管泄漏的原因进行了分析。马金伟等[4]以石脑油加氢装置中石脑油分馏塔顶空冷器为例，采用多种试验手段对腐蚀失效原理进行分析，得出空冷器的主要失效原因是浓差腐蚀及电化学腐蚀共同作用的结果，并对此提出了相应的预防措施。NB/T 47007[5]中对空冷式热交换器设计、材料、制造、检验和验收做出了明确的要求。国家

作者简介：张静(1985—　)，高级工程师，硕士研究生，主要从事长输天然气管道工艺管理，压缩机设备管理工作。

管网集团广东运维中心制定了空冷器运行维护规程，对空冷器日常运行维护的操作方法及维护保养项目做出了要求[6]。本文主要分析长输天然气管道场站中空冷器翅片管束的损伤模式，根据腐蚀机理采取的检验策略，并提出了日常运行过程中的预防措施。

2　损伤模式[7]

2.1　内腐蚀

管束内壁由于介质的冲刷腐蚀和垢下腐蚀的共同作用会造成许多腐蚀凹坑，甚至出现较大面积的壁厚减薄。蚀坑和腐蚀减薄发生的区域是没有规律的，壁厚减薄严重之处还会发生爆管。

2.2　外腐蚀

主要表现为金属在大气中发生的腐蚀，主要表现为均匀腐蚀或局部腐蚀。

大气中含有氯离子的海洋大气、潮湿工业大气或含有强烈污染的环境大气易发生该腐蚀。干燥的大气腐蚀能力很弱，而湿度较大的大气环境，尤其是容易凝结水滴的大气环境腐蚀能力较强。对于碳钢，当空气中相对湿度超过60%以上时，腐蚀速率按指数关系增大，而空气相对湿度低于50%，腐蚀速率则较低。材料表面温度宜高出环境露点温度至少3℃以上，否则易在材料表面形成冷凝水造成腐蚀。朝向正对着主风向及雨势的设备，容易发生大气腐蚀。

3　检测策略

3.1　资料调查

检测前，使用单位一般应当向检验机构提供以下资料：

(1)设计资料，包括设计单位资质证明、设计及安装说明书、设计图样、强度计算书等；

(2)安装资料，包括安装单位资质证明、竣工验收资料等；

(3)改造或者重大修理资料，包括施工方案和竣工资料等；

(4)使用管理资料，包括运行记录、开停车记录、运行条件变化情况、运行中出现异常以及相应处理情况的记录等；

(5)检测、检查资料，包括上次的检测报告。

3.2　管束位置分布图绘制

绘制空冷器管束位置分布图，以便下一步正确标识测厚、远场涡流检测等检测位置，使检测数据具有可追溯性。

3.3　管束宏观检查

宏观检查主要采用目视方法对管束表面情况进行检查，一般包括腐蚀，裂纹、泄漏、变形、沉积物，潮湿等检查。对不具备目视检查条件的位置，可利用内窥镜、放大镜或者其他辅助检测仪器设备、测量工具。

3.4　管束剩余壁厚检测

采用超声测厚方法对管束进行壁厚测定(主要在两端)。测定位置应当具有代表性，并应有足够的壁厚测定点数。壁厚测定应当绘制测定点简图，图中应当标注测定点位置和记录测定的壁厚值。在检验中，发现管束壁厚有异常情况时，应当在壁厚异常部位附近增加测点，并且确定壁厚异常区域。

3.5　远场涡流检测

远场涡流检测技术是一种能穿透金属管壁的低频涡流检测技术。探头通常为内穿过式，由激励线圈和检测线圈构成，检测线圈与激励线圈相距约2～3倍管内径的长度，激励线圈通以低频交流电，检测线圈能拾取发自激励线圈穿过管壁后又返回管内的涡流信号，从而有效地检测金属管子的内、外壁缺陷和管壁的厚薄情况，远场涡流检测原理示意见图2。

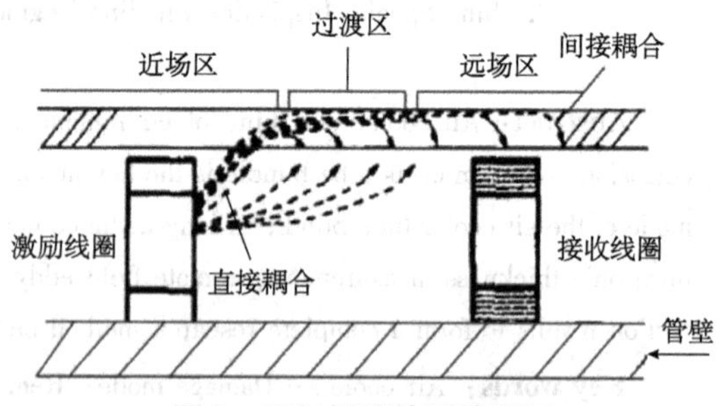

图2　远场涡流检测的原理

3.5.1　远场涡流测厚

频率选择要保证涡流场能穿透管壁，并有良好的线性衰减特性。相位选择要使不同壁厚的信号反映在水平轴投影上有良好的线性关系，并且对铁磁性管板产生的信号方向必须在增厚的信号方向。增益的选择要使信号的幅值在屏幕上处于合适的位置，要便于观察。每次开始作涡流测厚都应先用对比试样管对测厚系统进行调试，建立测量的数学模型。

3.5.2　缺陷检测

确认灵敏度后，按灵敏度调整时设置的参数对被检管进行检测。检测前应对被检铁磁性钢管内外表面进行清洗，并满足检测要求。检测时的检测速度应与调试灵敏度时的检测速度相同或接近，且在整个检测过程中尽可能使探头移动速度稳定。若使用探头推拔器等机械传动方式作辅助检测装置，不得对被检管子内壁造成损伤。探头在管内的检测速度，视所用仪器及选择的参数而定，一般不超过10m/min。

3.5.3 结果分析

有下列情况之一的，可判定为堵管依据[8]：

a)缺陷信号超过按1.25倍壁厚设定的通孔当量的；

b)缺陷信号超过20%壁厚的作为记录依据，而不论其信号幅值大小；

c)缺陷信号超过45%壁厚的；

d)缺陷信号反映为贯穿性缺陷的；

e)检验人员判定为危害性缺陷时，可直接判废。

3.6 内窥镜检验

(1)确认内窥镜设备处于完好状态。

(2)充分了解被检部件的情况，包括部件的内部结构、规格材质、运行情况、事故故障情况、历次检验情况等，以掌握检测的重点。本次主要观察部位是管束两端。

在内窥镜软管插入过程中，既要保护软管外层金属编织表皮，又要确保镜头达到指定位置，通常使用铝塑管来满足以上两个要求。

3.7 壁厚减薄缺陷评价

对于壁厚减薄缺陷可进行合于使用评价。合于使用评价包括剩余强度评估和剩余寿命预测。

剩余强度评估是在缺陷检测的基础上，根据相关技术规范和标准，确定管束的最大允许工作压力和当前工作压力的临界缺陷尺寸，对管束剩余承压能力的定量评价。若剩余强度评价结果表明损伤管束适用于目前的工作条件，则只要建立合适的监测(检测)程序，管束就可以在目前工作条件下继续安全运行。

剩余寿命是按照管束实际情况，依据今后服役的工艺条件，分析可能的损伤模式，以及已有缺陷与损伤的安全容限与扩展趋势，按相应的标准与工程经验确定。

4 预防措施

通过分析管束本体腐蚀的原因和检测手段，对日常运行中提出以下建议[9-10]：采用附着力好、易喷涂、抗氯化物腐蚀能力好、耐温差变化大、疏水性防腐涂料，有效提高易发生腐蚀管段的耐腐蚀性能；设备停工检修期间，及时对空冷器换管束内外表面的腐蚀垢层进行清理，并对垢层下管束表面进行检测，及时对防腐层破坏部分进行打磨修补，对存在隐患的管束进行堵管处理，若检查发现管束腐蚀较严重，建议及时更换管束，从而有效保证装置长周期安全运行。

5 结论

本文分析了长输管道天然气场站中空冷器翅片管束主要的腐蚀机理，采取资料调查、超声测厚、远场涡流检测和内窥镜检查的现场检测方法，对测量结果开展剩余强度和剩余寿命评价。提供了一个天然气场站中空冷器管束本体检测、评价的方法，对日常运行过程中提了维护建议，用于指导空冷器管束本体的安全运行。

参考文献

[1]偶国富，王乐勤，杨健等．远场涡流检测技术在反应流出物空冷器碳钢管束检测中的应用[J]．无损检测，2005，27(3)：139-141.

[2]种玉宝，刘明亮，于惠君等．远场涡流技术在翅片管束检测中的应用[J]．石油化工设备，2009，38(2)：70-72.

[3]张玉福，宋文明，马颖等．空冷器翅片管泄漏原因分析[J]．理化检验-物理分册，2015，51(7)：488-492.

[4]马金伟，张向南，高杰等．干湿联合式蒸发空冷器管束腐蚀失效分析及预防措施[J]．石油化工腐蚀与防护，2024，41(1)：50-54.

[5]NB/T 47007—2010 空冷式热交换器.

[6]Q/GNPN 0704—2023 空冷器运行维护规程.

[7]GB/T 30579—2022 承压设备损伤模式识别.

[8]DL/T 883—2004 电站在役给水加热器铁磁性钢管远场涡流检验技术导则.

[9]朱兰芬，薛俊峰．空冷器腐蚀防护涂层研制及应用[J]．全面腐蚀控制，2019，33(12)：6-12.

[10]樊学东，李阿君，常林．基于常压蒸馏塔塔顶空冷器腐蚀原因及对策[J]．化学工程与装备，2022(5)：178-179.

声波导理论在埋地聚乙烯管道探测中的应用研究

齐勇胜[1] 杨绪运[2] 王新华[1] 孙 涛[1] 孙 明[1,2] 姚登樽[2] 杨 林[1]

(1. 北京工业大学机械与能源工程学院，北京 100124；
2. 中国特种设备检测研究院，北京 100029)

摘 要：为了精确探测城市基础设施中的埋地聚乙烯(PE)管道，开发了一种基于声波导共振原理的埋地PE管道探测技术。首先构建了声波在管道中传播的理论框架，并埋设PE管道进行了实验验证，利用电磁驱动的激励源激发特定频率的声波，通过地面声波探头捕获信号，并应用数据处理技术进行分析，以定位埋地PE管道。研究结果表明，在50Hz至500Hz的频率范围内，PE管内共振现象明显，且存在多个共振频率。利用快速傅里叶变换对信号进行了频域分析，确定了最大共振幅值对应的频率为175.42Hz。通过精确匹配管道的共振频率并测量共振信号的最大幅度值，成功实现了对管道水平位置的准确定位。该技术基于声波导理论，并通过实验验证了该探测技术的有效性，能够准确捕捉到管道的共振频率，并通过信号分析确定管道的水平位置，为埋地PE管道的探测提供了一种新的声学方法，具有重要的实际应用价值。

关键词：声波导；共振；埋地；PE管道；定位

Application research of waveguide theory in underground non-metallic pipe detection

QI Yongsheng[1], *YANG Xuyun*[2], *WANG Xinhua*[1], *SUN Tao*[1], *SUN Ming*[1,2], *YAO Dengzun*[2], *YANG Lin*[1]

(1. College of Mechanical & Energy Engineering, Beijing University of Technology, Beijing 100124, China;
2. China Special Equipment Inspection & Research Institute, Beijing 100029, China)

Abstract: In order to accurately detect buried polyethylene (PE) pipelines within urban infrastructure, a buried PE pipeline detection technique based on the acoustic waveguide resonance principle was developed. Initially, a theoretical framework for the propagation of sound waves within pipelines was established. Experimental verification was conducted by burying PE pipelines and using an electromagnetic-driven excitation source to stimulate specific frequencies of acoustic waves. Signals were captured using ground-based acoustic probes, followed by data processing techniques for analysis aimed at locating buried PE pipelines. Research findings indicate distinct resonance phenomena within the frequency range of 50 Hz to 500 Hz within the PE pipelines, revealing multiple resonance frequencies. Fast Fourier Transform (FFT) analysis of the signals facilitated frequency-domain analysis, identifying a maximum resonance amplitude frequency of 175.42 Hz. By precisely matching the pipeline's resonance frequency and measuring the maximum amplitude of the resonance signal, accurate horizontal positioning of the pipeline was achieved. This technology, grounded in acoustic waveguide theory and validated through experimentation, demonstrates the efficacy of the detection technique. It reliably captures pipeline resonance frequencies and determines the horizontal position of pipelines through signal analysis. Thus, this acoustic method offers a novel approach for detecting buried PE pipelines, underscoring its significant practical utility.

Key words: Acoustic waveguide; Resonance; Buried pipeline; PE pipeline; Localization

城市地下管线系统作为城市基础设施的核心部分，扮演着维系现代都市顺畅运作的关键角色。随着城市经济的蓬勃发展、城市版图的持续扩张以及城市化进程的加速推进，城市地下管网

作者简介：齐勇胜(1993—)，男，博士研究生，E-mail：qiysh777@163.com
通信作者：杨绪运(1979—)，男，高级工程师，E-mail：yangxunyunyxy@126.com

系统的复杂性日益增加[1]。

城市化进程的迅猛发展使得城市地下管线系统面临的风险急剧上升[2]。近年来，地下管线系统的事故频发，给社会带来了沉重的损失，尤其是在地下燃气管线领域。以 2021 年湖北省十堰市的天然气爆炸事故为例，由于中压管道的腐蚀破坏引发的燃气泄漏，最终导致了 26 人遇难，138 人受伤，直接经济损失高达 5395.41 万元[3]。鉴于燃气的易燃易爆特性，地下燃气管道一旦遭受破坏，往往会引发严重的后果。

PE 管道因其良好的延展性、高耐腐蚀性以及成本效益等优势，在燃气管道行业的应用日益广泛。然而，目前国内外在管线探测领域的研究主要集中在金属管线上，并已发展出一套成熟的技术方案。相比之下，PE 管等非金属管线的探测技术尚未成熟，探测难度较大。PE 管的主要成分为有机聚合物，具有不导电、不导磁的特性，这进一步增加了其探测的复杂性。

另一种选择是采用声学定位技术，其依赖于掩埋物体和周围介质在声学特性方面的不匹配，以及机械波而不是电磁波的传播。声学方法作为一种非开挖技术，已应用于地下公用事业检测，并被证明是定位金属和 PE 埋地管道的有用和有效的方法[4]。与基于电磁的技术相比，声学方法具有广泛的土壤类型和非金属物体检测效率的优势。声学技术包括弹性波法、点振动测量法和管道激励法等。弹性波法利用地面激振器产生弹性波，并根据声回波的特征定位埋地管道[5,6]。点振动测量是在沿地面的多个点处施加垂直谐波激励，并根据不同共振定位埋地非金属管道[7]。

关于管道结构中声波传播行为的理论研究受到了很多关注，也开展了大量的研究。Pavic[8]研究了通过直管的振动声能流，揭示了四种波形是大多数能量传输的原因，包括三个轴对称波和一个弯曲波。在轴对称波中，流体主导波和壳主导波具有耦合的轴向和径向运动；第三个是扭转波，它与流体解耦，没有明显的径向运动[9]。研究表明，流体主导的波浪可以有效地辐射到周围的土壤中，基于此，可以通过使用检波器监测地面振动来推断埋地管道的位置[10]。

该研究利用声波在管道系统中的传播特性，结合声波导理论，研究了声波在管道中的共振现象及其在土壤中的传播行为，提出了一种基于声波导管共振的埋地 PE 管道探测技术，并设计了实验验证所提出方法的有效性。

1 声波导理论基础

1.1 声波波动理论

声波作为一个宏观的物理现象，其传播须遵循牛顿第二定律、质量守恒定律及描述压强、温度与体积的状态参数的物态方程，根据牛顿第二定律得到的物态方程，即：

$$\rho\frac{\mathrm{d}v}{\mathrm{d}t}=-\mathrm{grad}p \tag{1}$$

式中 grad——梯度算符；

p——代表声压；

v——质点速度；

ρ——密度。

根据质量守恒定律得到的连续方程为：

$$-\mathrm{div}(\rho v)=\frac{\partial\rho}{\partial t} \tag{2}$$

式中 div——散度算符。

流体中单位体积内有声波通过时、压强、密度和温度都会发生变化，且这三个量的变化是相互联系的，这种状态变化的规律通过热力学状态方程描述。因为即使在频率较低的情况下，声波传播的过程还是比较快的，体积膨胀和压缩过程中的周期比热传导需要的时间短的多，因此，在声波的传播过程中，介质来不及与周围的物质进行热价交换，因而声波的传播过程中可以认为是绝热过程，为此可以认为声压仅是密度的函数[11]，即：

$$p=u^2\rho' \tag{3}$$

式中 u——声速。

通过联立式(1)(2)(3)，消去 v 和 ρ，整理可得理想均匀流体介质中的小振幅声波声压的三维波动方程为：

$$\nabla^2 p=\frac{1}{u^2}\frac{\partial^2 p}{\partial t^2} \tag{4}$$

1.2 声波导管和共振

针对圆柱形管道，引入柱坐标系来分析声波在管道中的传播特性及其共振现象。现假设有一半径为 R、长度为 L 的圆柱形管，建立如图 1 所示的柱坐标系，设管道的径向坐标为 r，极角为 θ，轴向坐标为 z，在该坐标系下拉普拉斯算子可以表示为：

$$\nabla^2=\frac{1}{r}\frac{\partial}{\partial r}\left(r\frac{\partial}{\partial r}\right)+\frac{1}{r^2}\frac{\partial^2}{\partial\theta^2}+\frac{\partial^2}{\partial z^2} \tag{5}$$

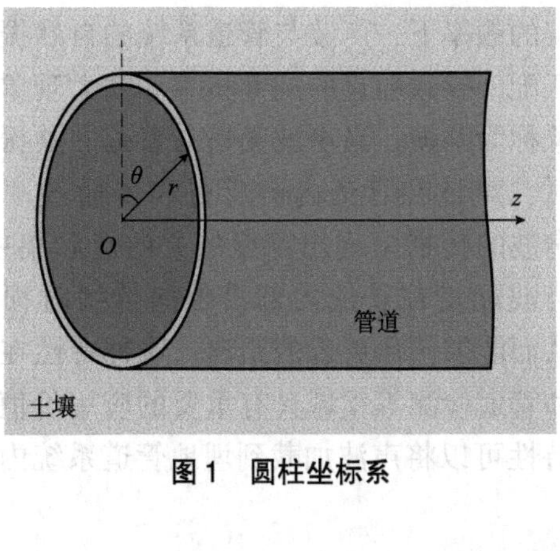

图 1 圆柱坐标系

将声压从时域分离可得：

$$p(r,\ t)=p(r)e^{i2\pi ft} \tag{6}$$

式中　f——共振频率；

r=r$(r,\ \theta,\ z)$——圆柱坐标系中的向量。

将式(6)带入式(4)可得：

$$(\nabla^2+k^2)p(r)=0 \tag{7}$$

式中　k——波数；

p(r)——r 处的声压。

假设管壁为刚性，无黏滞，不导热，存在小振幅稳定的正弦压力扰动时，可忽略非线性效应，做一阶线性展开，根据式(7)可得一阶近似正常模式下空间分布的气体声压波动函数的为：

$$p(r)=J_m\left(\frac{\chi_{mn}r}{R}\right)[\cos(m\theta)+\sin(m\theta)]\cos\left(\frac{l\pi z}{L}\right) \tag{8}$$

$$k^2=\left(\frac{l\pi}{L}\right)^2+\left(\frac{\chi_{mn}}{R}\right)^2 \tag{9}$$

式中　l，m，n=0，1，2，3…，——轴向特征数、角向特征数和径向特征数；

J_m——m 阶柱贝塞尔函数，$\chi_{mn}\mathrm{d}J_m(x)/\mathrm{d}x=0$ 的第 n 个根。

根据式(9)可推导出圆柱声波导的理想共振频率为：

$$f_0=\frac{u}{2\pi}\sqrt{\left(\frac{l\pi}{L}\right)^2+\left(\frac{\chi_{mn}}{R}\right)^2} \tag{10}$$

式中　f_0——共振频率；

u——声速。

当 $l=m=0$，$n=1$，2，3…时，被称为纯轴向声学模式，即声波仅在轴向传播，腔体内介质仅存在轴方向上的膨胀与压缩。当管道为无限长且为纯轴向声学模式的状态下，其共振频率为

$$f_0=\frac{u\chi_{0n}}{2\pi R} \tag{11}$$

基于以上分析可知，在声波导管中，声波的传播特性受到管道结构和介质特性的显著影响。在特定的频率下，声波与管道系统的自然振动模式相匹配，导致能量的局部积累和放大现象，这种现象称为共振。当声波频率与管道的共振频率一致时，声波在管道内的反射和传播效率最大化，声波的传播呈现出高度的方向性和集中性，导致声波能量在管道内部沿轴向传播时损失较小，从而能够传播更远的距离。这种特性在声学定位和管道检测等领域具有重要的应用价值。利用该特性可以将声波加载到埋地管道系统内的流体中，共振声波将沿着管道流体传播，并透过管壁穿过土壤传播至地表，被地表的声波探头采集到声信号来判断管道的存在与否，从而达到埋地管道探测的目的。

2　实验

整个实验系统如图 2 所示，主要由激励源系统和数据采集系统两大部分组成，激励源系统主要包括激励源和激励源驱动器；数据采集系统包括声波探头、信号放大器和数据采集卡。在整个系统中，计算机作为中心控制器，精确调控激励源的工作频率与功率，并负责信号的采集与存储。激励源采用电磁驱动，激励频率和功率可调。激励源经过密封处理，可以直接与管道系统内的介质接触而不发生管内介质的泄漏。

激励源通过阀井放散阀、调压箱或调压柜等方式接入管道系统。激励源工作时，把声波直接传入管道介质，声波通过管内介质传播，并经过土壤被地表的声波探头感知，最终通过信号放大器和信号采集卡将数字声波信号存储在电脑中。

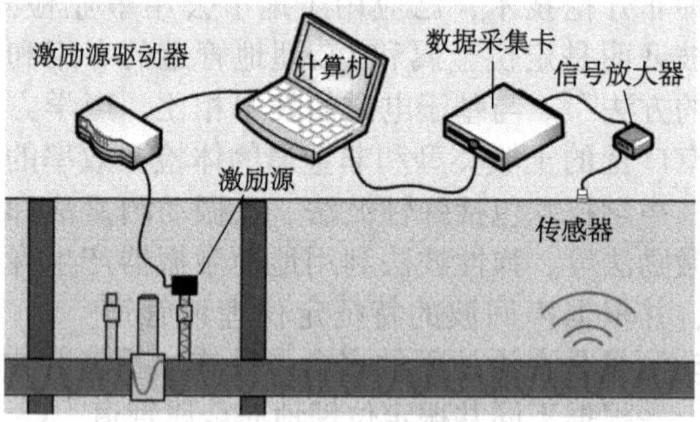

图 2　实验系统示意图

该研究通过埋设 PE 管道并进行模拟实验，而非使用正在运行中的 PE 管道作为实验对象，这是基于实验条件的可控性和灵活性考虑的。首先，正在实际运行中的管道本身处于特定的运行状态和环境中，其工况通常不能随意改变或调整。这将限制对于实验条件的控制，包括埋深、地质环境和其他工况参数的调整，从而影响实验的可重复性和准确性。因此，选择自行埋设管道进行实验，埋设现场如图 3 所示，管道为 PE 管，由竖管和横管两部分组成。横管埋深约为 1m，竖管是为了模拟放散阀等工况。管道的主要参数如表 1 所示。值得注意的是，管内介质为常压空气，并未进行加压。实际应用中加压流体中声波的传播具有更高的能量和更低的衰减特性。

图3　自埋 PE 管道

表1　管道参数

管道材料	聚乙烯
外径/mm	110
壁厚/mm	5.3
弹性模量/(N/m^2)	3×109
密度/(kg/m^3)	900～1000

管道埋设完成后的实验现场如图4所示，所示设备与图2所示原理图是统一的。在此基础上，在埋地管道周围布置了多个信号采集点，分别进行信号采集，其信号采集点分布如图5所示。其中采集点F距离激励源较近，其声波信号较远端的测试点衰减更小，其目的是为了便于测试声波导信号的共振频率；较远的测试点A～E是为了验证远距离定位埋地PE管道的有效性。

图4　实验现场及设备

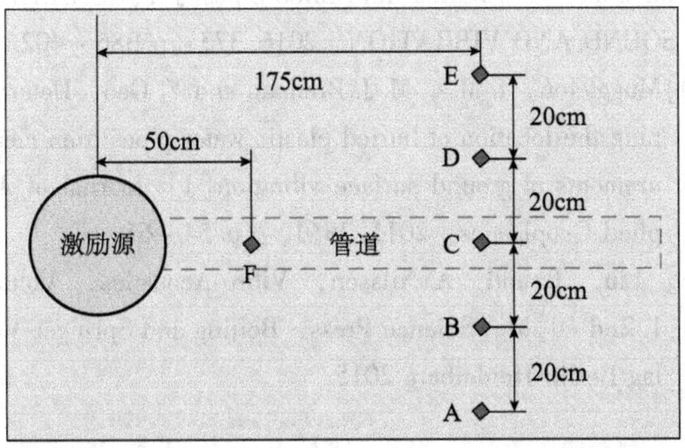

图5　声波探头布置图(A，B，…F表示信号采集点)

3　结果

为了更加清晰的观测激励源在管道中形成的共振声波，使通过激励源给管道加载50～500Hz的线性扫频信号，扫频时间为20s，在距离激励源较近的测试点F处进行了声波信号采集。采集到的信号波形如图6所示，由于随着频率的增高，声波衰减严重，因此，图中仅展示扫频信号的第0～12s所采集到的信号。

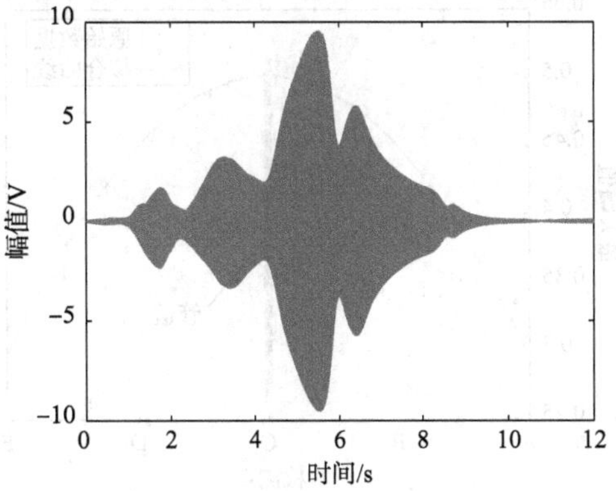

图6　测试点F处信号(采样频率为10k)

由图6可知，在扫频过程中，多个频率点处发生了共振，这与原理分析得出的结论相吻合。为了得出更加精确的共振频率，对图6所示信号进行快速傅里叶变换，分析结果如图7所示。从图7中可看出，在4个频率点处出现共振幅值，其中频率为175.42Hz的共振幅值最大。

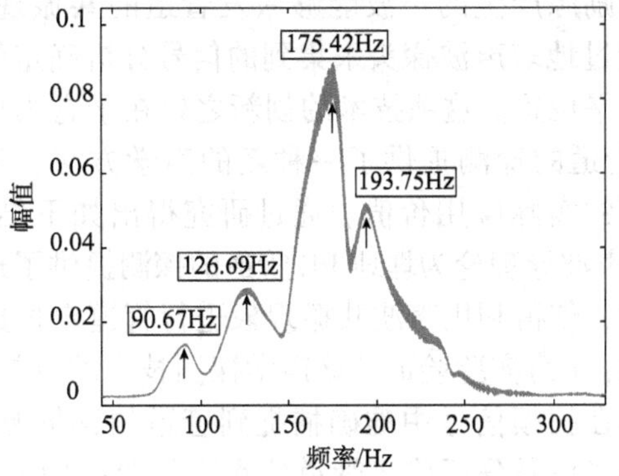

图7　采集点F处共振信号频谱图

对于激励源和声波探头距离较远的情况下，使用持续不断的正弦激励是最好的选择。声波共振的建立是一个时间依赖的过程。从激励开始到达到共振状态，系统需要一定的时间来响应外部激励并调整其振动模式。为了确保声波在管道中传播的更远，需要维持共振状态，需要外部激励源持续不断地施加与系统共振频率相匹配的激励。这种持续的激励是实现共振声波传播更远距离的关键因素。因此，通过控制激励源驱动器将激励信号调整为与系统共振频率相匹配175.42Hz

的正弦信号。

基于以上实验设置，分别采集了采样点 A、B、C、D 和 E 处的信号。至此，通过观测信号的幅值就能确定管道信号采集点与管道的距离。为了便于确定管道的水平位置，绘制了采样点 A、B、C、D 和 E 的最大幅值拟合曲线如图 8 所示。拟合曲线的峰值即为管道所在位置，图 8 中所示红色的粗线，即为管道的位置。

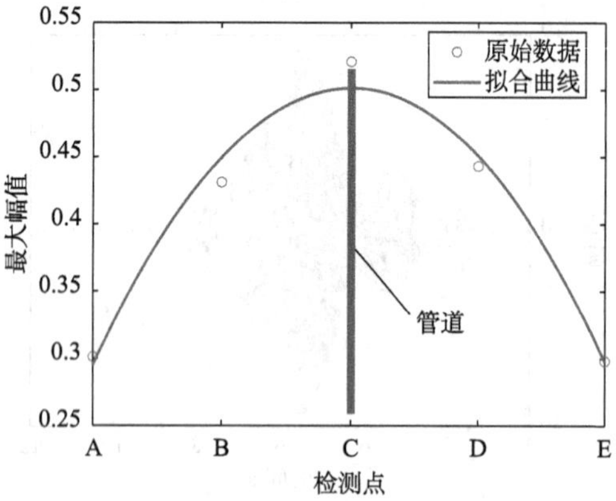

图 8　幅值拟合曲线

4　结论

该研究成功开发并验证了一种基于声波导理论的埋地 PE 管道探测技术。通过建立声波在管道中传播的理论模型，并结合实验验证，表明该技术在 50Hz 至 500Hz 扫频范围内实现了对 PE 管道的有效探测能力。实验结果表明，利用电磁驱动激励源产生的声波能够激发管道的共振现象，并通过地表声波探头采集到的信号分析确定管道的水平位置。这项技术的创新之处在于它为埋地 PE 管道的探测提供了一种新的声学方法，具有重要的实际应用价值。通过研究得出如下结论：(1)声波导理论为埋地 PE 管道的探测提供了理论基础，使得利用声波共振现象进行管道定位成为可能；(2)实验验证了该声学探测技术的有效性，能够在扫频信号中准确捕捉到管道的共振频率，并通过信号分析确定管道的水平位置；(3)该技术对于城市基础设施的管理和维护具有重要意义，特别是在埋地 PE 管道的探测方面，能够提供有效的解决方案。

尽管该研究在理论和实验方面均取得了积极成果，但仍有进一步改进和拓展的空间：(1)未来的研究可以探索在不同地质条件和更复杂的城市环境下，该技术的适用性和稳定性；(2)考虑管道材质、形状和尺寸多样性，进一步优化激励源的参数设置和信号处理算法，以提高探测精度和效率；(3)研究加压流体中声波的传播特性，以利用声波能量的增加和衰减的降低，提高探测深度和距离；(4)开发实时数据处理和可视化工具，以实现快速、准确的管道定位和监测。

通过这些努力，期望进一步提升该声学探测技术的实用性和可靠性，为城市基础设施的安全运行和维护提供更加强有力的支持。

参考文献

[1]胡华望，高艳．城市地下管线空间分布特征及资源利用评估研究[J]．给水排水，2022，58(5)：134－138.

[2]Xing J，Meng H，Meng X. An urban pipeline accident model based on system engineering and game theory[J]. Journal of Loss Prevention in the Process Industries，2020，64.

[3]刘相锋，吴颖婕．社会监督和政府监管对城市地下管线安全影响研究—来自地下管线安全事故微观数据[J]．商业经济与管理，2022(8)：84－96.

[4]Muggleton，J. M. and E. Rustighi，'Mapping the Underworld'：recent developments in vibro-acoustic techniques to locate buried infrastructure[J]. Geotechnique Letters，2013. 3：p. 137－141.

[5] Muggleton，J. M. and B. Papandreou，A shear wave ground surface vibration technique for the detection of buried pipes[J]. Journal of Applied Geophysics，2014. 106：p. 164－172.

[6]Papandreou，B.，M. J. Brennan and E. Rustighi，On the detection of objects buried at a shallow depth using seismic wave reflections[J]. Journal of the Acoustical Society of America，2011. 129(3)：p. 1366－1374.

[7]Muggleton，J. M.，M. J. Brennan and C. Rogers，Point vibration measurements for the detection of shallow-buried objects[J]. Tunnelling and Underground Space Technology，2014. 39：p. 27－33.

[8] PAVIC，G.，Vibroacoustical Energy-Flow Through Straight Pipes [J]. Journal of Sound and Vibration，1992. 154(3)：p. 411－429.

[9]Gao，Y.，Sui FS.，Muggleton，JM，et al.，Simplified dispersion relationships for fluid-dominated axisymmetric wave motion in buried fluid-filled pipes[J]. JOURNAL OF SOUND AND VIBRATION，2016. 375：p. 386－402.

[10]Muggleton，J. M.，M. J. Brennan and Y. Gao，Determining the location of buried plastic water pipes from measurements of ground surface vibration[J]. Journal of Applied Geophysics，2011. 75(1)：p. 54－61.

[11] Liu，B. and A. Nilsson，Vibro-Acoustics，Volume 1. 2nd ed[M]. Science Press，Beijing and Springer-Verlag Berlin Heidelberg 2015.

LNG 加气站夹套管无损检测试验研究与工程应用

许　波[1,2]　钱盛杰[1,2]　汪　磊[1]　周达宏[1]　李斌彬[1,2]　马跃玲[1]

(1. 宁波市特种设备检验研究院，宁波　315048；2. 浙江省市场监管特种设备智能检验与监测重点实验室，宁波　315048)

摘　要：针对在线 LNG 加气站夹套管内管腐蚀和对接焊缝缺陷的检测难点，分别提出了采用脉冲电磁和数字射线两种技术来实现对夹套内管的腐蚀检测和对接焊缝的数字成像。在实验室的条件下，设计了两层不锈钢脉冲电磁检测模型，并开展了检测试验研究。最后，采用脉冲电磁、数字射线和红外检测 3 种技术在 LNG 加气站进行了工程应用，成功的检测出了夹套管焊接缺陷和一处 LNG 泄露点，为企业排除了较大安全隐患。

关键词：LNG 加气站；夹套管；脉冲电磁；数字射线；红外检测

Research and engineering application of jacket piping nondestructive testing in LNG filling station

XU Bo[1,2]，*QIAN Shengjie*[1,2]，*WANG Lei*[1]，*ZHOU Dahong*[1]，*LI Binbin*[1,2]，*MA Yueling*[1]

(1. Ningbo Special Equipment Inspection and Research Institute，Ningbo 315048，China；
2. Zhejiang Academy of Special Equipment Science，Hangzhou，310020，China)

Abstract：In view of the difficulties in the detection of corrosion and butt weld defects of the inner jacket pipe in the on-line LNG filling station，two techniques of TEM and digital radiography testing are proposed to realize the corrosion detection of the inner pipe of the jacket and the digital imaging of the butt weld. Under laboratory conditions，two-layer stainless steel TEM detection model was designed and tested. Finally，three technologies of TEM，digital radiography testing and infrared detection were applied in LNG filling station，and the welding defects of jacket pipe and one LNG leakage point were successfully detected，which eliminated the potential safety hazards for enterprises.

Key words：LNG filling station；Jacket pipe；TEM；Digital radiography；Infrared detection

1　引言

LNG 即液化天然气(Liquefied Natural Gas)，主要成分是甲烷，其体积小，储量大，被认为是地球上最干净的石化能源。2021 年，中国进口 LNG 达 8140 万吨，为全球最大的 LNG 进口国，广泛应用于发电、城镇生活、车用燃料等方面。LNG 解决了城市能源问题，但在储存和运输过程中存在一定风险，一旦发生事故后果将十分严重，国内外因 LNG 泄露导致的事故也屡见不鲜。因此，开展定期无损检测对保障 LNG 低温管道安全运行至关重要。

对于夹套管外管的无损检测，可利用超声波

作者简介：许波(1980—　)，男，2004 年 6 月毕业于浙江工业大学过程装备与控制工程专业。高级工程师，宁波市特种设备检验研究院，主要从事承压类特种设备检验检测与科研。

通信作者：周达宏(1990—　)，男，工程师，2013 年 6 月毕业于浙江工业大学过程装备与控制工程专业。宁波市特种设备检验研究院，主要从事承压类特种设备检验检测。E－mail：103602027@ qq. com

基金项目：1. 浙江省市场监督管理局雏鹰计划核心项目(CY2022219)；2. 浙江省市场监督管理局科研计划项目(QN2023437)；3. 宁波市重大科技任务攻关项目(2022Z165)。

和渗透等常规无损检测技术进行。而夹套内管套在外管的内部，无法直接接触，常规无损检测技术无法对其开展检测。夹套管的失效往往是从内管开始，因此很有必要开展对内管的检测技术研究。LNG 气化站压力管道不停机检测的需求量大，检测难度高，常规无损检测方法无法检测。目前国内许多学者主要研究工作集中在 LNG 单层管道在线检测技术，而很少有人对 LNG 夹套双层管开展研究工作[1-3]。基于上述现状，本文在实验室和曝光室条件下进行脉冲电磁和数字射线的检测工艺研究。针对内管腐蚀情况，分析脉冲电磁的磁信号衰减特征曲线，选择合适曲线拐点，提取曲线有效波段，计算获得内管厚度数值，以便监控夹套内管的腐蚀情况。利用对比试块进行脉冲电磁检测试验，确定腐蚀位置与数值，制定检测工艺。针对内管焊缝的质量情况，通过高参数射线透照工艺，确定内管焊缝缺陷信息。最后，对整条 LNG 管道采用红外检测技术，检测 LNG 的泄露情况。最终形成了一种 LNG 夹套型管道的在线低温检测方案。

2 LNG 加气站夹套管及检测方法介绍

LNG 加气站工程 LNG 管道为低温夹套型压力管道，常规无损检测方法仅能对夹套外管实施检测，而对于内管的腐蚀及焊接缺陷则无能为力。针对外管的无损检测方法包括超声波测厚、表面渗透检测和焊接接头超声波检测。仅检测外管不能保证整条夹套管的质量安全，夹套内管盛装低温 LNG 介质，因此，很有必要对内管实施无损检测。根据企业对夹套内管不停机检测的技术层面需求，以及考虑检测时间的迫切性与安全性，急需采用一种有效的方法实现 LNG 夹套型管道的在线低温检测。

某石油交投综合能源销售有限公司气瓶充装站承担着当地的天然气供应，其管道装置中的 5 条低温 LNG 夹套压力管道面临定期检验。该夹套管道基本情况如表 1 所示。LNG 夹套压力管道的样品类别为 GC2，样品编号为 LNG101～105，样品规格为 $\phi76\times4.0$mm(外管)、$\phi57\times3.5$mm(内管)，材质为 06Cr19Ni10。考虑到当地天然气连续供应的需求，受检时机为在役。

表 1　夹套管道基本情况表

管道名称	LNG 连接管	类别	GC2
设计压力	2.5MPa	设计温度	−196℃
工作压力	1.0MPa	工作温度	−162℃
介质	LNG	内外管材质	06Gr19Ni10
结构形式	夹套管	绝热方式	高真空多层绝热
内管尺寸厚度	$DN50\times3.5$mm	外管尺寸厚度	$DN100\times4.0$mm

3 脉冲电磁检测试验

脉冲电磁是一种新型的无损检测技术，它可以在较大探头提离距离的前提下完成金属材料的厚度测试，已被应用于带保温金属管道测厚、埋地管道腐蚀检测、军事探测和地球物理勘探等方面[4-5]。为了更好的模拟夹套内管腐蚀的脉冲电磁检测，本文采用双层不锈钢板检测模型，其中内层钢板可通过更换不同的板厚以实现腐蚀测厚。试验对象为双层不锈钢板，外层厚度为 4.0mm，内层厚度用 X 表示。内层根据不同的腐蚀程度进行多次检测试验，内层厚度 X 的变化范围为 2.0～10.0mm。采用脉冲电磁技术实施检测，两层板间隔与夹套管间距保持一致。双层不锈钢板试验布置图如图 1 所示。

图 1　双层不锈钢板试验布置图

为了实现内层钢板的精确测厚，开展了一系列定量研究试验。为了模拟内层钢板的厚度减薄，分别进行两组数据的测试比对。首先，测试内层板基准厚度，记录 2 个测点，编号为 1 号和 2 号测点。第二步，模拟内层板厚度减薄，将内层厚度较大的钢板替换成厚度较小的钢板，外层钢板不变，也记录 2 个测点，编号为 3 号和 4 号测点。上述 2 个模型下的 4 个测点检测完成之后，经后处理分析，得到如图 2 所示的双层不锈钢板双对数曲线比对图。

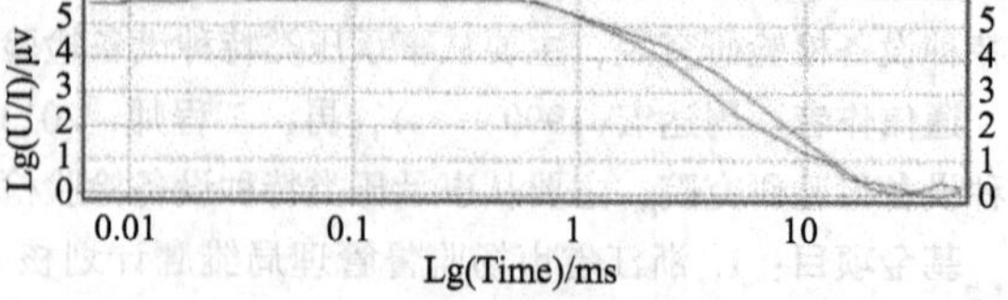

图 2　双对数曲线比对图

图2双对数曲线比对图中含4条曲线，其中，上面2条曲线分别为1号测点和2号测点对应的曲线，其中，1、2号测点曲线对应的模型厚度较厚，因此磁场衰退速度较慢，曲线下降较缓。另一方面，1号测点和2号测点对应的曲线基本重合，从而表明在同一个厚度试板情况下，测厚数据非常稳定。3、4号测点曲线对应的模型厚度较薄，因此磁场衰退速度较快，曲线下降较陡。同样，3号测点和4号测点对应的曲线基本重合，从而表明在同一个厚度试板情况下，测厚数据非常稳定。从双对数曲线中，发现1、2号测点和3、4号测点对应的曲线有明显分叉。因此，可初步判定为3、4号测点相对于1、2号测点存在明显减薄。

为了近一步分析内层板的腐蚀厚度测量，需要选择合适的曲线拐点。选取1号测点的双对数测点，如图3所示。从图3中可以发现，在曲线下降阶段有2个比较明显的拐点，即横坐标为1ms往左退2个点位(第一个拐点)和1ms往右的第4个点位(第二个拐点)。选取时间段分析钢板厚度，从第一个拐点开始至后3点可计算第一层不锈钢厚度，从第二个拐点开始至后3点可计算第二层不锈钢厚度。因此，上述4个测厚数据由第二个拐点开始至后3点可计算获得。通过一系列检测结果发现，当内层钢板厚度腐蚀小于10%时，测量误差非常小。当内层钢板厚度腐蚀在10~20%时，有一定的测量误差。当厚度腐蚀大于20%时，测量误差非常大，且厚度差异越大，误差越大。因此，当采用脉冲电磁技术开展检测时，当显示厚度腐蚀小于10%时，可不考虑腐蚀，显示在10~20%时，应重点关注内管的腐蚀情况，显示大于20%时，内管已发生较为严重的腐蚀。

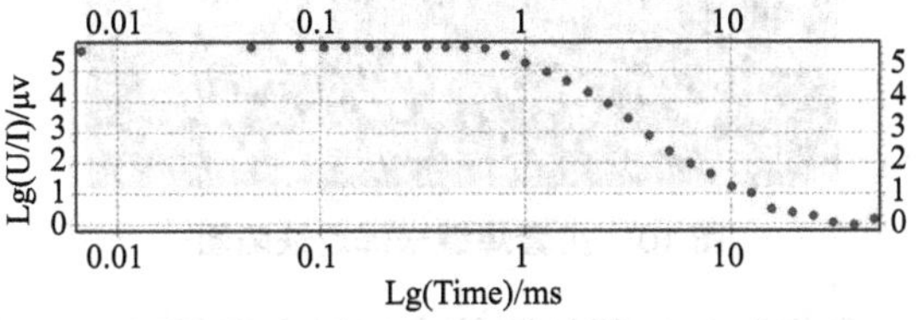

图3　1号测点双对数测点图

在试验研究的基础之上，将脉冲电磁技术应用于LNG加气站夹套压力管道腐蚀检测，仪器名称和型号分别为脉冲电磁检测系统/YB-26，检测部位为夹套内管。分别对弯管和相邻两端直管进行厚度测试，其中，测点1和2为直管一侧的两个测厚点，测点3和4为弯管的两个测厚点，测点5和6为另一侧直管的两个测厚点。通过对相对电压衰减曲线的波段进行分析，选取合适的波段作为内管电压衰减波段，由此得到测点的管壁厚度数值。如图4所示，经脉冲电磁测试，测点1~6的厚度分别为：3.8、3.5、3.3、3.4、3.8、3.8mm，该管道内管厚度测试满足使用要求。

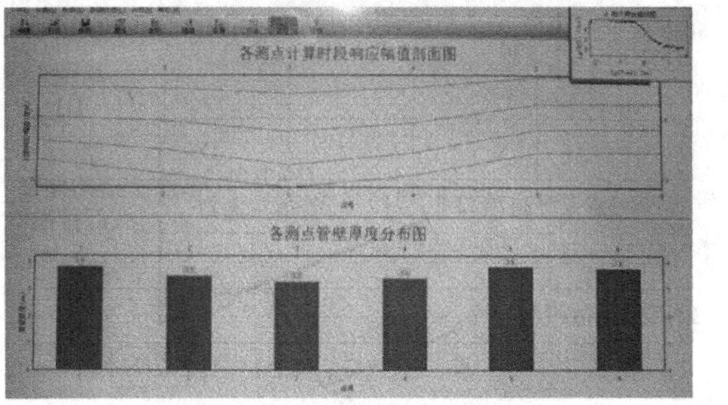

图4　脉冲电磁现场测试结果

脉冲电磁检测技术常用于隔保温大提离条件下的单层钢板的厚度测试。本文针对两层不锈钢板开展脉冲电磁工艺研究，分析了两层钢板对脉冲电磁检测结果的影响。最后，脉冲电磁检测试验研究表明，通过正确的选取衰减曲线拐点和合理的时间窗口，可实现夹套型双层不锈钢板的厚度检测。

4　数字射线检测应用

数字射线检测技术具有宽广的曝光宽容度和较强的降噪能力，通过选择合适的曝光参数，能使图像的灰度、灵敏度、分辨力和信噪比等参数满足标准要求[6]。完成脉冲电磁腐蚀测试之后，接着开展X射线数字成像检测，本次检测采用DR和CR成像检测技术。对于检测空间较大的管道，采用DR检测技术，对于检测空间受限位置，采用CR检测技术。受检LNG夹套压力管道的样品编号为LNG101~105，样品规格为$\phi76\times4.0$mm(外管)、$\phi57\times3.5$mm(内管)，材质为06Cr19Ni10，受检时机为在役。CR检测射线机设备型号为XXG-1605，有效焦点尺寸0.8×0.8mm，CR检测IP型号规格为IPS 110×180mm，像素尺寸为80μm，DR检测平板探测器型号为NDT 1012MA，像素尺寸为125μm。金属屏为Pb0.03×0.03mm，像质计置于胶片侧，应识别丝号分别为W14/D9，透照布置为双壁双影，焦距F为500mm，曝光量15mA·min，X射线管电压（130kV），管电流（5mA），曝光时间(3.0min)，一次透照长度57mm。

针对LNG101夹套内管，通过上述透照工艺，发现D5焊口存在未焊透缺陷，其中单个未焊透较长的缺陷尺寸达L＝40.0mm，自身高度H＝0.8mm。根据NB/T 47013.14—2015《承压设备无损检测第14部分：X射线计算机辅助成像检测》进行检测和评定，被检焊接接头质量分级评定为Ⅳ级。图5为LNG101单线图，图6为D5焊口CR图片，图7为CR现场检测图。

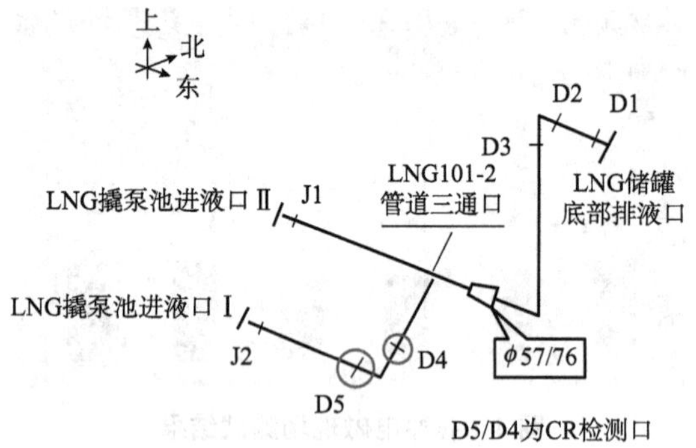

图5　LNG101单线图

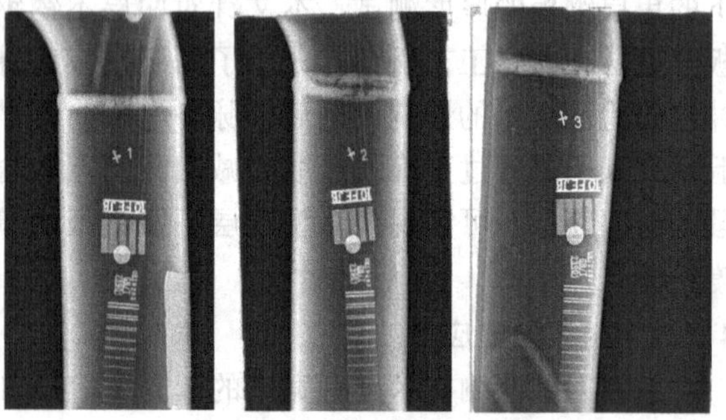

图6　LNG101 D5焊口未焊透CR图片

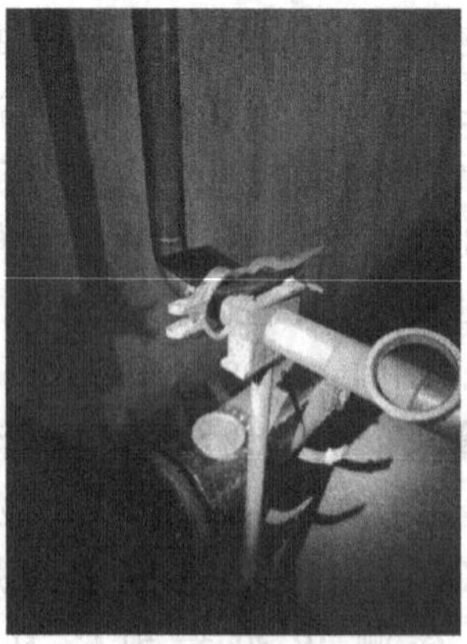

图7　CR现场检测图

图8为LNG106管线检测发现的圆形缺陷图片。根据NB/T 47013.14—2015《承压设备无损检测第14部分：X射线计算机辅助成像检测》进行检测和评定，被检焊接接头质量分级评定为Ⅱ级。图9为LNG108管线检测发现的多处凹坑缺陷图片。NB/T 47013.14—2015《承压设备无损检测第14部分：X射线计算机辅助成像检测》进行检测和评定，被检焊接接头质量分级评定为Ⅱ级。

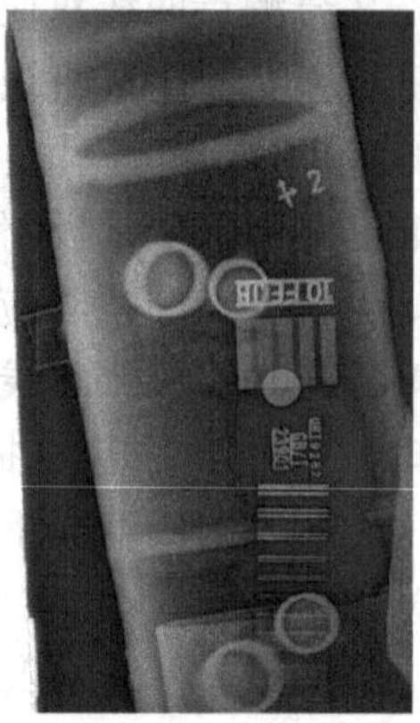

图8　LNG106管线圆形缺陷图

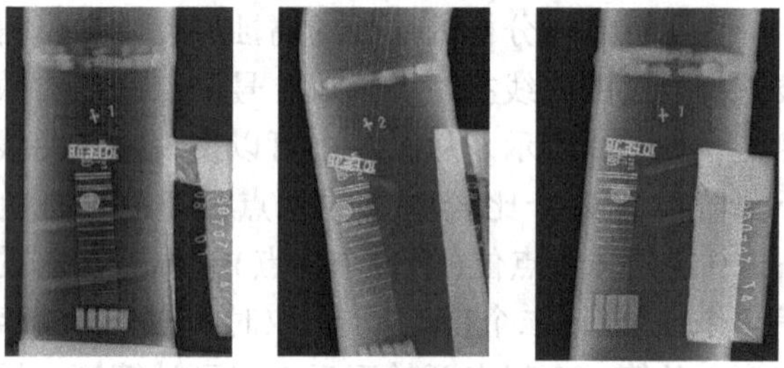

图9　LNG108管线凹坑缺陷图

采用DR技术对夹套管结构进行检测，能实现夹套管内管焊缝的检测。在检测过程中，发现一处外管对接焊缝的未焊透缺陷，如图10所示。

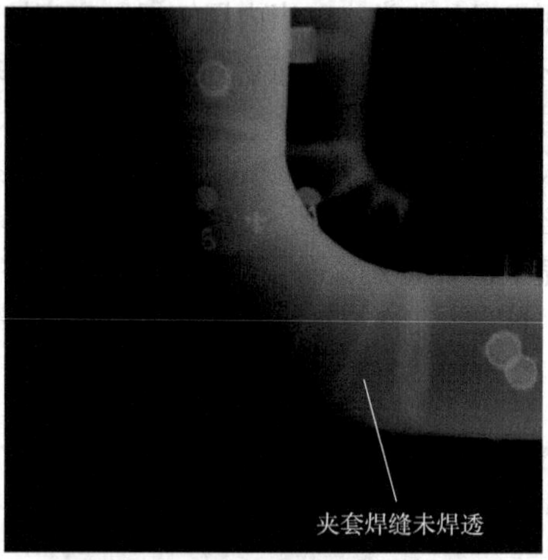

图10　夹套焊缝未焊透缺陷图

常规胶片透照检测技术难以实现低温LNG夹套管道的在线检测。主要困难在于夹套双层结构透照工艺难以设置，以及低温带料LNG容易造成射线能量损失。本文采用数字射线DR和CR技术，通过高参数透照工艺，可快速成像并实时调整检测参数，且有较宽广的曝光宽容度和较强的降噪能力，成像质量明显高于胶片透照技术。在工程项目检测中，能发现内管和外管的焊接缺陷，具有较高的推广应用价值。

5　红外检测应用

VOC 及可燃气体泄漏红外检测技术可实现对高低温承压设备、保温设备的温度场测试和有机、可燃气体的泄露测试，因此，非常适用于本次整个 LNG 加气站装置的跑冷和泄露检测。经过红外温度场测试，未发现跑冷现象。最后，对 LNG 阀井处的密封情况进行检测，发现 1 处阀井的法兰密封面处存在泄漏现象，如图 11 所示。其中，图 11(a)为泄露阀井，图 11(b)为正常阀井。从图 11 中可以发现，泄露阀井处的气态天然气不断从法兰侧面逸出。该阀井存在较大安全隐患，为此，企业相关部门立即组织施工人员对其进行了修复。

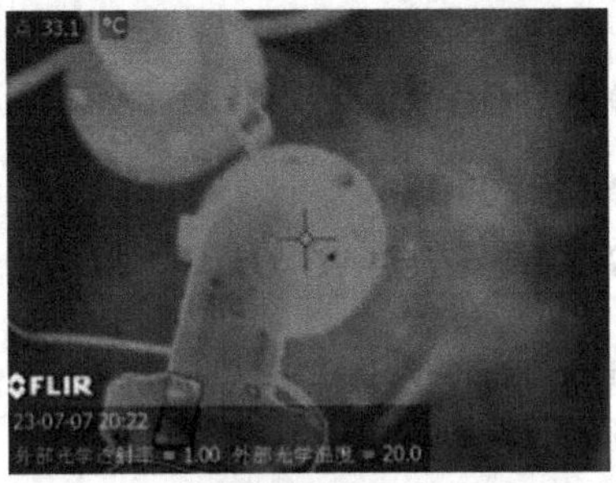

(a)泄漏阀井

(b)正常阀井

图 11　阀井存在泄漏

6　结论

本文针对 LNG 加气站夹套压力管道的检测难点，综合采用脉冲电磁、数字射线和红外检测 3 种无损检测技术，在试验研究的基础之上，制定了一套专用检测方案。在工程应用过程中，成功的检测出了夹套管焊接缺陷和一处 LNG 泄露点，为企业排除了较大安全隐患。本文研究内容总结如下：

(1)建立两层不锈钢脉冲电磁检测模型，通过试验制定厚度测量检测工艺。

(2)采用数字射线 DR 和 CR 检测方法，成功的检测出夹套外管未焊透缺陷和内管的圆形缺陷和凹坑缺陷。

(3)通过红外检测，发现阀井处的法兰密封面的一处 LNG 泄露。

参考文献

[1]刘海星，郝刚，刘新，等．LNG 管道在线检测技术现场应用研究[J]．化工机械，2024，45(2)：6－10.

[2]吴斌，张皓，谷涛，等．LNG 超低温管道腐蚀电磁超声检测技术[J]．化工机械，2022，49(6)：875－879.

[3]吴斌，张皓，张大伟，等．LNG 接收站低温管道无损检测方法适应性分析[J]．化工机械，2023，50(1)：26－31.

[4]汪路路，于润桥，胡博，等．基于脉冲电磁法的城市热力管道腐蚀检测[J]．无损检测，2019，41(7)：34－38.

[5]张勇，汪海勇，吴美武，等．基于脉冲电磁法的无人浅水水雷快速探测研究[J]．微波学报，2023，39(2)：80－83.

[6]钱盛杰，王三军，周鑫，等．LNG 储罐 9Ni 钢焊接接头射线检测试验研究与工程应用[J]．石油化工设备技术，2024，45(1)：22－25.

城市中压燃气管道全面检验探析

周德敏[1]　倪　曦[2]　徐　明[1]　孟　涛[1]　黄　辉[1]

(1. 中国特种设备检测研究院，北京　100013；
2. 遵义市特种设备检测研究所，贵州 遵义　221008)

摘　要：开展中压钢质埋地管道腐蚀防腐系统等项目检测受限于地表复杂工况和中压管网分支多等因素影响，现场检测实施难度大，严重的管体缺陷位置难以被发现。PE 管道定期检验以宏观检查项目为主，对于 PE 管道损伤与承压能力、焊接缺陷的无损检测及评价、材质老化等多因素影响下的管道安全状况评价并没得到足够的重视。为确保城镇燃气管道安全运行，本文针对管道的安装质量控制、检验难点、腐蚀控制、数字化智慧化、政府监管等面临的问题进行了分析，并提出了针对性建议。

关键词：燃气管道；PE 管道；中压管道

Analysis of comprehensive inspection of urban medium pressure gas pipelines

ZHOU Demin[1], *NI Xi*[2], *XU Ming*[1], *MENG Tao*[1], *HUANG Hui*[1]

(1. China Special Equipment Inspection And Research Institute, Beijing 100029, China;
2. Zunyi Special Equipment Inspection And Research Institute, Zunyi 221008, China)

Abstract: The inspection of corrosion and anti-corrosion systems for buried medium pressure steel pipelines is limited by complex surface conditions and multiple branches of medium pressure pipeline networks. The implementation of on-site inspection is difficult, and the location of serious pipe defects is difficult to detect. The regular inspection of PE pipelines mainly focuses on macroscopic inspection items, and the evaluation of pipeline safety under multiple factors such as damage and pressure bearing capacity, non-destructive testing and evaluation of welding defects, and material aging has not received sufficient attention. To ensure the safe operation of urban gas pipelines, this article analyzes the problems faced by pipeline installation quality control, inspection difficulties, corrosion control, digital intelligence, and government supervision, and puts forward targeted suggestions.

Key words: Gas pipeline; PE pipeline; Medium pressure pipeline

1　概述

城镇燃气管道是市政公用事业的重要组成部分，是现代城镇的重要基础设施，作为城市最重要的“生命线”工程之一，与经济社会发展和人民生活息息相关。随着城市化进程的推进，城镇居民生活中对燃气的依赖逐渐增加。据 2022 年底统计，城镇中压燃气管道有 41.05 万 km(其中 PE 管道为 34.8 万 km)。近年来，十堰“6·13”燃气爆炸等事故接连发生，给人民生命财产造成巨大损失。据中国城市燃气协会安全管理工作委员会发布数据，事故原因主要有第三方施工破坏、管道腐蚀泄漏、地质灾害、深根植物破坏等(见表 1)。其中，第三方施工破坏占比 63.8%，居燃气管道事故原因的首位。追溯原因，对于庭院管

作者简介：倪曦(1983—　)，高工，现在遵义市特种设备检验所从事压力管道检验与研究工作。E - mail：20238572@ qq. com

周德敏(1977—　)，博士研究生学历，主要从事压力管道检验检测及科研相关工作。E - mail：zhou_ demin@ aliyun. com

网，燃气公司巡查不到位，小区物业管理不顾及。资料丢失或熟悉管道路由人员离职，管道路由指引错误也会引起第三方破坏。上述可能是表1统计第三方施工破坏事故频发的主要原因。需要注意的是，燃气管道在建设期，部分燃气公司因各种原因，如抢占市场抢建燃气管道、降低成本等，在未按规定办理告知和接受检验机构安装监督检验，极易导致安装工程质量控制不严，安装过程资料及运行维护资料缺失或不完整。需要提及的是，一些国内城市市政工程施工时，都要求施工单位办理施工手续时需要到燃气公司签署保护协议，大大降低了第三方施工破坏事故。以某燃气公司为例，其管辖200km中压管道，以前每年因第三方施工造成破坏10次左右。近年来，通过此项措施基本杜绝了第三方施工引起的破坏。

表1 2022年第四季度～2023年第三季度期间燃气管道事故原因统计表

序号	事故原因	数量/起	死亡人数	受伤人数
1	第三方施工破坏	122	2	14
2	管道腐蚀泄漏	9	0	0
3	地面沉降	1	0	0
4	地质灾害	7	0	0
5	管道焊缝开裂	0	0	0
6	铸铁管断裂	0	0	0
7	PE管焊口泄漏	0	0	0
8	PE管白蚁蛀蚀泄漏	0	0	0
9	车辆撞击致燃气管道泄漏	3	0	0
10	管道阀门泄漏	0	0	0
11	燃气泄漏窒息	0	0	0
12	偷盗气	0	0	0
13	其他(如树根挤压致电熔套筒破裂)	5	2	2
14	待核实	44	3	3
合计		191	7	19

备注：本表中不含事故原因待核实的事故数量及伤亡数量；数据来源于中国城市燃气协会安全管理工作委员会发布《全国燃气事故分析报告》。

2 钢制燃气管道检验

2.1 外腐蚀直接评价方法技术

国内在20世纪80年代开始进行管道的外腐蚀直接评价，最初是检测管道保护电位，对于欠保护的管段采用Pearson法进行检测。后来采用电流—电位法或变频—选频法测量一段管道的防腐层绝缘电阻，根据绝缘电阻率的值分级评价，确定防腐层是否需要修复。20世纪90年代末开始从国外引进DCVG(直流电传梯度法)、ACVG(交流电传梯度法)、PCM(多频管中电流法)、以及电化学阻抗谱技术等。其中，交流电传梯度法为PCM(多频管中电流法)与交流地电位差测量仪(A字架)组合，通过测量土壤中交流地电位梯度的变化从而对埋地管道防腐层破损点进行查找和准确定位等[1-3]。

对于钢质燃气管道，通常采取外防腐层和阴极保护的双重防腐措施。随着防腐层性能下降或遭受破坏，在阴极保护未达到有效保护时，管道易遭受外腐蚀等[4]。伴随国内中大城市快速发展后，城市轨道交通作为缓解交通拥堵的有效工具，在国内得到大力发展。随着城市地铁运行年限增加，轨/地绝缘性能降低，由走行轨泄漏到周围土壤中的杂散电流明显增大。杂散电流一旦流入/流出管道，管道腐蚀大大加速。燃气钢制管道的外腐蚀检测主要针对外防腐层破损、阴极保护有效性、杂散电流等项目的检测。依据TSG D7004《压力管道定期检验规则－公用管道》，钢制燃气管道外腐蚀直接检测的基本思路是在管道相关资料查阅后，针对埋地管道的腐蚀防护系统(外防腐层、阴极保护)进行检测，同时考虑可能发生腐蚀的管道位置，选择开挖后对防腐层、管道本体损伤等进行直接检测验证，从而对管道安全状况进行评价。部分中压钢制燃气管道因标准未要求施加阴极保护，管道仅仅有外防腐层一道屏障，实际检测中主要完成外防腐层和腐蚀环境检测。

2.2 检测难点

燃气管道的特点是支线多、检测干扰大，对后期开展管道的检测评价造成很大困难。

2.2.1 管道定位

对比长输管道，城市燃气管道因支管多，绝缘法兰、旧管道改造后易形成PE管隔离，施加的管道定位信号传输规律复杂，造成管道定位特别困难，见图1。

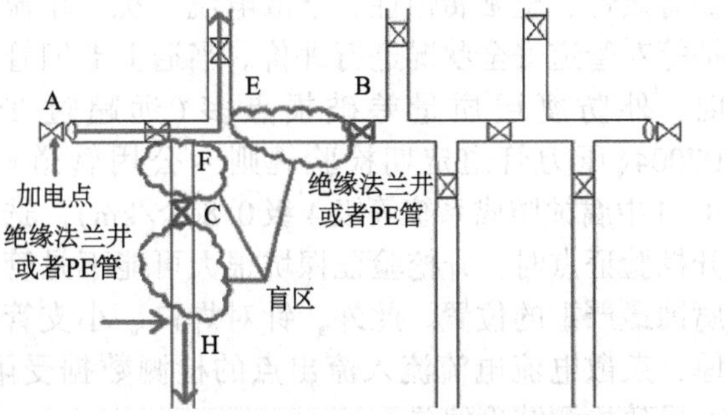

图1 中压燃气钢质管道走向示意图

2.2.2 防腐层破损点检测

城市燃气管道大多敷设于沥青或水泥路面下(见图2)，沥青或水泥路面导电性差，检测防腐层破损点的工作难以完成。现场检测时，常常在“A字架”两个脚针浇水，以增加其导电性，但往往效果不佳。此外，实际应用中还存在其他一些局限性，如距离发射机较近区域、大埋深的定向钻穿越、地表环境限制无法到达的管段、季节性冻土层、多条管道并行等工况，外防腐层破损点的检测都受限。

图2　沥青路面剖面分层示意图

2.2.3 杂散电流干扰

随着地铁轨道交通运营年限增长，地铁轨/地绝缘性能降低，由走行轨泄漏到周围土壤中的杂散电流明显增大。杂散电流流入管道时，该管段称为阴极区，不会发生腐蚀。而杂散电流流出的区域(阳极区)，则可能发生金属的电化学腐蚀。管道上同一个位置甚至会出现阴极区和阳极区的交替变化。目前，检验机构针对城市燃气管道杂散电流检测仅仅判断否有杂散电流干扰及干扰程度，并未找出杂散电流的流入流出点。企业需要额外开展专项杂散检测才能确定杂散电流的流入/流出点，以便对杂散电流的排流施工提供准确依据。

外腐蚀直接评价通过外防腐层状况、阴极保护有效性、土壤腐蚀性、杂散电流干扰、排流保护等对管道安全状况进行评价。当遇上老旧管道时，外防腐层质量差破损点多(远超过TSG D7004《压力管道定期检验规则－公用管道》表B－1中腐蚀防腐系统等级4级0.8个/km)。选择开挖验证点时，开挖验证探坑很大可能不是管体腐蚀最严重的位置。此外，针对焊口、小支管壁厚、杂散电流电流流入流出点的检测数据受限，亦导致检测结论偏差。

3 PE管道检验

聚乙烯管道因其优异的耐腐蚀性能，在城镇燃气中低压管网中广泛使用。据初步统计，聚乙烯管道在我国城镇燃气管道中的使用量已超过了75%。

焊缝作为影响管道安全最重要要素之一，PE管道焊接过程的质量控制十分重要。PE管道焊接常采用电熔或热熔的焊接方式。其中，电熔接头的缺陷一般有过焊、冷焊、夹杂、孔洞、管材承插不到位、电阻丝错位等，电熔焊接后宏观检查应观察外观是否完整无缺、有无变形、熔接表面有无熔融物流出、承插口是否与管材同轴。热熔接头的缺陷一般有裂纹、未熔合、夹杂、孔洞等，热熔焊接后宏观检查应观察热熔接头的外观形状是否符合要求、卷边的高度K值是否大于0、错边量是否大于管道壁厚的10%、卷边的宽度是否过宽、卷边切除后背完试验是否开裂等[5]。对PE管道来说，热熔焊接相对于电熔套筒焊接，焊接过程更易控制，焊缝质量更可靠。目前，除非死口，企业优先选择热熔焊接。

根据TSG D7004《压力管道定期检验规则－公用管道》，聚乙烯燃气管道的检验项目主要以宏观检查项目为主，包括资料审查、泄漏检查、位置与走向检查、地面标志检查等，缺少针对管体损伤、焊缝缺陷等的检测评价方法体系。此外，原始资料缺失、运行维护资料不完整，数据收集困难等，特别是一些支线管道安装质量难以确认(无支线阀门，试压记录不完整)；PE管道定位，埋地钢塑转换接头定位及质量检测；PE管道损伤与承压能力评价(如白蚁、鼠啃、深根植物破坏)。聚乙烯管道材料不同于常规钢质管道，其材料失效特征不同，且管道铺设环境复杂、第三方活动频繁、事故后果影响严重等特点，现有的相关检验及评价方法对城镇燃气聚乙烯管道安全性状况评价存在局限。

4 讨论与建议

(1)加强施工过程质量控制。钢制管道的组对焊接、回填、管材质量等是施工质量控制的关键环节。借助焊接过程中焊机、焊材、焊工等施焊信息的采集，实现焊口信息的可追溯性。管材装卸、拖拽等规范操作，避免管体损伤，从而保证管道的承压能力和使用寿命。对于PE管道，按标准要求布设示踪线、警示带，警示带与管顶的距离满足标准要求。持续提高燃气企业守法意识，加大其违法成本，对于未按规定办理告知和接受检验机构安装监督检验的管道，促使燃气企业在管道建设过程中依法依规，确保管道投入运行时“优生优育”。

(2)燃气钢制管道检验实施困难，严重的管体缺陷位置难以被发现。在开展外腐蚀直接检测时，受城市的沥青水泥路面、车辆交通、地下管线电缆等影响，管道敷设的土壤腐蚀性、外防腐层破损点、阴极保护、开挖验证等现场采集数据时易出现漏检或者偏差。此外，外腐蚀直接检测评价方法本身存在一定的局限性，对管道本体缺陷的检出率针对性不强。

(3)燃气 PE 管道检验应从宏观检查项目中"跳出来"。基于资料和现场宏观检查，依据 PE 管道的损伤机理与失效原因，重点摸清管道沿线的密闭空间、地基沉降(地表凹陷、后期施工回填不实)且存在重物碾压管段、动植物破坏(白蚁、老鼠啃、深根植物破坏)等，找到管道存在的潜在隐患，开展有针对性的检验，如对地表沉降且被重车经常碾压位置进行开挖焊口检测，确认城市改造施工(如污水管道或化粪池施工)是否造成燃气管道与其他管道相互串通。

(4)钢制管道开展杂散电流检测和排流措施。大多数检验单位针对城市燃气管道杂散电流检测仅仅判断否有杂散电流干扰及程度，未能检测出杂散电流的流入流出点，无法提供给企业正确的排流措施。当管道周围有地铁运行时，建议企业开展详细的专项杂散检测以确定杂散电流流入/流出点，并对杂散干扰较重的区域进行排流。

(5)积极推进燃气管道的老旧管道改造、数字化、智慧化。钢制燃气管道因地表敷设环境复杂等因素，管道真实存在的缺陷隐患可能未被检测发现，PE 管道因"走马观花"式宏观检查为主，基于检验数据的管道安全状况易出现偏差。对于老旧钢质管道，能换尽换，不能更换的，建议对该类管道增设阴极保护系统，以减缓管道腐蚀。对停止运行、封填、报废的燃气设施采取必要措施妥善处理，并做好相关记录。推动泄漏监测预警平台和管道地理信息系统建设、建立健全燃气设施定期巡查制度，定期排查和消除安全隐患，特别是密闭空间或场所。结合智能管道系统，运用云平台、大数据等先进技术，实现管道安全预测预警、全面感知与智能规划，确保管网安全可靠运行，提高综合应急能力和生产管理效率。在信息系统中集成管道信息，使管道运营管理更加智能化和可视化。通过智能识别、评估和控制等功能预防事故的发生。

(5)企业需落实主体责任。燃气行业的高危险性特征决定了其对工程建设、运营等专业技术人员的要求较高。燃气行业本身属于民生工程，恰逢房地产市场的降温，国内燃气企业经营上举步维艰，不少技术工人和业务骨干离职，确保企业专业技术队伍稳定始终是保障企业安全的重要基础性工作。制定日常巡检、应急事故处置演练等一系列规章制度并严格执行，避免"两张皮"。要滤清本单位燃气压力管道数量及基本信息，并根据《城市燃气管道等老化更新改造实施方案(2022—2025 年)》完成老旧管道改造，严格落实新建及更新改造的燃气压力管道安装告知和安装监督检验。对于在用管道，履行法定检验义务，及时发现和消除安全隐患。充分利用微信微博等新媒体宣传使用燃气相关的安全知识。加强智能预警系统平台建设等。

(6)加强政府监管。燃气管道大多敷设于人口稠密区域，管道一旦发生事故后果特别严重。基于城市燃气企业安全生产的公益属性，应加大相关环节的行政监管力度。检验机构新核准规则颁布实施后，燃气管道检验市场竞争空前惨烈，燃气管道检验行业成为了资本的角斗场，监管部门需加强对检验机构的抽查，打击弄虚作假、检验不作为。在日常监管中，推动执法监管信息与信用平台关联，督促企业重视特种设备安全，压实企业主体责任，监督燃气企业日常泄漏巡检数据实时上网上监管平台，以便监察机构能动态掌握特种设备安全状态。

(7)新技术评价方法展望。解决复杂环境下 PE 管道定位、材质老化评估、焊接缺陷安全性评价方法。研制适用于钢制管道的管体缺陷检测的弱磁检测、爬行检测器、多频电磁等。

5 总结

本文对现有中压燃气钢制管道和 PE 管道的检测方法进行介绍，指出了现有检测方法中存在的缺点以及局限性，为此提出了城市中压燃气管道的安全管理以及检验检测建议，为后续中压燃气管道使用、管理、检验等提供一定的参考价值。

参考文献

[1]杨永，贺小刚．外腐蚀直接评价方法的相关探讨[J]．管道技术与设备．2006(2)：33－35.

[2]周德敏，何仁洋，杨永，韩月红．埋地压力管道检测方法及要点解析[J]．腐蚀科学与防护技术，2012.07(04)：349－251;

[3]陈卓．组合检测模式在埋地管道外防腐层缺陷检测工程中的应用研究[J]．石油天然气学报(江汉石油学院学报)，2013(04)：296－298.

[4]张继亮．埋地钢质燃气管道间接检测技术适用性分析[J]．煤气与热力，2014. 第 34 卷(07)：B40－B42.

[5]严俊伟，陈伟，王友义，等．城镇埋地聚乙烯燃气管道全面检验技术及其应用[J]．化工机械，2021：294－297.

天然气长输管道内检测缺陷点修复与分析

李勇刚[1] 田 益[1] 李林涛[2] 吴 登[2]

(1. 陕西省天然气股份有限公司，陕西 西安 710016；2. 中国特种设备检测研究院，北京 100029)

摘 要：本文介绍天然气长输管道典型内检测缺陷的修复，并分析缺陷形成原因。根据对内检测缺陷的开挖验证，评价缺陷是否可接受，采用可靠的方法完成修复。其中管体金属损失为内壁金属损失和外壁金属损失，主要导致的原因为制造缺陷、机械损伤和腐蚀；管道变形缺陷主要分为凹陷和屈曲等，主要导致原因为不规范施工；环焊缝异常包括未熔合、未焊透等焊缝缺陷，主要导致原因为施工质量差。控制管道施工质量，加强管材制造阶段和验收阶段监督，能有效的减少失效发生概率。

关键词：天然气长输管道；内检测缺陷点；缺陷成因分析；修复

Study and Repair of Internal Inspection Defects in Gas Pipeline

LI Yonggang[1], *TIAN Yi*[1], *LI Lintao*[2], *WU Deng*[2]

(1. Shaanxi Provincial Natural Gas Company Limited, Shaanxi Xi'an 710016, China;
2. China Special Equipment Inspection And Research Institute, Beijing 100029, China)

Abstract: This paper introduces the repair and causes of typical internal inspection defects in gas pipelines. Based on the excavation verification of internal detection defects, evaluate whether the defects are acceptable and use reliable methods to complete the repair. The metal loss of the pipe body includes inner and outer wall metal loss, major cause by manufacturing defects, mechanical damage, and corrosion. The deformation defects of pipelines are mainly divided into depression and buckling, which are mainly caused by non-standard construction. The main causes of girth welds are weld defects such as incomplete fusion and incomplete penetration, which are poor construction quality. Controlling the quality of pipeline construction and supervision during the manufacturing and acceptance stages of pipes can effectively reduce the probability of failure.

Key words: Gas pipelines; Internal Inspection Defects; Analysis of defect causes; Repair

1 引言

随着天然气长输管道运营时间的增加，管道老化问题日益突出，管道安全运行问题越来越受到人们重视。天然气长输管道长时间服役后，会因外部干扰、腐蚀、管材和施工质量等因素发生失效事故，导致火灾、爆炸、中毒，进而可能造成重大的人员伤亡、经济损失及环境污染[1]。据文献[2-4]，1970～1984 年美国共发生天然气管道失效事故 5872 起，平均每年 404 起；1985～1992 年，平均每年 238 起，直接经济损失超过 3500 万美元。1970～2010 年间，欧洲天然气管道失效事故共发生 1249 起，40 年间的评价失效概率为 0.351 次/(1000km · a)，且随着时间的推移，失效概率越来越低，2006～2010 年间，平均失效仅为 0.162 次/(1000km · a)。2022 年，全国长输天然气管道总里程 11.8 万 km(含地方及区域管道)，新建长输管道里程 3000km 以上[5]。

陕西省天然气股份有限公司西安分公司主要

作者简介：李勇刚(1974—)，工程师，主要从事天然气长输管道完整性管理工作。E - mail：1322533272@qq.com

负责靖西一、二、三线（北起黄陵，南至西安、永乐）、关中环线（西起永乐，东至渭南，南至长安）、西渭线（西安至渭南）、西商线（西安至商洛）、商山线（商洛至山阳）、商南线（商洛至洛南）、商商线（商洛至商南）等12条天然气长输管道，总里程1119.3km，承担着向铜川、咸阳、西安、渭南和商洛5市22个下游用户的供气任务，最早的长输管道于1997年建成投运，最晚的于2018年建成投运，在日常维护和改线过程中发现焊缝缺陷和内腐蚀等影响管道安全运行的重大隐患，急需对长输管道进行彻底排查，消除隐患，保证长输管道长周期安全运行。

本文探讨天然气长输管道内检测典型超标缺陷的修复整治，为天然气长输管道的安全运行提供一定的参考。

2　内检测缺陷处理流程

管道内检测技术能实时检测和记录管道变形、腐蚀等损伤情况，能够识别出缺陷的尺寸、类型和焊缝缺陷的严重程度。管体缺陷的有效识别便于缺陷早期维护，将抢修计划变更为计划检修，降低管道维修费用，避免管道维修的盲目性。计划检修对管道严重缺陷进行及时维修，避免管道事故发生，延长管道寿命。

通过对内检测识别出的严重缺陷进行开挖验证，采用量具、壁厚测定或无损检测对缺陷实际尺寸、类型进行检测。采用《含缺陷油气输送管道剩余强度评价方法》SY/T 6477—2017、《基于风险的埋地钢质管道外损伤检验与评价》GB/T 30582—2014等标准对缺陷进行评价。若缺陷可接受，对开挖处进行防腐和回填；若缺陷不可接受，采用《埋地钢质管道管体缺陷修复指南》GB/T 36701—2018推荐的修复方式进行修复，流程见图1。

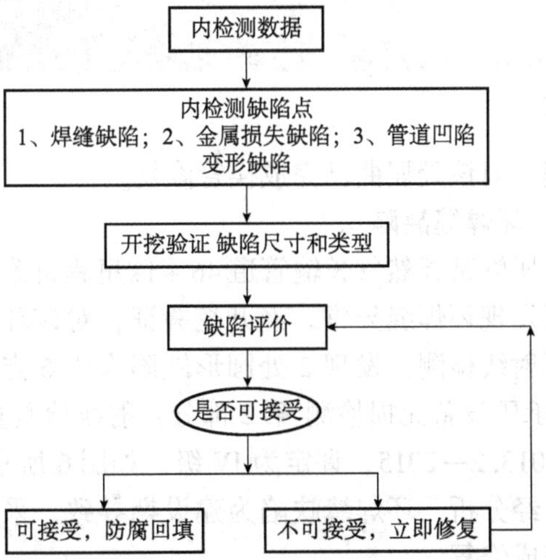

图1　内检测缺陷修复流程

《埋地钢质管道管体缺陷修复指南》GB/T 36701—2018中B型套筒修复适用于大部分的缺陷修复，对生产影响较少。我公司主要采用L360材质的长输管道，最终在付出同等代价的条件下，能采取换管作业，则按照换管作业来处置缺陷点。

3　内检测典型缺陷修复

3.1　金属损失缺陷的维修整治

陕西省天然气股份有限公司西安分公司所承担的天然气长输管道介质来自中国石油天然气股份公司的洁净天然气，执行GB 17820—2018《天然气》，含总硫不超过20mg/m^3，含水量为0mg/m^3。管道金属损失主要来自管道制造缺陷导致的金属损失、管道内部紊流现象造成管壁的冲蚀和管道施工期或第三方施工造成的外壁机械损伤。

3.1.1　管道内壁金属损失

所辖某天然气长输管道2482号测试桩南1.0m处内检测发现内壁金属损失，经开挖验证，管道3点钟发现金属损失，金属损失最大深度为7.9mm，管道公称壁厚为12mm，管道最小剩余壁厚为4.1mm，金属损失量为65.8%，如图2所示。

图2　内壁金属损失

经分析此处金属损失主要原因是管材出厂时存在制造缺陷，在长时间运行后，进一步造成冲蚀。该缺陷位于高后果区，缺陷不可接受。为保证管道安全运行，对管道进行换管修复。

3.1.2　管道外壁金属损失

所辖某天然气长输管道 2066+2 号测试桩处内检测发现多处外壁金属损失，管道 6 点钟方向发现外壁金属损失，最大损失深度为 4mm，管道工程壁厚 12mm，管道最小剩余壁厚为 8mm，金属损失量 33%，同时在缺陷附近存在多处机械损伤，如图 3 所示。

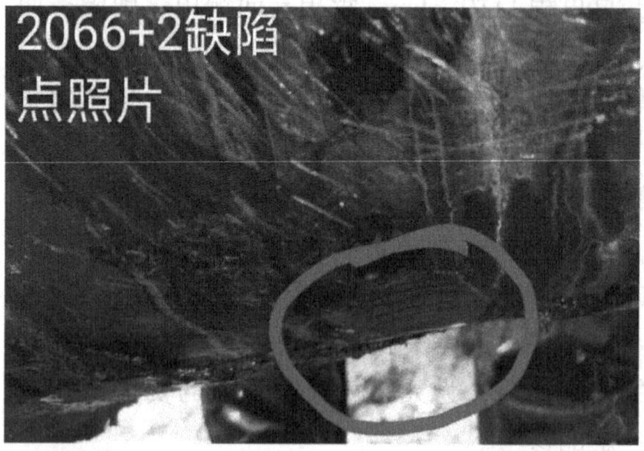

图 3　外壁金属损失

经分析此处金属损失主要由施工阶段挖机造成的金属损失，防腐层破损加剧管体腐蚀。经评价，该处缺陷可接受，但考虑缺陷位于高后果区，易造成较大失效后果，不可接受。公司对此处缺陷进行换管修复，共计换管 4 米。

3.2　管道变形缺陷

3.2.1　管体凹陷

所辖某天然气长输管道 3575 号桩内检测发现管体凹陷变形。经开挖验证，凹陷位于管体 6 点钟方向，经开挖验证，管体因底部石头挤压造成管道变形，经管体回弹后，变形量为 5.35%，变形深度为 23mm，如图 4 所示。

经分析管道敷设时管沟大石块未清理对管道挤压导致变形。该凹陷位于螺旋焊缝上，距上游环焊缝 1.3m，凹陷不可接受。对管沟石块进行清理，凹陷处进行换管修复。

图 4　管体凹陷

3.2.1　管体屈曲

所辖某天然气长输管道 0137#桩内检测发现管体屈曲变形。经开挖验证，管道上圆周发生屈曲变形，屈曲变形最严重位置为 11：30，高度差为 41mm，环焊缝处屈曲。对此环焊缝进行射线检测，参照《承压设备无损检测 第 2 部分：射线检测》NB/T 47013.2—2015，评定为Ⅰ级，如图 5 所示。

经分析，此处管体屈曲由管道建设期下沟时不当操作所导致。管材已到达屈服阶段且位于环焊缝。对该处屈曲已完成换管修复。

3.3　环焊缝缺陷

所辖某天然气长输管道 46+1#里程桩附近内检测发现环焊缝异常。经开挖验证，对该环焊缝进行射线检测，发现 2 处圆形缺陷大于 6 点，参照《承压设备无损检测 第 2 部分：射线检测》NB/T 47013.2—2015，评定为Ⅳ级，如图 6 所示。

经分析，环焊缝缺陷为建设期导致，采用割口完成修复。

图5　管体屈曲

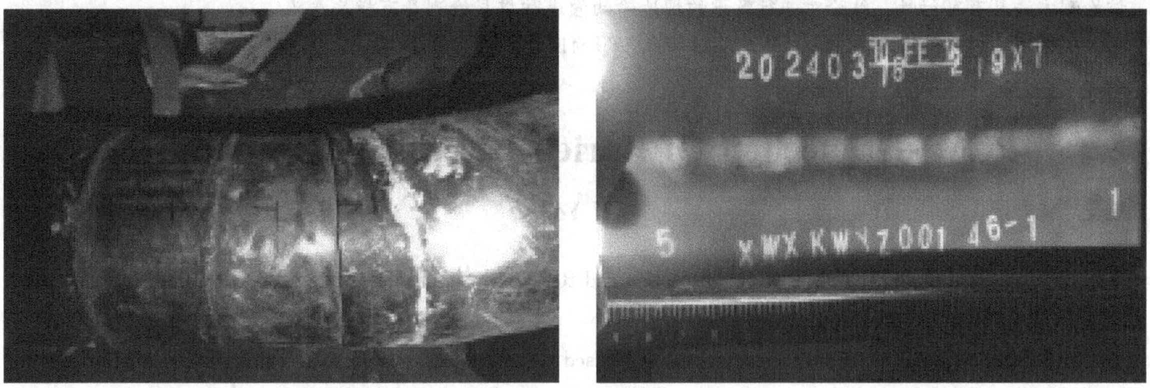

图6　环焊缝缺陷

4　结语

(1)内检测能有效的识别出危害管道安全运行的严重缺陷，为有计划的修复缺陷提供有效支撑。

(2)管体缺陷大部分由施工质量导致，建议在管道建设期控制施工质量以减少失效发生概率。

(3)管材制造缺陷对管道运行过程存在较大威胁，也是常见缺陷，建议在管材制造阶段以及验收阶段加强过程监督。

(4)天然气长输管道修复应根据使用单位的实际出发，依据相关法规标准选择合适的修复方法以保证管道的安全运行。

参考文献

[1]杨锋平，卓海森，罗金恒等．油气输送管失效案例与原因分析[J]，石油管材与仪器，2015，1(3)：63－66.

[2]刘国志，彭英伟，伍东等．天然气管道失效分析与防范对策[J]．安全与环境工程，2012，19(3)：100－104.

[3]吴策宇，耿晓梅，赵焕省．欧洲天然气管道发展特点及事故原因[J]．油气储运，2014，33(2)：148－152.

[4]European Gas Pipeline Incident Data Group. 8th EGIG report[R/OL]. 2011－12－01[2013－04－10]. http：//www. egig. eu/.

[5]国家能源局．中国天然气发展报告(2023)[EB/OL]. 2023－07－21/2024－06－29. https：//www. nea. gov. cn/.

并行敷设埋地输油管道的 PCM + 检测

徐 勇

(沈阳特种设备检测研究院, 辽宁 沈阳 110036)

摘 要: 采用多频管中电流法(PCM +), 对并行敷设的埋地输油管道外防腐层破损点缺陷进行检测, 通过分析并行敷设输油管道自身特点以及多频管中电流法(PCM +)检测并行敷设输油管道的影响因素, 得出了多频管中电流法(PCM +)对并行敷设的埋地输油管道的检测方法, 防腐层破损点缺陷开挖验证的结果证明了该检测方法具有可行性, 结论对并行敷设的埋地输油管道防腐层检测具有指导意义。

关键词: 埋地管道; PCM +; 防腐层破损点; 影响因素; 检测方法

PCM + Detection Of Buried Oil Pipeline in parallel

XU Yong

(Shenyang Special Equipment Inspection and Research Institue, Shenyang 110036, China)

Abstract: multifrequency tube current method is used to detect the anticorrosion coating defects of Buried Oil Pipeline in parallel, , it made a detect method of Buried Oil Pipeline in parallel by analyzing the own characteristic and the influence factor in using PCM + for oil pipeline in parallel. The excavation verification result of anticorrosion coating shows that the method is feasible, and the conclusion is gained which have direct meating to anticorrosion coating dection of buried oil pipeline in parallel.

Key words: Buried pipeline; PCM +; Defect in anticorrosion coating; Influence factor; Detect method

1 引言

根据《压力管道定期检验规则—长输管道》和《埋地钢质管道腐蚀防护工程检验》等规范和标准的规定, 可以采用防腐(保温)层状况不开挖检测数据作为评价长输(油气)管道腐蚀防腐系统等级的指标之一。目前, 多频管中电流法是国内外检测防腐(保温)层状况最常用的方法[1]。

埋地输油管道并行敷设具有工程建设费用低、植物绿地破坏率低、易于巡检等优点, 得到普遍应用[2], 但并行敷设的同时也存在着管线之间间距过小、防腐层破损、均压线搭接等问题, 导致 PCM + 进行管线检测时发生信号混乱等情况, 不利于管线的定位、埋深测量以及防腐层破损缺陷的查找。通过对并行敷设输油管道防腐层破损缺陷检测的影响因素分析入手, 提出了适用的检测方法。

2 PCM 检测原理

多频管中电流法(PCM)又称电流衰减法, 其原理就是 PCM 发射机通过测试桩等部位给埋地管道加一信号电流 I_0, 在埋地管道周围会产生电磁场, 该电磁场与电流值大小成正比关系[3], 如图 1 所示。在埋地管线防腐层完好的情况下, 电流 I_0 会沿着管线逐渐衰减并符合指数衰减规律, 但当防腐层存在破损缺陷时, 电流从破损缺陷处流向了大地, 存在明显的衰减, 从而导致地表磁场分量迅速变化, 通过 PCM 接收机可以捕捉地表磁场变化, 从而确定管道破损位置[4,5]。

作者简介: 徐勇(1967—), 高级工程师, 主要从事压力管道检测工作。E - mial: 309924833@ qq. com

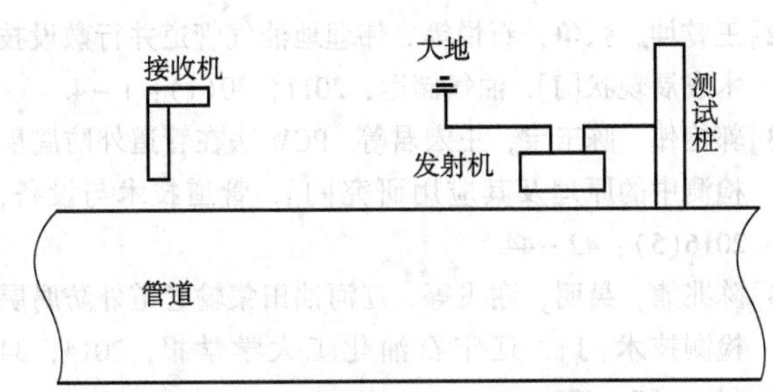

图1 PCM 检测过程示意

3 影响因素及检测方法

埋地输油管道多条同沟敷设影响因素众多，现场的检测人员不仅较难确定管道埋深及管线的位置走向，同时对具体的单根防腐层整体状况及局部破损缺陷确认都存在较大难度。

3.1 PCM + 接地影响因素及检测改进方法

对于并行埋地输油管线来说，特别是老管线，测试桩丢失的情况非常多，PCM 检测信号衰减快，如果起始的检测信号电流太低，会导致检测距离缩短，换加信号点困难，严重影响检测速度。在管道和大地土壤组成的回路中，发射机的输出电压是一定的，想提高检测电流必须降低接地点土壤的接地电阻。土壤中的盐分和水含量的增加可以降低土壤的接地电阻[6]，从而提高检测电流，因次在接地钎处要多浇些盐水。接地钎越长，并联的接地钎越多，接地电阻越小[7]，因此，接地端要尽量使用长钎并联的方法(如果附近有路灯接路灯杆的电流信号效果最好)，特别是北方冬季一般土壤会冰冻，使用长钎能够提高土壤中未冻水含量，降低土壤接地电阻[8]。

3.2 并行敷设的其他管线

由于管线上破损点或者均压线的存在，会导致电流信号通过破损点或者均压线流入其他管线，产生新的电流回路，接收机会检测到多个电流信号，影响检测人员作出正确判断[9]。检测遇到均压线的情况时，如果是新管线可以采用结合阴极保护电位测试等方法找出均压线并拆除后再使用 PCM + 进行检测[10,11]，但对于老旧管线来说，地下情况非常复杂，均压线拆除难度极大，并且对检测信号的判断没有太大意义，可不拆除。对于破损点的检测方法有几点建议：第一要注意区别并记住并行管线的相对位置(并行管线埋地后基本不会出现交叉换位等情况)，第二在信号出现混乱处通过 PCM + 接收机使用谷值法垂直管线介质流向方向做切割扫查，确定出有几处电流信号，第三通过 PCM + 接收机使用峰值法，沿管线介质流向和垂直管线介质流向分别读取数值，一般来讲沿管线读取的数值最大、垂直管线读取的数值几乎为零，则可判断是需要检测的管道，再结合管线相对位置即可判断外防腐层局部破损的准确位置。

3.3 检测信号电流

对于并行敷设的管线，由于高压线、电缆等干扰因素的存在，检测信号电流会突然增大或者降低，之后会回到干扰之前的水平，而真正的破损缺陷的电流降低后不会回到之前的水平，通过电流前后的变化可以判断是否有破损点存在[12]。PCM 发射机可以产生 4Hz 和 128Hz 两个频率的电流信号，由于 128Hz 信号电流的波动情况小于 4Hz 的电流信号，稳定性更好，对于并行敷设的管线来说影响因素多，因此一般情况下应使用接收机采集 128Hz 的信号电流用于后续的数据分析处理。PCM + 自带软件 ESTEC 能够通过分析信号电流和距离的关系(电流衰减率 Y)来判断破损点情况。

4 开挖比对

根据《压力管道定期检验规则—长输(油气)管道》(TSG D7003—2022)要求，一般会选一些有代表性的破损点进行挖坑检测验证，以下案例为某地并行输油管线的开挖情况。

4.1 开挖坑选择规律

开挖坑的选择应该结合竣工图纸等资料进行，避免选择到有阳极存在的伪信号部位，在结合竣工资料的基础上应尽量挑选检测时 dB 值比较大的破损点，但 dB 值的测量受到埋深和土壤相对干湿情况等影响，所以选择 dB 时还有要考虑当时检测时的具体情况。并且还要选择土壤相对稀松，氧气容易进入并与管道接触易发生腐蚀的地方，同时也应避开弯头等容易引起检测信号波动的地方。

4.2 检测数据及结果

案例为某并行敷设的输油管线其中一段，通过 PCM + 的直流电位梯度法检测出了 3 处破损点，用 ESTEC 软件分析电流衰减率，计算得出的破损点位置和直流电位梯度法查出的破损点位置基本一致，如图 2 所示。

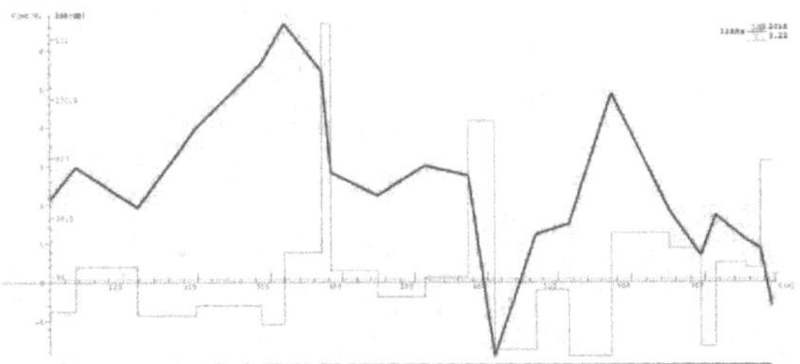

图2 检测数据软件分析

其中选取680m中间处的破损点部位进行了开挖验证，得到坑检测数据：防腐层表面存在黄色锈斑，沥青脱落严重，9点钟沥青起皮脱落，1点钟有20×30mm的破损露铁。管体1点钟至4点钟位置有个大腐蚀区，区内有大量腐蚀麻点，最深1.2mm，如图3所示。

图3 坑检测情况

5 结论

通过对开挖坑的检测验证，可得出在使用PCM+检测并行敷设的输油管道破损点时，采用恰当的检测方法，规避并降低影响因素可以很好的对并行敷设的输油管道进行防腐层检测，具有一定的准确性。为检验提供参考。

参考文献

[1]林武春.PCM+在长输管道外防腐层检测中的应用[J].管道技术与设备，2016(2)：38-40.
[2]王乾坤，张争，石悦等.伟埋地油气管道并行敷设技术发展现状[J].油气储运，2011，30(1)：1-4.
[3]郭艳伟，陈玉宝，王宏君等.PCM法在管道外防腐层检测中的原理及其应用研究[J].管道技术与设备，2016(5)：42-44.
[4]陈兆熊，吴明，谢飞等.辽河油田集输管道外防腐层检测技术[J].辽宁石油化工大学学报，2014，34(2)：37-40.
[5]张丰，赵晋云，吴晓宁.埋地管道外检测方法的组合应用与验证[J].油气储运，2009，28(8)：35-36，79.
[6]张润霞，王益权，解迎革等.盐分对土壤电阻率的影响研究[J].干旱地区农业研究，2015，33(2)：208-213.
[7]罗宇梁，常万成.PCM发射机接地效果改进方法分析[C].压力管道等承压设备安全技术研究进展精选集-第二届全国压力管道等承压设备安全运行及检测评价技术学术会议.北京：中国石化出版社，2016：404-406.
[8]曹晓斌，吴广宁，付龙海等.温度对土壤电阻率影响的研究[J].电工技术学报，2007，22(9)：1-6.
[9]王小璐，和宏伟.多频管中电流法检测影响因素分析[J].煤气与热力，2014，34(6)：29-31.
[10]曹国民.临邑站多条管线阴极保护系统的相互影响[J].腐蚀与防护，2017，38(4)：322-326.
[11]张伟，王冲，熊林等.沙漠地区应用PCM进行管道检测的一些建议[J].全面腐蚀控制2013，27(10)：16，26-27.
[12]任增珺.日东输油管道外防腐层检测结果统计分析[J].油气储运，2014，33(17)：1105-1107.

声学成像技术在钢厂煤气管道泄漏检测中的应用

夏焕晴

（上海金艺检测技术有限公司，上海 201900）

摘 要：随着钢厂煤气管网服役时间的日益增加，由于管体腐蚀导致的泄漏问题时有发生，常规的人工巡检手段已经无法满足检测需求。采用声学成像检测技术，并应用集成电源、网络、云台、摄像、定位的车载平台，以车载检测方式代替传统人工巡检，可提高管道泄漏检测的工作效率和泄漏点的检出率。

关键词：煤气管道；泄漏；声学成像技术

Application of Acoustic Imaging Technology in Leak Detection of Gas Pipelines in Steel Mills

XIA Huanqing

(Shanghai Jinyi Testing Technology Co. Ltd., Shanghai 201900, China)

Abstract: With the increasing service time of the gas pipeline network in steel mills, leakage problems caused by pipe corrosion often occur, and conventional manual inspection methods can no longer meet the detection needs. By adopting acoustic imaging detection technology and applying an integrated power supply, network, pan tilt, camera, and positioning vehicle platform, replacing traditional manual inspections with vehicle detection methods, the efficiency of pipeline leakage detection and the detection rate of leakage points can be improved.

Key words: Gas pipeline; Leakage; Acoustic imaging technology

1 引言

钢厂煤气管道的稳定运行对满足钢厂的能源要求，维护正常安全生产具有重要的意义。钢厂煤气管道数量较多，涉及 BFG、COG、LDG 和 CRG 几种煤气介质。部分煤气介质的压力低于 0.1MPa，未纳入特种设备的压力管道管理范畴。

煤气成分复杂，主要有 CO、H_2、CO_2、CH_4、O_2、N_2、H_2S、NH_3、HCN、NO，还有水、氯化铵、萘、焦油等，其中的 CO_2、H_2S 等与煤气冷凝水结合形成酸性腐蚀环境。煤气管道通常采用普通碳钢材料，在这种工作环境条件下，尤其是高炉煤气（BFG）介质，极易造成管道内壁“点状”、“蜂窝状”的局部腐蚀详见图 1。这种腐蚀是管道最具有破坏性和隐藏性的腐蚀形态之一，它常常使得管道在整体失重还很小的情况下，就穿孔产生泄漏。

近年来，随着煤气管道使用年限的增加，管壁腐蚀引起的穿孔泄漏事故时有发生，泄漏会造成物料和能源损失、环境污染，甚至引起火灾，严重影响了人员生命和财产的安全。因此，有必要定期对煤气管道进行泄漏检测，保证煤气管道的安全稳定运行。

图 1 煤气管道内壁腐蚀

作者简介：夏焕晴（1989— ），女，大学本科，承压检验工程师，工程师，主要从事特种设备检验检测及管理工作。E-mail：498437757@qq.com

2　煤气管道泄漏检测现状

2.1　管道人工巡检

钢厂煤气管道分布广、管线长，架空高度较高，部分管道隐蔽。目前，泄漏检测通常是采用人工巡检的方式。管道的巡检即是凭借作业人员的工作经验及视觉、听觉进行检查，对结果的判断较为困难。巡检人员在管廊架下行走，对管廊上部管道巡检一直以来有所缺失。这些客观因素致使很多泄漏隐患问题难以及时发现，通常是管道泄漏到声音较大或者管道外壁出现明显泄漏痕迹，才能发现管道存在漏点。

2.2　管道巡检信息无法及时传输至管理平台

传统人工巡检多采用手工记录方式，存在数据保存不完整、不准确、数据丢失、遗漏等现象。人工巡检、纸质记录、回办公室再进行录入、报修等，这种管理方法存在信息不规范、传递迟、调阅不方便等弊端，并且管道信息查阅不方便、信息共享性差，不利于智能管理和隐患监控。

3　声学成像技术及车载集成装置

3.1　声学成像技术

声学成像技术，是一种将声音感知和摄像技术融合，将看不见、摸不着的声音进行可视化处理的技术方法。

管道泄漏时，气体湍流会产生一定频率的声波，声学成像仪可以捕捉到这种声波信息。通过集成超声波传感器和可见光摄像头，测量一定空间内的声波到达各传声器的信号相位差异，依据相控阵原理确定声源的位置，测量声源的幅值，并以图像的方式显示声源在空间的分布，将声像图与阵列上配装的摄像实拍的视频图像以透明的方式叠合在一起，就形成了可直观分析被测物产生状态。

通过叠加后的图像可清晰观察到有没有泄漏、泄漏点具体位置。并且利用声学、电子学和信息处理等技术，变换成人眼可见的图像，并以图像的颜色和亮度代表泄漏的强弱，见图2。

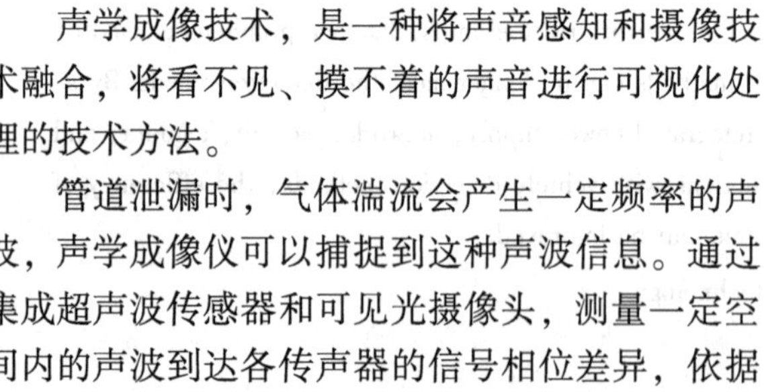

图2　泄漏点显示图例

声学成像仪具有高精度和高可靠性的特点。运用微型数字麦克风阵列技术，确保空间中各个方向采样均匀，基于波束形成算法，计算声源位置，实时展示声源在空间的分布状态，快速准确定位。其内置频带波段、频带宽度调节功能，严格滤除环境噪声，快速发现真实声源信号。当存在内外压强差的管道发生泄漏时，由于压力的改变，管道内部会产生一系列的振动和湍流，湍流发射出的声波可能达到超声波频段，已经超出人耳可听声范围，无法通过传统人工巡检方式定位异常位置，而声学成像仪可依据实际需求调节定位频率范围，实现对目标声源的准确定位。

声学成像仪对于气体泄漏检测的灵敏度与检测距离、现场的泄漏点大小、声强和频段有关。能够在嘈杂的工业现场快速的检测出气体泄漏部位，能够适应复杂多变的工作环境，它可以检测出微小的声学信号，大大提高了检测和监测的精度和可靠性。

对比传统的气体报警仪和巡检人员目视巡检的方式，声学成像技术，可以大大提高管道泄漏的检出率。

3.2　车载集成装置

为提高声学成像检测的工作效率，改善检测人员的工作环境，开发一套集成电源、

网络、云台、摄像、定位的车载平台，将声学成像仪设置在车载平台上，以车载方式代替传统人工徒步，实现车载移动检测管道漏点的功能，提高漏点的检出率。

在车载平台上增加一体化便携式集成框架，含POE供电的AP交换机、WIFI路由器及配套的工业电源、天线、馈线、空开、端子等。交换机通过网线与5G模块连接，声学成像仪和车顶摄像机通过网线与POE交换机连接，从而实现数字信息的传输和转换，见图3、图4。

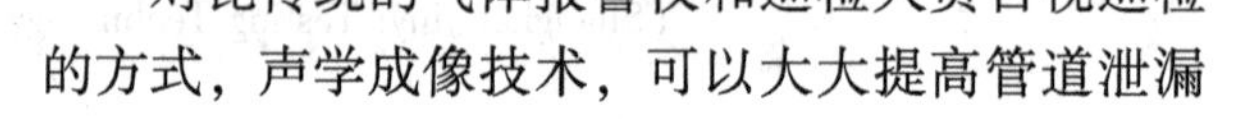

图3　声学成像仪原理简图

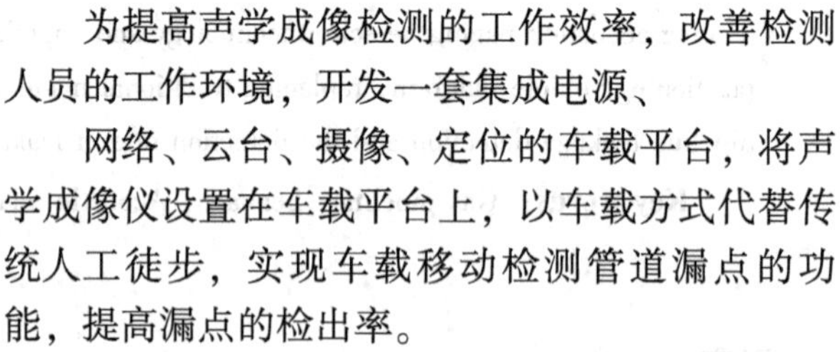

图4　车载集成装置外观图

3.3 实现智能同步传输

为保证检测数据完整、准确、及时传输和保存，可搭建管网的三维可视化系统或与钢厂已有的管网的三维可视化系统对接，将现场检测到的漏点位置、时间、图片等相关信息传输到管网三维可视化系统中，并进行精准标记，实现漏点检测的统计、分析和处理跟踪(见图5)。并通过预测管道的腐蚀趋势以及泄漏重点区域，有针对性地采取维护措施，降低煤气管道安全风险。

图5　三维可视化系统

4 检测案例

应用声学成像车载检漏装置对某钢厂煤气管道(架空高度 8 ~ 15m)进行泄漏检测，并与传统巡检技术(视觉、听觉)进行比对验证，检测到的部分泄漏点见图6 ~ 图8。

图6　管道焊缝处的泄漏点

图7　管道膨胀节处的泄漏点

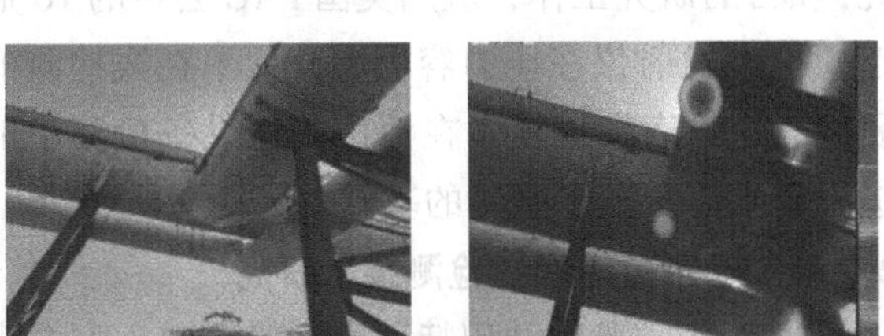

图8　管道弯头处的泄漏点

检测及比对发现，人工巡检中，通过传统手段即可发现的泄漏点，声学成像仪能 100% 精准发现。人工巡检中，需要通过辅助仪器发现的微小泄漏点，声学成像更加清晰。人工巡检中，有物体遮挡、需要攀爬或焊缝等部位肉眼不易察觉的微小泄漏点，声学成像也明显可见。特别是对一段管道多个泄漏点，声学成像可以简单快速地发现并精准定位，工作效率及泄漏点检出率大大提高。

5 结束语

5.1 应用声学成像车载集成装置检测煤气管道泄漏

能检测到传统巡检中人工目视或需要通过辅助仪器发现的泄漏点，也可以发现物体遮挡、需要攀爬或人工难以发现的微小泄漏点，且泄漏点以图像标注更清晰、更准确；可以实现车载快速检测，提高工作效率和泄漏点的检出率、降低巡检人员的工作强度；

如与管道三维可视化系统对接，将现场检测到的泄漏点位置、时间、图片等相关信息传输到管网三维可视化系统中，通过收集实时检测数据，可实现标准化流程管控，提升管理效率和隐患治理的及时性和有效性。

5.2 应用声学成像车载集成装置也可以检测其他气体介质管道的泄漏

为进一步提高管道泄漏点的检出率，针对管道敷设的复杂程度，也可应用无人机载声学成像仪，通过设计合理的飞行路线，对管道进行泄漏检测。

参考文献

[1]王发贤等．钢厂高炉煤气管道泄漏原因分析及修复．化工安全与环境．2012，14.

[2]颜允祥，声学成像技术及工程应用．机械工业出版社．2013.10

[3]何仁洋．应高度重视油气管道环焊缝质量管控及隐患排查[J]．管道保护，2018(5)：4 - 7.

[4]李海润．智慧管道技术现状及发展趋势．天然气与石油，2018，36(2)：129 - 132.

[5]沈功田，陶雪容．压力管道安全检测与评价技术研究[J]．中国特种设备安全，2015，31(11)：1 - 5.

[6]何仁洋，徐广贵，王玮，宋文磊，周建华．压力管道安全完整性监控、检测和评价括术[J]．腐蚀科学与防护技术，2013，25(4)：350 - 352.

声发射检测技术在常压立式储罐中的应用研究

赵 杰 仇东泉 陈丽娜 韩 庆 姬 杰

(中国石油化工股份有限公司胜利油田分公司特种设备检验中心，山东 东营 257000)

摘 要：通过多年攻关与研究，建立完善了油田常压储罐底板声发射检测及评价技术体系，本文通过大量的声发射检测技术在常压立式储罐的现场检测、清罐验证工作相对比，优化储罐底板声发射检测方法和结果判定标准，不断提高了常压储罐检测精度和检测效率，为油田安全生产和清洁生产提供坚实的技术支撑。

关键词：常压储罐；声发射；在线检测；结果验证

Application Research of Acoustic Emission Technology in Oil Field Storage and Transportation Equipment Inspection

ZHAO Jie, *QIU Dongquan*, *CHEN Lina*, *HAN Qing*, *JI Jie*

(Technical Testing Center of Shengli Oilfield Branch of China Petroleum and Chemical Corporation, Shandong Dongying 257000, China)

Abstract: Through on - the - spot inspection and a series of analysis and research work, the acoustic emission testing and evaluation method of the oil field atmospheric storage tank and other key storage and transportation equipment is perfected, the application of acoustic emission (AE) detection technology in oil field storage and transportation key equipment inspection will improve the detection accuracy and efficiency, and provide solid technical support for safe and clean production in oil field.

Key words: On - line acoustic emission testing of atmospheric tank; Acoustic emission testing results verification

1 引言

常压立式储罐作为油田储运的关键设备，在油田生产开发建设中发挥着重要的作用。以胜利油田为例，现有常压立式储罐在役期超过10年的约占在用储罐的80%，在役期超过20年的约占40%。某采油厂联合站一3000m^{3}污水罐，由于腐蚀导致罐底圈壁板开裂，造成该罐倒塌，并引起管线冲顶，导致另一污水罐严重变形而报废，不仅造成经济损失还给职工群众人身安全带来危害。通过油田开展的储罐专项治理检测工作的检测数据来看，腐蚀是油田油气储运关键设备的主要破坏形式。开罐检测方法带来了高额的清罐、拆除保温、打磨等资金投入，且可能引起一定的环境污染。

声发射检测技术是一种动态的无损检测技术，利用声发射技术对储罐进行检测，可以实现不清罐、不拆除保温层的在线检测。

2 声发射检测技术在胜利油田的应用历程

2.1 压力容器声发射检测技术研究

胜利油田特种设备检验中心最早于1997年承担了《声发射技术在压力容器检验中的应用研究》项目的研究工作，应用美国PAC公司的16通道模拟声发射仪在压力容器上开展了在线检测的研究，这给声发射技术在油田储运设备检测中的进一步推广打下了坚实的基础。

2.2 常压储罐声发射检测技术研究

2005年，胜利油田特种设备检验中心配合山

作者简介：赵杰(1980—)，男，中国石化胜利油田分公司特种设备检验中心高级工程师，主要从事油气储运设备设施检验检测工作及评价技术研究。E - mail：zhaojie836. slyt@ sinopec. com

东省特种设备研究院采用美国 PAC 公司生产的 32 通道声发射仪完成省级科研项目《常压储罐罐底板声发射检测技术研究》，实现了采集和分析模块分离，能够更准确和直接的得出被检测设备的缺陷状况。在此基础上，胜利油田特种设备检验中心一直致力于声发射检测技术在油田常压储罐上的应用研究，目前已在胜利油田 200 余座储罐上进行应用，其中对油田常用的原油罐、污水罐、沉降罐等常压储罐开展储罐底板的腐蚀泄漏声发射在线检测，结合油田生产实际，将检测结果与开罐验证的实际情况进行对比，找出声发射特征参数与储罐底板实际缺陷的对应关系，规范油田常压储罐声发射检测程序，从而建立油田常压储罐底板声发射检测及评价技术体系。

3　声发射检测技术在常压储罐检测中的应用案例

本文通过对某公司两个单位的 21 座成品油储罐进行了声发射检测，并对其中 5 座进行了清罐验证工作为例进行说明。

3.1　1# 3000m³ 柴油储罐现场检测(表 1)

表 1　1# 3000m³ 柴油储罐基本信息表

材质	A3	制造日期	1992 年 6 月
内径	18.5m	投用日期	1992 年 11 月
高度	12.3m	介质	柴油
容积	3000m³	罐顶形式	拱顶
罐内介质情况	介质温度：常温 含水量：无 油水分界线高度：0.2m 罐底油泥沙厚度：0.02m 罐内液位总高度：10m		
附件情况	进出口管各一根，直径 426mm，据罐底高度 0.5m；人孔据罐底高度 0.3m；罐顶部有阻火阀和呼吸阀。		
主要缺陷情况	罐底基础略有下沉		

3.2　设备调试

背景噪声测试：将 1#传感器剥离储罐壁板，放在空气中，测试该环境下的背景噪声，门槛值设置为 20dB，以尽量多的采集该情况下的背景噪声，采集实时数据及表格如图 1 ~ 图 3 所示。

根据背景噪声测试数据，可知该环境下背景噪声为 22 ~ 26dB，因此，为了剔除无效的声发射信号，将门槛值设定为 30dB。

灵敏度测试：信号采集之前，应用模拟的声发射源即断铅信号测试各传感器的灵敏度，根据具体测试情况，各传感器平均灵敏度为 89dB，符合标准要求，可以进行声发射信号采集。

探头自标定：按照声发射传感器布置的要求和位置，对其定位程序的相关参数进行设置，并应用该软件的自标定功能对各探头进行自标定，通过定位分析器最终确定该储罐内声波的传播速度 1.8m/ms。

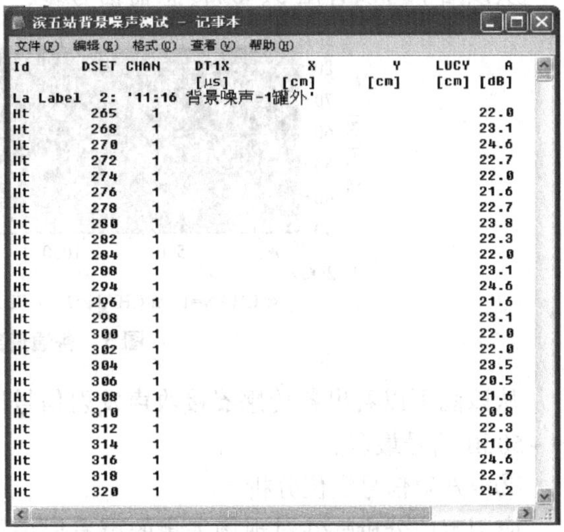
滨五站背景噪声测试 - 记事本
文件(F)　编辑(E)　格式(O)　查看(V)　帮助(H)

Id	DSET	CHAN	DT1X [μs]	X [cm]	Y [cm]	LUCY [cm]	A [dB]
La Label	2:	'11:16 背景噪声-1罐外'					
Ht	265	1					22.0
Ht	268	1					23.1
Ht	270	1					24.6
Ht	272	1					22.7
Ht	274	1					22.0
Ht	276	1					21.6
Ht	278	1					22.7
Ht	280	1					23.8
Ht	282	1					22.3
Ht	284	1					22.0
Ht	288	1					23.1
Ht	294	1					24.6
Ht	296	1					21.6
Ht	298	1					23.1
Ht	300	1					22.0
Ht	302	1					22.0
Ht	304	1					23.5
Ht	306	1					20.5
Ht	308	1					21.6
Ht	310	1					20.8
Ht	312	1					22.3
Ht	314	1					21.6
Ht	316	1					24.6
Ht	318	1					22.7
Ht	320	1					24.2

图 1　背景噪声测试数据表

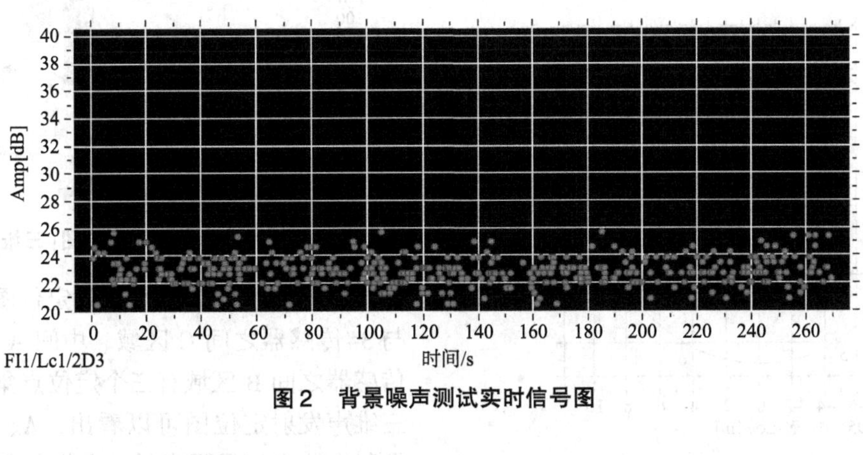

图 2　背景噪声测试实时信号图

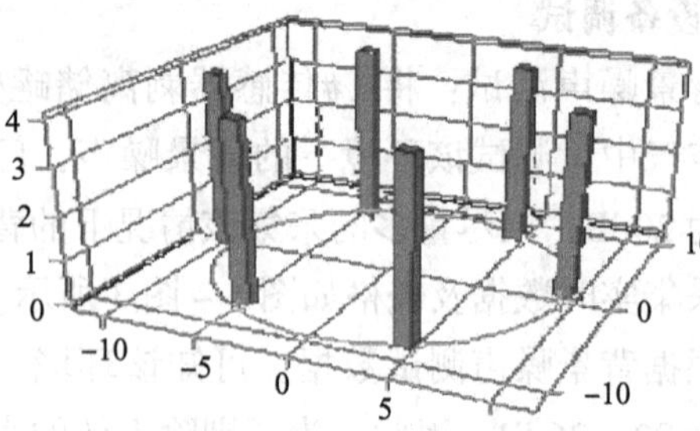

图 3　声发射自标定三维图

3.3　声发射信号采集及分析

①声发射信号现场采集

按照设备调试结果，对分析软件中的门槛值、定位图、声速、最大探头间距等参数完成设置后，进行声发射信号采集，采集时间为 60min，图 4、图 5 为现场采集的声发射信号参数及相关图表。

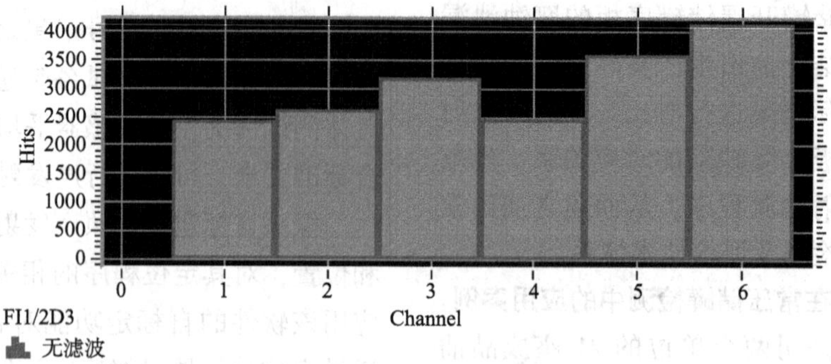

图 4　通道 - 撞击数关联图

从该图中可以看出 5、6#传感器信号多，该探头附近信号强。

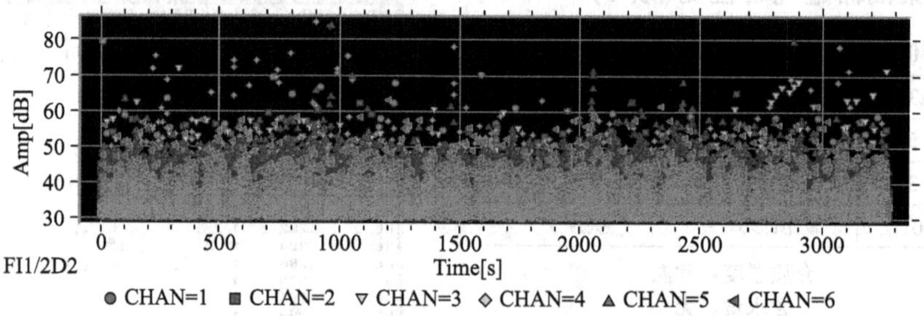

图 5　各通道实时信号分贝值关联图

从该图可以看出各传感器接收声发射信号以 30 ~ 50dB 信号最多。

②声发射信号定位分析

应用定位分析软件对现场采集的声发射信号进行定位分析，分析图如图 6、图 7 所示。

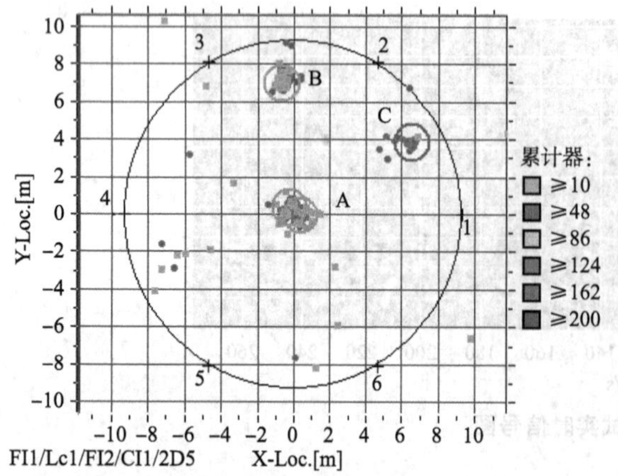

图 6　声发射定位图(二维)

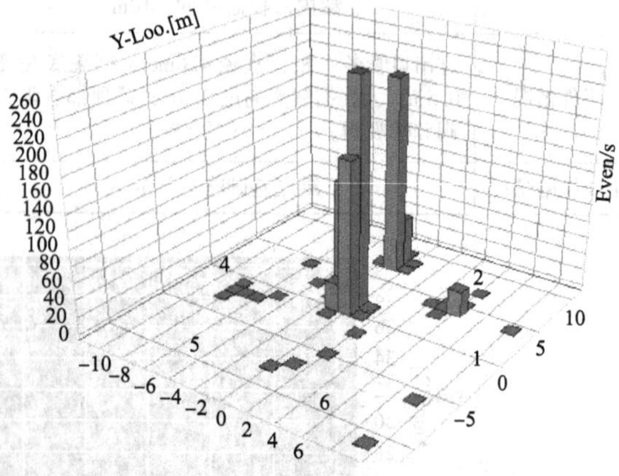

图 7　声发射定位图(三维图)

根据以上的二维声发射定位图可以看出：2#与 3#传感器之间 C 区域、中间 A 区域、1#与 2#传感器之间 B 区域有三个定位点集中区域；根据三维声发射定位图可以看出，A、C 区域对应声发射定位点信号强度强，定位点多。

3.4 储罐底板检测评价结果及建议维护措施

依据现场声发射信号的采集情况，以及定位分析情况，根据检验方案，判定定位点相对集中的三个区域存在腐蚀，具体腐蚀状态等级及维修处理建议见表2。

表2 声发射定位点、腐蚀状况对应关系及维修处理建议表

定位点集中区域	定位点数	腐蚀状态等级	腐蚀状况及维修处理建议
A，中间区域	252	Ⅳ	存在严重腐蚀，优先考虑维修
B，2#与3#传感器之间区域	238	Ⅳ	存在严重腐蚀，优先考虑维修
C，1#与2#传感器之间区域	15	Ⅱ	存在轻微局部腐蚀迹象，近期不需考虑维修

4 声发射检测结果验证

分别对现场检测的成品油罐、原油罐、污水罐进行清罐验证，通过对比分析可以看出声发射检测定位区域与实际缺陷位置基本吻合，中心位置偏差小于传感器间距5%，缺陷面积符合率达到80%以上，见表3。

表3 罐底缺陷与检测定位信号对应情况表

区域号	中心点位置		尺寸		对比情况
	缺陷	定位集中区	缺陷	定位集中区	
A	在罐底中心略偏西0.5m	在罐底中心略偏西0.1m	3.2m×2.2m的不规则圆形	2.8m×2.0m的不规则圆形	中心位置偏差占传感器间距的4%
B	在2#与3#传感器之间，中心位置距壁板2.9m	在2#与3#传感器之间，中心位置距壁板2.6m	2.1m×2.0m的不规则圆形	1.8m×1.7m的不规则圆形	中心位置偏差占传感器间距的3%
C	在1#与2#传感器之间，中心位置距壁板2.6m	在1#与2#传感器之间，中心位置距壁板2.2m	2.2m×1.9m的不规则圆形	2.0m×1.7m的不规则圆形	中心位置偏差占传感器间距的4%
D、E、F、G	在4#、5#传感器附近，据壁板4m左右	在4#、5#传感器之间有分散的定位点	尺寸为直径0.3m的圆形	未形成定位集中区	

通过对比分析可以看出A、B、C三个定位区域与实际缺陷位置基本吻合，中心位置偏差小于传感器间距5%。实际缺陷面积略有放大，覆盖率达到80%以上。D、E、F、G四个缺陷区域在定位分析图上有相关的定位信号出现，但信号少，没有形成集中区域。分析原因为检测时间在9月，清罐时间在12月，缺陷进一步扩大，总体上看实际缺陷大于声发射检测定位分析区域。

5 储罐底板缺陷程度与定位信号的对应关系

5.1 底板定位分级标准

以不大于直径10%的长度划定出正方形或圆形评定区域，对定位事件数相对集中评定区域进行统计分析，计算出每小时出现的定位事件数E。根据罐底板的时差定位情况，对每个评定区域的有效声发射源级别按表4进行分级。

表4 罐底板基于时差定位分析的声发射源的分级

源级别	评定区域内每小时出现的定位事件数E	评定区域的腐蚀状态评价
Ⅰ	$E \leq 5$	无局部腐蚀迹象
Ⅱ	$5 < E \leq 20$	存在轻微局部腐蚀迹象
Ⅲ	$20 < E \leq 100$	存在明显局部腐蚀迹象
Ⅳ	$E > 100$	存在严重局部腐蚀迹象

5.2 不同定位级别的图谱(表5)

表5 定位级别图谱

源级别	定位图
Ⅰ	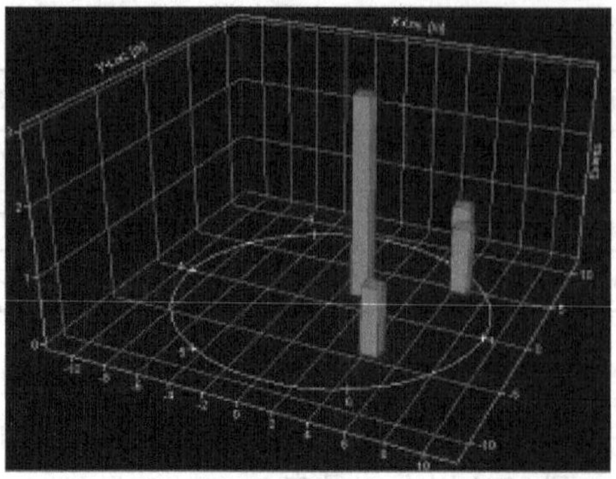 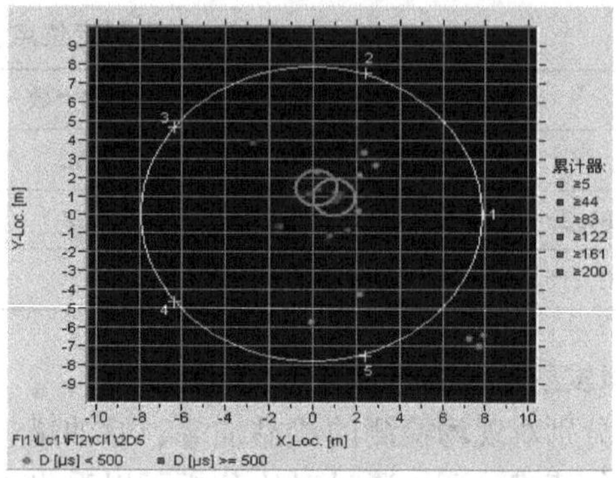
Ⅰ	
Ⅰ	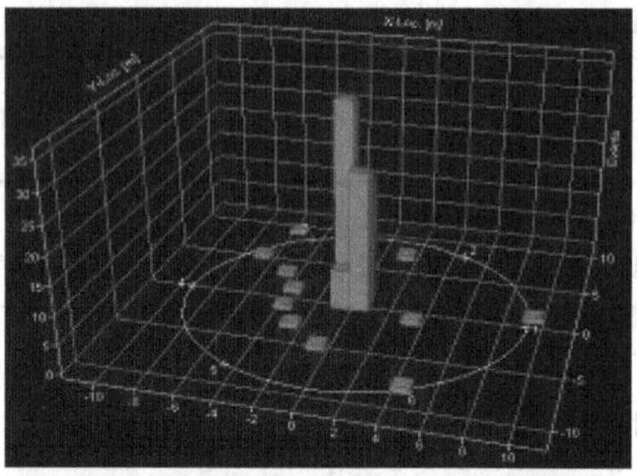 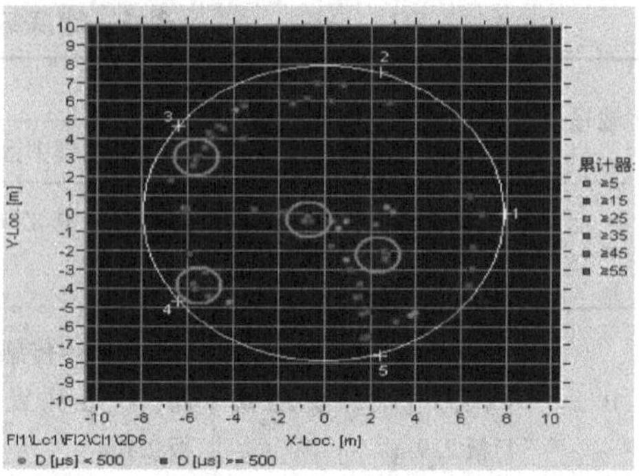
Ⅱ	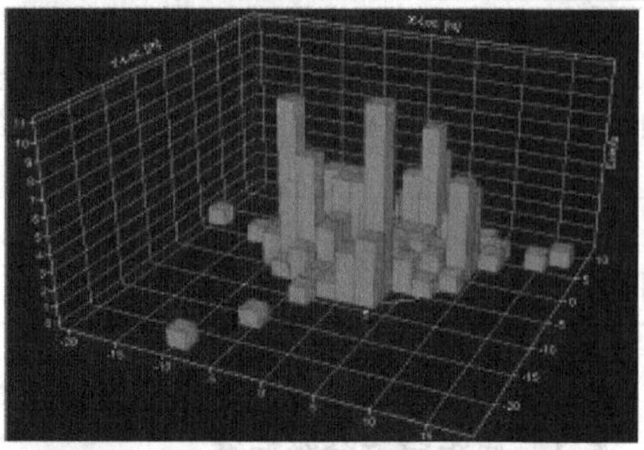 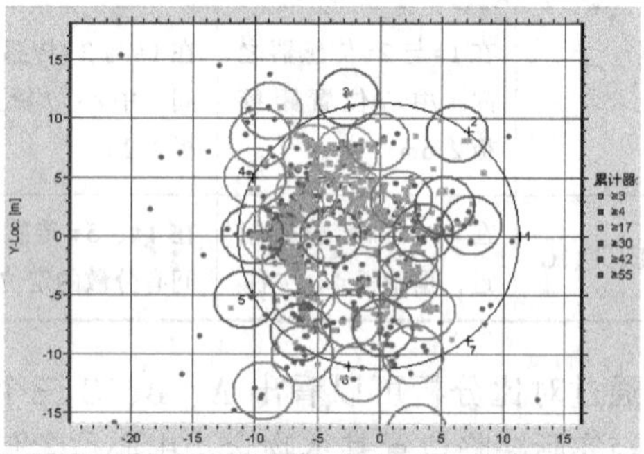
Ⅳ	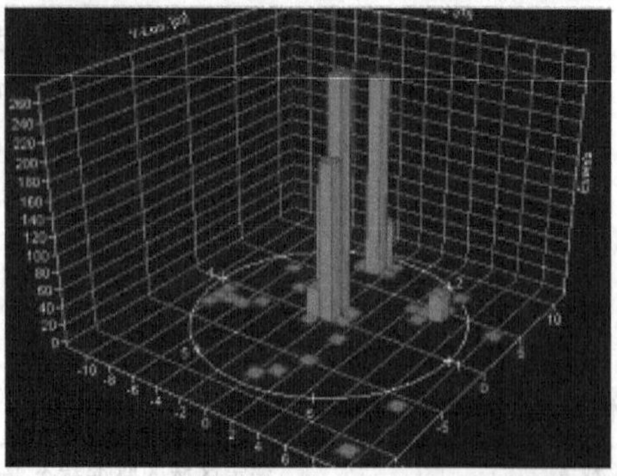 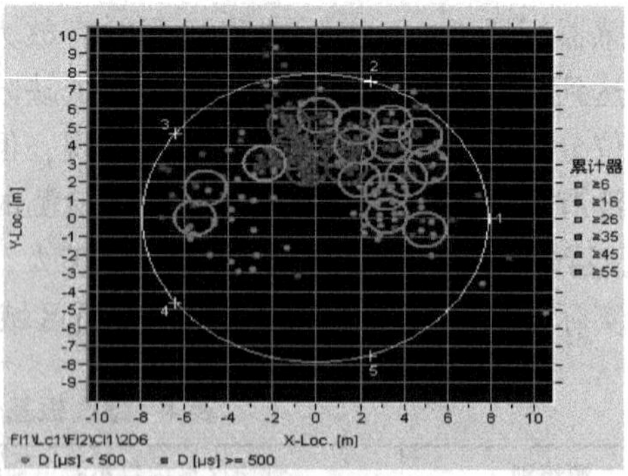

6 声发射技术在油田储运设备推广应用技术总结

在进行声发射现场检测的同时，对遇到的技术难题开展了现场技术攻关，特别是针对 AMSY－5 型声发射仪的自标定功能进行了大量的实验研究，在声发射信号降噪技术、声发射源的定位技术、声发射信号的声速标定技术研究方面有了较大的突破。

6.1 声发射信号的声速标定技术

目前常用的校准方法主要有两种：铅笔芯模拟声发射信号源定位校准；自标定——仪器自身发射一定幅值的声发射信号定位校准。采用仪器自标定相较于人工断铅，一方面是仪器自身完成标定，不需要人为操作，效率大大提高；另一方面设备自身发射的模拟信号稳定，可以最大限度的减少模拟源本身对自标定的影响。自标定结果正确，即每个传感器定位的位置与其本身布置的位置相同，则定位过程中设定的声速即为声波在该设备介质中的传播声速。该过程也是确定声发射声速的必要过程。定位准确才可保证声发射检测的准确性和有效性。

6.2 声发射信号降噪技术

6.2.1 噪声的影响

在现场的声发射检测中，噪声是不可避免的，本文提到的噪声主要有两种：储罐外部的环境噪声和储罐内部由于不停产导致的液体流动、罐内部件摩擦等噪声。

（1）储罐外部噪声影响

常压储罐外部环境由于生产生活的需要，会存在如大风、汽车噪声、各种泵噪声、人员活动所造成的一系列噪声。为了明确这些噪声的影响，本文分别将传感器布置于罐体和空气中进行噪声测试，结果见图8。

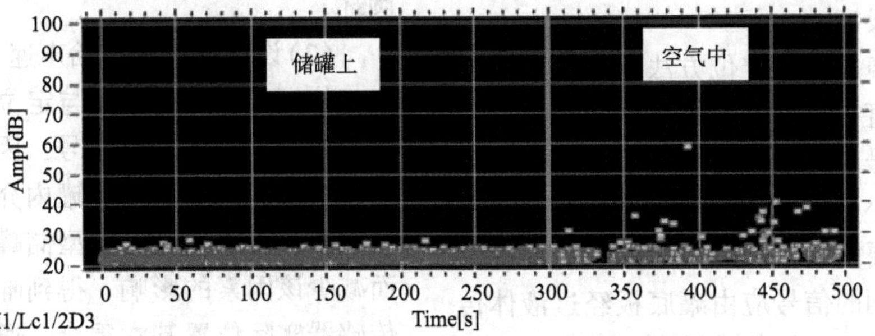

图8 传感器位于储罐上和空气中的噪声测试图

比较传感器在罐上和空气中的噪声信号，可以看出，在没有汽车噪音、泵噪音等机械噪音的情况下，空气中如人员说话，风声等正常噪声频率幅值不同，对声发射信号定位的影响不大。但对于储罐周围存在大量如电机等机械噪音时，声发射信号杂乱，门槛值设定过高，容易将有用的信号过滤，设置过低，噪声严重影响声发射信号的定位，因此，在外界机械噪音极大的情况下是不易进行声发射检测的。

（2）储罐内部噪声影响

罐底板的声发射检测采集的有用信号是罐底板腐蚀或泄漏产生的声发射信号。而由于声发射检测是在线检验，油气储运的生产过程中，储罐阀门泄漏、附件震动、摩擦等产生噪声信号大多来自储罐上部，这些噪音被定位探头接收后，对自标定有很大的干扰性。

6.2.2 声发射降噪技术

(1)布置双层探头

针对罐内存在噪声，我们在定位探头上方的平面布置同样数量的传感器，并进行相应的软件设置，依据声发射波的优先接收原则，罐内噪声会首先被上层传感器接收，下层定位传感器将不会接受，从而不影响自标定以及罐底板缺陷信号额定位。

(2)设定准确的信号门槛值

门槛值是软件过滤噪声、保留有效信号的主要手段，针对同类型的储罐，可以通过改变门槛值，观察在传感器发射波幅值相同的情况下，通过壁板和通过介质传播的声发射波的幅值特点，针对该特点，有针对性的设置门槛值，达到保留介质传播信号，除去壁板传播信号的目的，保证自标定的成功。

6.3 声发射源的定位技术

6.3.1 声发射源定位影响因素分析

(1)声速初值的设定

①声发射源的定位

如图9两个探头的AE源定位显然不能满足平面定位的需要，如果增加第三个探头即可以实现平面定位。如图10所示，可获得的输入数据为3个探头的声发射信号到达次序和到达时间及两个时差，通过求解就可以找到这两条双曲线的交点，也就可以计算出声发射源的部位。

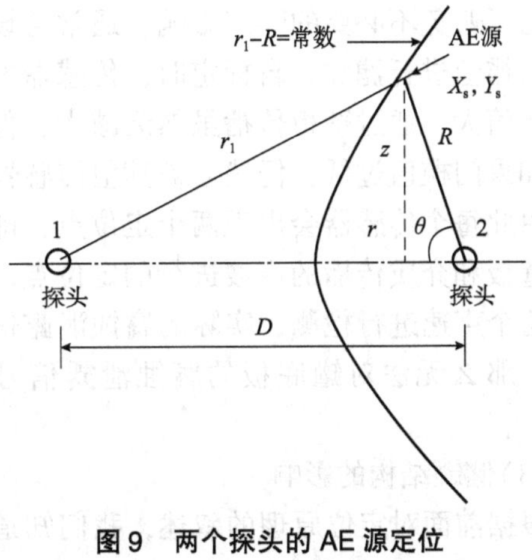

图9 两个探头的AE源定位

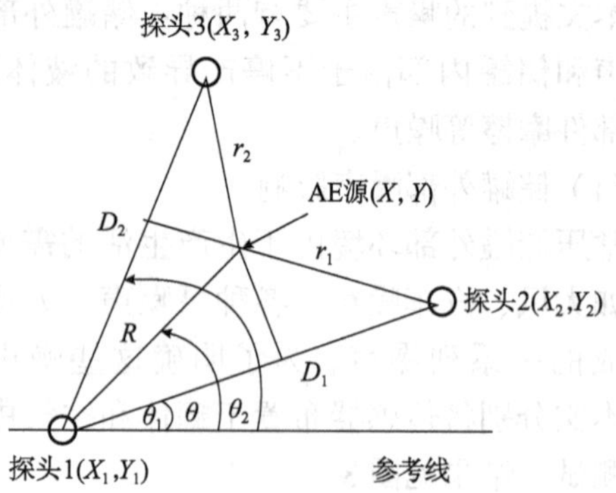

图10　三个探头阵列的AE源平面定位

②声速初值设定

通过①中对声发射源定位方法的分析可以看出，声速的大小直接影响定位位置的准确性。

根据声波信号的传播特点可知，在液体中声波传播的慢衰减小，在金属中传播速度快但幅值衰减快，因此，要完成罐底腐蚀泄露点的准确定位，传感器接收到的信号应由罐底板经过液体传播至传感器，因此声速初值应设定为声波在液体中的传播速度。由于内部介质成分的复杂性，可以在自标定结束后对声速进行微调，使标定结果准确。

(2) 定位信号的有效接收

在罐底板的声发射检测中，定位信号是在罐内液体中传播的，影响其是否能够有效接收的主要因素包括罐底泥沙和门槛值得设定。

①罐底泥沙层的影响

由于生产的需要，大部分常压储罐的清罐间隔时间在3～4年，这就导致大部分常压储罐罐底都有一部分油泥，导致罐内介质的不均匀性，这就影响了声波的传播，导致无法完成全部传感器的自标定。因此，成品油罐和外输的原油储罐信号采集稳定、定位较准确，缓冲、沉降罐和污水罐当底部泥沙过厚时影响信号的传播和定位。

②门槛值设定

为了避免不必要的噪声影响，通常会设定一定的门槛值进行滤波，自标定时，传感器发出的声波幅值大，通过壁板传播虽然衰减大，但速度快，如果门槛值过低，仍然会被其他传感器接收到，由此每个传感器会出现两个定位点，即分别通过壁板和介质传播的声波进行的定位点。如果按照这个声速进行检测，实际的腐蚀泄露信号幅值小，那么无法对罐底板的腐蚀泄露信号准确定位。

(3)储罐结构的影响

根据前面对定位原理的叙述，我们知道要进行准确定位，传感器的布置应形成一个闭合的圆形区域，由于人孔、清扫孔、进出管线的影响，导致该区域不闭合，由此就导致了自标定的不准确性，甚至由于不连续，声信号无法传播，导致部分探头的自标定无法完成。

6.3.2　提高声发射源定位精确度的措施

(1)合理布置传感器

现场的传感器布置除了按照常规的方法之外，还应尽可能远离人孔、清扫孔、进出口等结构不连续的位置，使传感器尽量形成闭合的圆环。

(2)设定准确的初始声速

依据前文分析，参与定位的有效信号为沿罐内介质传播的声发射信号，因此，结合声发射波的传播特点以及不同储罐内介质的特点，通过现场试验，可以确定同类型储罐的声速值范围，进而减少该因素的影响，得到唯一的定位点，且与传感器实际位置基本重合，通过微调，即可得到准确的声速，完成自标定。

7　结论

通过开展油田范围内的常压储罐底板声发射检测，已经初步建立了声发射定位分析信号与油田常压储罐储罐腐蚀泄漏的定量关系。今后，将依据已制定的储罐声发射检测国家标准、行业标准，针对油田内使用的原油罐、污水罐、成品油罐等常压储罐的运行特点，通过大量的现场检测、清罐验证工作，继续优化储罐底板声发射检测方法和结果判定标准等内容。

参考文献

[1]JB/T 10764—2023 无损检测 常压金属储罐声发射检测及评价方法.

[2] 沈功田等《声发射检测》全国特种设备无损检测人员资格鉴定考核委员会，2015.6.

[3] GB/T 12604.4—2005 声发射检测术语.

[4] GB/T 18182—2012 金属压力容器声发射检测及结果评价方法.

[5] ISO 12716—2013 无损检测 声发射检测 术语.

[6]赵彦修，田红岩，陈彦泽，王金龙. 在役常压储罐的无损检测技术[J]. 无损检测，2020，24(9).

[7] 闫河. 基于不同传感器布置的常压储罐声发射检测[J]. 无损检测，2018，24(7).

[8] 李光海，沈功田，闫河. 常压储罐声发射检测技术[J]. 无损检测，2010，(4).

一种非开挖式的埋地管道损伤检测新技术

郭子昇[1] 孙 明[2] 高军锋[1] 孙 涛[1] 王新华[1]

(1. 北京工业大学机械与能源工程学院，北京 100124；2. 中国特种设备检测研究院，北京 100013)

摘 要：目的：解决在大提离情况下，埋地管道损伤缺陷检测中存在激励磁场穿透能力差，采集信号信噪比低的问题。方法：利用谐波激励源提供高灵敏度和高渗透率的激励磁场；设计补偿线圈组以提高激励线圈的发射磁矩及磁场强度；提出改进的惠斯通全桥形式的感应线圈结构以提高采集信号的信噪比。结果：谐波激励方式能够改善感应电流在管体中的分布状况，提高检测深度；所提激励线圈结构产生的激励磁场可以探测到200mm等势面的管道缺陷；所提改进的惠斯通全桥形式的感应线圈结构能够更好的拾取缺陷信息。结论：所提探头结构具有强的激励能力和高的输出信噪比，适用于大提离场合下的小损伤缺陷目标信号的拾取。

关键词：埋地管道检测；谐波激励源；补偿线圈；改进的惠斯通全桥

A Novel Technology for non – excavation Type Buried Pipeline Damage Detection

GUO Zisheng[1], *SUN Ming*[2], *Gao Junfeng*[1], *SUN Tao*[1], *WANG Xinhua*[1]

(1. Faculty of Materials and Manufacturing, Beijing University of Technology, Beijing 100124, China;
2. China Special Equipment Inspection & Research Institute, Beijing 100013, China)

Abstract: Objectives: To solve the problems of poor penetration of the excitation magnetic field and low signal – to – noise ratio of the collected signal in the detection of damage defects of buried pipelines under the condition of large lift – off. Methods: A harmonic excitation source is used to achieve high sensitivity and high penetration of the excitation magnetic field; a compensation coil set is designed to improve the emission torque and magnetic field strength of the excitation coil; and an improved induction coil structure in the form of a Wheatstone full bridge is proposed to improve the signal – to – noise ratio of the detected signal. Results: The harmonic excitation method can improve the distribution of the induced current in the pipe body and increase the detection depth; the excitation magnetic field generated by the proposed induction coil structure can detect defects in the 200 mm isotropic surface of the pipe; the proposed improved induction coil structure in the form of a Wheatstone full bridge is able to pick up the defect information in a better way. Conclusion: The proposed probe structure has strong excitation capability and high output signal – to – noise ratio, and is suitable for picking up target signals of small damage defects in large lift – off situations.

Key words: Buried pipeline inspection; Harmonic excitation source; Compensation coil; Modified Wheatstone full bridge

1 引言

石油、天然气等能源在相当长的一段时间内仍将作为主要的能量来源。管道作为油气运输的生命线，其健康状态对整个运输过程的安全运行起着至关重要的作用。输送管道通常由铁磁性碳钢组成，且深埋在地下，容易出现由运输介质腐蚀形成的内壁缺陷和由土壤等外部环境影响造成的外壁缺陷，缺陷的形式包括点蚀、空洞、裂纹和破损等，缺陷一旦引起管道泄露，将会给生态环境、生活生产造成严重影响，因此对埋地管道

通信作者：郭子昇(1996—)，男，河北邯郸人，研究方向：管道探伤；电磁无损检测；谐波激励磁场及其表征。现就读于北京工业大学机械与能源工程学院。E – mail：1361803183@qq. com；Guozs0516@bjut. edu. cn

进行定期检测十分重要。

人工巡检对巡检人员工作经验和技能水平要求高，用工成本昂贵。尤其当下我国建设了大量的油气管道，它们穿越公路、河流、沙漠、农田、山谷，具有管线长、站点多、分布广、沿线地形复杂多样的特点，传统人巡的工作压力巨大、效率低，一些管线铺设位置甚至难以抵达，不能满足现代化管道安全运营检测的需求。为此国内外学者在微波、电磁方法上对埋地管道检测做了大量研究。在基于电磁超声对燃气管道腐蚀缺陷检测方法的研究中，发现在缺陷倾角较小时，测得中心厚度基本与实际一致。但是倾角增大，误差会随着越大，较大倾角的缺陷需要进行修正[1]。清华大学[2]研制了柔性探头，针对实际检测管道中心和装置中心不重合的情况，在燃气管道上开展的在线检测实验，表明了该检测系统能够准确的检测出焊缝和较大的腐蚀缺陷。超声波法和激光法都是通过测量管壁到超声或者激光发射头的距离来反映管道的变形情况，超声波法基于脉冲反射原理进行测距，激光法利用激光三角原理进行测距[3]。Sameir 等人[4]利用微波探测技术，通过反射的微波信号频率和衰减特征判断管道涂层下方水的存在，在具有一定提离高度下实现了对管道的早期检测和管道腐蚀发生可能的预测，但这只是针对管道腐蚀损伤的检测。Mohammed 等人[5]利用微波检测方法，提出了消除管道上方覆盖物对管道成像质量影响的新算法，实现了对管体损伤的精确成像。目前微波检测法仍处于实验室研究阶段，实际工程化应用仍有诸多难题。相比于微波检测方法，利用电磁法的带包覆层管道检测技术已有实际应用的案例。天津市特检院高鹏等人[6]研究分析了带包覆层铁磁性管道脉冲涡流检测的机理模型和脉冲涡流特征的特征量并将理论算法通过软硬件设计开发形成包覆层管道脉冲涡流检测设备，实际实验结果证明衰减信号的特征量与检测试件厚度之间具有良好、稳定的对应关系。北京工业大学焦敬品等人[7]提出了一种低频漏磁检测技术，研制了管内检测用低频漏磁传感器，实验结果表明检测信号幅值和谐波畸变率均可用于缺陷尺寸的定量表征，证明低频漏磁传感器对实际工况中管道的外壁损伤检测具有更佳效果。电磁检测方法受到趋肤效应的限制，只能检测有限埋深的缺陷，为了提高激励磁场的穿透深度，Tsukada 等人[8]使用了极低频率的激励电流，通过分析平行于感应磁场的磁场分量，检测到 10mm 厚的板的背面点蚀。虽然可以通过降低激励电流的频率来提高激励磁场的穿透能力进而增加趋肤深度，但是这种方式以牺牲感应磁场的强度为代价，造成小缺陷的识别精度低。激励磁场聚焦、背景磁场干扰等问题限制了电磁检测法的在大提离应用场合的发展，针对上述问题的改进探头结构方法依然是主流且有效的手段。为此，广东省特检院孙杰等人[9]针对有包覆层铁磁性管道壁厚减薄缺陷检测，提出了直角形和半圆形两种 U 型脉冲涡流检测探头，分别对有外部腐蚀及内部局部腐蚀的管道进行检测实验研究。宁波市特检院陈虎等人[10]采用双线圈激励聚焦型探头，对带包覆层管道的直管和弯头的壁厚减薄检测，最后去除包覆层进行超声波测厚的方法验证检测效果，检测结果证明了该探头结构的可行性。Carla 等人[11]研制了一种单激励线圈与上下巨磁阻传感器构成的差分涡流检测探头，利用两传感器的差分减少背景磁场的干扰，通过差分信号的峰值时间和峰值幅值有效地检测到管道壁面的腐蚀减薄。

本文提出了一种基于谐波磁场的埋地管道损伤缺陷检测新技术，使用多个频率的正弦信号叠加并搭载高次谐波信号作为激励源具有强穿透能力，能够改善感应电流在管道本体中的分布，提高检测深度。此外，设计了一种改进的惠斯通全桥结构的感应线圈，有效的解决了大提离情况下微弱的感应磁场信号拾取困难问题，提高了对管道目标区域损伤缺陷检测的准确性。本研究其余部分内容如下：第一节介绍了谐波磁场激励方式的组成，详细分析了谐波磁场的检测原理；第二节介绍了检测探头的结构、工作原理。第三节利用有限元模型验证了谐波磁场激励方式，并对所提检测探头的可行性；第四节讨论分析了检测过程中的噪声源及谐波激励源频率的选择依据；最后对本文进行了总结及展望。

2　谐波磁场检测技术

2.1　趋肤效应

管道受到交变磁场作用时，管体内部的感应电流分布不均匀，电流集中在管体的表面部分，即感应电流集中在管道外表的薄层，靠近管体外表面的电流密度最大，管体内部的电流密度随着管壁深度的增加呈指数形式衰减，这种现象称为趋肤效应，如图 1 所示。受趋肤效应的限制，管体埋藏缺陷的检测能力有限，当感应电流密度的幅度下降到导体表面值 $1/e$ 倍(36.7%)时的深度为有效检测深度 δ，其计算公式为：

$$\delta = \sqrt{\frac{2}{\omega\gamma\mu}} \tag{1}$$

式中　ω——角频率；

γ——导体的电导率；

μ——绝对磁导率。

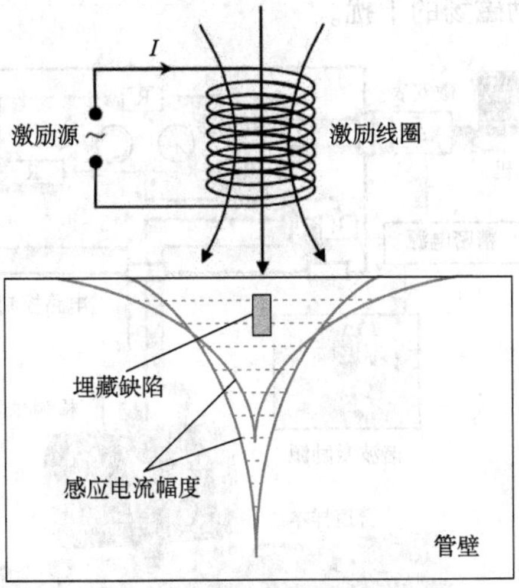

图1　趋肤深度示意图

感应电流的分布和感应磁场的大小承载着关于管体的健康信息，通过降低激励频率以提高磁场的穿透能力的方法虽然能够提高检测深度，但这种方式牺牲了小损伤缺陷的识别精度。如图1中管壁中的埋藏缺陷，当管体近表面存在损伤缺陷时，缺陷所在位置深度方向上的感应电流的流动路径被切断，管体中形成回路的感应电流密度减小。根据公式2和公式3可知，高频率的激励磁场能够在管体中激发更强的感应电流密度，感应电流流动路径集中在管体的近表面，管体产生的感应磁场为感应电流流动回路的体积分。

$$\boldsymbol{J} = j\omega\gamma\boldsymbol{A} \tag{2}$$

$$\boldsymbol{B}_{\text{induced}} = \frac{\mu}{4\pi}\iiint_v \frac{\boldsymbol{J}\mathrm{d}v \times \boldsymbol{r}}{|\boldsymbol{r}|^3} \tag{3}$$

式中　$\boldsymbol{J}$——感应电流密度；

$\boldsymbol{A}$——激励磁场磁矢势；

$\boldsymbol{B}_{\text{induced}}$——感应磁场磁通密度；

$\boldsymbol{r}$——感应电流指向待求场点的方向矢量。

因此，对于相同材料的管道样品，同样深度的缺陷阻碍高频率激励磁场产生的感应电流的能力强，感应磁场的变化量大。根据检测原理，检测探头通过监测管体感应磁场的变化进而判断管体可能存在的损伤缺陷。因此，高频率的激励磁场有助于表面或近表面损伤缺陷特征的识别。

2.2　谐波激励源

单频激励源在进行管道损伤缺陷检测时，要满足高检测精度和灵敏度，就需提高激励源频率；而要实现高的渗透率和缺陷检测埋深，就需降低激励源频率。针对单频激励源无法同时实现高灵敏度和高渗透率检测的问题，开发研制了由多个正弦交信号叠加而成的周期性信号，由低频的载波和高频谐波组成，其数学模型可表达为：

$$f(t) = f_i(t) = \sum_i^n A_i \sin(2\pi f_i t + \varphi_i) \tag{4}$$

式中　A_i——第 i 次正弦波的幅值；

f_i——第 i 次正弦波的频率；

φ_i——第 i 次正弦波的初始相位。

根据上述谐波数学模型可知，检测系统所使用的谐波模型可以表示为：

$$f(t) = f_1(t) + f_2(t) = A_1\sin(2\pi f_1 t + \varphi_1) + A_2\sin(2\pi f_2 t + \varphi_2) \tag{5}$$

式中　A_1——基波及叠加谐波的幅值；

$2\pi f$——基波的角频率；

A_2——搭载的高次谐波幅值；

n——谐波叠加个数。

如图2所示的谐波激励源信号，该谐波激励源丰富的低频正弦信号可以改善感应电流的在管体深度上方的分布规律，提高激励磁场的穿透力，高次谐波正弦信号可以实现高灵敏度的检测，提高损伤缺陷特征的识别精度。因此该谐波激励源形式可以同时实现高灵敏度和远距离的检测，同时可以穿透管壁对管道的内壁缺陷进行检测。

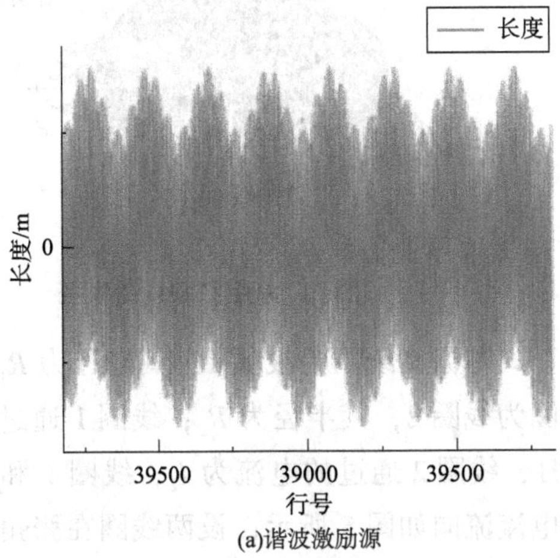

(a)谐波激励源

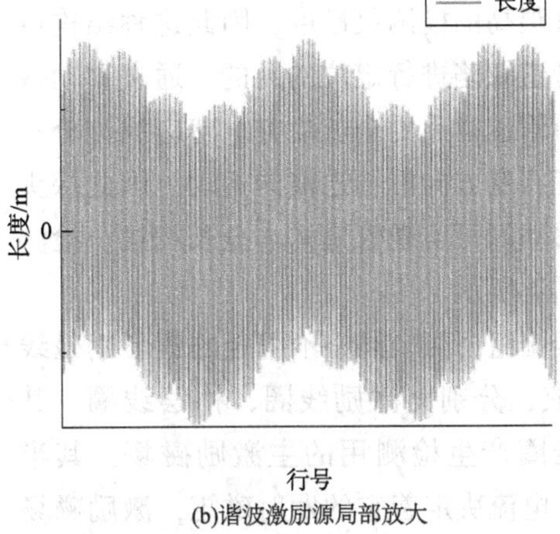

(b)谐波激励源局部放大

图2　谐波激励源信号

3 检测探头设计

3.1 检测探头的结构

激励磁场干扰的问题在涡流检测中普遍存在，强的激励磁场限制了后级放大器的动态范围，阻碍其在大提离应用场合的发展。本文所提检测探头采用双线圈并列排布的激励线圈设计形式，检测原理电路图如图3所示。

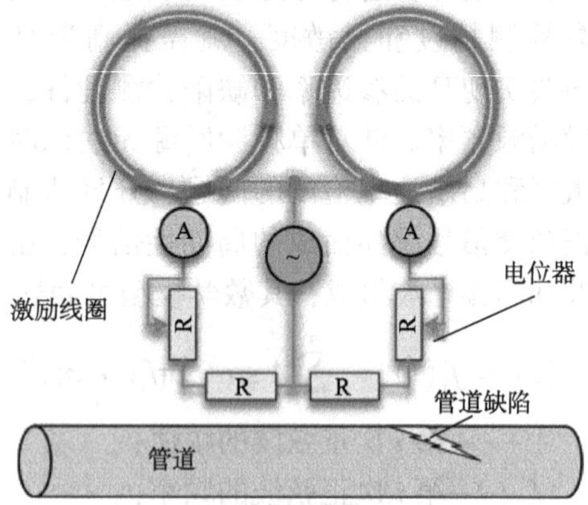

图3 检测探头示意图

旋转励磁磁场可在每个周期内完成一次完整的圆周检测。而钢管表面在励磁磁场作用下产生了涡流分布，涡流分布在管道中产生二次磁场，磁场携带被测管道状况的信息。由于样本管道中产生的涡流分布为循环流动，因此管道上任何方向的缺陷都具有与涡流分布相互作用最大的力矩。因此管道上任何方向的缺陷都会对磁场产生影响。当一前一后两个激励线圈逐一、先后经过缺陷管段位置，此时由于缺陷管段不同于健康管段，其材质存在凸起或凹陷，导致扫描到缺陷的线圈与另一个线圈的感应磁场产生变化，在两个激励线圈间引起电感的微弱变化，最终引起电路中两支路之间产生微小电流差异，通过微安表可以对微小电流进行精准监测，所以此方法在原理上可以实现很高的检测灵敏度，因此这种结构可以实现对管道缺陷进行定位的目的。通过移动探头来实现对管道样品的全长检查。感应涡流分布随合成磁场相变方向沿管道横向运动，因此探头只需横向移动即可实现管道样本全长扫描。检测原理图如图4所示。

激励线圈组由两个同心不同径的圆形励磁线圈串联组成，分别为激励线圈、补偿线圈。其中，激励线圈产生检测用的主激励磁场，其半径、匝数、电流决定着它的发射磁矩，激励磁场的辐射范围；补偿线圈提供辅助激励磁场。通过分别调整电位器，使激励磁场在每个感应线圈所围成的面积内的磁通量矢量和接近为零，从而降低激励磁场的干扰。

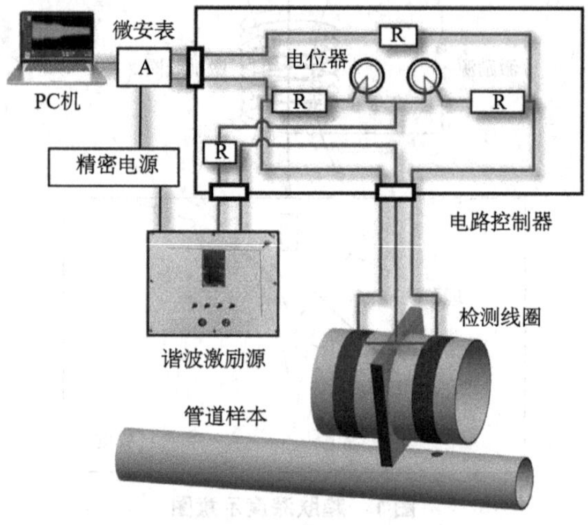

图4 检测原理图

3.2 激励线圈磁场

设计合理的线圈参数、缠绕方式、电流大小等影响因子，可以实现在增强目标位置激励磁场强度的。激励线圈用于产生电磁检测的主激励磁场，其半径、匝数、电流决定着它的发射磁矩，激励磁场的辐射范围；“补偿聚焦”技术通过补偿线圈实现，其作用是在不改变激励线圈的前提下，提高发射源的发射磁矩，增强激励磁场的磁感应强度。

根据毕奥-萨伐定律，分别计算得出激励线圈和补偿线圈参数与对应磁感应强度之间的关系。双线圈检测端的单组激励线圈磁场计算等效模型示意图如图5所示。

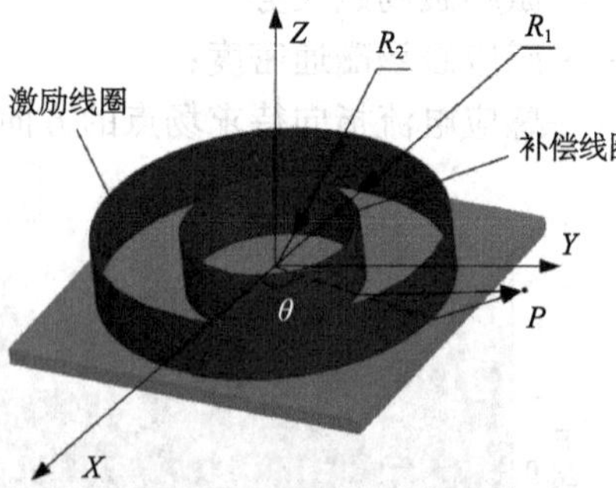

图5 单组激励线圈模型

称激励线圈为线圈1，其半径为 R_1，补偿线圈为线圈2，其半径为 R_2；线圈1通过的电流为I1，线圈2通过的电流为 I_2，线圈1和线圈2的电流流向如图5所示；设两线圈在张角为 θ 处的单位电流源坐标分别为 (x_1, y_1, z_1) 和 $(x_2, y_2,$

z_2)，所求目标场点 P 的坐标为(x, y, z)，则有如下方程：

线圈 1 的方程：

$$C_1\begin{cases}x_1 = R_1\cos\theta \\ y_1 = R_1\sin\theta \quad \theta\in\left[0,\ \dfrac{\pi}{2}\right] \\ z_1 = 0\end{cases} \tag{6}$$

线圈 2 的方程：

$$C_2\begin{cases}x_2 = R_2\cos\theta \\ y_2 = R_2\sin\theta \quad \theta\in\left[0,\ \dfrac{\pi}{2}\right] \\ z_2 = 0\end{cases} \tag{7}$$

激励线圈单位电流源在场点 P 产生的磁感应强度为：

$$\mathrm{d}\vec{B} = \frac{\mu_0 I}{4\pi r^3}\mathrm{d}\vec{l}\times\vec{r} \tag{8}$$

则对于线圈 1：

$$\begin{cases}\mathrm{d}\vec{l_1} = R_1(-\sin\theta\vec{i} + \cos\theta\vec{j})\mathrm{d}\theta \\ \vec{r_1} = (x-x_1)\vec{i} + (y-y_1)\vec{j} + (z-z_1)\vec{k}\end{cases} \tag{9}$$

$$\mathrm{d}\vec{l_1}\times\vec{r_1} = (R_1 z\cos\theta)\vec{i} + (R_1 z\sin\theta)\vec{j} - [(R_1\sin\theta)(y-y_1) + (R_1\cos\theta)(x-x_1)]\vec{k} \tag{10}$$

对于线圈 2：

$$\begin{cases}\mathrm{d}\vec{l_2} = R_2(-\sin\theta\vec{i} + \cos\theta\vec{j})\mathrm{d}\theta \\ \vec{r_2} = (x-x_2)\vec{i} + (y-y_2)\vec{j} + (z-z_2)\vec{k}\end{cases} \tag{11}$$

$$\mathrm{d}\vec{l_2}\times\vec{r_2} = (R_2 z\cos\theta)\vec{i} + (R_2 z\sin\theta)\vec{j} - [(R_2\sin\theta)(y-y_2) + (R_2\cos\theta)(x-x_2)]\vec{k} \tag{12}$$

场点 P 处的磁感应强度等于两个激励线圈激发磁场的矢量和，即：

$$\vec{B} = \oint_{C_1}\mathrm{d}\vec{B_1} + \oint_{C_2}\mathrm{d}\vec{B_2} \tag{13}$$

因此，线圈激发的磁场分布在三维直角坐标系中的分量可表示为：

$$B_x = \frac{\mu_0 I_1 R_1}{4\pi}\int_0^{2\pi}\frac{z\cos\theta}{[(x-x_1)^2+(y-y_1)^2+(z-z_1)^2]^{\frac{3}{2}}}\mathrm{d}\theta + \frac{\mu_0 I_2 R_2}{4\pi}\int_0^{2\pi}\frac{z\cos\theta}{[(x-x_2)^2+(y-y_2)^2+(z-z_2)^2]^{\frac{3}{2}}}\mathrm{d}\theta \tag{14}$$

$$B_y = \frac{\mu_0 I_1 R_1}{4\pi}\int_0^{2\pi}\frac{z\sin\theta}{[(x-x_1)^2+(y-y_1)^2+(z-z_1)^2]^{\frac{3}{2}}}\mathrm{d}\theta + \frac{\mu_0 I_2 R_2}{4\pi}\int_0^{2\pi}\frac{z\sin\theta}{[(x-x_2)^2+(y-y_2)^2+(z-z_2)^2]^{\frac{3}{2}}}\mathrm{d}\theta \tag{15}$$

$$B_z = \frac{\mu_0 I_1 R_1}{4\pi}\int_0^{2\pi}\frac{(x-x_1)\cos\theta+(y-y_1)\sin\theta}{[(x-x_1)^2+(y-y_1)^2+(z-z_1)^2]^{\frac{3}{2}}}\mathrm{d}\theta + \frac{\mu_0 I_2 R_2}{4\pi}\int_0^{2\pi}\frac{(x-x_2)\cos\theta+(y-y_2)\sin\theta}{[(x-x_2)^2+(y-y_2)^2+(z-z_2)^2]^{\frac{3}{2}}}\mathrm{d}\theta \tag{16}$$

目标场点 P 位在 XY 平面内，即 $Z=0$ 时，由上述三个公式可知，X 轴和 Y 轴方向的磁场分量为零，只关注 Z 轴方向的磁场：

当 $x^2+y^2<R_1$ 或 $x^2+y^2>R_2$，即 P 点位于补偿线圈内部或激励线圈外部时，两个线圈激发的磁场方向相同，激励磁场叠加为两个线圈磁场的标量和。

当 $R_1<x^2+y^2<R_2$，即 P 点位于激励线圈与补偿线圈中间时，两个线圈激发的磁场方向相反，激励磁场抵消为两个线圈磁场的标量差。

这种激励线圈的结构能够在不改变激励线圈的半径、匝数、电流的前提下，有效的提高激励线圈的发射磁矩，增加补偿线圈以内的圈芯的区域辐射范围内的磁场强度。以此增加发射磁场能量，增大检测灵敏度，从而降低强的激励磁场对二次磁场提取及损伤信息提取造成的干扰。

3.3 基于惠斯通全桥结构的感应线圈设计

检测探头产生的磁场会在管道中诱发感应电流，管道中的感应电流产生一个相反的感应磁场，按照楞次定律在激励线圈和感应线圈中产生一个额外的感应电流。感应线圈通过测量来自管道产生的感应磁场，以感应电压的形式输出，从而来评估管道的健康状态。

如图 6 所示，感应线圈与激励线圈绕向相反。在有管道存在的情况下，总磁场为激励磁场加上管道产生的感应磁场的总和，只有感应磁场才包含管道的健康信息。感应线圈的电动势除了由自感 L_2、互感引起 M，还包括感应线圈通过管道进行自我耦合 L_{C2}，激励线圈和感应线圈通过管道进行的相互耦合 M_C。因此，感应线圈的总电感为 $L_T = L_2 + M + L_{C2} + M_C$，则感应线圈的输

出电压为

$$v_{out}=(L_2+M_C+L_{C2})\frac{di_2}{dt}+i_2R_2-M\frac{di_1}{dt} \quad (17)$$

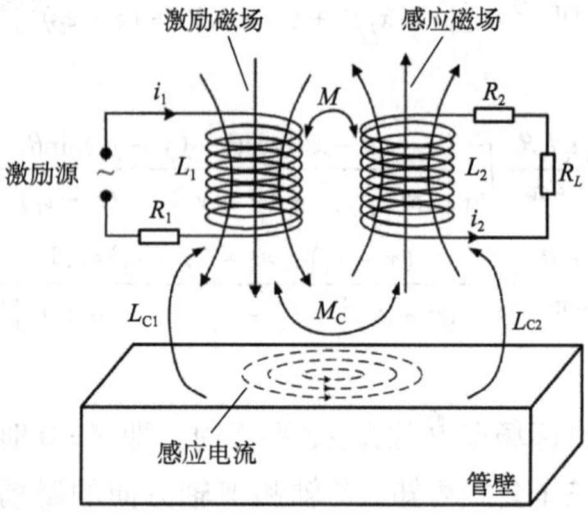

图6　检测原理示意图

同理，当感应线圈与激励线圈绕向相同时，感应线圈的总电感为 $L_T=L_2-M-L_{C2}-M_C$，则感应线圈的输出电压为

$$v_{out}=(L_2-M_C-L_{C2})\frac{di_2}{dt}+i_2R_2+M\frac{di_1}{dt} \quad (18)$$

式中　i_1——激励线圈的电流；

i_2——感应线圈的电流。

公式(17)和公式(18)中，只有由相互耦合 M_C 和自我耦合 L_{C2} 引起的感应电压包含管道信息，而其余均为噪声。随着提离距离的增加，感应线圈与管道距离增加，M_C 和 L_{C2} 减小；而感应线圈与激励线圈位置相对不变，互感 M 不变。感应线圈输出信号中，由互感 M 引起的感应电压分量极大，使相互耦合 M_C 和自我耦合 L_{C2} 引起的感应电压成为一个不重要的组成部分，造成感应线圈输出信号的信噪比严重下降。为此，通过优化感应线圈的位置以构造零磁通量位置，从而降低互感噪声，并提出了两种设计形式的感应线圈结构以提高输出信号的信噪比，增强损伤缺陷目标信号的拾取精度，如图7所示。

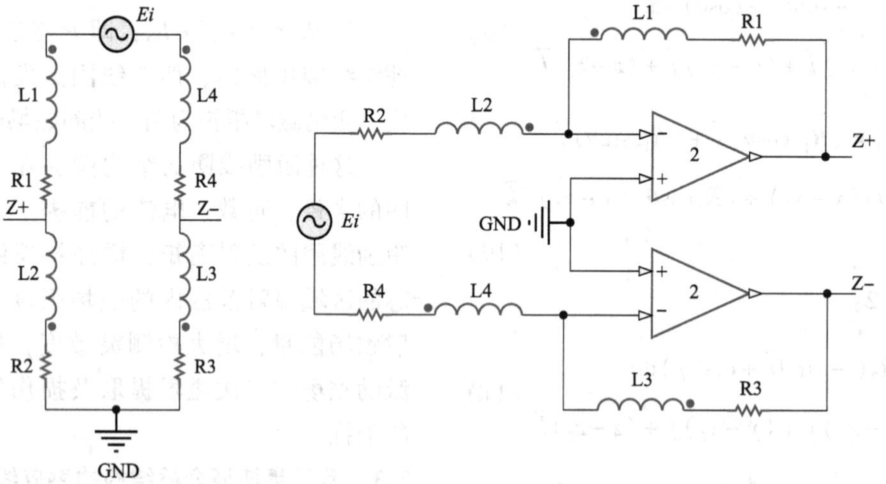

(a)推挽式惠斯通全桥结构　　(b)改进的惠斯通全桥结构

图7　两种设计形式的感应线圈结构

对于推挽式惠斯通全桥结构，假设感应线圈的总感应电压为 E_i，则感应线圈的差分输出分别为：

$$v_{z+}=E_i\frac{R_2+j\omega L_{T2}}{(R_1+j\omega L_{T1})+(R_2+j\omega L_{T2})} \quad (19)$$

$$v_{z-}=E_i\frac{R_3+j\omega L_{T3}}{(R_3+j\omega L_{T3})+(R_4+j\omega L_{T4})} \quad (20)$$

对于改进的惠斯通全桥结构，假设感应线圈的总感应电压为 E_i，根据运算放大虚短和虚断规则，运算放大器的输出分别为：

$$v_{z+}=E_i\frac{R_1+j\omega L_{T1}}{R_2+j\omega L_{T2}} \quad (21)$$

$$v_{z-}=E_i\frac{R_3+j\omega L_{T3}}{R_4+j\omega L_{T4}} \quad (22)$$

感应线圈 L_1、L_4 与 L_2、L_3 绕向相反，因此，在总磁场变化时，其自我耦合 L_{R2}，相互耦合 M_2 矢量方向相反。当感应磁场的由稳定状态下向增大方向变化时，经前置放大器调制后，两种设计形式的感应线圈结构的各个感应线圈总阻抗的变化分别为：

$$v_{coil}=G\cdot E_i\left(\frac{(R_1+j\omega L_{T1})\uparrow}{(R_1+j\omega L_{T1})\uparrow+(R_2+j\omega L_{T2})\downarrow}-\frac{(R_3+j\omega L_{T3})\downarrow}{(R_3+j\omega L_{T3})\downarrow+(R_4+j\omega L_{T4})\uparrow}\right) \quad (23)$$

$$v_{coil} = G \cdot V_s \left(\frac{(R_1 + j\omega L_{T1})\uparrow}{(R_2 + j\omega L_{T2})\downarrow} - \frac{(R_3 + j\omega L_{T3})\downarrow}{(R_4 + j\omega L_{T4})\uparrow} \right) \tag{24}$$

式中　G——放大器增益；

E_i——感应线圈的等效感应电压；

L_{T1}、L_{T2}、L_{T3}、L_{T4}——分别为四个感应线圈的总电感；

R_1、R_2、R_3、R_4——分别为四个感应线圈的电阻。

对比公式(23)和公式(24)可知，改进的惠斯通全桥结构输出信号的信噪比更高，对微小的信号变化具有更高的灵敏度，有利于大提离情况下损伤缺陷目标特征的拾取。提高了管道缺陷信息的表征量级。

4　有限元建模及仿真分析

4.1 激励磁场仿真

为了比较了单激励线圈与所提检测探头激励磁场性能，使用 COMSOL Multiphysics 有限元仿真软件的 AC/DC 模块中的磁场电流模块进行仿真研究。根据检测原理，建立了管道检测的三维有限元模型，包括土壤层、包含焊缝缺陷的管道样品、并联激励线圈、空气域等。根据激励线圈的实际尺寸、材料和线圈的排布方式建立有限元模型。线圈材质为铜，类型设定为多圈，每个匝数为 100；圈体厚度为 1.5mm，圈体高度为 37.5mm，线圈半径为 100mm，两个线圈中心距离 300mm。管道材质为钢材，直径为 75mm，壁厚为 3 mm，焊缝凸起 0.5mm，长度为 2000mm。土壤厚度为 200mm。励磁电流幅值设为 2A，频率参数设为高频 400Hz，低频 24Hz。

建立并联排布方式的激励线圈设计模型的磁通量密度模的仿真，在线圈圈体的三维中心下方 200mm 处设置磁通密度面，如图 8(a)所示。线圈磁通密度分布仿真模型的俯视等势面和垂直等势面如图 8（b）、图 8（c)所示。图 9（a）、图 9（b)所示为立体线圈在世界坐标系下的多切面磁通密度分布仿真模拟与其磁场流向。图 9（c）、图 9（d)所示为双线圈检测端空间内磁通密度分布特性。

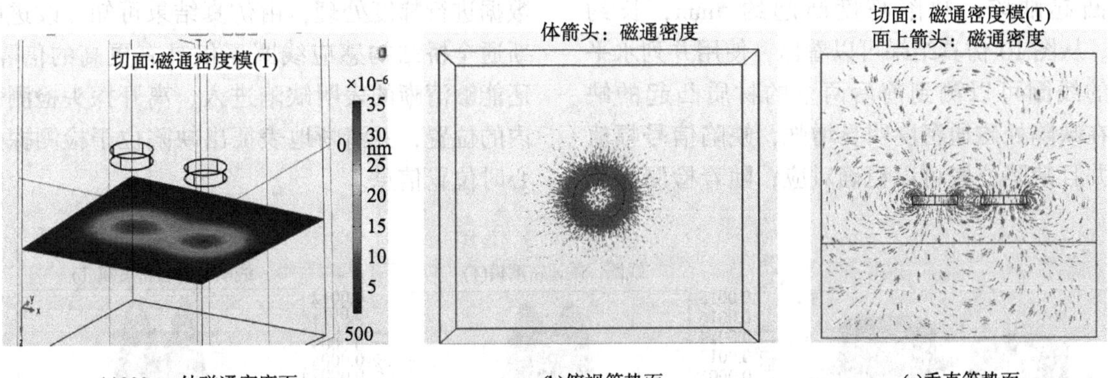

(a)200mm处磁通密度面　　(b)俯视等势面　　(c)垂直等势面

图 8　线圈磁通密度分布仿真

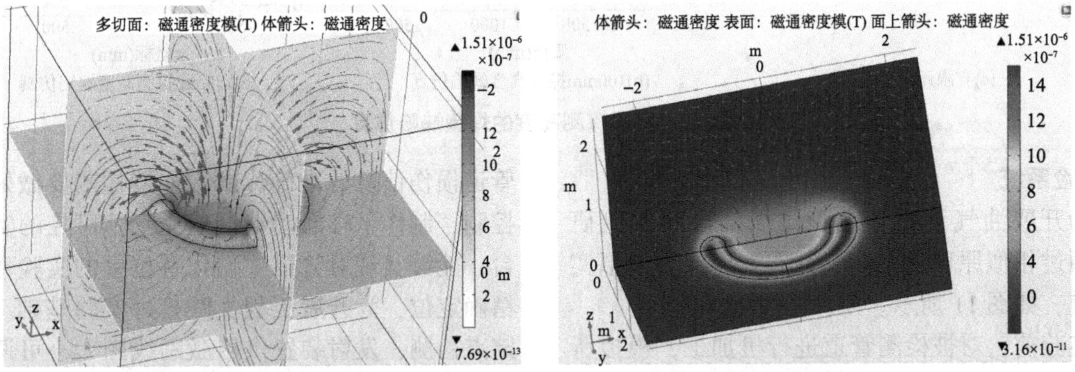

(a)立体线圈在世界坐标系下仿真　　(b)磁场流向仿真

图 9　线圈磁多切面磁通密度分布仿真与其磁场流向

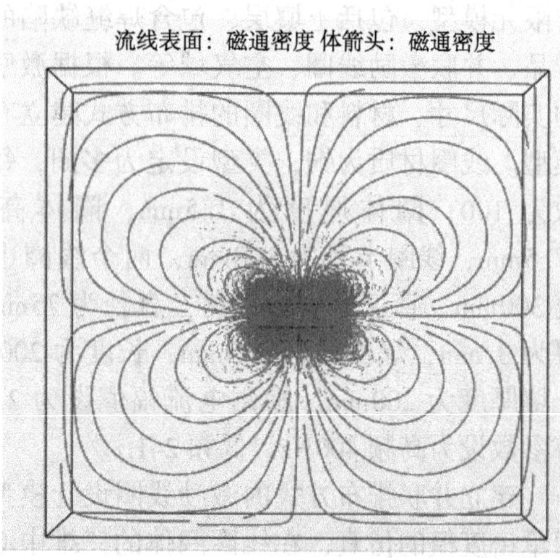

(c)双线圈检测端空间内磁通密度分布

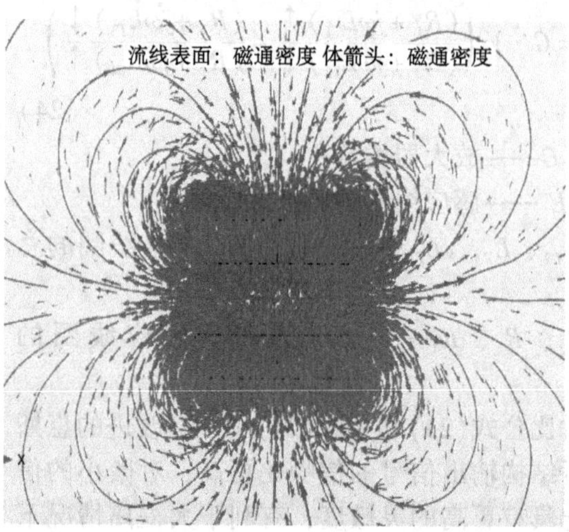

(d)双线圈检测端空间内磁通密度分布放大

图9 线圈磁多切面磁通密度分布仿真与其磁场流向(续)

4.2 缺陷检测能力仿真

管道直径76mm，壁厚10mm，长度3000mm，并设定无限远域边界条件。添加对应域的材料并设置材料的属性，包括相对磁导率、电导率、相对介电常数和其他参数。有限元模型的收敛相对误差为0.005%。在管道长度方向中心模拟焊缝材质凸起缺陷，缺陷高度凸起约5mm，长约5mm。从图10仿真结果可以看出，使用并列水平排布的线圈可以测到前后两个的材质凸起的缺陷，在缺陷处磁通密度明显增强，缺陷信号幅值明显并且缺陷位置可以精确对应；随着检测探头越靠近管道，缺陷处幅值变化越明显，综上所述，两相线圈并列水平排布作为励磁场源检测能力突出。因此，本文采用了并列水平排布两相激励线圈作为检测端。

图10显示了沿管道轴向扫描缺陷检测结果，分别提取两个感应线圈的电压、阻抗值，对仿真数据进行梯度处理，由仿真结果可知，改进的惠斯通全桥结构感应线圈不仅具有更高的信噪比，还能够清晰的表明缺陷进入、离开探头检测范围内的位置，并清晰地表征出缺陷位于检测探头中心时位置信息。

(a)有限元模型图

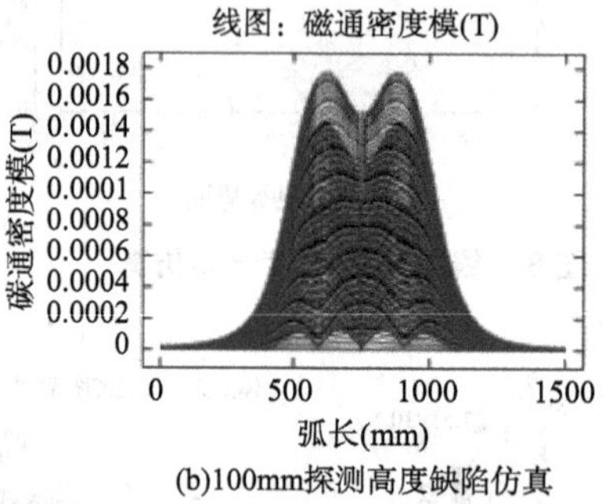

(b)100mm探测高度缺陷仿真

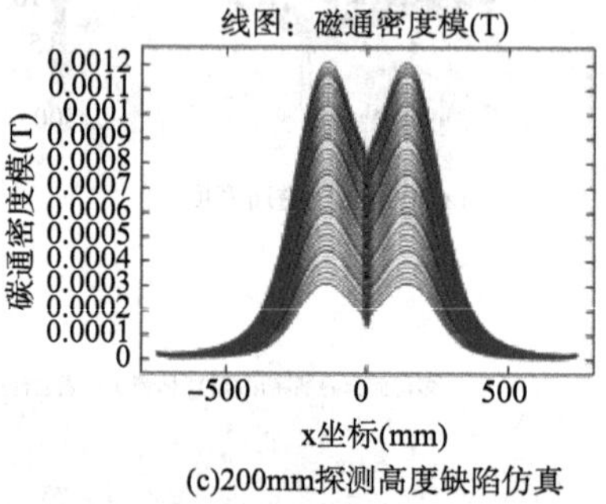

(c)200mm探测高度缺陷仿真

图10 不同探测高度的焊缝缺陷仿真

5 实验系统

为开展油气钢质管道管体损伤诊断实验研究，通过相似原理建立油气钢质管道检测模拟实验系统，如图11所示。

实验前，对被检测管道进行机加工，模拟所需检测的损伤类型，包括刻槽、裂纹、盲孔、穿孔、壁厚减薄等，如图12所示。将管道检测分为两步：定点检测和连续检测。定点检测的检测结果要精确，检测的灵敏度、准确度高，实现对管道损伤信息的准确诊断；连续检测要做好变量控制，制作平移滑动器，建立平稳可控的实验平台，能够实现对管道损伤代替位置的实验环境下精确定位，为开展工程实践打好实验基础。对于定点检测，发射装置供给激励线圈大小可调的阶跃电压，加载到线圈上的激励电流会在其周围建立激励磁场，作用于全空间，部分向地下激发的磁场会作用在埋地钢管管体上，产生稳定的初始磁场环境。管体及周围介质环境在激励磁场的作用下，会产生感应涡流；受电磁感应与介质欧姆损耗影响，激励磁场施加后，会出现磁场不稳定的现象，随后激励磁场与管道产生的二次磁场形成动态平衡。此时，线圈阻抗随激励磁场的变化而变化，电路整体阻值改变，微安表接收到作用于电路中的微小电流变化，通过对管体不同区域的电磁响应进行比较，可评估局部磁异常区域。

对于连续检测，采用谐波磁场激励信号，管道响应过程与定点检测大致相同，但会产生动生涡流。动生涡流是由于磁场中金属导体与线圈磁场或永磁体磁场相对运动所产生的涡电流。动生涡流会对检测系统的检测信号产生影响，降低检测精度。

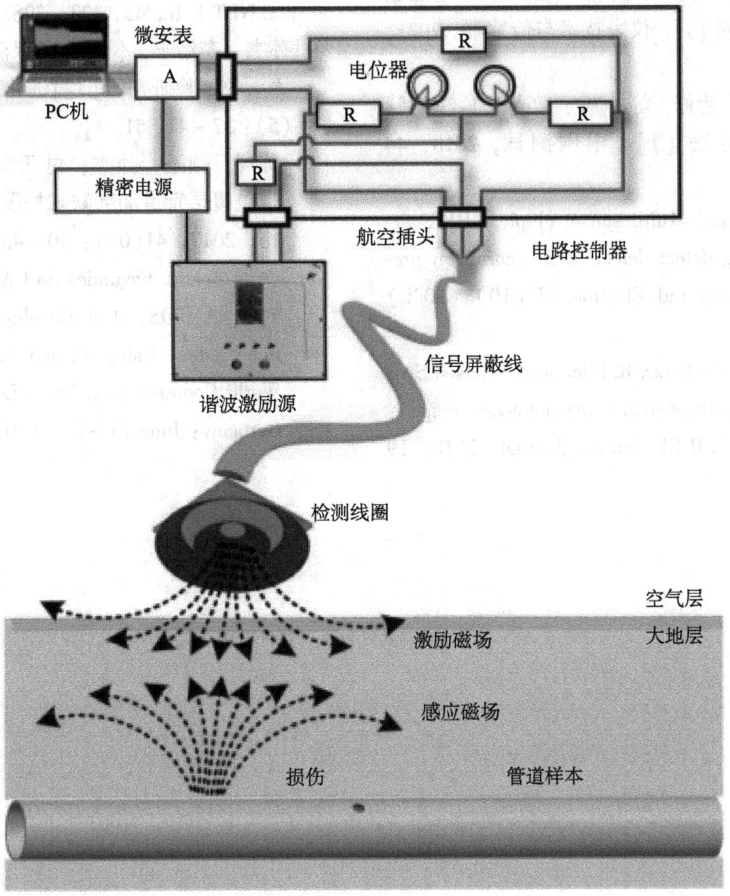

图 11 油气钢质管道检测模拟实验系统

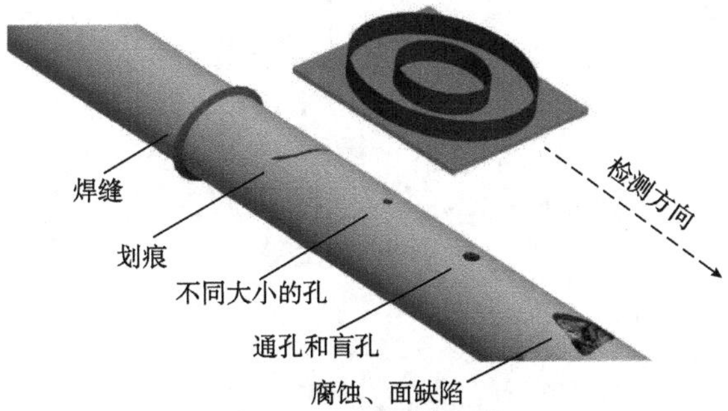

图 12 检测管道缺陷构成

因此，连续检测可作为预检测方法，初步确定管道异常区域，所以该系统可以提高长距离管道检测的效率。

5 结论

本文提出一种非开挖式的埋地管道损伤检测新技术。激励线圈由两组相同规格线圈并联组成，每组线圈按照两个同心不同径的圆形励磁线圈串联组成，结合谐波磁场检测技术以提高激励磁场的强度及穿透能力；包含两组激励线圈的检测端结合改进的惠斯通全桥结构以抑制激励磁场的干扰及提高 z 方向测量的磁感应强度变化信号的信噪比。理论分析了谐波磁场的检测原理及改进的惠斯通全桥结构的工作原理。利用有限元分析了验证了检测探头的可能性。

本研究为非开挖式的埋地管道损伤缺陷检测提供了一种新思路。在现场应用之前，还需要进行更广泛的研究，如：①激励线圈结构、参数等需要结合谐波磁场检测技术进行进一步优化设计，以达到最优的检测效果；②研制大功率、便携式的谐波激励源及低干扰、高精度的信号采集仪器设备以解决大提离工况下激励磁场衰减严重及损伤特征信号微弱难以拾取的问题。

参考文献

[1]叶至灵，韩正．燃气管道腐蚀缺陷电磁超声检测方法[J]．仪表技术与传感器，2020，(8)：4.

[2]韦远根，韩赞东，郭大勇．城市燃气管道壁厚电磁超声在线检测系统研究[J]．仪表技术与传感器，2021，324－330.

[3]朱建杰，郑雨昊，曹营修，等．基于激光三角法的管状物内轮廓测量方法[J]．中国测试，2018，44(4)：5.

[4]S. Deif，M. Daneshmand. Multiresonant chipless RFID array system for coating defect detection and corrosion prediction[J]. IEEE Trans. Ind. Electron. 67 (10) (2020) 8868－8877.

[5]Buhari M D，Tian G Y，Tiwari R. Microwave－based SAR technique for pipeline inspection using autofocus range－Doppler algorithm[J]. IEEE Sensors Journal，2018，19(5)：1777－1787.

[6]高鹏，包覆层管道脉冲涡流检测技术研究．天津市，天津市特种设备监督检验技术研究院，2020－12－25.

[7]焦敬品，常予，李光海，石福涛，何存富，吴斌．金属包覆层管道外壁损伤低频漏磁检测技术[J]．北京工业大学学报，2018，44(12)：1471－1477.

[8]Tsukada，K.，Y oshioka，M.，Kawasaki，Y.，Kiwa，T. Detection ofback－side pit on a ferrous plate by magnetic flux leakage method with analyzing magnetic field vector. NDT E Int. 43，323－328.

[9]孙杰，李绪丰，付跃文．保温管道脉冲涡流检测 U 型探头的试验研究[J]．石油化工腐蚀与防护，2019，36(5)：37－41，51.

[10]陈虎，赖圣，孙杰，付跃文．基于脉冲涡流技术的带包覆层管道局部缺陷检测及现场应用[J]．无损探伤，2017，41(05)：40－43.

[11]Carla Beatriz Fagundes do CARMO，Mateus REBELLO，Ygor SANTOS，et al. Development of a Corrosion Detection System Using Pulsed Eddy Current[C]// 19th World Conference on Non－Destructive Testing. Munich，Germany：June 13－17，2016：4342－4349.

油气田集输管道内检测技术综述及应用

国 滨[1] 吕 坦[1] 祝兴辉[2] 胡 朋[1] 马义来[1]

[1. 中国特种设备检测研究院，北京 100013；2. 中特检管道工程(北京)有限公司，北京 100013]

摘 要：随着油气田集输管道投用时间的增长，集输管道腐蚀也愈加严重，目前管道内检测是确定管道腐蚀状况的最有效手段。但由于集输管道以小口径、低压输气管线较多，增加了集输管线内检测的难度，根据管道的具体情况选用合适的内检测器，成为了集输管道内检测的重要手段。本文介绍了目前应用比较成熟的内检测器的原理、优势及适用条件，分析了不同类型的内检测器针对不同集输管道的适用性，并列举了实际的成功案例，为油气田集输管道内检测方式的选择提供了参考及借鉴意义。

关键词：集输管道；内检测；压力；口径

Overview and Application of Internal Inspection Technology for Oil and Gas Field Gathering and Transportation Pipelines

GUO Bin[1], *LV Tan*[1], *ZHU Xinghui*[2], *HU Peng*[1], *MA Yilai*[1]

[1. China Special Equipment Inspection and Research Institute, Beijing 100029, China;
2. Special Inspection Pipeline Engineering (Beijing) Co., Ltd., Beijing 100029, China]

Abstract: With the increase of the operation time of oil and gas field gathering and transportation pipelines, the corrosion of gathering and transportation pipelines has become more and more serious. Currently, pipeline inspection is the most effective means to determine the corrosion status of pipelines. However, due to the large number of small - diameter and low - pressure gas pipelines in the gathering and transportation pipeline, the difficulty of internal inspection of the gathering and transportation pipeline has increased. Choosing appropriate internal detectors according to the specific situation of the pipeline has become an important means of internal inspection of the gathering and transportation pipeline. This article introduces the principles, advantages, and applicable conditions of currently mature internal detectors, analyzes the applicability of different types of internal detectors for different gathering and transmission pipelines, and lists practical successful cases, providing reference and guidance for the selection of internal detection methods for oil and gas field gathering and transmission pipelines.

Key words: Gathering pipeline; Internal inspection; Pressure, caliber

1 引言

集输管道指从油气井口到计量间或阀组站再到油气处理厂之前的单井管道、支干线管道。与长输管道不同，集输管道输送介质多为油、气、水三相混输[1]，集输管道中Cl^-、CO_2、H_2S等腐蚀介质含量较多，腐蚀引发的集输管道泄漏事故频繁发生，给人民、环境和社会带来严重威胁和损失[2]，因此，选择合适的内检测方法，对油气田集输管道定期开展内检测，对了解管道腐蚀情况，提升集输管道完整性管理水平具有重要意义。

2 集输管道内检测特点

集输管道特点是排量低、口径小，以*DN*300以下口径的管道居多，且低压低排量油气混输管线较多。不同类型的内检测器通常对管道介质、排量、压力、管径、变形量、弯头曲率半径等相关参数有不同的要求，针对不同规格及工况的集输管道选用合适的内检测技术至关重要。

3 内检测技术综述

管道内检测设备的功能是对管道腐蚀、裂纹

和机械划伤等缺陷信息的检测与识别[3]，比较成熟的内检测技术包括漏磁(MFL)、涡流(EC)、超声(UT)和电磁超声(EMAT)等[4]。受不同类型的内检测器的检测原理及结构的限制，其检测的缺陷类型和对管道的管径、工况等要求也有区别。

3.1　漏磁内检测器(MFL)

漏磁内检测原理为当强磁场作用于铁磁性物体时，该试样中的几何不连续性将导致试样的磁通量泄漏到空气中[5]，周围的磁传感器元件通过检测泄漏的磁通量来判断缺陷的尺寸和类型。漏磁内检测器结构如图1所示，其核心结构为检测节，依靠永磁铁饱和磁化金属管道，饱和磁化状态下，漏磁内检测器可以检测到管道内外壁缺陷。漏磁内检测器对体积形缺陷敏感，但难检测出沿励磁方向的裂纹缺陷。由于漏磁内检测器探头不需要液体介质耦合，适用于输送不同介质的管道，且对管道清洁度要求不高，因此，漏磁内检测器是国内发展最成熟、应用最广泛的金属损失内检测器。

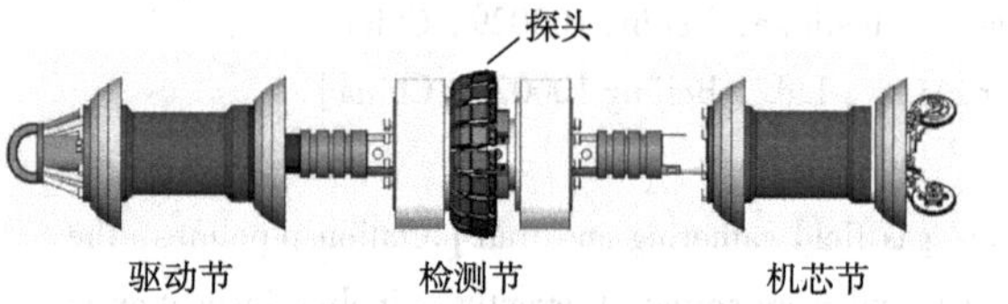

图1　漏磁内检测器

由于检测节较重，且强磁对管壁有较强的吸附作用，因此检测器惯性较大，管线运行压力较低时会造成检测器加速距离长，运行速度过快，很容易超出检测器运行速度上限，造成检测失败。通常输气管线漏磁内检测时，要求最低压力一般为1.6MPa，对于运行压力较低的输气集输管道需要提高运行压力或更换为液体介质进行漏磁内检测，否则需要选择其他内检测技术进行检测。

此外，为保证漏磁内检测器对管壁进行饱和磁化，检测节的永磁铁体积不能太小，否则，磁场强度无法有效磁化管壁。因此，由于检测节的结构限制造成漏磁内检测器检测小口径或弯头曲率较小的管道卡堵风险较大，尤其检测建设不规范或建设资料不齐全的老旧管道风险相应较高。

3.2　涡流内检测器(EC)

涡流内检测器原理为对导电性材料施加由交流电形成的初级交变磁场，材料内部会感应出涡流，若材料内部存在裂纹、腐蚀等缺陷，则此处的涡流会发生畸变。通过测量从探测器线圈接收到的涡流引起的磁场变化，可以获得导电性和缺陷特性[6-7]。原理如图2所示。涡流一般分为近场涡流、阵列涡流、脉冲涡流和远场涡流等不同类型。受趋肤效应的影响，除远场涡流外，其他类型涡流内检测器只能检测管道内表面缺陷、对裂纹较为敏感，虽然远场涡流通过二次穿透原理可实现对内外壁缺陷的同时检测，但信号微弱难以识别，没有广泛应用[8]。

在结构上不同于漏磁内检测器，涡流内检测器没有永磁铁、钢刷的限制，可以适用于小口径管道，通过能力较高。其重量轻阻力小，且运行速度接受范围大，适用于低压天然气管道。

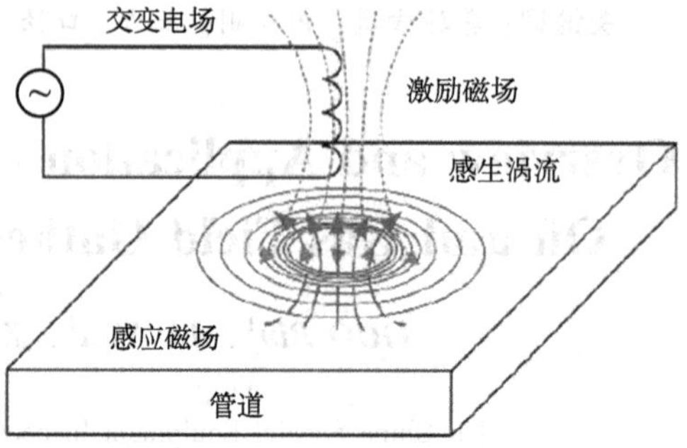

图2　管道涡流检测原理示意图

3.3　超声内检测器(UT)

超声波检测是传统无损检测方法的主要方向之一，用于识别材料内部及其表面高频声波的缺陷。当超声波穿过物体时，超声波能量会衰减并在表面反射，对反射声波的分析可以识别缺陷及其位置。由于超声波具有反射、衍射和透射的特性[9]，超声波检测可以很容易地确定管道内部不同深度的裂纹、金属损失和其他不连续性缺陷。

超声内检测器可以检测大壁厚管道内外壁金属损失及裂纹，准确判断缺陷深度和位置，是对缺陷的直接检测。但是，超声内检测器需要有液体耦合剂填充管壁和超声探头之间的缝隙，且对管道清洁度要求较高，适用范围局限，难以在油气管道广泛应用[10-11]。油气田集输管道管道介质复杂，杂质较多，单纯输送清洁的输油管道很少。超声内检测器在油气田集输管道适用性较差。

3.4　电磁超声内检测器(EMAT)

为了克服传统超声内检测器检测时需要耦合的弊端，国内外相关机构研制了电磁超声内检测器如图3所示。电磁超声内检测器通过给管壁施加交变磁场，交变磁场在管道表面激发形成超声波波源的原理进行非耦合检测，适用于输油、输气管道[12]。

电磁超声内检测技术是近几年来发展起来的一项无损检测技术，国外 ROSEN 和 GE PII 等公司已经研制出成熟的电磁超声内检测器，中国相关研究尚在起步阶段[13]。

电磁超声可以检测出管道裂纹类、金属损失、变形和防腐层剥离等缺陷。

传统的 EMAT 通过周期性永磁体和跑道型线圈组成，受结构限制通常应用于中大口径管线。而且，速度越快对管道裂纹等缺陷检出率越低。在小口径和低压输气管线适用性较差。

图 3　电磁超声内检测器

4　集输管道内检测方案

4.1　漏磁内检测适用条件

对于输油管道、运行压力大于 1.6MPa 的输气管道可以采用漏磁内检测器进行检测。目前，国内漏磁内检测器适用于最小口径的管道为 *DN*159，对于管道变形较大，弯头曲率较小或者对管道建设参数不明的管道漏磁内检测风险较高。

对于低压力天然气管道可以采用提高压力或者更换为洁净水等液体介质的方式完成漏磁内检测，提高压力的方式有：①在不超过管道最大安全运行压力的前提下，直接提高运行压力至 1.6MPa 以上；②停输后采用氮气车加压至 1.6MPa 以上的方式推动漏磁内检测器检测；③停输并对管道天然气吹扫置换后采用空压机加压至 1.6MPa 以上推动漏磁内检测器检测。

对于管道变形较大、弯头曲率小或者不明的小口径集输管道需要开挖更换管段或者确认不影响漏磁检测器通过后进行漏磁内检测作业，以降低卡堵风险。

4.2　涡流内检测适用条件

对于受客观条件限制无法更换介质或对管道进行改造的、漏磁内检测风险较高的管道可以采用涡流内检测器进行检测。涡流内检测器通过性能高，卡堵风险较低，对管道工况要求较低。集输管道输送介质复杂，且以内壁腐蚀为主，涡流内检测器对管道内壁缺陷有较高的检出率，涡流内检测为较好的选择。

4.3　其他内检测器适用条件

超声内检测器对于检测大壁厚，清洁液体介质管道优势明显，适用于介质比较干净的输送纯液体介质的集输管道或者检测时更换为纯净液体介质的大壁厚集输管道。

电磁超声内检测器对检测大壁厚、中大型口径输油集输管道及高压力输气集输管道优势较为突出。

超声内检测和电磁超声内检测成本较高，在国内外应用在集输管道上的案例较少。

5　检测案例

某油气田管道管道规格为 $\phi159\times5$mm，长 18km，为油气混输管道，运行压力为 0.4～0.7MPa，投产时间为 1994 年 6 月，通过机械测径清管器发现管道有较大变形，并且该管道最小弯头曲率半径为 2D，漏磁检测时卡堵风险较大，最终采取了涡流内检测的检测方案。

涡流内检测器共运行 9.6h，平均速度为 0.6m/s，运行速度稳定。共检测出金属损失缺陷 3266 处，最大深度为管道壁厚的 29.2%，位于管道里程的 9196.47m 处。经现场开挖验证检测误差在标准要求范围内，数据完整有效。由图 3 金属损失分布图可以看出，该条管线的内壁金属损失主要分布在管道里程的 6～8km 范围，数量为 1152 个。

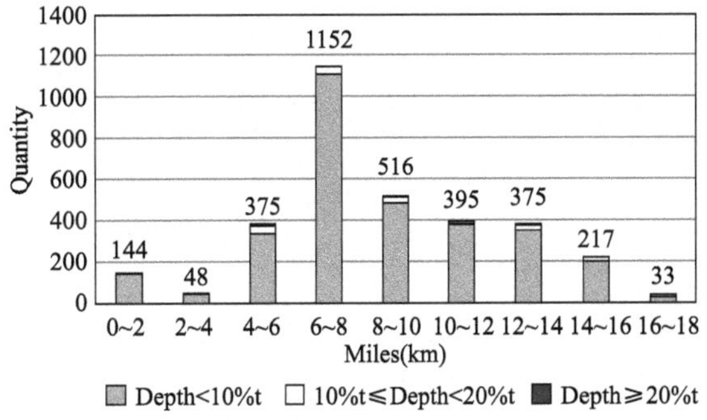

图 4　金属损失分布图

6　结论

(1)针对管道最大变形量、弯头曲率半径满足漏磁内检测通过条件的输油管线或运行压力大于 1.6MPa 的输气集输管道优先选用技术成熟的漏磁内检测器进行内检测。对于大变形、弯头曲率小的管线满足改造条件时可以改造后进行漏磁内检测，低压力气管线建议提压或者更换为液体介质后进行漏磁内检测；

(2)针对由于管道变形量大、弯头曲率半径小的纯净的液体管道，大壁厚管道，满足超声内检测条件时，优先选用超声内检测器进行内检测；

(3)对于管道变形量大、弯头曲率半径小的管道介质复杂的油气管道或低压输气管道建议选用涡流内检测器进行内检测。

参考文献

[1]王金梭. 集输管道腐蚀失效原因分析及防护措施研究[J]. 石油石化节能，2023，13(4)：29 - 33.

[2]文浩. 基于远场涡流技术的油气集输管道缺陷检测研究[D]. 成都：西南石油大学，2018：1 - 2.

[3]王金龙，何仁洋，张海彬，等. 海底管道检测最新技术及发展方向[J]. 石油机械，2016，44(10)：112 - 118.

[4]白港生，徐志，吴楠勋. 三轴高清晰度漏磁腐蚀检测器的研制[J]. 石油机械，2104，42(10)：103 - 106.

[5]Shukla，A.；Karki，H. Application of robotics in onshore oil and gas industry—A review Part I. Robot. Auton. Syst. 2016，75：490 - 507.

[6]Sophian，A.；Tian，G.；Taylor，D.；Rudlin，J. Electromagnetic and eddy current NDT：A review. Insight 2001，43：302 - 306.

[7]王宝超. 基于电涡流传感技术的管道变形检测方法研究与设备研制[D]. 北京：机械科学研究总院，2020：7 - 10.

[8]焦道坤. 基于交叉磁场的管道涡流内检测技术研究[D]. 电子科技大学，2023：12.

[9]D'orazio，T.；Leo，M，；Distante，A.；Guaragnella，C；Pianese，V；Cavacini，G. Automatic ulrasonic inspection for internal defect detection in composite materials. NDT E Int. 2008，41：145 - 154.

[10]Berriman J，Hutchins D，Neild A，et al. The application of time - frequency analysis to the air - coupled ultrasonic testing of concrete[J]. IEEE Transactions on Ultrasonics Ferroelectrics and Frequency Control，2006，53：768 - 776.

[11]Chassignole B，Guerjouma R，Ploix M，et al. Ultrasonic and structural characterization of anisotropic austenitic stainless steel welds：Towards a higher reliability in ultrasonic non - destructive testing[J]. NDT & E International，2010，43：273 - 282.

[12]Hirao M，Ogi H. An SH - wave EMAT technique for gas pipeline inspection，NDT & E International，1999，32(3)：127 - 132.

[13]余国民，卫栋，祝光辉，等. 电磁超声在石油管材检测技术中的研究与分析[J]. 石油管材与仪器，2016，2(02)：28 - 34.

工业管道绝热层下腐蚀的检测及维护策略

吉建立[12] 费伟宏[2]

（1. 中国特种设备检验协会，北京 100029；2. 北京国电电科院检测科技有限公司，北京 102209）

摘 要：绝热层下腐蚀(CUI)是工业管道面临的一个严重问题，可能导致灾难性事故。本文综述了CUI的成因、影响因素及常见损伤形态，重点阐述了CUI易发生的位置，比较了传统和新兴检测方法的优缺点，介绍了在线监测技术的最新进展，探讨了基于风险的CUI管理方法，并对国内外相关标准规范进行了对比分析。最后，提出了加强CUI检测监测技术研发、完善管理标准体系、提高数智化水平等建议，以促进提升国内工业管道CUI管理水平。

关键词：工业管道；层下腐蚀；检测维护

Detection and Maintenance Strategies for Corrosion Under Insulation in Industrial Piping

***JI Jianli*[12], *FEI Weihong*[2]**

(1. China Special Equipment Inspection and Research Institute, Beijing, 100029;
2. Beijing Guodian NDT CO., LTD., Beijing, 102209)

Abstract: Corrosion Under Insulation (CUI) poses a significant threat to industrial piping, potentially leading to catastrophic failures. This paper provides a comprehensive review of the causes, influencing factors, and common damage patterns of CUI. It focuses on identifying CUI - prone locations and compares the advantages and disadvantages of traditional and emerging detection methods. The latest advancements in online monitoring technologies are presented, along with a discussion on risk - based CUI management approaches. A comparative analysis of relevant domestic and international standards and regulations is also included. Finally, the paper proposes recommendations to enhance CUI detection and monitoring technology development, improve management standard systems, and increase digitalization levels, aiming to promote and elevate CUI management levels for industrial piping in China.

Key words: Industrial piping; Corrosion Under Insulation; Detection and maintenance

1 引言

绝热层下腐蚀(Corrosion Under Insulation, CUI)是一种因隔热层内滞留水分引起的外部腐蚀。CUI通常难以通过肉眼观察，因而腐蚀的早期阶段常被忽视。在石油、天然气、化工等行业中CUI可能导致管道和设备的破裂、泄漏，进而引发火灾、爆炸等灾难性事故。据统计，在炼化行业中至少有60%的管道失效是由CUI引起的，管道维护成本中的40%～60%是由CUI造成的[1]。因此，CUI的检测和管理对于确保工业管道的长期安全运行至关重要。

2 CUI概况

2.1 成因

工业管道出于保温、节能等要求，经常要采取保温隔热措施。然而，由于设计不当，安装不正确，维护损坏以及接缝、间隙的出现使得来自

作者简介：吉建立（1984— ），高级工程师，主要从事压力管道法规标准、完整性管理及相关技术研究。Email：ji516@126.com

降雨、蒸汽、冲洗、冷凝等途径的水和污染物很容易侵入保温层，在保温材料和基体金属间局部区域形成电化学腐蚀环境，进而导致 CUI 发生[2]。多数研究者认为，CUI 发生的原因是水、水中的杂质以及温度的共同作用。研究表明，安装保温层的设备或管道，运行 5 年后发生 CUI 的概率将大幅上升，使用 10 年后的保温层 60% 都含有腐蚀性冷凝水，极大地提高了 CUI 发生的概率[3]。

2.2 影响因素

CUI 的电化学腐蚀机制受多种因素影响，关键因素包括：温度、湿度、氧气、隔热材料等，它们对 CUI 的影响机理和规律如下：

①温度。温度是影响 CUI 风险的关键因素之一。根据 CINI、NACE 和 API 的指导文件，在 50℃至 175℃的温度范围内发生 CUI 的风险较高，根据 API 的推荐做法，在 77℃和 110℃之间尤为关键，如图 1 所示。碳钢在 80℃左右存在最大腐蚀率，此时可达到 0.5mm/a 的腐蚀速度[4]。②湿度。湿度或水蒸气的存在对 CUI 的发展至关重要，它们可以通过保温层的多孔结构进入并在金属表面形成液态水。③保温材料。保温材料的类型和特性，如其吸水性、渗透性、保水性和可溶性氯化物含量，对 CUI 的发展有显著影响。④外部环境。环境因素，如雨水、冷却水塔的雾气、蒸汽排放和冷凝水，都可能成为 CUI 的水源。⑤设计和安装：保温系统的设计和安装方式，包括是否存在有效的排水和防湿措施，对 CUI 的风险有直接影响。⑥维护和检查：缺乏定期的维护和检查可能导致 CUI 问题被忽视，直到造成严重损害。

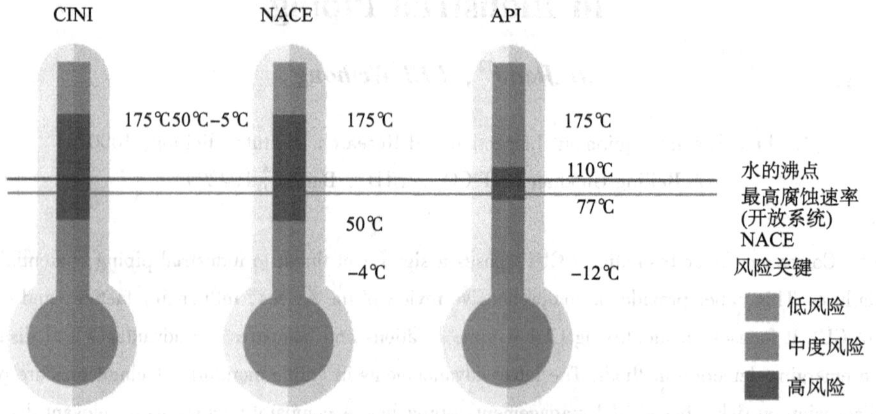

图 1　温度对 CUI 风险的影响

2.3 CUI 的常见损伤形态

①局部腐蚀或点蚀。CUI 通常表现为局部腐蚀，特别是在碳钢和低合金钢上，这种腐蚀可能导致材料表面出现坑洞。②应力腐蚀开裂(SCC)。在奥氏体不锈钢和双相不锈钢上，CUI 可能导致应力腐蚀开裂(SCC)。③全面腐蚀。在某些情况下，CUI 可能导致大面积的腐蚀，这通常与保温材料的吸水性和水蒸气扩散能力有关。

CUI 的一个显著特点是其隐蔽性，因为腐蚀发生在保温层下，不易被发现，直到造成严重的损害或发生泄漏。因此，对 CUI 的有效管理和控制对于保障工业生产的稳定性和经济性至关重要。

3 CUI 检测评估

3.1 CUI 的常见位置

①管道结构改变部位。如管道弯头、管径变化等部位。②保温层破损/老化开口部位。保温层破损、保温材料吸水性强，水分容易渗入部位。③易积水部位。如，管道低处、阀门附近等水分容易积聚部位。④管道支(吊)架部位。这些位置由于结构不规则，导致保温层容易破损。⑤仪表/取样点和导淋管等特殊结构部位。在这些部位由于保温层开口，水分容易渗入并积聚。总的来说，CUI 容易发生在管道结构发生变化、保温层状况不佳，支架处、高点放空、低点排凝、结构不连续等容易渗水和积水的部位，如图 2 所示。对这些易发生 CUI 的部位进行重点监测和检查，有助于及时发现并预防 CUI 的发生。

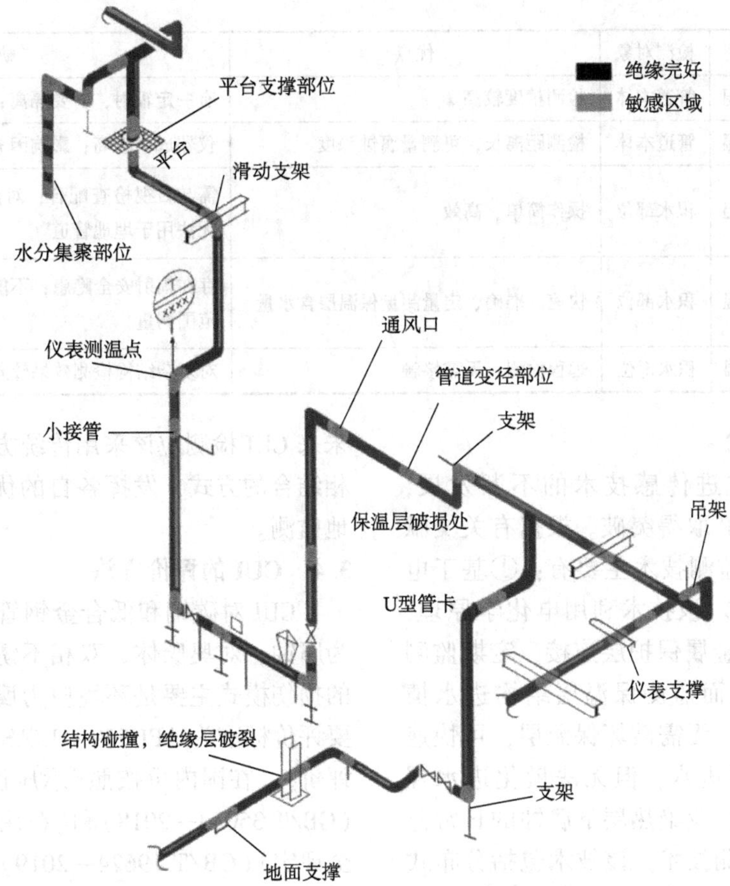

图2 工业管道易渗水的常见部位

3.2 CUI的检测、监测和评估技术

CUI的传统检测方法主要是目视检测、超声波测厚。传统检测需要停车、拆除绝热层，因而成本较高。近年来新兴的CUI检测方法主要包括：脉冲涡流、数字射线成像、超声导波等，这些方法用于可直接检测管道本体的腐蚀状况，减少绝热层拆除，大幅降低检测成本。此外，红外热成像、中子反向散射、微波检测等新技术能够发现绝热层缺陷或积水位置，可用于CUI发生部位大范围筛查。这类间接检测方法，也有其局限性。因为潮湿的环境并不一定存在CUI；如果涂层良好，即使存在一定水分，也不会发生CUI；之前存在水分聚集且发生CUI的部位，在检查时也可能已经变得干燥。

每一种检测方法都有其优势、局限性和适用领域，见表1[5-7]。导波是目前常用的CUI检测方法，也可以用于长期监测。脉冲涡流和数字射线成像可在不拆绝热层的情况下，对管道本体腐蚀状况进行检测。中子反向散射技术存在辐射安全隐患，需要采取相应的防护措施。红外热成像技术受环境温度、风速、绝热材料等因素的影响较大。在实际工作中，检测人员应当根据现场条件，综合考虑管道材质、外径、壁厚、绝热材料和厚度等信息，择优选择最佳的检测方法，也采用多种方法互相补充，以提高CUI检测的准确性和可靠性。

表1 各类CUI检测技术的优缺点

检测方法	检测条件	检测对象	优点	缺点
目视检查	拆保温	管道本体	直观、有效	工作量大、成本高、易二次腐蚀
渗透检测	拆保温	管道本体	适合表面开口裂纹检测	工作效率低、难以定量
超声波测厚	拆保温	管道本体	可定量测厚	检测效率低、成本高
脉冲涡流	可不拆保温	管道本体	检测效率高；可定量测量腐蚀深度	对复杂结构检测效果较差，不能检测奥氏体不锈钢管道

续表

检测方法	检测条件	检测对象	优点	缺点
数字射线成像	可不拆保温	管道本体	检测精度较高	有一定辐射，需要隔离；不适合大面积筛查
超声导波	局部拆保温	管道本体	检测距离长，可测量腐蚀深度	仪器成本较高；影响因素多对小缺陷不敏感
红外热成像	可不拆保温	积水部位	操作简单、高效	需与目视检查配合；对温度、风速等条件敏感；无法用于埋地管道
中子反向散射技术	可不拆保温	积水部位	快速、准确、定量测量保温层含水量	存在辐射安全隐患；不能测定腐蚀状况；仅限小范围测量
微波检测	可不拆保温	积水部位	远程检测、无需接触	对复杂结构检测效果较差

3.3　CUI 的监测技术

近些年，随着先进传感技术的不断发展，CUI 在线监测技术不断取得突破。根据有关文献介绍[9,10]，CUI 在线监测技术主要有：①基于电位差的在线监测技术。该技术利用电化学原理，通过将设备或管道与金属保护层连接，定期监测二者间的电位差，从而监测保温层结构进水情况。该技术实施简单，无需破坏保温层，可快速响应并检测出保温层进水，但无法量化进水程度，适用于石油化工企业绝热层下腐蚀的日常监测。②分布式光纤监测技术。该技术包括分布式光纤测温技术和分布式光纤湿度监测技术，前者可通过检测温度场异常识别保温层浸水区域，后者可直接监测保温层湿度状况。该技术可实现长距离、高精度的监测，但仅能推测 CUI 风险，无法直接判断腐蚀类型和速率。③电化学法。当金属表面发生腐蚀时，通常会在微米尺度上产生不规则随机变化，这些变化表现为电信号波动。利用电化学现象来监测和量化腐蚀的技术有电阻(ER)、线性极化电阻(LPR)和电化学噪声(EN)等。电阻法、线性极化电阻法和电化学噪声法是一种非侵入性的腐蚀检测手段，可以在运行中的设备或管线上进行实时监测，快速、准确且有效评估腐蚀的程度和进展情况。④电容成像(CI)技术。该技术通过具有共面电极的电容成像(CI)传感器对结构进行扫描，将电性能分布绘制成图像，并根据电性能的变化判断是否发生 CUI。相比其他方法，电容成像技术对构件表面 CUI 特征更加敏感，并且不存在最大剥离高度的限制，因此更适用于具有较厚保温层的 CUI 监测，但对较小缺陷检测精度较低。

传统检测方法虽然直观有效，但需要拆除保温层，工作量大、成本高。而在线监测技术能够在保温层完整状态下进行检测，避免了拆除保温层的问题，但各自也存在一定的局限性。因此，未来 CUI 检测应该采用传统方法与在线监测技术相结合的方式，发挥各自的优势，实现精准高效地监测。

3.4　CUI 的评价方法

CUI 对碳钢和低合金钢管道的损伤模式主要为腐蚀，对奥氏体、双相不锈钢或镍基合金管道的损伤模式主要是环境应力腐蚀开裂。国外的主要评价标准为 API 579－1/ASME FFS－1《适用性评价》。在国内可按照《承压设备合于使用评价》(GB/T 35013—2018)和《在用含缺陷压力容器安全评定》(GB/T 19624—2019)等标准对 CUI 的服役安全性进行评价。

3.5　CUI 基于风险的管理

CUI 是一个隐蔽性强、危害性大的腐蚀问题，传统的检测方法往往无法及时发现并预防 CUI 的发生。基于风险的管理为解决这一问题提供了有效途径。《绝热层和防火层下腐蚀》API RP 583 为容器、管道、储罐等设备 CUI 风险评估、检测、维护和预防提供了指南。《基于风险的绝热层下腐蚀管理》DNV RP G109—2021 主要针对石油和天然气行业中保温层下腐蚀(CUI)的风险管理。该标准采用基于风险的方法，通过评估材料、涂层、水浸润和设计四个屏障，定性地评估 CUI 失效概率，确定 CUI 风险等级，为 CUI 风险缓解措施、检验检测和持续改进提供了指南，是一种实用、经济有效的 CUI 风险管理方法。

应用基于风险的方法可以定期或持续地评估 CUI 风险，并根据评估结果制定相应的检查和维护计划。该方法可以帮助企业合理配置有限的资源，优先处理高风险区域，提高检查的针对性和有效性，是一种系统化、科学化的 CUI 管理手段，有助于降低 CUI 带来的安全隐患和经济损失。

4　CUI 相关标准规范

为了有效管理和减轻 CUI 带来的风险，国外

API、NACE、DNV、ASTM 等组织制定了一系列标准和规范（见表 2）。API 583 旨在帮助专业人士理解和管理 CUI 问题。API 570 提供了在役管道系统的检验、修理、改造和重新评级的指南，有助于识别 CUI 的潜在风险区域，指导开展 CUI 检测和评估。NACE SP0198 从设计、材料选择、安装、维护和检查等环节对 CUI 防控提出技术要求，是 CUI 控制的系统方法。ASTM C795 通过测量绝缘材料的卤素含量，帮助预防奥氏体不锈钢设备上的外部氯应力腐蚀开裂。ASTM C1617 用于评估从绝热材料中浸取的溶液对金属水相腐蚀的影响。ASTM C1763 通过评估绝缘材料的吸水性，预测其在实际应用中可能引起的 CUI 风险。这些标准涵盖设计、材料选择、安装、检测、评估、维护的各个方面。通过遵循这些标准，企业可以有效控制 CUI 风险，确保设备和管道的安全和可靠性。

与国外相比，国内与 CUI 有关的标准主要集中在管道绝热层设计、施工和验收环节且较为分散，缺乏针对 CUI 防控和管理的专用标准。

表 2　国内外与 CUI 有关的标准规范

序号	标准号	标准名称	分类	
1	API 583—2021	绝热层和防火层下的腐蚀	综合	国外
2	NACE SP 0198—2017	在隔热和防火材料下的腐蚀控制——系统方法	综合	
3	DNV RP G109—2021	基于风险的绝热层下腐蚀管理	综合	
4	API 570—2016	管道检验规范：管道系统运行检验、评级、维修和改造	检验	
5	ASTM C795—08(2018)	与奥氏体不锈钢接触使用的绝热材料规范	检测	
6	ASTM C1617—19	金属水腐蚀的定量加速实验室评估标准	检测	
7	ASTM C871—18	绝热材料可溶性氯化物、氟化物、硅酸盐和钠离子的化学分析标准测试方法	检测	
8	ASTM C692—13(2018)	评估隔热材料对奥氏体不锈钢外部应力腐蚀开裂倾向的标准测试方法	检测	
9	ASTM 189—07(2021)e1	用于模拟绝热层下腐蚀的实验室标准指南	检测	
10	GB 50264—2013	工业设备及管道绝热工程设计规范	设计	国内
11	GB/T 20801.2—2020	压力管道规范 工业管道 第 2 部分：设计与计算	设计	
12	HG/T 20679—2014	化工设备管道外防腐设计规范	设计	
13	SH/T 3010—2013	石油化工设备和管道绝热工程设计规范	设计	
14	HG/T 5178—2017	保温层下金属表面用防腐涂料	材料	
15	GB/T 17393—2008	覆盖奥氏体不锈钢用绝热材料规范	材料	
16	GB 50126—2008	工业设备及管道绝热工程施工规范	施工	
17	GB/T 50185—2019	工业设备及管道绝热工程施工质量验收	施工	
18	HG/T 20229—2017	化工设备、管道防腐蚀工程施工及验收规范	施工	
19	TSG D7005—2018	压力管道定期检验规则——工业管道	检验	

5　结论

综上所述，CUI 是一个复杂的现象，需要综合考虑多种因素来管理和减缓。通过选择适当的保温材料、设计有效的保温系统、定期检查和维护，可以显著降低 CUI 的风险。目前，国外石油石化行业对 CUI 问题高度重视，制定了完善技术标准，从绝热材料和涂层选材、设计、施工、检测、维护等环节加强管控，以预防和控制 CUI 问题。

目前，国内对 CUI 的风险认识和重视程度还不够，有关技术研究和标准建设相对滞后。本文在国内外比对基础上，提出以下建议：

5.1　开发先进检测、监测技术

CUI 的发生具有一定的随机性和不确定性，存在较强的隐蔽性，难以准确预测。传统的检测方法需要拆除保温层，成本高且效率低，新兴的检测方法仍存在一定的局限性和不确定性。因此，要加强技术研究，继续开发无损、快速、准确的 CUI 检测和远程、在线、智能监测技术，提高 CUI 检测和诊断能力。

5.2　完善基于风险的 CUI 管理技术标准

CUI 预防和管理贯穿设计、施工、运维等全生命周期，目前国内尚缺乏系统化 CUI 管理标准，CUI 风险评估和预防管理面临诸多挑战。因此，尽快建立覆盖全生命周期的 CUI 管理标准，帮助企业开展基于风险的 CUI 管理。

5.3　提高 CUI 管理的数智化水平

CUI 检测、评估和预防技术的发展趋势是朝着智能化、数字化、系统化的方向前进，因此，要加强材料科学、传感技术、人工智能等跨学科的协同创新，不断提高 CUI 管理数字化和智能化水平。

参考文献

[1]吴祥，王刚，李铜，等．炼化企业绝热层下腐蚀与控制[J]. 石油化工腐蚀与防护，2018，35(01)：29－31.

[2]王海，韩斌，刘少辰，等．绝热层下腐蚀检测与防护[J]. 全面腐蚀控制，2022，36(05)：132－135.

[3]吕晓亮，唐建群，巩建鸣，等．绝热层下腐蚀防护的研究现状[J]. 腐蚀科学与防护技术，2014，26(02)：167－172.

[4]Qing Cao，Thunyaluk Pojtanabuntoeng，Marco Esmaily. A Review of Corrosion under Insulation：A Critical Issue in the Oil and Gas Industry［J］. Metals，2022（12）：4－24.

[5]Ayman Amer，Ali AlShehri，Vincent Cunningham. Inspection Challenges for Detecting Corrosion Under Insulation（CUI）in the Oil and Gas Industry[C]. 17th Middle East Corrosion Conference and Exhibition，Sanabis Bahrain，2018.

[6]Eltai，Elsadig O.，Musharavati，Farayi and Mahdi，El－sadig. Severity of corrosion under insulation（CUI）to structures and strategies to detect it［J］. Corrosion Reviews，2019(6)：553－564.

[7]翟东，邓欣，李馨竹，等．保温层下腐蚀检测技术研究进展［J］. 安全、健康和环境，2023，23（09）：1－8.

[8]刘点玉，杨晓岩，常青，等．管道保温层下腐蚀与检测［J］. 石油化工腐蚀与防护，2020，37（06）：36－40.

[9]王伟杰，汉继程，毛阳，等．保温层下腐蚀监检测技术研究进展［J］. 中国腐蚀与防护学报，2023，43（01）：22－28.

[10]熊亮，孙玉江．保温层下管道腐蚀监测系统及应用研究[J]. 中国安全生产科学技术，2019，15(11)：102－106.

钢质管道机械损伤漏磁检测信号特征识别方法研究

康小伟[1,2] 周林海[2] 孟详吉[1] 周汉权[1] 孟 涛[1] 陈金忠[1]

(1. 中国特种设备检测研究院，北京 100029；2. 中特检管道工程(北京)有限公司，北京 100029)

摘 要：钢质管道机械损伤产生的残余应力和应变会改变钢质管道机械特性及电磁特性，因此相比较常规金属损失漏磁信号，机械损伤的漏磁检测信号因含有多特征量导致无法准确有效识别问题。针对上述问题，建立钢质管道基于机械损伤缺陷类型的力磁耦合有限元仿真模型，研究机械损伤引起应力和外磁场共同作用下管道漏磁场的分布情况，识别机械损伤漏磁信号特征；搭建钢质管道机械损伤漏磁内检测模拟试验台，验证钢质管道机械损伤漏磁信号特征识别准确性。试验结果表明，机械损伤中的凿痕信号特征呈现“W”型，机械损伤中的凹陷信号特征呈现“M”型。本研究结果为今后钢质管道漏磁内检测数据分析判读准确性提供了技术支撑。

关键词：漏磁内检测；机械损伤；管道；信号识别

Research on Identification Method of Magnetic Flux Leakage Inspection signal Characteristics for Mechanical Damage of Steel Pipeline

KANG Xiaowei[1,2], *ZHOU Linhai*[2], *MENG Xiangji*[1], *ZHOU Hanquan*[1], *MENG Tao*[1], *CHEN Jinzhong*[1]

(1. China Special Equipment Inspection & Research Institute, Beijing 100029, China;
2. China Special Equipment Inspection Pipeline Engineering(Beijing)Co., Ltd, Beijing 100029, China)

Abstract: The residual stress and strain caused by mechanical damage of steel pipelines will change the mechanical and electromagnetic properties of steel pipelines. Therefore, compared with conventional metal loss magnetic flux leakage signals, the magnetic flux leakage detection signals of mechanical damage cannot be accurately and effectively identified due to the presence of multiple characteristic quantities. In view of the above problems, the finite element simulation model of mechanical and magnetic coupling of steel pipeline based on mechanical damage defect type is established. The distribution of pipeline leakage magnetic field under the combined action of stress and external magnetic field caused by mechanical damage is studied, and the characteristics of mechanical damage magnetic flux leakage signal are identified. A simulation test bench for magnetic flux leakage internal detection of mechanical damage of steel pipelines was built to verify the accuracy of magnetic flux leakage signal feature recognition of mechanical damage of steel pipelines. The test results show that the signal characteristics of chisel marks in mechanical damage are ‘W’ type, and the signal characteristics of dents in mechanical damage are ‘M’ type. The results of this study provide technical support for the accuracy of data analysis and interpretation of magnetic flux leakage internal detection of steel pipelines in the future.

Key words: magnetic flux leakage in-line inspection; mechanical damage; pipeline; signal recognition

1 引言

钢质管道机械损伤严重影响管道本体安全运行，是引起管道失效模式因素之一[1]。机械损伤是指外力作用对管道造成的机械性损伤，主要是

作者简介：康小伟(1986—)，高级工程师，主要从事油气压力管道检验检测技术研究。

由安装过程损伤或者第三方破坏，第三方破坏通常是机械设备、挖掘机或其他土木工程器械意外接触管道所致，主要类型包括由锄耕机或挖掘机等其他所造成的凹陷、凿痕等[2-3]。

针对钢质管道漏磁检测信号识别，国内外许多学者也进行了相关研究。国外学者 BUBENIK T A 等[5]针对管道机械损伤缺陷漏磁检测，特别设计了一种复合磁场检测系统，漏磁信号解耦是由于残余应力和磁性特性变化的影响，但关于管道缺陷类型与检测信号识别研究不全面；国内学者王国涛等[6]针对油气管道特殊缺陷的识别问题，分析了凸形缺陷和凹形缺陷的漏磁信号产生机理和分布特点；邵卫林等学者[7]利用环焊缝和磁路方式相结合的方法判读特征信号的极性和特征信号一致性的比较原则识别管道盗油孔信号；以上研究缺少对管道机械损伤凿痕和凹陷信号解耦识别。

针对钢质管道机械损伤的漏磁检测信号因含有多特征量导致无法准确有效识别问题[8]，建立钢质管道基于机械损伤缺陷类型的力磁耦合有限元仿真模型，研究机械损伤引起应力和外磁场共同作用下管道漏磁场的分布情况，识别机械损伤轴向漏磁信号和径向漏磁信号特征；搭建钢质管道机械损伤漏磁内检测模拟试验台，验证钢质管道机械损伤轴向漏磁信号和径向漏磁信号特征识别准确性。

2　机械损伤漏磁仿真

2.1　建立仿真模型

与常规金属损失漏磁检测仿真建模比较，机械损伤漏磁仿真模型需要考虑管道残余应力引起的铁磁性材料机械性能及其电磁特性。在仿真软件中建立二维管道机械损伤漏磁检测磁回路几何模型，管道机械损伤漏磁检测有限元模型由 U 形磁轭、线圈、管壁、几何不连续、提离空气域及其它空气域构成，仿真模型如图 1 所示。

图 1　二维管道机械损伤漏磁仿真模型

模型中管道壁厚 $t = 8$mm；线圈长度 L_x 为 90mm，高度 H_x 为 4mm；电工纯铁磁轭长度 L_c 为 230mm，整体高度 H_c 和磁脚高度 H_{c1} 分别为 100mm、60mm，磁脚宽度 W_c 为 24mm，X 为漏磁扫查方向，Y 为竖直方向。

磁化模块采用直流磁轭激励模型，基于安培定律 - 磁致伸缩原理，以直流励磁激励的方式，对线圈参数和管体参数进行设置，磁化模块物理属性参数如表 1 所示。

表 1　磁化物理参数

线圈参数	数值	管道参数	数值
线径	1.2mm	磁化强度	1.5×10^6 A/m
线圈匝数	700 匝	耦合系数	0.0025
激励电流	1 ~ 12A	磁致伸缩系数	5×10^{-6}
相对磁导率	1	初始磁化率	130
线圈电导率	5.7×10^6 S/m	管体电导率	8.5×10^6 S/m

2.2　模型求解

2.2.1　网格划分

模型网格设置采用分区剖分方法，管道机械损伤缺陷和附近的管壁单元大小为 0.1mm。磁轭、线圈、管壁以及提离空气域映射网格划分，最大单元大小设置为 0.5mm。对其他空气域等部分进行超细化精度网格剖分，最大单元大小设置为 8.6mm，模型剖分后的网格如图 2 所示。

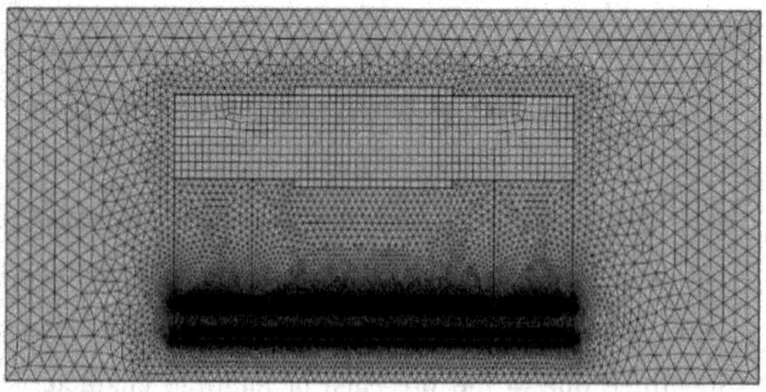

图 2　二维管道机械损伤漏磁模型网格划分

2.2.2　机械损伤应力

管道机械损伤仿真模型选取 L245 管线钢材料力学特性，材料的本构关系曲线对应的应力应变曲线如图 3 所示。

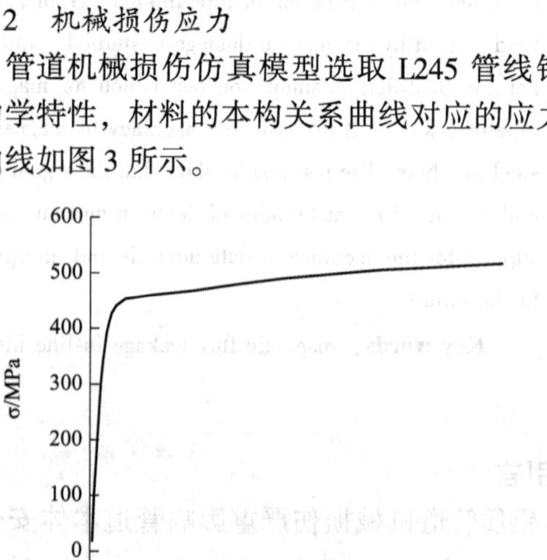

图 3　L245 管线钢的拉伸实验应力应变曲线

设置模型中的缺陷长 L 为 10mm，深度变化范围为 0.1mm ~ 1.5mm。管道壁底部添加固定约束，上端缺陷处施加垂直于磁化方向的外力，在缺陷处添加单轴方向的指定位移（0.1mm ~ 1.5mm）后，应力分布云图如图 4 所示。从图中可以看出，机械损伤底部附近区域，应力变化最大；远离机械损伤较远区域，应力分布较为均匀。

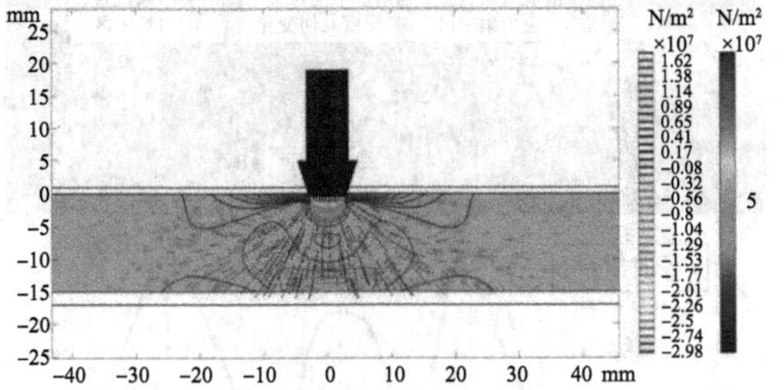

图 4　管道机械损伤处应力分布云图

2.2.3　*磁场强度*

图 5 所示为对管壁厚度为 8mm 无缺陷管道进行仿真计算，施加励磁电流范围为 1 ~ 20A，计算出磁化电流 I 与管壁内部的磁场强度 H，图 6 所示管道磁感应强度对应的 B-H 曲线结果。

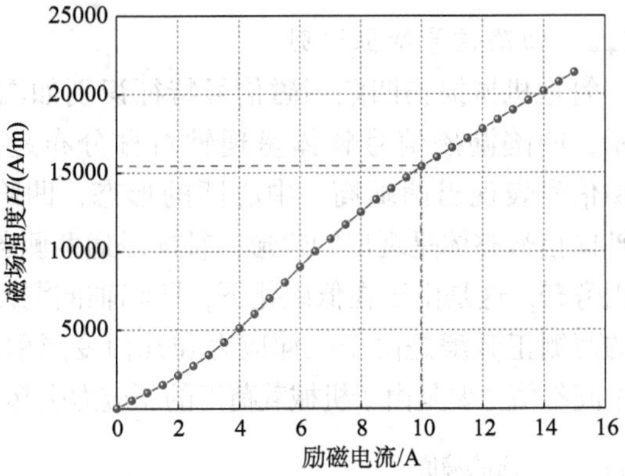

图 5　磁化电流与管壁内部的磁场强度

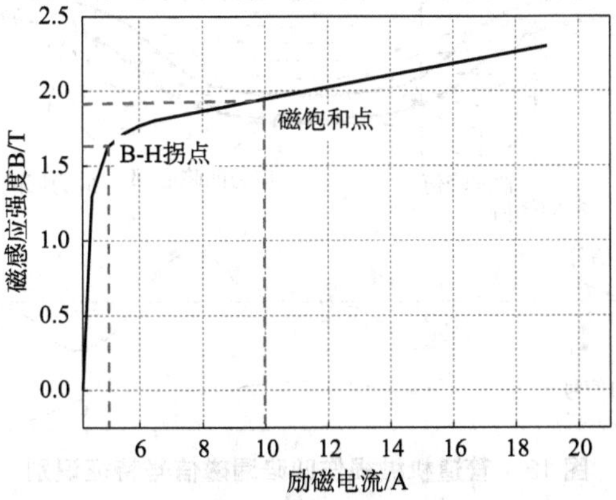

图 6　管道磁感应强度

从图 5 和图 6 可知，当线圈匝数固定为 700 匝电流增加到 10A 左右，管道磁感应强度约为 1.85T 时达到磁饱和，管道内壁的磁场强度 H 约为 15000A/m。

2.3　仿真结果

2.3.1　*磁场分布*

管道机械损伤漏磁检测仿真模型磁场强度分布如图 7 所示，管道机械损伤处磁力线分布如图 8 所示。根据图 7 和图 8 可知，管道内部磁感应强度呈对称状分布，在机械损伤处的磁感应强度最大，而其他区域磁感应强度数值逐渐减小。

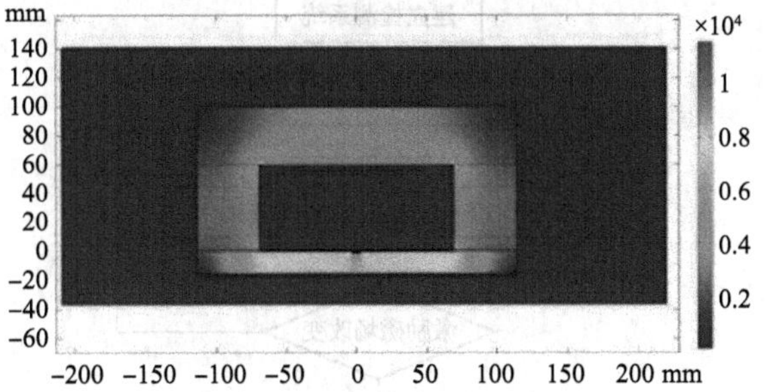

图 7　仿真模型磁场强度分布

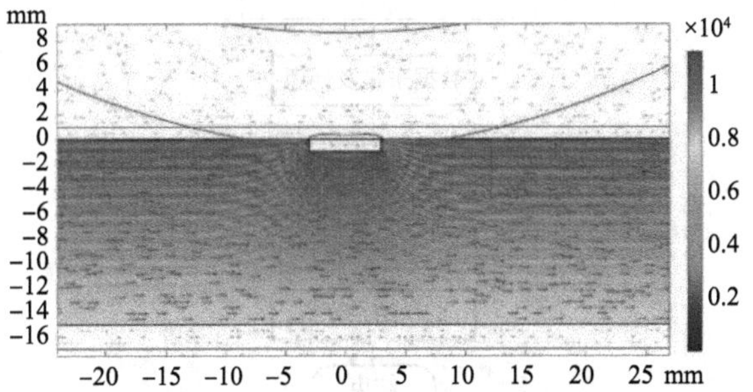

图 8　机械损伤磁力线分布

2.3.2　*机械损伤信号特征识别*

以管道机械损伤凿痕为例，提取仿真模型含应力机械损伤处的感应磁场幅值，并将常规腐蚀不含应力的漏磁场仿真值进行对比解析画图。从图 9 所示的漏磁信号仿真特征曲线中可以看出，机械损伤凿痕漏磁轴向信号整体形状呈现“W”型，而腐蚀特征曲线呈现“A”型。

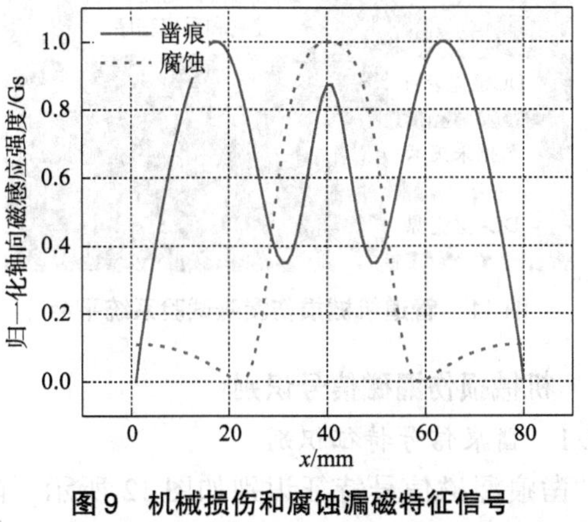

图 9　机械损伤和腐蚀漏磁特征信号

3 机械损伤漏磁试验

3.1 漏磁试验系统

漏磁试验系统设计如图10所示，试验方案包括管道机械损伤试件、磁化模块、传感器采集、信号处理、数据采集等。采用磁化模块对管道机械损伤试件进行磁化检测，利用霍尔元件提取漏磁场信号，最后进行数据滤波处理和特征提取，如图11所示。

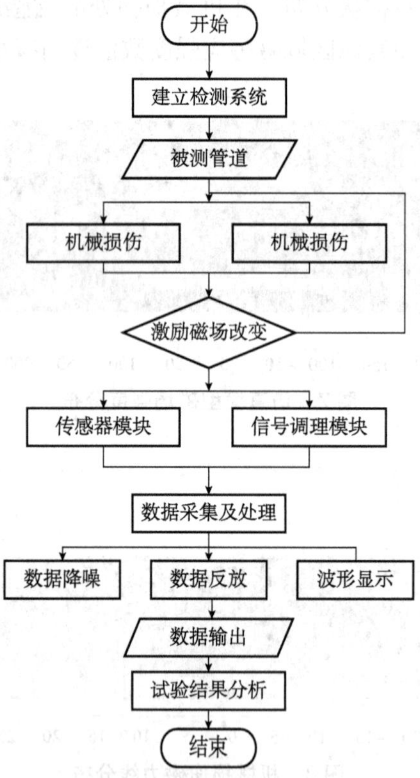

图10　管道机械损伤漏磁试验系统图

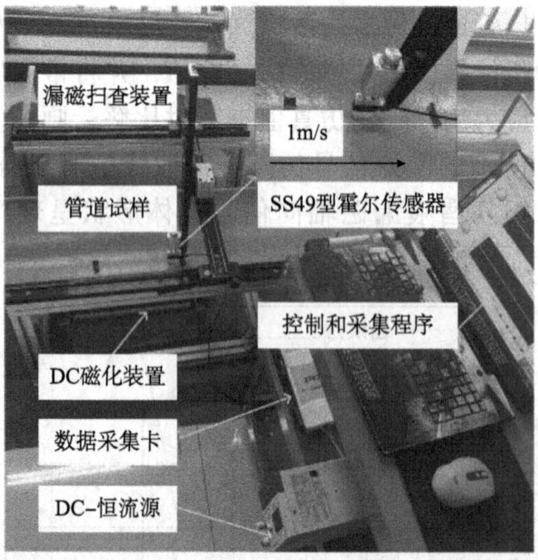

图11　管道机械损伤漏磁试验系统平台

3.2 机械损伤漏磁信号识别

3.2.1 凿痕信号特征识别

凿痕漏磁信号特征识别如图12所示，凿痕漏磁信号整体呈现轴对称分布趋势，漏磁信号表现出两端高、中心凸的形态，凿痕漏磁轴向信号整体呈现出“W”形，轴向磁通两侧各出现正旁瓣，这是由于在低磁化下，凿痕的残余应力对当前轴向漏磁信号起主导作用，中间的凸起峰是由金属几何变化引起。

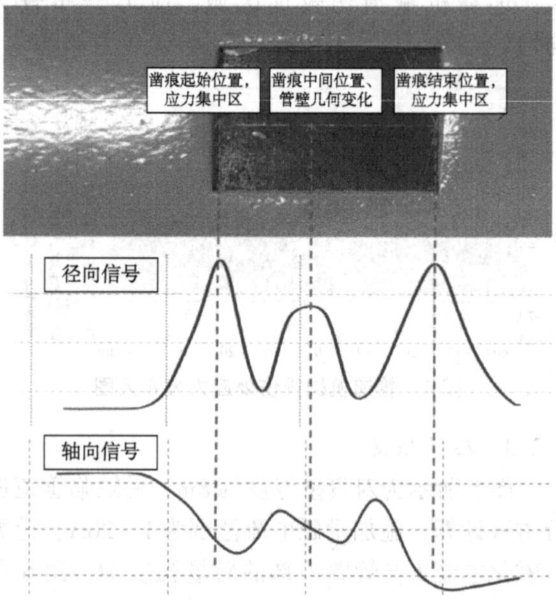

图12　管道机械损伤凿痕漏磁信号特征识别

3.2.2 凹陷信号特征识别

管道机械损伤凹陷漏磁信号特征识别如图13所示，凹陷漏磁信号整体呈现轴对称分布趋势，漏磁信号表现出两端高、中心凹的形态，凹陷漏磁轴向信号整体呈现出“M”形。轴向磁通两侧各出现正旁瓣，这是由于在低磁化下，凹陷轴向漏磁信号的两侧正旁瓣是由于拉伸应力和几何变形引起，而中间谷值主要是由于机械载荷下的压应力引起。

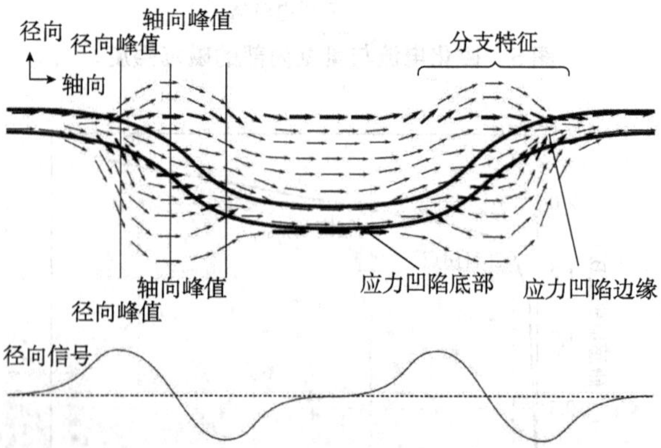

图13　管道机械损伤凹陷漏磁信号特征识别

4 结论

基于以上研究，钢质管道机械损伤相比较

常规钢质管道腐蚀漏磁信号，钢质管道机械损伤产生的残余应力和应变会改变钢质管道机械特性及电磁特性，机械损伤的漏磁检测信号含有多特征量，机械损伤的漏磁信号与腐蚀信号特征有明显差异。建立钢质管道基于机械损伤缺陷类型的力磁耦合有限元仿真模型，研究机械损伤引起应力和外磁场共同作用下管道漏磁场的分布情况，识别机械损伤漏磁信号特征；搭建钢质管道机械损伤漏磁内检测模拟试验台，验证钢质管道机械损伤漏磁信号特征识别准确性。最终结果表明，钢质管道机械损伤凿痕漏磁检测信号特征呈现“W”型，而机械损伤中的凹陷漏磁检测信号特征呈现“M”型，两者漏磁信号具有各自典型特征。本研究结果为今后钢质管道漏磁内检测数据分析判读准确性提供技术支撑。

参考文献

[1]王锋，齐嵩岭，闻亚星，等. 油气管道机械损伤缺陷及其腐蚀原因分析[J]. 石油化工腐蚀与防护，2021，38(5)：33-37，64.

[2]MACDONALD K A，COSHAM A. Best practice for the assessment of defects in pipelines-gouges and dents[J]. Engineering Failure Analysis，2005，12(5)：720-745.

[3]赵忠刚，张卿蕊，冯斌，等. 油气管道机械损伤的完整性研究进展[J]. 油气储运，2012，31(4)：241-245.

[4]张雪伟，陈金忠，康小伟，等. 油气管道划痕非饱和漏磁检测与识别[J]. 石油机械，2022，50(3)：132-138.

[5]BUBENIK T A，NESTLEROTH J B，DAVIS R J，et al. Multiple magnetization level MFL for pipeline mechanical damage characterization[C]，2000 3rd International Pipeline Conference. Calgary：IPC，2000.

[6]王国涛，郭天昊. 油气管道特殊缺陷的漏磁信号识别方法[J]. 沈阳工业大学学报，2019，41(4)：401-405.

[7]邵卫林，陈金忠，马义来，等. 管道盗油孔的漏磁内检测信号识别[J]. 无损检测，2017，39(5)：6-9.

[8]WANG Y，LIU X，WU B，et al. Dipole modeling of stress-dependent magnetic flux leakage[J]. NDT&E International，2018，95：1-8.

水下管道检测技术在检测中的应用

钟祺欣[1] 刘灿伟[1] 阳佳旺[1] 双安迪[2]

[1. 中国特种设备检测研究院，北京 100013；
2. 中特检管道工程(北京)有限公司，北京 100013]

摘 要：随着压力管道铺设的规模不断扩大，保障水下管道安全运行的重要性不断提升，而水下复杂的环境容易造成水下管道的损伤与失效，进而产生恶劣后果。本文介绍了国内外水下管道外检测概况，分析了我国水下管道外检测技术现状，总结了国外水下管道外检测最新技术进展，结合检验实例，重点介绍了侧扫声纳、浅地层剖面仪和基于ROV(Remote Operated Vehicle，水下机器人)的水下检测装置的组成、检测原理、检测过程及其特点。

关键词：水下管道；侧扫声纳；浅地层剖面仪；水下机器人

Application of Underwater Pipeline Inspection Technology

ZHONG Qixin[1]，*LIU Canwei*[1]，*YANG Jiawang*[1]，*SHUANG Andi*[2]

[1. China special equipment inspection and Research Institute，Beijing 100013，China；
2. China special inspection Pipeline Engineering(Beijing)Co.，Ltd，Beijing 100013，China]

Abstract：With the continuous expansion of the scale of pressure pipeline laying，the importance of ensuring the safe operation of underwater pipelines is constantly increasing. However，the complex underwater environment can easily cause damage and failure of underwater pipelines，resulting in adverse consequences. This article introduces the overview of underwater pipeline external detection at home and abroad，analyzes the current status of underwater pipeline external detection technology in China，summarizes the latest technological progress of underwater pipeline external detection abroad，and focuses on the composition，detection principle，detection process，and characteristics of side scan sonar，shallow subsurface profiling instrument，and underwater detection device based on ROV(Remote Operated Vehicle)with inspection examples.

Key words：Underwater pipeline；Side scan sonar；Sub-bottom profiler；Remote operated vehicle

1 引言

压力管道的安全运行对于确保国家能源供应、环境保护和社会安全具有至关重要意义。水下管道铺设以后，随着服役时间增加，管道安全状况不断变化，而水下管道情况复杂，而检维修难度较大，这对水下管道的安全运行影响极大[1-5]。为保证水下管道的安全运行，了解其真实的敷设情况，对水下管道开展定期检验工作不可或缺。对水下管道的检测主要是针对管道路由区的水深、地形、人工或自然海底地貌以及底埋藏状态、管道防腐层及阴保系统等开展检测工作。国内外学者在水下管道探测方法[6,7]、冲刷机理[8-12]、安全评估[13,14]及管道附近地形数值模拟[15-16]态等开展调查，判断是否存在影响管道安全运行的不利因素[17]等方面做了大量工作

常用的海底管道调查设备包括单波束测深

作者简介：钟祺欣(1992—)，工程师，硕士研究生，主要从事的压力管道检测工作。E - mail：mercuryzqx@163.com

仪、多波束测深仪、浅地层剖面仪、侧扫声呐等[18-23]，其中，浅地层剖面仪是探测常用的海底管道调查设备；侧扫声纳常用于探测海底地貌和水下物体的设备；River-ROV检测系统通常用于对江河管道外防腐与保护状况等多方面的检测工作。通过3200-XS浅地层剖面仪、4200-MP侧扫声纳和River-ROV检测系统，对某石化的水下管道进行检测，分析该管道埋设环境、埋设位置、覆土深度、水深情况、防腐层状况等结果后，对管道后期的安全运行维护提出了有效建议。

2 浅地层剖面仪

浅地层剖面探测是一种基于水声学原理的连续走航式探测水下浅部地层结构和构造的地球物理方法。浅地层剖面仪(Sub-bottomProfiler)是利用声波探测浅地层剖面结构和构造的仪器设备。以声学剖面图形对海洋、江河、湖泊底部地层进行剖面显示的设备，结合地质解释，可以探测到水底以下地质构造情况。该仪器在地层分辨率和地层穿透深度方面有较高的性能，并可以任意选择扫频信号组合，现场实时地设计调整工作参量，也可以测量在海上油田钻井中的基岩深度和厚度。因而是一种在海洋地质调查，地球物理勘探和海洋工程，海洋观测、海底资源勘探开发，航道港湾工程，海底管线铺设广泛应用的仪器。

浅地层剖面仪采用的技术主要包括压电陶瓷式、声参量阵式、电火花式和电磁式4种。其中，压电陶瓷式主要分为固定频率和线性调频(Chirp)两种；电火花式主要利用高电压在海水中的放电产生声音原理；声参量阵式利用差频原理进行水深测量和浅地层剖面勘探；电磁式通常多为各种不同类型的Boomer，穿透深度及分辨率适中。

浅地层剖面仪分为水下单元(湿端)、甲板单元(干端)和系统软件。探测船在走航过程中，设置在船上或其拖曳体上的换能器向水下铅直发射大功率低频脉冲的声波，抵达水底时，部分反射，部分向地层深处传播，由于地层结构复杂，在不同界面上又都有部分声波被反射，这样，依这些反射界面的特性和深度不同，在船上接收到回波信号的时间和强度也不同，通过对回波信号的放大和滤波等处理后，送入记录器，就可以在移动的干式记录纸上显现不同灰度的点组成的线条，清晰地描绘出地层的剖面结构。

根据声学反射原理，浅地层剖面仪在进行海底管道外检测时，声波会横切海底管道，此时可以将海底管道看做一个绕射点，接收换能器接收到管道顶部的绕射波后，形成以抛物线为标志的绕射图像。

2.1 影响因素

2.1.1 海底底质

海底地质构造状况，尤其是海底底质类型特性决定仪器所能勘测的深度范围。海底底质是砂、岩石、珊瑚礁和贝壳等硬质海底严重制约声波穿透深度，限制仪器勘探的深度。例如，浅地层剖面探测深度砂质海底小于30m，泥质海底可达100多m，两者存在巨大的差异。

2.1.2 噪声

处于系统带宽范围内的外界声源信号都可能串入造成干扰信号图像，包括低频船只机械噪声和环境噪声等。噪音在浅地层剖面记录上可能都会或多或少地显示出来，降低勘测数据质量，甚至对判读、解译结果产生重大的影响。因此，正确地识别，甚至消除噪声的影响是十分重要的。

2.1.3 船只摆动

为获得具有良好效果的浅地层剖面探测数据资料，调查船走航过程中应尽量保持均速慢速稳定行驶，船速和航向不稳定造成船只摇摆，使拖鱼不能保持平稳状态，造成图像效果不佳。同时，涌浪也可使船只摇摆，致使拖鱼不稳定。其他影响因素还包括海气界面，海气界面能将发射声能几乎全部反射，几乎无发射声波触及目标。如果采用船尾拖曳换能器，船的尾流对地层反射信号也能产生干扰，施测过程中应该使换能器尽量避开船的尾流区，通常采取使换能器入水深度加深，或者加长拖缆的方法。另外，海水深度、潮汐作用及海底起伏均对浅地层剖面探测有着直接的影响。

3 侧扫声纳

侧扫声纳亦称“旁侧声纳”或“海底地貌仪”。利用回声测深原理探测海底地貌和水下物体的设备。其换能器阵装在船壳内或拖曳体中，走航时向侧下方发射扇形波束的声脉冲。波束平面垂直于航行方向，沿航线方向束宽很窄，开角一般小于2°，以保持较高分辨率；垂直于航线方向束宽较宽，开角约为20°~60°，以保证一定的扫描宽度。工作时发射出的声波投射在海底的区域呈长条形，换能器阵接收来的自照射区各点的反向散射信号，经放大、处理和记录，显示出海底的图像。回波信号较强的目标图像较黑，声波照射不到的影区图像色调很淡，根据影区的长度估算目标的高度。侧扫声纳的工作频率，通常为数十千赫到数百千赫，声脉冲持续时间小于1ms，仪器的作用距离一般为300～600m，拖曳体的工作航速为3～6节，最高可达16节。

侧扫声纳是水下搜索、水下考察等一项重要的有力的工具，它能不受水体可见度的影响而快速覆盖大面积水域“看”到水下情况。每边旁扫通过向水底发射声纳，反射后被拖鱼接收形成声纳影象来发现水下物体。接收到的信号通过拖缆传到甲板上的显示单元。

显示单元显示的是高分辨率的海底或湖底或河底或位于底部其他物体的声纳影像。声纳的声波是通过安装在两边的拖鱼发射并接收的。换能器的分辨率决定于发射声波的频率。

旁扫是以较低的频率来得到较大的扫描范围，但是精度要低。高频系统可以得到较高的精度，但是扫描范围较小。双频旁扫同时拥有高频和低频换能器，这样可以得到较大范围同时分辨率较高的图像。

换能器随船前进，按侧扫距离所确定地时间间隔进行发射和接收声脉冲，并将每次声脉冲形成的扫描线，向前排列组成二维海底地貌声图，每条扫描线依据海底底质性质、及海底起伏形态，其灰度强弱变化，使二维声图由灰度强弱变化而显示出海底起伏形态变化，以及海底底质变化。

4　ROV检测器

River-ROV检测系统属于缆控水下机器人检测装置，主要由水上控制显示终端、水下检测装置、脐带缆及交流供电电源(发电机)组成，水上和水下部分通过脐带缆连接，发电机提供动力。ROV系统整合管道定位、阴保电位CIPS测量、电位梯度DCVG检测、埋深测量、光纤通讯、GPS定位、数据库及检测数据分析等技术手段，能够实现对江河管道外防腐与保护状况等多方面的检测。

该系统通过岸上的操控装置来实现对水下检测装置的运动控制，实时显示ROV的姿态信息、运动状态、环境视频、水下2D声纳成像以及保护电位和电位梯度的检测数据。检测人员通过操控软件来控制水下检测装置，实现对水下管道的外腐蚀检测。

4.1　电位梯度检测原理

穿越管道在施加阴极保护的过程中，会向土壤和水中释放电流，电流流经介质后流入管道，形成导电通路。阴保电流在流动过程中，会在水和土壤中形成相对稳定的电场。如果管道的防护层良好，管道周围介质中，会形成一个随着远离阴极而呈指数形式衰减的电场分布如图1中虚线所示。如果管道的防护层有破损，那么管道管体与介质接触局部电阻降低，阴保电流可以大量的通过管道防护层破损的裸露点处流回，这样在防护层破损处的介质周围电流密度、电位梯度急剧变化，该处会形成一个近似球状的电位分布。越接近破损点的时候，电位梯度就越大，管道周围的电流密度就越大，电位也就越高。一般来说，管线的防护层破损面积越大，其附近的电流密度越大，介质中的电位梯度也就越大。

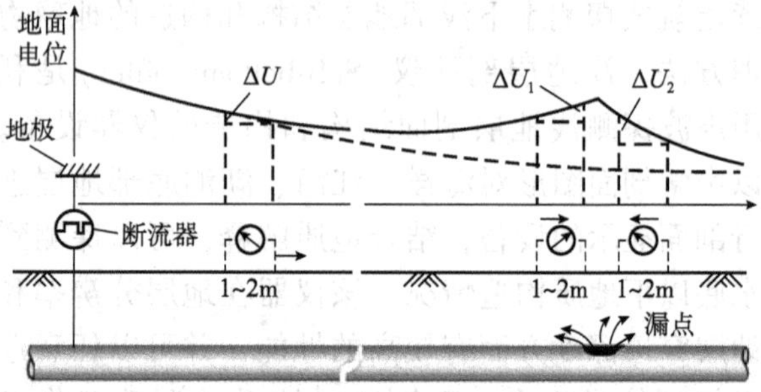

图1　电位梯度检测工作原理

地面电场法的检测过程是使用一个灵敏的毫伏表，两端连接两个测量电极。当电极置于阴极保护所产生的电场上时，电极两端电位将不同。测量两个电极在电场中产生的水平电位梯度值即可反映出管道上防腐层破损的位置。River-ROV上搭载具有电位梯度测量功能的装置，其可根据测量的电位梯度，来检测出水下管道的电位梯度分布状况。依据现有检测标准，通过电位梯度的变化可以检测出管道防护层缺陷的位置。

4.2　阴极保护检测技术及原理

金属管道由于与其所处环境介质(水或土壤等)发生化学或电化学作用而引起的变质和破坏，这种现象称为腐蚀。水下穿越管道的腐蚀是因为管道与介质共同构成腐蚀原电池，发生电化学腐蚀。为防止管道腐蚀可以对被保护的金属施加负电流，通过阴极极化使其电极电位负移，从而抑制金属腐蚀，这种保护方法称为阴极保护，如图2所示。阳极反应平衡时的阴极极化电位是管道开始获得有效阴极保护的临界电位，称为最小保护电位。

通过对金属腐蚀体系的研究确定了钢质管道的最小保护电位是－0.85V(CSE，相对于饱和硫酸铜参比电极)，钢质管道的电位在－0.85至－1.2V(CSE)之间，为最佳保护的电位范围，也是管道阴极保护检测的标准电位区间。因此水下穿越钢质管道的阴极保护电位也需控制在最佳保护电位范围内，才能使钢质管道免受介质的腐蚀影响。

现场使用天津嘉信公司开发的 River-ROV 江河水下管道检测系统，对管道实施阴极保护检测。检测装置一端使用带绝缘层的金属导线与水下管线在陆上的测试点连接，导线的另一端与检测装置内部的自动电位记录仪相连接，记录仪的另一端与饱和硫酸铜参比电极相连构成测量的回路。将检测系统放置于水中，并且将装置定位在管道正上方，开启电位测量功能，所测得的电压即为管道的保护电位。如使用卫星同步断流器对阴保电流进行通断，测得的断电电位值即为管道的真实保护电位。使用该系统可以测量管道沿线的电位分布状况，通过电位的分布状况可以判断管道的阴极保护状况，同时也可以间接的分析出管道防护层是否存在缺陷。

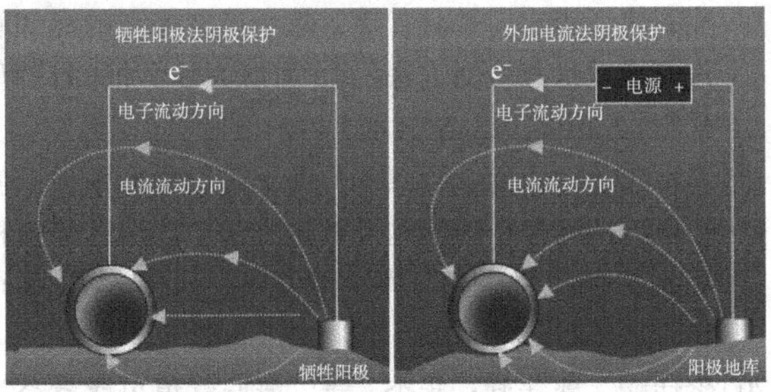

图2　阴极保护方法

4.3　管道电磁法探测技术

River-ROV 的管道定位测深系统应用有源电磁探测方法，可实现对水下大埋深管道的探测。管道定位测试系统使用电磁法感应线圈在管道上方测量所施加信号的分布情况，依据信号分布规律可精确定位管道的位置，同时通过磁感应强度与管道深度的对应关系可实现大埋深管道埋设深度的探测，实时显示定位信号，手动/自动测定管道埋设深度，方便对管道的追踪及测量，如图2所示。

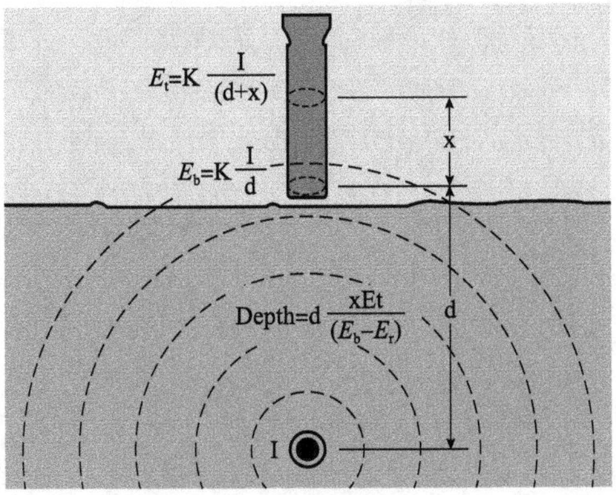

图3　管道埋深测量原理

5　检验案例

对某石化输送石脑油和粗汽油的两条穿江管道进行检测。通过侧扫声纳对水下管道的敷设环境进行了检测；通过水下 ROV 对管道的埋设位置、覆土深度、水深情况、铺设环境、防腐层状况、阴保有效性等进行检测，检测结果如图4、图5所示。掌握了这两条管道水下穿越管段当前的防护状况，为管理方进行运行安全性风险评估和后期的管道维护及管理提供数据支持。

图4　管道走向及侧扫声纳检测图像

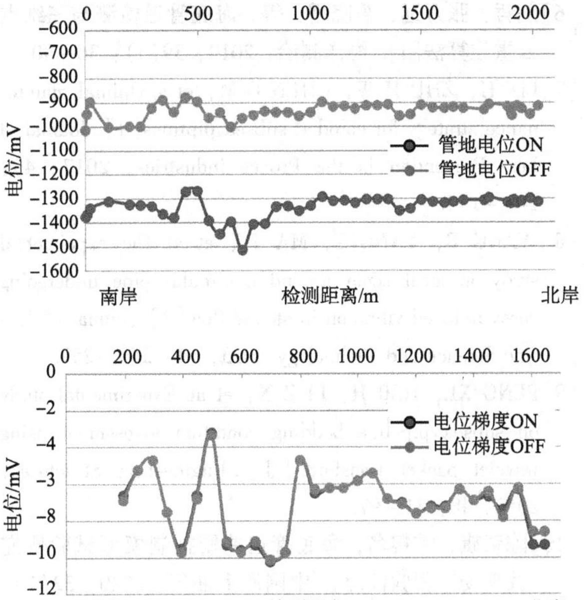

图5　管道阴保电位和电位梯度检测结果

检测结果显示管道穿越管段上方的电位梯度值均在 ±10mV/m 以内，不存在明显的防腐层破损点，防腐层整体状况良好。管段阴保电位的测量值均在最小保护电位 -850mV 之上，阴极保护状况良好，能够有效保护管道的安全运行。

6　结语

针对水下管道的检验难点及实际情况，综合浅地层剖面仪、侧扫声纳和 River-ROV 检测技术，通过优势互补，基本可以保证水下管道的安全运行。但由于水下管道检测受船只和水面情况影响较大，加强检测设备的稳定性和抗干扰能力仍是未来的重点研究目标。

参考文献

[1]王文龙，熊指南．声学探测技术在海底石油管线铺设后调查中的应用[J]．海洋科学，2021，45(7)：110－120.

[2]张建兴，宋永东，栾振东，等，声学探测技术在海底管道外检测中的应用[J]．广西科学，2020，27(3)：217－224.

[3]沙红良，赵春霞，李树明，等．基于实测资料的杭州湾海底管道裸露悬空历年变化趋势及风险区分析[J]．海洋工程，2024，42(1)：137－146.

[4]宋永东，杨慧良，栾振东，等．SES－2000浅地层剖面仪在福建LNG海底管道检测中的应用[J]，海洋地质前沿，2020.36(05)：73－77.

[5]王恒波，综合地球物理方法在海底管道检测中的应用：以舟山大陆引水工程为例[J]．海岸工程，2020.39(3)：169－178.

[6]刘哲，张万远，黄晓霜，等．海底管道检测与三维点云重建算法[J]．海洋测绘，2019，39(3)：36－40.

[7]LIX H，ZHU H W，CHEN G M，et a. Opimal maintenance strategy for coroded subsea piplines[J]. Joumal of Loss Prevention in the Proces industries，2017，49：145－154.

[8]YANG B，YANG T，MA JL，et al. The expeimental study on local scour around a circular pipe undergoing vorex-induced vibration in steady flow[J]. Joumal of Marine Science and Technology. 2013，21：250－257.

[9]PENG XL，HA0 H，LI Z X，et al. Experimental study on subsea pipeline bedding condition assessment using wavelet packet transform [J]. Engineering Structures，2013，48：81－97.

[10]陈荣旗，雷震名，海底管道冲刷抑制模型试验研究及现场工程验证[J]．中国海上油气，2020，32(1)：142－148.

[11]张宗峰，丁红岩，刘锦昆，混凝土联锁排应用于海底管线冲刷防护试验研究[J]，海洋工程，2015.33(2)：77－83.

[12]王恒波，李海东，刘伯然，等，杭州湾南部海域背景冲刷对海底管线安全性影响分析[J]．海洋技术学报，2020，39(6)：99－106.

[13]李近元，马小川，阎军．海底管线维护中底床表层稳定粗化层的构建[J]．海洋科学，2018.42(9)：10－16.

[14]贾邦龙，帅健，张银辉，海底管道悬空段状态检测及安全性评价[J]．油气储运，2021.40(6)：658－663.

[15]赵玉良，姜逢源，樊敦秋，等．坠物撞击海底悬空管道数值模拟研究[J]．海洋湖沼通报，2020(2)：28－34.

[16]曲孟祥，杨博，梁丙臣，等．基于IDDES方法的冲刷地形海底管道绕流数值模拟[J]．海洋工程，2022，40(2)：97－105.

[17]杨师航，来向华，黄潘阳，等．往复流作用下海底管道局部冲刷机制数值模拟[1. 海洋通报，2022.41(3)：342－348.

[18]熊春宝，李志，孙轩，等，基于声波探测的海底管道非掩埋状态检测方法[J]．河海大学学报(自然科学版)，2017，45(5)：425－431.

[19]陶常飞、徐永臣，周兴华，等，起伏地形条件下侧扫声呐探测存在的问题及改进方法：以海底管道检测为例[J]，中国海洋大学学报(自然科学版). 2019.49(5)：71－77.

[20]李佳峻，郭伟其，张杰，等，海底管道出露悬空环境风险的定量评价研究[J]．海洋科学，2017，41(10)：10－18.

[21]侯志民，施健，胡斌，侧扫声纳和浅地层剖面仪在海管断裂点定位中的应用[J]．海洋测绘，2017.37(1)：79－82.

[22]刘臻，曹立华，童思友，等，高频浅地层剖面技术在海底管道探测中的应用[J]，海洋地质前沿，201531(7)66－70.

[23]陈冠军，郝高建，刘在科，等，海底管道在位状态调查实践[J]，海岸工程，2020.39(4)：287－296.

一种用于T型角焊缝探伤的旋转磁场探伤仪

刘正存　王　宁　李为宁　张宗盛　刘磊

（济宁鲁科检测器材有限公司，山东 济宁　272000）

摘　要：本文对旋转磁场探伤仪以及磁轭探伤仪对T型角焊缝的检测过程进行了相关理论计算及试验研究。通过理论计算获得磁场分布，并通过仿真确定磁场变化规律以及磁场强度变化程度，以确认理论计算是否正确。制作灵敏度试块，测试仪器提升力、有效磁化范围以及检出缺陷灵敏度，确定T型角焊缝探伤用旋转磁场探伤仪的检测有效性。

关键词：T型角焊缝；磁场分布；仿真；磁粉探伤

A rotating magnetic field Flaw Detector for T – type Fillet Weld Flaw Detection

LIU Zhengcun, WANG Ning, LI Weining, ZHANG Zongsheng, LIU Lei

(Luke Testing Equipment Co. Ltd, Jining 272000, China)

Abstract: In this paper, the detection process of T – fillet weld with rotating magnetic field flaw detector and yoke flaw detector is theoretically calculated and experimentally studied. Obtain the magnetic field distribution through theoretical calculation, and determine the law of magnetic field change and the degree of magnetic field intensity change through simulation to confirm whether the theoretical calculation is correct. The sensitivity test block shall be made to test the lifting force, effective magnetization range and defect detection sensitivity of the instrument, and determine the detection effectiveness of the rotating magnetic field flaw detector for T – type fillet weld flaw detection.

Key words: T – shaped fillet weld; Magnetic field distribution; Simulation; Magnetic particle inspection;

1　引言

对于固定式压力容器，主要是大型储罐以及电站锅炉等，T型角焊缝是其承重结构的重要组成部分，TSG21—2016《固定式压力容器安全技术监察规程》以及GB 150.1 –4《压力容器》中明确规定：铁磁性压力容器的表面和近表面缺陷，应当优先采用磁粉检测。[1]

GB/T 26951—2011《焊缝无损检测 磁粉检测》以及NB/T 47013.4《承压设备无损检测 第4部分：磁粉检测》中，规定了角焊缝的使用磁轭法进行检测时的磁化方法，如图1所示。但单磁轭进行T字形角焊缝接头检测时，检测效率较低。[3-4]

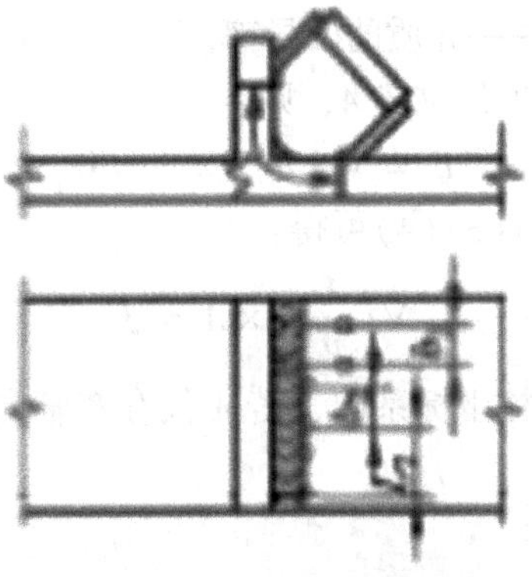

图1　NB/T 47013.4中T型角焊缝磁化方法

为提高检测效率，设计了一种底部关节可活动及旋转的旋转磁场探伤仪，改善结构使旋转磁

作者简介：刘正存(1996—　)，济宁鲁科检测器材有限公司技术工程师，主要研究方向为磁粉及交流电磁场检测技术的研发及应用。E – mail: 1345354132@ qq. com

场探伤仪应用于角焊缝检测，通过仿真及模拟试块对比验证，明确其原理及检验效果。

2　旋转磁场探伤仪相关标准

NB/T 47013.4《承压设备无损检测 第4部分：磁粉检测》中，对交叉磁轭使用规定如下：

5.6.1　使用交叉磁轭时，四个磁极端面与检测之间应保持良好贴合，最大间隙不超过0.5mm。

5.6.4　应使用标准试片对交叉磁轭法进行综合性能验证，验证宜在移动的状态下进行。

JB/T 6870—2005《携带式旋转磁场探伤仪 技术条件》对旋转磁场探伤仪的灵敏度、提升力及磁化范围提出了相关要求。[5\]

上述规定均未对交叉磁轭法的使用环境做出限制，则在满足灵敏度、提升力以及磁化范围的前提下，交叉磁轭法能够用于T型角焊缝探伤。

3　有限元方法理论

有限元方法是以变分理论为基础，将连续区域划分为有限个小区域，对每个小区域使用近似函数进行替代，进行离散处理，最终得到近似方程组，并求解得到近似值的方法。

为简化计算，将三维静态磁场计算转化为二维静态磁场，通过麦克斯韦方程组得到

$$\nabla\times H=J \tag{1}$$

$$\nabla\cdot B=0 \tag{2}$$

$$B=\mu H \tag{3}$$

式中　H——磁场强度；

B——磁感应强度；

J——电流密度；

μ——介质的磁导率。

引入矢量磁势A，则：

$$B=\nabla\times A,\nabla\times A=0 \tag{4}$$

由(2)(3)(4)可得：

$$\nabla\cdot\frac{1}{\mu}\nabla\times A=J \tag{5}$$

在圆柱坐标系内，若A仅存在轴向分量，且B分布于rz平面内，则

$$B_{\mathrm{r}}=-\frac{\sigma_{\mathrm{A}}}{\sigma_{\mathrm{z}}},B_{\mathrm{z}}=\frac{1}{r}\frac{(rA)}{\sigma_{\mathrm{r}}} \tag{6}$$

对于圆柱坐标系内任意一个矢量磁势A，可以分解为

$$A=a_1+a_2r+a_3z \tag{7}$$

对变分问题离散化并用多元函数求极值方法处理得到方程组：

$$[K][A]=[P] \tag{8}$$

采用数值算法求解即可得到场域各点的磁势A，进而通过式(6)即可求得每个单元的磁场B。[6-8]

4　仿真模型的建立与研究

根据磁粉检测原理，以采用基于有限元理论，以偏微分方程为研究对象的大型数值仿真软件COMSOL进行角焊缝磁粉检测检测仿真模拟，以获得更直观的数据显示[9]。

4.1　几何模型的建立

建立有限元三维模型进行仿真分析，进行三种场景仿真，分别是交叉磁轭检测T型角焊缝，交叉磁轭检测对接焊缝以及单磁轭检测T型角焊缝，建模对象包括磁轭，感应工件，求解域三部分。

交叉磁轭检测T型角焊缝时，被检工件为T型角焊缝，由尺寸300mm×150mm×10mm两长方体90°对接而成，交叉磁轭尺寸为190mm×190mm×150mm，交叉磁轭位于T型角焊缝中间，如图2(a)所示；交叉磁轭检测对接焊缝时，被检工件为平板对接焊缝，由尺寸300mm×150mm×10mm两长方体180°对接而成，交叉磁轭尺寸为190mm×190mm×150mm，交叉磁轭位于对接焊缝上方，如图2(b)所示；单磁轭检测T型角焊缝时被检工件为T型角焊缝，由尺寸300mm×150mm×10mm两长方体90°对接而成，单磁轭尺寸为190mm×190mm×20mm，磁轭位于T型角焊缝中间，如图2(c)所示。

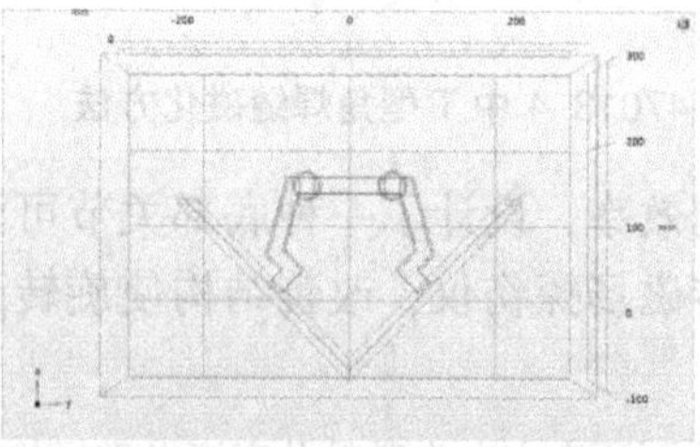
(a)交叉磁轭检测T型角焊缝

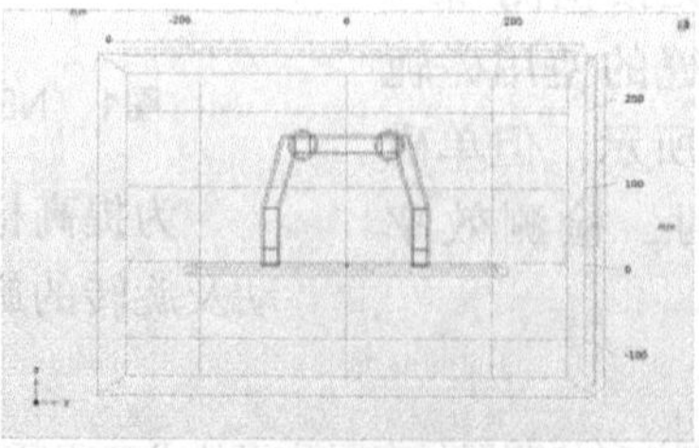
(b)交叉磁轭检测对接焊缝

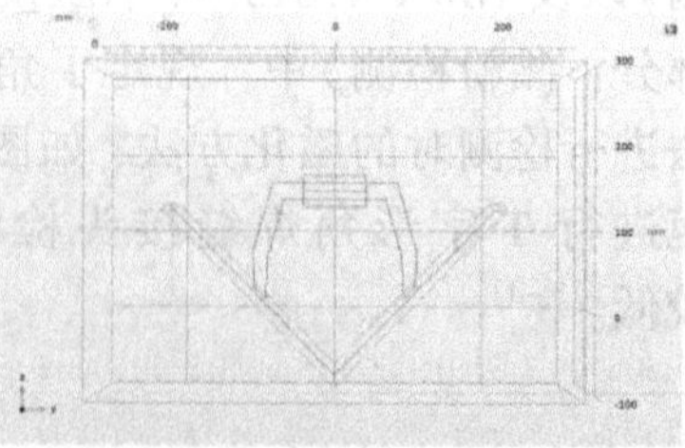
(c)单磁轭检测T型角焊缝

图2　几何模型

网格划分采用“细化”，划分的网格如图3所示，完整网格包含28706个域单元、4336个边界元和720个边单元。

求解域设置为400mm×400mm×300的长方体，感应线圈材料设置为铜，被测物材料设置为碳钢，求解域部分为空气。将空气求解域的所有外边界设置为磁绝缘，矢量磁势A为零。

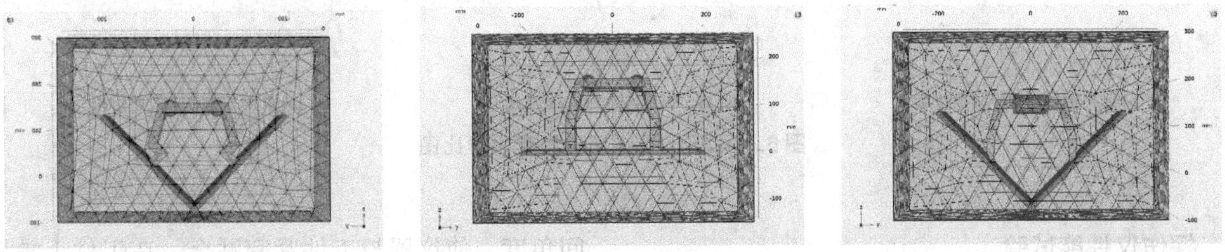

(a)交叉磁轭检测T型角焊缝　(b)交叉磁轭检测对接焊缝　(c)单磁轭检测T型角焊缝

图3　网格划分

4.2　物理场选择及参数设定

在COMSOL软件中AC/DC模块选用磁场(MF)作为物理场，求解器研究设置为瞬态。将空气求解域的所有外边界设置为磁绝缘，矢量磁势A为零。感应线圈选择多匝线圈，线圈匝数设置为1000，激励方式为电流激励，选择电流流通方向的横截面为输入面。[10]

4.3　求解及结果分析

设置时间为变量，选取时间范围0－1S，线圈电流设置为$1\times\sin(2\pi\times2\times t)$A及$1\times\sin(2\pi\times2\times t+\pi/2+T)$，在工件上选取ABC三点作为磁场参考点，对比其磁场变化，其中A位于磁轭中心，BC点位于A两侧焊缝上，DE位于A两侧母材区域。

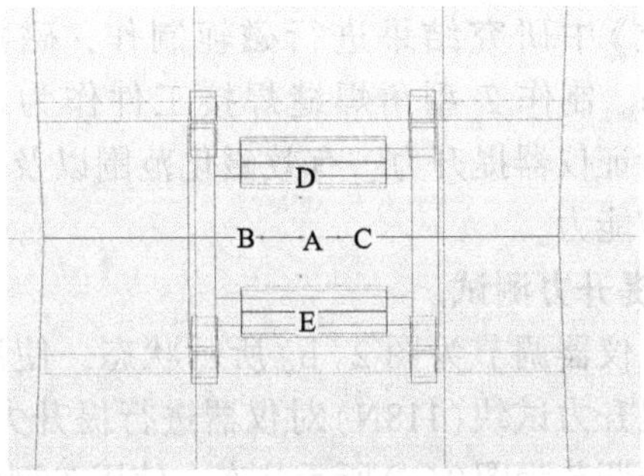

图4　点分布示意图

进行仿真，对比ABC三点磁场磁场变化，如图5所示，交叉磁轭检测时，磁场强度在ABC三点存在区别，BC两点数据接近，A点最低，最大相差约9%，T型角焊缝与对接焊缝结果数据相差不大。单磁轭检测时，BC两点数据接近，A点最高，最大相差约20%。单磁轭在BC点的磁场强度明显低于交叉磁轭，相差约30%。

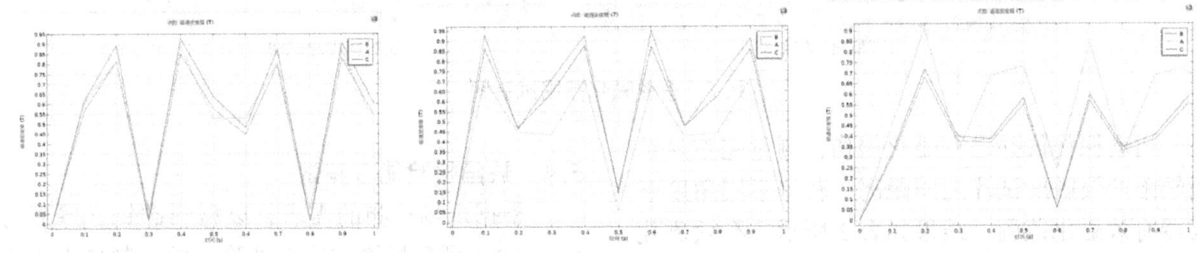

(a)交叉磁轭检测T型角焊缝　(b)交叉磁轭检测对接焊缝　(c)单磁轭检测T型角焊缝

图5　ABC三点磁场磁场变化对比图

对比ADE三点磁场磁场变化，如图6所示，交叉磁轭检测时，磁场强度在ADE三点存在区别，BC两点数据接近，A点最低，最大相差约9%，T型角焊缝与对接焊缝结果数据相差不大。单磁轭检测时，ADE三点数据最大相差约15%。单磁轭在DE点的磁场强度与交叉磁轭金属，相差约5%。

仿真证实，交叉磁轭所形成旋转磁场在T型角焊缝检测过程中磁场强度整体优于单磁轭，故采用交叉磁轭检测T型角焊缝会获得更好的检测效果。

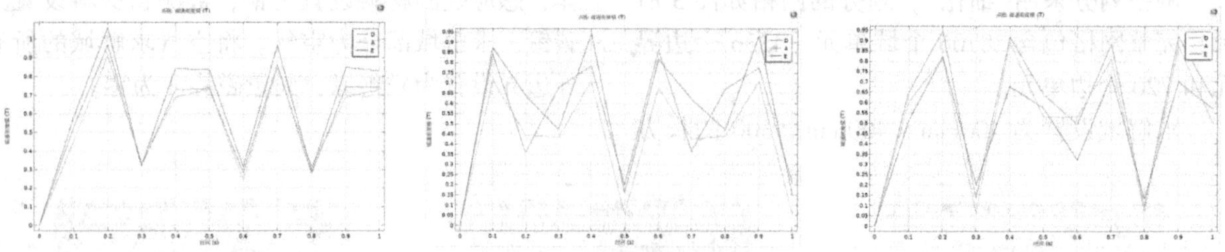

(a)交叉磁轭检测T型角焊缝　(b)交叉磁轭检测对接焊缝　(c)单磁轭检测T型角焊缝

图6　ADE 三点磁场磁场变化对比图

5　探伤仪性能试验

5.1　检测装置及试块制备

所用仪器为济宁鲁科检测器材有限公司研发生产的旋转磁场探伤仪，根据本文 3.1《几何模型的建立》中研究结果进行磁轭制作，磁极间距100mm。制作 *T* 型角焊缝焊接工件作为试验试块，验证仪器提升力、有效磁化范围以及自然缺陷检测能力。

5.2　提升力测试

将仪器调节为图 2(b)所示状态，使用磁粉标准提升力试块(118N)对仪器进行提升力验证。将仪器调节为图2(a)所示状态，使用 *T* 型角焊缝试块(110N)对仪器进行提升力验证。

将探伤仪放置于工件之上，同时调整磁轭之间角度，使仪器与工件紧密贴合。在工件上放置砝码，直至工件脱离探伤仪，获得两种状态下仪器提升力。结果如表 1 所示，因仪器采用相位变化补偿磁轭夹角变化，故仪器提升力最大下降程度约为 3%。

表 1　提升力试验结果

提升力试验	标准重量	试验 1	试验 2	试验 3	平均值
T 型试块	110N	126N	125N	125N	125.3N
提升力试块	118N	126N	126N	126N	126N

5.3　有效磁化范围测试

将探伤仪放置于工件之上，同时调整磁轭之间角度，使仪器与工件紧密贴合。将未分割的 A1 15/100 的灵敏度试片粘贴于工件上，如图 7。

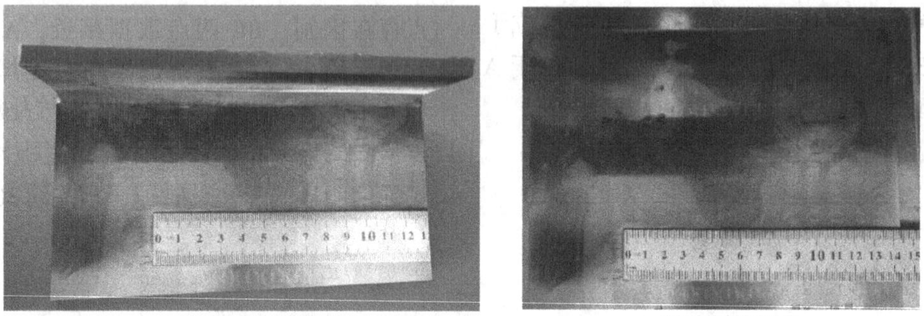

(a)T型角焊缝试块　(b)对接焊缝试块

图7　有效磁化范围试验图

启动探伤仪并进行磁化探伤，测量完整显示出缺陷的灵敏度试片之间距离，获得不同角度下仪器有效磁化范围。结果如表 2 所示，有效磁化范围相对于平板状态，最大下降程度约为 3%。

表 2　有效磁化范围试验结果

有效磁化范围试验	试验 1	试验 2	试验 3	平均值
T 型试块	102 ×96mm	102 ×98mm	102 ×98mm	102 ×98mm
提升力试块	102 ×102mm	102 ×102mm	102 ×102mm	102 ×102mm

5.4　缺陷检验能力测试

根据现场检测的需求，以材料碳钢，厚度为5mm 的 *T* 型角焊缝试块为试验对象。制作人工刻槽及圆孔作为模拟缺陷，缺陷位于焊缝根部热影响区，缺陷分布情况如图 8 所示，缺陷长度及深度如表 3。

将探伤仪放置于工件上，调整磁轭角度并进行磁粉检测，检测图像见图 9，检测结果见表 3，试块上人工缺陷均可以做到 100% 检出。

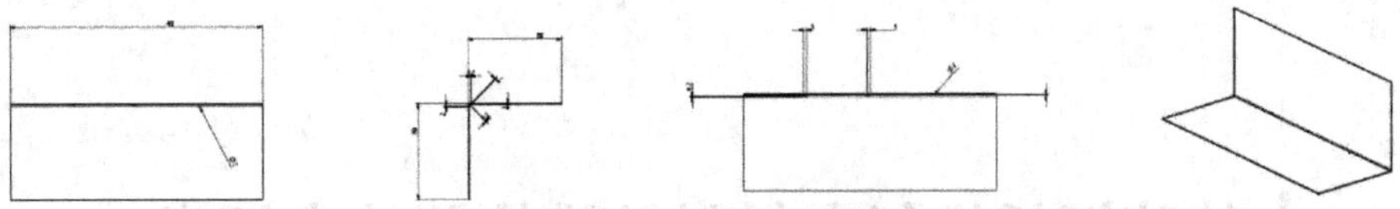

图8 人工缺陷试块图纸

表3 人工缺陷检测结果

	壁厚	缺陷类型	缺陷长度	检测结果
人工缺陷试块	5mm	纵向缺陷	5mm	发现
		横向缺陷	3mm	发现
		圆孔	cmm	发现

图9 缺陷检测图像

6 结论

(1)有限元法可以用于旋转磁场中某点磁场强度的计算，结合仿真软件，可以对交叉磁轭探伤时工件上磁场分布进行计算；

(2)交叉磁轭在保证磁轭与工件接触面积的情况下，在焊缝方向磁场强度明显优于单磁轭，在垂直焊缝方向磁场强度与单磁轭基本一致。

(3)将旋转磁场探伤仪设置专用工装，保证与 T 型角焊缝完全接触，可以保证探伤仪的提升力不降低，有效磁化范围降低不高于7%，缺陷检出灵敏度降低不超过3%，且检测效率高于单磁轭探伤。

参考文献

[1]TSG21—2016《固定式压力容器安全技术监察规程》.

[2]GB150.1-4《压力容器》.

[3]GB/T 26951—2011《焊缝无损检测 磁粉检测》.

[4]NB/T 47013.4《承压设备无损检测 第4部分：磁粉检测》.

[5]JB/T 6870—2005《携带式旋转磁场探伤仪 技术条件》.

[6]张洪信. 有限元基础理论与ANSYS应用[M]. 北京：机械工业出版社，2006. 86-92.

[7]Y. K. Shin, W. Lord. Numerical modeling of moving probe effects for electromagnetic nondestructive evaluation [J]. IEEE transaction on magnetic, 1993, 29 (2): 1856-1867.

[8]Chunfei Guo, Lijun Wang, Min Zhang. Study on the Magnetic Flux Leakage (MFL) for Fillet Weld [J]. Advanced Materials Research, 2012, 472-475: 2311-2314.

[9]李伟，陈国明. 交流电磁场缺陷检测系统建模与仿真. 系统仿真学报，2009，21(20)：6344-6346.

[10]韩宁，张志杰，尹武良. 旋转磁场阵列式传感器设计及管道缺陷的仿真研究[J]. 仪表技术与传感器，2019，12，18-22.

玻璃钢纤维复合材料储罐检测技术探索

韩　庆[1,2]　徐　丹[3]　别　凯[4]　李松喜[3]　李长治[1,2]

[1. 中国石油化工股份有限公司胜利油田分公司技术检测中心，山东 东营　257062；
2. 中石化(山东)胜利油田检测评价研究有限公司，山东 东营　257062；
3. 中国石油化工股份有限公司胜利油田分公司工程技术管理中心，山东 东营　257000；
4. 浙江石油化工有限公司，浙江 舟山　316000]

摘　要：胜利油田玻璃钢储罐现有300余座，随着服役年限的延长，大量设备出现渗漏、分层以及开裂现象，其剩余强度、安全风险成为用户关注的焦点，而目前尚无完善的无损检测技术及检测标准。为此，本文开展了相关研究和检测工作，形成了基于红外热、声发射、电容成像、声阻抗的玻璃钢储罐无损检测技术，建立了玻璃钢材质损伤评定模型，为纤维复合材料设备的安全运行与推广提供了强有力的技术支撑，为下一步形成玻璃钢储罐检测标准奠定了基础。

关键词：玻璃钢储罐；无损检测；声发射；红外热；电容成像；声阻抗

Exploration of FRP Fiber Composite Storage Tank Detection Technology

HAN Qing[1,2], *XU Dan*[3], *BIE Kai*[4], *LI Songxi*[3], *LI Changzhi*[1,2]

[1. Technical Testing Center of Shengli Oilfield Branch of China Petroleum & Chemical Corporation, Dongying 257062, China;
2. Sinopec (Shandong) Shengli Oilfield Testing and Evaluation Research Co., Ltd, Dongying 257062, China;
3. Engineering Technology Management Center of Shengli Oilfield Branch of China Petroleum & Chemical Corporation, Dongying 257000, China; 4. Zhejiang Petrochemical Co., Ltd, Zhoushan 316000, China]

Abstract: There are more than 300 FRP storage tanks in Shengli Oilfield, with the extension of service life, a large number of equipment leakage, delamination and cracking, and its residual strength and safety risk have become the focus of user attention, and there is no perfect non-destructive testing technology and testing standards. To this end, this paper carries out relevant research and testing work, forms a non-destructive testing technology for FRP storage tanks based on infrared heat, acoustic emission, capacitive imaging and acoustic impedance, and establishes a quantitative evaluation model for aging damage, which provides strong technical support for the safe operation and promotion of fiber composite equipment, and lays the foundation for the formation of FRP storage tank testing standards in the next step.

Key words: FRP storage tank; Non-destructive testing; Acoustic emission; Infrared heat; Capacitive imaging; Acoustic impedance

1　引言

储罐作为油田集输系统的一种设施，发挥着重要的作用。目前胜利油田现有玻璃钢储罐300余座，由于大都在户外使用，在日光和空气的作

作者简介：韩庆，男，(1972—　)，2000年7月毕业于中国石油大学(华东)，学士学位，中国石化胜利油田分公司技术检测中心安全检验检测首席专家，高级工程师，主要从事油气储运设备设施风险诊断与评价方面技术研究。E-mail：slyttjs@126.com

用下发生老化使制品表面失去光泽，树脂与玻璃纤维剥离，机械强度下降。此外由于储罐长时间处于高温介质压力作用下，同时存在其他影响储罐结构的缺陷，胜利油田储罐目前已出现外表面有疵点、白化、纤维外露、储罐底板、壁板及进、出口管道泄漏等现象，导致储罐机械强度下降，给企业安全生产带来巨大隐患。由于目前缺乏有效的渗漏及疲劳老化检测手段，致使玻璃钢储罐失效难以及时发现、跟踪，增加了安全风险。针对玻璃钢损伤问题，国内外研究人员给予高度重视并做了相关研究，但大多数针对玻璃钢失效机理开展研究。对于检测玻璃钢缺陷与老化问题，国内尚未形成正式的玻璃钢储罐性能评价及寿命预测在线检验、检测标准。胜利油田技术检测中心参照 HG/T 3983—2007《耐化学腐蚀现场缠绕玻璃钢大型容器》、SY/T 4130—2016《玻璃纤维增强热固性树脂现场缠绕立式储罐施工规范》、GB/T 21431—2015《建筑物防雷装置检测技术规范》以及储罐设计制造等相关资料对玻璃钢储罐开展了相关研究和检测工作。针对玻璃钢储罐纤维复合材料不同缺陷成因与评定指标，本文研究形成了基于声发射、声阻抗、电容成像、红外热的无损检测技术，建立了玻璃钢材质损伤定量评定模型，为纤维复合材料设备的安全运行与推广提供了技术支撑。

2 国内外研究现状

目前国内外对玻璃钢结构损伤的无损检测研究，主要集中于声发射技术、超声检测技术、数字图像相关检测、红外热成像技术等方向。

玻璃钢因具有各向异性，超声检测（UT）可用 A 扫、B 扫、C 扫和 D 扫等不同的检测类型来检测不同的损伤方向[1]。Harizi W[2] 等应用脉冲回波 C 扫描技术检测在不同拉应力水平后引起的损伤，通过密度变化分析了不同的损伤特性。Aadhik Asokkumar 等[3] 用不同的空气耦合超声检测方法来有效表征玻璃纤维增强聚合物（GFRP）层合板的冲击型缺陷。数字图像相关法（DIC）[4,5] 可明确指示高应变区域，可对应于玻璃钢的损伤位置。Comer[6] 等用 DIC 来研究 GFRP 板之间的粘接接头的质量，测量试样表面在剪切作用下的全场应变，将最高应变水平与裂纹萌生及扩展进行了关联。Giancane[7] 等人用 DIC 来测量缺口 GFRP 板裂纹尖端在疲劳试验下的局部应变，可清楚地展示裂纹扩展。Fruehmann 等人[8] 利用脉冲热成像技术对 GFRP 中的微观基体裂纹进行了可视化。Harizi 等人[9] 使用被动红外热成像评估了 GFRP 在静态拉伸试验中产生的损伤，建立了热耗散量与破坏程度之间的相关性。作为玻璃钢的无损检测方法，太赫兹（THz）可以识别试样中纤维体积分数的变化，大多数研究采用反射模式来检测分层[10]。Rolland 等人[11] 对 GFRP 进行了原位同步辐射拉伸试验，确定了纤维端部分层，沿纤维界面分层，纤维断裂和基体损伤。然而，由于空间分辨率不够小，难以检测初始损伤即基体损伤裂纹的起始。

综上所述，国内外学者已经开展了玻璃钢无损检测方法研究，研究表明声发射和数字图像相关技术对解决此问题具有良好的理论可行性，但缺乏实际应用案例，同时目前国内外很少涉及老化劣化损伤，对于此类损伤的有效无损检测方法和适应工程应用的检测研究较少。为此文本开展了基于声发射、红外热成像、电容成像、声阻抗技术的集成化无损检测方法应用研究。

3 复合材料玻璃钢储罐检测方法

3.1 复合材料分层开裂声发射检测方法

本文声发射检测实验依据 QJ 2914—97《复合材料结构声发射检测方法》标准开展。为获取声发射信号在玻璃钢复合材料中的传播规律及衰减情况，本文开展了断铅试验模拟结构自身损伤信号的传播研究。

声发射 b 值[12] 被定义为声发射事件数和幅值分布的总斜率，是表征所考虑时间段内损伤形成和扩展的有效指标。本文应用 b 值分析法对纤维断裂、胶层内聚失效以及界面损伤三种失效模式产生的信号分别进行计算并分析。

通过实验得出，玻璃钢湿热老化试件经历恒速率拉伸载荷破坏后产生的三种损伤模式的 b 值分布图见图 1。三种损伤模式 b 值整体偏小且波动更明显，说明湿热老化试件产生的损伤剧烈程度更大。纤维断裂和胶层内聚破坏在 20 至 40s 和 60 至 80s 时分别存在明显下降，说明在此阶段此损伤模式发生明显的加剧现象，微小损伤逐渐开始积聚后扩展，最后 b 值达到最小值。

声发射熵[13] 可以在信号强度方面反映结构损伤的严重程度。通过实验得出，玻璃钢湿热老化试件经历恒速率拉伸试验采集到的声发射信号波形的声发射熵时间关联图为图 2。在 110s 前，几乎全部信号的声发射熵介于 0.5 ~ 1 之间，说明这一时间段声发射信号强度相对较低。110s 后声发射信号的熵值陡然增加至接近 2，说明随着损伤突然加剧，声发射熵值也会随之瞬间增大。以声发射熵值的 0.5 和 1 为边界，如表 1 所示将声发射源的强度分为低、中、高三级。

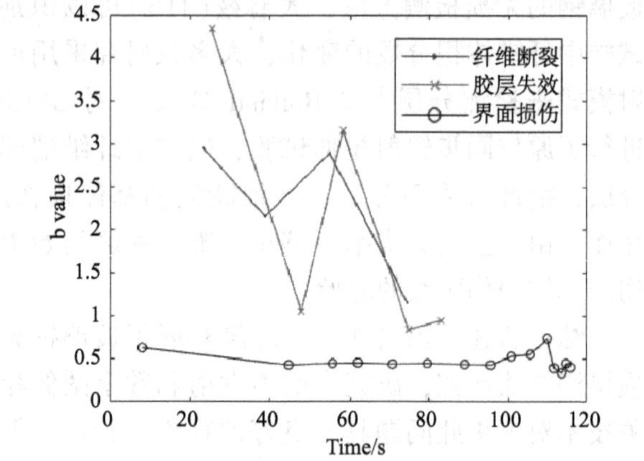

图 1 玻璃钢湿热老化拉伸试件各损伤 b 值分布图

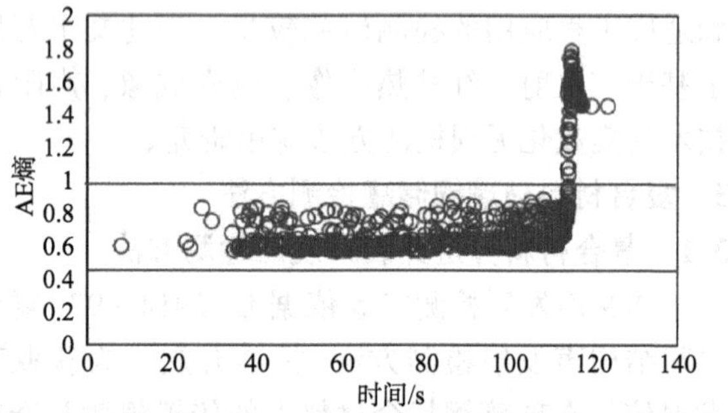

图 2 玻璃钢湿热老化拉伸试件声发射熵值 - 时间图

表 1 玻璃钢湿热老化拉伸试件损伤强度等级划分

强度等级	声发射熵 H
低强度	0≤H(AE)≤0.5
中强度	0.5 < H(AE) < 1
高强度	H(AE)≥1

根据能源行业标准 NB/T 47013.9《承压设备无损检测 第 9 部分：声发射检测》、国家标准 GB/18182《金属压力容器声发射检测及结果评价方法》及机械行业标准 JB/T 10764《无损检测常压金属储罐声发射检测及评价方法》中定义的声发射源检测结果评价与分级标准。如表 2 所示，本文利用声发射源的活性和强度来进行综合评价，表 2 玻璃钢湿热老化试件拉伸损伤强度等级划分，损伤严重程度在此划分标准中被分为四级，Ⅰ级至Ⅳ级所对应的损伤程度逐渐增强。

通过此矩阵的定性分析，可以对玻璃钢老化结构的不同工况下某时段或某时刻的损伤严重程度进行评估，确定结构的损伤状态，可为结构的健康监测提供依据。

表 2 玻璃钢湿热老化试件拉伸损伤强度等级划分

玻璃钢湿热老化试件	强活性 (D)	中活性 (C)	弱活性 (B)	非活性 (A)
高强度 [H(AE)≥1]	Ⅳ	Ⅳ	Ⅲ	Ⅱ
中强度 [0.5 < H(AE) < 1]	Ⅳ	Ⅲ	Ⅱ	Ⅰ
低强度 [0≤H(AE)≤0.5]	Ⅲ	Ⅲ	Ⅱ	Ⅰ

3.2 复合材料多缺陷红外热成像定位方法

红外热成像技术[14]利用缺陷导致的不同热传导特性实现缺陷信息的检测，该技术主要有以下几个特点：非接触测量，不与被测物体接触，不破坏温度场；空间分辨率高，可测小目标与微损伤；反应快，热像仪可在几毫米内测出目标温度；检测时操作简单，安全可靠，易于实现自动化和"实时"观测；检测距离可远可近；测量范围广，适用于表面及近表面缺陷；结果直观可靠，便于分析检测结果。

本文利用 COMSOL Multiphysics[15] 有限元仿真软件的多物理场耦合功能对 GFRP 材料进行分层缺陷建模为例，建立的几何仿真模型如下图 3 所示。相关尺寸信息如下表 3 所示，将几何模型置于两线圈中间位置，在两板中间有一方形分层空气区域。

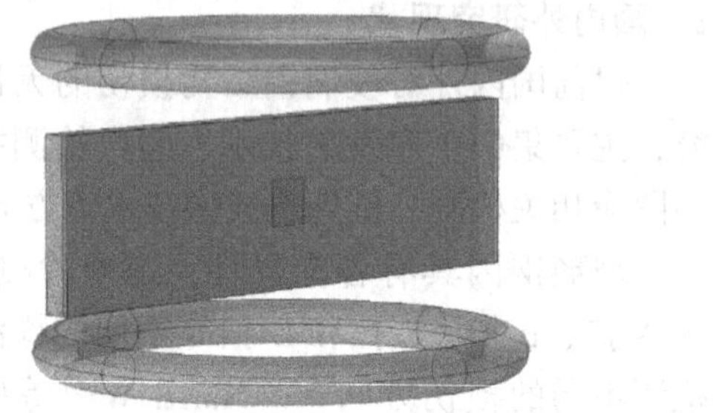

图 3 GFRP 结构分层缺陷 ECPT 检测的有限元仿真模型

表 3 GFRP 结构分层缺陷仿真模型的几何模型信息

几何模型	尺寸/mm
GFRP(长/宽/厚)	110/30/6
分层缺陷(长/宽/厚)	10/10/0.2
外部空气球层(半径)	100

如图 4 所示，本文实验设备由一个感应加热系统进行热激励，一个热成像仪记录热图，以及一台保存和处理记录热像图的计算机组成。感应加热系统由感应加热器、工作头、加热线圈和水 - 空气热交换器组成。本研究利用的线圈为近似亥姆霍兹线圈[16]，在线圈直径范围内产生近似

均匀的磁场。线圈的材质为铜，外表面涂有保护漆，线圈外径为80mm，线圈直径为12.5mm，上下线圈间的距离为65.5mm。水-空气热交换器用于保护感应线圈不受内部电流引起的加热损坏。

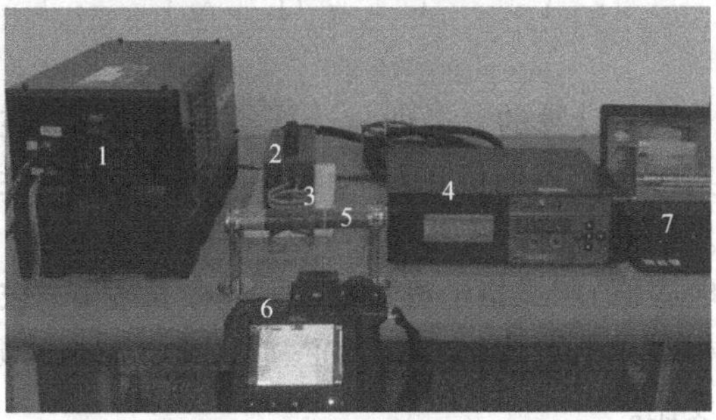

图4　脉冲涡流热成像试验系统

如图5数值模拟分层试验中显示了在模拟过程中2.5s时刻含分层缺陷GFRP结构表面的温度分布图。图中表面有明显的温升，分层特征明显，表现为低温特征。说明随着温度逐渐传递到GFRP内部，而分层缺陷区域，由于空气的导热系数相对于GFRP较小，导热性能差，阻碍热量由表面传递到内部，因此表现为低温。此外可以看出裂纹和空洞的缺陷GFRP结构表面的温度分布图具有明显的分布特征。

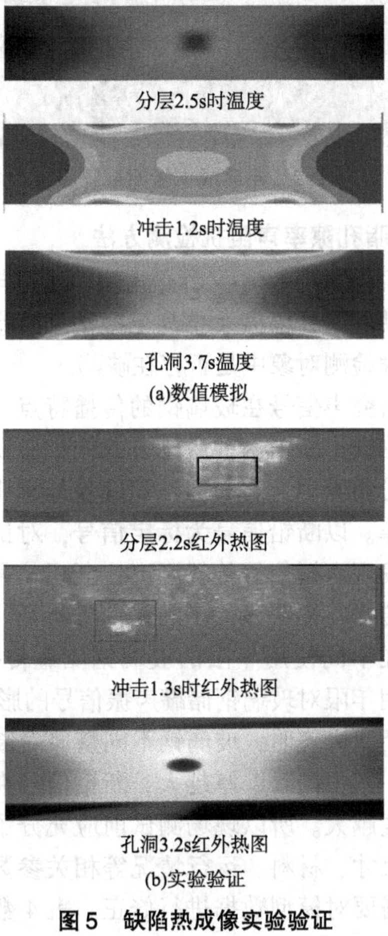

图5　缺陷热成像实验验证

通过数值模拟与实验验证，本研究试验确定了分层、渗漏、气孔等缺陷引起的温度场演化规律，形成了分层、渗漏、气孔缺陷红外热波自动智能量化检测方法，明晰了红外无损检测激励方式与参数，首次实现了玻璃钢材质5mm厚度范围内缺陷的快速定位。

3.3　树脂吸水率电容成像检测方法

电容成像技术[17]作为一种近几年迅速发展的新兴无损检测技术，利用边缘探测场对非金属材料表面及内部的缺陷进行检测，同时也对靠近的非金属材料和导体结合界面有非常敏感的感应能力，可透过较厚的非金属层对导体表面的缺陷进行检测。该技术克服了常规涡流法等技术所受到的提离高度及只能检测构件金属表面的限制，即可在不去除非金属材料的情况下对非金属基体缺陷进行检测。

基于树脂老化后吸水会引发材料介电常数变化的原理，本文采用叉指电极的探测电场进入目标材料内部，因而材料因老化导致的介电常数变化将导致叉指电极的电容变化，从而通过电容的变化反映与目标材料介电常数相关的老化状态的变化情况，叉指电极测量材料状态如图6所示。

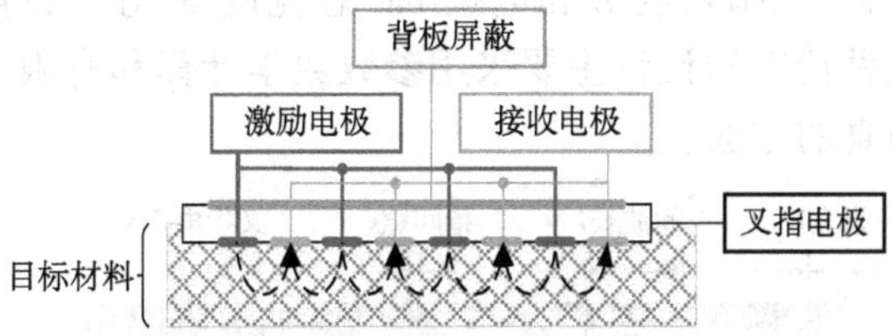

图6　叉指电极测量材料状态

因此，本文利用叉指电极传感器实现玻璃钢老化检测探头优化设计。叉指电极传感器[18]是共面电容传感器的一种特殊形式，与传统两电极共面电容传感器相比，叉指电极具有特化的激励电极和接收电极，其电极一般为阵列的梳齿状结构或同心圆环结构，也存在一些特殊的回折结构等。历史上，制造叉指电极结构的第一个也是最常见的原因是增加有效长度，从而增加电极之间的电容。图7为梳齿状结构和同心圆环结构的叉指电极示意图。

叉指电极可视为多个两极板共面电容器的复合结构，因而其电容值较同等面积下的两极板共面电容器更大。与此同时，两极板件间距很小，因此其向外侧空间拓展的电场很窄，这就导致了其相比于普通共面电容传感器时，穿透深度的大大降低与分辨率的大大提高，这正是检测非金属材料老化所需要的传感器特性。

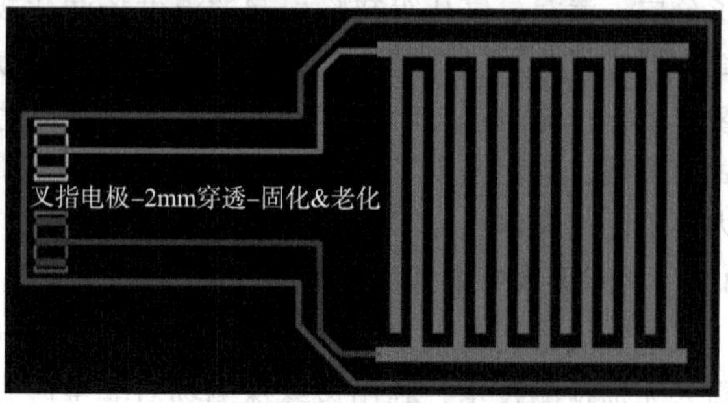

(a)梳齿状叉指电极

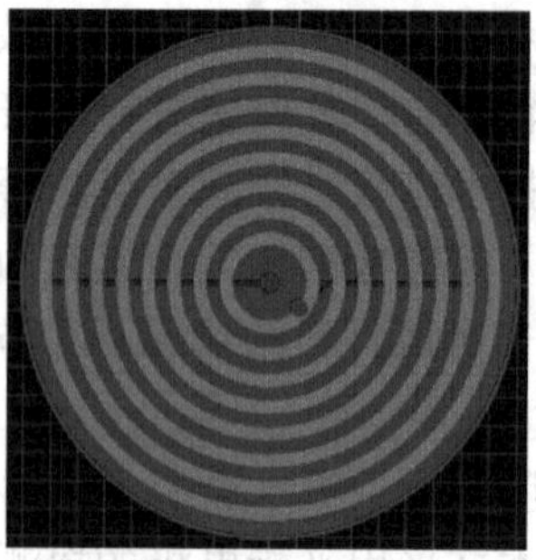
(b)同心圆环叉指电极

图7　常见叉指电极电容传感器

如下图8所示，最常见的矩形叉指电极电容传感器的设计参数有指宽 W_p、空间波长 λ、指间隙 s、叉指长度 L 和电极 bar 总宽度 W 等。目前这种传感器设计主要采用参数数学计算和有限元仿真的方法。

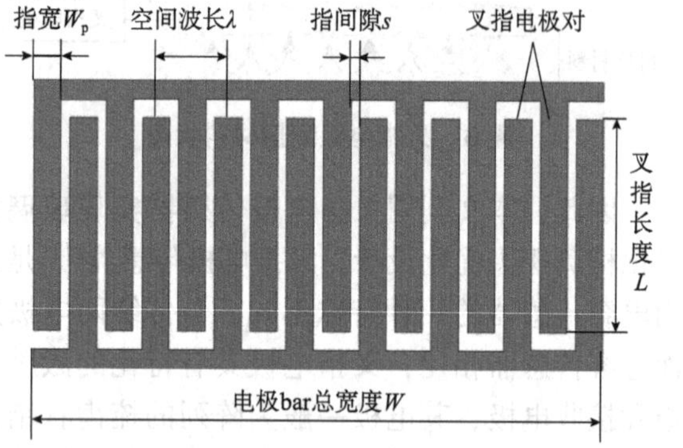

图8　矩形叉指电极基本结构示意图

对于如上图所示的叉指电极结构，研究人员利用保角映射方法计算出了其电容值与穿透深度等性质与各参数的关系：

当叉指电极长度 L 远大于指宽 W_p 时，总电容值可表述为：

$$C=\frac{2\varepsilon_r\varepsilon_0(N-1)L}{\pi}\ln\left[(1+\frac{2W_p}{s})+\sqrt{(1+\frac{2W_p}{s})^2-1}\right] \tag{1}$$

式中　ε_0 和 ε_r——真空介电常数和材料相对介电常数；

N——叉指电极对数。

当被测试件高度 T 小于电场线最大穿透深度时，穿透深度 H_f 可表述为：

$$H_f=s*\sinh\left[\cosh^{-1}\left(1+\frac{2w}{s}\right)\right]=s\sqrt{\left(1+\frac{2w}{s}\right)^2-1} \tag{2}$$

由于计算的复杂性与计算条件的简化，在对于实际传感器的优化与制作提供了一定的定性分析。如式所示，叉指电容传感器的信号强度(输出电容值)与叉指电极对数 N、电极长度 L、被测物相对介电常数 ε_r、指宽 W_p 成正比，与指间隙 s 成反比。

本文通过理论分析与有限元仿真，建立了电极宽度、间距、激励信号波长与穿透深度间的对应关系，制作了所需特定穿透深度的多波长叉指电极传感器，开发了电容成像检测系统，如图9所示，从而形成了基于电容成像的材料渗漏检测技术。

图9　电容成像检测系统图

3.4　树脂孔隙率声阻抗检测方法

声振检测技术[19]又称敲击法，通过与已知结构的振动时间、幅值大小甚至振动衰减率的比较而获知被检测对象中是否存在缺陷。

为研究声信号在玻璃钢的传播特点，本文通过对电磁铁、断铅两种激励方式的试验研究，基于参数分析与时差分析方法研究玻储罐中波速与衰减规律。以断铅信号为标定信号，对试验数据分析后发现声振信号传播距离比断铅信号远，声振信号传播特征明显优于断铅信号特征。故对声振信号在不同使用年限的玻璃钢储罐传播规律，探索使用年限对玻璃钢储罐声振信号的影响。

前期研究表明，玻璃钢不同壁厚对断铅信号有影响，其中储罐壁厚越大，断铅信号在储罐中传播速度越大。所以现场测试前应充分了解玻璃钢储罐尺寸、材料、运行情况等相关参数，后续验证时需要对模型数据进行修正。表4数据为实验室测得不同方向上，不同壁厚储罐断铅信号传播速度，后续验证试验可进一步测储罐壁厚对声振信号传播影响规律，对模型进行修正。

表4　各个方向上不同壁厚储罐断铅信号传播速度

m/s

壁厚/mm \ 角度	0	30	60	90
10	4699.0	3414.6	2604.8	2543.1
15	4766.5	3622.9	2842.4	2547.7
20	5005.5	4150.6	3117.9	2805.0

以水平方向上断铅信号传播速度为研究对象，做出厚度—波速拟合曲线，建立水平方向不同壁厚玻璃钢储罐传播模型。

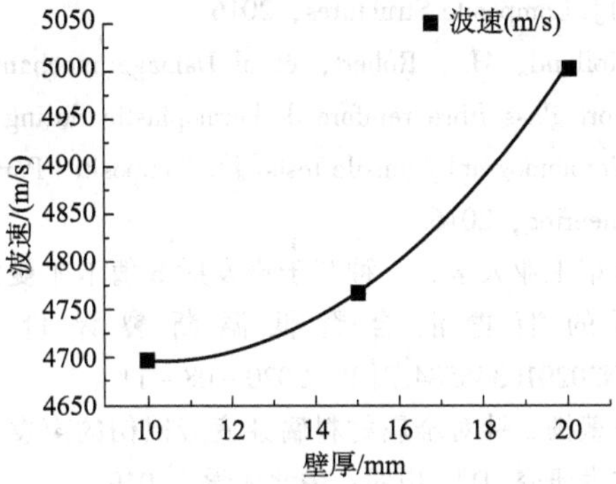

图10　不同壁厚储罐断铅信号波速拟合曲线

曲线拟合公式为：

$$V = 5078.5 - 72.25d + 3.43d^2 \qquad (3)$$

式中　V——断铅信号传播波速，m/s；

d——储罐壁厚(mm)。

从图10和公式(3)看出，断铅信号传播随着壁厚的增加呈非线性增大，现场声振试验，可进一步考虑储罐壁厚的影响，验证不同壁厚声振信号传播规律，对不同年限储罐声振信号传播模型进一步修正。

从图11波速趋势图的走向看出使用年限对声信号传播是有影响的，使用年限越长，水平方向上声振信号传播速度减小，以各个年限的玻璃钢储罐中传播的波速为模型数据，建立不同使用年限储罐水平方向声信号传播模型。

从图12和表5看出，水平方向上不同使用年限的储罐上声信号传播波速曲线随着使用年限增加减小，有明显的规律；现以使用的年数为横坐标，传播波速为纵坐标，建立不同使用年限波速传播模型。

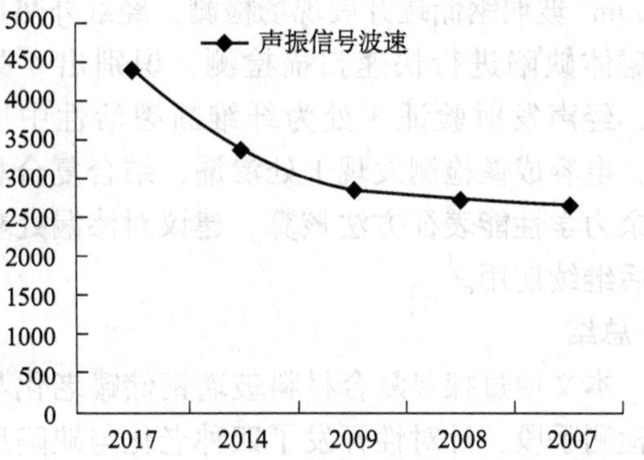

图11　水平方向不同年限储罐声振信号波速图

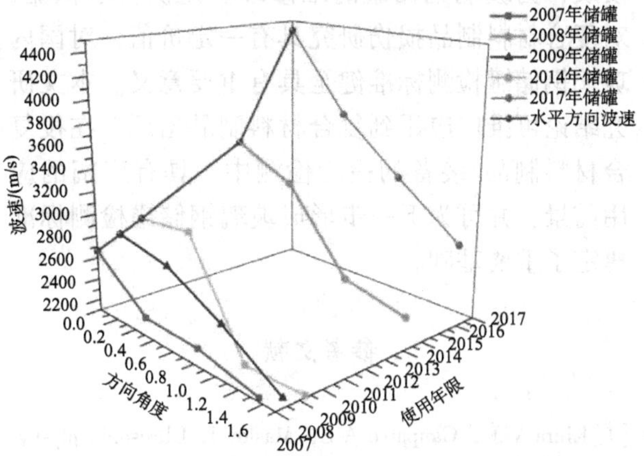

图12　不同年限储罐声振信号波速拟合曲线图

表5　水平方向声振信号在不同年限储罐传播波速表

m/s

使用年数	0	3	8	9	10
波速	4405.72	3375.56	2854.32	2758.35	2660.21

由图13看出不同使用年限的储罐波速拟合曲线都是随着方向角度的增加而减小，水平方向上不同年限储罐对波速的影响较为明显且有规律，通过初步统计可以继续研究其他不同使用年限玻璃钢储罐声振信号特征，研究使用年限对声振信号影响规律，达到预测使用寿命的目的。

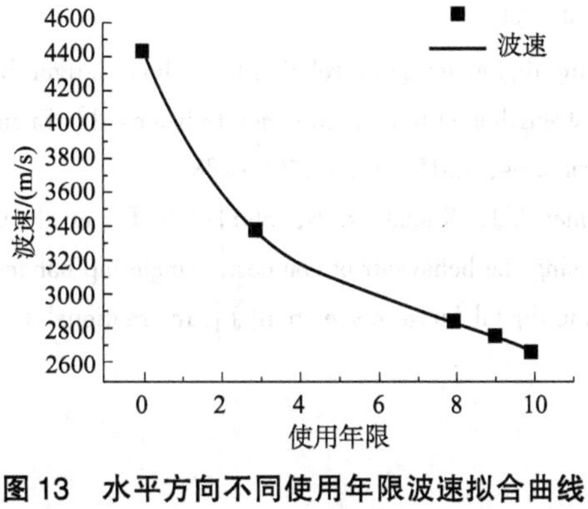

图13　水平方向不同使用年限波速拟合曲线

4　现场应用

本文根据上述研究结果对胜利油田广利联

$1000m^3$ 玻璃钢储罐开展现场检测，经红外热成像对罐体缺陷进行快速扫描检测，识别出 4 处缺陷，经声发射验证 3 处为纤维断裂活性中度缺陷，电容成像检测发现 1 处渗漏，结合复合材料剩余力学性能表征方法核算，建议对渗漏处整改后后继续使用。

5 总结

本文通过探寻复合材料玻璃钢储罐老化与损伤检测手段，针对性开发了四种老化与缺陷反演及特征识别技术，推动了玻璃钢失效检测技术的发展，为玻璃钢储罐的维修维护提供科学依据，对复合材料制品损伤研究具有一定价值，对国内玻璃钢储罐检测标准健全具有重要意义。本文研究结论可推广应用到复合材料制品出厂、在役复合材料制品/装备的检验检测中，具有广阔的应用前景，并可为下一步形成玻璃钢储罐检测标准奠定了重要基础。

参考文献

[1]Kinra V K, Ganpatye A S, Maslov K. Ultrasonic ply-by-ply detection of matrix cracks in laminated composites[J]. Journal of Nondestructive Evaluation, 2006, 25(1): 37-49.

[2]Harizi W, Chaki S, Bourse G, et al. Mechanical damage characterization of glass fiber-reinforced polymer laminates by ultrasonic maps[J]. Composites Part B Engineering, 2015, 70(mar.): 131-137.

[3]Comparison of Ultrasonic Non-Contact Air-Coupled Techniques for Characterization of Impact-Type Defects in Pultruded GFRP Composites[J]. Materials, 2021, 14(5): 1058.

[4]Benaarbia A, Chrysochoos A, Robert G. Kinetics of stored and dissipated energies associated with cyclic loadings of dry polyamide 6.6 specimens[J]. Polymer Testing, 2014, 34.

[5]Using digital image correlation to evaluate fatigue behavior of strengthened reinforced concrete beams[J]. Engineering Structures, 2015, 105: 277-288.

[6]Comer A J, Katnam K B, Stanley W F, et al. Characterising the behaviour of composite single lap bonded joints using digital image correlation[J]. International Journal of Adhesion & Adhesives, 2013, 40: 215-223.

[7]Giancane S, Panella F W, Nobile R, et al. Fatigue damage evolution of fiber reinforced composites with digital image correlation analysis[J]. Procedia Engineering, 2010, 2(1): 1307-1315.

[8]Fruehmann R K, Dulieu-Barton J M, Quinn S. Assessment of fatigue damage evolution in woven composite materials using infra-red techniques[J]. Composites Science & Technology, 2010, 70(6): 937-946.

[9]Harizi W, Chaki S, Bourse G, et al. Mechanical damage assessment of Glass Fiber-Reinforced Polymer composites using passive infrared thermography[J]. Composites Part B, 2014, 66: 204-209.

[10]Ryu C H, Park S H, Kim D H, et al. Nondestructive evaluation of hidden multi-delamination in a glass-fiber-reinforced plastic composite using terahertz spectroscopy[J]. Composite Structures, 2016.

[11]Rolland, H., Robert, et al. Damage mechanisms in short glass fibre reinforced thermoplastic during in situ microtomography tensile tests[J]. Composites Part B Engineering, 2016.

[12]北京工业大学. 一种基于声发射 b 值卡尔曼滤波分析的沥青混合料低温断裂评价方法: CN202010346584.3[P]. 2020-08-11.

[13]史慧扬. 针对金属材料腐蚀疲劳损伤的声发射检测技术研究[D]. 山西: 中北大学, 2019.

[14]胡林海. 基于红外热成像技术的金属材料缺陷定量评估研究[D]. 江西: 华东交通大学, 2014. DOI: 10.7666/d.D578885.

[15]高翔, 陈棣湘, 田武刚, 等. 基于 COMSOL Multiphysics 的金属结构应力特性分析[C].//第二届中国泛西部无损检测学术交流会论文集. 2017: 46-51.

[16]曾金辉. 一种基于亥姆霍兹线圈的双频多负载无线充电系统[D]. 江西: 南昌大学, 2021.

[17]赵丽梅. 基于平面阵列电容成像技术的无损检测研究[D]. 河北: 燕山大学, 2016. DOI: 10.7666/d.D01112627.

[18]周军乐. 一种新型的平面叉指电极传感器的设计与应用实现[D]. 江西: 南昌大学, 2017.

[19]高敬博. 基于振动声调制技术在线检测焊缝疲劳裂纹的实验研究[D]. 黑龙江: 哈尔滨工业大学, 2018. DOI: 10.7666/d.D01588331.

碳钢低合金钢动力管道金相检测时机研究

魏明业　翟琨

（河北省特种设备监督检验研究院唐山分院，河北 唐山　063000）

摘　要： 目前碳钢、低合金钢动力管道的金相检验根据 TSG D7005—2018《压力管道定期检验规则——工业管道》规定执行，但其规定的检验时机对部分情况并不适用。本文根据动力管道的材料和额定使用温度，结合检验实践对定期检验过程中金相检验时机问题进行了详细阐述，对监督检验过程中的金相检验时机做详细阐述。补充了定检规中金相检验时机的不足。

关键词： 金相检测；动力管道；检验时机

Research on the timing of metallographic inspection for carbon steel and low alloy steel power pipelines

WEI Mingye, *ZHAI Kun*

(Tangshan Branch of Hebei Institute of special equipment supervision and inspection, Hebei Tangshan 063000, China)

Abstract: At present, the metallographic inspection of carbon steel and low alloy steel power pipelines is carried out in accordance with TSG D7005—2018《Regular Inspection Rules for Pressure Pipelines-Industrial Pipelines》, but the specified inspection timing is not applicable to some situations. This article provides a detailed explanation of the timing of metallographic inspection during regular inspection based on the material and rated operating temperature of power pipelines, combined with inspection practice. It also provides a detailed explanation of the timing of metallographic inspection during supervisory inspection. Supplemented the deficiencies in the timing of metallographic inspection in the regular inspection regulations.

Key words: Metallographic examination; Power piping; Inspection timing

1　引言

在动力管道的检验中，现场金相检测一个不可或缺的检测手段，通过金相检测可以检测出管道材料的晶粒度、老化程度、材质劣化程度等，根据检验结果可以确定材料实际状况，对管道的安全状况进行评估，保证管道的安全运行。在动力管道的整个使用周期内的检验中，需要根据 TSG D7005—2018《压力管道定期检验规则——工业管道》规定的时机进行金相检验。定期检验规程只规定了定期检验过程中碳钢、低合金钢金相检验的周期及温度条件，根据检验实践表明部分动力管道部件的材质劣化是由于制造时制造过程中工艺控制不当导致的。只要不超过碳钢低合金钢的额定使用温度且管道部件出厂时金相组织符合要求，碳钢、低合金钢动力管道材质劣化程度随使用时间的变化远低于定期检验规则要求。有必要对碳钢、低合金钢动力管道金相检验的时机进行分析，合理使用有限的检验资源，用最小的代价保证动力管道的安全使用。

2　监督检验过程中金相检验时机的探讨

根据 TSG D7006—2020《压力管道监督检验规则》的规定，在碳钢、低合金钢动力管道监督检验过程中，没有金相检验的要求。根据 TSG D7005—2018《压力管道定期检验规则——工业管

作者简介： 魏明业（1984—　），男，高级工程师，硕士，主要从事特种设备检验及相关技术研究。E－mail：wmy1141@163.com

道》的规定，碳钢、低合金钢动力管道自投入使用到第1次金相检验的时间间隔为6万(工作温度大于等于450℃)或8万h(工作温度大于等于400℃，小于450℃)，一旦首次金相检验过程中发现问题，只能根据规程评定管道的安全状况。由于没有管道安装完成后的初始金相检验结果，无法确定碳钢、低合金钢动力管道的问题是使用过程中造成的还是在制造安装过程中造成的。同时也不能确定使用过程对动力管道材料的影响程度。只能保守的根据检验结果确定是否可用，会造成不必要的浪费。动力管道安装过程中，焊缝需要做热处理，部分管件在生产过程中需要做热处理，按照规程的要求热处理的检查仅限于对热处理过程及参数的控制。对于热处理后的实际金相组织是否满足规程的要求，很难确定尤其是现场安装后的热处理就更不能保证。根据检验实践，部分新出厂的合格部件和安装合格的管道的金相检验结果就不不理想，虽然依然可用，但的使用过程中，其在额定温度下的使用寿命缩短2倍以上。由于投入使用到首次检验需要经历6万h~8万h，存在一定的安全隐患。为了消除上述隐患，可采用如下措施：

(1)对动力管道用碳钢、低合金钢管件在安装前进行金相抽查，若在制造完成后做过金相检验的可不进行金相检测抽查；

(2)在动力管道安装完成后，对热处理部位(包括焊缝以及焊缝附近热处理加热范围内的母材)、未热处理部位的母材进行金相抽查，检测结果存档便于以后定期检验做对比；

(3)对安装过程中硬度异常部位进行金相检验，作为以后定期检验的重点检验部位。

3 定期检验过程中的金相检测时机

TSG D7005—2018《压力管道定期检验规则——工业管道》对规定了碳钢、低合金钢动力管道的进行金相检验的时机。在实际的动力管道设计中，额定工作温度大于400℃管道基本都使用低合金钢。若动力管道额定工作温度小于450℃且其材料为低合金钢，在保证安装后金相组织符合规程要求且使用过程中没有超温现象(或有短时小幅度超温)的前提下，该动力管道首次进行金相检测的时间可为定检规的2倍。在保证硬度检验合格的前提下，其首次检验时间可更长。若动力管道额定工作温度大于等于400℃，小于450℃且其材料为碳钢，在保证安装后金相组织符合规程要求的前提下，动力管道首次检验的时间应提前或根据硬度检验结果确定。若硬度异常应立即进行金相检验不必考虑定检规规定的时间。即便是硬度值符合DL/T 438—2016《火力发电厂金属技术监督规程》的规定，其检验周期可参考电站锅炉主蒸汽管道的定期检验周期进行首次检验金相检验。对额定工作温度大于450℃的动力管道根据材料适用温度与额定工作温度的差值确定首次时间，对于温度裕量大于等于50℃以上的可按照定检规的要求进行首次金相检验。对其温度裕量相对较小的应参照电站主蒸汽管道定期检验的要求对其进行首次金相检验。对于在安装后或制造过程中金相检验存在问题的碳钢、低合金钢动力管道，其首次金相检验的时间应根据金相检验结果以及使用过程中的温度确定。首次金相检验后的下次金相检验时间根据首次金相检验结果以及管道的具体使用状况确定。

4 结论

(1)分析了动力管道监督检验过程中金相检验的必要性，给出了金相检验的时机。

(2)提出了动力管道管件制造过程中进行金相检验的时机问题并给出解决方法。

(3)分析了动力管道定期检验的特点，给出了定期检验过程中金相检验的时机问题。

参考文献

[1]DL/T438—2016火力发电厂金属技术监督规程[M].
[2]TSG D7005—2018《压力管道定期检验规则——工业管道》[M].
[3]TSG D7006—2020《压力管道监督检验规则》[M].
[4]张华波，张林，黄璋．主蒸汽管道组织球化后的安全性评定及其寿命评估[J]．工业锅炉，2024，(02)：33-36.
[5]吴薛冬．现场金相检验在承压类特种设备检验中的作用分析[J]．装备维修技术，2020(02)：104. DOI：10.16648/j.cnki.1005-2917.2020.02.094.
[6]庞世刚．电站锅炉常用金属材料金相检测研究[J]．中国设备工程，2023，(22)：169-171.
[7]现场金相复型技术浅析[J]．肖冬飞，王瑄，韦中悬，刘芝花．理化检验(物理分册).2021(01).
[8]特种设备现场金相检验中常见异常组织及原因分析[J]．李国政，王振江，张爱庆．中国特种设备安全.2020(11).

某奥氏体耐热钢注气管对接环焊缝开裂原因分析

于宇新　郭　静　张媛媛　柳　旺　王汉奎*

（国家市场监管重点实验室（特种设备安全与节能），中国特种设备检测研究院，北京　100029）

摘　要：奥氏体耐热钢 TP304H 常用于制造锅炉过热器管、石油化工的热交换管以及高温注气管，工作温度处于 420～850℃，常发生由于晶间腐蚀产生裂纹而导致管道发生泄漏的事故。本文研究了某石化公司乙烯裂解炉二次注气管道弯头焊缝处发生开裂的原因，通过微观观察、EDS 分析、耐腐蚀性能及力学性能等方面进行测试与分析，推断焊缝开裂的原因。结果表明：环焊缝开裂原因为材料发生敏化以及应力松弛开裂，之后在腐蚀环境中发生应力腐蚀开裂，最终导致管路开裂失效。

关键词：奥氏体耐热钢；焊缝；敏化；应力腐蚀

Analysis on the Cracking of the Butt Girth Weld of an Austenitic Heat-resistant Steel Gas Injection Pipe

YU Yuxin, *GUO Jing*, *ZHANG Yuanyuan*, *LIU Wang*, *WANG Hankui**

(Key Laboratory of Special Equipment Safety and Energy-saving for State Market Regulation, China Special Equipment Inspection and Research Institute, Beijing 100029, China)

Abstract: The austenitic heat-resistant steel TP304H is commonly used in the manufacture of boiler superheater tubes, heat exchange tubes in petrochemical plants, and high-temperature gas injection pipes, operating at temperatures ranging from 420 to 850℃. Accidents involving pipeline leakage often occur due to intergranular corrosion-induced cracking. This study investigates the causes of cracking at the welded joints of the secondary gas injection pipeline bends in an ethylene cracking furnace at a petrochemical company. Testing and analysis were conducted through microscopic observation, EDS analysis, corrosion resistance testing, and mechanical performance evaluation to infer the reasons for the weld cracking. The results indicate that the cracking of the circumferential weld joint is caused by material sensitization and stress relaxation cracking, followed by stress corrosion cracking in a corrosive environment, ultimately leading to pipeline failure.

Key words: Austenitic heat-resistant steel; Weld; Sensitization; Stress corrosion

1　引言

自 20 世纪 40 年代以来，随着不锈钢生产制造工艺的成熟，由其优良的耐腐蚀性能已大量应用于医疗、化工、建筑等各个领域。不锈钢按组织状态可分为马氏体不锈钢、铁素体不锈钢、奥氏体不锈钢、奥氏体－铁素体（双相）不锈钢以及沉淀硬化不锈钢等。其中尤以奥氏体不锈钢应用最为广泛。奥氏体不锈钢的化学成分中含大量的铬［>18%（质量分数）下同］、镍（>8%）及少量钼、钛、氮等元素，可耐多种介质腐蚀，具有良好的塑性、韧性以及焊接性，综合性能好，广泛应用于高低温和耐腐蚀环境的化工行业中。

作者简介：于宇新，男，（1992—　），2014 年毕业于北京石油化工学院，学士学位，现工作于中国特种设备检测研究院，工程师，主要从事材料腐蚀与老化相关检测及研究工作。E－mail：13716351246@163.com

通信作者：王汉奎，男，博士研究生，现工作于中国特种设备检测研究院，高工，主要从事特种设备材料性能研究与失效分析相关工作。

TP304H 是一种不锈耐热钢，属于奥氏体不锈钢。高温下具有良好的热稳定性、高的持久强度和组织稳定性。ASME BPV Ⅱ A 2019 SA312 规定了 TP304H 不锈钢的化学成分，如表 1 所示。较低的碳含量保证其具有良好的焊接性，在实际使用时焊接接头具备较好的性能以及组织稳定性。

表 1　奥氏体不锈钢化学成分要求

%(质量分数)

C	Si	Mn	P	S	Cr	Ni
0.04～0.10	≤1.00	≤2.00	≤0.045	≤0.030	18.0～20.0	8.0～11.0

奥氏体耐热钢 TP304H 常用于制造锅炉过热器管、石油化工的热交换管以及高温注气管等，工作温度处于 420～850℃。近年来，部分化工厂常发生由于晶间腐蚀产生裂纹而导致管道发生泄漏的事故，引起业内的广泛关注。碳含量的增加会增加钢的晶间腐蚀倾向，不锈钢发生敏化后，晶界处铬含量大为减少，造成晶界处与晶粒存在较大电位差，从而形成腐蚀原电池造成的[1-2]。本文针对某奥氏体耐热钢 TP304H 化工注气管对接环焊缝的开裂问题开展全面分析，从焊接冶金和工程角度对焊接接头的失效原因和失效机理进行了剖析。

2　失效管段基本情况

某石化公司乙烯裂解炉二次注气管道在弯头焊缝处发生开裂泄漏，如图 1(a)所示。该二次注气管道主要用于按需求向原料气(常用的含 50ppm H_2S 的石脑油和仅投过 1～2 个周期的轻烃)中注入工艺气(主要为非去离子的水蒸气和 DMDS)。管道规格为 $\phi168 \times 7.11$mm，材料牌号为 ASTM A312 TP304H。投入石脑油时，二次注气阀关闭，此时管道外壁温度约为 195℃；投入轻烃时，二次注气阀打开，温度约为 470℃。因弯头焊缝开裂无法进一步修复，将管段切下进行泄漏原因分析。

如图 1(b)所示，开裂处位于弯头＋直管段上靠近直管的一侧焊缝，弯头总体完好未见明显变形，弯头表面部分区域存在较明显的锈蚀颜色，焊缝附近的裂纹分布在 6～10 点钟位置(定义外弯正上方为 0 点)。外壁观察可见，裂纹沿环焊缝靠近直管侧的焊趾位置分布，而且几乎严格沿焊趾分布，裂纹两侧未见明显变形。内壁观察可见[如图 1(c)所示]，裂纹依然分布于直管上，但变得曲折并不严格沿焊趾分布，多处裂纹距离焊趾 1～5mm 的距离。因此本次分析中，在宏观观察之后，重点采用光学显微镜(Zeiss Axio-Imager A2)和扫描电镜(SEM，HITACHI S－3400N)观察裂纹面截面的金相组织和微观结构，采用能谱分析仪(EDS)对断口腐蚀产物进行成分分析。此外，通过对试样进行硬度、晶粒度分析以及材料抗晶间腐蚀能力的评估，以此对管段的失效原因进行分析。

(a)弯头样品　(b)外壁裂纹形貌　(c)内壁裂纹形貌

图 1　样品宏观形貌

3　宏观与微观分析

对弯头环焊缝裂纹中部的断口进行宏观形貌观察，如图 2(a)所示，断口总体上无塑性特征，裂纹穿透整个壁厚，基本与轴向垂直，断口面有锈蚀颜色。裂纹尖端打开后的断口如图 2(b)所示，打开过程中，在直管侧内壁靠近焊缝的打磨区域可见系列张开的微裂纹。断口面可见两个区域，靠近内壁的区域颜色较深，靠近外壁的区域颜色较浅。

从弯管环焊缝裂纹的中部切取垂直于环向的截面金相试样，由截面金相[如图 3(a)、图(b)所示]可见，裂纹主要沿焊缝直管侧的母材分布，具有典型的沿晶特征。在外壁表面，裂纹距离熔合线仅 1 个晶粒的距离，在裂纹扩展相当长的路径上基本保持 1～3 个晶粒的距离，而内壁侧约有 6 个晶粒的距离，由此判断该处裂纹自外壁起裂。此外，在弯管侧的内壁距离熔合线约1mm的位置可见短小的沿晶裂纹，该处裂纹自内壁起裂。焊缝金属内部完好未见开裂现象。同时，还可发现直管和弯管侧的奥氏体晶粒尺寸有较大差异。

对裂纹尖端附近的垂直环向截面的金相[如图3(c)所示]观察发现，裂纹同样位于直管侧，沿晶开裂，但距离焊缝较远且与熔合线走势无关，有多条裂纹平行或分叉的特征。通过对裂纹分叉源头的观察，判断该处裂纹自内壁起裂。

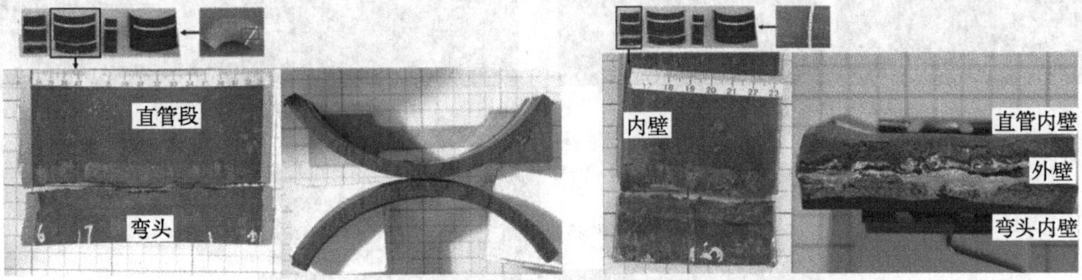

(a)裂纹中部　(b)裂纹尖端

图2　断口宏观形貌

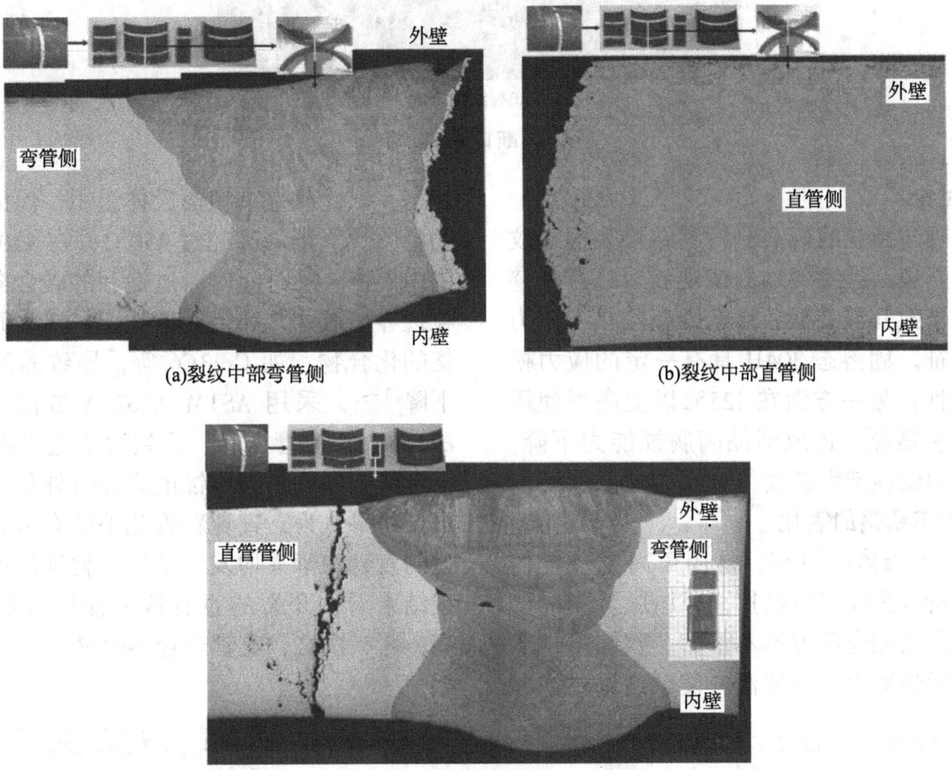

(a)裂纹中部弯管侧　(b)裂纹中部直管侧

(c)裂纹尖端

图3　截面金相

图4(a)所示为开裂弯头样品裂纹尖端灰白色区域的断口微观形貌，该处断口没有完全断开，因此断口的晶粒在没有完全断开的位置拉长。从晶粒表面或已开裂的晶界处均可见纤维状特征，符合应力松弛开裂的典型形貌，EDS成分分析表明断口处除金属固有的主要元素外，无其它腐蚀性介质元素。

图4(b)所示为开裂弯头样品裂纹尖端锈蚀区域的断口微观形貌，可见断口完全呈现沿晶特征，而且很多晶粒表面有膜状或颗粒状的腐蚀产物覆盖，EDS成分分析表明产物多为氧化物，部分区域可发现残余的S元素。

图4(c)所示为开裂弯头直管侧内壁点蚀坑形貌，可见点蚀坑内部呈现典型的沿晶腐蚀形貌，晶界覆盖有腐蚀产物，EDS成分分析表明产物多为氧化物，部分区域可发现残余的S元素。

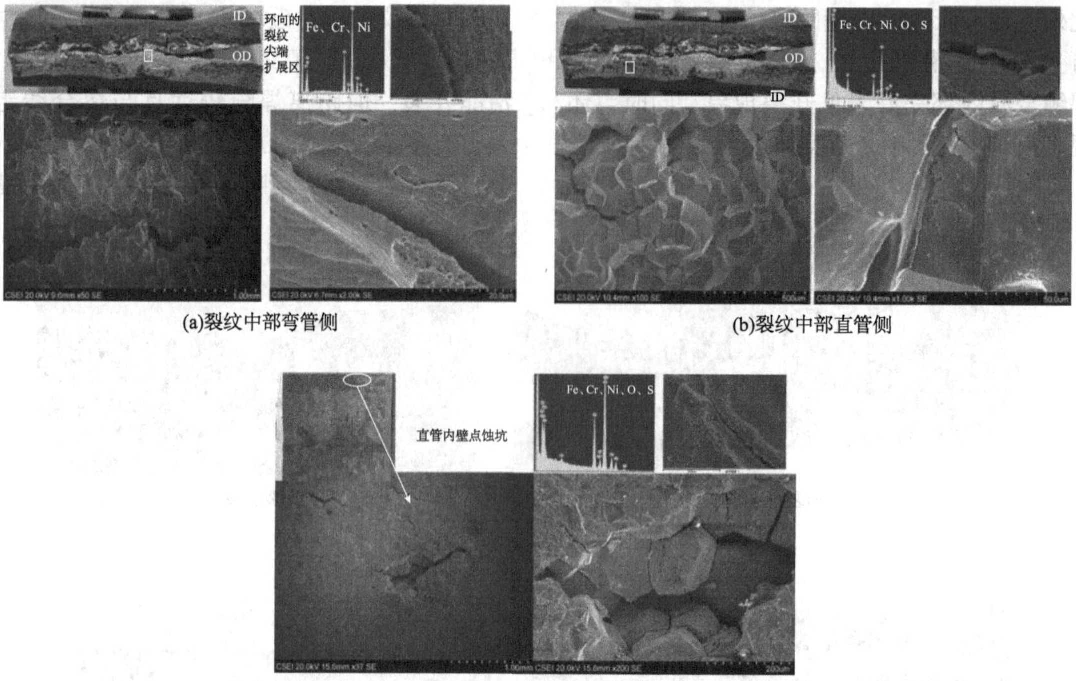

(a)裂纹中部弯管侧　　(b)裂纹中部直管侧

(c)裂纹尖端

图4　断口微观形貌

4　结果与讨论

通过宏观与微观的观察分析，结果表明裂纹中部为沿晶开裂；裂纹尖端的微观断口靠近外壁侧具有应力松弛开裂特征，靠近内壁侧具有应力腐蚀开裂特征。固溶态304H具有一定的应力松弛开裂敏感性；另一方面在425℃以上高温使用后，材料发生敏化，造成耐晶间腐蚀能力下降，从而导致晶间腐蚀产生裂纹。

4.1　奥氏体不锈钢的敏化

304H是奥氏体耐热钢，是用于高温环境的抗蠕变钢，所以为固溶态供货，即加热至1100℃左右，使碳化物相全部或基本溶解，碳固溶于奥氏体中，随后快速冷却至室温，使碳达到过饱和状态，以此获得单相奥氏体组织，保证具有良好的耐蚀性。当温度超过450℃并在450～850℃范围内停留一段时间时，过饱和的碳会向奥氏体晶粒边界扩散，并和铬元素化合、在晶间形成碳化铬的化合物，如Cr23C6等，导致晶间耐蚀性能下降[3-4]。采用ASTM A262 A方法(草酸电解法)对直管新管样品、开裂弯头直管侧和开裂弯头弯管侧的抗晶间腐蚀能力进行评估，如图5所示。结果认为，直管新管几乎没有敏化，而使用过的直管和弯头均发生了不同程度的敏化。从评级结果看，开裂的直管段的晶间腐蚀敏感性最高，弯头次之，直管新管不敏感。

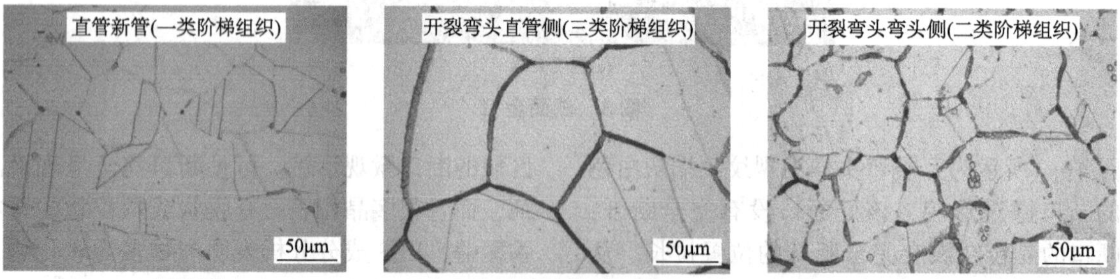

(a)直管新管　　(b)开裂弯头直管侧　　(c)开裂弯头弯管侧

图5　抗晶间腐蚀能力评估

由于事故管段的工作温度约为470℃，处于不锈钢的敏化温度(450～850℃)内，易发生敏化使晶界附近的含铬量大为减少，当晶界的铬(质量分数)低到小于12%时，就形成所谓的“贫铬区”。贫铬区和晶粒本身存在电化学性能差异，使晶界处(阳极)和晶粒(阴极)之间构成腐蚀电池，该注气管中残存的工艺气水蒸气与扩散至注气管上游的石脑油中的含S物质混合后结露形成腐蚀环境，导致晶界被快速腐蚀，晶粒间结合力显著减弱、力学性能恶化，机械强度大大降低，然而变形却不明显。

4.2　不锈钢的应力松弛与应力腐蚀开裂

材料在高温使用时，有时要使总应变保持不变。在高温保持总应变不变的情况下，会发生应力随时间延长而逐渐降低的现象，即为应力松弛。TP304H 是奥氏体耐热钢，是用于高温环境的抗蠕变钢，为固溶态供货。固溶态 TP304H 具有一定的应力松弛开裂敏感性[5]；对新管直管、弯头直管段和弯头弯管侧分别进行晶粒度分析，如图 6 所示，新管直管晶粒度为 5.3，弯头直管段晶粒度为 2.1，弯头弯管段晶粒度为 6.0。结果均满足 ASME BPVⅡ A—2019 SA312 中 TP304H 晶粒度≤7 的要求，但弯头直管段的晶粒较新管直管和弯头弯管侧明显粗大，耐应力松弛开裂的能力将弱于弯管侧。弯头焊接后，会在焊缝区域存在残余内应力，在存放及使用过程中会慢慢松弛，且注气管工作温度较高(约 470℃)，松弛时间缩短，因而弯头直管段容易产生应力松弛，从而引起弯头变形甚至应力开裂。

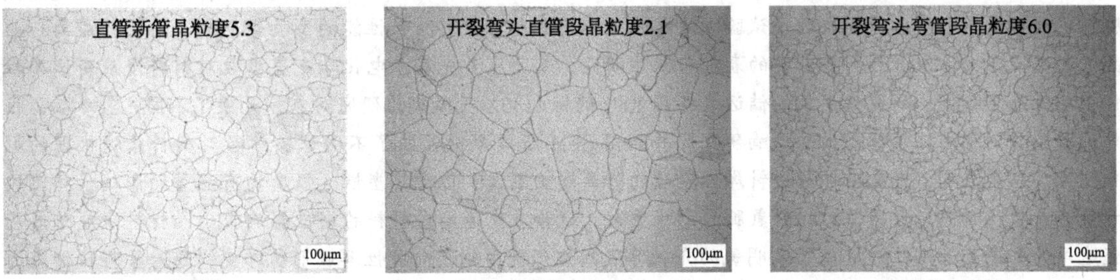

(a)直管新管　　(b)开裂弯头直管侧　　(c)开裂弯头弯管侧

图 6　晶粒度分析

应力腐蚀是环境破裂中最广泛也是最严重的一种破坏形态，产生应力腐蚀开裂必须同时具备三个条件：腐蚀环境、应力和特定材料。依据 GB/T 4340.1—2009《金属材料 维氏硬度试验 第 1 部分：试验方法》对弯头焊缝截面进行 HV10 维氏硬度分析，如图 7 所示。弯头硬度水平基本正常，但直管侧的硬度明显低于焊缝和弯头侧，这为变形过程在弯头直管侧累积应变提供了条件。该注气管投入轻烃原料时，管路温度升高(约为 470℃)，在中高温环境以及管系热应力和焊接残余应力的作用下，首先在弯头直管段环缝沿处发生应力松弛开裂，同时不锈钢发生敏化，耐晶间腐蚀能力下降，且弯头直管段的晶粒度较小，对应力腐蚀更加敏感；随后投入石脑油原料，管路温度降低(约 195℃)，工艺气残存的水蒸气与扩散至注气管上游的石脑油中的含 S 物质混合后结露，导致管内壁发生沿晶点蚀和应力腐蚀开裂。

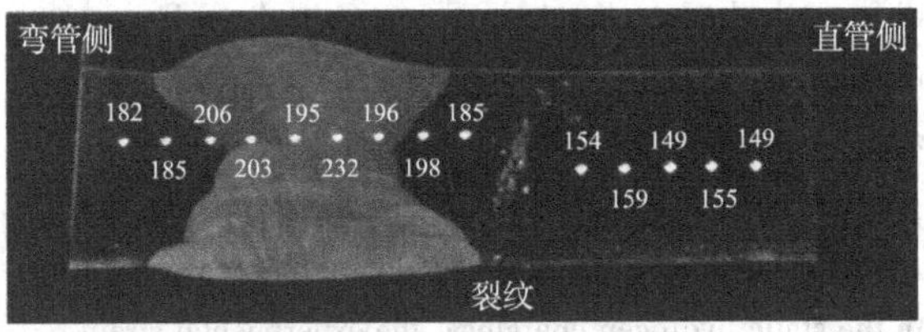

图 7　焊接接头硬度分布图

5　结论与建议

(1)TP304H 奥氏体耐热钢弯头失效开裂的原因主要是由于直管段材料发生敏化以及应力松弛开裂，之后在腐蚀环境中发生应力腐蚀开裂，最终导致开裂失效。

(2)建议运行时微开注气阀有利于使管道保持高温干燥状态，减轻或避免腐蚀；考虑到不锈钢管在焊接的过程中若在 450～850℃下停留时间过长，有可能产生敏化，建议在焊接工艺上采用小电流、高焊速等方法，以缩短焊接接头在晶间腐蚀危险温度区停留的时间；同时在焊接后进行稳定化热处理[6]，使得奥氏体中的铬原子扩散到晶界处，提高晶界处的铬含量，避免产生晶间腐蚀。

参考文献

[1]吴剑．不锈钢的腐蚀破坏与防蚀技术——(三)晶间腐蚀[J]．腐蚀与防护，1997(03)：41－44.

[2]周勇，左禹，闫福安．晶间腐蚀敏感性研究进展：Ⅰ．不锈钢贫化理论[J]．材料保护，2018，51(11)：111－120.

[3]陈浩，蒋奕锋，左敦桂，等．Super304H 奥氏体不锈钢晶间腐蚀敏感性研究[J]．电焊机，2020，50(04)：95－99＋140.

[4]窦丽娟，党辉，尚秀丽．304 不锈钢晶间腐蚀裂纹失效分析[J]．金属世界，2013(4)：3.

[5]陈刚．304H 不锈钢管道焊缝开裂失效分析[J]．化工装备技术，2020，41(05)：10－14.

[6]张春雷，熊夏华，郑志军，等．稳定化处理对 Super304H 奥氏体耐热钢晶间腐蚀敏感性的影响[J]．材料研究学报，2013，27(04)：411－418.

电化学充氢试验参数对高强钢材料氢脆性能的影响研究

翟建明[1*] 耿 磊[1,2] 于宇新[1] 宋 明[1*] 何仁洋[1] 孙金全[2] 迟凡翔[1,3]

[1. 国家市场监管重点实验室(氢能储运装备安全),中国特种设备检测研究院中国特种设备检测研究院,北京 100029;
2. 山东科技大学,青岛 266590;3,中国石油大学(北京),北京 102249]

摘 要:材料氢脆一直是石油化工与能源行业关注的重点问题,随着氢能产业发展,材料的高压气态氢脆、电化学氢脆相关的氢脆机理、试验方法替代及不同充氢参数对材料性能的影响等问题,均已经成为行业关注的焦点。为系统开展材料氢脆的表征与机理研究,本研究首先基于电化学充氢参数对材料慢应变速率拉伸性能开展了研究。研究选用氢能储运装备用 X80 钢和 4130X 气瓶钢为研究对象,开展了不同充氢参数、拉伸试验条件对材料强度和塑性的影响研究,并利用 SEM 断口分析开展了不同试验参数对材料氢脆机理的影响研究。结果表明,充氢条件对材料弹性阶段的行为影响不大,但对其塑性、强度均有显著的影响,相比较于静态充氢,动态充氢条件对材料氢脆的影响更大;试验应变速率对材料的塑性影响较小,材料强度随着应变速率的升高而升高;SEM 结果表明氢的介入导致断口形貌由韧窝向脆性解理形貌转变,随着氢与拉伸应力作用时间增长,断口解理形貌增大。

关键词:电化学充氢;慢应变速率拉伸;氢脆;X80;4130X

Effect of Electrochemical Hydrogen Charging Test Parameters on the Tensile Properties of Materials

ZHAI Jianming[1], *GENG Lei*[1,2], *YU Yuxin*[1], *SONG Ming*[1], *HE Renyang*[1], *SUN Jinquan*[2], *CHI Fanxiang*[1,3]

(1. Key Laboratory of Safety of Hydrogen Energy Storage and Transportation Equipment for State Market Regulation, China Special Equipment Inspection & Research Institute, Beijing 100029, China;
2. Shandong Universiy of Science and Technology, Qingdao 266590, China;
3, China Universityofpetroleum, Beijing 102249, China)

Abstract: Hydrogen embrittlement of materials has always been a key concern in the petrochemical and energy industries. With the development of the hydrogen energy industry, high-pressure gaseous hydrogen embrittlement of materials, electrochemical hydrogen embrittlement related to hydrogen embrittlement mechanism, test method substitution, and the effect of different hydrogen charging parameters on the performance of the materials have become the center of attention of the industry. In order to systematically investigate the characterization and mechanism of hydrogen embrittlement, this study firstly investigates the slow strain rate tensile properties of materials based on electrochemical hydrogen charging parameters. X80 pipeline steel and 4130X cylinder steel for hydrogen energy storage and transportation equipment were selected as the research objects, and the effects of different hydrogen charging parameters and tensile test conditions on the strength and plasticity of the materials were investigated, and the effects of different test parameters on the mechanism of hydrogen embrittlement of the materials were investigated by SEM fracture analysis. The results show that the hydrogen charging conditions have little effect on the behavior of the material in the elastic phase, but have a significant effect on its plasticity and strength, and the dynamic hydrogen charging conditions have a greater effect on the hydrogen embrittlement of the material compared with the static hydrogen charging; the experimental strain rate has less effect on the plasticity of the material, and the strength of the material rises with the strain rate; the SEM

作者简介:翟建明(1985—),高级工程师,博士,主要研究方向包括特种设备用材料性能测试评价、材料疲劳及氢脆等力学行为。E-mail:jmzhai@163.com results show that the intervention of hydrogen results in the change of fracture morphology from the tough fossa to the brittle deconstructed morphology, and that with the interaction of hydrogen with tensile stresses, the fracture morphology changes from a tough fossa to a brittle deconstructed morphology. The SEM results show that the hydrogen intervention causes the fracture morphology to change from tough nest to brittle deconstructed morphology, and the fracture deconstructed morphology increases with the increase of the time between hydrogen and tensile stress.

Key words: Electrochemical hydrogen charging; Slow strain rate stretching; Hydrogen embrittlement; X80; 4130X

1 引言

氢能具有能量转化率高、绿色环保、用途广泛、易于制得的特点，被称为21世纪最具发展潜力的清洁新能源[1-3]。为了解决氢能的大规模储运、氢资源有效配置等问题，高压储氢瓶式容器储运、管道输运、罐车及罐箱输运已成为当前最为关注的储运方式[4-5]，其安全可靠运行是保证氢能产业平稳发展的根本。金属材料的氢损伤是影响氢能储运设备使用寿命的关键问题之一。分子氢与金属材料通过吸附、吸收、扩散进入金属材料内部与其发生交互作用，从而引起金属材料塑性和韧性等力学性能的下降，导致材料发生脆断或开裂[6-7]。近年来，对氢能储运装置设计选材、制造以及管理维护等问题的研究已成为行业关注的重点。

材料氢脆性能评价可分为高压气态氢脆、电化学充氢氢脆，两者在氢脆机理、失效模式与性能表征方法上也各有异同，各国学者对两者之间的研究也存在诸多观点争议。程玉峰等人对不同氢环境对管道氢脆的影响展开研究，研究发现“气态氢”和“阴极氢”在氢原子浓度、氢原子、吸附与吸收过程、充氢测试结果、充氢数据拟合分析等方面的本质区别，同时指出电化学充氢测试方法已发展为国际标准[8]。Zhao等人对充氢方式对面心立方高熵合金氢分布及纳米力学性能影响的比较研究，通过热解吸光谱和理论分析发现，电化学充氢方式在试样表面氢浓度较高，而气态充氢方式氢浓度分布均匀[9]。由于材料氢脆试验过程中充氢参数(时间、温度、高压充氢压力、电化学充氢电流)、力学性能试验参数(拉伸速率)的选取不同，材料氢脆行为的表现也会呈现多种多样。为系统开展材料高压氢脆、电化学氢脆之间的性能表征研究，本文首先基于电化学充氢试验，开展了试验参数对高强钢材料慢应变速率拉伸性能的影响研究。本文所研究的高强钢主要是输气管道用钢X80、储氢气瓶用钢4130X。X80钢具有较高的强度和良好的韧性，广泛应用于长距离运输管道[10]。4130X钢是一种常见瓶式容器用材料，目前常用于加氢站储氢瓶组或储氢容器建造[11]。

在高强钢材料氢脆研究中，国内外学者开展了大量研究。段琳娜等研究了X80钢电化学充氢后的力学性能变化，结果表明随电化学充氢电流密度增加，X80钢的可扩散氢含量增加，造成伸长率、断面收缩率和冲击吸收功减少[12]。Dong等对X80钢氢致开裂行为研究得到了与文献[12]相同的结论，并指出塑性参数的损失与氢致裂纹的尺寸呈线性关系[13]。原佳强等对不同电化学充氢状态下X70和X80钢的断裂特性进行研究，结果表明充氢使X70和X80钢的强度和塑性均发生了下降，相同充氢参数下，动态充氢比静态充氢对材料断裂脆性影响更大[14]。除了充氢试验参数对材料力学性能影响之外，材料的微观结构也是影响其性能的根源。Jeffrey等研究了显微组织对马氏体高强钢氢脆敏感性的影响，发现具有高缺陷密度的马氏体可以有效地捕获氢，氢与缺陷相互作用从而导致快速断裂萌生和快速断裂扩展[15]。Martiniano等人研究了马氏体、大小奥氏体晶粒和双相组织(马氏体/铁素体)对AISI 4130钢氢脆敏感性的影响，结果表明双相组织的氢脆敏感性最低，马氏体和较大的奥氏体晶粒最高[16]。顾超华等人对4130X在50MPa高压氢气环境下的疲劳裂纹扩展速率和断裂韧度开展了研究，发现相比于空气环境条件，氢环境下材料的疲劳裂纹扩展速率加快了约10~16倍，断裂韧度下降约71.1%[17]。上述研究中，部分采用了预充氢的模式，部分属于动态实时充氢过程中的拉伸性能测试，但并未深入分析预充氢状态与实时充氢对材料拉伸性能的影响。

本文针对X80、4130X高强钢开展了电化学预充氢和动态充氢两种不同条件对材料力学性能的影响研究；并设置不同应变速率进行动态充氢拉伸试验，研究应变速率对材料氢脆性能的影响；针对拉伸试样断口进行了微观形貌分析，分析了不同充氢条件对断裂模式的影响。

2 试验材料与方法

2.1 试验材料

试验材料选取X80钢和4130X钢，材料的化学成分见表1，基本力学性能见表2；X80钢金相组织为铁素体和粒状贝氏体，4130X钢金相组织为针状铁素体和贝氏体，见图1。将两种材料加工成板状慢应变速率拉伸试样，试样尺寸见图2。试样加工完成后用2000目SiC砂纸进行表面打磨至光洁状态，最后将拉伸试样放入无水乙醇中进行超声清洗并吹干，以除去表面油污。

表1 试验材料的化学成分 %(质量分数)

材料	C	Si	Mn	P	S	Cr	Ni	Mo	Fe
X80	0.075	0.201	1.782	0.012	0.001	0.252	0.07	0.26	Bal.
4130X	0.34	0.27	0.88	0.007	0.002	1.063	0.022	0.228	Bal.

表2 试验材料的力学性能

材料牌号	抗拉强度/MPa	屈服强度/MPa	伸长率/%	断面收缩率/%	屈强比
X80	672	558	25	55	0.83
4130X	973	832	17	53	0.86

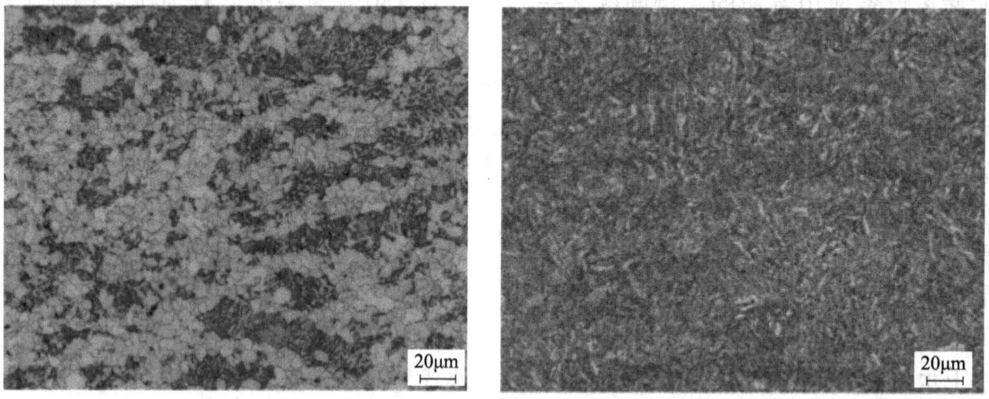

(a)X80钢　　(b)4130X钢

图1 材料金相组织

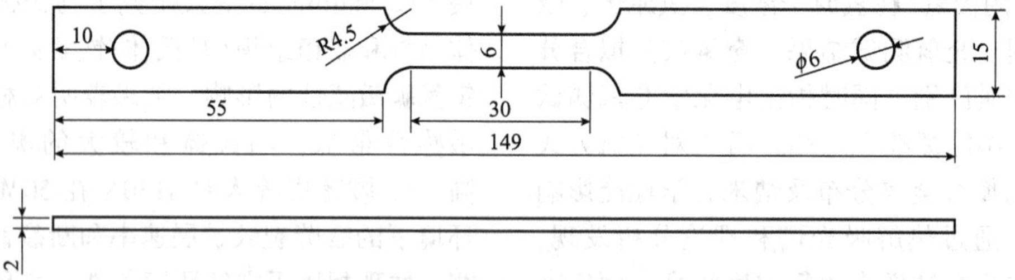

图2 拉伸试样形状尺寸

2.2 充氢环境下慢应变速率拉伸试验

电化学充氢试验采用对标距部分局部充氢的方式，其他部分用硅胶密封。采用UTP－1306S直流稳压电源进行电化学充氢，正极接铂片，负极连接试验样品。充氢溶液为0.5mol/L的H_2SO_4溶液，加入3g/L硫脲作毒化剂，以提高氢原子的渗透速度，并抑制氢原子结合形成氢分子。充氢电流密度为10mA/cm^2。慢应变速率拉伸试验(SSRT)在YFML－D试验机上进行，拉伸速率分别为0.0018mm/min、0.45mm/min，对应的应变速率分别为$1\times10^{-6}s^{-1}$和$2.5\times10^{-4}s^{-1}$。试验条件分别为空气中慢拉伸、预充氢8h后快拉伸(0.45mm/min)、预充氢8h后慢拉伸(0.0018mm/min)、边充氢边慢拉伸，所有试验过程均在室温下进行。图3为电化学充氢拉伸试验装置。采用ZEISS－I1－EVO 10型扫描电子显微镜(SEM)观察试样的拉伸断口形貌。

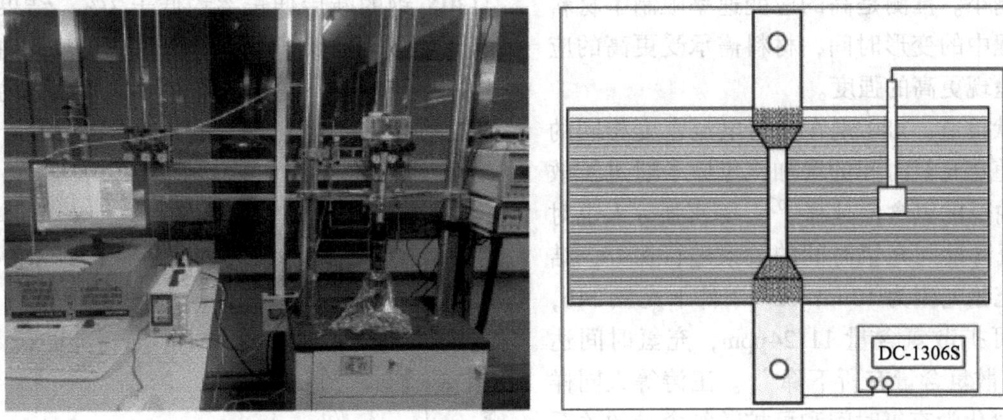

(a)慢应变速率拉伸试验机　　(b)充氢装置示意图

图3　电化学充氢拉伸试验装置

3　试验结果与讨论

3.1　X80 钢试验结果分析

图4为X80钢不同充氢条件下的应力－应变曲线，表3为不同充氢条件下X80钢的拉伸性能试验结果，由图表可知，未充氢环境下X80钢拉伸的断后伸长率均在50%以上，而充氢环境下X80钢的断后伸长率均在9%以下，表明充氢环境显著降低了材料的塑性。不同充氢条件下的应力－应变曲线在拉伸曲线的弹性变形阶段基本重合，表明充氢条件对材料弹性阶段的影响较小。王燕斌等人对Fe－Si试样在空气、充氢拉伸及在空气中预应变后充氢拉伸等条件下开展了拉伸性能研究，其结果与本文类似，研究还提出塑性变形是氢致开裂的必要条件，氢致开裂的过程是氢与位错交互作用的过程[18]。

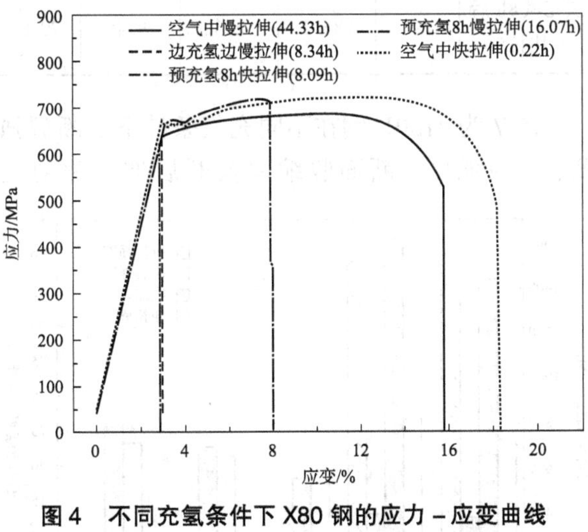

图4　不同充氢条件下X80钢的应力－应变曲线

缩颈是材料在拉伸试验过程中局部发生变形的一种特殊现象，因此应力－应变曲线并不能反映出材料在拉伸过程中所受到的真实应力[19]，考虑缩颈影响后计算得到材料断裂时的断裂强度，见表3。不同试验条件下的断裂强度、抗拉强度、断面收缩率、断后伸长率如图5所示。

表3　不同充氢条件下X80钢的拉伸性能指标

试验条件	抗拉强度/MPa	断裂强度/MPa	断后伸长率/%	断面收缩率/%	氢脆指数/%
空气中慢拉	687	1392.2	13.9	50.6	—
空气中快拉	724	1549.4	18.7	53.4	—
边充氢边慢拉	643	671.1	1.4	6.6	89.9
预充氢8h后慢拉	610	620.3	1.5	1.7	89.2
预充氢8h后快拉	719	782.9	4.5	8.2	75.9

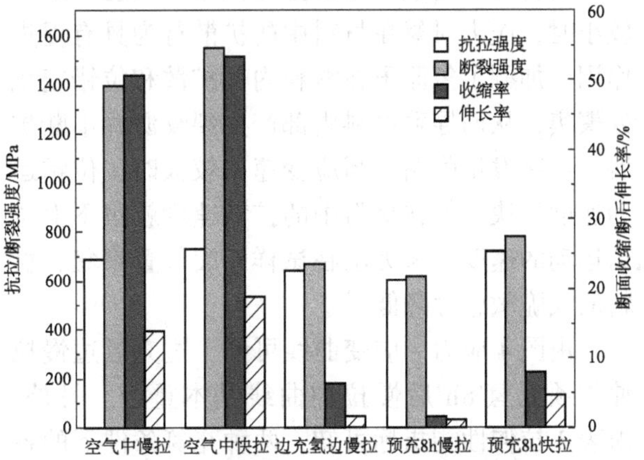

图5　不同充氢条件下X80钢的断裂强度、抗拉强度、断后伸长率及断面收缩率对比

由表3可知，在空气条件下的拉伸性能试验结果对比，快拉伸试样的断裂强度和抗拉强度比慢拉伸试样分别提高了11.3%和5.4%，断后伸长率和断面收缩率无明显差别，结果表明随着应变速率的升高，材料的强度也随之升高，但对材料塑性影响小。推测是高的应变速率限制了材料在断裂过程中的变形时间，材料需承受更高的应力，从而呈现更高的强度。

有文献报道，X80 钢在充氢电流密度相同的条件下，随着充氢时间的增加，氢原子通过扩散进入材料内部的氢含量越高[20]。陈富强等人也对 X80 钢的氢含量与充氢时间的关系进行探究，结果表明在充氢电流为 10mA/cm^2 条件下充氢 24h，材料中的可扩散氢含量 11. 24ppm，充氢时间达 36h 时，扩散氢含量有所下降[21]。王涛等人同样对 X80 钢电化学充氢时间和可扩散氢含量的关系展开研究，得出充氢电流密度与扩散氢含量满足 $C_H=0.247+0.39\sqrt{i}$，充氢时间与扩散氢含量满足 $C_H=0.38+0.415\sqrt{t}$[22]。由图 4 可知，同在预充氢 8h 后条件下，慢拉伸试样的抗拉强度和断后伸长率相较于快拉伸条件下分别降低 15. 2% 和 6. 5%，氢脆指数降低 13. 3%。预充氢 8h 后两种不同应变速率下试样的充氢时间分别为 8. 09h 和 16. 07h，根据现有研究结论可知，慢拉伸的试样氢含量更高，试样的强度和塑性受到的影响更为显著。

由图 4 和表 3 可知，边充氢边慢拉伸条件下试样的抗拉强度空气中慢拉伸条件下降低 6. 4%，断后伸长率和断面收缩率分别降低 12. 5% 和 44%，结果表明氢的介入显著降低了材料的强度和塑性。除了氢含量对材料的氢脆敏感性有影响之外，应力产生的氢聚集与氢劣化作用的交互也是影响材料氢脆敏感性的主要因素。当应变速率较小时，应力对氢在材料中的扩散行为具有促进作用，加剧了氢原子在材料内部扩散和位错塞积处聚集，从而导致材料内部产生裂纹源并不断扩展，最终发生脆断。当应变速率较大时，位错运动速度较快，氢在材料中的扩散速度就跟不上位错运动的速度，氢无法在试样断裂位置聚集，材料的氢脆敏感性降低[23]。

由图 4 应力 - 应变曲线可知，边充氢边慢拉伸与预充氢 8h 后慢拉伸曲线基本重合。另外，由表 3 拉伸性能指标可知，两种充氢条件下的各项拉伸指标相近。结果表明预充氢对材料强度和塑性影响小。

3. 2 4130X 钢试验结果分析

图 6 为 4130X 钢不同充氢条件下的应力 - 应变曲线，表 4 为不同充氢条件下 4130X 钢的拉伸性能指标，由图表可知，未充氢条件下 4130X 钢拉伸的断后伸长率均高于 45%，而充氢环境下 4130X 钢的断后伸长率均低于 3%，结果表明充氢环境显著降低了材料的塑性。在拉伸曲线的弹性变形阶段，不同充氢条件下拉伸试样的应力 - 应变曲线基本重合。与 X80 钢的研究结论相吻合。

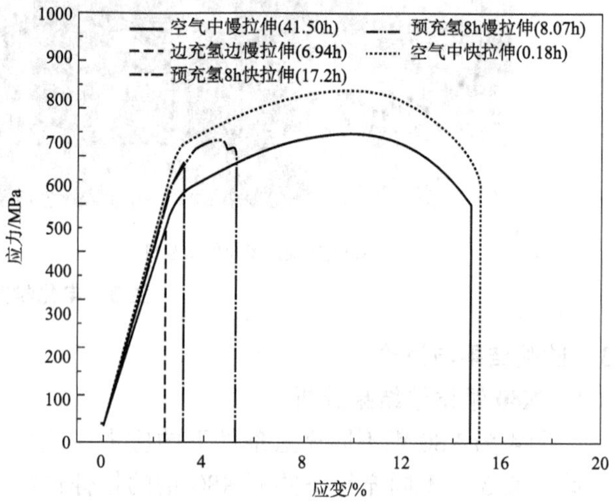

图 6　不同充氢条件下 4130X 钢的应力 - 应变曲线

表 4　不同充氢条件下 4130X 钢的拉伸性能指标

试验条件	抗拉强度/MPa	断裂强度/MPa	断后伸长率/%	断面收缩率/%	氢脆指数/%
空气中慢拉	721	1445. 9	12. 5	50. 1	—
空气中快拉	827	1617. 0	12. 9	48. 9	—
边充氢边慢拉	528	557. 4	1. 3	5. 3	89. 6
预充氢 8h 后慢拉	658	696. 9	1. 7	5. 6	86. 4
预充氢 8h 后快拉	712	786. 2	2. 6	9. 4	79. 8

图 7 为 4130X 钢在不同充氢条件下的断裂强度、抗拉强度、断面收缩率及断后伸长率对比

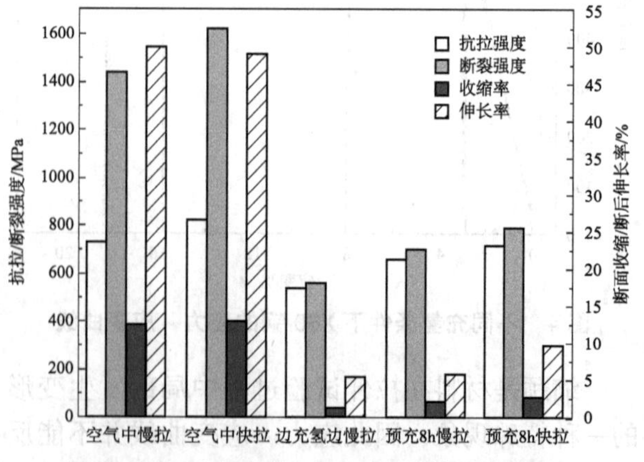

图 7　不同充氢条件下 4130X 钢的抗拉强度、断裂强度、断后伸长率及断面收缩率对比

图，由图可知，空气中慢拉伸条件下与空气中快拉伸条件下的试样相比，后者的断裂强度和抗拉强度分别较前者分别提高 11.9% 和 14.7%，结果表明随着应变速率的升高，材料的抗拉强度也随之升高，这与前面 X80 钢研究结论相一致。

4130X 钢预充氢 8h 后快拉伸与预充氢 8h 后慢拉伸条件下相比，由图 6 和表 4 可知快拉伸的试样的断裂强度和抗拉强度分别提高 12.8% 和 8.2%。推测是预充氢 8h 后慢拉伸条件下氢与应力产生交互作用的时间长，氢受到应力诱导和位错运动共同作用，位错运动促进氢原子扩散，使得高应力区的氢浓度大幅度提升。氢的富集导致金属结合能降低，材料在低应力状态产生微裂纹形核并不断扩展最终发生断裂[24-25]。

4130X 钢边充氢边慢拉伸和预充氢 8h 后慢拉伸条件下相比，由图 6 应力 - 应变曲线和表 4 可知，相较于边充氢边慢拉伸条件，预充氢 8h 后慢拉伸条件下试样的抗拉强度和断裂强度分别提高 24.6% 和 25%，塑性指标均无显著差异。结果表明预充氢和动态充氢对材料塑性损伤程度相当，但对其强度影响显著，推测是边充氢边慢拉伸过程氢与应力发生交互作用时间较长，氢对材料劣化作用显著。

4 断裂模式分析

4.1 X80 钢断口形貌分析

图 8 为 X80 钢拉伸断口宏观形貌，对比 5 种不同的试验条件，可知未充氢条件下断口存在较明显的颈缩现象，充氢条件下断口基本无缩颈现象且断口表面形貌较平齐。边充氢边慢拉伸相较于其他两种充氢条件，断口脆性断裂的特征明显且脆性断裂面积较大。从拉伸断口的宏观形貌可知，充氢条件导致材料塑性显著降低。

图 9 为在空气中两种不同应变速率下拉伸断口的微观形貌，由图可知，空气中拉伸微观断口形貌均为韧窝形貌，属于典型的韧性断裂模式，应变速率对试样断裂模式无显著影响。

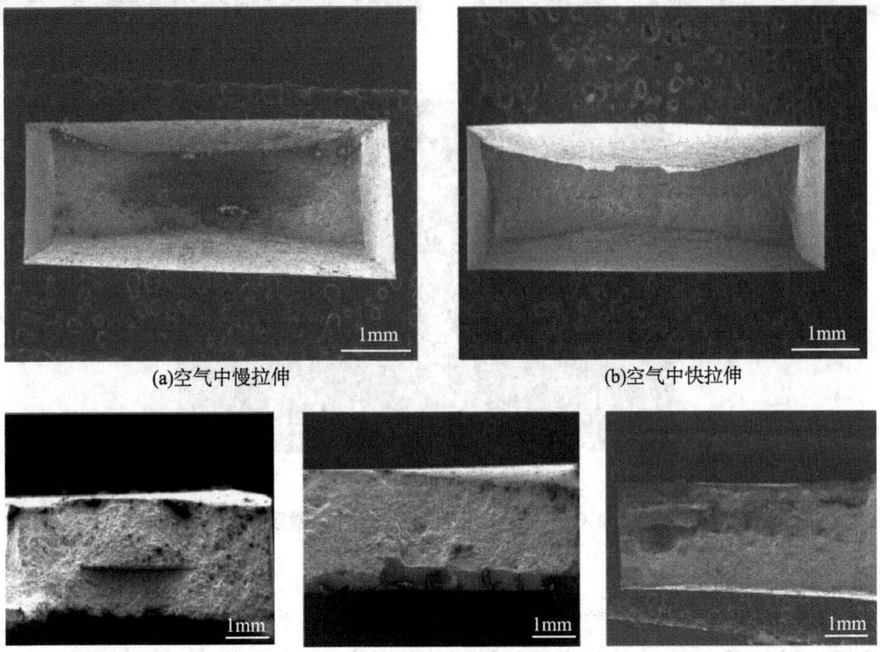

(a)空气中慢拉伸 (b)空气中快拉伸

(c)边充氢边慢拉伸 (d)预充氢8h后慢拉伸 (e)预充氢8h后快拉伸

图 8 X80 钢拉伸断口宏观形貌

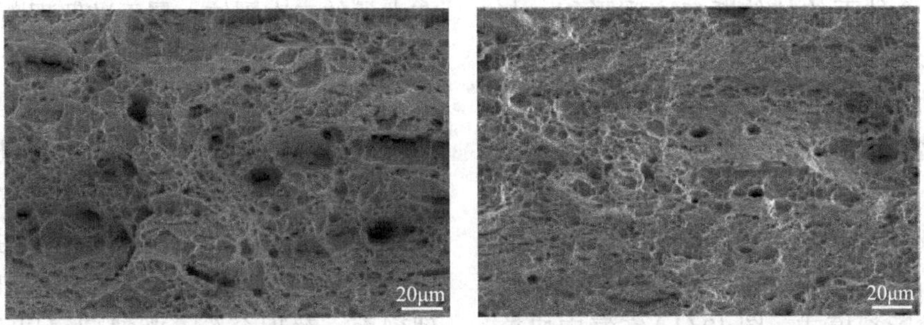

(a)空气中慢拉伸 (b)空气中快拉伸

图 9 X80 钢空气中拉伸断口微观形貌

图10为X80钢在三种不同充氢条件下的微观断口形貌，由图可知，充氢后的断口微观形貌与空气中拉伸断口存在显著区别。图10(a)为边充氢边慢拉伸条件下的拉伸断口形貌，断口存在大量小解理刻面、小撕裂棱，属于准解理断裂模式。图10(b)为预充氢8h后慢拉伸条件下的拉伸断口形貌，小解理刻面面积逐渐增大。随着充氢时间增加，氢进入材料内部含量增加，断口的解理特征显著，解理程度增大。图10(c)为预充氢8h后快拉伸条件下的拉伸断口微观形貌，存在少量类似韧窝的形貌，同时也存在少量的小解理面，但韧窝相较于空气中拉伸断口韧窝尺寸变大，深度变浅，许多深浅不一的韧窝连在一起，形成了尺寸较大的凹坑，且边缘存在较多撕裂棱，这与试样所承受的应变速率过大相关。从微观断口上，可知氢的介入对材料的断裂模式产生了显著的影响，且随着充氢含量、应变速率的变化，微观表现为材料的微观断口形貌的差别，宏观表现为各项力学性能指标的差异。

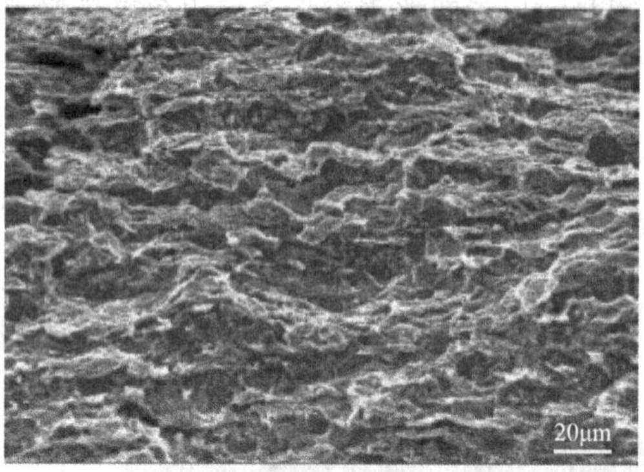

(a)边充氢边慢拉伸

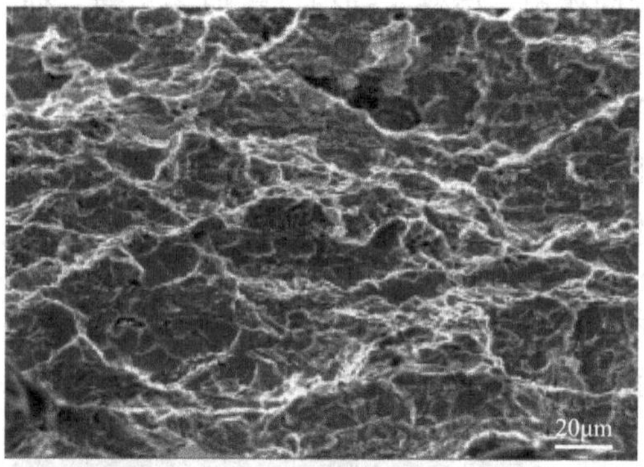

(b)预充氢8h后慢拉伸

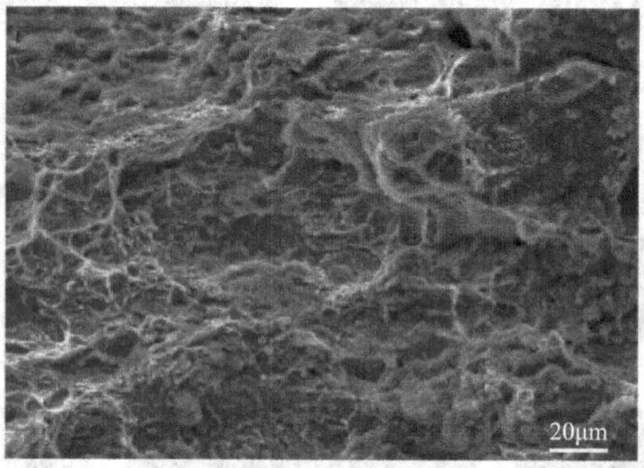

(c)预充氢8h后快拉伸

图10 X80钢充氢条件下拉伸断口微观形貌

4.2 4130X钢断口形貌分析

图11(a)、(b)为4130X钢在空气中不同应变速率下的宏观断口形貌图，断口存在明显的缩颈现象，属于典型的韧性断裂模式。图11(c)~(e)为不同充氢条件下的拉伸断口宏观形貌，与未充氢试样相比，缩颈程度显著降低，断面平整，属于脆性断裂模式，结果表明充氢条件导致材料的塑性显著降低。

图12为4130X钢在空气中不同应变速率下的拉伸断口微观形貌，图12(a)空气中慢拉伸的试样断口存在许多大小相近的韧窝且分布密集，属于典型的韧性断裂模式。图12(b)空气中快拉伸断口存在较多撕裂棱，推测是应变速率过高导致的。

图13为4130X钢在三种不同充氢条件下的拉伸断口微观形貌，图13(a)、(b)拉伸断口都存在解理刻面、解理台阶以及河流花样，断面存在大量的二次裂纹，属于准解理断裂模式。图13(b)预充氢8h后慢拉伸的试样断面二次裂纹长度、深度和宽度都显著增加，这是由于充氢时间过长，进入材料内部的氢浓度更高，氢与应力发生交互作用的时间更长，许多二次微裂纹不断扩展连接到一起，最终导致试样发生脆性断裂。图13(c)预充氢8h后快拉伸试样断口存在少量的解理刻面、解理台阶、撕裂韧窝以及大量撕裂棱。结果表明试样的塑性并没有因充氢条件损失过多。

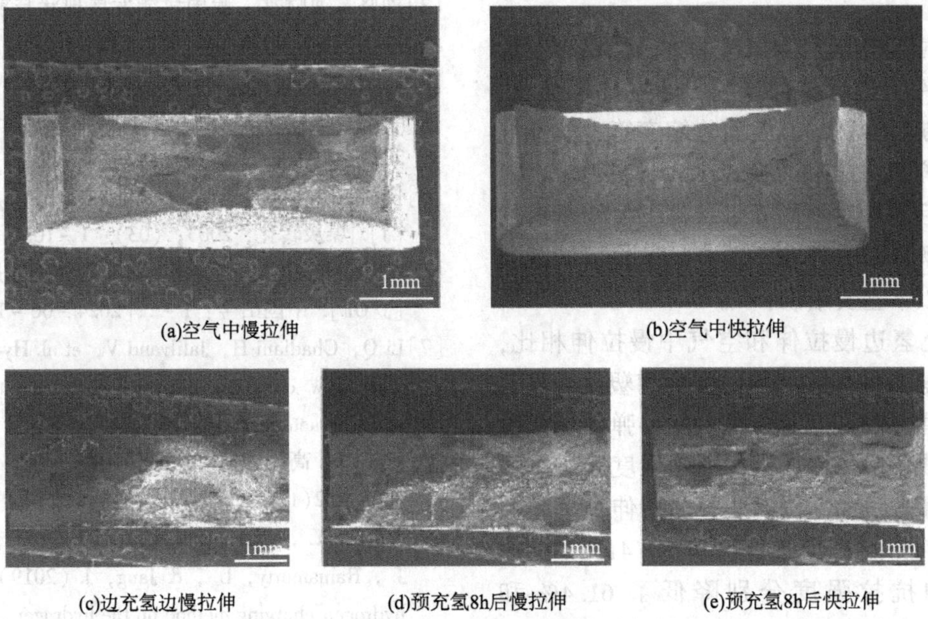

(a)空气中慢拉伸　(b)空气中快拉伸

(c)边充氢边慢拉伸　(d)预充氢8h后慢拉伸　(e)预充氢8h后快拉伸

图 11　4130X 钢拉伸断口宏观形貌

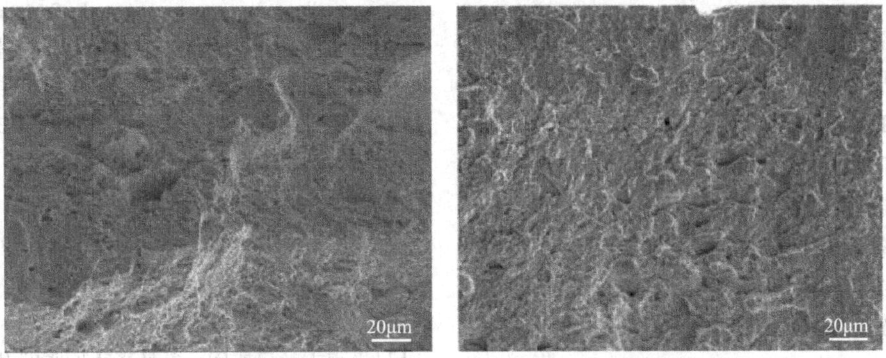

(a)空气中慢拉伸　(b)空气中快拉伸

图 12　4130X 钢空气中拉伸断口微观形貌

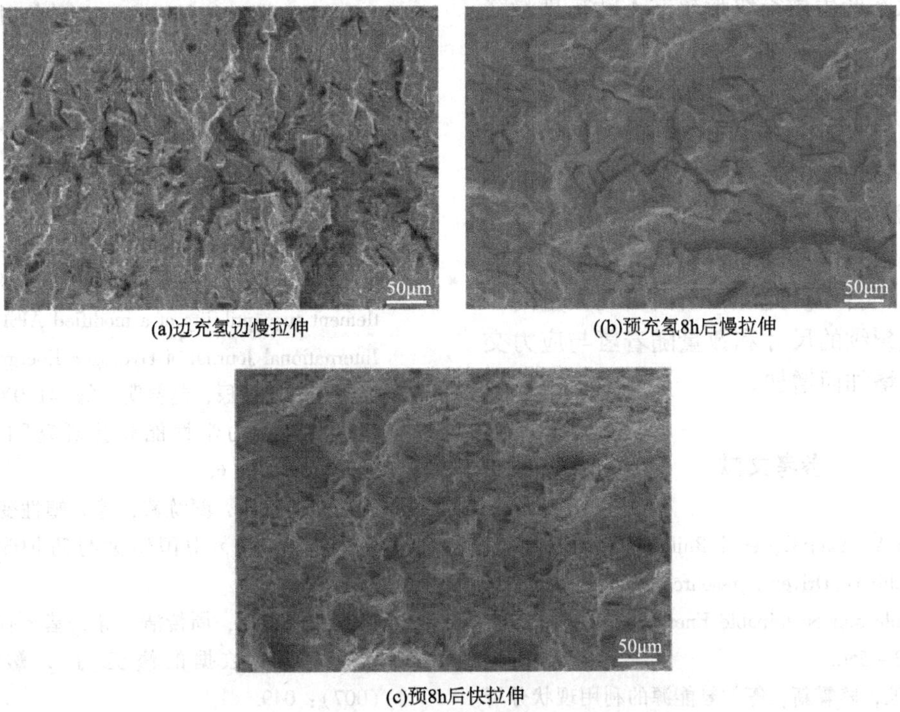

(a)边充氢边慢拉伸　((b)预充氢8h后慢拉伸

(c)预8h后快拉伸

图 13　4130X 钢充氢条件下拉伸断口微观形貌

5 结论

本研究对 X80 钢和 4130X 两种高强钢在五种不同充氢条件下进行拉伸试验，通过抗拉强度、断裂强度、断后伸长率、断面收缩率等力学性能指标表征了充氢方式和应变速率对材料力学性能的影响。最后通过对不同充氢条件下拉伸断口的形貌分析，解释了材料在不同充氢条件下的断裂机理。得出以下主要结论：

（1）边充氢边慢拉伸和空气中慢拉伸相比，结果表明充氢条件导致材料的强度和塑性均显著下降。值得注意的是充氢条件对材料弹性变形阶段并没有造成影响。X80 钢的断裂强度和抗拉强度分别降低了 51.8% 和 6.4%，断后伸长率和断面收缩率分别降低了 12.5% 和 44%；4130X 钢的断裂强度和抗拉强度分别降低了 61.4% 和 26.8%，伸长率和断面收缩率分别降低了 11.2% 和 44.8%。

（2）预充氢 8h 后慢拉伸和边充氢边慢拉伸相比，试样的各项拉伸性能指标无显著差异，预充氢 8h 对材料强度和塑性影响小，预充氢时间较短，渗入材料内部的氢含量低，未达到对材料强度和塑性造成影响的临界浓度。

（3）预充氢条件下，两种不同应变速率拉伸对比，应变速率的快慢决定了氢与应力发生交互作用时间的长短，慢拉伸过程导致氢受到应力诱导和位错运动共同作用，使得高应力区的氢浓度大幅度提升。氢的富集导致金属结合能降低，材料在低应力状态产生微裂纹形核并不断扩展最终发生断裂。

（4）高强钢在氢环境下的拉伸断口微观形貌表明，随着氢与应力交互作用时间的增加，拉伸试样宏观断口缩颈程度显著降低；微观断口形貌由大而浅的韧窝形貌向解理面和解理台阶混合形貌转变，断裂模式由韧性断裂模式向准解理和解理混合断裂模式转变。此外，断面出现大量的二次裂纹，二次裂纹的尺寸和数量随着氢与应力交互作用的时间增加而增加。

参考文献

[1] Lu J，Zahedi A，Yang C，et al. Building the hydrogen economy in China：Drivers，resources and technologies [J]. Renewable and Sustainable Energy Reviews，2013，23(23)：543 – 556.

[2] 赵永志，蒙波，陈霖新，等. 氢能源的利用现状分析 [J]. 化工进展，2015，34(09)：3248 – 3255.

[3] 刘坚，钟财富. 我国氢能发展现状与前景展望 [J]. 中国能源，2019，41(02)：32 – 36.

[4] 张来斌，胡瑾秋，张曦月，等. 氢能制—储—运安全与应急保障技术现状与发展趋势 [J]. 石油科学通报，2021，6(02)：167 – 180.

[5] 倪维斗，张斌，李政. 氢能经济 · CO_2 减排 · IGCC [J]. 煤炭转化，2003，(03)：1 – 10.

[6] 刘祎，董福涛，齐程伟，等. 管线钢氢脆的研究进展 [J/OL]. 中国冶金：1 – 11 [2024 – 06 – 11].

[7] Li Q，Ghadiani H，Jalilvand V，et al. Hydrogen Impact：A Review on Diffusibility，Embrittlement Mechanisms，and Characterization [J]. 2024.

[8] 程玉峰. 高压氢气管道氢脆问题明晰 [J]. 油气储运，2023，42(1)：8.

[9] Zhao，Y.，Park，J.，Lee，D.，Song，E. J.，Suh，J.，Ramamurty，U.，& Jang，J. (2019). Influences of hydrogen charging method on the hydrogen distribution and nanomechanical properties of face-centered cubic high-entropy alloy：A comparative study. Scripta Materialia.

[10] 黄志潜. X80 级管线钢在高压大流量输气管道上的应用与发展前景 [J]. 焊管，2005(02)：1 – 10 + 67.

[11] 王淞，赵建平. 长管拖车气瓶用 4130X 钢的应变疲劳特性及寿命预测 [J]. 压力容器，2020，37(03)：9 – 14.

[12] 段琳娜，陈健，汪兵，等. 电化学充氢条件下氢对 X80 级管线钢力学性能的影响 [J]. 金属热处理，2017，42(06)：1 – 6.

[13] 董绍华，吕英民. 氢致裂纹扩展的分形模型 [J]. 中国腐蚀与防护学报，2001，21(2)：106 – 111.

[14] 原佳强，王莉萍. 不同电化学充氢状态下 X70 和 X80 钢的断裂特性 [J]. 金属热处理，2015，40(12)：3.

[15] Jeffrey，Venezuela，et al. The influence of microstructure on the hydrogen embrittlement susceptibility of martensitic advanced high strength steels [J]. Materials Today Communications，2018.

[16] A G A M，José Eduardo Silveira Leal a，A G S R，et al. Effect of specific microstructures on hydrogen embrittlement susceptibility of a modified AISI 4130 steel [J]. International Journal of Hydrogen Energy，2021.

[17] 顾超华，姚彦辰，赵益明，等. 4130X 在 50MPa 氢环境下的断裂力学性能试验研究 [J]. 轻工机械，2021，39(5)：6.

[18] 王燕斌，王胜，颜练武，等. 塑性变形在氢致断裂中的作用 [J]. 中国腐蚀与防护学报，2000，20(4)：5.

[19] 徐雅，付志强，周传浩，等. 基于有限元对薄膜真实应力应变数据的修正 [J]. 塑料工业，2021(007)：049.

[20] 张士欢，王荣，雒设计. X80 管线钢不同电化学充氢

状态下的断裂特性[J]. 腐蚀与防护，2009，30(3)：3.
[21]陈富强. X80 钢氢致开裂敏感性研究[D]. 安徽工业大学，2015.
[22]王涛. X80 管线钢氢助解理断裂规律研究[D]. 西安石油大学，2010.
[23]谢宏琳. 晶粒尺寸对奥氏体不锈钢抗氢性能影响研究[D]. 中国矿业大学，2022.
[24]裴小勤，刘永辉. 氢促进位错合成——一种氢脆机理[J]. 材料研究学报，1988，2(1)：18－19.
[25]S，Arsene，J，et al. Hydride embrittlement and irradiation effects on the hoop mechanical properties of pressurized water reactor (PWR) and boiling-water reactor (BWR) ZIRCALOY cladding tubes：Part I. Hydride embrittlement in stress-relieved，annealed，and recrystallized ZIRCA[J]. Metallurgical & Materials Transactions A，2003.

加氢裂化热高分油管线导淋腐蚀开裂分析及预防措施

张作义

(乌鲁木齐石化公司设备检验检中心，新疆 乌鲁木齐　830019)

摘　要：本文对炼油厂 100 万吨/年加氢裂化装置的热高分油管线导淋应力腐蚀开裂状况做了概要的介绍和检测分析，找出应力腐蚀开裂原因，针对碱应力腐蚀开裂情况提出了相应的预防措施。

关键词：热高分油；碱液应力；腐蚀；泄漏

Analysis and Preventive Measures for Leakage Corrosion Cracking of Hydrocracking Hot High Separation Oil Pipeline Zhang Zuoyi

ZHANG Zuoyi

(Equipment Inspection and Inspection Center of Urumqi Petrochemical Company, Urumqi 830019, China)

Abstract: This article provides a brief introduction and detection analysis of the stress corrosion cracking of the hot high separation oil pipeline in the 1 million ton/year hydrocracking unit of the refinery. The causes of stress corrosion cracking are identified, and corresponding preventive measures are proposed for alkali stress corrosion cracking.

Key words: Hot high separation oil; Alkaline stress; Corrosion; Leak

1　引言

乌石化分公司炼油厂 100 万 t/a 加氢裂化装置于 2007 年 9 月 30 日中交，2010 年 10 月一次开工正常，运行至今。装置由中油第一建筑公司、中油第七建筑公司共同承建。其基础设计部分由中国石化工程建设公司(原北京设计院)完成，详细设计部分由中国石化工程建设公司(SEI)和新疆寰球工程公司(原乌石化总厂设计院 UPDI)共同完成。

2　工艺流程及设备说明

100 万 t/a 加氢裂化装置主要原料为炼油厂二套常减压装置的减压蜡油(VGO)和焦化装置的焦化蜡油(CGO)；应产物经与混氢原料油换热后进入热高压分离器分离(D103)，从热高压分离器分离(D103)出的液体(热高分油)经调节阀降压，减压后进入热低压分离器(D－104)，在低压下将溶解的的气体闪蒸出来(图 1)。D103 底部控制阀 LV－1107A/B 管线规格：SCH－160，ϕ219.1 * 22.2mm，材质：321，介质：热高分油，操作温度：280℃，操作压力：14.7MPa。导淋规格：DN25，CLASS6000，材质：321。

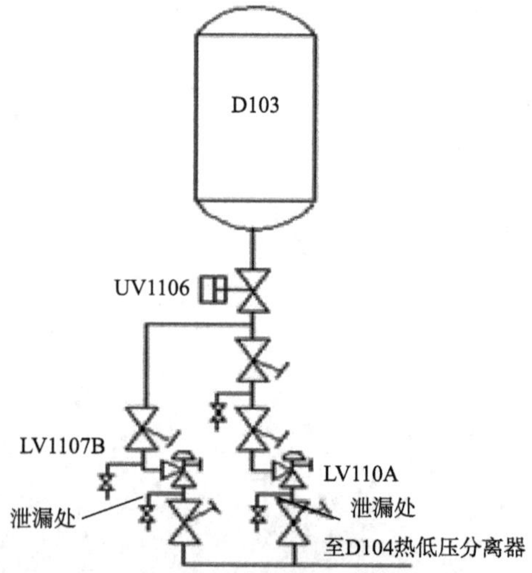

图 1　D103 现场流程及泄漏部位图

作者简介：张作义，男，(1975—　)，高级工程师，主要从事压力容器、压力管道的检验和腐蚀研究。E－mail：38632752@qq.com

3 检修情况

该装置在2019年5月因大检修停工，在停工时车间根据停工方案对该管线进行了碱液清洗并用软水进行冲洗(常温)。2019年6月大检修完后开工，在8月8日调节阀(LV1107A)后导淋角焊缝发生泄漏(图1)，因无法在线处理，为了彻底消除隐患，车间立即切换至LV1107B运行，并对该管线进行了泄压吹扫，经对该导淋泄漏部位打磨、渗透检测发现有多处裂纹，裂纹呈树枝状(图3)。经过评审将导淋管台从主管线割除，并且将承插焊部位割除后对管台端面做渗透检测发现有多处裂纹(图4、图5)，经确认该管台无法继续使用，最终该管线导淋进行了整体更换；8月28日调节阀(LV1107B)后导淋角焊缝发生泄漏，同样对该管线导淋角焊缝及管台进行了渗透检测，也发现裂纹为树枝状，对该管线导淋也进行了整体更换。

4 检验检查情况

4.1 宏观检查

现场宏观检查及查阅设计图，发现该管道导淋全部采用承插焊结构，导淋承插焊结构及发生泄漏部位如图2所示。

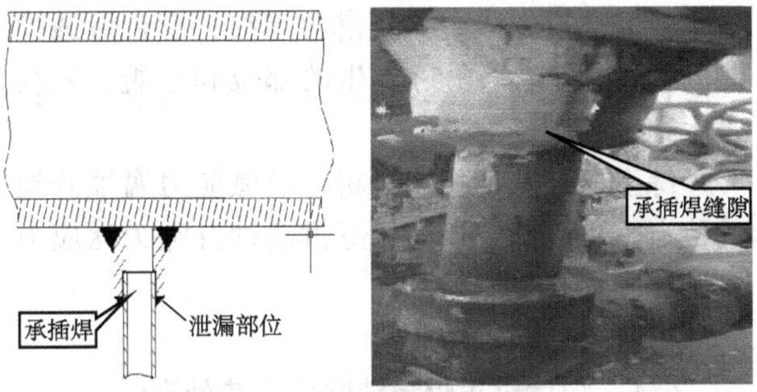

图2 导淋承插焊结构图

4.2 检验情况

4.2.1 表面渗透

对该管线导淋角焊缝泄漏部位打磨清洗后进行渗透检测，发现角焊缝存在多处裂纹，裂纹从焊缝一直扩展至母材，裂纹呈树枝状，裂纹具体形貌见(图3)，经过2次打磨，打磨角焊缝深度达2mm，裂纹仍未消除，将导淋从主管线割除，并且将管台从承插焊处割除后对端面做渗透检测，管台端面裂纹从内部向外，部分已穿透至母材，裂纹呈树枝状，裂纹具体形貌见(图4、图5)。从渗透检测的结果分析，可知该导淋的材质已经发生了明显的裂化。

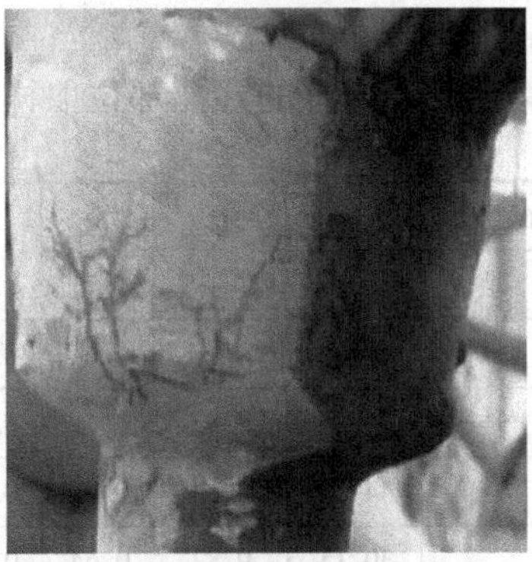

图3 角焊缝渗透检测裂纹形貌

图4 管台座缝渗透检测裂纹形貌

图5 管台座缝渗透检测裂纹形貌

4.2.2 金相检验

沿管台截面方向取样进行金相组织分析，经打磨、镶嵌、侵蚀后观察母材开裂部位JX-19-096点的金相组织为：孪晶奥氏体，其上有穿晶裂纹，还有少量沿晶裂纹，裂纹形貌为树枝状，尖端分叉，观察无明显夹杂物(图6)。

图6 JX-17-055点金相组织(100×)

4.2.3 能谱检测

对采集的管段内壁的穿孔部位取样进行能谱分析(图7)，结果显示，管段内壁的腐蚀产物的主要成分为 Fe、O、C、S 等元素。

谱图	在状态	C	O	Al	Si	S	Cl	Ca	Ti	Cr	Mn	Fe	Ni	总的
谱图 1	是	33.27	11.55	0.71	0.52	4.67	0.43	0.51	0.72	21.32	1.06	19.04	6.19	100.0
图 2	是	44.69	12.81	0.64	0.80	3.81	0.50	0.78	0.63	16.30	0.98	13.86	4.22	100.0
谱图 3	是	30.15	9.82		0.75	1.91	0.56		0.92	25.58		24.32	5.98	100.0
最大		44.69	12.81	0.71	0.80	4.67	0.56	0.78	0.92	25.58	1.06	24.32	6.19	
最小		30.15	9.82	0.64	0.52	1.91	0.43	0.51	0.63	16.30	0.98	13.86	4.22	

图7 管段内壁腐蚀产物能谱分析

5 腐蚀开裂原因分析

从该管线导淋进行垢样分析，分析结果见谱图(图7)，主要存在碳、硫、铁、氧元素，未检测出油介质中氯的成分，可能是取样部位不够合理或者是垢样中氯的含量过低导致。其余排除外界物质腐蚀因素。

综合金相分析：母材开裂部位的金相组织：孪晶奥氏体，其上有穿晶裂纹，还有少量沿晶裂纹，裂纹形貌为树枝状，尖端分叉，应为应力腐蚀开裂。

根据能谱分析和停工前车间对该管线进行了碱洗，发生应力腐蚀如下：

(1)停工期间设备表面的硫化物腐蚀产物与空气和水反应生成连多硫酸($H_2S_xO_6$，$x=3\sim6$)，造成敏化的300系列不锈钢产生开裂(易发生在高应力区域或焊接接头热影响区)，裂纹一般为沿晶扩展。这种开烈与300系列不锈钢在经历高温阶段时碳化铬在晶界析出，晶界附近的铬浓度减少。形成局部贫铬区有关。

(2)碱应力腐蚀开裂原理：钢在高温下与水蒸汽产生如下反应：

$$2Fe+4H_2O \longrightarrow Fe_2O_4+4H_2$$

在这个反应中，如存在氢氧化钠，可起催化作用，反应生成的四氧化三铁(Fe_2O_4)覆盖在钢材表面，形成一层保护膜。局部拉伸应力过高时会破坏保护膜，在金属表面形成最初的腐蚀裂纹。氢氧化钠可在裂纹中富集，形成电偶。裂纹尖端区域为阳极，裂纹周围的保护层为阴极，形成小阳极大阴极结构，加上拉伸应力的作用，使裂纹迅速扩展，最终发生断裂。损伤形态，碱应力腐蚀开裂通常出现在靠近焊缝的母材上，也可能在焊缝和热影响区；凯里裂纹细小，多呈蜘蛛网状；300系列不锈钢开裂主要呈穿晶型扩展。

根据装置停工方案，为了防止连多硫酸腐蚀该管线，停工前车间对该管线进行了碱液清洗及水洗置换；因此可以排除该管线导淋为连多硫酸应力腐蚀。

由于该管道导淋全部采用承插焊结构，焊后应力状况不好并且管道内留有缝隙。在停工前车间对该管道进行了碱液清洗和冲洗；由于导淋采用承插焊存在缝隙，在管道清洗完后缝隙内的碱液不能完全排干净。从导淋角焊缝、管台渗透检测的裂纹(图4、图5)发生的部位和形貌，裂纹发生在承插焊缝隙处。

综上所述从金相图分析以及碱应力腐蚀开裂的特点，可以确定该管线导淋腐蚀开裂为碱应力腐蚀。

6 防范措施

6.1 焊后对角焊缝消除应力热处理；

6.2 为了防止高温下碱液腐蚀，用蒸汽吹扫前先进行水洗(软水)；

6.3 尽可能不设伴热，如有伴热不能间歇使用；

6.4 将承插焊改为对接焊。

参考文献

[1]GB/T 30579—2014 承压设备损伤模式.

[2]GB 50316—2008 工业金属管道设计规范.

炼化企业老旧原油储罐防腐策略研究

秦学功

（中国石油乌鲁木齐石化公司设备检验检测中心，新疆 乌鲁木齐 830019）

摘 要：本文通过108#原油罐腐蚀穿孔原因分析，对2003 年实施的88#罐内牺牲阳极保护联合方案进行了技术总结，经近十年的运行后的防腐效果比较，为公司原油储罐的长效防范提供了决策的依据。

关键词：原油储罐；腐蚀；牺牲阳极；联合保护；效果；分析

Research on the Anticorrosion Strategy of Old Crude Oil Storage Tanks in Refining and Chemical Enterprisesn

QIN Xuegong

（Quipment Inspection and Testing Institute of Urumqi Petrochemical Company Urumqi 830019，China）

Abstract：Through the analysis of the cause of corrosion perforation of 108# crude oil tank，the technical summary of the joint scheme of sacrificial anodic protection in 88# tank implemented in 2003，and the anticorrosion effect after nearly ten years of operation provides the basis for the long-term prevention of the company's crude oil storage tank.

Key words：Research；Anticorrosion strategy；Old crude oil storage tanks；Corrossion；Sacrificial anade；Joint Protection；Effect；Analysis；Refining and chemical enterprisesn

1 概述

原油储罐是炼化企业中储运原油的重要设备设施，在生产运行过程中经常遭受内外环境介质的侵蚀，因腐蚀而造成储罐的腐蚀穿孔、泄漏事故时间时有发生。储罐存在超期服役、分储能力不足，很难实现战略储备功能；倒罐清理困难，检验检修不足的问题更显突出，因此，针对老旧原油储罐的腐蚀与防护，选择合理的防护措施和监检测，对提高其使用寿命，保证储罐安全、正常运行是至关重要[1]。

结合原油储罐检验、检测、监测、腐蚀机理研究的成果，开展老旧原油储罐联合阴极保护。为《化工企业老旧装置安全风险专项评估》中“强制退出一批风险高的装置设备”这一条款，提供了具有可操作性的关键指标。

2 原油储罐的腐蚀与检监测

2.1 原油罐不同部位的腐蚀机理

原油储罐属于大型常压钢质储罐，其不同部位，腐蚀环境及腐蚀机理不同，腐蚀严重程度、对结构的破坏和安全性影响程度也不同。按结构(外浮顶)主要分罐内壁、外壁、罐底板外壁(与沥青煤接触表面)的腐蚀主要是电化学腐蚀，即金属表面与离子导电的介质因发生电化学作用而产生的破坏。金属发生电化学腐蚀的原因：腐蚀介质中存在可以使金属氧化的物质，它和金属构成不稳定体系，形成腐蚀电池，腐蚀电池的存在可加快金属的腐蚀速度[2]。

金属的腐蚀过程为：在阳极区，金属释放电子进入溶液(腐蚀)形成金属阳离子，如：铁的阳极反应为：

作者简介：秦学功(1967—)，男，高级工程师，1991 年6 月毕业于河北轻化工学院化机专业，长期从事特种设备管理、设备防腐、设备检验、检测、监测工作。E-mail：qinxgws@ petrochina. com. cn

$$Fe \longrightarrow Fe^{2+} + 2e^-$$

在阴极区，吸收阳极释放的电子发生电化学反应，阴极不发生腐蚀，通常的阴极反应是：

$$O_2 + H_2O + 4e^- \longrightarrow 4OH^-$$

2.2　监检测策略

(1)挑选具有代表性的不同投用年份、不同规格、储存不同原油的储罐进行腐蚀检测和调查。化验分析罐底沉积水成分和腐蚀产物的成分。

(2)通过室内模拟和现场对比试验，对各种防腐涂料和涂层进行评价，筛选出针对不同储罐的合适的防腐涂层。

(3)选择有代表性的5座储罐进行阴极保护技术的工程试验。对牺牲阳极和外加电流阴极保护技术的可行性、经济性、安装的难易性、保护效果等进行对比考查。筛选出合适的阴极保护材料和方法并对某些细节问题进行研究，如内壁牺牲阳极阴极保护保护电位的测量等。

3　联合阴极保护的应用

2003年，经过分析及筛选，同时，结合本公司原油储罐区地质干燥等条件，采取经济合理原则，未设置强制电流阴极保护，对储罐底板外表面(与罐体沥青煤接触表面)的保护，采取区域深井牺牲阳极保护，最终对原油储罐内不同部位防腐进行方案设计。

3.1　罐底板阴极保护的设计参数选择

与国外相比，我国75%的防蚀费用用在涂装上，而电化学保护使用的相对较低。这也是当时本方案与以前的方案相比，重点改进之一。本方案罐内底板采用了添加稀土的高效铝合金牺牲阳极进行阴极保护。参数见表1。

表1　原油储罐阴极保护设计参数

1. 保护参数	指标	
保护电流密度	根据美国API标准和国内同类油罐的设计经验，取25mA/m^2	
保护电位	根据国标和美国API标准，罐底板内表面电位控制在−0.85～−1.05V(相对Cu/饱和$CuSO_4$参比电极)	
保护年限	15年，在保护期间，钢板表面无明显腐蚀	
保护电流	$I = S总 \times J$	
2. 牺牲阳极的选用		
牺牲阳极型号	Al－Zn－In－Cd	24kg/支
开路电位/V	−1.18～−1.10(V)	
工作电位	−1.12～−1.05(V)	
实际电容量Q	2870A·h/kg	
电流效率F_2	≥85%	

3.2　罐内防腐涂层方案的选定

关于防腐涂层和阴极保护。一方面，涂层的状况对阴极保护有着重要的影响。在选择防腐涂层时，不仅要考虑涂层本身机械性能、耐老化性能和经济性，还要考虑涂层对阴极保护的影响。因为理想的涂层永远实现不了，一旦涂层上有针孔或破损，就会形成大阴极小阳极的腐蚀电池，由于这一电池的作用，使腐蚀集中在破损或针孔的局部，加速了储罐的点蚀速率。只有良好的、现代化的防腐涂层，才能施加有效的阴极保护[3]、[5]。

对防腐蚀涂料选择在主要考虑了与腐蚀环境相适应的涂料品种、体系与匹配的先决条件下，选取了三种不同厂商的同类型漆(环氧类)：进行抗菌、抗老化、耐酸、耐盐、耐碱、耐油性化学试验及附着力、柔韧性、冲击强度、粘度等物理试验。对试验结果进行对比筛选，经过评定选用了其中一家涂料。

(1)罐底板及罐侧板高1.8m内涂料选用

选用涂料电阻率为>1011Ω，其工程参数如表2所示。

表2　不同厂商绝缘涂料工程参数对比表

产品名称	膜厚/μm	比例	固体份V.S.%	面积	理论涂布率M2/kg	损耗	用量/kg
A	70	1.4	48	1	4.8	1.4	0.3
B	70	1.4	48	1	4.8	1.3	0.27
C	60	1.4	48	1	5.51	1.3	0.24
合计	200			1			0.81
稀释剂T330配5%				1			0.05

(2)浮盘底涂料的选用(见表3)

表3 不同厂商导静电涂料工程参数对比表

产品名称	膜厚/μm	比例	固体份 V.S.%	面积	理论涂布率 M2/kg	损耗	用量/kg
A	70	1.3	49	1	5.18	1.5	0.29
B	70	1.3	49	1	5.18	1.4	0.27
C	60	1.3	49	1	6.08	1.4	0.23
小计	200			1			0.79
稀释剂 T331 配 5%				1			0.05

该防腐方案同时符合2008年出台的《钢制石油储罐防腐蚀技术规范》(GB 50393)及2011年中油集团设备防腐管理有关规定内容基本符合。

4 阴极保护效果对比

4.1 未做阴极保护的108#罐的开罐检查情况

油品车间108#原油罐为2002年投用，2011年11月开罐检验发现：罐底板有大量的点蚀坑，穿孔数达150多处，腐蚀形貌主要是点蚀和溃疡腐蚀，见图1。

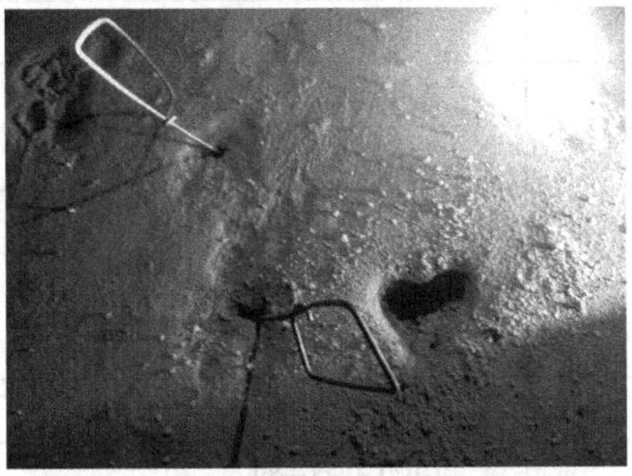

图1 108#原油罐罐底板腐蚀穿孔形貌

由于原油本身并无很强的腐蚀性，问题主要来自原油中夹杂的水分及腐蚀性杂质，经过长期水沉油浮沉积在油罐底部。沉积水中的成分复杂，还含有各种微生物。根据去本公司油品车间提供的资料：近几年来原油罐一直装的是高含硫原油，硫含量高达1.6%。原油储罐温度在18～60℃，油品存储、输转期间所携带的水份及气相水份都沉积在罐底部，少则200～300mm，多则可达800mm。油污水的矿化度很高，含 Cl—及大量的硫酸盐还原菌。原油储罐底板在沉积水中处于活性溶解状态，在不同区域或面积上产生微电池腐蚀、坑点腐蚀、缝隙腐蚀等多种形态的腐蚀现象。氯离子的存在不仅会加速原油储罐底板的阳极溶解，还影响原油储罐底板的阴极行为，而介质酸度及温度的升高都将加速腐蚀。108#原油储罐底板腐蚀形貌主要是点蚀和溃疡腐蚀，其中点蚀是由罐底沉积水中的氯离子造成的，而溃疡腐蚀是由原油污泥形成的垢下腐蚀造成的。

4.2 实施过阴极保护的88#罐的开罐检查情况

2003年，本院针对储罐进行了《钢质储罐内壁涂层及阴极保护技术的评价和筛选研究》项目，并且对油品车间5台(109#、110#、86#、107#、88#)原油罐进行了涂层+阴极保护的防腐试验。2012年4月对设有阴极保护的88#罐开罐检查发现：该罐防腐涂层基本完好，阳极块消耗量大约30%(设计保护年限为15年)，罐底板及底部边板、底板角焊缝及附近边缘涂层基本完好，未发现有明显的蚀坑等腐蚀现象。其阳极块消耗情况、罐底及其角焊缝、罐壁及浮船底部情况，分别见图2～图4。

图2 阳极块消耗情况

图3 罐底及其角焊缝涂层完好

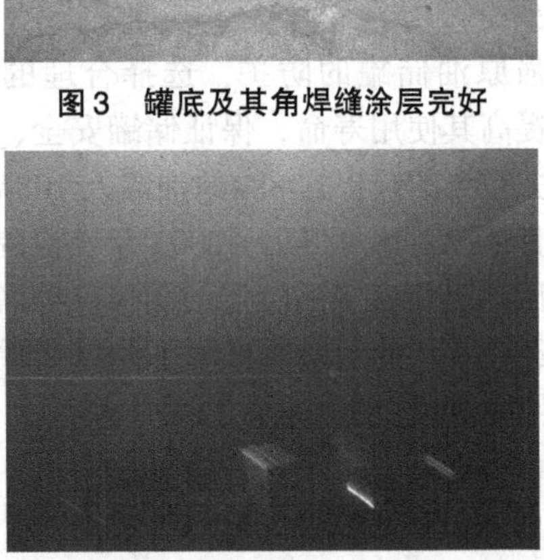

图4 罐壁(2m以下)及浮船底部涂层完好

4.3 防腐涂料的性能参数确定

2003年，本院就储罐进行了《钢质储罐内壁涂层及阴极保护技术的评价和筛选研究》项目，就是旨在通过对公司的各种储油罐进行比较全面的腐蚀调查和分析，探求合理的防腐材料和防腐技术。找出针对盛装不同介质和不同环境中的储罐的切实可行、经济合理的防腐解决方案和措施。指导以后的设计、运行管理及维护维修，减少不必要的支出和降低意外事故的风险。经过近10年的工程实践，确定原油储罐内防腐涂料参数，见表4。

表4　原油储罐内防腐涂料的性能要求

类别	项目	技术指标	试验方法	备注
涂料名称	漆膜颜色及外观	符合色标、漆模平整光滑	GB/T 1722—92	
	固体含量/%	根据产品性能要求确定	GB 1725—89	
	导静电涂料电阻率	109 ~ 1011Ω	GB 16906—1997	
	绝缘涂料电阻率	>1013Ω	GB 16906—1997	
	柔韧性/mm	一级	GB 1731—93	
	耐磨耐洗刷/次	≥3000	GB 9266—88	
	涂层老化评定	S0、S1	GB 1865—80	
	耐热性	150℃，24H	GB 1735—89	
	耐盐雾性	一级，涂层无红锈	GB1771—2007	
	耐碱性(5% NaOH)	漆膜完好，无剥落、无裂纹、无起泡、不生锈，无变色，失光率≤20%	GB - 1763—89	
	耐酸性(5% H_2SO_4)		GB - 1763—89	
	耐汽油性		GB - 1734—79	
	黏度(涂 -4 杯，s)	底漆≥50， 面漆≥60	GB/T 1723—1993(乙法)	
	干燥时间/h	表干≤2	GB/T 1728—89	
		实干≤24	GB/T 1728—89	
	附着力/级	1	GB/T 9286—1998	
	耐冲击性/cm	50	GB/T 1732—93	
	涂布率	根据涂料使用量测定	GB 1758—79	

该防腐方案及要求与2008年颁布实施的《钢制石油储罐防腐蚀技术规范》(GB 50393—2008)及2011年中油集团设备防腐管理有关规定内容基本符合[4]。

5　结论

加强原油储罐的防护，选择合理的防护措施，对提高其使用寿命，保证储罐安全、正常运行是至关重要的。根据88#原油罐及108#原油罐开罐检查情况对比可得出：2003年设检院针对油品车间原油罐所实施的涂层与阴极保护联合保护方案，经过9年的运行，证明了此原油罐内防腐方案是切实可行的，是最经济、实用、有效的方法。

参考文献

[1]余存烨；油罐内防腐设计[J]；化工设备与管道；2001(05).

[2]王芷芳，杨饶；原油贮罐的内防腐[J]；化工腐蚀与防护；1995(03).

[3]耿云萍；原油罐腐蚀原因和防腐措施[J]；广州化工；2005(02).

[4]王可忠，孙维中，杨占品，等；储油罐内导静电防腐层可靠性设计[J]；材料研究与应用；全面腐蚀控制；2003(01).

[5]董振丰，曹丽君；储油罐内外壁涂层防腐技术[J]；管道技术与设备；2008(01).

燃气聚乙烯管道电熔接头泄漏失效分析

赵　番[1,2]　左延田[1,2]　罗　斌[1]

（1. 上海市特种设备监督检验技术研究院，上海　200062；
2. 上海压力管道智能检测工程技术研究中心，上海　200062）

摘　要：聚乙烯管道泄漏以焊接接头失效为主，焊接接头内部状况可以通过无损检测进行判别。本文以电熔套筒宏观检验为切入，对电熔接头进行了超声相控阵检测、轴向切割试验和拉伸剥离试验，并对电熔焊接接头做了失效分析。分析表明：焊接接头处两根管件不同轴使得承插不到位；电熔套筒在焊接时，加热时间过长，过焊造成电阻丝错位，聚乙烯材料发生大量断链反应，形成孔洞；孔洞处聚乙烯强度大大下降，最终导致了泄漏事故的发生。

关键词：相控阵；电熔接头；宏观检验；泄漏

Leakage failure analysis of electric fusion joint for gas-fired polyethylene pipelines

Zhao Fan[1,2], *Zuo Yantian*[1,2], *Luo Bin*[1]

(1. Shanghai Institute of Special Equipment Inspection and Technical Research, Shanghai 200062, China;
2. Shanghai Engineering Research Center of Pressed Pipeline Intelligent Inspection, Shanghai 200062, China)

Abstract: The leakage of polyethylene pipe is mainly caused by the failure of welded joints, and the internal condition of welded joints can be judged by non-destructive testing. In this paper, the ultrasonic phased array test, axial cutting test and tensile stripping test are carried out, and the failure analysis of the welding joint is carried out. The analysis shows that the two pipe fittings at the welding joint are not coaxial, which makes the socket not in place; When welding the fuse sleeve, the heating time is too long, the resistance wire is misplaced by over-welding, and a large number of chain breaking reactions occur in polyethylene material, forming holes; The strength of polyethylene in the hole is greatly reduced, which eventually leads to the occurrence of leakage accidents.

Key words: Phased array; Electrofusion join; Macroscopic inspection; Leakage

1　引言

聚乙烯(PE)管道具有价格低廉、安装工艺简单、使用寿命长、耐腐蚀能力强、重量轻、连接方便等特点，广泛使用于城镇燃气管道运输系统中[1]。常用的聚乙烯配料的有 PE80 和 PE100 两种等级，采用连接方法有两种：一种是热熔焊接；另一种是电熔焊接。热熔焊接会产生翻边，形成焊接环，影响介质流量，特别是当管径较小、管壁较薄，比较难于对正焊接。电熔对施焊空间要求比较低，连接快速，在燃气管道抢修和快速施工中成为一种比较经济的连接方式。

聚乙烯管道在现场焊接完成后，一般以焊接接头的外观检查和耐压试验为主，缺乏有针对性的无损检测手段。因此，聚乙烯管道的内部缺陷

作者简介：赵番，男，(1981—　)，山东泰安人，毕业于中国矿业大学测试计量技术及仪器专业，硕士，高级工程师，现在上海市特种设备监督检验技术研究院从事管道智能检测方面的研究。E－mail：zhaofan@ ssei. cn

基金项目：国家市场监管总局科研项目：管道弱磁应力内检测信号特征及风险评价研究，项目编号：2023MK032。上海市市场监督管理局科研项目：管道弱磁应力内检测信号特征及风险评价研究，项目编号：2024－39。

常常被忽视掉，导致接头内部存在电阻丝错位、冷焊、过焊等缺陷。随着聚乙烯管道口径和介质输送压力的增大，焊接接头成为管路系统重最薄弱部位之一[2]。焊接接头失效导致的管道泄漏，直接威胁到社会公共安全，带来巨大的经济损失。因此对电熔接头进行无损检测为避免该类事故发生具有重要意义。

2　泄漏试样基本情况

2024 年 5 月，某区域在全面检验开挖过程中，检出大量燃气泄漏，数值32000ppm，迅速组织人员抢修。资料审查表明，该管道为 *DN*160 × 14.6mm，材料等级为 PE80，2013 年 2 月安装并投入使用，半自动焊机施焊，设计压力 0.4MPa，运行压力 0.3MPa，已进行监督检验，此次为运行过程中第一次泄漏，如图 1 所示。

图 1　泄漏试样

泄漏点位于市政道路绿化带内，埋深为 1.3m，泄漏部位为电熔套筒焊接接头处，一端为带法兰的直管段，另一端为带大小头的直管段，见图 1 红框部分。开挖后发现管体周围未出现白蚁咬食现象，未见机具和人为损伤，管体材质未出现老化降解迹象。

3　宏观检验

我们对管材进行了宏观检验，检验中发现电熔套筒在端面垂直度、同轴度和不圆度上不符合要求。

3.1　端面垂直度检验

依据 TSG D2002—2006《燃气用聚乙烯管道焊接技术规则》的要求：管材的端面应垂直于轴线，其误差小于 5mm。电熔套筒中管材的端面垂线度检验如图 2 所示，最大误差为 5.7mm，见表 1，不符合要求。

表 1　端面与垂线误差数据表

名称	最大误差	标准值	结果
1 号焊缝	5.7mm	5.0mm	不符合要求

图 2　端面垂直度检验

3.2　同轴度检验

根据 CJJ 63—2018《聚乙烯燃气管道工程技术标准》要求：校直待连接的管材和管件，使其在同一轴线上，并应采用专用夹具固定后，方可通电焊接。

检验中发现，电熔套筒两根管材同轴度相差 4mm，不同轴，测量结果如表 2 所示，不符合要求。

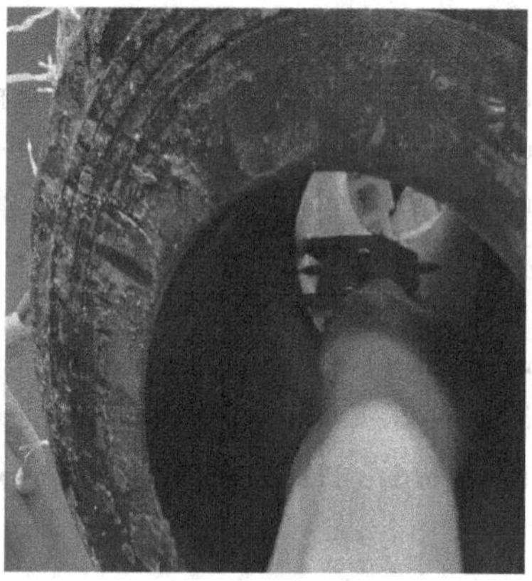

图 3　同轴度检验

表 2　管材最大同轴度数据表

名称	最大同轴度	标准值	结果
1 号焊缝	4.0mm	同轴	不符合要求

3.3　不圆度检验

依据 GB 15558.1—2015《燃气用埋地聚乙烯(PE)管道系统》的要求：公称外径 160mm 的管道直管最大不圆度为 3.2mm。

实测 1 号焊缝直径最大为 16.5mm，最小值为 16.0mm，如图 4 所示；不圆度为 5.0mm，如表 3 所示，不满足要求。

图4　不圆度测量

表3　不圆度测量数据表

名称	不圆度	标准值	结果
1号焊缝	5.0mm	3.2mm	不符合要求

4　无损检测及失效原因分析

为了更好地反映缺陷，本文对存在泄漏的电熔接头进行了超声相控阵检测，见图5，从实际检测效果中论证缺陷的失效机理。

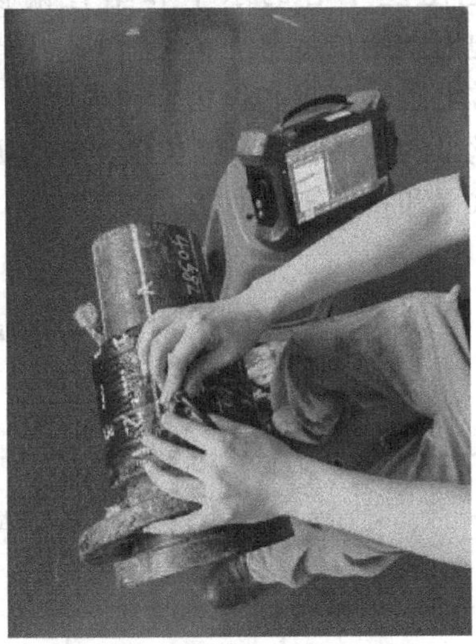

图5　超声相控阵检测

超声相控阵检测采用纵波直探头[3]，由于纵波直探头与被测物体表面垂直接触，适用于测量较平坦的电熔套筒线扫描，通过电阻丝的回波信号进行检测，因此能够获得更加精确的数据。超声相控阵检测依据上海市市场监督管理局发布的DB31/T1058—2017《燃气用聚乙烯(PE)管道焊接接头相控阵超声检测》。

为了便于对管件泄漏部位(B区域)的电熔接头进行了周向扫查，并对缺陷位置进行12点钟标记，1点钟对应电熔头，见图6。

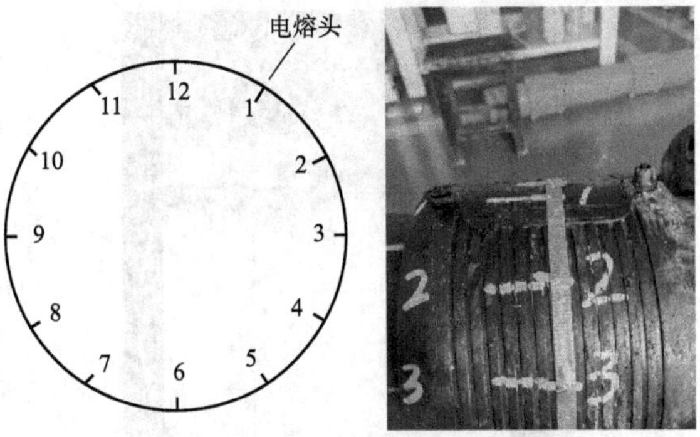

图6　电熔套筒缺陷截面示意图

4.1　2点钟相控阵检测

2点钟超声相控阵检测图像，见图7。图像中紫色竖线左侧电阻丝拖尾现象消失，电阻丝附近存在孔洞[4]。两根电阻丝间的水平最大错位值为6.0mm，垂直最大错位值为3.5mm。

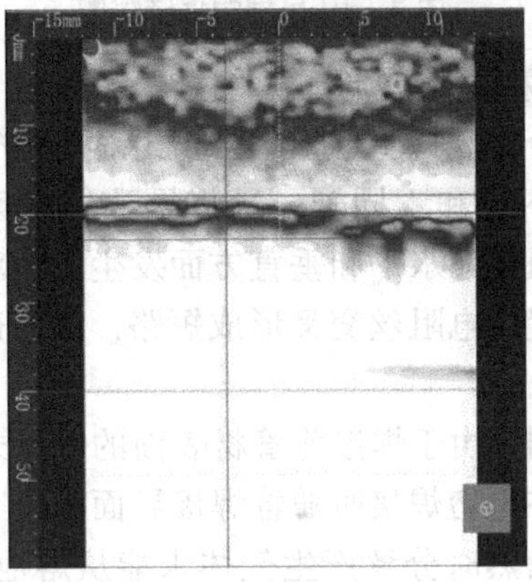

图7　2点钟相控阵检测

4.2　3点钟相控阵检测

3点钟超声相控阵检测图像，见图8。从图像可以看出电熔区域管件过焊造成电阻丝错位：最左侧电阻丝与最右侧电阻丝的垂直最大错位值为6.0mm。

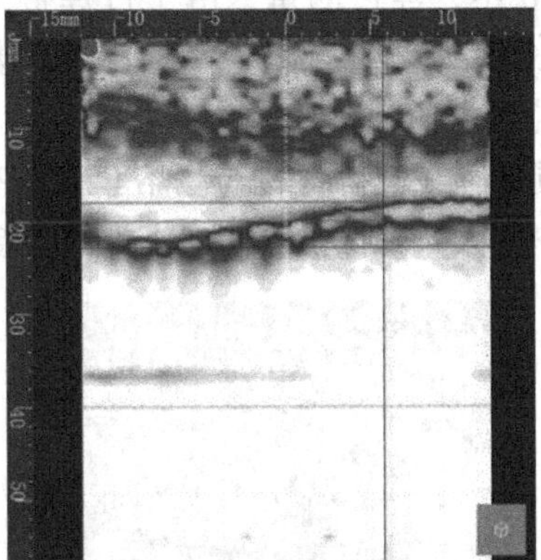

图8　3点钟相控阵检测

4.3　10点钟相控阵检测

10点钟超声相控阵检测图像，见图9。从图像可以看出，左边一根电阻丝正下方出现另外一根电阻丝。这说明，两根电阻丝在排列上出现了明显的上下错位，垂直最大错位值为6.9mm。紫色竖线所在的电阻丝拖尾现象消失，电阻丝附近存在孔洞。

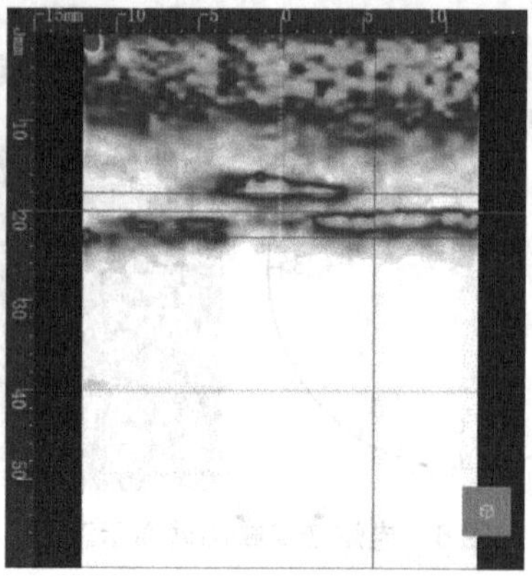

图 9　10 点钟相控阵检测

4.4　失效原因分析

结合宏观检验可知，由于组对时两管件端面垂直度不足和不同轴，过焊导致熔融区材料裂解，电阻丝在水平和垂直方面发生了位移，并与其它位置的电阻丝交叉形成短路，从而造成大面积孔洞。

孔洞是由于焊接前管材表面的水份未清理干净[5]，在电熔焊接时随着焊接界面的闭合，水分在焊接加热时分解产生气体未能从熔池中逸出，导致聚乙烯分子间隙增大，气体残留在空腔而形成的气孔孔洞缺陷[6]。

5　轴向切割验证

为了更直观地反映电熔接头失效的成因，我们将电熔套筒进行部分轴向切割，以对无损检测结果进行验证，如图 10 和图 11 所示。

图 10 中，经过测量，由于过焊带来的大面积孔洞长度为 22.5cm，焊缝有效焊接长度为 45cm，孔洞占比为 50%。

孔洞的存在使得管材与电熔套筒的有效融合面积减少，大大降低了套筒与管件的连接强度。

图 10　焊缝轴向正面切割剖面图

图 11　焊缝轴向反面切割剖面图

6　缺陷评定

从上面分析可以看出，电熔套筒的主要缺陷是过焊导致的电阻丝错位。电阻丝错位分为水平错位和垂直错位两种类型，以错位电阻丝中心距离正常电阻丝中心的水平和垂直偏移量来表征[7]。电阻丝错位示意图，见图 12。图中，Ⅰ和Ⅱ为正常电阻丝，Ⅲ和Ⅳ为错位电阻丝，$d1$、$d2$ 为电阻丝Ⅲ的水平和垂直错位值，$d3$、$d4$ 为电阻丝Ⅳ的水平和垂直错位值。

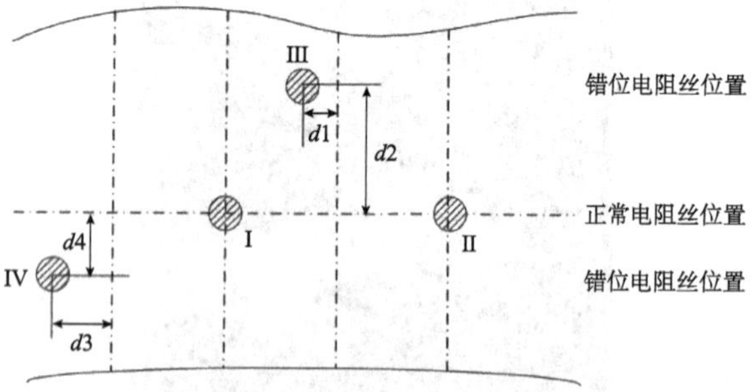

图 12　电熔套筒轴向剖面图

取电阻丝水平错位和垂直错位中的最大值作为电阻丝的最大错位值，如式 1 所示。

$$d = \max(d1,\ d2,\ d3,\ d4) \tag{1}$$

根据 GB/T 29460—2012《含缺陷聚乙烯管道电熔接头安全评定》，电阻丝的最大错位值超过正常的两根电阻丝之间的间距时，即为超标缺陷，电熔套筒焊接不合格；当相邻两根电阻丝之间存在连贯性孔洞或相互接触的电阻丝错位时，即为超标缺陷，电熔套筒焊接不合格。

根据前述无损检测结果，将 2、3 和 10 点钟处的超声相控阵检测错位值进行总结，见表 4。

正常的两根电阻丝水平间距为 3.4mm，该电熔套筒的水平最大错位值为 8.3mm，垂直最大错位值为 6.9mm，水平和垂直最大错位值均超过正常的两根电阻丝间距，且存在连贯性的孔洞，因此可以判断处该电熔套筒存在超标电阻丝错位缺陷，电熔套筒不合格。

表 4　电阻丝错位值

钟点数	水平最大错位值/mm	垂直最大错位值/mm	标准水平间距值/mm	是否合格
2	6.0	3.5	3.4	不合格
3	5.1	6.0	3.4	不合格
10	8.3	6.9	3.4	不合格

7　拉伸剥离试验

拉伸剥离试验评定标准依据 GB 15558.2—2015《燃气用埋地聚乙烯(PE)管道系统》。拉伸剥离试验测试过程依据 GB/T 19808—2005《塑料管材和管件 公称外径大于等于 90mm 的聚乙烯电熔组件的拉伸剥离试验》。

7.1　拉伸剥离试验过程

拉伸剥离试验采用型材切割机将泄漏管道加工成符合试验要求的样件，通过电子万能试验机在一定的力和时间作用下进行试验。试验过程中，拉伸试验机以恒定的速度对试件施加拉力，拉力主要集中于熔接部位，在持续的拉力作用下最终将试件拉断。该试验通过识别试样的脆性破裂长度占总焊接长度的比例来判定 PE 管的焊接强度，表征材料抵抗最大均匀塑性变形的能力。拉伸试验如图 13 所示。

图 13　拉伸剥离试验

将试样截取套筒管件和 A 端管道取样，制成宽度为 25mm，长度为 300mm 的 4 块试样，如图 14 所示。

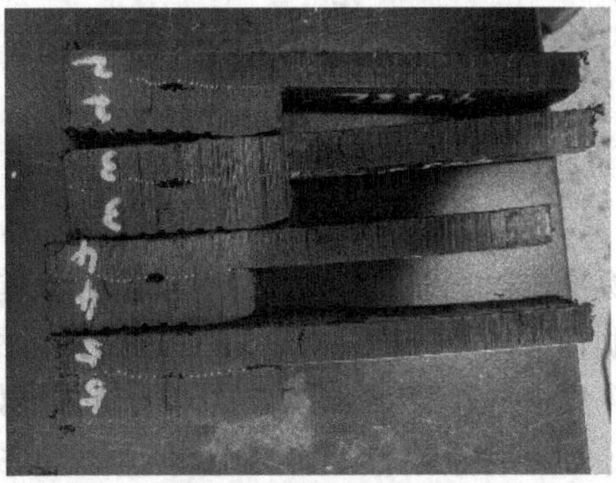

图 14　拉伸剥离试样

7.2　拉伸剥离试验分析

拉伸剥离试验中 3 块试样未通过拉伸剥离测试，试验中拉力曲线如图 15 所示，试验后样条如图 16 所示。

	试样宽度b	试样厚度d	最大力	拉伸强度
	mm	mm	kN	MPa
第1根	25	18	3.1886	7.0855
第2根	25	18	1.6676	3.6836
第3根	25	18	4.5149	10.0331
第4根	25	18	3.0078	7.1728

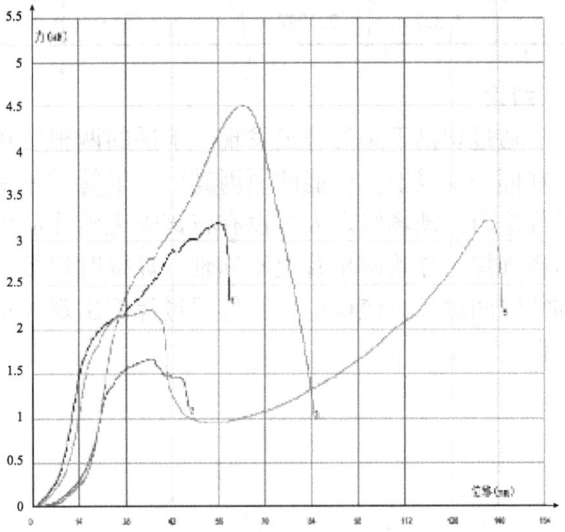

图 15　拉伸试验试样的拉力曲线

图 16　样条测试后图片

试验结束后，采用游标卡尺测量脆性破裂最大长度和焊口长度，并依据公式(2)计算脆性剥离百分比：

$$C_c = \frac{d_2}{y} * 100\% \quad (2)$$

式中 C_c——脆性剥离百分比；

d_2——脆性破裂最大长度；

y——焊口长度。

标准 GB 15558.2—2015 中规定只要有一块试块脆性剥离百分比超标(>33.3%)，则试验未通过，则该段焊缝不合格。拉伸试验结果如表5所示，2#、3#、4#样条均为100%脆性断裂，5#样条因手柄被拉断，试验未能顺利进行下去，故1号焊缝电熔焊接不合格。

表5 拉伸剥离试验结果

试样编号	最大拉力/kN	拉伸强度/MPa	d_2/mm	y/mm	C_c/%
2	3.1885	7.0855	34.9	34.9	100
3	1.6576	3.6835	39.4	39.4	100
4	4.5149	10.0331	37.3	37.3	100
5	3.2278	7.1728	—	—	—

8 结论

通过切割下来的管道发现，承插的两根管道不在同一轴线上。可能的原因其中一根管道承受外界应力，现场组焊人员没有将该管道消除应力后再施焊，导致两根管道不同轴。焊接时焊接工加热时间过长，使得电熔管件因过焊而出现大量孔洞。

由于该处泄漏所在的区域内交通频繁，住宅密集，地铁所带来的人流量大，管道沿线环境比较复杂，为降低和化解风险，建议如下：

(1)对该处管道加强巡检。

(2)新建管道应严格落实焊接工艺评定和焊接操作规程，并及时将现场焊接参数上传，以便监控现场施焊情况。

参考文献

[1]王洋．城镇燃气聚乙烯管道热氧老化寿命预测方法研究[D]．北京：北京交通大学，2019：1-6

[2]A. Gnatowski，A. Kijo-Kleczkowska，M. Chyra，D. Kwiatkowski. Numerical-experimental analysis of polyethylene pipe deformation at di5erent load values[J]. Materials，2021，14(1)：160-174.

[3]张琳．超声波检测 PE 管道热熔焊接缺陷的实验研究[J]. 工程塑料应用，2015，43(2)：90-95.

[4]施建峰．聚乙烯燃气管道超声相控阵检测工程应用案例[J]. 压力容器. 2020：37(12)：54-62

[5]李沧．基于DR检测的非金属压力管道检验分析及应用[J]．机械研究与应用：2019：32(163)：163-165.

[6]施建锋．聚乙烯管道电熔接头冷焊形成机理及其检测和评定方法[D]. 杭州：浙江大学，2011：59-60.

[7]GB/T 29460—2012 含缺陷聚乙烯管道电熔接头安全评定[S].

不同城镇燃气聚乙烯管道的老化速率差异

孙兴泽　林　楠*　孙　明　崔　伟　时春涛　陈　杉

（中国特种设备检测研究院，北京　100013）

摘　要：聚乙烯管道(PE)由于其韧性好、耐腐蚀性强、成本低和施工性好等优势，在国内外城市燃气输送中得到广泛的应用。PE 管道由于其高分子材料的特性，其使用过程中常伴随着材料老化的问题。如何有效、高效地评价在役 PE 管道的老化性能状况成为行业内需要深入探讨的课题。由于 PE 管在实际使用过程中，使用的管径不同、材料不同，其老化状况也存在差异。研究发现，相同 SDR 条件下同一 PE 材料的 PE 管道，受到管道壁厚的影响，随管径的增大抗氧化能力增强。对于不同材料的 PE 管道的抗氧化性能存在明显的差异，在本文的实验条件下，PE100 的抗老化性能明显优于 PE80。

关键词：聚乙烯(PE)管道；热氧老化；抗氧化剂；老化速率

Differences in Ageing Rates of Different Town Gas Polyethylene Pipes under Pressure

SUN Xingze, *LIN Nan*, *SUN Ming*, *CUI Wei*, *SHI Chuntao*, *CHEN San*

(China Special Equipment Testing and Research Institute, Beijing 100013, China)

Abstract: Due to its advantages of good toughness, corrosion resistance, low cost and constructability, etc., polyethylene (PE) pipeline is widely used in natural gas transportation. Because of the characteristics of PE pipeline, the material aging becomes a problem while using. The method for effectively and efficiently evaluating the aging performance of PE pipes in service has been highly concerned in the industry. There are differences in its aging condition due to differences in pipe diameter and material. It is found that the antioxidant capacity of PE pipes of the same PE material under the same SDR conditions increases with increasing pipe diameter as influenced by the wall thickness of the pipe. There are obvious differences in the antioxidant performance of PE pipes made from different materials; under the experimental conditions of this paper, the antioxidant performance of PE100 is significantly better than that of PE80.

Key words: Polyethylene (PE) pipe; Thermo-oxidative ageing; Antioxidant; Ageing rate

1　引言

PE 管材作为一种工程材料，使用环境的差异导致其老化的形式有所不同，其中最主要的老化形式主要分为光氧老化、热氧老化和应力开裂等三类[1]。埋地 PE 管道的老化行为主要为热氧老化，其失效是一个以材料老化和应力裂纹扩展为主的复杂过程。埋地 PE 管道外壁受到周围土体的压力，内壁受到输送流体的压力[2]。因此，PE 管材的失效机理非常复杂，并不是由一两个因素单独决定的，而是一个涉及材料及其完整性、环境因素和力学状态的综合问题[3]。Bodycote Polymer AB[4-5]发现 PE 管道的蠕变力学破坏模式可大致分为韧性破坏、脆性破坏和两者之间的过渡状态(准脆性破坏)。PE 管道的最小使用寿命阈值为 50 年。从延性破坏到脆性破坏的过渡往往需要较长的时间，关键拐点难以定义。在准脆性阶段，PE 管材的破坏主要是由慢速裂纹扩展(SCG)决定的，而脆性破坏阶段主要是由不依赖应力的材料老化决定的[2]。

PE 管材的最终失效状态是材料老化导致的

作者简介：孙兴泽(1996—　)，硕士研究生，管道老化检测。E-mail：sy_ linnan@163. com

大规模脆性行为。PE 管材的破坏是韧性破坏和脆性破坏共同作用的结果。一般来说，上述过程是同时发生的，最终的破坏形式取决于在给定的材料(考虑完整性和缺陷等)、环境参数和力学状态。然而当前对聚乙烯燃气管道老化研究不足，实验研究对象多为聚乙烯板材或单一型号的 PE 管道，对不同类型的 PE 管道完整的寿命周期还不了解[6-8]。因此研究类型 PE 管道尺寸、材料的差异对抗氧化剂消耗速度的影响，对研究 PE 管道使用寿命有着重要意义。

2　PE 管道加速老化实验

本文采用承压热氧加速老化实验来进行研究，考虑到 PE 管道老化过程中，与氧气的接触影响抗氧化剂的消耗，而燃气管道在实际运行中管道内壁与氧气环境接触较少，设计实验采用内部 N_2 加压的方式设计实验平台。为了研究管径以及管材对 PE 管道抗氧化剂消耗速率的影响，选取应用较为广泛的亚大生产的 SDR11 PE80 和 PE100。其中 PE80 为管径为 63 ×5.8mm 和 110 ×10mm 的管子，PE100 为管径为 63 ×5.8mm 的管子。

热氧老化实验平台在现有平台基础上进行改造，如图 1 所示。将气源由压缩气泵改为压缩氮气瓶，减少老化时空气中的氧气对管道内部老化的影响。此外，为了保持管道内部气压稳定，设计了气压监测及自动调控装置，装置也可实现手动调节。

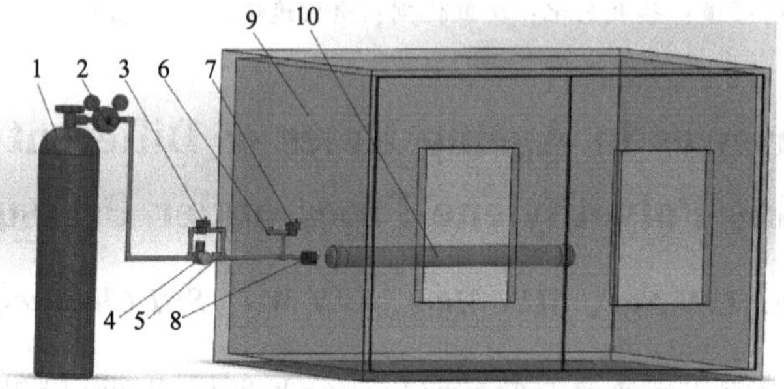

图 1　老化试验平台

1—氮气瓶；2—气瓶用调压阀；3—升压电磁阀；4—调压阀；5—升压球阀；6—降压球阀；7—降压电磁阀；8—电子气压表；9—热氧老化箱；10—聚乙烯管道

分别对于不同老化条件下的 PE 管道进行热氧老化试验，老化温度、压力和时间变化如表 1 所示。在试验过程中，根据表 1 的时间对该老化温度下的 PE 试验管材进行取样。取出的 PE 管道老化样品在避免阳光直射的地方放置 24h 后再对其进行进一步的测试与分析。完成一个条件温度下的老化试验后再进行下一个条件温度下的老化试验。

表 1　聚乙烯管道分组及老化时间

管道	温度/℃	压力/MPa	第一批/h	第二批/h	第三批/h	第四批/h	第五批/h
PE80 *DN*63	80	0	0	144	288	576	864
		0.2	0	144	288	576	864
		0.4	0	144	288	576	864
	90	0	0	96	192	288	384
		0.2	0	96	192	288	384
		0.4	0	96	192	288	384
	100	0	0	24	48	96	192
		0.2	0	24	48	96	192
		0.4	0	24	48	96	192
	110	0	0	8	16	32	72
		0.2	0	8	16	32	72
		0.4	0	8	16	32	72

续表

管道	温度/℃	压力/MPa	第一批/h	第二批/h	第三批/h	第四批/h	第五批/h
PE80 *DN*110	80	0	0	144	288	576	864
		0.2	0	144	288	576	864
		0.4	0	144	288	576	864
	90	0	0	96	192	288	384
		0.2	0	96	192	288	384
		0.4	0	96	192	288	384
	100	0	0	24	48	96	192
		0.2	0	24	48	96	192
		0.4	0	24	48	96	192
	110	0	0	8	16	32	72
		0.2	0	8	16	32	72
		0.4	0	8	16	32	72
PE100 *DN*63	80	0	0	144	288	576	864
		0.2	0	144	288	576	864
		0.4	0	144	288	576	864
	90	0	0	96	192	288	384
		0.2	0	96	192	288	384
		0.4	0	96	192	288	384
	100	0	0	24	48	96	192
		0.2	0	24	48	96	192
		0.4	0	24	48	96	192
	110	0	0	8	16	32	72
		0.2	0	8	16	32	72
		0.4	0	8	16	32	72

3　PE 管道抗氧化剂含量检测

为了延长 PE 管道的使用寿命，厂家会在 PE 管道生产的过程中往材料树脂里添加抗氧化剂。抗氧化剂会打断聚乙烯材料的自氧化过程。在管道内部抗氧化剂含量没有下降到一定程度前，管道本身不会发生降解[9-11]。因此，PE 管道老化过程总体上都表现为抗氧化剂的消耗行为和 PE 材料本身的降解行为，PE 管道内部抗氧化剂含量的下降速率决定了 PE 管道的使用寿命[12]。Hoang 等[13]利用差示扫描量热法检测了聚乙烯管道在老化过程中氧化诱导期的变化并以此来表征管道中剩余抗氧化剂的含量，最后还利用碘滴定法佐证了这种抗氧化剂含量表征方法的有效性。因此，本文通过检测老化后 PE 管的氧化诱导期来研究管道的抗氧化剂下降速率。

王洋[14]和陈国华[15]等利用气泵对管道充入空气加压进行热氧老化试验，发现压力加速了抗氧化剂的消耗。但在实际工况中，管道运输气体内部并不含氧，而上述实验都采用空气加压来研究承压管道的老化情况，空气中的氧会对管道的老化造成影响。而通过之前的承压老化实验[16]，将加压气体从空气换为氮气，排除了管道内部氧气的影响。通过对管道外中内三层进行氧化诱导期检测，确认 PE 管道的老化主要发生在外表面，可以以管道外壁的抗氧化剂消耗来表征管道整体的老化状况。根据调研[17]，取管道壁厚的 9% 来进行氧化诱导期检测。测试过程中，升温速率设为 20℃/min，最高温度为 200℃，氮气、氧气流量为 50mL/min，试验结果取三次试验的最小值。试验结果如图 2、图 3 所示。由图可知，管道内部压力加速了管道外壁的氧化诱导期的下降速率，压力越大氧化诱导期的下降速率越快，且随着老化时间增加，氧化诱导期下降速率变慢。

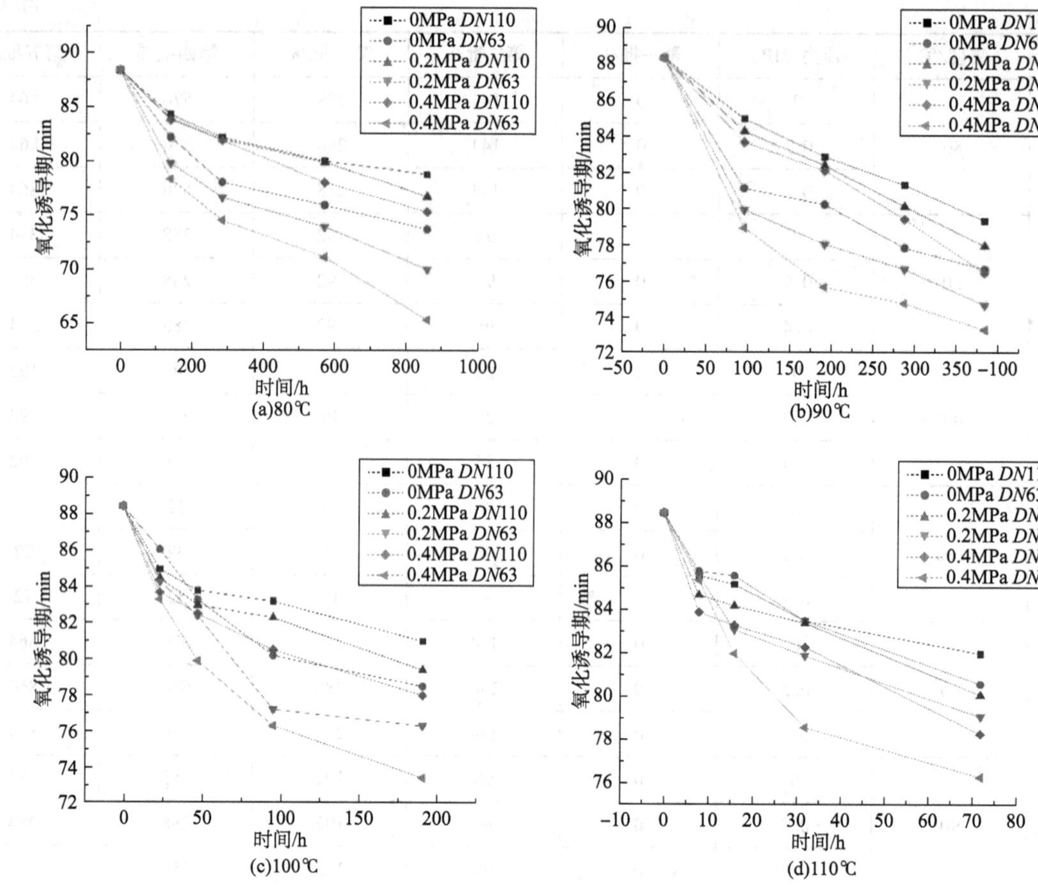

图 2 PE80 *DN*63 与 *DN*110 氧化诱导期对比图

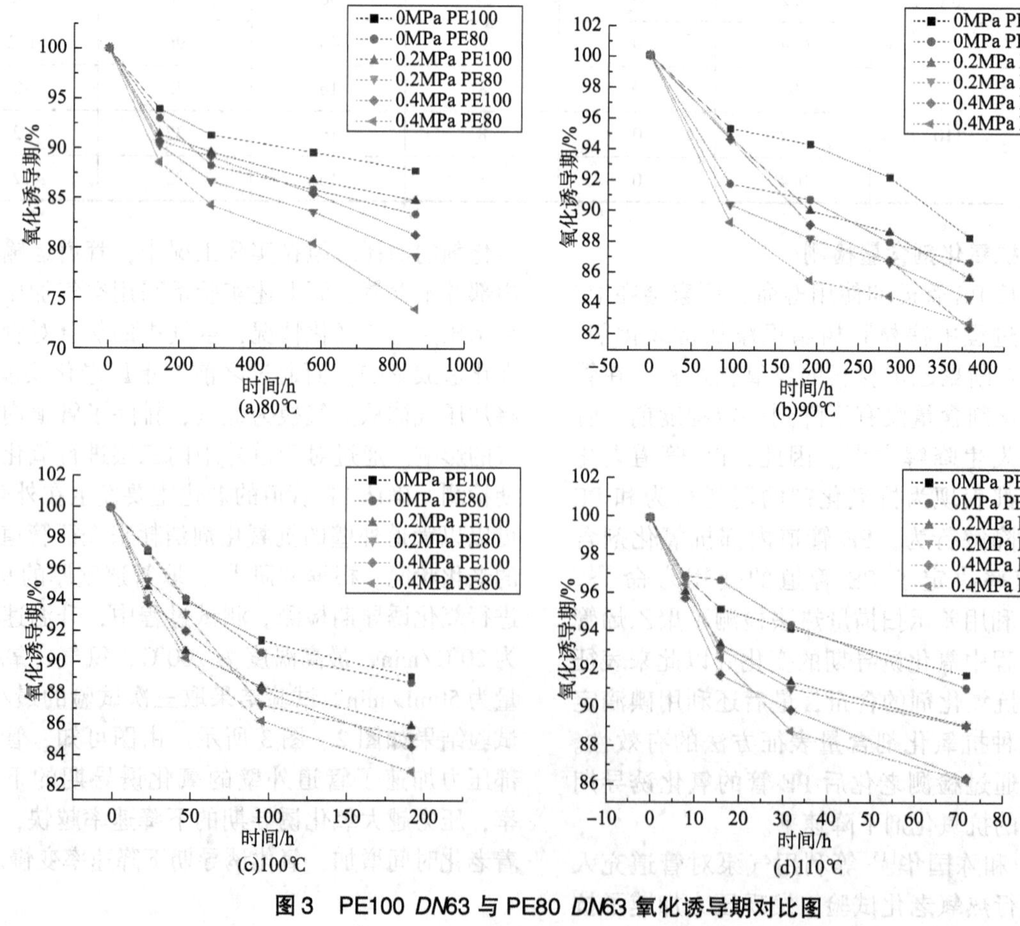

图 3 PE100 *DN*63 与 PE80 *DN*63 氧化诱导期对比图

4 管径与材料对抗氧化剂下降速率影响分析

根据试验结果可知，对于同一类型的 PE 管道，随着管道内部压力的增加，在相同温度和老化时间的条件下，内部压力较大的管道外壁氧化诱导期下降程度比压力较小的管道外壁的氧化诱导期下降程度大。由此可知随着管道内部压力增加管道外壁抗氧化剂含量的下降速率也随之加快。此外，随着老化时间增加，氧化诱导期下降的程度变缓，可知抗氧化剂含量的下降速率变慢。根据实验结果以及前期研究[14]，抗氧化剂含量下降速率变慢是由于管道内部抗氧化剂存在扩散迁移现象，当管道外壁的抗氧化剂因与氧气接触发生反应消耗时，管道内部的抗氧化剂因扩散迁移对外壁的抗氧化剂进行了补充，减缓了外壁抗氧化剂含量的下降速率。

将 PE80 *DN*63 与 PE80 *DN*110 老化后的氧化诱导期进行对比分析（见图 2），可以看出，在 SDR 一定时，相同内压所受环应力相同的情况下，随着 PE 管道管径的增大，相同时间内氧化诱导期的下降幅度也减小，抗氧化剂含量的下降速率变慢。根据实验结果推断，当 SDR 一定时，随着管径的增大壁厚也随之增大，体积与外表面的比也随之增大。因此，单位外表面积所能消耗的抗氧化剂量也增加，管道外壁的抗氧化剂因与氧气反应消耗掉时，所能得到补充的抗氧化剂量也随之增加；在相同 SDR 下，随着 PE 管道管径增加，外壁抗氧化剂含量的下降速率变慢。

将 PE80 *DN*63 与 PE100 *DN*63 老化后的氧化诱导期进行对比分析（见图 3），当 PE 管道尺寸相同时，相同老化条件下不同材料的 PE 管道外壁氧化诱导期的下降速率也不同。在相同老化时间内，同条件下 PE100 的外壁氧化诱导期下降幅度比 PE80 低，PE100 外壁的抗氧化剂含量的下降速率较慢。PE100 的外壁抗氧化剂含量的下降速率低于 PE80 的外壁抗氧化剂含量的下降速率，这可能是由于 PE100 的分子结构更为稳定，较难老化降解，所需打断自氧化过程的抗氧化剂量更少。

5 结论

随着城镇燃气 PE 管道的使用，需要了解 PE 管道完整的寿命周期，但目前对于不同尺寸材料的燃气 PE 管道间老化速率的差异并不清楚。对于不同的燃气 PE 管道都采用相同的设计寿命标准。因此，根据研究得出以下结论及建议：

（1）PE 管道老化过程中，PE 管道管径变化所带来的壁厚变化引起了管道外壁抗氧化剂下降速率的变化，对于 PE 管道的老化试验需要考虑壁厚的影响；

（2）在同一 SDR 及相同管材下，管径增大，抗氧化剂含量下降速率变慢，可根据壁厚变化对老化寿命预测的影响，修正预测模型；

（3）在相同尺寸条件下，不同种类的管材间抗老化性能存在明显差异，在论文给定实验条件下，PE100 的抗氧化性能明显优于 PE80；

（4）在后续研究中，可扩大不同管材类型、压力、管径等因素的实验范围，建立多因素关联老化寿命表征方法，指导在役燃气 PE 管道的老化寿命预测。

参考文献

[1] 陈国华，杨毅，周志航．聚乙烯管材老化行为研究进展．高分子通报，2018(11)：9.

[2] Sixi Z, Hui-qing L, Hui H. Review on lifetime predictions of polyethylene pipes: Limitations and trends. International Journal of Pressure Vessels and Piping, 2022, 198.

[3] Chudnovsky A, Choi B H. CRACK INITIATION IN HIGH DENSITY POLYETHYLENE PIPE RESULTING FROM CHEMICAL DEGRADATION. [2024-04-02].

[4] G. Brescia. The changing world of the chemical industry and its impact on the pipe industry. Plastic Pipes XIV. 2008.

[5] Andersson U. WHICH FACTORS CONTROL THE LIFETIME OF PLASTIC PIPES AND HOW THE LIFETIME CAN BE EXTRAPOLATED. 2001.

[6] Zha S, Lan H Q, Lin N, et al. Degradation and characterization methods for polyethylene gas pipes after natural and accelerated aging. Polymer Degradation and Stability, 2023, 208: 110247.

[7] Zha, Sixi, Hui-qing Lan, and Hui Huang. Review on lifetime predictions of polyethylene pipes: Limitations and trends. International Journal of Pressure Vessels and Piping 198(2022): 104663.

[8] Chen, Ying-Chun, et al. Natural aging mechanism of buried polyethylene pipelines during long-term service. Petroleum Science 20. 5(2023): 3143-3156.

[9] Bachir-Bey T, Belhaneche-Bensemra N. Investigation of Polyethylene Pipeline Behavior after 30 Years of Use in Gas Distribution Network. Journal of Materials Engineering and Performance, 29(2020): 15.

[10] Hsuan Y G, Koerner R M. Antioxidant Depletion Lifetime in High Density Polyethylene Geomembranes. Jour-

nal of Geotechnical & Geoenvironmental Engineering, 1998, 124(6): 532 - 541.

[11] Zhao B, Zhang S, Sun C, et al. Aging behaviour and properties evaluation of high-density polyethylene (HDPE) in heating-oxygen environment. 2018.

[12] Gogolinskiy K V', Vinogradova A A, Kopylova T'N, et al. Study of physicochemical properties of polyethylene gas pipelines material with a prolonged service life. International Journal of Pressure Vessels and Piping, 2022.

[13] Eric M. Hoàng, Lowe D. Lifetime prediction of a blue PE100 water pipe. Polymer Degradation & Stability, 2008, 93(8): 1496 - 1503.

[14] Wang Y, Lan H Q, Meng T, et al. Pressure Effects on the Lifetime of Gas High Density Polyethylene Pipes. Journal of Pressure Vessel Technology, 2021.

[15] 陈国华，方顺，杨毅，等. 循环载荷作用下聚乙烯管材老化性能及寿命预测. 塑料工业，2022(008): 050.

[16] 孙兴泽. 典型城镇燃气聚乙烯管道老化规律及预测方法研究. 中国石油大学(北京)，2024.

[17] GB/T 43922—2024，在役聚乙烯燃气管道检验与评价.

S30403 不锈钢管道焊接接头点腐蚀原因分析

陈　勋　彭泽军　吕锋杰

（武汉市锅炉压力容器检验研究所，湖北 武汉　430024）

摘　要：通过宏观形貌、化学成分、显微组织观察分析及δ铁素体含量检测等方法，分析了 S30403 不锈钢管道焊接接头产生点腐蚀的原因。结果表明：焊接接头中的 HAZ 受奥氏体晶粒增大和残余应力的影响，减弱了表面 Cr_2O_3 钝化膜的保护作用，导致点腐蚀的产生；焊缝中δ铁素体含量约 13%，δ铁素体中 Cr 含量 24.58%，Ni 含量 5.06%，而焊缝中奥氏体组织中 Cr 含量 17.98%，Ni 含量 9.56%，两中组织化学成分相差较大，在含硫的腐蚀介质中，焊缝中产生电偶腐蚀，使焊缝组织中δ铁素体优先腐蚀。

关键词：S30403 不锈钢；焊接接头；点腐蚀；δ铁素体

Reason of Pitting Corrosion of S30403 Stainless Steel Pipeline Welded Joint

CHEN Xun, *PENG Zejun*, *LV Fengjie*

(Wuhan Boiler Pressure Vessel Inspection Institute, Hubei Wuhan 430024, China)

Abstract: Macroscopic morphology, chemical composition, microstructure analysis and δ ferrite content detection were used to analyze the reasons of pitting corrosion of S30403 stainless steel pipeline welded joint. The results show that the heat affected zone in welded joints was affected by the increase of austenite grains and residual stress, which weaken the protective effect of the surface Cr_2O_3 passive film, it leads to the occurrence of pitting corrosion; and in the weld zone δ ferrite content is about 13%, the Cr content is 24.58% and Ni content is 5.06% in δ ferrite phase, while the Cr content is 17.98% and Ni content is 9.56% in the austenitie phase of the weld zone, there is a significant difference in chemical composition between the two phases, galvanic corrosion leads to preferential corrosion of δ ferrite phase in sulfur-containing corrosion media.

Key words: S30403 stainless steel pipeline; Welded joint; Pitting corrosion; δ ferrite

1　引言

某化工厂脱硫装置压力管道 2020 年 12 月投用，2023 年 12 月进行定期检验，采用射线检测对管道焊接接头进行埋藏缺陷抽查，评定射线底片时发现某条管道焊接接头附近存在明显的点腐蚀，如图 1 所示。发现点腐蚀后，对该条管道剩余焊接接头进行射线检测，发现剩余的焊接接头附近也存在点腐蚀。

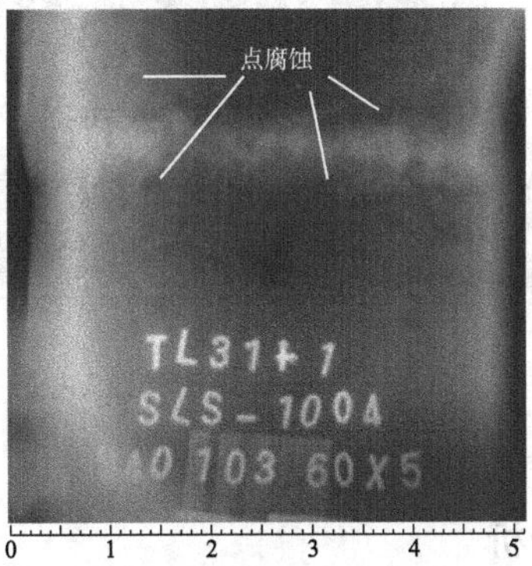

图 1　焊接接头射线底片

该装置采用吸收塔 + 氧化槽流程对含硫尾气进行脱硫处理，含硫尾气先进入酸气分离器进行气液相分离，顶部气相直接进入吸收塔，处理后

作者简介：陈勋(1987—　)，男，高级工程师，主要从事承压类特种设备检验检测工作。E-mail：363523253@qq.com

进入净化气分离器除去夹带的水与硫磺颗粒，进入后续系统，吸收液自压进入氧化槽经氧化再生后溶液经吸收液泵返回吸收塔完成溶液持续循环。产生点腐蚀坑的管道为催化剂输送至吸收塔及吸收塔采出至氧化槽间液相管道，检修前装置管道长期连续运行，管道内液相介质流速稳定。

管道所用材料为S30403，工作压力0.56MPa，常温下运行，输送介质为脱硫液，脱硫液由水、硫磺和催化剂组成，该条管道基本情况如表1所示。

表1 管道基本情况

管道编号	材质	规格/mm	输送介质	工作压力/MPa	工作温度/℃
SLS-1004	S30403	57×5	脱硫液	0.56	50

为分析该管道焊接接头产生点腐蚀的原因，采用宏观形貌、化学成分、显微组织观察分析及δ铁素体含量检测等方法，对管道材质的化学成分、焊接接头的显微组织及δ铁素体含量、点腐蚀坑的宏观形貌及微观形态进行检测分析，研究焊接接头中点腐蚀坑产生的原因及机理。

1 宏观形貌分析

从现场切取该条管道上存在点腐蚀的一处弯头及弯头两端焊接接头进行分析，其宏观形貌如图2所示。图2(a)、(b)分别为弯头及弯头两端焊接接头内、外壁的宏观形貌，管道外壁无点腐蚀现象，点腐蚀发生在管道内壁，集中于管道焊接接头的焊缝和热影响区，管道内壁发现轻微硫磺结垢现象。图2(c)、(d)分别为弯头两端焊接接头内壁的宏观形貌，弯头两端焊接接头整圈存在多处腐蚀坑，分布在焊接接头中的焊缝区域及焊缝两侧的热影响区，点腐蚀坑最大直径8mm，最大深度2.2mm，腐蚀坑附近的腐蚀产物为黑褐色。

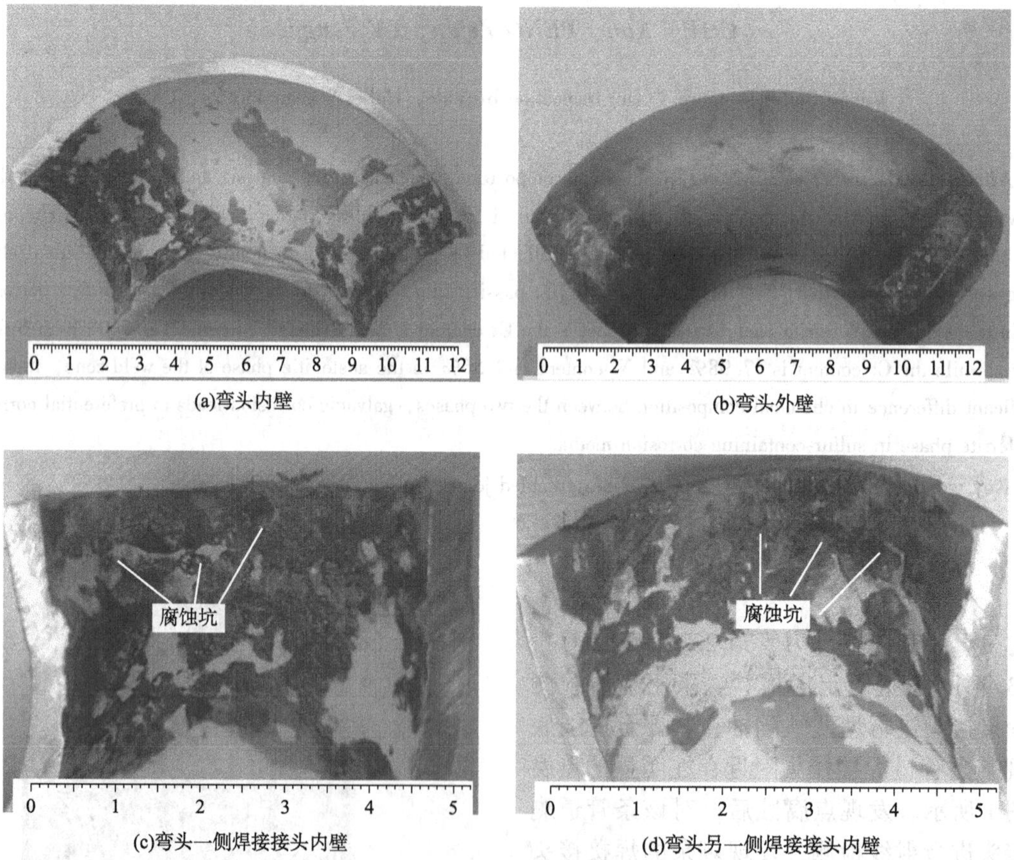

(a)弯头内壁 (b)弯头外壁

(c)弯头一侧焊接接头内壁 (d)弯头另一侧焊接接头内壁

图2 点腐蚀部位宏观形貌

2 材质分析

2.1 化学成分分析

在切取的部分中选取直管和弯头母材部位进行化学成分分析，分析结果如表2所示。由表2可知，产生点腐蚀的直管段和弯头所用材料的化学成分均符合GB/T 14976—2012《流体输送用不锈钢无缝钢管》中S30403的要求。

表 2　材料的化学成分　　%(质量分数)

成分	C	Si	Mn	P	S	Cr	Ni
直管	0.02	0.81	1.23	0.032	0.017	18.0	8.23
弯头	0.02	0.82	1.37	0.028	0.022	18.8	8.71
GB/T 14976 中 S30403 的要求	≤0.03	≤1.0	≤2.0	≤0.035	≤0.03	18～20	8～12

在焊接接头横截面取样采用扫描电镜进行显微组织分析，其显微组织如图 3 所示。图 3(a)为远离焊接接头的母材区域显微组织，其组织为单一奥氏体，奥氏体晶粒直径 30～50μm；图 3(b)焊接接头热影响区与焊缝相交的熔合区显微组织，熔合区右侧为热影响区，组织为单一奥氏体，奥氏体晶粒直径 50～120μm，与母材区域相比，热影响区的奥氏体晶粒明显粗化，熔合区左侧为焊缝区，焊缝区的显微组织如图 3(c)所示，焊缝区由奥氏体和网状及树枝状铁素体组成。

(a)母材去显微组织　　(b)热影响区显微组织　　(c)焊缝区显微组织

图 3　焊接接头显微组织

2.2　显微组织分析

2.3　焊缝中 δ 铁素体含量检测

该管道焊接接头采用钨极气体保护焊(GTAW)方法焊接，焊缝分为根部打底焊区和盖面焊区，其中打底焊位于内壁。采用磁性法分别对根部打底焊区和盖面焊区的 δ 铁素体含量进行测量，测量结果如表 2 所示。由分析结果可知，焊接接头 1 根部打底焊区 δ 铁素体含量 13.0%，焊接接头 2 根部打底焊区 δ 铁素体含量 12.8%，两者基本相同；焊接接头 1 盖面焊区 δ 铁素体含量 7.5%，焊接接头 2 盖面焊区 δ 铁素体含量 7.2%，两者也基本相同。但是两个焊接接头中根部打底焊区 δ 铁素体含量明显高于盖面区。

表 3　δ 铁素体含量　　%(质量分数)

	焊接接头 1			平均值	焊接接头 2			平均值
根部打底焊区	13.2	13.0	12.8	13.0	12.9	13.1	12.5	12.8
盖面焊区	7.5	7.3	7.6	7.5	7.1	7.2	7.4	7.2

3　点腐蚀分析

3.1　点腐蚀坑微观分析

由前述可知，点腐蚀主要集中在焊接接头的焊缝区和热影响区，故在焊接接头焊缝区和热影响区上点腐蚀较为严重部位取样采用扫描电镜进行微观分析。图 4 为热影响区点腐蚀微观形貌，其中图 4(a)为热影响区未用金相腐蚀液腐蚀的微观形貌，由图 4(a)可知，热影响区点腐蚀坑较为密集，腐蚀坑大多呈半圆形，各个腐蚀坑深度大致相当，腐蚀坑周围均未伴随微裂纹和晶界腐蚀现象[1]。图 4(b)为热影响区用氯化铁盐酸水溶液腐蚀后微观形貌，由图 4(b)可知，管内壁热影响区腐蚀区域为奥氏体基体组织，点腐蚀造成的金属损失为奥氏体组织减少，整体晶粒腐蚀剥落，奥氏体晶界未见腐蚀。

图 5 为焊缝区点腐蚀微观形貌，其中图 5(a)为焊缝区未用金相腐蚀液腐蚀的微观形貌，由图 5(a)可知，焊缝区点腐蚀坑较少，但单个点腐蚀坑的腐蚀区域更大，在腐蚀坑周围分布多条微裂纹，微裂纹起源于管道内壁焊缝区域的不同位置，逐步向焊缝内部扩展，微裂纹附近有大量腐蚀产物，焊缝区点腐蚀坑是由于相邻微裂纹向内

部扩展过程中相交，导致局部焊缝组织剥落而形成。图5(b)为焊缝区用氯化铁盐酸水溶液腐蚀后微观形貌，由图5(b)可知，管内壁焊缝区的腐蚀部位网状δ铁素体优先腐蚀，焊缝区的腐蚀是沿着网状δ铁素体逐渐向内部发展[2]。

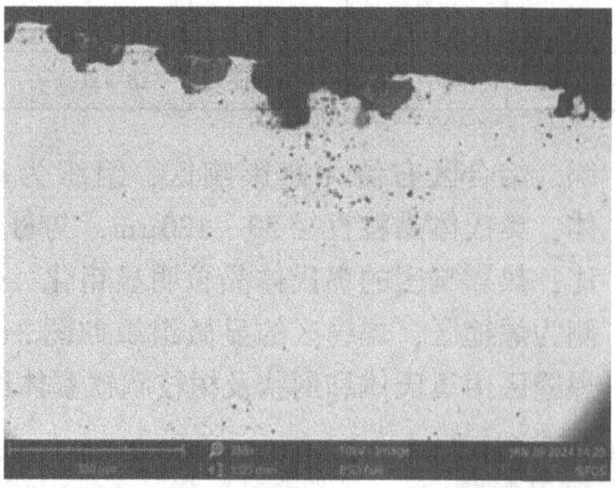

(a)

(b)

图4　热影响区点腐蚀微观形貌

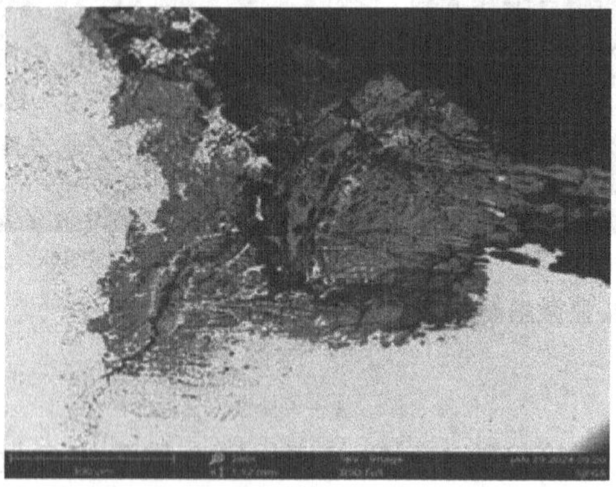

(a)

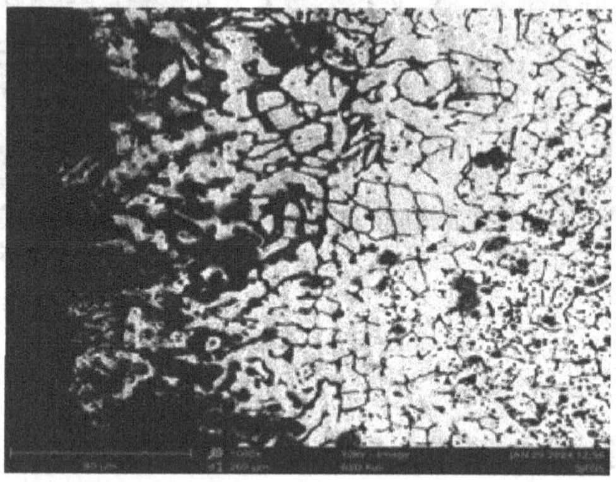

(b)

图5　焊缝区点腐蚀微观形貌

3.2　EDS分析

用能谱仪点扫描对焊接接头的热影响区和焊缝区进行分析，图6为热影响区点腐蚀能谱分析部位，热影响区能谱分析具体成分及含量如表4所示，能谱分析的结果表明，热影响区腐蚀区域外的基体组织组成元素种类为Fe、Cr、Ni、Mn，而腐蚀坑中腐蚀产物组成元素种类除含有Fe、Cr、Ni、C、O外，还含有一定量的S元素。

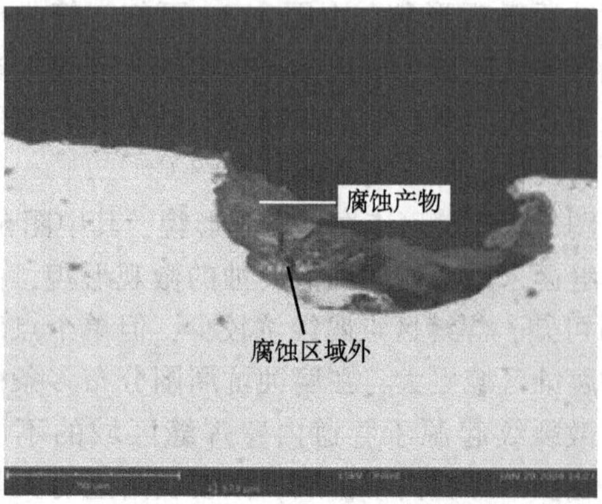

图6　热影响区能谱分析部位

表4　热影响区能谱分析结果

%(质量分数)

元素	腐蚀产物	腐蚀区域外
C	0.48	—
Mn	—	2.06
Cr	20.24	16.68
S	6.37	—
Ni	24.95	5.45
Fe	5.75	75.81
O	42.22	—

图7为焊缝区点腐蚀能谱分析部位，热影响区能谱分析具体成分及含量如表5所示，能谱分析的结果表明，焊缝区腐蚀区域外的基体组织组成元素种类为Fe、Cr、Ni、Si，而腐蚀坑中腐蚀产物组成元素种类除含有Fe、Cr、Ni、C、O外，同样含有一定量S元素。

通过以上焊接接头热影响区和焊缝区能谱分析结果可知，热影响区和焊缝区的点腐蚀坑中的腐蚀产物中均发现S元素，S元素是由管道输送介质脱硫液带入，热影响区和焊缝区点腐蚀的产生与管道输送介质中含有的不锈钢腐蚀敏感元素 S 有直接的关系[3]。

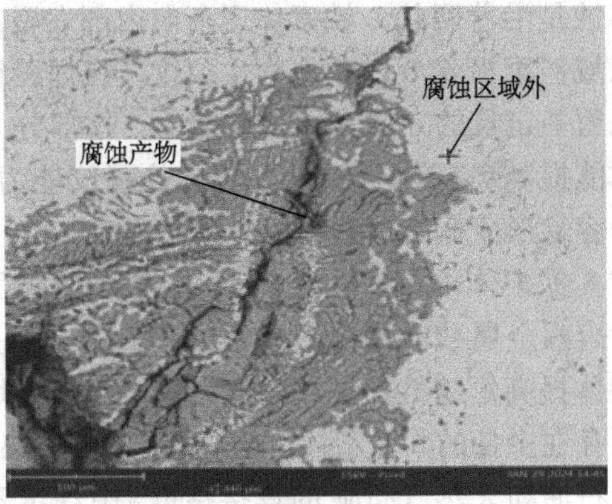

图 7　焊缝区能谱分析部位

表 5　焊缝区能谱分析结果 %（质量分数）

元素	腐蚀产物	腐蚀区域外
C	1.83	—
Si	—	0.88
Cr	16.97	18.46
S	1.95	—
Ni	29.32	9.04
Fe	38.85	71.62
O	11.07	—

用能谱仪面扫描对热影响区和母材组织进行分析，图 8 为焊接接头热影响区组织截面的能谱分析结果，图 9 为远离热影响区的母材组织截面能谱分析结果，热影响区和母材组织能谱分析具体成分及含量如表 6 所示，能谱分析的结果表明，热影响区组织中 Cr 含量 16.97%，Ni 含量 7.67%，Mn 含量 1.30%，母材组织中 Cr 含量 17.18%，Ni 含量 7.57%，Mn 含量 1.45%，主要合金元素的种类和含量基本相同，能谱分析选取的热影响区组织截面中因包含部分焊缝区，能谱分析检测出少量 Si 元素。这说明焊接接头在焊接过程的热循环中并未造成热影响合金元素种类和含量的变化。

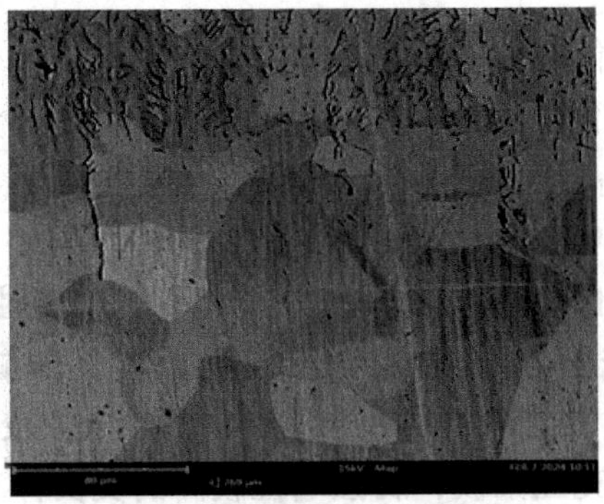

图 8　热影响区组织能谱分析

图 9　母材组织能谱分析

表 6　热影响区和母材组织能谱分析结果

%（质量分数）

元素	热影响区	母材
Fe	73.59	73.80
Cr	16.97	17.18
Ni	7.67	7.57
Mn	1.30	1.45
Si	0.47	—

用能谱仪点扫描对焊缝中 δ 铁素体和奥氏体组织进行分析，图 10 为焊缝中 δ 铁素体和奥氏体能谱分析部位，具体成分及含量如表 7 所示，能谱分析的结果表明，焊缝中奥氏体组织中 Cr 含量 17.98%，Ni 含量 9.56%，与图 10 分析的母材中奥氏体组织成分相比，Cr 元素含量基本相同，焊缝中奥氏体组织的 Ni 元素含量更高。而焊缝中 δ 铁素体中 Cr 含量 24.58%，Ni 含量 5.06%，与焊缝中奥氏体组织成分相比，Cr 元素含量大幅增加，Ni 元素含量明显降低。通过以上分析可知，Cr 元素聚集于 δ 铁素体中，Ni 元素聚集于奥氏体中，这是因为 Cr 是促进铁素体形成的元素，Cr 元素在铁素体中的溶解度高于奥氏体中，而 Ni 是促进奥氏体形成元素，Ni 元素在奥氏体中的溶解度高于铁素体中[4]。

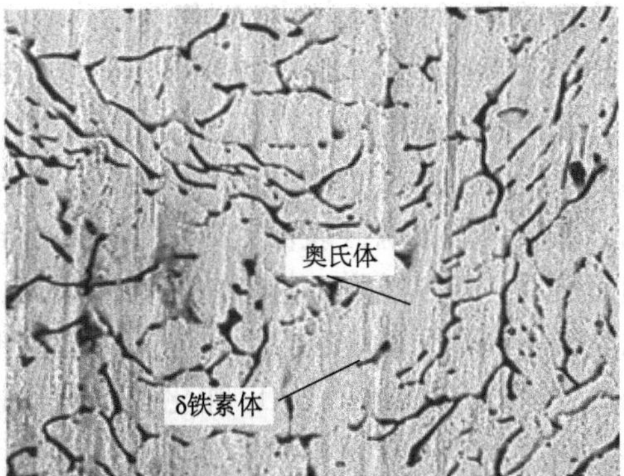

图 10　焊缝中 δ 铁素体和奥氏体能谱分析

表7　焊缝中δ铁素体和奥氏体组织能谱分析结果

%(质量分数)

元素	δ铁素体	奥氏体
Fe	68.14	69.75
Cr	24.58	17.98
Ni	5.06	9.56
Mn	2.22	1.75
Si	—	0.96

4　腐蚀原因分析及讨论

由上述检验分析可知，点腐蚀集中产生在管内壁，位于焊接接头的焊缝及两侧热影响区，由热影响区和焊缝点腐蚀坑中腐蚀产物的主要成分可推测，腐蚀产物主要为 FeS，这说明点腐蚀坑是在含硫腐蚀介质作用下产生，管道输送的脱硫液对该管道具有较强的腐蚀性。图 11 为 50℃时，304 焊接接头腐蚀速率与 S 含量的关系曲线[5]，由图 14 可知，304 焊接接头腐蚀速率随着 S 含量增加而加快，本案例中管道输送的脱硫液中含 S 量较高，S 的水解产物主要为 H_2S 和 H_2SO_4，会使溶液酸化，增加脱硫液的腐蚀性。焊接接头中腐蚀坑实测最大深度为 2.2mm，脱硫液对 S30403 奥氏体不锈钢焊接接头点腐蚀坑的腐蚀速率达到了 0.73mm/a。

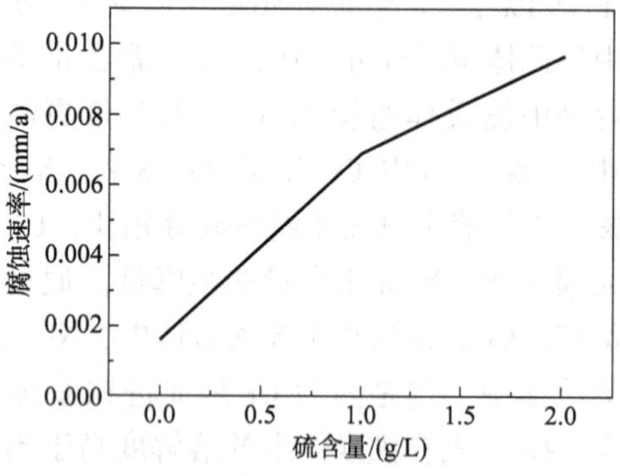

图 11　50℃时，304 焊接接头腐蚀速率与 S 含量的关系曲线[5]

该管道热影响区显微组织仍为单一奥氏体相，合金元素种类和含量与母材奥氏体组织基本相同，但在受焊接高温热循环的作用后，热影响区奥氏体组织晶粒尺寸明显增大，由于组织结构变化，破坏了热影响区表面 Cr_2O_3 钝化膜的致密性和完整性，当 S 吸附于热影响区金属表面，在钝化膜破坏部位开始萌生点蚀，同时管道内壁金属表面吸附的 S 还会使 Cr_2O_3 钝化膜再钝化过程滞后，使奥氏体不锈钢耐腐蚀能力下降，在含 S 的酸性液体中，萌生的点蚀逐渐扩展成点腐蚀坑，造成局部腐蚀[6]。

该管道焊缝组织为奥氏体和δ铁素体的双相组织，焊缝区中网状δ铁素体优先腐蚀，焊缝区的腐蚀是沿着网状δ铁素体逐渐向内部发展，局部区域甚至沿着δ铁素体产生裂纹。在焊缝组织中保留一定量的δ铁素体是有益的，这部分δ铁素体能提高奥氏体不锈钢焊缝抗热裂纹能力[7]，因为容易形成低熔点共晶体的杂质元素 S、P、Si 等在δ铁素体中较高的溶解度，有效的降低了凝固时熔敷金属残液中杂质元素的含量[8]。但是δ铁素体提高焊缝抗热裂纹的能力只限于焊缝熔敷金属存在少量的δ铁素体，API RP 582—2023《化学、石油和天然气行业的焊接指南》中规定奥氏体不锈钢焊缝熔敷金属中δ铁素体含量 3～10%，δ铁素体含量太少，不能有效的溶解杂质元素，δ铁素体含量过高会降低焊缝的耐腐蚀性能，该焊接接头焊缝内壁打底焊区δ铁素体含量为 13.0% 和 12.8%，均超过了标准的要求。

通过导电介质接触的两种金属之间的电位差产生电流，负电位较高的金属充当优先腐蚀的阳极，而负电位较低的金属充当阴极，负电位较低的阴极金属受到负电位较高的阳极金属的阴极保护，腐蚀的驱动力是两种金属之间的电位差，这种腐蚀称之为电偶腐蚀，电偶腐蚀会造成阳极材料发生局部腐蚀，常形成点腐蚀、沟槽或裂纹[9]。张振宁[10]在研究 S30403 奥氏体不锈钢焊缝腐蚀性能时，利用计算方法中的相场法，结合电偶腐蚀理论对 S30403 奥氏体不锈钢焊缝的电偶腐蚀进行了模拟，发现 S30403 奥氏体不锈钢焊缝中的阴极(奥氏体)在电偶腐蚀过程中会受到作为阳极(铁素体)的阴极保护作用，阳极的腐蚀程度不均匀，且腐蚀程度与电流密度的分布相关。Cui[11]使用 3% $FeCl_3$ 溶液对 316L 奥氏体不锈钢焊缝金属进行浸蚀试验，焊缝组织为奥氏体＋铁素体，达到临界点蚀温度时，由于焊缝结晶时铁素体和奥氏体组织中成分不同导致产生电偶腐蚀。

由能谱分析结果可知，焊缝中δ铁素体和奥氏体的化学成分相差较大，δ铁素体中 Cr 元素含量明显高于奥氏体中，而 Ni 元素含量明显低于奥氏体中，化学成分和组织结构的差异使δ铁素体和奥氏体在腐蚀介质中具有不同的腐蚀电位，且δ铁素体的腐蚀电位比奥氏体的腐蚀电位低[10]。在含硫的腐蚀介质中，腐蚀电位较低的δ铁素体充当阳极，腐蚀电位较高的奥氏体充当阴极，在焊缝中δ铁素体与奥氏体紧密接触，产生电流通路，使焊缝发生电偶腐蚀。在电偶腐蚀过程中，充当阳极的δ铁素体会优先腐蚀，而充当阴极的奥氏体会受到保护，因此导致焊缝组织中δ铁素体优先腐蚀。

5 结论及建议

该管道焊接接头部位产生的点腐蚀，是由管道内输送含硫的腐蚀介质引起。热影响区因奥氏体组织结构变化，减弱了热影响区表面 Cr_2O_3 钝化膜的保护作用，导致点腐蚀的产生。而焊缝组织中因δ铁素体含量偏高，在含硫的腐蚀介质中，焊缝发生电偶腐蚀，使焊缝组织中δ铁素体优先腐蚀。

为保障该管道的安全运行，避免重复产生腐蚀穿孔或开裂，可采取以下措施：

(1)选用 S316 等耐点腐蚀能力更强的材料；

(2)优化焊接工艺，降低焊接降低焊缝中δ铁素体含量。

参考文献

[1]梁春雷，艾志斌，赵阁．乙二醇装置奥氏体不锈钢设备应力腐蚀开裂探讨[J]．压力容器，2023，40(11)：67－74.

[2]包振宇，段永锋，李朝法．焊态奥氏体不锈钢在含氯酸性水中的应力腐蚀开裂敏感性研究[J]．压力容器，2021，38(12)：22－27＋34.

[3]陈博，郝喆，白慧文．不同环境下不锈钢腐蚀类型及研究现状[J]．全面腐蚀控制，2014，7(28)：15－19－102.

[4]胡富昇．焊缝针状铁素体回火稳定性及耐腐蚀性研究[D]；武汉科技大学，2023.

[5]黄哲华．不锈钢焊接接头在碱性硫回收催化剂溶液中的局部腐蚀行为研究[D]；中国石油大学，2020.

[6]叶超．304 不锈钢点蚀行为的电化学研究[D]；南昌航空大学，2014.

[7]李阳．316L 不锈钢焊接接头的微观组织及点蚀性能[D]；吉林大学，2015.

[8]李兆登，林健，陆永浩．热处理对核级不锈钢焊缝组织和点蚀性能的影响[J]．材料热处理学报，2014，35(11)：40－44.

[9]ANSI/API RP 571：2020 炼油工业中影响固定设备的损伤机理[S].

[10]张振宁．S30403 不锈钢焊接接头低温冲击韧性和腐蚀性能研究[D]；上海交通大学，2020.

[11]Cui Y，Lundin C D. Austenite-preferential corrosion attack in 316 austenitic stainless steel weld metals[J]. Materials & Design，2007，28(1)：324－328.

合金元素对 γ' - 强化 Co 基高温合金堆焊层的组织及性能的影响

徐　明[1]　周德敏[1]　李智航[1]　陈金荣[2]

[1. 中国特种设备检测研究院，北京　100013；2. 中特检管道工程(北京)有限公司，北京　100013]

摘　要：本文制定差别焊条 Co1(4% W + 1% Mo)、Co2(7.89% W + 0.48% Mo)、Co3(0.15% W + 5.5% Mo)，使用焊条电弧焊在 SA508 结构钢上制备三种不同合金元素含量的堆焊层。利用光学显微镜、X 射线衍射分析、硬度计以及电化学腐蚀研究 W、Mo 两种合金元素对 γ' - 强化 Co 基高温合金的影响。结果表明：堆焊层组织主要由熔合线及其附近的树枝晶、柱状晶以及顶部的细小等轴晶组成，堆焊层与母材形成良好的冶金结合。Co1 堆焊层的平均硬度为 670HV，硬度最大，Co2 堆焊层的平均硬度为 620HV，硬度次之，Co3 堆焊层的平均硬度为 560HV，硬度最小。Cr 与 W 元素还能形成稳定的碳化物，增强堆焊层的硬度。此外，Cr、W 两种合金元素能共同形成耐腐蚀的碳化物，如：(Cr, Fe, W)7C3，增强 γ' - Co 的耐腐蚀性。γ' - 强化 Co 基高温合金堆焊层耐腐蚀强度从大到小的顺序为 Co1 > Co2 > Co3，Co2 合金堆焊层 W 含量过高反而会造成堆焊层腐蚀性能下降。

关键词：γ' - 强化 Co 基高温合金；堆焊；组织；硬度；耐腐蚀性

Alloy Element Pairs γ' – The influence of Strengthening the Microstructure and Properties of Co Based High - temperature Alloy Overlay

XU Ming[1], *ZHOU Demin*[1], *LI Zhihang*[1], *CHEN Jinrong*[2]

[1. China Special Equipment Inspection & Research Institute, Beijing 100013, China;
2. China special inspection Pipeline Engineering (Beijing) Co., Ltd, Beijing 100013, China]

Abstract: In this article, three different welding rods Co1(4% W + 1% Mo), Co2(7.89% W + 0.48% Mo), and Co3(0.15% W + 5.5% Mo) were developed and used to prepare three different overlay layers with varying amounts of alloying elements on SA508 structural steel using arc welding. The effects of W and Mo on γ' - strengthened Co - based high - temperature alloys were studied using optical microscopy, X - ray diffraction analysis, hardness testing, and electrochemical corrosion research. The results showed that the overlay layer was mainly composed of fusion lines, nearby dendritic crystals and columnar crystals, and small equiaxed crystals at the top, and formed a good metallurgical bond with the base metal. The average hardness of the Co1 overlay layer was 670HV, the highest, followed by the Co2 overlay layer at 620HV, and the Co3 overlay layer at 560HV, the lowest. Cr and W could also form stable carbides to enhance the hardness of the overlay layer. In addition, Cr and W could form corrosion - resistant carbides together, such as (Cr, Fe, W)7C3, to enhance the corrosion resistance of γ' - Co. The corrosion resistance strengths of the overlay layers of γ' - strengthened Co - based high - temperature alloys were in the order of Co1 > Co2 > Co3, and excessive W content in the Co2 alloy overlay layer would lead to a decrease in its corrosion resistance.

Key words: γ' - strengthened Co - based high - temperature alloy; Welding; Structure; Hardness; Corrosion resistance.

1　前言

γ' - 强化 Co 基高温合金主要应用于航空航天和能源领域，虽然航空航天是最主要的应用领域，但由于高温合金拥有优异的抗高温和抗腐蚀

作者简介：徐明(1988—　)，男，硕士，主要从事压力管道检验检测，材料服役性能评价，压力管道检测与评价等工作。Email：swpuxuming@126.com

等性能，因此也被广泛应用于船舶、电力、冶金、汽车、核工业等工业领域[1,2]。随着新型高温合金材料的不断发展，高温合金的下游应用场景和市场需求也在不断扩大[3]。

γ’－强化 Co 基高温合金与传统 Co 基高温合金相比有许多优点，如：γ’ 相具有优异的高温强度，使得 Co 基高温合金能够在高温环境下长期稳定地使用；γ’ 相的形成可以抑制 Co 基高温合金的热蠕变，提高了合金的耐高温变形性能；γ’ 相可以防止 Co 基高温合金在高温下的氧化和蠕变，提高了合金的使用寿命；γ’ 相在高温下具有一定的耐磨性，可以使 Co 基高温合金具有一定的耐磨性能；Co 基高温合金中的 γ’ 相具有良好的抗腐蚀性能，可以在恶劣环境中稳定地使用。

合金元素的添加含量及比例可以影响 γ’－强化 Co 基高温合金的性能。通过查阅相关文献已经得出少量添加 Ni 元素可以通过固溶强化的方式提升基体强度，Ni 元素可以大量取代 Co 元素形成 CoNi 或 NiCo 基合金体系以此提升合金材料的强度。适量添加 Cr 元素可以提升合金的耐热腐蚀能力，但过量添加 Cr 元素会改变 γ’ 相的形貌，还会导致有害相 μ 相析出，在特定的 Co 基合金中增加 Cr 元素的含量可以可以使 Mo 元素优先分配到 γ’ 相中。Ir 元素可以提高 γ/γ’ 共格相的稳定性，当在添加 Ir 元素的特定 Co 基合金中增加 W 元素的含量既可以提高 γ/γ’ 共格相的稳定性，又可以提高合金的蠕变强度。Nb 元素还能提高 γ’ 相的体积分数。少量添加 B 元素可以改善晶界强度和抗氧化性能。

本文通过调配 W、Mo 两种合金元素的含量，研究 W、Mo 两种合金元素对 γ’－强化 Co 基高温合金组织及性能的影响。了解不同合金化元素对合金的影响情况，对提升具有沉淀强化相的新型 Co 高温合金的性能至关重要，可以为其后续的发展和设计提供指导。

2　实验材料及方法

本文选用核反应堆压力容器用 SA508 钢作为基体，化学成分如表 1 所示。选用焊条电弧焊的方式对基体表面进行不同 W、Mo 元素含量的 Co 基合金堆焊，焊材的主要化学成分如表 2 所示。使用 Jmatpro 软件对试样平衡相图进行模拟，模拟结果如图 1 所示，图 1(a)、(b)、(c)分别为 Co1、Co2、Co3 的平衡相图，从图 2 中可以看出三种焊材均含有 γ’ 相和 M23C6、M7C3 碳化物，Co1 中 γ’ 相的含量最多，但与 Co2、Co3 差别并不大。因此，需要后续的实验进一步探究堆焊层的物相成分。

表 1　SA508 钢化学成分表

材料	Cr	Ni	Mo	Mn	C	Si	Fe
SA508	1.77	3.8	0.53	0.34	0.18	0.05	Bal

表 2　γ’ 强化 Co 基高温合金材料化学成分表

元素材料	C	Cr	Si	W	Fe	Mo	Ni	Mn	Co
Co1	1.15	29.00	1.10	4.00	3.00	1.00	3.00	0.05	Bal
Co2	1.29	28.21	1.3	7.89	2.48	0.48	2.81	0.17	Bal
Co3	1.25	27.50	2.00	0.15	2.00	5.50	2.50	1.00	Bal

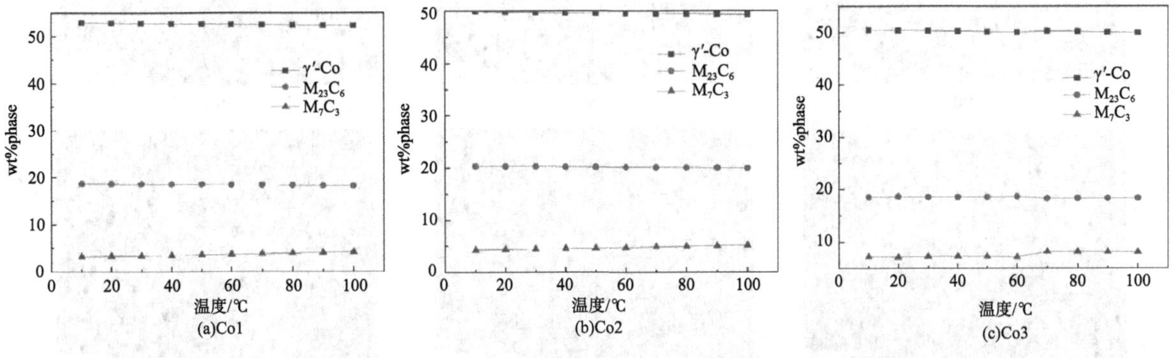

图 1　(a)、(b)、(c)分别为 Co1、Co2、Co3 的平衡相图

本文采用堆焊的方式进行焊接。先用角磨机对试样进行除锈、清洗和烘干，再使用AX7－500－1型直流弧焊机在SA508钢板上堆焊三层三道Co基合金焊缝。具体的堆焊参数如表3所示。

表3　焊接工艺参数

堆焊焊道数	焊接电流/A	焊接电压/V
3	250	35

3　合金元素对微观组织的影响

3.1　显微组织分析

堆焊结束后，获得完整无缺陷的堆焊层，对其进行线切割制备金相试样，经机械磨制、抛光结束后，堆焊层采用体积分数80% HCl＋20% H_2O_2 溶液进行腐蚀，腐蚀4～5s，而母材及热影响区则采用4% HNO_3 酒精溶液进行腐蚀，腐蚀8～9s。通过GMW－500型显微镜对微观组织进行观察。

图2～图4为不同W、Mo合金元素含量γ'－Co基合金微观组织形貌。(a)、(b)、(c)分别表示堆焊层从上往下第一、二、三层的堆焊层，(d)、(e)、(f)分别表示熔合线、热影响区、母材。图2为W和Mo元素含量分别为4%、1%的Co1微观组织形貌，图3为W和Mo元素含量分别为7.89%、0.48%的Co2微观组织形貌，图4为W和Mo元素含量分别为0.15%、5.5%的Co3微观组织形貌。

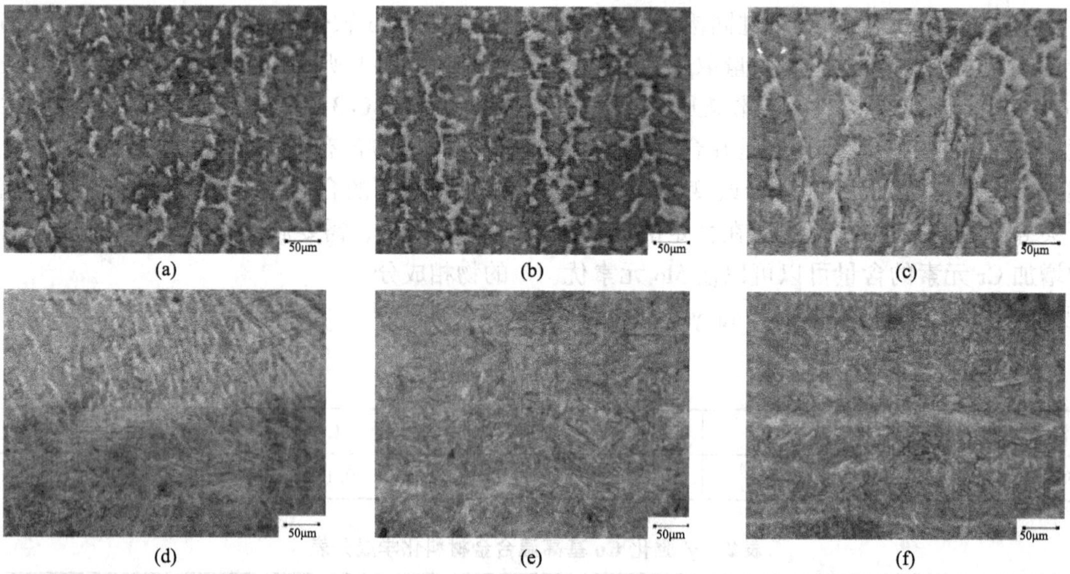

图2　Co1堆焊试样显微组织图

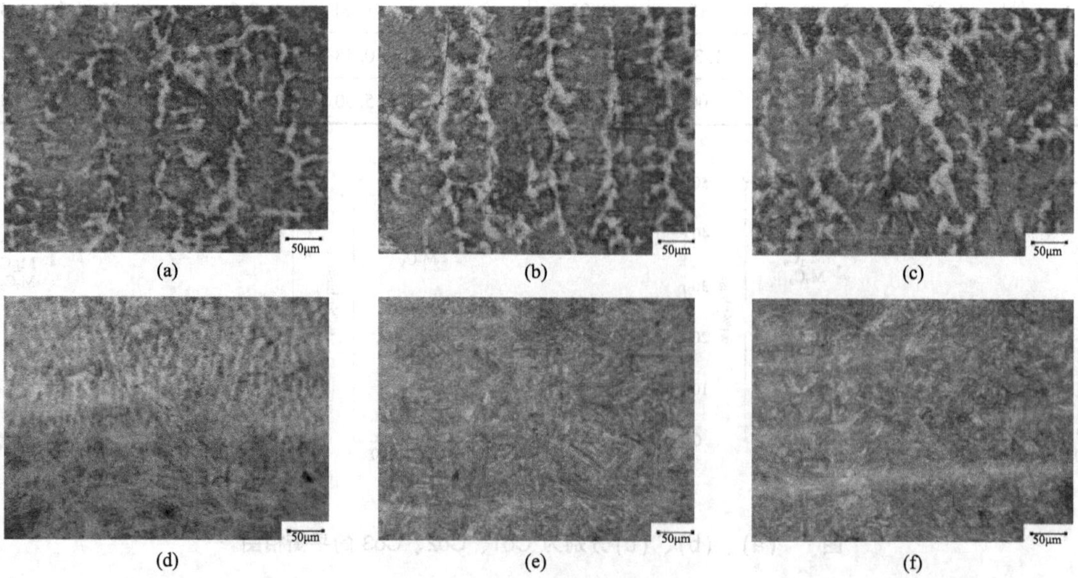

图3　Co2堆焊试样显微组织图

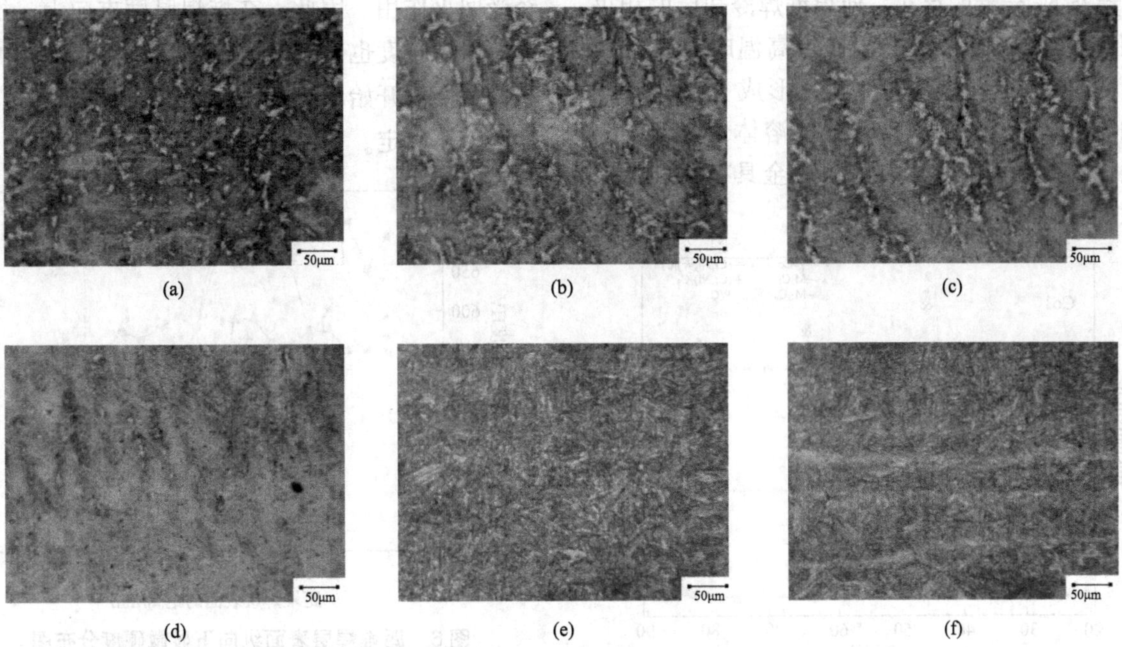

图4 Co3 堆焊试样显微组织图

从显微组织图可以看出堆焊层组织致密，未出现明显的裂纹以及气孔缺陷，堆焊层与母材之间表现出良好的冶金结合[4]。从图2～图4可以看出，三种堆焊层主要由树枝晶结构组成，堆焊层第一层的显微组织呈现出显著的颗粒状，这是因为堆焊层的顶部冷却速度比较快，能让晶粒生长的时间少，因此堆焊层顶部的晶粒相对较小。而三种材料堆焊层中间位置均为明显的树枝状结晶且晶粒大小均大于堆焊层顶部位置，生长方向基本垂直于熔合线。堆焊层底部温度梯度大而冷却速度却慢，平面晶生长被破坏，从而形成胞状晶组织，胞状晶向上逐渐生长为树枝晶[5]。堆焊层底部晶粒生长方向与垂直于熔合线方向基本一致，主要原因是堆焊层与母材之间温度梯度大，焊接时散热形成垂直于交界面热流方向导致的。

从晶粒大小来看，Co2 堆焊层最大，其次是 Co1 堆焊层，最后是 Co3 堆焊层，这与三种堆焊层中 W 元素的含量成正比，因为 W 元素的含量可以影响 γ' 相的体积分数，在一定范围内，W 元素含量越高，γ' 相体积分数越大，进而影响了晶粒的大小。

3.2 XRD 物相分析

图5为 Co1、Co2、Co3 堆焊层的 XRD 相结构分析衍射图谱。从图3.4中可以看出 Co1 堆焊层主要由 γ'-Co、WC、(Cr, Fe, W)7C3、等相组成。钴在常温下具有稳定的密排六方结构，在417℃以上向面心立方结构转变，当从高温冷却时，将发生面心立方向密排六方转变，这种转变为非扩散型相变，又称马氏体转变。由于这种转变极其缓慢，因此常温下钴仍以面心立方结构存在[6]。

在堆焊过程中，由于高温的作用，形成面心立方结构的 γ'-Co，在冷却过程中合金中的 C 元素与 Fe 元素有利于稳定 Co 的面心立方范围并降低相变温度，故 FCC 结构的 Co 可保留至室温。在堆焊凝固过程中，枝晶 Co 固溶体形成后，其间再形成共晶组织，共晶组织由(Cr, Fe, W)7C3 组成。

从图5中可以看出 Co2 堆焊层物相主要由 γ'-Co、M23C6 和 M7C3 碳化物组成。由于 Cr 元素是比较强的碳化物形成元素，将沿奥氏体晶界析出少量、稳定的 Cr23C6 碳化物。Cr23C6 这种类型碳化物除了大量溶解 W、Mo 元素外，其他一些元素，如 Fe、Ni 等也可以置换 Cr 原子，最终形成复杂的 M23C6 碳化物并沿晶界析出。另外，堆焊是一个快速凝固的过程，开始析出的 M7C3 碳化物还来不及完全熔入 γ' 固溶体而保留下来。因此，结合相关文献与 XRD 结果可以看出，堆焊层中析出相除 M23C6 碳化物外，还有少量 M7C3 碳化物的存在。

从图5中可以看出 Co3 堆焊层主要由 γ'-Co、(Cr, Ni)7C3 等相组成，由于合金元素含量不同，堆焊层物相组成与 Co1、Co2 合金堆焊层存在差异。在堆焊过程中，由于高温的作用，形成面心立方结构的 γ'-Co，由于冷却速度快导致 Co 元素未能及时转变为密排六方结构，同时由于

C元素及Ni元素的存在，使得堆焊冷却后的相仍为面心立方结构，保留了Co在高温时的存在形式，同时与Ni元素与其他元素形成了金属间化合物。Cr元素与Co元素形成固溶体，起到了固溶强化的效果，有利于堆焊后合金具有良好的宏观性能。

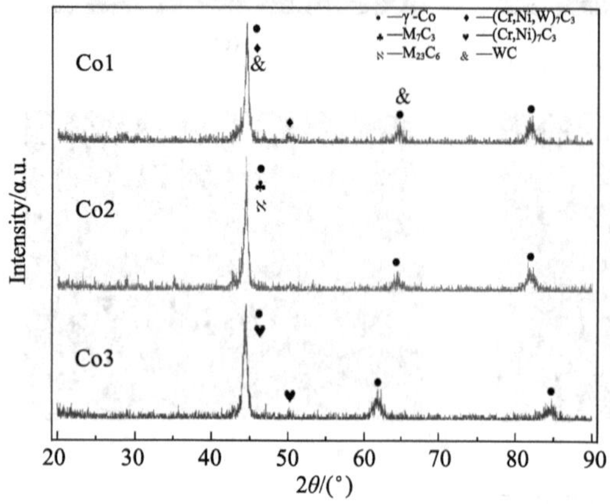

图5 Co1、Co2、Co3XRD图谱

4 合金元素对堆焊层性能分析

4.1 硬度

图6为显微维氏硬度测试结果，堆焊层距离堆焊层表面0～4.5mm处为堆焊层，4.5～8mm处为热影响区，8mm以后为基体。结合图6分析，每个试样在堆焊层层间区域的硬度最大，层与层交界处硬度明显降低，Co2堆焊层的平均硬度为620HV，Co3堆焊层的平均硬度为559.2HV，而Co1堆焊层的平均硬度为670HV，说明Co1堆焊层的硬度最大，其次是Co2堆焊层，Co3堆焊层的硬度最小，原因是Co1中的Cr元素与W元素的含量大于Co3堆焊层，结合图6分析，Cr、W元素能形成(Cr, Fe, W)7、WC等碳化物，这些碳化物能提升堆焊层的硬度，故堆焊后Co1的硬度较高，而Co2堆焊层中W元素过量反而使硬度降低。各堆焊层显微维氏硬度较母材硬度都有提升，这是由于堆焊过程中，合金中的Cr元素与Co形成固溶体与高硬度的碳化物，W元素的存在又起到了固溶强化的作用，且在堆焊层顶部，枝晶细小，组织变形的位错阻力增大，故具有较高的硬度值。三种试样堆焊层的硬度都有所起伏，这是因为多层多道堆焊层之间彼此具有热处理的作用，后一层堆焊层对前一层堆焊层有再加热的作用，部分晶粒发生了重熔-再结晶行为，部分晶粒在热循环作用下进一步长大，部分晶粒经受回火作用。因此，在堆焊厚度方向上，堆焊层的微观硬度也会有规律起伏。在热影响区的区域，硬度值开始明显开始降低，直到母材处，硬度值趋于稳定。

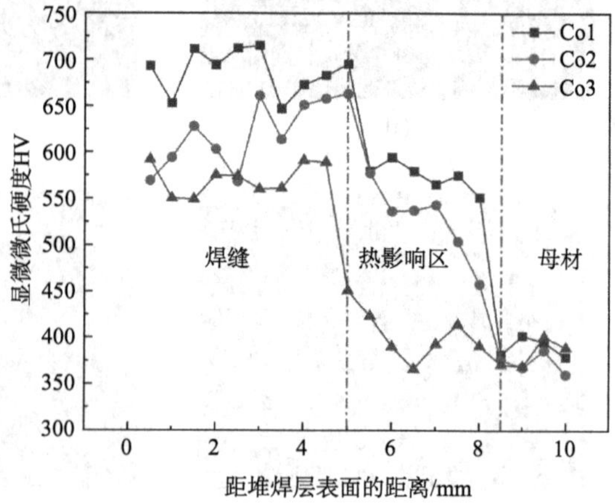

图6 距堆焊层表面纵向下显微硬度分布图

4.2 电化学腐蚀实验分析

经过动电位扫描得出三种不同高温合金各个堆焊层的极化曲线，对各个极化曲线的数据进行拟合可以求出它们的腐蚀电流密度以及腐蚀电位，材料的耐腐蚀性能可以根据自腐蚀电流密度的大小来判断，自腐蚀电流密度越大，材料越容易被腐蚀。

图7是Co1、Co2以及Co3高温合金堆焊层第一层在3.5% NaCl溶液中的塔菲尔曲线，通过数据拟合可以得到三种不同材料堆焊层的自腐蚀电位以及自腐蚀电流密度如表4所示，由表中数值可以得出可知，Co1、Co2、Co3合金堆焊层的自腐蚀电位分别为-792.5mV、-825.6mV、-808.2mV，说明Co1合金堆焊层的耐腐蚀性能更好。

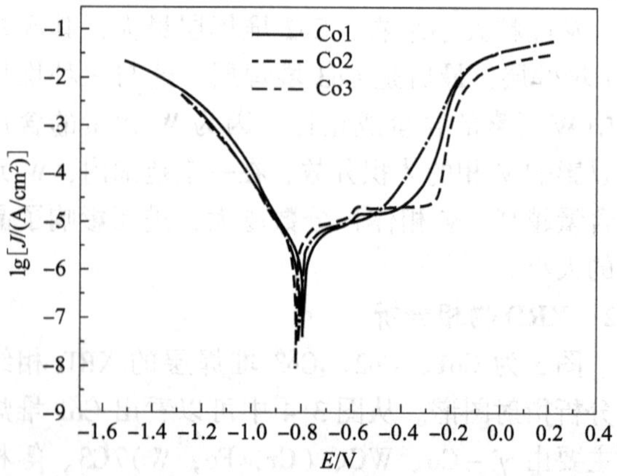

图7 Co1、Co2、Co3三种堆焊层第一层电化学腐蚀结果

表4　堆焊层第一层自腐蚀电位与自腐蚀密度

拟合项目＼材料	Co1	Co2	Co3
自腐蚀电位 E/mV	-792.5	-825.6	-808.2
自腐蚀电流密度 I/(μA·cm²)	3.897	8.878	6.845

图8是Co1、Co2以及Co3高温合金堆焊层第二层在3.5% NaCl溶液中的塔菲尔曲线，通过数据拟合可以得到三种不同材料堆焊层的自腐蚀电位以及自腐蚀电流密度如表5所示，由表中数值可以得出可知，Co1、Co2、Co3合金堆焊层的自腐蚀电位分别为-653.2mV、-867.9mV、-818.8mV，说明Co1合金堆焊层的耐腐蚀性能更好。

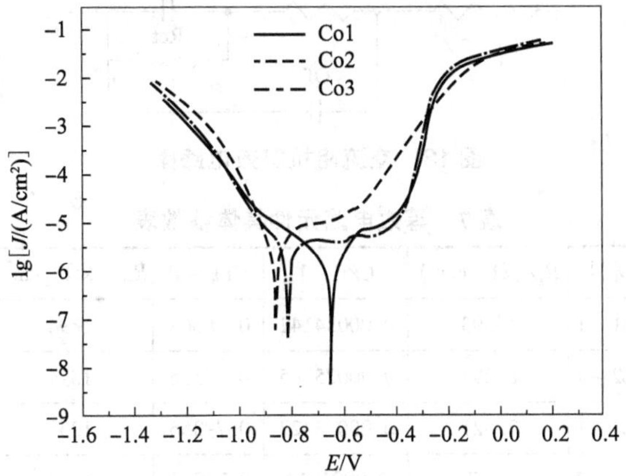

图8　Co1、Co2、Co3三种堆焊层第二层电化学腐蚀结果

表5　堆焊层第一层自腐蚀电位与自腐蚀密度

拟合项目＼材料	Co1	Co2	Co3
自腐蚀电位 E/mV	-653.2	-867.9	-818.8
自腐蚀电流密度 I/(μA·cm²)	3.072	4.306	6.963

图9是Co1、Co2以及Co3高温合金堆焊层第三层在3.5% NaCl溶液中的塔菲尔曲线，通过数据拟合可以得到三种不同材料堆焊层的自腐蚀电位以及自腐蚀电流密度如表6所示，由表中数值可以得出可知，Co1、Co2、Co3合金堆焊层的自腐蚀电位分别为-811.2mV、-842.2mV、-891.7mV，说明Co1合金堆焊层的耐腐蚀性能更好。

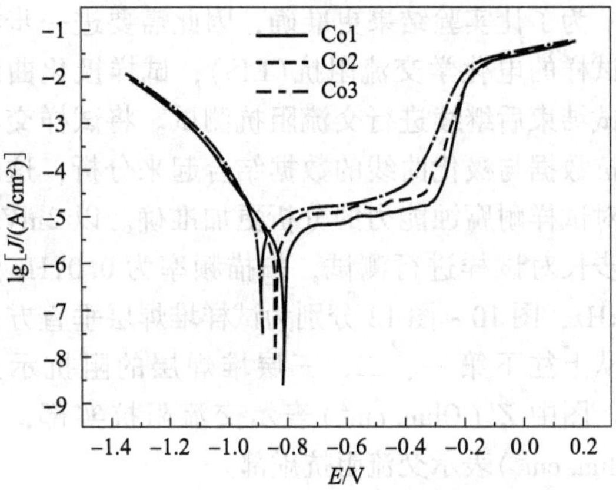

图9　Co1、Co2、Co3三种堆焊层第三层电化学腐蚀结果

表6　堆焊层第一层自腐蚀电位与自腐蚀密度

拟合项目＼材料	Co1	Co2	Co3
自腐蚀电位 E/mV	-811.2	-842.2	-891.7
自腐蚀电流密度 I/(μA·cm²)	5.454	6.011	7.990

总体来看，结合相关文献进行分析，极化反应从阳极区开始进行，并且随着极化反应的进行，试样的钝化区基本消失。这是因为腐蚀溶液中的氯离子具有很强的吸附能力，它会替换金属表面的氧离子，将金属表层的钝化膜破坏，因此钝化平台消失。第二、三层的堆焊层也同样如此。从表中可以看出三种高温合金堆焊层的自腐蚀电流均处于较低值，这是因为合金中含有大量的Cr元素，Cr元素形成碳化物固溶在Co基体中，在腐蚀过程中形成稳定的钝化膜，这种钝化膜可以提高堆焊层的耐腐蚀性。

自腐蚀电流密度越低，说明材料的耐腐蚀性越好。对比表4～表6可知，Co1合金堆焊层的自腐蚀电流密度始终低于Co3合金堆焊层，说明在Co1合金的耐腐蚀性能较Co3好，这是由于Co1合金堆焊层中的Cr元素和W元素含量大于Co3，因此在堆焊过程中Cr、W元素共同作用形成的耐腐蚀碳化物要比Co3合金多，而Mo元素可以固溶于γ'－Co中，增强γ'－Co的耐腐蚀性，虽然Co3中Mo元素的含量较高，但W元素的含量过低，因此Co3的耐腐蚀性能不及Co1。而同时结合图5可以知道，Co1合金堆焊层中含有WC，WC为稳定的碳化物，它可以让大量的Cr元素固溶在Co基基体中，这使得合金的耐腐蚀性能得到提升。而Co2合金堆焊层W含量过高，含Cr的碳化物减少，反而会造成堆焊层腐蚀性能下降。

为了让实验结果更准确，因此需要进一步测试试样的电化学交流阻抗(EIS)，试样极化曲线测试结束后继续进行交流阻抗测试。将试样交流阻抗数据与极化曲线的数据结合起来分析，这能让对试样耐腐蚀能力的分析更加准确。以 2mV/s 的步长对试样进行测试，扫描频率为 0.01Hz 到 10kHz，图 10～图 12 分别为试样堆焊层垂直方向上从上往下第一、二、三层堆焊层的阻抗示意图。图中 Z' (Ohm. cm^2) 表示交流阻抗实部，Z'' (Ohm. cm^2) 表示交流阻抗虚部。

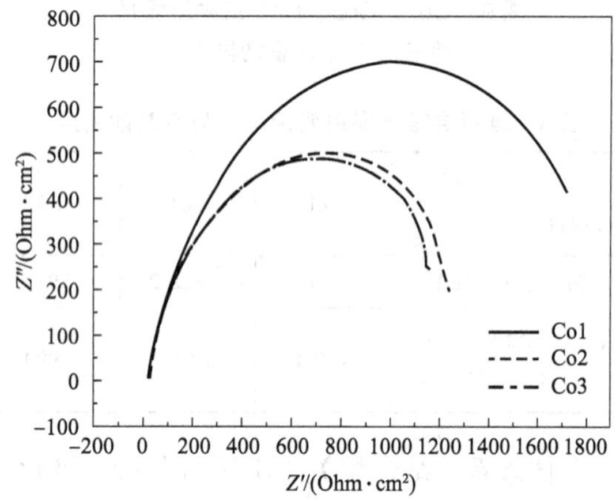

图 10　Co1、Co2、Co3 堆焊层第一层阻抗图

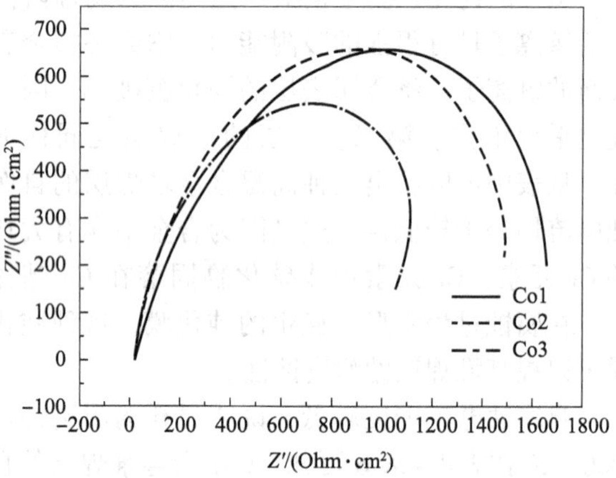

图 11　Co1、Co2、Co3 堆焊层第二层阻抗图

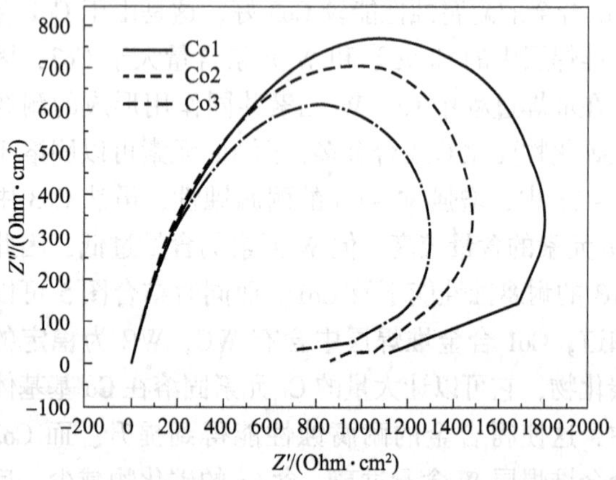

图 12　Co1、Co2、Co3 堆焊层第三层阻抗图

从图 10～图 12 中可以看出，三种试样不同堆焊层的阻抗图中均为单容抗图。对每一层来说 Co1 堆焊层容抗图幅值最大，Co2 堆焊层容抗图幅值次之，Co3 堆焊层容抗图幅值最小。容抗图的幅值反映的电荷在腐蚀溶液和金属界面上转移的难易程度，容抗图幅值越大，说明电荷转移的难度越大，金属的耐腐蚀能力越强。由此得出 Co1 堆焊层耐腐蚀能力最强，Co2 堆焊层耐腐蚀能力次之，Co3 堆焊层耐腐蚀能力最弱。

使用 ZView2 软件对三种试样不同堆焊层测得的交流阻抗结果进行等效电路拟合，相应的等效电路图如图 13 所示，拟合完成后等效电路图中每个元件的数值如表 7 所示，图中 R_s 是参比电极与工作电极之间的溶液电阻，R_{ct} 为电化学的电荷转移电阻。

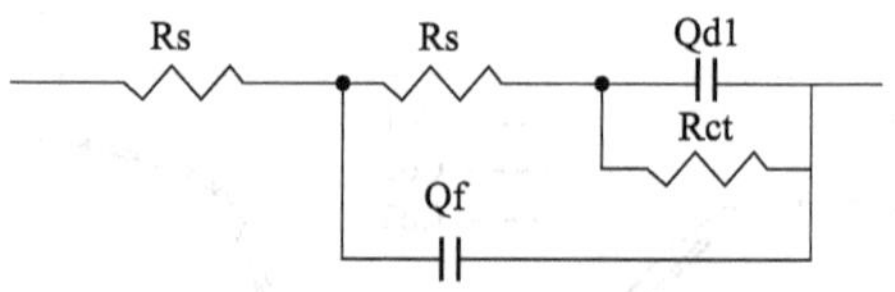

图 13　交流阻抗等效电路图

表 7　等效电路元件具体参数表

材料	R_s/(Ω · cm^2)	CPE－T	CPE－P	R_{ct}/(kΩ · cm^2)
Co1－1	13.93	0.00034142	0.78663	1894
Co2－1	8.294	0.00025285	0.77366	1314
Co3－1	7.821	0.00033427	0.79356	1255
Co1－2	11.7	0.0001814	0.71362	1769
Co2－2	8.566	0.00028018	0.82012	1157
Co3－2	7.535	0.00031072	0.79799	1626
Co1－3	7.222	0.00040557	0.78347	1930
Co2－3	8.017	0.00032432	0.81906	1552
Co3－3	7.808	0.00026623	0.80986	1347

R_{ct}是电极反应过程中的电荷转移电阻，它能反映电荷在腐蚀溶液和金属表面上电荷转移的难度，以 R_{ct}表示金属材料在腐蚀溶液中腐蚀速率的快慢。一般情况下，R_{ct}的数值越大，说明电荷转移的阻力越大，金属材料的耐腐蚀性越好。结合表 7 中的数据分析，对三种堆焊层每一层来说，Co1 堆焊层的 Rct 值较大，Co2 堆焊层的 R_{ct}值次之，Co3 堆焊层的 R_{ct}值最小，这说明堆焊层耐腐蚀性强弱顺序为：Co1 堆焊层 > Co2 堆焊层 > Co3 堆焊层，这个结果与上文极化曲线测试结果相同。

5　结论

本文采用焊条电弧焊的方式在 SA508 钢上制

备Co1(4% W＋1% Mo)、Co2(7.89% W＋0.48% Mo)、Co3(0.15% W＋5.5% Mo)高温合金堆焊层，研究了W、Mo两种合金元素共同作用对堆焊层组织及腐蚀性能的影响。主要研究结果如下：

(1)Co1、Co2、Co3三种合金堆焊层组织主要由熔合线及其附近的树枝晶、柱状晶以及顶部的细小等轴晶组成，堆焊层与母材形成良好的冶金结合。随着W元素含量的增加，堆焊层的组织有明显的粗化。

(2)W、Mo合金元素的含量会影响堆焊层的物相组成，W、Mo可以形成复杂的M23C6碳化物并沿晶界析出。Cr元素与Co元素可以形成固溶体，起到固溶强化的作用，有利于堆焊后合金具有良好的宏观性能。

(3)Co1堆焊层的硬度最大，其次是Co2堆焊层，Co3堆焊层的硬度最小，Co1、Co2、Co3三种合金堆焊层的硬度与Cr、W合金元素的含量基本成正比，因为Cr、W元素能通过形成碳化物来提高堆焊层的硬度。而过量的W元素则会导致堆焊层的硬度降低。在堆焊厚度方向上，堆焊层的微观硬度也会有规律起伏。

(4)Co1、Co2、Co3三种合金堆焊层耐腐蚀性能都比较好。Cr、W两种合金元素能共同形成耐腐蚀的碳化物，如：(Cr, Fe, W)7C3，但过量的W元素反而会导致堆焊层的耐腐蚀性降低。Mo元素能够固溶于γ'－Co中，增强堆焊层的耐腐蚀性。Co3中虽Mo元素含量最高但W元素含量太低，因此耐腐蚀性也较低。

参考文献

[1]王广磊. DD5单晶高温合金的长期时效和持久性能研究[D]. 东北大学，2015.

[2]丁忠发. 基于Laves相强化的Fe－Mo－Cr－Ni耐磨合金组织与性能研究[D]. 湘潭大学，2014.

[3]马启慧. 基于团簇加连接原子模型的Co－Al－Mo基高温合金成分设计[D]. 大连理工大学，2019.

[4]于诗晴，田云，郑博文，林雪健，袁晓光，黄宏军. 温度对Stellite6与Stellite21合金堆焊层组织与性能的影响[J/OL]. 热加工工艺：1－6[2023－05－24].

[5]Kurz W, Bezençon C, Gäumann M. Columnar to equiaxed transition in solidification processing [J]. Science and technology of advanced materials, 2001, 2(1): 185.

[6] Nickel, cobalt, and their alloys [M]. ASM international, 2000.

某立式储气罐进气接管开裂失效分析

汤鹏杰[1]　于永亮[2]　张洪瑞[1]　梁　斌[2]

(1. 南京金创有色金属科技发展有限公司，南京　211178；2. 南京市锅炉压力容器检验研究院，南京　210019)

摘　要：某立式储气罐使用一年后进气接管处发生开裂泄漏。通过宏观分析、化学成分分析、断口分析和金相分析等手段确定开裂原因。结果表明：进气接管焊接时，由于热输入量过大，造成接管母材严重过热，形成的魏氏组织区域过大，降低了角焊缝接头韧性，在焊接残余应力和工作应力作用下，发生了开裂泄漏。

关键词：储气罐；进气接管；角焊缝；魏氏组织

Cracking Failure Analysis of Intake Connecting Pipe of a Vertical Gas Storage Tank

TANG Pengjie[1], *YU Yongliang*[2], *ZHANG Hongrui*[1], *LIANG Bin*[2]

(1. Nanjing Jinchuang Non-ferrous Metal Technology Development Limited Company, Nanjing 211178, China;
2. Nanjing Boiler and Pressure Vessel Inspection Institute, Nanjing 210019, China)

Abstract: Cracking and leakage occurred at the inlet nozzle of a vertical gas storage tank after 1 year of use. The causes of cracking were determined by means of macroscopic analysis, chemical composition analysis, fracture analysis and metallographic analysis. The results show that when the intake nozzle is welded, due to the excessive heat input, the base metal of the nozzle is seriously overheated, and the Widmanstatten structure area is too large, which reduces the toughness of the fillet weld joint. Under the action of welding residual stress and working stress, cracking and leakage occurred.

Key words: Gas storage tank; Intake connecting pipe; Fillet weld; Widmannstatten structure

某公司立式储气罐使用一年后即发生开裂泄漏。初步检查，漏点位于筒体与进气接管的角焊缝处。该储气罐设计压力 1.58MPa，设计温度 50℃，容积 12m^3，工作介质为空气、氮气；筒体材料 Q345R，规格 ϕ2000 × 12mm，执行标准 GB 713—2014《锅炉和压力容器用钢板》；进气接管材料 20 钢，规格 ϕ89 × 6mm，执行标准 GB/T 8163—2018《输送流体用无缝钢管》。通过宏观、化学成分、断口和微观分析，对开裂的储气罐进行原因分析，为储气罐的制造及维修提供技术支撑。

1　试验结果与分析

1.1　宏观分析

图 1 为开裂泄漏的储气罐。裂纹位于筒体和进气接管的角焊缝处，表面除少量锈迹外无异常，如图 2 所示。沿角焊缝将裂纹区域取下，在进气接管的内壁可见两条独立裂纹，结合角焊缝内外表面裂纹特征，确定两条裂纹已贯穿壁厚，但未交汇连接，未交汇处位于焊缝区，如图 3 所示。宏观分析表明，裂纹起源于焊缝区，分别向筒体和进气接管两侧扩展。

作者简介：汤鹏杰(1989—　)，男，硕士，工程师，现从事承压设备检验检测和失效分析。E－mail：491690793@163.com，13905197454

图1　泄漏的储气罐

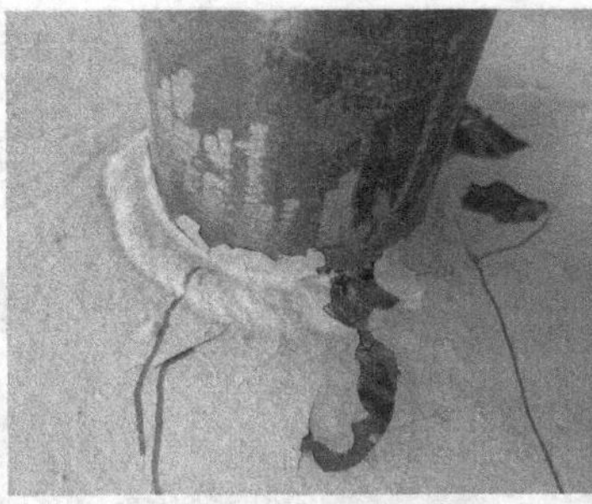

图2　进气接管角焊缝裂纹

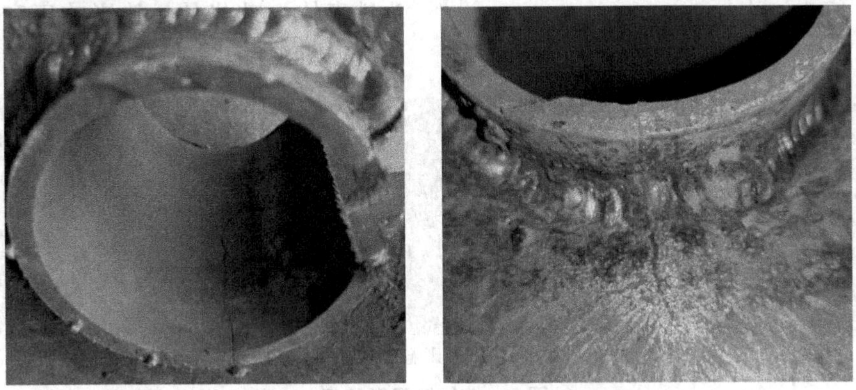

(a)进气接管内侧裂纹　　(b)角焊缝内表面裂纹

图3　进气接管内侧形貌

1.2　化学成分分析

采用直读光谱仪分别对储气罐筒体和进气接管进行化学成分检测，结果表明(表1、表2)，储气罐筒体成分合格，符合 GB 713—2014《锅炉和压力容器用钢板》要求。进气接管化学成分合格，符合 GB/T 8163—2018《输送流体用无缝钢管》要求。

表1　筒体化学成分　　%(质量分数)

元素	C	Si	Mn	P	S	Cu	Cr	Ni	V	Mo	Nb	Ti	Alt
筒体	0.16	0.26	1.31	0.020	0.004	0.01	0.03	0.08	0.002	0.02	0.01	0.08	0.04
Q345R	≤0.20	≤0.55	1.20～1.70	≤0.025	≤0.010	≤0.30	≤0.30	≤0.30	≤0.050	≤0.08	≤0.050	≤0.030	≤0.050

表2　进气接管化学成分　　%(质量分数)

元素	C	Si	Mn	P	S	Cr	Ni	Cu
进气接管	0.219	0.20	0.38	0.018	0.011	0.04	0.01	0.02
20钢	0.17～0.23	0.17～0.37	0.35～0.65	≤0.035	≤0.030	≤0.25	≤0.30	≤0.20

1.3　断口分析

将贯穿裂纹打开，表面附着红棕色腐蚀产物，清洗后观察，断口表面平齐，无明显塑性变形，具有脆性断裂特征，如图4。利用扫描电镜观察断口微观形貌，在断口上可见清晰的解理台阶，为典型的脆性开裂特征，这与宏观判断吻合，如图5。对断口表面腐蚀产物进行元素分析，结果显示(表3)，断口表面腐蚀产物以 Fe、O 元素为主，未见其它腐蚀性元素。

图4　宏观断口

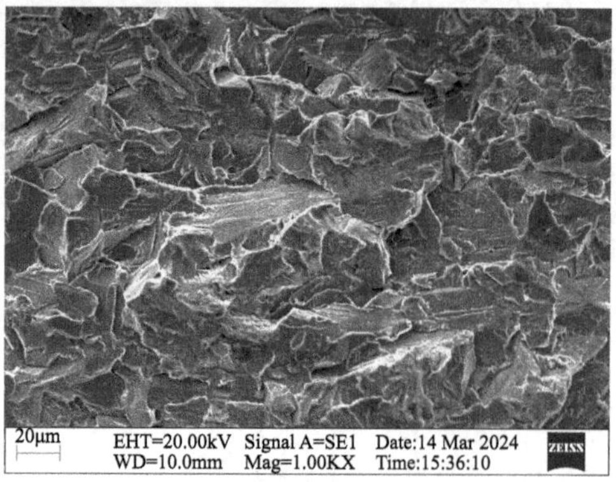

图5　微观断口

表3　断口腐蚀产物能谱　%(质量分数)

主要元素	Fe	O	C	Si	Mn
A区	92.0	3.6	3.7	0.1	0.5
B区	92.5	2.1	4.9	0.2	0.3
C区	63.1	31.6	4.3	0.2	0.9

1.4　金相分析

对角焊缝接头进行微观金相检验。结果显示，筒体母材显微组织为铁素体+珠光体，热影响区和焊缝组织无异常；进气接管母材显微组织为铁素体+珠光体，热影响区和焊缝组织无异常，如图6和图7所示。

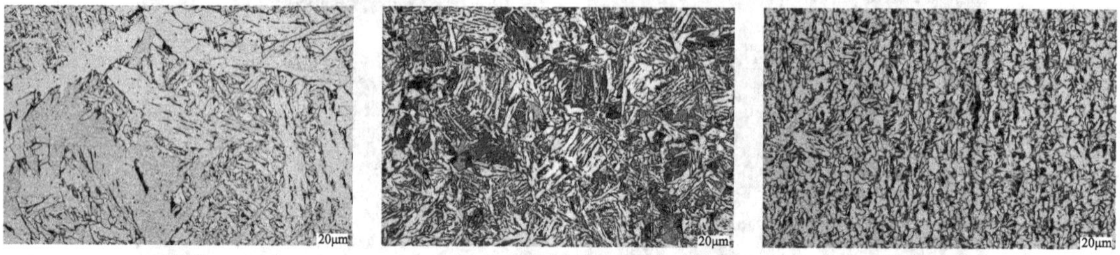

(a)焊缝　(b)热影响区　(c)母材

图6　筒体侧显微组织

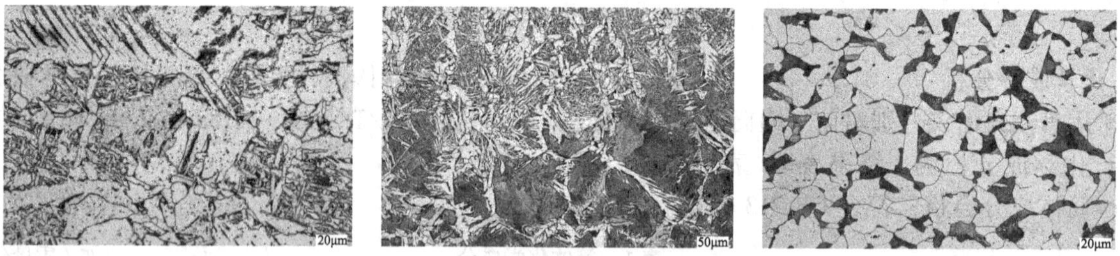

(a)焊缝　(b)热影响区　(c)母材

图7　进气接管侧显微组织

在角焊缝接头的右侧焊趾部位发现一条微裂纹，如图8所示，裂纹沿粗晶区开裂，以穿晶形式扩展，如图9所示。沿截面向裂纹左侧观察，发现进气接管侧热影响区宽度远超正常的管—板角接接头热影响区宽度，甚至远离角焊缝的进气接管母材组织也已经发生相变，由正常的铁素体+珠光体完全变成了魏氏组织，且越接近接角焊缝原奥氏体晶粒度越大，如图10所示。

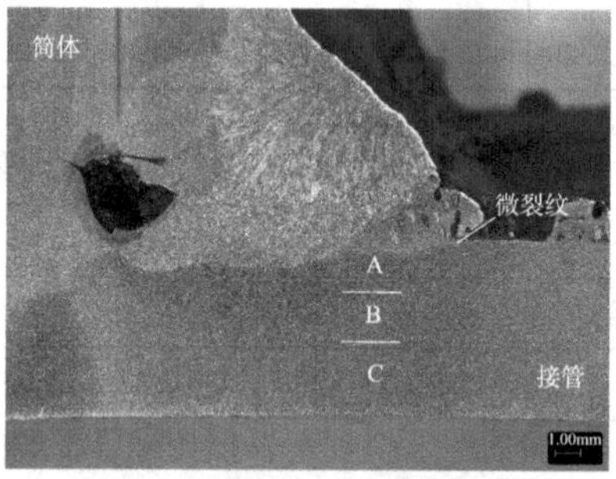

图8　角焊缝接头金相示意图

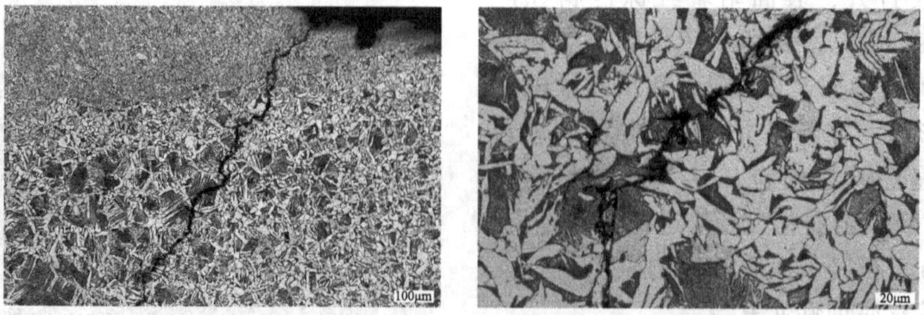

(a)裂纹形貌　(b)裂纹前端

图9　进气接管侧微裂纹

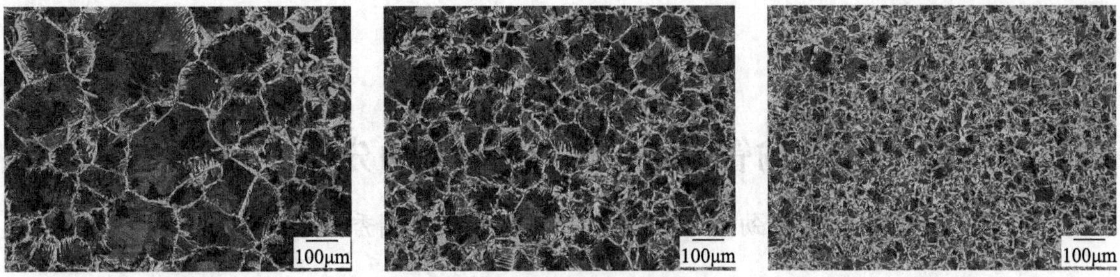

(a)A区　(b)B区　(c)C区

图10　角焊缝下侧接管组织

2　分析讨论

储气罐筒体和进气接管的化学成分符合标准要求。宏观断口表面平齐，无明显塑性变形痕迹，具有脆性开裂特征。微观断口上清晰的解理台阶是脆性解理开裂的微观特征，故确定储气罐角焊缝开裂属于脆性开裂。金相分析表明，筒体侧显微组织正常，母材由铁素体和珠光体组成；进气接管母材组织正常，由铁素体和珠光体组成，但接管侧热影响区宽度远超正常的管—板角接接头热影响区宽度，靠近角焊缝接管组织的铁素体+珠光体形态完全消失，且沿壁厚方向，整个截面完全呈现魏氏体形态。合金钢焊接接头热影响区形成魏氏组织符合钢的冷却转变规律[1]，但是进气接管整个截面均形成魏氏组织，说明进气接管在焊接过程中发生了严重过热。魏氏体是碳钢或合金钢过热相变后经冷却形成的组织，是钢的一种过热缺陷组织。它会使钢的力学性能，特别是冲击韧性和塑性显著降低，并提高钢的韧脆转变温度，增加钢发生脆性断裂的敏感性[2-4]。

通常，脆性断裂主要分为低温脆裂和腐蚀环境脆裂[5]。能谱分析显示，贯穿的裂纹面上除Fe、O元素外，无其它腐蚀性元素，判断开裂与腐蚀环境无关。由于该储气罐开裂泄漏时正值冬季雨雪天气，环境温度普遍低于0℃。焊接接头在低温下韧性会进一步降低[6]，在焊接残余应力和工作应力作用下，角焊缝粗晶区开始萌生裂纹，随着时间的推移，裂纹会优先在热影响区扩展交汇，逐渐延伸至进气接管和筒体两侧，由于进气接管和筒体母材韧性较好，裂纹扩展速率降低，直至裂纹中止。

综上所述，储气罐筒体与进气接管连接的角焊缝属于脆性开裂。由于热输入量过大，造成接管母材严重过热，形成的魏氏组织区域过大，降低了角焊缝接头韧性，在焊接残余应力和工作应力作用下，发生了开裂泄漏。

3　结论与建议

(1)进气接管焊接时，由于热输入量过大，造成接管母材严重过热，形成的魏氏组织区域过大，降低了角焊缝接头韧性，在焊接残余应力和工作应力作用下，发生了开裂泄漏。

(2)在储气罐制造及维修过程中，严格执行NB/T 47014《承压设备焊接工艺评定要求》，控制热输入量，减少过热组织。

参考文献

[1]崔忠圻，覃耀春．金属学与热处理[M]．北京：机械工业出版社，2020. 263－264.

[2]徐佳祺，周玉东，曾庆威，等．热输入对焊缝金属组织及性能的影响[J]．焊接技术，2019，48(S2)：39－42.

[3]赵志明．魏氏组织对Q245R焊缝材质状态的影响[J]．科技创新导报，2016，13(05)：34－36.

[4]冯琳杰，吕品正，赵永明，等．15CrMo钢多层堆焊过程中热影响区的组织演化行为及其对接头硬度的影．[J]．热加工工艺，2021，50(11)：67－70.

[5]钟鹏群，赵子华．断口学[M]北京：高等教育出版社，2006：176－178.

[6]达运社，达卿文．优化焊接工艺 防止焊件低温脆性破坏[J]．现代制造技术与装备，2018(06)：87－89.

集输管道弯头腐蚀问题的分析

李福元[1]　丰劲松[2]　邹哲雨[1]　万驱虎[1]　岳绍秀[1]　祁凌生[1]

[1. 中特检管道工程(北京)有限公司，北京　100013；2. 中国石油塔里木油田分公司，新疆　84100]

摘　要：某采油气管理区的集输管道新建和投用越来越多，集输管道腐蚀的形式比较多，而腐蚀减薄导致的失效最为常见。弯头作为管道集输系统的薄弱环节，弯头处的腐蚀极易引发天然气泄漏事故，对管道运行安全和周边环境会造成极大的影响；利用壁厚定点监测方法对集输管道弯头进行腐蚀监测，使用户可以及时准确的了解重点管线弯头腐蚀的情况。本文调查了某作业区集输管道弯头腐蚀减薄形成的机理，通过检验案例分析了集输管道运行工况及产生的危害，针对集输管道弯头的腐蚀减薄问题，形成一些思考和建议。

关键词：集输管道；弯头；腐蚀减薄

Analysis of Elbow Corrosion in Gathering Pipeline

LI Fuyuan[1], *FENG Jinsong*[2], *ZOU Zheyu*[1], *WAN Quhu*[1], *YUE Shaoxiu*[1], *QI Lingsheng*[1]

[1. CSIG pipeline engineering (Beijing) Co., Ltd., Beijing, 100013;
2. Petrochina Tarim Oil Field Company, Xinjiang, 84100]

Abstract: More and more gathering and transporting pipelines are built and put into use in a certain oil and gas production management area. The elbow is the weak link of pipeline gathering and transportation system. The Corrosion of elbow can easily lead to natural gas leakage, which will greatly affect the safety of pipeline operation and the surrounding environment The wall thickness fixed-point monitoring method is used to monitor the corrosion of the elbow of gathering and transporting pipeline, so that the users can know the corrosion of the elbow of the important pipeline timely and accurately. In this paper, the mechanism of corrosion thinning of elbow of gathering and transporting pipeline in a certain working area is investigated, and the operating conditions and hazards of gathering and transporting pipeline are analyzed through inspection cases, form some thoughts and suggestions.

Key words: Gathering pipeline; Elbow; Corrosion thinning

1　引言

天然气集输管道运行压力高、流速快，部分单井温度高，油气介质含水、含砂、含 CO_2、Cl_-浓度高，腐蚀环境苛刻，井口集输管道弯头存在较大的冲蚀、冲刷风险。开展壁厚定点监测工作，切实掌握管道运行状况，准确评估剩余寿命，确保管道安全运行。本文在完成现场定点监测和检验的工作基础之上，依据《承压设备损伤模式识别》(GB/T 30579—2022)的相关要求，通过现场检验的腐蚀减薄数据，形成一些思考和建议，对后续检验监测评价提供参考。

2　检验情况概述

本次检测辖区内的 40 处集输管道弯头，共 95 个井场出地弯头、入地弯头进行超声波测厚检测，对 18 条管线 19 个管件进行 C 扫检测验证。定点监测流程见图 1。

作者简介：李福元(1995—　)，本科，主要从事压力管道检验检测工作。E-mail：2321093964@qq.com

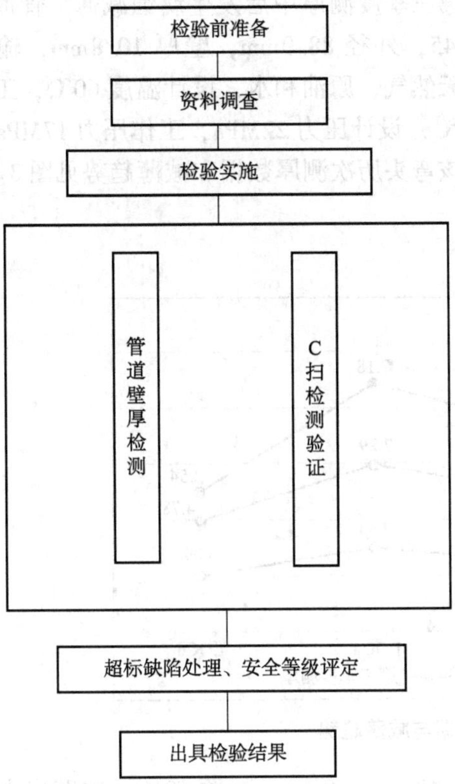

图1 定点监测流程图

3 管道工况对腐蚀减薄的影响分析

3.1 介质成分分析

本次检验的大部分气田的集输管道通过原始资料调查及单井介质报告分析，该作业区集输管道输送的介质大部分含有 CO_2、水、Cl^- 且含量都较高，同时气流速度也较高，因此在高流速下管道系统的冲蚀、CO_2 腐蚀比较严重。金属在潮湿的二氧化碳环境(碳酸)中发生腐蚀，在 CO_2 腐蚀条件下腐蚀的损伤形态为形成液相的部位会发生腐蚀，CO_2 从气相中凝出来的部位容易发生腐蚀，腐蚀区域壁厚减薄，可能形成蚀坑或蚀孔在紊流区，碳钢发生腐蚀时可能形成较深的点蚀坑和沟槽，腐蚀一般发生在紊流和液体冲击区域，有时也会发生在管道焊缝根部[2,5]。

$$H_2O + CO_2 + Fe \longrightarrow FeCO_3 + H_2$$

Cl^- 对金属腐蚀的影响表现在降低材质表面钝化膜形成的可能或加速钝化膜的破坏，从而促进局部腐蚀，Cl^- 浓度越高，水溶液的导电性就越强，电解质的电阻就越低，Cl^- 就越容易到达金属表面，加快局部腐蚀的进程，管道壁面会形成一层腐蚀产物膜，覆盖在管道内表面，从而对基体产生保护作用，但当管道处于高速流动的流场中时，特别时管道壁面不光滑的条件下，高速流动的气体会对管道壁面的腐蚀产物产生强烈的冲刷，从而使表面覆盖的腐蚀产物脱落，基体再次裸露于腐蚀环境中，进而再次发生腐蚀，使腐蚀速率不断增大[4]。

研究结果表明：CO_2 腐蚀和 Cl^- 腐蚀是天然气集输管道发生内腐蚀的主要因素。虽然在集输管道会采用内涂层防腐或在管道输送介质中添加缓蚀剂，但管道内流动情况复杂，流体在高流速情况下会对管壁产生剧烈冲蚀腐蚀、冲刷腐蚀，促使内腐蚀涂层及缓蚀剂膜剥落失效。流场作用下的集输管道腐蚀会引起设备和管道的巨大损失，并且由此造成的后期更换与维护也会造成大量人力资源及物质资源的浪费[1]。

3.2 管壁温度

此作业区集输管道从采气树至二级节流阀后由于高产量、高压力导致温度在工作温度在40℃～50℃，管壁温度是指管道内壁的温度，它是由介质温度、环境温度和管道的传热性能共同决定的。管壁温度的变化会直接影响到管道内介质的温度，进而影响到腐蚀速度。管壁温度升高会加快腐蚀速度当管道内介质温度升高时，管壁温度也会随之升高。高温环境下，化学反应速率会加快，从而导致腐蚀速度的增加。此外，高温还会使某些金属材料的结构发生变化，导致其更容易受到腐蚀[1]。温度和腐蚀速率示意见图2。

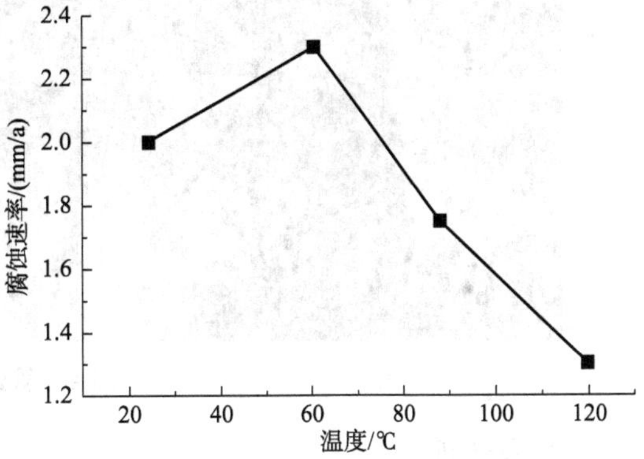

图2 温度和腐蚀速率示意图

管壁温度对管线腐蚀的影响主要体现在影响腐蚀速率和腐蚀产物膜的致密程度两方面。随着温度的升高，腐蚀产物膜的致密程度增大，对基体的保护作用增强；但同时受到流体流动的影响，在中低温区流体流动促使腐蚀产物膜的脱落的能力比温度升高使腐蚀产物膜致密增大的能力大，因此腐蚀速率随着温度的升高而增大，并在中温区达到最大值；而在高温区，温度使腐蚀产物膜致密增大的能力比流动使腐蚀产物膜脱落的能力大，更多的腐蚀产物膜可以稳定的覆盖在材料表面，因此腐蚀速率将随着温度升高而降低[1]。本次定点监测的集输管道弯头工作温度都集中在40～50℃，所以从图上看出温度在40～50℃是影响腐蚀减薄的重要因素。

4　典型弯头腐蚀减薄案例分析

4.1　单井出土弯头腐蚀减薄案例

4.1.1　管道概况与测厚数据

管道投用日期为2021年11月29日，2023年在第三季度测厚中后发生腐蚀减薄。管道材质为L245，外径88.9mm，壁厚10/8mm，输送介质为天然气、原油和水，设计温度60℃，工作温度50℃，设计压力22MPa，工作压力17MPa。

该弯头历次测厚数据和减薄趋势见图3。

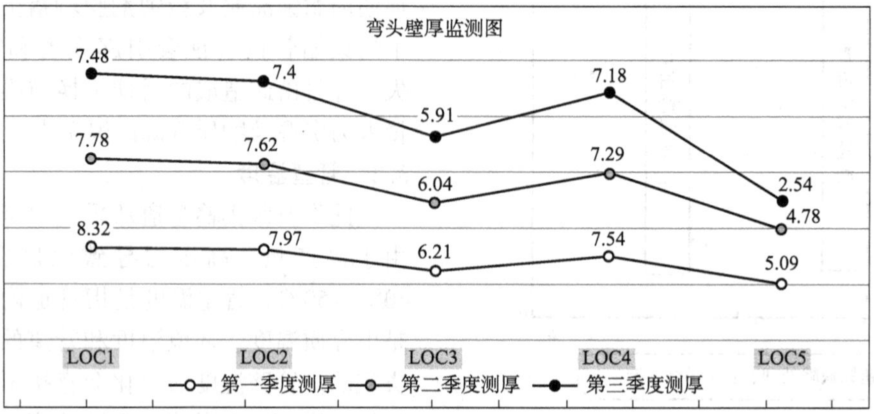

图3　单井出土弯头历次测厚数据与减薄趋势

缺陷描述：管线减薄位置位于弯头上直管LOC5，最小值2.54mm，公称壁厚10/8mm，缺陷范围：40mm×40mm，减薄68%，内壁出现大面积坑状缺陷。该弯头减薄位置及剖开见图4。

图4　管道减薄位置及剖开图

4.1.2　原因分析

发生弯头腐蚀减薄原因主要有以下三点：

(1)制造过程中的问题：弯头在制造时由于弯头热处理受力不均，导致9点或3点壁厚较薄，而0点钟方向壁厚正常；

(2)腐蚀介质对管道的影响：管道介质属于油、气、水共存的多相流腐蚀介质，介质中含有CO_2、单井产出液pH值较低，为弱酸性水体，矿化度高，Cl^-含量高[5]，导致管线发生局部腐蚀的可能较大，加上部分单井的管线温度较高，加速了管线局部腐蚀速率；

(3)冲刷腐蚀：由于在采出的油气水等介质中，含有一定的泥沙等固体颗粒，在流动过程中，这些固体颗粒会对管道内壁、特别是底部产生冲蚀作用。

根据现场检验情况，弯头外弧背部(LOC1～LOC5)减薄最严重，壁厚最小值为2.54mm，判定为冲刷腐蚀为主，叠加介质腐蚀。处理结果：业主已在检修时进行更换。

4.2　采气支线入地弯头腐蚀减薄案例

4.2.1　管道概况与测厚数据

管道投用日期为2020年11月16日，2023年6月20日在定期检验中发生出地弯头腐蚀减薄、2023年在第三季度测厚中后发生入地弯头腐蚀减薄。管道材质为L245，外径114.3mm，壁厚8mm，输送介质为天然气、原油和水，设计温度

60℃，工作温度 50℃，设计压 16MPa，工作压力 12MPa。

测厚数据见表 1。

表 1　采气支线入地弯头测厚数据

测点编号	测点厚度/mm	测点编号	测点厚度	测点编号	测点厚度	测点编号	测点厚度
L0C1	8.36	L3C1	8.68	L6C1	8.17	L9C1	8.62
L0C2	8.18	L3C2	8.26	L6C2	—	L9C2	8.37
L0C3	8.66	L3C3	8.41	L6C3	—	L9C3	7.84
L0C4	8.18	L3C4	8.20	L6C4	—	L9C4	5.96
L0C5	7.92	L3C5	8.17	L6C5	7.92	L9C5	7.38

缺陷描述：(1)管线减薄位置位于出地弯头 9 点钟方向 L9C4 测得最小壁厚为 5.96mm，公称壁厚 8mm，缺陷范围：20mm × 20mm，减薄 26%。其管道减薄位置及测厚见图 4；(2)经 C 扫验证与测厚仪数据吻合，公称壁厚 8mm，缺陷范围：ϕ10mm，减薄 26%。其管道减薄位置及内部图见图 5。

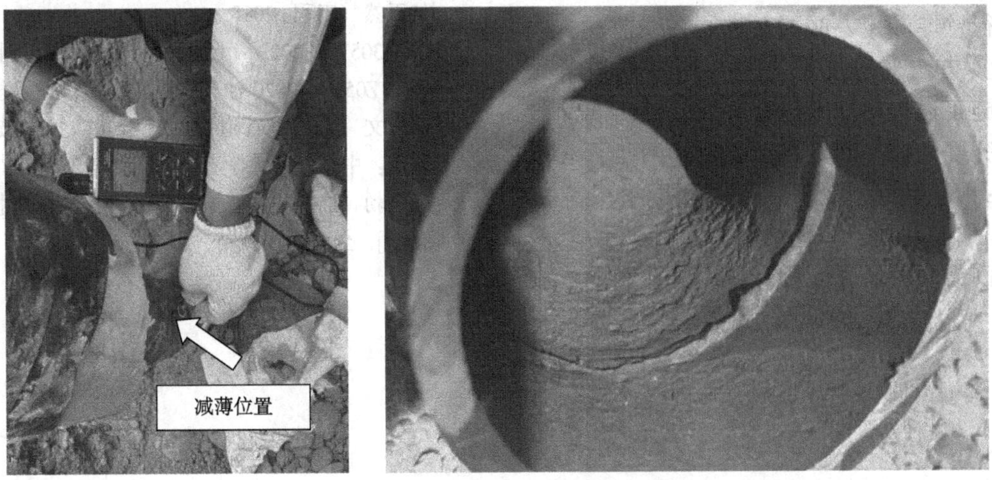

图 5　管道出地弯头减薄位置及内部图

4.2.2　原因分析

采气支线(ϕ114.3 × 8mm)的出地、入地弯头腐蚀减薄，介质是天然气再加上天然气中的水蒸气在某一温度及相对湿度一定情况下析出水蒸汽凝结成水珠的温度。湿度一定，压力越高，水露点温度越高，管道内的高压气体含有一定量的水蒸气，当露点温度高于管线运行温度时，析出水合物，管道里面的流体收到距离和温度的影响，因此介质流速和浓度发生改变，即弯头 0 点钟方向气压较大，一定的泥沙等固体颗粒从而沉积在 9 点或 3 点方向形成冲蚀和冲刷[4]。处理结果：业主已进行更换。

情况分析：此油气管理区弯头腐蚀减薄主要集中在单井运行压力高、产量高、温度高，油气介质含水、含砂、含 CO_2，Cl^- 浓度高的区域，本次现场检验已完成 40 处单井、阀室、集气站 95 个管件超声波侧厚、18 条管线 19 个管件进行 C 扫检测，其中发现 4 处壁厚减薄，单井集输管道腐蚀环境苛刻，碳钢集输管道存在较大的冲蚀、冲刷风险。

5　结语

该作业区集输管道具有腐蚀环境复杂(高温、高压、高含 CO_2、高 Cl^-、高流速)的特点，单井站场及集输管线安全运行风险高，出现腐蚀刺漏后果严重。综合管道运行工况、现场历次检测数据分析，在日常维护中注意以下几点：

(1)做好关键部位的定点测厚工作

在现场检验检测中对于高流速条件下的弯头应加强对外侧壁面的监测，定点测厚检测部位的确定应与油气生产运行数据、管道失效数据、装置检修检查情况、RBI 检验结果等结合，至少每年更新一次检测部位清单，对于一个监测年内无腐蚀、或腐蚀速率较小的部位，应进行精简或扩大间隔监测周期，而无须过分扩大检测的范围，以致增加监测成本；

(2)做好介质分析、运行工况持续监测工作

针对管道介质属于油、气、水共存的多相流腐蚀介质，介质中含有 CO_2、单井产出液 pH 值较低，为弱酸性水体，矿化度高，Cl^- 含量高。导致管线发生局部腐蚀的可能较大，加上部分单井的管线介质是高压力、高温度、高流速，将加速管线局部腐蚀速率；由于在采出的油气水等介质中，含有一定的泥沙等固体颗粒，在流动过程中，这些固体颗粒会对管道内壁、特别是外头外弧、底部产生冲蚀、冲刷作用，因此井场集输碳钢材质的管线入地弯头、出地弯头，仍是定点检测的重点；

(3)采用流场仿真和在线腐蚀监测新技术

对高流速部位或怀疑部位采用超声检测或射线成像进行壁厚测定，必要时进行在线监测；采用流场仿真方法对可能的严重冲刷部位进行预测；工程施工过程中仔细检查管线外壁防腐涂敷层，保证完好无损，同时在验收时检测是否有损坏的地方；

(4)从管道材质、布置结构等方面改进

以冲刷为主的场合，所有可缓解冲刷的措施均可考虑．如设计形状和几何结构改进，增加管道直径以降低介质流速．采用流线型弯头，增加冲蚀部位壁厚，设置易更换的防冲板等；以腐蚀为主的场合，仅仅提高基体金属的硬度，其耐冲蚀能力不一定能提高，可采用耐蚀金属或合金，降低介质的腐蚀性．例如除气、注人冷凝剂或添加缓蚀剂；以冲刷为主的场合，可采用硬度值高的材质，或增设耐磨衬里，或进行表面强化处理等；热交换器设置防冲板，必要时使用管形护套来减缓冲蚀。

参考文献

[1]廖华扬．流动状态下 H_2S、CO_2 对天然气集输管道弯头的内腐蚀影响研究[D]．成都：西南石油大学石油与天然气工程．2018.

[2]GBT 30579—2022，承压设备损伤模式识别，[S].

[3]QSYTZ0523—2020 油气管道定点测厚技术规范，[S].

[4]徐伯文．天然气管道腐蚀分析与防护对策研究[D]．北京：中国石油大学石油与天然气工程．2012.

[5]孙今勃．油气集输管道的腐蚀机理与防腐技术研究进展[J]．全面腐蚀控制，2017，31(1)：3.

化工厂主蒸汽管道材料力学性能分析与建议

史海亮[1] 阳佳旺[1] 谭虎成[2] 杨 洋[2]

[中国特种设备检测研究院，北京 100029；2. 中特检管道工程(北京)有限公司，北京 100029]

摘 要：某化工厂热电主蒸汽管道，在一次大检修中，经现场金相检测发现珠光体4级球化。为判定该管道材质力学性能是否满足运行要求，对其割管取样，进行材料力学性能分析。通过化学成分分析、拉伸试验、微观组织分析及冲击试验等方法，判断该管道的材质力学性能，并针对性提出减缓对策和措施，以期为管道后期的安全运行及管理提供参考。

关键词：蒸汽管道；力学性能分析；拉伸试验；金相；冲击试验

Analysis and Suggestions on Mechanical Properties of Main Steam Pipeline Materials in Chemical Plants

SHI Hailiang[1], *YANG Jiawang*[1], *TAN Hucheng*[2], *YANG Yang*[2]

[1. China Special Equipment Inspection And Research Institute, Beijing 100029, China;
2. China special inspection Pipeline Engineering (Beijing) Co., Ltd, Beijing 100029, China]

Abstract: During a major overhaul of a thermal power main steam pipeline in a chemical plant, it was discovered through on-site metallographic testing that there was a fourth level spheroidization of pearlite. To determine whether the mechanical properties of the pipeline material meet the operational requirements, cut the pipe and take samples for material mechanical performance analysis. By using methods such as chemical composition analysis, tensile testing, microstructure analysis, and impact testing, the material mechanical properties of the pipeline are determined, and targeted mitigation measures and measures are proposed to provide reference for the safe operation and management of the pipeline in the later stage.

Key words: Steam pipeline; Mechanical performance analysis; Tensile test; Metallography; Impact test

1 引言

某化工厂热电主蒸汽管道于2003年3月投入使用。该管道运行18年后，于2022年1月检修时，经现场金相检测发现珠光体4级球化。该蒸汽管道材质为12Cr1MoV，规格为$\phi 325 \times 25$mm，设计压力为10MPa，工作压力为8.82MPa，设计温度为555℃，工作温度为535℃。对该管道进行了切割送检。采用化学成分分析、拉伸试验、微观组织分析及冲击试验等方法分析了该管道的材质、金属组织及焊缝冲击性能[1]，并针对性地提出了减缓和控制措施。

2 理化性能分析

2.1 宏观检验及硬度测试

通过宏观检验发现管道外表面有一定程度的氧化，氧化皮颜色为红褐色，氧化皮厚度在0.5mm左右，除内表面有轻微腐蚀外，其他地方无明显服饰、表面裂纹以及鼓包等损伤，如图1所示。测定壁厚值在22.90~26.72mm范围内。

采用便携式里氏硬度计对该样品进行硬度测试，测试结果见表1。

作者简介：史海亮(1989—)，硕士研究生学历，主要从事压力管道检验检测及科研相关工作。E-mail: 1164880836@qq.com

图 1　割管样品图

表 1　硬度测试结果

测点位置编号	硬度值 HB			平均值 HB	测点部位
W1－1	136	142	146	141	母材
W1－2	148	156	159	154	热影响区
W1－3	178	182	172	177	焊缝
W1－4	158	160	142	153	热影响区
W1－5	140	138	132	137	母材

2.2　化学成分分析

在管段母材和焊缝上取样，编号分别为 1#、2#，根据 GB/T 4336—2016《碳素钢和中低合金钢多元素含量的测定 火花放电原子发射光谱法》对管道进行化学成分分析[2]，表 2 是管道母材及焊缝金属的化学成分光谱分析结果，1#母材化学成分符合 GB 5310—2017 的要求[3]。

表 2　化学成分分析

样品编号	1#	2#	GB 5310
C	0. 11	0. 07	0. 08～0. 15
Si	0. 26	0. 11	0. 17～0. 37
Mn	0. 47	0. 67	0. 40～0. 70
P	0. 012	0. 016	≤0. 025
S	0. 002	0. 085	≤0. 010
Cr	0. 99	1. 20	0. 90～1. 20
Mo	0. 25	0. 60	0. 25～0. 35
V	0. 16	0. 17	0. 15～0. 30

2.3　室温拉伸性能

在管段母材取环向及轴向拉伸样，编号分别为 L1－1#、L1－2#，在环焊缝取横向拉伸试样，编号为 L2#。根据 GB/T 228. 1—2021《金属材料 拉伸试验 第 1 部分：室温试验方法》进行室温拉伸试验[4]，试验结果见表 3。母材拉伸性能满足标准 GB 5310—2017《高压锅炉用无缝钢管》的要求，但抗拉强度基本靠近标准下限；环焊缝抗拉强度满足标准中抗拉强度 470MPa～640MPa 的要求，拉伸试样的断裂位置位于母材。

表 3　室温拉伸性能试验结果

试样编号	取样方向	规定塑性延伸强度 $R_{p0.2}$/MPa	抗拉强度 R_m/MPa	断后伸长率 A/%	
				纵向	横向
L1－1#	母材环向	279	477	—	33
L1－2#	母材轴向	275	474	31. 5	—
L2#	横向（垂直焊缝）	—	485	—	—
GB 5310	—	≥255	470～640	≥21	≥19

2.4　高温拉伸性能

在管段母材取环向及轴向拉伸样，编号分别为 GL1－1#、GL1－2#；在环焊缝取横向拉伸试样，编号为 GL2#。根据 GB/T 228. 2—2015《金属材料 拉伸试验 第 2 部分：高温试验方法》进行 535℃（管道运行温度）高温拉伸试验[5]，试验结果见表 4。

GB 5310—2017《高压锅炉用无缝钢管》在附录 B 中给出了 12Cr1MoV 在不同温度下的高温规定非比例延伸强度（$R_{p0.2}$），550℃下 $R_{p0.2}$ 不小于 187MPa，并注明"其要求仅当合同有规定时才适用"。《火力发电厂金属材料手册》530℃高温拉伸统计值，$R_{p0.2}$ 均值为 264MPa，统计下限值 183MPa；抗拉强度均值为 380MPa，统计下限值 331MPa[6]。

根据 535℃高温拉伸试验结果，母材环向 $R_{p0.2}$ 为 172MPa，轴向 $R_{p0.2}$ 为 173MPa；不满足 GB 5310—2017 的要求，虽然高温拉伸性能并非强制性要求，但与《火力发电厂金属材料手册》统计的常规供货状态的均值（264MPa）相比，管道在 535℃服役 18 年，高温拉伸性能有所下降。

表 4　高温拉伸性能试验结果

试样编号	取样方向	规定塑性延伸强度 $R_{p0.2}$/MPa	抗拉强度 R_m/MPa	断后伸长率 A/%	
				纵向	横向
GL1－1#	母材环向	172	266	—	34
GL1－2#	母材轴向	173	267	39	—
GL2#	横向（垂直焊缝）	—	276	—	—
GB 5310	—	≥187（550℃）	—	—	—
《火力发电厂金属材料手册》530℃高温拉伸统计值		264（183～345）	380（331～429）	—	—

3 微观组织分析

在环焊缝、母材上取样，编号分别为 J1#、J2#，根据 GB/T 13298—2015《金属显微组织检验方法》、DL/T 773—2016《火电厂用 12Cr1MoV 钢球化评级标准》进行金相组织分析和球化评级[7-8]。

3.1 环焊缝微观组织

在环焊缝制取焊接接头横截面金相试样，焊缝金相组织见图 2(a)~(e)，组织为铁素体+贝氏体。近外壁、1/4T(T 为管道公称壁厚)、1/2T、3/4T、近内壁 5 个部位，球化等级均为 3 级。

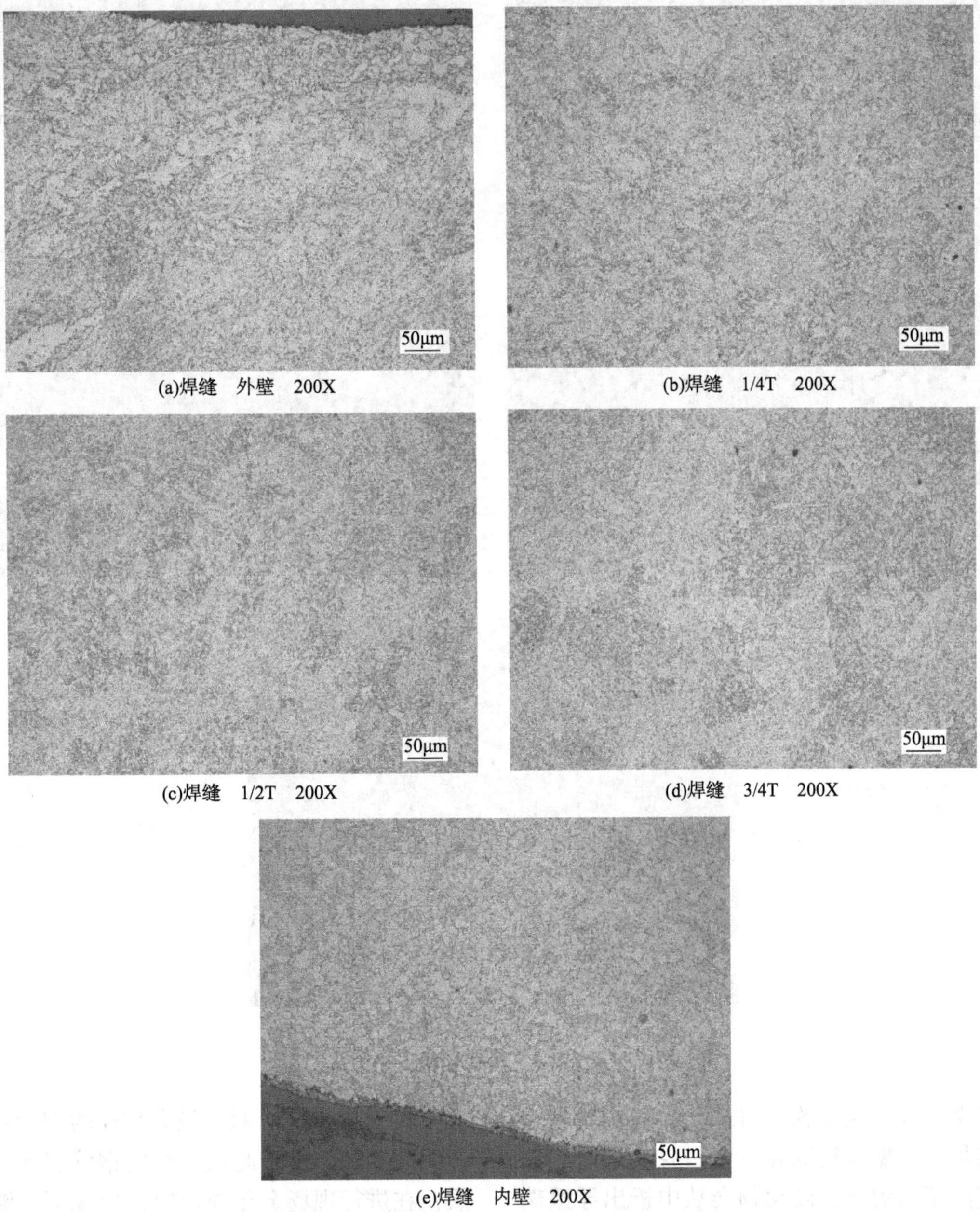

(a)焊缝　外壁　200X　(b)焊缝　1/4T　200X　(c)焊缝　1/2T　200X　(d)焊缝　3/4T　200X　(e)焊缝　内壁　200X

图 2　环焊缝金相

3.2 母材微观组织

在管段母材制取横截面金相试样，焊缝金相组织见图 3(a)~(e)，组织为铁素体+珠光体。外壁脱碳层深度约为 230μm，内壁脱碳层深度约为 280μm。按照 DL/T 773—2016《火电厂用 12Cr1MoV 钢球化评级标准》评级，近外壁、近内壁 2 个部位，球化等级均为 4 级完全球化；1/4T、1/2T、3/4T 等 3 个部位，球化等级均为 3.5 级(中度球化~完全球化之间)。

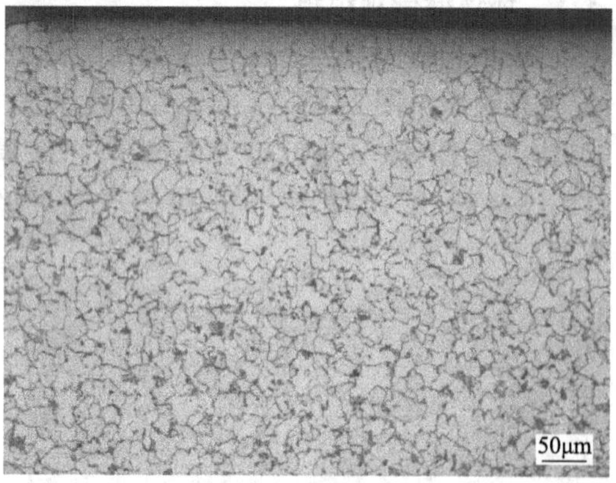

(a)母材　外壁　200X

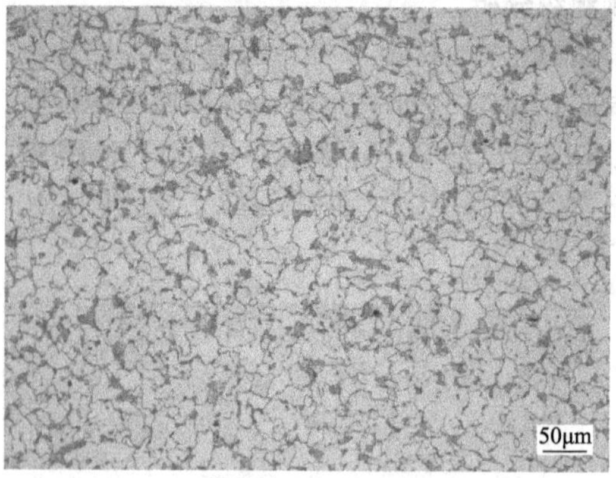

(b)母材　1/4T　200X

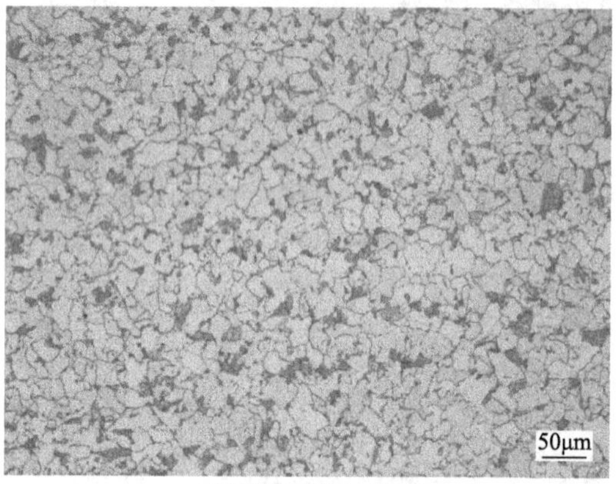

(c)母材　1/2T　200X

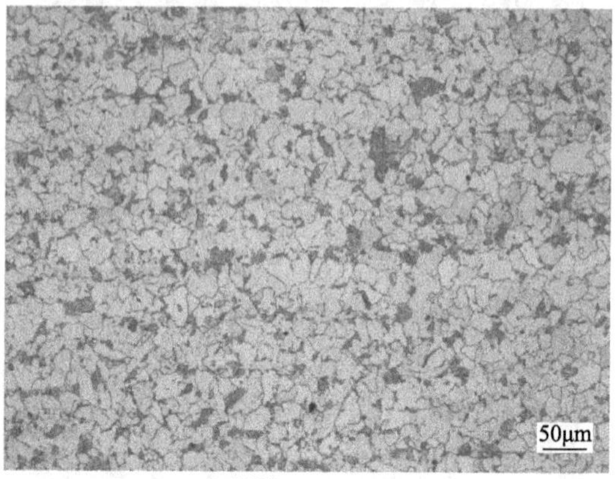

(d)母材　3/4T　200X

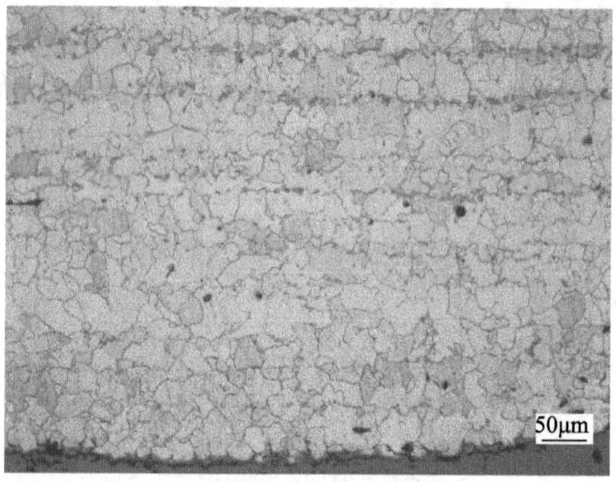

(e)母材　内壁　200X

图3　母材金相

现场金相检测结果为4级球化，和实验室金相分析结果近外壁4级球化一致。脱碳是由于珠光体长期处于高温下，碳化物会从中析出导致珠光体分解的现象。12Cr1MoV钢管要求有较浅的脱碳层来保证高温下的服役性能，在钢管制造过程中，如轧制前加热温度过高或加热时间过长，热处理时回火温度过高，热处理炉内还原性气氛控制不好，均会导致钢管的表面脱碳。此次分析的试样，外表面存在230μm脱碳层，内表面存在280μm脱碳层。GB 5310—2017对于直径≤76mm的钢管要求检验全脱碳层，外表面深度应不大于0.3mm，内表面深度应不大于0.4mm，两者之和应不大于0.6mm。对于较大直径的钢管脱碳层未做明确要求。由于此次分析的钢管表面存在脱碳层，在进行现场金相检测时，应保证足够的打磨深度，完全去除表面脱碳层后，再进行金相观察及照片采集。

4　焊缝冲击试样分析

在焊缝中心、热影响区取横向夏比冲击试样，在母材分别取轴向及环向夏比冲击试样，根据GB/T 229—2020《金属材料 夏比摆锤冲击试验方法》进行室温冲击试验[9]。试验结果见表5。GB 5310—2017中12Cr1MoV冲击功要求为纵向(轴向)≥40J，横向(环向)≥27J。母材、焊缝中心、热影响区夏比冲击功均满足标准要求。

表5 室温冲击试验结果

取样位置	缺口位置及方向	试样尺寸/mm	冲击吸收能量/J	
母材	环向	10×10×55	164	平均值172
		10×10×55	170	
		10×10×55	183	
	轴向	10×10×55	198	平均值204
		10×10×55	201	
		10×10×55	212	
服役后弯头环焊缝	焊缝中心	10×10×55	135	平均值136
		10×10×55	142	
		10×10×55	132	
	热影响区	10×10×55	114	平均值165
		10×10×55	224	
		10×10×55	158	
GB 5310	纵向≥40J，横向≥27J			

5 结论及建议

5.1 结论

该化工厂主蒸汽管道现场金相检测发现珠光体球化较为严重，送检样品经微观分析和理化性能测试，主要结论如下：

(1)管体材料理化性能分析结果表明，服役后钢管化学成分、室温拉伸性能、冲击性能符合标准要求，其中拉伸性能靠近标准下限。

(2)服役后钢管母材535℃屈服强度173MPa，低于标准GB 5310—2017《高压锅炉用无缝钢管》附录B 550℃下187MPa的参考值；钢管535℃屈服强度、抗拉强度(173/267MPa)均低于《火力发电厂金属材料手册》530℃高温拉伸统计值(下限183/331MPa；均值264/380MPa)。

(3)服役后钢管母材组织为铁素体+珠光体，外表面存在约230μm的脱碳层，内表面存在约280μm的脱碳层。母材内外表面4级完全球化，基体正常组织为3.5级球化(中度球化～完全球化之间)；环焊缝组织为铁素体+贝氏体，3级中度球化。

综上所述，服役后钢管常温拉伸性能靠近标准下限，高温拉伸性能下降明显，基体组织为3.5级球化，介于中度球化－完全球化之间，钢管在535℃高温下服役18年后，组织和力学性能发生了较明显的下降。

5.2 建议

随着运行时间的累积，化工厂尤其是热电蒸汽管道面临的超期服役问题越来越严峻，可以采用割管返修或寿命预测的方法进行处理，主蒸汽管道的剩余寿命预测理论已较成熟[10]。鉴于目前该管道微观组织球化等级尚不严重，建议采用剩余寿命预测与评估的方法，对该管道进行延寿，在延期使用期间，应定期进行定点测厚及金相分析，重点关注材料的性能变化情况。

参考文献

[1]叶宇峰.Cr9Mo蒸汽管道材质评价及寿命预测.中国特种设备安全[J]，2015，31(1)：39－43.

[2]GB/T 4336—2016 碳素钢和中低合金钢 多元素含量的测定.

[3]GB 5310—2017 高压锅炉用无缝钢管.

[4]GB/T 228.1—2021 金属材料 拉伸试验 第1部分：室温试验方法.

[5]GB/T 228.2—2015 金属材料 拉伸试验 第2部分：高温试验方法.

[6]姜求志，王金瑞.火力发电厂金属材料手册.北京：中国电力出版社，2001.

[7]GB/T 13298—2015 金属显微组织检验方法.

[8]DL/T 773—2016 火电厂用12Cr1MoV钢球化评级标准.

[9]GB/T 229—2020 金属材料 夏比摆锤冲击试验方法.

[10]孙文起.服役26年的12Cr1MoV钢的蠕变损伤机理及剩余寿命预测方法研究：[学位论文].山东：中国石油大学(华东)，2020.

成品油输送管道硫酸盐还原菌腐蚀分析

王海涛　郭红合　罗艳龙　刘艳贺　李仕力

[国家市场监管技术创新中心(油气管道与储存设备安全)，北京　100029]

摘　要：从管道腐蚀沉积物中培养并富集了以硫酸盐还原菌(SRB)为主的细菌，采用电化学方法、腐蚀失重法和表面分析技术研究了 X60 管线钢在含 SRB 介质中的腐蚀行为。实验结果表明：管道沉积物以 Fe_3O_4、FeS 和 Fe_2O_3 等形式存在；在含有 SRB 的菌液中培养 14d 后，试样表面形成大量疏松多孔的腐蚀产物并可以看到 SRB 细菌的聚集体，EDS 结果分析表明该体系腐蚀产物中含有较多的 S 元素。极化曲线分析和失重分析均表明含有成品油的 SRB 菌液中腐蚀程度比单纯的菌液环境更严重，腐蚀速率约是 SRB 菌液中的 1.7 倍，成品油的存在促进了 SRB 对金属的腐蚀。

关键词：硫酸盐还原菌；X60 碳钢；管道内腐蚀；成品油

Analysis of Microbial Corrosion by Sulfate Reducting Bacteria in Product Oil Pipeline

WANG Haitao, GUO Honghe, LUO Yanlong, LIU Yanhe, LI Shili

(Technology Innovation Center of Oil and Gas Pipeline and Storage Equipment Safety for State Market Regulation, Beijing 100029, China)

Abstract: The bacteria mainly sulfate reducing bacteria (SRB) were cultured and enriched from the corrosion scale samples of pipelines, and the corrosion behavior of X60 pipeline steel in SRB-containing media was studied by electrochemical method, corrosion weight loss method and surface analysis technique. The experimental results show that the pipe sediment exists in the forms of Fe_3O_4, FeS and Fe_2O_3. After 14 days of culture in the bacterial solution containing SRB, a large number of loose and porous corrosion products were formed on the surface of the sample and the accumulation of SRB bacteria could be seen. EDS results showed that the corrosion products of this system contained more Element S. The polarization curve analysis and weight loss analysis showed that the corrosion degree of SRB bacterial liquid containing refined oil was more serious than that of the pure bacterial liquid environment, and the corrosion rate was about 1.7 times that of SRB bacterial liquid, so the presence of refined oil promoted the metal corrosion of SRB.

Key words: Sulfate-Reducing Bacteria (SRB); X60 carbon steel; Pipeline internal corrosion

1　引言

微生物普遍存在于土壤、淡水、油田以及海洋等环境中，在电厂循环冷却水系统，污水处理设备，自来水管道，原油的储存与输送过程，飞机燃油储罐，以及海底采矿设备中均发现了微生物的踪迹，而微生物腐蚀(Microbiologically Influenced Corrosion, MIC)也被证明存在于成品油管道中[1]。成品油中因含有丰富的烃类有机物和接近厌氧的条件而备受微生物青睐，微生物可以通过自身的生命代谢活动来参与氧化有机物为自身生长繁殖提供必要的营养物质。细菌代谢产物能够改变自身所处的环境，比如腐蚀性离子的浓度、pH、溶解氧含量等，进一步造成严重的局部腐蚀[2]。王凤平等指出，尤其当流速较为缓慢或者输送停歇的间隔，细菌造成的腐蚀尤为突出[3]。

管道中存在的微生物会造成的微生物腐蚀

作者简介：王海涛(1982—　)，博士，主要从事油气管道检测和评价相关技术研究工作。E - mail：wanghaitao2009@aliyun.com

(MIC)问题已经引起了高度重视[4-6]，王正泉等[7]采用高通量测序技术分析了“百昆”线蒙自－建水段成品油管道沉积物中微生物种群种类和含量通过测序系统，共检出微生物10门17纲85属。微生物腐蚀在腐蚀中占有很重要的地位[8-9]，据相关报道，20%金属材料和建筑材料损失与微生物的活动有关。微生物腐蚀对于石油工业的影响更加严重[10]，发生微生物腐蚀的典型细菌有硫酸盐还原菌(SRB)、铁细菌(IOB)、产酸菌等。敬加强等[11]对塔里木某输油管道内部的腐蚀管垢进行了微生物富集培养，发现其中含有硫酸盐还原菌(SRB)的存在，对生长周期内 H_2S 含量进行测量表明增加了管线钢硫化物应力腐蚀开裂的可能性。宋晓琴等[12]。发现成品油管道微生物腐蚀主要来源于硫酸盐还原菌、铁氧化细菌和一般细菌，即便在高流速下也不能冲刷掉表面粘附的细菌，冲刷试验前后表面腐蚀产物几乎不发生变化。尤其当管道低流速输送成品油或者停输时，内部沉积腐蚀产物下细菌大量增殖产生腐蚀性代谢产物对管道内壁造成严重腐蚀，一旦发生腐蚀导致管道泄漏不仅会给管道的正常输送造成严重的经济损失和泄漏处恶劣的环境污染，甚至危及附近居民的生命安全[12]。城市汽柴油输送系统在压力试验的水中、施工环节带入的土壤中可能存在SRB，在通入成品油后的密闭厌氧环境下，细菌进行繁殖滋生，造成金属管道的内腐蚀问题，所以研究城市汽柴油输送系统管道内微生物腐蚀现象和相应腐蚀机理有一定的必要性。

本文通过对输油管道腐蚀产物的分析与SRB的富集培养，主要运用微生物培养、电化学方法、失重分析以及腐蚀表面分析技术，对SRB、含成品油SRB介质中X60的腐蚀行为进行研究，为管道面临的内腐蚀问题提供一些防护理论指导意见。

2　实验材料和方法

本文实验材料为X60管线钢，其化学成分(质量分数%)为C 0.1、Si 0.4、Mn 1.3、S 0.025、P 0.02，余量为Fe。电化学测试的电极有效工作面积为 $0.785cm^2$，用SiC砂纸逐级打磨(至1200号砂纸)使表面光滑，并用去离子水、无水乙醇和丙酮进行清洗除杂，最后烘干后在紫外灯下照射30min以达到对材料的灭菌处理。管道沉积物和成品油取自华南分公司重庆站的一条成品油输送管道中。

本实验中所用的SRB菌种来自华南管道沉积物中培养后经过进一步分离纯化得到，SRB培养基的配方主要成分如表1。按照配方将配好的新鲜培养基pH值调节至7.2左右，采用蒸汽压力灭菌锅在121℃下灭菌20min，待冷却至常温后向培养基每升中加入紫外消毒的 $(NH_4)_2SO_4 \cdot FeSO_4 \cdot 6H_2O$ 0.2g后摇匀放置。

表1　SRB培养基主要组成成分　g/L

成分	氯化钠	七水硫酸镁	磷酸氢二钾	维生素C	乳酸钠	酵母浸汁液
含量	10	0.2	0.01	0.1	4.0	1.0

失重试片用酸洗液除去表面的腐蚀产物，再用水、乙醇和丙酮清洗。用分析天平称重，通过腐蚀前后试片的失重来计算腐蚀速率。计算公式如下(1)：

$$C_R = \frac{8.76 \times 10^7 \times (M_0 - M_1)}{\rho A t} \tag{1}$$

式中　C_R——腐蚀速率，$mm \cdot a^{-1}$；

M_0——试片的初始质量，g；

M_1——清除腐蚀产物后的试片重量，g；

A——试片的表面积，cm^2；

t——腐蚀实验时间，h；

ρ——金属材料的密度，$kg \cdot m^{-3}$。

电化学测试采用标准的三电极体系，工作电极为X60碳钢，参比电极为饱和甘汞电极(SCE)，辅助电极为Pt电极。电化学测试数据由CorrTest(CS350)电化学工作站获得，表面腐蚀产物膜的形貌以及物相组成分别由场发射扫描电子显微镜(FSEM－3 Gemini SEM300)和X射线衍射仪观察分析。

3　结果与分析

3.1　管道沉积物的宏观形貌和细菌培养

图1(a)是华南重庆站成品油输送管道内部的腐蚀沉积物，可以看出是一些含有大量油污的块状颗粒物。图1(b)是从管道沉积物中培养出的SRB菌液，在恒温37℃条件下培养一周左右时间溶液就变黑，表明SRB代谢旺盛，产生了黑色的硫铁化合物覆盖了瓶壁表面。

(a)　(b)

图1　管道腐蚀沉积物的外观形貌和富集培养出的SRB

3.2 管道腐蚀沉积物 XRD 分析

图2是管道腐蚀沉积物的 XRD 图谱。由图中可以看出，沉积物的主要存在形式为 Fe_3O_4、FeS 和少量的 Fe_2O_3。刘猛等[13]在分析成品油投产前内腐蚀原因时得出腐蚀产物 γ-FeOOH 在腐蚀过程会发生 $8FeO(OH) + Fe^{2+} + 2e^- \rightarrow 3Fe_3O_4 + 4H_2O$ 被还原为 Fe_3O_4，Fe_3O_4 若发生进一步氧化会形成稳定 γ-Fe_2O_3，同时缺氧区域如点蚀坑内易生成 Fe_3O_4 的结论。通常认为 FeS 是 SRB 参与金属腐蚀的标志性产物，沉积物中检测到的 FeS 很有可能是 SRB 参与了该过程的腐蚀而产生。

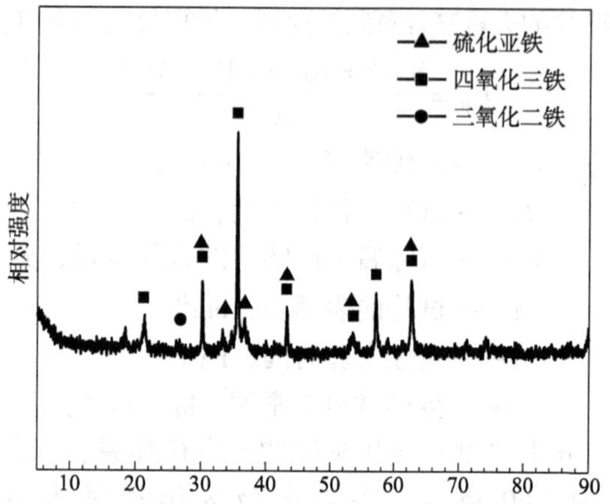

图2　管道腐蚀沉积物的的 XRD 图谱

3.3 电化学阻抗分析

X60 钢在 SRB 菌液和含成品油菌液中测试 14d 的 Nyquist 和 Bode 图见图3，图中阻抗弧的大小与电极表面腐蚀产物生物膜的形成密切相关，Z 为电化学阻抗的复数形式，其中 Z'' 和 Z' 分别代表阻抗 Z 的虚部和实部，可以由此反映出腐蚀情况的变化。当腐蚀产物致密的黏附在金属表面时对其具有一定的保护作用，呈现出较大的阻抗弧。含有 SRB 的菌液中[图3(a)和3(b)]，阻抗弧在测试周期内呈现先变小后变大最终稳定的趋势，反映出电极表面逐渐形成一层生物膜的变化过程，从变化的趋势可以看出第 5d 生物膜在电极表面开始形成，第 8d 后逐渐处于稳定状态，阻抗弧的大小几乎不变化，最后腐蚀速率维持在一个相对稳定的状态。在含有成品油的 SRB 菌液体系中[图3(c)和3(d)]，阻抗弧也是呈现先变小后变大的趋势，但第 5d 阻抗弧就开始变大，说明含有成品油的菌液体系生物膜的生长粘附速度快，相比于单纯的 SRB 菌液环境能够在较短时间内达到快速生长，并且最终稳定的阻抗弧也比单纯的菌液环境小，表明在含有成品油的菌液环境中，X60 的腐蚀更为严重。图4是电化学阻抗拟合的等效电路图，电化学阻抗谱拟合效果较好，拟合误差在 10% 以内。图4和表2中 R_s 表示溶液电阻，R_f 和 Q_f 分别为生物膜/腐蚀产物膜阻抗和电容，R_{ct} 和 Q_{dl} 分别是电荷传递电阻和双电层电容，Q_{f-n} 和 Q_{dl-n} 分别为对应系数。表2为电化学阻抗拟合结果，其中 R_p 为极化电阻与腐蚀速率密切相关，其数值为 R_f 与 R_{ct} 之和，通常认为 R_p 数值越小，腐蚀情况越严重。图5为 R_p 与时间的变化曲线，与阻抗分析结果一致。根据极化电阻随时间的数值变化可以看出在含有成品油的菌液体系中，X60 电极腐蚀速率呈现出由快变缓最后趋于稳定的动态过程。

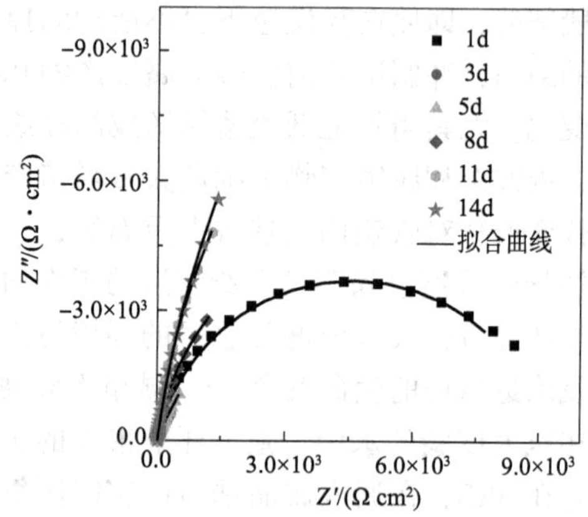

(a) SRB溶液

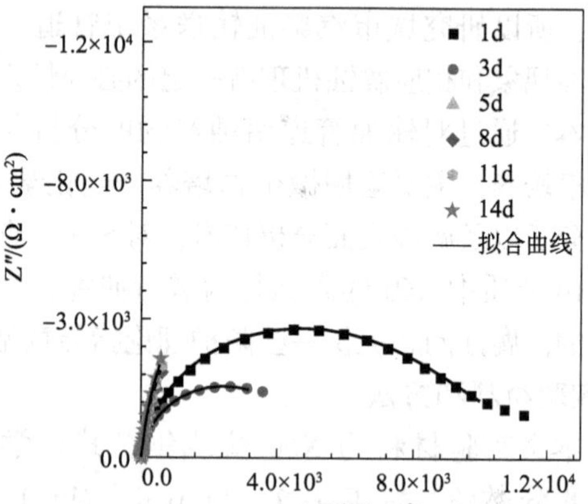

(b)含成品油SRB溶液

图3　X60 钢试样浸泡在 SRB 菌液和含油菌液 14d 的电化学阻抗图

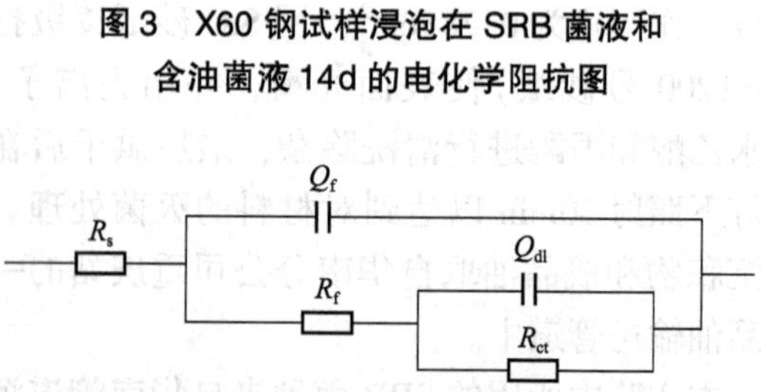

图4　电化学阻抗拟合等效电路图

表 2　两种测试体系中 X60 碳钢的电化学阻抗图拟合所得电化学参数

	浸泡时间/d	R_s/(Ω · cm²)	Q_f/(F · cm⁻²)	Q_{f-n}	R_f/(Ω · cm²)	C_{dl}/(F · cm⁻²)	C_{dl-n}	R_{ct}/(Ω · cm²)	R_p/(Ω · cm²)
硫酸盐还原菌溶液	1	17.74	4.31E-08	0.866	84.2	1.19E-08	0.213	9144	9228.2
	3	11.15	9.44E-07	0.811	653.9	6.11E-05	0.891	3567	4220.9
	5	11.8	6.74E-07	0.856	1780	3.98E-05	0.872	7159	8939
	8	13.30	3.78E-07	0.918	7229	1.36E-08	0.753	4388	11617
	11	5.785	2.79E-10	0.948	9.71	2.54E-05	0.929	35336	35345.7
	14	6.667	1.11E-10	0.913	10.02	2.19E-05	0.917	51900	51910
含成品油的硫酸盐还原菌溶液	1	18.1	8.01E-09	0.958	1502	7.53E-07	0.303	11802	13304
	3	15.79	1.68E-07	0.934	4356	1.58E-04	0.773	1268	5624
	5	12.94	6.57E-07	0.921	6523	7.59E-07	0.975	13500	20023
	8	14.51	5.25E-07	0.924	7843	6.07E-07	0.961	14799	22642
	11	13.43	5.00E-07	0.949	3351	3.87E-06	0.976	15530	18881
	14	13.97	4.58E-07	0.987	1576	9.81E-06	0.933	17548	19124

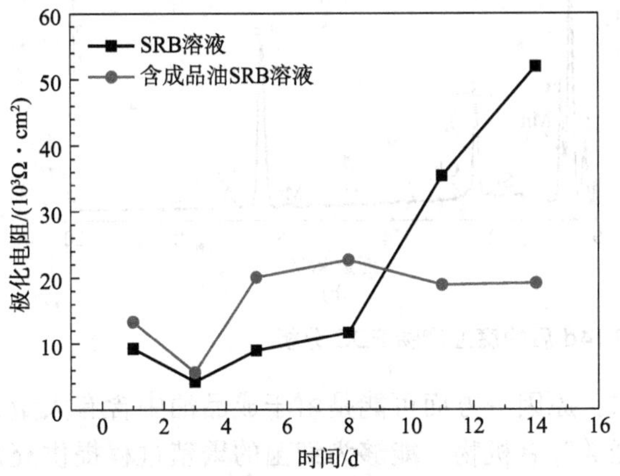

图 5　X60 碳钢在不同测试体系中电化学阻抗拟合 *Rp* 随时间变化

3.4　极化曲线分析

图 6 是 X60 钢在两种体系中浸泡 14d 后的动电位极化曲线图，相应的拟合结果如表 3。通过

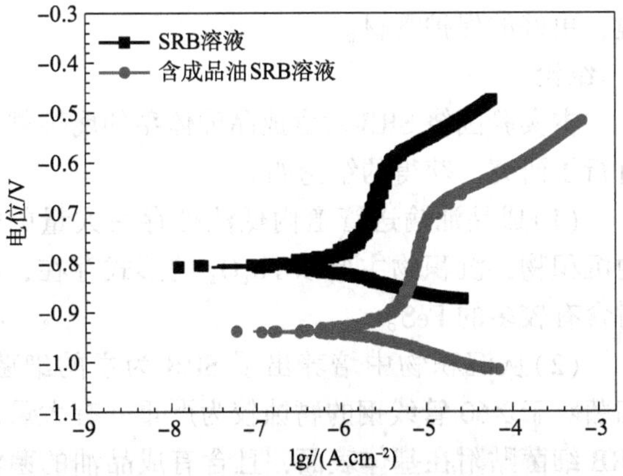

图 6　X60 钢在两种不同体系中浸泡 14d 后的动电位极化曲线

极化曲线可以看出含有成品油的体系中腐蚀电流密度大于单纯 SRB 菌液的体系，同时腐蚀电位也发生了明显的负移。Tafel 曲线外推法拟合的结果也可以看出含有成品油的菌液体系腐蚀电流密度较大，其数值约为 SRB 菌液体系的两倍，腐蚀速率大于单纯 SRB 菌液的体系，表明含有成品油的条件下加速了 SRB 腐蚀 X60 碳钢的速率。

表 3　X60 钢在两种不同体系中浸泡 14d 后的动电位极化曲线拟合结果

	阳极 Tafel 斜率/(mV · dec⁻¹)	阴极 Tafel 斜率/(mV · dec⁻¹)	腐蚀电位/V(相对饱和甘汞参比电极)	腐蚀电流密度/(A · cm⁻²)
硫酸盐还原菌溶液	177.12	-46.142	-0.813	7.105×10^{-7}
含成品油的硫酸盐还原菌溶液	100.02	-39.739	-0.942	1.421×10^{-6}

3.5　腐蚀产物分析

X60 碳钢在两种腐蚀体系中分别浸泡 14d 后的生物膜形貌如图 7，从图中均能看到大量的 SRB 细菌存在，表面 SRB 参与了该过程的腐蚀。从图 7(a)、图 7(b)中可以看到在 SRB 菌液中腐蚀产物相对于含油菌液中更加致密，凸起的腐蚀产物颗粒趋于更小的颗粒；含油的菌液中腐蚀产物颗粒更加粗糙，可以看到较多的细菌存在。图 8 为在两种体系中浸泡 14d 后试样表面腐蚀产物的元素分析，EDS 结果表明含油菌液中 S 元素的含量更高，说明 SRB 在该体系得到了较好的生长代谢，进而造成了该过程严重的腐蚀。

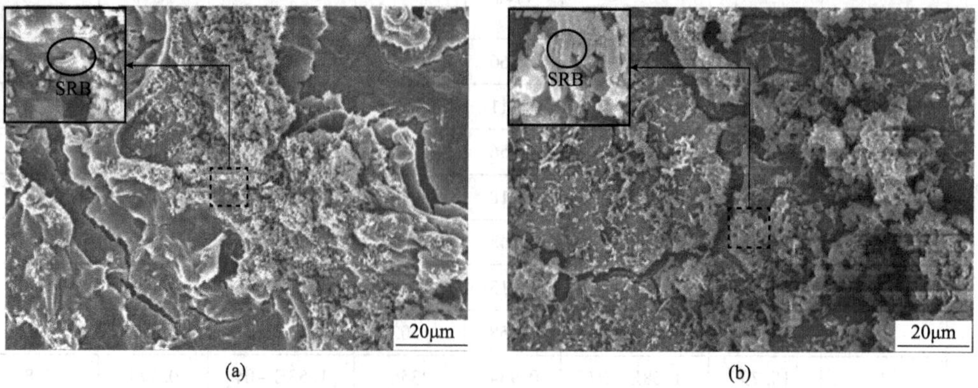

图 7　X60 碳钢在两种腐蚀体系中浸泡 14d 后的生物膜形貌图

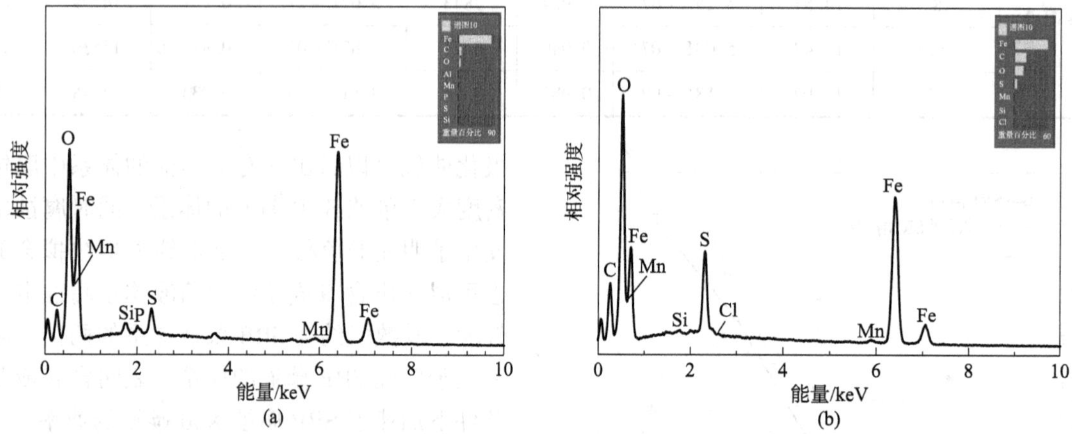

图 8　X60 碳钢在两种腐蚀体系中浸泡 14d 后的腐蚀产物 EDS 分析

3.6　失重分析

图 9 是 X60 钢浸泡于两种不同体系中 14d 后的失重结果。由图可以看出，含有成品油的菌液中 X60 钢的腐蚀比单纯 SRB 菌液严重很多，其腐蚀速率约是 SRB 菌液中的 1.7 倍，这与电化学极化曲线拟合结果中腐蚀电流密度相差两倍基本吻合，均说明了含有成品油的条件下加剧了 SRB 对金属的腐蚀。结合试片表面形貌分析和元素含量对比，也表明在含有成品油的菌液中腐蚀较为严重，原因一方面可能是由于成品油中含有大量的烃类等有机物，能够为细菌的繁殖过程提供充足的碳源，供给生长代谢的营养物质；另一方面，含有成品油的介质环境中，由于金属表面会形成局部亲油的小区域，即部分金属表面会形成水包油的“微区”，造成金属表面电势不均匀，加剧点蚀的萌生，进而促进了局部腐蚀。因此在成品油输送过程中尽量避免制造管内含油菌液的腐蚀环境，更好的保护管材。

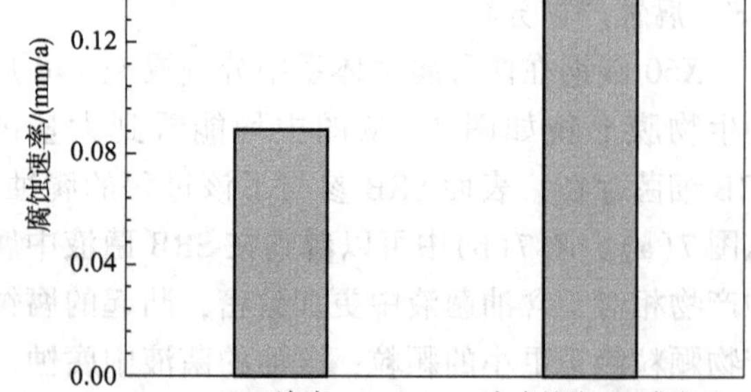

图 9　X60 钢试样在两种腐蚀体系中浸泡 14d 后的失重图

4　结论

本实验围绕 SRB 对含成品油体系的腐蚀规律进行了研究，获得的结论如下：

(1) 成品油输送管道内低洼处存在大量的管内沉积物，沉积物主要以 Fe_3O_4 的形式存在，同时含有较多的 FeS。

(2) 从沉积物中培养出了 SRB 为主的细菌，细菌对于 X60 管线钢的腐蚀较为严重，有大量的 SRB 细菌贴附在基体表面，且含有成品油的菌液体系中腐蚀产物中 S 元素含量更高，造成的微生物腐蚀更严重。

(3)电化学结果均表明含有成品油的菌液体系腐蚀速率大于 SRB 菌液的体系，表明含有成品油的条件下加速了 SRB 腐蚀 X60 碳钢的速率，其腐蚀速率约是 SRB 菌液中的 1.7 倍。

参考文献

[1]Song X Q, Yang Y X, Yu D L, et al. Studies on the impact of fluid flow on the microbial corrosion behavior of product oil pipelines[J]. Journal of Petroleum Science and Engineering, 2016, 146: 803 - 812.

[2]王华．硫酸盐还原菌对几种金属材料的腐蚀机理研究[D]．大连：大连理工大学，2010：35 - 39.

[3]王凤平，康万利，敬和民．腐蚀电化学原理、方法及应用[M]．北京：化学工业出版社，2008：24 - 28.

[4]Li Y C, Feng S Q Liu H M, et al. Bacterial distribution in SRB biofilm affects MIC pitting of carbon steel studied using FIB-SEM [J]. Corrosion Science, 2020, 167: 1 - 10.

[5]刘黎．X52 输油管道硫酸盐还原菌腐蚀行为研究[D]．西南石油大学 2016. 37 - 49.

[6]Wang X, Xu J, Sun C. Influence of Sulfate Reducing Bacteria on Corrosion of Steel Q235 during Natural Evaporation in Soils[J]. Advanced Materials Research, 2013, 2115: 610 - 613.

[7]王正泉，徐玮辰，周子扬，等．X65 管线钢在成品油管道沉积物中的微生物腐蚀行为[J]．表面技术，2020, 49(07): 245 - 254.

[8]刘宏伟，徐大可，吴亚楠，等．微生物生物膜下的钢铁材料腐蚀研究进展[J]．腐蚀科学与防护技术，2015, 27: 409 - 418.

[9]刘宏伟，刘宏芳，秦双，等．集输管线硫酸盐还原菌诱导生物矿化作用调查[J]．腐蚀科学与防护技术，2015, 27: 7.

[10]段旋，郭悠悠，徐峰等．含硫油气集输管道内腐蚀和防护技术研究[J]．化学工程与装备，2015(01): 49 - 52.

[11]敬加强，刘黎，谢俊峰，输油管道腐蚀垢样中硫酸盐还原菌对 Q235 钢腐蚀行为的影响[J]．腐蚀与防护，2018, 039(001): 6 - 10.

[12]卢兴国，刘刚，王健，等．成品油金属管道内腐蚀研究分析[J]．世界有色金属，2017(16): 304 - 305.

[13]刘猛，姜有文，韩朔，等．成品油管道投产前内腐蚀原因分析[J]．腐蚀科学与防护技术，2018, 030(005): 496 - 502.

浅析长输管道投产前水线腐蚀机理及整改措施

林武春

(福建省锅炉压力容器检验研究院，福建　350000)

摘　要：某条长输管道在投产前开展一次内检测，发现该条管道存在各项安全隐患。本文通过对内检测的缺陷数据进行分析，着重对其中水线腐蚀、凹陷缺陷的形成机理进行研究，为使用单位制定隐患整改提供了技术支撑，也为其他长输管道施工过程中保护管道安全提供了技术支持。

关键词：长输管道；水线腐蚀；凹陷

Analysis of the Corrosion Mechanism and Rectification Measures of Water Lines Before the Production of Long Distance Pipeline

LIU Wuchun

(Fujian Boiler and Pressure Vessel Inspection and Research Institute, Fujian 350000, China)

Abstract: A certain long-distance pipeline underwent an internal inspection before production and was found to have various safety hazards. This article analyzes the defect data from internal testing, focusing on the formation mechanism of waterline corrosion and depression defects, providing technical support for users to formulate hidden danger rectification, and also providing technical support for protecting pipeline safety during other long-distance pipeline construction processes.

Key words: Long-distance pipelines; Waterline corrosion; Depression

1　引言

某条长输管道处于沿海地区，该管道铺设的地形地貌主要为丘陵山地、盆地等，其于2012年开工建设，由于第三方阻工等各项因素导致其在2022年主线路段才焊接完成。线路全长约260km，管径为813m，壁厚：11.1～19.1mm，设计压力7.5MPa，材质采用L485MB直缝埋弧焊钢管和螺旋缝埋弧焊钢管。

使用单位在试投产前对其进行一次内外检测，发现大量安全隐患，这些隐患问题主要分两部分，一是涉及管道本体安全的缺陷，比如水线腐蚀、管体凹陷、焊缝缺陷等。二是不涉及管道本体安全的隐患，比如管道占压、管道间距不足、水保问题、阴极保护问题等。本文主要结合实际工程的案例，浅析长输管道投产前水线腐蚀及凹陷形成机理及整改措施。

2　长输管道水线腐蚀及凹陷形成机理及整改措施

通过对内检测数据的分析，发现该段管道共检测出各种管体缺陷2909处，其中管道内壁金属损失2260处、外壁金属损失272处；管体焊缝异常282处，其中环焊缝异常273处、螺旋焊缝异常1处、直焊缝异常8处；凹陷95处。下面将侧重对本段管道的水线腐蚀、凹陷缺陷的形成机理及整改措施进行详细的分析。

2.1　水线腐蚀的缺陷形成及整改措施

2.1.1　如何判断水线腐蚀缺陷

通过对内检测发现的2532处金属缺失点进行分析，发现89%的金属缺失发生在管道内壁，且内腐蚀的部位主要集中在3～9点钟方向，如

作者简介：林武春(1983—　)，男，高级工程师，从事长输管道检验技术研究。E-mail：215997764@qq.com

图1所示。同时对内壁损失的点进行图像优化，可发现80%的内腐蚀图像形貌符合水线腐蚀图像特征，即在积水的管道底部未见严重的点腐蚀集聚，而在水线部位出现大量的点腐蚀，形成一圈一圈椭圆形的点腐蚀分布，这些点腐蚀数量也是随着积水的增加、时间的增加而增加，逐渐的以椭圆形状往外扩展，如图2所示。通过对这二千多个内腐蚀点进行归类处理，本段管道共发现水线腐蚀105处，其中最长的水线腐蚀规格为201m长×1m宽×18%t(管道壁厚)。

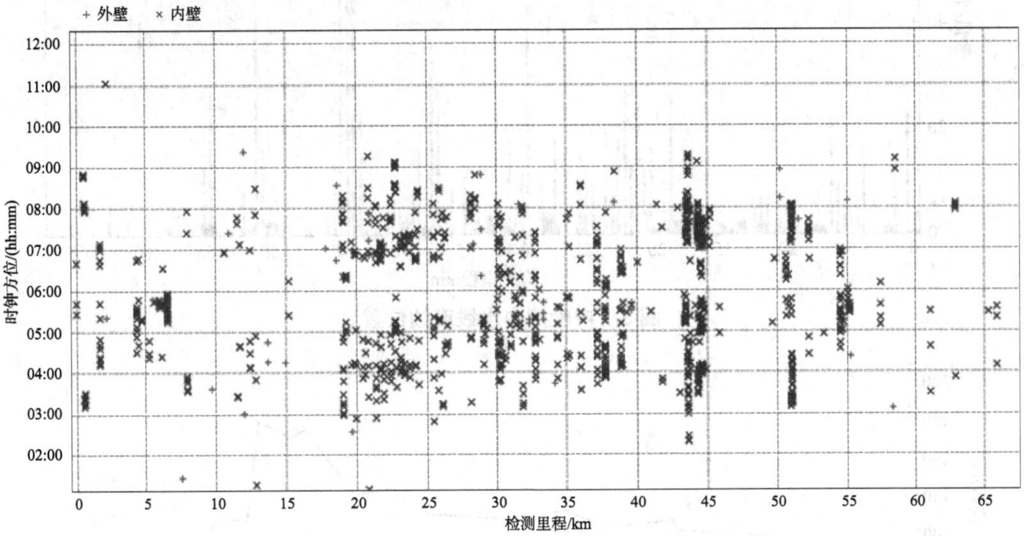

图1　3~6点钟方向内腐蚀

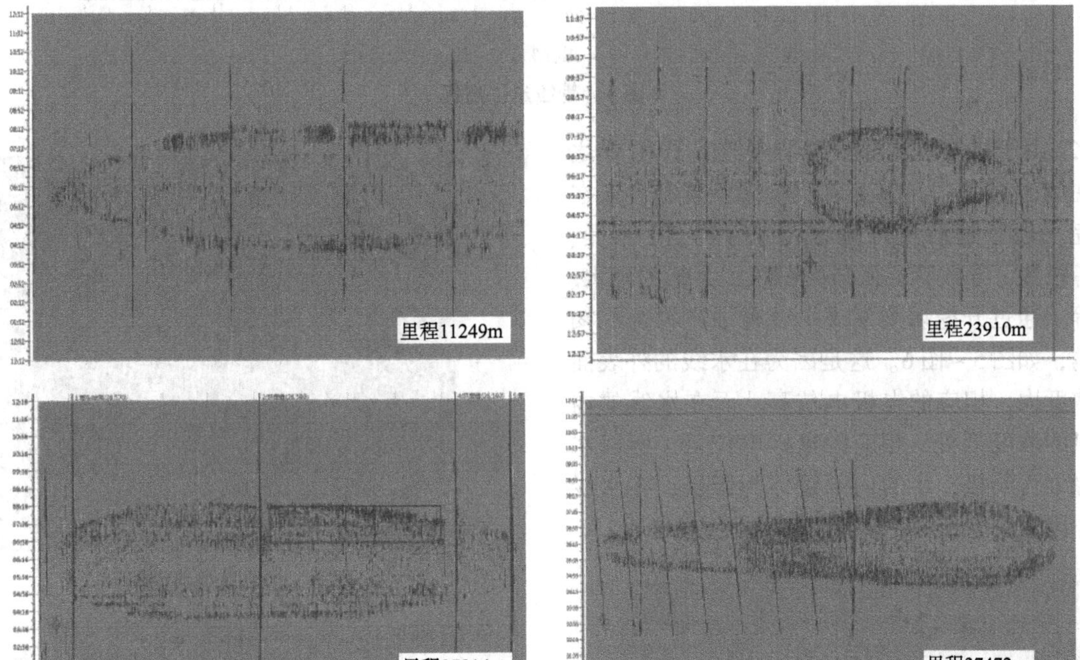

图2　水线腐蚀的形貌

2.1.2　水线腐蚀形成的原因

(1)根据这105处水线腐蚀的位置分部，结合内腐蚀缺陷里程分布和该段管道的高程差，如图3~图4，可知水线腐蚀位置主要集中在丘陵或山地的山间盆地中，这些低洼处的管道容易集聚水杂质等，有些地方积水达100多m长，而在管道走向属于爬升或者下降位置不容易发现水线腐蚀。

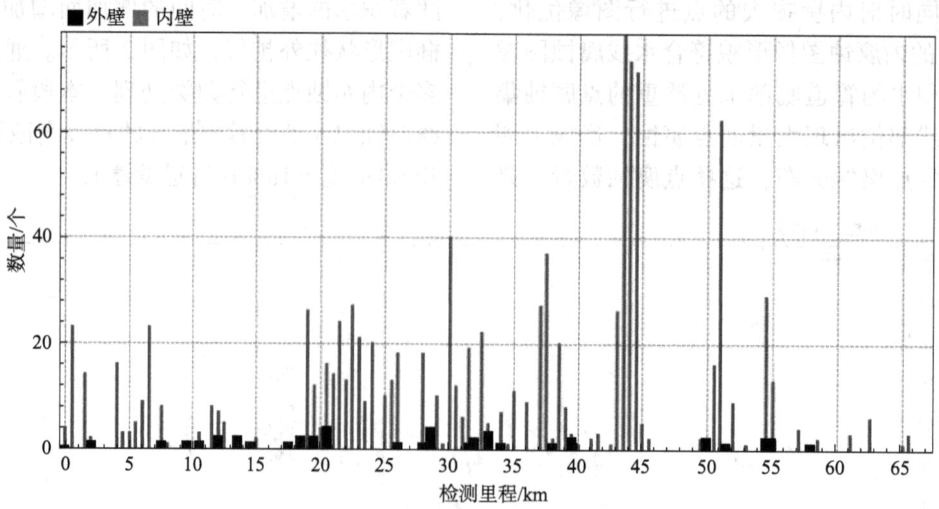

图3 内检测中水线腐蚀位置

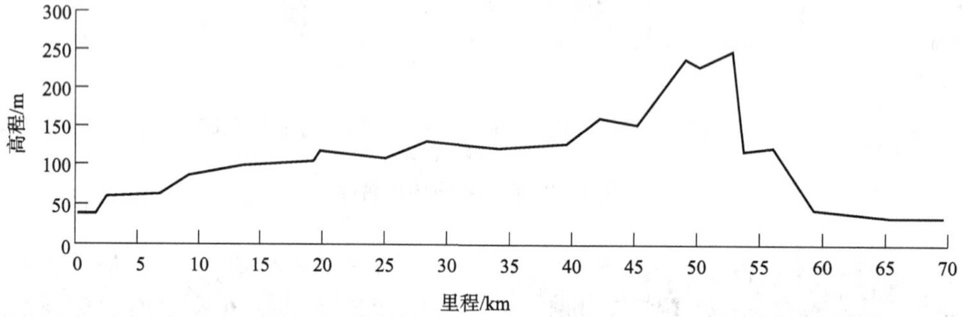

图4 管线走位高程

(2)由于该工程从开工到结束经历了10年之久，在施工过程中，施工单位管理不规范，未在施工完一段管道后及时地对其进行吹扫、干燥、封氮等措施，导致管道低洼处积压了大量的雨水、杂质等。通过开挖切割发现水线腐蚀产物为红褐色铁锈，如图5～图6。这是因为在水线的外表面氧的浓度大，相应的电极电位高，而在水线的内表面氧的浓度低处，相应的电极电位低，所以水的边缘处为阴极，水的内部管体为阳极，在水线处管体因失去电子而逐渐腐蚀。详见公式(1)(2)。

图5 水线腐蚀典型图片

图6 水线腐蚀典型图片

阳极反应：$Fe \longrightarrow Fe^{2+} + 2e^-$ (1)

阴极反应：$O_2 + 2H_2O + 4e^- \longrightarrow 4OH^-$ (2)

这种反应形成 $Fe(OH)_2$，并进一步被空气中的氧氧化成 $Fe(OH)_3$，$Fe(OH)_3$ 及其脱水产物 Fe_2O_3 是红褐色铁锈的主要成分[1]。

(3)通过对该段管道的保护电位进行调查，发现发生水线腐蚀的管道保护电位大部分处于－0.55～0.7v之间，管道保护电位稍微高于自然电位，处于“欠保护”状态[2]。这是因为施工单位原先安装的临时牺牲阳极块已失效，而整个强制电流保护系统又未投用，这导致管道保护电位不合格，使得水线部位更容易发生电化学腐蚀。

(4)杂散电流干扰引起的腐蚀：对 10 处腐蚀深度较深的水线腐蚀环境进行杂散电流调查，发现这些腐蚀管道位置处于地铁或高铁的附近，管道的直流干扰强度超标准值[3]，这杂散直流可能加剧了该处的管道水线腐蚀，当杂散电流离开钢管流入土壤处时，发生失电子，使管壁腐蚀。

(5)使用单位管理缺失：因使用单位产权的变更等问题，导致其对该条长输管道管理不力，导致施工工期过长，且未保护好已施工完成的管道。

2.1.3　水线腐蚀的整改措施

针对这 105 处水线腐蚀，如全面采用换管措施进行整改，投资将达几十个亿且周期太长，不可取，因此使用单位采用以下整改措施：一是委托有资质的单位对这 105 处水线腐蚀进行评估，主要是根据《基于风险的埋地钢质管道外损伤检验与评价》GB/T 30582—2014、《含缺陷油气管道剩余强度评价方法》SY/T 6477—2017 等标准进行强度计算，通过评估发现 105 处水线腐蚀共有 10 处许用压力低于 6.0MPa、51% 水线腐蚀强度在 6 ~ 7.5MPa之间，其他均高于设计压力。二是使用单位根据评估结果，决定降压运行，为了设备运行安全，管道运行压力由原来设计压力 7.5MPa 降压至 5.0MPa 运行。三是在投产前对许用压力低于 6.0MPa 的 10 处水线腐蚀缺陷进行换管处理，根据割除下来的水线腐蚀缺陷的规格与内检测的数据进行对比，并再次修正内检测发现的水线腐蚀数据。四是在投产后，使用单位将对该条管线重新进行一次内检测，对未整改的水线腐蚀进行监测，并根据检测结果对剩余的部分水线腐蚀缺陷进行整改，再根据市场需求逐步的提升管道的许用压力。

2.2　凹陷缺陷的形成与整改措施

本次内检测共发现凹陷 85 处，其中 6% OD (管道外径) < 深度的凹陷有 5 处，2% OD < 深度 < 6% OD 的凹陷 80 处。

2.2.1　凹陷缺陷成形原因分析

根据内检测的数据分析，这些凹陷位置发生在 3 ~ 9 点钟方向，再根据开挖的结果验证，这些凹陷大部分是由于管道敷设在山地地区，施工单位野蛮施工，管道下沟时候未按规范要求对管道进行保护，导致管道被石块等挤压造成凹陷。有小部分是由于第三方破坏导致管道凹陷，比如第三方的挖掘机捶打导致。见图 7 ~ 图 10。

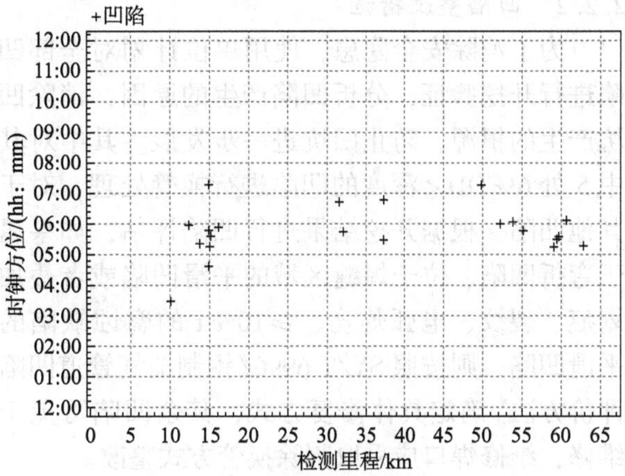

图 7　凹陷位置分布

图 8　凹陷被石块挤压

图 9　凹陷被石块挤压

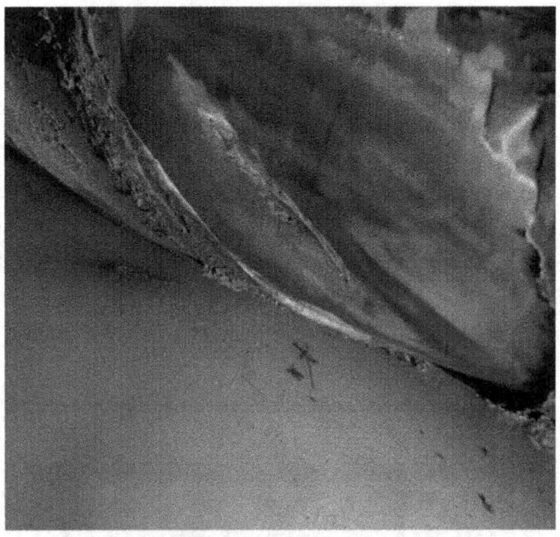

图 10　凹陷中含划痕

2.2.2 凹陷整改措施

为了消除安全隐患，使用单位计划对全部凹陷进行开挖验证，分析凹陷产生的原因，消除凹坑产生的根源，防止凹坑进一步发展。其中对其中5处6% OD <深度的凹陷进行换管处理，对于其他凹陷，根据开挖结果进行凹陷评估，如果属于弯折凹陷、位于焊缝区域的平滑凹陷或者叠加划痕、裂纹、电弧灼伤、≥10% t的腐蚀缺陷的平滑凹陷，则按照SY/T 6996《钢制油气管道凹陷评价方法》确定具体修复方式，其余凹陷可免于维修，维修焊口应采取割除换管方式整改。

3 结语

对于未投用的长输管道，使用单位一定要注重管道的本体安全的管理，主要是要定期的监测管道的保护电位，定期的巡线以防止第三方破坏、占压等问题。如长输管道工程较长，一定要对已建成的管道做好吹扫、干燥、封氮等措施。

参考文献

[1]吴忠蔚等. 天然气长输管道防腐涂层性能检测及剩余寿命预测[J]. 当代化工，2023(1)，27-29.

[2]雷阳. 长输管道防腐蚀补口施工质量控制策略[J]. 全面腐蚀控制，2023(3)，21-23.

[3]延旭博. 浅谈长输天然气管道交流杂散电流的防护与治理[J]. 全面腐蚀控制，2023(2)，31-32.

[4]江峰等. 基于层次分析法的埋地钢制管道腐蚀防护系统等级综合评价[J]. 特种设备安全技术，2023(3)，16-17.

[5]侯哲，关于在用埋地钢质管道外防腐层分级评价的探讨[J]. 大众标准化，2018(1)，65-67.

原油常压储罐罐顶腐蚀原因分析与防护措施

南 海[1] 井 辉[1] 杨晓雨[1]

(中国石油辽阳石化公司，辽宁 辽阳 111003)

摘 要：采用漏磁检测技术对原油常压储罐罐顶板进行检测后发现，储罐顶板存在大量点腐蚀，其中有3处腐蚀穿孔。本文根据检测结果，结合现场实际情况，进行储罐罐顶的腐蚀原因分析，并提出了有针对性的腐蚀防护措施。

关键词：常压储罐；漏磁检测；腐蚀防护

Analysis of Corrosion Causes and Protection Measures of Crude Oil Atmospheric Pressure Storage Tank Roof

NAN Hai[1], *JING Hui*[1], *YANG Xiaoyu*[1]

(Petrochina Liaoyang Petrochemical Company, Liaoning Liaoyang 111003, China)

Abstract: For the first time, magnetic flux leakage testing technology was used to detect the roof plate of the crude oil atmospheric pressure storage tank, and the detection effect was satisfactory. It was found that there were a lot of point corrosion in the roof plate of the storage tank, including three corrosion perforations. According to the test results, combined with the actual situation of the site, the corrosion causes of the storage tank roof are analyzed, and the targeted corrosion protection measures are put forward.

Key words: Atmospheric storage tank; Magnetic fiux leakage testing; Corrosion protection

某炼化企业，大部分在役常压储罐都是在20世纪70年代投用，目前都已经处于超期服役阶段，由于设计制造年头久远以及储罐管理在国内一直没有系统性法规要求等原因，造成这些储罐技术资料和使用及维修记录不完整，防腐措施和运行维护不健全。随着国内加工原油品质越来越差，油品杂质增多，储罐因腐蚀导致泄漏的现象日趋频繁。一旦储罐某些部位出现劣化，未及时发现，将导致储罐介质泄漏，严重威胁自然环境及人身安全[1]。近日，在对某炼化企业原油输转站的C1－4原油常压储罐进行全面检验过程中，发现罐顶板存在大量点腐蚀，本次检验首次将罐底板漏磁检测应用于储罐外浮顶检测，其检验效果非常好，发现多处存在腐蚀穿孔严重缺陷，结合现场腐蚀具体情况分析，进行罐顶腐蚀原因分析和防护措施研究，对储罐安全运行具有参考价值。

1 原油常压储罐概况

原油输转站C1－4原油罐，于1978年投产使用，服役45年，结构为常压外浮顶储罐，工作温度50℃，容器材质为碳钢Q235－A，全容积20000m^3，内径41000mm，罐高15850mm，最高液位为15500mm，罐底板厚度为8/12mm，罐顶厚度为6mm，罐壁厚度16/18mm。

2 漏磁检测及结果

2.1 漏磁检测仪器及检验方法

本次检测采用TMS－08M漏磁检测仪对储罐外浮顶进行检测，相关技术参数如表1。

作者简介：南海(1986—)，高级工程师，大学本科，主要从事炼化装置特种设备检验检测、腐蚀防护工作。

表1　TMS-08M储罐底板腐蚀扫查器技术参数

参数	具体说明
原理	磁泄漏和磁场磁阻
探头和通道数	高灵敏度霍尔探头数60个和30个通道
厚度范围	用小磁化结构检测板厚12mm以下
穿透涂层能力	可以穿透非铁磁性材料的涂层，最大涂层厚5mm
扫描宽度	扫描宽度260mm
灵敏度	当板厚4~6mm时，灵敏度10%壁减；当板厚8~23mm，灵敏度20%壁减
探头阵列宽度	阵列间距8mm

本次漏磁检测执行标准JB/T 10765—2007。校准试板选用储罐底板常用的8mm厚钢板制作，试板的宽度为探头阵列宽度的2倍，试板的长度为1250mm。选用$\phi 2$铣刀在校准试板上分别加工出长为12mm，深为板厚的20%，40%，60%和80%的四条横槽，槽宽度与深度的误差≤0.2mm，槽与槽之间间距为200mm(见图1)。

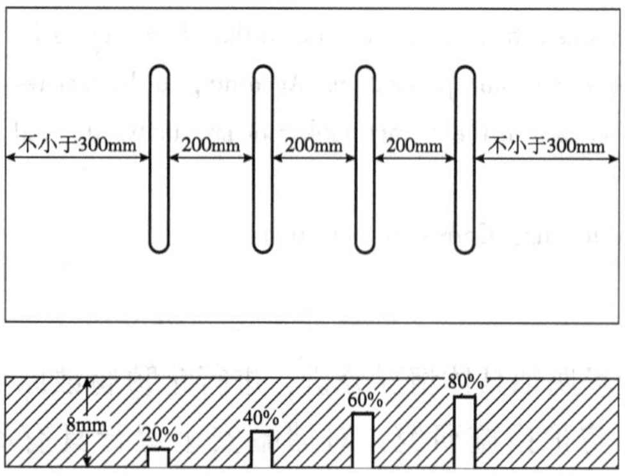

图1　校准试板示意图

2.2　罐顶漏磁检测结果

对C1-4原油罐罐顶进行100%检测并对腐蚀严重部位配合超声波测厚，共扫查罐顶板288块(如图2)，其中109块板发生腐蚀当量<20%的面积型上表面腐蚀坑，10块板发生腐蚀当量60%~80%的面积型上表面腐蚀坑，2块板发生3处腐蚀100%穿孔，底板编号分别为166#(见图3)和168#，穿孔直径为3mm。用超声波测厚仪对腐蚀部位复测结果与漏磁检测彩带图结果一致(见图4)。

3　罐顶腐蚀原因分析

根据现场罐顶板漏磁检测结果及现场宏观检验情况对罐顶腐蚀原因进行具体分析。

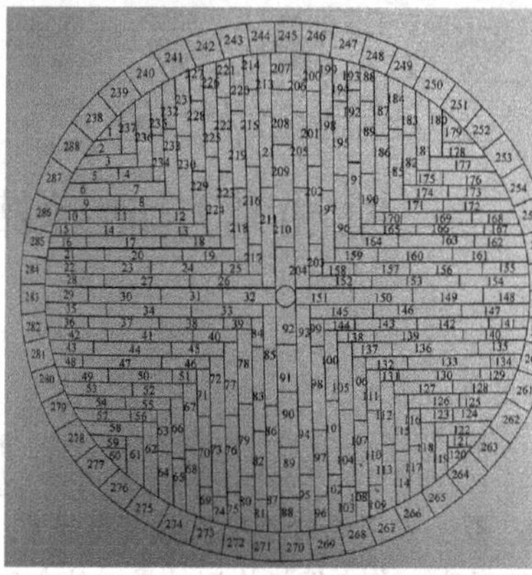

图2　罐顶排版图

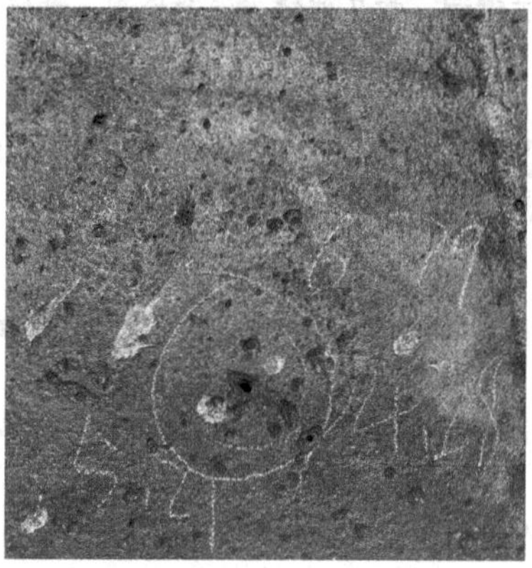

图3　166#腐蚀穿孔2处

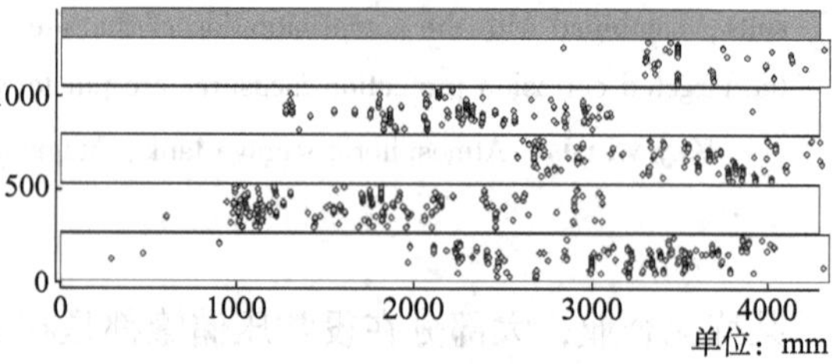

图4　166#罐顶板漏磁检测彩带图

3.1　大气腐蚀(无隔热层)

大气腐蚀(无隔热层)是造成储罐罐顶腐蚀的主要因素之一。根据GB/T 30579—2022《承压设备损伤模式识别》中其损伤机理为：

阳极反应：

$$Fe \longrightarrow Fe^{2+} + 2e^-$$

$$Fe^{2+} \longrightarrow Fe_{3+} + 2e^-$$

阴极反应：

$$O_2 + 2H_2O + 4e^- \longrightarrow 4OH^- \text{(中性或碱性溶液)}$$

$$O_2 + 4H^+ + 4e^- \longrightarrow 2H_2O \text{(酸性溶液)}$$ [2]

在大气中存在大量的水蒸气氧气、二氧化碳等气体，这些气体在储罐外壁上的会形成弱酸性的溶液导致储罐外壁出现腐蚀的情况。此外，在原油输转站的北侧有钢铁厂，在其生产作业的过程中会产生大量的含硫气体以及含氮化合物等有害物质，这些气体在进入输转站后会对储罐的外壁造成腐蚀，腐蚀严重的情况下甚至会导致储罐出现局部穿孔的现象[3]。

3.2　酸性雨积水腐蚀

因 C1 -4 储罐外浮顶结构为平顶，288 块罐顶板拼接焊缝产生的大量的残余应力，造成罐顶凹凸不平，其166#板腐蚀穿孔部位处于罐顶北侧最低洼处，其与周边高度差达200mm，其凹陷处产生积水区域，从而使储罐产生了大量腐蚀坑且以点腐蚀和面积性腐蚀为主，其取罐顶板腐蚀产物进行分析，其以红褐色的 Fe_2O_3 为主，再根据其表 2 水样分析结合腐蚀产物，证明其积水处为酸性水腐蚀。

表 2　腐蚀产物分析

成分	Fe_2O_3	$Fe(OH)_3$	Fe_3O_4
百分比	75%	7%	18%

位号 C1 -4 储罐腐蚀当量超过 60% 的腐蚀坑较多集中于正北方向，即使外浮顶降到最低处时，南面罐顶有罐壁为其遮挡阳光，但北面罐顶板始终是处于暴晒之下(图 5)，罐顶板北面的防腐漆都已经腐蚀掉并伴随点蚀坑(图 6)，其南面罐顶板防腐漆还完好，中午测量罐顶板温度为 50℃，其大于 45℃ 的表面防锈漆效果就不理想了。取低洼处的水样进行分析，与经过阳光照射蒸发 2h 后，其水质变的更加具有腐蚀性，具体分析结果见表 3。

表 3　罐顶板低洼处水样分析

PH 值	性质	主要成分
<5.6	弱酸性	二氧化硫(SO_2)、氮氧化物(NO_X)

图 5　北侧罐顶始终阳光暴晒

图 6　北面罐顶腐蚀坑

4　防腐措施

4.1　定期检测

规定每年至少一次对原油储罐外部全面检查，定期定点对腐蚀部位进行测厚和缺陷检测，或者增加在线监测腐蚀探针，计算腐蚀速率，对使用时间长、腐蚀严重的储罐，缩短全面检验周期。

4.2　新型防腐材料

在解决储罐腐蚀的众多方法中，最有效、广泛的方法还是在储罐表面涂覆涂料。建议在该储罐两个区同时使用备选的两种带锈防腐涂料，对两种涂料的防腐效果进行测试对比，选出效果最好的涂料对储罐进行防腐处理[4]。

4.3　罐顶积水

再罐顶板修复过程中，制定合理的焊接工艺方案，减少残余应力从而使罐顶尽量不出现高低不平现象，同时逢雨雪天气后，再保证安全的情况下巡检过程中关注尽罐顶的积水情况，尽快清除，减少腐蚀介质与罐顶接触时间。

4.4　落实老旧设备淘汰机制

应急管理部办公厅下发《应急管理部办公厅关于征求化工老旧装置淘汰退出和更新改造工作方案(征求意见稿)意见的函》，文件要求：依法淘汰一批不符合产业政策和安全标准要求的装置、设备；强制退出一批安全风险高的装置设备，包括：投产 30 年以上的生产装置、投产运行 25 年以上的压力式液化烃球罐以及投产运行 30 年以上的容积 $3000m^3$ 以上的常压可燃有毒液体储罐；根据风险评估结果，改造提升一批在役装置设备。所以根据上述规定，每年应安排进行一次旧常压金属储罐摸排，开展安全风险评估。在全面排查评估的基础上，建立《老旧装置隐患问题及整改措施清单》，制定更新改造规划，根据紧迫程度分步实施，按照整改时限要求完成整改闭环管理。暂时无法退出的装置和储罐，企业要实施监控运行，保障资金投入，及时更新性能下降严重的设备，完善泄漏报警、腐蚀监测等设施，提升数字化智能化管控水平，确保安全运行。

5 结语

本文首次利用罐底板漏磁检测仪器对外浮顶原油储罐罐顶板进行检测，其检测效果非常理想，并根据检测结果结合C1－4原油储罐灌顶的实际腐蚀现状展开分析研究，提出了3条腐蚀防护措施，可有效降低腐蚀速率，对后期国内开展立式金属常压储罐全面检验提供可靠的借鉴意义。此外，我们应该以现有的立式常压金属储罐全面检验发现的各类问题为防腐研究典型，开展长期的腐蚀监测研究，不断地研究和总结经验，及时研究、调整腐蚀防护措施，尽快建立立式常压金属储罐的检验规范。

参考文献

[1]苟东晓，苏宪章，宋春艳．常压储罐腐蚀及安全检测方法分析[J]．化工管理，2019(07)：180－181＋183.

[2]GB/T 30579—2022 承压设备损伤模式识别[S].

[3]高阳．储罐罐顶腐蚀机理与防腐措施探究[J]．全面腐蚀控制，2019，33(03)：97－99. DOI：10. 13726/j. cnki. 11－2706/tq. 2019. 03. 097. 03.

[4]霍思彤．储罐罐顶的腐蚀机理与防腐措施研究[J]．石化技术，2018，25(01)：50＋3.

对一起道路运输液体危险货物罐式集装箱非金属常压罐体泄漏事故的思考

杨文杰

（江苏省特种设备安全监督检验研究院淮安分院，江苏 淮安　223002）

摘　要：本文围绕一起道路运输液体危险货物罐式集装箱非金属常压罐体泄露事故，深入剖析了事故的原因，并对此进行了深刻的反思。事故中，常压罐车因驾驶员操作不当导致盐酸泄漏。通过对事故的梳理，本文揭示了罐式集装箱非金属罐体从标准到生产、使用、检验和监管等各个环节的现状和需要改进的地方。通过对这起事故的深思，希望能为未来的罐车运输安全提供有益的借鉴和警示。

关键词：非金属常压罐体；泄漏；本质安全；标准；生产；使用；检验；监管

Reflections on an Incident of Leakage from a Non-Metallic Atmospheric Tank in a Tank Container for Road Transport of Liquid Hazardous Materials

YANG Wenjie

（Huai'an Branch of Special Equipment Safety Supervision Inspection Institute Of Jiangsu Province, Jiangsu Huai'an, China）

Abstract: This article revolves around an accident of leakage from a non-metallic atmospheric tank of a tank container for road transport of liquid hazardous materials. It delves deeply into the causes of the accident and reflects profoundly upon them. In the incident, the atmospheric tank vehicle leaked hydrochloric acid due to improper operation by the driver. Through the analysis of the accident, this article reveals the current state and areas needing improvement in various aspects of the non-metallic tank container, from standards to production, usage, inspection, and regulation. By reflecting on this accident, we hope to provide useful references and warnings for the future safety of tank vehicle transportation.

Key words: Non-Metallic Atmospheric Tank; Leakage; Intrinsic Safety; Standard; Design and Manufacture; Useage; Inspection; Regulatory.

1　引言

道路运输液体危险货物罐式集装箱，装运介质为液态危险货物，其工作压力小于0.1MPa。根据罐体材料的不同，分为金属材料和非金属材料。虽然罐体的工作负荷相对较低，但道路运输的特殊性会带来与固定设备不同的风险。一方面，路况的复杂多变与车辆间的交互，使交通事故的风险大大增加；另一方面，由于罐体本身结构轻薄，运输途中的颠簸与冲击极易导致其形变，甚至引发泄漏；更需警惕的是，罐体所装载的介质往往具有易燃、易爆、有毒或腐蚀性等特性，一旦泄漏，后果不堪设想，将会对人员、环境造成很大的损失。本文通过对一起罐式集装箱的非金属常压罐体泄漏事故的分析，探讨道路运输液体危险货物罐式集装箱的现状和预防措施，以不断提高道路运输液体危险货物罐式集装箱的安全运行水平。

2　事故概况

2024年2月27日中午，淮安市金湖县爱特

作者简介：杨文杰(1993—　)，助理工程师，从事承压及常压罐车的定期检验工作。

福大道上发生了一起盐酸泄漏事故，一辆由淮安市某公司运营的罐式集装箱，在行驶过程中超速行驶时紧急制动避让非机动车，造成非金属罐体前封头发生泄漏(见图1)，泄漏位置在前封头中部横向加强筋上方近焊缝处(见图2)。该事故未造成人员伤亡，由于现场处置及时，路边沟与周围水体不相连，也未对事发地周边水质造成影响。

图1　泄漏现场图

图2　泄漏现场图

3　事故分析

该罐式集装箱非金属常压罐体根据GB 18564.2—2008《道路运输液体危险货物罐式车辆第2部分：非金属常压罐体技术要求》设计制造，罐体材料为聚丙烯，容积为29m³，2018年5月出厂。2021年5月，使用单位发现罐体有渗漏现象，联系生产厂家并将罐体运到生产厂家进行了维修，对渗漏处的焊缝进行了修补，本次泄漏处不在修补的焊缝处。

本次事故的主要原因是车辆行驶速度过快，且当时处于下坡位置，路面高低不平，紧急制动时，罐内盐酸液体多次冲击前封头，产生较大冲击力，导致近焊缝处多处撕裂，造成盐酸泄漏。

4　当前道路运输液体危险货物罐式集装箱非金属常压罐体存在的问题及预防措施

4.1　缺少顶层设计，相应的设计制造标准缺失。

虽然众多厂家设计制造的标准是GB 18564.2—2008《道路运输液体危险货物罐式车辆第2部分：非金属常压罐体技术要求》。但该标准1.2规定，适用于与定型汽车底盘或半挂车车架为永久性连接的非金属罐体，而罐式集装箱的罐体与底盘和半挂车架非永久性连接，不完全适用。该标准1.5不适用于容积大于20m³，现实中很多罐式集装箱容积都大于20m³。罐体与车架是否是永久性连接，容积超出规定的容积，都会导致实际使用中罐体的受力与标准的预设状态不一致。当前没有一个标准能够完全覆盖罐式集装箱的非金属常压罐体，导致非金属罐体的本质安全成为无源之水，当前急需制定类似NB/T 47064—2017《液体危险货物罐式集装箱》这样的非金属罐体的罐式集装箱标准。

4.2　制造厂家没有完全依规生产。

在出厂资料上注明采用GB 18564.2—2008设计制造，但在设计制造时，参数超出该标准适用的前提条件，又没有采用该标准1.6的规定进行设计：a)包括有限元法在内的应力分析；b)验证性试验分析；c)用可比的已投入使用的结构进行对比经验设计。制造厂家应该依规生产，严格执行标准的要求，确保产品的本质安全。

4.3　使用单位没有规范非金属罐体的使用条件，对非高速道路上车辆的管控缺少有效措施，对人员的培训不规范

根据GB 18564.2—2008标准1.3 a)的要求，聚丙烯使用温度在－10～50℃，低温脆性转变温度见表1。今年春节前后本地气温骤降在零下10℃以下，事发当天气温为零下10℃，导致罐体材料易发生脆断，给事故的发生埋下了隐患。使用单位要严格规范非金属罐体使用的外部条件，对非金属罐体进行维护保养，使其处于良好的工作状态。

表1　各类塑料材质的低温脆性转化温度范围

塑料种类	低温脆性转化温度范围/℃
聚乙烯	－80～－50
聚丙烯PP	－40～－20
聚氯乙烯(PVC)	－30～－10
聚苯乙烯(PS)	－80～－60
聚碳酸酯(PC)	－100～－50
尼龙(PA)	－60～－40
聚酯	－60～－20

使用单位对于危险货物车辆在高速上时速不得超过80km通过"主动安全智能防控系统"进行了联控，但对于其他道路上时速不得超过60km没有采取有效措施进行管控，导致驾驶员超速行驶，紧急避让时发生了事故。使用单位应对危险货物车辆采取全过程管控，杜绝超速行为的发生。

该驾驶员岗前安全教育培训的考核试卷由他人代考，而押运员安全教育试卷则是带回家由家人代为填写，事故车辆上两人安全意识不强，超速行驶造成了事故的发生。使用单位一定要加大培训力度，让驾驶员牢固树立安全第一的观念。

4.4 检验单位没有按规范实施检验

该罐式集装箱曾经在2023年6月5日经中国石化集团江苏石油勘探局有限公司特种设备检验检测所检验合格。该单位不是在所在地进行检验，而是带设备上门检验，由于检验环境的变化，导致对存在的安全隐患未能及时排除。检验单位一定要严格按照规范检验，不放过一处隐患。

5 结论

5.1 标准规范缺失问题

当前，液体危险货物非金属罐式集装箱的标准规范亟待完善。标准不足导致生产、使用、检验和监管各环节均面临挑战，影响安全运行。

5.2 生产与使用管理

强调设计制造的本质安全，同时重视使用环节的管理。设备需定期维护保养，驾驶员需兼具专业技能与安全意识，车辆管控需全面无死角，以确保安全运行。

5.3 检验与监管责任

检验单位应严格依规检验，不遗漏任何安全隐患。监管部门则需依法依规监管，通过提升企业安全管理水平来支持行业发展。

5.4 协同努力

生产、使用、检验和监管各方需各司其职，密切配合，共同推动液体危险货物非金属罐式集装箱安全标准的建立与执行，不断提升其安全运行水平。

参考文献

[1]GB 18564.2—2008《道路运输液体危险货物罐式车辆 第2部分：非金属常压罐体技术要求》

[2]荣庆洪，高书明，石岩．浅析道路运输液体危险货物常压罐体检验常见问题及处理方法．中国特种设备安全，2022：38-08

有缝管假冒无缝管鉴别分析

刘景新　王明庭　张钟元　吴　婷

(河北省特种设备监督检验研究院，河北 唐山　063000)

摘　要：无缝钢管抗拉强度高，耐压能力、耐腐蚀、耐高温、耐低温等特性突出，鉴于安全性的考量，在高温、高压条件下，通常使用无缝钢管。经过特殊处理的有缝焊管和无缝钢管从外观上很难辨别，在高温高压或腐蚀性强的恶劣环境下，一旦用有缝钢管冒用无缝钢管，发生危险介质泄露或爆炸，后果将不堪设想。本文从资料审查、宏观检查、射线检测、金相组织分析等方面，区分无缝钢管和有缝钢管，具有现实意义。

关键词：有缝钢管；无缝钢管；鉴别分析

Identification and analysis of faked seamless pipe

LIU Jingxin, *WANG Mingting*, *ZHANG Zhongyuan*, *WU Ting*

(Hebei Special Equipment Supervision and Inspection Institute, Tangshan 063000, China)

Abstract: seamless steel tube high tensile strength, pressure resistance, corrosion resistance, high temperature, low temperature and other outstanding characteristics, in view of safety considerations, in high temperature, high pressure, usually use seamless steel tube. It is difficult to distinguish the welded pipe and seamless steel pipe after special treatment from their appearance. In the harsh environment of high temperature, high pressure or strong corrosivity, once the welded steel pipe is used as a substitute for the seamless steel pipe, the dangerous medium will leak or explode, the consequences would be dire. In this paper, it is of practical significance to distinguish seamless steel tube from seamed steel tube in terms of data examination, macroscopic examination, radiographic examination and metallographic structure analysis.

Key words: Seamless steel tube; Seamless steel tube; Identification analysi

1　引言

压力管道按是否有焊缝可以分为无缝管和有缝管两类。因为无缝管的生产工艺比有缝管复杂，造成两种钢管存在很大的价格差异，另外造假手段越来越高，从外观上难以识别，所以市场上会出现个别商家为了牟取暴利以“有缝”充当“无缝”。因而在压力管道监督检验过程中，鉴别钢管有无焊缝对于保证工程质量，杜绝以次充好有非常重要的意义。现以不锈钢无缝钢管为例，从资料审查、宏观检查、射线检测、金相组织等方面给出鉴别钢管有无焊缝的方法。

2　资料审查

对钢管的材质单进行审查，会发现主要存在以下几点问题：

(1)材质单内容，缺少制造编号、原材料的熔炼炉号和标准编号等内容。

(2)材质单中原材料的化学成分、产品标准编号、交货状态、结构(无缝的或焊接的)和独立于生产部门的管件制造商授权代表的签字等内容填写不规范或错填现象也比较普遍。

材质单内容不齐全、不规范现象，加大了通过材质单追溯管件的难度，甚至造成无法追溯的窘境。

作者简介：刘景新(1968—　)，正高级工程师、高级检验师，从事承压类特种设备检验技术和科研项目研究。E－mail：hbtsljx@163.com

追溯难度大或者无法追溯，直接降低了材料单的证明作用，助长了制造企业出具材质单的随意性，为有缝焊管冒用无缝焊管的提供了便利条件。

3　宏观检查

3.1　外观检查

经过特殊处理的有缝管和正常的无缝管，在外观上，并无明显的区别，也就是说从外观上，几乎不能看到焊缝的迹象，如图 1(a)所示。但管子在经过酸洗后，再观察管子的内壁，发现经过处理的有缝管内壁沿纵向会有一条隐约的黑线，如图 1(b)所示。

3.2　长度尺寸

一般不锈钢无缝钢管生产所依据的 GB/T 14976—2012《流体输送用不锈钢无缝钢管》中要求全长允许偏差为 0 ~ +10mm；一般有缝管生产所依据的 GB/T 12771—2019《流体输送用不锈钢焊接钢管》中要求全长允许偏差为 0 ~ +15mm。因此通过用尺量取管道长度范围，可以大致推测钢管有无焊缝。

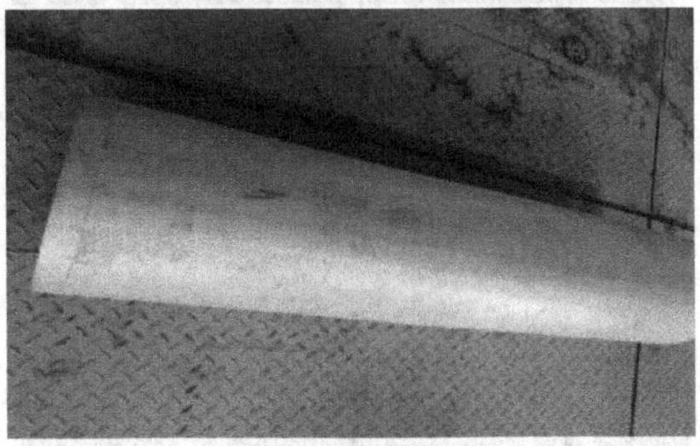

(a)钢管外观

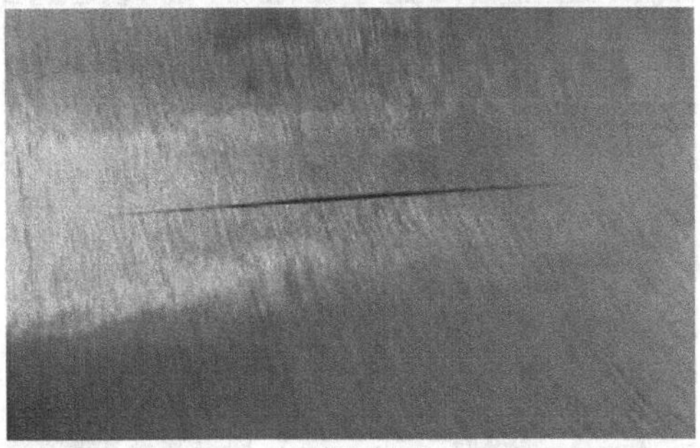

(b)钢管外观

图 1

3.3　壁厚尺寸

无缝钢管是用圆钢直接制作而成的一个整体圆形的钢管，利用钢坯直接拉出，易出现壁厚不均匀的情况；有缝管一般通过钢板卷制而成，壁厚会更均匀。因此可以通过测量壁厚看其均匀程度，推测钢管有无焊缝。

3.4　表面粗糙程度

无缝钢管的表面会通过轧制而变得光亮平整，而内部则是比较粗糙的，相比下，有缝钢管内外表面的光滑度较高。因此可以通过手感来判断钢管有无焊缝。

4　射线检测

利用射线穿透物质时发生的衰减规律。射线与物质相互作用，发生吸收和散射，导致射线强度减弱。这种衰减程度取决于物质材质、厚度以及内部是否存在缺陷。因有缝钢管焊缝处金相组织与周围组织显著不同，造成射线通过管壁后衰减程度不同。见图 2，类似裂纹处就是有缝焊管的焊缝位置。

图 2　钢管射线影像

4.1　焊接接头显微组织

06Cr19Ni10 不锈钢焊接接头进行显微组织分析，接头各区域显微组织，如图 4 所示。图 4(a)为焊缝中心组织；黑色 δ 铁素体均匀分布在白色奥氏体基体上，组织均匀细小。图 4(b)为焊缝边缘组织，黑色 δ 铁素体均匀分布在白色奥氏体基体上 δ 铁素体以骨架状为主[1-2]，组织呈柱状晶分布，显微组织较焊缝中心处粗大，板条状、网状 δ 铁素体增多。图 4(c)为熔合区组织，图上部为焊缝，下部为热影响区组织；焊缝区靠近熔合线附近，此处的 δ 铁素体以花边状为主，少量的 δ 铁素体呈骨架状；熔合区板条状 δ 铁素体分布在粗大奥氏体基体上，板条间相互平行，此区域组织粗大。图 4(d)为热影响区，大量链状 δ 铁素体及少量蠕虫状 δ 铁素体分布在奥氏体基体上。

图 3　06Cr19Ni10 钢管母材金相组织

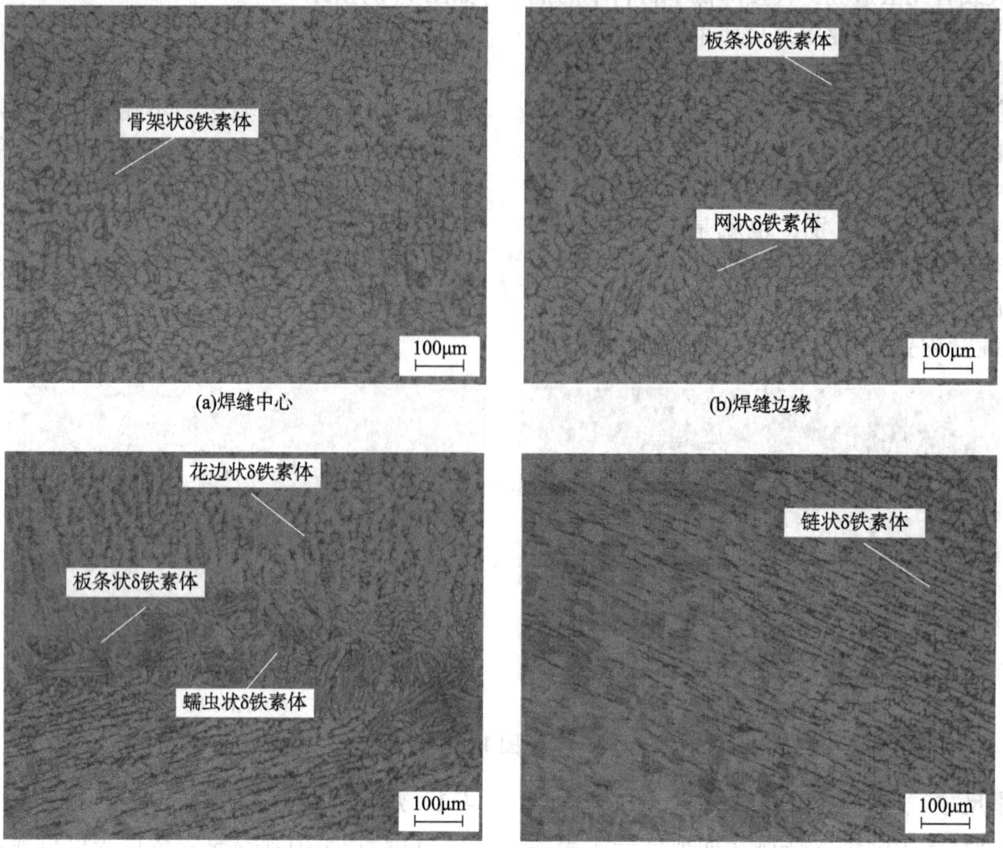

(a)焊缝中心 (b)焊缝边缘

(c)熔合区 (d)热影响区

图 4　06Cr19Ni10 钢管焊接接头金相组织

5　现场检验技术应用

5.1　厚度测量

可以在现场用测厚仪测量管子的厚度，测 10 个点左右，比较管子厚度的均一程度。如管子厚度相差值较小，则可能为有缝管，需对管子做进一步的检测确定其为有缝管。

5.2　长度测量

可以在现场用测量管子的长度方法，计算管子全长偏差，如果偏差较小，则可能为有缝管，需对管子做进一步的检测确定其为有缝管。

5.3　金相测量

可以在现场用便携式现场显微镜进一步确定管子是否有缝，由于母材组织和焊缝金属的组成形式有较大的差异，通过分辨金属的组织组成快速鉴别出管子是否有缝。

6　结尾

在依据设计本该使用无缝钢管的环境中，用有缝钢管冒用无缝钢管带来的危害是毋庸置疑的。我们要提高鉴别能力，减少甚至杜绝冒用情况，从多个角度提升鉴别能力。更是呼吁在源头上杜绝这种情况的发生，提升材质溯源能力，为压力管道的安全运行多一重防护。

参考文献

[1]魏星，刘德镇．奥氏体钢焊接区域的金相组织及扫描电镜分析[J]．山东工业大学学报，1999，29(2)：183－187.

[2]尹士科．焊接材料及接头组织性能[M]．北京：化学工业出版社，2011：325－330.

基于制造监督检验的不同埋弧焊钢管制造标准对比

吕海潮

（天津市特种设备监督检验技术研究院，天津 300192）

摘 要：根据相关法规要求，作为压力管道元件的埋弧焊钢管制造应接受制造监督检验。常见的埋弧焊钢管的制造标准有 GB/T 3091—2015、GB/T 9711—2023 以及 SY/T 5037—2023。通过比对三个标准对埋弧焊钢管制造的相关规定的异同，有助于相关制造单位加深对标准的理解，也有助于压力管道检验员更好地开展对埋弧焊钢管的监检工作。

关键词：埋弧焊钢管；监督检验；GB/T 3091—2015；GB/T 9711—2023；SY/T 5037—2023

Comparison of Different Manufacturing Standards for Submerged Arc Welded Steel Pipes Based on Manufacturing Supervision and Inspection

Lv Haichao

（Tianjin Special Equipment Inspection Institute，Tianjin 300192，China）

Abstract：According to relevant laws and regulations，the manufacturing of submerged arc welded steel pipes as pressure pipeline components should undergo manufacturing supervision and inspection. Common manufacturing standards for submerged arc welded steel pipes include GB/T 3091—2015，GB/T 9711—2023 and SY/T 5037—2023. By comparing the similarities and differences in the relevant regulations for the manufacturing of submerged arc welded steel pipes among the three standards，it helps relevant manufacturers deepen their understanding of the standards and also helps pressure pipeline inspectors better carry out supervision and inspection of submerged arc welded steel pipes.

Key words：Submerged arc welded steel pipes；Supervision and inspection；GB/T 3091—2015；GB/T 9711—2023；SY/T 5037—2023

根据《中华人民共和国特种设备安全法》《特种设备安全监察条例》的相关要求，以及 TSG D7006—2020《压力管道监督检验规则》[1]的具体规定，埋弧焊钢管应当在制造过程中接受具有相应检验资质的检验机构的制造监督检验。现行常见的埋弧焊钢管的制造标准有 GB/T 3091—2015《低压流体输送用焊接钢管》[2]、GB/T 9711—2023《石油天然气工业 管线输送系统用钢管》[3]以及 SY/T 5037—2023《普通流体输送管道用埋弧焊钢管》[4]（下文分别简称 GB/T 3091、GB/T 9711、SY/T 5037）。根据作者在日常监检工作中的相关经历，发现制造单位经常把三个标准的相关要求混用，且正值 GB/T 9711、SY/T 5037 标准刚刚完成换版，现对上述三个标准的相关要求进行分析对照，以便于制造单位对三个产品标准加深理解，同时有助于监检人员更好地开展监督检验工作，确保管子制造出厂符合相关法规标准的规定。鉴于埋弧焊钢管的生产工艺的限制，以及施工现场常见的使用情况，本节只讨论公称直径 $DN \geq 200$mm 的情况。

1 使用条件

三个标准的产品适用的使用条件不同。GB/T

作者简介：吕海潮(1991—)，硕士研究生，工程师，从事压力管道检验及风险评估工作。E－mail：lhc126@126.com

3091 适用于水、空气、采暖蒸汽和燃气等低压流体的输送；GB/T 9711 适用于石油天然气工业管线输送系统；SY/T 5037 适用于水、空气、采暖蒸汽等普通流体输送，也适用于具有类似要求的其他流体输送。

2　组批规定

埋弧焊钢管采用逐批监检方式，按批检验并按批出具监检证书。

根据 TSG D7006 的要求，埋弧焊钢管组批按照如下规定：同机组、同牌号、同外径、同壁厚、同工艺、生产周期不超过 7 天、数量不超过 200 根为一批；产品质量稳定，迁续 1 年未发现质量问题的，可以增加组批数量，但是每批不得超过 600 根；增加组批数量的，产品安全性能如果出现问题，应当恢复原组批数量。

GB/T 3091 的组批规定：每批应由同一牌号、同一炉号、同一规格、同一焊接工艺、同一热处理制度(如适用)和同一镀锌层(如适用)的钢管组成。每批钢管的数量应不超过如下规定：

a)外径不大于 219.1mm，每个班次生产的钢管；

b)外径大于 219.1mm 但不大于 406.4mm，200 根；

c)外径大于406.4mm，100 根。

GB/T 9711 和 SY/T 5037 未规定组批规则，只针对不同检验项目制定了相应的试验批规则。

实施监督检验时，应当注意 GB/T 3091 中规定的组批规定(以下简称标准组批)与监检批次的数量存在差异，这使得监检人员在填写监督检验证书中“产品批号”时存在一定的问题：制造单位正常情况下应按照产品标准要求进行组批，但对于“c)外径大于 406.4mm”的情况，一批只有 100 根，而监检批次一般为 200 根，这时“产品批号”处如何填写就需要监检人员与制造单位协商确定。针对上述标准组批数量小于 TSG D7006 的监检组批数量的情况，一般的处理方式有如下几种：一是监检时以标准组批数量为一个监检组批，“产品批号”处填写标准组批号；二是“产品批号”处填写多个标准组批号，使其总数量满足监检组批数量要求；三是制造单位单独编制监检组批号，“产品批号”处填写监检组批号。

3　几何尺寸

在埋弧焊钢管制造监检过程中，几何尺寸抽查作为对压力管道安全性能有较大影响的重点项目，监检人员一般需进行现场监督或实物检查。

GB/T 9711 未对几何尺寸有明确规定，仅要求按 API Spec 5L：2018[5] 中相关章节的规定执行。本文中所描述的有关 GB/T 9711 几何尺寸的数据均来自 API Spec 5L：2018。

3.1　直径和壁厚

GB/T 3091 未规定直径和壁厚的最小尺寸，对于外径大于219.1mm 的管子，其直径和壁厚应符合 GB/T 21835 的规定。

GB/T 9711 给出了允许规定外径和规定壁厚的极限范围。

SY/T 5037 规定了钢管公称外径应不小于219mm，公称壁厚范围为 $t \geq 5.2$mm。钢管公称外径和公称壁厚应符合 GB/T 21835 的相关要求，也可选用其他外径和壁厚。

三个标准对直径和壁厚的允许偏差规定不一致，分别见表 1 和表 2。

表 1　钢管允许直径偏差

mm

<table>
<tr><th rowspan="2">外径 D/mm</th><th colspan="2">GB/T 3091</th><th colspan="2">GB/T 9711</th><th colspan="2">SY/T 5037</th></tr>
<tr><th>管体</th><th>管端</th><th>管体</th><th>管端</th><th>管体</th><th>管端</th></tr>
<tr><td>219≤D≤273.1</td><td>±0.01D</td><td>无要求</td><td rowspan="3">±0.5 或 ±0.0075D，最大 ±3.2</td><td rowspan="3">±0.5 或 ±0.005D，最大 ±1.6</td><td rowspan="3">±0.01D</td><td rowspan="3">±0.0075D 或 ±2.5，取较小值</td></tr>
<tr><td>273.1<D≤508</td><td>±0.0075D</td><td>-0.8～2.4</td></tr>
<tr><td>508<D≤610</td><td rowspan="3">±0.01D 或 ±10，取较小值</td><td rowspan="3">-0.8～3.2</td></tr>
<tr><td>610<D≤1422</td><td>±0.005D 最大 ±4.0</td><td>±1.6</td><td>±0.0075D</td><td>±0.005D 或 ±3.5，取较小值</td></tr>
<tr><td>D>1422</td><td>依协议</td><td>依协议</td><td>除另有协议外，0.005D</td><td>除另有协议外，0.003D</td></tr>
</table>

注：“管端”指距离管端处 100mm 范围内。

表2　钢管允许壁厚偏差/mm

壁厚 t/mm	GB/T 3091	GB/T 9711	SY/T 5037
$t<5.2$	±0.1t	±0.5	无此规格
$5.2\leq t\leq 6$			±0.1t
$6<t\leq 10$		±0.7	
$10<t\leq 15$		±1	
$15<t\leq 20$			±1.5
$t>20$		−1～1.5	

3.2　长度

3.2.1　通常长度

GB/T 3091 中通常长度应为 3000～12000mm。

GB/T 9711 中规定钢管的最小平均长度应为 12.1m，购方要求时可规定最大平均长度。

SY/T 5037 中通常长度为 6000～12000mm，但经协商可供应其他长度的钢管。

3.2.2　长度偏差

GB/T 3091 中定尺长度允许偏差为 0～50mm；倍尺长度允许偏差为 0～50mm，每个倍尺长度应留 5～15mm 的切口余量。

GB/T 9711 中规定每根钢管的实际长度应在 11.7～12.7m 的范围内，另有协议除外。

SY/T 5037 中定尺钢管长度的极限偏差为 ±500mm，亦可根据协商确定更严格要求，无非定尺或倍尺长度及偏差的相关要求。

3.3　直度(弯曲度)

三个标准对标识管子弯曲程度的描述不一致，其中 GB/T 3091 称为弯曲度，GB/T 9711 和 SY/T 5037 称为直度。

GB/T 3091 中规定外径不小于 114.3mm 的钢管全长弯曲度应不大于钢管长度的 0.2%。另外，供需双方可协商规定其他弯曲度指标。

GB/T 9711 中规定钢管全长范围内，直度偏离总量不大于该钢管全长的 0.15%。

SY/T 5037 对全长直度的规定均为不大于钢管长度的 0.2%，每个管段 1.5m 长度范围内相对于直线的局部偏离不大于 3.2mm。

3.4　不圆度

GB/T 3091 中对外径大于 219.1mm 的钢管，其不圆度应不超过管体外径公差的 80%。

GB/T 9711 中管体和管端处不圆度与外径满足一定关系，见表 3。

SY/T 5037 中规定在管端 100mm 长度范围内，管径不大于 1422mm 时，钢管不圆度不大于外径的 2%；管径大于 1422mm 时，供需双方协商不圆度。

表3　GB/T 9711 不圆度偏差

公称外径 D/mm	管体不圆度/mm	管端不圆度/mm
$219\leq D\leq 610$	0.020D	0.015D
$610<D\leq 1422$	$D/t\leq 75$ 时 0.020D，最大 15 $D/t>75$ 时依协议	$D/t\leq 75$ 时 0.015D，最大 13 $D/t>75$ 时依协议
$D>1422$	依协议	

3.5　管端

平端在监检过程中为最常见管端形式，本节只讨论三个标准对平端端头的要求。

3.5.1　切斜

GB/T 3091 管端切斜不应大于 3mm；GB/T 9711 管端切斜不应大于 1.6mm；SY/T 5037 管子中管径小于 813mm 的，切斜不大于 1.6mm，管径大于等于 813mm 的，切斜不大于 3mm。

3.5.2　坡口

三个标准对焊接坡口尺寸的要求一致，均为坡口角度 30°，偏差 0°～5°；钝边 1.6mm，偏差 ±0.8mm。但三个标准对开坡口的前置条件不一致，GB/T 3091 中规定壁厚大于 4.0 的管子经供需双方协商并在合同中注明时可开坡口；GB/T 9711 规定壁厚大于 3.2mm 的管子、SY/T 5037 规定壁厚大于 5.2mm 的管子应加工焊接坡口，除另有协议。

4　外观质量

在埋弧焊钢管制造监检过程中，外观抽查作为对压力管道安全性能有较大影响的重点项目，监检人员一般需进行现场监督或实物检查。

GB/T 9711 未对表面质量有明确规定，仅要求按 API Spec 5L：2018 中相关章节的规定执行。本文中所描述的有关 GB/T 9711 表面质量的规定均来自 API Spec 5L：2018。

4.1　表面质量

三个标准对表面质量的要求大致相似。

GB/T 3091：钢管的内外表面应光滑，不允许有折叠、裂纹、分层、搭焊、断弧、烧穿及其他修磨后深度超过壁厚下偏差的缺陷。

GB/T 9711：钢管在交货时应无缺陷；所有钢管应无裂纹、渗水和漏水。其中缺陷指电弧烧伤，超过规定尺寸的咬边、分层、几何尺寸偏差，尺寸和硬度超过规定值的硬块及超过规定尺寸的其他表面缺欠。

SY/T 5037：钢管表面不应有裂缝、结疤、折叠，以及其他深度超过公称壁厚下偏差的缺陷。

4.2　焊缝

4.2.1　焊缝余高

三个标准允许最大焊缝余高见表4。其中GB/T 3091中规定的内外焊缝余高最大值相同；GB/T 9711中分别规定了内外焊缝余高最大值；SY/T 5037中仅规定了焊缝余高最大值，未明确该值针对内焊缝或外焊缝，可以理解为内外焊缝余高均应满足此规定。另外，三个标准均说明焊缝余高超过规定值时允许修磨。

表4　焊缝余高规定

<table>
<tr><th rowspan="2">壁厚 t/mm</th><th>GB/T 3091</th><th colspan="2">GB/T 9711</th><th>SY/T 5037</th></tr>
<tr><th>内外焊缝</th><th>内焊缝</th><th>外焊缝</th><th>焊缝</th></tr>
<tr><td>$t \leq 12.5$</td><td>3.2</td><td rowspan="2">3.5</td><td rowspan="2">3.5</td><td rowspan="2">3.2</td></tr>
<tr><td>$12.5 < t \leq 13$</td><td rowspan="2">3.5</td></tr>
<tr><td>$t > 13$</td><td>3.5</td><td>4.5</td><td>3.5</td></tr>
</table>

4.2.2　焊偏

GB/T 3091中未对焊偏做出规定。

GB/T 9711中允许在无损检测结果表明焊缝完全焊透和熔合的情况下，允许存在一定的焊偏。当壁厚 $t \leq 20$mm时，最大焊偏量不应超过3mm；当壁厚 $t > 20$mm时，最大焊偏量不应超过4mm。

SY/T 5037中规定允许在无损检测结果表明焊缝完全焊透和熔合的情况下的焊偏。

4.2.3　错边

三个标准允许最大错边量见表5。

表5　最大允许错边量

mm

<table>
<tr><th>公称壁厚 t/mm</th><th>GB/T 3091</th><th>GB/T 9711</th><th>SY/T 5037</th></tr>
<tr><td>$t \leq 12.5$</td><td>1.6</td><td rowspan="3">1.5</td><td rowspan="2">1.6</td></tr>
<tr><td>$12.5 < t \leq 13$</td><td rowspan="4">0.125t</td></tr>
<tr><td>$13 < t \leq 15$</td><td rowspan="3">0.125t，且不超过2.5</td></tr>
<tr><td>$15 < t \leq 25$</td><td>0.1t</td></tr>
<tr><td>$t > 25$</td><td>2.5</td></tr>
</table>

5　力学化学试验

TSG D7006规定监检人员应现场抽查埋弧焊钢管产品的钢板(钢带)的产品分析和力学性能试验过程，检查是否符合安全技术规范和相关产品标准的要求。

GB/T 9711未对力学化学试验有明确规定，仅要求按API Spec 5L：2018中相关章节的规定执行。本文中所描述的有关GB/T 9711力学化学试验的规定均来自API Spec 5L：2018。

5.1　化学成分

GB/T 3091规定钢材牌号和化学成分(熔炼分析)应符合GB/T 700中牌号Q195、Q215A、Q215B、Q235A、Q235B、Q275A、Q275B和GB/T 1591中牌号Q345A、Q345B的规定。经供需双方协商，可供应其他牌号的钢管。钢管按熔炼成分验收。当需方要求进行成品分析时，应在合同中注明。检验频次为熔炼分析1次/炉、成品分析1次/炉。成品化学成分的允许偏差应符合GB/T 222的规定。

GB/T 9711通过表格形式规定了可选用的钢级及交货状态。其中PSL1钢管可选用钢级L175～L485范围内的11种，PSL2钢管可选用钢级L245～L830范围内的31种(含不同交货状态)。钢管应进行熔炼分析，1次/炉；产品分析，

2 次/炉。标准中列出了壁厚不大于 25mm 的钢管熔炼分析和产品分析结果允许的各元素最大质量分数。当钢管壁厚大于 25mm 时，化学成分要求应协商确定。

SY/T 5037 规定钢管选用 GB/T 699 中的20#，GB/T 700 中的 Q195、Q215 和 Q235 钢材焊制，或选用 GB/T 1591 或 GB/T 14164、GB/T 21237 等文件中的其他焊接性良好的钢材。每一熔炼炉的钢管或钢带/钢板抽取一个进行产品分析，允许偏差应符合 GB/T 222 的规定。

5.2 拉伸性能

5.2.1 管体拉伸试验

GB/T 3091 规定管体拉伸试验频次为 1 次/批。外径不小于 219.1mm 的钢管拉伸试验应截取母材横向试样。试验结果应满足标准中列出的各材质钢管的力学性能指标，包括下屈服强度、抗拉强度和断后伸长率。

GB/T 9711 规定焊管管体拉伸频次为 1 次/试验批。针对不同规格和级别钢管，试验批的定义不同，见表 6。

表 6　GB/T 9711 试验批的规定

外径 D/mm	管体/焊缝拉伸	管体拉伸	直缝/螺旋缝拉伸	钢带对头拉伸
	PSL1	PSL2	PSL2	PSL1、PSL2（螺旋缝）
219.1≤D≤323.9	相同冷扩径率为一批	相同冷扩径率，不超过 200 根	相同冷扩径率，不超过 200 根	相同冷扩径率，每 50 个钢带对头焊缝钢管为一个试验批
D >323.9		相同冷扩径率，不超过 100 根	相同冷扩径率，不超过 100 根	

SY/T 5037 规定管体应按 GB/T 228.1 进行拉伸试验。其取样数量应符合 GB/T 9711 的相关规定。

5.2.2 焊缝拉伸试验

GB/T 3091 规定试验频次为 1 次/批，其中直缝管取样 1 个，螺旋缝管取样螺旋缝 1 个、钢带对接焊缝一个。试验结果抗拉强度应满足标准规定值。

GB/T 9711 规定试验频次见表 6。其中直缝/螺旋缝焊缝拉伸试验为 1 次/批，钢带对头拉伸试验不少于 1 次/批。

SY/T 5037 规定焊接接头拉伸试验频次从同一制造工艺、同一钢级、同一规格且不超过表 7 数量的钢管作为一个试验批。每一试验批抽取一根钢管取一个试样进行拉伸试验。钢带对头的检验规则相同。

表 7　SY/T 5037 焊缝拉伸试验及导向弯曲试验频次

外径 D/mm	试验批数量及频次
219.1 < D≤323.9	不超过 200 根钢管为一试验批，每批一次
323.9 < D≤1422	不超过 100 根钢管为一试验批，每批一次
D > 1422	不超过 100 根钢管为一试验批，每批一次，另有协议除外

5.3 导向弯曲试验

GB/T 3091 规定正面导向弯曲试验一次/批。

GB/T 9711 规定进行正面、背面导向弯曲。其中直缝或螺旋缝导向弯曲：相同冷扩径率不超过 50 根为一试验批，试验频率一次/试验批；螺旋缝焊管钢带对头导向弯曲：相同冷扩径率每 50 个对头焊缝为一试验批，试验频率不少于一次/试验批。

SY/T 5037 规定正面导向弯曲试验一次/试验批，试验批确定规则与焊接接头拉伸试验批规则相同，见表 7。

5.4 冲击试验

GB/T 3091 中未规定进行冲击试验。

GB/T 9711 规定满足标准规定尺寸要求的 PSL2 钢管管体、焊缝和热影响区应进行 CVN 冲击试验。其中管体、直缝或螺旋缝焊缝和热影响区冲击试验：相同冷扩径率钢管为一试验批，一次/试验批；螺旋缝钢管钢带对头焊缝冲击试验：相同冷扩径率每 50 个钢带对头为一试验批，不少于一次/试验批。

SY/T 5037 中未强制要求进行冲击试验，订货合同要求时按合同规定进行冲击试验。

6 无损检测要求

根据 TSG D7006 的要求，埋弧焊钢管监检时，监检人员每批次至少现场抽查 1 根钢管的无损检测过程，检查是否满足安全技术规范以及相关标准、设计文件的要求。

GB/T 9711 未对无损检测有明确规定，仅要求按 API Spec 5L：2018 中相关章节的规定执行。本文中所描述的有关 GB/T 9711 无损检测的规定均来自 API Spec 5L：2018。

GB/T 3091 未要求进行无损检测，只规定可用超声波检测或射线检测代替液压试验。

GB/T 9711 规定钢级≥L210、直径≥60.3mm 焊管的焊缝应进行 100% 的无损检测；成品螺旋焊管上钢带对头焊缝应进行 100% 无损检测。无损检测应采用超声检测的方法，如果协议约定，可用射线检测代替超声检测。另外，应采用射线检测对埋弧焊管管端至少 200mm 范围内焊缝进行检测。

SY/T 5037 规定应采用超声检测或 X 射线检测对焊缝进行抽检，还应采用超声波检测对管端分层夹杂进行抽检。开始生产或调整工艺参数时，应对首根钢管的埋弧焊缝全长和管端进行检测；正常生产时，至少保证每 10 根钢管中抽 2 根钢管进行埋弧焊缝和管端进行无损检测。钢带对头焊缝、管管对接焊缝、补焊焊缝应进行焊缝全长无损检测。

7　静水压试验

静水压试验是对压力管道安全性能有重大影响的关键项目，监检人员需对每批至少 1 根产品的静水压试验进行现场监督。

GB/T9711 未对静水压试验有明确规定，仅要求按 API Spec 5L：2018 中相关章节的规定执行。本文中所描述的有关 GB/T9711 静水压的规定均来自 API Spec 5L：2018。

三个标准对钢管静水压试验压力计算方式均按下面公式：

$$P = 2St/D$$

式中　P——钢管的试验压力，单位为兆帕(MPa)；

S——静水压试验环向应力，数值为百分数与钢管规定最小屈服强度乘积，MPa；

t——钢管的工程壁厚，mm；

D——钢管公称外径，mm。

三个标准对静水压试验环向应力计算中百分数和保压时间的规定有所不同。

GB/T 3091 中最小屈服强度百分数取 60%，保压时间不少于 5s，且最大试验压力不大于 5MPa。

GB/T 9711 百分数取值见表 8，D≤457mm 时，保压时间不少于 5s；D>457mm 时，保压时间不少于 10s。

SY/T 5037 百分数取值见表 9，D<508mm 时，保压时间不少于 5s；D≥508mm 时，保压时间不少于 10s。

表 8　GB/T 9711 最小屈服强度百分数

钢管等级	外径 D/mm	百分数(标准试验压力)	最大试验压力/MPa
L210、L245	任意	60%	D≤88.9，17.0 D>88.9，19.0
L290～L830	D≤141.3	60%	20.5
	141.3<D≤219.1	75%	
	219.1<D<508	85%	
	D≥508	90%	

表 9　SY/T 5037 最小屈服强度百分数

最小屈服强度/MPa	外径 D/mm	百分数	最大试验压力/MPa
≤210	≥219	60%	19.0
235～275		60%	19.0
≥290		80%	20.5

8　产品标志

TSG D7006 规定对埋弧焊钢管，监检人员每批至少抽查 1 根进行产品标志，检查是否满足安全技术规范及产品标准的规定。

GB/T 3091 规定的钢管标志至少包括：制造厂名称或商标、产品标准号、钢牌号、产品规格及可追溯性识别代码。

GB/T 9711 规定钢管标志内容及顺序为：制造厂名称或标记、产品标准号、规定外径、规定壁厚、钢管钢级、产品规范水平(PSL1 或 PSL2)、钢管类型、购方检验代表标记(适用时)、标识代号(例如管号)、静水压试验压力。

SY/T 5037 规定的钢管标志内容及顺序为：制造厂名称或标识、产品标准号、公称外径、公称壁厚、钢管长度、钢牌号、年号及管号、其他内容。

9　结语

埋弧焊钢管作为压力管道元件中重要的组成部分，其安全性能关系着压力管道能否安全运行。本文通过对照埋弧焊钢管现行常见的三个产品标准的相关规定，有利于制造单位对三个产品标准加深理解，同时有助于监检人员更好地开展监督检验工作，确保管子制造出厂符合相关法规标准的规定。

参考文献

[1] TSG D7006—2020，压力管道监督检验规则[S].

[2] GB/T 3091—2015，低压流体输送用焊接钢管[S].

[3] GB/T 9711—2023，石油天然气工业 管线输送系统用钢管[S].

[4] SY/T 5037—2023，普通流体输送管道用埋弧焊钢管[S].

[5] API Spec 5L：2018，管线钢管(Line pipe)[S].

钢制储油罐底板腐蚀原因分析及防范措施

严哲钦　王　芳

（福建省锅炉压力容器检验研究院，福州　350008）

摘　要：某Q235A钢质储油罐底板漏磁检测发现腐蚀穿孔。为了解储罐底板腐蚀穿孔产生原因，结合腐蚀现象和特征，并通过罐底板基础检查、储罐接地电阻测试、罐顶和罐壁外观检查对部分原因进行了排除，并查阅部分文献及相关研究成果，表明：防腐层遭到破坏、介质组分原因和维护保养施工造成机械破坏等是造成腐蚀穿孔综合因素。针对分析结果，提出缺陷和防腐层修复，以及加强日常维护保养和加装牺牲阳极保护装置的具体意见。

关键词：储油罐；底板腐蚀；原因分析

Corrosion Causes and Preventive Measures of Bottom Plate for Steel Crude Oil Storage Tank

YAN Zheqin，*WANG Fang*

（Fujian Institute of Boiler and pressure vessel inspection，Fuzhou 35008，China）

Abstract：Magnetic flux leakage（MFL）inspection of the bottom plate of a Q235A steel oil storage tank revealed corrosion and perforation. In order to know the cause of corrosion and perforation of tank floor，combined with corrosion phenomena and characteristics，some reasons were eliminated by inspection of bottom plate foundation，grounding resistance of storage tank and appearance inspection of tank top and wall，and access to some of the literature and related research results，show that the comprehensive factors of corrosion perforation are the destruction of anticorrosion layer，the reason of medium composition and the mechanical destruction caused by maintenance. Based on the analysis results，some suggestions on repairing the defects and anticorrosion layer，strengthening the routine maintenance and installing the sacrificial anode protection device are put forward.

Key words：Oil Storage Tank；Floor Corrosion；Cause Analysis

1　引言

近年，常压储油罐发生失效引发泄漏、火灾等事故时有发生。储油罐底板和下壁板与介质直接接触，易受内部介质和外部环境破坏，是最容易产生缺陷发生失效的地方。为提高储油罐安全使用性能，拟对某站1#常压储油罐底板腐蚀情况、腐蚀机理和腐蚀原因进行分析，探寻造成储油罐底板腐蚀失效的原因，提出处理意见和防患措施。

2　腐蚀现象

某站1#储罐建于2005年，罐内直径7m，罐高9.6m，设计容量为300m^3，罐壁罐底材质均为Q235A，罐壁厚度为5mm，罐底厚度为6mm，罐底板防腐措施为耐油导静电涂料单一防护，储存介质为混油（汽油＋柴油）。

2023年11月对该罐储罐底板进行漏磁检测，对信号大于预先设定槛值的位置进行复核，发现存在大量点腐蚀，具体如下：（1）底板1－1存在上表面点腐蚀坑，深度约3.0mm；（2）底板1－3存在上表面点腐蚀坑，深度约3.0mm；（3）底板1－4存在上表面点腐蚀坑，深度约5.0mm；

作者简介：严哲钦（1990—　），工程师，全日制硕士研究生，主要从事为特种设备及常压储油罐检验检测工作。
E－mail：124045890@qq.com

(4)底板 1－4 存在上表面点腐蚀区(腐蚀区域约 400×400mm)，深度最深约 3mm；(5)底板 2－1 存在上表面点腐蚀区(腐蚀区域约 650×650mm)，深度最深约 3mm；(6)底板 3－2 存在上表面点蚀坑，深度约 5.0mm；(7)底板 4－1 存在上表面点腐蚀区(腐蚀区域约 400×400mm)，深度最深约 4.5mm；(8)底板 5－1 存在点腐蚀孔，已腐蚀穿透；(9)底板 5－2 存在上表面点腐蚀坑，深度约 4.0mm。

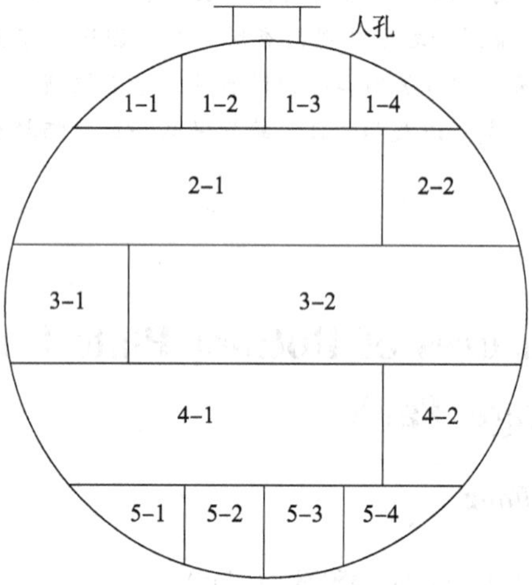

底板编号示意图

3　腐蚀机理及腐蚀原因

检验人员对储油罐漏磁检测信号提示的缺陷部位进行现场复核，经检查：信号超标部位存在一定深度的点腐蚀，均位于底板上表面。同时现场对储罐基础进行检查，基础无开裂情况，防水情况良好，排除了基础防水问题造成的底板下表面腐蚀。对储罐接地电阻进行测试，测试值为 0.09Ω，符合标准要求(小于 10Ω)，排除因罐体导静电能力差，罐体“被迫”成为阳极发生电化学腐蚀的可能性。罐顶和罐壁宏观检查未见异常，排除雨水渗漏进入罐中造成含水量超标，引起油析水腐蚀。查阅储罐设计安装资料，储罐底板材质为 Q23A，同类型储油罐(使用同一厂家、同一牌号的材质)未发生腐蚀现象，排除材质原因造成腐蚀。

基于初步原因排查，可以断定 1#罐腐蚀是介质与金属基体直接接触发生的化学点腐蚀。主要是以下几个方面原因：

3.1　防腐层遭到破坏[1]

查阅相关资料，储罐底板上表面采用耐油导静电涂料进行防护，发生上表面点腐蚀，甚至腐蚀穿孔，涂层发生失效是根本原因。分为四种情况：

一是防腐层施工质量可能存在问题。涂刷前未严格进行金属表面除锈，除锈等级达不到标准要求，造成金属基体与涂层的结合能力偏低；另外涂刷过程会因为各种因素，涂层局部产生针孔或其它缺陷，涂层施工质量验收检查未及时发现，埋下隐患。

二是防腐层涂料质量可能存在问题。导静电涂料为增加导电性能加入了一定含量的石墨粉，但石墨粉含量必须严格控制，若石墨粉含量过高，就会降低涂层的抗渗透性能。

三是在历次检维修、罐体清洗过程中，有可能因为施工不当造成防腐涂层局部破坏。

四是混油储罐的沉积物为水和泥砂的混合物，沉积物容易沉积在罐底板，为 SRB 厌氧菌的生存和繁殖提供了条件，滋生的厌氧菌会“馋食”防腐层。

当以上任何一种情况造成涂层局部损坏后，介质和金属基本就会直接接触，产生化学腐蚀环境，再加储罐介质及油析水中可能含有各种离子成分，电化学腐蚀将会加剧，在短时间内就会使罐底板发生较深的腐蚀孔，甚至腐蚀穿孔。

3.2　介质组分原因

介质组分造成的腐蚀可能原因有以下四个：

一是介质中含水量超标[1]。混油(柴油、汽油)中含有水分，因长期存放会出现油析水，油罐底部被滞留的析出水腐蚀，导致罐底腐蚀，呈现出大大小小的溃疡状坑点。混油(柴油、汽油)水分超标可能原因有二个：一是罐顶和罐壁有渗漏，雨水进入罐中造成含水量超标(已排除)；二是油污水排污频次不足，导致罐底油析水沉积。

二是混油(柴油、汽油)储罐的沉积物为水和泥砂的混合物，沉积物容易沉积在罐底板，为 SRB 厌氧菌的生存和繁殖提供了条件。

三是柴油的 pH 值是柴油腐蚀性的影响因素，酸性柴油对罐底的腐蚀性较强。柴油的 pH 值受到多种因素的影响如储存时间、温度等。当柴油的 pH 值较低时，其对罐底金属的腐蚀作用也会增强。

四是柴油中含有一定量的杂质，比如 Cl^-、CO^{2-}、HS^{2-}、SO_2^{2-} 溶于水时，会对储罐内壁和底板造成腐蚀。

3.3　维护、保养、施工方面的原因

一是柴油罐的操作和维护也是导致罐底腐蚀的原因之一。例如，长期不清洗罐体、不定期检查罐底的腐蚀情况、不及时修复底部的腐蚀等，

都会加剧罐底的腐蚀速度。另外，若罐体有间歇性使用情况，因停罐期间养护措施不到位，也会造成氧腐蚀。

二是施工不当方面造成的原因。例如，底板防腐层修复前，未对清除原先起皮、脱落，或腐蚀产物，造成防腐修复郊果不佳。

3.4 检验检测方面的原因

常压储油罐最危险的失效模式是腐蚀或开裂造成泄漏，进而引发火灾或爆炸。最可能发生腐蚀的部位是与油析水接触的底板、罐内壁底层，有效检测手段是开罐底板漏磁扫查和不开罐声发射腐蚀信号监测采集。而以往检验检测未做该方面相关检测，罐底的腐蚀情况未检查到位。

4 处理意见及防范措施

(1)按照《立式圆筒形钢制焊接油罐操作维护修理规范》(SY/T 5921—2017)第5.4条要求，制定合理修理方案，对罐腐蚀深度大于原设计厚度40%缺陷处，考虑补板、局部更换新板或更换整块板。

(2)严格按照规范要求进行防腐涂层修复和验收。首先采用机械处理方法去除修复部位的污垢、油渍，必要时采用钢丝刷、铲刀、刮刀彻底除锈，再用棉纱或破布将金属表面浮尘擦拭干净，有油污处还需应用稀释剂擦洗，直至除锈级别达到St2级。表面处理后，刷涂料底漆一遍，再刷涂料面漆两遍，涂刷时尽量减少涂层的往复次数，以免将底层漆膜拉起，按纵横交错方式涂漆以保证漆膜的涂刷质量。

(3)加强日常维护保养。一是规范日常排污管理，建议进行介质含水量、杂质化验、污泥成分化验(厌氧菌)，制定合理的排污频次并严格执行。二是规范日常维护保养，详细记录储油罐间歇性使用情况、罐体清洗情况、罐底日常腐蚀检查情况、罐体日常维护保养情况。历次罐体施工后，要加强对防腐修复情况的检查和验收。

(4)要提高日常检查针对性。日常巡查要关注罐底基础防水情况，罐顶和罐壁渗水情况，要定期进行罐体接地电阴和导静电能力测试。

(5)防腐涂层加牺牲阳极保护方式是目前常压储油罐底板防腐使用最多，也是最有效的方式。储罐设计、安装时未装牺牲阳极保护装置，建议被充设计并加装[2]。首先在进行阳体入场检查和底罐表面处理后，将预加工好的阳极支架按照设计图纸要求，均匀的接在罐底板上；再用螺栓将阳极体与支架固定，固定时需要在螺栓中加入垫片，以保证阳极安装的牢固。阳极安装完毕后，对阳极两端面，底面以及裸露的钢，支撑架等全部采用与罐底涂层结构相同的涂层防腐绝缘。

参考文献

[1]孙永泰，原油储罐底板发生腐蚀穿孔的原因分析[J]设备管理与维修，2015，No6：41-42.
[2]孙民，储油罐底板腐蚀分析及对策[J]轻工科技，2012，03：26-27.

醚化装置甲醇回收系统的腐蚀与防护

韩　贺[1]　张玉丽[2]　马岩军[1]

(1. 乌鲁木齐石化公司炼油厂；2. 乌鲁木齐石化公司设备检验检测中心)

摘　要：甲醇回收系统是MTBE生产工艺中重要的组成环节，近年来先后有中石化、中石油等多家企业甲醇回收系统频繁出现换热器、管线及塔盘腐蚀泄漏现象，本文对MTBE装置甲醇回收系统腐蚀的原因及对策进行了探讨，旨在为MTBE装置甲醇回收系统腐蚀防护提供参考，确保使用安全。

关键词：酸性离子富集；磺酸根；吸氢腐蚀；吸氧腐蚀

Corrosion and Protection of Methanol Recovery System in Etherification plant

HAN He[1], *ZHANG Yuli*[2], *MA Yanjun*[1]

(The Oil refinery of Petrochina Urumqi Petrochemical Company, XinJiang Urumqi 830019, China
The Equipment Inspection and Testing Institute of Petrochina Urumqi Petrochemical Company, XinJiang Urumqi 830019, China)

Abstract: The methanol recovery system is an important component of MTBE production process. In recent years, there have been frequent corrosion and leakage of heat exchangers, pipelines and trays in methanol recovery systems of several enterprises such as Sinopec and petrochina, this paper discusses the causes and countermeasures of the corrosion of the methanol recovery system in MTBE plant, in order to provide reference for the corrosion protection of the methanol recovery system in MTBE plant and ensure the safety in use.

Key words: Acidic ion enrichment; Sulfonate; Hydrogen corrosion; Oxygen corrosion

1　引言

某石化公司醚化装置甲醇回收系统，自投用以来在装置运行期间频繁出现重沸器管束和壳程出口管线腐蚀泄漏，近年来随着甲醇萃取水酸性不断增强，腐蚀泄漏频发，因此，通过腐蚀机理研究，调查腐蚀性介质来源，通过萃取工艺的调整，设备适应性改造，材质升级，增加监测等方法，进行易腐蚀部位的防护。

2　工艺流程及腐蚀分布

醚化装置的腐蚀主要集中在甲醇回收系统，见图1，所腐蚀设备主要是C－203，C－204，系统相连管线，再沸器E－209及换热器E－208，E－207。同时，夹带的催化剂粉末也会造成C－203/C－204塔盘筛孔的堵塞。

3　腐蚀情况

从历年的故障检修情况来看，经过检查换热器管束上部气蚀严重，管板上部接管处出现大面积渗漏情况，换热器出口管线气蚀减薄严重。拆开甲醇萃取塔人孔，卸出塔内件及塔盘发现以下现象：塔盘上ϕ3mm的筛孔发生堵塞，从上自下逐步严重，特别是下段塔盘孔径堵塞率达到70%，堵塞主要由塔盘下表面褐色块状锈蚀物向上内陷及上表面黑色粉末状物质引起，同时在后续甲醇精馏塔进料管线、预热器和塔底再沸器发现有大量的黑褐色的粉末存在(图2、图3)。

作者简介：韩贺(1989—　)；职称：工程师；学历：大学本科；主要从事炼油工艺管理工作。E－mail：hanhws@petrochina.com.cn

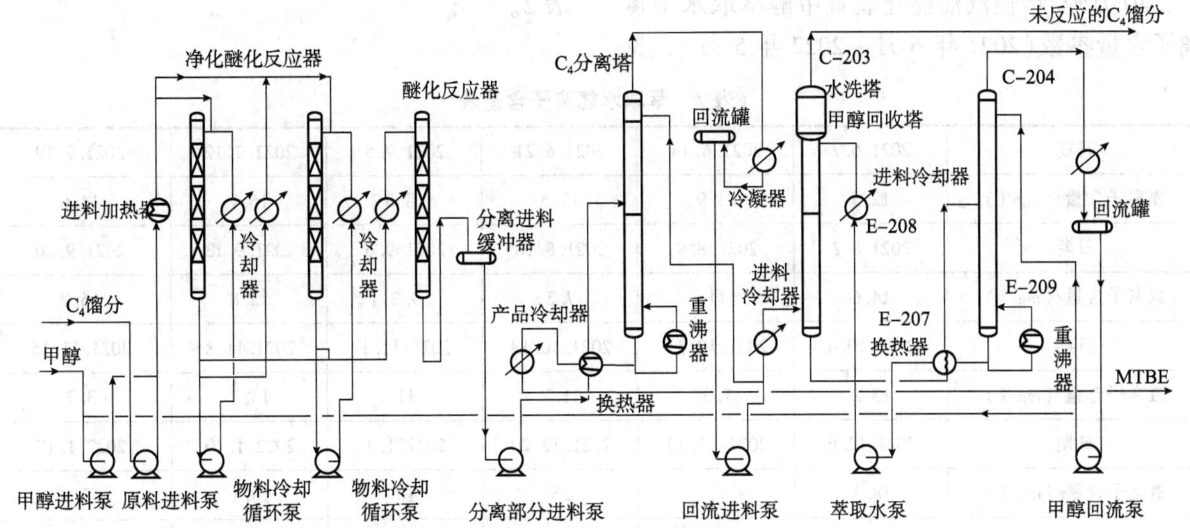

图 1　醚化装置及甲醇回收系统工艺流程

图 2　再沸器腐蚀概貌图

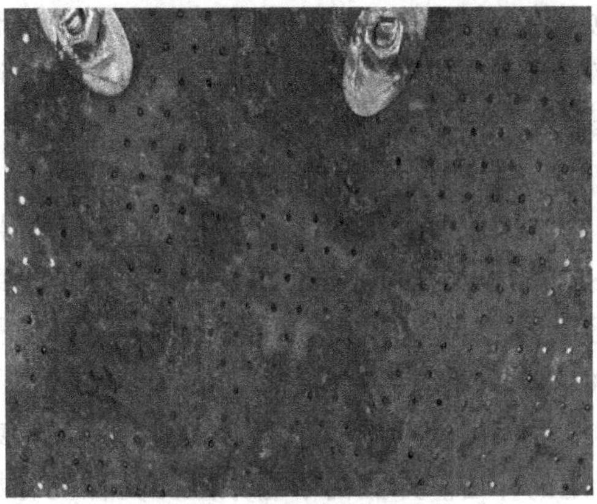
图 3　塔盘腐蚀概貌图

4　腐蚀机理及形成环境

4.1　腐蚀机理

甲醇萃取塔和精馏塔的腐蚀主要是电化学腐蚀，其中包括吸氢腐蚀和吸氧腐蚀。

(1)铁金属的电化学标准电位 < -0.414V，查阅金属电位 - pH 图可知，铁在热力学上属不稳定的金属，甚至能够在不含氧的中性介质中发生析氢腐蚀，特别是设备管线多采用碳钢制备，很容易在酸性条件下，形成以铁为负极、碳为正极的无数个原电池，最后氢气在碳的表面放出。

$$Fe = Fe^{2+} + 2e^- \qquad \phi^{\ominus}_{Fe} = -0.440V$$

$$2H^+ + 2e^- = H_2 \qquad \phi^{\ominus}_{H} = 0.000V$$

溶液 pH 值对析氢腐蚀速度影响很大，随 pH 值下降，腐蚀速度迅速增大，并且随着温度的升高，腐蚀速度迅速增大。

(2)在介质中有氧存在时，碳钢金属在酸性很弱或中性溶液里，也可发生如下电极反应：

$$Fe + \frac{1}{2}O_2 + 2H^+ = H_2O + Fe^{2+}$$

$$Fe^{2+} + 2OH^- \longrightarrow Fe(OH)_2 \downarrow$$

$$4Fe(OH)_2 + 2H_2O + O_2 \longrightarrow 4Fe(OH)_3 \downarrow \text{(红褐色铁锈)}$$

随着随 pH 值下降，和含氧量的增加，腐蚀速度将迅速增大，通常在钢铁的电化学腐蚀主要是吸氧腐蚀，在设备中大量出现的黑褐色铁锈证明本装置明显发生了吸氧电化学腐蚀，并且 Fe 在酸溶液中的腐蚀形态，一般是均匀腐蚀，因此引起了甲醇萃取系统管线腐蚀表现出均匀减薄的特征。

4.2　腐蚀环境

4.2.1　装置萃取水检测

从甲醇萃取塔萃取水质检测 pH 数据可知，萃取水中水含量占 87.4%，甲醇含量 14.71%，MTBE 含量 0.18%，萃取水中氯离子含量最高达到了 33mg/L，pH 很难控制到 6.5 ~ 8.0 指标要求，基本小于 6.5(见表 1)。

表 1　甲醇萃取水中主要介质百分比

项目	水	甲醇	MTBE
单位	%	%	%
甲醇萃取水	87.4	12.41	0.18

40万吨/年轻汽油醚化装置甲醇萃取水中氯离子含量参数(2021年6月~2022年5月)，见表2。

表2　萃取水氯离子含量表

日期	2021.6.7	2021.6.14	2021.6.21	2021.7.5	2021.7.12	2021.7.19
氯离子含量/(mg/L)	12.5	13.9	12.5	18.3	16.1	14.6
日期	2021.8.2	2021.8.9	2021.8.16	2021.9.6	2021.9.13	2021.9.20
氯离子含量/(mg/L)	14.6	11	7.3	9.2	12.8	16.9
日期	2021.10.4	2021.10.11	2021.10.18	2021.11.1	2021.11.8	2021.11.15
氯离子含量/(mg/L)	13.2	7.3	11.7	11	14.7	3.7
日期	2021.12.6	2021.12.13	2021.12.20	2022.1.3	2022.1.10	2022.1.17
氯离子含量/(mg/L)	18.3	11	26	13	18.1	15.9
日期	2022.2.7	2022.2.14	2022.2.21	2022.3.7	2022.3.14	2022.3.21
氯离子含量/(mg/L)	13.7	21.1	19	7.3	8.7	7.3
日期	2022.4.4	2022.4.11	2022.4.18	2022.5.9	2022.5.16	2022.5.23
氯离子含量/(mg/L)	10.9	14.6	14.6	5.5	14.6	33

4.2.2　酸性条件的来源

萃取水原本是中性的去离子水，但pH值明显下降肯定是由前面生产过程引起或者原料自身包含酸，通过对分析发现强酸性大孔阳离子树脂催化剂在特定的情况下会发生醚化催化剂脱酸，即苯磺酸聚合物、磺酸基团和H离子，同时原料甲醇中含有微量的甲酸也是H离子来源。

(1)在超温状态下，催化剂中磺酸基团的脱落速率会明显上升，在运行过程中，醇烯比过低，造成反应系统缺甲醇，局部异丁烯自聚就会发生床层“飞温”，催化剂因高温磺酸基团快速脱落，能够造成大量酸带入甲醇萃取系统，造成萃取水腐蚀性加剧。

(2)原料C4中的金属离子和碱性物是催化剂失活的“杀手”，他们可以置换出催化剂中的H离子，造成H离子的脱落。其中阳离子以胺类物质为主，上游炼油催化裂化生产的C4其胺类物质主要来源于脱硫胺洗过程，原料C4中的金属离子和碱性物分别通过双醚化反应器和催化蒸馏塔后，大部分的金属离子和碱性物都被催化剂吸附，同时释放出等摩尔量的H离子。随着物料进入到甲醇萃取循环水中，这些H离子不断富集，导致pH值越来越低。

(3)甲醇原料为优级品的甲醇，但其中也含有质量分数为0.0015%的甲酸，以正常生产每天甲醇耗量65吨计算，每年也会将7414mol甲酸带入到甲醇萃取循环水中，同样也是酸的主要来源。

4.2.3　吸氧腐蚀氧的来源

甲醇萃取水氧的含量越高越有利于吸氧腐蚀的进行，增加设备腐蚀程度，氧的来源主要甲醇萃取水补充是用的无离子水，没有经过脱氧处理，并且储水罐和甲醇原料罐均为常压罐且与大气联通，空气中氧气溶解在水中和甲醇中被带入甲醇萃取系统中，萃取水中氧气含量足以在酸性环境下使碳钢发生吸氧电化学腐蚀，最经济有效的方式在罐顶放空增加水封装置进行隔断，避免常压罐与空气中氧直接接触。

4.2.4　汽蚀和冲刷腐蚀

甲醇回收塔底重沸器E-209的设备型号为：LBJS1500-1.69/1.9-605-6/25-4Ⅰ，管束上方壳程的空间较小，含甲醇水溶液在壳程由105℃左右升温至140℃左右，甲醇水溶液中的水和甲醇受热气化，体积急速膨胀，对上部管束形成一定的冲击。并且由于管束上方壳程没有足够大的空间，气、液分离效果差，且对壳体和内封头的冲击作用也会增强。当重沸器出口端处于高速流动时，会对出口处及其后续管线产生剧烈的冲刷，直接对设备及管线产生冲刷腐蚀，同时壳程出口进塔碳钢管线也存在明显腐蚀，两次发生腐蚀穿孔问题。

4.2.5　振动产生应力

由于气蚀和流体共同作用造成管束频繁振动，使得管束与管板胀口处拉裂，最终造成换热器管板胀口处泄漏。

5 采取防腐措施

5.1 增加甲醇萃取水脱酸工艺

通过将萃取水进行脱酸处理，将从催化剂中脱落的磺酸剂与阴离子树脂反应，吸附中和脱落的磺酸基，达到萃取水脱酸目的，避免甲醇萃取系统弱酸性腐蚀[2]。脱酸树脂是一种具有同时脱除阳阴离子的两性树脂，它具有很高的阴离子吸附容量和抗污染性，可以允许在80℃的温度下长期使用。当甲醇萃取工艺水通过脱酸剂树脂时，工艺水中的SO_4^{2-}、Cl^-等阴离子及Na^+、Fe^{3+}等阳离子即被吸附，脱酸剂每吸附1mol的阴离子即同时释放出1mol的OH^-，而每吸附1mol的阳离子即同时释放出1mol的H^+，OH^-与H^+随即结合成H_2O，从而达到脱酸的目的，使生产装置上的萃取循环水pH值能够长期保持在6.5以上。具体实施办法是甲醇萃取塔的萃取水在进入甲醇回收塔之前先经过装有脱酸剂的脱酸罐脱酸，经过脱酸后的萃取水再进入甲醇回收塔回收甲醇(图4)。

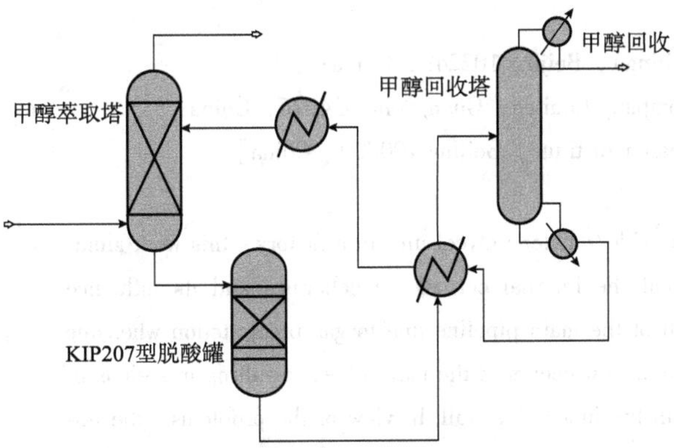

图4 增加甲醇萃取水脱酸工艺流程图

5.2 重沸器设备结构适应性改造

考虑到E-209整体设备改型(改为釜式结构)，由于受工艺流程、设备安装空间等因素的限制难度较大，对重沸器E-209的管束折流板结构形式和管束的制作工艺进行重新设计改进，以减缓甲醇萃取水对管束冲刷腐蚀问题。根据腐蚀原因调查和腐蚀机理，换热管螺纹管不利于防腐蚀，设计核算换热采用光管完全满足工艺换热要求；原螺旋折流板根据流体冲击试验，在汽液共存状态下不利于管束防腐蚀，设计改造为弓形折流板。

5.3 安装甲醇萃取水在线pH监测

在醚化装置E-208壳程出口管线，安装在线pH监测电极，实现甲醇萃取水pH值的实时监测，监测pH值趋势如图5。

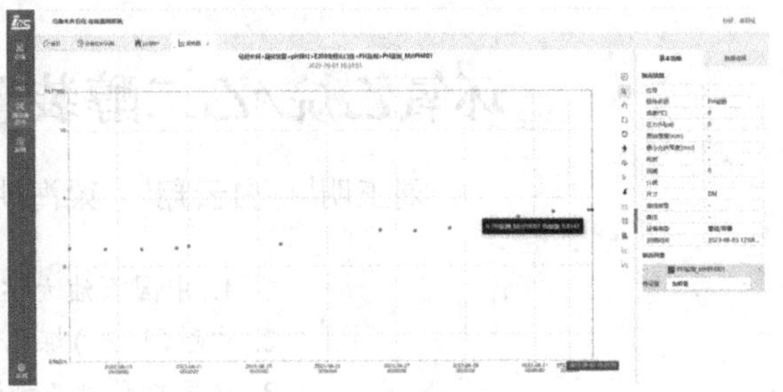

图5 安装在线PH监测

5.4 易腐蚀管线材质升级

E-209重沸器主要是将甲醇回收塔C-204塔底物料经过重沸器加热后返回到C-204，发现出口管线弯头减薄穿孔泄漏，返塔线弯头处减薄超过50%，原始壁厚6.5mm，经过检测，背弯处平均厚度在2.0~3.0之间，减薄严重。下图为甲醇萃取水管线打卡具、包盒子状况。对E-209壳程出口甲醇萃取水碳钢管线，材质升级为304L不锈钢，减缓酸性工艺介质对管道的高流速冲蚀和酸腐蚀问题[3-4]。本次改造工艺脱氯脱酸项目氯离子控制在15PPm以下，利于升级后的奥氏体不锈钢耐氯离子应力腐蚀开裂问题发生。

6 结束语

本文通过在C-203塔底萃取水增加脱氯脱酸措施，在减少置换消耗除盐水的情况下，将重沸器E-209萃取循环水pH值控制在6.5以上，结合管束结构改造和管线材质升级等措施，实现重沸器E-209的长周期安全运行，减缓萃取水系统酸腐蚀的问题，同时减少水耗和外排废水量，确保了装置的腐蚀可控，为醚化装置甲醇系统的腐蚀与防护提供有力支持。

参考文献

[1]张国玺，邓福利．MTBE装置甲醇萃取塔和精馏塔腐蚀原因分析及预防措施[J]．科技创新导报，2009，6(6)：2-2.

[2]韩毅．MTBE装置甲醇回收系统腐蚀原因分析对策[J]．广东化工，2019，46(2)：175-176.

[3]童兆春．MTBE装置萃取塔腐蚀原因分析及处理措施[J]．石化技术，2017，24(03)：10-11.

[4]何应标．MTBE装置甲醇回收系统腐蚀原因及对策研究[J]．江西化工，2019(3)：156-158.

环氧乙烷/乙二醇装置冲蚀案例数值模拟研究

刘玉明[1]　白云翔[1]　梁海明[2]　韩　斌[3]　张　政[1]　郭岩宝[1]

［1. 中国石油大学(北京)，北京　102249；
2. 中科(广东)炼化有限公司，广东　524076；
3. 中国特种设备检测研究院，北京　100029］

摘　要：本文采用有限元仿真的方式，基于某厂环氧乙烷/乙二醇装置实际腐蚀案例，对某失效管段失效形式进行了模拟研究，试图揭示该管道内腐蚀机制及其影响规律。结果表明：在阀门开度较大时，主管道后半段因气体析出发生汽蚀；在阀门开度较小时，主管道出现环状流，导致后半段外管壁冲蚀严重，内管壁出现空化现象。针对出现的问题提出了改进措施并进行了验证。

关键词：环氧乙烷/乙二醇装置；有限元仿真；冲蚀；空蚀；空化

Study on Numerical Simulation of Erosion Case of Ethylene Oxide/Ethylene Glycol Plant

LIU Yuming[1], *BAI Yunxiang*[1], *LIANG Haiming*[2], *HAN Bin*[3], *ZHANG Zheng*[1], *GUO Yanbao*[1]

[1. China University of Petroleum (Beijing), Beijing 102249, China;
2. ZhongKe(Guangdong) Refinery&Petrochemical Company Limited, Guangdong 524076, China;
3. China Special Equipment Inspection & Research Institute, Beijing 100029, China]

Abstract: Based on the actual corrosion case of ethylene oxide/ethylene glycol unit in a factory, this work simulated the failure form of a failed pipe section, trying to reveal the internal corrosion mechanism and its influence law. The results show that cavitation: occurs in the second half of the main pipeline due to gas precipitation when the valve opening is large; When the valve opening is small, annular flow occurs in the main pipe, resulting in serious erosion of the outer pipe wall in the second half and cavitation in the inner pipe wall. In view of the problems, the improvement measures are proposed and verified.

Key words: Ethylene oxide/Ethylene glycol unit; Finite element simulation; Erosion; Cavitation erosion; Cavitation

1　引言

某炼化公司环氧乙烷/乙二醇装置自2020年9月投产以来，陆续出现了一些设备管线腐蚀问题。该装置工艺技术以乙烯、氧气为原料，利用乙烯氧化法生成环氧乙烷，经过水洗、汽提、解析、再吸收、乙二醇反应蒸发、干燥精致等过程，生成乙二醇产品。环氧乙烷氧化反应催化剂采用高选择性催化剂YS－9010K，乙二醇生产采用无催化剂模式。乙烯脱硫后基本不含对设备的腐蚀的介质，但在环氧乙烷反应阶段，会加入一定量氯乙烷抑制剂，同时会注入氢氧化钠碱性溶液控制后续工艺中溶液的pH值[1-3]。因此生成了在后续生产流程中含有二氧化碳、氯离子、有机酸、溶解氧等物质的复杂溶液。

装置管线在生产运行过程中，由于介质本身的腐蚀性以及流动过程中其相态的变化和流速的影响，管线内壁受到各种腐蚀破坏，其中以腐蚀、冲蚀以及空蚀最为显著，且三者往往联合发

作者简介：刘玉明，中国石油大学(北京)在读研究生，主要研究方向为管道内腐蚀及其防护。E－mail：19568726972@189.cn

生[4-5]。因此为了更好地识别和控制腐蚀风险，揭示装置中输送管线内腐蚀机制和影响规律，建立有效的管线内腐蚀位置预测及分析方法，并实施重点管段的实时腐蚀监测，成为目前亟待解决的问题。

2 案例分析

基于在线监测数据和历史维修数据对装置的管道腐蚀情况进行统计，发现失效的管道主要集中在乙二醇精制系统，对比其他炼厂环氧乙烷/乙二醇装置腐蚀情况[6,7]，现从系统中选取一段失效管段进行分析。

研究管道位于乙二醇精制系统 MEG 循环塔再沸器后，失效位置位于不同管径的凝液管结合处，在失效位置前有一球阀，如图 1 所示为失效管道内部宏观形貌，图 1(a)为主管道，图 1(b)为副管道。

(a)主管道内部宏观形貌

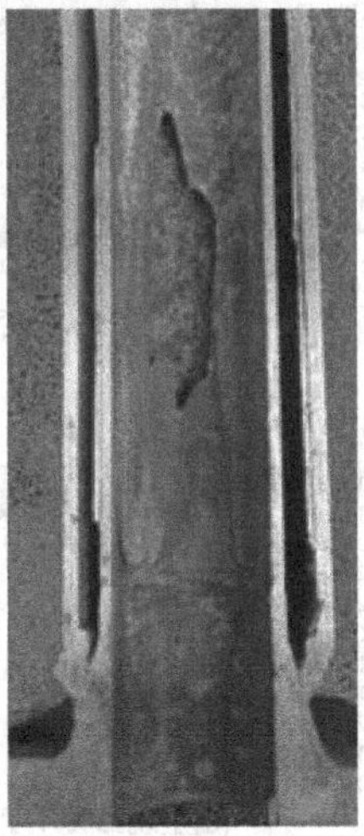

(b)副管道内部宏观形貌

图 1　失效管线内部宏观形貌

从宏观形貌图可以看出，副管道流出的凝液对主管道外管壁造成了严重冲蚀[图 1(a)]；副管道内壁直管段存在腐蚀破坏[图 1(b)]。管内凝液自再沸塔(塔内操作压力为 1.35Mpa，温度为 164.1℃)流出后温度逐渐降低。根据在线监测数据和历史测量数据显示，管内阀门后存在两相流，管内流量为 10.74t/h。如表 1.1 所示为管段一内介质成分，可以看出管内几乎不含腐蚀成分。结合管道宏观腐蚀形貌，可以判断该管道主要失效形式为冲蚀。

表 1　管内介质成分表

介质名称	C13 - C16	C17 - C25	水	乙二醇
介质比例	1.06%	0.06%	56.27%	42.61%

3 仿真模拟设置

采用 Fluent 软件对失效管道流场进行有限元分析，用 CFD 建立二维模型，管段尺寸如图 2 所示，主管道管径为 150mm，副管道管径为 50mm，在主管道中间部位有一球阀控制流量。

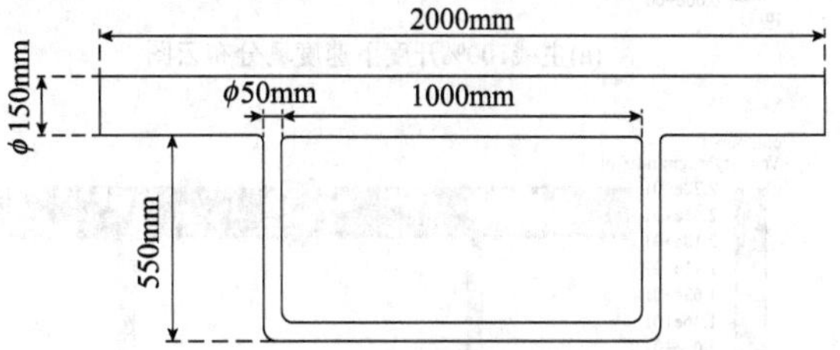

图 2　仿真模型尺寸图

用 fluent meshing 对仿真模型进行网格划分，划分方法为非结构化网格，对阀门位置采用添加分区数量方式进行加密。通过改变边界层数量对网格进行无关性验证，以阀门 50 开度时为例。如图 3 所示，当网格数量达到 7827 时，最大流速不再变化，网格数量对仿真结果影响较少，满足网格无关性要求。

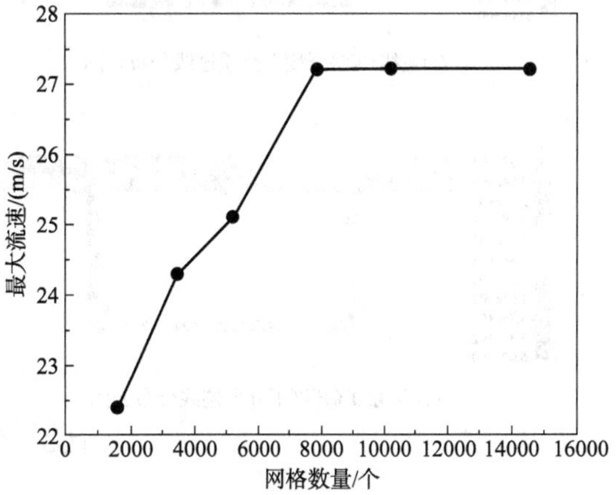

图 3　网格数量曲线图

对管内流体进行稳态研究。管内介质为液态水与乙二醇的混合液体以及汽化产生的蒸气。采用 Mixture 混合多相流模型，湍流模型采用标准 $K-\varepsilon$ 模型，近壁面函数采用标准壁面函数，压力速度耦合方案采用 coupled，动量、湍流动能、湍流耗散率和能量的空间离散均采用二阶迎风格式。入口为速度入口，将质量流量换算为流速得入口流速为 17m/s。

4 仿真结果分析

管内流体自左向右流动，通过设置不同的主线阀门开度，得到其速度场分布(图 4)、介质迹线分布(图 5)以及液相体积分数(图 6)。

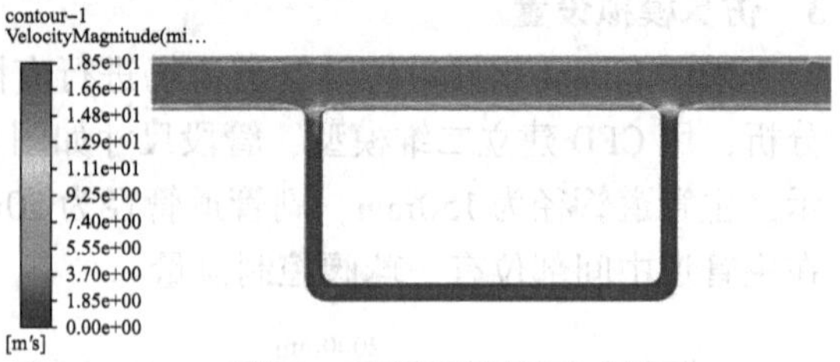

(a)主线100%开度下速度场分布云图

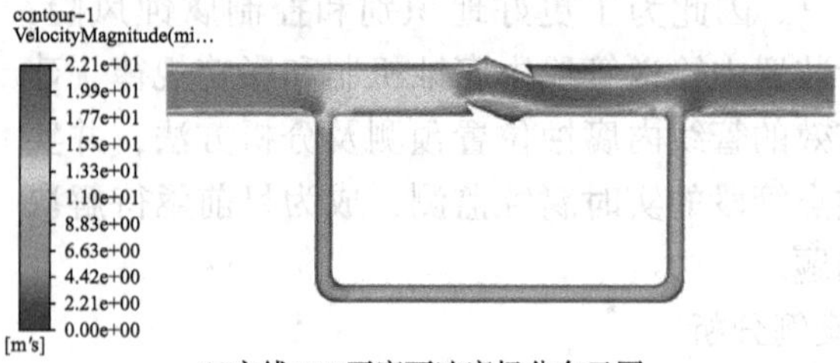

(b)主线75%开度下速度场分布云图

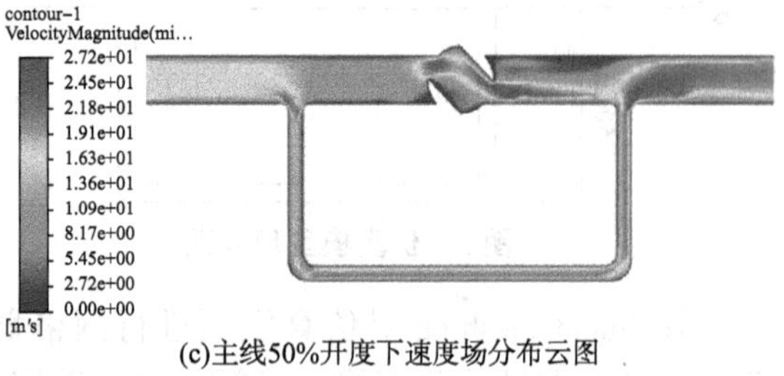

(c)主线50%开度下速度场分布云图

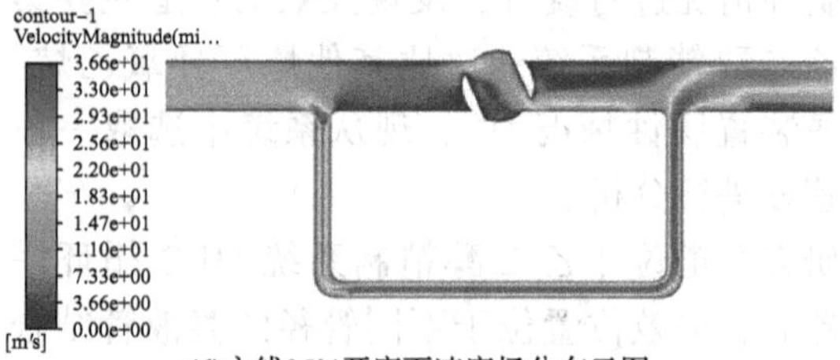

(d)主线25%开度下速度场分布云图

图4　速度场分布云图

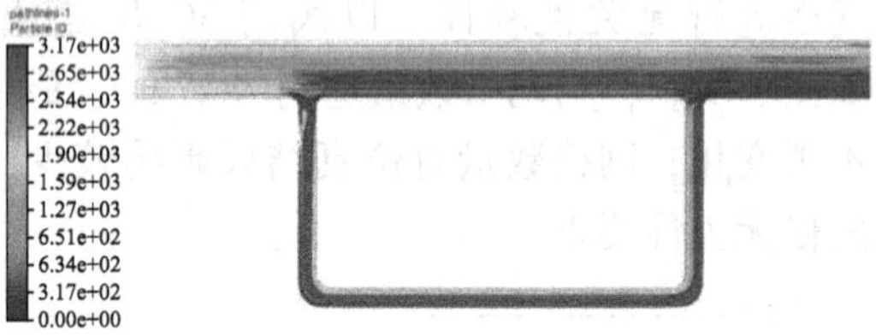

(a)主线100%开度下介质迹线分布云图

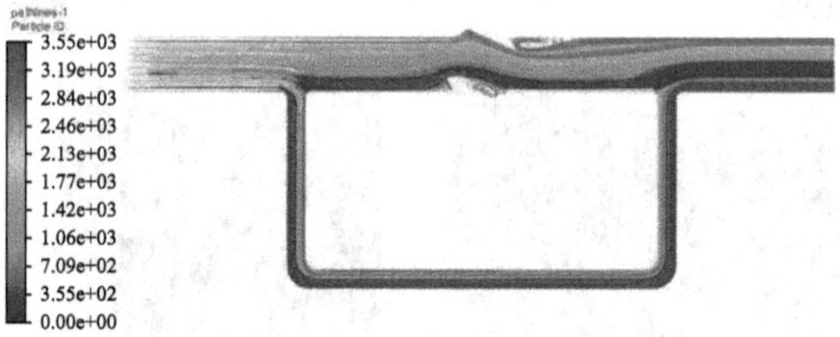

(b)主线75%开度下介质迹线分布云图

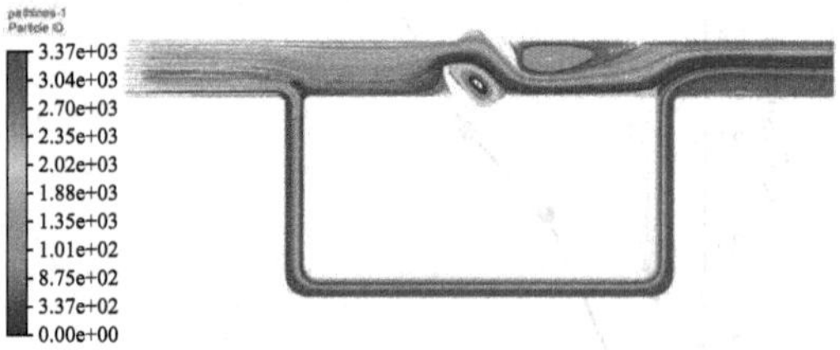

(c)主线50%开度下介质迹线分布云图

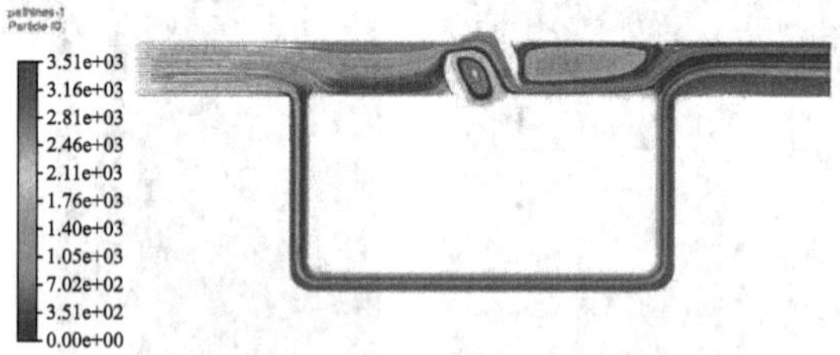

(d)主线25%开度下介质迹线分布云图

图5　介质迹线分布云图

(a)主线100%开度下液相体积比例云图

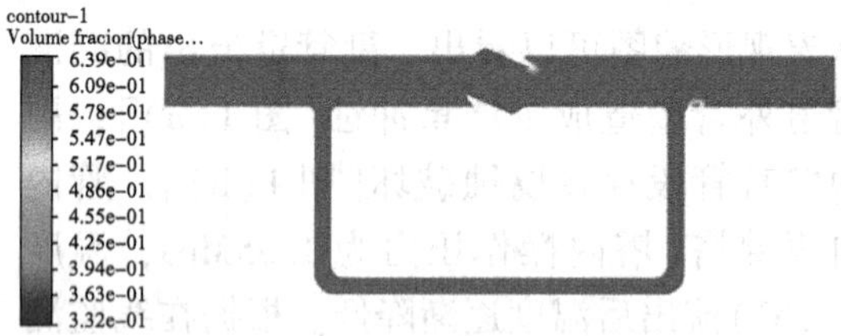

(b)主线75%开度下液相体积比例云图

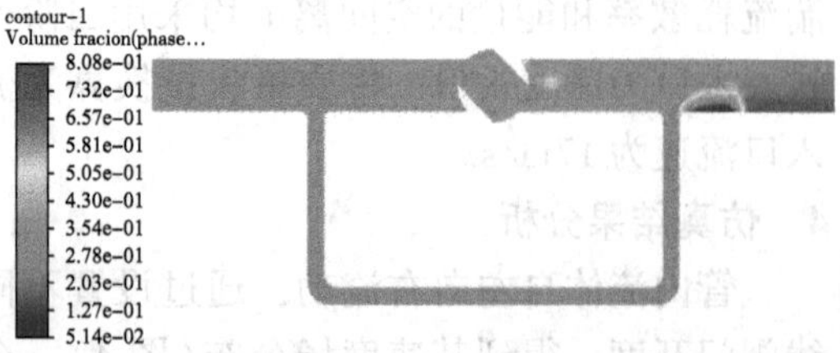

(c)主线50%开度下液相体积比例云图

(d)主线25%开度下液相体积比例云图

图6　液相体积分布云图

从速度场分布云图可以看出，在阀门开度为100%情况下，流体主要从主管道流过，且主管道流场比较平稳，仅在副管道出口后发生微小扰动，对管壁冲刷较小[图4(a)]。随着阀门开度变小，流入副管道流体增多，流场内最大流速从18.5m/s增加到36.6m/s。副管道内流体流速逐渐增大，导致对副管道出口后外侧内管壁冲击逐渐增大[图4(b)-(d)]。

随着主管道阀门开度逐渐变小，在阀内和阀后出现了环状流[图5(b)-(d)]，且环状流体积随开度变小逐渐变大，导致主管道流体被抬升，与副管道流出的流体一起对管壁造成冲蚀，这与图1所示管道实际腐蚀情况相符。

从图4可以看出，在阀门开度为100%情况下，副管道流体流动缓慢[图4(a)]，从而导致了副管道后半段出现了空泡聚集的现象[图6(a)]，液体内溶解气体析出，对副管道管壁产生了汽蚀，这与图1所示管道实际腐蚀情况相符。

除此之外，如图6(b)、(c)、(d)所示，随着主管道阀门开度变小，阀门后出现了较小空化现象，对管道影响较小；在主管道后半段出现了较大空化现象，且随着阀门开度变小，空化体积逐渐变大，空泡聚集向下移动，在下游压力小的位置破裂，也会对管壁造成冲击。

根据有限元模拟情况，提出扩大管径和改用Y形三通代替原有T形三通的措施来减小冲蚀。将副管道管径扩大至100mm，得到其速度场云图[图7(a)]、迹线云图[图8(a)]和液相体积云图[图9(a)]。将原有T形三通替换为60度Y形三通，得到其速度场云图[图7(b)]、迹线云图[图8(b)]和液相体积云图[图9(b)]。

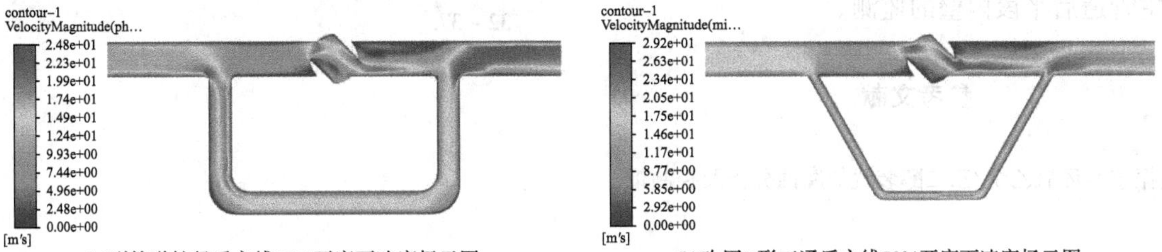

(a)副管道扩径后主线50%开度下速度场云图　　(b)改用Y形三通后主线50%开度下速度场云图

图7　改进后速度场云图

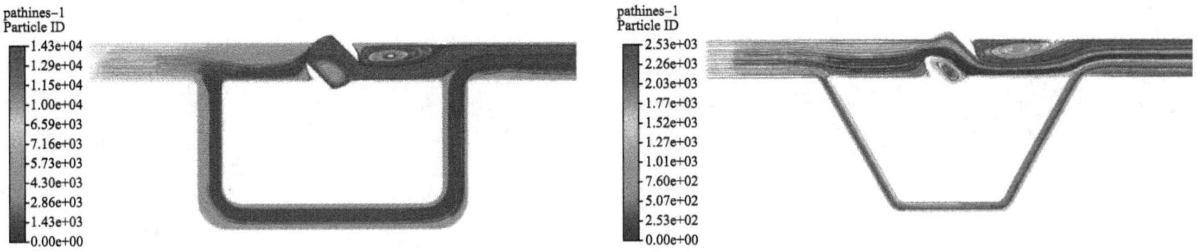

(a)副管道扩径后主线50%开度下介质迹线云图　　(b)改用Y形三通后主线50%开度下介质迹线云图

图8　改进后介质迹线云图

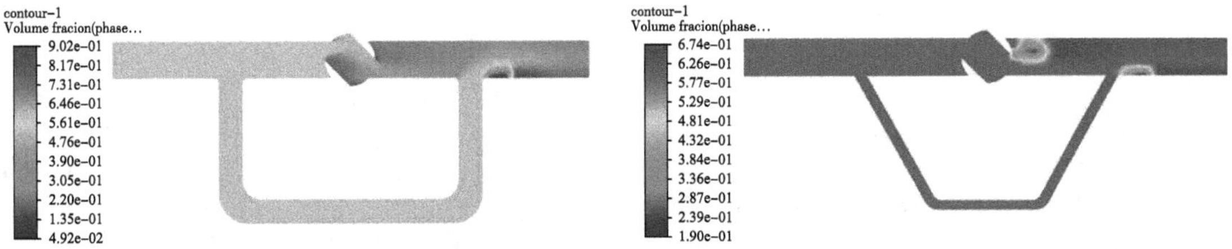

(a)副管道扩径后主线50%开度下液相体积分布云图　　(b)改用Y形三通后主线50%开度下液相体积分布云图

图9　改进后液相体积分布云图

从图7可以看出，流体流动状态变化不大，管内最大流速由原来的27.2m/s变为24.8m/s和29.2m/s，但主管道后半段流体流动变的更加平稳，流体对管壁的冲击变小(图8)；主管道后半段空化体积变小，但采用Y形三通后，阀门后空化面积增大(图9)。因此提出扩大管径和改用Y形三通代替原有T形三通的措施不会改变流体流动形式，但会减小对管壁的冲蚀，具有一定的意义。

5 结论

通过对原有管道和改进后管道流场进行有限元分析，可以得到如下结论：

(1)在主管道阀门开度较大时，会导致副管道流速慢，出现气体析出，从而造成对副管道直管段壁面造成汽蚀，且腐蚀位置存在随机性，不可预测，因此阀门开度较大时加强对副管道的监测。

(2)当主管道阀门开度较小时，流体会对副管道出口处的主管道外壁造成冲蚀，冲蚀程度随着阀门开度的减小而加重，因此阀门开度较小时加强对该位置的监测。建议扩大副管道管径或改用Y形三通代替原有T形三通。

(3)阀门开度变小会导致主管道后半段内壁处出现空化现象，且空化体积随着阀门开度的减小而增大。因此在主管道阀门开度较小时，要加强对主管道后半段内壁的监测。

参考文献

[1]包振宇. 环氧乙烷/乙二醇装置的腐蚀分析及控制策略[J]. 石油化工设备技术，2023，44(04)：44－50＋6.

[2]许阳，苑平平，董瑞，等. 环氧乙烷乙二醇装置检修环保管控措施[J]. 石油化工安全环保技术，2022，38(04)：19－21＋35＋6.

[3]Al－Moubaraki，Aisha H.，and I. B. Obot. "Top of the line corrosion：causes，mechanisms，and mitigation using corrosion inhibitors." Arabian Journal of Chemistry 14. 5 (2021)：103116.

[4]梁亮，刘韪，庞佑霞，等. 冲击形式产生的冲蚀、空蚀和腐蚀联合磨损试验研究[J]. 润滑与密封，2019，44(08)：42－48.

[5]孔朝辉. 环氧乙烷/乙二醇装置腐蚀分析[J]. 中国设备工程，2019(15)：118－120.

[6]张亮堂. EOEG装置EG系统设备腐蚀的研究[J]. 化工管理，2020(13)：176－177.

[7]张志宏，时军华，王宁. 典型炼油装置工艺防腐蚀实施与管理[J]. 石油化工腐蚀与防护，2022，39(01)：32－37.

承压设备用高锰钢的腐蚀特性和防护技术进展

熊云清[1]　范　益[2]　徐子暄[1]　李广芳[1]　何仁洋[3]　王俊强[3]　刘宏芳[1,*]

[1. 能源转化与储存材料化学教育部重点实验室，材料化学与服役失效湖北省重点实验室，华中科技大学化学与化工学院，武汉　430074；2. 南京钢铁股份有限公司，南京　210044；3. 中国特种设备检测研究院国家市场监管技术创新中心(油气管道与储存设备安全)北京　100013]

摘　要：高锰钢因其优异的力学性能和成本效益，在承压设备领域具有较大的应用潜力。耐腐蚀性是影响承压设备使用寿命的重要因素。本文详细介绍了高锰钢在常见工况环境中的腐蚀规律和腐蚀机理，以及几种提高高锰钢耐蚀性的手段(冶炼、加工工艺优化以及针对承压设备的防护技术)，以期为现场材料的应用提供优选依据。最后，对现阶段高锰钢腐蚀研究的不足之处进行了总结。

关键词：高锰钢；腐蚀介质；腐蚀机理；微合金化；加工工艺

Corrosion Performance of High Manganese Steel and Progress in Anti-corrosion Technology

XIONG Yunqing[1], *FAN Yi*[2], *XU Zixuan*[1], *LI Guangfang*[1], *HE Rengyang*[3], *WANG Junqiang*[3], *LIU Hongfang*[1,*]

[1. Key Laboratory of Material Chemistry for Energy Conversion and Storage, Ministry of Education, Hubei Key Laboratory of Materials Chemistry and Service Failure, School of Chemistry and Chemical Engineering, Huazhong University of Science and Technology, Wuhan 430074, China; 2. Nanjing Iron & Steel Co., Ltd., Nanjing 210044, China; 3. National Innovation Centre for Market Regulation Technology (Oil and Gas Pipeline and Storage Equipment Safety), China Special Equipment Inspection And Research Institute, Beijing 100013, China]

Abstract: High manganese steel has a high potential for application in the field of pressurised equipment due to its excellent mechanical properties and cost – effectiveness. Corrosion resistance is an important factor affecting the service life of pressurised equipment. This paper describes in detail the corrosion pattern and corrosion mechanism of high manganese steel in common working conditions, as well as several means to improve the corrosion resistance of high manganese steel (smelting, processing process optimisation, and protection technology for pressurised equipment), with a view to providing a preferred basis for on – site material application. Finally, the shortcomings of the current stage of high manganese steel corrosion research are summarised.

Key words: High manganese steel; Corrosion medium; Corrosion mechanism; Microalloying; Processing technology

1　引言

高锰钢(High Manganese Steel)是一种合金钢，含有高达12%～14%的锰元素。最早由英国冶金学家罗伯特·哈德菲尔德(Robert Hadfield)在1882年开发，也被称为哈德菲尔德钢(Hadfield Steel)[1]。高锰钢在其独特的化学成分和热

作者简介：熊云清(2000—　)，研究生学历，主要研究方向为金属腐蚀与防护。Email：xyqmail0704@163.com

通信作者：刘宏芳(1968—　)，女，博士，教授，主要研究方向材料物理与化学、材料腐蚀与防护。Email：liuhf@hust.edu.cn

处理工艺下，表现出优异的机械性能和耐磨性能，主要应用于矿山机械[2]、铁路道岔[3]、破碎设备、球磨机衬板[4]和液化天然气(LNG)储罐等承压设备领域。

尽管高锰钢具有卓越的机械强度和耐磨性能，但各种承压设备所处的服役环境的化学成分复杂，对钢材有较大的腐蚀性。腐蚀是材料退化的重要原因，不仅会导致材料表面和内部结构的破坏，降低设备的使用寿命，还可能引发严重的安全事故和经济损失。因此，研究高锰钢的腐蚀性能具有极其重要的实际意义和应用价值。

本文系统探讨高锰钢的腐蚀行为及其防护技术的研究进展，为相关领域的研究人员和工程技术人员提供参考。

2 高锰钢的耐腐蚀性能研究现状

目前，关于高锰钢的耐腐蚀性能的研究较为有限，主要包括含氯离子中性介质和酸性介质、腐蚀磨损和高锰钢作为承压设备时的应力腐蚀。

2.1 含氯离子中性介质高锰钢腐蚀规律及腐蚀机理

GRAJCAR 等[5]研究了两种高锰奥氏体钢(26Mn－3Si－3Al－Nb 和 25Mn－3Si－1.5Al－Nb－Ti)在 1N H_2SO_4 和 3.5%(质量分数)NaCl 中的腐蚀行为。研究发现，两种钢材在酸性介质中的腐蚀速率显著高于氯化钠介质，腐蚀反应主要是 H^+ 的还原(在 1N H_2SO_4 中)和氧气的还原[在 3.5%(质量分数)NaCl 中]。

YEGANEH 等[6]通过对高锰奥氏体钢进行形变诱导的马氏体转变处理，制备出了细晶结构，研究了细晶结构的高锰钢与粗晶结构的高锰钢在含 3.5%(质量分数)的 NaCl 的溶液中的腐蚀行为。研究发现：细晶高锰钢表现出高体积分数的 Σ3 边界，但两者计算出的腐蚀电流密度(I_{corr})和电荷转移电阻(R_{ct})值相差不大，这表明晶界的增加不会影响耐腐蚀性；细晶高锰钢的供体载流子密度 ND 更大，这可能是由于氧原子更容易通过表面扩散。此外，由于重合位点格(CSL)边界的存在，和粗晶高锰钢相比，细晶高锰钢的耐腐蚀性并未降低。

CHUNG 等[7]研究了高锰钢在 60℃、含有 500 ppm NaCl 的含沙泥浆中的冲刷腐蚀行为，并将高锰钢的性能与浆料输送中常用的 API 5 L 管线钢、ASTM A1053 Gr. 50 双相铁素体－马氏体不锈钢和 AR400 马氏体硬板进行了比较，以此来探究高锰钢在泥浆输送管道中的应用潜力。结果表明高锰钢的耐侵蚀性超过 AR400 和管线钢，这可能归因于其高变形能和应变硬化能力，使材料具有更强的能量耗散能力来承受侵蚀过程。

YAN 等[8]研究了高锰钢在模拟海洋飞溅区环境中[3.5%(质量分数)NaCl]的腐蚀行为。结果表明，在含氯环境下，在初期腐蚀过程中，由于 Mn 氧化物形成多孔结构，导致腐蚀速率较高。随着腐蚀的进一步发生，腐蚀产物中合金元素氧化物的形成显著影响了锈层的腐蚀特性。特别是 Mo 氧化物的形成产生了稳定的钝化膜，有效减少了氯离子对腐蚀过程的促进作用。在内锈层中，Ni 氧化物的存在促进了针铁矿的形成，增强了腐蚀层的防护能力；而外锈层中的 Cr 氧化物则通过增加锈层的致密性，提高了防腐层的整体抗腐蚀性。在腐蚀后期，α－FeOOH、Fe_3O_4 及 $FeCr_2O_4$ 的形成由于其致密性和稳定性，有效抑制了锰铁氧化物的腐蚀性，从而显著降低了腐蚀速率。

KANG 等[9]研究了氯离子浓度对高锰钢应力腐蚀开裂和电化学腐蚀的影响。研究结果显示，随着 Cl^- 浓度的上升，试验钢的应力腐蚀敏感性先是增加，然后减少。尤其是在 NaCl 浓度为 10.5%时，试验钢的应力腐蚀开裂(SCC)敏感性达到最高。断口表现出河流状的穿晶准解理形貌，撕裂脊十分清晰，显示出显著的脆性断裂特征。在低浓度 Cl－介质中，腐蚀电化学反应和腐蚀产物层在 SCC 中发挥协同作用。

MONRRABAL 等[10]通过电阻点焊技术焊接 Fe－30Mn－5Al－0.5C－6Cr TWIP 钢，探究了焊缝(FZ)和基体金属(BM)的腐蚀行为和微观结构。研究发现，焊接区和基体金属主要由奥氏体树枝晶和树枝晶间的 δ－铁素体组成，其中焊接区的奥氏体含量较低。焊接区和基体金属在 NaCl 溶液中表现出较低的腐蚀电流密度，显示出良好的腐蚀抗性。

2.2 酸性介质高锰钢腐蚀规律及腐蚀机理

高锰钢因其机械性能而成为制造液化石油气储存和运输设备的替代材料，主要是因为与 9%镍钢相比成本较低。FLOREZ 等[11]研究了四种非商用高锰钢与 9%镍钢在硫酸溶液中的耐腐蚀性。线性偏振和电化学阻抗谱结果表明高锰钢在 H_2SO_4 水溶液中耐腐蚀性低于 9%镍钢。

SUN 等[12]研究了 Fe－Mn－Al 和 Fe－Mn－Cr－Ni 高锰膨胀套管钢在 H_2S 环境中的腐蚀行为，并采用膜电位表征了腐蚀产物的离子选择性。结果表明：在 60℃和 80℃时，Fe－Mn－Al、

Fe - Mn - Cr - Ni 高锰钢在 0.165MPa H_2S 和 8MPa CO_2 环境中的腐蚀产物均为阳离子选择性硫铁矿(FeS)，能抑制腐蚀离子向金属基体移动，两种钢的腐蚀速率较低，未发生局部腐蚀；在100℃和205℃时，0.165MPa H_2S 和 8MPa CO_2 环境中两种钢表面的铁硫化物均为阴离子选择性磁黄铁矿(Fe_7S_8)，不能抑制腐蚀离子向金属基体移动，Cl^-可在基体和腐蚀膜之间聚集，导致钢的腐蚀速率较高，且发生局部腐蚀。同时，当高锰钢中含有 Cr 或 Al 时，Cl^-会破坏局部区域的保护层，发生点蚀。之后，为研究离子选择性的机理，进行了第一性原理计算，计算了离子在金属表面的吸附能，讨论了晶体结构与离子选择性之间的关系。吸附能表明，硫铁矿(FeS)的裸露面(100) - Fe(Ⅱ)能吸附阳离子、排斥阴离子，故硫铁矿(FeS)表现出阳离子选择性；磁黄铁矿(Fe_7S_8)的晶体原子堆垛模型为六角板状，对边相等、邻边不等，磁黄铁矿(Fe_7S_8)的裸露面(001) - Fe 能吸附阴离子、排斥阳离子，故磁黄铁矿(Fe_7S_8)表现出阴离子选择性。

2.3 高锰钢的腐蚀磨损规律及腐蚀机理

腐蚀磨损通常出现在周围环境中存在腐蚀性物质的磨损条件下，通常化学和机械磨损会同时发生。在摩擦磨损的过程中，如果材料处于特定的介质中，就会与材料表面发生化学反应或电化学反应，导致腐蚀产物容易脱落，进而导致材料损坏[13]。

SHEN 等[14]研究了新型 Cr + N 合金化高锰钢(Mn18Cr7C0.6N0.2)和传统高锰钢(Mn13C1.1)在人工酸雨中的摩擦腐蚀行为。结果表明，随着载荷的增加，Mn18Cr7C0.6N0.2 钢的腐蚀电流几乎保持不变，而 Mn13C1.1 钢的腐蚀电流迅速增加。这说明 Mn18Cr7C0.6N0.2 钢在人工酸雨中的抗摩擦腐蚀性能远优于 Mn13C1.1 钢。进一步探究发现，这两种高锰钢的耐蚀性差异来源于摩擦腐蚀试验后它们表面形成的钝化膜和梯度纳米晶层组成和结构的不同：Mn18Cr7C0.6N0.2 钢表面形成的是极薄的无定形钝化膜，对侵入性离子具有较好的抑制作用，而 Mn13C1.1 钢的表面的氧化膜由 α - FeOOH 纳米晶粒组成，与无定形钝化膜相比，其耐腐蚀性离子侵袭性较差；Mn18Cr7C0.6N0.2 钢表面的梯度纳米结构与非晶钝化膜具有直线和整体界面，有利于抗摩擦腐蚀，相比之下，由于应变局部作用，Mn13C1.1 钢的梯度纳米结构中形成了涡流裂纹，不利于实现高抗摩擦腐蚀性能。

黎清宁[15]研究了矿山球磨机中常用的高锰钢在矿浆环境中的腐蚀磨损情况，并探究了不同冲击功和外加电位对其腐蚀行为的影响。结果表明，在低冲击能量的环境下，高锰钢的冲击腐蚀磨损机制主要表现为犁皱和凿削现象，同时伴随着一定程度的腐蚀磨损。相对地，在高冲击能量的环境下，腐蚀磨损机理则转变为表面层的疲劳剥落和比较严重的腐蚀磨损。进一步研究表明，随着极化电位的升高，高锰钢的腐蚀磨损速度会相应增加。然而，适度的极化电位能够显著降低这种磨损速度。特别是在阴极保护措施得当的情况下(电位降至 - 1000mV)，腐蚀现象得到了有效的控制。冲击腐蚀磨损的交互作用机理涉及磨料冲击引起的表面显著的塑性变形，这种变形导致微观层面的“应变差异电池”形成，这降低了材料抵抗腐蚀的热力学稳定性，并加快了腐蚀的化学反应速率。同时，磨损过程还增加了材料的表面积和微观结构的不均匀性，这促进了电化学腐蚀的进程。此外，腐蚀过程通过削弱材料内部的结合力，降低了材料的力学性能，从而减少了其耐磨性。因此，冲击能量的变化不仅改变了高锰钢的磨损行为，也对其腐蚀磨损的交互作用机制产生了影响。

李林[16]在富含铜离子的弱酸性介质(模拟铜矿矿浆)环境下，研究了作为球磨机衬板料的四种不同锰含量的锰钢耐冲击磨损腐蚀的性能及其腐蚀磨损机理。研究发现，锰钢材料的冲击腐蚀磨损主要是由腐蚀与磨损的相互作用引起的，其中腐蚀对磨损的促进作用占主导地位。实验观察到，在动态冲击条件下，四种锰钢的质量和腐蚀磨损程度在实验前后都有所下降，但不同锰含量的锰钢之间质量损失的差异并不显著，腐蚀和冲击腐蚀磨损的进程大致相同。在动态冲击腐蚀磨损的条件下，适当增加锰元素的含量可以提升锰钢的耐磨损性能。尽管如此，在模拟铜矿浆介质中，不同锰含量的锰钢在冲击腐蚀磨损的质量损失上差异不大，约在15%以内。

2.4 承压设备用高锰钢的应力腐蚀(SCC)规律及腐蚀机理

高锰奥氏体钢(25Mn)的低温塑韧性优异，用其代替 9Ni 钢来制造大容量 LNG(液化天然气)储罐可大幅降低制造成本[17]。LNG 储罐常常建在沿海地带，海洋环境复杂，服役在此环境中的钢材长期遭受高溶解氧、强光照、高盐度、干湿交替腐蚀以及大气薄液腐蚀的影响[18]。此外，还遭受强风浪和海水流速的应力载荷腐蚀影响。并且，LNG 储罐在投入使用之前通常会进行海水试压。在强压力环境和复杂的海水电解质溶液中罐体材料必定受到腐蚀危害，不利于 LNG 的运输与储存。

严新永等[19]在空气和 3.5% NaCl 溶液介质中对高锰钢进行常温慢应变速率拉伸(SSRT)试验。研究发现，高锰钢在腐蚀介质中和空气介质中的应变能密度比偏离 1 更远，综合应力腐蚀指数也更大，表现出更高的应力腐蚀敏感性。在空气介质中，试样的拉伸断口形貌呈现出韧窝－微孔型的韧性断裂特征。在 3.5% NaCl 溶液中高锰钢的 SSRT 断口是现明显的穿晶准解理型脆性断裂特征，表现出较强的 SCC 敏感性。

3　提高高锰钢耐蚀性能的手段

高锰钢自问世以来，研究人员对于如何提高它的耐磨性[20]、韧性[21-22]、抗冲击能力[23-25]进行了很多研究，然而，在实际工况中，提高材料的耐腐蚀性也十分重要，这直接决定了材料的服役年限。

3.1　微合金化

通过向钢中添加如铬(Cr)、镍(Ni)、钼(Mo)等合金元素来提高其耐腐蚀性。这些元素能帮助形成钝化膜，这种膜在钢表面形成一层保护层，阻挡进一步的氧化。

常雪婷等[26]研究了酸性盐雾环境下，Cr、N、Al 等微合金化元素添加对全奥氏体高锰钢腐蚀过程和电化学性能的影响。研究发现微合金化处理后的高锰钢耐蚀性能更优，主要原因为 Cr、N、Al 等元素的微合金化使高锰钢析出碳化物减少，表面生成的氧化物更牢固、致密，提高了高锰钢表面氧化膜的完整性，有效阻碍 Cl^- 渗入，使腐蚀产物变得致密，进而降低钢的腐蚀速率。

TANG 等[27]制备了 Al 含量为 0、5 和 10%(质量分数)的 Fe－16Mn－1.5C[%(质量分数)]钢，研究 Al 对高锰钢显微组织和耐腐蚀性能的影响。当 Al 含量为 0 和 5%(质量分数)时，样品呈现完全奥氏体显微组织，而 Al 含量为 10%(质量分数)时样品呈现铁素体显微组织。电化学测试结果表明，Al 的添加提高了高锰钢在 NaCl 和 $NaHSO_3$ 溶液中的耐蚀性能。拉曼光谱结果表明 Al 改变了高锰钢表面氧化膜的成分，形成了 Al_2O_3 膜，有利于降低腐蚀速率。

SEZGIN 等[28]研究了新型硼化高锰钢(HMS)的耐磨和耐腐蚀行为。研究发现，硼化 HMS 表现出锯齿形貌，具有很好的粘合性能，并且还发现渗硼可以提高 HMS 的使用寿命、耐磨性和耐腐蚀性。

PARK 等[29]研究了三种不同 Mn 含量和 Cr 添加量的高锰钢在潮湿环境下的的腐蚀性能。研究发现，在潮湿环境下，钢中的高锰含量会抑制保护性 $FeCO_3$ 氧化膜的形成，从而降低其耐腐蚀性；然而，添加 3% 的铬可以有效减少锰的不利影响。在浸泡初期，钢材表面形成的内部(Cr，Fe)氢氧化物层由于厚度较低和结构缺陷的原因，并不能提高耐腐蚀性。但随着浸泡时间的延长，富铬的 Fe 碳酸盐层和(Cr，Fe)氢氧化物层逐渐形成，这些中间层能够增强高锰钢的耐腐蚀性(图 1)。

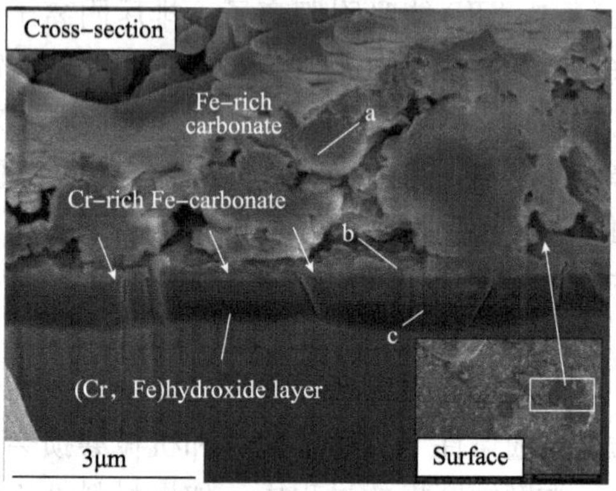

图 1　添加 3% Cr 和 19% Mn 的钢在潮湿环境中浸泡 14d 后的横截面和表面显微组织

ZHANG 等[30]制备了高锰钢(HiMn)和高锰中铬钢(HiMnMeCr)耐磨涂层，探讨了铬(Cr)添加对其微观结构及耐磨耐蚀性的影响。结果显示，添加铬改变了 HiMn 涂层的微观结构，由双相奥氏体＋马氏体转变为单一奥氏体，这影响了磨损过程和耐磨性。在不同的加载条件下，HiMn 涂层的主要磨损机制从磨粒磨损和粘着磨损的复合模式转变为单一的粘着磨损，而 HiMnMeCr 涂层则始终表现为磨粒磨损。电化学实验(图 2)表明，HiMnMeCr 涂层的阳极极化区出现钝化现象，这表明 HiMnMeCr 涂层的耐蚀性由于铬的钝化效应而优于 HiMn 涂层。

WANG 等[31]研究了添加铝的高锰奥氏体钢在含氧量不同的 450℃ 熔融铅铋共晶(LBE)环境中的腐蚀行为。研究表明，在低氧条件下，钢材表面形成了含铝的保护性氧化层，而在氧饱和的条件下，则形成了非保护性的分层氧化层。铝含量的增加有助于在钢表面形成更加连续和密集的富铝氧化层，从而提高材料的耐腐蚀性。

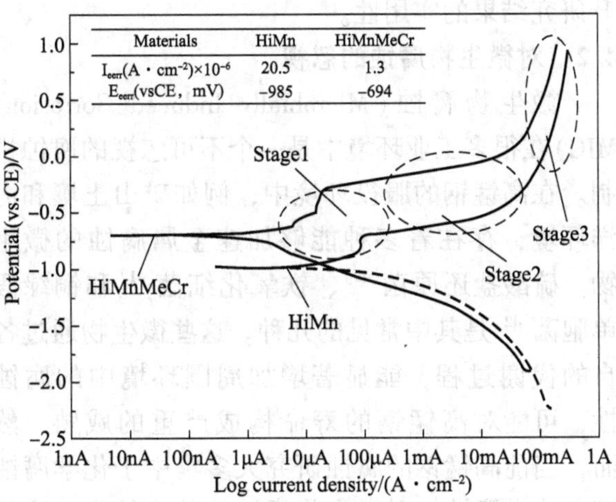

图2　两种耐磨涂层的动电位极化曲线

Materials	HiMn	HiMnMeCr
$I_{corr}(A \cdot cm^{-2}) \times 10^{-6}$	20.5	1.3
E_{corr}(vsCE, mV)	−985	−694

3.2　改变加工工艺

通过改变加工方式，使得高锰钢的微观组织结构和形貌发生改变，进而改变其耐腐蚀性能。

SABZI 等[32]研究了熔化温度对铸造过程中哈德菲尔德钢的微观结构演变、行为和腐蚀形态的影响。铸造在1350℃、1400℃、1450℃和1500℃的熔化温度下进行，然后立即在水中淬火。结果显示，熔化温度的升高导致哈德菲尔德钢显微组织中碳化物的减少和奥氏体晶粒尺寸的增加(图3)。随着铸造过程中熔化温度的升高，Hadfield钢表现出更高的耐腐蚀性能。腐蚀形貌的SEM图像还表明，哈德菲尔德钢铸造过程中熔化温度的降低引起了微电偶腐蚀条件。

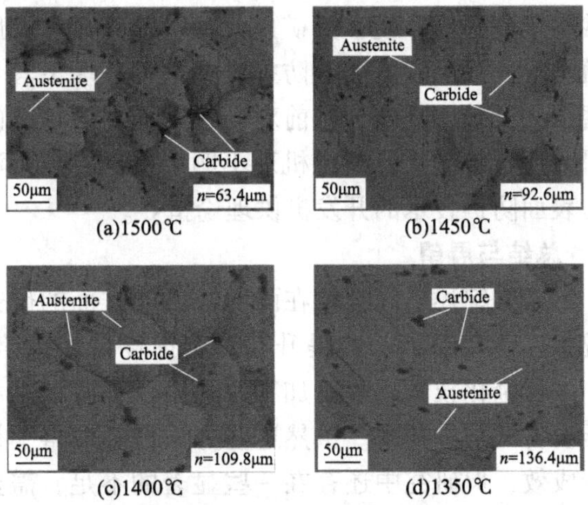

图3　熔化温度分别为(a)1500℃、(b)1450℃、(c)1400℃ 和 (d)1350℃ 的哈德菲尔德钢在100倍放大倍数下的光学金相图像

张春丽[33]研究了变形对高锰钢电化学腐蚀性能的影响。实验发现，随着冷轧变形程度的增加，高锰钢晶粒内部形变孪晶的数量增多，这些孪晶具有60°/[111]取向差特点，这与退火过程中形成的∑3孪晶界有相似之处(图4)。CSL晶界在整个晶界总量中所占比例的增加，对提高材料的耐蚀性起到了积极作用。当冷轧变形量从0%增大到40%时，∑3孪晶界在所有晶界中的比例也随之增加，这有助于提升高锰钢的耐腐蚀能力。

图4　高锰钢在不同变形量下的微观组织EBSD图像

(a)、(b)、(c)：IPF图谱；(d)、(e)、(f)：IPF图谱晶界特性，其中黑线为常规晶界，红线为Σ3晶界；其中：(a)，(d)、变形量0%；(b)，(e)、变形量20%；(c)，(f)、变形量40%

ROKOSZ 等[34]研究了机械抛光和电解抛光对高锰钢耐蚀性的影响。结果发现机械抛光后的耐腐蚀性通常优于电解抛光，原因主要在于机械抛光和电解抛光对钢材表面钝化层的影响不同。在机械抛光后，钢材表面形成了一个较为紧密且稳定的钝化层，而在电解抛光过程中，由于使用了含有硫酸和磷酸的电解液，抛光后的表面钝化层中会引入硫酸盐和磷酸盐，这些物质的引入可能会破坏钝化层的完整性和稳定性。

GRAJCAR 等[35]研究了热变形和冷应变对高锰钢在0.1M H_2SO_4 和3.5% NaCl溶液中的腐蚀行为的影响，结果发现冷应变加剧了腐蚀的发生(尤其是在酸性溶液中)，这可能与结构缺陷与表面活性位点的增加有关，这使得腐蚀性物质的渗透和反应更加容易。而热变形由于晶粒粗化和缺陷密度较低，显示出更好的耐腐蚀性能。

吕博等[36]研究了通过高速重击得到的纳米高锰钢相比于原态高锰钢和变形高锰钢在海水环境中的耐腐蚀性能。纳米高锰钢具有较低的腐蚀电流密度和较正的腐蚀电位，显示出比原态和变形高锰钢更好的耐腐蚀性能。这是由于纳米高锰钢表面晶粒尺寸达到了纳米级(原态和变形高锰钢在微米级)，具有更高的晶界密度(图5)，易形成腐蚀产物，加速了稳定的具有保护性的钝化膜的形成，提高其海水耐蚀性。

(a)原态高锰钢 (b)变形高锰钢

(c)纳米高锰钢透射组织 (d)纳米高锰钢表层晶粒尺寸分布

图5 高锰钢金相组织检测图

3.3 针对承压设备的防护技术

应力腐蚀开裂影响承压设备服役寿命的重要原因之一，它是指敏感材料由于拉应力和特定腐蚀介质同时存在而引起的开裂。影响金属应力腐蚀性能的因素有很多，主要包括材料因素、应力因素以及环境因素。其中，材料因素(性质)能够很大程度地影响耐应力腐蚀能力[37]。

氢脆是造成金属应力腐蚀开裂的重要原因之一。吴国宏[38]采用真空热处理技术制造300M高强度钢，避免了渗氢，零件表面光亮，无氧化脱碳、增碳和晶界氧化等缺陷，提高了零件在腐蚀环境中的疲劳裂纹扩展速率。LIU等[39]通过对阴极极化下的21Cr2NiMo钢进行慢应变拉伸试验发现，应力腐蚀敏感性在－775mV(vs. SCE)时最低，而在－950mV以下电位时，应力腐蚀的敏感性显著提高，且在强阴极保护下，高强钢对氢脆有高度的敏感性。因此，对高强钢施加合适的阴极电位可以有效提高高强钢抗应力腐蚀的能力。

4 当下研究的不足之处

4.1 腐蚀介质的单一性

现有研究中，通常选用较为单一的腐蚀介质进行测试，如潮湿环境[29]、NaCl溶液[12]和硫酸溶液[8]。然而，这些介质并不能全面代表实际工况中的复杂腐蚀环境。工业应用中的腐蚀介质往往更加多样且复杂，涉及多种化学成分的交互作用。因此，需要在实验研究中引入更贴近实际工况的腐蚀介质(如实际水样或人工模拟液)，以提升研究结果的实用性。

4.2 对微生物腐蚀的忽视

微生物腐蚀(Microbially Induced Corrosion, MIC)在很多工业环境中是一个不可忽视的腐蚀机制。在高锰钢的服役环境中，例如矿山土壤和海洋环境，存在着多种能够加速金属腐蚀的微生物。硫酸盐还原菌[40]、铁氧化细菌[41]和铜绿假单胞菌[42]是其中常见的几种。这些微生物通过各自的代谢过程，能显著增加周围环境中的腐蚀性，可能对高锰钢的寿命构成严重的威胁。然而，当前高锰钢的腐蚀研究大多集中于化学腐蚀和电化学腐蚀，对微生物腐蚀的关注较少。这种不足导致了防腐技术的局限性，难以在复杂的实际工况中提供有效的保护。未来的研究应更多地考虑微生物腐蚀的影响，系统研究各种微生物在不同环境下对高锰钢腐蚀行为的影响。通过结合微生物学、分子生物学和材料科学等学科领域的知识，开发出更为有效的防腐技术。

4.3 防腐技术单薄

由上文可知，目前提高高锰钢耐蚀性的方法较为单一，主要从两个方面进行：一是添加钝化合金元素(如Al、Cr等)，二是改变加工方式，本质上是改变金属的微观结构和晶粒尺寸。相比之下，一些传统的金属表面防护技术，例如涂层法、电镀法和化学转化膜等，很少被应用于高锰钢上。这种情况可能的原因有：首先，高锰钢通常用于高磨损环境，如矿山设备、破碎机和铁路道岔等。涂层和电镀等防护层在这种环境下容易磨损和失效。其次，目前对高锰钢的腐蚀性能的研究还不够深入，腐蚀机理不明确，这导致无法为表面防护技术的开发提供理论指导。

5 总结与展望

本文综述了高锰钢在耐腐蚀性能方面的研究现状，还介绍了一些提升其耐腐蚀性能的策略，如微合金化技术、改变加工方式以及一些针对承压设备的防护技术。虽然这些方法已经取得了初步成效，但研究中还存在一些显著的不足，需要未来研究的关注和改进。

目前的研究多集中于单一腐蚀介质的考察，未来应拓展到更多种类的腐蚀环境，以全面评估高锰钢的耐蚀性。同时，微生物腐蚀的影响也不容忽视，需要深入探索高锰钢在这种条件下的腐蚀机制及其防护措施。此外，鉴于高锰钢常用于耐磨环境，开发能适应这一特点的新型表面防护技术显得尤为重要。这包括优化表面涂层和电化学保护技术，或是利用先进的纳米材料进行表面改性，以提供更持久和有效的耐腐蚀与耐磨解决方案。

未来的研究应采用跨学科的方法，整合材料科学、化学和生物学等领域的新技术和新理论，以提供更有效的解决方案。这将不仅有助于提升高锰钢的整体性能，也将促进其在复杂环境中的广泛应用。未来仍需要研究人员的不断努力，克服现有挑战，开拓高锰钢材料技术的新局面。

感谢中国特种设备检测研究院国家市场监管技术创新中心(油气管道与储存设备安全)基金的支持。

参考文献

[1]张福成，陈晨，刘帅，等．高锰钢研究进展：成分、组织和性能调控．钢铁，2024，59(03)：1－18＋78.

[2]陈席国，张恩铭 李东方．矿山机械 ZGMn13 高锰钢热处理工艺研究．南方农机，2021，52(12)：28－30＋39.

[3]YANG S，ZHENG C，ZHANG P，et al. Laboratory Study of the Rolling Contact Fatigue of High Manganese Steel Crossings. Advanced Science Letters，2011，4(3)：1113－1116.

[4]李彦龙，齐亮，邵传兵，等．球磨机衬板高锰钢性能改进．钢铁，2018，53(03)：72－75.

[5]GRAJCAR A. Corrosion resistance of high－Mn austenitic steels for the automotive industry. Corrosion resistance，2012：353－376.

[6]YEGANEH M，ESKANDARI M ALAVI－ZAREE S. A comparison between corrosion behaviors of fine－grained and coarse－grained structures of high－Mn steel in NaCl solution. Journal of Materials Engineering and Performance，2017，26：2484－2490.

[7]CHUNG R J，J. JIANG，PANG C，et al. Erosion－corrosion behaviour of high manganese steel used in slurry pipelines. Wear，2023，530－531：204885.

[8]YAN X，YAN L，KANG S，et al. Corrosion behavior and electrochemical corrosion of a high manganese steel in simulated marine splash zone. Materials Research Express，2021，8(12)：126507.

[9]KANG S，YAN L，YAN X，et al. Effect of chloride ion concentration on stress corrosion cracking and electrochemical corrosion of high manganese steel. High Temperature Materials and Processes，2022，41(1)：389－402.

[10]MONRRABAL G，JIMéNEZ J A，RESS J，et al. Corrosion behaviour of resistance－spot－welded high－Mn austenitic TWIP steel. Corrosion Engineering，Science and Technology，2021，56(1)：50－59.

[11]FLOREZ M A C，CARDOSO J L，ABREU H F G d，et al. Comparative study of corrosion resistance between four non－commercial high manganese steel models and 9% nickel steel in aqueous solution of H_2SO_4. International Journal of Materials Research，2020，111(8)：661－667.

[12]SUN Q，CHEN C，ZHAO X，et al. Ion－selectivity of iron sulfides and their effect on H_2S corrosion. Corrosion Science，2019，158：108085.

[13]林芷青．奥氏体基耐磨钢力学性能及磨损机制研究：[学位论文]．秦皇岛市：燕山大学材料学系，2022.

[14]SHEN S，CHEN C，QI X，et al. Key role of gradient－nanostructure and extremely thin amorphous passive film on tribocorrosion behavior of a novel Cr＋N alloyed high－Mn austenitic steel. Corrosion Science，2024，231：111987.

[15]黎清宁．高锰钢和高铬铸铁的冲击腐蚀磨损行为及交互作用研究：[学位论文]．昆明市：昆明理工大学材料加工工程系，2012.

[16]李林．湿式弱酸性介质下球磨机衬板材料的腐蚀磨损性能研究：[学位论文]．长沙市：中南大学材料工程系，2010.

[17]张文利，罗先甫，陈飞，et al. 高锰钢实海环境暴露试验与实验室加速腐蚀试验结果对比．理化检验－物理分册，2022，58(09)：5－10.

[18]严新永．浪花飞溅区高锰钢锈层演变特征及应力腐蚀行为研究：[学位论文]．鞍山市：辽宁科技大学材料工程系，2022.

[19]严新永，亢淑梅，严玲，et al. 高锰钢和 9Ni 钢在模拟海水中的应力腐蚀行为对比研究．材料保护，2023，56(02)：34－43＋63.

[20]LI Z，WANG H，ZHAO Y，et al. Effect of progressive solid－solution treatment on microstructures，mechanical properties and impact abrasive wear behavior of alloyed high manganese steel. Materials Research Express，2022，9(3)：036512.

[21]REN J－k，CHEN Q－y，CHEN J，et al. Enhancing strength and cryogenic toughness of high manganese TWIP steel plate by double strengthened structure design. Materials Science and Engineering：A，2020，786：139397.

[22]LIU Z G，GAO X H，XIONG M，et al. Role of hot rolling procedure and solution treatment process on microstructure，strength and cryogenic toughness of high manganese austenitic steel. Materials Science and Engineering：A，2021，807：140881.

[23]ERDIN M E，YıLDıRıM H ÖZGEDIK A. Effects of Heat Treatment on Microstructure and Impact Resistance of

High Manganese Steels. Politeknik Dergisi, 2023: 1 - 1.

[24]WANG Z, YANG Y, CHEN C, et al. Effect of Surface Impacting Parameters on Wear Resistance of High Manganese Steel. Coatings, 2023, 13(3): 539.

[25]PRYSYAZHNYUK P, IVANOV O, MATVIENKIV O, et al. Impact and abrasion wear resistance of the hardfacings based on high - manganese steel reinforced with multicomponent carbides of Ti - Nb - Mo - V - C system. Procedia Structural Integrity, 2022, 36: 130 - 136.

[26]常雪婷，宋嘉琪，王冰，等．微合金化对高锰奥氏体钢在酸性盐雾环境下的耐蚀性能影响研究．中国腐蚀与防护学报，2024，44(01)：47 - 58.

[27]TANG Y, LI B, ZHANG G, et al. Effect of Al on the microstructure and corrosion resistance of high - Mn steel. Materials Letters, 2022, 320: 132286.

[28]SEZGIN C T HAYAT F. The effects of boriding process on tribological properties and corrosive behavior of a novel high manganese steel. Journal of Materials Processing Technology, 2022, 300: 117421.

[29]PARK J H, SEO H S, KIM K Y, et al. The Effect of Cr on the Electrochemical Corrosion of High Mn Steel in a Sweet Environment. Journal of The Electrochemical Society, 2016, 163(13): C791.

[30]ZHANG Y, LIU Z, WANG Y, et al. Study on the role of chromium addition on sliding wear and corrosion resistance of high - manganese steel coating fabricated by wire arc additive manufacturing. Wear, 2024, 540 - 541: 205242.

[31]WANG H, YU H, KONDO S, et al. Corrosion behaviour of Al - added high Mn austenitic steels in molten lead bismuth eutectic with saturated and low oxygen concentrations at 450℃. Corrosion Science, 2020, 175: 108864.

[32]SABZI M, FAR S M DEZFULI S M. Effect of melting temperature on microstructural evolutions, behavior and corrosion morphology of Hadfield austenitic manganese steel in the casting process. International Journal of Minerals, Metallurgy, and Materials, 2018, 25(12): 1431 - 1438.

[33]张春丽．变形对高锰钢腐蚀性能的影响：[学位论文]．秦皇岛市：燕山大学化学工程系，2020.

[34]ROKOSZ K, SOLECKI G, MORI G, et al. Effect of Polishing on Electrochemical Behavior and Passive Layer Composition of Different Stainless Steels. Materials, 2020, 13(15): 3402.

[35]GRAJCAR A, KCIUK M, TOPOLSKA S, et al. Microstructure and Corrosion Behavior of Hot - Deformed and Cold - Strained High - Mn Steels. Journal of Materials Engineering and Performance, 2016, 25(6): 2245 - 2254.

[36]吕博，何亚荣，郑春雷，等．纳米高锰钢在海水腐蚀介质中的耐蚀性能研究．燕山大学学报，2016，40(01)：9 - 15.

[37]赵帅，廖柯熹，吴超，et al. 双相不锈钢应力腐蚀行为及防护技术研究进展．表面技术，2022，51(08)：123 - 134.

[38]吴国宏．300M(40CrNi2Si2MOVA)钢制起落架．海军航空工程学院学报，2001，(2)：2.

[39]LIU M, LIU Z, DU C, et al. Effect of cathodic potential on stress corrosion cracking behavior of 21Cr2NiMo steel in simulated seawater. International Journal of Minerals, Metallurgy and Materials, 2022, 29: 263 - 270.

[40]WU T, YAN M, YU L, et al. Stress corrosion of pipeline steel under disbonded coating in a SRB - containing environment. Corrosion Science, 2019, 157: 518 - 530.

[41]WANG J, LV M, DU M, et al. Effects of cathodic polarization on X65 steel inhibition behavior and mechanism of mixed microorganisms induced corrosion in seawater. Corrosion Science, 2022, 208: 110670.

[42]ZHOU E, ZHANG M, HUANG Y, et al. Accelerated biocorrosion of stainless steel in marine water via extracellular electron transfer encoding gene phzH of Pseudomonas aeruginosa. Water Research, 2022, 220: 118634.

合金共沉积技术在管道及承压设备中的应用现状及前景

贺 颖[1] 丁运虎[1,2] 徐子暄[1] 李广芳[1] 刘宏芳[1*]

(1. 能源转化与储存材料化学教育部重点实验室，材料化学与服役失效湖北省重点实验室，华中科技大学化学与化工学院，湖北 武汉 430074；2. 中国机械总院集团武汉材料保护研究所有限公司，湖北 武汉 430030)

摘 要：在核心工业领域，压力管道和承压设备是确保工业生产安全和效率的关键。合金共沉积技术作为一种先进的材料保护策略，深入理解其内在机理对于实现其广泛应用至关重要。本综述全面梳理了合金共沉积技术的最新研究进展，从传统电化学理论和量子力学两个维度探讨了其沉积机制。系统阐述了溶液成分、电沉积参数、基底材料及外部刺激等关键因素如何在宏观和微观层面影响沉积过程。文章还概述了合金共沉积技术在提升管道及承压设备性能方面的实际应用，并展望了新型共沉积技术带来的创新机遇。

关键词：管道及承压设备；合金共沉积；机理；量子力学；影响因素

Frontiers in Alloy Co-Deposition: Mechanisms, Challenges and Opportunities

HE Ying[1], *DING Yunhu*[1,2*], *XU Zixuan*[1], *LI Guangfang*[1], *LIU Hongfang*[1*]

(1. Key Laboratory of Material Chemistry for Energy Conversion and Storage, Ministry of Education, Hubei Key Laboratory of Materials Chemistry and Service Failure, School of Chemistry and Chemical Engineering, Huazhong University of Science and Technology, Wuhan 430074, China;
2. China Academy of Machinery Wuhan Research Institute of Materials Protection Co., Ltd., Wuhan 430030, China)

Abstract: In the core industrial sectors, piping and pressurised equipment (PPE) are key to ensuring the safety and efficiency of industrial production. As an advanced material protection strategy, an in-depth understanding of the underlying mechanisms of alloy co-deposition technology is essential for its effective and broad application. This review comprehensively summarizes the latest research advancements in alloy co-deposition technology, delving into the mechanisms from both traditional electrochemical theory and quantum mechanics perspectives. It systematically discusses how key factors such as solution composition, electro-deposition parameters, substrate materials, and external stimuli influence the deposition process at both macroscopic and microscopic levels. Furthermore, the article provides an overview of the practical applications of alloy co-deposition in enhancing the performance of PPE and looks forward to the innovative opportunities brought forth by emerging co-deposition technologies.

Key words: Piping and Pressurised Equipment (PPE); Alloy co-deposition; Mechanism; Quantum mechanics; Influencing factors

1 引言

在现代工业的关键领域，如石油、天然气、化工和核电行业，压力管道和承压设备构成了基础设施的核心[1,2]。这些设备在运行中常面临极

作者简介：贺颖(2001—)，女，硕士研究生，主要研究方向为金属腐蚀与防护。E-mail：m202270350@hust.edu.cn

通信作者：刘宏芳(1968—)，女，博士，教授，主要研究方向材料物理与化学、材料腐蚀与防护。E-mail：liuhf@hust.edu.cn

端的高压、高温和腐蚀性介质等苛刻条件，对材料的综合性能提出了极高的要求[3]。传统的材料和制造技术在应对这些挑战时往往存在局限性[4]。合金共沉积技术(Alloy Co－Deposition)，作为一种先进的表面工程技术，通过在基底材料表面形成一层或多层保护性合金镀层，能为提升关键设备的性能提供创新的解决方案[5]。在油气输送管道中，合金共沉积技术的应用已证明能显著提高其耐腐蚀性，延长使用寿命，并减少因腐蚀导致的维护成本和停机时间[6]。化工行业中，该技术在换热器和泵阀等设备表面的应用，显著提升了耐化学腐蚀和磨损的能力，从而增强了整个系统的运行效率和安全性[7]。合金共沉积技术的核心优势在于其能够精确控制合金成分和微观结构，从而赋予材料以更优的耐蚀耐磨性能[8]，甚至实现如超塑性、高催化活性、强磁性和高敏感智能响应[9－11]等特定功能特性。

本文将从合金共沉积的基本原理出发，深入探讨其沉积过程的电化学机制，并从量子力学的角度分析多种金属离子在电极表面的微观沉积行为，包括电子结构、能级、电子转移过程以及金属离子与电极表面的相互作用。系统地分析影响合金镀层性能的关键因素，如溶液成分、沉积条件、基底材料特性及外部刺激等。

特别地，本文将系统总结合金共沉积领域的最新研究进展，并重点分析其在提高压力管道和承压设备性能方面的实际工业应用。此外，还将探讨新型共沉积技术带来的潜在应用途径，如电沉积－氧化还原替代和电化学增材制造等，这些技术为特定材料性能需求提供了创新解决方案。通过这些讨论，本文旨在为相关领域的研究人员提供宝贵的参考，并为合金共沉积技术的进一步发展和应用提供新的思路和方向。

2　合金共沉积的理论基础

2.1　传统电化学理论视角下的合金共沉积

合金共沉积技术的核心原理基于电化学沉积过程，涉及金属离子在电极表面吸附、扩散和还原动力学[12]，与单组分沉积不同，多组分沉积的宏观行为和微观成核与生长机制表现的更加复杂。Satpathy 的研究[13]中明晰了电化学沉积的五个步骤，见图 1：(1)从溶液中形成水合金属离子；(2)离子通过扩散层向阴极表面移动；(3)在双电层中发生电荷转移；(4)金属原子表面扩散；(5)结晶到镀层表面。Li 等[14]详细地讨论了合金沉积的热力学基础，包括合金沉积的平衡电位和合金成分与电解液中离子活性的关系，介绍了动力学控制和两种代表性的异常现象：异常共沉积和诱导共沉积。常见于铁族金属(铁、钴、镍)之间或其与锌、镉或锡之间的异常共沉积现象也被诸多学者研究[15－17]。在宏观层面上，异常共沉积现象的机理涉及金属离子的动力学特性，如交换电流密度差异，这可能改变金属的沉积顺序，偏离热力学活泼次序[18,19]。同时，单氢氧化物物种及其吸附中间体的存在也对共沉积过程有重要影响。这些中间体不仅参与化学平衡，还可能通过在电极表面形成阻挡层，影响共沉积元素的沉积效率[20]。

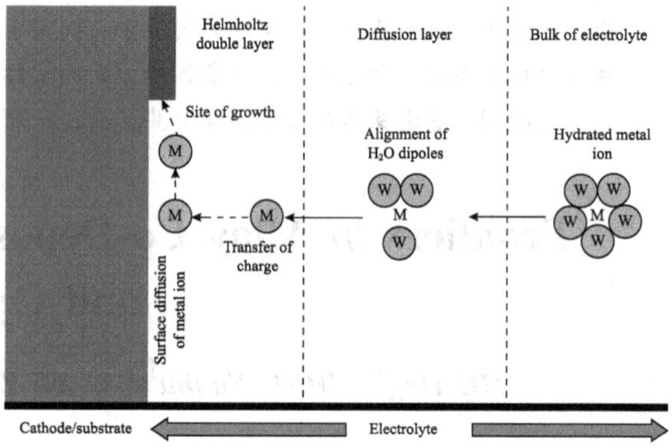

图 1　电沉积过程的步骤示意图[13]

在电沉积过程中，为了理解成核和生长机制，研究人员提出了多种模型[21,22]。其中最常用的是 Scharifker 和 Hills 提出的一个描述三维半球形颗粒扩散控制生长的模型[23]，该模型提供了一种方法，通过分析记录的电流－时间瞬态，可以判断电沉积过程是遵循渐进成核(Progressive Nucleation，P)还是瞬时成核(Instantaneous Nucleation，I)的方式进行[24]。非维度化的电流瞬态方程如下：

$$\left(\frac{I}{I_m}\right)^2_{prog}=\frac{1.2254}{t/t_m}\left\{1-\exp\left[-2.3367\left(\frac{t}{t_m}\right)^2\right]\right\}^2 \tag{1}$$

$$\left(\frac{I}{I_m}\right)^2_{inst}=\frac{1.9542}{t/t_m}\left\{1-\exp\left[-1.2564\left(\frac{t}{t_m}\right)\right]\right\}^2 \tag{2}$$

式中　I——电流密度；

t——沉积时间；

I_m——$I-t$ 曲线的峰值电流；

t_m——峰值电流对应的时间。

在合金共沉积过程中，电荷传递动力学及其与质量传递的混合控制共同决定了金属离子在电极表面的还原速率和沉积行为。电荷传递动力学涉及电子在电极界面的转移，这一步骤对沉积速率和合金组成具有显著影响。质量传递涉及金属离子在电解液中的传送，确保了电极界面处离子的持续供给，对于实现均匀沉积和防止浓差极化至关重要。而在实际的共沉积过程中，电荷传递动力学和质量传递往往相互影响。例如，即使电荷传递动力学很快，但质量传递不足，沉积速率也会受到限制。因此，深入理解这些基本过程对于设计和优化共沉积工艺至关重要。通过精确控制这两个步骤，可以有效地调节合金的组成和性能。

2.2　量子力学视角下的合金共沉积机制探究

合金的微观结构和性能之间的关系复杂且微妙，传统的电化学理论难以揭示其本质，量子力学可从原子和电子层面理解合金共沉积过程的途径，探讨合金共沉积过程中的能带结构、以及电子在能带中的分布和迁移，以期为合金材料的设计和优化提供理论指导。

在量子力学框架下，合金共沉积可以视为一个多体电子系统，其中金属离子的还原和原子在电极表面的吸附涉及复杂的电子云重排[25]。金属的费米能级 E_F 是电子占据态的最高能量水平，它与金属离子的还原电位 E_{red} 之间的相对位置决定了电子转移的动力学。当 E_F 高于 E_{red} 时，电子更容易流向金属离子，促进沉积进行[26]。金属离子的吸附能级 E_{ads} 与电极表面的能级相互作用，形成吸附态。若 E_{ads} 位于费米能级附近，金属离子更容易吸附；若 E_{ads} 位于带隙中，则吸附能级可能为空或被占据，影响沉积过程。

能带结构决定了金属和合金的电子态密度 $\rho(\varepsilon)$，即单位能量范围内的电子态数量，见公式(3)，它影响电子在不同能级间的分布和迁移[27]。在合金共沉积过程中，不同金属元素的能带结构相互作用，形成新的能级排布，这些能级排布决定了合金的电子性质和化学活性[28]。

费米–狄拉克统计提供了在给定温度下电子占据特定能量 ε 状态的概率描述。见公式(4)和(5)，在绝对零度时，电子完全占据最低能级，形成价带；而随着温度的升高，电子开始占据更高能级，导致电子态密度的变化。合金共沉积过程中，费米–狄拉克分布的变化反映了电子结构的动态调整，这对于理解合金的稳定性和性能至关重要[27]。

$$\rho(\varepsilon)=\frac{1}{2\pi^2}\left(\frac{2m_e}{h^2}\right)^{3/2}\varepsilon^{\frac{1}{2}} \tag{3}$$

$$f(\varepsilon)=\Theta(E_F-\varepsilon) \tag{4}$$

$$f(\varepsilon,\ T)=\frac{1}{e^{\frac{\varepsilon-E_F}{k_BT}}+1} \tag{5}$$

可以得出单位体积中能量处于 ε_k 至 $\varepsilon_k+d\varepsilon_k$ 之间间隙的电子数 N 为：

$$N=\rho(\varepsilon)f(\varepsilon)d\epsilon=\frac{1}{2\pi^2}\left(\frac{2m_e}{h^2}\right)^{3/2}\frac{\varepsilon_k^{\frac{1}{2}}d\varepsilon_k}{(e^{\frac{E_F-\varepsilon_k}{k_BT}}+1)} \tag{6}$$

式中　Θ——阶跃函数；

E_F——费米能级；

m_e——电子的有效质量；

h——约化普朗克常数；

k_B——玻尔兹曼常量。

铁族金属的4s电子轨道能级高于锌金属，这意味着 Zn^{2+} 离子的4s电子轨道总是先于铁族离子获得电子填充[29]，从另一角度解释了异常共沉积现象。电子轨道能级见表1。

表1　铁族金属和锌的4s电子轨道能级

金属	锌	铁	钴	镍
4s能级/eV	-9.39	-7.87	-7.87	-7.64

此外，合金共沉积过程中的原子排列和反应动力学也受到量子效应的影响。原子间的相互作用能、电子交换和相关作用等量子力学参数，决定了合金的晶体结构和相稳定性。通过计算模拟和第一性原理计算，可以预测合金在不同组成和结构下的电子结构，从而指导实验中的合金设计[30,31]。通过这一理论框架，可以更好地控制合金的微观结构，优化其宏观性能，为合金材料的发展开辟新的道路。

3　影响合金共沉积的关键因素

从宏观和微观两个角度来看，沉积过程的影响因素复杂，可以通过关键因素的精细调控来优化合金镀层的性能。

3.1　溶液成分与浓度

从宏观上看，电镀液中主盐的类型和浓度直接影响金属离子的供应和沉积动力学进而改变镀层的结晶结构及物理性能。Vázquez 等[32]深入探讨了电镀液中的阴离子类型和搅动对Co–Ni合金电沉积过程中异常行为及沉积物形貌的影响，结果表明，硫酸盐体系中获得的镀层更平整致密。添加剂的使用可以改变镀液的导电性、粘度和吸附特性，进而影响镀层的形貌和结构。

为实现金属共沉积，通常采用以下两种方法：(1)通过改变金属离子浓度来改变电极电位。

但由能斯特方程得知，这种改变是有限的，金属离子平均活度每改变10倍，其平衡电位只会移动59/n mV。(2)通过加入合适的络合剂来使金属的平衡电位负移达到两种或两种以上的金属离子析出电位互相接近的目的[33]。

从量子力学的角度，阴极金属的费米能级(E_F)应该大于或等于金属离子从其配位离子状态解离并沉积为金属原子所需的能量，这一能量阈值与金属离子的配位键能有关，配位键能越大，金属离子的还原势垒越高，越难沉积[34]。因此，加入适当络合剂可以提高其中一种离子的解离能，使其析出所需的 E_F 变高，从而达到与需较高 E_F 的金属离子共沉积的目的。由公式(6)可以看出，N取决于 E_F 与温度，溶液中金属离子的浓度会影响金属的还原电位，从而可能改变沉积层的电子结构和费米能级，但通常这种改变很微弱。

3.2 电沉积参数

3.2.1 阴极电流密度和电位

阴极电流密度(j)增加意味着单位时间内通过电极的电荷量增加，离子消耗加快，这要求电荷传递速率及质量传递都应相应增加。同时 j 还影响着阴极过电位，即电结晶析出的动力，随着电流密度的增加，电结晶过程从吸附原子表面扩散、位错生长方式转变为成核方式进行，后者能加速电沉积使形成的活性晶核质点数增加。另外，临界晶粒尺寸与过电位的绝对值成反比，这意味着，在一定范围内阴极过电位的大小决定着电结晶层的粗细程度。

从微观角度，电极极化的本质是费米能级的移动。金属阴极上，界面电场与 j 的变化成正比，阴极电势负移或阴极电流密度增加，都导致金属能带的基态被电子充满，较高能级也被大量电子占据，此时阴极费米能级明显增加，电子数增多，电子填充高能级轨道的概率 $f(\varepsilon)$ 也随之增大。这解释了不添加络合剂的情况下，异常共沉积中铁族元素含量随着电流密度的增加先减小后升高的现象。

3.2.2 pH值和温度

pH值会改变金属离子的溶剂化状态和还原电位，从而影响合金的沉积行为。例如，pH值的升高可以导致某些金属氢氧化物的沉淀。Karahan[35]的研究表明pH值不仅影响镀液中络合物的稳定性，还会改变阴极基体表面的沉积电势，进而通过动力学控制过程影响金属离子的沉积速率和电位，在pH值为6时，Zn-Fe镀层表现出最佳的耐腐蚀性能。在Oliveira等人[36]的研究中，pH值被证实是影响电沉积Ni-W-Co三元合金的最关键参数，它不仅决定了合金的化学成分，而且还影响了镀层的电流效率、表面形貌和耐腐蚀性能。通过优化pH值，研究人员能够获得具有优异性能的三元合金镀层，这些合金在管道及承压设备中都是传统硬铬镀层的有前途的替代品。

从量子力学角度分析，pH值的变化会改变电极表面的电荷状态，从而影响金属离子在电极表面的吸附能力和吸附能级(E_{ads})。

温度影响各组分的活性、溶解度和传质。温度升高，电镀液的导电性和金属离子的还原速率增加，电子在电极界面的传递加快，析出电位正向移动，这些变化对于合金的成核过程及镀层微观结构都有显著影响。

另一方面，温度能显著影响费米-狄拉克分布、电子态密度、吸附能级、合金的相变和晶体生长等，随着温度的升高，电子获得能量，在较低能级未充满的情况下，有一定几率填充更高能量的能级，同时改变金属离子在电极表面的吸附能级，影响其吸附强度和吸附平衡，从而调控沉积层的微观结构和宏观性能。

3.3 基底材料与表面预处理

基底材料和表面预处理直接影响沉积层的附着强度、均匀性和最终性能。基底的选择(金属、半导体、陶瓷或塑料)决定了电导率、表面能和化学稳定性，而表面预处理(如打磨、抛光、清洗和蚀刻)则提供了清洁的表面以促进金属离子的还原。活化和敏化处理增加了基底的催化活性，表面活性剂和添加剂的引入则会改善金属离子的吸附，影响沉积形貌。

电极材料的能带结构决定了费米能级的位置，这直接影响电子从电极流向金属离子的动力学和特定金属离子的沉积选择性。因此，可以通过能带工程，例如通过掺杂或表面修饰，来使特定金属离子的还原电位与费米能级更好地匹配，从而促进其沉积。Tan等[37]提出了一种从周期表直接设计能带结构的方法。通过调整合金的化学成分以优化热电材料的能带结构，从而提高其热电性能。这种方法不仅适用于PbTe/SnTe，还可以扩展到其他材料。Gong等[10]展示了通过能带工程(即通过合金化调控能带结构)来设计具有特定光学性质的合金材料。这种方法为开发新型光子学器件提供了新的思路，如可调谐的表面等离子体器件。

3.4 外部调控

外部调控(如搅拌、磁场、电场、光、超声波等)提供了一种非侵入性的方法来精细调控合金的微观结构和性能。

搅动可以促进质量传递，加快金属离子到达电极表面的速度。

在特定条件下，磁场能够影响带电粒子的运动，通过洛伦兹力作用改变金属离子的迁移行为，这可能导致合金沉积的各向异性和纹理的形成。

外部电场可以改变镀液中的电势分布，影响金属离子的还原动力学，还可能促进特定晶面的择优生长，从而调节合金的成分和结构。

光照可以通过激发光化学反应影响镀液中的反应物和中间体的浓度，改变电极过程的热力学和动力学特性。

超声波引起的空化效应能够在电镀液中产生局部高温高压环境，有助于金属离子的还原，加快质量传递，减少沉积过程中的传质限制。

在量子力学层面，这些外部刺激主要通过以下机制影响电子在阴极界面的转移：

能级变化：外部刺激可能改变金属离子的电子能级，影响其还原电位。

电子云扰动：电场和磁场可以扰动电子云，改变电子的空间分布和行为。

溶剂化壳层破坏：超声波和搅拌可以破坏金属离子周围的溶剂化层，使其更容易接受电子。

电极表面活性：搅拌和超声波可以增加电极表面的活性位点，为电子转移提供更多机会。

4 新型合金共沉积技术的应用实例

4.1 压力管道及承压设备的现有应用

在石油和天然气的勘探与生产过程中，压力管道用于输送油气混合物，而储罐和反应器等承压设备则负责介质的储存与处理，这些设备的腐蚀和磨损会导致泄漏和其他安全问题。目前，钨合金和 Ni－Fe 合金镀层因其卓越的耐腐蚀和耐磨性能，已被广泛采用，成为替代传统有毒镀铬工艺的有效选择。由于金属钨析出电势过低无法单独电沉积，常需要在铁族元素的诱导下实现共沉积，因此常见的钨基合金镀层有 Ni－X(X 代表 Fe、Co、Ni)二元合金以及 Ni－X－X′或 Ni－X－Y(Y 代表 P、B、La)三元合金镀层[38,39]。

在化工行业中，这些设备常用于处理化学品和工业气体，钛合金如 Ti－Al、Ti－Cr 等和 Ni－P 合金镀层因其卓越的耐蚀性，常被用于换热器、冷却器、泵阀等设备的表面保护，有效延长了化工管道的使用寿命[7][40]。核电站中，铬合金镀层因其优异的耐热性和耐蚀性，被广泛应用于冷却管道和反应堆容器的表面处理，以应对极端的工作环境[41]。在航空航天领域，Al－Li 合金镀层因其轻质和高强度的特性，被应用于飞机的燃油系统和液压系统，以保证极端温度和压力变化下的性能要求。

4.2 合金共沉积技术的制备方法及其在压力管道及承压设备上的潜在应用

合金共沉积技术的多种制备方法不仅在特定领域内展现出优异的性能，也为压力管道及承压设备的应用提供了新的可能性。以下是一些关键技术及其在这些设备上的潜在应用：

4.2.1 脉冲电镀(Pulse Plating)

通过调整脉冲电镀参数(即脉冲周期中的占空比和脉冲频率)来影响双电层充电效果和质量传输过程，从而调控合金的成分和形貌。例如，Ngamlerdpokin[42]介绍了脉冲电镀在制备高性能 Ni－Cu 合金镀层中的应用。M. Ramaprakash[43]发现使用较高的脉冲占空比和较低的脉冲频率沉积的 Ni－W 合金展现出更高的显微硬度和更优的腐蚀电阻特性。Chiang 等[44]在深共晶溶剂(DES)中通过脉冲共沉积制备了均匀、光滑且成分可控的 CuMn 合金膜。Maliar 等[45]在室温下采用脉冲电流将纳米线 Fe－Co－W 合金电沉积到聚碳酸酯膜中。脉冲电镀能够减少镀层的应力，提高其硬度和耐磨性，同时实现更均匀的合金沉积，可以用以增强压力管道及承压设备在苛刻环境下的性能。

4.2.2 化学镀(Chemical Plating)

允许在无外加电流的条件下进行合金沉积，为制备难以通过电镀实现的合金镀层提供了可能。化学镀过程中，金属离子通过化学反应在基底表面还原，形成合金镀层。近期的研究[46]报道了化学镀在制备铁－磷合金镀层方面的成功案例，这些镀层表现出良好的磁性。Vitry 等[47]通过超声波辅助的化学镀技术成功制备了镍－硼(ENB)镀层，该技术在提高镀层速率和保持镀层性能方面表现出显著优势，在不同温度(80～95℃)下均可获得比传统机械搅拌更优异的沉积速率和更细小的表面特征。Pancrecious 等人[48]提供了一个全面的化学镀金属复合镀层的研究视角，特别强调了锌基镀层的增强策略及其在工业应用中的潜在优势。这一技术在制备耐腐蚀和耐磨损的合金镀层方面显示出巨大潜力，且适用于形状复杂或难以接触的部件。

4.2.3　电化学原子层沉积(Electrochemical Atomic Layer Deposition)

通过交替引入两种或多种前驱体溶液，逐层沉积金属原子，从而实现对镀层组成和结构的精确控制。E-ALD 技术在制备具有纳米级厚度和高度均匀性的合金镀层方面具有独特优势。Zhao[49]的综述中介绍了 E-ALD 在电化学能源设备的先进材料和结构设计方面的最新突破，以及 E-ALD 氧化物制备金属有机框架薄膜和过渡金属二卤化物薄膜的最新成果。这种技术在制备具有纳米级厚度和高度均匀性的合金镀层方面具有独特优势，适用于需要精确控制厚度的部件。

4.2.4　激光辅助(电)化学沉积(Laser-Assisted Electrodeposition)

结合了激光的高能量密度和电化学沉积的精确性，为合金共沉积提供了新的途径。激光可以局部加热或激活溶液，从而调节金属离子的还原动力学，实现对沉积过程的精细调控。Hui 等[50]通过纳秒脉冲激光辅助沉积技术在铜泡沫上构建了一个三维准梯度锂亲性骨架(LAD-SSC@CF)，有效提高了锂金属电池(LMBs)的稳定性和安全性，研究还展示了通过脉冲激光辅助沉积在不同基底(如 Kapton 薄膜、陶瓷、铜箔等)上制备其他复合材料如(ln、Zn、Sn-Bi 等)的通用性。这种技术在精细调控沉积过程方面的能力，使其可以在压力管道及承压设备表面形成高精度和高均匀性的镀层。电化学沉积相关技术见图 2。

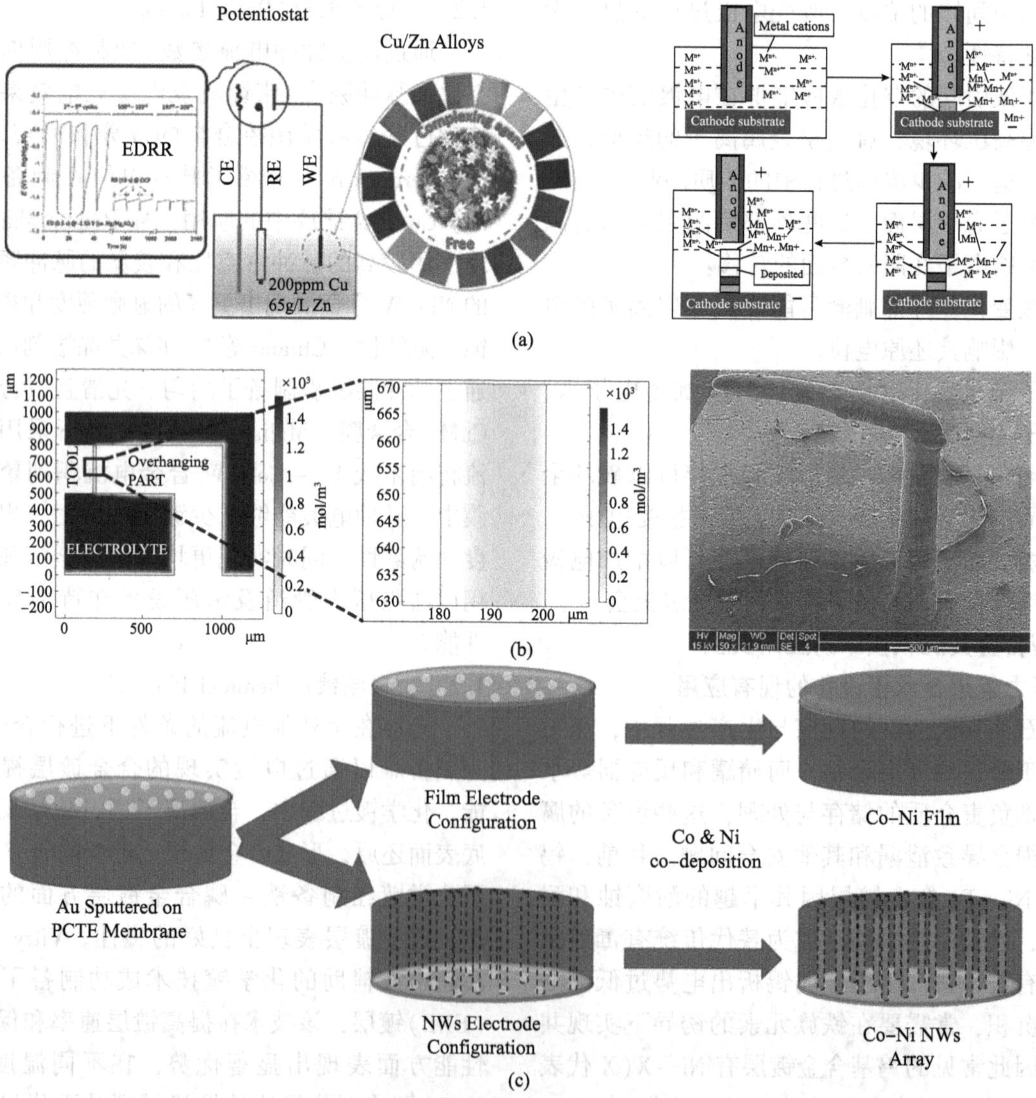

图 2　(a)EDRR 技术制备铜锌合金[51]；(b)ECAM 在电解液中通过电化学沉积制造微结构的示意图[53]；(c)ECAM 中构建的悬梁结构装置和模拟的阳离子浓度分布图，以及使用 ECAM 制作的材料 SEM 图像[54]；(d)Co-Ni 薄膜和通过电化学共沉积获得的模板辅助纳米线阵列[55]

4.3 合金共沉积技术的拓展应用

合金共沉积技术的变体或拓展技术不断涌现，以满足对材料性能的特定需求，如：电沉积 - 氧化还原替代（Electrodeposited Redox Replacement）技术[51,52]是在已形成的金属镀层中，通过调整电位或电解液成分来选择性地替换金属离子以改变镀层化学组成、赋予材料新功能。电化学增材制造（Electrochemical Additive Manufacturing）技术通过电化学沉积实现材料的精确逐层构建[53,54]。该技术的优势在于能够在室温下操作，避免了热加工引起的变形和残余应力。ECAM 的原子级沉积精度提供了设计复杂零件的灵活性，无需支撑结构，使其在多个行业中具有广泛的应用前景。电化学剥离技术（Charge Stripping）被用于材料在电极表面沉积和剥离过程的分析。它通过测量在特定电位下电极界面的电荷变化来评估材料的沉积效率和组成。在 Co - Ni 合金薄膜和纳米线的研究中[55]，此技术揭示了沉积速率与电位之间的依赖性，并观察到纳米线在更负电位下比薄膜具有更快的生长速率。通过这种方法，研究者能够优化沉积条件以获得期望的合金组成和性能。

这些应用实例不仅证明了合金共沉积技术在材料科学和表面工程领域中的广泛应用，也为压力管道及承压设备的未来应用提供了丰富的想象空间和新的研究视角。

5 结论和展望

合金共沉积技术因其工艺成熟稳定、简便有效、性能优越等诸多优点而被广泛应用。随着纳米科技和表面工程技术的发展，其应用领域进一步扩大，为各种工业应用提供了创新解决方案。

本文采用宏观和微观相结合的视角，全面审视了合金共沉积过程的复杂性，并展示了通过精确控制关键因素以实现合金镀层性能优化的可能性。尽管合金共沉积技术在理论和应用层面都取得了显著进展，但仍存在诸多挑战，如成核与生长的精确控制、合金组成与结构的均匀性、沉积过程的动力学机制、以及镀层的稳定性和耐久性等问题。随着对环境友好型材料和工艺的需求日益增长，开发低能耗、低污染的合金共沉积工艺也成为研究的热点。此外，成本效益和规模化生产也是必须要考虑的重要因素。

展望未来，计算模拟与实验方法的结合对于优化共沉积工艺、实现理想材料特性至关重要。开发具有特定功能的多性能镀层将是未来研究的关键方向，这将满足在多样化和苛刻条件下的应用需求。通过应对这些挑战并采纳可持续实践，合金共沉积技术有望为管道及承压设备材料保护和表面工程领域作出重大贡献，推动技术进步，满足绿色经济的发展需求。

感谢特种表面保护材料及应用技术国家重点实验室开放基金（2023）资助。

参考文献

[1]高振宇，张慧宇，高鹏. 2022 年中国油气管道建设新进展[J]. 国际石油经济，2023，31(3)：16 - 23.

[2]ROPITAL F. Current and future corrosion challenges for a reliable and sustainable development of the chemical, refinery, and petrochemical industries [J]. Materials and Corrosion，2009，60(7)：495 - 500.

[3]EL - MELIGI A A. Corrosion Preventive Strategies as a Crucial Need for Decreasing Environmental Pollution and Saving Economics [J]. Recent Patents on Corrosion Science，2010，2：22 - 33

[4]FARH H M H，BEN SEGHIER M E A，ZAYED T. A comprehensive review of corrosion protection and control techniques for metallic pipelines [J]. Engineering Failure Analysis，2023，143：106885.

[5]BAKHIT B，AKBARI A，NASIRPOURI F，et al. Corrosion resistance of Ni - Co alloy and Ni - Co/SiC nanocomposite coatings electrodeposited by sediment codeposition technique [J]. Applied Surface Science，2014，307：351 - 359.

[6]MIRZA M，RASU E，DESILVA A. Surface Coatings on Steel Pipes Used in Oil and Gas Industries-A Review[J]. American Chemical Science Journal，2016，13 (1)：1 - 23.

[7]何时剑. 化学镀 Ni - P 合金镀层在化工设备和化工管道防腐中的应用概况[J]. 电镀与环保，2017，37 (05)：69 - 71.

[8]ALLAHYARZADEH M H，ALIOFKHAZRAEI M，REZVANIAN A R，et al. Ni - W electrodeposited coatings：Characterization，properties and applications[J]. Surface and Coatings Technology，2016，307：978 - 1010.

[9]NEGEM M，NADY H. Electroplated Ni - Cu nanocrystalline alloys and their electrocatalytic activity for hydrogen generation using alkaline solutions[J]. International Journal of Hydrogen Energy，2017，42(47)：28386 - 28396.

[10]NADY H，NEGEM M. Electroplated Zn - Ni nanocrystalline alloys as an efficient electrocatalyst cathode for the generation of hydrogen fuel in acid medium[J]. International Journal of Hydrogen Energy，2018，43 (10)：4942 - 4950.

[11]TAN X，WANG H，LIU G，et al. Designing band engi-

neering for thermoelectrics starting from the periodic table of elements [J]. Materials Today Physics, 2018, 7: 35 - 44.

[12] DE ROOIJ D M R. Electrochemical Methods: Fundamentals and Applications [J]. Anti - Corrosion Methods and Materials, 2003, 50(5): 1104.

[13] SATPATHY B, JENA S, DAS S, et al. A comprehensive review of various non - cyanide electroplating baths for the production of silver and gold coatings [J]. International Materials Reviews, 2023, 68(7): 825 - 861.

[14] LI X. Electrodeposition of multi - component alloys: Thermodynamics, kinetics and mechanism [J]. Current Opinion in Electrochemistry, 2023, 39: 101289.

[15] VAES J, FRANSAER J, CELIS J P. Cathodic Inhibition Effects during NiFe and ZnNi Alloy Deposition [J]. Journal of The Electrochemical Society, 2002, 149 (11): C567.

[16] HU H, TAN M, LIU L. Anomalous codeposition mechanism of Co - Ni alloy nanowires [J]. Journal of Alloys and Compounds, 2017, 715: 384 - 389.

[17] LI Y, CAI X, ZHANG G, et al. Optimization of electrodeposition nanocrytalline Ni - Fe alloy coatings for the replacement of Ni coatings [J]. Journal of Alloys and Compounds, 2022, 903: 163761.

[18] 何为. 锌镍合金的异常共沉积与正常共沉积的转变[J]. 表面技术, 1998(2): 22 - 24 + 50.

[19] 屠振密, 张景双, 安茂忠, 等. 锌与铁族金属共沉积机理的新进展[J]. 表面技术, 2001(6): 1 - 4.

[20] SKNAR YU E, SKNAR I V, SAVCHUK O O, et al. Electrodeposition of Ni Co alloy from methansulfonate electrolyte. The role of the electrolyte pH in the anomalous codeposition of nickel and cobalt [J]. Surface and Coatings Technology, 2020, 387: 125542.

[21] NICOL M, BASSON P. The anodic behaviour of covellite in chloride solutions [J]. Hydrometallurgy, 2017, 172: 60 - 68.

[22] ZANGARI G. Electrodeposition of Alloys and Compounds in the Era of Microelectronics and Energy Conversion Technology [J]. Coatings, 2015, 5(2): 195 - 218.

[23] SCHARIFKER B, HILLS G. Theoretical and experimental studies of multiple nucleation [J]. Electrochimica Acta, 1983, 28(7): 879 - 889.

[24] FENG Z, LI D, SUN Q, et al. Insight into the role and mechanism of 2, 2 - bipyridine as a novel additive for nano - electrodeposition of Zn - Ni alloy [J]. Journal of Alloys and Compounds, 2018, 765: 1026 - 1034.

[25] GUMBRELL M. Band Theory [J]. Nature, 1971, 233 (5316): 215 - 216.

[26] CHEN Z. Quantum Chemistry Research on Iron - Zinc Alloy Electrodeposition [J]. OALib, 2021, 08 (07): 1 - 11.

[27] TORIYAMA M Y, GANOSE A M, DYLLA M, et al. How to analyse a density of states [J]. Materials Today Electronics, 2022, 1: 100002.

[28] RÖSSLER U, TREUSCH J. Semi - empirical band structure theory [J]. Reports on Progress in Physics, 1972, 35(2): 883 - 947.

[29] ZHANG Z, LENG W H, SHAO H B, et al. Study on the behavior of Zn - Fe alloy electroplating [J]. Journal of Electroanalytical Chemistry, 2001, 516 (1 - 2): 127 - 130.

[30] VAS'KO V A, KIM M, MRYASOV O, et al. Magnetic anisotropy of (110) Fe/Co superlattices [J]. Applied Physics Letters, 2006, 89(9): 092502.

[31] LIN L, HUANG J, YU W, et al. Electronic structures and magnetic properties of (Ni, Al) co - doped 4H - SiC: A first - principles study [J]. Computational Materials Science, 2018, 155: 169 - 174.

[32] VAZQUEZ - ARENAS J, PRITZKER M. Effect of electrolyte and agitation on the anomalous behavior and morphology of electrodeposited Co - Ni alloys [J]. Journal of Solid State Electrochemistry, 2013, 17 (2): 419 - 433.

[33] RAMÍREZ C, CALDERÓN J A. Study of the effect of Triethanolamine as a chelating agent in the simultaneous electrodeposition of copper and zinc from non - cyanide electrolytes [J]. Journal of Electroanalytical Chemistry, 2016, 765: 132 - 139.

[34] 符德学. Zn - Mn 合金电镀工艺及其基础理论研究: [学位论文]. 中南大学, 2004.

[35] KARAHANIH. Effects of pH Value of the Electrolyte and Glycine Additive on Formation and Properties of Electrodeposited Zn - Fe Coatings [J]. The Scientific World Journal, 2013, 2013: 1 - 7.

[36] OLIVEIRA J A M, DE ALMEIDA A F, Campos A R N, et al. Effect of current density, temperature and bath pH on properties of Ni - W - Co alloys obtained by electrodeposition [J]. Journal of Alloys and Compounds, 2021, 853: 157104.

[37] TAN X, WANG H, LIU G, et al. Designing band engineering for thermoelectrics starting from the periodic table of elements [J]. Materials Today Physics, 2018, 7: 35 - 44.

[38] YANG J, WANG S, WANG J, et al. Effect of high flow velocity on corrosion behavior of Ni based and Ni - Fe based alloys in supercritical water oxidation environment [J]. The Journal of Supercritical Fluids, 2021, 170: 105126.

[39] 王晓强. 电沉积 Ni - W - P 合金及 Fe - Ni/Ni - W - P 双层合金的性能和应用: [学位论文]. 湖南大

学，2009.
[40]CVETKOVIĆ V S, VUKIĆEVIĆ N M, MILIĆEVIĆ-NEUMANN K, et al. Electrochemical Deposition of Al-Ti Alloys from Equimolar AlCl3 + NaCl Containing Electrochemically Dissolved Titanium[J]. Metals, Multidisciplinary Digital Publishing Institute, 2020, 10(1): 88.
[41]SON G M, KIM K M, BANG I C. Chromia coating with nanofluid deposition and sputtering for accident tolerance, CHF enhancement[J]. International Journal of Heat and Mass Transfer, 2018, 118: 890-899.
[42]NGAMLERDPOKIN K, TANTAVICHET N. Electrodeposition of nickel-copper alloys to use as a cathode for hydrogen evolution in an alkaline media[J]. International Journal of Hydrogen Energy, 2014, 39(6): 2505-2515.
[43]RAMAPRAKASH M, DEEPIKA Y, BALAMURUGAN C, et al. Pulse electrodeposition of nano-crystalline Ni-W alloy and the influence of tungsten composition on structure, microhardness and corrosion properties[J]. Journal of Alloys and Compounds, 2021, 866: 158987.
[44]CHIANG W S, HUANG J Q, CHEN P C, et al. Pulse electrodeposition of copper-manganese alloy in deep eutectic solvent[J]. Journal of Alloys and Compounds, 2018, 742: 38-44.
[45]MALIAR T, CESIULIS H, PODLAHA E J. Coupled Electrodeposition of Fe-Co-W Alloys: Thin Films and Nanowires[J]. Frontiers in Chemistry, 2019, 7: 542.
[46]RUSCIOR C, CROIALĂ E. Chemical Iron-Phosphorus Films[J]. Journal of The Electrochemical Society, IOP Publishing, 1971, 118(5): 696.
[47]VITRY V, BONIN L. Effect of temperature on ultrasound-assisted electroless nickel-boron plating[J]. Ultrasonics Sonochemistry, 2019, 56: 327-336.
[48]PANCRECIOUS J K, ULAETO S B, RAMYA R, et al. Metallic composite coatings by electroless technique-a critical review[J]. International Materials Reviews, 2018, 63(8): 488-512.
[49]ZHAO Z, HUANG G, KONG Y, et al. Atomic Layer Deposition for Electrochemical Energy: from Design to Industrialization[J]. Electrochemical Energy Reviews, 2022, 5(1): 1-35.
[50]HUI Y, WU Y, SUN W, et al. Nanosecond Pulsed Laser-Assisted Deposition to Construct a 3D Quasi-Gradient Lithiophilic Skeleton for Stable Lithium Metal Anodes[J]. Advanced Functional Materials, 2023, 33(34): 2303319.
[51]WANG Z, YLINIEMI K, WILSON B P, et al. Green and Controllable Preparation of Cu/Zn Alloys Using Combined Electrodeposition and Redox Replacement[J]. ACS Sustainable Chemistry & Engineering, American Chemical Society, 2022, 10(14): 4770-4779.
[52]KOROLEV I, SPATHARIOTIS S, YLINIEMI K, et al. Mechanism of selective gold extraction from multi-metal chloride solutions by electrodeposition-redox replacement[J]. Green Chemistry, Royal Society of Chemistry, 2020, 22(11): 3615-3625.
[53]AYALEW A A, HAN X, SAKAIRI M. A critical review of additive material manufacturing through electrochemical deposition techniques[J]. Additive Manufacturing, 2023, 77: 103796.
[54]SUNDARAM M, DREXELIUS A, KAMARAJ A B. A study on the effect of interelectrode gap in the electrochemical additive manufacturing process[J]. Machining Science and Technology, 2019, 23(2): 232-248.
[55]VIDU, PREDESCU, MATEI, et al. Template-Assisted Co-Ni Nanowire Arrays[J]. Nanomaterials, 2019, 9(10): 1446.

压力管道全寿命周期疲劳裂纹扩展分析

亢 福 张加东 邹哲雨

[中特检管道工程(北京)有限公司，北京 100013]

摘 要：为了延长压力管道的使用寿命，减小制造过程中多因素缺陷影响。采用ABAQUS软件建立压力管道全寿命周期的疲劳裂纹扩展有限元分析模型，以某压力管道因疲劳裂纹发生泄漏事故为例，分析压力管道全寿命周期所受不同裂纹深度、不同CTOD断裂度等因素的影响，建立仿真模型分析压力管道受循环载荷作用力的疲劳裂纹拓展情况。结果表明，裂纹角度超出14.5°情况下，较短裂纹的强度因子更低，内表面裂纹的危险性更高，应用韧性好的材料可以延长压力管道的使用寿命。旨在为压力管道的安全评估提供参考。

关键词：压力管道；全寿命周期；疲劳裂纹；强度因子；有限元分析

Life Cycle Fatigue Crack Propagation Analysis of Pressure Pipeline

KANG Fu*, *ZHANG Jiadong*, *ZOU Zheyu

[China special inspection Pipeline Engineering (Beijing) Co., Ltd, Beijing 100013, China]

Abstract: In order to extend the service life of the pressure pipe, reduce the influence of multi-factor defects in the manufacturing process. In this paper, ABAQUS software is used to establish the finite element analysis model of fatigue crack propagation in the whole life cycle of pressure pipeline. Taking the leakage accident of a pressure pipeline due to fatigue crack as an example, the influence of different crack depth, different CTOD fracture degree and other factors on the whole life cycle of pressure pipeline is analyzed. A simulation model is established to analyze the fatigue crack development of pressure pipeline under cyclic load. The results show that when the crack Angle exceeds 14.5°, the strength factor of shorter crack is lower and the risk of inner surface crack is higher. The application of materials with good toughness can extend the service life of pressure pipeline. The purpose is to provide reference for safety evaluation of pressure pipeline.

Key words: Pressure pipeline; The whole life cycle; Fatigue crack; Intensity factor; Finite element analysis

1 引言

整个社会在工业化进程中，压力管道主要用于输送高压流体、化学品和气体，在石油化工、工业与化学等行业领域推广应用。因输送介质具备高温、高密度及高压力等特点，管道内部承压较大，一旦管道设计制造不合理，或受长期运行环境、流体压力、材料等多因素影响，很可能出现裂纹，这些裂纹则会导致压力管道出现断裂事故[1]。所以，裂纹作为延长压力管道使用寿命的主要因素之一[2]，对于保障压力管道的安全可靠性，推动工业安全生产至关重要。现有研究领域，有关压力管道裂纹的研究成果中，文献[3]展开对压力管道裂纹的有限元分析，结果发现裂纹深度作为对应力强度因子产生影响的主要因素之一。文献[4]通过建立X80压力管道的仿真模型，完成裂纹所致管道断裂失效的模拟研究。文献[5]则使用J积分－撕裂模量汇交方法，计算压力管道所受极限载荷作用力影响下的临界裂纹长度，将有限元计算结果对比理论计算，结果证实有限元分析方法的可行性。参考以往研究成果，结合

作者简介：亢福(1987—)，本科，助理工程师，主要从事压力管道检验检测工作。E－mail：kangfu_77777@163.com

压力管道裂纹事故案例，对管道全寿命周期的疲劳裂纹扩展规律展开探索，以期为压力管道使用期间的安全运维提供参考。

2 建立有限元仿真模型

2.1 案例背景

某石化企业应用一台压力钢管已有多年，近期设备运行中泄漏事故频发，对日常安全生产造成严重影响。为了保障设备的运行正常，经鉴定发现压力钢管存在比较严重的裂纹扩展情况。通过对钢管表面、截面综合检测可见存在多处裂纹，为了对裂纹扩展情况展开分析，选择使用ABAQUS软件建立有限元模型，探讨循环加载载荷压力情况下裂纹的扩展规律。

2.2 压力管道材料参数

此压力钢管所用管道为ϕ1219mm的X80管道，假定管道所用材料为弹塑性材料，设计12MPa管道内压，在万能材料试验机内完成压力管道的拉伸试验，设计15℃试验室温，根据实验可见压力管道的应力－应变曲线与力学特征相符。(见表1)为此次试验压力管道在570MPa钢屈服强度，645MPa抗拉极限强度，25%伸长率条件下的应力－应变情况。

表1 压力管道应力－应变数值

应变/%	应力/MPa
0.0000	570.000
0.33045	588.229
0.37765	598.405
0.47205	604.228
0.70805	610.075
1.11715	614.499
1.51050	618.920
2.2975	632.115
3.22555	645.000

2.3 有限元建模及验证

结合案例背景，据了解此压力管道在正常运行工况下，日常承受外载荷的作应力方向以环向比较集中，在这种长期压力运行下，管道极易发生轴向疲劳裂纹。于是本次仿真建模将针对轴向疲劳建模展开研究。使用ABAQUS软件对压力管道1/2建模(见图1)，发现压力管道需要承压的极值部位以尖端最为集中，而管道所受压力变化一般由尖端呈环向递减，根据仿真计算压力管道裂纹顶端部位的应力强度因子，和理论计算结果基本一致，证明此次仿真建模的有效性。

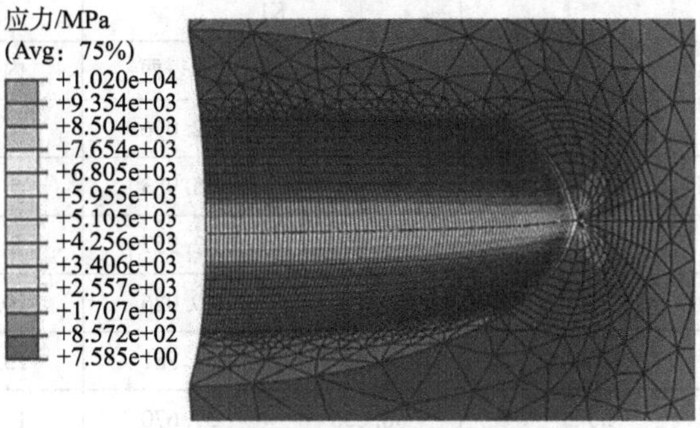

图1 压力管道裂纹尖端应力仿真图

完成上述仿真建模，计算压力管道裂纹在6mm深度(用a表示)，12mm、18mm、30mm半长(用c表示)情况下的裂纹，将裂纹最深处作应力强度因子有限元值和理论计算结果对比(见表2)，可见不同深径比情况下的裂纹结果误差均控制在4%，证明此次有限元仿真建模分析的合理性。

表2 应力强度因子有限元计算与理论结果相比

深径比 a/c	有限元计算结果/($MPa \cdot m^{1/2}$)	理论结果/($MPa \cdot m^{1/2}$)	误差/%
$\frac{1}{5}$	65.15	63.08	3.28
$\frac{1}{3}$	56.83	56.02	1.45
$\frac{1}{2}$	49.40	48.99	0.84

3 压力管道全寿命周期裂纹扩展结果分析

3.1 疲劳裂纹扩展机理

压力管道的使用寿命周期疲劳裂纹主要进展包括两个阶段，分别为裂纹起始、裂纹扩展两阶段。

3.2 不同位置疲劳裂纹结果

在此次仿真模型分析时，设定压力管道的t(壁厚)为18.4mm，a为6mm，c为12mm情况下，(见表3)作为仿真试验中，随着k1(应力强度因子)与J积分变化，管道内外表面疲劳裂纹的裂开角度变化情况，与二者在管道内外表面产生的差值结果。根据下表结果可见，压力管道的外表面疲劳裂纹的K1与J积分明显更小，在与表面越来越接近之处，内外表面的K1与J积分差值不断减小。疲劳裂纹角度与内外表面K1与J积分二者差值呈正相关，说明疲劳裂纹在尺寸相同的情况下，压力管道的内表面疲劳裂纹扩展能力更强，所以内表面危险程度更严重[6]。

表3 内外表面K1与J积分及二者差值

裂纹角度	K1		J积分		K1差值	J积分差值
	内表面	外表面	内表面	外表面		
0°	32.795	32.076	4.661	4.459	0.720	0.202
10°	36.789	35.983	5.865	5.612	0.807	0.253
20°	43.919	42.957	8.359	7.997	0.963	0.362
30°	50.124	49.026	10.888	10.416	1.099	0.472
40°	54.987	53.781	13.102	12.534	1.207	0.568
50°	58.655	57.670	14.909	14.262	1.286	0.647
60°	61.313	59.970	16.291	15.583	1.344	0.707
70°	63.108	61.725	17.258	16.510	1.384	0.748
80°	64.144	62.738	17.830	17.057	1.407	0.773
90°	64.482	63.069	18.018	17.237	1.414	0.781

3.3 不同深径比疲劳裂纹结果

在深度相同仿真条件下，对18.4mm壁厚，分别12mm、18mm、30mm半长的压力管道进行仿真，(见图2)作为此次仿真获得应力强度因子跟随疲劳裂纹扩展角度的变化情况。根据下图可见，此次仿真试验中设定同样深径比，K1与疲劳裂纹扩展角度呈正相关，随之增加而增大，根据曲线的斜率情况观察增长速率递减，证明压力管道的疲劳裂纹与表面位置越接近，越增加应力强度因子的变化速率[7]。分析随着疲劳裂纹深径比的增加，应力因子变化速率呈递减直至平稳之势，主要由于疲劳裂纹的深径比增加，会让压力管道的原本半椭圆裂纹，逐渐扩展最终趋于圆形，那么0°、90°两个极端裂纹扩展角度情况下，K1值会减小。

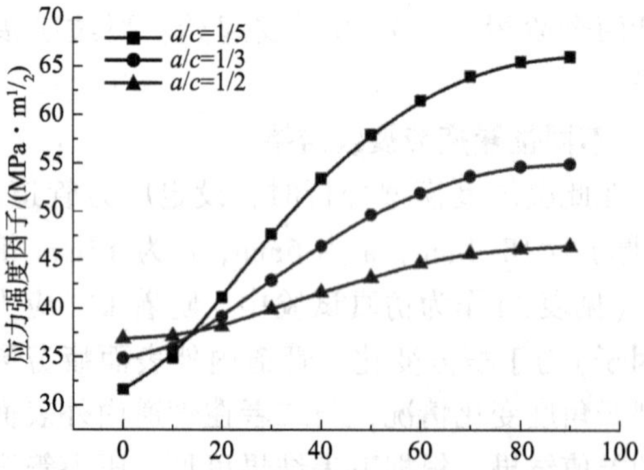

图2 应力强度因子跟随疲劳裂纹扩展角度变化

3.4 疲劳裂纹扩展规律分析

通过使用ABAQUS软件对压力管道的疲劳裂纹扩展规律进行仿真分析，提出XFEM(拓展有限元法)计算K1值，与理论结果对比(见表4)可见，此次有限元仿真计算结果和理论计算结果误差在4.5%以内，证明XFEM计算疲劳裂纹扩展规律的可行性。因XFEM计算方法在使用过程中，对于仿真模型的网格细化要求并不高，所以有效简化计算过程并减小误差。

表4 XFEM计算应力强度因子与理论结果相比

裂纹半长 c/mm	有限元计算值/($MPa \cdot m^{1/2}$)	经验公式值/($MPa \cdot m^{1/2}$)	误差/%
5	49.97	49.92	0.10
10	73.24	70.97	3.20
15	90.19	87.68	2.86
20	106.83	102.47	4.26
25	120.78	116.30	3.86

使用XFEM方法完成压力管道在不同壁厚仿真条件下的穿透疲劳裂纹K1仿真计算，根据应力强度因子的变化情况，发现不同压力管道的不同壁厚条件下，K1和疲劳裂纹长度二者呈近似线性增长趋势，可以理解为随着所用压力管道壁厚数值条件相继增加下，K1的增速也会随之上升，反之则会逐渐减缓。压力管道的壁厚参数，决定了疲劳裂纹的长度变化，应力强度因子差值也会逐渐增大。证明了压力管道的壁厚直接影响抵抗疲劳裂纹扩展能力[8]。

并且建立XFEM压力管道内外表面疲劳裂纹扩展云图，发现疲劳裂纹扩展直至长度极值，开始出现管道表面承压屈服的大面积区域，这时整个管道稳态将发生改变。疲劳裂纹撕裂区域集中外载荷外源部位，并且此位置所受应力强度小于疲劳裂纹出现之前，疲劳裂纹的撕裂前缘区域承受较大作应力，主要因发生疲劳裂纹撕裂，释放了管壁撕裂区域的外缘内应力，裂尖区域应力集中，所以得出压力管道疲劳裂纹在裂尖区域扩展能力更强，会迅速扩展这一结论。根据仿真模型裂纹扩展趋势可见，在压力管道内压达阈值之后，管道的初始疲劳裂纹之处就会出现损伤，只不过尚未裂开，直至压力管道使用周期不断增加，在全寿命周期过程中，损伤程度不断累积，直至管道材料完全撕裂，疲劳裂纹迅速扩展。观察疲劳裂纹的扩展趋势，表现为管道壁厚为主要扩展方向，在 a/c 深径比达阈值便会呈现疲劳裂纹在管道表面轴向扩展之势，在这个扩展过程中，裂纹尖端为应力集中位置。

结合案例分析压力管道的疲劳裂纹扩展规律，在安全鉴定及日常维护工作开展中，需要采取以下应对措施。首先，可以定期替换压力管道，根据使用情况考虑压力管道已超出预期寿命，于是立即停用进行更换。其次，提高压力管道运行巡检频率，以便在第一时间发现压力管道表面出现疲劳裂纹情况。再者，日常注意定期养护，需要及时去除表面腐蚀，修复镀层延缓疲劳裂纹的扩展速度。最后，未来对压力管道的材料选型，应优选耐疲劳、断裂韧度更强的耐久型管道材料。

4 结论

综上所述，通过上述结合压力管道全寿命周期疲劳裂纹扩展案例，进行仿真分析得出结论如下：

(1)不改变压力管道壁厚的情况下，管道表面疲劳裂纹角度在 14.5°以内，长裂纹的应力强度因子值反而越小，可是如果裂纹角度超出 14.5°，长裂纹的强度因子则会随之上升。

(2)压力管道的表面裂纹随着疲劳裂纹深径比的增加，应力因子变化速率呈递减直至平稳之势，证明压力管道的疲劳裂纹与表面位置越接近，越增加应力强度因子的变化速率。疲劳裂纹在尺寸相同的情况下，压力管道的内表面疲劳裂纹扩展能力更强，所以内表面危险程度更严重。

(3)在压力管道内压达阈值之后，管道的初始疲劳裂纹之处就会出现损伤，只不过尚未裂开，直至压力管道使用周期不断增加，在全寿命周期过程中，损伤程度不断累积，管道壁厚为主要扩展方向，在 a/c 深径比达阈值便会呈现疲劳裂纹在管道表面轴向扩展之势，在这个扩展过程中，裂纹尖端为应力集中位置。

参考文献

[1]强敏娜，张良，王永乐，等. 在用压力管道裂纹检验中无损检测技术分析[J]. 山西化工，2023，43(1)：160-161.

[2]宋琦，姚钧宇，彭惠芬. 含轴向裂纹 X80 压力管道弹塑性断裂分析[J]. 价值工程，2023，42(25)：113-115.

[3]刘兴林. 锅炉压力容器压力管道检验中裂纹问题及处理措施分析[J]. 中国机械，2023(029)：000.

[4]赵晓辉. 锅炉和压力容器及压力管道检验中裂纹问题分析[J]. 中国科技期刊数据库 工业 A，2022(3)：3.

[5]Zhen Y，Liu Y，Cao Y，et al. Study on cracktipopeningangleevolutions during dynamic crack propagation of pipelines[J]. Fatigue & Fracture of Engineering Materials and Structures，2023.

[6]苏树明. 锅炉压力容器压力管道检验中的裂纹问题分析[J]. 中国科技期刊数据库 工业 A，2022(6)：3.

[7]宋善伟. 压力容器压力管道检验中裂纹问题及预防处理方法分析[J]. 中文科技期刊数据库(全文版)工程技术，2022(4)：4.

[8]吕钟杰，张子健，钟军平，等. 导热油压力管道焊缝裂纹产生原因分析与分布规律研究[J]. 电焊机，2023，53(5)：89-94.

σ相对2205双相不锈钢性能的影响

吴 登[1] 王 良[2] 孙文生[3] 李林涛[1]

[1. 中国特种设备检测研究院，北京 100029；2. 西南石油大学 新能源与材料学院，四川 南充 637001；
3. 中特检管道工程(北京)有限公司，北京 100029]

摘 要：以2205双相不锈钢为研究对象，研究不同时效时间2205双相不锈钢σ相的析出行为，分析其力学性能的影响。研究结果表明：2205双相不锈钢经固溶处理后，奥氏体和铁素体分布较均匀，奥氏体体积分数上升约5%，且无σ相；在875℃的时效温度下，时效时间增加，铁素体和奥氏体晶界析出的σ相数量增加，尺寸增大；固溶处理后材料硬度降低，时效处理时随时效处理时间增加，材料硬度逐渐增加。

关键词：2205双相不锈钢；σ相；固溶处理；时效处理

Effect of σ Phase on Microstructure and Properties of 2205 Duplex Stainless Steel

WU Deng[1]，*WANG Liang*[2]，*SUN Wensheng*[3]，*LI Lintao*[1]

[1. China Special Equipment Inspection And Research Institute，Beijing 100029，China；
2. School of New Energy and Materials，Southwest Petroleum University，Sichuan NanChong 637001，China；
3. China special inspection Pipeline Engineering (Beijing) Co.，Ltd，Beijing 100029，China]

Abstract：In this paper，2205 duplex stainless steel (DSS) is taken as the research object. The behavior of σphase precipitation in 2205 DSS during ageing treatment at same temperatures for different time was analyzed，and the influence of σphase mechanical properties was discussed. The results show that the relatively uniform distribution of austenite and ferrite in 2205 DSS after solid solution treatment. The volume fraction of austenite increases by about 5% . And there is no σ phase. As the aging time increases，the number and size of σ phases precipitated at the grain boundaries of ferrite and austenite increase at an ageing temperature of 875℃. The hardness decreases after solid solution treatment.，The hardness gradually increases as the aging treatment time increases.

Key words：2205 duplex stainless steel；σphase；Solution treatment；Ageing treatment

1 引言

双相不锈钢均匀的铁素体和奥氏体组织赋予了其优良的耐蚀性能和力学性能，在化工、食品、原子能工业等领域中，双相不锈钢优良的综合性能使其得到广泛的使用[1]。双相不锈钢其Cr等合金元素含量较高，在铁素体和奥氏体两相相界面处会因焊接或热处理析出各种中间相，例如σ相、R相、χ相、π相、二次奥氏体相等[2]。双相不锈钢中σ相是危害相对最大的一种析出相，脆而硬，可显著降低钢的塑韧性；同时富Cr特性，使其周围出现贫Cr区导致双相不锈钢的耐蚀性降低[3]。

在焊接和热处理过程中，因不恰当的工艺导致金属间化合物σ相的析出，使钢的力学性能和耐蚀性降低，有必要对σ相的析出行为进行探讨。

本文先对2205双相不锈钢进行固溶处理，获得较理想的铁素体－奥氏体两相比。而后采用σ相析出的鼻尖温度(875℃)，以分析不同的时效时长的σ相析出行为。

作者简介：吴登(1992—)，工程师，主要从事压力管道检测工作。E－mail：wudeng1992@126.com

2 实验材料及方法

本试验对象为2205双相不锈钢，其成分如表1所示。其微观组织如图2所示，主要为条状奥氏体和铁素体组成，铁素体和奥氏体占比分别为47%和53%。固溶处理参数为1000℃、4h，冷却方式为水冷至室温。2205双相不锈钢过冷奥氏体等温转变曲线如图1所示，由此发现σ相的析出鼻尖温度区间为870℃～880℃，选取875℃为本次试验中2205双相不锈钢的时效处理温度，工艺参数如表2所示。

表1 2205双相不锈钢化学成分 %（质量分数）

C	Mn	Ni	Si	P	S	Cr	Mo	Fe
0.026	1.38	5.55	0.45	0.022	0.0013	21.79	3.11	余量

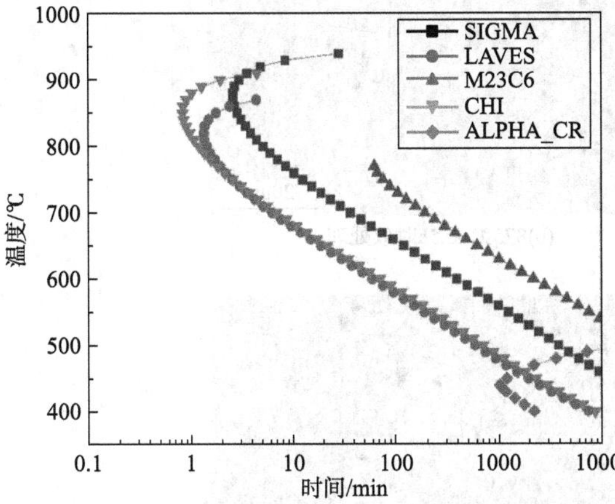

图1 2205双相不锈钢过冷奥氏体等温转变曲线

表2 焊后热处理工艺参数

试样	时效温度/℃	时效时间/h	冷却方式
1	875	0.5	空冷至室温
2	875	1	空冷至室温
3	875	1.5	空冷至室温
4	875	2	空冷至室温
5	875	4	空冷至室温

采用Leica DM IRM光学显微镜（OM）和AL－2700B型X射线衍射仪对固溶处理和时效处理后的材料微观组织及相组成进行分析。AL－2700B型X射线衍射仪设定参数为工作电压为40kV，扫描范围为10°～90°，扫描速度2°/min。

根据GB/T 4340—2009《金属维氏硬度 第一部分：实验方法》对固溶处理和时效处理后的材料进行维氏硬度检测。

图2 2205双相不锈钢微观组织

3 实验结果及讨论

3.1 微观组织分析

2205双相不锈钢经1000℃－4h固溶处理的微观组织，如图3(a)所示，奥氏体和铁素体分布较均匀，在相界面无中间相的析出。对双相组织中的占比进行了统计，铁素体和奥氏体占比分别为42%和58%。奥氏体体积分数上升约5%，铁素体晶粒尺寸较原始材料发生长大。通常，2205双相不锈钢奥氏体和铁素体体积分数各占50%时，材料综合性能更好，但在焊接后，焊缝区域奥氏体含量急剧下降。母材奥氏体和铁素体体积分数各占50%时，焊缝中奥氏体体积分数降低，焊缝的性能会发生恶化，因此选择奥氏体体积分数较高的母材，以保证焊缝区域仍然具有双相不锈钢较优异的性能。因此，此次固溶处理后的材料更加接近实际应用情况，材料微观组织较为理想。

图3(b)～(f)分别为875℃时效时长0.5h、1h、1.5h、2h和4h的微观组织。图3(b)875℃－0.5h时效可以发现在铁素体和奥氏体的相界面处有析出相析出。随着时效时间的增加图3(c)～(f)，相界面析出相数量明显增加，且析出相尺寸增加，析出相析出位置也发生变化，在铁素体晶界上出现少量的析出相。

σ相的形成机制是双相不锈钢在650～900℃时效处理时，在铁素体和奥氏体的相界面首先发生共析反应，铁素体变化为二次奥氏体和碳化物（富Cr的M23C6）。奥氏体中的C元素像界面迁移，铁素体中的Cr和Mo等铁素体形成元素向界面迁移，界面出现碳化物，同时界面附近出现Cr和Mo元素贫化，铁素体稳定性降低，转化为二次奥氏体。二次奥氏体与铁素体界面继续发生上述共析反应，C元素含量无法维系共析反应时，界面富集的Cr、Mo元素随着时效时间增加析出σ相。但是在时效温度很高时，σ相的析出动能大，在相界面直接析出，也会在铁素体晶界上析出。再次结合图5 XRD物相分析结果，相界面析出相为σ相。

图4为不同时效处理时间下σ相析出量统计，σ相析出量随时效时间增加而增加，析出速率先增加超过2h后速率降低，孕育期变长。图5为XRD测试结果，固溶处理和仅时效0.5h后的试样变化不大。随着时效时间增加，σ相形核位置增多，4h时效时间σ相衍射峰明显，说明σ相已发生显著的长大。且其γ相和α相也发生了变化，γ相的波峰发生明显升高，但α相的波峰发生了明显降低，在时效处理过程中碳化物的析出是伴随着铁素体的溶解，铁素体发生二次共析反应，生成了二次γ相，此消彼长的情况下促使γ相的波峰升高、α相的波峰显降低。

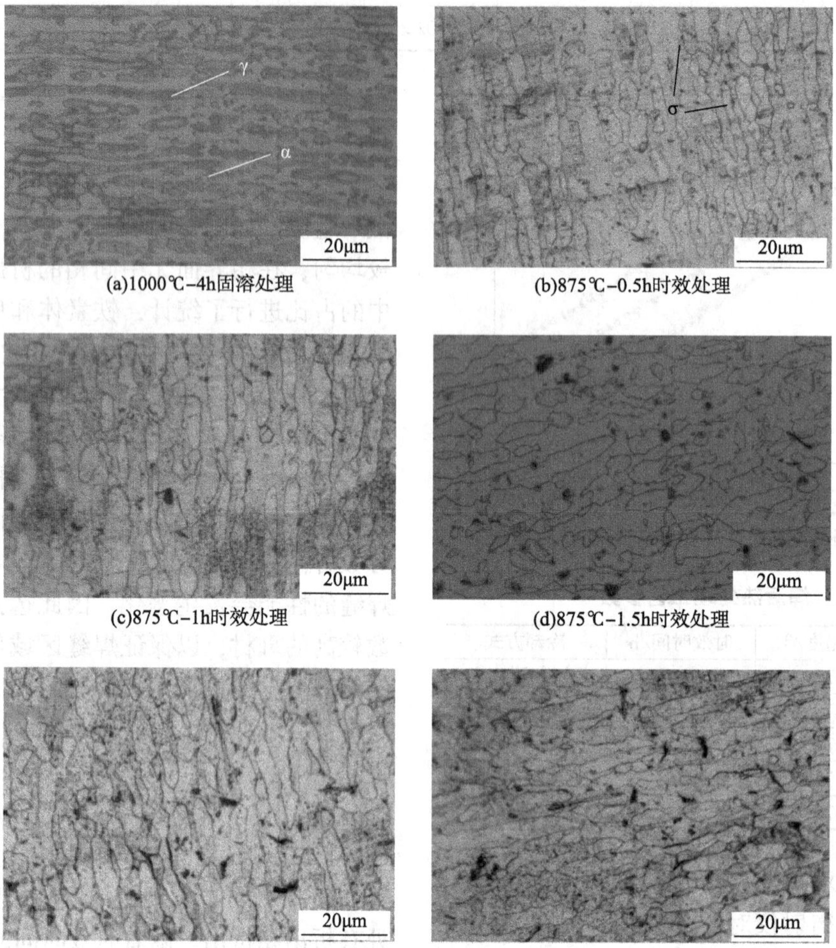

(a)1000℃-4h固溶处理　(b)875℃-0.5h时效处理

(c)875℃-1h时效处理　(d)875℃-1.5h时效处理

(e)875℃-2h时效处理　(f)875℃-4h时效处理

图3　固溶处理和时效处理后2205双相不锈钢的微观组织

(a)1000℃-4h固溶处理；(b)875℃-0.5h时效处理；(c)875℃-1h时效处理；(d)875℃-1.5h时效处理；(e)875℃-2h时效处理；(f)875℃-4h时效处理

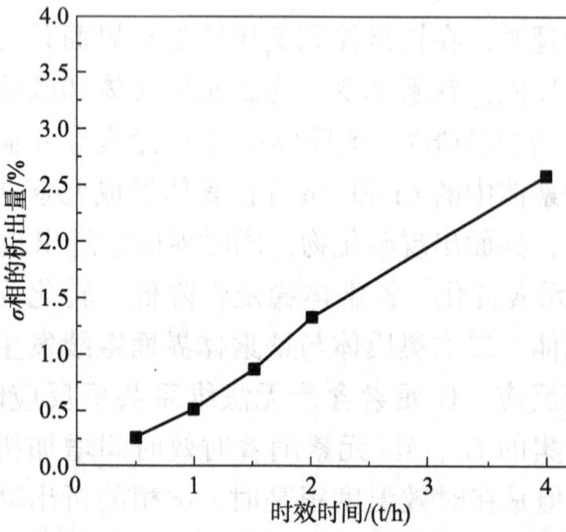

图4　不同时效处理时间下σ相析出量统计

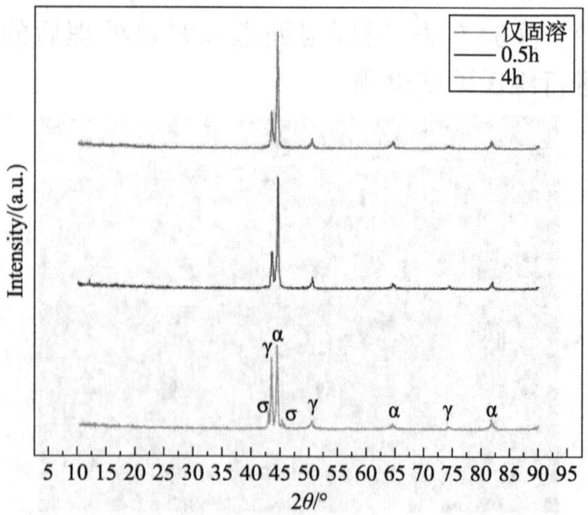

图5　2205双相不锈钢经热处理后试样的XRD物相分析

3.2 力学性能分析

表 3 和图 6 是经固溶处理和时效处理后各试样的硬度值。未处理的试样相较于固溶处理或者时效处理试样的硬度值都要高。因固溶处理后 2205 双相不锈钢中的两相占比发生变化，铁素体相体积分数占比下降了约 5%。室温下铁素体对材料硬度值的影响更大。时效处理后的试样硬度值随 σ 相的析出而增加，σ 相等脆性中间相导致材料塑韧性出现明显恶化[4]。0.5h 热处理后的试样较未处理的试样提升不明显，σ 相析出较少。经过时效时间增加，σ 相等脆性中间相的析出数量不断增加，硬度越来越大。

表 3　维氏硬度测试结果

热处理方式	未处理	固溶处理（1000℃ -4h）	875℃ -0.5h	875℃ -1h	875℃ -1.5h	875℃ -2h	875℃ -4h
硬度值(HV)	262.56	240.89	241.97	244.01	247.31	249.2	251.02

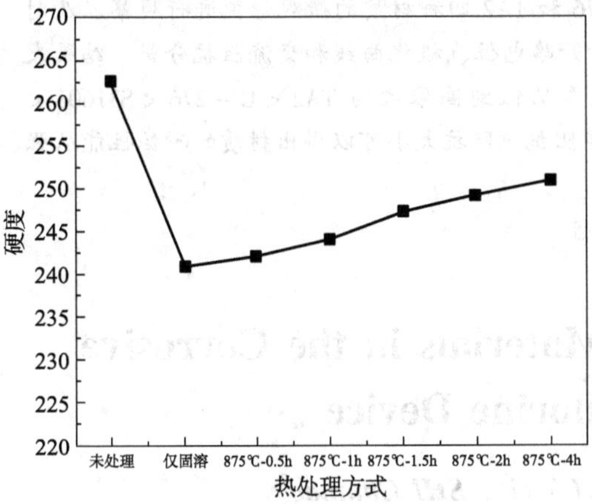

图 6　2205 双相不锈钢各试样的硬度值

4 结论

（1）经 1000℃ -4h 水冷至室温的固溶处理后，2205 双相不锈钢奥氏体和铁素体分布较均匀，在相界面无中间相的析出，奥氏体体积分数上升约 5%。

（2）在 875℃时效温度下，随时效处理时间增加，σ 相数量逐渐增加，尺寸变大。

（3）固溶处理后材料硬度降低；时效处理后随时效时间逐渐增加，σ 相不断析出，材料硬度增加。

参考文献

[1] Badji R, Bouabdallah M, Bacroix B, et al. Phase transformation and mechanical behavior in annealed 2205 duplex stainless welds [J]. Materials Characterization, 2008, 59(4): 447-453.

[2] 吴海天. 2205 双相不锈钢中 σ 相的析出及其对组织性能的影响[D]. 沈阳：东北大学，2013，17-19.

[3] Henrik S, Rolf S. σ phase precipitation in duplex stainless steel 2205[J]. Materials Science and engineering A, 2007, 444(1): 271-276.

[4] 王小勇，黄乐庆，王海宝，等. 固溶处理对双相不锈钢组织与性能的影响[J]. 金属热处理，2018，43(05)：101-105.

不同材质在有机氯装置腐蚀介质中的腐蚀行为研究

朱龙飞[1]　王　洋[1]　崔　伟[2]　时春涛[2]

(1. 新疆大学智能制造现代产业学院，新疆　830017；
2. 中国特种设备检测研究院，北京　100029)

摘　要：为了系统研究S30408、S31603、NS3304和TA2四种材质在某装置高度腐蚀介质中的腐蚀行为，通过采集现场工况的腐蚀溶液(粗氯化物)在实验室进行了真实工况条件下的静态全浸试验、电化学测试等一系列腐蚀模拟试验，结合扫描电镜对S30408、S31603、C－276和TA2四种材质的微观形貌进行观察以及对S30408、S31603、C－276和TA2四种材质在20～60℃下进行开路电位、极化曲线和交流阻抗分析。结果表明：这四种不同材质在高度腐蚀介质全浸条件下的腐蚀速率从低到高依次为TA2 < C－276 < S31603 < S30408，电化学测试中结合塔菲尔曲线自腐蚀电流密度及交流阻抗中阻抗大小可以得出材质的耐蚀性能从强到弱依次为TA2 > C－276 > 316L > 304。

关键词：Cl^-腐蚀；全浸实验；SEM；电化学测试；耐蚀性

Corrosion Behavior of Different Materials in the Corrosive Medium of Organochlorine Device

ZHU Longfei[1], *WANG Yang*[1], *CUI Wei*[2], *SHI Chuntao*[2]

(1. School of Intelligent Manufacturing Modern Industry Xinjiang University, Xinjiang 800017, China;
2. China Special Equipment Inspection and Research Institute, Beijing 100026, China)

Abstract: In order to systematically study the corrosion behavior of the four materials S30408, S31603, NS3304 and TA2 in a highly corrosive medium in a plant, a series of corrosion simulation tests such as static total immersion test, electrochemical test and other corrosion simulation tests were carried out in the laboratory by collecting corrosive solutions (crude chlorides) in the field conditions, and a series of corrosion simulation tests were carried out by combining with SEM to observe the micro－morphology of the four materials S30408, S31603, C－276 and TA2 materials, as well as open－circuit potentials, polarization curves and AC impedance analyses of S30408, S31603, C－276 and TA2 materials at 20～60℃. The results show that the four different materials have different corrosion potentials, polarization curves and AC impedance analyses. The results show that the corrosion rate of these four different materials under the condition of full immersion in highly corrosive medium is TA2 < C－276 < S31603 < S30408 in descending order, and in the electrochemical test, combined with the Tafel curve of self－corrosive current density and the size of impedance in the AC impedance, it can be concluded that the corrosion resistance of the materials in descending order is TA2 > C－276 > 316L > 304.

Key words: Cl^- corrosion; Total immersion experiments; SEM; Electrochemical tests; Corrosion resistance

1　引言

随着社会和经济的不断发展、国内外对环氧树脂的需求量不断提升，为保障生产环氧树脂原料的稳定，防止因腐蚀造成泄漏从而发生严重的化工事故，因此，对生产环氧树脂原料的关键设备的材质进行选型研究，通过在有机氯装置设备

作者简介：朱龙飞，硕士研究生，主要研究方向腐蚀与防护方面。E－mail：2283745637@qq.com

运行工况下真实工业腐蚀介质中对S30408、S31603、C－276和TA2四种材质的腐蚀行为进行研究，以选出最优材质作为关键设备的改型，确保安全生产。奥氏体不锈钢有良好的耐蚀性、优异的加工性能以及力学性能，常被用作工业设备的结构材料[1-2]，而合金也具有良好的抗腐蚀能力和优异的力学性能，哈氏C－276是现代近金属材料中最耐蚀的一种，能耐湿氯、各种氧化性氯化物、氯化物盐溶液等，在低温与中温盐酸中均有很好的耐蚀性能[3]。工业纯钛TA2具有良好的耐腐蚀性能和优良的力学性能[4]。但目前在有机氯装置设备运行工况介质中的研究却少之又少，本文通过对四种材质在这些复杂介质中腐蚀行为进行研究，以便为化工选材作为参考。

2 实验

2.1 材料和溶液

2.1.1 全浸实验

试样为四种材质类型，分别为S30408、S31603、C－276和TA2，试样加工为45mm×15mm×3mm和20mm×20mm×3mm，其中大试样进行失重法计算其腐蚀速率，小试样通过SEM观察微观形貌，实验所用溶液为某石化有机氯装置真实工况下所采集的溶液，溶液类型为粗氯丙烯液、HCl和水。溶液中的Cl^-离子含量为0.00148%左右，水分含量为0.02%～0.11%之间。实验温度为20℃、40℃、60℃，实验周期为7d。首先试样经过丙醇清洗除油，超声清洗后进行冷风吹干，对试样进行称重记录。实验结束后对试样进行酸洗称重，采用失重法计算其腐蚀速率，腐蚀速率公式为：

$$R=\frac{3650\times(W1-W2)}{ST\rho}$$

式中 R——腐蚀速率，mm/a；

W1——腐蚀前重量，g；

W2——腐蚀后重量，g；

S——试样总面积，cm^2；

T——实验时间，D；

ρ——试样密度，g/cm^3。

实验通过高温高压反应釜进行浸泡实验，模拟实际使用情况。

1.1.2 电化学测试

采用辰华CHI660E电化学工作站对四种试样进行电化学测试，温度为20℃、40℃、60℃，测试液为粗氯化物的模拟液，将水分含量提高至0.11%的100倍，将Cl_-离子含量提高至0.00148%的1000倍。溶液配比为：丙三醇：10% HCl＝88：12。选用传统的三电极体系，Ag/AgCl作为参比电极，铂电极作为对电极，四种材质作为工作电极。测试前先将试样置于测试液中测试其开路电位600s，使开路电位的波动幅度小于±5mV，以确保测试前体系达到稳定状态。交流阻抗谱测试以开路电位为输入电位，交流信号振幅为5mV，频率范围为10^5～10^{-2}Hz。塔菲尔曲线测试扫描速率为1mV/s，扫描范围为开路电位±0.5V。

2 结果与讨论

2.1 四种材质在不同温度有机氯装置腐蚀介质中的腐蚀行为研究

2.1.1 腐蚀速率分析

如图1和表1所示，经过7d全浸实验后，在20℃时TA2、C－276、316L和304四种材质的腐蚀速率依次为0.0060mm/a，0.0172mm/a，0.0331mm/a，0.0357mm/a。依据金属防护手册对金属材料耐蚀性能分为10级标准，四种材质的耐蚀性如下：TA2耐蚀等级为3级(0.005－0.01mm/a，很耐蚀)，C－276、316L和304不锈钢耐蚀等级为4级(0.01－0.05mm/a，很耐蚀)。其中，TA2的耐蚀性最好，C－276、316L、304的耐蚀性依次降低。在40℃时TA2、C－276、316L和304四种材质的腐蚀速率依次为0.0076mm/a，0.0223mm/a，0.0568mm/a，0.0618mm/a。四种材质的耐蚀性如下：TA2耐蚀等级为3级(0.005－0.01mm/a，很耐蚀)，C－276耐蚀等级为4级(0.01－0.05mm/a，很耐蚀)，316L、304耐蚀等级为5级(0.05－0.1mm/a，耐腐)，其中，TA2的耐蚀性最好，C－276、316L的耐蚀性依次降低，304的耐蚀性最差。在60℃时TA2、C－276、316L和304四种材质的腐蚀速率依次为0.0079mm/a，0.0258mm/a，0.0599mm/a，0.1240mm/a。四种材质的耐蚀性如下：TA2耐蚀等级为3级(0.005－0.01mm/a，很耐蚀)，C－276耐蚀等级为4级(0.01－0.05mm/a，很耐蚀)，316L耐蚀等级为5级(0.05－0.1mm/a，耐腐)，304耐蚀等级为6级(0.1－0.5mm/a，尚耐腐)。其中，TA2的耐蚀性最好，C－276、316L的耐蚀性依次降低。304的耐蚀性最差。由图1可见，随着温度的升高，四种材质的腐蚀速率均出现了逐渐升高的趋势，由此可以看出，温度对腐蚀速率的影响，温度越高对材质的腐蚀速率影响越大。

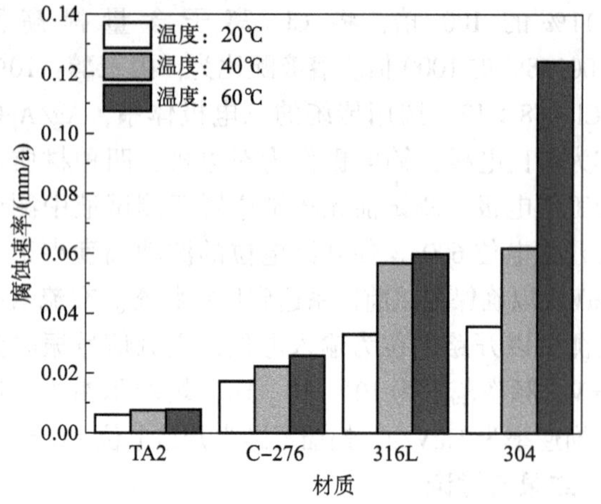

图1　四种材质不同温度下的腐蚀速率

表1　四种材质在不同温度下的腐蚀速率　　mm/a

材质	20℃	40℃	60℃
304	0.0357	0.0618	0.1240
316L	0.0331	0.0568	0.0599
C-276	0.0172	0.0223	0.0258
TA2	0.0060	0.0076	0.0079

2.1.2　表面形貌分析

图2是四种材质表面形貌的SEM图。如图2(a)、2(e)、2(i)所示，304不锈钢在不同温度状态下表面出现明显的晶界优先形腐蚀形貌，腐蚀后的形貌呈现沿晶界处蔓延，是由于在含 Cl^- 腐蚀溶液中，Cl^- 有很强的可被金属吸附能力，Cl^- 被吸附到金属表面会排掉其表面的氧，从而抑制氧化膜的形成或者破坏钝化膜，可以看出腐蚀痕迹沿着304不锈钢金属晶粒边缘晶界处延伸，进而由分界面向内部扩展，因此造成晶间腐蚀。图2(e)中可以看出40℃下试样表面有坑状，为试样本身生产加工缺陷。如图2(b)、图2(f)、图2(j)所示，316L不锈钢在不同温度下表面也呈现腐蚀沿晶界蔓延，相较304不锈钢，腐蚀迹象较轻，316L不锈钢表面仅少量腐蚀痕迹沿着晶体边界蔓延，从而发生了晶间腐蚀。传统304、316L奥氏体不锈钢具有良好的力学性能，但由于含碳量较高，易发生晶间腐蚀[5-6]，晶间腐蚀是奥氏体不锈钢常见的局部腐蚀类型，能降低金属材料的强度，给生产带来极大的危害[7]。然而超低碳型奥氏体不锈钢虽然耐晶间腐蚀性能优异，但强度却不能完全满足使用[8-10]。如图2(c)、图2(g)、图2(k)所示，C-276在不同温度下试样表面均比较平坦，未见腐蚀产物衍生，与其腐蚀速率相对应，其耐蚀性较好。如图2(d)、图2(h)、图2(l)所示，TA2在不同温度下试样表面也未发现腐蚀产物衍生，未见腐蚀痕迹产生。不同温度下四种材质304不锈钢腐蚀最为明显，其次为316L不锈钢，C-276与TA2均未有明显腐蚀痕迹。

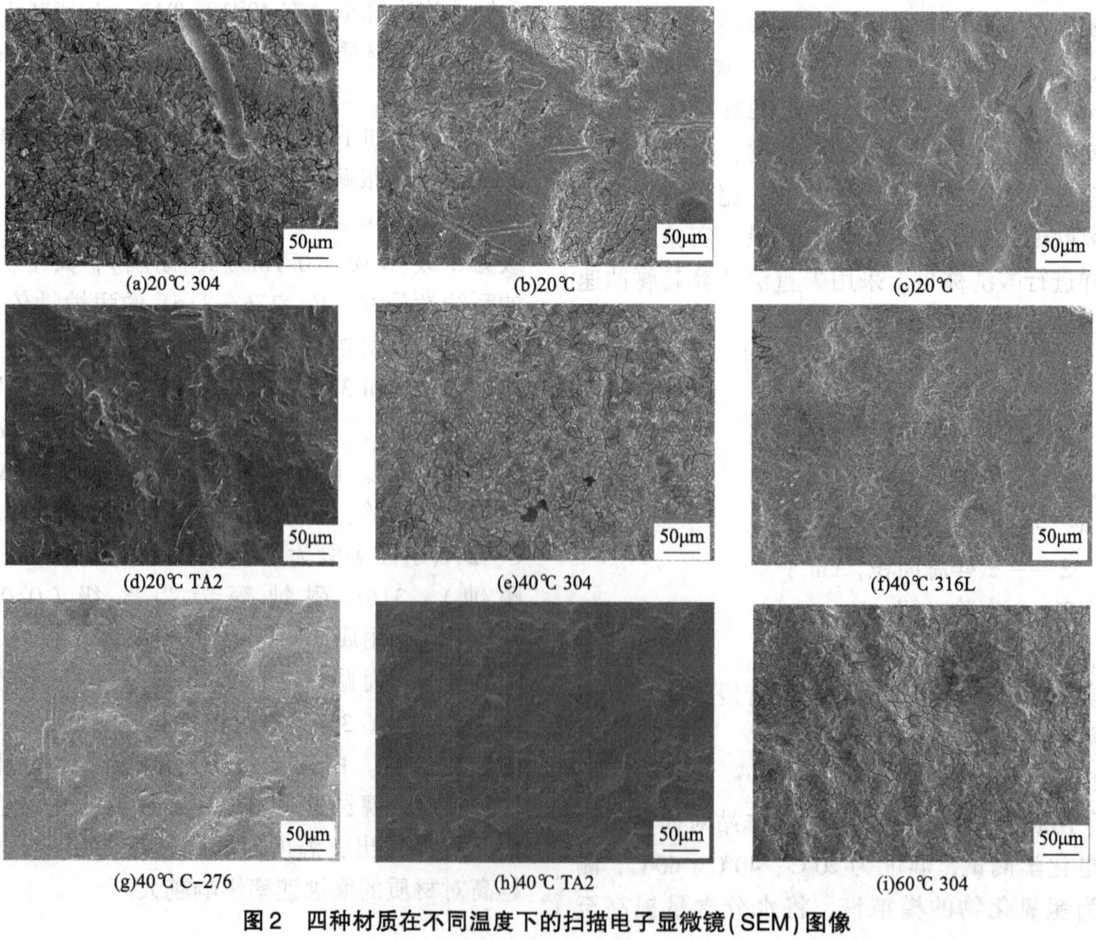

(a)20℃ 304　(b)20℃　(c)20℃
(d)20℃ TA2　(e)40℃ 304　(f)40℃ 316L
(g)40℃ C-276　(h)40℃ TA2　(i)60℃ 304

图2　四种材质在不同温度下的扫描电子显微镜(SEM)图像

(j)60℃ 316L (k)60℃ C-276 (l)60℃ TA2

图2 四种材质在不同温度下的扫描电子显微镜(SEM)图像(续)

2.2 电化学测试

2.2.1 极化曲线分析

图3(a)是304、316L、C－276、TA2四种材质在20℃时的塔菲尔极化曲线，通过塔菲尔外推法从四种材质的塔菲尔斜率截距中提取了它们的自腐蚀电位和自腐蚀电流密度，自腐蚀电位反应了材料发生腐蚀的难易程度，自腐蚀电位越正说明材料越难发生阳极极化，腐蚀电流密度能够反映腐蚀过程中金属的溶解速率，腐蚀电流密度越大，表明金属溶解速率越大[11-12]，由图3(a)及表2可见：在20℃时，四种材质的电位相差较大，从小到大依次为304＝TA2＜316L＜C－276；四种材质的自腐蚀电流密度从小到大依次为：TA2、C－276、316L、304。在40℃时，四种材质自腐蚀电位从小到大依次为：TA2＜304＜316L＜C－276。四种材质的自腐蚀电流密度从小到大依次为：TA2、C－276、316L、304。在60℃时，四种材质自腐蚀电位从小到大依次为：304＜316L＜TA2＜C－276。四种材质的自腐蚀电流密度从小到大依次为：TA2、C－276、316L、304。由阳极支曲线可以看出在三种温度下C－276均有钝化现象，试样表面产生钝化膜从而阻止腐蚀。316L在三种温度条件下阳极支线均出现了一个小峰，可能是由于吸附了溶液中的一些杂质，改变了溶液/金属界面的结构[13]。在不同温度状态下，虽然TA2的自腐蚀电位较负，但是自腐蚀电流密度较小，因为在电化学测试体系中，自腐蚀电位仅作为一个热力学参数，它只能表征腐蚀反应发生的倾向性，和腐蚀速率没有必然联系。随着温度升高加速了离子的扩散速度，因此四种材质的自腐蚀电流密度均随着温度增加而变大，说明温度对自腐蚀电流密度有很大的影响。

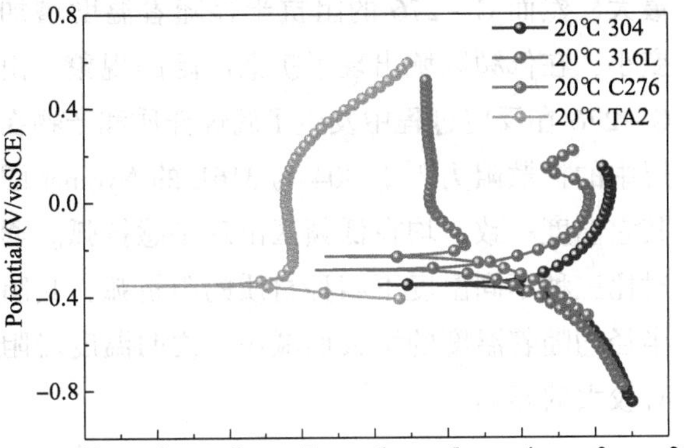

(a)四种材质在20℃时的极化曲线

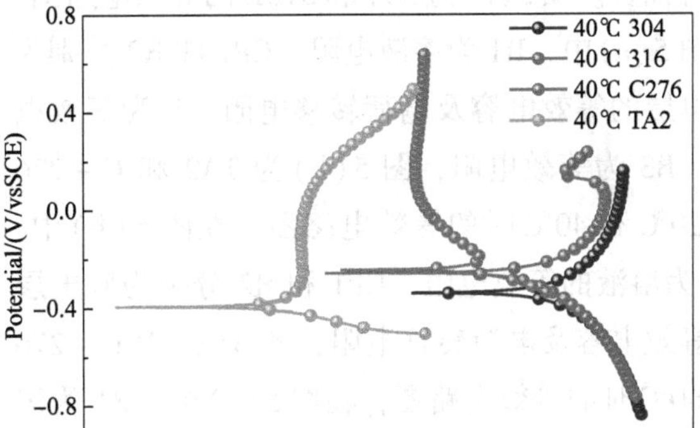

(b)四种材质在40℃时的极化曲线

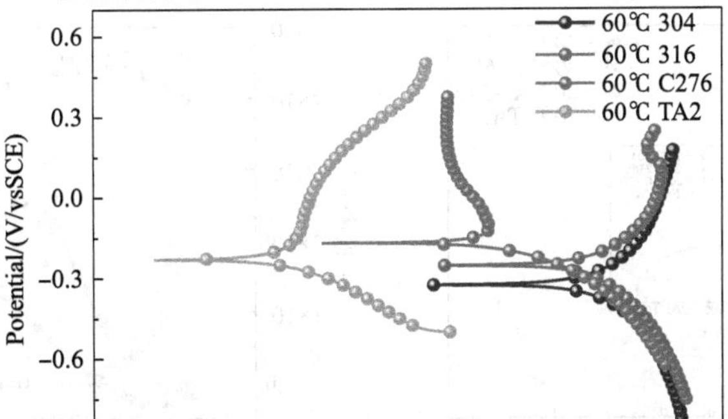

(c)四种材质在60℃时的极化曲线

图3 四种材质在不同温度下的极化曲线

表 2　四种材质自腐蚀电位和电流密度

材质	温度/℃	I_{corr}/(A · cm^{-2})	E_{corr}/V
304	20	2.759×10^{-4}	-0.350
316L	20	1.595×10^{-4}	-0.287
C-276	20	2.943×10^{-5}	-0.230
TA2	20	5.389×10^{-8}	-0.350
304	40	3.388×10^{-4}	-0.341
316L	40	1.933×10^{-4}	-0.259
C-276	40	4.936×10^{-5}	-0.246
TA2	40	5.399×10^{-8}	-0.394
304	60	7.234×10^{-4}	-0.328
316L	60	7.890×10^{-4}	-0.256
C-276	60	6.373×10^{-5}	-0.171
TA2	60	1.267×10^{-7}	-0.231

2.2.2　阻抗谱图分析

图 4 为四种材质在 20℃、40℃、60℃时的电化学阻抗图谱。采用图 5 所示的等效电路对图 4 进行拟合。图 5(a)为 304 和 316L 的等效电路图，在图 5(a)中，R1 为溶液电阻，CP1 和 R2 分别为双电层的等效电容及电荷转移电阻，L 为等效电感，R3 为等效电阻，图 5(b)为 TA2 和 C-276 在 20℃和 40℃时的等效电路图，在图 5(b)中，R1 为溶液的等效电阻，CP1 和 R2 分别为双电层的等效电容及电荷转移电阻，图 5(c)为 C-276 在 60℃时的等效电路图，在图 5(c)中，R1 为溶液电阻，CP1 和 R2 分别为双电层的等效电容及电荷转移电阻，W1 为扩散电阻，拟合结果见表 3。其中图 4(a)、图 4(c)、图 4(e)分别为 20℃、40℃、60℃的 Nyquist 图，图 4(b)、图 4(d)、图 4(f)为别为 20℃、40℃、60℃的 Bode 图。从图 4(a)可以看出 TA2 在 20℃时的电容弧半径相较其它三种材质要大，而电容弧半径反映了电荷转移电阻的大小。电容弧半径越大，电荷传递电阻越大，材料的耐腐蚀性能也就越好[14]，C-276、316L、304 的电容弧逐渐减小，316L 和 304 不锈钢的 Nyquist 图由高频电容回路和低频电感回路组成，感应回路的存在表明该表面区域部分或全部处于活跃状态[15-16]。通过表 3 阻抗结果拟合参数可以得出四种材质腐蚀阻抗大小排序为 304 < 316L < C-276 < TA2。结果表明，在 20℃时，TA2 的阻抗半径最大且电阻最大，因此，反映出其耐蚀性最好。从图 4(c)通过电容弧半径可以看出 TA2 在 40℃时的耐蚀性也要优于其它三种材质，通过表 3 阻抗结果拟合参数可以得出四种材质腐蚀阻滞大小排序为 304 < 316L < C-276 < TA2 结果表明，在 40℃时，TA2 的阻抗半径最大且电阻最大，因此，耐蚀性最好。从图 4(e)可以看出，当温度达到 60℃时，TA2 的阻抗半径仍是最大，然而 C-276 的阻抗半径随着温度增加而变小，在低频区域出现了扩散电阻的现象，由于 C-276 在反应过程中发生了腐蚀介质和产物在膜层中的扩散阻力[17]。304 与 316L 的 Nyquist 图与其它温度一致，均在低频区出现了感抗弧。通过对比三种不同温度下四种材质的阻抗弧，其阻抗半径均随着温度的增大而减小，说明温度对阻抗有较大的影响。

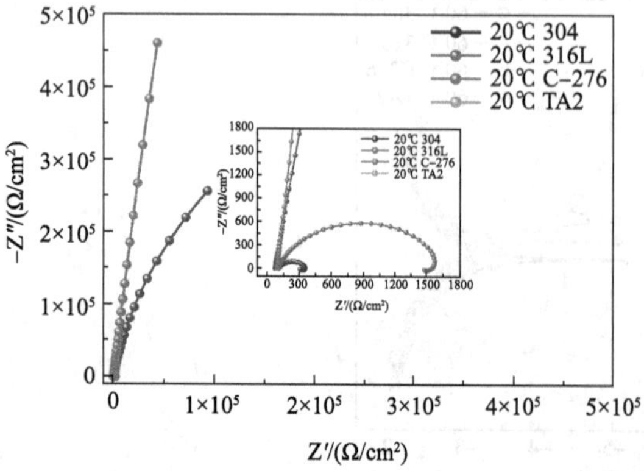

(a)四种材质在20℃时的Nyquist图

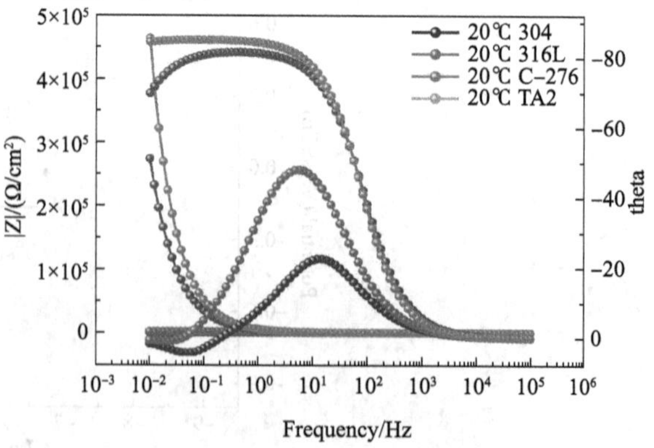

(b)四种材质在20℃时的Bode图

图 4　四种材质在不同温度下的阻抗

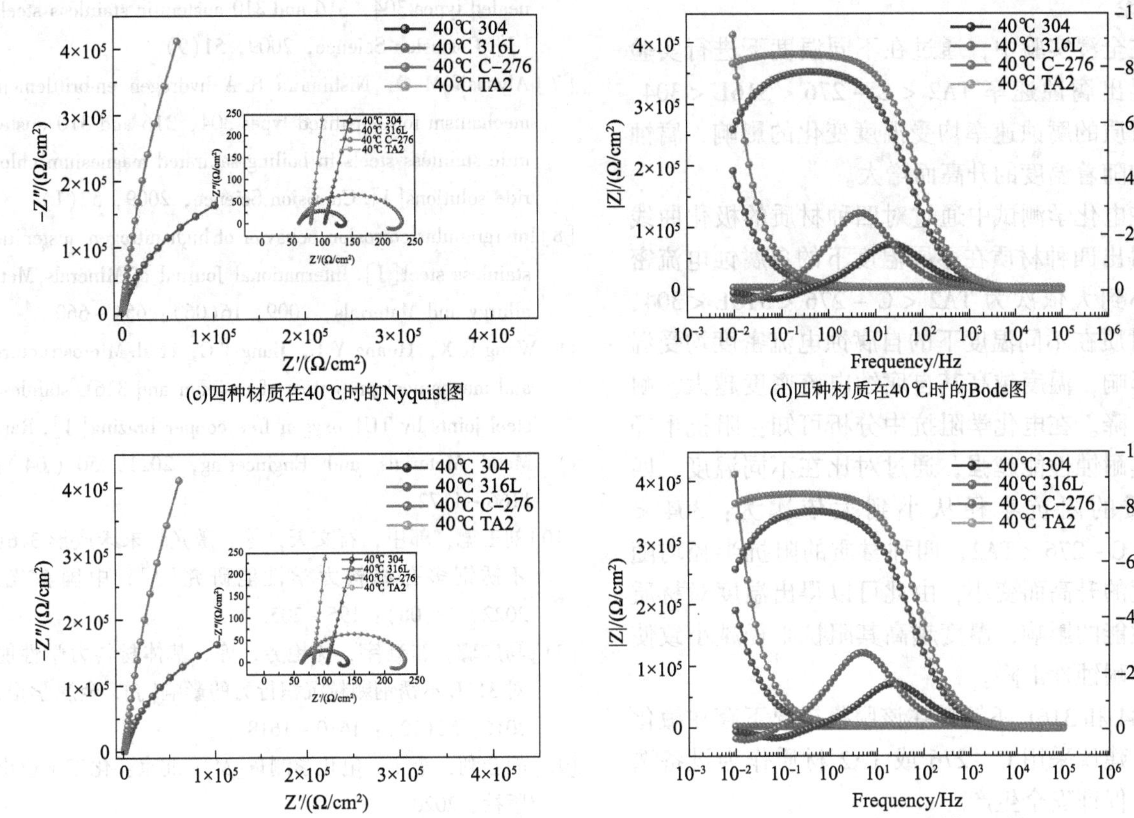

(c)四种材质在40℃时的Nyquist图　　(d)四种材质在40℃时的Bode图

(e)四种材质在60℃时的Nyquist图　　(f)四种材质在60℃时的Bode图

图4　四种材质在不同温度下的阻抗(续)

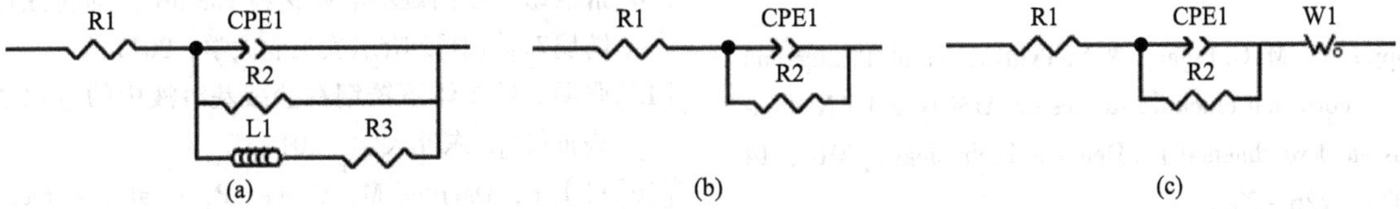

图5　等效电路

表3　四种材质在不同温度下的电化学阻抗参数

材质	温度/℃	R1/(Ω·cm²)	C1/(mF·cm⁻²)	R2/(Ω·cm²)	W1/(Ω·cm²)	L1/(mH·cm²)	R3/(Ω·cm²)
304	20	107.9	2.433×10^{-4}	258	—	2710	840.3
316L	20	100.9	1.491×10^{-4}	1586	—	39963	10358
C-276	20	70.6	4.398×10^{-5}	1.242×10^{6}	—	—	—
TA2	20	94.1	2.985×10^{-5}	3.278×10^{7}	—	—	—
304	40	61.82	3.857×10^{-4}	78.33	—	728	294.7
316L	40	61.45	6.666×10^{-4}	174.2	—	7399	724.5
C-276	40	104.3	5.330×10^{-5}	496200	—	—	—
TA2	40	81.5	3.312×10^{-5}	6.275×10^{6}	—	—	—
304	60	43.54	5.901×10^{-4}	25.02	—	64.04	64.06
316L	60	32.17	1.250×10^{-3}	43.27	—	513.1	86.1
C-276	60	36.82	1.238×10^{-4}	250.4	18246	—	—
TA2	60	36.95	3.665×10^{-5}	2.211×10^{6}	—	—	—

3 结论

在全浸实验中，通过在不同温度下进行实验可以得出腐蚀速率 TA2 < C - 276 < 316L < 304，四种材质的腐蚀速率均受温度变化的影响，腐蚀速率均随着温度的升高而增大。

在电化学测试中通过对四种材质的极化曲线分析得出四种材质在不同温度下的自腐蚀电流密度从小到大依次为 TA2 < C - 276 < 316L < 304，四种材质在不同温度下的自腐蚀电流密度均受温度的影响，温度越高其自腐蚀电流密度越大，耐蚀性下降。在电化学阻抗中分析可知：阻抗半径越大其耐蚀性能越强，通过对比在不同温度，四种材质的阻抗半径从小到大依次为：304 < 316L < C - 276 < TA2，四种材质的阻抗半径均随着温度的升高而变小，由此可以得出温度对材质耐蚀性能的影响，温度越高其阻抗半径越小致使材质的耐蚀性下降。

304 和 316L 不锈钢在该服役工况下存在敏化风险，建议采用 C - 276 或 TA2 材质作为设备选材，以保证安全生产。

参考文献

[1] Toppo A, M. G. Pujar, N. Sreevidya, et al. Pitting and stress corrosion cracking studies on AISI type 316N stainless steel weldments[J]. Defence Technology, 2018, 14(03): 226 - 237.

[2]郭舒，韩恩厚，王海涛，等. 核电站 316L 不锈钢弯头应力腐蚀行为的寿命预测[J]. 金属学报，2017，53(04)：455 - 464.

[3]郝丽敏，李宁，黎德育. 哈氏 C - 276 合金与 16MnR 钢在盐酸中的电偶腐蚀行为[J]. 材料保护，2011，44(01)：49 - 51.

[4]唐占梅，郭伟，蒋榕培，等. 工业纯钛 TA2 在液体推进剂单推 - 3 中的耐蚀机理[J]. 中国表面工程，2023，36(05)：123 - 130.

[6]Nishimura R, Alyousif M O. A new aspect on intergranular hydrogen embrittlement mechanism of solution annealed types 304, 316 and 310 austenitic stainless steels[J]. Corrosion Science, 2009, 51(9).

[7] Alyousif M O, Nishimura R. A hydrogen embrittlement mechanism for sensitized types 304, 316 and 310 austenitic stainless steels in boiling saturated magnesium chloride solutions[J]. Corrosion Science, 2009, 52(1).

[8]Intergranular corrosion behavior of high nitrogen austenitic stainless steel[J]. International Journal of Minerals Metallurgy and Materials, 2009, 16(06): 654 - 660.

[9]Wang R X, Huang Y L, Jiang T C, et al. Microstructure and mechanical properties of niobium and 316L stainless steel joints by TU1 oxygen free copper brazing[J]. Rare Metal Materials and Engineering, 2021, 50 (04): 1166 - 1172.

[10]刘玉德，郭甲，石文天，等. 激光粉末床成形 316L 不锈钢多孔结构力学性能研究[J]. 中国激光，2022，49(08)：195 - 205.

[11]马广璐，崔新宇，沈艳芳，等. 基体材料力学性能对 316L 不锈钢颗粒沉积行为的影响[J]. 金属学报，2016，52(12)：1610 - 1618.

[12]胡会利，李宁. 电化学测量[M]. 北京：化工工业出版社，2020.

[13]黄发，胡凡，周庆军，等. 金属材料的自腐蚀电位测量[J]. 宝钢技术，2016(02)：48 - 50.

[14]郝丽敏. 脱丙烷塔塔体材料 16MnR 钢的腐蚀行为及防腐对策[D]. 哈尔滨工业大学，2011.

[15]张明. 铁素体不锈钢在盐酸基溶液中的电化学行为表征[D]. 东北大学，2013.

[16]Li L F, Daerden M, Caenen P, et al. Electrochemical behavior of hot - rolled 304 stainless steel during chemical pickling in HCl - based electrolytes[J]. Journal of the Electrochemical Society, 2006, 153(5): B145.

[17]Li L F, Caenen, P., & Celis, J P. Effect of hydrochloric acid on pickling of hot - rolled 304 stainless steel in iron chloride - based electrolytes[J]. Corrosion science, 50(3), 804 - 810.

[18]文九巴，郭炜，赵胜利，等. Al - Zn - Bi 系合金在 NaCl 溶液中的电化学性能研究[J]. 功能材料，2008(08)：1295 - 1297.

不锈钢 TP304H 乙烯裂解炉二次注气管道开裂失效分析

孙浩宇 柳 旺 顾宝兰 宋 明

（中国特种设备检测研究院，北京 100029）

摘 要：某不锈钢 TP304H 乙烯裂解炉二次注气管道出现开裂现象，为探究开裂原因，采用宏观形貌、化学成分、金相显微组织、硬度以及扫描电镜微观形貌等分析方法，对开裂弯头及直管段进行了失效原因分析。结果表明：在中高温环境和应力的作用下，在弯头与直管连接的环焊缝处的外壁产生了应力松弛开裂，而导致裂纹扩展并穿透壁厚的主要为从内壁产生的应力腐蚀开裂，其原因主要为在通入高温工艺气体时，使材料发生敏化，耐晶间腐蚀腐蚀能力下降，后经低温内部形成了腐蚀介质，发生了应力腐蚀开裂。

关键词：不锈钢 TP304H；乙烯裂解炉；失效分析；应力腐蚀

Cracking Failure Analysis of Secondary Gas Injection Pipeline in Stainless Steel TP304H Ethylene Cracking Furnace

SUN Haoyu[1], *LIU Wang*[1], *GU BaoLan*[1], *SONG Ming*[1]

(China Special Equipment Inspection & Research Institute, Beijing 100029, China)

Abstract: The cracking of the secondary gas injection pipe of a stainless steel TP304H ethylene cracking furnace was investigated. In order to investigate the cracking reason, the failure causes of the cracked bend and straight pipe segment were analyzed by the methods of macroscopic morphology, chemical composition, metallography microstructure, hardness and scanning electron microscopy. The results show that: Under the action of medium and high temperature environment and stress, stress relaxation cracking occurs in the outer wall of the girth weld connecting the elbow and the straight pipe, and the stress corrosion cracking caused by crack expansion and penetrating the wall thickness is mainly generated from the inner wall. The main reason is that the material is sensitized when the high temperature process gas is passed into the material, and the resistance to intergranular corrosion is reduced, and then corrosive medium is formed inside the low temperature. A stress corrosion cracking occurred.

Key words: Stainless steel TP304H; Ethylene cracking furnace; Failure analysis; Stress corrosion

1 背景介绍

乙烯裂解炉二次注气管道主要用于向裂解炉中注入稀释蒸汽，有助于调节裂解炉内的温度和压力，以及优化裂解反应过程。通过调节二次注气管道中的蒸汽流量，可以控制裂解炉内的裂解深度，从而影响最终产品的产量和质量。某工程质量部接到信息反馈乙烯装置裂解炉管线发现泄漏，确认该管线焊口熔合线发现约 70mm 的环向裂纹，开裂部位为弯头 + 直管段上靠近直管的一侧焊缝。在随后的维修工作中，发现除上述焊口外，焊口下游的水平直管段、和直管与弯头的焊缝处均存在裂纹。而且直管段随焊接坡口加工，裂纹不断显现。现场开裂情况如图 1 所示。该二次注气管道主要用于按需求向原料气中注入工艺气（主要为非去离子的水蒸气和 DMDS）。管道规格为 $\phi 168 \times 7.11$，材料牌号 ASTM A312 TP304H。原料气有两种：常用的含 50ppm H_2S 的石脑油和仅投过 1 ~ 2 个周期的轻烃。投入石脑油时，二次注气

作者简介：孙浩宇（1996— ），本科，中国特种设备检测研究院从事失效分析金相检验相关工作。E-mail：sssuuunnn88@163.com

阀关闭；投入轻烃时，二次注气阀打开。

本文将通过现场实际勘察取样、化学成分、金相显微组织、硬度以及扫描电镜微观形貌等方法对开裂管道进行分析，确认该二次注气管道材料满足标准要求，泄露原因为管路材料由于高温发生敏化，耐晶间腐蚀能力下降，随后投入的石脑油原料中 S 元素与工艺气残存的水蒸气结合导致管内壁发生沿晶点蚀和应力腐蚀开裂。

(a)现场管道开裂位置

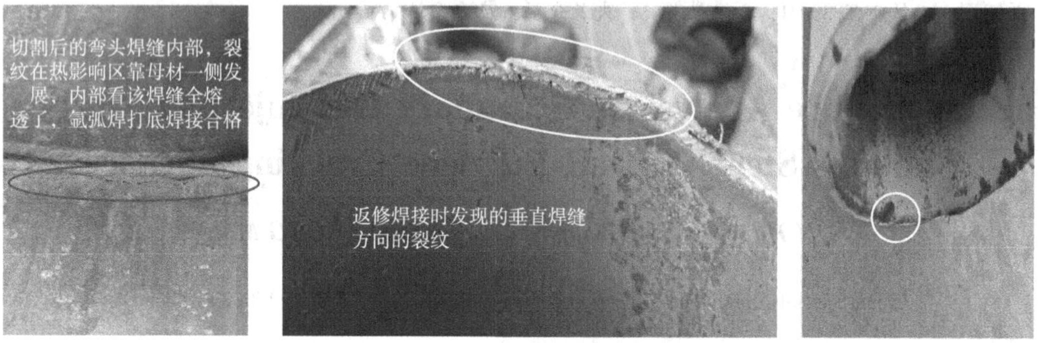

(b)现场开裂情况

图 1　现场开裂位置及开裂情况照片

2　试验过程

2.1　宏观观察

图 2 为弯头环焊缝裂纹中部的断口宏观形貌，总体上断口呈无塑性特征，且完全裂穿整个壁厚，断口面平直较少分叉，基本垂直于轴向。断口面有锈蚀颜色，局部可见弥散分布的系列反光斑点。

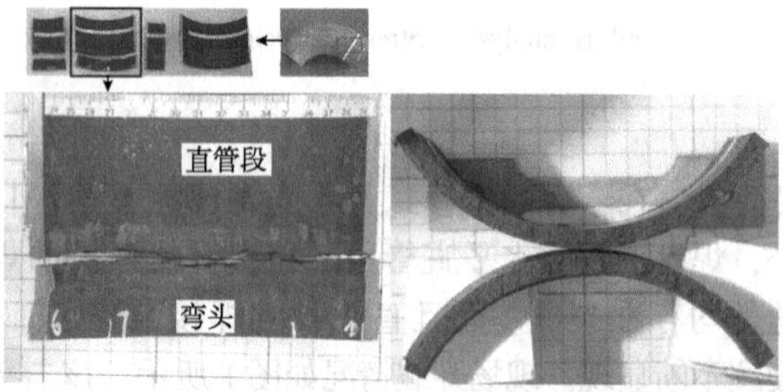

图 2　裂纹中部断口宏观形貌

图 3 为一侧裂纹尖端打开后的断口，打开过程中，在直管侧内壁靠近焊缝的打磨区域可见系列张开的微裂纹。断口面可见两个区域，靠近内壁的区域颜色较深，靠近外壁的区域颜色较浅。颜色较深的区域表面可见弥散分布的反光斑点，颜色较浅的区域也可见少量的反光斑点。

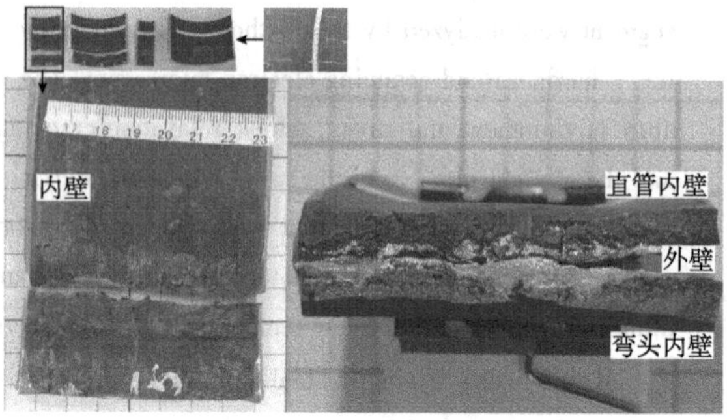

图 3　裂纹尖端断口打开形貌

从图 4 可以看出，水平直管的主裂纹打开后，可见在内壁打磨区域还存在若干分布相对随机的微裂纹，主裂纹的长度已超过壁厚的½。主裂纹断口可见弥散分布的反光斑点，而且有明显的经历过高温的痕迹。

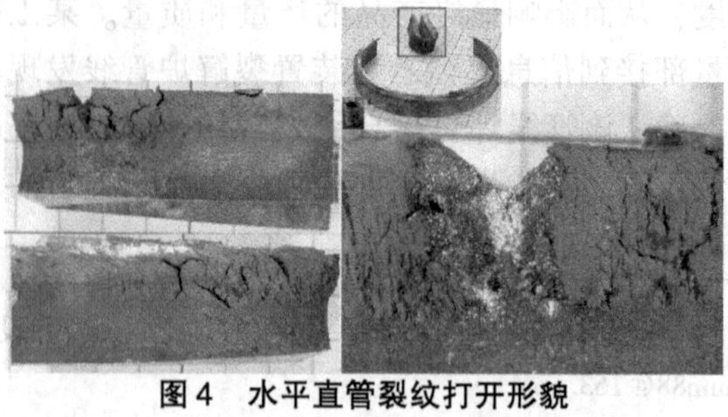

图 4　水平直管裂纹打开形貌

图5为直管环内弯和外弯后的表面形貌，其中外壁受拉的外弯样品的外壁表面相对完好，除

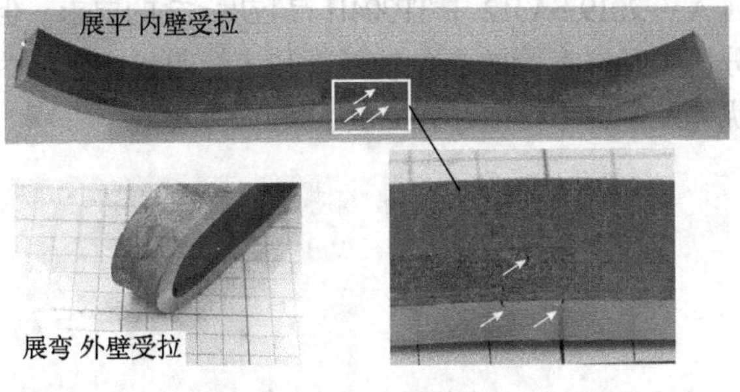

图5　直管内弯和外弯实验后的宏观形貌

正常的塑性变形外，未发现肉眼可见的裂纹；但内壁受拉的内弯试样的内壁表面可见微小裂纹。初步判断该裂纹可能为实验前已经存在的封闭裂纹。

2.2　化学成分分析

依据 GBT 11170—2016《不锈钢 多元素含量的测定 火花放电原子发射光谱法(常规法)》分析弯头、直管和新管的化学成分，结果如表1所示。除弯头的 Ni 含量略低于标准值外，材料化学成分基本满足 ASME BPVII A 2019 SA312 中 TP304H 的要求。

表1　各位置化学成分结果　　%(质量分数)

化学元素	C	Si	Mn	P	S	Cr	Ni
弯头侧	0.0414	0.457	1.139	0.0248	0.0024	18.31	7.91
弯头直管侧	0.0437	0.334	0.657	0.0287	0.0019	18.32	8.25
开裂直管	0.0407	0.331	0.652	0.0294	0.0026	18.34	8.17
新直管	0.0462	0.264	0.816	0.0312	0.0027	18.39	8.52
ASME BPVII A 2019 SA312	0.04-0.10	≤1.00	≤2.00	≤0.045	≤0.030	18.0-20.0	8.0-11.0

2.3　金相分析

如图6和图7所示，对弯管环焊缝裂纹的中部切取垂直于环向的截面金相，可见裂纹主要沿焊缝直管侧的母材分布，而且具有典型的沿晶特征。在外壁表面，裂纹距离熔合线仅1个晶粒的距离，而且在裂纹扩展相当长的路径上保持着1~3个晶粒的距离，结合外壁沿焊趾而内壁远离焊趾分布的特征，该处裂纹自外壁起裂。此外在弯管侧的内壁距离熔合线约1mm的位置可见短小的沿晶裂纹，该处裂纹自内壁起裂。焊缝金属内部完好未见开裂现象。同时，还可发现直管和弯管侧的奥氏体晶粒尺寸差异较大，二者的晶粒度分析将在后面的分析中给出。

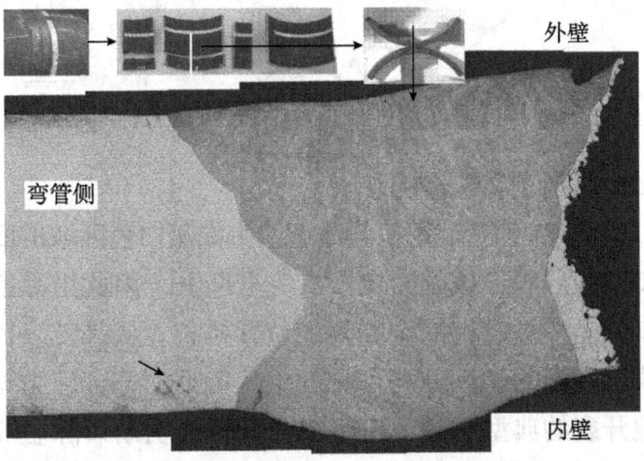

图6　弯头焊缝裂纹中部截面金相(弯管侧)

如图8所示，对裂纹尖端附近的垂直环向截面的观察发现，裂纹同样位于直管侧，沿晶分布，但距离焊缝较远且与熔合线走势无关，有多条裂纹平行或分叉的特征，回溯分叉源头，判断该处裂纹自内壁起裂。

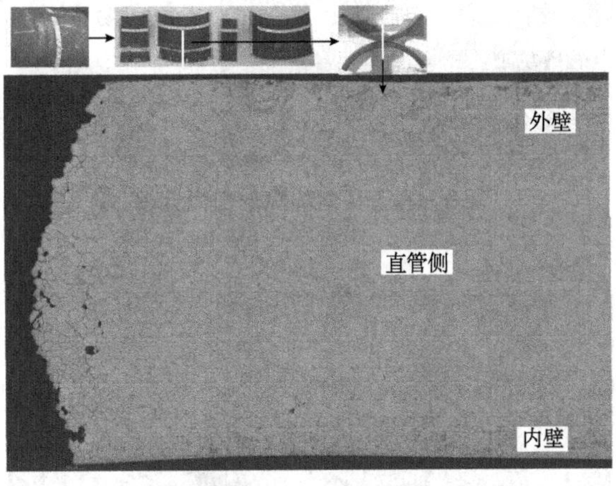

图7　弯头焊缝裂纹中部截面金相(直管侧)

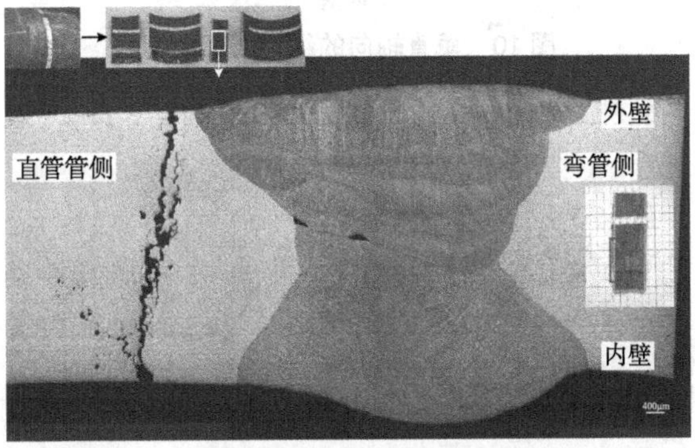

图8　弯头焊缝裂纹裂纹尖端附近截面金相

图 9 观察的平面为自外壁向内壁观察方向。选取水平直管的裂纹，沿垂直于径向方向对裂纹进行纵剖，观察剖面金相，以确定裂纹与焊缝之间的关系。图中可见两条裂纹，左侧较大裂纹自母材延伸至焊缝金属，其特征为焊缝金属内部的裂纹尖端圆盾，且内部充满的高温氧化物，表明开裂过程发生在焊接之前；焊缝金属以外的裂纹呈沿晶特征，而且在热影响区的固溶区也发生了沿晶开裂行为，同样表明开裂过程发生在此次维修焊接之前。右侧的小裂纹整体处在固溶区内，同样沿晶分布。

图 10 为对直管裂纹的垂直于轴向的纵剖剖面金相，可见裂纹自内壁起裂，而且弥散沿晶分布，呈典型的应力腐蚀开裂形貌。

图 11 为直管内壁受拉弯曲后被打开的内壁微裂纹形貌，和直管坡口处裂纹相比，裂纹长度相对短小，但仍为沿晶分布。

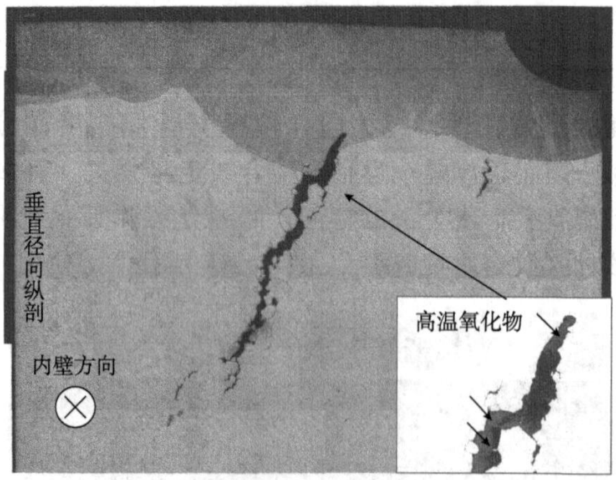

图 9　垂直径向的纵剖剖面金相

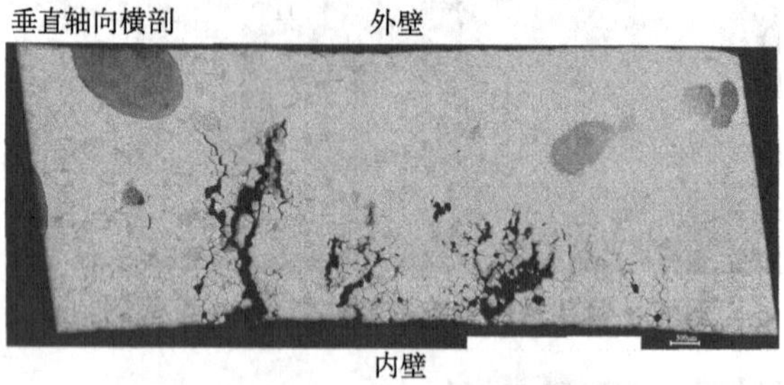

图 10　垂直轴向的纵剖剖面金相

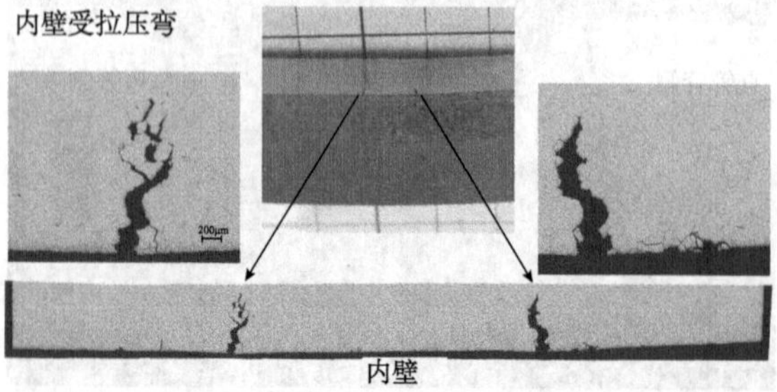

图 11　直管内壁受拉的内弯实验样品截面金相

对开裂管的直管、弯头和新管直管分别进行晶粒度分析，结果如图 12 所示。结果均满足 ASME BP Ⅷ A —2019 SA312 中 TP304H 晶粒度≤7 的要求。但分析中开裂直管的晶粒较新管和弯管明显粗大，为优先发生应力松弛开裂提供了条件。

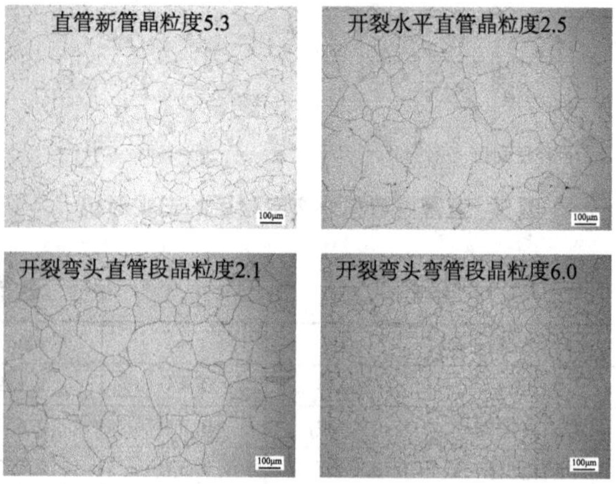

图 12　晶粒度分析结果

2.4　材料抗晶间腐蚀能力评估

图 13 给出了开裂弯头、开裂直管和直管新管样品的材料抗晶间腐蚀能力评估，采用 ASTM A262 A 方法(草酸电解法)进行筛选。结果认为，直管新管几乎没有敏化，而使用过的直管和弯头均发生了不同程度的敏化。从评级结果看，开裂的直管段的晶间腐蚀敏感性最高，弯头次之，直管新管不敏感。

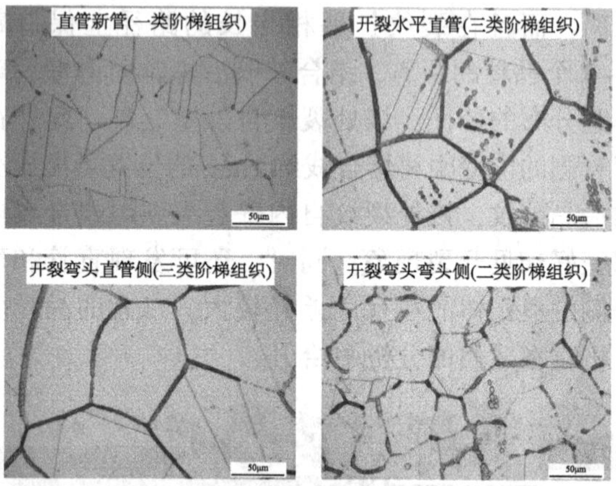

图 13　材料抗晶间腐蚀能力评估(ASTM A262 A 方法)

2.5　断口微观分析

图 14 为开裂弯头样品裂纹尖端灰白色区域的断口微观形貌，该处断口没有完全断开，因此沿晶断口的晶粒被没有完全断开的位置拉长。从晶粒表面或已开裂的晶界处均可见纤维状特征，符合应力松弛开裂的典型形貌，EDS 成分分析表明断口除金属固有的主要元素外，无其它腐蚀性介质元素。

图 15 为开裂弯头样品裂纹尖端锈蚀区域的断口微观形貌，可见断口完全呈现沿晶特征，而

且很多晶粒表面有膜状或颗粒状的腐蚀产物覆盖，EDS成分分析表明产物多出为氧化物，部分区域可发现残余的S元素。

图16为开裂弯头直管侧内壁点蚀坑形貌，可见点蚀坑内部呈现典型的沿晶腐蚀形貌，晶界覆盖有腐蚀产物，EDS成分分析表明产物多出为氧化物，部分区域可发现残余的S元素。

图17为开裂直裂纹断口的微观形貌，断口同样显示为沿晶开裂特征，晶界覆盖有腐蚀产物，EDS成分分析表明产物多出为氧化物，部分区域可发现残余的S元素。

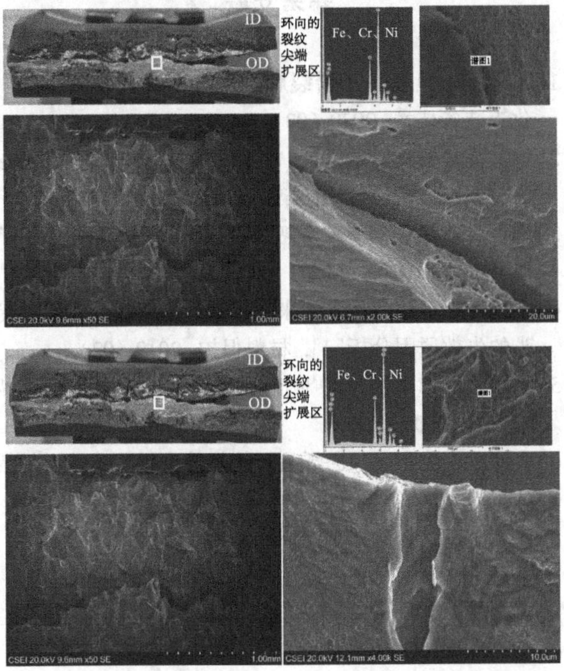

图14　弯头环焊缝裂纹尖端灰白色区域断口微观形貌

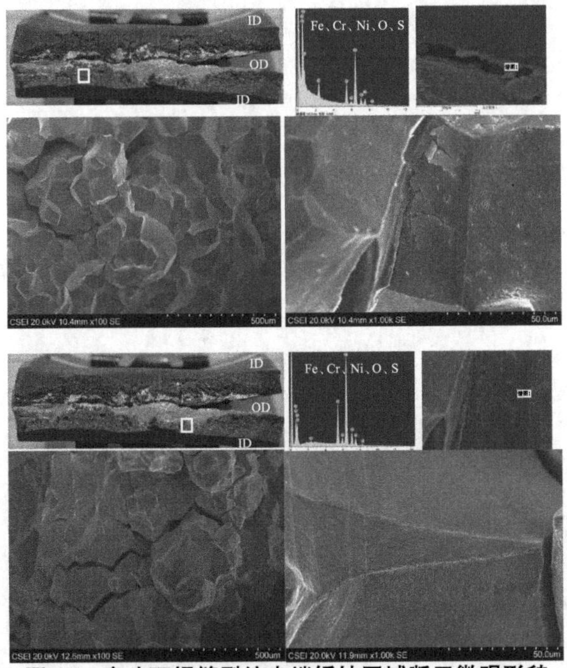

图15　弯头环焊缝裂纹尖端锈蚀区域断口微观形貌

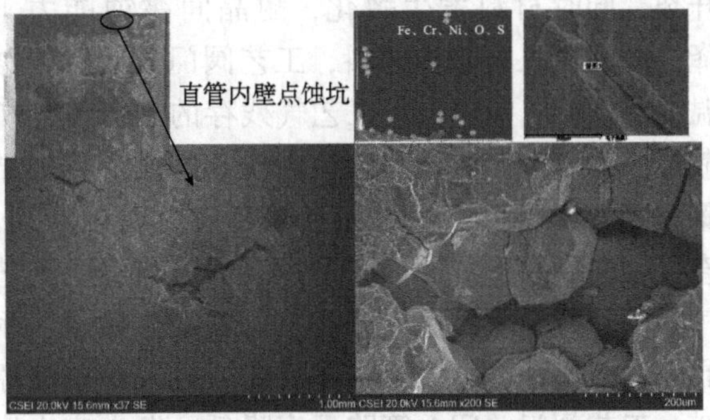

图16　开裂弯头直管侧内壁点蚀坑形貌

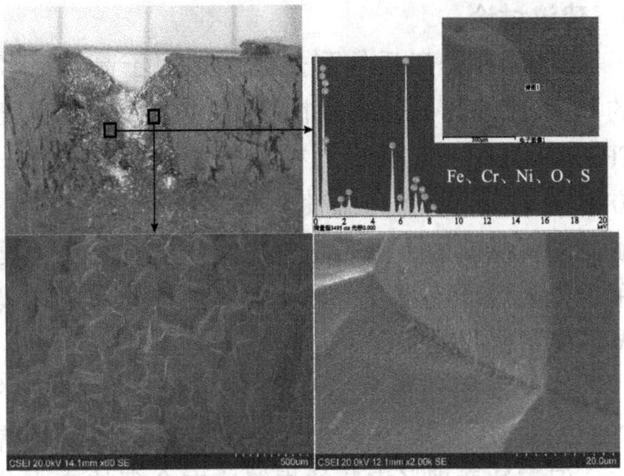

图17　开裂直管断口微观形貌

3　结论

应力腐蚀开裂(SCC)是材料或零件在应力和腐蚀环境的共同作用下引起的开裂现象。本案例中产品材料基本符合指标，弯管环缝裂纹的特征为：裂纹发生于环焊缝靠近直管侧的管体上，外壁形貌为严格沿焊趾环向分布，沿晶开裂；内壁形貌为距离焊趾1～5mm沿环向分布，裂纹有较明显的随机波动，沿晶开裂。裂纹尖端的微观断口靠近外壁侧具有应力松弛开裂特征，靠近内壁侧具有应力腐蚀开裂特征，EDS分析发现残余S元素。水平直管裂纹的特征为：裂纹在坡口处大体沿轴向分布，并与轴向呈随机角度，多个裂纹沿环向的分布没有规律，自内壁起裂向外壁沿晶扩展。裂纹微观断口具有应力腐蚀开裂特征，EDS分析发现残余S元素。弯管和直管内壁有流体流动过的痕迹，同时存在弥散分布的点蚀坑。开裂直管和弯头均发生了不同程度的敏化，而直管新管未敏化，材料抗晶间腐蚀能力随着高温使用发生了明显降低。

由以上试验结论可以推断弯管环缝裂纹形成原因：投入轻烃原料时，工艺气阀门打开，管路温度升高(不低于457℃)，在中高温环境＋管系热应力和焊接残余应力的作用下，首先在弯头与上游直管环缝沿处，沿环向西南角发生应力松弛开裂，同时材料发生敏化，耐晶间腐蚀能力下降；随后投入石脑油原料，工艺阀门关闭，管路温度降低(约 195℃)，工艺气残存的水蒸气与扩散至注气管上游的石脑油中的含 S 物质混合后结露，导致管内壁发生沿晶点蚀和应力腐蚀开裂。直管轴向裂纹形成原因：通入轻烃原料时，工艺气阀门打开，管路温度升高，材料发生敏化，耐晶间腐蚀腐蚀能力下降；随后随后投入石脑油原料，工艺阀门关闭，管路温度降低，发生应力腐蚀开裂。

4 建议讨论

TP304H 是奥氏体耐热钢，是用于高温环境的抗蠕变钢，所以为固溶态供货。固溶态 TP304H 具有一定的应力松弛开裂敏感性；另一方面在 425℃以上高温使用后，材料发生敏化，耐晶间腐蚀能力下降是正常规律。这种材料不适用于先高温环境服役，再在含腐蚀性介质的中低温环境下服役的工况。

建议采用整体预置的经焊后稳定化处理的 TP347/347H 二次注气管代替现有材料和现场焊接。但需注意现场安装的焊缝应在合理的应力分析后，选择应力较小的位置布置；选用带直边过度的弯头，将载荷苛刻的位置与环缝位置分开；根据支吊架弹簧的实际位移情况，管路整体的位移特征，结合弹簧的弹性系数等参数，委托计算管系应力，评估管系在运行时的真实应力水平，寻找进一步优化管系应力的可能；考虑对在弯头上焊接盲管的支撑结构进行优化或换用其它非焊接支吊结构，减轻或避免在输送管体上形成局部应力集中；运行时微开注气阀有利于使管道保持高温干燥状态，减轻或避免腐蚀。建议设计单位对二次注汽线进行设计改进。内容包括考虑注汽线的操作条件及要求、管线选材、管系应力核算、单管图、管线材料请购(材料表)、施工技术要求、操作要求等。

参考文献

[1]丁菊，朱旭晨．乙烯裂解炉 LMPH 管失效分析[J]．化工装备技术．2020 (03)

[2]谈文虎，杨飞，朱世豪．乙烯裂解炉对流段炉管破裂失效原因分析[J]．化学工程与装备．2017 (08)

[3]许可．乙烯裂解炉炉体密封问题分析及改进[J]．齐鲁石油化工．2022 (02)

[4]王立坤，王建伟，张云来，祝加轩，王波．不锈钢弯头的失效原因分析[J]．材料保护．2019 (02)

[5]陈孙艺．乙烯裂解炉对流段国产化制造技术[J]．锅炉技术．2005 (03)

[6]金沛斌，沈利民．乙烯裂解炉炉管失效形式及其原因分析研究进展[J]．化工机械．2016 (03)

气化炉激冷室内壁不锈钢堆焊裂纹原因分析

于海洋　宋　明　孙　超　商学欣　柳　旺　王汉奎

［国家市场监管重点实验室(特种设备安全与节能)，中国特种设备检测研究院，北京　100029］

摘　要：基于对气化炉内壁的宏观分析、化学成分分析、硬度检测、金相检验、断口形貌分析等检测分析结果，对气化炉内壁开裂进行了失效原因分析。对同一台气化炉内壁间隔约4年时间进行两次内壁裂纹分析。分析结果表明：首次发现的内壁气化炉内壁堆焊层裂纹为结晶裂纹，裂纹呈沿晶开裂；设备运行4年后，由金相和断口分析可见，部分裂纹从原始焊接结晶裂纹转为应力腐蚀裂纹发生穿晶扩展，断口能谱分析结果可见S和Cl元素。

关键词：气化炉；沿晶裂纹；结晶裂纹；应力腐蚀；穿晶裂纹

A Case Study of Cracks in Stainless Steel Surfacing Welding of the Gasifier Quenching Chamber Inner Wall

YU Haiyang, *SONG Ming*, *SUN Chao*, *SHANG Xuexin*, *LIU Wang*, *WANG Hankui*

(Key Laboratory of Special Equipment Safety and Energy-saving for State Market Regulation, China Special Equipment Inspection & Research Institute, Beijing 100029, China)

Abstract: Based on the macroscopic analysis, chemical composition analysis, hardness testing, metallographic examination, and fracture morphology analysis of the inner wall of the gasifier quenching chamber, the failure cause analysis of the gasifier inner wall cracking was carried out. Conduct two internal wall crack analyses on the same gasifier quenching chamber with an interval of approximately 4 years. The analysis results show that the cracks found for the first time in the inner wall welding layer of the gasifier are solidification cracks, and the cracks are intergranular cracks. After 4 years of operation, it can be seen from metallographic and fracture analysis that some cracks have transitioned from original weld solidification cracks to stress corrosion cracking and undergo transgranular propagation. The EDS analysis results show that S and Cl elements are present.

Key words: Gasifier; Intergranular cracks; Solidification crack; Stress corrosion cracking; Transgranular cracks

1　引言

我国是一个少油多煤的国家，随着国家对清洁能源支持力度的加大，煤气化技术越来越得到关注。煤气化过程是煤的一个热化学加工过程，它是以煤为原料，以氧气、水蒸汽作为氧化剂，在高温高压下通过化学反应将煤中的可燃部分转为可燃性气体的工艺过程，煤气化技术是煤炭高效、洁净综合利用的核心技术[1]。

煤气化炉作为煤气化的关键设备，主要由燃烧室和激冷室两部分组成。其工作原理就是高压氧气和水煤浆经烧嘴混合喷入气化炉燃烧室，在高温高压下生成一氧化碳、氢气、甲烷及二氧化碳、氮气、硫化氢、水等为主要成分的气态产物，及粗煤气，对于做化工原料用的煤气一般称为粗

作者简介：于海洋(1992—　)，男，本科，2014年毕业于北京石油化工学院，工程师。现就职于中国特种设备检测研究院，从事金相检验、特种设备失效分析工作。E-mail：499950889@qq.com

通信作者：王汉奎(1982—)，博士研究生，高级工程师，从事失效分析与微损测试研究工作。E-mail：dearwhk@foxmail.com

合成气。生成的高温粗煤气和熔渣一同进入气化炉激冷室中，经过水浴降温，熔渣受冷发生固化，进入锁斗的排渣系统中，粗煤气经过颗粒去除后进入洗涤工艺[2~4]。

本文对某煤化工企业在用7年，先后两次气化炉激冷室内壁堆焊层表面裂纹产生的原因进行分析，炉内压力为6.5MPa，炉壁材料为SA387 Gr.11，内壁堆焊材料为316L不锈钢，SA387 Gr.11与316L之间以309堆焊层过度，堆焊层厚度6mm，堆焊后进行690℃热处理。裂纹取样部位位于炉体中部裙摆区域，取样位置示意图见图1，内壁裂纹形貌见图2、图3，通过对内壁裂纹取样分析，希望对同类设备的安全稳定运行提供参考。

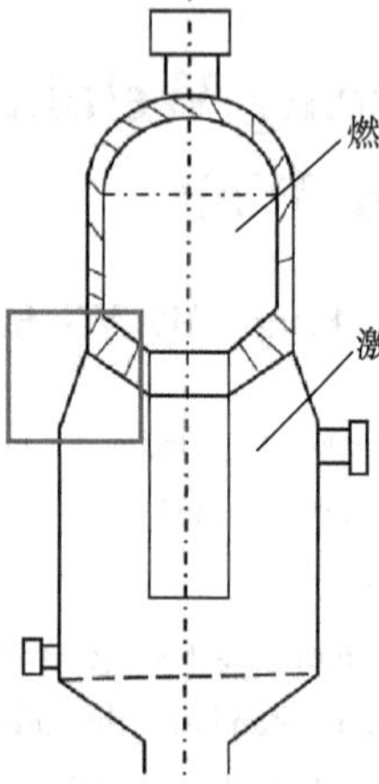

图1　气化炉结构示意图

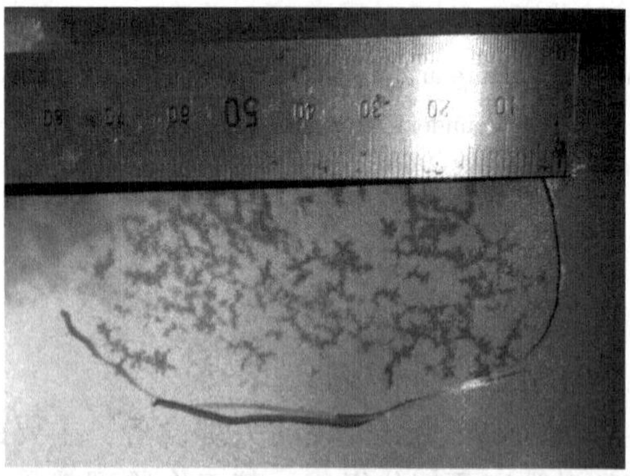

图2　内壁堆焊层裂纹(第1次)

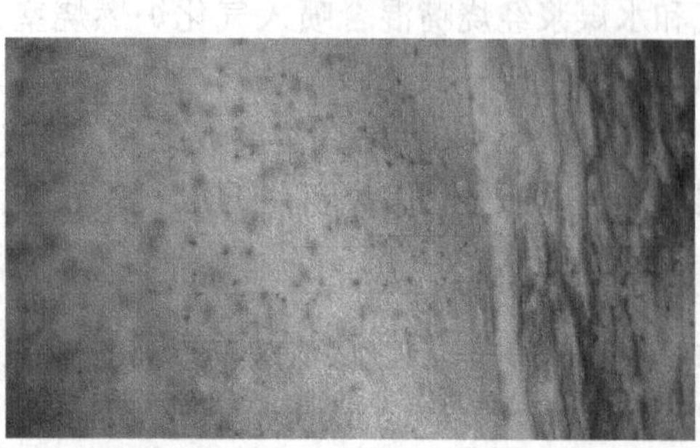

图3　激冷室内壁点蚀坑(第2次)

2　试验方法

在裂纹区域采用移动式金属试片取样装置对气化炉内壁不锈钢堆焊层进行微损取样，如图4所示。通过宏观观察，第1次内壁取样内壁裂纹走向无明显方向特征，第2次内壁取样内壁表面有大量点蚀坑。取样前对切割位置进行隔水处理，两次切割后的样品如图5所示，第1次取回的样件尺寸约为$50\times25\times4mm^3$，第2次取回的样件尺寸约$75\times25\times3.9mm^3$。

对取回的样品分别开展了化学成分分析，金相微观分析，断口分析、硬度分析等工作，其中化学成分利用SPECTROMAXx直读光谱仪依据GB/T 11170—2008《不锈钢 多元素含量的测定 火花放电原子发射光谱法(常规法)》[5]进行；裂纹断口利用EVO 10蔡司环境扫描电子显微镜进行断口观察和微区成分分析；金相制样方法参考GB/T 13298—2015《金属显微组织检验方法》[6]进行，浸蚀方法采用10%草酸电解，利用Imager A2m蔡司金相显微镜进行显微观察；利用NEMESIS 9103万能硬度计依据GB/T 4340.1—2009《金属材料 维氏硬度试验 第1部分：试验方法》[7]进行维氏硬度测试；通过上述分析，确定失效机理，并针对性的提出改进措施。

(a) 第1次

(b) 第2次

图4　移动式金属试片取样
(a：第1次；b：第2次)

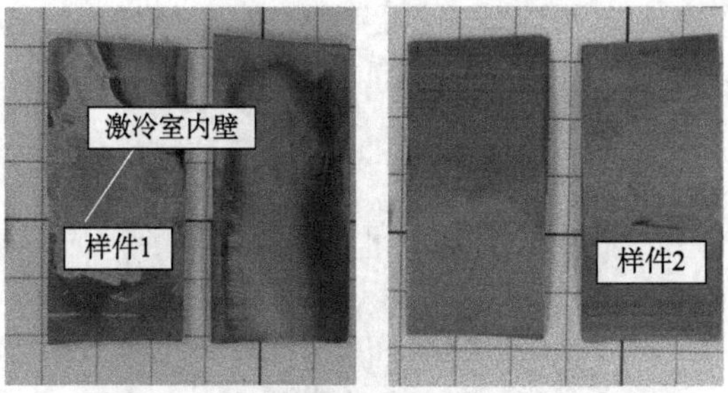

(a)第1次取样

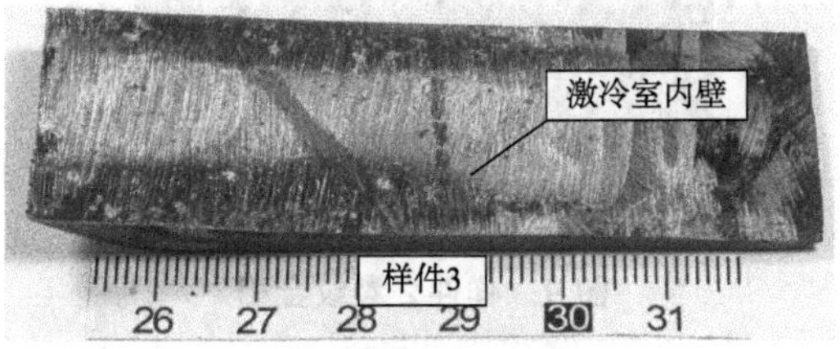

(b)第2次取样

图5　切割后的样品

（a：第1次取样；b：第2次取样）

3　试验结果

3.1　宏观观察

通过对两次取回的样品进行宏观观察，由图6可见，表面存在多条裂纹，裂纹走向无明显方向特征。第二次取回的样品表面有多处点蚀坑，表面未见明显裂纹，如图7所示。

图6　表面裂纹(第1次取样)

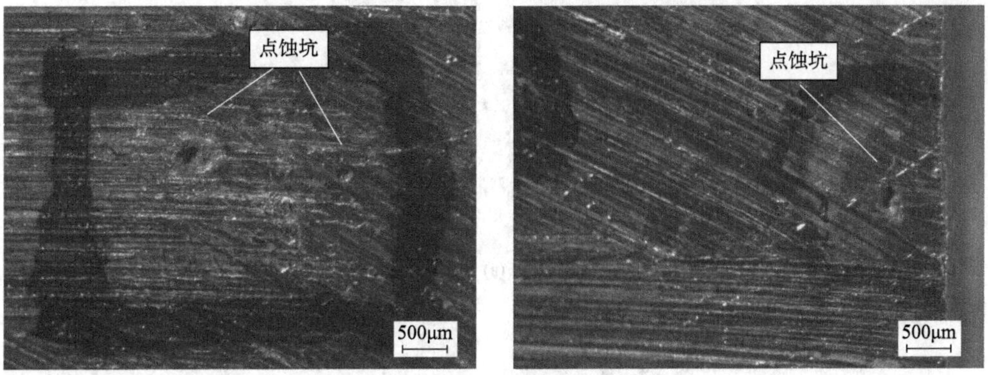

图7　表面点蚀坑(第2次取样)

3.2　化学成分分析

依据GB/T 11170—2008《不锈钢 多元素含量的测定 火花放电原子发射光谱法(常规法)》对堆焊层进行化学成分分析，结果见表1。堆焊层化学成分基本接近316L化学成分。

表1　内壁堆焊层化学成分　　%(质量分数)

化学元素	C	Si	Mn	P	S	Cr	Ni	Mo
第1次	0.034	0.71	1.44	0.023	0.006	18.57	12.15	2.30
第2次	0.037	0.63	1.25	0.026	0.004	17.30	11.26	2.78

3.3　金相分析

从取回的样品上截取试样进行金相观察。样品经镶嵌、打磨、抛光、10%草酸电解浸蚀后，前后两次的金相组织如图8~图10所示。第1次取回的样件1样品中有3条裂纹，两条浅裂纹深度约0.1~0.2mm，中间深裂纹的深度约1mm。样件2也有若干条裂纹，最深处的裂纹约3mm，其余较浅的裂纹深度不足1mm。裂纹主体沿枝晶生长方向分布，如图8、图9所示。裂纹未扩展至母材。

对第2次取回的样品进行金相观察，裂纹有3种形态，一种是沿枝晶开裂，且不都是互相连通的裂纹，如图10(a)；另一种起始为沿枝晶开裂，但在裂纹尖端位置观察到裂纹发生穿晶扩展，且分叉，符合应力腐蚀开裂特征，说明裂纹开裂机制发生改变，由沿晶开裂，转变为应力腐蚀开裂，如所示图10(b)和(c)；第三种裂纹为穿奥氏体相开裂，呈树枝状，为典型的应力腐蚀开裂特征，如图10(d)和(e)所示。此金相试样上发现的裂纹长度不足1mm，裂纹未扩展至母材。

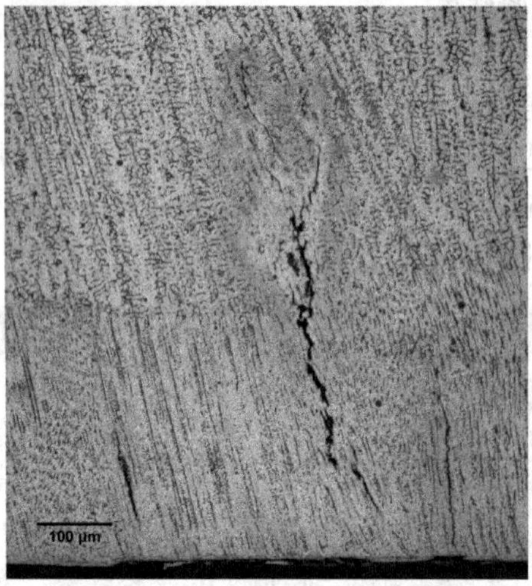

图 8　样件 1 裂纹金相

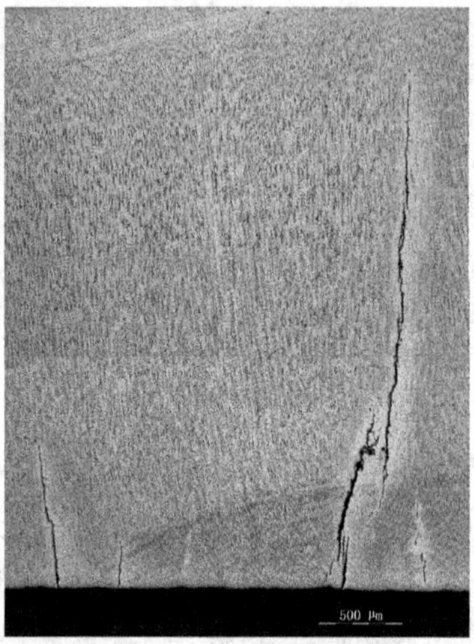

图 9　样件 2 裂纹金相

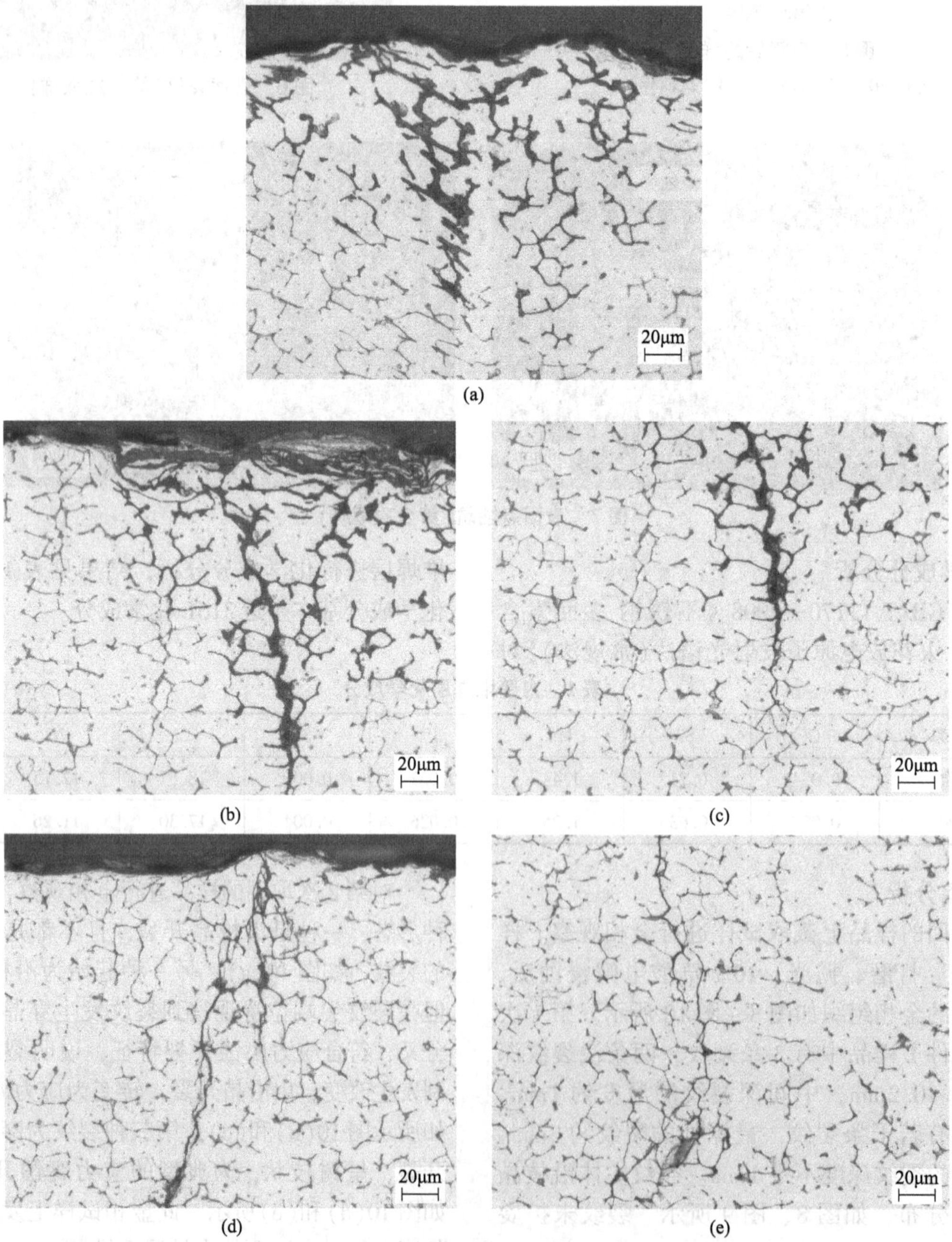

图 10　样件 3 裂纹金相

3.4 断口分析

利用弯曲试验机将两次取回的样品裂纹打开，内壁表面作为受拉面进行弯曲，裂纹原始断口观察，原始断口呈黑褐色，经过弯曲后打开的新鲜断口呈灰色，原始裂纹断口整体呈无塑性，断口宏观形貌如图 11 所示。将断口放入扫描电镜下进行微观观察，样品 1 裂纹主体可见明显的沿胞状树枝晶开裂形貌特征，如图 12 所示。样品 3 位置 1 断口靠近表面位置部分断口可见沿树枝晶开裂特征，断口可见二次裂纹；靠近裂纹前端，裂纹为穿晶开裂，微观形貌见图 13。观察样品 3 断口位置 2 发现，原始裂纹主体可见明显沿胞状树枝晶开裂特征，微观形貌见图 14。

(a)样品1

(b)样品3位置1　　(c)样品3位置2

图 11　宏观断口形貌

（a：样品 1；b：样品 3 位置 1；c：样品 3 位置 2）

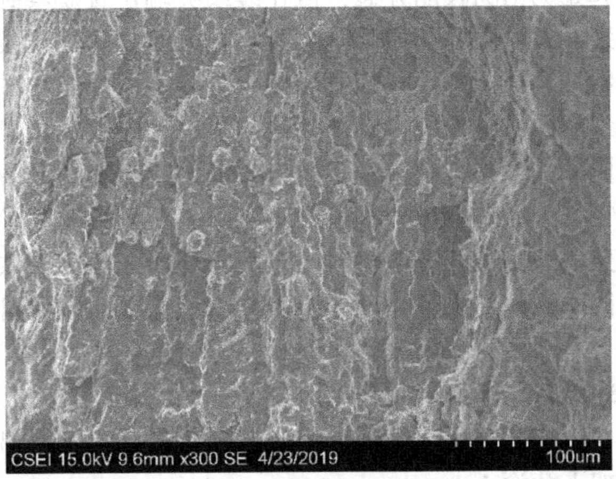

图 12　样品 1 断口微观形貌

3.5 能谱分析

对样品 3 位置 1 断口裂纹尖端位置进行能谱分析，断口能谱分析结果显示，主要含有 C、O、Fe、Cr、Ni、Si、S、Cl 等元素，在裂纹尖端发现了 Cl 元素，Cl 来源于炉内介质，元素分析结果见图 15。样品 1 裂纹尖端能谱分析未发现 Cl 元素。

3.6 硬度试验

依据 GB/T 4340.1—2009《金属材料 维氏硬度试验 第 1 部分：试验方法》，利用万能维氏硬度计在样品 3 金相试样上进行硬度测试，测试结果在 186HV10 ~ 189HV10 之间，结果未发现异常。

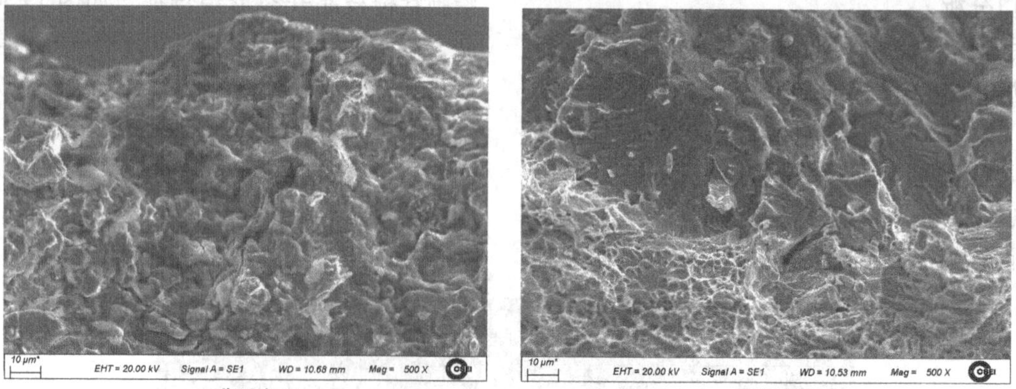

(a)靠近表面 (b)裂纹尖端

图 13　样品 3 位置 1 断口微观形貌

（a：靠近表面；b：裂纹尖端）

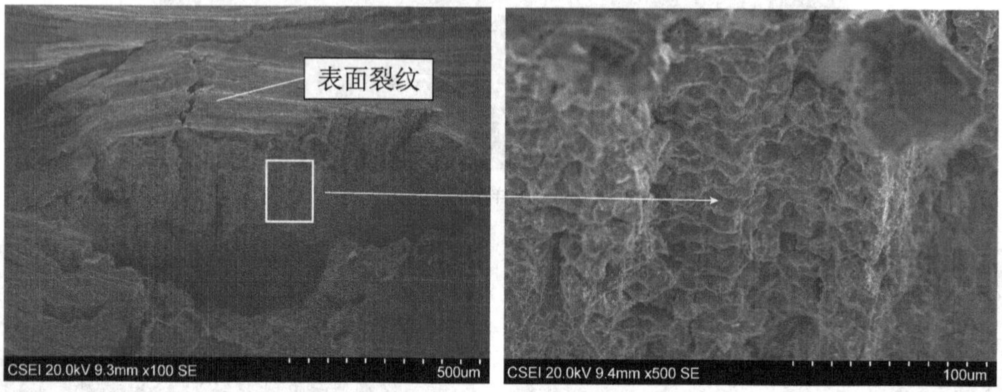

图 14　样品 3 位置 2 断口微观形貌

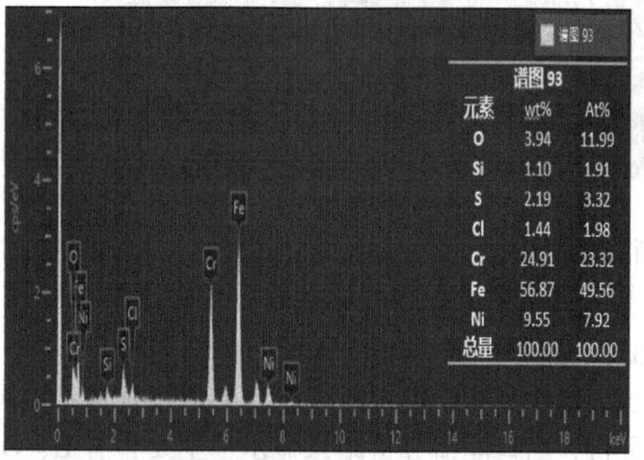

图 15　位置 1 裂纹尖端位置能谱分析结果

4　综合分析

经过两次取样对比分析，堆焊层化学成分与 316L 接近。两次取样都发现了多条裂纹，裂纹深浅不一，裂纹无塑性，裂纹未扩展至母材。第 1 次取回的样品裂纹断口呈明显沿胞状树枝晶晶界开裂特征，裂纹尖端能谱分析未发现氯元素。综合分析认为该裂纹符合焊缝结晶裂纹特征。结晶裂纹由凝固结晶后期胞状晶或柱状晶界面处液态薄膜在冷却收缩应力作用下开裂而又得不到液体补充而形成[8]。化学成分、晶粒尺寸、相组成、应力和应变大小、焊接工艺等因素影响结晶裂纹倾向。降低 C、S、P 元素含量，细化晶粒如添加 Ti、Zr 等元素，适当增加铁素体含量，减小应力和应变，选择适当焊接工艺能在一定程度上减小结晶裂纹倾向。

第 2 次取回的样品裂纹有三种形态，一种是沿树枝晶开裂，且很多不是互相连通的，另一种起始为沿树枝晶开裂，但在裂纹尖端位置观察到裂纹发生穿晶扩展，且分叉，符合应力腐蚀开裂特征，说明裂纹开裂机制发生改变，由焊缝结晶裂纹，转变为应力腐蚀开裂；第三种裂纹为穿奥氏体相开裂，呈树枝状，为典型的应力腐蚀开裂特征，断口能谱分析结果发现了 Cl 元素，材料导致应力腐蚀开裂是材料、应力与环境三个因素共同作用的结果，综合分析后判断该树枝状裂纹符合 Cl 离子应力腐蚀裂纹。

5　结论与建议

综合宏观观察、金相分析、断口分析等得出如下结论：

(1)通过两次取样对比发现，第一次取回的气化炉内壁堆焊层样品裂纹无塑性，裂纹主体沿胞状树枝晶截面开裂，为焊接结晶裂纹。

（2）第二次取回的样品裂纹总共有三种构成，一种是原始焊接结晶裂纹，第二种裂纹是在原始结晶裂纹处发生扩展，转变为应力腐蚀裂纹，第三种是应力腐蚀裂纹，裂纹呈树枝状；结合断口形貌以及断口尖端发现了 Cl 元素，判断此树枝状裂纹为 Cl 离子引起的应力腐蚀裂纹。

建议：

（1）考虑第二次取回的裂纹较浅，可对裂纹进行打磨后补焊，打磨后需再次进行无损检测，确保补焊前将表面的腐蚀坑与裂纹清除干净。从有限的结果来看，裂纹扩展速率小于 250μm 每年，可按正常检验周期进行排查。

（2）补焊应选择适当的焊接工艺和杂质元素低的堆焊材料，以减小焊接结晶裂纹倾向。停炉期间重点对同一个位置的补焊区域进行检测，是否重新出现裂纹。

（3）从源头控制煤的质量，尽可能选用低杂质含量的煤，以及激冷水中 Cl、S 等离子含量。建议检测煤的质量，排查是否换过煤种，检测激冷水中 Cl、S 含量是否有波动。

参考文献

[1]高节，张斌．德士古汽化炉激冷室堆焊层裂纹原因及应对措施[J]．中国特种设备安全，2023，39(2)：92－96.

[2]惠进财，冯晓刚，韩贯凯，等．浅谈气化炉激冷室内表面堆焊层裂纹形成原因及预防[J]．中国特种设备安全，2021，37(9)：42～45.

[3]王强．气化炉激冷室开裂原因分析及预防措施研究[J]．山西化工，2023，43(7)：113－114.

[4]陈高俊，王芳芳，张保中．气化炉失效机理研究及预防[J]．管道技术与设备，2021，000(003)：46－48.

[5]GB/T 11170—2008《不锈钢 多元素含量的测定 火花放电原子发射光谱法(常规法)》[S]

[6]GB/T 13298—2015《金属显微组织检验方法》[S]

[7]GB/T 4340.1—2009《金属材料 维氏硬度试验 第 1 部分：试验方法》[S]

[8]Lippold J C，Kotecki D J 著，陈剑红译．不锈钢焊接冶金学及焊接性[M]．北京：机械工业出版社，2008.

石化装置用奥氏体不锈钢 TIG 焊接钢管焊接质量控制要素

孙明辉[1]

(福建省特种设备检验研究院，福建 350028)

摘 要：随着焊接技术的快速发展，在石化装置中不锈钢焊接钢管的应用越来越广泛，但对焊接质量的研究和控制始终是一个很重要的工作。本文以采用 TIG 焊的奥氏体不锈钢焊接钢管的焊接质量控制要素分析为例，对焊接钢管生产过程中各环节对焊接质量影响因素进行分析、研究与总结，为不锈钢焊接钢管制造和使用提供一些技术支撑。

关键词：焊接钢管；奥氏体不锈钢；TIG 焊；质量控制要素；石化装置

Factors for Quality Control of TIG Welding Steel Pipes with Austenitic Stainless Steel in Petrochemical Plants

SUN Minghui[1]

(Fujian Special Equipment Inspection and Research Institute, Fujian 350028, China)

Abstract: With the rapid development of welding technology, the application of stainless steel welded pipes in petrochemical plants is becoming more and more widespread, but research and control of welding quality have always been important tasks. Taking the example of the analysis of the welding quality control elements of austenitic stainless steel welded pipes using the TIG welding method, this paper analyzes, studies, and summarizes the factors influencing the welding quality at various stages of the welding pipe production process, providing some technical support for the manufacturing and use of stainless steel welded pipes

Key words: Welded steel pipe; Austenitic stainless steel; TIG welding; Quality control elements; Petrochemical equipment.

1 引言

焊接钢管较无缝钢管具有生产效率高、生产过程能耗低、性价比高等优势，因此在保障产品质量的前提下，合理采用焊接钢管代替无缝钢管已经在很多应用领域成为主要趋势。不过长期以来因焊接钢管产品质量受到焊接工艺、焊接材料、焊后处理等多种因素的影响，因此在高参数、复杂服役环境、恶劣工况以及高危介质中的使用都会受到限制。随着焊接技术的快速发展和相关研究的深入，焊接钢管的焊接质量进一步提高使之应用越来越广泛。同时随着 GB/T 20801—2020《压力管道规范 - 工业管道》、GB/T 12771—2019《流体输送用不锈钢焊接钢管》、GB/T 21832—2018《奥氏体 - 铁素体型双相不锈钢焊接钢管》、GB/T 37577—2019《低温管道用大直径焊接钢管》及 GB/T 32964—2016《液化天然气用不锈钢焊接钢管》等各项国家标准的发布实施也进一步扩大了焊接钢管的适用范围和应用领域。

奥氏体不锈钢管线因其具有强度高、塑韧性好、防腐性能好，在石油化工领域获得了广泛应用。在 1992 年发布的化工行业标准 HG/T - 20537 系列标准中就对化工装置用的奥氏体不锈钢焊接钢管的选用规定、换热器用焊管、不锈钢焊接钢管都提出了细致的技术要求，其中《化工

作者简介：孙明辉(1984—)，工程师，主要从事焊接工艺开发、焊接培训、焊接检验及焊接标准制修订工作。E - mail：huihurry18@ 163. com

装置用奥氏体不锈钢大口径焊接钢管技术要求》中还对直径和壁厚较大的焊接钢管做了补充规定。石化装置用的焊接钢管如果仅满足国家和行业标准的要求是不能够满足用户使用需求的，因此需要根据实际需求签订订货技术条件。不锈钢焊管的选用是设计单位及建设单位不断研究的课题，既要大胆采用又应慎重对待。在设计选用时应严格按照相关设计规范对使用范围的规定要求并在计算时适当考虑对安全系数的放大。具体采购说明中根据使用的具体条件明确各标准中未能详尽说明的技术要求及部分可选项、特殊技术要求保证焊管的到货质量及工程的整体质量[1]。

另外相关法规也对焊接钢管的检验做了详细的规定，如根据《压力管道监督检验规则》(TSG D7006—2020)中规定，满足特种设备中压力管道元件定义的埋弧焊制造的焊接钢管还需要制造监督检验。根据目前实际应用情况来看，焊接钢管的产品质量仍存在良莠不齐的现状，各家生产厂商都有自己的产品质量控制体系，但一般都是生产制造企业根据客户需求量身定制，且多数都未形成标准。因此其产品质量一直都是各方关注的重点，只有提高其产品质量尤其是焊接质量才是其进一步应用推广的重要基础。

2　石化装置用TIG焊奥氏体不锈钢焊接钢管焊接质量控制要素研究

常用于石化装置的不锈钢焊接钢管的材料一般主要为奥氏体不锈钢、铁素体不锈钢和双相不锈钢；常用的焊接方法包括埋弧焊、氩弧焊、等离子弧焊、高频焊、激光焊以及以上焊接方法的组合焊等；按是否填充焊接材料又分为自熔焊和填丝焊；保护气的种类又分为氩气、氦气、二氧化碳、氩＋二氧化碳混合气、氩＋氢混合气、氩＋氮混合气等；按焊接制造方式又分单面焊或者双面焊；再加上检测比例和检测方法的不同又可进一步划分。因此本文仅对采用钨极惰性气体保护焊制造的奥氏体不锈钢焊接钢管焊接质量控制要素进行分析。

石化装置用的焊接钢管的制造流程包括一般材料订货→来料检验→切割下料→卷板成形→装配合缝→焊接→无损检测→固溶处理→矫正及加工→酸洗→检验→包装等环节。相较于普通环境下使用的焊接钢管，增加了固溶、酸洗等工艺，同时也增加了如晶间腐蚀等检验项目，每个环节都可能涉及产品焊接质量，或者对焊接接头造成二次破坏，因此对质量控制要素的研究就十分重要。

2.1　原材料

不锈钢焊接钢管的原材料对焊接质量的影响因素极为关键。以最常用的奥氏体不锈钢S30408(06Cr19Ni10)为例，国家标准中一般规定的化学成分见表1，但如此宽泛的范围并不能保障各钢厂的产品都有一致的力学性能。如为了追求更高性价比可能会降低贵重金属如Ni、Cr的含量、因冶炼技术或者冶炼成本的影响可能有相对较高的S、P含量或因原材料的影响可能残留一些如Co之类的微量元素，每一种元素的含量及组合都可能对焊接质量产生不可忽视的影响。因此在原材料订货时应该根据实际使用情况规定更严格的化学成分要求。太钢钢管王伯文[2]在讲到不锈钢焊接钢管质量控制中的不锈钢冶炼阶段，需要制定了炼钢过程操作规程，详细规定了每个工序的成分控制范围，针对每一个冶炼工序在进站、炉中和出站分别进行分析，保证成分稳定性，满足标准和内控的要求，其中的内控要求就是核心技术。

表1　S30408化学成分　%(质量分数)

成分	C	Si	Mn	P	S	Ni	Cr
质量分数	≤0.08	≤1.00	≤2.00	≤0.040	≤0.030	8.00~11.00	18.00~20.00

另外原材料的轧制工艺、热处理工艺、产品尺寸、储存方式等因素都对焊接质量有所影响。如轧制的变形量和速度对材料的晶粒度产生重大的影响，进而影响到焊接应力及接头力学性能；而有效热处理工艺可以有效改善组织均匀性和晶粒度，同时还能有效地消除轧制过程中产生的残余应力，改善材料的可焊性；同时为了减少材料加工过程的损耗而定制尺寸余量过小的原材料，进而导致焊接时选取的坡口过大从而影响焊接接头性能；最后原材料的储存方面的因素主要是储存不当造成的原材料污染，如与碳钢材料混放或用碳钢材料做成的货架堆放等。

2.2　焊前处理

不锈钢焊接钢管前期加工一般包含切割下料、卷板成型、装配和缝等环节，各环节都可能会对接下来的焊接工作带来不利的影响，有些影响是在过程检验中不被发现的，甚至有些影响甚至在后续工序中无法消除。

如图 1 所示，在某壁厚为 13mm、外径为 2438mm 的 S31613 不锈钢焊接钢管出厂验收时发现该管存在一个长度为 100mm 管段。如果该产品出厂后在现场对接焊时两个热影响区的叠加会降低焊接接头的强度，不满足《工业金属管道工程施工规范》中关于“直管段上两对接焊口中心面间的距离，当公称尺寸大于或等于 150mm 时，不应小于 150mm”的规定。经调查分析下料时仅考虑到制造时两对接焊口之间的间隙，未考虑到现场安装时还需焊接时的情况，因此制造厂需要花费大量的成本对此管道进行返修，且由于径厚比大导致返修难度极大。

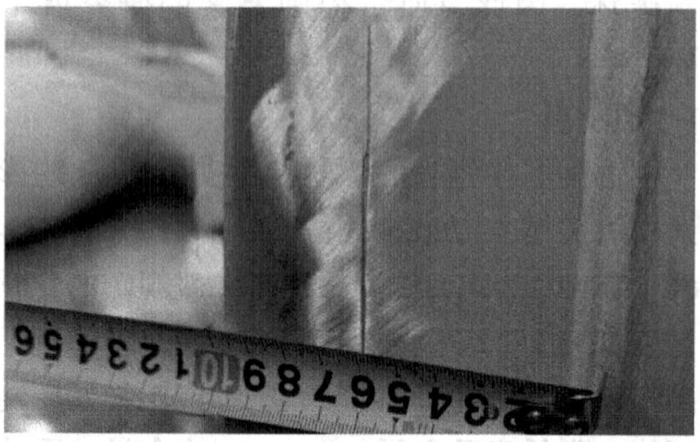

图 1　由于下料时考虑不周导致的管段过短

切割下料时除了切割的精度、角度等给接头装配带来的不利影响外，切割方法的不同也可能会带来氧化、铁素体含量上升、热应力累积等问题，同时对于耐腐蚀性能要求较高的管道即使采用冷加工的方式以减少热输入量，但同时还要考虑是否采用切削液以及切削液的种类以减少对材料后续焊接带来的不利影响。因此根据实际产品技术条件和订货要求选择合适的切割方式也是至关重要的，对于一些技术能力不足的制造厂，此项工作也是最容易被忽略的。

卷板成形过程如果工艺参数如成形压力、速度、工具材质和形状等选择不当，可能会造成卷板后的材料性能。如因加工变形过大导致的冷作硬化就会给焊接接头增加焊接应力导致开裂甚至是使用环节的应力腐蚀开裂。根据张刘伟等人的研究，奥氏体不锈钢冷成形后硬度和铁素体含量超标可能引起直接开裂、耐氯离子应力腐蚀性能降低、冲击韧性减低等危害[3]，尤其是后两者是在制造过程中不易被发现的，如果验收时无应力腐蚀试验和低温冲击试验的要求再叠加上焊接带来的不利影响，不利因素将直接流入使用环节。

装配和缝环节中对焊接质量影响最大的因素就是强力拉伸组对和定位焊缝焊接质量不合格。强力拉伸组对会给接头引入极大的预应力，进一步增大焊接过程中的整体应力水平。如图 2 所示，某焊接钢管 T 型焊缝在横焊缝中心出现裂纹，经研究分析该处裂纹应该是和缝组对时进行强力拉伸且处于焊缝收弧的位置，此处熔池在凝固时中心位置的出现材料偏析现象产生低熔点共晶物。但未发现明显的开裂现象。后与另外一个管段组合焊接时，受到环缝焊接时产生的温度场的影响，焊缝中心低熔点共晶物经再次加热产生熔化现象加上焊接残余应力的叠加，导致此处裂纹的产生。

图 2　焊接钢管 T 字焊缝的裂纹

另外很重要的一点，对定位焊缝重要性认识不到位，导致对定位焊缝质量的管控往往会不到位甚至忽视。根据受力分析和工程实践经验表明定位焊缝的不但要承受焊接过程中的热应力的拉扯还可能将本身的缺陷引入到后续焊缝中。如图 3 所示的根部缺陷，就是因为定位焊缝质量不合格，导致定位焊缝未被后续焊缝完全熔合产生了根部缺陷，且直接影响后续焊缝质量。另外定位焊缝的质量缺陷如果不能及时发现，往往会直接流入下道工序直至无损检测甚至是出厂验收时才发现，导致返修成本上升扩大损失，因此要在此合缝装配及焊接定位环节应加强质量控制，制定完善的作业指导书并严格执行。

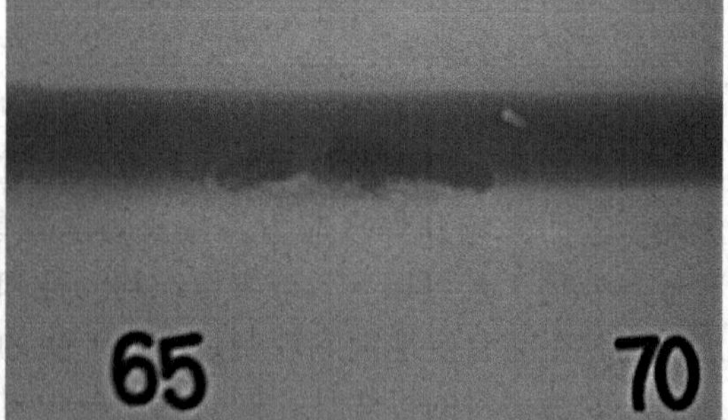

图 3　因定位焊缝质量不过关引起的根部缺陷

2.3 焊接

不锈钢焊接钢管焊接质量控制不仅要考虑到配套的操作人员、焊接材料、焊接设备、焊接工艺、焊接环境，还与焊接过程中的焊工自查、检验员复验、第三方抽查等检验检测等因素息息相关，也就是质量管理中常用的“人”“机”“料”“法”“环”“测”等六大要素。

焊工作为焊接的实施者以及焊接工艺的执行者，其技能和素质对焊接质量的影响很大[4]。人员因素受制于各种因素的影响，因此是整个焊接质量控制中变量最多且最难控制的要素，因此在焊接过程中尽量采取自动化程度高的设备以减少人为因素的影响，同时焊工要定期进行关于质量、技术、安全方面的培训以便从“人”的环节得到有效的焊接质量提升。

焊接材料的选择一般要考虑到化学成分、冶金性能、焊后组织、对熔池的保护、储存保管等因素，如焊接304不锈钢时，一般采取合金含量更高的ER308焊丝以减少焊接过程中的合金烧损带来的负面影响，如用于晶间腐蚀环境时就要优先考虑镍含量较高的焊丝进行焊接，保证焊接过程中促奥氏体化的镍元素能够充分扩散与聚集，减少甚至抑制了有害相的析出，可以有效地保证焊接接头的抗晶间腐蚀能力[5]。同时还要综合考虑其性价比，如果能够满足焊接质量要求的前提下，一般会选择价格更低的焊接材料。

焊接电源的稳定性和精准性，焊接设备的智能化程度、辅助工装的适应性、保护气罩的形式等都是焊接设备对焊接质量的影响。好的设备对焊接质量的提升起到至关重要的作用，不但会影响焊缝成型、焊后颜色、焊接效率、焊接能耗，甚至直接到接头理化性能。其中容易被忽视的就是气体保护罩的形式跟焊接速度和热输入量息息相关，而不是一个保护罩就能适用在各种焊接工艺中。

焊接工艺参数对焊接质量的影响因素非常多，其中最重要的影响因素应当是热输入量，高热输入容易严重烧损熔合区组织中的Cr、Ni，相对来说热输入较小的焊接接头具有较好的拉伸性能[6]。另外对于一些含N的不锈钢来说，随着焊接热输入的增加，焊接接头的冲击吸收能量逐步降低。这是因为热输入的增加加剧了焊缝中N元素的烧损，导致焊接接头中氮的贫乏，致使这些区域的奥氏体稳定性大大降低，从而降低了焊接接头的冲击吸收能量[7]。

在钢管焊接时由于多数采用自动化程度较高的焊接设备，但由于设备本身并未大规模采用焊缝追踪以及智能调整等技术，因此焊接过程中需要焊接操作者实时跟踪焊缝是否偏移以及是否出现焊瘤、焊穿等缺陷。对于规格较大的焊接钢管，因下料、加工、装配及设备卡具等因素影响也可能导致焊枪与焊缝之间的角度发生偏移，如果不及时调整就会形成如图4所示的单侧内咬边及未焊满的情况。针对以上情况，一般要求此类焊接设备应配置实时摄像功能，且摄像头需要在熔池前方足够的位置，以便给予操作者通过观察熔池的位置和焊缝的走向及时远程改变焊枪位置和形态。另外目前先进的焊接设备已经具备了焊缝追踪和智能调节的功能，设备的进一步发展也将更有利于焊接钢管的质量提升。

图4　因表面焊接过程中未及时调整角度造成的缺陷

另外焊接过程中的引(收)弧板的作用虽然制造厂都已经认识到并按规定采用，但对于其安装质量的控制往往只是控制在是否安装，尺寸是否达标等，从而忽视其安装质量对于焊接质量带来的不利影响。如图5所示，某焊接钢管起弧处发现大量气孔，一开始进行质量分析时都普遍认为保护气保护不到位或者坡口两侧清理不到位等因素。经调取加工流转卡及现场实物核查，发现该钢管的起弧板与钢管间仅在焊缝位置有紧密连接，其余位置仍存在2～4mm左右的间隙。经研究分析认为，因引弧板与母材间有效接触面积不足，且缝隙间的空气是热的不良导体影响温度的传递，因温度不足或不能传导至工件导致钢管端口处熔池温度不足，气体来不及逸出就被凝固的熔池困在焊缝中导致密集气孔的产生。

在奥氏体不锈钢的焊接过程中还应当注意因焊接引起的铁素体组织出现，虽然少量的铁素体有利于改善焊接时的抗裂能力，最佳含量一般为3%～8%左右，过高的铁素体含量会改变焊缝的组织成分，降低焊缝的物理性能，对于焊缝的耐蚀性能也有较大的影响[8]。在制造奥氏体不锈钢焊接钢管时一般应配置磁性法便携仪铁素体测量仪，用于快速检测焊接接头中铁素体的含量。对于铁素体含量超标的产品一般可以通过固溶处理降低含量，但对于没有固溶处理要求的产品不建议通过固溶处理来降低铁素体含量，应在焊接过程中采取相应措施予以控制。

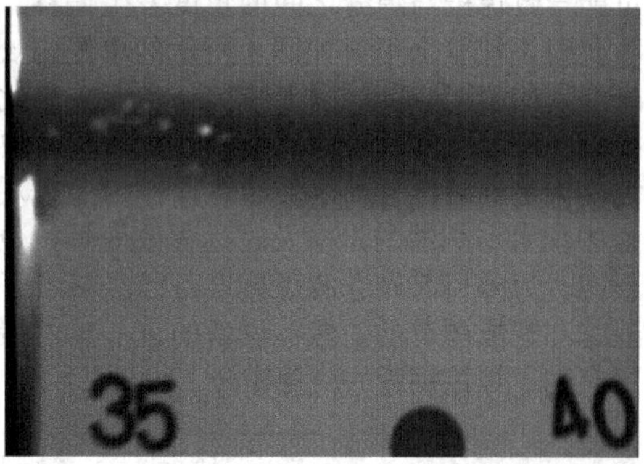

图5 因引弧板不合格及初始热量不足引起的密集气孔

保护气的种类对焊接质量影响也不容忽视，不同的保护气成分对焊接电弧、熔池、成型、组织和性能都有影响。如以氩气+氮气的混合气作为保护气时随着氮气添加降低了铁素体含量，导致焊缝组织平均硬度下降且使奥氏体晶粒尺寸有所减小[9]，但同时就对焊缝的成型产生不利的影响。

2.4 焊接后

奥氏体不锈钢焊接钢管焊接后一般应进行无损检测、返修、固溶处理、尺寸矫正及加工、酸洗钝化、检验及水压试验等工序。其中返修的技术要求要比焊接过程要求更加严格，需严格按照技术规程及返修技术文件进行，如多次返修会导致热影响区中过热区的晶粒多次受热而长大进而造成力学性能下降，同时多次返修还可能增加焊缝中铁素含量、产生更多残余应力等。

固溶处理的主要目的在于将在焊接过程中产生的碳化物能够重新溶解于奥氏体中，以达到消除贫铬区的目的进而减少晶间腐蚀发生的概率。奥氏体不锈钢的固溶处理的过程是一般将焊接接头加热至1050~1100℃，通过保温一段时间让析出的碳铬化合物分解重新溶入奥氏体中，然后急冷得到稳定的奥氏体组织。对于不锈钢焊接钢管的固溶经常要考虑的因素包括厚壁管的温度均匀性问题和薄壁管的因整体强度下降导致的如图6所示的塌陷变形问题。同时如果前几道工序中因机加工、吊装、检测造成的表面污染应在固溶前清理完成，否则固溶后再经酸洗后将在表面形成深浅不一的痕迹，甚至可能影响到酸洗效果造成钝化膜不完善及过度腐蚀的情况。

酸洗钝化是焊接钢管质量控制的重要环节，合理的酸洗工艺不但能消除焊接过程中带来的不利影响，如消除氧化物使焊接接头更加平整光滑，有利于减少有害物的聚集，提高焊接质量。但同时酸洗工艺控制不到位，可能导致酸洗过度的情况，甚至会在焊接缺欠处产生点腐蚀的情况。因此焊接与酸洗两者是相辅相成的工艺，好的焊接质量可以保障更好的酸洗效果，好的酸洗工艺也可以去除因保护不良造成的表面氧化层。

图6 薄壁管固溶处理时整体变形问题

3 结语

(1)对于石化装置用奥氏体不锈钢焊接钢管来说，因使用工况、输送介质的不同对于焊接质量要求也不尽相同，因此此类钢管一般应根据实际需求定制相应的技术要求，而非仅满足国家标准的底线。

(2)影响奥氏体不锈钢焊接钢管焊接质量的因素虽然很多，但并不是每个环节都要投入大量的成本去控制，要根据产品的实际订货需求采取合理的质量控制手段。

(3)奥氏体不锈钢钢管的焊接质量的影响因素几乎贯穿了整个生产过程，但相关质量控制技术几乎都被各家制造厂视为核心技术作为其产品的核心竞争力。

参考文献

[1]张凤魁．化工工程项目建设中不锈钢焊管的选用．化工设备与管理，2008(4)：52-54.

[2]王伯文．高等级流体输送用不锈钢焊接钢管质量控制研究．钢管，2024(4)：53-58.

[3]张刘伟，崔金涛等．冷成形奥氏体不锈钢封头硬度和铁素体含量超标及异种钢焊接裂纹案例分析．设备监理，2024(1)：15-19.

[4]曹晓春，晋婷．通过有效的焊工管理提高焊接质量．工程焊接，2008(2)：10-13.

[5]方乃文，黄瑞声，杨义成等．填充金属对08Cr19MnNi3Cu2N低镍含氮奥氏体不锈钢MAG焊接头组织性能的影响．机械制造文摘-焊接分册，2019(6)：20-25.

[6]孙明辉，林晓辉，方乃文等．填充金属对低镍高氮奥氏体不锈钢TIG焊接接头组织和性能的影响．焊接技术，2020(10)：34-37.

[7]林晓辉，冷冰，方乃文等．焊接热输入量对节镍不锈钢MAG接头组织性能的影响．金属加工-热加工，2020(10)：48-52.

[8]陈文忠，欧阳建明等．1Cr17铁素体不锈钢带焊接和冷轧工艺探讨．特钢技术，2020(10)：24-29.

[9]方乃文，王星星，徐锴等．保护气体对低镍不锈钢激光-电弧复合焊电弧特性及组织性能影响．稀有金属材料与工程，2022(8)：3089-3094.

S31603 不锈钢换热器管板焊接裂纹原因分析

杜立明[1] 张 欣[1] 孟令民[1] 宋韦洁[2] 靳 波[1]

(1. 青岛市特种设备检验研究院，山东 青岛 266101；
2. 山东美陵博德化工机械有限公司，山东 青岛 266101)

摘 要：针对一台在制换热器的 S31603Ⅲ管板焊接时产生的表面裂纹，采用化学成分分析、微观形貌检查、扫描电镜与能谱分析等手段对裂纹产生的原因进行了分析，结果表明：钢锭冶炼中残留的大量氧化铝、氧化硅等氧化物夹杂富集于晶界，使得材料强度降低，在焊接热源与残余应力的共同作用下产生了表面裂纹。

关键词：管板；裂纹；氧化物夹杂；焊接

Analysis of Welding Cracks in S31603 Stainless Steel Heat Exchanger Tube Sheet

DU Liming[1], *ZHANG Xin*[1], *MENG Lingmin*[1], *SONG Weijie*[2], *JIN Bo*[1]

(1. Qingdao Special Equipment Inspection and Research Institute, Shandong Qingdao 266101, China;
2. Shandong Meiling Bode Chemical Machinery Co., Ltd., Shandong Qingdao 266101, China)

Abstract: The surface cracks generated during the welding of an S31603Ⅲ tube plate in a heat exchanger were analyzed using chemical composition analysis, microscopic morphology inspection, scanning electron microscopy, and energy spectrum analysis. The results showed that a large amount of residual oxide inclusions such as aluminum oxide and silicon oxide were enriched at grain boundaries during steel ingot smelting, resulting in a decrease in material strength. Surface cracks were generated under the combined action of welding heat source and residual stress.

Key words: Tube plate; Cracks; Oxide inclusions; Welding

1 引言

随着经济的快速发展，换热器作为一种换热设备，越来越多的被应用在石化、电力、食品等行业中，发挥着不可替代的作用[1-3]。300 系列不锈钢因其耐蚀性好、导热系数高而被广泛使用于换热器制造中[4-5]，当其用于换热管时，作为介质传输和热量转换的载体，在输送介质的压力、冲击、振动等复合作用下，在管端与管板连接处常因材料本身或焊接原因产生各类缺陷，产生复杂、多样的失效问题[6-9]。

本研究以某压力容器制造厂采用的 S31603Ⅲ不锈钢管板与 S31603 换热管焊接后产生的表面裂纹为研究对象，通过化学成分分析、显微组织检查、SEM 扫描电镜分析、EDS 能谱分析等分析方法探索裂纹形成的原因，并针对此类问题给出了合理化建议，旨在避免此类缺陷再次发生。

2 事故概况

某压力容器厂在制一台不锈钢换热器，管板材料 S31603Ⅲ锻件，厚度为 100mm，换热管束为 S31603，规格为 $\phi20*2.0$，采用自动氩弧焊焊接，焊丝牌号 H03Cr19Ni12Mo2。设备主要技术参数如表 1 所示。对换热管与管板的连接接头进行焊接，第

作者简介：杜立明(1985—)男，汉族，高级工程师，硕士学位，主要从事压力容器的制造检验工作。E－mail：609232333@qq.com

一遍自熔，第二遍填丝焊，焊接完成后对焊缝进行渗透检测时发现了大量表面裂纹。

表 1　设备主要技术参数

项目	管程	壳程
设计压力/MPa	3.3	3.3
设计温度/℃	337	288
介质	常三线油	初底油
主体材质	S31603 + Q345R/S31603Ⅲ 换热管 S31603	S31603 + Q345R

2　裂纹宏观形貌

通过对现场的管板角焊缝进行渗透检测发现，裂纹处于焊缝管板一侧焊趾处，沿焊缝环向分布，呈细条状，裂纹深度约为 0.8 ~ 1.6mm，宽度约为 0.86mm，裂纹尖部呈钝化状态，

如图 1 所示。在焊缝管子一侧焊趾上未发现裂纹，焊缝熔敷金属上也未发现裂纹，裂纹仅起源于管子与管板焊缝的管板母材侧热影响区。

为进一步分析裂纹的产生是由焊接工艺外因造成的还是材料本身内因造成的，对剩余的管板分别进行自熔和加丝两种焊接对比试验，结果如图 2 所示，分析发现自熔时管板上出现了多条裂纹，沿着金属熔化方向分布，加丝焊接时未出现新生裂纹，由此排除了焊接填充材料对裂纹形成的影响。

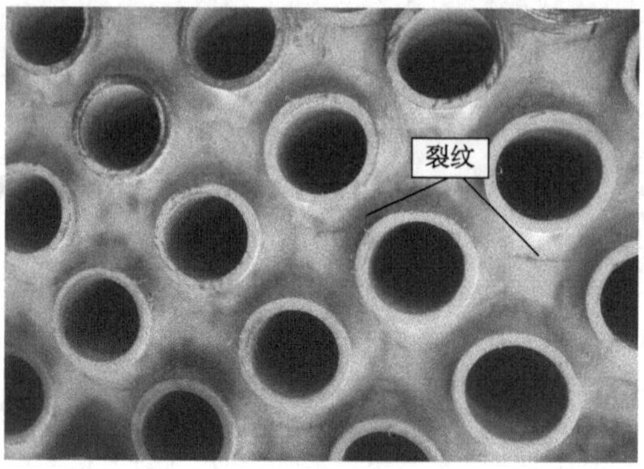

图 1　渗透检测发现的裂纹

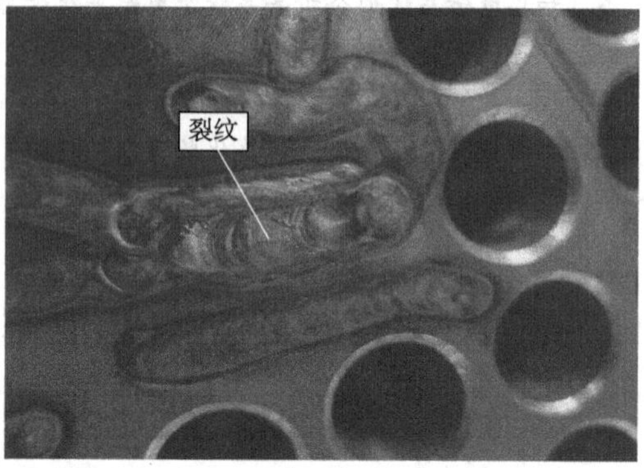

图 2　管板在自熔时出现的裂纹

3　管板化学成分分析

对管板材料取样进行化学分析，分析结果如表 2 所示。

表 2　S31603Ⅲ 锻件的化学成分　　%

名称	C	Si	Mn	S	P	Cr	Ni	Mo
NB/T47010—2017 要求	≤0.030	≤1.0	≤2.0	≤0.015	≤0.035	16 ~ 18	10 ~ 14	2 ~ 3
实际检测	0.025	0.41	0.98	0.001	0.025	16.64	10.38	2.06
管板材质单成分	0.022	0.412	0.977	0.002	0.026	16.14	10.08	2.043

从表 2 中可看出 S31603Ⅲ 锻件合金元素都在标准规定的范围内，但脱氧元素 Si 和 Mn 含量都低于规定值上限的一半，脱氧元素总体含量较低，脱氧效果难以保障。Cr、Ni 、Mo 含量虽然都在标准范围内，但总体含量偏低，仅略高于标准要求的下限值。

4　微观形貌检查

在管板待加工毛坯上取下一处试样，经打磨、抛光后观察试样表面(见图 3)，未见裂纹、缩孔、夹杂、裂纹、气泡、白点及其他有害缺陷。经侵蚀后观察显微镜下组织特征为：基体是奥氏体相，在上面分布着点状的黑色碳化物颗粒，在局部晶界处聚集着一些链条状的非金属夹杂物。按照 GB/T 6394—2017《金属平均晶粒度测定方法》检测要求，采用比较法评定晶粒度，实测平均晶粒度值为 4.5 级，按照《钢中非金属夹杂物含量的测定 标准评级图显微检验法》检测要求，对比标准图谱，测得非夹杂物等级为 1.5 级，符合相应标准要求。

图 3　抛光后表面

图 4　金相微观组织

5　扫描电镜分析

为进一步分析显微组织夹杂物组成，对试样进行 SEM－EDS 定性分析，分析结果如图 5 所示。SEM 显示，试件材料中存在大量大小不等的白色颗粒物，取点对白色颗粒物进行 EDS 分析，EDS 能谱显示白色颗粒物为大小不等的氧化铝、氧化硅、氧化钙等非金属脆性氧化夹杂物，其个别尺寸达到 100um 以上。其形成原因主要为：钢锭冶炼过程中，为了脱氧和净化钢液加入的铝、硅、钙等化学元素，它们与钢中的氧反应后形成了大量氧化物，在凝固过程中由于脱渣不充分残留在钢锭中。

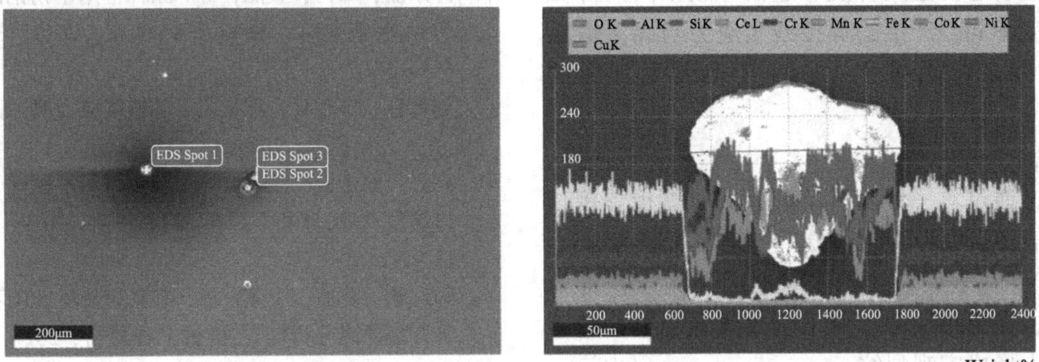

Weight%

	CK	OK	AlK	SiK	MoL	CaK	CeL	CrK	MnK	FeK	CoK	NiK	CuK
EDS Spot 1		48.35	2.56	43.65	0.49		0.40	0.48	0.23	2.32	0.21	0.64	0.68
EDS Spot 2	32.03	30.95	3.06	4.84	2.89	13.69	0.60	1.41	0.53	7.18	0.82	1.22	0.79
EDS Spot 3	15.45	43.11	3.81	7.53	2.45	23.75		0.48	0.12	2.35	0.23	0.49	0.22

图 5　SEM－EDS 分析结果

6　裂纹原因分析

6.1　材质的因素

管板材质化学成分分析及金相组织观察表明，其化学成分在标准规定的范围内，金相组织组成也符合标准要求。但组成元素中 Si、Mn 含量不及标准规定值上限的一半，在钢锭冶炼时脱氧效果不充分，为了降低钢液的氧含量，不得不加入大量的铝、钙等脱氧剂进行净化、脱氧。这些脱氧剂与钢液中的氧反应形成的脆性非金属氧化物夹杂，由于脱渣不充分残留在钢锭中，在高温锻造过程中富集于晶界处，使得晶界强度降低，增大了沿晶开裂的风险。

6.2　微观形貌分析

经腐蚀后的微观组织显示，在奥氏体基体组织上分布的点状碳化物颗粒，由于该锻件厚度较厚，在锻造完成后，如进行固溶处理时热处理时间过短或保温温度过低，将导致碳化物不能充分溶解，残留的点状碳化物分布于晶界在一定程度上削弱了金属的强度。另外，碳化物的尖端也容易引发应力集中，是引发裂纹的根源之一。晶粒度与钢中非金属夹杂物含量虽然在标准要求范围之内，但非金属夹杂物富集于晶界，使得晶界强度降低，非金属夹杂物的尖端易产生应力集中，成为裂纹萌生的薄弱地点。

6.3　扫描电镜结果分析

借助于能谱分析的方法对组织中的夹杂物进行定性分析，确定晶界处的链状夹杂物为脆性氧化铝、氧化硅、氧化钙等夹杂物。由于氧化铝、氧化硅等这些夹杂熔点很高，在钢到达熔化温度时仍是固体状态，在钢液凝固过程中氧化物夹杂偏析富集于晶界处，由于这些非金属夹杂物与基体的塑韧性差别很大，高温锻压时在外力的作用下因变形不协调而在两者结合处产生应力集中，降低了材料的强度、韧性，是整个锻件组织的最薄弱部位。当内外应力超过结合部位承受的应力极限时，微观裂纹逐渐萌发，扩展及长大，在宏观上表现为金属材料发生断裂。

6.4 应力的产生与释放

不锈钢钢锭在高温锻压时，由于升降温度速度不均匀而在内外部形成不同的应力状态。表层受到压应力，而心部则受拉应力，在冷却结束后此应力仍存在于锻件内部，称为残余应力。当锻件再次焊接加热熔化时，在局部高温下作用下残余应力和氧化物夹杂晶界聚集处的应力集中将通过变形得以释放。由于非金属夹杂物偏析富集于晶界，使得晶界处的强度、韧性较差，变形不不协调，当其难以抵抗膨胀变形时，就会萌生裂纹。另外，焊接时不均匀的加热和冷却在熔池及周围产生动态的温度梯度，进而导致不同的部位收缩程度不同，产生的焊接残余应力与高温锻压产生的残余应力叠加，进一步加大了开裂的风险。

7 结论

本文通过对一台换热器 S31603Ⅲ管板焊接时产生的表面裂纹原因进行分析，得出以下结论：

(1)产生表面裂纹的主要原因是夹杂物富集于晶界，在焊接应力作用下萌发微观裂纹，进而逐渐长大形成宏观裂纹。

(2)氧化铝、氧化硅、氧化钙等非金属夹杂物在高温锻造时塑性变形能力很差，在脱渣时应重点关注，减少其在钢锭中的残留，以便降低锻件在后续加工中开裂的倾向。

(3)为防止此类现象再次发生，应严格控制材质质量，尤其是冶炼时脱氧剂的加入量，并提高脱渣效果，净化钢中氧化物杂质。

参考文献

[1]汪波，茅靳丰，耿世彬，等. 国内热交换器研究现状与展望[J]. 制冷与空调，2010，24(5)：61－65.

[2]曹影，张成文. 热交换器应用与发展前景[J]. 中国机械，2014，(3)：116－117.

[3]Liu S，Sakr M. A comprehensive review on passive heat transfer enhancements in pipe exchangers[J]. Renewable and Sustainable Energy Reviews，2013，19：64－81.

[4]钟燕春，郭雄赵，英娜. 不锈钢材质在换热器中的应用探索[J]. 科学技术创新，2021(22)：3－4.

[5]孙京丽，邹丹，金晶，等. 三种常用不锈钢的耐局部腐蚀性能[J]. 材料研究学报，2017，31(09)：665－671.

[6]刘传森，李壮壮，陈长风. 不锈钢应力腐蚀开裂综述[J]. 表面技术，2020(3)：1－18.

[7]高虹，徐奇，高江君，等. 换热器用不锈钢管焊后管口裂纹失效分析[J]. 现代冶金，2019，46(7)：18－22.

[8]师红旗，陈旭，丁毅，等. 制氢换热器 304 不锈钢盘管开裂原因分析[J]. 机械工程材料，2011，35(4)：98－100.

[9]李玲，郑文龙. 热交换器不锈钢管束断裂失效分析[J]. 理化检验(物理分册)，2013，49(6)：395－398.

[10]姜缓缓，刘飞华，白荣国，等. 核电站换热器腐蚀失效原因分析[J]. 全面腐蚀控制，2011，(11)：63－66.

X80 管线钢疲劳行为研究现状综述

张晓兵　王　涛　梁　妍　张贵元　王福运　刘　哲　王俊强

（中国特种设备检测研究院，北京　100029）

摘　要：对当前 X80 管线钢的疲劳性能研究现状进行梳理与总结，X80 材料的热处理、微观组织铁素体与贝氏体的成分比例、晶粒度粗细和预应变处理都会对其的疲劳行为造成变化，疲劳扩展主要是滑移机制，总结了基于 Paris 公式的疲劳扩展速率和疲劳寿命预测方法。为 X80 管线钢疲劳损伤因素控制提供参考，对提升 X80 管道的安全性、保障 X80 油气管道的长期稳定运行具有重要意义。

关键词：X80；管线钢；疲劳；疲劳裂纹扩展；疲劳寿命

Review on Research Status of Fatigue Behavior of X80 Pipeline Steel

ZHANG Xiaobing, *WANG Tao*, *LIANG Yan*, *ZHANG Guiyuan*, *WANG Fuyun*, *LIU Zhe*, *WANG Junqiang*

(China Special Equipment Inspection & Research Institute, Beijing 100029, China)

Abstract: The current research status of fatigue properties of X80 pipeline steel was reviewed and summarized. Heat treatment, composition ratio of microstructure ferrite and bainite, grain size and pre-strain treatment of X80 material would cause changes in its fatigue behavior, and fatigue expansion was mainly a sliding mechanism. The fatigue expansion rate and fatigue life prediction method based on Paris formula were summarized. It provides reference for the control of fatigue damage factors of X80 pipeline steel, and has important significance for improving the safety of X80 pipeline and ensuring the long-term stable operation of X80 oil and gas pipeline.

Key words: X80; Pipeline steel; Fatigue; Fatigue crack growth; Fatigue life

1　概述

经过近 20 年的发展，我国 X80 管线钢与钢管的研发及应用取得显著成效，是世界上生产、应用 X80 管材最多的国家，已建成 X80 油气输送管道约 17000km，单管输气能力达到 $380 \times 10^8 m^3/a$，据统计，国外已经建成的 X80 级别的管道总长度超过了 8000km[1]。因此，对 X80 管道性能的研究已经得到广泛关注特别是与 X80 管道服役期间性能变化相关的研究成为该领域的焦点[2-4]。管道在服役期间会遭受到内部压力波动及外部载荷变动产生的交变应力，随着服役时间的增加，管道在交变应力的影响下会产生疲劳裂纹直至发生疲劳断裂[5,6]。在工程结构断裂方式中，疲劳断裂所占比重较大，特别是长期处于交变应力作用下的天然气管道，疲劳断裂占其所有断裂方式的60%以上[7]。主要对 X80 管线钢的疲劳性能进行梳理和总结，为其疲劳性能研究提供参考，加强对其疲劳性能的理解，对提升 X80 管道的质量控制、保障管道的安全运行具有重要的意义。

对于 X80 钢的疲劳研究方法主要有材料性能测试、显微组织分析、疲劳加载试验研究、数值模拟等方法。研究疲劳裂纹问题使用较为广泛的方法为数值模拟方法，例如有限元法（FEM）、无

作者简介：张晓兵（1992—　），工程师，主要研究方向为压力管道完整性管理。E-mail：zhangxiaobing_2013@163.com

网格伽辽金法(EFGM)、边界元法(BEM)和扩展有限元法(XFEM)[8]，其中扩展有限元法由于其在解决非连续介质问题的优越性、大型结构极端变形的良好适应性以及无需网格重构的便利性以及较小的计算量使其广泛应用于疲劳裂纹问题的求解。

2 疲劳行为的影响因素

2.1 热处理对疲劳寿命的影响

X80管线钢在室温下拉伸行为呈现各向异性，拉伸曲线呈现连续屈服特征，横向的屈服强度和极限强度都高于纵向[9]。通过对材料进行热处理会改善材料的性能以及抵抗疲劳裂纹萌生的能力，热处理后的X80管线钢的屈服强度和抗拉强度会得到增强，经过调质处理后的X80钢抗腐蚀能力也进一步增强[10]，同时也使得其具备较强的抵抗疲劳裂纹萌生的能力[11]。此外，去应力退火工艺也可以提高焊接接头的疲劳寿命，通过改变晶粒内部位错分布可以显著降低焊接接头的残余应力，从而提高焊接接头的疲劳寿命。经过塑性变形后去应力退火的X80焊管，因强度升高以及拉伸残余应力的释放，使其焊接接头处的疲劳寿命最高。

2.2 组织成分对疲劳性能的影响

管线钢的强度和延展性之间的平衡很大程度上取决于铁素体和贝氏体比例及分布情况，另外，还与每相的机械性能有关[12]。X80管线钢是铁素体型管线钢，主要由大量的针状铁素体(AF)、颗粒状贝氏体(GBF)，以及少量的珠光体(P)和马氏体奥氏体组织(MA)组成。研究表明：贝氏体/铁素体(B+F)双相X80钢的疲劳性能随贝氏体含量的提高而提高，在双相组织中，铁素体为软相，能最大限度保证管线钢发生较大变形时而不发生断裂；贝氏体为硬相，可为管线钢提供足够的抗拉强度，当铁素体/贝氏体比约为60%时，材料具有较好的疲劳性能。X80大应变管线钢组织主要由多边形铁素体、针状铁素体以及贝氏体组织和少量M-A组元构成，全截面组织中铁素体、贝氏体的比例约为50%~60%[13]。在疲劳裂纹扩展过程中，铁素体间的大角度晶界，强度高的贝氏体，贝氏体中细小M/A组分以及铁素体、贝氏体界面的二次裂纹对疲劳裂纹也有一定的抑制作用[14-16]。

2.3 晶粒对疲劳寿命的影响

焊接接头不同位置材料晶粒大小和晶界角度也会影响其疲劳寿命。徐凯[17]焊接热模拟研究发现，热影响区中的细晶区因焊接热循环软化，其强度最低，导致疲劳寿命最低，而热影响区中的粗晶区具有较高的强度，其疲劳寿命高于细晶区，但因其组织粗化及大量小角度晶界的存在导致疲劳裂纹扩展速率增长最快，从而减少了粗晶区的疲劳寿命。热影响区中临界晶区的强度高于细晶区，内部组织细小且大角度晶界占比较高，因此其疲劳寿命最高。此外，焊缝余高的高低也会影响焊接接头的疲劳性能，由于焊缝余高造成的应力集中，原始焊接接头处疲劳裂纹会在内焊缝的焊趾处萌生，沿热影响区中的粗晶区扩展。去除焊缝余高后，因细晶区强度弱化以及粗晶区和细晶区之间的硬度梯度较大，疲劳裂纹萌生在粗晶区中靠近细晶区的位置，并沿细晶区扩展。因此，去除焊缝余高后X80焊管焊接接头处的疲劳强度是原始X80焊管的1.31倍[17]。

2.4 预应变对疲劳行为的影响

徐凯[18]采用预应变方法研究了X80焊管扩径引起的焊缝塑性变形对焊接接头性能，发现在1%~3%的预应变范围内，随着塑性变形量的增加，焊接接头的强度和疲劳总寿命升高。疲劳寿命提高的原因是强度提高引起的疲劳裂纹萌生寿命提高，但疲劳裂纹扩展寿命缩短。焊接接头预变形量每增加1%，疲劳裂纹扩展寿命约缩短22%，此结果严重降低了管道输送的安全性，疲劳裂纹扩展过程中出现的解理断裂加速了X80焊管塑性变形后的疲劳断裂，会表现出焊接接头弹性变形后疲劳裂纹加速扩展的现象。

3 疲劳行为分析

3.1 疲劳断口分析

X80钢试样的疲劳裂纹萌生发生在钢板的表面，然后疲劳裂纹向内扩展，直至断裂[18]。其疲劳扩展主要是滑移机制导致，在大载荷快速扩展区，伴有延性静态断裂模式，同时在裂纹尖端处产生严重钝化[9]。大应力水平和小应力水平下的断口均为韧性和脆性混合型断。X80大应变管线钢的疲劳裂纹沿钢板的轧制表面凹坑处萌生。对断口扫描电镜形貌观察发现，在高加载应力幅的低寿命阶段，X80针状铁素体管线管的超高周疲劳破坏主要起源于试样表面缺陷，而随着加载应力幅的降低，疲劳断裂则由表面迁移到内部，位于试样内部的非金属夹杂物成为主要的疲劳裂纹源[19]。

3.2 疲劳裂纹扩展速率

X80钢疲劳裂纹扩展受到多种因素影响，例

如 H_2S 环境、应力比大小、氢气环境、载荷加载频率等。田万鹏[20]对 X80 钢在不同 H_2S 浓度及应力比环境下的腐蚀疲劳裂纹扩展速率测定，发现轻微腐蚀环境会明显提高裂纹扩展速率。在不同 H_2S 浓度腐蚀介质中，疲劳裂纹扩展速率随应力比的增大而增大，在高 H_2S 浓度和高应力比的耦合作用下，氢渗透更显著，导致裂纹扩展加快。ZHUO 等[21]在含不同体积分数氢环境中对 X80 管线钢缺口圆棒试样进行疲劳试验，发现当氢气体积分数为 6% 时试样的疲劳寿命较短。苟金鑫等[22]研究发现，含氢环境中 X80 管线钢母材的疲劳裂纹扩展速率相比氮气环境下明显增大。刘忠[23]等研究发现当加载频率 1Hz 时，X80 管道焊接接头在含氢气环境下的疲劳扩展速率高于含氮气环境下的扩展速率，在含氢环境下，焊缝的疲劳扩展速率小于母材和热影响区。

在 X80 钢的疲劳裂纹扩展 Paris 公式拟合方面，田万鹏[11]等以 X80 管线钢为研究对象，在 MTS 伺服液压万能试验机上对热处理前后的 X80 钢进行了应力比 $R=0.1$ 的疲劳裂纹扩展性能的试验研究，给出了 X80 钢的疲劳裂纹扩展的 Paris 公式。通过对数据进行拟合，七点递增多项式法和 Smish 法计算结果很接近，具有较好的准确度和可靠度，而割线法的计算结果则较差，

李珞[9]等研究表明随着应力比 R 的增加，会降低疲劳寿命和疲劳裂纹扩展量；当载荷幅值增加时，同理也会降低疲劳寿命和裂纹扩展量；在相同的裂尖应力场条件下，应力比 R 越高，裂纹扩展速率越低；而载荷幅值的大小对于裂纹扩展速率的影响较小。其以 Walker 模型为基础，通过引入有效 J 积分幅，通过对塑性区进行修正，得到了一个可以很好地预测 X80 管线钢的疲劳扩展速率表达式[见式(1)]。该表达式考虑了塑性区对裂纹扩展速率的影响，以及裂纹闭合和裂尖钝化问题对裂纹扩展带来的影响，可以模拟不同应力比和不同载荷幅值的情况。

$$\frac{da}{dN} = C\left(\frac{\Delta J_{eff}}{\omega}\right)^m \tag{1}$$

$$\Delta J_{eff} = \Delta J_e - \chi \Delta J_p \tag{2}$$

$$\chi = 0.003 - 0.002R \tag{3}$$

$$\omega = 10R^2 + 0.7 \tag{4}$$

式中　C 和 m——是材料参数；可通过数值拟合得到；

ΔJ_{eff}——是有效 J 积分幅；

X 和 ω——修正系数。

其中 J_e 和 J_p 分别表示 J 积分的弹性和塑性部分，具体表达式如下所示：

$$J_e = \frac{9\pi a_e L_0^2}{W^4} F(a_e)^2 \frac{P^2}{E'} \tag{5}$$

$$J_p = \alpha \varepsilon_y ch(P/P_0)^{n+1} \tag{6}$$

式中　σ_y——为屈服强度；

ε_y——是屈服点应变；

n——是应变强化系数；

α——是无量纲系数；

P——为每个厚度单位下的载荷值；

P_0——为每个厚度下的载荷极限值。

疲劳裂纹扩展速率随 ΔK(应力强度因子幅值)变化的主要原因是疲劳裂纹扩展过程中裂纹路径和断裂模式的变化，da/dN 随 ΔK 增加而增加，同时，疲劳裂纹尖端的塑性区也增加。位错堆积出现在铁素体晶粒中或铁素体与贝氏体晶粒之间，在铁素体与贝氏体边界之间或贝氏体/铁素体与 M/A 岛之间形成大量微裂纹，当主疲劳裂纹在微裂纹上扩展，大量的微裂纹消耗了主裂纹扩展的能量，因此，当 ΔK 达到一定值时，da/dN 的增长率随之减小。

3.3　疲劳寿命预测

苟川东[24]采用数值分析的研究发现疲劳寿命随载荷比增大、初始裂纹深度减小而增大。裂纹尖端低应力区域随载荷比增加、初始裂纹尺寸增大不断向管道内表面扩展，裂纹尖端塑性区的改变影响裂纹尖端应力集中程度从而使疲劳寿命的变化规律发生变化。

张继明[19]对 X80 针状铁素体管线管的超高周疲劳行为研究发现在超高周疲劳循环周次内，X80 针状铁素体管线管的 $S-N$ 曲线为一条连续降低的曲线，不存在传统疲劳的水平平台，在 109 循环周次内，疲劳极限消失，其超高周疲劳强度为(428±7)MPa，如图 1 所示。

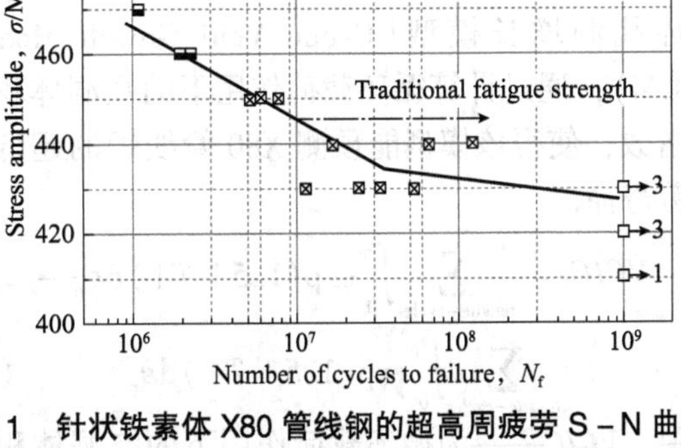

图1　针状铁素体 X80 管线钢的超高周疲劳 S－N 曲线

董楠楠[25]等研究发现微合金管线钢 X80 的 $S-N$ 曲线随疲劳破坏循环数的增加，循环应力幅 σα 连续降低，当疲劳循环数超过 106 周次后，$S-N$ 曲线下降趋势开始变缓。在循环周次为 107 时，$S-N$ 曲线发生了明显的变化，并出现了水平平台，如图 2 所示，也就是说此时试样不会再发生疲劳断裂，而这时所对应的应力幅即为该试样的疲劳极限。

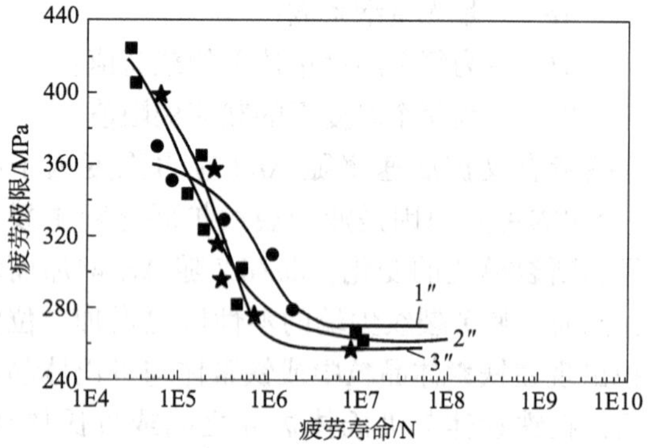

图 2　微合金钢 X80 不同显微组织的 $S-N$ 曲线

在实际工程中如何准确预估机械结构的疲劳寿命一直是各个学者研究的重点，而疲劳裂纹扩展速率决定着构件的疲劳寿命，为了得到裂纹扩展的普适规律，提出了诸如 Paris 模型、Forman 模型和 Walker 模型等数学模型，其中 Paris 模型是最基础也是应用最广泛的模型，其他模型皆是基于 Paris 公式的改进和修正。Paris 公式的表达式为：

$$\frac{da}{dN} = C(\Delta K)^m \tag{7}$$

式中　C、m——材料参数；

a——为裂纹长度；

N——为载荷循环次数；

ΔK——为应力强度因子幅度。

熊浩然[26]基于数值模拟方法研究发现基于能量释放率的疲劳寿命预测模型数值模拟出的压力管道疲劳寿命值与传统 Paris 公式计算出的理论值基本相近。

彭增利[27]等基于试验研究结果，标定并验证循环孔洞增长模型（Cyclic Void Growth Model，CVGM），通过计算循环载荷作用下的孔洞体积增长指数，使得该模型能预测 X80 管线钢的超低周疲劳寿命。

$$VGIC = \sum_{tensile-cycles}\int_0^{\varepsilon_p}\exp(1.5\,|T|)\,d\varepsilon_p - \sum_{tensile-cycles}\int_0^{\varepsilon_p}\exp(1.5\,|T|)\,d\varepsilon_p \tag{8}$$

式中　$VGIC$——为循环载荷作用下的空洞体积增长指数；

$d\varepsilon_p$——为等效塑性应变增量；

T——为应力三轴度；

当 $VGIC$ 大于临界值 $VGIC_{critical}$ 时，则材料发生断裂。参数 $VGIC_{critical}$ 需要损伤函数来确定：

$$VGIC_{critical} = VGI_{critical}\exp(-\lambda\varepsilon_{p,acc}) \tag{9}$$

式中　$\varepsilon_{p,acc}$——为损伤变量，定义为累计至每个拉伸荷载行程之前的累积等效塑性应变；

λ——为材料常数，称为延性衰减指数；

$VGI_{critical}$——为空洞体积增长指数。

4　总结

通过对 X80 管线钢的疲劳性能研究现状进行了梳理和总结，对材料进行热处理会改善材料的性能以及抵抗疲劳裂纹萌生的能力，热处理后的 X80 管线钢的屈服强度和抗拉强度会得到增强。微观组织成分铁素体相能最大限度保证管线钢发生较大变形时而不发生断裂，贝氏体成分可为管线钢提供足够的抗拉强度，当铁素体/贝氏体比约为 60% 时，材料具有较好的疲劳性能。焊接热模拟研究发现，热影响区中的细晶区强度最低，导致疲劳寿命最低。而热影响区中的粗晶区具有较高的强度，其疲劳寿命高于细晶区，但因其组织粗化及大量小角度晶界的存在导致疲劳裂纹扩展速率增长最快，从而减少了粗晶区的疲劳寿命。X80 钢在 1% ~3% 的预应变范围内，随着塑性变形量的增加，焊接接头的强度和疲劳总寿命升高。X80 钢其疲劳扩展主要是滑移机制导致，在大载荷快速扩展区，伴有延性静态断裂模式，同时在裂纹尖端处产生严重钝化。X80 钢疲劳裂纹扩展受到 H_2S 环境、应力比大小、氢气环境、载荷加载频率等因素影响。其疲劳裂纹速率和疲劳寿命预测主要的方法为基于 Paris 公式的分析。为 X80 管线钢疲劳损伤因素控制提供参考，对提升 X80 管道的安全性、保障 X80 油气管道的长期稳定运行具有重要意义。

参考文献

[1] 冯耀荣，吉玲康，李为卫，刘迎来，霍春勇．中国 X80 管线钢和钢管研发应用进展及展望[J]．油气储运，2020，39(06)：612－622.

[2] Li L，Yang Y H，Xu Z，et al. Fatigue crack growth law of API X80 pipeline steel under various stress ratios based on J－integral[J]. Fatigue & Fracture of Engineering Materials & Structures，2014，37(10)：1124－1135.

[3]Zhao Z P, Qiao G Y, LIi G P, et al. Fatigue properties of ferrite/bainite dual - phase X80 pipeline steel welded joints[J]. Science and Technology of Welding and Joining, 2017, 22(3): 217 - 226.
[4]Zhao Z P, Qiao G Y, Tang L, et al. Fatigue properties of X80 pipeline steels with ferrite/bainite dual - phase microstructure[J]. Materials Science and Engineering A, 2016, 657: 96 - 103.
[5]Baek J H, Kim Y P, Kim C M, et al. Effects of pre - strain on the mechanical properties of API 5L X65 pipe[J]. Materials Science and Engineering A, 2010, 527(6): 1473 - 1479.
[6]Eikrem P A, Zhang Z L, Nyhus B. Effect of plastic pre - strain on the crack tip constraint of pipeline steels[J]. International Journal of Pressure Vessels and Piping, 2007, 84(12): 708 - 715.
[7]王小完，骆济豪，袁宏伟，等．海底天然气管道疲劳破坏泄漏灾害研究[J]．消防科学与技术，2018，37(6)：729 - 732.
[8]N Moës, J D And, T Belytschko. A finite element method for crack growth without remeshing[J]. International Journal for Numerical Methods in Engineering, 1999, 46(1): 131 - 150.
[9]李珞．API X80 管线钢疲劳裂纹扩展行为研究[D]．天津大学，2014.
[10]Zhang D C, Li Z R, Wu H Y, et al. Experimental study on fatigue behavior of Q420 high - strength steel at low temperatures[J]. Journal of Constructional Steel Research, 2018(145): 116 - 127
[11]田万鹏，熊勇刚．热处理对 X80 钢疲劳裂纹扩展规律的影响[J]．机电工程技术，2023，52(10)：294 - 297 + 333.
[12]徐鹏飞，赵作鹏，程红霞，等．X80 管线钢焊接热模拟热影响区疲劳裂纹扩展行为的分析及预测[J]．金属热处理，2020，45(12)：184 - 188.
[13]唐雷．X80 大应变管线钢疲劳性能的研究[D]．燕山大学，2016.
[14]线钢在模拟沿海土壤环境中的应力腐蚀行为[J]．金属热处理，2023，48(02)：30 - 35.
[15]RIBEIRO HENRIQUE VARELLA, et al. Effect of laser welding heat input on fatigue crack growth and CTOD fracture toughness of HSLA steel joints[J]. Journal of Materials Research and Technology, 2021, 11: 801 - 810
[16]GRUNE WALD PATRICK, et al. Fatigue crack growth in micro specimens as a tool to measure crack - microstructure interactions[J]. Fatigue & Fracture Engineering Materials & Structures, 2020, 43 (12): 3037 - 3049.
[17]田万鹏．显微组织对 X80 钢疲劳裂纹扩展行为的影响[J]．南方金属，2023(05)：1 - 6.
[18]徐凯．X80 焊管焊接接头疲劳性能的综合性研究[D]．燕山大学，2020.
[19]张继明．X80 针状铁素体管线管的超高周疲劳行为[J]．材料热处理学报，2020，41(04)：144 - 150.
[20]田万鹏．不同应力比和腐蚀环境条件下 X80 钢疲劳裂纹扩展速率研究[J]．热处理，2023，38(06)：14 - 19.
[21]ZHUO J X, ZHANG C, ZHANG S, et al. Influence of hydrogen environment on fatigue fracture morphology of X80 pipeline steel[J]. Journal of Materials Research and Technology, 2023, 22: 1039 - 1047.
[22]苟金鑫，聂如煜，邢潇，等．临氢 X80 管线钢量化氢压作用的疲劳裂纹扩展模型[J]．油气储运，2023，42(7)：754 - 762.
[23]刘忠，李毅，宋卫臣，等．氢气含量与加载频率对 X80 钢管接头疲劳裂纹扩展速率的影响[J]．机械工程材料，2024，48(04)：51 - 56.
[24]苟川东．X80 管道焊接残余应力及结构疲劳寿命数值分析[D]．西安理工大学，2023. DOI：10.27398/d.cnki.gxalu.2022.000417.
[25]董楠楠，张红梅．微合金管线钢 X80 的高周疲劳行为研究[J]．热加工工艺，2009，38(10)：74 - 77.
[26]熊浩然．基于扩展有限元的复合型疲劳裂纹扩展行为及寿命预测模拟研究[D]．南昌大学，2023. DOI：10.27232/d.cnki.gnchu.2022.002981.
[27]彭增利，赵海盛，李昕．X80 管道钢的超低周疲劳寿命预估研究[C]//中国力学学会结构工程专业委员会，广州大学，中国力学学会《工程力学》编委会，清华大学土木工程系，水沙科学与水利水电工程国家重点实验室(清华大学)．第 30 届全国结构工程学术会议论文集(第Ⅲ册)．[出版者不详]，2021：4. DOI：10.26914/c.cnkihy.2021.019265.

BLEVE 爆炸事故下卧式储罐动态破裂特征及机理

罗炜晔[1]　任婧杰[1*]　邓子龙[1]　于　迪[1]　毕明树[1]

(大连理工大学化工学院，辽宁 大连　116024)

摘　要：火灾条件下卧式储罐开裂易引发沸腾液体扩展蒸气爆炸(BLEVE)，该事故被认为是危化品罐区中最严酷的事故之一，极易引发超压及碎片等伤害。因此，揭示 BLEVE 事故中卧式储罐顶部轴向裂纹扩展的动态特征及机理具有重要意义。该研究通过小型 BLEVE 试验，研究了一步式 BLEVE 事故下罐体的破裂行为，评估了不同罐壁厚度水平下罐体裂纹张开角和裂纹扩展速率的详细动态特征。基于细观材料损伤模型探讨了一步式 BLEVE 工艺中储罐的动态应力-应变损伤特征及轴向裂纹的周向转化机理。该研究可为未来的罐体 BLEVE 事故预测提供理论支撑。

关键词：BLEVE；裂纹扩展；压力容器破裂；裂纹扩展方向转变

Study on Dynamic Behavior and Crack Propagation Mechanism of the Tanks in BLEVE

LUO Weiye[1], *REN Jingjie*[1*], *DENG Zilong*[1], *YU Di*[1], *BI Mingshu*[1]

(School of Chemical Engineering, Dalian University of Technology, Dalian, Liaoning 116024, China)

Abstract: A boiling liquid expanding vapor explosion (BLEVE) is one of the most serious accidents which generates overpressure and ejected fragments with potential great impact on the safety of the tank area. Hence, it is important to reveal the dynamic characteristics of the axial crack propagation at the top of the horizontal tank in a BLEVE accident. The rupture behavior of tanks under BLEVE accidents is investigated and the detailed dynamic characteristics of crack opening angle and crack propagation rate were assessed through the small-scale BLEVE experiments with variations in tank wall thickness. The dynamic stress-strain damage characteristics of the tank during the BLEVE process and the circumferential transformation mechanism of the axial crack were explored. This study can provide theoretical support for the tank BLEVE accident prediction.

Key words: BLEVE; Crack propagation; Pressure vessel rupture; Crack transition direction

1　引言

容器破裂会导致沸腾液体膨胀蒸汽爆炸(BLEVE)[1]。作为最危险的事故之一，BLEVE 一直是许多研究人员的研究重点[2-10]。通过各种条件下的火灾实验，人们对 BLEVE 事故有了初步了解。Birk 等人在火焰吞噬率为 25% 的情况下进行了 500gal ASME 规范丙烷储罐实验，并记录了储罐的热反应[11]。Venart 等人通过火灾实验讨论了储罐直径对储罐热反应的影响[12]。Tschirschwitz 等人和 Landucci 等人通过火灾实验探讨了带或不带泄压阀储罐最终失效模式的差异[13,14]。Luo 等人通过火灾实验研究了火焰吞噬面积和填充水平对储罐失效后果的耦合效应机制[15]。上述研究充分探讨了火灾中各种影响因素对储罐失效形式的作用机理。然而，BLEVE 是一个多因素相互影响的复杂事故。单纯依靠实验很难解释

作者简介：罗炜晔(1993—　)，博士研究生，主要研究方向为承压容器结构完整性、高温材料损伤等。E-mail：luowy_ rowell@163. com

通信作者：任婧杰，教授，博导，长期从事化工装备结构可靠性分析工作，E-mail：RenJJ@dlut. edu. cn

BLEVE 事故机理。

为了进一步探索 BLEVE 事故的机理，学者们采用了数值模拟的方法。数值模拟主要用于研究储罐内介质的沸腾机理和传热。Giordano 使用 CFD 建模分析了促进热分层的局部流场，因为热分层会推动容器的内部压力[16]。Bubbico 和 Mazzarotta 提出了一个简化的数学模型，用于分析遭遇火灾的煤气罐的动态响应[17]。Zhao 将 Legendre 小波函数与传统有限元相结合，构建了 Legendre 有限元，并分析了各种因素对着火液化气罐的影响[18]。上述研究全面揭示了储罐的温度分布和内部介质动态响应。研究人员对火灾中储罐结构的响应进行了研究，如变形特征和损伤累积。Manu 等人通过有限元模拟预测了压力容器结构的高温断裂时间[19]。然而，BLEVE 中罐体的断裂过程，尤其是罐体顶部裂纹扩展过程的机理仍不清楚。缺乏相关研究的主要原因有两个。第一个原因是目前缺乏计算不稳定加热载荷下材料损伤的精确模型。在 BLEVE 之前，罐体要经历一个复杂的不稳定加热过程。准确计算储罐破裂前的结构材料损伤对动态裂纹扩展研究非常重要。第二个原因是难以准确记录 BLEVE 条件下油箱的裂纹扩展过程。要准确记录裂纹扩展过程，需要解决高速图像记录、照明、设备保护和触发等一系列问题。Eyssette 等人通过小规模 BLEVE 实验记录了水箱顶部的裂纹扩展过程，并提出了一步式 BLEVE 裂纹扩展的基本特征[20]。然而，高速摄影采样频率较低，不足以支持对顶部裂纹扩展的定量描述。同时，为了确保较小的安全断裂压力，使用了铝合金材料，其材料特性与钢材不同。基于数十年来对 BLEVE 现象的研究，目前对最广泛观察到的一步式 BLEVE 的理解是，裂纹将在几毫秒内开始并扩展至整个容器长度，然后完全打开容器。然而，裂纹扩展过程的动态特性以及裂纹轴向扩展到周向裂纹的触发机制仍不清楚。

因此为了揭示卧式储罐破裂过程中的特征规律以及裂纹转向特征，该研究开展了卧式容器破裂实验。以各储罐破裂过程中的轴向裂纹张开角度以及裂纹扩展速率作为分析对象，揭示不同罐体壁面厚度情况下的裂纹扩展特征规律。并最终结合材料细观损伤力学模型对罐体破裂过程的轴向裂纹扩展以及轴向裂纹转向周向扩展的内在机理进行探究。

2 卧式储罐破裂实验

2.1 实验系统

实验装置主要包括四个实验系统：加热系统、触发与测量系统和安全防护与泄放系统。如图 1 所示，储罐加热系统分为外部加热装置和内部加热装置两部分。设置外部加热装置的目的是为了更好地模拟储罐受火焰吞没时的加热状态，其通过附着在罐体外表面的加热棒和加热片来实现。加热棒的数量为 5 根，每根的加热功率为 2000W，将其均匀地分布在罐体底部 120°的曲面上以达到了对罐体底部壁面的直接加热。罐体中部和顶部薄弱带附近的壁面加热通过 12 片 140W 的陶瓷加热片实现。加热片通过耐高温胶带以及细铁丝固定以保持其在加热过程中的牢固。加热棒和加热片可以实现长时间的壁面直接加热，以尽可能地模拟真实火灾场景。受加热棒和加热片的功率所限，仅通过加热罐体外壁面以达到罐体破裂效果所需时间过长。因此为了缩短每组实验工况所需的时间，在罐体内部介质液面以下设置一个 1200W 的加热棒以对内部介质直接加热。加热棒的一端通过密封螺纹与试验台固定装置相连接。内部加热棒可直接加热内部液相介质，使其快速沸腾增加内部压力上升的速度。

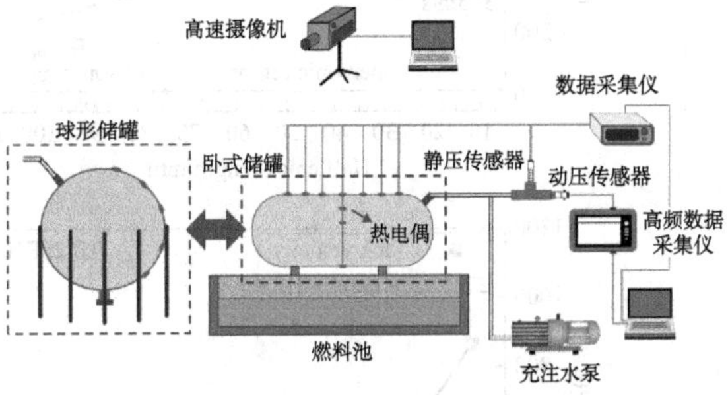

图 1 卧式储罐破裂试验台

2.2 实验罐体

本实验台采用与实际储罐相同的 Q345R 号钢材开展实验室环境下的小尺 BLEVE 爆破实验。如图 2 所示，实验储罐外径 d_0 为 89mm，壁面厚度 h_{max} 为 2mm。储罐两端分别于封头和法兰焊接。与法兰进行焊接的目的是为了方便将其于实验台的固定装置进行密封连接与罐体更换。在罐体顶部沿着轴线方向设置了水平薄弱带，设置薄弱带的主要目的如下：(1) 确保实验储罐在可接受的压力范围内破裂；(2) 为了还原真实储罐在火烧过程中顶部壁面由于相较于其他部位温度较高导致的壁面膨胀减薄特征。实验介质为水，实验变量为薄弱带厚度以及储罐填充率。当填充率为

20% 时，罐体薄弱带厚度 hmin 为 0.24mm、0.28mm 和 0.32mm 时，实验储罐编号分别为 T0.24F20、T0.28F20 和 T0.32F20。

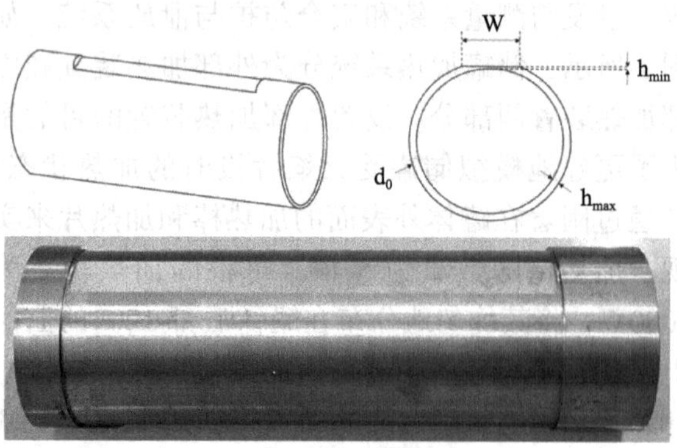

图 2　实验罐体

3　罐体破裂特征规律

对填充率相同而薄弱带厚度不同的储罐裂纹进行分析，储罐 T0.20F20、T0.24F20、T0.28F20 和 T0.32F20 的裂纹扩展速率如图 3 所示。不同薄弱带厚度导致了罐体破裂压力不同，储罐 T0.20F20、T0.24F20、T0.28F20 和 T0.32F20 的破裂压力依次为 2.52MPa、3.38MPa、3.99MPa、4.66MPa。轴向裂纹扩展速率规律与改变填充率的储罐一致。轴向裂纹扩展速率整体呈现指数下降趋势，且超音速阶段所经历的裂纹扩展距离与破裂压力呈反比。储罐 T0.24F20 的破裂压力比储罐 T0.20F80 大，其超音速区的轴向裂纹扩展半长轴距离与储罐 T0.20F80 相比减少了近 10mm。以上所有工况中储罐 T0.32F20 的破裂压力最大，其超音速区的轴向裂纹扩展半长轴仅为 38mm，为破裂压力最小储罐 T0.20F20 的一半。各储罐轴向裂纹初始扩展速率之间差别不大，均在800～900m/s 范围内。破裂压力最小的储罐 T0.20F20 的初始轴向裂纹扩展速率为 819m/s，而破裂压力最大的储罐 T0.32F20 的初始轴向裂纹扩展速率为 893m/s。

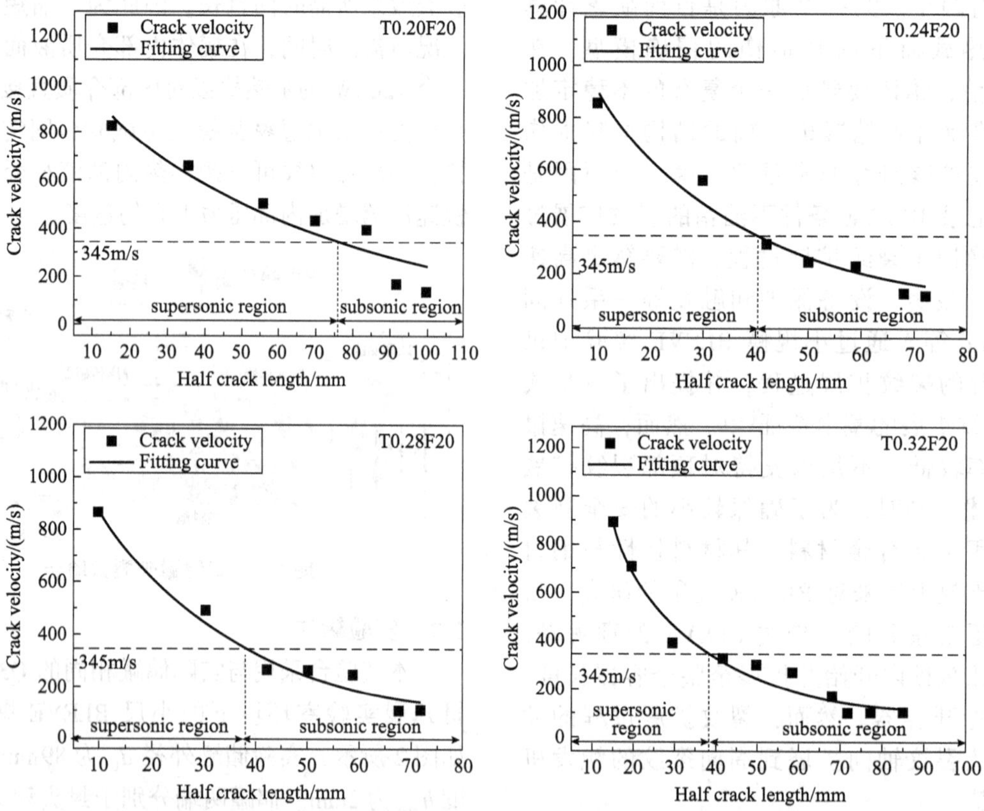

图 3　储罐 T0.20F20、T0.24F20、T0.28F20 和 T0.32F20 的轴向裂纹扩展速率

储罐 T0.20F20、T0.24F20、T0.28F20 和 T0.32F20 的裂纹尖端张开角(CTOA)如图 4 所示。由于储罐 T0.20F20 的破裂压力较小，因此只有该储罐呈现出了完整的轴向裂纹扩展三阶段，分别为起裂阶段、过渡阶段以及转向预备阶段。裂纹尖端张开角度增长速率在过渡阶段最缓慢，其次是起裂阶段，在转向预备阶段轴向裂纹尖端张开角度开始急剧增长直至罐体裂纹由轴向转向周向扩展。随着罐头破裂压力的增加，过渡阶段开始消失，轴向裂纹扩展仅剩起裂阶段和转向预备阶段。储罐 T0.24F20、T0.28F20 和 T0.32F20 的起裂阶段与转向预备阶段之间的转换均在轴向裂纹扩展速率降至音速(345m/s)位置的附近。以上三个储罐的转向预备阶段的 CTOA－

2mm 的增长速率与起裂阶段无明显差别，而 CTOA－10mm 的增长速率在进入转向预备阶段后开始升高，直至最终裂纹结束轴向扩展开始转变为周向扩展。根据图中红色线段可知，最终结束轴向裂纹扩展时的 CTOA－10mm 与储罐破裂压力有关，储罐破裂压力越大其结束轴向裂纹扩展时的 CTOA－10mm 越大。同样与改变填充率储罐的规律类似，裂纹结束轴向扩展时 CTOA－10mm 与 CTOA－2mm 存在较大差距。破裂压力最大的储罐 T0.32F20 的最终 CTOA 差值为 49°，而破裂压力最小的储罐 T0.20F20 的最终 CTOA 差值仅为 17°。

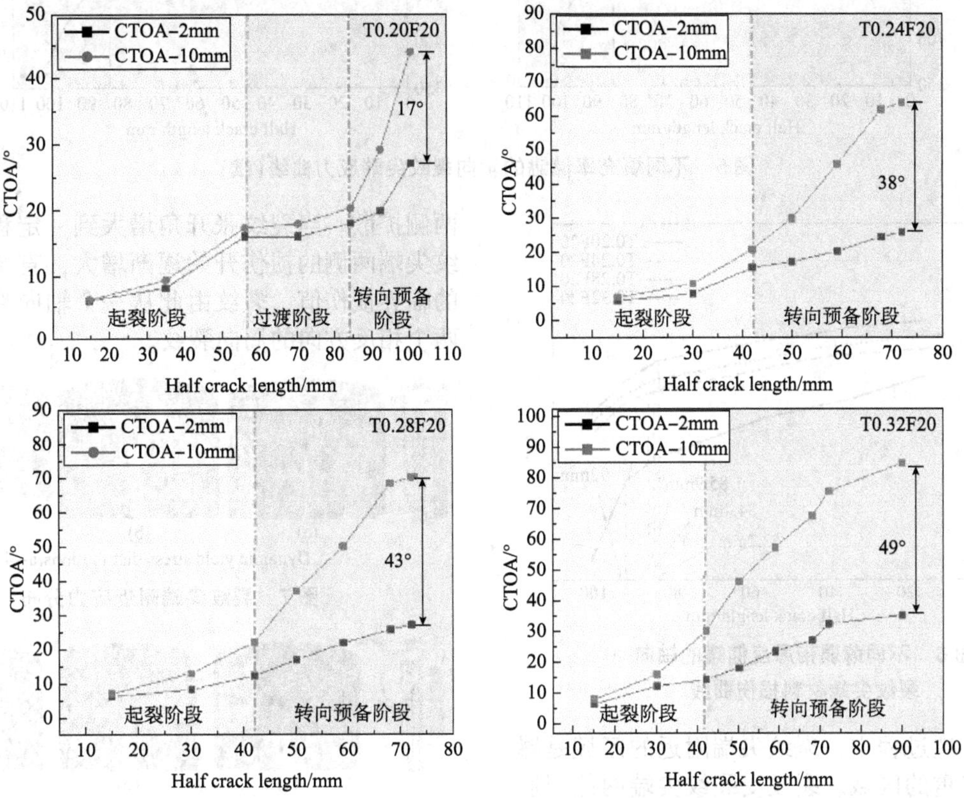

图 4　储罐 T0.20F20、T0.24F20、T0.28F20 和 T0.32F20 的 CTOA

4　罐体裂纹扩展与转向机理

相同填充率水平不同薄弱带壁面厚度下各储罐的轴向裂纹尖端应力曲线如图 5 所示。薄弱带厚度不同的储罐轴向裂纹尖端应力变化规律与不同填充率储罐的规律一致。储罐 T0.32F20 的破裂压力最大，该储罐轴向裂纹尖端应力最早的进入到第二阶段。在罐体轴向裂纹扩展过程中，破裂越大的储罐其应力再分布越迅速。轴向裂纹扩展过程中的总体规律为裂纹尖端前部的应力集中逐渐向裂纹尖端两侧转移，因此罐体破裂压力的越大储罐轴向裂纹尖端应力越早的进入快速变化阶段。裂纹尖端前部的材料损伤变化如图 6 所示。在裂纹尖端应力变化进入快速变化阶段时，裂纹尖端前部的材料损伤值也随之进入到快速下降阶段，储罐 T0.32F20 的裂纹尖端前部材料损伤进入快速下降阶段时对应的半轴向裂纹扩展距离仅为 83.2mm。所有实验储罐裂纹尖端应力场发生剧烈变化的阶段均出现在轴向裂纹扩展的后 20% 范围内。

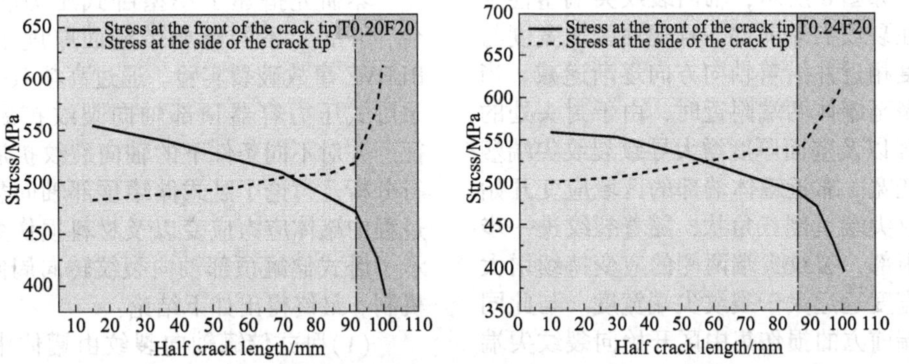

图 5　不同填充率储罐的轴向裂纹尖端应力曲线

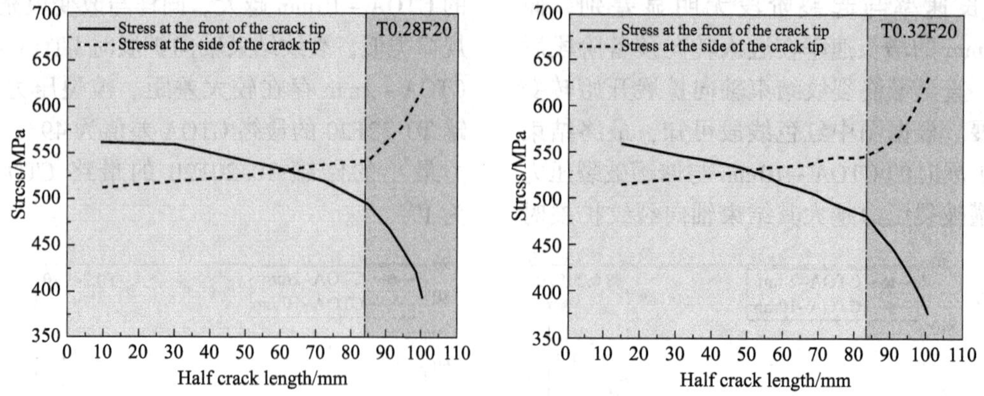

图5 不同填充率储罐的轴向裂纹尖端应力曲线(续)

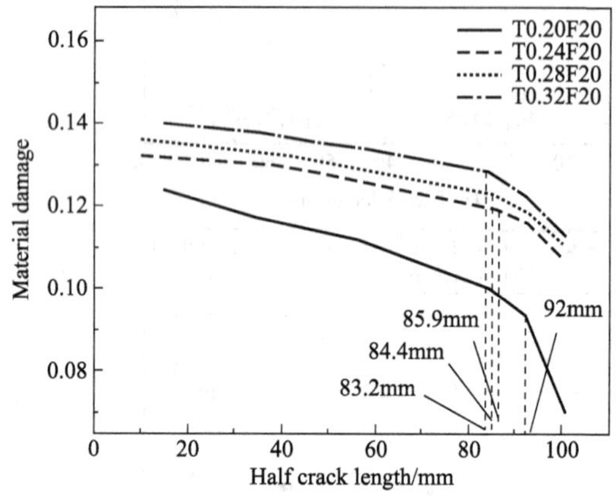

图6 不同薄弱带厚度储罐的轴向裂纹尖端材料损伤曲线

储罐破裂过程中，裂纹尖端附近的区域是罐体变形最严重的区域。裂纹受裂纹尖端两侧屈服应力的影响，在不同裂纹扩展长度下表现出不同的应力分布特征和损伤状态。在裂纹轴向扩展阶段，在裂纹前端存在轴向应力集中区。随着裂纹扩展，轴向应力集中区长度逐渐变短。如图7所示，当裂纹靠近薄弱带边缘时，裂纹尖端附近的应力集中区进一步减小。当裂纹不再沿轴向扩展时，裂纹尖端的应力集中区开始向裂纹尖端两侧转移。随着裂纹张开角的逐渐增大，裂纹尖端两侧的应力集中面积开始逐渐增大，直至裂纹尖端附近的应力集中全部转移至裂纹尖端两侧。

裂纹尖端附近的应变场在应力作用下呈现出相同的规律。如图8所示，轴向裂纹尖端塑性区域主要集中在裂纹尖端前部，且塑性区域宽度与裂纹尖端宽度相近并沿着轴向方向逐渐递减。当轴向裂纹扩展至罐体两端附近时，由于封头处的约束作用增强以及壁面厚度增大导致裂纹尖端塑性区域开始变宽。靠近罐体端部的区域应变开始增大并与裂纹尖端呈倒三角状，随着裂纹进一步靠近薄弱带根部，裂纹尖端两侧的应变持续增大且塑性区域宽度远远大于裂纹尖端宽度。与此同时，裂纹尖端前方的损伤集中区开始向裂纹尖端两侧扩散。当裂纹张开角增大到一定程度时，裂纹尖端两侧的损伤开始逐渐增大，直至达到断裂的临界损伤值，裂纹由此从一个轴向裂纹演化成两个相反方向的周向裂纹。

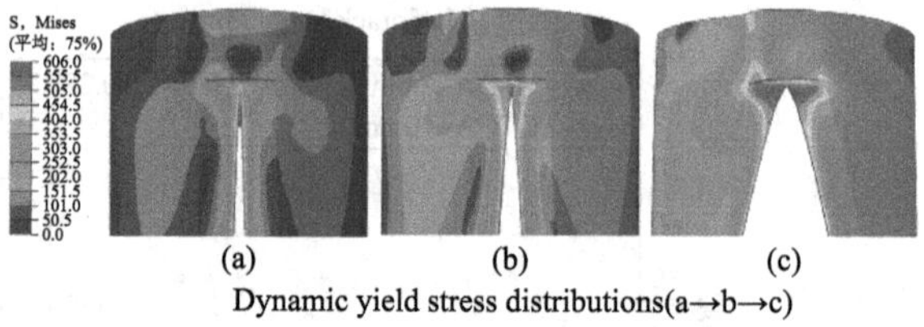

图7 裂纹尖端附近应力分布

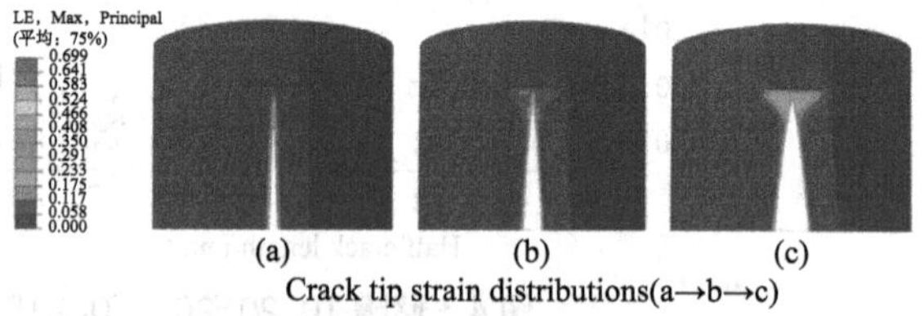

图8 裂纹尖端附近材料损伤分布

综合以上轴向裂纹扩展至罐体两端时的裂纹尖端应力应变以及材料损伤分布规律，结合弹塑性断裂力学理论可知，在BLEVE事故中卧式储罐轴向裂纹转为周向扩展的内在机制为：轴向裂纹受到封头约束增大后导致裂纹尖端塑性区域扩大，裂纹尖端钝化效应增强进而致使应力向裂纹尖端两侧集中，最终导致轴向裂纹向周向扩展裂纹转变。

5 结论

本研究搭建了小型卧式压力容器破裂实验台，开展了不同薄弱带壁面厚度条件下的罐体BLEVE事故破裂实验。通过高频数据采集系统记录卧式压力容器顶部轴向裂纹扩展过程动态特征，并对不同条件下的轴向裂纹扩展动态特征进行分析。讨论了卧式储罐顶部轴向裂纹扩展动态过程中罐体应力应变以及材料损伤变化规律，揭示了卧式储罐顶部轴向裂纹转向周向扩展的内在机制。最终得出如下结论：

(1)卧式储罐轴向裂纹由罐体中部逐渐扩展

至罐体两端的过程中，轴向裂纹扩展速率逐渐减慢。扩展速率由一开始的超音速阶段逐渐向亚音速阶段过渡，裂纹扩展速率降至大气音速附近所需的距离随着罐体破裂压力增大而降低。

(2)随着轴向裂纹逐渐靠近封头两端，裂纹尖端张开角度逐渐增大。在罐体破裂压力较低时，裂纹尖端张开角度的增长可大致分为三个阶段，分别为起裂阶段、过渡阶段以及转向预备阶段。CTOA－10mm与CTOA－2mm二者最终的差距与罐体破裂压力呈正相关，在破裂压力最大的罐体T0.32F20中CTOA－10mm与CTOA－2mm之间的差距可达到49°。

(3)轴向裂纹扩展过程中，裂纹尖端前部的应力随着轴向裂纹扩展逐渐降低，裂纹尖端侧部的应力随着轴向裂纹扩展逐渐升高，二者存在“此消彼长”的特点。轴向裂纹向周向转变的机制是罐体两端的约束增大了裂纹尖端的塑性区，进而导致原本存在于裂纹尖端前部的应力集中区开始逐渐向裂纹尖端两侧转移并随着裂纹扩展持续增大，最终导致裂纹向周向扩展。

参考文献

[1] Kielec DJ, Birk AM. Analysis of fire－induced ruptures of 400－l propane tanks. J Press Vessel Technol Trans ASME 1997; 119: 365－73. https://doi.org/10.1115/1.2842317.

[2] Birk AM. Shock waves and condensation clouds from industrial BLEVEs and VCEs. Process Saf Environ Prot 2017; 110: 15－20. https://doi.org/10.1016/j.psep.2017.06.017.

[3] Birk AM, Heymes F, Eyssette R, Lauret P, Aprin L, Slangen P. Near－field BLEVE overpressure effects: The shock start model. Process Saf Environ Prot 2018; 116: 727－36. https://doi.org/10.1016/j.psep.2018.04.003.

[4] Hemmatian B, Planas E, Casal J. Fire as a primary event of accident domino sequences: The case of BLEVE. Reliab Eng Syst Saf 2015; 139: 141－8. https://doi.org/10.1016/j.ress.2015.03.021.

[5] Laboureur D, Birk AM, Buchlin JM, Rambaud P, Aprin L, Heymes F 等. A closer look at BLEVE overpressure. Process Saf Environ Prot 2015; 95: 159－71. https://doi.org/10.1016/j.psep.2015.03.004.

[6] Li J, Hao H. Numerical simulation of medium to large scale BLEVE and the prediction of BLEVE's blast wave in obstructed environment. Process Saf Environ Prot 2021; 145: 94－109. https://doi.org/10.1016/j.psep.2020.07.038.

[7] Mishra KB. Multiple BLEVE's and fireballs of gas bottles: Case of a Russian road carrier accident. J Loss Prev Process Ind 2016; 41: 60－7. https://doi.org/10.1016/j.jlp.2016.03.003.

[8] Shariff AM, Wahab NA, Rusli R. Assessing the hazards from a BLEVE and minimizing its impacts using the inherent safety concept. J Loss Prev Process Ind 2016; 41: 303－14. https://doi.org/10.1016/j.jlp.2016.01.001.

[9] Spoelstra M, Mahesh S, Kooi E, Heezen P. Domino effects at LPG and propane storage sites in the Netherlands. Reliab Eng Syst Saf 2015; 143: 85－90. https://doi.org/10.1016/j.ress.2015.06.018.

[10] Ren J, Zhao B, Wang C, Bi M. Experimental study on the characteristics of the strong boiling induced by pressure relief at the top of vertical vessels. J Loss Prev Process Ind 2020; 67: 104181. https://doi.org/10.1016/j.jlp.2020.104181.

[11] Birk AM, Poirier D, Davison C. On the response of 500 gal propane tanks to a 25% engulfing fire. J Loss Prev Process Ind 2006; 19: 527－41. https://doi.org/10.1016/j.jlp.2005.12.008.

[12] Venart JES, Rutledge GA, Sumathipala K, Sollows K. To BLEVE or not to BLEVE: Anatomy of a boiling liquid expanding vapor explosion. Process Saf Prog 1993; 12: 67－70. https://doi.org/10.1002/prs.680120202.

[13] Tschirschwitz R, Krentel D, Kluge M, Askar E, Habib K, Kohlhoff H. Experimental investigation of consequences of LPG vehicle tank failure under fire conditions. J Loss Prev Process Ind 2018; 56: 278－88. https://doi.org/10.1016/j.jlp.2018.09.006.

[14] Landucci G, Molag M, Reinders J, Cozzani V. Experimental and analytical investigation of thermal coating effectiveness for 3 m^3 LPG tanks engulfed by fire. J Hazard Mater 2009; 161: 1182－92. https://doi.org/10.1016/j.jhazmat.2008.04.097.

[15] Luo W, Bi M, Zhang Y, Yu D, Deng Z, Ren J. Multi－factor coupling analysis and identification of tanks BLEVE. Process Saf Environ Prot 2023; 177: 880－90. https://doi.org/10.1016/j.psep.2023.07.034.

[16] Scarponi GE, Landucci G, Birk AM, Cozzani V. Three dimensional CFD simulation of LPG tanks exposed to partially engulfing pool fires. Process Saf Environ Prot 2021; 150: 385－99. https://doi.org/10.1016/j.psep.2021.04.026.

[17] Bubbico R, Mazzarotta B. Dynamic response of a tank containing liquefied gas under pressure exposed to a fire: A simplified model. Process Saf Environ Prot 2018; 113: 242－54. https://doi.org/10.1016/j.psep.2017.10.016.

[18] Zhao B. Study on affecting factors of temperature－pressure－stress－coupled field of lpg tank under fire based on Legendre wavelet finite element method. Proc Inst Mech Eng Part E J Process Mech Eng 2017; 231: 533－47. https://doi.org/10.1177/0954408915612980.

[19] Manu CC, Birk AM, Kim IY. Stress rupture predictions of pressure vessels exposed to fully engulfing and local impingement accidental fire heat loads. Eng Fail Anal 2009; 16: 1141－52. https://doi.org/10.1016/j.engfailanal.2008.07.018.

[20] Eyssette R, Heymes F, Birk AM. Ground loading from BLEVE through small scale experiments: Experiments and results. Process Saf Environ Prot 2021; 148: 1098－109. https://doi.org/10.1016/j.psep.2021.02.031.

锅炉水冷壁管爆管原因分析

刘　凯　尤景泽　孙永辉　于海洋　宋　明

(中国特种设备检测研究院，北京　100029)

摘　要：本文对牌号为20G的锅炉水冷壁管爆管开裂进行了失效原因分析。通过对水冷壁管进行宏观分析、化学成分分析、硬度检测、金相检验、断口形貌分析、垢层分析，结果表明：由于管排堵塞和/或水质不合格，造成管子内壁产生垢层，造成局部过热，进而产生爆管；由于长期过热发生材质劣化－蠕变，是导致水冷壁管发生开裂的主要原因；水冷壁管内壁发生局部碱腐蚀减薄，是导致管子失效的主要原因。

关键词：20G；水冷壁管；碱腐蚀；过热；蠕变

Analysis of the Reasons for Boiler Waterwall Tube Bursts

LIU Kai, *YOU Jingze*, *SUN Yonghui*, *YU Haiyang*, *SONG Ming*

(China Special Equipment Inspection & Research Institute, Beijing 100029, China)

Abstract: This paper conducts a failure analysis on the burst pipe crack of boiler water wall tubes with the grade of 20G. Through macroscopic analysis, chemical composition analysis, hardness test, metallographic examination, fracture morphology analysis, and scale analysis, the results show that: due to blockage of the tube bundle and/or water quality failure, a scale layer forms on the inner wall of the tube, causing local overheating and eventually leading to pipe burst; long-term overheating leads to material deterioration-creep, which is the main reason for the water wall tube failure; local alkali corrosion thinning of the inner wall of the tube is the main reason for the tube failure.

Key words: 20G; Water wall pipe; Alkali corrosion; Overheating; Creep

1　背景介绍

水冷壁是锅炉的主要受热部分，它由数排钢管组成，分布于锅炉炉膛的四周。它的内部为流动的水或蒸汽，外界接受锅炉炉膛的火焰的热量。主要吸收炉膛中高温燃烧产物的辐射热量，工质在其中作上升运动，受热蒸发。水冷壁的作用不仅仅在于产生蒸汽，它还是一个高效的热交换器。在这个过程中，水冷壁通过吸收炉膛内的热量，将水转化为蒸汽，这个过程中的能量转换效率极高。而且，由于水冷壁的存在，锅炉的燃烧室得以保持在一个相对稳定的温度范围内，这对于提高燃烧效率和减少燃料消耗具有重要意义。

本文针对某公司型号为WGZ220/10.3－1的锅炉水冷壁进行失效分析，该锅炉为高温高压、单锅筒、集中下降管，自然循环“Π”型布置的固态排渣煤粉炉，锅炉蒸发量为220t/小时，出口温度540℃，压力10.3MPa。锅炉前部为炉膛，四周布置膜式水冷壁，燃烧器采用四角布置，切圆燃烧。炉膛出口处布置屏式过热器，水平烟道装设了两级对流过热器。炉顶、水平烟道两侧及转向室设置顶棚管和包墙管。

作者简介：刘凯(1994—　)，男，本科，工程师，从事金属材料理化性能试验、失效分析工作，E－mail: 478087528@qq.com

通信作者：宋明(1983—　)，男，教授级高工，副所长，从事特种设备安全评估与失效分析工作，E－mail: songm214@foxmail.com

尾部自上而下交错布置两级省煤器及3级空气预热器。该锅炉曾发生过一次屏式过热器爆管，锅炉过热器管、省煤器管均未发生爆漏事故，但锅炉水冷壁爆管较为频繁，目前已成为锅炉非计划停运的主要原因，直接威胁主装置的长周期安全运行[2]。

本次爆管停运后检查，共发现有24根水冷壁存在缺陷进行更换。其中左侧有23根存在缺陷，后墙(北侧)水冷壁1处鼓包其余开裂部位均位于前墙(南侧)，开裂爆管泄漏的部位集中在燃烧器及其上、下标高为8～20m区域。本次发生爆管的水冷壁管一共有7根，其中如图1(c)式的开裂水冷壁管有2根，其余5根开裂形式与图1(a)、(b)相同。

(a)

(b)

(c) 43#管爆破处管壁减薄，呈喇叭口状，微变形处内壁有腐蚀坑

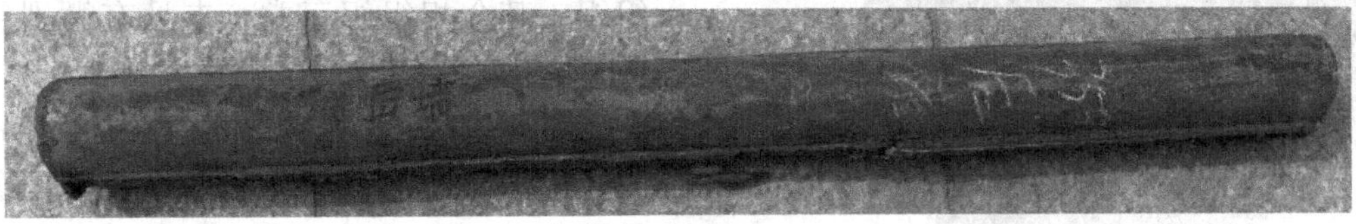

(d)35#管鼓包

图1　部分失效管子形貌图

本次分析对鼓包、开裂、呈喇叭口形貌爆管和未开裂完好部位分别进行了取样分析。针对该管件失效特征，进行宏观分析、化学成分分析、硬度检测、金相检验、断口形貌分析、垢层分析。通过上述分析，确定失效机理，并针对性地提出改进措施。

2　分析与试验

2.1　宏观检查

对取回进行分析的水冷壁管进行仔细宏观检查发现：(1)从图2(a)～(d)中可以看出，发生开裂和鼓包的位置其内表面附近存在明显腐蚀减薄，爆裂处内壁见明显腐蚀凹坑[见图2(a)和(b)]，且减薄主要发生在内壁向火侧，向火面内壁较为粗糙，有明显的腐蚀痕迹，内表面有腐蚀产物析出；背火侧表面内壁较为光滑，无明显的腐蚀痕迹(见图2)。

2.2　化学成分分析

在11#失效水冷壁管向火侧取样进行化学成分分析，分析得化学成分及标准要求成分如表1所示。从表中可以看出，化学成分均在GB 5310标准范围内[5]。

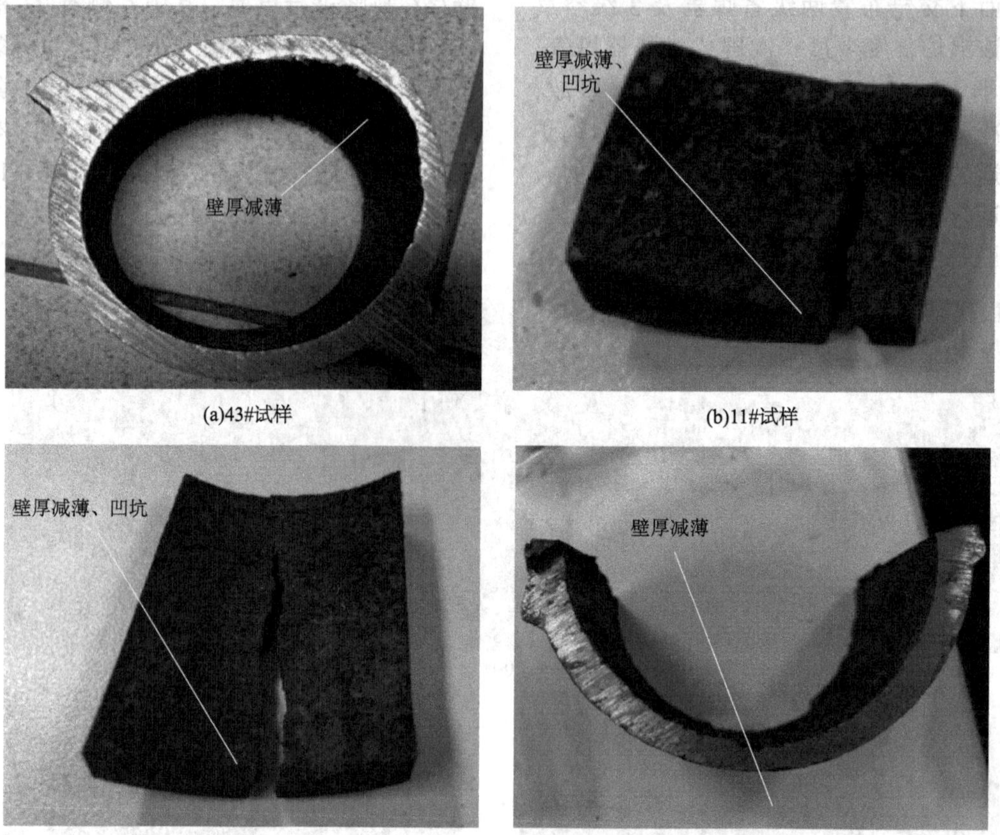

图2　失效部位形貌

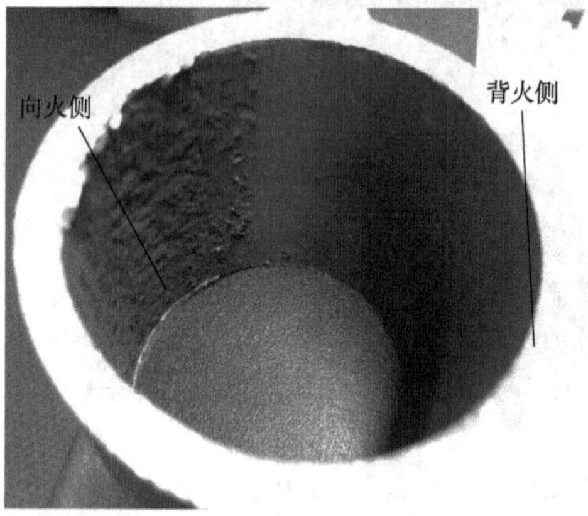

图3　管子向火面与背火面表面形貌

表1　11#水冷壁管向火侧化学成分

%(质量分数)

化学元素 Chemical element	C	Si	Mn	P	S
分析结果	0.17	0.20	0.43	0.017	0.012
标准要求 GB 5310	0.17~0.23	0.17~0.37	0.35~0.65	≤0.025	≤0.015

2.3　金相分析

金相分析认为，11#水冷壁管开裂部位附近金相组织，见图4(a)~(c)，均为典型的铁素体+珠光体组织，但是存在有几条细小裂纹，见图4(b)和(c)未见明显的珠光体球化和晶粒长大现象；图4(d)为11#水冷壁管背火侧金相组织，其金相组织正常，未见有微裂纹，未见明显的珠光体球化和晶粒长大现象。

图5为15#水冷壁管的金相组织结构，未见明显的珠光体组织球化和晶粒长大现象，其中从图5(b)可知存在有脱碳现象，未见有细小裂纹或微裂纹存在；图5(c)为15#试样背火面金相组织，其金相组织正常，未见有裂纹存在，未见明显的珠光体球化和晶粒长大现象。

图6为43#水冷壁管开裂位置金相组织，可见存在有一定的珠光体球化现象，未见有细小裂纹或微裂纹存在。

图7为42#水冷壁管(42#水冷壁管为投用一段时间后的正常管子)向火面金相组织，可见其金相组织正常，在管子内壁和外壁金相组织均匀。

图8为35#水冷壁管金相组织，可见其金相组织存在一定的珠光体球化现象，并且在管子内壁有一定的腐蚀坑，腐蚀坑向内扩展。

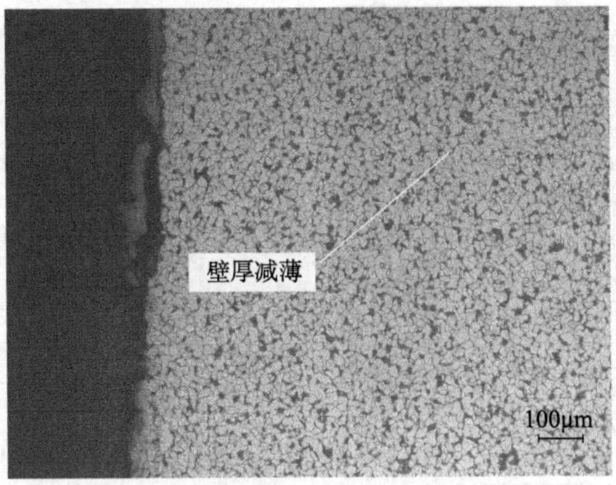

(a)11#水冷壁管裂纹附近截面金相组织100X

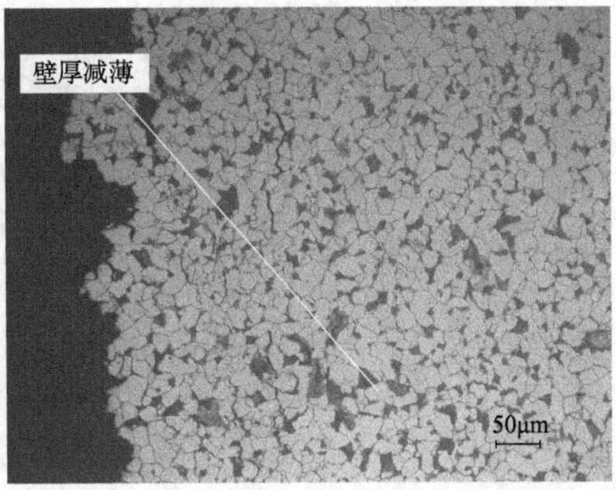

(b)11#水冷壁管裂纹尖端金相组织200X

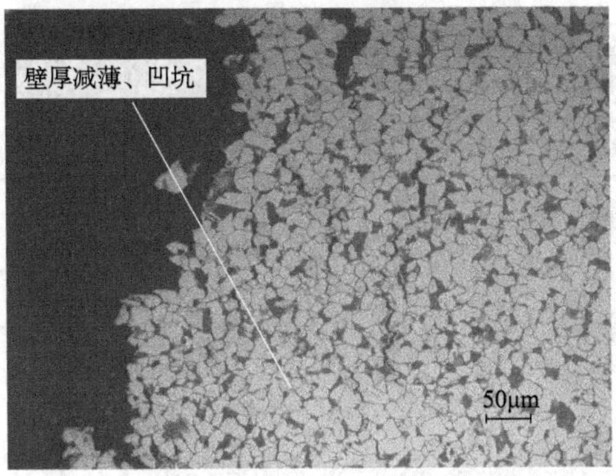

(c)11#水冷壁管裂纹尖端金相组织200X

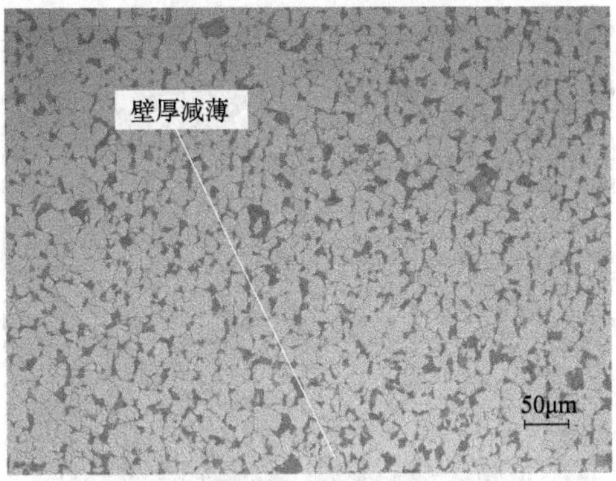

(d)1#水冷壁管背火面金相组织

图 4

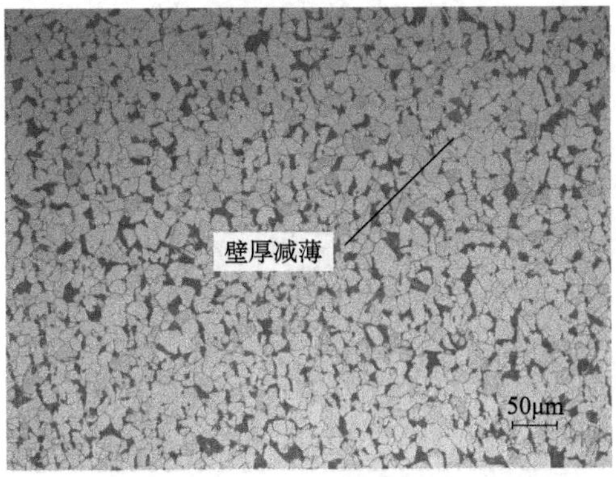

(a)5#水冷壁管裂纹附近横截面金相组织200X

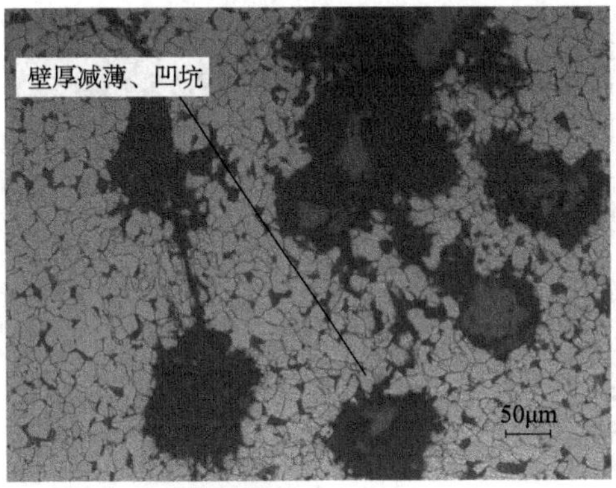

(b)15#水冷壁管裂纹尖端金相组织200X

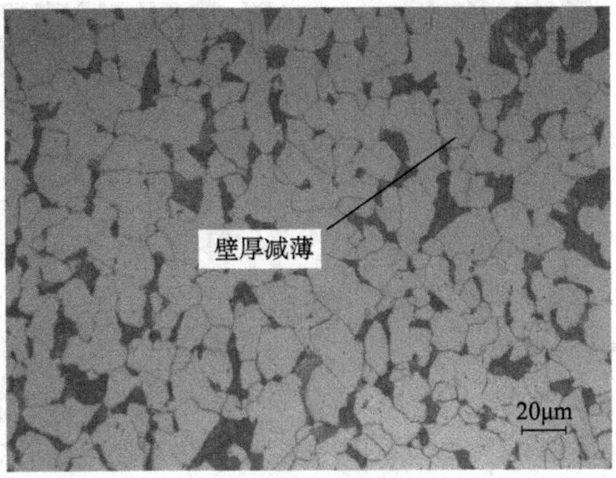

(c)15#水冷壁管背火面金相组织500X

图 5

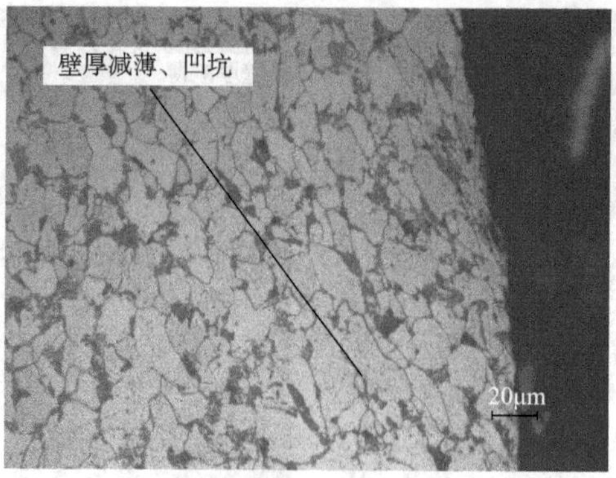

图 6　43#水冷壁管开裂处截面金相组织 500X

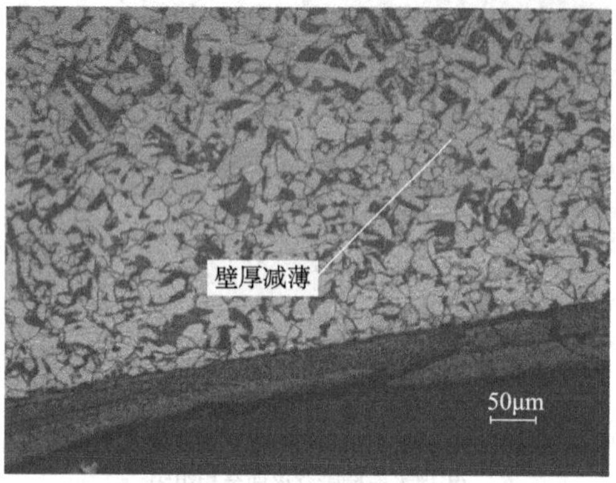

(a)42#水冷壁管截面金相组织200X(内表面)

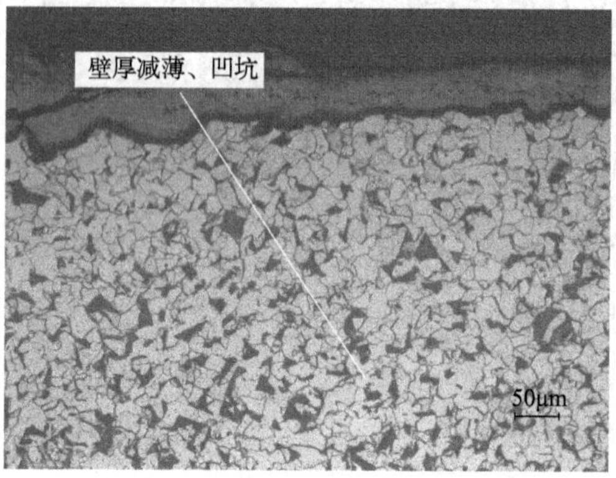

(b)42#水冷壁管截面金相组织200X(外表面)

图 7

(a)35#水冷壁管截面金相组织200X(内表面)

(b)35#水冷壁管截面金相组织200X(内表面)

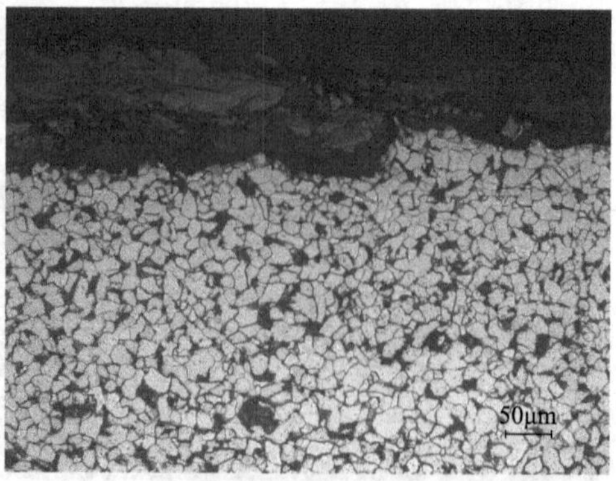

(c)35#水冷壁管截面金相组织200X(外表面)

图 8

2.4 硬度分析

选取11#、15#、35#和43#水冷壁管失效位置附近向火侧和背火侧位置进行硬度分析。辅助判断向火侧是否有材质劣化现象。选取失效部位附近未发生明显减薄的部位进行硬度实验，以减小由于壁厚减薄厚度不同，对硬度值的影响。取3次测试结果平均值见表2，从表中可以看出，向火侧硬度值低于背火侧硬度值。

表2 硬度测试结果(HL)

试样编号	向火侧硬度值	背火侧硬度值
11#	295	343
15#	305	346
35#	275	351
43#	237	280

2.5 断口分析

从扫描电镜观察可以看出(图9)，断口表面凸凹不平，有大量的腐蚀产物，虽然经超声波酒精清洗，但仍效果不佳。从断口微观图片可以看出，部分位置表面腐蚀严重。发现部分裸露出的原始断面有韧窝存在，为典型韧性断口。

(a) 断口微观组织形态(1)

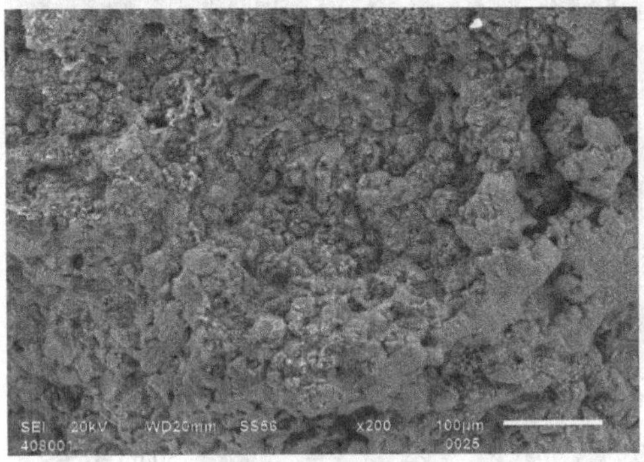

(b) 断口微观组织形态(2)

图9 扫描电镜

在进行金相分析时，发现11#试样存在有细小裂纹，故通过扫描电镜对11#金相试样裂纹尖端附近进行观察，发现存在大量微裂纹，并发生有脱碳，可明显观察到空洞的存在，为典型的蠕变特征。

15#水冷壁管在进行金相分析时虽未发现细小裂纹或微裂纹，考虑到其失效形貌与11#水冷壁管相似，所以将其金相试样也进行扫描电镜观察，如图10和图11所示，可见存在有断续裂纹存在，未见到微裂纹和空洞存在，脱碳区域进一步扩展，则可能产生更多裂纹[3]。

2.6 垢层分析

2.6.1 能谱分析

对垢层进行能谱分析(见图12和表3)，分别对刮取的垢层粉末和垢层进行能谱分析(图13)。分析得垢层中存在的元素为O、Mg、Si、P、Ca、Mn、Fe、Ni、Na、AL、Cr等。垢层中主要的物质为铁的氧化物。其次含有Ca、Na、Mg、K等金属元素。

2.6.2 物相分析

物相分析发现，垢中主要物质有Fe_3O_4、Fe_2O_3、FeO、SiO_2、NaCl、$FeSO_4$。

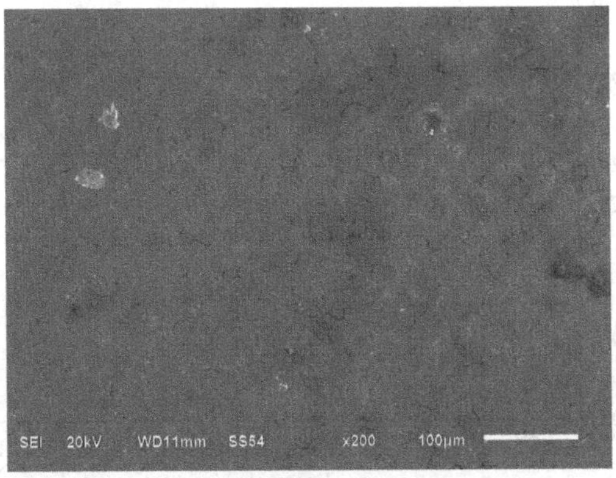

(a)11#水冷壁管裂纹尖端附近形貌

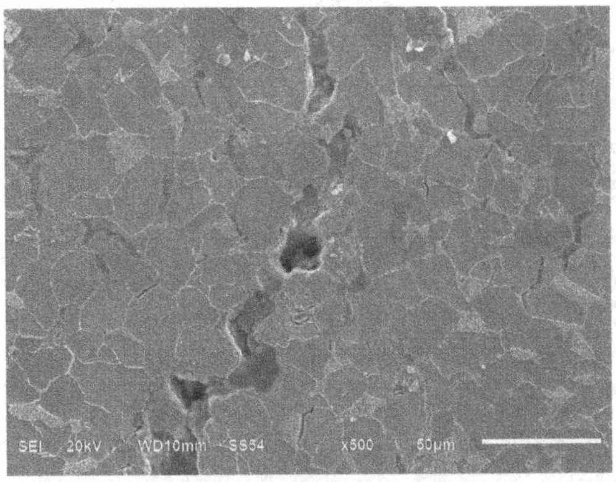

(b)11#水冷壁管裂纹尖端附近形貌

图10

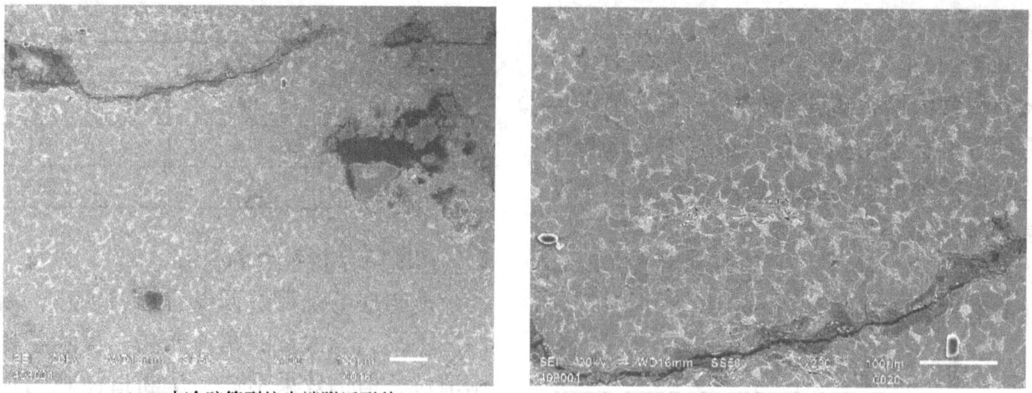

(a)15#水冷壁管裂纹尖端附近形貌　　(b)15#水冷壁管裂纹尖端附近形貌

图 11

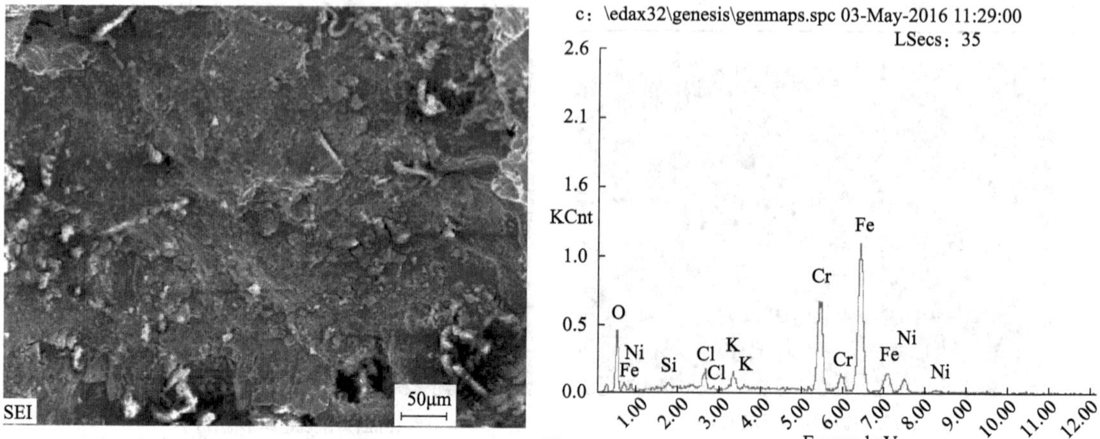

(a)

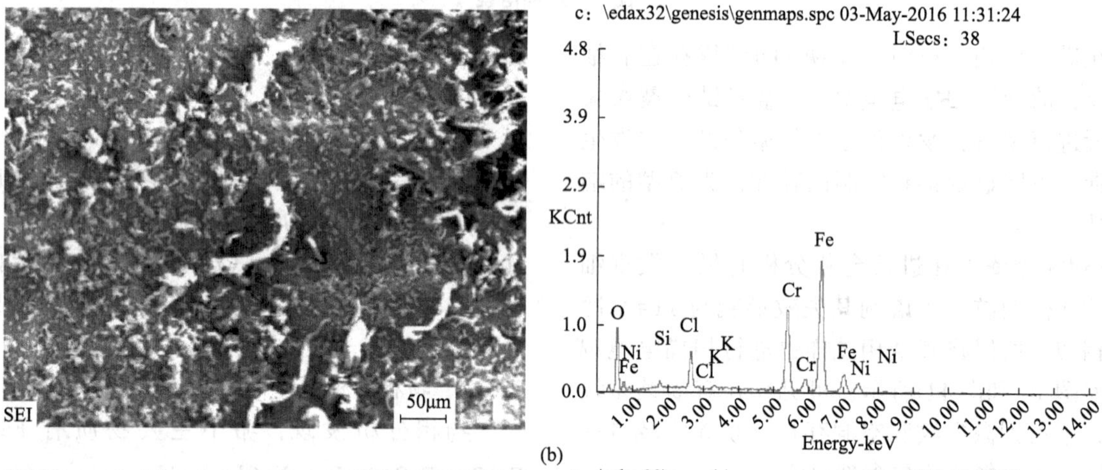

(b)

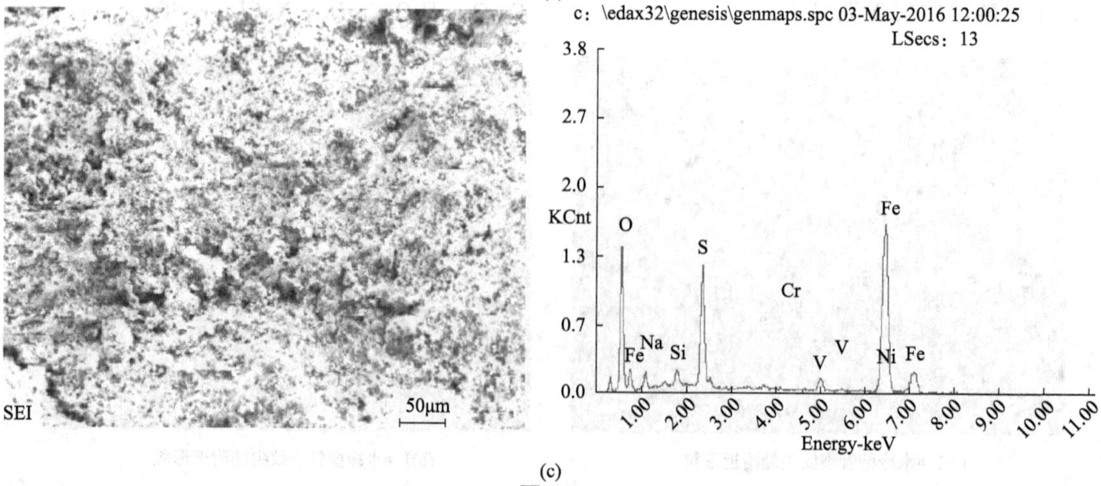

(c)

图 12

(d)

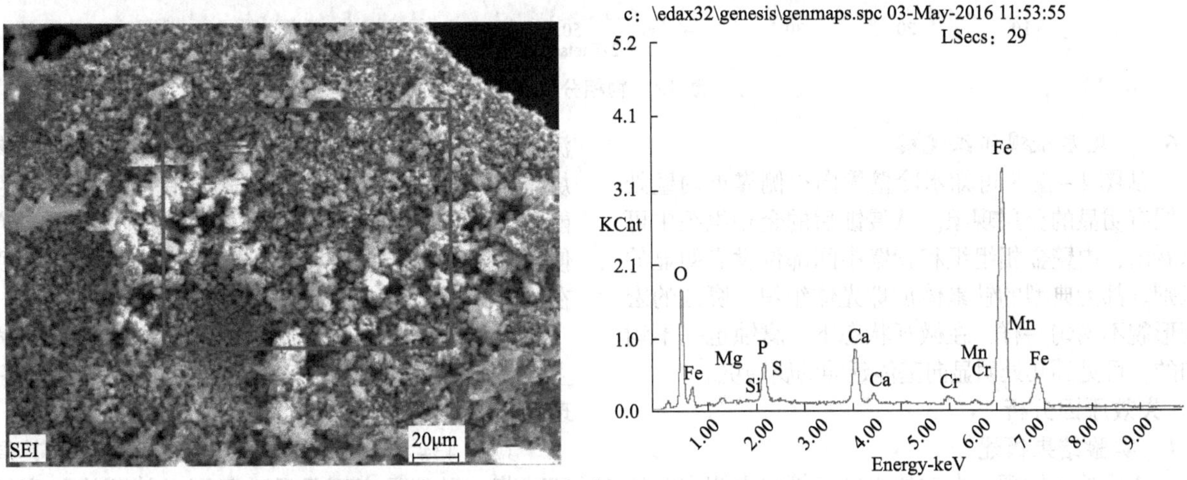

(e)

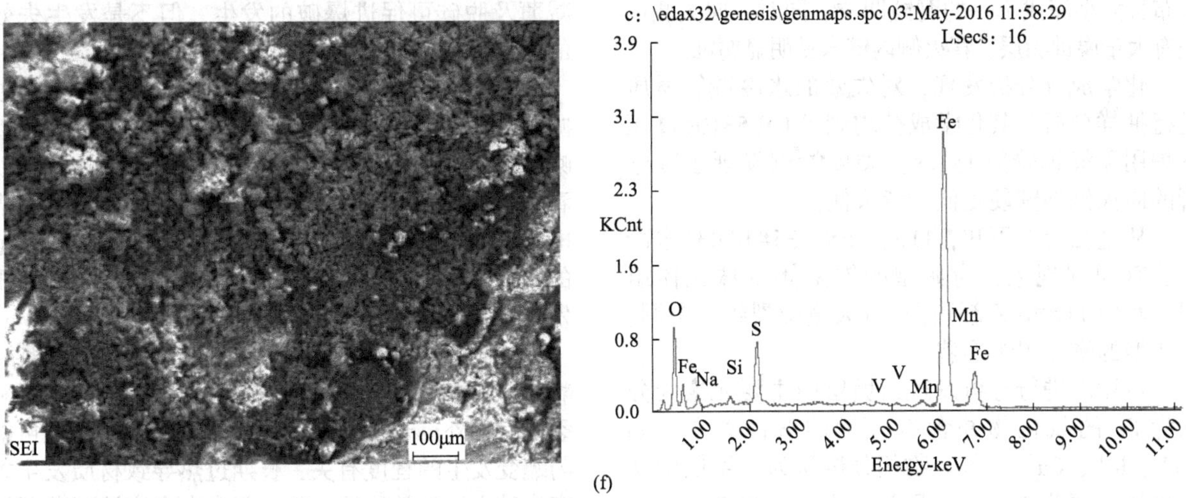

(f)

图 12（续）

表 3　能谱分析元素列表（重量百分比）　　%（质量分数）

序号	O	Mg	Si	P	Ca	Mn	Fe	Cl	K	Na	Al	Ni	Cr
1	7.85	—	1.12	—	—	—	57.08	2.25	1.98	—	—	7.72	22.0
2	10.41	—	0.94	—	—	—	55.76	4.37	0.88	—	—	6.46	21.19
3	22.75	—	1.79	—	—	—	58.07	—	—	4.19	—	—	—
4	13.15	0.96	0.53	3.36	4.29	—	76.24	—	—	—	0.5	—	0.98
5	15.43	1.24	0.42	3.65	5.54	0.86	70.92	—	—	—	—	—	1.59
6	9.8	—	0.88	—	—	1.36	79.04	—	—	3.1	—	—	—

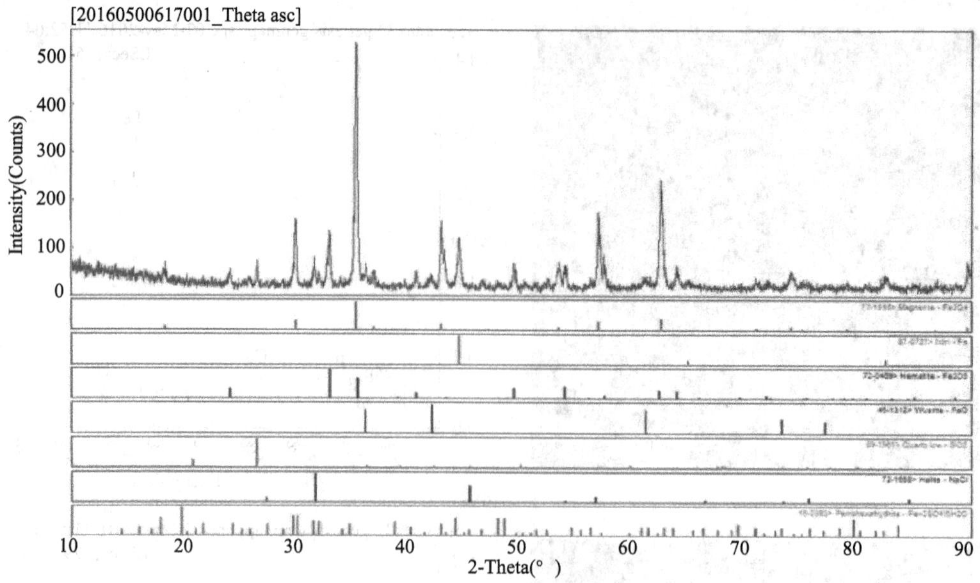

图 13　物相分析图谱

2.6.3　垢层微观组织观察

从图 4～图 8 可知水冷壁管向火侧靠近内壁处垢层有明显的分层现象。从侵蚀后的金相组织中可以看出，内壁金相组织和管壁中间部位没有明显的区别。都为典型的铁素体加珠光体组织。腐蚀的宏观形貌不均匀一样，在微观状态下，腐蚀也是不均匀的。可见到几处明显向基体延伸的腐蚀坑。

3　失效原因分析

3.1　实验结果概述

宏观检查发现，失效的水冷壁管向火侧内壁都分布着大小深浅不一的腐蚀凹坑。同时，向火侧内壁有大量腐蚀垢层，背火侧内壁未见明显腐蚀。

化学成分分析发现，对失效的水冷壁管材质进行抽样分析，其化学成分均满足 GB 5310《高压锅炉用无缝钢管》的要求。硬度检测发现水冷壁管的向火侧外壁硬度低于背火侧。

从金相分析可知，11#、15#、35#和 43#水冷壁管有脱碳现象，为典型的铁素体＋珠光体组织。其中 11#水冷壁管存在有大量微裂纹、空洞，为典型的蠕变组织形貌。

对垢层进行分析发现，垢层中主要元素为分别为 Fe 的氧化物并含有大量的碱性离子，如 Na^+、K^+、Ca^{2+}、等。物相分析认为，垢层中铁氧化物主要为 Fe_3O_4。据文献称，生成 Fe_3O_4 是锅炉水冷壁管碱腐蚀的一个主要特征。从垢层形貌上看，内壁接近基体金属的垢层有分层现象、同时在内壁可看见有明显的微观腐蚀凹坑，亦可见到几处明显向基体延伸的腐蚀坑。

3.2　失效原因判断

本次发生开裂的部位主要集中在南墙，而其他三面水冷壁则仅存在有一处鼓包现象，这说明水冷壁内部温度分布不均，南墙温度更高。3#炉水冷壁管采用的直流燃烧器、四角布置切圆燃烧方式，射流本身的卷吸和邻角的相互点燃特点，使直流式燃烧器四角布置、切圆燃烧方式具有良好的着火性能[1]。但是直流燃烧器作四角布置切圆燃烧时，亦使其燃烧火焰容易发生刷墙或偏斜，从本次爆管所在位置看，可能存在火焰偏斜现象的现象。

从实验结果来看，腐蚀减薄形成的局部凹坑主要发生在向火侧内壁，微变形处和开裂处均发现明显腐蚀减薄。

其中 43#水冷壁管主要由于碱腐蚀造成其局部减薄，局部强度不足导致开裂。外壁均匀腐蚀减薄及脱碳可促进爆破的发生，但不是发生失效的主要原因。

11#水冷壁管其内部向火侧存在一定的腐蚀减薄，外部存在一定的变形，但与 43#水冷壁管喇叭口的开裂存在明显不同；从其金相分析可以看出，在裂纹附近有少量的裂纹；通过采用扫描电镜对金相试样进一步观察，发现其存在有大量的微裂纹和空洞，为典型的蠕变形貌，说明材质发生了材质劣化。

15#水冷壁管开裂形貌与 11#水冷壁管的开裂形貌相似，但从其金相分析中除发现存在脱碳现象和裂纹存在外，未发现明显的微裂纹和空洞，这可能与蠕变发生的程度有关，长期过热导致材质发生蠕变为其主要失效原因，其内部存在有腐蚀减薄凹坑加剧了开裂的发生，从其腐蚀减薄发生的程度判断，腐蚀减薄并不是因其失效的主要原因。

若炉膛内火焰发生偏斜，或者由于水质不合格使管子内壁结垢，均可能引起管子局部过热，若长期过热，则会发生有蠕变现象。长期过热导致材质发生蠕变为其主要失效原因，虽然在其内部存在有腐蚀减薄凹坑，但腐蚀减薄并不是 11#和 15#水冷壁管失效的主要原因，这从其腐蚀减薄发生的程度可以得知。

42#水冷壁管为近年更换的新管，本次未发生开裂或鼓包等现象，仅用来做对比分析。通过对42#试样金相分析，发现其金相组织正常，主要为铁素体+珠光体，未发现有明显的材质劣化。

35#水冷壁管位于锅炉水冷壁北侧，其存在有鼓包现象，但尚未开裂。在鼓包位置管子内侧，存在有明显的腐蚀凹坑、壁厚减薄，金相分析发现其存在有一定量的珠光体球化现象，球化等级为2－3级，并且，从金相图上可见几处明显向基体延伸的腐蚀坑。随着投用时间的延长，壁厚减薄程度的加剧，则存在发生类似于43#水冷壁管似的爆管的可能。

3.3　碱腐蚀发生的原因

发生碱腐蚀的充分必要条件是炉水中存在过量游离碱且水冷壁中存在局部过热。从垢层分析结果来看，垢层中存在有一定量的硅元素，导致容易在锅炉上形成硅酸盐垢；同时发生过排污管堵塞，会造成一定程度的局部过热。在垢层的能谱分析中发现其存在有大量的碱性离子（Na^+、K^+、Ca^{2+}等），表明炉水中有游离碱存在。满足了发生碱腐蚀的两个条件。在正常运行条件下，锅炉管内金属表面上常覆盖一层致密的 Fe_3O_4 膜，使锅炉管避免腐蚀，这是金属表面在高温炉水中形成的。当炉管金属表面有沉积物时，情况就发生了变化。从能谱分析和物相分析中可以看到，表面可能有钙镁垢、硅酸盐垢等。由于垢层传热性差，沉积物下金属管壁温度升高，渗透到沉积物下面的碱性炉水发生急剧蒸浓。浓缩的炉水由于沉积物的阻碍，不易和处于炉管中的炉水混匀，沉积物下炉水中的各种杂质浓度变得很高，这些浓液具有极强的侵蚀性，使炉管金属遭到腐蚀。当蒸浓炉水中 pH 值大于 13 时，金属表面的 Fe_3O_4 保护膜溶于溶液中而遭到破坏，反应式为(3－1)：

$$Fe_3O_4 + 4NaOH \longrightarrow 2Na_2FeO_2 + Na_2FeO_2 + 2H_2O \qquad (3-1)$$

保护膜破坏后，由于向火侧垢下金属管壁温度相当高，且垢下与炉水中炉水相比，前者 OH^- 浓度高，H^+ 浓度低，后者 H^+ 浓度高、OH^- 浓度低。浓度差使垢下 Fe 电位降低作为阳极而遭到腐蚀。阳极反应式为3－2。生成的 Fe_3O_4 具有铁磁性，所以垢层中靠近基体部位具有分层的组织结构。

$$Fe + 3OH^- \longrightarrow HFeO_2^- + H_2O + 2e^-$$
$$3HFeO_2^- + H^+ \longrightarrow Fe_3O_4 + 2H_2O + 2e^- \qquad (3-2)$$

炉水中 NaOH 来源一般有3个：(1)添加入炉水中的 NaOH；(2)磷酸盐隐藏所产生的 NaOH；(3)补给水中含有 NaOH 或碳酸盐碱度。

4　结论与建议

4.1　结论

(1)由于管排堵塞和/或水质不合格，造成管子内壁产生垢层，造成局部过热，进而产生爆管，同时燃烧器四角布置、切圆燃烧的方式在可能存在一定的火焰偏斜，使得部分管子处于过热状态；

(2)11#和15#水冷壁管由于长期过热发生材质劣化－蠕变，蠕变是导致水冷壁管发生开裂的主要原因，内壁的局部碱腐蚀减薄、外壁腐蚀和脱碳进一步加剧的开裂的发生；

(3)43#和35#水冷壁管内壁发生局部碱腐蚀减薄，是导致管子失效的主要原因；外壁腐蚀及脱碳对开裂有一定的促进作用。

4.2　建议

根据锅炉水冷壁管失效的原因，提出以下几点建议：

(1)做好水质分析，严格控制水中各种杂质含量，避免结垢，确保进入水冷壁管的水质符合相应标准，建议分析炉水中游离 NaOH 的来源，降低炉水中游离 NaOH 含量；

(2)四角布置燃烧器、切圆燃烧的方式容易发生火焰刷墙或偏斜，生产中要尽量避免发生火焰刷墙或偏斜发生；

(3)为排除事故隐患，保障锅炉长周期安全稳定运行，可在炉管腐蚀失效前期对水冷壁管进行检测，提前发现向火侧内壁腐蚀减薄并更换相应的水冷壁管子。目前行之有效的检测技术手段有以下几种：

(a)超声波 A 扫/B 扫/C 扫检测。该方法可较精确地测量内壁剩余壁厚，判断是否存在壁厚减薄，检测部位需要打磨，检测标准参考 GB/T 11344《无损检测 超声测厚》[4]；

(b)高频导波检测。经实测，该方法可快速地检出探头前方2米范围内水冷壁管管壁上直径5毫米、壁厚减薄量为30%的单个腐蚀坑，仅探头放置部位需打磨；

(c)远场涡流检测。该方法利用手持外置式多通道探头，从外部对水冷壁管进行扫查，可实时检测管壁内外的壁厚减薄，该方法无需打磨，且可配备管壁爬行器提高检测效率。

(4)对投用时间较长，频繁发生爆管的管子附近管段进行更换。

参考文献

[1]姚永良，黎乃斌．660MW 四角切圆燃烧锅炉燃烧调整策略优化[J]．电力安全技术．2022 (10)

[2]要飞飞．谈锅炉爆管的问题[J]．山西建筑．2014 (02)

[3]魏元生．水管热水锅炉爆管机理及处理措施[J]．设备管理与维修，2023，(01)：93－95.

[4]GB/T 11344—2021，无损检测 超声测厚[S].

[5]GB/T 5310—2023，高压锅炉用无缝钢管[S].

聚乙烯管道切口试验应力分析

韩守鹏　丁　菊

(上海市特种设备监督检验技术研究院，上海　200062)

摘　要：对聚乙烯管道在1~4mm切口深度下水压试验中应力和变形分布进行分析。研究得到：聚乙烯管道应力强度和变形量随着切口深度的增加而升高；聚乙烯管道变形量较大的区域对应的应力强度相对较低；切口深度为1mm时，管道内表面应力和变形分布较为均匀，没有明显的变化梯度；而在切口深度为2~4mm时，管道内表面应力和变形分布已经出现明显的变化梯度。

关键词：聚乙烯管；应力分析；切口试验

Stress Analysis of Polyethylene Pipe Incision Test

HAN Shoupeng*, *DING Ju

(Shanghai Institute of Special Equipment Inspection and Technical Research, Shanghai 200062, China)

Abstract: The stress and deformation distribution of polyethylene pipeline in the hydraulic test under the incision depth of 1 ~ 4mm were analyzed. The results show that the stress strength and deformation of polyethylene pipe increase with the increase of incision depth. The stress intensity corresponding to the area with large deformation of polyethylene pipe is relatively low. When the incision depth is 1mm, the stress and deformation distribution of the inner surface of the pipeline is relatively uniform, and there is no obvious change gradient. When the incision depth is 2 ~ 4mm, the stress and deformation distribution of the inner surface of the pipeline have obvious change gradients.

Key words: Polyethylene pipes; Stress analysis; Nick test

1　引言

相较于金属材料管道，聚乙烯管具有低密度、高强度和质量比、低脆化温度以及卓越的韧性和耐腐蚀性能。在燃气领域，随着相应国家标准的推出，燃气管网向“以塑代钢”的方向迅速发展。大量实验和工程应用显示，聚乙烯管道的失效泄漏主要是由于管材在长期内受到压力作用下发生裂纹扩展，慢速裂纹增长(SCG)是其中一种导致失效后果严重的破坏机制，PE管道在生产、运输和施工过程中容易产生裂纹、孔洞、缺口和刮痕等缺陷，当这些缺陷受到外载荷作用时，容易导致应力集中，从而引发慢速裂纹增长。曹鹏[1]等对含缺陷的燃气用聚乙烯管道进行应力分析，重点研究了管道内压、地面载荷和缺陷深度对管道的影响。周立国[2]等分析了挖掘载荷下聚乙烯管道力学特征，确定了聚乙烯管道强度和应力变形失效准则。于美明[3]等研究了南水北调用大口径聚乙烯管在水压试验条件下应力分布情况，同时对管道在土壤中的变形情况进行了分析。黄嘉骏[4]等基于有限元模型对高密度聚乙烯渠道进行模拟分析，得到了渠道应力分布和变形云图，将模拟结果与试验结果进行对比分析，验证了模拟结果的正确性。陈自鹏[5]等对高密度聚乙烯材料在大变形条件下进行了数值模拟和试验研究，通过对研究结果的对比，对数值模拟模型进行了优化。孙晋[6]等对比了聚乙烯管道长期静

作者简介：韩守鹏(1992—　)，工程师，主要从事压力容器和压力管道失效分析研究方向。E－mail：hanshoupeng@yeah. net

液压强度预测方法，分析了不同标准下聚乙烯管道最大工作压力的计算方法。陈星宇[7]等采用数值模拟方法对含热熔孔洞缺陷的埋地聚乙烯管道应力分析及寿命预测，分析了管道内压、缺陷大小和应力对管道寿命的影响。孙明[8]等对含缺陷燃气聚乙烯管道内压承载能力进行了研究，通过建立9中不同的缺陷类型，得到了缺陷尺寸和管道内压的相关联系。刘睿[9]等对聚乙烯燃气管道在穿跨越条件下进行了数值模拟研究，分析了跨长、管径以及内压等因素对管道变形和应力的影响及其变化规律。陈国华[10]考虑了温度和占压载荷下含缺陷聚乙烯管道的数值模拟研究，研究得到，不能忽略温度对于聚乙烯管道的影响。徐青永[11]等分析了埋地聚乙烯管道在接触载荷下的受力情况，得到聚乙烯管道最大应力随接触载荷或点载荷增大而增大，并在一定区间近似成线性关系。

评价聚乙烯管道耐SCG性能的试验方法研究主要有：切口试验(NPT)、锥体试验(CONE)、全切口拉伸蠕变试验(FNCT)和单边切口拉伸试验(PENT)等四种较为传统的方法。目前，对于聚乙烯管道在切口试验中应力分析和形变研究较少，本文根据GB/T 18476—2019《流体输送用聚烯烃管材耐裂纹扩展的测定慢速裂纹增长的试验方法(切口试验)》中要求进行聚乙烯管道切口试验，并对聚乙烯管道在试验中的应力分布和变形进行分析。

2 有限元模型

2.1 物理模型和材料属性

试验采用的样品的规格为SDR11系列PE100管道，管道外径为110mm，管道内径为90mm，管道壁厚为10mm，管道长度为500mm，管道材料性能参数如表1中所示。根据GB/T 18476—2019《流体输送用聚烯烃管材耐裂纹扩展的测定慢速裂纹增长的试验方法(切口试验)》在管道外表面加工四条均匀分布的长度为110mm的纵向等深切口，其中表面切口的深度分别为：10% e_n、20% e_n、30% e_n、40% e_n(e_n为管材公称壁厚)，如图1中所示。为了降低数值模拟计算工作量，提高计算效率，于是选用四分之一管道模型进行分析计算，图2给出了聚乙烯管道物理模型。

表1　聚乙烯管材料属性

材质	壁厚/mm	屈服强度/MPa	抗拉强度/MPa	弹性模量/MPa	泊松比	密度/kg/m^3
PE100	10	28.39	28.39	1080	0.4183	958.5

图1　聚乙烯管切口试验图

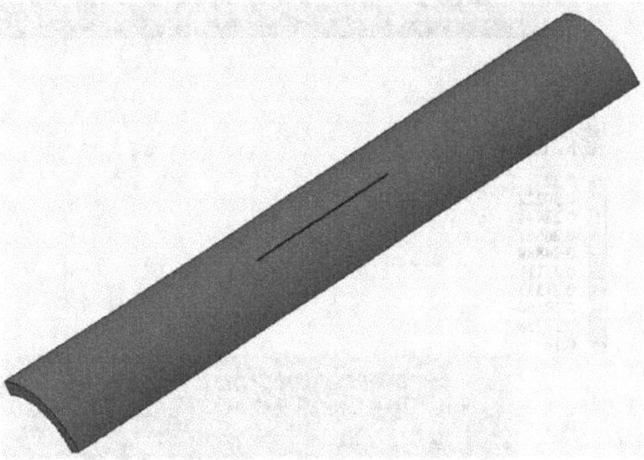

图2　聚乙烯管物理模型

2.2 边界约束条件

聚乙烯管道的应力分析边界条件如图3所示，管道轴向和径向端面设置为无摩擦支撑边界、管道内表面B施加垂直于表面的内压力1.08Mpa[12-14]。

图3　边界条件

3 结果分析

图4中给出了在切口深度为1mm情况下聚乙烯管道在试验中应力和变形分布结果。从图4(a)中得到，管道最大应力值为8.759Mpa，最大应力点位于切口中心处，在切口处有明显的应力集中现象，管道内表面应力分布较为均匀，没有出现应力集中现象。图4(b)中看出管道最大变形量为0.218mm，最大变形处在管道内表面，管道整体变形量较低，变形分布较为均匀。

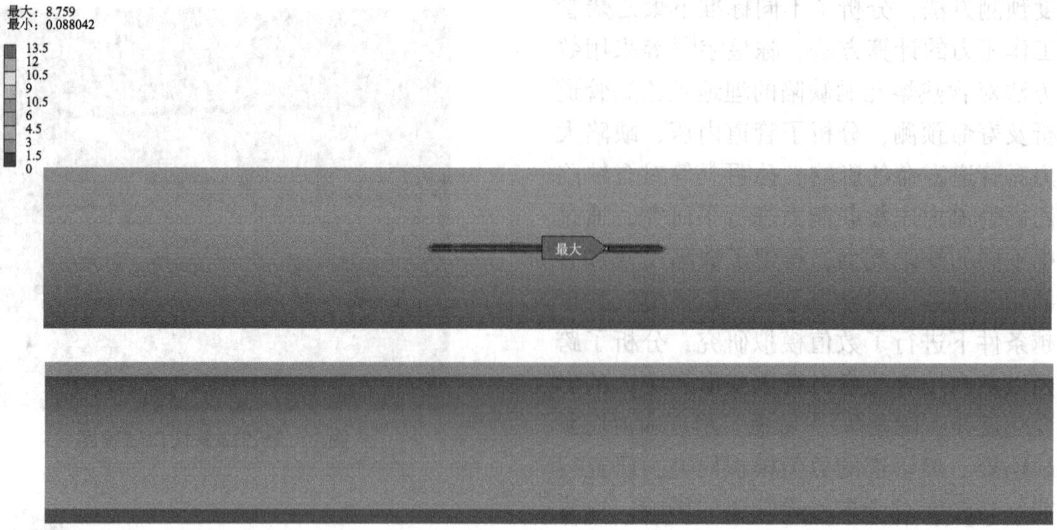

(a)应力分布

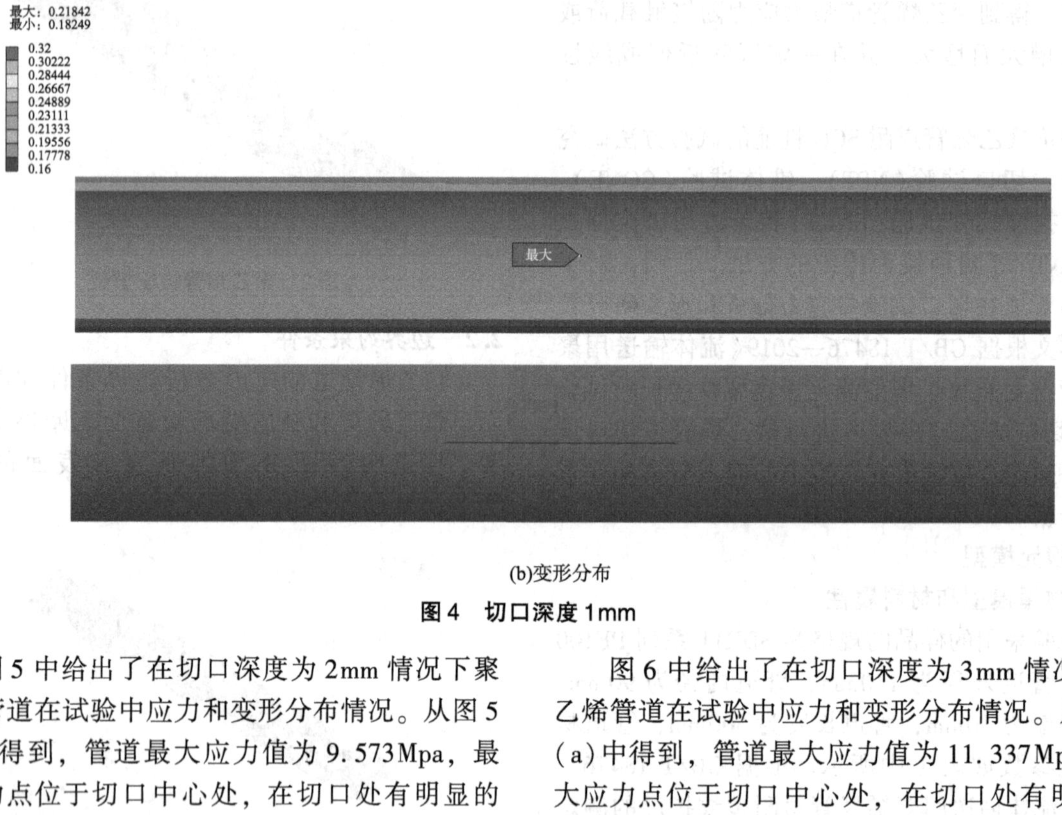

(b)变形分布

图4　切口深度1mm

图5中给出了在切口深度为2mm情况下聚乙烯管道在试验中应力和变形分布情况。从图5(a)中得到，管道最大应力值为9.573Mpa，最大应力点位于切口中心处，在切口处有明显的应力集中现象，在管道内表面对应外部切口位置处有明显的应力下降，该区域应力梯度较为明现。图5(b)中看出管道最大变形量为0.233mm，最大变形处位于管道内表面对应外部切口位置，管道外表面切口附近两侧区域有明显变形，说明管道在压力作用下切口有扩张。在切口深度为2mm条下，聚乙烯管道在切口处的应力和变形影响已经贯穿管道剩余壁厚，说明在2mm切口深度下管道的使用安全性降低。综合应力和变形分布图可以看出，变形较大的区域对应的应力就相对较小。

图6中给出了在切口深度为3mm情况下聚乙烯管道在试验中应力和变形分布情况。从图6(a)中得到，管道最大应力值为11.337Mpa，最大应力点位于切口中心处，在切口处有明显的应力集中现象，在管道内表面对应外部切口位置处有更明显的应力下降，该区域应力梯度较为明显。图6(b)中看出管道最大变形量为0.263mm，最大变形处位于管道内表面对应外部切口位置，管道外表面切口附近两侧区域有明显变形，说明管道在压力作用下切口有扩张。聚乙烯管道在切口深度3mm的应力和变形分布与切口深度2mm类似，最大应力值和变形量进一步增大，同样在切口处的应力和变形影响已经贯穿管道剩余壁厚，变形较大的区域对应的应力就相对较小。

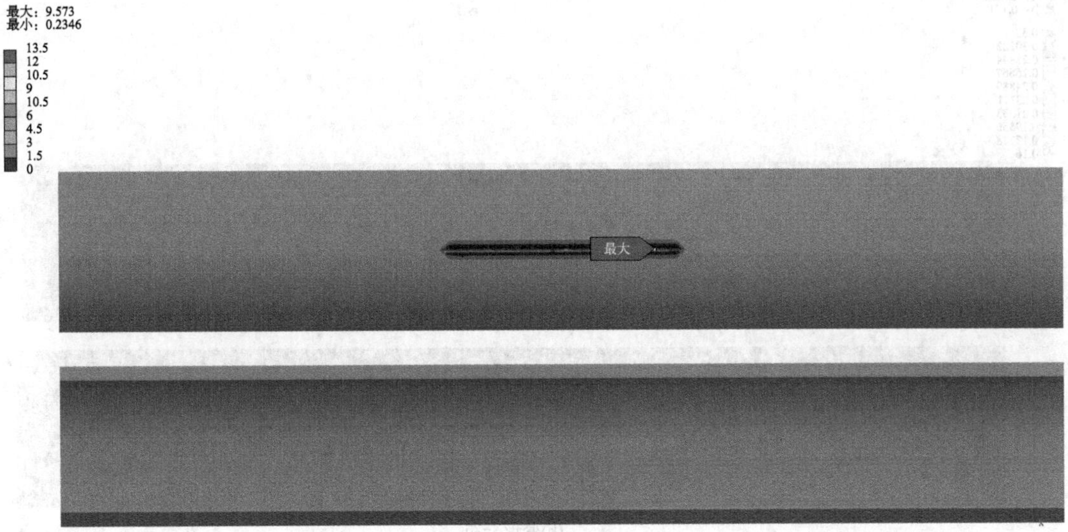

(a)应力分布

(b)变形分布

图 5　切口深度 2mm

(a)应力分布

图 6　切口深度 3mm

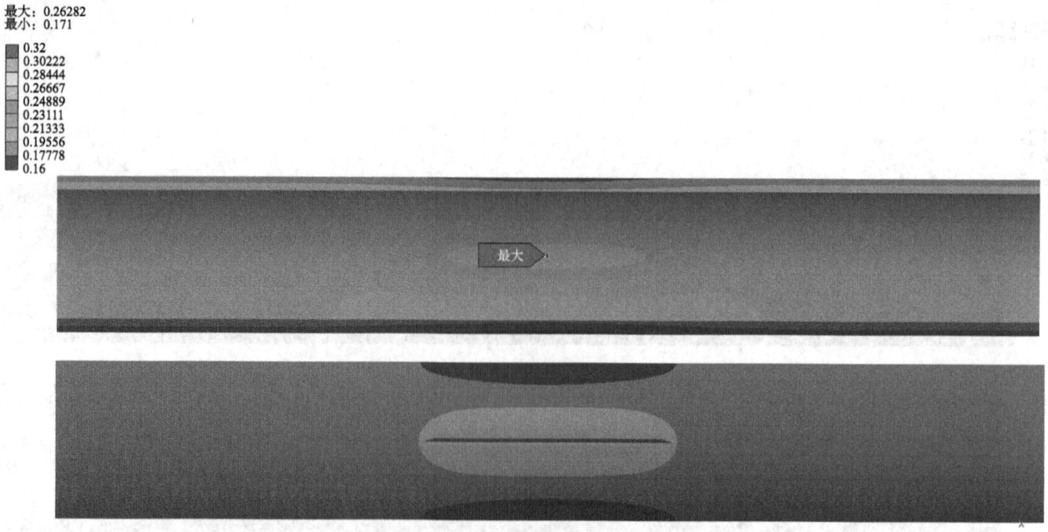

(b)变形分布

图6　切口深度3mm(续)

图7中给出了在切口深度为4mm情况下聚乙烯管道在试验中应力和变形分布情况。从图7(a)中看出，管道最大应力值为13.206Mpa，最大应力点位于切口中心处，在切口处有明显的应力集中现象，在管道内表面对应外部切口位置处有更明显的应力下降，该区域应力梯度较为明现。图7(b)中看出管道最大变形量为0.313mm，最大变形处位于管道内表面对应外部切口位置，管道外表面切口附近两侧区域有明显变形，说明管道在压力作用下切口有扩张。同样，最大应力值和变形量进一步增大，同样在切口处的应力和变形影响已经贯穿管道剩余壁厚，变形较大的区域对应的应力就相对较小。

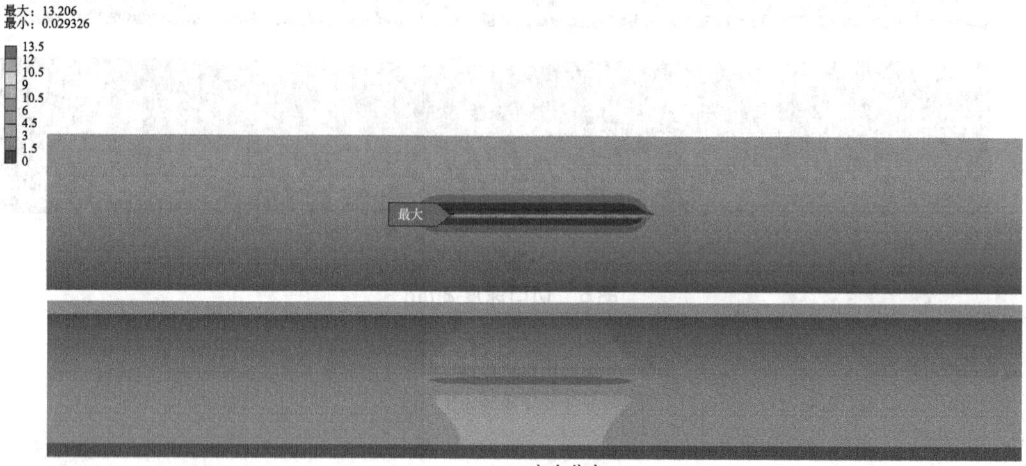

(a)应力分布

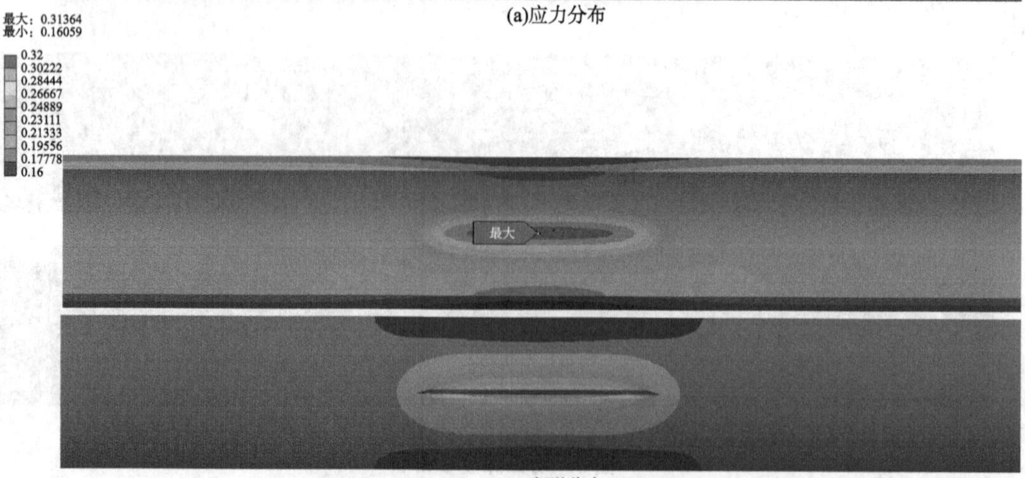

(b)变形分布

图7　切口深度4mm

图 8 是聚乙烯管道应力强度和变形量随切口深度增加的数值变化情况，应力强度和变形量都是随着切口深度的增加而升高，数值增加的速率也是随着切开深度的增加而变大。总结聚乙烯管道在 1 ~4mm 切口深度的应力强度和变形分布可以发现：在切口深度为1mm 时，管道内表面应力和变形分布较为均匀，没有明显的变化梯度；而在切口深度为 2 ~4mm 时，管道内表面应力和变形分布已经出现明显的变化梯度，特别是内表面对应切口位置处，在切口处的应力和变形影响已经贯穿管道剩余壁厚；由此说明该聚乙烯管道能够承受 1mm 切口深度，而在切口深度 2 ~4mm 时管道的使用安全性降低。在管道外表面切口处，随着切口深度的增加，切口处的扩张也越大。

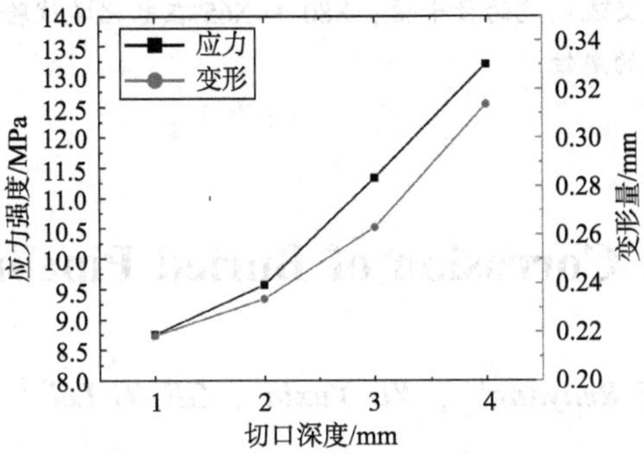

图 8　管道应力强度和变形量随切口深度变化情况

4　结论

本文通过数值模拟方法对聚乙烯管道在 1 ~ 4mm 切口深度下水压试验中应力和变形分布进行分析得到：(1)聚乙烯管道应力强度和变形量随着切口深度的增加而升高。(2)聚乙烯管道变形量较大的区域对应的应力强度相对较低。(3)切口深度为 1mm 时，管道内表面应力和变形分布较为均匀，没有明显的变化梯度；而在切口深度为 2 ~4mm 时，管道内表面应力和变形分布已经出现明显的变化梯度，特别是内表面对应切口位置处，在切口处的应力和变形影响已经贯穿管道剩余壁厚。(4)聚乙烯管道在使用和安装过程中要确保管道表面损伤不能超过 1mm，否则应当进行修补和更换。

参考文献

[1]曹鹏，吴明，刘广鑫，赵玲，刘柯，邵大伟．城镇燃气埋地含缺陷聚乙烯管道应力分析[J]．中国安全生产科学技术，2016，12(3)：77 -81.

[2]周立国，姚安林，徐涛龙，周雪，尚卯．挖掘载荷下燃气 PE 管道损伤分析[J]．中国安全科学学报，2017，27(3)：59 -64.

[3]于美明，李记恒，宗留佳．大口径高密度聚乙烯管道水压试验模型有限元分析[J]．水科学与工程技术，2015(5)：54 -57.

[4]黄嘉骏，刘向东，周市林，崔鹏．基于 ANSYS Workbench 的组合式高密度聚乙烯渠道强度仿真分析[J]．机电工程技术，2023，52(2)：244 -247.

[5]陈自鹏，石少卿，罗伟铭，孙建虎，范兰心．高密度聚乙烯材料在大变形条件下的数值模拟研究[J]．材料导报，2017，31(20)：135 -139 +146.

[6]孙晋，者东梅，胡砚磊，程德宝，徐海云．聚乙烯管材料长期静液压强度预测方法的对比和应用[J]．中国塑料，2021，35(11)：84 -90.

[7]陈星宇，许卫荣，王强，陈本瑶，凌张伟．含热熔孔洞缺陷的埋地聚乙烯管道应力分析及寿命预测[J]．中国安全生产科学技术，2019，15(2)：77 -81.

[8]孙明，吕海舟，付志强，冉文燊，孙笼笼．含缺陷城镇燃气聚乙烯管道内压承载能力研究[J]．压力容器，2021，38(7)：58 -63.

[9]刘睿，赵玲，吴明，刘广鑫，宋博强，高姿乔．基于有限元分析的 PE 燃气管道有固定墩的跨越段应力分析[J]．辽宁石油化工大学学报，2017，37(1)：24 -29 +60.

[10]陈国华，王番，李明阳，周池楼，廖志雄，刘圣平．温度与占压综合作用下埋地含缺陷聚乙烯管道数值分析[J]．中国塑料，2019，33(3)：56 -61.

[11]徐青永，郭华超，王志刚．接触载荷作用下聚乙烯燃气管道的有限元分析[J]．特种设备安全技术，2023(1)：23 -25.

[12]GB/T 18476—2019，流体输送用聚烯烃管材 耐裂纹扩展的测定 慢速裂纹增长的试验方法(切口试验)[S]．北京：中国标准出版社，2019.

[13]GB/T 6111—2018，流体输送用热塑性塑料管道系统 耐内压性能的测定[S]．北京：中国标准出版社，2018.

[14]GB/T 15558. 1—2015，燃气用埋地聚乙烯(PE)管道系统 第 1 部分：管材[S]．北京：中国标准出版社，2016.

交直流杂散电流对埋地管道腐蚀的影响

翟建明[1]　迟凡翔[1,2]　郭　静[1]　何仁洋[1*]　于宇新[1]　耿　磊[1,3]

[1. 国家市场监管技术创新中心(油气管道与储存设备安全领域)，中国特种设备检测研究院，北京　100029；
2. 中国石油大学(北京)，北京　102249；
3. 山东科技大学，山东 青岛　266590]

摘　要：埋地管道在服役过程中一直受杂散电流的影响，杂散电流可分为直流、交流两种形式，对埋地管道的耐腐蚀性能均有影响。在埋地管道腐蚀防护研究中，理解杂散电流对管线钢腐蚀性能的影响至关重要。本文通过开展电化学和腐蚀失重试验对不同参数下的交直流杂散电流干扰对X65和X80埋地管道腐蚀进程和腐蚀规律和腐蚀形貌进行研究。结果表明：随着交流和直流电流密度的增加，X65和X80试样的开路电位产生变化，腐蚀速率随之增大，并且直流电流的腐蚀速率是交流电流的数十倍；X80和X65在电化学试验结果上接近；建议用腐蚀失重试验的结果来评价直流干扰造成的腐蚀。

关键词：埋地管道；杂散电流；腐蚀速率；电化学

The Effect of AC/DC Stray Current on Corrosion of Buried Pipelines

ZHAI Jianming[1], *CHI Fanxiang*[1,2], *GUO Jing*[1], *HE Renyang*[1*], *YU Yuxin*[1], *GENG Lei*[1,3]

(1. Technology Innovation Center of oil and gas pipeline and storage equipment safety for State Market Regulation, China Special Equipment Inspection & Research Institute, Beijing 100029, China;
2. China Universityofpetroleum, Beijing 102249, China;
3. Shandong Universiy of Science and Technology, Shan Dong Qingdao 266590, China)

Abstract: Buried pipelines are constantly affected by stray currents during service, which can be divided into two forms: DC and AC, and have an impact on the corrosion resistance of buried pipelines. Understanding the influence of stray currents on the corrosion performance of pipeline steel is crucial in the research of corrosion protection for buried pipelines. This article conducts electrochemical and corrosion weight loss tests to study the corrosion process, corrosion law, and corrosion morphology of buried pipelines X65 and X80 under different parameters of AC/DC stray current interference. The results show that with the increase of AC and DC current densities, the open circuit potential of X65 and X80 samples changes, and the corrosion rate increases accordingly. Moreover, the corrosion rate of DC current is tens of times higher than that of AC current; X80 and X65 have similar electrochemical test results; It is more recommended to use the results of corrosion weight loss tests to evaluate the corrosion caused by DC interference.

Key words: Buried pipelines; Stray currents; Corrosion rate; Electrochemistry

1　引言

随着社会经济不断发展，现代化交通设施逐渐完善，城市轨道交通成为城市发展的重要标志。地铁、轻轨以及机车通过电力驱动的交通工具，其在运行过程中会向周围释放出电流，而这些电流通过金属轨道与地下壤等介质的传递形成

作者简介：翟建明(1985—　)，高级工程师，博士，主要研究方向包括特种设备用材料性能测试评价、材料疲劳及氢脆等力学行为。

通信作者：何仁洋，E-mail：herenyang@csei.org.cn

杂散电流，逐渐传输到地下金属输气管道[1]。管道被称为国家的生命线，在国民经济中具有重要的战略地位[2,3]。此外，对高压输电设备、变电所等输电设施自身具有高压特性，自身会产生电容耦合、电阻耦合以及电感耦合，均会产生杂散电流通过外部介质扩散，这些杂散电流在一定程度上都会对附近埋地输气管道产生影响[4,5]。

Xinhua Wang 等[6]研究发现交流干扰使开路电位(OCP)和腐蚀电位(Ecorr; AC)发生负位移，即金属有腐蚀倾向。随着交流密度的增加，腐蚀电位负位移增大。韦博鑫等[7]得到酸性土壤环境中，即使是 $10A/m^2$ 的交流电流密度，也会引起 X80 的交流腐蚀，且钢的腐蚀速率随着交流电流密度的增大而增大。Xinhua Wang 等[6]研究发现交流干扰使 OCP 值和腐蚀电位(Ecorr; AC)发生负位移，即金属有腐蚀倾向。随着交流密度的增加，腐蚀电位负位移增大。Hosokawa[8]等指出，即使管道满足 -0.85VCSE（CSE 对应硫酸铜电极）的 CP 标准电位，也会发生严重的交流腐蚀。

杂散电流腐蚀非常广泛且危害严重，通过对埋地管道的腐蚀控制因素研究，得到有效保护管道的参数，保障管道的正常运行，对降低埋地金属管道的杂散电流腐蚀风险，保障管道安全运行具有重要的实际工程意义。本文为了开展交直流对埋地管道腐蚀的影响研究，利用 X65 和 X80 材料，开展了交直流干扰下的电化学和腐蚀失重试验研究。

2 实验方法

2.1 实验材料

选取 X65 和 X80 作为实验材料，其化学组成(质量分数)在表 1 中给出。将其加工成 10mm × 10mm × 5mm 的电化学试样和 25mm × 50mm × 4mm 的腐蚀失重试样。电化学试样背面连接导线，留出 10mm × 10mm 工作面，其余用环氧树脂进行密封；腐蚀失重试样通过导线连接后用硅胶密封，留出试样面积为 $27.1cm^2$ 试验前将试样经过丙酮、酒精和去离子水清洗后吹风机吹干备用并使用 150# - 1500#的砂纸打磨至表面无划痕。实验溶液选择 NS4 溶液作为标准土壤模拟溶液，溶液使用纯化学试剂按照比例配制(KCl 0.133g/L; $NaHCO_3$ 0.483g/L; $CaCl_2 \cdot 2H_2O$ 0.181g/L; $MgSO_4 \cdot 7H_2O$ 0.131g/L)。测得溶液的 pH 值为 6.8，电导率为 925μS/cm。

表 1 试验材料化学成分 %(质量分数)

成分	C	Si	Mn	P	S	Ni	Cu	Mo	V	N	Nb	Al	Cr	Ti
X65	0.03	0.17	1.51	0.024	0.005	0.17	0.04	0.16	—	0.006	0.06	0.02	—	0.01
X80	0.045	0.206	1.625	0.012	0.001	0.049	—	0.021	0.003	—	0.067	—	0.228	0.016

2.2 电化学试验

电化学试验测量开路电位和极化曲线采用的模拟电路装置图如图 1 所示，采用三电极体系，电路图中的主要元件分别为电化学工作站(GRAMY600 +)、直流电源 DH1765 - 2、函数信号发生器(UTG7025B)、工作电极(X65、X80)、参比电极(饱和甘汞电极)、辅助电极(铂电极或碳棒)。其中函数信号发生器串联电阻箱作为交流源，改变电阻箱的电阻值可以控制输出实验要求的交流杂散电流密度。为防止干扰回路中的交流电流和电化学工作站测试回路中的直流电流相互干扰，在交流回路中串联电容(50V，470μF)，在直流回路中串联电感(20H)。

交流电流密度选取 0 ~ $180A/m^2$，50Hz。直流电流密度选取 0 ~ $10A/m^2$。极化曲线测试范围设置为 ± 300mV (vs. OCP)，扫描速率为 1mV/s。

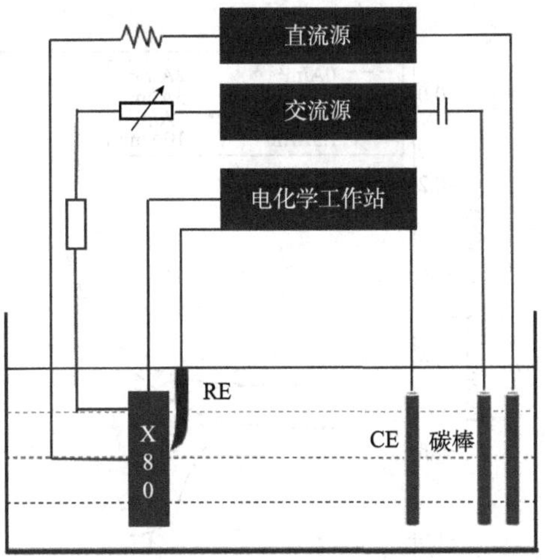

图 1 电化学试验装置电路图

2.3 腐蚀失重实验

为了更准确地评估腐蚀性能，利用 X80 管线钢开展了交直流影响下的腐蚀失重试验，并与电化学试验结果进行对比。腐蚀失重试验装置电路图如图 2 所示。交流电流密度选取 0 ~ $180A/m^2$，

50Hz。直流电流密度选取 0～10A/m²，浸泡时间为 120h。试验结束后，试样按照 GB/T 16545 中的要求进行质量损失检查片的清洗、称量和腐蚀速率计算工作，并用 SEM 观察表面形貌。

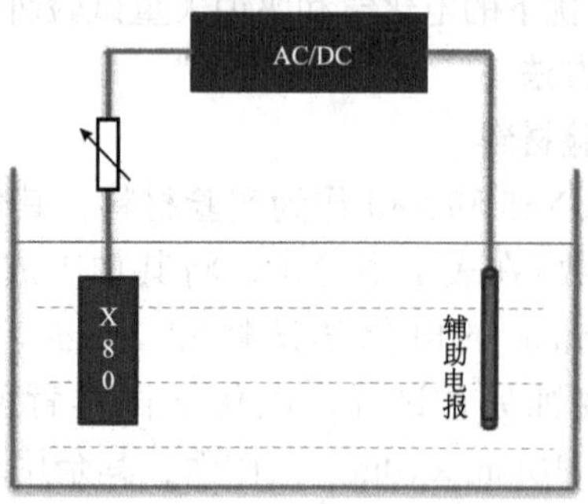

图 2　腐蚀失重试验装置电路图

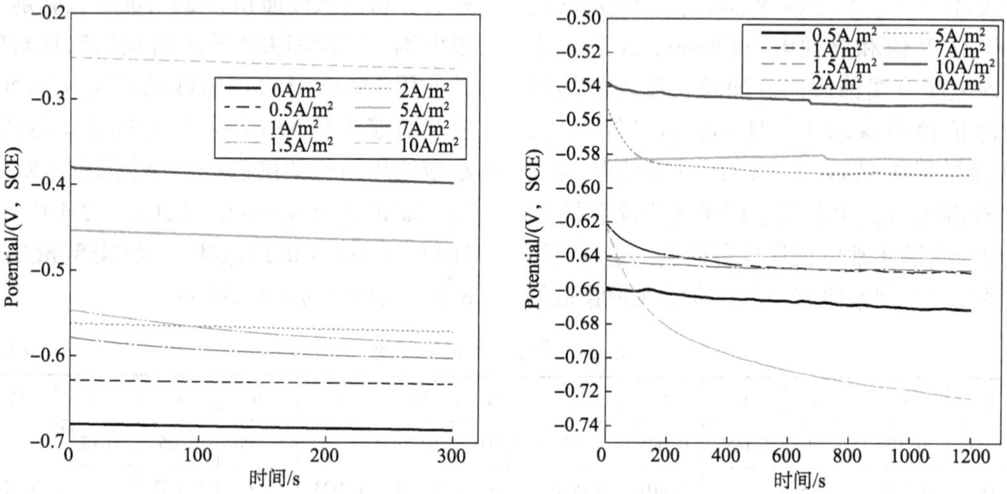

(a)X80　(b)X65

图 3　直流干扰下的开路电位图

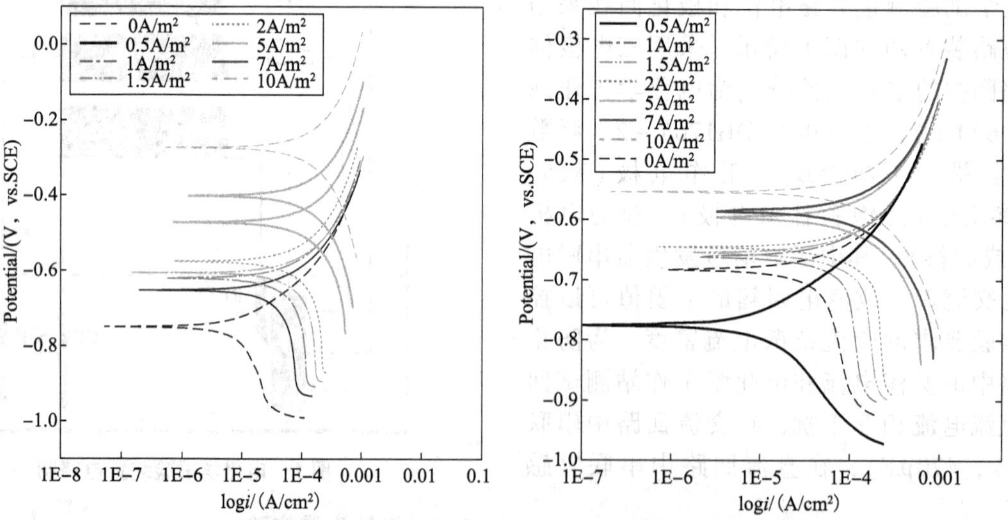

(a)X80　(b)X65

图 4　直流干扰下的极化曲线

3　结果与讨论

3.1　电化学试验结果

不同直流电流密度干扰下的 X80 开路电位以及 X80 和 X65 的极化曲线如图 3 和图 4 所示。从图中看出，当 X80 和 X65 管线钢试样受到直流干扰后，极化反应的阳极电流密度和阴极电流密度都随着直流电流密度的增加而显著增加，同时腐蚀电位正向偏移。

使用塔菲尔外推法将不同直流杂散电流密度干扰下的极化曲线进行拟合，得到电化学参数，得到试样的腐蚀电流和腐蚀电位，并计算得到腐蚀速率。

从图 4 中可以看出，不论是 X65 还是 X80 试样，其腐蚀电位都随着直流干扰密度的增加而上升。根据电化学理论，失去电子的反应为氧化反应，得到电子的为还原反应。试样作为阳极时，金属被氧化产生离子进入电解质，并且伴随着电子的释放。试样的腐蚀电位随着直流干扰的加剧而呈现升高的趋势，这意味着试样的阳极反应加剧，腐蚀越来越严重，可以与表2中的结果对应上。

根据自腐蚀电流密度通过法拉第定律计算得出不同直流电流密度干扰下X65和X80试样的腐蚀速率如表2所示，并绘制出如图5所示的腐蚀速率变化图。

表2 直流电流干扰下X65和X80管线钢试样的电化学腐蚀速率

iDC(A/m^2)	0	0.5	1.0	1.5	2.0	5.0	7.0	10.0
X65v(mm/a)	0.159	0.651	0.881	1.162	1.231	1.758	1.870	1.990
X80v(mm/a)	0.175	0.496	0.895	1.370	1.811	1.901	1.919	2.108

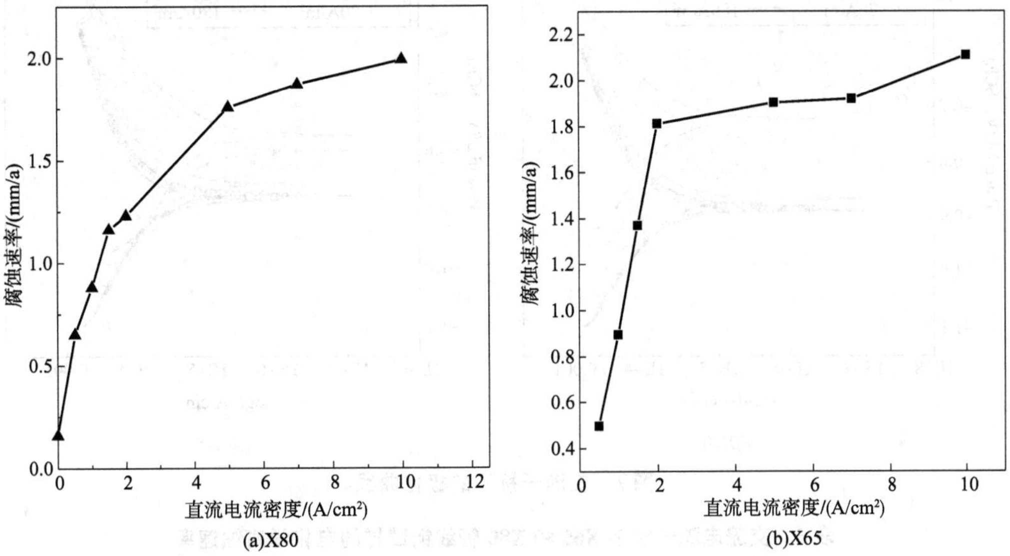

图5 X65和X80管线钢腐蚀速率随直流电流密度变化曲线

从图5中可以看出X65和X80的腐蚀速率都随着直流干扰密度的增加而增加，极化反应由阳极控制，管地电位偏移程度大，腐蚀速率远超1mm/a，这会对埋地管道产生非常严重的腐蚀，对于8mm厚度的管道来说，预计4年就会产生腐蚀穿孔，随着直流干扰的增加，用时会更短。

图6为交流干扰下的开路电位图，可以看出X80和X65的开路电位随着交流干扰密度的增加而负移。随着交流密度从 $0A/m^2$ 上升至 $180A/m^2$，X80的开路电位从-0.67V下降至-0.84V，X65的开路电位则从-0.72V下降至-0.85V。加入交流干扰后所工件上生成了外加电流即法拉第电流，会使工件被极化，从而打破了电极的平衡，其开路电位也随之发生了变化。金属的开路电位与其服饰倾向有关，开路电位越低，腐蚀倾向越大，金属就越容易腐蚀。

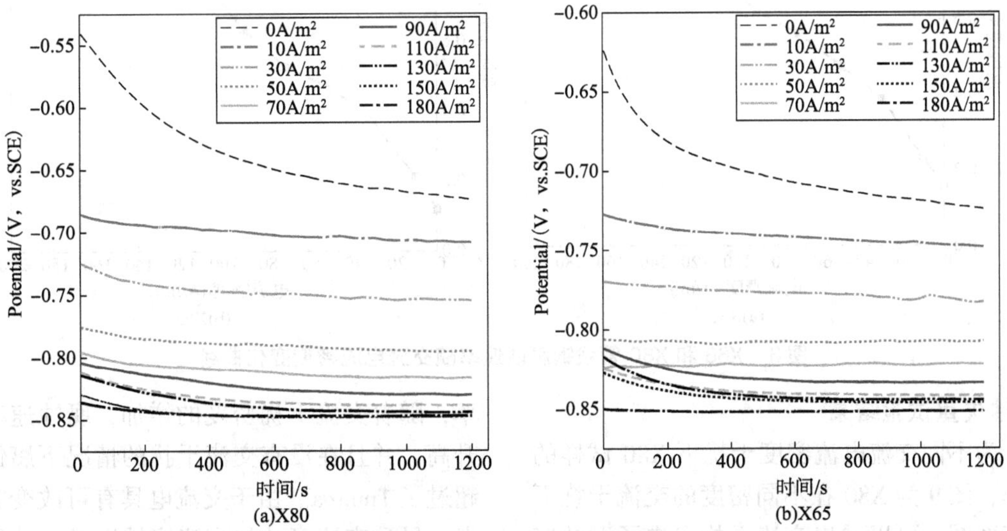

图6 交流干扰下的开路电位

图7为X80和X65在交流干扰下的极化曲线，可以看出，金属在试验溶液中一直处于活化状态，未发生钝化现象。随着交流密度的上升，两者的阳极电流密度和阴极电流密度都有不同幅度的升高，金属的腐蚀加剧。

经过塔菲尔外推法并通过计算得到两者的腐蚀速率如表3所示，并绘制成图8所示的腐蚀速率图。可见，两种试样的腐蚀速率都随交流干扰密度的增加而升高，并且X80和X65的腐蚀速率差别不大，在180A/m^{2}的交流密度下腐蚀速率为1.038mm/a和1.154mm/a，且都远低于同密度下直流干扰时的腐蚀速率。

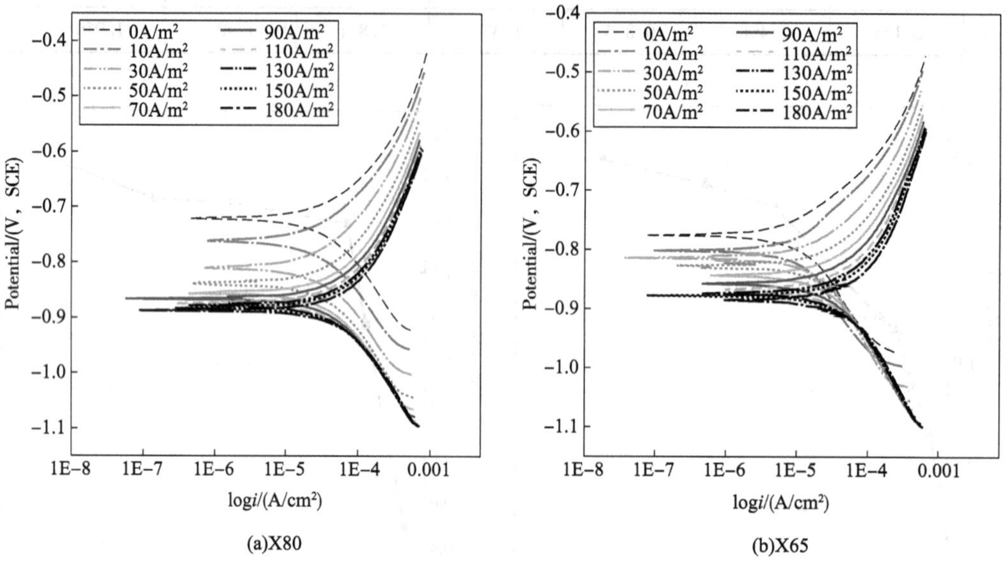

图7　交流干扰下的极化曲线

表3　交流电流干扰下X65和X80管线钢试样的电化学腐蚀速率

iAC/(A/m^2)	0	10	30	50	70	90	110	130	150	180
X80v/(mm/a)	0.159	0.232	0.388	0.476	0.562	0.618	0.739	0.829	0.933	1.038
X65v/(mm/a)	0.118	0.212	0.372	0.468	0.525	0.633	0.780	0.872	0.996	1.154

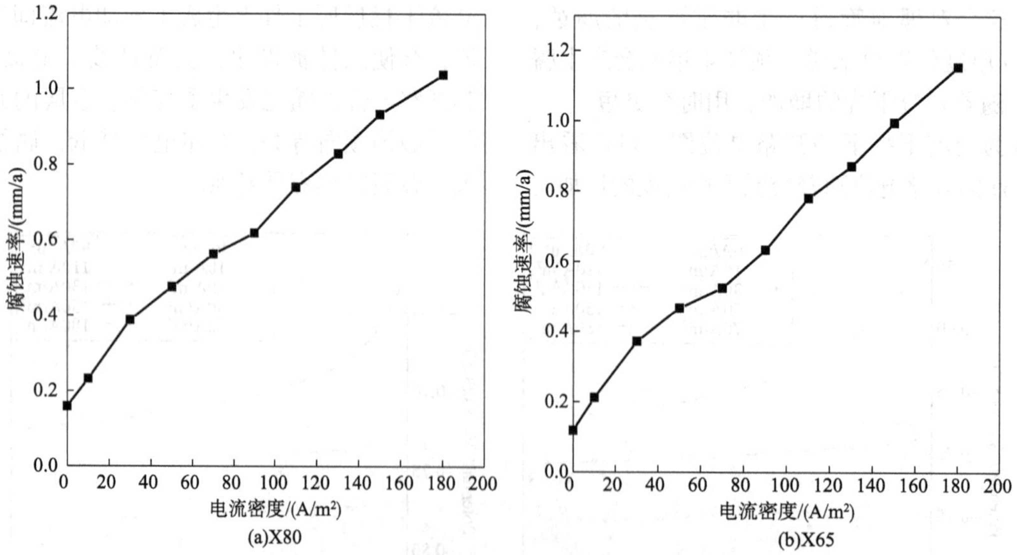

图8　X65和X80管线钢腐蚀速率随交流电流密度变化曲线

3.2　腐蚀失重试验结果

表4为不同交流电流密度干扰下X80试样的腐蚀速率，图9为X80在不同密度的交流干扰下的腐蚀速率图，可以看出交流干扰促进了腐蚀速率，随着交流干扰密度的增加，腐蚀速率也随之升高，并且在没有交流干扰的情况下腐蚀速率就超过了1mm/a。由于交流电具有可改变方向的特点，导致交流腐蚀与直流腐蚀以及其他腐蚀有很

大的不同。一些著作[9]认为，交变杂散电流对金属腐蚀的影响是由于它使阳极和阴极反应去极化，减弱了金属的电化学钝性。McCollum 和 Ahlborn[10]的推理说，交流腐蚀的发生源于腐蚀活动的不可逆性。Jones 演示了交流电流导致阳极反应的去极化，并推测是由于正、负半周期效果的不对称引起的，特别是负半周期内阴离子脱附或者表面膜的减少造成的。Nielsen 等[11]认为金属管道缺陷处的环境碱化和交流电在金属/介质界面的振荡作用诱发了交流腐蚀。

表 5 为直流干扰下 X80 试样的腐蚀速率，图 10 为交直流干扰的腐蚀速率对比图，可以看出直流电流引起的腐蚀速率远远高于交流电流。同样电流密度下直流干扰腐蚀速率约为交流干扰的 46 倍。

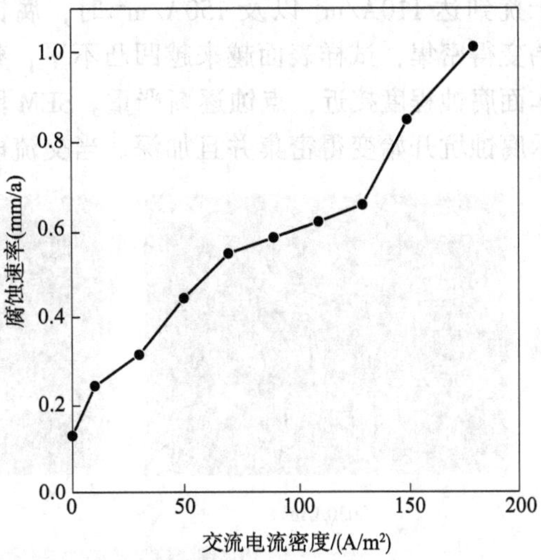

图 9　不同密度的交流干扰下 X80 腐蚀速率

表 4　交流干扰下 X80 试样失重试验腐蚀速率

iAC/A/m²	0	10	30	50	70	90	110	130	150	180
v/(mm/a)	0.128	0.241	0.312	0.441	0.542	0.578	0.614	0.652	0.888	1.011

表 5　直流干扰下 X80 试样的失重试验腐蚀速率

iDC/A/m²	0	0.5	1	1.5	2.0	5.0	7.0	10
v/(mm/a)	0.128	0.557	1.357	1.459	2.188	5.677	7.796	11.298

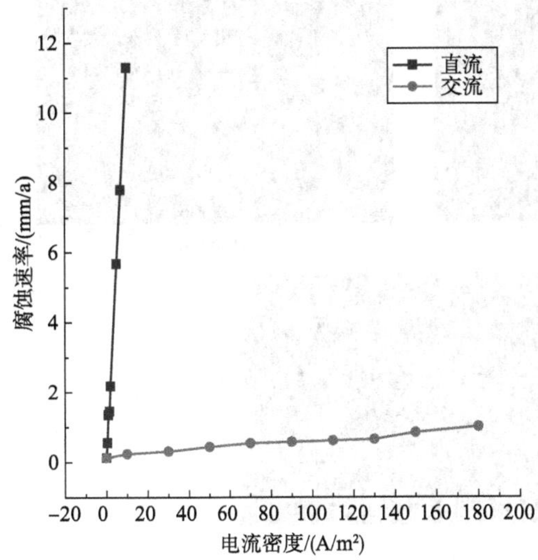

图 10　交直流干扰的腐蚀速率对比图

图 11 为直流干扰腐蚀速率电化学腐蚀失重对比图，对比发现腐蚀失重试验得出的腐蚀速率高于电化学试验的结果。在直流密度小于 2A/m² 时腐蚀失重与电化学测得的结果基本相符，当直流密度大于 2A/m² 时，腐蚀失重发得出的结果高于电化学。腐蚀失重法可以得出平均腐蚀速率，但无法测量瞬时的局部的腐蚀参数，电化学法则能在短时间测量试样局部和瞬时的腐蚀速率和动力学参数，因此两者会存在误差。结合实验结果来看，建议用腐蚀失重的方法来评估，电化学给出的结果会偏保守一些。

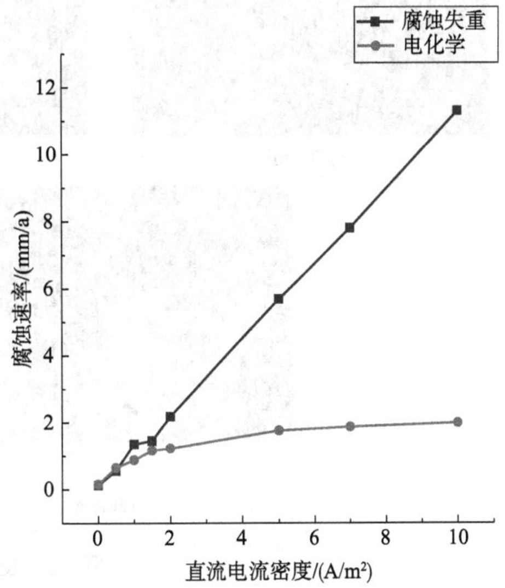

图 11　直流干扰腐蚀速率电化学腐蚀失重对比图

3.3　腐蚀形貌

图 12 和图 13 为交流干扰试样浸泡 120h 后的宏观形貌以及微观形貌，观察到在 30A/m² 时试样表面受到轻微腐蚀，呈均匀腐蚀状，且四周腐蚀程度比中心区域严重。50A/m² 时仍是四周腐蚀程度高于中心但四周腐蚀程度加重，腐蚀深度有所增加，并且伴随零星的较浅的腐蚀坑。当交

流干扰到达 $110A/m^2$ 以及 $150A/m^2$ 时，腐蚀坑开始变得密集，试样表面越来越凹凸不平，整个工作面腐蚀程度接近，点蚀逐渐严重。SEM 图像显示腐蚀坑开始变得密集并且加深。当交流电流密度到 $180A/m^2$ 时，点蚀坑进一步加深并且更加密集，试样整个表面都受严重的腐蚀，明显更加凹陷，腐蚀更加严重。整个趋势从均匀腐蚀转变为点蚀。

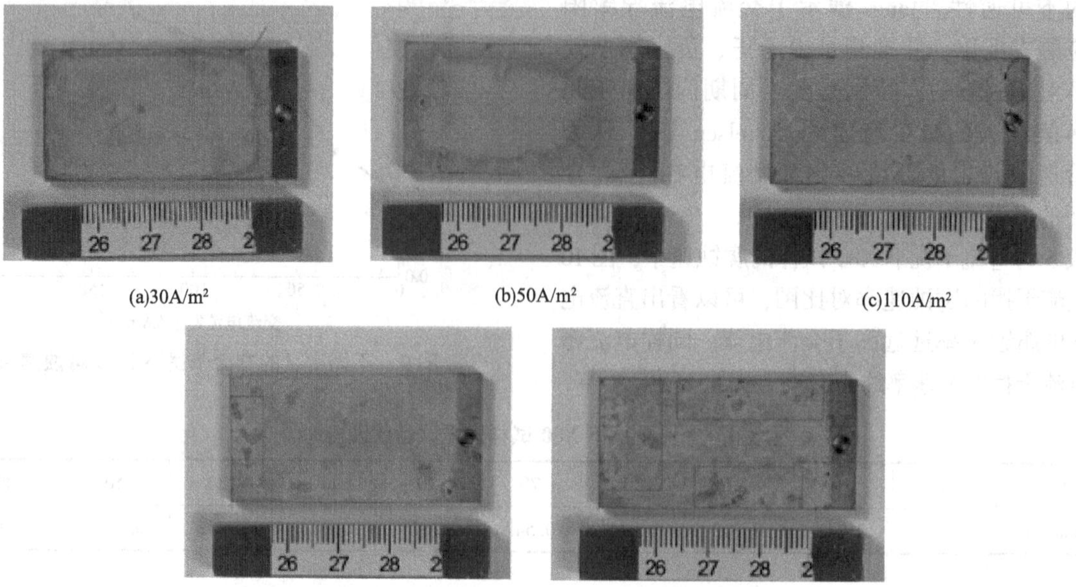
(a)$30A/m^2$　(b)$50A/m^2$　(c)$110A/m^2$　(d)$150A/m^2$　(e)$180A/m^2$

图 12　交流干扰腐蚀失重宏观形貌

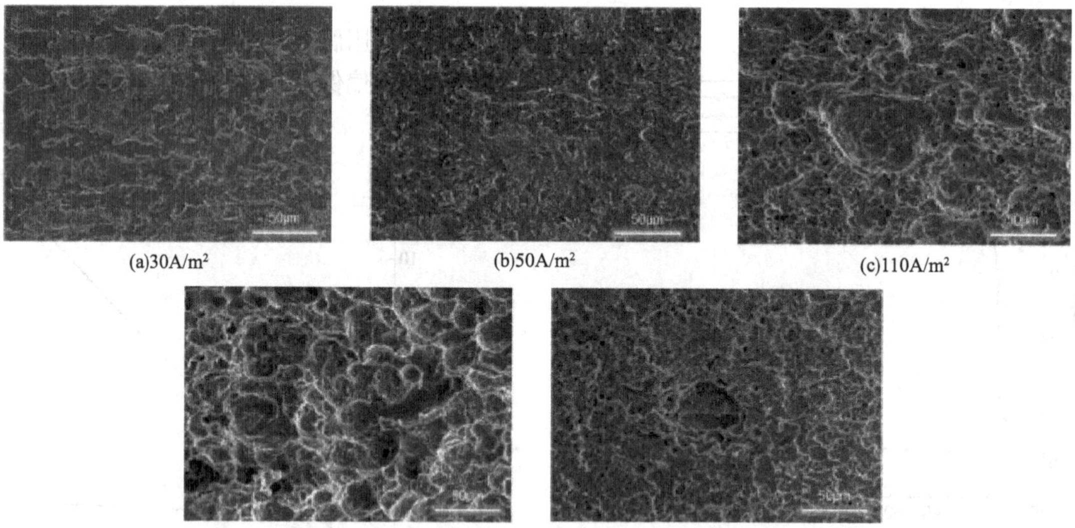
(a)$30A/m^2$　(b)$50A/m^2$　(c)$110A/m^2$　(d)$150A/m^2$　(e)$180A/m^2$

图 13　交流干扰腐蚀失重微观形貌

图 14 和图 15 为直流干扰试样浸泡 120h 后的宏观形貌和微观形貌，在直流密度为 $0.5A/m^2$ 时表面较为光滑，SEM 显示有零星的小腐蚀坑，此时腐蚀程度较弱，以均匀腐蚀为主。到 $2A/m^2$ 和 $5A/m^2$ 时，试样表面已经很不平整，腐蚀坑遍布表面并且随电流密度的增加腐蚀更加明显，点蚀坑的直径和深度都大幅增加，可以看出有大面积的凹陷。到 $10A/m^2$ 时试样表面被严重腐蚀，并有面积较大的坑，腐蚀程度远超交流干扰的情况。

(a)0.5A/m² (b)2A/m²

(c)5A/m² (d)10A/m²

图 14 直流干扰腐蚀失重宏观形貌

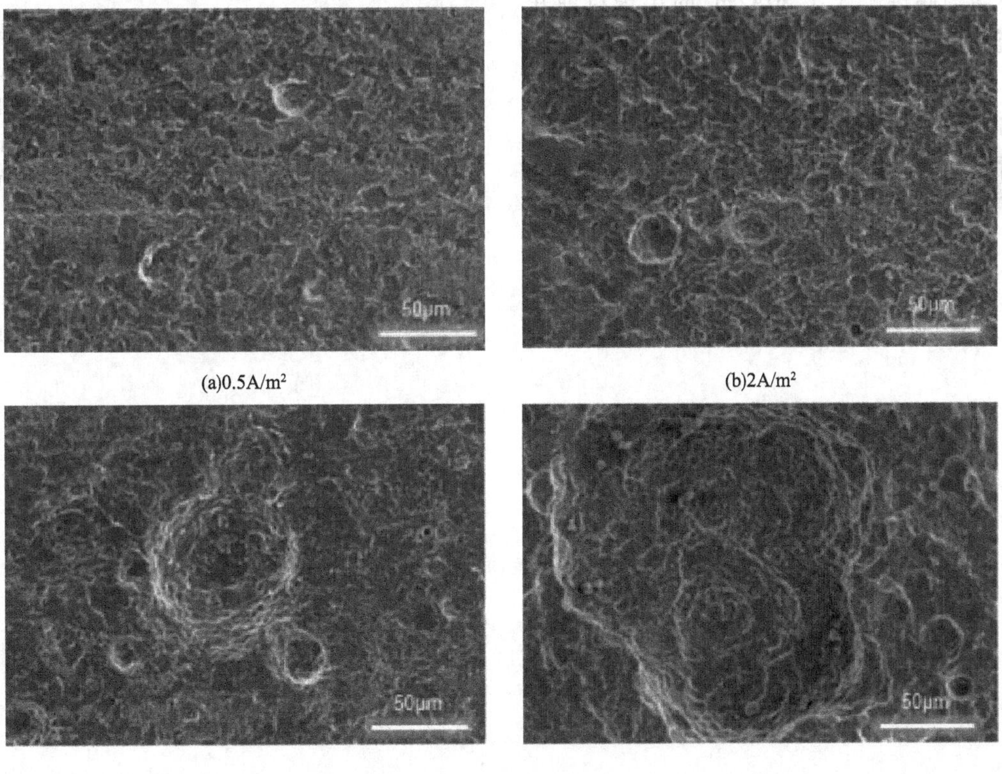

(a)0.5A/m² (b)2A/m²

(c)5A/m² (d)10A/m²

图 15 直流干扰腐蚀失重微观形貌

4 结论

针对埋地管道杂散电流腐蚀问题，以X65、X80为研究对象，开展了直流、交流杂散电流对材料腐蚀性能的影响，得到的主要结论如下：

(1)交流电流和直流电流干扰都会引起试样的腐蚀，随着施加干扰，试样的开路电位正向移动。直流电流干扰时试样作为阳极，金属被氧化产生离子进入电解质，并且伴随着电子的释放，因此试样的腐蚀电位随着直流干扰的加剧而呈现升高的趋势。腐蚀电流随之升高，腐蚀倾向增加。施加交流干扰后，随着工件被极化，其开路电位负移，金属腐蚀倾向增加。

(2)X80 和 X65 在相同直流和交流干扰下电化学腐蚀速率结果接近，在 $5A/m^2$ 的直流干扰的电化学试验下，X65 和 X80 的腐蚀速率分别问 1.901mm/a 和 1.758mm/a。在交流 $180A/m^2$ 时腐蚀速率分别为 1.154mm/a 和 1.038mm/a，X65 与 X80 腐蚀速率接近。

(3)对于 X80 来说，直流干扰下的腐蚀失重试验结果高于电化学实验结果，电化学结果偏保守，腐蚀失重实验更能反映长时间的平均腐蚀速率，因此直流干扰更建议用腐蚀失重试验结果来评估。

(4)直流干扰的腐蚀速率远高于交流干扰，可以达到交流干扰的数十倍。交流干扰在低电流密度时为均匀腐蚀，大于 $50A/m^2$ 时出现点蚀并随着电流密度上升而转变为点蚀。直流干扰从 $0.5A/m^2$ 时就开始出现点蚀并随着电流密度上升腐蚀坑的深度和直径随之增加，腐蚀程度远高于交流的情况。

参考文献

[1]朱振，向敏，陈敞斌等．天然气管道受强烈地铁杂散电流干扰案例分析[J]．腐蚀与防护，2021，42(08)：69－75.

[2]S. D. Koduru and M. A. Nessim，Review of Quantitative Reliability Methods for Onshore Oil and

[3]Gas Pipelines，Risk and Reliability Analysis：Theory and Applications，Springer International Publishing，(2017). 3. S. Nesic，Corros Sci.，49 (2007)4308

[4]阎宗攀，王永丰，徐卓等．天然气管道受杂散电流干扰的监测及防护[J]．化工管理，2023(24)：113－115. DOI：10. 19900/j. cnki. ISSN1008－4800. 2023. 24. 032.

[5]Mariscotti A. Distribution of the traction return current in AC andDC electric railway systems[J]. IEEE Trans. Power Deliv.，2003，18：1422

[6]Xinhua W. Effect of Alternating Stray Current and Stress on the Corrosion Behavior of X80 Pipeline Steel in Soil Simulated Solution[J]. International Journal of Electrochemical Science，2018，13(6)：5654－5666.

[7]韦博鑫，许进，高立群，等．交流杂散电流对 X80 管线钢的腐蚀行为影响[J]．装备环境工程，2021，18(04)：21－27.

[8]Hosokawa，Y.；Kajiyama，F.；Nakamura，Y. New cathodic protection criteria based on direct and alternatingcurrent densities measured using coupons and their application to modern steel pipelines. Corrosion 2004，60，304－312.

[9]D. T. Chin and J. L. Wendt，Corros Sci.，25 (1985)889.

[10]Burton Mccollum，Ahlborn G－H. The Influence of Frequency of Alternating or InfrequentlyReversed Current on Electrolytic Corrosion[J]. Proceedings of the American Institute of ElectricalEngineers，1916，182 (1)：301－345.

[11]Lars－Vendelbo Nielsen. Role of alkalization in AC induced corrosion of pipelines andconsequences hereof in relation to CP requirements[A]//NACE International，2005.

一台环氧丙烷常压金属储罐的腐蚀情况

秦　鹏　刘　勇　刘召东

（日照市特种设备检验科学研究院，山东 日照　276800）

摘　要：常压金属储罐是一种常用于盛装危险化学品的大型容器，一旦泄露，易造成严重影响。定期对其进行检验检测，及时发现并处理存在的缺陷和隐患，可以有效提高其安全性和可靠性。介绍了几种常压金属储罐的检验检测方法，结合某沿海地区一台环氧丙烷常压储罐的案例，整理了该储罐10余年间3次开罐检验检测的数据，分析了其腐蚀变化情况，研究了底板、壁板和顶板的腐蚀失效原因，提出了具有针对性的维护保养建议，展望了常压储罐安全管理的方法。

关键词：常压储罐；漏磁检测；沿海地区；腐蚀

Corrosion of an Epoxide Propane Atmospheric Pressure Metal Storage Tank

QIN Peng, *LIU Yong*, *LIU Zhaodong*

(Rizhao Special Equipment Inspection and Research Institute, Shandong Rizhao 276800, China)

Abstract: Atmospheric pressure metal storage tanks are large containers commonly used to hold hazardous chemicals, and once leaked, they can easily cause serious impacts. Regular inspection and testing, timely detection and handling of existing defects and hidden dangers, can effectively improve its safety and reliability. Several inspection and testing methods for atmospheric pressure metal storage tanks were introduced. Based on the case of an epoxy propane atmospheric pressure storage tank in a coastal area, data from three tank opening inspections over a period of more than 10 years were compiled. The corrosion changes of the tank were analyzed, and the corrosion failure reasons of the bottom plate, wall plate, and top plate were studied. Targeted maintenance suggestions were proposed, and the safety management methods for atmospheric pressure storage tanks were discussed.

Key words: Atmospheric storage tank; MFL; Coastal areas; Corrosion

1　引言

常压金属储罐是一种广泛应用于石油、化工、国防、交通运输等行业用于盛装危险化学品的大型容器，倘若发生泄露，可能造成火灾、爆炸和环境污染等一系列事故，因此，保证其安全运行对安全生产和社会安定具有重要意义。定期对在役常压储罐进行检验检测，可以及时发现并处理存在的缺陷和隐患，从而有效提高设备的安全性和可靠性。然而，在役常压储罐的检验检测环节可依据的法律法规较少，规范标准体系尚不完善[1-2]，定期检验要求并未明确统一，可查阅的相关检验检测案例数据较少，这一系列问题严重制约着常压储罐的安全管理工作。

对于立式常压金属储罐，常用的检验检测方法[3-4]有宏观检验、超声厚度测量、表面无损检测、埋藏缺陷检测、底板漏磁检测、声发射检测、高频导波检测、真空试漏检测、基础沉降检测、三维立体扫描[5]和附属设施检验等。其中声发射在线检测技术[6-9]能够在不影响储罐使用的情况下，在线对储罐底板的腐蚀、裂纹的发展和介质的泄露进行分级，与开罐检测结果具较好的一致性，但是通常还是需要其他检测方法的进行

作者简介：秦鹏（1984—　），男，硕士，工程师，主要从事特种设备检验检测等相关工作。E-mail：qin888@126.com

复验。高频导波检测技术[10]就可以与声发射技术相结合，在线验证储罐边缘板的腐蚀情况，且检测灵敏度和准确性很高，但是检测距离较短，在不开罐的情况下，难以对全底板进行复验。底板漏磁检测[11-13]能够在开罐的情况下对铁磁性底板进行灵敏高效的评价，附加以超声厚度测量和高频导波检测，能够准确地评价底板的腐蚀减薄情况。

我们以某沿海港口一台环氧丙烷立式常压金属储罐为研究对象，通过对其自2011年6月～2021年11月的十余年间三次开罐定期检验的漏磁检测、超声厚度测量和底板沉降等数据进行整理，分析规律，研究其底板、壁板和顶板的腐蚀情况和腐蚀机理，期望能够对金属常压储罐的理论研究提供一些实践数据，同时期望能够给使用单位在对储罐进行定期维护保养时提供一些建议。

2 储罐概况

该储罐位于某沿海港口填海造陆区域，于2001年11月投用，至今未发生过泄露事件，主要状况及参数如表1所示。储罐有保温，有铭牌，基础为水泥环墙，顶板为搭接焊固定球形顶，罐壁为对接焊，罐底为砌砖式平底。罐壁内部无油漆，外部涂刷有专用的防腐油漆；罐顶内部无油漆，外部涂刷有专用的防腐油漆；罐底无油漆。储罐无加热盘管，罐底板外表面未设置阴极保护系统，有通向顶板通道的螺旋梯。

表1 储罐基本参数

类别		参数
设备名称		环氧丙烷储罐
储罐类型		立式圆筒形
公称容积/m^3		3000
内径/mm		17000
高度/mm		15840
罐顶形式		固定球形顶
工作温度/℃		0～40℃
工作压力/Pa		490～20000
工作介质		环氧丙烷
介质密度/($kg \cdot m^{-3}$)		830
主体材质		Q235A
公称壁厚	顶板/mm	6
	壁板/mm	12/10/8
	底板/mm	10/8

3 检验情况及分析

对本储罐分别于2011年5月、2016年11月和2021年11月进行了三次开罐定期检验，主要依据SY/T 6620 油罐检验、修理、改建和翻建、GB 50128 立式圆筒形钢制焊接储罐施工及验收规范、NB/T 47013(JB/T 4730)承压设备无损检测、JB/T 10765 无损检测常压金属储罐漏磁检测方法、API Standard 653 Tank Inspection, Repair, Alteration, and Reconstruction、API Std 650 Welded steel Tanks for Oil Storage、SHS01012 常压立式圆筒形钢制焊接储罐维护检修规程等标准要求开展相关检验。

2021年11月，按照检验方案，我们现场对该常压金属储罐罐底板内表面进行漏磁检测时，发现多处信号异常区域，经壁厚测定复验，发现4处腐蚀减薄区域，壁厚减薄40%以上，上表面目视未见明显腐蚀等异常，应为下表面腐蚀。使用单位对壁厚减薄严重的区域进行了修补，随后，我们对修补板四周焊缝进行了相应的表面无损检测，且对修补板周边进行了壁厚测定的复检工作，未见明显异常。为了研究该储罐的腐蚀趋势和腐蚀机理，我们对2011年、2016年和2021年三次开罐定期检验的检验检测数据进行了整理和分析，如下所示。

3.1 底板腐蚀情况

如图1所示，为空载时储罐底板沉降图，以罐底圆心为0点，向罐壁每隔45°做沉降测量，发现除135°处罐的边缘出现翘边，其他各处罐的边缘未出现明显沉降，高度基本维持在0mm左右。而在罐底圆心至边缘，罐底板呈波浪状分布，这势必会引起底部钢板与地面土壤的接触程度的不同，从而会引起局部腐蚀加重，在钢板下表面面形成大小不一的点蚀坑。

如图2所示，(a)和(b)分别为边缘板和中幅板壁厚随使用周期的变化情况，图中只有后两次的壁厚测量数据，因为2011年检验时仅对储罐进行了罐底漏磁检测和超声壁厚复验，未对每一块地板进行系统的超声壁厚测量。从2016年至2021年的5年间，边缘板的平均壁厚从7.54mm减少为7.49mm，中幅板的平均壁厚从7.36mm减少为7.35mm，均匀腐蚀速率很低；然而，边缘板的最小壁厚由9.20mm减少为8.89mm，减薄速率为0.062mm/年，中幅板的最小壁厚由6.53mm减少为5.33mm，减薄速率为0.24mm/年，中幅板的最小壁厚的减薄速率远远大于边缘板的。以上现象说明该储罐底板的均匀腐蚀速率非常小，但是存在较为严重的局部腐蚀现象，而且由于底板沉降，中幅板局部与土壤接触密切等原因，中幅板的局部腐蚀现象更为严重。

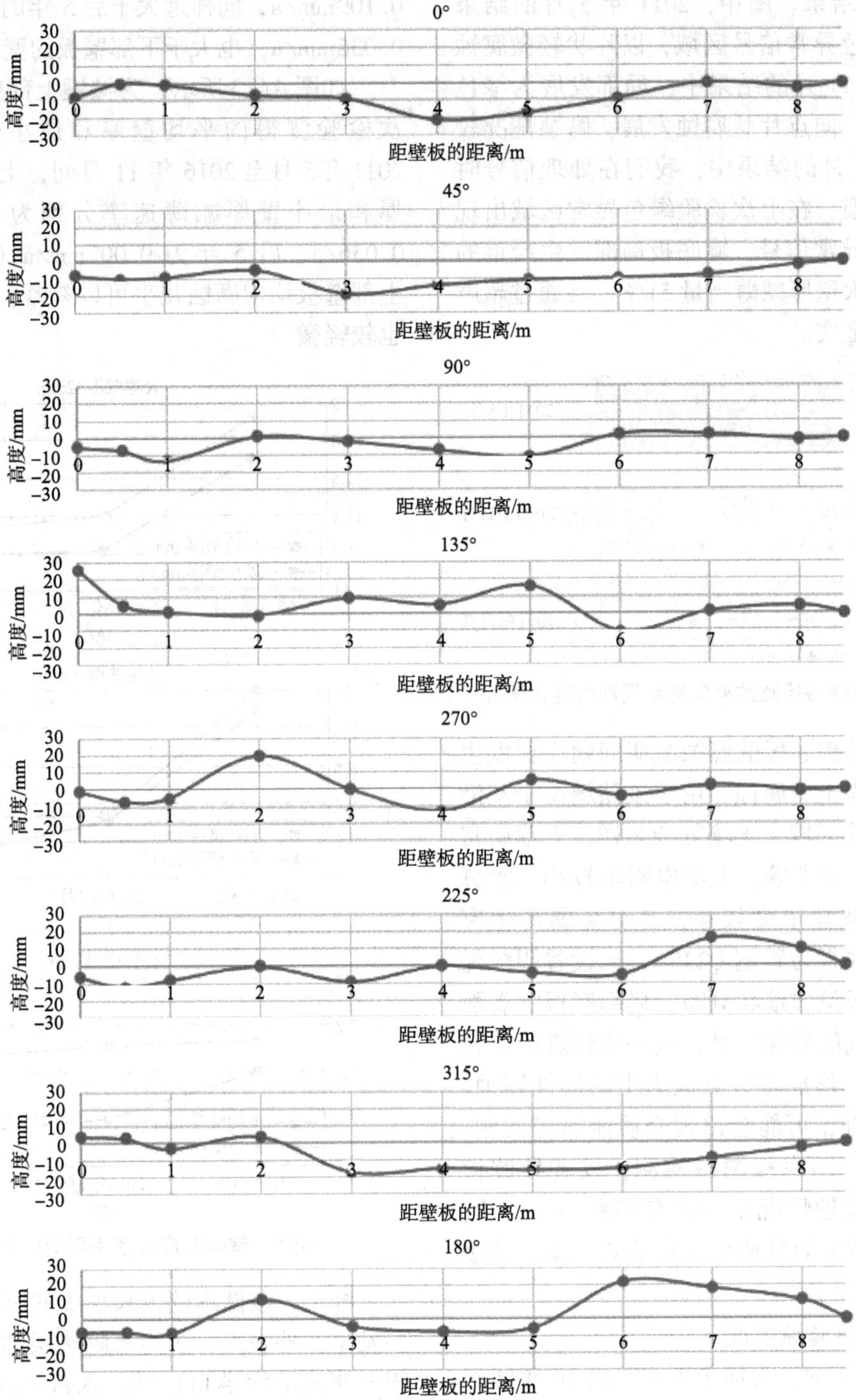

图1 空载时底板沉降图

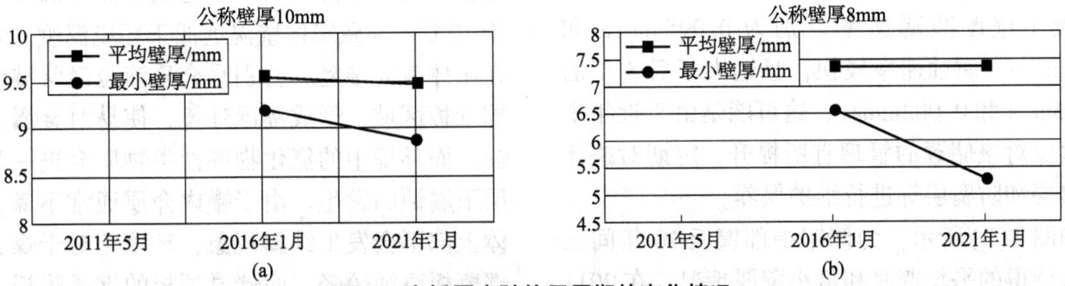

图2 底板厚度随使用周期的变化情况

如图3所示，为该储罐某中幅板2011年5月、2016年11月和2021年11月分别进行的3次漏磁检测的结果。图中，2011年5月的结果中，仅存在黄色异常信号区域，以片状轻微腐蚀为主；2016年11月的结果中，局部发展为绿色信号异常区域，向点片状腐蚀发展，腐蚀情况较重；2021年11月的结果中，我们在处理信号时适度提高了门槛，在上次检验绿色异常区域出现了红色的点状异常信号，罐底板局部发生严重的点状腐蚀，最大壁厚减薄当量51%，且通过超声波测厚进行了证实。

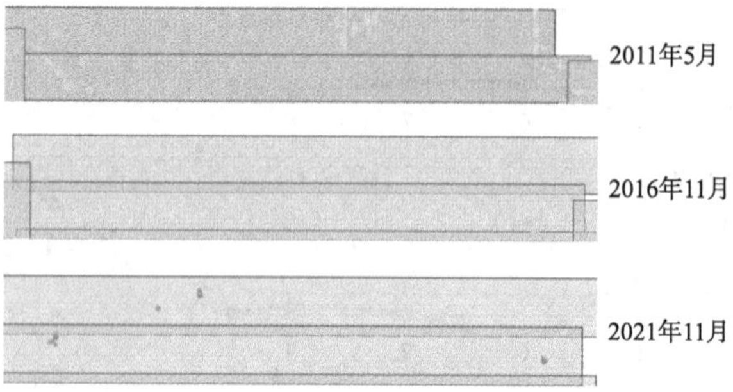

图3　某中幅板漏磁检测结果随使用周期的变化情况

综上，该储罐底板的腐蚀减薄问题主要发生在下表面，多为土壤腐蚀。由于该储罐位于某沿海港口填海造陆区域，土壤复杂多样，土壤中富含Cl离子、Na离子等，土壤电阻率较小，水分含量较大，溶解盐浓度较高，易对金属产生腐蚀。而该储罐底板为碳钢Q235A，未设置阴极保护系统，罐底板呈波浪状分布，局部底板下表面位于土壤和空气的界面区域，进一步促进土壤腐蚀的发生，逐步形成了以点蚀为主的局部腐蚀，如不能及时修补，可能会出现介质泄露等问题。因此，定期进行罐底板漏磁检测，或者导波检测，及时掌握腐蚀情况是非常有必要的。当然，也可以通过设置有效的阴极保护装置，减弱减缓土壤腐蚀速率。

3.2　壁板和顶板腐蚀情况

如图4(a)所示，为储罐下部壁板10年间三次检验测得的平均壁厚和最小壁厚情况。其中，在2011年5月至2016年11月期间，下部平均壁厚和最小壁厚减薄速率分别为0.095mm/a和0.091mm/a，腐蚀速率较快，且远大于后5年的0.015mm/a和0.002mm/a，这可能是由于近年来使用单位对该储罐的管理有所提升，定期对罐体的隔热层和防腐层等进行维护保养。

如图4(b)所示，为储罐中部壁板10年间三次检验测得的平均壁厚和最小壁厚情况。在2011年5月至2016年11月期间，中部壁板平均壁厚和最小壁厚减薄速率分别为0.122mm/a和0.109mm/a，同样远大于后5年的0.002mm/a和0.036mm/a，也大于下部壁板的壁厚减薄速率。

如图4(c)所示，为储罐上部壁板10年间三次检验测得的平均壁厚和最小壁厚情况。在2011年5月至2016年11月间，上部壁板平均壁厚和最小壁厚减薄速率分别为0.003mm/a和0.036/a，后5年为0.009mm/a和0.012mm/a。上部壁板均匀腐蚀几乎可以忽略，局部腐蚀问题也较轻微。

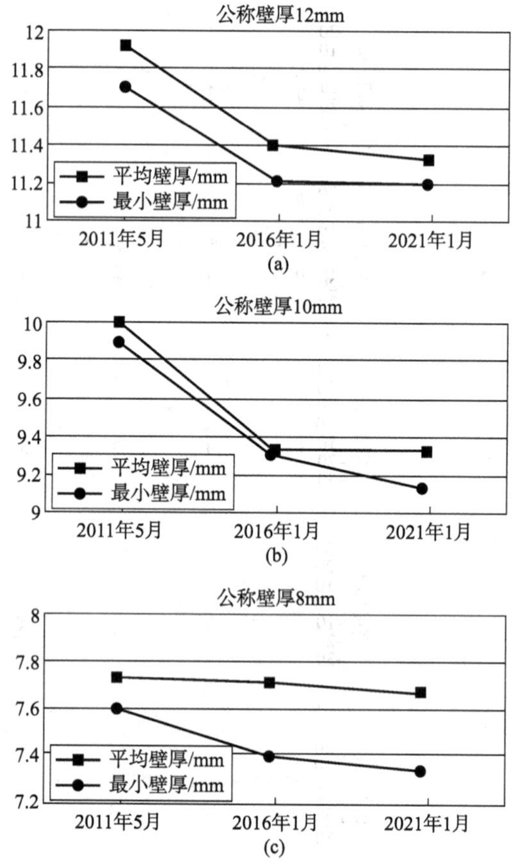

图4　壁板厚度随使用周期的变化情况

综上，该储罐壁板和顶板的腐蚀减薄问题主要发生在外表面，多为有隔热层的大气腐蚀。由于该储罐沿海港口区域，水汽充沛，雨水较多，且空气和雨水中富含的氯化物等盐类物质，特别是夏季炎热潮湿，而环氧乙烷的储存温度通常小于10℃，导致罐体壁温远低于环境温度，水汽易在罐体表面结露，特别是介质液位经常波动的中部壁板区域，形成潮湿环境，使易对金属产生腐蚀。而环境中的氯化物等盐类物质会进一步促进层下腐蚀的发生。由于罐内介质通常不满，使罐体上部不会发生结露现象，环境相对干燥，使上部壁板腐蚀较轻。而储罐顶板的钢梁附近，由于隔热层结构不连续，且多存在间隙，易发生结露现象，同时雨水也易渗入隔热层下，从而导致出现沿钢梁呈带状分布的点蚀坑群，如图5所示。因此，针对上述问题，我们建议使用单位对罐体的隔热层和防腐层等进行定期维护保养，以罐体外表面减弱减缓层下腐蚀的速率。同时，提醒使用单位，由于顶板原始设计厚度偏薄，且腐蚀较重，对罐顶进行巡检时，应注意人身安全。

图5 顶板腐蚀情况

4 结语

通过系统而全面的检验检测，我们可以准确地发现常压储罐存在的问题，这些问题可能是系统性能的降低，也可能是运行过程中的安全隐患。接下来，我们需要对这些问题进行深入的分析，找出其背后的规律和根本原因。这样，我们就能针对问题制定有效的解决方案，及时进行修补和更新，以防止问题的进一步扩大和恶化。同时，根据储罐的具体情况，以及环境的影响因素，进行有针对性的维护和保养，包括定期的检查，及时的维修，以及必要的更换。通过这种方式，我们可以确保储罐系统的稳定运行，提高其可靠性和持久性。因此，检验检测、发现问题、找出规律、及时修补、有针对性的维护保养，是我们保证储罐系统正常运行的重要方法。

参考文献

[1]赵彦修，王十，杜家超．常压储罐在用检验标准对比与分析[J]．中国特种设备安全，2020，36(12)：38－41.

[2]赵彦修，王金龙，王十．在役常压储罐安全与检验问题研究[J]．中国特种设备安全，2021，37(10)：62－66.

[3]李光海．常压储罐检验检测技术[J]．无损检测，2010，32(07)：509－512.

[4]赵彦修，田红岩，陈彦泽等．在役常压储罐的无损检测技术[J]．无损检测，2020，42(09)：77－81.

[5]邢述，杜邦胜，都亮等．空间数据扫描技术在大型常压储罐变形检测中的应用[J]．无损检测，2022，44(10)：20－24.

[6]王十，都亮，赵彦修．常压储罐底板泄漏声发射检测方法及应用[J]．中国安全科学学报，2022，32(S1)：157－164. DOI：10. 16265/j. cnki. issn1003－3033. 2022. S1. 0199.

[7]毕海胜，李自力，程远鹏等．常压储罐底板腐蚀速率与声发射活度的相关性探讨[J]．腐蚀与防护，2015，36(06)：573－576＋589.

[8]王十，邓进，邢述等．在线声发射技术在储罐底板泄漏检测中的应用[J]．石油化工设备技术，2022，43(06)：32－35＋40＋5－6.

[9]蒋林林，李玲杰，苏碧煌等．声发射技术在储罐底板腐蚀检测中的应用[J]．腐蚀与防护，2021，42(02)：56－59＋77.

[10]邓进，李兵，刘书宏等．储罐底板的在役超声高频导波检测[J]．无损检测，2013，35(12)：24－27.

[11]赵彦修，邢述，王十等．漏磁技术在常压储罐检测中的应用[J]．无损检测，2015，37(02)：52－55.

[12]高廷岩，于永亮，韩天宇等．漏磁检测技术在大型常压储罐中的应用[J]．石油化工设备，2014，43(04)：82－85.

[13]李春树，柳曾典，王印培．常压储罐底板腐蚀的漏磁检测与概率分析[J]．腐蚀科学与防护技术，2009，21(05)：505－507.

TDI 光化装置第二脱反应器管道系统腐蚀失效分析

魏中军　林文强　张忠銮

(福建省锅炉压力容器检测研究院，福州 福建　35008)

摘　要：本文对 TDI 光化装置第二脱反应器管道系统定期检验时发现的腐蚀问题进行归纳，同时利用金相检测、化学分析、能谱监测等技术手段对腐蚀部位进行分析，得出了第二脱反应器管道系统的腐蚀因素，并对以上问题提出了应对措施。

关键词：Inconel 600 合金；腐蚀

Corrosion Failure Analysis of the Pipeline System in the Second Dehydration Reactor of TDI Photochemical Device

WEI Zhongjun, *LIN Wenqiang*, *ZHANG Zhongluan*

(Fujian Boiler and Pressure Vessel Testing and Research Institute, Fuzhou Fujian, 350008, China)

Abstract: This article summarizes the corrosion problems discovered during the regular inspection of the pipeline system in the second dehydrogenation reactor of the TDI photochemical device. At the same time, technical means such as metallographic testing, chemical analysis, and energy spectrum monitoring are used to analyze the corrosion site, and the corrosion factors of the pipeline system in the second dehydrogenation reactor are identified. Corresponding measures are proposed for the above problems.

Key words: Inconel 600 alloy; Corrosion

Inconel 600 镍铬耐蚀合金，作为一种重要的高性能合金材料，在现代工业领域中发挥着至关重要的作用。Inconel 600 合金以其卓越的耐蚀性而著称，能够在高温和腐蚀环境中保持出色的稳定性和耐用性。这种独特的性质得益于其内部精确的镍铬配比，以及精密的热处理工艺。合金中镍元素的存在大大提升了材料的耐腐蚀性能，而铬元素的加入则进一步增强了其在高温环境下的稳定性。

国内某化工厂 TDI 光化装置 2013 年 12 月份投用，2018 年定期检验时发现第二脱反应器管道系统多部位发生腐蚀。该公司 TDI 光化装置系统的管道和塔器的材料为进口 Inconel 600 合金，由有压力管道施工资质的公司持相应级别的焊工焊接成管道。管道直径 DN350，流速为 1.5m/s。管道工艺布置见图 1(位置 1 至位置 8)。

本文以第二脱反应器管道系统多处腐蚀失效问题为切入点，对 TDI 光化装置第二脱反应器管道系统腐蚀失效问题进行分析。光化装置整体工艺流程图及各腐蚀位置见图 1，其中以泵出入口处腐蚀最为严重，其中在位置 2、3、4、5、7 和 8 这六个位置发现存在明显的腐蚀问题。除位置 4(换热器入口)可以观察到换热管内部发生冲蚀，泵的入口、闪蒸塔发生冲蚀。其他几个位置存在的腐蚀部位主要是焊缝部位的腐蚀。

作者简介：魏中军(1979—　)，硕士研究生，高级工程师，承压类特种设备检验师。主要从事的承压类特种设备检验工作

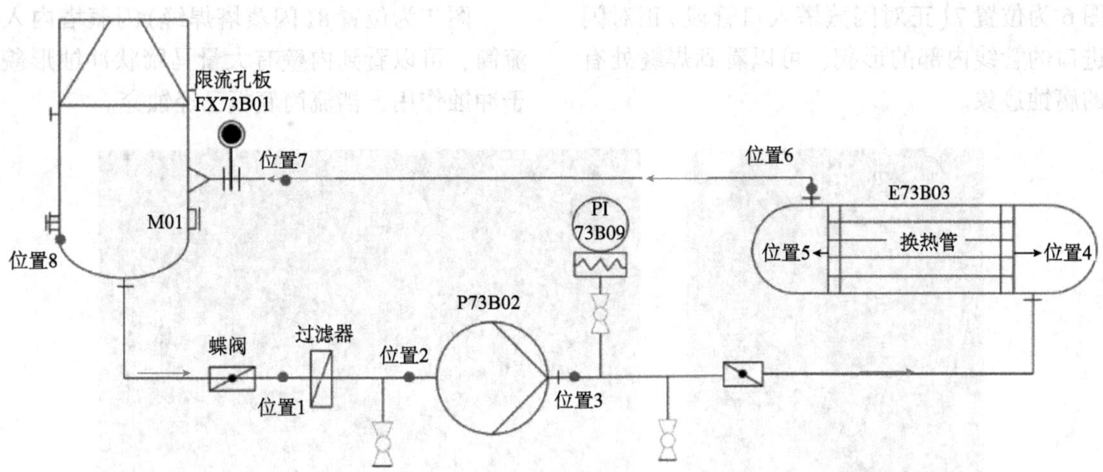

图 1　光化装置工艺流程图

1　宏观形貌分析

根据对以上位置的宏观检查，主要发现以下情况：位置 1 处管线外部及内部的宏观形貌，焊缝及其周围区域均正常。图 2 为位置 2 即泵入口处管线外部及内部的形貌，可以观察到明显的马蹄状冲蚀痕迹，同时管道内壁因为冲蚀的影响而出现了大面积的均匀减薄。

图 2　位置 2(泵入口)内部形貌

为了更清楚地观察泵入口处管道内部的情况，对泵入口处的管道进行了切割，其中用于观察的部分如图 3 左侧所示。泵入口处有明显的点蚀坑，管道内壁存在大面积的腐蚀。图中黑框对应的是入口环焊缝金相试样的取样位置，其截面形貌如图 3 右侧所示。

图 3　泵入口内部宏观形貌

为了更直观、细致的观察管道内部的腐蚀情况，对位置 3(泵出口)处位置的管道切割打开后，图 4 为位置 3 为泵出口处管道切割打开后观察到的管道内部宏观形貌，可以看到纵焊缝已经基本腐蚀干净。

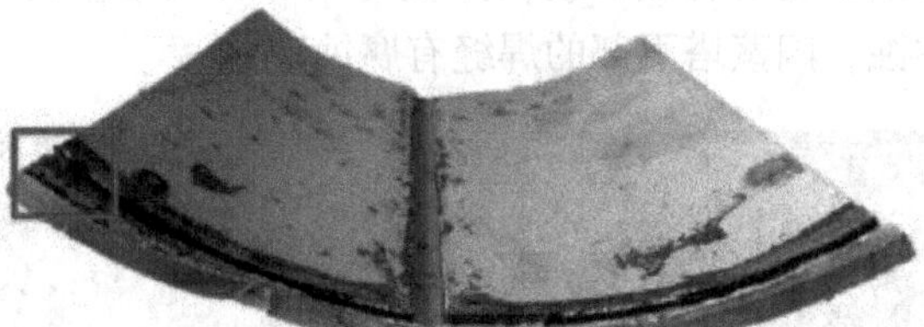

图 4　泵出口管道内部宏观形貌

图 5 为位置 6(近换热器出口管段)管道宏观情况图，可以观察到位置 6 管线内部及外部的形貌，管线内部的焊缝明显遭受了腐蚀。

图 5　位置 6 内部形貌

图6为位置7(正对闪蒸塔入口管段)正对闪蒸塔进口的管线内部的形貌，可以看到焊缝处有明显的腐蚀迹象。

图7为位置8(闪蒸塔焊缝)闪蒸塔内入口档流筒，可以看到内壁有大量马蹄状冲蚀形貌。由于冲蚀作用，档流筒底板已经蚀穿。

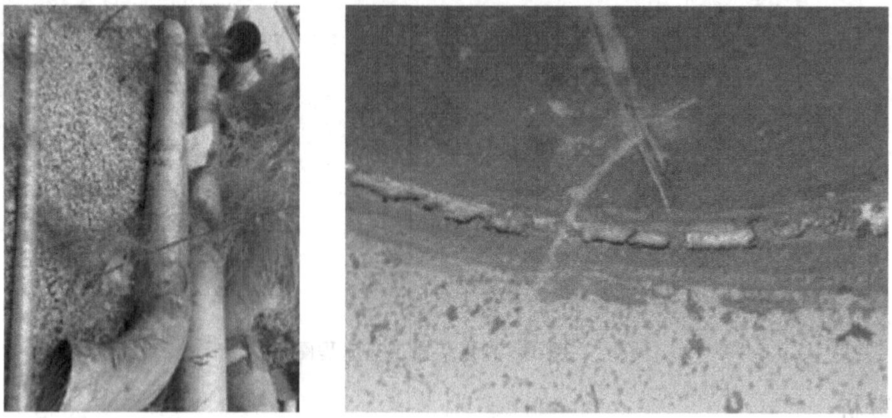

图6　位置7内部形貌

图7　位置8内壁形貌

图8为位置8即闪蒸塔焊缝部位闪蒸塔入口对侧位置的腐蚀形貌，介质对入口对面塔壁继续冲蚀，闪蒸塔下部的焊缝有腐蚀迹象。

图8　蒸馏塔内焊缝腐蚀

本节针对TDI光化装置第二脱反应器管道系统不同位置的腐蚀情况分析宏观形貌分析，总结如下：

(1)第二脱反应器管道系统泵入口有冲蚀形貌，内壁大面积腐蚀减薄；

(2)泵出口无点蚀，壁面无腐蚀迹象，但是纵焊缝已经腐蚀掉；

(3)换热器入口管板表面存在点蚀；换热管内部距入口20cm范围内有明显冲刷痕迹；换热器出口管板有点蚀；

(4)另外在换热器出口附近的管段、正对闪蒸塔入口的管段以及闪蒸塔的焊缝上也存在腐蚀问题。

2　金相分析

为了对第二脱反应器管道系统腐蚀问题进一步研究，作者进行了金相检测，分别在泵的出入口冲蚀处进行了取样。

2.1　泵入口环焊缝金相

图9为泵入口环焊缝的金相试样，图中(a)-(f)各位置的高倍金相见图10。

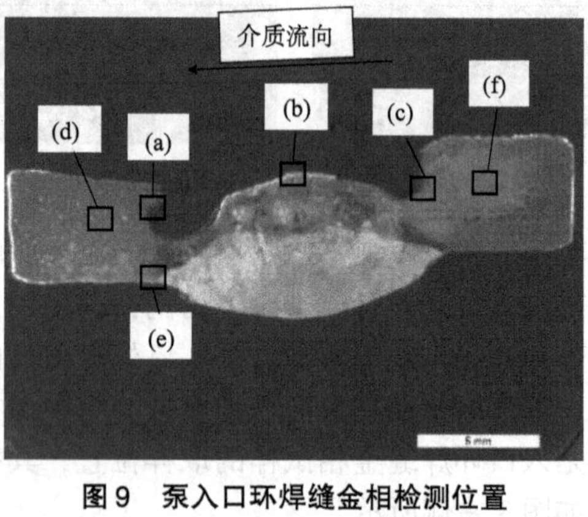

图9　泵入口环焊缝金相检测位置

图9为泵入口环焊缝中不同部位金相检测位置。其中(a)为左母材和焊缝的连接；(b)为焊缝；(c)为右母材和焊缝的连接；(d)为左母材；(e)为左熔合区；(f)为右母材。

图10为不同位置高倍金相形貌：从整体上看，母材区的组织为奥氏体，焊缝组织为魏氏体。在母材区和焊缝交界面上有晶粒脱落的现象，可能是流体冲蚀导致的，另外在组织中存在少量的孔洞。

图10　不同位置高倍金相

2.2　泵出口环焊缝金相

图11为泵出口环焊缝中不同部位金相检测位置。其中(a)为左侧母材和焊缝 的交界处；(b)为焊缝；(c)为右侧母材和焊缝的交界处；(d)为左侧母材；(e)为左侧熔合区；(f)为右侧母材。

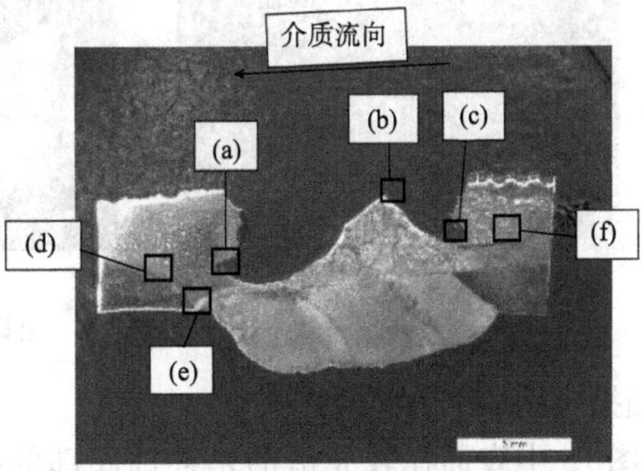

图11　泵出口环焊缝不同位置金相检测

图12为中泵出口环焊缝各位置在高倍下的金相形貌：从整体上看，母材区的组织结构为奥氏体，焊缝组成则为魏氏体。金相的形态一般良好。

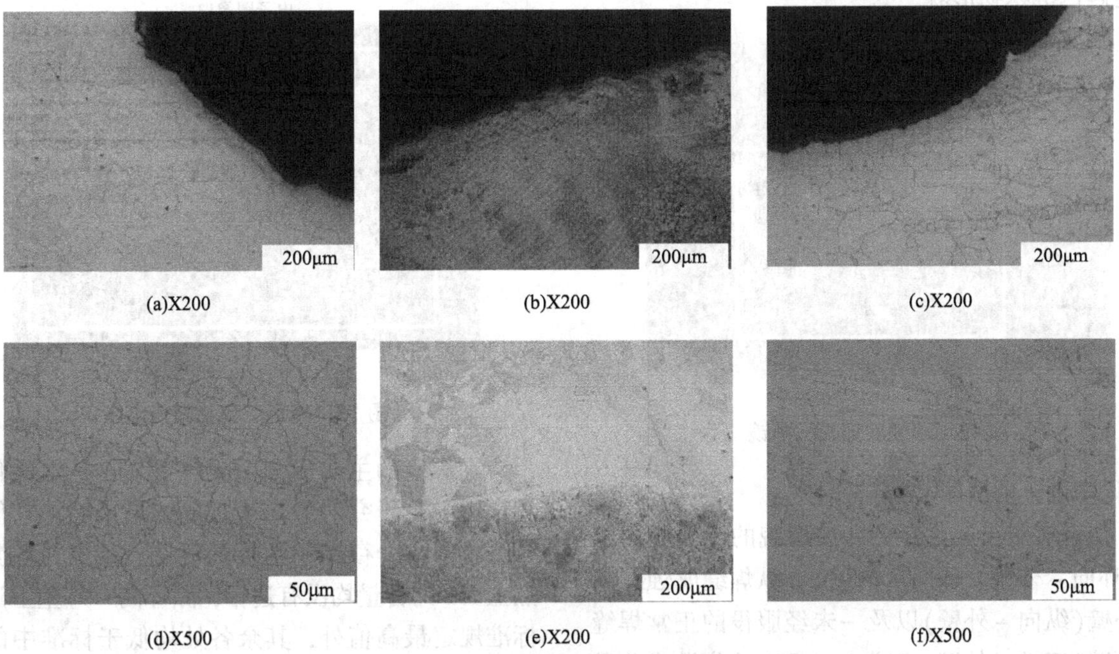

图12　出口环焊缝不同位置高倍金相

2.3 泵的纵焊缝金相

图 13 为泵出口纵焊缝处不同位置金相检测，其中(a)为左侧母材和焊缝的交界处；(b)为焊缝；(c)为右侧母材和焊缝的交界处；(d)为左侧母材；(e)为左侧熔合区；(f)为右侧母材。

图 14 为出口纵焊缝不同位置高倍金相图像，金相组织总体正常。

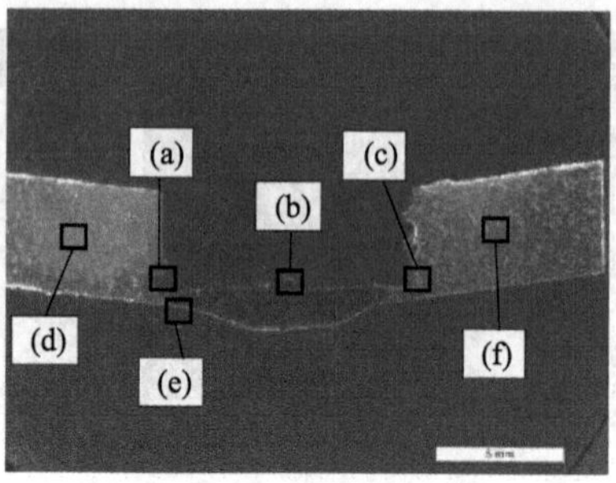

图 13 为泵出口纵焊缝金相试样

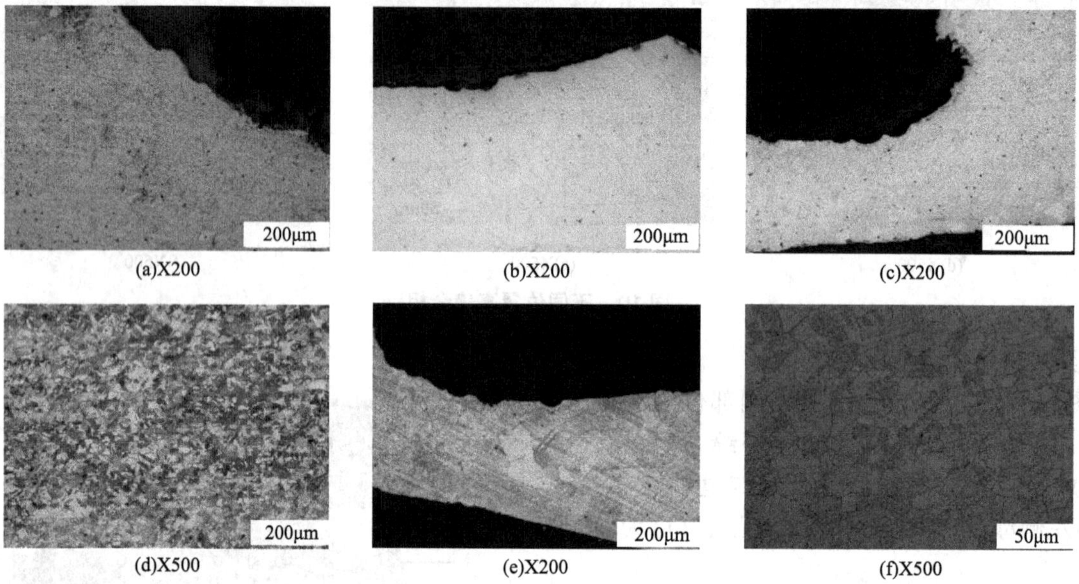

图 14 出口纵焊缝不同位置高倍金相

3 扫描电镜

图 15 中表面比较光滑的是冲蚀底部的扫描电镜，符合冲蚀形貌比较光滑这一特征。图 16 中是黑色沉积物形貌。

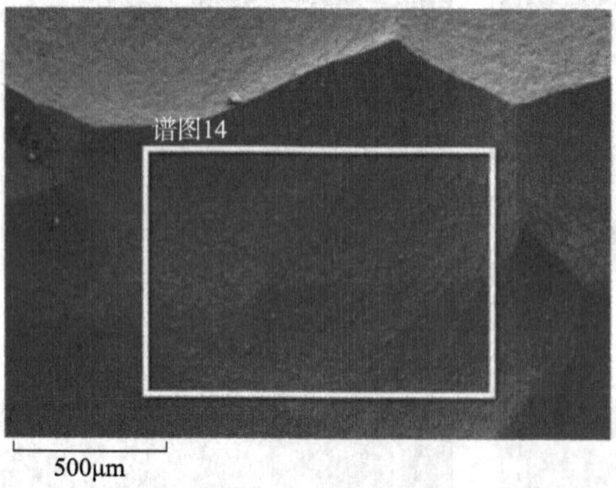

图 15 冲蚀底部扫描电镜

4 化学成分测试

作者对服役过后存在冲蚀形貌的环焊缝内外壁(环向－外壁、环向－内壁)、纵焊缝腐蚀剩下的外壁(纵向－外壁)以及一未经服役的正常焊缝内外壁(正常－外壁、正常－内壁)的化学成分进行了检测。异常焊缝及正常焊缝各测试点的具体位置分别见图 16。测试结果在表 1 中列出，同时将结果与 NELiCr－3(Inconel600 合金用焊丝)材料标准成份进行比较。

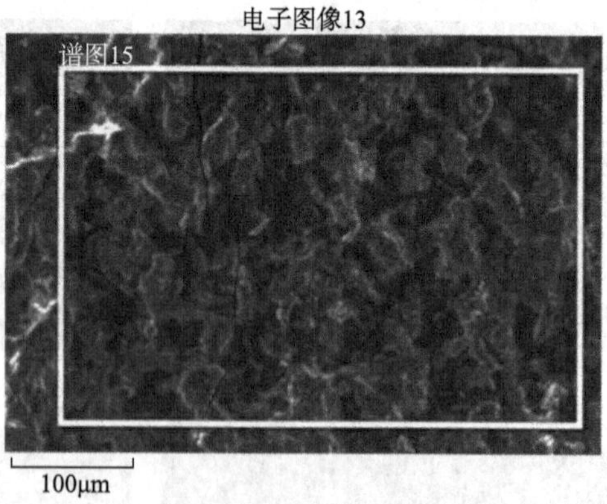

图 16 黑色沉积物扫描电镜

在焊缝的主要成分中，Fe 和 Mn 是本次化学测试的主要研究对象。从对比结果来看，它们的含量或多或少存在不达标的问题。其中，各测试点上 Mn 的含量均没有达标，除环向－外壁上远超标准规定最高值外，其余各处均低于标准中的最低值；Fe 元素含量存在问题的主要在环向－外壁、纵向－外壁以及正常－内壁这三处，其含量均超过标准最高值的两倍以上。有文献介绍[1]，Fe 元素在 ErNiCr 中可能会发生稀释作用，使得焊缝与母材 Fe 含量接近，这里只考虑 Mn 元素的差异。Mn 在不同焊缝与焊缝不同位置存在差别，说明内外侧的焊缝所用焊丝或工艺可能存在差异。同时实际焊缝选用焊丝与推荐的 ErNiCr－3 焊丝可能有差别。焊丝的错误选用或者焊接工艺的问题，会导致在腐蚀性介质下发生焊缝优先腐蚀。

作者同时对正常焊缝附近的母材区取样进行了化学成分测试，与标准成分进行对比，结果见表 2。Inconel600 的标准成分可通过 GB/T 15007—2017《耐蚀合金牌号》中的牌号 NS3102 来查得。泵母材区的各元素含量均在标准范围内，应当不存在质量问题。

表 1　不同位置焊缝化学成分测试结果

	元素 位置	Cr	Ni	Mn	Fe	Si	Cu	Ti
	ERNiCr-3标准	18.0~22.0	≥67.0	2.5~3.5	≤3.0	≤0.5	≤0.5	≤0.7
服役中腐蚀剩余的焊缝	环向-外壁	18.12	72.30	7.38	6.57	0.69	0.058	0.085
	环-外(EDS)	16.66	67.13	6.83	6.46	0.89		0.12
	环向-内壁	17.37	77.43	2.08	2.76	0.17	0.045	0.27
	环-内(EDS)	18.79	73.61	2.04	3.34	0.46	—	0.25
	纵向-外壁	18.87	77.02	0.86	7.16	0.24	0.018	0.25
未服役的正常焊缝	正常-外壁	16.75	77.64	1.82	2.44	0.15	0.043	0.27
	正常-内壁	15.96	77.37	0.66	8.24	0.21	0.037	0.23

表 2　母材化学成分测试结果

元素 位置	Cr	Ni	Mn	Fe	C	S	Si	P	Cu
标准	14.0～17.0	≥72.0	≤1.00	6.0－10.0	≤0.50	≤0.03	≤0.50		
测试	16.05	73.4	0.58	8.71	0.019	<0.005	0.19	0.012	0.087

5　冲蚀底部能谱分析

作者对冲蚀底部及底部焦油沉积物进行能谱分析方法，图 17 为冲蚀底部能谱分析结果，图 18 为焦油沉积物能谱分析检测结果。由图可以看出，腐蚀产物中含有较多的氯离子，特别是焦油沉积物中含有更多的氯离子。

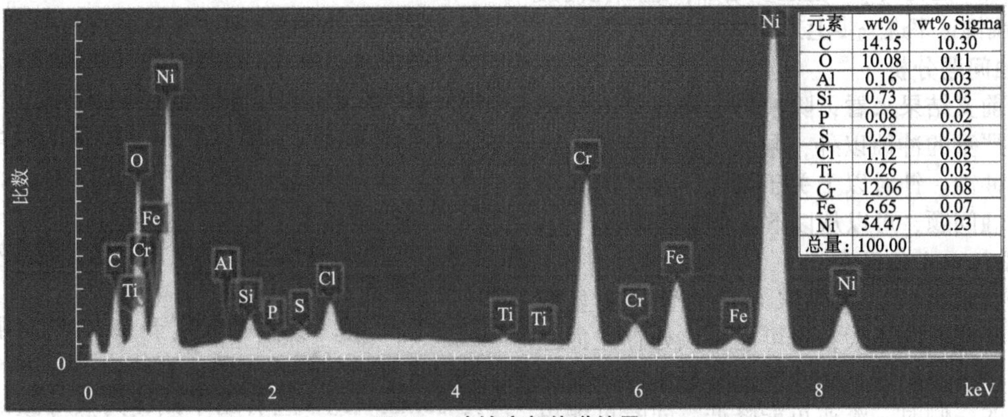

图 17　冲蚀底部能谱结果

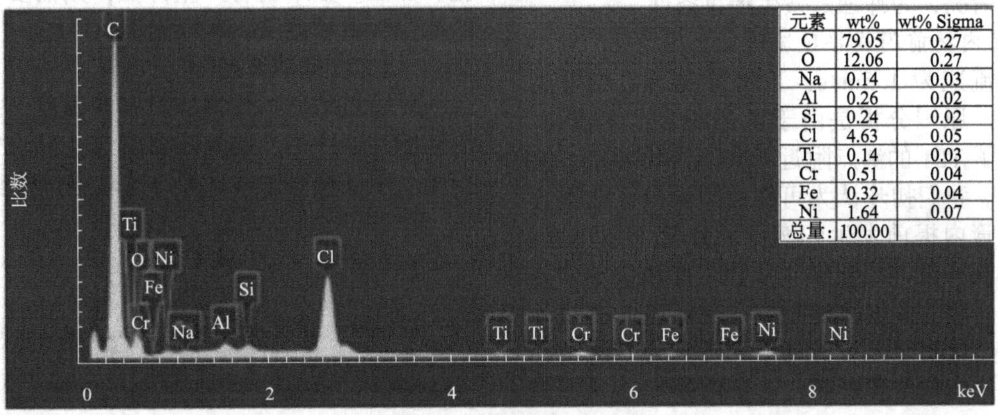

图 18　黑色沉积物能谱结果

6　腐蚀原因分析

由前面的分析可以得出：光化装置整个管道系统多处发现了腐蚀问题，既有点状腐蚀又有局部减薄腐蚀，可以得出初步结论管道腐蚀是多因素共同作用的结果。

6.1　管道焊缝腐蚀问题分析

由前文可知管道纵焊缝整个壁厚上几乎已经腐蚀干净，只剩下了外壁很薄的一层。环焊缝腐蚀情况稍好。通过化学测试可以确定母材区的质量在标准范围内，焊缝的成分存在一定的问题，因此焊缝的优先腐蚀是由于焊缝选材错误或焊接工艺不合适导致的。焊缝使用的材料为ERNiCr－3，其Mn的含量应当在2.5%～3.5%范围内，而Fe的含量应当小于3%。从测试结果来看，各测试点的Mn含量均没有达标，而Fe则在部分位置处明显超出标准最高值。

6.2　管道焊缝点蚀问题分析

点蚀的特征是在金属表面形成单一或一定数量针状小孔的腐蚀，形成的原因是在溶剂中存在活性阴离子(如氯离子)和抗氧化性强的金属分子(如镍离子、铁离子等)时，尤其在金属材料部分有问题、内部有硫化物杂质、晶界有碳化物堆积时，有可能造成这些点上的金属表面钝化膜被腐蚀穿透，基地金属与邻近的完好层之间形成电化学电池引发化学反应，在新暴露的金属表面形成腐蚀孔，随着腐蚀的增加腐蚀部位孔的pH值逐步增加，造成孔内酸度上升，腐蚀速率进一步上升[2]。

6.3　冲蚀问题分析

综合前文结果来看，除换热器换热管入口部分发生了严重的冲蚀以外，泵入口处和闪蒸塔也有严重的冲蚀。针对以上关于泵入口及其闪蒸塔内部的冲蚀问题，可以从以下几个方面展开：

6.3.1　泵入口变径因素

根据管道的设计可知泵入口的管径明显变小，导致了流速的增大，这可能是该处存在冲蚀形貌的一个主要原因。在介质由管径小的一侧流向管径大的一侧时，流速可能降低，同时可能出现回流的情况，为冲蚀的发生提供条件。

6.3.2　管内提前闪蒸导致流速变化问题

管内流速为1.5m/s，正常情况下不会发生严重冲蚀。原因分析是由于系统内的温度较高，已经达到了TDI的沸点附近，介质汽化导致了流速的增大。我们初步认为可能由于限流板孔不合适，导致管内提前发生闪蒸，导致管内高流速。闪蒸使得高挥发性的化学物质也可能从焦油中分离出来，介质的蒸发可能导致局部流速的突然升高，管内介质由原先设计的液相流转为气液两相流，流态的变化导致管内流速变化。

介质实际流速远超过设计流速，会对管路和设备造成严重的冲蚀。导致这种情况的原因可能是限流板孔径选择过大，在在管路上发生闪蒸现象，进而导致局部汽化而流速过高产生了冲蚀。此外闪蒸也使得高挥发性的化学物质也可能从焦油中分离出来加速冲蚀。

6.3.3　焦油磨蚀性因素

工艺介质的性质也是导致冲蚀发生的一个原因。系统内的工艺介质主要是TDI，含有少量的焦油。具体成分如下：95.5% TDI、4.4%焦油、ODCB(<0.2%)以及HCl(<0.01%)。这两种成分中可能造成冲蚀的主要是焦油，焦油有一定的固体颗粒含量，流固两相在高流速下有很高的磨蚀性。正常情况下，由于装置内严格避免水进入，腐蚀性较低，但在冲蚀坑底部有测到一定的Cl含量，介质可能带有一定腐蚀。如果提前发生管路内闪蒸，酸性介质浓缩可能会导致更严重的腐蚀。

和焦油相比，TDI的磨蚀性较弱，但是在一定条件下，TDI和水反应将生成脲，脲和TDI进一步化学反应生成缩二脲，缩二脲和TDI化学反应最后生成聚合缩二脲(焦油)，并在这种情况下，冲蚀将进一步加剧。

7　整改措施

7.1　改善管道焊接工艺

焊接时要尽量用小直径焊条，采用低电压工艺，焊接面尽量小，多层焊接时要控制焊接温度，尽量减少熔池和焊接接头的过热。焊接收弧时，要注意保证焊接火口填满，对于可能出现问题的火口金属要打磨消除；最后，焊接时最好氩弧焊打底，同时做好氩气保护，可以降低焊接问题概率。

焊接操作时，要保证焊丝焊条的烘烤，注意保温，在焊接时要考虑到环境温度移速，尽量减少焊接应力。

7.2　对限流板孔径进行设计优化，避免在管道中发生闪蒸

据了解，该管道工艺于2020年对限流板孔进行了重新计算和调整，直径由原先的90mm改为83mm。此举应有助于减缓闪蒸导致的局部湍流和冲蚀。如果仍有严重冲蚀，则需要分析焦油的成分含量和性质，对限流板孔径进一步优化。

7.3　增加管壁的厚度

对管道减薄部位增加管壁的厚度，提高介质流体的冲刷作用，此外还要对这些部位定期进行壁厚、硬度检测，发现异常及时进行整改。

参考文献

[1] RL Klueh, JF King. Elevated－temperature tensile properties of ERNiCr－3 weld metal. 1977.
[2] 徐明亮. INCONEL－600合金腐蚀分析及其预防措施. 科技创新导报. 2010(10): 52.

芳烃抽提装置管线法兰颈部对接焊缝开裂失效分析

张德健

（中国石油天然气股份有限公司乌鲁木齐石化公司工程设备监督检测中心，乌鲁木齐 830019）

摘　要：某炼油厂抽提装置在检修过程中，发现一管线与容器连接的突面带颈对焊法兰颈部对接焊缝在组对过程中发生开裂，通过对裂纹断口进行宏观断口检验、电镜扫描、金相检验、能谱分析、硬度检测、材质分析、室温拉伸试验，结合制造及焊接过程分析结果表明，该法兰在制造过程中，经过锻、挤、推、轧、热处理等工序，使材料内部存在的缩孔、裂纹、疏松、折叠等原始缺陷，在焊接过程中因焊接应力、加工应力等因素影响下不断扩展，最终产生贯穿裂纹。

关键词：管线；突面带颈对焊法兰；电镜扫描；金相检验；焊接；原始缺陷；贯穿裂纹

Failure Analysis of Cracking in Flange Neck Butt Weld of Aromatic Hydrocarbon Extraction Device Pipeline

ZHANG Dejian

（Engineering Equipment Supervision and Testing Center，PetroChina Urumqi Petrochemical Company，Urumqi 830019，China）

Abstract：During maintenance of a refinery's extraction device，cracking was found in the butt weld of the flange neck with a protruding face connecting the pipeline to the vessel. Through macroscopic fracture examination，electron microscopy scanning，metallographic examination，energy spectrum analysis，hardness testing，material analysis，and room temperature tensile testing of the crack surface，combined with analysis of manufacturing and welding processes，it was found that the flange underwent processes such as forging，extrusion，upsetting，rolling，heat treatment，etc.，during manufacturing，which caused original defects such as shrinkage holes，cracks，looseness，folding，etc.，within the material to continuously expand under the influence of welding stress，processing stress，and other factors，ultimately leading to the formation of a penetrating crack.

Key words：Pipeline；Flange with protruding face and neck butt weld；Electron microscopy scanning；Metallographic examination；Welding；Original defects；Penetrating crack

1　引言

在对一座炼油厂的抽提装置进行维护过程中，发现管线连接容器的法兰颈部对接焊缝出现开裂的问题。该管线法兰规格：CL600DN250，材质：0Cr18Ni10Ti，为正规渠道新采购法兰，服役过程中没有温度压力均处在正常服役条件下，因上部管线减薄需整体更换。本研究通过对裂纹表面进行宏观断口检查、电子显微镜扫描、金相检验、能谱分析、硬度测试、材料分析以及裂纹表面的室温拉伸测试等多种检验手段，在工程领域，常见的失效形式包括疲劳断裂、腐蚀疲劳、应力腐蚀开裂、腐蚀、磨损、变形等。结合对制造和焊接过程的分析，发现在制造过程中，法兰经历了锻造、挤压、镦粗、轧制、热处理等工艺，导致材料内部存在收缩孔、裂纹、松动、折叠等原始缺陷，在焊接应力、加工应力等因素的影响下不断扩展，最终形成贯穿裂纹。这项研究对于理解芳烃抽提装置管线法兰颈部对接焊缝开

作者简介：张德健(1981—　)，本科学历，工程师职称，2008 年至今一直从事特种设备检验检测，理化检验方面的工作。E－mail：8433670@ qq. com

裂问题的根本原因和机制至关重要。它对类似装置设计、制造工艺和维护实践的质量提升具有重要意义，有助于避免类似问题的再次发生。

2　失效件外观形貌

对失效件进行外观检查，开裂部位距突颈法兰端面20mm(见图1)，该部位为法兰形状突变部位，应力较为集中。带颈对焊法兰主要用于工况比较苛刻的场合，如管道热膨胀或其他载荷而使法兰处受的应力较大或应力变化反复的场合；压力、温度大幅度波动的管道或高温、高压及零下低温的管道。

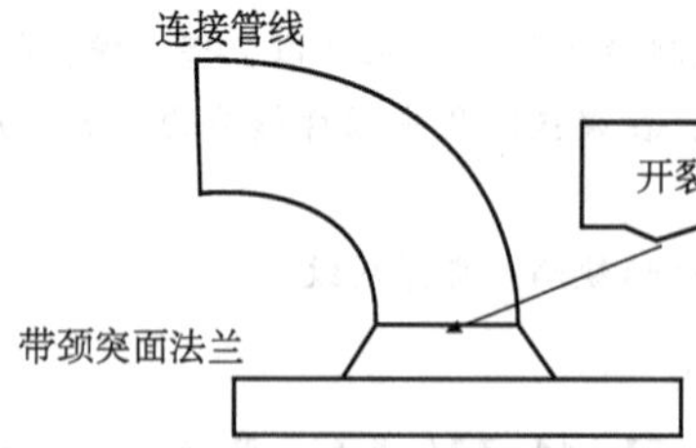

图1　开裂部位

3　无损检测

对法兰整体进行渗透探伤检测，除肉眼可见法兰缩颈部位裂纹外(注：该裂纹未穿透法兰内壁)，其余部位未见裂纹。

4　理化检验

根据外观检查结果及对前期收集资料的判断，对该失效法兰主要进行的理化检验项目有进行宏观断口检验、电镜扫描、金相检验、能谱分析、硬度检测、材质分析、室温拉伸试验。按照理化检验项目的要求对该失效法兰的不同部位进行取样(取样部位见图2、图3)

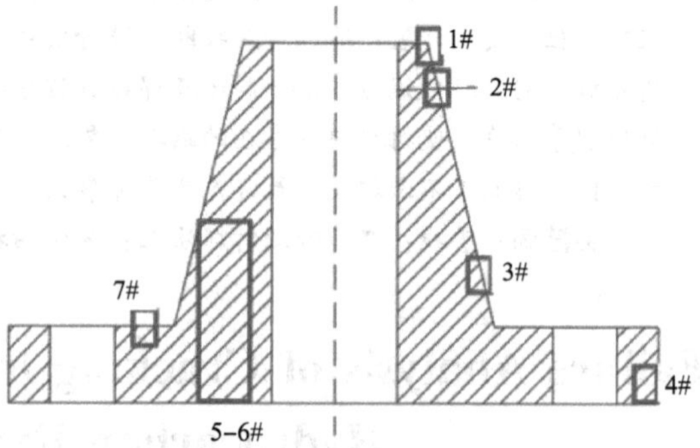

图2　取样部位示意图

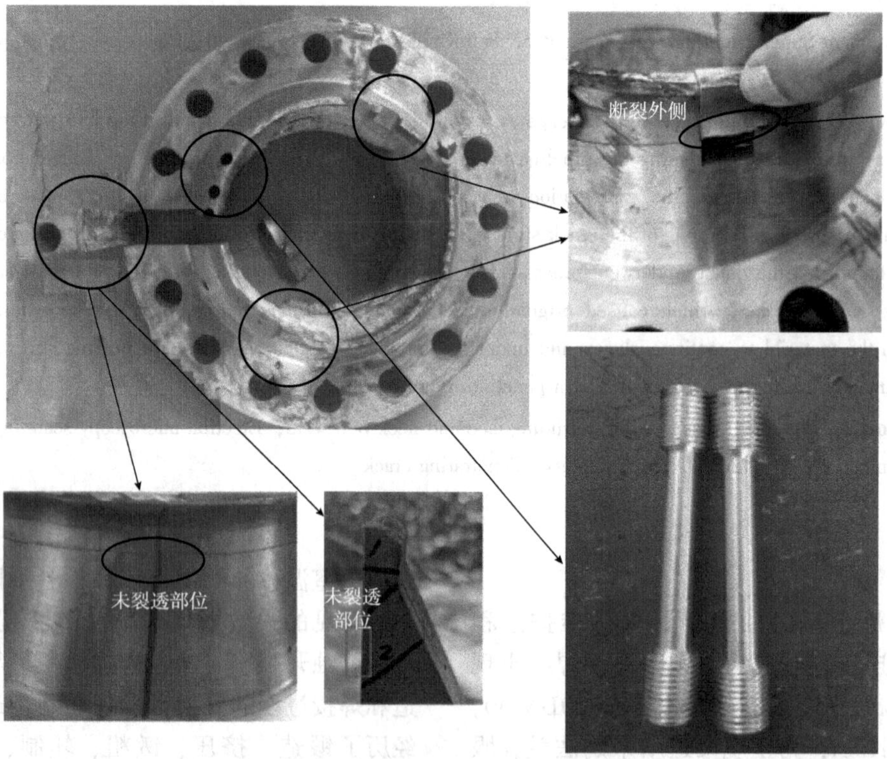

图3　取样部位实际图

4.1　宏观断口检验

开裂部位在法兰缩颈处距离端面约20mm，呈环向走势，整圈未裂透，未裂透部位长度约14mm。在端面部位取样(见图4)，观察断口表面大部分发生氧化，颜色呈灰黑色，断面平整，未见疲劳形貌特征。将法兰沿壁厚方向剖开，可发现内部有纵向的层状裂纹，受剪切力和拉力向45°方向延伸扩展，该处裂纹靠近法兰端面。

4.2　电镜检验

采用扫描电子显微镜(SEM)扫描，观察开裂的断口，发现其上含有大量缩孔(a)、裂纹(b)、疏松(c)、折叠(d)的缺陷。(见图5)

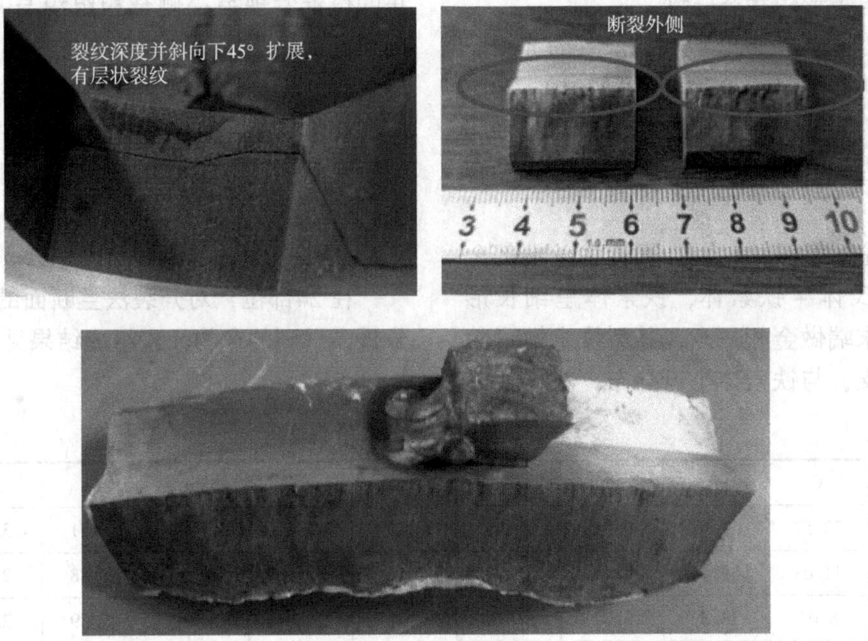

图4　裂纹宏观形貌

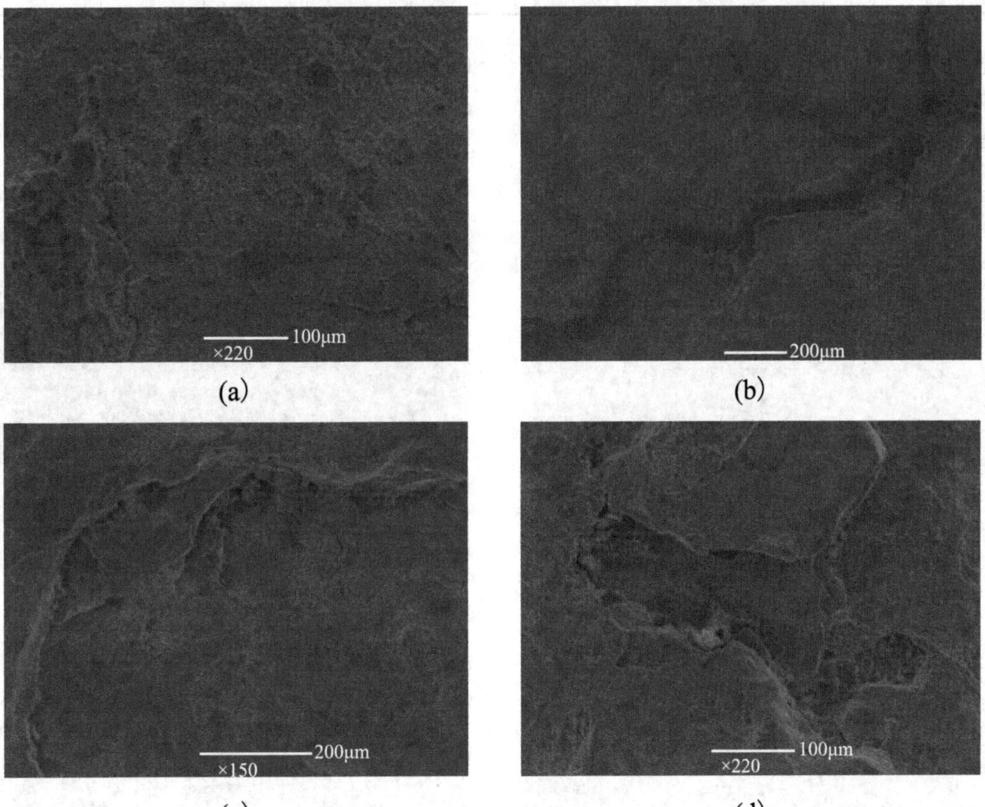

(a)　(b)　(c)　(d)

图5　断口电镜形貌

4.3　金相检验

在法兰缩颈部位沿径向剖开，取裂纹未穿透2#部位，主要分析裂纹形貌。在1#、3#、4#部位分别进行取样，对比法兰金相组织，分析热处理状态。

取样JX－21－011/1－4点，经线切割、镶嵌、打磨、抛光及浸蚀，根据GB/T 10561—2005《钢中非金属夹杂物含量的测定标准评级》，所做1#、2#、3#、4#部位抛光态下形貌显示未见硫化物等危害性夹杂物。但在法兰底座打孔处(4#部位)，抛光态下可见长条及断续状裂纹，折叠及空洞形貌(见组图6抛光态下缺陷形貌)。这与开裂断口表面的电镜形貌状态一致。

所测 1#部位晶粒度 6.2 级，该法兰为Ⅱ级锻件，标准未做明确规定。参考 NB/T 47010—2017《承压设备用不锈钢和耐热钢锻件》中针对Ⅲ级和Ⅳ级锻件晶粒度要求比较，所做晶粒度符合要求。

见取样部位示意图，1#、2#靠近法兰端部金相组织为：奥氏体 + 铁素体，铁素体呈细长形状。取裂纹的末端做金相一点，其裂纹末端形貌圆钝，且有分支，与铁素体平行分布，在裂纹终止的位置发现另一侧金相组织与基体组织不同，判断是由锻、挤、堆甚至高温过热引起。

3#、4#金相组织为：奥氏体 + 铁素体，铁素体有聚集形貌。判断为制造过程中，热处理不均匀所致(见组图 71#、2#、3#、4#部位金相组织形貌)。

4.4　能谱分析

在 2#部位，对开裂法兰断面的产物进行能谱分析，得到的产物元素组成结果见表 1。

表 1　产物元素组成能谱检测结果

谱图	C	O	Si	Ca	Ti	Cr	Mn	Fe	Ni	总
谱图 1	23.57	22.63	0.35	0.22	0.17	15.12	2.34	32.51	3.00	100
谱图 1	11.08	33.44	0.49	0.19	0.16	20.53	2.31	28.88	2.71	100
谱图 1	8.04	33.39	0.74	0.09	0.13	24.04	3.16	27.39	2.79	100
平均	14.23	29.82	0.53	0.17	0.15	19.90	2.60	29.60	2.83	100
标准偏差	8.23	6.23	0.20	0.07	0.02	4.50	0.48	2.63	0.15	100

断口表面能谱显示 C，O 和 Fe 元素的含量较高，其他元素含量很少，且有 Si 元素，但对法兰开裂没有影响。产物中的 Fe 元素来自 0Cr18Ni10Ti 不锈钢基体。其中 O 元素含量较高，说明断口表面已被氧化，属于陈旧性断口。这与断口宏观形貌颜色相吻合。

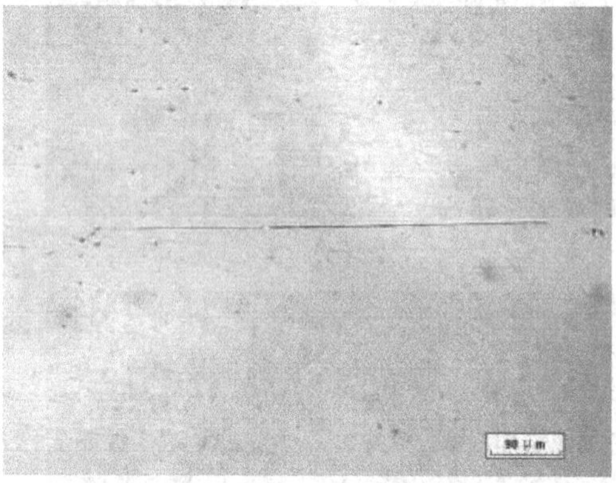

(a)4#部位抛光态下长条状裂纹

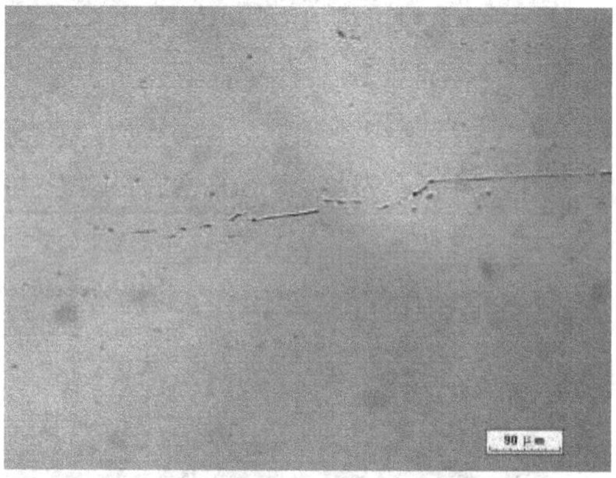

(b)4#部位抛光态下断续状裂纹

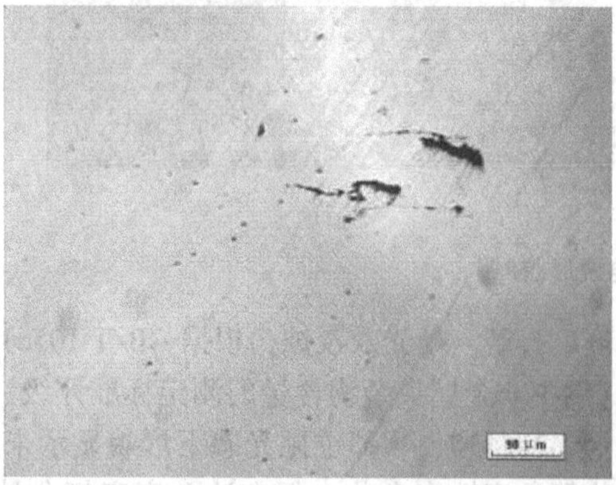

(c)4#部位抛光态下折叠裂纹

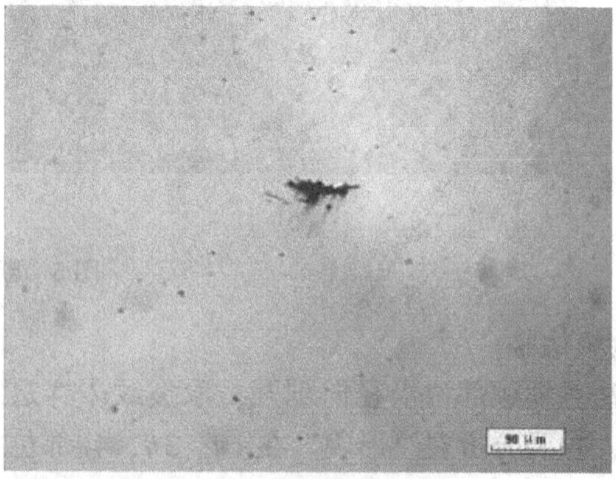

(d)4#部位抛光态下空洞

图 6　抛光态下缺陷形貌

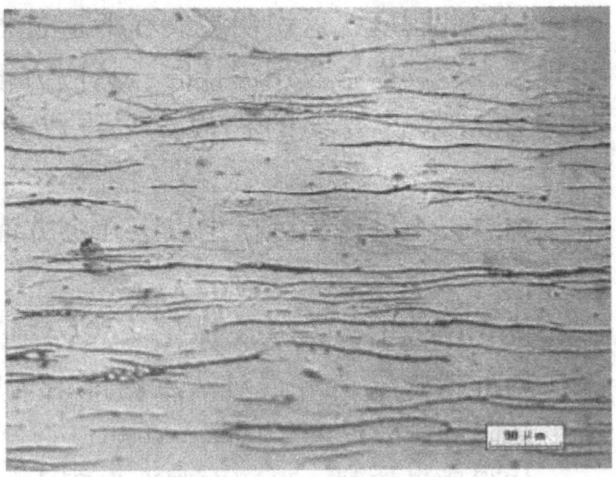

(a)JX-21-011/1

(b)JX-21-011/2-1

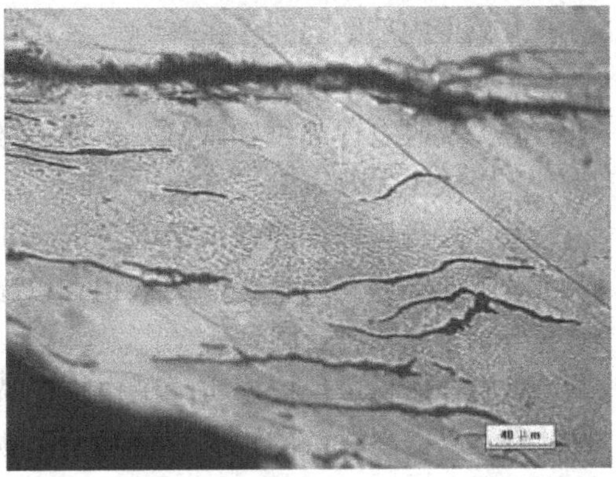

(C)JX-21-011/2-2

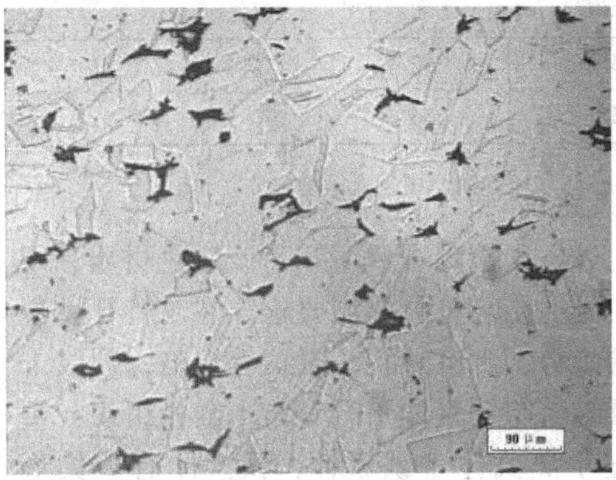

(d) JX-21-011/3

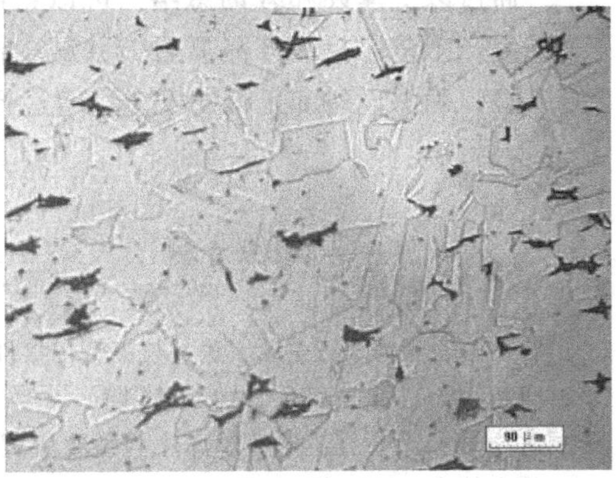

(e)JX-21-011/4

图7　1#、2#、3#、4#部位金相组织形貌(100X)

4.5　布氏硬度检测

在取样示意图所检硬度检测部位。参照 NB/T 47010—2017《承压设备用不锈钢和耐热钢锻件》，SH/T 3406—2013 标准，布氏硬度测量值均在正常范围内，标准要求小于 187，见下表所示(表2)。

表2　硬度检测值　　HBW

样品	实测值1	实测值2	实测值3	检验结果
1号部位	155	160	165	符合
2号部位	162	160	163	符合
3号部位	167	170	175	符合
4号部位	158	161	167	符合
5号部位	158	164	175	符合

4.6　化学分析

在取样示意图中 7#部位进行光谱成分分析，所测合金元素符合 GB/T 20878—2007 中 0Cr18Ni10Ti 的材质要求，见下表所示(表3)。

表3　材料成分光谱分析　　%

项目	C	Si	Mn	P	S
标准值	≤0.08	≤1.00	≤2.00	≤0.045	≤0.030
实测值	0.062	0.393	1.52	0.040	0.006
检验结果	符合	符合	符合	符合	符合

项目	Ni	Cr	Ti
标准值	9.00～12.00	12.00～20.00	5C～0.70
实测值	9.17	17.63	0.223
检验结果	符合	符合	符合

4.7 室温拉伸试验

在取样示意图中5#、6#部位进行力学拉伸试验。参照NB/T 47010—2017《承压设备用不锈钢和耐热钢锻件》中对0Cr18Ni10Ti拉伸性能的规定可知，该法兰常温拉伸性能满足技术要求，见下表所示(表4)。

表4　室温拉伸试验数据

螺栓部位	下屈服强度 ReL/Mpa	抗拉强度 Rm /MPa	断后伸长率 A/%
NB/T 47010—2017 标准值	≥205	≥500	≥35
5#部位	352	529	51
6#部位	356	537	52

5　结论及建议

从上述各项检测项目所知，该法兰材质、硬度，及力学性能均符合标准要求。裂纹特征：裂纹呈环向走势，含有缩孔、裂纹等缺陷，裂纹末端形貌圆钝，与铁素体平行分布。金相组织：金相组织显示奥氏体+铁素体，铁素体有聚集形貌，裂纹末端金相组织与基体组织不同，可能由于制造过程中热处理不均匀引起。断口表面分析：断口表面含有较高的C、O和Fe元素，O元素含量较高，表明断口表面已被氧化，属于陈旧性断口。拉伸性能：常温拉伸性能满足技术要求，布氏硬度检测值正常。

但根据法兰的制造工艺，在冲孔完成后，有一个局部拔长锻造的过程；从法兰结构看，端面要比其他部位薄很多，且与空气的接触面积大，冷却速度快，此处产生的相间拉力最大。法兰在制造过程中经过锻、挤、推，轧及热处理工序，内部材料存在的缩孔、裂纹、疏松、折叠等缺陷，在金相检验中也可判断出有异常组织形貌，与之密切相关。

从断口分析来看，整个裂纹的表面已严重氧化。按发货时间推断，此批法兰在常温环境下不会氧化至此程度，这说明裂纹在锻造过程中已经出现。在现场准备投用焊接时，热应力很大，会加剧端口附近裂纹的扩展，导致成为贯穿性裂纹。

综合以上分析，可提出以下几个方面的意见与建议：

优化制造工艺：建议优化法兰的制造工艺，减少局部拔长锻造过程对法兰内部结构的影响，降低缺陷和裂纹的产生概率。

加强质量控制：强调在制造过程中对法兰的质量控制，确保材质、硬度和力学性能符合标准要求，减少内部缺陷的存在。

定期检测与维护：建议定期对法兰进行检测和维护，及时发现裂纹和缺陷，采取有效的修复措施，以减少失效风险。

强化人员培训：加强生产人员的培训，提高他们对制造工艺和质量控制的认识，以减少因操作不当而导致的质量问题。

使用合适材质：根据实际工作环境选择合适的材质，以提高法兰的耐腐蚀性和耐磨损性，延长使用寿命。

通过以上建议和教训总结，可以帮助委托方改进生产工艺、提高产品质量，并减少法兰失效的风险，确保设备和工程的安全稳定运行。

参考文献

[1]徐小红；王豫章；朱珍．法兰与钢管焊接件裂纹机理分析[J]；机电技术；2019年02期．
[2]陈金瑞；徐小红；带颈对焊法兰裂纹原因分析[J]；机电技术；2017年06期．
[3]王永勤；高温高压换热器法兰开裂失效研究[D]；西安石油大学；2014年．
[4]HG/T 20592—2009 钢制管法兰．
[5]HG/T 20615—2009 钢制管法兰(Class系列)．
[6]GB/T 9115.1—2000 平面、突面对焊钢制管法兰．

加氢塔顶产物冷却器腐蚀失效分析及预防措施

玛尔哈巴·努尔买买提

(中国石油乌鲁木齐石化公司设备检验检测中心，乌鲁木齐　830019)

摘　要：本文针对加氢塔顶产物冷却器腐蚀状况进行了分析，并提出了相应的预防措施。通过对加氢塔顶产物冷却器的结构、工作原理、腐蚀机理等方面的研究，提出了有效的预防措施，以期提高加氢塔顶产物冷却器的使用寿命和安全性能。

关键词：加氢；氢鼓包；冷却器；腐蚀；湿硫化氢；腐蚀与防护

Hydrogenation Tower Top Product Cooler Corrosion Failure Analysis and Prevention Measures Research

Ma Er Ha Ba · Nu Er Mai Mai Ti

(Equipment Inspection and Testing Center of PetroChina Urumqi Petrochemical Company, Urumqi 830019, China)

Abstract: This paper analyzes the corrosion condition of the hydrogenation tower top product cooler and proposes corresponding preventive measures. By studying the structure, working principle, and corrosion mechanism of the hydrogenation tower top product cooler, effective preventive measures are put forward to enhance the service life and safety performance of the cooler.

Key words: Hydrogenation; Hydrogen Embrittlement; Cooler; Corrosion; Wet Hydrogen Sulfide; Corrosion and Protection

1　引言

加氢塔顶产物冷却器是石油化工生产过程中的重要设备，主要用于将加氢塔顶产物冷却至适宜的温度，以便进行后续的分离和加工。由于加氢塔顶产物冷却器长期处于高温、高压、腐蚀性介质的环境中，其腐蚀问题尤为突出。因此，对加氢塔顶产物冷却器的腐蚀状况进行分析并提出预防措施具有重要意义。

某石化炼油厂60万t/a航煤脱臭装置分馏塔顶产物冷却器CE－501，在2023年停工检修腐蚀调查中发现壳程严重腐蚀。现经资料审查，该设备2011年停工检修时发现壳程内壁有鼓包，进行重新制作更换处理。本次该设备有同类失效案例，而且比上次腐蚀状况更加严重，壳程内壁加头盖部位共有百余多处氢鼓包，内壁顶部多处鼓包已开裂，给装置的安全平稳运行带来极大安全隐患。

本文中，将对该水冷器CE－501存在的腐蚀问题进行全面解剖、深入失效分析、找出引起失效的主要影响因素，防止类似腐蚀问题再次发生，并提供有效地解决方案。

2　工艺流程概述及腐蚀机理分析

炼油厂60万t/a航煤脱臭装置是集压缩机、反应和分馏三大功能于一体的复杂生产操作单元。自2002年4月一次性试车成功以来，该装置在生产运行中表现出了良好的性能和稳定性。

分馏塔顶的轻油馏分经过一系列的冷却设备(分馏塔顶空冷器、分馏塔顶后冷器)，随后进入分馏塔顶回流罐进行进一步的处理。罐顶分离出来的不凝气被排出系统低压瓦斯管网。脱水包切

作者简介：玛尔哈巴·努尔买买提(1985—　)，2008年毕业于新疆大学，本科，工程师，主要从事压力容器、压力管道的定期检验、定点测厚管理、RBI及腐蚀与防护研究工作。E－mail：263270286@qq.com

出的水被送至加氢含硫污水罐，并进一步处理后送至污水汽提装置。精制汽油则从罐底抽出，经过加压处理后，一部分作为分馏塔顶回流返回塔顶以控制温度，其余部分则作为原料进入加氢装置进行二次加工或直接外送出装置。

从工艺防腐流程图(图1)可以看出主要高风险腐蚀回路在于分馏系统的塔顶及塔顶产物空冷、水冷设备及管线内，低温湿硫化氢的腐蚀为主。

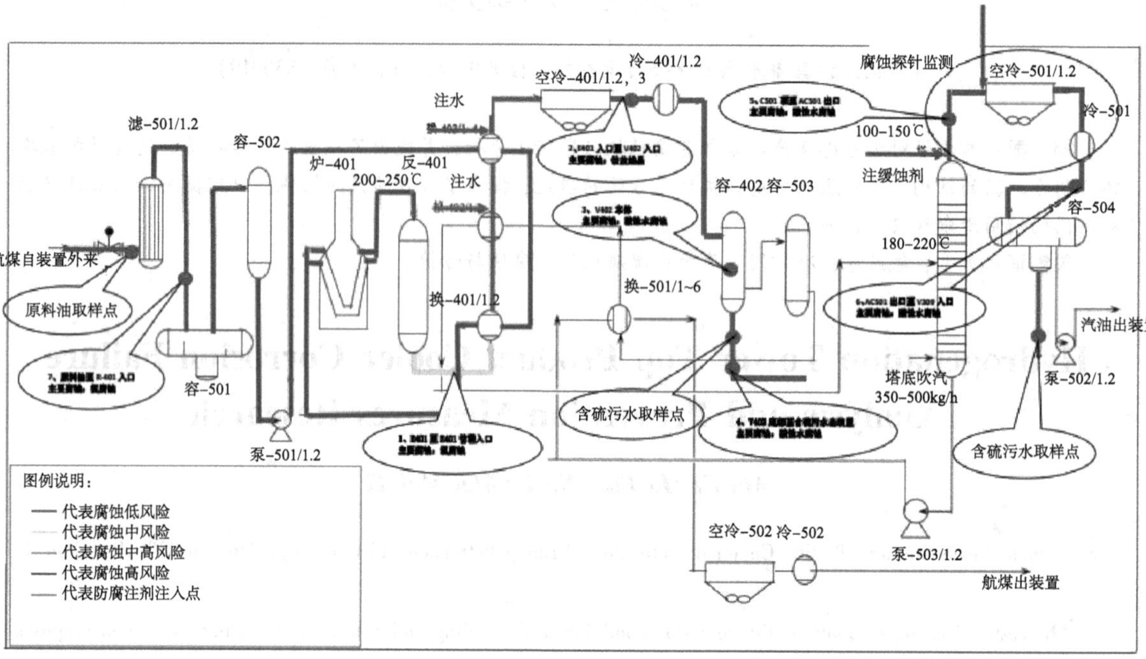

图1　60万t/a航煤脱臭装置工艺防腐流程图

3　设备检验情况及失效分析

分馏塔顶产物冷却器(CE－501)主要由壳体、管束、管板、封头、支撑等部分组成。其工作原理是：分馏塔顶产物通过管束与冷却介质(循环水)进行热交换，使产物温度降低至适宜的范围，从而满足后续分离和加工的要求。

表1为该设备的基本参数：

表1　分馏塔顶后冷却器基本参数

设备名称	分馏塔顶后冷却器		设备编号	CE－501	
规格	ϕ1100×8350×12mm		容积	8.4m^3	
管程	使用压力	0.8MPa	壳程	使用压力	0.3MPa
	使用温度	30℃		入口温度	65℃
				出口温度	35℃
	材质	304		材质	Q345R
	介质	循环水		介质	汽油及塔顶气

CE－501在2011年定期检验中发现氢鼓包，进行壳程整体更换，更换材质未升级，工艺参数未发生改变。第一次从2002年~2011年共使用9年，第二次2011年~2023年共使用12年。使用寿命比同类设备平均使用寿命低，本次停工期间腐蚀调查中发现罕见的百余多处氢鼓包及氢致开裂。具体检验情况如下：

3.1　宏观检验

经宏观检验发现CE－501壳程内壁及头盖部位共计100多处鼓包，大小不一。头盖内壁鼓包最大直径尺寸为210×180mm^2，壳程内壁鼓包最大直径尺寸为240×240mm^2，内壁鼓包顶端处多见开口裂纹占比约鼓包数量40%。具体图片如图2和图3所示。

图2　冷却器内壁氢鼓包宏观图

图3　内壁腐蚀情况及氢至开裂部位

3.2　壁厚检测

经过对水冷器壳程内壁及西侧封头筒节的壁厚测定，发现完好部位的测厚数据大于等于13.50mm（原始资料记载厚度为12mm）。在内壁鼓包部位对应的外壁上，测得的厚度数据为7.00～9.00mm，内壁鼓包处的厚度数据为5.00～7.00mm，表现出明显的分层现象（见图4）。

3.3　磁粉检测

进一步采用磁粉检测（MT）发现，鼓包中包含的裂纹占比约为鼓包数量的60%（包括宏观检查发现的裂纹数量）。

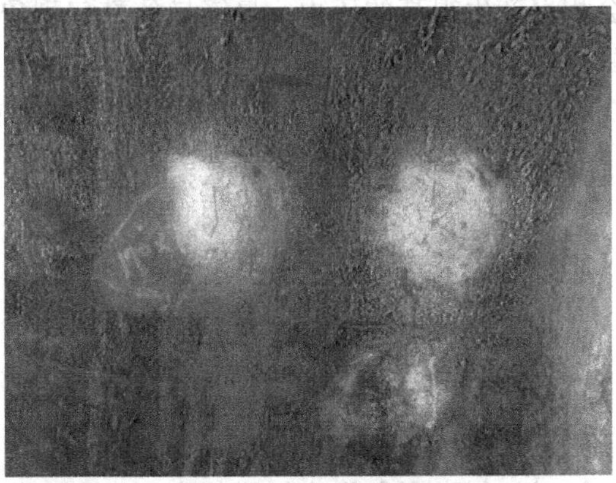

图4　壳程内壁MT检测后裂纹情况

3.4　金相检验

分别选鼓包及正常部位经打磨、抛光后，观察无明显夹杂物。金相组织为：铁素体+珠光体，组织未见异常（见图5、图6）。

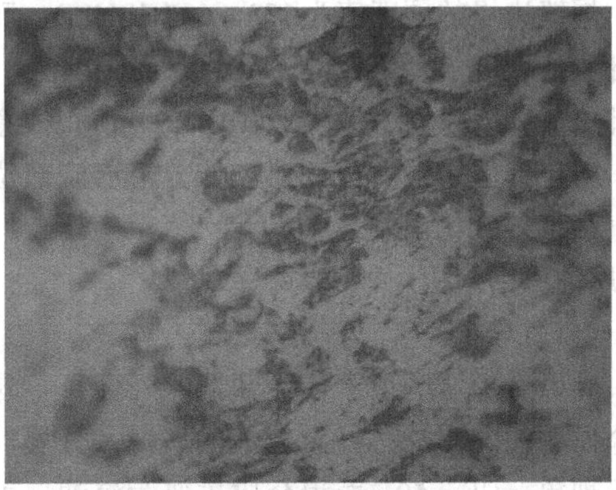

图5　鼓包部位金相组织图

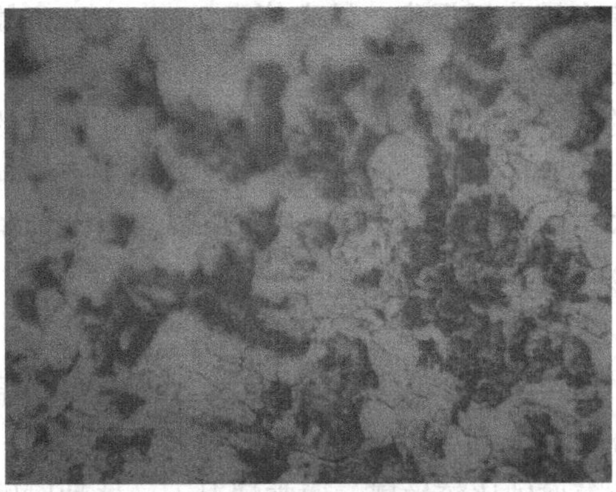

图6　正常部位金相组织图

3.5　能谱检测

壳程头盖鼓包部位取样，进行能谱分析，有硫腐蚀性元素（其中硫含量达到17.11%）。（见图7）

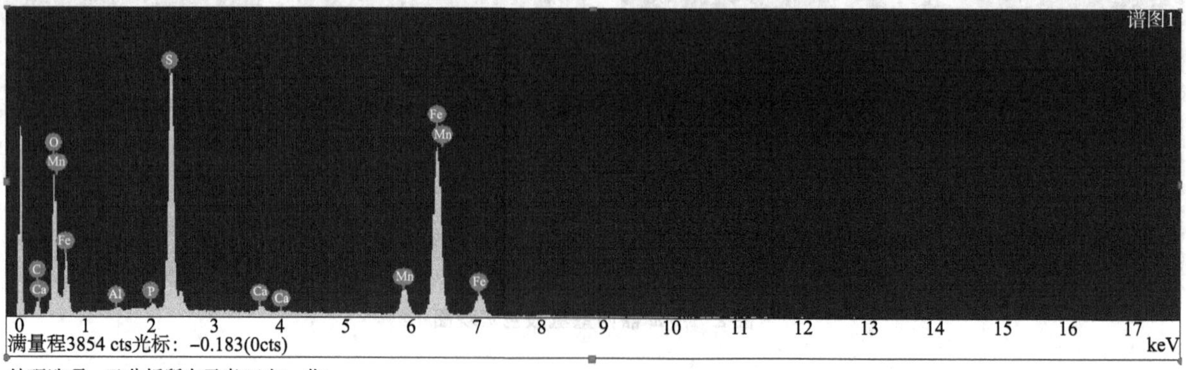

处理选项：已分析所有元素(已归一化)

谱图	在状态	C	O	Al	P	S	Ca	Mn	Fe	总的
谱图1	是	11.57	28.63	0.24	0.33	15.44	10.50	5.10	38.19	100.00
谱图1	是	9.52	30.03	0.36	0.69	17.11	0.92	5.40	35.96	100.00
谱图1	是	8.32	31.71	0.23	0.81	16.18	1.22	7.39	34.13	100.00
平均		9.80	30.12	0.27	0.61	16.25	0.88	5.96	36.09	100.00
标准偏差		1.64	1.54	0.08	0.25	0.83	0.36	1.25	2.03	
最大		11.57	31.71	0.36	0.81	17.11	1.22	7.39	38.19	
最小		8.32	28.63	0.23	0.33	15.44	0.50	5.10	34.13	

图7　壳程污垢腐蚀产物能谱分析

3.6　硬度检测

焊缝边缘的硬度值为133～135HBHLD，而鼓包部位的硬度值则偏低，为101～108HBHLD，正常部位的硬度值为149～151HBHLD。值得注意的是，鼓包部位的硬度值相对较低，暗示该部位可能存在某种软化现象。

4　腐蚀原因分析

4.1　介质分析

壳体是加氢塔顶产物冷却器的外壳，容易受到介质腐蚀的影响，导致壳体的减薄、分层、穿孔等现象。CE－501壳程介质主要为汽油，可能存在湿硫化氢的腐蚀。根据2022年1月至今的汽油硫含量分析报告，最高值为28.1mg/kg，最低值为4.9mg/kg，平均值为14.1mg/kg。尽管汽油中的硫含量平均值并不高，但其中存在明显的硫化氢，并且汽油中含有水分，这就形成了一种典型的湿硫化氢腐蚀环境。因此，介质腐蚀被确定为该设备失效的主要原因。

4.2　设备分析

CE－501管程的入口温度为65℃，出口温度为35℃，材质为Q345R。对于这种材质来说，湿硫化氢腐蚀比较敏感。通常情况下，这种腐蚀现象发生的温度低于82℃。然而，本设备在操作过程中已经满足了湿硫化氢腐蚀所需要的外部条件。

对壳程头盖的垢样进行了深入分析，分析结果显示主要元素包括碳、硫、铁和氧。结合现场观察，我们确定该冷换设备所存在的腐蚀问题为典型的低温湿硫化氢腐蚀。由于分馏塔塔顶油气中可能含有少量硫化氢，如果塔顶油气在空冷器及水冷设备的整个操作过程中逐渐达到露点温度状态，那么油气中的水蒸气就会根据实际情况的变化逐渐凝结成为液态水的状态。此时，硫化氢等物质会直接被溶解在水中。作为一种弱酸性电解质，硫化氢在pH值等于1～5的水溶液中主要以分子态的硫化氢形式存在。然而，当这种物质与金属表面发生化学反应时，会为氢渗入钢中创造条件。进入钢中的氢原子会通过扩散到达缺陷处，并析出成为氢分子。随着时间的积累，氢分子会积聚产生很高的压力，最终导致鼓包现象的发生。

钢在硫化氢的水溶液中发生的电化学反应：

阳极过程：$Fe \longrightarrow Fe^{2+} + 2e^-$

$$Fe^{2+} + HS^- \longrightarrow FeS\downarrow + H^+$$

阴极过程：$2H^+ + 2e^- \longrightarrow 2H$ └─ $2H$

硫化氢在水中发生的电离：

$$H_2S = H^+ + HS^-$$
└─ $H^+ + S^{2-}$

5　防范措施及建议

针对加氢塔顶产物冷却器的腐蚀问题，提出以下预防措施：

(1)防腐措施强化：对于分馏系统的主要腐蚀区域(如塔顶及塔顶产物空冷、水冷设备及管线)，加强防腐涂层建设和定期检测，降低低温湿硫化氢腐蚀的可能性。

(2)冷却系统优化：选择对金属材料腐蚀性较低的冷却介质，以降低介质腐蚀的影响。同时对工艺状况进一步评估，建议定期或必要时对自由态水进行现场取样，进行工艺状况监测，尤其是水洗处理期间或多硫化物注入阶段。也可以通过增加注水来保证水的 pH 值在中性或偏碱性、降低物流中 H_2S 含量、添加缓蚀剂等。

(3)采用阴极保护技术：在加氢塔顶产物冷却器中采用阴极保护技术，降低电化学腐蚀的影响。

(4)定期检查与维护：定期对加氢塔顶产物冷却器进行检查与维护，及时发现腐蚀问题并采取相应措施。

(5)故障预警机制建立：建立了完善的故障预警机制，通过监测关键运行参数，提前发现并处理潜在故障，避免了事故发生。

6 结论

通过对加氢塔顶产物冷却器腐蚀状况的分析及研究，我们可以得出，加氢塔顶产物冷却器的腐蚀问题是常见的工业难题，需要从设计、材料、操作和管理等多个方面入手，采取综合防治措施，并要抓住风险点，控制好各项工艺指标，准确采取防腐措施，就能有效防止加氢装置设备的腐蚀问题，确保装置的安全、平稳、长周期运行。

参考文献

[1]张明森等．有机化学高级教程[M]．北京：高等教育出版社，2005：397－406.

[2]张明，李红梅．加氢裂化装置腐蚀原因分析及对策[J]．石油石化设备，2019(4)：63－65.

[3]王丽娟，刘畅，李丹阳．湿硫化氢环境腐蚀研究进展[J]．腐蚀与防护，2021，42(1)：87－92.

[4]李刚，王海燕，张雪梅．湿硫化氢环境中金属材料的腐蚀与防护[J]．腐蚀与防护，2020，41(1)：1－6.

蜡油催化装置气压机出口管线泄漏原因分析及对策

杨　旭

(中国石油乌鲁木齐石化公司设备检验检测院，新疆　830019)

摘　要：某炼油厂蜡油催化车间检修后安排投用时，发现气压机出口线至安全阀大小头变径处焊缝有裂纹、气压机出口线至放火炬线墙外弯头焊缝热影响区部位有裂纹，存在泄漏，对2处泄漏部位现以进行包盒子加固处理。随后对出口管线泄漏及周边部位进行了磁粉、测厚、硬度、相控阵检测，并进行后期的失效分析。

关键词：裂纹；泄漏；酸腐蚀

Analysis and Countermeasures of Leakage in the Outlet Pipeline of the Gas Gompressor in Wax Oil Catalytic Unit

YANG Xu

(Equipment Inspection and Testing Institute of Sinopec Urumqi Petrochemical Company, Xinjiang 830019, China)

Abstract: When arranging for commissioning of a wax oil catalytic workshop in a certain refinery after maintenance, Cracks were found in the weld seam between the outlet line of the air compressor and the diameter change of the safety valve, There are cracks in the heat affected zone of the weld seam of the elbow outside the wall from the outlet line of the gas compressor to the flare line. Two leaking areas are now reinforced with packaging boxes. Subsequently, magnetic particle testing, thickness measurement, hardness testing, and phased array testing were conducted on the leakage and surrounding areas of the export pipeline, And conduct subsequent failure analysis.

Key words: Cracks; Leakage; Acid corrosion

1　案例发生描述

1.1　机组简介

富气压缩机由日本石川岛播磨重工业有限公司1976年生产。

设备出厂日期：1976年

制造商：日本石川岛播磨重工业有限公司

设备编号：(1MB—2029　1L－00006)

批发号：3001－821　3021－736

压缩机型号：RZ135－7/3＋4(离心式压缩机二段七级)

驱动种类：蒸汽透平(AMCO5M，水平剖分多级凝汽式)

有关规范：日本工业标准，日本电工技术委员会标准，日本电机协会标准，日本工业研究及标准协会标准，日本电缆标准。

项目内容	单位	一段	二段
入口压力	MPa	0～0.16	0.2～0.5
出口压力	MPa	0.2～0.5	0.9～1.5
入口温度	℃	35～45	35～45
出口温度	℃	<100	<100
入口流量	Nm^3/h	<18000	—

1.2　机组工艺流程及日常运行参数

蒸汽从29号管架经FRQ－503和PRA－504

作者简介：杨旭(1984—　)，2018年毕业于北京工业大学(机械工程及自动化)，本科，现工作单位：新疆乌鲁木齐石化公司设备检验检测院，工程师，主要从事理化检验、压力容器压力管道检验。E－mail：327296915@qq.com

分别去一号机及气压机油箱作加热介质、气压机抽空器及汽轮机透平和密封蒸汽。汽轮机透平蒸汽和密封汽经复水器冷却后，成凝结水，经复水泵抽出去低温热。从 D—201 来的富气经 FRC－501、PRA－501、SM－501 进气压机，也可分别经气压机入口 Dg400 蝶阀或 Dg200 调节阀进入 Dg400 放火炬线。气压机分二段七级，一段压缩后，经中间冷却器、油气分离器进入二段压缩，从油气分离器分离出来的凝缩油经凝缩油收集器，气体分油器与从中间冷却器排出的凝缩油一起进入容－505。从各级排凝及气压机富气进口富气出口分液斗排出的凝液进入容——501，然后分别经压油线压入容——201。二段压缩后的富气经过 PRA－503、TR－502、FR－313 至吸收稳定，在 PRA－503 前引反飞动富气经 FR－502 及 PRA－501，并入冷——201 入口线，在 PRA－503 后设有一条经 SM－503 Dg200 蝶阀放火炬线和一条经安全阀至火炬线。

2023 年 6 月大检修期间对气压机出口管线进行了局部更换，更换具体位置为气压机出口单向阀后(1)至吸收稳定隔断阀前；(2)至安全阀隔断阀前；(3)至循环富气控制阀前手阀前；(4)至低压瓦斯主管线前(图 1)。2024 年 1 月 23 日发现漏点位于气压机出口线至出口安全阀大小头变径处焊缝。2 月 18 日发现漏点位于气压机出口线至放火炬线墙外弯头焊缝热影响区。2 处泄漏部位现以进行包盒子加固处理。

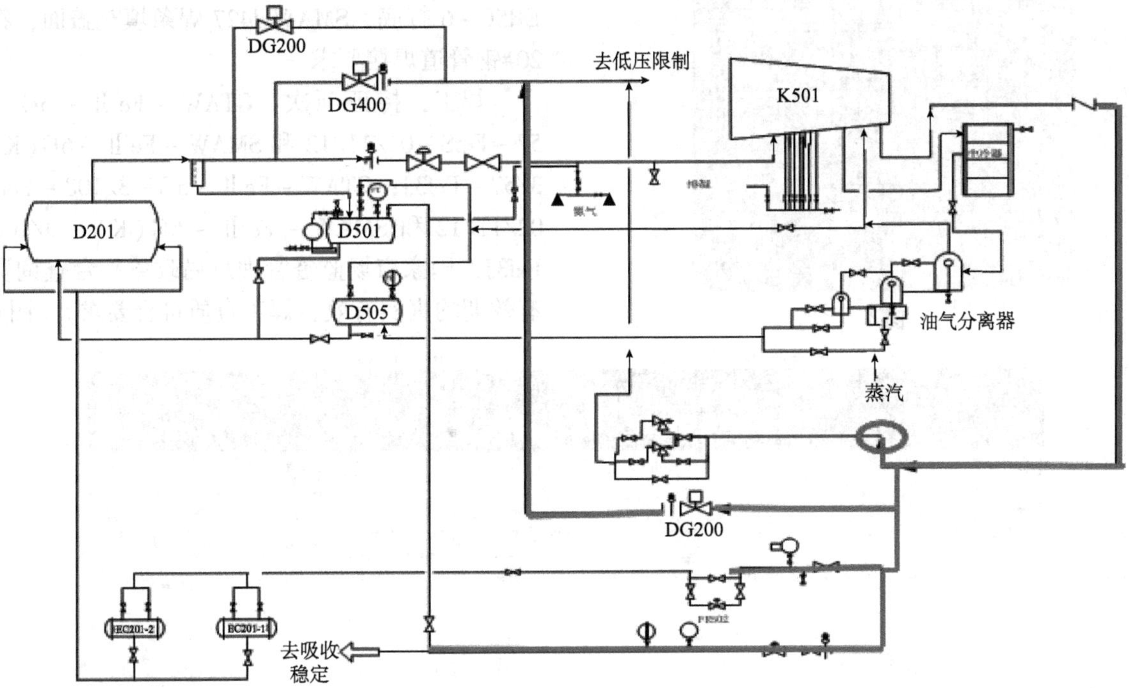

图 1

2　气压机出口管线泄漏失效分析

2.1　管线更换情况

2023 年 6 月大检修期间对气压机出口管线进行全面检验时发现部分部位存在减薄(图 2)。对减薄部位进行了更换，管线规格 $\phi219\times8$mm，20#，GB/T 8163—2018。

更换情况如下：无缝钢管 $\phi219\times10$，20#，80m。无缝弯头 $\phi219\times10$，20#，10 个。带颈对焊法兰更换 *DN*200，*PN*25，20#，8 个(图 3)。

更换管道材质为 20#碳钢，按照常规 20#碳钢：GB/T 8163—2018《输送流体用无缝钢管》标准，碳钢管件：GB/T 12459—2017《钢制对焊管件 类型与参数》标准，通过采购部进行采购。材料到货后，检维修项目部按照标准对照实物及材料合格证，进行了材料验收，符合要求(图 4、图 5)。

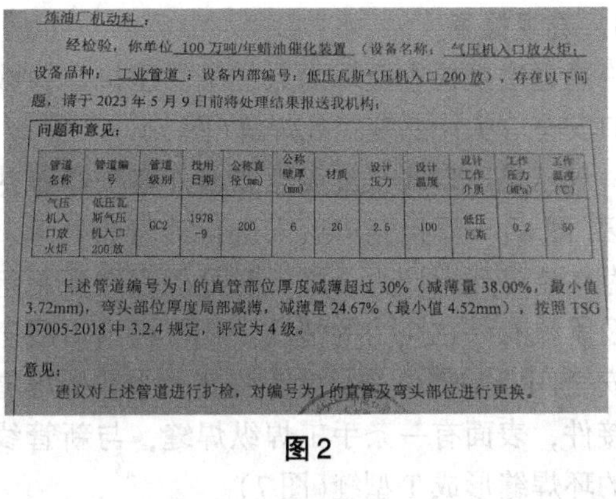

炼油厂机动科：

经检验，你单位 100 万吨/年蜡油催化装置（设备名称：气压机入口放火炬；设备品种：工业管道；设备内部编号：低压瓦斯气压机入口 200 放），存在以下问题，请于 2023 年 5 月 9 日前将处理结果报送我机构：

问题和意见：

管道名称	管道编号	管道级别	投用日期	公称直径(mm)	公称壁厚(mm)	材质	设计压力	设计温度	设计工作介质	工作压力(MPa)	工作温度(℃)
气压机入口放火炬	低压瓦斯气压机入口 200 放	GC2	1978-9	200	6	20	2.5	100	低压瓦斯	0.2	50

上述管道编号为 1 的直管部位厚度减薄超过 30%（减薄量 38.00%，最小值 3.72mm），弯头部位厚度局部减薄，减薄量 24.67%（最小值 4.52mm），按照 TSG D7005-2018 中 3.2.4 规定，评定为 4 级。

意见：

建议对上述管道进行扩检，对编号为 1 的直管及弯头部位进行更换。

图 2

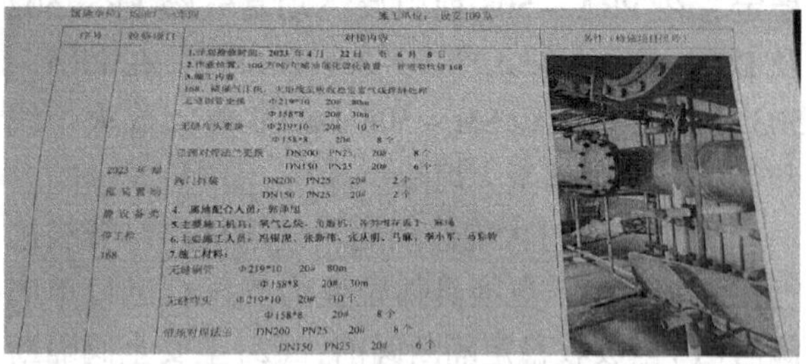

图 3

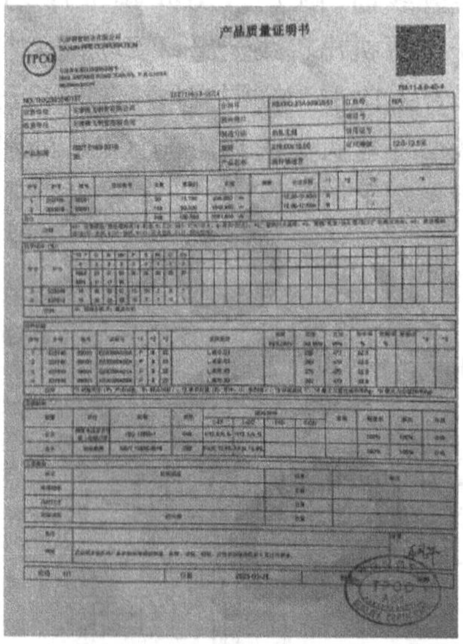

图 4

河北龙润管道集团有限公司产品合格证 HEBEI LONGRUN PIPELINE GROUP CO. LTD CERTIFICATE						制造许可证编号 TS2713526-2026	炉批号 3421098
客户名称	中国石油天然气股份有限公司乌鲁木齐石化分公司物资采购部	标准	GB/T12459-2017	材质	20#	生产批号	230319

序号	产品名称	规格型号	数量	C	Si	Mn	S	P	Cr	Ni	Ti	Mo	V	Rm Mpa	Rel Mpa	A %	无损检测	供货状态
1	90° 无缝弯头	DN200 10mm 219mm 1.5D	85	0.193	0.22	0.633	0.015	0.014						470	310	29	MT	正火

外观质量 Appearance Quality	标准规定 Standard Specify	检验结果 Experiment Result	检验结论 Check Conclusion	硬度检测 hardness
	无肉眼可见的裂纹、夹层、折叠、夹渣 Non-macroscopicFissure. Interlayer Foldaway. Slag inclusion	无	合格	所有管件100%硬度检测合格
	修磨部位圆滑过渡，清除深度符合规定 Burnishing area glib transition, clear out depth conform specity	符合	合格	
	形状、尺寸和表面质量满足订货图样要求 Order Pattern of Shape. Size and Surface Quality	满足	合格	

Note 注：1. Normalizing Tempering Solid solution 正火(N) 回火(T) 固溶(S)
检验结论 Investigation Conclusion: 该批(件)产品经质量检验，符合设计和标准要求，准予出厂。
检验负责人 Investigation Duty 赵晓 检查员 Inspectorate 刘军 日期 Date 2023年3月25日

图 5

2.2 管线焊接情况

施工前，检维修项目部制订了作业卡及焊接工艺，采用氩电联焊的焊接方式，GTAW 焊材 ER50-6 打底，SMAW J427 焊条填充盖面，符合 20#钢管道焊接要求。

焊工，持证项次：GTAW-FeⅡ-6G-3/57-FefS-02/11/12 和 SMAW-FeⅡ-6G(K)-3/57-Fef3J；GTAW-FeⅡ-6G-3/108-FefS-02/11/12 和 SMAW-FeⅡ-6G(K)-9/108-Fef3J，国家市场监督管理总局政务平台查询资质有效期均真实有效，焊工资质符合要求。(图 6)

身份证号	622322199005061818			姓名		性别	
证书类别	特种设备作业人员	证书编号	622322199005061818	发证机关	乌鲁木齐市市场监督管理局	发证机关所在地	新疆
从业种类	作业人员	取证方式		考核单位	新疆维吾尔自治区特种设备检验研究院特种设备焊工考试中心	考核日期	
持证项目	GTAW-FeⅡ-6G-3/57-FefS-02/11/12和SMAW-FeⅡ-6G(K)-3/57-Fef3J	批准日期	2021-02	批准单位	乌鲁木齐市市场监督管理局	有效日期	2025-01
备注							

身份证号	622322199005061818			姓名	张新隆	性别	
证书类别	特种设备作业人员	证书编号	622322199005061818	发证机关	乌鲁木齐市市场监督管理局	发证机关所在地	新疆
从业种类	作业人员	取证方式		考核单位	新疆维吾尔自治区特种设备检验研究院特种设备焊工考试中心	考核日期	
持证项目	GTAW-FeⅡ-6G-3/108-FefS-02/11/12和SMAW-FeⅡ-6G(K)-9/108-Fef3J	批准日期	2021-02	批准单位	乌鲁木齐市市场监督管理局	有效日期	2025-01
备注							

图 6

2.3 宏观检查

通过宏观检查发现漏点位于气压机出口线至出口安全阀大小头变径处焊缝(图 7)

气压机出口线至放火炬线墙外弯头焊缝热影响区(图 8)。焊接完毕后未进行消氢热处理，管线存在施工残余应力。施工时可能存在强制组对以及管线有外拉应力的情况。气压机出口线至出口安全阀泄漏部位变径大小头变径为非标准有缝焊接件，表面有一条手工焊纵焊缝，与新管线焊接的环焊缝形成 T 型缝(图 7)。

图 7

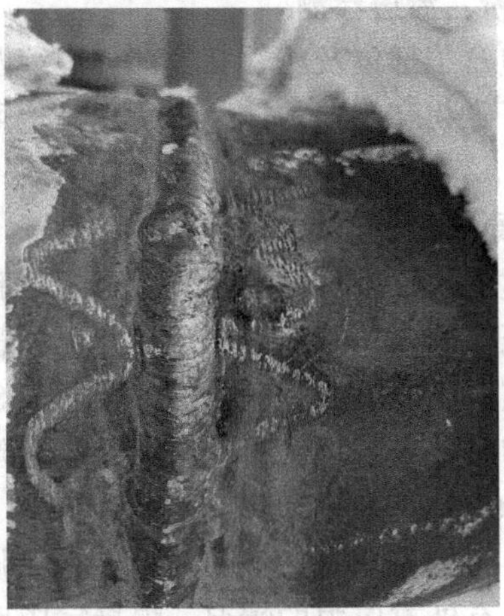

图 8

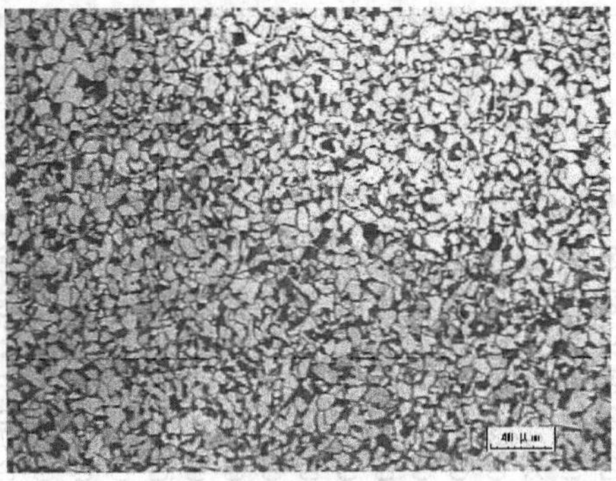

图 9

2.4 金相、硬度检测

从泄漏部位取样进行金相组织分析，金相组织为：铁素体 + 珠光，组织正常(图 9)。

气压机出口安全阀管线母材及热影响区部位硬度 95 ~ 108、焊缝硬度 110 ~ 120。气压机出口线至放火炬线母材及热影响区 111 ~ 115HB，焊缝硬度 115 ~ 128HB。厚度在 4.50 ~ 6.13mm(图 10)。

编号	实测厚度/mm	编号	实测厚度/mm	编号	实测厚度/mm
1-1	5.80	5-4	5.06	8-2	4.67
1-2	5.81	6-1	4.50	8-3	4.69
1-3	5.81	6-2	4.60	8-4	4.56
1-4	5.82	6-3	4.52	11-1	6.09
2-1	5.78	6-4	4.53	11-2	6.10
3-1	5.79	7-1	4.52	11-3	6.12
4-1	5.82	7-2	4.61	11-4	6.13
5-1	5.05	7-3	4.62	12-1	5.88
5-2	5.06	7-4	4.63	13-1	5.89
5-3	5.05	8-1	4.55	14-1	5.91

图 10

2.6 能谱检测

对泄漏部位的内部垢样进行了能谱分析(图 11)。

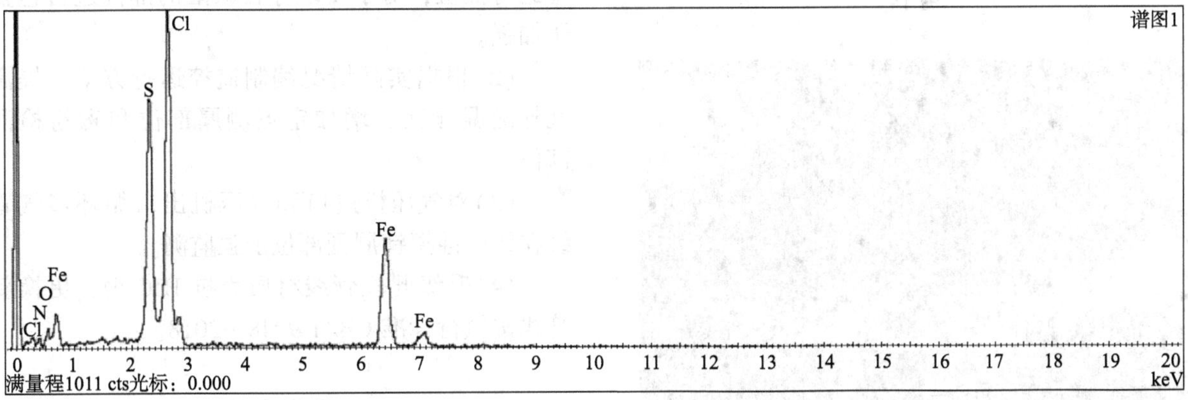

处理选项：已分析所有元素(已归一化)

谱图	在状态	N	O	S	Cl	Fe	总的
平均		12.72	10.59	17.23	30.17	29.28	100.00

图 11

2.7 腐蚀监测系统

通过腐蚀检测系统的排查，发现 2023 年 6 月开工以后，原料中酸值在 0.05 ~ 0.3mgKOH/g 之间小幅振荡(图 12)。2023 年 6 月开工后分析 H_2S 最高为 2560mg/m^3(图 13)。采用流程模拟计算二段出口水露点温度为 47.8℃，气压机出口至安全阀和至放火炬线均为流动死区，使用测温枪测温管线外壁温度均低于 50℃，可能有水析出。(图 14)

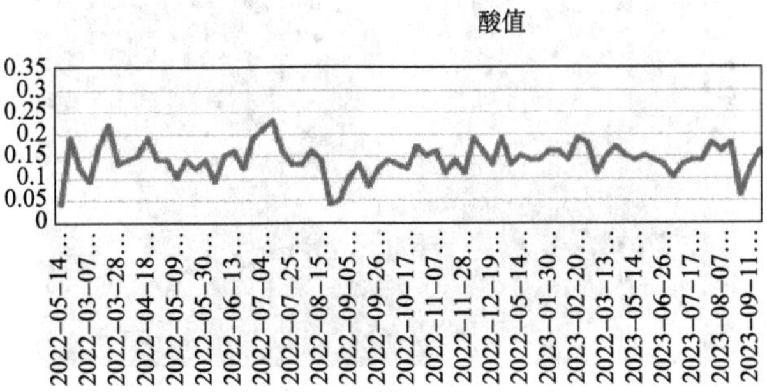

图 12

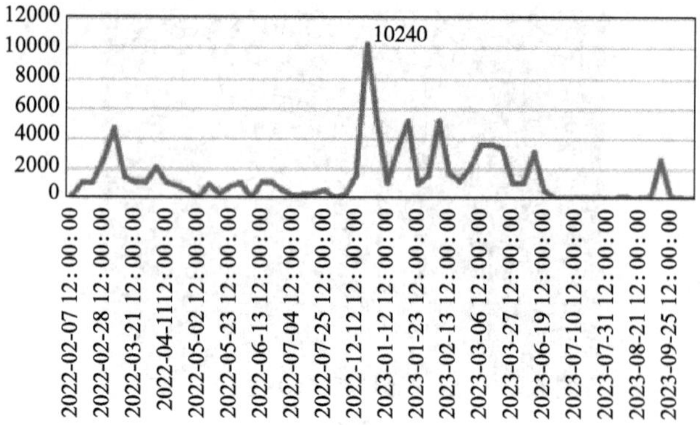

图 13

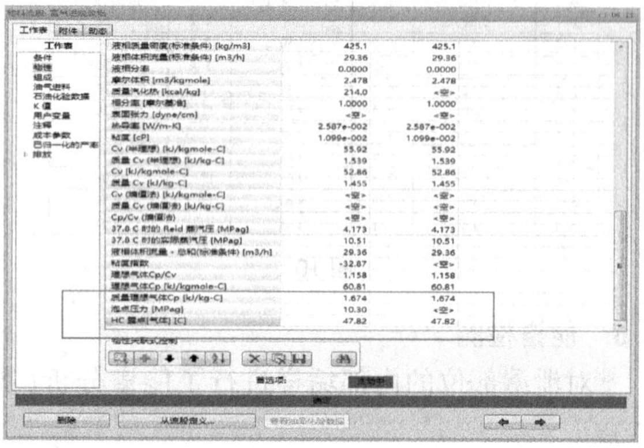

图 14

2.8　磁粉、渗透检测

对包盒子部位及相邻其他部位焊缝及热影响区进行了磁粉和渗透检测，未发现其他可记录性缺陷。

3　泄漏原因分析

通过宏观检查、材质分析、金相检验等试验发现气压机出入口管线处于流动死区，管线温度低于露点温度，可能有水析出，存在 H_2S 腐蚀环境。采购时并未意识到存在腐蚀开裂风险采用了 GB/T 8163—2018 标准材质，而未使用 GB/T 9948—2018 标准材质。施工时可能存在强制组对以及管线有外拉应力的情况，焊接完毕后未进行消氢热处理以及消参与应力处理，管线存在施工残余应力。气压机出口线至出口安全阀泄漏部位变径大小头变径为非标准有缝焊接件，表面有一条手工焊纵焊缝，与新管线焊接的环焊缝形成 T 型缝，应力集中。多宗原因汇集造成了此次管线泄漏开裂。

4　防范措施

(1)对入口更换弯头焊缝和一段、二段旧焊缝进行抽检，对于发现存在缺陷的部位进行包盒子加强。

(2)根据实际情况编制监控运行方案，提高红外测漏频次，增加定点测厚部位和磁粉检测部位。

(3)对气压机进口和气压机出口循环富气管线在线腐蚀探针周围部位加强监测。

(4)升级此段管线材质为抗 HIC 钢，更换新管线按执行标准 GB/T 9948—2018。

参考文献

[1]刘欣玉《油田管道内腐蚀机理及选材》. 全面腐蚀控制. 2023，37(11)

[2] 王峰，高梦杰《湿硫化氢环境 HSLA 钢焊接接头应力腐蚀开裂的研究进展》. 材料保护，2023，56(01)

[3]张毅《硫酸烷基化废酸回收技术探讨》. 化工设计通讯. 2018，44(07)

探究延迟焦化加热炉炉管腐蚀的原因与应对策略

马　冀

（中国石油乌鲁木齐石化公司设备检验检测中心，新疆 乌鲁木齐　830019）

摘　要：本文针对炼油厂120万t/a延迟焦化装置中加热炉炉管的腐蚀问题，进行了深入的调查分析。经过排查，设计、制造和工艺操作因素均被排除。主要原因在于加热炉在线清焦时，剥落的焦块高速冲刷炉管弯头，导致弯头减薄。这是造成此次加热炉弯头减薄泄漏的主要原因。针对这一情况，提出了相应的预防措施，旨在减缓腐蚀，延长设备寿命，确保生产安全。

关键词：焦化；腐蚀；加热炉；设备；措施

Exploring the Causes and Countermeasures of Corrosion of Heating Furnace Tubes in Delayed Coking

MA Ji

(Equipment Inspection and Testing Center of Petrochina Urumqi petrochemical company, Urumqi, Xinjiang 830019)

Abstract: This article conducts an in – depth investigation and analysis of the corrosion problem of heating furnace tubes in the 1. 2 million ton/year delayed coking unit in the refinery. After investigation, design, manufacturing, and process operation factors were ruled out. The main reason is that during online coke cleaning of the heating furnace, peeled coke blocks scour the furnace tube elbow at high speed, resulting in thinning of the elbow. This is the main cause of the thinning and leakage of the heating furnace elbow. In response to this situation, corresponding preventive measures are proposed to slow down corrosion, extend equipment life, and ensure production safety.

Key words: Coking; Corrosion; Heating furnace; Equipment; Measure

1　引言

2022年12月，本单位对某石化企业延迟焦化装置火焰加热炉检验中发现，炉管表面氧化严重，该炉管2011年投用，材质为WP91已服役11年。炉堂温度700℃，炉管出口温度503℃，出口压力0.45MPa。该加热炉炉管存在多处严重减薄腐蚀问题，甚至局部腐蚀穿孔，给装置的安全平稳运行带来极大安全隐患。因此在本文中，将对该加热炉炉管存在的腐蚀问题进行分析讨论，找出导致失效发生的主要影响因素，为车间防止类似腐蚀失效再次发生提供解决方案。

2　检验检查情况

2.1　基本情况

2.1.1　历史情况

120万t/a焦化装置加热炉自2011年10月建成投用，已运行11年，共经过4次大修。

2012年6月，对每个辐射室炉管下部4个弯头由$\phi127\times14$材质：WP91更换$\phi135\times14$材质：WP91，管炉机被清焦，炉管检测正常。2013年8月，炉管机械清焦，炉管打磨检测正常，1#、3#辐射炉管、侧墙衬里喷涂纳米陶磁涂层（试用）。2016年8月，炉管机械清焦，炉管打磨检测正常。2017年7月，炉管机械清焦，炉管打磨检测正常。2019年5月，炉管机械清焦，炉管打磨检测正常。更换辐射炉管所有贴片热偶。

2.2　检验情况

2022年12月5日～12月10日由于炉管泄露，装置局部停工对加热炉进行了检验。

作者简介：马冀（1986—），男，工程师，北京化工大学，本科，现在中国石油乌鲁木齐石化公司设备检验检测中心，主要从事压力容器、压力管道的检验和腐蚀研究。E－mail：371804507@qq.com

本单位对加热炉辐射炉管及急弯弯头进行了宏观、蠕胀、壁厚、硬度、金相检测：

2.2.1　加热炉炉管宏观检查

1. 宏观检查发现各辐射室最下部6根炉管表面有氧化剥皮，最下部3根炉管有不同程度的弯曲变形(图1～图4)；

2. 1～4#炉膛下部南侧第一个弯头均呈现三角形冲刷形貌，按照腐蚀减薄严重程度排序依次：2#炉膛腐蚀穿孔，4#炉膛、3#号炉膛、1#炉膛(图5、图6)。

根据发生泄漏及减薄的炉管弯头外观检查，泄温点位于急弯头管线中心部位约90°部位切线部位，冲刷腐蚀部位距焊缝处约260mm，泄漏点为由内向外的冲刷穿孔，弯头内整外弧侧星现出三角形的减薄区域，减薄区域无结焦。

图1　加热炉炉管表面宏观形貌

图2　加热炉炉管保温耐火层宏观形貌

图3　加热炉炉管清焦部位

图4　加热炉炉管腐蚀减薄下部第一个弯头切样

图5　2#炉膛炉下部弯头内部形貌(穿孔)(呈三角形冲刷形貌)

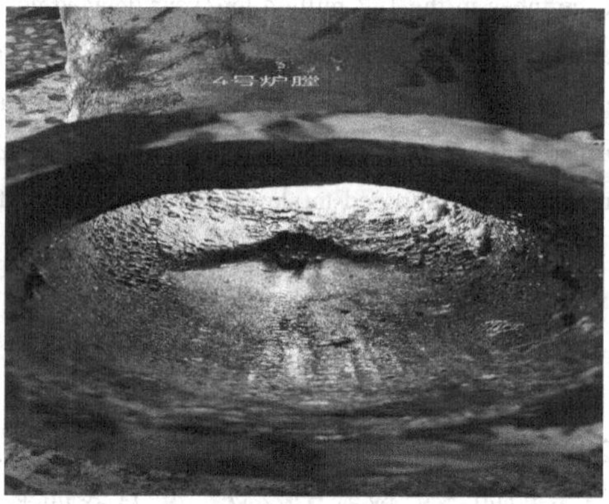

图6　4#炉膛炉下部弯头内部腐蚀减薄(呈三角形冲刷形貌)

2.2.2　壁厚检测

壁厚检测发现辐射炉管直管壁厚正常(减薄量在10%以内)，各辐射炉管南侧最下部弯头(辐射炉管最末端弯头)弯管外侧局部严重减薄，其中2#炉南侧最下部弯头已穿孔，4#炉南侧最下部弯头处最小壁厚1.88mm(图7)，经敲击发生穿孔，1#炉南侧下最下部弯头壁厚最小4.5mm(原壁厚14mm)，1#炉南侧下部第二个弯头壁厚最小11.5m(原壁厚14mm)，3#炉膛最小壁厚9.5mm其他部位检测减薄量在10%以内。

图7　4#炉膛炉下部弯头腐蚀最小壁厚1.88mm

2.2.3　脉冲涡流检测

对1至4#炉膛、急弯弯头进行脉冲涡流检测，发现4号炉膛最下部南侧弯头剩余壁厚68%，后对其进行电磁测厚最小值8.12mm，对后对其进行打磨，并进行进行超声波测厚(小晶片探头)验证，最小值1.88mm，继续打磨1.00mm，已有穿孔迹象。据研判对其他炉膛北侧、南侧由下至上1～5个弯头进行脉冲涡流扩检，超声波测厚验证，情况见表1。

表1　脉冲涡流及壁厚检测数据

炉膛	编号	北侧		南侧	
		脉冲涡流检测	超声波测厚验证	脉冲涡流检测	超声波测厚验证
1号炉膛	5	—	—	90%	—
	4	81%	—	82%	—
	3	85%	—	85%	—
	2	81%	—	78%	12.00mm
	1	77%	11mm	78%	5.84mm
2号炉膛	5	—	—	96%	—
	4	92%	—	94%	—
	3	100%	—	91%	—
	2	90%	—	93%	—
	1	80%	—	—	穿孔
3号炉膛	5	—	—	76%	9.5mm
	4	80%	—	84%	—
	3	100%	—	80%	—
	2	99%	—	94%	—
	1	99%	—	80%	—
4号炉膛	5	—	—	81%	—
	4	80%	—	80%	—
	3	100%	—	97%	—
	2	100%	—	94%	—
	1	100%	—	68%	1.88mm

2.2.4　表面无损检测

对下部南侧更换第一个弯头的两侧坡口共16处进行渗透检测，未见可记录缺陷。

2.2.5　蠕胀测量及变形情况

3号炉膛炉管下沉较为严重，偏北侧由下至上1～6根炉管最大下沉量115mm。

2.2.6　能谱检测

分别在内壁腐蚀部位，外部部位取样，垢样能谱分析(图8为管段内壁腐蚀产物能谱分析)。

综上对该炉管内壁进行垢样分析，结果主要存在铁、碳、铁、硅、铝元素。

2.2.7　硬度检测

对1至4#炉堂，下部1～5排炉管进行了硬度检测，共检测截面85个，硬度值105～158，未见异常。

2.2.8　金相检测

金相组织检测为：回火马氏体，金相组织未发现异常。

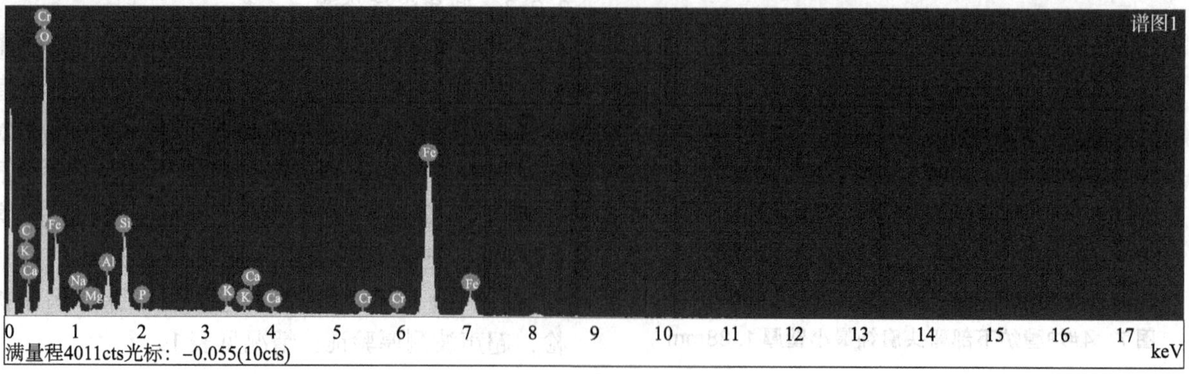

图8

2.2.9　化学分析

对加热炉进行全谱分析，所检元素含量符合P91的标准要求。从化学分析可以看出，该容器的材质正常(表2)。

表2　过滤器内壁腐蚀产物能谱分析

谱图	在状态	C	O	Na	Mg	Al	Si	P	K	Ca	Cr	Fe	总的
谱图1	是	15.12	44.05	1.18	0.07	2.13	4.20	0.10	0.42	0.19	0.49	32.04	100.00
谱图2	是	18.04	43.63	0.16	0.22	0.83	0.17	0.22	0.01	0.36	0.56	35.81	100.00
谱图3	是	23.27	42.13	0.17	0.19	0.69	0.23	0.26	0.02	0.22	0.43	32.38	100.00
平均		18.81	43.27	0.51	0.16	1.22	1.53	0.19	0.15	0.26	0.49	33.41	100.00
标准偏差		4.13	1.01	0.59	0.08	0.79	2.31	0.08	0.23	0.09	0.07	2.08	
最大		23.27	44.05	1.18	0.22	2.13	4.20	0.26	0.42	0.36	0.56	35.81	
最小		15.12	42.13	0.16	0.07	0.69	0.17	0.10	0.01	0.19	0.43	32.04	

3　腐蚀原因分析

3.1　制造因素

根据2016年、2019年加热炉管检测报告，炉管宏观、金相、测厚、硬度检测正常，因此可以排除制造因素。

3.2　工艺操作因素

加热炉炉管介质为渣油，炉管表面温度工艺卡片上限650℃，提作压力工艺卡片1.2～2.0MPa，根据DOS参数指示，炉管无超温、超压，另外根据炉管金相检测结果，炉管金相组织为回火马氏体，未发现异常，也可判断炉管操作无超温。因此可以排除工艺操作因素。

3.3　腐蚀因素

根据现炉管宏观检查，辐射炉管最下部6根炉管表面有明显的氯化剥皮但根据炉管测厚结果，直管壁厚减薄量在10%以内，在正常允许范围内，因此可以排除高温氧化腐蚀的影响因素，这是明显的冲刷腐蚀痕迹。

根据加热炉炉管操作情况，每年加热炉管要进行四次在线清焦，每次一支辐射炉管清焦时间为2d，在线清焦过程中，加热炉底部出口炉管温降和汽体流速也最快，剥落焦块也最多，清焦后的贴片温度变化也较为明显。因此，清焦期间主要剥落焦块为炉底部靠近炉出口几根炉管(通常6根以下)，且靠后炉管弯头冲刷最为严重。

根据流体力学的动量守恒定律角度对管道内流体冲刷做受力分析，直管内流体对管壁无压力(无冲刷)，而90°弯头的侧压力最大冲刷作用最强。其冲刷力的大小与流体密度、流量、流速、压强和直径等有关这与实际情况是一致的。弯头在转弯处的一侧管壁由于受冲刷腐蚀而减薄最大直至穿孔。而直管的管壁受到的冲刷力很小只是受到介质的腐蚀。因此最终的结果是在直管处完好情况下管道转弯处弯头已经发生穿孔而破坏。

3.4　综合分析

从制造、工艺操作、腐蚀个方面进行泄漏原因分析，其中制造因素、工艺操作因素通过分析均已排除，通过加热炉炉管泄漏形式以及装置自2011年开工以来的整体运行状态综合分析认为：加热炉在线清焦时剥落焦块在流体携带下快速冲刷腐性炉管弯头是造成此次加热炉弯头减薄泄漏主要原因。

4 防范措施

(1)更换加热炉炉管发生减薄的弯头。

(2)加热炉大检修期间，炉管检测使用金相检测、硬皮检测、脉冲扫查和测厚检测等多种手段检测，尤其是对弯头等易冲刷腐蚀郎位全面检测。

(3)加热炉改造实现在线机械清焦，降低加热炉在线清焦频次，可采用在线清焦和在线机械清焦结合方式。在未改造实现在线机械清焦情况下，在生产运行中期，应择机停炉机械清焦。

(4)加热炉选择在线清焦时，不易在炉管结焦较为严重情况下进行，根据生产情况，在加热炉贴片温度600℃开展在线清焦(以往在620－630C)，降低因结焦过厚、过硬冲刷磨损严重的问题。

(5)加热炉长周期运行攻关，降低加热炉结焦速率。

5 结论与建议

通过对加热炉管泄漏事件的深入剖析，确认加热炉管在线清焦作业对炉管弯头区域造成了显著的冲刷损伤。

这一发现凸显了在线清焦过程中识别并管理相关风险的重要性。为应对此问题，我们提出以下策略：

(1)在未来的炉管在线清焦操作中，必须明确识别并高度重视对炉管弯头的冲刷风险；

(2)通过优化操作流程和参数设置，力求减少不必要的在线清焦次数，以降低对炉管弯头的潜在损害；同时，考虑引入在线机械清焦技术的改造方案，以更加高效、安全的方式替代传统清焦方法，从而有效消减冲刷风险。

(3)建议在未来的炉管检测工作中，将弯头冲刷区域作为重点检测对象，实施更为严格、细致的检测流程，以确保任何潜在问题都能被及时发现并处理。

(4)建议实施炉管弯头的定期更换制度，每两个检修周期对炉管最下部的弯头进行一次更换，以此作为预防性维护措施，有效预防因冲刷减薄而引发的泄漏等安全隐患，提升加热炉管的整体安全性和可靠性，为生产过程的连续性和稳定性提供有力保障。

参考文献

[1]张塞．延迟焦化加热炉辐射室炉管材质劣化分析及防范措施[J]．石油化工腐蚀与防护，2023(5)：52－58.

[2]陈宣才，邢桂萍，郑新兵．焦化加热炉爆管故障分析与预防[J]．石油化工设备技术，2006(2)：58－61.

[3]张印国．焦化加热炉空气预热器腐蚀结垢与预防[J]．石油化工腐蚀与防护，2003(2)：14－16.

[4]孙爱萍，马永鹏，刘惠敏．焦化加热炉硫腐蚀分析与防腐蚀措施[J]．腐蚀与防护，2011(12)：991－992.

连续重整装置预加氢进料换热器 E-101ABC 腐蚀泄漏分析及措施

张玉丽[1]　韩　贺[2]　马岩军[2]

(1. 乌鲁木齐石化公司设备检验检测中心；2. 乌鲁木齐石化公司炼油厂)

摘　要：某公司60万吨/年连续重整装置，随着原料中氯含量不断升高，导致预加氢进料换热器 E-101ABC 发生泄漏，造成预加氢单元停工，产生一定经济损失。因此，针对腐蚀垢样分析，开展腐蚀机理调查，根据腐蚀机理，采取有效措施进行腐蚀防护。

关键词：有机氯；应力腐蚀；孔蚀；氯化氢

Corrosion Leakage Analysis and Measures of E-101ABC Pre-hydrogenation Feed Heat Exchanger in Continuous Reforming Unit

ZHANG Yuli[1], *HAN He*[2], *MA Yanjun*[2]

The Equipment Inspection and Testing Institute of Petrochina Urumqi Petrochemical Company, Urumqi, XinJiang, 830019, China

The Oil refinery of Petrochina Urumqi Petrochemical Company, Urumqi, XinJiang, 830019, China

Abstract: The 600, 000 t/a continuous reforming unit of a company, with the increasing chlorine content in feedstock, the pre-hydrogenation feed heat exchanger E-101ABC leaked, causing the pre-hydrogenation unit to shut down, resulting in a certain economic loss. Therefore, according to the corrosion scale sample analysis, carry out corrosion mechanism investigation, according to the corrosion mechanism, take effective measures to corrosion protection.

Key words: Organic chlorine; Stress corrosion; Pitting corrosion; Hydrogen chloride

1　引言

2023年8月9日，60万吨/年连续重整装置精制油硫含量0.8mg/kg，氯含量为3.6ppm，加样确认硫含量2.0mg/kg，氯含量为5.1ppm(正常情况下硫含量和氯含量均为0.5ppm)。通过对装置其他其他部位氯离子分析数据判断，E-101ABC 出现内漏是导致分析不合格的原因，分析为原料中有机氯离子超标，在临氢环境下有机氯转化为无机氯导致腐蚀设备[1-2]。

2　设备

2.1　设备材质

60万t/a连续重整装置预加氢进料换热器共有3台，分别为E-101A/B/C。换热器型号为BFU 1200-2.5/3-432.6-7/25-2I，管束为0Cr8Ni10Ti。设备规格型号见表1。

表1　设备规格型号

设备名称	设备位号	规格型号
预加氢进料换热器	E-101ABC	BFU1200-2.5/3-432.6-7/25-2I
操作介质	材质	设计压力
石脑油+氢气	0Cr18Ni10Ti	壳程/管程 3/2.5Mpa

2.2　设备腐蚀概貌

换热器 E-101A/B/C 拆开封头，发现管束进口侧大量管束(50%以上)被锈片和锈渣堵塞。E-101B 管板有大量的黄色锈泥。E-101B 管束间能见明显垢物。管束外壁存在明显腐蚀坑，U型弯管部分有管束裂纹情况。在U形弯急弯处，外大半径处没有发现明显开裂的管子，割除外大半径弯管，在小半径管子弯头顶端发现裂纹，裂

作者简介：张玉丽，高级工程师，硕士研究生，主要研究方向为炼化装置设备管道腐蚀与防护工作。E-mail: 1019025239@qq.com

纹基本上垂直于应力方向。由金相分析裂纹为穿晶＋延晶，硬度 213～218HV（图 1～图 4）。

图 1　换热器管束腐蚀形貌

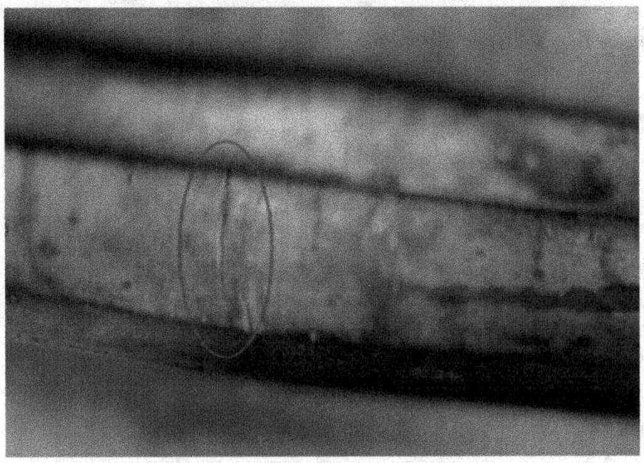

图 2　U 型管腐蚀形貌图

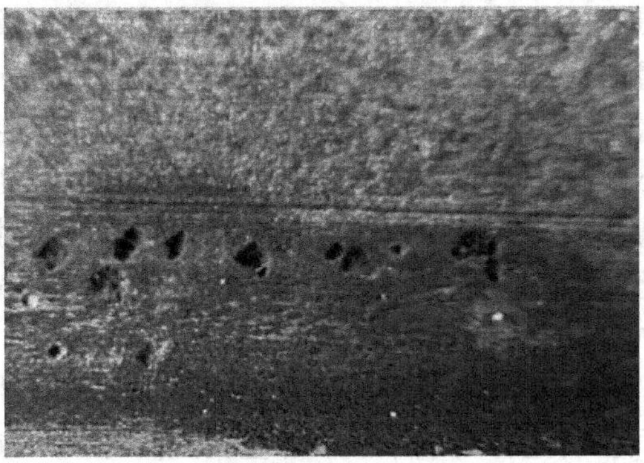

图 3　换热器管束表面腐蚀形貌

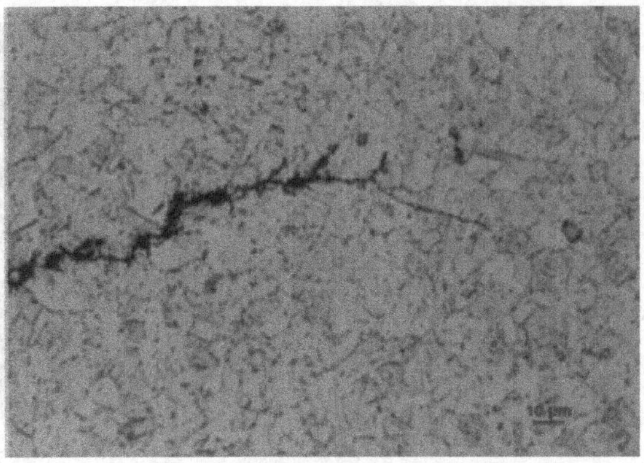

图 4　管束金相腐蚀形貌

3　结垢物质的成分和性质

对 60 万 t/a 连续重整装置预加氢换热器腐蚀严重的换热管外表面进行形貌及能谱分析，图 5 为取样部位腐蚀微观形貌，从图可以看出，换热管材料表面存在大量的腐蚀坑洞，并且覆盖有大量的金属氧化物。图 6 为被选区域的能谱分析，结果显示该表面含有非常高的氯元素，氯含量达到 1.34%，进一步说明腐蚀过程中有高浓度的氯存在。

4　腐蚀成因分析

4.1　原料有机氯离子超标

自 2023 年 7 月份乌石化原油（北疆原油）氯含量持续超标，造成常减压装置生产的石脑油氯含量超标，常减压粗石脑油氯离子含量分析数据为 237.1 mg/kg，常减压稳定石脑油氯离子含量分析数据最高 191.8mg/kg。虽然直馏石脑油与二次加工装置生产的石脑油混合后进入预加氢装置，但混合石脑油中氯含量指标自 7 月 3 日～8 月 10 日持续超过防腐设防值（15.94mg/kg），最高 81.8mg/kg（见图 7）。

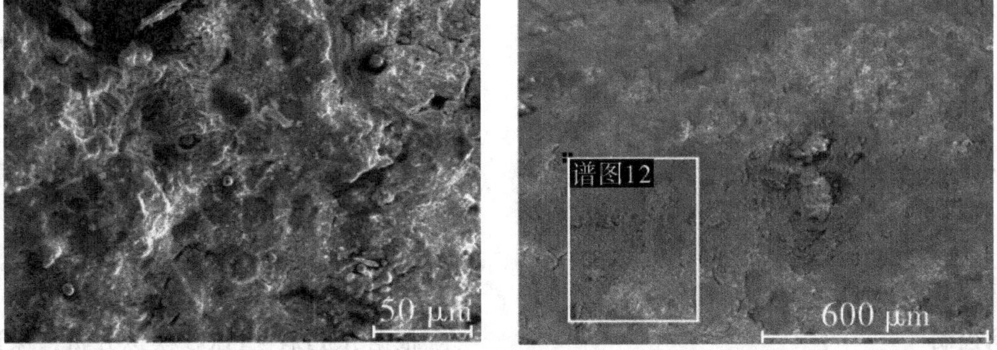

图 5　微观形貌图

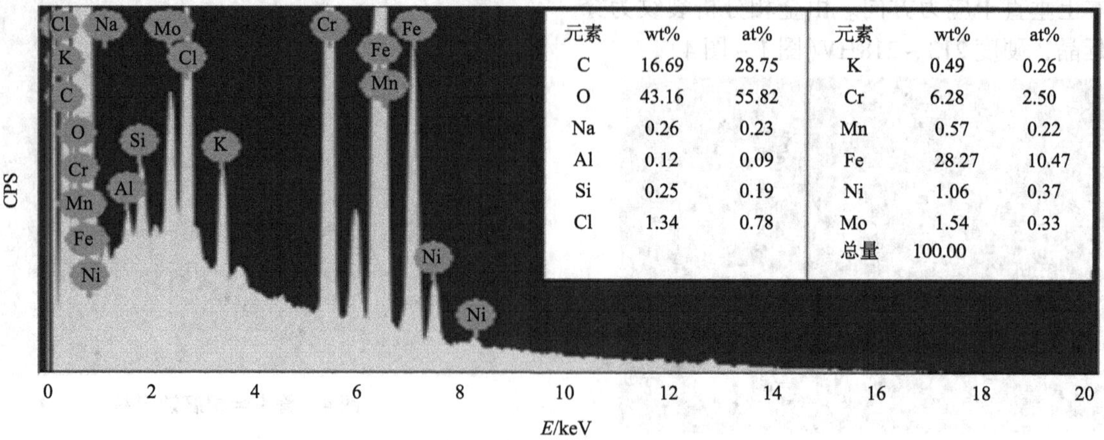

图6　取样区域能谱分析结果

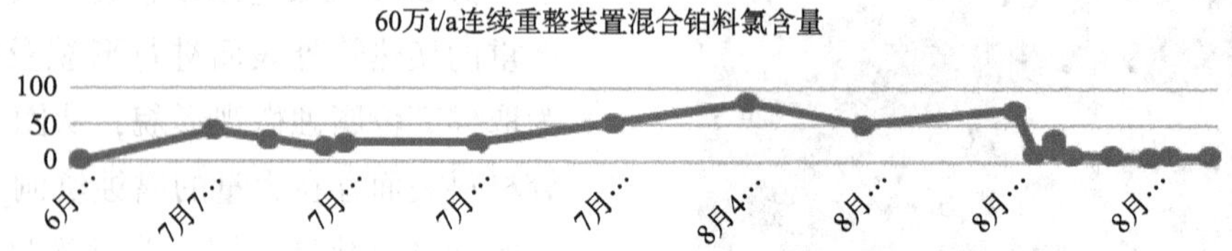

	6月30日	7月7日	7月10日	7月13日	7月14日	7月21日	7月28日	8月4日	8月10日	8月18日	8月19日	8月20日	8月20日	8月20日	8月21日	8月23日	8月23日	8月25日	8月26日	8月28日
—●—	0.5	42	29	20	25	25	53	82	51	72	10	22	31	15	8.5	7.9	7.5	5.8	7	7.6

图7　重整原料氯离子含量

4.2　腐蚀机理

在临氢环境下有机氯转化为无机氯腐蚀设备。直馏石脑油中的氯主要以有机氯的形式存在，主要是三氯甲烷、二氯乙烷，含有机氯的原料油经过机泵升压后与循环氢混合进入E－101壳程，原料中砷、铜、镍等微量金属在氢气以及石脑油溶解氧的作用下形成活性中心，在换热器管束外壁结垢的部位，有机氯在活性中心水解或者加氢生成氯化氢(碱洗中和后换热器充水清洗时，壳程侧所做水中氯含量2500～3000ppm，说明壳程管束外表面有大量氯离子聚集)，与石脑油中的微量水在局部形成高浓度盐酸溶液对不锈钢管束产生孔蚀[3]。根据孔蚀的机理，发生孔蚀后向金属内部深挖造成管束腐蚀穿孔(从换热器理化失效分析项目中可以看出内壁及外壁均有坑蚀，外壁较内壁的坑蚀数量多)。高压的高氯原料通过腐蚀穿孔部位进入换热器管束内部后，在溶解氧、拉应力、游离水和氯离子的作用下对不锈钢管束产生氯化物应力腐蚀开裂。

5　采取措施

5.1　原料控制

严格管控原料氯含量，利用公司现有的原油资源，调整加工比例，保证原料氯含量在设防值范围之内两套常减压装置稳定石脑油氯含量及混合重整原料氯含量分析频次调整为3次/天，当含量超3mg/kg时进行预警，根据数值进行混合配比，同时可以加注脱氯剂。确保稳定石脑油氯含量及混合重整原料氯含量分析≤5mg/kg。对重整预加氢原料氯含量进行监测，分析频率2次/日，

出现超标联系调整原料配比，协调新疆油田公司及时进行高氯原油掺炼量调整。对预加氢高温脱氯反应器出口氯含量、精制油氯含量进行监测，分析频率1次/日，出现超标如经调整没有恢复，预加氢单元降低加工量至60%。

5.2　结盐温度控制

根据ASPEN－PLUS模拟分析，重整预处理单元E－101A/B/C切除一台换热器后，进行Kp值和结盐温度计算，基本维持在90℃左右，因此在工艺操作中，严格控制高于结盐温度20℃左右，当原料氯含量发生变化，及时进行模拟数据分析，根据分析数据调整工艺运行温度。

5.3　注水量控制

根据ASPEN－PLUS模拟分析，保证注入点液态水含量25%，同时根据氯含量分析，进行动态调整。

5.4 采用新型号高温脱氯剂

根据目前加工原料特点，进行高温脱氯剂选型，保证预加氢高温脱氯罐和重整生成油脱氯罐后氯含量小于 1ug/g(wt)。后期生产运行期间，需要定期进行高温脱氯剂使用效果评估，未达到指标要进行高温脱氯剂重新选型。

5.5 管束预制备用

利用 ASPEN－PLUS 模拟软件，进行 E－101A/B/C 进行 EDR 详细换热器模型建立，通过换热效率、热阻系数变化，及时分析原因，对于效率下降较大，无法应用工艺手段调整时，采用切除换热器进行检修，防止由于结垢产生腐蚀泄漏，对于这种易泄漏部位，提前进行管束预制备用。

6 结论

随着原油氯含量上升，连续重整装置预加氢进料换热器在生产运行期间腐蚀泄漏频繁发生，现工艺、设备防腐手段，只能起到被动防腐的效果，因此，要从源头进行管控，严格控制进料性质，降低装置腐蚀[4]。

参考文献

[1]高楠，黄景峰，刘殿如，王新凯，呼立红，郑丽群．连续重整装置预加氢进料换热器腐蚀泄漏分析[J]《石油化工腐蚀与防护》2018(035)002：P57－60.
[2]曾超，谭斌，吴占永．重整预加氢进料换热器腐蚀与防护[J]《石油化工腐蚀与防护》2013，30(2)：P14－15、20.
[3]王志坤，张昕．重整装置预加氢反应物换热器腐蚀原因分析[J]《腐蚀与防护》2005，26(5)：225－227.
[4]马立光，闫晓荣，钱刚．重整预加氢进料换热器的腐蚀原因及对策[J]《应用技术》2013，(5)：54－57.

循环水埋地管线腐蚀泄漏原因分析与对策

张玉丽

(中石油乌鲁木齐石化设备检验检测中心，新疆 乌鲁木齐 830019)

摘　要：某石化公司炼油厂一车间600万吨/年常减压装置的埋地水管线出现腐蚀开裂，通过宏观检验、能谱分析等检测手段，结合现场工况从循环水对管线的内壁腐蚀和管线所处外部土壤对其外壁腐蚀两个方面进行了分析，探讨了管线腐蚀的影响因素和腐蚀机理，并提出有针对性的防护措施。

关键词：循环水腐蚀；土壤腐蚀；泄漏

Cause Analysis and Countermeasures for Corrosion Leakage of Buried Pipelines with Circulating Water

ZHANG Yuli

(The Equipment Inspection and Testing Institute of Petrochina Urumqi Petrochemical Company, XinJiang Urumqi 830019, China)

Abstract: The buried water pipeline of atmospheric and vacuum distillation unit of 6 million tons/year in a refinery of a petrochemical company was corroded and cracked, based on the analysis of the corrosion of the inner wall of the pipeline by circulating water and the corrosion of the outer wall of the pipeline by the outer soil, the influencing factors and the corrosion mechanism of the pipeline corrosion are discussed, and put forward a targeted protective measures.

Key words: Circulating water corrosion; Soil corrosion; Leakage

1 引言

2021年7月8日，某石化企业一车间600万t/a常减压装置发现排污降温池附近混凝土地面处有翻水情况，经过现场开挖确认装置污水提升泵P－901出口至循环水回水线埋地部分出现管线腐蚀泄漏(见图1)。通过对该管线进行理化检验，主要为宏观、能谱分析、材质分析等，分析造成管线腐蚀泄漏的原因归于两个方面：一是内侧腐蚀，即循环水对管线的内壁腐蚀；二是外侧腐蚀，即该管线所处环境对管线的外壁腐蚀。针对导致该管线失效分析发生的主要影响因素和腐蚀机理，为类似腐蚀失效提供针对性措施，以期保障装置设备的长周期运行。

2 腐蚀原因分析

2.1 宏观检验

该管线地上管段(涂防锈漆部分)及地下水平管段(外防护层完好部位)均未发现泄漏点。埋地管线泄漏位置所处地下垂直方向，管子表面漏点较集中部位长约1.5m。用砂轮机将管子切割并取样剖开，在未穿透部位分散取点，用游标卡尺测量管子壁厚范围：1.00～9.50mm。管子局部外防护层破损处，裸露在外的管子外壁有大量明显腐蚀凹坑，局部有穿孔(图2～图5)颜色呈铁锈棕黄色、黑色，垂直管段局部发现外壁有机械损伤(凹陷)。

作者简介：张玉丽，高级工程师，硕士研究生，主要研究方向为炼化装置设备管道腐蚀与防护工作。E－mail：1019025239@qq.com

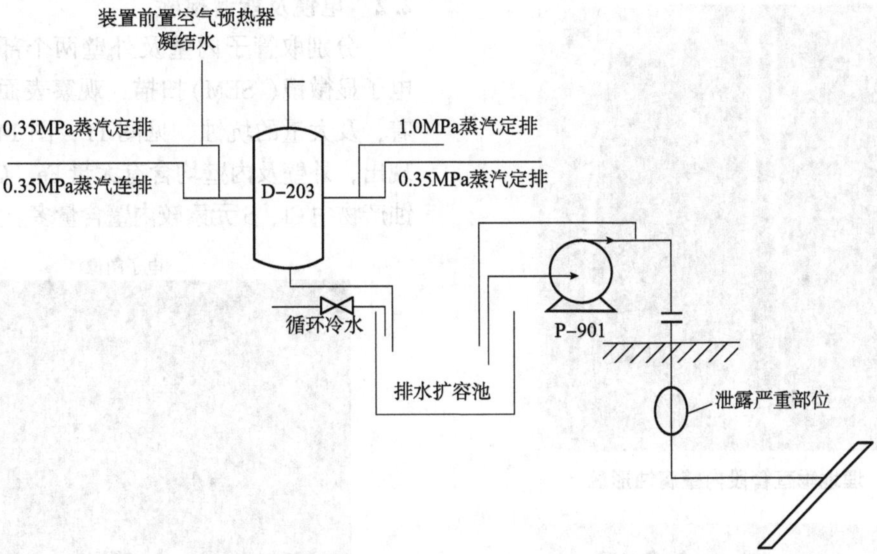

图1　循环水埋地管线流程图

图2　埋地泄漏管线

图3　埋地泄漏管线局部腐蚀及损伤形貌

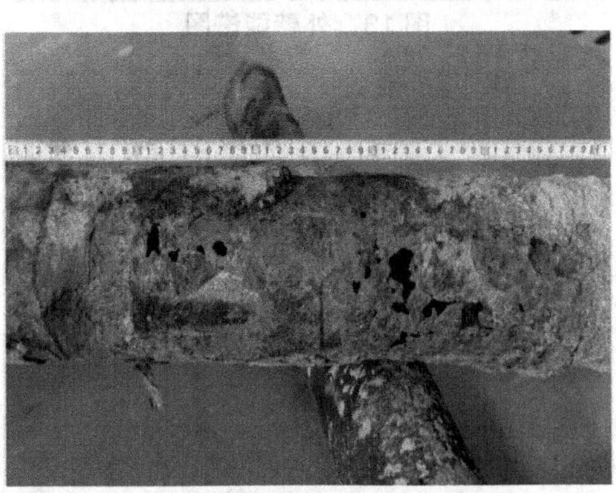

图4　埋地泄漏管线外腐蚀形貌图

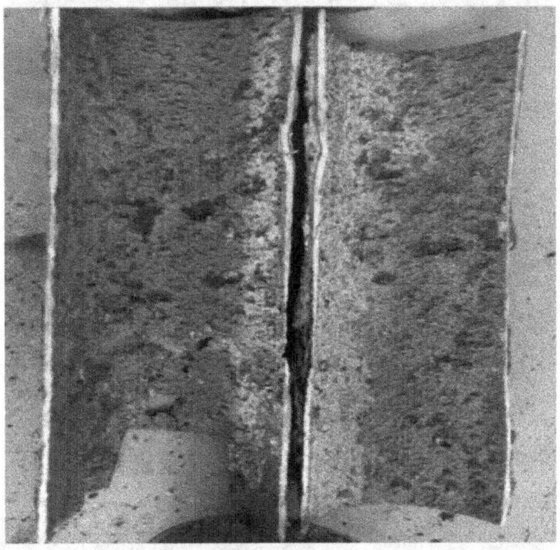

图5　埋地垂直管段泄漏部位内壁腐蚀形貌

管子内壁表面附着3~4mm的腐蚀产物，垢样为屑块状，用刮刀清除并不容易，且与内壁结合的腐蚀产物很致密，未见明显冲刷痕迹，垂直段管道腐蚀严重程度远大于水平段管线，腐蚀产物均呈棕黄色、黑色。对剖开的管子局部取样进一步观察，可见管子存在由外向内腐蚀，及由内向外腐蚀两种形式(图6~图10)。

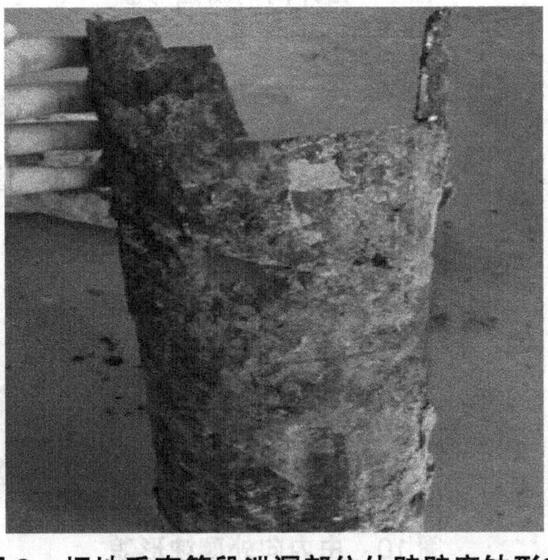

图6　埋地垂直管段泄漏部位外壁壁腐蚀形貌

图7　埋地垂直管段内壁腐蚀形貌

图8　埋地水平管段内壁形貌

图9　由外向内腐蚀形貌

图10　由内向外腐蚀形貌

2.2　电镜及能谱检验

分别取管子内壁及外壁两个部位，采用扫描电子显微镜(SEM)扫描，观察表面有腐蚀产物附着，及大量的坑蚀。见图11～图14。能谱结果表现出，外壁及内壁均含有大量Fe、O元素。外壁腐蚀产物中Cl、S元素较内壁含量多。见图11～图14。

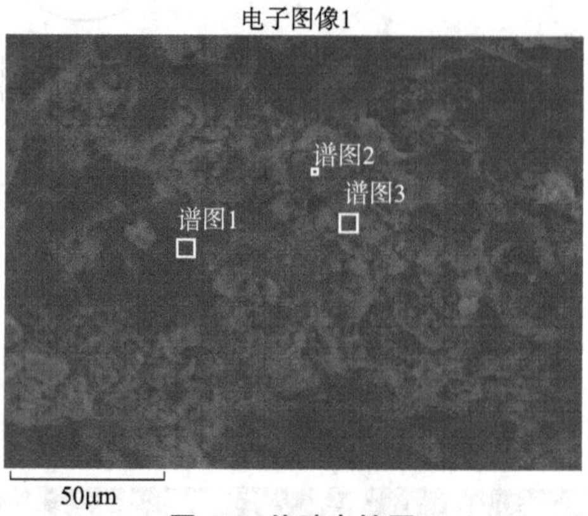

图11　外壁电镜图

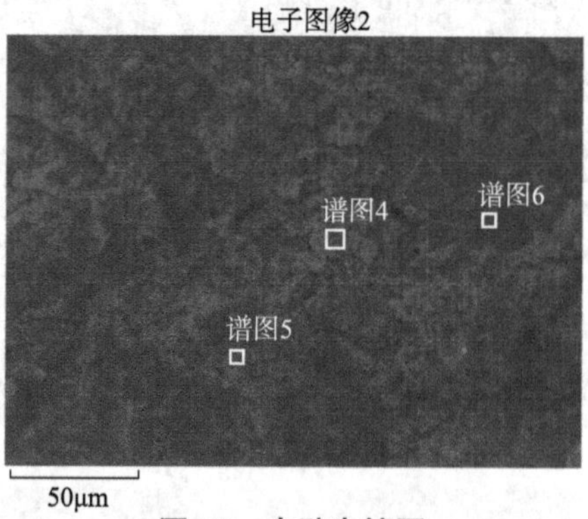

图12　内壁电镜图

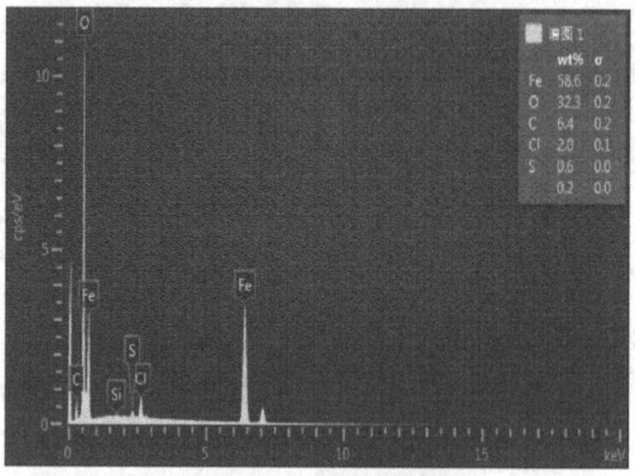

图13　外壁能谱图

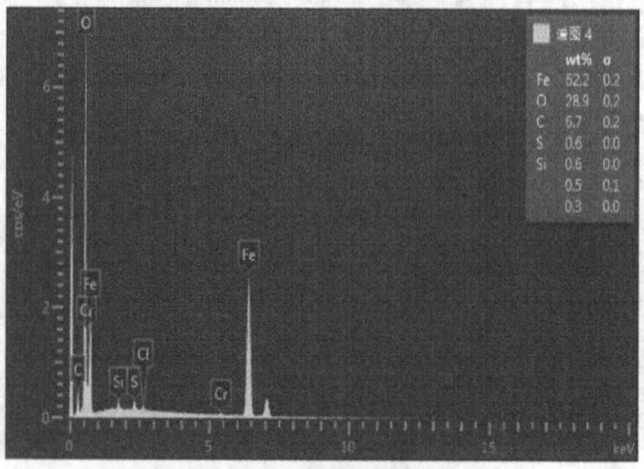

图14　内壁能谱图

2.3 金相检验

在埋地管线的横截面上取一点，经抛光、浸蚀及覆膜后观察，其金相组织为：珠光体+铁素体，组织均匀，未见异常图15。

2.4 硬度检测

在管子表面测试硬度，参照 GB/T 17107—1997《锻件用结构钢牌号和力学性能》，硬度值为：123~130HBHLD，均在正常范围内。

2.5 化学分析

在管子外壁部位进行化学成分分析，所测元素符合 GB/T 699—2015 中 20 号钢材质要求，见下表所示。

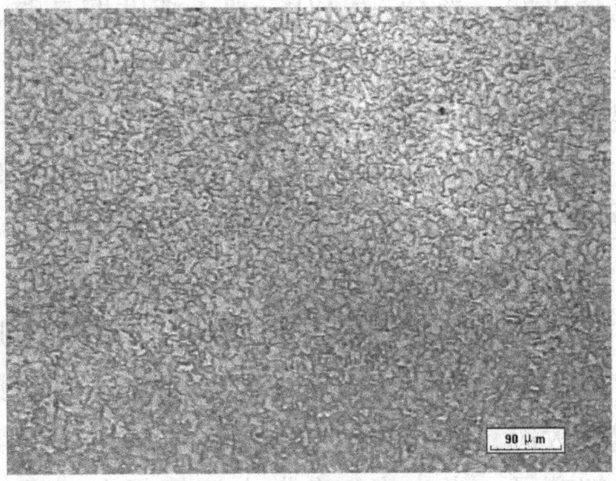

图15　金相组织

表1　管子外壁化学成分分析

样品	C	Si	Mn	P	S	Cr	Ni	Cu
外壁	0.170	0.199	0.352	0.017	0.0063	0.0148	0.0147	0.0145
标准值	0.17~0.23	0.17~0.23	0.35~0.65	≤0.035	≤0.035	≤0.25	≤0.30	≤0.25

2.6 结果分析

经理化检验，从管子壁厚，化学成分，金相及硬度结果推断，材料质量不是造成泄漏发生的主要原因。

从失效试样外观形貌和穿孔的宏观形貌分析来看，管内壁存在大量的腐蚀产物，腐蚀区域较大，且由于循环水通过垂直管段至水平段温度逐渐降低，介质中所含的盐类随温度降低析出，会附着在离地较近的垂直管线上，所以管段剖开可见，垂直段管线内壁腐蚀情况较水平段严重。管子防护层完好部位，没有出现外壁腐蚀现象。相反，外壁防护层一旦发生破损，外壁向内壁腐蚀的倾向更加严重。在距离地面最近的垂直管段，有1.5m的防护层破损情况，也是此次失效泄漏最严重的区域。

从腐蚀产物分析来看，在微区能谱分析谱线中显示，Fe，O和C元素的含量较高，产物中的Fe、C元素来自20号钢基体。其中O元素含量较高，说明内外壁有被氧化和氧腐蚀的条件。因取样代表性不同，所测外壁Cl、S元素成分较内壁多一点，腐蚀的方式综合作用，也会加剧腐蚀的扩展。

3 腐蚀原因分析

从泄漏管线的情况分析看，管线泄漏原因源自腐蚀，腐蚀的主要为内外两方面原因，一是内侧腐蚀，即循环水对管线的内壁腐蚀，二是外侧腐蚀，即管线所处环境土壤对管线的外壁腐蚀[1]。

3.1 内侧腐蚀

冷却水在循环水系统使用过程中，由于水温的升高、流速的变化和蒸发，各种有机物和无机物不断浓缩，加之管线结构与材质等诸多因素的综合作用，会产生严重的沉淀物和微生物大量滋生，这些情况会导致循环水对管线产生电化学腐蚀、微生物腐蚀及离子腐蚀。

3.1.1 电化学腐蚀

在循环水系统中，水和空气充分接触，因此水中的溶解氧可达到饱和状态，碳钢与含有溶解氧的冷却水接触时，由于金属表面的不均一性和冷却水的导电性，在管线的表面会形成电极电位的差别，电极电位不同的地方会通过管线自身形成许多腐蚀微电池，高电位为阴极，低电位为阳极，分别发生氧化和还原反应：

阳极区：　$Fe = Fe^{2+} + 2e^-$

阴极区：$1/2O_2 + H_2O + 2e^- = 2OH^-$

水中　$Fe^{2+} + 2OH^- = Fe(OH)_2$

$2Fe(OH)_2 + 1/2O_2 + H_2O = 2Fe(OH)_3$

这些反应，促使微电池阳极区的金属不断溶解而被腐蚀。

3.1.2 微生物腐蚀

在循环水系统不断循环过程中，水质不断浓缩，水中的养分不断积累，随着水温的身高、阳光的直射，为细菌和藻类等微生物提供了迅速繁殖的条件，并以这些微生物为主体，混有泥沙、无机物等，形成微生物黏泥[1]。

3.1.3 离子腐蚀

循环冷却水在浓缩过程中，除了碳酸盐浓度

会数倍增加外，其他盐类如氯化物、硫酸盐等含量也会倍增，当 Cl^- 和 SO_4^{2-} 离子浓度增高时，会加速对碳钢的腐蚀。Cl^- 和 SO_4^{2-} 会使金属表面上的保护膜的保护性能降低，尤其是 Cl^- 的离子半径较小，穿透性极强，容易穿过膜层，加速阳极过程的进行，使腐蚀加速，引起点蚀。

3.2 外侧腐蚀

管线的外侧主要是土壤腐蚀。土壤腐蚀是由气、液、固三相物质构成的复杂混合体系，具有毛细管效应，多孔性的特殊固体电解质。土壤中的溶解离子、微生物和杂散电流等都会对埋地的碳钢材质管线造成腐蚀，土壤腐蚀多以局部腐蚀为主，形成蚀坑甚至蚀孔。

3.2.1 微生物腐蚀

土壤中的微生物在管线表面聚集形成菌落，消耗了局部环境中的氧，加之细菌尸体及所吸附的无机盐类，在局部表面形成沉淀覆盖物，造成金属表面氧浓度差，在金属表面形成电位差，形成氧浓度差环境的腐蚀电池。

3.2.2 土壤腐蚀

管线和透气性不同的土壤形成氧浓差电池以及盐浓差，温差等各种类型的宏电池，主要由于在管线的不同部位电位不同。此类电池的作用距离较远，腐蚀类型主要以局部腐蚀为主，作用危害大，易造成地下管线的穿孔腐蚀。土壤的孔隙度越大余额利于氧气渗入，腐蚀越严重；土壤中的盐类含量越大，电导率越高。

4 防护措施

循环水系统埋地管线泄漏来自内壁腐蚀及外壁腐蚀两个方面，内壁腐蚀的防护主要从改善、控制水质指标方面进行，管道外壁的防护主要以防护层和阴极保护为主。

4.1 控制循环水水质

控制水质主要是通过控制循环水中含氧量、pH 值、悬浮物和微生物的养料等手段，可达到控制内壁腐蚀的目的[2]。(1)在循环水给水中可通过除氧器除去水中的氧，从而抑制氧腐蚀。(2)通过投放杀菌剂，控制微生物的生长，从而减缓循环水管线中的微生物粘泥和微生物的腐蚀；或进行物理或者化学清洗，可把循环水管线中生长所需的养料、微生物生长的有利的条件及微生物本身从循环水系统管线金属表面除去。(3)控制 pH 值和余氯，在 pH 值为 4～10 时碳钢管线的腐蚀速率最低，综合考虑循环水结垢的影响因素，pH 值控制指标预定在 7.3～9 为最宜；循环水中的氯来自杀菌剂，可以有效杀死微生物，但必须控制在范围内以降低氯离子对管线的腐蚀。

4.2 涂防护层和阴极保护

防腐涂层法应用于埋地管线的外壁腐蚀控制腐蚀的原理为：将管道的金属基体与具有腐蚀性的土壤环境隔离，从而阻止杂散电流、微生物等与碳钢管线间的离子交换、电流的渗透，可有效避免管线受土壤环境的影响。常见的表面防腐材料及涂层有聚乙烯防腐胶、玻璃布、环氧煤沥青等[3]。

阴极保护则是对涂层破损处的金属管线提供的防腐保护，通过对受保护金属管道进行阴极化，使之成为一个大阴极，从而阻止金属腐蚀。阴极保护可通过外加电流法和牺牲阳极的方法实现。牺牲阳极法是在被保护的接地网上连接电位更负、更容易腐蚀的金属，靠阳极的腐蚀达到保护阴极的目的。靠牺牲阳极达到保护阴极的目的，此法不仅适用于新建装置的埋地管线，还可以用来对已建埋地管线进行改造，延长其使用寿命。

5 结语

(1)循环水管线的泄漏原因在于受到循环水对管线的内壁腐蚀和土壤环境的管线外壁腐蚀的双重作用。

(2)控制循环水的水质可以降低循环水的腐蚀速率，减缓其对内壁的腐蚀。

(3)采用外涂层和阴极保护可以有效减轻土壤环境对管线的外壁腐蚀，而且外涂层防护埋地管线的使用寿命起着至关重要的作用。

(4)根据埋地循环水管线的实际情况采取适当措施，可有效减缓埋地管线的腐蚀速率，为装置的平稳运行保驾护航。

参考文献

[1]孙刚、鲁汶玥．循环水埋地管线泄漏原因分析与对策[J]《失效分析》2019，36(2)：50－53.
[2]王辉、乔彦珑．浅谈循环水系统泄漏的分析判断与处理方式[J]《工程技术》2017，2：364.
[3]朱云详．循环水管的腐蚀原因分析及防腐处理措施[J]第二届电力安全论坛论文集，2006(6)：50－52.

催化装置富气系统分液罐顶焊缝开裂失效分析

刘媛媛　杨　虎　通鲁格　周学强

（乌鲁木齐石化公司设备检验检测中心，新疆 乌鲁木齐　830019）

摘　要：针对重油催化装置富气系统气压机一段出口分液罐在2019年至2023年发生多次焊缝部位开裂泄漏，在线贴板、焊接消漏情况，在2023年装置停工检修期间，进行缺陷泄漏位置采样，进行失效分析。通过对催化裂化装置腐蚀性介质、腐蚀机理，缺陷部位失效分析结果，识别并确认造成气压机一段出口中间分液罐焊缝开裂泄漏的主要原因为湿硫化氢应力腐蚀开裂。结合泄漏部位缺陷类型、焊缝开裂形貌，及介质工艺参数等影响因素信息，给出综合结论，并提出防止发生湿硫化氢应力腐蚀开裂的防护改进措施。

关键词：焊缝开裂形貌；失效分析；湿硫化氢应力腐蚀开裂；改进措施

Failure Analysis of Cracking on the Top Weld of the Separation Tank in the Rich Gas System of a Catalytic Device

LIU Yuanyuan, *YANG Hu*, *TONG Luge*, *ZHOU Xueqiang*

(The Equipment Inspection and Testing Institute of Petrochina Urumqi Petrochemical Company, Urumqi XinJiang 830019, China)

Abstract: Regarding the multiple cracking and leakage, and the repair measures of the weld part primary outlet separator of Rich gas system of the heavy oil catalytic cracking unit compressor from 2019 to 2023, during the shutdown and maintenance of the device in 2023, the samples of the leakage location were taked for failure analysis. Through the corrosive media and corrosion mechanisms of catalytic cracking unit and the results of failure analysis, the main cause of the leakage was identified and confirmed to be wet hydrogen sulfide stress corrosion cracking. Based on the defect type at the leakage location, the morphology of weld cracking, and the influencing factors such as medium process parameters, a comprehensive conclusion is given along with suggestions to prevent the recurrence of wet hydrogen sulfide corrosion cracking issues.

Key words: Weld cracking morphology; Failure analysis; Wet hydrogen sulfide stress corrosion cracking; Improvement measures

1　引言

近年来炼油化工由于加工原油的多元化和劣质化，炼油厂各装置的腐蚀问题日趋严重。催化裂化的基本原理是蜡油掺混约40%减底渣油在催化剂的作用下生产轻质油和液化气的工艺，随着原油硫含量的增加，装置设备、管道的腐蚀问题越来越突出，本文以气压机富气系统设备腐蚀泄漏事故为例，提出该部位湿硫化氢环境下工艺管线的防护措施和对策。

2　设备缺陷类型及主要参数

某炼油厂重油催化装置富气系统于1996年7月投用运行，从2020年4月~2022年8月，该系统设备及管道共先后多次发生了泄漏，采取带压堵漏等措施维持运行。最后一次发生在2022年8月，由气压机二级分液罐顶部发生泄漏，其漏点位置在封头与筒体连接焊缝，均是以裂纹形式发生。

设备具体参数见表1，封头与母材为同一材

作者简介：刘媛媛(1984—　　)，工程师，主要从事石油化工设备检验、理化分析、腐蚀与防护工作。E-mail: 865870812@qq.com

质16MnR，工艺原则流程见图1。表2为设备运行介质工艺参数。2021年9月~2023年9月的重油催化装置富气压缩机一段出口介质富气的组成分析，见表3所示。

表1 设备技术参数

设备名称	150万t/a重油催化装置气压机一级出口分液罐	失效零件名称	封头与筒体连接焊缝
设计压力	1.0MPa	操作压力	0.55~0.65MPa
设计温度	135℃	操作温度	50~55℃
接触介质	富气	材质	16MnR
投入使用时间	1996年7月1日	壁厚	14mm

表2 设备介质工艺参数

富气 H_2S 含量	1167mg/m^3
工作温度(两级)	42~100℃/51~89℃
工作压力(两级)	139~556kPa/535~1.18MPa
pH值	7.0~9.5

表3 压缩富气介质组成分析

采样时间	样品名称	氢气	氧气	氮气	甲烷	二氧化碳	乙烯	乙烷	碳三及以上	硫化氢含量
		%(V/V)	%(V/V)	%(V/V)	%(V/V)	%(V/V)	%(V/V)	%(V/V)	%(V/V)	mg/m^3
2021/9/6	富气	16.49	0.38	9.99	12.88	2.48	5.83	5.68	46.27	1331
2021/11/1	富气	18.82	1	11.8	15.8	2.39	6.01	6.08	38.1	5120
2022/2/1	富气	20.06	2.07	14.32	12.79	1.63	5.92	5.62	37.04	2304
2022/5/1	富气	17.8	1.09	10.37	11.02	1.54	5.6	5.01	47.02	768
2022/8/1	富气	31.03	1.37	10.75	7.94	1.34	4.76	3.93	38.4	256
2022/12/1	富气	50.99	0.54	8.7	5.1	1.57	3.05	2.71	26.68	5632
2023/3/1	富气	25.91	0.52	9.2	9.2	1.98	5.33	4.82	42.52	1536
2023/7/1	富气	17	0.71	8.48	9.72	1.65	6.45	4.9	51.09	0
2023/9/1	富气	17.35	1.07	7.86	10.1	0	6.22	4.9	52.02	256
最大值		50.99	2.07	14.32	15.8	2.48	6.45	6.53	79.41	5632
最小值		8.86	0.21	4.1	2.91	0	1.73	1.63	26.68	51
平均值		22.059	0.8091	9.2641	9.9814	1.6036	5.2936	4.7123	45.9246	1087.192

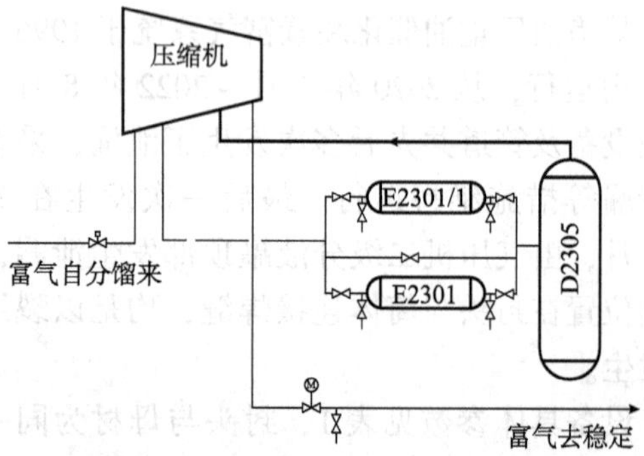

图1 富气系统流程图(标注缺陷位置)

3 分液罐顶焊缝开裂失效分析

3.1 宏观检查

现场用气割方式在气压机一级出口分液罐顶封头与筒体连接焊缝处局部取样(以下简称：失效件)。失效件为双层板，外侧钢板为补焊钢板，内侧带焊缝部位为失效部位(厚度12.1~12.5mm)。将外壁贴补钢板切割去除，露出失效件外壁侧。其外壁附着黑色垢物，存在均匀腐蚀麻坑；内壁附着褐色垢物，存在均匀腐蚀坑，与外壁腐蚀坑相比较，内壁腐蚀坑较外壁腐蚀坑大且密集，见图2。

(a)紧贴补焊钢板的失效件外壁 (b)失效件内壁

图2 失效件外壁与内壁宏观形貌

3.2 无损检测

对失效件外壁及内壁进行渗透探伤，在外壁侧发现一条垂直于焊缝的裂纹，裂纹主要位于母材上，长约17mm。内壁发现多条垂直于焊缝的平行裂纹，裂纹分布在焊缝、热影响区和母材上。焊缝和热影响区上裂纹较多，母材上裂纹较少，其中裂纹最长1条约为55mm，外壁的裂纹与内壁为同一条裂纹，部分裂纹贯穿焊缝三区，如图3所示。

(a)外壁裂纹形貌 (b)内壁裂纹形貌

图3 渗透检测宏观形貌

3.3 化学成分分析

依据GB/T 4336—2016《碳素钢和中低合金 多元素含量的测定火花放电原子发射光谱法》对失效件的母材进行化学成分分析，结果见表4，与GB 6654中[1]对16MnR的化学成分要求值进行对比，对比结果表明，筒体母材材质符合标准要求。

表4 化学成分分析结果 %(质量分数)

元素	C	Si	Mn	P	S
母材实测值	0.15	0.39	1.38	0.016	0.017
16MnR标准值	≤0.20	0.20-0.55	1.20-1.60	≤0.030	≤0.020

3.4 金相检验

在平行于焊缝的母材上，且有裂纹贯穿的区域(裂纹深度约2.3mm)及平行于焊缝截面取样(裂纹深度约1.3mm)，经过打磨、抛光，其抛光态下未见明显夹杂，见图4(a)。采用4%硝酸酒精溶液侵蚀，对应的母材显微组织为铁素体+珠光体，热影响区和焊缝显微组织为铁素体+珠光体+贝氏体。所观察到裂纹内充满灰色垢物，见图4(b)、图5(a)，呈树枝状，以穿晶开裂为主，也有少量沿晶，见图4(c)、图5(b)。

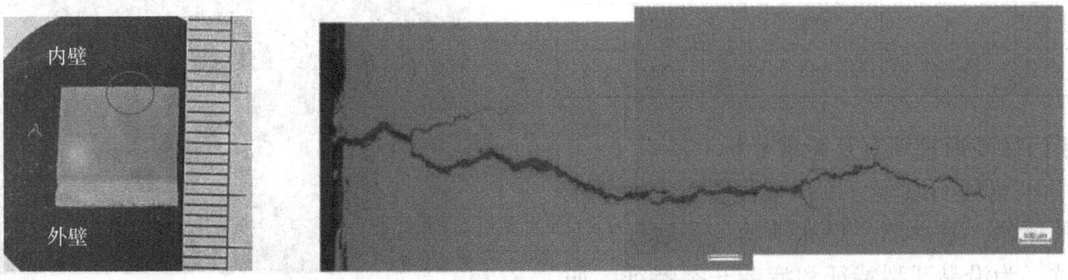

(a)母材试样镶嵌、裂纹抛光态形貌(100×)

图4 母材上裂纹微观组织

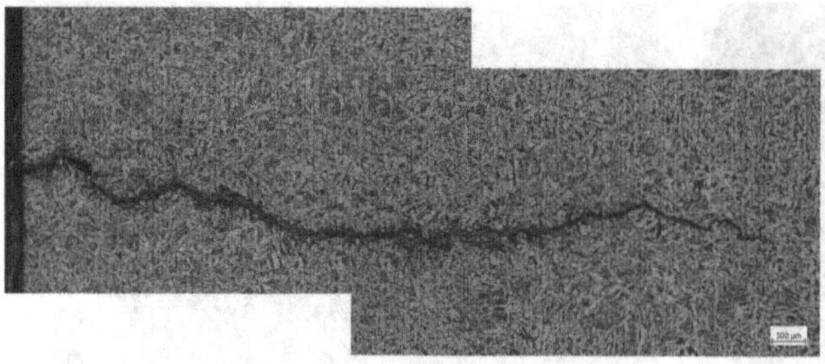

(b)裂纹形貌(100×)

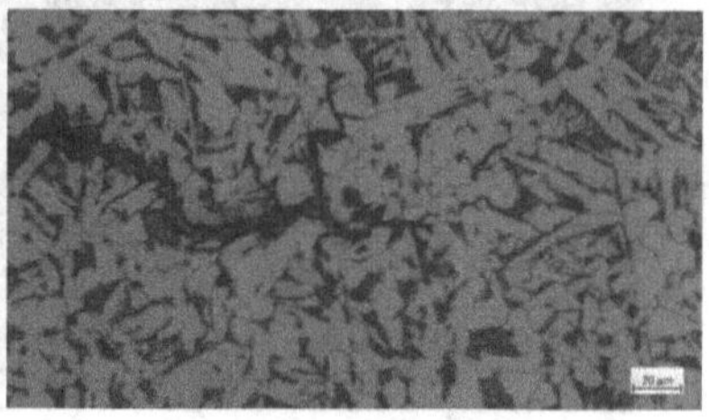

(c)裂纹尖端形貌(500×)

图4　母材上裂纹微观组织(续)

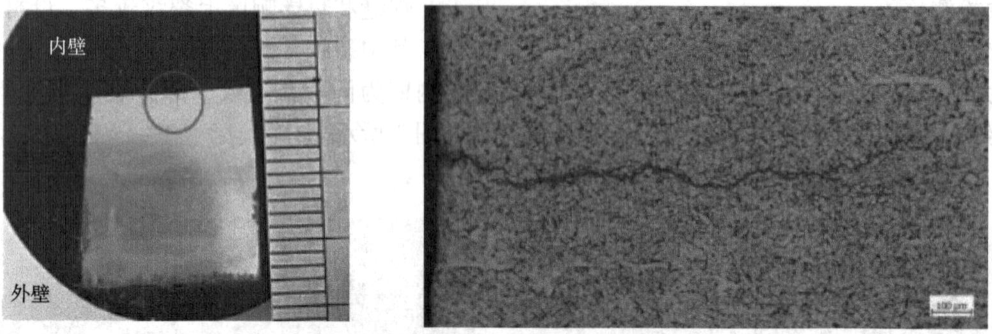

(a)焊缝试样镶嵌、裂纹微观形貌(100×)

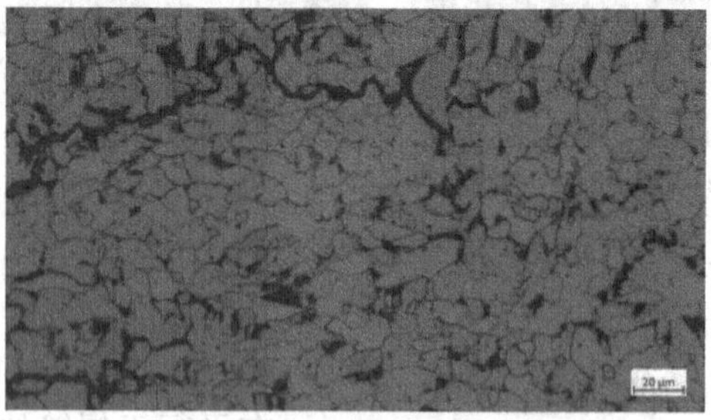

(b)裂纹尖端形貌(500×)

图5　焊缝上裂纹微观组织

3.5　硬度试验

采用便携式里氏硬度计对焊缝附近的母材、热影响区、焊缝进行硬度测定，结果见表5。根据GB/T 27866—2011[2]低碳钢和低合金钢“焊缝熔敷金属和热影响区的硬度值应不大于200HBW”热影响区和焊缝硬度均符合标准要求。

表5　硬度测定结果(HB)

选取位置	母材	热影响区	焊缝
未见裂纹处	161	157	167
裂纹处	165	159	171

3.6　断口微观形貌观察及能谱分析

采用SEM进行观察，断口表面附着有大量难以清除的垢物，基体部位呈冰糖状，扩展区存在疲劳辉纹，为沿晶开裂特征和疲劳开裂特征，如图6。

采用EDS对内壁垢物成分进行分析，内壁含有较多的C、O、Fe元素，属基体的主要组成，还有含量较高的S元素。判断腐蚀产物主要为含S元素的氧化物或其化合物混合而成，即铁的硫化物，见表6。

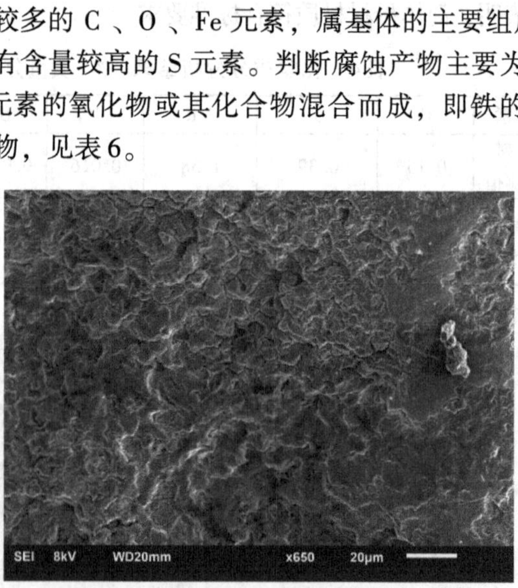

图6　断口表面电镜形貌(650×)

表6　能谱分析结果　　%(质量分数)

元素	O	Fe	S	N	C	Mn	Ca	Na	K	Si
内壁垢物	49.2	21.1	16.0	7.3	5.8	0.5	—	—	—	—
外壁垢物	17.6	13.0	11.1	—	54.2	—	1.4	0.8	0.7	0.3

4　结果分析

(1)从理化检验结果分析，在封头与筒体连接部位取样所测得母材及焊缝化学成分符合标准要求，金相组织未见异常，硬度测试结果正常。

(2)开裂形式分析，由内表面起裂、裂纹沿纵向及壁厚方向扩展呈树枝状分布。对裂纹断面的能谱分析可知裂纹的腐蚀产物中含有硫化物。

(3)腐蚀状况分析，首先 H_2S 在 15～35℃的温度环境下与水或水蒸气混合，极易对碳钢和低合金钢产生 SSCC 腐蚀。常减压渣油硫及硫化物含量很高，这些腐蚀成分在催化裂化的加工过程中又生成了以 HS 为主的硫化物，在分馏过程中不可避免地与水或水蒸气混合，形成了腐蚀介质。其次富气系统设备工作温度在 50～55℃，为 SSCC 腐蚀提供了极易发生腐蚀的温度[3]。

(4)工艺操作因素影响分析，分馏塔顶注水使用含硫污水循环使用，使腐蚀物介质在塔顶富集并带至下游导致富气压缩机入口硫化氢浓度上升，造成腐蚀加剧。由工艺可知设备操作温度为 50～55℃，容易有水相析出，介质富气中含有较高的硫化氢，通过介质组分可知含量为 1084.769mg/m^3 和 0.0794%(V/V)。失效裂纹发生在焊缝和热影响区，为应力较高区域，可以判定筒体及封头连接焊缝存在应力腐蚀开裂。

5　结论与建议

通过对该设备的开裂部位进行取样，并对失效部位采用了宏观、无损检测、化学成分分析、金相分析等检验检测方法进行分析，确定该设备发生了应力腐蚀开裂。

(1)由于该设备介质中富气含有高浓度硫化氢，能谱分析腐蚀产物中含有硫化物，且在开裂处存在较高残余应力，故可以判断出该设备发生了湿硫化氢应力腐蚀开裂。

(2)根据气压机富气系统管线中的介质以及裂纹产生的部位与形状．并结合腐蚀机理可以判断，裂纹的出现主要是由于硫化物应力腐蚀开裂(SSCC)导致。

从材料、制造和工艺上提出以下建议：

(1)催化裂化装置气压机富气系统湿硫化氢环境下碳钢管线升级更换为 HIC 钢，并进行焊后热处理，满足湿 H_2S 应力腐蚀环境。

(2)采取加大注水量预防最苛刻情况的发生。严格控制分馏塔顶注水水质，建议全部改为除盐水或净化水，防止含硫污水循环使用，避免硫化氢浓度富集，恶化气压机入口腐蚀环境。

参考文献

[1]GB 6654—1996，压力容器用钢板[S].

[2]GB/T 27866—2011 控制钢制管道和设备焊缝硬度防止硫化物应力开裂技术规范[S].

[3]于兆丰．催化裂化装置富气系统管线腐蚀泄漏分析[J].《化工管理》2021(4)：99－100.

某粗煤气预热器管程泄露原因分析

何　俊[2]　周群群[2]　宋　明[1]　王　慧[3]　杜旭然[4]　郭　静[1]

（1. 中国特种设备检测研究院，北京　100013；2. 中石化湖南石油化工有限公司，岳阳　414009；
3. 中国中化控股有限责任公司，北京　100031；4. 中国电子科技集团公司第十一研究所，北京　100016）

摘　要：粗煤气预热器是煤制合成氨或甲醇装置中一氧化碳变换工序的重要设备，其作用是利用一氧化碳变换反应生成的高温变换气，将来自上游煤气化装置的饱和态粗煤气预热至变换反应所需的温度，同时也避免饱和态的粗煤气冷凝产生液态水，被带入变换催化剂床层。某石化企业引进 Shell 煤气化技术，自粗煤气的低水气比改造以来，合成氨装置变换单元及其管线多次发生堵管、穿孔泄露问题。针对目前该变换单位预热器管程出现的问题，通过开展粗煤气管线及设备的失效调研和分析，揭示预热器管程失效机制及机理，基于研究结果，对设计及工艺上的改进提供数据支撑。以确保设备本质安全与可靠性，减低同类装置该部位的安全隐患，为推动国内煤化工装置健康可持续发展发挥积极作用。

关键词：垢下腐蚀；氯化铵；粗煤气；硫化物；预热器

Analysis of Leakage Causes in the Tube Side of Coarse Gas Preheater

HE Jun[2], *ZHOU Qunqun*[2], *SONG Ming*[1], *WANG Hui*[3], *DU Xuran*[4], *GUO Jing*[1]

(1. China Special Equipment Inspection and Research Institute, Beijing 100013, China;
2. Sinopec Hunan Petrochemical Co. Ltd, Yueyang 414009, China;
3. Sinochem Holdings Corporation Ltd. Beijing 100031, China;
4. China Electronics Technology Group Corporation Beijing 100016, China)

Abstract: he crude gas preheater is an important equipment in the carbon monoxide transformation process of coal to ammonia or methanol synthesis plants. Its function is to use the high – temperature transformation gas generated by the carbon monoxide transformation reaction to preheat the saturated crude gas from the upstream coal gasification plant to the temperature required for the transformation reaction. At the same time, it also avoids the condensation of saturated crude gas to produce liquid water, which is carried into the transformation catalyst bed, thereby causing catalyst pulverization or agglomeration. A certain petrochemical enterprise has introduced Shell coal gasification technology. Since the low water to gas ratio transformation of crude gas, the transformation unit and pipeline of the ammonia synthesis unit have experienced multiple problems such as pipe blockage, corrosion, perforation, and leakage. This article focuses on the problems that currently occur in the preheater tube side of the transformation unit. Through conducting research and analysis on the failure of crude gas pipelines and equipment, the failure mechanism and mechanism of the preheater tube side are revealed. Based on the research results, data support is provided for design and process improvement. To ensure the intrinsic safety and reliability of the equipment, reduce safety hazards in similar devices, and play a positive role in promoting the healthy and sustainable development of domestic coal chemical plants.

Key words: Corrosion under scale; Ammonium chloride; Crude gas; Sulfides; Preheater

---

作者简介：郭静（1987—　），女、硕士、高级工程师，主要从事腐蚀与防护、失效分析等。E－mail：guojing733@163. com

1 引言

变换工段热交换器作为合成氨生产的重要换热设备，其换热管的腐蚀问题[1]，如高温氢侵蚀、高温硫化物腐蚀、湿硫化氢腐蚀、应力腐蚀等腐蚀问题一直困扰着众多合成氨企业。此类设备管束一般使用寿命较短，有的只使用3个月换热管就发生泄漏而失效。热交换器的更换不仅仅是设备的造价损失，其造成的停产对企业的经济效益影响更大，泄漏问题严重制约了装置的长周期稳定运行，对安全生产造成了极大的威胁[2]。

粗煤气预热器的作用是利用一氧化碳变换反应生成的高温变换气，将来自上游煤气化装置的饱和态粗煤气预热至变换反应所需的温度。据了解，国内采用类似壳牌工艺包的厂家有22家单位，调研了其中三家单位，其中2家分别于2013年和2016年进行过低水气比改造，改造之后粗煤气预热器开始频繁出现管热管泄露问题。粗煤气预热器采用固定管板式换热器，管程为粗煤气，壳程为变换气。

经过多年的改造与参数调整，如变换管、壳程介质，更改换热器材质等，此类问题依然没有得到有效解决，通过调研与分析，找出不同工艺参数条件下的失效模式与机理，以确保设备本质安全与可靠性，减低同类装置该部位的安全隐患，为推动国内煤化工装置健康可持续发展发挥积极作用。

2 实验过程与结果

2.1 宏观观察

预热器失效件的宏观形貌见图1～图3，目视可见预热器管板上换热器管板和换热管均有不同程度的结垢，管板上和管束内壁沉积有大量产物，和管板上沉积的产物相比，换热管内的产物相对比较致密，不易清除。粗煤气入口处管程内结垢较为严重，出口处结垢较为轻微。采用机械方法将粗煤气入口处管程内垢物去除后，观察到管程内壁有较严重的局部腐蚀。腐蚀严重的区域形成壁厚减薄的现象，尤其是六点钟方向，壁厚减薄最为明显。从结垢形态及清除垢层后的腐蚀形貌分析，管程内壁结垢越厚的部位，其垢下腐蚀程度越严重；结垢越薄的部位，其垢下腐蚀程度越轻微。

图1　失效预热器宏观形貌

图2　换热管内壁宏观形貌

图3 去除垢层后换热管程内壁宏观形貌

2.2 微观观察

换热管内壁的垢层去除后，将换热管置于扫描电镜下进行形貌观察，发现内壁有大量垢下腐蚀的斑坑(图4)。

2.3 化学成分分析

根据 GB/T 11170—2008 不锈钢多元素含量的测定火花放电原子发射光谱法(常规法)，进行化学成分测试，结果如表1所示。

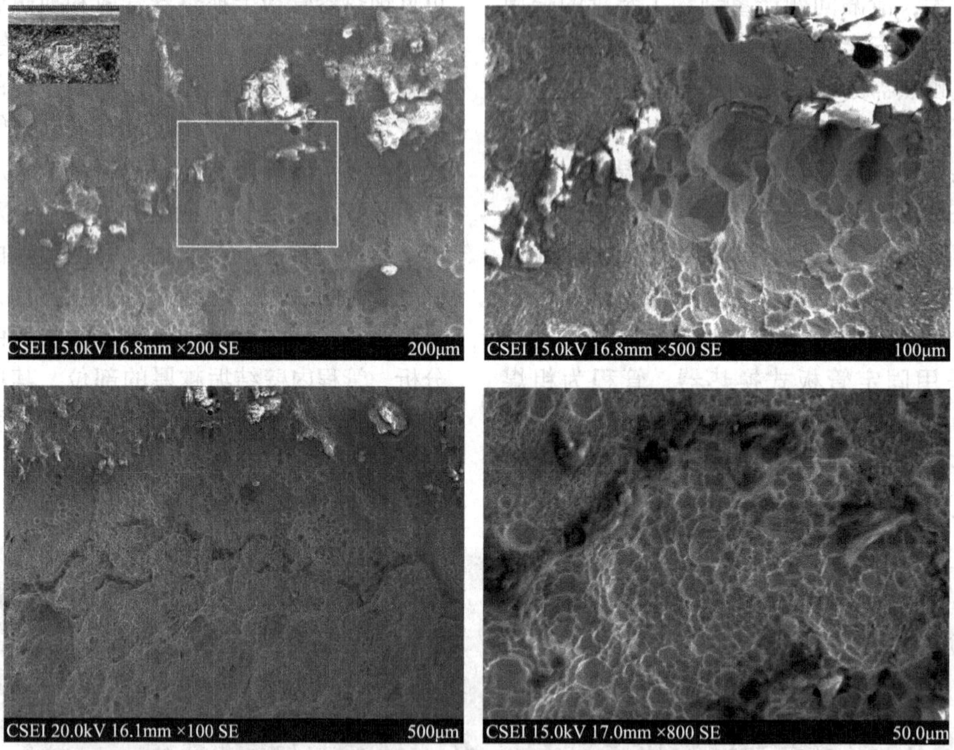

图4 换热管内壁出去产物层后微观形貌

表1 换热管化学成分 %(质量分数)

元素	C	Si	Mn	P	S	Cr	Ni	Ti
管	0.02	0.43	0.66	0.032	0.001	17.51	9.3	0.24
GB/T 13296	≤0.08	≤1.00	≤2.00	≤0.035	≤0.030	17.00－19.00	9.00－12.00	5C－0.70

化学成分满足标准要求。

2.4 金相组织

根据 GB/T 13298—2015 金属显微组织检验方法，进行金相组织分析，结果如图5～图7所示。

图5 金相取样位置

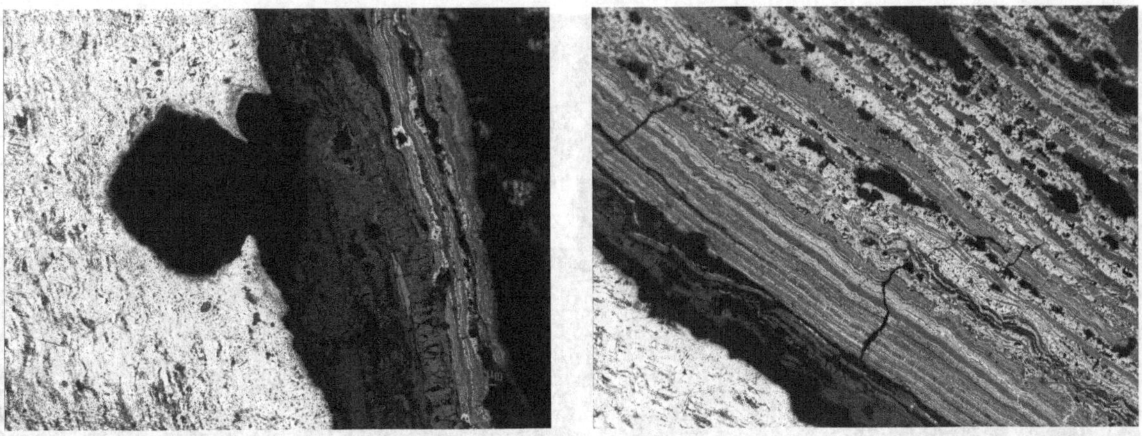

图 6　换热管管内壁金相组织

图 7　换热管 1/2 壁厚处金相组织

由金相结果可知，该换热管组织为奥氏体，内壁有较为严重的腐蚀，腐蚀产物呈层状分布。

2.5　垢层微观成分分析

对垢层内的微观成分进行能谱分析，结果如图 8 所示。

元素	重量百分比	原子百分比
CK	7.97	16.96
OK	31.93	50.99
NaK	1.12	1.24
AlK	1.52	1.44
SiK	0.47	0.43
SK	6.69	5.33
ClK	0.74	0.33
CrK	15.67	7.7
MnK	3.14	1.46
FeK	23.81	10.89
NiK	6.94	3.02
总量	100	100

图 8　换热管内垢层能谱结果

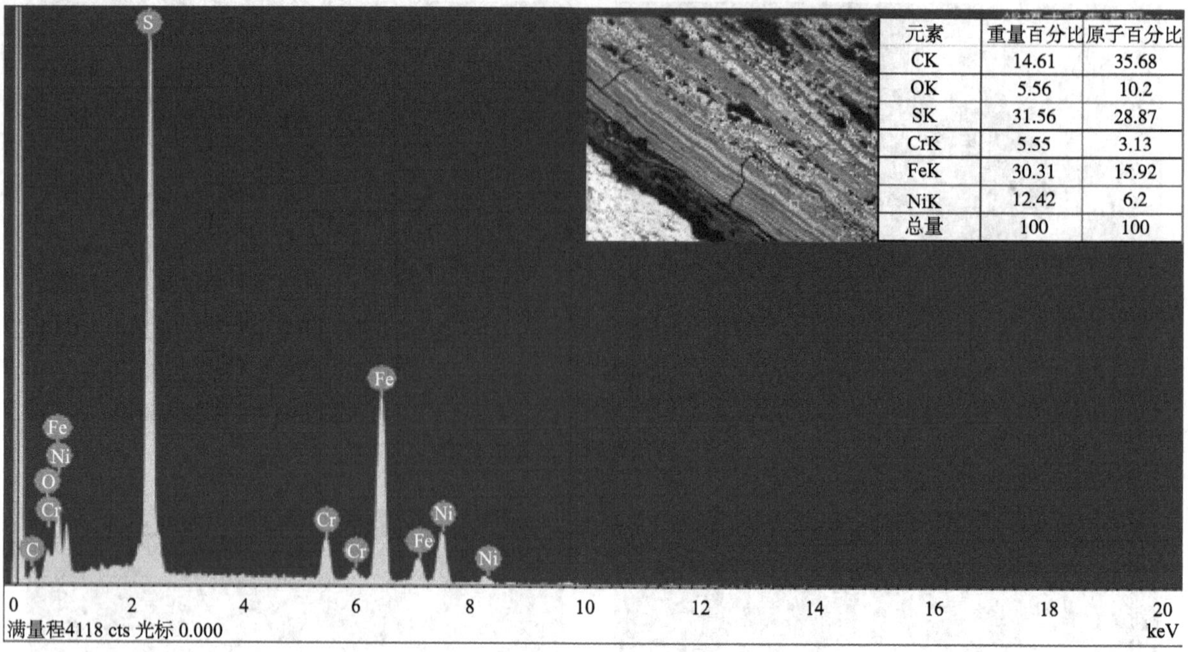

图8 换热管内垢层能谱结果(续)

由结果可知，垢层内元素成分呈现层状分布，垢层产物疏松的位置，氯离子含量较高。

2.6 垢层离子元素分析

取换热管内产物，加水溶解，采用离子色谱仪对溶于水的介质进行离子成分测定，结果显示，溶液中含有大量的氯离子和铵根离子取溶液进行酸碱性测试，结果显示溶液呈酸性。见表2。

表2 垢层内可溶性介质成分 ppm

离子	含量/(mg/L)	
NH_4^+	$2.9*10^4$	$3.2*10^4$
SO_3^{2-}	<3.65	<3.44
Cl^-	$4.8*10^5$	$1.5*10^5$
NO_3^-	3181	2988
SO_4^{2-}	4708	4303

3 分析与讨论

由宏观和微观形貌可知，该预热器的换热管在粗煤气的入口附近有大量的垢层沉积，垢层下的金属有明显的局部腐蚀特征。该换热器的化学成分满足标准要求，金相结果显示组织为典型的奥氏体不锈钢组织，垢层下的内壁有点蚀坑，点蚀对组织无选择性。腐蚀产物层呈层状分布，疏松部分含有氯元素，致密部位硫含量相对较高。管内产物可溶于水的部分含有大量的氯离子和铵根离子，pH值呈酸性。

由于粗煤气为饱和态且含有 H_2S、CO_2 及高温 H_2 等腐蚀性介质，因此粗煤气预热器运行中易出现腐蚀问题[3-4]。文中粗煤气预热器在进入预热器前，经过水洗塔和沉降罐除尘后，据调研，沉降罐内几乎没有灰尘沉积，水洗塔内pH值和氯离子含量呈周期性变化。携带灰分和各种离子的粗煤气，在进入预热器之后，由于流场和温度的变化，其携带的灰分和离子在管束内沉积，造成换热管的堵塞，影响换热效果和气体运行。且腐蚀性介质易在垢下富集，尤其是含有氯化氨的时候，易吸水潮解，造成垢下金属的腐蚀。

垢下腐蚀是一种特殊的局部腐蚀形态，其机理是由于受设备几何形状和腐蚀产物、沉积物的影响，使得介质在金属表面的流动和电介质的扩散受到限制，造成被阻塞的空腔内介质化学成分与整体介质有很大差别，空腔内介质pH值发生较大变化，形成阻塞电池腐蚀(Occude cell corrosion)，尖端的电极电位下降，造成电池腐蚀。垢层的存在可以改变金属表面的电化学特性，形成一个局部的电池，这通常表现为垢层下部的金属成为阳极，而垢层上部的金属成为阴极，这种电化学效应会导致垢下腐蚀的发生，在阳极处的金属区域更容易腐蚀。垢层通常是多孔的，允许流体中的氧气或其他氧化剂穿透到垢层下部，形成所谓的“差氧区”，在差氧区内，氧气可以与金属表面发生氧化反应，导致金属腐蚀，这种情况尤其在高温高压条件下更为严重。垢层可以吸附流体中的有害物质，如硫化物、氯化物等，这些物质可能在垢层下积聚，这种积聚可能会导致局部腐蚀，因为有害物质可能在垢下腐蚀区域引发腐蚀反应。垢层的存在可以阻碍腐蚀产物的排放，当金属表面发生腐蚀时，产生的腐蚀产物通常会被流动的液体带走，但是垢层可能阻碍这些产物的排放，导致腐蚀产物在金属表面积聚，增加了腐蚀的风险。垢层内部的化学环境可能与流体相比更有利于腐蚀的发生，这可能会催化腐蚀的发生，例如垢层内部的酸性或碱性环境可能增加了金属的腐蚀速率[5]。

换热管内氯离子和铵根离子含量较高，所以在垢层内有氯化铵盐的沉积，氯化铵对金属有严重的腐蚀作用[6]，氯化铵的熔点为340℃，水溶液呈酸性，加热时酸性增强，对黑色金属和其他金属有腐蚀性，干燥的 NH_4Cl 不具有腐蚀性，铵盐沉积在金属表面之后，由于极强的吸湿性，铵盐能够吸收气相中含的水蒸气，在煤灰固相沉积的管壁处局部形成高浓度的铵盐水溶液，从而造成垢下腐蚀。一方面，氯化铵盐的水解和共轭酸的形成，导致生成 H^+，pH 值下降；另一方面，垢层覆盖下的金属作为阳极，未被垢层覆盖的金属作为阴极，形成腐蚀电池，使铁在垢下形成点蚀。NH_4Cl 盐是强酸弱碱盐，其水溶液会发生水解反应导致溶液呈酸性：

$$NH_4Cl + H_2O \longrightarrow HCl + NH_3 \cdot H_2O$$

pH 值反映了溶液 H^+ 浓度，H^+ 浓度取决于水解反应程度，水解反应程度与氯化铵溶液浓度和温度有关。研究表明，321 奥氏体不锈钢在 NH_4Cl 水溶液表面会出现蚀斑和蚀孔，并且在 5000mg/L NH_4Cl 水溶液中，并未出现钝态[7]。说明在有氯化铵对 321 不锈钢具有较强的腐蚀性。

综合上述分析，该预热器管束奥氏体不锈钢发生失效的原因为粗煤气中携带的固体灰分等在换热器管束内沉积，造成换热管的堵塞，在堵塞的位置由于气体流动和腐蚀性介质的沉积、吸湿等，造成局部露点温度的下降，在此位置发生金属的垢下腐蚀。

4 结论与建议

综合以上可知，粗煤气预热器的失效原有以下几点：

(1)粗煤气预热器管程粗煤气入口处有大量的垢沉积产物

(2)垢层内含有大量可溶的氯离子和铵根离子

(3)氯化氨盐极易吸湿，局部露点温度降低

(4)腐蚀性介质在结垢位置富集，发生垢下金属的腐蚀

针对该换热器发生垢下腐蚀的特征，对国内其他采用相同工艺包的单位进行了调研，结果发现，结果发现，在上游对粗煤气的介质成分、温度、含水量等进行控制，可以有效地减缓热热器的垢下腐蚀现象，所以，从上游开始解决结垢问题以及 NH_4Cl 沉积和降低 Cl 离子含量，才有机会彻底解决管道和换热器的腐蚀问题。

针对失效模式和机理，建议从去除杂质含量、提升粗煤气温度、避免灰分沉积等方面进行改进，可以有效减缓垢下腐蚀，但是考虑到实际操作的成本问题和技术问题，建议从以下几方面采取做措施：(1)从水洗塔开始控制，减少粗煤气中氯离子的含量；(2)改善除尘罐的除尘效果，如更换滤芯，或者增加一级除尘；(3)适当提高粗煤气进入预热器的温度，避免局部结露。

以上改进建议措施已运用于后续设备的运行中，并取得了显著成效。

参考文献

[1]杨树敏，胡林山，汪旭红. CO 变换装置腐蚀机理及管线选材探讨[J]. 煤化工，2012，40（6）：4. DOI：10. 3969/ j. issn. 1005 – 9598. 2012. 06. 017.

[2]李建营. 壳牌煤气化粗煤气系统腐蚀案例分析及处理措施[J]. 山西化工，2022，42(2)：240 – 241.

[3]赵晋鹏，王明国. 一氧化碳变换煤气预热器腐蚀原因分析及防腐措施探讨[J]. 化肥设计，2023，61(4)：40 – 43.

[4]陈莉. 粉煤废锅型气化配套变换粗煤气预热器腐蚀原因分析[J]. 石油化工设备技术，2020，41(2)：6. DOI：CNKI：SUN：SHSJ. 0. 2020 – 02 – 008.

[5]武卓. 加氢装置换热器垢下腐蚀原因分析及预防措施[J]. 石化技术，2024(1)：1 – 5

[6]田烨，卢俊文，湛立宁，等. 常顶换热器铵盐垢下腐蚀案例分析及改进效果[J]. 安全、健康和环境，2023，23(4)：23 – 27.

[7]张艳玲，韩磊，刘小辉. 几种钢材在 NH4Cl 环境中的腐蚀行为[J]. 腐蚀与防护，2014.

地下燃气聚乙烯管在占压荷载作用下的力学行为研究

张　逍[1]　安宝钰[1]　兰惠清[1]　王俊强[2]　林　楠[2]　查四喜[3]

(1. 北京交通大学机电与控制工程学院，北京　100044；2. 中国特种设备检测研究院，北京　100029；
3. 新疆大学机械工程学院，新疆 乌鲁木齐　830046)

摘　要：本文首先针对燃气聚乙烯管材进行不同应变率下的拉伸试验，获得燃气聚乙烯管材的力学特征参数，建立六阶 Sherwood – Frost 模型，然后应用六阶 Sherwood – Frost 本构模型对聚乙烯管材拉伸过程进行仿真模拟，验证所建立的聚乙烯管材本构模型的正确性。而后选取小应变率下聚乙烯管材的力学参数作为地面占压作用下管道的仿真模拟依据。建立地面占压作用下燃气聚乙烯管道的有限元模型，仿真分析不同占压载荷和占压载荷偏移量等参数对于管道力学特性的影响，并确定了燃气聚乙烯管道在不同地面占压条件作用下的极限承载能力。

关键词：聚乙烯管；本构模型；数值模拟；力学性能

Study on the Mechanical Behavior of Underground Gas Polyethylene Pipe Under Pressure Load

ZHANG Xiao[1], *AN BaoYu*[1], *LAN HuiQing*[1], *WANG Junqiang*[2], *LIN Nan*[2], *ZHA Sixi*[3]

(1. School of Mechanical, Electronic and Control Engineering, Beijing Jiaotong University, Beijing 100044, China;
2. China Special Equipment Inspection and Research Institute, Beijing 100029, China;
3. School of Mechanical Engineering, Xinjiang University, Urumqi 830046, China;)

Abstract: In this paper, the tensile test of gas polyethylene pipe under different strain rates is first carried out to obtain the mechanical characteristic parameters of gas polyethylene pipe, and the sixth-order Sherwood-Frost model is established, and then the sixth – order Sherwood-Frost constitutive model is used to simulate the tensile process of polyethylene pipe to verify the correctness of the established constitutive model of polyethylene pipe. Then, the mechanical parameters of polyethylene pipes under small strain rate were selected as the basis for the simulation of pipes under ground pressure. The finite element model of the gas-fired polyethylene pipeline under ground pressure was established, and the influence of parameters such as different pressure occupation loads and pressure load offsets on the mechanical properties of the pipeline was simulated and analyzed, and the ultimate bearing capacity of the gas polyethylene pipeline under different ground pressure conditions was determined.

Key words: Polyethylene pipe; Constitutive model; Numerical simulation; Mechanical behavior

1　引言

高密度聚乙烯(HDPE)燃气管用于地下燃气管网的建设，由于其与钢管相比的特殊优势，如重量轻、完全防腐和优异的灵活性，使运输和组装更加容易。然而，随着城市化的快速发展，埋地燃气管道不可避免地会受到地面荷载的影响，如道路、建筑物、沉积物和其他地面设施。过大的表面载荷会导致管道弯曲变形甚至破裂，进而导致气体泄漏、火灾和爆炸的可能性。因此，燃气聚乙烯管道在受压作用下的力学性能备受关

作者简介：张逍，2023 年就读于北京交通大学机械电子与控制工程学院机械工程硕士研究生，主要研究方向为高分子材料寿命预测及失效分析。E – mail：23126167@ bjtu. edu. cn

基金项目：中国特检院青年科技英才项目，编号：KJYC—2023 – 2

注。根据荷载的位置，荷载可分为两种类型，一种是直接在管道上方的荷载，另一种荷载与管道之间具有一定的水平距离。然而，无论是哪种类型，管道与土壤的相互作用行为对于研究地表荷载作用下埋地管道的力学行为都是非常重要的。目前已有不同荷载作用下埋地管道的数值模拟研究。方等人[1]利用ABAQUS和ANSYS建立了聚乙烯燃气管道双壁波纹管的三维模型。他们发现，管道的变形取决于三个因素(回填体压实、污水量和流速)，与污水中的浑浊颗粒无关。梁等利用ANSYS软件构建了聚乙烯管－土耦合相互作用模型。利用新建立的模型研究了埋深、管径和回填模量对管道变形和力学性能的影响。吴等[2]研究了聚乙烯管在地面沉降作用下的力学行为分析，确定了不同参数下管道的极限承载力规律。Trafreshi等[3-5]对地下燃气聚乙烯管进行了不同荷载作用下的试验，得到了土密度、土加固层数、管深、外加荷载四种不同参数影响下管径和土壤表面沉降相对于试验目标值的变化率变化趋势。

然而，以往的研究大多集中在PE管在复杂载荷和地质灾害(如地面沉降和地震)作用下的数值模拟。对PE管材在表面载荷作用下的力学性能研究较少。此外，目前的研究大多采用基于Suleiman[6]的物理模型，使用其他模型分析聚乙烯管道在外载荷作用下的力学行为的文献报道并不多。最突出的是Sherwood－Frost模型[7]。因此，本文采用Sherwood－Frost本构模型，建立管油相互作用模型，分析埋地聚乙烯管材在不同参数表面载荷作用下的力学行为。

2　有限元模型的建立

2.1　材料的参数和本构模型

本文采用Sherwood－Frost本构模型表征HDPE管材的力学行为，本构模型中的参数是通过不同拉伸速率的单轴拉伸试验确定的。需要注意的是，不同厂家生产的不同批次的管材，其性能可能相差很大。为了研究方便，本文使用南硕建材塑料(深圳)有限公司生产的聚乙烯燃气管。拉伸实验遵循ISO6259－1；1997标准，选择了4种不同的应变速率(0.01、0.001、0.0001、0.00005)

从试验结果[图1(a)]可以看出，管道试样的屈服应力随应变速率的减小而减小，这是PE管道受外载荷作用下典型的力学特性。Sherwood－Frost本构模型是材料的形状函数$f(\varepsilon)$、温度函数$H(T)$、密度函数$G(\rho)$和应变率函数$M(\varepsilon,\dot{\varepsilon})$乘积的组合，如式(1)所示。本研究未考虑密度和温度对HDPE管道应力的影响。同时，假设占压作用对埋地PE管应变变化率较小。因此，在综合考虑试验条件、试验持续时间和实际情况的基础上，合理选择应变率(≤0.00005)。将式(2)与最慢应变速率下的真应力－应变曲线拟合，最后综合考虑适应度和计算率，适当选择多项式系数($n=4$)。得到本构模型参数，如表1所示。

$$\begin{cases}\sigma = H(T)G(\rho)M(\varepsilon,\dot{\varepsilon})f(\varepsilon)\\ f(\varepsilon) = \sum_{i=1}^{n} A_i\varepsilon^i\\ M(\varepsilon,\dot{\varepsilon}) = (\dot{\varepsilon}/\dot{\varepsilon}_0)^{a\varepsilon+b}\end{cases} \quad (1)$$

$$\sigma = (\dot{\varepsilon}/\dot{\varepsilon}_0)^{a_e+b}\sum_{i=1}^{n} A_i\varepsilon^i \quad (2)$$

式中　$f(\varepsilon)$——描述应力－应变曲线形状的多项式函数；

$M(\varepsilon,\dot{\varepsilon})$——应变率指数项；

ε_0——实验中最慢的应变速率；

n——多项式度；

A_i——拟合参数。

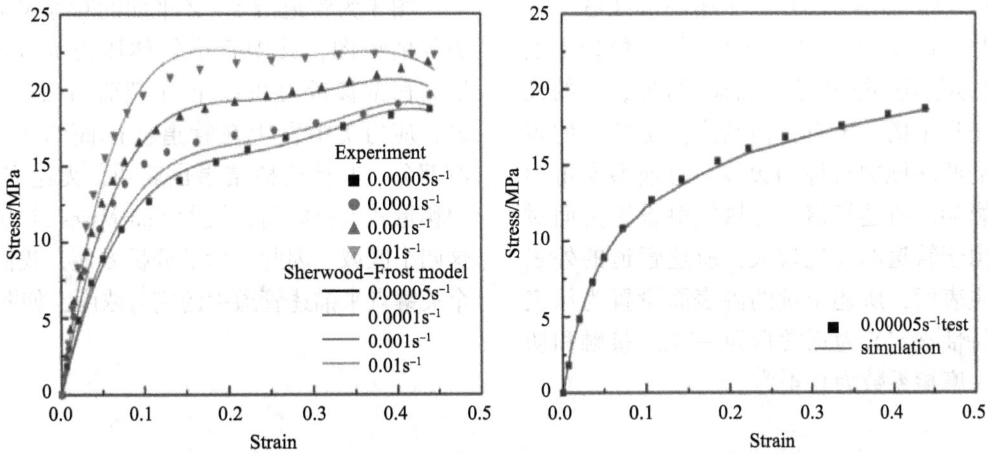

(a)单轴拉伸试验与预测的应力-应变曲线　　(b)试验与模拟的对比

图1　(a)单轴拉伸试验与预测的应力－应变曲线，(b)试验与模拟的对比

表1 拟合参数

参数	值
a	-0.18
b	0.11
A1	225
A2	-1252
A3	3152
A4	-2845

为了验证 Sherwood - Frost 本构模型的有效性，利用软件 ABAQUS 对拉伸过程进行了模拟。图1(b)给出了采用本构模型进行的单轴拉伸试验的预测值($\dot{\varepsilon}\leqslant 0.00005$)。模拟曲线与试验曲线吻合较好，平均误差在3%以内。可以看出，Sherwood - Frost 本构模型可以较准确地模拟 PE 管材屈服前和屈服后的力学性能。

2.2 管土模型

在建模之前，需要做出一些假设：(a)管道始终埋在地底，并受到占压作用；(b)管道与土体始终处于接触状态，管道与土体的相互作用为有限滑动接触；(c)气体内部压强的变化可以忽略不计；(d)载荷均匀的施加于土表上方。

地表荷载作用下的管 - 土模型示意图如图2所示，整个模型的尺寸(长、宽、高)为 10m × 3.6m × 1.8m。管埋深0.9m，管内压力0.4MPa，管直径 *DN*110/SDR11。网格划分采用八节点六面体单元(C3D8R)[8]。为了获得准确的计算结果，管道与土接触部分周围网格采用局部细化方法，细化范围为压缩面加载区与自由面交界处左右两侧0.8m以内。根据工程应用的实际情况，选取偏移量(距管道轴线水平距离)(0m、0.2m、0.4m、0.6m、0.8m)和地表荷载(0MPa、0.5MPa、1.0MPa、1.5MPa、2.0MPa)作为仿真参数。

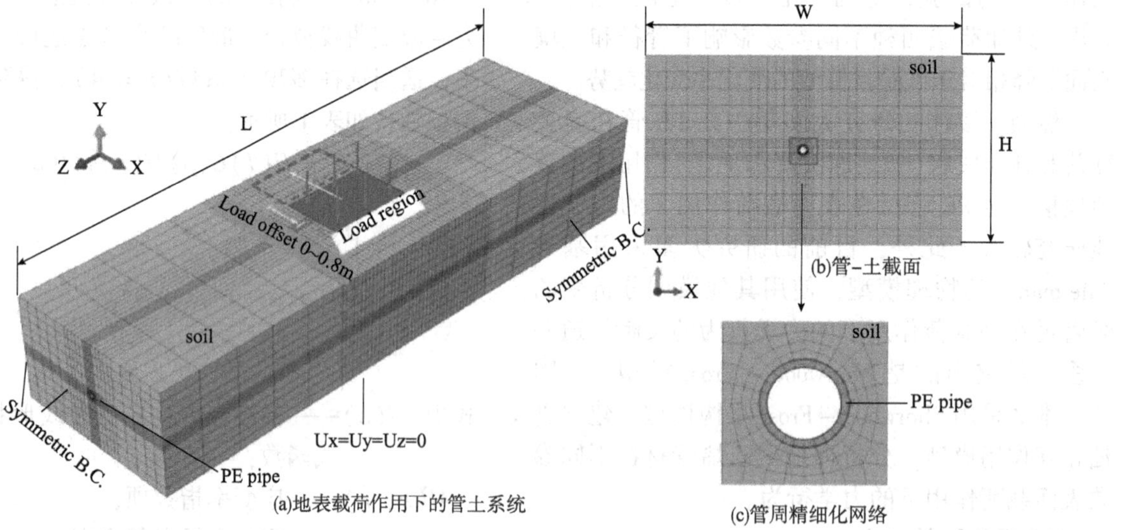

图2 有限元模型

综合考虑计算精度和效率，选择 Drucker - Prager 土壤模型[9]，具体参数在其他文献中也有广泛报道[8-13]。如图2所示，土壤底部在各个方向上保持静止(Ux = Uy = Uz = 0)。除了模型土上表面中间的矩形区域(用于表面荷载)外，土的其他上表面是自由的，没有任何约束。土的其他表面和管道的两端施加对称的边界，总模型受重力加速度的影响。所述管道 - 土壤接触设置为面对面接触，由于管道刚度比较大，所述管道的外表面设置为主表面，所述土壤的内表面设置为从表面。接触特性被定义为正常行为—“硬”接触和切向行为——摩擦系数为0.4[10]。

3 结果与讨论

3.1 PE 管的轴向应力

图3为管道沿 $Y-Z$ 平面的对称 Von Mises 应力等值线图，其中管道气体压力为0.4MPa，占压载荷偏移量为0m，占压载荷为2.0MPa。很明显，应力集中发生在管道横截面的上、下、左、右部分。其他模拟结果也表明，无论占压载荷的偏移量和大小如何，最大 Von Mises 应力都出现在这四个区域。因此，为了分析方便，我们定义了8个关键点来描述管道中的应力浓度，如图3所示。

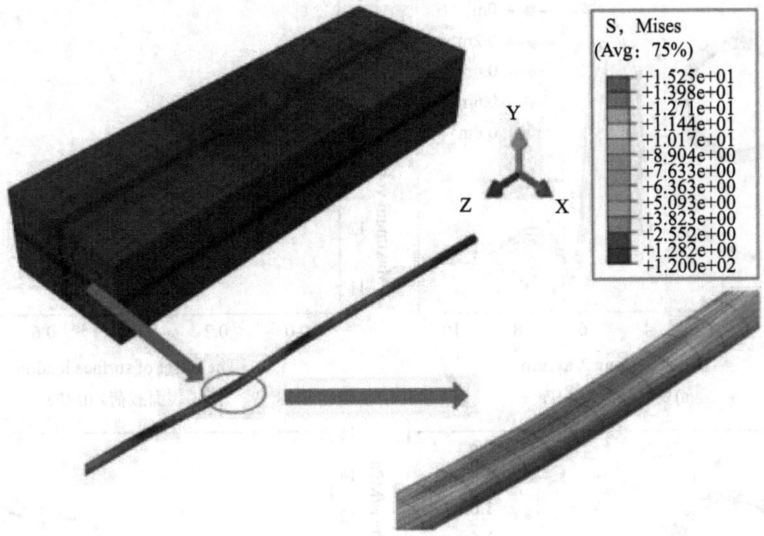

(a)地表载荷(MPa)作用下埋地HDPE管应力等值线图

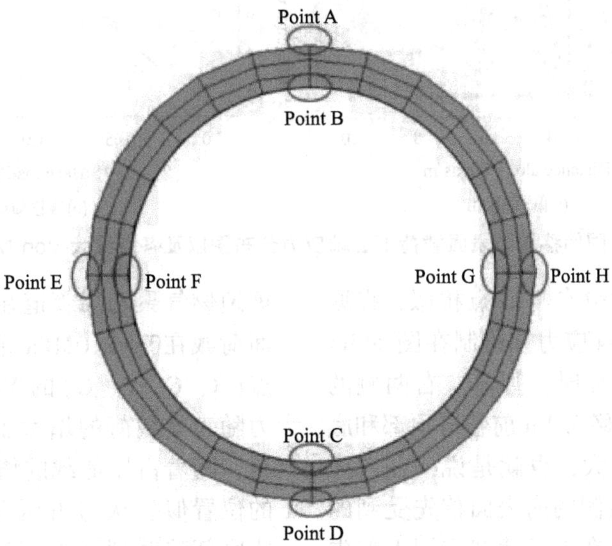

(b)8个关键点位置

图 3 (a)地表载荷(MPa)作用下埋地 HDPE 管应力等值线图,(b)8 个关键点位置

图 4(a)和图 4(c)分别显示了占压载荷(2.0MPa)和载荷偏移量(0~0.8m)、载荷偏移量(0m)和占压载荷为(0~2.0MPa)时,埋置聚乙烯管(*A* 点和 *B* 点)沿 *z* 轴的典型 Von Mises 应力分布。图中两条虚线之间的区域是施加占压荷载(偏移量=0m)的区域。可以看出,管道的应力分布呈对称分布。沿轴方向有三个应力峰,其中最大的应力峰位于管道中部,在占压载荷突变边界附近有两个对称较小的应力峰。后者是由于在两个边界处存在荷载突变(荷载从 0MPa 变为非零值),导致应力集中在相应位置。然而,这两个位置的应力峰并不完全出现在载荷突变边界以下,而是向自由边界有一定的偏差。如图 4(a)和(c)所示,该峰值位置偏移随着负载的增加而更加明显,而随着负载偏移量的增加而不那么明显。这是因为管道比土壤有更高的弹性模量和刚度。同时,土体是离散的,在占压荷载作用下,土体向管道周围下压,导致管道最大位移的位置不在边界处。土的变形要经过一些过程才能传递到管道上,管道会相对滑动,因此峰值应力的位置会偏移。增加荷载和偏移位移对管道力学行为的影响相反,前者使管道的应力和位移增大,后者使管道的应力和位移减小。

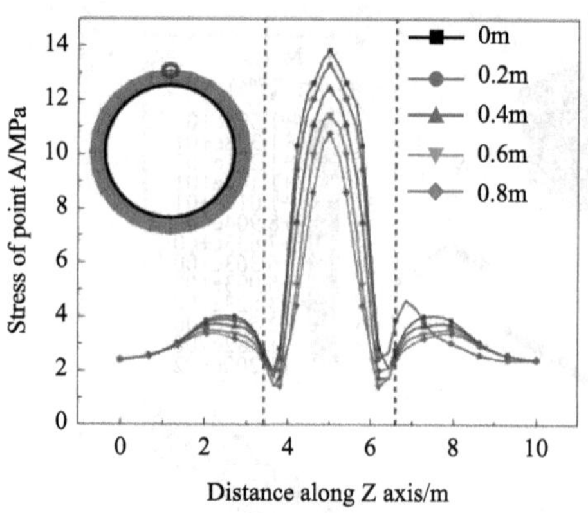

(a)表面载荷2.0MPa

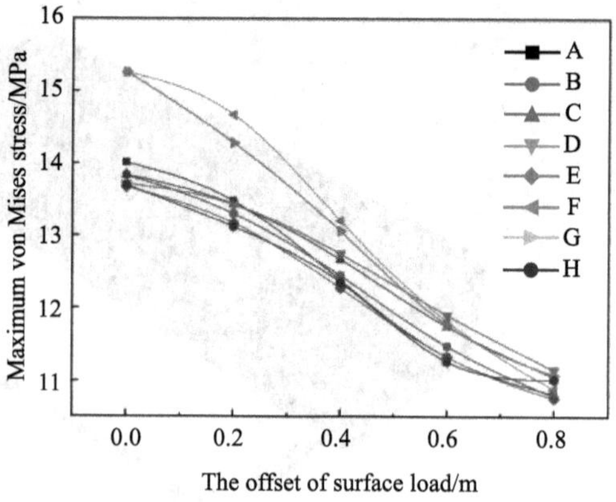

(b)表面载荷2.0MPa

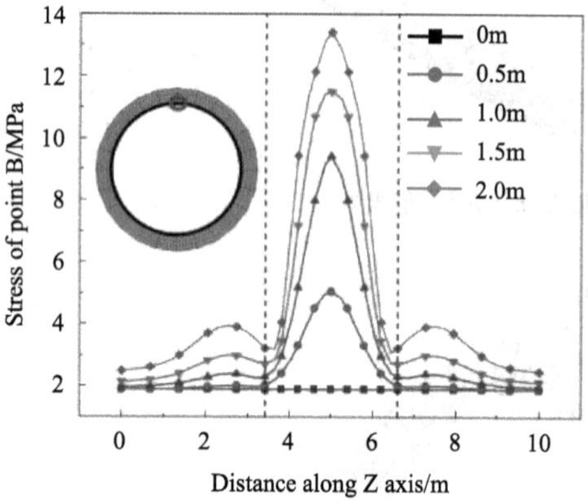

(c)偏移量0m

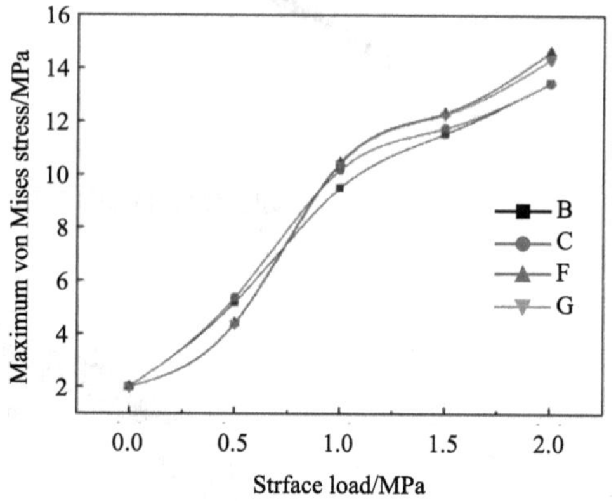

(d)偏移量0m

图4　(a)、(c)不同偏移量和表面载荷下 z 轴应力分布图以及各点最大 Von Mises 应力(b)、(d)

其他临界点处的应力分布与 A 点相似，提取不同点处的最大 Von Mises 应力并绘制在图 4(b)中。当占压荷载为 2.0MPa 时，管道左右两侧的最大 Von Mises 应力比偏移 0.4m 前管道顶部和底部的最大 Von Mises 应力大；也就是说，在占压荷载作用下，管材左右两侧的内表面首先受到的应力，或者管材左右两侧在占压荷载作用下首先屈服。值得注意的是，管道顶部和底部内外表面的最大 Von Mises 应力相差不大。然而，管道左右两侧内外表面的最大 Von Mises 应力差异较大。随着载荷偏移量的增大，管道内外表面的最大应力差越来越小。这是因为管道的外表面主要受到占压荷载作用下弯曲变形产生的拉应力，而管道的内表面主要受到压应力。当偏移量在 0.4m ~ 0.6m 范围内变化时，最大 Von Mises 应力的位置由内表面的左右两侧向管底的内外两侧移动。同时，随着载荷偏移量的增大，管道上的载荷变小，因此内外表面的应力差减小。

上述结果表明，在占压荷载作用下，管道顶部和底部处的内外表面应力基本相等，管道左侧和右侧的内表面应力大于外表面应力。因此，在接下来的研究中，只选取管道内表面的 4 个关键点(B、C、F、G)进行分析。图 4(d)为埋地燃气聚乙烯管道在荷载偏移量为 0.2 m，表面荷载在0 ~ 2.0MPa 范围内变化时，四个关键点(B、C、F、G)的 Von Mises 应力。各处的应力随表面载荷的增大而增大。特别值得注意的是，随着占压荷载的增加，最大 Von Mises 应力的位置似乎从与占压荷载方向平行的管道顶部或底部移动到垂直于该方向的管道横截面的左右两侧。

3.2　PE 管轴向变形

为了表征 HDPE 管材的变形程度，定义两个参数为沿 x 轴和 y 轴的位移。图 5 为埋地聚乙烯燃气管在不同载荷偏移量下沿 x 轴方向位移的变化情况。在占压荷载作用下，A 点沿 x 轴方向的位移(即垂直于荷载方向的位移)逐渐增大[14]。此外，如图 5(b)所示，随着载荷偏移量的增加，管道沿 X 轴的位移有逐渐减小的趋势。另外，值得注意的是，在 E 点处沿 x 轴方向的变形首先为负，垂直于荷载方向的管道截面位移随着偏移位移的增加，由负转为正。当不存在载荷偏移位移时，A 点和 D 点在管道顶部和底部的 x 轴上都没有变形，这是由于该点处的管变形完全对称。然而，在 E 点沿 x 轴的变形是负的。

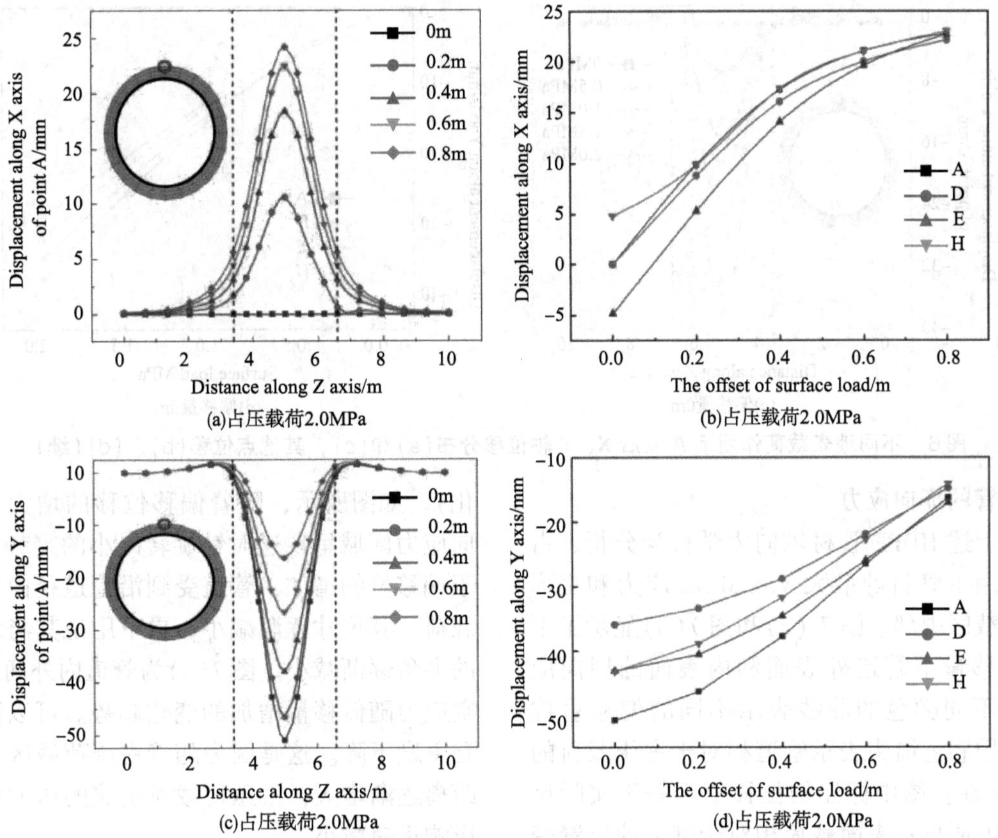

图5　(a)、(c)：A点不同偏移量的X、Y轴位移分布，(b)、(d)其他点的位移

图5(c)为埋地HDPE管在不同荷载偏移量下A点沿Y轴的位移变化量。可以看出，随着载荷偏移量的增加，载荷与管道之间的距离越来越大，传递给管道的载荷越来越小，因此随着载荷偏移量的增加，管道沿Y轴的位移也越来越小。对比图5 (a)和图5(c)也可以看出，管道沿X轴的位移在载荷边界处有一个平滑过渡，而管道沿Y轴的位移在载荷边界处有一个波峰。由于模型中表面荷载方向为Y轴方向，因此管道沿X轴方向的位移受表面荷载的直接影响较小，而沿Y轴方向的位移受影响较大。

其次，分析了占压载荷对管道变形的影响。不同占压荷载作用下埋地HDPE管位移沿X轴变化如图6所示。可以看出，在没有占压的情况下，管道只承受土压力。因此管道沿X轴的位移非常小。在其他荷载作用下，当偏移位移为0.4m时，沿正X轴方向产生X轴位移，X轴位移随荷载的增大而增大。此外，从图6 (b)和图6 (d)中可以看出，随着指示荷载的增加，四个临界点(A、D、E、H)在两个方向上的位移都有迅速增加的趋势。

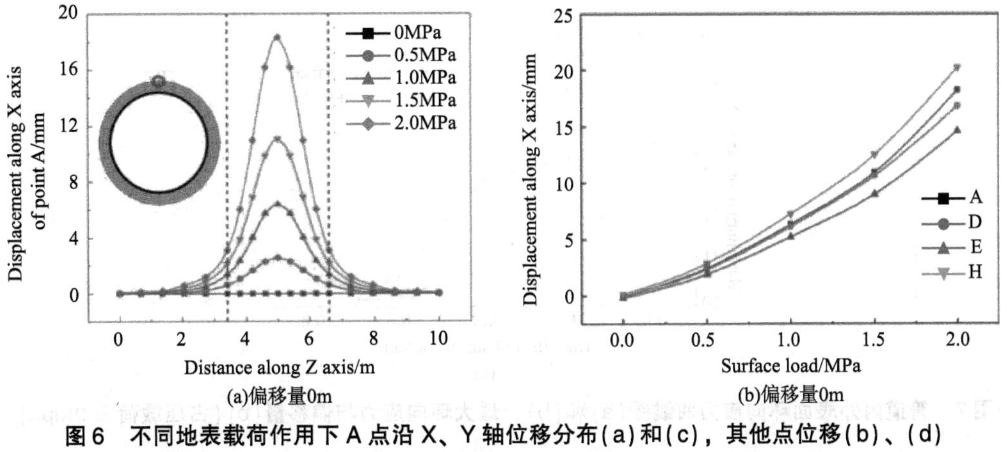

图6　不同地表载荷作用下A点沿X、Y轴位移分布(a)和(c)，其他点位移(b)、(d)

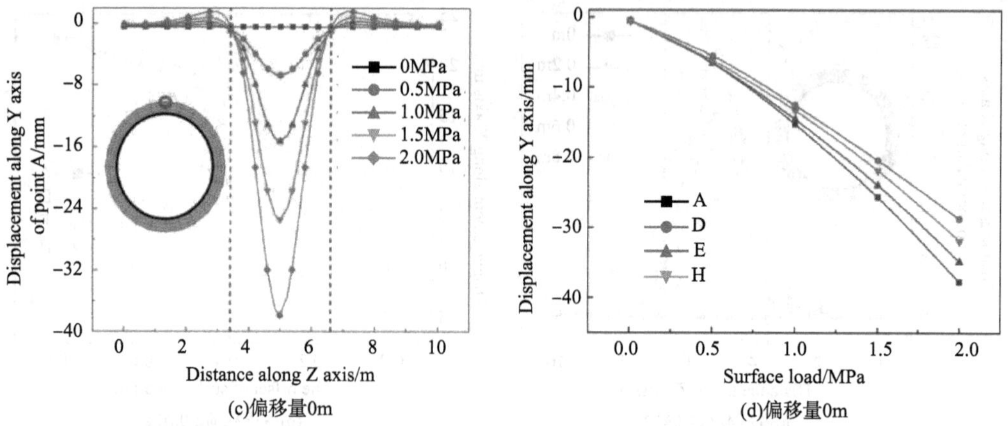

图6　不同地表载荷作用下A点沿X、Y轴位移分布(a)和(c)，其他点位移(b)、(d)(续)

3.3　PE 管的环向应力

根据上述 HDPE 管材轴向力学行为分析，占压荷载作用下管材的最大 Von Mises 应力和变形出现在荷载区中部。图7 (a)和图7(b)显示了不同载荷偏移量下管道外表面和内表面的周向应力。图中不同颜色的曲线表示不同的偏移量位移，并使用彩色箭头表示管道相对于占压载荷的位置变化(注：图中标注的位移值不等于实际尺寸，仅为方便显示表面载荷相对于管道的位置变化)。如图所示，随着偏移位移的增大，峰值环向应力区域呈现逆时针旋转减小的趋势。这是由于偏移量的增加，管道受到沿管道径向力的占压载荷，其尺寸逐渐减小，更不用说其与水平方向的夹角逐渐减小。图7(c)为管道内外两层最大环空应力随偏移量增加的变化趋势。可以清楚地看到急剧下降。这是因为随着占压荷载区与管道的距离逐渐增大，占压荷载对土壤的压缩对管道的影响迅速减小。

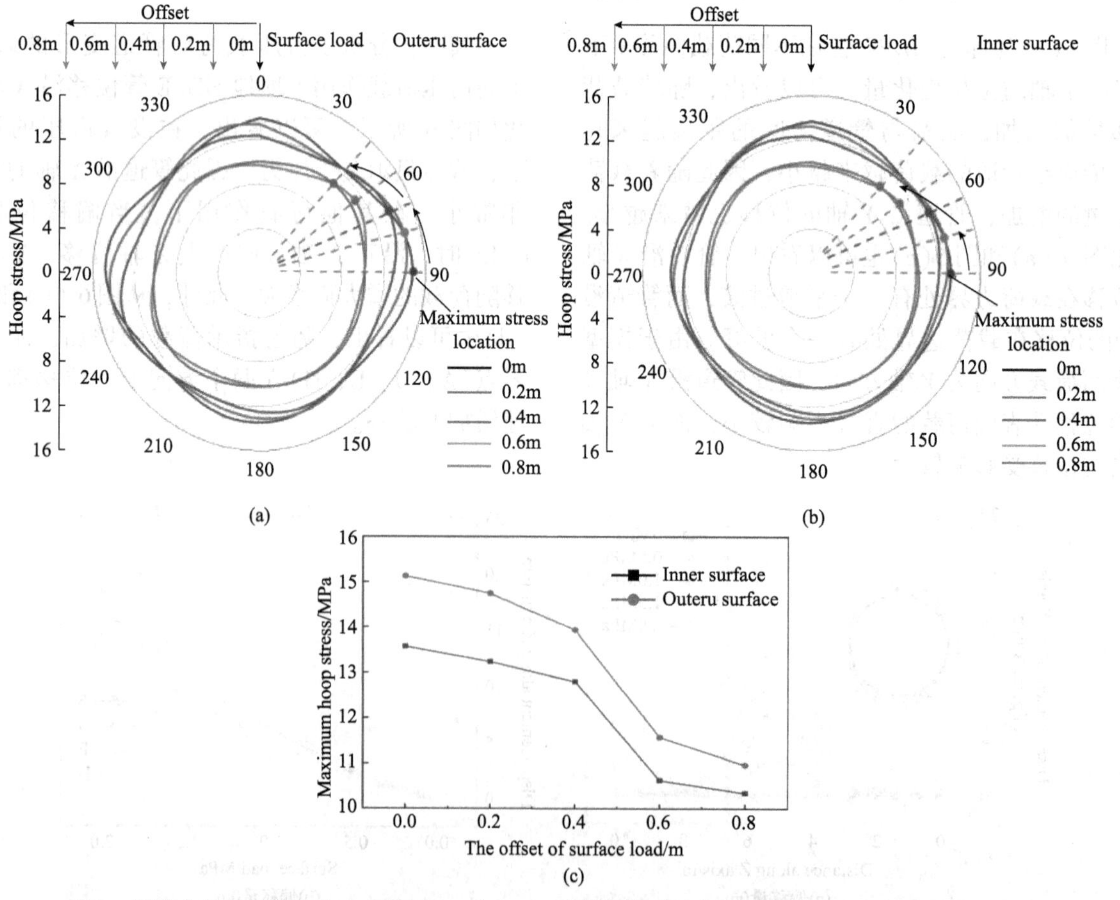

图7　管道内外表面环向应力曲线图(a)和(b)，最大环向应力与偏移量(c)(占压载荷2.0Mpa)

图8为不同占压载荷作用下管道内外表面的环向应力。可以看出，在没有占压荷载的情况

下，管道只承受土压力和内压，因此管道内的整体环向应力较低。随着表面载荷的增大，环向应力也随之增大。当载荷偏移 0.4 m 时，载荷位于聚乙烯管的左侧。在占压荷载、土体和内压的共同作用下，管道发生不对称变形，管道外表面环向应力在 165°、345°处达到峰值，管道内表面环向应力在 75°、255°处达到峰值。之所以在 90°、180°、270°和 360°处没有达到最大值，是因为不同的占压载荷是在偏移 0.4m 处计算的。根据前面的结论可以看出，在偏移 0.4m 后，最大应力的位置逆时针旋转。

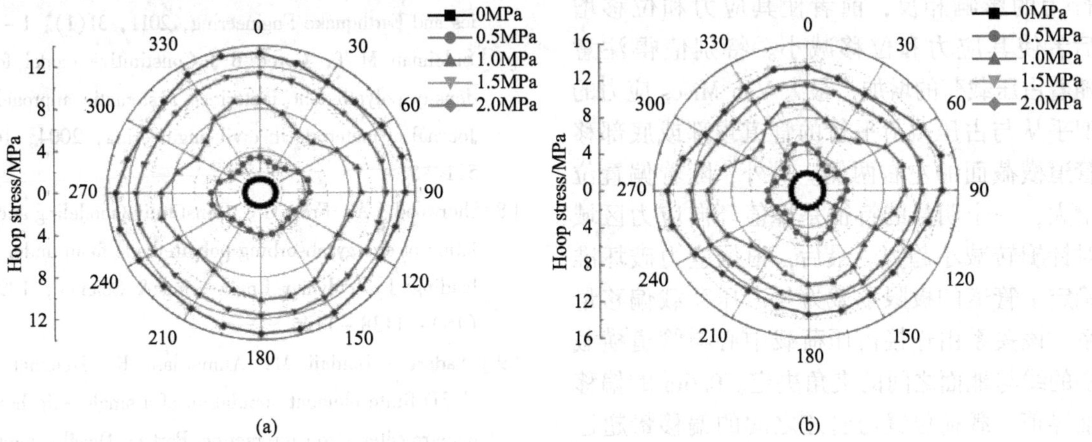

图 8　管道外(a)、内(b)表面环向应力曲线图(偏移量 0.4m)

3.4　极限承载力

图 9(a)给出了最大 Von Mises 应力与偏置位移和占压载荷的关系。最大 Von Mises 应力随占压荷载的增大而增大，而最大 Von Mises 应力随偏移位移的增大而减小。本文采用 Von Mises 应力作为屈服准则[15]，Mises 等效应力 V 应不大于屈服应力（当 ≤ 0.00005 时，屈服应力为 15.6MPa）。可以看出，埋地燃气聚乙烯管的 Mises应力最大 V 值仅在偏移位移为 0m、地表荷载为 2.0MPa 时才大于屈服应力。此外，还计算了在不同偏移量下可使埋地管屈服的占压荷载，如图 9(b)所示，称为极限承载力。图中，管道承载极限载荷能力与偏移量之间存在函数关系。此外，这种关系可以用一个临界角度来表示，即地面与占压荷载中心与管道截面中心的连接线之间的角度 θ。

设 F 为表面荷载，θ 为角度，D 为偏移量，H 为管道深，σ_S 为屈服应力，则 F 与 D 之间存在如下关系：$F\sin\theta \infty \sigma_s$，$\sin\theta = D/(D^2 + H^2)$^(1/2)。当载荷位置为距离管道中心 0.6m 范围以内时，随着载荷偏移量的增加，管道的极限承载力不会显著增加。当载荷位置与管之间的偏移量超过 0.6m 时，随着偏移量的增加，管道的极限承载力将显著增加。但该准则存在以下问题：埋地管道的相对变形较小，但仍存在较大的变形冗余。因此，对于占压荷载作用下地埋管的破坏分析，应力破坏准则过于保守。

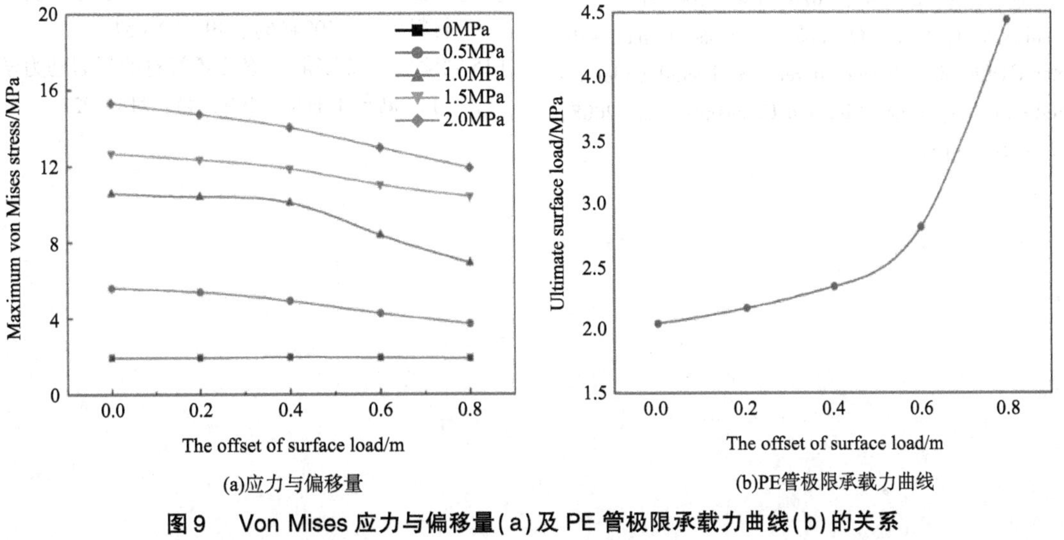

图 9　Von Mises 应力与偏移量(a)及 PE 管极限承载力曲线(b)的关系

4 结论

本文采用非线性有限元法研究埋地燃气聚乙烯管道在占压荷载作用下的力学行为。在占压荷载作用下，管道截面出现了明显的应力集中和较大的变形，这些变形与占压荷载的大小和位置密切相关。占压荷载和偏移位移这两个因素对管道力学行为的影响相反，前者使其应力和位移增大，后者使其应力和位移减小。特别值得注意的，随着占压载荷的增加，最大 Von Mises 应力的位置似乎从与占压载荷平行的管道顶部或底部移动到管道横截面的左右两侧。另外，随着偏置位移的增大，一个明显的特征是峰值环向应力区域呈逆时针旋转减小趋势。最后，根据应力破坏准则，确定了管道的极限承载力与占压荷载偏移量的关系，该关系由连接占压荷载中心与管道横截面中心的线与地面之间的夹角决定。0.6m 的偏移值为临界值。载荷位置与管道之间的偏移量超过 0.6m 时，管道的极限承载力随着偏移量的增加而显著增加。以上研究结果可为气聚乙烯管在地表荷载作用下的安全评价和维护策略提供参考。

参考文献

[1] Fang H, Tan P, Du X, et al. Mechanical response of buried HDPE double – wall corrugated pipe under traffic-sewage coupling load [J]. Tunnelling and Underground Space Technology, 2021, 108: 103664.

[2] Li L, Wen G, Da – Lang T, et al. Mechanical response of buried polyethylene pipeline beneath the roadway and its influential factors [J]. Transactions on Electrical and Electronic Materials, 2020, 21: 419 – 426.

[3] Wu Y, You X, Zha S. Mechanical behavior analysis of buried polyethylene pipe under land subsidence [J]. Engineering Failure Analysis, 2020, 108: 104351.

[4] Tafreshi S N M, Khalaj O. Laboratory tests of small – diameter HDPE pipes buried in reinforced sand under repeated – load [J]. Geotextiles and Geomembranes, 2008, 26(2): 145 – 163.

[5] Tafreshi S N M, Mehrjardi G T. The use of neural network to predict the behavior of small plastic pipes embedded in reinforced sand and surface settlement under repeated load [J]. Engineering Applications of Artificial Intelligence, 2008, 21(6): 883 – 894.

[6] Tafreshi S N M, Khalaj O. Analysis of repeated – load laboratory tests on buried plastic pipes in sand [J]. Soil Dynamics and Earthquake Engineering, 2011, 31(1): 1 – 15.

[7] Suleiman M T, Coree B J. Constitutive model for high density polyethylene material: Systematic approach [J]. Journal of materials in civil engineering, 2004, 16(6): 511 – 515.

[8] Sherwood J A, Frost C C. Constitutive modeling and simulation of energy absorbing polyurethane foam under impact loading [J]. Polymer Engineering & Science, 1992, 32 (16): 1138 – 1146.

[9] Naderi – Boldaji M, Alimardani R, Hemmat A, et al. 3D finite element simulation of a single – tip horizontal penetrometer – soil interaction. Part I: Development of the model and evaluation of the model parameters [J]. Soil and Tillage Research, 2013, 134: 153 – 162.

[10] Zha S X, Wu Y, P W. Reliability Analysis of Buried Polyethylene Pipeline Subject to Traffic Loads [J]. Adv. Mech. Eng., 2019, 11(10): 1 – 11.

[11] Ying W, Sixi Z, Pengwei J. Finite element method simulations to study factors affecting buried pipeline subjected to debris flow [J]. Journal of Pressure Vessel Technology, 2019, 141(2): 021701.

[12] Zha S, Lan H, Zhang H, et al. Quantitative assessment of damage in buried polyethylene pipe subjected to land subsidence [J]. Journal of Pressure Vessel Technology, 2021, 143(4): 041801.

[13] Wu Y, You X, Zha S. Mechanical behavior analysis of buried polyethylene pipe under land subsidence [J]. Engineering Failure Analysis, 2020, 108: 104351.

[14] 孔晓华，滕凤恩．高聚物形变屈服与断裂机制 [J]．材料导报，1994(6): 49 – 50 + 54.

[15] 李孝三，漆宗能．聚乙烯管材的开裂动力学与机理 [J]．高分子通报，1992(4): 218 – 227.

顶驱主轴开裂失效分析

刘嘉晨　孙浩宇　柳　旺　宋　明

（中国特种设备检测研究院，北京　100029）

摘　要：本文对某顶驱装置的顶驱主轴开裂原因进行分析，通过宏观观察、金相分析、断口微观分析及能谱分析等方法对失效主轴进行了分析，结果显示，裂纹产生主轴的螺纹侧过渡圆角位置，沿环向分布，从外壁多点起裂向内壁扩展。裂纹为脆性断裂，断口形式为沿晶和理解的混合形貌，端口表面腐蚀产物能谱分析发现有S元素，判断该主轴在含S环境下运行后，在应力相对集中的过渡圆角位置，首先于外壁沿环向形成微小应力腐蚀开裂，随后以氢致开裂的形式扩展，并贯穿整个壁厚。对于此类开裂问题的研究，可对顶驱轴的制造及保护提供依据。

关键词：顶驱轴；应力腐蚀；氢致开裂；失效分析

The Failure Analysis for the Main Shaft of the Top Drive Drilling System

LIU Jiachen*, *SUN Haoyu*, *LIU Wang*, *SONG Ming

(China Special Equipment Inspection & Research Institute, Beijing, 100029, China)

Abstract: The main shaft of the top drive drilling system is hollow, and heavily loaded during working. High pressure slurry in running in the main shaft, and all the well pipe is hanging and driving by the shaft. One of the main shafts is cracking during drilling. Visual examination disclosed that the crack distributes along the stress－relief groove of top drive shaft thread, with a length of about 2/3 circumference, and several cracking initiation points on the outer wall can be seen. The fractography is flat with less bifurcations. Cracking initiation points and propagating areas has a mixed feature of intergranular and quasi－cleavage trans granular, and from the outer wall to the inner wall, intergranular fracture phenomena show a decreasing trend. Residual sulfur elements was found by the EDS analysis at cracking fracture. It can be deduced that the mechanism of the failure is stress corrosion cracking. In the corrosive environment containing S (possibly H_2S in the slurry) and under the axial load, stress corrosion cracks along the hoop direction on the outer wall of the stress－relief groove (corresponding to the black areas of the crack points) initiated first. This process could be slow. Then, in the acid environment and under the axial load. The initiated micro cracks propagated rapidly with mechanism of hydrogen induced cracking until break. The hardness and the chemical element of the main shaft is within the range required by the design book. To fix the problem, the high stress area should be protected from the harsh environment, especially the slurry with H_2S or the heat treatment should adjust to lower the hardness of the shaft.

Key words: Top drive drilling; SCC; H_2S

1　引言

顶驱全称为顶部驱动技术，它可从井架上部空间直接旋转钻杆，沿专用导轨向下送进，完成钻杆旋转钻进，循环钻井液，接立柱，上卸扣和倒划眼等多种钻井操作。该系统显著提高了钻井作业的能力和效率，并已成为石油钻井行业的标准产品[1]。以某34CrNi3Mo顶驱主轴为例，在其钻井4755英尺时，发现顶驱主轴与液动防喷器

作者简介：刘嘉晨(1994—　)，男，本科，工程师，从事金相检验工作。

通信作者：宋明，E－mail：songm214@foxmail.com

之间漏泥浆，拆开顶驱主轴与液动防喷器处，发现主轴公扣根部有裂纹，现场裂纹形貌如图 1 所示。本文将通过化学分析、宏观观察、微观、金相分析等手段对顶驱轴开裂原因进行了分析。

2　实验过程

2.1　宏观观察

送样顶驱轴总体外观完好，无明显变形特征。现场裂纹形貌如图 1 所示，裂纹位于螺纹侧过渡圆角位置，沿环向分布，长度约超过了周长的 1/2，如图 2 显示，裂纹相对平直，沿环向分布略有波动，但无明显分叉现象。自内壁观察(图 3)，内壁表面存在较多锈蚀形貌，与外壁相对应的位置，隐约可见环向裂纹，表明裂纹已穿透整个壁厚。内壁裂纹中部较清晰的区域同样可见裂纹沿环向平直分布，较少分叉。

图 1　顶驱装置及开裂主轴位置

图 2　外壁裂纹宏观形貌

图 3　内壁裂纹宏观形貌

断口切割后的轴侧宏观形貌如图 4 所示，断口开裂区打开后的宏观形貌如图 5 所示。图 4 中，可见裂纹沿环向的实际长度约占周长的 2/3。切割后对裂纹尖端附近的截面观察，发现裂纹从外壁起裂于过渡圆弧处，沿径向向内壁扩展，裂纹沿厚度方向总体平直，无分叉。双侧断口表面同样表现宏观平直特征，断口面基本垂直于轴向，除内壁部分区域有锈蚀特征外，大部分区域被产物覆盖。

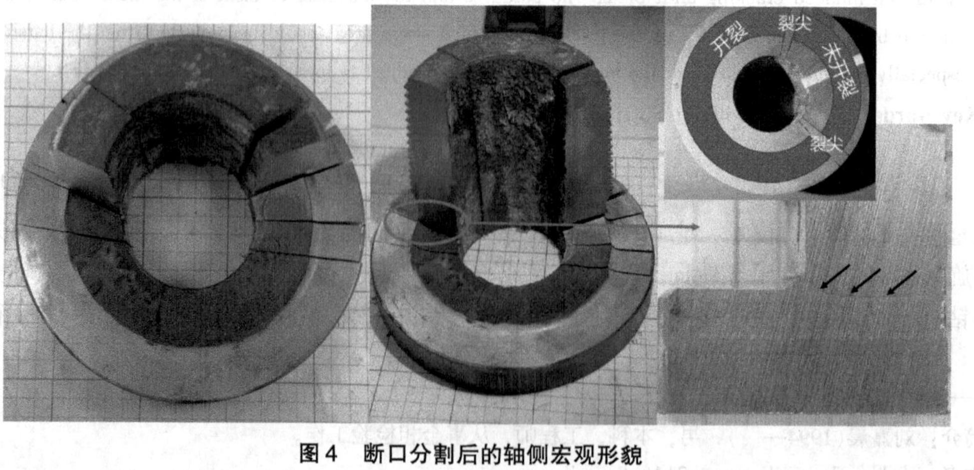

图 4　断口分割后的轴侧宏观形貌

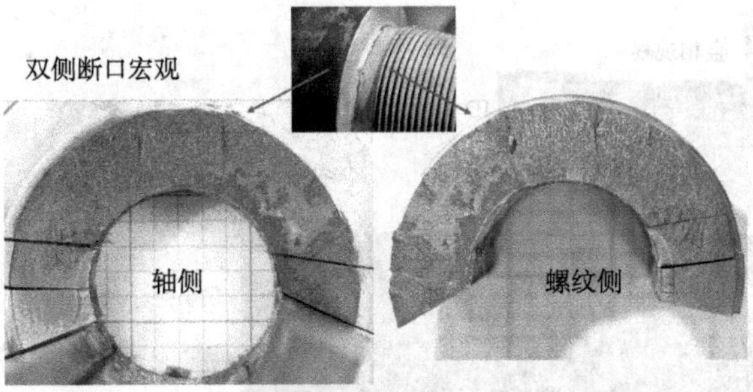

图5 裂纹打开后双侧断口宏观形貌

采用有机溶剂对轴侧断口进行超声清洗，形貌如图6所示。清洗后，除靠近内壁的少数区域外，断口面整体呈现为自外壁多点起裂向内壁扩展的脆断特征。图6中，黑色箭头指示了外壁起裂点的位置。选取外壁起裂点中的典型位置进一步放大观察，如图7所示，可见所有的起裂位置在贴近外壁处，存在一系列微小的黑色区域，部分黑色区域伴随着黄色的锈蚀特征。陈旧的起裂点表明裂纹起裂和扩展行为发生于两个不同的时间点。

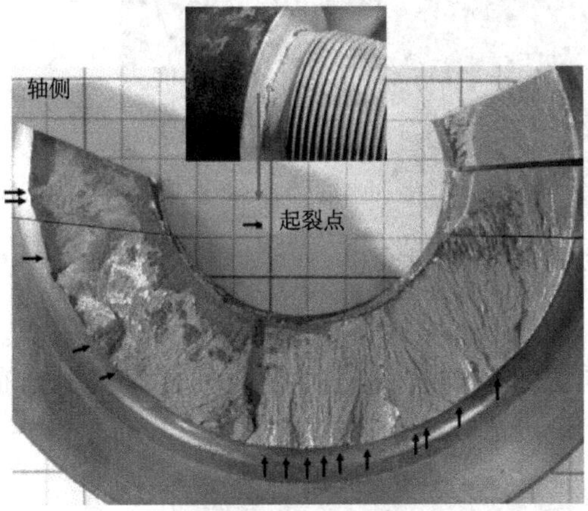

图6 轴侧断口宏观形貌(清洗后)

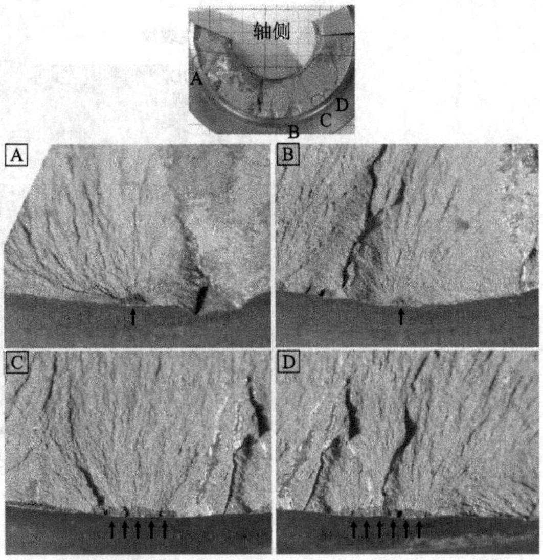

图7 轴侧断口外壁起裂点局部放大形貌(清洗后)

2.2 化学成分分析

依据 GB/T 4336—2016《碳素钢和中低合金多元素含量的测定 火花放电原子发射光谱法(常规法)》对曲轴进行化学成分分析，结果如表1所示，材料化学成分满足成分要求。

2.3 金相和硬度

2.3.1 断口起裂源截面金相

对图7中的起裂点A，按照图8中插图的红线位置对起裂点沿轴向纵剖，切取截面进行金相观察。图8显示，主裂纹宏观较平直，无分叉，走向呈圆弧状；二次裂纹整体与主裂纹平行，自外壁向内壁扩展。裂纹宏观形貌符合受应力控制的裂纹扩展特征。

图9和10为主裂纹和二次裂纹的特征局部放大，组织为回火索氏体+少量回火贝氏体。裂纹呈现大部分沿晶和少部分穿晶特征。

表1 化学成分

元素	C	Si	Mn	P	S	Cr	Mo	Ni	Cu
开裂件	0.330	0.333	0.732	0.0043	0.0019	0.953	0.291	3.055	0.064
产品标准要求	0.30-0.40	0.17-0.37	0.50-0.80	≤0.015	≤0.015	0.70-1.10	0.25-0.40	2.75-3.25	≤0.25

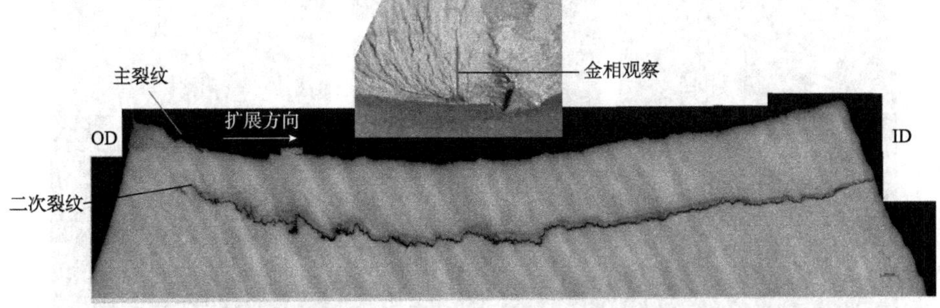

图8 起裂点A截面宏观金相(5% Nital)

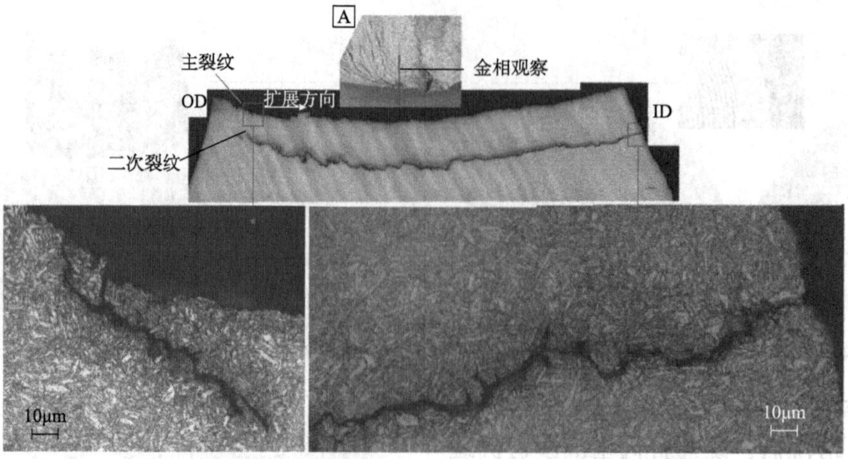

图 9　起裂点 A 截面主裂纹与二次裂纹局部放大金相

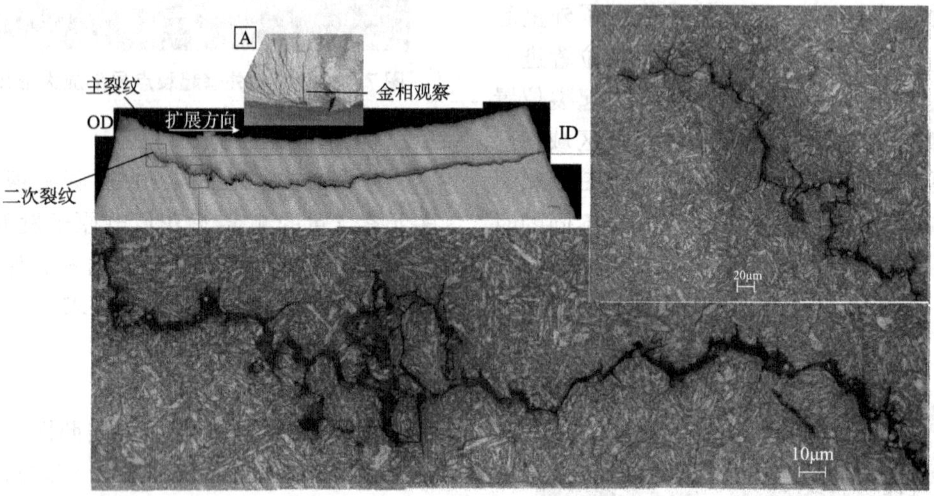

图 10　起裂点 A 截面主裂纹与二次裂纹局部放大金相

2.3.2　轴主体环向金相和硬度

对远离裂纹的轴不同位置分别取金相样品，分析结果如图 11，不同位置的金相组织分布较均匀，均为回火索氏体 + 少量回火贝氏体组织。对不同位置取样样品进行硬度测量，硬度分布均匀，硬度值在 380HBW 左右。

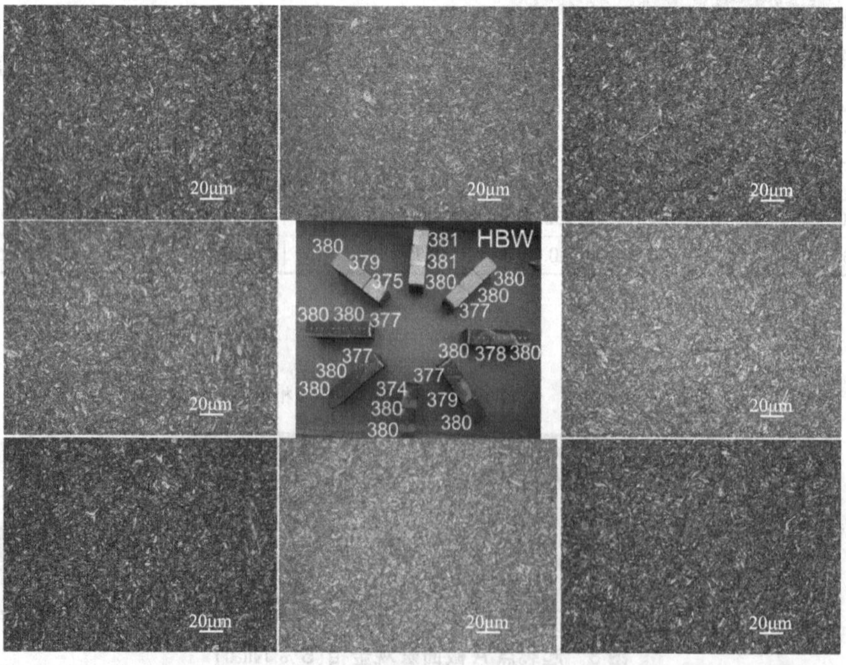

图 11　轴环向金相与硬度

2.4 断口微观分析

对起裂点位置进行扫描电镜观察，均可见沿晶和准解理混合断裂的形貌。如图12，靠近内壁断口的区域，以解理形貌为主，沿晶形貌较少。起裂点EDS成分分析结果中均发现了S元素，如图13。

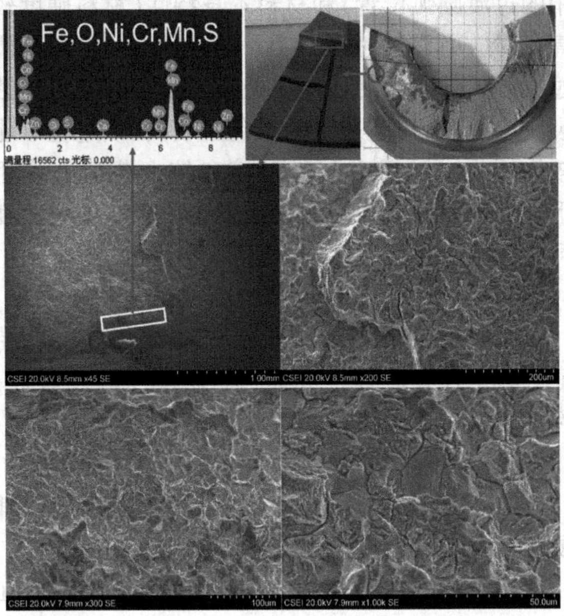

图12

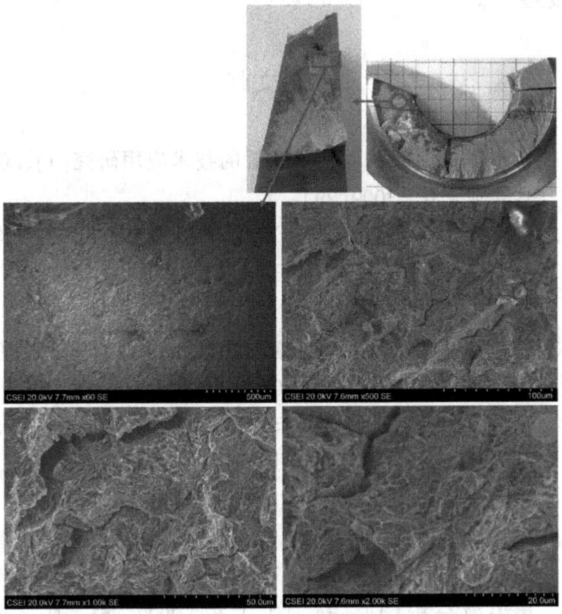

图13 起裂点断口靠近内壁位置微观形貌

2.5 力学性能

2.5.1 拉伸性能

依据GB/T 228.1—2010《金属材料拉伸试验 第1部分：室温试验部分：室温试验方法》对曲轴进行拉伸性能分析，分析结果如表2所示。对1/2和1/4壁厚位置的取样实验数据显示，材料的屈服、抗拉以及延伸率基本满足API-8C的要求。

表2 曲轴拉伸性能数据(室温)

试样编号	$R_{p0.2}$/MPa	R_m/MPa	A/%	取样位置
1/4-L1	1116	1218	15.0	1/4壁厚轴向
1/4-L2	1109	1215	15.5	
1/4-L3	1111	1218	15.0	
1/2-L1	1110	1223	15.0	1/2壁厚轴向
1/2-L2	1096	1213	14.0	
1/2-L3	1113	1216	15.0	
API-8C	—	—	≥14	
产品要求	≥827	≥965	≥15	

2.5.2 冲击性能

依据GB/T 229—2007《金属夏比缺口冲击试验方法》对曲轴进行夏比冲击试验，样品尺寸为10mm×10mm×55mm标准V型缺口样品。试验结果如表3～表5所示。材料冲击韧性总体基本满足API-8C的标准。本次分析增加了侧向冲击的非标实验(即缺口平行于摆锤运动方向)，结果显示冲击功明显升高，表明材料具有较高的缺口敏感性。

表3 夏比冲击吸收能量(室温)

试样编号	温度/℃	冲击吸收能量/J	备注
1/4-C1	23	62	完全断开
1/4-C2		63	完全断开
1/4-C3		63	完全断开
1/2-C1		61	完全断开
1/2-C2		60	完全断开
1/2-C3		60	完全断开
API-8C	无明确规定		
产品要求	无明确规定		

表4 夏比冲击吸收能量(低温)

试样编号	温度/℃	冲击吸收能量/J	平均值/J	备注
1/4-D-C1	-20	55	64	完全断开
1/4-D-C2		79		完全断开
1/4-D-C3		59		完全断开
1/2-D-C1		54	53	完全断开
1/2-D-C2		54		完全断开
1/2-D-C3		51		完全断开

续表

试样编号	温度/℃	冲击吸收能量/J	平均值/J	备注
1/4 - D - C4	-45	44	42	完全断开
1/4 - D - C5		42		完全断开
1/4 - D - C6		41		完全断开
1/2 - D - C4		42	41	完全断开
1/2 - D - C5		37		完全断开
1/2 - D - C6		44		完全断开
API - 8C	-20℃下三个试样的平均冲击韧性值 Akv 应不小于42J，且单个试样冲击韧性值不低于32J			
产品要求	-20℃下三个试样的平均冲击韧性值 Akv 应不小于54J，且单个试样冲击韧性值不低于47J -45℃下试验时，三个试样的平均冲击韧性值 Akv 应不小于42J，且单个试样冲击韧性值不低于32J			

表5　侧向冲击(室温，非标试验)

试样编号	温度/℃	冲击吸收能量/J	备注
CC1	23	149J	未完全断开
说明	非标试验		

3　讨论分析

裂纹沿顶驱轴螺纹卸荷槽过渡圆弧分布，长度约1/2圆周；裂纹断口平直，较少分叉，宏观呈典型的脆性特征，从外壁多点起裂向内壁扩展，直至裂穿；裂纹起裂点可见明显的黑色区域，并伴随局部锈蚀，起裂点和扩展区断口微观形貌呈沿晶与准解理混合特征，且从外壁至内壁沿晶特征呈减少趋势；符合高强钢氢脆特征。断口起裂点EDS成分分析中发现残余S元素。

一般材料会随着强度、硬度的提高，应力腐蚀敏感性也会提高。试验中硬度为380HBW，说明产品对应力腐蚀的敏感性相对比较高[2]。

通常应力腐蚀的发生与其所处环境、承受的应力和材料特性有关。一般在油气田开采过程中，其开采设备通常会在潮湿环境中长期服役，而原油中可能含有的有机硫化物受热会分解出H_2S，溶解于水中，具有腐蚀性[3]，氢原子通常会自行运动到钢材内部组织当中，而且还会于晶格当中形成溶解效应，进而造成氢材料脆性提升，借助对外应力以及残余力影响，可能会形成比较显著的开裂的情况[4]。

综上所述，该轴在含有H_2S(EDS检测出S元素)的环境下，受应力(裂纹发生在应力相对集中的过渡圆弧位置)和材料本身特性(材料硬度较高，对应力腐蚀敏感性高)影响，首先在卸荷槽过渡圆弧外壁，沿环向多处形成微小的应力腐蚀裂纹(对应断口起裂点的黑色区域)，该过程可能较为缓慢；随后在酸性环境和较大载荷的作用下，材料以氢致开裂的形式发生扩展，扩展速度可能较快，直至裂穿整个壁厚。

4　结论及建议

主轴裂纹微观形貌呈沿晶与准解理混合特征，其中存在腐蚀性介质，材料本身硬度较高，判断为应力腐蚀开裂。

根据以上结论建议：

(1)对主轴采用合适的热处理手段来降低其硬度，减小其应力腐蚀或氢脆敏感性。

(2)减少主轴结构上的应力集中位置，或在应力集中位置增加保护措施，避免腐蚀介质的接触[5]。

参考文献

[1]冷士华．顶部驱动钻井装置的技术应用研究[J]．现代企业文化，2009(29)：2.

[2]周晓光，孟书君，周凯．液化石油气储罐表面裂纹检测与失效分析[J]．石化技术，2022，29(05)：28-30.

[3]闫凤芹，夏智富．硫化氢应力腐蚀原理与防护措施[J]．炼油与化工，2009(01)：60-61.

[4]王浩，胡硕，王瑞成，李明杰，陈光辉．在含H_ 2S井中油/套管的选型与应用调研[J]．西部探矿工程，2021，33；No.300(04)：97-98+101.

[5]李芳，张建军，张江江，郭玉洁，曾文广，王莎．塔河油田某油井管件在H_ 2S/CO_ 2/高矿化度耦合环境失效分析[J]．热加工工艺，2022，51；No.580(06)：156-160.

常压储罐常见失效模式分析

张 跃 司永宏 郝 博

（天津市特种设备监督检验技术研究院，天津 300192）

摘 要：常压储罐广泛应用于石油、化工、食品等行业，用于储存液体或气体介质。在实际使用中，常压储罐仍可能面临多种失效模式。本文系统分析了常压储罐的常见失效模式，主要包括腐蚀失效、焊接缺陷、机械损伤、疲劳失效。腐蚀失效是由于储存介质的化学性质或外部环境的影响，导致材料腐蚀。焊缝开裂是由设计及焊接过程中的质量问题引起的。机械接触损伤则可能在运输、安装或使用过程中因外力撞击或磨损而产生。疲劳失效主要源于长期压力变化和机械振动引起的材料疲劳。本文还提出了针对各类失效模式的预防和减缓措施，从而有效延长常压储罐的使用寿命，保障其安全运行。

关键词：常压储罐、失效模式、安全性能、事故预防

Analysis of Common Failure Modes for Atmospheric Storage Tanks

ZHANG Yue SI Yonghong HAO Bo

(Tianjin Special Equipment Inspection Institute, Tianjin 300192, China)

Abstract: Atmospheric storage tanks are widely used in petroleum, chemical, food and other industries to store liquid or gaseous media. In practice, atmospheric storage tanks can still face multiple failure modes. In this paper, the common failure modes of atmospheric storage tanks are systematically analyzed, including corrosion failure, welding defects, mechanical damage, and fatigue failure. Corrosion failure is due to the chemical properties of the storage medium or the influence of the external environment, resulting in corrosion of the material. Weld cracking is caused by quality problems in the design and welding process. Mechanical contact damage can occur due to external force impact or wear during transportation, installation or use. Fatigue failure is mainly due to material fatigue caused by long – term pressure changes and mechanical vibrations. In this paper, prevention and mitigation measures for various failure modes are also proposed, so as to effectively extend the service life of atmospheric storage tanks and ensure their safe operation.

Key words: Atmospheric storage tanks; Failure modes; Safety performance; Accident prevention.

1 引言

常压储罐作为一种常见的储存设备，广泛应用于石油化工、食品加工、制药等领域。作为原料油、苯类等重要原料的储存设备，大型常压储罐的结构健康完整性对于石化区生产装置的安全运行具有重要的意义[1]。储罐的安全运行对生产过程和人员安全至关重要。而储罐的失效可能会导致泄漏、爆炸等严重后果，因此对储罐的常见失效模式分析至关重要，及时发现问题，分析问题并采取相应措施，以确保储罐的安全运行。

2 常压储罐常见失效模式及预防方法

2.1 腐蚀

常压储罐的腐蚀是影响其安全性和使用寿命的重要因素。有相关研究表明大型钢制原油金属常压储罐在役运行过程中常见的失效模式主要为腐蚀[2]，其原因多种多样，预防方法也需要根据

作者简介：张跃（1995— ），工程师，硕士研究生，主要从事压力管道、常压储罐检验检测工作和研究。E－mail：744624003@ qq. com

具体情况采取针对性的措施。

化学腐蚀：储罐内外壁与腐蚀性化学介质(如酸、碱、盐等)直接接触，发生化学反应。表现为金属表面生成腐蚀产物，导致壁厚减薄、穿孔等。电化学腐蚀：储罐金属表面形成电化学电池，发生阳极和阴极反应，导致金属溶解。表现为局部腐蚀(如点蚀、缝隙腐蚀)、均匀腐蚀等。微生物腐蚀：储罐内外壁存在微生物(如细菌、真菌等)，微生物代谢产物引起腐蚀。表现为局部腐蚀、点蚀等。

应力腐蚀：储罐在应力作用下，与腐蚀介质接触，发生应力腐蚀开裂(SCC)。表现为裂纹、断裂等。环境因素：储罐暴露在恶劣环境中，如高湿度、高温、盐雾等。表现为外壁腐蚀、涂层失效等[3]。

预防方法：选用耐腐蚀性材料：不锈钢、合金钢、碳钢涂覆防腐层等根据储存介质的性质选用适宜的耐腐蚀材料。外涂：用环氧树脂、聚氨酯等防腐涂料涂覆在罐体外壁，防止由于环境因素造成腐蚀。在罐体内部进行环氧树脂、聚脲等防腐涂层的涂刷，以防止由于贮存介质而造成的腐蚀。将牺牲阳极(金属锌、铝等)安装在罐体表面，使罐体金属通过电化学反应得到保护。通过使储罐金属成为阴极，并通过加直流电流来防止腐蚀。在储罐周围环境中，对湿度进行控制，使储罐外壁因湿度过大而受到的腐蚀程度降低。罐体应远离海洋环境，或为减少盐雾对罐体的腐蚀而采取防护措施。定期对其进行检测、保养。定期对储罐壁厚、焊缝质量等进行检测，采用无损检测方法(如超声波检测、磁粉检测等)。对发现有锈蚀问题的，及时采取抛光、防腐涂料重新覆盖、破损部位更换等修复措施。添加缓蚀剂：将缓蚀剂添加到储存介质中，使腐蚀速度变慢。

2.2 焊缝开裂

罐体的焊缝是一个受力时间长可能造成焊缝开裂，进而影响罐体密封性和安全性的易出问题的部位。焊接材料的化学成分不均匀、杂质过多或夹杂物较大等都可能造成冷裂或热裂的焊接过程。由于焊接方法不当，可能会造成焊缝金属过快或过慢地冷却而产生裂缝。如果设置不当，会影响焊缝的机械性能和结构，如电流、电压、焊接速度等参数。如果预热和后热处理不够，焊接高碳钢或合金钢时容易出现冷裂。焊工操作不当，造成焊缝质量问题，如焊速不均匀，焊角不正等。如温度、湿度、风速等焊接现场的环境因素不适宜也会对焊接质量造成影响。如果在使用过程中出现应力集中区域设计不当等储罐结构设计不合理，就会造成焊缝容易开裂的现象。如果在应力集中的部位设计焊缝位置，同样容易出现裂纹。

预防方法：选用化学成分均匀机械性能好的焊接材料，在使用前严格检验其质量符合要求。针对不同材料和结构的特点选择适当的焊接方式。合理设置焊接参数根据焊接材料厚度合理设定电流、电压、焊接速度等指标对于容易产生冷裂纹的材料。进行适当的预热和后热处理降低应力集中，对于焊工进行专业培训提高操作技能、焊接质量意识。创造适宜的温度、湿度、风速，焊接现场减少环境对焊接质量的影响。设计储罐时避免应力集中合理分布焊缝位置提高焊接质量水平，可有效降低因焊接工艺不当而造成的安全隐患。设计阶段进行充分的应力分析和结构优化能降低焊缝开裂的几率，在焊接过程中进行实时监控，及时发现并纠正焊缝缺陷。焊接完成后进行无损检测能确保焊缝质量的合格性，例如有超声波检测和射线检测等。

2.3 机械接触损伤

机械接触损伤主要是由外界机械作用力引起的，大型原油储罐为现场安装设备，易于产生焊接原始缺陷和机械损伤[4]。在装卸物料时，物料高速流入或流出储罐，产生冲击力，特别是在储罐底部和进出口区域，容易造成机械损伤。储罐内存储含有固体颗粒的介质，颗粒在流动过程中对储罐内壁产生磨损，特别是在流速较高的情况下。储罐在安装、运输或使用过程中，可能受到外部机械设备或工具的撞击，导致储罐表面受损。储罐在运行过程中可能受到机械振动或周期性负荷，长期作用下会导致材料疲劳和裂纹。储罐在温度变化过程中，材料的热膨胀和收缩会产生机械应力，特别是在温度变化剧烈的情况下，容易引起开裂或变形。

预防方法：控制物料流速，采用缓冲装置，优化进出口设计，减少直接冲击，通过减低直接冲力，使物料流速选用耐磨性材料或涂料层，对储罐中的沉积物进行定期清理，使流体的流动路径得到优化，使湍流和沉积物减少。防护栏或缓冲垫设置在罐体周围，操作时注意避免机械设备接触罐体，定期检查罐体表面有无机械损伤。对罐体支承结构进行合理设计，减少振动源，并对罐体疲劳损伤情况进行定期检查，对损坏部位及时进行维修或更换。控制罐体内介质的温度变化速率，避免温度剧烈波动，应选用热稳定性较好的材料。

2.4 疲劳裂纹

常压储罐在长期使用过程中，可能会因疲劳而产生裂纹。疲劳裂纹是由反复的机械应力或应变引起的，逐渐积累的微观损伤最终导致宏观裂纹的形成[5]。罐体在运行过程中可能会承受由于材料疲劳而引起的内外压力、温度变化或机械振动等方面的周期性变化。在疲劳裂纹的易发部位，如罐体结构中的焊缝、连接处、转角、孔洞等易产生应力集中。材料内部可能存在在循环负荷下逐渐扩大形成疲劳裂缝的微观缺陷，如夹杂物、气孔、微小裂缝等。疲劳裂纹的形成和扩展速度会加快储罐所处环境（如腐蚀介质、湿度、温度变化等）。操作不当（如超负荷运转，温度压力剧烈波动等）会使罐体疲劳受损的几率增大。

预防方法：在设计上要考虑载荷的循环特性，选择适当的材料和结构来减少循环载荷的幅度；在结构设计上要减少应力集中；采用圆角过渡加强筋等设计手段，使焊接质量得到保证；选用高质量的材料，对材料的制造和加工工艺进行严格控制，并进行无损检测以确保材料内部无缺陷；选用耐环境腐蚀的材料，并采取防腐措施来减少储罐在恶劣环境中暴露的时间；对设备进行严格按照操作规程运行，避免超负荷和剧烈波动；对操作人员进行定期培训，提高操作水平。通过以上措施的开展，可以有效地预防和降低材料在使用中出现的裂纹。

3 结束语

常压储罐的损伤机理十分复杂，受诸多因素影响；采取合理的材料选择促进涂层保护阴极保护和定期检验化学处理等多种预防办法；有效减缓储罐因失效而带来的危险延长使用寿命并确保安全操作的是定期的失效模式分析及检验也是保证常压储罐长期稳定可靠运转的保证措施。

参考文献

[1]闫召军. 大型储罐防腐蚀质量控制策略[J]. 全面腐蚀控制，2022，36(05)：97-98.

[2]~[3]胡华胜，孙杰，季鹏，等. 沿海环境大型原油储罐典型腐蚀问题分析与防护建议[J]. 中国特种设备安全，2024，40(01)：89-93.

[4]陈维，李宗伟，刘洋，等. 大型原油储罐的风险评估与开罐验证[J]. 设备管理与维修，2020，(23)：28-30.

[5]杨建军，刘瑞峰，张伟东，等. 失效分析与案例[M]. 机械工业出版社：2018.

Q345R材料Ⅰ/Ⅲ混合加载下断裂韧性研究

于迪　任婧杰　毕明树

(大连理工大学化工学院，大连　116024)

摘　要：压力容器的韧性断裂会造成十分严重的后果，定量确定钢材的断裂韧性对于压力容器的安全问题具有重要意义。本文利用改进的紧凑拉伸试验，研究了常见压力容器钢—Q345R材料在Ⅰ/Ⅲ混合型加载下的断裂韧性变化规律。结果表明：随着III型(面外剪切型)分量的增加，总断裂韧性降低，说明抗剪切能力低于抗拉伸能力。进一步建立了基于断裂韧性的混合加载下的材料断裂准则，结果表明：采用直线型方程($m=n=1$)描述Q345R在Ⅰ/Ⅲ混合加载下的断裂韧性变化规律较为合适。

关键词：断裂韧性；混合加载；Q345R；断裂准则

Study on Fracture Toughness of Q345R Under Mixed Loading of Ⅰ/Ⅲ

YU Di, REN Jingjie, BI Mingshu[1]

(School of Chemical Engineering, Dalian University of Technology, Dalian 116024, China)

Abstract: The ductile fracture of pressure vessels can cause serious consequences, and quantitatively determining the fracture toughness of steel is of great significance for the safety of pressure vessels. This article uses an improved compact tensile test to study the fracture toughness of pressure vessel steel Q345R material under Ⅰ/Ⅲ mixed - mode loading. The results indicate that with the increase of type III (out of plane shear type) component, the total fracture toughness decreases, indicating that the shear resistance is lower than the tensile resistance. The fracture criterion based on fracture toughness under mixed loading is determined, and the results showed that using a linear equation ($m=n=1$) to describe the fracture toughness variation of Q345R under mixed loading of Ⅰ/Ⅲ is more appropriate.

Key words: Fracture Toughness; Mixed Loading; Q345R; Fracture Criteria;

1　引言

压力容器的韧性断裂可能会造成可燃介质泄漏以及抛射碎片等危害[1]。在断裂力学中，可以将裂纹按照加载方式分成三种基本模式：mode Ⅰ(张开型)，mode Ⅱ(面内剪切型)和mode Ⅲ(面外剪切型)，其他形式的裂纹可视为这三种形式裂纹的组合。以液化气体储罐为例[2]，当储罐周围发生火灾时，储罐会在顶部破裂，此时裂纹以mode Ⅰ的方式沿储罐轴向扩展，并在扩展到两端封头处转变为mode Ⅰ/Ⅲ混合形式的裂纹。因此，想要精准预测裂纹扩展行为，为压力容器碎片形状预测提供指导，就要针对性的对材料在混合加载条件下的断裂韧性进行研究。

目前对于金属材料断裂韧性的研究主要集中于Ⅰ型裂纹[3-7]，对于Ⅰ/Ⅲ混合形式的裂纹研究较少，且主要利用实验的方法对混合加载下金属材料的断裂韧性进行研究[8]，但通过有限的研究可以发现：金属材料在不同加载方向上有着不同的断裂韧性，同时由于材料塑性的变化，裂纹扩展机制的不同导致金属材料断裂韧性变化规律并不完全相同。因此对于某一种材料确定其混合加载下断裂韧性最简单直接的方式就是开展材料

作者简介：于迪(1998—　)，博士，主要研究方向为液化气体储罐储运安全评估。E - mail：22045289@mail.dlut.edu.cn

的断裂韧性试验。对于混合加载下的断裂韧性试验，目前无相关规范与标准，多数研究采用改进的紧凑拉伸方法，在不改变拉伸设备施力方式的情况下，将裂纹加工成与施力方向成0－90°范围内的某一个值，在拉伸载荷之外引入面外剪切型载荷。

在本文中，开展了Ⅰ/Ⅲ混合加载下的典型压力容器钢—Q345R材料的紧凑拉伸试验，定量分析随着Ⅲ型载荷分量的增加，材料断裂韧性的变化规律，并建立断裂准则。

2 实验材料与流程

实验选用的是常用的压力容器钢Q345R，该材料具有良好的综合力学性能、焊接性能以及抗冲击性能，广泛用于压力容器制造。其主要化学成分如表1所示。

表1 Q345R钢的主要化学成分 %（质量分数）

元素	C	Si	Mn	P	S	Ni	Cr	V
含量	0.15	0.16	1.29	0.17	0.002	0.02	0.03	0.04

将材料加工成图1所示的形状。在实验中，通过改变裂纹角度φ来引入不同的载荷混合比例，当夹角$\varphi=0°$时，载荷施加方向与裂纹扩展方向垂直，代表拉伸型载荷。随着角度的增加，代表面外剪切分量的Ⅲ型载荷分量增加。在本文中，分别进行了$\varphi=0°$、15°、30°、45°、60°的断裂韧性实验。

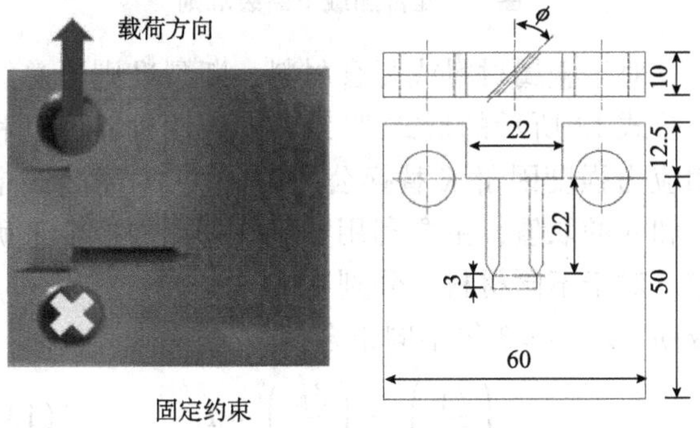

图1 试件实物和图纸

对于混合型裂纹很难通过疲劳的方法预制初始裂纹，因为在预制过程中裂纹倾向于向Ⅰ型方向旋转，所以只能通过线切割的方式预制裂纹，线切割所用钼丝直径为0.2mm，切割裂纹根部半径约为110μm。为了方便比较，实验中所有试件都用线切割的方式进行疲劳裂纹预制，预制裂纹长度为3mm。所有断裂试验通过拉伸试验机以2mm/min的速率对试样一端进行加载，同时试样另一端利用销钉完全固定。实验程序按照ASTME－399中的推荐程序进行，同时记录拉伸过程中的力和位移曲线。

3 实验结果

不同载荷条件下拉伸过程的位移载荷曲线如图2所示，纯拉伸型载荷和拉伸与面外剪切载荷混合加载下的位移载荷曲线变化规律大致相同，加载过程曲线峰值会随着三型分量的增加而减小。

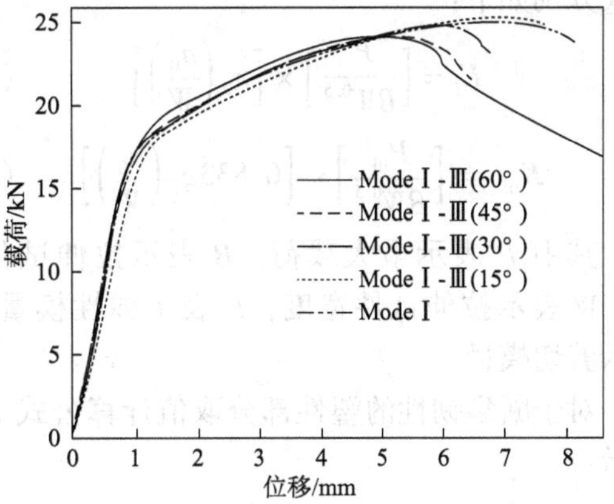

图2 不同载荷下位移载荷曲线

进一步利用位移载荷曲线，计算材料的断裂韧性。对于Ⅰ/Ⅲ混合型加载的材料断裂实验，没有规定的计算断裂韧性的流程，所以参考文献的方法将裂纹所受载荷分解成拉伸载荷（mode 1）和面外剪切载荷（mode 3）。

$$P_{\mathrm{i}}=P\cos\varphi \tag{1}$$

$$P_{\mathrm{iii}}=P\sin\varphi \tag{2}$$

$$\delta_{\mathrm{i}}=\delta_{\mathrm{v}}\cos\varphi-\delta_{\mathrm{h}}\sin\varphi \tag{3}$$

$$\delta_{\mathrm{iii}}=\delta_{\mathrm{v}}\sin\varphi-\delta_{\mathrm{h}}\cos\varphi \tag{4}$$

公式中，P_i表示拉伸方向载荷，P_{iii}表示面外剪切方向载荷。δ_v表示垂直方向位移（沿拉伸方向）。δ_h表示水平方向位移（垂直于拉伸方向），由于水平方向位移很小，公式(3)和公式(4)可以简化成如下两个公式：

$$\delta_{\mathrm{i}}=\delta_{\mathrm{h}}\cos\varphi \tag{5}$$

$$\delta_{\mathrm{iii}}=\delta_{\mathrm{v}}\sin\varphi \tag{6}$$

按照公式(1)、公式(2)、公式(5)、公式(6)将试样拉伸过程的位移载荷曲线分解成拉伸方向与面外剪切方向，并分别计算两个方向的断裂韧性。由于韧性金属在裂纹扩展过程中尖端塑性变形区域较大，所以在本研究中需要采用弹塑性断裂力学中所采用的J积分作为断裂韧性的表征参数，并将计算两个方向的J积分值分解成弹性部分和塑性部分：

$$J_0=J_{\mathrm{el}}+J_{\mathrm{pl}} \tag{7}$$

其中弹性部分可以按照应力强度因子K的公

式来计算。

对于拉伸载荷：J 和 K 的关系式为

$$J_{el,i}=\frac{K_i^2}{E} \tag{8}$$

对于面外剪切载荷：J 和 K 的关系式为

$$J_{el,iii}=\frac{K_{iii}^2}{2\mu} \tag{9}$$

其中两种载荷方向下的应力强度因子 K 计算公式分别如下：

$$K_i=\left[\frac{P_i}{BW^{0.5}}\right]\times\left[g_2\left(\frac{a_0}{W}\right)\right] \tag{10}$$

$$K_{iii}=\left[\frac{P_{iii}}{BW^{0.5}}\right]\times\left[0.833g_2\left(\frac{a_0}{W}\right)\right] \tag{11}$$

其中 P 表示最大载荷，B 表示拉伸试件厚度，W 表示拉伸试件宽度，E 表示弹性模量，μ 表示剪切模量。

对于断裂韧性的塑性部分取值计算公式如下所示：

$$J_{pl}=\eta_{pl}\frac{A_{pl}}{B(W-a)} \tag{12}$$

其中 A_{pl} 表示塑性功，塑性功的取值需要利用材料拉伸过程的位移载荷曲线来确定，具体计算方法如图 3 所示，其数值为位移载荷曲线的塑性区域面积值。公式中 η_{pl} 取值为 2[9]。

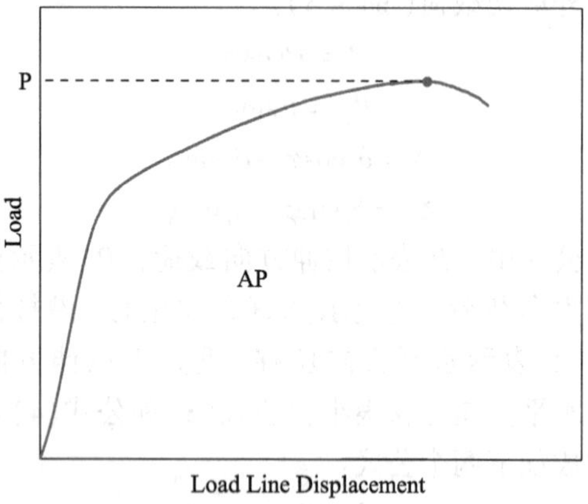

图 3　塑性功取值示意图

在将位移载荷曲线按照不同载荷方向分解之后，再按照上述流程处理，将拉伸方向和面外剪切方向的弹性和塑性计算值相加，得到不同混合载荷下试件的断裂韧性值，结果如图 4 所示。可以发现：随着面外剪切型分量的增加，总断裂韧性降低。对于 Q345R 材料，抗剪切能力低于抗拉伸能力。

由于紧凑拉伸试验无法单一的施加面外剪切载荷，将总断裂韧性曲线外延到 $\varphi=90°$ 来外推得到面外剪切作用下的断裂韧性：$J_{IIIC}=864\text{kJ}\cdot\text{m}^{-2}$。

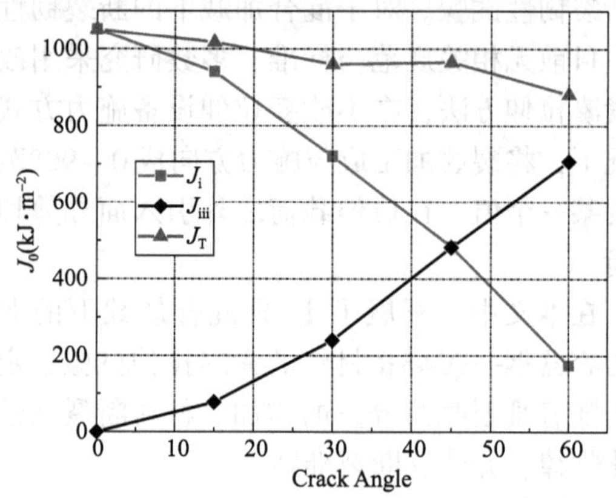

图 4　不同混合加载下材料断裂韧性分量与总量

观察图 5 所示的每个角度的不同方向断裂韧性分解值与各自的单一方向断裂韧性值的比值分布可以得出，所有的断裂韧性值的分布沿着一条直线。

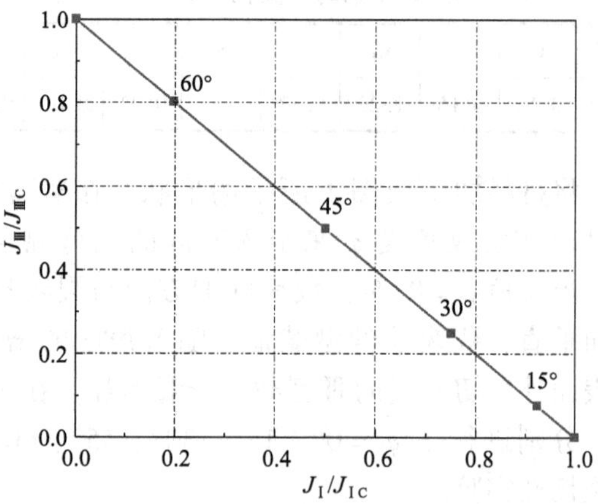

图 5　混合加载下断裂准则

对于金属材料或复合材料，断裂准则可总结成公式 13 所示的形式[10]，其中弹性材料可以利用应力强度因子 K 替换公式中的 J。对于公式中 m 和 n 的取值，主要利用实验数据点的拟合来确定。对于不同材料，分别有 $m=n=2$、$m=n=1$ 或 $m=2$、$n=3$ 等不同组合。

$$\left(\frac{J_I}{J_{IC}}\right)^m+\left(\frac{J_{III}}{J_{IIIC}}\right)^n=1 \tag{13}$$

由图 5 中断裂韧性的数据点可以得出 Q345R 材料的混合加载下的断裂韧性准则，其中 $m=n=1$。

4　结论

本文通过不同加载方向的紧凑拉伸试验，获得了常见压力容器钢—Q345R 在不同Ⅰ/Ⅲ混合加载下的位移载荷曲线，并计算了其Ⅰ型（拉伸）断裂韧性和Ⅲ型（面外剪切）断裂韧性及其总断裂韧性随着加载方向的变化规律，发现随着Ⅲ型（面外剪切分量）的增加，材料的总断裂韧性降低。表明对于 Q345R 材料，其抗剪切能力低于抗拉伸能力，并基于断裂韧性值定量的提出了材料的Ⅰ/Ⅲ混合加载断裂准则，实验数据表明对与断裂准则的通用形式，采用直线型方程(m = n = 1)描述 Q345R 在Ⅰ/Ⅲ混合加载下的断裂韧性变化规律较为合适。

参考文献

[1] A. M. Birk and M. H. Cunningham, "The boiling expanding vapour explosion. pdf," *J. Loss Prev. Process Ind.*, vol. 7, no. 6, pp. 474 – 480, 1994.

[2] R. Eyssette, F. Heymes, and A. M. Birk, "Ground loading from BLEVE through small scale experiments: Experiments and results," *Process Saf. Environ. Prot.*, vol. 148, pp. 1098 – 1109, 2021, doi: 10.1016/j. psep. 2021. 02. 031.

[3] T. An *et al.*, "Synergistic action of hydrogen gas and weld defects on fracture toughness of X80 pipeline steel," *Int. J. Fatigue*, vol. 120, no. June 2018, pp. 23 – 32, 2019, doi: 10.1016/j. ijfatigue. 2018. 10. 021.

[4] X. Wang, B. Li, M. Li, C. Huang, and H. Chen, "Study of local – zone microstructure, strength and fracture toughness of hybrid laser – metal – inert – gas – welded A7N01 aluminum alloy joint," *Mater. Sci. Eng. A*, vol. 688, no. November 2016, pp. 114 – 122, 2017, doi: 10.1016/j. msea. 2017. 01. 087.

[5] P. Dirisu, S. Ganguly, A. Mehmanparast, F. Martina, and S. Williams, "Analysis of fracture toughness properties of wire + arc additive manufactured high strength low alloy structural steel components," *Mater. Sci. Eng. A*, vol. 765, no. June, p. 138285, 2019, doi: 10.1016/j. msea. 2019. 138285.

[6] G. Singh, R. Verma, K. I. Vishnu Narayanan, U. K. Arora, and R. Jayaganthan, "Effect of swaging feed rate and annealing phenomena on tensile, fracture toughness and microstructural evolution of Zr – 4 alloy," *Mater. Sci. Eng. A*, vol. 831, no. July 2021, p. 142219, 2022, doi: 10.1016/j. msea. 2021. 142219.

[7] R. Verma, R. Jayaganthan, S. K. Nath, and A. Srinivasan, "Effect of multiaxial forging followed by hot rolling on non – basal planes and its influence on tensile and fracture toughness behaviour of Mg – 4Zn – 4Gd alloy," *Mater. Sci. Eng. A*, vol. 774, no. December 2019, p. 138890, 2020, doi: 10.1016/j. msea. 2019. 138890.

[8] M. Manoharan and J. J. Lewandowski, "Combined Mode I – Mode III Fracture Toughness of a Particulate Reinforced Metal – Matrix Composite," *J. Compos. Mater.*, vol. 25, no. 7, pp. 831 – 841, 1991, doi: 10.1177/002199839102500703.

[9] Y. Wang, W. Wang, B. Zhang, and C. Q. Li, "A review on mixed mode fracture of metals," *Eng. Fract. Mech.*, vol. 235, no. June, p. 107126, 2020, doi: 10.1016/j. engfracmech. 2020. 107126.

[10] N. Choupani, "Experimental and numerical investigation of the mixed – mode delamination in Arcan laminated specimens," *Mater. Sci. Eng. A*, vol. 478, no. 1 – 2, pp. 229 – 242, 2008, doi: 10.1016/j. msea. 2007. 05. 103.

天然气管道焊缝积液规律研究

时春涛[1] 孙 明[1] 林 楠[1] 崔 伟[1] 赵 静[2] 孙兴泽[1]

(1. 中国特种设备检测研究院，北京 100013；2. 中特检管道工程(北京)有限公司，北京 100013)

摘 要：天然气管道内腐蚀问题主要原因在于，天然气中携带的水分、腐蚀性气分等，在管道内壁形成腐蚀性水膜，对管道内壁造成电化学腐蚀，管道内壁焊缝部位容易形成积液，成为管道内腐蚀薄弱环节，本文通过搭建气液两相实验环路，开展天然气管道焊缝积液模拟实验，研究管道倾斜角度、含水率、气体流速等因素对焊缝部位积液情况的影响规律，结果表明：每种倾斜角度下，在高流速下，随含水增加，焊缝区域呈增大趋势；在倾斜角度为10°、20°时下，在高含水率时，随气体流速增大，焊缝积液区域呈增大的趋势，倾斜角度为30°时，焊缝积液区域呈先增大后减小的趋势；在高含水率下，流速12m/s时，随着倾斜角度增大，焊缝积液区域基本呈增大趋势，流速16m/s时，随着倾斜角度增大，焊缝积液区域基本呈减小趋势。

关键词：天然气管道；内腐蚀；焊缝积液；倾斜角度；含水率；气体流速

Study on The Law of Liquid Accumulation in Weld Area of Natural Gas Pipeline

SHI Chuntao[1], *SUN Ming*[1], *LIN Nan*[1], *CUI Wei*[1], *ZHAO Jing*[2], *SUN Xingze*[1]

(1. China Special Equipment Inspection And Research Institute, Beijing 100013, China;
2. China special inspection Pipeline Engineering (Beijing) Co., Ltd, Beijing 100013, China)

Abstract: The main reason for corrosion in natural gas pipelines is that the water, corrosive gas components in the natural gas form a corrosive water film on the inner wall of the pipeline, causing electrochemical corrosion of the inner wall. The welded joints of the pipeline inner wall are prone to forming liquid accumulation, becoming the weakest link in the pipeline corrosion. An experimental loop for gas – liquid two – phase flow was set up to simulate the accumulation of liquid at the welded joints of natural gas pipelines. The influence laws of pipeline inclination angle, moisture content, gas flow velocity on the accumulation of liquid at the welded joints were studied. The results show that for each inclination angle, the welded joint area tends to increase with increasing water content at high flow velocity. At inclination angles of 10° and 20°, the welded joint area tends to increase with increasing gas flow velocity at high moisture content. But at an inclination angle of 30°, the welded joint area tends to increase first and then decrease with increasing gas flow velocity at high moisture content. At high moisture content, the welded joint area tends to increase with increasing inclination angle at a flow velocity of 12m/s. At a flow velocity of 16m/s, the welded joint area tends to decrease with increasing inclination angle.

Key words: Natural gas pipeline; Internal corrosion; Weld ponding; Inclination angle; Moisture content; Gas flow rate

1 引言

随着我国天然气管道运行时间不断积累，天然气管道失效事故屡见不鲜，管道腐蚀是造成管道失效的重要原因，管道腐蚀包括内腐蚀和外腐蚀，据统计，内腐蚀引发的管道失效占管道失效事故总数的40%[1-2]。管道内腐蚀的发生通常与

作者简介：时春涛(1990—)，硕士，主要研究方向为材料腐蚀与防护。E-mail：742210816@qq.com

管道内水的分布有重要关系，天然气中的酸性气体如 H_2S、CO_2 等溶于水，并附着在管道内壁，对管道内壁造成电化学腐蚀[3]。

关于天然气管道内腐蚀的研究，国内外开展了大量工作，并形成了天然气管道内腐蚀直接评价方法(ICDA)，天然气管道内腐蚀影响因素较多，包括 H_2S、CO_2 等腐蚀介质含量、温度、介质流速、积液情况等，其中以积液的影响最大，干燥气体几乎没有腐蚀性，因此 ICDA 内腐蚀直接评估方法中的重要工作就是确定管道内部积液情况，判断可能存在内腐蚀的位置，进而开展现场实际检测[4]。NACE 标准[5-6]采用临界倾角判别管道内积液位置，认为若管道实际倾角大于临界倾角位置的重力大于惯性力，则液滴在此处聚集，谢飞[7]等改进了 ICDA 方法中以临界倾角判断积液位置的方法，采用二次计算临界长度的方法判断平坦地区管道积液位置；懂培林[8]等利用湿气管道内腐蚀评价方法，通过数值模拟计算得到管道流型分布情况，结合腐蚀速率模型成功预测了管道腐蚀风险位置。此外，大量的关于天然气管道内积液性特性的研究工作总结了气液界面结构形态特征，并建立了多种气液两相界面模型[9]，可以预测湿壁分数。通过研究建立临界气速模型，实现积液预测，可以减少积液带来的对管道的内腐蚀危害，目前已经建立的几种临界气速模型[10]，但是在工程实践中尚未实际应用，需要进一步研究。

目前关于管道积液情况的研究工作主要关注管道倾角、管道长度以及气速等对积液的影响，很少考虑管道内部焊缝部位对积液的影响，管道内部焊缝部位凸起，对介质流动造成扰动，为了研究焊缝部位的积液行为规律，本文通过搭建实验环路，模拟焊缝结构，开展不同因素条件下焊缝处积液行为研究，以期探究焊缝对积液的影响规律。

2 实验方案

2.1 实验装置

搭建气液两相流环路模拟实验装置，研究不同参数条件下管道内焊缝部位的积液规律，实验装置如图 1 所示。实验管路材质为 PVC，内径为 55mm，采用空气模拟天然气，利用空压机提供气源，可提供入口压力为 0.8MPa 的稳定气流，气体通过管道到达实验段，气体流量由气体流量计测量所得，通过调节阀门开度调整进气量。水箱中的水经过蠕动泵抽出并加入到管道内，在管道内形成气液两相流，蠕动泵本身具有计量与控制液体流量的功能，通过调节旋钮控制液体流量。

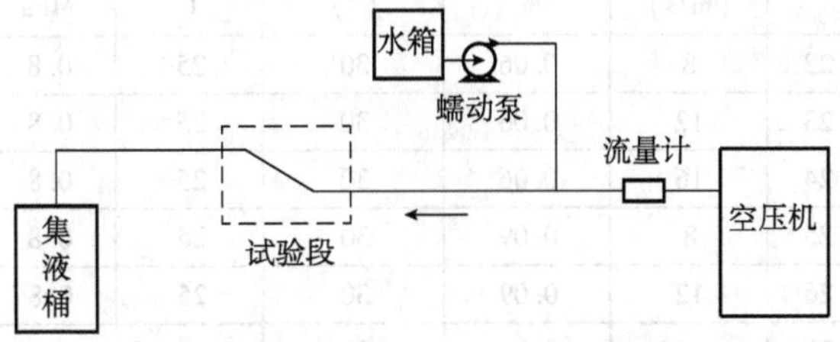

图 1　输气管道焊缝积液测试装置示意图

2.2 实验参数

焊缝积液受到多种因素的影响，主要影响因素包括焊缝形状、介质流速、含水率、倾斜角度等，本次环路实验开展多因素组合条件下的气液两相环路实验，利用橡胶条模拟管道内部焊缝，控制焊缝余高为 1mm，焊缝宽度为 3mm，介质流速分别为 8m/s、12m/s 和 16m/s，含水率分别为 0.03%、0.06% 和 0.09%，管道倾斜角度指的是管道流向与水平方向的夹角，本次实验模拟倾斜角度分别为 10°、20°和 30°。具体实验参数见表 1。

表 1　实验参数

序号	流速/(m/s)	含水率/%	倾斜角度/(°)	温度/℃	压力/MPa
1	8	0.03	10	25	0.8
2	12	0.03	10	25	0.8
3	16	0.03	10	25	0.8
4	8	0.06	10	25	0.8
5	12	0.06	10	25	0.8
6	16	0.06	10	25	0.8
7	8	0.09	10	25	0.8
8	12	0.09	10	25	0.8
9	16	0.09	10	25	0.8
10	8	0.03	20	25	0.8
11	12	0.03	20	25	0.8
12	16	0.03	20	25	0.8
13	8	0.06	20	25	0.8
14	12	0.06	20	25	0.8
15	16	0.06	20	25	0.8
16	8	0.09	20	25	0.8
17	12	0.09	20	25	0.8
18	16	0.09	20	25	0.8
19	8	0.03	30	25	0.8
20	12	0.03	30	25	0.8
21	16	0.03	30	25	0.8

续表

序号	流速/(m/s)	含水率/%	倾斜角度/(°)	温度/℃	压力/MPa
22	8	0.06	30	25	0.8
23	12	0.06	30	25	0.8
24	16	0.06	30	25	0.8
25	8	0.09	30	25	0.8
26	12	0.09	30	25	0.8
27	16	0.09	30	25	0.8

3　实验结果与讨论

实验过程中，取管道侧面和正上方两个方向对焊缝处积液情况进行观察，并拍照记录。同时，为了能够量化积液情况，取积液长度投影最大值、积液宽度投影最大值、以及积液长度最大值和积液宽度最大值的乘积作为评价结果的指标，积液指标取值方法如图2所示。当焊缝积液沿管道下游形成连续水流时，积液长度以模拟焊缝到法兰连接处的长度记，记为23mm。焊缝积液情况指标见表2。

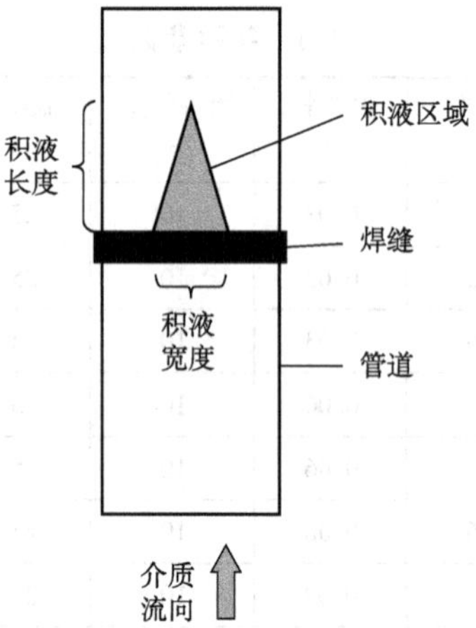

图2　焊缝积液指标取值示意图

表2　焊缝积液指标

倾斜角度	含水率	流速/(m/s)	焊缝积液指标		
			积液长度/mm	积液宽度/mm	乘积/mm^2
10°	0.03%	8	10	17.38	173.78
		12	16	18.44	295.09
		16	9	15.46	139.12
	0.06%	8	8	17.24	137.88
		12	11	18.38	202.13
		16	23	15.37	353.61
	0.09%	8	8	17.32	138.52
		12	16	18.37	293.99
		16	23	15.55	357.69
20°	0.03%	8	6	17.16	102.96
		12	10	17.56	175.62
		16	23	14.83	341.17
	0.06%	8	1	10.53	10.53
		12	14	15.42	215.83
		16	23	15.00	345.00
	0.09%	8	2	11.84	23.68
		12	18	18.63	335.40
		16	23	15.03	345.69
30°	0.03%	8	6	13.50	81.00
		12	6	13.50	81.00
		16	23	12.00	276.00
	0.06%	8	0.5	10.00	5.00
		12	18	27.53	495.47
		16	23	14.00	322.00
	0.09%	8	1	12.54	12.54
		12	22	30.00	660.00
		16	23	13.80	317.40

3.1　倾斜角度10°焊缝积液情况

图3为倾斜角度10°时，不同含水率，不同流速下的焊缝积液情况，其中图3(a)、(b)分别为含水率0.03%、0.06%和0.09%时，不同流速下的焊缝积液情况。

倾斜角度10°，3种含水率下，焊缝积液情况随流速变化的趋势一致，在流速较低的情况下，焊缝积液基本集中在一定的区域内，同时，管道底部液滴不连续，并且，随含水率的从低到高，管道底部液滴尺寸逐渐变大，当流速达到一定值后，焊缝积液沿管道下游形成连续水流，不同的是在含水率为0.03%时，由于含水量小，在高流速下，焊缝后的积液受气流扰动影响较大，未能形成连续水流。

根据表2焊缝积液指标，得到倾斜角度为10°时，3种含水率下，焊缝积液指标与流速之间的关系曲线，如图4所示，3种含水率下，随着流速从小到大，积液宽度都呈现先增大后减小的规律，在含水率0.03%时，由于在较高流速下焊缝积液区域扰动较大，积液不连续，因此，随着流速从小到大，积液长度表现为先增大后减小的趋势，而在高含水率下，积液长度随着流速从小到大，表现为呈增大的规律，积液宽度与积液长度的乘积随流速的变化趋势与积液长度一致。

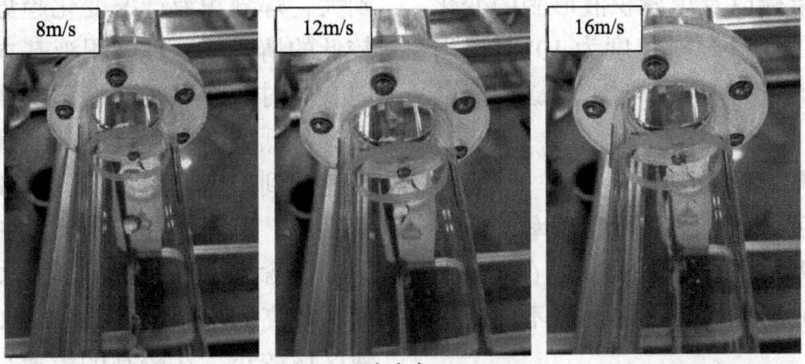

(a)含水率0.03%

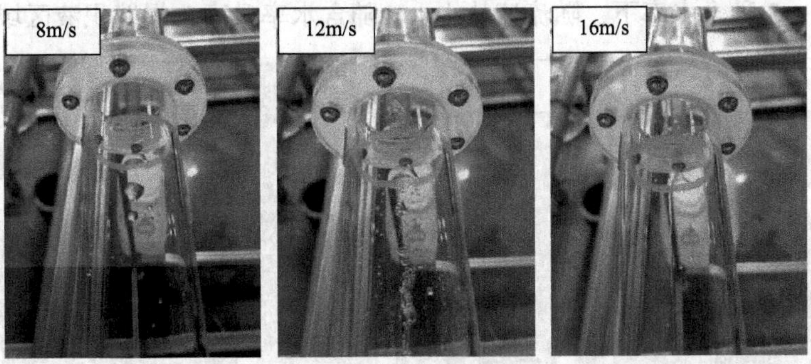

(b)含水率0.06%

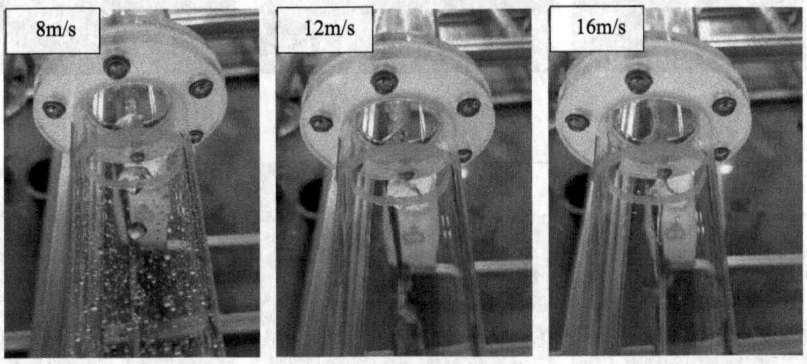

(c)含水率0.09%

图3　倾斜角度10°，不同含水率、不同流速下焊缝积液情况

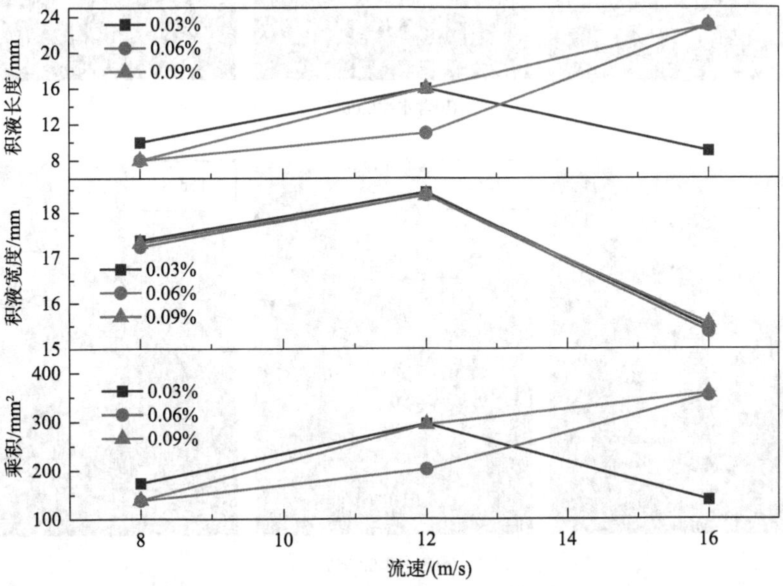

图4　倾斜角度10°，不同含水率下焊缝积液指标与气体流速的关系曲线

综合焊缝积液指标以及焊缝积液形貌的变化规律，可以判断，在管道倾斜角度为10°时，当含水率为0.09%，流速为16m/s时，焊缝积液区域最大。

3.2　倾斜角度20°焊缝积液情况

图5为倾斜角度20°时，不同含水率，不同流速下的焊缝积液情况，其中图5(a)、(b)分别为含水率0.03%、0.06%和0.09%时，不同流速下的焊缝积液情况。

倾斜角度20°时，3种含水率下，随流速从小到大，焊缝积液情况变化趋势基本一致，在流速较低的情况下，焊缝积液基本集中在一定的区域内，同时，管道底部液滴不连续，并且，随含水率的从低到高，管道底部液滴尺寸逐渐变大，当流速达到一定值后，焊缝积液沿管道下游形成连续水流。不同的特征在于，在较低的流速(8m/s)下，低含水率(0.03%)时，焊缝积液区域较大，而在较高的含水率(0.06%、0.09%)时，焊缝积液区域较小，在较高的流速(12m/s、16m/s)下，随含水率升高，焊缝积液区域呈增大趋势。

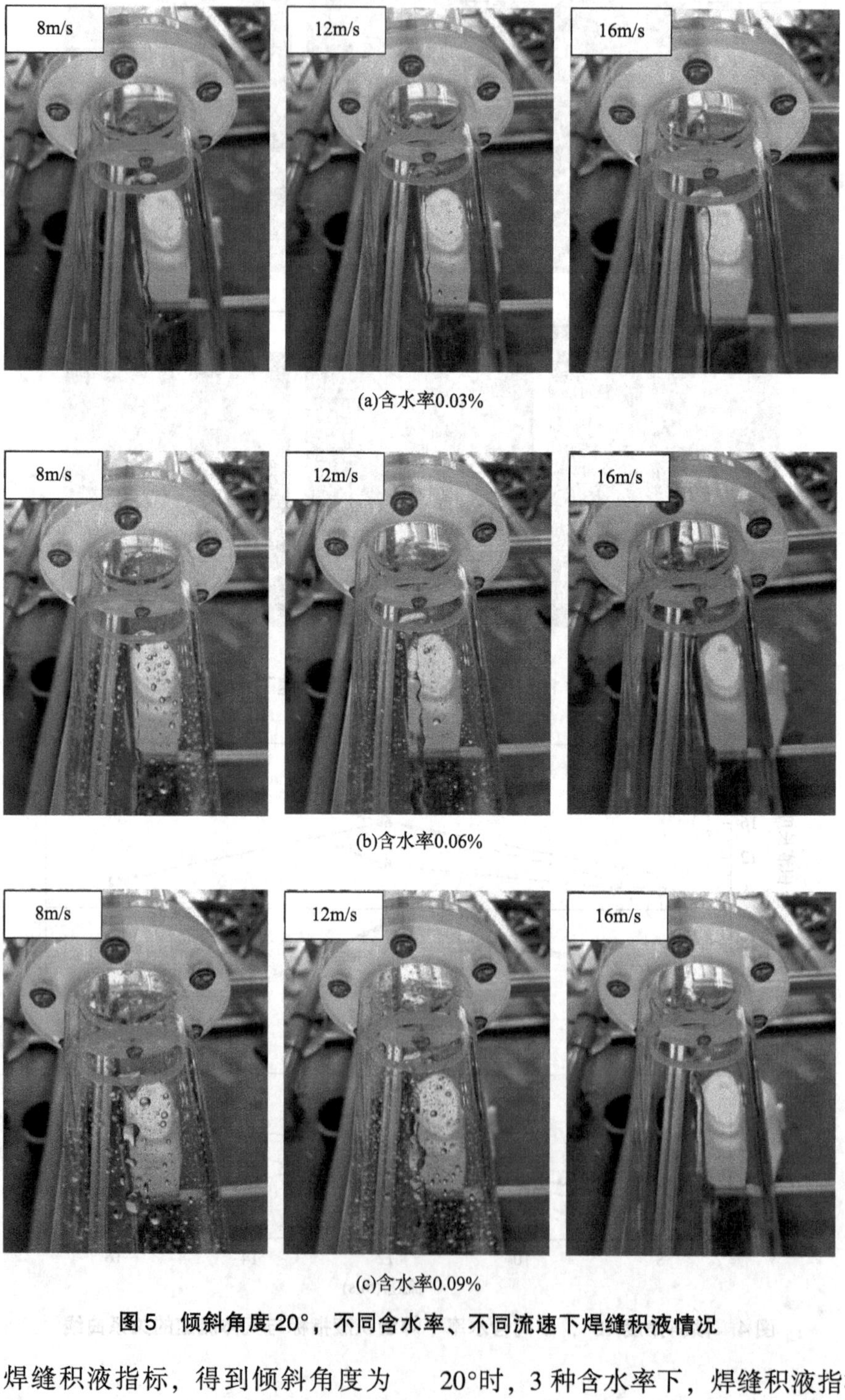

图5　倾斜角度20°，不同含水率、不同流速下焊缝积液情况

根据表2焊缝积液指标，得到倾斜角度为20°时，3种含水率下，焊缝积液指标与流速之间的关系曲线，如图6所示，3种含水率下，焊缝积液情况随流速变化的趋势基本一致，随流速从小到大，积液宽度呈先增大后减小的规律，积液长度呈增大趋势，乘积与积液长度的变化趋势一致。与焊缝积液的形貌特征变化一致。

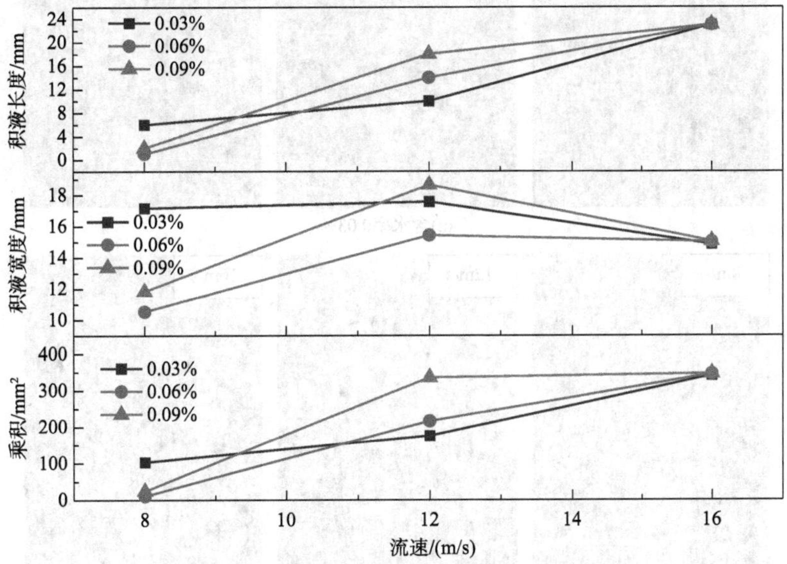

图6　倾斜角度20°，不同含水率下焊缝积液指标与气体流速的关系曲线

综合焊缝积液指标以及焊缝积液形貌的变化规律，可以判断，在管道倾斜角度为20°时，当含水率为0.09%，流速为16m/s时，焊缝积液区域最大。

3.3　倾斜角度30°焊缝积液情况

图7为倾斜角度30°时，不同含水率，不同流速下的焊缝积液情况，其中图7(a)、(b)分别为含水率0.03%、0.06%和0.09%时，不同流速下的焊缝积液情况。

倾斜角度30°，3种含水率下，焊缝积液情况随流速变化的趋势基本一致，在流速较低的情况下，焊缝积液基本集中在一定的区域内，同时，管道底部液滴不连续，并且，随含水率的从低到高，管道底部液滴尺寸逐渐变大，当流速达到一定值后，焊缝积液沿管道下游形成连续水流。不同的特征在于，在较低的流速(8m/s)下，低含水率(0.03%)时，焊缝积液区域较大，而在较高的含水率(0.06%、0.09%)时，焊缝积液区域较小，在较高的流速(12m/s、16m/s)下，随含水率升高，焊缝积液区域变大。

根据表2焊缝积液指标，得到倾斜角度为30°时，3种含水率下，焊缝积液指标与流速之间的关系曲线，如图8所示，在较低流速(8m/s)下，当含水率较低(0.03%)时，焊缝积液指标较大，而含水率较高(0.06%、0.09%)时，焊缝积液指标较小，在较高流速(12m/s、16m/s)下，随含水率升高，焊缝积液指标呈增大的规律，与焊缝积液形貌表现一致。低含水率(0.03%)时，随流速从小到大，焊缝积液长度和乘积呈增大的规律，积液宽度呈减小的规律，而在高含水率(0.06%、0.09%)时，随流速从小到大，积液长度呈增大的趋势，积液宽度与乘积呈先增大后减小的规律。

综合焊缝积液指标以及焊缝积液形貌的变化规律，当含水率为0.09%，流速为12m/s时，焊缝积液区域最大。

3.4　不同倾斜角度下焊缝积液情况

根据表2焊缝积液指标可得，当气体流速达到8m/s时，不同的含水率时，随管道倾斜角度变大，焊缝积液区域减小的趋势，并且，在每种倾斜角度下，含水率为0.03%时，焊缝积液区域最大，含水率为0.06%和0.09%时，焊缝积液区域变化不明显。当流速达到12m/s时，在低含水率(0.03%)下，当管道倾斜角度为10°时，焊缝积液区域最大，随管道倾斜角度增大，焊缝积液区域减小；当含水率增大至0.06%、0.09%后，随管道倾斜角度增大，焊缝积液区域增大。当流速继续增大，达到16m/s时，在低含水率(0.03%)下，管道倾斜角度为10°时，焊缝积液最少，倾斜角度为20°时，焊缝积液区域最大；在含水率增大至0.06%和0.09%后，随管道倾斜角度增大，焊缝积液区域呈减小的趋势。

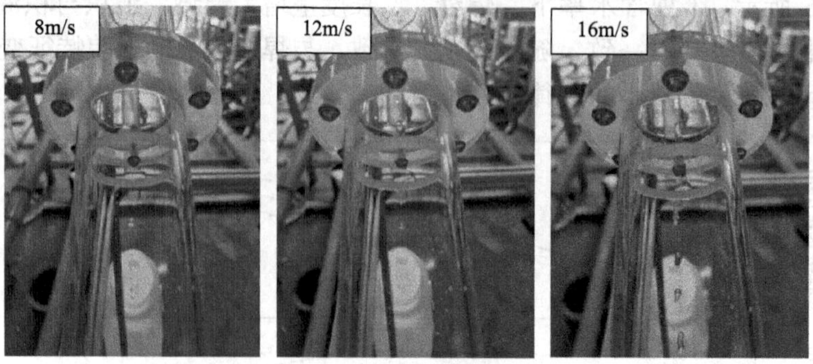

(a)含水率0.03%

(b)含水率0.06%

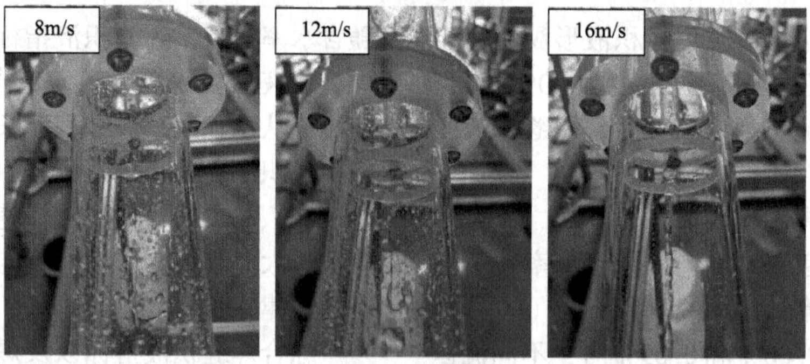

(c)含水率0.09%

图7 倾斜角度30°，不同含水率、不同流速下焊缝积液情况

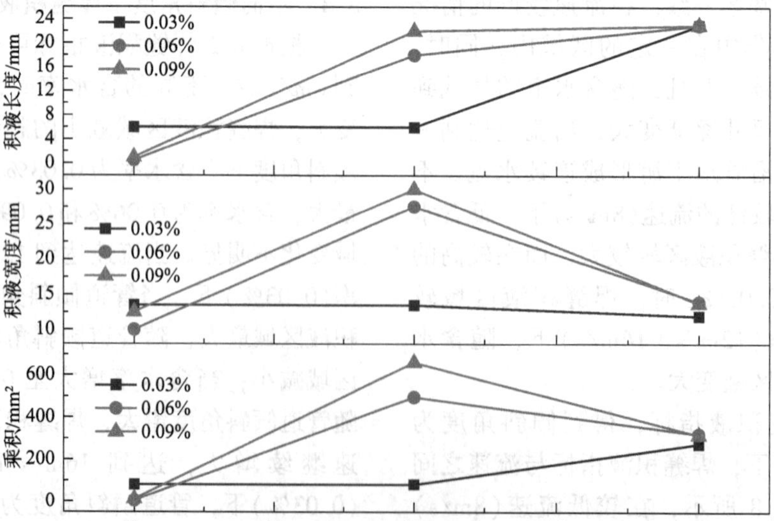

图8 倾斜角度30°，不同含水率下焊缝积液指标与气体流速的关系曲线

4　结论

(1)在天然气中含有一定量的水的情况下，天然气管道内部焊缝部位能够形成积液，积液区域位于焊缝沿气流方向的后方位置，积液区域的大小与管道倾斜角度、含水率、气体流速等多种因素有关。

(2)随着气体流速增大，不同含水率，不同倾斜角度下，管道底部液体形态及焊缝积液区域的变化规律基本一致，即管道底部的液体由分散的液滴状态逐渐形成连续的流动状态，焊缝积液形态由局部区域形成连续流动区域，不同之处在于，在较低含水率(0.03%)时，焊缝积液受气流扰动明显，积液区域不能形成稳定的连续流动区域。

(3)每种倾斜角度下，在高流速下，随含水增加，焊缝区域呈增大趋势；在倾斜角度为10°、20°时下，在高含水率时，随气体流速增大，焊缝积液区域呈增大的趋势，倾斜角度为30°时，焊缝积液区域呈先增大后减小的趋势；在高含水率下，流速12m/s时，随着倾斜角度增大，焊缝积液区域基本呈增大趋势，流速16m/s时，随着倾斜角度增大，焊缝积液区域基本呈减小趋势。综合所有实验数据，在倾斜角度30°、含水率0.09%、气体流速12m/s时，焊缝积液区域最大。

参考文献

[1]朱方辉，周志平，吴学虎，李琼玮，李明星，刘伟，等．长庆气田集输管道内腐蚀直接评价技术优化．油气储运，2021，40(8)：925－931.

[2]龙雄云，刘环宇，张伟等．姬塬油田管道腐蚀机理分析研究．材料保护，2020，53(10)：142－148.

[3]宋超，段鹏飞，李森．流体介质在天然气管道内腐蚀点积存的数值模拟．世界科技研究与发展，2016，38(3)：561－563.

[4]GB/T 34349—2017 输气管道内腐蚀外检测方法．

[5]RYDER J，TILEKAR J，SRINIVASAN S，et al. Advanced internal corrosion direct assessment methodology for wet gas/dry gas pipelines. San Antonio：CORROSION 2014，2014：NACE－2014－4276.

[6]VERA J R，MOGHISSI O C，NORRIS L. Improved critical angle equation broadening direct applicability of ICDA for normally dry natural gas pipelines. San Diego：CORROSION 2006，2006：NACE－06183.

[7]谢飞，李佳航，王国付等．天然气管道内腐蚀直接评价方法的改进．油气储运，2022，41(2)：219－226.

[8]董培林，孙晓阳，曹学文．湿气管线内腐蚀直接评价方法的应用研究．腐蚀防护，2017，36(11)：87－91.

[9]粟紫葳．湿天然气管道积液特性研究：[学位论文]．西安：西安石油大学，2015.

[10]沈伟伟，邓道明，刘乔平等．天然气管道积液临界气速预测模型研究进展．油气储运，2020，39(10)：1109－1115.

L360N 热煨弯管开裂原因分析

周少坤[1]　刘艳贺[1]　刘长征[1]　张新军[2]

[1. 中国特种设备检测研究院，北京　100013；2. 中特检管道工程(北京)有限公司，北京　100013]

摘　要：通过断口解剖分析、金相组织分析、理化性能检测等手段，对某 L360N 失效弯管的开裂原因进行了分析。结果表明：该热煨弯管的金相组织为马氏体和少量贝氏体，与 L360N 正常的正火组织(铁素体 + 珠光体)不符。马氏体组织脆而硬的特性造成管体材料的硬度、屈服强度、抗拉强度均远高于标准要求，断后延伸率远低于标准要求，这是造成弯管失效开裂的内在主要原因。

关键词：L360N；金相组织；裂纹；力学性能；热煨弯管

Analysis of the Causes of Crack in the L360N Hot – bending Bend Pipe

ZHOU Shaokun, LIU Yanhe, LIU Changzheng, ZHANG Xinjun

[1. China Special Equipment Inspection And Research Institute, Beijing 100013, China;
2. China special inspection Pipeline Engineering (Beijing) Co., Ltd, Beijing 100013, China]

Abstract: The causes of the crack of a L360N elbow pipe were analyzed by weld anatomical analysis, physical and chemical performance tests, and metallographic structure analysis, etc. The results show that the metallographic structure of the hot – bending bend pipe is martensite and a small amount of bainite, which is inconsistent with the normalized structure (ferrite + pearlite) of L360N. The hardness, yield strength and tensile strength of the pipe are much higher than the standard requirements due to the brittle and hard characteristics of the martensite structure, and the elongation after fracture is lower than the standard requirements, This is the internal main reason for the failure of hot – bending bend pipe.

Key words: L360N; Metallographic structure; Crack; Mechanical property; Hot – bending bend pipe

热煨弯管是天然气管道的重要组成部分，广泛应用于各类管道的建设中，起改变介质流向和改善局部管道受力状态的作用，因此与直管道相比，其受力状态更加苛刻，风险更高，是管道系统中相对薄弱的环节[1-2]。

某天然气公司位于山坡底部的一处弯管发生泄漏，经过现场开挖检测，在弯管母材的中性侧发现了一条轴向裂纹，该失效弯管为 51°无缝热煨弯管，制造方法为热轧 + 正火，管线材质为 L360N，3PE 防腐，服役期间无压力波动及维修情况。本文通过断口解剖分析、金相组织分析、理化性能检测等手段对该弯管的开裂原因进行了分析。

1　裂纹解剖分析

以裂纹为中心，采用线切割的方式，四边距缺陷 100mm 割下缺陷区域，裂纹内外表面形貌如图 1 所示，主裂纹长 262mm，距主裂纹左端 130mm 处出现裂纹分支，长度为 129mm，并在裂纹左端存在长 20mm 的金属缺失。

作者简介：周少坤(1991—　)，硕士，工程师，主要从事压力管道失效分析及相关技术研究，E – mail：beikekunzai@163.com

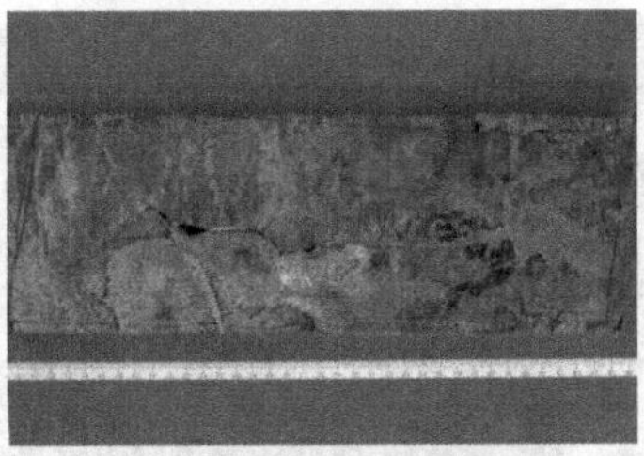

图1　裂纹区域形貌

去除裂纹区域防腐层，在液氮下，沿着裂纹将断口打开，制取断口试样。打开后，在裂纹左端及分支处各发现一条分支裂纹，打开后裂纹区域形貌如图2(a)所示，将试件表面清洗后，在裂纹区域可见两道月牙状外伤压痕，应是外力所致，如图2(b)所示。

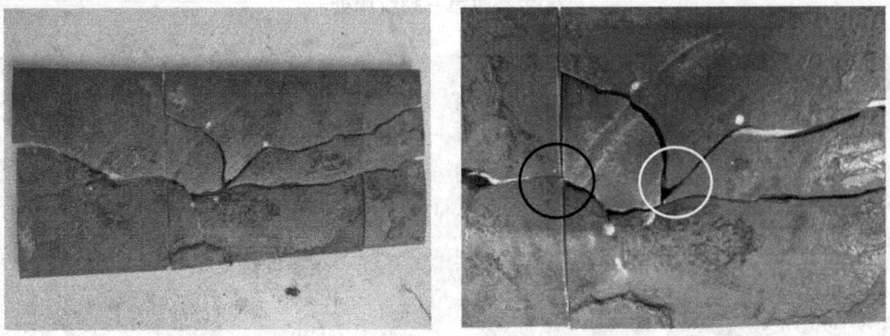

(a)裂纹形貌　(b)压痕形貌

图2　打开后裂纹区域形貌

对裂纹断口进行清洗后，裂纹断口宏观形貌如图3所示，可见较为清晰的人字纹和放射状条纹[图3(a)]，为典型的脆性断裂。根据裂纹起源区的特征，在主裂纹上可以找到2个裂纹源，图2(a)圆圈处，即主裂纹金属缺失位置为第一个裂纹源，裂纹源形貌如图3(b)所示，起裂点位于试样外表面，呈发散状向两侧扩展，综合考虑外表面压痕，怀疑此处由于外力形成起裂点，并在此处沿管子轴向向两侧扩展。图2(a)白圈处为第二个裂纹源，裂纹源形貌如图3(c)所示，为多点起裂，裂纹从外表面起裂，向内壁扩展。分支裂纹如图3(d)所示，同样由外表面向内壁扩展，但并未穿透整个壁厚。

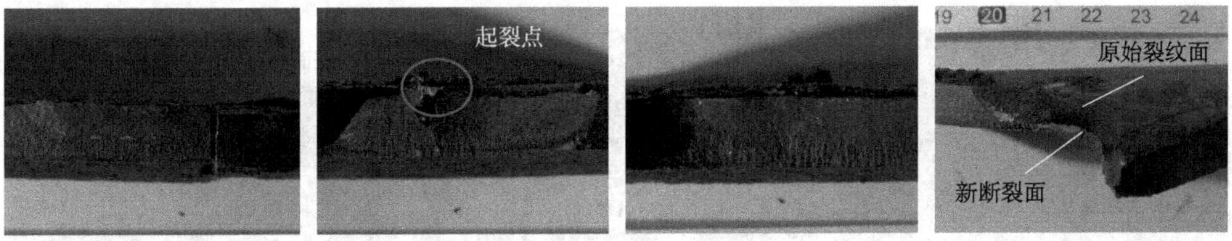

(a)人字纹形貌　(b)主裂纹第一起裂点形貌　(c)主裂纹多点起裂形貌　(d)分支裂纹形貌

图3　裂纹断口宏观形貌

2　金相组织分析

2.1　管体金相组织分析

金相分析取样位置如图4所示，在主裂纹第一裂纹源(a点)、多点起裂位置(b点)、以及左右分支裂纹裂纹位置(c、d点)各取一金相试样，经机械抛光和化学侵蚀后观察金相组织。

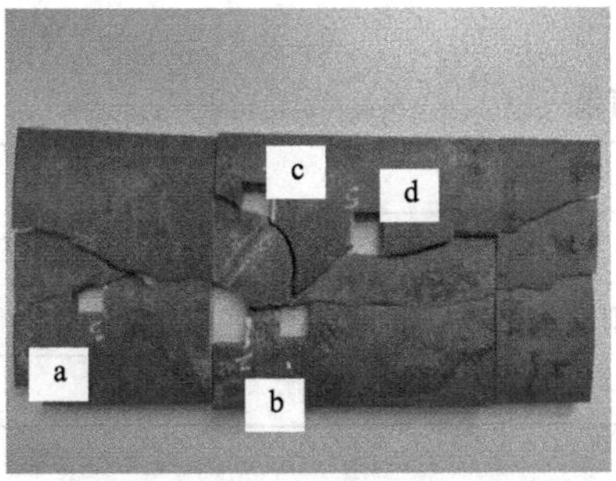

图4　金相分析取样位置

裂纹附近金属的显微组织形貌如图5所示，图5(a)为主裂纹第一裂纹源处金相组织，由外表面至内表面基体组织均以马氏体和少量贝氏体为主。图5(b)为主裂纹多点起裂位置金相组织，近外表面主要为马氏体+贝氏体+铁素体，中部和近内表面均为马氏体+贝氏体。图5(c)为左侧支裂纹横截面金相组织，均为马氏体和少量贝氏体。图5(d)为右侧支裂纹横截面金相组织，近外表面及中部均为马氏体+贝氏体，近内表面为贝氏体+马氏体+铁素体。

综上所述，所有裂纹区域附近的金相组织均以马氏体和少量贝氏体为主，这与正常L360N的正火组织(铁素体+珠光体)不相符，应是热处理工艺不当所致。

(a)主裂纹第一裂纹源处

(b)主裂纹多点起裂处

(c)左侧支裂纹处

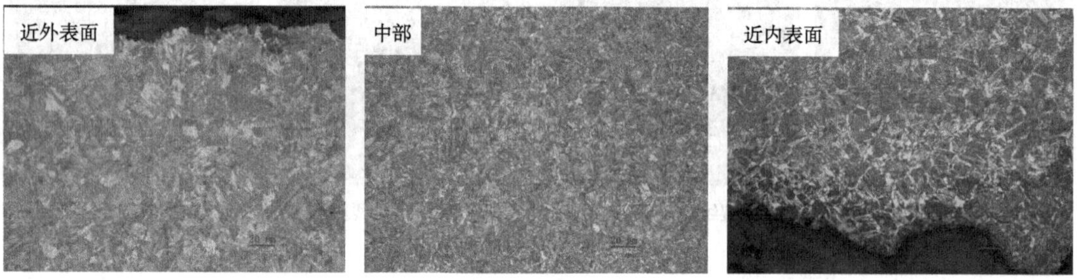

(d)右侧支裂纹处

图 5　显微组织形貌

2.2　非金属夹杂物分析

按照 GB/T 10561—2005《钢中非金属夹杂物含量的测定 标准评级图显微检验方法》，对送检管段进行夹杂物分析，测量结果如表 1 所示，其中硫化物类夹杂物为 2 级、球状氧化物类夹杂物为 1 级，总体没有超过 3 级的非金属夹杂物，即该钢材坯料的冶炼过程中对原材料非金属夹杂物的控制合格。

表 1　非金属夹杂物测试结果

夹杂物类别								
A 类		B 类		C 类		D 类		DS 类
粗	细	粗	细	粗	细	粗	细	—
—	2	—	—	—	—	—	1	—

3 理化性能分析

3.1 化学成分分析

按照 GB/T 4336—2016《碳素钢和中低合金钢多元素含量的测定 火花放电原子发射光谱法》对弯管进行化学成分分析，结果如表 2 所示，各元素含量均满足 GB/T 9711—2017《石油天然气工业管线输送系统用钢管》的要求

表 2 化学成分分析结果　　%（质量分数）

元素	C	Si	Mn	P	S	V	Nb	Ti	Cu	Ni	Cr	Mo	B
分析结果（%）	0.165	0.316	1.280	0.0163	0.0037	0.036	0.007	0.004	0.009	0.029	0.073	0.006	0.0005
GB/T 9711—2017 相关要求	0.24	0.45	1.40	0.025	0.015	0.10	0.05	0.04	0.50	0.30	0.30	0.15	0.001

3.2 冲击韧性

按照 GB/T 229—2007《金属材料 夏比摆锤冲击试验方法》对弯管进行夏比冲击试验。在 0℃ 和室温下（22℃）各进行一组夏比冲击试验，每组 3 个周向"V"型缺口冲击试样（5mm × 10mm × 55mm），试验结果如表 3 所示，整体韧性很低。一般情况下，目前 L360 级别的管线钢管的夏比冲击韧性都在 100J 以上。

表 3 管体材料夏比冲击试验结果

试验温度/℃	冲击吸收功 KV_2/J			平均值/J
22℃	21	21	21	21
0℃	17	20	14	17

3.3 硬度测试

按照 GB/T 4340.1—2009《金属材料 维氏硬度试验 第一部分：试验方法》，对弯管材料进行硬度测试，测试位置为管道内、外表面以及横截面的近外表面、壁厚中心、近内表面，每个位置测试 3 点，测试结果见表 4 和图 6，管体越靠近外表面硬度越高，最大值为 452，最小值为 379，远高于 SY/T 5257—2012《油气输送用感应加热弯管》的要求。

表 4 管体材料维氏硬度测试值

测试位置	外表面			近外表面			壁厚中心			近内表面			内表面		
硬度值（HV10）	测点 1	测点 2	测点 3	测点 1	测点 2	测点 3	测点 1	测点 2	测点 3	测点 1	测点 2	测点 3	测点 1	测点 2	测点 3
	447	435	452	398	434	432	383	410	413	400	426	428	379	388	399
SY/T 5257—2012	硬度值不超过 300（HV10）														

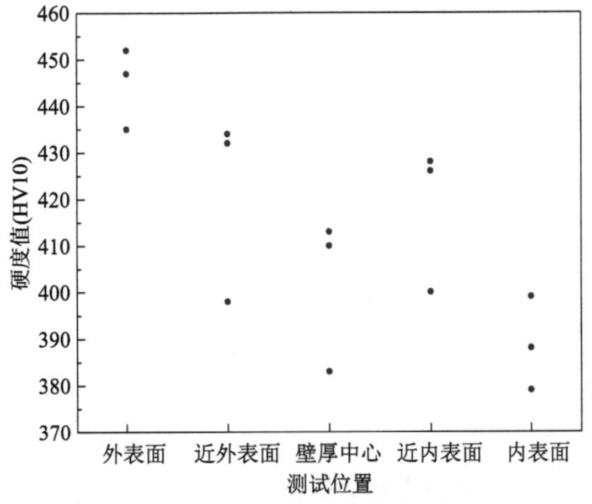

图 6 管体材料维氏硬度测试值

3.4 拉伸性能

在弯管管体上制取 3 个横向板状拉伸试样，按照 GB/T 228.1—2010《金属材料 拉伸试验 第 1 部分：室温试验方法》进行拉伸性能测试，测试结果如表 5 所示，该弯管的抗拉强度和屈服强度均远高于标准要求的上限值，断后延伸率均远低于标准值。

4 分析与讨论

天然气管道弯管失效案例统计分析表明，造成弯管失效的原因总共有四类[3-5]：

（1）原材料缺陷，即热轧无缝管的钢坯中存在夹渣。

（2）热煨工艺不当导致的管体存在马氏体，组织异常；

（3）热煨工艺不当使钢管受到铜污染发生铜脆开裂。

表5 拉伸试验结果

试样编号	取样方向	试验温度/℃	规定总延伸强度 $R_{t0.5}$/MPa	抗拉强度 R_m/MPa	屈强比	断后伸长率 A/%
1#	周向	22	703	970	0.72	10.0
2#	周向	22	847	1015	0.83	10.5
3#	周向	22	729	930	0.78	9.0
GB/T 9711—2017 相关要求	—	—	360~530	460~760	≤60~7	≥19.15

(4)服役环境导致内表面腐蚀、冲蚀减薄。

以上分析表明，该弯管管体材料中不存在超规格的非金属夹杂物及条带状组织，且管体内壁不存在腐蚀减薄情况，因此热煨工艺不当是其失效的主要原因。正常的L360N正火组织应为珠光体和铁素体，而该弯管管体组织以马氏体为主，马氏体的脆硬特性会导致管材韧性变差，抗脆断能力不足[6-8]。这与本文弯管的强度和硬度高、韧性和塑性差的力学性能分析结果相一致，且断口多处起裂，呈明显的脆性断裂特征，断口解剖分析结果和理化性能结果相吻合。

5 结论及建议

(1)该弯管管体材料金相组织均为马氏体和少量的贝氏体，这与L360N正常的正火组织不符。微观组织造成该弯管硬度、抗拉强度和屈服强度过高，韧性和断后伸长率较低，其力学性能均不满足标准要求。

(2)弯管材料组织异常、性能不合格是造成失效的主要内在原因，造成裂纹处管体表面压痕的外力冲击是外在原因，在二者共同作用下导致管材开裂。

建议弯管供应商改进弯管热煨制过程的生产工艺。建议建设单位加强管材入厂质量管控，同时对在役的同厂家、同批次的弯管质量进行排查，防止同类失效事故的发生。

参考文献

[1]陈强．某油气输送管道用L415M材质热煨弯管焊缝开裂原因分析[J]．清洗世界，2021，37(04)：8-9.

[2]李丽锋，张哲，常大伟，朱丽霞，武刚，张庶鑫．某热煨弯管开裂原因分析[J]．石油管材与仪器，2019，5(03)：38-41.

[3]仝珂，谢学东，李亮，朱丽霞，何小东．油气输送用弯管失效原因及典型案例分析[J]．石油管材与仪器，2016，2(01)：46-49.

[4]李平全．油气输送管道失效事故及典型案例[J]．焊管，2005(04)：76-84+92.

[5]潘鸿，吕文涛，钱英豪，戴利军．L360钢级弯管开裂失效分析[J]．热加工工艺，2016，45(08)：253-255.

[6]胡洁梓，杨点中，郑宏晔，陈小林，张小菊．天然气管道弯管开裂原因分析[J]．压力容器，2019，36(03)：65-68+64.

[7]单广斌，刘小辉，亓婧，翟良云，王延平．天然气管道开裂失效分析[J]．压力容器，2013，30(11)：47-51.

[8]宋耀民，张亦良，王晶，刘清泉．天然气管道开裂的原因[J]．机械工程材料，2016，40(01)：88-92.

常压储罐壁板典型腐蚀案例安全分析

孟庆元[1] 李永健[1] 郭 洪[2]

（1. 中国石油天然气股份有限公司华北石化分公司，沧州 062552；
2. 中国特种设备检测研究院，北京 100029）

摘 要：常压储罐壁板在使用过程中会出现保温层下腐蚀、气液相交界处内腐蚀、防腐层破损致壁板腐蚀，随着使用时间的推移，腐蚀情况加剧，可能出现穿孔或变形等严重缺陷，给储罐使用带来较大安全隐患。本文拟通过列举壁板腐蚀案例，综合分析储罐安全使用状况。

关键词：常压储罐；壁板腐蚀；安全分析

Safety Analysis of Typical Atmospheric Tank Wall Plate Corrosion Cases

MENG Qingyuan[1], *LI Yongjian*[1], *GUO Hong*[2]

(1. PetroChina North China Petrochemical Company, Cangzhou 062552, China;
2. China Special Equipment Inspection & Research Institute, Beijing 100029, China)

Abstract: The wall panels of atmospheric storage tanks may experience corrosion under the insulation layer, internal corrosion between gas and liquid, and damage to the anti-corrosion layer, resulting in wall panel corrosion. Over time, the corrosion situation intensifies and serious defects such as perforation or deformation may occur, posing significant safety hazards to the storage tank during use. This article aims to comprehensively analyze the safe use of storage tanks by listing cases of wall panel corrosion.

Key words: Atmospheric storage tank; Corrosion of wall panels; Safety analysis

1 保温层下腐蚀

1.1 腐蚀情况描述

某储罐现场，由于基础平台高于密封部位，在密封开裂的情况下，保温层进入水后无法及时蒸发排出，当罐壁金属温度没有超过水快速蒸发的温度时，温度较高，腐蚀速率较大，导致出现壁板保温层下腐蚀。腐蚀长度约1100mm，剩余最小壁厚5mm，壁板内凹深度约9mm。罐体参数信息见表1，具体现场图片见图1～图4。

表1 某储罐参数信息

油罐内径	罐壁高度	材质	介质	相对密度	一层壁板公称厚度	一层壁板最小厚度	操作温度	许用应力	焊接系数	投用时间
23762mm	12530mm	Q235-A	油浆	1.0115	12mm	5mm	76.8℃	157MPa	取0.9	1986年

1.2 安全分析

根据SY/T 6620—2014《油罐的检验、修理、改建及翻建》4.3.2和4.3.3[2]，腐蚀长度 $L>1016mm(40in)$，当罐壁厚度不满足实际最小厚度

作者简介：孟庆元(1969—)，男，高级工程师，中国石油天然气股份有限公司华北石化分公司首席专家，主要从事炼化设备管理工作。

时，可按照4.3.3.2 a)b)两个公式进行反算，导入表1相关储罐参数信息，计算出允许液位高度，将公式转化成国标，得如下：

$$H_{\max}=\frac{[\sigma]_t\varphi t_{\min}}{4.9DG}=\frac{157\times0.9\times5}{4.9\times23.762\times1.0115}=5.9988\text{m}$$

式中 G——储液相对密度(取储液与水密度之比)；

$t_{\min}$——1层罐壁任意位置的最小厚度，mm；

$[\sigma]_t$——使用温度下钢板的许用应力，MPa；

φ——焊接接头系数取 $\varphi=0.9$；

D——油罐内径，m。

L——在局部不连续处其环向应力假定为“求得平均值”的最大垂直长度(被腐蚀区域的实际垂直长度可以超过L)mm。

图1　壁板根部保温层下腐蚀图

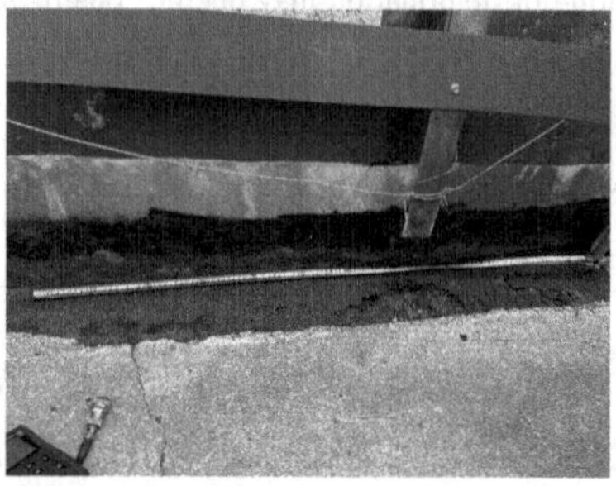

图2　壁板局部腐蚀长度约1100mm

图3　壁板腐蚀内凹

图4　壁板腐蚀内凹约9mm(扣除直尺厚度2mm)

上述储罐壁板局部腐蚀超过标准的区域，通过计算得出最高允许操作液位5.9988m，需监控使用[3]。在使用过程中需加强巡检、进出料速率需较正常时小，同时监控基础沉降，增设牺牲阳极系统，做好防腐和排水措施防止腐蚀状况进一步加剧等，必要时更换板材。针对保温不方便拆卸的情况，可以增加脉冲涡流的检测，以便定期监测腐蚀区域。

2　气液交界内腐蚀

2.1　腐蚀情况描述

储罐内壁有两个关键的腐蚀部位：一是介质液位波动区域(即在介质和空气交界面附近)，一是在底部焊缝向上的0～300mm范围内。下面针对第一种腐蚀情况进行具体分析。在罐壁液位波动处，可形成氧浓差电池，造成腐蚀，其原因是介质液相与介质上方气相空间氧气浓度不同。也可形成垢下腐蚀，原因是液面波动区域，干湿状况频繁交替，沉淀物在此堆积，从而形成垢下腐蚀。液面的变化和搅动，罐体进料和出料过程中，两种因素的腐蚀会更加迅速。

某滤后水储罐现场，拱顶储罐内部气液相交界处腐蚀穿孔，导致介质泄漏，储罐停用。滤后水储罐内腐蚀现象普遍存在，在储罐气相空间内，由于硫化氢、二氧化碳等气体的存在主要发生化学腐蚀，加之上部气相空间内存在水蒸气，导致腐蚀加剧；储水部位主要是由于滤后水中硫化物等介质的存在对罐壁造成腐蚀。现场照片详见图5和图6。

图5　外部壁板气液相位置腐蚀穿孔

图6　内部壁板气液相位置腐蚀穿孔

2.2　安全状况分析

从图5、图6可见第五层壁板内部气液相交界处出现多处泄漏，因为介质中存在易挥发易燃物质，在储罐使用过程中有出现闪爆可能，综合考虑，该储罐已办理停用。针对不挥发且不易燃的介质，如果工艺有要求且不影响生产的前提下，可以控制储罐液位继续使用，具体高度需经过计算，但泄漏部位也需要用相应化工胶进行粘补，避免雨水进入后腐蚀加剧。

储罐壁板内腐蚀主要是电化学腐蚀导致的，解决方案需要从阻止电化学发生上入手。如控制介质成分及含量（含水量、含盐量、含硫量等）[4]，重点监控气液相交部位，做好内壁防腐或添加内衬，控制进出料速度，加强日常巡检，利用高频导波检测监控腐蚀状况。

3　防腐层破损致壁板腐蚀

3.1　腐蚀情况描述

防腐层失效是腐蚀发生的必要条件。良好的涂层是防腐蚀的第一道防线，完好的涂层可提供99%的保护，而剩余的1%则由阴极保护等提供。现场图7和图8显示一层壁板防腐层已破损致壁板腐蚀，公称厚度18mm，最小15.4mm，在上次检验(6年前)未发现相关问题，局部平均腐蚀速率达到了较大的0.43mm/a。究其原因，主要可能是防腐层大修时表面涂层未清理干净就进行涂敷施工，说明在储罐修理过程中，腐蚀整改不到位，面漆刷涂后会存在无法很好贴合壁板的情况，导致雨水或空气中的水蒸气进入。在大气腐蚀条件下，腐蚀产物的存在还会与壁板形成原电池，铁锈层在湿润条件下，可以作为强烈氧化剂而起作用，锈蚀会加剧。在整个罐组群中，有5台储罐出现相似情况，说明该现象不是个例。

图7　壁板防腐层破损致腐蚀

图8　壁板实测最小值

3.2　安全分析

虽然上述腐蚀未超过SY/T 6620—2014《油罐的检验、修理、改建及翻建》4.3.2的相关要求，不影响储罐正常使用。但这种腐蚀仍亟需处理，否则腐蚀进一步加剧，需清理全部腐蚀点，打磨处理，严重部位需补焊，补焊后应进行埋藏缺陷检测，检测合格后方可刷涂[5]。

如果短期内未进行处理，储罐应进行定期检测监控。控制进出料速率及频率，减小壁板根部瞬时应力，防止因局部腐蚀致储罐壁板局部变形。

4　结论

保温储罐由于保温层设置不当、保温材料选择不当、防腐施工管控不严、所处环境不同等因素易导致保温层下罐壁产生腐蚀。由于保温罐体罐壁发生腐蚀，长期且隐蔽，从而影响罐体的安全和平稳运行。使用单位应从罐体的设计、施工及定期检查、检验等环节入手，优化罐体保温层安装方式，提高防腐施工质量，加强管控，使保温层下罐壁腐蚀速率降到最低，达到保温罐体长周期运转的要求[6]。

罐壁液位波动处易发生电化学腐蚀及垢下腐蚀。使用单位应做好内防腐，控制液体含盐量，防止内部结垢，控制液位变化及进出料情况，阻碍储罐气液相交界处腐蚀。必要时应使用爬壁机器人监测各母线储罐的壁板腐蚀状况。

腐蚀层破损致壁板腐蚀。使用单位应控制防腐涂层施工质量，已发生腐蚀的储罐应加强巡检，及时维修，消除隐患。

参考文献

[1]郭洪，邢述，程永航，王十．大型常压储罐底板失效案例分析[J]．石油化工腐蚀与防护，2020，37(02)：46－48.

[2]SY/T 6620—2014，油罐的检验、修理、改建及翻建[S]．北京，石油工业出版社，2014.

[3]刘雪云；赵光连；钟诗胜；焦映厚；赵继俊．考虑腐蚀储罐底圈壁板的时变可靠度分析[J]．中国石油大学学报(自然科学版)，2013，(01)：119－124.

[4]邝吉贵；申孝民；张乃昕．一种典型石脑油储罐的罐壁腐蚀分析[J]．中国石油和化工标准与质量，2020，(08)：47－48＋50.

[5]刘王卫；孙伟栋；孙庆辉．原油储罐壁板腐蚀原因分析及对策[J]．化学工程与装备，2013，(04)：76－77＋89.

[6]胡永；袁胜强．常压立式钢制保温储罐罐壁腐蚀原因分析及防范措施[J]．科学技术创新，2023，(14)：77－80.

硅基新材料装置冷却器管箱接管角焊缝开裂失效分析

张德健

（中国石油天然气股份有限公司乌鲁木齐石化公司工程设备监督检测中心，乌鲁木齐　830019）

摘　要：本文针对某硅基新材料装置一冷却器管箱接管角焊缝部位在试车运行中发生开裂泄漏原因进行了深入研究。通过对管箱封头及接管材质、设计参数以及失效部位的详细分析，发现断裂现象主要由外力作用下导致的接管断裂引起。实验结果显示焊缝开裂处未发现焊接缺陷，金相组织为奥氏体，化学成分符合相关标准。显微硬度检测显示接管硬度偏高但未发生开裂。综合分析认为，接管在外力作用下发生断裂，焊缝2处开裂部位在焊缝融合线应力集中部位由外向内延伸。

关键词：冷却器；管箱；接管；开裂；管线位移

Failure Analysis of Cracking at the Weld of the Inlet Pipe of the Cooling Box in a Silicon-Based New Material Device

ZHANG Dejian

（Engineering Equipment Supervision and Testing Center，PetroChina Urumqi Petrochemical Company，Urumqi 830019，China）

Abstract：This paper conducts an in-depth study on the reasons for the cracking and leakage of the angle weld at the junction of the cooling box inlet pipe in a silicon-based new material device during trial operation. Through detailed analysis of the material，design parameters，and failure site of the cooling box head and inlet pipe，it is found that the cracking phenomenon is mainly caused by the fracture of the inlet pipe under external forces. Experimental results show no welding defects at the crack in the weld，the microstructure is austenite，and the chemical composition meets relevant standards. Microhardness testing reveals that the hardness of the inlet pipe is high but no cracking has occurred. Comprehensive analysis indicates that the fracture of the inlet pipe is due to external forces，with cracks at two locations in the weld extending from the outside to the inside at stress concentration points along the fusion line.

Key words：Cooler；box；Inlet pipe；Cracking；Pipeline displacement

1　引言

换热器作为化工设备中的重要组成部分，其性能直接影响工艺生产效率和安全性。本研究针对某冷却器管箱筒体母材与接管部位的开裂泄漏现象展开深入分析，旨在探究失效原因并提出有效的预防和改进措施。通过对管箱材质、设计参数、工作条件以及失效部位的综合研究，为类似设备的设计、制造和运行提供有益参考，以确保设备安全稳定运行，促进工艺生产的持续发展。

2　失效件宏观检验情况

该冷却器管箱封头及接管材质均为S30408。管箱直筒段设计壁厚为10mm；入口接管公称直径DN450，采用16mm钢板卷制而成。换热器管程设计压力：1.0/－0.05MPa(G)，设计温度：150℃；换热器管程工作压力：0.38MPa(G)，工作温度：83.6℃(入口)/73.5℃(出口)。管程工作介质：三氯氢硅，壳程工作介质：循环水。该设备开机循环10h发生失效。

对委托方所提供的试样进行观察，裂纹出现

作者简介：张德健(1981—　)，本科学历，工程师职称，2008年至今一直从事特种设备检验检测，理化检验方面的工作。E－mail：8433670@ qq. com

在筒体母材与接管的连接焊缝处，开裂在筒体母材一侧(见图1)。通过对断口陈旧及新鲜的程度判断，起裂点为筒体与接管T型接头熔合线处，由外壁向内壁扩展。外观检查，发现起裂源为多源状态，呈环向分布，有部分未穿透。断口出现阶梯，说明不是一次断开造成(见图2)。

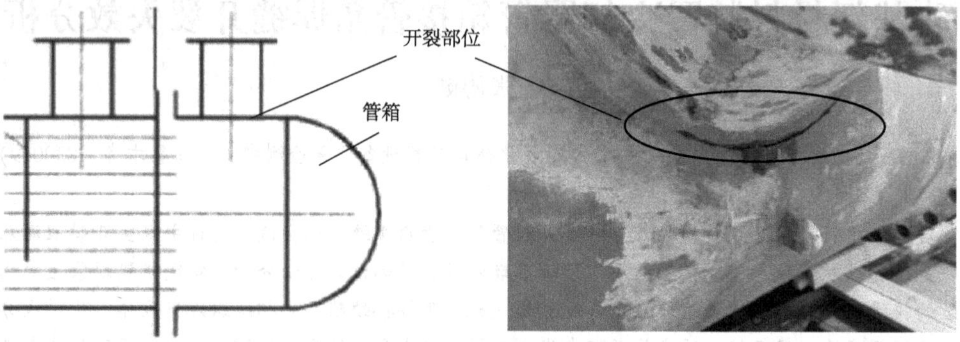

图1　开裂部位

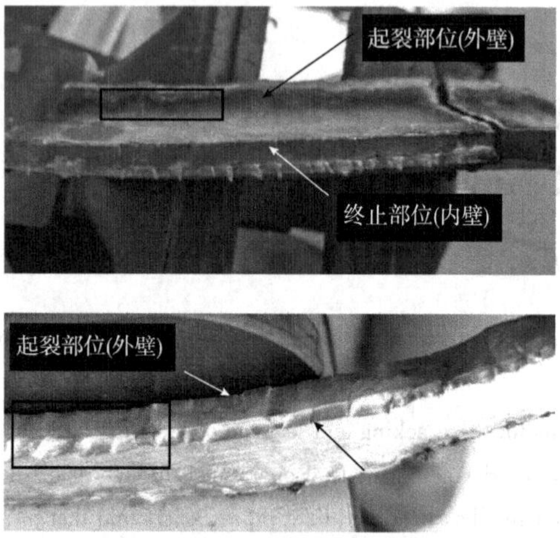

图2　管程封头侧与焊缝连接部位宏观断口形貌

3　金相检验

3.1　断口部位金相

取样部位在断口台阶处，经镶嵌、打磨、抛光及侵蚀，1号部位金相组织组织为奥氏体，部分组织出现因管程母材受拉所引起的流线带状痕迹。2号部位金相组织组织为奥氏体，流线带状不明显(见组图3)。二次断裂后向母材方向发展。

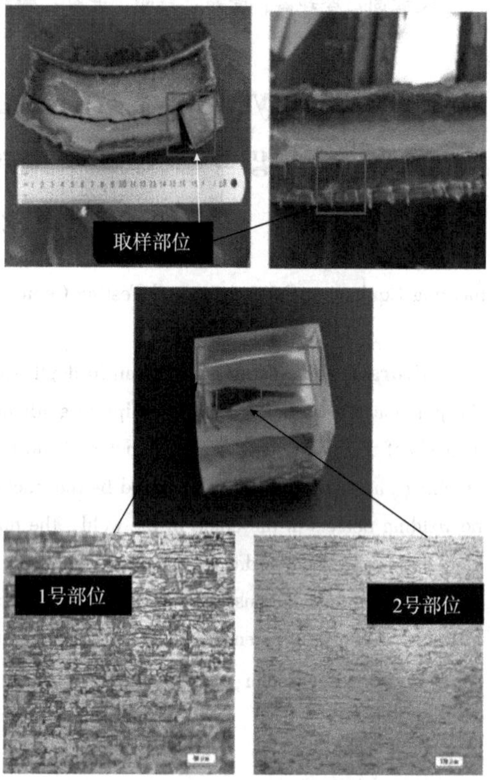

图3　(组图)断裂台阶部位说明

3.2　横截面部位金相

对式样横截面进行金相检验，各部位名称见图4，在其截面取样制样，其中接管部位JX－23－015/3点的金相组织为：奥氏体(见图5)。焊缝部位JX－23－015/4点的金相组织为：奥氏体＋δ铁素体(见图6)。管程封头JX－23－015/5点的金相组织为：奥氏体(见图7)。

样品在机加工过程中，有一块试样裂纹已消磨，故不能说明问题。在其旁边有裂纹部位再取一块试样制样，可见两处裂纹均沿熔合线部位延伸。裂纹的在母材区域的金相点金相组织为：奥氏体(图8)，裂纹为穿晶形貌(图9)。

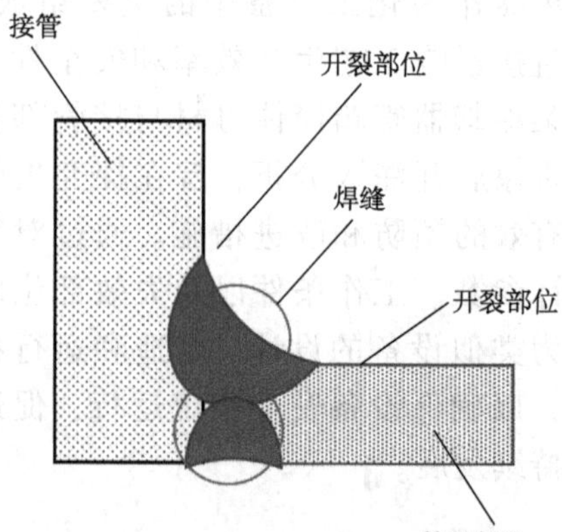

图4　试样截面部位说明

图5 接管部位金相组织(400×)

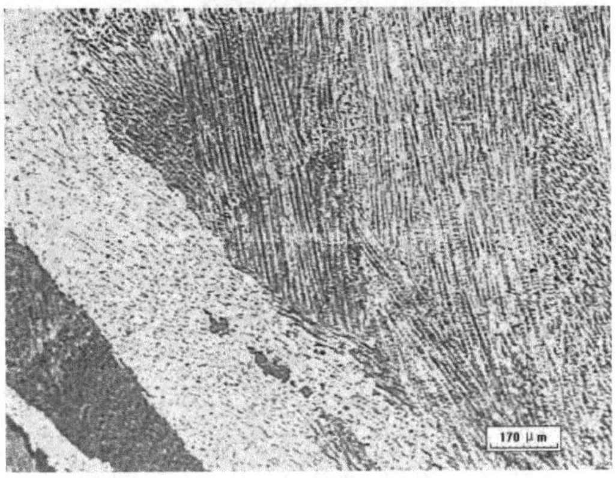

图6 焊缝部位金相组织(50×)

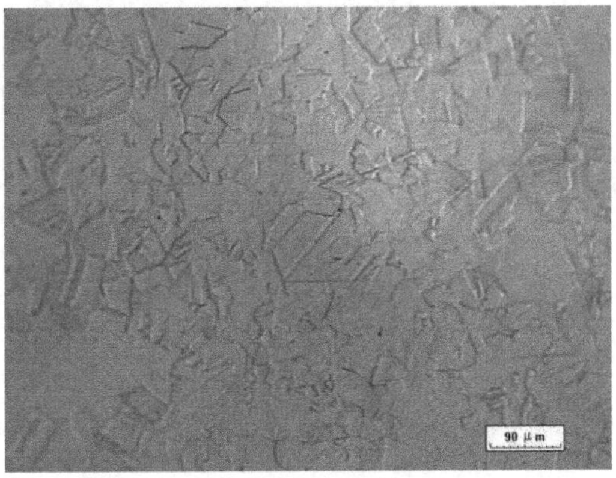

图7 管程封头金相组织(100×)

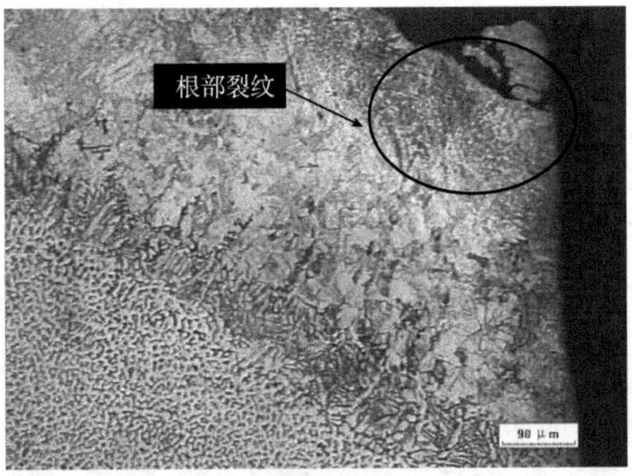

图8 裂纹部位金相组织(50×)

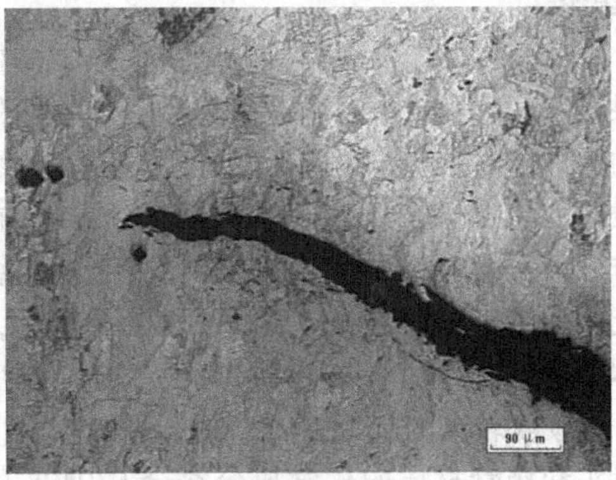

图9 金相组织(100×)

3.3 显微硬度检测

按照委托方提供硬度判定标准《承压设备用不锈钢和热钢钢板和钢带》GB/T 24511—2017 硬度为210(HV)，接管与管程封头硬度值偏高，焊缝部位硬度值基本正常(见表1)。因受外力挤压或拉伸的影响，试样硬度值与实际硬度值存在偏高的因素。

表1 显微硬度 HV0.1

检测部位	检测值1	检测值2	检测值3
接管	222.0	236.5	254.4
管程封头	215.5	210.2	218.3
焊缝	218.5	208.8	211.7

3.4 铁素体含量检测

按照委托方提供判定标准 GB/T 13305，铁素体含量无明确要求，以下铁素体含量值为试样实测值。

表2 铁素体含量实测值 Fe%

检测部位	检测值1	检测值2	检测值3
接管	0.1	0.2	0.1
管程封头	0.2	0.1	0.2
焊缝	8.8	8.7	9.2

3.5 光谱分析

对所送试样进行光谱分析，所测元素符合 GB/T 24511—2017《承压设备用不锈钢和热钢钢板和钢带》材质要求，见下表所示。

表3 光谱分析实测值 %

检测部位	Cr	Ni	Mn	Mo
接管	18.04	8.26	1.54	0.01
管程封头	18.14	8.32	1.05	0.52
焊缝	18.79	9.17	1.32	0.02

4 结论

焊缝开裂处未发现焊接缺陷。根据试样检测结果显示，管程封头完全断裂和接管焊缝两处开裂均由外向内扩展，焊缝两处开裂部位在焊缝融合线应力集中部位由外向内延伸，表明接管在外力作用下发生了断裂。检测到的试件金相组织为奥氏体，属于正常组织。显微硬度测试显示，奥氏体不锈钢在经过淬火或冷变形后，样品硬度偏高，但硬度较高的接管并未出现开裂或损伤。管程封头和接管材质的化学成分符合 S30408 的相关标准要求，焊缝金属等实验指标正常，与委托方提供的质量证明文件相符。

针对上述分析，建议做好如下几个方面的工作。对接管受到的外部力进行彻底检查，以了解断裂的具体原因，并采取措施减轻类似外力对设备的影响。考虑进行额外的测试或分析，进一步研究导致接管硬度偏高的因素，评估其对长期性能的影响。确保持续监测焊接过程，以保持类似设备中焊缝的质量和完整性，预防未来的故障。定期审查和验证材料成分和质量标准，以确保冷却箱及类似设备中零部件的可靠性和性能。

参考文献

[1] GB/T 13298—2015《金属显微组织检验方法》
[2] GB/T 6394—2017《金属平均晶粒度测定方法》
[3] T/IMPCA 0001—2021《化工装置钢铁及其制品中合金元素 X 射线荧光光谱分析方法》
[4] GB/T 4340. 1—2009《金属材料 维氏硬度试验第 1 部分：试验方法》
[5] GB/T 1954—2008《铬镍奥氏体不锈钢焊缝铁素体含量测量方法》

加工高有机氯原油产生的腐蚀及管控措施

韩 贺[1] 马岩军[1] 张玉丽[2]

（1. 乌鲁木齐石化公司炼油厂；2. 乌鲁木齐石化公司设备检验检测中心）

摘 要：随着某石化公司接收管输原油中有机氯含量的不断升高，导致部分装置因氯化铵结盐和氯离子应力腐蚀泄漏而被迫停工检修，而且高氯原油的加工对设备长周期运行埋下较大的隐患。因此，结合炼厂加工工艺流程，开展各装置高氯腐蚀流程调查，根据腐蚀机理，采取有效措施进行腐蚀防护。

关键词：有机氯；应力腐蚀；结盐腐蚀

Corrosion and Control Measures in Processing High Organochlorine Crude Oil

HAN He[1], MA Yanjun[1], ZHANG Yuli[2]

（The Oil refinery of Petrochina Urumqi Petrochemical Company, Urumqi, XinJiang, 830019, China
The Equipment Inspection and Testing Institute of Petrochina Urumqi Petrochemical Company, Urumqi, XinJiang, 830019, China）

Abstract: With the continuous increase of the organic chlorine content in the receiving pipeline crude oil of a petrochemical company, some units were forced to shut down for maintenance due to salt deposition of ammonium chloride and stress corrosion leakage of chloride ions, and the processing of high-chlorine crude oil on the long-term operation of equipment buried a larger hidden danger. Therefore, combined with the refinery process flow, carry out high chlorine corrosion process investigation, according to the corrosion mechanism, take effective measures to corrosion protection.

Key words: Organic chlorine; Stress corrosion; Salt corrosion

1 引言

某石化公司自2023年7月开始，由于管输原油有机氯含量大幅升高，稳定石脑油中有机氯分析异常升高至48.2mg/kg，下游60万t/a重整预加氢、100万t/a重整预加氢原料有机氯含量也上升至42mg/kg，超设防值15.94mg/kg。受加工高氯原油影响，相继出现60万t/a重整预加氢反应产物换热器E－101ABC和空冷器A－101发生腐蚀泄漏，100万t/a重整和60万吨/年重整装置预加氢高温脱氯罐脱氯剂失效出现连续重整装置进料氯含量不合格情况，因此，针对主要受影响装置常减压、催化裂化、焦化装置分馏塔顶以及催化重整、加氢装置反应器后换热器和空冷系统开展腐蚀机理调查，并且制定相应的防护措施。

2 高含氯原油来源及分布特点

2.1 有机氯来源

一般认为原油中主要为无机氯和有机氯，无机氯一般通过原油预处理和电脱盐工艺可以大部分脱除，有机氯化物主要来源于原油开采中使用助剂中小分子量二氯乙烷和二氯丙烷。原油本身有机氯含量很低，原油有机氯化物主要分布于石脑油组分；随着原料油劣质化，原油中氯含量不同程度上升，高氯原油中氯化物分析主要为5氯－2一甲基苯胺（沸点237℃），另有少量异构体、二氯甲基苯胺、一氯苯胺、二氯苯胺和三氯苯胺等，均为原油开采助剂[1]。

作者简介：韩贺（1989— ），工程师；大学本科；主要从事炼油工艺管理工作。E－mail：hanhws@petrochina.com.cn

2.2 有机氯分布特点

某石化原油正常情况下有机氯质量浓度小于2.0mg/L，其中50%～80%进石脑油组分，无机氯化物主要存在于蜡油和渣油等重馏分油中，而高含有机氯原油常顶汽油含氯较少，主要在常一、常二和常三线。

2.3 原油有机氯含量

采用不同分析方法进行原油中有机氯含量分析，通过分析可以看出，原油有机氯含量波动较大，最高含量实验仪表满量程无法检测，最低含量2mg/kg左右，平均值944mg/kg。某石化加工原油中有机氯含量从2mg/kg上升至944mg/kg。高氯原油有机氯的馏分所见图1和表1。

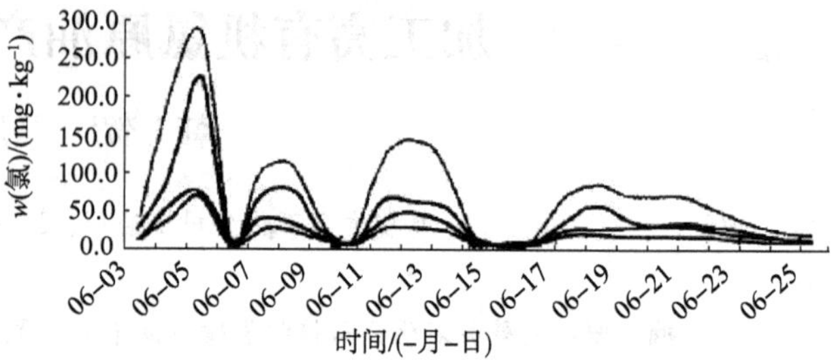

图1　高氯原油有机氯的馏分分布图

表1　原油中有机氯含量分析对比表

按照时间排列未知样本的名称、取样及评价日期——取样地点(对比流量计)	204℃前馏分有机氯/(mg/kg)		
	研究院ASTM D4929方法	炼厂化验室ASTM D4929方法	自治区质检院GB/T 18612方法
乌石化到岸王化线北疆—2023-8-26—00:30	14.03	13.56	14.38
乌石化到岸三化线东疆—2023-8-26—00:30	8.34	7.92	9.28
乌石化到岸王化线北疆—2023-8-26—17:30	7.62	6.95	8.49
乌石化到岸三化线东疆—2023-8-26—17:30	6.04	5.46	7.87
乌石化到岸王化线北疆—2023-9-9—17:30	636.34	900	633.93
乌石化到岸王化线北疆—2023-9-10—09:30	273.43	277.16	242.96
乌石化到岸王化线北疆—2023-9-10—17:30	28.06	33.65	27.77
乌石化到岸三化线东疆—2023-9-10—17:30	37.25	43.11	41.54
乌石化到岸王化线北疆—2023-9-11—17:30	2.98	1.72	1.78
乌石化到岸三化线东疆—2023-9-11—17:30	6.53	5.01	6.56
乌石化到岸王化线北疆—2023-9-12—09:30	2520.89	—	2686.3
乌石化到岸王化线北疆—2023-9-26—4:00	爆表	爆表	17003.05
乌石化到岸三化线东疆—2023-9-27—9:00	975.73	931.25	895
三常常顶铂料有机氯升高的倒查原油20:00相当于2023.10.2——20:00的北疆原油——对比流量计	爆表	爆表	10000

3 加工高氯原油对各装置腐蚀调查

3.1 常减压装置

对于常减压装置，由于氯含量上升，加重$HCl+H_2S+H_2O$腐蚀环境，导致塔顶低温部位发生露点腐蚀、酸腐蚀加剧。同时也会加速氯化铵盐结垢及垢下腐蚀，导致塔顶部、塔盘、顶循换热器、管道、阀门等部位发生堵塞，对于奥氏体不锈钢部位发生氯离子应力腐蚀开裂[2]。

3.2 加氢装置

由于加氢装置原料主要为常减压装置常一线、常二线、常三线馏分油，而随着原油中有机氯含量上升，导致加氢装置原料中氯含量上升，反应器流出物中由于氯化铵盐结晶，铵盐结晶对加氢装置的危害：①加氢高换结垢，堵塞换热器、管线，造成憋压泄漏，甚至重大事故。②使加氢换热压降、系统压降升高，换热效率降低，加热炉负荷增加，能耗增加，产品质量下降。③导致循环氢压缩机喘振，需要降量甚至停工处理。④设备、管道等腐蚀开裂等。⑤随着加氢高换换热器换热效率下降，管程压差上升[3]。

3.3 催化重整装置

催化重整加工过程中，原料为常减压装置直馏石脑油，经过预加氢处理，大部分的有机氯转化为氯化氢。含氧、硫及氮的化合物分别转化为水、硫化氢和氨。氯化氢与水、硫化氢可形成酸液，对设备造成严重的腐蚀。此外，氯化氢与氨形成氯化铵结晶造成设备和管线的堵塞。主要腐蚀部位：腐蚀预加氢系统的管线及设备；腐蚀蒸发脱水塔系统；腐蚀重整系统设备；氯造成设备、管路堵塞；氯影响重整催化剂的性能等。

3.4　催化裂化装置

在催化裂化装置中，原料中的氯在反应器中转变为 HCl，且原料中有相当一部分氮转变为 NH_3。当反应流物中 HCl 分压和 NH_3 分压足够高时，就会有 NH_4Cl 结晶析出，导致分馏塔塔顶设备和塔顶回流系统遭遇 NH_4Cl 腐蚀和结盐堵塞。

3.5　延迟焦化装置

延迟焦化原料主要为常减压装置渣油，原料渣油中的氯化物和氮化物在高温条件下发生分解生成 HCl 和 NH_3，部分 HCl 和 NH_3 生成 NH_4Cl，当分馏塔塔顶水蒸气温度低于露点温度时，会产生凝结水，NH_4Cl 溶于水形成 NH_4Cl 水溶液。该水溶液随塔内的液相回流，流到下一层塔盘，由于分馏塔内自上而下层塔盘的温度逐渐升高，液相内水分减少，盐会变得饱和并结晶析出，使 NH_4Cl 逐渐析出停留在塔盘、降液管、受液槽等处，造成部分塔盘及降液管结盐[4]。

4　采取措施

4.1　工艺防腐

4.1.1　加强原料管控

（1）原油

调整原油有机氯监测频次和范围，监测有机氯频次改为 2 ~ 10 批次/日，同时采取三段法（分别测量初馏 ~ 204℃、204 ~ 260℃和 260 ~ 360℃馏分总氯含量，折算为原油有机氯含量）抽样检测原油中有机氯含量变化。

为了消耗油田公司高氯原油库存，由油库进行混合，某石化公司驻站进行配合，按照不高于 1∶10 的比例进行高氯原油的掺炼，并根据实际情况调整高氯原油的掺炼比例。当出现有机氯含量超过 6mg/kg 时，各装置开始预警，每周对原油 204 ~ 260℃和 260 ~ 360℃总氯含量进行分析，分析超 1mg/kg 时进行预警。超预警后生产管理部通知原料办协调新疆油田公司及时进行高氯原油掺炼量调整。保证进常减压装置混合原油有机氯含量不超过 10mg/kg。

（2）重整原料

两套常减压装置稳定石脑油氯含量及混合重整原料氯含量分析频次调整为 3 次/d，当含量超 3mg/kg 时进行预警，根据数值进行混合配比，同时可以加注脱氯剂。确保稳定石脑油氯含量及混合重整原料氯含量分析≤5mg/kg。对重整预加氢原料氯含量进行监测，分析频率 2 次/日，出现超标联系调整原料配比，协调新疆油田公司及时进行高氯原油掺炼量调整。对预加氢高温脱氯反应器出口氯含量、精制油氯含量进行监测，分析频率 1 次/日，出现超标如经调整没有恢复，预加氢单元降低加工量至 60%。

（3）加氢原料

对各加氢装置原料总氯含量进行监测，分析频率 3 次/周，出现超装置设防值后，通过中间罐，调整原料配比，同时协调新疆油田公司及时进行高氯原油掺炼量调整。

（4）净化污水

污水汽提装置对原料水和净化水氯离子进行监测，分析频率 1 次/周。氯离子异常联系下游净化水使用装置，根据分析情况判断是否需要停用净化污水切换为除盐水。净化污水氯含量分析不超过 50mg/kg。防止各装置由于注水中氯含量高产生持续腐蚀。

4.1.2　注水注剂

（1）常减压装置

常减压装置根据腐蚀情况，及时调整塔顶注水、注剂量。通过 ASPEN – PLUS 模拟软件控制塔顶注入液态水含量 20% ~ 25%，塔顶 PH 控制 7 – 8，中和缓蚀剂注入量 4 ~ 5ppm。同时根据原油有机氯含量在电脱盐入口注入脱氯剂，加注量原则上控制 20 ~ 40ppm。确保塔顶酸性水 PH、氯离子、铁离子合格，重整稳定石脑油进料氯含量≤3mg/kg。

（2）加氢装置

①注水应采用除氧水，因为氧的存在可以加速 cl – 对奥氏体不锈钢的腐蚀。

②采用净化水作为注水时，尽量使用加氢装置酸性水汽提后的净化水，且净化水所占比例不能超过总注水量的 50%。

③注水方案上，在不同注水量、反应压力和氢油比条件下，反应流出物水露点可能在 NHCl 结晶点之上，也可能在 NH_4Cl 结晶点之下。为避免 NH_4Cl 结晶，应在 NH_4Cl 结晶之前注水，注水量应使注水后水的露点高于结晶点，且在结晶点处有足够的液相水。

④注入阻垢缓蚀剂，在 NH_4Cl 结晶温度前注入加氢专用阻垢缓蚀剂（高分子复合物），可以有效分散黏附在管壁上的硫氢化铵、氯化铵等盐垢，并阻止新的盐垢的形成，防止垢下腐蚀的发

生。注入的缓释剂本身不应含氯。

(3)重整装置

装置在预加氢反应产物空冷器进口管线中注人除氧水，溶解沉积在管线和设备中的铵盐，并从预加氢高压分液罐底部作为含硫污水排出。注水时必须注意注水的温度和注水量，脱盐水不能注在能使水汽化的高温部位，否则会使铵盐沉积于管线内，失去注水洗涤的作用。值得注意的是有水的存在会加剧腐蚀，不宜长期连续性注水。采用脱氯工艺，从根本上解决氯的腐蚀和堵塞。主要的脱氯技术有：催化脱氯技术、电化学脱氯技术和生物脱氯技术。

4.2 设备防腐

对易腐蚀部位加大测厚检测频次，采用红外成像检测(IR)技术对高压空冷结盐、偏流进行监控，在线腐蚀监测和脉冲涡流扫查检测等手段进行检测。

4.3 效果

通过制定一系列措施，两套常减压装置原油有机氯含量控制在≤6mg/kg，重整预加氢原料氯不大于3.0mg/kg，加氢原料氯含量均在设防止以内。通过定点测厚、在线腐蚀监测和脉冲涡流扫查检测，均没有发现腐蚀速率大于0.2mm/a，排除检测误差和部分异常数据，最大监测腐蚀速率0.115mm/a，整体腐蚀状况受控。

5 总结

通过对加工高氯原油管控措施的实施，主要生产装置原料设防值合格率有所提高，但还有部分装置时有超标，同时高有机氯原油与低氯原油掺炼无法保证油品混合均匀，导致原油中有机氯含量不稳定，还存在对各装置设备造成腐蚀冲击，重整预加氢等设备仍然存在腐蚀泄漏风险等问题。因此，无论从现工艺手段，还是设备材质升级，都无法消除加工高有机氯带来腐蚀风险。

参考文献

[1]任刚．高氯原油加工条件下的设备腐蚀情况分析及对策．石油化工设备技术，2015(36)：30-36.

[2]刘丽华．加工高氯原油对炼油设备的腐蚀与防护．石油化工腐蚀与防护，2014(32)02：39-42.

[3]赵敏．龚树鹏，康强利，马红杰．原油加工中氯化物的检测及控制．石油化工腐蚀与防护，2014(31)03：16-19.

[4]叶荣．原油加工过程中氯化物腐蚀防治探讨．广东化工；2006(04)：9-12.

弯头环向裂纹失效分析

刘媛媛

（乌鲁木齐石化公司设备检验检测中心，新疆 乌鲁木齐　830019）

摘　要：就某化工生产装置弯头泄漏事故进行了分析研究。通过对失效部件宏观观察，腐蚀区的金相微观检测及其化学成分的测定，腐蚀区的金相微观检验等检测结合数据的综合系统分析，明确了发生失效事故的原因。

关键词：弯头；加工裂纹；失效分析

Elbow Circuit Crack Failure Analysis

LIU Yuanyuan

（The Equipment Inspection and Testing Institute of Petrochina Urumqi Petrochemical Company，XinJiang Urumqi 830019，China）

Abstract：In this paper，an analytical study was conducted on the leakage accident of elbows in a chemical production plant. Through the macro－observation of the failed components，the metallographic micro-examination of the corroded area，the determination of its chemical composition，and combined with the comprehensive and systematic analysis of the data，the cause of the failure accident was clarified.

Key words：Elbow；Processing cracks；Failure analysis

1　引言

某化工生产装置新安装急弯弯头，但在没有加压的情况下就出现内曲面开裂的问题，针对这一少见开裂位置的失效弯头，厂家未能给出令人满意的开裂原因。为了在日后的采购、验收等环节避免再次出现此类问题，对此弯头进行失效分析。弯头材质为12Cr5Mo－I，外径规格为ϕ168×10mm，发生开裂弯头的实物，如图1所示。

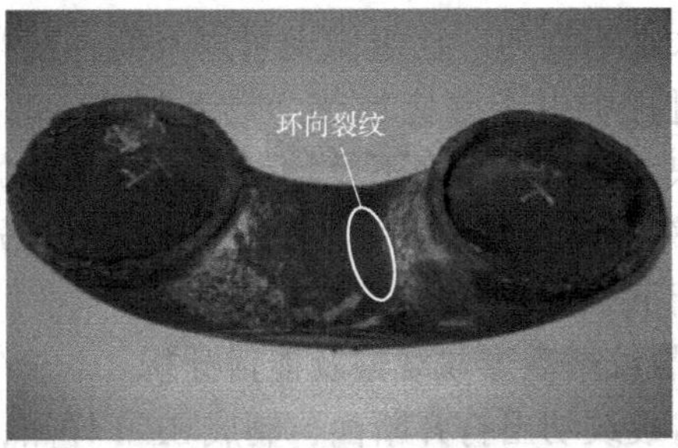

图1　开裂弯头宏观形貌

2　失效分析

2.1　裂纹宏观检验

对开裂弯头宏观形貌进行观察，发现在弯头的急弯处内弯侧有1条裂纹，为环向贯穿性裂纹，裂纹附近没有明显的塑性变形（图2）。弯头的外表面裂纹长度约145mm，内表面裂纹长度约160mm。

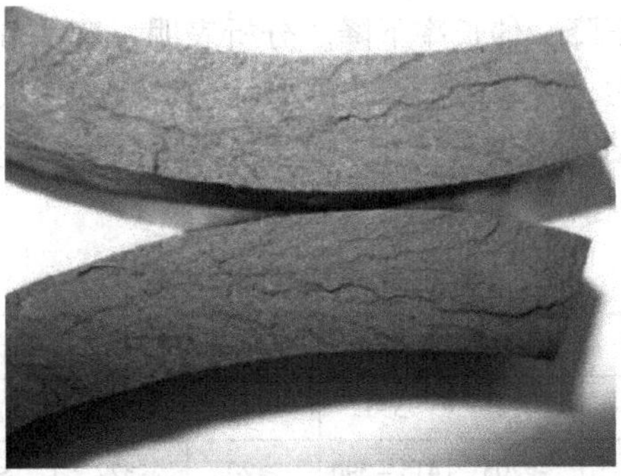

图2　弯头急弯处内弯侧环向裂纹宏观形貌

作者简介：刘媛媛（1984—　），工程师，主要从事石油化工设备检验、理化分析、腐蚀与防护工作。E－mail：865870812@qq.com

将弯头裂纹打开后观察其断口形貌，如图3所示。整个断口较平坦，断面覆盖了一层黄褐色氧化物。断面上可见宏观放射挤压条纹，局部存在扩展台阶，可以判断裂纹是从内壁起裂向外壁方向扩展。根据这一特征可以推断该弯头存在的裂纹发生二次开裂最终造成穿透性裂纹[1]。

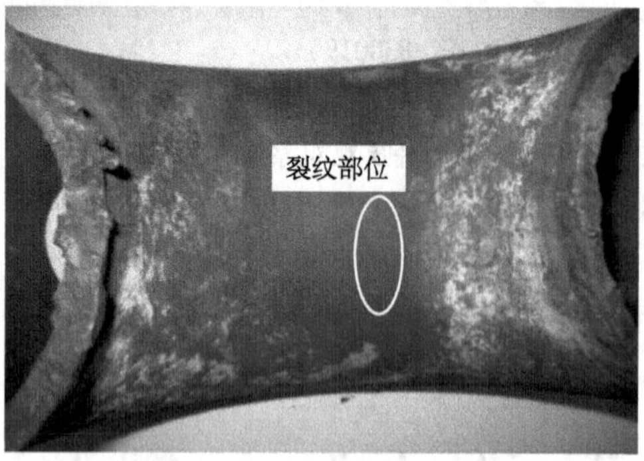

图3　裂纹断面宏观形貌

2.2　裂纹附近壁厚检测

将环向裂纹切出后，沿着裂纹发展方向每隔10mm设定一个测厚点，总计20个测点。弯头在裂口处沿裂纹发展方向的厚度平均值为11.04mm，弯头各处厚度基本维持在该数据附近，厚度变化范围在0.2mm，表明弯头的裂纹附近减薄现象并不明显。测点分布如图4，测厚结果见表1。

图4　壁厚测点分布图

2.3　化学成分分析

选取母材未污染部位取样进行化学成分分析，根据标准GB 6479—2013测试，结果表明失效弯头的材质各元素含量符合标准规定，结果见表2。

表1　沿裂纹测厚结果　mm

测点	1	2	3	4	5	6	7	8	9	10
厚度	11.06	10.98	10.98	11.10	11.02	10.96	10.88	11.06	11.10	11.04
测点	11	12	13	14	15	16	17	18	19	20
厚度	11.02	11.06	10.98	11.04	11.06	11.04	11.10	11.08	11.14	11.18

表2　化学成分分析结果　%(质量分数)

元素	C	Si	Mn	P	S	Cr	Ni	Mo	Cu
实测值	0.07	0.26	0.42	0.010	0.014	4.51	0.11	0.46	0.22
标准值	≤0.15	≤0.50	≤0.60	≤0.030	≤0.030	4.00~6.00	≤0.60	0.45~0.65	≤0.25

2.4　力学性能

根据标准要求对失效弯头进行力学测试，测试数据如表3所示，数据表明，弯头强度增加，韧性下降，伸长率下降。分析表明，弯头在塑性变形时，金属内部产生残余应力，且加工时未达到再结晶温度，产生加工硬化，引起材料变脆，使材料的塑性、韧性大大下降。

表3　力学性能测试结果

项目	屈服强度	抗拉强度	延伸率	AK/J	布氏硬度
失效弯头	492	595	17	21	210
标准	≥205	415-590	≥20	≥27	≤163

2.5　金相检验

在失效弯头的环向裂纹尖端取样，经打磨、抛光及侵蚀后观察，其金相组织为贝氏体+铁素体。裂纹附近组织呈带状分布，裂纹主要以穿晶形态为主，如图5、图6所示。裂纹尖端钝化，未见放射性小裂纹。但晶格发生畸变，裂纹周围的晶粒细小，是因为裂纹附近受到成型变形力最大，挤压变形力也最大。此外，晶粒破坏严重，晶粒大小不均匀。从组织上可以判断，在弯头的制作过程中由于感应加热为局部加热，时间短，升温快，导致组织来不及均匀化以及局部加热温度不够等导致材料未完全奥氏体化，使部分铁素体遗留下来[2]。

2.6　裂纹微观形貌观察及能谱分析

将裂纹切出打开断面，制成SEM样品，经超声波反复清洗表面污垢后，置于扫描电子显微镜下观察，发现断面局部出现分层特征(如图7所示)，断口存在二次裂纹(如图8所示)。

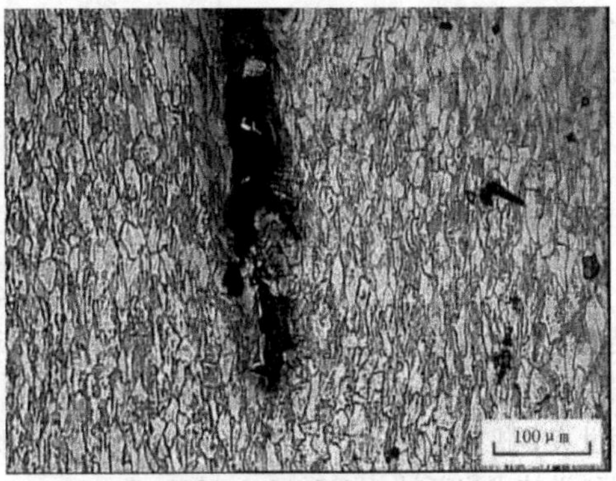

图5　裂纹尖端显微形貌(100×)

图6　裂纹尖端穿晶显微形貌(200×)

能谱分析结果见表4，清洗前原始断面含有C、O、Si元素，说明该处有较多杂质以及氧化物；清洗后断面成分主要为Cr和Fe，可见裂纹表面杂质含量较明显。

图7　断口分层形貌(200×)

图8　断口二次裂纹形貌(500×)

表4　能谱分析结果(质量分数)

元素	C	O	Si	Cr	Fe
清洗前	9.39	15.11	0.70	2.18	72.60
清洗后	—	—	—	9.68	90.31

2.7　关于热推弯头生产工艺及热处理的分析

据厂家处了解，该弯头产品是采用热推弯头生产工艺制作。该弯头生产方法及大致工艺为：原材料检查→定尺料切断→清除毛刺→涂润滑剂→加热推制→整形→除锈→坡口→质检→标记→入库(图9)。从生产工艺可以看出加热推制过程是弯头生产中的重要环节。在这个环节中关注两个重点：一是管坯要产生一定的塑性变形；二是为保证塑性变形后采用退火处理[3]。

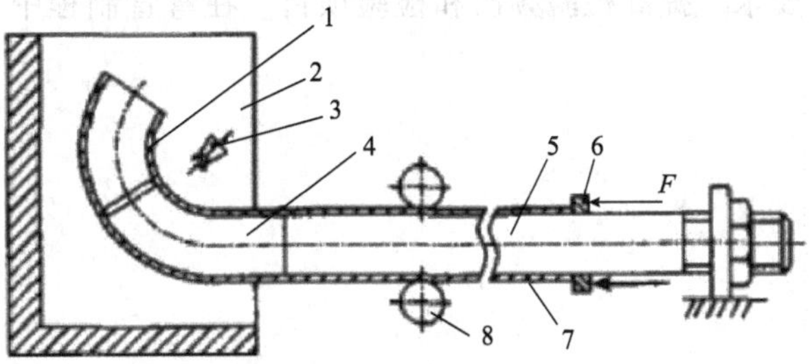

图9　热推弯头生产过程

由于1Cr5Mo钢属于空淬马氏体，在空冷后即可获得马氏体组织，因此具有非常高的强度和硬度。但不能满足石油工业生产的需要，因此必须进行退火处理或正火+回火代替退火工艺。等温退火工艺能得到更好的综合力学性能，但是退火保温时间长、冷却速度慢、生产过程较难控制、且生产成本较高，因此在生产过程中退火热处理工艺实现较为困难[4]。该弯头的交货状态为完全退火态，但从金相组织来看，未做再结晶退火处理，导致晶粒未回复。

结合上述表征结果：(1)断面上可见宏观放射挤压条纹，大量压痕残留在弯头内侧，局部存在扩展台阶，裂纹是从内壁起裂向外壁方向扩展。弯制过程中从弯头内侧产生裂纹，这是由于弯管成型后未及时进行再结晶退火消除应力和晶粒回复，在放置时由于冷却马氏体转变释放的组织应力和成型时的挤压的内应力释放，导致裂纹继续扩展，最后贯穿性开裂；(2)弯头内弧部位硬度值偏高，杂质含量较高；(3)金相组织为贝氏体+铁素体。裂纹附近组织呈带状分布，裂纹主要以穿晶形态为主，裂纹附近晶粒变形严重，由于感应加热为局部加热，时间短，升温快，导致组织来不及均匀化，以及局部加热温度不够等因素，导致材料未完全奥氏体化。

在生产中，由于管坯的原材料非金属夹杂、带状组织，退火工艺控制质量不到位；管坯加热工艺质量控制不到位；弯管工艺的质量控制不到位；弯管成型后的热处理质量控制不到位，从而造成此次弯头的环向裂纹失效。

3　结论与建议

通过对失效部件宏观、微观分析，结合化学成分测试等检验结果综合分析，裂纹附近材质存在分层，且杂质含量较高。含有分层及杂质的部位由微裂纹扩展进而产生宏观裂纹，裂纹是在弯管时产生，由于原材料控制，弯管制造，热处理工艺控制不当导致此弯管开裂。

建议生产企业对弯头毛坯材料加强质量控制要求，提高检验频次和检验项目。在弯管制程中对加热工艺进行验证和弯管制程控制及增加再结晶回复退火工艺，同时出厂前加强弯头外壁及内侧的无损检验，避免此类事故的再次发生。

参考文献

[1]吴连生等．机械装备失效分析图谱[M]．第一版．广州．广东科技出版社．1990：119～121.

[2]胡世炎．机械失效分析手册[M]．第一版．成都．四川科学技术出版社．1989：362～377.

[3]翟红波．董雷云，施哲雄，蒋晓东．化工管道弯头开裂失效原因分析[J].《化工设备与管道》2010(4)：64～67.

[4]石晓霞．郭兆成，乔爱云．1Cr5Mo 合金钢管热处理工艺研究[J].《包钢科技》2010(5)：13～15.

基于 FPGA 的惯导与阴极保护检测的数据采集系统设计

白鹏程[1] 马义来[1] 张 洋[1*] 陈金忠[1] 熊治坤[1] 薛尹力[2]

[1. 中国特种设备检测研究院，北京 100013；2. 中特检管网科技(嘉兴)有限公司，浙江 嘉兴 314051]

摘 要：管道中心线测绘与管道阴极保护有效性检测在管道定位与安全防护中发挥着重要作用。针对惯导测绘与阴极保护有效性检测实时性强、数据量大的特点，提出了一种基于 FPGA 技术的高速数据处理、采集设计方案，研发了可传输多种高速检测信号的数据采集系统。该系统能够同时记录惯导数据、管道阴极保护信号等在内的多种高速信号，该系统体积小、功耗低、集成度高，能够满足长输管道检测的要求。通过实验仿真，结果表明该采集系统处理效率高，检测测数据存储速度快，在惯导测绘、阴极保护有效性检测等高速数据处理、采集方面有一定的实用价值。

关键词：中心线测绘；阴保有效性检测；FPGA 技术；数据采集系统

Design of Data Acquisition System for Inertial Navigation and Cathodic Protection Detection Based on FPGA

BAI Pengcheng[1], *MA Yilai*[1], *ZHANG Yang*[1*], *CHEN Jinzhong*[1], *XIONG Zhikun*[1], *XUE Yinli*[2]

[1. China Special Equipment Inspection and Research Institute, Beijing 100013, China;
2. China Special Inspection Pipe Network Technology (Jiaxing) Co. Ltd, Zhejiang Jiaxing 314052, China]

Abstract: Pipeline centerline mapping and cathodic protection effectiveness detection play an important role in pipeline positioning and safety protection. Aiming at the characteristics of inertial navigation mapping and cathodic protection effectiveness detection with strong real - time and large amount of data, a high-speed data processing and acquisition design scheme based on FPGA technology is proposed. A data acquisition system which can transmit various high speed detection signals is developed. The system can simultaneously record a variety of high-speed signals, including inertial derivative data, pipeline cathodic protection signals, etc. The system is small in size, low in power consumption and high in integration, and can meet the requirements of long distance pipeline inspection. Through the experimental simulation, the results show that the acquisition system has high processing efficiency and fast data storage speed, and has certain practical value in high-speed data processing and acquisition such as inertial navigation mapping and cathodic protection effectiveness detection.

Key words: Centerline mapping; Testing the effectiveness of Yin preservation; FPGA technology; Data acquisition system

1 引言

管道是油气运输过程中重要的方式之一，油气管道在长时间的使用过程中，需要对管道进行定期检查。管道中心线测绘能够探明管道走向，

作者简介：白鹏程(1994—)，男，硕士，助理工程师，主要从事油气管道内检测技术的研究工作。E - mail: sui_ suinian@ foxmail. com

通信作者：张洋(1989—)，男，硕士，工程师，主要从事油气管道内检测技术的研究工作。E - mail: 534693613 @ qq. com

结合里程数据能够对缺陷位置进行精确定位[1]；阴极保护有效性检测能够判断施加在管道上的保护电流是否有效，对失效点及时修复延长管道使用寿命。其工作原理是通过测量电流流过管壁时产生的电压降，并利用欧姆定律，将测得的电压降换算成电流值并将计算结果输入到采集系统。

文章提出利用 FPGA 的高速处理能力，研究一种同时传输并采集惯导测绘数据、阴极保护有效性检测数据、管道内介质温度、里程数据、时间数据等在内的多种数据信号，减小系统体积、提高系统的集成度。

2　MEMS 惯性导航系统分析

惯性导航系统（Inertial Navigation System，INS），是利用陀螺仪和加速度计，测量载体在导航坐标系下的速度与位置，为载体提供位置信息的系统。本设计选择捷联式惯导系统中的微机电系统（Micro-Electro-Mechanical System，MEMS）进行研究。MEMS 惯性导航系统体积小、质量轻、成本低，功耗相对较小，能够直接安装在载体上，还可以通过冗余技术提高其容错能力，很适合应用在管道中心线测绘系统中。

2.1　MEMS 惯导原理

惯导系统一般由三轴陀螺（图 1）和三轴加速度计组成，三轴陀螺和三轴加速度计组合在一起称为惯性传感器组件（Inertial Sensor Assembly，ISA），能够输出原始数据；惯性传感器组件输出的数据经过误差补偿和数据转换，变成惯性测量单元（Inertial Measurement Unit，IMU）的输出数据；惯性测量单元与惯性导航算法结合变成惯性导航系统就能够输出位置、速度、姿态角等数据[2]。

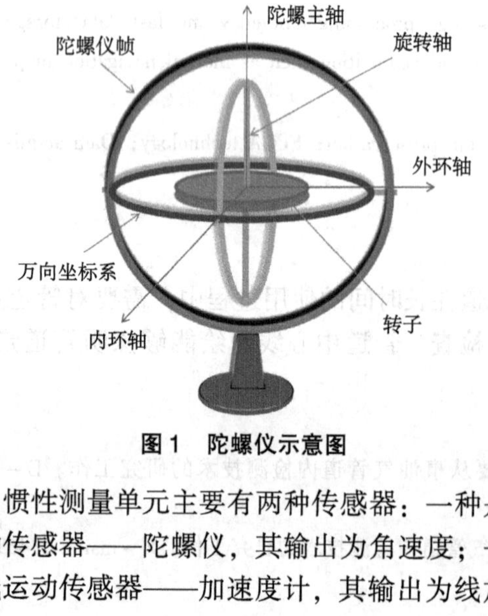

图 1　陀螺仪示意图

惯性测量单元主要有两种传感器：一种是角运动传感器——陀螺仪，其输出为角速度；一种是线运动传感器——加速度计，其输出为线加速度[3]。惯性测量单元直接输出的数据有角速度、线性速度、角度增量、线性速度增量，这些值是相对量，得到初始值之后就能够计算出绝对量。

角度增量和速度增量的计算方法，通常是根据采样周期内对角速度和加速度计的测量值进行积分，如公式所示：

$$\Delta \bar{\theta}_{\mathrm{k}} = \int_{t_{k-1}}^{t_k} \omega \mathrm{d}t$$

$$\Delta \bar{v}_{\mathrm{k}} = \int_{t_{k-1}}^{t_k} f \mathrm{d}t$$

其中：$\bar{\theta}_{\mathrm{k}}$ 为角度增量，ω 为角速度，$\bar{v}_{\mathrm{k}}$ 为速度增量，f 为加速度（也称作比力）。

2.2　MEMS 惯导数据采集

数据采集就是将被测量对象通过传感器做适当转换后，再经信号调整、采样、量化、编码及传输等步骤，最后送到系统处理或存储记录的过程。不同的 MEMS 惯导有不同的传输协议和数据块，文章以霍尼韦尔的 HGUIDE i300（图 2）为例进行研究，尺寸为 42mm × 28mm × 14mm，重量为 35g，功耗为 0.5W，小巧轻便的特性使 HGUIDE i300 能够应用在绝大多数环境中，查阅 HGUIDE i300 的指导手册可知其支持 RS－422 通信协议。

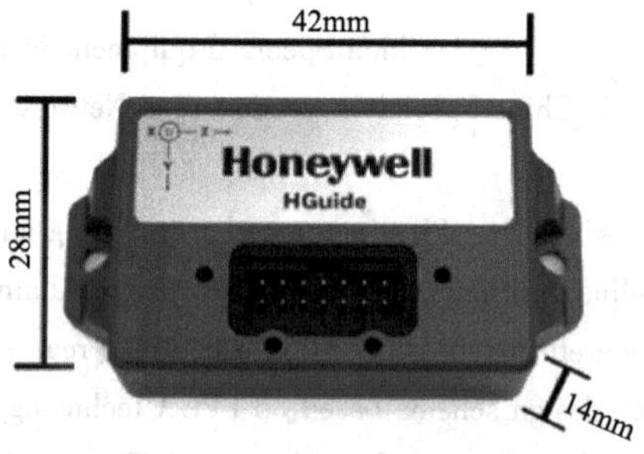

图 2　HGUIDE i300 陀螺仪

RS－422 标准全称是"平衡电压数字接口电路的电气特性"，典型的 RS－422 是差分四线接口，支持全双工、差分传输，采用单独的发送和接收通道，因此在设计时不必控制数据方向，陀螺仪与上位机之间进行通信时，上位机只需要接收来自陀螺仪的数据即可，不需要发送数据给陀螺仪，因此在采集的陀螺仪数据时按照已知的波特率依次读取即可，RS－422 全双工连接方式如图 3 所示。

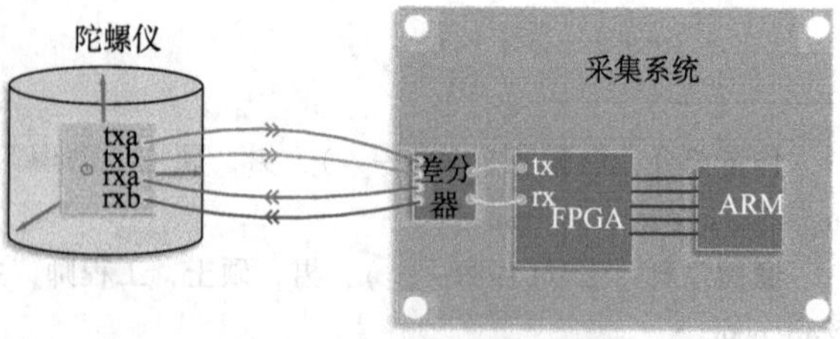

图 3　陀螺仪数据传输示意图

3　阴极保护有效性分析

外防腐层保护与阴极保护的双重保护已大规模应用于长输管道的防腐保护，外防腐层是使埋地管道避免外界腐蚀的第一道保护，随着使用年限增加，外防腐层会发生老化、剥离的情况，此时阴极保护系统作为管道防腐蚀的第二道防线，能够弥补外防腐层破损对管道造成的影响。

3.1　管道阴极保护原理

阴极保护有效性检测分析，是在管道内部进行阴极保护电流检测，用以评价管道阴极保护系统是否有效[4]。当防腐层产生失效时，管体金属材质与周围的电解质相接触，成为腐蚀阳极，此时破损处的电流密度远远大于周围受到良好保护的阴极区域，随着腐蚀时间的增加，管体表面会形成腐蚀坑、腐蚀穿孔等缺陷。阴极保护系统通过对被保护管体施加阴极保护电流，使整个管体成为阴极区域，从而阻止管道腐蚀反应的发生，见图 4。

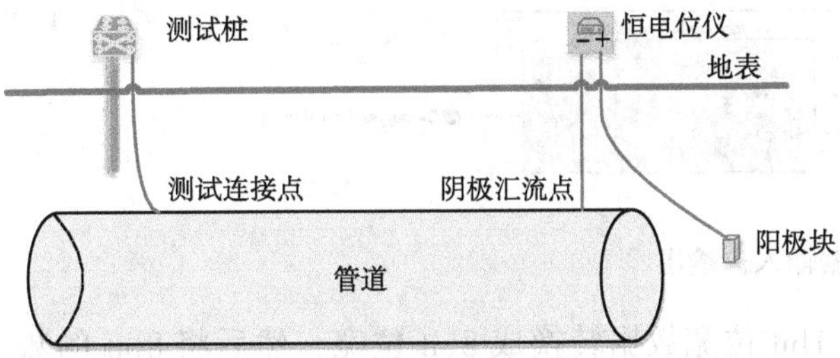

图 4　管道阴极保护示意图

由于阴极保护电缆、法兰连接松动造成系统断路，或者管线接地电阻降低后恒电位仪输出电流过大，会造成阴极保护系统不能正常发挥作用，因此需要对管道阴极保护系统的有效性进行检测。

3.2　阴极保护有效性检测数据采集

内检测技术采用电压差法从管道内壁检测管道电流，将两个电极与管道内一定间距 a、b 两点接触测得电压差，根据管材电阻率、壁厚外径、间距长度参数可以确定 ab 间管道的电阻值，见图 5，利用公式(1)转化得到管道的电流数据[4]。

$$I = \frac{V_{ab} \cdot \pi(D^2 - d^2)}{4\rho L_{ab}}$$

式中　I——流过 ab 段的管内电流；

V_{ab}——ab 间电位差；

D——管道外径；

d——管道内径；

ρ——管材的电阻率；

L_{ab}——ab 间管道的长度。

阴保有效性检测设备长度在 1.5m 左右，首尾各有一个接触臂与管道连接，内检测器在管道内运动时，通过两只接触臂将两端的电压发送到数据采集系统，由于阴保电流的存在会在管道内形成电阻压降，管线上所有点的压降连接起来就是一条电势差曲线[5][6]，根据公式就可以得到电流信号曲线。

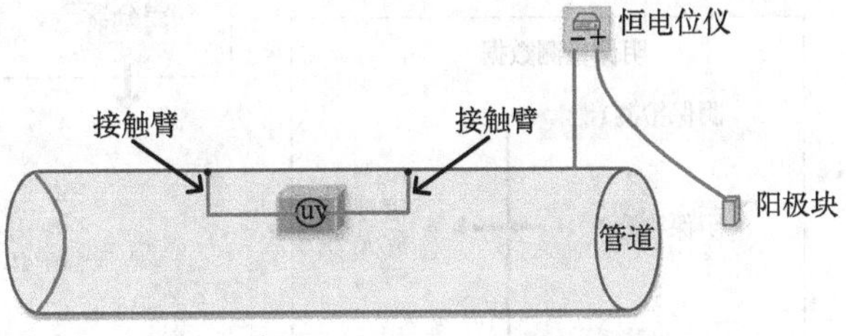

图 5　管道电压差法内检测示意图

4　数据采集系统设计

现场可编程门阵列（Field Programmable Gate Array，FPGA）属于专用集成电路中的一种半定制电路，由逻辑单元、寄存器、乘法器等硬件资源组成，具有较强的灵活性和通用性，文章以 FPGA 作为数据采集系统的处理单元。

4.1　采集系统整体结构

FPGA 作为整个系统的控制核心，其需要处理数据主要是阴保检测数据、陀螺仪数据，另外为校核准确度引入里程数据与时间，同时为记录管道内介质温度放置了一个温度传感器。通过对这些数据的采集，完全可以满足设计需求，在设计时考虑到如果只放一对接触臂可能会因接触不良导致检测误差，因此数据采集系统允许接入多对接触臂，提高系统的容错性。数据采集系统结构如图 6 所示。

本文设计的基于 FPGA 的多通道高速采样控制电路，包括通道选择电路、模数转换电路（A/D，Analog to Digital）。陀螺仪数据通过差分器可直接发送到 FPGA 进行处理，同时阴保信号先经过前级放大处理[7]，然后由选通开关通过输入送到 FPGA，时间、里程轮、温度等传感器按照相应协议同时发送到采集系统，经 FPGA 处理后将同一时间采集到的数据打包发送到嵌入式处理器（ARM，Advanced RISC Machines）进行存储[8]。

4.2　数据处理

陀螺仪在数据传输时遵循 RS－422 协议，波特率为 1Mbits，1 个开始位，8 个数据位，1 个停止位，每次发送 40bytes 的数据，其中有效数据为 36bytes，包括角速度分量 X、Y、Z，每个分量 2bytes，线性加速度分量 X、Y、Z，每个分量 2bytes，角度增量 X、Y、Z，每个分量 4bytes，速度增量 X、Y、Z，每个分量 4bytes。图 7 为本设计中经过差分器后的陀螺仪信号，占用 1 个 I/O 引脚输送到 FPGA 芯片。

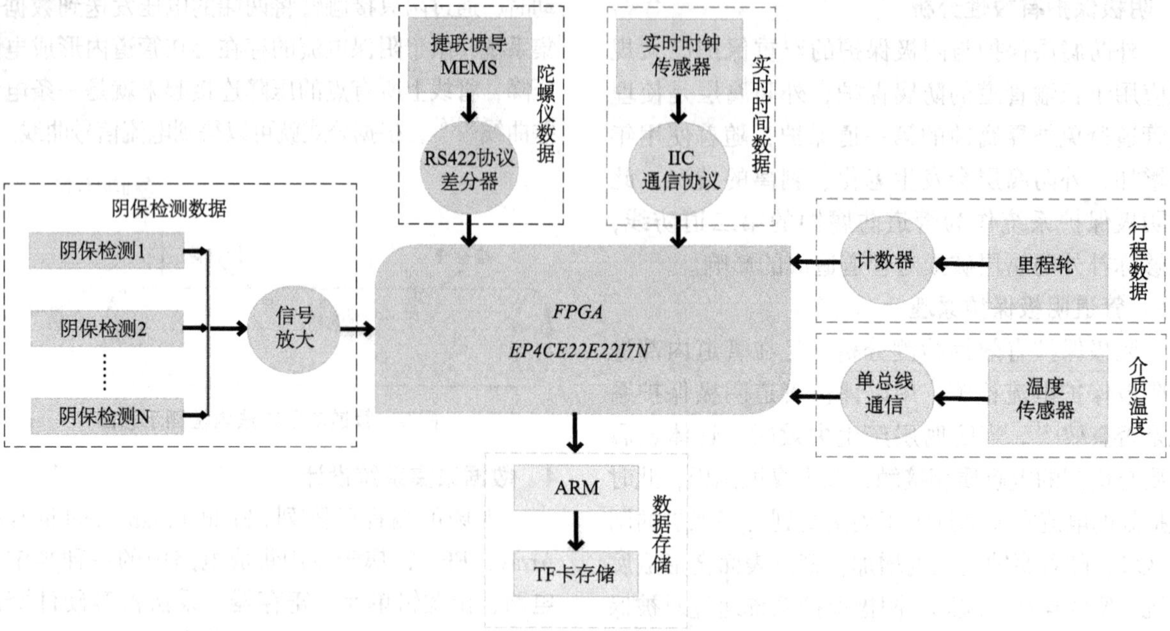

图6　采集系统结构

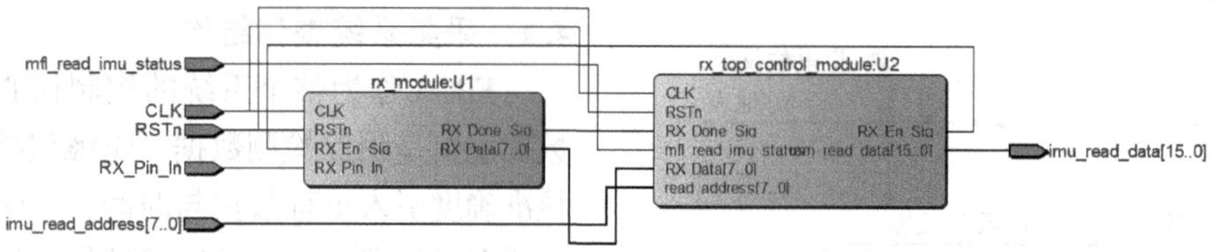

图7　陀螺仪数据输入、输出

图中：RX_ Pin_ In 为陀螺仪数据的输入；imu_ read_ address［7：0］为地址总线，将陀螺仪据送入指定的地址下临时存储。

本设计中一个时钟周期内内传输 1bit 数据，为了提高在 FPGA 内部的传输效率，先将数据从 1bit 位宽数据转换成 8bit 位宽，然后将 8bit 的数据转换成 16bit 的数据在 FPGA 内部处理以及外部存储，部分转换过程如图 8 所示，先输入的 8bit 数据作为高 8 位，后输入的 8bit 数据作为低 8 位，拼接成 16 位后再进行采样处理和存储。

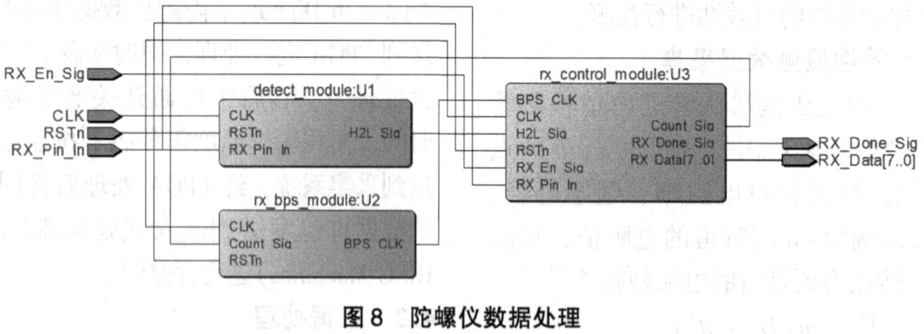

图8　陀螺仪数据处理

图中：CLK 为系统时钟 100MHz；BPS_ CLK 为陀螺仪工作时钟 1MHz，这里需要降频处理。

阴极保护检测信号先经过前级放大处理，然后通过模数转换将模拟信号转换为数字信号，选用的 AD 芯片一个周期内可以传输 12bit 的数据，即读取一次会记录每对接触臂 1.5 字节的数据，依次读完所有阴保检测数据。为加快数据传输速率和提高存储空间利用率，在 FPGA 芯片内部都是以 16bit 的数据进行传输，因此每次会将 AD 芯片发送的数据进行拆分组合并存储，在进行数据分析时，需将拆分组合后的数据复原为各个接触臂的数据。

为简化设计、降低开发成本，将里程轮传感器采用与阴保检测信号类似的处理形式，将传感器的数据先经过模数转换电路转换成数字信号，检测器一般使用 2~3 个里程轮传感器，见图 9，因此这两部分部分数据处理起来相对简单，在 FPGA 芯片上选择合适的输入输出引脚即可，数据处理完成后随同上面的阴保有效性检测数据一起存储。

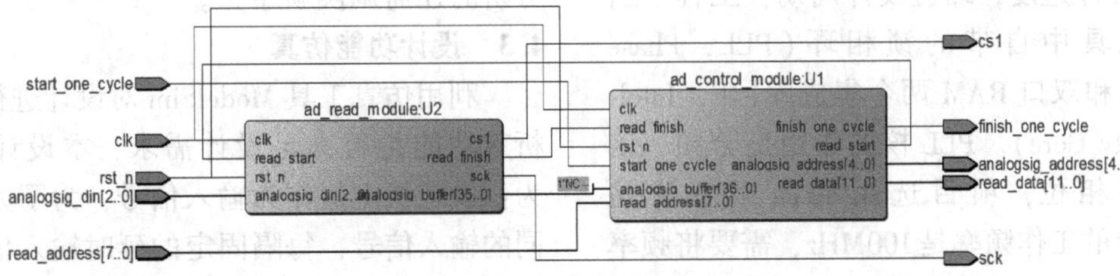

图 9　阴保检测、里程轮数据处理

图中：analogsig_ din[2：0]为阴保检测和里程轮数据的输入；read_ address[7：0]为地址总线；read_ data[11：0]为处理后的阴保和里程轮数据。

实时时钟传感器采用 PHILIPS 公司的推出的 PCF8563 多功能芯片，采用 IIC 通信协议与 FPGA 进行通信，能够记录年、月、日、时、分、秒等数据，见图 10。此时钟芯片需要外部提供 32.768kHz 的振荡源，并且需要持续的 1.0 ~ 5.5V 电源供电。PCF8563 正常工作时条件比较苛刻，如果振荡源的频率不符合要求或者中途断电，则记录的时间会产生较大误差，影响最终判断。

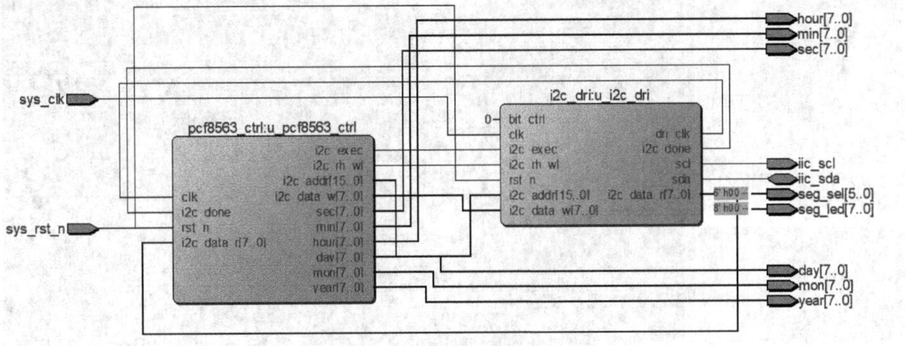

图 10　辅助数据处理

图中：iic_ sda 为时钟数据的输入；sec[7：0]~year[7：0]为秒~年的数据输出。

介质温度传感器采用 DALLAS 公司推出的数字化芯片 DS18B20，采用单总线协议，无需其他器件可直接将介质温度转换成数字信号，增强了系统的抗干扰性，测量温度范围为 -55 ~ 125℃，测量精度为 ±0.5℃，能够满足实际应用需要。

所有数据处理完成后，临时存储在 FPGA 芯片内部的 RAM 上，由于芯片内部存储资源有限，还需借用 ARM 处理器将在 FPGA 内部的数据存储到 TF 卡上，通过定义专用的数据传输接口即可将数据发送到 ARM 芯片，见图 11。

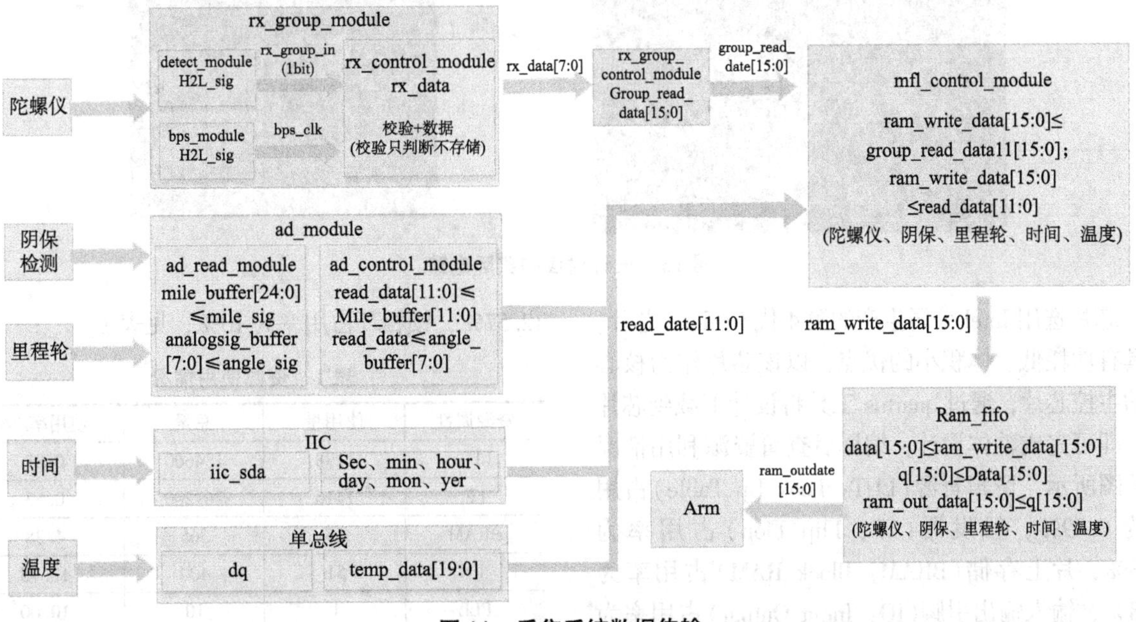

图 11　采集系统数据传输

为加快设计速度，缩短设计周期，工程中引入了开发工具中自带的锁相环(PLL，Phase Locked Loop)和双口RAM两个集成库(IP，Intellectual Property Core)。PLL核的作用是分频、倍频以及调整相位，项目选用的晶振芯片是50MHz，设计的工作频率是100MHz，需要将频率扩大一倍，并且保证各个模块有相同的相位。RAM核的作用是将数据临时存储，存储的数据达到设计的深度时发送到ARM处理器进行最终存储，调用RAM核存储16bit数据时，按照从高位到低位的顺序写入，读出的时候则是先读的低8bit的数据，然后读高8bit的数据，对数据进行分析时还需调换顺序[9]。

4.3 设计功能仿真

利用仿真工具ModelSim对设计进行仿真，分析其功能是否满足设计需求，本设计仿真思路为：设定特定值作为输入信号，为了方便观察不同的输入信号，每隔固定的延时输入信号增加相同的值，观察数据在写入过程中特殊时刻其状态是否发生跳变，如果程序按照设计预想结果发生改变，则确定该设计满足要求。通过对仿真波形的观察，发现波形信号的改变与设计预想的基本一致，部分仿真波形如图12所示。

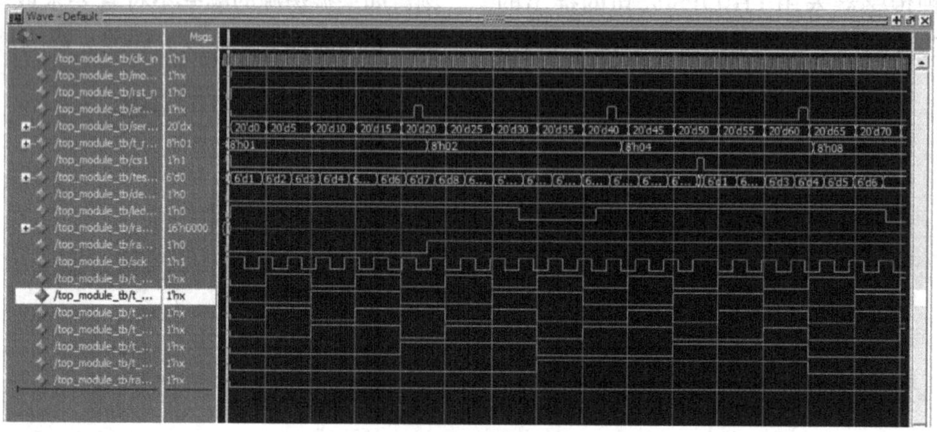

图12　部分仿真波形

5 硬件实现与数据分析

5.1 硬件实现

Verilog语言是一种硬件描述语言，用程序设计语言来描述数字电路的功能，一定程度上能够提高设计效率。本设计以Verilog语言为基础，将功能和结构按照不同的模块加以区分，通过编译和综合将描述性语言生成对应的实际电路，比如与门、非门、多路选择器等。图13为本设计生成的对应于芯片的电路。

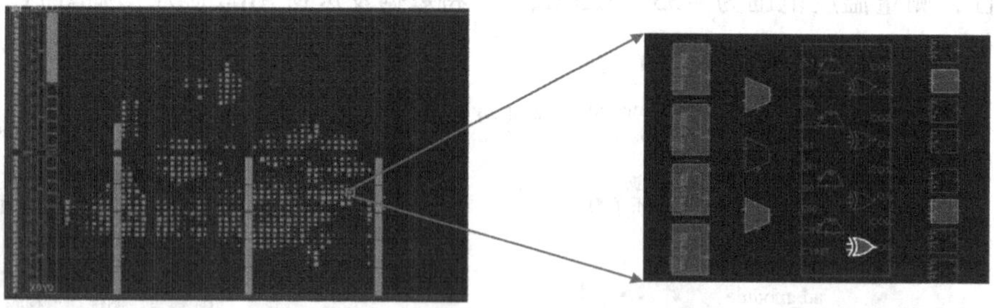

图13　设计对应的实际电路

芯片选用Intel公司生产的第4代Cyclone芯片，其具有功耗低、体积小的优点，以该芯片作为核心板的主控芯片，通过quartus工具将设计下载到芯片中，即可完成整体设计。编译后查看资源利用情况如下图所示，逻辑资源(LUT：Look Up Table)占用率为0.89%，触发器(FF：Flip Flop)占用率为0.53%，片上存储(BRAM：Block RAM)占用率为4.38%，输入输出引脚(IO：Input Output)占用率为12.57%，锁相环占用率为10%，见表1。

表1　资源使用情况

资源属性	使用量	总量	使用率/%
LUT	1198	134600	0.89
FF	1416	269200	0.53
BRAM	16	365	4.38
IO	51	400	12.75
PLL	1	10	10.00

如图 14 所示，该设计的动态功耗为 0.104W，静态功耗为 0.109W，片上总功耗为 0.213W，该设计在资源利用和功耗控制方面比较合理。

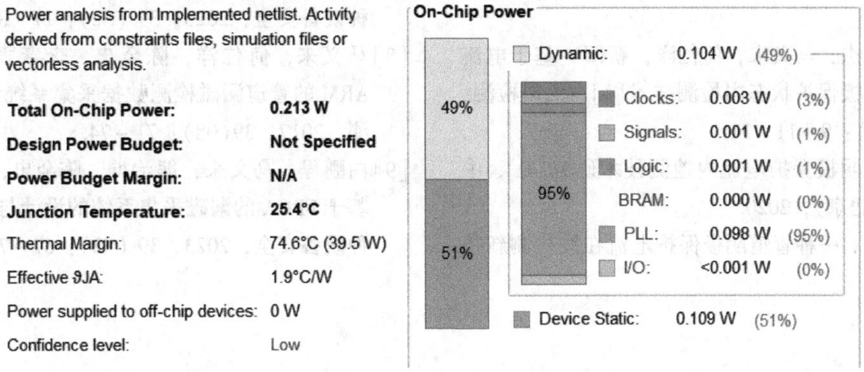

图 14　资源占用与功耗统计

5.2　系统数据采集

将工程文件编译后下载到 FPGA 开发板，借用 ARM 的存储控制[8]，运行并查看采集数据，图 8 为采集到的部分磁场数据，以十六进制数据格式进行存储。

系统数据采集如图 15 所示。

00000000	00	09	09	90	50	00	00	09	01	10	cf	00	10	10	0d	aa
00000010	8f	50	dd	dd	00	00	22	00	00	00	00	00	00	00	00	00
00000020	00	00	00	00	ff	ff	00	00	ff	ff	78	fd	af	fd	e1	16
00000030	00	00	3d	ce	ff	ff	0a	da	ff	ff	94	1a	ff	ff	33	bf
00000040	1a	fe	d1	1f	43	fe	00	00	00	01	ae	ae	ae	ae	00	08

图 15　原始数据

其中：阴保检测数据 15byte，里程数据 3byte，介质温度数据 4byte，时间数据 12byte，陀螺仪数据数据 36byte，帧尾 8byte，一帧完整数据为 78byte。

对采集的数据进行解析，在地理信息系统中的检测示意图如图 16 所示。与管道走向基本一致，符合工程应用精度的要求。

图 16　惯导中心线测绘

阴极保护有效性检测并未在现场实际应用，在实验室进行模拟检测，图 17 是给管道施加不同的电流后采集的到的数据，可以看到采集系统能够根据电流的变化实时采集，转化成对应的电压进行存储。

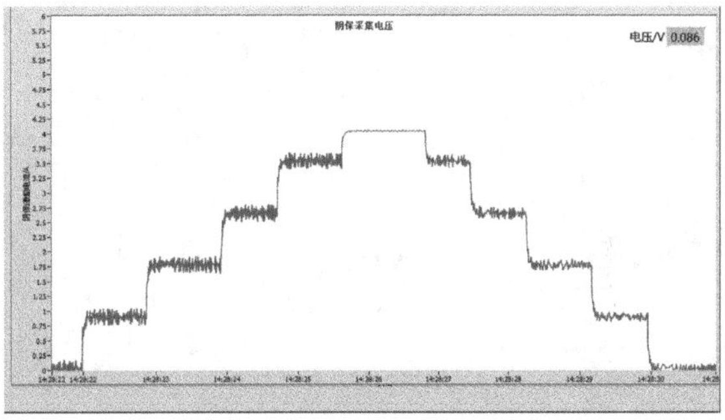

图 17　模拟阴保数据分析

5.3　性能评价

利用 FPGA 的高速处理能力，针对多种管道检测传感器设计的数据采集系统，系统工作频率为 100MHz，片上功耗较低，操作性和维护性好，方便移植和升级优化，在数据快速处理方面有明显优势，在惯导数据和阴保检测数据采集方面有研究价值。

6　结语

充分利用 FPGA 多通道高速并行的处理特性，设计并实现了一种高效率的多传感器数据采集系统，该系统体积小、集成度高、灵活性强，较低的片上功耗能够满足不同口径长输管道检测的要求。经过系统级仿真及数据分析，该采集系统能够稳定运行，具有一定的应用价值和现实意义。

参考文献

[1]马义来，陈金忠，周汉权，孟涛，何仁洋．基于微机械惯导的管道多功能内检测系统研发[J]．石油机械，2021，49 (04)：133－137.

[2]章卫文，卢润坤，陈金忠，杨志强，马义来等．基于 MEMS 惯导系统的小口径油气管道中心线测绘技术

[J]. 无损检测，2023，45 (07)：41 -44 +52.
[3]杨毅，林斌，娄高峰. 基于 MEMS 陀螺仪的地下管线测绘系统[J]. 传感器与微系统，2020，39 (12)：88 -91 +95.
[4]陈金忠，王俊杰，马义来，何仁洋，靳阳. 基于电流测量的管道阴极保护状态内检测技术[J]. 无损检测，2018，40 (06)：9 -11 +31.
[5]王俊杰. 管道阴极保护电流内检测技术研究[D]. 中国石油大学(北京)，2020.
[6]宋飞，潘红丽. 一种管道阴极保护电流在线检测新技术[J]. 石油和化工设备，2016，19 (02)：57 -60
[7]熊治坤，马义来，张洋，陈金忠等. 油气管道阴极保护电流检测的信号放大系统设计与实现[J]. 中国特种设备安全，2023，39 (S2)：77 -80 +85.
[8]马义来，何仁洋，陈金忠，李春雨. 基于 FPGA + ARM 的管道漏磁检测数据采集系统设计[J]. 无损检测，2017，39(08)：71 -74.
[9]白鹏程，马义来，熊治坤，陈金忠，张洋，薛尹力. 基于 FPGA 的漏磁采集系统的设计与应用[J]. 中国特种设备安全，2023，39 (S2)：67 -70.

基于电磁超声检测技术的不同模态分析

温庆昶

（管网集团（徐州）检验检测有限公司，江苏 221008）

摘 要：工艺管道现场检测工作中，检测效率与精度控制难以兼顾，相较于传统超声检测技术，电磁超声检测技术能在保证效率的基础上，达到更高的检测精度。介绍了电磁超声检测技术原理，在检测中的应用特点与优势，通过对比电磁超声检测技术在A0、S0、S1模态下的脉冲回波信号，分析了三种模态的选取规律，为站场工艺管道检测的模态选择提供理论基础。

关键词：工艺管道；检测；电磁超声；模态

Different Modal Analysis Based on Electromagnetic Ultrasonic Testing Technology

WEN Qingchang

(Pipeline Group (Xuzhou) Inspection and Testing Co., Ltd., Jiangsu 221008, China)

Abstract: In the on – site inspection of process pipelines, it is difficult to balance the detection efficiency and accuracy control. Compared with traditional ultrasonic testing technology, electromagnetic ultrasonic testing technology can achieve higher detection accuracy while ensuring efficiency. Introduced the principle of electromagnetic ultrasonic testing technology, its application characteristics and advantages in testing, and compared the application of electromagnetic ultrasonic testing technology in the pulse echo signals under A0、S0 and S1 modes were analyzed, and the selection rules of the three modes were analyzed, providing a theoretical basis for the mode selection of station process pipeline detection.

Key words: Process pipeline; Detection; Electromagnetic ultrasound; Modal

1 引言

输油站场内管道工艺复杂、管径大小不一，给检测工作带来了一定的难度。而常规无损检测技术大多需要对单个点进行扫描检测，不仅需要投入大量人力，且检测速度较慢；同时，绝大部分油气管道外都有油漆、3PE、沥青等防腐层或绝缘层，超声、射线、磁粉等方法必须要将这些防腐层和绝缘层去除后才能检测，检测成本较高、周期较长。随着电磁超声检测技术的发展，在工艺管道检测中的优势备受关注。应用电磁超声探头的中距电磁超声检测仪在A0、S0、S1模态下对板、管材的信号回波规律较为明显，本文通过对比三种模态下的脉冲回波信号，分析了三种模态的选取规律，为站场工艺管道检测的模态选择提供理论基础。

2 电磁超声检测技术优势

电磁超声传感器（EMAT）是一种在被检试件内部产生声波而非由传感器激励声波的超声检测技术，由于声波不是探头产生而是产生在被测物体中，故应用电磁超声探头相对于传统压电探头优势明显。电磁超声技术不需要耦合剂传播超声，能够通过涂层进行管道缺陷的快速扫查，不受污染物、氧化和粗糙影响，探头扫过的周向全部在扫查范围内，具有扫查效率高、灵敏度好、探头定位简单、传播过程中衰减小等优点[1-3]。电磁超声换能器的多匹配形式使其产生多种模式

作者简介：温庆昶，硕士研究生，检验检测工程师。

的波，不同的模态发射频率不同，灵敏度也不同，在实际应用中模态的选择直接影响缺陷脉冲回波的判别，故模态的选择尤为重要。

电磁超声技术通过两个相互作用的磁场在检测物体内产生超声波，如图 1 所示。这两个磁场，一个是由通电线圈产生的相对高频的场，一个是由磁铁产生的低频磁场或静磁场。这两个磁场交互作用产生洛伦兹力，其原理与电动机类似。洛伦兹力产生的扰动传导到材料的晶格，从而产生弹性波。在其互易过程中，处在磁场中的弹性波将引起接收 EMAT 线圈中产生电流。EMAT 适用于任何导电材料，但当被测对象为铁磁导体时，磁致伸缩力产生了附加应力。与只有洛伦兹力作用时相比，信号被增强以达到了更高的水平。利用不同的高频线圈和磁场的组合可以产生多种类型的(超声)波。电磁超声是唯一的可产生水平剪切波(横波)的技术，同时很容易产生电磁超声导波和兰姆波，特别适合焊缝、板材和管材的检测。

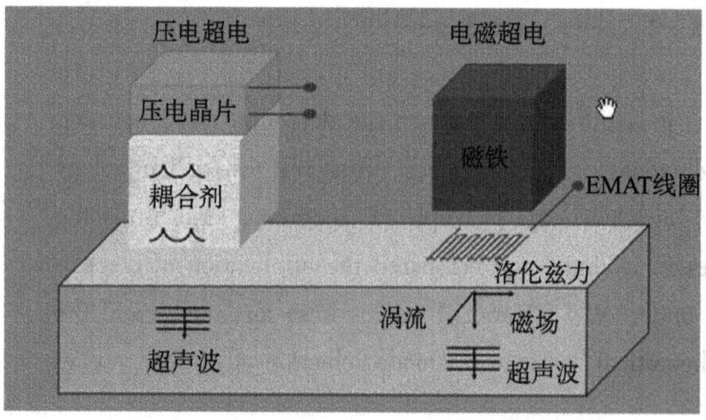

图 1　两种探头产生超声波的原理示意

3　不同模态下的检测实验

电磁超声在不同材质中的产生机理不同，对于非铁磁性材料(如铝、铜及有色金属)中产生超声波的力源仅为洛伦兹力作用；铁磁性材料中(如铁、镍、钢)中产生超声波的力源是不仅有洛伦兹力作用，还包括磁致伸缩力及磁化力的作用，然而磁化力在产生超声波的作用中十分微弱，可忽略不计。为方便研究，本文所选非铁磁性材料铝板，厚度为 3mm。

3.1　实验器材及参数

(1)中距电磁超声检测仪：仪器型号：PowerBox 系列；发射频率 A0 模态 405kHz、S0 模态 321kHz、S1 模态 1 126kHz；探头选用收发一体。

(2)本实验所研究的三种模态与缺陷大小无关，故本文不做要求。探头初使位置、移动方向、终止位置、缺陷位置如图 2、图 3 所示。

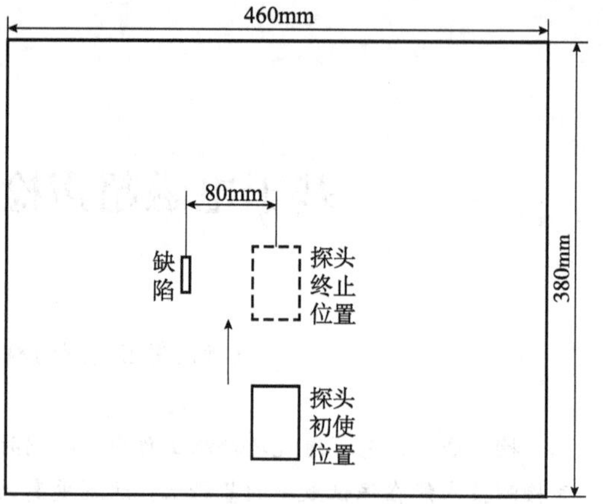

图 2　探头距缺陷水平距离 80mm 示意图

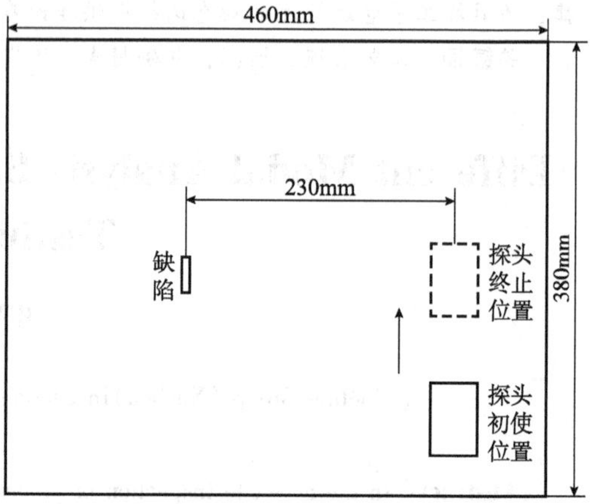

图 3　探头距缺陷水平距离 230mm 示意图

3.2　A0 模态下的检测实验

3.2.1　探头距缺陷水平距离 80mm 时检测实验

A0 模态下，当探头距缺陷水平距离 80mm 时，垂直向前移动探头，探头不断向左、右同时激发脉冲，增益保持不变。探头所扫射的范围内无缺陷时，如图 4 所示；探头所扫射的范围内有缺陷时，如图 5 所示。

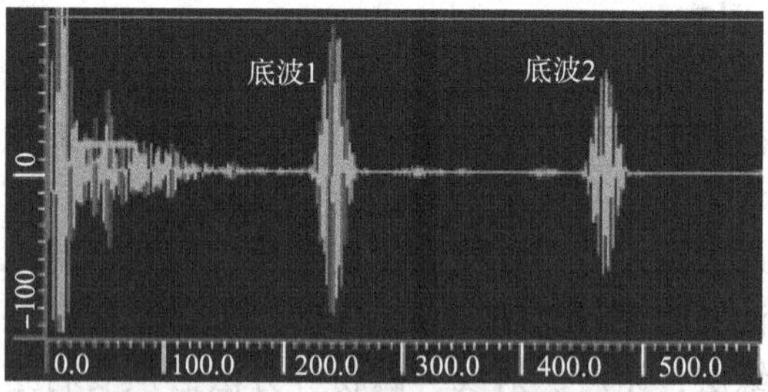

图 4　A0 模态无缺陷时的波形

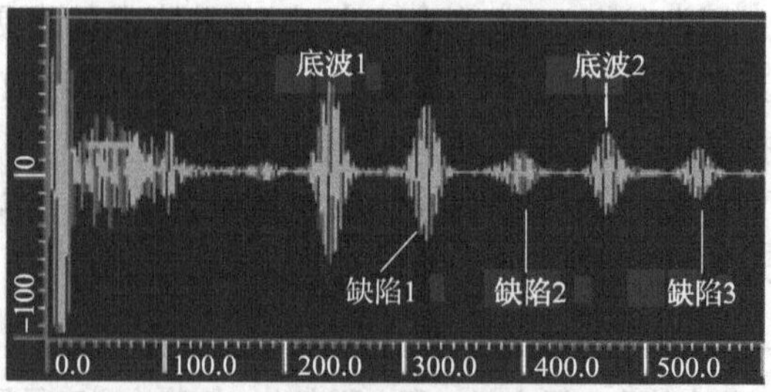

图 5　A0 模态有缺陷时的波形

从图4中可以看出，出现底波1、底波2两个脉冲回波信号，这是因为探头处于中间位置，向左、右发射的脉冲信号所走路径相同，故遇到铝板边缘后探头接收到的脉冲回波信号重合。

当探头缓慢移动，所扫射的范围内出现缺陷时，探头左侧应在约80mm处接收到第一次缺陷回波信号，但是由于近场区的影响，无法观察到明显的缺陷信号；由图5可知，在底波1后出现明显的缺陷脉冲回波信号，同时底波信号也出现明显降低。

3.2.2　探头距缺陷水平距离230mm时检测实验

A0模态下，当探头距缺陷水平距离230mm时，垂直向前移动探头，探头所扫射的范围内无缺陷时，如图6所示；探头所扫射的范围内有缺陷时，如图7所示。

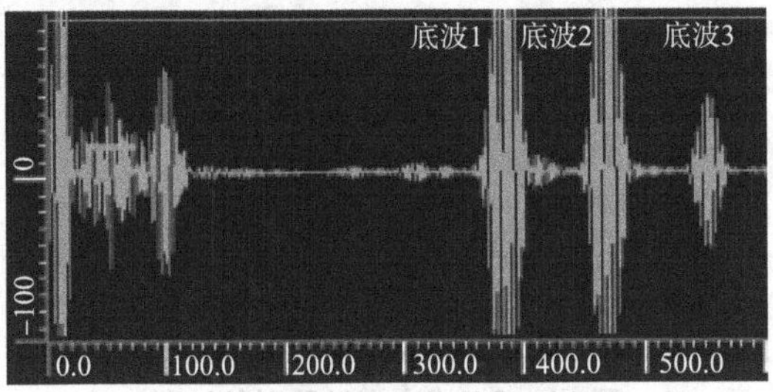

图6　A0模态无缺陷时的波形

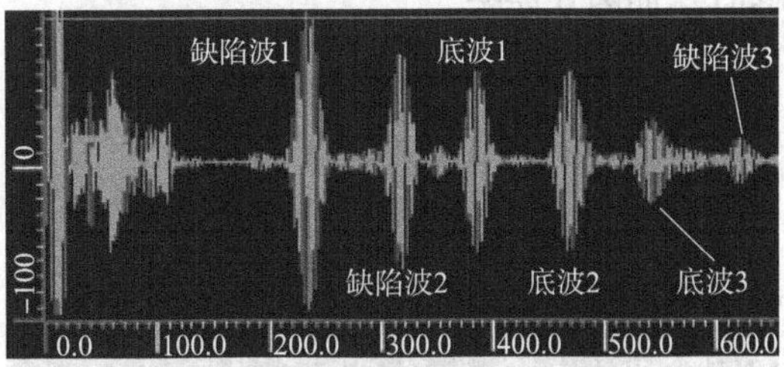

图7　A0模态有缺陷时的波形

从图6中可以看到三个底波脉冲回波信号，向右激发的脉冲会在约80mm位置时收到回波，由于近场区的影响，无法观察到回波信号，其他路径遇到边缘板后均收到回波信号。

从图7中可以看到，缓慢移动探头，探头所扫射的范围内出现缺陷时，向左、右发射的脉冲，在约235mm、320mm位置分别收到缺陷回波信号；其它路径信号回波也较为明显，同时底波信号也出现明显降低。

3.2.3　A0模态的误差分析

为分析A0模态下，探头与缺陷的实测距离值与仪器显示实验值间的误差，进行了如下表的对比分析。

表1为A0模态下探头距缺陷水平距离80mm时实验值与实测值的误差分析。

表1　探头距缺陷水平距离80mm误差分析

回波类型	底波1		底波2		缺陷波1		缺陷波2		缺陷波3	
	实验值	实测值	实验值	实测值	实验值	实测值	实验值	实测值	实验值	实测值
距离/mm	240	230	465	460	320	310	400	380/390	545	540
误差/%	4.3		1.1		3.2		5.2/2.6		0.9	

注：距离取值以脉冲回波最高峰为标准。

从表1中可以看出，在A0模态下，通过中距超声电磁检测仪的缺陷检测，缺陷脉冲回波在仪器上的显示实验距离与实测距离相差最多10mm左右，其实验值与实测值误差最大为5.2%，最小为0.9%。

表2为A0模态下探头距缺陷水平距离230mm时实验值与实测值的误差分析。

表2　探头距缺陷水平距离230mm误差分析

回波类型	底波1		底波2		底波3		缺陷波1		缺陷波2		缺陷波3	
	实验值	实测值	实验值	实测值	实验值	实测值	实验值	实测值	实验值	实测值	实验值	实测值
距离/mm	385	380	460	460	550	550	235	230	320	310	620	610
误差/%	1.3		0		0		2.1		3.2		1.6	

注：距离取值以脉冲回波最高峰为标准。

从表2中可以看出，通过中距超声电磁检测仪的缺陷检测，缺陷脉冲回波在仪器上的显示实验距离与实测距离相差最多仍是10mm左右，其实验值与实测值误差最大为3.2%，最小为0，表明A0模态缺陷定位相对准确，基本与实测值接近。

同时，对比表1与表2可知，A0模态下，探头的摆放位置与缺陷的定位无关，探头的放置位置不会影响检测仪器对缺陷的准确定位。

3.3　S0模态下的检测实验

3.3.1　探头距缺陷水平距离80mm时检测实验

S0模态下，当探头距缺陷水平距离80mm时，垂直向前移动探头，探头不断向左、右同时激发脉冲，增益保持不变。探头所扫射的范围内无缺陷时，如图8所示；探头所扫射的范围内有缺陷时，如图9所示。

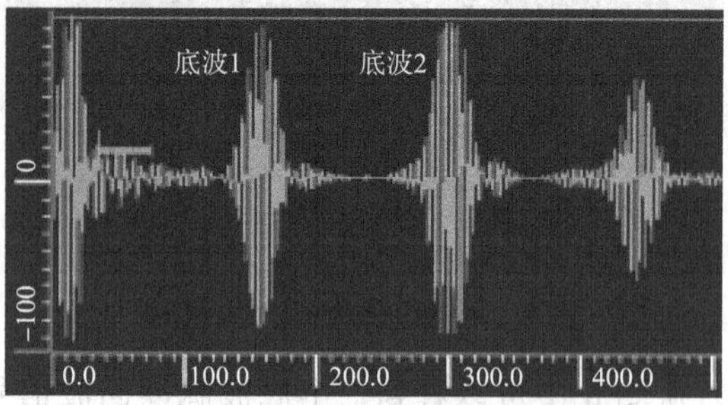

图8　S0模态无缺陷时的波形

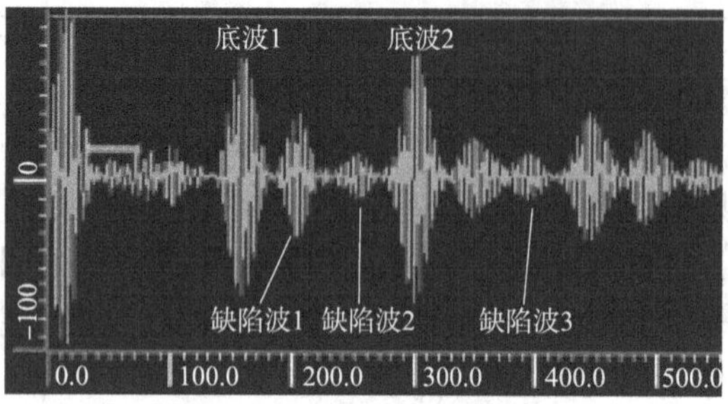

图9　S0模态有缺陷时的波形

当探头所扫射范围内无缺陷时，如图8所示，遇到铝板边缘后探头接收到底波脉冲信号。

缓慢移动探头，当探头所扫射的范围内出现缺陷时，如图9所示，其脉冲回波信号会有明显的缺陷回波信号，其他路径信号回波也较为明显，同时底波信号也出现明显降低。

3.3.2　探头距缺陷水平距离230mm时检测实验

S0模态下，当探头距缺陷水平距离230mm时，垂直向前移动探头，探头所扫射的范围内无缺陷时，如图10所示；探头所扫射的范围内有缺陷时，如图11所示。

当探头所扫射范围内无缺陷时，如图10所示，探头会在约59mm位置出现一个脉冲回波信号，但是由于近场区的影响，无法观察到明显的信号；其它路径遇到边缘板后均收到回波信号。

缓慢移动探头，当探头所扫射的范围内出现缺陷时，其脉冲回波信号会有明显的缺陷回波信号，如图11所示。

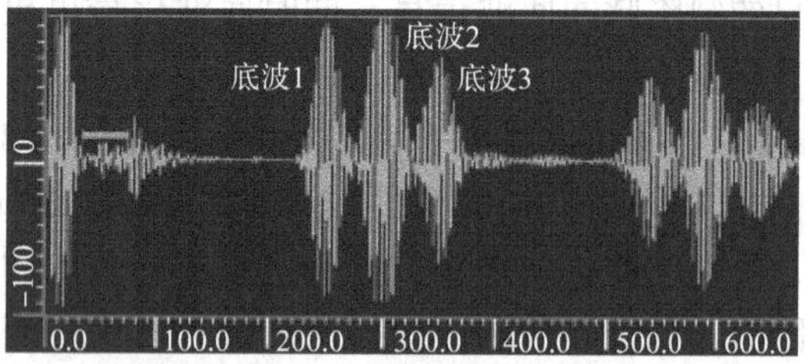

图10　S0模态无缺陷时的波形

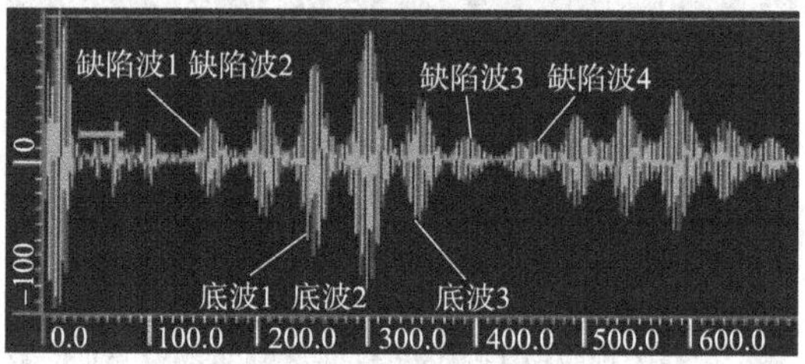

图11　S0模态有缺陷时的波形

3.3.3　S0模态的误差分析

为分析S0模态下，探头与缺陷的实测距离值与仪器显示实验值间的误差，进行了如下的对比分析。

表3为S0模态下探头距缺陷水平距离80mm时实验值与实测值的误差分析：

表3　探头距缺陷水平距离80mm误差分析

回波类型	底波1		底波2		缺陷波1		缺陷波2		缺陷波3	
	实验值	实测值	实验值	实测值	实验值	实测值	实验值	实测值	实验值	实测值
距离/mm	155	168	300	337	205	227	260	278	390	395
误差/%	7.7		11.0		9.7		6.5		1.3	

注：距离取值以脉冲回波最高峰为标准。由于S0模态下的波速为4 330 m/s，A0模态下的波速为3 170m/s，实测值经过换算。

从表3中可以看出，通过中距超声电磁检测仪的缺陷检测，缺陷脉冲回波在仪器上的显示实验距离与实测距离相差最多37mm左右，其实验值与实测值误差最大为11.0%，最小为1.3%，表明S0模态缺陷定位相对不太准确，个别缺陷脉冲回波与实际距离相差较大。

表4为S0模态下探头距缺陷水平距离230mm时实验值与实测值的误差分析。

表4　探头距缺陷水平距离230mm误差分析

回波类型	底波1		底波2		底波3		缺陷波1		缺陷波2		缺陷波3		缺陷波4	
	实验值	实测值	实验值	实测值	实验值	实测值	实验值	实测值	实验值	实测值	实验值	实测值	实验值	实测值
距离/mm	250	278	300	337	350	403	150	164	200	227	390	395	450	447
误差	10.1%		11.0%		13.2%		8.5%		11.9%		1.3%		0.07%	

注：距离取值以脉冲回波最高峰为标准。由于S0模态下的波速为4 330m/s，A0模态下的波速为3 170m/s，实测值经过换算。

从表4中可以看出，在S0模态下，通过中距超声电磁检测仪的缺陷检测，缺陷脉冲回波在仪器上的显示实验距离与实测距离相差53mm左右，其实验值与实测值误差最大为13.2%，最小为0.07%，表明S0模态缺陷定位相对不太准确，个别缺陷脉冲回波与实际距离相差较大。

同时，对比表3与表4可知，S0模态下，探头的摆放位置与缺陷的定位无关，探头的放置位置不会影响检测仪器对缺陷的定位。

从表1和表4可知，A0模态的最大误差为5.2%，最小误差为0；S0模态的最大误差为13.2%，最小误差为0.07%，通过对比表明，相较于A0模态，S0模态的误差较大，且距离需经过换算，现场应用较为复杂。

3.4 S1模态下的检测实验

3.4.1 探头距缺陷水平距离80mm时检测实验

S1模态下，当探头距缺陷水平距离80mm时，垂直向前移动探头，探头不断向左、右同时激发脉冲，增益保持不变。探头所扫射的范围内无缺陷时，如图12所示；探头所扫射的范围内有缺陷时，如图13所示。

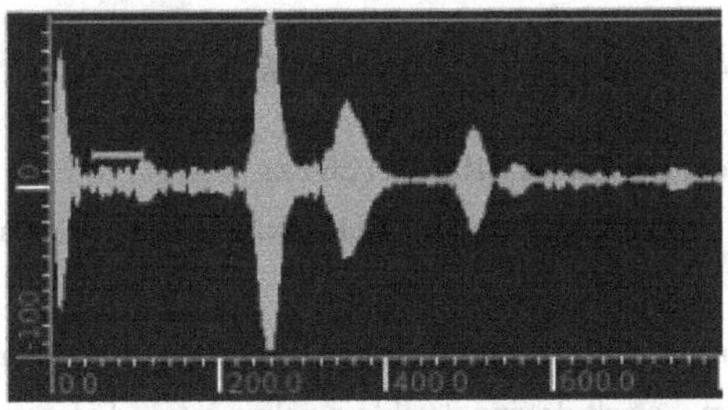

图12 S1模态无缺陷时的波形

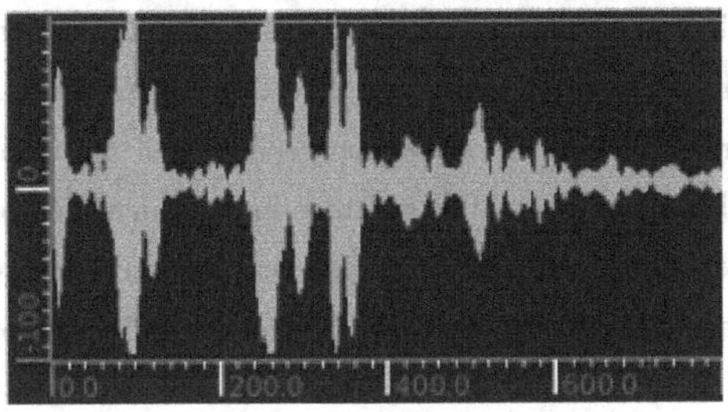

图13 S1模态有缺陷时的波形

从图12中可以看出，在S1模态下近场区的范围减小，探头灵敏度更高，当探头所扫射范围内无缺陷时，脉冲回波信号清晰。

缓慢移动探头，当探头所扫射的范围内出现缺陷时，会有明显的缺陷回波信号。由于此模态下发射频率较高，灵敏度较高，所以有缺陷时回波信号中杂波较多。但是近场区较小，易发现离探头较近位置的缺陷。

3.4.2 探头距缺陷水平距离230mm时检测实验

S1模态下，当探头距缺陷水平距离230mm时，垂直向前移动探头，探头所扫射的范围内无缺陷时，如图14所示；探头所扫射的范围内有缺陷时，如图15所示。

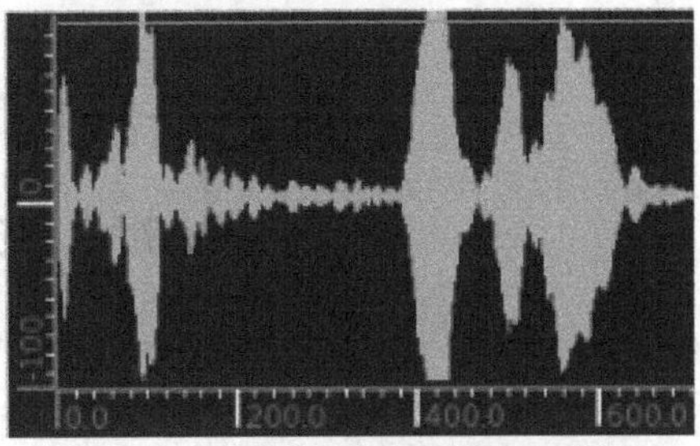

图14 S1模态无缺陷时的波形

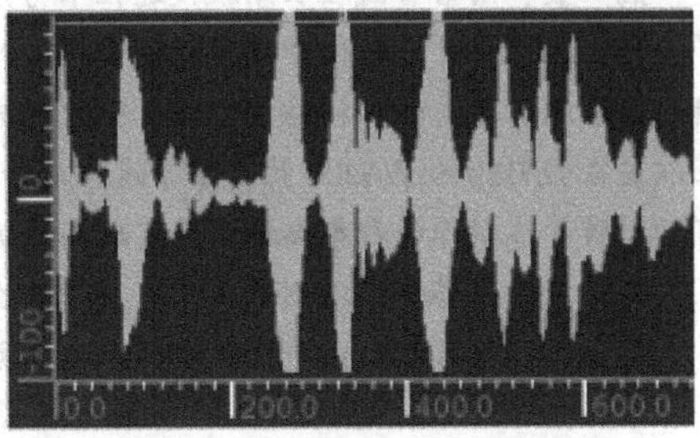

图15 S1模态有缺陷时的波形

通过对比图14、图15可以看出，当探头所扫射的范围内出现缺陷时，会有明显的缺陷回波信号，但是有缺陷时回波信号中杂波较多，无法快速、准确判断缺陷回波信号的存在。当探头与缺陷距离较远时，灵敏度较高的S1模态不太适用。

4 结论

(1)A0模态和S0模态下，探头的摆放位置与缺陷的准确定位无关。

(2)建议首先使用A0模态，因为它对缺陷的定位准确，且更容易对缺陷脉冲回波规律进行归纳和解释。如果灵敏度太低，可以使用更高频率的S1模态再次进行检查。

(3)S0模态灵敏度较低，且对缺陷的定位精确度小于A0模态，不建议直接选用。但如果A0模态太不稳定，可以选用较低频率的S0模态。

(4)在工艺站场检测时，考虑了涂漆层的厚度、表面状态或腐蚀程度对波形的影响后，选择了合适的模态进行管道检测，取得了良好的效果。

参考文献

[1]周进节，李铮．电磁超声超高温检测信号强度变化规律研究[J]．无损探伤，2018，42(06)：11-15.
[2]金建波，吕彪，王珏，陈琦琦．基于电磁超声技术的石油管材检测方法研究[J]．化工管理，2018(03)：205+207.
[3]叔大海．基于电磁超声导波的管道缺陷检测技术研究[D]．沈阳工业大学，2014.

附塔管线内检测机器人研究与应用

姚文胜[1,2] 杨敬鹏[1,2] 谢浩平[1,2] 叶宇峰[1,2]

(1. 浙江省特种设备科学研究院，杭州 310020；
2. 浙江省特种设备安全检测技术研究重点实验室，杭州 310020)

摘 要：附塔管线在长期服役过程中易产生腐蚀减薄，但在定期检验中常面临检测难度大，检测成本高等问题，为此设计一种同时具有视觉宏观检测及脉冲涡流壁厚检测的自驱动式柔性管道内检测机器人。通过研究内检测机器人的机械结构，结合脉冲涡流及视觉检测系统的特点完成机器人集成性能测试。在某石化企业以直径 *DN*150 和 *DN*200 的附塔管线作为检测对象，验证机器人现场检测能力。结果表明：该管道机器人可对附塔管线壁厚面积型腐蚀缺陷实现高灵敏、全覆盖内检测，结合视觉及壁厚测定能快速筛查内表面腐蚀区，高效提升附塔管线检测效率，有效降低检测成本。

关键词：附塔管线；内检测机器人；视觉宏观检测；脉冲涡流检测

Research and Application of Detection Robot in the Attached Tower Pipeline

YAO Wensheng[1,2], *YANG Jingpeng*[1,2], *XIE Haoping*[1,2], *YE Yufeng*[1,2]

(1. Zhejiang Academy of Special Equipment Science, Hangzhou 310020, China;
2. Key Laboratory of Safety Testing Technology for Special Equipment in Zhejiang Province, Hangzhou 310020, China)

Abstract: The attached tower pipeline is prone to corrosion and thinning during long-term service, but it often faces difficulties and high testing costs in regular inspections. Therefore, a self driving flexible pipeline internal inspection robot with both visual macroscopic inspection and pulse eddy current wall thickness inspection is designed. By studying the mechanical structure of the internal inspection robot and combining the characteristics of pulse eddy current and visual inspection systems, the integrated performance testing of the robot is completed. Using DN150 and DN200 attached tower pipelines as inspection objects in a petrochemical enterprise, the on-site inspection capability of the robot was verified. The results show that the pipeline robot can achieve high sensitivity and full coverage internal detection of corrosion defects on the wall thickness area of attached tower pipelines. Combined with vision and wall thickness measurement, it can quickly screen the corrosion areas on the inner surface, efficiently improve the detection efficiency of attached tower pipelines, and effectively reduce detection costs.

Key words: Attached tower pipeline; Internal inspection robot; Visual macroscopic inspection; Pulse eddy current testing

1 引言

附塔管线一般是连接在石油化工塔器上的管道线路，多用于输送物料和反应产物。其主要损伤模式为保温层下腐蚀、冲刷以及内部介质作用下的腐蚀减薄，因此在定期检验中应当重点关注。

附塔管线的特点是延伸高度大且有保温层，目前而言通过人工抽查检验的方式存在高处作业

作者简介：姚文胜(1996—)，硕士学位，主要研究承压设备无损检测新技术，目前从事承压设备检验检测工作。E-mail：ywsqaq@163.com

危险系数大、检验覆盖率不足、检验成本高等缺点。从检测手段来看，超声导波检测受限于工业管道中焊缝、弯头、三通等结构对信号衰减的影响，检测效果难以达到预期。漏磁检测技术在管道停工检修时缺乏有效介质作为输送动力，且垂直高度大不易实现全管内部检测。

管道检测机器人是一种可携带多种传感器及相关工具，沿管道内部或外部自行运动，集现代制造、现代控制及电子信息技术为一体的智能化机械装置[1-2]。在自驱动管道内检测机器人领域已有较多研究成果。王丰等[3]为检测高炉煤气管道内壁腐蚀设计了一种新型高炉煤气管道高性能检测机器人。石红梅等[4]针对直径为 400 ~ 600mm 的弯曲烟气管道设计一种具有越障能力强、管径自适应等优点的管道检测机器人。毛柳伟等[5]通过建立轮式管道内检测机器人仿真模型来分析其管道变径通过能力与转弯适应能力。黎华等人[6]建立机器人三维模型，并开展越障性能仿真试验得到弹簧力与电机力矩的变化曲线。凌张伟等人[7]采用连杆支撑的 3 个独立履带驱动模块使管道机器人适应不同管径和不同爬行姿态。郭晓婷[8]通过现场实验发现其设计的三轴高清漏磁内检测机器人在检测能力和置信度水平等多方面优于传统单轴漏磁内检测器。陈熙[9]设计了一种用于管道槽口尺寸高精度检测的履带式管道机器人控制系统，以实现内检测机器人长距离槽口尺寸检测和数据匹配定位。李俊杰[10]将图像处理技术与电机驱动的履带轮式行走机器人结合用于检测管道内壁的孔洞和裂缝类型缺陷。Pooja G M[11]开发了一种适用于直径 150 ~ 250mm 管道的壁压式模块化机器人系统，该系统携带高清摄像头并可使用传感器检测障碍物。Jain R K[12]研发了一款剪刀式结构的新型管道内检测机器人，该设计由两个交联装置组成，通过控制机构中的丝杠来调节剪刀式运动。Elankavi R S[13]以模块化设计思想对轮式壁压式管道内检查机器人进行开发，并通过实验证明使其可通过 1.5D 弯头。Jiang C[14]设计了一种基于折纸 – 织物复合材料的气动执行管内蜗杆式软机器人。Venkateswaran S[15]开发了一种刚性仿生管道检测机器人并在电机模块之间增加张紧机构使其具备更好的灵活性。

以上研究内容通过结构设计不断完善管道检测机器人性能，但对管道内壁检测较少涉及，重点集中在道内部视觉宏观检测和清障功能。对附塔管线而言，内部腐蚀减薄情况更加需要重点关注。

本研究针对附塔管线人工抽检存在诸多局限性的问题，根据附塔管线的损伤机理和结构特点，将机器人技术与脉冲涡流检测技术相结合，同时集成内窥镜式视频摄像头，重点针对管道腐蚀减薄缺陷形式，实现对附塔管线自动化、全覆盖、多功能和无损伤的内检测。

1　机器人主体运动机构设计

基于管道内检测机器人的持续检测需求和自适应作业功能，首先需确定机器人居中器的机构设计。根据视频全景检测及搭载的脉冲涡流检测系统技术特点，机器人应当在管道内保持居中完成实时全覆盖高清成像，并能稳定拖动脉冲涡流探头组居中前进，故需要设计一款能使镜头组稳定居中的支撑机构。如果要在管道内能够稳定居中，就需要有足够的支持点及支撑杆保证其能够与管道的中心轴线同心。

根据三点一面原理，三个点组成的面是稳定性最好的面，可以确定居中设计时同一个面需要有三个支持点组成。此时三点一面可以保证其在径向处于稳定状态。由于检测对象为轴向长度较大的管道，要求在轴向具有较强的稳定性，因此机器人的轴向结构至少需要有两个支撑点。经过研究分析，将其设计成两组三点支撑，保证径向和轴向的双向稳定性。此外为实现机器人管径内轴向带载运动，设计时需把两组三个的支持点做成带动力的轮式结构。

与此同时很多附塔管线并非全直管结构，多数存在 1.5D 弯头管件，机器人在过弯管时及过弯管后，需要比较大的拖拽力，另外考虑到各轮组均衡受力的情况，每个轮组都是动力主动轮。故轮组结构为 6 轮组 12 轮形式，保证每个轮组均衡受力，需要 6 动力 12 驱。该轮组具体结构如图 1 所示。

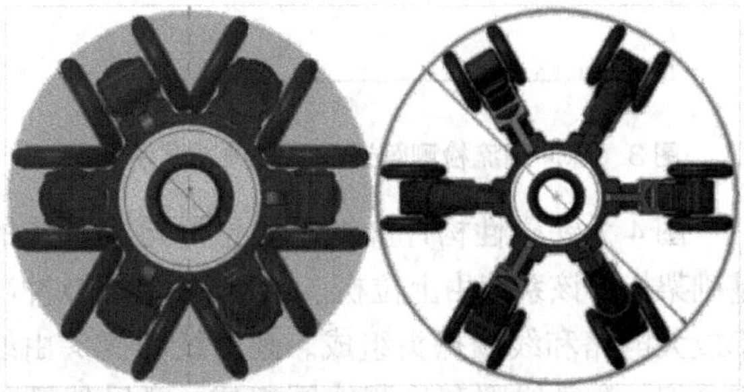

图 1　轮组结构示意图

如图2所示为脉冲涡流内检测机器人全貌，图中包括为其供电及传输信号的电缆线，便携式系统主机和机器人本体。机器人本体分成了三段式结构，头尾部分为支撑式导向机构，这既保证了机器人在管道中的支撑平稳，又使得机器人可以向前和向后运动。中间部分是脉冲涡流探头组及机器人主体框架，同时也是动力源所在。头尾和中间部分三者以一定柔软度的金属杆件连接，杆件内部通有信号和电源传输线缆，同时又赋予了机器人灵活的结构适应管道内部复杂环境。

图2　内检测机器人全貌

2　脉冲涡流检测系统

脉冲涡流法以脉冲电流代替传统正弦电流激励，在导体外产生脉冲磁场。当被检工件发生壁厚减薄或腐蚀垢积时，会引起构件壁厚、电导率和磁导率等参数改变，从而使导体内感应出的脉冲涡流场分布发生变化，反映在检测线圈两端的时域感应电压衰减过程也会发生变化。在管壁腐蚀减薄的地方，感应电压衰减更快。可以通过比较两处检测点的信号衰减变化过程，来检测工件尺寸和电磁参数的变化，从而评估被检构件的腐蚀程度，如图3所示。

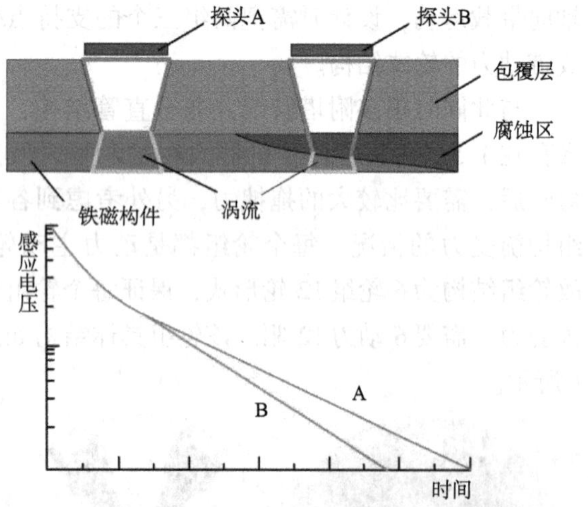

图3　脉冲涡流检测管道壁厚腐蚀减薄示意图

图4为铁磁性构件脉冲涡流壁厚检测系统的基础架构。该系统由上位机、AD转换器、脉冲功率放大电路和线圈探头组成。其中线圈探头由线圈骨架、激励线圈和检测线圈组成。激励线圈的两端接功率放大电路的输出，检测线圈的两端接AD模数转换器的输入端，电流采样电阻两端接AD模数转换器的输入端。而计算机主机能够对接收的数据进行处理，获得被检管道的壁厚信息。

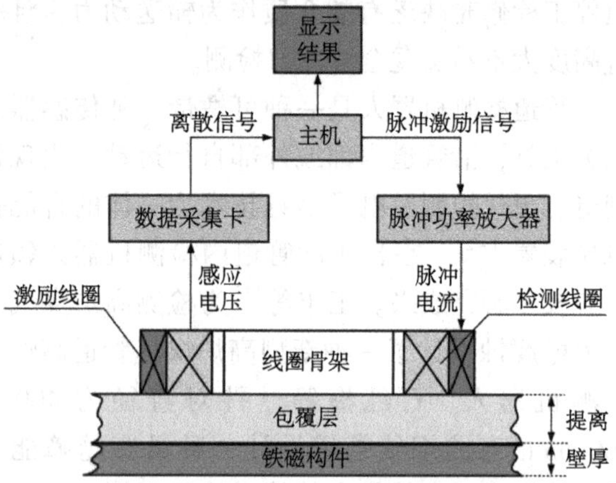

图4　金属管道壁厚腐蚀脉冲涡流电磁无损检测系统

脉冲涡流检测需要稳定的提离高度及良好的居中性。采用一体式调节多探头同步动作的结构来实现较好的居中性，通过后端螺旋推进机构加前端凸轮机构实现多探头提离的同步调节。利用可调节螺纹支撑来适应不同管径预支撑力的需求。同时加大支撑轮以适应管道内焊缝间隙并加强越障能力。

机器人支撑结构如图5所示，采用固定板加定位孔固定的形式来保证探头稳定。探头组两端分别采用一组同步支架。为保证周向的覆盖率，多通道探头组需要移动到不同位置分别检测，采用全圆周旋转的机械结构外加可控电机的驱动形式来保证周向检测的覆盖率。

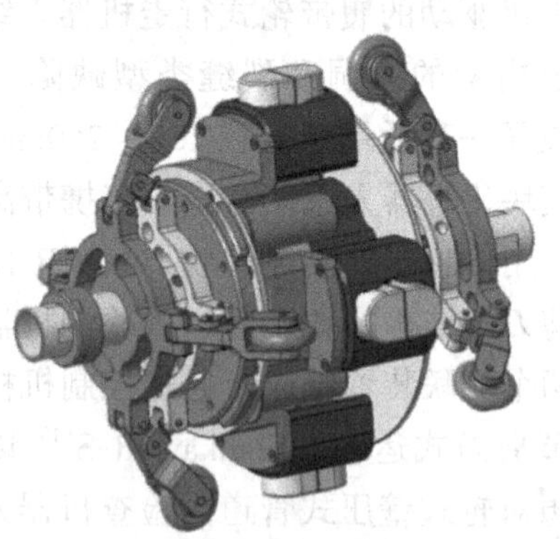

图5　脉冲涡流检测系统支撑结构

3　视觉宏观检测系统

根据高清全景技术特点，其前端必须是镜头采集全景的图像，所以镜头在最前端并且无任何遮挡物对其产生遮挡。镜头角度大于180°镜头圆周方案也应让出一定位置，防止结构件或光源进入镜头内部，影响最终的成像效果。

由于要拍摄的是管道内部圆腔，为保证照明

的均匀性，光源采用环形带状点阵灯式光源。为适应多种类身管内吸光和反光程度不一的情况，光源亮度采用多级可调。点阵式光源提供了不同的照射角度，解决了单颗光源存在阴影盲区的缺陷。光源也采用了贴片超高亮 LED，这样即结构紧凑又提高了发光效率。

光源后端就是图像处理主要器件相机的位置。此部分既需要有相对好的密封保证相机等器件的防护性能，又需要兼做部分发热器件的散热结构。散热不仅只需要大面积的散热面，还需要将有发热较严重情况的元器件的散热件做相应隔离处理，否则发热量大的元器件会将其散发热量倒流给发热量低的元器件，造成互相之间的热干扰的情况。如图 6 所示，在此基础上在两个散热间加隔热结构，避免互相之间的热干扰。图 7 为视觉宏观检测系统的测试，借助色卡验证其色彩还原的真实程度，借助分辨率卡验证其一定景深范围内识别度。全功率供电后验证元器件发热及光源发热的程度。

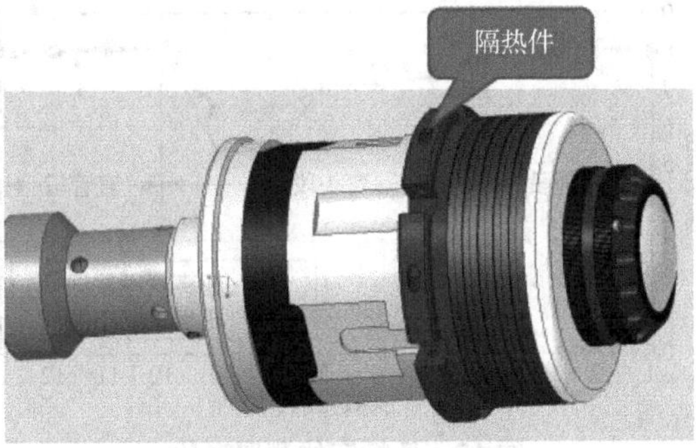

图6　视觉宏观检测系统

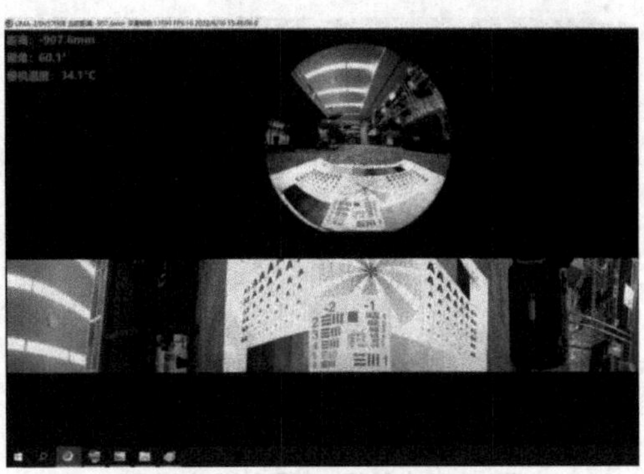

图7　视觉宏观检测系统测试

4　内检测机器人性能测试

对集成视觉宏观检测系统和脉冲涡流检测系统的管道内检测机器人进行试验来验证整体检测性能。选取图 8 中直径 *DN*200mm 的样管，对机器人检测直管和 1.5*D* 弯头的能力进行验证。

首先将样管弯头部分按轴向划分为 7 条标定线，用超声测厚仪测出各点壁厚，如图 9 所示。图 10 为内检测机器人在管道中行进检测的场景，内部脉冲涡流检测信号通过信号电缆输出到便携式系统主机上方便查看实时检测结果。

图8　测试样管(含 1.5*D* 弯头)

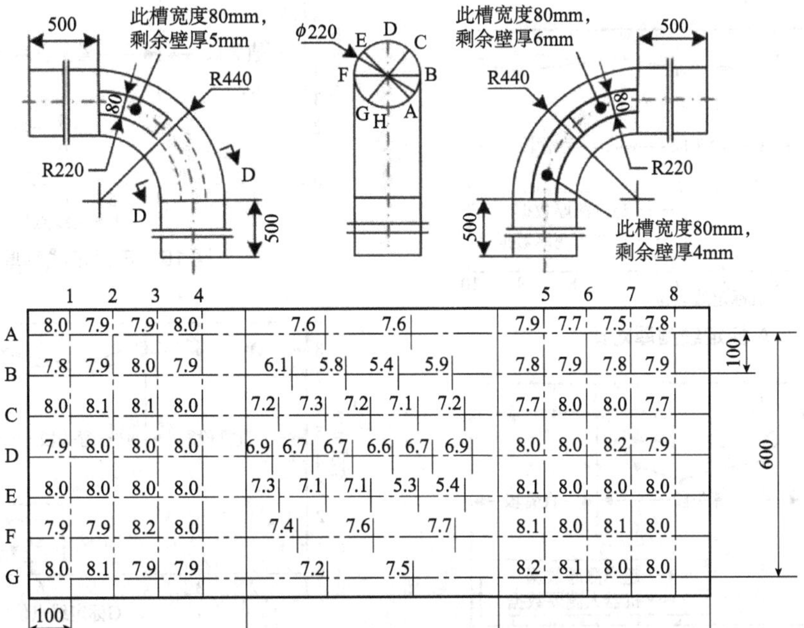

图9　弯头测试布点及超声测厚结果(单位：mm)

图 10　内检测机器人工作过程

按 7 条(A－G)标定线依次将机器人在工作过程中脉冲涡流探头检测数据和超声测厚数据对比，分别绘制直管段和弯头的测厚曲线，并分析二者同实际情况的符合程度，评估内检测机器人脉冲涡流检测系统的检测误差，对比曲线如图 11～图 17 所示。

通过 7 条标定线检测结果对比，内检测机器人在实验工况下，在直管和弯头壁厚检测中，多通道脉冲涡流探头同超声检测结果一致性较好。其中，直管段测厚结果更为稳定精确，而弯头段的误差多数控制在 ±7% 以内，但在标定线 B 处误差较大，经分析认为原因可能是运行过程中局部位姿异常超过提离高度。此外，由于脉冲涡流技术属于面积性测厚，缺陷实际厚度与检测厚度会由于其面积的变化而发生变化。基于测试结果，认为通过内检测机器人脉冲涡流系统的快速筛查，同时配合视觉宏观检测可较为准确地发现疑似腐蚀区域。通过内检测实验，在保证检测精度的前提下该内检测机器人的三段式支撑壁压结构能柔性通过管道 1.5D 弯头，且检测结果均符合预期 10% 误差以内。

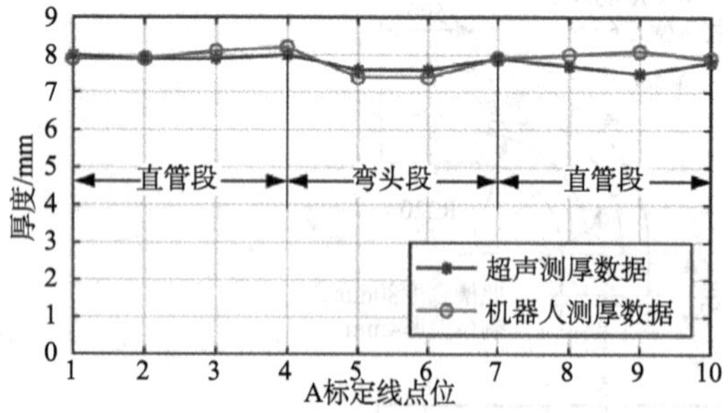

图 11　A 标定线测厚对比

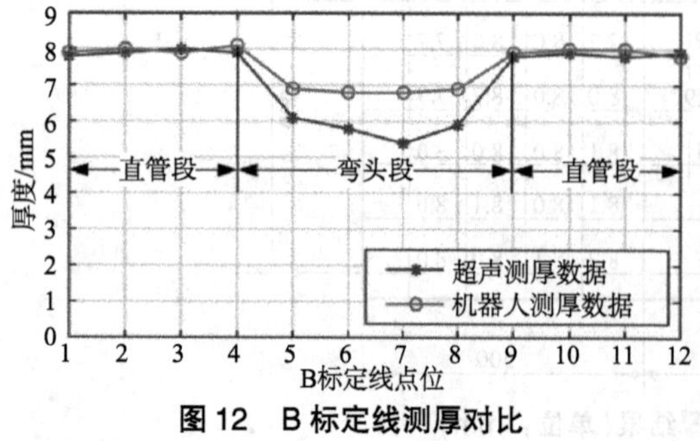

图 12　B 标定线测厚对比

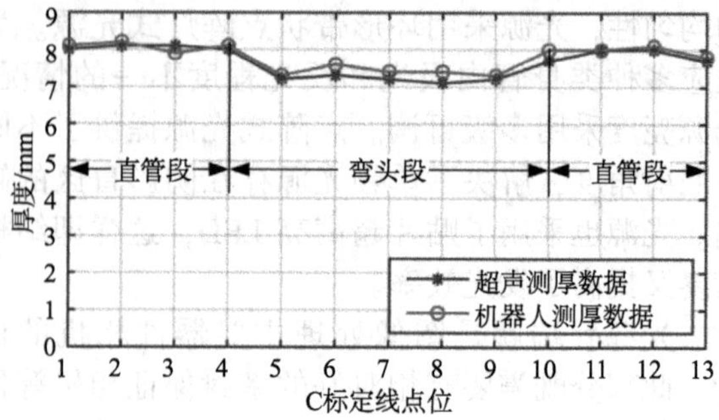

图 13　C 标定线测厚对比

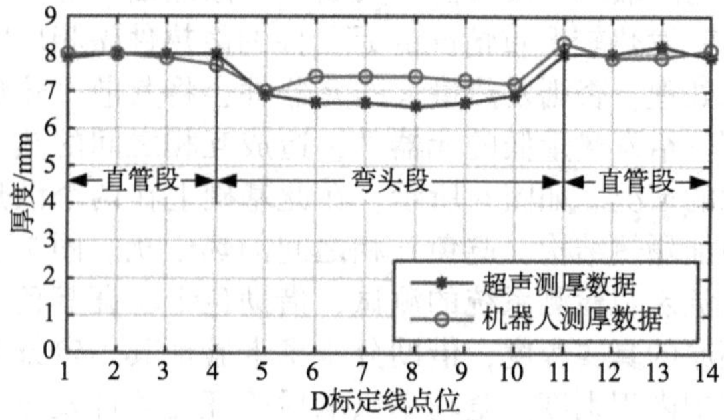

图 14　D 标定线测厚对比

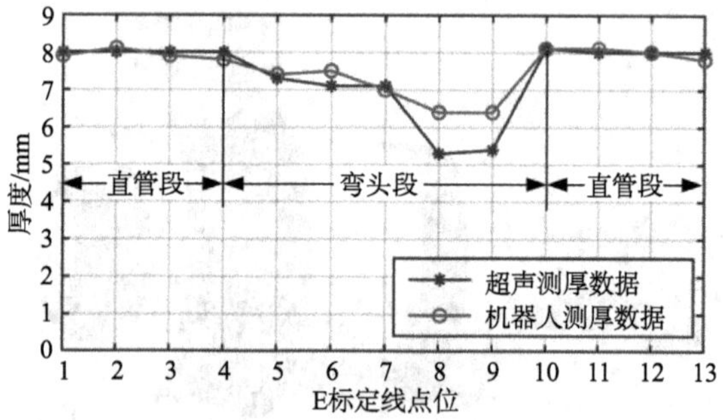

图 15　E 标定线测厚对比

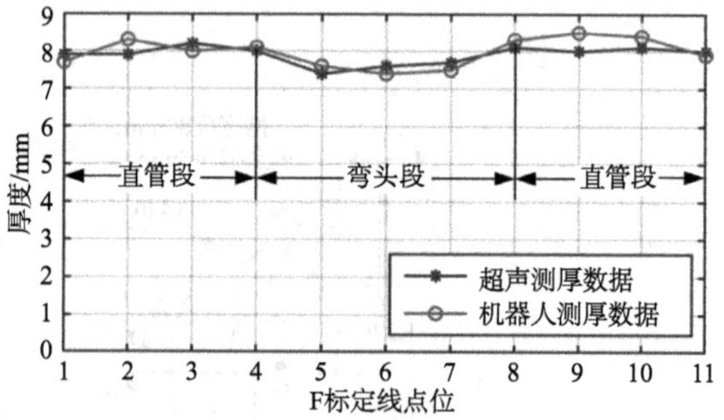

图 16　F 标定线测厚对比

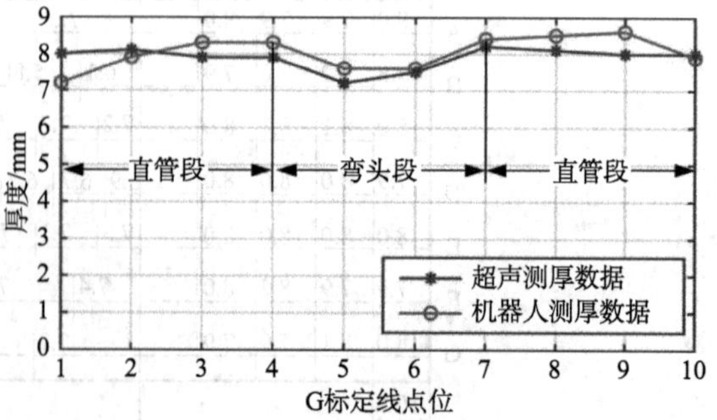

图 17　G 标定线测厚对比

5　附塔管线内检测机器人工程应用

为充分测试内检测机器人在实际工况下的稳定性和可靠性，在某石化企业选取两根典型附塔管线进行内检测。被测附塔管线的公称直径分别为 *DN*150mm 和 *DN*300mm，分别对应外径 168mm 和 325mm。如图 18 所示，附塔管线长度均达到 20m 多。将机器人从塔底阀组法兰口进入，作为检测起点。

图 19 为机器人内检测照，图中显示了其内壁爬行时的运动姿态。图 20 为机器人在 *DN*300 的管道中运行 2.9m 时传回的宏观检测画面，画面显示此时正在经过 90°弯头，进一步验证了过弯性能。机器人搭载的 4 通道脉冲涡流实时壁厚检测数据如图 21 所示，其横坐标表示机器人累计检测距离，纵坐标为通道序号，图中绿色区域表示壁厚无异常，橙色表示壁厚减薄大于标定值的 15%，橙色表示壁厚减薄大于标定值的 10%，白色区域则是未进行涡流检测。图中显示该管道检测 2.9m 内 3 通道区域出现超过 15% 的壁厚减薄，可对相关区域进行定位并复验。

图 18　被测附塔管线

图 19　内检测机器人管内检测照

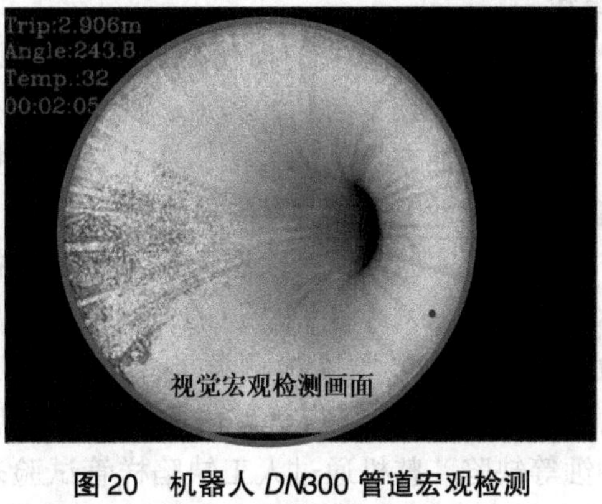

图 20　机器人 *DN*300 管道宏观检测

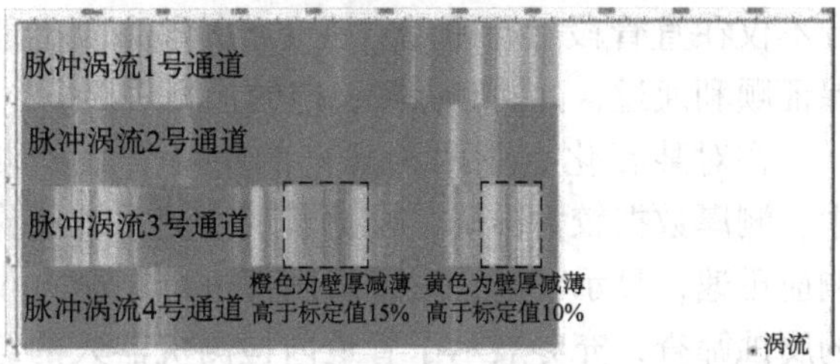

图 21　机器人 *DN*300 管道脉冲涡流检测数据

与此同时在 *DN*150 管径的附塔管线上进行检测，图 22 显示此时机器人位于初始零点 20.89m 处，由于该管径较小第 2 通道脉冲涡流未启用即可覆盖管道内壁，图 23 显示在 19m 处检测壁厚为 10.4mm，为标定壁厚的 94.2%。

经过两种规格管道的内检测，采集到的数据有效可靠，视觉宏观检测系统可清晰实时显示管道内壁画面，脉冲涡流检测系统多通道工作良好，可检出不同位置壁厚的损失情况，经过复验与实际情况相符。

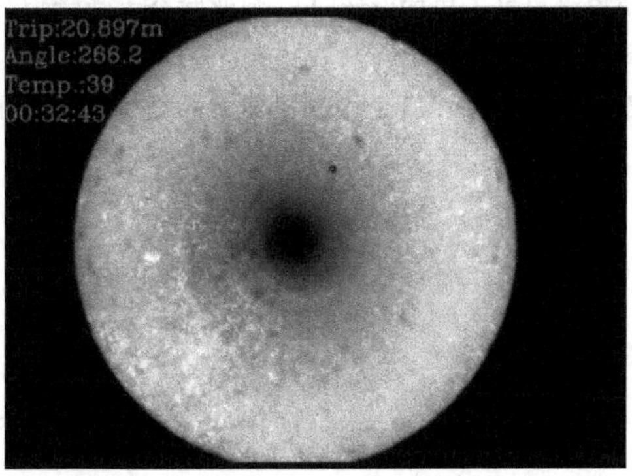

图 22　机器人 *DN*150 管道宏观检测

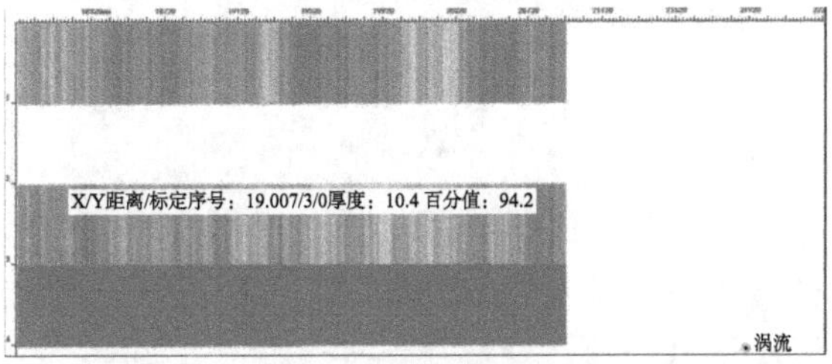

图 23　机器人 *DN*150 管道脉冲涡流检测数据

6　结论

本文基于附塔管线的损伤模式和检测难题，以自动化机器人技术与脉冲涡流、视觉检测相结合，突破常规抽查检测的方法，在对管线无损伤的前提下，设计了一套管道内检测机器人。

通过样管实验测试，表明内检测机器人搭载的脉冲涡流设备对于碳钢管道的面积型缺陷反应灵敏、检出率高，厚度检测误差率普遍低于 ±7%，可运用于快速筛查管道内侧的面积型腐蚀和冲蚀等缺陷。整机通过人工缺陷样管试验表明内检测机器人自驱动自支撑的三段式柔性结构设计不仅在直管段运行平稳，在 1.5*D* 弯头段也能保证顺利通过，并同时保障稳定的检测效果。

在对某石化企业两种规格的附塔管线检测中，测厚数据较为准确，视觉宏观检测系统图像响应迅速，显示清晰，对管线内部进行了全方位的腐蚀筛查，充分展示了管道内检测机器人的综合检测能，为附塔管线内检测提供了一种可靠的解决方案。

参考文献

[1]DAI X, LIU Y, WANG W. Design and experimental validation of a worm – like tensegrity robot for in – pipe locomotion[J]. 仿生工程学报：英文版，2023，20(2)：15.

[2]石红梅，侯伟．管道检测机器人关键技术研究进展[J]. 机械制造，2022，60(7)：88 – 90.

[3]王丰，窦刘良，赵伟，冯立艳，刘迎娟．高炉煤气管道检测机器人机构设计[J]. 河北联合大学学报(自然科学版)，2016，38(2)：30 – 35.

[4]石红梅，侯伟．管道检测机器人的结构设计[J]. 机械制造，2022，60(8)：64 – 66.

[5]毛柳伟，王国庆．小口径管道自适应内检测机器人研究[J]. 机械设计与制造，2021(10)：229 – 232.

[6]黎华，倪进飞，杨波．自适应锅炉管道检测机器人的越障性能研究[J]. 机械与电子，2017，35(8)：72 – 76.

[7]凌张伟，孔帅，陈永贵等．工业管道可变径内检测机器人[J]. 无损检测，2021，43(3)：17 – 20.

[8]郭晓婷，杨亮，宋云鹏等．油气管道三轴高清漏磁内检测机器人设计验证[J]. 仪表技术与传感器，2020，No. 455(12)：53 – 57.

[9]陈熙．一种管道槽口高精度检测机器人的控制系统设计与实现[D]. 上海交通大学，2016.

[10]李俊杰．管道缺陷检测机器人设计与研究[D]. 昆明理工大学，2022.

[11]POOJA G M, NIHARIKA S N. In – pipe inspection robot [J]. IJERT – International Journal of Engineering Research & Technology, 2018(13): 56 – 77.

[12]JAIN R K, DAS A, MUKHERJEE A, et al. Design and modeling of pipeline inspection robot (PIR) for underground pipelines[J]. Machines, Mechanism and Robotics, 2022(22): 209 – 224.

[13]ELANKAVI R S, DINAKARAN D, CHETTY R, et al. Mobility of modular in – pipe inspection robot inside curved and l – branch pipes[C]. 2021 IEEE Conference on Norbert Wiener in the 21st Century (21CW), Chennai, India, 2021, pp. 1 – 5.

[14]JIANG C, PEI Z. An in – pipe worm robot with pneumatic actuators based on origami paper – fabric composites [J]. Textile research journal, 2021(23/24): 91.

[15]VENKATESWARAN S, CHABLAT D, HAMON P. An optimal design of a flexible piping inspection robot[J]. Journal of Mechanisms and Robotics, 2021, 13(3): 1 – 37.

基于大数据的工业压力管道风险预测模型及系统开发

叶 伟

（江苏省特种设备安全监督检验研究院，南京 210000）

摘 要：工业压力管道是工业生产重要的基础设施，由于其传输介质具有易燃性、易爆性和有毒性，一旦管道发生泄漏，很容易发生安全事故。随着大数据技术的发展，提出了基于大数据工业压力管道风险预测模型，对工业压力管道设计、安装、维护和检验等环节的数据进行采集、处理和挖掘，找出影响工业压力管道设备安全的因素，再对其进行重点的检验。另一方面，基于大数据的工业压力管道风险预测可作为基于RBI风险检验的补充，从而更全面地保障工业压力管道使用过程中的安全性。最后，在此基础上，根据需求分析，结合系统结构与系统功能，验证了基于大数据工业压力管道风险预测系统可行性。

关键词：工业压力管道；大数据；系统开发

Risk Prediction Model and System Development of Industrial Pressure Pipeline Based on Big Data

YE Wei

（Jiangsu Province Special Equipment Safety Supervision Inspection Institute，Nanjing 210000，China；）

Abstract：Industrial pipeline is an important infrastructure for industrial production. Because of its flammability, explosiveness and toxicity，once the pipeline leaks，it is easy to have safety accidents. With the development of big data technology，an industrial pipeline risk prediction model based on big data is proposed，which collects，processes and mines the data of industrial pipeline design，installation，maintenance and inspection，and finds out the factors affecting the safety of industrial pipeline equipment，so as to carry out key inspection. On the other hand，the risk prediction of industrial pipelines based on big data can be used as a supplement to RBI risk test，thus ensuring the safety of industrial pipelines in use more comprehensive. Finally，on this basis，according to demand analysis，combined with system structure and system function，the risk prediction system of industrial pressure pipeline based on big data is developed.

Key words：Industrial pressure pipeline；Big data；System development

1 引言

工业压力管道作为工业生产中的重要设备之一，广泛应用于石油、化工、冶金、建筑、电力等工业领域[1]，但由于其传输介质往往具有易燃、易爆、高温、高压、腐蚀和有毒性，一旦管道发生泄漏或爆炸，很容易发生安全事故，使社会生产遭受严重破坏，人民生命财产受到巨大损失。因此，开展工业压力管道风险评价可有效识别管道安全运行危害影响因素。

近些年来，风险评价技术已成功应用到工业压力管道评价中，为工业压力管道的风险控制和管理提供了依据。然而随着应用的深入，以半定量风险评价为代表的传统工业压力管道风险评价技术的缺点不断暴露，如录入数据准确性不足、评价结果过于主观、对工业压力管道管控精细化的需求难以满足[2]。因此，需要改进现有的风险评价方法，来适应现阶段工业压力管道的需求。当前，压力管道设计、制造、安装、检验已逐步

作者简介：叶伟(1988—)，工程师，主要从事压力容器、压力管道检验检测工作。E－mail：837288965@ qq. com

进入以物联网、智能移动终端、云计算、大数据等技术为依托的管道各业务领域[3-5]。

随着大数据技术的发展，“管道大数据”的概念应运而生，大数据从管道设计制造开始直至服役的最后一刻所有的数据将被保留下来[6-7]。因此，提出了基于大数据工业压力管道风险预测模型，对工业压力管道设计、安装、维护和检验等环节的数据进行采集、处理和挖掘，找出影响工业压力管道设备安全的因素，再对其进行重点的检验。

2 基于大数据的工业压力管道风险预测模型

2.1 工业压力管道数据的采集与处理

在工业压力管道的设计、制造、安装、检验的全生命周期中，通过对上述各个环节的信息数据采集，为分析工业压力管道状态、进行风险评价和预测剩余寿命与腐蚀速率提供了数据支撑。

2.1.1 工业压力管道设计、制造和安装信息数据采集

工业压力管道设计、制造和安装的信息采集主要从以下获取：从工业压力管道制造企业的设计、制造、安装的相关文件中，获取工业压力管道基础数据，主要有设备尺寸、材质、设计压力、设计温度、操作温度、腐蚀裕量、管道等级和管道中的介质数据等。

2.1.2 工业压力管道检验数据采集

工业压力管道检验信息主要来自于检验机构的年度检验与定期检验数据。工业压力管道检验的信息数据主要包括：工业压力管道测厚数据、无损检测相关信息、设备代码、设备类型、使用状态、检验结论等。

2.1.3 工业压力管道数据处理

收集到上述工业压力管道基础数据与检验数据后，由于这些数据类型多样，不能直接作为输入变量，需要对数据进行分类。如工业压力管道检验测厚数据属于数值型；所使用的的工业压力管道类别属于类别型；所使用的的材料类别属于名义型；尚未明确的变量归为缺省型。

对不同类型的数据，处理方法不同。数值型数据采用标准差标准化即对某一数据与其平均值再除以其标准差并符合正态分布。对其他类型数据，按其数据的数量从小到大给其指定一数值。

2.2 工业压力管道大数据分析方法

大数据分析方法有很多，针对不同的类型选择不同的分析方法，根据解决问题的类型不同，可以把大数据分析方法分为分类分析、关联分析和聚类分析[8]。

由于分类分析法是使用输入变量的值预测目标变量，即在利用大数据预测工业压力管道风险预测中，可将采集的工业压力管道基础数据与检验数据作为输入变量，来预测工业压力管道风险性。

分类分析模型中常用的算法有；决策树算法、支持向量机算法、回归算法、贝叶斯网络算法、时间序列算法以及 BP 神经网络算法等。

决策树算法模型输入变量可以是任何类型，同时可以指定权重字段。当遇到分类问题，决策树算法更能体现其准确性。决策树模型工作原理即通过建立多个模型来减少错误的出现，当第一个模型构建成功后，第二个模型的构建侧重于第一个模型中的错误分类，第三个模型的构建侧重于第二个模型中的错误分类，以此类推，直到到达预测的准确性后，停止构建模型，达到最优的分类。

2.3 基于大数据工业压力管道风险预测流程

工业压力管道大数据风险预测流程如图 1 所示。根据采集工业压力管道所有数据，根据需要处理的问题进行处理，筛选出与目标变量相关性最强的输入变量的数据。针对工业压力管道风险预测问题，选择合适的算法构建模型，对构建模型进行验证，使评估模型准确。发布大道要求的模型即完整地完成了一次工业压力管道大数据风险预测流程。

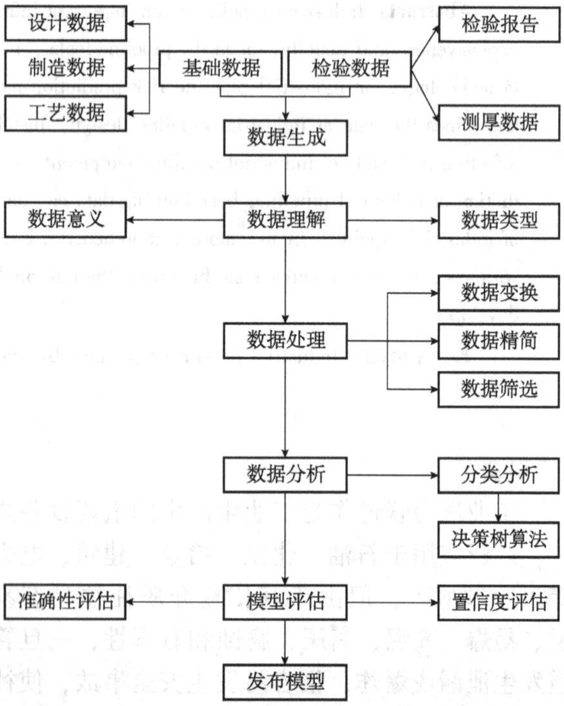

图 1 基于大数据工业压力管道风险预测流程

3 基于大数据的工业压力管道风险预测系统开发

3.1 需求分析

工业压力管道风险预测系统功能需求包括自动更新、实时预测、综合评价、页面展示，如表

1 所示。

表 1　工业压力管道大数据风险预测系统功能需求

功能需求	说明
自动更新	当有数据录入时，能够及时训练，预测风险
实时预测	工业压力管道风险时时都会存在，因此要求每天实时监测
综合评价	工业压力管道主要风险为腐蚀泄漏，需要对腐蚀泄漏风险做综合评价
页面展示	在浏览器上可直管展示评价结果

3.2　系统结构设计

工业压力管道大数据风险预测系统采用 B/S(浏览器/服务器)模式。浏览器，即客户端主要负责数据的传输、数据处理和结果展示。

系统服务器主要包含六个部分：数据库接口、后台接口、消息队列、数据处理、数据分析和模型评估。数据库有两个部分：原始数据数据库储存经过数据处理之后的数据；模型数据库主要储存训练数据、预测数据以及预测结果。消息队列主要负责消息的传递。

3.3　系统功能划分

根据工业压力管道大数据风险预测系统功能需求与系统机构设计要求，将该系统分为五个功能模块：数据处理模块、数据分析模块、评价预测模块、后台接口模块以及前端界面模块。具体划分以及说明如表 2 所示。

表 2　工业压力管道大数据风险预测系统模块说明

模块	功能说明
数据处理模块	从原始数据库中读取数据，对数据进行分类，构造数据集，然后保持在模型数据库中。
数据分析模块	从模型数据库中读取数据，利用封装决策树算法对数据进行分析。
评价预测模块	将数据分析后的数据导入至评价预测模块中，最后将预测的结果保持至数据库中。
后台接口模块	接受客户端的请求，从数据库中读取数据，最后再将结果返回至客户端。
前端界面模块	向系统服务器发送请求，获取工业压力管道风险预测数据，展示在前端浏览器界面上。

3.4　数据库设计

数据库的设计应结合工业压力管道大数据风险预测系统的实际情况和系统各个模块的功能，原始数据库的表单有：用户信息表、工业压力管道信息表、安全事件基本信息表、安全事件原因信息表。模型数据库中包含两张表：数据处理信息表和数据分析信息表。

4　工业管道大数据应用

工业压力管道的大数据应用需要根据不同的数据特点与应用需求选择合适的方法。腐蚀预测是工业压力管道安全运行的前提，以扬子石化－巴斯夫有限责任公司 LDPE 装置工业管道为例，现场对 LDPE768 条管道按照 TSG D0001—2017《压力管道安全技术监察规程》中对现场工业压力管道进行测厚检验，基于规则，消除上述 768 条管道现场测厚数据的奇异特征，构建包含 768 个维度(原始数据集)的特征集。

通过 JAVA 或者 SHELL 命令，存储在 HDFS 或 Hive 中的原始数据集可以进行 MapReduced 编译简化见图 2。

4.1　规范化

特征向量可以归一化为[0，1]

$$x = \frac{x' - x'_{min}}{x'_{max} - x'_{min}} \tag{1}$$

式中　x'——代表单个矢量值，

x'_{min}——代表最小值，

x'_{max}——代表最大值，

x——表示优化后的结果。

4.2　基于 PCA 的简化维度特征

主成分分析法(PCA)用于减少工业压力管道 86 个特征的尺寸，以简化计算。主要的方法如下：

$$\begin{cases} F_1 = a_{11}x_1 + a_{12}x_2 + \cdots + a_{1p}x_p \\ F_2 = a_{21}x_1 + a_{22}x_2 + \cdots + a_{2p}x_p, q \le p \\ F_q = a_{q1}x_1 + a_{q2}x_2 + \cdots + a_{qp}x_p \end{cases} \tag{2}$$

式中　x_i——原始特征向量；

F_i——特征向量。

用 PCA 分析，a_{ij}是降维矩阵。通过式(2)计算分析后，工业压力管道维数为减少至 57。

4.3　SVMs－DS

10000 条数据 随机选择 57 个维度 作为训练集和另外 10000 条数据 ×57 维是预测集。特征空间可以分为 SVM 训练后不同空间的多个超平面判定边界。在训练过程中，使用了 3 种不同的核函数(RBF，Linear，Sigmoid)进行训练。结果是标记为 SVM1/SVM2/SVM3。

测试由 SVM1/SVM2/SVM3 设置的预测，并分别获得基本概率分配(BPAs)。投票机制被导入以构建 BPAs。BPAs 将作为 DS 证据理论独立的输入。计算后冲突因素 K 和质量函数，服务的融合结果质量评估将由决策阈值来判断。然后，服务质量评估的输出完成。

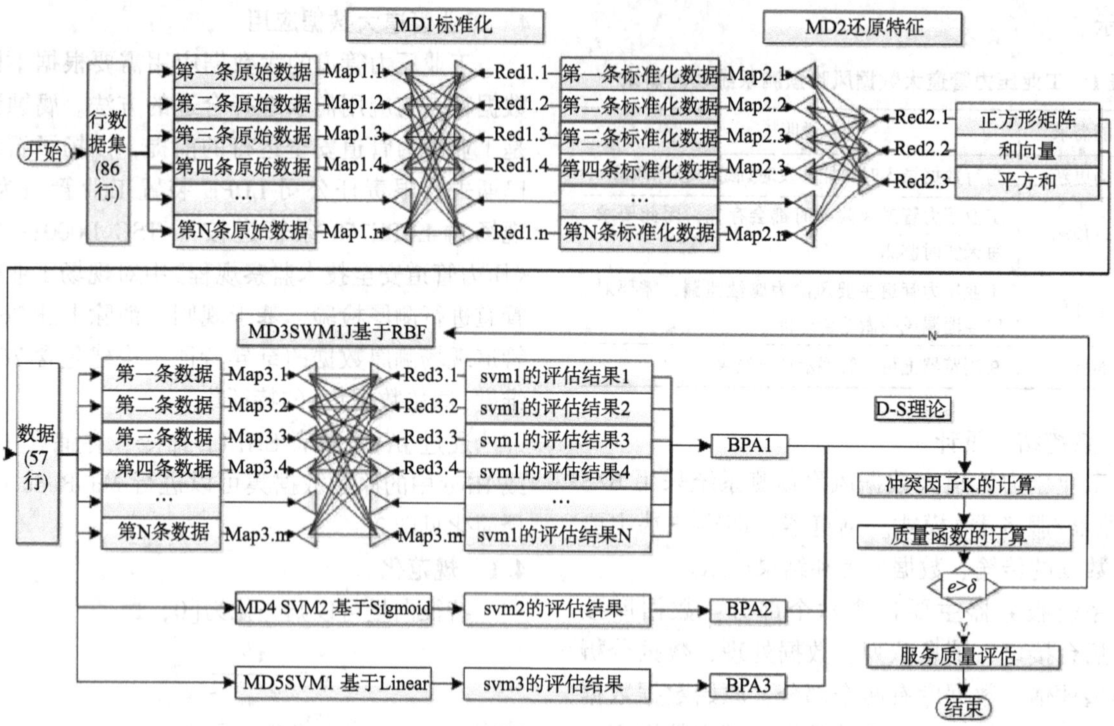

图2　质量评估的并行算法

利用ATWDP平台采用分布式集群，包括4台服务器，并使用Hadoop、Hive、Spark、Sqoop部署每台服务器和MySQL来存储和处理数据。主服务器是由一个名称节点服务器组成，从属服务器包括由三个数据节点组成。与工业连接的节点以太网。

考虑到工业压力管道的实际情况，本研究采用相似数据进行测试。利用tmall. com数据取而代之的是大数量和结构上的相似性和完整性。(数据集可以在https://pan. baidu. com/s/1cs02Nc下载)。该数据集包含4129万个片段数据量为2GB。

平台测试包含“写”和“读”，以显示存储和分析的能力。

(1)“读写”能力。每个服务器或的读取速度节点是356000块/s，这意味着大约18MB/s，并且对Hive的写入速度是210万块/s，大约101兆字节/s。

(2)Hive的运作。每台服务器的扫描数量约为79万件/s，扫描性能用“count()”函数描述。

图3示出了操作的处理时间，验证了ATWDP在存储中的合理性。测试结果显示基于ATWDP平在Hadoop上有很好的性能，是一个合适的解决工业压力管道的大数据处理方案。

5　结论

研究了基于大数据的工业压力管道风险预测模型以及系统开发。通过Web风险评价人员可进行在线预测评价，并将评价的结果反馈至先关的部门以及客户公司。该方法不仅可作为基于RBI检验的补充，更能为管道的设计制造公司提供参考意见。

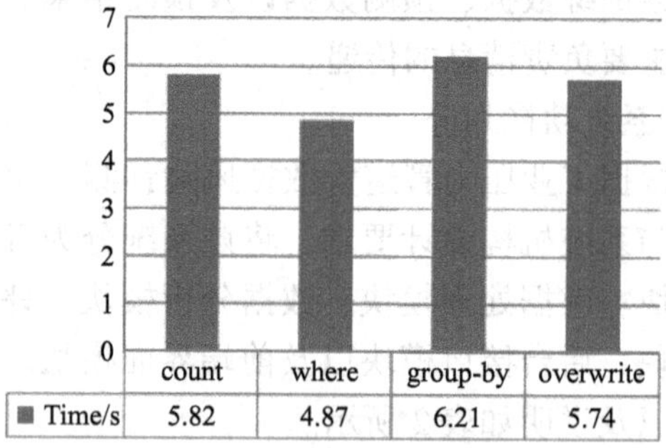

图3　ATWDP的性能

参考文献

[1]储小燕．工业管道的风险评价与完整性评定：[D]. 南京：南京工业大学，2005.

[2]王新，刘建平，王巨洪．智能管道时代的管道风险评价技术展望．工业安全与环保，2020. 46(2)：67－70.

[3]李海润．智慧管道技术现状及发展趋势．天然气与石油，2018，36(02)：129－132

[4]曹闯明．油气长输管道巡检中的智能视频监控技术．油气储运，2018，37(10)：1192－1195＋1200.

[5]董绍华，韩忠晨，杨毅，曹兴．物联网技术在管道完整性管理中的应用．油气储运，2012，31(12)：906－908＋911＋967

[6]王维斌．长输油气管道大数据管理架构及应用．油气储运，2015，34(03)：229－232

[7]董绍华，安宇．基于大数据的管道系统数据分析模型及应用．油气储运，2015，34(10)：1027－1032.

[8]任康．大数据方法在压力管道风险分析中的应用：[D]. 北京：北京化工大学，2018.

非金属天然气掺氢管道输送关键技术研究现状

王永娣　王　瑜　张晓明　王泉生

（陕西省特种设备检验检测研究院，西安　710048）

摘　要：双碳目标”背景下，我国积极推进掺氢天然气管道发展，本文总结了国内外非金属掺氢天然气管道关键技术方面的研究进展，得到主要结论如下。渗透性系数受氢压、气体温度和掺氢比的影响，在高氢压下，渗透系数随着氢压的增加而减小；温度越高，材料的渗透系数越大，同时发现氢气的渗透系数大于其他气体；非金属管道的老化主要与温度和高掺氢比相关，其中温度除了可以直接影响非金属材料的力学性能外，温度还可以通过影响渗透性从而作用材料力学性能；泄露方面的研究主要以探究管道密封构件泄露的影响因素及泄露安全范围为主，目前还没有系统性的研究数据。本文可为掺氢天然气管道关键技术研究提供参考。

关键词：天然气掺氢；非金属管道；渗透性；气体泄漏

Research Status of Key Technologies for Non-metallic Natural gas Hydrogen Blending Pipeline Transportation

WANG Yongdi, *WANG Yu*, *ZHANG Xiaoming*, *WANG Quansheng*

(1. Shaanxi Special Equipment Inspection and Testing Institute, Xiŋan 710048, China)

Abstract: Under the background of “double carbon target”, China has actively promoted the development of hydrogen - blended natural gas pipelines. This article summarizes the research progress in key technologies of non-metallic hydrogen doped natural gas pipelines at home and abroad, and the main conclusions are as follows. The permeability coefficient is affected by hydrogen pressure, gas temperature, and hydrogen doping ratio. At high hydrogen pressure, the permeability coefficient decreases with increasing hydrogen pressure; The higher the temperature, the greater the permeability coefficient of the material; It was found that the permeability coefficient of hydrogen is greater than other gases; The aging of non-metallic pipelines is mainly related to temperature and high hydrogen doping ratio. In addition to directly affecting the mechanical properties of non-metallic materials, temperature can also affect the mechanical properties of materials by affecting permeability; The research on leakage mainly focuses on exploring the influencing factors and safety range of pipeline sealing components leakage, and there is currently no systematic research data available. This article can provide reference for the key technology research of hydrogen doped natural gas pipelines.

Key words: Hydrogen doped natural gas; Non-metallic pipe; Permeability; Gas leakage

1　引言

氢气是一种重要的清洁能源，在“双碳”目标的背景下，大力发展氢能势在必行。从氢能的长远发展来看，高压气态、低温液态输运方式远远不能实现氢能的规模化及大面积区域辐射。此外，我国目前氢气管道发展还不成熟，借助现有的天然气网络输送氢气是发展氢能的必要方式。天然气管道掺氢是一种实现氢能低成本输送的方法，不仅能提高能源系统的整体利用效率，也是氢能应用的关键引擎。

作者简介：王永娣（1987—　），博士研究生，主要从事承压类特种设备失效预测与分析方面的研究工作。E－mail：632972182@qq.com

采用金属管道输送氢气时会发生氢脆等氢致损伤，给管道输送和运营带来安全隐患[1,2]，而采用非金属聚乙烯(PE)管道输送则可有效避免金属管道的氢脆。然而，相比于金属管道，非金属PE管道会存在较大程度的气体渗透。长期的气体渗透不仅造成能源损失浪费，而且氢气和天然气为易燃易爆炸气体，渗透泄漏后还存在燃烧和爆炸风险。因此，研究氢气和掺氢天然气在非金属PE管道中的渗透等关键技术，对氢气管输安全具有重要意义。

天然气管网掺氢输送可有效解决氢能利用过程中的输送问题，但这会给管道带来安全风险。但由于氢气和甲烷的密度差别很大，常温常压下甲烷密度约是氢气的8倍，且氢气比天然气更易扩散[2]。随着氢气的掺入，掺氢天然气在存储和管道停输过程中在重力作用下会出现体积分数分布不均匀现象。同时在掺氢天然气管道运行过程中，当管道流速较小时也有可能发生氢气向管道顶部偏移的现象[3]，造成管道局部氢分压和体积分数升高，进而导致管材失效引起泄漏。此外，在天然气管网掺氢输送过程中，氢会进入管道、阀门、法兰、仪表、密封件等材料内部，使材料性能受到损伤，降低天然气输送管线的安全等级，严重影响天然气管网掺氢工程的实施。

本文以文献调研的方式，详细介绍了常用非金属天然气管掺氢过程中常见的问题，回顾并总结了学者在不同参数下氢气、甲烷在非金属材料管道中渗透、泄露和老化的代表性研究成果。本文对非金属天然气管道掺氢输送过程中关键技术的研究提供了借鉴和参考。

2　非金属天然气管道掺氢研究现状

本文主要针对非金属中低压掺氢管道进行论述，根据标准GB/T 34903—2017《石油、石化与天然气工业与油气开采相关介质接触的非金属材料》天然气管道输送相关的非金属材料可以分为弹性体和热塑性塑料。首先，弹性体主要指橡胶，被用于制作阀门、管道接头处的密封材料等，如天然橡胶(Natural Rubber，NR)、丁苯橡胶(Styrene Butadiene Rubber，SBR)等。其次，热塑性塑料种类较多，一些热塑性塑料被用于制作天然气管线、管道或衬里，主要包括聚乙烯(Polyethylene，PE)，高密度聚乙烯(High Density Polyethylene，PE)，中密度聚乙烯(Medium Density Polyethylene，PE)等。此外，一些热塑性塑料也被用作密封件或作为密封件的支撑物，如聚苯硫醚(Polyphenylene Sulfide，PPS)、聚醚醚酮(Polyether－etherketone，PEEK)等。

对于非金属材料在掺氢管道方面的构件组成主要有输气管道和管道阀门或法兰连接处的密封结构，管道掺氢后主要影响的基本性能包括老化性能和渗透性能。老化性能是指非金属材料在氢环境下长时间服役力学性能发生退化的情况；渗透性能是指气体分子通过吸附、扩散、解析附等过程渗透通过非金属管道或密封件情况。掌握不同温度、掺氢比和压力下混合气体对老化性能和渗透性的影响规律，才能构制定出切实有效的适用性评价标准。

2.1　天然气掺氢对非金属管道渗透性能的影响

掺氢天然气在非金属管道材料中的渗透过程可用“溶解－扩散”理论描述：当气体分子在高压侧冷凝后溶解进入非金属材料，在压差的作用下向低压侧扩散，最后在低压侧蒸发成气态而解吸附[4,5]。气体在非金属管道材料中的渗透机理可由溶解机理和扩散机理两部分共同解释。

在溶解方面，目前文献中关于H_2、CH_4和H_2/CH_4混合气体在PE中溶解机理的研究少见报道，只有个别文献中阐述了关于CH_4在其他聚合物中的溶解机理。例如，张学敏等[6]和李厚补等[7-8]在微观层面探究了CH_4在聚偏二氟乙烯(polyvinylidene fluoride，PVDF)材料中的溶解机理。通过对吸附密度场分布图和等密度显示图的分析，发现PVDF对于气体分子的吸附不是均匀吸附，而是有选择性地吸附，且吸附在能量较低的孔穴位置。PE和PVDF的结构类似，由此可推断出PE对H_2和CH_4的吸附亦是选择性吸附。气体分子在聚合物中的溶解性与气体的临界温度有关，临界温度越高，气体越易溶解。

在扩散方面，通过分子动力学模拟方法，能从微观角度追踪气体分子在聚合物中的扩散路径。例如，Pant等[9]、Dutta等[10]和Anderson等[11]的研究表明，CH_4在PE中的扩散符合跳跃机理，即气体分子长时间在孔穴内振动，期间会在短时间内跳跃至相邻的孔穴。当气体分子在孔穴内振动时，产生的位移会较小；当聚合物链由于热运动在两个相邻的孔穴间产生通道时，气体分子会沿着通道快速跳跃至相邻的孔穴，此时产生的位移会较大。Foulc和Klopffer等[12-14]续流动法的实验研究了不同温度和压力下H_2/CH_4混合气体在PE80和PE100材料中的渗透性能。实验表明，中低压(0.4～2.1MPa)对PE80和PE100

的气体渗透性能无影响，且 H_2 和 CH_4 的存在并没有对另一种气体的渗透产生影响，即每种气体混合前后的渗透性能相同。

天然气输送管道阀门或法兰连接处的密封结构所采用的非金属材料一般是天然橡胶、丁苯橡胶等弹性体材料，其主要功能是隔离、阻隔或接通气流，能有效避免气体泄漏及其他气体混合的不安全现象，其实现密封的关键就是使用了体积几乎不可压缩的非金属弹性体材料。然而，氢气作为分子量最小的气体，比天然气更容易渗入非金属材料[15]（图1），现有的研究已经表明氢对密封材料的渗透速率高于天然气，掺氢会增加弹性密封的泄漏率。非金属管道的渗透性能除了和自身的微观结构相关，还和掺氢天然气的温度、压强、气体组分有关。

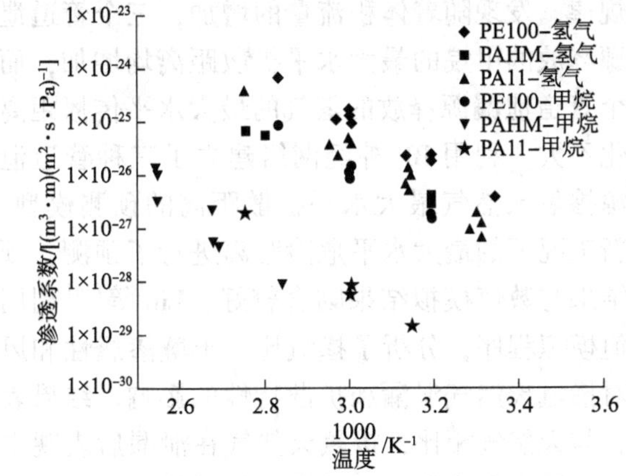

图1　纯氢、甲烷在不同温度下渗透系数图

在温度对管道渗透性影响方面，Koros 等[16]指出，当温度变化时，扩散系数的变化程度要大于溶解系数，扩散系数对渗透系数的影响占据主导地位。Pol HYtube 项目[17-19]开展了多种聚合物管材在不同温度下 20～125℃，即(2.5～3.4)×1000/温度的渗透性测试（图3），实验结果表明，氢气和甲烷两种气体在各管材中的渗透系数随着温度的升高而增加，渗透系数的对数与温度的倒数呈线性关系。此外温度也会影响聚合物微观结构，进而影响渗透过程[20]。对于半结晶聚合物，当温度低于玻璃化转变温度时，材料非晶区呈玻璃状，其自由体积含量较低。而当温度高于玻璃化转变温度时，链段具有更大的流动性，材料表现为橡胶状，更具韧性，自由体积含量相对较高。

压力会对聚合物的渗透性能产生显著影响。研究指出，外加压力可能会压缩聚合物材料，减少材料内部气体扩散，同时气体分子的溶解系数也受压力影响[20]研究发现，在较低的压力(0.5～2.0MPa)下，氢气的渗透系数并未随着压力增加而产生变化。Gay 等[21]的研究也得出了相似的结果。这证明材料的微观结构在较低氢压下并未受到影响。Fujiwara 等[22]通过自行研制的高压氢渗透检测设备研究了 HDPE 管材在高压氢环境（高达 90MPa）下的氢渗透。实验结果表明，HDPE 的氢渗透系数随着氢压的增加而降低。研究人员指出，这是由于高压氢环境导致材料自由体积收缩，溶解系数和扩散系数均有所下降，而扩散系数的下降是渗透系数下降的主要原因。以上研究结果表明，在较低的氢压环境下，压力的增加不会改变材料的渗透性能。而当氢压较高时，受静水压效应影响，材料微观结构有所改变，进而影响了材料的渗透性能。

对于非金属天然气输管道，往往使用的是聚合物材料，例如聚乙烯、聚氯乙烯等材料。现有的相关研究也主要针对输氢非金属聚合物管道的渗透性开展，NaturalHy 项目中，Pimenta 等[23]在不同的内压作用下，测量了 50%/50% 及 23%/77% 的氢气/甲烷混合物对 PE100 聚乙烯管的渗透速率，结果表明氢气的渗透速率明显高于天然气。在美国天然气输配系统使用的典型聚合物管道中，氢气的渗透率是甲烷的 4～5 倍，且大部分气体损失是通过管壁而不是接头发生的。ERG 项目[24]有过相关研究，其结论认为 10% 的掺氢比对密封材料氢脆的影响是可接受的，该研究同样也证实了氢的渗透速率较高，掺氢会使得管道面临着更大的泄漏风险。因此掺氢天然气管道连接处非金属材料的氢气渗透性和适用性需要开展进一步的研究。

综上，渗透系数受氢压、气体温度和掺氢比的影响，在高氢压下，渗透系数随着氢压的增加而减小；温度越高，材料的渗透系数越大，同时发现氢气的渗透系数大于其他气体。

2.2　天然气掺氢对非金属管道老化性能的影响

非金属管道多为聚合物材料，该类材料的力学性能会受到压力耦合的影响，产生一定的劣化。因此研究聚合物管材在高压氢环境下的力学性能劣化机理对于掺氢天然气管道发展有着重要的意义。研究表明低压下氢不会导致聚乙烯管的降解和退化[25]，即氢对这类非金属材料力学性能的影响很小，因此对于这类非金属材料，更关注氢对管道的渗透性。压力环境下聚合物材料力学性能劣化的根本原因在于材料的微观结构受静水压效应影响而发生了改变。例如有研究指出，聚合物材料在临氢环境下可能会发生结晶度变化[26-27]，分子链构象变化[28]进而导致材料的力学性能发生劣化。同时，由于氢气分子粒度小，氢在渗入非金属密封材料造成泄漏的同时，还会使得非金属密封材料性能产生劣化，尤其是可能会发生吸氢膨胀或氢鼓泡现象，严重影响密封材料的性能[29]。目前对吸氢膨胀现象普遍的解释是外部氢气溶解到橡胶材料中所引起的橡胶体积增加造成橡胶溶胀的现象；氢鼓泡现象是高压氢气在急剧降压的情况下所引起的橡胶内部产生龟裂现象。但目前国内外对于高压氢环境下非金属密封材料的研究匮乏，因此对这两种现象的机理及影响因素还不够明确[30]。目前已有的研究[31-35]，吸氢膨胀与氢气压力、温度以及橡胶填充物的种类(如炭黑、硅)等因素有关，且氢在橡胶材料中的溶解度与氢压成正比。

非金属的力学性能对温度敏感，这通常限制了其在工程中的应用。国内外学者对非金属管道力学性能随温度的变化已经开展了充分的研究。Merah 等[36]研究了 PE100 管材在 -10 ~ 70℃的拉伸性能变化，发现其屈服强度和弹性模量随温度升高而线性降低，然而屈服应变随温度升高略有增加，在测试温度下管道始终发生韧性断裂。Mae 等[37]的实验也得出了相似的结果。Amjadi 等[38]研究发现，HDPE 薄膜极限抗拉强度、屈服强度、弹性模量随温度升高而呈指数形降低。

温度一方面会影响气体在材料中的渗透，进而影响聚合物的力学性能；另一方面，聚合物本身力学性能会随温度升高而产生劣化。因此研究聚合物在氢压—温度耦合条件下的性能劣化对于实际应用来说十分重要。

2.3　非金属天然气管道掺氢泄露研究现状

氢分子比甲烷小得多，活泼的氢气掺入天然气，导致氢对管道及配件的损害，增加了氢脆、氢气渗透和对燃气表及燃具腐蚀的风险，同时使得掺氢天然气在自然环境中泄漏和扩散更有可能发生。

掺氢天然气泄漏在本质上与天然气的泄漏类似。Naturalhy 项目通过在民用房内进行掺氢天然气的泄漏试验，发现：掺氢会增大气体的泄漏速率，掺氢比例小于 50% 时气体积聚浓度会略微升高，但是当掺氢比例大于 50% 时气体积聚浓度会显著增加[39]。Messaoudani[40]对掺氢天然气管网的安全风险进行了综合评价，指出氢的掺入会使输送的混合气体点火能量降低、泄漏速率加快、可燃范围增大，随着掺氢比例的增加，泄漏、燃爆的危险相应增加。赵永志等[41]发现掺氢泄漏的规律在不同的泄漏方式(正常渗漏与积聚、意外泄漏与扩散)中表现不同，受掺氢比例和材料影响较大。Lowesmith 等[42]对掺氢混合物的燃烧与爆炸风险进行了研究，结果表明混合气体在开放空间剧烈燃烧，当掺氢比例大于等于 20% 时会出现明显的超压，当掺氢比例大于等于 40% 时爆燃转变为爆轰的风险较高。Li 等[43]研究了气体高浓度天然气在密闭空间的浓度和爆炸威力范围通过实验和商业软件仿真相结合。Su 等人[44]研究了家庭中掺氢天然气的泄漏和扩散讨论了掺氢比、渗漏量、厨房尺寸的影响，以及通风条件对泄漏和扩散的影响，并模拟了不同条件下的泄漏报警时间。

Li 等[45]讨论了三种类型的管道泄漏源的泄露规律，发现随着体积流量的增加，三个管道泄漏源释放的甲烷的最大水平扩散距离均增加，而三个管道泄漏源释放的氢气的最大水平传播距离变化不大。利用 BP 神经网络建立了三种管道泄漏源掺氢天然气最大水平扩散距离的预测模型。对新工况下的最大水平危险距离进行了预测，预测结果与数值模拟结果吻合较好。Liu 等[46]利用数值模拟程序，分析了掺氢比、土壤渗透性和风速对掺氢天然气泄漏和扩散特性的影响。结果表明，与天然气相比，掺氢天然气在泄漏后表现出较大的压力和流量波动范围，但质量流量和泄漏质量流量较低。随着掺氢比的增加，整个过程的风险指数也会增加。含 20% 氢的掺氢管道的地下压力影响半径和地下危害半径分别比天然气管道高 15.4% 和 11.9%，地上危害高度比天然气管线高 34.0%。此外，最大危险时间加快了 33.3%。增加土壤渗透性可显著降低危害范围。风速的增加大大降低了危险高度。该研究为掺氢管道泄漏和扩散的整个过程提供了一个瞬态计算模型，并为泄漏的后果提供了理论指导。

但是这些模型都是基于特定条件下特定的氢气浓度建立的，而且目前各运输端和终端的设备使用情况不一，因此，多数研究不具普适性，尚未形成统一的判断。对此，有必要开发针对不同掺氢比例的安全预测模型，加大实验研究的系统性和全面性。

3　结论与建议

本文针对非金属掺氢天然气管道及附件的渗透性、老化性和泄漏性问题开展调研总结与分析。结合我国相关技术现状，建议未来在非金属掺氢天然气管道关键技术方面开展以下几点研究。

(1)国内对于非金属管道的泄漏规律尚处于探索阶段，对于和管道泄漏密切相关的密封构件，应系统开展不同条件下其在掺氢环境下的服役性能，包括拉伸性能、摩擦性能、挤出膨胀及断裂模式等；研究不同掺氢条件下的密封性能，为管道密封性能评价提供参考。

(2)系统开展不同掺氢比、温度、外部敷设土壤、聚乙烯弯管和不同水平角度情况下掺氢天然气在聚乙烯中的渗透实验，通过加大影响因素的研究范围，更显著地明晰内外环境因素对气体渗透的影响。

(3)对于非金属掺氢管道的力学性能，系统开展管输参数(纯氢、掺氢比、输送压力、温度等)、管道外环境因素与典型服役性能(拉伸、蠕变、疲劳等)之间的定量关系，研究其服役性能随氢浓度、温度、压力等的变化规律，建立载荷—温度—氢耦合损伤模型与寿命预测模型。进一步完善掺氢天然气管道适用性评价方法，为掺氢天然气管道的安全运行提供保障。

参考文献

[1]雷超，李韬．碳中和背景下氢能利用关键技术及发展现状．发电技术，2021，42(2)：207－217.

[2]李敬法，苏越，张衡，等．掺氢天然气管道输送研究进展[J]．天然气工业，2021，41(4)：137－152.

[3]NANNINGA NE，LEVY YS，DREXLER ES，et al. Compari－son of Hydrogen Embrittlement in Three Pipeline Steels in High Pressure Gaseous Hydrogen Environ ments[J]．Corrosion Science，2012，59：1－9.

[4]KLOPFFER MH，FLOCANNECHE B. Transport Properdines of Gases in Polymers：Bibliographic Review[J]. Oil & Gas Science & Technology，2006，56(3)：223－244.

[5]SCHEICHLR，KLOPFFER MH，BENJELOUN DZ，et al. Permeation of gases in polymers：parameter identification and nonlinear regression analysis[J]. Journal of Membrane Science，2005，254(1－2)：275－293.

[6]张学敏，王品，李厚补，等．CH4 在 PVDF 中渗透行为及机理的分子模拟研究[J]，中国塑料，2021，35(03)，97－105.

[7]李厚补，张学敏，马相阳，等．CH4 在 PVDF 中的渗透特性及机理[J]，塑料，2021，50(02)，72－80.

[8]ZINE L M，FOTIS R，MAHAR D，et al. Hazards，safety and knowledge gaps on hydrogen transmission via natural gas grid：a critical review[J]. International Journal of Hydrogen Energy，2016，41(39)：17511－17525.

[9]Pant P VK，Boyd RH. Molecular－dynamics simulation of diffusion of small penetrants in polymers[J]．Macromolecules，1993，26(4)：679－686.

[10]任若轩，游双娇，朱新宇，等．天然气掺氢输送技术发展现状及前景[J]．油气与新能源，2021，33(3)：26－32.

[11]FOULC M P，NONY F，MAZABUARD P，et al. Durability and transport properties of polyethylene pipes for distributing mixtures of hydrogen and natural gas. In：16th World Hydrogen Energy Conference. Lyon，2006，343.

[12]KLOPFFER MH，FLACONNECHE B，Odru P. ransport properties of gas mixtures through polyethylene[J]. Plastics，Rubber and Composites，2007，36(5)：184－189.

[13]SCHEICHL R，KLOPFFER M，BENJELLOUN D Z，et al. Permeation of gases in polymers：parameter identification and nonlinear regression analysis[J]. Journal of Membrane Science，2005，254(1－2)：275－293.

[14]KLOPFFER MH，BERNE P，CASTAGNETT S，et al. Polymer Pipes for Distributing Mixtures of Hydrogen and Nat－ural Gas：Evolution of their Transport and Mechanical Prop－erties after an Ageing under an Hydrogen Environment. In：18th World Hydrogen Energy Conference. Essen，2010.

[15]Sun Y，Cheng YF. Hydrogen－induced degradation of high strength steel pipeline welds：a critical review. Engineer ing Failure Analysis，2022，133：105985.

[16]KOROS W J，PAUL D R. CO_2 sorption in poly (ethylene terephthalate) above and below the glass transition [J]. Journal of Polymer Science：Polymer Physics Edition，1978，16(11)：1947－1963.

[17]KLOPFFER MH，FLACONNECHE B，ODRU P. Transport properties of gas mixtures through polyethylene [J]. Plastics Rubber and Composites，2007，36(5)：184－189.

[18]KLOPFFER M H，BERNE P，WEBER M，et al. New materials for hydrogen distribution networks：Materials development & technico－economic benchmark[J]．Defect and Diffusion Forum，2012，323/325：407－412.

[19]KLOPFFER M H，BERNE P，ESPUCHE E. Development of innovating materials for distributing mixtures of hydrogen andnatural gas. Study of the barrier properties and durability of polymer pipes[J]. Oil & Gas Science and Technology－Revue d´IFP Energies Nouvelles，2015，70(2)：305－315.

[20]FLORY P J. Principles of polymer chemistry[M]. Ithaca：Cornell University Press，1953.

[21]GAY N，LAMOUCHI T，AGOSTINI F，et al. Hydrogen diffusion through polymer membranes[J]. MATEC Web of Conferences，2020，322：01044.

[22]FUJIWARA H，ONO H，OHYAMA K，et al. Hydrogen

permeation under high pressure conditions and the destruction of exposed polyethylene – property of polymeric materials for high – pressure hydrogen devices (2)[J]. International Journal of Hydrogen Energy, 2021, 46(21): 11832 – 11848.

[23] PIMENTA G, VAZ E. Hydrogen permeation on polyethylene welded pipes-an innovative portable measuring device. NaturalHy Report, 2010.

[24] ALTFELD K, PINCHBECK D. Admissible hydrogen concentra tions in natural gas systems. GERG. EU, 2013.

[25] Yamabe J, Nishimura S. Tensile properties and swelling behavior of sealing rubber materials exposed to high – pres sure hydrogen gas. Journal of Solid Mechanics and Materi als Engineering, 2012, 6(6): 466 – 477.

[26] IRFAN AG. Hydrogen integration in power – to – gas networks. International Journal of Hydrogen Energy, 2019, 44(3): 1803 – 1815.

[27] Menon C, KRUIZENGA A, AlVIEN K, et al. Behaviour of polymers in high pressure environments as applicable to the hydrogen infrastructure[C]//ASME 2016 Pressure Vessels and Piping Conference, Vancouver: ASME, 2016: V06BT06A037.

[28] CASTAGNET S, GRANDIDIER J C, COMYN M, et al. Effect of long – term hydrogen exposure on the mechanical properties of polymers used for pipes and tested in pressurized hydrogen[J]. International Journal of Pressure Vessels and Piping, 2012, 89: 203 – 209.

[29] MENON N C, NISSEN A, MILLS B E, et al. Performance of select thermoplastics and elastomers in high – pressure hydrogen cycling environments: SAND2020 – 4569C[R]. Livermore: Sandia National Laboratories, 2020.

[30] 周池楼. 140MPa 高压氢气环境材料力学性能测试装置研究. 博士论文. 杭州: 浙江大学, 2015. 45 – 59.

[31] YAMABE J, NISHIMURA S. Influence of fillers on hydrogen penetration properties and blister fracture of rubber com posites for O – ring exposed to high – pressure hydrogen gas. International Journal of Hydrogen Energy, 2009, 34(4): 1977 – 1989.

[32] YAMABE J. Estimation of critical pressure of decompres sion failure of EPDM composites for sealing under high pressure hydrogen gas. 18th European Conference on Fracture, Dresden, Germany, 2010.

[33] YAMABE J, NAKAO M, Fujiwara H, et al. Influence of fillers on hydrogen penetration properties and blister fracture of EPDM comosites exposed to 10MPa hydrogen gas. Trans actions of the Japan Society of Mechanical Engineers Series A, 2008, 74(743): 971 – 981.

[34] BARTH RR, SIMMONS KL, MARCH CS. Polymers for hydro gen infrastructure and vehicle fuel systems: applications, properties, and gap analysis. Sandia National Laborator ies, 2013.

[35] YAMABE J, KOGA A, NISHIMURA S. Failure behavior of rub ber O – ring under cyclic exposure to high – pressure hydro gen gas. Engineering Failure Analysis, 2013, 35: 193 – 205.

[36] YAMABE J, NISHIMURA S. Tensile properties and swelling behavior of sealing rubber materials exposed to high – pres sure hydrogen gas. Journal of Solid Mechanics and Materi als Engineering, 2012, 6(6): 466 – 477.

[37] MELLOTT SR. Tensile, creep, and fatigue behaviors of thermoplastics including thickness, mold flow direction, mean stress, temperature, and loading rate effects[D]. Toledo: University of Toledo, 2012.

[38] AMIJADI, FA. Tensile behavior of high – density polyethylene including the effects of processing technique, thickness, temperature, and strain rate[J]. Polymers, 2020, 12(9): 1857.

[39] LOWESMITH BJ, HANKIISON G, SPATARU C, et al. Gas build – up in a domestic property following releases of methane/hydrogen mixtures[J]. International Journal of Hydrogen Energy, 2009, 34(14): 5932 – 5939.

[40] MESSAOUDANI Z L, RIGAS F, et al. Hazards, safety and knowledge gaps on hydrogen transmission via natura gas grid: A critical review[J]. International Journal of Hydrogen Energy, 2016(41): 17511 – 17525.

[41] 赵永志, 张鑫, 郑津洋, 等. 掺氢天然气管道输送安全技术[J]. 化工机械, 2016, 43(1): 1 – 7.

[42] LOWESMITH B J, HANKINSON G. Large scale high pressure jet fires involving natural gas and natural gas/hydrogen mixtures[J]. Process Safety and Environmental Protection, 2012, 90(2): 108 – 120.

[43] DU L. Assessment of the consequences of hydrogen mixed natural gas leakage and explosion in typical conffned spaces. Chongqing University; 2021.

[44] SU Y, LI J, YU B, ZHAO Y. Numerical investigation on the leakage and diffusion characteristics of hydrogen – blended natural gas in a domestic kitchen. Renew Energy 2022; 189: 899 – 916.

[45] YONG L, ZHIRON W, ZHENG S, Analysis and prediction of hydrogen – blended natural gas diffusion from various pipeline leakage sources based on CFD and ANN approach[J]. International Journal of Hydrogen Energy, 2024, 54: 535 – 549.

[46] XING L, YI W, YUEJIU L, JINGFANG L, CFD analysis of leakage and diffusion characteristics in the buried hydrogen – blended natural gas pipeline[J]. International Journal of Hydrogen Energy, 2024, 50: 354 – 368.

管道泄漏信号 VMD－SVD 优化增强算法

张　琳[1]　梅　琳[1,2]　曾　瑜[1]　陈司达[1]

（1. 重庆市特种设备检测研究院，重庆　401121；
2. 国家市场监管重点实验室(西部复杂环境机电设备安全)，重庆　401121）

摘　要：针对复杂环境噪声下管道微泄漏特征难以提取的问题，本文提出基于 VMD－SVD（Variational Mode Decomposition，VMD；Singular Value Decomposition，SVD）自优化的管道微泄漏信号增强方法。首先，采用遗传迭代算法对 VMD 参数对 α，k 进行自适应优化，采用奇异值峭度差频谱对 SVD 重构阶次进行自适应优化；然后，采用参数优化的 VMD 对泄漏信号进行分解，并采用峭度分析法对分解的模态分量进行筛选并重构；最后，采用阶次优化的 SVD 对重构信号进行非线性滤波，从而提高微泄漏信号的信噪比。

关键词：遗传算法；奇异值分解；变分模态分解；参数自优化；信号增强

Weak Signal Enhancement Based on VMD-SVD for Leak Location in Pipeline

ZHANG Lin[1]，*MEI Lin*[1,2]，*ZENG Yu*[1]，*CHEN Sida*[1]

（1. Chongqing Special Equipment Inspection and Research Institute，Chongqing，401121，China；
2. Key Laboratory of Electromechanical Equipment Security in Western Complex Environment for State Market Regulation，Chongqing，401121，China）

Abstract：Aiming at the problem that it is difficult to extract the early characteristics of pipeline micro－leakage under complex environmental noise，this paper proposed a method based on VMD－SVD（Variational Mode Decomposition，VMD；Singular Value Decomposition，SVD）self-optimizing pipeline microleakage signal enhancement method. Firstly，the genetic iterative algorithm was used to optimize the VMD parameters[α，k]，and the singular value kurtosis difference spectrum was used to optimize the reconstruction order of SVD. Then，the leakage signals were decomposed by VMD with optimized parameters，and the decomposed modal components were screened and reconstructed by kurtosis analysis. Finally，order optimized SVD is used to nonlinear filter the reconstructed signals，so as to improve the signal-to-noise ratio（SNR）of micro-leakage signals. .

Key words：Genetic algorithm；Singular Value Decomposition；Variational Mode Decomposition；Parameter-optimized；Signal enhancement

1　引言

管道在生产生活中发挥重要作用，管道泄漏造成资源浪费和经济损失，甚至是安全事故。管道泄漏检测定位研究对保障城市管网正常运行具有重要意义。目前管道泄漏检测主要有实时瞬态模型[1]、负压力波[2]、声学振动等方法。

复杂噪声下的管道泄漏声振动信号具有多模态、频散、非平稳等特性导致泄漏早期特征难以提取从而无法实现泄漏检测与定位，目前已经提出多种管道泄漏信号增强方法，并取得了一定的

作者简介：张琳(1986—　)，工程师，主要研究方向为特种设备检验、检测。E－mail：zlydyxf02@163.com

重庆市科研机构绩效激励引导专项项目(基于非线性超声导波的燃气管道早期损伤智能检测方法研究，编号：CSTB2023JXJL－YFX0013)资助

应用效果。其中，小波变换分析被提出用于获取低信噪比下的微泄漏特征并取得了一定的信号增强效果，该方法需要依靠经验来选取小波基函数[3]。经验模态分解因其信号分解的自适应特性被用于管道泄漏声信号的增强，该方法存在模态混叠、端点效应导致泄漏特征提取精度不高[4]。VMD因其可有效抑制模态混叠和端点效应被应用于管道泄漏声振动检测与定位，研究表明该方法更适合用于管道泄漏信号的增强，但是该方法的准确性依赖于事先人工设定的分解层数与惩罚因子[5]。

针对低信噪比的管道微泄漏信号采用单一自优化的VMD进行信号增强效果不明显的问题，结合SVD非线性滤波特性[6]，本文试图采用联合自优化VMD－SVD构建管道微泄漏信号增强模型。首先通过遗传迭代算法自适应优化VMD参数，采用奇异值峭度差频谱优化SVD重构阶次，构建自优化VMD－SVD信号增强模型。然后利用自优化的VMD－SVD联合增强模型对泄漏信号进行分解，并设计模态分量筛选准则和重构机制，有效抑制非平稳、非线性噪声，从而获得信噪比增强的重构信号。

2 VMD参数优化

2.1 VMD算法原理

Konstantin Dragomiretskiy等在2014年提出变分模态分解理论，它的理论框架是自适应求解约束变分模型最优解，通过不断迭代寻求K个模态函数$u_k(t)$，确定每个IMF分量的中心频率及带宽，实现信号频域剖分及各个IMF分量的有效分离，并且使得所有IMF估计带宽之和最小。VMD算法的具体分解过程如下[7]：

(1)首先将每一个模态分量信号$u_k(t)$进行Hilbert变换计算解析信号并得到单边频谱，其中$\delta(t)$为单位脉冲函数，j表示虚数，$*$代表卷积运算：

$$[\delta(t)+j/\pi t]*u_k(t) \tag{1}$$

(2)将式(1)与指数项$e^{-j\omega_k t}$混合，将各个模态函数的频谱调制到相应基频带，便于后续分离各成分。

$$[(\delta(t)+j/\pi t)*u_k(t)]\,\mathrm{e}^{-j\omega_k t} \tag{2}$$

(3)通过计算式(2)梯度的平方L^2范数来估计出各模态信号带宽，其约束变分表达式如下，其中$\sum_k u_k=f$为约束条件：

$$\begin{cases}\min\limits_{\{u_k\},\{\omega_k\}}\left\{\sum\limits_k \|\partial_t[[\delta(t)+j/\pi t)*u_k(t)]\mathrm{e}^{-j\omega_k t}]\|^2\right\}\\ s\cdot t\cdot\sum\limits_k u_k=f\end{cases} \tag{3}$$

(4)引入二次惩罚因子α和拉格朗日乘法算子$\lambda(t)$求出式(3)的最优解，利用交替方向乘子算法反复迭代寻求扩展$\lambda(t)$表达式的鞍点最小值，该式的最优解为各个IMF的$\{u_k\}$以及中心频率$\{\omega_k\}$，如式(4)所示：

$$L(\{u_k\},\{\omega_k\},\lambda)=\alpha\sum_k\left\|\partial_t\left[\left(\delta(t)+\frac{j}{\pi t}\right)*u_k(t)\mathrm{e}^{-j\omega t}\right\|^2+\left\|f(t)-\sum_k u_k(t)\right\|_2^2+\left(\begin{matrix}\lambda(t),\\ f(t)-\sum\limits_k u_k(t)\end{matrix}\right) \tag{4}$$

则VMD算法的具体实施过程如下：

①初始化$\{\hat{u}_k^1\}$，$\{\omega_k^1\}$，$\{\hat{\lambda}_k^1\}$，$n=0$；

②更新模态信号的中心频率，令$n=n+1$，对于所有$\omega\geqslant 0$使得

$$\hat{u}_k^{n+1}(\omega)=\frac{\hat{f}(\omega)-\sum_{i=1,j\neq k}^{K}\hat{u}_i^n(\omega)+\hat{\lambda}(\omega)/2}{1+2\alpha(\omega-\omega_k^n)} \tag{5}$$

$$\omega_k^1=\frac{\int_0^\infty\omega|\hat{u}_k^{n+1}(\omega)|^2d\omega}{\int_0^\infty|\hat{u}_k^{n+1}(\omega)|^2d\omega} \tag{6}$$

③采用对偶上升法更新拉格朗日乘法算子λ，对于所有$\omega\geqslant 0$，使得：

$$\hat{\lambda}^{n+1}(\omega)=\hat{\lambda}^n(\omega)+\gamma[\hat{f}(\omega)-\sum_{k=1}^{K}\hat{u}_k^{n+1}(\omega)] \tag{7}$$

④重复步骤(2)，(3)直到满足收敛条件式(8)，即当给定判别精度满足$\varepsilon\geqslant 0$条件时停止迭代，输出的结果。

$$\sum_{k=1}^{K}\|\hat{u}_k^{n+1}-\hat{u}_k^n\|_2^2/\|\hat{u}_k^n\|_2^2<\varepsilon \tag{8}$$

利用VMD分解算法对信号进行自适应分解时需要预先设置分解参数，通过理论研究表明对分解效果有较大影响的参数主要包括分解个数K和惩罚参数α。仅凭经验设置这两个参数或是通过固定一个参数优化另一个参数的方式会给VMD分解结果带来较大误差[8]。

2.2 利用遗传算法优化VMD参数

遗传算法(Genetic Algorithm，GA)[9]是一种模拟生物自然选择和基因进化的寻优算法，主要

经过染色体的初始编码、生成初始种群、设置适应度函数、选择、交叉、变异等六个步骤，是一种迭代搜寻的优化算法，经过指定的迭代次数后结束运算，然后找出所有遗传代数中的最优染色体，能够有效解决全局性的非线性优化问题，可采用遗传算法使用适应度函数对目标函数所在的解空间进行全局范围的并行搜索，以此快速而准确地获取 VMD 的最优参数。

遗传算法搜寻 VMD 方法的输入参数时，需要定义一个适应度函数。采用信息熵[10]评价信号的稀疏性，熵值越大，信号的不确定性越大，说明信号中噪声比较多，信噪比低。信号经解调分解后的包络信号序列e_j，其熵值即为包络熵，可以反映原始信号的稀疏特性。零均值信号$x(j)$，$j=1,2,\cdots,N$ 的包络熵e_j如式(9)所示。式中e_j为 $a(j)$的归一化形式，$a(j)$为信号 $x(j)$经过 Hilbert 变换后的包络信号。

$$\begin{cases} E_e = -\sum_{j=1}^{N} e_j \log_{10} e_j \\ e_j = a(j) / \sum_{j=1}^{N} a(j) \end{cases} \tag{9}$$

以带输入参数(k,α)的 VMD 方法分解得到的各 u_k分量的包络熵作为遗传算法参数优化时染色体的适应度函数，将最小的包络熵值称为局部极小包络熵值，与之对应的 u_k分量组合称为局部最佳分量组合，将最小化局部极小包络熵值作为最终的参数寻优目标。经过 N 次迭代计算获得最佳的(k,α)参数对，并进行 VMD 分解得到 IMF 分量，利用峭度分析方法重构。

峭度用来表示样本的密度函数图形顶峰的凸平度，计算公式如下：

$$K = \frac{E\,(x-\mu)^4}{\sigma^4} \tag{10}$$

式中　μ——信号 x 的均值

　　σ——信号 x 的标准差。

峭度值越大，表明信号中保留的泄漏信息越多，泄漏特征也越易提取。

2.3　SVD 原理

设采样信号为$\{x_i, i=1,2,\cdots,N\}$，构造 $L\times K$ 阶的 Hankel 矩阵

$$H = \begin{bmatrix} x_1 & x_2 & \cdots & x_k \\ x_2 & x_3 & \cdots & x_{k+1} \\ \vdots & \vdots & \vdots & \vdots \\ x_L & x_{L+1} & \cdots & x_N \end{bmatrix} \tag{11}$$

式中　N——信号长度，$K=N-L+1$，延时为 1，

　　H——轨道矩阵。

H 的奇异值分解可表示为

$$H = USV^T \tag{12}$$

式中：$U\in R^{L\times L}$，$V\in R^{K\times K}$分别为正交矩阵且满足

$$UU^T = 1, VV^T = 1; S = diag(\sigma_1,\sigma_2,\cdots\sigma_n) \tag{13}$$

其中 σ_1，σ_2，…，σ_n为奇异值，根据 SVD 理论，较大的奇异值反映的是有效信号，较小的奇异值反映的是噪声分量。

相邻两个奇异值的差值为奇异值差分谱，它描述了奇异值序列变化情况，以S_K表示差分谱：

$$S_K(i) = d_i / \sum_{i=1}^{t} d_i, (i = 1,2,\cdots,t) \tag{14}$$

式中　$d_i=\sigma_i-\sigma_{i+1}$，$t=\min(L,K)-1$。

根据差分谱定义可知，两个奇异值相差越大，在差分谱中对应的峰值也越大，所表现出的特征越明显。

奇异值分解后信号的降噪效果与降噪阶次选取有关，若阶次选取过低则信号故障信息可能丢失，阶次过高时，会使得降噪信号仍保留噪声信息，所以选择适当的最优化的有效秩阶次可以起到有效剥离噪声的作用。本文采用单边极大值原则[11]自适应确定信号的自优化有效秩阶次，有效增强有用信号的重构精度和对噪声的抑制效果。

3　基于 VMD－SVD 自优化的信号增强算法

本文提出的基于遗传算法的 VMD－SVD 自优化的微弱信号增强方法的流程图如图 1 所示。具体的实施步骤为：

(1)将采集信号导入框架中，初始化遗传算法的参数，包括迭代次数、种群规模、交叉概率、变异概率以及待优化参数的搜索范围。

(2)以 VMD 方法中模态分量的包络熵值最小为优化目标建立适应度函数，进行遗传迭代搜索得到二次惩罚因子 α 与模态分量个数 K。

(3)对泄漏信号进行 VMD 分解，得到若干 IMF 分量，计算各 IMF 峭度值，采用相关峭度法筛选较大峭度值对应的 IMF 分量并重构信号。

(4)计算重构信号的 Hankel 矩阵，进行奇异值分解。

(5)计算奇异值的差分谱，根据单边极大值原则选择差分谱峰，进而确定含有较大峰值的有效秩阶次，由相应的奇异值进行信号重构，滤波后的信号阈值为 Hankel 矩阵的中值或平均值。

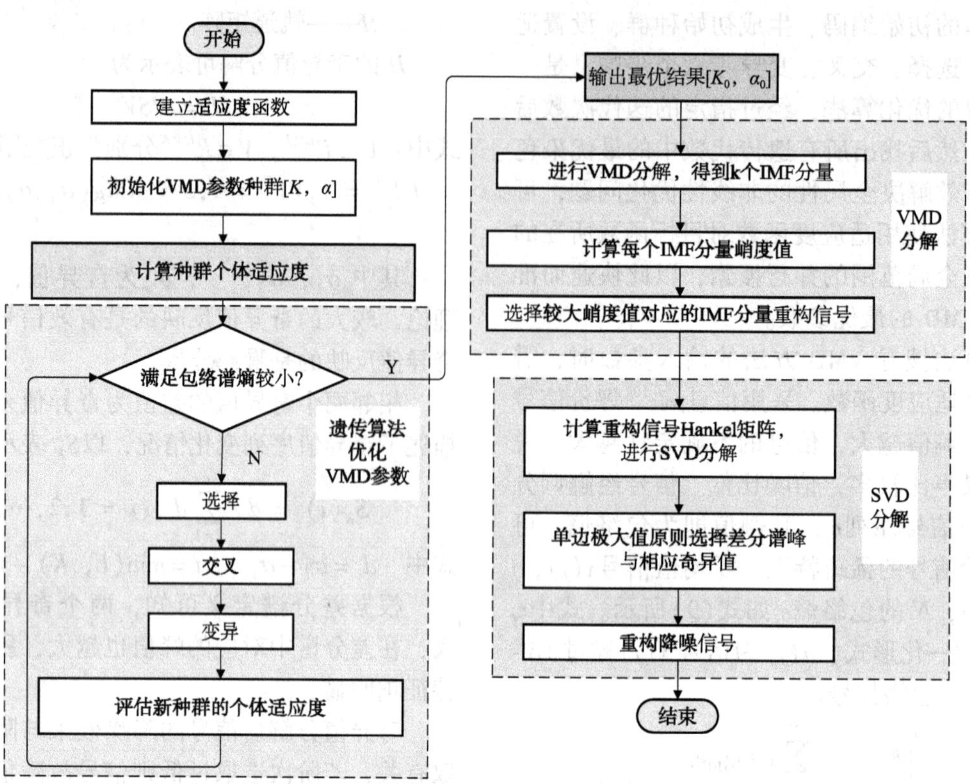

图1 基于 VMD－SVD 自优化的信号增强算法

4 结论

本文针对复杂环境噪声下管道微泄漏特征难以提取的问题，提出基于 VMD－SVD 自优化的信号增强方法。首先将遗传算法优化 VMD 参数代入分解过程得到 IMF 分量并重构，然后经过 SVD 分解与重构得到降噪信号。通过仿真与供水管道泄漏定位实验证明该方法的有效性。遗传算法经过多次迭代得出 VMD 参数的最优组合，进行 VMD 分解时最大程度的避免了过分解带来的误差，使 VMD 重构信号的信噪比提高了 7.41dB；SVD 具有非线性噪声抑制特性，通过 VMD－SVD 自优化信号增强后比原始信号的信噪比提高了 9.32dB，进一步抑制非线性噪声从而提高复杂噪声下微弱信号的信噪比。

参考文献

[1] W. LIANG and L. ZHANG. A wave change analysis (WCA) method for pipeline leak detection using Gaussian mixture model. Loss Prevention Process Ind., 2012, 25(1): 60－69.

[2] X. YU, W. LIANG, L. ZHANG, et al. Dual－tree complex wavelet transform and SVD based acoustic noise reduction and its application in leak detection for natural gas pipeline. Mech. Syst. Signal Process., 2016, 72－73: 266－285.

[3] 李帅永，夏传强，程振华，等．基于 VMD 和互谱分析的供水管道泄漏定位方法．仪器仪表学报，2019，40(7)：198－208.

[4] 张淑清，宿新爽，陈荣飞，等．基于变分模态分解和 FABP 的短期电力负荷预测．仪器仪表学报，2018，39(4)：68－73.

[5] 刘嘉敏，彭玲，刘军委，等．遗传算法 VMD 参数优化与小波阈值轴承振动信号去噪分析．机械科学与技术，2017，36(11)：1695－1700.

[6] 张俊甲，马增强，王梦奇，等．基于 VMD 与自相关分析的滚动轴承故障特征提取．电子测量与仪器学报，2017，31(9)：1372－1378.

[7] 崔锡龙，王红军，邢济收，等．广义形态滤波和 VMD 分解的滚动轴承故障诊断．电子测量与仪器学报，2018，32(04)：51－57.

[8] 王建国，李健，刘颖源．一种确定奇异值分解降噪有效秩阶次的改进方法．振动与冲击，2014，33(12)：176－180.

[9] 崔锡龙，王红军，邢济收，等．广义形态滤波和 VMD 分解的滚动轴承故障诊断．电子测量与仪器学报，2018，32(04)：51－57.

[10] 米建伟，方晓莉，仇原鹰．非平稳背景噪声下声音信号增强技术．仪器仪表学报，2017，38(01)：17－22.

[11] 王建国，李健，刘颖源．一种确定奇异值分解降噪有效秩阶次的改进方法．振动与冲击，2014，33(12)：176－180.

储氢容器氢气泄爆特性及预测

武 潭[1,2] 李 昂[1] 陈宇慧[1] 马 江[2] 蔡树亭[1] 陈国喜[2]

(1. 郑州轻工业大学，郑州 450001；
2. 河南省锅炉压力容器检验技术科学研究院，郑州 450016)

摘 要：为推进氢能事业发展，提高氢气使用的安全性，降低氢气泄爆事故可能导致的严重损失及环境污染，对氢气储罐进行研究，分别分析了氢气浓度、开启压力对达到泄爆压力所需时间与最高温度的影响。实验结果表明：达到相同泄爆压力所需时间随氢气浓度下降而缩短；在相同氢气浓度条件下，达到泄爆压力所需时间随泄爆口开启压力增大而延长。

关键词：氢气泄爆；氢气储罐；氢气浓度；泄爆压力

Hydrogen Venting Characteristics and Predictive Design of Hydrogen Storage Containers

WU Tan[1,2], *LI Ang*[1], *CHEN Yuhui*[1], *MA Jiang*[2], *CAI Shuting*[1], *CHEN Guoxi*[2]

(1. Zhengzhou University of Light Industry, Zhengzhou 450001, China;
2. Henan Boiler and Pressure Vessel Inspection Technology Research Institute, Zhengzhou 450016, China)

Abstract: In order to promote the development of hydrogen energy, improve the safety of hydrogen use, and reduce the serious losses and environmental pollution that may be caused by hydrogen venting accidents, the hydrogen storage tank was studied, and the effects of hydrogen concentration and opening pressure on the time required to reach the venting pressure and the maximum temperature were analyzed. The experimental results show that the time required to reach the same explosion pressure decreases with the decrease of hydrogen concentration. Under the same hydrogen concentration, the time required to reach the venting pressure increases with the increase of the opening pressure of the vent.

Key words: Hydrogen explosion venting; Hydrogen storage tanks; Hydrogen concentration; Explosion venting pressure

1 引言

在全球范围内，随着气候变化问题的日益严峻和清洁能源需求的持续增长，氢能作为一种具有高能量密度、清洁且燃烧产物仅为水的能源，正在成为推动未来能源结构转型的关键动力。高压气态储氢技术以其较高的储氢效率和经济性，成为氢能储-运-用过程中的关键一环。为降低实际应用过程中由于材料老化、外部碰撞、环境温度变化、内部气体反应等原因导致的超压风险，需要进行快速精确的安全泄放，以避免容器因压力过大而发生破裂。

从20世纪60年代开始，就开始了可燃气体和粉尘泄爆的研究。Cousins[1]等研究了泄爆开启压力和泄爆系数对容器内部最大超压的影响。Cubbage[2]、Simmonds[3]等定量研究了泄爆口开启压力、泄爆面积、点火位置和障碍物布置方式对泄爆过程中不同压力峰值的影响。Bradley[4]和Mitcheson[4]结合理论分析和实验研究了燃料性

作者简介：武潭(1987—)，博士，高级工程师，主要研究化工过程与设备安全技术、承压设备结构完整性。
E-mail: wutanvs@163.com

质、点火位置、泄爆口位置和障碍物等因素对泄爆过程中最大超压的影响。Cooper[5]等人通过实验得出此泄爆中产生了四种典型的压力峰值。Solberg[6]和Pappas[6]通过丙烷–空气泄爆模拟实验得出为有效降低容器内泰勒不稳定性的风险，泄爆口应被设计为分布在不同侧面上。Kumar[7]等研究不同氢气浓度、泄爆面积和点火位置对泄爆效率的影响。芮圣超[8]修正了 Wen & Sinha 模型，发展了一种能够快速并且具有较高精度的氢泄爆超压预测模型。罗鑫蛟[9]通过管道氢气泄爆实验平台探究不同条件下的贫氢泄爆现象。郝腾腾[10]研究了加筋板结构在氢气爆炸下的动力响应。汪兴[11]通过实验分析方法研究了氢气和空气的预混气体在细长容器中的燃烧特性，探究了火焰微观结构、动力学现象和压力动态特性及其机理，并考察了障碍物、氢气浓度、泄口面积等因素对燃烧特性的影响。该研究聚焦于储氢容器的氢气泄爆特性及预测设计，通过改变氢气浓度、开启压力大小，研究相关因素对达到泄爆压力所需时间和最高温度的影响。

2 氢气泄爆数值模拟

2.1 模型建立及网格划分

本研究设计并建立柱形容器，容器高为300mm，直径为90mm，泄爆口直径为30mm，容器管道口直径与泄爆口直径相同，其管道口长度为25mm。本研究所设计柱形压力容器是对长管拖车上的储氢容器进行模拟的一个简化模型。考虑到实际工程应用中储氢容器的复杂性以及为了后续进行更为精细的网格划分和数值模拟分析，对原始储氢罐的尺寸进行了适当的调整和优化，如图1所示。

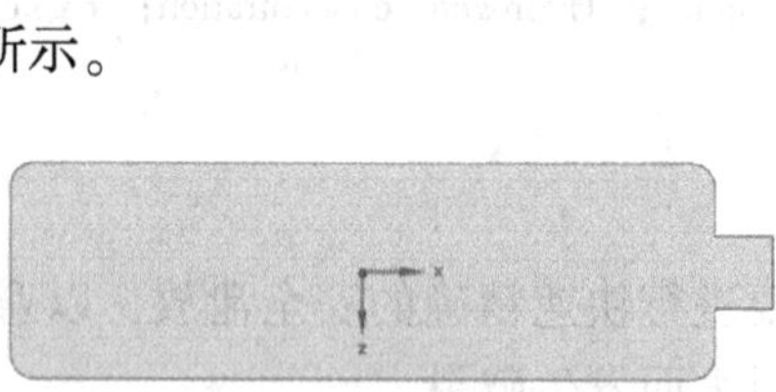

图1 储氢容器模型图

设定网格尺寸为1.8mm，在此网格尺寸下生成的网格数量是8597，节点是8822，网格质量在上等水平，所生成的网格几乎是规则的四边形。如图2所示。

2.2 初始条件与边界条件设置

储氢容器的初始状态，容器中充满氢气–氧气预混气体，初始条件的变量有：H_2、O_2、泄爆膜的开启压力和点火位置。容器内部初始压力为环境压力，初始温度为环境温度，采用不同 H_2 浓度、不同泄爆压力和不同点火位置对泄爆过程进行数值模拟。在泄爆膜尚未开启之前，容器内部发生的是绝热定容燃烧过程。容器的边界条件设置为无滑移固壁条件，即气体分子与壁面接触时不会发生滑移，被壁面完全"吸收"。

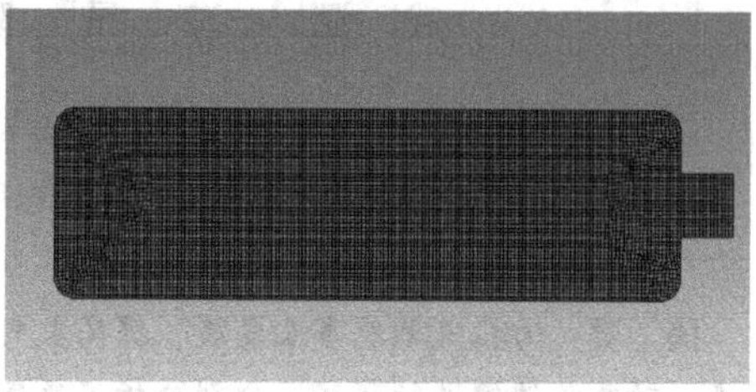

图2 模型网格划分结果

2.3 泄爆过程中的数值模拟流程

本研究所使用的工具是 ANSYS Fluent solution。进入工作界面之后，将完成网格划分的模型导入 ANSYS Fluent 中。点击通用，在类型中选择压力基，速度格式选择相对，时间设置为瞬态。在模型当中将能量打开，并且在粘性模型中选择 $k-\varepsilon$ 两方程湍流模型。该模型具有适用范围广、经济高效、精度合理等特点[17]。在本研究中，设置后端点火、中心点火和前端点火，点火开始的时间即模拟开始时间为0，点火持续时间设置0.01s，点火能量为0.015J，点火的初始半径为0.005m，在本研究中选择的火焰速度模型为 Laminar。

3 氢气浓度对氢气泄爆影响的研究

3.1 不同氢气浓度下的模拟设置

在本研究设置两个不同的氢气浓度，分别是：氢气和氧气的质量浓度比为5∶5和3∶7。在不同浓度条件下，点火位置均为后端点火，泄爆口的开启压力均为50000Pa。

3.2 不同氢气浓度对压力变化的影响分析

在储氢容器的中心位置设置了一个监测点，可以实时检测容器内部压力的变化。图3展示的是不同氢气浓度下，储氢容器内的压力变化图。

可以得出：当氢气和氧气的质量浓度越小，在相同的时间里由于爆炸产生的压力的最大值越大，压力上升速率也越快。当泄爆口打开之后，容器内的压力急剧下降，此时泄爆口的压力为50000Pa，容器内的压力并非一直下降，会有一个时间较短的上升过程再次下降最后稳定在环境压力。这是由于氢气在和氧气反应时会生成水，并且这个反应是一个气体分子数在变小的反应，所以容器里的压力会先下降到，再有一个上升过程然后再次下降并且稳定在环境压力。

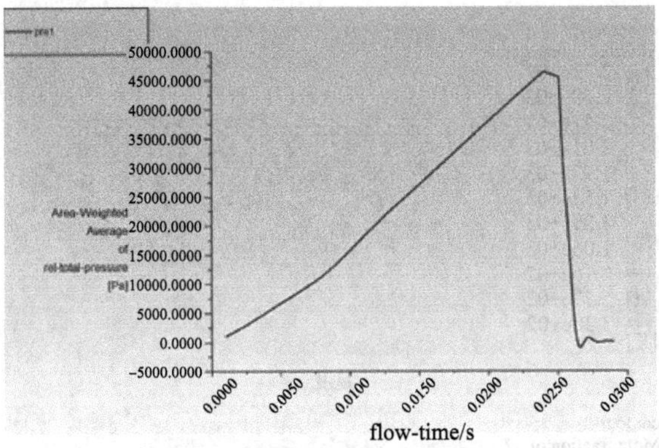

氢气和氧气质量浓度比为5：5

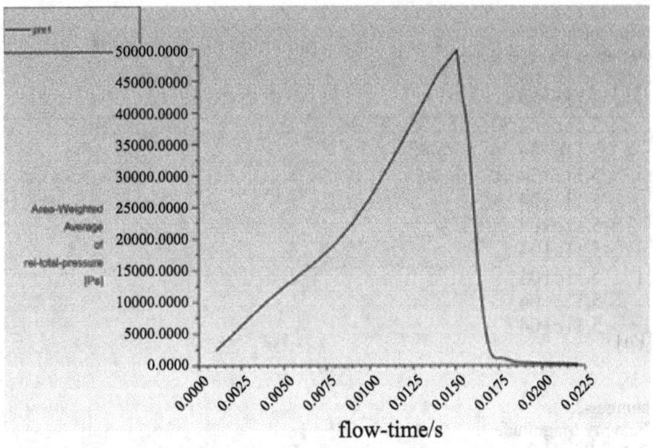

氢气和氧气质量浓度比为3：7

图 3　不同氢气浓度下容器内部的压力变化

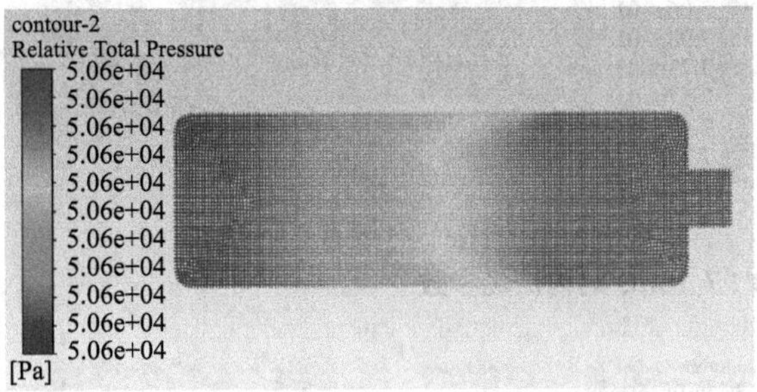

压力

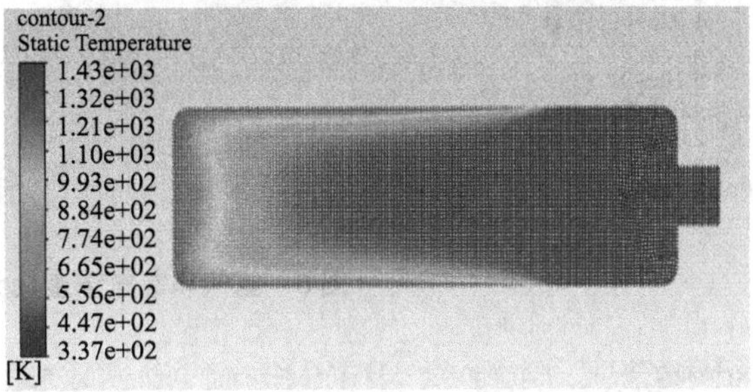

温度

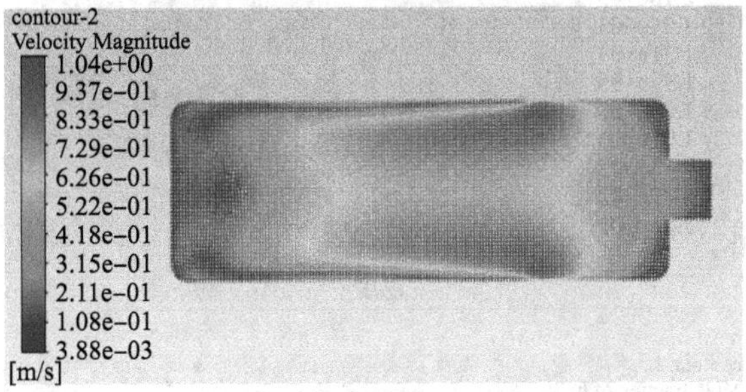

气体流速

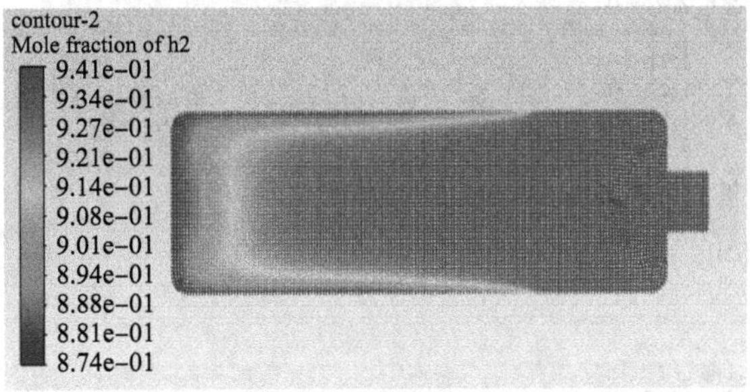

H_2体积浓度

图 4　氢气和氧气浓度比为 5：5 25ms 时内流场参数

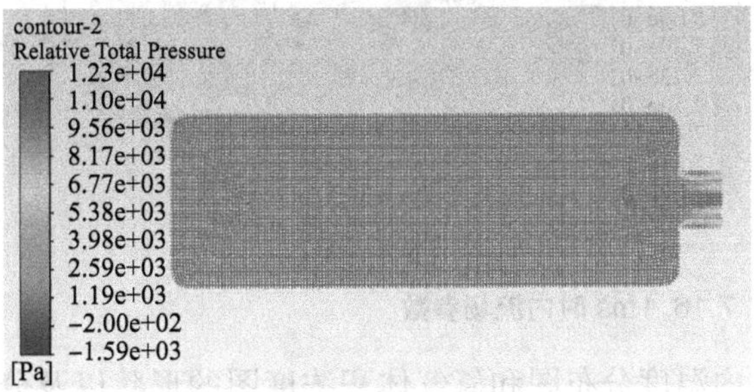

压力

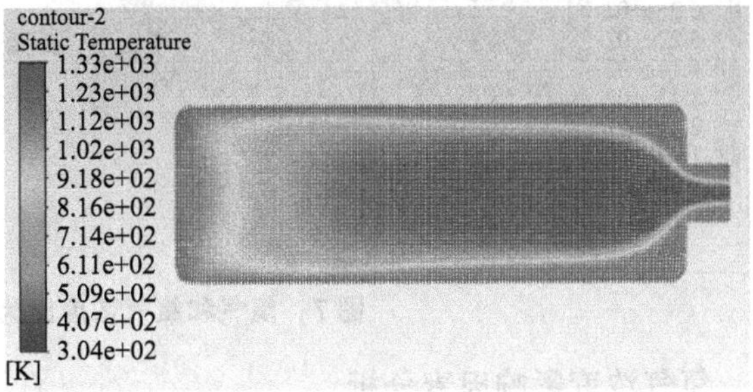

温度

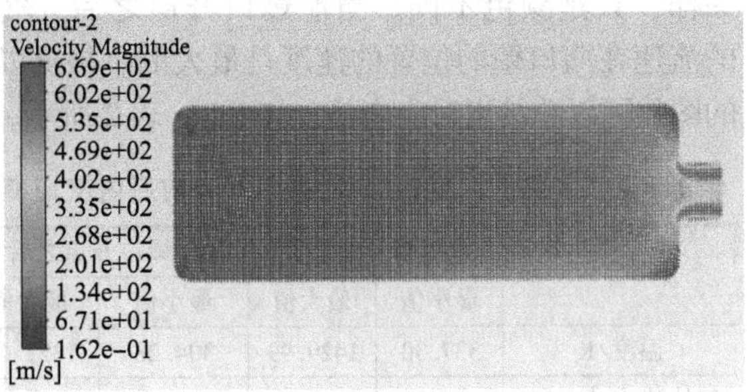

气体流速

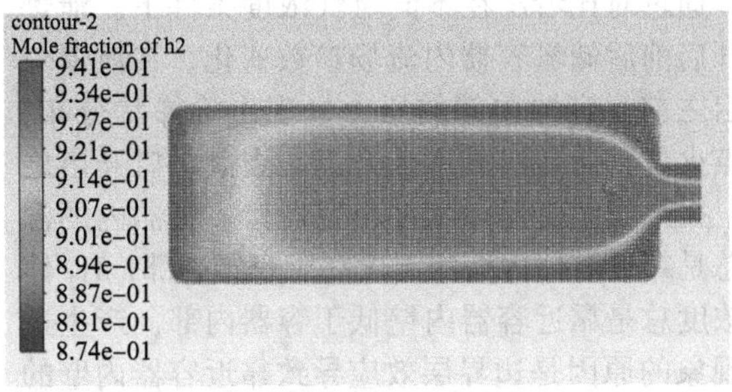

H_2体积浓度

图 5　氢气和氧气浓度比为 5：5 25.1ms 时内流场参数

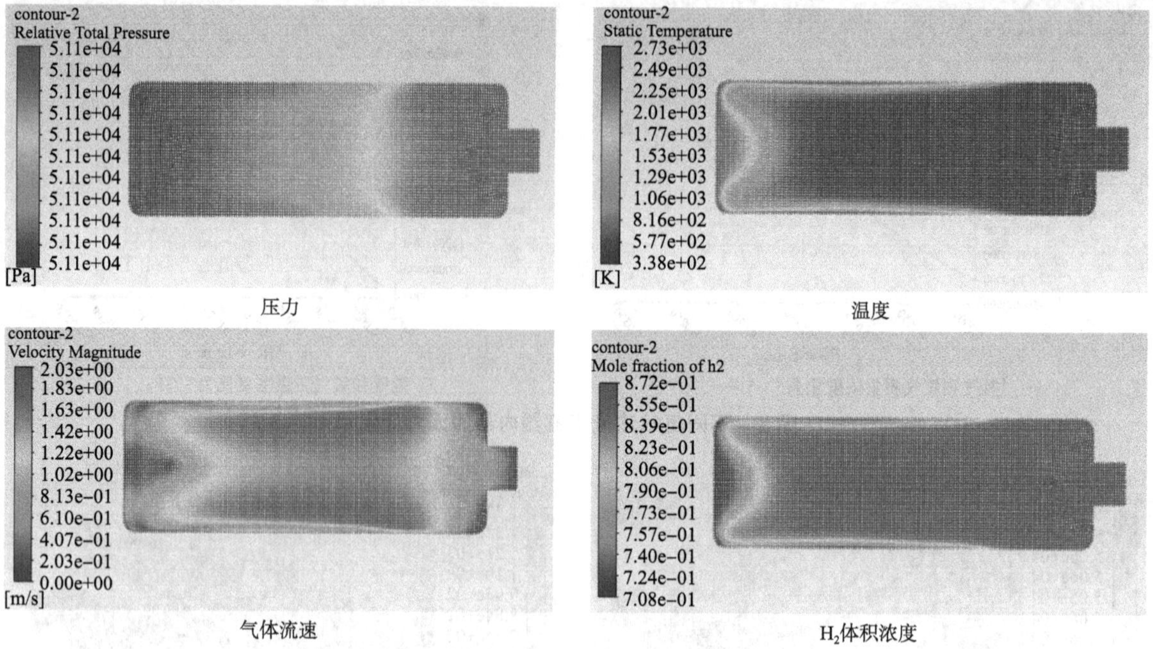

图 6　氢气和氧气浓度比为 3∶7 16ms 时内流场参数

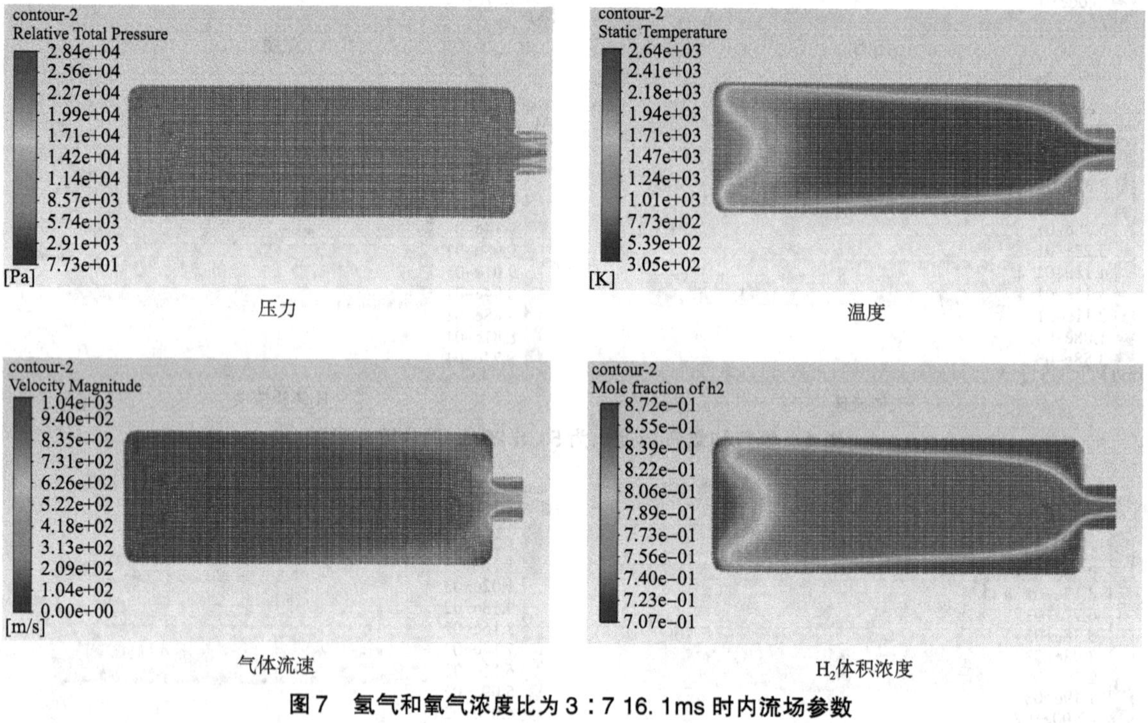

图 7　氢气和氧气浓度比为 3∶7 16.1ms 时内流场参数

3.3　氢气浓度影响因素分析

通过对比看出在不同氢气浓度条件下，泄爆口开启前后储氢容器内流场参数变化。在泄爆口开启之前，容器内部的压力呈现出阶梯状分布，从点火位置向瓶口处逐渐升高。当泄爆口开启之后，火焰发生变形加速冲出容器口。容器内的温度总是靠近容器内壁的温度高于容器内部，H_2 体积浓度总是靠近容器内壁低于容器内部，产生这一现象的原因是边界层效应导致靠近容器内壁的反应速率相对于容器内部的反应速率更快。容器内温度分布图和氢气体积浓度图的形状以及分布一样，只是颜色不同。当泄爆口开启之后，气体的流速在瓶口壁的位置的速度是最大的。根据以上的图片可以总结出对应表格，如表 1、表 2 所示。

表 1　氢气和氧气浓度 5∶5 泄爆口开启前后内流场参数

	泄爆口开启之前		泄爆口开启之后	
	最小值	最大值	最小值	最大值
温度/K	337.30	1429.99	304.28	1327.67
气体流速/(m/s)	0.0039	1.0403	0.1623	669.2953
H_2 体积浓度/mol	0.87	0.94	0.87	0.94

表 2　氢气和氧气浓度 3 : 7 泄爆口开启前后内流场参数

	泄爆口开启之前		泄爆口开启之后	
	最小值	最大值	最小值	最大值
温度/K	337.75	2730.39	304.97	2642.87
气体流速/(m/s)	0	2.0336	0	1043.9910
H_2 体积浓度/mol	0.71	0.87	0.71	0.86

可以得出：随着氢气浓度减小，储氢容器内部氢气与氧气的反应更加剧烈，达到泄爆膜开启压力所需时间越短。并且在每个浓度之下，容器内部最小压力值和最大压力值之间的差距非常小；气流速度在泄爆口开启之后迅速上升；在相同浓度下容器内的最低温度在泄爆口开启之后稍有升高；在泄爆口开启前后，容器内 H_2 的体积浓度几乎没有变化。

4　泄爆口开启压力对氢气泄爆影响的研究

4.1　不同泄爆口压力下的模拟设置

在本研究设置两种泄爆口开启压力，分别是 50000Pa、100000Pa，设置的氢气和氧气浓度比为 4 : 6，选择的点火位置为后端点火。

4.2　不同泄爆口开启压力对压力变化的影响分析

同样在储氢容器的中心位置设置了一个监测点，可以实时检测容器内部压力的变化。图 8 展示的是不同氢气浓度下，储氢容器内的压力变化。

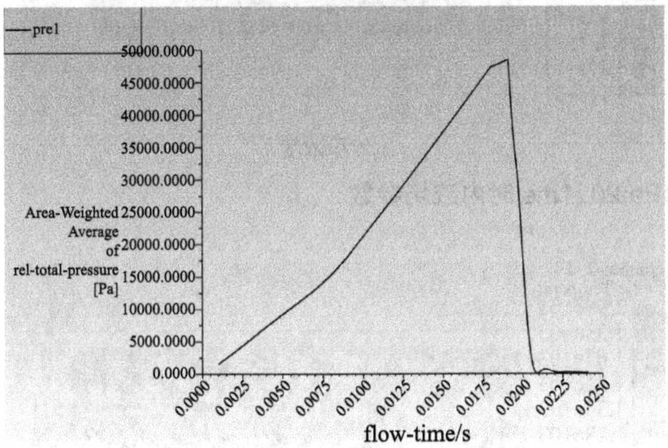

泄爆口开启压力为50000Pa

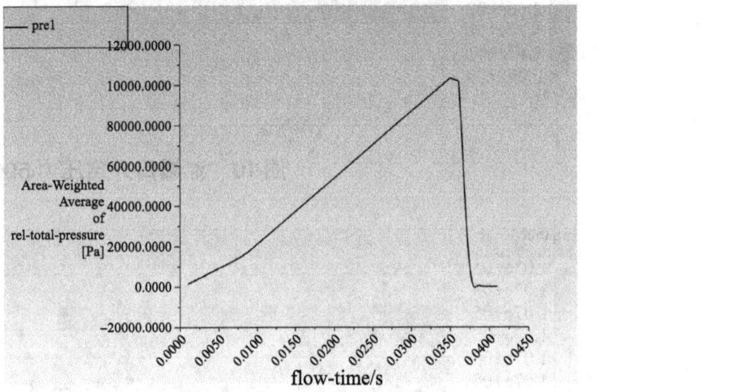

泄爆口开启压力为100000Pa

图 8　不同泄爆口开启压力下容器内部的压力变化

爆炸刚开始时容器内压力上升速率相对较缓，经过一定时间后，容器内压力上升速率增大，然后容器内压力的增大速率再次变缓，但是当泄爆口压力达 10000Pa 时，容器内压力增大速率没有再次变缓的过程。泄爆口开启之后，容器内压力快速下降，但是当泄爆口压力达到 10000Pa，容器内的压力下降的速度有一个由缓变急的过程。但是，容器内压力并不是一直下降，有回升再下降至环境压力的过程，随着泄爆口开启压力增大，这个过程逐渐变得不明显，如图 9 ~ 图 12 所示。

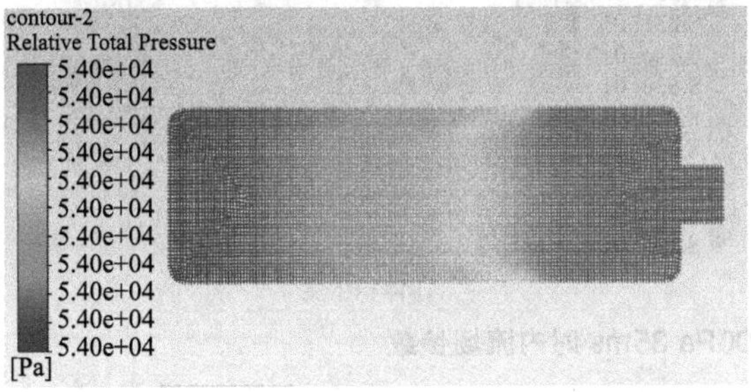

压力

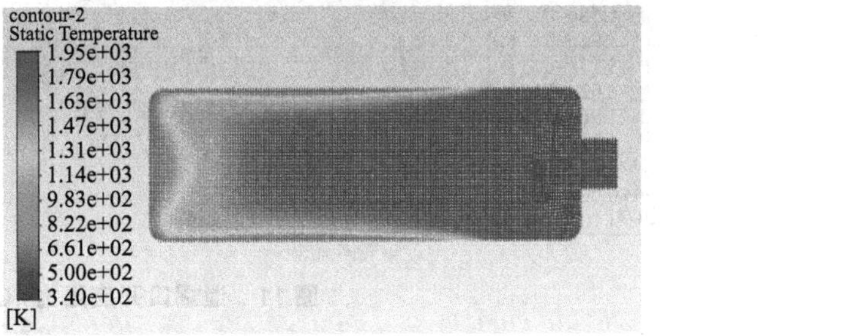

温度

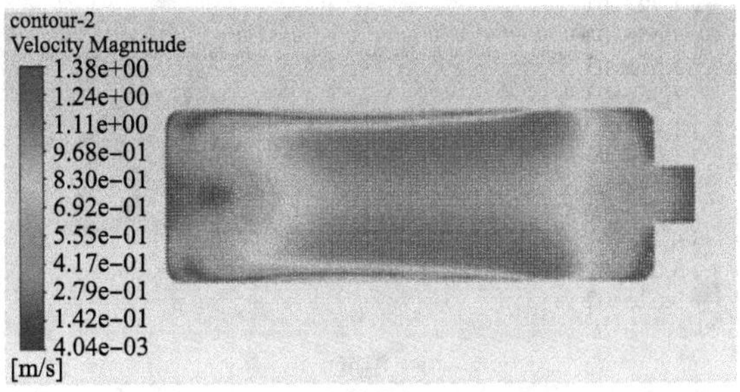

气体流速

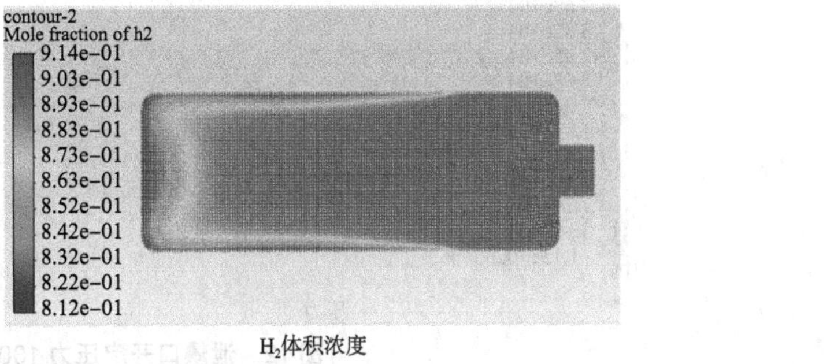

H_2体积浓度

图 9　泄爆口开启压力 50000Pa 20ms 时内流场参数

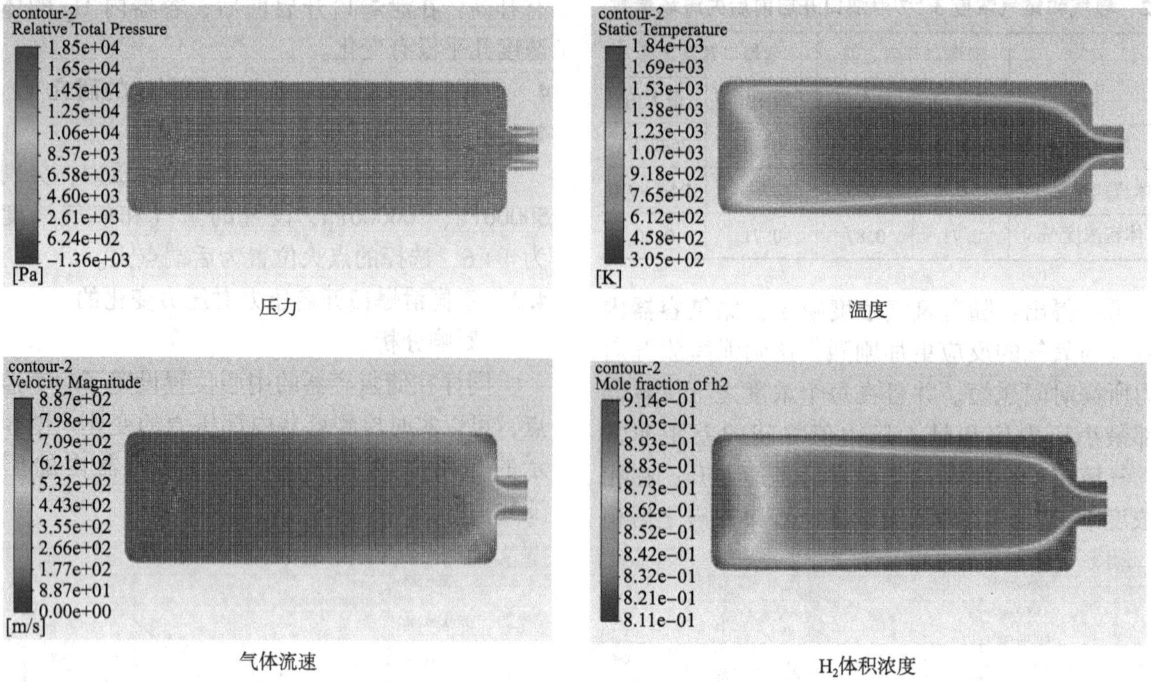

图 10　泄爆口开启压力 50000Pa 20.1ms 时内流场参数

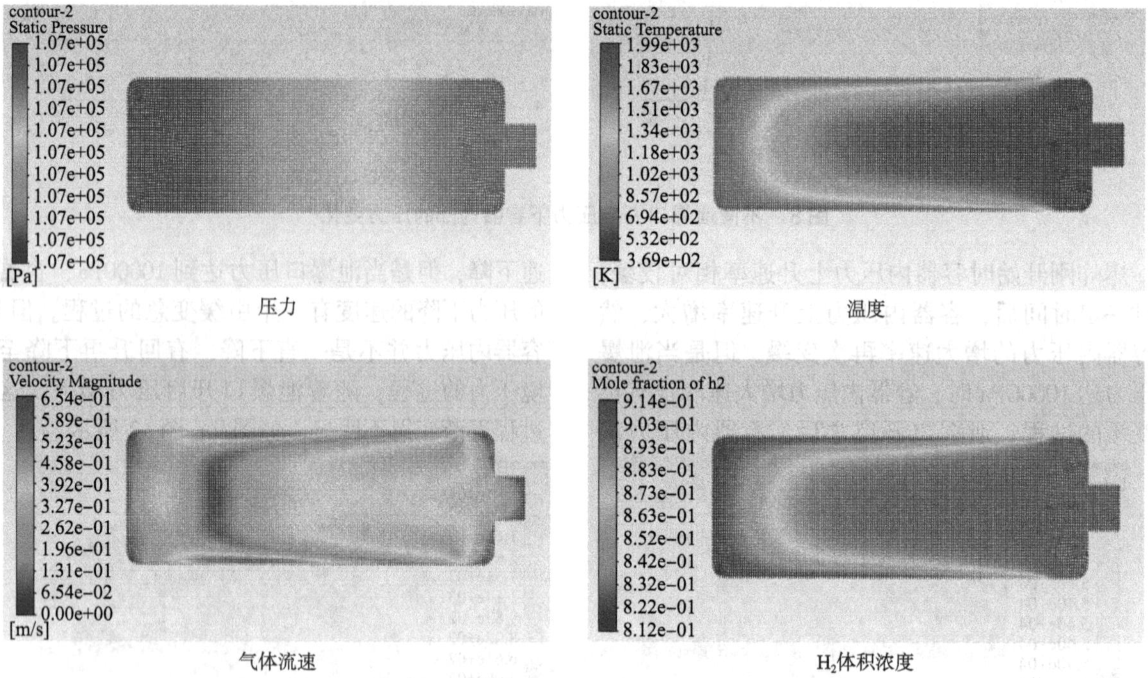

图 11　泄爆口开启压力 100000Pa 35ms 时内流场参数

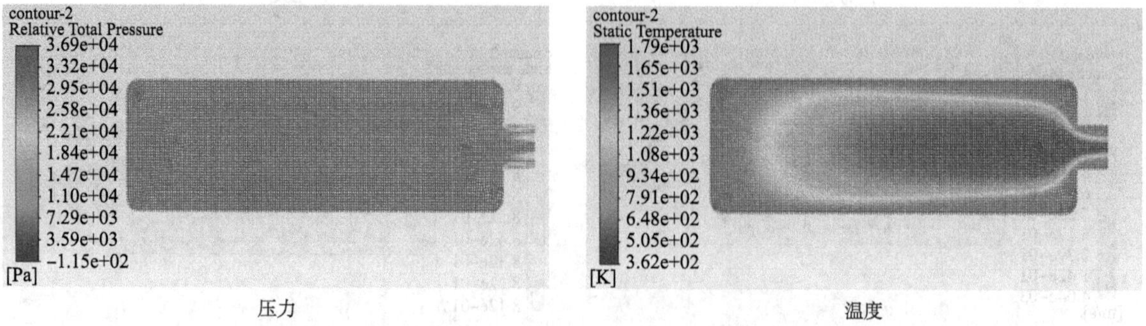

图 12　泄爆口开启压力 100000Pa 35.1ms 时内流场参数

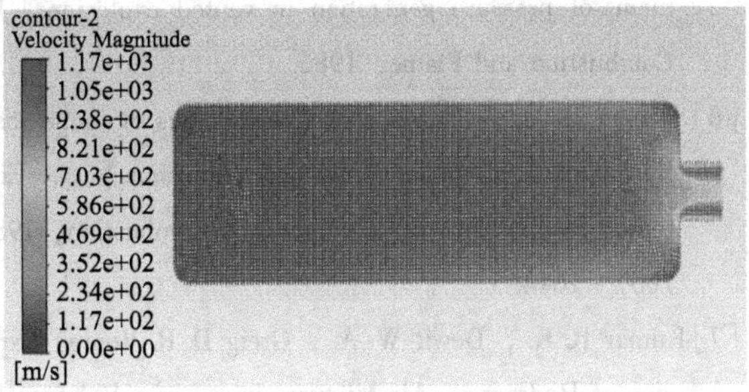

气体流速

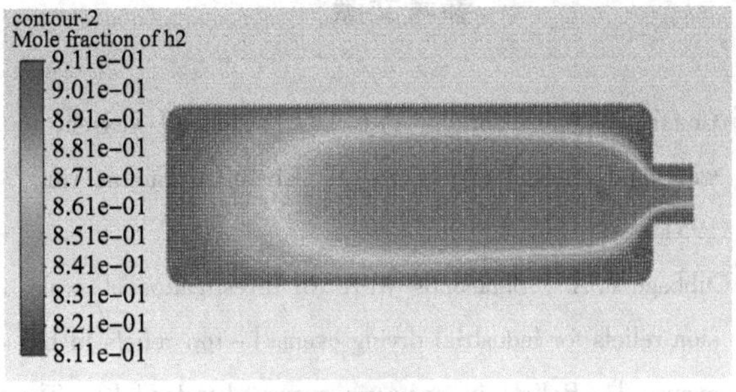

H_2体积浓度

图 12 泄爆口开启压力 100000Pa 35.1ms 时内流场参数(续)

4.3 泄爆口开启压力影响因素分析

在维持相同氢气浓度的条件下，随着泄爆口开启压力的提升，发现达到预设泄爆口压力阈值所需的时间逐渐延长，那么容器内氢气与氧气反应的范围也随之增大。在泄爆口开启之前，容器内压力呈现梯状分布，并且随着泄爆口开启压力的增大，梯状越来越标准。这可能是因为较高的泄爆口开启压力允许了更充分的燃烧反应发生，从而使得压力波的效应更加显著，进而导致压力分布的梯状特征更加标准。当泄爆口开启之后，靠近瓶口内侧的气体流速最大，泄爆口开启瞬间，在高压的冲击下，气体迅速冲出容器外。根据以上的云图，可以编写出对应的表格，如表 3、表 4 所示。

表 3 泄爆口开启压力为 50000Pa 泄爆口开启前后内流场参数

	泄爆口开启之前		泄爆口开启之后	
	最小值	最大值	最小值	最大值
温度/K	339.54	1948.66	304.60	1839.11
气体流速/(m/s)	0	1.3807	0	886.6333
H_2 体积浓度/mol	0.81	0.91	0.81	0.91

表 4 泄爆口开启压力为 100000Pa 泄爆口开启前后内流场参数

	泄爆口开启之前		泄爆口开启之后	
	最小值	最大值	最小值	最大值
温度/K	369.40	1993.23	362.29	1791.40
气体流速/(m/s)	0	0.6540	0	1172.1790
H_2 体积浓度/mol	0.81	0.91	0.81	0.91

储氢容器内气体流速的最小值为 0m/s，这是由于爆炸范围较小，所产生的波无法推动容器内所有的气体发生流动，当容器内的压力达到泄爆口阈值，泄爆口开启的一瞬间，容器泄爆口位置的气流速率大幅上涨。随泄爆口开启压力的增大，气流速率的最大值也会随之增大。当泄爆口开启之后，容器内的温度会有所下降，但是下降的数值较小，这是因为泄爆口开启前后仅相差了 0.1ms，如此短的时间不足以导致温度发生较大变化。容器内氢气的体积浓度一直保持在同一值，在泄爆口开启前后几乎没有变化。

5 结论

通过选择 Fluent 软件对氢气储罐进行了数值模拟分析，揭示了氢气浓度、开启压力、障碍物远近对达到泄爆压力所需时间与最高温度的影响：

(1)随着储氢容器内氢气浓度的下降，容器内氢气与氧气的反应越剧烈，达到相同泄爆压力所需要的时间越短。

(2)在相同氢气浓度的条件下，随着泄爆口开启压力的增大，达到泄爆口压力所需要的时间也越长，随之而来的是氢气与氧气的反应更加充分，产生的能量也越多，在泄爆口开启之后，冲击波也更加剧烈。

(3)在以上条件的变化下，泄爆口开启压力的变化，对于泄爆口开启之后，容器内最高温度的变化不是特别明显，而在氢气浓度这个条件发生改变时，泄爆口开启之后，容器内最高温度的变化的幅度就会更大。因此，氢气浓度这个因素对于储氢容器泄爆的影响更大。

参考文献

[1] Cousin E. W., Cottons P. E. Design closed vessels to withstand internal explosions[J]. Chemical Engineering, 1951, 58: 133.

[2] Cubbage P. A., Simmonds W. A. An investigation of explosion reliefs for industrial drying ovens. I – top reliefs in box ovens: I – Reliefs in conveyor ovens, London[J]. The Gas Coucil: Research Communication GC23, 1955.

[3] Cubbage P. A., Simmonds W. A. An investigation of explosion reliefs for industrial drying ovens. II – back reliefs in box ovens: Reliefs in conveyor ovens, London [J]. The Gas Coucil: Research Communication GC34, 1957.

[4] Bradley D., Mitchson A. The Venting of Gaseous Explosions in Spherical Vessels. 1 – Theory[J]. Combustion and Flame, 1978, 32: 221 – 236.

[5] Cooper M. G., Fairweather M., Tite J. P. On the mechanisms of pressure generation in vented explosions[J]. Combustion and Flame, 1986.

[6] Solberg D. M., Pappas J. A. Observations of flame instabilities in large scale vented gas explosions[J]. Eighteenth Symposium (International) on Combustion, 1987: 1607 – 1614.

[7] Kumar R. K., Dewit W. A., Greig D. R. Vented Explosion of Hydrogen – Air Mixtures in a Large Volume[J]. Combustion Science and Technology, 1989, 66(4 – 6): 251 – 266.

[8] 芮圣超. 氢气泄爆压力特性和火焰动力学行为研究[D]. 合肥工业大学, 2022

[9] 罗鑫蛟. 管道内贫氢泄爆超压特性及外部爆炸机理研究[D]. 合肥工业大学, 2021

[10] 郝腾腾. 氢气泄爆作用下超压荷载及结构动力响应规律研究[D]. 合肥工业大学, 2020

[11] 汪兴. 细长方形容器内障碍物对氢泄爆特性影响研究[D]. 合肥工业大学, 2019

铁磁性腐蚀产物对漏磁内检测数据评价的影响分析

祝兴辉[1]　国　滨[1]　王倩玮[1]　吕　坦[1]　孟祥吉[1]　张　洋[1]　胡　朋[1]　郭岩宝[2]

［1. 国家市场监管技术创新中心（油气管道与储存设备安全），北京　100029；
2. 中国石油大学（北京）机械与储运工程学院，北京　102249］

摘　要：管道漏磁内检测是一种高效对长输油气管道本体腐蚀缺陷进行直接检测的技术。但由于管道上的一些腐蚀点中含有大量铁磁性腐蚀产物，比如杂散电流腐蚀，这些腐蚀产物往往会影响缺陷处漏磁通的流出，导致漏磁内检测数据评价偏小，甚至出现严重腐蚀点漏检的情况；本文从漏磁内检测的基本原理出发，阐述了缺陷处漏磁场产生的原因，并结合实际工程案例，说明了铁磁性腐蚀产物对腐蚀缺陷处漏磁通的流出具有一定的阻碍作用，并分析了缺陷处漏磁通减小的原因，同时也为加强该类型缺陷信号的识别提供借鉴意义。

关键词：漏磁内检测；铁磁性腐蚀产物；杂散电流；数据评价

中图分类号：TB4　　**文献标识码**：B

Analysis of the Impact of Ferromagnetic Corrosion Products on the Evaluation of Magnetic Leakage Internal Detection Data

ZHU Xinghui[1], *GUO Bin*[1], *WANG Qianwei*[1], *LV Tan*[1], *MENG Xiangji*[1], *ZHANG Yang*[1], *HU Peng*[1], *GUO Yanbao*[2]

[1. Technology Innovation Center of oil and gas pipeline and storage equipment safety for State Market Regulation, Beijing, China, 100029;
2. College of Mechanical and Transportation Engineering, China University of Petroleum (Beijing), Beijing, 102249]

Abstract: Magnetic flux leakage internal testing is an efficient non-destructive testing method for long-distance steel pipelines, but for some defects on the outer wall that contain ferromagnetic corrosion products, such as stray current corrosion; This article mainly introduces the principle of magnetic flux leakage defect detection and analyzes the impact of ferromagnetic corrosion products on the magnetic flux leakage at the defect site. It explains the reasons for the small data evaluation, in order to avoid misjudgment of similar signals and provide reference significance for the identification and analysis of pipeline magnetic flux leakage internal detection signals.

Key words: Magnetic flux leakage; Ferromagnetic corrosion products; Stray current corrosion; Data evaluation

1　引言

管道油气输送是我国主要的运输方式之一，对国民经济发展起着重要的作用，管道输送安全事关我国经济社会发展、能源安全、公共安全，乃至国家安全[1]。但由于输送管道由于敷设环境的变化、管线运行年限的增长、防腐层老化、第三方施工以及输送介质含有腐蚀成分等原因，管道会不可避免地产生腐蚀、变形、机械划伤等缺

作者简介：祝兴辉，工程师，主要从事油气管道无损检测技术的研究及检测工作，E-mail：zhuxinghui1@126.com

基金项目：国家市场监管技术创新中心（油气管道与储存设备安全）开放基金资助（项目编号：CXZX-YQGDYCCSBAQ-2024-002）"This work was supported by the Open Research Fund of Technology Innovation Center of oil and gas pipeline and storage equipment safety for State Market Regulation (No. CXZX-YQGDYCCSBAQ-2024-002)。

陷引起管道的爆炸、介质泄漏等事故，造成环境污染和威胁人民生命财产的安全[2]。腐蚀是造成管道泄漏影响管道安全运行的主要原因，为保障油气管道长期安全运行，必须对管道进行定期检测与维护以确保油气管道在运输过程中安全有效运行[3]。

对长输管道本体缺陷进行有效的检测的主要是技术是管道内检测技术，包含漏磁检测、超声波检测、电磁超声和涡流检测等技术[4]。漏磁内检测因其对管道内环境要求不高、不需要耦合剂剂等优点，目前已成为应用最广泛、最成熟的管道无损检测技术[5]

2　管道漏磁内检测基本原理

2.1　缺陷的漏磁过程

由于铁磁性材料具有磁导率高的特性，它们被磁化后在体内可聚集高密度的感应场；当铁磁体材料与空气相接触的交界面处出现不连续，即缺陷时，由于磁的边界条件首先引发磁折射，铁磁体内的磁场由磁折射作用偏转到缺陷附近的空气中，并很快形成磁扩散[6-8]，如图1所示。

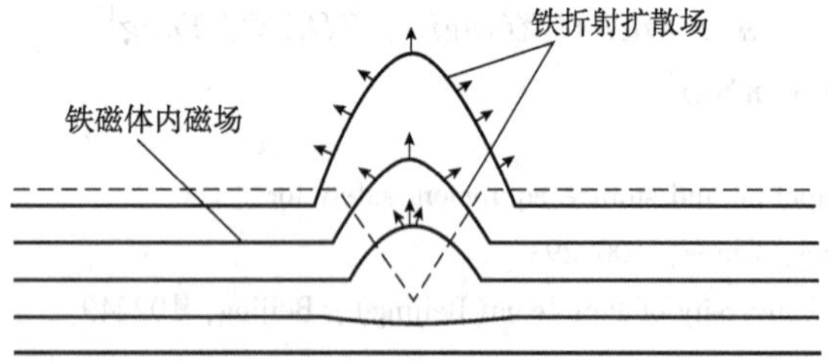

图1　磁场扩散场

铁磁性材料内磁通经过上述磁折射、磁扩散及反向磁压缩过程后，形成最终缺陷漏磁场。可进一步将缺陷漏磁场 B_{mfl} 的形成机制用数学公式描述为[9]

$$B_{mfl} = B_r + B_d - B_c \qquad (1-1)$$

式中　B_r——缺陷处磁折射作用引起的磁感应强度；

B_d——缺陷处磁扩散作用引起的磁感应强度；

B_c——缺陷处磁压缩作用引起的磁感应强度。

2.2　缺陷漏磁场的磁折射及扩散

铁磁性材料上的缺陷可视为材料磁特性的不连续。建立不同介质在介质分界面不连续处的磁传导模型，以计算考察磁力线在不连续处的走向情况。如图2所示，e 是垂直于介质分界面的单位矢量，由介质1指向介质2；$B_1(H_1)$ 及 $B_2(H_2)$ 分别为介质1(磁导率为 u_1)和介质2(磁导率 u_2)内的磁感应强度(磁场强度)，它们在介质1及介质2内与法线 e 的夹角分别为 a_1、a_2[10]。

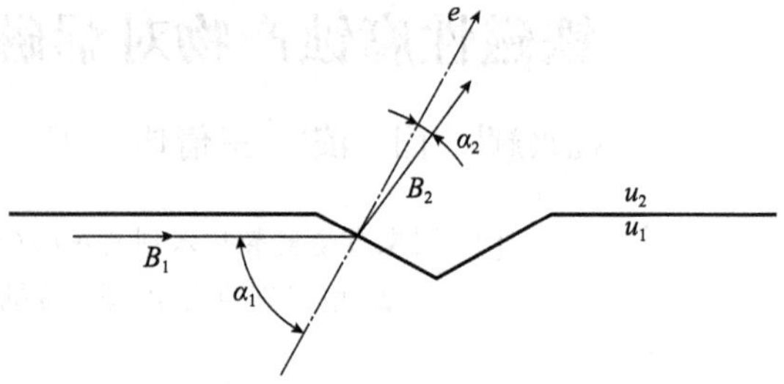

图2　介质分界面处的磁扩散

由磁在介质分界面两侧 B 的法线分量连续条件和折射的原理，即式(2-1)可得到

$$\tan \alpha_1 = \frac{B_{1\tau}}{B_{1n}} = \frac{B_{1\tau}}{B_{2n}} = \frac{\mu_1}{\mu_2}\frac{B_{2\tau}}{B_{2n}} = \frac{\mu_1}{\mu_2}\tan \alpha_2 \qquad (1-2)$$

式中　B_{1n}、B_{2n}及$B_{1\tau}$、$B_{2\tau}$分别为在介质1和介质2内感应强度的法向分量和切向分量。

式(2-2)可表示为

$$\frac{\tan \alpha_1}{\tan \alpha_2} = \frac{\mu_1}{\mu_2} \qquad (1-3)$$

式(2-3)表明，磁介质分界面两侧磁感应强度与法线夹角的正切之比等于两侧材料的磁导率之比。

2.3　漏磁内检测原理

管道漏磁内检测技术在管道材料具有较高磁导率的基础上，通过永磁体对管道进行磁化，使其达到磁饱和状态来实施检测[11]。检测时，若管道没有缺陷，磁力线与管道内部均匀平行分布；若管壁存在缺陷，磁力线被缺陷阻隔，部分磁力线泄露至管道表面，形成漏磁通，通过磁敏元件对漏磁场进行测量，根据检测信号的幅值、斜率等信息可得到管道缺陷的类型和大小[12-15]。漏磁内检测的原理，如图3所示。

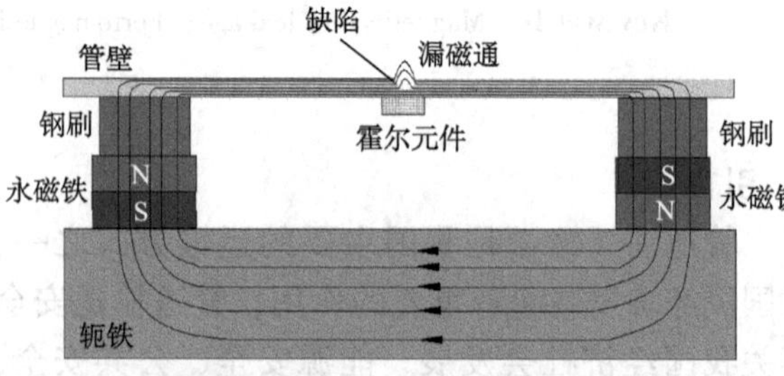

图3　漏磁内检测原理示意图

3　漏磁缺陷信号

漏磁检测器磁敏元件不断采集管道磁场信息，在通过对磁场信息来分析和判读，来识别管道缺陷、环焊缝、三通、弯头等特征信息。管道

的缺陷处漏磁场分为三个方向：轴向 B_x、径向 B_y 和周向 B_z，如图 4 所示，通过对缺陷漏磁分量信号的判读，来识别缺陷的长度和深度，以及相邻多通道信号的反应情况来判缺陷的宽度，从而识别缺陷的形状和尺寸[16-17]。以管道漏磁缺陷信号的轴向分量信号来分析，如图 5 所示，基本呈现圆心对称，波峰和波谷之间的距离为缺陷长度，峰谷值代表该分量漏磁场的大小，俗称“峰峰值”，可用于评判缺陷的深度。

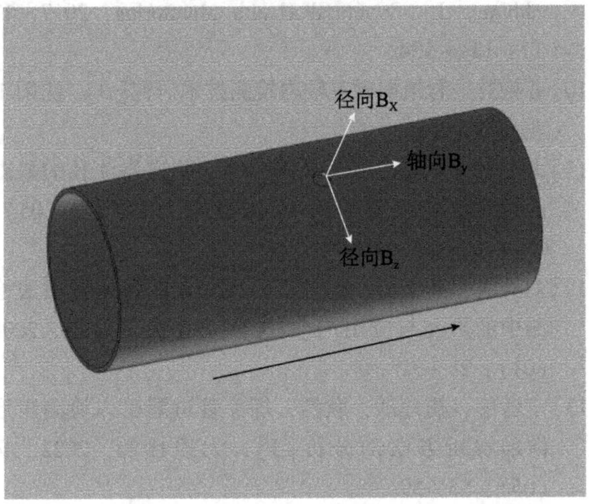

图 4　管道漏磁场分量示意图

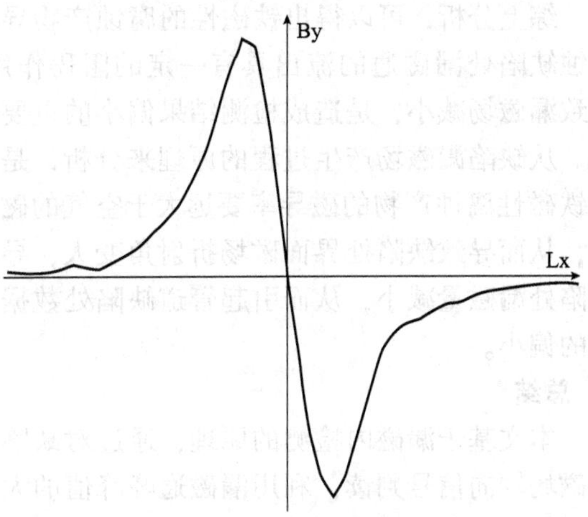

图 5　径向分量

4　铁磁性腐蚀产物影响的工程案例

为管道安全运行，某输油管道最近进行了漏磁内检测，根据检测结果，选取了若干点进行了开挖验证，其中有 2 处外壁金属损失开挖验证点的信息，如表 1 所示。从开挖验证的结果来看，可以发现 1#验证点的检测结果跟实际验证结果偏差很大，误差值为 53%（根据相关标准要求，正常检测误差为 ±10%），而 2#验证点的结果跟检测结果比较相近，误差值为 3%，在允许的误差范围内。

表 1　验证点信息详情

验证点	特征名称	内/外壁	检测值/*WT*%	验证值/*WT*%	偏差/*WT*%	描述
1#	金属损失	外壁	13	66	-53	缺陷外观呈圆形，坑内有黑色腐蚀产物
2#	金属损失	外壁	26	23	+3	缺陷外观呈圆形，坑内没有腐蚀产物

注：*WT* 为管道壁厚。

针对上述情况，分别对 2 处验证点缺陷处的漏磁场大小和形貌进行了研究分析。从漏磁场信号图来看，如图 6 和图 7 所示，可以发现 1#验证点的漏磁场明显小于 2#验证点所产生的漏磁场，这跟缺陷检测评价的结果相吻合，而实际验证的结果却跟检测的结果相反。

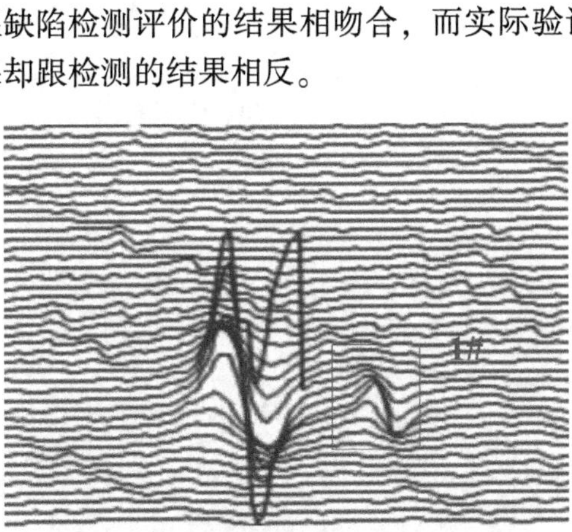

图 6　1#验证点漏磁场径向分量信号图

通过现场验证点缺陷的形貌和所处环境描述，可知：1#验证点腐蚀坑呈圆形，坑内被大量黑色腐蚀产物填充，根据工程经验分析得出，该类型缺陷是由杂散电流腐蚀引起，腐蚀坑内的黑色腐蚀产物为具有一定磁性的铁的氧化物；2#验证点腐蚀坑呈圆形，腐蚀坑内几乎没有腐蚀产物填充。

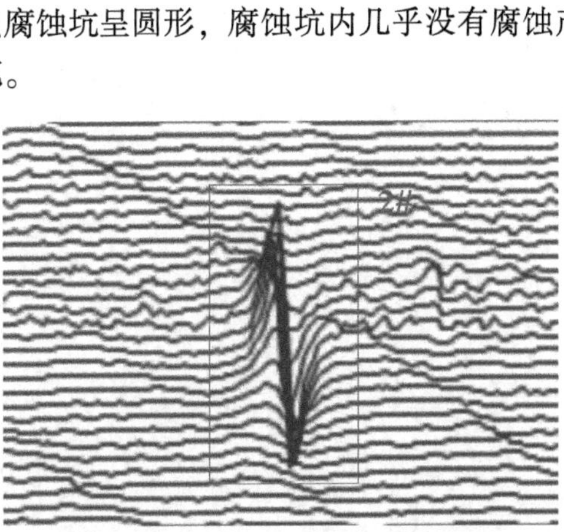

图 7　2#验证点漏磁场径向分量信号图

综上分析，可以得出铁磁性的腐蚀产物导致腐蚀缺陷处漏磁通的流出具有一定的阻碍作用，导致漏磁场减小，是造成检测结果偏小的重要原因。从缺陷漏磁场产生过程的原理来分析，是由于铁磁性腐蚀产物的磁导率要远大于空气的磁导率，从而导致缺陷处界面磁场折射角变大，导致缺陷处漏磁量减小，从而引起管道缺陷处数据评价的偏小。

5　总结

本文基于漏磁内检测的原理，通过对缺陷处漏磁场轴向信号判读，利用漏磁通峰峰值的大小和峰谷间距来评估缺陷的深度和长度；并结合缺陷处漏磁场产生的过程和工程案例分析，得出铁磁性腐蚀产物会减少缺陷漏磁通的流出，导致数据评判的减小，而影响漏磁内检测对管道腐蚀缺陷的检出效果。

参考文献

[1]胡汉平，张宏，胡滨．天然气管道安全防范与保障[J]．科学与财富，2011(11)：2.

[2]祝兴辉，王树辉，韩月红．交流高压线对埋地管道阴极保护影响研究[J]．管道技术与设备，2019(02)：60－62.

[3]杨金生，邱城，高辉明，等．管道压电超声腐蚀内检测技术研究进展[J]．油气储运，2018，37(06)：608－612.

[4]高松巍，郑树林，杨理践．长输管道漏磁内检测缺陷识别方法[J]．无损检测，2013，35(01)：38－41.

[5]王富祥，冯庆善，张海亮，等．基于三轴漏磁内检测技术的管道特征识别[J]．无损检测，2011，33(01)：79－84.

[6]孙燕华，康宜华，邱晨．永磁扰动无损检测技术[M]．华中科技大学出版社，2012.

[7]SUN Yanhua，WU Jianbo，FENG Bo，et al. Anopening electric－MFL detector for the NDT of in－service mine hoist wire[J]. IEEE Sensors Journal，2014，14(6)：2024－2047.

[8]朱宏平，翁顺，王丹生，等．大型复杂结构健康精准体检方法[J]．建筑结构学报，2019，40(02)：215－226.

[9]SUN Yanhua，LIU Shiwei，Deng Zhiyang，et al. Magnetic flux leakage structural health monitoring of concrete rebar using an open electromagnetic excitation technique[J]. Structural Health Monitoring，2017，17(2)：121－134.

[10]苏艳秀．管道漏磁三轴内检测技术研究[D]．沈阳工业大学，2012.

[11]邵卫林，陈金忠，马义来，等．管道盗油孔的漏磁内检测信号识别[J]．无损检测，2017，39(05)：6－9.

[12]刘秀清，高松巍，杨理践．ANSYS在管道漏磁法检测中的研究与应用[J]．沈阳工业大学学报，2001(01)：28－31.

[13]宁营超，杨理践，耿浩，等．管道漏磁内检测矩形缺陷解析方法的分析[J]．无损检测，2022，44(05)：53－59.

[14]吕连鑫，杨理践，耿浩，等．基于管道漏磁内检测的缺陷解析方法[J]．无损检测，2023，45(05)：46－50.

[15]杨理践，耿浩，高松巍．长输油气管道漏磁内检测技术[J]．仪器仪表学报，2016，37(08)：1736－1746.

[16]杨理践，梁成壮，高松巍，等．管道漏磁内检测的管壁缺陷漏磁场解析模型[J]．电子测量与仪器学报，2021，35(07)：106－114.

[17]杨理践，张国光，刘刚．管道漏磁内检测技术[M]．北京：化学工业出版社，2014：26－75.

基于声发射与物联网的常压储罐定期检测与智能监测技术

谢杰辉　卢雪颖

［清诚声发射研究(广州)有限公司，广州　510520］

摘　要：声发射检测是一种无损检测方法，能够实时评估储罐的腐蚀状况和结构完整性。文章介绍了声发射检测的原理、传感器安装、系统校准和数据采集等方面的内容，重点讨论了声发射技术在储罐底板腐蚀和泄漏检测中的应用，并对比了其他检测技术的优缺点，提出了一种基于物联网的智能无人值守声发射储罐监测系统，通过智能声波(声发射)采集器、组网通讯、云端平台/服务器和客户终端的集成，实现了储罐的长期在线监测，提高了检测效率和精度，降低了人工干预和维护成本。

关键词：声发射；常压储罐定期检测；物联网；智能监测；无人值守

Regular Detection and Intelligent Monitoring Technology of Atmospheric Storage Tank Based on Acoustic Emission and Internet of Things

XIE Jiehui, *LU Xueying*

(QingCheng Ltd, Guangzhou 510520, China)

Abstract: Acoustic emission testing is a non－destructive testing method that can evaluate the corrosion status and structural integrity of storage tanks in real time. This paper introduces the principle of acoustic emission detection, sensor installation, system calibration and data acquisition, focuses on the application of acoustic emission technology in the detection of tank bottom corrosion and leakage, and compares the advantages and disadvantages of other detection technologies, and proposes an intelligent unattended acoustic emission tank monitoring system based on the Internet of Things. Through the integration of intelligent acoustic wave (acoustic emission) collector, networking communication, cloud platform/server and customer terminal, the long－term online monitoring of storage tanks is realized, the detection efficiency and accuracy are improved, and the manual intervention and maintenance costs are reduced.

Key words: Acoustic emission; Regular testing of atmospheric tanks; Internet of things; Intelligent monitoring; Unattended operation

1　引言

常压储罐是石油行业中储存和运输原油的重要基础设施，其腐蚀问题直接影响储罐的安全性和使用寿命。传统检测方法如漏磁检测、超声波检测和射线检测等在一定程度上能够检测储罐的腐蚀情况，但这些方法存在检测效率低、成本高和人工依赖性强等问题。声发射技术作为一种有效的无损检测方法，能够实时监测储罐的结构完整性和腐蚀状况。然而，传统的声发射检测技术仍需人工操作和定期维护，无法实现长期在线监测。

近年来，物联网技术迅速发展，并在各个领域得到广泛应用。物联网通过传感器、通信网络和数据处理平台的集成，实现设备的互联互通和数据的实时传输。将物联网技术应用于声发射储罐监测中，可以实现传感器数据的实时采集、传输和分析，从而形成智能无人值守监测系统，提高检测效率和精度，减少人工干预和维护成本。

作者简介：谢杰辉（1993—　），本科，工程师，主要从事声发射仪器和物联网声发射设备的研究开发、声发射测试现场检测以及新行业应用可行性验证等工作。E－mail：xjh@ ae－ndt. com

2 传统常压储罐声发射定期检测技术

声发射(Acoustic Emission)又称应力波发射，是指材料内部在受力状态下以弹性波的形式释放应变能的现象[1]。声发射是一种物理现象，用仪器探测、记录、分析声发射信号和利用声发射信号推断声发射源的技术称为声发射技术[1]。

当储罐底板存在腐蚀缺陷时，在液位作用下，材料强度降低，局部发生微小变形，从而产生声发射信号[2]，引起腐蚀产物的剥落和脱落。通过安装在壁板下部的声发射传感器阵列探测底板由于腐蚀和泄漏产生的声发射信号，确定声发射定位源的部位，进行综合等级评价，评估底板遭受腐蚀和泄漏的程度[3]，如图1所示。

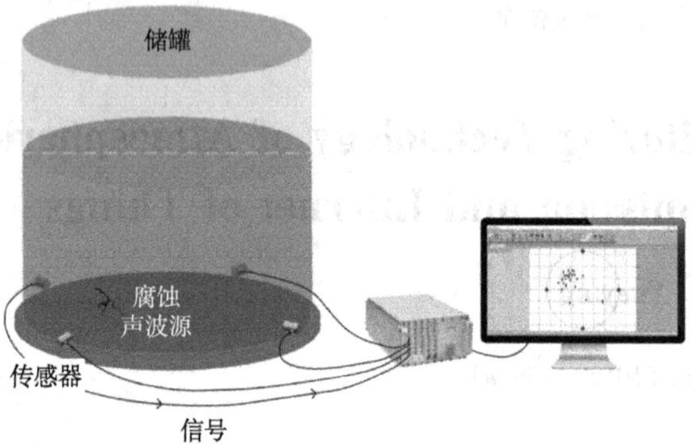

图1 声发射储罐检测原理图

2.1 传感器安装

按照确定的传感器阵列，在被检件上确定传感器安装的具体位置，传感器安装部位尽量远离人孔和焊缝部位。对传感器安装部位进行表面处理，使其表面平整并露出金属光泽。传感器通过磁力或专用夹具固定，安装时应避免过度用力，以防损坏传感器。安装完成后，应检查传感器与底板的接触是否紧密，确保其能够准确捕捉声发射信号。

2.2 系统的校准与调试

在传感器安装完毕后，需要将传感器通过同轴电缆连接至前置放大器，再连接至数据采集系统。设置声发射检测系统的初步工作参数，依次完成通道灵敏度测试、衰减测量、定位校准和背景噪声的测试和识别。调试完成后，需对系统进行全面检查，确保各项参数设置正确，并记录调试结果以备查。

2.3 数据采集及结果评价

一般情况下，底板声发射检测液位宜位于最高操作液位的85%与储罐的安全液位高度之间。若该罐近6个月一直处于低液位的工况，则检测液位应高于声发射传感器安装位置1m以上。检测前，应关闭进出口阀门及其他干扰源，如搅拌器、加热设施、液位探测仪、氮封系统等，并保持液位静置2h以上，检测时间不应小于2h[3]。

底板声发射检测结果的分析及评价可依据JB/T10764—2023《无损检测常压金属罐体声发射检测与评价方法》或ISO 24489：2024《Non - destructive testing Acoustic emission testing Detection of corrosion at atmospheric and low - pressure metallic storage tank floors》标准的相关内容，采用声发射源的时差定位分析及分级，也可采用声发射源的区域定位分析及分级[4]。

2.4 小结

传统声发射储罐检测技术在评估储罐腐蚀状态和结构完整性方面具有显著优势，特别是在检测底板腐蚀、泄漏和裂纹扩展等活动缺陷时。然而，这种技术仍然存在一些局限性，如需要人工操作、检测周期长和实时性不足等。通过引入物联网技术，可以实现智能无人值守的储罐监测，进一步提高检测效率和精度，降低检测成本和维护难度。

下面将详细介绍基于物联网的智能无人值守声发射储罐监测系统的架构、工作原理和关键技术，展示其在实际应用中的效果和前景。

3 物联网智能无人值守声发射储罐监测方案

3.1 技术背景与优势

随着工业4.0的推进，物联网技术迅速发展，并广泛应用于各个领域。物联网通过传感器、通信网络和数据处理平台的集成，实现了设备的互联互通和数据的实时传输。将物联网技术应用于声发射储罐监测，可以实现传感器数据的实时采集、传输和分析，形成智能无人值守监测系统，提高了检测效率和精度，减少了人工干预和维护成本。该系统不仅可以对储罐进行实时监测和数据分析，还能及时预警，避免事故的发生。

3.2 系统架构

物联网智能无人值守声发射储罐监测系统的整体架构包括智能声波(声发射)采集器、组网通讯、云端平台/服务器和客户终端四个部分。智能声波(声发射)采集器布置在储罐外壁下侧，按设定时间采集底板腐蚀信号，信号经过处理和分析后，通过4G/WiFi/LAN等组网通讯网络传输到云服务器，用户登录云平台(私有云/清诚云)远程查看数据、根据相关标准设置评级判据，系统自动根据判据给出评级结果，一旦达到报警阈值，自动将报警信息推送给用户。

智能声波(声发射)采集器包含声发射传感器、前置放大器、信号滤波和数字化采集、信号处理和数据发送等，按结构可分为一体化结构和分体结构，多通道组网可实现有线或无线时钟同步。组网通讯可通过4G/NB－IOT/LAN直接上传数据到云端服务器，或通过Wi－Fi/LoRa/Zigbee/RS485/LAN等方式先组网再上传到云端服务器。云平台负责接收、存储和处理传感器数据。平台集成了大数据分析和机器学习算法，能够实时分析数据，识别异常，并将结果通过网络传输至用户终端，实现远程监控和预警，系统框架见图2所示。

图2　物联网智能无人值守声发射储罐监测系统架构图

3.3　智能声波(声发射)采集器工作原理与流程

智能声波(声发射)采集器工作原理与流程见图3所示。

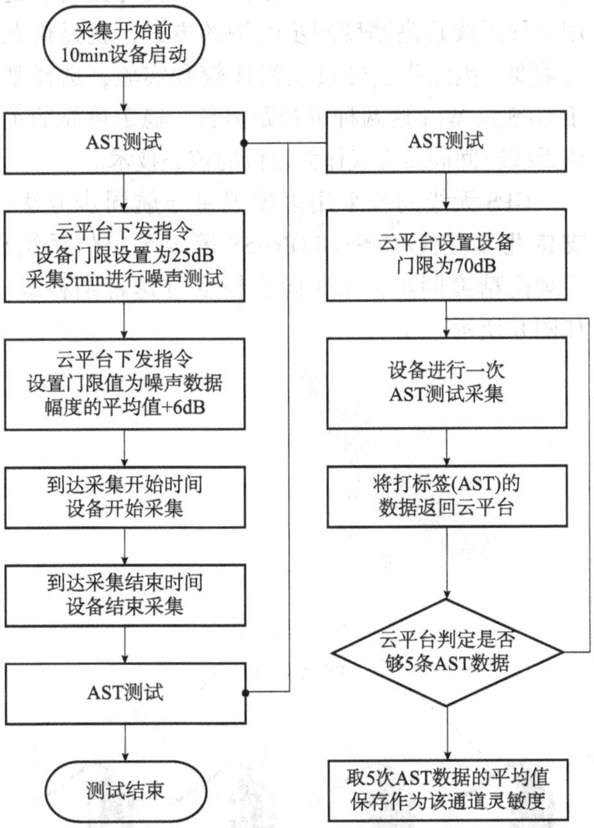

图3　智能声波(声发射)采集器工作原理与流程图

首先，测试设备在数据采集开始前10min启动。设备进行AST测试后，云平台下发指令，设定设备门限值为25dB，并采集5min进行噪声测试。接着，云平台下发指令，设定门限值为噪声数据幅度的平均值加6dB。到达采集开始时间时，设备开始采集数据，采集结束时间到达时，设备停止采集。随后设备再次进行AST测试，最终得到测试结果，并上传数据到云平台。

设备启动后进行AST测试，按流程图，云平台设置设备门限为70dB。设备进行一次AST测试采集后，将打标签的AST数据回传到云平台。云平台判定是否有5条AST数据，如果没有，则重新设定门限值和测试参数。如果有5条AST数据，则取这5条数据的平均值作为该通道灵敏度。之后，设备进行AST测试并将结果返回到云平台，流程结束。云平台数据展示如图4所示。

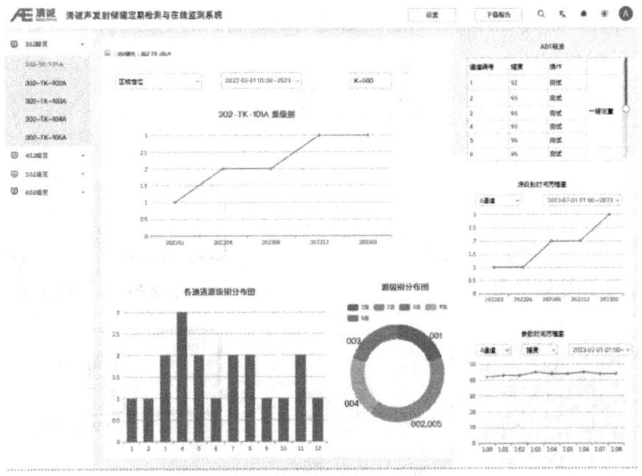

图4　云平台数据展示

3.4　云平台数据工作流程

(1)搜索设定时间段内，每个通道的总撞击数，并计算每小时撞击数H；

(2)根据预先设定好的 d、e、f、g 值(g 值为 ISO 24489：2024 参考值)进行比对得出每个通道对应的级别；

(3)取所有通道级别中最大级别为储罐最终级别，并显示最终级别以及所有通道级别。自动出报告并存储在云平台，平台提供窗口下载 PDF 文件。

3.5　系统的集中式、分布式和链式方案

物联网智能无人值守声发射储罐监测系统可以根据实际需求，采用集中式、分布式和链式三种方案。每种方案具有不同的优点和应用场景。

3.5.1　集中式方案

集中式方案基于 RAEM1 -6 采集器，适合长时间远程无人值守监控。传感器固定在罐壁表面，通过同轴电缆线连接至 RAEM1 -6 采集器中，采集器基于 Linux 操作系统，性能稳定，具有无线通信能力，可级联组成大型监测系统，见图 5。

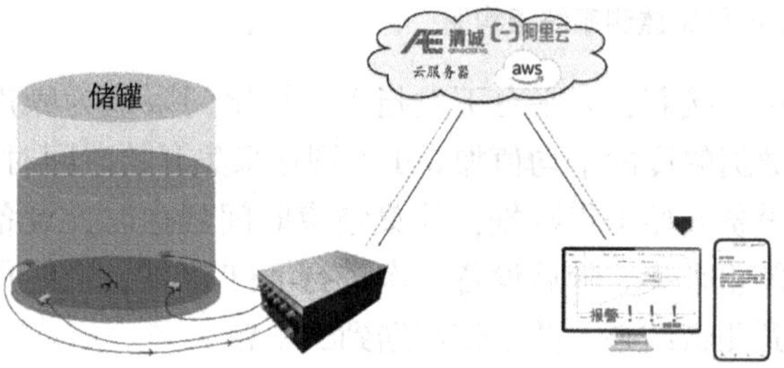

图 5　集中式方案原理图

3.5.2　分布式方案

分布式方案基于一体化 RAEM1 采集器。采集器内部集成了声发射传感器、信号采集、信号处理、数据发送、电池供电和无线时钟同步模块。采集器底部带有强磁，安装时直接与金属罐壁耦合即可，适用于金属储罐的远程无人监测和现场传统声发射检测，如图 6 所示。

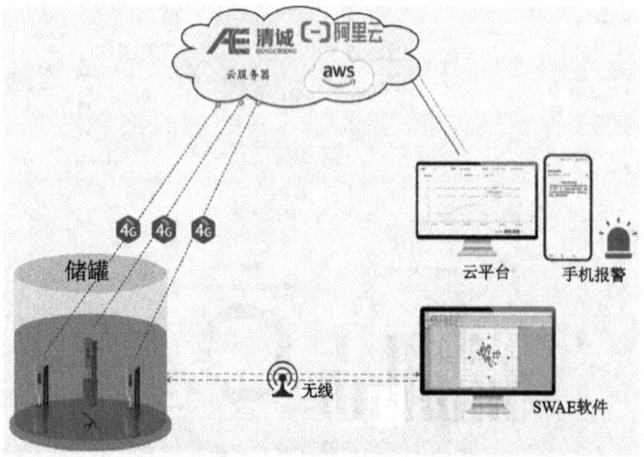

图 6　分布式方案原理图

3.5.3　链式方案

链式方案通过 POE 技术将多个内置声发射传感器的采集器串联在一起，实现数据传输和供电一体化，如图 7 所示。链式方案简化了布线方式，适用于需要多点监测的复杂场景。

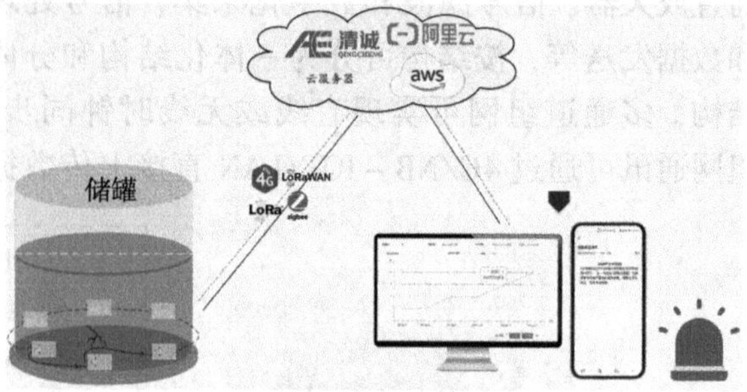

图 7　链式方案原理图

3.6　关键技术与创新点

物联网智能无人值守声发射储罐监测系统的关键技术和创新点包括高精度同步时钟、GPS 和 Wi - Fi 无线同步技术、大数据分析和机器学习算法等。

3.6.1　高精度 GPS 和 Wi - Fi 无线同步时钟技术

现代声发射仪器已经逐渐进入物联网时代，以前使用 485 工业总线进行有线时钟同步的方式，虽然有精度高、连接稳定和高鲁棒性等优点，但在呈阵列排布的大规模声发射无线设备集群的应用中，则因缺乏灵活便捷性而显得捉襟见肘。选用一种无线且高精度同步时钟的方式，就显得尤为重要。因此我们经过反复比较和实验，选择基于 GPS 及 Wifi 这两种可控距离长、稳定可靠的主流无线时间同步方式作为定位的核心技术。

GPS 无线同步采用多模卫星导航同步方法，支持北斗三代/GPS/GLONASS 等卫星定位系统，实现高精度同步，GPS 同步精度可达百纳秒级，如图 8 所示。

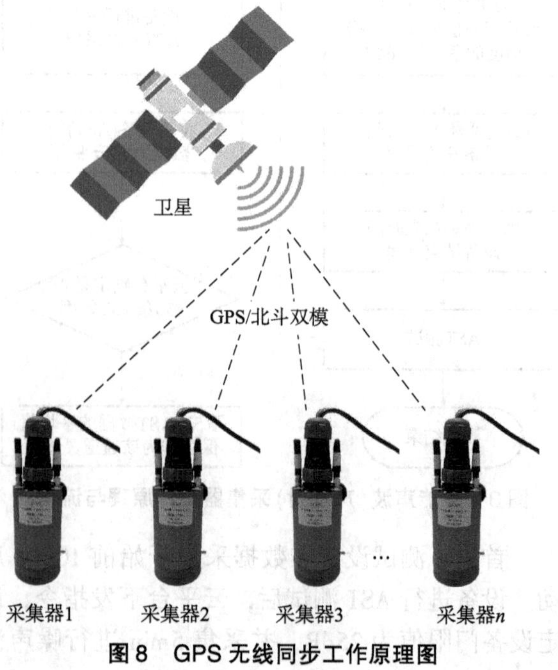

图 8　GPS 无线同步工作原理图

Wi-Fi 无线同步则通过星形网络技术(即 1 个主机，其余为路由节点)来实现同步组网功能，由 WIFI 网内的无线主端设备为控制主体，以特定无线模式的无线定向广播方式，向目标设备群组中若干无线从端设备发送包含同步时间标识和同步数据包的同步序列信标，系统无线同步的时钟精度可优于 ±10μs，如图 9 所示。可以用于在接收不到卫星信号的大坝厂房、隧道工程、核电等密闭厂房内，提供了高精度的同步功能，实现声发射系统的时差定位功能。

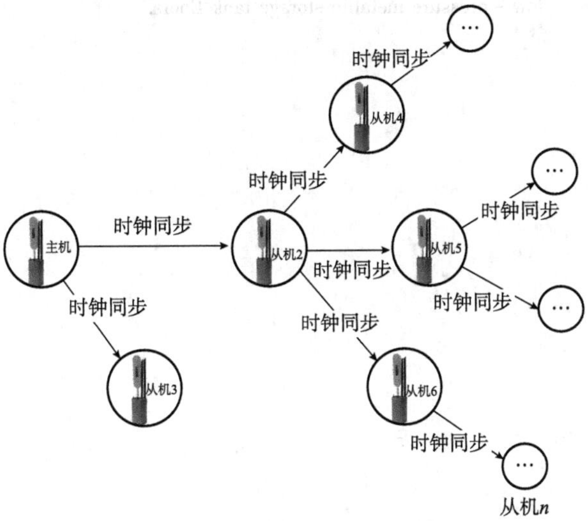

图 9　Wi-Fi 无线同步工作原理图

3.6.2　AST 系统自动校准机制

作为长期监测产品，声发射系统的标定就不能还按传统声发射仪器一样需要依赖人去现场通过给标准信号如断铅的方式，因为这种方式非常不友好，尤其在一些野外场景，由人到现场校准现场非常麻烦，十分耗费时间和人力。

因此，开发系统自动校准机制，即传感器自动标定，指由传感器在电压激励下发射脉冲机械信号，经由相邻传感器接收，用来评价接收的传感器灵敏度和耦合度的一种技术。RAEM 可配置传感器自动标定(AST)功能，具有两个传感器，一个发射传感器，一个采集传感器。发射单元电路板通过外部控制器输出一个低电平脉冲的控制 IO 信号，控制开关电路给所述发射单元压电元件输出一个脉冲电压信号，所述发射单元压电元件由于压电效应的逆效应会相应输出一段微弱的机械振动信号；该机械振动信号经被测物表面传播到所述采集单元压电元件，由于压电效应转化为电信号，进而被所述采集单元电路板采集。通过接收到的信号强度和能量，判断接收端传感器是否耦合良好、系统是否正常。整个过程是系统自动完成或远程操作完成，对长期监测的系统自动校准非常有效。其结构和发射电路如图 10、图 11 所示。

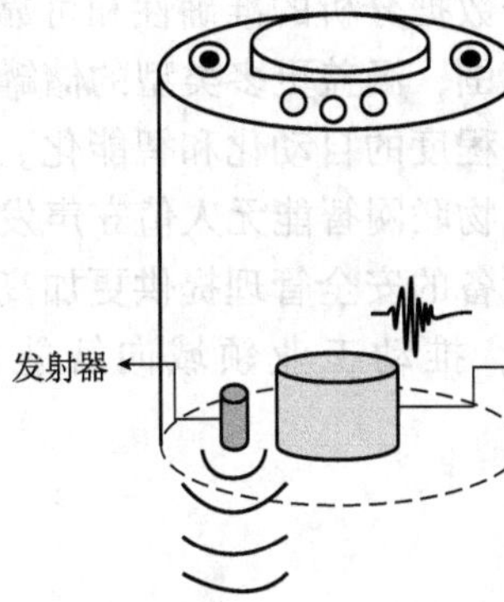

图 10　AST 系统自动校准结构图

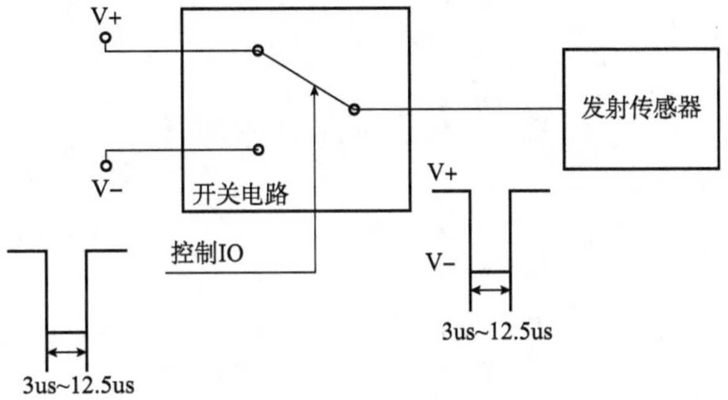

图 11　发射电路原理图

3.6.3　引入大数据分析和机器学习算法

云端服务器可以接入巨量监测点和长期监测形成声发射监测检测大数据，能够对海量传感器数据进行实时分析，识别异常信号和趋势。应用大数据和人工智能 AI 技术大数据模型可以大幅度改进提高声发射监测检测的精确度和能力。也可以形成声发射检测的专用 ChatGPT，极大地方便应用。

4　总结与展望

本文系统地探讨了传统声发射技术和物联网智能无人值守声发射储罐监测技术在常压储罐检测中的应用。传统声发射技术在检测储罐腐蚀、裂纹扩展等缺陷方面具有显著优势，能够提供实时监测和详细的缺陷分析。然而，传统技术仍存在人工操作复杂、实时性不足和维护成本高等问题，限制了其广泛应用和长期在线监测的能力。

物联网智能无人值守声发射储罐监测技术通过集成物联网技术，解决了传统技术的诸多局限。该系统利用物联网实现传感器数据的实时采集、传输和分析，形成智能化、自动化的监测平台。云平台的大数据分析和机器学习算法，显著提高了检测精度和效率，减少了人工干预和维护成本。

未来，物联网声发射监测技术将进一步优化检测算法，提升数据分析的准确性和可靠性。同时，扩大应用范围，涵盖更多类型的储罐和工业设备，实现更高程度的自动化和智能化。通过持续创新和改进，物联网智能无人值守声发射监测技术将为工业设备的安全管理提供更加高效、可靠的解决方案，推动工业领域向智能化方向发展。

参考文献

[1]全国特种设备无损检测人员资格鉴定考核委员会．声发射检测(试行版). 2004.

[2]蒋林林，李玲杰，苏碧煌等．声发射技术在储罐底板腐蚀检测中的应用．腐蚀与防护，2021，(02)：56－59＋77.

[3]JB/T 10764—2023 无损检测 常压金属储罐声发射检测及评价方法．

[4]ISO 24489：2024 Non－destructive testing Acoustic emission testing Detection of corrosion at atmospheric and low－pressure metallic storage tank floors.

管道智能检测球精确定位的方法

胡福星[1]　贾亚威[1]　兰惠清[1,2]

（1. 北京交通大学机械与电子控制工程学院，北京　100044；
2. 北京交通大学唐山研究院，唐山　063000）

摘　要：本文针对管道智能检测球在管道内定位精度低、累计误差大的问题，提出了一种基于内外联合定位的新方法。首先，通过利用外部磁力标签修正和校准球体的位置信息，改善定位精度。其次，提出了四种基于惯性传感器的定位方法，并结合内外联合定位技术，实现了分段定位和误差补偿。这一研究为管道智能检测技术的发展提供了新的思路和方法，对提高管道安全性具有重要意义。通过该方法，可以有效解决传统管道检测中定位不准确和误差累积的问题，提高管道检测的准确性和可靠性。

关键词：检测球；精确定位；管道；惯性传感器

Method for Precise Positioning of Intelligent Pipe Detection Balls

HU Fuxing[1]，*JIA Yawei*[1]，*LAN Huiqing*[1,2]

（1. School of Mechanical，Electronic and Control Engineering，Beijing Jiaotong University，Beijing　100044，China
2. Tangshan Research Institute of Beijing Jiaotong University，Tangshan　063000，China）

Abstract: This paper proposes a new method based on internal and external joint positioning to solve the problem of low positioning accuracy and large cumulative error of intelligent pipeline detection balls in pipelines. First，positioning accuracy is improved by correcting and calibrating the sphere′s position information using external magnetic tags. Secondly，four positioning methods based on inertial sensors are proposed，combined with internal and external joint positioning technology，to achieve segmented positioning and error compensation. This research provides new ideas and methods for the development of intelligent pipeline detection technology，and is of great significance to improving pipeline safety. Through this method，the problems of inaccurate positioning and error accumulation in traditional pipeline detection can be effectively solved，and the accuracy and reliability of pipeline detection can be improved.

Key words: Detection ball；Precise positioning；Pipeline；Inertial sensor

1　引言

管道运输是指利用管道系统进行石油、煤和化学产品的运输。作为长距离输送液体和气体物资的运输方式之一，管道运输方式在统一资源运输网络中扮演着干线运输的重要角色，其突出优点包括运输量大、迅速、经济、可靠，以及投资少、占地少、费用低[1]。目前，管道运输领域的发展势头迅猛，展现出了广阔的前景。首先，随着管道口径的不断扩大，其运输能力得到了显著的提升，这使得管道运输在应对日益增长的运输需求时，能够发挥更加关键的作用。其次，管道的运输距离也在持续延伸，为更广泛的市场需求提供了更为全面的服务，进一步拓宽了管道运输的应用范围。近年来，我国在管道建设、施工方面取得了长足的进步，特别在油气管网的建设方面增量显著。截至2022年底，我国的长输油气

作者简介：胡福星（2000—　），2023年就读于北京交通大学机械电子与控制工程学院机械工程硕士研究生，主要研究方向为管道内检测器定位技术。E－mail：23126087@ bjtu. edu. cn

管道总里程已经跃居世界第三，仅次于美国和俄罗斯，这一成绩充分展示了我国在管道运输领域的雄厚实力与卓越成就[2]。

管道运输业在国民经济建设中发挥了举足轻重的作用，然而，在运行安全方面却也暴露出了一些隐患。特别是埋地管道的微小泄漏问题已成为制约管道运输进一步发展的重大难题[3]。这些泄漏问题产生的原因多种多样，管道在运行过程中，可能受到内外部腐蚀、机械破坏、加工缺陷、结构缺陷、外力及自然灾害等多种因素的共同作用，导致管道出现断裂或穿孔，从而引发泄漏事故[4]。

现今主流的泄漏检测分为外部检测法和内部检测法[5]，内部检测主要包括负压波法、漏磁法和音波法，内部检测法主要包括柱形管道内检测机器人法和球形内检测机器人法[6，7]外部检测法容易受环境噪声干扰而产生误报，柱形管道内检测机器人体积较大，在管道中容易发生卡堵，而且运动速度慢、检测效率不高[8]。相较于传统的柱形内检测器，球形内检测器展现出了更为出色的通过能力，有效降低了卡堵的风险。然而，由于其运动形态的不确定性，这一方法在对泄漏点的定位上表现得并不理想。特别是在处理长距离管道时，其定位精度往往难以满足实际使用的要求[9]。

2　内外联合定位方法的关键技术与实现

内检测球在管道中的定位误差通常随着运动时间和运动距离的增加而逐渐累积。为了提高内检测球的定位精度，增加外部定位校准显得十分必要，即采用内外联合方法以提升微小泄漏在管道中的检测定位精度。首先，在内检测球内部安装 MEMS 惯性传感器，用于获取内检测球的运动状态，例如加速度、角速度等信息。这些传感器能够实时监测内检测球的运动轨迹。其次，在管道的已知位置，如阀井、阀门、弯头等固定区域，安装外部磁标签。这些磁标签的位置是已知的，可以作为参考点进行定位校准。当内检测球经过这些已知位置时，通过磁标签产生的磁场变化来修正和校准内检测球的定位信息。获取传感器数据和磁标签数据后，将多传感器的数据进行融合处理。通过融合滤波算法，结合惯性传感器的运动状态和磁标签的定位校准信息，计算出泄漏位置与定位标签之间的相对距离。这样可以更准确地定位泄漏位置，并减小误差累积的影响。

采用内外联合定位方法，能够有效提高管道微小泄漏检测的定位精度。通过内部惯性传感器获取内检测球的运动状态，结合外部磁标签的定位校准，可以消除定位误差的累积效应，提高定位的准确性和可靠性。这种方法为管道安全性的提升和泄漏检测的精确性提供了重要的技术手段，有助于保障管道设施的安全运行。

3　磁力计和加速度传感器测量结果的理论分析

3.1　磁力计测量结果的理论分析

磁力计固定在内检测球内部和内检测球一起运动，当内检测球经过外部的定位标签所处位置的下方时，磁力计测量到的结果由沿着磁力计三个坐标轴的分量组成，所以，即使磁力计在定位标签的正下方，其测量的结果也不一定是最大值，测量结果还与此时磁力计所处的方位有关。为提高外部定位标签的定位效果，本节从理论上分析影响磁力计测量结果的具体原因，并推导出测量结果的计算公式。

图 1 所示为球形检测器滚动状态下的磁场接收示意图，圆形内部的线段代表磁力计安装的方位，其与水平方向的夹角为 θ，当磁铁信号明显高于地磁场的信号时，磁力线的方向可大致看作从其位置中心发射。

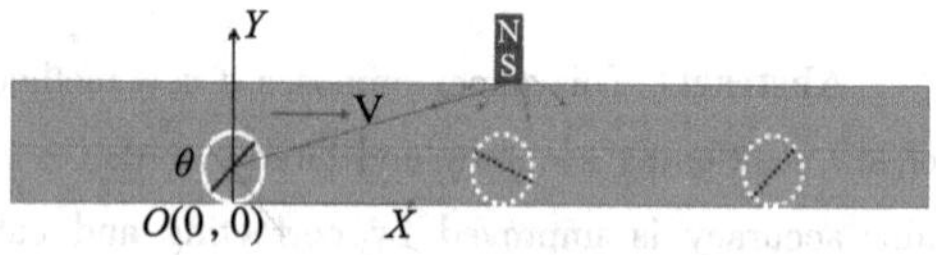

图 1　磁力计磁感应强度测量原理

磁力计所测量的信号不仅与磁场源的数据有关，还与内检测滚入磁场是的初相位和滚动速度有关。图 2 是内检测球运动在磁场区域内的模型简化，P 点位置是磁场源，O 为球心，磁场源在球心处产生的磁场在 L_1 方向的分量即为磁力计的 Z 轴的结果，这里设其在 O 处的磁感应强度为 B，L_1 与 PO 的夹角为 θ，PO 与水平方向的夹角为 θ，球的半径为 r，滚动的角速度为 ω。

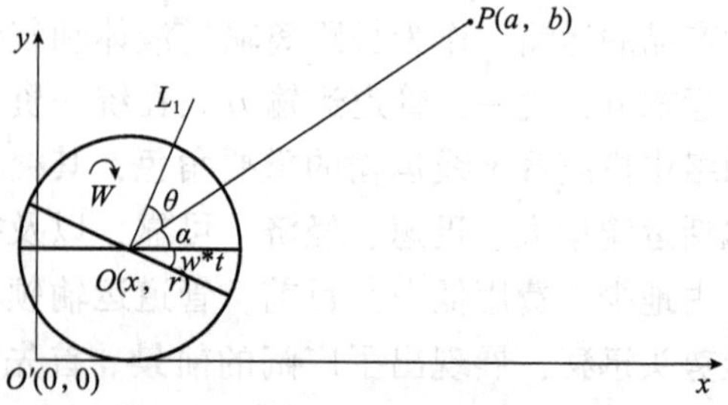

图 2　磁感应强度计算原理示意图

由几何关系可得以下公式：

$$\theta = \pi/2 - \alpha - \omega t \tag{1}$$

$$\omega t = \frac{x}{r} \tag{2}$$

$$\tan(\alpha) = \frac{a - x}{b - r} \tag{3}$$

$$\cos(\theta) = \cos\left(\pi/2 - \alpha - \frac{x}{r}\right) \tag{4}$$

联立式(1)～式(4)可得，

$$\cos(\theta) = \sin\left(\arctan\left(\frac{a - x}{b - r}\right) + \frac{x}{r}\right) \tag{5}$$

$$B_z = B\cos(\theta) \tag{6}$$

B_z 是磁力计 z 轴实际测量的磁感应强度，从式(6)中看出，该值是和实际进入角度具有函数关系的一个变量，可根据实际测得的数据分析检测器经过磁标记点的正下方的位置。

使用 Matlab 软件可以求解出公式中的 B_z 的值。图 3 显示了球以不同角度进入永磁体有效磁场范围内的磁感应强度 B_z 的变化，可以看出当球体通过磁铁的正下方时，由于进入角度不同，z 轴的磁感应强度不一定是最大，甚至有可能等于 0，因此，在判断内检测球位置时，不能只根据一个轴的数据来进行位置的校准。

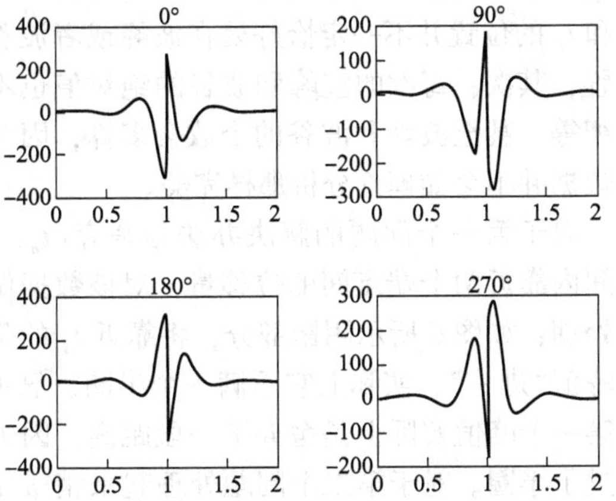

图 3　磁感应强度分量的模拟计算结果

3.2　加速度传感器测量结果的理论分析

传统的内检测球多是利用里程轮获取位移信息的获取。里程轮又称里程计，是一种用于测量移动物体行进距离的装置。它通常由一个或多个轮子组成，轮子上安装有传感器，用于测量轮子的转速里程轮一般安装在内检测球的尾部，有 8～12 个，可以同时收集每个轮子的滚动信息，从而计算出行进的距离。

依靠内部安装的 IMU 传感器，利用智能球的滚动来代替里程轮计数，实现内检测球的内部定位。由于加速度计安装不可能完全与球体几何中心重合，因此需要在两个坐标系之间进行坐标转换，将重力加速度及旋转产生的加速度转换到加速度计坐标系上。

如图 4 所示，在球体几何中心建立载体坐标系 $O_b x_b y_b z_b$，加速度计安装坐标系为 $O_n x_n y_n z_n$，任何两个坐标系之间均可由旋转及平移相互转换，则按照姿态角定义及旋转顺序，则从载体坐标系(b 系)转换到加速度坐标系(n 系)的旋转可获得余弦矩阵 C_n^b。重力加速度 $g_b = [0,\ 0,\ -g]^T$ 在 n 系的投影为 $C_n^b g$。

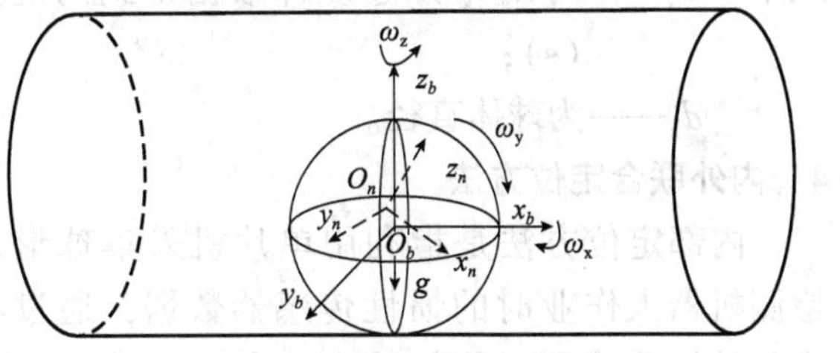

图 4　加速度传感器坐标

因此加速度计测量到的各轴分量为：

$$a = [a_x, a_y, a_z]^T = C_n^b g_b + a_\omega + \tilde{a}(t) \tag{7}$$

式中　$a_\omega = [\Delta x\omega_x^2,\ \Delta y\omega_x^2,\ \Delta z\omega_x^2]$，$\Delta x$，$\Delta y$，$\Delta z$ 分别为 O_b 点相对于 O_n 点在 x_n，y_n，z_n 方向上的间距，ω_x，ω_y，ω_z 为绕 x_n，y_n，z_n 旋转的角速度。$\tilde{a}(t)$ 为测量噪声。

根据以上各式可得加速度计的各轴输出为：

$$a_n = \begin{bmatrix} a_x \\ a_y \\ a_z \end{bmatrix} = \begin{bmatrix} g\sin\theta\cos\gamma + \Delta x\omega_x^2 + \tilde{a}_x(t) \\ -g\sin\gamma + \Delta y\omega_x^2 + \tilde{a}_y(t) \\ -g\cos\theta\cos\gamma + \Delta z\omega_x^2 + \tilde{a}_z(t) \end{bmatrix} \tag{8}$$

从加速度计三轴输出的数据分析可知，其信号包含直流偏置、交流分量以及噪声成分，其中交流分量部分能够体现被测球体滚动时的角度动态。当内检测球在管道内沿与管线轴线垂直方向做前向滚动运动时，其滚动角度 θ 会在 0 至 2π 范围内变化，这在加速度计的信号输出上表现为正弦信号的周期性变化特性。同时，γ 代表球体在向前滚动过程中围绕 x 轴产生的微小偏离滚动角度，受限于管道约束，γ 值在较小幅度内正负波动。此波动通过交流输出信号得以体现，而两轴输出则综合了球体向前滚动的周期性变化和绕 x 轴偏离滚动的影响。由于 γ 值较小，$\cos\gamma$ 近似等于 1，导致输出信号呈现出在 $\pm g$ 范围内的周期性波动。

因此，通过对加速度计三轴输出数据中的非旋转轴交流分量进行数学计算，可以精确获取球体完成一次完整滚动(即滚动周期)所需的时间 T。鉴于球体在每一圈滚动期间内，滚动时间极其短暂，可以视其为匀速滚动状态。基于这一假设，进一步运用球体的周长参数，即可推算出球体每滚动一圈时的瞬时速度 $\tilde{v}(t_k)$ 为：

$$\tilde{v}(t_k) = \frac{\pi d}{T_k} \tag{9}$$

则时刻 t_i 与 t_j 之间的距离为：

$$L = \int_{t_i}^{t_j} \frac{\pi d}{T_k} \mathrm{d}t \tag{10}$$

式中 T_k——时刻 t_k 加速度计数据得到的周期(s)；

d_k——为球体直径。

4 内外联合定位方法

内部定位方法是指利用单片机采集球形内检测机器人作业时的惯性传感器数据，通过相应的计算公式可以将加速度和角速度结果转换为位移量，从而实现内部定位。然而，随着检测距离和时间的增加，传感器的系统误差和测量误差会使定位误差越来越大，为了解决内部定位方法带来的累计误差，可以使用永磁铁作为外部定位标签，在实际工程中，外部标签通常被置于阀井、里程桩等已知的位置，以此将原本长距离定位任务拆分为多个短距离定位任务，可以大大提高定位的精度。本节提出四种内部定位方法以实现短距离任务的智能管道检测球泄漏定位。

4.1 角速度法

角速度法利用内检测球的滚动特性，依靠内置的角速度传感器进行定位计算，这是区别于传统柱形内检测球的特有方法。当检测器被收回之后，取出其中的内存卡，角速度传感器的数据被保存在一个 IMU 的 csv 文件中，这是一个一维序列$\{\omega_i\}$，与之一一对应的还有一个一维时间戳序列$\{t_i\}$，设内检测球的滚动半径为 r，通过外部磁标记点的位置为 ta，发生泄漏的时刻为 tb，则泄漏位置与磁标记点的距离 L 可以用式(11)表示。

$$L = r\sum_{a}^{b} \omega_{i+1}(t_{i+1} - t_i) \tag{11}$$

该方法优点是计算简单，当不考虑运动速度的大波动时，其误差主要来源于传感器自身的系统误差，因此在内检测球稳定运动阶段且运行速度较低时的准确率较高，角速度法是内检测球定位的首选计算方法。但也因为角速度传感器自身的局限性，其测量范围最大是 2000°/s，当测量范围最大时，其检测精度为 16.4LSB(度/秒)，LSB(Least Significant Bit)指的是模数转换器中最小的量化电平，对应着最小的角速度增量。角速度的量化步长为 1 度/秒，对应的数字量化步长为 16.4 LSB，每改变 1 个 LSB，对应的角速度就增加或减少约 0.061 度/秒(1/16.4)。

4.2 加速度半圈法

加速度半圈法定位是根据内检测球内置的加速度传感器测得的结果绘制出折线图，以半圈作为计算单元，计算从标记点到泄漏点的半圈个数即可求出二者之间的距离，如图 5 所示。

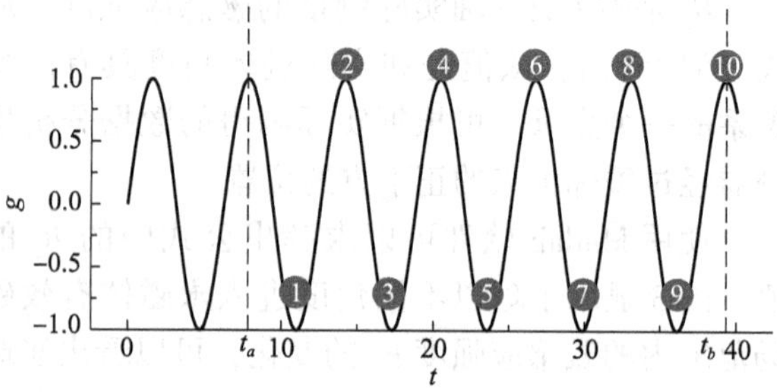

图 5 加速度半圈法定位原理

数据信息处理程序的实现方式为：在(t_a, t_b)区间内找到数据的波峰和波谷，计算波峰和波谷的个数即可。但是实际情况并非如此，首先，t_a 和 t_b 的位置并不一定恰好处在波峰或者波谷的位置，其次，每次的波峰和波谷的绝对值也不一定相等，甚至波峰和波谷的个数会多算，因为真实数据并不会如理论分析那样完美。

对于第一个问题的解决办法是舍弃(t_a, t_b)区间内靠近两个端点间的位移量，对该数据做近似处理，如图 6 所示阴影部分，将靠近 t_a 的第一个峰值“进一”，实际上它不满一个半圈，靠近 t_b 的第一个峰值实际上是舍弃了一段距离，因为它超过了半圈。对于第二个问题处理起来稍微复杂一点，因为波峰和波谷的位置不好判断，如果判断一个数据点的值大于左右两边的值为波峰或者波谷，则很可能因为加速度传感器的系统误差或者内检测球的震动等原因造成误判，使用 python 中的“find_ peaks”函数可以很好的解决这个问题，因该函数不仅可以设置指定峰值的最小高度阈值，比如设置为 0.8，则可以过滤掉小于该值的峰值。“find_ peaks” 函数也可以指定峰值之间的最小距离，防止获取一些非常接近的峰值这个主要是用来过滤实际峰值周围的“假峰值”。此外，该函数还可以指定获取的峰值最小和最大宽度，即指定两个峰值之间的最大和最小宽度，防止过小的峰值被计算在内。如此，使用这三个参基本上可以将区间内的峰值全部找到。

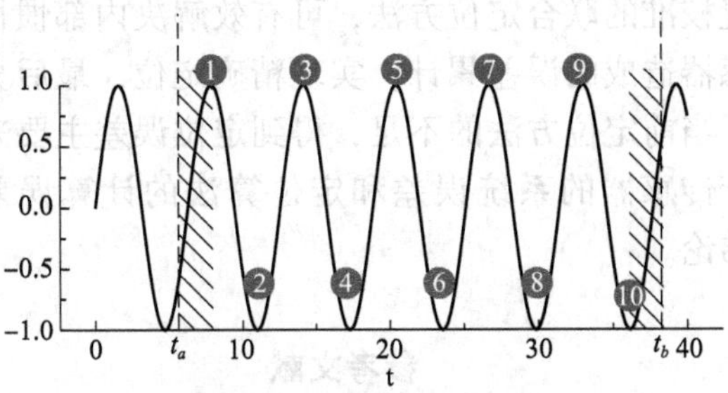

图 6　两端数据被过滤的情况

加速度半圈法的优点是利用半圈为一个计算单元，忽略了部分数据的误差，只考虑整体的趋势，因此，如果计算区间是完整的半圈，计算精度会大大提高，计算效率也会很高。但该方法的缺点也很明显，当传感器采集的数据丢失或者波动较大时，即使使用算法处理可以解决一部问题，但由于以半圈作为计算单元，对于一个半径为 4.5cm 的内检测球来说，半圈的长度为 10.99cm，每多计算一个单元或者少算一个单元便会有比较大的误差。所以，该方法只适用于数据比较好的情况，即采集的数据周期比较一致，采集频率比较高的情况。

4.3　加速度比例法

加速度比例法是在半圈法基础上的改进，在加速度半圈法定位算法中，忽略了除波峰和波谷外的数据，虽然可以显著提高计算的效率，但根据其误差分析可知，每次错误的代价比较大，因此考虑使用采集的全部数据。加速度比例法计算的原理是利用两个相邻的采集时刻的加速度之差作为计算单元，计算该单元在整个半圈的纵坐标所占的比例作为其运动距离占半圈的长度的比例。可用式(12)表达。

$$L_{i,j} = \pi r \mid y_{i+1} - y_i \mid / \mid y_{peak_{j+1}} - y_{peak_j} \mid \quad (12)$$

式中　$L_{i,j}$——相邻两个时刻之间的位移；

y_{i+1}和 y_i——分别是第 $i+1$ 和第 i 时刻的加速度值；

y_{deak}——第 j 段的波峰和波谷的纵坐标距离。

如图 7 所示，构造了一个较低采集频率下的加速度曲线，该方法将计算单元再次细分，利用曲线高度和实际距离等比例的性质，使用到了加速度的全部数据，确保数据的可靠性。该方法也可以近似求出内检测球每一时刻的瞬时速度，计算公式为：

$$v_{i,j} = L_{i,j} / \Delta t \quad (13)$$

计算瞬时速度的意义在于和角速度法一样可以求出检测器每个监测点的速度，方便后期做数据融合处理。加速度比例法的优点在于犯错的代价小，因为计算单元的长度较小，除此之外，该方法可以不必排除加速度半圈法中的靠近端点处的数据。

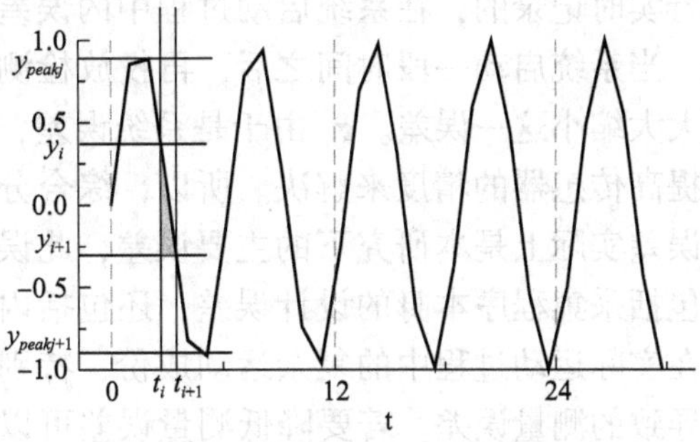

图 7　加速度比例法定位原理

4.4　Kalman 融合滤波法

卡尔曼滤波是一种非常有效的递归滤波算法，广泛应用于导航、目标跟踪、机器人等领域。它由一个预测模型和一个测量模型组成，通过对过程噪声和测量噪声的估计来融合预测值和观测值，以得到最优估计值。当采集的数据特征较为中性时，可以考虑 Kalman 融合滤波法将以上三种方法计算的数据融合为一个数据。

使用卡尔曼滤波法的第一步是要建立状态空间模型，由于本研究以内检测球的运动位移为研究对象，因此，模型系统需要使用一阶卡尔曼滤波的方法。传感器采集的数据为观测量，建立状态方程和观测方程，接着需要初始化状态估计值和初始状态估计方差 P，最后使用卡尔曼滤波的五个公式迭代更新。

考虑到角速度法和加速度比例法得到的数据长度一致，需要先利用角速度法计算的位移数组和加速度法计算的位移数组进行一阶卡尔曼滤波融合，将融合好的数据进行主要成份分析再压缩到和加速度半圈法有相同的数据长度，再次进行第二次数据融合。Kalman 融合滤波法可以提高前面提到的定位方法的精度，通过配置 R_1 和 R_2 参数，进一步改善定位的容错率。

当进行远距离定位时，单一的方法往往不够可靠，需要按照各个定位方法的优势对数据进行按段拆分，计算各阶段的位移再累加得到最终的结果，因此必须设计一款方便对数据进行分析的上位机软件来进行操作，在后面章节会具体介绍该上位机的设计。

4.5　提高定位精度的办法

从以上分析可知，影响定位精度结果的参数有：磁标记位置 s_i、通过时刻 t_i、传感器系统误差 σ_i、测量误差 ξ_i 以及因算法缺陷造成的计算误

差 ε_i。由前文所述，磁标记位置是安装在管道的外围如阀井，弯头等已知的位置，因此 s_i 可以忽略不计；检测器通过时刻 t_i 是由板载的定时装置进行实时记录的，在系统启动过程中的误差比较大，当系统启动一段时间之后，再投放检测器可以大大缩小这一误差。σ_i 由于是系统误差，只能靠提高传感器的精度来解决。所以，综合分析测量误差实际上是本研究下的主要误差，此误差不仅包括采集程序本身的设计误差，还包括内检测球在实际运动过程中的复杂运动成份，特别是滑动导致的测量误差。若要降低测量误差可以从以下几个方面进行改进：

(1)提高传感器的测量性能，增加采用频率；

(2)分段定位，利用每个定位方法的优势，将长距离定位任务划分为多个短距离定位任务；

(3)使用误差补偿，将已知距离的分段任务中的定位误差按定位距离和定位时间分配给目标段的定位结果，以减小滑动产生的定位误差。

5 结论

本文基于 MEMS 惯性传感器为数据采集方法，分析了内检测球采集的数据组成，提出了四种内外联合定位的方法，分析并给出提高内检测球定位精度的办法。主要工作如下：对比了内部惯性传感器定位四种方法的优缺点。角速度法适合于当 IMU 采集频率不够时且运行速度较快时使用，其余三种方法更适合于速度比较低时使用，加速度半圈法适用于长距离检测，比例法也是利用加速度数据求解到位移量，可以与角速度法组合利用卡尔曼滤波数据融合法得到一组新的数据。基于外部定位标签的电磁发射原理，提出了一种以内部惯性传感器为主，外部定位标签的位置校准的联合定位方法，可有效解决内部惯性传感器造成的误差累计，实现精确定位，最后分析了当前定位方法的不足，得到定位误差主要来源于传感器的系统误差和定位算法的计算误差的结论。

参考文献

[1]中国油气管道发展现状及展望[J]. 国际石油经济，2009，17(03)：40-47.

[2]李秋扬，赵明华，张斌，等. 2020年全球油气管道建设现状及发展趋势[J]. 油气储运，2021，40(12)：1330-1337.

[3]李清，江枫，马旭卿，等. 城镇燃气管道泄漏定位技术研究：2018 年全国声学大会[C]，中国北京，2018.

[4]程文康，郭立全，胡雄武. 浅埋地下天然气管道泄漏定位方法研究现状与发展[J]. 化工管理，2018，(28)：133-135.

[5]张雪琴. 管道泄漏检测技术发展历程及展望[J]. 油气储运，2024，43(03)：360.

[6]赵亚丽，刘欣，路泽永. 管道泄漏检测与定位技术研究概述[J]. 机电信息，2022(01)：86-88.

[7]蔡昌新，易康，廖锐全. 长输油管道泄漏检测与定位技术研究进展[J]. 科学技术与工程，2023，23(24)：10177-10189.

[8]凌张伟，缪存坚，唐萍，等. 工业管道内检测机器人及其变径技术的研究进展[J]. 焊管，2020，43(03)：31-34.

[9]陈世利，黄新敬，郭世旭，等. 海底管道微泄漏球形内检测器可行性研究[J]. 石油工程建设，2014，40(02)：19-26.

随机激励作用下架空管道系统振动响应分析

王东海[1]　崔媛智[1]　姚立忠[2]

[1. 中国特种设备检测研究院，北京　100029；
2. 中特检管道工程(北京)有限公司，北京　100029]

摘　要：利用虚拟激励法求解架空管道系统在随机激励作用下的振动响应，通过提取自由态管道系统总刚度和总质量矩阵并将管道支承件约束引入，创建出适用于虚拟激励法分析的管道系统有限元模型。根据有限元模型计算管道系统的运动方程并进行振动响应分析，同时虚拟激励法分析结果与利用 ANSYS 谱分析结果也基本一致，这证明了所描述的虚拟激励法求解的合理性。

关键词：随机激励；振动响应；架空管道；虚拟激励法

Vibration Response Analysis of Overhead Pipeline System under Random Excitation

WANG Donghai[1]，*CUI Yuanzhi*[1]，*YAO Lizhong*[2]

(1. China Special Equipment Inspection and Research Institute，Beijing 100029，China；
2. China Special Inspection Pipeline Engineering (Beijing) Co.，Ltd，Beijing 100029，China)

Abstract：In many cases，overhead pipeline systems are subject to random excitations. The virtual excitation method is employed to solve the vibration response of an overhead pipeline system under random excitation. By extracting the total stiffness and mass matrix of the free-state pipeline system and incorporating the constraints imposed by pipe supports，a finite element model of the pipeline system is established for analyzing the virtual excitation method. Based on this finite element model，we calculate the motion equation of the pipeline system and analyze its vibration response. At the same time，the analysis results of the virtual excitation method are basically consistent with those of the spectrum analysis using ANSYS，which proves that the described virtual excitation method is reasonable to solve the vibration response of random excitation，and the virtual excitation method can greatly improve the computational efficiency and provide a theoretical model for the subsequent position optimization of pipeline support parts.

Key words：Random excitation；Vibration response；Overhead pipeline；Virtual excitation method

1　引言

管道广泛应用于天然气产业、海底输油、核工业、航空航天等领域。天然气管网可以比作输送血液的大动脉，所以确保天然气输流管道系统的安全运行具有重要意义[1]。管道在生产过程中，要受到内部压力、流速等工艺参数会随着工况的变化而产生压力波动，压力波动与管道等设备相互作用产生激振力进而引起管道系统发生振动，过大的振动可能导致管道连接部件的松动、接头泄露和管体裂纹等失效问题，严重影响管道系统的安全。因而，需要研究随机激励作用下管道系统振动响应的分析方法。

关于随机激励作用下求解系统的振动响应，学者们已开展大量研究，例如，李晖等[2]提出了频域倍频能量法构造流体压力脉动函数的激振力，在采用虚拟激励法模拟基础随机振动载荷后，将两种激励方式同时加入到平衡方程中。胡宏祥等[3]研究了随机激励下耦合 NES 的单自由度

作者简介：王东海(1994—　)，助理工程师，从事压力管道检验工作。E-mail：406856782@qq.com

结构随机振动的参数优化问题，先应用加权残值法，将原系统等效为具有精确平稳解的随机动力学系统。Zhai 等[4]基于有限元法建立了管道输送流体的运动方程，并采用虚拟激励法和复模态叠加理论对方程进行求解。Qu 等[5]利用 Hamilton 原理建立了复合管道运动方程，并采用随机振动离散分析方法求解了白噪声激励下管道系统的振动响应。另外，在各种随机激励响应的求解方法中，虚拟激励法可将平稳随机振动分析转化为简谐振动分析，从而极大地提高了计算效率并且使计算结果更加准确，因而本文在针对架空管道随机振动响应求解时选用虚拟激励法。

2　多支承件管道系统有限元建模

由于虚拟激励法并未集成在常用的工程有限元分析软件中，因而需要自行创建适用于该方法调用的管道系统动力学有限元模型。用于计算架空管道随机振动响应的虚拟激励法的程序是利用 Matlab 软件开发的，因而需要获得可集成到程序中的管道系统刚度及质量矩阵以及各管道支承件的约束信息。针对架空管道进行有限元建模通常需要利用成熟的工程有限元分析软件，例如 ANSYS。鉴于此，这里提出一种适用于本研究的架空管道有限元建模方法，可描述为：首先基于 ANSYS 软件建立自由态管道系统有限元模型；接着提取管道系统总刚度矩阵和总质量矩阵；最后在管道支承件所对应的节点处引入弹簧单元约束条件得到约束态管道系统总刚度矩阵，完成整个管道系统的有限元建模。

2.1　自由态管道系统有限元建模

管道系统在设计过程中通常由 CAD 软件完成建模，因而需要将 CAD 模型转换为有限元模型。这里以一个典型管道系统为例(见图 1)，描述其有限元建模方法。首先提取管体 CAD 模型的型线数据，包括管道直线段两端坐标，圆弧处的曲率半径和圆心坐标等；接着，利用提取到的型线数据在 ANSYS 中创建管道几何模型；最后，选择管或梁单元对管道几何模型进行网格划分完成有限元模型的建立。

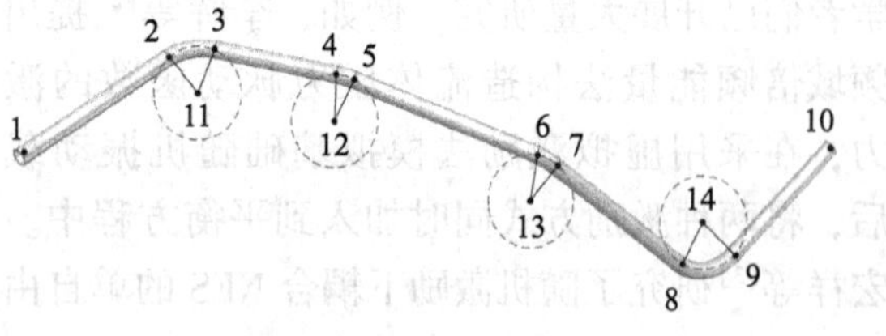

(a)管道CAD模型及关键点

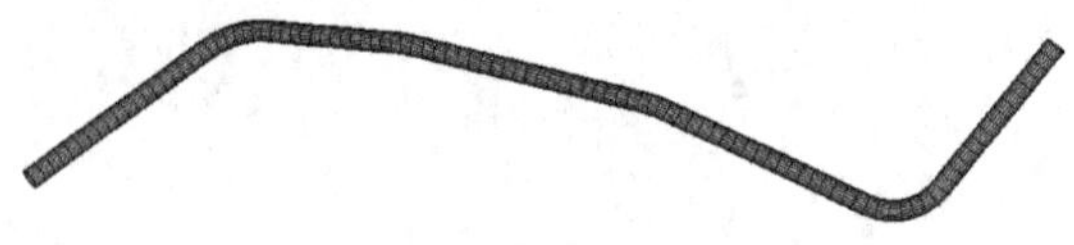

(b)管道ANSYS有限元模型

图 1　管道系统模型

2.2　刚度及质量矩阵的提取

在 ANSYS 中可使用“HBMAT”命令提取自由态管道系统刚度矩阵和质量矩阵，假如自由态管体有 n 个节点，每个节点有 6 个自由度，则自由态管体的总刚度矩阵 K_f 的维数为 $6n \times 6n$，可写成 $n \times n$ 个子块，具体为

$$K_f = \begin{bmatrix} k_{11} & \cdots & \cdots & \cdots & \cdots & \cdots & \cdots & \cdots & k_{1n} \\ \vdots & & \vdots & & \vdots & & \vdots & & \vdots \\ \cdots & \cdots & k_{ii} & \cdots & k_{ij} & \cdots & k_{im} & \cdots & \cdots \\ \vdots & & \vdots & & \vdots & & \vdots & & \vdots \\ \cdots & \cdots & k_{ji} & \cdots & k_{jj} & \cdots & k_{jm} & \cdots & \cdots \\ \vdots & & \vdots & & \vdots & & \vdots & & \vdots \\ \cdots & \cdots & k_{mi} & \cdots & k_{mj} & \cdots & k_{mm} & \cdots & \cdots \\ \vdots & & \vdots & & \vdots & & \vdots & & \vdots \\ k_{n1} & \cdots & \cdots & \cdots & \cdots & \cdots & k_{nm} & \cdots & k_{nn} \end{bmatrix}_{n \times n} \tag{1}$$

2.3　管道支承件约束的引入

在 ANSYS 有限元模型中通常用 COMBIN14 弹簧－阻尼单元模拟管道支承件的支撑作用。其中每个管道支承件用两组弹簧单元对模拟，见图 2 所示。

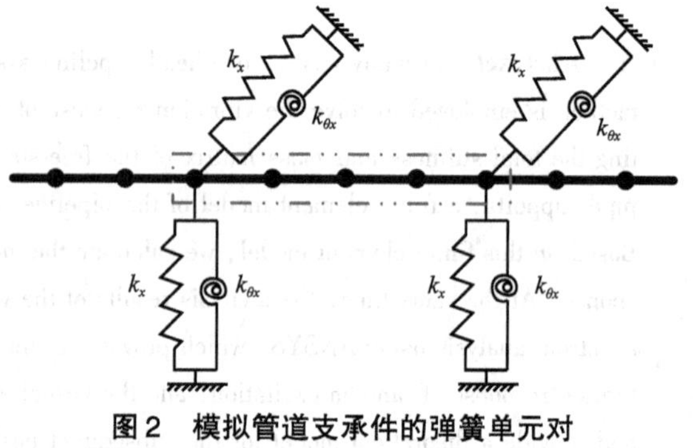

图 2　模拟管道支承件的弹簧单元对

2.4　约束态管道总刚度和总质量矩阵形成

约束状态下的模型是以自由态管道为基础在管道支承件相应位置引入用于模拟支承件的弹簧单元约束来实现的。支承件约束的引入可通过修正公式(1)中虚线框内的子块矩阵来实现的。假如节点 m 处引入弹簧单元约束，则对应节点 m 的子块矩阵需要修正为

$$\bar{k}_{mm} = \begin{bmatrix} k_{mm}^{11}+k_x & k_{mm}^{12} & k_{mm}^{13} & k_{mm}^{14} & k_{mm}^{15} & k_{mm}^{16} \\ k_{mm}^{21} & k_{mm}^{22}+k_y & k_{mm}^{23} & k_{mm}^{24} & k_{mm}^{25} & k_{mm}^{26} \\ k_{mm}^{31} & k_{mm}^{32} & k_{mm}^{33}+k_z & k_{mm}^{34} & k_{mm}^{35} & k_{mm}^{36} \\ k_{mm}^{41} & k_{mm}^{42} & k_{mm}^{43} & k_{mm}^{44}+k_{\theta x} & k_{mm}^{45} & k_{mm}^{46} \\ k_{mm}^{51} & k_{mm}^{52} & k_{mm}^{53} & k_{mm}^{54} & k_{mm}^{55}+k_{\theta y} & k_{mm}^{56} \\ k_{mm}^{61} & k_{mm}^{62} & k_{mm}^{63} & k_{mm}^{64} & k_{mm}^{65} & k_{mm}^{66}+k_{\theta z} \end{bmatrix}_{6\times 6} \tag{2}$$

$\bar{k}_{mm}$为修正后的子块矩阵，其包含了模拟管道支承件的弹簧单元的力学信息，k_x、$k_{\theta x}$、k_v 和 $k_{\theta v}$分别是模拟管道支承件4个弹簧单元刚度值。由于管道轴线方向没有位移或位移较小可以忽略，则可以令限制其轴线方向自由度弹簧刚度值 k_z 和 $k_{\theta z}$是一个很大的值，例如 $k_z = 2.0\times10^{20}$N/m，$k_{\theta z} = 1.0\times10^{2}0$N · m/rad。对于一个包含多个支承件的管道系统，可参照式(2)根据节点编号修正多个对角线子块矩阵，修正后的总刚度矩阵可表示为 K_c。由于管道支承件是用弹簧单元模拟，引入前后管道系统总质量矩阵不变，即$M_f = M_c$。

这样就形成了可由后续虚拟激励法调用的管道系统总刚度及质量矩阵。另外，通过上述操作可确保后续的计算过程在Matlab程序中独立进行，免去了Matlab调用ANSYS进行管道系统分析计算，节省了大量时间。

3　随机激励作用下管道系统运动方程

虚拟激励法的最大特点是将平稳随机振动分析转化为简谐振动分析，以实现管道系统在随机激励下的振动响应分析。另外，在各种随机激励响应的求解方法中，虚拟激励法可以减少繁重计算量极大地提高了计算效率并且使计算结果更加准确，因而本文在针对架空管道随机振动响应求解时选用虚拟激励法。

假设基础的运动加速度为 $\ddot{u}_g$，管道系统的振动响应加速度为 $\ddot{u}$，基础与管道系统的相对加速度为 $\ddot{u}_r$，则有[6]

$$\ddot{u} = \ddot{u}_r + G\ddot{u}_g \tag{3}$$

式中　G——惯性力指示向量，其被按自由度方向赋予由0或1，0表示不产生惯性力，而1表示产生惯性力。

而管道系统的运动方程表达式又可以表示为

$$M_c\ddot{u} + C_c\dot{u}_r + K_c u_r = 0 \tag{4}$$

式中　C_c 为阻尼矩阵。

整理之后可以得到

$$M_c\ddot{u} + C_c\dot{u}_r + K_c u_r = -M_c G\ddot{u}_g \tag{5}$$

即

$$F = -M_c G\ddot{u}_g \tag{6}$$

管道系统作用的随机激励可由基础的运动加速度 $\ddot{u}_g$ 来模拟，即将已知的载荷谱输入给加速度向量 $\ddot{u}_g$，最终管道系统的每个节点上都作用有指定的惯性力。

4　基于虚拟激励法的架空管道振动响应分析

假设管道系统随机激励 $\ddot{u}_g$ 的自功率谱密度为 $S_{\ddot{u}_g}(\omega)$，构造成虚拟激励

$$\tilde{\ddot{u}}_g = \ddot{u}_g = \sqrt{S_{n_g}(\omega)}e^{i\omega t} \tag{7}$$

则响应可表达为

$$\tilde{y} = \sqrt{S_{u_g}(\omega)}H(\omega)e^{i\omega t} \tag{8}$$

式中 $H(\omega)$为结构的频响函数。所以管道系统的响应功率谱密度可以表示为

$$S_{yy}(\omega) = \tilde{y}^* \tilde{y}^T \tag{9}$$

将式(7)代入(5)，得到虚拟的简谐运动方程

$$M_c\ddot{u}_r + C_c\dot{u}_r + K_c u_r = -M_c G\sqrt{S_{u_g}(\omega)}e^{i\omega t} \tag{10}$$

上式稳态解的形式可以表示为

$$\ddot{u}_r = U_r(\omega)e^{i\omega t} \tag{11}$$

选取管道系统前 q 阶进行模态叠加，则

$$U_r(\omega) = \sum_{j=1}^{q} r_j H_j \Phi_j \sqrt{S_{u_g}(\omega)} \tag{12}$$

式中　$H = (\omega_j^2 - \omega^2 + 2i\zeta\omega\omega_j)^{-1}$，$r_j = -\Phi_j^T M_c G$，这里 r_j、Φ_j、ω_j 和 ζ_j 分别代表管道系统的振型参与系数、模态振型、第 j 阶固有角频率和阻尼比。

最终，u_r 的自功率谱密度表达式为

$$S_{u_r}(\omega) = \tilde{\ddot{u}}_r * \tilde{\ddot{u}}_r^T = \omega^4 \cdot U_r(\omega) * U_r(\omega)^T \tag{13}$$

基于此可获得节点的功率谱密度 S_{n_j}，其值为系统总功率谱密度 S_{u_r}在其激励方向自由度上的分量，即

$$S_{n_i} = S_{u_r}(6\times(n_i - 1) + 1, 1) \tag{14}$$

式中　n_i——系统中节点编号。

5　随机激励作用下管道系统振动响应

分别利用虚拟激励法和ANSYS谱分析计算架空管道在随机激励作用下的振动响应，此次选择的载荷谱分为三段，分别是上升谱、平直谱和下降谱，如图3所示。具体功率谱密度值见表1。

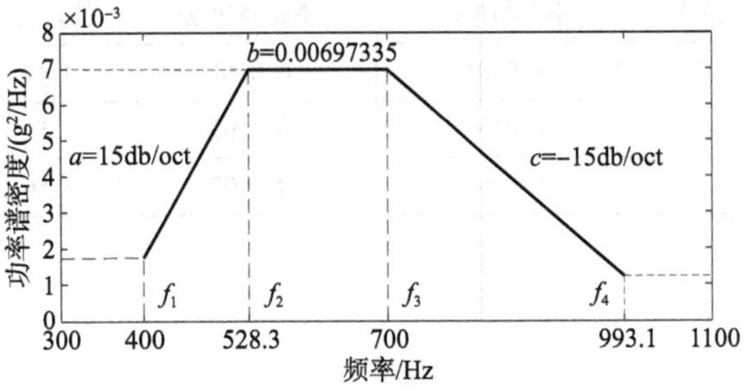

图3　架空管道随机载荷谱

表1　加速度功率谱密度

频率/Hz	400	528.3	700	993.1
功率谱密度/(g^2/Hz)	0.00174338	0.00697335	0.00697335	0.0012037

上图3载荷谱可以用分段函数表示功率谱密度值 d 和频率 f 之间的关系，具体表达式为

$$\begin{cases} d = A(10^{a/10})^{\log_2^f} & f_1 < f < f_2 \\ d = bg^2 \text{ 常数} & f_1 < f < f_2 \\ d = B(10^{c/10})^{\log_2^f} & f_3 < f < f_4 \end{cases} \quad (15)$$

而式中 A 和 B 又有如下计算公式求解

$$A = \frac{bg^2}{(10^{a/10})^{\log_2^{f_2}}}, B = \frac{bg^2}{(10^{c/10})^{\log_2^{f_3}}} \quad (16)$$

利用虚拟激励法计算在随机激励作用下空间单管道系统的振动响应。为了比对校验，基于 ANSYS 谱分析模块也进行了同样计算，结果的对比如图 4 所示。

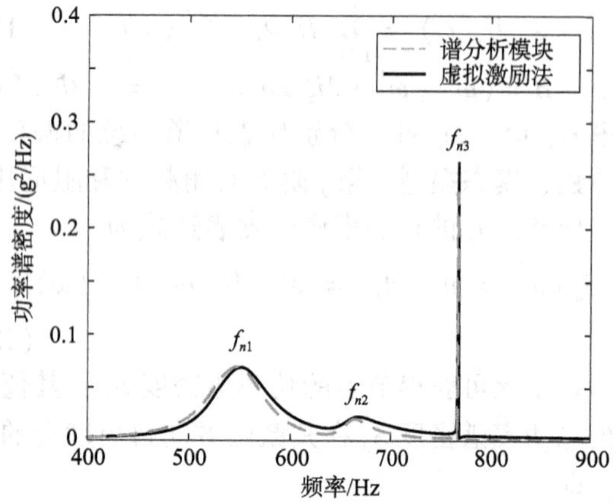

图 4　空间单管道系统仿真与实验功率谱密度对比

从图 4 可以看出，基于 ANSYS 谱分析模块和虚拟激励法求解管道系统中前 3 阶功率谱密度基本相同，具体数值见表 2。因而，可以说明基于虚拟激励法求解管道系统在随机激励作用下振动响应具有合理性。

表 2　随机激励下管道系统仿真分析对比

阶次	谱分析模块	虚拟激励法	偏差/%
1	0.0684	0.0661	3.48
2	0.0194	0.0199	2.51
3	0.3199	0.3002	6.56

6　结论

研究提出了一种适用于虚拟激励法分析的架空管道有限元建模方法。给出了基础激励作用下用虚拟激励法求解管道系统在随机激励作用下的振动响应求解公式，同时虚拟激励法分析结果与 ANSYS 谱分析结果也基本一致，这证明了所描述的虚拟激励法求解的合理性

参考文献

[1] 孙诣博，魏莎，丁虎，等．基于路径积分法的输液管道随机动态响应分析．力学学报，2023，55(06)：1371－1381.

[2] 李晖，谷建霏，李济楠，等．基础随机振动和流体压力脉动激励下航空发动机 L 型管道动力学建模与验证[J/OL]．航空学报，1－11[2024－05－11]. http://kns. cnki. net/kcms/detail/11. 1929. V. 20240204. 0851. 004. html.

[3] 胡宏祥，陈林聪．随机激励下非线性能量阱系统减振性能优化研究．振动与冲击，2022，41(24)：27－32＋59. DOI：10. 13465/j. cnki. jvs. 2022. 24. 004.

[4] Zhai H，Wu Z，Liu Y，et al. Dynamic response of pipeline conveying fluid to random excitation. Nuclear Engineering and Design，2011，241(8)：2744－2749.

[5] Qu W，Zhang H，Sun W，et al. Stress response of the hydraulic composite pipe subjected to random vibration. Composite Structures，2021，255：112958.

[6] 王琳，倪樵，张强，等．随机激励下高压管道的疲劳寿命分析．华中科技大学学报(自然科学版)，2003，(12)：100－102.

基于 B－ACFM 的油气管道裂纹检测探头优化设计

辛佳兴[1]　余冰锋[2]　庞千然[1]　韩文博[1]　郑子宁[1]　陈金忠[1]

（1. 中国特种设备检测研究院，北京　100013；
2. 镇江赛尔尼柯自动化股份有限公司，江苏省镇江市　212000）

摘　要：结合漏磁（MFL）与交流电磁场（ACFM）检测技术的优势，提出了一种基于偏置交流电磁场（B－ACFM）的油气管道裂纹内检测新技术。基于 B－ACFM 电磁扰动机理，建立了裂纹检测有限元分析模型，分析了裂纹对管道磁场、涡流场分布的扰动规律，探究了传感器 U 型磁轭、感应线圈尺寸对于裂纹检测探头性能的影响规律，获取了 B－ACFM 探头的优选结构参数，为管道裂纹内检测装备的开发提供参考。

关键词：B－ACFM；管道内检测；裂纹；参数优化；有限元分析

Optimized Design of B－ACFM based Crack Detection Probe for Oil and Gas Pipeline

XIN Jiaxing[1]，*YU Bingfeng*[2]，*PANG Qianran*[1]，*HAN Wenbo*[1]，*ZHENG Zining*[1]，*CHEN Jinzhong*[1]

（1. China Special Equipment Inspection & Research Institute，Beijing 100013，China；
2. SaierNico Electric & Automation Co，ZhenJiang 212000，JiangSu Province，China）

Abstract：Combining the advantages of Magnetic Flux Leakage（MFL）and Alternating Current Field Measurement（ACFM）. A new technique for an internal detection method of pipeline crack was proposed based on Biased Alternating Current Field Measurement（B-ACFM）. Based on the electromagnetic perturbation mechanism of B-ACFM，a finite element analysis model for crack detection was established，the perturbation law of cracks on the distribution of pipeline magnetic field and eddy current field was analysed，and the influence law of the sensor's U-type yoke and induction coil size on the performance of the crack detection probe was investigated，and the optimized structural parameters of the B-ACFM probe were obtained，so as to provide a reference for the development of the pipeline crack internal detection equipment.

Key words：B-ACFM；In-pipe inspection；Pipeline crack；Parameter optimization；Finite element analysis

近年来，油气管网建设呈高发展态势，全球可再生能源消费迅速增长，石油和天然气贸易仍大幅增加。据《中长期油气管网规划》中指出，到 2025 年底，我国油气管网规模预计达到 24×10^4km[1]。管道在外部环境冲击、内部运输介质压力波动以及人为因素影响下会萌生裂纹缺陷，这对油气介质安全运输产生巨大影响[2]。

管道内检测技术是在役管道缺陷信息提取的有效的方法[3]。随着漏磁检测（Magnetic Flux Leakage，MFL）、涡流检测（Eddy Current Testing，ECT）和交流电磁场检测（Alternating Current Field Measurement，ACFM）等管道电磁内检测技术的迅速发展，长输油气管道中的腐蚀、变形、盗油孔等缺陷得到了有效排查[4]。但上述检测技术对小倾角检出能力较弱，同时难以获取裂纹深度信息[5]，具体而言漏磁对管道轴向的狭长裂纹不敏感[6]；涡流及交流电磁场检测仅适用于管道近表面缺陷检测，对缺陷深度信息获取困难[7]。为

作者简介：辛佳兴（1994—　），男，工程师，2023 年博士毕业于中国石油大学（北京）机械工程专业，现从事油气管道在线检测技术方向的研究工作。E－mail：jiaxingxin_ cup@ 163. com

此，李伟等[8]提出将交流电磁场检测和电磁超声检测结合，通过探究复合检测探头中磁场畸变信号和回波信号，实现对铝板表面及外表面缺陷的量化；Guo等[9]提出了一种基于脉冲涡流和电磁超声的复合检测方法，利用复合检测探头实现了管道测厚及焊缝表面缺陷检测。

在以上研究的基础上，结合漏磁与ACFM检测技术的优势，提出了基于B-ACFM的管道裂纹缺陷检测新方法，建立了B-ACFM裂纹检测有限元模型，分析了含裂纹管道的内部磁场和表面涡流场分布；最后，探究了传感器U型磁轭、感应线圈尺寸参数对于试件内部磁场强度及裂纹响应信号的影响规律，获取了B-ACFM探头优选的结构参数，为管道裂纹内检测探头的研制提供参考。

1　B-ACFM检测机理

1.1　涡流的趋肤效应

外部的交变电磁场对导体作用时，导体内部的自由电子在磁场作用下汇聚在导体表面，将其称之为感应电流。同时这些感应电流会产生与外部磁场方向相反的次级磁场反作用于导体，对将要深入导体的外部磁场产生阻碍作用，即涡流的趋肤效应。趋肤效应会使电流主要集中在导体表面，进而改变导体内部的电磁场分布，影响导体的电磁特性。当能量为Em的电磁场从导体表面进入到内部时，受到涡流趋肤效应，导体内部电流密度逐渐减小，当电磁场能量衰减到初始值的$1/e$时，此时所能达到的导体内部深度δ被定义为趋肤深度。

涡流的趋肤深度可以由式(1)进行描述：

$$\delta = \sqrt{\frac{2}{\omega\mu_r\sigma}} = \sqrt{\frac{1}{\pi f\mu_r\sigma}} \tag{1}$$

式中　δ——涡流的趋肤深度，m；

ω——角频率，$\omega = 2\pi f$，rad/s；

f——交流频率，Hz；

μ_r——导体的相对磁导率，H/m；

σ——导体的电导率，S/m。

由于导体的电导率一般为固定值，当交流频率f为确定值时，通过对检测区域进行饱和或近饱和磁化处理，可以降低导体的相对磁导率μ_r，进而使涡流达到更深的趋肤深度，达到减小涡流趋肤效应对检测深度影响的效果。

1.2　B-ACFM裂纹检测原理

图1所示B-ACFM裂纹检测原理。该传感器由U型磁轭、直流线圈、高频交流线圈和感应线圈组成。在磁轭两端对称且均匀缠绕直流线圈，施加直流激励，使被测区域磁化至饱和或近饱和状态，降低被测管道的相对磁导率，增加涡流场的渗透深度。同时，在磁轭横梁均匀缠绕高频交流线圈，施加高频交流激励，使磁轭正下方试件表面产生两个异向的涡流磁场。

图1(a)所示为裂纹导致试件内部原磁路中磁通发生畸变，磁力线在裂纹两端发生偏转，绕过裂纹区域，泄漏至裂纹上方形成漏磁场。图1(b)所示为由于裂纹存在，导致该区域电导率不连续，使得感应电流的流向发生偏转，向裂纹两端和底部绕过，感应电流在裂纹两端聚集。

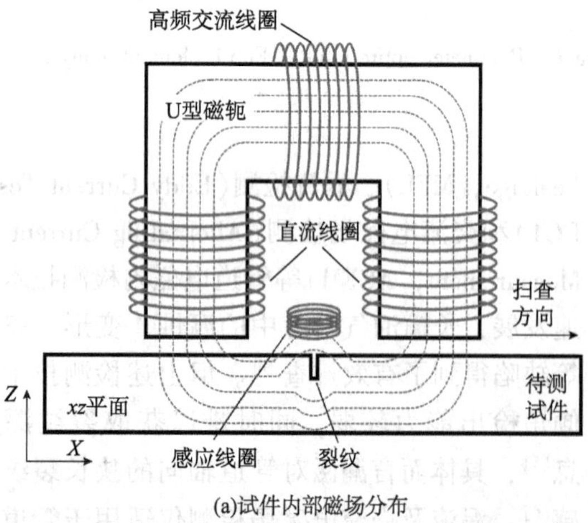

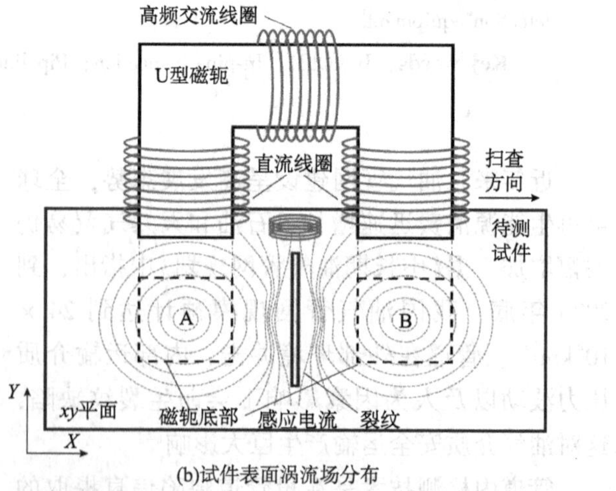

图1　B-ACFM裂纹检测原理

当B-ACFM裂纹检测传感器扫查横向裂纹时，裂纹上方的漏磁场会引起感应线圈中的感应电压发生变化，在扫过裂纹首尾时可以在对应的检测信号表现出波峰波谷。假设裂纹上方泄漏的磁通量对应的磁感应强度为Bf，则感应线圈中的感应电压V可由式(2)描述：

$$V = -N\frac{\mathrm{d}\Phi}{\mathrm{d}t} = N\frac{\mathrm{d}(B_f \cdot S)}{\mathrm{d}t} \tag{2}$$

式中　V——感应线圈中的感应电压，V；

N——感应线圈的匝数，匝；

Φ——感应线圈中通过的漏磁场磁通量，Wb；

t——时间，s；

B_f——漏磁场的磁感应强度，T；

S——感应线圈的横截面积，m^2。

当B－ACFM裂纹检测传感器扫查纵向裂纹时，由于裂纹会导致裂纹附近阻抗增大，检测得到的感应电流变小。同时，裂纹也会导致穿入穿出感应线圈的磁通不相等。因此传感器扫查经过裂纹边缘时感应电压同样也会出现异常的波峰和波谷。其感应线圈中的感应电压 V 可由式(3)描述：

$$V = -N\frac{\partial}{\partial y}\left(n\int_S B_i \cdot \mathrm{d}s\right) = -N\frac{\partial}{\partial y}\left(n\int_S \frac{\mu I e_\theta}{2\pi p} \cdot \mathrm{d}s\right) \tag{3}$$

式中　V——感应线圈中的感应电压，V；

N——感应线圈的匝数，匝；

B_i——感应电流的磁感应强度，T；

μ——空气磁导率，H/m；

I——感应电流，A；

θ——感应电流产生的磁力线方向；

e_θ——θ 方向单位向量。

2　B－ACFM检测仿真分析

本文利用ANSYS Maxwell有限元分析软件，在瞬态场下建立三维有限元分析模型，对含裂纹管道试件进行仿真求解，分析管道内部磁场畸变及表面涡流场变化。

2.1　模型建立

图2所示为B－ACFM裂纹检测的三维有限元分析模型，主要包括U型磁轭、直流线圈、高频交流线圈、感应线圈、待测试件、空气域，传感器距试件表面0.5mm。

表1所示为有限元分析模型的主要参数，其中磁极厚度为5mm、长度为18mm；高频交流线圈均匀缠绕至磁轭横梁，厚度为5mm、长度为8mm；感应线圈外径8mm、内径6mm、高2mm；空气域为长方体。

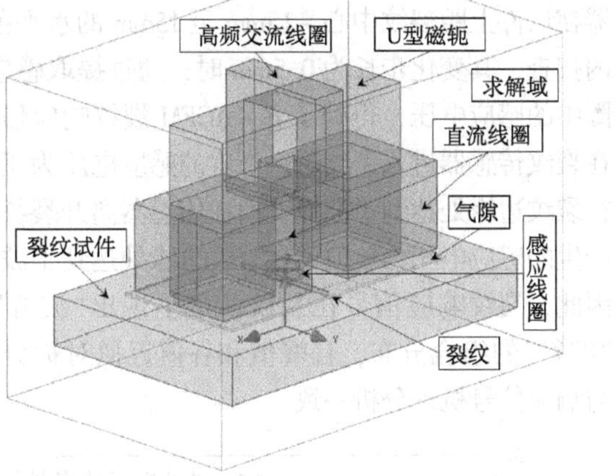

图2　B－ACFM裂纹检测的三维有限元分析模型

表1　模型参数

部件	材料	尺寸/mm					相对磁导率	电导率(S/m)
U型磁轭	铁氧体		长度	宽度	高度	厚度	1000	0.1
		外窗	50	15	35	15		
		内窗	20	15	20	15		
待测试件	20#钢	模型尺寸	裂纹尺寸/mm				$B-H$ 曲线	2000000
		80×50×10	长度	宽度	深度	角度		
			24	0.5	1	90°		

图3所示为B－ACFM裂纹检测模型网格划分。使用四面体网格对B－ACFM裂纹检测的三维有限元分析模型中的裂纹区域进行局部网格加密，裂纹区域被细分为最大边长为0.5mm的局部网格，传感器与试件间隙的最大网格尺寸为0.5mm，试件内表面在0.13mm深度内被分为两层。感应线圈最大网格尺寸为1mm，激励线圈最大网格尺寸为3mm，其它区域最大网格尺寸为2mm，该模型的网格总数量达到了1129908个。

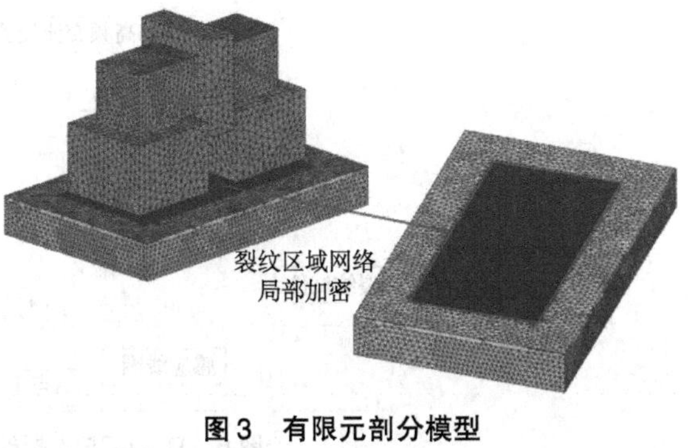

图3　有限元剖分模型

2.2 仿真结果

图4所示为管道有缺陷时电磁分布。从管道内部磁场密度分布[图4(a)]可见，磁力线在裂纹两端发生偏转，从裂纹两端绕过裂纹区域，泄漏至裂纹上方形成漏磁场；从管道表面涡流密度分布[图4(b)]可见，裂纹区域的感应电流流向发生变化，从裂纹两端和底部绕过，与原理分析一致。

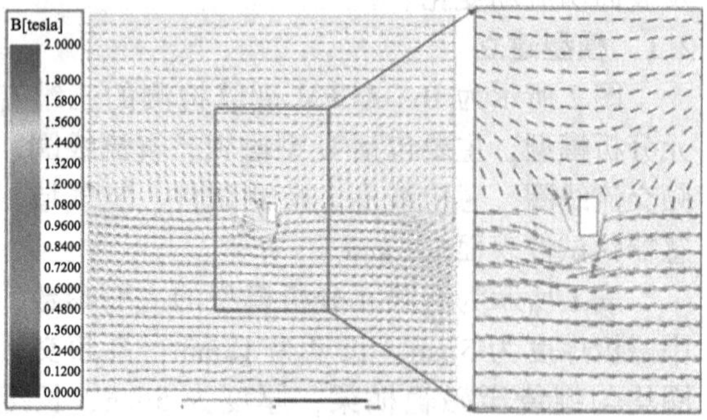

(a)管道内部磁场密度分布

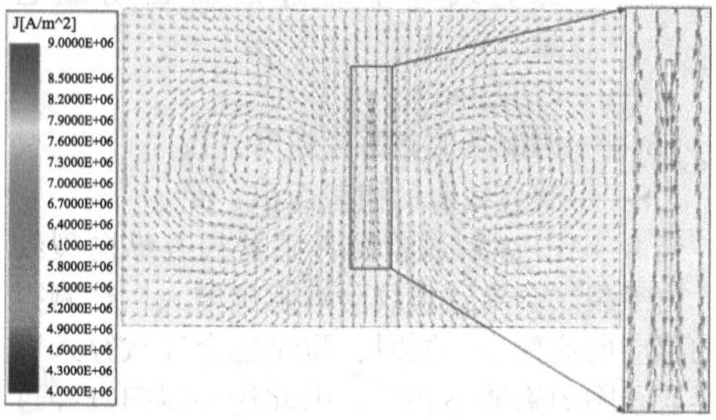

(b)管道表面涡流密度分布

图4 管道有缺陷时电磁分布

图5所示为B－ACFM裂纹响应信号。当传感器在试件上距裂纹中心－15mm至15mm的水平范围内扫查，其变化步长为0.5mm时，通过提取感应线圈中的感应电压，得到了B－ACFM裂纹响应信号。在裂纹传感器进入裂纹时，产生的感应电压为正值，在裂纹边缘处达到了波峰，而在传感器离开裂纹时，产生的感应电压为负值，在裂纹边缘处达到了波谷。因此，裂纹响应信号在裂纹两端呈现出“波峰”和“波谷”的组合分布，且峰值和谷值近似对称分布，与响应信号机理分析一致。

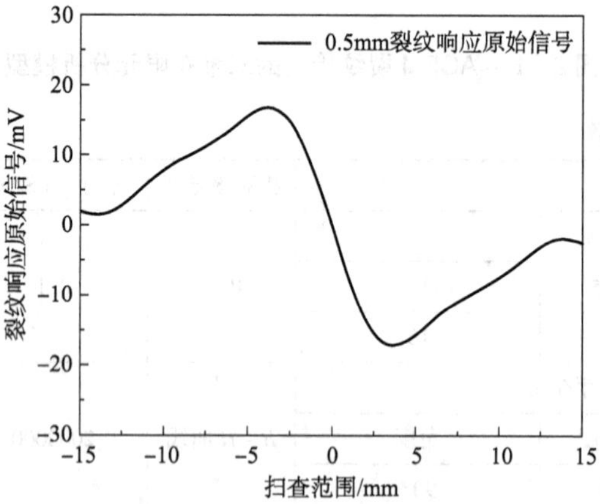

图5 B－ACFM裂纹响应信号

3 B－ACFM检测探头参数化分析

3.1 U型磁轭参数优化

图6所示为B－ACFM裂纹检测的二维有限元分析模型。该模型包括：U型磁轭、直流线圈、高频交流线圈、感应线圈、待测试件、气隙和求解域等几部分。为了衡量试件的磁化强度影响，选择试件正中心A点(距试件底部5mm)处的磁场强度变化作为依据。直流线圈对称且均匀缠绕至磁极两端，宽度为5mm、长度为12mm；高频交流线圈均匀缠绕至磁轭横梁，宽度为5mm、长度为10mm；待测试件长度为100mm，厚度为10mm；裂纹宽度为1mm，深度为1mm；求解域为长方形。模型材料参数按表1所示设置。

通过固定直流线圈安匝数为900安匝，交流线圈安匝数为50安匝，交流频率为5kHz，以探究B－ACFM裂纹检测传感器中的U型磁轭作为待测试件的磁化装置时，结构参数的改变对试件磁化强度的影响。

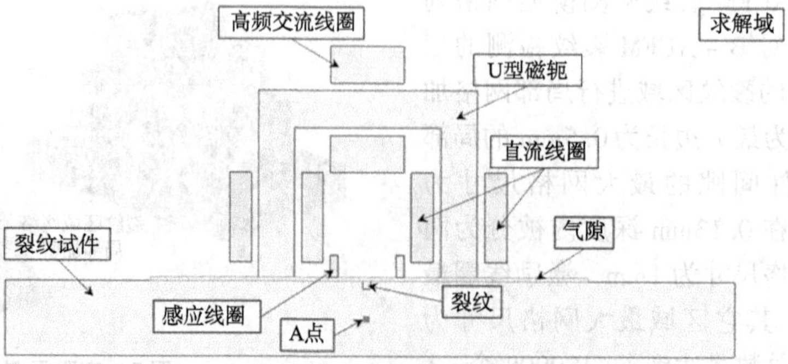

图6 B－ACFM裂纹检测的二维有限元分析模型

3.1.1 *磁极间距对磁化强度的影响*

为了探究U型磁轭磁极间距 U_a 的改变对于试件磁化强度的影响。设置U型磁轭的磁极高度 U_b 为20mm，磁极厚度 U_c 为5mm，将 U_a 在20mm至40mm范围内改变，变化步长为5mm。传感器在试件上距裂纹中心 -10mm 至 10mm 的水平范围内改变，步长为0.1mm。通过提取试件内部A点的磁场强度绝对值，得到了不同 U_a 下裂纹试件内部的磁化强度。

图7所示为不同 U_a 下试件内部A点的磁场强度原始信号和特征信号。其中，图7(a)为不同 U_a 下A点磁场强度绝对值变化曲线，可以发现，曲线的整体变化趋势基本一致，但随着 U_a 的增大，A点磁场强度绝对值的峰值 *Hmax* 逐渐减小。

图7(b)为通过提取不同 U_a 下A点磁场强度绝对值的变化量 ΔH，绘制了试件A点的 ΔH 随着不同 U_a 的变化曲线。该曲线表明 ΔH 与 U_a 呈负相关的变化趋势，当 U_a 由20mm增加至40mm时，对应的 ΔH 依次变化为：48.14A/m、37.99A/m、36.01A/m、34.06A/m、33.08A/m，在此过程中，ΔH 减小了15.06A/m，A点的磁场强度减弱了31.28%。ΔH 与 U_a 的关系可由式(3)描述：

$$\Delta H = 62.826e^{-0.017U} \tag{3}$$

ΔH 与 U_a 的相关系数 $R_2 = 0.8274$。上式表明：随着 U_a 的增大，ΔH 呈指数级下降的趋势。根据B-ACFM等效磁阻模型，磁极间距 *Ua* 越小，U型磁轭的磁阻越小，对试件的磁化强度影响更为显著。

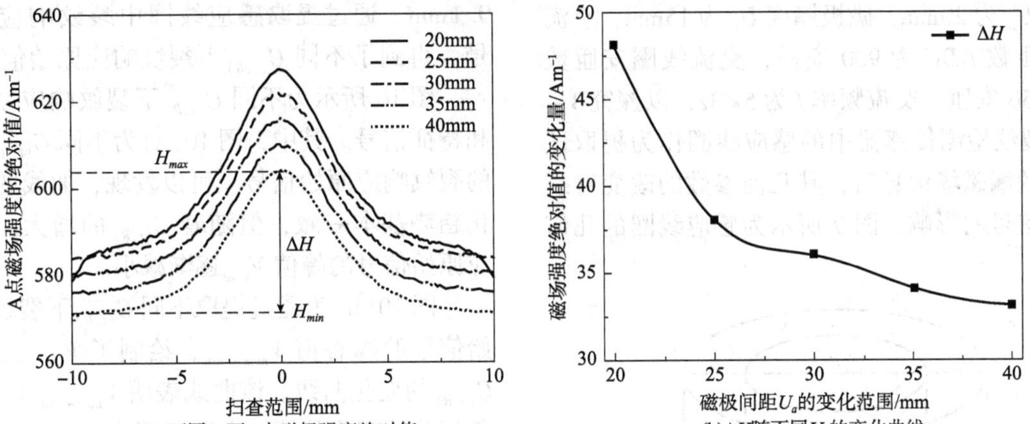

(a)不同 U_a 下A点磁场强度绝对值 (b)ΔH 随不同 U_a 的变化曲线

图7 不同Ua下试件内部A点的磁场强度原始信号和特征信号

3.1.2 *磁极高度对磁化强度的影响*

为了探究U型磁轭磁极高度 U_b 的改变对于试件磁化强度的影响。设置U型磁轭的磁极间距 U_a 为20mm，磁极厚度 U_c 为5mm，将 U_b 在20mm至40mm范围内改变，变化步长为5mm。传感器在试件上距裂纹中心 -10mm 至 10mm 的水平范围内改变，步长为0.1mm。通过提取试件内部A点的磁场强度绝对值，得到了不同 U_b 下裂纹试件内部的磁化强度。

图8所示为不同 U_b 下试件内部A点的磁化强度原始信号和特征信号。其中，图8(a)为不同 U_b 下A点磁场强度绝对值变化曲线，可以发现，曲线的整体变化趋势基本一致，但随着 *Ub* 的增大，A点磁场强度绝对值的峰值 H_{max} 逐渐减小。

图8(b)为通过提取不同 U_b 下A点磁场强度绝对值的变化量 ΔH，绘制了试件A点的 ΔH 随着不同 U_b 的变化曲线。该曲线表明 ΔH 与 U_b 呈负相关的变化趋势，当 U_b 由20mm增加至40mm时，对应的 ΔH 依次变化为：48.73A/m、46.39A/m、44.78A/m、43.06A/m、41.63A/m，在此过程中，ΔH 减小了4.76A/m，A点的磁场强度减弱了10.26%，ΔH 与 U_b 的关系可由式(4)描述：

$$\Delta H = -0.3507U_b + 55.437 \tag{4}$$

ΔH 与 U_b 的相关系数 $R2 = 0.992$。上式表明：随着 U_b 的增大，ΔH 呈线性下降趋势。根据B-ACFM等效磁阻模型可知，磁极高度 U_b 越小，U型磁轭的磁阻越小，对试件的磁化强度影响更为显著。

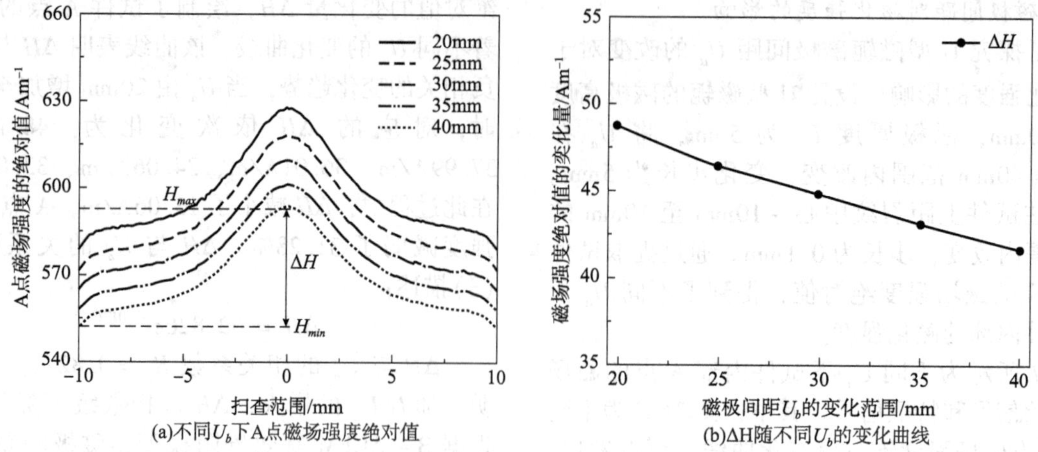

(a)不同U_b下A点磁场强度绝对值　(b)ΔH随不同U_b的变化曲线

图 8　不同 U_b 下试件内部 A 点的磁场强度原始信号和特征信号

3.2　感应线圈内外径优化

通过固定 U 型磁轭磁极间距 U_a 为 20mm，磁极高度 U_b 为 20mm，磁极厚度 U_c 为 15mm，直流线圈安匝数 *NDC* 为 900 安匝，交流线圈安匝数 *NAC* 为 50 安匝，交流频率 f 为 5kHz，以探究B－ACFM 裂纹检测传感器中的感应线圈作为提取试件表面的漏磁场信息时，其几何参数的改变对裂纹响应信号的影响。图 9 所示为感应线圈的几何参数。

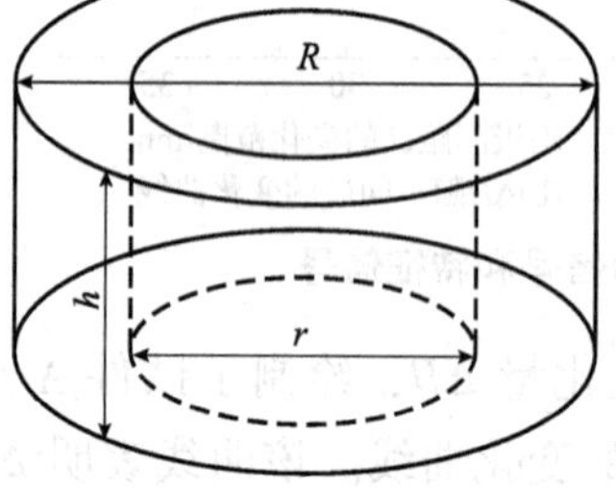

图 9　感应线圈的几何参数

为了探究感应线圈内外径 $C_{(r,R)}$ 的改变对于裂纹响应信号的影响。设置感应线圈高度 h 为 3mm，将 $C_{(r,R)}$ 在(68)、(69)、(6)、(79)、(710)范围内改变。传感器在试件上距裂纹中心－10mm 至 10mm 的水平范围内改变，步长为 0.1mm。通过提取感应线圈中裂纹响应原始信号，得到了不同 $C_{(r,R)}$ 下裂纹响应原始信号。

图 10 所示为不同 $C_{(r,R)}$ 下裂纹响应原始信号和特征信号。其中，图 10(a)为不同 $C_{(r,R)}$ 下对应的裂纹响应原始信号，可以发现，曲线的整体变化趋势基本一致，但随着 $C_{(r,R)}$ 的增大，裂纹响应原始信号的峰值 V_{max} 逐渐减小。

图 10(b)为通过提取不同 $C_{(r,R)}$ 下裂纹响应原始信号的峰谷值 $V_{max-min}$，绘制了 $V_{max-min}$ 随不同 $C_{(r,R)}$ 的变化曲线。该曲线表明 $V_{max-min}$ 与 $C_{(r,R)}$ 呈负相关的变化趋势，在此过程中，$V_{max-min}$ 减少了 7.16 mV，对于裂纹感知的灵敏度降低了 5.56%，$V_{max-min}$ 与 $C_{(r,R)}$ 的关系由式(5)描述：

$$V_{max-min} = -2.0579C_{(r,R)} + 131.38 \qquad (5)$$

$V_{max-min}$ 与 $C_{(r,R)}$ 的相关系数 $R^2 = 0.9357$。上式表明：随着 $C_{(r,R)}$ 的增大，$V_{max-min}$ 呈线性下降趋势。可见，感应线圈内外径 $C_{(r,R)}$ 的增大会降低 B－ACFM 传感器的裂纹检测能力。

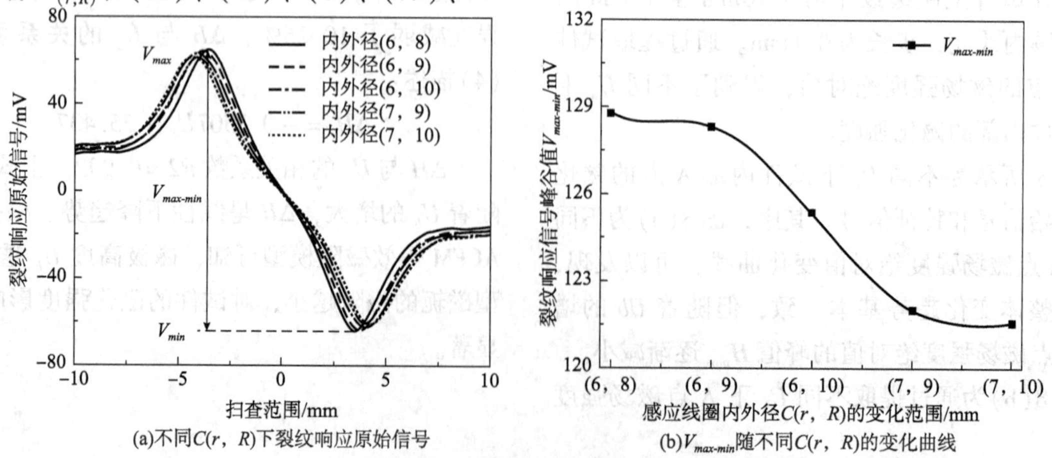

(a)不同C(r，R)下裂纹响应原始信号　(b)$V_{max-min}$随不同C(r，R)的变化曲线

图 10　不同 $C_{(r,R)}$ 下裂纹响应原始信号和特征信号

4 结论

本文结合漏磁(MFL)与交流电磁场(ACFM)检测技术的优势，提出了一种基于偏置交流电磁场(B－ACFM)的管道裂纹内检测方法。结果表明：

(1)在直流激励和高频交流激励的共同作用下，含裂纹的试件内部磁场及表面涡流场均发生畸变，磁力线在裂纹两端发生偏转，绕过裂纹区域，泄漏至裂纹上方形成漏磁场；同时由于裂纹该区域电导率不连续，使得感应电流流向发生偏转，向裂纹两端和底部绕过，感应电流在裂纹两端聚集；

(2)仿真结果发现：当管道内壁存在裂纹时磁力线在裂纹两端发生偏转，绕过裂纹区域，在试件表面形成了漏磁场。同时，裂纹区域的感应电流流向发生变化，不再呈现出均匀且对称分布，而是从裂纹两端和底部绕过，并在裂纹两端聚集；

(3)B－ACFM检测探头参数化分析：①U型磁轭参数优化：磁极间距 U_a 和磁极高度 U_b 的增大均会降低试件内部磁场强度；②感应线圈参数优化：线圈内外径 $C_{(r,R)}$ 和高度 h 的增大均会降低裂纹响应信号峰谷值 $V_{max-min}$，降低B－ACFM传感器的裂纹检测能力。

参考文献

[1]黄维和．对我国《中长期油气管网规划》的解读和思考．科学中国人，2017，(27)：64－65.

[2]FENG Q S，LI R，NIE B H，et al. Literature Review：Theory and Application of In－Line Inspection Technologies for Oil and Gas Pipeline Girth Weld Defection. Sensors (Basel)，2016，17(1)：50.

[3]丁博．基于GIS技术的油气管道完整性管理分析．石化技术，2017，24(09)：222.

[4]杨理践，耿浩，高松巍．长输油气管道漏磁内检测技术．仪器仪表学报，2016，37(08)：1736－1746.

[5]辛佳兴，陈金忠，李晓龙，等．油气管道内检测技术研究前沿进展．石油机械，2022，50(05)：119－126.

[6]LIU B，LIANG Y S，HE L Y，et al. Quantitative study on the propagation characteristics of MFL signals of outer-surface defects in long－distance oil and gas pipelines. NDT and E International，2023，137.

[7]宋凯，康宜华，张丽攀，等．钢管磁特性对涡流检测影响的研究进展．材料工程，2015，43(11)：106－112.

[8]李伟，邵鑫宇，张伯莹，等．交流电磁场和电磁超声复合无损检测技术研究．机械工程学报，2022，58(16)：153－159.

[9]GUO W，GAO B，YUN T G，et al. Physic perspective fusion of electromagnetic acoustic transducer and pulsed eddy current testing in non－destructive testing system. Philosophical Transactions of the Royal Society A：Mathematical，Physical and Engineering Sciences，2020，378(2182)

危化品储存设备监控技术探讨

刘红星　刘景新　王　彬　齐雪京

(河北省特种设备监督检验研究院唐山分院，河北 唐山　063000)

摘　要：危化品的广泛应用为我们的生产活动带来了极大的便利，但同时这些设备的运行也存在很大的潜在的安全风险。常用危化品储存设备主要分为压力容器和非压力容器两种，为了确保危化品储存设备的安全运行，国家制定了严格的压力容器检验标准和要求，结合现有压力容器检验中常用的监控技术手段，提出了壁厚监测、无损检测、在线监控、加强企业自查和监管力度和制定明确的检验标准和要求等方法来提高非压力容器危化品储存设备的安全性能和管理水平。

关键词：危化品储存设备；监控技术；安全运行

Discussion on Monitoring Technology of Hazardous Chemical Storage Equipment

LIU Hongxing*, *LIU Jingxin*, *WANG Bin*, *QI Xuejing

(Hebei special equipment supervision and inspection Institute Tangshan branch, Hebei Tangshan 063000, China)

Abstract: The wide application of hazardous chemicals has brought great convenience to our production activities, but at the same time, the operation of these equipment also has great potential safety risks. Commonly used hazardous chemical storage equipment is mainly divided into pressure vessels and non-pressure vessels two kinds, in order to ensure the safe operation of hazardous chemical storage equipment, the state has formulated strict pressure vessel inspection standards and requirements, combined with the existing pressure vessel inspection commonly used monitoring technology means, Methods such as wall thickness supervision, non-destructive testing, online monitoring, strengthening self-inspection and supervision of enterprises and formulating clear inspection standards and requirements are put forward to improve the safety performance and management level of non-pressure vessel hazardous chemical storage equipment.

Key words: Hazardous chemical; Storage equipment monitoring technology; Safe operation

1　引言

在当今工业领域，危化品的广泛应用为我们的生产活动带来了极大的便利，但同时这些设备的运行也存在很大的潜在的安全风险。危化品储存设备作为危化品储存和运输的关键环节，其安全性直接关系到人们的生命财产安全。因此，对危化品储存设备进行有效的监控和管理显得尤为重要。本文将以唐山地区为例，对危化品储存设备的监控技术进行探讨，旨在为提高危化品储存设备在使用过程中的安全监控提供参考。

2　唐山地区危化品储存设备现状分析

唐山作为工业重地，拥有大量的危化品储存设备，这些储存设备主要分为两大类。

首先是压力容器，压力容器是储存危化品的主要设备。这些压力容器数量众多，广泛应用于各个工业领域，如化工、石油、制药等。压力容器通常承受着一定的压力，储存着易燃、易爆、有毒、有害等危险介质，因此其安全性问题尤为

作者简介：刘红星(1967—　)正高级工程师，主要从事锅炉、压力容器和压力管道的安全检验研究工作。E-mail：jing850513@163.com

重要[1]。

其次除了压力容器外，唐山地区还存在大量的非压力容器(以下简称“常压容器”，即没有压力或者压力较低的容器)，用于储存危化品。虽然这些常压容器通常不承受较高的压力，但同样存在一定的安全风险。由于常压容器数量庞大且种类繁多，其安全监控和管理也面临着一定的挑战。

在唐山地区，这些危化品储存设备的现状呈现出以下几个特点：

(1)设备数量庞大，管理难度较大；根据目前的统计数据唐山地区用于危化品的压力容器约3000多台，常压容器不到1000台，分布与所属的大大小小约200家企业内。

(2)设备种类多样，储存介质复杂；根据统计结果，常压容器一般为储存类设备，主要在石化企业比较多(比如储油槽等)，但是压力容器的品种基本上都涉及，而且其中尤其以反应类及储存类的设备居多，这些设备由于介质涉及范围广而且损伤模式也各不相同，导致管理起来比较困难。

(3)设备运行环境复杂多变，安全风险较高。唐山地区地处沿海，易对设备外表面造成严重腐蚀，如果企业管理不到位，其复杂多变的环境易对设备产生影响。

3　危化品储存设备定期检验情况概述

为了确保危化品储存设备的安全运行，国家制定了严格的检验标准和要求。唐山地区也按照相关规程要求，对危化品储存设备进行了定期检验。压力容器作为重点监管对象，其检验工作得到了较好的执行。通过定期检验，能够及时发现设备的潜在隐患，确保设备的安全性能。

然而，在常压容器的检验方面，却存在一些问题。由于常压容器通常没有明确的检验标准和要求，一些企业往往采取自查的方式进行监控。这种自查方式虽然能够发现一些明显的问题，但对于一些潜在的隐患却难以察觉。此外，由于企业自查存在主观性和局限性，同时受技术手段的约束，一些安全隐患可能会被忽视，给设备的安全运行带来风险。目前常压容器监控的缺失及问题主要有以下几个方面：

(1)缺乏明确的检验标准和要求：由于常压容器通常没有明确的检验标准和要求，导致企业在监控过程中缺乏依据和指导。这使得企业在自查过程中难以全面、准确地评估设备的安全性能。

(2)企业自查存在主观性和局限性：企业自查作为常压容器监控的主要手段之一，其主观性和局限性不容忽视。由于企业自查往往受到人员素质、技术水平等因素的影响，导致一些潜在的安全隐患被忽视或遗漏。

(3)监管力度不足：在现有的监管体系中，对于常压容器的监管力度相对较弱。这主要表现在监管部门的监管范围有限、监管频率较低等方面。这使得一些存在安全隐患的常压容器得不到及时有效的监管和处理。

4　在用的危化品储存设备监控技术探讨

针对上述问题，结合现有压力容器检验中常用的技术手段[2]，本文提出以下对在用非压力容器设备的监控手段，旨在提高危化品储存设备的安全性能和管理水平：

(1)壁厚监测：壁厚监测是压力容器监控的重要手段之一。通过定期对设备进行壁厚测量，能够评估设备的损伤程度和安全性能。在壁厚监测过程中，应重点结合设备的损伤模式有重点地进行测厚，比如可以参考GB/T 30579等相关标准，以确保测量的准确性和可靠性。确保测量的准确性和可靠性。

(2)无损检测：无损检测是一种在不破坏设备结构的前提下，检测其内部缺陷的方法。对于设备而言，无损检测能够发现设备内部的裂纹、腐蚀等缺陷，为设备的维修和更换提供依据。在无损检测过程中，应选择合适的检测方法和设备，确保检测结果的准确性和可靠性。在停机时，可以对有怀疑的地方进行超声波或表面无损检测。对于长期无法停机的设备或长期储存介质的设备，可以采用声发射监控的方式，随时对设备进行监督。具体为采用无线方法，在监控部位放置声发射检测探头，通过手机APP或电脑软件随时监控设备在使用过程中产生的声发射信号。通过比对和经验研究，对监测设备进行实时监控。

(3)在线监控：在线监控是一种实时、连续的监控方式。通过安装传感器和监测设备，能够实时监测压力容器的运行状态和参数变化。例如，可以采用物联网技术、大数据技术等新兴技术，实现对设备的远程监控和数据分析。在线监控能够及时发现设备的异常情况，实现对设备的全天候、全方位监控，及时发现设备的潜在隐患并采取相应的处理措施。

(4)加强企业自查和监管力度：除了引入先进的监控技术外，还应加强企业自查和监管力度。企业应建立完善的自查制度，定期对设备进行检查和评估。同时，监管部门也应加强对设备的监管力度，提高监管频率和范围，确保危化品储存设备得到及时有效的监管和处理。

(5)制定明确的检验标准和要求：针对常压容器缺乏明确的检验标准和要求的问题，可以制定相关标准和要求来规范企业的监控行为。这些标准和要求应明确常压容器的检验周期、检验方法、检验内容等方面，为企业提供明确的指导和依据。

5　结束语

随着科技的不断发展，监控技术也在不断创新和进步。对于危化品储存设备而言，监控技术的创新和应用将有助于提高设备的安全性能。目前唐山地区曾经对不能停机检测的涉氨管道专门成立课题组进行研究，制定了《唐山市涉氨压力管道检测导则》，根据其研究结果，其中部分检测方法可以应用到不能停机的危化品储存设备的检验过程中[3]，此处只作为建议提出，望我们可以集思广益，争取研究出更合理、更高效、更适用的方法。

参考文献

[1]郭晋，杨景标．特种设备和危化品储存容器无人机巡检方法研究[J]．中国特种设备安全，2008，34(06)：57－60.

[2]TSG21—2016 固定式压力容器安全技术监察规程[S].

[3]卢俊文，刘景新，齐雪京．涉氨压力管道定期检验案例分析及检验方法探究[J]．中国标准化．2019(06)：172－173.

River - ROV 水下机器人在管道检验中的应用

曾 瑜 李宗珊 张 琳 陈司达 周 驰

（重庆市特种设备检测研究院，重庆 401120）

摘 要：目前国内广泛采用 River - ROV 水下机器人对水下穿越管道进行外腐蚀检测，由于环境的特殊性，其检验数据在实际使用中并未得到充分的对比验证。为了验证水下机器人的检验准确度，特选取一处季节性河流，利用其汛期和旱期的水位差，分别采用水下机器人及常规埋地管道外防腐层检测仪对水下穿越管段进行了检验，并对管道位置、埋深等检测数据进行对比。通过对比发现水下机器人的检验精度能满足相关规范的要求，能够实现水下穿越管道的检测和评价。

关键词：水下穿越管道；River - ROV；DM；检验

Application of River-ROV Underwater Robot in Pipeline Inspection

Zeng Yu, LI Zongshan, ZHANG Lin, Chen Sida, ZHOU Chi

(Chongqing Special Equipment Inspection and Research Institute, Chongqing 401121, China)

Abstract: Currently, River - ROV underwater robots are widely used in China for external corrosion detection of underwater pipelines. Due to the special nature of the environment, their inspection data has not been fully compared and verified in practical use. In order to verify the accuracy of underwater robot inspection, a seasonal river was selected, and the water level difference during flood and dry seasons was used to inspect the underwater crossing pipeline section using underwater robots and conventional buried pipeline external anti-corrosion layer detectors. The detection data of pipeline position, burial depth, etc. were compared. Through comparison, it was found that the inspection accuracy of underwater robots can meet the requirements of corresponding specifications, and can achieve the detection and evaluation of underwater pipelines.

Key words: Underwater pipelines; River-ROV; DM; Test

1 引言

水下穿越管道因其施工难度大、环境条件复杂等原因，面临严峻的腐蚀损伤风险，当前长输定期检验规则[1]中对水下穿越段管道也提出了专项检验要求，而由于前期缺乏有效的检测手段，大多数水下穿越管道还未开展过定期检验工作，其安全管理风险等级较高，迫切的需要可靠的检测手段。目前国内已经广泛采用水下机器人 River - ROV 开展水下穿越管道检测工作[2]，并进行了一些应用研究，但成果仅限于单独使用水下机器人进行检验工作[3]。为了验证水下机器人在实际使用中检验结果的可靠性，特选取一处水下穿越管道进行对比检测，为实施水下穿越管道的定期检验提供技术支持。

2 检验设备简介

2.1 River - ROV 水下机器人

穿江管道检测系统 River - ROV 属于缆控水下机器人检测装置，由水上控制显示终端和水下检测装置组成，水上和水下部分通过脐带缆实现连接，水上发电机提供动力。River - ROV 系统整

作者简介：曾瑜(1987—)，硕士研究生，主要从事压力管道检验检测工作。E - mail：425591904@ qq. com

合2D水下环境声呐探测、管道定位、阴保电位CIPS测量、电位梯度DCVG检测、埋深测量、光纤通讯、GPS定位、数据库及检测数据分析等技术手段，实现对江河管道外防腐与阴极保护状况等多方面的检测。

2.2　DM防腐层检测仪

DM埋地管道检测仪采用多频电流法测量管线电流。DM接收机通过感应线圈和高精度磁力仪测量出管线定位电流、DM信号电流以及其电流方向、管线埋深等数据，并可以在接收机上显示DM信号电流曲线。根据多频电流测量数据，可分析相邻两个测点之间管段的管线电流衰减情况，确定防腐层是否存在绝缘故障点，并可以计算防腐层绝缘电阻，分级评价防腐层绝缘性能。

3　管道情况简介及水文条件

重庆某燃气公司有一处采用定向钻穿越乌江的水下穿越管道，该处定向钻穿越总长度为1071米，在穿江段出入口处各设有一处阴保桩，该管线由于二期阴保站未完工，暂时采用牺牲阳极包作为阴极保护措施。该管道规格为ϕ 406.4 × 14.2mm，材质为L415M，设计压力10MPa，介质为天然气，采用3PE加强级防腐，于2020年投入使用，2022年5月开展首次定期检验，检验未包含穿江段。

查询当地水文数据可知，乌江江面宽度为150~600m，平水期河床最窄处仅70余米，其河谷形态束放相间成串珠状，检验段乌江的水利坡度为0.34‰，水位变幅30米，历史最高洪水位为208.13m，多年平均流量为1653m^3/s，最大流量13900m^3/s，丰水期与平水期流量差异较大[4]。

4　现场检验过程及检测数据

4.1　现场检验过程

现场进行第一次检验时，水面海拔高程为173.1m，此时水面宽度为348.4m，在南侧阴保测试桩将卫星同步发射机输出信号频率调为640Hz，强度为1A，并将调试良好的水下机器人ROV下水，开启ROV顶升推进器，让ROV浮于水面，操作ROV沿管道切向前进，由于现场水深较浅且水底石块较多，通过控制平台检测到峰值信号后，再将ROV下潜至水底开始检测，使用ROV上搭载的电磁法管道定位器将管道位置进行精确的定位。当水下机器人ROV找到管道精确位置后，在该处测量管道位置、水深、覆土深度、声呐等数据，完成以上流程后，ROV上浮至水面获取GPS信号，通过内置惯导系统，精确计算水下管道真实经纬度信息。通过沿管道路由连续重复以上过程，完成水下管道敷设路由、埋深及水深等项目的检测工作。

第二次检测时，水面海拔高程为163.2m，此时水面宽度仅有83.2m，同样在南侧阴保测试桩施加与第一次检测采用的相同信号，使管道周围产生交变电磁信号，采用雷迪公司生产的DM防腐层检测仪对管道进行外防腐层检验。DM检测仪作为国内常用的管道外防腐层检测仪，其应用性已得到广泛证实[5]。但为保证对比的精确性，采用DM检测时，首先在距离起点5m处对管道位置及埋深进行了检测，测得该处管道埋深为2.58m，随后进行开挖验证，开挖后测得该处管道埋深为2.87m，DM定位误差仅为0.29m，埋深误差为1.3%，满足检验要求。

采用DM检验的管道起点为管道乌江南侧阴保桩，终点为河流北侧堤岸，此处海拔高程为178.3m，检测总长度为643.5m，其中包含穿江段83.2m。在进入原穿江段管道起点，既水面海拔高程为173.1m以内时，在正常进行DM检测的同时使用水下机器人采集的GPS点进行了DM设备原位数据采集复验，一共成功对8组数据进行了埋深复核。

4.2　检测数据

4.2.1　管道位置

在分别采用水下机器人及DM检测仪对管道进行检测后，通过数据整理绘制出两种不同检测方法测得的管道路如图1所示。

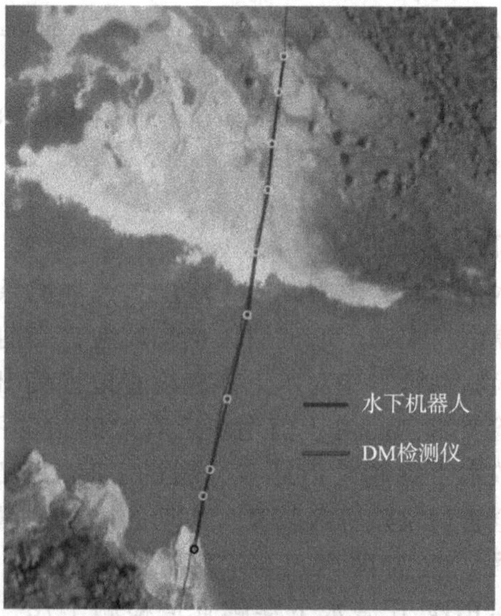

图1　管道路由图

由图1可以看出，采用两种检测方式绘制的路由图并无明显差异，最大平行位移仅为0.9

米，两种设备均携带亚米级 GPS 设备，其精度等级为 1 米，且由于检验环境无参照对比的物体，该平移是合理可接受的。

4.2.2 管道埋深

对同位置进行复验的 8 组数据进行了整理，由表可知，两种方法测绘的埋深差值最大值为 0.5 米，误差百分比小于 5%，详见表 2。

表 2 埋深数据对比表

序号	DM 埋深/m	机器人埋深/m	差值/m	误差百分比
1	27.4	27.5	0.1	0.36%
2	23.1	22.9	0.2	0.87%
3	22.7	23.0	0.3	1.30%
4	24.1	23.8	0.3	1.26%
5	25.2	25.2	0	0.00%
6	24.0	23.7	0.3	1.27%
7	22.1	22.6	0.5	1.77%
8	12.9	13.1	0.2	1.53%

4.2.3 管道防腐层

水下机器人通过直流电位梯度法对水下管道防腐层的缺陷位置进行判断，本次检验中，穿越段河流两侧电位梯度在 6.8～8.2mV 间，依据直流电位梯度法判断水下管道穿越段无外防腐层破损点。

DM 检测仪则通过交流电位梯度法检测外防腐层破损点，现场河床退水露出段未发现外防腐层破损点，在河流两侧岸边用 ACVG 方式检测，破损点指示方向箭头始终指向背离发射机方向，由此判断该穿河段无外防腐层破损点。同时依据现场采集的电流数据的变化对各测段进行外防腐层绝缘电阻计算，检测管段整体评价结果为“二级”，外防腐层整体状况良好，详见图 2。

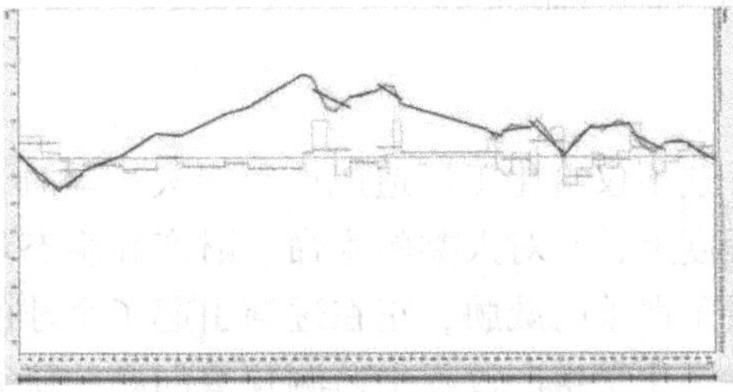

图 2 检测管段单频分段图

4.2.4 管道阴极保护

使用水下机器人对该处水下管道应用电场法进行测量，测得的阴保电位在 －1337.2mV～－1468.5mV(CSE)之间。通过限时电位仪对两侧阴保测试桩进行了管地电位检测，检测发现，南侧管地电位介于 －1196mV 至 －1372mV，北侧管地电位介于 －1213mV 至 －1537mV。两种测量方法测得的管地电位均负于 －1200mV，穿越段管道阴极保护处于过保护状态。

5 结论

(1)水下机器人能够通过电磁法精确定位管道，并通过惯性制导系统计算出管道覆土深度、水深、管道路由等 GPS 坐标信息；

(2)水下机器人能够采用直流电位梯度法检测水下穿越管道的外防腐层附近处的地电位梯度，并对外防腐层完好性进行评价；

(3)水下机器人能够全线测量水下穿越管道的阴保电位，评价阴保的有效性。

(4)通过两种不同检测设备的实际应用，证明了集电磁法、CIPS、DCVG、声呐、摄像等多种技术于一体的 River－ROV 检测系统目前已具备为水下穿越管道检测提供全面服务的能力，可在水下穿越管道检测领域内推广应用。

参考文献

[1]TSG D7003—2022 压力管道定期检验规程—长输管道．

[2]郝毅．水下穿越管道检测新技术—水下机器人 River-ROV 外腐蚀检测．全面腐蚀控制，2018(32－08)：21－25.

[3]申耀东，曹强，邓宝信等．水下穿越管道外腐蚀检测评价系统 River－ROV 的应用研究．腐蚀研究，2023(37－05)：98－101.

[4]刘传正．重庆武隆羊角镇工程地质环境初步研究．水文地质工程地质，2013(40－2)：1－8.

[5]孔坚锋，程飞，竺哲民等．DM 检测仪在埋地燃气管道检验中的应用．中国科技信息，2022(13)：68－69.

基于 Processing 的监测反应罐的安全预警装置

许世彪 梁 军 杨 洋 陈金荣

[中特检管道工程(北京)有限公司，北京 100013]

摘 要：准确地监测温度与压力对于保证化工企业生产过程的高效、安全以及提高企业经济效益是十分重要的。合理化管理化工厂的温度与压力监测数据，在安全事故发生前就能观察到实时监测的数据出现较大波动时进行预警，建立化学生产中监测预警系统，对现代工业安全生产具有极大的帮助作用。采用 Processing 和 Arduino 两项开源技术相结合实现快速的嵌入式的数据采集，设计出一套可用作化学生产中监测反应罐的化学反应过程的安全预警装置。在化工厂反应罐内设置监控模块，监控模块上的各个传感器可以对监控压力、温度等化工生产的参数，当监测值超出标准时，就会发出警报，保证安全生产，预防事故发生。

关键词：传感器；嵌入式系统；化工厂；反应罐安全预警

Processing-based Safety Warning Device for Monitoring Reaction Tanks

XU Shibiao, LIANG Jun, YANG Yang, CHEN Jinrong

[China special inspection Pipeline Engineering (Beijing) Co., Ltd, Beijing 100013, China]

Abstract: Accurate monitoring of temperature and pressure is important to ensure the efficiency and safety of the production process of chemical enterprises and improve the economic efficiency of enterprises. Rationalize the management of temperature and pressure monitoring data of chemical plants, observe real-time monitoring data before the occurrence of safety accidents, and give early warning when there is a large fluctuation in real-time monitoring data, and establish a monitoring and early warning system in chemical production, which is of great help to modern industrial safety production. Using the combination of processing and Arduino open source technologies to achieve fast embedded data acquisition, a set of safety early warning devices can be used to monitor the chemical reaction process of the reactor in chemical production. The monitoring module is set up in the reactor of the chemical plant, and each sensor on the monitoring module can monitor the parameters of chemical production such as pressure and temperature, and when the monitoring value exceeds the standard, an alarm will be issued to ensure safe production and prevent accidents.

Key words: Sensor; Embedded System; Chemical plant; Reactor safety warning

1 引言

随着我国经济的发展和国家实力的不断提高，在化工生产中，对反应罐的化学反应过程进行监测的安全预警装置在生产中得到了越来越多的应用[1]。在对安全评估与设备的设计中，很多企业并未按新的规范进行安装。一些企业不懂安全预警设备[2]，有些已安装的报警设备不满足技术规范的要求[3]，随之而来的还有各类化工生产事故，这不仅给化工厂造成严重损失，同时，在一定程度上，它对人类的生命、财产和生态环境都构成了严重的威胁，正在逐渐引起了全球的广泛关注。化学生产过程中监测预警问题的研究已然成为现代化生产不可避免的问题[4]。

在查找大量文献资料后发现现有这些装置大都是得到了长期的工业实践，运行稳定，设备与数据十分可靠，这些装置能实时监控化学反应槽

作者简介：许世彪，男，本科，1998 年生，主要从事压力管道、压力容器检验检测。E-mail：2221623515@qq.com

的温度分布，并能定期进行数据采集和储存，基本满足工艺要求。但在系统运行中，目前还不能迅速地处理和绘制出实时的曲线，所以当采样速率过高时，曲线会在一定程度上失真，PID 参数不能很好地满足系统的需求，会导致积分饱和，从而导致过调，导致温度等控制指标发生波动，从而影响系统的运行[5]。

根据现有的化工厂安全预警装置以及安全预警装置对化工企业安全生产的重要性，针对化工企业的安全生产建设的当前实际需求，拟搭建一个以 Processing 为基础的可以快速、高效、便捷、具体监测化工厂内化学反应罐的温度与压力的安全预警装置，通过采用多种不同传感器技术、Processing 可视化窗口、Arduino 的硬件系统与软件编程、嵌入式开发等多种工艺技术，采用温度、压力传感器组成的监测模块，对反应罐进行全方位、无死角的温度与压力监测和报警。因为该检测模块会与 Processing 的可视化窗口相连，所以能够实时提供监测数据，当数据超出正常范围时，会启动声、光报警，提醒群众快速疏散。

合理化管理化工厂的温度与压力监测数据，在安全事故发生前就能观察到实时监测的数据出现较大波动时进行预警，建立化学生产中监测预警系统，对现代工业安全生产具有极大的帮助作用。在此基础上拟对化学生产中的安全预警装置进行解析，通过采用 Processing 和 Arduino 两项技术相结合实现快速的嵌入式的数据采集，设计出一套可用作化学生产中监测反应罐的化学反应过程的温度与压力的安全预警装置。

2　设计思路

Processing 的编程代码语言是一个在 JAVA 编程语言的基础上建立的一种新语言，但是它在 JAVA 的编程语言基础山又对其进行了简化，使得它能够在不同的平台上运行，还能够轻松地生成 JAVA 的应用程序[6]。Arduino 是一个开源的平台，它包含一个简单易于使用的电路板部分，还有一个软件开发环境的部分；因为 Arduino 的这两个部分，所以可以支持它既可以做到独立运行，又具备互动性可以与类似 Processing 之类的软件完成交互。拟利用 Processing 与 Arduino 交互以及 Processing 的可视化窗口来建立一个可以快速搭建、快速嵌入、低成本的高效、简洁的视觉监测预警装置。

首先是利用 Arduino uno 板来连接温度传感器与压力传感器以及蜂鸣器，把连接好的 Arduino uno 板通过板上自带的 USB 端口连接到电脑上，在 Arduino 的软件上写出温度、压力传感器与蜂鸣器的代码，其次是打开 Processing 的软件端，根据 Arduino 上写好的代码来编写与之相对应的可以交互的代码，通过 Processing 与 Arduino 的交互代码可以实现在运行 Processing 后，在 Processing 的可视化窗口中可以通过视觉简洁、高效、清晰的监测到化学反应罐中的温度与压力的变化，在温度或压力到达设定的一定值时蜂鸣器也会发出警报，提醒监测的人有异常需要注意。

3　交互与模拟传感器实验

编辑代码之后，Processing 会来读取 Arduino 的数据，并将其显示在屏幕上。通过这一操作便可以使更多新的传感器通过 Arduino 来输入到 Processing 里并且图形化出来。这些通过 Arduino 板的输入可以是任何传感器，传感器所读出的数据可以在 Processing 的串行库的帮助下与 Arduino 板进行数据转换。

在 Processing 软件端，第一步需要先通过两行代码引入串口通讯库，代码为“import processing. serial. *; Serial port;”第二步是初始化通讯端口，使用 COM3 端口，确定端口之后在 processing 上继续写下代码为“port = new Serial(this, "COM3", 9600);”第三步开始读取端口数据，继续写出代码为“println(port. read());”。至此，主要交互代码就编写完成了，完整代码如图 1 所示。

在 Arduino 的硬件端，第一步需要写下“Serial. begin(9600);”以初始化端口。二步需要读取传感器信号，这一步的代码为

“val = analogRead(0); Serial. write(val);”。

到这里 Arduino 读取传感器信号的代码也编写完成了，主要代码如图 2 所示。通过这一步实现了 Processing 与 Arduino 的简单交互。

```
import processing.serial.*;
Serial port;
float val;

void setup(){
  size(1800,2000);
  String arduinoPort=Serial.list()[0];
  port=new Serial(this,arduinoPort,9600);
}

void draw(){
  if(port.available()>0){
    val=port.read();
    val=map(val,0,255,0,height);
  }
  rect(40,val-10,360,20);
}
```

图 1　Arduino 代码

```
int sensorPin=0;
int val=0;

void setup() {
  Serial.begin(9600);
}

void loop() {
  val=analogRead(sensorPin)/4;
  Serial.println(val);
  delay(1000);
}
```

图 2　processing 代码

在成功实现了 Processing 与 Arduino 的简单交互，在此基础上可以开始模拟连接温度传感器进行试验。首先在电脑 USB 端口连接 Arduino uno 板之后，打开 Arduino 写出模拟温度传感器的如图 3 所示代码，此时“int val[ ] = {10, 20, 30, 40, 30, 20, 10}”此行代码表示的是模拟化学反应罐中的温度在 10℃、20℃、30℃、40℃之间浮动，假设化学反应罐中的温度应控制在 10～40℃之间，所以在模拟实验中取 10～40 之间整数来进行模拟实验；上传成功后打开串口监视器观察是否运行成功；成功运行之后再打开 processing 软件，首先写出一个类似化学反应罐的简易草图，之后在根据 Arduino 中写好的模拟代码编写出如图 4 所示相应 Processing 交互代码，点击运行，此时就可以观察到此化学反应罐内的数字会随着 Arduino 的变化而变化如图 5 所示。

```
int val[] = {10, 20, 30, 40, 30, 20, 10};

void setup() {
  // put your setup code here, to run once:
Serial.begin(9600);
}

void loop() {
  // put your main code here, to run repeatedly:
for(int i=0; i<7; i++)
{
  Serial.println(val[i]);
  delay(1000);
  }
}
```

图 3　Arduino 中模拟温度传感器代码

图 5 的可视化页面结果证明此次模拟温度传感器交互实验成功，Arduino 中读取的传感器数值会在 Processing 的可视化页面中显示出来。此时 Processing 的可视化页面中的罐子就代表模拟的化学反应罐，罐内的数字 40 就表示此时反应罐内的温度在 40℃。

```
import processing.serial.*;
Serial myPort;
int val;
void setup()
{
  size(500, 500);
  String portName = Serial.list()[0];
  myPort = new Serial(this, portName, 9600);
}

void draw()
{
  if ( myPort.available() > 0) {
    val = myPort.read();
      println(val);

  }
  background(255);
  strokeWeight(3);
```

图 4　Processing 中模拟温度传感器代码

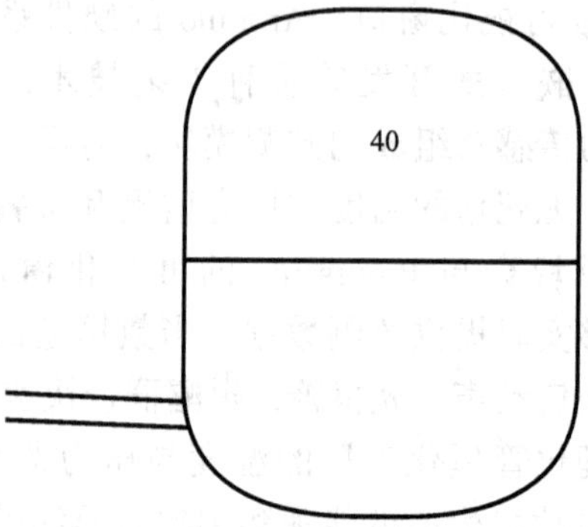

图 5　processing 运行成果

通过模拟温度传感器的实验基础，再次模拟压力传感器实验。首先在电脑上连接 Arduino uno 板之后，打开 Arduino 写出模拟压力传感器代码，此时“int val[ ] = {50, 60, 70, 80, 70, 60, 50}”此行代码表示的是模拟化学反应罐中的压力在 50MPa、60MPa、70MPa、80MPa 之间浮动，假设化学反应罐中的压力应控制在 50～80MPa 之间，所以在模拟实验中取 50～80 之间整数来进行模拟实验；上传成功后打开串口监视器观察是否运行成功，成功运行之后再打开 Processing 软件，复制之前模拟温度传感器时写的化学反应罐草图的代码，之后在根据 Arduino 中写好的模拟代码敲出如图 6 所示代码，点击运行，此时就可以观察到此化学反应罐内的数字会随着 Arduino 的变化而变化如图 7 所示。此时 Processing 的可视化页面中的罐子就代表模拟的化学反应罐，罐内的数字 50 就表示此时反应罐内的压力在 50MPa。证明此次模拟压力传感器交互实验成功。如模拟温度传感器的交互实验结果一样，可以在 processing 的可视化窗口中观察到数值的变化。

```
  if ( myPort.available() > 0) {
   val = myPort.read();
    println(val);

 }
 background(255);
 strokeWeight(3);
 fill(255);
 line(0, 350, 300, 370);
 line(0, 370, 300, 390);
 rectMode(CENTER);
 rect(width/2, height/2, 200, 400, 100);
 line(width/2-100, height/2, width/2+100, height/2);
 textSize(30);
 fill(0);
 textAlign(CENTER);
 text(val, width/2, height/2-100);
}
```

图 6　Processing 中模拟压力传感器代码

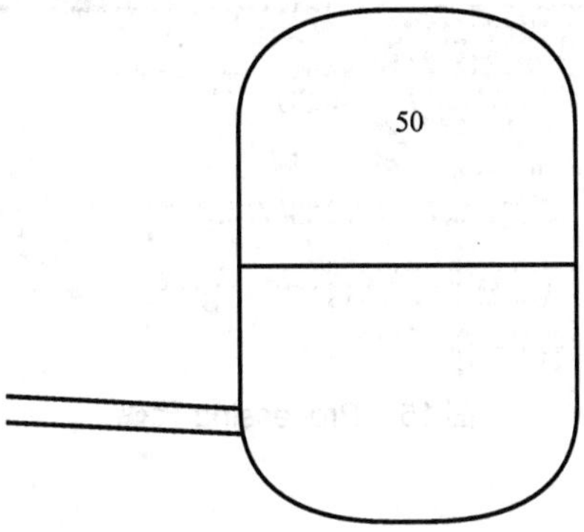

图 7　Processing 运行成果

4　实验与讨论

在面包板上连接一个电阻将防水温度传感器、蜂鸣器与 Arduino 连接在一起，之后在 Arduino 中写出代码，如图 9 所示，运行代码时需要在 Arduino 库中下载 DS18B20 与 OneWire 的相关数据库，下载之后上传验证，验证成功后打开串口监视器观察是否正确运行。运行结果证明此温度传感器无问题。防水温度传感器代码运行成功后，再编写蜂鸣器代码，此时将温度传感器代码与蜂鸣器编进一个代码中，这样就可以实现蜂鸣器在温度异常时报警的功能。蜂鸣器代码如图 10 所示。

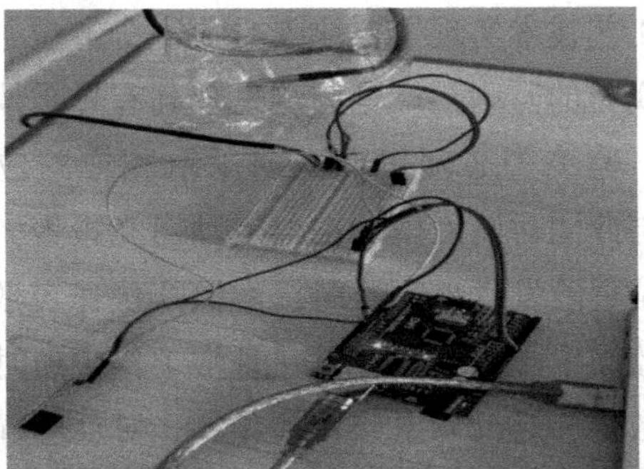

图 8　温度传感器连接实物图

运行正常时就可以开始编写 Processing 中的代码，代码如图 11 所示。

```
#include <DS18B20.h>
DS18B20 ds(2);
void setup() {
 Serial.begin(9600);
}
void loop() {
Serial.println(ds.getTempC());
}
```

图 9　Arduino 中温度传感器代码

```
1+1,0.5,0.5,1,
1+1+1+1
};
//这部分是整首曲子的节拍部分，也定义个序列duration，浮点（数组的个数和前面音符的个数是一样的，一一对应）

int length;//这里定义一个变量，后面用来表示共有多少个音符
int tonePin=9;//蜂鸣器的pin

void setup()
{
  pinMode(tonePin,OUTPUT);//设置蜂鸣器的pin为输出模式
  length = sizeof(tune)/sizeof(tune[0]);//这里用了一个sizeof函数，可以查出tone序列里有多少个音符
  Serial.begin(9600),//波特率设置为9600
  }

void loop()
{
  sensors.requestTemperatures();//获取温度值
  tempC = sensors.getTempCByIndex(0);//将温度的值赋给tempC
  delay(1000);//等待5秒后
  Serial.println(String(tempC));//输出温度值
  if(tempC>30)//当温度超过30度，蜂鸣器开始播放葫芦娃
  {
   for(int x=0;x<length;x++)
    {
     tone(tonePin,tune[x]);//此函数依次播放tune序列里的数组，即每个音符
     delay(400*duration[x]);//每个音符持续的时间，即节拍duration，400是调整时间的越大，曲子速度越慢，越小曲子速度越快
     noTone(tonePin);//停止当前音符，进入下一音符
        }
   delay(5000);//等待5秒后，循环重新开始
      }
}
```

图 10　蜂鸣器代码

```
import processing.serial.*;
Serial myPort;
int val;
color color1, color2;
void setup()
{
  size(500, 500);
  String portName = Serial.list()[0];
  myPort = new Serial(this, portName, 9600);
  colorMode(HSB, 360, 100, 100);
  color1=color(60, 80, 100);
  color2=color(10, 80, 100);
}

void draw()
{
  if ( myPort.available() > 0) {
    val =char( myPort.read());
    println(val);
  }
  background(lerpColor(color1, color2, constrain(map(val, 24, 35, 0, 1), 0, 1)));
  strokeWeight(3);
  fill(255);
  line(0, 350, 300, 370);
  line(0, 370, 300, 390);
  rectMode(CENTER);
  rect(width/2, height/2, 200, 400, 100);
  line(width/2-100, height/2, width/2+100, height/2);
  textSize(30);
  fill(0);
  textAlign(CENTER);
  text(val, width/2, height/2-100);
}
```

图 11　processing 中温度传感器代码

以上两项工作完成之后模拟化学反应罐，将已连接好的温度传感器放入，模拟化学反应罐在生产过程中的温度变化，并实时监控 Processing 端的可视化端口，观察是否如预期的实验结果一样。

如图 12 所示，在程序设置正确的情况下，实验结果如预期结果一样，10 代表此时反应罐内的温度为 10℃，且在 Processing 中还加入了颜色的变化，蓝色代表此时温度安全。可以实现 Arduino 传输数据并在 Processing 中通过图片可视化出来，使数据变化更加直观，更加达到了高效、快速完成数据监测的预期效果。

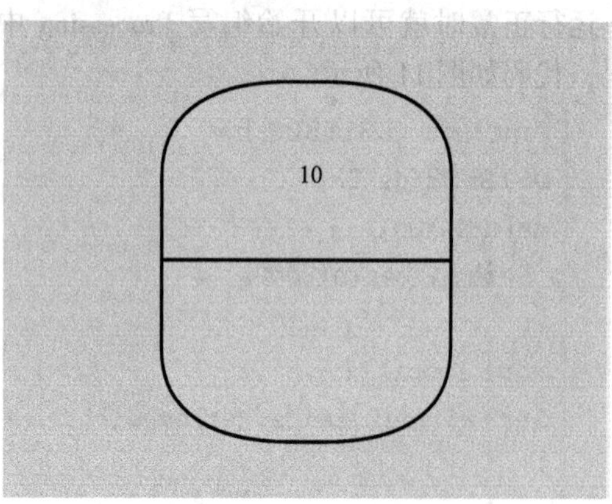

图 12　processing 可视化页面

此时已连接温度传感器，使用面包板与细导线把压力传感器连接到 Arduino 上，通过 USB 线把 Arduino 连接到电脑端，具体连线图如图 13 所示。并在 Arduino 中写出相关代码，代码如图 14 所示。之后的工作就可以像之前连接温度传感器时一样，验证成功后打开串口监视器观察是否正确运行；运行正常时就可以开始编写 Processing 中的代码，以实现实验数据的可视化。代码如图 15 所示。以上两项工作完成之后就可找一个罐子模拟化学反应罐，将连接好的压力传感器放入，模拟化学反应罐在生产过程中的压力变化，并实时监控 Processing 端的可视化端口，观察是否如预期的实验结果一样，Processing 的可视化窗口会随着反应罐中的压力变化而变化。

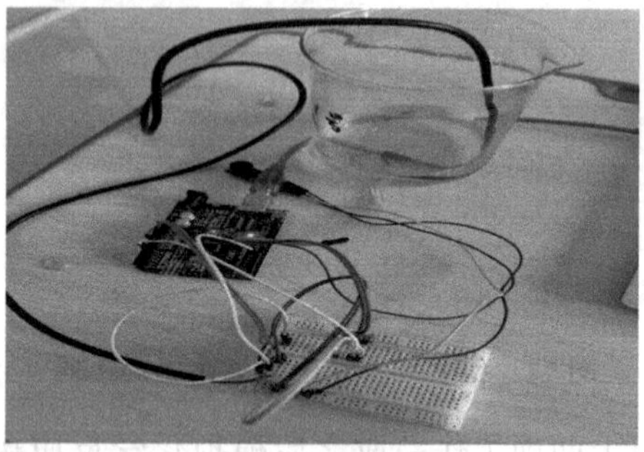

图 13　接线图

```
void setup()
{
  pinMode(tonePin, OUTPUT); //设置蜂鸣器的pin为输出模式
  length = sizeof(tune) / sizeof(tune[0]); //这里用了一个sizeof函数，可以查出tone序列里有多少个音符
  Serial.begin(9600);//波特率设置为9600
}

void loop()
{
  sensors.requestTemperatures();//获取温度值
  tempC = sensors.getTempCByIndex(0);//将温度的值赋给tempC
  delay(1000);//等待5秒后

  if (tempC > 30) //当温度超过30度，蜂鸣器开始播放葫芦娃
  {
    for (int x = 0; x < length; x++)
    {
      tone(tonePin, tune[x]); //此函数依次播放tune序列里的数组，即每个音符
      delay(400 * duration[x]); //每个音符持续的时间，即节拍duration，400是调整时间的越大，曲子速度越慢，越小曲子速度越快
      noTone(tonePin);//停止当前音符，进入下一音符
    }
    delay(5000);//等待5秒后，循环重新开始

  }
  long Fdata = getPressValue(sensorPin);
  Serial.println(String(tempC) + "," + String(Fdata)); //输出温度值
  if (Fdata > 300) //当温度超过30度，蜂鸣器开始播放葫芦娃
  {
    for (int x = 0; x < length; x++)
    {
      tone(tonePin, tune[x]); //此函数依次播放tune序列里的数组，即每个音符
```

图 14　Arduino 代码

在程序设置正确的情况下，实验结果如预期结果一样，可以实现 Arduino 传输数据并在 Processing 中通过图片可视化出来，由于压力传感器与温度传感器都连接在了 Arduino 上，此时在 Processing 的一个界面中就可以通过颜色的变化与罐体上数字的变化观察到化学反应罐中压力的变化，通过罐体上数字的变化观察到反应罐中温度的变化，实现了高效、快速收集数据并直观显示出来的预期结果。

```
import processing.serial.*;
Serial myPort;
String val="100,100";
PImage bj;
PImage d;
float press;
float temp;
void setup()
{
  size(720, 541);
  String portName = Serial.list()[0];
  myPort = new Serial(this, portName, 9600);
  rectMode(CENTER);
  textAlign(CENTER, CENTER);
  textSize(30);
  colorMode(HSB, 360, 100, 100);
  bj=loadImage("bj.jpeg");
  d=loadImage("d.png");
  d.resize(35, 0);
}

void draw()
{
  if ( myPort.available() > 0) {
    val = myPort.readString();
  }

  background(bj);
  float []num=float(split(val, ','));
  if (num.length>1)
  {
    press=num[1];
    temp=num[0];
  }
```

图 15　Processing 代码

5　结论

经过连接温度传感器与压力传感器的仿真实验之后，可以看出实验结果基本跟预期相同，总的来说实现了设计此款安全预警装置的高效性与快速采集性，但也还是存在了一定的问题，比如传感器偶尔会有不灵敏的现象发生；传感器在罐中容易移位，进而导致采集到的数据失去了规律性；无法保证仿真化学反应罐的受热或受压足够均匀，就会导致传感器间的反应差异较大此类问题。

本实验主要目的是根据化工厂生产过程中化学反应罐安全性的实际需求，设计了一套基于 Processing 的监测反应罐的安全预警装置。该装置中采用多种传感器、Processing、Arduino、嵌入式等工艺技术实现了对化学反应罐全方位、无死角的实时的监测，一旦监测发现到有异常情况发生时，监测中心便可以及时采取相应的应对措施，与此同时监测模块也会启动声光报警，能及时定位危险发生地，及时提醒民众快速疏散。此外，监测中心人员还可以在日常工作中随时查阅监测数据，进行数据分析和预测，对反应罐安全性进行研究。该系统能够极大提高反应罐的安全性，并且降低生产成本，具有较高的实际应用价值。主要研究工作可以归纳如下：

首先，查阅大量文献分析国内外对化工生产中反应罐的安全预警装置的研究现状，确定本文所需研究内容，了解Processing与Arduino的基本特性。其次，分别使用Processing与Arduino的编程语言，学习如何交互，实现Processing、Arduino交互通信。通过在Arduino中模拟温度传感器、压力传感器并在Processing中监视实验过程。最后，利用压力传感器、温度传感器与Processing、Arduino相通信，模拟化学反应罐中会遇到的安全问题。

此款安全预警装置的仿真实验结果随与预期结果基本相似，实现了在Processing端的可视化窗口监视反应罐中的数值，实现了数据采集的高效性，但在一些方面仍有些许不足需要完善。相信之后通过更多传感器的仿真实验可以实现此安全预警装置的更多功能。

参考文献

[1]袁本华，董铮．基于Arduino控制板的温室大棚测温系统设计．安徽农业科学，2012，40(08)：5049－5050.

[2]胡翔，刘翰诺．报警器在化工生产中的应用．化学工程与装备，2015(04)：190－191.

[3]白瑜琦．化工厂事故救援侦察机器人服务及其交互设计研究．中国矿业大学，2020.

[4]王繁臻，张嘉琪，谢秀荣，等．基于虚拟仪器的智能PID算法对化学反应过程温度的控制研究．化工自动化及仪表，2004(05)：62－64.

[5]于子平，田文德．基于Matlab的化工安全分析模块系统开发．上海化工，2017，42(08)：28－31.

[6]李博．基于Arduino加速度传感器研制及性能验证．华北水利水电大学，2021.

石化罐区智能化风险管控平台建设研究

赵亚通[1] 石 磊[1] 黄梓健[1] 徐 斌[2]

[1. 中石化(大连)石油化工研究院有限公司，辽宁 大连 116045；
2. 中石化第十建设有限公司，山东 青岛 266555]

摘 要：本文针对石化炼厂罐区员工劳动强度大、监检测手段单一、软件繁杂、存在信息孤岛、智能化水平低等问题，融合智能监检测、机器人巡检、数据可视化、机器学习等当前主流智能化技术以及储罐完整性管理技术，研发罐区安全风险智能化管控平台，集成新一代智能化监检测系统、罐区完整性管理、智能巡检机器人等核心技术，并将数据进行一体化、可视化展示，在减少工人劳动强度的同时提高巡检效率，为石化罐区安全运转提供有力技术支撑。

关键词：智能监检测；完整性管理；智能巡检机器人

Research on the Construction of Intelligent Risk Control Platform for Petrochemical Tank Areas

ZHAO Yatong[1], *SHI Lei*[1], *XU Bin*[2], *HUANG Zijian*[1]

[1. Sinopec (Dalian) Research Institute of Petroleum and Petrochemicals Co., LTD, Dalian 116045, China;
2. Sinopec tenth Construction Co., LTD, Qingdao Shandong 266555, China]

Abstract: In this paper, for the petrochemical refinery tank area staff labor intensity, monitoring and inspection means a single, complicated software, the existence of information silos, low level of intelligence and other issues, integration of intelligent monitoring and inspection, robotic inspection, data visualization, machine learning and other current mainstream intelligent technology as well as tank integrity management technology, research and development of intelligent control platform for tank safety risks, integration of a new generation of intelligent monitoring and inspection system, tank integrity management, intelligent inspection robot and other core technologies, and data integration, visualization and display, to provide a strong technical support for the safe operation of petrochemical tank areas. It integrates the new generation of intelligent monitoring and inspection system, tank integrity management, intelligent inspection robots and other core technologies, and integrates and visualizes the data to reduce the labor intensity of workers while improving the inspection efficiency, providing strong technical support for the safe operation of petrochemical tanks.

Key words: Intelligent monitoring and inspection; Integrity management; Intelligent inspection robots

1 引言

随着全球能源需求的不断增长，石化工业作为国家能源安全和经济发展的重要支柱，其安全生产问题日益受到重视。石化罐区作为储存和转运石油、化工原料的关键设施，其安全运行直接关系到整个石化产业链的稳定。然而，随着部分石化厂区运行年限的增长，罐区事故发生率呈现逐年增高的趋势，给社会经济、生产和人民生命财产带来了巨大的损失和威胁[1-4]。

传统的石化罐区管理手段存在诸多局限性，

作者简介：赵亚通(1992—)，硕士，主管师，现从事油气设备完整性管理、结构可靠性评价方向的研究。E-mail：zhaoyatong.fshy@sinopec.com

如员工劳动强度大、监检测手段单一、软件系统繁杂且存在信息孤岛问题，智能化水平相对较低。这些问题的存在，不仅增加了企业的运营成本，也严重影响了罐区的安全风险管控能力。因此，提升石化罐区的智能化管理水平，已成为行业发展的迫切需求[5-6]。

本研究以石化罐区安全风险智能化管控为目标，依据《油气储存企业安全风险智能化管控平台建设指南》，融合智能监检测、机器人巡检、数据可视化、机器学习[7]等当前主流智能化技术，以及储罐完整性管理技术，研发了一套罐区安全风险智能化管控平台。该平台集成了新一代智能化监检测系统、罐区完整性管理、智能巡检机器人等核心技术，实现了数据的一体化、可视化展示，旨在减少工人劳动强度，提高巡检效率，为石化罐区的安全运转提供有力的技术支撑。

2 平台架构及建设

罐区安全风险智能化管控平台采用B/S(浏览器/服务器)前后端分离架构，前端采用Vue3.0框架、WEB-GL技术开发[4]。前后端分离架构将页面显示相关处理彻底与应用的业务逻辑拆分开，使前端开发可以自由进行技术选型，借助多媒体手段，构建对用户友好的操作界面，而无需受到后端所采用技术类型的限制；后端开发可以专注于业务实现，向前端提供能够返回规定格式的接口，无论业务需求如何变更，只需要后端程序进行处理，前端程序不受影响。

管控平台的主要职责在于集成罐区监检测、巡检相关数据以及罐区完整性模块，联通数据孤岛，将关键数据[8-10]及报警信息直观展示给现场人员，为罐区安全运转提供数据依据及技术参考，平台总体架构如图1所示。

图1 智能化管控平台总体架构

在前端方面，结合现场需求，主要分为数据展示及完整性管理两个模块，数据展示模块主要复杂将罐区3D模型及后端提供的罐区信息进行集中展示，罐区3D模型获取方法首先是使用无人机倾斜摄影技术对罐区现场进行扫描，对获取模型进行减面优化处理后，应用在展示模块中，罐区3D模型如图2所示。展示模块中展示数据来自于罐区内的监测下位机、巡检机器人、储罐检测报告等不同模块，具体数据来源见表1。

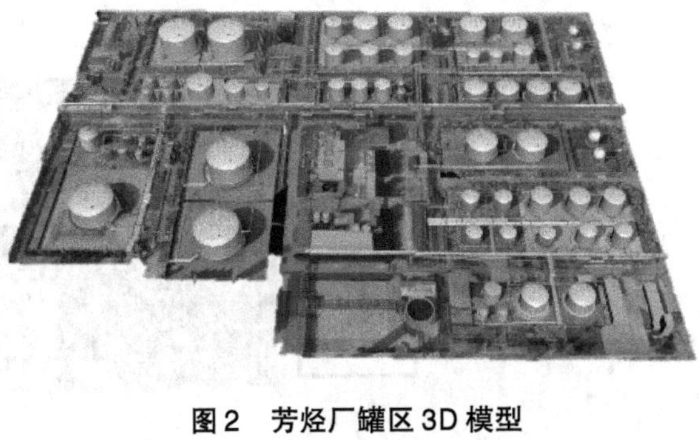
图2 芳烃厂罐区3D模型

表1 展示界面数据来源

数据种类	数据来源
储罐温度	PI 实时数据库系统
储罐液位	PI 实时数据库系统
储罐压力	PI 实时数据库系统
浮盘倾角	浮盘监控系统
浮盘积液液位	浮盘监控系统
浮盘温度	浮盘监控系统
罐区湿度	巡检机器人
空气一氧化碳含量	巡检机器人
空气硫化氢含量	巡检机器人
其他系统所上报告警	巡检机器人、防雷击系统
罐区大气电场值	防雷击系统
外边缘板腐蚀数据	底板腐蚀监测系统
储罐罐顶锈蚀	无人机罐区正摄影像

在系统的展示界面设计方面，需要使用WEB－GL技术对罐区内的储罐建模，通过用户的鼠标点击、拖动等交互操作，直观展示3D罐区。并在点击储罐模型时，显示该储罐的液位、压力、温度等数据。同时，为了时刻关注巡检机器人的工作状态，在界面上需要实时展示巡检机器人双光云台所摄制的视频影像。智能化管控平台展示界面展示需求见表2，最终部署的展示主界面如图3所示。

表2 展示界面展示需求

需求点	需求说明
3D罐区展示	对罐区进行3D建模，在界面上显示，实现罐区全景的直观展示。
3D模型显示储罐数据	用户点击储罐模型后，弹出当前储罐的液位、温度、压力。
机器人实时视频展示	在用户界面划分专门区域，显示巡检机器人摄像头当前摄制的内容。
系统告警展示	在用户界面划分专门区域，显示最新3条告警，并提供查询历史告警子窗口。
罐区大气电场展示	在用户界面划分专门区域，显示罐区大气电场数值的趋势曲线。
机器人巡检结果查看	提供机器人巡检结果查看子窗口，查看历次巡检过程中所拍摄的照片及结果。
罐区监控视频	接入罐区已有的监控摄像头的实时视频，在系统界面上展示。
子罐区详情查看	提供从罐区全局3D模型进入子罐区模型展示界面，展示子罐区的各储罐的油品储量、种类等统计信息。
储罐详情查看	在子罐区模型界面点击某储罐模型，显示该储罐的详细信息，包括罐顶锈蚀识别结果、罐体形变及沉降状态、该储罐的浮盘监控数据等。

点击某一罐组后，平台会切换至该罐组具体信息界面，展示该罐组中每一储罐的具体监检测信息，如图4所示。

图3 罐区安全风险智能化管控展示主界面

图4 罐区安全风险智能化管控展示罐组界面

2.1 监检测模块

根据罐区日常运维以及检维修时储罐存在问题的重点区域进行深入研究，重点针对接地电阻、内浮顶浮盘、储罐外边缘板几个难以监测且维修成本较高部位进行研究，开发相对应的监检测系统及技术，全方位保障罐区日常运转，准确评估被监测储罐运转状态，最大程度延长储罐开关周期，提高企业运转效率。

接地电阻状态监测：基于阻值回路测量技术、无线通信等技术，研发非接触式接地电阻在线监测设备，在不影响接地效果及设备的正常运行前提下，实时监测接地引下线及地网状态，保障厂区设备安全。接地状态监测设备可单个安装使用，也可组建成有线、无线网络组成接地网电阻监测系统使用，方法是通过对各接地点积累数据进行储存，可解构出地网电阻的变化趋势，从而对整个接地网进行失效监测。现场安装设备如图 5 所示，最终监测数据通过石化厂区内网存入私有云，并展示于安全风险管控平台的展示模块中。

图 5　接地电阻状态监测下位机

罐底外边缘板腐蚀监测：基于超声导波无损检测技术，研发罐底外边缘板腐蚀在线监测系统，建立底板腐蚀的识别、分级和表征方法，提出基于监测数据的腐蚀评估方法。建立储罐底板腐蚀监测方案，提出传感器优化布局方法、监测数据采集、传输及处理方法。建立腐蚀评价数据库、开发罐底腐蚀在线监测及状态评估系统，现场超声导波板安装如图 6 所示，现场监测结果标明，该系统能够准确识别罐内约 2m 内超声检测信号，最终结果集成在智能化管控平台的完整性模块中，如图 7 所示。

图 6　罐底边缘板监测下位机

浮盘状态监测：为实时观察浮盘的状态，基于光纤光栅原理，研发了浮盘状态监测系统，对浮盘倾斜角度、浮盘上方空气温度以及浮盘上方液位进行准确前侧，防止沉盘、卡盘、泄漏和火灾事故的发生。浮盘倾角报警值设置为 0.5°；温度监测确定量程为 −40 ~ 150℃，报警值设置为 80℃，精度 ±1℃；液位监测精度为 mm 级。系统下位机安装如图 8 所示，数据获取后在展示模块中进行实时展示，同时浮盘状态监测上位机并入了罐区完整性管理模块中，如图 9 所示。

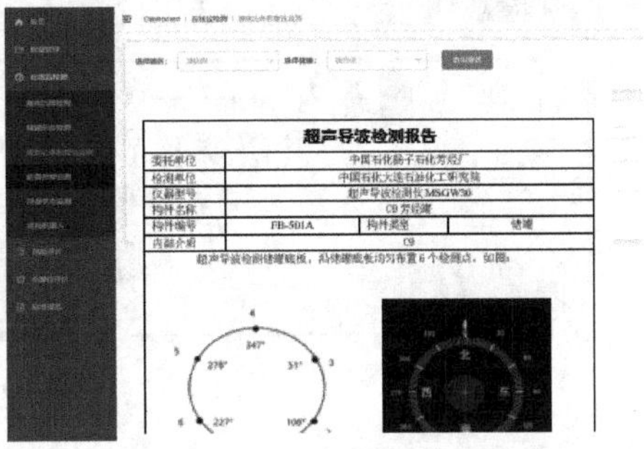

图 7　检测报告

图 8　接地电阻状态监测下位机

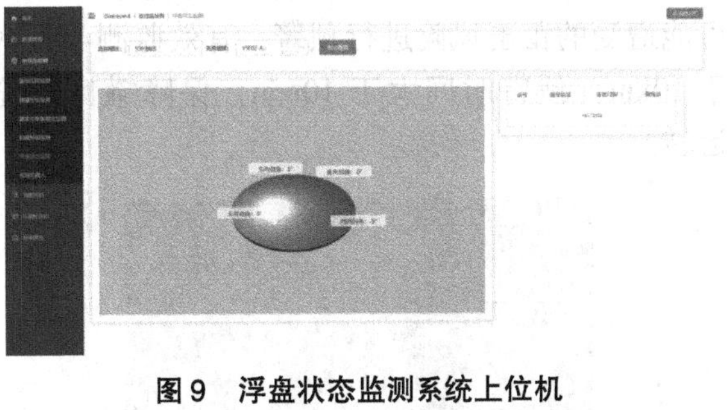

图 9　浮盘状态监测系统上位机

罐顶锈蚀检测：无人机为罐区进行倾斜摄影建模同时拍摄正射影像，基于对抗神经网络研发罐顶锈蚀评估算法，实现流程及算法模型框架如图 10 所示。以石化罐区某储罐为例，经过算法对罐顶的分割、识别，检测腐蚀面积约为 19% 左右，最终检测结果如图 11 所示。罐顶锈蚀检测能够准确评估储罐腐蚀状况，预防罐顶腐蚀，为罐顶重新喷涂提供数据支撑智能化技术支撑。

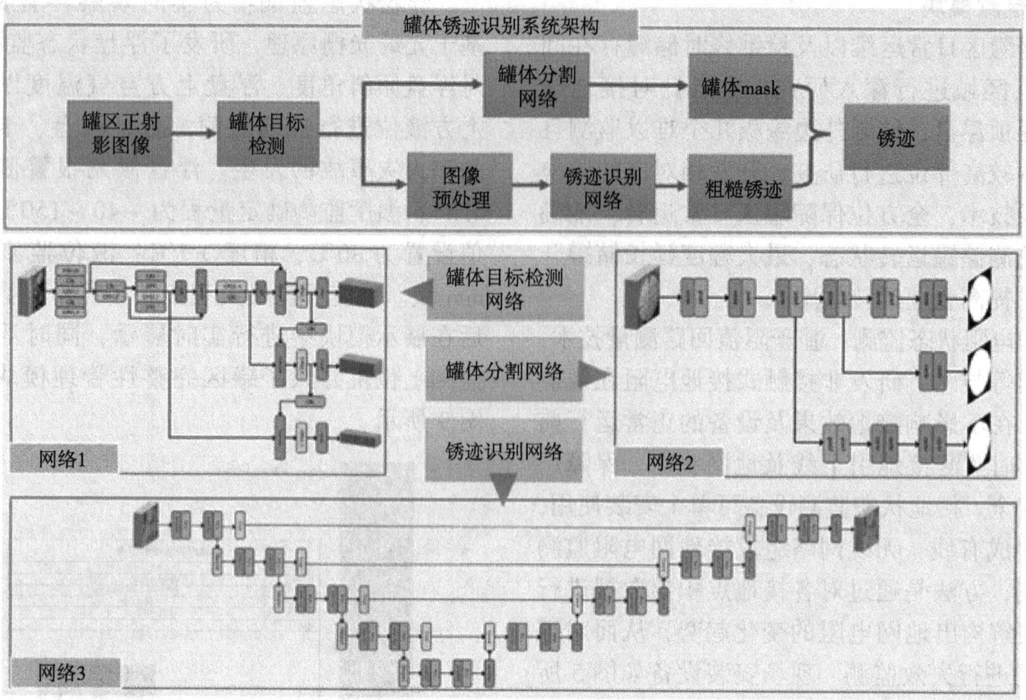

图10　技术流程及算法框架

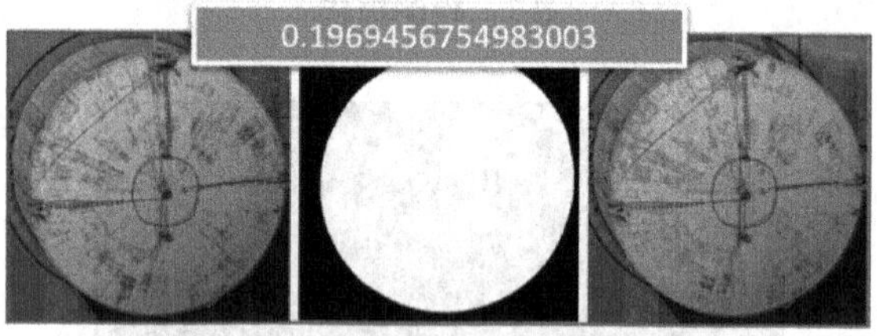

图11　罐顶锈蚀识别结果

雷电预警监测：为防范罐区发生雷击风险，依据GB/T 38121—2019《雷电预警》要求，研发雷电预警监测系统，监测大气电场状态，对罐区可能遭受的雷击风险进行预警，有效监测半径大于10km，预警时间大于10min，保障罐区安全运转。

图12　雷电预警监测系统下位机

2.2　智能巡检模块

针对罐区巡检存在安全隐患、巡检区域广、员工劳动强度大、重复性工作高等问题，研发罐区防爆智能巡检机器人，替代员工日常巡检，降低员工劳动强度，提升罐区智能化水平。防爆巡检机器人是由光、机、电、算、软等各学科系统技术组成，由高性能运动底盘、可旋转云台及传感系统、导航系统、通信系统、动环检测系统、安全系统、动力系统等几大部分构成，机器人框架如图13所示，样机如图14所示，巡检机器人通过整机防爆认证，最高移动速度不低于1.5m/s；室内定位精度优于±2cm，室外定位精度优于10cm。

在机器人现场巡检中，根据现场需求规定每2h自动巡检一次，选择一个罐组6个储罐进行巡检方案设计，为实现罐区巡检项目全覆盖，对罐区围堰内通道进行改造，联通每一个储罐前操作平台，机器人沿通道进行沿路巡检，如图15所示，沿途巡检主要监测围堰内的温度、视频、H_2S及苯的泄漏异常情况。同时，在每个储罐操作平台设置巡检点，重点识别内容有两项，一是减压阀状态识别，二是压力仪表指针识别，以及拍摄储罐管路截止阀图片，巡检项目如表3所示，其中减压阀状态识别基于目标检测算法YOLOv5开发，通过获取现场减压阀开、关两种状态的大量样本进行标注训练，最终实现对每个点位开关阀门数量进行准确识别，经过与数据库比对得出当前阀门状态。指针识别算法主要基于特征匹配SIFT算法、霍夫直线检测算法实现仪表指针识别，对压力表是否处于规定区间进行准确识别。

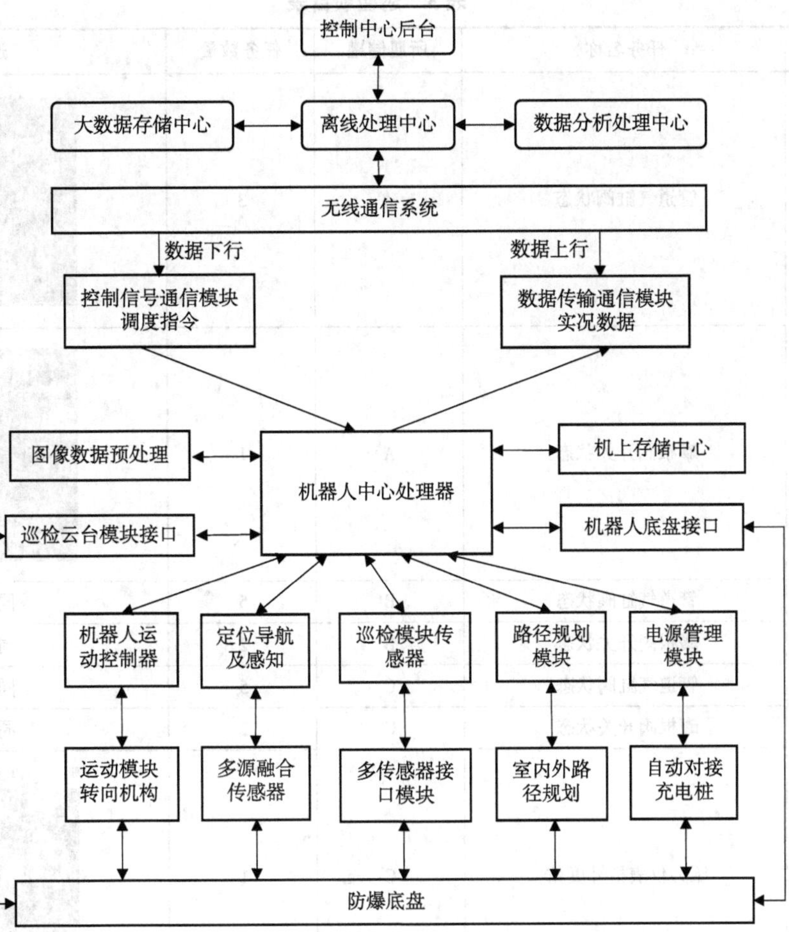

图 13　机器人设计框架

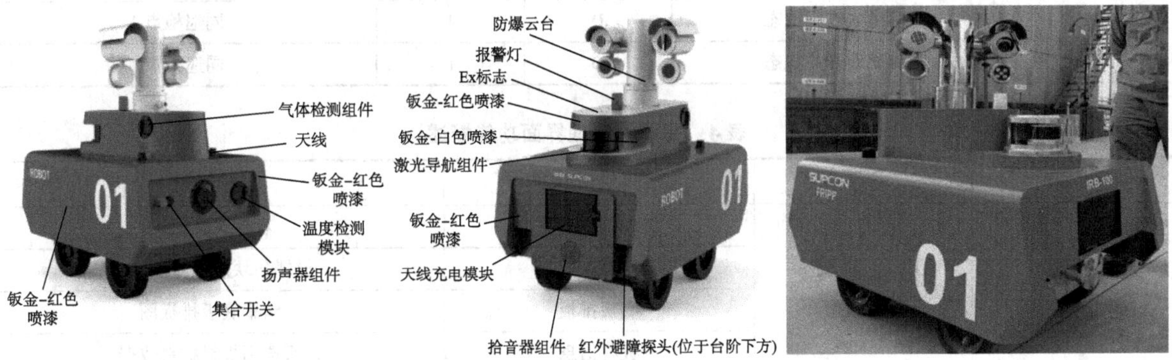

图 14　巡检机器人

图 15　机器人沿线路巡检

2.3　完整性管理模块

完整性管理中，主要包含罐区数据管理、监检测下位机管理、风险评价以及完整性评价四个主要功能，在为罐区提供完整性评价及风险评价的同时，对罐区建设、大修、日常运维的数据进行收集整理，同时集成监检测系统及机器人下位机的配套上位机，供管理人员对各下位机状态进行管理，完整性管理模块分级菜单及功能概述如表4 所示。

表3　巡检项目表

巡检点位	任务名称	所属储罐	任务数量	巡检图片
巡检点1	管道气缸阀状态	A	3	
	罐根阀开关状态	A	1	
巡检点2	管道气缸阀状态	B	5	同巡检点1
	罐根阀开关状态	B	2	同巡检点1
巡检点3	管道气缸阀状态	C	5	同巡检点1
	罐根阀开关状态	C	2	同巡检点1
	压力仪表指针度数	C	1	
巡检点4	管道气缸阀状态	D	4	同巡检点1
	罐根阀开关状态	D	1	同巡检点1

表4　完整性管理界面功能概述

一级菜单	二级菜单	三级菜单	功能概述
数据管理	设计数据	储罐基本参数	存储设计数据
		底板参数	储罐每块底板排版标识
		底板排板	储罐底板排板图
		板材信息	所选用板材材料数据
		罐顶附件	罐顶附件信息
	基础数据	油品性质	储罐油品性质
		材料性能	储罐材料性能
	罐底边缘版腐蚀监测		边缘板腐蚀历史记录查看
	防雷预警监测		雷电预警下位机管理，历史数据查看，系统配置等功能。
	浮盘状态监测		浮盘状态监测下位机管理，历史数据查看。
	接地电阻监测		接地电阻监测下位机状态查看，历史储罐引下线电阻查看。
	巡检机器人控制		机器人状态查看，临时任务下发，历史巡检记录查看等，系统配置等功能。

续表

一级菜单	二级菜单	三级菜单	功能概述
风险评价	系统管理评价		主要用于每一储罐的风险计算。
	损伤系数		
	失效后果		
	评价计算		根据以上功能的计算结果对储罐整体风险进行评价。
	风险对比		对罐区全部储罐风险评价进行集中展示。
完整性评价	全面检查		对每一储罐罐顶、罐底、罐顶附件等数据进行评价。
	完整性等级		根据全面检查评价得分对所有评价储罐进行排序对比，为储罐分级管理提供依据。
标准规范	储罐日常运维、检测相关标准收录		

完整性管理模块中关键的风险评价及完整性评价开发中，主要依照我国现行行业标准 GB/T 26610—2014《承压设备系统基于风险的检验实施导则》以及 GB/T 30578—2014《常压储罐基于风险的检验及评价》进行储罐评价。其中风险评价是基于储罐油品周转频率、罐底密封、介质成分、罐底抽水、浮盘座底、以及阴极保护等数据，实现储罐泄漏失效概率、失效后果及定量风险评价，为储罐风险分级管控及检维修提供依据，功能界面如图 16 所示。图中左侧部分展示了该风险评价批次的所有储罐的失效概率及失效成果柱状图，右侧展示了处于某一风险区域的储罐数量，底部展示了该批次全部评价储罐的评价数据。

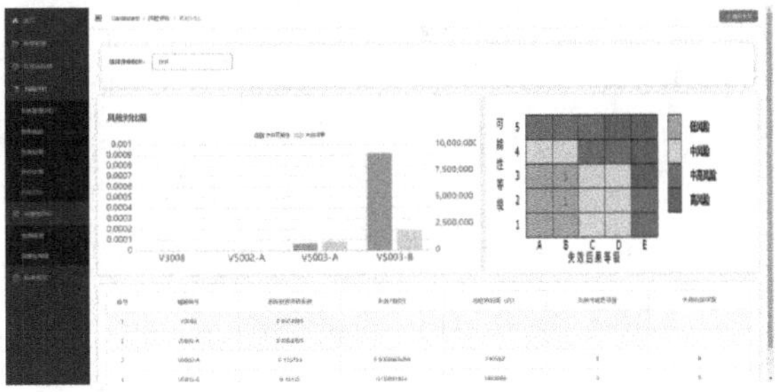

图 16　罐区风险评价

完整性评价是建立以目视检查为主，超声、声发射等在线检测为辅的全面检查评价方法和指标体系，评估储罐完整性等级，为日常检测与分级管理提供依据，如图 17 所示。

3　结论

本文以石化罐区安全风险智能化管控为目标，依据《油气储存企业安全风险智能化管控平台建设指南》，于某石化罐区进行智能化研发改造以及一体化管控平台开发部署工作，完成了以下智能改造成果：

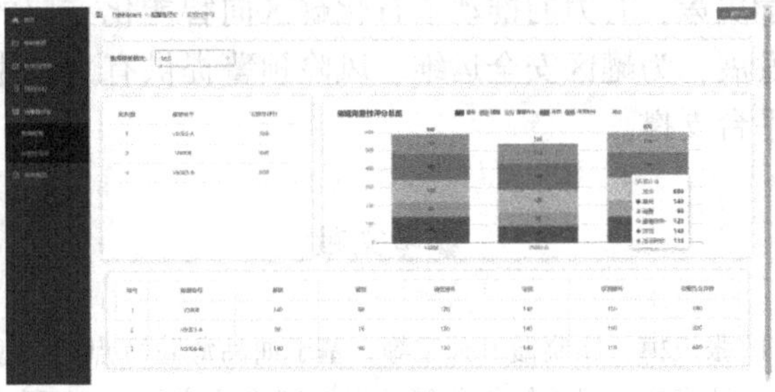

图 17　罐区完整性评价

(1)监检测方面，根据罐区日常运维以及检维修时储罐存在问题的重点区域进行深入研究，开发储罐接地状态、罐底外边缘板、内浮顶监测、雷电预警、罐顶锈蚀只能识别算法及设备，并于某罐区试验储罐完成安装，上位机展示平台统一集成于罐区安全风险智能化管控平台，全方位保障罐区日常运转，准确评估被监测储罐运转状态，最大程度延长储罐开罐周期，提高企业运转效率。

(2)巡检方面，研发罐区防爆智能巡检机器人，巡检机器人通过整机防爆认证，最高移动速度不低于 1.5m/s；室内定位精度优于 ±2cm，室外定位精度优于 10cm。根据现场巡检要求规划并建设围堰内巡检通道，替代外操室员工日常巡检，实现了罐区日常巡检无人化。

(3)完整性管理方面，主要依照我国现行行业标准 GB/T 26610—2014《承压设备系统基于风险的检验实施导则》以及 GB/T 30578—2014《常压储罐基于风险的检验及评价》进行完整性评价及风险评价模块开发，为罐区为日常检测、分级管理、维修周期及大修周期排序提供依据。

(4)集成上述全部技术模块，开发罐区安全风险智能化管控平台，平台采用B/S(浏览器/服务器)前后端分离架构，展示端采用Vue3.0框架、WEB－GL技术进行3D可视化开发，展示模块中展示数据来自于罐区内的监测下位机、巡检机器人、储罐检测报告等不同模块，将关键数据及报警信息直观展示给现场人员，为罐区安全运转提供数据依据及技术参考。

本研究开发的智能化管控平台，集成储罐检测、监测、评价和分析决策等技术，融合5G、物联网和人工智能技术，开发形成了“风险感知＋检测评价＋风险控制＋智能平台”的安全风险智能管控成套技术与综合解决方案，研发并集成了罐区防爆智能巡检机器人、接地状态监测在内的储罐监检测设备以及罐区完整性管理系统，实现了石化罐区智能感知、自动操控、预测预警、科学决策，有力的推动了石化罐区向智能化方向的发展，为罐区安全运维、风险预警提供有力技术平台支撑。

参考文献

[1]张玉梅，康晓霞，孙宁等．基于油品危险特点的大型油库安全风险智能化管控平台建设研究[J]．南开大学学报(自然科学版)，2022，55(05)：15－23.

[2]纪媛媛．基于化工厂常压罐区的罐区整体智能化管理[J]．化工管理，2017，No.447(13)：94.

[3]杨国旺．智能巡检系统在黄骅港原油码头一期工程中的应用[J]．港工技术，2021，58(03)：96－98.

[4]黄梓健，石磊，杨晓，等．基于多智能体的罐区巡检关键技术研究[J]．当代化工，2022，51(01)：236－241.

[5]帅健，大型石油储罐完整性管理关键技术研究及应用．北京市，中国石油大学，2019－10－15.

[6]王伟华，张婧，刘宝林．常压储罐区完整性管理软件系统的开发[J]．化工机械，2020，47(02)：284－288.

[7]徐如良，肖宇，陈彦泽．大型石油储罐罐区管理中基于风险的检验和检测监测技术综合应用[C]//中国机械工程学会压力容器分会，合肥通用机械研究院．压力容器先进技术—第九届全国压力容器学术会议论文集．合肥工业大学出版社，2017：7.

[8]张翼飞，黄攀．多个罐区的分散控制系统(DCS)控制器层并网的应用[J]．石油库与加油站，2019，28(04)：20－24＋5.

[9]钟彩浚，钟晓波，姚志威等．石油化工储运定量装车系统与罐区泵控系统一体化应用[J]．自动化博览，2020，No.325(07)：20－22.

[10]贾红阳，张志檩．基于TIA的罐区管控一体化系统及应用探讨[J]．计算机与应用化学，2010，27(10)：1441－1445.

特种设备大数据应用体系架构研究

朱利洪　李明飞

（广东省特种设备检测研究院，广州　510655）

摘　要：本文通过分析特种设备大数据应用存在的问题，结合大数据应用需求提出了特种设备大数据应用体系架构，包括数据源、数据存储、数据分析、应用场景、数据治理、标准规范和信息安全保障等，系统探讨了特种设备大数据应用需求及场景，并给出了加强标准化体系、区域互连共享平台、政策保障机制和管理制度、人才培养等方面建设的建议，对我国特种设备大数据应用系统建设顶层设计、平台开发和特种设备安全监管具有十分重要意义。

关键词：特种设备；大数据；应用体系架构

Research on the Application Architecture of Special Equipment Big - data

ZHU Lihong, *LI Mingfei*

(Guangdong Institute of Special Equipment Inspection & Research, Guangzhou 510060, China)

Abstract: This paper analyzes the problems existing in the application of special equipment big data, and puts forward the application architecture of special equipment big - data based on the application requirements of big data, including data source, data storage, data analysis, application scenario, data governance, standard specification and information security guarantee. This paper systematically discusses the application requirements and scenarios of special equipment big - data, and gives some suggestions on strengthening the construction of standardization system, regional interconnection and sharing platform, policy guarantee mechanism and management system, personnel training and so on. It is of great significance to the top-level design for big data application system construction, platform development and safety supervision of special equipment in China.

Key words: Special equipment; Big - data; Application architecture

1　引言

特种设备是指涉及生命安全、危险性较大的锅炉、压力容器(含气瓶，下同)、压力管道、电梯、起重机械、客运索道、大型游乐设施和场(厂)内专用机动车辆。通常在高压、高温、高空、高速条件下运行，若管理不善，易导致爆炸、坠落等生产和公共安全事故，严重危害人身和财产安全。截至2023年底[1]，全国特种设备总量达2128.91万台，全国特种设备安全监察机构、检验检测机构、特种设备生产(含设计、制造、安装、改造、修理)和充装单位总数近10万家，各类特种设备许可人员持证数量超千万。因特种设备安全的重要性及政府安全监管的需要，特种设备生产(设计、制造、安装、维修)、经营、检验、检测、使用和特种设备的安全监督管理相关单位为了方便实施对特种设备的安全管理，随着网络科技发展，基本都已采用信息化管理的手段，随之产生了海类、海量的特种设备相关数据，建立了名目繁多的各种用途的信息化系统。在大数据时代来临之际，如何发挥信息技术

作者简介：朱利洪(1968—　)，高级工程师，博士，主要从事特种设备检验、安全评价、大数据应用和标准化研究。E - mail：14366084@ qq. com

的支撑及引领作用，通过大数据技术的应用，充分挖掘数据价值，实现数据驱动决策，支撑特种设备安全管理转型升级，是值得每一个特种设备安全守护者思考的问题。

2　特种设备大数据应用存在的问题

特种设备大数据泛指所有与特种设备相关的极大量数字化信息的集合，特种设备大数据涵盖特种设备设计、制造、型式试验、制造监督检验、安装、安装监督检验、使用维护、定期检验、维修改造和全过程安全监管，直至最终报废的整个生命周期内所产生的多方面的数据。早期，大部分特种设备相关数据以纸质或者胶片形式存在，如特种设备的设计图纸、安装竣工验收资料、监督检验报告、使用维护记录、故障和事故记录、定期检验记录、X 射线胶片(数字成像图片)、材料金相检验图像、维修改造资料、安全监察信息等。随着特种设备安全保障技术的发展进步，设计和安装数字化、检验信息化的推广普及，数字检测设备的广泛使用，各种异构异源数字化特种设备相关数据的大量增长，特种设备大数据的形式和内涵越来越丰富、充实。特种设备大数据的类型与来源纷繁复杂，特种设备大数据来源于不同的地区、不同的特种设备相关主体(特种设备生产(设计、制造、安装、维修)、经营、检验、检测、使用和特种设备的安全监督管等单位)的不同软件应用。一旦理顺了多格式、多源头、呈爆炸性增长的大数据的整合和分析，实现数据共享，使得大量数据资源实现增值。特种设备大数据将在提高特种设备的设计质量、安装维修质量、检验检测质量、强化特种设备安全、降低风险、降低社会整体特种设备生产和检验成本等方面发挥无与伦比的巨大作用。

我国特种设备相关信息系统建设已初具规模，检验机构、监察机构相继建立起相应的信息系统应用于业务管理，一部分特种设备设计、制造、安装和使用单位等也有相应的设备管理系统开展特种设备的安全管理。但是，由于对特种设备数字化化的认识不到位、缺乏和难以统一各特种设备关联主体(特种设备生产、检验、使用管理和安全监察等)数据标准、无法数据共享、缺乏配套的制度法规等因素，大大影响着特种设备大数据应用的发展。目前，特种设备相关信息系统的建设存在以下问题和难点。

2.1　系统分割、相互独立，数据孤岛现象严重

经对特种设备信息化工作开展方面的初步调研显示，目前特种设备信息化系统主要集中在特种设备检验机构的检验信息化和政府特种设备安全监管的系统中，比较全面的数据资源应主要来源于此；特种设备使用单位的信息化工作因企业特种设备管理能力水平不同差别巨大，且主要集中在设备资产管理方面，缺乏专业的特种设备信息管理，大型的石油化工企业中有一些独立的信息化系统涉及特种设备管理，如工艺监控、腐蚀管理、风险管理等应用系统，有的大型电梯制造企业有电梯运行实时监控应急救援系统等。特种设备制造、经营、安装、检测、改造、维修等关联主体的特种设备信息化管理更是少见。大部分的特种设备资源信息集中在相关的特种设备档案中(设计文件、制造档案、安装竣工验收资料、使用管理档案等)，不少特种设备的管理，也仅限于特种设备档案的管理，且大部分还是纸质档案，缺乏特种设备信息化管理的标准体系，特种设备大数据处在一个个“孤岛”之中，甚至一个机构中的多个业务平台系统之间互不关联，也是一个个“孤岛”模式存在，数据信息重复录入，工作量增加不说，数据错漏也难免发生。随着特种设备信息化的发展，这些孤立系统信息不能整体集成，或者厂商更迭，导致这些孤立的系统不得不推倒重来。这不仅导致了资金的浪费，而且原来系统中保存的数据很难在新系统中继承下来。各个关联主体之间相对独立开展业务，相互封闭，信息分散，连续性和协调性差，信息不能共享和交换。特种设备信息数据碎片化、无序化，严重制约特种设备大数据的集成融合、效能发挥和价值应用。

2.2　数据质量低

数据质量是特种设备大数据的关键核心问题。首先，现阶段各特种设备关联主体(特种设备生产(设计、制造、安装、维修)、经营、检验、检测、使用和特种设备的安全监督管理单位)的信息化建设参差不齐，数据积累存在偏差和残缺，绝大部分数据来源于人工记录，数据重复录入，数据的表达、记录本身具有不确定性。其次，目前的数据多为静态数据，非实时数据，分析预测有滞后性。部分动态数据，如电厂、石化等企业 DCS 数据，基本根据工艺需要而不是特种设备安全需要进行采集的动态数据，数据共享也存在很大难度，数据可用性较低。最后，特种设备健康档案开放共享需要整合特种设备关联主体的多方数据，融合处理难度大，难以实现特种

设备生产(设计、制造、安装、维修)、经营、检验、检测、使用和特种设备的安全监督管等多源异构特种设备大数据的采集汇聚,以及单台(套)特种设备健康档案的全过程记录。

2.3 标准化程度不足

国内针对特种设备信息系统的规范、标准起步较晚,虽然近期出台了一些特种设备相关信息化标准规范,但覆盖面与成熟度远远不能满足国内特种设备信息系统建设的基本要求。当前各类特种设备业务流程不统一、不规范,很多业务工作没有国家统一的规范和要求,各地区和单位根据自身需要,自行制定工作规范和标准,导致信息不能交换和共享。由于业务流程不规范,很多单位的信息化就是现有管理模式的计算机化,不能充分发挥信息系统应有的优势。由于缺乏相应的标准、规范,信息的共享与交换主要以“点对点”的方式进行,个性化极强,往往会因为系统升级、更换厂商而带来严重后果。特种设备大数据应用标准体系没有建立,造成既有系统数据孤岛现象严重。特种设备信息相关标准都是因某些需要而制定,缺乏特种设备大数据建设顶层设计。

2.4 智能化应用水平低

随着特种设备大数据的迅猛增加,从海量的大数据中获取最有价值的部分最为关键,而不是盲目收集、分析情况。已收集的特种设备档案缺乏智能算法的支撑,缺乏知识库,无智能计算。检验人员没有精力和时间去查阅大量只是简单堆积罗列的特种设备各类记录档案文档,各类平台仅是对特种设备各类业务(如检验业务、监察业务等)的信息化管理,还未很好地利用人工智能和大数据技术,对海量特种设备大数据进行分析、整理,提取主要特种设备安全问题,快速精准地辅助特种设备检验和安全管理。目前检验机构因第三方公正性的原因,未进一步介入特种设备检出缺陷后的诊断和处理方面工作,仅由特种设备使用单位按规范标准进行处理,相关数据缺乏共享,未能形成相关特种设备失效模式诊断及缺陷诊治链,缺陷诊治相关的规范、标准缺乏,是典型的“看病不治病”,从而不能形成合理处理检出缺陷的有效知识库,严重阻滞了特种设备大数据的智能化应用。

3 特种设备大数据应用体系架构

3.1 概述

围绕特种设备安全使用管理需求,分析研究特种设备大数据的可能来源,通过分析和借鉴其他行业大数据应用体系架构,依据“统一高效、资源整合、互联互通、信息共享、实时动态”的原则,初步确定特种设备大数据应用体系架构应包括数据源、数据存储、数据分析和应用场景4个层次以及数据治理、标准规范与管理、信息安全保障3个体系。特种设备大数据应用体系机构如图1所示。

3.2 数据源

数据源包括特种设备大数据和其他行业数据来源。特种设备大数据主要包括汇聚特种设备设计开始至报废的整个生命周期内所形成的特种设备使用档案库、检验信息库、安全监察库和综合管理数据库。其他行业数据包括环保、财政、公安、保险、民政、市政、人社、交通、住建、应急管理、交通等相关部门及行业。

3.3 数据存储

数据存储应满足目前各类信息化系统静态建设需求、特种设备大数据资源存储结构特点及未来发展需求,满足高稳定性、高扩展性、异构性、兼容性、易维护性等要求。主要包括结构化数据、非结构化数据和半结构化数据的存储形式。

3.4 数据分析

数据分析主要包括数据计算、分析和可视化三个阶段,数据计算利用批处理、交互式处理、流计算等技术结合各类业务逻辑和算法实现海量数据的离线、在线分析与处理。数据分析包括统计分析(描述性和推断性);数据挖掘(聚类分析、回归分析、时间系列分析等)、人工智能(机器学习、模式识别等)等形成特种设备大数据应用的分析模型。

3.5 应用场景

大数据的价值体现在与业务场景的紧密结合,利用统计分析、数据挖掘等方法生产出有价值的数据分析结果,辅助优化设计、流程,通过预测来预防和预警特种设备安全事故的发生,创造新的价值。应用场景根据大数据应用主体的不同,包括特种设备生产(设计、制造、安装、改造、修理)和充装单位、使用单位、检验检测机构、安全监察机构、考试和培训机构及其他特种设备相关部门和单位等。

3.6 数据治理体系

数据治理是专注于将数据作为商业资产进行应用和管理的一套管理机制,能够消除数据的不一致性，建立规范的数据应用标准，提高组织的数据质量，实现数据广泛共享，并能够将数据作为组织的宝贵资产应用于业务、管理、战略决策中，发挥数据资产的商业价值。特种设备大数据治理贯穿特种设备大数据的全生命周期，具体包括数据架构管理、主数据管理、元数据管理、数据指标管理、时序数据管理、数据质量管理、数据安全管理、数据交换与服务、数据共享与开放等。

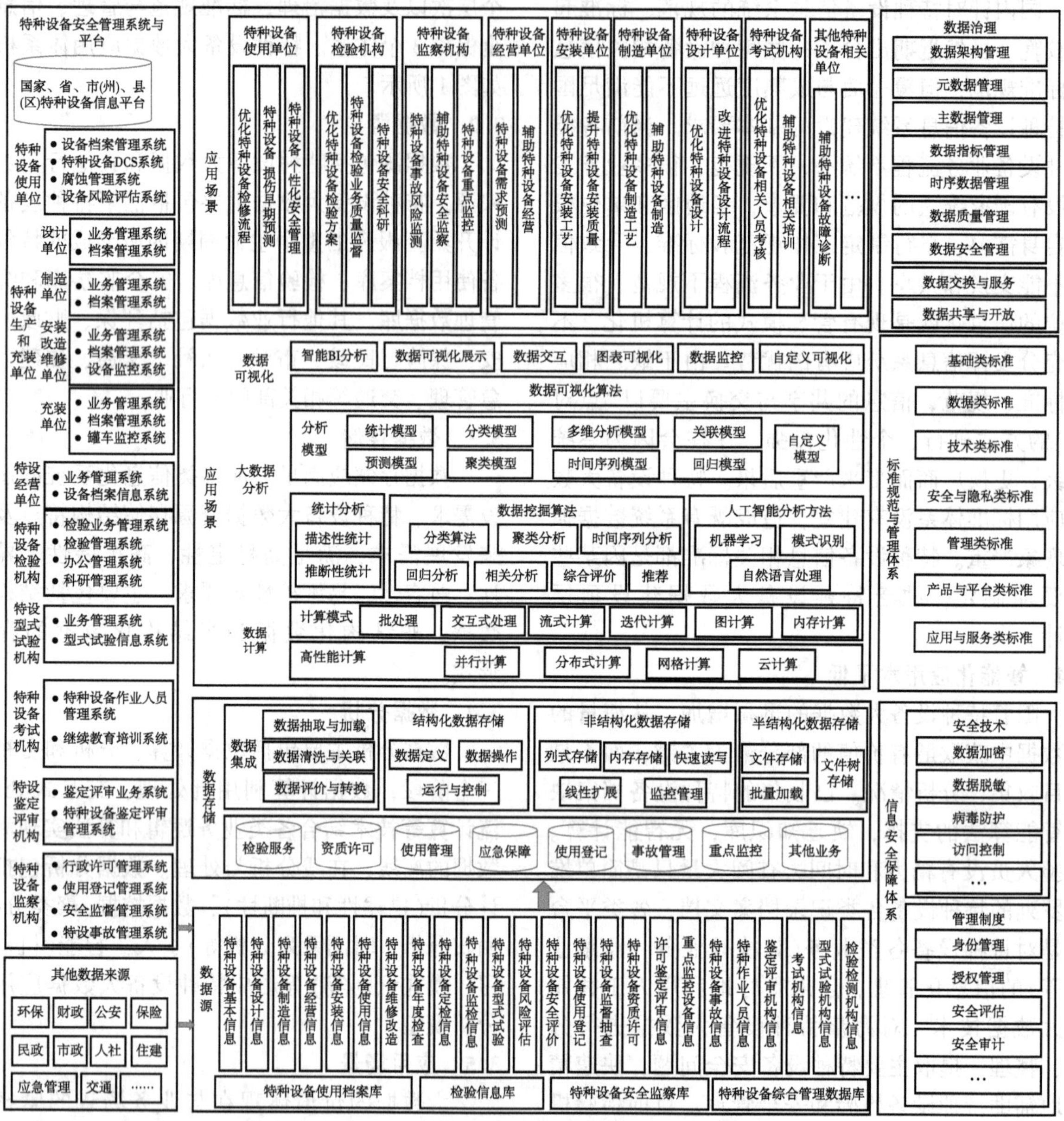

图1　特种设备大数据应用体系架构

3.7　标准规范与管理体系

规划并建立特种设备大数据标准体系，逐步完善特种设备大数据应用及产品相关类别标准，建立特种设备大数据应用标准体系。具体标准包括基础类标准、数据类标准、技术类标准、安全与隐私类标准、管理类标准、产品与平台类标准及应用与服务类标准等。

3.8　信息安全保障体系

从数据安全技术和管理制度两个方面着手，针对物理、网络、应用、主机、数据安全及安全管理等环节加强数据信息安全防护，完善数据加密、脱敏、模糊化处理、账号监控等各种数据安全策略，确保数据在使用过程中有恰当的认证、授权、访问和审计等措施。

4　特种设备大数据应用场景

4.1　特种设备设计单位

基于特种设备设计、制造、安装、改造、修理、使用、检验检测、安全监察的全生命周期大数据，可以为设计单位提供所设计特种设备的实时健康状况，及时掌握特种设备的设计缺陷和使用过程中所产生的缺陷，为优化设计提供依据。同时，可以通过大数据类比分析同厂同类设备和不同设计、制造单位同类设备使用状况，优化特种设备设计流程，减少不必要的试验和验证，延长特种设备设计寿命，节约特种设备的全生命周期成本。

4.2 特种设备制造单位

基于特种设备制造过程、制造监督检验和特种设备使用后定期检验和使用维护数据分析，可全面了解提供特种设备制造过程缺陷产生的原因，为制造单位提供工艺应用分析，改进特种设备制造工艺，找到影响制造质量的关键因素，通过同类特种设备全生命周期数据信息的分析，可辅助特种设备制造。

4.3 特种设备安装单位

基于特种设备安装过程、安装监督检验和特种设备使用后定期检验、使用维护数据分析，可全面了解特种设备安装过程缺陷产生的原因，为安装单位优化特种设备安装工艺，并通过同类设备安装质量对比分析，优化特种设备安装流程，提升特种设备安装质量。

4.4 特种设备使用单位

基于特种设备数据档案、实时监测、监控等数据可以为特种设备使用单位提供个性化服务。通过对特种设备检验检测数据、失效分析数据及历史使用状况进行特种设备剩余寿命预测和风险评估，可以辅助制定检修计划和年度检查方案，优化特种设备检修流程和巡检流程，实现对特种设备损伤的早期预测，精准实施预防性维修，优化特种设备的备品备件管理。针对不同使用单位特种设备特点，为使用单位提供个性化安全管理。同时，也可应用其他单位同类特种设备大数据，指导特种设备的安全管理，预测、预防特种设备安全事故。

4.5 特种设备检验机构

4.5.1 优化特种设备检验方案

基于特种设备全生命周期数据分析，可以为特种设备检验机构提供全方位的优化检验服务，针对性制定特种设备的监督检验和定期检验方案，优化检验流程。通过对特种设备失效模式分析、合于使用评价、剩余寿命预测、风险评估等大数据应用完成对特种设备从制造、安装过程监督检验和使用时定期检验的全过程辅助。

4.5.2 特种设备安全科研

基于特种设备全生命周期数据分析，可以揭示特种设备缺陷产生、发展乃至最终失效的规律，有效促进特种设备检验和合于使用评价水平的提高。通过特种设备检验检测方法有效性、缺陷数据、监测监控数据、故障诊断模型、失效数据、失效原因、预防措施有效性等大数据应用，可以为特种设备早期失效、事故的预测预防和检验优化提供辅助决策。通过检验检测方法与缺陷形式、失效模式及预防措施等大数据应用，发现特种设备缺陷发展规律和预测预防方法，有利于提高特种设备检验检测能力和安全保障水平，实现精准检验和预防。

4.5.3 特种设备检验业务质量监督

基于特种设备全生命周期大数据，通过分析特种设备构成、特种设备种类分布特点、特种设备缺陷、失效和事故分布/构成等大数据应用，可以使特种设备检验检测服务更具针对性，合理分配检验资源，提高服务质量和效率。通过特种设备到期检测需求分析、检验监督抽查、质量分析、检验成本核算与控制等大数据应用，可以为特种设备检验机构的管理提供科学的决策依据。

4.6 特种设备考试培训机构

基于特种设备全生命周期大数据所形成的特种设备专业知识库和各类实际案例，可辅助特种设备作业人员、检验人员等知识培训。通过对人员培训和业务、质量监督及考试等数据分析，实施因材施教，优化特种设备相关人员的考核，提升特种设备作业和检验人员的能力水平。

4.7 特种设备安全监察机构

利用特种设备全生命周期大数据开展特种设备安全监测、事故风险监测、重点设备监控、监督抽查和安全隐患排查等大数据应用，实现精准作业人员和检验人员监督、各类特种设备安全质量的监督，分析特种设备安全事故影响因素、危险源等，找出导致不同特种设备安全事故的关键因素，为实施特种设备安全隐患分类管理和重点监控提供指导，实现特种设备风险和安全事故前预警，预防特种设备安全事故发生，完善特种设备安全监察体系，保障特种设备安全运行。

5 特种设备大数据应用体系建设建议

随着特种设备检验机构改革推进，部分省级检验机构实现了纵向合并，特种设备信息系统数据大部分集成在一个平台上，检验机构与监察信息系统之间大部分实现了“点对点”的数据交换功能，为大数据应用提供了有利条件。为了更好地发挥特种设备大数据应用，方便汇集各类特种设备大数据，针对特种设备大数据应用体系建设提出如下建议。

5.1 加快大数据应用标准体系建设

开展特种设备大数据应用标准体系规划研究，做好标准体系建设的顶层规划，在国家大数据标准体系基础上，建立健全适应特种设备关联主体相关业务发展需求，涵盖基础、数据、技术、应用与服务、安全与隐私、管理等方面的特种设备大数据应用标准体系。组织有关部门、教学科研机构等积极开展特种设备大数据应用相关标准研究，鼓励有关企业研究制订特种设备大数据应用相关标准，推动特种设备大数据应用标准体系建设，服务于特种设备安全管理，保障特种设备安全运行。

5.2 落实区域互连共享平台建设

以特种设备检验机构的特种设备相关数据为基础，打通各特种设备关联主体(特种设备生产(设计、制造、安装、维修)、经营、检验、检测、使用和特种设备的安全监督管等单位)之间特种设备信息数据，通过建设区域互连共享平台，逐步建立一张遍布全国互联互通的特种设备安全数据网，消除“信息孤岛”，建立特种设备检验机构、生产和充装许可单位和资质许可的监察人员、检验人员、特种作业人员等国家基础数据库，实现特种设备大数据共享，建立机制从数据源头获取共享数据，避免重复录人和发生错漏，使特种设备大数据真正流动起来。建立完善区域特种设备数据中心，设立特种设备大数据开放负面清单制度、共享开放统格式标准和共享开放风险评估制度。鼓励单位和个人对共享开放的数据进行分析、挖掘研究，开展特种设备大数据开发和创新应用，形成一张保障全国特种设备安全的安全网。

5.3 加强关联政策机制、管理机制和利益机制建设

围绕国家支撑大数据发展相关政策法规，组织研究制定特种设备大数据应用的关联机制，以有效支撑特种设备大数据关联应用标准的制定及全面的开发和应用。研究数据开放、保护等方面制度，实现对数据资源采集、传输、存储、利用、开放的规范管理，促进特种设备大数据在风险可控原则下最大程度开放，明确政府统筹利用市场主体大数据的权限及范围。制定特种设备大数据信息资源管理办法，建立特种设备大数据资源统筹管理和共享复用制度。研究推动特种设备大数据保护工作，界定个人、单位信息数据采集应用的范围和方式，明确相关主体的权利、责任和义务，加强对特种设备大数据滥用、侵犯个人隐私、单位专利等行为的管理和惩戒，推动出台相关法律法规，研究推动数据资源权益相关法规制度制定。

5.4 培养特种设备大数据的专业人才队伍

随着信息化的高速发展，特种设备大数据人才的需求非常迫切，特种设备大数据分析将成为普遍的刚性需求。特种设备大数据人才在引进的同时，应着重加强现有人才的培养，特别是目前特种设备专业人才和大数据人才的相对脱节的，应充分利用现有国内外职业教育资源，加强现有特种设备专业人才的再培训，实现数字技术与特种设备行业人才的融合。充分利用现有特种设备科技协同创新中心等平台，采取高校、科研机构、特种设备检验机构和特种设备其他关联主体合作开展特种设备大数据应用技术研究，培养特种设备大数据专业和信息化融合人才。

6 结束语

特种设备数据资产是特种设备关联主体在特种设备全生命周期内各类业务中形成的，是由各单位所拥有，在数据的产生、获取、处理、存储、传输和应用全过程可控的，并能够给各单位带来价值的数据资源。特种设备检验机构改革转型期对于大数据技术的应用也提出了迫切的需求。特种设备大数据技术的应用，对于掌握特种设备安全需求、把握市场趋势、提升服务质量、提升安全水平、避免特种设备安全事故的发生都具有显著的意义。

为促进大数据技术在我国特种设备安全管理中落地生效，切实发挥作用，应充分认识数据的价值，强化顶层设计，借鉴其他行业大数据应用的经验启示，基于特种设备关联主体的各类业务发展形势需求，充分发掘大数据技术与业务应用的结合点，强化安全保障，夯实人才基础，充分利用现有特种设备检验机构中特种设备大数据的规模优势，发掘和释放数据资源的潜在价值，全面提升特种设备安全保障能力。

参考文献

[1] 市场监管总局关于2023年全国特种设备安全状况的通告，市监总局通告2024年第9号，市监总局2024-04-01

管廊应力应变监测技术及应用综述

蒋　平[1]　华罗懿[2]

（1. 中国特种设备检测研究院，北京　100013；
2. 上海化学工业区公共管廊有限公司，上海　201400）

摘　要：管廊以及管廊管道在运行过程中会发生异常震动、支架失效、管道掉落等异常情况，通过应力监测手段可以有效获取到相关的应变数据，从而对管廊结构健康状态进行有效评价。本文对管廊以及管廊管道进行应力监测技术进行研究，并进行试点应用，通过本项目的实施，验证了应力应变监测技术方法可应用于管廊健康状态评估，对管廊应力应变监测的应用提供了技术支撑。

关键词：管廊管道；应力应变；健康状态监测

Stress and Strain Monitoring Technology and Application of Pipe Gallery

JIANG Ping[1]，*HUA Luoyi*[2]

（1. China Special Equipment Inspection & Research Institute，Beijing 100013，China；
2. Shanghai Chemical Industry Zone Public Pipe Corridor Co.，Ltd，Shanghai 201400，China）

Abstract：The abnormal vibration，support failure，pipeline drop and other abnormal conditions will occur in the pipeline of the pipeline and the pipeline of the pipeline of the pipeline，thus，the health status of the pipe gallery structure is effectively evaluated. the stress monitoring technology of Pipe Gallery and Pipe Gallery is studied，and the pilot application is carried out to demonstrate the application of emergency strain monitoring of pipe gallery. Verified that the stress-strain monitoring technology can be applied to the assessment of the health status of pipeline corridors.

Key words：Pipeline gallery；Stress and strain；Health monitoring

1　引言

化学工业区公共管廊是化学工业区“物流传输一体化”的重要组成部分。化学工业区公共管廊主要由管架和支管架、管道及附属设施所组成。目前已建成 21.8km 的公共管廊，管廊上已铺设 240 多根管道，总长 557km，这些管道中有近 160km 的管道承担着三十几种危险化学品的物料运输，是化工园区的“动脉”。随着化工区各管理系统的运行、各管道难免发生泄漏等事故，一旦发生，将带来灾难性事故。2020 年 8 月通过对管廊及管廊管道进行隐患排查，共发现 42 处问题，主要问题包括腐蚀（58%）、管道支吊架问题（39%）和震动异常（3%）。因此，基于管廊管道智慧能环、智能维护的发展导向，以设备状态把握为目的，智能型物联技术为手段，智慧制造大数据为基础，开展管廊管道健康状态监测十分必要。

2　应力监测技术

为了研究机械结构、桥梁、建筑等某构件在工作状态下的受力、变形情况，通过测试测得构件的拉、压应力、扭矩及弯矩，为结构设计、应力校核或构件破坏的预测等提供可靠的测试数据。应力是一重要的机械量，它表征了构件的受载状态，负载水平和强度能力，因此应力测量是其它力参数测量的基础。应力的测量，实质上是先测量应变，然后计算出应力的大小。

作者简介：蒋平（1986—　），硕士，工程师，管道完整性管理。E-mail：82440205@qq.com

常用测试方法有电阻应变测量技术、脆性涂层法、激光全息干涉法、X 光衍射法等。

2.1 应力应变监测系统

应力应变监测系统主要应用的原理是电阻应变测量技术：利用电阻应变片测定构件的表面应变，再根据应力、应变的关系，确定构件表面应力状态的一种实验应力分析方法。

电阻应变测量方法是将应变转换成电信号进行测量的方法，简称电测法。电测法的基本原理是：将电阻应变片(简称应变片)粘贴在被测构件的表面，当构件发生变形时，应变片随着构件一起变形，应变片的电阻值将发生相应的变化，通过电阻应变测量仪器(简称电阻应变仪)，可测量出应变片中电阻值的变化，并换算成应变值，或输出与应变成正比的模拟电信号(电压或电流)，用记录仪记录下来，也可用计算机按预定的要求进行数据处理，得到所需要的应变或应力值。

电测法具有灵敏度高的特点，应变片重量轻、体积小且可在高(低)温、高压等特殊环境下使用，测量过程中的输出量为电信号，便于实现自动化和数字化，并能进行远距离测量及无线遥测。

由物理学可知，金属导线的电阻为：

$$R = \rho \frac{L}{A} \tag{1}$$

当金属导线沿其轴线方向受力变形时(伸长或缩短)，电阻值会随之发生变化(增大或减小)，这种现象就称为电阻应变效应。将上式取对数并微分，得：

$$\frac{dR}{R} = \frac{d\rho}{\rho} + \frac{dL}{L} - \frac{dA}{A} \tag{2}$$

式中 dL/L——金属导线长度的相对变化，

dA/A——导线横截面积的相对变化。

若导线直径为 D，则

$$\frac{dA}{A} = 2\frac{dD}{D} = 2\left(-\mu \frac{dL}{L}\right) = -2\mu\varepsilon \tag{3}$$

式中 μ——导线材料泊松比。

$$\frac{dR}{R} = \frac{d\rho}{\rho} + (1+2\mu)\varepsilon \tag{4}$$

式中 μ——导线材料泊松比。

2.2 管道应力应变监测方法

一般管道布片方案要考虑测点的应力状态、构件的受载情况和温度补偿原则。单向应力状态测点只贴一个工作片，主方向已知的双向应力状态测点贴两个工作片，如果主方向未知，则在一点贴三个工作片或采用应变花。当管道承受拉、弯、扭的不同载荷时，应根据测试要求确定应变片的布片方法，以消除测量结果中不需要的载荷影响。在温度沿构件表面变化不大的测试件中，测点可以按位置分组，同一组的工作片共用一个贴在附近的温度补偿片。

为了测量管道主应力的大小及方向，在管道的上下表面对应的两点 A、B 处分别粘贴 2 枚电阻应变片，应变片的布片方案为 45°应变花，如图 1 所示。可以按顺序选择不同角度的三枚应变片为一组，测得三个不同方向的应变值，则该点的主应力大小及方向即可算出。

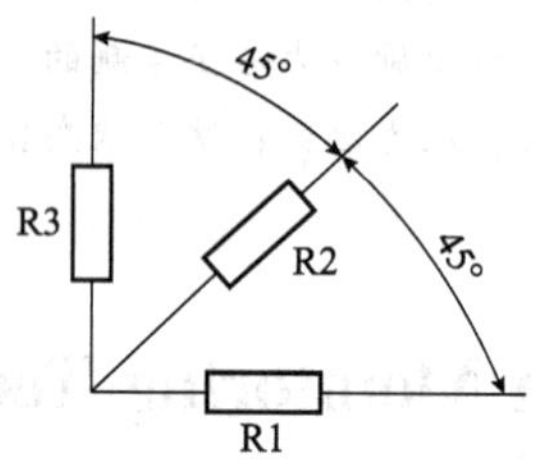

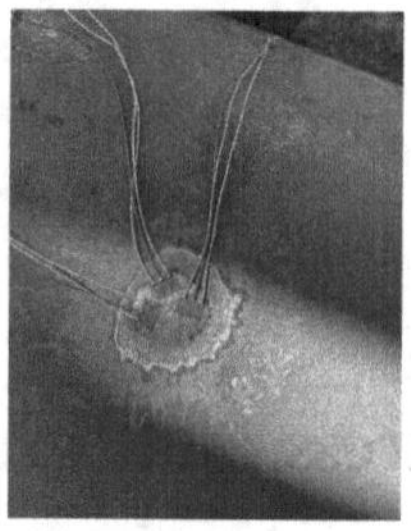

图 1 三花应变花布片方式

直角形应变花计算公式：

$$\sigma = \frac{E}{2}\left[\frac{\varepsilon_1 + \varepsilon_3}{1-v} \pm \frac{1}{1-v}\sqrt{(\varepsilon_1 - \varepsilon_3)^2 + (2\varepsilon_2 - \varepsilon_1 - \varepsilon_3)^2}\right] \tag{5}$$

2.3 应力应变监测点的选择

为了更好的分析应力监测系统监测的效果，采用应力分析的方法分析出一般情况下管廊管道以及管廊架的应力情况，在管线应力分析中，安全可靠性评价起着至关重要的作用。根据数据整理分析结果，通过对管线进行宏观检查以及单线图绘制，再充分掌握管线的当前状况的情况下，对其进行应力分析，为后续应力监测系统的敷设提供技术依据。基本思路如图 2 所示。

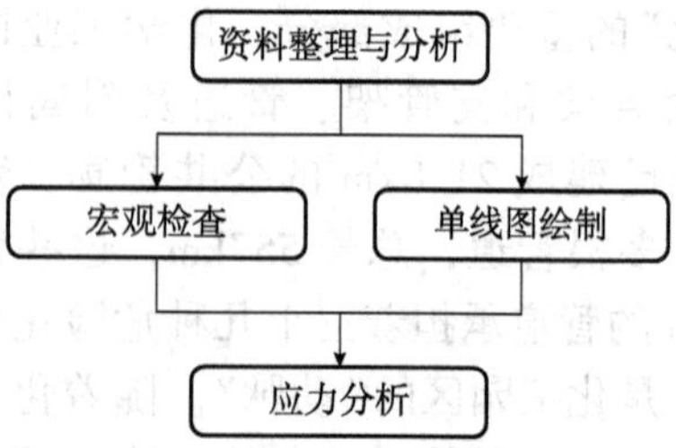

图 2 应力分析流程图

项目实施的基本过程：

(1)首先对管线现有资料进行整理分析，收集管道基础资料，以管道台账、管道位置信息(单线图)、运行压力、流量、温度等内容。从而分析数据是否满足模拟需求。

(2)根据整理结果对管线进行现场确认并宏观检查，主要检查内容包括管道及管架是否发生位移、管道支吊架是否完好。

(3)对管线整体详细地进行单线图绘制，绘制该区域的管道单线图。

(4)然后依据单线图绘制结果建立管线的有限模型，对管线进行应力分析，评估管道及管架中最容易发生应变的位置。

利用 ANSYS 有限元软件，根据所提供资料序号 124－2 段中两端接口 B 和 C1 的中间管段进行建模。管道直管选取 PIPE16 单元，弯管选用 PIPE18 单元，忽略管道焊缝以及其他附属构件。管道弹性模量为 200GPa，泊松比为 0.3，密度 $7850kg/m^3$，屈服强度为 345MPa。根据分析管段的实际支架情况，对其进行约束，并施加自重载荷，进行静态模拟分析。

根据单线图建立三维模型，如图 3～图 6 所示。

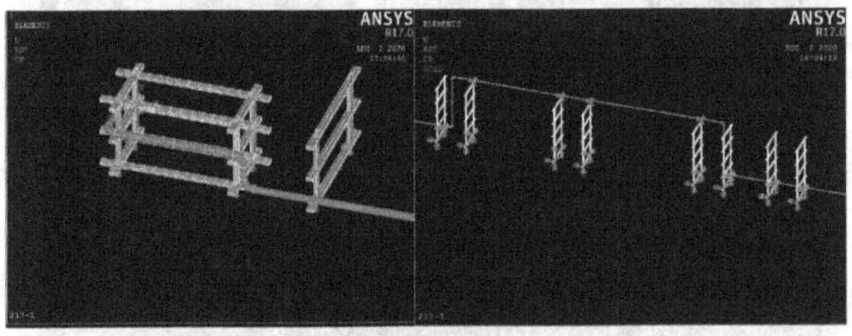

图 3　217#管道三维模型(Z329 附近)

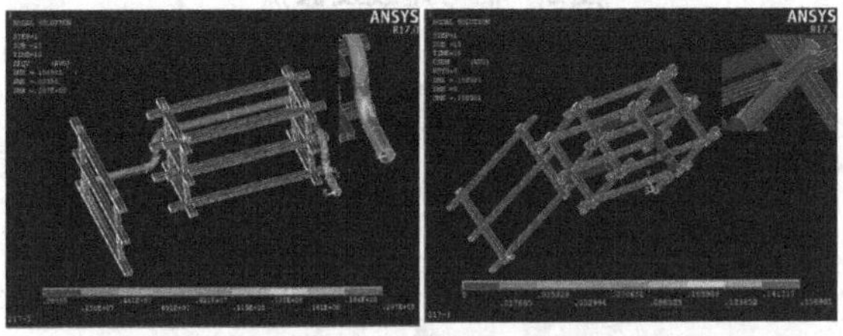

图 4　217#管道等效应力图与位移云图(Z329 附近)

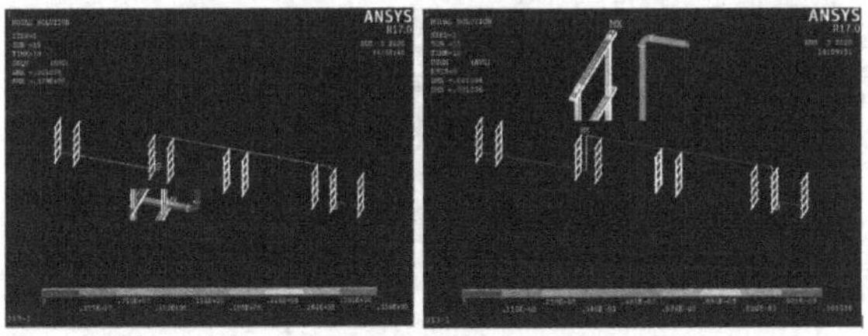

图 5　217#管道跨越段等效应力图与位移云图

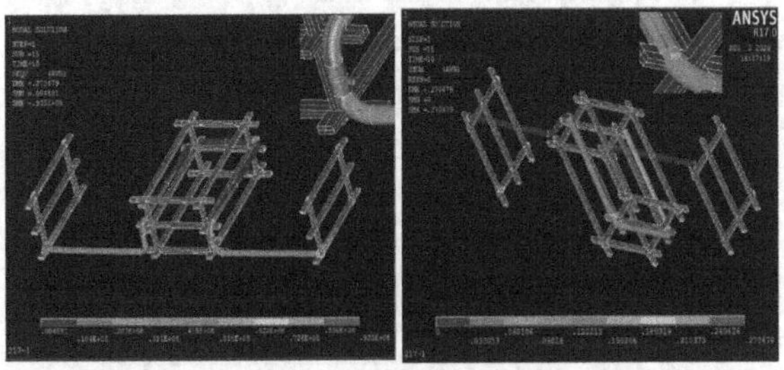

图 6　217#管道 π 型管等效应力图与位移云图

从模拟结果分析可知，在等效应力云图上，在直管段上，如果两端有支架支持，管道受重力应力，最大应力为两支架的中心位置在跨越段管段附近，应力较大的位置为弯头处，在 π 形弯附近，应力最大位置为弯头处，如图 7 中的圆点所示，因此，在敷设应力监测系统的时候，优先考虑应力最大位置，具体根据现场情况进行敷设。

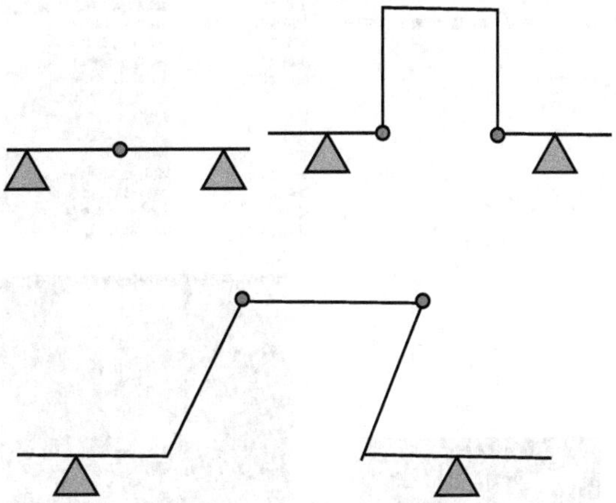

图 7　应力最大位置示意图

3　工程应用

3.1　基本情况

根据应力分析结果，从应力监测考虑的话，应力监测点敷设建议以下位置为主：

(1)管道两个支架中间点位置

(2)管道支架处，如果管道支架损坏(或未对管道进行支撑，易敷设监测点)

(3)π 形管段建议敷设在弯头处

(4)管廊架可敷设在管道支撑点附近

结合实际情况，应变监测点最终如下：

通过项目实施，共敷设 4 个数据采集柜，分别位于州工路 Z207、南河路 N143、目华路 M110 与天华路 T190，部分安装现场如表 1、图 8～图 10 所示。

3.2　系统运行情况

应力监测系统于 2021 年 10 月份部署进行试运行，于 2021 年 12 月份进行了一次重新部署(换服务器)，统计数据以 12 月底完成系统迁移后的统计数据为例，现阶段，系统能够正常运行与数据展示，各监测点设备都在线。

3.3　应力数据分析

应力监测历史数据，将部分监测点应力数据通过趋势如图 11～图 14 所示。

表 1　应力监测点安装位置表

情况更新、变更等	业主	管廊公司编号	客户管道编号	管道名称	原应变监测位置	监测点情况
	发展公司	001-DC-WS-600	无机污水总管DN600	无机污水总管	Z214(Z208)	
监测位置需现场调整	工业气体(普莱克斯)	004-PA--N2-114	4"-NGH02	高压氮气	N143	N185往东
	赛科	013-SE-WW500	500-WW-0502001-A1A20	有机污水	M118	
	漕泾热电	042-CO-DW219	DWΦ219×6	除盐水	L220	
联合路州工路口	璐彩特	048-LU-MMA-88.9	80-P-5017036	甲基丙烯酸甲酯	N143、T142	
	赛科	062-SE-丙烯腈-150	150-P-0509012-A1X20-D	丙烯腈	T142	
	上海石化	068-spc-石脑油-150	150-P-8004201-B1D20（150-P-80(	石脑油（原C3、C4）	T142	
	上海石化	070-spc-乙烯-200	200-P-8201201-E1D22-H1	乙烯	T142	
	氯碱化工	101-THS-WP-200-C50	200WP-80001-AA1-H	工艺水	Z214(Z208)	止于Z191
可保留，监测位置建议在目华路上	漕泾热电	105-CO-HS-325		高压蒸汽	M118	止于M112，拉线
监测位置需现场调整	漕泾热电	111-CO-C-219	CΦ219	冷凝水	L220	联合路州工路口
可保留，监测位置建议在联合路上	漕泾热电	113-CO-MS-426	MSΦ426×11	中压蒸汽	L220	联合路州工路口
需要保留，监测位置待定	漕泾热电	145-CO-HS-250-C130	HS-273*8	高压蒸汽	L220	联合路州工路口
	漕泾热电	149-CO-HS-530-C150	HS-530*20	高压蒸汽	N143	
	赢创	161-DGS-WW-168-C50	83001-150HB83-6"-WWa-H50	有机污水	M118	
可保留，监测位置待定	漕泾热电	170-CO-MS-426-C130		中压蒸汽	N143	N250起
	漕泾热电	171-CO-MS-159-C100		中压蒸汽	M118	
监测位置需现场调整	中石化研究院	201-YJY-WW-125-H40	150-WW-2011-CAI-H	无机污水	M118	调整到普工路目华路口
	工业气体	223-PA-N2-219	8"-NGM05-CS150B	氮气	L220	须安装
需要保留，监测位置在目华路上	漕泾热电	226-CO-MS-426-C140	MS-2.65/295-φ426*11-402	中压蒸汽	M118	止于M090
	孚宝港务	262-VP-丙酮-150	P-C091-6"-1A3	丙酮	L220	须安装
	中星化工	292-SX-WW-60.3		有机污水	M118	
	巴斯夫化工	309-BA-WW-323	000-WW-01-12"-F.G	污水	M118	三层东起第3根管道
	优月	330-优月-丙烯-150	150-P174-BID20-N	丙烯	Z214(Z208)	
	优月	331-优月-正丁醇-150	150-P687-AID20-N	正丁醇	Z214(Z208)	
	赛科	252-SE-H2-219	200-P-8101012-B1E20	氢气	Z214(Z208)	
	赛科	060-SE-甲苯-150	150-P-0507002-A1D20	甲苯	Z214(Z208)/M118	Z214和M118均可以安装，位于三层
	氯碱化工	224-THS-CL2-89-H80	7LCL55008-80-C4MF1-C80	液氯	Z214(Z208)	起于Z224，走向往东
	氯碱化工	242-THS-CL2-89-H80	80-LCL-1001-C4MF1-C80	液氯	Z214(Z208)	起于Z224，走向往东
	氯碱化工	310-THS-乙烯-273-H180	ETL-10001	乙烯	Z214(Z208)	
	氯碱化工	209-THS-N2-60	50-NL2-81020-B2RF4	氮气	Z214(Z208)	止于Z190

图 8　现场施工图片——应变片粘贴

图 9　信号走线及保护

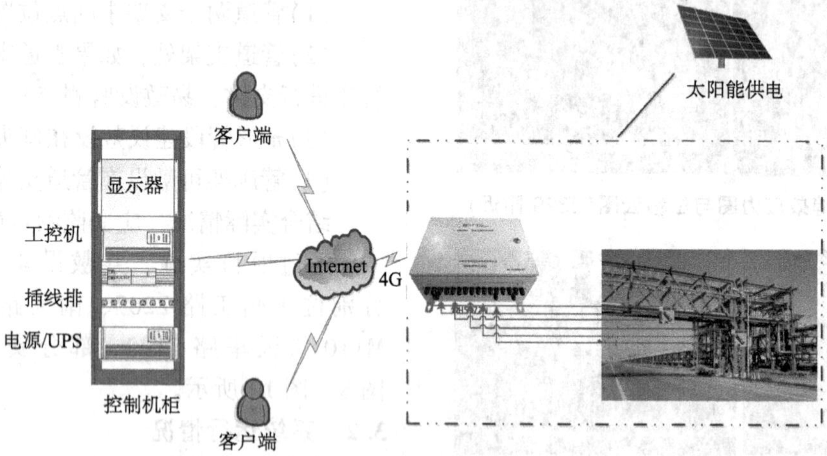

图 10　监测系统架构图

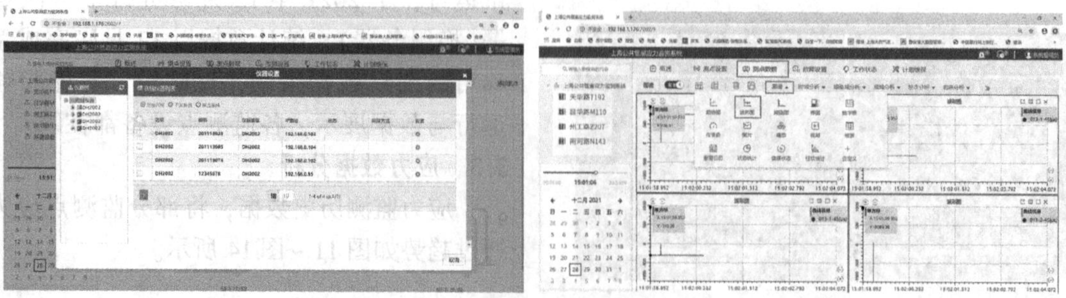

图 11　监测系统软件截图

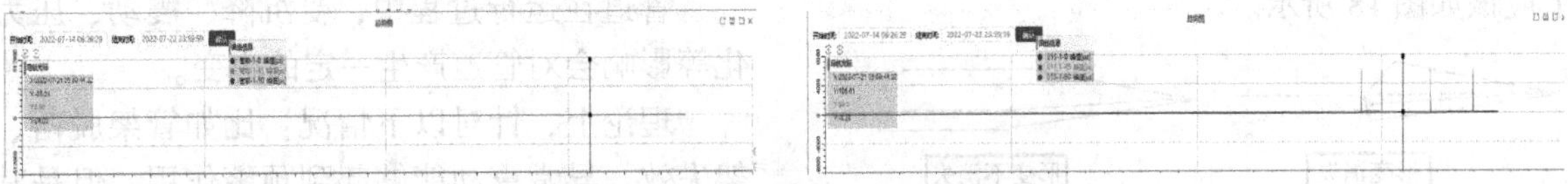

图 12　管廊架 & 管道 013 历史数据图

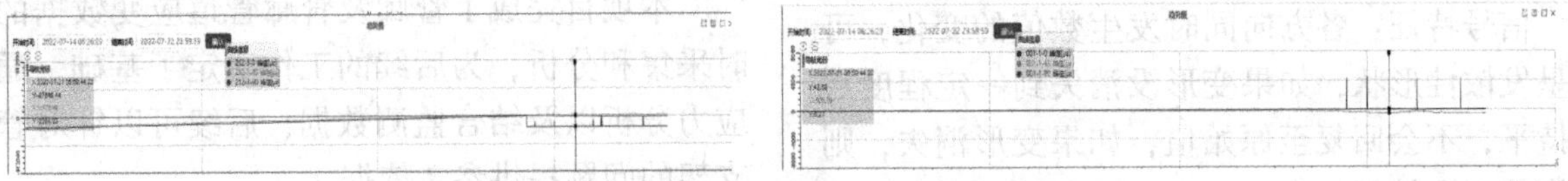

图 13　管道 212& 管道 001#历史数据图

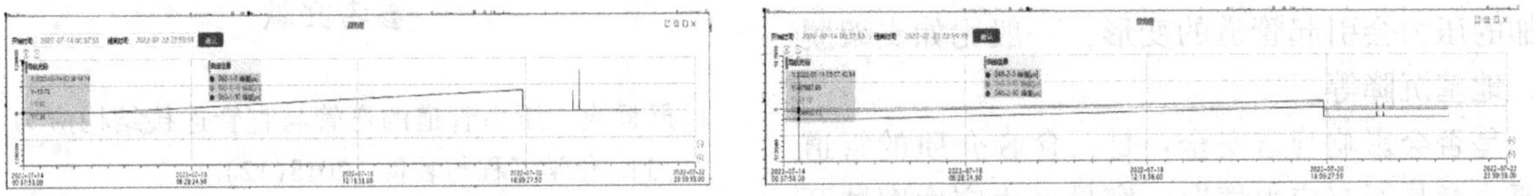

图 14　管道 060& 管道 048 历史数据图

通过对历史数据分析以及初步判断，可归纳以下情况：

(1)数据异常跳动

图谱表现如图 15 所示。

信号特征：突发无规律的应变值跳动，然后回复到正常情况。

引起原因分析：外部环境影响，由于应变监测系统是通过测量应变花的电阻变化进行推演，因此周围环境的电流变化、比如供电电压的不稳定或者周边磁场的影响可能会引起此类状况。

是否会影响管道安全：否

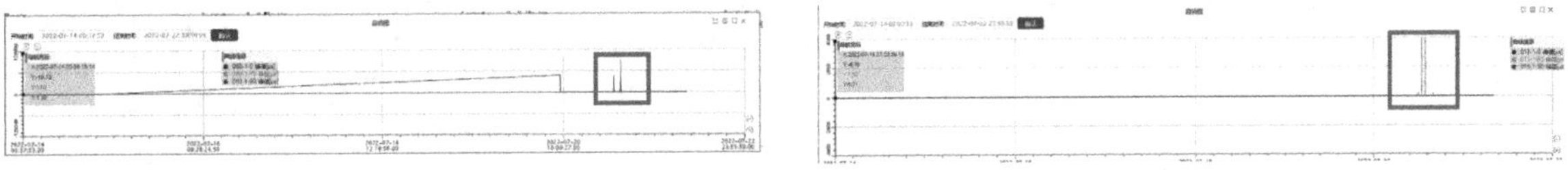

图 15　数据异常调通图谱

(2)管道压力变化

图谱表现如图 16 所示。

信号特征：管道 90°方向的数值会持续变大，一般应该为直线上升，待压力下降时，会恢复到原来的数值。

引起原因分析：管道压力的变化会引起管道径向的扩大(监测系统中为 90°方向)因此会导致 90°方向的数值变大。

是否会影响管道安全：否

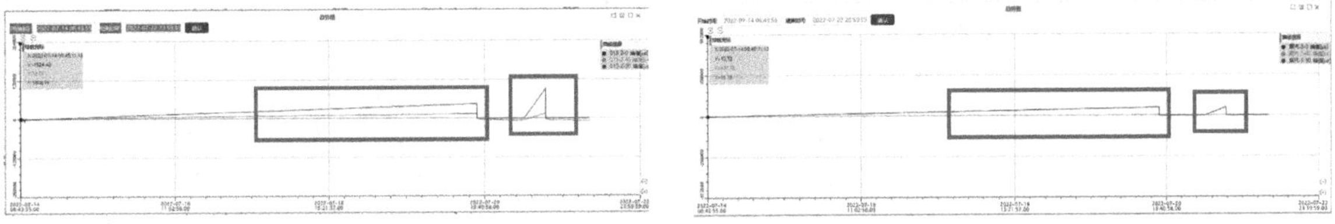

图 16　管道压力变化图谱

(3)管道异常振动

图谱表现：由于未进行核实，通过理论分析，图谱可能如图 17 所示。

信号特征：各信号值周期性的来回跳动。

引起原因分析：管道震动原因一般是由于外界风力影响导致；有压力的突然变化会导致液击(气锤)现象可能会导致震动(严重的会导致管道位移)。

是否会影响管道安全：是，如果管道长期震动，可能会引起疲劳损伤。

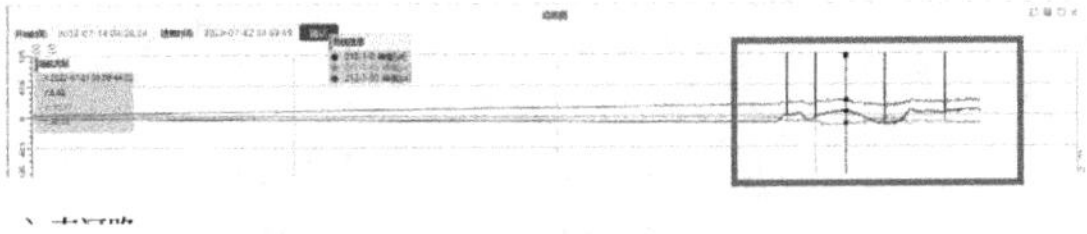

图 17　管道异常振动图谱

(4)管道变形

图谱表现：暂时未发现管道变形的情况，理

论上应该如图 18 所示。

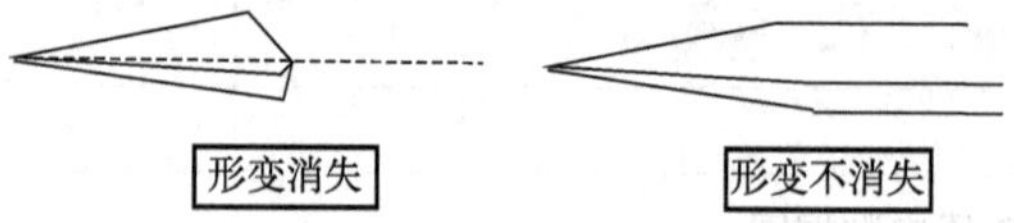

图 18　管道变形图谱

信号特征：各方向同时发生数值的变化，可能呈发散性形状，如果变形没消失到一定程度后会持平，不会回复至原始值，如果变形消失，则会恢复至原始值。

引起原因分析：管道沉降、或持续受第三方施加的压力会引起管道的变形，一般比如支架脱落、地基沉降等。

是否会影响管道安全：是，含 S 介质的管道需要注意是否有应力情况，容易发生应力腐蚀开裂。其他管道如果管道变形较大，也会对管道造成危害，需进一步进行分析。

4　结束语

本项目首次应用应力监测采集系统应用于监测压力管道的安全运行状况，为管道安全状况监测提供了一种可行的技术手段。通过应力应变项目的实施，总结一下几点：

管道在运行过程中，受沉降、震动、压力变化等影响会对管道产生一定的应变。

理论上，针对以下情况：比如管架脱落、支架失效、异常震动能够起到预警作用，但是其对管道安全的影响还是需要进一步进行研究。

本项目完成了管廊及管廊管道应变数据的实时采集和分析，为后续的工作奠定了基础。通过应力分析以及结合监测数据，后续可以针对管廊支架的问题提供参考依据。

参考文献

[1]严哲钦．压力管道的弯管与直管连接结构应力分析[J]．化学工程与装备，2018(12)．
[2]吴家欣．压力管道抗振分析及管线系统应力分析研究[D]．北京化工大学，2018．
[3]黄晓敏．石油化工压力管道柔性设计的浅析[J]．山东化工，2018，47(20)．
[4]程茂，凌张伟，王敏，基于地基沉降的天然气站场管道应力分析[J]．化工装备技术，2018，39(05)．
[5]张皓，郑朋刚．压力管道的分析、评定和检测[J]．化工管理，2018(27)．

储罐呼吸阀发展趋势与相关技术进展

郑洋涛[1]　高　阳[1]　丁英仁[1*]

（北京航天石化技术装备工程有限公司，北京　100176）

摘　要：近年来，随着VOCs(挥发性有机物)大气排放问题受到重视，各国家与组织机构对于企业VOCs治理要求日益严格，对于常低压储罐罐顶呼吸阀提出了新的要求。呼吸阀相关标准在不断更新，其中针对呼吸量的计算更加复杂且考虑到的影响因素更多，泄漏量要求也更加严格。因此，呼吸阀排放能力也被要求优化，100%超压开启存在额问题更加显著，逐渐被10%超压全开启技术替代。此外，新型一体式阻火呼吸阀也逐步替代传统分体式结构，在线检测技术也开始向便捷化，自动化和高精度等方向发展。本文从以上相关技术方向，总结了呼吸阀发展趋势和相关技术进展。

关键词：呼吸阀；常低压储罐；一体式阻火呼吸阀；呼吸阀在线检测技术

Development Trend and Technology Progress of Pressure and Vacuum Relief Valve for Tank

***ZHENG Yangtao*[1]，*GAO Yang*[1]，*DING Yingren*[1*]**

（BAPTEEC LTD，Beijing 100176，China）

Abstract：In recent years，as the atmospheric emission of VOCs（volatile organic compounds）has been paid attention to，countries and organizations have increasingly stringent requirements for the management of VOCs in enterprises and put forward new requirements for the PV valve on the top of atmospheric and low-pressure storage tanks. The relevant standards for pressure and vacuum relief valves（PV）are constantly updated，and the calculation of flow capacity is more complex and takes into account more influencing factors，and the leakage requirements are more stringent. Therefore，the discharge capacity of the PV is also required to be optimized. And the problem of 100% overpressure opening is more significant，which is gradually replaced by 10% overpressure full opening technology. In addition，the new integrated PV with fire arrestor has gradually replaced the traditional split structure，and the online detection technology has also begun to develop in the direction of convenience，automation and high precision. From the above related technical directions，this paper summarizes the development trend and related technical progress of the PV.

Key words：PV（pressure and vacuum）relief valve；Atmospheric and low pressure storage tank；Integrated fire arresting PV valve；Online testing technology for PV valves

呼吸阀是一种控制储罐压力平衡，防止储罐因压力变化发生变形损坏，并减少罐内介质挥发和蒸发损失的常用保护类阀门。呼吸阀与氮封阀、紧急泄放阀和阻火器等设备共同组成了常低压储罐的安全保护系统。

呼吸阀在工业安全领域扮演着重要的角色，其广泛应用于石油、化工、制药、食品加工等行业，尤其是在石油储罐系统中起到关键作用。随着化工安全事故的频发，储罐安全问题显得尤为重要。此外环境保护问题也限制着石油化工行业

作者简介：郑洋涛（1998—　），硕士，特种阀门研发设计。E－mail：zhengyangtao@ calt11. cn

通信作者：丁英仁，E－mail：dingyr@ calt11. cn

发展。为此，针对储罐和容器气体蒸汽排放控制，各国家和团体都制定了相关标准，从而规范行业生产和制造要求，保证生产过程安全。近年来，我国以 2015 年发布的“大气十条”为起点，明确提出了对 VOCs 减排和控制要求；此后，还陆续发布了针对石化、化工、印刷、工业涂装等领域 VOCs 综合治理要求。

呼吸阀作为储罐常用安全附件，能够有效避免储罐因超压或真空而受损，同时减少储罐压力波动带来的介质挥发损失，降低环境污染。各类标准的制定推动着呼吸阀设计、制造、试验和检测等相关技术的发展，以下将深入探讨呼吸阀相关技术的进展以及呼吸阀未来的发展趋势。

1　呼吸阀及其相关标准

呼吸阀是一种采用重力加载或弹簧加载等直接加载用于泄放储罐中形成的超压和/或真空的阀门。工作原理是：通过设定好的阀盘和配重等零件的重力或弹簧产生的密封力与储罐内介质压力产生的开启力相平衡，实现阀门的密封及动作。当罐压低于设定压力时，阀盘受到的开启力小于密封力，阀门处于关闭状态；当罐压高于设定压力时，阀盘受到的开启力大于密封力，阀门处于开启状态。其主结构如图 1 所示。

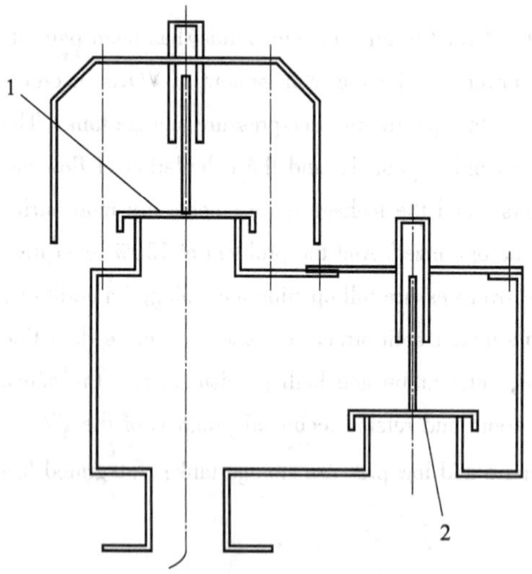

图 1　呼吸阀结构示意图

1—呼阀阀盘；2—吸阀阀盘

根据功能可分为：呼吸阀、单呼阀和单吸阀；根据呼吸阀开启压力的设定方式分为液体加载式、重力加载式、弹簧式和先导式。通过重块重量来设定开启压力的称为重力加载式；通过弹簧来设定开启压力的称为弹簧式；通过导阀来设定开启压力的称为先导式。根据压力端和真空端排列方式分为并列式和同轴式。压力端与真空端平行排列的称为并列式，压力端与真空端上下同轴排列的称为同轴式。

呼吸阀的选型需要根据其通气量，开启压力以及漏率等参数，对照储罐呼吸量和设计压力等要求确定。针对储罐呼吸量的计算，我国制定的 SH/T 3007—2014《石油化工储运系统罐区设计规范》[1]标准做出了相关规定，美国制定的《Venting Atmospheric and Low - pressure Storage Tanks》API 2000—2014(R2020)[2]也针对储罐呼吸量以及相关参数做出了规定，此外相关国际标准还有英国 BS EN 14015—2004[3]《在室温和高于室温条件下液体储存所用现场建造的立式、圆柱形、平底、地上用焊接钢贮罐的设计和制造规范》和日本通气设备标准 HPIS - G - 103—1997[4]等。其中，以美国 API2000 标准最受各国设计和制造厂商认可。

API 2000 标准是针对储罐和容器气体蒸汽排放控制的重要标准之一。随着工业技术要求的提升，API 2000 标准经过不停的升级，以更准确地计算和评估储罐和容器系统中的气体流动和排放情况。

随着 API 2000 的更新，针对储罐呼吸量的计算方法也在不停更新修正，最近版本关于呼吸量计算方法的重大变更如表 1 所示。

表 1　API2000 呼吸量计算方法的重大变更

版本	主要变化内容	更新日期
第五版	主要考虑到罐的体积、液体流量及温度变化	1998 年
第六版	增加平均存储温度，蒸汽压和维度等补充因素	2009 年
第七版	补充了针对挥发性液体进出料引起的呼吸量的简化计算	2014 年

在呼吸阀出现之初，研究人员主要考虑其开启压力的检测，对泄漏量并不做明确要求。我国早在 1996 年就在 SY/T 0511—1996[5]中，对呼吸阀的泄漏量作了规定。而美国直到 2009 年，才在 API 2000—2009 中对泄漏量做出规定。两项标准对泄漏量的规定有一定差别，具体如表 2 所示。

表 2　SY/T 0511.1 与 API2000 泄漏量要求区别

标准	泄漏量要求				
	SY/T 0511.1		API2000		
规格 DN	≤150	≥200	≤150	200～350	≥400
泄漏量/(m^3/h)	<0.04	<0.4	<0.0142	<0.1416	<0.5663

由表可知，在 API 2000—2009 更新后，其泄漏率要求相较国标在口径小于 *DN* 150 和口径在 *DN* 200 ~ 350 更加严格。此外，SY/T 0511.1—2010 主要适用于常压(包括微内压)石油储罐，而 API 2000 适用于正常通气和紧急泄放的石油或石油相关产品储罐、气体储罐和低压储罐，且 API 2000 适用温度范围更广。随着 VOCs 治理要求更加严格，目前，国内石化行业已不满足于 SY/T 0511.1 泄漏率要求。其中，中国石化能源管理与环境保护部发布了正式通知，执行 API 2000；中国石化安全监管局发布了文件 33 号文，并列出 SY 0511、API 2000 以及欧洲标准漏率；青岛安工院发布建议稿 175 号文，建议执行最严格的欧洲标准。

为此，国内标准 SY/T 0511 最新版本征求意见稿已经发布，发布后将替代 SY/T0511—2010 版本。从目前征集稿意见汇总情况看，相较于上一版更新了密封性要求，修改了呼吸阀允许泄漏量，并修正了排放能力试验方法，这两个方面的改变都参考了 API 2000 标准。此外，内容上增加了储罐所需排放量计算方法。

标准的更新对呼吸阀选型有着直接的影响，相关标准对储罐呼吸量的计算方法直接决定了对应呼吸阀通气量的选择。随着相关标准的升级以及 VOCs 治理相关规定的发布，对呼吸阀密封性要求也在不断提高，市场对低泄漏呼吸阀的需求也将进一步上升，阀门制造商也将投入更多资源用于低泄漏呼吸阀的研发。

2 呼吸阀排放能力的优化

呼吸阀作为石油化工常低压储罐常用附件，能够有效的保护储罐长久使用而不受到压力变化带来的损坏。但呼吸阀也因其“呼吸作用”，带来了一定的呼吸损耗，不仅造成了相应的经济损失，还给环境带来了一定的危害。

针对介质排放，各国对 VOCs 排放的要求包括限制排放浓度、设备改进和监测要求等。首先，通过制定法规和标准来限制 VOCs 排放浓度，例如美国制定了《New source performance standards》(NSPS)，规定了印刷、涂装和溶剂等使用过程中 VOCs 的排放限制。欧盟也制定了一系列 VOCs 排放标准，如《Directive 2010/75/EU》(IED)，旨在减少相关行业的 VOCs 排放。国内也在 2019 年发布了《重点行业挥发性有机物综合治理方案》环大气〔2019〕53 号，《2020 年挥发性有机物治理攻坚方案》环大气〔2020〕33 号，都明确指出了 VOCs 治理的重要性。

除了对介质排放的要求之外，近年来一些国家还提出了对 VOCs 泄漏率的新要求。泄漏率指的是 VOCs 从设备或管道中泄漏的比例。泄漏率的高低直接影响到 VOCs 的排放量和环境污染程度。

针对该问题设计呼吸阀，除了设计回收结构装置—呼吸阀挡板或者使用氮封装置[6]，研究人员还提出了排放能力的优化技术与呼吸损耗的控制技术。超压全开启是指储罐达到设定压力后的相应比值时，呼吸阀阀瓣开启到最大，流量达到口径的压力下的最大流量。通过降低超压全开启与设定压力比值，能够有效减少呼吸损耗。传统呼吸阀多为 100% 超压全开启，其阀瓣在储罐压力到达 50% 就达到了最大流量。阀瓣过早开启，将导致储罐在正常压力变化过程中出现大量泄漏。

10% 超压全开启呼吸阀是近年来的新技术，有以下三个优点：

①节约成本：相对 10% 超压全开启呼吸阀而言，常规呼吸阀要达到 40% 乃至 100% 超压才可以实现全开，在 10% 超压时仅为全开时 40% 左右的排放量，这导致产品选型时相同所需流量下 10% 超压全开启呼吸阀要比常规产品口径小，降低了采购成本。以出口压力为大气压 DN200 口径重力式紧急泄放阀(设定压力 5kPa)为例，三家公司对应产品在 10% 超压额定流量，具体数据如表 3 所示。

表 3 10%和 100%超压全开启产品数据对比

相关公司	北京航天石化技术装备工程有限公司	Anderson	Groth
产品型号	8136	4020	1830
额定流量/(标况空气流量 Nm^3/h)	5278	5600	4740
口径/mm	*DN*200	*DN*200	*DN*200

由表可知，产品选型时相同超压量所需流量下，100% 超压全开启呼吸阀要达到要求需要的口径比常规产品口径大。

②降低污染：由于结构和压力限制，呼吸阀在接近设定压力时会出现微漏，10% 超压全开启呼吸阀可以在更小的超压下实现全开启，让阀门设定压力更接近储罐设计压力，也就在更高的压力才会开始泄漏，减少介质向外排放，不仅降低环境污染同时提高物料利用率避免浪费。

③优化储罐保护：表4为阀门压力设计分布情况，传统100%超压全开操作压力范围仅为设计压力的25%，无法满足工艺使用要求。采用10%超压全开启呼吸阀的储罐操作压力范围可以达到储罐设计压力的80%，使得储罐梯度保护方案更加合理。

表4　阀门设定压力与储罐设计压力的关系

储罐设计压力	10%超压全开启	40%超压全开启	100%超压全开启
100%	紧急泄放阀设定压力	紧急泄放阀设定压力	紧急泄放阀设定压力
90%	呼吸阀设定压力		
80%	单呼阀设定压力	呼吸阀设定压力	
70%	操作压力范围		
60%		单呼阀设定压力	
50%		操作压力范围	呼吸阀设定压力
40%			
30%			单呼阀设定压力
20%			操作压力范围
10%			
0%			

10%超压全开启技术的实现，主要依托的是反冲盘技术[7]。反冲盘技术来自于安全阀，其技术核心是带有反冲盘式的密封结构，其结构示意图如图2所示。当罐内达到开启压力，气流开始泄放时，反冲盘下表面有能使介质转向的突边结构，在反冲盘和阀瓣之间形成一个附加压力区，使阀瓣迅速开启，气流喷出经锥径加速，并由反冲盘折流向下，利用高速气流的反作用力，将阀瓣维持在较高的位置上，以达到全启的良好效果。

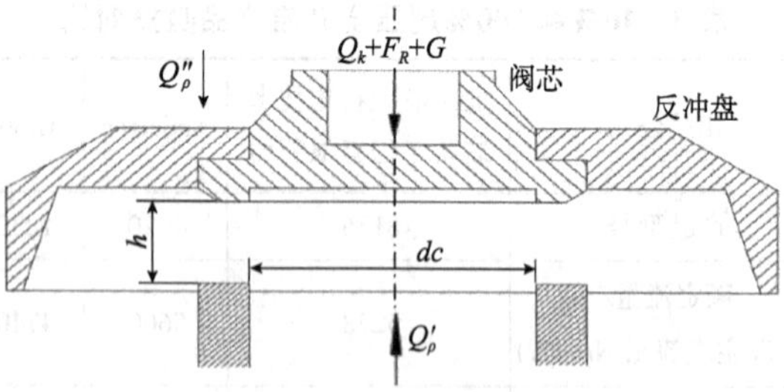

图2　反冲盘结构示意图

Q_k—弹簧力；F_R—启闭件的惯性力；G—重力；Q_p—表面介质力

通过优化设计阀体流道尺寸，选择合适的阀盘和阀座尺寸，不仅保证阀门在10%超压下可以全开启，提高阀门流通能力，同时保持阀门回座压力满足实际应用要求，减少物料损耗。目前10%超压全开启呼吸阀正逐步发展为呼吸阀主流产品，并得到了市场的认可。

到目前为止，国外厂商中PROTEGO、Groth和Anderson Greenwood均已有10%超压全开启呼吸阀的型号。除Groth保留了常规呼吸阀型号外，其他厂家均用10%超压全开启呼吸阀替代了原常规呼吸阀型号。而国内，以北京航天石化装备技术公司为例，其研发的系列化呼吸阀均能实现较好10%超压全开启，占据了相当不错的市场份额。这也从侧面证明10%超压全开启呼吸阀在性能方面有很大优势，并正在逐渐替代常规100%超压开启呼吸阀产品。

随着对呼吸阀的需要日益增加，尤其对环保的重视，使呼吸阀的需求量和产品性能、质量都有了更高的要求，这也促使呼吸阀产品进一步发展。尤其VOCs治理的推广，在原基础上增加排管道型单呼阀，导致罐顶呼吸阀设定压力布置更加紧凑，也就从另一方面加速了10%超压全开启呼吸阀的推广。而10%超压全开启呼吸阀排量大损耗量小的优点，在选型时也更具优势，由于选型口径更小不仅降低制造成本同时也降低罐顶的负重，有利于项目改造。目前10%超压全开启呼吸阀已经受到各界的认可，逐步成为市场上的主流产品，已经有替代常规呼吸阀的趋势。

3　体式阻火呼吸阀技术

呼吸阀和阻火器作为常低压储罐上最常用的安全泄放装置，被广泛应用于石油化工领域。《石油化工企业设计防火规范》(GB50160—2008)中有规定，“甲B、乙类液体的固定顶罐应设阻火器和呼吸阀”[8]。此外根据《Petroleum, petrochemical and natural gas industries-Venting of atmospheric and low-pressure storage tanks》(ISO 28300—2008)标准，当储罐内介质闪点小于 60℃时，呼吸阀须配备阻火器安装。

传统呼吸阀与阻火器分离式组合安装的结构，又叫做分体式阻火呼吸阀。即阻火器和呼吸阀串联使用，阻火器位于罐顶法兰口(罐侧)，呼吸阀安装于阻火器出口(大气侧)，如图 3 所示。阻火元件容易被堵塞(含苯油气汽等易结晶物料、锈渣等)。呼吸阀通气量下降，储罐极易因超压或者真空遭受破坏。另外，阻火器装在呼吸阀下面，呼吸阀会因为阻火器本身背压出现故障，无法完全开启或回座，导致 VOCs 气体泄漏，甚至发生严重安全事故；且无法直接判断阻火器是否堵塞，需要拆除呼吸阀进行维修[9]。

一体式阻火呼吸阀相对常规阻火器与呼吸阀组合式安装结构具有明显的优势：①一体式阻火呼吸阀的阻火元件和呼吸阀共用阀体，阻火器位于呼吸阀外侧(大气侧)，结构紧凑，占用空间小，重量相比于分体式阻火呼吸阀轻，其结构如图 3 所示。②一体式阻火呼吸阀的阻火元件垂直安置在呼吸阀大气侧，杜绝了被介质堵塞的风险；③一体式阻火呼吸阀，阻火元件安装在大气侧，更易于检修维护，拆除防护罩后可直接进行目视检查；同时拆下阻火元件进行维护时不影响呼吸阀，无须借助起吊设备；④一体式阻火呼吸阀的阻火元件安置在呼吸阀大气侧，管端布置，火焰加速距离短，可用更低压降的阻火元件实现阻火目的。

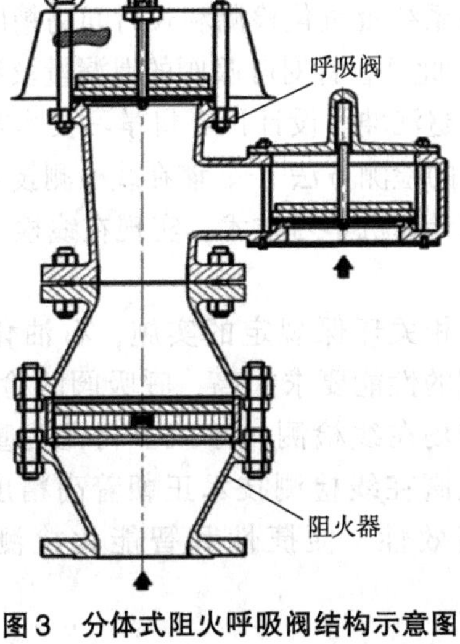

图 3　分体式阻火呼吸阀结构示意图

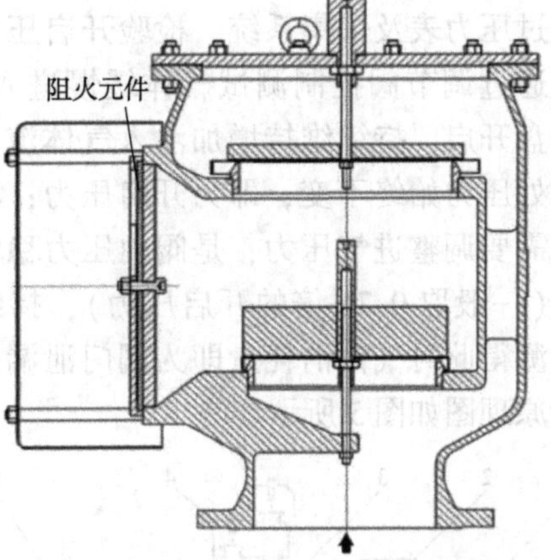

图 4　一体式阻火呼吸阀结构示意图

随着全球气候问题的恶化，各国对环境治理要求的提高，储罐保护类产品的需求量和质量要求日益增加，呼吸阀、阻火器产品种类日益增多。面对特殊工况的易聚合、易结晶、大颗粒、高粘度类介质(如甲基丙烯酸甲酯、醋酸等)，传统结构的阻火器与呼吸阀分体布置，置于呼吸阀和储罐之间，极易出现阻火元件介质堵塞的问题，而更换阻火元件必须将呼吸阀整体拆下，给罐顶操作带来了很大的难度。而新型高效的一体式阻火器结构，本质上符合安全要求，结构紧凑，相较分体式结构具有重量轻，易维护，密封性能好，能够很好的满足现行 VOCs 治理要求，有逐渐替代分体式结构的趋势。

4　呼吸阀的在线检测技术

呼吸阀在作业过程中容易发生故障，如气体泄漏、生锈、卡死等，导致呼吸阀无法正常工作，进而引发物料挥发、储罐涨破或吸瘪等事故，造成石油储罐的损毁甚至报废[10]。GB 37327—2019《常压储罐完整性管理》标准 8.6 规定，为了确保石油储罐的安全运行，需要每年对储罐呼吸阀进行性能检验，检验内容包括外观检查、开启压力、通气量和泄漏量试验等。传统的检测方法需要将呼吸阀拆除并移动到指定区域进行检测，这一过程繁琐且耗时长。而在线检测技术能够在不拆除呼吸阀的条件下，通过传感器等设备，对呼吸阀开启压力、通气量、泄漏量完成在线检测。不仅能够方便快速的完成呼吸阀的检测过程，还能实时监测呼吸阀的动态信息。

呼吸阀在线检验可采用压力法、反向压差法以及力值法，其中力值法多用于紧急泄放阀在线检测。

压力法的主要是，通过预安装的检验接口或专用检验工装阻断罐内介质与待检阀门之间的连通，再由外部测试气源对待检阀门施加正负压力，通过压力表及采集系统，检验开启压力和泄漏量。通过调节阀控制测试气体缓慢进入阀门，直至阀盘开启，持续维持增加注入气体流量，观察入口处压力始终不变，即为开启压力；泄漏率的检测需要调整进气压力，是阀内压力稳定在测试压力(一般取0.75倍的开启压力)，持续通入气体，测得此时气体消耗量即为阀门泄漏量。具体检验原理图如图5所示。

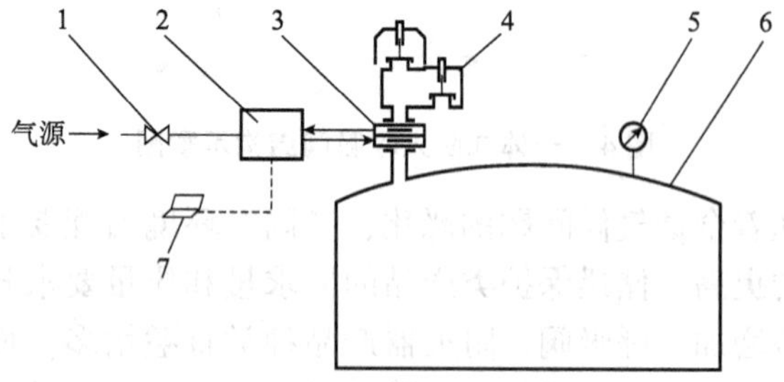

图5　压力法在线检验原理示意图

1—调节阀；2—检验装置；3—检验接口/专用工装；4—待检阀门；5—压力表；6—储罐；7—数据采集系统

反向压差法则相反，需要将测量装置接在阀门大气侧，使其产生正负压。保持罐内介质与待检阀门之间的连通。其中，开启压力需要通过罐内实时压力与外部施加压力以及密封部件受力面积进行综合计算求得；泄漏量的检测则需要通过调节储罐压力与阀门对应腔体内压差值稳定在测试压力，再记录此时气体流量值，即得到泄漏量。反向压差法检验原理如图6所示。

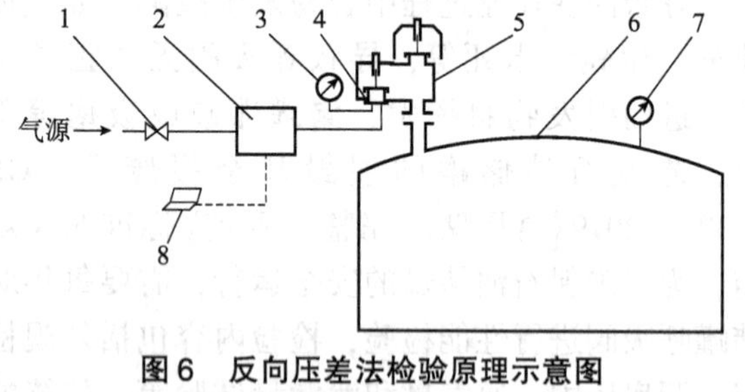

图6　反向压差法检验原理示意图

1—调节阀；2—检验装置；3，7—压力真空表；4—检验工装；5—待检阀门；6—储罐；8—数据采集系统

力值法一般用于紧急泄放阀的开启压力检测。需要对阀盘施加外力，使其在储罐实时压力和外力联合作用下与阀座分离，通过计算求得紧急泄放阀开启压力。检测过程，选取阀盘适当位置，利用工装和传感器施加可准确测量的垂直拉力，使阀盘和阀座产生微小的相对位移，相对位移量以开始可看见、听见或测量到密封面气流流出为限。杠杆加载式阀门一般选取杠杆的远端居中施加垂直拉力，弹簧和重力加载式阀门应选择阀盘中心施加垂直拉力。杠杆加载式阀门需保证支轴处润滑良好，以减少摩擦扭矩对力值测量的影响。

压力法检测法能够完全模拟阀门工作真实状态，能够较为准确可靠的测量出实际开启压力和泄漏量。但其缺点在于，检测时需要预安装进气接口，无法做到理想的在线检测。反向压差法通过模拟开启压降，改变了对大气侧压力，不能真实反映阀门运行状态。且无法直接得到开启压力值，需要做转换计算，但其能够在不停车过程完成对阀门在线检测。力值法同样需要通过计算求得开启压力值，且会受加力点、阀门限位、定位、杠杆支点摩擦的影响，导致测试计算结果出现误差。但力值法能够检测压力法和反向压差法无法适用的紧急泄放阀开启压力。

目前，反向压差法仍然是目前主流在线检测方法。此外，由于各国关于安全阀检测规定也各不相同，设计的检测装置也无法兼容适用，因此各相关公司机构都在针对自己呼吸阀产品设计相应的检测系统。国内，管道公司长春输油气分公司研发的储油罐呼吸阀在线测试装置，采用了新的加压(减压)方式及微处理器控制，可在几秒钟内一次自动完成呼吸阀压力值测试，也可任意循环、多只、多批次自动测试，检验测试效率高[11]。刘士伟等设计的呼吸阀在线检测系统就利用反向压差法，完成了对油管罐顶呼吸阀泄漏量的计算[12]。该系统真正实现了呼吸阀的在线检测，使得检验流程大大便捷，能够定期完成工作状态中呼吸阀的检测。马松华等通过利用压力传感器、流量计、风速仪等设备，不仅完成了呼吸阀开启压力、泄漏量以及通气量的检测，还能够保障检测系统批量化检测和长时间高精度和高准确性[13]。此外，针对呼吸阀的泄漏量及泄漏位置的检测，赵江坤等设计计算机学习技术与声发射技术结合的检测方法[15]。该在线检测技术能够结合大数据计算机学习技术，实现在线检测技术的智能化。

随着相关环保规定的实施，石油化工市场对呼吸阀的性能要求提高，呼吸阀的检测技术，尤其是现场在线检测技术就显得尤为重要。目前，呼吸阀在线检测技术正朝着高精度、高准确性、高效性、便捷性和智能化检测等方向发展。

5　结论

本文结合相关标准规范以及相关技术的更

新，总结了呼吸阀领域的发展趋势和相关技术进展。首先，API2000标准的更新是呼吸阀领域的重要方向之一。这个标准的更新有助于提高呼吸阀在工业应用中的可靠性和安全性。其次，呼吸阀排放能力的优化是另一个重要技术创新点。国内外阀门厂商和研究机构，通过优化呼吸阀的流道及阀盘结构设计，减小阀盘全开启超压压力，优化开启压力策略，有效降低了无序排放带来的环境污染风险。同时，在易燃易爆介质储罐领域，一体式阻火呼吸阀的研发也是一个重要的技术方向。这种呼吸阀能够在可能存在火灾风险的情况下，有效地防止火势蔓延，保护生产设备和人员安全。该类阀门，同时结合了呼吸阀和阻火器的设计难点，在兼具阻火能力的同时还需要保证呼吸阀流通能力和开启性能等。最后，呼吸阀在线检测技术的发展也引起了广泛关注。通过实时监测和分析呼吸阀的工作状态，可以提前发现潜在的故障，并在不拆卸整体结构的情况下对阀门状态进行检修，采取相应的预防措施，从而提高生产系统的可靠性和稳定性。

综上所述，呼吸阀的发展趋势主要集中在API2000标准的更新、排放能力优化、一体式阻火呼吸阀以及在线检测等技术方向。这些技术的不断进步将为工业领域带来更高的安全性和效率。

参考文献

[1] SH/T 3007—2014 石油化工储运系统罐区设计规范.

[2] API STD 2000—2014 Venting atmospheric and low pressure storage tanks.

[3] BS EN 14015—2004 Specification for the design and manufacture of site built, vertical, cylindrical, flat - bottomed, above ground, welded, steel tanks for the storage of liquids at ambient temperature and above.

[4] HPIS - G - 103—1997 固定顶油罐通风设备.

[5] SY /T 0511 石油储罐呼吸阀.

[6] 苏建梅. 油品储罐的蒸发损耗成因、计算及对策. 广州化工, 2009, 37(07): 169 - 171.

[7] 戴芳芳. 安全阀反冲效应的数值模拟与实验研究[D]. 广州: 华南理工大学, 2013.

[8] GB 50160—2008 石油化工企业设计防火规范(2018 年版).

[9] 许行, 张赞牢, 秦玉芳. 基于逆向施压的油罐呼吸阀在线检测方法. 后勤工程学院学报, 2008, (03): 28 - 30 + 50.

[10] 张慧. 新型高效一体式阻火呼吸阀及紧急泄压阀在炼化企业储罐区VOCs治理中的应用. 石油化工安全环保技术, 2020, 36(06): 58 - 62 + 8.

[11] 丁宇奇. 立式拱顶储罐超压破坏机理与弱顶结构研究[D]. 黑龙江: 东北石油大学, 2014

[12] 孙兆光, 高侠. 储油罐呼吸阀在线测试装置获三项国家专利. 中国石油报, 2014 - 04 - 09(003).

[13] 刘士伟, 杨云高, 杜威等. 油罐呼吸阀在线检测系统的设计与应用研究. 当代化工研究, 2018, (01): 46 - 47.

[14] 马松华, 王杰, 邱福寿等. 石油储罐呼吸阀检测系统设计与实验研究. 石油和化工设备, 2023, 26(07): 102 - 108.

[15] 赵江坤. 基于声发射的呼吸阀泄漏检测方法研究[D]. 江苏: 中国矿业大学, 2023.

基于 CiteSpace 的 TDLAS 甲烷泄漏检测研究进展可视化分析

张林翰　唐奇超　巫宇航　吴琳琳　王　强

(中国计量大学，浙江 杭州　310018)

摘　要： 可调谐半导体激光吸收光谱技术(Tunable Diode Laser Absorption Spectroscopy，TDLAS)是利用二极管激光器的波长扫描和电流调谐特性来实现气体微量泄漏检测的一种新技术，具有灵敏度高、精度高、响应速度快等优点。采用 CiteSpace 软件和文献计量法，对 2013 年至今 TDLAS 在甲烷泄漏检测领域的研究进展与趋势进行可视化分析。发现研究总体呈上升趋稳态势，表明 TDLAS 在甲烷检测领域具有较好的研究和应用价值，后续应在信号降噪算法、检测系统的机器人/无人机搭载等领域进一步开展研究应用。

关键词： 甲烷泄漏；TDLAS；CiteSpace

Review of Research on Methane Microleakage Detection Based on TDLAS

ZHANG Linhan，*TANG Qichao*，*WU Yuhang*，*WU Linlin*，*WANG Qiang*

(China Jiliang University，Zhejiang Hangzhou 310018，China)

Abstract： Tunable diode laser absorption spectroscopy (TDLAS) has the advantages of long detection distance，fast response speed，high measurement accuracy，and is suitable for methane micro leakage inspection of city gas pressure pipelines. Using CiteSpace software，a visual analysis is made on the evolution context and hot trend of TDLAS. In the future，China should strengthen the research on denoising algorithm and methane micro leak detection device based on quadruped robots.

Key words： Methane leakage；TDLAS；CiteSpace

1　引言

城镇燃气的主要成分为甲烷，甲烷属于易燃易爆气体，因此对城镇燃气压力管道的巡检有利于保护人民生命财产安全。甲烷泄漏的高效检测一直是城镇燃气行业关注的焦点。TDLAS 是一种新兴的气体检测技术，具有高灵敏度、高分辨率、抗干扰能力强等优点，适合用于城镇燃气行业。

为了解国内外关于甲烷检测和 TDLAS 检测技术的研究进展与前沿，本文对比分析了甲烷检测的常用方法，并采用文献计量学方法和 CiteSpace 软件进行可视化综述研究，以 TDLAS 和甲烷检测为关键词，以中国知网(CNKI)和 Web of Science 作为数据来源，并从两者中分别引用 317 篇国内中文文献以及 354 篇国际英文文献进行分析，旨在为相关学者了解该领域趋势和热点，研讨未来发展与技术应用提供参考依据。

2　甲烷检测常见方法

目前针对甲烷气体泄漏检测的方法主要分为非光学的接触式测量与光学的非接触式测量两

作者简介： 张林翰(2003—　)，男，本科在读。主要研究方向为特种设备安全。

通信作者： 王强(1976—　)，男，博士，教授。主要研究方向为特种设备安全。E-mail：qiangwang@cjlu.edu.cn

基金项目： 浙江省‘尖兵’‘领雁’研发攻关计划(2022C03179)；国家级大学生创新项目(202310356035)；长三角区域安全工程专业教育部虚拟教研室开放课题(CSJAQXN-2307)；浙江省一流本科课程。

大类[1]。

2.1 非光学甲烷检测法

2.1.1 催化燃烧法

其主要构造是铂丝和贵金属催化剂，当甲烷与催化剂接触时，催化剂会发生催化燃烧反应，导致铂丝的温度和阻值变大，从而通过检测电路的输出电压变化反推出甲烷浓度。催化燃烧法的优点是成本低、体积小等，但同时也存在一定缺陷，如选择性差、响应时间长等。

2.1.2 固体电解质法

工作原理是用离子导体作为电解质，当甲烷通过电解质时产生离子，从而形成电动势，测量电动势的变化就能反推出甲烷的浓度。其优点是选择性好、精度高，但也存在着诸如抗干扰性低的缺点。

2.1.3 半导体法

半导体甲烷传感器是根据传感器上的甲烷气敏膜与甲烷接触时，导致电导率、表面电位等的变化，从而推算出甲烷浓度，其优点是灵敏度高、构造简单，缺点是测量范围小、功耗大。

2.1.4 热导法

热导式甲烷传感器利用甲烷和空气的导热系数不同达到测量甲烷浓度的目的。热导式甲烷传感器构造简单，主要由热敏电阻和导线构成，气体导热系数越大，热敏电阻散热越快，阻值就越小。该方法虽然结构简单，但灵敏度很低，主要针对测量高浓度气体，不适用甲烷微泄漏检测。

2.2 光学甲烷检测法

由于光学检测技术具备灵敏度高、测量范围大、可在线监测等优势，近几年在石油工业、生命健康、环境保护、交通安全等领域被广泛应用。主要技术有：差分激光吸收雷达（Differential Absorption Lidar，简称 DIAL）、光声光谱（Photoacoustic Spectroscopy，简称 PAS）、光腔衰荡光谱（Cavity Ring－Down Spectroscopy，简称 CRDS）、可调谐半导体激光吸收光谱（Tunable Diode Laser Absorption Spectroscopy，简称 TDLAS）等等。

2.2.1 差分吸收激光雷达

主要由激光器、接收器、采集器、控制电路组成。激光器发射两束激光，一束激光与待测气体吸收谱线频率相同，另一束激光的频率处于待测气体吸收谱线边缘，用于消除其他分子和气溶胶带来的影响，通过计算两束激光的后向散射光强差从而反算出气体浓度。该技术造价昂贵、体积庞大，适用于全球大气质量监测，并不适合局部区域泄漏检测。

2.2.2 光声光谱

主要原理是基于光声效应，当激光穿过待测气体时，气体分子因吸收激光能量发生膨胀，膨胀会挤压周边空气，从传感器检测到的压强变化就可以推算出待测气体浓度。光声光谱检测装置由激光发射器、光声池、微音器、信号处理系统构成。该技术响应时间短、检测精度高，但是它对振动过于敏感，不适合应用于复杂的燃气管网环境。

2.2.3 光腔衰荡光谱

实现方式是设置两块反射率为 99.9% 的高反镜组成一个光学谐振腔，一端设有激光器，另一端设有光电探测器，待测气体穿过两块高反镜之间，激光在光学谐振腔内来回振荡，根据激光的振荡时间来计算待测气体浓度。该方法具有很高的灵敏度，但对高反镜要求较高，花费成本较大。

2.2.4 TDLAS

基于比尔－朗伯定律，激光器发射特定波长的激光在气体特有的吸收谱线附近扫描，待测气体会吸收光强使得激光发生衰减，随后激光经漫反射物反射被光电探测器接收，通过光强衰减变化来计算待测气体浓度。具体原理如图 1 所示。TDLAS 技术选择性好、灵敏度高，可在线无接触式检测，但需要一定成本。

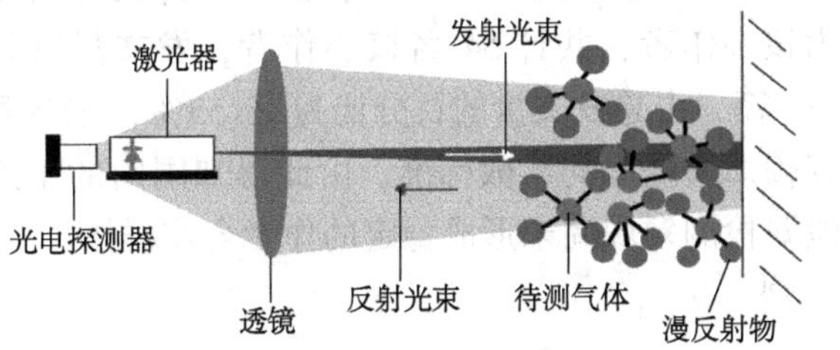

图 1 TDLAS 原理图

此外还有光纤传感、电化学检测、半导体纳米材料传感器、气相色谱仪检测等。对各种检测方法从灵敏度、可靠性、稳定性和测量范围等角度进行对比如表 1 所示，可以发现，TDLAS 具有高灵敏度，高可靠性，分辨率高，响应速度快，稳定性好等优点。

表1　各气体检测方法性能对比表

检测方法	灵敏度	可靠性	气体选择性	响应速度	稳定性	简易度	测定范围
半导体法	非常好	稍差	差	良好	稍差	非常简单	达 LEL
红外吸收法	稍好	良好	相当好	快	良好	中等复杂	较宽
热导法	良好	良好	良好	较快	良好	简单	宽
气相色谱法	非常好	非常好	非常好	差	非常好	非常复杂	ppm 的 100%
化学发光法	良好	良好	良好	快	良好	简单	ppm 的 100%
光纤法	非常好	非常好	非常好	快	非常好	中等复杂	较宽
恒电位电解法	良好	良好	良好	快	良好	简单	宽
TDLAS 法	非常好	良好	非常好	快	良好	简单	较宽

3　基于 TDLAS 的甲烷泄漏检测研究进展与趋势

3.1　国内研究进展

以“TDLAS”、“甲烷泄漏”等为关键词，在中国知网等平台上检索得到国内相关期刊论文 317 篇。国内发文量的时间分布如图 2 所示，可以看出，自 2010 年开始，国内在甲烷检测领域与 TDLAS 相关的文章发文量大体上呈现上升趋势，但近四年的发文量趋于稳定，表明本技术已经得到较好的发展和应用。

检索发现国内学者中发文量最多的是庞涛(6 篇)，根据如式(1)和式(2)所示的普赖斯公式对核心作者及其合作态势进行分析：

$$\sum_{m+1}^{i} n(x) = \sqrt{N} \tag{1}$$

$$m = 0.749\sqrt{n(\max)} \tag{2}$$

式中　$n(x)$——撰写了 x 篇论文的作者数；

m——该领域核心作者的最低发文数；

N——作者总数。

$i = n(\max)$——该领域最高产作者论文数量。

因此将发文量 2 篇以上(包含 2 篇)的作者定为核心作者，共计 54 名核心作者，发文量共计 133 篇，占总发文量的百分比为36.53%，未达到普赖斯所提出的半数标准，由此得知国内的甲烷泄漏检测领域尚未形成稳定的作者合作群体。

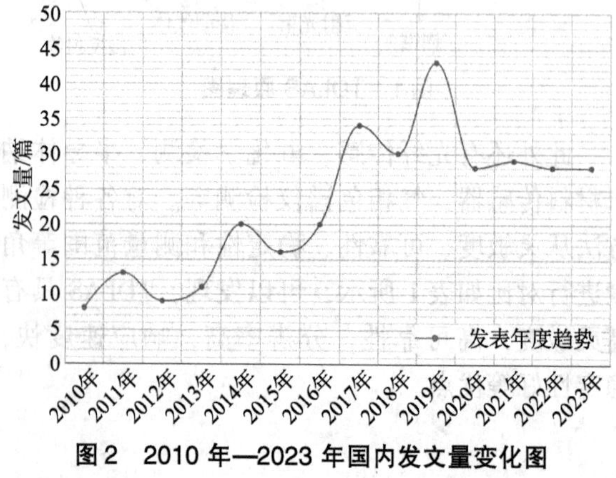

图2　2010 年—2023 年国内发文量变化图

运用 CiteSpace 软件对 317 篇文献进行作者共现分析(Threshold = 2)，得到核心作者共现图如图 3 所示。从图 3 得知，国内在该领域的研究正逐渐趋向于合作研究，自 2014 年开始到 2023 年，合作研究的次数正在逐年增加，说明该领域研究正在深入推进并且拓展应用实践。

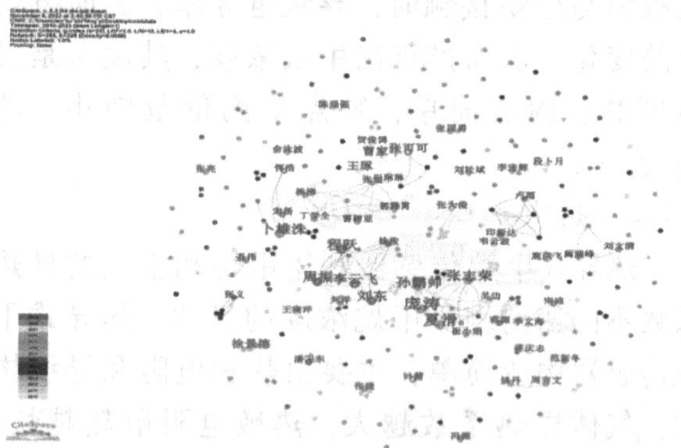

图3　国内各作者共现图

基于 CiteSpace 进行关键词聚类分析如图 4 所示。分析结果表明，波长调制、谐波检测等是主要研究热点方向。王敏等[1]使用 1.65μm 中心波长的激光对甲烷进行检测，探测下限可达 100ppm·m。郭心骞等[2]基于 EMD 算法对 TDLAS 系统中的干涉条纹进行多次降噪。唐奇超等[3]提出一种基于改进 VMD 算法的 TDLAS 甲烷检测信号降噪技术。

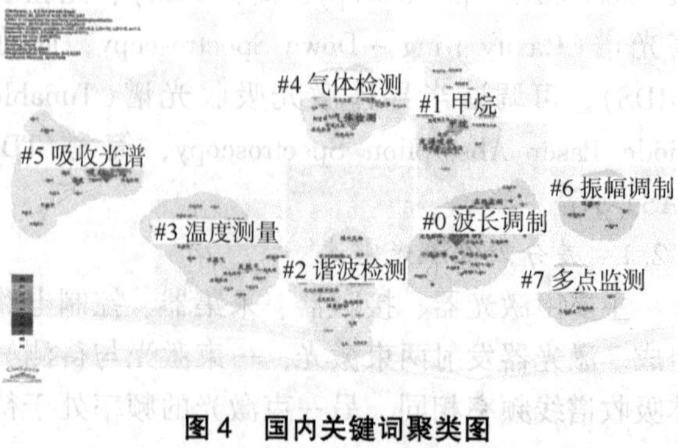

图4　国内关键词聚类图

运用 CiteSpace 进行关键词突显分析如图 4 所示。结果表明运用算法来改善 TDLAS 技术在检测甲烷时的误差概念在 2010 年就已经提出，而在 2010 到 2015 年间都是以研究调制光谱技术为主。2016 年出现“直接吸收”的关键词，且重要度为 1.91，是图表中的最高值，说明在 2016 年之后的研究方向以直接吸收光谱技术为主。同时，关键词无人机自 2022 年起出现，表明研究热点开始转向 TDLAS 技术的搭载平台，验证了技术的广泛应用前景。钱济人等[4]研发了云台扫描式甲烷遥测装置，实现了对整个燃气运输站的“面监测”，并能够对甲烷浓度分布三维成像，极大提高了巡检效率。陈斌等[5]提出了基于 TDLAS 的智能巡检机器人的方案，实现站内自主规划导航、数据视频同步传输，缩短近 2 倍巡检周期，为天然气无人巡检提供了重要思路。

3.2　国际研究进展

在 Web of Science 平台上以“TDLAS”和“methane detection technology”等关键词为主题进行检索，得到 2013～2023 年期刊论文 354 篇。

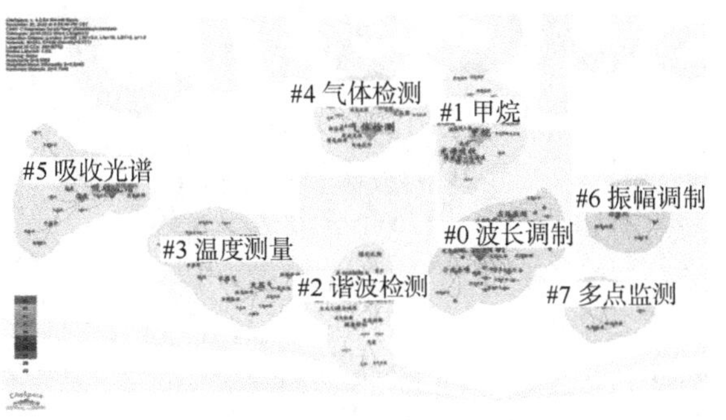

图 4　国内关键词突显分析图

将发文量按国家排序发现我国作者发表 157 篇，位列世界第一，约占近五年发文量的 44.35%。美国在该领域的发文量位居世界第二，共发表文章 92 篇，占比 25.99%。图 5 为国际上的甲烷检测领域 2013 年到 2023 年的发文量，说明国际对甲烷的研究热度长盛不衰。

根据式(1)和式(2)对国际期刊发文得核心作者及其合作态势进行分析如图 6 所示。计算可知核心作者共有 88 位，总发文量为 205 篇，占文章总量约 65%，Brandt、Adam R 为最高生产力作者，从 2016 年到 2023 年共发文 7 篇，但各个学者之间也并没有形成成熟的合作模式。

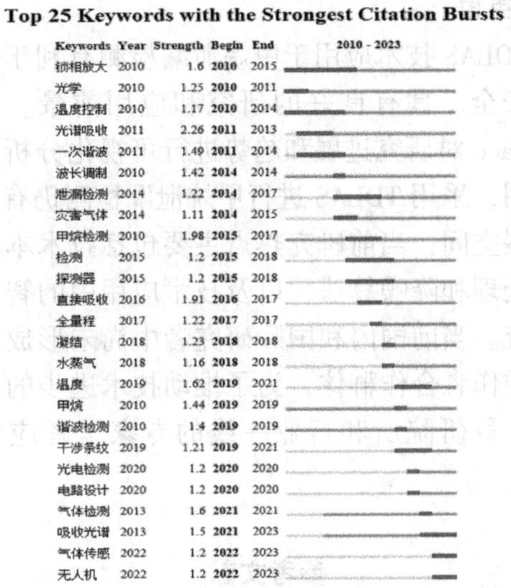

图 5　2013 年—2023 年国际发文量变化图

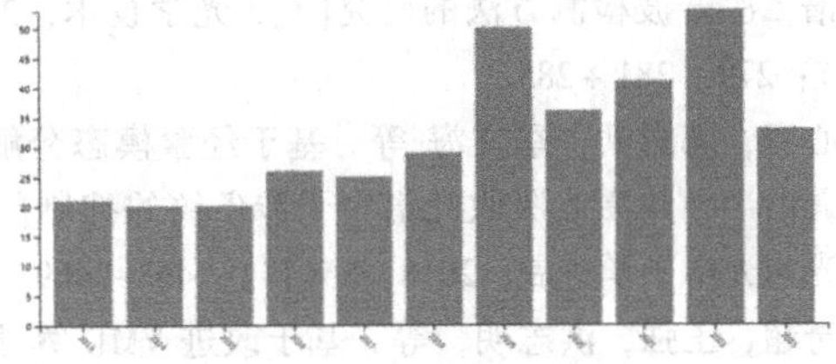

图 6　国外作者共现图

对国际期刊文献的关键词进行聚类分析和关键词突现分析如图 7 所示。“spectroscopy”和“unmanned aerial vehicles”等关键词表明国际研究同样高度关注信号处理和搭载平台。Davis 等[6]使用带间级联激光器(ICL)和积分球对 TDLAS 进行改进，拟合甲烷浓度在 0－50ppm 呈线性，且具有良好的抗干扰能力；Li 等[7]

将 BP 神经网络与小波相结合对 TDLAS 甲烷传感器进行去噪，提高了信噪比，浓度反演精度提高了 11 倍；Andersen 等[8]无人机与甲烷传感器融合用于监测煤矿通风井的甲烷排放量；Barchyn 等[9]设计了无人机与激光甲烷检测仪结合的集成系统用于检测天然气设施中的泄漏，能实现大泄漏点的检测。

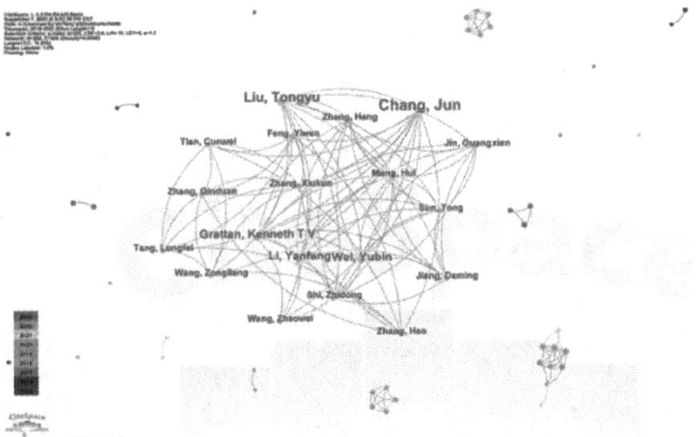

图 7　国际上的关键词突显分析图

4 结束语

TDLAS 技术应用于甲烷泄漏检测有利于保障燃气安全，具有良好的研究和应用前景。采用 CiteSpace 对研究进展和趋势进行可视化分析的结果表明，采用 TDLAS 进行甲烷泄漏检测仍有较大的发展空间，当前研究热点主要包括技术本身的信号处理和降噪算法，以及技术应用中的智能搭载系统。当前国内和国际研究者中尚未形成成熟稳定的作者合作群体，为了推动技术进步的实际应用，科研院所和行业一线的专家学者应加强合作。

参考文献

[1]王敏，张玉钧，刘文清，等．可调谐二极管激光吸收光谱二次谐波检测方法的研究[J]．光学技术，2005(2)：279－281＋285.

[2]郭心骞，邱选兵，季文海 等．基于经验模态分解的可调谐半导体激光吸收光谱中干涉条纹的抑制[J]．激光与光电子学进展，2018，55(11)：463－469.

[3]唐奇超，王强，洪志明，等．基于改进 VMD 算法的 TDLAS 甲烷检测信号降噪研究[J]．中国计量大学学报，2024，35(01)：35－42.

[4]钱济人，张富诚，丁艳军，等．基于 TDLAS 的天然气泄漏空间动态分布监测技术及应用研究[J]．激光与红外，2022，52(3)：360－367.

[5]陈斌，赵发龙．燃气管网场站智能巡护技术的研究与应用[J]．城市燃气，2021(S1)：136－140.

[6]Davis N M，Francis D，Hodgkinson J，et al. Compact methane sensor using an integrating sphere and interband cascade laser at 3313 nm[J]. Sensors and Actuators B：Chemical，2023，389：1－8.

[7]Li Y，Yang S，Lu Y，et al. Multi－parameter methane measurement using near－infrared tunable diode laser absorption spectroscopy based on back propagation neural network[J]. Infrared Physics & Technology，2022，125：1－10.

[8]Andersen T，Vinkovic K，De V M，et al. Quantifying methane emissions from coal mining ventilation shafts using an unmanned aerial vehicle (UAV)－based active AirCore system[J]. Atmospheric Environment：X，2021，12：1－21.

[9]Barchyn T，Hugenholtz C H，Myshak S，et al. A UAV－based system for detecting natural gas leaks[J]. Journal of Unmanned Vehicle Systems，2018，18：1－18.

储罐作业机器人研究与应用现状综述

邱壮凯 刘子栋 王新栋 徐敬丰 赵东亚

［中国石油大学(华东)新能源学院，青岛 266580］

摘 要：储罐在工业生产中发挥着重要的作用，为了确保储罐长期安全稳定运行，使用过程中需要定期维护和检修作业。传统的人工作业方式费时费力而且有较大的安全隐患，随着自动化技术的高速发展，储罐作业机器人逐渐应用于储罐作业中。本文对主流储罐作业机器人、机器人工作模式进行综述，重点分析当前应用现状及面临挑战，并展望储罐作业机器人最新技术的发展趋势，探讨未来可能的创新方向和应用前景。

关键词：储罐作业；机器人技术；检修维护

Review of Research and Application Status of Tank：An Overview

QIU Zhuangkai，*LIU Zidong*，*WANG Xindong*，*XU Jingfeng*，*ZHAO Dongya*

（School of New Energy，China University of Petroleum，Qingdao 266580，China）

Abstract：Storage tanks play an important role in industrial production，in order to ensure the long-term safe and stable operation of storage tanks，regular maintenance and overhaul operations are required during use. Traditional manual operation is time-consuming and laborious and has a large safety hazard，with the rapid development of automatics，tank operation robot is gradually applied in tank operation. This paper summarizes the mainstream tank operation robots and their working modes，focuses on analyzing the current application status and challeges，and looks forward to the development trend of the latest technology of tank operation robots，and discusses the possible innovation direction and application prospect in the future.

Key words：Storage tank operation；Robotics；Overhaul and maintenance

1 引言

在现代工业生产中，储罐作为存储各种介质(如石油、化学品、食品及水处理物质)的关键设备，其安全性和可靠性愈发受到重视。储罐的正常运行对工业生产的稳定至关重要，日常使用过程中，需要对储罐进行定期检测，及时发现腐蚀或者其他安全隐患；由于储罐内介质的沉积，底部会堆积大量的油泥，需要定期清理油泥，否则会影响储存介质的纯度，增加底板腐蚀的风险；除此之外，还要进行喷漆或者焊接等日常的维护工作，以确保储罐安全可靠地运行，喷漆能够在储罐内外表面形成一层防护涂层，防止外部环境中的水分、氧气和化学物质对储罐金属的侵蚀，保护储罐结构完整性；储罐的焊接作业则是针对发现的裂缝、孔洞和薄弱区域进行修复，恢复储罐的结构强度和密封性能，防止泄露和破裂风险。定期的喷漆和焊接不仅可以延长储罐的使用寿命，降低维护成本，还能确保储罐在各种复杂环境中的安全运行。传统的储罐作业方法为人工携带检测、清理或者其他作业设备进行停工开罐作业，这种方法不仅费时费力，储罐内的高风险环境还会对作业人员的健康构成威胁[1]。在2022年，我国化工储罐规模就达到23.51亿，人工进行储罐作业会消耗大量的人力、物力、财力，同时，每次进行储罐开罐作业就需要停工1～9个月左

作者简介：邱壮凯(2001—)，硕士研究生，研究方向为储罐作业机器人。E－mail：z22150116@ s. upc. edu. cn

右[2]，极大影响生产效率。因此，如何安全高效地进行储罐维护作业就成为亟待解决的问题。

早在上世纪末，美国石油学会就提出利用机器人对地面储罐进行清理、检测等作业方式。卡耐基梅隆大学的研究人员于 1984 年研制了名为“Neptune”(海王星)的移动机器人系统。这个机器人由 Gregg Podnar 设计，采用了同步电机驱动和转向，能够实现储罐底板在线检测作业，该机器人被其他研究组织复制和参考，用于探索各种移动机器人技术，推动了相关技术标准的建立。机器人技术应用于储罐作业领域具有明显优势，不仅能够提高作业效率，还能显著减少人力成本和安全风险。然而，由于储罐内部环境的特殊性，对机器人的技术要求较高，需要克服诸多难题。首先需要满足储罐内部极高的防爆要求，这就需要针对各个机器人模块重新设计方案，此外，储罐内壁常常光滑湿润，机器人难以有效附着并进行稳定移动，这些都对储罐作业机器人提出了更高的要求。为应对这些挑战，随着科技的发展，各类新型机器人技术应运而生，出现了各种适用于储罐作业的机器人，为储罐作业维护提供了高效安全的解决方案。

如图 1 所示，本文主要从储罐作业机器人(检测机器人、清理机器人、特种作业机器人)、机器人作业模式(离线作业、在线作业)以及储罐作业机器人最新技术(仿生机器人、多功能机器人、最新检测技术)三个方面展开综述，分析了目前主流机器人在实际应用中的性能和适用范围，总结了当前技术和作业模式存在的优缺点，并对未来储罐机器人技术的发展方向进行了展望。

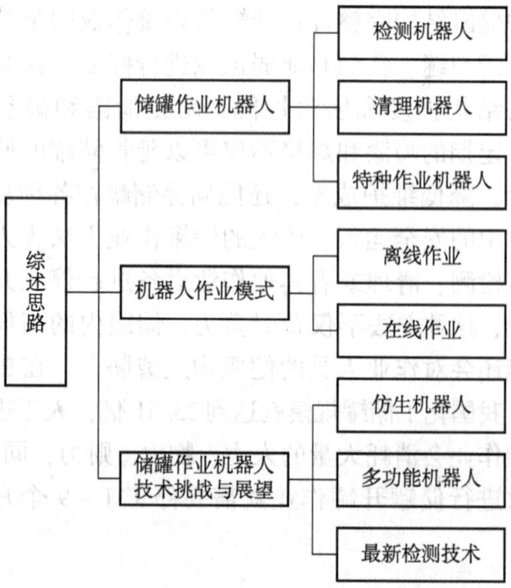

图 1　综述思路

2　储罐作业机器人分类

目前储罐作业机器人主要有以下几类：(1)检测机器人，用于检测储罐内部的腐蚀、裂纹、变形等缺陷，保证储罐的安全性和完整性；(2)清洗机器人，用于清洗储罐内部的污垢和残留物，确保储罐内部的清洁和卫生，主要应用于石油、化工、食品等行业；(3)特种作业机器人，用于执行各种修复和保养工作，比如焊接和喷漆等，保证储罐的正常运行和延长使用寿命[3]。

2.1　检测机器人

检测机器人通常搭载检测模块来完成检测工作[4]，超声波可以穿透多种材料，通过发射和接收超声波来检测储罐内壁的厚度变化与缺陷。为解决水冷壁自动化检测这一需求，沈为民等[5]利用双履带移动和永磁吸附技术，设计了一种适用于火力发电站锅炉水冷壁的检测爬壁机器人，如图 2 所示，通过链条和永磁吸附块实现移动，对永磁吸附块进行轻量化设计，减少磁路的气隙，提高磁吸附力，采用交流伺服电动机进行驱动，机器人配备三个超声波探头，通过超声波反射信号判断管壁厚度，可对管壁厚度进行无损检测，测量结果低于预设值时会发出报警并打标记。该机器人在现场实验中基本实现了预期功能，显著缩短了作业周期，提高了检测精度。在罐内使用超声波进行检测虽然具有高精度、非破坏性和能检测多种材料等优点，但也存在着较强的信号衰减和噪声问题，会干扰信号的接收和处理，唐东林[6]等设计的超声波检测机器人，其行走轮采用弹性支撑，保证机器人在运行时具有一定的径向适应能力，同时保持机器人轴心与检测区域水平线的重合，满足超声波检测缺陷时对提交离值的要求，通过仿真分析，确定机器人弹簧刚性系数，能够保证质心偏心量在小于 0.5mm 的前提下，满足检测精度且具有良好的弯道通过性，并建议了在进行超声波检测检测时，应对罐内待检测区域的表面状态进行分类，选取合适的耦合剂进行检测。但是对于形状复杂的工件，超声波信号的反射和折射会增加检测难度，影响检测精度。

对于检测精度要求较高的作业场景，检测机器人多采用磁粉检测方法，利用磁粉和磁场检测金属储罐表面的细小裂纹和缺陷。蔡雄等[7]设计了一种极低频磁信号收发系统，用于跟踪油气工业中的智能检测机器人。该系统通过在检测机器人上安装极低频磁发射机，并沿管道布置接收机，实时跟踪机器人在管道中的位置。为了解决低频电磁检测中的效率问题，增强储罐设备监督过程中检测机器人的应用操作性，陈达[8]提出了一种适用于爬行检测机器人的设计思路，该方法通过无线遥控爬行机器人在水冷壁上进行低频电磁连续检测，能够在垂直的壁面移动自如，大幅度提高了检测机器人效率；同时还设计了高韧性小直径钢丝绳和棘轮装置，避免机器人在运行过程中发生跌落损坏检测探头，创新性的提出了无线遥控爬壁机器人的设计要点，可以有效提升系统的检测效率和灵活性。刘保国等[9]设计了一种基于STM32单片机的压力容器焊缝检测机器人系统，该机器人系统通过无线网络进行机器人本体控制端和远程控制端之间的数据传输，远程控制端以工控机为核心，主要负责焊缝的识别与跟踪以及检测后的磁粉图像识别判断，焊缝检测实验结果显示，机器人携带的磁粉检测设备在对标准试片进行实验后，能够清晰显示磁痕，该机器人具备良好的焊缝缺陷检测能力。王季[10]提出一种可取代人工检测且具备适应不同曲率半径能力的四轮永磁吸附爬壁机器人方案，在永磁吸附与轮式移动方案的基础上，设计出了集吸附和移动能力于一体的柔性移动机构爬壁机器人机械主体，并对采集到的焊缝图像进行高斯滤波与灰度化处理，实现焊缝中心位置的提取，最后，搭建了焊缝检测爬壁机器人实验样机，并从软硬件系统、机器人运行性能、人机交互界面三个方面进行实验测试，实验结果表明，该焊缝检测爬壁机器人系统满足各项设计指标，具有良好的工业应用前景。

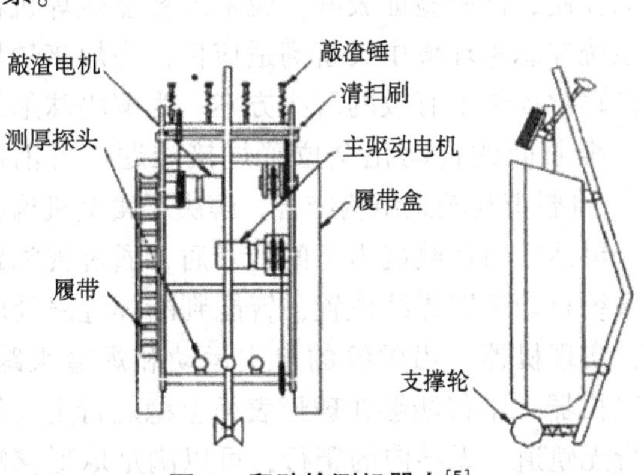

图2　爬壁检测机器人[5]

视觉检测是一种非接触式的检测方法，不需要直接接触被检测物体，避免了对产品的损伤和污染，对于一些敏感的材料尤为重要，搭载激光扫描视觉检测技术的储罐作业机器人，能够实现储罐微观形貌特征的主动视觉检测和定位，更加有效的解决在役储罐外部损伤、焊缝形状等微观三维形貌的精确检测和定位，同时视觉检测技术可以用于多种应用场景，不仅可以检测尺寸和形状，还可以进行颜色、纹理和表面光洁度的检测，发展空间较大[11,12]。径向偏差数据是衡量储罐罐壁垂直度和形变的重要参数，传统储罐径向偏差测量方法操作不便且精度较低，李秀学等[13]，佟林等[14]开发了一种永磁吸附的径向偏差测量机器人，这种机器人能够沿着储罐壁自动行走，精确定位测量点，实现了储罐径向偏差的自动化测量，该机器人配备电控箱与遥控器，遥控器采用433MHz无线通信，实现对机器人动作的简洁控制，沿用传统的光学垂准线法，通过机器人带动测量装置在罐壁行进，到达测点位置时自动停止并读取径向偏差数据，在中国石化北京小武基油库的储罐上进行的实验结果表明，径向偏差测量机器人测量的储罐径向偏差数据与全站仪标准方法测得的数据基本一致，最大差值仅为0.5mm，优于立式金属罐容量检定规程所规定的不超过±2mm的要求。光学垂准线法在一定程度上容易受到环境光线和震动的干扰，会影响测量精度和重复性，为了解决这一问题，段钊[15]选用三维激光扫描仪作为测量设备，通过积分思维法将油罐划分为若干个圆柱体，选取圆柱中心位置扫描到的截面点云数据，利用最小二乘法得到截面面积，最后累加得到罐壁体积来进行罐壁形变的测量，所设计的机器人测量系统能够有效提高测量效率和精度。

近年来储罐检测机器人在工业检测领域取得了显著进展，不同的检测方法和技术，如超声波检测、磁粉检测、视觉检测等，各自展现出独特的优势和适用场景。超声波检测机器人凭借其高精度和非破坏性特点，被广泛应用于厚度和缺陷检测，但也面临信号衰减和噪声干扰的问题；磁粉检测机器人通过磁粉和磁场技术，实现了对金属表面细小裂纹和缺陷的检测，并可以通过无线遥控等技术提升了操作性和检测效率；视觉检测技术的发展，为储罐外部损伤和焊缝形状的精确检测提供了重要手段。随着技术的不断创新和融合，这些检测机器人将在工业检测中发挥越来越重要的作用，推动检测作业向着更高效、更精准的方向发展。

2.2　清理机器人

履带式机器人由于其不易打滑、安全性高的特点，常用于储罐清洗，王佳楠等[16]为了提高履带式储罐清洗机器人的越障能力，提出在机器人车身和轮体之间添加主动阻尼悬架装置，如图1所示，通过建立动力学方程，分析驱动轮位置和半径对越障高度的影响，研究结果表明，主动调节系统阻尼能有效减少翻越阳极块时的垂直加速度和冲击力，从而提高机器人的越障能力；由于机器人本体转向限制，传统喷头清洗覆盖范围不足[17]，为了解决这一问题，贾继磊等[18]设计了一种适用于小型卧式原油储罐的新型三维旋转喷头履带清洁机器人，如图3所示，通过入水口处的压力驱动整个装置的运行，不需要携带其他喷枪辅助，确保能够对储罐内壁进行全覆盖清洗的同时对结构进行了简化，有效提升了清洗效率和安全性，具有较重要的应用价值和广阔前景。

图3　履带清洗机器人模型示意图[18]

履带式机器人只能在储罐底部进行作业，为解决储罐罐体内壁的除锈问题，孙帅帅[19]，霍建玲等[20]都设计了基于高压水射流技术的磁吸附爬壁除锈机器人，前者通过磁吸附爬壁装置将高压水枪带入储罐内，利用驱动电机控制系统灵活移动，通过旋转和摆动机构调整高压水枪的喷射方向，实现360度全方位除锈；后者考虑到清洗机器人在壁面水平运动以及高压冲洗时姿态倾斜问题，提出一种机器人姿态控制系统，通过增加车轮的磁吸附力和驱动电机的转矩来减小倾斜偏差，并使用陀螺仪和高精度编码器检测机器人的姿态，并在其中加入低通滤波器来抑制高频干扰，增强系统稳定性和动态性能，测试实验结果表明，该机器人具备较强的自动纠偏能力和较高的除锈性能。目前的清洗机器人通常将永磁铁设置在行走轮或履带上，永磁铁面积较小，且不能调节吸附力的大小，无法适应不同含铁量储罐的使用需求，适用范围相对有限，为了解决这一问题，韩海敏等[21]提出了永磁吸附装置结合升降电机和丝杠的方案，通过调节永磁铁与储罐内壁之间的距离，实现吸附力的调节，显著提高了油脂类罐体内壁的清洗效率和效果。这些创新设计和技术提升了储罐内壁清洗机器人的作业效率和应用广泛性，为工业储罐的清理提供了强有力的技术支持。

为了提高其越障能力和清洗覆盖范围，研究者们提出了多种创新设计和技术改进。通过主动阻尼悬架装置和新型三维旋转喷头，显著提升了履带清洗机器人的越障能力和清洗效率；磁吸附爬壁除锈机器人利用高压水射流技术，实现了储罐内壁的全方位除锈，改进了机器人在水平运动和姿态控制方面的性能。然而，传统永磁铁的吸附力不可调节，限制了机器人在不同含铁量储罐中的应用，为此，永磁吸附装置结合升降电机和丝杠的方案显著提高了清洗效率和适用范围。总体而言，这些技术创新和改进大幅提升了储罐清洗机器人的作业效率、清洗效果和适用性，为工业储罐清理提供了更为可靠和高效的解决方案。

2.3　特种作业机器人

焊接机器人在储罐的制造和维护过程中，可以显著提高生产效率、焊接质量和工人的安全性，特别适用于大规模生产。李华等[22]设计了一种履带式智能弧焊机器人系统，旨在实现焊接过程的自动化和智能化。该系统主要由移动机构、图像传感系统、控制电路和计算机信息处理控制系统组成。机器人采用双履带电磁铁结构，能够在垂直壁面、球面和管道等复杂曲面上爬行并自动跟踪焊缝。系统采用模糊控制技术，通过焊距和焊缝中心偏离的误差及其变化率来判定焊距位置及其动作趋势，调整履带轮的速度，实现焊缝跟踪控制，试验验证表明，履带式智能弧焊机器人系统在恶劣环境中具备高适应性，为焊接领域的自动化提供了有效的解决方案。为解决球形储罐三维曲面的自动化全位置焊接难题，冯消冰等[23]将履带与轮式结构结合，解决了爬壁机构在运行灵活性与负载能力之间的矛盾，通过视觉跟踪系统自动识别焊缝位置，智能判断焊缝路径轨迹，实现机器人沿焊缝的自主运动和焊缝跟踪，爬壁机器人不仅能够在球形表面上稳定行走还能进行无轨道、无导向的爬行，可以满足球形储罐焊接高效化和智能化的需求。王永科[24]对储罐焊接机器人在实际工程中的应用进行了效益评价，通过10台不同规格和壁厚的碳钢储罐焊接实验，按照相关标准进行射线检测、拉伸、弯曲和冲击实验，并编制焊接工艺评定报告和作业指导书，为储罐焊接机器人的实际应用、工艺制定提供了相关依据。Wang 等[25]研究开发了一种配备 CCD (Charge Coupled Device)视觉传感器的智能轮式机器人，机器人本体配备一个 3 自由度的焊接机械臂，通过 CCD1 检测机器人主体与焊缝轨迹中心的偏差，CCD2 检测焊枪与焊缝轨迹中心的偏差来完成焊接任务，目前该智能焊接机器人已在球罐自动化制造中成功应用。苏赐民等[26]发现环境对 CCD 传感器干扰较大，高温、光线和强电磁等因素会影响 CCD 传感器的性能，导致焊接精度下降，为解决这一问题，提出一种基于激光视觉传感器的机器人焊缝高精度跟踪系统，激光图像传感器对焊缝激光光源进行物理滤波处理后，使用工业相机提取焊缝激光图像特征，然后机器人控制层利用这些特征信息进行手眼标定，获取校正向量。焊接机器人在储罐制造和维护过程中显著提升了生产效率、焊接质量和工人的安全性，特别适用于大规模自动化生产。

储罐喷漆机器人可以对已投入生产的储罐修复表面损伤，延长储罐的使用寿命，还可以在储罐制造过程中，为储罐表面均匀地涂覆防腐涂层，提供长期的防护效果[27]。何富君等[28]提出一种实现 Z 字形喷漆轨迹的方法，对该喷漆机器人设计了具有六个自由度的喷漆机构，通过机器人与喷漆机构的协同控制，能够保证涂层厚度均匀，并通过 ADAMS 仿真验证了该设计的可行性和有效性，为储罐自动化喷漆设备的开发提供了理论和实践基础。吕昊[29]基于机器人变曲率表面运动状态下永磁吸附装置吸附力的影响，设计了一种自适应移动防爆喷漆机器人，如图 4 所示，结合设计的多功能喷漆机构，实现了储罐喷漆作业的基本全覆盖，并在样机多次对比实验后验证机器人的喷漆效果。考虑到喷漆机器人的通过性问题，程鹏[30]设计出一款多足式电磁吸附喷漆机器人，实现喷漆机器人与储罐壁面的吸附面动态调整，提供了一种高效安全的储罐喷漆作业方案，极大提高储罐喷漆效率，丰富储罐喷漆机器人的结构多样性。储罐喷漆机器人在储罐防护中发挥了至关重要的作用，能够有效修复储罐表面损伤，延长使用寿命，为工业生产提供强力的保障。

焊接机器人通过智能化和自动化技术，实现了高效、高质量的焊接作业，显著提高了生产效率和作业的安全性。不同类型的焊接机器人，如履带式智能弧焊机器人、配备 CCD 视觉传感器的智能轮式机器人和基于激光视觉传感器的机器人，分别在复杂曲面焊接、焊缝跟踪和精度提升方面展现了独特优势。喷漆机器人则通过多自由度的喷漆机构和自适应移动技术，确保了涂层的均匀性和覆盖性，有效延长了储罐的使用寿命。

图 4　喷漆机器人[29]

3　机器人作业模式

储罐作业维护机器人的作业模式可以分为离线作业和在线作业两种，离线作业需要将储罐停工并且内部介质完全排空后再进行机器人作业，通常在清洗、维修或年度检修期间进行，可以进行详细和全面的检查，确保储罐在重新投入使用前处于最佳状态，但是离线作业可能耗时较长，导致生产中断，影响生产计划；在线作业不需要停工和排空介质，在储罐正常运行时即可开始作业，可以实时监测储罐的状态，减少了排空和重新灌装的时间与费用，避免作业过程中的安全和环境风险，但是在线作业需要高精密的设备和技术，同时还可能会受到储罐运行条件的限制。

3.1　离线作业

周旭明[31]针对储罐清洗机器人进行水射流除锈时普遍存在适应能力弱、灵活性差等问题，设计了一种磁极拼装式弧形永磁吸附机构，并运用非顺心转向模型，对机器人进行基于储罐约束的运动学模型分析并开展一系列综合测试，结果表明爬壁机器人结构工艺合理，除锈效果较好。清洗作业一般为机器人携带高压水枪进行冲洗，为了减少离线作业时高压水射流对基体的损伤，倪鸣星[32]建立高压水射流喷嘴清洗仿真模型，进行水射流流体仿真实验，对清洗的基体表面进行微观形貌分析，分析了造成损伤的可能原因，为高压水射流清洗技术的进步和应用提供帮助。赵东亚等[33]设计的新型气动储油罐清洗机器人，采用气动作为动力，能够保证在油罐中作业的绝对安全，同时还可以根据油泥的高度进行水流喷射头高度的自动调整，对油泥罐这一作业场景针对性较强，为储罐清理机器人的发展提供了一定依据。

传统的离线作业中，爬壁机器人大多为刚性结构设计，在作业时无法保证与具有一定曲率的储罐壁实时贴合，王佳烽[34]对具有不同功能的爬壁机器人进行了分析比较，采用上－下位机分布式控制同时兼容多CPU的融合思想来满足机器人的功能需求，邸硕基[35]研制一款新型的电磁吸附多足式爬壁机器人，步态规划简单，易于实现自动控制，提高了储罐爬壁机器人的负载能力与运动灵活性。

3.2 在线作业

针对在油环境检测机器人由于摩擦力和吸附力的变化难以在储罐底板与罐壁之间进行直角过渡攀爬这一难题，李志等[36]研究设计出一种前后两端各装有直角壁过渡攀爬装置的四轮四轴液压驱动机器人，实现了机器人在油环境中的稳定高效作业。肖日宏等[37]考虑到清洗机器人在油环境作业过程中浮力对作业效果的影响，采用三稳态操动机构的理念，对清洗机器人设计了一种新型的永磁吸附机构，解决了机器人在运行过程中的吸附稳定性以及工作完成后的摘取方便性问题，具有重要的工程应用价值。但是对于在线作业的清洗机器人，传统作业方式为吸取储罐同类介质进行喷头冲洗，对介质的种类要求较高，韩海敏[38]针对油脂类储罐，设计了携带清刮装置的清理机器人，通过变磁力吸附装置将机器人吸附在储罐内壁，使刮板与内壁接触，实现全面的清扫。

考虑到在油环境作业储罐内噪声较多，机器人获取位置信息误差大这一问题，Huang Z等[39]提出了一种新的在线巡检机器人声学定位方法，通过两个声信号发射器和接收器来进行机器人在储罐内的空间坐标和朝向计算，本方法将在线作业机器人的定位从二维空间扩展到三维空间，推动储罐作业机器人技术的发展。戴晓锋等[40]针对在线机器人搭建声源信号发射与接收系统，利用低频声源进行多次实验，提出了结合集合平均经验模态分解方法与阈值法的时延估计方法，实现了大型在役储罐机器人的位置预测，提高系统的定位精度，对储罐作业机器人的定位误差小于0.15m，可应用于储罐作业机器人。

表1汇总了储罐作业机器人在离线作业和在线作业中的应用情况(表中数字为文献标号)，如表1所示，由于检测机器人在储罐内受到的限制较小，且检测工作大多数情况下不需要与储罐底部或者壁面发生接触，检测作业多数为在线作业的形式，能够在储罐运行时及时发现储罐缺陷；清理机器人和特种作业机器人多数为离线作业，清理机器人一般采用水射流清洗储罐，不能在线运行，会污染储罐介质，特殊的利用储罐内部介质进行冲洗的效率较高，可以在线作业；特种加工作业时，作业装置会与储罐内部发生刚性接触，考虑到对安全性的要求，加工作业需要停工离线作业。

表1 储罐机器人作业形式汇总表

机器人类型	作业类型	离线作业	在线作业
检测机器人	缺陷检测	—	[5]、[6]、[7]、[8]、[10]、[39]、[40]
	焊缝检测	[9]	[10]
	形变检测	—	[13]、[14]、[15]
清理机器人	履带机器人	[16]、[19]、	[33]
	爬壁机器人	[18]、[20]、[21]、[31]	[36]、[37]
特种作业机器人	焊接机器人	[22]、[23]、[25]	—
	喷漆机器人	[27]、[28]、[29]、[30]	—

4 储罐作业机器人技术挑战与展望

4.1 机器人仿生技术

储罐作业机器人在进行检测、清洗和特种作业时通常需要长时间连续作业，并且储罐内部通常具有狭窄、曲折的空间和复杂的结构，机器人难以自由移动和操作。仿生机器人通过模仿自然界中生物的结构和行为，展现出更高的灵活性和操作精度，为机器人技术提供了新的方向和思路。例如，模仿壁虎的干吸附爬壁机器人通过足部的刚毛结构与壁面间的范德华力实现吸附，可以在多种壁面进行稳定行走[41]；通过模拟昆虫的复眼和触角系统，仿生机器人可以配备多传感器融合技术，实现对储罐内部环境的精确感知和自主导航，可以使机器人在储罐内的复杂环境中更加智能地避障和定位，提高作业的精度和安全性[42]。融合了仿生设计的储罐作业机器人将具备更强的环境适应能力和操作灵活性，实现高效、安全、智能的作业过程，推动储罐维护和作业进入智能化新时代。

4.2 机器人功能集成技术

目前主流的储罐作业机器人大多功能单一，只能完成某一类型的作业任务，一般储罐的维护与作业都是一系列连续流程，这就需要消耗大量的人力、物力去进行设备的更换与配置。赵东亚等[43]提出了一种清洗和排污一体化的储罐清理方法，实现罐内罐外冲洗、排污与处理的协同化作业，保证了清洗机器人作业效率和罐底冲洗效果，但是该方法并未完全实现自动化作业。可以将储罐机器人进行模块化设计，通过集成多种作业能力和智能控制技术，使其具有高度的灵活性和扩展性，能够使机器人快速部署到不同的作业现场，满足多样化的储罐作业需求。

4.3 新型检测技术

储罐内部环境复杂，作业机器人常常需要浸在储存介质内进行作业，传统的超声波、磁粉等检测方法对待检测壁面状态要求较高，还会受到大量噪声干扰，检测结果受环境影响较大。人工智能驱动的超声波检测可以结合人工智能和超声波检测技术，智能过滤检测噪声，提高检测精度[44]；全息成像技术可以通过记录和再现储罐表面的三维光场信息，实现高精度的表面缺陷检测和内部结构分析；还可以将多种检测方法结合使用，实现更全面和准确的检测。

5 结语

储罐作业机器人在石油化工、能源储存等领域的应用显著提升了储罐检测、清洗、特种作业等工作的效率。本文综述了储罐作业机器人在设计、仿真和实际应用中的研究成果，重点探讨了其在不同作业环境中的适应性和功能实现，最后对储罐作业机器人技术面临挑战和未来趋势进行综合分析，简要说明了未来可行的技术发展方向，为相关研究和应用提供参考。

参考文献

[1]孙琦，李太江，李巍．能源行业检测机器人研究及应用进展．石油和化工设备，2023，26(10)：5－8.

[2] ANONYMOUS. Neutrally Buoyant Tank Inspection and Cleaning Robot. NASA Tech Briefs. 2015，39(11)：55－56.

[3]娄秀伟．大型储罐焊接技术的发展与应用．设备管理与维修，2022(16)：119－120.

[4]张赞．浅谈储罐检维修作业的风险及防控研究．中国设备工程，2021，(12)：171－172.

[5]沈为民，潘沛霖，王炎，等．水冷壁清扫检测爬壁机器人．机器人，1999(05)：375－378.

[6]唐东林，任杰，赵江，等．管道缺陷超声波内检测机器人运动特性仿真．机械，2015，42(01)：58－61.

[7]蔡雄，陈水平，张志文，等．油气管道检测用极低频信号收发系统的实验研究．清华大学学报(自然科学版)，2014，54(12)：1615－1620.

[8]陈达．采用爬行机器人对锅炉进行检测的方案．民营科技，2013(02)：61－64.

[9]刘保国，王季，陈文博，等．压力容器焊缝检测机器人控制系统设计．电子产品世界，2022，29(12)：8－11.

[10]王季．大型压力容器焊缝检测爬壁机器人设计与研究：[D]．安徽：安徽工程大学电气与信息工程学院，2022.

[11]韩克堃．基于视觉引导的大型储罐机器人焊接系统研究：[D]．重庆：重庆科技学院机械与动力工程学院，2019.

[12]孔强，黄元凤，李彦桦，等．常压储罐表面形貌视觉检测机器人技术研究．化工自动化及仪，2021，48(04)：335－341.

[13]李秀学，王金涛，张劲广，等．储罐径向偏差测量机器人工程化开发．测控技术，2017，36(05)：70－73.

[14]佟林，张竞月，王金涛，等．爬壁机器人在大型立式储罐径向偏差测量中的研究与应用．计量学报，2018，39(03)：363－367.

[15]段钊．大型油罐变形自动测量机器人系统的研究：[D]．兰州：兰州理工大学机电工程学院，2021.

[16]王佳楠，王晓霖，李明．储油罐清洗机器人越障性能仿真研究．石油化工自动化，2022，58(01)：22－27.

[17]瓮子文，王佳楠，李明，等．浅析储罐油泥处理技术及清洗技术发展现状．石油化工设备技术，2023，44(05)：62－67.

[18]贾继磊，王龙庭，王西录，等．卧式储油罐清洗装置的设计与分析．化工机械，2021，48(02)：274－278.

[19]孙帅帅，冯辰，张志颖，等．基于高压水射流技术的爬壁除锈机器人研究．中国新技术新产，2023，(04)：35－37.

[20]霍建玲，张明路，孙凌宇，等．石化储罐除锈机器人姿态控制技术研究．机械设计与制造，2019(11)：238－241.

[21]韩海敏，郜海超，叶青玉，等．油脂类罐体壁清刮机器人的设计．煤矿机械，2022，43(03)：20－22.

[22]张华，刘南生，潘际銮，等．履带式智能弧焊机器人系统的研制．机器人技术与应用，2002(01)：13-16.

[23]冯消冰，潘际銮，高力生，等．爬行焊接机器人在球罐自动焊接中的应用．清华大学学报(自然科学版)，2021，61(10)：1132-1143.

[24]王永科．无轨导爬行焊接机器人在中小型碳钢储罐的焊接应用及效益评价．炼油技术与工程，2022，52(08)：35-38.

[25]JUNBO W，ZHENGUO S，MENG J，et al. Intelligent wheeled mobile robot for spherical tank welding. Beijing Institute of Petro - Chemical Technology (China)，2002，4573：244-255.

[26]苏赐民，李春杏．激光视觉传感器的机器人焊缝高精度跟踪系统．激光杂志，2023，44(01)：221-226.

[27]张志献，刘明，杨俊卿，等．洞库油罐除锈、喷漆机器人的研制．机械设计与研究，2006(03)：97-100.

[28]何富君，李浩，张瑞杰，等．储罐爬壁机器人的喷漆机构设计及ADAMS仿真．制造业自动化，2013，35(21)：107-110.

[29]吕昊．面向石化储罐的防爆型喷漆机器人结构设计与分析：[D]．河北：河北工业大学机械工程系，2018.

[30]程鹏．储罐喷漆机器人的研究：[D]．北京：中国石油大学(北京)机械工程系，2022.

[31]周旭明．爬壁除锈机器人结构设计与分析：[D]．河北：河北工业大学机械工程系，2018.

[32]倪鸣星．高压水射流清洗效果及损伤机理研究：[D]．江苏：中国矿业大学机械工程系，2019.

[33]赵东亚，张大伟，付育琳．一种新型储油罐清洗气动机器人．中国专利，CN217748531U. 2022-11-08.

[34]王佳烽．应用于罐壁喷漆的爬壁机器人的研究：[D]．江苏：常州大学能源动力系，2023.

[35]邸硕基．储罐爬壁机器人设计及研究：[D]．北京：中国石油大学(北京)机械工程系，2023.

[36]李志，林文民，孙强，等．储油罐在油检测机器人结构设计与运动分析．机械设计，2021，38(07)：74-79.

[37]肖日宏，程以炫，蒋作舟，等．油罐内壁除锈爬壁机器人吸附机构设计．机械设计，2019，36(07)：21-26.

[38]韩海敏．一种油脂类罐体壁清刮机器人的运动学分析．现代机械，2022(03)：19-22.

[39]HUANG Z，HE L，GAO Z，et al. Research on spatial positioning of online inspection robots for vertical storage tanks. Industrial Robot：the international journal of robotics research and application，2019，47(2)：187-195.

[40]戴晓锋，沈永娜，胡斌，等．大型在役储罐内置声源定位技术研究．科技通报，2023，39(07)：33-39.

[41]王思远．一种基于连杆机构的仿生四足爬壁机器人设计．科技创新与应用，2021，11(19)：9-12.

[42]王来山．基于仿生复眼的运动检测系统设计与实现：[D]．江苏：南京航空航天大学航天工程系，2022.

[43]赵东亚，王新栋，刘子栋，等．一种冲洗排污协同处理的储油罐清洗方法．中国专利，CN116197197A. 2023-06-02.

[44]万海博．基于超声图像的铸件内部缺陷智能检测方法研究：[D]．辽宁：沈阳工业大学人工智能学院，2021.

阵列探头与时域叠加法：一种新的埋地 PE 管道探测方法

齐勇胜[1]　杨绪运[2*]　王新华[1]　孙　涛[1]　孙　明[1,2]　姚登樽[2]　杨　林[1]

（1. 北京工业大学机械与能源工程学院，北京　100124；
2. 中国特种设备检测研究院，北京　100029）

摘　要：为了解决埋地聚乙烯(PE)管道的探测问题，提出了一种基于阵列探头和时域叠加法的声学探测技术。首先对弹性波的柱面散射机理和时域叠加法的原理进行了阐述，通过优化激励源和探头布置，基于土壤的力学特性，建立了一套完整的埋地 PE 管道探测系统。实验系统包括信号发生系统、功率放大系统和激励源等设备，通过埋设 PE 管道进行了实际测试。实验结果表明，扫频信号的能量主要集中在 400Hz 至 600Hz 的频段内，因此，选择了 600Hz 的高斯脉冲调制正弦信号进行探测，通过对采集信号进行包络处理和时域叠加，构建了管道的二维切面图，能清晰显示管道的埋深和走向。基于阵列探头与时域叠加法可有效探测埋地 PE 管道，能实现高精度的定位和成像，该方法的成功应用为埋地 PE 管道的探测提供了新方法，具有重要的应用价值和推广前景。

关键词：埋地管道；弹性波；阵列探头；时域叠加

Array Probes and Time-Domain Superposition Method: A Novel Approach for Underground PE Pipeline Detection

Qi Yongsheng[1], *Yang Xuyun*[2*], *Wang Xinhua*[1], *Sun Tao*[1], *Sun Ming*[1,2], *Yao Dengzun*[2], *Yang Lin*[1]

(1. College of Mechanical & Energy Engineering, Beijing University of Technology, Beijing 100124, China;
2. China Special Equipment Inspection & Research Institute, Beijing 100029, China)

Abstract: To address the detection challenges of buried polyethylene (PE) pipelines, an acoustic detection technique based on array probes and time-domain superposition method is proposed. The principles of cylindrical wave scattering mechanics and time-domain superposition were initially elucidated for elastic waves. By optimizing the excitation source and probe arrangement and leveraging the soil's mechanical properties, a comprehensive buried PE pipeline detection system was established. The experimental setup included signal generation systems, power amplification systems, and excitation sources, among other equipment, facilitating practical tests through buried PE pipeline installations. Experimental findings indicate that the energy of the swept-frequency signals predominantly concentrates within the frequency range of 400 Hz to 600 Hz. Therefore, a Gaussian pulse-modulated sinusoidal signal at 600 Hz was selected for detection. Signal envelope processing and time-domain superposition were employed to construct a two-dimensional cross-sectional map of the pipeline, providing clear depiction of its burial depth and trajectory. Based on array probes and the time-domain superposition method, effective detection of buried PE pipelines was achieved, enabling high-precision positioning and imaging. The successful application of this method introduces a novel approach for detecting buried PE pipelines, underscoring its significant practical value and promising prospects for future applications and advancements.

Key words: Buried pipelines; Elastic waves; Array probes; Time - domain superposition

作者简介：齐勇胜(1993—　)，男，博士研究生，E - mail：qiysh777@163.com
通信作者：杨绪运(1979—　)，男，高级工程师，E - mail：yangxunyunyxy@126.com

埋地管道是城市基础设施的重要组成部分，对城市的建设和发展至关重要。随着材料科学的发展，聚乙烯(PE)管道因其具有耐腐蚀性和优良的机械性能等优势被越来越多的使用[1]。但地下管网经常因施工等原因遭受工程机械的破坏，严重时会造成重大危害[2]。PE 管作为绝缘体使得针对埋地金属管道的探测技术在多数情况下不适用[3]。快速、准确、方便地定位埋地 PE 管道是一个亟待解决的问题。

声学定位埋地管道的技术依赖于埋地管道和周围介质在声学特性方面的不匹配，并且声学技术依赖于机械波而不是电磁波的传播。声学定位技术作为一种非开挖技术，被证明是定位金属和非金属埋地物体的有用和有效的方法[4]，特别是对于非金属管道，与基于电磁的技术相比，声学方法适用于广泛的土壤类型和非金属管道的探测。

声学管道定位技术根据原理可分为两大类：第一种方法是将声波注入管道，通过检测从管道内传播到地面的声波来定位管道，被称为管道激励法[5]；第二种方法是使用激励源在地面产生弹性波，弹性波在土壤 - PE 管交界面会被管道表面反射回地面，通过地面传感器阵列检测的反射回波信号定位管道，因此也称为弹性波反射法[6-8]。

管道激励法适用于可从地表直接接触的埋地 PE 管道，并且须有可用于注入声波的管道连接口，探测距离有限，只能确定管道的水平位置及走向，局限性较大。纵波法和横波法都存在成像分辨率差的问题，表面波法只适用于浅埋物体的探测。

为了进一步提高埋地 PE 管道探测的精度和效率，详细介绍了弹性波的柱面散射机理，为时域叠加法的应用奠定了理论基础。应用时域叠加法，通过优化激励源和探头布局，提高了探测精度和效率。通过在实际环境中的测试，验证了该方法的有效性。最后，通过实验结果和成像图，展示了新型探测技术在定位和成像埋地 PE 管道方面的优势，为城市基础设施管理和维护提供了新的技术手段。这项研究不仅推动了埋地管道探测技术的发展，也为相关领域的研究提供了新的技术和方法。

1　弹性波的柱面散射

土壤的力学特性通常比理想化的各向同性线弹性体要复杂得多。土壤是由固体颗粒(如沙子、黏土矿物等)、流体(通常是水)和气体(主要是空气)组成的多相材料。土壤的力学行为受到颗粒大小、形状、排列、含水量、密度、颗粒间的粘结力以及孔隙水压力等多种因素的影响。为了简化研究，通常将土壤视为均匀各向同性的线弹性体，弹性波的运动方程可以通过考虑固体介质的连续性和动力学平衡来推导。对于一个各向同性的线性弹性体，弹性波的运动方程可表示为

$$(\lambda+\mu)\nabla(\nabla\cdot\mu)+\mu\nabla^2 u=\rho\frac{\partial^2 u}{\partial t^2} \tag{1}$$

式(1)是一般微分方程，固体内部的所有弹性振荡运动都必须满足文献[9]给出的条件。

对位移向量 u 应用 Helmholtz 定理，将其表示成一个标量势 φ 的梯度和一个向量势 ψ 的旋度之和，即

$$u=\nabla\varphi+\nabla\times\psi \tag{2}$$

其中，φ 是位移的无旋部分，代表无旋弹性波，即纵波；ψ 是位移的等体积部分，代表等体积弹性波，即横波。

对式(1)两边取散度，可得无旋弹性波的波动方程为

$$\nabla^2\varphi=\frac{1}{C_p^2}\ddot{\varphi} \tag{3}$$

其中，$C_p=\sqrt{\dfrac{\lambda+2\mu}{\rho}}$，表示纵波的传播速度；$\varphi$ 表示体积膨胀系数。

对式(1)两边取旋度，根据梯度的旋度始终为零的定律，可得横波的波动方程为

$$\nabla^2\psi=\frac{1}{C_s^2}\ddot{\psi} \tag{4}$$

其中，$C_s=\sqrt{\dfrac{\mu}{\rho}}$，表示等体积波的传播速度；$\psi$ 表示转动向量。

通过分离变量法，弹性波的纵波运动方程可表示为

$$\nabla^2\varphi+k^2\varphi=0 \tag{5}$$

其中，k 为常数，方程是空间变量得偏微分方程，称为亥姆霍兹方程。

为了研究弹性波的柱面散射，建立如图 1 所示柱坐标系。

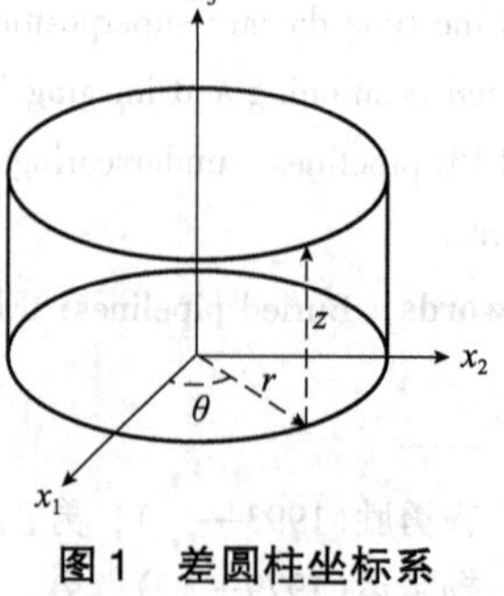

图 1　差圆柱坐标系

根据柱坐标系和直角坐标系的关系可的在圆柱坐标系下的纵波运动方程为：

$$\nabla^2\varphi=\frac{1}{r}\frac{\partial}{\partial r}\left(\frac{r\partial\varphi}{\partial r}\right)+\frac{1}{r^2}\frac{\partial^2\varphi}{\partial\theta^2}+\frac{\partial^2\varphi}{\partial z^2} \tag{6}$$

用分离变量法求解柱坐标系下的波动方程，令

$$\varphi(r,\ \theta,\ z)=F_1(r)F_2(\theta)F_3(z) \tag{7}$$

将式(6)和式(7)带入亥姆霍兹方程方程(5)得

$$\frac{1}{r}\frac{1}{F_1}\frac{\partial}{\partial r}\left(r\frac{\partial}{\partial r}F_1\right)+\frac{1}{r^2}\frac{1}{F_2}\frac{\partial^2}{\partial\theta^2}F_2+\frac{1}{F_3}\frac{\partial^2}{\partial z^2}F_3+k^2=0 \tag{8}$$

假设圆柱为无限长，波场不随柱坐标 z 变化，因此，F_3 的导数为0，式(8)可简化为

$$r\frac{1}{F_1}\frac{\partial}{\partial r}\left(r\frac{\partial}{\partial r}F_1\right)+\frac{1}{F_2}\frac{\partial^2}{\partial\theta^2}F_2+r^2k^2=0 \tag{9}$$

使用分离变量法，得出 F_1 和 F_2 的解分别为

$$F_1(r)=A_nJ_n(kr)+B_nY_n(kr) \tag{10}$$

$$F_2(\theta)=C_n\mathrm{e}^{in\theta}+D_n\mathrm{e}^{-in\theta} \tag{11}$$

其中，A_n、B_n、C_n、D_n 和 n 均为为常数；J_n、Y_n 分别为第一类和第二类 n 阶贝塞尔函数。

对于纵波来说，令

$$k=\frac{\omega}{C_{\mathrm{p}}} \tag{12}$$

最终的柱坐标下纵波运动方程的解为

$$\varphi(r,\ \theta)=\left[A_nJ_n\left(\frac{\omega r}{C_p}\right)+B_nY_n\left(\frac{\omega r}{C_p}\right)\right]\left[C_n\mathrm{e}^{in\theta}+D_n\mathrm{e}^{-in\theta}\right] \tag{13}$$

Mie 级数，也称为 Mie 展开或 Mie 解，是解决电磁波或弹性波在均匀圆柱体上散射问题的一种数学方法。其核心思想是将散射场表示为一系列正交函数的线性组合，这些正交函数通常是贝塞尔函数和汉克尔函数的组合。因此，入射平面波可以使用一系列的柱面波表示[10]，即

$$P_{\mathrm{in}}=\sum^{n}\left[A_nJ_n\left(\frac{\omega r}{C_p}\right)+B_nY_n\left(\frac{\omega r}{C_p}\right)\right]\left[C_n\mathrm{e}^{in\theta}+D_n\mathrm{e}^{-in\theta}\right] \tag{14}$$

假设平面波垂直轴向入射，且当 r 为0时入射波不能为无穷大，根据该条件，式(14)可表示为

$$P_{\mathrm{in}}=\sum_{n=-\infty}^{+\infty}i^{-n}J_n\left(\frac{\omega r}{C_p}\right)\mathrm{e}^{in\theta} \tag{15}$$

根据 Mie 级数，得出散射场表达式为

$$P_{\mathrm{out}}=\sum_{n=-\infty}^{+\infty}i^{-n}H_n^{(2)}\left(\frac{\omega r}{C_p}\right)\mathrm{e}^{in\theta} \tag{16}$$

其中 $H_n^{(2)}$ 为第二类汉克函数。

2 时域叠加法

通过上述理论分析可知，入射弹性波遇到圆柱状异种媒介时会发生散射，可以利用该性质进行埋地 PE 管定位。如图2所示，当弹性波由地表激发时，地表探头首先会接收到由激励源产生的直达波，然后入射波会在管道表面发生散射，散射波信号会被地表探头采集。

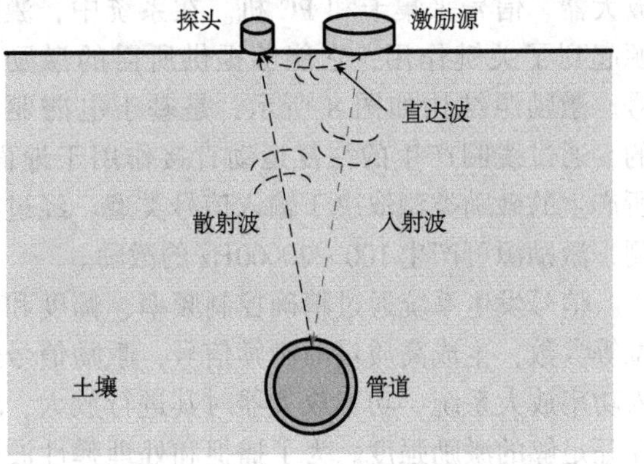

图2 弹性波在埋地管道系统的传播示意图

根据该基础原理，在地面布置线性阵列探头，如图3所示。为了形成图像，首先计算图像平面上的每个像素到激励源和到探头的距离和。使用假定的波速，然后获取每个像素位置相应的时间延迟，再根据延迟时间获取相应的探头所采集的时域信号的幅值叠加形成图像。

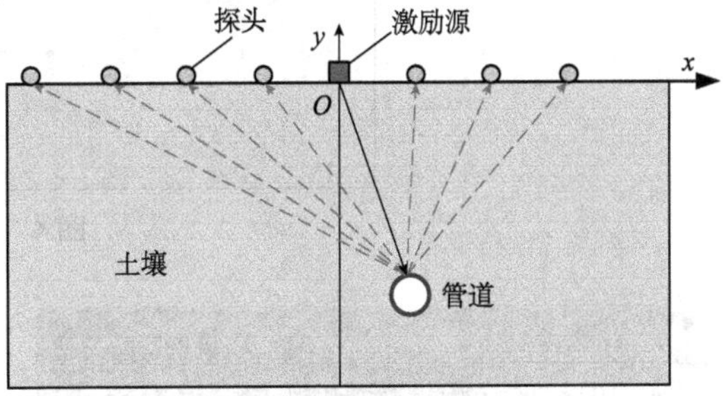

图3 时域叠加示意图

假设激励源位于(x_0, y_0)对于任意位置(x, y)处的点反射，位于(x_i, y_i)处的弹性波探头的弹性波的发射和接收之间的总传播时间为

$$t_i=\frac{1}{c}\left(\sqrt{(x-x_0)^2+(y-y_0)^2}+\sqrt{(x-x_i)^2+(y-y_i)^2}\right) \tag{17}$$

其中，$i=1$, 2, 3…, c 代表弹性波速。

在每个位置(x, y)处，x 和 y 的值被代入式(17)，以获得每个探头的时间延迟值，在此时间

延迟获取每个通道的时域信号的幅值并将其相加，即

$$S_{xy} = \sum S_i(t_i) \tag{18}$$

其中，S_{xy}代表像素(x, y)处的像素值，s_i代表第i个探头所采集到的时域信号。遍历所有像素点，便可获得一个二维标量数组，该数组即为所形成的图像。

3 实验

建立的实际测试系统如图4所示，包括信号发生系统、功率放大系统、激励源、探头、信号放大器、信号采集卡和PC机。在系统中，激励源起到了关键作用，它能够提供所需的激励信号。激励源结构如图8所示，是基于电磁驱动的，通过线圈产生的往复运动直接作用于地面，所产生的激励类型取决于输入信号类型。经过实测，激励源可产生100～20000Hz的激励。

信号发生系统通过精确控制频率、幅度和相位等参数，生成高质量的激励信号，激励信号进入功率放大系统，功率放大器对其进行放大，以保证足够的激励强度。为了捕捉和处理弹性波信号，系统还包括了探头、信号放大器和信号采集卡。探头负责将弹性波信号转换为电信号，并通过信号放大器进一步放大，以增强信号的灵敏度和稳定性。信号采集卡则负责将放大后的信号数字化，并传输给连接的PC机进行后续处理和分析。这套系统的设计和配置为实验过程提供了必要的技术支持，并为获得高质量的声学定位和成像结果奠定了基础。

实验在一个北京大兴某果园中进行，土质相对松软，并且土壤中有较为细小的植物根茎。模拟测试时，采用外径为110mm的PE管道，埋设于深度约1m的土壤中。实验过程中，首先利用PC发射线性啁啾信号，啁啾信号在1s的时间里从200Hz逐渐增加到到1000Hz，旨在寻找在该土壤介质中最合适的信号频率。根据频率扫描结果发，来选择相应频率的正弦波并进行高斯脉冲调制后进行信号发射，弹性波在土壤介质中会被管壁反射，最后被布置在地表的探头采集。实验设备如图5所示，现场设备与图4所示原理图相对应。

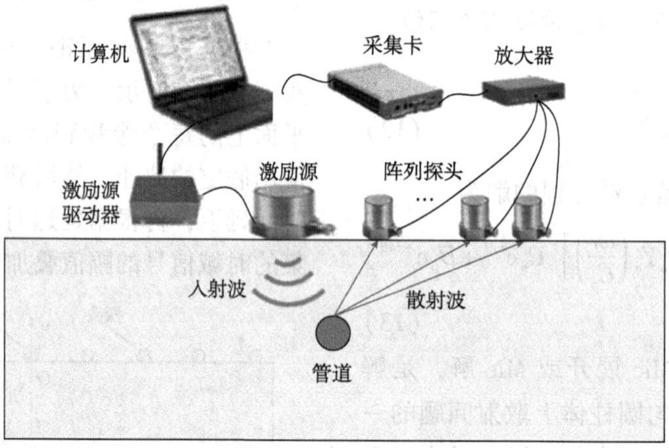

图4　实验系统示意图

图5　实验现场设备

为采集能够形成相互垂直的两个切面图像成像所需的数据，采用阵列探头，探头分布如图6(a)所示，详细尺寸如图6(b)所示。

这样的实验设计能够模拟PE管道的实际运行环境，并对土壤中弹性波的传播和反射特性进行准确测量，并且可根据与叠加法形成两个相互垂直的切面图，能够更加精准的判断管道的埋深和走向，并有助于获得高质量的探测数据和探测结果。

(a) 阵列探头实物

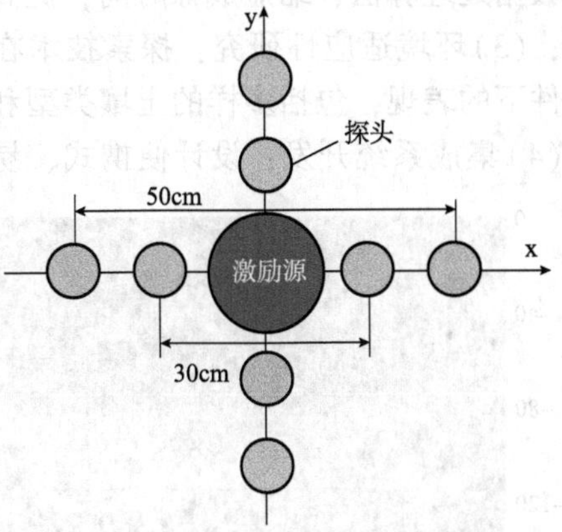

(b) 阵列探头尺寸示意图

图6　阵列探头布置

4　结果

通过实验成功获取了扫频信号的结果，扫频信号的能量主要集中在 400Hz 至 600Hz 的频段内。基于这一结果，后续实验中采用的是 600Hz 的高斯脉冲调制正弦信号。在该信号激励源的作用下，所采集到的探测信号如图 7 所示。

使用脉冲激励的方法时，激励信号在一个同一周期内会有正负值差异，无法对信号直接使用时域叠加法，为了克服这个问题，将时域信号进行包络，并且使用包络时域信号，而不是直接使用时域信号进行叠加运算。RMS 包络是一种测量音频信号能量的方法，该方法能够更好地适应动态范围较大的音频信号，因为它对音频信号的瞬时峰值进行了平均处理，并且它考虑了整个信号的能量分布情况，而不是只关注最大值，图 7 中的红色曲线即为信号的包络。

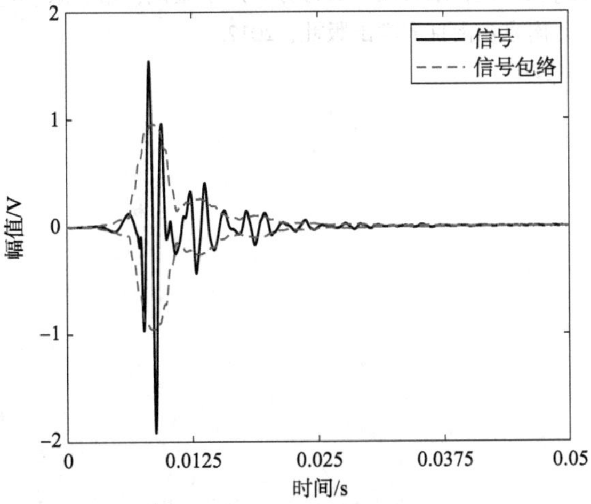

图7　信号与包络图

由于信号的包络线有两条，仍然无法直接使用时域叠加法，因此，求取了相应信号包络线的差值，如图 8 所示，其中峰值最大处是直达波包络差值，随后是波速较快的纵波包络峰值。

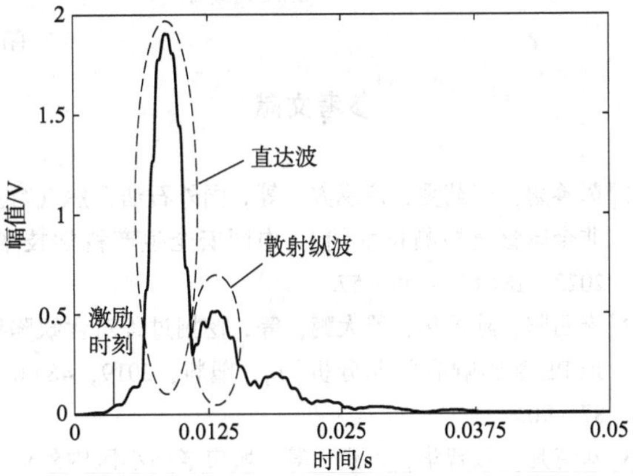

图8　包络线差值

最后根据前文所述时域叠加法，分别形成图 9 所示的 x 和 y 两个方向的切面图，图中的红线部分代表管道所在位置和走向。

5　结论与展望

提出的埋地 PE 管道探测方法，融合了阵列探头技术和时域叠加法，可有效解决埋地聚乙烯管道的探测问题。深入分析了弹性波在土壤中的传播特性和柱面散射机理，构建了理论框架和实验系统。实验结果验证了该方法能够实现埋地 PE 管道的准确定位的高清成像。通过研究得出如下结论：：(1)弹性波柱面散射机理为时域叠加法的应用提供了可靠的理论基础；(2)阵列探头的布局优化和激励源的控制提高了探测分辨率和成像质量；(3)针对聚乙烯管道的绝缘特性 通过声学定位技术可，有效克服传统电磁探测方法的局限。

未来研究可从以下方面进行：(1)多物理场耦合模拟：深化对土壤、管道与弹性波相互作用的理解，优化探测模型；(2)算法优化：开发更高效的数据处理算法，缩短成像时间，提高自动化水平；(3)环境适应性研究：探索技术在不同环境条件下的表现，包括多样的土壤类型和气候条件；(4)集成系统开发：设计便携式、易于操作的集成探测系统，便于快速现场部署；(5)智能化探测：利用机器学习和人工智能技术，实现对探测数据的智能分析，提升智能化水平。

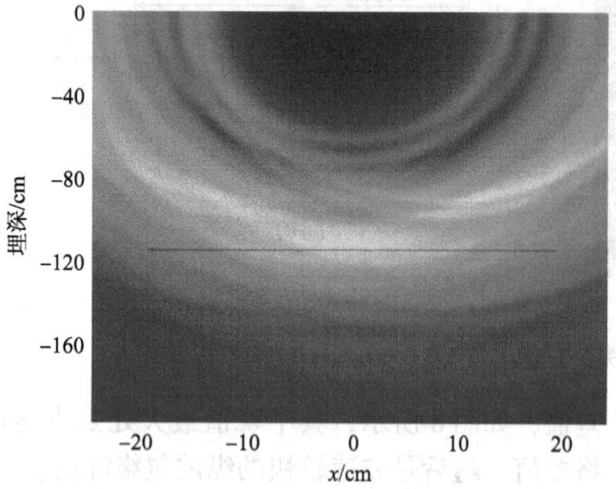

(a) x方向截面图

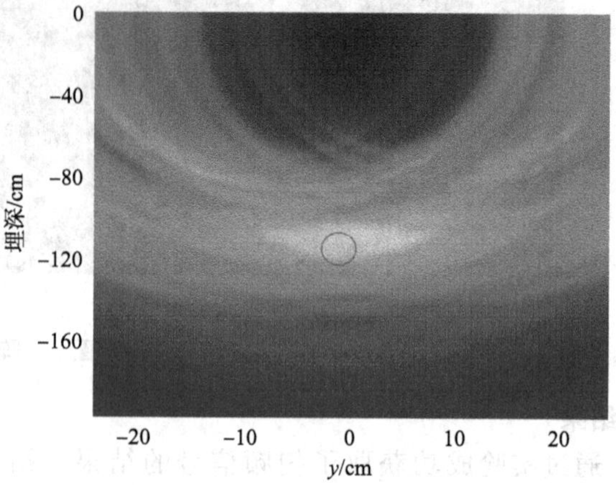

(b) y方向截面图

图9　成像图

参考文献

[1]彭善碧，赵药雯，卢泓方，等．国外石油天然气行业非金属管道检测技术[J]．中国安全生产科学技术，2022；18(12)：49－57.

[2]李明阳，陈国华，严大鹏，等．挖掘过程对含缺陷埋地PE管影响有限元分析[J]．塑料，2019；48(6)：87－90.

[3]邓诗凡，张智华，李想，等．城市老旧小区内外业一体化给水管线探测[J]．地球物理学进展，2019；34(5)：1996—2001.

[4]李广才，李培，姜春香，等．我国城市地球物理勘探方法应用进展[J]．地球物理学进展[J].2023；38(4)：1799－1814.）

[5]Muggleton J M，Brennan M J and Gao Y. Determining the location of buried plastic water pipes from measurements of ground surface vibration[J]. J. Appl. Geophys.，2011；75(1)：54－61.

[6]Sugimoto T and Okujima M. Underground imaging using shear waves：Stacking method of the reflected scattered waves[J]. Jpn. J. Appl. Phys.，1996；35：3105.

[7]Yoshizumi N and Sugimoto T. Improvement of underground image（Ⅲ）：Underground imaging using shear waves[J]．Jpn. J. Appl. Phys.，2001；40(5)：3621－3622.

[8]Papandreou B，Brennan M J and Rustighi E. On the detection of objects buried at a shallow depth using seismic wave reflections[J]. J. Acoust. Soc. Am.，2011；129(3)：1366－1374.

[9]尹成，田继东．弹性波动力学简明教程[M]．北京：石油工业出版社，2014.

[10]杜功焕，朱哲民，龚秀芬．声学基础，第3版[M]．南京：南京大学出版社，2012.

储罐长周期腐蚀声发射监测试验研究

张延兵　徐中原　孙志涛

（江苏省特种设备安全监督检验研究院南通分院，江苏 南通　226011）

摘　要：对一放置2年时间的储罐试验模型进行长周期的声发射腐蚀监测，通过研究其在稳定腐蚀状态下的声发射信号特征，分析其腐蚀的机理和信号产生的原因，形成对储罐腐蚀更深入的认识。文章还对稳定腐蚀状态下的储罐声发射数据进行定位、幅值、相关、统计等分析，为后续的储罐在线声发射检测评价打下数据基础。

关键词：储罐；腐蚀；声发射；检测

AE Test and Monitoring of Erosion in Storage Tank Model

ZHANG Yanbing, *XU Zhongyuan*, *SUN Zhitao*

(Special Equipment Safety Supervision Inspection Institute of Jiangsu Province, Branch of Nantong, Nantong 226011)

Abstract: AE (Acoustic Emission) monitoring of a storage tank model placed for 2 years is carried out. By studying the AE signal feature in stable corrosion condition, analyzing the mechanism of corrosion and the cause of AE signal, a more in－depth understanding of storage tank corrosion is formed. Statistics on AE feature parameters of stable corrosion is also performed, laying data foundation for subsequent AE online detection and tank evaluation.

Key words: Storage tank; Corrosion; Acoustic Emission; Testing

化工储罐最为常见的两种失效形式为腐蚀和泄漏[1]，泄漏常常表现为液体的渗出，一般日常的设备巡查即可发现。腐蚀是一个长期的过程，对设备的损害具有累积效应，是储罐使用过程中最普遍的失效形式，其造成的失效占所有失效总量的近三分之一。腐蚀过程产生的信号相对于现场噪音非常微弱，极易被湮没在“恶劣”的环境噪音之中。长期以来对储罐声发射检测的研究主要是对储罐进行安全评级[2-3]，对于储罐腐蚀声发射信号的产生机理、信号特征和信号识别等方面研究较少。而声发射技术作为化工储罐使用最为广泛的在线检测和监测手段，对其进行深入的试验和理论研究对于提高化工储罐的检测技术水平、保障化工设备的安全运行具有非常重要的意义。本文将就储罐的腐蚀失效进行深入的试验分析、探讨和研究。

1　储罐腐蚀

储罐内部腐蚀可以分为两种形式：活性腐蚀和稳定腐蚀。活性腐蚀状态是指储存介质与罐体材质直接接触产生腐蚀，其成因主要有三方面：一是罐体材料选择不当，与储存介质不兼容，两者发生化学反应；二是罐体未做防腐，或防腐层破坏，致使储存介质与罐体接触产生腐蚀；三是储存介质本身与罐体材质基本上兼容，在正常情况下腐蚀速率较低，满足工程要求，但由于现场工况的改变(如杂质混入，电位差增大、腐蚀产物堆积等因素)造成腐蚀，一般这种腐蚀是缓慢的，与不相容介质之间的化学反应相比要弱的多。活性腐蚀主要在腐蚀的早期阶段，腐蚀产物较少，在同一区域腐蚀能够持续发生，腐蚀的活

作者简介：张延兵(1981—　)，研究生、正高级工程师、主要从事特种设备检验和化工设备安全评估方面的工作。E－mail：93829185@qq.com

性较强。随着活性腐蚀电化学反应的持续发生，产生大量的腐蚀产物，在罐体表面形成堆积，将金属表面与储存介质隔开，在一定程度上形成了钝化效应，减缓了腐蚀的速率。此时腐蚀进入稳定阶段。在此过程中腐蚀产物剥落后，储存介质会再次与金属表面接触，腐蚀继续，所以稳定阶段仍然伴随着腐蚀的发生。此时腐蚀信号的强度小于活性腐蚀阶段，且腐蚀区域也小于活性腐蚀阶段。腐蚀是在役储罐最为常见的失效形式，也是储罐在线声发射检测结果评价中的重要技术难点。

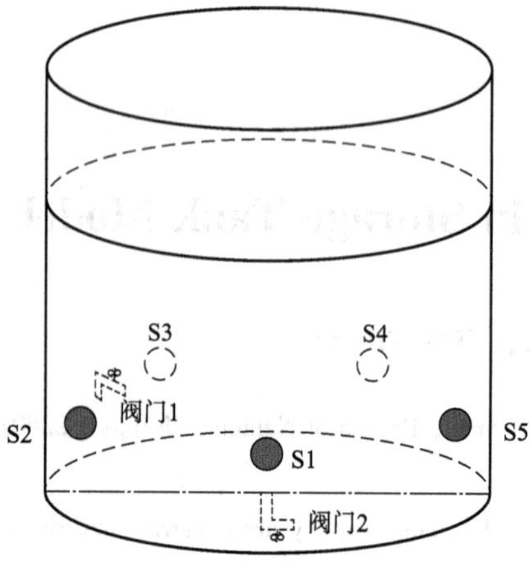

图1　储罐模型

2　试验过程

为模拟工业储罐的腐蚀，设计制造一材质为Q235的储罐试验模型(图1)，其罐底中心及罐壁各有一阀门。注入清水，在室温环境下放置近2年，此时储罐内部腐蚀已完全呈现稳定状态(图2)。使用SAMOS AE win声发射系统采集腐蚀信号，用参数分析、相关分析、统计分析等数据处理技术，对稳定腐蚀状态下的声发射信号进行详细的研究。

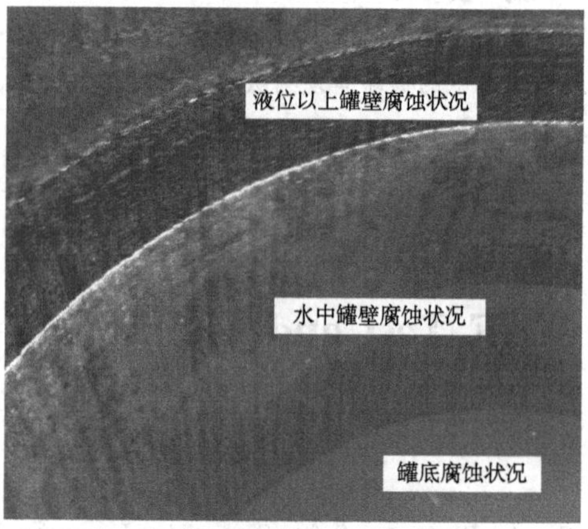

图2　储罐内部稳定腐蚀状态

表1　储罐模型资料

直径/mm	高度/mm	厚度/mm	材料	介质	间隔时间
800	600	3	Q235	水	1年7个月

表2　硬件设置参数

阈值	采样频率范围	采样率	预触发长度	采样长度	定位方式	波速/(mm/s)	采样时间
40dB	20kHz～100kHz	500kHz	256	4k	罐底定位	1390000	14h

3　信号分析

3.1　定位分析

3.1.1　定位图分析

由定位图可以看出，在2号传感器附近(区域1)出现了大量的定位事件聚集，此处为罐壁阀门在罐底的投影位置。分析其成因，由于罐体材质为Q235，阀门材质为不锈钢。在长期的使用过程中，由于腐蚀电位不同，两种金属构成宏电池，产生电偶电流，使电位较低的金属溶解速度增加，电位较高的金属溶解速度减小，进而发生电偶腐蚀。另外，阀门1位于罐壁，其腐蚀产物剥落后下沉至罐底，新的金属表面又暴露在介质中，腐蚀产物难以堆积形成有效保护层，所以腐蚀一直处于活性阶段，从而形成大量定位。

区域2与区域1相比，其定位事件密度较小，且分布均匀，在罐底中心阀门2处并没有产生如阀门1处的大量事件聚集现象。分析原因，由于储罐的使用时间较长，腐蚀已经进入平稳期。此外储罐从第一次注水就一直未清罐，且经过多次注水，注水过程中罐壁和罐底的腐蚀产物被冲刷脱落，静置一段时间又逐渐沉落在罐底，在罐底沉积了较厚的腐蚀产物覆盖层(图2)，对罐底起到一定的保护作用。

3.1.2　通道定位分析

通道定位是利用声发射信号随着传播距离增大而衰减的特性，依据每个传感器接收到的信号数量差别(即到达传感器的先后顺序)，来判断声发射源距离通道的远近，以确定腐蚀区域的大致位置，如图3所示。在实际检测中，由于声波在传播过程的衰减特性，部分信号在未到达传感器时强度已衰减至门槛值以下，所以并不是所有传感器都能接收到同一声发射源产生的信号。对于直径较大的储罐甚至无法满足实现时差定位的最少传感器数量，此外储罐中多处腐蚀声发射源同时发生时易产生伪定位，因此精确定位在储罐声发射检测中是难以实现的。而从各个通道的撞击数可以在一定程度上实现区域定位的效果，对于声发射源的整体定位分析具有积极的意义。

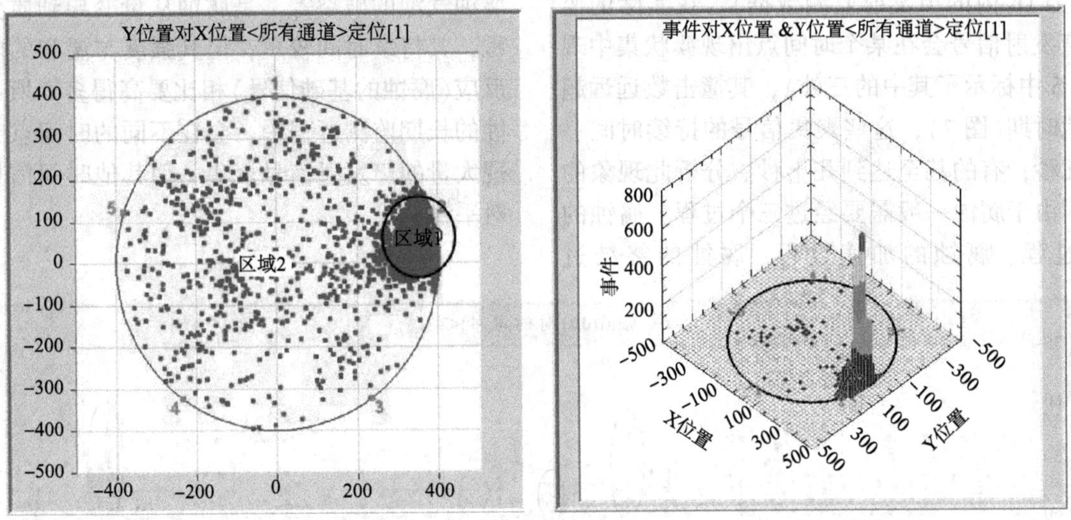

图3　定位图

从图4中可以看出，2号传感器接收到的撞击数明显高于其他通道，表明在其附近有较多的声发射信号，与实际情况相符（不锈钢阀门2造成的电偶腐蚀）。

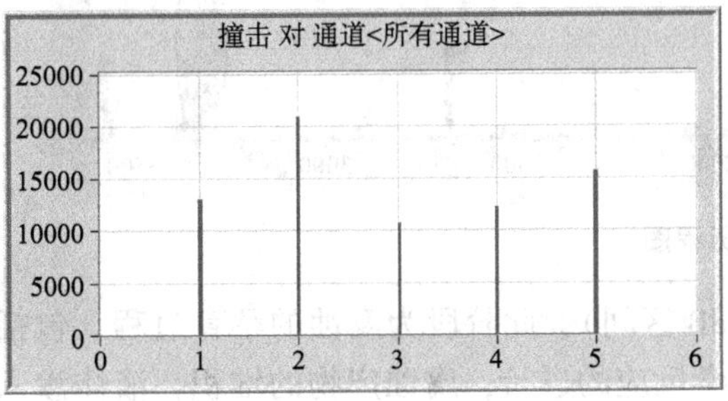

图4　撞击－通道图

3.2　幅值分析

图5为5个传感器在14h采样时间内的幅值散点图。由于罐体无泄漏现象，所以各通道信号可以确认为腐蚀信号。可以看出，由于试验储罐体积较小，在有限的传播距离内声发射信号衰减很少，同一声发射源发出的信号基本可以被所有传感器接收，所以各通道采集的信号差别不大。稳定腐蚀信号可以分为两部分：一区域为40～55dB区域，该区域信号幅值较低，信号连续产生，为腐蚀的基础信号；另一区域为55～80dB，该区域信号幅值较高，分布相对较为离散，表示腐蚀层的破裂、剥离等过程。为进一步分析腐蚀声发射信号的特征，以2号通道为例，对其在1h内的信号进行详细分析。

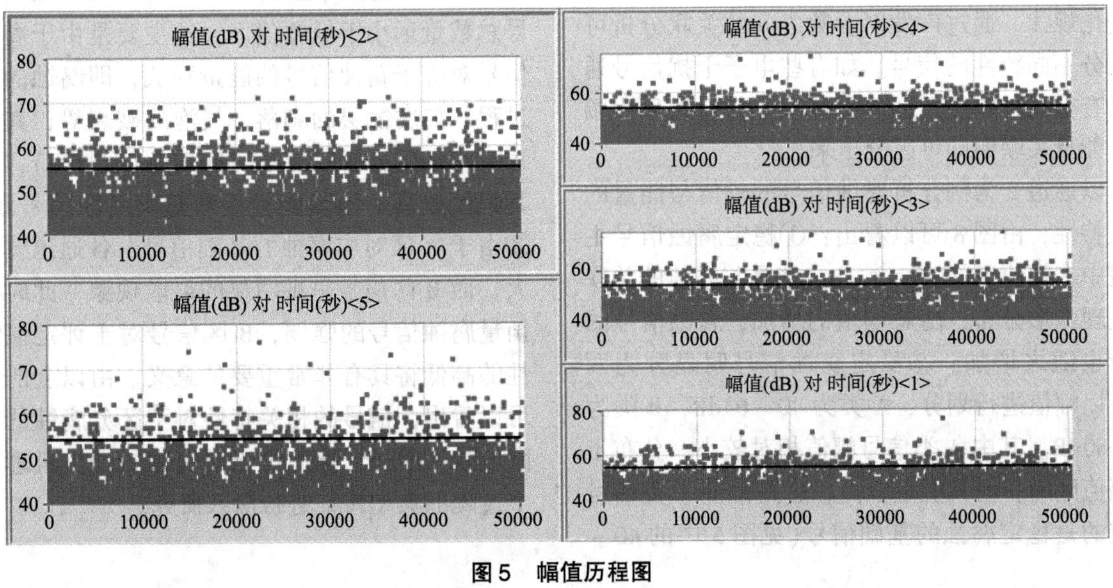

图5　幅值历程图

从图 5 中可以看出，腐蚀是一个近似均匀“连续”的过程，各个时间段的信号数量差别较小，但从数据实时回放中则可以看出不同的现象(图6为1h 内的声发射监测数据)。在实际的监测中声发射信号会在某个时间点出现簇状集中现象(图6中标示了其中的三处)，其撞击数远远超过其他时期(图7)，这些聚集信号的持续时间一般为几秒，有的甚至达到几十秒。分析此现象的原因，由于腐蚀一般需要经过三个过程：腐蚀的孕育过程、腐蚀的加速过程，腐蚀的终结过程[3]，前两个过程都是腐蚀的前期阶段，伴随着电化学反应，过程相对温和；而腐蚀的终结过程主要表征为氧化皮的脱落、表面钝化膜的开裂，腐蚀气泡的破裂等，是腐蚀从量变导到质变的过程，其持续时间较短，但其强度与温和的电化学反应(腐蚀的基础信号)相比要高得多。所以在腐蚀的长期监测过程中，会在不同的时间点突然出现大量的声发射信号聚集，而其他时间信号则相对平稳。

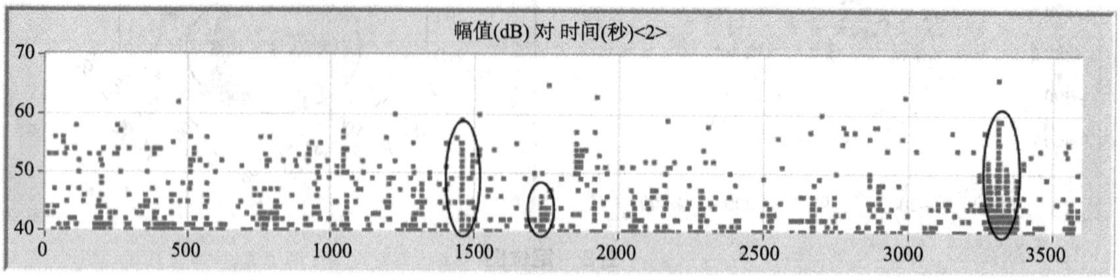

图6　幅值时间历程图

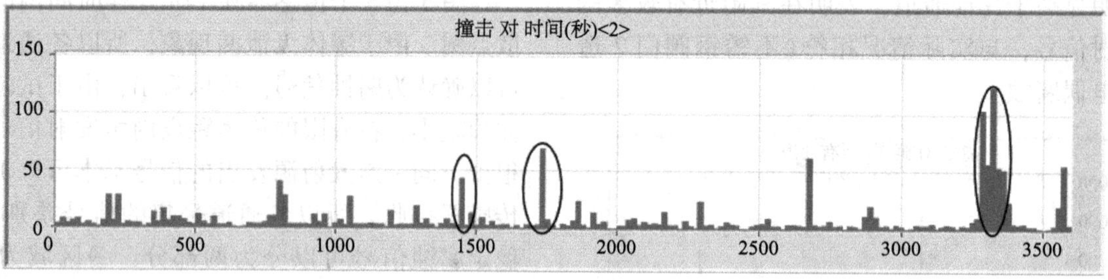

图7　撞击时间历程图

3.3　相关分析

相关特性关联图分析法是储罐声发射检测过程中实时观察和分析数据的常用方法。从声发射参数随时间或试验参数变化的关联图可以得出储罐在试验过程中随时间的发展其腐蚀信号的历史及变化规律。通过声发射参数之间的关联分析可以区分不同特性的信号。如有些电子干扰信号通常具有很高的幅度，但能量却很小，通过采用幅度–能量关联图即可区分出来。

以通道 2 为例分析腐蚀信号的幅值与能量的相关特性，由图 8 可以看出：①稳定腐蚀信号主要集中在幅值区间 40–80dB，能量与幅值的关联图呈现弧形分布，随着幅值的增加，腐蚀信号的能量也随之增加。②稳定腐蚀信号明显分为两类，以幅值进行划分，A 类为 40–63dB，B 类为 63–80dB。其中 A 类信号幅值相对较小，分布于低幅值区间，但其能量较高，这是由于 A 类信号对应的是稳定腐蚀的基础信号(见图 5 中的 40–55dB 区间)，此阶段为腐蚀的孕育过程，包括电化学反应的进行，腐蚀产物的堆积，液体渗入腐蚀层等，整个过程相对稳定，没有剧烈的信号发生，但其持续时间较长(见图 9)，所以整体能量也较高。B 类信号主要分布于高幅值区域，其信号总数量远小于低幅值区，这主要是由于高幅值信号对应于腐蚀信号的能量释放，即腐蚀的终结过程，如腐蚀层的剥落、气泡的破裂等，其均在短时间发生，所以持续时间较短(见图 9)，虽然其幅值较高，但其能量相对基础腐蚀信号较小。③由于 A 区对应腐蚀的基础信号，各通道差别不大，而 B 区信号呈现明显的离散现象，此时如要衡量腐蚀信号的强弱，B 区信号对于评定储罐活性的高低将具有非常重要的意义。由以上的分析可以看出，信号的相关特性对于区分腐蚀的各个阶段效果明显，据此可以对腐蚀的产生机理及各个过程的典型特征进行深入研究。

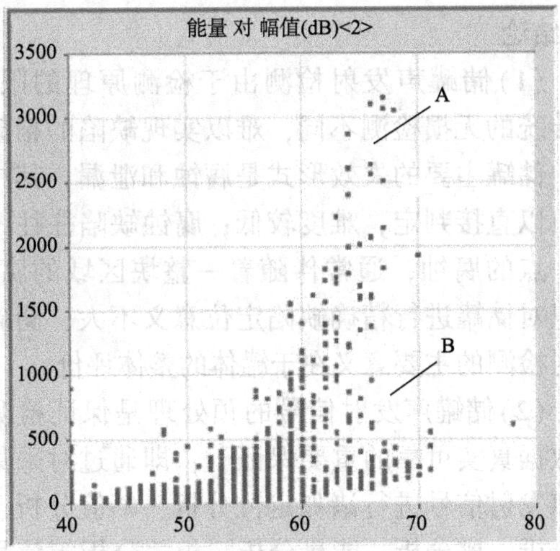

图 8　能量 – 幅值相关图图

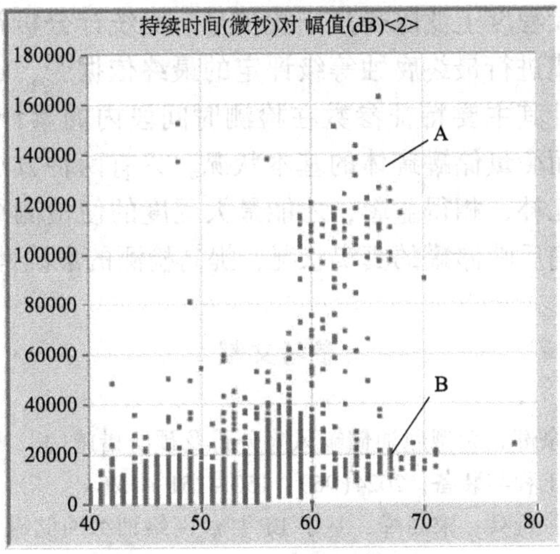

图 9　持续时间 – 幅值相关图

图 10、图 11 为能量与振铃计数、持续时间的相关图，可以看出三者之间具有良好的线性关系，由此可以看出振铃计数、持续时间其均可反映信号的强度，其分布规律与幅值相似，不再赘述，这些参数都是声发射活动性评价的重要因素。

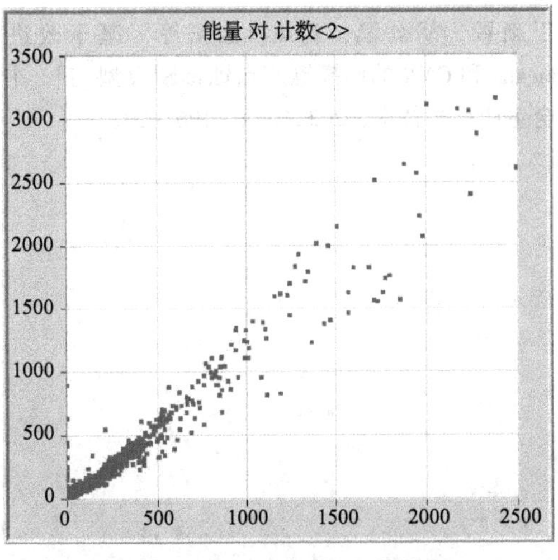

图 10　能量 – 振铃计数相关图

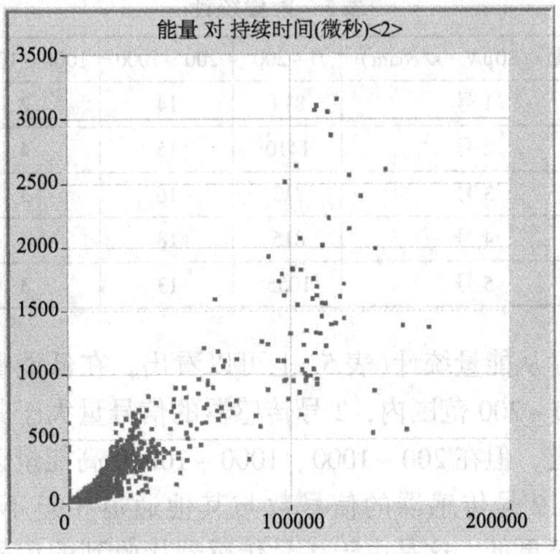

图 11　能量 – 持续时间相关图

3.4　统计分析

声发射检测作为在线检测的主要手段，其主要任务是解决三大问题：定位、定性和定量。定位是明确缺陷存在的位置[4]；定性是分析引起缺陷的原因；定量是出具量化的标准，从而确定缺陷的严重程度。一般声发射的五大特征参数都可以作为量化的标准，如在标准 JB/T 10764—2007 中即以单位时间的计数统计和事件数统计来表征缺陷的活度和强度，下面对声发射几个特征参数分别进行统计分析。

表 4　各通道幅值统计　　个/h

幅值/dB	40 ~ 50	50 ~ 65	65 ~ 100
1 号	819	67	4
2 号	1221	196	12
3 号	653	76	3
4 号	745	88	4
5 号	985	81	5

从幅值统计(表 4)上可以看出，腐蚀的基础信号占总信号数的大部分，随着幅值的增加，信号数量迅速降低。五个传感器中，2 号传感器在所有的幅值区间采集到的信号数量均大于其他通道，这与实际情况完全吻合。另外 2 号传感器的信号在低幅值区间的数量虽然比其他通道多，但并不是远远超过，有两方面的原因。首先，虽然其附近的不锈钢阀门处腐蚀活性相对于其他区域较强，但只是局部腐蚀，相对于整个储罐内壁的腐蚀面积较小；再者由于储罐直径较小，信号衰减程度低，阀门处的高幅值腐蚀信号同样可以被其他传感器接收到。

表5　能量统计　　个/h

能量/(10μV·s/count)	0~200	200~1000	1000~10000
1号	874	14	2
2号	1410	15	4
3号	713	16	3
4号	815	18	4
5号	1055	13	3

从能量统计(表5)上可以看出，在低能量区间0~200范围内，2号传感器的信号量大于其他通道，但在200~1000、1000~10000高能量区间内，2号传感器的信号数与其他通道相差不多，甚至更低。这是由于2号传感器接收到的信号主要由阀门2处电偶腐蚀产生，该处相对于其他区域腐蚀信号活性较高，但其持续时间较短导致主要信号集中在低能量区间(见图8)。

由于能量、振铃计数、持续时间(表6、表7)之间具有较好的相关性(图10、图11)，因此振铃计数和持续时间在一定程度上也可以反映信号的能量，其统计结果与能量相似。在低振铃计数和短持续时间区间，2号传感器采集到的声发射信号数比其他传感器多；高振铃计数和长持续时间区间，2号传感器相对较少。

表6　各通道振铃计数统计　　个/h

振铃计数/个	0~200	200~1000	1000~5000
1号	871	16	3
2号	1411	14	3
3号	711	18	3
4号	819	15	3
5号	1053	15	3

表7　持续时间统计　　个/h

持续时间/ms	0~20	20~100	100~200
1号	864	24	2
2号	1404	21	4
3号	707	23	2
4号	811	24	2
5号	1046	23	2

4　结论

(1)储罐声发射检测由于检测原理的限制，与传统的无损检测不同，难以实现缺陷的精确定位。储罐主要的失效形式是腐蚀和泄漏，其中泄漏可以直接判定，难度较低；腐蚀缺陷往往不是单一点的腐蚀，通常伴随着一整块区域的腐蚀，所以对储罐进行精确缺陷定位意义不大，储罐声发射检测的主要意义在于罐体的整体评价。

(2)储罐声发射信号的预处理是保证检测评价数据真实可靠的重要保证[5]，即通过对采集到的声发射信号进行诸如定位分析、幅值分析、计数分析、谱分析、能量分析、相关分析等信号分析手段，实现对信号的类型进行初步的判断，在最大程度上滤除噪声干扰信号。而统计分析是对储罐进行最终腐蚀等级评定的最终依据[6]，通过统计其主要特征参数在检测时间段内的累计量，进而衡量储罐罐体的基本状况。只有两种方法优势互补、相得益彰，才能最大程度的使检测结果准确反映储罐的真实状况，提高检测的准确性。

参考文献

[1]余健．大型原油储罐风险分析及预防措施[J]．化学工程与装备，2024(06)：150－151＋157.

[2]张延兵，宋高峰．基于BP神经网络训练的储罐底板声发射检测评价方法[J]．无损检测，2020(05)：24－27＋33.

[3]刘琪华；张世杰．基于GA－BP网络的声发射检测储罐底板腐蚀评价[J]．电子技术应用，2020(01)：76－80.

[4]李伟，薛永强，贾鑫等．基于SMOTE－GWO－SVM模型的储罐底板腐蚀声发射检测智能评价[J]．无损检测，2023(01)：47－53.

[5]王新颖，胡磊磊，刘岚，徐拓等．基于改进K－means和CNN的储罐罐底点蚀诊断模型[J]．中国安全生产科学技术，2022(08)：196－201.

一种新型在线壁厚监测技术在石化设备上的应用

黄 理

(福建省特种设备检验研究院，福州 350008)

摘 要：本文探讨了一种新型电磁超声技术在石化设备尤其是特种设备壁厚远程在线监测中的应用。通过介绍电磁超声技术的基本原理和优点，详细阐述电磁超声监测装置的组成、工作原理以及在特种设备壁厚监测中的应用。结合实际应用案例，分析电磁超声技术在特种设备壁厚远程在线监测中的实际效果，并提出未来的研究方向。

关键词：电磁超声；特种设备；壁厚监测；远程在线监测

The Application of a New On - line Wall Thickness Monitoring Technology in Petrochemical Equipment

HUANG Li

(Fujian Special Equipment Inspection and Research Institute, Fuzhou 350008, China)

Abstract: This paper discusses the application of a new electromagnetic ultrasonic technology in the remote on - line wall thickness monitoring of petrochemical equipment, especially special equipment. By introducing the basic principle and advantages of electromagnetic ultrasonic technology, the composition and working principle of electromagnetic ultrasonic monitoring device and its application in special equipment wall thickness monitoring are described in detail. Combined with practical application cases, the practical effect of electromagnetic ultrasonic technology in the remote on - line monitoring of special equipment wall thickness is analyzed, and the future research direction is proposed.

Key words: Electromagnetic ultrasonic technology; Special equipment; Wall thickness monitoring; Remote on - line monitoring

特种设备作为工业生产中不可或缺的重要设备，其安全性直接关系到企业的生产安全、员工的生命安全和社会稳定。然而，由于特种设备在使用过程中受到各种因素的影响，如腐蚀、磨损、压力变化等，其壁厚随时会发生变化，从而影响设备的安全性能。因此，对特种设备壁厚进行实时监测和预警具有重要意义。

近年来，随着检测技术、物联网、云计算等技术的快速发展，远程在线监测技术得到了广泛应用。本文将介绍一种基于电磁超声技术的特种设备壁厚远程在线监测系统，该系统能够实时监测特种设备壁厚的变化，并通过网络将数据传输到远程监控中心，实现对特种设备壁厚的远程监测和预警，为用户提供实时、精准的科学数据，确保特种设备本质安全。

1 电磁超声技术概述

1.1 电磁超声技术的基本原理

电磁超声技术是一种结合电磁学和超声学的原理而产生的非接触式测量技术。它通过探头发送电磁波，在工件中产生磁致伸缩与逆磁致伸缩

作者简介：黄理(1985—)，硕士研究生毕业，高级工程师，主要从事承压类特种设备检验检测和新型无损检测技术应用研究。E - mail：348171558@ qq. com

效应，从而产生电磁感应，由机械振动产生电磁振动，这两种振动产生的波相互耦合，就形成了电磁超声，将物体表面的激发信号接收起来，就能测量出物体壁厚。具体来说，电磁超声探头由发射线圈和接收线圈组成，通过交变电流来发射电磁波。当电磁波穿过物体发生反射时，反射信号被接收线圈接收，经过信号处理后即可获取物体的壁厚信息。

1.2　电磁超声壁厚监测装置的组成

电磁超声监测装置主要由探头、电磁脉冲发生器、数字显示屏和计算机软件等部分组成。其中，探头是测量厚度的核心部件，负责发送电磁脉冲和接收回波信号；电磁脉冲发生器用于产生交变电流以驱动探头工作；数字显示屏用于显示测量结果；计算机软件则负责数据处理和远程监控。

2　电磁超声壁厚监测装置应用场景测试

2.1　在温度场景下的测试

因特种设备现场使用环境温度变化较大，为验证该装置在不同温度下的性能，制作了一系列试块，在炉内加热到不同的温度用于模拟不同的温度场景。经验证，在200℃、300℃、400℃、500℃、700℃的温度下，测试的结果均是符合要求的，精度仍能维持为±0.01mm。对于低温环境，因电磁超声壁厚监测装置需要用到电池，由于电池受到低温性能的影响，该装置在低温环境下，使用寿命会有所降低，不建议用于-150℃以下的场景。至于该装置使用的极限温度，需待进一步验证，但目前的使用温度已基本能满足石化化工装置设备壁厚在线监测壁厚监测需求。

2.2　在工厂杂散电流场景下的测试

电磁超声监测装置是采用电磁感应的原理实现声能转换，但在生产装置实际运用中，由于复杂工况环境如强电与弱电，以及压缩机、泵、介质窜动等，存在各种复杂电磁场景，为了验证电磁超声监测装置抵抗工厂复杂电磁场景的能力，通过了一系列现场测试，验证了该装置能适应工厂复杂杂散电流场景的影响，能较好抵抗杂散电流的干扰，测量精度不受其影响。

2.3　在工件不同曲率半径场景下的测试

电磁超声技术是非接触式的，其探头与工件的电磁耦合程度将会影响其测量范围，对于曲面工件，其曲率半径越小，则电磁耦合程度越差，经过测试，可检测工件的最小直径约为ϕ15mm。测试记录见图1。

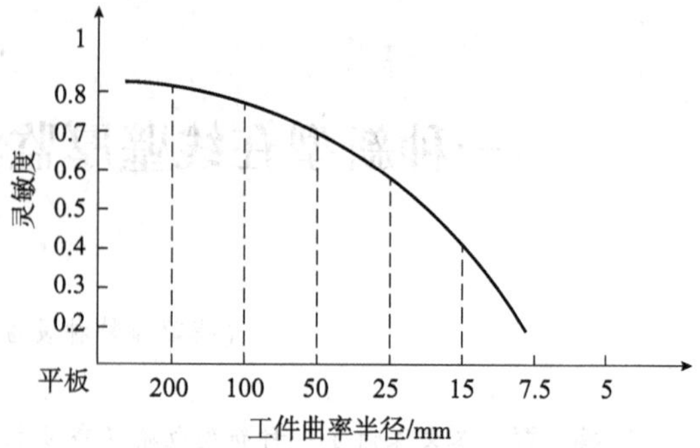

图1　不同曲率半径场景的测试

2.4　在探头与工件不同间隙场景下的测试

电磁超声技术是非接触式的，但这种非接触是有一定距离要求，工件与探头间的距离间隙越大，电磁损失就越大，为了验证工件与探头间的距离间隙极限值，经过实验测得，其最大间隙不大于2mm，虽然有时可达到4mm，但这时稳定性、测量精度明显下降。测试记录见图2。

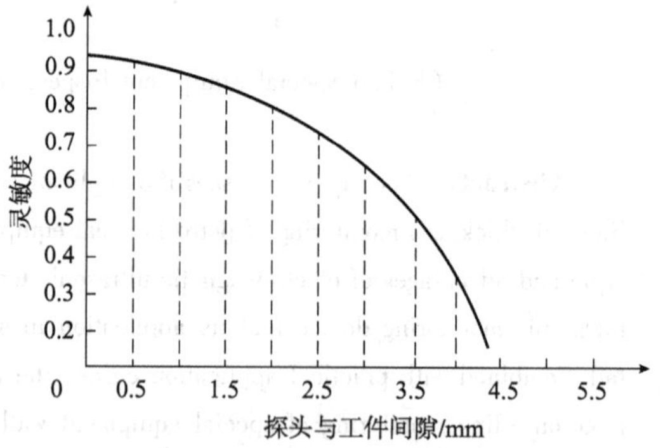

图2　探头与工件不同间隙场景的测试

2.5　电磁超声监测装置防爆性能测试

为了满足石化企业的防爆要求，本装置进行了防爆设计，通过了防爆认证，取得了Ex d mb nA IIB T4 Gc级防爆合格证。

3　应用案例分析

3.1　应用案例一

以某石化企业为例，该企业拥有大量压力容器和压力管道等特种设备。为保障这些特种设备的安全运行和延长其使用寿命，该企业引入电磁超声壁厚监测系统进行远程在线监测。通过在被测设备上安装电磁超声探头并将数据实时传输到远程监控中心进行分析和处理，该企业成功实现了对特种设备壁厚的实时监测和预警，实现监测数据同时在不同层级的管理人员共享，避免人为因素的影响。在实际应用中，电磁超声测厚仪表现出了高精度、高灵敏度、远程快速响应等优点，有效提高了特种设备的安全性和预见性，见图3。

图3　压力管道壁厚在线远程监测

3.2　应用案例二

某石化码头，针对易腐蚀大型球罐，为了及时了解球罐的厚度，避免现场人工作业风险（特别对易燃或有毒场合），在每个球罐底部布置了四个电磁超声厚度监测装置，监测信号实时传送到电脑网络系统，便于管理人员和监督人员及时了解球罐的实时厚度，掌握球罐的厚度变化走势曲线，有利于设备管理人员和安全管理人员进行系统安全分析，避免盲目紧张，见图4。

图4　球罐底部厚度实时监测

3.3　应用案例三

某化工企业，针对加热炉管的易冲刷部位，对其局部位置进行壁厚在线监测。通过对局部易冲刷部位的实时厚度监测，让设备管理人员能及时掌握腐蚀部位的实时厚度，有利于管理人员制订后续检修工作计划以及备品备件的采购计划，见图5。

图5　加热炉内管子的局部厚度实时监测

4　应用的优势和局限性

4.1　电磁超声壁厚在线监测装置应用的优势

电磁超声技术具有非接触式、无破坏、高精度、高灵敏度等优点。首先，它采用非接触式测量方式，不会对被测物体造成损伤；其次，由于采用电磁感应原理产生超声波，因此无需使用耦合剂，不仅提高了检测效率，也降低了测量成本；再次，电磁超声测厚仪具有较高的测量精度和灵敏度，能够满足特种设备壁厚监测的精度要求；最后，电磁超声技术还具有较快的响应速度和较强的抗干扰能力。因此，该装置比较适合应用于远程、埋地、高温、有毒等设备厚度腐蚀减薄的场景。

4.2　电磁超声壁厚在线监测装置应用的局限性

因电磁超声壁厚在线监测装置在未加装外部电源的情况下，利用电池电能工作，而电池电能受到环境温度的影响，在低温环境下，电池寿命会受到影响，尤其在0℃以下影响较大，换电池频率高。在高温环境下，虽然在实验室可测量到700℃，但随着环境温度的升高，对监测装置外围接线的高温影响，其外围接线容易老化，过高温度环境也会增加维护频率。另外，依据本装置的原理，该装置适合于对垂直于发射探头方面的厚度监测，对平行于探头发射方向的裂纹等缺陷的场合不适用。

5　结论与展望

本文探讨了电磁超声技术在特种设备壁厚远程在线监测中的应用。通过介绍电磁超声技术的基本原理、优点以及电磁超声测厚装置的具体组成和工作原理等内容，阐述了电磁超声技术在特种设备壁厚监测中的应用实景和实际效果。同时经过温度、杂散电流、曲率、间隙、防爆等各种影响场景的测试，验证了该新型检测技术能应用于常规石化化工企业特种设备的在线壁厚监测，最后结合实际应用案例分析电磁超声技术的实际效果和优势。未来随着研究的深入和技术的不断发展，电磁超声技术在特种设备壁厚远程在线监测中将发挥更加重要的作用。未来的研究方向还包括进一步扩大电磁超声测厚装置的测量范围、应用场景、多种技术融合应用以及优化数据处理算法提高监测效率等方面。同时，结合基础数据应用，可为检验机构提供精准有效的设备实时数据，为设备使用管理和安全分析提供可参考的数据，为保障设备本质安全和装置长周期运行奠定基础。

参考文献

[1]郑晖，林树青．超声检测．(第二版)中国劳动社会保障出版社；中国特种设备检验协会，2008：166－168.

[2]余可畏．笔式电磁超声高温试块厚度测试试验报告，LSKJ－YFCS－20240108－A.

Q235B 点蚀过程声发射监测实验研究

方江涛[1]　种玉宝[1]　郐楚婷[1]　陈　诚[1]

(大连锅炉压力容器检验检测研究院有限公司，辽宁 大连　116013)

摘　要：针对储运设备及压力容器工业中常用材料低碳钢，得到低碳钢试件在10% FeCl3·6H2O、3.5% NaCl 以及10.8% FeCl3·6H2O+0.05% NH4Cl 溶液中点蚀过程中产生的声发射信号样本，分析低碳钢点蚀过程中产生的声发射信号的变化规律，验证低碳钢点蚀过程产生声发射信号的正确性，为声发射技术进行低碳钢点蚀过程监测奠定实验基础。结果表明声发射技术能够及时发现低碳钢点蚀损伤。

关键词：点蚀；声发射

Experimental Study on Acoustic Emission Monitoring of Q235B pitting process

FANG Jiangtao[1], *ZHONG Yubao*[1], *KUAI Chuting*[1], *CHEN Cheng*[1]

(Dalian Boiler and Pressure Vessel Inspection and Testing Institute Co., Ltd. DaLian　116013)

Abstract: This article in view of low - carbon steel commonly used in storage and transport equipment and pressure vessel industry. The acoustic emission signals samples of the low carbon steel specimen in the pitting corrosion process are gained which in 10% FeCl 3. 6H_2O、3. 5% NaCl as well as 10. 8% $FeCl_3$. 6H_2O + 0. 05% NH_4Cl solution. The change rule of AE signals in the course of low carbon steel pitting corrosion is studied. The AE phenomena is confirmed during the course of pitting corrosion of low carbon steel. Establishing the experiment basis that monitoring the pitting corrosion process of low carbon steel with AE technology. The result shows that acoustic emission technology can find pitting corrosion of low carbon in time.

Key words: Pitting corrosion; Acoustic Emission Monitoring; Experiment Study

1　引　言

金属腐蚀所造成的损失很大，其中又以点腐蚀和剥蚀的危害最大。虽然点蚀是集中在少数几个点出现蚀坑或麻点，但随着时间的推移，蚀孔不断向纵深方向发展，形成小孔状腐蚀坑。将会导致金属穿孔直到整个结构被破坏。

点蚀由(钝化)膜破裂引起，伴随膜破裂过程必然会产生应力波，即声发射现象。另外，微小氢气泡的破裂也会产生声发射信号，这为应用声发射技术监测点蚀的形成发展创造有利条件[1]。由于声发射对材料中的突变现象的敏感性，声发射技术用于评估点蚀的形成(和扩展)是可行的[2-4]。可为将来利用声发射技术监测腐蚀萌生和扩展服务。

2　实验装置及过程

采用美国 PAC 公司开发的 PCI-8 声发射监测系统，该系统共有2个宽带传感器和2个1220型前置放大器，前置放大器选择增益40dB，并配有宽带滤波器。实验中有关数据采集的参数设定见表1。检测系统工作原理图见图1。该实验过程将试件置于恒温恒湿控制箱中，温度设定为40℃，控制精度为±0.1℃。实验时间为55h。

表1　声发射仪器参数设定表

门槛值/dB	采样点数	采样率/MHz	增益 Gain/dB	触发前预存时间 Pre Trig/μs	触发峰值定义时间 PDT/μs	触发定义时间 HDT/μs	触发闭锁时间 HLT/μs
35	1024	4	40	200	1000	1000	5000

3　试件与腐蚀溶液选择

3.1　试件

试件采用储运设备和压力容器工业中常用材料Q235B，化学成分和机械性能见文献[5]。试件尺寸为100mm×70mm×4mm的薄板，共9片，编号1~9，试件表面的光洁度和均一性及洁净程度等影响腐蚀实验结果。规范化的表面处理可提高腐蚀实验结果的可靠性，为此对试件表面进行相应的表面光滑处理。

为防止非实验部分试件腐蚀产生声发射信号，对于非实验部分均作封样处理(图2)。用D－31环氧/聚氨酯防腐底漆密封，能有效地阻止腐蚀介质侵入金属底材，满足绝缘及密封要求。

3.2　腐蚀溶液

作为用于点蚀浸泡实验的腐蚀液，要求其中含有侵蚀性的阴离子(如氯离子)，以使钝化膜局部活化；此外，还应含有促进点蚀稳定发展的氧化剂，以其高氧化还原电位促使材料发生点蚀。溶液量为1500ml，实验温度为(50±1)℃，试件1~3腐蚀溶液：W($FeCl_3$·6H2O)=10%；试件4~6腐蚀溶液：W(NaCl)=3.5%，pH=2；试件7~9腐蚀溶液：W($FeCl_3$·6H2O)=10.8%，W(NH_4Cl)=0.05%。

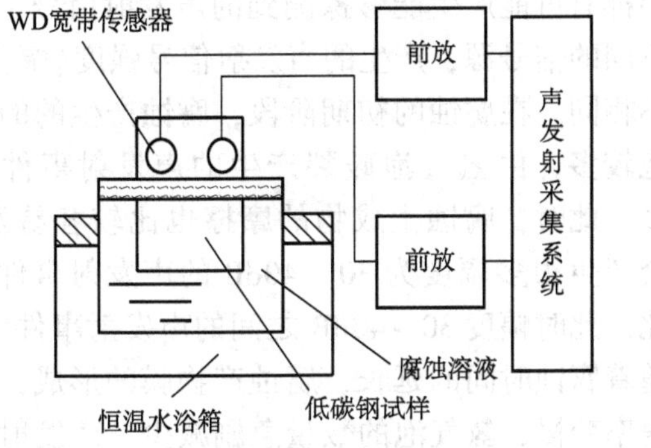

图1　检测系统工作原理图

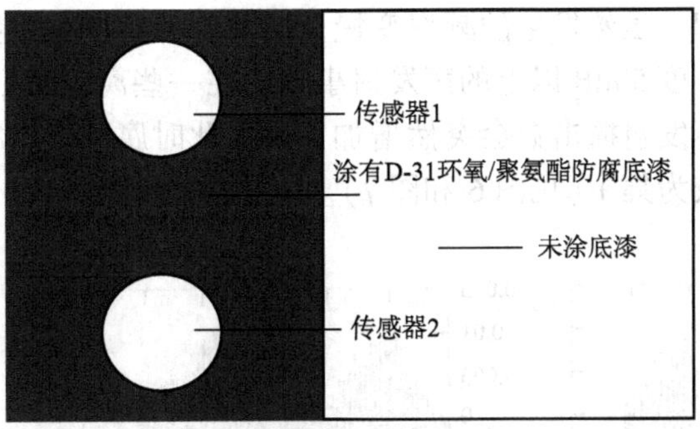

图2　试件平面布置示意

4　实验结果与分析

(1)在每一实验中，仅当试件浸在腐蚀液中一定时间后，才有明显的声发射信号产生。因此，可以利用每一实验第一次的声发射起始点确定产生早期腐蚀(或腐蚀萌生)的时间。用不同的腐蚀溶液，这一时间略有不同，平均经过2~3h才会产生较明显的声发射信号，见图3。由图3可以看出，声发射产生的过程与点蚀的基本原理相吻合，即点蚀仅在一定的条件下，即当阳极极化电位高于点蚀成核临界电位时才会发生。表明声发射技术能及时发现低碳钢腐蚀损伤。

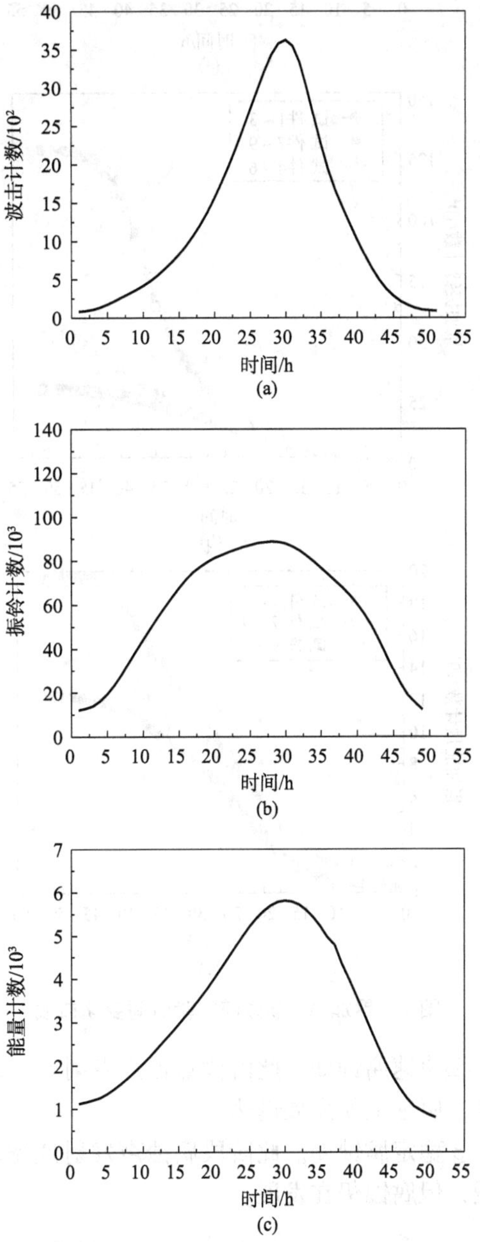

图3　AE参数随试验时间的变化曲线

(2)通过低碳钢点蚀实验过程中声发射信号进行参量分析，可获得点蚀过程与时间的关系，见图4。碳钢点蚀过程与声发射信号之间的关系大致可经历以下三个阶段：

①初始腐蚀期。此阶段信号较少，腐蚀损伤处于初期。

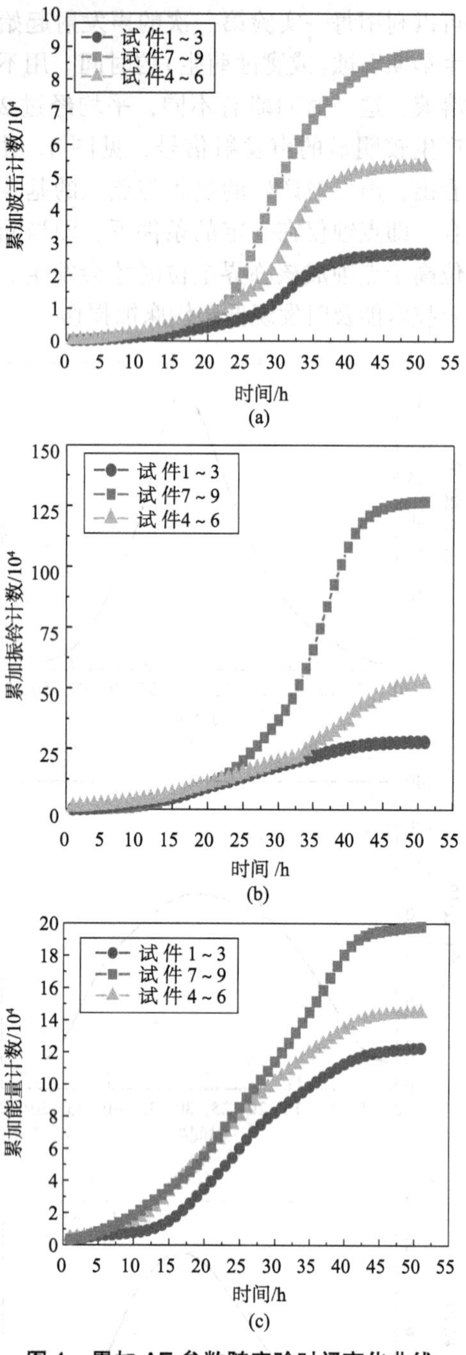

图4　累加AE参数随实验时间变化曲线

②快速腐蚀期。此阶段点蚀声发射信号增加很快，腐蚀损伤发展迅速。

③稳定腐蚀期。此阶段腐蚀声发射速率增加变缓，但腐蚀仍在发展。

(3)在初始腐蚀期，其信号类型1占主体(见图5a)。初始腐蚀期腐蚀不剧烈，信号类型1可能由单个氢气泡破裂引起，其幅度主要为30～40dB，能量和脉冲计数小。在快速腐蚀期，信号类型2占主体(见图5b)。这一阶段腐蚀较剧烈，信号可能由多个氢气泡同时发生破裂或者腐蚀生成物的摩擦引起，这种类型信号幅度主要为40～50dB，能量和脉冲计数大。在稳定腐蚀期，信号类型3占主体(见图5c)。由于试件表面形成钝化膜，信号类型3可能主要由试件表面钝化膜的破裂或者腐蚀生成物的剥离引起，虽然发生的频率变慢，但幅度较大集中在50dB以上。通过信号类型的划分，可以实现对低碳钢腐蚀的阶段划分，确定腐蚀过程。

(4)在腐蚀过程中，虽然声发射信号的事件数趋于稳定，但随腐蚀时间的延长，幅度50dB以上的事件明显增多，在10h时观察声发射参量图(见图6)，其幅度分布很少出现50dB以上的信号；在30h，已出现明显幅度50dB以上的声发射事件(见图7)。这一结果可从与腐蚀过程相联系的声发射源机制加以解释。腐蚀生成物的剥落、腐蚀生成物的摩擦、腐蚀产生的氢气泡的破裂、表面钝化膜的破裂等都可能是声发射源。它们都有可能产生能够探测到的声发射信号。这些不同的信号源，产生的声发射信号强度(幅度)并不相同。在腐蚀的初期阶段，腐蚀产生的的氢气泡较多，由氢气泡破裂产生的声发射事件也较多。此时，腐蚀生成物的摩擦也比较容易发生，会产生很多幅度为30～40dB的声发射事件。因此，此时幅度30～40dB之间的声发射事件为主。随着腐蚀时间的延长，腐蚀产物膜的形成，腐蚀速率变慢，氢气泡的数量急剧减少，声发射事件逐步由表面钝化膜的破裂和腐蚀生成物的剥落引起。虽然发生的频率变慢，但两者都会产生一些幅度50dB以上的声发射事件。在一些离散时刻，声发射撞击数会突然增加，说明此时腐蚀发生得较为集中(见图6和图7)。

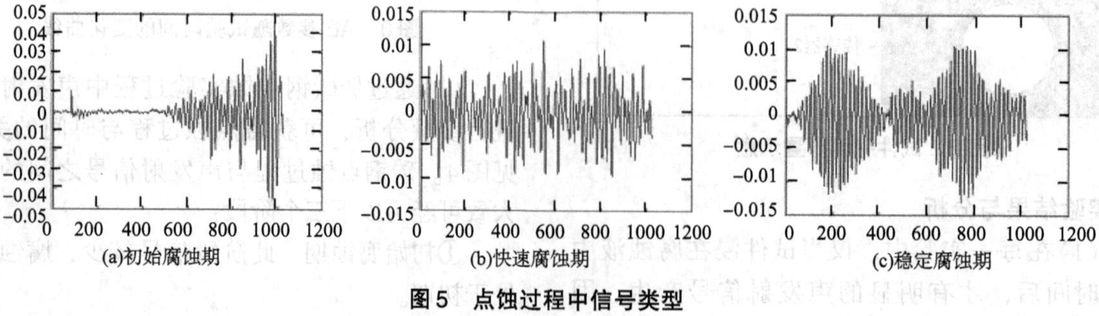

图5　点蚀过程中信号类型

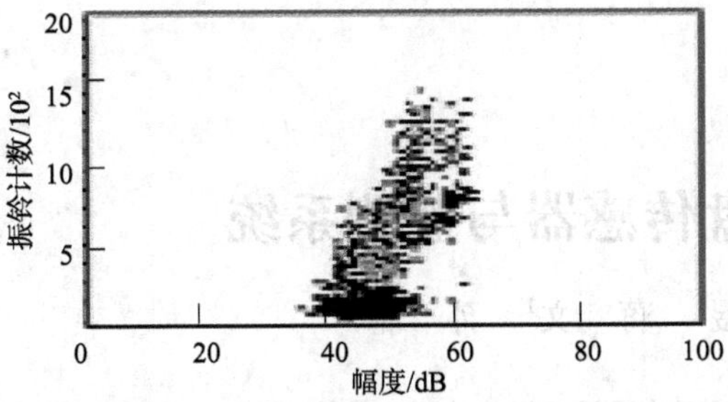

图6 10h后的实验结果(幅度30~40dB)

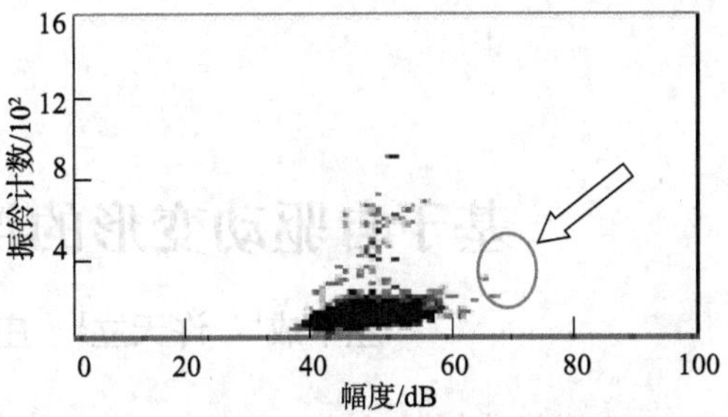

图7 30h后的实验结果(幅度大于50dB)

5 结论

(1)低碳钢点蚀会产生明显的声发射信号。低碳钢点蚀声发射信号的频率范围较宽，为50~500kHz，有比较丰富的频率成分。

(2)低碳钢点蚀损伤与累积声发射信号之间的关系经历初始腐蚀期、快速腐蚀期和稳定腐蚀期。

(3)声发射信号事件的多少及分布与金属试件的腐蚀状况有密切关系。

(4)声发射信号的产生过程与点蚀过程密切相关。仅当腐蚀发生到一定阶段时，才会产生明显的声发射信号。

(5)利用声发射技术探测低碳钢早期腐蚀是可行的。

参考文献

[1]耿荣生，沈功田，刘时风．模态声发射基本理论[J]．无损检测，2002，24(7)：26~27

[2]耿荣生，沈功田，刘时风．声发射信号处理和分析技术[J]．无损检测，2004，21(1)：23~28

[3]张宝琪．利用声发射评定金属的腐蚀过程[J]．大庆石油学院学报，1994，18(2)：60~69

[4]耿荣生，傅刚强．金属点蚀过程声发射源机制研究[J]．声学学报，2002，27(4)：369~372

[5]成大先．机械设计手册[m]．北京：化学工业出版社，1969，129~130

基于自驱动变形的浮盘传感器与监测系统

左平成[1]　许天立[1]　庄斌煜[1]　蒋　文[1]　孙　聪[2]

(1. 江苏海洋大学，江苏 连云港　222000；2. 中国石油辽河油田分公司，辽宁 盘锦　124010)

摘　要：本研究设计了一种基于自驱动变形油敏橡胶材料的汽油传感器与监测系统，旨在解决立式外浮顶储罐中浮盘模块泄露实时监测困难的问题。传统方法存在监测周期长、传感器反应滞后且无法准确定位受损模块的局限性。油敏橡胶材料在接触汽油后迅速膨胀，并通过机械结构设计将其膨胀变形转化为可识别的颜色变化，实现了浮盘模块密封状态的直观显示。结合隔爆型机器视觉系统，该系统全天候监测浮盘模块的密封状态，并在泄露发生时发出警报。本研究为浮盘泄露监测提供了新的技术手段，支持传统工业数字化转型，促进了石油化工行业的安全、高效、环保运行。

关键词：储罐；浮盘；监测系统；溶胀材料；机器视觉

Floating roof Sensor and Monitoring System Based on Self - driven Deformation

Zuo Pingcheng[1], *Xu Tianli*[1], *Zhuang Bingyu*[1], *Jiang Wen*[1], *Sun Cong*[2]

(1. Jiangsu Ocean University, Lianyungang, Jiangsu Province 222000, China
2. Liaohe Oilfield of China National Petroleum Corporation, Panjin, Liaoning Province 124010, China)

Abstract: This study proposes a gasoline sensor and monitoring system based on self - driven deformable oil - sensitive rubber materials, aimed at addressing the challenge of real - time monitoring of leakage in the float module of vertical external floating roof tanks. Traditional methods suffer from long monitoring cycles, delayed sensor response, and inability to accurately locate damaged modules. Oil - sensitive rubber materials rapidly expand upon contact with gasoline, and their expansion deformation is converted into identifiable color changes through mechanical structure design, visually displaying the sealing status of the float module. Integrated with an explosion - proof machine vision system, this system monitors the sealing status of float modules around the clock and issues alerts upon leakage. This research provides a novel technological approach for float module leakage monitoring, supporting the digital transformation of traditional industries and enhancing the safety, efficiency, and environmental performance of the petrochemical industry.

Key words: Storage tank; Floating roof; Monitoring system; Swelling material; Machine vision

1　引言

立式外浮顶储罐广泛应用于石油化工单位、港口码头、交通及部队后勤部门等需要储存挥发性液体的场所[1]。其中外浮顶，也叫做外浮盘，是随罐内液位上下浮动的盘状装置，通过隔绝原油、汽油等挥发性液体与空气的接触来降低挥发，能够有效抑制挥发性有机物(VOCs)对大气的污染[2]。传统的浮筒式浮盘对油气挥发的抑制效果可达85%左右，新型的全接液(全浸液)浮盘能够达到99%以上，所以全接液浮盘吸引了储运

作者简介：左平成，(1989—　)，男，辽宁盘锦人，2021年毕业于中国石油大学(华东)力学专业，获得工学博士学位。现任江苏海洋大学讲师，校聘副教授。从事仿生力学、石油机械设计、表界面力学等研究，获得江苏省科技副总项目。E - mail：zuopc@ jou. edu. cn

行业的关注[3]。

在国家环保政策日益强化的背景下，国务院适时颁布了包括"大气污染防治行动计划"在内的多项环保纲领性文件，将油气储运领域挥发性有机物(VOCs)的减排治理视为环保战役的关键一环。根据生态环境部《关于加快解决当前挥发性有机物治理突出问题的通知》(环大气〔2021〕65号)的要求，对于储存汽油、航空煤油、石脑油以及苯、甲苯、二甲苯等外浮顶罐罐顶气未收集治理的，宜配备新型高效浮盘与配件，选用"全接液高效浮盘+二次密封"结构[4]。

全接液外浮盘是由多个浮箱模块组成的盘状结构，类似船舶的水密舱。在长期的运行过程中由于复杂的温度变化与腐蚀作用，浮箱模块可能会发生泄露，储存的液体沿着失效的焊缝灌进模块的舱室中，该模块的浮力就会减弱[5]。由于浮箱模块数量多达上百个，极少数量的浮箱泄露对于浮盘的运行造成的影响尚不明显。但是随着失效的模块增多，浮盘的浮力不均衡的状态就会逐渐严重，甚至会发生卡盘、沉盘等危害生产安全的重大事故[6-8]。所以对于浮盘的运行状态进行监测具有重要的意义，目前主要是人工巡检，辅助以气体浓度传感器与浮盘倾角传感器进行监测[9-14]。主要缺点在于人工检测周期长、不及时、缺乏时效性，在浮盘失效的早期无法及时发现；气体浓度传感器与浮盘倾角传感器只能在浮盘已经发生明显运行问题之后才能起到报警作用，且只能报告浮盘整体出现了问题，无法精确定位受损的浮箱模块[9-14]。所以针对最常见的立式汽油储罐设计了一种可以精确显示外浮盘的单个浮箱模块泄露的传感器及基于机器视觉的监测系统，其核心是一种基于油敏橡胶材料的自驱动力学变形过程。

2　油敏橡胶材料分析

储存易燃易爆液体的汽油储罐的安全性直接关系到人员生命财产安全、企业正常运营和VOCs在环境中的排放，所以罐中的外浮盘的安全运行至关重要。在外浮顶储罐爆炸危险区域的划分中，外浮盘下方的汽油处于0区，浮盘上部空间为1区。由于汽油的易燃易爆特性，以及外浮盘升降移动的工况，在浮盘模块内使用传统的可燃气体传感器既不安全也有数据传输的难题[15]。所以通过对溶胀现象的分析以及大量的实验，在诸多材料中发现了一种油敏橡胶材料[16]。这种材料浸泡在水中时不会发生任何变化，当在浸泡于92号汽油之后逐渐膨胀至原长度的143%，原体积的292%，如图1所示。

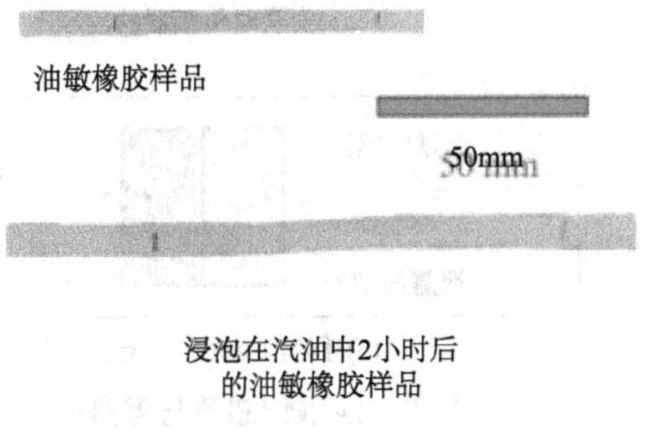

(a)油敏橡胶的浸泡汽油前后图像

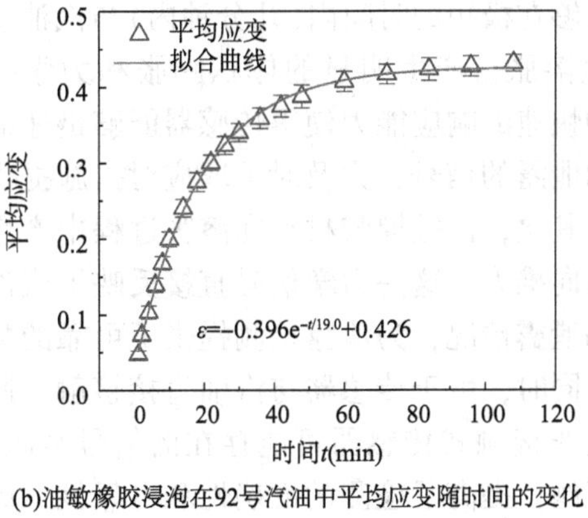

(b)油敏橡胶浸泡在92号汽油中平均应变随时间的变化

图1

根据对图1(b)的分析，油敏橡胶材料浸泡在92号汽油中迅速发生了膨胀，膨胀的速度随着时间逐渐降低，对数据进行拟合发现平均应变随时间变化的公式为

$$\varepsilon = -0.396e^{-t/19.0} + 0.426 \quad (1)$$

其中ε为平均应变，t为时间，单位min。虽然测试总时长为120min，其中第4分钟已经发生了明显膨胀现象，达到了10.3%的变长，第22min已经发生了明显膨胀现象，应变为30.0%，达到总应变的70.4%，说明这种材料能够在浸泡在汽油之后迅速发生溶胀反应，并产生宏观的膨胀现象，这种特性为进一步设计浮盘的浮箱模块泄露传感器奠定基础。

进一步地，研究了油敏橡胶材料在接触汽油膨胀的过程中所能产生的力的大小与变化。实验部分采用了自主设计的测力实验装置，其中主要组件为测力计(常州艾利逊科技有限公司，型号为AR-WM10S)。在实验中将加压板安装在测力计上，测力计固定在升降装置上，从而对油敏橡胶材料进行高度上的几何约束，如图2(a)所示。

在实验中采用了长宽高为 10mm×10mm×1mm 的薄片状橡胶材料置于实验装置中，通过升降装置调整测力计的高度使其贴近材料之后，将橡胶材料周围滴满 92 号汽油使其发生溶胀现象，从而能够测量其膨胀过程中产生的垂直方向的力，如图 2(b)所示。经过测量发现，这个截面积只有 $1\times10^{-4}m^2$ 的材料在垂直方向产生的推力在经过 90 分钟后达到了最高 1.41N，这充分展示了橡胶材料在特定溶剂环境下的非凡膨胀能力和潜在的能量释放，其压强最高为

$$P_{\max}=\frac{F}{S}=14100\text{Pa}。\tag{2}$$

图 2(b)说明油敏橡胶材料在接触汽油之后的反应速度很快速，在 5min 时，已经产生了 0.706N 的向上推力，达到了最大力的 50%，结果与膨胀现象产生的应变相似。

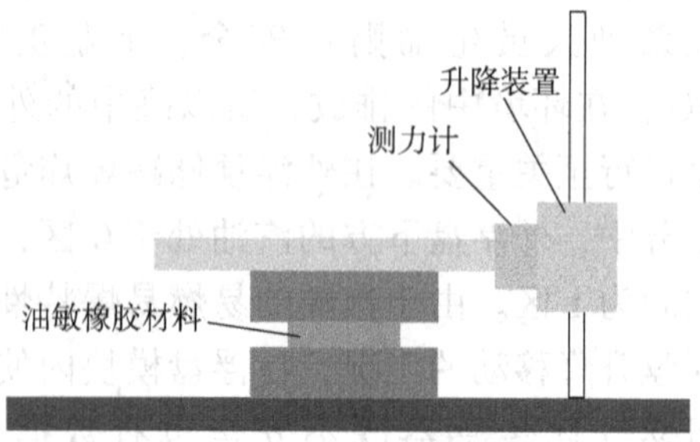

(a)测力实验装置示意图

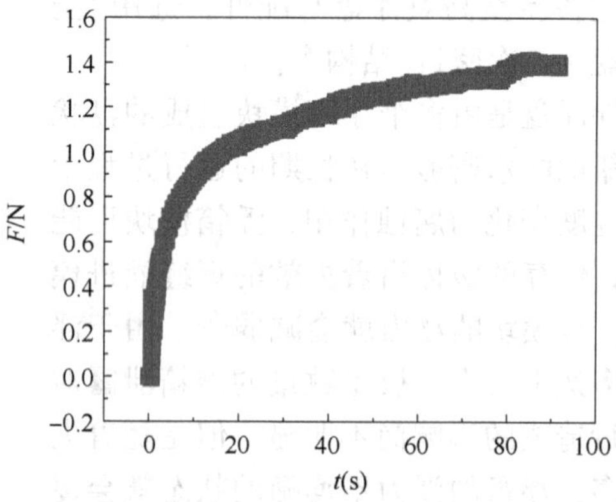

(b)油敏橡胶浸泡在92号汽油中应力随时间变化的数据

图 2

综上所述，油敏橡胶材料凭借其独特的溶胀特性和在接触汽油后迅速且显著的力学响应，展现出了作为浮盘汽油泄露传感器的巨大优势。首先，其能够在极短的时间内(几分钟内)与汽油接触并发生溶胀，产生明显的体积膨胀和力学变化，这种快速的响应能力使得传感器能够迅速捕捉到汽油泄露的信号，为及时采取应对措施提供了可能。其次，油敏橡胶材料在溶胀过程中产生的垂直方向推力，这一力学信号直接反映了汽油的存在和泄露情况，为泄露检测提供了可靠的数据支持。同时，由于传感器与汽油直接接触，避免了传统非接触式传感器可能存在的信号衰减、干扰等问题，提高了检测的准确性和可靠性。此外，油敏橡胶材料作为传感器元件，具有结构简单、易于加工、成本低廉等特点，这使得其在大规模应用于汽油储罐的浮盘泄露监测中成为可能。

3　泄漏传感器设计

本研究以油敏橡胶材料作为基础，通过机械结构将自驱动的膨胀变形转化为容易识别颜色或图案的变化，将浮盘模块的安全或泄露的信号向外传输，从而设计了适用于浮盘模块的泄漏传感器，如图 3 所示。

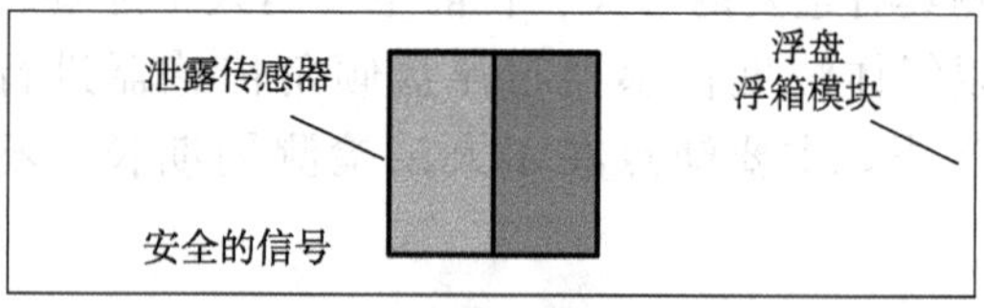

(a)安全时传感器的信号

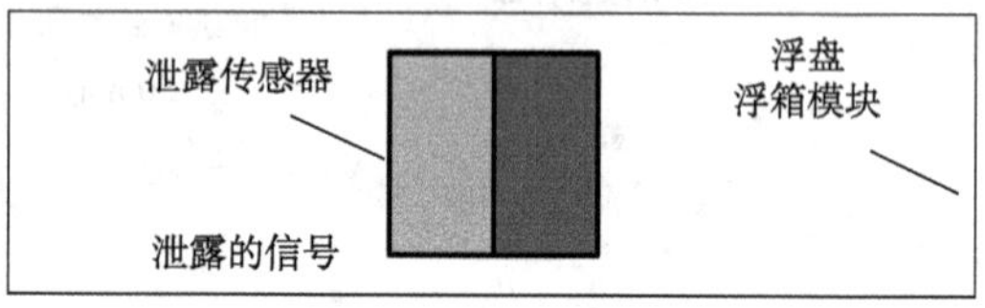

(b)浮箱泄露时传感器的信号

图 3　泄漏传感器与浮盘的示意图

该传感器主要有三个相互协作的模块组成，第一个模块为动力模块，其中的吸油毯能够高效捕获并引导泄露进入浮箱模块的汽油使其与油敏橡胶材料接触，进而引发材料的溶胀反应，膨胀过程中产生的力推动移动组件产生运动。第二个模块为磁力传导模块，通过一组精心布置固定在浮箱内外的钕磁铁，将上一步的浮箱内部的运动无接触地传导到浮箱模块外部。考虑到浮盘的材质一般是 304、316L 不锈钢以及铝合金，他们属于弱磁性和非磁性材料，加上其较薄的厚度，使得磁力传动得以实现。为了降低运动的阻力，磁铁的与箱体接触的表面加入透明的聚四氟乙烯涂

层作为润滑。第三个模块是显示模块，该模块通过一组颜色对比鲜明的图案(如蓝色和红色)来直观展示浮盘模块的密封状态。蓝色图案固定在箱体上，当浮箱模块安全时，显示蓝色信号。红色图案与浮箱外部的磁铁组相连接。当浮箱内部发生泄露并触发动力模块时，磁力传导模块将这一信号传递至外部，驱动与红色图案相连的磁铁组运动，从而使红色图案从保护壳中显露出来，形成强烈的视觉对比，清晰地向外界传达出泄露的警报信号，如图4所示。

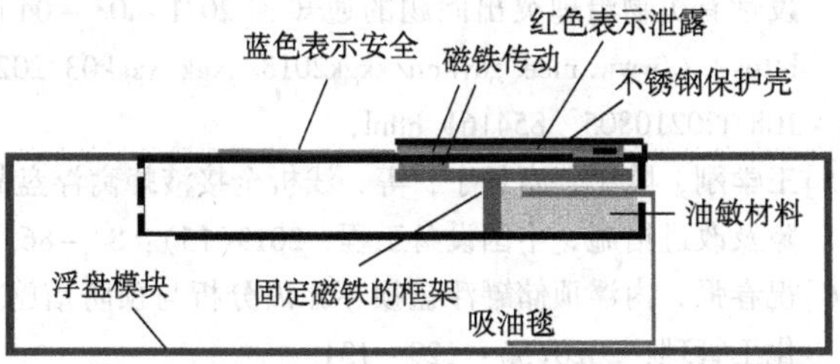

图4　基于溶胀效果磁力机械传动的传感器结构示意图

4 机器视觉系统与数据处理

上节中设计了能够检测浮盘中单个浮箱模块的密封状态的汽油传感器，这种传感器能够将浮箱的密封状态以颜色的方式向外传输，信号清晰，方便人工巡检通过罐顶观察孔进行肉眼的观察检测。为了提高监测的自动化程度和实时性，我们进一步引入了机器视觉系统，以实现对传感器信号的自动识别和数据处理。机器视觉系统具有非接触、高精度、全天候工作等优点，能够显著提升监测效率和准确性。

4.1 机器视觉系统硬件架构

机器视觉系统的硬件架构如图5所示，主要由照明控制、摄像头、补光灯、图像处理处理器、开发板和5G模块等部分组成。其中，摄像头用于采集浮盘顶部的图像，补光灯提供充足的照明以保证图像质量，图像处理处理器负责图像的预处理和特征识别，开发板则用于算法的运行和数据的初步处理，最后通过5G模块将监测结果实时传输至远程监控中心。

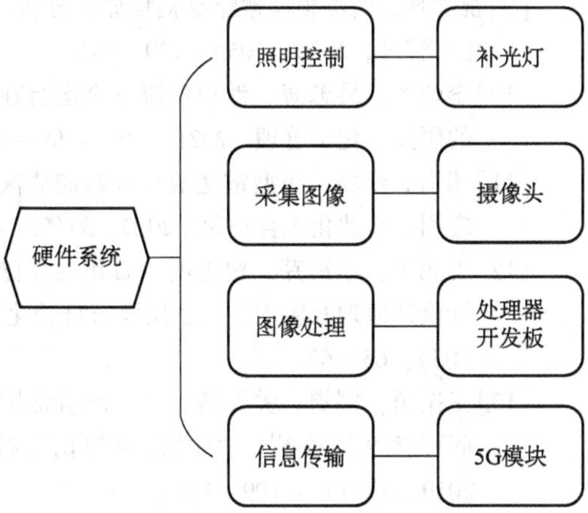

(a)机器视觉系统硬件架构图

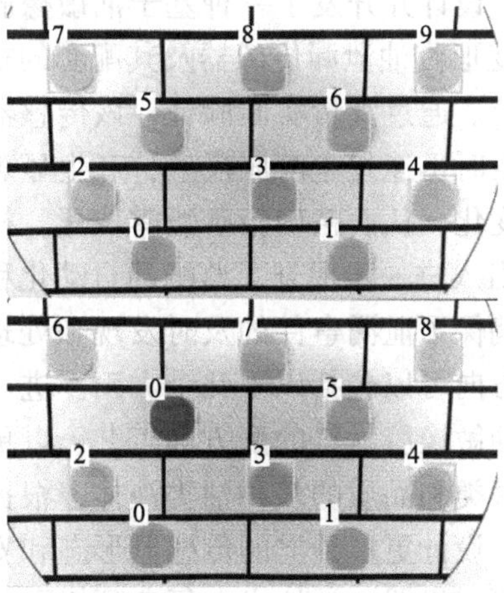

(b)算法验证实验图像

图5

4.2 机器视觉识别流程

启动机器视觉系统后，首先进行图像初始化操作，包括摄像头校准、补光灯亮度调节等，以确保采集到的图像质量满足要求。在补光灯的辅助下，摄像头定时拍摄浮盘顶部的图像。通过合理控制补光灯的开关，可以减少光线变化对图像质量的影响。对采集到的图像进行预处理，包括灰度化、去噪、增强对比度等操作，以提高后续特征识别的准确性。利用图像处理算法对预处理后的图像进行特征识别。在本系统中，主要识别浮盘模块上传感器的颜色变化。当传感器显示红色图案时，表明浮箱模块发生泄露；当传感器显示蓝色图案时，表明浮箱模块处于安全状态。根据特征识别的结果，对浮盘模块的密封状态进行判断，并生成相应的监测信息。如果检测到泄露情况，系统将立即发出警报，并输出泄露图像和位置信息。监测结果通过5G模块实时传输至远程监控中心，以便管理人员及时采取措施。

4.3 数据处理算法

为了实现对传感器信号的准确识别，我们开发了一套专门的数据处理算法。该算法首先将图像从RGB颜色空间转换到更适合颜色识别的颜色空间，如HSV(色调、饱和度、亮度)颜色空间。在HSV空间中，颜色的色调(H)分量对光照变化不敏感，有利于提高识别的稳定性。根据传感器的颜色特征，设定合适的阈值进行图像分割，将传感器区域从背景中分离出来。提取传感器区域的颜色特征，如色调(H)值，用于后续的判断。将提取到的颜色特征与预设的模式进行比对，判断传感器是显示蓝色还是红色。根据比对结果，输出相应的监测信息。

4.4　实验验证与结果分析

为了验证机器视觉系统的有效性，我们在模拟环境中进行了多次实验。实验结果表明，机器视觉系统能够准确地识别出传感器的颜色变化，并实时输出监测结果。在多次泄露模拟实验中，系统均能在短时间内发出警报，并准确输出泄露位置和图像信息。此外，我们还对不同光照条件、不同摄像头角度等因素进行了测试，结果均表明系统具有较好的稳定性和鲁棒性。

5　结论与展望

本研究针对立式汽油储罐外浮盘浮箱模块的泄露问题，设计并开发了一种基于油敏橡胶材料的自驱动变形汽油泄漏传感器及其配套的机器视觉监测系统。通过大量实验验证，该传感器能够在汽油泄露时迅速发生溶胀反应，产生显著的体积和力学变化，从而精确指示泄露位置。机器视觉系统的引入进一步提升了监测的自动化程度和实时性，确保了泄漏事件的及时发现和处理。未来的研究方向可以包括以下几个方面：进一步探索和优化油敏橡胶材料的配方和工艺，以更好地适应不同种类和品质的多种油类液体；根据实际应用需求，设计更多种类的传感器形态和安装方式；深入研究机器视觉技术在复杂环境下的稳定性和鲁棒性提升方法；推动汽油储罐泄露监测系统的集成化和标准化发展，制定统一的技术标准和规范。总之，本研究为外浮顶储罐泄露监测提供了一种新颖的解决方案，未来通过不断优化和创新，有望为油气储运行业的安全发展做出更大贡献。

参考文献

[1]杨淦茗．外浮顶储罐密封现状分析及改造措施．中国化工贸易，2022(11)：269－271.

[2]刘世达，王海燕，侯栓弟，等．我国石化储罐VOCs安全高效深度减排、回收和热氧化技术进展．化工进展，2024，43(4)：2063－2076.

[3]位聪．简析全接液蜂巢式内浮盘与传统浮筒式浮盘的性能对比．中国化工贸易，2020，12(25)：244－245.

[4]中华人民共和国生态环境部．关于于加快解决当前挥发性有机物治理突出问题的通知．[2021－08－04]. https：//www. mee. gov. cn/xxgk2018/xxgk/xxgk03/202108/t20210805_ 854161. html，

[5]王学刚，陈军，席长宁，等．浅析全接液蜂窝浮盘故障及改进措施．中国设备工程，2019(15)：84－86.

[6]祝春强．内浮顶储罐浮盘损坏原因分析与预防措施．化工管理，2020(5)：129－131.

[7]刘啸．外浮顶罐的安全运行与维护探析．水上消防，2016，(06)：28－31.

[8]马铁伦，张全．外浮顶油罐沉盘事故分析．油气储运，1996，(03)：10－11.

[9]祝春强．内浮顶储罐浮盘损坏原因分析与预防措施．化工管理，2020，(05)：129－131.

[10]李朝博，吴忠海．浮顶储罐安全运行在线监测系统的研究．化工管理，2021，(07)：99－100.

[11]郑娟．现场总线型雷达液位计在储罐液位检测中的应用．石油化工自动化，2023，59(02)：71－74.

[12]王元飞，李海芹，贾玉明．石化油品储罐雷达液位计设计原理及应用．工业仪表与自动化装置，2019，(05)：65－67.

[13]王振勇，刘勇，关海若，等．浅析常压油罐油气空间可燃气体检测．中国石油和化工标准与质量，2019，39(13)：109－111＋113.

[14]王文．浮顶油罐光纤光栅测温系统更新改造．今日制造与升级，2022，(04)：59－61.

[15]GB 50074—2014 石油库设计规范

[16]陈国晶，张智嘉，李万利．微球类高吸油材料的研究进展．现代化工，2021，41(07)：90－94.

[17]王明明，吴喜娜，许博文，等．硅橡胶/高吸油树脂共混改性研究．材料开发与应用，2023，38(03)：77－81.